ロボット制御学ハンドブック

ROBOT CONTROL HANDBOOK

FUMITOSHI MATSUNO 松野　文俊
KOICHI OSUKA 大須賀公一
HITOSHI MATSUBARA 松原　仁
ITSUKI NODA 野田五十樹
MASAHIKO INAMI 稲見　昌彦
［編］

近代科学社

発刊のことば

日本は，からくり人形から始まり，ロボットアニメ，産業ロボット，人型ロボットなど，世界に先駆けてロボット分野を牽引してきた。近年では，欧米でもロボットが盛んに研究開発され，お掃除ロボット，ドローンによる宅配，IoT と結びついた自動倉庫システムなどが，世界のトップを競っている。また，先進国では少子高齢化が進み，労働者不足や，技術の伝承が困難になるといったことが大きな社会問題となっている。その解決策としても，ロボット技術には大きな期待が寄せられている。

ロボットには「人の仕事を助ける」，「人の代わりに仕事を効率的にこなす」，「人ができない仕事をする」，という 3 つの役割が期待される。日本でも，人の代わりや人の支援ができるロボットの必要性が叫ばれており，人間と共存するロボットやロボット技術が，我々の将来の行く末を決める重要なカギとなっている。また，東日本大震災における福島第一原子力発電所の事故では，廃炉まで 30〜40 年の歳月を要すると言われており，ロボット技術なくしては対応が困難である。さらに，東京オリンピック開催決定をきっかけに，車の自動走行の実現，ワールドロボットサミットの開催など，ロボット技術に寄せられる期待はますます大きくなっている。

一方，2016 年 3 月に，「囲碁の人工知能 (AI) “アルファ碁” と世界で最も強い棋士の一人が対戦し，通算成績はアルファ碁の 4 勝 1 敗」，および「人工知能創作小説が “星新一賞” 1 次審査を通過（登場人物の設定や話の筋，文章の「部品」に相当するものを人間が用意し，AI がそれをもとに小説を自動的に生成）」というビッグニュースが流れた。また，巷では “深層学習” という言葉が飛びかうようになり，AI ブームが再来している。このように，近年の AI の進化は素晴らしく，これによりロボットの頭脳も大きく変わる可能性を秘めている。ただし今後は，AI を，囲碁などの盤面（環境）が限られたいわゆる “閉じた世界” から，自己の行動が果てしなく影響していく可能性のある “開いた世界” への対応へと深化させる必要がある。また，ロボットは身体を持っており，頭脳と身体の双方が進化しなければロボットの発展は望めない。

ロボットの進歩は，ともすれば部品や材料・機械設計・コンピュータソフトによるものと捉えられ，ロボットに必須の「制御技術」が見逃されがちである。ロボット工学に関する包括的なハンドブックとしては，日本ロボット学会が編集した『新版 ロボット工学ハンドブック』（コロナ社，2005 年）があるが，センサ・アクチェータから始まり，機構，制御，システム化技術，ロボット応用システムまで広範な領域をカバーしているがゆえに，いわゆる制御系に関する説明はそれほど詳しくはない。また，制御工学に関するハンドブックや事典に関しては，1983 年に計測自動制御学会が刊行した『自動制御ハンドブック 基礎編』および『自動制御ハンドブック 機器・応用編』などがあり，最近では『制御の事典』（朝倉書店，2015 年）が発刊されているが，一般論としての制御理論を網羅しているものの，ロボットのための制御といった観点は不足している。

本書は，なぜロボットに制御が必要なのか？ から始まり，モデリング→設計→実装まで一連の流れを理解し，実践できるようになることを目的としたハンドブックであり，2010 年に発刊された本書の姉妹書『ロボット情報学ハンドブック』と相互補完的な関係にある。『ロボット情報学ハンドブック』では，状況判断や意思決定など時定数が長いイベントを対象とし，ロボットの頭脳に焦点を当てた。これに対し，本書『ロボット制御学ハンドブック』では，頭脳と身体の相互の進化を図るために，身体を強烈に意識して，時定数の短いロボットの運動制御に焦点を当てた。一般性を求める制御理論を単に援用するのではなく，ロボットの制御に特化した領域を「ロボット制御学」と名づけ，ロボットを思いどおりに動かすためにロボットならではの制御技術が必要であることを知り，自分にとって必要とする制御技術が何かがわかり，ロボットを使えるようにするために，本書の出版を企画した。その根底には，環境と個体との相互作用を前提とした力学系が生物の運動知能を洗練させてきたという考え方が流れている。

本書は，導入編（第 1 章），基礎編（第 2～10 章），実装編（第 11～23 章），展開編（第 24～30 章），総括編（第 31 章）で構成されている。導入編では，ロボット制御学とは何なのかということや，本書の構成（地図）について説明し，ロボットの力学に基づいた運動制御の基本的な考え方について説明している。基礎編では，ロボットのモデリング，制御理論，実装技術について概観し，ロボットアーム・移動ロボット・脚ロボットを想定してそれらの基礎理論がどのように用いられるかの「さわり」を紹介するとともに，使う側と使われる側，すなわち人間とロボットの関わりについて解説している。実装編では，基礎編を踏まえてロボットを色々なカテゴリーに分け，各カテゴリー別にロボットに適したモデリングから制御までを完結してまとめている。展開編では，いくつかの具体的な作業を取り上げ，ロボットをいかに利用して作業を支援するかということについて解説している。総括編では，最終章としてロボット制御の歴史を振り返りながら，未解決問題を示し，ロボット制御の未来についての方向性を示している。このように，本書は読者が自身の興味に応じて読む章を選ぶことができるような構成となっている。

実は，本書の企画の話があったのは 2008 年頃のことであり，発刊まで多くの歳月を費やすことになった。これはひとえに編集幹事主査の責任であり，深くお詫び申し上げる。大須賀公一幹事には，二人三脚で本書の編集を担っていただき，何度も議論を重ね本書の骨組みを一緒に築いていただいた。深く感謝申し上げる。編集幹事会委員および編集委員の方々には企画段階から様々なご意見を頂くとともに，魅力ある章を完成頂いた。厚く御礼申し上げる。本企画に賛同いただき，お忙しい中，貴重な原稿をご寄稿いただいた 200 名以上の執筆者の方々に深く感謝申し上げる。また，なかなか進展しない企画や編集状況を辛抱強くお待ちいただき，叱咤激励いただき，終始本企画を支えていただいた近代科学社の小山透社長に深く感謝申し上げる。さらに，筆舌に尽くしがたいご苦労をおかけしてしまった編集幹事や筆が遅い執筆者を励まし，ときには休日にも熱心にそしていつも懇切丁寧にご対応いただいた近代科学社の石井沙知氏には，感謝の念に堪えない。お二人のご理解とご尽力が無ければ，本ハンドブックが世に出ることは叶わなかったであろう。

本ハンドブックが，ロボットの発展に少しでも寄与することができれば編者として望外の喜びである。

2017 年 11 月
秋深まる京都にて

『ロボット制御学ハンドブック』編集幹事会　主査　松野　文俊
幹事　大須賀公一
松原　　仁
野田五十樹
稲見　昌彦

■ロボット制御学ハンドブック　編集幹事会

主査	松野　文俊	京都大学
幹事	大須賀公一	大阪大学
	松原　仁	公立はこだて未来大学
	野田五十樹	産業技術総合研究所
	稲見　昌彦	東京大学

■各章編集委員

第 1 章	松野　文俊	京都大学,
	大須賀公一	大阪大学
第 2 章	川村　貞夫	立命館大学
第 3 章	田所　諭	東北大学,
	大須賀公一	大阪大学
第 4 章	吉川　恒夫	京都大学名誉教授
第 5 章	松野　文俊	京都大学,
	大須賀公一	大阪大学
第 6 章	浪花　智英	福井大学
第 7 章	石川　将人	大阪大学
第 8 章	山北　昌毅	東京工業大学
第 9 章	平田　光男	宇都宮大学
第 10 章	横小路泰義	神戸大学
第 11 章	大須賀公一	大阪大学
第 12 章	小俣　透	東京工業大学
第 13 章	三平　満司	東京工業大学,
	石川　将人	大阪大学
第 14 章	島田　明	芝浦工業大学
第 15 章	見浪　護	岡山大学
第 16 章	松野　文俊	京都大学
第 17 章	佐野　明人	名古屋工業大学
第 18 章	野波　健蔵	(株)自律制御システム研究所/千葉大学名誉教授
第 19 章	横井　一仁	産業技術総合研究所
第 20 章	並木　明夫	千葉大学
第 21 章	滑川　徹	慶應義塾大学
第 22 章	森島　圭祐	大阪大学
第 23 章	山田　陽滋	名古屋大学
第 24 章	羅　志偉	神戸大学
第 25 章	酒井　悟	信州大学
第 26 章	栗栖　正充	東京電機大学
第 27 章	吉田　和哉	東北大学
第 28 章	平井　慎一	立命館大学
第 29 章	佐久間一郎	東京大学
第 30 章	淺間　一	東京大学
第 31 章	有本　卓	大阪大学名誉教授

■執筆者一覧（五十音順）

青井　伸也	京都大学	8.5
青山　忠義	名古屋大学	19.11
浅井　徹	名古屋大学	6.3.10(1)〜(3)
浅野　文彦	北陸先端科学技術大学院大学	8.3/17.3.2
淺間　一	東京大学	第 30 章
Abderrahmane Kheddar	CNRS/産業技術総合研究所	19.7
天野　久徳	消防庁消防研究センター	15.5.4
鮎澤　光	産業技術総合研究所	19.2
新井　史人	名古屋大学	3.2.9/22.2.5/22.4.3
有泉　亮	名古屋大学	16.4/16.5/16.6.4
有本　卓	大阪大学名誉教授	第 31 章
安藤　慶昭	産業技術総合研究所	9.4.2
飯田　訓久	京都大学	25.2.3
池俣　吉人	帝京大学	17.3.3
石川　将人	大阪大学	7.1/7.2/7.4/7.8/13.1/13.7
石川　正俊	東京大学	20.3/20.5.1
石黒　章夫	東北大学	17.3.4
石原　秀則	香川大学	22.2.2
磯貝　正弘	愛知工科大学	22.2.1
井上　貴浩	岡山県立大学	28.3

執筆者一覧

氏名	所属	担当
井上 芳英（いのうえ よしひで）	(株)神戸製鋼所	11.4/11.5/11.6.1
岩ヶ谷 崇（いわがや たかし）	サイバネットシステム(株)	9.3.2
植村 充典（うえむら みつのり）	大阪大学	2.2.3/2.3.1〜2.3.3/2.4.1
内木場文男（うちこば ふみお）	日本大学	22.3.5
宇野 洋二（うの ようじ）	名古屋大学	6.3.9
遠藤 孝浩（えんどう たかひろ）	京都大学	3.5.3
王 碩玉（おう せきぎょく）	高知工科大学	24.3.3
大内 茂人（おおうち しげと）	早稲田大学	26.4.4
大倉 和博（おおくら かずひろ）	広島大学	21.7
大須賀公一（おおすか こういち）	大阪大学	1.3/3.1/3.6/5.5〜5.8/6.3.5/11.1/11.2/11.3.1/11.3.3/11.7/17.3.1
大隅 久（おおすみ ひさし）	中央大学	26.4.2
太田 憲（おおた けん）	オプティトラック・ジャパン(株)	24.2.3
大根 努（おおね つとむ）	(株)神戸製鋼所	11.4/11.5/11.6.1
大野 和則（おおの かずのり）	東北大学	3.5.2/26.3.1
大脇 大（おおわき だい）	東北大学	17.3.4
岡田 慧（おかだ けい）	東京大学	19.10
奥 寛雅（おく ひろまさ）	群馬大学	20.2
奥乃 博（おくの ひろし）	早稲田大学	3.5.4
小俣 透（おまた とおる）	東京工業大学	12.1/12.2.3/12.5.1/12.6
郭 書祥（かく しょしょう）	香川大学	22.3.3
梶田 秀司（かじた しゅうじ）	産業技術総合研究所	19.4
加藤 直三（かとう なおみ）	大阪大学名誉教授	13.6
金岡 克弥（かなおか かつや）	(株)人機一体／立命館大学	10.2.3/23.4.3
金森 哉吏（かなもり ちさと）	電気通信大学	3.4.1
金子 真（かねこ まこと）	大阪大学	4.4.2/20.4
金子 美泉（かねこ みなみ）	日本大学	22.3.5
釜道 紀浩（かまみち のりひろ）	東京電機大学	3.2.8
神永 拓（かみなが ひろし）	産業技術総合研究所	2.3.6
亀川 哲志（かめがわ てつし）	岡山大学	16.6.3
川﨑 晴久（かわさき はるひさ）	岐阜大学	4.2/11.3.2/12.3
川村 貞夫（かわむら さだお）	立命館大学	2.1/2.2.1/2.2.2/2.5
菅野 貴皓（かんの たかひろ）	東京医科歯科大学	10.3.4/10.4.2
菊植 亮（きくうえ りょう）	広島大学	2.3.4
北原 成郎（きたはら しげお）	(株)熊谷組	26.2.1
衣笠 哲也（きぬがさ てつや）	岡山理科大学	15.3/15.5.3
國吉 康夫（くによし やすお）	東京大学	19.12
倉林 大輔（くらばやし だいすけ）	東京工業大学	21.5
栗栖 正充（くりす まさみつ）	東京電機大学	4.4.1/4.4.3/26.1/26.6
玄 相昊（げん そうこう）	立命館大学	8.4/17.4.1/19.6
小池 武（こいけ たけし）	(株)神戸製鋼所	11.4/11.5/11.6.1
古賀 雅伸（こが まさのぶ）	九州工業大学	9.3.4
小西 聡（こにし さとし）	立命館大学	22.3.4
小林英津子（こばやし えつこ）	東京大学	29.2.2/29.2.4
小林 泰介（こばやし たいすけ）	奈良先端科学技術大学院大学	19.11
小林 宏（こばやし ひろし）	東京理科大学	23.5.2
小森 雅晴（こもり まさはる）	京都大学	3.3
小柳 栄次（こやなぎ えいじ）	(株)移動ロボット研究所	15.5.6
根 和幸（こん かずゆき）	日本電気(株)	21.6
近野 敦（こんの あつし）	北海道大学	6.5
齊藤 健（さいとう けん）	日本大学	22.3.5
酒井 悟（さかい さとる）	信州大学	25.1/25.3.1/25.4
坂本 登（さかもと のぼる）	南山大学	13.2
佐久間一郎（さくま いちろう）	東京大学	29.1/29.7
桜間 一徳（さくらま かずのり）	鳥取大学	21.3
佐藤 和也（さとう かずや）	佐賀大学	6.3.10(4)
佐藤 訓志（さとう さとし）	大阪大学	7.7/17.4.2
佐野 明人（さの あきひと）	名古屋工業大学	17.1/17.3.3/17.5
皿田 滋（さらた しげる）	筑波大学	26.5.1
柴田 瑞穂（しばた みずほ）	近畿大学	28.4
島田 明（しまだ あきら）	芝浦工業大学	14.1.1/14.2/14.4.3/14.6
下条 誠（しもじょう まこと）	電気通信大学名誉教授	12.5.2
城間 直司（しろま なおじ）	茨城大学	26.4.1
杉原 知道（すぎはら ともみち）	大阪大学	2.2.4/2.3.5/2.4.3/8.2/17.2.1/19.3
杉原 久義（すぎはら ひさよし）	トヨタ自動車(株)	14.5.3
杉本 靖博（すぎもと やすひろ）	大阪大学	17.3.1
鈴木 健司（すずき けんじ）	工学院大学	22.3.1
鈴木 陽介（すずき ようすけ）	金沢大学	3.5.3
鈴森 康一（すずもり こういち）	東京工業大学	3.2.7/22.2.4
関 弘和（せき ひろかず）	千葉工業大学	24.5
関本 昌紘（せきもと まさひろ）	富山大学	6.3.6/第 31 章
関山 浩介（せきやま こうすけ）	名古屋大学	19.11
妹尾 拓（せのお たく）	東京大学	20.5.1
高岩 昌弘（たかいわ まさひろ）	徳島大学	23.3.2
鷹羽 浄嗣（たかば きよつぐ）	立命館大学	6.3.3
高橋 隆行（たかはし たかゆき）	福島大学	14.4.2
武内 将洋（たけうち まさひろ）	明石工業高等専門学校	20.5.3
竹内 大（たけうち まさる）	名古屋大学	22.3.2/22.4.1/22.4.2

氏名	所属	執筆箇所
武居 直行	首都大学東京	23.5.1
竹森 達也	京都大学	16.5
伊達 央	筑波大学	6.3.2
田中 孝之	北海道大学	23.3.1
田中 基康	電気通信大学	16.2～16.4
田原 健二	九州大学	2.4.2
千田 有一	信州大学	25.3.3
鄭 聖熹	大阪電気通信大学	14.5.5
鎮西 清行	産業技術総合研究所	29.3.2/29.4/29.6
塚越 秀行	東京工業大学	3.2.5/3.2.6
辻 敏夫	広島大学	12.5.4
土屋 和雄	京都大学名誉教授	1.4
坪内 孝司	筑波大学	26.3.2
積際 徹	同志社大学	23.4.1
鶴賀 孝廣	元(株)本田技術研究所	14.5.1
出口光一郎	東北大学	4.5
友近 信行	(株)神戸製鋼所	11.4/11.5/11.6.1
友納 正裕	千葉工業大学	4.3
永井 伊作	岡山大学	15.5.2
長阪憲一郎	ソニー(株)	19.5
長坂 善禎	農業・食品産業技術総合研究機構	25.2.4
中島 正博	名古屋大学	22.3.2/22.4.1/22.4.2
永田 和之	産業技術総合研究所	12.5.5
永谷 圭司	東北大学	15.2/15.5.1
中西 弘明	京都大学	3.4.2/3.5.5
長野 明紀	立命館大学	24.2.1/24.2.2
中村 文一	東京理科大学	7.5
中村 亮介	(株)日立製作所	14.5.4
浪花 智英	福井大学	6.1/6.2/6.6
並木 明夫	千葉大学	20.1/20.5.2/20.6
滑川 徹	慶應義塾大学	21.1/21.2/21.9
西田 吉晴	(株)神戸製鋼所	11.4/11.5/11.6.1
野口 伸	北海道大学	25.2.1
野中謙一郎	東京都市大学	7.6
野波 健蔵	(株)自律制御システム研究所/千葉大学名誉教授	13.4/第 18 章/21.8
則次 俊郎	津山工業高等専門学校/岡山大学名誉教授	23.3.2
橋本 浩一	東北大学	11.6.2
橋本 秀紀	中央大学	6.3.4
橋本 洋志	産業技術大学院大学	9.3.3
橋本 稔	信州大学	3.4.3
長谷川晶一	東京工業大学	3.2.1～3.2.4
長谷川 肇	(株)安川電機	26.5.3
長谷川泰久	名古屋大学	19.11
畑中 健志	東京工業大学	21.4
原 進	名古屋大学	23.2
原 雄介	産業技術総合研究所	22.3.6
原田 研介	大阪大学	12.4/19.8
原田 祐志	広島大学	17.3.2
東森 充	大阪大学	20.4
平井 慎一	立命館大学	2.3.7/28.1/28.7
平田 光男	宇都宮大学	9.1/9.2/9.5
平田 泰久	東北大学	10.2.4/10.4.3/10.4.4
平塚 祐一	北陸先端科学技術大学院大学	22.4.4
平林 丈嗣	海上・港湾・航空技術研究所	26.5.2
広瀬 茂男	東京工業大学名誉教授/(株)ハイボット	16.6.1
深尾 隆則	立命館大学	25.2.2
福井 善朗	立命館大学	2.4.4
福田 修	佐賀大学	12.5.4
福田 敏男	名城大学	19.11/22.3.2
藤川 智彦	大阪電気通信大学	24.3.1
藤本 健治	京都大学	6.3.7/7.3/17.4.2
藤本 康孝	横浜国立大学	15.5.5/17.2.2
渕脇 大海	横浜国立大学	22.2.3
古荘 純次	(一財)ファジィシステム研究所/大阪電気通信大学	24.3.1
古屋 弘	(株)大林組	26.2.2
馬 書根	立命館大学	16.6.2
正宗 賢	東京女子医科大学	29.3.1
松野 文俊	京都大学	1.1/1.2/1.5/5.1～5.4/16.1～16.4/16.6.4/16.7/21.6
松本 治	産業技術総合研究所	14.1.2/14.3/14.4.1/14.5.2
丸尾 昭二	横浜国立大学	22.2.6
水内 郁夫	東京農工大学	19.13
三田 宇洋	マスワークス合同会社	9.3.1
光石 衛	東京大学	29.2.1/29.2.3

執筆者一覧

氏名	読み	所属	担当
湊　達治	みなと たつじ	(株)神戸製鋼所	11.4/11.5/11.6.1
見浪　護	みなみ まもる	岡山大学	15.1/15.4/15.6
宮崎　文夫	みやざき ふみお	大阪大学	20.5.3
村上　則幸	むらかみ のりゆき	農業・食品産業技術総合研究機構	25.3.4
村田　智	むらた さとし	東北大学	22.4.5
毛利　哲也	もうり てつや	岐阜大学	12.5.3
茂木　正晴	もてき まさはる	国土交通省 関東地方整備局	26.4.3
森澤　光晴	もりさわ みつはる	産業技術総合研究所	19.9
森島　圭祐	もりしま けいすけ	大阪大学	22.1/22.2.7/22.3.7/22.4.6/22.5
森田　良文	もりた よしふみ	名古屋工業大学	23.2
諸麥　俊司	もろむぎ しゅんじ	中央大学	23.3.1
柳原　好孝	やなぎはら よしたか	東急建設(株)	26.2.3
山内　康司	やまうち やすし	東洋大学	29.5
山川　雄司	やまかわ ゆうじ	東京大学	20.3
山北　昌毅	やまきた まさき	東京工業大学	8.1/8.4/8.6
山口　哲	やまぐち さとし	Waterloo Maple Inc.	9.3.2
山﨑　信行	やまさき のぶゆき	慶應義塾大学	9.4.1
山下　淳	やました あつし	東京大学	3.5.1
山田　克彦	やまだ かつひこ	大阪大学	13.3
山田　学	やまだ まなぶ	名古屋工業大学	13.5
山田　陽滋	やまだ ようじ	名古屋大学	23.1/23.4.2/23.6
大和　信夫	やまと のぶお	ヴイストン(株)	14.5.6
山本　聡史	やまもと さとし	秋田県立大学	25.3.2
山本　透	やまもと とおる	広島大学	6.3.1
余　永	よ えい	鹿児島大学	4.4.4
横井　一仁	よこい かずひと	産業技術総合研究所	19.1/19.14
横小路泰義	よここうじ やすよし	神戸大学	10.1/10.2.1/10.2.2/10.3.1～10.3.3/10.4.1/10.5
吉川　恒夫	よしかわ つねお	京都大学名誉教授	4.1/4.6/6.4
吉田　英一	よしだ えいいち	産業技術総合研究所/CNRS	19.7
吉田　和哉	よしだ かずや	東北大学	第 27 章
米田　完	よねだ かん	千葉工業大学	第 18 章
羅　志偉	ら しい	神戸大学	24.1/24.3.2/24.4/24.6
若松　栄史	わかまつ ひでふみ	大阪大学	28.5
和田　尭	わだ たかし	(株)神戸製鋼所	11.4/11.5/11.6.1
和田　隆広	わだ たかひろ	立命館大学	2.4.4/28.2
渡辺　桂吾	わたなべ けいご	岡山大学	6.3.8/15.5.2
渡辺　哲陽	わたなべ てつよう	金沢大学	12.2.1/12.2.2
王　忠奎	わん づんくい	立命館大学	28.6

※所属は 2017 年 11 月時点のものです。

目 次

ROBOT CONTROL HANDBOOK

第5章 制御基礎 183

第6章 ロボットアームの制御 215

第7章 車輪型移動ロボットの制御 256

第10章　ヒューマン・ロボットインタラクション 366

実装編

第11章　ロボットアーム 404

第 12 章　ロボットハンド　431

第 13 章　浮遊ロボット　459

第 14 章　車輪型倒立振子ロボット　492

第 15 章　四輪/クローラロボット　513

第 16 章　ヘビ型ロボット　537

第17章 二足歩行ロボット 565

第18章 多脚ロボット 599

第19章 ヒューマノイドロボット 619

第21章 群ロボット 676

第22章 マイクロ・ナノロボット 713

第 26 章　建築・土木作業支援　817

第 27 章　宇宙開発支援　844

第 28 章　柔軟物体のハンドリング　861

第 29 章 医療支援 887

第 30 章 災害対応支援 907

総括編

第31章 ロボット制御の歴史と未来 930

索 引 959

導　入　編

導入編では，本書におけるロボットのための制御系設計の考えかたを概説する。

第1章
ロボット制御へのいざない

第1章

ROBOT CONTROL HANDBOOK

ロボット制御へのいざない

1.1 はじめに

ロボットの語源は1920年にチェコスロバキア（当時）の小説家カレル・チャペックが発表した戯曲『R.U.R.（ロッサム万能ロボット会社）』において強制労働を意味する言葉であるRobotaであるとされている。ロッサム万能ロボット会社とは，人よりはるかに安価かつ効率的にあらゆる労働が行える画期的商品（人造人間）を開発・販売する会社である。この商品は原形質を化学的に合成して作った，人間とは異なる組成の肉体と人間そっくりの外見を持つロボットで，現在のSFで言うバイオノイドである。奴隷のように働くロボットにすべてを任せてしまった人間は堕落し退化してしまう。ロボットは心まで持っている人造人間であり，人間に強制労働をさせられることに不満を持つようになり，人間に反逆することになる。作品の発表された当時，欧米ではあらゆる工業製品が大量に生産され，生産効率が最重要視されていた。人間は生産ラインに組み込まれて，人間性が否定され機械に使われるような過酷な労働を強いられるようになった。この戯曲は，機械文明の行く末を暗示し，人類に警鐘を鳴らすものであった[1]。

その後，再びロボットが登場するには30年の年月を要した。1950年，アメリカのSF作家アイザック・アシモフが書いたSF短編小説『われはロボット』において，ロボット三原則

- 第1条：ロボットは人間に危害を加えてはならない。また，その危険を見過ごすことによって，人間に危害を及ぼしてはならない。
- 第2条：ロボットは人間に与えられた命令に服従しなければならない。ただし，与えられた命令が，第1条に反する場合は，この限りではない。
- 第3条：ロボットは，前掲第1条および第2条に反する恐れのない限り，自己を守らなければならない。

が提唱された[1]。

このようにロボットは戯曲やSF小説から出てきた言葉であり，ロボットの定義はないと言ってもいいかもしれない。すなわちロボットという言葉のもつイメージは個人によって大きく異なると考えられる。からくり人形を生み出した日本では，ロボットというとヒューマノイドロボットを頭に浮かべる人も少なくないようである。本節では人間の動作を実現できるロボットを題材として，ロボット制御学とは何なのかについて考えてみよう。

1.1.1 ロボットを創るとは?

まずは人間の動作を実現できるロボット（例えば鉄腕アトム）を作ることを考えてみよう（図1.1）。鉄腕アトムを作るためには，まず体を構成する，次に体を動かすためのアクチュエータを搭載する，そして感じるためのセンサを取り付ける，最後にそれぞれを統合し制御するための頭を作る，といった手順になるのではないだろうか。

鉄腕アトムの体を作るのは機械技術であり，アトムに搭載するセンサやアクチュエータを動くようにするのが電気技術であり，それらの基礎となっているのが化学，物理，数学であろう。そして，それぞれのコンポーネントができ上がっても脳がなければ鉄腕アトムは動かない。アトムを生み出すためには，それらを統合する制御技術は必要不可欠であり，制御の善し悪し

が賢いアトムと駄目アトムの差を生み出す。このようにロボットにとって制御は重要であることがわかる。ただし，どのような制御（制御理論）が中核になるかはロボットにどのようなタスク（作業）を要求しているかに大きく依存する。

以下では，ロボットを動かすためにはどんな制御が必要とされるかを，あるタスクを想定することによって考えてみよう[2]。

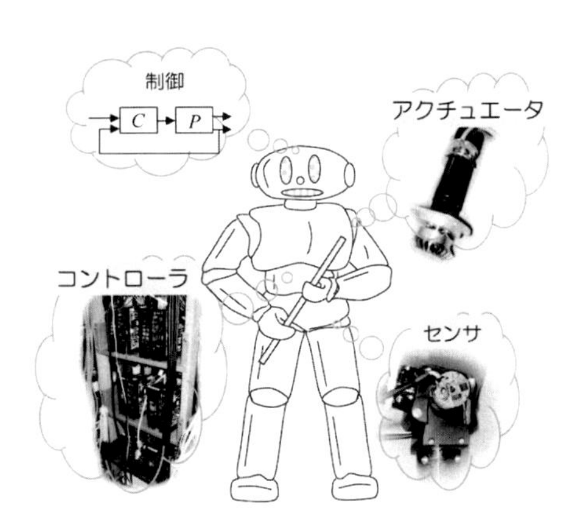

図 1.1　ロボット

1.1.2　ロボットを制御するには?

例えば，人間が物体を捕まえて思うように操る一連の動作を考えてみると，表 1.1 のように動作を分解できる。

表 1.1　タスク分解

タスク	要素	必要機能
⓪ 物体認識	目	センシング
① 移動	脚	センシング プランニング 制御
② リーチング	腕	センシング プランニング 制御
③ ターゲット トラッキング	目，腕	センシング プランニング 制御
④ 把持	腕（手）	センシング プランニング 制御
⑤ 操り	腕（手）	センシング プランニング 制御

まず，⓪ 目により対象物体（ターゲット）を認識する（図 1.2)。次に，① 遠くに対象物体がある場合には体全体の移動を行う。移動により対象物体に近づいて，十分に腕が届く位置まで移動すれば，移動を終了する。そして，② 腕を対象物体の位置まで持っていく（リーチング)。また，③ 対象物体が動いている場合には，対象物体を目で追いかけながら運動を予測し，腕を動かす。次に，④ 対象物体をうまくトラッキングできれば対象物体を把持する。最後に，⑤ 対象物体を把持したまま手（指）で物体を動かして自分の思うように操る。

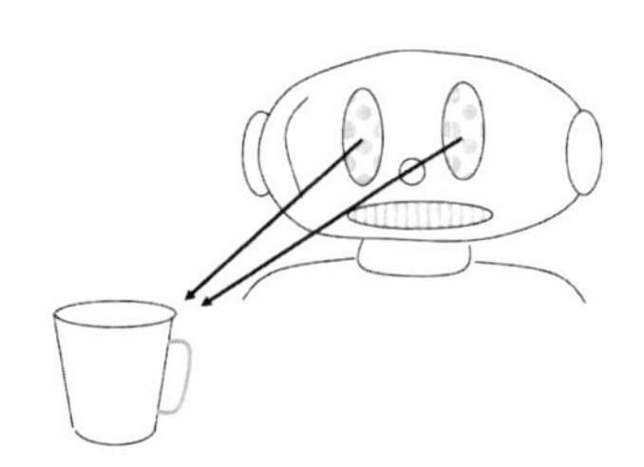

図 1.2　⓪ 物体認識

⓪ の物体認識もダイナミクスをもち，非常に重要ではあるが，ここでは直観的にわかりやすい ① ～⑤ の動作に注目する。では，① ～⑤ の動作についてその運動を表現するシステムの特徴を，制御という観点からもう少し詳しく見てみよう。

① の移動をロボットにより実現するためには，脚や車輪を用いる場合や，蛇のように体幹全体を用いる場合がある（図 1.3)。脚移動の場合，地面に接している脚（支持脚）と移動方向に振り出す脚（遊脚）を替えることにより，地面からの反力を得て推進する。その移動の本質は，支持脚と遊脚を替えることによって拘束を切り替えていることにあるように思える。脚による歩行全体は，脚の切り替えによってシステムが変化するシステムで，制御ではハイブリッドシステムと呼

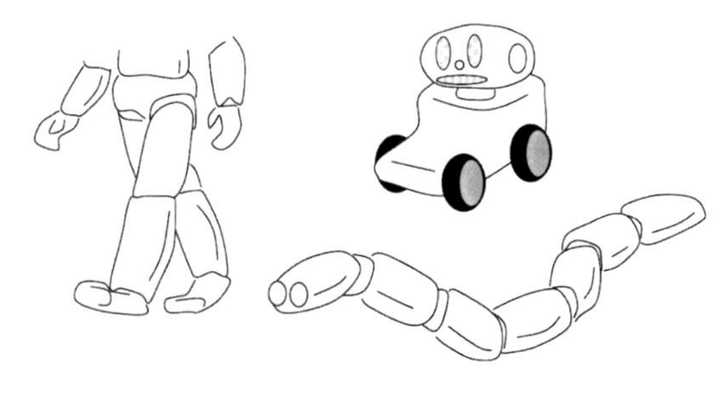

図 1.3　① 移動

ばれるシステムの一つである。

次に，車輪による移動の場合について考えてみよう。自動車の免許を持っている方にとって，取得の際の教習で最も不得意だった運転技術は何であっただろうか。多くの人は，縦列駐車や車庫入れと答えるのではないであろうか。これらの試練を乗り越えるためには，切り返しという技を習得しなければならない。

この運転技術はなぜ難しいのだろうか。その難しさの本質は車輪が横滑りしないことにある。車輪は車軸方向すなわち車輪の転がる方向に垂直な方向には動かず速度が零であるという速度拘束条件が，この技量の習得を困難にしている。数学的にはこの速度拘束条件は積分して位置の拘束条件に変換することができず，車輪型移動ロボットの運動は非ホロノミックシステムとして表現される。

また，足がなくても体幹全体を使って移動する蛇は大変興味深い生物である。体幹方向の摩擦が小さく，体幹に垂直な方向の摩擦が大きいという特徴を持っており，その摩擦の差を利用して体幹をうねらせて推進する。その特徴を受動車輪でモデル化することができるので，蛇ロボットは一種の車輪型移動ロボットと見なすこともできる[3]。

② のリーチングをロボットにより実現するためには，アームを用いることになる（図 1.4）。対象物体が静止しており，ロボット自身が止まっている場合には，対象物体を認識し対象の位置を特定した後，アームを対象物体まで移動させる。この場合は，センシング（物体認識）と制御は分離できる。アームの運動を力学的に記述すると，慣性力，コリオリ・遠心力，重力といった力とアームの関節に与えるトルクが釣り合うような運動方程式になり，強い非線形性をもったシステムとして表現される。

③ のターゲットトラッキングをロボットにより実現するためには，対象物体の動きを目で追従しながら運動を正確に観察，あるいは予測し，アームをその動きに合わせて動作させなければならない（図 1.5）。この場合にはセンシングと制御を切り離して考えることはできず，② のリーチングに比べると難しい動作であり，ハンドアイ非線形システムと呼ぶことにする。

図 1.4　② リーチング

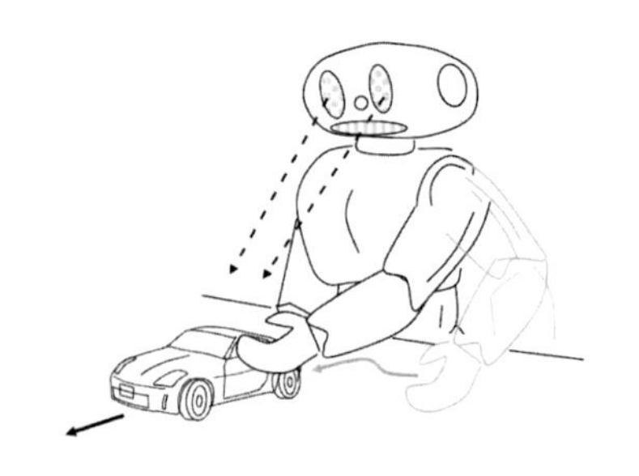

図 1.5　③ ターゲットトラッキング

④ の把持をロボットにより実現するためには，複数のアーム（指）を協調させて対象物体に与える力をうまくバランスさせなければならない（図 1.6）。例えば，2 本のアーム（指）で対象物体を把持する場合には，一方のアームと物体ともう一方のアームが繋がった状態を保持することが把持を実現していることになる。これは，位置の拘束条件を満足している非線形システムとして表現されるので，幾何拘束非線形システムと呼ぶことにする。

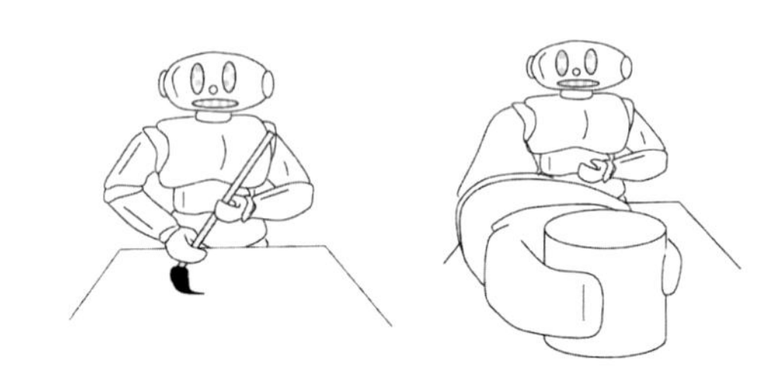

図 1.6　④ 把持

⑤ の操りをロボットにより実現するためには，アーム（指）が対象物体に与える力のバランスを保ちながら，物体の運動を生成させなければならない（図 1.7）。物体を操作する際にアーム（指）が滑らないようにすると，接触点では速度が発生しないという積分できない速度拘束をもった非線形システムとなり，非ホロノミックシステムとなる。

1.1.3　ロボット制御と制御理論の関係は？

さて次に，①〜⑤ の動作を，システムを制御すると

図 1.7　⑤ 操り

いう観点から考えてみよう。

① の脚移動の場合には，制御としては，生成された足の運び（歩容）を実現する軌道追従制御が必要となる。歩容生成にはCPG(Central Pattern Generator)[4]や強化学習[5]が用いられ，脚の軌道追従制御には様々な制御系設計法を適用できる。アクチュエータなしの二脚ロボットが重力を利用して下り坂を歩く，受動歩行[6]なども研究されている。車輪移動の場合には，制御としては切り替えを含む軌道を生成するような軌道計画と軌道追従制御が必要となる。簡単な2輪車，3輪車，トレーラなどについては，一種の標準系であるチェインドフォーム[7]や時間軸状態制御系[8]に変換した後に制御系を設計する方法がある。

② のリーチングの場合には，与えられた対象物体までの目標軌道に沿って軌道追従制御を行わなければならない。リーチング動作に対するシステムは制約条件を持たない非線形システムであり，考えている ①〜⑤ の一連の動作の中では簡単なシステムである。このシステムに対して，モデルに基づいて制御理論を適用して制御系設計を行うモデルベースト制御が非常に多く研究されている。また，受動性などシステムのもつ力学的特徴を生かした制御系設計を行うことを目指した，ダイナミクスベースト制御も非常に重要である[9–11]。

③ のターゲットトラッキングでは，固定されたカメラで対象物体を認識して制御する場合には，物体の運動を計測してその物体の運動を予想し，腕を制御することになる。この場合にはカメラの位置とロボットの位置との関係を正確に求められなければ制御はうまくいかない。このことから，アーム先端にカメラを取り付けて，カメラとアームを一緒に動かしながら，画像情報のみを用いてターゲットを追従するビジュアルサーボ[12]が研究されている。このように目と手の運動制御が一体化されてきており，計測系と制御系が一体化され，ダイナミクスが統合化されている。また，受動性に基づいてビジュアルサーボを捉える研究も興味深い[13]。

④ の把持動作の場合には，その運動は幾何拘束条件付き非線形システムとして表現され，対象物体に与える力のバランスを制御する力制御や，複数のロボット（指）の協調動作を生成する協調制御に対する制御系設計法として多くの手法を適用できる。

⑤ の操り動作の場合には，その運動は非常に複雑な非ホロノミックな非線形システムとして表現される。2本の指によるシステムの受動性に着目した操り制御についての研究もある[14]。

ここで，①〜⑤ の動作に対するシステムの特徴（捉え方）と必要とされる制御について表 1.2 にまとめておく。

表 1.2　システムの捉え方と必要とされる制御

タスク		捉え方	制御
① 移動	脚	ハイブリッドシステム	歩容生成，軌道追従制御
	車輪・蛇	非ホロノミックシステム	軌道計画，軌道追従制御
② リーチング		非線形システム	軌道追従制御
③ ターゲットトラッキング		ハンドアイ非線形システム	ビジュアルサーボ
④ 把持		幾何拘束非線形システム	力制御
⑤ 操り		非ホロノミックシステム	協調制御

このように，対象物体を認識して捕らえ，把持し操る動作ひとつとっても，フェーズによりその動作を表現するシステムは様々である。制御理論の進展により，それぞれのシステムに対していろいろな制御系設計法が適用できる。本書では，ロボットをその形態や機能から分類し，それぞれのシステムの特徴を生かした制御手法について解説していく。

1.1.4　本書の立ち位置

前項まででは，人間が物体を捕らえて把持し操る動作（タスク）を例に，システムの捉え方，タスク達成のための制御系設計法について考えてみた。その過程でまずわかることは，すべての場合を統一的にカバーしうる制御手法はまだできていないということである。そのような制御手法がもし存在するとすれば，あるいは共通概念が存在するとすれば，その核は力学ではないであろうか。なぜなら，ロボットを含めて我々は3

次元空間の力学的法則に支配されている物理世界に存在しているからである。

制御屋は狩猟民族に，電気屋や機械屋は農耕民族にたとえられる。これは，制御屋は対象（場所）を選ばず，対象（獲物）があるところに行って仕事をするといった意味である。制御屋の武器である制御理論は一般性をもち，どんな対象にも適用できることが望ましいとされている。システムが非線形であったとしても，非線形システムを標準形に，あるいは厳密な線形化や近似線形化を用いて線形システムに変換すれば，これまでの線形制御理論を援用できる。これは制御理論としては王道である。しかし，厳密な線形化はシステムの持っている特徴を消し去って標準形に変換しており，近似線形化は局所的には有効かもしれないが大域的な運動には対応できず，両者ともに少なからず強引さを感じる。人間の動作を考えても，非線形補償のような複雑な制御を行っているようには思えない。さらに，パラメータ変動に対するロバスト性を確保しようとするとさらに処理時間が必要となり，人間の処理能力を超えてしまうように感じられる。

ロボットは，剛体ボディを関節で結合した剛体多体系・それを駆動するアクチュエータ系・ロボットの内部状態と環境情報を取得するセンサ系・認識から判断に至るまでの情報処理系から構成され，それぞれのダイナミクスが複雑に絡み合ったシステムである。一見複雑で物理的本質が見えにくいダイナミクスではあるが，一般の非線形システムにはない固有の特徴があり，この特徴を生かした制御が理にかなっている。なぜなら，我々は地球という重力場で自然淘汰の末に生き残ってきたわけで，その力学にかなった運動知能を獲得しているはずであるからである。一般性を追求するのではなく，物理現象をつぶさに見ることによってその特徴を引き出し，力学構造を巧みに変えてやることで，システムの本質を突いたロバストでシンプルな制御が獲得できると考えている。

制御器はロボットの脳にあたるわけで，知能ロボットの実現において，その設計・構築は非常に重要である。また，人間の脳のメカニズムを理解するためにも制御的アプローチは重要な役割を果たすことに注意しておく。そして，既存の制御ではなく真の意味でロボット独特の制御が生まれれば，ロボットはより人間に近付き，さらには人間を超える超人間ロボットができるかも知れない。そのためには力学を深く探求する必要があると思われる。読者の方々には，本書を武器としてぜひチャレンジしていただきたい。

本書の姉妹本として『ロボット情報学ハンドブック』[1]が 2010 年 3 月に発刊されている。『ロボット情報学ハンドブック』では認知・判断・プラニングなど時定数が比較的大きい事象を対象にしている。これに対して，本書はダイナミクスを重視した時定数の短い運動を主な対象として，その制御に関する知見をまとめたものである。なお，『ロボット情報学ハンドブック』ではロボットの歴史・哲学・文化の章を設けてあり，蘊蓄本としての側面も入れ込んである。ぜひ，これらに興味のある読者には『ロボット情報学ハンドブック』のほうを参考にしていただければ幸いである。

＜松野文俊＞

参考文献（1.1 節）

[1] 松原，野田，松野，稲見，大須賀（編）：『ロボット情報学ハンドブック』，ナノオプトニクス・エナジー出版局 (2010).

[2] 松野，大須賀：ロボティクスにおける頭脳—制御理論—，『計測と制御』，42(2), pp.326–330 (2003).

[3] 松野：ヘビ型ロボット—生物の模倣から生物を超えたロボットへ—，『日本ロボット学会誌』，20(4), pp.261–264 (2002).

[4] Kimura, H., Fukuoka, Y. and Konaga, K.: Adaptive dynamic walking of a quadruped Robot using a neural system model, *Advanced Robotics*, 15(8), pp.859–878 (2001).

[5] 伊藤，松野：QDSEGA よる多足ロボットの歩行運動の獲得，『人工知能学会誌』，17(4), pp.363–372 (2002).

[6] 大須賀：受動的歩行を規範とした歩行ロボットと制御，『日本ロボット学会誌』，20(3), pp.233–236 (2002).

[7] Murray, M. and Sastry, S. S.: Nonholonomic motion planning: Steering using sinusoids, *IEEE Trans. on Automatic Control*, 38(5), pp.700–716 (1993).

[8] 三平：非ホロノミックシステムのフィードバック制御，『計測と制御』，36(6), pp.396–403 (1997).

[9] Arimoto, S.: *Control theory of nonlinear mechanical systems: A passivity-based and circuit-theoretic approach*, Oxford Univ. Press (1996).

[10] 大須賀：モデルベースト制御からダイナミクスベースト制御へ—ロボットにおける「表モデル」と「裏モデル」，『システム／制御／情報』，43(2), pp.94–100 (1999).

[11] 松野：柔軟メカニカルシステムのダイナミクスベースト制御—複雑なシステムの物理的本質をついた制御—，『計測と制御』，40(6), pp.417–425 (2001).

[12] 橋本：ビジュアルサーボにおける予測と感度，『計測と制御』，40(9)，pp.630–635 (2001).

[13] 丸山，河合，藤田：受動性に基づく非線形視覚フィードバック制御—安定性と L_2 ゲイン制御性能の解析—，『システム制御情報学会論文誌』，15(12), pp.627–635 (2002).

[14] 有本：行動による知能発達の数理的背景，『人工知能学会』，17(2), pp.208–213 (2002).

1.2 ロボット制御学とは

1.2.1 はじめに

ロボット学の大きな動機の一つは自然現象や生物の不思議を理解することにあるように感じられる。この究極の目標を達成するためには，直接的な方法と構成論的な方法の2つのアプローチがある。例えば，我々人間は自分自身を知りたいという知識欲なのか本能なのかを持っている。そのために，じっくり人間の運動や行動を観測し，人間自身の素晴らしさを理解するというのが直接的な方法である。これに対し，人間と同じ機能をもつ人工物を創る過程で人間の素晴らしさを理解するといったアプローチが構成論的な方法である。

また，ヒューマノイドロボット研究を構成論的アプローチと説明することもできる。人間の学習過程を理解するために，赤ん坊の成長過程を観察分析し，学習過程を解明することは意義が大きいと考えられる。人間の赤ん坊の成長をロボットの学習と重ね合わせて考えてみよう[1]。生まれたばかりの赤ん坊はただ寝ているだけであるが，そのうち外界の変化に反応するようになる。まず，手のひらにものが触れると指を折り曲げる動作を始める，腕や足を動かす，眼で動くものを追い，耳で聞いた音の方向へ顔を向ける，手で興味あるものを握ろうとする。自分の欲しいものを掴めない場合には，ただひたすら泣く。はじめはただただ手足をバタバタさせているだけであったのが，何かの拍子に，体がズリッと動き，自分の興味あるものに近づき，ハイハイを始める。そのうち，歩行器に乗って，足で床を蹴ってすごいスピードで移動するようになる。そうこうしているうちに，つかまり立ちを経て，二足歩行動作を獲得し，いつのまにか，かけっこもできるようになる。なんとも驚きである。二足歩行にしても走行にしても，人間の基本的な動作には個人間でそれほど大きな違いはないように思われる。人間はあり余る自由度を持っているにも関わらず，どうして同じような動作を獲得するのであろうか。冗長な自由度をどのように使うのかが人間の運動知能の根源のように思える。

さて，人間を含めた生物のもつ知能を，思考・論理などの高レベルの認知の問題として取り扱うことにより解明しようといったアプローチが人工知能であると思われる[1]。最近では，チェスや将棋だけでなく囲碁でも，コンピュータは人間の世界チャンピオン級の達人に勝利するようになった。また，深層学習などの言葉も飛び交っている。

では，人工知能の深化により，鉄腕アトムもすぐ実現できるであろうか。チェス・将棋・囲碁などは，限定された空間で，決められたルールの中で最適な手を探索する問題である。過去の人間の膨大な棋譜を記憶させ，現状に応じて最適な解を探索させることは，コンピュータパワーが十分であれば達成できる。これは，いわば閉じた空間での知能である。これに対して1980年代の後半にロドニー・ブルックスは，実世界（環境）とのインタラクションの重要性を指摘し，behaviour-based artificial intelligenceを提唱した。彼は人工知能屋であってロボット屋ではないことも興味深い。私たちが存在する地球上の生物の営みは，現実世界である環境と物理的相互作用に支配されており，開いた空間での知能を持ちえなければ，その生命体は自然淘汰で消滅する運命にある。ブルックスの考えは，少なくとも運動知能を考えた場合には有効なアプローチであると思われる。

人工知能はアラン・チューリングに源をたどることができるが，情報理論の創始者でもあるクロード・シャノンも1950年前後にチェスのコンピュータプログラムやピック・アンド・プレースするチェスロボットを趣味で製作していたようで，研究者としての器を感じさせられる。時をほぼ同じくして，1948年にノーバート・ウィーナーは著書 *Cybernetics or control and communication in the animal and the machine* を出版し，サイバネティクスを創始した。この歴史的著書のかなり長い序文は，MITおよびハーバード医科大学の研究討論会のことから始まっている。当時のハーバード医科大学の生理学主任教授はウォルター・B・キャノンであり，彼は著書 *The wisdom of the body* において，生体の持つ自己防衛機構，特に生態状態量の恒常的維持機構（ホメオスタシス）について目を向けている。その影響でウィーナーはホメオスタシスに興味をもち，これをフィードバック系の解析に結びつけようとしていた。その後，様々な経験や知識を基に，通信と制御に関する包括的な著書 *Cybernetics* を1958年に出版した。この第2版（1961年出版）では，非線形，ブラックボックス，多変量解析などについて触れられている。

現在において，サイバネティクスは自然科学，社会科学全般にわたる共通部分を扱っているといっていいであろう。ウィーナーは自身を数学者としているが，医学生物学の豊富な知識が新しい学問分野を開拓させたように感じられる。先に人工知能の新しい方向性をブルックスが示したと書いたが，実はクロード・ベルナールは1865年に『実験医学序説』のなかで環境と生体の相互作用を論じ，外部環境と内部環境の概念を提示している。まさに温故知新である。

1.2.2　日本伝統芸能・武道の奥義

本項以降では，環境との相互作用を前提とした生物の運動知能と力学系の本質について考察することによって，ロボット制御学について考えてみたい。

日本の伝統芸能や武道には「守破離」という奥義がある[1,2]。稽古を積む課程，すなわち修行における順序を表す言葉で，独自の境地を拓く道筋として，師の流儀を習い，励み，他流をも学ぶことを重視した教えである。「守」とは師匠の動きをまねて形を習得する段階である。運動のパターンすなわち形は，良い目を持っており，その関節運動パターンを再生でき，それを守る（トラッキングできる）運動能力を備えており，ある程度練習をすれば習得できそうである。しかし，この段階では師匠には到底勝てないであろう。当然師匠とは体型も筋力も違うわけで，伝授された形は師匠にとっては最適であっても，弟子には最適ではない。したがって，師匠と同じことをやっても勝てるわけはない。

次の段階の「破」とは，外から観察できる形だけでなく，本人しか感じることができない力の入れ方についてのコツを習得するような段階である。「守」の段階はハイゲインの軌道追従制御のようなもので，たぶん外から見ていても随所にガチガチに力が入っていて，師匠から力を抜いてリラックスしなさいとアドバイスがくるであろう。破の段階になるためには相当の修練を積まなければならず，形を忠実に守ろうとする殻を破り，その形を自分と照らし合わせて研究することが必要である。自分に合った，より良いと思われる形をつくることにより，既存の形を「破る」ことができる。これが師匠の教えがわかった段階であり，免許皆伝と言ってもいいかもしれないが，まだ師匠を超えることはできない。

破の段階を経た個人は，形から自由になり，形から「離れて」自在になり，何物にもとらわれない境地に到達する。これが「離」の段階である。学問研究にも同じように当てはめることができ，離の段階は新しい学問分野を拓くことであり，この境地に到達しなければ奥義は極められないわけである。

この奥義を運動知能の習得に当てはめてみると，タスク達成には肝となる形があって，まずその形を習得する。その形は重要なパターンであって，例えばゴルフやバッティングでも振り出しとインパクトの瞬間には形があり，その重要な形の間をいかにつなぐかが最大の問題であると言えよう。この基本パターンの獲得と，一つのパターンから別のパターンへの力みのないスムーズな移行が，技の本質のように思える。では，力みのない自然な動作とはなんであろうか。やはり，力学的に理に適った動作が技や巧みに直結しているように感じられる。

1.2.3　モデル

制御では操作すべき対象のことをシステムという。システムには自然現象から人工的現象まで，連続事象から離散事象まで，入力と出力があるものがすべて含まれる。制御において，システムのもつ挙動を数式として定式化したものをモデルと呼ぶ。モデルと制御は不可分な関係であり，制御ほどモデルを強烈に意識してきた分野はないであろう[3]。制御におけるモデリングは，入出力データが与えられたときのシステム同定から，ロバスト制御を意識したモデル集合を求める問題へと進展してきている。最近では，コンピュータの処理能力の飛躍的な向上を背景に，ビッグデータを活用するデータベース駆動型制御へと発展してきている。

システムの入出力データだけから制御戦略を導き出すことは，人工知能の枠組みでも深層学習など大きな進展があり，大きな期待が寄せられている。しかし，得られた制御戦略の意味の理解や他のシステムへの適用を考えた一般化など，普遍性の追求には至っていないように感じられる。物理学とは，物理現象の結果である入出力データを観察し，その現象をできるだけ忠実に再現できる数式を求めることにより，物理現象を理解する学問であると言ってもいいであろう。これに対し，工学はその理解を基に人間の役に立ち自然と調和できる人工物を設計・実現・実装する学問であると言えよう。その意味でも，システムの挙動を忠実に表したモデルの価値は大きい。

モデルは入出力データを説明できなければならないという意味で無矛盾性を要求され，さらに未来に起こり得る現象を予測できなければならない。モデルには汎用性が求められ，それゆえ普遍的でなければならない。普遍的なモデルが実際に構築できるかどうかは別にして，実世界を表現する手段としてのモデルは客観的でなければならない。モデルは人間が実世界をわかったと納得し了解するための一つの手段であり，もちろん万人が了解できる客観的モデルが望ましい。しかしながら，同一の対象に対して種々のモデルがあり，作る人によりモデルは千差万別である。では，同一の対象に対する種々のモデルは，何らかの変換（例えば，入力変換と座標変換）を用いれば一つの正準系とでも呼べるモデルに帰着できるであろうか。それは不可能であろう。なぜならモデルを作る人の主観が入ることによって，モデルの同型性が失われるからである。この主観こそがモデリングのセンスであり，モデルの良し悪しを決める大きな要因である。実世界に主観というフィルタを通して得られる客観的でないものをモデルと呼んでもいいのかもしれない。

では，このフィルタはどのような役目を果たしているのであろうか。モデルの作成者は対象や目的（タスク）に合わせてフィルタをうまく設計する。フィルタは与えられた対象において所望の目的を達成するために必要十分なモデルを導くための手立てであろう。これが，制御対象のモデルが適切に構成できれば制御屋の仕事の大部分は済んだと思ってもよいと言われている所以である。

本書で取り上げる主なモデルは，力学的なモデルすなわち時間発展する運動方程式である。先にも述べたが，モデルは自然現象を矛盾なく説明できる無矛盾性や厳密性や一般性をもつことが重要である。しかし，すべての現象をモデルで表現し，現象を再現あるいは予想することは不可能であろう。例えば，摩擦現象は静止摩擦，クーロン摩擦，スティク・スリップモデルなど様々なモデルが提案されているが，未だに完璧なモデルは存在しない。本書では，現実世界を表現できる客観的モデルに，タスクに依存したフィルタをかけて得られたものを，モデルと呼ぶことにする。このモデルの適用範囲や適応限界が明らかになっていれば，すなわち与えられたタスクを実現するのに十分なモデルであれば，有用であるし，ある意味で客観性を持っていると言ってもいいのではないだろうか[3]。本書では，このようにモデルを捉えたいと考えている。

1.2.4 モデルベースト制御とダイナミクスベースト制御

マニピュレータのモデリングと制御については多くの研究がある。マニピュレータのダイナミクスには慣性力，コリオリ・遠心力，重力などの項があり，強い非線形性をもつことが知られている。このダイナミクスは制御理論的には厳密な線形化が可能であり，入力変換を用いれば非線形システムを線形システムに変換でき，線形制御理論の様々な制御系設計法を活用できるため，何の問題もなさそうである。一方，産業用ロボットは各関節のハイゲインのPD制御で十分活躍し，日本の産業を支えてきた。なぜ，産業用ロボットはその強い非線形性にも関わらず，単純な線形フィードバックでうまく動いているのであろうか？　人間の動作を考えた場合にも複雑な非線形制御をしているようには思えない。

この疑問を解き明かしたのは，有本ら[4]である。彼らは，マニピュレータのダイナミクスをじっと眺めて，コリオリ・遠心力の項の一部がエネルギーに寄与しないことに対応するひずみ対称な性質を持つことをうまく使うと，各関節のハイゲインのPD制御で十分制御ができるということを，リアプノフの方法とラ・サールの定理を用いて数学的に証明して見せた[4]。ダイナミクスのもつ物理的本質をうまく捕らえて，数学を道具にして，鮮やかに証明したのである。

現状では，マニピュレータの制御則の設計指針は，大きく分けて2通りの考え方がある。一つはマニピュレータを数理的な非線形システムとして捉えて制御しようとするモデルベースト制御であり，もう一つは，マニピュレータを力学系として捉えて制御を考えるダイナミクスベースト制御である[5, 6]。前者はいわゆる非線形制御理論の枠組みで議論しようとするものであるが，マニピュレータの場合，それが持つ非線形項をキャンセルし標準形に変換することを基本とする。この非線形特性のキャンセルにより，マニピュレータの固有の力学的本質をも消し去ってしまっている。後者は，マニピュレータのもつ非線形特性を踏まえた上で，その力学的特質を利用して制御系を構成しようとするものである。そこでは，マニピュレータ系が有する受動性（関節への入力トルクを入力，関節角速度を出力とみなす）が重要な役割を果たしている[7]。

有本らは，2本指によるピンチング動作の動力学的解析を通じて，非線形の運動方程式と面接触という拘束条件を受けているシステムに対して，線形和としてフィードバック信号が重ね合わせ可能であることを示している[8]。これは，それぞれのフィードバック信号を独立に学習してそれらを重ね合わせればよいことを示唆しており，興味深い。また，指に柔軟性がある柔軟2本指による物体把持に関しても，柔軟性を分布定数系としてモデル化し分布定数系としての閉ループ系を安定化する，ロバストで簡便な各軸のPDS（PD+Strainフィードバック）制御則が導出されている[9]。

2000 年頃から，マニピュレーションだけでなく歩行に関しても受動的な歩行が研究されてきている。アクチュエータを全くもたない自由関節で結合された二足の歩行ロボットが重力を利用して下り坂をトコトコと歩いていく。その基本原理は図 1.8 に示す坂道を下りていく玩具と同じである。

図 1.8　受動歩行の玩具

最初にこの受動二足歩行ロボットを作ってみせたのはマクギア (T.McGeer) である[10]。彼のロボットは 2 次元平面内の歩行に限定されていたが，重力に身を任せて歩行しており，その歩き方は極めて人間に近い。2001 年にはコーネル大学のグループにより腰を回転させるような運動を加えた 3 次元的な受動歩行ロボットが報告されている[11]。アクチュエータを持たないので平地や上り坂は歩けないが，環境との衝突という相互作用を通じて，ポテンシャルエネルギーを運動エネルギーに変えて自然に滑らかに歩いていく。これこそ究極のダイナミクスベースト制御かもしれない。1.2.2 項で形から形へのスムーズな移行が技の本質ではないかと述べたが，力みのないダイナミクスベースト制御がまさにそれではないかと考えている。

また大須賀らは，下り坂の傾斜を変化させると歩行パターンが変わることを実験的に確認した[12]。最初，「トン，トン，トン，トン」と坂を下っていた受動二足歩行ロボットが，坂の傾斜を増加させていくと，ある角度から「トン，タ，トン，タ」と別の歩行パターンに遷移する。さらに傾斜を変えていくとまた歩行周期が変化して，実験では確認できないが最後はカオス状態になる。歩行には非線形現象が深く関わっているようである。

四足の馬などは，その移動速度によってウォーク，トロット，ギャロップと主に 3 つの歩行パターン（歩容）を使い分けている[13]。実はそれらの歩容がそれぞれの移動速度においてエネルギー最小を達成していることが解明されている[14]。また，6 足の昆虫にも，ウェーブ，メタクロナル，トライポットといった歩容がある[15]。これらの歩容は，各足に非線形振動子を設けそれらを相互に結合させる CPG により生成されることが神経行動学の研究[16, 17] からわかっている。生物の運動メカニズムは非線形性に満ち満ちているのである。

線形システムに対する制御系設計に関しては，古典・現代・ロバスト制御と発展を遂げて，現在では数学的に安定性やパフォーマンスを保証した制御器を，CAD などを用いて容易に設計できるようになっている。線形システムでは，一般論を展開し，標準形を基に無矛盾な美しい理論体系を構築できた。しかし，歩行のようにシステムが切り替わるハイブリッドシステムや非線形システムに関してはまだまだ発展途上である。非線形システムの標準形を定義し，それに基づいた一般的な制御理論を考察することは美しい理論体系を構築するための重要なアプローチであろうが，なかなか困難でもある。生物システムは非線形であることにその運動知能の根源があるように思う。制御の一般論を援用することで生物システムの知能の本質を解き明かすより，生物システムがもつ固有の性質を抽出しその特徴を生かしてアプローチするほうが有効ではないだろうか[1]。

1.2.5　生物に学ぶ

1.2.2 項で「守破離」について述べたが，生物に学び生物を超えるロボットを開発するアプローチも守破離で説明できる。例えば，生物の運動原理や運動知能を理解・解析する段階が「守」，その理解の基に生物のもつ機能をもつロボットを実現する段階が「破」，生物の運動原理や運動知能を超え，形も全く異なる人工物としてのロボットを創る段階が「離」である。

脚がなくても移動するできる蛇は，単に移動するだけでなく，枝渡り，巻き付き，ジャンプ，滑空など様々な機能を有している。ここでは，生物の蛇を対象として研究開発が進められているヘビ型ロボット（図 1.9）について考えてみよう。蛇には 4 つの歩容モード (serpentine, side-winding, concertina, rectilinear) があることが知られている[18, 19]。蛇は足がないのになぜ推進できるのかという疑問には，20 世紀前半に生物学者が，蛇は体幹方向の摩擦が小さく，体幹と垂直な方向の摩擦が大きいという摩擦の異方性をもっており，それが移動の鍵であるという答えを出した[18]。その特徴をいかに工学的に実現するかが，ヘビ型ロボットの製作のポイントであった。広瀬は，蛇の摩擦特性をリンクに

図 1.9 ヘビ型ロボット

受動車輪を配置することにより実現し，そのリンクをモータで駆動される関節により結合する機構を考案した。蛇のうねり推進の軌跡をサーペノイド関数として定義し，先頭関節に位置指令として正弦波を投入し，それを順次位相を遅らせて後方の関節に入力することにより，世界で初めてヘビ型ロボットによるうねり推進を実現した[20, 21]。正弦波の位相を遅らせて伝達するこの推進パターンは，脚ロボットの歩容を生成する CPG を用いても獲得できる。最近では水中ヘビ型ロボットについても研究開発が進んでいる[22, 23]。

では，制御理論をベースにして生物の蛇のような自然なうねり推進を生成できるであろうか？ まず，蛇は体幹に垂直な方向の摩擦が大きいということを物理的にモデル化すると，受動車輪は横滑りしない，すなわちヘビ型ロボットの体幹に垂直な方向には速度が生じないという速度拘束として表現される。この非線形な速度拘束式は，積分して時間微分を含まない，幾何学的拘束式に変形できない非ホロノミックな拘束式である。制御理論的には冗長自由度と非ホロノミック性をもつ非線形システムであり，制御理論家の興味をそそった。

Burdick ら[24]，Chirikijian ら[25] は，蛇のサイドワインディング走行の運動学について議論している。Ostrowski ら[26] は微分幾何学の手法を用いて，ヘビ型ロボットなどを含む非ホロノミックシステムに対して可制御性の性質を解析している。Prautesch ら[27] はラグランジュ乗数を導入し，車輪拘束ヘビ型ロボットの運動方程式を導出し，リアプノフの方法を用いて制御則を導出した。しかし，その制御則を適用すると，ヘビ型ロボットは特異姿勢である一直線や円弧の形態に収束してしまい，入力が発散してしまう。そこでシステムの冗長性によって生じる入力の零空間をうまく用いて動的可操作性や横拘束力の指標を最適化することにより，特異姿勢へは収束せず，うねり推進運動を生成することが示された[28]。また，受動車輪による速度拘束と冗長度の関係が明らかにされ，多様なタスクを実現する制御則や受動車輪の配置法が提案されている[29]。

生物の蛇の場合，環境と蛇の体幹との接触点は固定ではなく，環境に合わせて接触点を変化させている。蛇は高速移動時に体幹の曲率の高い部分を地面から浮かせる sinus-lifting という滑走モードを用いる。なぜこのような滑走をするのか非常に興味深い[30]。これはヘビ型ロボットでは受動車輪の配置を適応的に変化させていることに対応しており，モデル化すると拘束条件が切り替わるハイブリッドシステムとなる。現在の制御理論ではまだまだ未解決の部分である。蛇に学ぶとハイブリッドシステムに絶妙な制御則が見つかるかもしれない。

1.2.6 冗長性の拘束と学習

人間はその冗長性を巧みに使って，素晴らしい技をする。人間の腕は指の自由度を除けば 7 自由度である，物体の自由度は 6 であるので，自分の思う位置姿勢に手をもっていくためには 1 自由度余分である。人間はこの冗長度を与えられたタスクによってうまく使い分ける。例えば物体を胸の前で両手でもって位置と姿勢を固定した場合には，腕を脇につけるか，体から離すかの自由度が残される。まず，水をいっぱい入れたコップを両手で胸の前で持って，なるべく水をこぼさないように走るためには，人間はどうするであろうか。多くの人は腕を体から離し，腕を柔らかくして，走ることによって生じる体の上下動をなるべくコップに伝えないようにする。では，今度は雑誌を両手で胸の前で持って読みながら走る場合に，人間はどうするであろうか。これも実際にやってみればわかるが，腕を脇にぴったりつけて，体と雑誌を一体化させて走ったほうが読みやすい。コップのタスク達成には，コップに上下動が生じないようにする，すなわちコップの絶対的な高さを一定に保つことがポイントになる。では，雑誌の場合はどうであろうか。この場合には，雑誌と人間の目の相対的な位置と姿勢の関係を一定に保つことがタスク達成の鍵となる。このように人間は与えられたタスクに対して冗長自由度をうまく使うことによって，より効率のよい運動を生成することができる。

コップと雑誌の例は最も簡単な例であり，直感的にも合点がいく。では，もっと冗長自由度が多い超冗長系に対しては，どのようにそのあり余った自由度を使うのであろうか？　本節の冒頭で赤ん坊の学習について触れたが，数自由度のシステムであれば強化学習の枠組みが有効であり，事前知識なしで運動知能を獲得できる。実際，肩と足の付け根にアクチュエータをもつアクロバットロボット（図1.10）に，重心位置の高さを報酬としてシミュレーションにより鉄棒の蹴上がり技を学習させると，蹴上がり動作を獲得し，実験をしてみたところ見事に動いた。これには感動した。

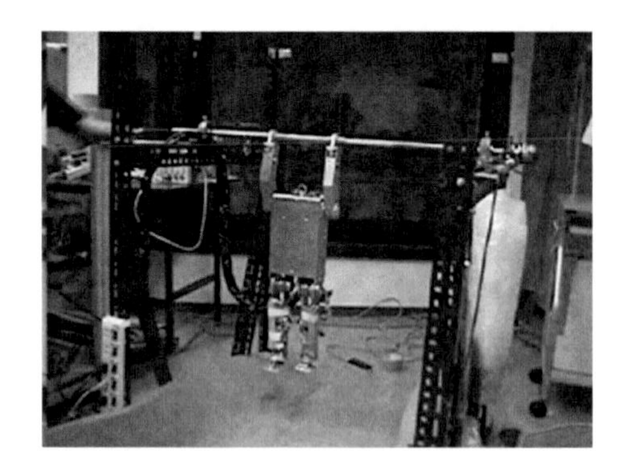

図 1.10　アクロバットロボット

ただ，人間とは異なる動作で鉄棒に上がった。人間の鉄棒選手の蹴上がりを見ると，足を前に振って足を蹴り，反動を生かして一度でポンと鉄棒に上がる。これに対してアクロバットロボットは，まず足を前に振り出すものの，その後に足を蹴って反動をつけることはせず，もう一度ブランコのように後ろから前にスイングして，2回目で足を蹴って鉄棒に上がった。なぜ，アクロバットロボットは人間の動作と異なる動作の蹴上がりを実現したのであろうか？　これは学習したロボット自身に聞かないとわからないわけであるが，我々は予想することはできる。このアクロバットロボットは，大車輪や宙返り降りなど他のタスクも実現するために，モータをすべて本体に配置し，足や腕の関節の駆動にはプーリとワイヤを用いた。滑車は摩擦が大きく，エネルギー損失も大きい。アクロバットロボットは非力で，人間と同じように1回足を振り出した後すぐに足を蹴って鉄棒に上がるだけのパワーがなかったと考えられる。したがって，もし人間と同じような関節角軌道を設計し，それに追従するような制御を実装しても，アクロバットロボットは蹴上がりを実現できない。「守破離」の守から破の段階に行かないと自分の技にはできないわけであり，アクロバットロボットは自身の身体に合った技を学習によって獲得したといえる。身体性の重要さを痛感し，「知能は身体に備わる！」の意を強くした[1]。

これに味をしめて，ヘビ型ロボットの推進運動の獲得や12足の歩行ロボットの歩行パターンの獲得を試みたが，なかなかうまくいかない。自由度が多すぎて探索空間が膨大になり，組合せ爆発を起こして学習ができないのである。そこで超冗長系の学習について考えてみた。

強化学習は事前知識なしで行為を獲得する枠組みである[31]。生物システムを考えた場合，その形態をリンク構造とみなすことができ，ダイナミクスはロボットなどと同じ動特性方程式として表現される。力学系からわかったことは，アクチュエータがパワー不足でない限り，各軸のPD制御やPDS制御で干渉の強い非線形システムであっても制御ができるということである。そうすると，生物システムの運動知能を考える場合，ダイナミクスベースト制御である各軸のPD制御やPDS制御を前提として学習アルゴリズムを構築してもいいのではないだろうか。さらに，このような前提で獲得された運動知能を，生物が地球という環境下で獲得し遺伝子に埋め込まれた根源的な運動知能「ダイナミクスベーストインテリジェンス」と考えてもいいのではないであろうか。

赤ん坊のハイハイ動作獲得でも，内部状態である自分の手足をどのように動かしているか，すなわち，その入力トルク（筋力）と出力（各関節角度），そのとき外部状態である環境からどんな反力を受けているかなどの情報は，赤ん坊自身が体を通じて知りえるわけである。自分でイメージしたようなコマンドを身体が実現できるとは限らない。どの程度の指令値なら身体が遂行できるかを学習しながら，環境との相互作用を通して自分の運動を評価し，指令値を修正し，タスクを実現する行為を獲得するのではないだろうか。これが身体性に基づく運動知能獲得といえるかもしれない。

ダイナミクスベースト制御に基づいて各関節が指令値に収束することを前提とし，超冗長系に有効な学習アルゴリズムを考えた。図1.11に示すように提案した学習器は階層構造をもち，ダイナミクスベースト制御に従って各内部状態をローカルにフィードバックする下層と，各内部状態の目標軌道のプランニングを行う上層からなる。上層における学習機構は，強化学習を行う行動獲得ダイナミクスと，強化学習における行為空間を生成する行為空間生成ダイナミクスの2つのダイナミクスから構成される。下層で，ある各関節が上層からの指令値に収束する場合，指令値を行為そのものと考えてよい。したがって，行為を限定すれば行為を実行した後の状態空間は閉じたものになり，超冗長系の探索空間から閉じたサイズの小さい探索空間を抜き出すことができる。身体側のパワー不足で指令値に収束できない場合には，行為（指令値）に対してペナルティを上層に返す。このように冗長自由度をある程度拘束し探索空間を限定して学習を行い，その学習結果に基づいて拘束する冗長自由度を変化させ，新たな探索空間を生成して再び学習を行う。ダイナミクスベースト制御を前提として冗長性を拘束し，閉じた探索空間を抜き出したことにより組合せ爆発を回避し，学習を可能とするのである。

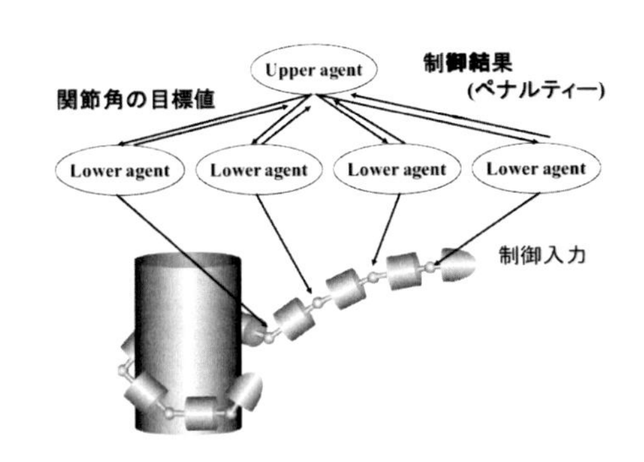

図 1.11　階層構造をもつ学習器

冗長度をある程度拘束した状態が，本項の冒頭で述べたタスク達成の肝となる形であるように思う。この拘束が最適な場合には習得が速くセンスがいいことになり，そうでない場合には下手ということになる。自由度が大きすぎて組合せ爆発を起こす不良な問題を，いかに冗長自由度を拘束し，解くことが可能な問題に落とし込むかが運動知能獲得の鍵ではないだろうか。このアイデアに基づいた学習アルゴリズムとして，GA により探索空間の動的生成を行う Q 学習[32] がある。このアルゴリズムを適用するとヘビ型ロボット[33] も 12 足の歩行ロボット[34] も推進運動を獲得できた。これが力学系の本質から得られた「ダイナミクスベーストインテリジェンス」の一例のように思う。

本ハンドブックは認知・判断・プランニング・学習などは取り扱わないが，これらに興味のある読者はぜひ姉妹本の『ロボット情報学ハンドブック』[35] を参考にしていただきたい。

1.2.7　ロボット制御学への期待

前項まででは，力学系の本質から生物の運動知能を考えてみた。言語も，例えば重いものを持ち上げるような場合に「ウッ」と声を発して力を出すなど，運動が基になって音声が獲得され，それがコミュニケーションの手段として発展したとも考えられる。生物の知能の基は運動知能にあり，その根源は力学系に組み込まれた生物自身が環境との相互作用により獲得した行動戦略ではないであろうか。まだ「知能は身体に備わる！」を正当化することはできておらず，筆者の思い込みにすぎないが，生物システムをじっと見ることで，その力学的本質が明らかになり，制御の本質までも解き明かされるのではないだろうか。

制御はウィーナーの医学生物学の知見から創始された学問であるので，逆に生物に学べば素晴らしい機構や制御が構築できると考えるのは道理である。医学生物学から制御が生まれ，数学と制御が融合して現代制御が花開いた。今度は生物に学んで物理学・力学と制御を融合させればまた一花咲かせられるかもしれない。医学生物学は人間や生物の本質を知りたいという欲求から生まれた。そこから創始された制御は，人間や生物の本質が解き明かされなければその使命は終わらない。ウィーナーにサイバネティクスの創始のきっかけを与えたキャノンが，著書 *The wisdom of the body* で，「国家統治の科学，哲学そして技術は生体調節機構を範とするべきものであり，サイバネティクスはその一般的概念と活用法を提供する。」と述べていることは興味深い。これによると，制御は，生物の本質が解き明かされたとしてもその使命は終わらないようである。制御は万物の持つ本質的なメカニズムであるからであろう。

制御の創始当初は，線形代数と解析学の基礎的な知識があれば参入できる新鮮な分野であった。今では制御理論は熟成して，新参者が気楽に入ってくるには，最先端に行き着くまでに習得しなければならない事項が多すぎるように見えるかもしれない。しかし，力学的な本質を抽出しそれに基づいて制御を考えることによって，新たな知見が得られるように思う。それには高度で抽象的な数学は必要ではないかもしれない。温故知新でニュートン力学を武器に生物の運動知能に迫ってみることができるのではないか。そこから新しい制御観が創出されるかもしれない。本書には，そのような期待も込められている。

本書『ロボット制御学ハンドブック』では，ロボットのもつ力学的本質をうまく引き出し，あるいは力学構造を巧みに変えてやることで，ロボットに適した簡単でロバストな制御系を実現することを目指している。

＜松野文俊＞

参考文献（1.2 節）

[1] 松野：生物に学ぶ機械と制御 — ダイナミクスベーストインテリジェンス，『計測と制御』, 42(9), pp.699–704 (2003).

[2] 大須賀：ダイナミクスを活かした運動知能，『計測自動制御学会第 3 回制御部門大会資料』, pp.179–182 (2003).

[3] 松野：機械システムのタスクディレクティドモデリング，『システム/制御/情報』, 42(9), 477/486 (1998).

[4] Takegaki, M. and Arimoto, S.: A New Feedback Method for Dynamic Control of Manipulators, *ASME, J. DSMC*, 103-2, pp.119–125 (1981).

[5] 大須賀：モデルベースト制御からダイナミクスベースト制御へ—ロボットにおける「表モデル」と「裏モデル」，『システム/制御/情報』, 43(2), pp.94–100 (1999).

[6] 松野：柔軟メカニカルシステムのダイナミクスベースト制御 — 複雑なシステムの物理的本質をついた制御—，『計測と制御』, 40-6, pp.417–425 (2001).

[7] Arimoto, S.: *Control Theory of Nonlinear Mechanical Systems: A Passivity-based and Circuit-theoretic Approach*, Oxford Univ. Press (1996).

[8] 有本：行動による知能発達の数理的背景，『人工知能学会誌』, 17-2, pp.208–213 (2002).

[9] 松野，林：双腕 1 自由度フレキシブルアームの PDS 協調制御，『計測自動制御学会論文誌』, 38-5, pp.447–455 (2002).

[10] McGeer, T.: Passive Dynamic Walking, *Int. J. of Robotics Research*, 9-2, pp.62–82 (1990).

[11] Collins, S. H., Wisse, M. and Ruina, A.: A Three-Dimensional Passive-Dynamic Walking Robot with Two Legs and Knees, *Int. J. of Robotics Research*, 20-7, pp.607–615 (2001).

[12] 大須賀，桐原：受動的歩行ロボット QuartetII の歩行解析と歩行実験，『日本ロボット学会誌』, 18-5, pp.737–742 (2000).

[13] 伊藤：歩行運動とリズム生成，『日本ロボット学会誌』, 11-3, pp.320–325 (1993).

[14] Hoyt, D. F., Taylor, C. R.: Gait and the energetics of locomotion in horses, *Nature*, 292-16, pp.239–240 (1981).

[15] Wilson, D. M.: Insect walking, *Ann. Rev. Entomo*, 11, pp.103–122 (1966).

[16] Grillner, S.: Neurobiological bases of Rhythmic Motor Acts in Vertebrate, *Science*, 228, pp.145–149 (1985).

[17] Owaki, D., Kano, T., Nagasawa, K., Tero, A. and Ishiguro, A.: Simple robot suggests physical interlimb communication is essential for quadruped walking, *Journal of The Royal Society Interface*, Vol. 10, No. 78, p. 20120669 (2012).

[18] Gray, J.: The Mechanism of Locomotion in Snakes, *J. Exp. Biol.*, 23, pp.101–123 (1946).

[19] Gray, J.: *Animal Locomotion*, pp.166–193, Norton (1986).

[20] Umetani, Y. and Hirose, S.: Biomechanical Study of Serpentine Locomotion, *Proc. 1st RoManSy Symp.*, pp.171–184 (1974).

[21] Hirose, S.: *Biologically Inspired Robots (Snake-like Locomotor and Manipulator)*, Oxford University Press (1993).

[22] 千木崎，森，山田，広瀬：水陸両用ヘビ型ロボット「ACM-R5」の機構と制御の研究，『ロボティクス・メカトロニクス講演会講演論文集』, pp. ALL-N-020 (2005).

[23] Crespi, A., Badertscher, A., Guignard, A. and Ijspeert, A.J.: Sweimming and crawling with an amphibious snake robot, *Proc. IEEE International Conference on Robotics and Automation*, pp. 3024–3028 (2005).

[24] Burdick, J., Radford, J. and Chirikijian, G.: A Sidewinding Locomotion Gait for Hyper-Redundant Robots, *Advanced Robotics*, 9-3, pp.195–216 (1995).

[25] Chirikijian, G. and Burdick, J.: The Kinematics of Hyper-Redundant Robotic Locomotion, *IEEE Trans. on Robotics and Automation*, 11-6, pp.781–793 (1995).

[26] Ostrowski, J. and Burdick, J.: The Geometric Mechanics of Undulatory Robotic Locomotion, *The International Journal of Robotics Research*, 17-6, pp.683–701 (1998).

[27] Prautesch, P., Mita, T. and Iwasaki, T.: Analysis and Control of a Gate of Snake Robot, 『電気学会産業応用部門論文誌』, 120-D, pp.372–381 (2000).

[28] 松野：ヘビ型ロボット —生物の模倣から生物を超えたロボットへ—，『日本ロボット学会誌』, 20-4, pp.261–264 (2002).

[29] 松野，茂木：冗長蛇型ロボットの運動学モデルに基づいた制御とユニット設計，『計測自動制御学会論文誌』, 36-12, pp.1108–1116 (2000).

[30] Toyoshima, S., Tanaka, M. and Matsuno, F.: A Study on Sinus-Lifting Motion of a Snake Robot With Sequential Optimization of a Hybrid System, *IEEE Transactions on Automation Science and Engineering*, 11(1), pp.139–144 (2014).

[31] Sutton, R. S. and Barto, A. G.: *Reinforcement Learning*, MIT Press (1998).

[32] 伊藤，松野：GA により探索空間の動的生成を行う Q 学習，『人工知能学会誌』, 16-6, pp.510–520 (2001).

[33] 伊藤，松野：探索空間の動的生成を行う Q 学習による実多自由度ロボットの制御 —階層構造の拡張と蛇型ロボットへの適用—，『日本ロボット学会誌』, 21-5, pp.526–534 (2003).

[34] 伊藤，松野：QDSEGA による多足ロボットの歩行運動の獲得，『人工知能学会誌』, 17-4, pp.363–372 (2002).

[35] 松原，野田，松野，稲見，大須賀（編）：『ロボット情報学ハンドブック』, ナノオプトニクス・エナジー出版局 (2010).

1.3　ロボット制御学の地図

本書『ロボット制御学ハンドブック』の主題である「制御」とは何だろう？　「コンピュータ制御」とか「身体をうまく制御する」というように，昨今では日常的によく使う一般的な言葉になっている。しかし，それゆえ，色々な意味合いで用いられており，深い議論をしていくと気がつかないうちにだんだんと理解のギャップが広がり，最終的に意味不明な議論になりかねない。そこで本節では，読者の認識を共通化するために，「制御」という概念の復習をしておこう。そしてそれを踏まえて，本書を読んでいくにあたっての道案内となる「地図」を明示しておく。

1.3.1　そもそも制御とは?

まず，制御という言葉の定義を述べてみる。色々な制御工学の教科書では次のように定義している[1]。

「制御：注目する対象を望むように操る働き」
「制御系：制御が行われている全体」

この定義には一見納得するが，よく考えてみると意味がはっきりしない。なぜなら，「誰が」が明示されていないからである。正確には，注目するのは誰で，誰が望むようになのか，という主語を補わなくてはならない。一般的には「私」である。すなわち，「私が注目する対象」を「私が望む」ように「操ろう」というのである。

そして，いったん私が注目する対象を特定すれば，それは「制御対象」と呼ばれる。また，私がどのように望むかを決めれば，それは「制御目的」と呼ばれる。さらに，「操る」という言葉も同様に相対的で，制御対象と制御目的が定まると，その目的を達成するために有効に働く要素という形で決めることができる。このようにして素性が特定されると，それは「制御則」と呼ばれる。したがって，当然であるが，ある要素がある状況において制御則だったとしてもそれは不変ではなく，制御目的が変われば制御則ではなくなり外乱になるということである。このようなことを，世阿弥（1363～1443年）が能の口伝書である『風姿花伝』で「時に用ゆるをもて花と知るべし」と述べている。これは「物事の良し悪しは，そのときに有用なものを良しとし，無益なものを悪しとする」という意味である。世阿弥はこの世を相対関係で考えていた。ここでは能についての記述なので，美しさ，魅力，面白さなど様々なプラス概念を総合した意味で「花」という言葉を使っている。

このように，制御という概念はその言葉の背後に「私」という主観が含まれているのが特徴である。言い換えれば，すべてのモノゴトはどれも制御しようとする対象になり得るし，そうでなくなることもある，また，ある人にとって制御しようとする対象であっても別の人にとればそうではなくなることもあるということである。なぜこのように主観的なのかというと，制御という言葉が動詞だからである。例えば，力学という言葉は「力学する」とは言わないことからもわかるように，名詞的である。それに対して制御は，「制御する」というように動詞的な言葉なのである。ゆえに主語が必要で，必然的に主観的になるのである。

1.3.2　制御の視座

前項から，制御という概念は絶対的ではなく，そのスタート地点は主観であることがわかった。したがって，主体（私）が目の前の何か動くモノを見て，そこに合目的性を感じた瞬間，そのモノは制御されていると感じ，そこに制御対象や制御則を見いだそうとする。もちろん，これらは主体の主観の中での見定めではあるが，いま見ているモノの中に組み込まれていてもかまわない。逆に，そのモノの中に制御則などが陽に組み込まれていなくても，制御を感じると主体は制御則を探そうとし，そこにあると見なすこともある。このような状況を図で表現すると図 1.12 のようになる。モノゴトをこのように見ることを「制御の視座」ということにしよう。人工物の場合は明確に制御対象や制御則は特定できる（実際，そのような役割を与えて作られているから）が，生物を見ても必ずしもそのような構造が組み込まれているかどうかわからないことが多い。

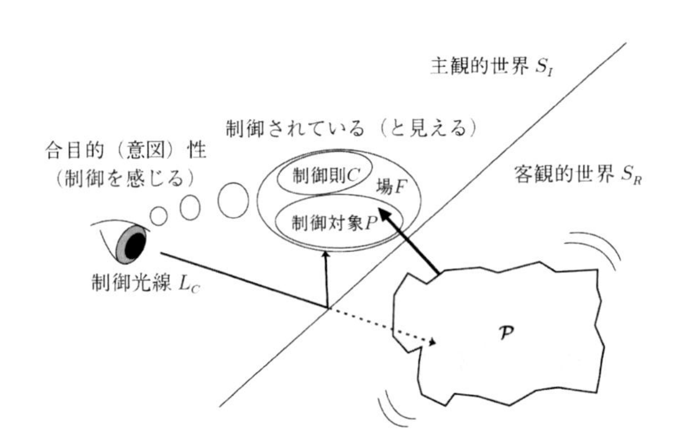

図 1.12　制御の視座

本書で扱うロボットは人工物なので，制御の視座によって主観がロボットに見いだす（制御対象や制御目的という）感覚と実際にロボットに組み込まれているものとは重なっている。

1.3.3　制御の構造

以上から制御という言葉（概念）のもつ意味が明確になったと思う。では，実際に制御がなされている状況では，具体的にどのような構造を見いだすことができるのだろうか？

例えば，図 1.13 のようなボイラー系を考えてみよう。これは，常に液体が供給され排出されているボイラー系である。このときオペレータは，液体の液温を一定に保つという目的を持っている（与えられている）としよう。そして，彼はガスバーナのバルブの開閉を行うことで目的を達成しようとする。その際，液体の液温がモニターできる温度計と目標とする温度（設定温度）が明示されているとしよう。

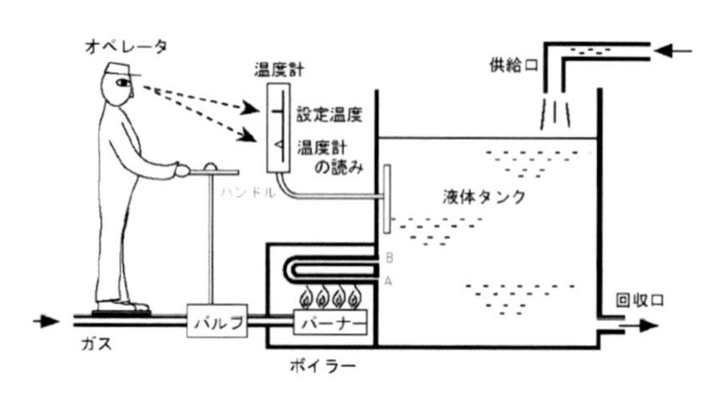

図 1.13　液温制御系

このような状況のもとで，このオペレータがとる制御戦略はおそらく次のような方法であろう。まず，現在の液温が何度になっているかを，温度計を用いて知る。そのとき，その液温と目標温度とを比較して，現状の液温が目標温度よりも低ければ，ハンドルを回してバルブを開くことで液体タンクに熱量を加える。逆に目標温度よりも高ければ，ハンドルをさきほどと逆方向に回してバルブを閉じることで供給熱量を抑える。この操作を常に（適切に）行うと，徐々に液温は設定温度になっていく。このような方法の手続きの様子を図示すると図 1.14 のようになる。この例で行われている制御は操作の結果を常にオペレータへ戻しているので，フィードバック制御と呼ばれている。また，動作の流れが「…［操作］-［結果］-［観測］-［比較］-［判断］-［操作］…」と閉じたループになっていることから，フィードバック制御は閉ループ制御とも呼ばれる。

一方，この系で起こっているすべての物理現象（液体の物理特性，液体の供給量と排出量，バーナーの特性，外気温など）が把握できているとすると，原理的

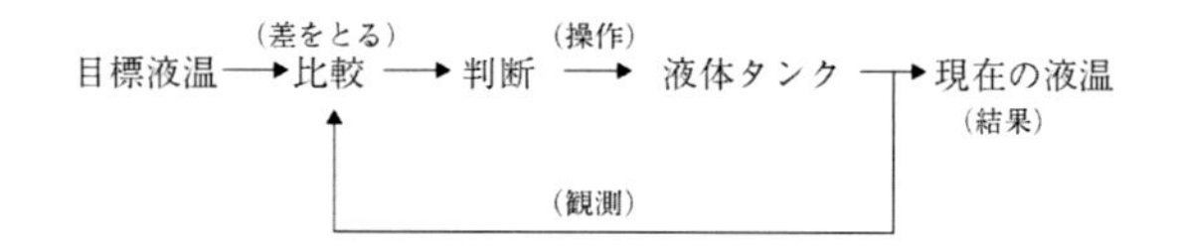

図 1.14　フィードバック制御

には，このボイラー系にどれくらいの熱量を加え冷却（いまの場合自然冷却）すればよいかを時間関数として計画することができる。そこで計画されたとおりにバルブを開閉すれば，（理想的には）所望の液温になる。この方法は目標状態の設定から制御結果までの処理が常に前向きであることから，フィードフォワード制御と呼ばれている（図 1.15）。また，図からわかるように，フィードバック制御のときのように動作が循環していないので開ループ制御とも呼ばれる。

目標液温 ——→ 計画 ——（操作）——→ 液体タンク ——→ 現在の液温（結果）

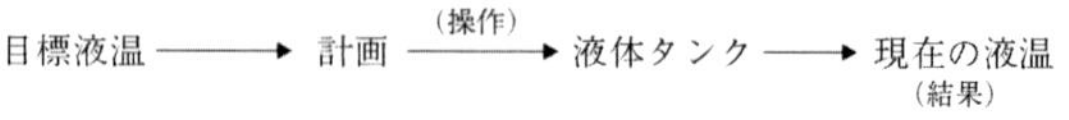

図 1.15　フィードフォワード制御

ここで，制御のための二大方式であるフィードバック制御とフィードフォワード制御の特徴を述べ，比較を行っておく。

まずフィードフォワード制御では，操作結果を見ないので特別なセンサを必要としないことやループを構成しなくてもよい等，構成が単純になる。また，関数が精密に計画されていると理想的な応答を得ることができる。ただし，計画された関数は運転中変更しないので，例えば予期せぬ要因などのためにいったん目標液温と実際の液温との間に誤差が生じてしまうと，それを修正することができない。

それに対してフィードバック制御では，行動の結果が常に次の行動に反映されるため，フィードフォワード制御よりも予期せぬ事態（環境の変化など）に対して有利である。ただし，構成が複雑になり，誤差を検出してから対処するので対応が後手になるという短所を持っている。

高い制御精度を要求されない場面ではフィードフォワード制御が多用される。実際，安価な家電製品ではフィードフォワード制御が多く用いられている。それに対して高精度／高性能な制御結果が要求される場面ではフィードバック制御が用いられる。ただし，フィードバック制御では制御系全体の安定性に注意を払う必

要があり，体系だった理論が必要になる。

● **例：家電におけるフィードフォワードとフィードバック**

トースターはフィードフォワード制御が行われている例である。なぜなら，パンを焼く時間はタイマーでセットし，そして時間がきたら焼くことを単純に止めるだけで，その過程でパンの焼き具合を検出してヒーターの強弱や時間を調整するなどはしないからである。もしもパンの焼け具合を時々刻々検出してヒーターの強さなどに反映させたいならフィードバック制御機能が必要である。ただし，そのようなトースターは非常に高価なものになり，売れない。一方，ポータブル CD プレーヤーにはフィードバック制御が不可欠である。なぜなら，ポータブル CD プレーヤーは本体が持ち歩かれるために CD の回転むらが生じやすく，常に回転数を検出してそれが目標回転数と一致するように制御しなくてはならないからである。この場合，少々値段が高くなってもフィードバック機能を省くことはできない。

表 1.3　フィードフォワード制御とフィードバック制御

	長所	短所
フィードフォワード制御	構成が単純 対処を先手に打てる ⇒ 単純な家電製品	予期せぬ事態に弱い
フィードバック制御	予期せぬ事態に強い ⇒ ポータブル CD プレーヤーなど	構造が複雑 対処が後手になる

このように，フィードバック制御とフィードフォワード制御はそれぞれ相補的に長所と短所をもっている（表 1.3）。したがって，両者を組み合わせた制御系を考えるのは自然である。実際，そのような制御系は「2 自由度制御系」と呼ばれ，強力な制御方法として知られている。

さて，制御工学では色々な対象を表現するのに「実態図」ではなく「ブロック線図」を用いる。例えば，図 1.16(a) はモータから出ているリード線に電流を流すとそれに応じたトルクが出力軸から出てくることを表現している実態図である。これを，その機能面に着目して表現すると図 1.16(b) のように描ける（四角の中にその要素の機能を書き，そこへの矢印でその要素への入力と出力を描く）。これをブロック線図と呼ぶ。また信号の加減算や分岐については図 1.17 のように表現する。

(a) モータ実態図　(b) ブロック線図

図 1.16　ブロック線図

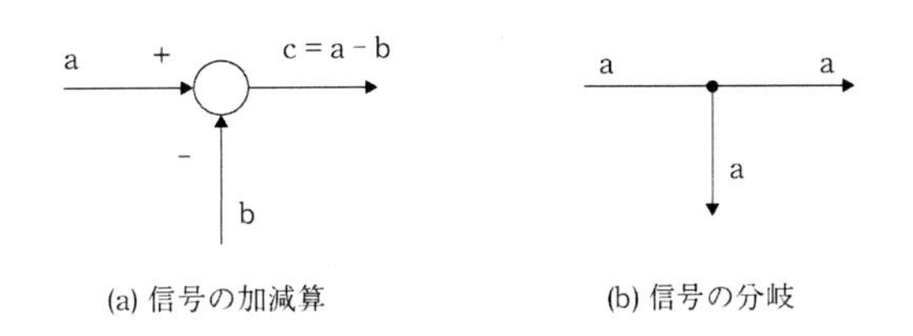

(a) 信号の加減算　(b) 信号の分岐

図 1.17　信号の加減算と分岐

先に紹介したフィードバック制御とフィードフォワード制御の図（図 1.14，図 1.15）をブロック線図を用いて表現すると図 1.18 のようになる。

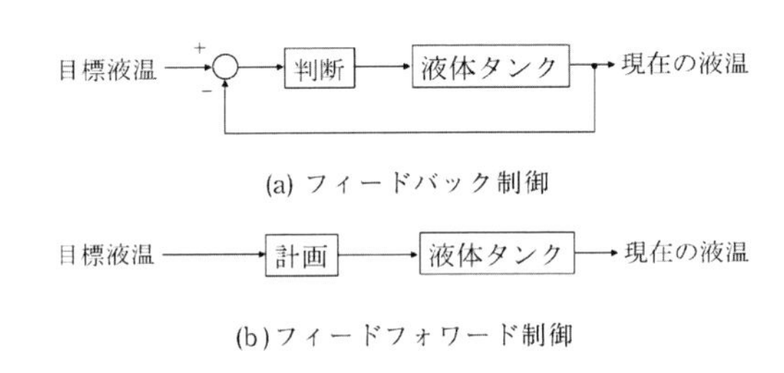

図 1.18　フィードバック制御とフィードフォワード制御

また，前述の「2 自由度系」は，図 1.19 のように図 1.18 の (a) と (b) を合体させた構造になる。2 自由度系は，フィードフォワード制御が得意とする過渡応答特性の改善と，フィードバック制御が得意とする外乱除去特性の改善を独立に調整できるという性質をもち，2 つの特性を調整できるという意味で「2 自由度」と呼ばれている。ちなみに，図 1.18(b) のような構造は「1 自由度系」と呼ばれ，文字通り，上の 2 つの特性は強く連動しており，独立に調整できない。

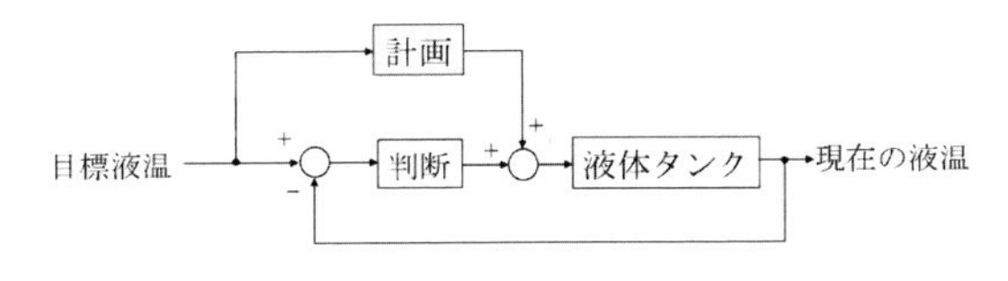

図 1.19　2 自由度系の構造

1.3.4　制御系の標準構造

以上から，「制御」についての基本的概念の共通認識ができたと思われる。そこで次に，制御が行われている状況の標準的な構造を求めておこう。

まず，具体的に「制御」を考えるためには，（私が）注目している対象物と（私が設定した）制御の目的（制御目的）を定める必要があった。この対象物のことを総称して制御対象と呼ぶことは前に述べた。そして，制御を行うからには，制御対象に属する物理量（位置，角度，温度など）のうち制御したい物理量を考える必要がある。それを制御量と呼ぶ。さらに，制御対象には制御を行うための操作が加えられなくてはならない。これを操作量という。なお，制御対象単体を考える場合は操作量を入力，制御量を出力と呼ぶことが多い。操作量の大きさを適切に定めるためには，制御量との関係が深いなんらかの物理量の情報を用いる必要がある。これを観測量という（制御量と一致している場合もある）。また，一般に制御対象には操作量以外になんらかの働きかけをするものがある。これを総称して外乱と呼ぶ。さらに，制御を行うためには何らかの方法によって制御対象を操作しなければならない。その役割を果たすのが制御器である。これは制御対象に対して与えられる目標値と観測量とから操作量を決定するアルゴリズム（制御則）が埋め込まれている。以上のような状況を先の２自由度系も含めて図示すると，図 1.20 のようになる。

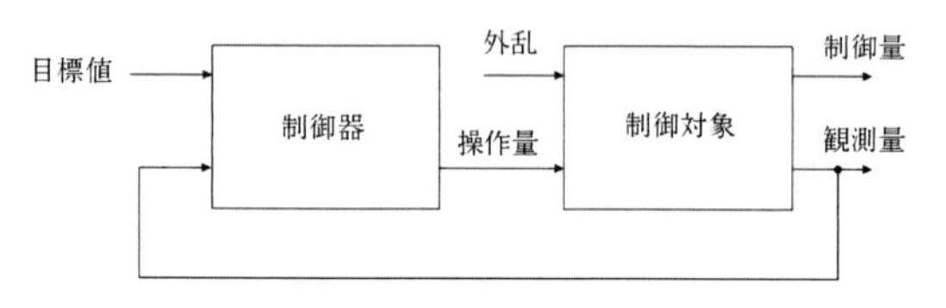

図 1.20　制御系の標準構造

制御目的としては，(a) 不安定な制御対象の安定化，(b) 与えられた目標値に制御量を一致させる，(c) 外乱の制御量への影響を軽減するなどが考えられる。一般に，制御対象と制御器が含まれ全体として制御が行われているシステムを「制御系」といい，制御系を構築することを「制御系を設計する」という。

1.3.5　制御が難しくなる要因（動的システム）

制御則を設計することはそれほど難しくはないと思われるかもしれないが，実はそうではない。一般に，制御則を設計するためには一定以上の数学的知識・技術が必要である。そこで次に，なぜ制御則を設計することは難しいのか（あるいは難しくなる場合があるのか）について述べておこう。

まず，制御が容易になる場面から考えてみよう。いま，入出力関係が

$$y(t) = Au(t) \tag{1.1}$$

と表現できる制御対象を想定する。ただし，u は入力，y は出力，A は正の定数（例えば $A = 4$）とする。このとき，制御目標を

$$y(t) = r \tag{1.2}$$

とすることとしよう。ここで，r は（私によって）定められた正の定数（例えば $r = 1$）とする。この場合，この制御目的を達成するための入力（制御則）は，容易に

$$u(t) = \frac{1}{A}r \tag{1.3}$$

と求められる。

一方，入出力関係が

$$\dot{y}(t) = u(t) \tag{1.4}$$

と表現されている制御対象を考えてみる。制御目的は上と同じ式 (1.2) だとすると，この場合の制御則はどのように定めればいいだろう？　先の例のように暗算では求まりそうもない。

この２つの例の違いはどこにあるのだろう？　それは，式 (1.1) が「静的システム」であるのに対して，式 (1.4) が「動的システム」である，という点にある。以下，この２種類のシステムを説明しよう。

まず，「静的システム」は次のように定義できる。

「静的システム：現在（時刻 t）の出力 $y(t)$ が現在の入力 $u(t)$ のみで決まるシステム。」

図で描くと図 1.21 のようになる。このようなシステムが制御対象だと，目標値と現在の出力に差があったとしても瞬時にその差を修正することができるため，制御が容易になる。

一方，「動的システム」は次のように定義できる。

「動的システム：現在（時刻 t）の出力 $y(t)$ が現在の入

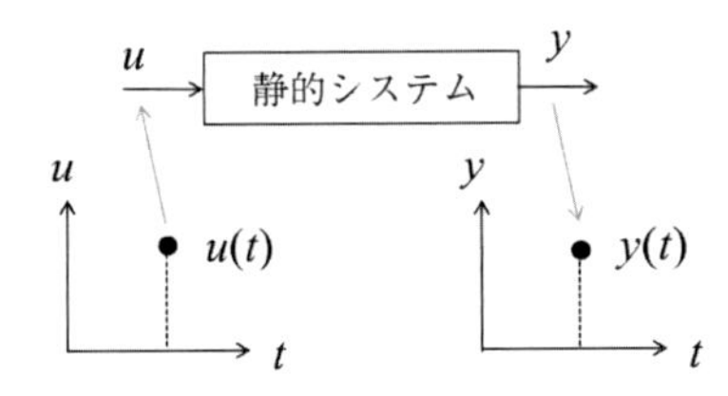

図 1.21 静的システム

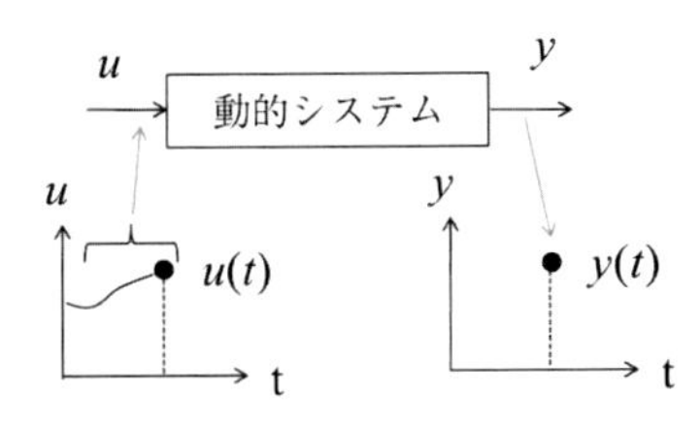

図 1.22 動的システム

力 $u(t)$ と過去の入力の履歴で決まる。」

図で描くと図 1.22 のようになる。

● 例：貯金箱

貯金箱は動的システムの例である。いま，時刻 $t(=0,1,2,\ldots)$ における貯金箱への預金額（入金・出金額）を $u(t)$，貯金額を $y(t)$ とする。そして，時間とともに預金額と貯金額が表 1.4 のようになったとする。

表 1.4 貯金箱

時間 t	0	1	2	3	4	5	$\cdots$
$u(t)$	10	20	0	-15	20	$\cdots$	
$y(t)$	10	30	30	15	35	$\cdots$	

このように，明らかに現在 t の貯金額 $y(t)$ は過去からの預金額 $u(t)$ の加算で決まっており，現在の預金額のみで決まるものではない。式で書くと

$$y(t) = u(0) + u(1) + u(2) + \cdots u(t) = \sum_{k=0}^{t} u(k) \tag{1.5}$$

となっており，確かに動的システムである。

上の例では時間 t は離散時間を想定しているが，連続時間の場合も同様に書くことができる。仮に式 (1.5) を連続時間系で表現するならば，$\sum$ が $\int$ になり

$$y(t) = \int_0^t u(s)\mathrm{d}s \tag{1.6}$$

となる。したがって，両辺を時間微分すると

$$\dot{y}(t) = u(t) \tag{1.7}$$

を得る。すなわちこれは，式 (1.4) は動的システムであったということを示している。この簡単な例を発展させると，結局，「いわゆる微分方程式で表現されるモノ（要するにほとんどすべてのモノ）は動的システムである」ということになる。

このように，動的システムと静的システムの違いは「現在の出力が入力の過去の履歴に依存しているかいないか」ということである。ゆえに，現在の出力を調整しようとして現在の入力のみを調整しても，出力にはその影響のみが現れるのではなく，過去にどのような入力を加えていたかの影響が重なるのである。これが，動的システムが制御し難くなる理由である。

1.3.6 制御の地図

では，制御対象が決まったとき，制御系を構築する，すなわち図 1.20 を実現する，さらには制御則を設計するための方策はどのようになるのだろう。その点を考えるために，我々が友人に仕事を依頼する（制御する）ときの方法を考えてみると，次のようなプロセスを踏むことが想像できる。

● 友人への仕事の依頼方法

[Step0] 友人にさせたい仕事が与えられる。

[Step1] 友人の言動（友人にかけられた言葉に対する応対など）から友人の性格・人格を理解しようと努力するが，まずそのために友人の捉え方を規定する。すなわち，どのような枠組みで友人を理解しようとするかを定める。

[Step2] Step1 で定めた範囲で，実際に友人の言動から友人の理解を実行する。

[Step3] Step2 で得られた理解をもとに，どのような依頼あるいは対応を行えばスムーズに事が運ぶかを考える。その際，眼前の友人と自分の頭で理解した友人とには必ずなんらかの違いがあることを考慮して依頼方法を考えなくてはならない。

[Step4] Step3 で考えた方法を基に実際に友人に対して依頼/応対する。

これを工学的に表現すれば，制御系設計は標準的には次のような手順にまとめることができる。

● **制御系の構成方法**

[Step0] 現実の世界において制御対象と制御目的が与えられる。

[Step1] 制御対象の捉え方を理解する。

[Step2] 制御対象を紙の上の世界において再構築する。すなわちモデルを求める（モデリング）。

[Step3] モデルを基にその制御対象の特性を解析し，その結果を踏まえて制御則を設計する（設計）。

[Step4] 紙の上の世界に造られた制御則（数式で表現）を現実の世界で制御器として実現する（実現）。そして，制御器を制御対象に装着し制御系を構成する（実装）。

この手順を図示したのが図 1.23 である。この図を「制御系設計のための地図（制御の地図）」と呼んでおこう。一般に，制御対象から所望の制御系を構成するには，この地図に従って考えていけばよい。その際，最初に行う最も重要な行為が「モデリング」である。このモデリングが適切にできなければ，後の制御則の設計は机上の空論になってしまう。ところが，どんなにがんばっても正確なモデルは得られず，どうしても近似になることは必然である。それでも，的を射た近似（シンプルモデル）が手に入ると望ましい制御系が実現できることも真である。ゆえに，本書においては「モデリング」を重要視している。

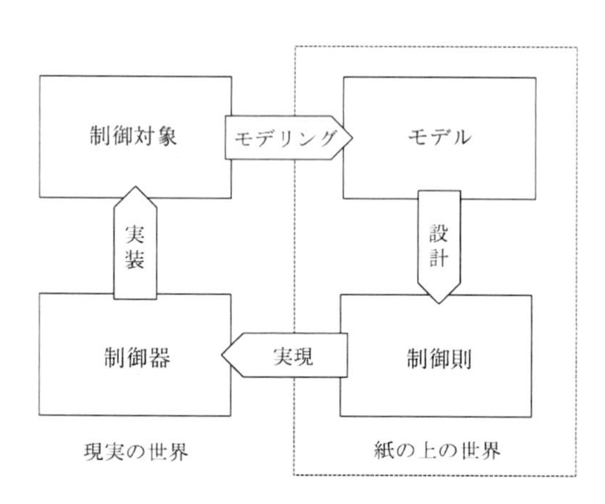

図 1.23　制御系設計のための地図

1.3.7　ロボット制御学の地図

いまから 200 年前，細川半蔵頼直は『機巧図彙（からくりずい）』という 3 冊からなる著書を著した[2, 3]（図 1.24）。この本は，いわゆるカラクリ人形に関するもので，1770 年代当時の日本における科学技術の最高峰を集めた技術書

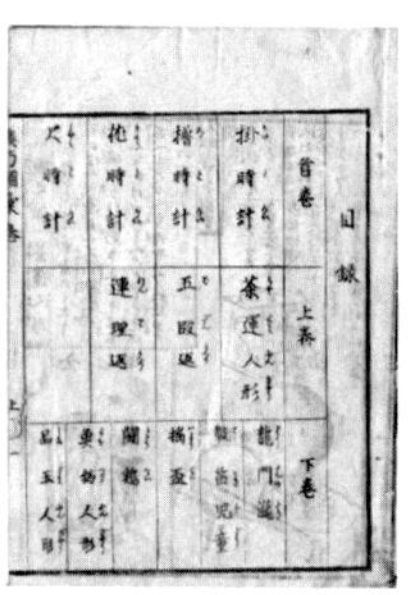

図 1.24　機巧図彙[2, 3]（写真：文献[4] より転載）

の一つである。カラクリ人形は現代のロボットに相当する存在物だったと思われ，この著書を現代風に焼き直してみると，『ロボット辞典』とでもなろうか。その目次を見ると，

首巻：掛時計，櫓時計，枕時計，尺時計

上巻：茶運人形，五段返，連理返

下巻：竜門の滝，鼓笛児童，揺杯，闘鶏，魚釣人形，品玉人形

となっている。首巻は当時の最先端科学技術であった和時計を解説しており，様々な和時計の構造や動作原理などが記されている。例えば歯車や脱進機の構造など，時計に不可欠な基礎技術を細かく解説している。首巻を受けて，上巻では具体的にまとまったカラクリ人形を紹介している。首巻で解説した時計技術が，この巻で紹介するカラクリ人形の基礎技術になっている。ここでは様々なカラクリ人形の部品図，組立て図などが細かく記述されている。実際，立川によると，その内容に従ってカラクリ人形を再現することができ[5]，その記述の正確さをうかがい知ることができる。そして，下巻は複数のカラクリ人形を使った舞台の構成法を解説している。いわゆる「システム」の作り方である。

さて，『機巧図彙』は「機構」を軸に展開されているが，本書『ロボット制御学ハンドブック』は「制御」を軸に展開しようとするものである。以上を踏まえて，本節の最後に，「ロボット制御学の地図」を示しておこう。これは，本書読み進めるための道標になる。

本書は期せずして『機巧図彙』と同様，次のように大きく 3 部構成になっている。

- 基礎編（第 2～10 章）
- 実装編（第 11～23 章）
- 展開編（第 24～30 章）

基礎編では，ロボット制御学において図 1.24 の「制御系設計のための地図」をどのようにたどるかを示す。具体的には，第 2〜5 章では，ロボットのモデリングから制御理論について概観する。そして，第 9 章で制御則の実装について述べる。第 6〜8 章では，ロボットアーム，移動ロボット，脚ロボットを想定してそれら基礎理論がどのように用いられるかの「さわり」を紹介する。そして第 10 章で，ロボットと他体との連携の一例としてヒューマン・ロボットインタラクションを説明する。図 1.25 にこれらをまとめることによって「基礎編の地図」を示す。一般にロボットは，ロボット本体，アクチュエータとセンサ，制御器，そして環境との相互作用で構成される。図 1.26 は，そのそれぞれがどの章に関わっているかを示したものである。

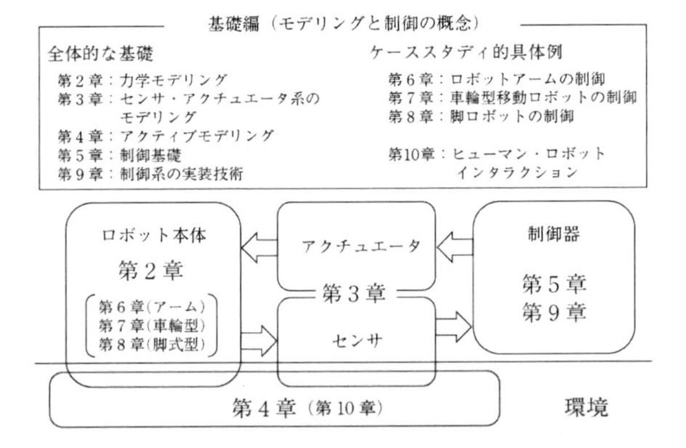

図 1.25　基礎編の地図

実装編では，基礎編を踏まえて色々なロボットごとにモデリングから制御までを完結してまとめている。具体的には，

第 11 章：ロボットアーム
第 12 章：ロボットハンド
第 13 章：浮遊ロボット
第 14 章：車輪型倒立振子ロボット
第 15 章：四輪/クローラロボット
第 16 章：ヘビ型ロボット
第 17 章：二足歩行ロボット
第 18 章：多脚ロボット
第 19 章：ヒューマノイドロボット
第 20 章：高速ロボット
第 21 章：群ロボット
第 22 章：マイクロ・ナノロボット
第 23 章：パワーアシストロボット

となっている。

そして，展開編では様々な作業現場ごとでロボットがどのように利用されるかをまとめている。具体的には，

第 24 章：健康・介護・リハビリテーション支援
第 25 章：農作業支援
第 26 章：建築・土木作業支援
第 27 章：宇宙開発支援
第 28 章：柔軟物体のハンドリング
第 29 章：医療支援
第 30 章：災害対応支援

となっている。

以上のように，読者は自身の興味に応じて読む章を選ぶことができる。例えば様々な現場でどのようにロボットが人を支援しているかを知りたい場合は展開編から入り，必要に応じて実装編や基礎編に逆戻りすればよい。あるいは，基本的な考え方を基礎編で学び，実装編や展開編では自身の興味あるロボットや作業を具体的に選び読み進めていけば効率的であろう。

＜大須賀公一＞

参考文献（1.3 節）

[1] 大須賀公一：『制御工学』，共立出版 (1995).

[2] 細川半蔵頼直：『機巧図彙』(1796).

[3] 青木國夫ほか編：『璣訓蒙鑑草 3 巻』，『機巧図彙 3 巻』（江戸科学古典叢書 3），恒和出版 (1976).

[4] TIMEKEEPER 古時計どっとコム「2. 機巧図彙　寛政八年（1796 年）」http://www.kodokei.com/dt_011_2.html

[5] 立川昭二：『からくり』，法政大学出版局 (1969).

1.4　ロボットの力学と制御

1.4.1　まえがき

ロボット制御学は，複雑な環境の中で環境と力学的な相互作用をすることを通して環境に適応した目的遂行行動を実現・実行するロボットを作り上げることを目指している。前節まででは，ロボット制御学の概要が様々な例を用いて紹介されている。ここでは，ロボット制御学の基礎となるロボットの力学と制御について，少し数理的に紹介しよう。

1.4.2　ロボットの力学[1–3]

ロボットは，その目的とする行動に応じて多様な機構と構造を持つ機械システムであるが，基本的には，多数のリンクがジョイントを介して結合された機械システムと考えることができる。特に，リンクを剛体と考えることができる場合，ロボットは，多数の剛体リンクがジョイントにおいて種々の機構拘束を介して結合された剛体リンク系でモデル化できる。ここでは，1 軸回転ジョイントで結合された剛体リンク系を例として，ロボットの力学モデルの導出法を紹介しよう。

(1) 剛体の運動学

運動の間，質点間の距離が変わらない系を剛体と呼ぶ。剛体の変位は並進変位と回転変位から構成される。剛体の運動を 2 つの座標系を用いて記述する（図 1.26）。一つは，慣性空間の 1 点に原点を持ち慣性空間に固定された座標系（慣性座標系）であり，もう一つは，剛体の 1 点（通常その質量中心）に原点を持ち剛体に固定された座標系（物体座標系）である。

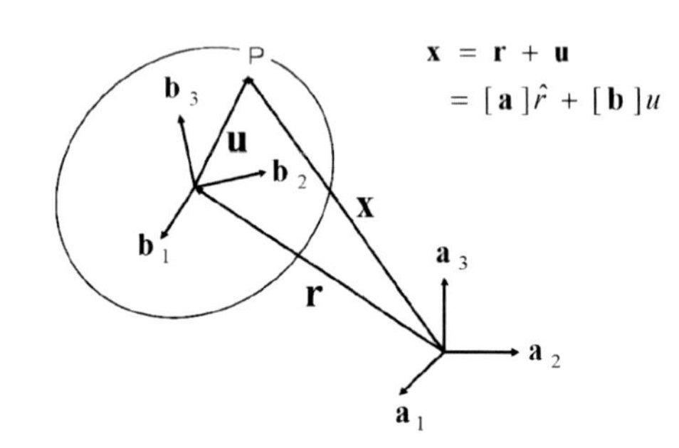

図 1.26　座標系

慣性座標系の基底ベクトルを $\mathbf{a}_1, \mathbf{a}_2, \mathbf{a}_3$ と表し，基底ベクトルを列ベクトルとする行列（基底行列）を $[\mathbf{a}] = [\mathbf{a}_1, \mathbf{a}_2, \mathbf{a}_3]$ と表す。同様に，物体座標系の基底ベクトルを $\mathbf{b}_1, \mathbf{b}_2, \mathbf{b}_3$，基底行列を $[\mathbf{b}] = [\mathbf{b}_1, \mathbf{b}_2, \mathbf{b}_3]$ と表す。物体座標系 $[\mathbf{b}]$ から慣性座標系 $[\mathbf{a}]$ への座標変換は，変換行列 S で与えられる。

$$[\mathbf{b}] = [\mathbf{a}]S$$

剛体の並進変位は，慣性座標系の原点から物体座標系の原点までの距離ベクトル $\mathbf{r}$ で表される。一方，回転変位は慣性座標系から物体座標系への変換行列 s で表される。この座標変換は引き続く 3 回の回転で行うことができる。工学では，1-2-3 オイラー角と呼ばれる回転角を用いた回転がよく使われる（図 1.27）。

まず $\mathbf{a}_1$ まわりに θ_1 回転し，次に新しい $\mathbf{a}_2'$ 軸まわりに θ_2 回転する。最後に $\mathbf{a}_3''$ 軸まわりに θ_3 回転する。それぞれの回転に対応する変換行列は次のように表される。

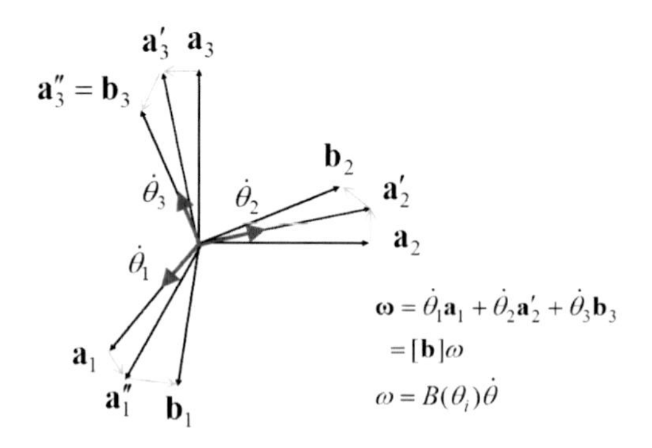

図 1.27　オイラー角と角速度

$$S_1 = \begin{bmatrix} 1 & 0 & 0 \\ 0 & \cos\theta_1 & -\sin\theta_1 \\ 0 & \sin\theta_1 & \cos\theta_1 \end{bmatrix},$$

$$S_2 = \begin{bmatrix} \cos\theta_2 & 0 & \sin\theta_2 \\ 0 & 1 & 0 \\ -\sin\theta_2 & 0 & \cos\theta_2 \end{bmatrix},$$

$$S_3 = \begin{bmatrix} \cos\theta_3 & -\sin\theta_3 & 0 \\ \sin\theta_3 & \cos\theta_3 & 0 \\ 0 & 0 & 1 \end{bmatrix}$$

これらの変換行列は直交行列であり，それをかけ合わせて作られる変換行列も直交行列となる。

$$S = S_1 S_2 S_3, \quad S^{-1} = S^T$$

慣性座標系の原点から剛体上の点 P への距離ベクトル $\mathbf{X}$ は，次のように表される。

$$\mathbf{x} = \mathbf{r} + \mathbf{u}$$

ここで，ベクトル $\mathbf{u}$ は物体座標系の原点から剛体上の点 P への距離ベクトルである。ベクトル $\mathbf{r}, \mathbf{u}$ を，それぞれ慣性座標系 $[\mathbf{a}]$，物体座標系 $[\mathbf{b}]$ で次のように成分表示する。

$$\mathbf{r} = [\mathbf{a}]\hat{r}, \quad \hat{r} = [\hat{r}_1, \hat{r}_2, \hat{r}_3]^T$$
$$\mathbf{u} = [\mathbf{b}]u, \quad u = [u_1, u_2, u_3]^T$$

成分表示はどの座標系での成分表示であるかを明確に

しておくことが大切である。ここでは，慣性座標系での成分表示には ^ をつけて物体座標系での成分表示と区別する。距離ベクトル $\mathbf{X}$ は慣性座標系，物体座標系でそれぞれ次のように成分表示される。

慣性座標系における成分表示：$\hat{x} = \hat{r} + Su$

物体座標系における成分表示：$x = S^T\hat{r} + u$

距離ベクトル $\mathbf{X}$ の慣性空間での時間微分を考えよう。そのためには距離ベクトル $\mathbf{X}$ の慣性座標での成分表示を時間微分すればよい。

$$\dot{\hat{x}} = \dot{\hat{r}} + \dot{S}u$$

ここで，ベクトル，行列の上のドットは各成分を時間微分することを表す。変換行列 S の時間微分は長い厄介な計算を必要とするが，結果は次のようにまとめられる。

$$S^T\dot{S} = \tilde{\omega} = \begin{bmatrix} 0 & -\omega_3 & \omega_2 \\ \omega_3 & 0 & -\omega_1 \\ -\omega_2 & \omega_1 & 0 \end{bmatrix}$$

$$\begin{cases} \omega_1 = \dot{\theta}_1 \cos\theta_3 \cos\theta_2 + \dot{\theta}_2 \sin\theta_3 \\ \omega_2 = -\dot{\theta}_1 \sin\theta_3 \cos\theta_2 + \dot{\theta}_2 \cos\theta_3 \\ \omega_3 = \dot{\theta}_1 \sin\theta_2 + \dot{\theta}_3 \end{cases}$$

よって，距離ベクトル $\mathbf{X}$ の時間微分は次のように表される。

$$\dot{\hat{x}} = \dot{\hat{r}} + S\tilde{\omega}u$$

変数 $\omega_1, \omega_2, \omega_3$ を用いて，ベクトル $\boldsymbol{\omega}$ を構成する。

$$\boldsymbol{\omega} = [\mathbf{b}]\omega, \quad \omega = [\omega_1, \omega_2, \omega_3]^T$$

ベクトル $\boldsymbol{\omega}$ は，剛体の時々刻々の回転の速さ，角速度を表すベクトルとなる。反対称行列 $\tilde{\omega}$ は，ベクトル $\boldsymbol{\omega}$ のベクトル積 $\boldsymbol{\omega}\times$ の物体座標系での成分表現である。ベクトル $\boldsymbol{\omega}$ を使えば，距離ベクトル $\mathbf{x}$ の時間微分は，次のように表せる。

$$\dot{\hat{x}} = \dot{\hat{r}} - S\tilde{u}\omega$$

ベクトル $\boldsymbol{\omega}$ は，オイラー角の時間微分によって次のように与えられる。

$$\omega = B\dot{\theta}$$

$$B = \begin{bmatrix} \cos\theta_3\cos\theta_2 & \sin\theta_3 & 0 \\ -\sin\theta_3\cos\theta_2 & \cos\theta_3 & 0 \\ \sin\theta_2 & 0 & 1 \end{bmatrix}, \quad \dot{\theta} = \begin{bmatrix} \dot{\theta}_1 \\ \dot{\theta}_2 \\ \dot{\theta}_3 \end{bmatrix}$$

(2) 剛体の運動方程式

剛体を微小な要素（質量要素）に分割する。質量要素はそれぞれ質点と考えることができるから，その運動方程式はニュートンの運動方程式で与えられる。距離ベクトル $\mathbf{X}$ にある質量要素 Δm の運動方程式を慣性座標系の成分表示を使って表す。

$$\dot{\hat{v}}\Delta m = (\hat{f}^e + \hat{f}^c)\Delta m$$
$$\hat{v} = \dot{\hat{x}} = \dot{\hat{r}} - S\tilde{u}\omega$$

ここで，Δm は質量要素の質量であり $\hat{f}^e, \hat{f}^c$ は質量要素に作用する単位質量当りの外力と拘束力である。

さて，質量要素に対して仮想変位 $\delta\mathbf{x}$ を定義しよう。仮想変位とは質量要素に加えられた拘束条件を破らない微小な仮想的な変位である。剛体の場合，質量要素にはその運動中に要素間の距離を変えないという拘束条件が加えられている。この拘束条件を破らない仮想変位は次のように与えられる。

$$\delta\mathbf{x} = \delta\mathbf{r} + \delta\boldsymbol{\Omega} \times \mathbf{u}$$

ここで，$\delta\mathbf{r}, \delta\boldsymbol{\Omega}$ はそれぞれ物体固定座標の原点の微小並進変位，原点まわりの微小回転ベクトルである。仮想変位は慣性座標系で次のように書き表される。

$$\delta\hat{x} = \delta\hat{r} + \tilde{\hat{u}}^T\delta\hat{\Omega}$$

ダランベールの原理によれば，各質量要素に働く慣性力を含めたすべての力の仮想変位によってなす仕事（仮想仕事）は，ゼロとなることが示されている。さらに仮想仕事を質量要素全体にわたって足し合わせれば，拘束力は互いに力を及ぼし合う要素には逆方向の力が働くから消去することができ，最終的に剛体の運動方程式は次のように与えられる。

$$\delta w = \int_V (\delta\hat{r}^T + \delta\hat{\Omega}^T\tilde{\hat{u}})(\dot{\hat{v}} - \hat{f}^e)\mathrm{d}m = 0$$

ここで，質量要素の和を剛体全体 V にわたる積分で置き換えた。少し長い計算を行うことによって仮想仕事は次のように表せる。なお，物体座標系の原点はその質量中心にとった。

$$\delta w = \delta\hat{r}^T(\dot{\hat{P}} - \hat{F}^e) + \delta\hat{\Omega}^T(\dot{\hat{H}} - \hat{N}^e) = 0$$
$$\hat{P} = m\dot{\hat{r}}$$
$$\hat{H} = SJ\omega$$
$$\hat{F}^e = \int_V \hat{f}^e \,\mathrm{d}m, \quad \hat{N}^e = \int_V \tilde{\hat{u}}\hat{f}^e \,\mathrm{d}m$$

ここで，$\hat{P}, \hat{H}$ は剛体の並進運動量および質量中心まわりの角運動量の慣性座標系の成分表示であり，m は剛体の質量，J は剛体の質量中心まわりの慣性テンソルである。

仮想変位 $\delta\hat{r}, \delta\hat{\Omega}$ は任意にとることができるから，それぞれの係数を零とおいて，剛体の運動方程式は次のように与えられる。

$$\dot{\hat{P}} = \hat{F}^e$$
$$\dot{\hat{H}} = \hat{N}^e$$
$$\hat{P} = m\dot{\hat{r}}$$
$$\hat{H} = SJ\omega$$
$$\omega = B\dot{\theta}$$

(3) 剛体系の運動方程式

ロボットは剛体のリンクが結合部で結合した構造体である。結合部での結合方式は 1 軸回転ジョイントで結合される場合が多い。1 軸回転ジョイントでは，3 方向の並進変位と 2 軸まわりの回転変位が機構的に拘束される。ここでは 1 軸回転ジョイントで結合された 2 つのリンクからなる系を例にして，剛体系の運動方程式の取り扱いを説明する（図 1.28）。

以下，リンク 1 がリンク 2 と結合する部位をジョイント 12 と呼び，リンク 2 がリンク 1 と結合する部位をジョイント 21 と呼ぶ。また，リンク 1,2 に属する諸量には添字 1,2 を付ける。ジョイントにおける拘束式を，ジョイント 21 のジョイント 12 に対する並進変位および回転軸方向の単位ベクトルのずれを用いて表す。

$$\hat{h}_{21}^{(d)} = \hat{r}_{2,21} - \hat{r}_{1,12} = 0$$
$$\hat{h}_{21}^{(r)} = \hat{n}_2 - \hat{n}_1 = 0$$

その変分式は次式で与えられる。

$$\delta\hat{h}_{21}^{(d)} = (\delta\hat{r}_2 + \tilde{\hat{l}}_{2,21}^T\delta\hat{\Omega}_2) - (\delta\hat{r}_1 + \tilde{\hat{l}}_{1,12}^T\delta\hat{\Omega}_1) = 0$$
$$\delta\hat{h}_{21}^{(r)} = \tilde{\hat{n}}_2^T\delta\hat{\Omega}_2 - \tilde{\hat{n}}_1^T\delta\hat{\Omega}_1 = 0$$

ここで，$\mathbf{r}_{1,12}$ は慣性座標系の原点からリンク 1 のジョイント 12 への距離ベクトル，$\mathbf{l}_{1,12}$ はリンク 1 の質量中心からジョイント 12 までの距離ベクトル，$\mathbf{n}_1$ はリンク 1 の回転軸の単位ベクトルである。

1 軸ジョイントで結合されたリンク 1,2 に対する仮想仕事 δw は，ジョイントにおける拘束式をラグランジュの未定乗数法を用いて取り入れることによって，次のように与えられる。

$$\delta w = \sum_{i=1}^{2}\{\delta\hat{r}_i^T(\dot{\hat{P}}_i - \hat{F}_i^e) + \delta\hat{\Omega}_i^T(\dot{\hat{H}}_i - \hat{N}_i^e)\} + \delta\hat{h}_{21}^{(d)}\hat{\lambda}_{21}^{(d)} + \delta\hat{h}_{21}^{(r)T}\hat{\lambda}_{21}^{(r)} = 0$$

仮想仕事において角仮想変位の係数を零とおくことによって，運動方程式は次のように与えられる。

$$\dot{\hat{P}}_1 = \hat{F}_1^e + \hat{\lambda}_{12}^{(d)}$$
$$\dot{\hat{H}}_1 = \hat{N}_1^e + \tilde{\hat{l}}_{1,12}\hat{\lambda}_{12}^{(d)} + \tilde{\hat{n}}_1\hat{\lambda}_{12}^{(r)}$$
$$\dot{\hat{P}}_2 = \hat{F}_2^e + \hat{\lambda}_{21}^{(d)}$$
$$\dot{\hat{H}}_2 = \hat{N}_2^e + \tilde{\hat{l}}_{2,21}\hat{\lambda}_{21}^{(d)} + \tilde{\hat{n}}_2\hat{\lambda}_{21}^{(r)}$$
$$\hat{\lambda}_{12}^{(d)} = -\hat{\lambda}_{21}^{(d)}$$
$$\hat{\lambda}_{12}^{(r)} = -\hat{\lambda}_{21}^{(r)}$$
$$\left.\begin{array}{l}\hat{P}_i = m\dot{\hat{r}}_i \\ \hat{H}_i = S_iJ_i\omega_i \\ \omega_i = B_i\dot{\theta}_i\end{array}\right\} \quad (i = 1, 2)$$

（拘束式）

$$\hat{h}_{21}^{(d)} = \hat{r}_{2,21} - \hat{r}_{1,12} = 0$$
$$\hat{h}_{21}^{(r)} = \hat{n}_2 - \hat{n}_1 = 0$$

ここで，$\boldsymbol{\lambda}_{12}^{(d)}, \boldsymbol{\lambda}_{12}^{(r)}$ はラグランジュの未定乗数であり，

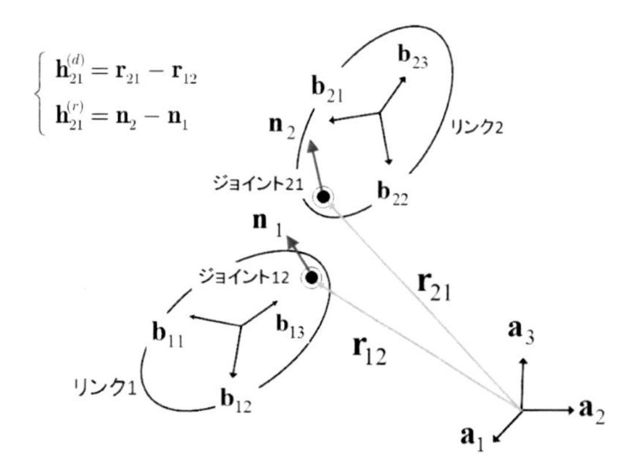

図 1.28　1 軸回転ジョイント

拘束式を満足するためにジョイントに働く拘束力，拘束トルクと考えることができる。

リンクがジョイントで拘束された剛体系の運動方程式は，微分方程式と代数方程式が連成した微分代数方程式として定式化される。微分代数方程式は，拘束式を使っていくつかの状態変数を消去して解くことができる。例えば，リンク2の回転変位を表すのにリンク2のリンク1に対する相対回転角 θ_{12} を使うモデル化はその一例である。この方法では，未定乗数，拘束式を使うことなく運動方程式を定式化できるが，状態変数が多くなるとその計算は煩雑なものとなってくる。

一方，拘束式を2回微分し，ジョイントにおける並進変位，回転変位のずれを変数とする2次の微分方程式でモデル化し，それを使って未定乗数を消去して微分代数方程式を微分方程式に変形して解く方法がある。

$$\ddot{\hat{h}}_{21}^{(d)} = 0$$
$$\ddot{\hat{h}}_{21}^{(r)} = 0$$

しかし，この方法では，数値積分の過程で誤差が累積して拘束条件が徐々にずれていく欠点がある。Baumgarte はこの欠点を修正するため，拘束式に対する微分方程式モデルを次のように修正したモデルを提案した（Baumgarte のモデル）。

$$\ddot{\hat{h}}_{21}^{(d)} = -A^{(d)}\dot{\hat{h}}_{21}^{(d)} - B^{(d)}\hat{h}_{21}^{(d)}$$
$$\ddot{\hat{h}}_{21}^{(r)} = -A^{(r)}\dot{\hat{h}}_{21}^{(r)} - B^{(r)}\hat{h}_{21}^{(r)}$$

このモデルで付加された比例項，1次微分項は，数値計算の過程で累積し増大していく誤差をフィードバックで抑える役割を持つ。精度よい計算を行うためには，係数行列 $A^{(d)}, B^{(d)}A^{(r)}, B^{(r)}(>0)$ の適切な設定が必要である。

ジョイントで働く拘束力，拘束トルクは，ジョイントにおける並進変位，回転変位のずれを変数とするポテンシャルから導かれる力，トルクと解釈することができる。このことに基づいて，拘束力，拘束トルクをばねによる復元力と，ダンパによる散逸力でモデル化する方法がある（ばね・ダンパモデル）。

$$\hat{\lambda}_{21}^{(d)} = -D^{(d)}\dot{\hat{h}}_{21}^{(d)} - K^{(d)}\hat{h}_{21}^{(d)}$$
$$\hat{\lambda}_{21}^{(r)} = -D^{(r)}\dot{\hat{h}}_{21}^{(r)} - K^{(r)}\hat{h}_{21}^{(r)}$$

このモデルは，ジョイントにばねとダンパを配置して，ばねの復元力 $K^{(d)}, K^{(r)}(>0)$ によってジョイントでの変位を抑え，同時に発生する局所的な振動をダンパ $D^{(d)}, D^{(r)}(>0)$ でのエネルギー散逸で減衰させる。精度よい計算を行うためには，ばね剛性行列を十分大きくとる必要がある。

1.4.3 ロボットの制御学[4, 5]

ロボットは，変動する環境の中で環境に適応した多様な運動を実現して，与えられた目的を遂行していく。このとき，環境に適応した多様な運動はロボットと環境との相互作用を通して選択・形成される。一般に，多くの自由度を持ったシステムに環境との相互作用を通して調和のとれた構造・運動が選択・形成される現象をパターン形成と呼ぶ。ここでは，パターン形成を通して環境に適応した運動を実現し与えられた目的を遂行するロボットの運動制御の基本的な考え方を紹介しよう。

(1) 多リンクマニピュレータの位置制御

多くの運動自由度を持つロボットでは，その運動自由度を使って多様な運動を実現し効率的に作業を行うことができる。しかし，運動自由度が十分に大きくなった場合には，実現可能な運動が膨大になり，作業効率を低下させることが起こる。そのような場合には，望ましい運動パターンをあらかじめシステムに埋め込み，その中から環境に適応した運動を選択し，与えられた作業を遂行することが必要となってくる。このような十分に大きな自由度を持ったシステムの制御法として，自律分散システム理論に基づく制御法がある。ここでは自律分散システムに基づく制御法を使って，多くのリンクから構成されたマニピュレータの先端位置制御の制御系設計法を紹介する。

(i) 運動方程式

N 個の剛体リンクが1軸回転ジョイントで互いに結合されているマニピュレータを考える（図1.29）。ジョイントの回転軸は同一方向を向いており，滑らかな床上にマニピュレータが回転軸を床面に垂直にして置かれている。マニピュレータの一端は床面に1軸回転ジョイントで取り付けられている。このマニピュレータの先端（エンドエフェクタ）を台上の1点から他の1点へ移動させる運動制御について考える。

まず，リンクに根元から番号を付ける $(i = 1, \ldots, N)$。

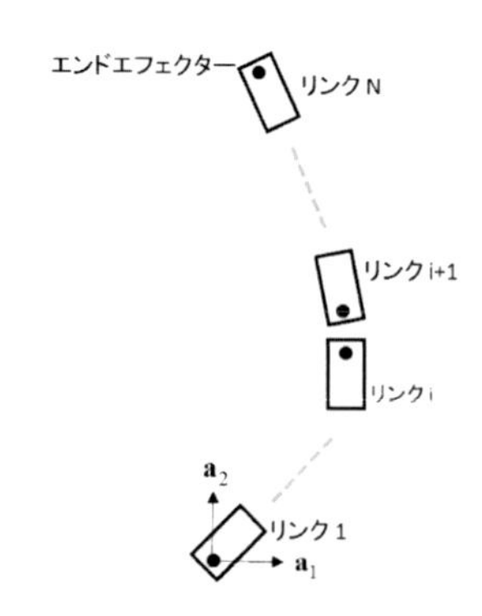

図 1.29　N リンクマニピュレータ

リンク i がリンク $i+1$ と結合するジョイントには，ジョイント $ii+1$ と番号を付ける。次にマニピュレータの根元のジョイントに原点を持つ慣性座標系 $[\mathbf{a}_1, \mathbf{a}_2, \mathbf{a}_3]$ を定義する。基底ベクトル $\mathbf{a}_1, \mathbf{a}_2$ を床面上にとり，$\mathbf{a}_3$ を床面垂直に取る。リンク i にその質量中心に原点を持つ物体座標系 $[\mathbf{b}_{i1}, \mathbf{b}_{i2}, \mathbf{b}_{i3}]$ を定義する。$\mathbf{b}_{i2}$ をリンクの軸方向に取り，$\mathbf{b}_{i3}$ を回転軸方向に取る。物体座標系 i から慣性座標系への変換行列を S_i とし，オイラー角を $\theta_{i1}, \theta_{i2}, \theta_{i3}$ と表す。慣性座標系の原点から物体座標系 i の原点までの距離ベクトルを $\mathbf{r}_i$ とする。リンク i の質量中心まわりの角運動量，並進運動量，角速度をそれぞれ $\mathbf{H}_i, \mathbf{P}_i, \boldsymbol{\omega}_i$ と表す。リンク i に働く制御トルクを $\boldsymbol{\tau}_i^{(c)}$，ジョイント $ii+1$ においてリンク i に働く拘束力，拘束トルクを $\boldsymbol{\lambda}_{ii+1}^{(d)}, \lambda_{ii+1}^{(r)}$ とする。

マニピュレータの運動方程式は次式で与えられる $(i = 1, \ldots, N)$。ここで，m_i, J_i はリンク i の質量，質量中心まわりの慣性テンソル，$\mathbf{r}_{i,ii+1}$ は慣性座標系の原点からリンク i のジョイント $ii+1$ への距離ベクトル，$\mathbf{l}_{i,ii+1}$ はリンク i の質量中心からジョイント $ii+1$ までの距離ベクトルである。

$$\dot{\hat{P}}_i = \hat{\lambda}_{ii-1}^{(d)} + \hat{\lambda}_{ii+1}^{(d)}$$
$$\dot{\hat{H}}_i = (\tilde{\hat{l}}_{i,ii-1}\hat{\lambda}_{ii-1}^{(d)} + \tilde{\hat{n}}_i\hat{\lambda}_{ii-1}^{(r)}) + (\tilde{\hat{l}}_{i,ii+1}\hat{\lambda}_{ii+1}^{(d)} + \tilde{\hat{n}}_i\hat{\lambda}_{ii+1}^{(r)}) + \hat{\tau}_i^{(c)}$$
$$\hat{P}_i = m\dot{\hat{r}}_i$$
$$\hat{H}_i = S_i J_i \omega_i$$
$$\omega_i = B_i \dot{\theta}_i$$

拘束式に対してばね・ダンパモデルを採用する。

$$\hat{\lambda}_{ii-1}^{(d)} = -D^{(d)}\dot{\hat{h}}_{ii-1}^{(d)} - K^{(d)}\hat{h}_{ii-1}^{(d)}$$
$$\hat{\lambda}_{ii-1}^{(r)} = -D^{(r)}\dot{\hat{h}}_{ii-1}^{(r)} - K^{(r)}\hat{h}_{ii-1}^{(r)}$$
$$\hat{h}_{ii-1}^{(d)} = \hat{r}_{i,ii-1} - \hat{r}_{i-1,i-1i}$$
$$\hat{h}_{ii-1}^{(r)} = \hat{n}_i - \hat{n}_{i-1}$$
$$\hat{\lambda}_{ii+1}^{(d)} = -\hat{\lambda}_{i+1i}^{(d)}$$
$$\hat{\lambda}_{ii+1}^{(r)} = -\hat{\lambda}_{i+1i}^{(r)}$$

(ii) 制御系設計

自律分散システム理論に基づく制御法とは，まずシステムを構成する多数の要素間に相互作用を加え要素集団に形成させたい運動パターンを埋め込み（局所的制御），次に与えられた作業を拘束条件としてシステムに加える（大域的制御）階層的な制御法である。制御されたシステムは，あらかじめ埋め込まれた運動パターンの中から環境に適応した運動を選択，実現し，それを使って作業を遂行する。

まず，局所的制御系を設計しよう。ここでは，マニピュレータがなるべく相対回転角を小さく抑えた変形をするシステムとなるようにリンク間に相互作用を加える。すなわち，リンク i がリンク $i-1$ と結合するジョイント $ii-1$ においてリンク i に加えるトルク $\boldsymbol{\tau}_{ii-1}^{(l)}$ を，次のように設計する。

$$\tau_{ii-1}^{(l)} = -K_{ii-1}^{(l)}\phi_{ii-1} - D_{ii-1}^{(l)}\dot{\phi}_{ii-1}$$
$$\tau_{i-1i}^{(l)} = -\tau_{ii-1}^{(l)}$$

ここで $K_{ii-1}^{(l)}, D_{ii-1}^{(l)} > 0$。また，$\phi_{ii-1}$ はリンク i のリンク $i-1$ に対するジョイント $ii-1$ の回転軸まわりの相対回転角を表すベクトルで，ジョイント $ii-1$ の回転軸方向を向き，リンク i のリンク $i-1$ に対する相対回転角をその大きさとする。

次に大域的制御系を設計しよう。エンドエフェクタを目標位置に移動させるために，エンドエフェクタに目標位置 $\hat{r}_{\mathrm{eff}}^{(\mathrm{ref})}$ を平衡点とする次の弾性的な力を加えることを考える。

$$\hat{F}_{\mathrm{eff}}^{(g)} = -K_{\mathrm{eff}}^{(g)}(\hat{r}_{\mathrm{eff}} - \hat{r}_{\mathrm{eff}}^{(\mathrm{ref})})$$

ここで，$K_{\mathrm{eff}}^{(g)} > 0$。エンドエフェクタに加える力は，ジョイントに搭載されているモータによって作りだすことができる。仮想仕事を使って，各ジョイントに加えるトルクを導出する。エンドエフェクタの位置ベクトル $\mathbf{r}_{\mathrm{eff}}$ は次のように与えられる。

$$\mathbf{r}_{\mathrm{eff}} = \sum_{i=1}^{N} \mathbf{L}_i$$

ここで，$\mathbf{L}_i$ はリンク i の根元のジョイント $ii-1$ から先端のジョイント $ii+1$ までの距離ベクトルである。根元位置が固定され 1 軸回転ジョイントで結合されたマニピュレータの位置ベクトル $\mathbf{r}_{\text{eff}}$ の仮想変位 $\delta\mathbf{r}_{\text{eff}}$ はジョイントにおける相対回転角ベクトルの変分を使って次のように表される。

$$\delta\hat{r}_{\text{eff}} = \sum_{i=1}^{N} \delta\hat{\phi}_{ii-1}^{T} \tilde{\hat{L}}_{iN}$$

ここで，$\tilde{\hat{L}}_{iN}^{T} = \sum_{j=i}^{N} \tilde{\hat{L}}_{j}^{T}$ は，リンク i の根元のジョイント $ii-1$ からエンドエフェクタまでの距離ベクトルである。エンドエフェクタに力 $\mathbf{F}_{\text{eff}}^{(g)}$ が加えられた場合，その力のなす仮想仕事 δW は次式で与えられる。

$$\delta W = \delta\hat{r}_{\text{eff}}^{T} \hat{F}_{\text{eff}}^{(g)} = \sum_{i=1}^{N} \delta\hat{\phi}_{ii-1}^{T} \tilde{\hat{L}}_{iN} \hat{F}_{\text{eff}}^{(g)}$$

上式は，リンク N の先端に加えられた力 $\hat{F}_{eff}^{(g)}$ がマニピュレータに及ぼす効果を，ジョイント $ii-1$ でリンク i にトルク $\tilde{\hat{L}}_{iN}\hat{F}_{\text{eff}}^{(g)}$ を加えることによって実現できることを示している。ジョイント $ii-1$ でリンク i に回転軸まわりに加える制御トルク $\hat{\tau}_{ii-1}^{(g)}$ を次のように設計する。

$$\hat{\tau}_{ii-1}^{(g)} = \hat{n}_i \hat{n}_i^{T} \tilde{\hat{L}}_{iN} \hat{F}_{\text{eff}}^{(g)}$$
$$\hat{\tau}_{i-1i}^{(g)} = -\hat{\tau}_{ii-1}^{(g)}$$

ここで，$\hat{n}_i\hat{n}_i^{T}$ はトルクの回転軸成分を取り出す射影作用素である。以上からリンク i に加えられる制御トルクは次のように構成される。

$$\boldsymbol{\tau}_{i}^{(c)} = \boldsymbol{\tau}_{ii-1}^{(l)} + \boldsymbol{\tau}_{ii+1}^{(l)} + \boldsymbol{\tau}_{ii-1}^{(g)} + \boldsymbol{\tau}_{ii+1}^{(g)}$$

制御されたマニピュレータの全エネルギーは次式で与えられる。

$$\begin{aligned} E =& (1/2)\sum_{i=1}^{N}(\hat{H}_i^{T}\hat{H} + \hat{P}_i^{T}\hat{P}_i) \\ &+ (1/2)\sum_{i=1}^{N}(\phi_{ii-1}^{T} K_{ii-1}^{(l)} \phi_{ii-1}) \\ &+ (1/2)(\hat{r}_{\text{eff}} - \hat{r}_{\text{eff}}^{(\text{ref})})^{T} K_{\text{eff}}^{(g)} (\hat{r}_{\text{eff}} - \hat{r}_{\text{eff}}^{(\text{ref})}) \end{aligned}$$

全エネルギーの時間微分は次式で与えられる。

$$\dot{E} = -\sum_{i=1}^{N}(\dot{\phi}_{ii-1}^{T} D_{ii-1}^{(l)} \dot{\phi}_{ii-1}) \leq 0$$

ここで，行列 $K_{ii-1}^{(l)}, D_{ii-1}^{(l)}, K_{\text{eff}}^{(g)}$ は正定行列であるから，全エネルギーは状態変数の非負定値関数となり，その時間微分は相対角速度の非正定関数となる。運動方程式およびこれらの式から，マニピュレータは相対回転角を抑えながら変形して，最終的にはエンドエフェクタが目標値の近傍に到達した状態で静止する。最終的に形成されるマニピュレータの形状は，全エネルギーの極小値で与えられる。しかしその極小値は複数存在する。多数共存する極小値の中からどの解が実現するかは，マニピュレータの初期形状による。

シミュレーションでその様子を見ておこう。10 個のリンクが結合されたマニピュレータを考える（図 1.30(a)）。リンクの長さを 1 とする。初期状態として，マニピュレータは $\mathbf{a}_2$ 軸上に直線状でおかれている。まず，エンドエフェクタの目標位置を $r_{\text{eff}} = [2,8,0]^{T}$ とする。次に，目標位置に到達した形状を初期位置として，目標位置を $r_{\text{eff}} = [-2,8,0]^{T}$ と設定する。結果を図 1.30(b),(c) に示す。初期状態での位置と形状の違いによって最終状態での形状が異なっている。

多数の全エネルギーの極小値が共存する数理構造が，このマニピュレータの環境適応機能の力学的な基礎となっている。ただ，このマニピュレータで選択され実現する解は初期値によって一義的に決まる。より広い評価基準のもとで環境に適応した解を選択し，それを使って与えられた作業を遂行する機能をこのマニピュレータに付加することは，これからの課題である。

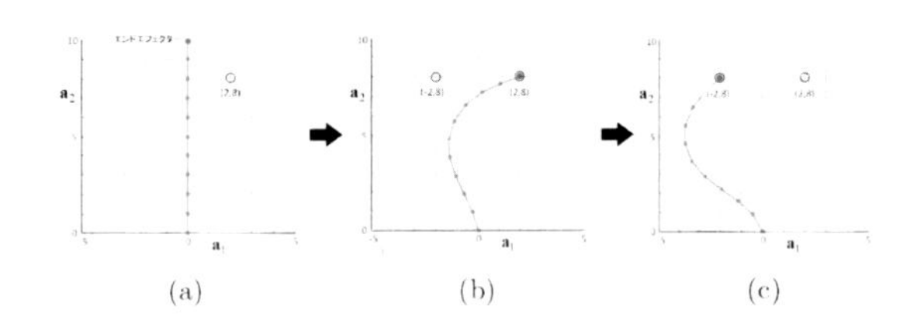

(a)　　(b)　　(c)

図 1.30　マニピュレータの位置制御

(2) 二脚歩行の歩行運動制御

ヒトの歩行では片脚（支持脚）で胴体を支持する期間が存在する。この期間，姿勢は力学的に不安定になって，支持脚の接地点を中心に回転運動を生じて転倒していく。しかし，ヒトは支持脚がある程度回転したとき，他方の脚を接地させて支持脚を切り替え，新しい支持脚としてその接地点まわりに回転運動を行うことで，転倒することなく定常的な歩行運動を実現している。これは，力学的に不安定な運動に断続的な力を加えることによって安定な定常運動（リミットサイクル）を作り出していると考えることができる。このような運動制御の方法として，リズム信号を用いた運動制御法がある。ここでは，リズム信号を用いた運動制御法に基づく二脚歩行ロボットの運動制御系の設計法を紹介する。

(i) 運動方程式

水平な床上での胴体（リンク 1）と 2 本の脚（リンク 2, 3）からなる脚歩行ロボットの歩行を考える（図 1.31）。脚 i は胴体に 1 軸回転ジョイント $i1$ を介して取り付けられている。ヒトは膝関節を使って回転中心から足先までの長さを調整している。ここでは，脚長を制御することでその機能をモデル化する。

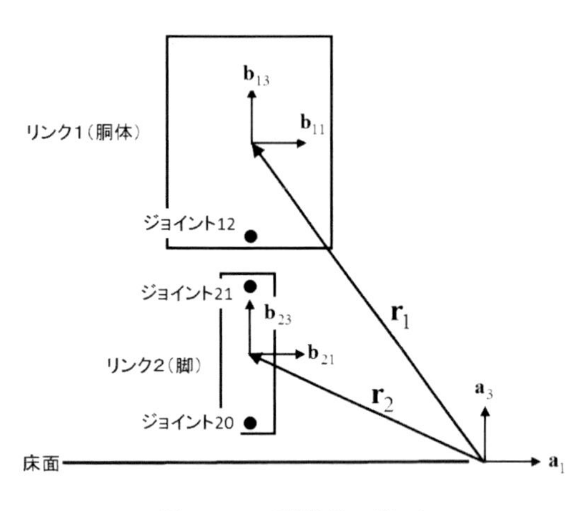

図 1.31　二脚歩行ロボット

床上に原点を持つ慣性座標系 $\mathbf{a}_1, \mathbf{a}_2, \mathbf{a}_3$ を定義する。$\mathbf{a}_1$ を歩行方向，$\mathbf{a}_3$ を床面垂直にとる。リンク i の質量中心に原点を持つ物体座標系 $\mathbf{b}_{i,1}, \mathbf{b}_{i,2}, \mathbf{b}_{i,3}$ をとる。$\mathbf{b}_{i,3}$ をリンク軸方向，$\mathbf{b}_{i,2}$ を回転軸方向にとる。物体座標系 i から慣性座標系への変換行列を S_i とし，オイラー角を $\theta_{i1}, \theta_{i2}, \theta_{i3}$ と表す。慣性座標系の原点から物体座標系 i の原点までの距離ベクトルを $\mathbf{r}_i$ とする。リンク i の質量中心まわりの角運動量，並進運動量，角速度をそれぞれ $\mathbf{H}_i, \mathbf{P}_i, \boldsymbol{\omega}_i$ と表す。リンク i には質量中心に重力 $m_i\mathbf{g}$，制御力 $\mathbf{f}_{ij}^{(c)}$，制御トルク $\tau_{ij}^{(c)}$，リンク i が脚の場合で接地しているときには脚先に床反力 $\mathbf{f}_{i0}^{(fl)}$ が働く。またジョイント ij における機構拘束に対して拘束力 $\boldsymbol{\lambda}_{ij}^{(d)}, \boldsymbol{\lambda}_{ij}^{(r)}$ が働く。

二脚歩行ロボットの運動方程式は次式となる。ここで，m_i, J_i はリンク i の質量，質量中心まわりの慣性テンソル，$\mathbf{r}_{i1}$ は慣性座標系原点からリンク i のジョイント $i1$ への距離ベクトル，$\mathbf{l}_{i,ij}$ はリンク i の質量中心からジョイント ij までの距離ベクトル，$\mathbf{l}_{i,0}$ はリンク i の質量中心から脚先までの距離ベクトルである。

$$
\begin{aligned}
&(i = 1 : \text{胴体})\\
&\dot{\hat{P}}_1 = m_1\hat{g} + \sum_{j=2,3}(\hat{f}_{1j}^{(c)} + \hat{\lambda}_{1j}^{(d)})\\
&\dot{\hat{H}}_1 = \sum_{j=2,3}(\tilde{\hat{l}}_{1,1j}\hat{f}_{1j}^{(c)} + \tilde{\hat{l}}_{1,1j}\hat{\lambda}_{1j}^{(d)} + \tilde{\hat{n}}_1\hat{\lambda}_{1j}^{(r)} + \hat{\tau}_{1j}^{(c)})\\
&(i = 2, 3 : \text{脚})\\
&\dot{\hat{P}}_i = m_i\hat{g} + \hat{f}_{i1}^{(c)} + \hat{\lambda}_{i1}^{(d)} + \hat{f}_{i0}^{(fl)}\\
&\dot{\hat{H}}_i = \tilde{\hat{l}}_{i,i1}\hat{f}_{i1}^{(c)} + \tilde{\hat{l}}_{i,i1}\hat{\lambda}_{i1}^{(d)} + \tilde{\hat{l}}_{i,0}\hat{f}_{i0}^{(fl)} + \tilde{\hat{n}}_i\hat{\lambda}_{i1}^{(r)} + \hat{\tau}_{i1}^{(c)}
\end{aligned}
$$

$$
\left.
\begin{aligned}
\hat{P}_i &= m\dot{\hat{r}}_i\\
\hat{H}_i &= S_iJ_i\omega_i\\
\omega_i &= B_i\dot{\theta}_i
\end{aligned}
\right\}\quad (i = 1, 2, 3)
$$

拘束力に対してばね・ダンパモデルを採用する。

$$
\begin{aligned}
\hat{\lambda}_{1i}^{(d)} &= -D^{(d)}\dot{\hat{h}}_{1i}^{(d)} - K^{(d)}\hat{h}_{1i}^{(d)}\\
\hat{\lambda}_{1i}^{(r)} &= -D^{(r)}\dot{\hat{h}}_{1i}^{(r)} - K^{(r)}\hat{h}_{1i}^{(r)}\\
\hat{\lambda}_{i1}^{(d)} &= -\hat{\lambda}_{1i}^{(d)}\\
\hat{\lambda}_{i1}^{(r)} &= -\hat{\lambda}_{1i}^{(r)}\\
\hat{h}_{1i}^{(d)} &= \hat{r}_{1,1i} - \hat{r}_{i,i1}, \quad \hat{h}_{1i}^{(r)} = \hat{n}_1 - \hat{n}_i
\end{aligned}
$$

床反力は，復元力として床面垂直方向のみに成分を持つ弾性ばねモデルを，摩擦力として粘性摩擦モデルを採用する。

$$
\hat{f}_{i,0}^{(fl)} = \begin{cases} -K_{i0}^{(fl)}\hat{r}_{i0} - D_{i0}^{(fl)}\dot{\hat{r}}_{i0}; & \hat{r}_{i0} \le 0\\ 0; & \hat{r}_{i0} > 0 \end{cases}
$$

ここで $K_{i0}^{(fl)} \ge 0, D_{i0}^{(fl)} > 0$。また，$\hat{r}_{i0}, \dot{\hat{r}}_{i0}$ は，脚 i の脚先の位置ベクトルとその速度である。

(ii) 制御系設計

神経運動生理学の研究から，ヒトの歩行は，脊髄に存在する細胞群 (CPG: Central Pattern Generator) からリズム信号が自発的に生成され，このリズム信号に脚関節をはじめとする関節の運動がコーディングされ，それを指令信号として各関節の運動が制御されることが明らかになっている。実現された運動は，足先の着地，離地情報などを基に，そのタイミングが小脳を含む上位中枢で制御される。

ここでは，これらの神経運動生理学の知見を基にして，リズム信号を用いた二脚歩行ロボットの歩行制御系を設計する。すなわち，運動の基準となるリズム信号を構成し，その位相に脚や胴体の運動などの運動指令値をコーディングする。これらの運動指令値を用いて，脚や胴体の運動をサーボ制御によって制御する。

まず，歩行運動の基準となるリズム信号を次のように設定する。

$$\Phi = \sin(\alpha_0), \quad \alpha_0 = \omega t$$

このリズム信号を用いて，胴体 $(i=1)$，脚 $(i=2,3)$ のリズム信号を次のように構成する。

$$\alpha_i = \alpha_0 + \alpha_{i0}, \quad (i=1,2,3)$$

胴体に対するジョイント $i1$ の回転軸まわりの相対回転角 ϕ_{i1} の指令値 $\phi_{i1}^{(\mathrm{ref})}$，脚長の指令値 $\hat{l}_i^{(\mathrm{ref})}$，および胴体の姿勢運動の指令値 $\phi_{i0}^{(\mathrm{ref})}$ をリズム信号 α_i の周期関数として設計する。

$$\begin{aligned}
\phi_{i1}^{(\mathrm{ref})} &= \phi_{i1}^{(\mathrm{ref})}(\alpha_i)\\
\hat{l}_i^{(\mathrm{ref})} &= \hat{l}_i^{(\mathrm{ref})}(\alpha_i)\\
\phi_{i0}^{(\mathrm{ref})} &= \phi_{i0}^{(\mathrm{ref})}(\alpha_i)
\end{aligned}$$

この指令値を使って，脚 i の運動および胴体の運動の制御を次のサーボ制御によって行う。

$$\begin{aligned}
\tau_{i1}^{(\mathrm{ang})} &= -K_{i1}^{(\mathrm{ang})}(\phi_{i1} - \phi_{i1}^{(\mathrm{ref})}(\alpha_i)) - D_{i1}^{(\mathrm{ang})}\dot{\phi}_{i1}\\
\tau_{1i}^{(\mathrm{ang})} &= -\tau_{i1}^{(\mathrm{ang})}\\
\hat{f}_{i1}^{(\mathrm{leng})} &= -K_{i1}^{(\mathrm{leng})}((\hat{r}_{i0} - \hat{r}_{i1}) - \hat{l}_i^{(\mathrm{ref})}(\alpha_i))\\
&\quad - D_{i1}^{(\mathrm{leng})}(\dot{\hat{r}}_{i0} - \dot{\hat{r}}_{i1})\\
\hat{f}_{1i}^{(\mathrm{leng})} &= -\hat{f}_{i1}^{(\mathrm{leng})}\\
\tau_{1i}^{(\mathrm{post})} &=\\
&\begin{cases} -K_{1i}^{(\mathrm{post})}(\phi_{10} - \phi_{10}^{(\mathrm{ref})}) - D_{1i}^{(\mathrm{post})}\dot{\phi}_{10}, & \hat{r}_{i0} \le 0\\ 0, & \hat{r}_{i0} > 0 \end{cases}\\
\tau_{i1}^{(\mathrm{post})} &= -\tau_{1i}^{(\mathrm{post})}
\end{aligned}$$

ここで $K_{i1}^{(\mathrm{ang})}, D_{i1}^{(\mathrm{ang})}, K_{i1}^{(\mathrm{leng})}, D_{i1}^{(\mathrm{leng})} > 0$。

以上から，脚 i に加えられる制御力，制御トルクは次のように構成される。

$$\begin{aligned}
\mathbf{f}_{i1}^{(c)} &= \mathbf{f}_{i1}^{(\mathrm{leng})}\\
\boldsymbol{\tau}_{i,1}^{(c)} &= \boldsymbol{\tau}_{i,1}^{(\mathrm{post})} + \boldsymbol{\tau}_{i,1}^{(\mathrm{ang})}
\end{aligned}$$

この二脚歩行ロボットでは，上位から与えられたリズム信号によって脚および胴体のリズム運動が駆動される。駆動された脚および胴体のリズム運動は，重力，床面からの反力等，まわりの環境との相互作用を通して互いに調整され，全体として調和のとれた自己安定性を持つ周期運動，リミットサイクルを形成し，歩行という運動機能を実現する。

ここで，この制御系で制御された二脚歩行ロボットの歩行シミュレーション結果を見ておこう（図 1.32）。代表的なシステムパラメータは，質量 60 kg，脚長 80 cm，歩行周期（片脚の着地から着地までの時間）1 sec である。(a) は，胴体のピッチ回転角 $\theta_1(2)$ と角速度 $\dot{\theta}_1(2)$ の位相図，(b) は全身のスティック図である。あらかじめ与えられたリズム信号のもとで，システムパラメータと初期値を適切に設定することによって，定常な歩行運動が実現されている。またその歩行運動は，歩行の途中で微小外乱が加わっても元の歩行運動に戻っていく自己安定性を持っている。

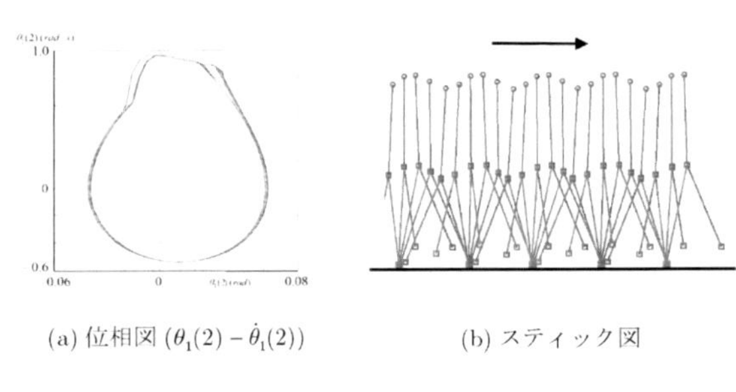

(a) 位相図 $(\theta_1(2) - \dot{\theta}_1(2))$　　(b) スティック図

図 1.32　二脚歩行ロボット

ヒトはストライドや歩行周期を調整して，歩行速度を変化させている。しかしこの二脚歩行ロボットでは，ストライドや歩行周期を変化させると歩行は不安定となって転倒する。歩行速度等環境の変化に対して適応的な歩行を実現するためには，このロボットには組み込まれていない小脳を含めた上位中枢におけるリズム信号の調節が重要である。現在，神経運動生理学の知見をもとにしたリズム信号の調節機構の力学的，制御学的な研究が進められ，その成果の一端が第 8 章 8.5 節で紹介されている。

＜土屋和雄＞

参考文献（1.4 節）

[1] ゴールドスタイン，ポール，サーフコ：『古典力学（上）』（矢野忠，江沢康生，淵沢員弘 共訳），吉岡書店 (2006).

[2] Lanczos, C.; *The Variational Principles of Mechanics*, Dover Publications (1986).

[3] Amirouche, F.: *Fundamentals of Multibody Dynamics: Theory and Applications*, Birkhäuser Boston (2007).

[4] 有本卓，岡本昌紘：『巧みさとロボットの力学』，毎日コミュニケーションズ (2008).

[5] 土屋和雄，高草木 薫，荻原直道編：『身体適応 歩行運動の神経機構とシステムモデル』，オーム社 (2010).

1.5　おわりに

本章では「ロボット制御へのいざない」として，1.1 節「はじめに」，1.2 節「ロボット制御学とは」では本書のコンセプト・立ち位置について，1.3 節「ロボット制御学の地図」では本書を読んでいくにあたっての道案内について，1.4 節「ロボットの力学と制御」ではロボットの運動と制御の関係性について述べた。

ロボットには，変動する複雑な環境の中で環境に適応した多様な運動を生成し，与えられた作業を遂行することが要求される。それを実現するために，環境とのインタラクションをもつロボットの力学的本質をうまく引き出し，あるいは力学構造を巧みに変えてやることで，ロボットに適した簡単でロバストな制御系を実現することが，ロボット制御学の目指すところである。また，高度な抽象的な数学を駆使せずとも，温故知新でニュートン力学を武器に生物やロボットの運動知能に迫ってみることができるのではないか，そこから新しい制御観が創出されるのではないか，本書にはそのような期待も込められている。

＜松野文俊＞

基礎編

基礎編では，第 2 ～ 5 章でベーシックなモデリングと制御の概念を，第 6 ～ 8 章で各々のロボットにおいて主に適用される制御手法・理論を，第 9，10 章で制御系の実装と系に人間が入り込んだ場合の制御手法・理論を解説する。

第2章

ROBOT CONTROL HANDBOOK

力学モデリング

2.1 はじめに

ロボットは，実世界で動く。実世界で動くロボットを作るためには，力学が有用となる。力の働きについて，ニュートン以来，人類は多くの原理を解明してきた。様々な力の働きを「知る」ことから，建物，運河，蒸気機関，自動車，飛行機などを「作る」ことができた。科学を基盤とする高度な技術，すなわち工学が，様々な人工物を創造してきた。

ロボットに関する力の働きも，ニュートン以来の力学で「知る」ことができるはずである。したがって，ロボット研究にとって，力学は優れた道しるべとなる。しかし，ロボットの構造や作業は多様であり，「知る」ための力学の表現は複雑となり，未知の課題となっていた。多関節構造のロボット自身をニュートン力学で表現することは比較的新しく，20世紀中ごろに示された。その後，ロボット自身やロボットの作業を「知る」ために，様々な力学的表現が獲得されてきた。現在では，ロボットのアーム，ハンド，脚，車輪，ロボットの作業環境など多くの力学的表現が明らかにされている。

目的に応じて，重要視する力学的表現は異なる。このために，力学的表現を目的ごとに変更する必要がある。例えば，条件ごとに妥当な力学原理を使い分けるなどが，これに相当する。より具体的には，そのロボットは固いか柔らかいか？　摩擦は無視できるか？　運動の加速，減速はどの程度か？　などが挙げられる。そのロボットがどのような力学的特徴を持ち，どのような環境で利用され，何を目的とするかによって，設定すべき条件が異なり，利用すべき力学的表現が異なる。

現在までに，ロボットに関する多くの力学的表現が研究されてきた。以下では，これらを力学モデルと呼ぶ。重要視する力学的特徴に依存して，その力学モデルは大きく異なる。目的に応じて，どのような力学モデルの利用が妥当かは，ロボットの解析者，設計者が判断しなければならない。

本章の以下では，現在までに得られたロボットに関する力学モデルを記述する。これらの力学モデルの蓄積によって，多様なロボットと作業を表現することが可能となる。また，それらの力学モデルによって，計算機シミュレーションも可能となり，現実のロボットの実現も容易となった。すなわち，ロボットを「知る」からロボットを「作る」ことが現実的となった。

ただし，現在までに得られた研究成果によって，ロボットの力学モデルが完成したと理解することは誤りであろう。今後，幅広く利用可能なロボットの力学モデル，より複雑な状況を表現可能な力学モデル，ロボットを「作る」ために有用な力学モデルなど，様々な力学モデルの提案が期待される。これらは，ロボティクス独自の基礎科学に位置づけられる。ロボットの基礎科学として，このような力学モデルが新しく提案されることを期待したい。

＜川村貞夫＞

2.2 制御のための力学モデリング

2.2.1 モデルとは

(1) 形と動きの表現

古来より，人は自然物の形と動きを表現してきた。例えば，フランスにあるショーヴェ壁画には，3万年以上前の人たちが，動物の姿や動きを生き生きと描いた。また，日本でも縄文時代の人間の形態を模擬した土偶が数多く発見されている。このように，人を含めた自然物の形と動きを表現したいという人類の欲求は，根源的なものと思われる。時代は現代に近づき，17 世紀には自然に対する科学的思考が表面化し，一般化していった。ガリレオ・ガリレイ (1564–1642) は自らの科学的思考から地動説を提唱する。また，ニュートン (1643–1727) は，万有引力の法則を明らかにした。自然の中の法則を解き明かす努力の結果，科学的に自然を理解する状況が生まれた。18 世紀，オイラー (1707–1783) はこの時代の著名な数学者，物理学者であり，彼の多大な功績の中に，ニュートン力学を精緻化，具体化して完成させたことが含まれる。そのため，力学モデルにおいて剛体の並進と回転の運動を表現する方程式は，ニュートン–オイラー方程式と呼ばれる。同様に数学者，物理学者であるダニエル・ベルヌーイ (1700–1782) は，1738 年に，水の流れに関する力学として『流体力学』を出版した。このように，17 世紀に始まった自然への科学的探究は深化し，精緻化する。これに伴って自然物の形状と運動は，微分・積分の方程式などを駆使すれば記述（説明）できるのではないかとの考え方が浸透したと思われる。

その後，このような科学的成果は 2 つの方向で活用される。一つは軍事利用である。市民革命として，1775〜1783 年のアメリカ独立戦争，1789 年のフランス革命などが起こる。例えば，1789 年のフランス革命直後，フランスは 1792 年にオーストリアとプロシアに，1793 年にはイギリスにも宣戦布告して，ヨーロッパの多くの国との戦争となった。戦時には，軍備拡大のために高度な技術が必要となる。特に，高度な技術を多くの人が利用して，大量の物資を生産することが強く求められた。この時期，モンジュ (1746–1818) は，1795 年に『画法幾何学』を著し，対象物を正面，上面，側面の 3 面から記述して，対象物の形状を一意に決定する方法を示した。

もう一つの方向は，民生利用である。イギリスを中心に産業革命が起こり，大量生産が可能となった。蒸気機関を一定速度で回転させる装置として，フィードバック制御を用いて調速機が発明された。しかし，より生産効率を高めるために回転速度を上昇させると，蒸気機関は一定速度を維持できなくなり，機器が破損することになった。この問題を解決するために，対象機器を微分方程式で記述する方法が用いられ，運動の安定性の概念が生まれた。これが現在の制御工学の源と呼ばれる。一方，18 世紀には農業生産の増加により人口は急激に増加しはじめる。また，産業革命の結果，大都市では労働者が必要となり，多くの人口が都市に集中した。多くの人口を維持するための社会インフラ整備，すなわち住居，物資の確保，公衆衛生等は深刻な問題となる。そこで，科学的知見に基づく都市建設が行われた。

このような歴史的段階を経て，現在の我々は様々な対象物の形状や運動を科学的に表現できる手段を持つ状況にある。その表現は数式に代表されるように数学を利用する場合が多い。

(2) 力学モデルについて

力学モデリングを説明するために，他のモデル等を含めた一般的なモデリングから概要を述べる。まず，「モデルとは何か？」という問いから記述すると，「実世界に存在する対象に成立している法則，構造，規則性などを，他者にとって理解可能な表現としたもの」を，すべてモデルと呼ぶことができる。例えば，力学以外にも第一原理（科学法則）に基づくモデリングには，電磁気学，化学反応なども挙げられる。この意味では，理論とモデルは同等である。しかしモデルは，理論とは異なり，一部に主観的な要素を含むことが許されている[1]。すなわち，一般には科学的に証明されていない内容を含めてモデルと呼ばれる。

第一原理（科学法則）のように，実世界に存在する対象物からの解析による実体駆動モデリングとは異なり，データのみから構成するデータ駆動モデリングも利用されることがある[2]。例えばロボットの運動を想定すると，対象物の物理的特性などを考慮せずに，与えた力と発生した運動（位置，速度）などのデータのみからモデリングを行うものである。計算機が高度に発達した現代社会では，大量のデータを計算機が取り込み，データ分析，学習することによって，妥当なモデルを作ることが非現実的でなくなった。すなわち，機械学習によって計算機がニュートンの法則に相当するモデルを構築できる。しかし，ロボットも力学方程式など物理法則に支配されているので，ロボットの形状や運動を表現する方法として，今までに歴史的に蓄積された科学的事実を基盤とするモデルが効果的，効率的と本書では考える。そこで，本書の以下では，特にロボットの形状と運動を記述するために基盤となる力学モデリングが詳細に説明される。

力学モデリングの作業として，支配方程式（運動方程式）の導出とパラメータ同定がある。例えば，図 2.1

の質量，ダンパ，バネからなるシステムは，外力 $f(t)$，変位 $x(t)$ とすると式 (2.1) でモデル化される。

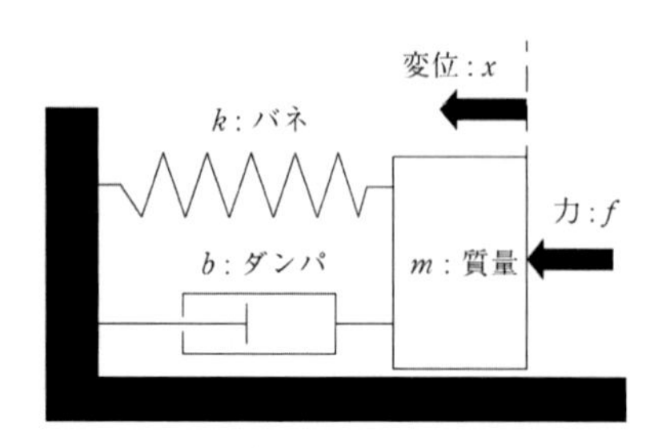

図 2.1 質量/ダンパ/バネのモデル

$$m\ddot{x}(t) + b\dot{x}(t) + kx(t) = f(t) \tag{2.1}$$

式 (2.1) の微分方程式が得られると，その運動の一般的な特徴を理解することは可能である。しかし，特定の条件についての振舞いを記述できない。このためには，式 (2.1) 中の質量 m，粘性係数 b，バネ定数 k のパラメータ値を実際の対象物から計測し，決定する必要がある。この作業は一般にパラメータ同定と呼ばれる。さらに，初期値等の境界条件を設定する必要がある。これらの準備の下に入力 $f(t)$ を与えると，その対象物の時間的な振舞いをモデルから計算することが可能となる。

(3) モデルの利用目的

一般に，何らかのモデルが得られたとすると，その利用目的には，理論，シミュレーション，制御などが挙げられる。まず，理論では実体をモデルで記述して，対象物への理解を深め，対象物の特徴を考察する。その結果，対象物の特徴による類似性，分類，新しい理論の構築等に役立てられる。例えば，図 2.2 のコイル，抵抗，コンデンサからなる電気回路は，インダクタンス L，電気抵抗 R，コンデンサ容量 C，入力電圧 $v(t)$，コンデンサへの電荷 $q(t)$ とすると，式 (2.2) となる。

$$L\ddot{q}(t) + R\dot{q}(t) + \frac{1}{C}q(t) = v(t) \tag{2.2}$$

ただし，$\dot{q}(t) = i(t)$ である。

式 (2.1) と式 (2.2) はモデル（微分方程式）として同一であり，物理量は異なるとしても，特性は同一となる。このことは，機械システムと電気システム両方の様々な知識の獲得に役立ち，一方のシステムで得られた結果を他方で考察し，利用するなどにも役立つ。

次にシミュレーションでは，実体を利用せずに数値

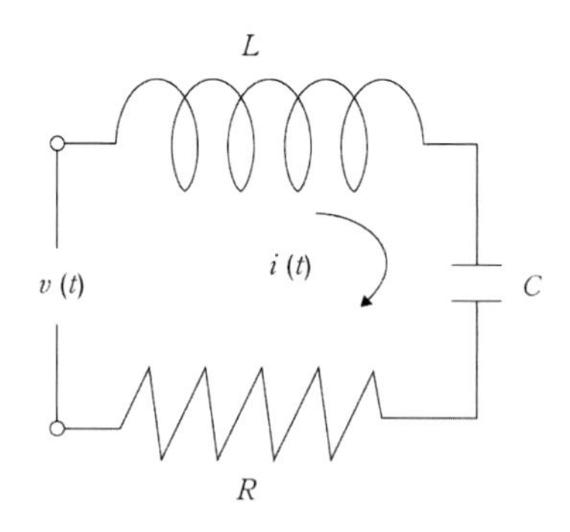

図 2.2 コイル/コンデンサ/抵抗の回路

計算によって対象物の振舞いを記述または予測する。20 世紀後半から 21 世紀の計算機の急速な発達によって，数値計算は容易となった。その結果，適切なモデルを利用することによって，実体に可能な限り近いシミュレーションを行うことが現実的な方法となった。実体に近いシミュレーション結果を得るためには，実体に対してモデルが適切であり，そのパラメータが正確に同定される必要がある。

制御にとってモデルは，以下の 3 つの利用法がある。

① 制御理論のためのモデル

提案された制御法の妥当性を理論的に保証または証明するために，モデルが利用される。蒸気機関の一定回転速度を達成するために開発された調速器のフィードバック制御の安定性は，この例に相当する。微分方程式で記述された調速器のモデルについて，どのようにフィードバックゲインを設定すれば安定性が保証され，一定の速度で回転できるかを理論的に説明できた。

② 制御目的シミュレーションのためのモデル

実機を動かすことが危険な場合や高コストの場合などに，計算機シミュレーションによって実際の動きを予想しておき，問題がないかを確認する。例えばロボットの運動をシミュレーションによって確認し，障害物と衝突しないことをシミュレーションで確認する作業が行われる。

③ 制御のためのモデル

モデルを制御のために直接に利用して，制御入力などを計算する。例えば，実体に与えられた入力と同じ入力をモデルに与えて，実体のモデルとの差を実時間で計算し，制御入力に利用するなどが提案されている。

(4) モデルの妥当性

「どのようなモデルが妥当か？」との問いに対する回答は，「対象とする目的を達成するために，実体を十分に記述可能なモデルが妥当である」となる。すなわち，可能な限り精緻なモデルが妥当なのではなく，目的に依存してモデルは変更すべきである。簡単な例として，図 2.1 の質量，ダンパ，バネの機械システムを再度考える。図 2.1 のモデルとして，式 (2.1) を示した。この式は多くの目的に十分な特徴が表現できる内容を抽出したものとなっており，様々な場合に利用されている。しかし，このモデルは実体と反映していない部分も多い。まず，重力が作用する環境では，質量と床の間には接触部が存在し，重力作用のために摩擦力が発生しているはずである。次に，バネの質量は無視しているが，実際にはバネ自身にも質量が存在する。また，ダンパでは速度に比例する力を発生するが，空気の抵抗などでは，速度の 2 乗に比例する項を加えた方が実際に近いモデルとなる。さらに，質量は剛体であり，変位 x はどの部分で計測しても同じとしている。しかし，質量部に変形が生じる場合には，計測点によって，変位が異なり別のモデルが必要となる。

このように，式 (2.1) で表現されるモデルには多くの仮定が存在し，その仮定の下に無視されている物理現象がある。対象とする目的に依存して，無視できる現象と無視できない現象が存在するので，どのようなモデルを利用するかが重要な判断となる。一般に，より詳細な現象を含めて実体をモデリングすることは，モデルを利用する目的に対して十分であり，許容される。ただし，必要以上に複雑すぎるモデルの利用は，理論において本質の理解を困難にさせ，シミュレーションにおいて計算時間の浪費を招く。さらに制御においても，安定性解析を混乱させる場合や実時間での制御を不可能とする場合が生じる。したがって，目的に応じてモデルを選定し，利用することが重要となる。

＜川村貞夫＞

2.2.2　ロボットのためのモデリング

(1) ロボット/対象物/環境のモデル

ロボットが運動し，何らかの作業を行う際のモデルを以下の 3 つに分類しておくと，モデル化に有用である。

① ロボット自身

ロボット自身の構造が，剛体リンクで構成されると仮定できるか？ 車輪移動方式か？ 剛体リンクの場合，床面に固定されているか？ または，重心位置などに依存して転倒する可能性もあるか？ 床面から離れることもあるか？ などを考慮する。

② 対象物

ロボットが接触や把持する対象物は剛体か柔軟体か？ ロボットが把持する対象物の形状はどのように記述されるか？ 球形モデルで十分か？ 直方体が妥当か？ ロボットが置かれている床（地面）は剛体か？ また平面か？ 歩行の際の接触状態はどのようにモデル化されるか？ などを考慮する。

③ 環境

ロボットと対象物を取り巻く環境を想定する。例えば，ロボットは重力下で動くか？ 無重力か？ 空気中で空気抵抗を受けて運動するか？ または宇宙空間か？ 水中での運動の場合，浮力は？ 流体から受ける力はどのようにモデル化するか？ また，ロボットが作業する空間に障害物が存在するか？ などを考慮する。

ただし，ロボットが平面上に字を書く作業などでは，ロボット手先が幾何学的に拘束される平面上での運動を，平面を対象物と想定する場合と幾何学的拘束を環境として想定する場合の両方が成り立つ。これらは目的や説明の妥当性から使い分けることになる。

(2) 幾何学モデル

図 2.3 のように，障害物がある空間でロボットが対象物を把持する場合を想定しよう。一般に，障害物にロボットの運動部分が機械的に接触することは避けるべきであり，障害物を回避する運動が有用となる。そのために，ロボット，対象物，障害物が置かれている空間をモデル化する必要がある。特に，対象物と障害物は平面，曲面，立体の方程式として，幾何学モデルを利用する場合が多い。多くの場合，対象物や障害物は剛体でモデル化され，幾何学モデルとして完結する。どのような表示精度のモデルを利用するかは，目的に依存して妥当なモデルが採用される。

一方で，今後は柔軟体を対象としたモデル化技術も発達すると予想される。その場合には，対象物とロボットの接触などに時間的変化を伴うモデルとなる。また，幾何学モデルは時間的に変化しないモデルが利用されるが，障害物や対象物が運動して時間的に変化する場合もある。

(3) 運動学モデル

ロボット自身の形状をモデル化する必要がある。現在までに最も一般的に利用される方法は，図 2.3 に見られるような剛体のリンクの連鎖構造である。連鎖構造としては，回転ジョイントと並進ジョイントがある。図 2.3 のような剛体リンクが繋がったロボットの形状をモデル化する分野を，ロボット工学では運動学と呼ぶ。運動学では，ロボットの手先位置の関節角度表現と直交座標表現の関係を調べるなど，形状や運動の特徴を解析する。このような目的のために位置の時間変化（速度）を利用する。ただし運動の原因となる力との関係は，運動学では対象としない。

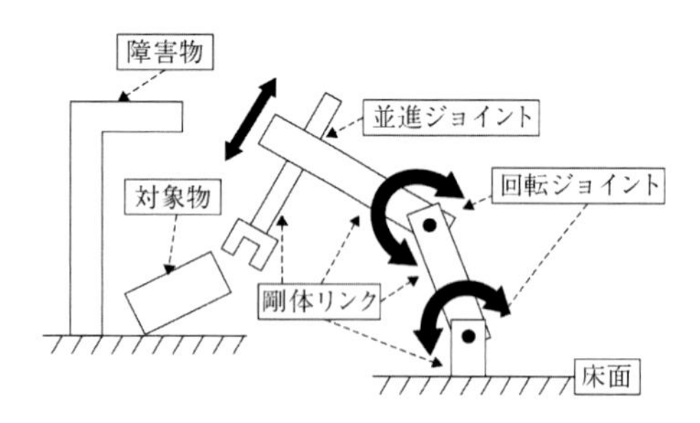

図 **2.3**　剛体リンク連鎖構造

(4) 動力学モデル

図 2.3 に見られるようなロボットアームのモデル化として，剛体リンクの連鎖を想定する。このようなロボットアームに力やトルクが作用した際に，どのような運動を生み出すかの関係を，動力学と呼ぶ。もちろん，どのような材料で製作しても，ロボットのリンクが完全な剛体である保証はない。しかし，ロボット運動を記述する際に，リンクを剛体と仮定したモデルが十分に機能することが多い。剛体リンク連鎖構造の運動方程式は，当然のことながらニュートン力学で記述できる。剛体単体の力学は，18 世紀からオイラーなどによって明らかにされてきた。しかし，剛体リンク連鎖構造の力学は，ロボットという対象を想定するまで明確ではなく，20 世紀になって R. Paul によって示された[3]。剛体リンク連鎖構造の運動方程式が明らかになると，ロボットの運動の理論考察，シミュレーション，制御に利用された。さらに，人間の身体運動を科学するバイオメカニクス分野においても，運動方程式が利用されるようになった[4]。

<川村貞夫>

参考文献（2.2.1，2.2.2 項）

[1] 木村英紀：制御とモデル，『計測と制御』「制御のためのモデリング」特集号，Vol.37, No.4, pp.228–234 (1998).

[2] 足立修一：モデリング法，『計測と制御』，Vol.42, No.4, pp.262–267 (2003).

[3] Paul, R.: *Robot Manipulators*, The MIT Press (1981).

[4] Zatsiorsky, V.M.: *Kinetics of Human Motion*, Human Kinetics Pub (2002).

[5] 三浦純，川村貞夫：ロボティクスにおけるモデリング研究の重要性，『日本ロボット学会誌』，Vol.18, No.3, pp.310–311 (2000).

[6] 川村貞夫：ロボットの運動制御のためのモデリング，『日本ロボット学会誌』，Vol.18, No.3, pp.312–317 (2000).

2.2.3　ニュートン力学と解析力学

ニュートン力学は，17 世紀後半にニュートンが示した運動法則を後の科学者らが数学的に体系化したもので，すべての力学の基礎となった。後の科学者らは，18 世紀から 19 世紀にかけてニュートン力学を発展させ，解析力学を体系化した。解析力学は，拘束が含まれる機械系や複雑な構造を持つ機械系にも容易に適用できる。そのため，ロボットの力学は解析力学に基づいて解析されることが多い。特に，解析力学で導出されるラグランジュの運動方程式はロボットのモデリングに用いられる。

本項では，ニュートン力学と解析力学の概要を述べる。ただし，詳細な数学的議論には踏み込まないため，詳細は専門書等を参照すること。

(1) ニュートンの運動 3 法則

ニュートン力学では，「ニュートンの運動 3 法則」に基いて力学を解析する。

● ニュートンの運動 3 法則

・慣性の法則

質点に力が作用しないとき，質点は静止または等速直線運動をする。

・加速の法則

質点に力が作用するとき，質点は力と同じ向きに加速し，その加速の大きさは力の大きさに比例し質点の質量に反比例する。

・作用・反作用の法則

2 つの質点が互いに力を作用させあうとき，2 つの力の大きさは等しく向きは逆になる。

質点とは，体積を無視できる質量を持つ点のことである。力学の体系化の出発点として質点が用いられたのは，以下のような理由が考えられる。

① ニュートン力学が体系化された当時は，天体の運動を解析することが重要な課題とされ，広い宇宙において天体は質点として近似できるため。

② 複雑な物体も質点の集合体として考えられ，物体を構成する最小単位から議論を出発するため。

これらの法則は，直感的にも理解できる。慣性の法則は，物体が平らな氷の上を滑る状況を思い浮かべると理解できる。加速の法則は，物体に力を加えたときに物体がどのように加速するかを考えると納得できる。作用・反作用の法則は，我々人間が手で何か物体に力を加えたときに物体から押し返される力を想像すると理解できる。ニュートン力学は，このような経験的に得られる物理法則を数学的に体系化したものである。

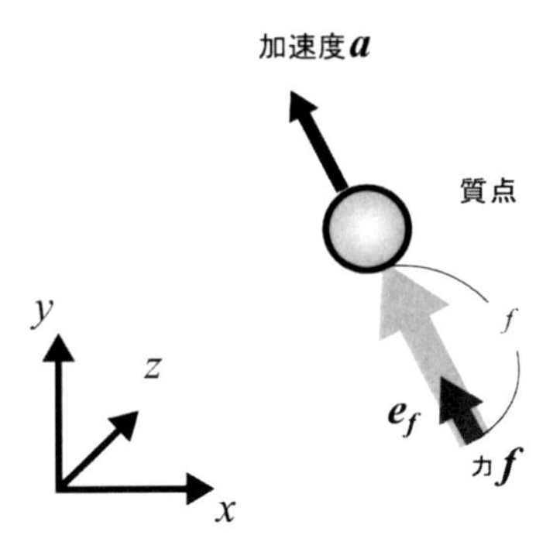

図 2.4　加速度の法則

加速の法則は，以下のようにして数式で表される。まず，図 2.4 のように質点に加わる力の大きさを f とし，3 次元空間上での力の向きを

$$\text{単位ベクトル } \boldsymbol{e_f} = \begin{pmatrix} e_x \\ e_y \\ e_z \end{pmatrix} = (e_x, e_y, e_z)^T$$

で表す。ただし，単位ベクトルとはベクトルの大きさ $|\boldsymbol{e_f}| = \sqrt{e_x^2 + e_y^2 + e_z^2}$ が 1 のベクトルであり，記号 ^{T} はベクトルの転置を表す。このとき，質点に加わる 3 次元空間上の力を $\boldsymbol{f} = (f_x, f_y, f_z)^T$ とすると，$\boldsymbol{f} = f\boldsymbol{e_f}$ である。質点の 3 次元空間上での加速度をベクトル $\boldsymbol{a} = (a_x, a_y, a_z)^T$ とすると，加速の法則は

$$m\boldsymbol{a} = \boldsymbol{f}, \tag{2.3}$$

と書ける。ただし，m は質点の質量であり，加速度とは単位時間当たりの速度の変化量である。式 (2.3) のような力と運動の関係を表す式は，運動方程式と呼ばれる。

質点に力が作用しないときは $\boldsymbol{f} = (0, 0, 0)^T = \boldsymbol{0}$ となり，質点は加速しなくなるため，質点は静止または等速直線運動をする。これが慣性の法則である。

次に，作用・反作用の法則を定式化する。ある質点 1 が別の質点 2 に作用させる力を $\boldsymbol{f}_{12}$ とする。このとき，質点 2 が質点 1 に返す反力を $\boldsymbol{f}_{21}$ とすると，

$$\boldsymbol{f}_{12} = -\boldsymbol{f}_{21}, \tag{2.4}$$

となる。

ニュートン力学が体系化された時代には，上述のニュートンの運動 3 法則を基に天体の運動をはじめとした様々な現象が解析された。

(2) 仮想仕事の原理

18 世紀から 19 世紀にかけて，「解析力学」が体系化された。解析力学がニュートン力学から大きく進展した点は，拘束を含む機械系を取り扱えることである。これは，仮想仕事の原理が出発点となる。仕事とは，力学的なエネルギーのことである。解析力学は，エネルギーに着目して力学を解析する。

● 仮想仕事の原理

系が釣合いの状態にあることの必要十分条件は，「系に作用する力がする仮想仕事の合計が 0」である。

図 2.5 のように釣合いの状態にある系に n 個の力 $\boldsymbol{f}_i (i = 1, 2, \ldots, n)$ が作用しており，その力により各作用点が微小に $\delta\boldsymbol{x}_i = (\delta x_i, \delta y_i, \delta z_i)^T$ だけ変位したとする。ただし，この微小変位は系の拘束が許す範囲のものとする。このとき，i 番目の力 $\boldsymbol{f}_i$ が系にする仕事 δW_i は，力と変位の内積

$$\delta W_i = \boldsymbol{f}_i \cdot \delta\boldsymbol{x}_i \tag{2.5}$$

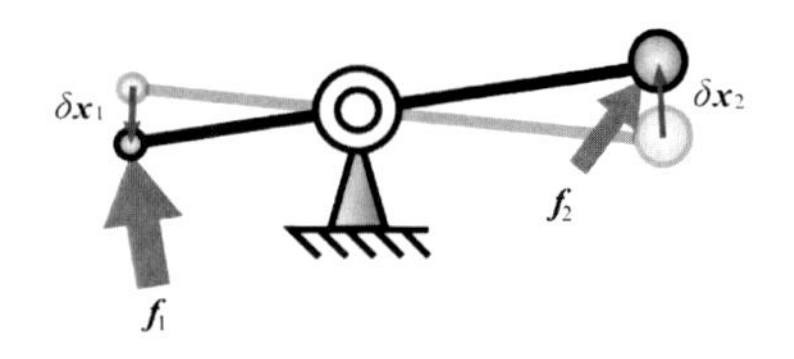

図 2.5　仮想仕事の原理

となる。ただし，内積とは・で表されるベクトル同士の積を表す演算で，

$$\boldsymbol{f}_i \cdot \delta \boldsymbol{x}_i = \boldsymbol{f}_i^T \delta \boldsymbol{x}_i = f_{xi}\delta x_i + f_{yi}\delta y_i + f_{zi}\delta z_i \quad (2.6)$$

で定義される。このとき，仮想仕事の原理は次式で表せる。

$$\delta W = \sum_{i=1}^{n} \delta W_i = \sum_{i=1}^{n} \boldsymbol{f}_i \cdot \delta \boldsymbol{x}_i = 0 \quad (2.7)$$

(3) ダランベールの原理

仮想仕事の原理は，釣合いの状態を考えた静力学であった。これを動力学に拡張するために，ダランベールの原理が用いられる。ダランベールの原理では，慣性と加速度の積 $m\boldsymbol{a}$ を「慣性力」という一つの力とみなす。すると，式 (2.3) は

$$\boldsymbol{f} - m\ddot{\boldsymbol{x}} = \boldsymbol{0}, \quad (2.8)$$

と変形できる。ただし，質点の位置を $\boldsymbol{x}$ とした。加速度の定義より，時間を表す変数を t と定義すると $\dot{\boldsymbol{x}} = \frac{\mathrm{d}}{\mathrm{d}t}\boldsymbol{x}$ であり $\ddot{\boldsymbol{x}} = \frac{\mathrm{d}}{\mathrm{d}t}\dot{\boldsymbol{x}} = \boldsymbol{a}$ である。式 (2.8) は，右辺が $\boldsymbol{0}$ となるため慣性力を含めた釣り合いの式とみなせる。これにより，加速度を考えた動力学が静力学の式で表現可能となり，仮想仕事の原理を動力学に拡張可能となる。

式 (2.7) に，式 (2.8) のダランベールの原理を適用すると次式を得る。

$$\delta W = \sum_{i=1}^{n} (\boldsymbol{f}_i - m_i\ddot{\boldsymbol{x}}_i) \cdot \delta \boldsymbol{x}_i = 0 \quad (2.9)$$

(4) 運動エネルギーとポテンシャルエネルギー

式 (2.9) は，エネルギーに関する式である。そこで，ここでは慣性力 $m_i\ddot{\boldsymbol{x}}_i$ と力 $\boldsymbol{f}_i$ の源になる運動エネルギーとポテンシャルエネルギーを導入し，それらを用いて式 (2.9) を表す。

運動エネルギーとは，物体が運動することで持つエネルギーである。質点 i が持つ運動エネルギー K_i は，

$$K_i = \frac{1}{2} m_i \dot{\boldsymbol{x}}_i \cdot \dot{\boldsymbol{x}}_i, \quad (2.10)$$

である。これを用いると，式 (2.9) の $-m_i\ddot{\boldsymbol{x}}_i \cdot \delta\boldsymbol{x}_i$ は

$$\begin{aligned} -m_i\ddot{\boldsymbol{x}}_i \cdot \delta\boldsymbol{x}_i &= -\frac{\mathrm{d}}{\mathrm{d}t}(m_i\dot{\boldsymbol{x}}_i \cdot \delta\boldsymbol{x}_i) + \frac{1}{2}m_i\delta(\dot{\boldsymbol{x}}_i \cdot \dot{\boldsymbol{x}}_i) \\ &= -\frac{\mathrm{d}}{\mathrm{d}t}(m_i\dot{\boldsymbol{x}}_i \cdot \delta\boldsymbol{x}_i) + \delta K_i \end{aligned} \quad (2.11)$$

と書き直せる。ただし，詳細な式の変形は省略した。

ばねのような弾性物体や重力場は，それらが持つ力学的エネルギーを開放，または蓄積させながら力を発生させる。このようなエネルギーはポテンシャルエネルギー，または位置エネルギーと呼ばれ，その力は保存力と呼ばれる。系に働いている力 $\boldsymbol{f}_i$ が保存力とすると，$\boldsymbol{f}_i$ は

$$\boldsymbol{f}_i = -\frac{\partial P_i}{\partial \boldsymbol{x}_i}, \quad (2.12)$$

と表せる。ただし，P_i は保存力 $\boldsymbol{f}_i$ を発生させているポテンシャルエネルギーである。ポテンシャルエネルギーは位置のみに依存するため，$P_i(\boldsymbol{x}_i)$ と書ける。これを用いると，式 (2.9) の $\boldsymbol{f}_i \cdot \delta\boldsymbol{x}_i$ は，

$$\begin{aligned} \boldsymbol{f}_i \cdot \delta\boldsymbol{x}_i &= -\frac{\partial P_i}{\partial \boldsymbol{x}_i} \cdot \delta\boldsymbol{x}_i \\ &= -\delta P_i \end{aligned} \quad (2.13)$$

と表せる。

系全体が持つ運動エネルギー K は，$K = \sum_{i=1}^{n} K_i$ であり，系全体のポテンシャルエネルギー P は $P = \sum_{i=1}^{n} P_i$ である。以上から，式 (2.9) は運動エネルギー K とポテンシャルエネルギー P を用いて

$$-\sum_{i=1}^{n} \frac{\mathrm{d}}{\mathrm{d}t}(m_i\dot{\boldsymbol{x}}_i \cdot \delta\boldsymbol{x}_i) + \delta K - \delta P = 0, \quad (2.14)$$

と表せる。

(5) 最小作用の原理

式 (2.14) を時間 t で時刻 t_1 から時刻 t_2 まで積分すると，

$$\left[-\sum_{i=1}^{n} m_i\dot{\boldsymbol{x}}_i \cdot \delta\boldsymbol{x}_i\right]_{t_1}^{t_2} + \int_{t_1}^{t_2} (\delta K - \delta P)\mathrm{d}t = 0, \quad (2.15)$$

となる。このとき，時刻 t_1 と t_2 においてすべての微小変位 $\delta\boldsymbol{x}_i$ は $\boldsymbol{0}$ とすると，

$$\int_{t_1}^{t_2} (\delta K - \delta P)\mathrm{d}t = 0, \quad (2.16)$$

となる。さらに，運動エネルギーからポテンシャルエネルギーを減じたラグランジアン $L = K - P$ と呼ばれるスカラ量を定義すると，

$$\int_{t_1}^{t_2} \delta L \mathrm{d}t = 0, \quad (2.17)$$

となる。ラグランジアン L は「作用」とも呼ばれ，本式は作用の積分値 $\int_{t_1}^{t_2} L dt$ が最小値をとることを意味している。つまり，力学法則は作用の積分値を最小化する問題に帰着される。この原理は，「ハミルトンの最小作用の原理」や「ハミルトンの原理」，「最小作用の原理」と呼ばれる。

(6) 一般化座標

ここまでの議論は，系を構成する n 個の質点がばらばらに動く場合には十分であるが，質点同士の連動は考慮していない。しかし，様々な機械的拘束により質点が連動する場合も取り扱うことが重要である。例えば，複雑な形状の物体を質点の集合体として考える場合，それらの質点は連動する。

このような場合，系の運動を表すには n 個より少ない変数で必要十分である。そこで，ラグランジュの運動方程式では系の位置を表すのに必要十分な数の変数の組である「一般化座標」を導入する。一般化座標の導入により，必要最小限の式で系をモデリングできる。以下では，一般化座標の変数の数を m とし，変数をベクトル $\boldsymbol{q} = (q_1, q_2, \ldots, q_m)^T$ で表す。

系の位置は $\boldsymbol{q}$ を用いて記述できるため，ポテンシャルエネルギー P は $\boldsymbol{q}$ に依存する関数 $P(\boldsymbol{q})$ として記述でき，運動エネルギー K は $\boldsymbol{q}$ と $\dot{\boldsymbol{q}}$ に依存する関数 $K(\boldsymbol{q}, \dot{\boldsymbol{q}})$ として記述できる。ラグランジアン L も同様に，$L(\boldsymbol{q}, \dot{\boldsymbol{q}})$ と書ける。

(7) ラグランジュの運動方程式

最小作用の原理より，式 (2.17) を満たす一般化座標の軌道 $\boldsymbol{q}$, $\dot{\boldsymbol{q}}$, $\ddot{\boldsymbol{q}}$ は，次式の汎関数 I を最小化する $\boldsymbol{q}$, $\dot{\boldsymbol{q}}$, $\ddot{\boldsymbol{q}}$ と同じである。

$$I = \int_{t_1}^{t_2} L(\boldsymbol{q}, \dot{\boldsymbol{q}}) \mathrm{d}t \tag{2.18}$$

汎関数 I を最小化する $\boldsymbol{q}$, $\dot{\boldsymbol{q}}$, $\ddot{\boldsymbol{q}}$ は，変分法と呼ばれる数学的手法により導かれる。変分法では，被積分関数 L の変数 $\boldsymbol{q}$, $\dot{\boldsymbol{q}}$ の微小変化である「変分」$\delta\boldsymbol{q}$, $\delta\dot{\boldsymbol{q}}$ を考える。変分 $\delta\boldsymbol{q}$, $\delta\dot{\boldsymbol{q}}$ は，t_1 から t_2 の区間で定義される微小量である。この最小化の条件が式 (2.17) であり，式 (2.17) を最小化する軌道は

$$\frac{\mathrm{d}}{\mathrm{d}t}\left\{\frac{\partial L}{\partial \dot{\boldsymbol{q}}}\right\} - \frac{\partial L}{\partial \boldsymbol{q}} = 0 \tag{2.19}$$

となる。本式が，ラグランジュの運動方程式である。ただし，変分法の詳細は専門書等を参照すること。

本節では保存力のみが作用する場合を考えたが，保存力以外の一般的な力が作用する場合のモデリングは，以降の節を参照すること。

(8) 運動方程式の導出例

ラグランジュの運動方程式を用いたモデリングの例を示す。ここでは，図 2.6 のように重力と平行方向に動く質点を考える。質点の質量を m，位置を x，重力加速度を g とすると，系の運動エネルギとポテンシャルエネルギーは

$$K = \frac{1}{2} m \dot{x}^2 \tag{2.20}$$

$$P = mgx \tag{2.21}$$

である。これらとラグランジュの運動方程式から，運動方程式は

$$\begin{aligned} &\frac{\mathrm{d}}{\mathrm{d}t} \frac{\partial \left\{\frac{1}{2} m\dot{x}^2 - mgx\right\}}{\partial \dot{x}} - \frac{\partial \left\{\frac{1}{2} m\dot{x}^2 - mgx\right\}}{\partial x} \\ &= \frac{\mathrm{d}}{\mathrm{d}t} m\dot{x} + mg \\ &= m\ddot{x} + mg = 0 \end{aligned} \tag{2.22}$$

と求まる。本式は，ニュートン力学から求めた運動方程式 $ma = -mg$ と同一であることが確かめられる。

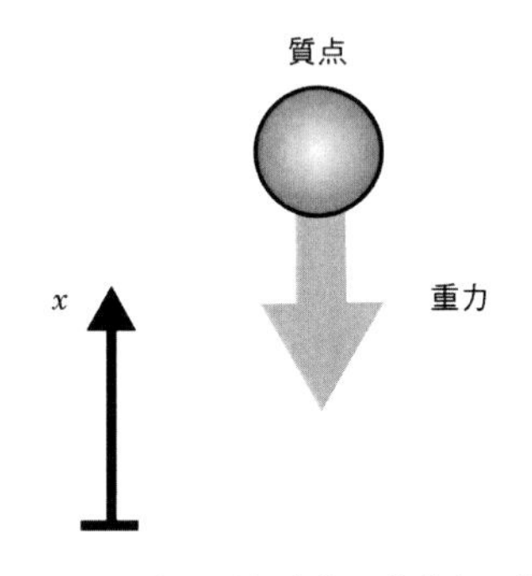

図 2.6 重力と平行方向に移動する質点

このような単純な系のモデリングにはラグランジュの運動方程式は不要であるが，ロボットのような複雑な系にはラグランジュの運動方程式を用いることでモデリングが容易になる。

＜植村充典＞

2.2.4 モデリングとシミュレーション

(1) 概論

本項では特に，微分方程式で表される動的システム

の数学モデルを考える。連続体を構成要素に含むシステムではこれは偏微分方程式となるが，剛体近似，集中系近似等の表現を単純化する工夫により，次のような常微分方程式で表せる。

$$\boldsymbol{g}(t, \boldsymbol{x}, \boldsymbol{x}^{(1)}, \ldots, \boldsymbol{x}^{(N)}, \boldsymbol{u}) = \boldsymbol{0} \tag{2.23}$$

ただし，t は時刻，$\boldsymbol{x}$ はシステムの記述変数，$\boldsymbol{u}$ はシステムへの入力，N は式 (2.23) の階数であり，

$$\boldsymbol{x}^{(k)} \equiv \frac{\mathrm{d}^k \boldsymbol{x}}{\mathrm{d}t^k} \tag{2.24}$$

を意味する。式 (2.23) に含まれる方程式の数と記述変数の数は一致する。この式を

$$\boldsymbol{u} = \boldsymbol{G}(\boldsymbol{x}^{(N)}; t, \boldsymbol{x}, \ldots, \boldsymbol{x}^{(N-1)}) \tag{2.25}$$

と変形し，「ある時刻 t における状態 $\boldsymbol{x}, \ldots, \boldsymbol{x}^{(N-1)}$ が与えられたとき，$\boldsymbol{x}^{(N)}$ を生じさせる入力 $\boldsymbol{u}$ を求める式」と見なすと，いわゆる逆モデルとなる。逆に

$$\boldsymbol{x}^{(N)} = \boldsymbol{F}(\boldsymbol{u}; t, \boldsymbol{x}, \ldots, \boldsymbol{x}^{(N-1)}) \tag{2.26}$$

のように変形し「ある時刻 t における状態 $\boldsymbol{x}, \ldots, \boldsymbol{x}^{(N-1)}$ が与えられたとき，$\boldsymbol{u}$ を入力することで生じる $\boldsymbol{x}^{(N)}$ を求める式」と見なすと，これは順モデルとなり [1)]，入力に対するシステムの応答を予測するのに用いられる。予測による状態更新をある時間幅 $[0, T]$ で行えば [2)]，この間のシステムの挙動を計算機上で再現できる。これは計算機シミュレーションと呼ばれる。以下では特に断りのない限り，計算機シミュレーションのことを単にシミュレーションと呼ぶことにする。

シミュレーションには次のような意義がある。

① 実際のシステムを稼働させることなく，ある条件下のシステムのおおよその振舞いを知ることができる。これにより，動作試験に伴うシステム製作・稼働コスト，事故発生リスク，場合によっては試験に要する時間を低減できる。

② 記述変数やそれに付随する変数の履歴を知ることができる。これによりセンサ設置コストの低減，センサ設置による挙動への干渉防止，センサでは観測不可能な物理量の推定等が可能になる。

③ 実際の状態を元に，稼働中のシステムの未来の有り様を知ることができる。

1) 逆モデルを用いた反復計算によって順モデルを構成することや，順モデルとフィードバックを組み合わせて逆モデルを構成することも可能である。モデルとは本来，数式だけでなく算法との組合せによって記述されるものであることに注意されたい。

2) 初期時刻を $t = 0$ としても一般性を失わないので，このように表記した。

ただし，計算機上では離散化・量子化された世界しか記述できない。また当然，モデル化において無視された要素は再現できない。これらの影響による実際の現象との乖離をいかに抑制するかが，シミュレーションにおける主問題である。以下ではこのことを概説する。数学的な詳細についてはHenrici[1]，Ascher と Petzold[2]，三井[3] 等を参照されたい。

シミュレーションにおいては，入力 $\boldsymbol{u}$ は（通常 t または $\boldsymbol{x}, \ldots, \boldsymbol{x}^{(N-1)}$ の関数として）与えられる。また，$\boldsymbol{x}, \ldots, \boldsymbol{x}^{(N-1)}$ をまとめて改めて $\boldsymbol{x}$ とおくことで，任意の N 階微分方程式をそれと等価な1階微分方程式に変換可能である。すなわち式 (2.26) は，一般性を失わず次のように変形できる。

$$\dot{\boldsymbol{x}} = \boldsymbol{f}(t, \boldsymbol{x}) \tag{2.27}$$

シミュレーションとは，$\boldsymbol{x}|_{t=0}$ を与えて微分方程式 (2.27) の初期値問題を解くことにほかならない。多くの場合，解析的解法は存在せず，数値解法に頼ることになる。

実用できる解法に必要なのは，安定性，精度，計算速度の3つであり，この順に重要である。安定性については，次の式で表されるシステムを例に説明しよう。

$$\dot{x} = -100x \tag{2.28}$$

このシステムは明らかに安定であり，次の解を持つ。

$$x = x_0 e^{-100t} \tag{2.29}$$

ただし，$x|_{t=0} = x_0$ とおいた。ここで，時刻 $t \in [kh, (k+1)h)$（k は整数，h は微小な正の実数）においては $\dot{x}$ は一定値 $\dot{x}|_{t=kh} = -100x|_{t=kh}$ で近似できるものとすると，式 (2.28) は次のような漸化式に変形できる。

$$x_{k+1} = x_k - 100x|_{t=kh} \cdot h \simeq (1 - 100h)x_k \tag{2.30}$$

ただし，x_k は $x|_{t=kh}$ の推定値である。x_0 を与えて上記の漸化式を順次適用すると，時間幅 h ごとの系列 $\{x_k\}$ が生成される。このような方法を離散変数法と呼ぶ。

ところで式 (2.30) の一般解は，次式である。

$$x_k = (1-100h)^k x_0 \tag{2.31}$$

h が小さいほど，式 (2.31) は式 (2.29) の良い近似になる（読者にて確認されたい）。一方，$|1-100h|>1 \Leftrightarrow h>0.02$ のときに $\{x_k\}$ は発散する。すなわち h を大きくすると，近似精度が下がるだけでなく，元のシステムが安定であるにも関わらず解が不安定になってしまう。このような結果はもはや意味をなさない。離散化による不安定化は何をおいても防がなければならない。

精度が高いことが望ましいのは言うまでもない。局所的には，シミュレーション結果と真値との差 $\boldsymbol{e}_k = \boldsymbol{x}|_{t=kh} - \boldsymbol{x}_k$ がどの程度に抑えられるかをもって精度を評価する。例えば先ほどの例と同様に，$t \in [kh, (k+1)h)$ においては $\dot{\boldsymbol{x}} \simeq \boldsymbol{f}(kh, \boldsymbol{x}|_{t=kh})$ と近似できるとしよう。このとき式 (2.27) は，次の漸化式に変形できる。

$$\boldsymbol{x}_{k+1} = \boldsymbol{x}_k + \boldsymbol{f}(kh, \boldsymbol{x}_k)h \tag{2.32}$$

$\boldsymbol{x}_k$ は $\boldsymbol{x}_{t=kh}$ の推定値である。これに従って系列 $\{\boldsymbol{x}_k\}$ を求める方法はオイラー法と呼ばれる。$\boldsymbol{x}$ を $t=kh$ のまわりでテイラー展開すると，

$$\boldsymbol{x}|_{t=(k+1)h} = \boldsymbol{x}|_{t=kh} + \dot{\boldsymbol{x}}|_{t=kh} \cdot h + \frac{1}{2}\ddot{\boldsymbol{x}}|_{t=kh} \cdot h^2 + \cdots \tag{2.33}$$

であるから，仮に $\boldsymbol{x}|_{t=kh} = \boldsymbol{x}_k$ であるならば，式 (3.50)，(2.33) の辺々を引くと，$\dot{\boldsymbol{x}}|_{t=kh} = \boldsymbol{f}(kh, \boldsymbol{x}_k)$ より

$$\boldsymbol{e}_{k+1} = \frac{1}{2}\ddot{\boldsymbol{x}}|_{t=kh} \cdot h^2 + \cdots \tag{2.34}$$

を得る。すなわちオイラー法によって $\boldsymbol{x}_k$ から $\boldsymbol{x}_{k+1}$ を生成したとき，誤差の成長は $O(h^2)$ に抑えられる。時間幅 h によって T が n 個の区間に分割される ($n \simeq T/h$) ならば，全体での誤差は $\boldsymbol{e}_1, \ldots, \boldsymbol{e}_n$ の累積なので $O(h)$ である。このことを「オイラー法は 1 次の解法である」と表現する。次数が高い解法ほど精度が高いと言える。

大域的には，$\boldsymbol{x}_0 = \boldsymbol{x}|_{t=0}$ として，k を 0 から $n-1$（n は整数）まで進めたときに生成される系列 $\{\boldsymbol{x}_1, \ldots, \boldsymbol{x}_n\}$ が真の系列 $\{\boldsymbol{x}|_{t=h}, \ldots, \boldsymbol{x}|_{t=nh}\}$ に近いことが期待できればよいように思える。しかし，局所的に高精度な解法が生成する系列が大域的に真の系列に近いとは限らない。動的システムの中には初期値鋭敏性，すなわちごくわずかな初期値の違いによって，その後の振舞いが全く異なる様相を示すものがある。これは決して特殊な現象ではなく，多重振り子のようなカオス的挙動を示すシステムや，脚ロボット，把持物体の動的操作のように不規則な衝突を伴うシステムなど，ロボット工学に比較的馴染み深い事例でさえ該当する。シミュレーションにおいて誤差の発生は不可避であるため，どれほど精度を上げてもこのことは解消されない。このような場合，シミュレーションの目的はシステムが示したある挙動を再現することではなく，現実にあり得る一つの挙動を生成することと考えるべきである。

安定性と精度に比べれば，計算速度はそれほど強い要請ではない。しかしシミュレーションの目的から鑑みて，現実的な時間で必要な情報が提供されなければ実用できない。計算時間はしばしば精度とトレードオフになるため，解法の実装には工夫が求められる。

いずれにしても，万能な解法は存在しない。個々の解法の性質を理解した上で，再現したい現象の性質に合ったものを選択する必要がある。以下ではこのことを踏まえながら，いくつかの代表的な解法を紹介する。

(2) 精度を上げる工夫 1：テイラー法

精度を上げる方法はいくつかある。局所的精度の考え方に基づいて素直に発想すれば，$\boldsymbol{f}$ の高階導関数を用いればよさそうである。次の連鎖律が知られている。

$$\boldsymbol{f}^{<i+1>}(t, \boldsymbol{x}) = \frac{\partial \boldsymbol{f}^{<i>}(t, \boldsymbol{x})}{\partial t} + \frac{\partial \boldsymbol{f}^{<i>}(t, \boldsymbol{x})}{\partial \boldsymbol{x}} \boldsymbol{f}(t, \boldsymbol{x}) \tag{2.35}$$

ただし，i は 0 以上の整数であり，

$$\boldsymbol{f}^{<i>}(t, \boldsymbol{x}) \equiv \frac{\mathrm{d}^i \boldsymbol{f}(t, \boldsymbol{x})}{\mathrm{d}t^i} \tag{2.36}$$

とおいた。式 (2.33) 同様に考え，テイラー展開を p 次の項で打ち切れば，

$$\boldsymbol{x}_{k+1} = \boldsymbol{x}_k + \sum_{i=1}^{p} \frac{1}{i!} \boldsymbol{f}_k^{<i-1>} h^i \tag{2.37}$$

を得る。ただし，$\boldsymbol{f}_k^{<l>} \equiv \boldsymbol{f}^{<l>}(t_k, \boldsymbol{x}_k)$ とおいた。t_k は離散時刻（今までの例では $t_k = kh$）である。p がそのままこの解法の次数となる。これをテイラー法と呼ぶ。一般的には，$\boldsymbol{f}(t, \boldsymbol{x})$ の高階偏微分を求めるのに過度の労力を要するため，実用されることは稀である。

(3) 精度を上げる工夫 2：ルンゲ–クッタ法

別の発想として，図 2.7 のように区間 $[t_k, t_{k+1}]$ に複

数の点をとり，各々の点における導関数値を求め，それらの合成によって次数を上げる方法がある。これは一段階法と呼ばれる。代表的な解法はルンゲ–クッタ法であり，次の式を用いる。

$$\boldsymbol{x}_{k+1} = \boldsymbol{x}_k + h\sum_{i=1}^{s} b_i \boldsymbol{v}_i \tag{2.38}$$

$$\boldsymbol{v}_i = \boldsymbol{f}(t_k + c_i h, \boldsymbol{x}_k + h\sum_{j=1}^{s} a_{ij}\boldsymbol{v}_j) \tag{2.39}$$

ただし，a_{ij}，b_i，c_i $(i=1,\ldots,s,\ j=1,\ldots,s)$ は定数である。s は段数と呼ばれ，次数の決定に寄与する。

$$\boldsymbol{x}_{k+1} = \boldsymbol{x}_k + h\left(\sum_{i=1}^{s} b_i\right)\boldsymbol{f}_k + O(h^2) \tag{2.40}$$

（ただし $\boldsymbol{f}_k \equiv \boldsymbol{f}(t_k, \boldsymbol{x}_k)$）であることから，解法が1次以上であるためには次が満たされなければならない。

$$\sum_{i=1}^{s} b_i = 1 \tag{2.41}$$

また，次の人工制約条件が付加されることが多い。

$$c_i = \sum_{j=1}^{s} a_{ij} \tag{2.42}$$

これらの条件下でうまく s，a_{ij}，b_i，c_i を選ぶことにより，次数を上げることができる。各公式は表2.1に示すButcher配列で定義される。同表右のように $a_{ij} = 0(\forall j \geq i)$ とすることで，式(2.39)により $\boldsymbol{v}_i(i=1,\ldots,s)$ を順番に求めることができる。このような方法を陽的ルンゲ–クッタ法と呼ぶ。零でない $a_{ij}(j \geq i)$ が一つでもある公式は陰的ルンゲ–クッタ法と呼ばれ，$\boldsymbol{v}_i$ を求めるために連立方程式を解かなければならない。

次数の上限（最大到達次数）は段数で決まるが，両者の一般的な関係はまだ明らかになっていない。陽的ルンゲ–クッタ法においては表2.2が知られている。計算が容易な反面，段数に対し次数を上げにくいと言える。最もよく知られている公式は表2.3に示すもので，古典的ルンゲ–クッタ法と呼ばれる。$\boldsymbol{v}_i(i=2,3,4)$ が $\boldsymbol{v}_{i-1}$ のみから求まるので計算が簡単であり，かつ4段4次（最高到達次数）となっている。一方，陰的ルンゲ–クッタ法は計算が煩雑になるが，段数に対し最大到達次数を上げやすい特長がある。例えば表2.4に示す2段Butcher–Kuntzmann公式は，4次である。

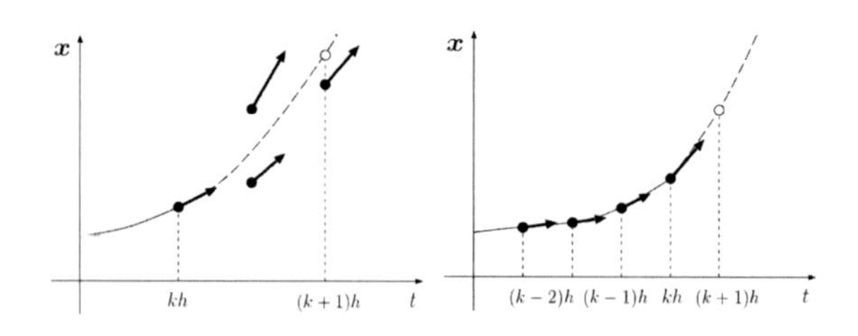

図 2.7　一段階法　　図 2.8　多段階法

表 2.1　Butcher配列（右は陽的ルンゲ–クッタ法）

c_1	a_{11}	a_{12}	$\cdots$	a_{1s}
c_2	a_{21}	a_{22}	$\cdots$	a_{2s}
$\vdots$	$\vdots$	$\vdots$	$\ddots$	$\vdots$
c_s	a_{s1}	a_{s2}	$\cdots$	a_{ss}
	b_1	b_2	$\cdots$	b_s

0	0	0	$\cdots$	0
c_2	a_{21}	0	$\cdots$	0
$\vdots$	$\vdots$	$\ddots$	$\ddots$	$\vdots$
c_s	a_{s1}	$\cdots$	$a_{s(s-1)}$	0
	b_1	b_2	$\cdots$	b_s

表 2.2　陽的ルンゲ–クッタ法における段数と最大到達次数

段数	1	2	3	4	5	6	7	8	9	10
最大到達次数	1	2	3	4	4	5	6	6	7	7

表 2.3　古典的ルンゲ–クッタ法

0	0	0	0	0
1/2	1/2	0	0	0
1/2	0	1/2	0	0
1	0	0	1	0
	1/6	1/3	1/3	1/6

表 2.4　2段Butcher–Kuntzmann公式

$\frac{1}{2}+\frac{\sqrt{3}}{6}$	$\frac{1}{4}$	$\frac{1}{4}+\frac{\sqrt{3}}{6}$
$\frac{1}{2}-\frac{\sqrt{3}}{6}$	$\frac{1}{4}-\frac{\sqrt{3}}{6}$	$\frac{1}{4}$
	$\frac{1}{2}$	$\frac{1}{2}$

(4) 精度を上げる工夫3：線形多段階法

時間幅を細分割して複数の導関数値を新たに求める代わりに，図2.8のように過去に求めた推定値および導関数値を用いることができれば効率がよいだろう。この発想に基づく方法は多段階法と呼ばれる。次式で表される線形多段階法がよく用いられる。

$$\sum_{i=0}^{s} a_i \boldsymbol{x}_{k-i+1} = h\sum_{i=0}^{s} b_i \boldsymbol{f}(t_{k-i+1}, \boldsymbol{x}_{k-i+1}) \tag{2.43}$$

通常は $a_0 = 1$ とする。$b_0 = 0$ であるものは陽的解法と呼ばれ，時刻 $t = t_k$ 以前の系列 $\{(\boldsymbol{x}_k, \boldsymbol{f}_k)\}$（後方値）の線形和として $\boldsymbol{x}_{k+1}$ を求めることができる。$b_0 \neq 0$ であるものは陰的解法と呼ばれる。右辺にも $\boldsymbol{x}_{k+1}$ があるので，連立方程式を解かなければこれを求めることができない。係数は，補間によって $\boldsymbol{x}$ の近似関数を作成し，次数と収束性を考慮して決定する。

陽的解法としては，次のアダムス–バッシュフォース公式がよく知られている。

$$\boldsymbol{x}_{k+1} = \boldsymbol{x}_k + h\sum_{i=0}^{s}\beta_{\mathrm{B}i}\boldsymbol{f}_{k-i} \tag{2.44}$$

$$\beta_{\mathrm{B}s-i} = (-1)^{i-1}\sum_{j=i-1}^{s-i}\begin{pmatrix} j \\ i-1 \end{pmatrix}\gamma_{\mathrm{B}j} \tag{2.45}$$

ただし，次の一般化 2 項係数を用いている。

$$\begin{pmatrix} j \\ i \end{pmatrix} \equiv \frac{j(j-1)\cdots(j-i+1)}{i!} \tag{2.46}$$

また，$\gamma_{\mathrm{B}i}$ は次の漸化式で求まる。

$$\gamma_{\mathrm{B}0} = 1, \quad \gamma_{\mathrm{B}i} = 1 - \sum_{j=0}^{i-1}\frac{1}{i-j+1}\gamma_{\mathrm{B}j} \tag{2.47}$$

陰的解法としては，次のアダムス–ムルトン公式が知られている。

$$\boldsymbol{x}_{k+1} = \boldsymbol{x}_k + h\sum_{i=0}^{s}\beta_{\mathrm{M}i}\boldsymbol{f}_{k-i+1} \tag{2.48}$$

$$\beta_{\mathrm{M}s-i} = (-1)^{i-1}\sum_{j=i-1}^{s-i}\begin{pmatrix} j \\ i-1 \end{pmatrix}\gamma_{\mathrm{M}j} \tag{2.49}$$

ただし，$\gamma_{\mathrm{M}i}$ は次の漸化式で求まる。

$$\gamma_{\mathrm{M}0} = 1, \quad \gamma_{\mathrm{M}i} = -\sum_{j=0}^{i-1}\frac{1}{i-j+1}\gamma_{\mathrm{M}j} \tag{2.50}$$

$\{\beta_{\mathrm{B}i}\}$，$\{\beta_{\mathrm{M}i}\}$ とも，事前に求めておくことができる。上記の 2 つの公式を合わせてアダムス公式と呼ぶ。

陽的解法は計算が容易だが，推定値が補間区間外にあるので精度が悪い。一方，陰的解法はその逆の性質を持っている。そこで，まず陽的解法を用いて $\boldsymbol{x}_{k+1}$ の初期推定値を求め，それを陰的解法の右辺に反復代入することで $\boldsymbol{x}_{k+1}$ の推定精度を上げる方法がある。これは予測子・修正子法と呼ばれる。また，アダムス公式を用いた予測子・修正子法をアダムス法と呼ぶ。

多段階法を用いる際には，s 個の初期系列を予め用意しなければならない。これらは一段階法で求める。また実用的には反復計算による予測子・修正子法を併用することになる。このため，全体の計算量は結局一段階法とあまり変わらない。

(5) 精度を上げる工夫 4：埋め込み型ルンゲ–クッタ法

精度を上げる最も単純な発想は，時間幅 h を細かくとることだが，計算速度との兼合いでいたずらに細かくすることはできない。計算の過程で適切な h を自動的に決定する方法があれば便利であろう。このような方法はいくつかあるが，最も良く用いられるのは埋め込み型ルンゲ–クッタ法である。

表 2.5 Fehlberg の公式

0	0	0	0	0	0	0
$\frac{1}{4}$	$\frac{1}{4}$	0	0	0	0	0
$\frac{3}{8}$	$\frac{3}{32}$	$\frac{9}{32}$	0	0	0	0
$\frac{12}{13}$	$\frac{1932}{2197}$	$-\frac{7200}{2197}$	$\frac{7296}{2197}$	0	0	0
1	$\frac{439}{216}$	-8	$\frac{3680}{513}$	$-\frac{845}{4104}$	0	0
$\frac{1}{2}$	$-\frac{8}{27}$	2	$-\frac{3544}{2565}$	$\frac{1859}{4104}$	$-\frac{11}{40}$	0
	$\frac{16}{135}$	0	$\frac{6656}{12825}$	$\frac{28561}{56430}$	$-\frac{9}{50}$	$\frac{2}{55}$
	$\frac{25}{216}$	0	$\frac{1408}{2565}$	$\frac{2197}{4104}$	$-\frac{1}{5}$	0

ある p 次の公式，およびそれとよく似た $p-1$ 次の公式があり，前者は式 (2.38), (2.39)，後者は式 (2.38) の代わりに次式を用いるものとする。

$$\boldsymbol{x}_{k+1} = \boldsymbol{x}_k + h\sum_{i=1}^{s}b'_i\boldsymbol{v}_i \tag{2.51}$$

各々の公式による推定値を $\boldsymbol{x}_{k+1}$，$\boldsymbol{x}'_{k+1}$ とそれぞれおく。ある微小な閾値 ε に対し $\|\boldsymbol{x}_{k+1} - \boldsymbol{x}'_{k+1}\| > \varepsilon$ ならば，今の h に対する誤差は許容されない。そこで $h/2$ を改めて h とし，計算をやり直す。このような計算を可能にする a_{ij}, b_i, b'_i, c_i の組合せとしては，表 2.5 に示す Fehlberg の公式が知られている。これは 6 段 5 次公式（上）と 6 段 4 次公式（下）を用いる。

(6) 安定性を上げる工夫

再び式 (2.28) で表されるシステムを考えよう。同式のオイラー法による解が不安定となるのは，式 (2.30) において x_k を x_{k+1} に写像する係数 $1-100h$ の絶対値が 1 より大きくなるときであった。この例からもわかるが，陽的な解法の場合，(元のシステムが安定であることを前提として) 離散化による解が安定であるためには，システムの時定数に対し h が十分小さくなければならない。

相対的に時定数の大きく異なるモードを同時に含むシステムでは，注意が必要である。時定数の大きい (緩やかに変化する) 支配的な現象に主な関心がある場合，計算効率の観点から h はあまり小さくとれず，時定数の小さい (速い) 現象に起因して数値解が不安定になりやすい。このようなシステムは硬い系と呼ばれる。

式 (2.28) を，今度は $t \in (kh, (k+1)h]$ において $\dot{x}$ が一定値 $\dot{x}|_{t=(k+1)h}$ で近似できるものとして漸化式に変

形すると，次式となる。

$$x_{k+1} = x_k - 100hx_{k+1} \Leftrightarrow x_{k+1} = \frac{1}{1+100h}x_k \quad (2.52)$$

このような解法を陰的オイラー法と呼ぶ。式 (2.52) において，x_k を x_{k+1} に写像する係数の絶対値は任意の正の h に対し 1 より小さいので，解は常に安定である。しかも陽的解法と異なり，h が大きいほどより安定となることがわかる。

元の微分方程式が安定である前提で，離散変数法による解が h によらず安定となることを A 安定という。一般的には，陽的ルンゲ–クッタ法も陽的線形多段階法も A 安定となりえず，また A 安定となる陰的線形多段階法は 2 次を超えない，という事実が知られている。硬い系のシミュレーションにおいて安定かつ高精度な解を得るためには，A 安定な高次陰的ルンゲ–クッタ法（Radau 法など）か，A 安定ではないが広い h の範囲で安定な高次陰的線形多段階法（Gear 法など）のいずれかを選択することになる。

(7) システムの力学的性質に基づく方法

これまで，一般的な離散変数法について述べてきた。ロボット工学で扱う対象の多くは機械システムであり，その振舞いはニュートン力学に従う。例えば次の微分方程式を考えよう。

$$\ddot{x} = -x \quad (2.53)$$

これは定常解が調和振動となる保存系の運動方程式である。例えば $v = \dot{x}$ とおいて 1 階微分方程式に変形しオイラー法を用いると，次の漸化式を得る。

$$\begin{bmatrix} x_{k+1} \\ v_{k+1} \end{bmatrix} = \begin{bmatrix} x_k \\ v_k \end{bmatrix} + h \begin{bmatrix} v_k \\ -x_k \end{bmatrix} = \begin{bmatrix} 1 & h \\ -h & 1 \end{bmatrix} \begin{bmatrix} x_k \\ v_k \end{bmatrix} \quad (2.54)$$

元のシステムは保存系であるから，力学エネルギー $E = (1/2)(x^2 + v^2)$ は不変である。ところが

$$E_k \equiv \frac{1}{2}(x_k^2 + v_k^2) \quad (2.55)$$

とおくと，

$$E_{k+1} = \frac{1}{2}(x_{k+1}^2 + v_{k+1}^2) = (1 + h^2)E_k \quad (2.56)$$

すなわちこの解の系列では，力学エネルギーが単調増加してしまうことがわかる。次に，式 (2.54) に似ている次の漸化式を考えよう。

$$\begin{bmatrix} x_{k+1} \\ v_{k+1} \end{bmatrix} = \begin{bmatrix} x_k \\ v_k \end{bmatrix} + h \begin{bmatrix} v_{k+1} \\ -x_k \end{bmatrix} = \begin{bmatrix} 1-h^2 & h \\ -h & 1 \end{bmatrix} \begin{bmatrix} x_k \\ v_k \end{bmatrix} \quad (2.57)$$

これは陰的オイラー法とも異なり，x_k, v_k から v_{k+1} が，さらにそれを用いて x_{k+1} が順次求まる。この解においても力学エネルギーは保存されないのだが，代わりに次の値が保存される（読者にて確認されたい）。

$$E'_k = \frac{1}{2}(x_k^2 + v_k^2 - hx_kv_k) \quad (2.58)$$

このため，精度はオイラー法と同程度だが，力学エネルギーがある値の近傍に保たれるという意味でより好ましい解法になっている。このように，システムの不変量に着目する方法は幾何学的数値解法と呼ばれる 3)。

摩擦力や外力が作用する非保存系であっても，力学エネルギーの変化はそれらのみに由来すべきであって，離散化により（元の現象と無関係に）エネルギーの増減が起こるのは望ましくない。このような理由で，ニューマーク法[5]，離散オイラー–ラグランジュ法[6] など様々な方法が提案されている[7]。ここでは名前を紹介するに止める。詳しくは Marsden, West[7] を参照されたい。

(8) 不連続性を含む現象のシミュレーション

ロボット工学で扱われる現象には，衝突，クーロン摩擦，飽和など，加速度が不連続変化するものや，短時間に大加速し速度もほとんど不連続変化するように見えるものが少なからずある。これらにおいては，これまで述べた精度や安定性の議論はすべて通用しない。

支配方程式が切り替わる面を境界として，状態空間はいくつかの領域に分割される。状態が境界をまたいで離散的に遷移したときに，数学的にも力学的にも好ましくない結果が生じる可能性がある。例えば飽和を含むシステムを考えよう。元のシステムでは，ある変数が図 2.9(a) のように上限値に達した時点で変化が止まり，その値を超えることはない。しかし離散化されたシステムでは，上限値に誤差なく達することは稀である。このことを無視すると，同図 (b) のように誤差が残存してしまう。同図 (c) のように強制的に値を上限値に引き戻した場合，その影響が他の変数にどのように波及するか明らかでない。罰金法等によって誤差を補償しようとした場合，補償係数が不適切だと同図 (d) のようにチャタリングを起こし，最悪の場合は発散する。

3) 式 (2.57) の解は特にシンプレクティックである。詳細は文献 [4] に委ねる。

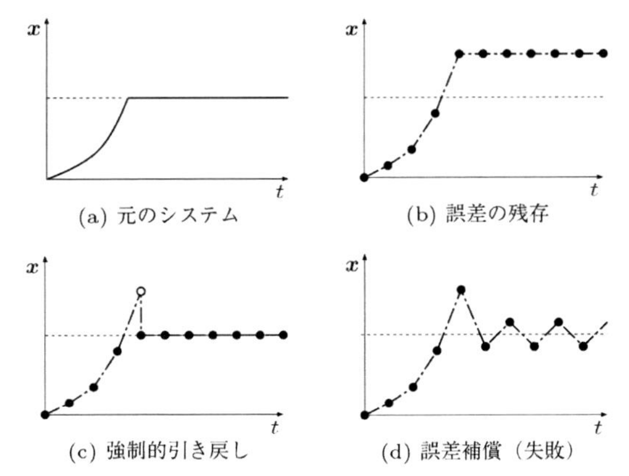

図 **2.9** 飽和を持つシステムの離散変数法による解（失敗例）

上記の問題を解消する一つの方法は，不連続変化が発生する時刻 $t_k + h'$ を推定し，$0 < h' < h$ ならばその前後で計算を分割することである。例えば不連続変化が状態空間上の領域 $g(\boldsymbol{x}) = 0$ を境界として起こる場合，線形補間を用いれば h' は次のように推定できる。

$$h' = -\frac{g(\boldsymbol{x}_k)}{\frac{\partial g}{\partial \boldsymbol{x}}(\boldsymbol{x}_k)\boldsymbol{f}_k} \tag{2.59}$$

別の方法は，時間幅 h 経過後の状態が領域 $g(\boldsymbol{x}) \leq 0$ に含まれると仮定して，陰的解法により $\boldsymbol{x}_{k+1}$ を推定するものである。得られた $\boldsymbol{x}_{k+1}$ が $g(\boldsymbol{x}_{k+1}) \leq 0$ を満たさないならば，仮定が誤りであったとして外し，再度 $\boldsymbol{x}_{k+1}$ を推定する。具体的な解法は問題依存にならざるをえないが，様々な現象が微分方程式ではなく微分包含式として定式化できることがわかっており，これを可解な差分方程式に変換する技巧が Xiong ら[8] により提案されている。

<杉原知道>

参考文献（2.2.4 項）

[1] Henrici, P.: *Discrete Variable Methods in Ordinary Differential Equations*, John Wiley & Sons (1962).

[2] Ascher, U. M. and Petzold, L. R.: *Computer Methods for Ordinary Differential Equations and Differential-Algebraic Equations*, SIAM: Society for Industrial and Applied Mathematics (1998).

[3] 三井斌友：『常微分方程式の数値解法』，岩波書店 (2003).

[4] Leimkuhler, B. J. and Skeel, R. D.: Symplectic Numerical Integrators in Constrained Hamiltonian Systems, *Journal of Computational Physics*, Vol. 12, Issue 1, pp. 117–125 (1994).

[5] Newmark, N. M.: A method of computation for structural dynamics, *Journal of the Engineering Mechanics Division*, Vol. 85, Issue 3, pp. 67–94 (1959).

[6] Marsden, J. E., Patrick, G. W., Shkoller, S.: Multisymplectic Geometry, Variational Integrators, and Nonlinear PDEs, *Communications in Mathematical Physics*, Vol. 199, Issue 2, pp. 351–395 (1998).

[7] Marsden, J. E. and West, M.: Discrete mechanics and variational integrators, *Acta Numerica*, pp. 357–514 (2001).

[8] Xiong, X., Kikuuwe, R. and Yamamoto, M.: A Differential-Algebraic Method to Approximate Nonsmooth Mechanical Systems by Ordinary Differential Equations, *Journal of Applied Mathematics*, Vol. 2013, Article ID 320276 (2013).

2.3 機械的現象の力学モデリング

2.3.1 剛体の力学モデリング

本項では，最も基本的な機械要素の一つである剛体をモデリングする。剛体とは，図 2.10 のような形が変化しない一塊の物体である。ロボットは，胴体や頭，上腕などの剛体の集合体と考えることができる。

本項では，図 2.11 のように剛体を質点の集合体と捉えることで，質点のモデルから剛体のモデリングを行う。

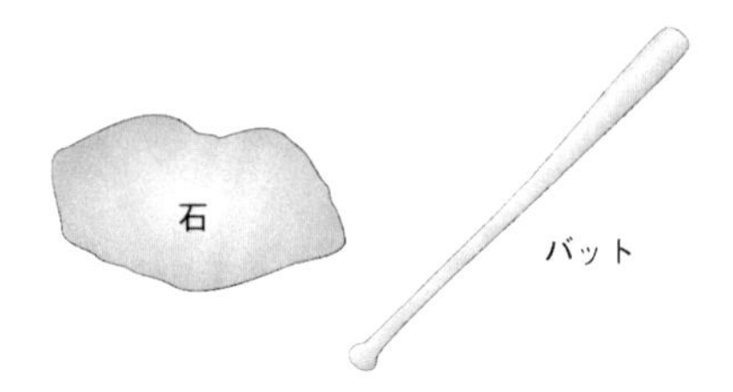

図 **2.10** 剛体

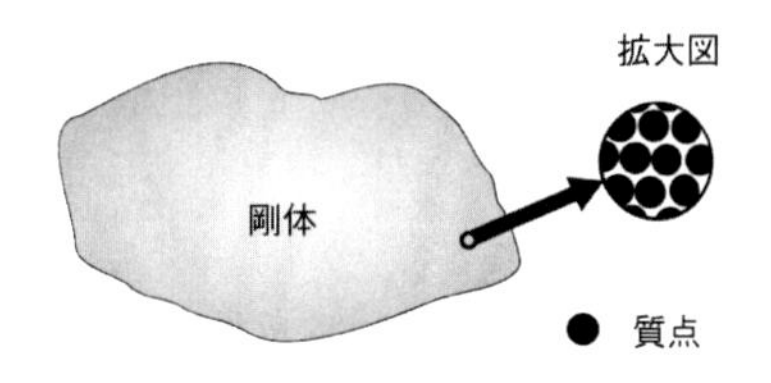

図 **2.11** 質点の集合体

(1) 質点が 2 つある系のモデリング

そこでまず，図 2.12 のように平面上を移動する 2 つの質点（質点 1,2）が質量の無視できる棒で拘束されている場合を考える。後で述べるように，剛体の運動方程式も 2 質点系の場合と同様の手順で求められる。質点 1,2 の質量はそれぞれ m_1, m_2 とし，外から力 $\boldsymbol{f}_1 = (f_{x1}, f_{y1})^T$，$\boldsymbol{f}_2 = (f_{x2}, f_{y2})^T$ がそれぞれ加わっ

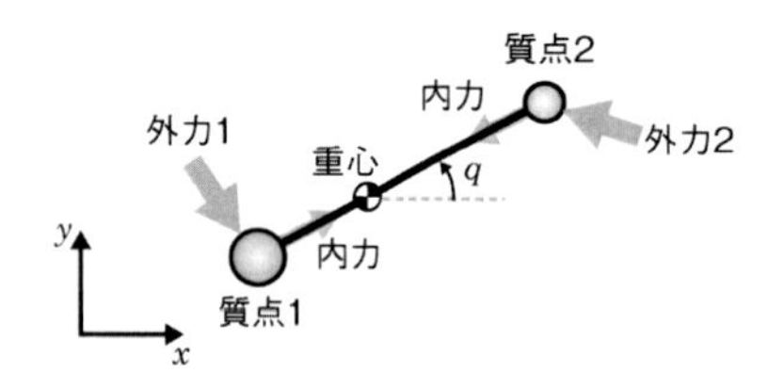

図 **2.12**　2 質点系

ているものとする。ただし，$(f_{x1}, f_{y1})^T$ は横ベクトル (f_{x1}, f_{y1}) の転置

$$(f_{xi}, f_{yi})^T = \begin{pmatrix} f_{xi} \\ f_{yi} \end{pmatrix} \tag{2.60}$$

を意味する。質点 1,2 には，棒からも力 $\boldsymbol{f_{c12}} = (f_{cx12}, f_{cy12})^T$，$\boldsymbol{f_{c21}} = (f_{cx21}, f_{cy21})^T$ がそれぞれ加わる。これらの $\boldsymbol{f}_1$, $\boldsymbol{f}_2$ のように外から加わる力は外力と呼ばれ，$\boldsymbol{f_{c1}}$, $\boldsymbol{f_{c2}}$ のように機械内部の相互作用によって発生する力は内力と呼ばれる。質点 1,2 の加速度をそれぞれ $\boldsymbol{a}_1 = (a_{x1}, a_{y1})^T$，$\boldsymbol{a}_2 = (a_{x2}, a_{y2})^T$ とすると，質点 1,2 の運動方程式はそれぞれニュートンの運動方程式を用いて

$$m_1\boldsymbol{a}_1 = \boldsymbol{f}_1 + \boldsymbol{f_{c12}} \tag{2.61}$$

$$m_2\boldsymbol{a}_2 = \boldsymbol{f}_2 + \boldsymbol{f_{c21}} \tag{2.62}$$

となる。

作用・反作用の法則から，2 つの内力の関係は $\boldsymbol{f_{c12}} = -\boldsymbol{f_{c21}}$ である。そこで，式 (2.61) の両辺を式 (2.62) の両辺に加えると，内力が表れない式

$$m_1\boldsymbol{a}_1 + m_2\boldsymbol{a}_2 = \boldsymbol{f}_1 + \boldsymbol{f}_2 \tag{2.63}$$

が得られる。ここで，式 (2.63) を整理して理解するため，2 質点系の重心位置 $\boldsymbol{x} = (x, y)^T$ を考える。質点 1,2 の位置をそれぞれ $\boldsymbol{x}_1$, $\boldsymbol{x}_2$ とすると重心位置は

$$\boldsymbol{x} = \frac{1}{m_1 + m_2}(m_1\boldsymbol{x}_1 + m_2\boldsymbol{x}_2) \tag{2.64}$$

で定義される。よって，重心の加速度 $\boldsymbol{a} = (a_x, a_y)^T$ も $\boldsymbol{a} = \frac{1}{m_1+m_2}(m_1\boldsymbol{a}_1 + m_2\boldsymbol{a}_2)$ となる。この式の両辺に $m_1 + m_2$ をかけ，それを式 (2.63) に代入すると重心に関する運動方程式

$$m\boldsymbol{a} = \boldsymbol{f} \tag{2.65}$$

を得る。ただし，$m = m_1 + m_2$ は全体の質量であり，$\boldsymbol{f} = \boldsymbol{f}_1 + \boldsymbol{f}_2$ は系に加わるすべての外力の合力である。式 (2.65) は，質点の運動方程式と同様である。つまり，2 質点系の重心の運動方程式は，質点の運動方程式と同じ形式となる。

ただし，重心だけで 2 質点系全体の運動を表すことはできない。図 2.12 からもわかるように，系は重心まわりに回転することができる。そこで，重心まわりの回転角 q に関する運動方程式を導出する。

まず，回転に関する運動方程式を考えるため，「力のモーメント（トルク）」の概念を導入する。

● 力のモーメント（トルク）と外積

図 2.12 を見ると，外力 1 によって 2 質点系が重心まわりに q が正の方向への回転を加速することが想像できる。ただし，外力 1 のうち棒に垂直な成分のみがこの回転の加速に寄与する。図 2.13 のように，外力 1 のうち棒に垂直な成分は $|\boldsymbol{f}_1| \sin\alpha$ で表せる。ただし，$|\boldsymbol{f}_1| = \sqrt{f_{x1}^2 + f_{y1}^2}$ はベクトル $\boldsymbol{f}_1$ の大きさであり，α は外力 1 と棒がなす角である。また，力の作用点から重心位置までの距離が短いと回転への寄与が少なくなり，距離が長いと寄与が大きくなることも想像できる。重心位置に対する力の作用点の相対位置を $\boldsymbol{r}_1 = (r_{x1}, r_{y1})^T = \boldsymbol{x}_1 - \boldsymbol{x}$ で表すと，その距離は $|\boldsymbol{r}_1|$ で表せる。このような，回転の加速に寄与する力の大きさのことを「力のモーメント」，または「トルク」と呼ぶ。ロボット工学では，トルクと呼ぶことが多い。よって，外力 1 が重心に及ぼすトルク τ_1 は

$$\tau_1 = |\boldsymbol{f}_1||\boldsymbol{r}_1| \sin\alpha \tag{2.66}$$

である。本式は α を用いない式で

$$\tau_1 = r_{x1}f_{y1} - r_{y1}f_{x1} \tag{2.67}$$

と書ける。式 (2.66) と式 (2.67) が一致することは，余弦定理 $|\boldsymbol{r}_1 - \boldsymbol{f}_1|^2 = |\boldsymbol{r}_1|^2 + |\boldsymbol{f}_1|^2 - |\boldsymbol{r}_1||\boldsymbol{f}_1|\cos(\pi - \alpha)$ から確かめられる。式 (2.67) の右辺はベクトル $\boldsymbol{f}_1$ と $\boldsymbol{r}_1$ の「外積」と呼ばれ，× の記号を用いて，

$$\tau_1 = \boldsymbol{r}_1 \times \boldsymbol{f}_1 \tag{2.68}$$

と書く。つまり，力のモーメント（トルク）は外積によって計算される。

よって，$\boldsymbol{r}_1$ と式 (2.61) の両辺との外積を計算すると，

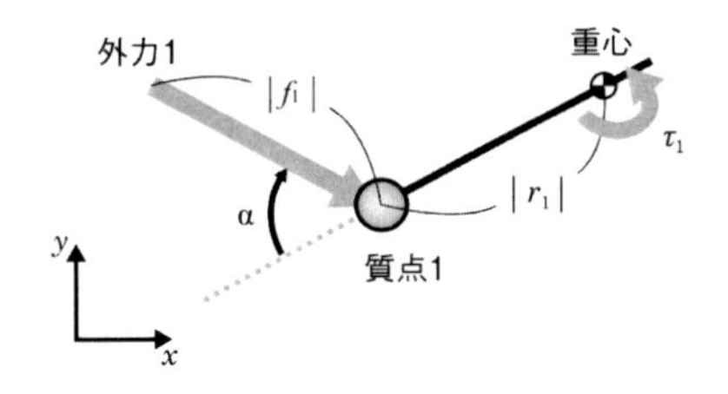

図 **2.13** 外力とトルクの関係

重心まわりにおける質点 1 の運動方程式が求められる。

$$m_1\boldsymbol{r}_1 \times \boldsymbol{a}_1 = \tau_1 + \boldsymbol{r}_1 \times \boldsymbol{f}_{c12} \tag{2.69}$$

同様に，質点 2 についても $\boldsymbol{r}_2 = \boldsymbol{x}_2 - \boldsymbol{x}$ を用いて重心まわりにおける運動方程式を求めると，

$$m_2\boldsymbol{r}_2 \times \boldsymbol{a}_2 = \tau_2 + \boldsymbol{r}_2 \times \boldsymbol{f}_{c21} \tag{2.70}$$

となる。ただし，τ_2 は外力 2 によって重心まわりに生じるトルクであり，$\tau_2 = \boldsymbol{r}_2 \times \boldsymbol{f}_2$ である。

棒は質点間の距離を一定に保つように各質点に力を加えるので，図 2.12 のように内力ベクトルは常に棒と平行方向となる。平行なベクトル同士がなす角は 0 なので，$\boldsymbol{r}_1 \times \boldsymbol{f}_{c12} = 0$ であり，$\boldsymbol{r}_2 \times \boldsymbol{f}_{c21} = 0$ である。また，質点 1 と 2 を両方考慮した重心まわりの運動方程式は式 (2.69) と式 (2.70) の和

$$m_1\boldsymbol{r}_1 \times \boldsymbol{a}_1 + m_2\boldsymbol{r}_2 \times \boldsymbol{a}_2 = \tau_1 + \tau_2 \tag{2.71}$$

となる。ここで，式 (2.71) は回転に関する運動方程式なので，図 2.12 の角度 q を用いた式に変形する。まず，$\boldsymbol{r}_1$ と $\boldsymbol{r}_2$ を 2 回時間で微分すると

$$\ddot{\boldsymbol{r}}_1 = \boldsymbol{a}_1 - \boldsymbol{a} \tag{2.72}$$

$$\ddot{\boldsymbol{r}}_2 = \boldsymbol{a}_2 - \boldsymbol{a} \tag{2.73}$$

を得る。ただし，$\ddot{\boldsymbol{r}}_1 = \frac{\mathrm{d}^2\mathrm{r}_1}{\mathrm{d}t^2}$ であり，$\ddot{\boldsymbol{r}}_2 = \frac{\mathrm{d}^2\mathrm{r}_2}{\mathrm{d}t^2}$ である。以後，時間で 1 回微分した変数を元の変数に˙を付けて表し，時間で 2 回微分した変数を¨をつけて表す。これらの $\boldsymbol{a}_1$ と $\boldsymbol{a}_2$ を式 (2.71) の左辺に代入すると

$$(m_1\boldsymbol{r}_1 + m_2\boldsymbol{r}_2) \times \boldsymbol{a} + m_1\boldsymbol{r}_1 \times \ddot{\boldsymbol{r}}_1 + m_2\boldsymbol{r}_2 \times \ddot{\boldsymbol{r}}_2 = \tau_1 + \tau_2 \tag{2.74}$$

となる。式 (2.64) の重心位置の定義より，$m_1\boldsymbol{r}_1 + m_2\boldsymbol{r}_2 = \boldsymbol{0}$ である。また，質点は図 2.12 のように棒によって拘束されているので，

$$\boldsymbol{r}_1 = l_{g1}\begin{pmatrix}\cos q\\ \sin q\end{pmatrix} \tag{2.75}$$

のように表現できる。ただし，l_{g1} は重心から質点 1 までの距離である。式 (2.75) の両辺を時間で 2 回微分すると，

$$\ddot{\boldsymbol{r}}_1 = -l_{g1}\dot{q}\begin{pmatrix}\cos q\\ \sin q\end{pmatrix} + l_{g1}\ddot{q}\begin{pmatrix}-\sin q\\ \cos q\end{pmatrix} \tag{2.76}$$

となる。平行なベクトルの外積は 0 となり，直交する単位ベクトルの外積は 1 となるため，

$$\boldsymbol{r}_1 \times \ddot{\boldsymbol{r}}_1 = l_{g1}^2\ddot{q} \tag{2.77}$$

となる。同様のことが質点 2 にも成立するため，重心から質点 2 までの距離を l_{g2} とすると，式 (2.74) は

$$I\ddot{q} = \tau \tag{2.78}$$

となる。ただし，$I = m_1 l_{g1}^2 + m_2 l_{g2}^2$ であり，$\tau = \tau_1 + \tau_2$ である。

結局，回転の運動方程式は 2.2.3 項で示したニュートンの運動方程式と同じ形式となる。式 (2.78) は，オイラーの運動方程式と呼ばれている。ニュートンの運動方程式における質点の質量に相当するものは式 (2.78) では I となり，これは慣性モーメントと呼ばれている。

ニュートンの運動方程式とオイラーの運動方程式の各定数・変数の対応を表 2.6 に示す。

表 2.6 ニュートンの運動方程式とオイラーの運動方程式における各定数・変数の対応

ニュートンの運動方程式	オイラーの運動方程式
位置 x	角度 q
速度 $\dot{x}$	角速度 $\dot{q}$
加速度 a, $\ddot{x}$	角加速度 $\ddot{q}$
力 f	力のモーメント（トルク）τ
質量（慣性）m	慣性モーメント I

(2) 剛体の平面上での運動方程式

上述の議論は，平面上を運動する図 2.11 のような多数の質点の集合体である剛体でも成立する。まず，剛体を n 個の質点の集合体と考え，各質点の運動方程式

を考える。

$$m_1\boldsymbol{a}_1 = \boldsymbol{f}_1 + \sum_{i=1}^{n}\boldsymbol{f}_{\boldsymbol{c}1i} \tag{2.79}$$

$$m_2\boldsymbol{a}_2 = \boldsymbol{f}_2 + \sum_{i=1}^{n}\boldsymbol{f}_{\boldsymbol{c}2i} \tag{2.80}$$

$$\vdots$$

$$m_n\boldsymbol{a}_n = \boldsymbol{f}_n + \sum_{i=1}^{n}\boldsymbol{f}_{\boldsymbol{c}ni} \tag{2.81}$$

ただし，m_i は質点 i の質量であり，$\boldsymbol{a}_i = (a_{xi}, a_{yi})^T$ は質点 i の加速度ベクトル，$\boldsymbol{f}_i = (f_{xi}, f_{yi})^T$ は質点 i に働く外力である。また，各質点の相対位置は質点どうしが棒によって繋がれていることで拘束されているものとし，$\boldsymbol{f}_{\boldsymbol{c}ij} = (f_{cxij}, f_{cyij})^T$ は質点 j が棒を介して質点 i に加える内力である。質点 i が質点 j に拘束されていない場合は，$\boldsymbol{f}_{\boldsymbol{c}ij} = \boldsymbol{f}_{\boldsymbol{c}ji} = \boldsymbol{0}$ とする。

質点 i の位置を $\boldsymbol{x}_i = (x_i, y_i)^T$，剛体の質量を $m = \sum_{i=1}^{n} m_i$ とすると，重心位置 $\boldsymbol{x}$ は

$$\boldsymbol{x} = \frac{1}{m}\sum_{i=1}^{n} m_i\boldsymbol{x}_i \tag{2.82}$$

と定義される。作用・反作用の法則からすべての内力の合力は $\boldsymbol{0}$ となるため，式 (2.79) から式 (2.81) の総和は

$$m\boldsymbol{a} = \boldsymbol{f} \tag{2.83}$$

となる。ただし $\boldsymbol{a} = \ddot{\boldsymbol{x}}$ は重心の加速度であり，$\boldsymbol{f} = \sum_{i=1}^{n}\boldsymbol{f}_i$ は外力の総和である。よって，剛体の並進方向の運動方程式もニュートンの運動方程式と同様になる。

次に，回転方向の運動方程式を考える。各質点の重心まわりの運動方程式を計算するため，重心から質点 i までの位置 $\boldsymbol{r}_i = \boldsymbol{x}_i - \boldsymbol{x}$ と式 (2.79) から式 (2.81) までの各式との外積を計算すると，

$$m_1\boldsymbol{r}_1 \times \boldsymbol{a}_1 = \boldsymbol{r}_1 \times \boldsymbol{f}_1 + \boldsymbol{r}_1 \times \sum_{i=1}^{n}\boldsymbol{f}_{\boldsymbol{c}1i} \tag{2.84}$$

$$m_2\boldsymbol{r}_2 \times \boldsymbol{a}_2 = \boldsymbol{r}_2 \times \boldsymbol{f}_2 + \boldsymbol{r}_2 \times \sum_{i=1}^{n}\boldsymbol{f}_{\boldsymbol{c}2i} \tag{2.85}$$

$$\vdots$$

$$m_n\boldsymbol{r}_n \times \boldsymbol{a}_n = \boldsymbol{r}_n \times \boldsymbol{f}_n + \boldsymbol{r}_n \times \sum_{i=1}^{n}\boldsymbol{f}_{\boldsymbol{c}ni} \tag{2.86}$$

となる。式 (2.84) から式 (2.86) の総和を計算すると，

$$\begin{aligned}\sum_{i=1}^{n} m_i\boldsymbol{r}_i \times \boldsymbol{a}_i &= \sum_{i=1}^{n}\boldsymbol{r}_i \times \boldsymbol{f}_i \\ &\quad + \sum_{j=1}^{n}\sum_{i=1}^{n}\boldsymbol{r}_j \times \boldsymbol{f}_{\boldsymbol{c}ji}\end{aligned} \tag{2.87}$$

を得る。ここで，各内力が各棒に平行なことと作用・反作用の法則 $\boldsymbol{f}_{\boldsymbol{c}ij} = -\boldsymbol{f}_{\boldsymbol{c}ji}$ から，内力ペア $\boldsymbol{f}_{\boldsymbol{c}ij}$，$\boldsymbol{f}_{\boldsymbol{c}ji}$ が重心まわりに加えるトルクの和は

$$\begin{aligned}\boldsymbol{r}_i \times \boldsymbol{f}_{\boldsymbol{c}ij} + \boldsymbol{r}_j \times \boldsymbol{f}_{\boldsymbol{c}ji} &= (\boldsymbol{r}_i - \boldsymbol{r}_j) \times \boldsymbol{f}_{\boldsymbol{c}ij} \\ &= 0\end{aligned} \tag{2.88}$$

となる。これはすべての内力ペアに成立するため，内力が重心まわりに加えるトルクの総和 $\sum_{j=1}^{n}\sum_{i=1}^{n}\boldsymbol{r}_j \times \boldsymbol{f}_{\boldsymbol{c}ji}$ は 0 となる。また，各 $\boldsymbol{r}_i$ は図 2.14 のように剛体の角度 q と重心から各質点 i までの距離 l_{gi}，剛体に固定した座標系から見た質点 i の角度 q_i を用いて

$$\boldsymbol{r}_i = l_{gi}\begin{pmatrix}\cos(q+q_i) \\ \sin(q+q_i)\end{pmatrix} \tag{2.89}$$

で表せる。角度 q_i は定数なので，式 (2.77) から

$$\begin{aligned}\boldsymbol{r}_i \times \boldsymbol{a}_i &= \boldsymbol{r}_i \times (\boldsymbol{a} + \ddot{\boldsymbol{r}}_i) \\ &= \boldsymbol{r}_i \times \boldsymbol{a} + l_{gi}^2\ddot{q}\end{aligned} \tag{2.90}$$

となる。よって，式 (2.87) の左辺は

$$\sum_{i=1}^{n} m_i\boldsymbol{r}_i \times \boldsymbol{a}_i = \sum_{i=1}^{n} m_i\boldsymbol{r}_i \times \boldsymbol{a} + \sum_{i=1}^{n} m_i l_{gi}\ddot{q} \tag{2.91}$$

となる。重心位置の定義より，$\sum_{i=1}^{n} m_i\boldsymbol{r}_i = 0$ である。また，質点による慣性モーメントの総和を $I =$

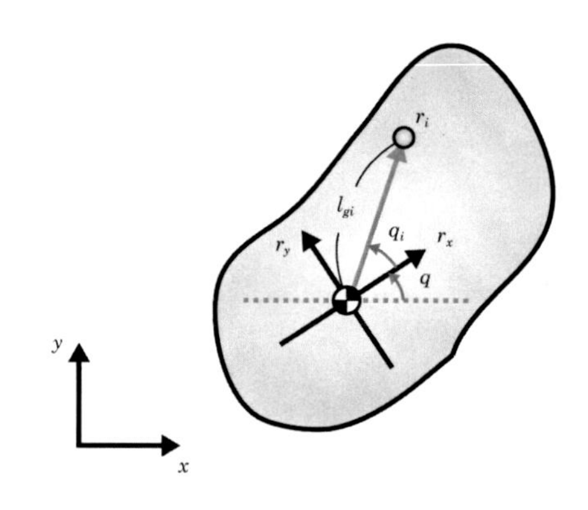

図 2.14　平面上を運動する剛体

$\sum_{i=1}^{n} m_i l_{gi}$, 外力によるトルクの総和を $\tau = \sum_{i=1}^{n} \boldsymbol{r}_i \times \boldsymbol{f}_i$ とすると，式 (2.87) は

$$I\ddot{q} = \tau \tag{2.92}$$

となる。

以上より，剛体の運動方程式は式 (2.83) のニュートンの運動方程式と式 (2.92) のオイラーの運動方程式を用いて表されることが示された。

(3) 平面上で運動する剛体に重力が作用する場合

平面を運動する剛体に，重力が働く場合の運動方程式を導出する。重力は，y の負の方向に働くものとする。重力以外の外力は働かないとすると，各質点に働く外力は

$$\boldsymbol{f}_i = \begin{pmatrix} 0 \\ -m_i g \end{pmatrix} \tag{2.93}$$

となる。ただし，g は重力加速度である。よって，並進方向に働く外力の総和は $\boldsymbol{f} = \sum_{i=1}^{n} \boldsymbol{f}_i = (0, -mg)^T$ となる。これにより，式 (2.83) から並進方向の運動方程式は

$$m\boldsymbol{a} = \begin{pmatrix} 0 \\ -mg \end{pmatrix} \tag{2.94}$$

となる。また，重力によって重心まわりに発生するトルクの総和は

$$\begin{aligned} \tau &= \sum_{i=1}^{n} \boldsymbol{r}_i \times \begin{pmatrix} 0 \\ -m_i g \end{pmatrix} \\ &= -\sum_{i=1}^{n} m_i (x_i - x) g \end{aligned} \tag{2.95}$$

である。式 (2.82) の重心位置の定義より，$\tau = 0$ となる。よって，回転方向の運動方程式は

$$I\ddot{q} = 0 \tag{2.96}$$

となる。

以上より，重力のみが作用する剛体は式 (2.94) から x 方向には等速で運動し，y 方向には一定の加速度 $a_y = -g$ で加速し，式 (2.96) から一定の速度で回転する図 2.15 のような運動をすることがわかる。

(4) 剛体の 3 次元空間上での運動方程式

次に，剛体の 3 次元空間上での運動方程式を求める。

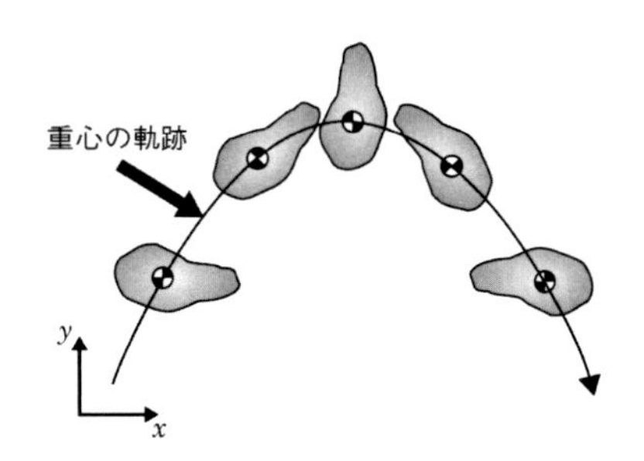

図 **2.15** 重力のみが作用する剛体の運動

剛体を n 個の質点の集合と考えると，各質点の 3 次元空間での運動方程式は

$$m_1 \boldsymbol{a}_1 = \boldsymbol{f}_1 + \sum_{i=1}^{n} \boldsymbol{f}_{\boldsymbol{c}1i} \tag{2.97}$$

$$m_2 \boldsymbol{a}_2 = \boldsymbol{f}_2 + \sum_{i=1}^{n} \boldsymbol{f}_{\boldsymbol{c}2i} \tag{2.98}$$

$$\vdots$$

$$m_n \boldsymbol{a}_n = \boldsymbol{f}_n + \sum_{i=1}^{n} \boldsymbol{f}_{\boldsymbol{c}ni} \tag{2.99}$$

である。ただし，質点 i の質量を m_i，加速度を $\boldsymbol{a}_i = (a_{xi}, a_{yi}, a_{zi})^T$，質点 i に働く外力を $\boldsymbol{f}_i = (f_{xi}, f_{yi}, f_{zi})^T$，質点 i と質点 j の距離が拘束されていることにより質点 i に加わる内力を $\boldsymbol{f}_{\boldsymbol{c}ij} = (f_{cxij}, f_{cyij}, f_{czij})^T$ とする。

作用・反作用の法則から，各内力は $\boldsymbol{f}_{\boldsymbol{c}ij} = -\boldsymbol{f}_{\boldsymbol{c}ji}$ となる。よって，式 (2.97) から式 (2.99) の総和を計算すると

$$m\boldsymbol{a} = \boldsymbol{f} \tag{2.100}$$

を得る。ただし，$m = \sum_{i=1}^{n} m_i$ であり，$\boldsymbol{a} = \frac{1}{m}\sum_{i=1}^{n} m_i \boldsymbol{a}_i$，$\boldsymbol{f} = \sum_{i=1}^{n} \boldsymbol{f}_i$ である。よって，3 次元空間を運動する剛体の並進方向の運動方程式も，ニュートンの運動方程式と同様の形式となる。

次に，回転方向の運動方程式を考える。図 2.16 のように，3 次元空間では剛体は 3 つの軸を中心に回転できる。よって，回転を表すには 3 つの変数が必要である。この 3 つの回転軸 r_x, r_y, r_z は，x, y, z 軸にそれぞれ平行とし，原点は重心位置とする。

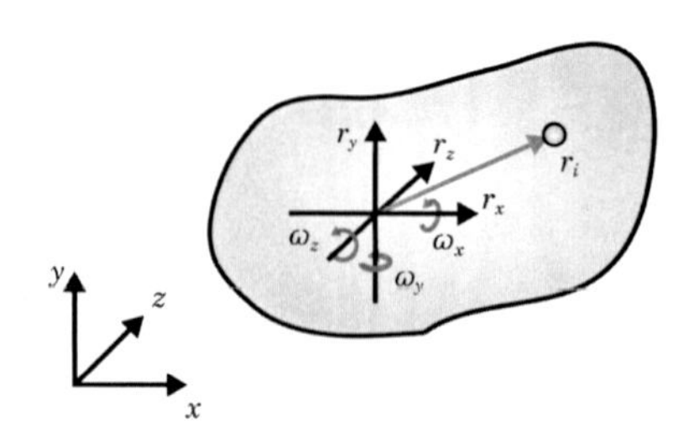

図 **2.16**　3 次元空間での剛体の運動

● **3 次元空間におけるトルクと外積**

各外力 $\boldsymbol{f}_i$ が r_x, r_y, r_z 軸まわりに及ぼすトルク $\boldsymbol{\tau}_i = (\tau_{x1}, \tau_{y1}, \tau_{z1})^T$ は，2 次元の場合と同様に外力 $\boldsymbol{f}_i$ の各軸に垂直な成分の大きさと各軸からの距離で決まる。これは，3 次元ベクトルの外積を用いて

$$\boldsymbol{\tau}_i = \boldsymbol{r}_i \times \boldsymbol{f}_i \tag{2.101}$$

$$= \begin{pmatrix} r_{yi}f_{zi} - r_{zi}f_{yi} \\ r_{zi}f_{xi} - r_{xi}f_{zi} \\ r_{xi}f_{yi} - r_{yi}f_{xi} \end{pmatrix} \tag{2.102}$$

で計算できる。ただし，$\boldsymbol{r}_i = (r_{xi}, r_{yi}, r_{zi})^T$ は重心から各質点までの位置ベクトル $\boldsymbol{r}_i = \boldsymbol{x}_i - \boldsymbol{x}$ である。

よって，式 (2.97) から式 (2.99) と $\boldsymbol{r}_i$ との外積を計算すると

$$m_1\boldsymbol{r}_1 \times \boldsymbol{a}_1 = \boldsymbol{\tau}_1 + \boldsymbol{r}_1 \times \sum_{i=1}^{n} \boldsymbol{f}_{\boldsymbol{c}1i} \tag{2.103}$$

$$m_2\boldsymbol{r}_2 \times \boldsymbol{a}_2 = \boldsymbol{\tau}_2 + \boldsymbol{r}_2 \times \sum_{i=1}^{n} \boldsymbol{f}_{\boldsymbol{c}2i} \tag{2.104}$$

$$\vdots$$

$$m_n\boldsymbol{r}_n \times \boldsymbol{a}_n = \boldsymbol{\tau}_n + \boldsymbol{r}_n \times \sum_{i=1}^{n} \boldsymbol{f}_{\boldsymbol{c}ni} \tag{2.105}$$

となる。式 (2.103) から式 (2.105) の総和を計算すると，

$$\sum_{i=1}^{n} m_i\boldsymbol{r}_i \times \boldsymbol{a}_i = \sum_{i=1}^{n} \boldsymbol{\tau}_i + \sum_{j=1}^{n}\sum_{i=1}^{n} \boldsymbol{r}_j \times \boldsymbol{f}_{\boldsymbol{c}ji} \tag{2.106}$$

となる。内力の性質より，各内力ペア $\boldsymbol{f}_{\boldsymbol{c}ij}$, $\boldsymbol{f}_{\boldsymbol{c}ji}$ は質点 i と j を通る直線と平行であり，$\boldsymbol{f}_{\boldsymbol{c}ij} = -\boldsymbol{f}_{\boldsymbol{c}ji}$ である。よって，各内力ペアが重心を通る 3 つの軸まわりに及ぼすトルクは

$$\begin{aligned} \boldsymbol{r}_i \times \boldsymbol{f}_{\boldsymbol{c}ij} + \boldsymbol{r}_j \times \boldsymbol{f}_{\boldsymbol{c}ji} &= (\boldsymbol{r}_i - \boldsymbol{r}_j) \times \boldsymbol{f}_{\boldsymbol{c}ij} \\ &= \boldsymbol{0} \end{aligned} \tag{2.107}$$

となる。よって，すべての内力ペアが各軸まわりに及ぼすトルクも $\boldsymbol{0}$ となり，式 (2.106) の右辺の $\sum_{j=1}^{n}\sum_{i=1}^{n} \boldsymbol{r}_j \times \boldsymbol{f}_{\boldsymbol{c}ji}$ も $\boldsymbol{0}$ となる。

次に，式 (2.106) の左辺を回転に関した変数と定数で表す。図 2.16 のように，重心から見た質点 i の位置を $\boldsymbol{r}_i$ とする。質点 i の加速度は $\boldsymbol{a}_i = \boldsymbol{a} + \ddot{\boldsymbol{r}}_i$ と表せ，重心位置の定義から $\boldsymbol{a} = \frac{1}{m}\sum_{i=1}^{n} m_i\boldsymbol{a}_i$ なので

$$\begin{aligned} \sum_{i=1}^{n} m_i\boldsymbol{r}_i \times \boldsymbol{a}_i &= \sum_{i=1}^{n} m_i\boldsymbol{r}_i \times (\boldsymbol{a} + \boldsymbol{a}_{\boldsymbol{r}i}) \\ &= \sum_{i=1}^{n} m_i\boldsymbol{r}_i \times \ddot{\boldsymbol{r}}_i \end{aligned} \tag{2.108}$$

である。この $\ddot{\boldsymbol{r}}_i$ を，r_x, r_y, r_z 軸まわりの角速度 ω_x, ω_y, ω_z による剛体の角速度ベクトル $\boldsymbol{\omega} = (\omega_x, \omega_y, \omega_z)^T$ を用いて表す。そのため，並進速度と回転速度の関係を外積により計算する。

● **角速度ベクトルを用いた並進速度の表現**

まず，図 2.17 のように r_x 軸まわりの剛体の回転を考える。この回転による質点 i の並進速度を，$\dot{\boldsymbol{r}}_{i\omega_x}$ とする。図 2.17 からわかるように，この並進速度 $\dot{\boldsymbol{r}}_{i\omega x}$ は ω_x に比例し，質点 i の r_x 軸からの距離にも比例する。また，ベクトル $\dot{\boldsymbol{r}}_{i\omega x}$ の向きはベクトル $\boldsymbol{r}_i$ と r_x 軸を含む面に垂直な方向となる。これらより，$\dot{\boldsymbol{r}}_{i\omega x}$ は

$$\dot{\boldsymbol{r}}_{i\omega x} = \begin{pmatrix} 0 \\ -r_z\omega_x \\ r_y\omega_x \end{pmatrix} \tag{2.109}$$

と表せる。同様の計算を r_y 軸と r_y 軸まわりの回転にも適用し，これらを足し合わせることで質点 i の速度が以下のように求まる。

$$\dot{\boldsymbol{r}}_i = \begin{pmatrix} r_z\omega_y - r_y\omega_z \\ r_x\omega_z - r_z\omega_x \\ r_y\omega_x - r_x\omega_y \end{pmatrix} \tag{2.110}$$

外積の定義より，これは

$$\dot{\boldsymbol{r}}_i = \boldsymbol{\omega} \times \boldsymbol{r}_i \tag{2.111}$$

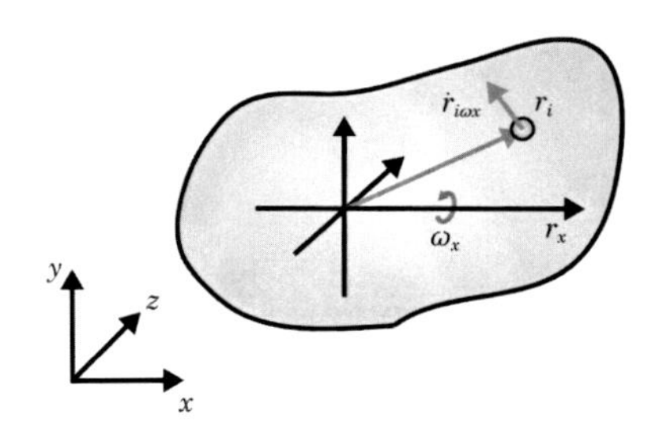

図 2.17 3次元空間における外積と速度

と表せる。以上により，並進速度と角速度の関係は外積により表せることが示された。

また，本式を時間で微分すると並進・回転の加速度に関する関係が導出できる。

$$\begin{aligned}\ddot{\boldsymbol{r}}_i &= \dot{\boldsymbol{\omega}} \times \boldsymbol{r}_i + \boldsymbol{\omega} \times \dot{\boldsymbol{r}}_i \\ &= \dot{\boldsymbol{\omega}} \times \boldsymbol{r}_i + \boldsymbol{\omega} \times (\boldsymbol{\omega} \times \boldsymbol{r}_i) \end{aligned} \tag{2.112}$$

よって，式 (2.108) を質点 i について見ると，

$$\begin{aligned} m_i\boldsymbol{r}_i \times \ddot{\boldsymbol{r}}_i = m_i\boldsymbol{r}_i \times (\dot{\boldsymbol{\omega}} \times \boldsymbol{r}_i) \\ + m_i\boldsymbol{r}_i \times (\boldsymbol{\omega} \times (\boldsymbol{\omega} \times \boldsymbol{r}_i)) \end{aligned} \tag{2.113}$$

となる。本式の右辺第1項を行列 $\boldsymbol{I}_i$ と角加速度ベクトル $\dot{\boldsymbol{\omega}}$ の積で表すと，

$$\begin{aligned} & m_i\boldsymbol{r}_i \times (\dot{\boldsymbol{\omega}} \times \boldsymbol{r}_i) \\ &= m_i((\boldsymbol{r}_i^T\boldsymbol{r}_i)\dot{\boldsymbol{\omega}} - (\boldsymbol{r}_i^T\dot{\boldsymbol{\omega}})\boldsymbol{r}_i) \\ &= m_i(\boldsymbol{r}_i^T\boldsymbol{r}_i\boldsymbol{E} - \boldsymbol{r}_i\boldsymbol{r}_i^T)\dot{\boldsymbol{\omega}} \\ &= \boldsymbol{I}_i\dot{\boldsymbol{\omega}} \end{aligned} \tag{2.114}$$

となる。ただし，外積の性質であるベクトル三重積 $\boldsymbol{r}_i \times (\dot{\boldsymbol{\omega}} \times \boldsymbol{r}_i) = (\boldsymbol{r}_i^T\boldsymbol{r}_i)\dot{\boldsymbol{\omega}} - (\boldsymbol{r}_i^T\dot{\boldsymbol{\omega}})\boldsymbol{r}_i$ を用いた。また，$\boldsymbol{E}$ は単位行列であり，

$$\boldsymbol{I}_i = m_i(\boldsymbol{r}_i^T\boldsymbol{r}_i\boldsymbol{E} - \boldsymbol{r}_i\boldsymbol{r}_i^T) \tag{2.115}$$

$$m_i\begin{pmatrix} r_{yi}^2 + r_{zi}^2 & -r_{yi}r_{xi} & -r_{zi}r_{xi} \\ -r_{xi}r_{yi} & r_{zi}^2 + r_{xi}^2 & -r_{zi}r_{yi} \\ -r_{xi}r_{zi} & -r_{yi}r_{zi} & r_{xi}^2 + r_{yi}^2 \end{pmatrix} \tag{2.116}$$

である。同様に，式 (2.113) の右辺第2項を計算すると

$$m_i\boldsymbol{r}_i \times (\boldsymbol{\omega} \times (\boldsymbol{\omega} \times \boldsymbol{r}_i)) = \boldsymbol{\omega} \times (\boldsymbol{I}_i\boldsymbol{\omega}) \tag{2.117}$$

となる。以上より，式 (2.106) の3次元空間における重心まわりの剛体の回転に関する運動方程式は，

$$\boldsymbol{I}\dot{\boldsymbol{\omega}} + \boldsymbol{\omega} \times (\boldsymbol{I}\boldsymbol{\omega}) = \boldsymbol{\tau} \tag{2.118}$$

となる。ただし，$\boldsymbol{I} = \sum_{i=1}^{n} \boldsymbol{I}_i$ であり，$\boldsymbol{\tau} = \sum_{i=1}^{n} \boldsymbol{\tau}_i$ である。本式も，オイラーの運動方程式と呼ばれ，$\boldsymbol{I}$ は慣性テンソルと呼ばれる。本式は，2次元のオイラーの運動方程式に似ている。一方で，角速度に関する項 $\boldsymbol{\omega} \times (\boldsymbol{I}\boldsymbol{\omega})$ が含まれることと慣性テンソル $\boldsymbol{I}$ が剛体の姿勢によって変化することは，大きく異なる。この性質は，図 2.16 からわかるように剛体の姿勢によって各軸まわりの剛体の回転しにくさ（慣性モーメント）が変化することから生じるものである。

(5) 剛体に固定した座標系における慣性テンソル

式 (2.118) の運動方程式を計算する際，剛体の姿勢に依存した慣性テンソル $\boldsymbol{I}$ を求める必要がある。そのため，ここではまず図 2.18 のように剛体に固定した座標系における姿勢に依存しない慣性テンソル $\boldsymbol{I_f}$ を求める。そして，座標変換を用いて $\boldsymbol{I_f}$ から $\boldsymbol{I}$ を求める。

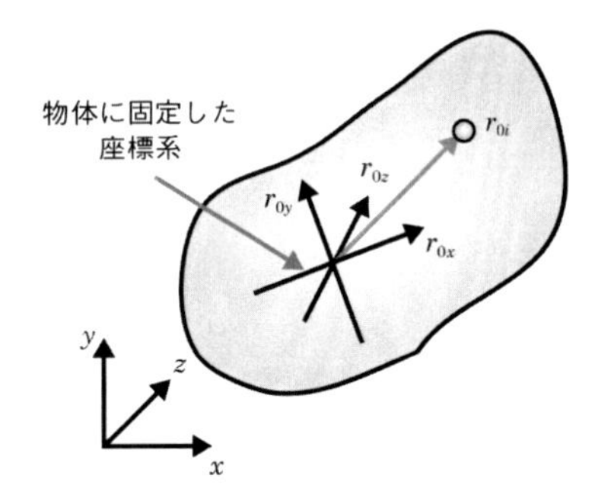

図 2.18 物体に固定した座標系

● 回転行列による座標変換

図 2.18 のように，剛体に固定した座標系における質点 i の位置を $\boldsymbol{r}_{0i} = (r_{0xi}, r_{0yi}, r_{0zi})^T$ とすると，$\boldsymbol{r}_{0i}$ は定数ベクトルとなる。この座標系の原点は，物体の重心位置とする。行列 $\boldsymbol{T}$ を用いると，$\boldsymbol{r}_i$ と $\boldsymbol{r}_{0i}$ の関係が

$$\boldsymbol{r}_i = \boldsymbol{T}\boldsymbol{r}_{0i} \tag{2.119}$$

と表せる。この行列 $\boldsymbol{T}$ は回転行列と呼ばれる。

回転行列は，$\boldsymbol{T}^T = \boldsymbol{T}^{-1}$ が成立するという特徴を持つ。これは，原点から各質点までの距離は回転によっ

て変化しない $\boldsymbol{r}_i^T\boldsymbol{r}_i = \boldsymbol{r}_{0i}^T\boldsymbol{r}_{0i}$ という性質から次式のように確かめられる。

$$\begin{aligned}\boldsymbol{r}_i^T\boldsymbol{r}_i &= (\boldsymbol{T}\boldsymbol{r}_{0i})^T(\boldsymbol{T}\boldsymbol{r}_{0i}) = \boldsymbol{r}_{0i}^T(\boldsymbol{T}^T\boldsymbol{T})\boldsymbol{r}_{0i} \\ &= \boldsymbol{r}_{0i}^T\boldsymbol{r}_{0i} \end{aligned} \tag{2.120}$$

慣性テンソル $\boldsymbol{I}_i$ を $\boldsymbol{r}_{0i}$ を用いて表すため，式 (2.119) を式 (2.115) に代入すると，

$$\begin{aligned}\boldsymbol{I}_i &= m_i((\boldsymbol{T}\boldsymbol{r}_{0i})^T(\boldsymbol{T}\boldsymbol{r}_{0i})\boldsymbol{E} - (\boldsymbol{T}\boldsymbol{r}_{0i})(\boldsymbol{T}\boldsymbol{r}_{0i})^T) \\ &= m_i(\boldsymbol{r}_{0i}^T\boldsymbol{T}^T\boldsymbol{T}\boldsymbol{r}_{0i}\boldsymbol{E} - \boldsymbol{T}\boldsymbol{r}_{0i}\boldsymbol{r}_{0i}^T\boldsymbol{T}^T)\end{aligned} \tag{2.121}$$

を得る。回転行列の性質 $\boldsymbol{T}^T = \boldsymbol{T}^{-1}$ を用いると，

$$\boldsymbol{I}_i = m_i(\boldsymbol{r}_{0i}^T\boldsymbol{r}_{0i}\boldsymbol{E} - \boldsymbol{T}\boldsymbol{r}_{0i}\boldsymbol{r}_{0i}^T\boldsymbol{T}^T) \tag{2.122}$$

となる。さらに $\boldsymbol{T}^T = \boldsymbol{T}^{-1}$ を用いると $\boldsymbol{E} = \boldsymbol{T}\boldsymbol{E}\boldsymbol{T}^T$ なので，

$$\begin{aligned}\boldsymbol{I}_i &= m_i(\boldsymbol{r}_{0i}^T\boldsymbol{r}_{0i}\boldsymbol{T}\boldsymbol{E}\boldsymbol{T}^T - \boldsymbol{T}\boldsymbol{r}_{0i}\boldsymbol{r}_{0i}^T\boldsymbol{T}^T) \\ &= \boldsymbol{T}\left\{m_i(\boldsymbol{r}_{0i}^T\boldsymbol{r}_{0i}\boldsymbol{E} - \boldsymbol{r}_{0i}\boldsymbol{r}_{0i}^T)\right\}\boldsymbol{T}^T\end{aligned} \tag{2.123}$$

となる。式 (2.123) 右辺の中括弧 {} の中身は式 (2.115) の慣性テンソルの構造と同じである。つまり，{} の中身は物体に固定した座標系から見た各質点の慣性テンソルである。そこで，$\boldsymbol{I_{fi}} = m_i(\boldsymbol{r}_{0i}^T\boldsymbol{r}_{0i}\boldsymbol{E} - \boldsymbol{r}_{0i}\boldsymbol{r}_{0i}^T)$ とすると，

$$\boldsymbol{I}_i = \boldsymbol{T}\boldsymbol{I_{fi}}\boldsymbol{T}^T \tag{2.124}$$

となる。よって，剛体の慣性テンソル $\boldsymbol{I}$ は $\boldsymbol{I_f} = \sum_{i=1}^{n}\boldsymbol{I_{fi}}$ とすると

$$\boldsymbol{I} = \boldsymbol{T}\boldsymbol{I_f}\boldsymbol{T}^T \tag{2.125}$$

と表せる。この $\boldsymbol{I_f}$ は，剛体に固定された座標系から見た剛体の慣性テンソルなので，剛体の姿勢に依存しない。よって，$\boldsymbol{I_f}$ は各々の剛体の質量分布から求まり，その剛体固有の性質を表す。

以上により，剛体の慣性テンソル $\boldsymbol{I}$ は，剛体の姿勢に依存しない慣性テンソル $\boldsymbol{I_f}$ と回転行列 $\boldsymbol{T}$ を用いて計算できることが示された。

(6) ラグランジュの運動方程式

これまでは，古典力学を基に剛体の運動方程式を導いた。一方で，ロボットのモデリングには解析力学を用いる場合が多い。そこで，以下では解析力学を用いて剛体の運動方程式を求める方法を示す。

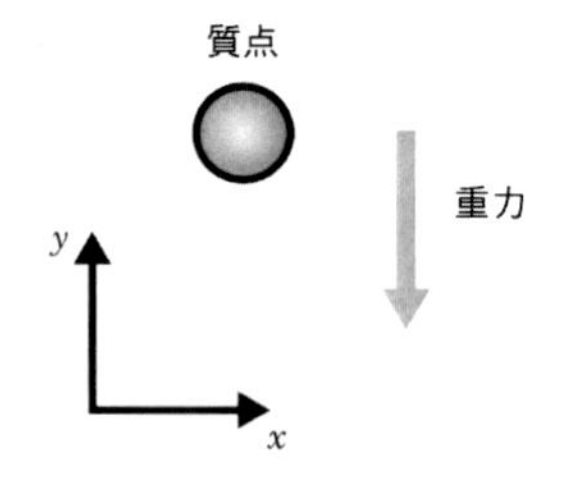

図 2.19　平面を移動する質点

まず，図 2.19 のような簡単な例を用いて解析力学による運動方程式導出の概要を述べる。解析力学では，エネルギーを基に運動方程式を導出する。質量 m の質点が速さ v で移動しているとき，質点が持つ運動エネルギー e_k は

$$e_k = \frac{1}{2}mv^2 \tag{2.126}$$

である。これは，図 2.19 の座標を用いると

$$e_k = \frac{1}{2}m(\dot{x}^2 + \dot{y}^2) \tag{2.127}$$

と書き換えられる。

重力によるポテンシャルエネルギー（位置エネルギー）は

$$e_p = mgy \tag{2.128}$$

と表せる。

解析力学では，運動エネルギーとポテンシャルエネルギーから定義されるラグランジアン l を導入する。

$$l = e_k - e_p \tag{2.129}$$

ラグランジュの運動方程式は，次式である。

$$\frac{\mathrm{d}}{\mathrm{dt}}\left\{\frac{\partial l}{\partial \dot{\boldsymbol{x}}}\right\} - \frac{\partial l}{\partial \boldsymbol{x}} = 0 \tag{2.130}$$

よって，系の運動方程式は

$$m\begin{pmatrix}\ddot{x}\\ \ddot{y}\end{pmatrix} = \begin{pmatrix}0\\ -mg\end{pmatrix} \tag{2.131}$$

と求まる。このように，ラグランジュの運動方程式を用いれば以下のような手順でモデリングが可能となる。

[手順 1] 運動方程式を求める座標系を設定し，位置 $\boldsymbol{x}$ と速度 $\dot{\boldsymbol{x}}$ を定義する。

[手順 2] 系の運動エネルギー $e_k(\boldsymbol{x}, \dot{\boldsymbol{x}})$ とポテンシャルエネルギー $e_p(\boldsymbol{x})$ を求める。

[手順 3] ラグランジアン $l = e_k - e_p$ を定義する。

[手順 4] ラグランジュの運動方程式 $\frac{\mathrm{d}}{\mathrm{d}t}\frac{\partial l}{\partial \dot{\boldsymbol{x}}} - \frac{\partial l}{\partial \boldsymbol{x}} = 0$ により運動方程式を求める。

次に，剛体のモデリングをラグランジュの運動方程式を用いて行う。剛体を構成する質点 i の運動エネルギー e_{ki} は

$$e_{ki} = \frac{1}{2}m_i v_i^2 = \frac{1}{2}m_i \dot{\boldsymbol{x}}_i^T \dot{\boldsymbol{x}}_i \tag{2.132}$$

である。ただし，m_i は質点 i の質量であり v_i は質点 i の速さ，$\boldsymbol{x}_i$ は質点 i の位置である。

この運動エネルギーは，これまでのように並進方向と回転方向に分けて考えると便利である。剛体の重心位置 $\boldsymbol{x}$ と重心から見た質点 i の相対位置 $\boldsymbol{r}_i$ を用いて，質点 i の速度を表すと

$$\begin{aligned}\dot{\boldsymbol{x}}_i &= \dot{\boldsymbol{x}} + \dot{\boldsymbol{r}}_i \\ &= \dot{\boldsymbol{x}} + \boldsymbol{\omega} \times \boldsymbol{r}_i\end{aligned} \tag{2.133}$$

となる。ただし，$\boldsymbol{\omega}$ は剛体の角速度ベクトルである。この $\boldsymbol{\omega} \times \boldsymbol{r}_i$ を行列 $\boldsymbol{R}_i$ と角速度ベクトル $\boldsymbol{\omega}$ の積の形式で表すと

$$\boldsymbol{\omega} \times \boldsymbol{r}_i = \begin{pmatrix} 0 & r_{zi} & -r_{yi} \\ -r_{zi} & 0 & r_{xi} \\ r_{yi} & -r_{xi} & 0 \end{pmatrix} \boldsymbol{\omega} = \boldsymbol{R}_i \boldsymbol{\omega} \tag{2.134}$$

となる。よって，各質点の運動エネルギー e_{ki} は，

$$\begin{aligned} e_{ki} &= \frac{1}{2}m_i(\dot{\boldsymbol{x}} + \dot{\boldsymbol{r}}_i)^T(\dot{\boldsymbol{x}} + \dot{\boldsymbol{r}}_i) \\ &= \frac{1}{2}\left\{m_i v^2 + 2m_i \dot{\boldsymbol{x}}^T \dot{\boldsymbol{r}}_i + m_i(\boldsymbol{R}_i\boldsymbol{\omega})^T(\boldsymbol{R}_i\boldsymbol{\omega})\right\} \\ &= \frac{1}{2}\left\{m_i v^2 + 2m_i \dot{\boldsymbol{x}}^T \dot{\boldsymbol{r}}_i + \boldsymbol{\omega}^T \boldsymbol{I}_i \boldsymbol{\omega}\right\} \end{aligned} \tag{2.135}$$

となる。ただし，$v = \dot{\boldsymbol{x}} \cdot \dot{\boldsymbol{x}}$ は剛体の並進に関する速さであり，$\boldsymbol{I}_i = m_i \boldsymbol{R}_i^T \boldsymbol{R}_i$ は慣性テンソルである。

剛体全体の運動エネルギー e_k は，

$$\begin{aligned} e_k &= \sum_{i=1}^{n} e_{ki} \\ &= \frac{1}{2}\sum_{i=1}^{n}\left\{m_i v^2 + 2m_i \dot{\boldsymbol{x}}^T \dot{\boldsymbol{r}}_i + \boldsymbol{\omega}^T \boldsymbol{I}_i \boldsymbol{\omega}\right\} \end{aligned} \tag{2.136}$$

である。ただし，n は剛体を構成する質点の数である。剛体全体の質量を m とすると $\sum_{i=1}^{n} m_i = m$ なので，$\sum_{i=1}^{n} m_i v^2 = mv^2$ は剛体の並進に関する運動エネルギーである。また，重心の定義より $\sum_{i=1}^{n} m_i \dot{\boldsymbol{r}}_i = 0$ なので $\sum_{i=1}^{n} m_i \dot{\boldsymbol{x}}^T \dot{\boldsymbol{r}}_i = \dot{\boldsymbol{x}}^T \sum_{i=1}^{n} m_i \dot{\boldsymbol{r}}_i = 0$ である。また，慣性テンソル $\boldsymbol{I}$ を $\boldsymbol{I} = \sum_{i=1}^{n} \boldsymbol{I}_i$ と定義すると，式 (2.136) は

$$e_k = \frac{1}{2}mv^2 + \frac{1}{2}\boldsymbol{\omega}^T \boldsymbol{I} \boldsymbol{\omega} \tag{2.137}$$

となる。このように，剛体の運動エネルギー e_k は並進の運動エネルギー $\frac{1}{2}mv^2$ と回転の運動エネルギー $\frac{1}{2}\boldsymbol{\omega}^T \boldsymbol{I} \boldsymbol{\omega}$ の和で表せる。

剛体のポテンシャルエネルギー（位置エネルギー）は，各質点のポテンシャルエネルギーの総和

$$e_p = \sum_{i=1}^{n} m_i g y_i \tag{2.138}$$

である。ここで，重心位置の定義 $y = \frac{\sum_{i=1}^{n} m_i y_i}{m}$ から

$$e_p = mgy \tag{2.139}$$

となる。

以上の運動エネルギーとポテンシャルエネルギーを用い，ラグランジュの運動方程式から剛体をモデリングすると

$$\begin{aligned} &\frac{\mathrm{d}}{\mathrm{d}t}\left\{\frac{\partial(e_k - e_p)}{\partial \dot{\boldsymbol{x}}}\right\} - \frac{\partial(e_k - e_p)}{\partial \boldsymbol{x}} \\ &= m\ddot{\boldsymbol{x}} - \begin{pmatrix} 0 \\ mg \end{pmatrix} = 0 \end{aligned} \tag{2.140}$$

$$\begin{aligned} &\frac{\mathrm{d}}{\mathrm{d}t}\left\{\frac{\partial(e_k - e_p)}{\partial \boldsymbol{\omega}}\right\} - \frac{\partial(e_k - e_p)}{\partial \boldsymbol{q}} \\ &= \boldsymbol{I}\dot{\boldsymbol{\omega}} = 0 \end{aligned} \tag{2.141}$$

となる。

以上の運動方程式は，古典力学から求めた運動方程式と同一である。このように，ラグランジュの運動方程式はエネルギーに着目することでモデリングを可能とする。系の構造が複雑になる場合，ラグランジュの運動方程式の方がモデリングが容易になる場合が多い。

＜植村充典＞

2.3.2 力学的相互作用のモデリング (1) バネ・ダンパ

機械要素で発生する力の多くは，バネとダンパが発

生する力で近似できる。そこで，本項では力を発生する機械要素の代表例として，バネとダンパをモデリングする。

(1) ダンパ

ダンパは図2.20のような機械要素であり，ロッドと筒の相対速度に応じて力を発生する。摩擦力も物体間の相対速度に応じて発生する力であり，多くの機械要素に見られる重要な特性を持つ。

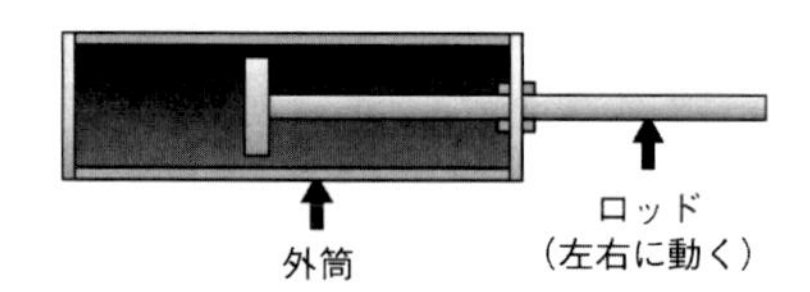

図 2.20　ダンパ

このような要素の特性を直観的に理解するため，空気抵抗のような力を想像してみよう。静止しているときは，空気抵抗は全く感じられない。一方で，自転車に乗って走ると走っている方向とは逆方向に押される力を感じる。また，この押される力は速度が大きければ大きいほど強くなる。

このように，速度とは逆の方向に働き，速度に比例した力を粘性力と呼ぶ。また，このような性質を粘性と呼ぶ。よって，粘性力 f_d を数式で表すと

$$f_d = -dv \tag{2.142}$$

となる。ただし，v はロッドと筒の相対速度である。また，d は粘性係数と呼ばれる定数であり，粘性の強さを表す。この係数が大きいほど，粘っこいことを表している。

(2) バネ

次に，図2.21のようなバネによって発生する力を考えてみよう。バネは，バネを引っ張った方向と逆方向に力を発生する。その力は，バネを引っ張れば引っ張るほど大きくなる。

このように，変位と逆方向に働き，変位と比例した力を弾性力と呼ぶ。また，このような性質を弾性（剛性）と呼ぶ。よって，弾性力 f_k を数式で表すと

$$f_k = -kx \tag{2.143}$$

となる。ただし，x はバネを引っ張った長さである。また，k は弾性係数と呼ばれる定数であり，弾性の強さを表す。つまり，k の値が大きいことはバネが硬いことを表す。

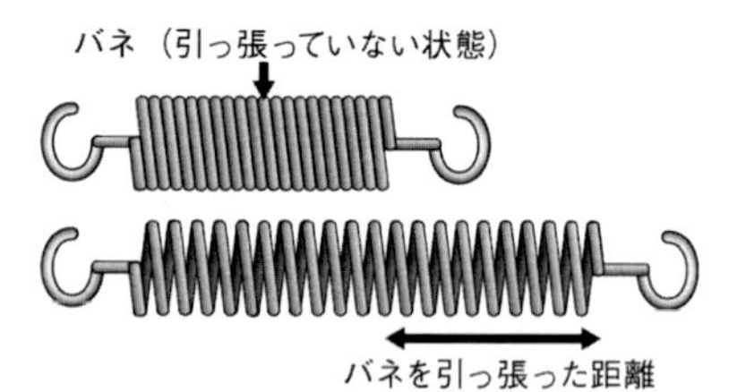

図 2.21　バネ

(3) 慣性・粘性・弾性と微分階数

上述のように，ダンパは速度に比例した力 $-dv$ を発生し，バネは位置に比例した力 $-kx$ を発生する。ここでは，各力の特性と微分階数の関係を調べる。これは，力の物理的性質を数学的に考察する際の手助けとなる。

速度 v は位置の時間変化であるため，位置を時間で微分したもの $v = \dot{x} = \frac{\mathrm{dx}}{\mathrm{dt}}$ と表される。ただし，d は微分記号である（微分記号 d は立体で，粘性係数 d は斜体で表記する）。つまり，粘性力と弾性力は数学的には位置に関する微分階数の違いで表される。

ここで，質点の運動方程式 $ma = f$ を思い出してみよう。この運動方程式の左辺は，質点が押された力 f に対向して加速度 a に比例した押し返す力を発生しているものと見なせる。この力 ma を慣性力と呼び，この性質を慣性と呼ぶ。加速度は速度の時間変化なので，速度を時間で微分したもの $a = \frac{\mathrm{dv}}{\mathrm{dt}} = \frac{\mathrm{d^2x}}{\mathrm{dt^2}} = \ddot{x}$ である。つまり，慣性力も粘性力・弾性力と位置に関する微分階数階数の違いで表現される。

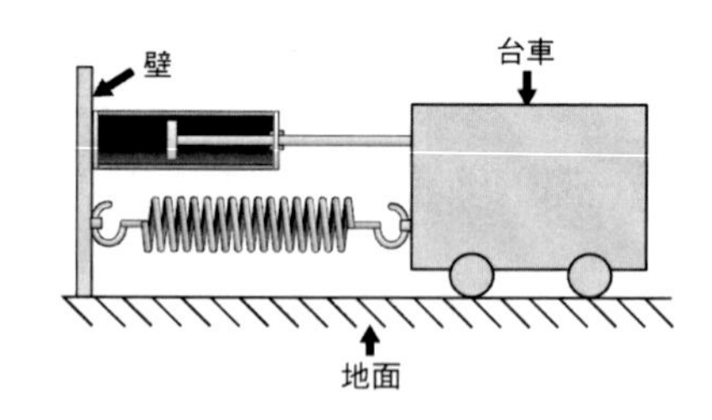

図 2.22　マス・バネ・ダンパ系

以上のことを踏まえ，図2.22のようにバネとダンパが繋がれた台車をモデリングする。このような機械系は，マス・バネ・ダンパ系と呼ばれる。台車の位置を

x とすると，加速度 a は $\ddot{x}$ とで表されるため，台車に加わる力を f とすると，運動方程式は

$$m\ddot{x} = f \tag{2.144}$$

となる。台車にはバネとダンパによる力が加わるため，台車に加わる力は $f = -d\dot{x} - kx$ となる。よって，運動方程式は

$$m\ddot{x} = -d\dot{x} - kx \tag{2.145}$$

となる。本式の右辺を左辺に移項すると

$$m\ddot{x} + d\dot{x} + kx = 0 \tag{2.146}$$

となる。

式 (2.146) は，基本的な力である慣性力・粘性力・弾性力が作用する系の運動方程式であり，各力の特性が微分階数として表れている。

(4) マス・バネ・ダンパのエネルギー解析

ここでは，マス・バネ・ダンパをエネルギーの観点から解析し，その特性を明らかにする。質量 m の物体が速度 $\dot{x}$ で運動するとき，物体は

$$e_k = \frac{1}{2}m\dot{x}^2 \tag{2.147}$$

の運動エネルギーを持つ。弾性 k のバネが x 伸びたとき，バネは

$$e_p = \frac{1}{2}kx^2 \tag{2.148}$$

のポテンシャルエネルギーを持つ。一方で，ダンパは内部にエネルギーを蓄積する機械要素ではない。ダンパは，速度を減衰させる力を発生することで運動エネルギーを減らし，それを熱エネルギーに変換する。これを解析するため，マス・バネ・ダンパ系の全エネルギーを e とすると，

$$e = e_k + e_p \tag{2.149}$$

である。この e の時間変化を調べるため，e を時間で微分すると，

$$\begin{aligned} \dot{e} &= m\ddot{x}\dot{x} + k\dot{x}x \\ &= \dot{x}(m\ddot{x} + kx) \end{aligned} \tag{2.150}$$

となる。本式に，マス・バネ・ダンパの運動方程式である式 (2.146) を代入すると，

$$\dot{e} = -d\dot{x}^2 \tag{2.151}$$

となる。これらの式から明らかなように，$e \geq 0$ かつ $\dot{e} \leq 0$ である。よって，速度 $\dot{x}$ が 0 になるまでエネルギー e は減り続ける。つまり，系のエネルギーが時間に伴ってダンパの影響により減少し，速度が減衰することが本エネルギー解析により理解できる。このような解析は，多関節ロボットの場合にも応用できるため，ロボットの運動制御にとって有用な解析である。

(5) 慣性・粘性・弾性が運動に及ぼす影響

慣性・粘性・弾性が運動に及ぼす影響を理解するため，ここではマス・バネ・ダンパ系のシミュレーションを 2.2.4 項で述べた方法を用いて行う。

まず，バネの力が作用しない場合 ($k = 0\,\mathrm{N/m}$) の場合を考える。質量 m を $1\,\mathrm{kg}$ とし，粘性係数 d を $1\,\mathrm{Ns/m}$，初期時刻 $t = 0\,\mathrm{sec}$ における台車の位置 $x(t = 0)$ を $0\,\mathrm{m}$，速度 $\dot{x}(t = 0)$ を $1\,\mathrm{m/s}$ としてシミュレーションを行った結果，図 2.23 (a) のようになった。台車は慣性によってしばらく動き続けるが，粘性によって速度と逆方向に力が加わるため，速度が減衰している。粘性を強くし $d = 2\,\mathrm{Ns/m}$ シミュレーションを行うと，図 2.23 (b) のようになった。粘性による速度の減衰効果が強くなっていることがわかる。粘性係数を $d = 1\,\mathrm{Ns/m}$ とし質量を大きく $m = 2\,\mathrm{kg}$ とした場合のシミュレーション結果を図 2.23 (c) に示す。この場合，慣性が強くなるため速度を一定に保つ効果が大きくなり，速度の減衰が遅くなる。

次に，粘性力が作用しない場合 ($d = 0\,\mathrm{Ns/m}$) の場合を考える。各変数，定数は $m = 1\,\mathrm{kg}$，$k = 10\,\mathrm{N/m}$，$x(t = 0) = 1\,\mathrm{m}$，$\dot{x}(t = 0) = 0\,\mathrm{m/s}$ とした。シミュレーション結果は，図 2.24 (a) のようになった。初期時刻 $t = 0\,\mathrm{sec}$ からしばらくの間，バネにより台車は x が負の方向に力を受けるため，台車は原点に向かって動く。台車が原点に近づくと，バネによる力は小さくなるが慣性により台車は x が負の方向に動き続ける。その後，今度はバネにより x が正の方向に力を受けるため，台車は停止した後 x が正の方向に動く。このような現象が繰り返され，台車は原点 $x = 0\,\mathrm{m}$ を中心として振動する。弾性を強くする $k = 20\,\mathrm{N/m}$ と，図 2.24 (b) のようにバネの力が強くなり，振動の周波数が高くなる。弾性を $k = 10\,\mathrm{N/m}$ とし，台車の質量を $m = 2\,\mathrm{kg}$ と

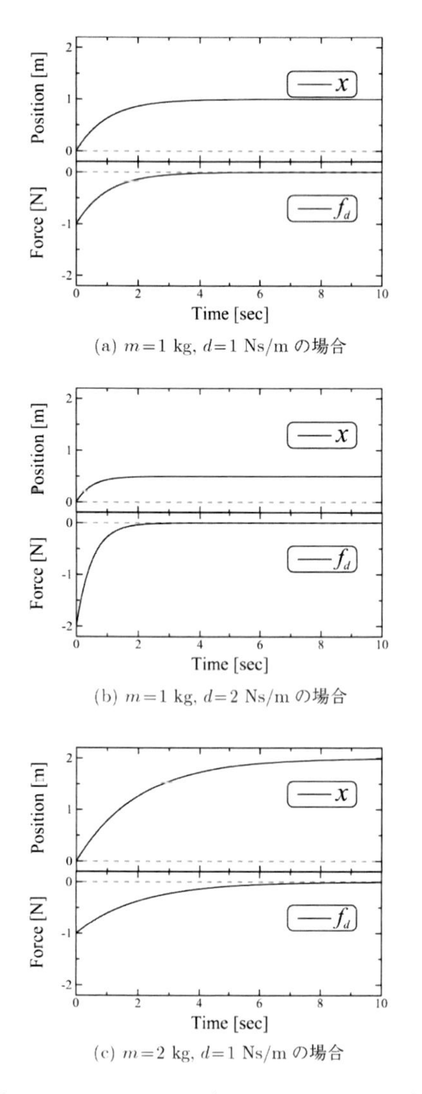

(a) $m=1$ kg, $d=1$ Ns/m の場合

(b) $m=1$ kg, $d=2$ Ns/m の場合

(c) $m=2$ kg, $d=1$ Ns/m の場合

図 2.23　マス・ダンパ系のシミュレーション結果

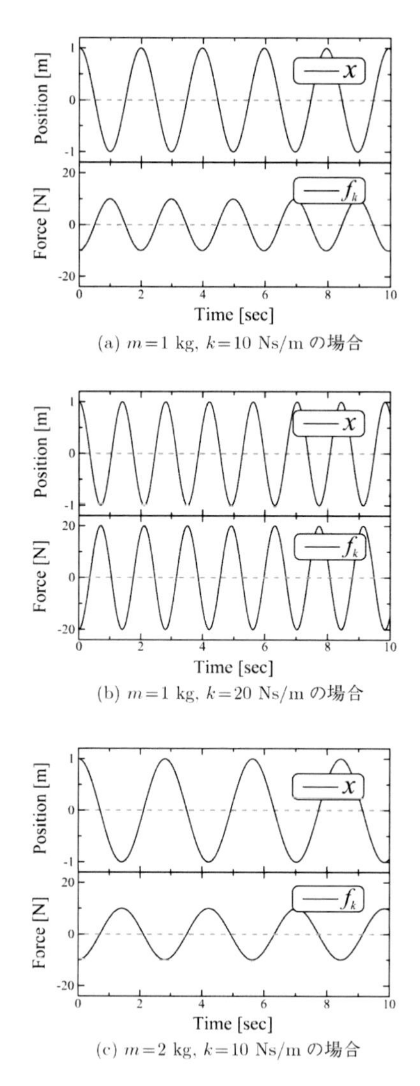

(a) $m=1$ kg, $k=10$ Ns/m の場合

(b) $m=1$ kg, $k=20$ Ns/m の場合

(c) $m=2$ kg, $k=10$ Ns/m の場合

図 2.24　マス・バネ系のシミュレーション結果

すると，慣性が強くなるため図 2.24 (c) のように振動の周波数は低くなる。

最後に，粘性力と弾性力が同時に作用する場合を考える。各変数，定数は $m = 1\,\mathrm{kg}$，$d = 1\,\mathrm{Ns/m}$，$k = 10\,\mathrm{N/m}$，$x(t = 0) = 1\,\mathrm{m}$，$\dot{x}(t = 0) = 0\,\mathrm{m/s}$ とした。シミュレーション結果は，図 2.25 (a) のようになった。弾性力により台車は振動するが，粘性力により振動が減衰した。粘性を大きくする ($d = 7\,\mathrm{Ns/m}$) と，図 2.25 (b) のように台車は振動せずに原点に向かって動き，原点で静止した。

以上により，粘性は物体の運動を減衰させ，弾性は物体の振動を起こすという基本的な性質をシミュレーションにより確認した。

なお，上記で求めた台車の位置 x や粘性力 $-d\dot{x}$，弾性力 $-kx$ は，シミュレーションを用いなくても微分方程式 $m\ddot{x} + d\dot{x} + kx = 0$ の x に関する解を求めれば解析的に求められる。ただし，ロボットの運動方程式のように微分方程式が非線形な場合は解析解が求められないため，系の運動を知るためにはシミュレーションが必要である。その場合でも，慣性・粘性・弾性の基本的な性質は変わらない。よって，慣性・粘性・弾性が運動に及ぼす影響を理解することは重要である。

＜植村充典＞

2.3.3　力学的相互作用のモデリング (2) 関節

ロボットは，複数の剛体が関節によって連結された

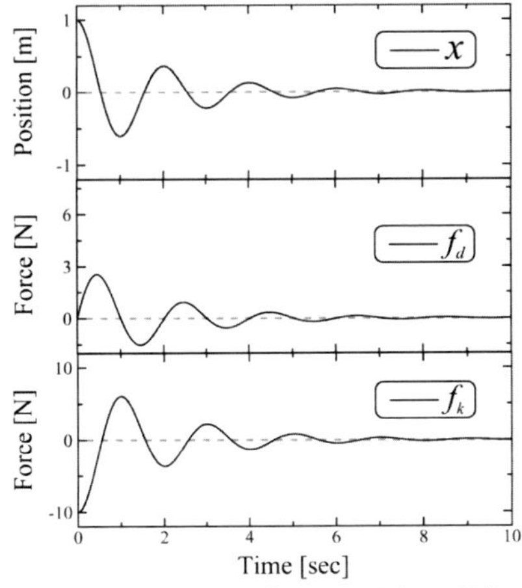

(a) $m=1$ kg, $d=1$ Ns/m, $k=10$ N/m の場合

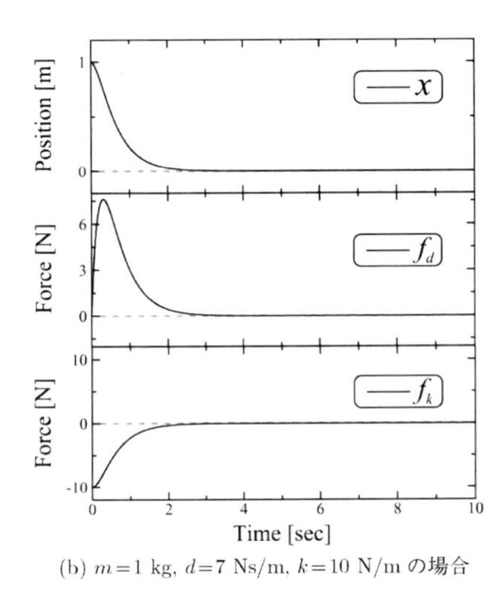

(b) $m=1$ kg, $d=7$ Ns/m, $k=10$ N/m の場合

図 2.25 マス・バネ・ダンパ系のシミュレーション結果

構造を有している。そこで，本項では剛体が関節で連結された機械系をモデリングする。

(1) 関節を 1 つ持つ機械のモデリング

まず，図 2.26 のように 1 つの剛体が地面に 1 つの関節で連結された系をモデリングする。これにより，関節を持つ機械系の基本的な力学を調べる。この剛体は，関節を通る紙面と垂直な軸を中心として回転する。よって，この系は紙面と平行な平面上でのみ運動するため，以下では平面上のみの運動と力を考える。

剛体のある位置 $\boldsymbol{x_e} = (x_e, y_e)^T$ に，外力 $\boldsymbol{f_e} = (f_{ex}, f_{ey})^T$ が作用している場合を考える。ただし，直交座標系の原点は関節位置とする。剛体は，地面からも関節の位置（原点）に力 $\boldsymbol{f_b} = (f_{bx}, f_{by})^T$ を受ける。

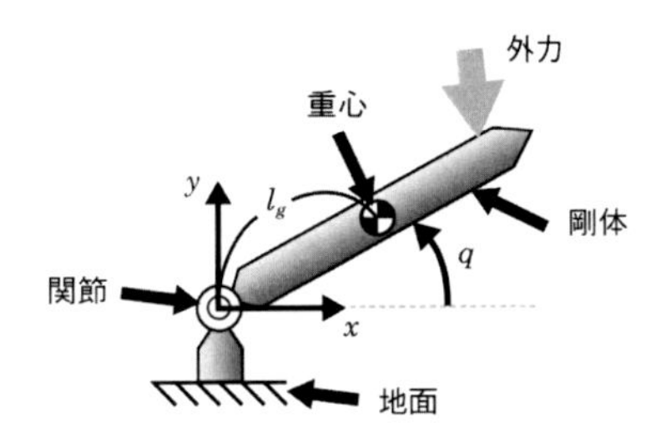

図 2.26 地面に関節で連結された剛体

よって，2.3.1 項の剛体の運動方程式より，紙面に平行な面内における剛体の運動方程式は，

$$m\ddot{x} = f_{ex} + f_{bx} \tag{2.152}$$

$$m\ddot{y} = f_{ey} + f_{by} \tag{2.153}$$

$$I\ddot{q} = (\boldsymbol{x_e} - \boldsymbol{x}) \times \boldsymbol{f_e} - \boldsymbol{x} \times \boldsymbol{f_b} \tag{2.154}$$

となる。ここで，$\boldsymbol{x}$ や $\boldsymbol{f_b}$ は関節角度 q や外力 $\boldsymbol{f_e}$ によって決まる従属変数なので，以下の手順によって消去する。

まず，関節によって生じる運動学的拘束より，

$$x = l_g \cos q \tag{2.155}$$

$$y = l_g \sin q \tag{2.156}$$

となる。これらを時間で 2 回微分すると，

$$\ddot{x} = -l_g\ddot{q}\sin q - l_g\dot{q}\cos q \tag{2.157}$$

$$\ddot{y} = l_g\ddot{q}\cos q - l_g\dot{q}\sin q \tag{2.158}$$

を得る。式 (2.154) から $\boldsymbol{x}$ と $\boldsymbol{f_b}$ を消去するため，式 (2.152) と式 (2.153) の f_{bx} と f_{by} と式 (2.157) と式 (2.158) の $\ddot{x}$ と $\ddot{y}$ を式 (2.154) に代入すると，

$$(I + ml_g^2)\ddot{q} = \boldsymbol{x_e} \times \boldsymbol{f_e} \tag{2.159}$$

を得る。ここで，$I_{all} = I + ml_g^2$，$\tau = \boldsymbol{x_e} \times \boldsymbol{f_e}$ とおくと式 (2.159) は，

$$I_{all}\ddot{q} = \tau \tag{2.160}$$

となる。この $\tau = \boldsymbol{x_e} \times \boldsymbol{f_e}$ は，外力によって関節まわりに生じるトルクである。よって，式 (2.159) は剛体の関節まわりにおける運動方程式を表している。このような系の運動方程式は，式 (2.78), (2.92) で表されるオイラーの運動方程式と同様となる。このように，関

節によって連結される剛体系のモデリングは，関節によって生じる運動学的拘束を適切に考慮することで可能となる。

(2) 関節を2つ持つ機械のモデリング

次に，図2.27のように2つの剛体が2つの関節によって地面に固定されている系をモデリングする。このような複数の関節を持つ構造の場合，各剛体をリンクと呼ぶことが多い。各リンクは，紙面と平行な平面上を運動する。まず，リンク2の運動方程式を考える。図2.27のように関節角度を設定すると，リンク2の角加速度は $\ddot{q}_1 + \ddot{q}_2$ となる。よって，リンク2の運動方程式は剛体の運動方程式より，

$$m_2 \ddot{x}_2 = f_{ex2} + f_{bx2} \tag{2.161}$$

$$m_2 \ddot{y}_2 = f_{ey2} + f_{by2} \tag{2.162}$$

$$I_2(\ddot{q}_1 + \ddot{q}_2) = (\boldsymbol{x_{e2}} - \boldsymbol{x}_2) \times \boldsymbol{f_{e2}} + (\boldsymbol{x_{b2}} - \boldsymbol{x}_2) \times \boldsymbol{f_{b2}} \tag{2.163}$$

となる。ただし，m_2 はリンク2の質量であり，x_2 と y_2 はリンク2の重心位置，f_{ex2} と f_{ey2} はリンク2のある位置 $\boldsymbol{x_{e2}} = (x_{e2}, y_{e2})^T$ に加わる外力 $\boldsymbol{f_{e2}}$ の x 成分と y 成分，f_{bx2} と f_{by2} はリンク2がリンク1から関節2の位置 $\boldsymbol{x_{b2}}$ で受ける力 $\boldsymbol{f_{b2}}$ の x 成分と y 成分，I_2 はリンク2の重心まわりの慣性モーメントである。

作用・反作用の法則により，リンク1はリンク2から関節2の位置で $-\boldsymbol{f_{b2}}$ の力を受ける。これをリンク1に作用する外力とみなすと，リンク1の運動方程式は式(2.159)より

$$(I_1 + m_1 l_{g1}^2)\ddot{q} = -\boldsymbol{x_{b2}} \times \boldsymbol{f_{b2}} \tag{2.164}$$

となる。ただし，I_1 はリンク1の重心まわりの慣性モーメントであり，m_1 はリンク1の質量，l_{g1} は関節1からリンク1の重心位置までの距離である。

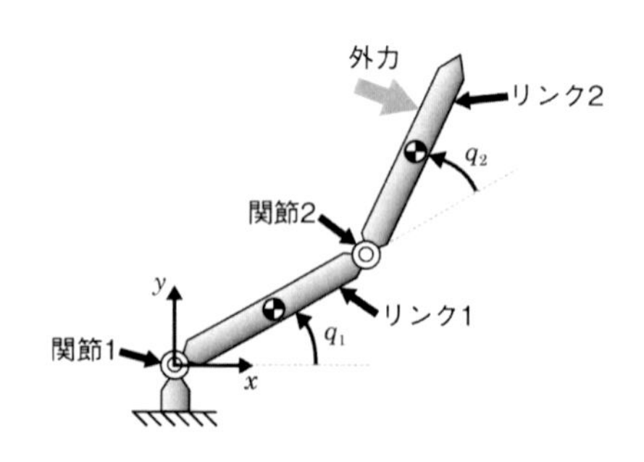

図2.27　2関節・2リンクの機械

これらの式の $\boldsymbol{x}_2$，$\boldsymbol{f_{b2}}$，$\boldsymbol{x_{b2}}$ は従属変数であるため，以下の手順で消去する。まず，リンク2の重心位置 $\boldsymbol{x}_2$ を関節角度 q_1，q_2 で表すと

$$x_2 = l_1 \cos q_1 + l_{g2} \cos(q_1 + q_2) \tag{2.165}$$

$$y_2 = l_1 \sin q_1 + l_{g2} \sin(q_1 + q_2) \tag{2.166}$$

となる。これらの式を用いると，式(2.163)の $\boldsymbol{x}_2$ を消去できる。また，これらの式の両辺を時間で微分すると，

$$\dot{x}_2 = -l_1 \dot{q}_1 s_1 - l_{g2}(\dot{q}_1 + \dot{q}_2) s_{12} \tag{2.167}$$

$$\dot{y}_2 = l_1 \dot{q}_1 c_1 + l_{g2}(\dot{q}_1 + \dot{q}_2) c_{12} \tag{2.168}$$

を得る。ただし，$s_1 = \sin q_1$，$s_{12} = \sin(q_1 + q_2)$，$c_1 = \cos q_1$，$c_{12} = \cos(q_1 + q_2)$ とおいた。これらの式を行列とベクトルの積の形で書き直すと，

$$\dot{\boldsymbol{x}}_2 = \boldsymbol{J}_2(\boldsymbol{q})\dot{\boldsymbol{q}} \tag{2.169}$$

$$\boldsymbol{J}_2(\boldsymbol{q}) = \begin{pmatrix} -l_1 s_1 - l_{g2} s_{12} & -l_{g2} s_{12} \\ l_1 c_1 + l_{g2} c_{12} & l_{g2} c_{12} \end{pmatrix} \tag{2.170}$$

となる。ただし，$\boldsymbol{q} = (q_1, q_2)^T$ である。一般に，異なる座標系の速度ベクトルは片方の座標を用いた行列 $\boldsymbol{J}_2(\boldsymbol{q})$ を用いて式(19.28)の形式で書ける。このような行列は，ヤコビ行列と呼ばれている。ロボットの力学や制御において，ヤコビ行列は重要な役割を果たす。

式(19.28)をさらに時間で微分すると，

$$\ddot{\boldsymbol{x}}_2 = \dot{\boldsymbol{J}}_2(\boldsymbol{q})\dot{\boldsymbol{q}} + \boldsymbol{J}_2(\boldsymbol{q})\ddot{\boldsymbol{q}} \tag{2.171}$$

を得る。これを用いると，式(2.161)，(2.162)の $\ddot{\boldsymbol{x}}_2$ が消去できる。

$$m_2(\dot{\boldsymbol{J}}_2(\boldsymbol{q})\dot{\boldsymbol{q}} + \boldsymbol{J}_2(\boldsymbol{q})\ddot{\boldsymbol{q}}) = \boldsymbol{f_{e2}} + \boldsymbol{f_{b2}} \tag{2.172}$$

さらに，本式の $\boldsymbol{f_{b2}}$ を式(2.163)に代入することで $\boldsymbol{f_{b2}}$ も消去できる。

$$\boldsymbol{m_2}\ddot{\boldsymbol{q}} + h_2 = (\boldsymbol{x_{e2}} - \boldsymbol{x_{b2}}) \times \boldsymbol{f_{e2}} \tag{2.173}$$

ただし，$\boldsymbol{m_2}$ は $\boldsymbol{m_2}\ddot{\boldsymbol{q}} = I_2(\ddot{q}_1 + \ddot{q}_2) - m_2(\boldsymbol{x_{b2}} - \boldsymbol{x}_2) \times (\boldsymbol{J_2}\ddot{\boldsymbol{q}})$ を満たすベクトルであり，$h_2 = -m_2(\boldsymbol{x_{b2}} - \boldsymbol{x}_2) \times (\dot{\boldsymbol{J}}_2\dot{\boldsymbol{q}})$ である。

同様に，式(2.172)を式(2.164)に代入すると，

$$\bar{\boldsymbol{m}}_1\ddot{\boldsymbol{q}}+\bar{h}_1=\boldsymbol{x}_{b2}\times\boldsymbol{f}_{e2} \tag{2.174}$$

を得る。ただし，$\bar{\boldsymbol{m}}_1$ は $\bar{\boldsymbol{m}}_1\ddot{\boldsymbol{q}}=(I_1+m_2l_{g2}^2)\ddot{q}_1+m_2\boldsymbol{x}_{b2}\times(\boldsymbol{J}_2\ddot{\boldsymbol{q}})$ を満たすベクトルであり，$\bar{h}_1=m_2\boldsymbol{x}_{b2}\times(\dot{\boldsymbol{J}}_2\dot{\boldsymbol{q}})$ である。ここで，手先力 $\boldsymbol{f}_{e2}$ によって関節 1 に生じるトルクは $\boldsymbol{x}_{e2}\times\boldsymbol{f}_{e2}$ なので，関節 1 まわりの運動方程式を得るために式 (2.174) に式 (2.173) を加えると

$$\boldsymbol{m}_1\ddot{\boldsymbol{q}}+h_1=\boldsymbol{x}_{e2}\times\boldsymbol{f}_{e2} \tag{2.175}$$

となる。ただし，$\boldsymbol{m}_1=\bar{\boldsymbol{m}}_1+\boldsymbol{m}_2$ であり，$h_1=\bar{h}_1+h_2$ である。

ここで，式 (2.173) と式 (2.175) の右辺が $\dot{\boldsymbol{x}}_e=\boldsymbol{J}_f(\boldsymbol{q})\dot{\boldsymbol{q}}$ で定義されるヤコビ行列 $\boldsymbol{J}_f$ を用いて $((\boldsymbol{x}_{e2}-\boldsymbol{x}_{b2})\times\boldsymbol{f}_{e2},\boldsymbol{x}_{e2}\times\boldsymbol{f}_{e2})^T=\boldsymbol{J}_f^T\boldsymbol{f}_{e2}$ と表せることに着目すると式 (2.173) と式 (2.175) を 1 つの式

$$\boldsymbol{M}\ddot{\boldsymbol{q}}+\boldsymbol{h}=\boldsymbol{J}_f^T\boldsymbol{f}_{e2} \tag{2.176}$$

にまとめられる。ただし，$\boldsymbol{M}=(\boldsymbol{m}_1^T,\boldsymbol{m}_2^T)^T$ であり，$\boldsymbol{h}=(h_1,h_2)^T$ である。本式が 2 リンク機構の運動方程式である。ロボットに外力が作用していない場合は，$\boldsymbol{f}_{e2}=\boldsymbol{0}$ とすればよい。

＜植村充典＞

2.3.4 力学的相互作用のモデリング (3) 摩擦

摩擦現象のモデリングにおける難しさは，大きく分けて 2 つある。一つは再現性の低さである。摩擦力は温度や潤滑状態によって様々に変化するため，いちど同定したパラメータを継続して利用することができない場合がある。もう一つは，数学的な難しさである。摩擦には静止摩擦状態と動摩擦状態という 2 つの異なる状態があり，それぞれにおいて，速度・変位と摩擦力の関係が大きく異なる。そのため，数学的な取扱いについては特に注意を要する。本項では主に後者について概説する。

(1) 静的なモデル

多くの摩擦モデルは速度 $v\in\mathbb{R}$ を入力とし，摩擦力 $f\in\mathbb{R}$ を出力とする。これらは静的な摩擦モデルと動的な摩擦モデルに分けることができる。ここでいう「静的」「動的」という用語は，現代制御論における意味で用いられる。まず，静的モデルとは，下式のように，入力と出力が写像で表現されるモデル（すなわち，記憶のないシステムとして表現されるモデル）である。

$$f=\Phi(v) \tag{2.177}$$

ここで，$\Phi:\mathbb{R}\to\mathbb{R}$ は適切な関数である。通常「摩擦」と呼ばれる現象は，摩擦力が速度に対して不連続な特性を持つ「乾性摩擦」を指す。そのなかで最も単純なものはクーロン摩擦モデルと呼ばれ，

$$\Phi(v)=F\mathrm{sgn}(v) \tag{2.178}$$

と表される。ただし F は正の定数であり，sgn は下記で定義される符号関数と呼ばれる関数である。

$$\mathrm{sgn}(x)\triangleq\begin{cases}-1 & \text{if } x<0\\ 1 & \text{if } x>0\end{cases} \tag{2.179}$$

引数が 0 であるときの符号関数の値は通常 0 とされるが，ここでの議論には特に影響がないため，あえて明記しないでおく。また，ゼロ速度近傍において摩擦力が大きくなる現象（いわゆる Stribeck 効果）を考慮して，

$$\Phi(v)=\mathrm{sgn}(v)\left(F+(F_s-F)\exp(-(|v|/\delta)^{\alpha})\right) \tag{2.180}$$

という式が用いられることも多い。ここで F_s, F, δ および α は適切な正の定数であり，$F_s>F$ である。

クーロン摩擦においては，速度がゼロのとき（つまり，静止摩擦状態のとき）には，摩擦力は外力と釣り合って，速度がゼロの状態を維持するように働く。このことを明示的に考慮して，ゼロ速度において外力 f_e に対して

$$\Phi(v,f_e)=\begin{cases}F\mathrm{sgn}(v) & \text{if } v\neq 0\\ -F\mathrm{sgn}(f_e) & \text{if } |f_e|>F_s\\ f_e & \text{if } v=0\wedge|f_e|<F_s\end{cases} \tag{2.181}$$

という式が用いられることもある。ただこの場合には，摩擦力の決定のために外力 f_e の情報が必要である。この式を用いると，ある剛体に摩擦力が働くとき，その摩擦力以外のすべての外力の総和を明示的に求める必要がある。そのため，たとえば多数の剛体からなるシステムや，柔軟体で構成されるシステムには適用しにくい。

いずれにしろ，速度がゼロの場合には異なる計算式になってしまうため，数値計算がしにくい。零速度近傍においてある閾値を設定して特別な処理をする例としては，Karnopp のモデル[18] や Quinn の方法[20] がある。

(2) 動的なモデル

動的な摩擦モデルとは，現代制御論における意味でダイナミクスを持つシステムとして表現される摩擦モデルである。これらのモデルを一般的に表現すると，下記のような状態方程式で表現される。

$$\dot{e} = \Gamma(e, v),\ f = \Psi(e, v) \tag{2.182}$$

ここで $\Gamma : \mathbb{R} \times \mathbb{R} \to \mathbb{R}$ および $\Psi : \mathbb{R} \times \mathbb{R} \to \mathbb{R}$ は適切な関数である。変数 e は状態変数であり。通常，摩擦界面の弾性変位として解釈される。すなわち，静止摩擦状態に相当する状態のときにも微小な弾性変位が生じることが考慮されている。この状態は，滑り前状態と呼ばれることもある。

式 (2.182) の形で表される摩擦モデルとしては，1976 年に提案された Dahl モデル[7, 8] がある。これは具体的には，下記のように表される。

$$\dot{e} = v - \frac{\sigma_0 e|v|}{F_c},\quad f = \sigma_0 e \tag{2.183}$$

なお，元の論文[7] ではより一般的な形式で表現されているが，以降の論文では式 (2.183) の形がよく用いられている。式 (2.183) は，v が一定値を維持したときに $f = \sigma_0 e$ が $F_c \mathrm{sgn}(v)$ に収束するように選ばれた式である。この式の形は，以降，様々な摩擦モデルに影響を及ぼすことになる。この式は常微分方程式であり，不連続性を含まない。

式 (2.183) の物理的解釈は一意ではないが，図 2.28 のようなイラストで説明されることが多い。状態変数 e が接触面の微小突起の弾性変位の平均値に，定数 σ_0 がその微小突起の剛性係数に対応づけられる。

LuGre (Lund-Grenoble) モデル[6] は Dahl モデルを拡張したものであり，Stribeck 効果などの速度に依存する摩擦力や，摩擦界面での粘性を考慮したものである。それは下式のように表される。

$$\dot{e} = v - \frac{\sigma_0 e v}{\Phi(v)},\quad f = \sigma_0 e + \sigma_1 \dot{e} + \sigma_2 v \tag{2.184}$$

ここで関数 $\Phi(v)$ は静的摩擦モデルの式であり，典型的な例としては，式 (2.180) が用いられる。式 (2.183) 中の $\Phi(v)$ は $v = 0$ において不連続であるが，v が分子にあるため，$v = 0$ においては式 (2.183) の右辺は 0 となり，結果として，式 (2.183) の右辺は v に対して連続である。また，定常状態 ($\dot{e} = 0$) においては，$f = \Phi(v)$ が成立する。

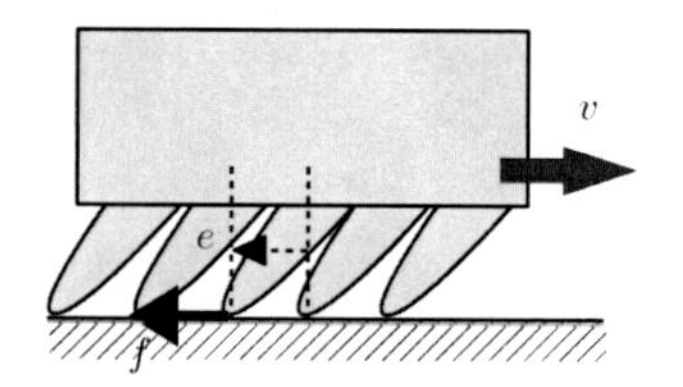

図 2.28　Dahl モデルの物理的解釈。2 つの物体が微小突起を介して接触しており，その微小突起が弾性変形している。

Dahl モデルと LuGre モデルに共通する欠点は，静止摩擦状態を実現できないということにある。これは，式 (2.184) において，$\dot{e} = v$ が成立しえないことから読み取れる。すなわち，図 2.28 の物理的解釈において，微小突起の先端の速度 $(v - \dot{e})$ がゼロにならず，常に滑っている状態になることになる。このモデルの摩擦力を受ける質点に変動する外力を与えたときに，v の積分値（すなわち，摩擦力を受ける物体の位置）が時間とともに際限なく変化してしまう（すなわち，“unbounded drift” が生じる）。この欠点を改善したモデルとしては，Dupont ら[10] の単一状態弾塑性モデルがある。

(3) 動的な摩擦モデル：滑り前変位のヒステリシス

物体間の摩擦において，滑り前状態における変位 p と反力 f の関係は，ヒステリシスを示すことが知られている。その関係は図 2.29 で示すような特徴を持ち，常にエネルギーを消散するように，時計回りのカーブを描くようになっている。LuGre モデルで描かれるヒステリシスはこの特徴を示さないことが，例えば Swevers ら[23] によって示されている。これは，現在の出力 f が，f の過去の極値に依存する動的システムであり，この性質は非局所記憶を持つヒステリシスと呼ばれている[23]。

一般に，機械システム内に存在するヒステリシスが上述のような特性を持つことは古くから知られており，

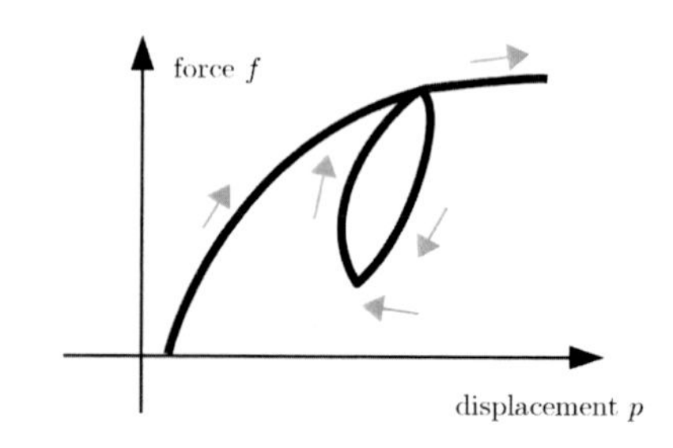

図 2.29　滑り前変位における典型的なヒステリシス挙動

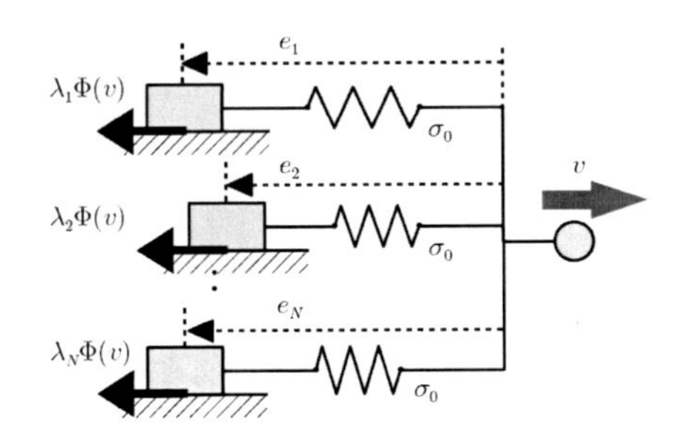

図 2.30 並列結合された弾塑性要素

これが並列結合された弾塑性要素（図 2.30）により表現できることも知られている[14–16]。このヒステリシス挙動を再現する摩擦モデルも提案されており，その代表例としては GMS (Generalized Maxwell Slip) モデルが挙げられる。これは図 2.30 のような力学モデルで解釈され，その第 i 要素の挙動は下記の式で示される。

$$\dot{e}_i = \begin{cases} v & \text{if } s_i = \text{STICK} \\ \dfrac{C\lambda_i \text{sgn}(v)}{\sigma}\left(1 - \dfrac{\sigma_0 e}{\lambda_i \Phi(v)}\right) & \text{if } s_i = \text{SLIP} \end{cases} \tag{2.185}$$

$$f = \sum_{i=1}^{N} (\sigma_0 e_i + \sigma_1 \dot{e}_i + \sigma_2 v) \tag{2.186}$$

ここで，λ_i は $\sum_{i=1}^{N} \lambda_i = 1$ を満たす正の定数であり，定常状態における第 i 要素の貢献の割合を表す。定数 $C > 0$ は定常状態への収束の速さに影響する定数である。また，s_i は STICK 状態か SLIP 状態かの 2 通りの値をとりえるフラグであり，

$$s_i = \begin{cases} \text{STICK} & \text{until } |a_i| = k_i g(v)/\sigma_i \\ \text{SLIP} & \text{until } v \text{ goes through zero} \end{cases} \tag{2.187}$$

と決定される。GMS モデルにおけるこのフラグ s_i の取扱いは，連続時間で表現できるものではない。また，$\sigma_1 > 0$ のときには，出力 f が時間に対して不連続となる。これらの問題を回避するものとしては，Xiong ら[24] のモデルが挙げられる。

(4) シミュレーションのための数値的解法

上述のような摩擦モデルとは異なり，剛体同士の静止摩擦状態と動摩擦状態を厳密に区別した表現についても様々な研究が行われている。最も単純に，質点にクーロン摩擦力が働くシステムは下記のように表される。

$$M\dot{v} \in -F\text{Sgn}(v) + f_e \tag{2.188}$$

ここで $\text{Sgn}(x)$ は通常の符号関数ではなく，set-valued な（集合を返り値として持つ）符号関数であり，下記のように定義される。

$$\text{Sgn}(x) \triangleq \begin{cases} -1 & \text{if } x < 0 \\ [-1, 1] & \text{if } x = 0 \\ 1 & \text{if } x > 0 \end{cases} \tag{2.189}$$

式 (2.188) のように，$=$ ではなく $\in$ で両辺を結んだ微分方程式は微分包含式[11, 21] と呼ばれる。

式 (2.188) の微分包含式を数値的に積分するためには，各時刻ステップにおいて，式 (2.188) を満たすような速度，加速度，および摩擦力を求める必要がある。例えば，式 (2.188) を後退オイラー法によって離散化すると下記のようになる。

$$M\frac{v_k - v_{k-1}}{h} \in -F\text{Sgn}(v_k) + f_{e,k} \tag{2.190}$$

ここで h はステップ時間であり，下付き添字は離散時間のインデックスを表す。外力 $f_{e,k}$ に応じて v_k を求めるためには，上式を $v_k = \cdots$ という形に変形する必要がある。実はこれは非常に簡単であり，単純な場合分けによって，

$$v_k = v_k^* - \frac{FT}{M}\text{sat}\left(\frac{Mv_k^*}{FT}\right) \tag{2.191}$$

ただし

$$v_k^* \triangleq v_{k-1} + \frac{Tf_{e,k}}{M} \tag{2.192}$$

$$\text{sat}(x) \triangleq x/\max(1, \|x\|) \tag{2.193}$$

という形が容易に導ける[19, Section III.A]。なお，多自由度システムにおいては，式 (2.190) に相当する離散化された式が，解析的には解けないこともある。その場合は，数値的に解く必要がある。

(5) 垂直効力に比例する摩擦力

ここまでは最大静止摩擦力や動摩擦力が垂直効力に比例するということを無視してきた。また，物体間の接触において，通常は垂直効力は正の値のみをとる（片側拘束）。このことを考慮に入れると，物体間に発生しうる接触力ベクトル（法線力と接線力の合力）の集合は，摩擦円錐と呼ばれる円錐として表現される。接触力ベクトルは，静止摩擦状態においては円錐の内部に，動摩擦状態においては円錐の境界に，非接触状態にお

いては円錐の頂点（すなわち原点）に，それぞれ属することになる。

この状況をシミュレーションで再現するためには，式 (2.190) と同じ考え方で，それぞれの瞬間において，特定の条件式を満たすような速度（あるいは加速度）と力を求める必要がある。この代数的問題は，線形相補性問題 (LCP: Linear Complementarity Problem) などのポピュラーな形式に落とし込まれ，専用の数値計算アルゴリズムによって解かれることが多い。LCP とは，ある行列 $A \in \mathbb{R}^{n \times n}$ およびあるベクトル $b \in \mathbb{R}^n$ が与えられたときに，下記のような条件を満たすベクトル $x \in \mathbb{R}^n$ を求める問題である。

$$0 \leq x \perp Ax + b \geq 0 \tag{2.194}$$

ここで不等式 $x \geq 0$ はベクトル x の成分すべてが非負であることを意味する。

摩擦接触における力と速度の関係を LCP の形で定式化するために，摩擦円錐を多角錐で近似する（facetize する）方法が考案されている。このアプローチの代表的な例としては，Stewart–Trinkle–Anitescu–Potra の方法[3, 22][1, Sec. 10.3.2.] と呼ばれる方法がある。一方で，LCP ではなく 2 次円錐相補性問題 (SOCCP (Second-Order Cone Complementarity Problem)[12] という形式に落とし込むことにより，多角錐への近似を避けることもできる。SOCCP の形式を直接適用するために，接触力と相対速度が直交するという大胆な修正を行う方法もある[4]。一方で，その修正をせずに解く方法もいくつか考案されている[2, 5, 9, 17]。いずれの場合も摩擦係数が大きくなると，解が存在しなかったり，解が一意でなくなったりすることがある。剛体接触とクーロン摩擦の問題において解が一意に存在しない状況が発生しうるということは 19 世紀から知られており，パンルヴェのパラドックスと呼ばれている[13]。

<菊植 亮>

参考文献（2.3.4 項）

[1] Acary, V. and Brogliato, B.: *Numerical methods for nonsmooth dynamical systems: applications in mechanics and electronics*, Vol. 35 of Lecture Notes in Applied and Computational Mechanics, Springer (2008).

[2] Acary, V., Cadoux, F., Lemaréchal, C. and Malick, J.: A formulation of the linear discrete Coulomb friction problem via convex optimization, *ZAMM – Journal of Applied Mathematics and Mechanics*, 91(2):155–175 (2011).

[3] Anitescu, M. and Potra, F. A.: Formulating dynamic multi-rigid-body contact problems with friction as solvable linear complementarity problems, *Nonlinear Dynamics*, 14(3):231–247 (1997).

[4] Anitescu, M. and Tasora, A.: An iterative approach for cone complementarity problems for nonsmooth dynamics, *Computational Optimization and Applications*, 47(2):207–235 (2010).

[5] Bertails-Descoubes, F., Cadoux, F., Daviet, G. and Acary, V.: A nonsmooth Newton solver for capturing exact Coulomb friction in fiber assemblies, *ACM Transactions on Graphics*, 30(1):6:1–6:14 (2011).

[6] Canudas de Wit, C., Olsson, H., Åström, K. J. and Lischinsky, P.: A new model for control of systems with friction, *IEEE Transactions on Automatic Control*, 40(3):419–425 (1995).

[7] Dahl, P. R.: A solid friction model, Technical Report TOR-0158(3107-18)-1, Aerospace Corporation (1968).

[8] Dahl, P. R.: Solid friction damping of mechanical vibrations, *AIAA Journal*, 14(2):1675–1682 (1976).

[9] Daviet, G., Bertails-Descoubes, F. and Boissieux, L.: A hybrid iterative solver for robustly capturing Coulomb friction in hair dynamics, *ACM Transactions on Graphics*, 30(6):139 (2011).

[10] Dupont, P., Hayward, V., Armstrong, B. and Altpeter, F.: Single state elastoplastic friction models, *IEEE Transactions on Automatic Control*, 47(5):787–792 (2002).

[11] Filippov, A. F.: *Differential Equations with Discontinuous Righthand Sides*, Kluwer Academic Publishers (1988).

[12] Fukushima, M., Luo, Z.-Q. and Tseng, P.: Smoothing functions for second-order-cone complementarity problems. *SIAM Journal on Optimization*, 12(2):436–460 (2002).

[13] Génot, F. and Brogliato, B.: New results on Painlevé paradoxes, *European Journal of Mechanics - A/Solids*, 18(4):653–677 (1999).

[14] Goldfarb, M. and Celanovic, N.: A lumped parameter electromechanical model for describing the nonlinear behavior of piezoelectric actuators, *Transactions of ASME: Journal of Dynamic Systems, Measurement, and Control*, 119:478–485 (1997).

[15] Iwan, W. D.: A distributed-element model for hysteresis and its steady-state dynamic response, *Transactions of the ASME: Journal of Applied Mechanics*, 33(4):893–900 (1966).

[16] Jenkin, C. F.: A mechanical model illustrating the behaviour of metals under static and alternating loads. *Engineering*, 114:603 (1922).

[17] Kanno, Y., Martins, J. A. C. and Pinto da Costa, A.: Three-dimensional quasi-static frictional contact by using second-order cone linear complementarity problem, *International Journal for Numerical Methods in Engineering*, 65:62–83 (2006).

[18] Karnopp, D.: Computer simulation of stick-slip friction

in mechanical dynamic systems, *Transactions of ASME: Journal of Dynamic Systems, Measurement, and Control*, 107(1):100–103 (1985).

[19] Kikuuwe, R., Takesue, N., Sano, A., Mochiyama, H. and Fujimoto, H.: Admittance and impedance representations of friction based on implicit Euler integration, *IEEE Transactions on Robotics*, 22(6):1176–1188 (2006).

[20] Quinn, D. D.: A new regularization of Coulomb friction, *Transactions of the ASME: Journal of Vibration and Acoustics*, 126(3):391–397 (2004).

[21] Smirnov, G. V.: *Introduction to the Theory of Differential Inclusions*, American Mathematical Society, Providence (2002).

[22] Stewart, D. E. and Trinkle, J. C.: An implicit time-stepping scheme for rigid body dynamics with inelastic collisions and Coulomb friction, *International Journal for Numerical Methods in Engineering*, 39(15):2673–2691 (1996).

[23] Swevers, J., Al-Bender, F., Ganseman, C. G. and Prajogo, T.: An integrated friction model structure with improved presliding behavior for accurate friction compensation, *IEEE Transactions on Automatic Control*, 45(4):675–686 (2000).

[24] Xiong, X., Kikuuwe, R. and Yamamoto, M.: A multi-state friction model described by continuous differential equations, *Tribology Letters*, 51(3):513–523 (2013).

2.3.5 力学的相互作用のモデリング (4) 衝突

(1) 衝突とは

2つの異なる物体が接触すると，接触部に相互作用力が働く。その正体は，分子規模で起こる電界の変化を妨げようとする力である[4]。異なる物体の構成分子同士には，引き合う力や退け合う力，様々な力が働き複雑に干渉している。これらを総称して接触力と呼ぶ。それぞれの力の強さは分子間距離に依存するため，接触部表面の構成分子の配置によって様相が大きく異なる。しかし，分子規模よりも大きい尺度でとらえれば，統計量としての接触力はある法則を持つ。

図2.31のように，2つの物体がどちらも空間的に微分可能な（すなわち滑らかな）面上の点で互いに接触していると仮定する[5]と，接触点における両者の法線は一致する。これに沿って一方の物体に相手の物体か

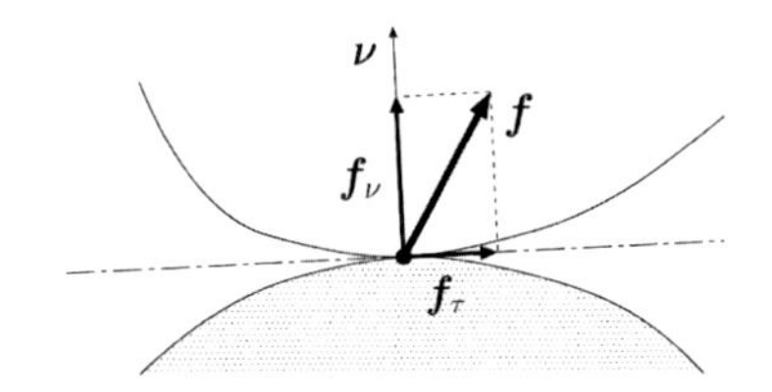

図 2.31 接触力の分解（垂直抗力・摩擦力）

ら向かうベクトルとして，接触点の単位法線ベクトル $\boldsymbol{\nu}(\|\boldsymbol{\nu}\|=1)$ を定義する。このとき物体が相手から受ける接触力 $\boldsymbol{f}$ は，法線ベクトルに沿う分力 $\boldsymbol{f}_\nu$ と法線ベクトルに直交する（剪断方向）分力 $\boldsymbol{f}_\tau$ に分解できる。

$$\boldsymbol{f}_\nu = (\boldsymbol{\nu}^T \boldsymbol{f})\boldsymbol{\nu} \tag{2.195}$$

$$\boldsymbol{f}_\tau = \boldsymbol{f} - \boldsymbol{f}_\nu \tag{2.196}$$

後者は2.3.4項に見た摩擦力であり，物体間の剪断方向相対運動を妨げるように働く。前者は物体同士の相互侵入を妨げる力であり，垂直抗力と呼ばれる。2つの物体が接触した際に，お互いに近づく方向に相対速度を持っていた場合，相互侵入を妨げるように極めて短時間に大きな垂直抗力が働く。これが衝突である[6]。

(2) 微視的現象としての衝突モデル

分子の尺度で見れば，図2.32のように物体を構成する表面分子群に相手物体の表面分子群が急速に接近し，斥力によって相互に押し込まれ，自分自身を構成する分子群との斥力も高まり，全体として大きな反発が発生する，というのが衝突の原理である。物体の運動を分子規模で記述するのは，少なくとも日常的な現象としてこれを扱う上で必ずしも適切でない。量子の集合である物体を稠密な連続体として近似的に表現する方が，理解が容易であろう。

Hertz[1]は，2つの固体物体が互いに接触しているとき，接触部の変形と働いている力とが持つ関係を，次

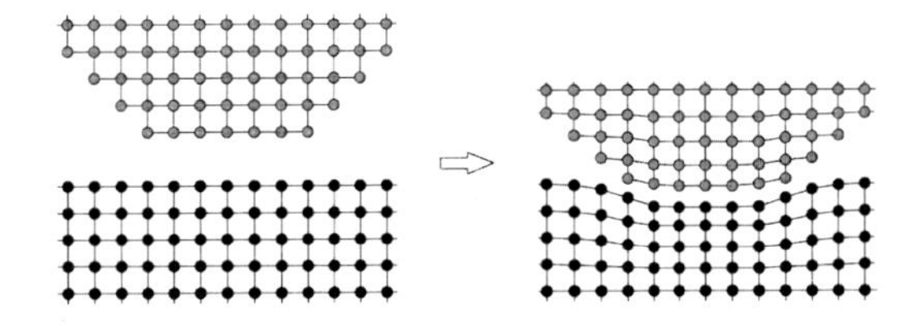

図 2.32 2物体が近接した時の分子間相互作用

4) 実際にはこれは説明が逆で，分子規模で相互作用力が働くほど接近した状況をもって「接触している」というのである。

5) 仮に一方の点が我々の目に尖った角の点であるかのように見えても，微視的に互いの変形によって面が生じていれば，統計量としての接触力が定義できる。逆に，片方あるいは両方の物体が厳密にただ1点で接触しているような（極めて特殊な）状況では，本項で行う議論は通用しない。

6) 暗に固体同士の衝突を仮定している。液体や気体とも急な接触が起これば短時間に大きな力（衝撃力）が働く。この現象を「衝突」と呼んでも差し支えない。

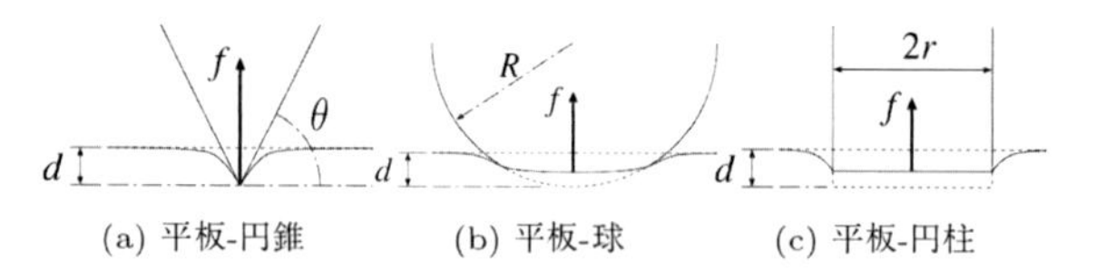

図 2.33　ヘルツの接触解析の例

のような仮定をおいた上で解析的に導いた。

① 接触する 2 物体はどちらも線形弾性域で変形する
② 接触部において 2 物体の材料特性は一様である
③ 物体全体は接触部と比較して十分大きく半空間と見なせる（接触部の反対側境界は無限遠点にある）
④ 接触部に摩擦力は働かない

この下で，接触部の最大侵入深さ d と垂直抗力 f の関係は次のように表せる。

$$f = kd^{\gamma} \tag{2.197}$$

ただし，k および γ は物体の材料特性や形状に依存する定数である。例として図 2.33 のように，ヤング率 E，ポアソン比 ν の無限に広がる平板といくつかの代表的形状が接触したときの k および γ を次に示す。

図 2.33(a)：開き角 θ の十分硬い円錐

$$k = \frac{2E}{\pi(1-\nu^2)\tan\theta}, \quad \gamma = 2 \tag{2.198}$$

図 2.33(b)：半径 R の球面

$$k = \frac{4}{3}E^*\sqrt{R}, \quad \gamma = \frac{3}{2} \tag{2.199}$$

図 2.33(c)：半径 r の円柱

$$k = 2E^*r, \quad \gamma = 1 \tag{2.200}$$

ただし E^* は，平板でない方の物体のヤング率 E' およびポアソン比 ν' と合成されたヤング率であり，次で定義される [7]。

$$E^* = \left(\frac{1-\nu^2}{E} + \frac{1-\nu'^2}{E'}\right)^{-1} \tag{2.201}$$

上述の仮定 3 が言える限りにおいて，任意の固い物体同士の接触の多くは，局所的には上記 3 例のいずれかで近似できる。ただしその場合，θ, R, r も接触部の局所形状から決まることに注意すべきである。

ヘルツの解析は，接触している物体対が静的平衡にあることを前提とし，物体の弾性のみ考慮している。これをそのまま衝突現象に用いると，衝突の瞬間に物体が持っていた運動エネルギーが圧縮過程ですべて弾性エネルギーとして蓄えられ，復元過程で再びすべて運動エネルギーに戻される完全弾性衝突のみ再現される。実際の衝突は，分子構造の内部欠陥により運動エネルギーが一部散逸する非弾性衝突となることがほとんどである。これは分子より大きいスケールでは，物体の粘性や塑性の働きとしてモデル化される。

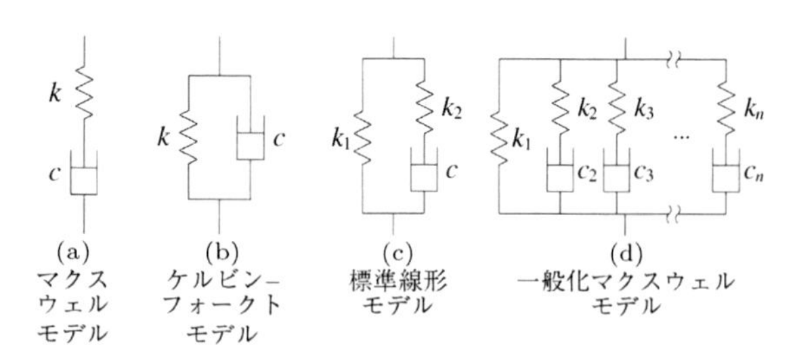

図 2.34　線形粘弾性モデル

図 2.34 に代表的な線形粘弾性モデルを示す。これらは元々，長時間荷重に晒された材料の内部応力変化を表すために考案されたものだが，固体の過渡的変形を表すモデルとしてもしばしば用いられる。それぞれのモデルにおける変位（侵入量）d と力（垂直抗力）f の関係を次にまとめる。

図 2.34(a)：マクスウェルモデル

$$f + \frac{k}{c}\int f\mathrm{d}t = kd \tag{2.202}$$

図 2.34(b)：ケルビン–フォークトモデル

$$f = kd + c\dot{d} \tag{2.203}$$

図 2.34(c)：標準線形粘弾性モデル

$$f + \frac{c}{k_2}\dot{f} = k_1 d + \left(\frac{k_1}{k_2} + 1\right)c\dot{d} \tag{2.204}$$

ただし，k, k_1, k_2, c はいずれも定数である。マクスウェルモデルは，材料を一定量歪ませたときに応力が時間の経過に伴い減少する現象（応力緩和）を，ケルビン–フォークトモデルは，一定応力を加えたときに歪みが時間の経過に伴い減少する現象（クリープ）をそれぞれ表現する。標準線形粘弾性モデルは，応力緩和とクリープを同時に表現するモデルである。また図 2.34(d) は，応力緩和が複数の時定数を持つことを表したもので，一般化マクスウェルモデルと呼ばれる。d と f の関係式は省略する。式 (2.202)～(2.204) において，弾

[7] 式から明らかなように，E, ν と E', ν' はどちらがどちらのものであってもよい。

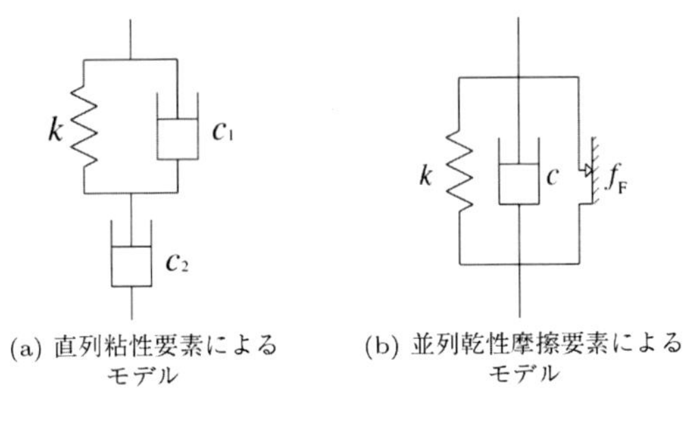

(a) 直列粘性要素によるモデル　(b) 並列乾性摩擦要素によるモデル

図 2.35　塑性変形モデル

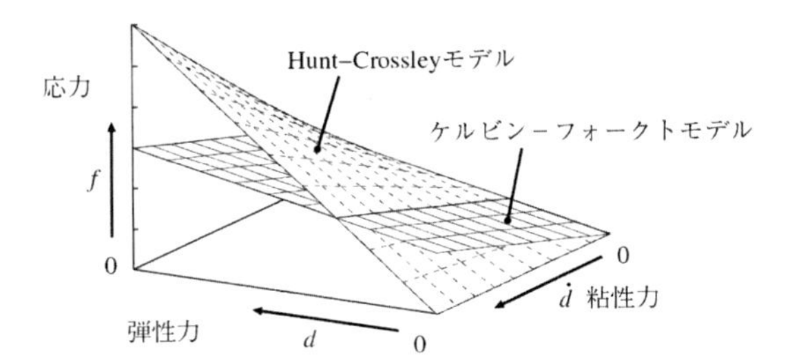

図 2.36　ケルビン–フォークトモデルと Hunt–Crossley モデルの比較

性モデルをヘルツの式 (2.197) で置き換えてもかまわない。

材料の塑性変形モデルも様々なものが考案されている。簡単には，図 2.35(a) のようにケルビン–フォークトモデルに直列に粘性要素を接続することで表現できる[8)]。d と f の関係は次式となる。

$$\left(1-\frac{c_1}{c_2}\right)f+\frac{k}{c_2}\int f\mathrm{d}t=kd+c_1\dot{d} \tag{2.205}$$

明らかに，$c_1 < c_2$ でなければならない。ただしこのモデルは，一定荷重に対し変位が際限なく増加するため，重力下で地面に物体を落下させる等の衝突解析には不適である。一定荷重に対し変位が有限値に収束する塑性変形は，例えば図 2.35(b) のように，ケルビン–フォークトモデルに並列に乾性摩擦要素を追加することで表現できる。d と f の関係は次式となる。

$$f=kd+c\dot{d}+f_{\mathrm{F}}\mathrm{sgn}\dot{d} \tag{2.206}$$

ただし，f_{F} は定数である。また $\mathrm{sgn}x$ は次のように定義される符号関数である。

$$\mathrm{sgn}x=\begin{cases}\dfrac{x}{|x|} & (x\neq 0)\\ 0 & (x=0)\end{cases} \tag{2.207}$$

これらのモデルを，内部応力でなく表面力である接触力のモデルとして用いる際には注意が必要である。例えば，侵入が解消されても（すなわち $d=0$ となっても）f の変化の履歴や $\dot{d}$ によっては引っ張り方向に力が発生する[9)]。実際の力は，上記の f に対し $\max\{f,0\}$ となる。逆に接触の瞬間に物体対が互いに侵入する方向に相対速度を持っているならば，弾性変形が始まっていないにも関わらず力が発生するモデルになっている。$d=0$ の前後で f の正負が滑らかに変化する Hunt–Crossley モデル[2] もあり，次式で定義される。

$$f=\max\{(k+\lambda\dot{d})d,0\} \tag{2.208}$$

ただし，λ は非線形粘性係数である。図 2.36 は，ケルビン–フォークトモデルと Hunt–Crossley モデルを d-$\dot{d}$-f 空間で可視化したものである。式 (2.208) からも明らかなように，後者は $d=0$ のときに $\dot{d}$ によらず $f=0$ となっている。$\dot{d}=0$ ならば両者は一致する。$\dot{d}\neq 0$ のとき，d の増加に伴って後者の方がより大きな力を発生するようになる。なお，高剛性物体のモデルとしてはケルビン–フォークトモデルと Hunt–Crossley モデルであまり違いがないことが知られている[3]。

上記の表現は，分子の大きさと比べれば桁違いに大きな規模の現象を表現したモデルだが，それでも想定される物体の大きさに対して十分微視的なものと言える。これに基づいて衝突現象を扱う際に，注意すべきことが 2 つある。

第 1 に，各パラメータの決定方法についてである。ヘルツの式 (2.197) では材料特性と物体形状から k と γ が求まるものの，ここで言う形状は極めて局所的なものであり，実測は困難である。また粘性はあくまでも便宜上のモデルであって，材料特性と陽には関連づけられない[10)]。摩擦係数と同様に，単一物体ではなく物体対に対して定まる値である点にも注意が必要である。結局これらの値は，実験的に同定するか，試行錯誤によって決めるかのいずれかとなる。

---

8) $c_1=0$ のとき，これはマクスウェルモデルになる。マクスウェルモデルは最も簡単な塑性変形モデルでもある。

9) 粘着性物体の場合には，これが粘着力のモデルとなる。

10) 粘性係数を剛性と慣性の線形和から決定するレイリーモデルもあるが，安定な計算を行うための便宜的な方法であり，現象の精密な表現を目的とするものではない。

第 2 に，現象をとらえるべき時空間スケールについてである。前述のとおり衝撃力は，物体対の圧縮・復元過程で発生する。いわゆる工業用の高剛性材料の場合，衝突による（破壊しない程度の）物体の変形は 1.0×10^{-6} 〜10^{-4}m のスケールで起こる。衝突時の物体速度が 1.0×10^{-1}〜10^{1}m/s の運動なら，1.0×10^{-6}〜10^{-4}s オーダの時間幅でなければこの過程をとらえることはできない。すなわち時間についても，慣性運動を扱う際と比較して数桁高い粒度が要求される。

(3) 巨視的現象としての衝突モデル

衝突によって，物体の運動状態は劇的に変化する。これまで示したモデルは，図 2.37(a) のようにその劇的な変化の過程をつぶさに表現しようというものであり，微視的な現象をごく短い時間でとらえる必要がある。しかも，パラメータ同定の苦労を伴わずに高精度に現象を表現し得るものではないことも説明したとおりである。本項では，衝突過程を詳細に追うことは諦め，図 2.37(b) のように衝突の開始直前と終了直後の力と速度の——通常の慣性運動に比べれば不連続現象に見えるほど大きな——変化を直接扱う方法を説明する。

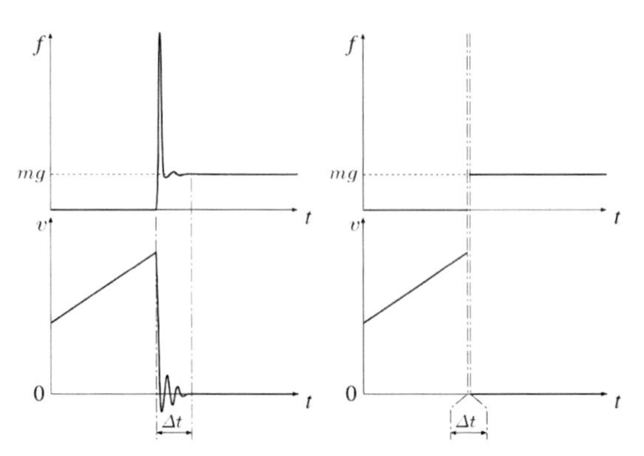

(a) 詳細な衝突過程の追跡　(b) 不連続過程としての衝突

図 2.37　衝突過程のとらえ方

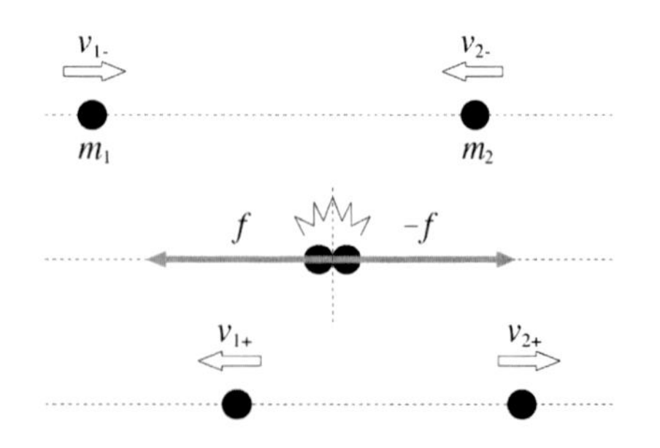

図 2.38　2 質点の衝突による反発

図 2.38 のように，同一直線上を運動している 2 つの質点 1,2 を考えよう。それぞれの質量は m_1, m_2，速度は v_1，v_2 であるとする。両者の相互作用力の他に働く力がないならば，次の運動量保存則が成り立つ。

$$m_1 v_1 + m_2 v_2 = \text{const.} \quad \Leftrightarrow \quad m\bar{v} = \text{const.} \tag{2.209}$$

ただし，

$$m \equiv m_1 + m_2 \tag{2.210}$$

$$\bar{v} \equiv \frac{m_1 v_1 + m_2 v_2}{m_1 + m_2} \tag{2.211}$$

とおいた。すなわち運動量保存則は，両者の重心が一定速度を保つということと同義である。そこで 2 質点の速度をそれぞれ $v_1 = \bar{v} + \Delta v_1$，$v_2 = \bar{v} + \Delta v_2$ と改めて表すことにすると，Δv_1，Δv_2 は次を満たす。

$$m_1 \Delta v_1 + m_2 \Delta v_2 = 0 \tag{2.212}$$

また，2 質点の運動エネルギー E は次のように表せる。

$$E = \frac{1}{2} m \bar{v}^2 + \Delta E \tag{2.213}$$

ただし

$$\Delta E = \frac{1}{2} m_1 \Delta v_1^2 + \frac{1}{2} m_2 \Delta v_2^2 \tag{2.214}$$

である。明らかに $\Delta E \geq 0$ であるので，E は重心の持つ運動エネルギーを下限とし，各々の質点速度の $\bar{v}$ からの差に応じて増分 ΔE が生じるということがわかる。

さて，これらの 2 質点がそれぞれ速度 $v_{1-} = \bar{v} + \Delta v_{1-}$，$v_{2-} = \bar{v} + \Delta v_{2-}$ をもって時刻 t に衝突し，微小時間 Δt が経過するまでに圧縮・反発過程を終え，速度がそれぞれ $v_{1+} = \bar{v} + \Delta v_{1+}$，$v_{2+} = \bar{v} + \Delta v_{2+}$ に変わったとしよう。衝突過程で 2 質点間にどのような力が働き，速度がどのように変化したかを知りたい。未知数は Δv_{1+}，Δv_{2+} の 2 個であり，これらが一意に決まるためには，式 (2.212) の他にもう一つ条件が必要である。例えば，衝突による運動エネルギーの減衰率 $\eta^2 (0 \leq \eta \leq 1)$ が既知であるならば，

$$\Delta E_+ = \eta^2 \Delta E_- \tag{2.215}$$

ただし，

$$\Delta E_+ \equiv \frac{1}{2}(m_1 \Delta v_{1+}^2 + m_2 \Delta v_{2+}^2) \tag{2.216}$$

$$\Delta E_- \equiv \frac{1}{2}(m_1 \Delta v_{1-}^2 + m_2 \Delta v_{2-}^2) \tag{2.217}$$

である。式 (2.212), (2.215) を連立すれば，$\Delta v_{1+}, \Delta v_{2+}$ は次のように求まる。

$$\Delta v_{1+} = -\frac{\eta m_2}{m_1 + m_2}(v_{1-} - v_{2-}) \tag{2.218}$$

$$\Delta v_{2+} = \frac{\eta m_1}{m_1 + m_2}(v_{1-} - v_{2-}) \tag{2.219}$$

ちなみに $\Delta v_{1+} - \Delta v_{2+} = v_{1+} - v_{2+}$ であることに注意すれば，式 (2.218), (2.219) より

$$\eta = -\frac{v_{1+} - v_{2+}}{v_{1-} - v_{2-}} \tag{2.220}$$

が成り立つ。η は反発係数とも呼ばれる。特に $\eta = 0$ であるならば，衝突直後に衝突点間の相対速度は零になる。これは完全非弾性衝突または完全塑性衝突と呼ばれる。

衝突過程で質点 1 が質点 2 から受けた力の履歴を知ることはできないが，その力積 j は次式で求まる。

$$j = m_1(v_{1+} - v_{1-}) = -\frac{(1+\eta)(v_{1-} - v_{2-})}{m_1^{-1} + m_2^{-1}} \tag{2.221}$$

言うまでもなく，質点 2 が質点 1 から受けた力積は $-j$ である。

上記を拡張し，3 次元空間で並進・回転運動する 2 つの剛体の衝突を考えよう。図 2.39 のように，質量 m_1, m_2，重心まわり慣性テンソル $\boldsymbol{I}_1, \boldsymbol{I}_2$ である 2 つの剛体 1, 2 が時刻 t に 1 点で衝突し，微小時間 Δt が経過するまでに重心速度が $\boldsymbol{v}_{\mathrm{G1}-}, \boldsymbol{v}_{\mathrm{G2}-}$ から $\boldsymbol{v}_{\mathrm{G1}+}, \boldsymbol{v}_{\mathrm{G2}+}$ に，

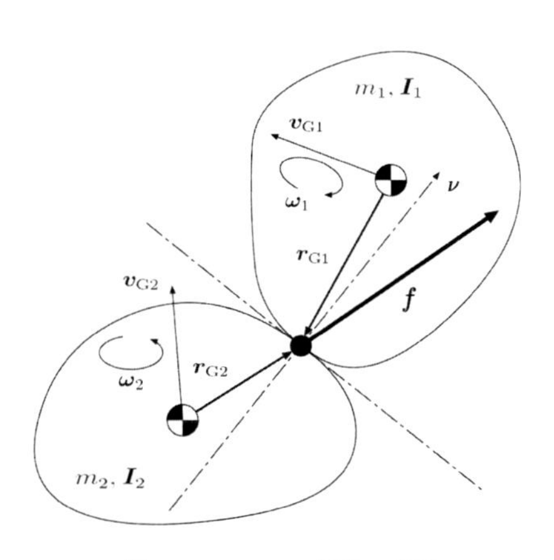

図 2.39　2 つの剛体の衝突

角速度が $\boldsymbol{\omega}_{1-}, \boldsymbol{\omega}_{2-}$ から $\boldsymbol{\omega}_{1+}, \boldsymbol{\omega}_{2+}$ にそれぞれ変化したとする。剛体 1, 2 の重心から接触点までのベクトルをそれぞれ $\boldsymbol{r}_{\mathrm{G1}}, \boldsymbol{r}_{\mathrm{G1}}$ とし，この間の姿勢変化および重力の影響を無視すると，次が成り立つ。

$$m_1(\boldsymbol{v}_{\mathrm{G1}+} - \boldsymbol{v}_{\mathrm{G1}-}) = \boldsymbol{j} \tag{2.222}$$

$$\boldsymbol{I}_1(\boldsymbol{\omega}_{1+} - \boldsymbol{\omega}_{1-}) = \boldsymbol{r}_{\mathrm{G1}} \times \boldsymbol{j} \tag{2.223}$$

$$m_2(\boldsymbol{v}_{\mathrm{G2}+} - \boldsymbol{v}_{\mathrm{G2}-}) = -\boldsymbol{j} \tag{2.224}$$

$$\boldsymbol{I}_2(\boldsymbol{\omega}_{2+} - \boldsymbol{\omega}_{2-}) = -\boldsymbol{r}_{\mathrm{G2}} \times \boldsymbol{j} \tag{2.225}$$

ただし，$\boldsymbol{j}$ は剛体 1 が剛体 2 から受ける接触力 $\boldsymbol{f}$ の力積であり，次式で定義される。

$$\boldsymbol{j} = \int_t^{t+\Delta t} \boldsymbol{f} \mathrm{d}t \tag{2.226}$$

衝突直前・直後のそれぞれの剛体の接触点速度は次のように表せる。

$$\boldsymbol{v}_{\mathrm{C1}-} = \boldsymbol{v}_{\mathrm{G1}-} + \boldsymbol{\omega}_{1-} \times \boldsymbol{r}_{\mathrm{G1}} \tag{2.227}$$

$$\boldsymbol{v}_{\mathrm{C1}+} = \boldsymbol{v}_{\mathrm{G1}+} + \boldsymbol{\omega}_{1+} \times \boldsymbol{r}_{\mathrm{G1}} \tag{2.228}$$

$$\boldsymbol{v}_{\mathrm{C2}-} = \boldsymbol{v}_{\mathrm{G2}-} + \boldsymbol{\omega}_{2-} \times \boldsymbol{r}_{\mathrm{G2}} \tag{2.229}$$

$$\boldsymbol{v}_{\mathrm{C2}+} = \boldsymbol{v}_{\mathrm{G2}+} + \boldsymbol{\omega}_{2+} \times \boldsymbol{r}_{\mathrm{G2}} \tag{2.230}$$

2 剛体の相対運動により，接触点は衝突直前・直後にそれぞれ速度 $\boldsymbol{v}_{\mathrm{C}-} \equiv \boldsymbol{v}_{\mathrm{C1}-} - \boldsymbol{v}_{\mathrm{C2}-}$，$\boldsymbol{v}_{\mathrm{C}+} \equiv \boldsymbol{v}_{\mathrm{C1}+} - \boldsymbol{v}_{\mathrm{C2}+}$ を持つ。さらに，接触点において剛体 2 から剛体 1 に向かう単位法線ベクトルを $\boldsymbol{\nu}$ とおこう。衝突過程で，接触点には垂直抗力と動摩擦力が働くとすると，力積 $\boldsymbol{j}$ はあるスカラ値 j を用いて次のように表せる。

$$\boldsymbol{j} = j(\boldsymbol{\nu} - \mu_{\mathrm{K}}\boldsymbol{\sigma}) \tag{2.231}$$

ただし，μ_{K} は接触点における動摩擦係数である。また

$$\boldsymbol{\sigma} = \frac{\boldsymbol{v}_{\mathrm{C}-} - (\boldsymbol{\nu}^T \boldsymbol{v}_{\mathrm{C}-})\boldsymbol{\nu}}{\|\boldsymbol{v}_{\mathrm{C}-} - (\boldsymbol{\nu}^T \boldsymbol{v}_{\mathrm{C}-})\boldsymbol{\nu}\|} \tag{2.232}$$

とおいた。$\boldsymbol{v}_{\mathrm{C}-}$，$\boldsymbol{v}_{\mathrm{C}+}$ の $\boldsymbol{\nu}$ 方向成分の関係が反発係数 η を用いて

$$\boldsymbol{\nu}^T \boldsymbol{v}_{\mathrm{C}+} = -\eta \boldsymbol{\nu}^T \boldsymbol{v}_{\mathrm{C}-} \tag{2.233}$$

と表せるならば，式 (2.222)〜(2.225), (2.227)〜(2.231), (2.233) より j は次のように求まる。

$$j = -\frac{(1+\eta)\boldsymbol{\nu}^T \boldsymbol{v}_{\mathrm{C}-}}{m_1^{-1} + m_2^{-1} - \boldsymbol{\nu}^T \boldsymbol{\Phi}(\boldsymbol{\nu} - \mu_{\mathrm{K}}\boldsymbol{\sigma})} \tag{2.234}$$

ただし，

$$\boldsymbol{\Phi} \equiv \boldsymbol{r}_{G1} \times \boldsymbol{I}_1^{-1} \boldsymbol{r}_{G1} \times + \boldsymbol{r}_{G2} \times \boldsymbol{I}_2^{-1} \boldsymbol{r}_{G2} \times \quad (2.235)$$

とおいた。これを式 (2.231), (2.222)～(2.225) に代入すれば，衝突直後の剛体の速度 $\boldsymbol{v}_{G1+}, \boldsymbol{v}_{G2+}, \boldsymbol{\omega}_{1+}, \boldsymbol{\omega}_{2+}$ がすべて求まる。

本項で紹介したモデルによれば，接触部の詳細な材料特性や局所的形状を気にかける必要がなく，また 1.0×10^{-3}s オーダの時間幅で衝突現象をとらえることが許容される。接触力が統計量であることを考えれば，このような巨視的な理解がむしろ適切な場合も多い。ただし，反発係数は単一物体ではなく物体対に対して定まる値であり，実験的に同定するか，さもなければ試行錯誤によって決めるよりほかない，という点に変わりはない。

最後に，本モデルは接触部の変形や力の変化を無視しているのではなく，それらが生じていることは理解しつつも表現・再現することを諦めているにすぎないことは，注意すべきである。

＜杉原知道＞

参考文献（2.3.5 項）

[1] Hertz, H.: *Über die Berührung fester Elastischer Körper*, in Gesammelte Werke, Vol. 1, Lepzig, Germany (1895).

[2] Hunt, K. H. and Crossley, F. R. E.: Coefficient of Restitution Interpreted as Damping in Vibroimpact, Transaction of the ASME, *Journal of Applied Mechanics*, Vol. 42, No. 2, pp. 440–445 (1975).

[3] Diolaiti, N., Melchiorri, C. and Stramigioli, S.: Contact Impedance Estimation for Robotic Systems, *IEEE Transactions on Robotics*, Vol. 21, No. 5, pp. 925–935 (2005).

2.3.6　力学的相互作用のモデリング (5) アクチュエータ

(1) はじめに

アクチュエータはロボットの構成部品のうち機械仕事を行う装置である。アクチュエータという単語が意味する言葉は広く，機械仕事を出力する部分のみを示す場合から駆動系全体を示す場合まで様々である。

例えば，多くのロボットで用いているモータ・歯車型の駆動系では，アクチュエータはモータを示す場合もあればモータと歯車伝達系（トランスミッション）を合わせたものを意味する場合もある。油圧駆動系においてはアクチュエータはシリンダなどの出力部分を示すことが多いが，ポンプ・サーボ弁・シリンダなどで構成される駆動系全体を示す場合もある。

本稿では数多くあるアクチュエータの中から，ロボットで用いられる機会の多いアクチュエータに絞ってモデル化を行う。アクチュエータには必ずエネルギー源と仕事出力部がある。さらに，制御を行えるアクチュエータにはエネルギー制御部がある。表 2.7 に，本項で取り上げるアクチュエータとその要素についてまとめた。

表 2.7　駆動系の分類

駆動原理	エネルギー源	制御手段	出力手段
モータ	電気	トランジスタ	モータ
EMA	電気	トランジスタ	歯車装置
SEA	電気	トランジスタ	バネ
抵抗制御型油圧駆動	油圧	サーボ弁	シリンダ
静油圧駆動	電気	トランジスタ	シリンダ
空気圧駆動	空気圧	サーボ弁	シリンダ，人工筋
圧電アクチュエータ	電気	トランジスタ	圧電素子

(2) サーボモータのモデル

サーボモータは，磁石により発生した磁場（界磁）とコイル中の荷電粒子（電子）の間に働くローレンツ力を軸受けにより回転運動として利用するアクチュエータである。界磁に永久磁石を用いるものはコイルに作用する力と電流が比例するため，モータのトルクも電流と比例する。この関係は，コイルの形状，巻き数，磁石の強さなどにより決定されるトルク定数 K_T[N/A] を用いて下記のように記述される。

$$\tau = K_T i \quad (2.236)$$

一方，磁場の中を通過するコイルの両端にはファラデーの法則により磁束の変化率に比例した電圧が発生するため，モータにおいては回転速度に比例した逆起電力を生ずる。この関係は逆起電力定数 K_ω[Vs/rad] を用いて次式で表される。

$$v = K_\omega \omega \quad (2.237)$$

トルクの発生と逆起電力の発生は双方ともローレンツ力という同一の現象の見方を変えたものであり，適切な単位次元を選ぶことにより，トルク定数と逆起電力定数が一致する。

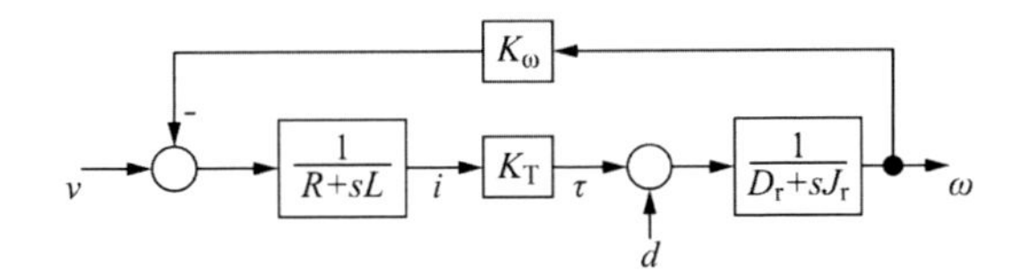

図 2.40 サーボモータのダイナミクス

モータの駆動回路により直接制御できるのは電圧であり，モータに流れる電流は電圧制御により間接的に操作しなければならない。モータのコイルはインダクタンス L および抵抗 R を持つので，モータに実際に作用する電圧 v と流れる電流 i の間には

$$v = Ri + L\frac{\mathrm{d}i}{\mathrm{d}t} \tag{2.238}$$

の関係がある。

サーボモータは，回転子の慣性モーメント J_r，粘性係数 D_r，回転子の角度を θ_r として次式で表される。

$$J_\mathrm{r}\ddot{\theta}_\mathrm{r} + D_\mathrm{r}\dot{\theta}_\mathrm{r} = K_\mathrm{T}i \tag{2.239}$$

式 (2.236)～(2.239) を連立すると図 2.40 に示すモデル化ができる。図 2.40 中の d はすべての外力の総和とした。このダイナミクスを考慮して PI 制御をはじめとする制御器を用いることで電圧制御によるトルク制御が可能となる。

(3) EMA 型のモデル

EMA (Electro-Mechanical Actuator) はモータで歯車などを駆動するアクチュエータであり，ロボットの駆動に最もよく用いられている。ここでは回転型として歯車減速装置，直動型としてボールねじを取り上げ説明する。

平歯車やハーモニックドライブギアなどの歯車型伝達機構はロボットにおいて広く用いられている。また，直動アクチュエータとしてボールねじが用いられることも多い。

いま，モータの位置を θ_r，出力軸の位置を θ_j とする。一般化した減速比 N_g は

$$N_\mathrm{g} = \left.\frac{\partial\theta_\mathrm{r}}{\partial\theta_\mathrm{j}}\right|_{\ddot{\theta}_\mathrm{r}=0} \tag{2.240}$$

と定義できる。歯車の場合は N_g は歯数比，ピッチ p_s のボールねじの場合 $N_\mathrm{g} = 2\pi/p_\mathrm{s}$ となる。慣性モーメント（ボールねじの場合は質量）を J_n，粘性抵抗を D_n，固体摩擦を $\tau_{\mathrm{s}n}$ とする。ただし，モータに関する変数の場合は $n = \mathrm{r}$ とし，出力軸に関する変数の場合は $n = \mathrm{j}$ とする。τ_e は外力とする。EMA 型のアクチュエータのモデルは出力軸から見た場合

$$\begin{aligned}(J_\mathrm{j} + N_\mathrm{g}^2 J_\mathrm{r})\,\ddot{\theta}_\mathrm{j} + (D_\mathrm{j} + N_\mathrm{g}D_\mathrm{r})\,\dot{\theta}_\mathrm{j} \\ + (\tau_\mathrm{sj} + N_\mathrm{g}\tau_\mathrm{sr}) = N_\mathrm{g}K_\mathrm{T}i - \tau_\mathrm{e}\end{aligned} \tag{2.241}$$

となる。

(4) SEA 型のモデル

ロボットにおいて接触力を制御する試みは古くから行われてきた[1, 2] が，ロボットで用いられるアクチュエータの多くは EMA の摩擦と，その影響を低減するハイゲインフィードバックにより位置制御型のアクチュエータとなっておりそのバックドライバビリティ（逆可動性）の低さから，ダイレクトドライブ型のロボット以外で力制御の性能を高めることができなかった。

位置制御型のアクチュエータで力を制御するためには力と位置の関連付けが必要であり，そのために物理的なインピーダンスを持たせる方法が提案されている。本節ではインピーダンスの要素としてバネを用いる SEA (Series Elastic Actuator) 型のアクチュエータのモデル化を行う。

SEA[3] を含む弾性アクチュエータは歯車減速機の出力に弾性要素を取り付けたものである。Pratt と Williamson により提案された SEA はボールねじの出力にバネを取り付けたもので，バネを介して 2 つのダイナミクスに分離される（図 2.41）。EMA の議論と同様に回転・直動に関して一般的な議論を行う。バネの剛性を k_j とすると，モータと関節のダイナミクスはバネで結合され，そのモデルは下記のようになる[4]。

$$J_\mathrm{j}\ddot{\theta}_\mathrm{j} = k_\mathrm{j}\left(\theta_\mathrm{j} - \frac{1}{N_\mathrm{g}}\theta_\mathrm{r}\right) - D_\mathrm{j}\dot{\theta}_\mathrm{j} + \tau_\mathrm{e} \tag{2.242}$$

$$J_\mathrm{r}\ddot{\theta}_\mathrm{r} = K_T i - D_\mathrm{r}\dot{\theta}_\mathrm{r} - k_\mathrm{j}\,(N_\mathrm{g}\theta_\mathrm{j} - \theta_\mathrm{r}) \tag{2.243}$$

SEA 型のアクチュエータでは弾性がローパスフィル

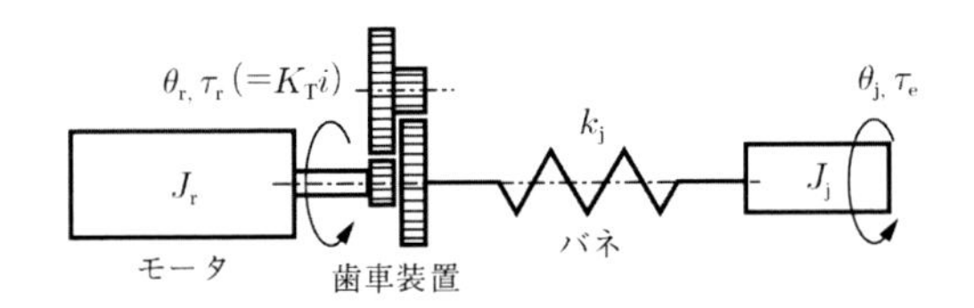

図 2.41 SEA 型アクチュエータの構造

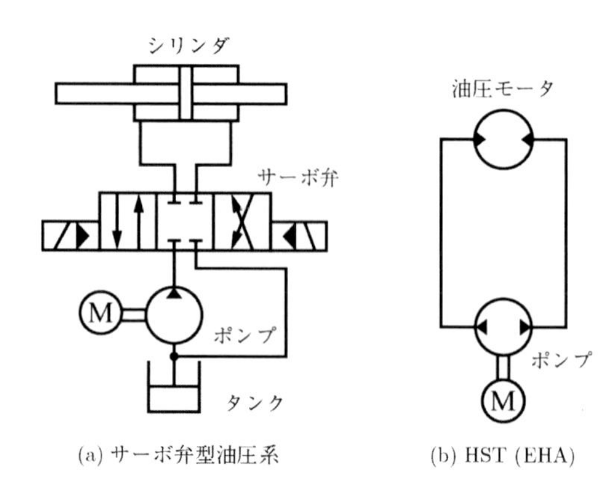

(a) サーボ弁型油圧系　　(b) HST (EHA)

図 2.42　油圧駆動系の構造

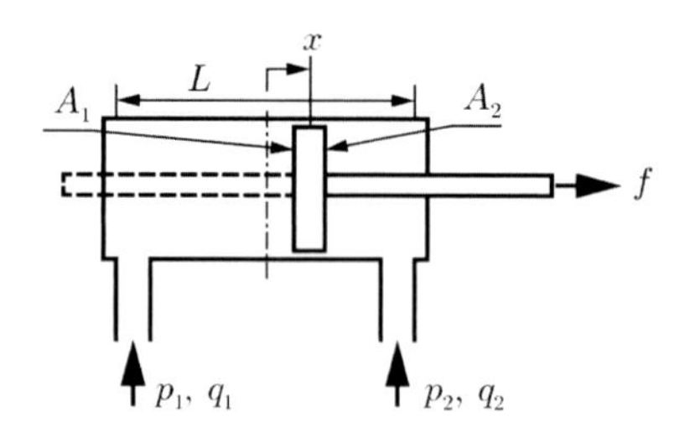

図 2.43　油圧シリンダのモデル

タの役割を果たすため，モータの応答が間に合わない周波数においても柔軟さやバックドライバビリティを実現できる反面，広帯域の力を伝達することはできない。

(5) 油圧アクチュエータのモデル

油圧アクチュエータはポンプにて作られた圧油をシリンダもしくは油圧モータに送り，機械仕事として取り出すものである。最も多用されるのはサーボ弁を用いてシリンダに供給する流体エネルギーを制御する，抵抗制御型油圧システムである（図 2.42(a)）。これに対してポンプの駆動を制御することでシリンダに供給するエネルギを制御するものをハイドロスタティックトランスミッション，または容積制御型油圧システムと呼ぶ（図 2.42(b)）。油圧駆動は複雑な現象であり，長い歴史の間に多くの議論がなされてきた。本稿で触れるのはそのごく一部であるため，詳細な議論は文献[5–7]などを参考にされたい。

図 2.43 に示すシリンダを考える。ここでは例として直動シリンダを示すが，一般性を失うことなく油圧モータにも適用できる。チャンバiへの流入流量q_iはチャンバ容積V_iとチャンバ圧力p_iの関数として

$$q_i = \frac{\mathrm{d}V_i}{\mathrm{d}t} + \frac{V_i}{\beta_\mathrm{e}}\frac{\mathrm{d}p_i}{\mathrm{d}t} \tag{2.244}$$

で与えられる。ただし，β_eは有効体積弾性率であり 21 MPa 以下では 1.0〜1.5 GPa 程度である[6]。

シリンダは圧力差により推力$f = A_1p_1 - A_2p_2$を発生する。ここで，シリンダの場合A_iはピストンの断面積であるが，

$$A_i = \frac{\partial V_i}{\partial x} \tag{2.245}$$

と書くことで，油圧モータの場合も含めてより一般的に表現できる。

これをシリンダの運動方程式に代入すると

$$m\ddot{x} + D\dot{x} = A_1p_1 - A_2p_2 - f_\mathrm{f} + f_\mathrm{e} \tag{2.246}$$

ただし，mはピストンの駆動質量，Dはピストンに作用する粘性抵抗であり，f_fはピストンに作用するクーロン摩擦，f_eは外力であるとする。シリンダの全体でのダイナミクスは式 (2.244) と式 (2.246) を連立することで求められる。

サーボ弁型油圧システムの場合，シリンダには弁を通して油が供給される。高性能なサーボ弁には機械式フィードバック付 2 段型サーボ弁[8, 9]が用いられる。サーボ弁への入力はフラッパを駆動するトルクモータへの電流iである。電流からサーボ弁のスプール変位までのダイナミクスは標準 2 次遅れ系の形で近似できる[6]。この遅れ成分を取り出して

$$\frac{I^*(s)}{I(s)} = \frac{\omega_\mathrm{nv}^2}{s^2 + 2\zeta\omega_\mathrm{nv} + \omega_\mathrm{nv}^2} \tag{2.247}$$

とし，電流から弁変位までのゲインを含んだ流量特性をオリフィスのモデル

$$q = i^*C\sqrt{p_\mathrm{s}^2 - p_\mathrm{o}^2} \tag{2.248}$$

で近似することで，サーボ弁のダイナミクスと流量の非線形性を考慮した計算ができる。ただし，p_sは供給圧p_oはシリンダのチャンバ圧力であるとする。式 (2.247) と式 (2.248) の特性はサーボ弁のカタログから読み取れる[6]。

サーボ弁からシリンダまでの配管が長い場合は配管特性を考えねばならない。管路損失の計算式は機械工学便覧が詳しい[10]。また，配管が長い場合はダイナミクスとして 2 次遅れ系を考えるもの[11]や，分布定数系

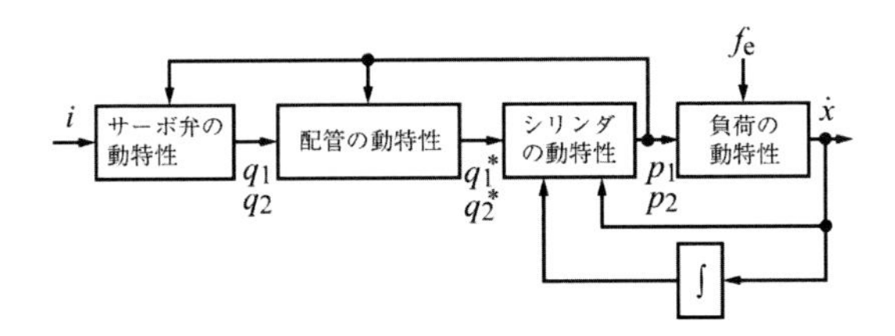

図 2.44 サーボ弁型油圧駆動系のダイナミクス

として考慮するもの[5] が提案されている。サーボ弁を用いた油圧サーボ系全体でのモデルの構成を図 2.44 に示す。

(6) HST のモデル

HST (Hydrostatic Transmission，ハイドロスタティックトランスミッション) はポンプの吐出圧や流量を制御することでシリンダの力や位置を制御する油圧アクチュエータである。HST の研究には文献[12, 13] などがある。HST をサーボモータで駆動するものは電気静油圧アクチュエータ (EHA: Electro-Hydrostastic Actuator) と呼ばれ，航空機などでも用いられている。

Bobrow ら[13] では揺動型ベーンモータとポンプを組み合わせた例を示している。いま，$i = 1, 2$ として，p_i，q_i を，ベーンモータの各チャンバの圧力および流入する流量，ベーンモータがストロークの中央にあるときの各チャンバの容積を V_0，ベーンモータの有効受圧面積を A_{m}，ベーンモータの角度を θ_{m}，ポンプの角度を θ_{p}，ポンプの有効受圧面積を A_{p}，アクチュエータ内部での高圧から低圧への漏れ抵抗を k_{L}，ベーンモータが駆動する慣性モーメントを J_{m}，ベーンモータに作用する外力および摩擦力をそれぞれ τ_{e}, τ_{f} とするとき，アクチュエータのダイナミクスは次式で与えられる。

$$\left\{\begin{aligned} \dot{p}_1 &= -\frac{\beta_{\mathrm{e}}}{V_0 - A_{\mathrm{m}}\theta_{\mathrm{m}}}\left(A_{\mathrm{p}}\dot{\theta}_{\mathrm{p}} - k_{\mathrm{L}}\left(p_2 - p_1\right) - A_{\mathrm{m}}\dot{\theta}_{\mathrm{m}}\right) \\ \dot{p}_2 &= -\frac{\beta_{\mathrm{e}}}{V_0 + A_{\mathrm{v}}\theta_{\mathrm{m}}}\left(-A_{\mathrm{p}}\dot{\theta}_{\mathrm{p}} + k_{\mathrm{L}}\left(p_2 - p_1\right) + A_{\mathrm{m}}\dot{\theta}_{\mathrm{m}}\right) \\ J_{\mathrm{m}}\ddot{\theta}_{\mathrm{m}} &= A_{\mathrm{m}}\left(p_2 - p_1\right) + \tau_{\mathrm{f}} + \tau_{\mathrm{e}} \end{aligned}\right. \tag{2.249}$$

角度を位置，慣性モーメントを質量と読み替えることでこの形は一般性を失うことなくシリンダを用いた HST にも適用できる。式 (2.249) にはポンプのダイナミクスは含まれていない。

圧縮率が無視できる場合には HST のダイナミクスは次式で表されるポンプ・ベーンモータに対して対称な形に帰着できる[14]。

$$\left\{\begin{aligned} J_{\mathrm{p}}\ddot{\theta}_{\mathrm{p}} &= -A_{\mathrm{p}}\left(k_{11}\dot{\theta}_{\mathrm{p}} - k_{12}\dot{\theta}_{\mathrm{m}}\right) + \tau_{\mathrm{fp}} + \tau_{\mathrm{ep}} \\ J_{\mathrm{m}}\ddot{\theta}_{\mathrm{m}} &= -A_{\mathrm{m}}\left(k_{21}\dot{\theta}_{\mathrm{m}} - k_{22}\dot{\theta}_{\mathrm{p}}\right) + \tau_{\mathrm{fm}} + \tau_{\mathrm{em}} \end{aligned}\right. \tag{2.250}$$

ここで，J_{p}, τ_{fp}, τ_{ep} はそれぞれポンプの慣性モーメント，ポンプに作用する摩擦トルク，ポンプに作用する外力（モータトルク）とし，k_{ij} は HST の内部漏れや形状から決まる定数である。この形は，力が速度の差として伝達されることを表しており SEA の位置の差による力伝達と対比できるところが興味深い[15]。

(7) 空気圧アクチュエータのモデル

空気圧駆動系の構成はバルブ制御型油圧駆動系と類似した構成になっており，図 2.45 に示す構成が一般的で，制御する内容，ダイナミクスの構造も油圧と基本的には変わらない。ただし，油圧と大きく異なるのは空気の圧縮性と比重であり，圧縮に伴う応答の遅れや温度変化も考えなくてはならない。また，比重が小さいことはレイノルズ数を向上させることにもなり，乱流での振舞いを考えなくてはならない。

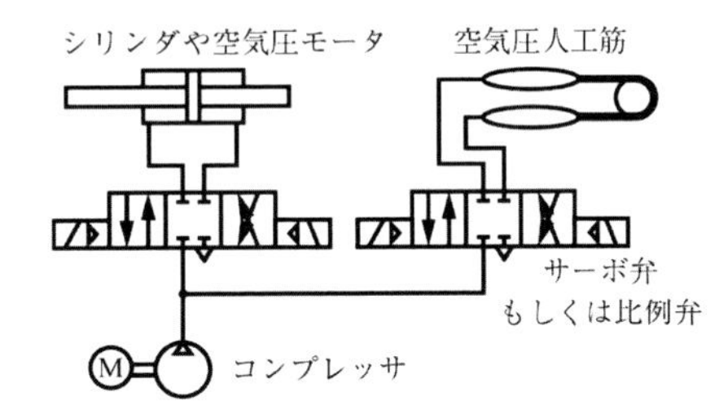

図 2.45 空気圧駆動系の構造

空気圧駆動系では油圧と同じく空気圧モータやシリンダが用いられる。そのほかにも，空気圧駆動ではマッキベン人工筋をはじめとするソフトアクチュエータが用いられることがある。

空気を理想気体と近似して考えると，圧力，容積，温度の関係は気体の状態方程式に従う。

$$\hat{p} = \rho R T \tag{2.251}$$

ただし，$\hat{p}$ は絶対圧力，R は気体定数，T は絶対温度とする。絶対圧 100kPa，絶対温度 280K のときの乾燥空気の気体定数は R =287.1J/(kg K) である。

空気圧では，気体の密度の変化が大きいので，流量 q に密度 ρ を乗じた質量流量 G が用いられる。理想気体の音速 c は比熱比 κ を用いて

$$c = \sqrt{\kappa RT} \tag{2.252}$$

のように温度のみの関数として与えられる[16]。乾燥空気の場合，絶対圧 100kPa，絶対温度 280K のとき $c = 336\mathrm{m/s}$ である。バルブ開閉の影響は，音速より早くシリンダに到達することはできない。空気圧は油圧に比べ音速が低いので，特に応答性に影響を与えやすい。

空気圧におけるオリフィス絞りは圧縮性流体に関するベルヌーイの式を断熱圧縮を仮定することで計算できる。高圧側の絶対圧を $\hat{p}_\mathrm{s}$，流速を u_1，絶対温度を T_s，比熱比を κ，オリフィスにおける圧力を p_d，流速を u_2 とし，オリフィスの断面積を A_o とするときに，オリフィスを通過する質量流量 G は次式で与えられる。

$$G = A_\mathrm{o}\hat{p}_\mathrm{s}\sqrt{\frac{2\kappa}{RT_\mathrm{s}(\kappa-1)}\left\{\left(\frac{\hat{p}_\mathrm{d}}{\hat{p}_\mathrm{s}}\right)^{\frac{2}{\kappa}} - \left(\frac{\hat{p}_\mathrm{d}}{\hat{p}_\mathrm{s}}\right)^{\frac{\kappa+1}{\kappa}}\right\}} \tag{2.253}$$

$\dfrac{\hat{p}_\mathrm{d}}{\hat{p}_\mathrm{s}} = 0.528$ となるときにオリフィスを通過する流速が音速に達し G は最大値をとる。以降，$\dfrac{\hat{p}_\mathrm{d}}{\hat{p}_\mathrm{s}} \leq 0.528$ のとき流量は一定になる。オリフィスだけでなく，弁などの絞りの流量特性をこの式を用いて近似できる。空気圧の場合，気体のダイナミクスに対して弁の応答は十分速いため，バルブのダイナミクスは問題にならない。

また，空気圧の場合，油圧に比べて音速が低く，圧縮性の影響も大きい。流路の圧力 p と流速 u の関係は位置と時間の関数として表される。この関係を記述する基本的なモデルは，管路の入り口からの距離 s を用いて次式のように与えられる[17]。

$$\frac{\partial u}{\partial s} = -\frac{1}{\rho c^2}\frac{\partial p}{\partial t} \tag{2.254}$$

$$\frac{\partial p}{\partial s} = -\rho\frac{\partial u}{\partial t} - R_\mathrm{t}u \tag{2.255}$$

ここで，R_t は管路抵抗，c は音速とする。

この関係を，管路長 L が比較的短く $(R_\mathrm{t}/2\rho)^2 << 1$ であることを仮定し，管末端での反射波がない，管路入り口の質量流量は $t \leq 0$ で 0 をとる任意の関数 $G_\mathrm{i}(t)$ であるという条件の下で解くと，管路出口での質量流量 G_o は

$$G_\mathrm{o} = \begin{cases} 0 & \text{if } t < L/c \\ e^{-\frac{R_\mathrm{t}RT}{2p}\frac{L}{c}}G_\mathrm{i}(t - L/c) & \text{if } t > L/c \end{cases} \tag{2.256}$$

で与えられることが提案されている[18]。この式からも管路長が応答に与える影響がわかる。

管路抵抗 R_t は層流の場合ハーゲン–ポアズイユ流れの式から

$$R_\mathrm{t} = \frac{32\nu}{d^2} \tag{2.257}$$

となる[17]。ただし，ν は空気の動粘度，d は管の内径を表す。乱流の場合は，ポリマ配管など管路内面が平滑な場合

$$R_\mathrm{t} = 0.158\frac{\nu}{d^2}Re^{3/4} \tag{2.258}$$

となることがブラジウスの式から導かれる[18]。

空気圧駆動においては気体の変化は断熱変化であることが多い。エネルギー保存則と気体の状態方程式から，空気圧シリンダにおけるピストンの変位 x，絶対圧力 $\hat{p}$，質量流量 G の関係は次式で与えられる[19]。

$$G = \frac{1}{RT}\left\{\frac{A_1}{\kappa}\left(\frac{l}{2} + x\right)\frac{\mathrm{d}\hat{p}}{\mathrm{d}t} + A_1\hat{p}\frac{\mathrm{d}x}{\mathrm{d}t}\right\} \tag{2.259}$$

ただし，κ は比熱比とする。この形は油圧シリンダのモデル (2.244) と類似しているが熱的な影響を含んでいる。

シリンダの機械的なモデルは油圧のときと同様である。式 (2.253), (2.259) と式 (2.246) を連立することで空気圧シリンダの駆動系をモデル化できる。

バルブとシリンダの配管が長い場合には，油圧駆動と同様に配管のダイナミクスを考えなくてはならない。

空気圧においてはシリンダの代わりに人工筋が用いられることも多い。代表的なものはマッキベン人工筋[20]と呼ばれるもので，繊維が斜めに編まれたシェルの中にブラダといわれる風船が入った構造を持つ。

マッキベン人工筋以外にも文献[21]や文献[22–24]など数々の人工筋が開発されている。本稿ではこの中でも最も多く用いられているマッキベン人工筋にのみ絞って説明を行うが，他の人工筋に対しても同様な議論を行うことができる。

マッキベン人工筋に関して，両端の円筒形状にならない部分を除いて考えると張力 f と収縮率 ϵ，圧力 p の関係は次式で与えられる[25, 26]。

$$f = \frac{\pi}{4}\frac{d_0^2 p}{\sin^2\theta_0}\left\{3(1-\epsilon)^2\cos^2\theta_0 - 1\right\} \tag{2.260}$$

ただし，d_0, L_0, θ_0 は $p=0$ の時の直径，長さ，繊維の張力方向に対する角度とし，$\epsilon = 1 - L/L0$ とする。もしくは，繊維の長さ b と人工筋に巻きついている巻数 n を用いると，

$$f = \frac{p}{4\pi n^2}\left(3L^2 - b^2\right) \tag{2.261}$$

と表現することもできる[27]。

このとき，人工筋の容積は円筒部分のみを考えると

$$\begin{aligned} V &= \frac{\pi d^2}{4}L \\ &= \frac{\pi}{4}\frac{d_0^2 L}{\sin^2\theta_0}\left\{1 - \left(\frac{L}{L_0}\right)^2\cos^2\theta_0\right\} \end{aligned} \tag{2.262}$$

であるので，シリンダと同様の議論ができ，

$$G = \frac{1}{RT}\left\{\frac{V}{\kappa}\frac{\mathrm{d}\hat{p}}{\mathrm{d}t} + \hat{p}\frac{\mathrm{d}V}{\mathrm{d}t}\right\} \tag{2.263}$$

となる。

人工筋の駆動質量を m とすると，機械的なダイナミクスは

$$m\ddot{L} + D\dot{L} = f - f_{\mathrm{e}} - f_{\mathrm{f}} \tag{2.264}$$

となるので，式 (2.260), (2.263), (2.264) を連立することでマッキベン人工筋のダイナミクスを記述できる。

実際にはマッキベン人工筋では，本稿では無視した両端の非円筒形状部分の影響やブラダの弾性の影響，ブラダとシェルとの間の摩擦の影響があり，大きな非線形性やヒステリシスを有する。非円筒形状の影響を近似する手法[28, 29] も提案されている。

(8) 圧電アクチュエータのモデル

圧電アクチュエータは圧電効果を利用して，素子に電界を印加した際に発生する歪を利用するアクチュエータである。圧電効果は古くから知られていたが，Voigt[30] がその特性を圧電基本式として定式化した[31]。

圧電効果の特性は次に示す一対の圧電基本式により記述できる。

$$\boldsymbol{S} = \boldsymbol{s}_{\mathrm{E}}\boldsymbol{T} + \boldsymbol{d}^T\boldsymbol{E} \tag{2.265}$$

$$\boldsymbol{D} = \boldsymbol{d}\boldsymbol{T} + \boldsymbol{\epsilon}_{\mathrm{T}}\boldsymbol{E} \tag{2.266}$$

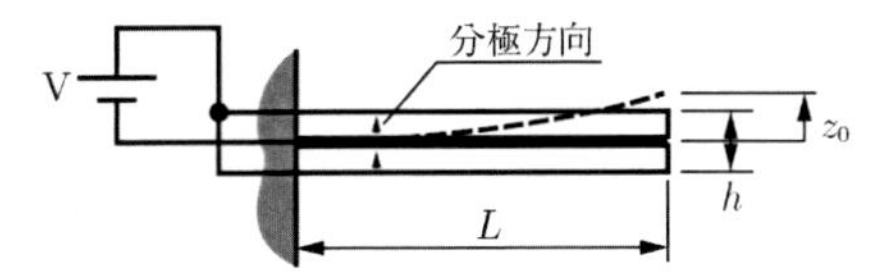

(a) バイモルフ型圧電アクチュエータ

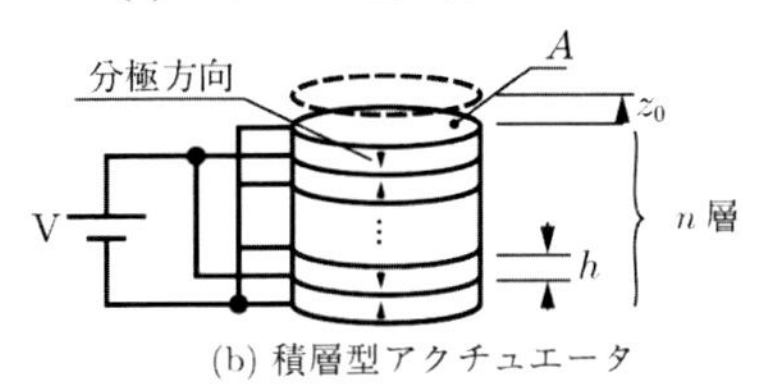

(b) 積層型アクチュエータ

図 **2.46** 圧電アクチュエータ

$\boldsymbol{S}$ は歪ベクトル，$\boldsymbol{D}$ は電束密度ベクトル，$\boldsymbol{T}$ は応力ベクトル，$\boldsymbol{E}$ は電界ベクトルであり，$\boldsymbol{s}$ は弾性コンプライアンス，$\boldsymbol{d}$ は圧電定数，$\boldsymbol{\epsilon}$ は誘電率である。添字に E が付いているものは電界が一定の条件下での定数であることを表し，添字に T が付いているものは応力一定条件下での定数であること示す。肩についた T は転置を表す。$\boldsymbol{s}$, $\boldsymbol{d}$, $\boldsymbol{\epsilon}$ は実際には結晶構造の対称性により多くのパラメータが一致もしくは 0 になる[32]。

圧電素子は変位出力型のアクチュエータの出力部に弾性を持つものとしてモデル化できる。外力の影響は $\boldsymbol{T}$ に現れる。圧電素子として広く用いらている PZT の場合，弾性コンプライアンスは $s_{11} = 0.016$[1/GPa], $s_{33} = 0.019$[1/GPa] 程度であり，大きな力を発生できるが，圧電定数は $d_{13} = -200 \times 10^{-12}$C/N，$d_{33} = 400 \times 10^{-12}$C/N 程度であり，印加電圧のわりに大きな歪を得ることができない。ところが，素子の厚みを増やすと電界が大きく取れず，歪も小さくなってしまう。そこで圧電素子をアクチュエータとして利用するには動きを増幅せねばならず，バイモルフ型と積層型の 2 つの方法が採られる。

バイモルフ型は図 2.46(a) に示すように 2 枚の圧電素子を張り合わせ，はりのたわみとして動きを増幅する方法である。パラレル型のバイモルフ型圧電アクチュエータの無負荷時の変位 z_0 と固定時の発生力 f_{z0} は以下のように近似的に求められる[33]

$$z_0 = 3d_{31}\left(\frac{L}{h}\right)^2\left(1 + \frac{h_{\mathrm{e}}}{h}\right)V\alpha \tag{2.267}$$

$$f_{z0} = \frac{z_0}{\left(s_{\mathrm{E11}}\frac{4L^3}{bh^3}\right)} \tag{2.268}$$

ただし，はりの変形は長さに対して十分小さいと仮定し，L ははりの長さ，h ははりの厚さ，b ははりの幅，

h_e は中心電極の厚み，s_{Eij} は定電界弾性コンプライアンス $\boldsymbol{s}_E$ の i 行 j 列成分，V は印加電圧とする。α は非線形補正係数でありおおよそ2である[33] が，駆動条件や素子の構造により変化する[34]。

積層型は図 2.46(b) に示すように n 数の圧電素子を重ね合わせることで変位を n 倍とするものである。積層型圧電アクチュエータの無負荷時の変位 z_0 と固定時の発生力 f_{z0} は，以下のように近似的に求められる[33]。

$$z_0 = nd_{33}V\alpha \tag{2.269}$$

$$f_{z0} = \frac{z_0}{\left(s_{E33}\frac{nh}{A}\right)} \tag{2.270}$$

α は非線形補正係数であり，おおよそ 1.5 である[33]。

<神永 拓>

参考文献（2.3.6 項）

[1] Whitney, D.E.: Force feedback control of manipulator fine motions. *Trans. ASME J. Dyn., Sys., Meas., Control*, Vol. 99, No. 2, pp. 91–97 (1977).

[2] Paul, R.P. and Shimano, B.: Compliance and control, In *Proc. Joint Automatic Control Conference*, pp. 694–699 (1976).

[3] Pratt, G. A. and Williamson, M. M.: Series elastic actuators, In *Proc. IEEE/RSJ International Conf. on Intelligent Robots and Systems*, Vol. 1, pp. 399–406 (1995).

[4] Spong, M. W.: Modeling and control of elastic joint robots, *Trans. ASME J. Dyn. Sys., Meas., Control*, Vol. 109, No. 4, pp. 310–319 (1987).

[5] Watton, J.: *Fluid Power Systems: Modeling simulation analog and microcomputer control*. Prentice Hall (1989).

[6] 小波倭文朗，西海孝夫：『油圧制御システム』，東京電機大学出版局 (1999).

[7] Jelali, M. and Kroll, A.: *Hydraulic Servo-systems*. Springer-Verlag (2003).

[8] Carson, T. H.: Flow control servo valve, US Patent 2934765 (April 1960).

[9] Maskrey, R. H. and Thayer, W. J.: A brief history of electrohydraulic servomechanisms, *Trans. ASME J. Dyn. Sys., Meas., Control*, Vol. 100, No. 2, pp. 110–116 (1978).

[10] 日本機械学会（編）：『機械工学便覧 α4 流体工学』，日本機械学会 (2006).

[11] Heintze, J.: *Deseign and Control of a Hydraulically Actuated Industrial Brick Laying Robot*, PhD thesis, Delft University of Technology, Netherlands (1997).

[12] Thoma, J. U.: *Hydrostatic Power Transmission*, Trade and Technical Press (1979).

[13] Bobrow, J. E. and Desai, J.: Modeling and analysis of a high-torque, hydrostatic actuator for robotic applications, *Experimental Robotics I*, pp. 215–228 (1989).

[14] Kaminaga, H., Ono, J., Nakashima, Y. and Nakamura, Y.: Development of backdrivable hydraulic joint mechanism for knee joint of humanoid robots, In *Proc. IEEE International Conf. on Robotics and Automation*, pp. 1577–1582 (2009).

[15] Kaminaga, H., Amari, T., Katayama, Y., Ono, J., Shimoyama, Y. and Nakamura, Y.: Backdrivability analysis of electro-hydrostatic actuator and series dissipative actuation model, In *Proc. IEEE International Conf. on Robotics and Automation*, pp. 4204–4211 (2010).

[16] 松尾一泰：『圧縮性流体力学』，理工学社 (1994).

[17] Schuder, C. B. and Binder, R. C.: The response of pneumatic transmission lines to step inputs. *Trans. ASME J. Basic Eng.*, Vol. 81, No. 4, pp. 578–584 (1959).

[18] Richer, E. and Hurmuzlu, Y.: A high performance pneumatic force actuator system: Part i—nonlinear mathematical model. *Trans. ASME J. Dyn., Sys., Meas., Control*, Vol. 122, No. 3, pp. 416–425 (2000).

[19] 武藤高義：『アクチュエータの駆動と制御（増補）』，コロナ社 (1992).

[20] Schulte, H. F.: The characteristics of the McKibben artificial muscle, In *The Application of External Power in Prosthetics and Orthotics*, pp. 94–115, National Academy of Sciences - National Research Council (1961).

[21] 鈴森康一：フレキシブルマイクロアクチュエータに関する研究（第一報，3自由度アクチュエータの静特性），『日本機械学会論文集 C 編』，Vol. 55, No. 518, pp. 2547–2552 (1989).

[22] Tomori, H. and Nakamura, T.: Theoretical comparisonof mckibben-type artificial muscle and novel straight-fiber-type artificial muscle, *International J. Automation Technology*, Vol. 5, No. 4, pp. 544–550 (2011).

[23] 荒金正哉，則次俊郎，高岩昌弘，佐々木大輔，猶本真司：シート状湾曲型空気圧ゴム人工筋の開発と肘部パワーアシストウェアへの応用，『日本ロボット学会誌』，Vol. 26, No. 6, pp. 674–682 (2008).

[24] Daerden, F. and Lefeber, D.: Pneumatic artificial muscles: actuators for robotics and automation, *European J. Mechanical and Environmental Eng.*, Vol. 47, pp. 10–21 (2000).

[25] 宇野元雄：ゴム人工筋とロボットへの応用，『油圧と空気圧』，Vol. 17, No. 3, pp. 175–180, 1986.

[26] Chou, C. and Hannaford, B.: Measurement and modeling of McKibben pneumatic artificial muscles, *IEEE Trans. Robotics and Automation*, Vol. 12, No. 1, pp. 90–102 (1996).

[27] Sugimoto, Y., Naniwa, K., Osuka, K. and Sankai, Y.: Static and dynamic properties of McKibben pneumatic actuator for self-stability of legged robot motion, *Advanced Robotics*, Vol. 27, No. 6, pp. 469–480 (2013).

[28] 香川利春，藤田壽憲，山中孝司：人工筋アクチュエータの非線形モデル，『計測自動制御学会論文集』，Vol. 29, No. 10, pp. 1241–1243 (1993).

[29] 浦邊研太郎，内藤諒，小木曽公尚：McKibben 型空気圧人工筋モデルの妥当性，『計測自動制御学会論文集』，Vol. 51, No. 4, pp. 267–273 (2015).

[30] Voigt, W.: *Lehrbuch der Kristallphysik*, B. G. Teubner (1910).

[31] Heising, R. A.: *Quartz Crystals for Electrical Circuits*, D. Van Nostrand (1947).

[32] 川村貞夫，野方誠，田所諭，早川恭弘，松浦貞裕：『制御用アクチュエータの基礎』，コロナ社 (2006).

[33] 富士セラミックス：『圧電セラミック：テクニカルハンドブック』.

[34] 木村信夫，小池知一，田村芳夫，工藤正行，坂井直道：バイモルフ素子の開発，*J. TOSOH Research*, Vol. 32, No. 2, pp. 141–148 (1988).

2.3.7 柔軟体の力学モデリング

(1) 材料の力学特性

本項では，柔軟体の力学モデルを構築する手法を述べる。自然形状の物体（図 2.47(a)）に力を印加して変形させ（図 2.47(b)），印加した力を解放する。弾性変形では，解放後の物体の形状が自然形状に戻る（図 2.47(c)）。塑性変形では，力を印加したときの変形形状が保たれる（図 2.47(e)）。レオロジー変形では，解放後の物体の形状が一部戻る（図 2.47(d)）。本項では，これらの変形を定式化する。

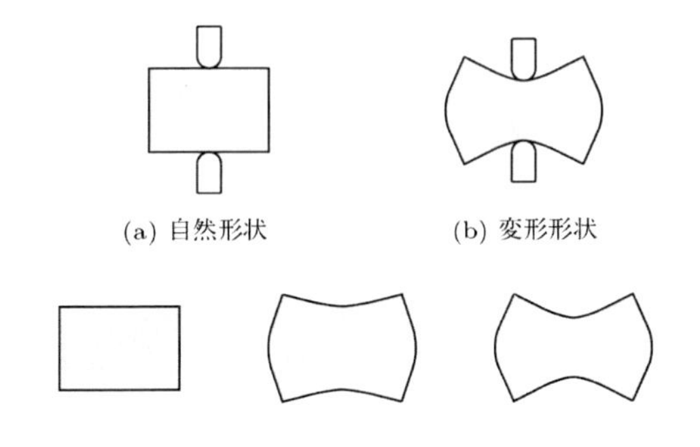

(a) 自然形状　(b) 変形形状

(c) 弾性変形　(d) レオロジー変形　(e) 塑性変形

図 2.47　物体の変形の分類

材料の力学特性は，応力 σ と歪み ε，歪み速度 $\dot{\varepsilon}$ の関係で表される。応力 σ が歪み ε の関数で表されるという特性を，弾性と呼ぶ。特に，応力が歪みに比例するとき，すなわち $\sigma = E\varepsilon$ が成り立つとき，この特性を線形弾性と呼び，比例係数 E をヤング率あるいは弾性率と呼ぶ。図 2.48(a) に示す記号で弾性を表す。応力 σ が歪み速度 $\dot{\varepsilon}$ の関数で表されるという特性を，粘性と呼ぶ。特に，応力が歪み速度に比例するとき，すなわち $\sigma = c\dot{\varepsilon}$ が成り立つとき，この特性を線形粘性と呼び，比例係数 c を粘性率と呼ぶ。図 2.48(b) に示す記号で粘性を表す。

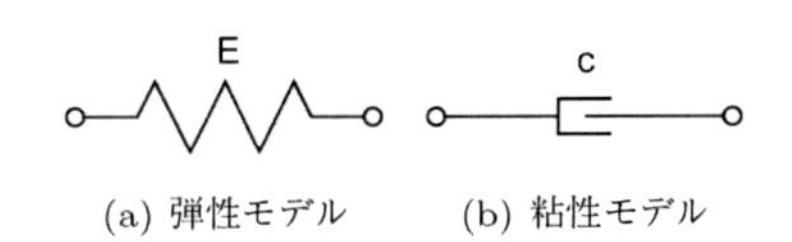

(a) 弾性モデル　(b) 粘性モデル

図 2.48　基本モデル

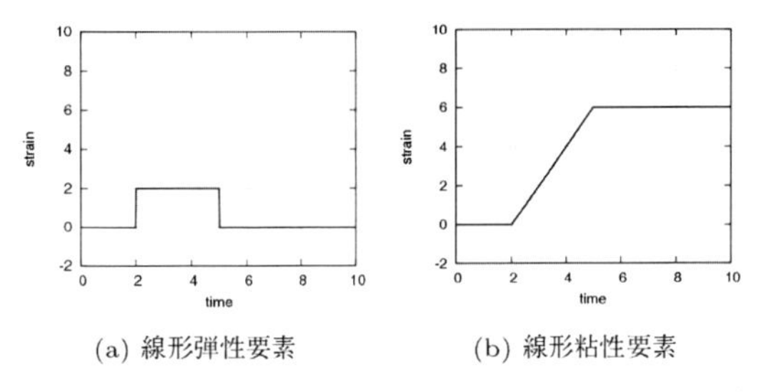

(a) 線形弾性要素　(b) 線形粘性要素

図 2.49　基本モデルにおける一定の応力に対する歪みの応答

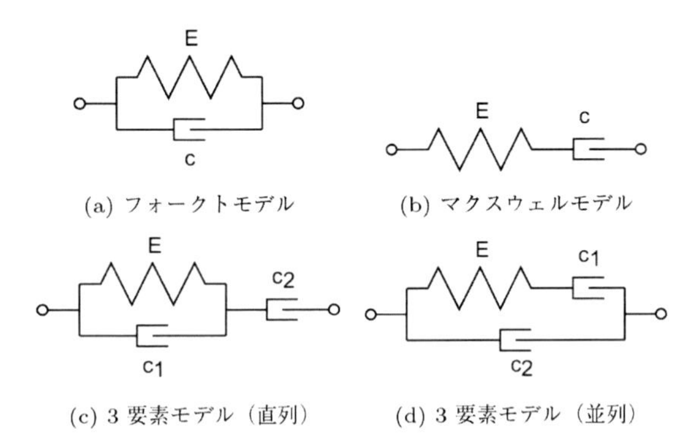

(a) フォークトモデル　(b) マクスウェルモデル

(c) 3 要素モデル（直列）　(d) 3 要素モデル（並列）

図 2.50　複合モデル

線形弾性要素に一定の応力 ε_0 を，ある時間区間で与える。そのときの歪みの応答の例を，図 2.49(a) に示す。一定の応力が与えられている限り，歪み σ_0/E が生じる。また，線形粘性要素に一定の応力 ε_0 を，ある時間区間で与えたときの歪みの応答の例を，図 2.49(b) に示す。一定の応力が与えられている限り，歪み速度 σ_0/c が生じる。

弾性要素と粘性要素を直列あるいは並列に接続することで，複雑な応力歪み関係を表す。弾性要素と粘性要素を並列に接続したモデル（図 2.50(a)）をフォークトモデル，弾性要素と粘性要素を直列に接続したモデル（図 2.50(b)）をマクスウェルモデルと呼ぶ。フォークトモデルと粘性要素を直列に接続したモデル（図 2.50(c)），マクスウェルモデルと弾性要素を並列に接続したモデル（図 2.50(d)）を，3 要素モデルと呼ぶ。それぞれのモデルにおける力学特性は，次式で表される。

フォークト　$\sigma = E\varepsilon + c\dot{\varepsilon}$

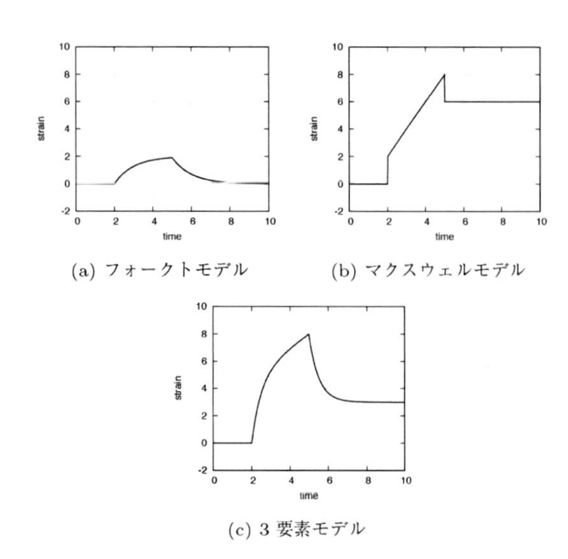

(a) フォークトモデル　(b) マクスウェルモデル

(c) 3 要素モデル

図 2.51　複合モデルにおける一定の応力に対する歪みの応答

$$
\begin{aligned}
&\text{マクスウェル} \quad \dot{\sigma} + \frac{E}{c}\sigma = E\dot{\varepsilon} \\
&\text{3 要素（直列）} \quad \dot{\sigma} + \frac{E}{c_1 + c_2}\sigma = \frac{c_1 c_2 \ddot{\varepsilon} + E c_2 \dot{\varepsilon}}{c_1 + c_2} \\
&\text{（並列）} \quad \dot{\sigma} + \frac{E}{c_1}\sigma = c_2 \ddot{\varepsilon} + \frac{E(c_1 + c_2)}{c_1}\dot{\varepsilon}
\end{aligned}
$$

上式より，図 2.50(c) のモデルと図 2.50(d) のモデルが互いに変換可能であり，等価であることがわかる。

それぞれのモデルに一定の応力 ε_0 を，ある時間区間で与える。そのときの応答を図 2.51 に示す。フォークトモデルが粘弾性変形を，マクスウェルモデルと 3 要素モデルがレオロジー変形を表すことがわかる。

マクスウェルモデルと 3 要素モデルの特性を表す微分方程式を解くと，畳み込み積分

$$
\sigma(t) = \int_0^t r(t - t')\,\dot{\varepsilon}(t')\,\mathrm{d}t'
$$

を得る。緩和関数 $r(t - t')$ は

$$
\text{マクスウェルモデル} \quad r(t - t') = E e^{-\frac{E}{c}(t - t')}
$$

3 要素モデル（直列）

$$
r(t - t') = \frac{E c_2}{c_1 + c_2} e^{-\frac{E}{c_1 + c_2}(t - t')} \left(1 + \frac{c_1}{E}\frac{\mathrm{d}}{\mathrm{d}t}\right)
$$

と表される。

(2) 2 次元/3 次元モデル

2 次元/3 次元モデルでは，伸縮変形のみならず剪断変形を考慮する必要がある。2 次元モデルにおける応力は $\boldsymbol{\sigma} = [\sigma_{\xi\xi},\, \sigma_{\eta\eta},\, \sigma_{\xi\eta}]^T$ で，歪みは $\boldsymbol{\varepsilon} = [\varepsilon_{\xi\xi},\, \varepsilon_{\eta\eta},\, 2\varepsilon_{\xi\eta}]^T$ で与えられる。要素 $\sigma_{\xi\xi}, \sigma_{\eta\eta}$ は伸縮応力，$\sigma_{\xi\eta}$ は剪断応力を表す。また，$\varepsilon_{\xi\xi}, \varepsilon_{\eta\eta}$ は伸縮歪み，$\varepsilon_{\xi\eta}$ は剪断歪みを表す。応力ベクトル $\boldsymbol{\sigma}$ により歪みベクトル $\boldsymbol{\varepsilon}$ が生じたとき，内積 $\boldsymbol{\sigma}^T\boldsymbol{\varepsilon}$ は応力がなした仕事の密度を表す。

線形弾性材料では，3×3 の弾性行列 D を介して，応力ベクトル $\boldsymbol{\sigma}$ と歪みベクトル $\boldsymbol{\varepsilon}$ が線形関係 $\boldsymbol{\sigma} = D\boldsymbol{\varepsilon}$ を満たす。等方材料における弾性行列は，2 つのラメのパラメータ λ, μ を用いて

$$
D = \begin{bmatrix} \lambda + 2\mu & \lambda & 0 \\ \lambda & \lambda + 2\mu & 0 \\ 0 & 0 & \mu \end{bmatrix} = \lambda I_\lambda + \mu I_\mu
$$

ここで

$$
I_\lambda = \begin{bmatrix} 1 & 1 & 0 \\ 1 & 1 & 0 \\ 0 & 0 & 0 \end{bmatrix}, \quad I_\mu = \begin{bmatrix} 2 & 0 & 0 \\ 0 & 2 & 0 \\ 0 & 0 & 1 \end{bmatrix}
$$

と表される。したがって，等方線形弾性材料の特性は

$$
\boldsymbol{\sigma} = (\lambda I_\lambda + \mu I_\mu)\,\boldsymbol{\varepsilon} \tag{2.271}
$$

と表される。すなわち，1 次元弾性モデル $\sigma = E\varepsilon$ において，スカラ σ, ε をベクトル $\boldsymbol{\sigma}, \boldsymbol{\varepsilon}$ に，スカラ E を行列 $\lambda I_\lambda + \mu I_\mu$ に置き換えることで，2 次元弾性モデルを得る。

同様に，フォークトモデルにおいて，スカラ E を行列 $\lambda^{\mathrm{ela}} I_\lambda + \mu^{\mathrm{ela}} I_\mu$ に，スカラ c を行列 $\lambda^{\mathrm{vis}} I_\lambda + \mu^{\mathrm{vis}} I_\mu$ に置き換えることで，次式の 2 次元粘弾性モデルを得る。

$$
\boldsymbol{\sigma} = (\lambda^{\mathrm{ela}} I_\lambda + \mu^{\mathrm{ela}} I_\mu)\boldsymbol{\varepsilon} + (\lambda^{\mathrm{vis}} I_\lambda + \mu^{\mathrm{vis}} I_\mu)\dot{\boldsymbol{\varepsilon}} \tag{2.272}
$$

すなわち，2 次元フォークトモデルは，4 個のパラメータ $\lambda^{\mathrm{ela}}, \mu^{\mathrm{ela}}, \lambda^{\mathrm{vis}}, \mu^{\mathrm{vis}}$ で特徴付けされる。

マクスウェルモデルや 3 要素モデルにおいては，スカラ関数 $r(t - t')$ を行列関数

$$
R(t - t') = r_\lambda(t - t') I_\lambda + r_\mu(t - t') I_\mu \tag{2.273}
$$

に置き換え，畳み込み積分を書き換える。

$$
\boldsymbol{\sigma}(t) = \int_0^t R(t - t')\,\dot{\boldsymbol{\varepsilon}}(t')\,\mathrm{d}t' \tag{2.274}
$$

緩和関数 $r_\lambda(t - t')$ ならびに $r_\mu(t - t')$ は

マクスウェルモデル

$$r_\lambda(t-t') = \lambda^{\mathrm{ela}} \exp\left\{-\frac{\lambda^{\mathrm{ela}}}{\lambda^{\mathrm{vis}}}(t-t')\right\} \tag{2.275}$$

$$r_\mu(t-t') = \mu^{\mathrm{ela}} \exp\left\{-\frac{\mu^{\mathrm{ela}}}{\mu^{\mathrm{vis}}}(t-t')\right\} \tag{2.276}$$

3 要素モデル（直列）

$$r_\lambda(t-t') = \frac{\lambda^{\mathrm{ela}}\lambda_2^{\mathrm{vis}}}{\lambda_1^{\mathrm{vis}}+\lambda_2^{\mathrm{vis}}} \exp\left\{-\frac{\lambda^{\mathrm{ela}}}{\lambda_1^{\mathrm{vis}}+\lambda_2^{\mathrm{vis}}}(t-t')\right\} \left(1+\frac{\lambda_1^{\mathrm{vis}}}{\lambda^{\mathrm{ela}}}\frac{\mathrm{d}}{\mathrm{d}t}\right) \tag{2.277}$$

$$r_\mu(t-t') = \frac{\mu^{\mathrm{ela}}\mu_2^{\mathrm{vis}}}{\mu_1^{\mathrm{vis}}+\mu_2^{\mathrm{vis}}} \exp\left\{-\frac{\mu^{\mathrm{ela}}}{\mu_1^{\mathrm{vis}}+\mu_2^{\mathrm{vis}}}(t-t')\right\} \left(1+\frac{\mu_1^{\mathrm{vis}}}{\mu^{\mathrm{ela}}}\frac{\mathrm{d}}{\mathrm{d}t}\right) \tag{2.278}$$

と表される。すなわち，2 次元マクスウェルモデルは 4 個のパラメータ，2 次元 3 要素モデルは 6 個のパラメータで特徴付けられる。

3 次元モデルにおける応力は $\boldsymbol{\sigma} = [\sigma_{\xi\xi}, \sigma_{\eta\eta}, \sigma_{\zeta\zeta}, \sigma_{\eta\zeta}, \sigma_{\zeta\xi}, \sigma_{\xi\eta}]^T$ で，歪みは $\boldsymbol{\varepsilon} = [\varepsilon_{\xi\xi}, \varepsilon_{\eta\eta}, \varepsilon_{\zeta\zeta}, 2\varepsilon_{\eta\zeta}, 2\varepsilon_{\zeta\xi}, 2\varepsilon_{\xi\eta}]^T$ で与えられる。等方性を示す行列 I_λ, I_μ は

$$I_\lambda = \begin{bmatrix} \mathbf{1} & O \\ O & O \end{bmatrix}, \quad I_\mu = \begin{bmatrix} 2I & O \\ O & I \end{bmatrix},$$

となる。ここで，$\mathbf{1}$ は要素の値がすべて 1 の 3×3 行列，I は 3 次の単位行列，O は 3 次の零行列である。このとき 3 次元モデルの特性は，2 次元モデルと同じ式で表される。

(3) 有限要素モデリング

有限要素モデリングとは，物体を有限個の要素の集合で近似的に表し，個々の要素における変形を定式化し，得られた式から全体の変形を表す式を導く手法である。要素として，2 次元変形では三角形や四角形，3 次元変形では四面体や六面体を用いる。

図 2.52 に示す 2 次元物体を例に，有限要素モデリングの概略を示す。2 次元物体は 1 辺の長さ 1 の正方形であり，厚みを 2 とする。この 2 次元物体は 2 つの三角形 $\triangle P_0P_1P_2$ と $\triangle P_3P_2P_1$ の集合で表される。節点 P_i の変位ベクトルを $\boldsymbol{u}_i = [x_i, y_i]^T$ で表す。物体の移動と変形は，節点変位ベクトル $\boldsymbol{u}_0, \boldsymbol{u}_1, \boldsymbol{u}_2, \boldsymbol{u}_3$ で表される。

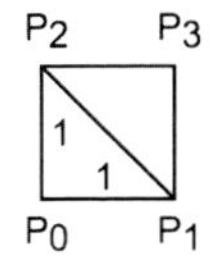

図 2.52　2 次元物体の例

物体は弾性変形すると仮定し，弾性特性はラメのパラメータ λ, μ で与えられるとする。このとき，三角形 $\triangle P_0P_1P_2$ に蓄えられる弾性ポテンシャルエネルギーは

$$U_{0,1,2} = \frac{1}{2}[\,\boldsymbol{u}_0^T\ \boldsymbol{u}_1^T\ \boldsymbol{u}_2^T\,](\lambda J_\lambda^{0,1,2} + \mu J_\mu^{0,1,2}) \begin{bmatrix} \boldsymbol{u}_0 \\ \boldsymbol{u}_1 \\ \boldsymbol{u}_2 \end{bmatrix}$$

と表される。ここで $J_\lambda^{0,1,2}, J_\mu^{0,1,2}$ は部分接続行列と呼ばれる。部分接続行列の要素の値は，三角形の頂点の座標と厚みから計算することができる。この例では，

$$J_\lambda^{0,1,2} = \left[\begin{array}{cc|cc|cc} 1 & 1 & -1 & 0 & 0 & -1 \\ 1 & 1 & -1 & 0 & 0 & -1 \\ \hline -1 & -1 & 1 & 0 & 0 & 1 \\ 0 & 0 & 0 & 0 & 0 & 0 \\ \hline 0 & 0 & 0 & 0 & 0 & 0 \\ -1 & -1 & 1 & 0 & 0 & 1 \end{array}\right]$$

$$J_\mu^{0,1,2} = \left[\begin{array}{cc|cc|cc} 3 & 1 & -2 & -1 & -1 & 0 \\ 1 & 3 & 0 & -1 & -1 & -2 \\ \hline -2 & 0 & 2 & 0 & 0 & 0 \\ -1 & -1 & 0 & 1 & 1 & 0 \\ \hline -1 & -1 & 0 & 1 & 1 & 0 \\ 0 & -2 & 0 & 0 & 0 & 2 \end{array}\right]$$

である。同様に，三角形 $\triangle P_3P_2P_1$ に蓄えられる弾性ポテンシャルエネルギーは

$$U_{3,2,1} = \frac{1}{2}[\,\boldsymbol{u}_3^T\ \boldsymbol{u}_2^T\ \boldsymbol{u}_1^T\,](\lambda J_\lambda^{3,2,1} + \mu J_\mu^{3,2,1}) \begin{bmatrix} \boldsymbol{u}_3 \\ \boldsymbol{u}_2 \\ \boldsymbol{u}_1 \end{bmatrix}$$

と表される。部分接続行列は $J_\lambda^{3,2,1} = J_\lambda^{0,1,2}$，$J_\mu^{3,2,1} = J_\mu^{0,1,2}$ となる。すべての節点変位ベクトルからなるベクトルを $\boldsymbol{u}_\mathrm{N} = [\,\boldsymbol{u}_0^T\ \boldsymbol{u}_1^T\ \boldsymbol{u}_2^T\ \boldsymbol{u}_3^T\,]^T$ とすると，物体全体の弾性ポテンシャルエネルギー $U = U_{0,1,2} + U_{3,2,1}$ は

$$U = \frac{1}{2}\boldsymbol{u}_\mathrm{N}^T\,(\lambda J_\lambda + \mu J_\mu)\,\boldsymbol{u}_\mathrm{N} \tag{2.279}$$

と表される。接続行列 J_λ, J_μ は，個々の要素の部分接続行列から計算することができる。この例では

$$
J_\lambda = \left[\begin{array}{cc|cc|cc|cc}
1 & 1 & -1 & 0 & 0 & -1 & & \\
1 & 1 & -1 & 0 & 0 & -1 & & \\
\hline
-1 & -1 & 1 & 0 & 0 & 1 & 0 & 0 \\
0 & 0 & 0 & 1 & 1 & 0 & -1 & -1 \\
\hline
0 & 0 & 0 & 1 & 1 & 0 & -1 & -1 \\
-1 & -1 & 1 & 0 & 0 & 1 & 0 & 0 \\
\hline
 & & 0 & -1 & -1 & 0 & 1 & 1 \\
 & & 0 & -1 & -1 & 0 & 1 & 1
\end{array}\right]
$$

$$
J_\mu = \left[\begin{array}{cc|cc|cc|cc}
3 & 1 & -2 & -1 & -1 & 0 & & \\
1 & 3 & 0 & -1 & -1 & -2 & & \\
\hline
-2 & 0 & 3 & 0 & 0 & 1 & -1 & -1 \\
-1 & -1 & 0 & 3 & 1 & 0 & 0 & -2 \\
\hline
-1 & -1 & 0 & 1 & 3 & 0 & -2 & 0 \\
0 & -2 & 1 & 0 & 0 & 3 & -1 & -1 \\
\hline
 & & -1 & 0 & -2 & -1 & 3 & 1 \\
 & & -1 & -2 & 0 & -1 & 1 & 3
\end{array}\right]
$$

となる。したがって，弾性変形により節点に働く力は

$$
\text{弾性力} = -(\lambda J_\lambda + \mu J_\mu)\,\boldsymbol{u}_\mathrm{N} \tag{2.280}
$$

と表すことができる。すなわち，2 次元弾性モデル (2.271) の $\boldsymbol{\varepsilon}$ を $\boldsymbol{u}_\mathrm{N}$ に，I_λ, I_μ を J_λ, J_μ に置き換えることにより，節点に作用する弾性力を求めることができる。慣性行列を M で表すと，変形を表す運動方程式は

$$
M\ddot{\boldsymbol{u}}_\mathrm{N} = \text{弾性力} + \text{外力} \tag{2.281}
$$

で与えられる。この微分方程式を解くことにより，物体の弾性変形を計算することができる。

2 次元粘弾性モデル (2.272) で同様の置換えを実行すると

$$
\begin{aligned}
\text{粘弾性力} = &-(\lambda^\mathrm{ela} J_\lambda + \mu^\mathrm{ela} J_\mu)\,\boldsymbol{u}_\mathrm{N} \\
&-(\lambda^\mathrm{vis} J_\lambda + \mu^\mathrm{vis} J_\mu)\,\dot{\boldsymbol{u}}_\mathrm{N}
\end{aligned} \tag{2.282}
$$

を得る。この式を運動方程式 (2.281) に適用し，得られた運動方程式を解くことにより，物体の粘弾性変形を計算することができる。2 次元マクスウェルモデル (2.274)～(2.276) で同様の置換えを実行すると

$$
\text{レオロジー力} = -\boldsymbol{f}_\mathrm{N}^\lambda - \boldsymbol{f}_\mathrm{N}^\mu \tag{2.283}
$$

ならびに

$$
\dot{\boldsymbol{f}}_\mathrm{N}^\lambda = -\frac{\lambda^\mathrm{ela}}{\lambda^\mathrm{vis}}\boldsymbol{f}_\mathrm{N}^\lambda + \lambda^\mathrm{ela} J_\lambda \boldsymbol{v}_\mathrm{N} \tag{2.284}
$$

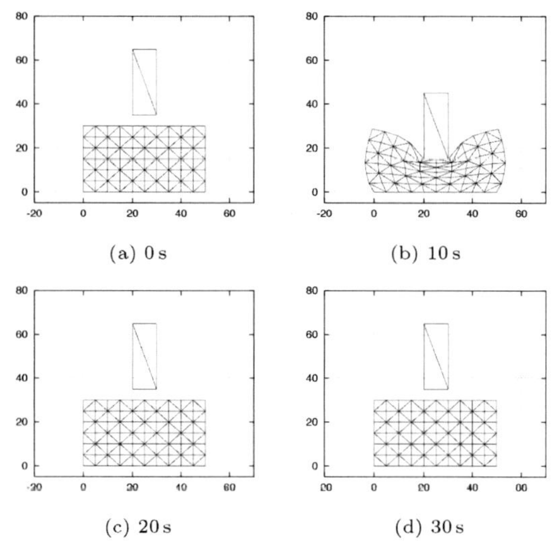

(a) 0 s　(b) 10 s　(c) 20 s　(d) 30 s

図 **2.53**　粘弾性変形の計算例

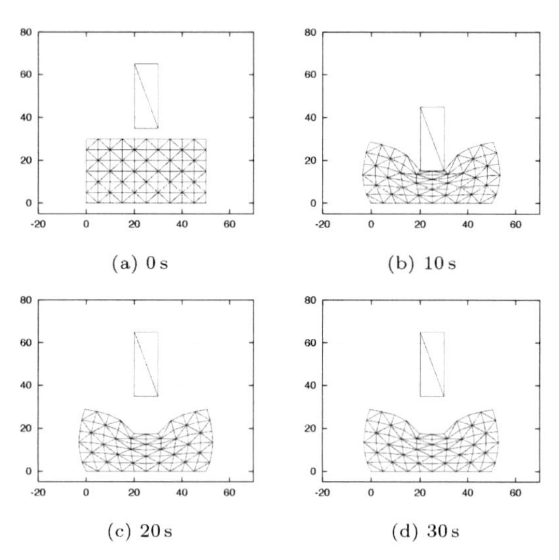

(a) 0 s　(b) 10 s　(c) 20 s　(d) 30 s

図 **2.54**　レオロジー変形の計算例（マクスウェルモデル）

$$
\dot{\boldsymbol{f}}_\mathrm{N}^\mu = -\frac{\mu^\mathrm{ela}}{\mu^\mathrm{vis}}\boldsymbol{f}_\mathrm{N}^\mu + \mu^\mathrm{ela} J_\mu \boldsymbol{v}_\mathrm{N} \tag{2.285}
$$

を得る。2 次元 3 要素モデル (2.274),(2.277),(2.278) で同様の置換えを実行すると，式 (2.283) ならびに

$$
\begin{aligned}
\dot{\boldsymbol{f}}_\mathrm{N}^\lambda = &-\frac{\lambda^\mathrm{ela}}{\lambda_1^\mathrm{vis} + \lambda_2^\mathrm{vis}}\boldsymbol{f}_\mathrm{N}^\lambda + \frac{\lambda^\mathrm{ela}\lambda_2^\mathrm{vis}}{\lambda_1^\mathrm{vis} + \lambda_2^\mathrm{vis}} J_\lambda \dot{\boldsymbol{u}}_\mathrm{N} \\
&+\frac{\lambda_1^\mathrm{vis}\lambda_2^\mathrm{vis}}{\lambda_1^\mathrm{vis} + \lambda_2^\mathrm{vis}} J_\lambda \ddot{\boldsymbol{u}}_\mathrm{N}
\end{aligned} \tag{2.286}
$$

$$
\begin{aligned}
\dot{\boldsymbol{f}}_\mathrm{N}^\mu = &-\frac{\mu^\mathrm{ela}}{\mu_1^\mathrm{vis} + \mu_2^\mathrm{vis}}\boldsymbol{f}_\mathrm{N}^\mu + \frac{\mu^\mathrm{ela}\mu_2^\mathrm{vis}}{\mu_1^\mathrm{vis} + \mu_2^\mathrm{vis}} J_\mu \dot{\boldsymbol{u}}_\mathrm{N} \\
&+\frac{\mu_1^\mathrm{vis}\mu_2^\mathrm{vis}}{\mu_1^\mathrm{vis} + \mu_2^\mathrm{vis}} J_\mu \ddot{\boldsymbol{u}}_\mathrm{N}
\end{aligned} \tag{2.287}
$$

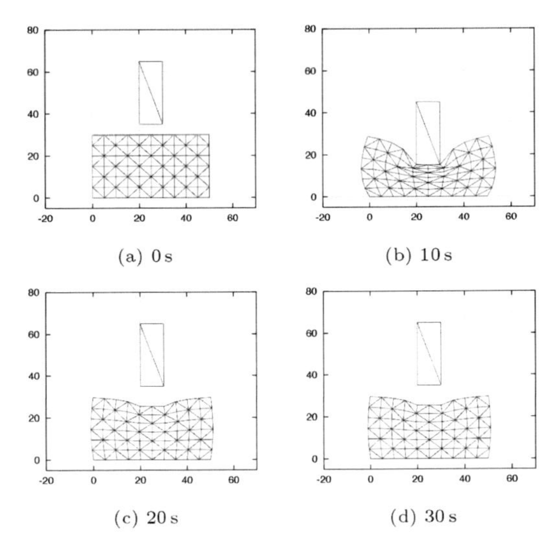

図 2.55 レオロジー変形の計算例（3 要素モデル）

を得る。したがって，変形を表す運動方程式 (2.281) に式 (2.283) を適用し，さらに微分方程式 (2.284),(2.285) あるいは式 (2.286),(2.287) を追加して解くことにより，物体のレオロジー変形を計算することができる。

図 2.53 に粘弾性変形の計算例，図 2.54 にマクスウェルモデルに基づくレオロジー変形の計算例，図 2.55 に 3 要素モデルに基づくレオロジー変形の計算例を示す。図に示すように，2 次元物体の粘弾性変形やレオロジー変形を計算することができた。3 次元物体の変形も同様に計算することができる。

＜平井慎一＞

参考文献（2.3.7 項）

[1] Wang, Z. and Hirai, S.: Finite Element Modeling and Physical Property Estimation of Rheological Food Objects, *J. of Food Research*, Vol. 1, No. 1, pp. 48-67 (2012).

[2] Wang, Z. and Hirai, S.: Modeling and Estimation of Rheological Properties of Food Products for Manufacturing Simulations, *J. of Food Engineering*, Vol. 102, Issue 2, pp. 136–144 (2011).

2.4 ロボットモデルの例

2.4.1 ロボットマニピュレータの力学モデル

本項では，図 2.56 のようなロボットマニピュレータ（ロボットアーム）をモデリングする。ロボットマニピュレータは，複数のリンクが関節によって連結され，その各関節にアクチュエータが取り付けられた機械で

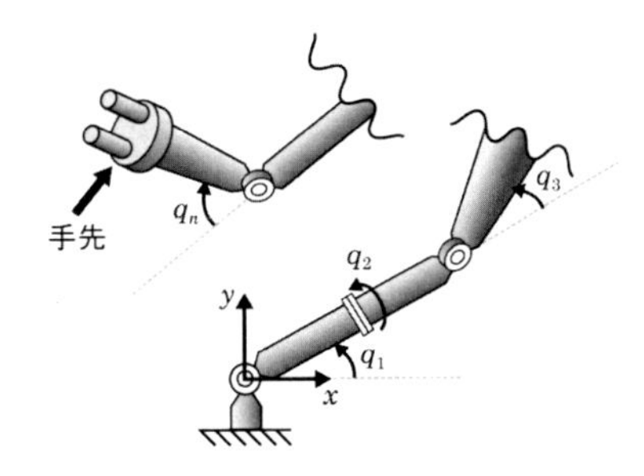

図 2.56 ロボットマニピュレータ

ある。

ロボットマニピュレータは，n 個の関節とアクチュエータを持つものとする。リンク i の運動エネルギー e_{ki} は，

$$e_{ki} = \frac{1}{2} m_i \dot{\boldsymbol{x}}_i^T \dot{\boldsymbol{x}}_i + \frac{1}{2} \boldsymbol{\omega}_i^T \boldsymbol{I}_i \boldsymbol{\omega}_i \tag{2.288}$$

である。ただし，m_i はリンク i の質量であり，$\boldsymbol{x}_i = (x_i, y_i, z_i)^T$ はリンク i の重心位置，$\boldsymbol{\omega} = (\omega_{xi}, \omega_{yi}, \omega_{zi})^T$ はリンク i の角速度ベクトル，$\boldsymbol{I}_i$ はリンク i の慣性テンソルである。よって，ロボット全体の運動エネルギー e_k は

$$e_k = \frac{1}{2} \sum_{i=1}^{n} m_i \dot{\boldsymbol{x}}_i^T \dot{\boldsymbol{x}}_i + \frac{1}{2} \sum_{i=1}^{n} \boldsymbol{\omega}_i^T \boldsymbol{I}_i \boldsymbol{\omega}_i \tag{2.289}$$

である。ここで，ラグランジュの運動方程式を用いるため，ロボットの関節角ベクトル $\boldsymbol{q} = (q_1, \ldots, q_n)^T$ を用いて運動エネルギーを表す。リンク i の重心速度 $\dot{\boldsymbol{x}}_i$ と角速度 $\boldsymbol{\omega}_i$ はヤコビ行列 $\boldsymbol{J}_{xi}(\boldsymbol{q})$, $\boldsymbol{J}_{\omega i}(\boldsymbol{q})$ を用いて

$$\dot{\boldsymbol{x}}_i = \boldsymbol{J}_{\boldsymbol{x}i}(\boldsymbol{q})\dot{\boldsymbol{q}} \tag{2.290}$$

$$\boldsymbol{\omega}_i = \boldsymbol{J}_{\omega i}(\boldsymbol{q})\dot{\boldsymbol{q}} \tag{2.291}$$

と表せる。よって，式 (2.289) は

$$\begin{aligned} e_k &= \frac{1}{2} \sum_{i=1}^{n} m_i \left(\boldsymbol{J}_{\boldsymbol{x}i}(\boldsymbol{q})\dot{\boldsymbol{q}}\right)^T \left(\boldsymbol{J}_{\boldsymbol{x}i}(\boldsymbol{q})\dot{\boldsymbol{q}}\right) \\ &\quad + \frac{1}{2} \sum_{i=1}^{n} \left(\boldsymbol{J}_{\omega i}(\boldsymbol{q})\dot{\boldsymbol{q}}\right)^T \boldsymbol{I}_i \left(\boldsymbol{J}_{\omega i}(\boldsymbol{q})\dot{\boldsymbol{q}}\right) \\ &= \frac{1}{2} \dot{\boldsymbol{q}}^T \boldsymbol{M}(\boldsymbol{q}) \dot{\boldsymbol{q}} \end{aligned} \tag{2.292}$$

と表せる。ただし，

$$\boldsymbol{M}(\boldsymbol{q}) = \sum_{i=1}^{n} \Big\{ m_i \boldsymbol{J}_{\boldsymbol{x}i}(\boldsymbol{q})^T \boldsymbol{J}_{\boldsymbol{x}i}(\boldsymbol{q})$$

$$+\boldsymbol{J}_{\boldsymbol{\omega}i}(\boldsymbol{q})^T \boldsymbol{I}_i \boldsymbol{J}_{\boldsymbol{\omega}i}(\boldsymbol{q})\Big\} \tag{2.293}$$

である。この行列 $\boldsymbol{M}(\boldsymbol{q})$ は，ロボットの慣性行列と呼ばれる。

リンク i のポテンシャルエネルギー e_{pi} は，式 (2.139) より

$$e_{pi} = m_i g y_i \tag{2.294}$$

である。よって，ロボット全体のポテンシャルエネルギー e_p は

$$e_p = \sum_{i=1}^{n} m_i g y_i \tag{2.295}$$

である。リンク i の地面から重心までの高さ y_i は，関節角 $\boldsymbol{q}$ により決まるため，$y_i(\boldsymbol{q})$ と表せる。

よって，ラグランジュの運動方程式を用いるとロボットの運動方程式は

$$\begin{aligned}
&\frac{\mathrm{d}}{\mathrm{dt}}\left\{\frac{\partial(e_k - e_p)}{\partial \dot{\boldsymbol{q}}}\right\} - \frac{\partial(e_k - e_p)}{\partial \boldsymbol{q}} \\
&= \boldsymbol{M}(\boldsymbol{q})\ddot{\boldsymbol{q}} + \dot{\boldsymbol{M}}(\boldsymbol{q})\dot{\boldsymbol{q}} + \frac{\partial e_k}{\partial \boldsymbol{q}} + \frac{\partial e_p}{\partial \boldsymbol{q}} \\
&= \boldsymbol{M}(\boldsymbol{q})\ddot{\boldsymbol{q}} + \boldsymbol{h}(\boldsymbol{q}, \dot{\boldsymbol{q}}) + \boldsymbol{g}(\boldsymbol{q}) = 0
\end{aligned} \tag{2.296}$$

となる。ただし，$\boldsymbol{h}(\boldsymbol{q}, \dot{\boldsymbol{q}}) = \dot{\boldsymbol{M}}(\boldsymbol{q})\dot{\boldsymbol{q}} + \frac{\partial e_k}{\partial \boldsymbol{q}}$ であり，$\boldsymbol{g}(\boldsymbol{q}) = \frac{\partial e_p}{\partial \boldsymbol{q}}$ である。本式の $\boldsymbol{M}(\boldsymbol{q})\ddot{\boldsymbol{q}}$ はロボットの慣性を表すため，慣性項と呼ばれる。また，$\boldsymbol{h}(\boldsymbol{q}, \dot{\boldsymbol{q}})$ は遠心力とコリオリ力に関する項なので遠心・コリオリ項，またはその性質から非線形項と呼ばれる。$\boldsymbol{g}(\boldsymbol{q})$ は，重力に関する項なので重力項と呼ばれる。

各関節のアクチュエータが発揮するトルク $\boldsymbol{\tau} = (\tau_1, \ldots, \tau_n)^T$ を考慮すると，運動方程式は

$$\boldsymbol{M}(\boldsymbol{q})\ddot{\boldsymbol{q}} + \boldsymbol{h}(\boldsymbol{q}, \dot{\boldsymbol{q}}) + \boldsymbol{g}(\boldsymbol{q}) = \boldsymbol{\tau} \tag{2.297}$$

となる。また，ロボットのある位置 $\boldsymbol{x_e}$ に外力 $\boldsymbol{f}$ が加わる場合，外力によって関節に発生するトルクは $\boldsymbol{J_e}(\boldsymbol{q})^T \boldsymbol{f}$ なので，外力を考慮した運動方程式は

$$\boldsymbol{M}(\boldsymbol{q})\ddot{\boldsymbol{q}} + \boldsymbol{h}(\boldsymbol{q}, \dot{\boldsymbol{q}}) + \boldsymbol{g}(\boldsymbol{q}) = \boldsymbol{\tau} + \boldsymbol{J_e}(\boldsymbol{q})^T \boldsymbol{f} \tag{2.298}$$

となる。ただし，$\boldsymbol{J_e}(\boldsymbol{q})$ は $\dot{\boldsymbol{x}}_{\boldsymbol{e}} = \boldsymbol{J_e}(\boldsymbol{q})\dot{\boldsymbol{q}}$ を満たすヤコビ行列である。

(1) エネルギー解析

式 (2.298) のように，ロボットの運動方程式は非線形かつ多自由度であり，複雑である。しかしながら，2.3.2 項 (4) のようにエネルギーの視点から見ると，運動方程式の特徴を捉えることができる。この特徴は，ロボットを制御を際に役に立つ。

このようにエネルギーの観点から解析するとき，ロボットの運動方程式の特徴が重要となる。1 つ目の特徴は，慣性行列 $\boldsymbol{M}(\boldsymbol{q})$ が正定値対称行列であるというものである。つまり，任意のベクトル $\boldsymbol{z}$ に対して $\boldsymbol{z}^T \boldsymbol{M} \boldsymbol{z} \geq 0$ となる。これは，式 (2.293) から示せる。2 つ目の特徴は，非線形項 $\boldsymbol{h}$ は歪対称行列 $\boldsymbol{S}(\boldsymbol{q}, \dot{\boldsymbol{q}})$ を用いて次式のように書き直せるというものである。

$$\boldsymbol{h}(\boldsymbol{q}, \dot{\boldsymbol{q}}) = \left\{\frac{1}{2}\dot{\boldsymbol{M}}(\boldsymbol{q}) + \boldsymbol{S}(\boldsymbol{q}, \dot{\boldsymbol{q}})\right\}\dot{\boldsymbol{q}} \tag{2.299}$$

歪対称行列 $\boldsymbol{S}$ は任意のベクトル $\boldsymbol{z}$ に対して $\boldsymbol{z}^T \boldsymbol{S} \boldsymbol{z} = 0$ を満足する。

以上から，まずロボットが持つ全エネルギーを e と定義すると，

$$e = e_k + e_p \tag{2.300}$$

である。ただし，e_k と e_p はそれぞれ式 (2.292) と式 (2.295) の e_k と e_p である。ロボットの各関節には，通常摩擦力による粘性が作用する。これによって，関節 i には $-d_i \dot{q}_i$ のトルクが発生する。ただし，d_i は関節 i の粘性係数である。また，本解析ではアクチュエータはトルクを発揮せず $\boldsymbol{\tau} = 0$，外力も作用しない $\boldsymbol{f} = 0$ とする。これらを考慮すると，式 (2.298) のロボットの運動方程式は，

$$\boldsymbol{M}(\boldsymbol{q})\ddot{\boldsymbol{q}} + \boldsymbol{h}(\boldsymbol{q}, \dot{\boldsymbol{q}}) + \boldsymbol{g}(\boldsymbol{q}) = -\boldsymbol{D}\dot{\boldsymbol{q}} \tag{2.301}$$

となる。ただし，$\boldsymbol{D}$ は各対角要素に d_i をもつ対角行列 $\boldsymbol{D} = \mathrm{diag}(d_1, d_2, \ldots, d_n)$ である。エネルギーの時間変化を調べるため，e を時間で微分すると

$$\begin{aligned}
\dot{e} &= \frac{1}{2}(\ddot{\boldsymbol{q}}^T \boldsymbol{M}\dot{\boldsymbol{q}} + \dot{\boldsymbol{q}}^T \dot{\boldsymbol{M}}\dot{\boldsymbol{q}} + \dot{\boldsymbol{q}}^T \boldsymbol{M}\ddot{\boldsymbol{q}}) \\
&\quad + \dot{\boldsymbol{q}}^T \frac{\partial e_p}{\partial \boldsymbol{q}}
\end{aligned} \tag{2.302}$$

となる。慣性行列 $\boldsymbol{M}$ は対称なので，$\ddot{\boldsymbol{q}}^T \boldsymbol{M}\dot{\boldsymbol{q}} = \dot{\boldsymbol{q}}^T \boldsymbol{M}\ddot{\boldsymbol{q}}$ である。よって，

$$\dot{e} = \dot{\boldsymbol{q}}^T \left\{\boldsymbol{M}\ddot{\boldsymbol{q}} + \frac{1}{2}\dot{\boldsymbol{M}}\dot{\boldsymbol{q}} + \frac{\partial e_p}{\partial \boldsymbol{q}}\right\} \tag{2.303}$$

となる。これに式 (2.301) を代入すると，

$$\dot{e} = \dot{\boldsymbol{q}}^T \left\{ \frac{1}{2}\dot{\boldsymbol{M}}\dot{\boldsymbol{q}} - \boldsymbol{h}(\boldsymbol{q}, \dot{\boldsymbol{q}}) - \boldsymbol{D}\dot{\boldsymbol{q}} \right\} \tag{2.304}$$

となる。さらに式 (2.299) の非線形項 $\boldsymbol{h}$ と特徴を代入すると，

$$\begin{aligned} \dot{e} &= \dot{\boldsymbol{q}}^T \{ -\boldsymbol{S}(\boldsymbol{q}, \dot{\boldsymbol{q}})\dot{\boldsymbol{q}} - \boldsymbol{D}\dot{\boldsymbol{q}} \} \\ &= -\dot{\boldsymbol{q}}^T \boldsymbol{D}\dot{\boldsymbol{q}} \end{aligned} \tag{2.305}$$

となる。これは，ロボットのエネルギー e は時間の経過に従い，関節の粘性によって速度 $\dot{\boldsymbol{q}}$ が 0 になるまで減少し続けることを意味する。

以上により，エネルギーに着目することでロボット運動方程式から運動の特徴が解析できることが示された。

＜植村充典＞

2.4.2 ロボットハンドの力学モデル

本項では，多指ロボットハンドを用いた物体把持の力学モデルについて解説する。多指ロボットハンドによる物体把持では，複数の指先から物体へ与えられる接触力によって間接的に物体を制御することになるため，本質的に劣駆動システムとなる。また，指先からの接触力が唯一の入力となるため，指先の材質や形状によって，指先と物体との接触条件が大きく変化する。ここでは，まず物体の安定指標として利用されているフォームクロージャおよびフォースクロージャの定義を与える。その後，指先と物体との間の関係を幾何学的な拘束条件として捉え，その数理モデルについて解説する。特に，指先が球状などの滑らかな凸形状の場合，運動中に指先と物体との間に転がりが発生する。転がり拘束は，指先が物体表面上を滑ることなく接触部位を移動させることができるため，安定把持や操作に大きく寄与する。そこで，転がり拘束のある全システムのダイナミクスについて，そのモデル化や導出方法について述べる。

(1) 指先の接触モデル

指先からの接触力が把持物体への唯一の入力となる多指ロボットハンドによる物体把持では，指先と物体との接触状態が重要な役割を果たす。指先の形状や材質等により，様々な接触モデルが考えられるが，これまでのロボットハンドによる物体把持において利用されてきた代表的な接触モデルは，概ね Salisbury 等[1]によって提案された以下の 3 つに分類できる（図 2.57 参照）。

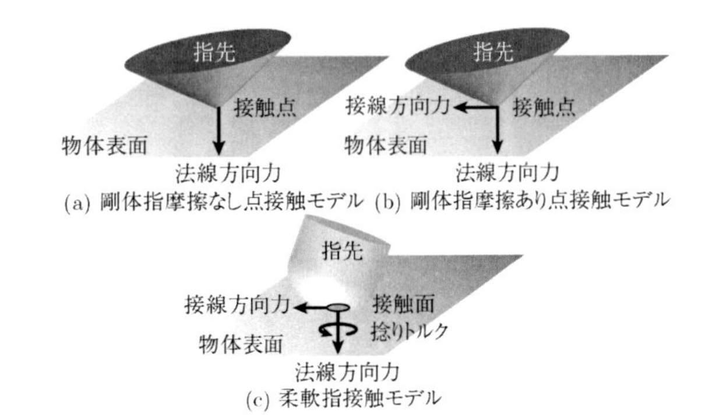

図 2.57 代表的な指先接触モデル

(a) 剛体指摩擦なし点接触モデル
(b) 剛体指摩擦あり点接触モデル
(c) 柔軟指接触モデル

(a) の剛体指摩擦なし点接触モデルは，指先と物体が点で接触しており，かつ物体の接触面上で法線方向力のみが発生し，接線方向力（摩擦力）は考慮しないモデルである。このモデルを用いた場合，物体の不動化の条件は幾何学的に決定され，その条件をフォームクロージャと呼ぶ[2, 3]。(b) の剛体指摩擦あり点接触モデルは，指先と物体が点で接触しており，かつ物体の接触面上において，法線方向力だけでなく接線方向力（摩擦力）も考慮したモデルである。(a) の摩擦なし点接触モデルでは考慮されなかった接線方向力（摩擦力）が新たに加わるため，摩擦なしモデルよりも安定把持条件を満たす範囲をより広く取れる。物体の不動化条件は，(a) と異なり幾何学だけでは決まらず，力の釣合いを考える必要がある。この条件をフォースクロージャと呼ぶ[4, 5]。フォームクロージャおよびフォースクロージャの詳細については，(2) で説明する。(c) の柔軟指接触モデルは，面接触により (b) に加えて接触面法線方向まわりの捻りトルクを伝達することができる。しかし，大変形による影響（剪断歪や接触面接線方向まわりのトルク等）は考慮されていない。

(2) フォームクロージャとフォースクロージャ

フォームクロージャとは，把持物体を幾何学的に不動化するための条件を表し，(1) で与えた指先モデルとして剛体摩擦なし点接触モデルを仮定した上で，把持物体の不動化実現のための指先本数および接触点位置の条件を与える。図 2.58 に示すように，2 次元空間

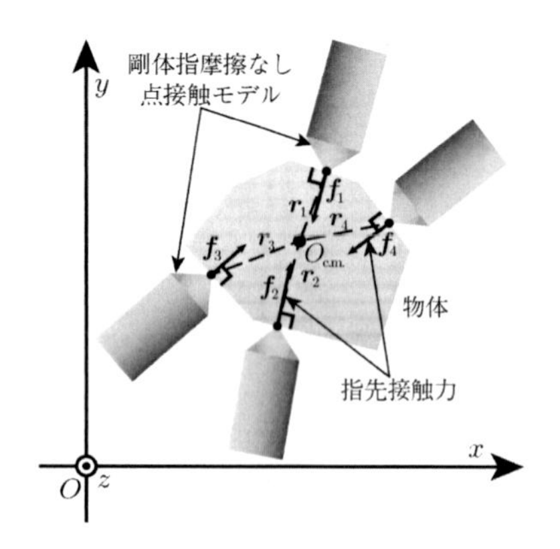

図 **2.58**　剛体指摩擦なし点接触モデルを用いた指 4 本による把持（フォームクロージャ）

でフォームクロージャの条件を満たし物体を安定に把持するためには，4 本の指が必要とされる[2]。2 次元物体が持つ 3 つの自由度 $[x,\ y,\ \theta]$ を不動化するために 4 本の指が必要な理由は，指から物体に与えられる接触力は負になることが許容されず，常に正となる条件を満たすためである。同様の理由で，3 次元空間内で物体を不動化するためには，6 自由度+1 で合計 7 本の指が必要とされる[3]。一方フォースクロージャでは，(1) で与えた剛体摩擦あり点接触モデル，もしくは柔軟接触モデルを仮定する。すなわち，指先接触点（面）における接線方向の摩擦力を考慮するため，フォームクロージャよりも広い範囲で物体を不動化することができ，また，幾何学だけでなく，静力学を考慮することにより，物体に働く内力（各指先から物体へ加えられる力のうち，互いに打ち消し合い，物体に加速度を発生させない成分）を陽に表すことができる。静力学的条件であるフォースクロージャは，幾何学的条件であるフォームクロージャを，摩擦を考慮した場合への拡張とみることが可能であり，本質的にこの 2 つは等価であることが示されている[5]。

指先から加えられる接触力によって物体の質量中心まわりに加えられる力・トルクの組を表すベクトルを，レンチベクトルと呼ぶ。例えば，図 2.58 に示した剛体指摩擦無し 4 本指把持モデルにおいて，各 i 番目の指先接触点から物体に加えられる力を $\boldsymbol{f}_i \in \mathbb{R}^3$，物体質量中心位置 $O_{\mathrm{c.m.}}$ から見た各 i 番目の指先接触点位置（モーメントアーム）を $\boldsymbol{r}_i \in \mathbb{R}^3$ とすると，$\boldsymbol{f}_i$ によって物体の質量中心位置 $O_{\mathrm{c.m.}}$ まわりに発生するトルクは $\boldsymbol{\tau}_i = \boldsymbol{f}_i \times \boldsymbol{r}_i \in \mathbb{R}^3$ と表される。よって，これらより各指先接触点から物体に加えられる力・トルクを表す

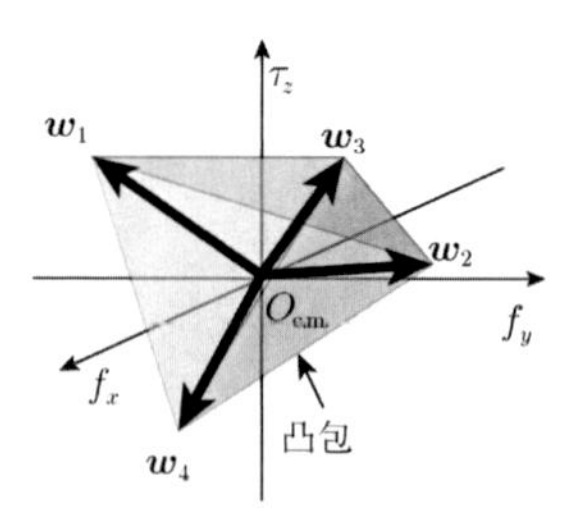

図 **2.59**　指 4 本分のレンチベクトルが生成する凸包

レンチベクトル $\boldsymbol{w}_i \in \mathbb{R}^6$，$(i = 1\sim4)$ は，以下のように表される。

$$\boldsymbol{w}_i = [\boldsymbol{f}_i^{\mathrm{T}},\ \boldsymbol{\tau}_i^{\mathrm{T}}]^{\mathrm{T}} \in \mathbb{R}^6, \quad i = 1\sim4. \tag{2.306}$$

すべての指先から物体へ加えられるレンチベクトルの合ベクトルがゼロとなったとき，物体質量中心に加わる力・トルクが見かけ上ゼロとなり，物体はもはや加速度を持たないため，結果として静的に安定把持された状態となる。任意の外力によるレンチベクトル $\boldsymbol{w}_{\mathrm{ext}}$ が物体に働いた場合において，各指先の合力によるレンチベクトルによってその外力を打ち消すことができる場合，フォースクロージャの条件を満たすという。フォースクロージャの条件は以下の式として表される。

$$\sum_{i=1}^{4} \alpha_i \boldsymbol{w}_i + \boldsymbol{w}_{\mathrm{ext}} = \mathbf{0}. \tag{2.307}$$

ここで $\alpha_i > 0$ は正の定数である。指先から物体へ加えることが可能な力・トルクを表すすべてのレンチベクトルによって張られる集合を凸包と呼び，この凸包が原点 O を内点として含む場合，フォースクロージャの条件を満たし，物体を静的に安定把持可能なレンチベクトルの組が存在することを意味する。図 2.59 は，2 次元物体を摩擦なし点接触による 4 本指把持した場合の凸包の例である。凸包の外形表面のある点と原点 O との距離は，その点における外力に対する許容量を表しており，原点から遠いほど，その外力に対するロバスト性が高いと言える。また，原点 O を中心とした等方性の凸包（例えば超球に近い多角形状）であれば，あらゆる方向からの外力に対して均等にロバストであるといえる。

フォームクロージャは幾何学的な条件であり，摩擦なし点接触モデルを仮定するため，各指先接触力は接触面に対して必ず垂直となるが，フォースクロージャは指先接触力に関する条件であるため，指先の摩擦を

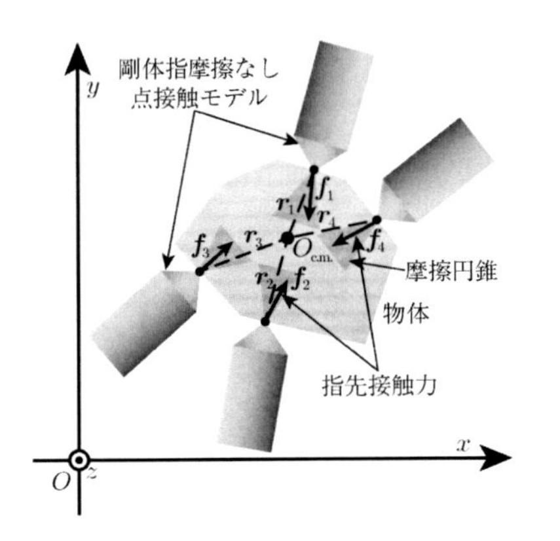

図 2.60　剛体指摩擦あり点接触モデルを用いた指 4 本による把持（フォースクロージャ）

考慮することが可能であり，その場合，図 2.60 で示すように，フォースクロージャを満たすレンチベクトルが取りうる範囲は円錐領域となり，これを摩擦円錐と呼ぶ。すなわち，フォースクロージャはフォームクロージャよりもより広い範囲で安定把持を実現できる可能性がある。

(3) 指先–物体間の接触拘束（位置拘束）

剛体同士の指先と物体が接触している場合，指先と物体の間には位置に関するホロノミック拘束が成立する[6,7]。今，図 2.61 に示すように，把持物体を平面で構成された多面体形状の剛体，指先を半径 r を持つ半球形状の剛体とし，指先と物体は平面のみで接触する摩擦あり点接触モデルを仮定する。慣性座標系 o-xyz から見た物体質量中心に置かれた物体座標系 O-XYZ を表す姿勢行列を $\boldsymbol{R} = [\boldsymbol{r}_X,\ \boldsymbol{r}_Y,\ \boldsymbol{r}_Z] \in \mathrm{SO}(3)$，物体座標系 O-XYZ から見た各指先の接触点に置かれた接触点座標系 O_{ci}-$X_{ci}Y_{ci}Z_{ci}$ を表す姿勢行列を $\boldsymbol{R}_{ci} = [\boldsymbol{r}_{Xci},\ \boldsymbol{r}_{Yci},\ \boldsymbol{r}_{Zci}] \in \mathrm{SO}(3)$，慣性座標系 o-xyz で表された指先半球中心位置を $\boldsymbol{x}_{0i} \in \mathbb{R}^3$，指先接触位置を $\boldsymbol{x}_i \in \mathbb{R}^3$ とし，添字 i は各指のインデックスとする。慣性座標系 o-xyz から見た接触平面座標系 O_{ci}-$X_{ci}Y_{ci}Z_{ci}$ を表す姿勢行列 $\tilde{\boldsymbol{R}}_i \in \mathrm{SO}(3)$ は以下のように表される。

$$\tilde{\boldsymbol{R}}_i = \boldsymbol{R}\boldsymbol{R}_{ci} = [\tilde{\boldsymbol{r}}_{Xi},\ \boldsymbol{r}_{Yi},\ \tilde{\boldsymbol{r}}_{Zi}] \in \mathrm{SO}(3). \tag{2.308}$$

今，$\tilde{\boldsymbol{R}}_i$ の Z_{ci} 方向を接触面法線方向にとり，慣性座標系 o-xyz から見た物体座標系 O-XYZ の原点 O の位置を $\boldsymbol{x}$，物体座標系 O-XYZ の原点 O から各指先が接触している物体表面へ下ろした垂線の長さを $Z_i = \mathrm{const.}$ とすると，指先接触点位置に関する拘束条件は，スカラー関数 N_i として以下のように表される。

$$N_i = r + Z_i - \tilde{\boldsymbol{r}}_{Zi}^{\mathrm{T}}(\boldsymbol{x} - \boldsymbol{x}_i) = 0 \tag{2.309}$$

指先が物体表面から離れずに接触している限り，式 (2.309) で表された $N_i = 0$ が成立する。

式 (2.309) は，指先と物体が剛体同士の場合に成立する位置拘束であるが，指先が柔軟体で構成されている場合などは，例えば押しつけ方向の指先変位を考えた場合，拘束条件としてではなく，指先変位量 Δr として以下のように表すことができる[7,8]。

$$\Delta r = r + Z_i - \tilde{\boldsymbol{r}}_{Zi}^{\mathrm{T}}(\boldsymbol{x} - \boldsymbol{x}_i) \tag{2.310}$$

式 (2.310) で表された変位に伴って発生する反力 $f(\Delta r)$ の関係式を与えることで，柔軟な指先による反力を考慮することができる。

(4) 指先-物体間の転がり拘束（姿勢拘束）

指先が半球形状などの滑らかな曲面で構成されている場合，物体把持を行っている間，指先が物体表面上を滑ることなく転がる場合がある。この場合，指先から物体に加えられるレンチベクトルが摩擦円錐内にある場合でも，転がりによって接触点（面）の移動が発生する。転がりを利用することによって，把持を行っている間に接触点（面）を移動させることにより，動的な意味で物体を安定に把持・操作できる可能性がある。3 次元の転がり接触は，非ホロノミック拘束条件であり，特に速度に線形なパフィアン拘束となることが知られている[6,9]。

(3) と同様に図 2.61 のように半球状指先が物体平面上に接触しており，慣性座標系 o-xyz から見た各指先の姿勢角速度ベクトルを $\boldsymbol{\omega}_i = [\omega_{xi},\ \omega_{yi},\ \omega_{zi}]^{\mathrm{T}} \in \mathbb{R}^3$，慣性座標系 o-xyz から見た物体の姿勢角速度ベクトルを $\boldsymbol{\omega} = [\omega_x,\ \omega_y,\ \omega_z]^{\mathrm{T}} \in \mathbb{R}^3$，各指関節数 n であるロボットハンドの各指関節角度ベクトル，角速度ベクトルを $\boldsymbol{q}_i \in \mathbb{R}^n$，$\dot{\boldsymbol{q}}_i \in \mathbb{R}^n$ とする。今，指先表面上の接触点位置 $\boldsymbol{x}_{ci}$ の物体表面座標系 X_{ci} 方向速度成分 $\dot{X}_{ci}$ および Y_{ci} 方向速度成分 $\dot{Y}_{ci}$ は，以下のように表される。

$$\left[\begin{array}{l} \dot{X}_{ci} = r\tilde{\boldsymbol{r}}_{Xi}^{\mathrm{T}}\left(\dot{\tilde{\boldsymbol{r}}}_{Zi} - \boldsymbol{\omega}_i \times \tilde{\boldsymbol{r}}_{Zi}\right) \\ \dot{Y}_{ci} = r\tilde{\boldsymbol{r}}_{Yi}^{\mathrm{T}}\left(\dot{\tilde{\boldsymbol{r}}}_{Zi} - \boldsymbol{\omega}_i \times \tilde{\boldsymbol{r}}_{Zi}\right) \end{array}\right. \tag{2.311}$$

一方，物体表面上の接触点位置速度の物体表面座標系

X_{ci} 方向成分 $\dot{X}_{ci}$ および Y_{ci} 方向成分 $\dot{Y}_{ci}$ は，以下のように表すことができる。

$$\left[\begin{array}{l} \dot{X}_{ci} = \dfrac{\mathrm{d}}{\mathrm{d}t}\left\{-\tilde{\boldsymbol{r}}_{Xi}^{\mathrm{T}}(\boldsymbol{x}-\boldsymbol{x}_i)\right\} \\ \dot{Y}_{ci} = \dfrac{\mathrm{d}}{\mathrm{d}t}\left\{-\tilde{\boldsymbol{r}}_{Yi}^{\mathrm{T}}(\boldsymbol{x}-\boldsymbol{x}_i)\right\} \end{array}\right. \tag{2.312}$$

指先接触点の物体表面上で表された速度（式 (2.311)）と，指先表面上で表された速度（式 (2.312)）がそれぞれ等しい場合，指先は滑らずに物体接触面を転がる。よって，式 (2.311), (2.312) より，転がり拘束条件は物体および各指の速度ベクトル $\dot{q}$, $\dot{\boldsymbol{x}}$, $\boldsymbol{\omega}_o$ を用いて，パフィアン拘束として以下のように表される。

$$\left[\begin{array}{l} \boldsymbol{X}_{qi}\dot{\boldsymbol{q}} + \boldsymbol{X}_{xi}\dot{\boldsymbol{x}} + \boldsymbol{X}_{\omega i}\boldsymbol{\omega} = 0 \\ \boldsymbol{Y}_{qi}\dot{\boldsymbol{q}} + \boldsymbol{Y}_{xi}\dot{\boldsymbol{x}} + \boldsymbol{Y}_{\omega i}\boldsymbol{\omega} = 0 \end{array}\right. \tag{2.313}$$

ここで

$$\left[\begin{array}{l} \boldsymbol{X}_{qi} = -r\tilde{\boldsymbol{r}}_{Yi}^{\mathrm{T}}\boldsymbol{J}_{\omega i} - \tilde{\boldsymbol{r}}_{Xi}^{\mathrm{T}}\boldsymbol{J}_i \\ \boldsymbol{X}_{xi} = \tilde{\boldsymbol{r}}_{Xi}^{\mathrm{T}} \\ \boldsymbol{X}_{\omega i} = \{\tilde{\boldsymbol{r}}_{Xi} \times (\boldsymbol{x}-\boldsymbol{x}_i)\}^{\mathrm{T}} + r\tilde{\boldsymbol{r}}_{Yi}^{\mathrm{T}} \\ \boldsymbol{Y}_{qi} - r\tilde{\boldsymbol{r}}_{Xi}^{\mathrm{T}}\boldsymbol{J}_{\omega i} - \tilde{\boldsymbol{r}}_{Yi}^{\mathrm{T}}\boldsymbol{J}_i \\ \boldsymbol{Y}_{xi} = \tilde{\boldsymbol{r}}_{Yi}^{\mathrm{T}} \\ \boldsymbol{Y}_{\omega i} = \{\tilde{\boldsymbol{r}}_{Yi} \times (\boldsymbol{x}-\boldsymbol{x}_i)\}^{\mathrm{T}} - r\tilde{\boldsymbol{r}}_{Xi}^{\mathrm{T}} \end{array}\right. \tag{2.314}$$

である。また，$\boldsymbol{J}_i \in \mathbb{R}^{3\times n}$ および $\boldsymbol{J}_{\omega i} \in \mathbb{R}^{3\times n}$ は，それぞれ指先速度 $\dot{\boldsymbol{x}}_i$ および角速度 $\boldsymbol{\omega}_i$ に関するヤコビ行列であり，以下の関係式を満たす。

$$\begin{bmatrix} \dot{\boldsymbol{x}}_i \\ \boldsymbol{\omega}_i \end{bmatrix} = \begin{bmatrix} \boldsymbol{J}_i \\ \boldsymbol{J}_{\omega i} \end{bmatrix} \dot{\boldsymbol{q}} \in \mathbb{R}^6 \tag{2.315}$$

(5) 指-物体系のダイナミクス

慣性座標系で表された把持物体の質量および慣性モーメントを，それぞれ $\boldsymbol{M} \in \mathbb{R}^{3\times 3}$，$\boldsymbol{I} \in \mathbb{R}^{3\times 3}$，各指の慣性行列を $\boldsymbol{H}_i \in \mathbb{R}^{n\times n}$，各指に加わる重力項を $\boldsymbol{g}_i \in \mathbb{R}^n$，物体に加わる重力項を $\boldsymbol{g}_o \in \mathbb{R}^3$，各指の関節への入力トルクを $\boldsymbol{\tau}_i \in \mathbb{R}^n$ とすると，(3) および (4) で導出した拘束条件を考慮した全体のダイナミクスは，以下のように表される[7, 10]。

各指のダイナミクス

$$\boldsymbol{H}_i\ddot{\boldsymbol{q}}_i + \left\{\frac{1}{2}\dot{\boldsymbol{H}}_i + \boldsymbol{S}_i\right\}\dot{\boldsymbol{q}} + \boldsymbol{g}_i + \boldsymbol{J}_i^{\mathrm{T}}\tilde{\boldsymbol{r}}_{Zi}f_i + \boldsymbol{X}_{qi}^{\mathrm{T}}\lambda_{Xi} + \boldsymbol{Y}_{qi}^{\mathrm{T}}\lambda_{Yi} = \boldsymbol{\tau}_i \tag{2.316}$$

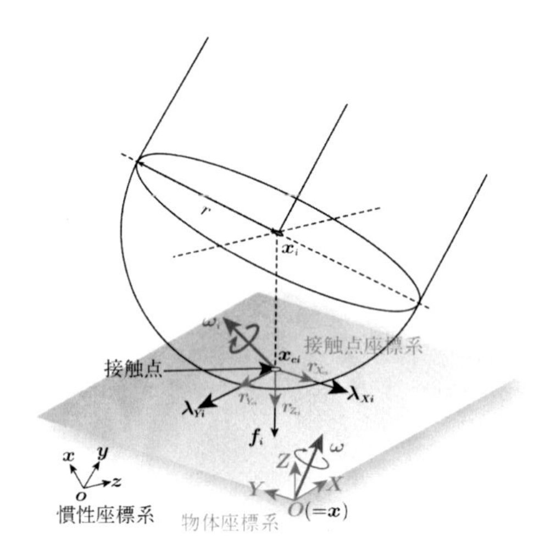

図 2.61　転がり拘束における指先-物体間の関係

物体のダイナミクス

$$\left[\begin{array}{l} \boldsymbol{M}\ddot{x} + \boldsymbol{g}_o \\ \quad + \displaystyle\sum_{i=1}^{n}\left[-\tilde{\boldsymbol{r}}_{Zi}f_i + \boldsymbol{X}_{xi}^{\mathrm{T}}\lambda_{Xi} + \boldsymbol{Y}_{xi}^{\mathrm{T}}\lambda_{Yi}\right] = \boldsymbol{0} \\ \boldsymbol{I}\dot{\boldsymbol{\omega}} + \boldsymbol{\omega} \times \boldsymbol{I}\boldsymbol{\omega} \\ \quad + \displaystyle\sum_{i=1}^{n}\left[-\{\tilde{\boldsymbol{r}}_{Zi} \times (\boldsymbol{x}-\boldsymbol{x}_i)\}f_i\right] \\ \quad + \displaystyle\sum_{i=1}^{n}\left[\boldsymbol{X}_{\omega i}^{\mathrm{T}}\lambda_{Xi} + \boldsymbol{Y}_{\omega i}^{\mathrm{T}}\lambda_{Yi}\right] = \boldsymbol{0} \end{array}\right. \tag{2.317}$$

ここで，$\boldsymbol{S} \in \mathbb{R}^{n\times n}$ はコリオリ力や遠心力を含む非線形項を表す。また，f_i は接触点位置に関する拘束条件に由来する拘束力であり，物体表面法線方向の接触力を表す。λ_{Xi} および λ_{Yi} は，それぞれ転がりによる拘束条件に由来する拘束力であり，物体表面接線方向の接触力を表す。すなわち，f_i, λ_{Xi}, λ_{Yi} の合力が指先から物体へ加わる接触力となり，この力が摩擦円錐内に含まれる限り，指先は滑ることなく物体表面上を転がる。

式 (2.316), (2.317) から確認できるように，指先と物体の間に転がり拘束が発生する場合，指先と物体との接触点は動的に変化し，また加速度や速度に由来する動的な力も発生するため，静力学的な指標であるフォースクロージャの条件をそのまま適用することは難しい。動的な意味で安定な把持を行うためには，指・物体の両方の運動を含めた系全体の安定性を議論する必要がある。

＜田原健二＞

参考文献（2.4.2 項）

[1] Salisbury, J. K. and Craig, J. J.: Articulated hands: Force control and kinematic issues, *Int. J. Rob. Res.*, Vol. 1, No. 1, pp. 4–17 (1982).

[2] Reuleaux, F.: *Kinematics of machinery*, Dover (1875).

[3] Lakshminarayana, K.: Mechanics of form closure, *ASME Paper 78-DET-32* (1978).

[4] Mishra, B., Schwartz, J. T. and Sharir, M.: On the existence and synthesis of multifinger positive grips, *Algorithmica, Special Issue: Robotics*, Vol. 2, No. 4, pp. 541–558 (1987).

[5] Nguyen, V. D.: Constructing force closure grasps, *Int. J. Robot. Res.*, Vol. 7, No. 3, pp. 3–16 (1988).

[6] Murray, R. M., Li, Z. and Sastry, S. S.: *Mathematical introduction to robotic manipulation*, CRC Press (1994).

[7] Arimoto, S.: *Control theory of multi-fingered hands*, Springer-Verlag (2007).

[8] Arimoto, S., Tahara, K., Yamaguchi, M., Nguyen, P.T.A. and Han, H.Y.: Principle of superposition for controlling pinch motions by means of robot fingers with soft tips, *Robotica*, Vol. 19, No. 1, pp. 21–28 (2001).

[9] Montana, D.: The kinematics of contact and grasp, *Int. J. Robot. Res.*, Vol. 7, No. 3, pp. 17–32 (1988).

[10] 田原ら：柔軟 3 指ハンドによる仮想フレームを用いた把持物体の外界センサレス位置・姿勢制御,『日本ロボット学会誌』, Vol. 29, No. 1, pp. 89–98 (2011).

2.4.3 脚ロボットの力学モデル

(1) 脚運動概説

脚ロボットは，いまだ制御が困難なロボットの一つである。「脚立」「橋脚」「三脚」等の言葉での使われ方が示すように，脚の主要な役割の一つは身体を支えることである。しかしもう一つ，積極的に抜重して自らを接触から解放し，新たな接触点を求めて踏み出す役割も担っている。「支えたい」「踏み出したい」という相反する 2 つの想いを巧みに切り替え，全身を協調させて支持状態を不連続に変形しながら，環境に対して相対的に移動する運動が脚運動であると言える。

上記の原理を鑑みれば，脚という運動方式は一見非合理的である。身体に対する接触点の位置をほぼ不変としたまま移動できる車輪走行の方が移動効率は高く，支持領域の確保も容易である。しかし，地球上に現存する動物種の実に半数以上が，脚による運動方式を採用している。動物にとって，車輪を代替するような無限回転できる身体構造を持つことは困難であるので，進化の過程で妥協策として選択した結果だろうか？　実は，接触点を不連続に，かつ身体上である程度の幅を持って可変に配置できることは，踏破性の観点からは圧倒的に有利である。動物種における脚の起源は今もって未知の部分が大きいが，動物が水棲種から進化し陸上に進出するために（あるいは水棲のままであっても），荒れた大地の上を自在に移動するためのメカニズムとして脚という形態は必須であったと言えよう。脚の発生が陸棲の開始に先行したことを示す証拠はいくつか見つかっている [11]。

動物界における脚の形態は多様である。最大種の昆虫を含む節足動物としては，多足類，鋏角類，甲殻類，六脚類がある [12]。我々ヒトを含む脊椎動物は，魚類の仲間である総鰭類を源流に，両生類，爬虫類，鳥類，哺乳類の大半が脚式であり，四脚ないし二脚である [13)14)]。図 2.62 に，上記の一例を示す。一方で脚ロボットは，ロボットの多くがそうであるように生物模倣の発想の産物であるが，自然界の淘汰圧に晒されずに形態を選択できる点で，潜在的に生物以上の多様性があると言える。筆者の知る限り，1 脚ロボット[14]，2 脚ロボット[3]，3 脚ロボット[4]，4 脚ロボット[5]，5 脚ロボット[6]，6 脚ロボット[7]，8 脚ロボット[8]，さらに 10 脚以上のロボット[9] がある [15]。本項では，それらすべてに適用可能な標準的な脚ロボットモデルを示す。これは，個々のロボットの特徴や制御戦略に従ってアレンジされるべきものである。

(2) 脚ロボットの運動学モデル

脚ロボットは形態として，1 個の体幹を持ち，それに 1 本以上の脚が接続される。体幹も脚も，それぞれに可動部を持つ機構である。すべての脚ロボットに共通する構造上の性質として，次が挙げられる。

① 体幹は 1 個以上の体節からなる
② 脚は体節から分岐し，（内部に閉ループを持つことはあっても）他の部位とループを形成しない
③ 脚先端に足を有する

本項冒頭に記したように，脚の 2 つの主要な役割は，

11) 3 億 7500 万年前に生息した魚類ティクターリクは，水棲ながら脚に近い鰭を持っていた[1]。ただし，3 億 8500 万年前には肉質の鰭で陸上でも活動した魚類ユーステノプテロンが存在していたこともよく知られている。
12) 正確には多足亜目，鋏角亜目等と呼ぶべきである。
13) 変り種としてはイトヒキイワシやミーアキャットなど，脚ではない身体の一部をあたかも脚のように使う種もある。
14) 二脚運動する動物は少なくない。ほとんどの鳥類の他，カンガルーやベローシファカ，ヒト等の哺乳類，エリマキトカゲやバジリスク等の爬虫類がいる。
15) cyberneticzoo.com[10] には初期の脚ロボットの歴史を一望できる記録がなされているので，ぜひ参照されたい。

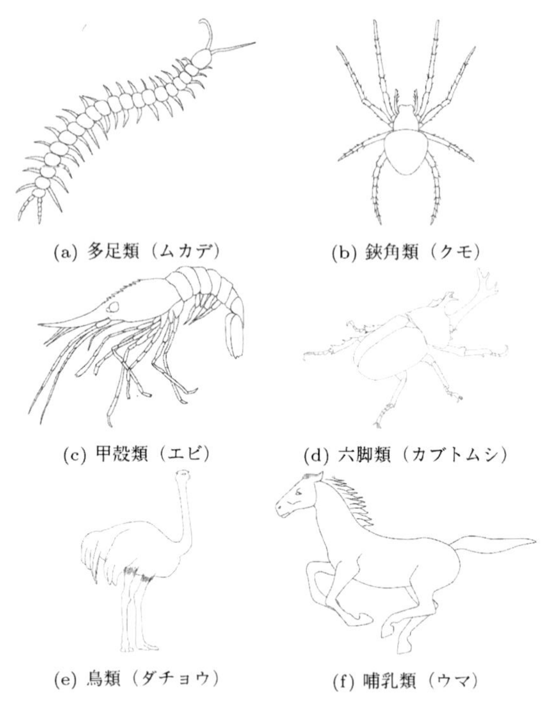

(a) 多足類（ムカデ）　(b) 鋏角類（クモ）

(c) 甲殻類（エビ）　(d) 六脚類（カブトムシ）

(e) 鳥類（ダチョウ）　(f) 哺乳類（ウマ）

図 2.62　脚を持つ動物種の例

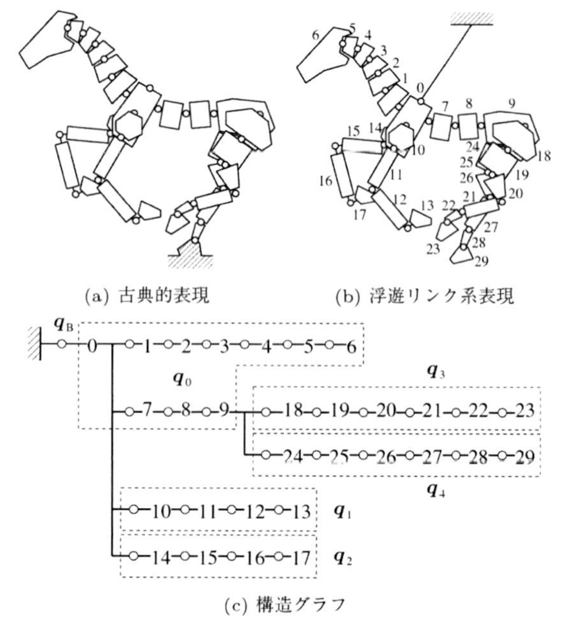

(a) 古典的表現　(b) 浮遊リンク系表現

(c) 構造グラフ

図 2.63　脚ロボットの運動学モデルの例

地面に接触し身体を支えることと，地面から離れ次の接触点まで移動することである。地面に接触しているかいないかという観点から，前者を支持脚または立脚，後者を遊脚と呼ぶ。一方，その時点で地面に接触しているか否かではなく，「支える」「踏み出す」という役割の違いから，前者を軸足，後者を蹴足または踏出足と呼び分ける流儀もある[11]。

1970〜90 年代は，支持脚足を運動学の不動の起点として，地面に固定されたロボットアームと同様に脚ロボットを表現する方法が多くとられていた[11, 13, 14]。今日的なロボット工学ではこの方法は適切でなく，Yoshida ら[15] に端を発する以下のような考え方がなされる。

体節のいずれか一つを基底リンクとする 16)。これは慣性系において位置と姿勢を自由に変えうる 6 自由度を持つ。体幹の残りの体節は，基底リンクを根とする運動学的連鎖で，また各脚も，体節の一つを根とする運動学的連鎖でそれぞれ表せる。基底リンクが仮想的に質量も形状も持たず無制限に可動する 6 自由度対偶で慣性系に連結し，そこから体節を経由して各脚に樹状に分岐する構造（木構造）ととらえてもよい。基底リンクが並進・回転するリンク系は浮遊リンク系と呼ばれ，スラスタを持たない人工衛星ロボット[16] と同様の構造ととらえることができる。

例えば図 2.63 のような 30 個の剛体リンクからなる 4 脚ロボットを考えよう。古典的な運動学モデリングの流儀では，支持脚足は地面と接触している間は運動が固く拘束されると仮定し，図 2.63(a) のように支持脚足先が地面と一体化していると見なす。読者が自ら歩くときのさまを想起すればわかるが，一般的には支持脚足は地面に対して頻繁に滑り，転がり，接触状態が動的に変わるものである。これに対し，上述したように浮遊リンク系としてロボットをとらえれば，図 2.63(b) のような構造的に地面に拘束されない表現が可能である。リンク 0〜9 が体幹，10〜13 が左前脚，14〜17 が右前脚，18〜23 が左後脚，24〜29 が右後脚である。これは図 2.63(c) のように，グラフで表現できる。体幹や脚は連続体で構成されることもあるが，その場合，弾性要素を持つ関節で連結された多数のリンクによって近似的に表現できる。地面との接触は，ロボットの構造と別に表現する必要がある。これについては後述する。

身体中に閉ループを持たないならば，直鎖リンク系と同様に，各々のリンクの親リンクからの相対関節変位の組がロボットの全身姿勢を表現する一般化座標となりうる。基底リンクの並進・回転を表す仮想的な関節（以下，基底関節と呼ぶ）の変位 $\boldsymbol{q}_{\mathrm{B}}$ もこれに含ま

16) 数学的にはどのリンクを基底リンクと見なしてもかまわないが，体節リンクから選択するのが直感に最もよく合うだろう。

れる。すなわち体幹，脚 k（$k=1,\ldots,N_l$，N_l は脚の数，図 2.63 の例では $N_l=4$）を構成するリンク系の関節変位をそれぞれ $\boldsymbol{q}_0$，$\boldsymbol{q}_k$ とすれば，ロボットの一般化座標は $\boldsymbol{q}=\begin{bmatrix}\boldsymbol{q}_{\mathrm{B}}^T & \boldsymbol{q}_0^T & \boldsymbol{q}_1^T & \cdots & \boldsymbol{q}_{N_l}^T\end{bmatrix}^T$ で定義できる。また，例えばリンク i が脚 k 上のリンクであれば，その位置と姿勢はどちらも $\boldsymbol{q}_{\mathrm{B}}, \boldsymbol{q}_0, \boldsymbol{q}_k$ から求まる。経路に分岐が存在するが，基本的には直鎖型ロボットアームと同一の計算方法を適用できる。$\boldsymbol{q}_0$ の要素数を n_0，$\boldsymbol{q}_k$ の要素数を n_k とそれぞれおけば，ロボットの身体の自由度 n は次式となる。

$$n=\sum_{k=0}^{N_l} n_k \tag{2.318}$$

慣性系に対するロボットの運動の自由度は，基底リンクの自由度も合わせた $n+6$ である。

(3) 脚ロボットの力学モデル

続いて，脚ロボットの力学を考えよう。簡単のため，体幹および脚 k の関節はすべて駆動関節であるとし，それらに発生する駆動力をそれぞれ $\boldsymbol{u}_0$，$\boldsymbol{u}_k$ とおく。また，身体は閉ループのないリンク構造とする。$\boldsymbol{u}_0, \boldsymbol{u}_k$ の要素数は $\boldsymbol{q}_0, \boldsymbol{q}_k$ の要素数とそれぞれ一致する。上述の通りロボットの一般化座標には，直接駆動力を持たない基底関節の変位 $\boldsymbol{q}_{\mathrm{B}}$ も含まれるので，劣駆動系となる。これは脚ロボットに限らず，すべての浮遊リンク系について言えることである。

一方，同じ浮遊リンク系である人工衛星ロボットとの大きな違いは，重力と地面からの接触力を受けることである。図 2.64 のように，脚 k の足先と地面との接触点群がある曲面状の閉領域 $\mathcal{S}_k$ を形成し，$\mathcal{S}_k$ 内の点 $\boldsymbol{p}_{\mathrm{C}}$ において地面から単位面積当たり力（接触応力）$\boldsymbol{\sigma}=\boldsymbol{\sigma}(\boldsymbol{p}_{\mathrm{C}})$ を受けているとしよう。このとき，運動方程式は次のように表せる。

$$\boldsymbol{H}_{\mathrm{B}}\ddot{\boldsymbol{q}}_{\mathrm{B}}+\boldsymbol{H}_{\mathrm{B}0}\ddot{\boldsymbol{q}}_0+\sum_{k=1}^{N_l}\boldsymbol{H}_{\mathrm{B}k}\ddot{\boldsymbol{q}}_k+\boldsymbol{b}_{\mathrm{B}}=\sum_{k=1}^{N_l}\int_{\boldsymbol{p}_{\mathrm{C}}\in\mathcal{S}_k}\boldsymbol{J}_{\mathrm{CB}}^T\boldsymbol{\sigma}\mathrm{d}s \tag{2.319}$$

$$\boldsymbol{H}_{\mathrm{B}0}^T\ddot{\boldsymbol{q}}_{\mathrm{B}}+\boldsymbol{H}_0\ddot{\boldsymbol{q}}_0+\sum_{k=1}^{N_l}\boldsymbol{H}_{0k}\ddot{\boldsymbol{q}}_k+\boldsymbol{b}_0=\boldsymbol{u}_0+\sum_{k=1}^{N_l}\int_{\boldsymbol{p}_{\mathrm{C}}\in\mathcal{S}_k}\boldsymbol{J}_{\mathrm{C}0}^T\boldsymbol{\sigma}\mathrm{d}s \tag{2.320}$$

$$\boldsymbol{H}_{\mathrm{B}k}^T\ddot{\boldsymbol{q}}_{\mathrm{B}}+\boldsymbol{H}_{0k}^T\ddot{\boldsymbol{q}}_0+\boldsymbol{H}_k\ddot{\boldsymbol{q}}_k+\boldsymbol{b}_k=\boldsymbol{u}_k+\int_{\boldsymbol{p}_{\mathrm{C}}\in\mathcal{S}_k}\boldsymbol{J}_{\mathrm{C}k}^T\boldsymbol{\sigma}\mathrm{d}s \tag{2.321}$$

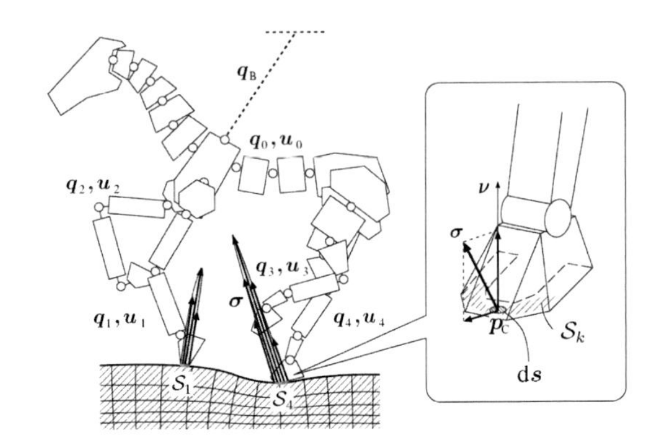

図 2.64 脚ロボットの力学モデル

ただし，$\boldsymbol{H}_{\mathrm{B}}, \boldsymbol{H}_{\mathrm{B}0}, \boldsymbol{H}_{\mathrm{B}k}, \boldsymbol{H}_0, \boldsymbol{H}_{0k}, \boldsymbol{H}_k$ は $\boldsymbol{q}$ に依存する慣性行列，$\boldsymbol{b}_{\mathrm{B}}, \boldsymbol{b}_0, \boldsymbol{b}_k$ は $\boldsymbol{q}$ および $\dot{\boldsymbol{q}}$ に依存する遠心力，コリオリ力，摩擦力，弾性力，重力等をまとめたバイアス力である。$\boldsymbol{J}_{\mathrm{CB}}, \boldsymbol{J}_{\mathrm{C}0}, \boldsymbol{J}_{\mathrm{C}k}$ は点 $\boldsymbol{p}_{\mathrm{C}}$ のヤコビ行列であり，次式を満たす。

$$\boldsymbol{J}_{\mathrm{CB}}\dot{\boldsymbol{q}}_{\mathrm{B}}+\boldsymbol{J}_{\mathrm{C}0}\dot{\boldsymbol{q}}_0+\boldsymbol{J}_{\mathrm{C}k}\dot{\boldsymbol{q}}_k=\dot{\boldsymbol{p}}_{\mathrm{C}} \tag{2.322}$$

これらは直鎖型ロボットアームと同様に計算できる。また，ds は接触領域内の無限小面積である。

基底関節が直接駆動力を持たないことが，式 (2.319) に表れている。接触点群 $\{\boldsymbol{p}_{\mathrm{C}}|\boldsymbol{p}_{\mathrm{C}}\in\forall\mathcal{S}_k\}$ を介して駆動力 $\boldsymbol{u}=[\boldsymbol{u}_0^T \quad \boldsymbol{u}_1^T\cdots\boldsymbol{u}_{N_l}^T]^T$ を地面に作用させれば，反作用として $\boldsymbol{\sigma}$ が発生する。これが（存在しない）基底関節の駆動力を代替する，すなわち基底関節は接触力によって間接的に駆動されることがわかる。このことは藤本，河村[17] によって指摘された。

式 (2.319)～(2.321) は一見複雑である。しかし慣性行列やバイアス力項は，2.4.1 項で見た直鎖型ロボットアームのそれと同様に，比較的扱いやすい性質を持つ。例えば，$\boldsymbol{H}_{\mathrm{B}}, \boldsymbol{H}_0, \boldsymbol{H}_k$ はすべて正定値対称行列であり，基底リンクに近づくほど末端側リンクの慣性が累積されるので $\|\boldsymbol{H}_{\mathrm{B}}\|>\|\boldsymbol{H}_0\|>\|\boldsymbol{H}_k\|$ である。またバイアス力項の大きさ $\|\boldsymbol{b}_{\mathrm{B}}\|, \|\boldsymbol{b}_0\|, \|\boldsymbol{b}_k\|$ は，重力が大きな部分を占め，それ以外の部分は一般化座標の速度 2 乗ノルム $\|\dot{\boldsymbol{q}}\|^2$ にほぼ比例する。ロボットアームの重要な力学的性質である受動性も成り立つ。

次の事実も重要である。重力加速度ベクトルを $-\boldsymbol{g}$，リンク i 質量を m_i，リンク i 重心位置ベクトルを $\boldsymbol{p}_{\mathrm{G}i}$，リンク i 重心まわり慣性テンソルを $\boldsymbol{I}_i$，リンク i 角速度を $\boldsymbol{\omega}_i$ とそれぞれおくと，式 (2.319) は次の 2 つの式と等価である。

$$\sum_{i=0}^{N} m_i(\ddot{\boldsymbol{p}}_{\mathrm{G}i}+\boldsymbol{g})=\boldsymbol{f} \quad (2.323)$$

$$\sum_{i=0}^{N}\left\{m_i\boldsymbol{p}_{\mathrm{G}i}\times(\ddot{\boldsymbol{p}}_{\mathrm{G}i}+\boldsymbol{g})+\frac{\mathrm{d}\,(\boldsymbol{I}_i\boldsymbol{\omega}_i)}{\mathrm{d}t}\right\}=\boldsymbol{n} \quad (2.324)$$

ただし N は最大リンクインデックス（図 2.63 の例では $N=29$）であり，また

$$\boldsymbol{f}\equiv\sum_{k=1}^{N_l}\boldsymbol{f}_k,\qquad \boldsymbol{f}_k\equiv\int_{\boldsymbol{p}_\mathrm{C}\in\mathcal{S}_k}\boldsymbol{\sigma}\mathrm{d}s \quad (2.325)$$

$$\boldsymbol{n}\equiv\sum_{k=1}^{N_l}\boldsymbol{n}_k,\qquad \boldsymbol{n}_k\equiv\int_{\boldsymbol{p}_\mathrm{C}\in\mathcal{S}_k}\boldsymbol{p}_\mathrm{C}\times\boldsymbol{\sigma}\mathrm{d}s \quad (2.326)$$

とおいた。次が成り立つことも合わせて注意されたい。

$$\frac{\mathrm{d}\,(\boldsymbol{I}_i\boldsymbol{\omega}_i)}{\mathrm{d}t}=\boldsymbol{I}_i\dot{\boldsymbol{\omega}}_i+\boldsymbol{\omega}_i\times\boldsymbol{I}_i\boldsymbol{\omega}_i \quad (2.327)$$

式 (2.323) は「外界から加えられた並進力の総和は全身並進運動量の時間変化率に等しい」，式 (2.324) は「外界から加えられたトルクの総和は全身角運動量の時間変化率に等しい」という，どちらもよく知られた事実を表している。さらに式 (2.323), (2.324) は，それぞれ次のようにも表せる。

$$m(\ddot{\boldsymbol{p}}_\mathrm{G}+\boldsymbol{g}) = \boldsymbol{f} \quad (2.328)$$

$$m\boldsymbol{p}_\mathrm{G}\times(\ddot{\boldsymbol{p}}_\mathrm{G}+\boldsymbol{g})+\boldsymbol{n}_\mathrm{G} = \boldsymbol{n} \quad (2.329)$$

ただし，

$$m\equiv\sum_{i=0}^{N}m_i \quad (2.330)$$

$$\boldsymbol{p}_\mathrm{G}\equiv\sum_{i=0}^{N}\frac{m_i\boldsymbol{p}_{\mathrm{G}i}}{m} \quad (2.331)$$

$$\boldsymbol{n}_\mathrm{G}\equiv\sum_{i=0}^{N}\left\{m_i(\boldsymbol{p}_{\mathrm{G}i}-\boldsymbol{p}_\mathrm{G})\times(\ddot{\boldsymbol{p}}_{\mathrm{G}i}+\boldsymbol{g})+\frac{\mathrm{d}(\boldsymbol{I}_i\boldsymbol{\omega}_i)}{\mathrm{d}t}\right\} \quad (2.332)$$

とそれぞれおいた。m は全質量，$\boldsymbol{p}_\mathrm{G}$ は重心，$\boldsymbol{n}_\mathrm{G}$ は重心まわり角運動量の時間変化率をそれぞれ意味する。

ここで $\boldsymbol{n}_\mathrm{G}\simeq\boldsymbol{0}$ と仮定すれば，式 (2.329) は

$$m\boldsymbol{p}_\mathrm{G}\times(\ddot{\boldsymbol{p}}_\mathrm{G}+\boldsymbol{g})=\boldsymbol{n} \quad (2.333)$$

となる。式 (2.328), (2.333) は，図 2.65(a) のように，外界から加えられた 6 軸力に対する全身の振舞いを重心ただ一点の運動として巨視的にとらえられることを意味している。これは質量集中モデルと呼ばれる。

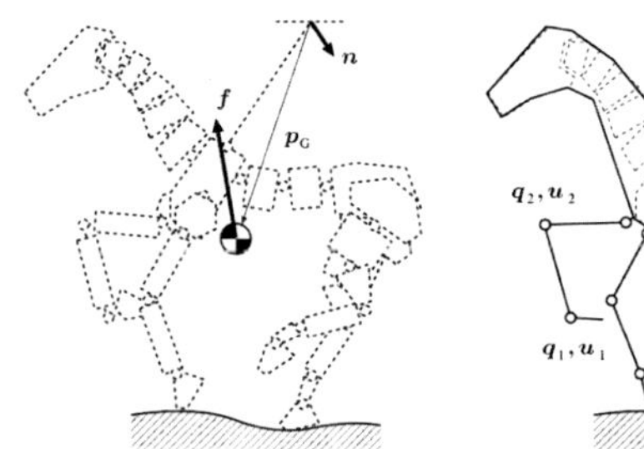

(a) 質量集中モデル

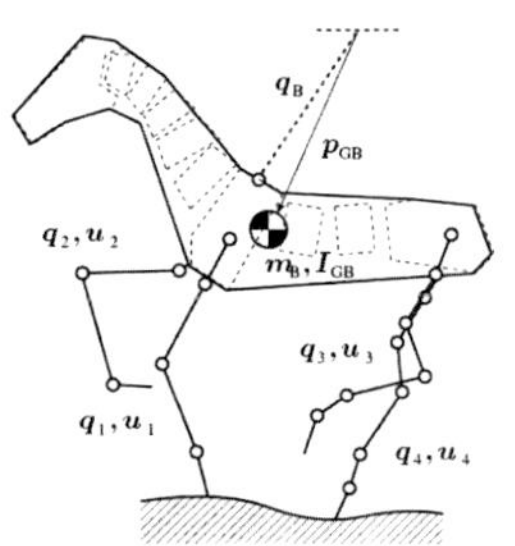

(b) 無質量脚モデル

図 **2.65**　脚ロボットの近似的力学モデル

次のような近似もよく行われる。図 2.65(b) のように，体幹を単一剛体と見なすことができ，さらに体幹と比較して脚質量が無視できるほど十分小さいならば，式 (2.320) はなくなり，式 (2.319), (2.321) は次式と等価になる。

$$m_\mathrm{B}(\ddot{\boldsymbol{p}}_\mathrm{GB}+\boldsymbol{g})=\boldsymbol{f} \quad (2.334)$$

$$\frac{\mathrm{d}(\boldsymbol{I}_\mathrm{GB}\boldsymbol{\omega}_\mathrm{B})}{\mathrm{d}t}=\boldsymbol{n}-\boldsymbol{p}_\mathrm{GB}\times\boldsymbol{f} \quad (2.335)$$

$$\boldsymbol{u}_k+\int_{\boldsymbol{p}_\mathrm{C}\in\mathcal{S}_k}\boldsymbol{J}_{\mathrm{C}k}^T\boldsymbol{\sigma}\mathrm{d}s=\boldsymbol{0} \quad (2.336)$$

ただし，m_B は体幹の質量，$\boldsymbol{p}_\mathrm{GB}$ は体幹の重心位置，$\boldsymbol{I}_\mathrm{GB}$ は体幹の重心まわり慣性テンソル，$\boldsymbol{\omega}_\mathrm{B}$ は体幹の角速度である。このような近似は無質量脚モデルと呼ばれる。重心が体幹上の定点となること，駆動力と接触力との関係に慣性の影響が及ばないことから，扱いが比較的容易である。

質量集中モデルは，重心の原点まわり角運動量変化と比較して全身の重心まわり角運動量変化が十分小さい，という仮定に基づくものである。この仮定は比較的多くの状況で受け入れられるが，体幹が大きく回転する運動においては必ずしも適切なモデルとならない。無質量脚モデルは，節足動物やイヌ，ウマのような細く軽い脚を持つロボット身体の良い近似となる。クマやヒトのような全質量に占める脚質量の割合がある程度大きい身体を持つロボットの場合は，適当であるかどうか注意が必要である。

(4) 地面と接触力の扱い

上述の通り，接触力に対するロボット身体の振舞いを理解することはそれほど難しくない。一方，接触力はロボットの振舞いと無関係に供給されるのではなく，

既に述べたように，ロボットが接触点群を介して駆動力を地面に作用させたときに，その反作用として発生するものである。地面は地盤の自由境界表面であり，地盤もまた固有のダイナミクスを持つ。すなわち脚ロボットの力学は，ロボットのみで完結しない[17]。必然的に，議論は地盤の力学まで及ぶ。

地盤には，アスファルト道路のように固いものから，ウレタンマットのように柔らかいもの，土や砂礫のように大変形するものまで様々な性質のものがある。それらを統一的に記述するのは容易ではないが，仮に連続体として近似できるならば，その振舞いは次の運動方程式および連続の式で表現できる。

$$\rho(\boldsymbol{p})(\ddot{\boldsymbol{p}}+\boldsymbol{g})+\frac{\partial}{\partial \boldsymbol{p}_0}\left\{\boldsymbol{\tau}\left(\frac{\partial \boldsymbol{p}}{\partial \boldsymbol{p}_0},\frac{\mathrm{d}}{\mathrm{d}t}\frac{\partial \boldsymbol{p}}{\partial \boldsymbol{p}_0}\right)\right\}=\boldsymbol{w} \tag{2.337}$$

$$\frac{\mathrm{d}}{\mathrm{d}t}\left(\rho(\boldsymbol{p})\det\frac{\partial \boldsymbol{p}}{\partial \boldsymbol{p}_0}\right)=0 \tag{2.338}$$

ただし，$\boldsymbol{p}$ は地盤内の点の位置ベクトル，$\rho(\boldsymbol{p})$ は $\boldsymbol{p}$ における地盤の密度，$\boldsymbol{p}_0$ は点 $\boldsymbol{p}$ の変形前の位置ベクトル，$\boldsymbol{\tau}$ は点 $\boldsymbol{p}$ における微小体積要素に働く応力，$\boldsymbol{w}$ は $\boldsymbol{p}$ に作用する単位面積あたりの外力である。式 (2.338) は，微小体積要素の質量が変形の前後で変わらないことを意味している。ロボットが地面上を運動するとき，$\boldsymbol{w}$ は次を満たす。

$$\boldsymbol{w}=\begin{cases}-\boldsymbol{\sigma}(\boldsymbol{p}_{\mathrm{C}}) & (\boldsymbol{p}=\boldsymbol{p}_{\mathrm{C}})\\ \boldsymbol{0} & (\boldsymbol{p}\neq\boldsymbol{p}_{\mathrm{C}})\end{cases} \tag{2.339}$$

これは作用反作用の法則にほかならない。

接触点群 $\{\boldsymbol{p}_{\mathrm{C}}|\boldsymbol{p}_{\mathrm{C}}\in\forall\mathcal{S}_k\}$ が与えられれば，式 (2.339) によって式 (2.319)〜(2.321) と式 (2.337), (2.338) が結びつけられ，新たな力学系（結合力学系）をなす。ロボットと地面との接触点が一体となって運動する (i.e., $\ddot{\boldsymbol{p}}=\ddot{\boldsymbol{p}}_{\mathrm{C}}$) ならば，形式的に $\boldsymbol{\sigma}$ を消去することで $\boldsymbol{q}$ と $\boldsymbol{p}$ を変数とする巨大な連立常/偏微分方程式ができ，与えられた駆動力 $\boldsymbol{u}$ の下に $\ddot{\boldsymbol{q}}$ と $\ddot{\boldsymbol{p}}$ が一意に決まる。接触力 $\boldsymbol{\sigma}$ は境界条件から自然に決まる。一方，クーロン摩擦を仮定するならば，$\boldsymbol{\sigma}$ は次の制約式を満たさなければならない。

$$\boldsymbol{\nu}^T\boldsymbol{\sigma}\geq 0 \tag{2.340}$$

$$\|\boldsymbol{\sigma}-(\boldsymbol{\nu}^T\boldsymbol{\sigma})\boldsymbol{\nu}\|\leq\mu_{\mathrm{S}}\boldsymbol{\nu}^T\boldsymbol{\sigma} \tag{2.341}$$

[17] 本来，脚ロボットに限らず外界と相互作用するシステムはすべからくそうである。

ただし，$\boldsymbol{\nu}$ は接触点におけるロボット表面と地面との（地面からロボットに向かう）共通単位法線ベクトル ($\|\boldsymbol{\nu}\|=1$)，μ_{S} は最大静止摩擦係数である。式 (2.340) は，2.3.5 項で見た垂直抗力の条件である。また，式 (2.341) は次のようにも書ける。

$$\boldsymbol{\sigma}^T\{\boldsymbol{1}-(1+\mu_{\mathrm{S}}^2)\boldsymbol{\nu}\boldsymbol{\nu}^T\}\boldsymbol{\sigma}\leq 0 \tag{2.342}$$

これは 2.3.4 項に記した摩擦円錐にほかならない。

仮に求めた $\boldsymbol{\sigma}$ に対し $\boldsymbol{\nu}^T\boldsymbol{\sigma}<0$ となった場合，$\boldsymbol{\sigma}$ を $\boldsymbol{0}$ に置き換えなければならない。また $\|\boldsymbol{\sigma}-(\boldsymbol{\nu}^T\boldsymbol{\sigma})\boldsymbol{\nu}\|>\mu_{\mathrm{S}}\boldsymbol{\nu}^T\boldsymbol{\sigma}$ となった場合，$\boldsymbol{\sigma}$ は次と置き換えられる。

$$\boldsymbol{\sigma}\leftarrow(\boldsymbol{\nu}^T\boldsymbol{\sigma})\left(\boldsymbol{\nu}+\mu_{\mathrm{K}}\frac{\boldsymbol{\sigma}-(\boldsymbol{\nu}^T\boldsymbol{\sigma})\boldsymbol{\nu}}{\|\boldsymbol{\sigma}-(\boldsymbol{\nu}^T\boldsymbol{\sigma})\boldsymbol{\nu}\|}\right) \tag{2.343}$$

ただし，μ_{K} は接触点における動摩擦係数である。これらのような置き換えが生じることは，ロボットと地面との接触点が一体となって運動するという仮定が誤りであったことを意味する。すべての接触点 $\boldsymbol{p}_{\mathrm{C}}$ について $\boldsymbol{\sigma}(\boldsymbol{p}_{\mathrm{C}})$ が決定されれば，ロボットは式 (2.319)〜(2.321) に，地盤は式 (2.337), (2.338) にそれぞれ従って独立に時間発展する。その結果，接触点 $\boldsymbol{p}_{\mathrm{C}}$ は場合によって滑りを生じ，消失し，また新たに発生する。

地盤のダイナミクスを式 (2.337) のような形で陽に同定することは，難易度の高い問題である[18]。また，多くの場合ロボットは硬い地盤の上で運動することを想定されるので，ロボットの運動と比較して微細な地盤の変形を精密に考慮することは，必ずしも得策ではない。一つの現実的なアプローチは，2.3.5 項 (3) で見たように地盤の変形はロボットの運動に対して十分小さいものとし，詳細な変形過程の表現を諦めることである。以下に，この考え方を説明しよう。

便宜上，接触領域を有限個の点群 $\cup_{k=1}^{N_l}\mathcal{S}_k=\{\boldsymbol{p}_{\mathrm{C}j}\}(j=1,\ldots,N_{\mathrm{C}})$ で表現することにする。ただし N_{C} は，すべての接触点の個数である。点 $\boldsymbol{p}_{\mathrm{C}j}$ に働く接触力を $\boldsymbol{f}_{\mathrm{C}j}$ とおき，式 (2.319)〜(2.322) を次のようにまとめよう。

$$\boldsymbol{H}\ddot{\boldsymbol{q}}+\boldsymbol{b}=\boldsymbol{B}\boldsymbol{u}+\sum_{j=1}^{N_{\mathrm{C}}}\boldsymbol{J}_{\mathrm{C}j}^T\boldsymbol{f}_{\mathrm{C}j} \tag{2.344}$$

ただし，

[18] 地盤力学，テラメカニクス等の分野で扱われる。

$$
\boldsymbol{H} \equiv \begin{bmatrix} \boldsymbol{H}_{\mathrm{B}} & \boldsymbol{H}_{\mathrm{B}0} & \boldsymbol{H}_{\mathrm{B}1} & \cdots & \boldsymbol{H}_{\mathrm{B}N_l} \\ \boldsymbol{H}_{\mathrm{B}0}^T & \boldsymbol{H}_0 & \boldsymbol{H}_{01} & \cdots & \boldsymbol{H}_{0N_l} \\ \boldsymbol{H}_{\mathrm{B}1}^T & \boldsymbol{H}_{01}^T & \boldsymbol{H}_1 & & \boldsymbol{O} \\ \vdots & \vdots & & \ddots & \\ \boldsymbol{H}_{\mathrm{B}N_l}^T & \boldsymbol{H}_{0N_l}^T & \boldsymbol{O} & & \boldsymbol{H}_{N_l} \end{bmatrix} \tag{2.345}
$$

$$
\boldsymbol{b} \equiv \begin{bmatrix} \boldsymbol{b}_{\mathrm{B}}^T & \boldsymbol{b}_0^T & \cdots & \boldsymbol{b}_{N_l}^T \end{bmatrix}^T \tag{2.346}
$$

$$
\boldsymbol{B} \equiv [\boldsymbol{O} \ \ \mathbf{1}]^T \tag{2.347}
$$

とそれぞれおいた。$\boldsymbol{O}$ は零行列，$\mathbf{1}$ は単位行列である。$\boldsymbol{J}_{\mathrm{C}j}$ は点 $\boldsymbol{p}_{\mathrm{C}j}$ のヤコビ行列であり，次を満たす。

$$
\boldsymbol{J}_{\mathrm{C}j}\dot{\boldsymbol{q}} = \dot{\boldsymbol{p}}_{\mathrm{C}j} \quad (j = 1, \ldots, N_{\mathrm{C}}) \tag{2.348}
$$

微小時間 Δt の間に働いた駆動力および接触力によって，一般化座標の速度が $\dot{\boldsymbol{q}}_-$ から $\dot{\boldsymbol{q}}_+$ へと変化したとしよう。この間の慣性行列およびヤコビ行列の変化が無視できるならば，次が成り立つ。

$$
\boldsymbol{H}\dot{\boldsymbol{q}}_+ - \sum_{j=1}^{N_{\mathrm{C}}} \boldsymbol{J}_{\mathrm{C}j}^T \boldsymbol{j}_{\mathrm{C}j} = \boldsymbol{c} \tag{2.349}
$$

$$
\boldsymbol{J}_{\mathrm{C}j}\dot{\boldsymbol{q}}_+ - \dot{\boldsymbol{p}}_{\mathrm{C}j+} = \mathbf{0} \quad (j = 1, \ldots, N_{\mathrm{C}}) \tag{2.350}
$$

ただし，$\dot{\boldsymbol{p}}_{\mathrm{C}j+}$ は時刻 $t + \Delta t$ における接触点 $\boldsymbol{p}_{\mathrm{C}j}$ の速度である。また，

$$
\boldsymbol{c} \equiv \boldsymbol{H}\dot{\boldsymbol{q}}_- + \int_t^{t+\Delta t} (\boldsymbol{B}\boldsymbol{u} - \tilde{\boldsymbol{b}})\mathrm{d}t \tag{2.351}
$$

$$
\boldsymbol{j}_{\mathrm{C}j} \equiv \int_t^{t+\Delta t} \boldsymbol{f}_{\mathrm{C}j}\mathrm{d}t \tag{2.352}
$$

とそれぞれおいた。$\tilde{\boldsymbol{b}}$ は，バイアス力のうち遠心力およびコリオリ力を除いたものである。

式 (2.349), (2.350) は $\dot{\boldsymbol{q}}_+, \dot{\boldsymbol{p}}_{\mathrm{C}j+}, \boldsymbol{j}_{\mathrm{C}j}$，合計 $n+6N_{\mathrm{C}}+6$ 個の変数に関する $n+3N_{\mathrm{C}}+6$ 本の連立方程式である。変数の方が $3N_{\mathrm{C}}$ 個多い。クーロン摩擦を仮定すれば，$\dot{\boldsymbol{p}}_{\mathrm{C}j+}$ と $\boldsymbol{j}_{\mathrm{C}j}$ の関係として力学的に許容されるのは次のいずれかである。

$$
(\mathrm{I}：静止) \begin{cases} \dot{\boldsymbol{p}}_{\mathrm{C}j+} = \mathbf{0} \\ \boldsymbol{\nu}_j^T \boldsymbol{j}_{\mathrm{C}j} \geq 0 \\ \|\boldsymbol{j}_{\mathrm{C}j} - (\boldsymbol{\nu}_j^T \boldsymbol{j}_{\mathrm{C}j})\boldsymbol{\nu}_j\| \leq \mu_{\mathrm{S}j}\boldsymbol{\nu}_j^T \boldsymbol{j}_{\mathrm{C}j} \end{cases} \tag{2.353}
$$

$$
(\mathrm{II}：滑り) \begin{cases} \dot{\boldsymbol{p}}_{\mathrm{C}j+} \neq \mathbf{0}, \quad \boldsymbol{\nu}_j^T \dot{\boldsymbol{p}}_{\mathrm{C}j+} = 0 \\ \boldsymbol{j}_{\mathrm{C}j} \times \left(\boldsymbol{\nu}_j - \mu_{\mathrm{K}j} \dfrac{\dot{\boldsymbol{p}}_{\mathrm{C}j+}}{\|\dot{\boldsymbol{p}}_{\mathrm{C}j+}\|} \right) = \mathbf{0} \end{cases} \tag{2.354}
$$

$$
(\mathrm{III}：離地) \begin{cases} \boldsymbol{\nu}_j^T \dot{\boldsymbol{p}}_{\mathrm{C}j+} > 0 \\ \boldsymbol{j}_{\mathrm{C}j} = \mathbf{0} \end{cases} \tag{2.355}
$$

ただし，$\boldsymbol{\nu}_j$，$\mu_{\mathrm{S}j}$，$\mu_{\mathrm{K}j}$ はそれぞれ点 $\boldsymbol{p}_{\mathrm{C}j}$ における単位法線ベクトル，最大静止摩擦係数，動摩擦係数である。なお，$\boldsymbol{\nu}_j^T \dot{\boldsymbol{p}}_{\mathrm{C}j+} < 0$（IV：侵入）は運動として許容されない。

Δt 後のロボットの振舞いを記述することは，式 (2.349), (2.350), (2.353)～(2.355) をすべて満たす $\dot{\boldsymbol{q}}_+$，$\dot{\boldsymbol{p}}_{\mathrm{C}j+}$，$\boldsymbol{j}_{\mathrm{C}j}$ の組を求めることに帰着する。式 (2.353)～(2.355) のいずれも 3 本の独立な等式を含む [19] ので，これらと式 (2.349), (2.350) を併せれば，変数の数と等式の数が一致し接触点の運動と接触力が決まる。このような問題は相補性問題と呼ばれる。足先の接触点が 4 個以上ある場合は不静定問題となり，接触力（の力積）$\boldsymbol{j}_{\mathrm{C}j}$ が一意に決まらないが，ロボットの運動 $\dot{\boldsymbol{q}}_+$ は一意に決まる。このモデルによれば，地面の輪郭すなわち地形のみわかればよいので，平坦な地面や人工的段差を含む環境を想定する場合に便利である。

いずれの表現をとったとしても，既述の通りロボットの振る舞いがロボットのみで完結しないことに変わりはない。接触点の不連続な発生，移動，消失が，ロボットの挙動の予測を困難にする [20]。特に上記の IV：侵入が許容されないことは大きな制約であり [21]，接触点の発生によって急激に大きな力が働き，ロボットの振る舞いを劇的に変えてしまう。これは 2.3.5 項で説明した衝突にほかならない。

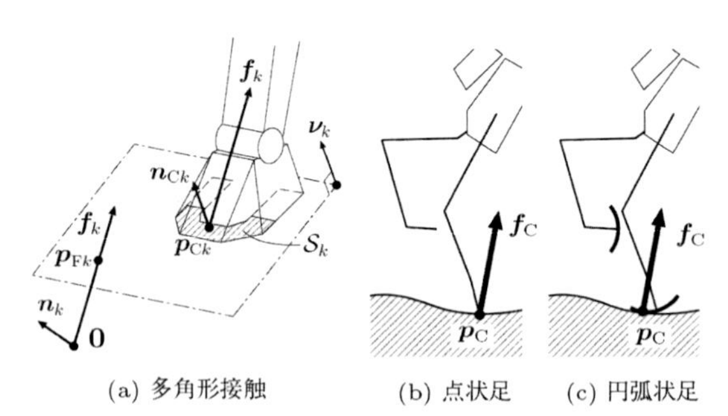

図 2.66　足先接触部モデル

[19] 式 (2.354) は見た目上 4 本の等式を含むが，独立なものは 3 本である。

[20] 接触点を一種の関節と見なせば，運動に伴って関節の位置や拘束が不連続に変化するリンク系ととらえることもできる。Nakamura, Yamane[18] は，このようなリンク系を構造可変系と名づけた。

[21] 言うまでもなく，この制約がなければ脚ロボットは運動できない。

接触部の形状が大きな意味を持つ。多くの場合，図2.66(a) のように接触領域は同一平面上の多角形で近似される。脚 k の足先に作用する分布接触応力は，式 (2.325), (2.326) で定義される力 $\boldsymbol{f}_k$ および原点まわりトルク $\boldsymbol{n}_k$ にまとめられる。足先が地面に対し静止しているならば，$\boldsymbol{\sigma}$ に関する制約式 (2.340) および (2.341) より，$\boldsymbol{f}_k$ には次の制約が課される。

$$\boldsymbol{\nu}_k^T \boldsymbol{f}_k \geq 0 \tag{2.356}$$

$$\|\boldsymbol{f}_k - (\boldsymbol{\nu}_k^T \boldsymbol{f}_k)\boldsymbol{\nu}_k\| \leq \mu_{\mathrm{S}k} {\boldsymbol{\nu}_k}^T \boldsymbol{f}_k \tag{2.357}$$

ただし，$\boldsymbol{\nu}_k$ は足先の乗る平面 P_k の単位法線ベクトル ($\|\boldsymbol{\nu}_k\| = 1$)，$\mu_{\mathrm{S}k}$ は最大静止摩擦係数である。また $\boldsymbol{n}_k$ には次の制約が課される。

$$\boldsymbol{p}_{\mathrm{C}k} = \boldsymbol{p}_{\mathrm{F}k} + \frac{\boldsymbol{\nu}_k \times \boldsymbol{n}_k}{\boldsymbol{\nu}_k^T \boldsymbol{f}_k} \in \mathcal{CH}(\mathcal{S}_k) \tag{2.358}$$

$$\left|\boldsymbol{\nu}_k^T (\boldsymbol{n}_k - \boldsymbol{p}_{\mathrm{C}k} \times \boldsymbol{f}_k)\right| \leq \mu_{\mathrm{S}k} R_k \boldsymbol{\nu}_k^T \boldsymbol{f}_k \tag{2.359}$$

ただし，$\boldsymbol{p}_{\mathrm{C}k}$ は平面 P_k 上の圧力中心，$\boldsymbol{p}_{\mathrm{F}k}$ は原点を通り $\boldsymbol{f}_k$ を方向ベクトルとする直線と平面 P_k との交点，$\mathcal{CH}(\mathcal{S})$ は領域 $\mathcal{S}$ の凸包，R_k は $\mathcal{S}_k$ の形状から決まるある正の定数である。足先が地面に対し滑りを生じている際の制約については省略する。

式 (2.358) について補足しよう。$\boldsymbol{n}_k$ を，点 $\boldsymbol{p}_{\mathrm{C}k}$ まわり等価トルク $\boldsymbol{n}_{\mathrm{C}k}$ に変換する。

$$\boldsymbol{n}_{\mathrm{C}k} = \boldsymbol{n}_k - \boldsymbol{p}_{\mathrm{C}k} \times \boldsymbol{f}_k \tag{2.360}$$

定義に従えば，$\boldsymbol{n}_{\mathrm{C}k}$ は次のように計算される。

$$\boldsymbol{n}_{\mathrm{C}k} = \int_{\boldsymbol{p} \in \mathcal{S}_k} (\boldsymbol{p} - \boldsymbol{p}_{\mathrm{C}k}) \times \boldsymbol{\sigma} \mathrm{d}s \tag{2.361}$$

天下り的だが，式 (2.361) より次を得る。

$$\boldsymbol{\nu}_k \times \boldsymbol{n}_{\mathrm{C}k} = \int_{\boldsymbol{p} \in \mathcal{S}_k} (\boldsymbol{\nu}_k^T \boldsymbol{\sigma}) \boldsymbol{p} \mathrm{d}s - \left(\int_{\boldsymbol{p} \in \mathcal{S}_k} \boldsymbol{\nu}_k^T \boldsymbol{\sigma} \mathrm{d}s \right) \boldsymbol{p}_{\mathrm{C}k} \tag{2.362}$$

これはトルク $\boldsymbol{n}_{\mathrm{C}k}$ の平面 P_k に平行な成分を表している。圧力中心の定義より，

$$\boldsymbol{p}_{\mathrm{C}k} \equiv \frac{\int_{\boldsymbol{p} \in \mathcal{S}_k} (\boldsymbol{\nu}_k^T \boldsymbol{\sigma}) \boldsymbol{p} \mathrm{d}s}{\int_{\boldsymbol{p} \in \mathcal{S}_k} \boldsymbol{\nu}_k^T \boldsymbol{\sigma} \mathrm{d}s} \tag{2.363}$$

すなわち $\boldsymbol{\nu}_k \times \boldsymbol{n}_{\mathrm{C}k} = \boldsymbol{0}$ となる。式 (2.360) によれば，

$$\boldsymbol{\nu}_k \times \boldsymbol{n}_{\mathrm{C}k} = \boldsymbol{\nu}_k \times \boldsymbol{n}_k - (\boldsymbol{\nu}_k^T \boldsymbol{f}_k) \boldsymbol{p}_{\mathrm{C}k} + (\boldsymbol{\nu}_k^T \boldsymbol{p}_{\mathrm{C}k}) \boldsymbol{f}_k \tag{2.364}$$

であるので，

$$\boldsymbol{p}_{\mathrm{C}k} = \boldsymbol{p}_{\mathrm{F}k} + \frac{\boldsymbol{\nu}_k \times \boldsymbol{n}_k}{{\boldsymbol{\nu}_k}^T \boldsymbol{f}_k} \quad \left(\boldsymbol{p}_{\mathrm{F}k} = \frac{\boldsymbol{\nu}_k^T \boldsymbol{p}_{\mathrm{C}k}}{\boldsymbol{\nu}_k^T \boldsymbol{f}_k} \boldsymbol{f}_k \right) \tag{2.365}$$

が成り立つ。図形的意味を考えれば，$\boldsymbol{p}_{\mathrm{F}k}$ を位置ベクトルとする点は上記のとおり平面 P_k 上に乗ることがわかるだろう。式 (2.363) および式 (2.340) より，圧力中心 $\boldsymbol{p}_{\mathrm{C}k}$ は接触領域の凸包内部になければならない，という直感に一致する制約式 (2.358) が導かれる。

無数の分布接触応力を 6 軸力にまとめられる点，およびその 6 軸力に課せられる制約条件を接触領域の形状を用いて陽に表現できる点で，式 (2.358), (2.359) は有用である。なお，式 (2.358) は具体的には $\mathcal{CH}(\mathcal{S}_k)$ を表す複数の不等式で表される。接触点の発生と消失は，足先の回転として表現される。

節足動物やイヌ，ウマの足のように，体幹に対して相対的に小さい足先は，図 2.66(b) のような点状足で近似できる可能性がある。これは地面との接触点候補が 1 点しかないため，考慮すべき接触状態を着地・離地・点滑りの 3 状態のみに絞り込むことができる。反面，地面に対してトルクを発生できず，表現可能な運動が著しく制限される。実際の運動では，体幹に対して足先が相対的に小さくても，接触状態の変化が運動に及ぼす影響は必ずしも小さくないので，足先形状を無視してよいか否かの判断は注意を要する。

また，同図 (c) のような円弧状足は，地面との接触点候補が 1 点しかないことは点状足と同じだが，転がり拘束を受けるためロボットのダイナミクスに含まれるモードが円弧半径に依存して変わる。このことが受動歩行を成立させる鍵になっているとして，解析に用いられる。詳しくは第 8 章 8.2.2 項を参照されたい。

なお，外界の凹凸に爪を引っ掛ける，梯子や手すりを把持する，地面や壁面に穿刺する，あるいは吸着する等の特殊な移動方式は議論から除外した。これらを扱うためには，接触の表現をさらに拡張する必要がある。

＜杉原知道＞

参考文献（2.4.3 項）

[1] Shubin, N. H., Daeschlerb, E. B. and Jenkins, F. A.: Pelvic girdle and fin of Tiktaalik roseae, *Proceedings of National Academy of Sciences of the United States of America*, Vol. 111, No. 3, pp. 893–899 (2013).

[2] 例えば Raibert, M. H., Brown, H. B. and Chepponis, M.:

Experiments in Balance with a 3D One-Legged Hopping Machine, *The International Journal of Robotics Research*, Vol. 3, No. 2, pp. 75–92 (1984).

[3] 例えば Hall, J. I. and Witt, D. C.: The Development of an Automatically-Stabilised Powered Walking Device, *University of Oxford Report* (1971).

[4] 例えば Morazzani, I., Hong, D. W., Lahr, D. and Ren, P.: Novel Tripedal Mobile Robot and Considerations for Gait Planning Strategies Based on Kinematics, *Lecture Notes in Control and Information Sciences*, Springer Berlin / Heidelberg, Vol. 370, pp. 35–48 (2008).

[5] 例えば Liston, R. A. and R. S. Mosher: A versatile walking truck, *Proceedings of the Transportation Engineering Conference* (1968).

[6] 加藤隆，内田直哉，森智隆，山本隆一郎：5 脚歩行ロボットの開発，『日本機械学会ロボティクス・メカトロニクス'99 講演会予稿』，1A1-42-059 (1999).

[7] 例えば Song, S. M. and K. J. Waldron: *Machines That Walk*, Cambridge, MA: MIT Press (1989).

[8] 例えば Wettergreen, D., Thorpe, C. E. and Whittaker, W.: Exploring Mount Erebus by Walking Robot, *Proceedings of 3rd Intelligent Autonomous Systems*, pp. 72–81 (1993).

[9] 例えば Thring, M. W.: Walking Machine: US Patent number: 3522859 (1968).

[10] Reuben Hoggett: http://cyberneticzoo.com/walking-machine-time-line/

[11] Sugihara, T. and Nakamura, Y.: Boundary Condition Relaxation Method for Stepwise Pedipulation Planning of Biped Robots, *IEEE Transaction on Robotics*, Vol. 25, No. 3, pp. 658–669 (2009).

[12] Miyazaki, F. and Arimoto, S.: A Control Theoretic Study on Dynamical Biped Locomotion, *Transaction of the ASME, Journal of Dynamic Systems, Measurement, and Control*, Vol. 102, pp. 233–239 (1980).

[13] Mita, T., Yamaguchi, T., Kashiwase, T. and Kawase, T.: Realization of a high speed biped using modern control theory, *The International Journal of Control*, Vol. 40, No. 1, pp. 107–119 (1984).

[14] Furusho, J. and Masubuchi, M.: Control of a Dynamical Biped Locomotion System for Steady Walking, *Transactions of the ASME, Journal of Dynamic Systems, Measurement, and Control*, Vol. 108, pp. 111–118 (1986).

[15] Yoshida, K., Nenchev, D. N. and Uchiyama, M.: Moving Base Robotics and Reaction Management Control, *Proceedings of The Seventh International Symposium of Robotics Research*, pp. 100–109 (1995).

[16] Vafa, Z. and Dubowsky, S.: On the Dynamics of Manipulators in Space using the Virtual Manipulator Approach, *Proceedings of the 1987 IEEE International Conference on Robotics & Automation*, pp. 579–585 (1987).

[17] 藤本康孝，河村篤男：2 足ロボットの床反力を考慮した安定化制御と自律的歩行パターン生成システムの提案，『電気学会産業計測制御研究会』，IIC-96-20, pp. 103–110 (1996).

[18] Nakamura, Y. and Yamane, K.: Dynamics Computation of Structure-Varying Kinematic Chains and Its Application to Human Figures, *IEEE Transactions on Robotics and Automation*, Vol. 16, No. 2, pp. 124–134 (2000).

2.4.4 車輪移動ロボットの力学モデル

本項では，平面を走行する二輪車両の制御を考え，以下の運動学 (2.366), (2.367) ならびに力学モデル (2.368), (2.369) が導出されることを紹介する。

$$\begin{bmatrix} {}^o\dot{p}_x \\ {}^o\dot{p}_y \\ \dot{\theta} \end{bmatrix} = \begin{bmatrix} \cos\theta & 0 \\ \sin\theta & 0 \\ 0 & 1 \end{bmatrix} \begin{bmatrix} v \\ \omega \end{bmatrix} \tag{2.366}$$

$$\begin{bmatrix} v \\ \omega \end{bmatrix} := \begin{bmatrix} {}^o\dot{p}_x \cos\theta + {}^o\dot{p}_y \sin\theta \\ \dot{\theta} \end{bmatrix} \tag{2.367}$$

$$M \begin{bmatrix} {}^o\ddot{p}_x \\ {}^o\ddot{p}_y \end{bmatrix} = \begin{bmatrix} \cos\theta & -\sin\theta \\ \sin\theta & \cos\theta \end{bmatrix} \begin{bmatrix} f_{rx} + f_{lx} \\ Mv\dot{\theta} \end{bmatrix} \tag{2.368}$$

$$I_G\ddot{\theta} = -dM\dot{\theta}v + \frac{W}{2}(f_{rx} - f_{lx}) \tag{2.369}$$

本項で考えるロボットは図 2.67(a) で示すような独立二輪型の車両ロボットである。駆動系は，車体中央に並べられた 2 つの動力を独立に制御する PWS(Power Wheeled Stearing) 方式であり，車体の前後には十分小さい摩擦を持つ従輪（例えば，ボールキャスターや滑らかなシート）が配置されている。車両ロボットが走行する路面は平坦で，タイヤと路面間には十分な摩擦力があり，各タイヤは車軸方向に滑らないとする。本車両ロボットの動輪にはそれぞれモータが接続されており，2 つのタイヤに対して独立にトルクが伝達される。本項で想定する制御は，2 つのタイヤが地面を蹴る力を適切に調整することで，車両ロボットを与えられた軌道に沿って走行させることである。

運動学 (2.366), (2.367) ならびに力学モデル (2.368),

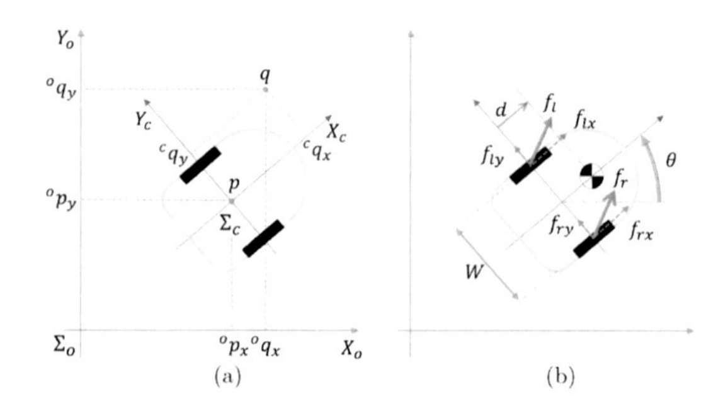

図 2.67　二輪車両ロボット。(a) は座標系を，(b) はロボットにかかる力と機体固有のパラメータを定義している。

(2.369) を導出するために，まずは車両ロボットの座標表現ならびに変数・定数の意味について述べる。図 2.67(a) のように右手系の座標系 $\sum_o$ ならびに $\sum_c$ をとる。座標系 $\sum_o$ は地面に固定された座標系であり，$\sum_c$ は左右のタイヤの中心を原点とし，車両ロボットの前方向を X 軸，車軸方向を Y 軸にとったものである。座標系 $\sum_c$ の原点にあたる点を p と書く。p に対する $\sum_c$ による座標表現を ${}^c p = [{}^c p_x, {}^c p_y]^T$，ある点 q に対する座標系 $\sum_o$ による座標表現を ${}^o q = [{}^o q_x, {}^o q_y]^T$，$\sum_c$ による座標表現を ${}^c q = [{}^c q_x, {}^c q_y]^T$ と書く。

図 2.67(b) 右のように，$\sum_o$ と $\sum_c$ がなす角度 θ をとる。地面が右タイヤ・左タイヤへ及ぼす力をそれぞれ f_r, f_l と書き，f_r の $\sum_c$ による x_c 成分を f_{rx}，y_c 成分を f_{ry} と書く。同様に，f_{lx}, f_{ly} も定義する。従輪は十分抵抗が少ないことを仮定しているため，車両ロボットにかかる外力はこれだけである。議論を簡単にするため，車両の重心は車両の中心線 ${}^c q_y = 0$ 上にあると仮定し，左右のタイヤの中心点から見た重心の位置を d と書く。d は正負の符号を取る実数値であり，正であれば車輪軸よりも前方に，負であれば後方に重心があることを意味している。また，車両のトレッドを W と書き，左右の車輪は中心線から見て均等に配置されていると仮定する。

座標表現 ${}^o p, {}^o q, {}^c q$ の間には以下の関係が成立する。

$$\begin{bmatrix} {}^o q_x \\ {}^o q_y \\ 1 \end{bmatrix} = \begin{bmatrix} \cos\theta & -\sin\theta & {}^o p_x \\ \sin\theta & \cos\theta & {}^o p_y \\ 0 & 0 & 1 \end{bmatrix} \begin{bmatrix} {}^c q_x \\ {}^c q_y \\ 1 \end{bmatrix} \tag{2.370}$$

各座標上で表現された速度ベクトルの関係を調べるため，両辺を時刻 t で微分すると，

$$\begin{aligned} \begin{bmatrix} {}^o \dot{q}_x \\ {}^o \dot{q}_y \\ 1 \end{bmatrix} &= \begin{bmatrix} -\dot{\theta}\sin\theta & -\dot{\theta}\cos\theta & {}^o \dot{p}_x \\ \dot{\theta}\cos\theta & -\dot{\theta}\sin\theta & {}^o \dot{p}_y \\ 0 & 0 & 1 \end{bmatrix} \begin{bmatrix} {}^c q_x \\ {}^c q_y \\ 1 \end{bmatrix} \\ &\quad + \begin{bmatrix} \cos\theta & -\sin\theta & {}^o p_x \\ \sin\theta & \cos\theta & {}^o p_y \\ 0 & 0 & 1 \end{bmatrix} \begin{bmatrix} {}^c \dot{q}_x \\ {}^c \dot{q}_y \\ 0 \end{bmatrix} \end{aligned} \tag{2.371}$$

という関係が成立する。特に，$q = p$ の場合は，${}^c p = {}^c q$，${}^c q_x = {}^c q_y = 0$ だから，これを式 (2.371) に代入して，

$$\begin{bmatrix} {}^o \dot{p}_x \\ {}^o \dot{p}_y \end{bmatrix} = \begin{bmatrix} \cos\theta & -\sin\theta \\ \sin\theta & \cos\theta \end{bmatrix} \begin{bmatrix} {}^c \dot{p}_x \\ {}^c \dot{p}_y \end{bmatrix} \tag{2.372}$$

$$\begin{bmatrix} {}^c \dot{p}_x \\ {}^c \dot{p}_y \end{bmatrix} = \begin{bmatrix} \cos\theta & \sin\theta \\ -\sin\theta & \cos\theta \end{bmatrix} \begin{bmatrix} {}^o \dot{p}_x \\ {}^o \dot{p}_y \end{bmatrix} \tag{2.373}$$

という関係が導出できる。

次に，車両ロボットに働く幾何拘束を定式化しよう。$[{}^c \dot{p}_x, {}^c \dot{p}_y]^T$ は，車両ロボットの移動速度を $\sum_c$ で座標表現したものであることに注意すると，タイヤが横滑りしない仮定は，

$${}^c \dot{p}_y = 0 \tag{2.374}$$

と定式化される。仮定 (2.374) を座標表現間の関係 (2.373) に代入すると，

$$-{}^o \dot{p}_x \sin\theta + {}^o \dot{p}_y \cos\theta = 0 \tag{2.375}$$

という幾何拘束が得られる。幾何拘束 (2.375) の両辺を時刻 t で微分すると，

$$\begin{aligned} &- {}^o \ddot{p}_x \sin\theta - \dot{\theta}\, {}^o \dot{p}_x \cos\theta \\ &+ {}^o \ddot{p}_y \cos\theta - \dot{\theta}\, {}^o \dot{p}_y \sin\theta = 0 \end{aligned} \tag{2.376}$$

となり，これも一つの幾何拘束を与える。

幾何拘束を使って，運動学を定式化する。以下のように車両ロボットの直進速度を意味する変数 v を定義する。

$$v := {}^c \dot{p}_x = {}^o \dot{p}_x \cos\theta + {}^o \dot{p}_y \sin\theta \tag{2.377}$$

v の定義 (2.377) とタイヤが横滑りしない仮定 (2.374) を座標表現間の関係 (2.372) に代入し，角速度 $\dot{\theta}$ を ω という変数で書くことにすると，運動学 (2.366) が得られる。

最後に，運動方程式を立てよう。車両ロボットの中心点 $q = p$ の並進運動の運動方程式は以下で立式できる。

$$M \begin{bmatrix} {}^o \ddot{p}_x \\ {}^o \ddot{p}_y \end{bmatrix} = \begin{bmatrix} \cos\theta & -\sin\theta \\ \sin\theta & \cos\theta \end{bmatrix} \begin{bmatrix} f_{rx} + f_{lx} \\ f_{ry} + f_{ly} \end{bmatrix} \tag{2.378}$$

ただし，M はロボットの質量である。重心まわりの回転の運動方程式は以下の通りである。

$$\begin{aligned} \begin{bmatrix} 0 \\ 0 \\ I_G \ddot{\theta} \end{bmatrix} &= \begin{bmatrix} -d \\ -\frac{W}{2} \\ 0 \end{bmatrix} \times \begin{bmatrix} f_{rx} \\ f_{ry} \\ 0 \end{bmatrix} + \begin{bmatrix} -d \\ \frac{W}{2} \\ 0 \end{bmatrix} \times \begin{bmatrix} f_{lx} \\ f_{ly} \\ 0 \end{bmatrix} \\ &= \begin{bmatrix} 0 \\ 0 \\ -d(f_{ry} + f_{ly}) + \frac{W}{2}(f_{rx} - f_{lx}) \end{bmatrix} \end{aligned} \tag{2.379}$$

ただし，I_G は重心まわりの慣性モーメントである。式 (2.379) は車両の中心点まわりの運動方程式とも取れることに注意する。

ここで，f_{ry}, f_{ly} は実際には制御できない量なので，式 (2.378), (2.379) から $f_{ry} + f_{ly}$ の項を消去した表現を考える。運動方程式 (2.378) を幾何拘束 (2.376) に代入し，計算を行うと，式 (2.377) で定義される変数 v を使って以下が得られる。

$$f_{ry} + f_{ly} = Mv\dot{\theta} \tag{2.380}$$

これを運動方程式 (2.378), (2.379) に代入することで，最終的な運動方程式 (2.368), (2.369) が得られる。

力学モデル (2.368), (2.369) の中でも特に，車両ロボットが半径 $R > 0$，角速度 $\omega > 0$ で等速円運動している場合，すなわち，

$$\begin{bmatrix} {}^o p_x(t) \\ {}^o p_y(t) \\ \theta(t) \end{bmatrix} = \begin{bmatrix} R\cos(\omega t) \\ R\sin(\omega t) \\ \omega t + \pi/2 \end{bmatrix} \tag{2.381}$$

という軌道で車両ロボットが動いている場合は，

$${}^o\dot{p}_x(t) = -R\omega\sin(\omega t) \tag{2.382}$$

$${}^o\dot{p}_y(t) = R\omega\cos(\omega t) \tag{2.383}$$

$$\dot{\theta}(t) = \omega \tag{2.384}$$

$$\cos\theta(t) = \cos(\omega t + \pi/2) = -\sin(\omega t) \tag{2.385}$$

$$\sin\theta(t) = \sin(\omega t + \pi/2) = \cos(\omega t) \tag{2.386}$$

であるため，

$$v = {}^o\dot{p}_x\cos\theta + {}^o\dot{p}_y\sin\theta \tag{2.387}$$

$$= R\omega\sin^2(\omega t) + R\omega\cos^2(\omega t) \tag{2.388}$$

$$= R\omega \tag{2.389}$$

であり，式 (2.384) ならびに式 (2.389) を式 (2.369) に代入して，

$$I_G\ddot{\theta} = -dMR\omega^2 + \frac{W}{2}(F_r - F_l) \tag{2.390}$$

が成立する。ここで，$-dMR\omega^2$ は遠心力によるモーメントに相当する。実際，円運動している際にかかる遠心力を図 2.68 のように示して考えてみると，遠心力の車軸方向成分は $-MR\omega^2$ であり，それによる左右のタイヤの中心まわりのモーメントが $-dMR\omega^2$ であるこ

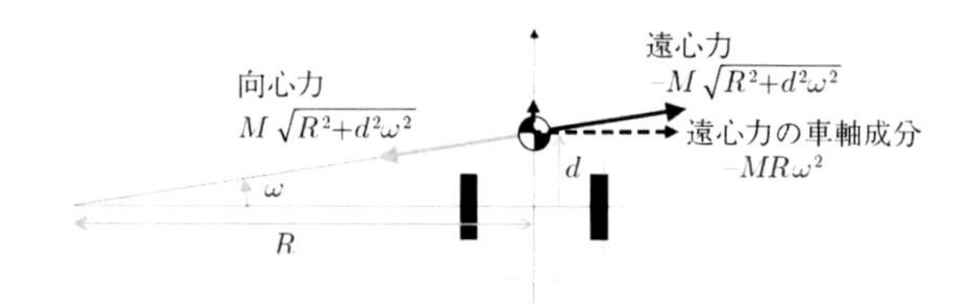

図 2.68　遠心力の影響。等速円運動を行っている場合，遠心力によるタイヤの中心まわりのモーメントは $dMR\omega^2$ で与えられる。そのため，重心が車輪軸よりも前方にあるか後方にあるかで回転運動に与えられる影響が異なる。

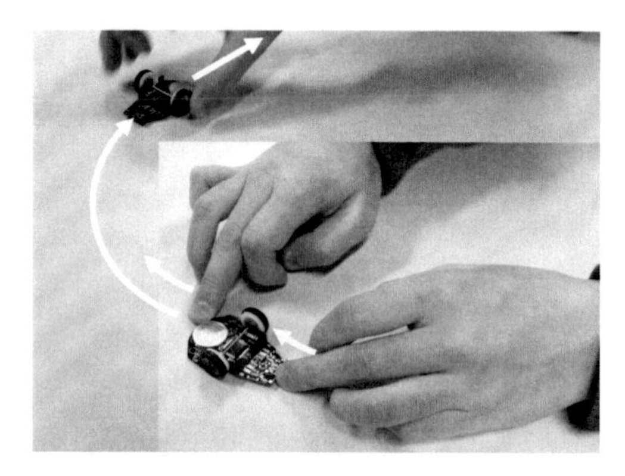

図 2.69　等速円運動時の遠心力の影響を手元にあるロボットで確認している様子。本図では 1 円玉を重しとして機体前方に置くことで，前重心の車両を対象にしている。後ろ重心の車両の実験を行う場合は重しを機体後方に置けばよい

とが確認できる。

もし，両方のタイヤをフリー状態にした場合，$I_G\ddot{\theta} = -dMR\omega^2$ となるため，重心が車軸より前にある機体には，機体の回転を妨げる力が働き，直進しようとする。また，重心が車軸より後ろにある機体には，機体をより強く回転させる力が働く。手元に車両ロボットがある読者は，図 2.69 のように実際に自分の手で車両ロボットを押し，円運動をさせてみるとよい。もしも前重心であれば，車両ロボットは円運動をやめ，直線運動を行うようになる。後ろ重心であれば，車両ロボットは円運動からその場回転運動を行うことになることが確認できるだろう。このように，タイヤの横方向の力と，車両重心位置は車両の回転運動に大きく影響する。

以上が基本的な車両ロボットの力学モデルである。この基本的なモデルは，タイヤの滑り角や従輪の摩擦などを無視しているため，実際にロボットの制御を行う場合は，制御の目的に合わせて追加の物理現象を考

慮したモデルを導出する必要がある。例えば，ある一定以上の水準で高速走行するロボットを制御する場合は，タイヤの滑り角の影響を無視できなくなるため，${}^{c}\dot{p}_y = 0$ の仮定を外し，滑り角度を考慮したモデリングを行う必要がある[1]。あるいは，自動車のような前輪操舵車両の制御を考える場合は，車両横方向運動が操舵角入力の運動として記述されるため，文献 [2] で論じられているような詳細な運動解析を行う必要がある。これらの文献などを参照する，実験を行うことで主たる物理要因を突き止めるなどし，制御の目的にあったモデリングを自身の手で行うとよいだろう。

＜福井善朗，和田隆広＞

参考文献（2.4.4 項）

[1] 小島宏一：マイクロマウスロボットにおける計測・制御技術の最先端，『計測と制御』，Vol.52. No.6 (2013).

[2] 安部正人：『自動車の運動と制御 第 2 版—車両運動力学の理論形成と応用』，東京電機大学出版局 (2008).

2.5　おわりに

本章において，ロボットに関する様々な状況の力学モデルを記述した。モデルには，モデリングのための仮定，条件が存在する。運動制御の場合，具体的な目的のために，どのようなモデルを選定するかに注意すべきである。その際，常にロボットが存在する実世界の物理現象を，先入観を持たずに考察する態度が必要となる。良い力学モデルが整備されて，良い運動制御法が生まれる。良い運動制御法の提案のために，力学モデルが作られる。ロボットの運動制御では，このような制御とモデルの関係を考察する必要がある。今後，ロボットの新しい運動制御法の提案には，ロボットの新しい力学モデルの創造が重要と思われる。

＜川村貞夫＞

第3章
ROBOT CONTROL HANDBOOK

センサ・アクチュエータ系のモデリング

3.1 はじめに

本書の主題はロボットの「制御」なので，主役は制御則であり，いかにして適切な制御則を設計するかがポイントである。そのためにロボット本体のモデルを求め，それに基づいて制御則が設計される（1.3 節参照）。そのモデルについては，第 2 章で述べているロボット本体の力学的モデルがまずは重要である。しかし，実はそれと同等に重要なのが本章で述べられるセンサとアクチュエータのモデルである。なぜなら，いわゆる制御則は，制御量を制御するために，入手可能な情報（観測量）を入手して制御対象を駆動する入力信号（操作量）を算出する。その際，観測量の入手と操作量の提供はともに理想的だとする。すなわち，そのためにはセンサとアクチュエータが必要なのだが，それらの特性は普通理想的だとする。もちろん実際には理想的ということはなく，何らかの動特性をもっているのが普通である。そして，その特性を無視すると制御系が不安的になることがある（5.2 節参照）。そのようなことで本章では，ロボット制御に用いられることが多いセンサやアクチュエータを取り上げ，それらのモデリングについて説明する。

＜大須賀公一＞

3.2 アクチュエータ

3.2.1 DC サーボモータ

(1) DC モータの基本式

DC モータは磁束密度の中を流れる電流に働くローレンツ力で動く。磁束密度 $\boldsymbol{B}$ 中の長さ L の電流 $\boldsymbol{I}$ に働くローレンツ力 $\boldsymbol{F}$ は，

$$\boldsymbol{F} = L\boldsymbol{I} \times \boldsymbol{B} \tag{3.1}$$

と表せ，モータが発生するトルクや力は電流と磁場に比例する。また，磁束密度の中を導線が横切れば起電力が生じる。モータを回すための電流を妨げる向きに生じるため逆起電力と呼ばれる。逆起電力 E は，導線の向きと長さのベクトル $\boldsymbol{L}$ と導線の速度 $\boldsymbol{v}$ に対して

$$E = \boldsymbol{B} \times \boldsymbol{v} \cdot \boldsymbol{L} \tag{3.2}$$

と表せ，モータの角速度（速度）と磁場に比例する。

図 3.1 に示す簡略化した DC モータで考え，磁束密度が一定でコイルの磁束密度に対する角度が θ ならば，モータが生み出すトルク T は電流 I に対して，

$$T = 2R\cos\theta LB \tag{3.3}$$

となる。逆起電力 E は，角速度 ω に対して，

$$E = 2BLR\cos\theta\omega \tag{3.4}$$

となる。整流子とブラシによる切り替えで，コイルの

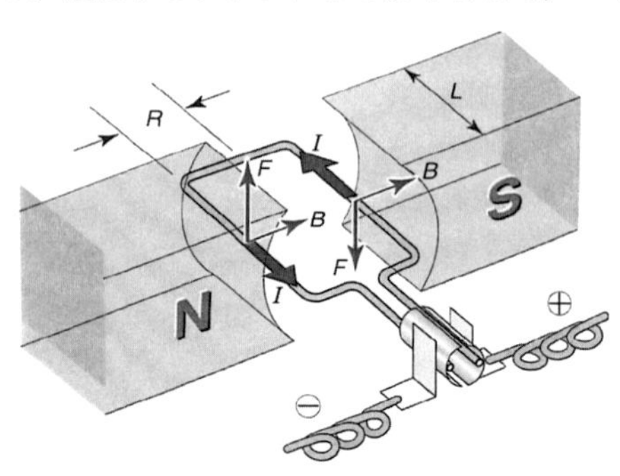

図 3.1　DC モータの原理（文献 [1] より転載）

角度θが大きくなると別のコイルが使われるので，回転しても同じ向きのトルクが発生し続ける。コイルの向き$(\cos\theta)$の影響でコイルの回転に伴ってモータのトルクは変動するが，平均すれば定数となる。また，整流子の極数とコイルを増やすことで，コイルの向きに伴う変動を減らすことができる。実際のモータではコイルの形は長方形ではなく，コイルの向きだけでなく鉄心と磁石が引き合う力などによってもトルクが変動するが，1周分を平均すれば定数になることには変わりない。そのため，モータ係数$K_T = K_E = K$はモータに固有の定数になり，

$$T = K_T I,\ E = K_E \omega,\ K_T = K_E = K \tag{3.5}$$

となる。式(3.5)より$IE = \omega T$となることから，DCモータが電気の仕事と力学の仕事を変換することがわかる。

(2) DC モータの等価回路

DCモータを電気回路として見ると，図3.2のような回路になる。モータの両端には，抵抗R，コイルLに生じる電圧に加えて，モータの逆起電力$E = \omega K_E$が加わるため，モータの端子の電圧E_Mは，電流がIのとき

$$E_M = IR + L\frac{\mathrm{d}I}{\mathrm{d}t} + \omega K_E \tag{3.6}$$

となる。

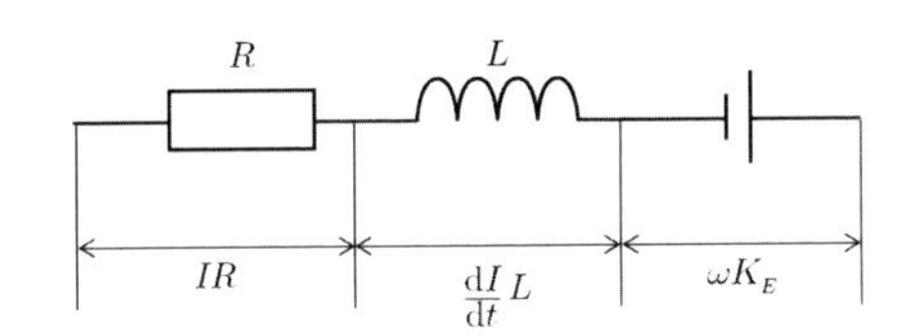

図 3.2　DCモータの等価回路

(3) DC モータで生じる損失

DCモータで生じる損失の原因には次のようなものがある。モータの導線の抵抗による発熱。コイルが鉄心に巻かれている場合，磁束密度の変化による起電力により鉄心内に流れる電流による発熱。鉄心がもつヒステリシスによる損失（鉄心が磁化してしまい，変化させるときに熱を生じる）。モータの回転子の軸受けや整流子とブラシの摩擦。回転子の空気抵抗。

(4) DC モータのトルクと角速度

(i) DC モータのトルク

コイルに流れた電流は，式(3.1)に従ってトルクになる。磁束密度Bのヒステリシスなどによる変化，軸受けや空気との摩擦によるトルクの減少はあるが，電流とトルクはかなりの精度で比例する。ただし式(3.3)の$\cos\theta$により，コイルの向きによりトルクが変動する。また，鉄心と磁石が引き合う力などによってもトルクが変動する。これらの変動はトルクリップルと呼ばれる。モータのコイルの数と整流子を増やし，モータの角度に通電しているコイルの向きと数が変動しないようにすることで，トルクリップルは減少する。そのため，高精度なトルク制御では極数が多いモータが使用される（図3.3）。

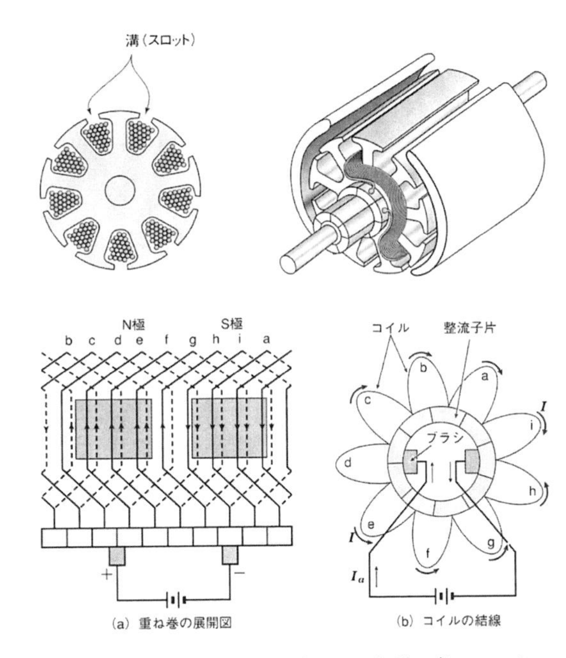

図 3.3　トルクリップルの少ない，極数の多いモータ（文献[1]より転載）

(ii) DC モータの速度

DCモータの逆起電力は式(3.5)のようにモータの角速度に比例する。しかし，モータの端子に現れる電圧は，式(3.6)のようにモータの巻線の抵抗やインダクタンスによって生じる電圧が加わるため，印加電圧を設定するだけでは速度を正確に制御することはできない。

(5) DC モータのトルク制御

モータに流れる電流や加わる電圧を制御するために

は，トランジスタ，電界効果トランジスタ (FET: Field Effect Transistor) 等の半導体が用いられる。半導体は ON，OFF だけでなくその間の状態を取ることができるので，例えば図 3.4 のような回路でモータを駆動することで，モータに流す電流（≈ トルク）を制御できる。

この回路では，モータに流れる電流はトランジスタと電流検出抵抗にも流れるので，消費電力は各素子に加わる電圧に比例する。また，電源電圧は $V_+ = E_M + V_{TR} + V_R$ となる。このため，角速度が小さい時など E_M が低い時は，電源電圧のほとんどがトランジスタに加わる ($V_+ \approx V_{TR}$) ため，トランジスタで大半の電力が消費されてしまう。電力が無駄になることに加えてトランジスタが発熱するため，巨大なトランジスタと放熱器が必要になってしまう。

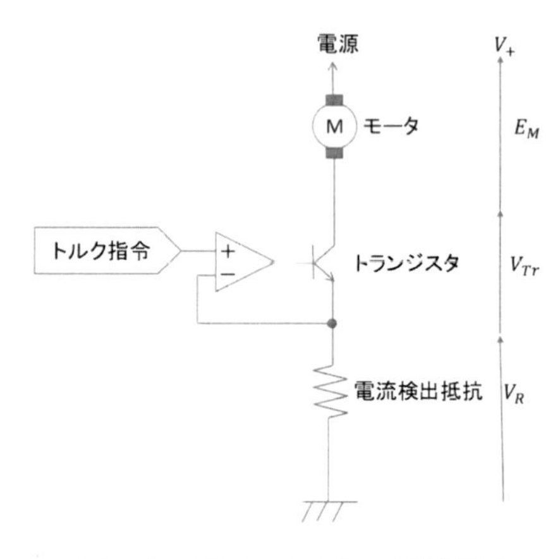

図 **3.4**　DC モータのトルク制御回路

(6) PWM 駆動

トランジスタでの発熱を解消するために，モータの制御ではパルス幅変調 (PWM: Pulse Width Modulation) 駆動が用いられる。PWM 駆動では，トランジスタを完全な ON また完全な OFF のどちらかにする。これにより，電流が流れる時は電圧が 0 に近づき，電圧がかかるときは電流が 0 になるため，トランジスタでの電力消費が少なくなる。トルクを調節するためには，ON と OFF を高速に切り替えつつ，ON の時間の割合（デューティー比）を調節する（図 3.5）。

(7) H ブリッジによる駆動

DC モータに流れる電流の向きを逆にすると，発生するトルクも逆になり逆転する。ロボットでは正転逆転両方の向きにトルクを発生させたい場合が多いため，

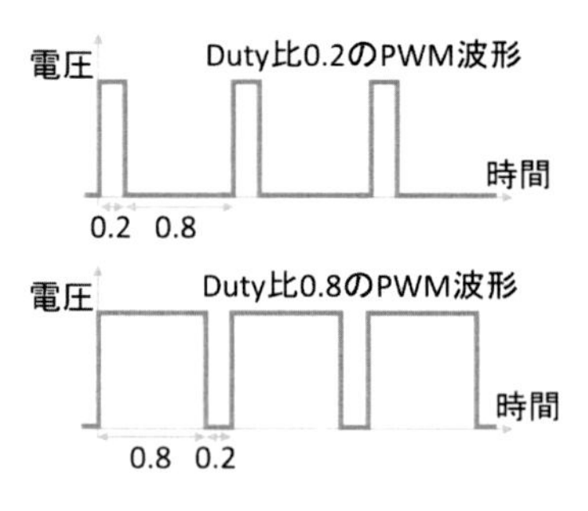

図 **3.5**　PWM 波形

モータに印加する電圧の向きを変えられる H ブリッジと呼ばれる回路（図 3.6）が用いられる。また，トランジスタには電圧降下の少ない MOS 型 FET が用いられることが多い。

PWM 駆動した場合でも，モータはコイルなので，モータに電圧を加えない時間（OFF の時間）もコイルの電圧 ($\frac{dI}{dt}L$) により電流は流れ続ける（コイルの電流には慣性があるのですぐには止まらない）。このため，H ブリッジに加わる電圧が変化するが，電流検出抵抗

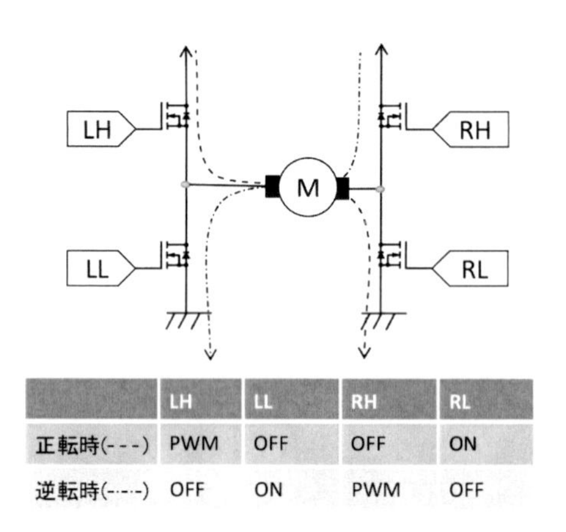

	LH	LL	RH	RL
正転時(- - -)	PWM	OFF	OFF	ON
逆転時(-·-·-)	OFF	ON	PWM	OFF

図 **3.6**　H ブリッジによる正転逆転の切り替えと PWM 駆動

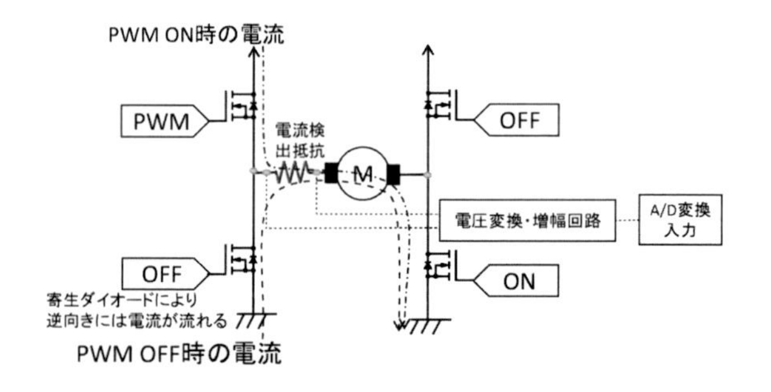

図 **3.7**　H ブリッジによる PWM 駆動の場合のトルク制御のための電流検出

の両端の電圧差を計測することでトルク制御を行うことができる（図 3.7）。

(8) DC モータの速度制御，位置制御

DC モータの逆起電力は速度に比例するが，巻線抵抗等の影響があるため，モータへの印加電圧と速度には差がある（(4)(ii) 参照）。このため速度を制御するためには速度の計測とフィードバック制御が必要となる。位置制御を行う場合も，計測とフィードバック制御が必要となる。

(9) 減速機のついた DC モータの制御

減速比が大きい場合などには，減速比の慣性，摩擦，粘性が大きくなるため，モータが出力したトルクと減速後に出力されるトルクが比例関係でなくなり，モータに流す電流を制御しても減速後の出力トルクを制御できなくなってしまう。このような場合にトルクを制御するには，力センサなどを用いて，力制御やインピーダンス制御を行うことが必要になる（3.2.3 項参照）。

<長谷川晶一>

参考文献（3.2.1 項）

[1] 見城尚志，佐渡友茂，木村玄：『イラスト図解 最新小型モータのすべてがわかる』，技術評論社 (2007).

3.2.2 AC サーボモータ

DC モータは，電流の向きを整流子とブラシによる機械的なスイッチにより切り替えている。そのため摩耗による寿命や，スイッチから発生するノイズが問題となる場合がある。またコイルが内側で回転するため，回転のための隙間が必要であり，コイルの放熱の効率が悪い。

DC モータの整流子とブラシの代わりに，センサにより角度を計測し，駆動回路が角度に応じた駆動電圧を印加することで回転を続けるためのトルクを発生させるモータを，DC ブラシレスモータと呼ぶ。DC ブラシレスモータの角度検出にロータリエンコーダなどの分解能の高いセンサを用い，角度や角速度，トルクを制御するモータは，AC サーボモータと呼ばれる。交流電源を用いるわけではないのに名前に AC と付いているのは，次のような事情による。まず，DC モータの場合にも，回転中にコイルに流れる電流は整流子により切り替えられて，コイルには向きが変わる AC 電流が流れる。AC サーボモータでは，PWM 制御などで角度に応じて電流を制御するため，回転中にコイルに流れる電流は正弦波に近く，より交流らしい AC 電流が流れる。

ところで，固定されたコイルにより回転磁界を作り，誘導電流が流れるかごと鉄心からなる回転子を回転させる誘導モータに，分解能の高い角度センサを取り付けて角度制御するモータも，AC サーボモータと呼ばれる。後者は，永久磁石では実現が難しい，大型で大出力のサーボモータを実現するために用いられる。ロボットに用いられる AC サーボモータの多くは前者なので，ここでは DC ブラシレスモータに構造が近い AC サーボモータについて説明する。

(1) AC サーボモータの構造

AC サーボモータでは整流子を用いないので，コイルを固定し，回転子に永久磁石を用いる。DC モータのようにトルクリップルを少なくするために極数を増やすことは行われず，3 極のコイルで構成される。これは駆動回路の複雑化を避けるためと，コイルに流す電流を角度に応じて制御することでトルクの変動をなくすことができるためである。回転子には角度計測のためのセンサが取り付けられる。センサにはロータリエンコーダやレゾルバが用いられることが多い。

(2) AC サーボモータの駆動回路

図 3.8 に AC サーボモータ駆動回路の回路図の例を示す。AC サーボモータでは，3 組の固定コイルを駆動するために 2 個 × 3 組 ＝ 計 6 個のトランジスタが用いられ，回転子の角度と制御指令に応じて PWM 駆動する。

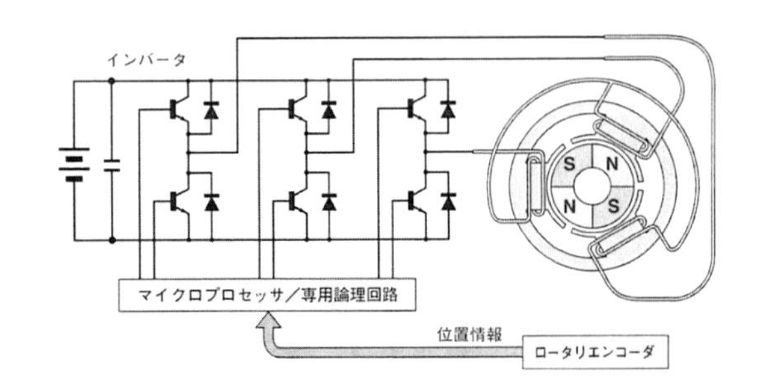

図 3.8　AC サーボモータの駆動回路の例（文献 [1] より改変）

(3) AC サーボモータの制御

AC サーボモータには分解能の高い角度センサが取り付けられているので，フィードバック制御により位

置・速度制御を行う。トルク制御は，電流検出回路を3つのコイルそれぞれに用意して計測し，コイルに流す電流を制御することで行うことができる。しかし，慣性や摩擦，粘性の大きな減速機を用いる場合には，DCモータの場合と同様に減速機の出力トルクはモータの出力トルクにはならないので，減速機の出力軸にトルクセンサを取り付け，フィードバック制御によりトルク制御やインピーダンス制御を行う場合もある（3.2.3項参照）。

＜長谷川晶一＞

参考文献（3.2.2 項）

[1] 見城尚志，佐渡友茂，木村玄：『イラスト図解 最新小型モータのすべてがわかる』，技術評論社 (2007).

3.2.3　サーボモータの機械系のモデリングと制御

DCモータ，ACサーボモータともに，回転子には慣性モーメントがあり，軸受けやDCモータではブラシにも摩擦や粘性が働く。また，実際にモータを使用する際には，減速機や負荷の慣性，粘性，剛性，重力なども加わる。これらの運動方程式を求め，モータの式（式(3.5)）と連立させると，電気系・機械系を合わせたモータのモデルを得ることができる。

(1) 電流を入力とした位置制御の例

例えば，コイルが発生するトルクがT，モータと負荷の慣性モーメントがJ，粘性抵抗係数がBで，他にトルクがかからない場合，モータの運動方程式は，

$$T = J\dot{\omega} + B\omega \tag{3.7}$$

となる。これにモータの式（式(3.5)）の$T = KI$を代入すると

$$KI = J\dot{\omega} + B\omega \tag{3.8}$$

が得られる。状態方程式は，

$$\begin{bmatrix} \dot{\omega} \\ \dot{\theta} \end{bmatrix} = \begin{bmatrix} -B/J & 1 \\ 0 & 0 \end{bmatrix} \begin{bmatrix} \omega \\ \theta \end{bmatrix} + \begin{bmatrix} K/J \\ 0 \end{bmatrix} I \tag{3.9}$$

となる。モータの角度θと角速度ωがロータリエンコーダやタコジェネレータ等のセンサにより十分な精度で計測できるならば，状態フィードバック制御により位置制御できる。

(2) サーボモータへの制御入力

サーボモータへの制御入力としてトルク（$\propto$ 電流）を用いると，上述の電気系・機械系の式を用いて制御系を設計することができる。PWM制御を行う場合には，モータに流れる電流を制御入力に合わせるために，電流を計測し，PWMのデューティー比にフィードバックすることが必要になる。

一方，電流計測を省略し，PWMのデューティー比を入力として制御を行うことも多い。デューティー比とトルクの関係はモータの速度，温度（抵抗や磁束密度が変化する）に依存するため，正確なモデル化は難しい。しかし，位置・速度・トルクなどをセンサにより計測し，ロバストで高ゲインなフィードバック制御を用いることで，PWMのデューティー比と電流のモデル化誤差に起因する誤差を十分小さく抑えることができる。

そこで，例えば，モータの角度をエンコーダで計測し，PWMのデューティー比を入力とした高ゲインのPID制御によりモータを位置制御し，この位置制御の目標値を入力として高次の制御器を設計することも多い。

＜長谷川晶一＞

3.2.4　ステッピングモータ

ステッピングモータはセンサを用いずに位置制御ができる。ステッピングモータには固定されたいくつかのコイルがあり，コイルに電流を流すタイミングと向きを制御することで，モータの回転を制御する。ステッピングモータに流す電流のパターンのことを駆動パルスと呼ぶ。

固定されたコイルに流す電流を駆動回路で切り替えるという点はブラシレスモータと同じだが，切り替えた際の回転の量が小さく，駆動パルスにより回転を制御できる。このため，ロータリエンコーダのような角度センサを用いずに，指定した角度だけ回転させることができる。

ステッピングモータの構造としては，回転子に永久磁石を用いないVR(Variable Reluctance)型，永久磁石を半径方向に並べたPM(Permanent Magnet)型，永久磁石と鉄心を利用したHB(Hybrid)型など様々なものが提案されている。現在は，ステップ数の少ない（1パルスで回転する角度が大きい）モータにPM型の一種のクローポール (claw pole) 型PM型（図3.9）が，ステップ数の多い（回転角の小さい）モータにHB型（図3.10）がよく用いられる。

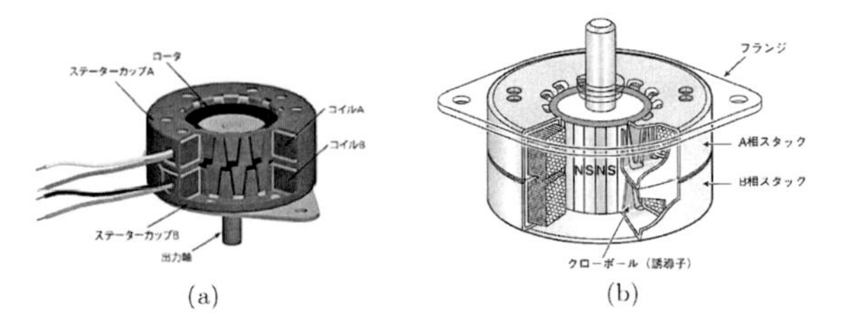

図 **3.9** クローポール型 (a)，PM 型 (b) のステッピングモータの構造（(a)：文献 [1] より転載，(b)：文献 [2] より転載）

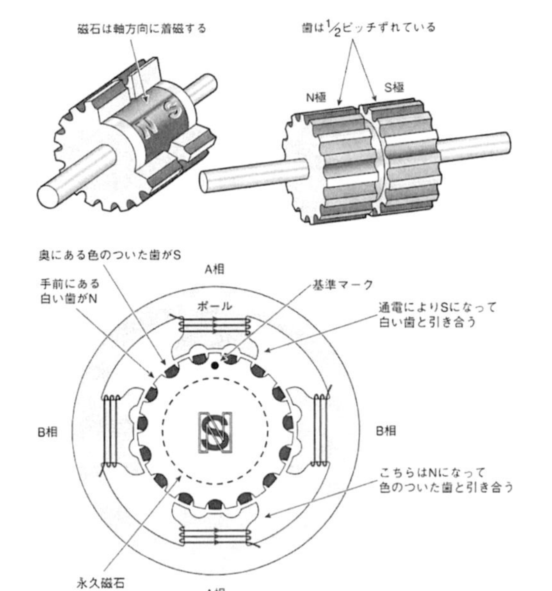

図 **3.10** HB 型のステッピングモータの構造（文献 [2] より転載）

PM 型は回転子を並べる磁石の間隔が回転角に比例するため，あまり回転角を小さく（ステップ数を多く）することができない。一方 HB 型は歯車状の鉄心の歯の数が回転角に比例するため，歯を細かくすることで回転角の小さなステップ数の多いモータを作ることができる。

(1) ステッピングモータの回転

図 3.11 はステッピングモータのコイルの電流を切り替えた時の，回転子の角度と位置エネルギーの関係の例を示したものである。駆動パルスにより電流が切り替わると，磁場による位置エネルギーも切り替わり，モータは位置エネルギーの谷に向かって回る。位置エネルギーの谷から外れない限り，回転角は電流の切り替えで定まる。駆動パルスによる位置エネルギーの谷

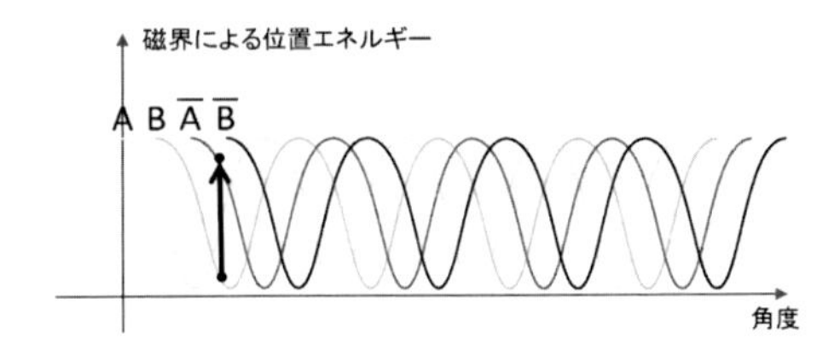

図 **3.11** ステッピングモータの回転角と位置エネルギーの例

の加速にモータの加速が追いつかなかったり，モータが位置エネルギーの谷を振動している際に，モータの速度と逆向きに位置エネルギーの谷が動いた場合などには，モータが位置エネルギーの山を飛び越え別の谷に移動してしまうことがある。このような現象は脱調と呼ばれ，回転角が切り替え回数で定まらなくなってしまうため，避けなければならない。

(2) ステッピングモータの駆動回路と駆動パルス

(i) ステッピングモータの駆動パルス

図 3.12 にステッピングモータに加えるパルスの例を，図 3.13 に 1 相励磁のパルスを加えた際のステッピングモータの回転の様子を示す。ステッピングモータには A 相，B 相の 2 組のコイルがあり，それぞれに順向き，逆向きに電流を流すことで，コイルが巻かれた電磁石の磁極を N 極か S 極に磁化させることができる。ステッピングモータをうまく回すパルスのパターンはいくつか考えることができる。同時に A 相・B 相のどちらか一方だけを磁化する 1 相励磁，常に両方を励磁する 2 相励磁，1 相と 2 相を組み合せてより細かく回転させる 1-2 相励磁と呼ばれるパターンがよく利用される。

1 相励磁は消費電力が少ないがトルクが弱い。2 相励磁では逆に消費電力，トルクとも大きい。1-2 相励磁はその中間だが，ステップ数が倍になり 1 ステップあ

1相励磁

	A	B
1	なし	順
2	逆	なし
3	なし	逆
4	順	なし

2相励磁

	A	B
1	順	順
2	逆	順
3	逆	逆
4	順	逆

1ー2相励磁

	A	B
1	なし	順
2	逆	順
3	逆	なし
4	逆	逆
5	なし	逆
6	順	逆
7	順	なし
8	順	順

図 **3.12** ステッピングモータの駆動パルス

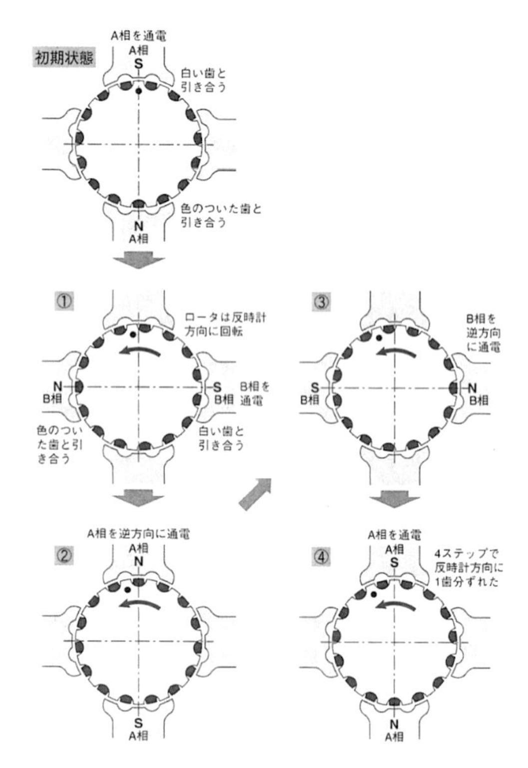

図 3.13　1相励磁によるステッピングモータの回転
（文献 [2] より転載）

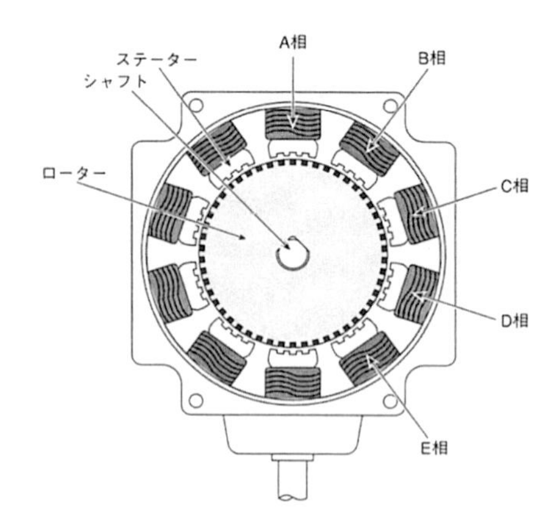

図 3.14　5相 HB 型ステッピングモータの構造
（文献 [2] より転載）

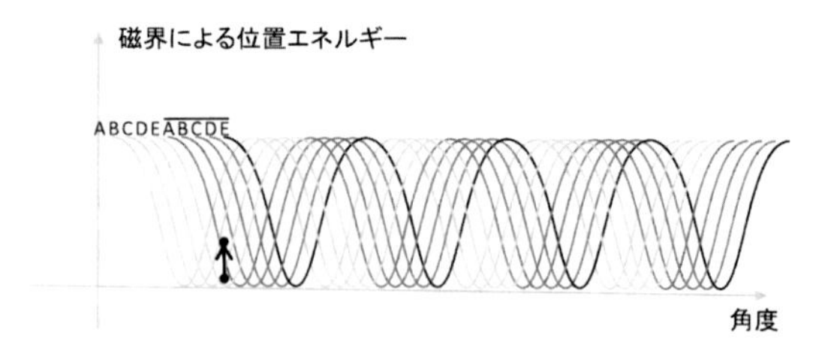

図 3.15　5相ステッピングモータの位置エネルギー

たりの回転角が半分になるため，より滑らかに回転させることができるという利点もある。

(ii) ステッピングモータの相数

ステッピングモータの独立に駆動される巻線の数を相数と呼ぶ。これまでに説明してきたモータは2相だが，相数を多くすることで位置エネルギーの谷の移動量を減らし，脱調を起こりにくくすることができる。HB 型では，コイルの数を増やし，回転子の歯の間隔の 1/相数だけずらして固定することで，相数の多いモータを作ることができる。

図 3.14 に HB 型5相ステッピングモータの構造を示す。2相ステッピングモータでは固定されたコイルの歯の位置が 1/2 歯ずれた A 相と B 相のコイルがあるが，5相ステッピングモータでは，1/5 歯ずつずれた A,B,C,D,E 相のコイルがある。図 3.15 に5相ステッピングモータの位置エネルギーの例を示す。2相では 1/4 ずつだったずれが，5相では 1/10 になるため，より滑らかな回転が期待できることがわかる。

(iii) ユニポーラ駆動とバイポーラ駆動

ステッピングモータには最低でも2相が必要なので，DC モータの2倍のトランジスタが必要になる。正転・逆転を切り替えるために H ブリッジ回路を用いるならば，相数分の H ブリッジが必要になる。例えば2相ならば $4 \times 2 = 8$ 個のトランジスタが必要となる。H ブリッジ回路で駆動する場合，コイルの端子を電源側とグランド側の両方に切り替えるために1端子あたり2個のトランジスタを使うため，バイポーラ駆動と呼ばれる。

コイルの巻線を工夫することでトランジスタ数を減らし，1端子あたり1つのトランジスタで駆動するユニポーラ駆動という方法もある。ユニポーラ駆動用のステッピングモータでは，1つのコイルが順向きと逆向きの2本の線からできており，電流を流す巻線を切り替えることで逆向きの磁界を発生させることができる。このため電流を逆向きに流すためのトランジスタが不要になる。ただし，ユニポーラ駆動では巻線を半分しか使えず，巻線が細くなるため，バイポーラ駆動に比べサイズあたりの出力が落ちる。図 3.16 に2相のステッピングモータの駆動回路の例を示す。

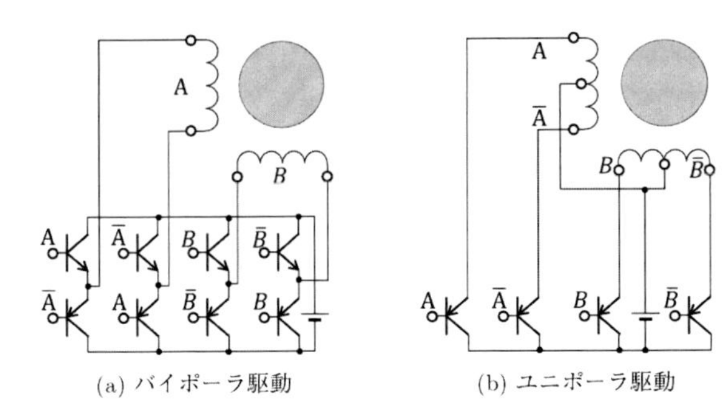

図 3.16　2 相ステッピングモータの駆動回路の例

(iv) マイクロステップ駆動

1 ステップの回転角が大きい場合や負荷の慣性が大きい場合などには，1 つの駆動パルスにより電流の向きを切り替えただけでモータが振動してしまい，振動の状況によっては次の駆動パルスで脱調してしまうというような問題が生じることがある。これは，位置エネルギーの谷が大きく動くために生じる。

ステップ数の多いモータを用いたり，相数の多いステッピングモータを用いることで，位置エネルギーの谷の移動を小さくできるが，より複雑な構造のモータや駆動回路が必要になってしまう。そこで，駆動パルスを工夫しコイルに流す電流を連続的に変化させることで，位置エネルギーの谷を連続に移動させ安定にモータを駆動する，マイクロステップ駆動と呼ばれる手法が用いられることも多い。

図 3.17 にマイクロステップ駆動時の駆動波形の例を示す。駆動パルスの切り替えを PWM 駆動のパルス幅を切り替えて段階的に行うことで，位置エネルギーの谷の変化も段階的になり，滑らかにモータを駆動することができる。

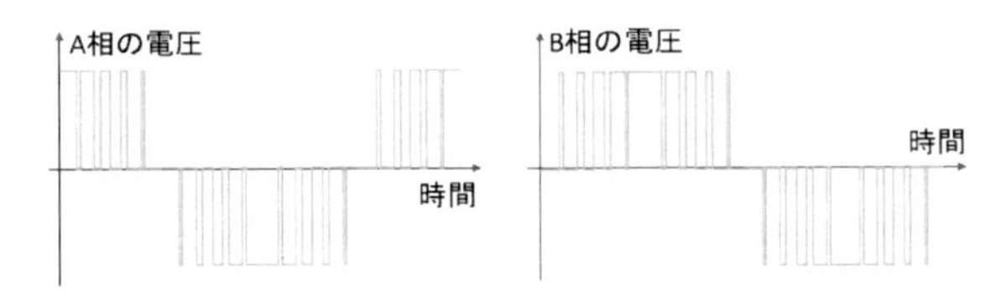

図 3.17　マイクロステップ駆動時の駆動波形の例

(3) ステッピングモータのトルク

ステッピングモータの回転速度（＝駆動パルス）が速くなると，コイルのインダクタンスのためコイルに電流が流れにくくなり，トルクが弱くなる。駆動電圧を高くすれば，電流を流しトルクを大きくできるが，低速時に電流が流れ過ぎて発熱などが生じてしまう。そこで，高速時のトルク保つには，電流を計測して PWM 駆動のパルス幅を調節し，一定の電流で駆動する。

＜長谷川晶一＞

参考文献（3.2.4 項）

[1] Portescap http://www.portescap.co.jp/

[2] 見城尚志，佐渡友茂，木村玄：『イラスト図解 最新小型モータのすべてがわかる』，技術評論社 (2007).

3.2.5 油空圧バルブ

油空圧アクチュエータの駆動において作動流体の圧力・流量・方向を制御するには，制御弁（バルブ）を必要とする。これらは圧力制御弁・流量制御弁・方向制御弁に大別され，使用目的に応じて様々な弁が存在する。それらのうち，代表的な弁の記号と役割を表 3.1 に整理する。

表 3.1　代表的な弁の名称と記号と役割

	弁の名称	JIS 記号	役割
圧力制御弁	リリーフ弁		安全のため回路内の圧力に上限を設ける。
圧力制御弁	減圧弁		2 次側の圧力を制御する。
流量制御弁	絞り弁		流路の断面積を縮小させて流量を減じる。前後の差圧次第で流量は変化する。
流量制御弁	流量制御弁		前後の差圧に関係なく、流量を自動的に制御する。
方向制御弁	逆止弁 チェック弁		逆流を防ぐ。
方向制御弁	方向切換弁	4 ポート 3 位置の場合	流れる方向を制御し、シリンダやモータなどの動作方向を切り替える。

(1) バルブを用いた代表的な回路

図 3.18(a) は手動切換弁でシリンダの動作方向を切り換える油圧回路である。向き 1 には減圧弁で設定された圧力で駆動し，向き 2 には (1) のチェック弁を大流量の作動油が流れて高速動作を生成する。また，(2) のリリーフ弁で圧力の上限は補償されている。図 3.18(b) はスピードコントローラによりシリンダの速度を調整できる空圧回路である。向き 3 には絞り弁により速度が調整され，向き 4 には空気がチェック弁を通過し，ばねの力で高速の収納動作が生成される。

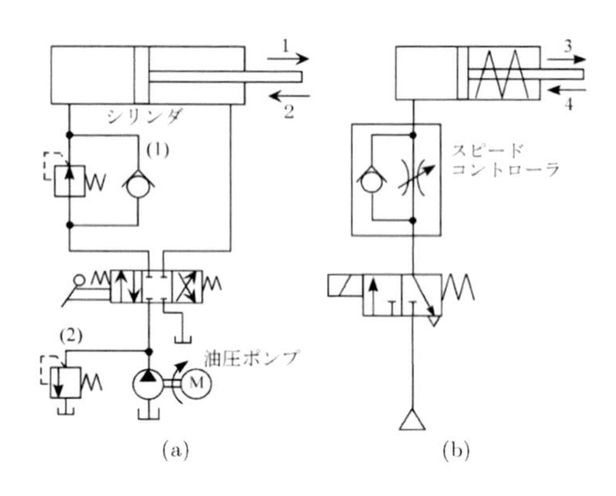

図 3.18　(a) 代表的な油圧回路，(b) 空圧回路

(2) サーボ機構

目標値の変化に追従するように構成された制御系をサーボ機構と呼ぶ。入力の目標値を電気信号で与え，油圧（空圧）アクチュエータの位置・速度・力を目標値に追従させるサーボ機構を電気–油圧（空圧）サーボシステムと呼び，その一般的構成は図 3.19 となる。制御弁としては，アナログ式制御法ではサーボ弁や比例制御弁，デジタル制御法では高速オンオフ弁が主に使用される。以下にこれらの制御弁の特徴とその使用方法を示す。

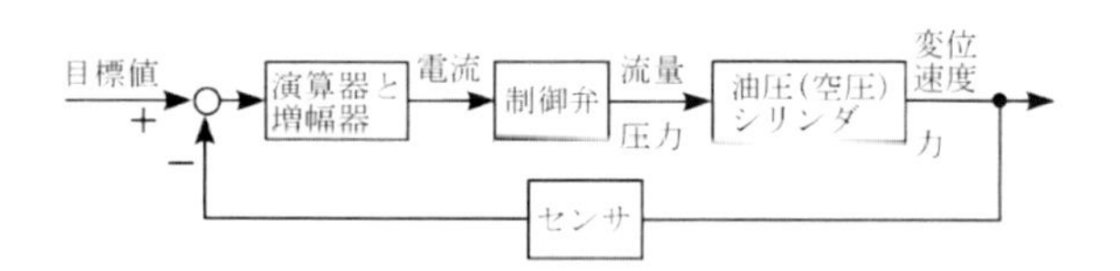

図 3.19　電気–油圧（空圧）サーボシステムの構成

(i) サーボ弁

入力の電気信号をアナログ的に変化させて，出力となる作動流体の流量または圧力を制御する弁である。サーボ弁の特長は，小さいパワーの電気信号により大きな出力パワーの油空圧アクチュエータを高速かつ高精度に制御できる点である。その反面，精巧な構造であることから，高価である点と保守が煩雑な点（特に作動油の汚染管理など）が短所である。

この弁は，電気–機械変換部であるトルクモータとノズルフラッパ機構，および機械–油圧変換部であるスプールからなる。トルクモータによりフラッパに変位が生じると，2 個のノズル内に差圧が生じてスプールが動く。フラッパには，フィードバックばねによって，スプールの変位に比例した復元力が作用し，フラッパが中心に戻った位置でスプールは静止する。

スプールの変位 x は，入力電流 i にほぼ比例して変位し，それに応じて流量または圧力が生じる。動特性を考慮すると，一般にその伝達関数 $G_v(s)$ は以下の 2 次遅れ系で表される。

$$G_v(s) = \frac{X(s)}{I(s)} = \frac{k_v \omega_v^2}{s^2 + 2\zeta_v \omega_v + \omega_v^2} \tag{3.10}$$

ただし，k_v：電流とスプールの変位の間の比例定数，ω_v：スプールの固有角周波数，ζ_v：粘性減衰率（無次元）である。サーボ弁の応答特性は，無負荷流量の周波数特性において 90° の位相遅れを生じる周波数により表され，その周波数は数百 Hz と高い。サーボ弁は増幅部の段数に応じて 1 段形サーボ弁・2 段形サーボ弁，などと称される。図 3.20 の弁は 2 段の増幅部（ノズルフラッパ機構とスプール弁）をもつため 2 段形サーボ弁と呼ばれ，最も一般的な構造である。

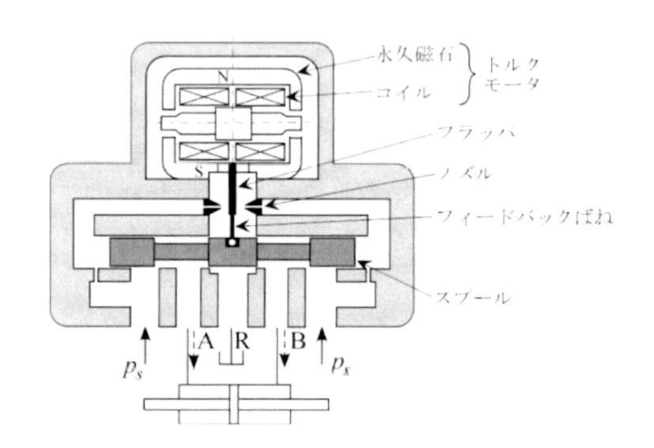

図 3.20　2 段形サーボ弁の構造

(ii) 比例制御弁

比例制御弁は，サーボ弁と同様に入力の電気信号に比例した流量または圧力を出力する弁である。その主な構造は，比例ソレノイド・スプール・ばねからなる（図 3.21）。通常のソレノイドと異なり，比例ソレノイドは，プランジャの位置に関わりなく入力電流に比例した吸引力を生成できるため，流量または圧力もこれ

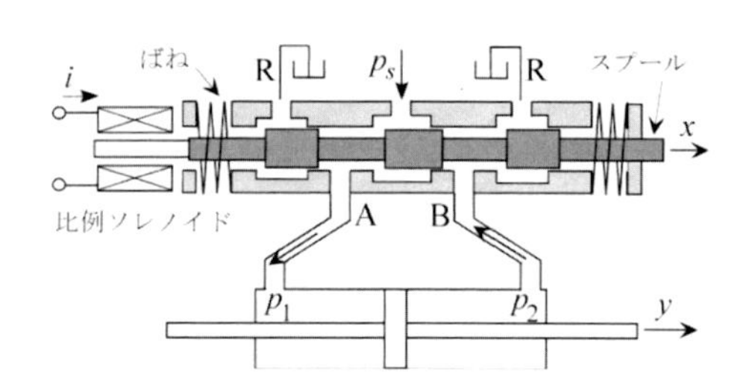

図 3.21　比例制御弁の構造とシリンダへの接続

に比例して生じる。サーボ弁より安価に入手でき，保守上の難点も低減される。ただし，応答周波数が数十Hz程度であり，応答性と精度ではサーボ弁に及ばない。また，ヒステリシスによる非線形特性を呈する点に注意を要する。

(iii) 高速オンオフ弁

高速オンオフ弁は，マイクロコンピュータと結合し，2〜3 ms 程度の時間で高速にオンオフ動作させる2位置切換形の電磁弁である。弁の通電時間を操作して平均流量の制御が可能となる。この弁は，主にポペット・ソレノイド・ばねで構成される。構造が単純であるため，動作の信頼性も高い。図3.22に2位置・3ポート形の高速オンオフ弁の構造を示す。

このようなオンオフ動作を行う弁は，ビット信号に応じたパルス列によるデジタル式制御に適する。すなわち，パルス列を変調させることにより，平均的な流体出力を制御する方式である。以下に代表的なパルス変調方式を2つ紹介する。

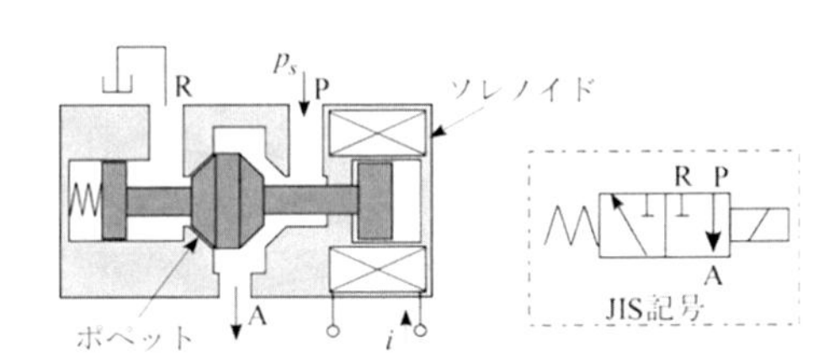

図 3.22 比例制御弁の構造とシリンダへの接続

• パルス幅変調制御（PWM 制御）

PWM(Pulse Width Modulation) 制御とは，高速オンオフ弁を一定周波数（搬送周波数）のパルス列で駆動し，そのパルス幅を入力信号に応じて変化させる方式である。PWM 搬送波の周期 T に対し弁の励磁幅を t_h とすると，デューティ比 τ は t_h/T と定義できる。

ここで，弁への入力信号 v における t_h の時間幅を図3.23(a)のように変化させる場合を考える。これに同期して弁の A ポートからの吐出流量 q は図3.23(b)の波形のように変化するため，各周期毎の平均流量 $\overline{q}$ が τ に比例して増加するとみなせる。したがって，サーボ弁のスプールの変位 x に代わって，高速オンオフ弁では τ を制御すればよい。一般に周波数が高いほど高精度の制御が可能となるが，過度に高いと弁のむだ時間の影響により不感帯や飽和帯が生じやすい。

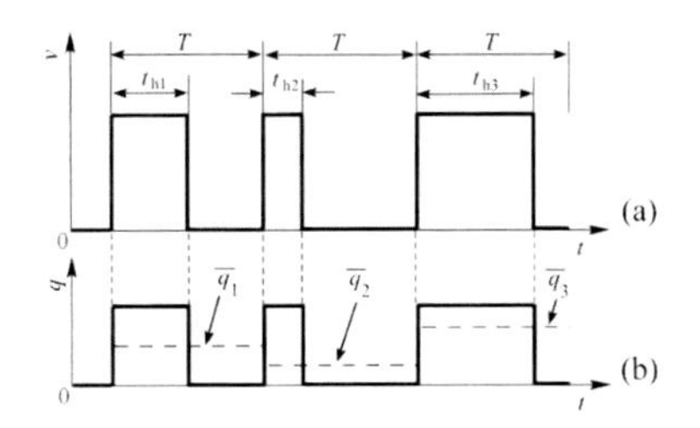

図 3.23 PWM による高速オンオフ弁の制御と平均流量

• パルスコード変調制御（PCM 制御）

PCM(Pulse Code Modulation) 制御とは，連続的な入力信号 u を n ビットの2進信号 U に符号化し，並列結合された n 個の高速オンオフ弁を駆動する方式である。各弁に有効断面積 s_0:s_1:...:s_{n-1} = 2^0 : 2^1:...:2^{n-1} の比率を有する絞りを設けると，絞りの総面積が 2^n 段階に変化する。本方式は流体回路の D/A 変換とみなすことができ，弁数の増加とともに高分解能の制御が可能となる。図3.24に示す n＝4 の場合，16段階の吐出流量が得られる。

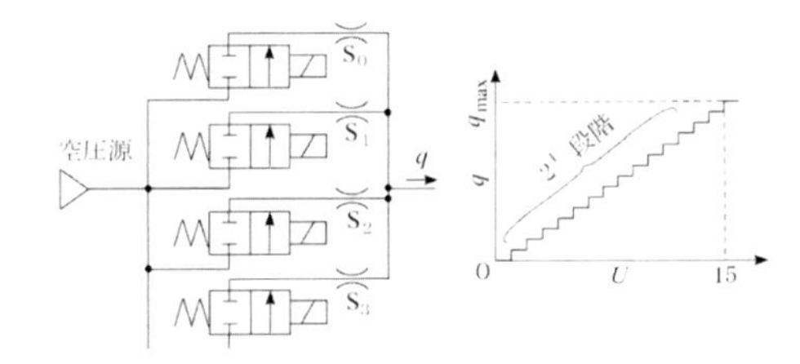

図 3.24 n =4 の場合の PCM による流量制御

＜塚越秀行＞

3.2.6 油空圧シリンダ

(1) 分類

油空圧で駆動されるシリンダは構造が簡単なため，直動運動を生成するアクチュエータとして広範に用いられる。油圧は高速大出力を要する場合，空圧はコンプライアンスが求められる状況に適する。

シリンダには用途に応じた様々な形状が存在する。図3.25に代表的な種類を示す。駆動方式は，ピストンの片側のみを加圧する単動式と，両面を加圧する複動式に大別される。また，構造上の分類は，ピストンロッドがピストンの一方に設けられた片ロッドと，双方に設けられた両ロッドがある。片ロッドは設置スペースを節約できる反面，ピストンの受圧面積の相違により行きと戻りで速度に差異が生じる。この解決方法として差動回路の適用が挙げられる。さらに，ピストンロッドの収納時の省スペース化を図りつつ長いストロークを得る方法として，テレスコピックシリンダが挙げられる。いずれのシリンダとも，ピストンロッドに曲げが作用しないように備え付け時に注意を要する。

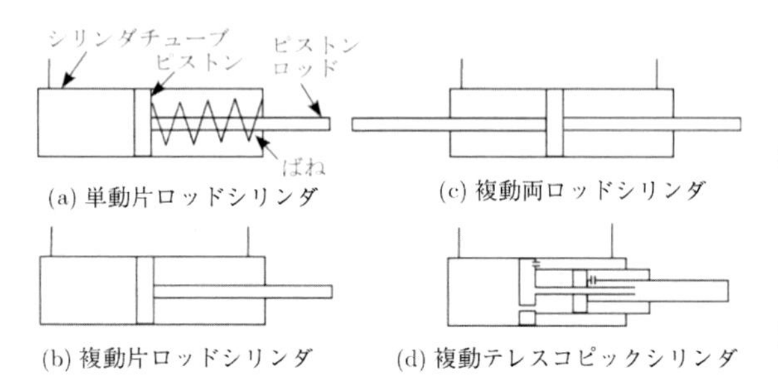

図 3.25　シリンダの分類

(2) 油圧シリンダの駆動特性

サーボ弁や比例弁におけるスプールの変位 x，ピストン中央からのシリンダの変位を y（右方を正）とする（図 3.26）。一般に，x から y までの伝達関数は以下の手順で導出される。ピストンの受圧面積を A とおくと，シリンダの全容積 V_0 に対する各部屋の容積 V_1 と V_2 は，次式で表せる。

$$V_1 = (V_0/2) + Ay \tag{3.11}$$

$$V_2 = (V_0/2) - Ay \tag{3.12}$$

作動油の圧縮率 β と体積弾性係数 K には次式の関係がある。

$$\beta = \frac{1}{K} = -\frac{\Delta V/V}{\Delta p} \tag{3.13}$$

流入側・流出側の流量 q_1 と q_2 は，各部屋の体積変化と油の圧縮体積との和に等しい。

$$q_1 = \frac{\mathrm{d}V_1}{\mathrm{d}t} + \frac{V_1}{K}\frac{\mathrm{d}p_1}{\mathrm{d}t} \tag{3.14}$$

$$-q_2 = \frac{\mathrm{d}V_2}{\mathrm{d}t} + \frac{V_2}{K}\frac{\mathrm{d}p_2}{\mathrm{d}t} \tag{3.15}$$

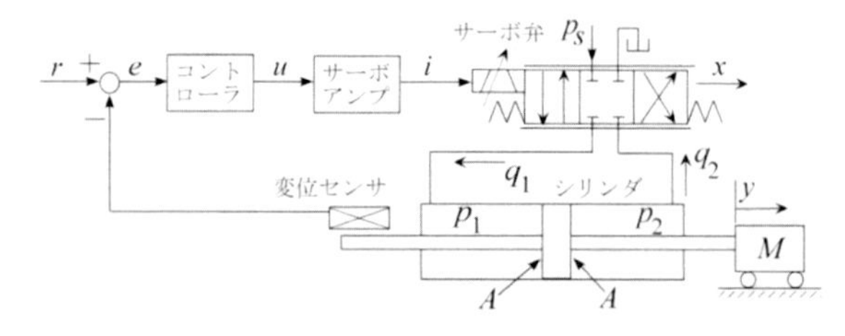

図 3.26　アナログ式サーボシステムの構成

平均の流量 q_L と左右部屋の差圧 p_L を以下のように定義する。

$$q_L = \frac{q_1 + q_2}{2} \tag{3.16}$$

$$p_L = p_1 - p_2 \tag{3.17}$$

また，各部屋の圧力と供給圧力 p_s には以下の関係が存在する。

$$p_s = p_1 + p_2 \tag{3.18}$$

式 (3.11)〜(3.17) を整理すると次式が求まる。

$$q_L = A\frac{\mathrm{d}y}{\mathrm{d}t} + \frac{V_0}{4K}\frac{\mathrm{d}p_L}{\mathrm{d}t} \tag{3.19}$$

一方，ベルヌーイの定理より各部屋の流量特性は次式で表せる。

$$q_1 = c_d w x\sqrt{\frac{2(p_s - p_1)}{\rho}} \tag{3.20}$$

$$q_2 = c_d w x\sqrt{\frac{2p_2}{\rho}} \tag{3.21}$$

上記の非線形な流量特性を微小変動法により線形化する。

$$\Delta q_L = \left.\frac{\partial q_L}{\partial x}\right|_0 \Delta x + \left.\frac{\partial q_L}{\partial p_L}\right|_0 \Delta p_L = k_x \Delta x - k_p \Delta p_L \tag{3.22}$$

線形化した範囲の流量特性は次式で表せる。

$$q_L = k_x x - k_p p_L \tag{3.23}$$

質量 M の負荷を動かすときの運動方程式は次式となる。

$$M\frac{\mathrm{d}^2 y}{\mathrm{d}t^2} = Ap_L \tag{3.24}$$

x, y のラプラス変換をそれぞれ X, Y としたとき，式 (3.19), (3.23), (3.24) より，X から Y までの伝達関数は次の 3 次遅れ系となる。

$$\frac{Y}{X} = \frac{K_a}{s(s^2 + 2\xi\omega_n + \omega_n^2)} \tag{3.25}$$

ただし，$K_a = \frac{4KAk_x}{MV_0}$，$\xi = \frac{k_p}{A}\sqrt{\frac{MK}{V_0}}$，$\omega_n = \sqrt{\frac{4KA^2}{V_0 M}}$。したがって，油圧シリンダの固有角周波数は ω_n となる。ただし，配管が長くなるとむだ時間の影響を考慮

する必要がある。

(3) 空気圧シリンダの駆動特性

空気圧シリンダでは，油と異なり温度や圧力により空気の密度が変化する性質を考慮する必要がある。そのため，体積流量 q_L の代わりに以下のような質量流量 q_m を使用する。

$$q_m = \frac{\mathrm{d}(\rho V)}{\mathrm{d}t} \tag{3.26}$$

理想気体における状態方程式は次式の関係が成り立つ。

$$P = \rho RT \tag{3.27}$$

ただし，P：絶対圧力 [Pa]，T：絶対温度 [K]，R：ガス定数 [J/(kg・K)] であり，R =287 を示す。

エネルギーの保存則，すなわちシリンダに流入するエネルギー Q は，内部エネルギーの増加 $\mathrm{d}U$ と外部への仕事 $\mathrm{d}W$ に等しいことから，次式が成り立つ。

$$Q = \mathrm{d}U + \mathrm{d}W \tag{3.28}$$

上式は以下のように書き換えられる。

$$c_p q_m T = \frac{\mathrm{d}}{\mathrm{d}t}(c_v \rho VT) + P\frac{\mathrm{d}V}{\mathrm{d}t} \tag{3.29}$$

ただし，c_v：定積比熱，c_p：定圧比熱である。ここで，$\kappa = c_p/c_v$，$c_p = \kappa R/(\kappa - 1)$ を考慮した上で，シリンダが平衡状態にあるときのシリンダ室内の温度，容積，圧力をそれぞれ T_0, V_0, P_0 とおくと，次式が導かれる。

$$q_m = \frac{1}{RT_0}\left(P_0 A\frac{\mathrm{d}y}{\mathrm{d}t} + \frac{V_0}{4\kappa}\frac{\mathrm{d}P}{\mathrm{d}t}\right) \tag{3.30}$$

上式は空気圧シリンダの流量特性を示し，油圧シリンダの式 (3.19) に相当する。したがって，空気圧シリンダでも弁の変位 x からシリンダの変位 y までの伝達関数は，次のように 3 次遅れ系で表せる。

$$\frac{Y}{X} = \frac{K_m}{s(s^2 + 2\xi_m\omega_m + \omega_m^2)} \tag{3.31}$$

ただし，$K_m = \frac{4k_x RT_0}{P_0 A}$，$\xi_m = \frac{RT_0 k_p\sqrt{\kappa}}{P_0 A V_0}$，$\omega_m = \sqrt{\frac{4\kappa P_0 A^2}{V_0 M}}$。また，$\omega_m$ は空気圧シリンダの固有角周波数となる。$\omega_m^2 = k_m/M$（k_m はばね係数）の関係より，空気圧シリンダのコンプライアンス K' は次式となる。

$$K' = \frac{1}{k_m} = \frac{V_0}{4\kappa P_0 A^2} \tag{3.32}$$

ここで，κP_0 は断熱変化における空気の体積弾性係数に相当する。この値は油の体積弾性係数 K と比較すると 1/1,000～1/10,000 程度小さい。このため，空気圧の固有角周波数は油圧より低下し，高い周波数応答が要求される状況には適さない。

(4) PWM 制御の適用

高速オンオフ弁を用いて PWM 方式でシリンダを制御するためには，図 3.27 のサーボシステムの構成となる。デューティ比は，前述のアナログサーボ系におけるスプールの変位 x に相当する。すなわち，弁 1 がデューティ比 τ で駆動するとき，弁 2 のデューティ比を $(1-\tau)$ に設定すると，τ からシリンダの変位 y までの伝達関数を式 (3.25) と同様に扱うことができる。

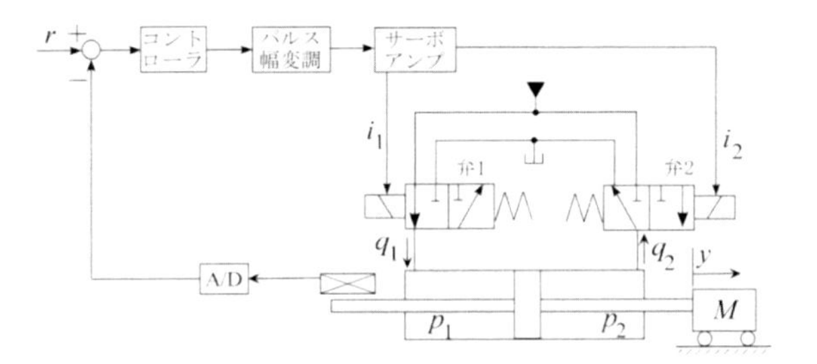

図 3.27　デジタル式油圧サーボシステムの構成

(5) 速度制御

シリンダの速度制御は，流量制御弁（またはスピードコントローラ）を用いた流量調整でも実現できる。速度制御の方式には，絞りを流入側に設ける「メータイン回路」と流出側に設ける「メータアウト回路」の 2 通りが存在する（図 3.28）。空圧回路を例に以下に説明する。

メータイン回路は，流入側の部屋のみを加圧してピ

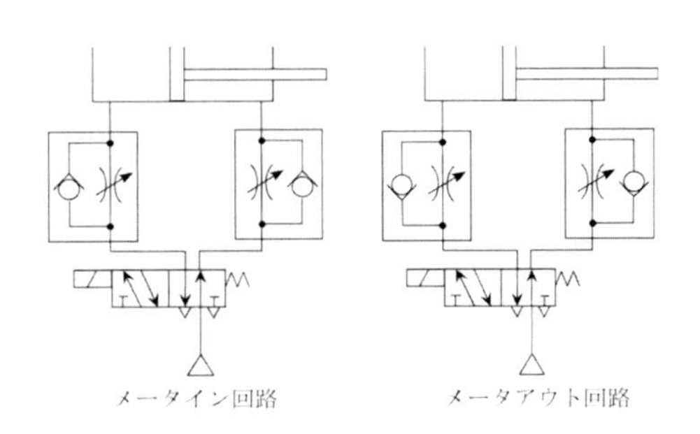

図 3.28　アナログ式サーボシステムの構成

ストンの速度を制御する。背圧側の部屋を加圧しないため，消費エネルギーを節約できるが，ピストンが動く方向に負荷が作用する場合，ブレーキ機能が生じないためピストンの暴走を防げない。

一方，メータアウト回路はシリンダの双方の部屋を加圧しながら駆動するため，消費エネルギーは多いものの，負荷の変動があってもピストンを目標速度に制御しやすい。

<塚越秀行>

3.2.7　ラバーアクチュエータ

(1) 概要

ゴム等の変形しやすい材料で，内部に空間（圧力室と呼ぶ）を持った構造体を形成し，この圧力室に流体圧をかけることによって構造体を弾性変形させる形式のアクチュエータは，ラバチュエータ，またはラバーアクチュエータと呼ばれる。作動流体として空気が用いられることが多く，その場合は，空圧ゴム製アクチュエータ，またはニューマティックラバーアクチュエータとも呼ばれる。本項ではラバーアクチュエータと呼ぶことにする。

一般にラバーアクチュエータは，① コンプライアンスが高い，② 構造自体が柔軟で，対象物の形状や硬さに適応して動作する，③ 空圧シリンダ等と異なり摺動摩擦部を持つため滑らかな動きができ，位置決めや微妙な力の制御が比較的容易である，④ 電気を使わないので耐水性や防爆性に優れる，といった特徴を持つ。これらの特徴を生かして，介護作業における力支援用装置，果物やガラス製品など傷つきやすい対象物用のロボットハンド，消化管に挿入する医療用マイクロロボット，揮発性材料を扱う塗装作業ロボット等への応用が進められている。

ラバーアクチュエータは，繊維を用いてゴムの変形を拘束したり，ゴムの形状を工夫することによって，圧力室の加圧時にゴムが特定の形状に弾性変形するように設計される。近年は，超弾性有限要素法や形状最適化手法が有効に活用できるようになり[1]，効率的な設計開発が行えるようになった。

ラバーアクチュエータは，古くから様々な構造のものが考案，試作されているが[2–5]，本項では，マッキベン人工筋とフレキシブルマイクロアクチュエータ (FMA: Flexible Micro Actuator) を取り上げ，その動作原理，特性，モデリング等について述べる。

(2) マッキベン人工筋

マッキベン人工筋は，1950 年代終りに米国で開発された[6] が，その後実用化はあまり進まなかった。1980 年代に日本のメーカが耐久性を改善して商品化に成功し，「ラバチュエータ」という名前で呼ばれた[7, 8]。このため，狭義ではラバチュータはマッキベン人工筋を指す場合も多い。

このアクチュエータは，図 3.29 に示すようにゴムチューブの外周に編組（ナイロン等の繊維を筒状に編んだもの）を被せた簡単な構造をもつ。編組角（ゴムチューブの中心軸に対する編組の角度，図 3.29 の θ_0 は無加圧時の編組の角度）は，この種のラバーアクチュエータの特性を決める重要なパラメータの一つで，マッキベン人工筋ではその初期値 θ_0 は通常 15〜35° の範囲で設計される。

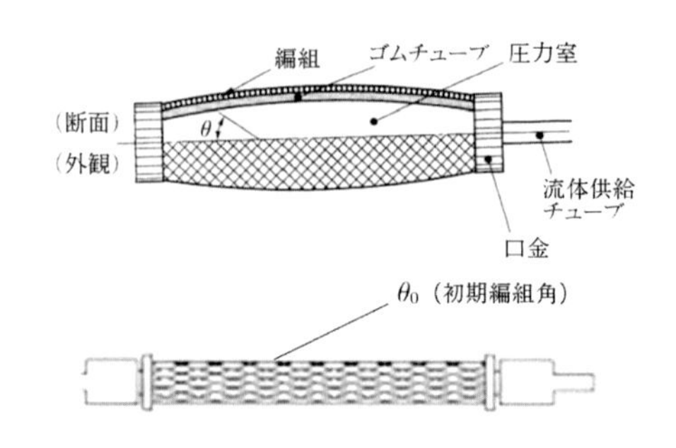

図 3.29　マッキベン人工筋の構造

ゴムチューブ内に作動流体を送り込んで加圧するとチューブが径方向に膨らみ，これに伴って軸方向の収縮力が発生する。圧力を大気圧に戻すとアクチュエータは弛緩する。このため，ロボットアームの駆動では，2 本のアクチュエータを拮抗させて用いることが多い。

マッキベン人工筋の理論特性式として次式が知られている[6]。これは，空気圧によって発生する力による編組の力のバランス条件から導き出される。

$$F = \frac{\pi}{4} D_0^2 P \left(\frac{1}{\sin \theta_0} \right)^2 \left\{ 3(1-\varepsilon)^2 \cos^2 \theta_0 - 1 \right\} \tag{3.33}$$

ただし，F：収縮力，L：アクチュエータの長さ，L_0：アクチュエータの初期長さ，D_0：アクチュエータの初期径，P：内圧，$\varepsilon = 1 - L/L_0$ である。

マッキベン人工筋の収縮力は収縮量に依存した強い非線形性を示す。すなわち，初期長 ($\varepsilon = 0$) において最大収縮力を示し，最大収縮 ($\varepsilon = 1 - 1/\sqrt{3} \cos \theta_0$) 時には，収縮力は0となる。実際にはゴムの特性に起因したヒステリシス特性が加わり，図3.30に示すような特性を示す。ここで縦軸は，同じ内径の空圧シリンダの発生力 $\pi D_0{}^2 P/4$ で無次元化して示している。実際に θ_0 の値を代入するとわかるように，マッキベン人工筋は収縮量が小さい領域では同内径の空圧シリンダに比べて10倍以上の大きな収縮力を示すことがわかる。ただし，収縮量が大きくなるとその力は低下してゆく。

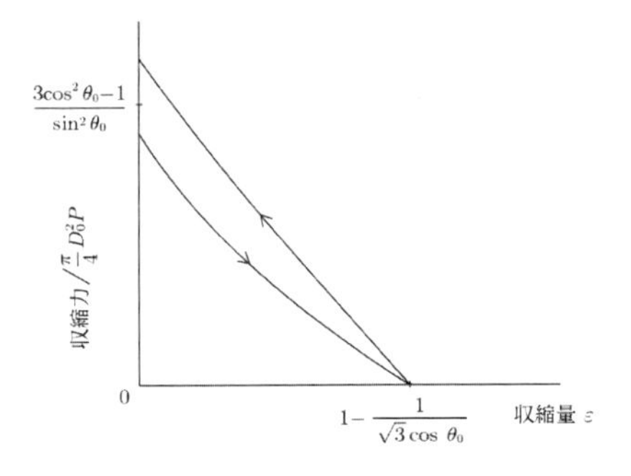

図 3.30 マッキベン人工筋の特性

作動流体として空気を用いる場合は，最大7気圧程度の空圧が用いられる。低圧領域から安定して動作するマッキベン人工筋では，ゴムチューブ圧を薄くとる場合も多く，その場合は耐久性を考慮して3気圧程度で用いられる。

水圧を用いるマッキベン人工筋も開発されている。20気圧程度の水圧を用いる場合もある。圧縮性のない水や油を用いると応答が良くなると考える人も多いが，実は人工筋肉とバルブ間の管内抵抗を考えると，必ずしも簡単に応答性が上がるわけではない。配管径，長さ，人工筋の内容積等に依存し，空圧駆動と水圧または油圧駆動の応答性の比較は一概には言えないのが実情である。

図3.29において初期編組角 θ_0 を大きくしていくと，逆に加圧により軸方向に伸張動作を行う。ゴムチューブの両端面に働く空気圧はゴムチューブを伸張させる方向に作用し，ゴムチューブ側面に働く圧力はゴムチューブを膨らませ，その結果軸方向に収縮させる作用をもたらす。どちらの作用が大きいかによって，加圧による収縮/伸張動作のどちらが生じるかが決まり，その大小を決めるパラメータが初期編組角 θ_0 である。

これは，自然長にあるゴムチューブの内部に空気圧をかけたときに負の F を与える θ_0 として求めることができるすなわち，式(3.33)において $\varepsilon=0$ を代入すると，他のパラメータとは無関係に $\theta_0 > 54.8°$ という解が得られる。このように，繊維の巻きつけ方を変えるだけで全く動きの異なるラバーアクチュエータが実現できる（図3.31）。

図3.32は，外径1.7 mmの細いマッキベン人工筋の例である。動物の筋肉が多数の筋繊維で構成されているのと同じように，細径マッキベン人工筋を集積することで，紡錘筋，多頭筋，板状筋など様々な形状の筋肉が実現できる。

面白いのは，各筋肉間の相乗効果である。例えば，単体で収縮力5.8N，収縮率24.6%の人工筋肉を13本束

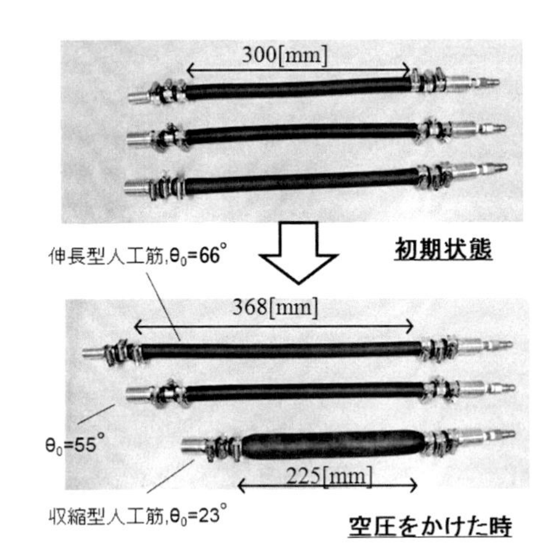

図 3.31 初期編組角 θ_0 によるマッキベン人工筋の動作の違い：伸長型人工筋（$\theta_0 = 66°$，上），剛性変化人工筋（$\theta_0 = 55°$，中），収縮型人工筋（$\theta_0 = 23°$，下）

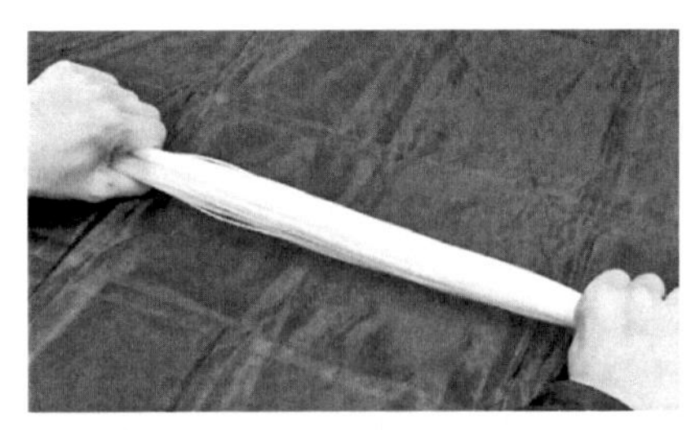

図 3.32 細径人工筋を集積して作られる種々の筋肉

ねると，収縮率32%を示すようになる。収縮力も1本当たりの発生力を13倍した値よりも若干上昇する。

(3) フレキシブルマイクロアクチュエータ (FMA)

フレキシブルマイクロアクチュエータ (FMA) は，小型ロボット用アクチュエータとして，1986年に開発，発表された[9,10]。FMAにはいくつかの種類があるが[2,4]，その代表例を図3.33に示す。このFMAの外壁には周方向に繊維が埋め込まれ ($\theta = 0$)，圧力室内部はY字型の隔壁で3つに分割されている。例えば，図3.33において圧力室1の部屋の空気圧を上げると，圧力室1が伸長変形するために，FMAは圧力室1とは反対方向へ湾曲動作する。また，圧力室1と2の内圧を同時に上げると，FMAは圧力室3の側へ湾曲するし，3つの圧力室をすべて加圧するとFMAは軸方向へ伸長する。このように，各室の内圧制御によりFMAは任意方向への湾曲とFMA自身の伸縮の計3自由度の動作が行える。これまでに外径が100mmのものから1mmのものまで開発されている。

この他，FMAには，繊維をらせん状に巻くことにより軸まわりの回転動作が行えるもの[2]や，断面形状の工夫により構造的に弾性異方性を実現し，繊維を持たないもの[1]など，いくつかの種類のFMAが開発されている。

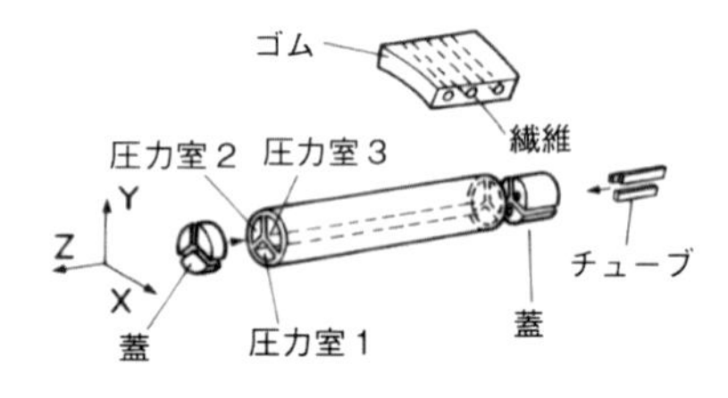

図 3.33　FMAの構造

図3.34には，FMAの動作例とロボットへの応用例を示す。図3.34(a)は，外径20mmのFMAの動作を示す合成写真である。圧力は通常0〜0.3MPa程度で調整される。図3.34(b)はロボットハンドへの応用例である。図のガラスビーカのようにつば付き形状の壊れやすい対象物に対しても，相手の形状に沿って変形するため，安全で安定した把持動作が行える。図3.34(c)は，マイクロ歩行ロボットへの応用例である。外径2mmのFMAを6本用いて構成した全長10mm，質量1gの歩行ロボットで，前後歩行のほか，横歩き，旋回などが実現できる。歩行速度は約5mm/sである。FMA

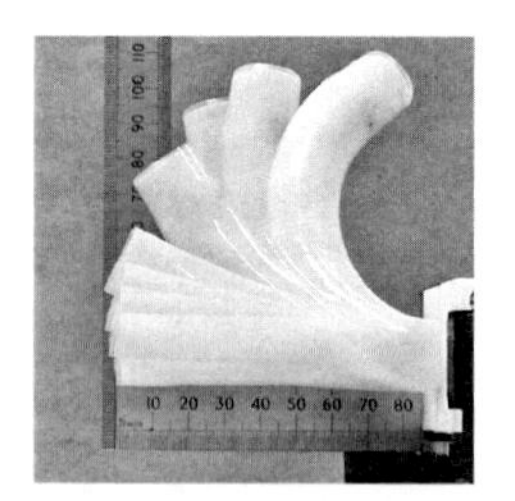

(a) FMAの動作例（外径20mm）

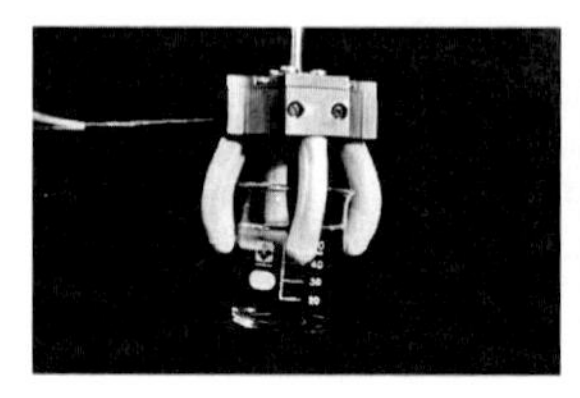

(b) ロボットハンドへの応用例

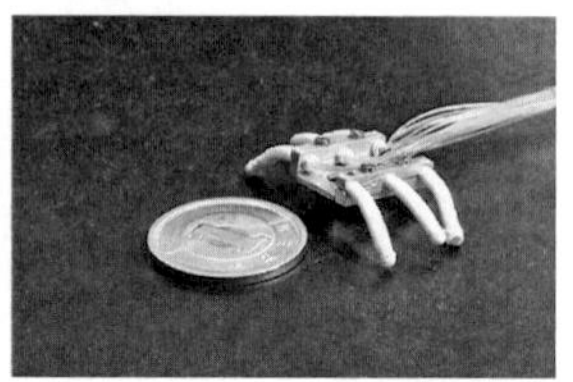

(c) マイクロロボットへの応用例

図 3.34　FMAの動作とロボットへの応用例

自体がロボットの構造体を兼ねるので，小型のロボット機構が簡単に実現できる。

FMAの動作は，円弧モデルで近似され，中心軸の曲率R，湾曲方向θ，湾曲角λで表される[10]（図3.35）。これらのパラメータと各圧力室Piの関係は次式で示される。

$$\tan\theta = \frac{2P_1 - P_2 - P_3}{\sqrt{3}(P_2 - P_3)} \tag{3.34}$$

$$R = \frac{3E_t I}{A_p \delta \sum_{i=1}^{3} (p_i \cdot \sin\theta_i)} \tag{3.35}$$

$$L = \frac{A_p L_o}{3A_o E_t} \sum_{i+1}^{3} P_i + L_o \tag{3.36}$$

$$\lambda = L/R. \tag{3.37}$$

また，動特性は次の3次の伝達関数で近似される場合が多い。

$$\frac{\xi}{P_{ev}} = \frac{B}{A_1 s^3 + A_2 s^2 + A_3 s + 1} \tag{3.38}$$

ここで，$P_{ev} = \Sigma(P_{iv} \sin\theta_i)$

$A_1 = j/\omega^2$

$A_2 = j\,b/\omega + 1/\omega^2$

$A_3 = j + 2\,b/\omega + J\alpha$

$J = 8\rho L_p v\, A_p\, L_o/(3\,K\,\pi\, a^4)$

$\alpha = A_p K/(A_o E_t)$

$B = A_p\,\delta\, L_o^2/(6\,E_t\, I)$

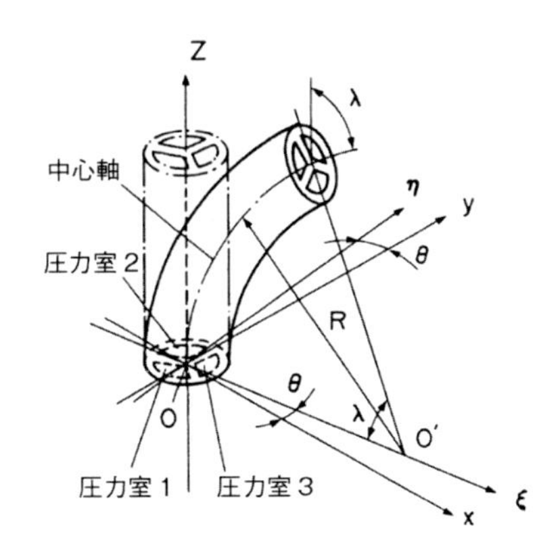

図 3.35 FMA の動作とロボットへの応用例

ただし，$E_T I$ は FMA の曲げ剛性，A_p, A_o はそれぞれ，FMA の断面における 3 つの圧力室の合計，ゴムの占める面積，δ は FMA 断面を 3 等分してできる扇形の図心と中心軸間の距離，L_o は FMA 中心軸の初期長，$\theta_1 = \theta$，$\theta_2 = \theta + 2/3\pi$，$\theta_3 = \theta - 2/3\pi$，$P_{1v}, P_{2v}, P_{3v}$ はそれぞれ圧力室 1, 2, 3 に対応する圧力制御弁の出力ポートの圧力，b は FMA の自由振動時の減衰比，ρ は作動流体の密度，ν は作動流体の粘性係数，K_L は作動流体の体積弾性係数，a と L_P はそれぞれ FMA と圧力制御弁管の管路の内半径と長さである。

ω は FMA の固有振動数であり，下記の式で計算できる。

$$\omega = (3 E_t I)^{0.5} (M_L + 0.236 M_S)^{-0.5} L^{-1.5} \quad (3.39)$$

ただし，M_L は FMA 先端に取り付けられた負荷の質量，M_S は FMA の自重である。

(4) まとめ

ラバーアクチュエータとして，マッキベン人工筋とフレキシブルマイクロアクチュエータを説明した。

ラバーアクチュエータの適用範囲を広げるための最大の課題の一つは，圧力源であろう。本稿で述べたアクチュエータはいずれも，外置きのコンプレッサやポンプとバルブから，チューブを通じてアクチュエータを駆動している。小型のポンプやバルブを搭載した自立型マイクロ空圧ロボットの研究開発も進められている。

しかし，対象物への形状適応性，高いコンプライアンス，mm オーダの大きさの領域での 0.5 MPa 以上の動作応力，数 10%以上の動作ストローク，といった特徴を安定して実現する方式は他にはあまりない。ソフトロボット，マイクロロボット等，流体圧力源の確保ができる環境下では最も優れたアクチュエータの一つとして，ラバーアクチュエータを考えることができる。

＜鈴森康一＞

参考文献（3.2.7 項）

[1] 鈴森，前田，渡辺，久田：有限要素法によるファイバレス FMA の最適設計，『日本機械学会論文集』，63–609, C, pp.1610–1615 (1997).

[2] 鈴森，堀，宮川，古賀：『マイクロロボットのためのアクチュエータ技術』，pp.81–116 コロナ社 (1998).

[3] 則次：空気圧アクチュエータ，『日本ロボット学会誌』，Vol.15, No.3, pp.355–359 (1997).

[4] アクチュエータシステム技術企画委員会編：『アクチュエータ工学』，pp.118–130，養賢堂 (2004).

[5] 日本ロボット学会編『新版ロボット工学ハンドブック』，pp.168–170, コロナ社 (2005).

[6] Schulte, H.F. Jr., The Characteristics of the Mckibben Artificial Muscle, *The application of External Power in Prothetics and Orthetics*, pp.94–115 (1961).

[7] 宇野：ゴム人工筋とロボットへの応用，『油圧と空気圧』，Vol.17, No.3, p.175 (1986).

[8] 高森：『アクチュエータ革命』，pp.100–115, 工業調査会 (1987).

[9] 鈴森，飯倉，田中：マイクロマニピュレータの開発（1），第 6 回日本ロボット学会学術講演会，pp.275–276 (1986).

[10] 鈴森：フレキシブルマイクロアクチュエータに関する研究（第 1 報，3 自由度アクチュエータの静特性），『日本機械学会論文集』，55–518，C，pp.2547–2552 (1989).

[11] 鈴森：フレキシブルマイクロアクチュエータに関する研究（第 2 報，3 自由度アクチュエータの動特性），『日本機械学会論文集』，56–527，C，pp.1887–1893 (1990).

3.2.8 高分子アクチュエータ

本項では，高分子をベースにしたアクチュエータ材料，特に，電気駆動の高分子アクチュエータについて紹介する。

(1) 高分子アクチュエータとは

高分子アクチュエータとは，高分子材料もしくは高分子材料と金属などとの複合体であり，外部からの刺激により材料自体が変形したり，応力を発生したりする刺激応答性高分子材料のことである。光，熱，pH，磁場，電場など様々な刺激に応答する材料が存在している[1, 2]。高分子材料自身の柔軟性や生物のようなしなやかな動作から「ソフトアクチュエータ」や「人工筋肉」とも呼ばれている。

1940 年代後半に，高分子電解質の機械化学的変性についての研究が始まり，1950 年に Katchalsky らにより pH 刺激による高分子電解質ゲルの変形応答に関す

る論文が *Nature* に掲載され注目を集めた[3]。化学的エネルギーを機械エネルギーに直接変換するメカノケミカルシステムと呼ばれるものである。日本においても，早くから森政弘らが，柔軟な機械・人工筋肉という観点でメカノケミカルアクチュエータの研究を行っている[4]。その後，化学的刺激以外の材料についても様々な基礎研究が行われ，新素材の開発が進められてきた。1980年以降には，電気駆動の高分子アクチュエータが生み出され，応答速度や発生力，変形量などの面で優れた材料も開発されている。

(2) 電場応答性高分子材料

様々な種類が存在する刺激応答性高分子の中でも，電気刺激に応答する電場応答性高分子 (EAP: Electroactive polymer)[5−7] は，他の高分子材料に比べ比較的応答性が高く，また，制御性に優れることから注目されている。電気駆動であれば，駆動系も容易に構築可能であり，コンパクトに実装することも可能となる。電磁気モータなどの既存のアクチュエータの置き換えとしての利用は難しいが，高分子材料の優れた成型性や柔らかさを活かして，マイクロマシンや，人と直接接触を持つようなロボット，医療・福祉分野での応用が期待されている。単体では発生力や変形量が限定されるため出力増大の工夫が必要であり，耐久性の問題もあるが，実用レベルの材料も開発されている。

EAPにも様々な種類が存在するが，材料の電気的特性，応答原理から大別すると，誘電エラストマ，導電性高分子，イオン導電性高分子に分けることができる。それぞれについて，動作原理と特徴を概説する。

(i) 誘電エラストマアクチュエータ

誘電エラストマ[5−8] は，シリコンやアクリル，ポリウレタンなどのエラストマ材料を柔軟な電極ではさみ込んだ構造の素子である（図3.36）。電極の間に誘電体がある構造であるために，電気特性としては容量可変のキャパシタと言える。電極間に数kVの電圧 (10〜100 V/μm) を印加すると，静電気力により電極間が厚さ方向に引き合い，エラストマ材料の柔軟性により面方向に大きく伸長する。高速に動作し，生体筋よりも大きな出力を得ることが可能である。

誘電エラストマは，電歪現象による駆動のため「電場駆動型」の素子である。発生圧力は印加電圧の2乗に比例する。単体の素子では，入力電圧の極性に依存しない単方向動作となる。両方向動作をするためには，2つの素子を組み合わせる，もしくはバネなどであらかじめ動作点をずらして使用するなどの工夫が必要である。ロール型素子やダイアフラム型素子，積層素子など構造を工夫して変位や発生力を効率的に取り出す方法が提案されている。

また，最近では，誘電エラストマは発電デバイスとしても注目されている。波力や風力を利用した発電や，ウェアラブル発電としても利用が検討されている[9]。

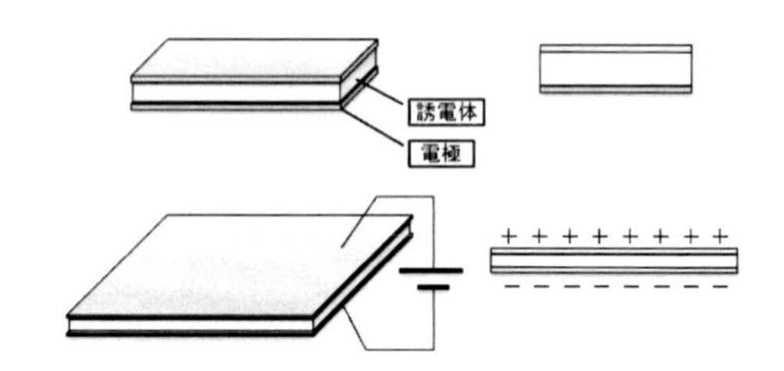

図 3.36　誘電エラストマアクチュエータの動作原理

(ii) 導電性高分子アクチュエータ

導電性高分子は電子導電性を有する高分子材料であり，白川英樹博士のノーベル賞受賞で注目された，いわゆる「電気を流す高分子」である。ポリピロールやポリアニリンなどのπ共役系導電性高分子には優れたアクチュエータ特性を有しているものがある[5−7]。

電解質中に導電性高分子と対極を入れ，電流を流すことで，酸化還元反応によりカウンタイオンの高分子構造内への脱注入（ドーピング・脱ドーピング）が起こり，可逆的な体積変化を生じるものである（図3.37）。電子導電性高分子は電荷の移動，つまり電流によって変形が生じるため，「電流駆動型」の素子である。電気化学反応に基づいた応答であるため，低電圧で駆動可能である。変形速度は他のEAPに比較してやや遅いものの，発生力やひずみ率が大きい。イオン導電性ゲルとの複合化により空中で動作する素子を作製するこ

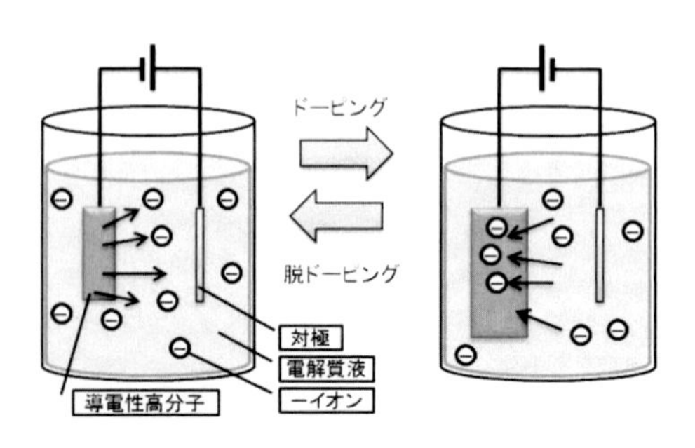

図 3.37　導電性高分子アクチュエータの動作原理

とも可能である。

(iii) イオン導電性高分子アクチュエータ

イオン導電性高分子アクチュエータの代表的なものは，イオン導電性高分子・貴金属接合体（IPMC: Ionic polymer-metal composite，もしくはICPF: Ionic conducting polymer gel film）である[5-7]。IPMCは，フッ素系イオン導電性樹脂（電解質ゲル）の表面に金属電極を接合した3層構造をしている。通常，電極には金や白金などの貴金属が用いられ，無電解メッキ法により接合される。

電極間に電圧を印加すると，電解質内にある陽イオン（カウンタイオン）と水和した水分子が陰極側に移動する。この移動に伴う体積流により内部応力が発生し，フィルム状の素子が屈曲変形する（図3.38）。動作原理としては，上記の電気浸透による体積効果に加え，電極界面における応力発生の影響もあり，応答特性は高分子材料やカウンタイオン，溶媒の種類によっても変化する。

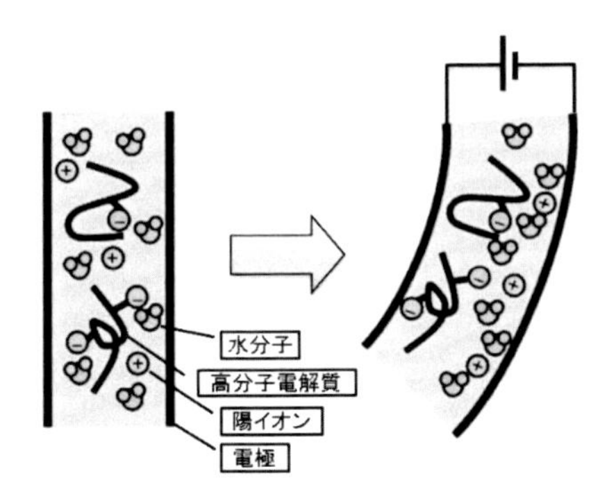

図 3.38 イオン導電性高分子アクチュエータの動作原理

イオンの移動に伴い屈曲変形するものであり，導電性高分子と同様に，「電流駆動型」に分類される。基本的に変形は屈曲運動であるが，2V程度の低電圧で駆動可能であり，大きな変形を得ることができる。通常は，水などの溶媒で電解質ゲルが十分膨潤した状態で使用する必要があるが，不揮発性のイオン液体を用いることで，空気中での使用も可能である。

(3) EAPの駆動法

EAP材料はその名の通り，電気で駆動・制御することが可能である。そのため，駆動系の構築は電磁気モータなど電気駆動のアクチュエータと同じように構成できる。電流駆動型の高分子アクチュエータは，基本的にはDCモータの駆動と同じで，コンピュータなどから出力された指令値を，パワーアンプなどの駆動回路を通して，駆動入力としてアクチュエータに印加すればよい。電圧駆動や電流駆動，PWM駆動も可能である。電場駆動型の誘電エラストマアクチュエータは高電圧が必要であるが，電流値は小さい。高圧電源や昇圧回路を用いれば，駆動可能である。また，IPMCなどの電流駆動型では，溶媒の電気分解により気体が発生し，電極の接合が隔離する可能性があるため，印加電圧の範囲には注意が必要である。誘電エラストマにおいても，絶縁破壊が起こらない範囲で駆動することが必要である。

(4) モデリングと制御

高分子アクチュエータを応用したデバイスやロボットシステムを構築するためには，材料の評価，応答解析，解析に基づいた設計が重要である。また，解析や制御設計には応答特性を表現可能なモデルの構築が不可欠である。高分子アクチュエータのモデリングにおいては，動作原理からして，電場，イオン・溶媒の流れ・拡散モデル，高分子の変形など，機械・電気・化学・材料などのダイナミクスを考慮する必要がある。物理的，化学的考察に基づく動作原理を組み込んだホワイトボックスモデリング（第一原理モデリング）については，高分子物理学，電気化学の分野から数多くの研究がある。これらは一般に偏微分方程式で表現され，有限要素解析により変形応答を解析することが可能である。

ホワイトボックスモデルは一般に複雑で，直接的に解析や設計には適用しにくい。制御系設計を考えた場合，できるだけ単純な使いやすいモデルが好ましい。現象論によって一部簡素化したグレーボックスモデルや入出力データに基づくブラックボックスモデリング（システム同定）についても適用されている。

制御に関しても数多くの研究事例が存在するが，その中でも多くの事例があるIPMCを例に挙げ，紹介する。PID制御器は構造が簡単で一般に広く用いられているものであるが，IPMCアクチュエータの制御に対しても，十分性能を発揮する。IPMCは高分子材料やカウンタイオンの組成によっては，動特性が異なり，また，応力緩和が存在したりする。同定モデルに基づくフィードバック制御やフィードフォワード制御も適用され，精度よい変位制御や発生力制御が実現されている。また，IPMCなどの高分子アクチュエータは湿度や温度など環境に対して動特性が変動しやすいため，ロバスト制御や適応制御などを適用した事例もある。

モデリングや制御についての具体的事例等については他の文献・解説[1, 10]を参照頂きたい。

(5) センサ利用

圧電材料がアクチュエータとしてもセンサとしても利用できることはよく知られている。ここで紹介したEAP材料も同様に，電気刺激に対して変形するアクチュエータ機能とともに，外部からの力や変形を加えた際に電気信号を出力するセンサ機能を有しているものが存在する。柔軟で軽量なセンサ素子としても有用である。また，構造や材料にもよるが，柔軟に変形することから，小さな変形から大きな変形まで検知するセンサに応用できる[11]。

EAPアクチュエータにフィードバック制御を適用する場合，制御量である変形量や発生力などの出力を測定する必要がある。何らかのセンサを用いることになるが，柔軟性などのEAPの特長を損なわないためには軽量で柔軟なセンサが必要である。アクチュエータとセンサの両機能を有していれば，柔軟で軽量なEAPの特長を損なうことなくシステム構築が可能であり，フィードバックの適用や，ロボットシステムへの応用可能性も広がる。

EAP材料の作製・加工プロセスは，燃料電池や電解プロセス，化学センサ等の固体電気化学で確立されている技術が利用可能である。アクチュエータとセンサを構造材料と一体化することも可能であり，高分子の優れた成型性を活かして，任意に成型可能で小型素子の実現可能性もある。

＜釜道紀浩＞

参考文献（3.2.8 項）

[1] 長田義仁，田口隆久（監修）：『未来を動かすソフトアクチュエーター―高分子・生体材料を中心とした研究開発―』，シーエムシー出版 (2010).

[2] 田所諭：柔らかいアクチュエータ，『日本ロボット学会誌』，Vol.15, No.3, pp.318–322 (1997).

[3] Kuhn, W., Hargitay, B., *et al.*: Reversible dilation and contraction by changing the state of ionization of high-polymer acid networks, *Nature*, Vol. 165, pp.514–516 (1950).

[4] 森政弘：軟体機械：人工筋肉へのこころみ，『日本機械学会誌』，第65巻，第517号，pp.77–85 (1962).

[5] 安積欣志：人工筋肉へのソフトマテリアルの応用―電気駆動ソフトアクチュエーター―，『日本ロボット学会誌』，Vol.31, No.5, pp.448–451 (2013).

[6] Bar-Cohen, Y. (*ed*): *Electroactive Polymer (EAP) Actuators as Articial Muscles: Reality, Potential, and Challenges*, SPIE Press (2001).

[7] Kim, K.J., Tadokoro, S. (*eds*): *Electroactive Polymer for Robotics Applications*, Springer (2007).

[8] Carpi, F., De Rossi, D., *et al.*: Sommer-Larsen, P. (*eds*), *Dielectric Elastomers as Electromechanical Transducers*, Elsevier (2008).

[9] Chiba, S., Perline, R., *et al.*: New opportunites in electric generation using electroactive polymer articial muscle (EPAM), *Journal of the Japan Institute of Energy*, 86, pp.743–747 (2007).

[10] 高木賢太郎：電場応答性高分子アクチュエータの制御指向モデリング，『計測と制御』，Vol.54, No.1, pp.41–46 (2015).

[11] 釜道紀浩：機能性高分子材料のセンサ応用，『計測と制御』，Vol.54, No.1, pp.47–51 (2015).

3.2.9 マイクロアクチュエータ

マイクロアクチュエータには様々な駆動原理のものがあり，代表的なものとしては静電型，電磁型，圧電型，熱型が挙げられ，その他，光歪や光圧を用いるものなどがある[1, 2]。駆動エネルギーを機械的エネルギーに変換する方式は様々であり，さらに，得られた機械的エネルギーを並進や回転運動に変換して仕事をなすためのメカニズムに関しても，様々な方式が提案されている。マイクロアクチュエータを制御システムに応用する場合，アクチュエータのモデリングと制御が重要であることは言うまでもないが，小型化に伴う特有の課題として，スケール効果（寸法効果）と微小世界の物理現象や支配法則の変化に関する議論[2-6]は欠かせない。

まず，生物がサイズに応じて適切なデザインをとっていることからもわかるように，アクチュエータを小型化した際にどのようなデザインが適しているかを議論することは重要である。マイクロアクチュエータの設計論では，サイズの変化によるスケール効果の説明として，長さ（代表寸法）L を用いて各種パラメータとの関係を解析する手法が用いられている。

例えば以下のような，質量 m のアクチュエータ可動部の並進運動を考える。

$$m\ddot{x} + c\dot{x} + kx = F + mg + f_d \tag{3.40}$$

ここで，c は粘性係数，k はバネ定数，F は駆動力，mg は重力，f_d は摩擦などの外乱による力である。可動部の密度を一定とすると，質量は L^3 に比例する。同様な考えで，慣性力は L^4，重力は L^3，粘性力は L^2，復元力は L^2 となる[2]。小型化によって可動部の質量が小さくなると，相対的に慣性力の影響は小さくなることがわかる。また，もしこの可動部が液体中で運動する場合には，粘性の影響は無視できない。小型化によって粘性力の影響はさらに顕著となり，バネの設計論にも大きな影響を及ぼすこととなる。駆動力 F に関しては，アクチュエータの駆動原理や駆動方式に依存することは言うまでもない。駆動力が L^2 に比例するアクチュエータであれば，慣性力が L^4 に比例することから，小型化が高速応答をもたらすことになる。詳細は参考文献（例えば文献 [2-4]）に譲るが，出力や応答速度において優れた特性を実現するための基本方針を立てる上で，スケーリングの考察は重要である。

さらに，可動部が環境と接触する場合には，小型化によって表面の影響が顕著となり，f_d の影響が重力の影響よりも支配的となる。この問題は，加速度計速用の MEMS センサ，マイクロロボットや微小物体の操作などにおいても共通する問題であり，現実的に無視できないことが多い。例えば，空気中や真空中での微小物体のマニピュレーションでは，表面において以下の力の影響が顕著となる[5-7]。

① ファンデルワールス力
② 静電気力

- 帯電面・帯電面：クーロン力
- 帯電面・非帯電面：電気影像力
- 非帯電面・非帯電面：接触帯電による静電気

③ 液体架橋力

付着力の詳細な解析は他の文献（例えば文献 [8]）に譲るが，ここでは例として，直径 1 μm のシリコン微小球の操作を考える。この微粒子にかかる重力は約 1×10^{-14} N である。これと，面積が十分大きいシリコン平板との間に働くファンデルワールス力は約 1×10^{-7} N となり，オーダーが 7 桁も異なる。ここで，ファンデルワールス力の算出には以下の近似式を用いた。

$$f_{\mathrm{vdw}} = -\frac{Hd}{12z^2} \tag{3.41}$$

ただし，H はハマーカー定数，d は微小球の直径，z は分離距離であり，H は 25.6×10^{-20} J，z は 0.4 nm とした。重力は L^3 に比例して減少するが，ファンデルワールス力は L に比例して減少する。クーロン力や電気影像力は L^2 に比例して，液体架橋力は L に比例して減少する。このため，微小球が小さくなればなるほど重力の影響は無視できる。

操作対象物とツール表面または環境との間に働く相互作用力は，多くの場合付着力として作用し，操作の妨げとなる。したがって，表面物理学に基づき，相互作用力を考慮した新しいアプローチが必要となる。付着力の低減・制御方法は以下のようにまとめられる。

① 表面粗さの増加
② 表面粗さの違いを利用
③ 振動，加速度を利用
④ 温度の変化を利用
⑤ 圧力の変化を利用
⑥ 電場の変化を利用（誘電泳動力など）
⑦ その他（表面処理，機能性薄膜など）

これらの概念を図 3.39 にまとめる。以上はマイクロマニピュレーションの例として紹介した。磁気駆動マイクロロボットの例に関しては 22.2.5 項および文献 [4] を参照されたい。マイクロアクチュエータにおいても，可動部が環境との相互作用を伴う場合は，以上述べたようなアプローチが取られることがある。

次に，マイクロアクチュエータのモデリングと制御について述べる。そもそもマイクロアクチュエータに

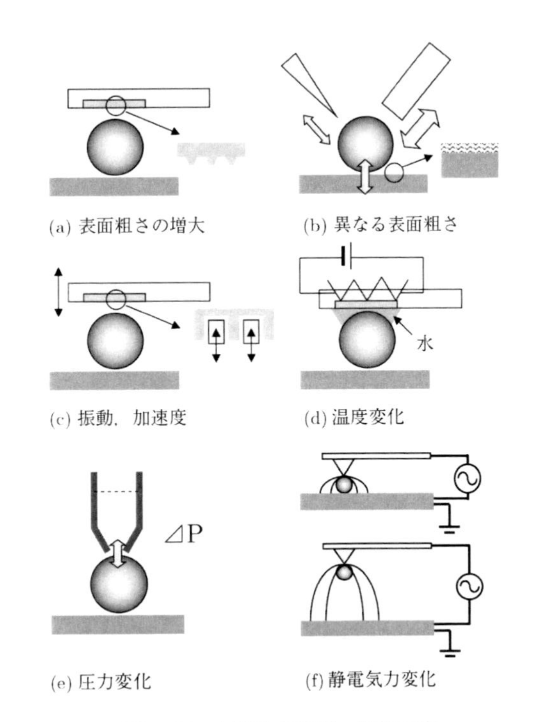

図 3.39 付着力の低減・制御方法

は様々なものがあるが，アクチュエータ本体とその力伝達機構，センサや信号処理回路を一体化し，大量生産するのに適した加工技術として，半導体プロセス技術を基盤としたMEMS技術が多用されている。材料としては，シリコンや金属を主として，ポリマーや筋細胞に至るまで，極めて多様である。基礎となる構造材としては，材料特性がよく調べられている単結晶シリコンがよく使われている[1, 2]。

単結晶シリコンは，それ自身の機械的特性が異方性を有しており，ドライエッチングなどの加工プロセスにおける加工誤差が加わり，全体の特性に影響する。静電アクチュエータでは，シリコンを用いてバネ構造を有する力伝達機構を同じプロセスで作成するが，バネ自体が異方性と非線形特性を有する事が多い。さらに，電極を形成する際に成膜温度を高くしたり，パッケージングにおいても基板加熱をすることがあるため，熱膨張による熱ひずみが残留することがある。以上のような様々な要因で，アクチュエータの特性が理想的なモデルのとおりにならないケースが多い。このため，加工プロセスを工夫し，不確定要素をできるだけ排除することが望ましく，最終的には実験的にパラメータを同定して近似モデルを得ることが多い。

マイクロアクチュエータを制御する場合，アクチュエータの駆動原理や駆動方式によって，制御対象のモデルが線形近似できる場合と，本質的に非線形になる場合がある。例えば，サイズの等しい2枚の長方形電極間に電圧 V を印加した際に働く静電力に関して，電極の長さを L_x, L_y とし，一方を可動電極，他方を固定電極として，可動電極の位置が x 方向にずれたときの駆動力 F_t は次式のように表される[9]。

$$F_t(x) = \frac{1}{2}\varepsilon\frac{L_y}{z}V^2 \tag{3.42}$$

ここで，ε は電極間誘電率，z は電極間距離で，この場合，z は一定である。F_t は印加電圧 V の2乗に比例するものの，可動電極の移動方向 x に関して運動方程式は線形となる。一方，可動電極が電極間 z の方向に移動ときの駆動力 F_n は次式のように表される[9]。

$$F_n(z) = \frac{1}{2}\varepsilon\frac{L_xL_y}{z^2}V^2 \tag{3.43}$$

この場合，可動電極の移動方向 z に関して運動方程式は非線形であり，非線形制御が必要となる。このため，制御のしやすさからアクチュエータの駆動方式およびデザインが決定されることがある。

また，外乱の影響にも注意が必要である。熱型のマイクロアクチュエータでは，使用環境の温度変化などのゆらぎが問題となりうる。また，レーザの光圧を用いた光ピンセット操作において，対象物が小さく液体中に分散している場合には，ブラウン運動が支配的になる場合がある。このような場合は確率過程の議論が必要であり，制御系設計に大きく影響する[7, 10]。

＜新井史人＞

参考文献（3.2.9項）

[1] 五十嵐 他：『マイクロオプトメカトロニクスハンドブック』，pp.253–320，朝倉書店 (1997).

[2] 江刺 他：『マイクロマシーニングとマイクロメカトロニクス』，pp.72–97，培風館 (1992).

[3] Trimmer, W.S.N.: Microrobots and micromechanical systems, *Sensors and Actuators*, 19, pp.267–287 (1989).

[4] Abbott, J.J. *et al.*: Robotics in the Small Part I: Microrobotics, *IEEE Robot. Autom. Mag.*, 14–2, pp.92–103 (2007).

[5] Fearing, R.S.: Survey of Sticking Effects for Micro Parts Handling, *Proc. IEEE/RSJ Int. Conf. Intelligent Robots Systems* (*IROS*), pp.212–217 (1995).

[6] Arai, F. *et al.*: Micro manipulation based on micro physics - strategy based on attractive force reduction and stress measurement, *Proc. IEEE/RSJ Int. Conf. Intelligent Robots Systems* (*IROS*), pp.236–241 (1995).

[7] 日本ロボット学会（編）：『新版 ロボット工学ハンドブック』，pp.864–887，コロナ社 (2005).

[8] Gauthier, M. *et al.*: *Robotic Microassembly*, Wiley, pp.1–105 (2010).

[9] Fukuda, T. *et al.*: *Handbook of Sensors and Actuators*, Elsevier, pp.161–179 (1998).

[10] Arai, F. *et al.*: Synchronized Laser Micromanipulation of Multiple Targets along Each Trajectory by Single Laser, *Applied Physics Letters*, 85–19, pp.4301–4303 (2004).

3.3　運動伝達機構

3.3.1　歯車

(1) 動力伝達要素と歯車

ロボットでは，ある軸から別の軸に回転を伝えることや，別の軸に伝える際に回転速度を遅くしたり，トルクを大きくしたりすることが要求される場合がある。そのような動力伝達をする機械要素には，歯車，ベルト，タイミングベルト，チェーンなどがある。歯車は，歯と歯がかみあって回転を伝えるため，確実に正確に回転を伝えることができる。また，大荷重や変動荷重がかかる場合や，様々な速度となる場合でも使用することができるという長所がある。このため，機械装置やロボットにおいて最も一般的に用いられる動力伝達機械要素である。歯車の短所としては，歯のかみあいに起因する振動や騒音が発生することが挙げられる。

(2) 歯車の種類と特徴

図 3.40 に示すように歯車には様々な種類がある。2 つの軸の関係が平行軸か交差軸か食い違い軸かによって歯車の種類が異なる。

機械装置やロボットで最も多く用いられるのは平行軸の歯車であり，その中でも平歯車は最も頻繁に用いられるものである。平歯車は歯溝が歯車軸に平行に作られている。一方，歯溝が歯車軸に斜めとなり，らせんを描くように作られた歯車をはすば歯車という。はすば歯車は平歯車と比較すると滑らかにかみあうため，振動騒音性能に優れていることから，静粛性が求められる場合に適している。実際に，自動車などではは すば歯車が使われることが多い。はすば歯車は歯溝が斜めになっているため，負荷がかかったときに歯車軸方向の力が発生するので，それに適した軸受が必要となる。

ロボットでは交差する 2 軸の間で回転を伝えることも多くある。この際に用いるのがかさ歯車である。すぐばかさ歯車は歯溝がまっすぐに作られた歯車であり，最も一般的に用いられるものである。まがりばかさ歯車は歯溝がまがった歯車である。すぐばかさ歯車とまがりばかさ歯車の関係は，平歯車とはすば歯車の関係と同じであり，振動騒音性能に違いがある。

ロボットでは食い違い軸の間で回転を伝えることもある。この際に用いる歯車としてウォームギヤがある。ウォームギヤの片方の歯車はねじのような形状をしている。ウォームギヤは大きな減速比とすることができるため，トルクを大きくしたい場合に利用できる。食い違い軸となる他の歯車としてはねじ歯車がある。ねじ歯車ははすば歯車を利用していることから，製作しやすいと言える。これらのウォームギヤやねじ歯車を使うことで，軸位置の設計がしやすくなる。

ある軸の回転運動を直線運動に変えたい場合には，歯車とラックを用いる。ラックは歯車が直線状になったものであり，これが歯車とかみあうことで回転運動を直線運動に変えることができる。

(3) 減速機

ロボット用のアクチュエータとしてモータを用いる場合，通常，減速機と組み合わせて使用することで回転速度を低くし，トルクを大きくする。この際には図 3.40 に示すような 1 対の歯車対ではなく，図 3.41 に示すように複数対（複数段）の歯車を使用することも多い。2 段歯車機構は平歯車やはすば歯車を 2 対用いた減速機である。この減速機の減速比は，1 対目の歯車の減速比と 2 対目の歯車の減速比の積となるので，大きな減速比が得られる。2 対以上の歯車を使えばより大きな減速比となる。他の減速機としては遊星歯車機構がある。遊星歯車機構は，一般に，太陽歯車，遊星歯車，キャリア，内歯車から構成されている。遊星歯車機構を複数個使用することで，減速比を大きくする

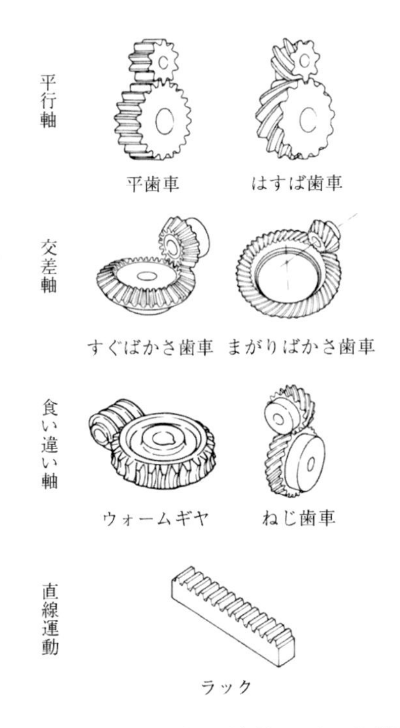

図 3.40　歯車の種類（文献 [1] から転載）

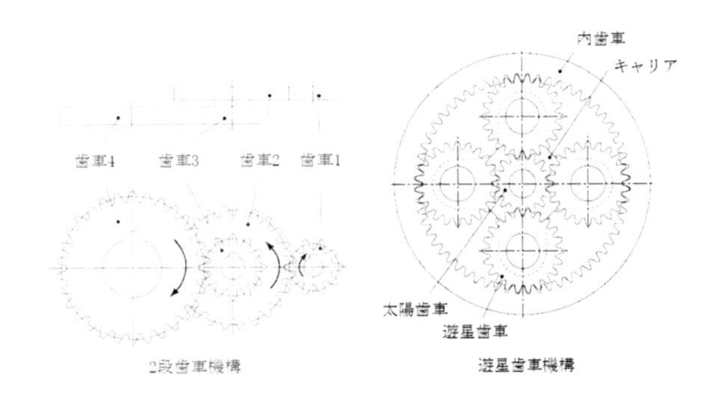

図 3.41　減速機（文献 [2] より改変）

ことができる。遊星歯車機構では，入力軸と出力軸を同じ軸上に配置できるという利点があり，ロボットで多く利用されている。その他の減速機としてはウォーム減速機などがあるが，これらは図 3.40 に示すような 1 対の歯車を使用する。

(4) 振動と騒音

ロボットに静粛性が要求される場合，歯車の振動による騒音が問題となることがある。特に平歯車では問題となりやすい。平歯車が回転をすると，かみあう歯対の数が 1 対となる場合と 2 対となる場合が交互に発生する。歯車の歯の剛性は高いが，負荷がかかるとわずかに弾性変形をする。1 対かみあいの場合はこの弾性変形が大きく，2 対かみあいのときは小さい。これが歯車の振動騒音の原因となる。

(5) バックラッシ

歯車を使用する際には，歯の表と裏の 2 つの歯面のうち動力を伝えている面の裏面側には隙間を設けて使用することが一般的であり，この隙間をバックラッシと呼ぶ。バックラッシがないと歯の裏面側が接触し，歯車がスムーズに回転しなくなるため，必ず必要となる。また，歯車の形状は必ずしも理想的な形状で製作されておらず，温度上昇によって膨張することなどもあるので，その場合でも歯の裏面側が接触しないようにするためには，ある程度の大きさの隙間となるバックラッシが必要となる。特にプラスチック歯車は熱膨張や吸湿によって膨張する特徴があるため，バックラッシを設けることが重要となる。しかしながら，バックラッシがあることで歯車は隙間の大きさ分だけガタガタ動くこととなり，これがロボットのガタの原因となる。

(6) 歯車の強度設計

軽くて性能の良いロボットを製作するためには，歯車も軽くて小さいものを選ぶのがよい。この場合，歯車の強度上の限界に近い設計をすることとなる。一般に歯車の強度上で問題となるのは，歯の曲げ強度と歯の面圧強度である。歯の曲げ強度は，歯に負荷がかかって歯の根元に大きな曲げモーメントがかかり，亀裂が発生して破断することを防ぐために必要となる強度である。一方，歯の面圧強度は，接触する歯面に発生する損傷に対する強度である。歯車の強度設計法は工業規格などがあるので，それらを用いて設計すればよい。また，歯車メーカのカタログなどに詳しく説明されているので，それらを用いれば設計することができる。

＜小森雅晴＞

参考文献（3.3.1 項）

[1] 『歯車の手引き』，小原歯車工業（株）(2006).

[2] 『歯車技術資料』，小原歯車工業（株）.

[3] 吉本成香：『はじめての機械要素』，森北出版 (2011).

[4] 小森雅晴：歯車運動伝達—伝達誤差とその低減—，『精密工学会誌』，73 巻，4 号，pp.431–434 (2007).

3.3.2　タイミングベルト

(1) ベルト，タイミングベルト，チェーン

2 つの軸の間の動力伝達に用いる機械要素としてベルトやチェーンなどがあり，これらを巻き掛け伝動と呼ぶ。巻き掛け伝動は，2 つの軸間の距離が長い場合には歯車よりも適している。図 3.42 に示すように，ベルトの中には摩擦を利用するもの（平ベルト，V ベルト）と，歯のついた歯付きベルト（タイミングベルト）がある。摩擦を利用する平ベルト，V ベルトは滑りを生じることもあるため，正確に回転を伝えることができないが，タイミングベルトはベルトの歯とプーリの歯がかみあうため，回転を正確に伝えることができる。チェーンでも回転を正確に伝えることができるが，タイミングベルトはチェーンよりも騒音が少なく，潤滑の必要もない点で優れている。タイミングベルトは図 3.43 に示すように，歯のついたプーリと組み合わせて使用する。ベルトはグラスファイバなどからできた心線とクロロプレンなどからできている。ロボットで使用されることが多いが，自動車やコピー機などにも多く使用されている。

平ベルト

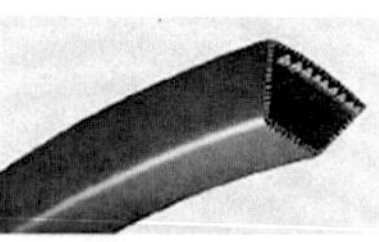

V ベルト

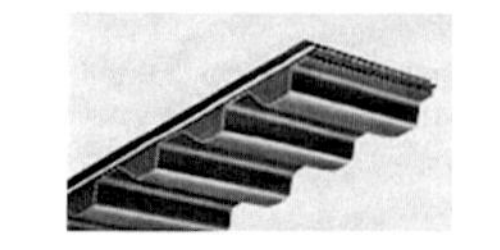

タイミングベルト（歯付きベルト）

図 3.42　ベルトの種類（文献 [1] より転載）

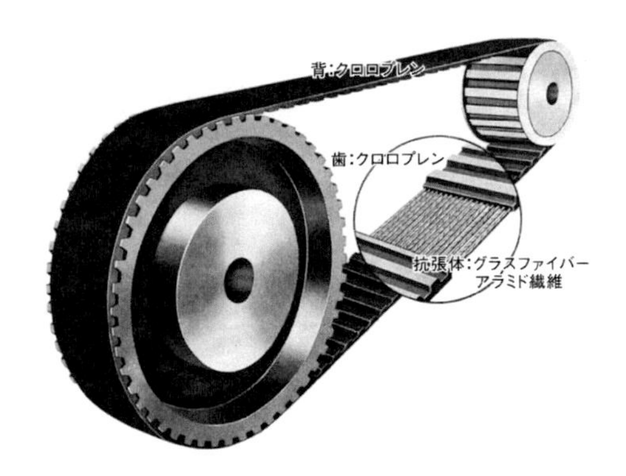

図 3.43 タイミングベルトとプーリ（文献 [2] から転載）

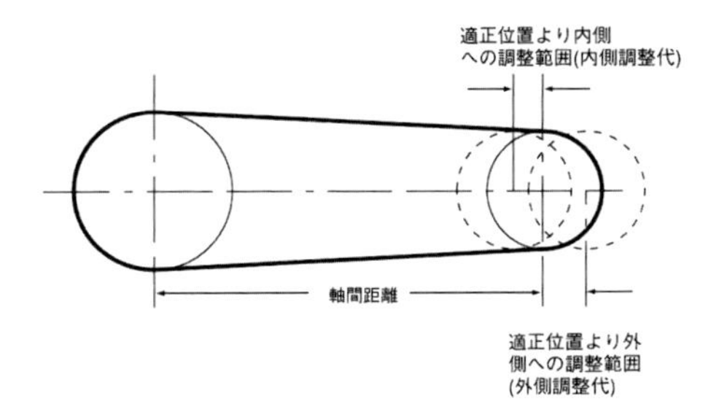

図 3.44 軸間距離の調整代（文献 [2] から転載）

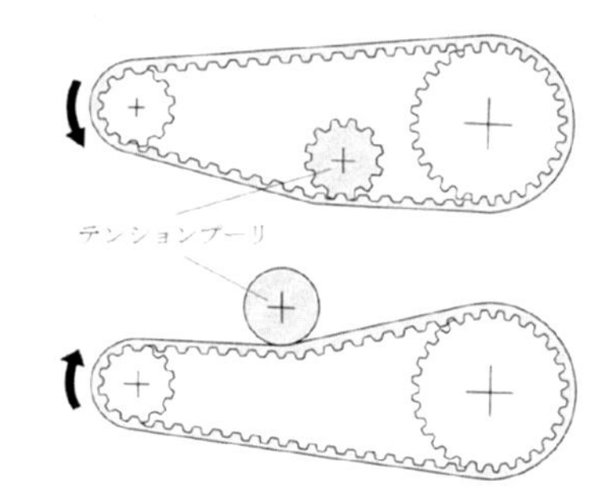

図 3.45 テンションプーリによる張力調整（文献 [2] より改変）

(2) タイミングベルトの選定

タイミングベルトは，通常は専門メーカから購入することとなる。タイミングベルトの選定に必要となる選定法や強度計算法は専門メーカのカタログなどに記載されており，それに従って計算すればよい。例えば，必要条件調査，設計動力設定，ベルト形設計，プーリ・軸間距離，ベルト幅設計，軸間距離調整代確認，ベルトの張り，軸荷重の順に設計を行う[1]。2 つのプーリの歯数を選定することにより，必要な回転比とすることができるが，許容される最小プーリ歯数があるため，小さい方のプーリはこの歯数以上のものを選ぶ必要がある。また，ベルトの長さは標準的なものが決まっているので，必要とするベルト長さに近い長さのベルトを選ぶこととなる。このため，軸間距離を設計する際には注意が必要である。

(3) 張力の調整[2]

タイミングベルトには適切な張力を与える必要がある。張力が足りないと，ベルトの歯がプーリの歯を飛び越えるジャンピングと呼ばれる現象が発生するなどの問題が生じる。また，ベルトにはゆるみ側と張り側があるが，張力が小さいとゆるみ側が，張力が大きいと張り側が振動し，これも問題となる。

張力の調整の際には，ベルトのスパンの中央部を押さえるときの力とベルトのたわみ量の適切な大きさを計算しておき，それを参考にして調整をする。張力を調整するためには軸間距離を調整する。このために，設計時に軸間距離調整代を計算しておく必要がある。図 3.44 のように内側調整代と外側調整代を計算しておき，その間で軸間距離の調整ができるようにロボットの設計をしておく。ロボットによっては軸間距離の調整ができない場合も少なくないと思われるが，その場合は図 3.45 に示すようなテンションプーリを用いる。テンションプーリをベルトに押し付けることにより必要な張力に調整する。ベルトの張力はなじみ運転により低下するため，なじみ運転をした後に適切な張力になるように調整をする必要がある。

(4) アライメントの調整[2]

タイミングベルトの 2 つのプーリの位置が正確に調整されていないと，異常音が発生したり，ベルトがプーリのフランジに乗り上がったり，ベルトの側面が摩耗したりする原因となる。このためのプーリの位置調整をアライメント調整と呼ぶ。アライメントは図 3.46 に示すように 6′ から 17′ 程度の量となるように調整が必要である。

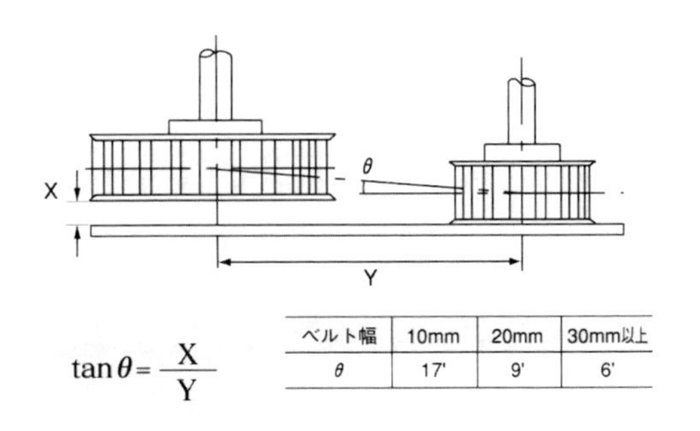

$$\tan\theta = \frac{X}{Y}$$

ベルト幅	10mm	20mm	30mm以上
θ	17'	9'	6'

図 3.46 アライメント（文献 [2] から転載）

(5) フランジ[2]

タイミングベルトは，一般に運転中にベルトが片方に寄る。このため，ベルトがプーリから外れないように，図 3.47 に示すようにプーリにフランジを付ける必要がある。プーリ軸が水平な場合は，軸間距離が短ければ小プーリに両フランジを付け，軸間距離が長ければ両方のプーリに両フランジを付ける。プーリ軸が垂直な場合はベルトが下側に外れやすくなるので，プーリの下側にフランジを付ける必要がある。

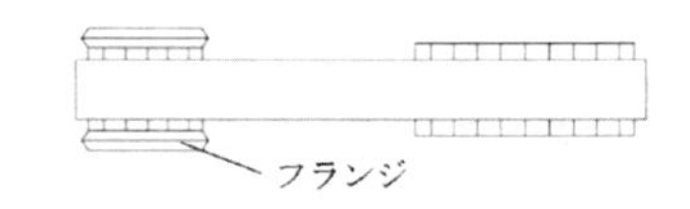

図 3.47　フランジ（文献 [2] より改変）

(6) 交換

タイミングベルトは，一般に交換を要するものであるので，長期間使用する場合には注意が必要である。

＜小森雅晴＞

参考文献（3.3.2 項）

[1] 三ツ星ベルト（株）ウェブサイト
http://www.mitsuboshi.co.jp/japan/

[2] 『タイミング伝動設計資料』，三ツ星ベルト（株）(2014).

[3] 吉本成香：『はじめての機械要素』，森北出版 (2011).

3.3.3　ボールねじ

(1) 構造，特徴

ロボットにおいてモータの回転運動を直線運動に変えたい場合には，図 3.48 に示すようなボールねじを利用する。図 3.49 に示すように，ボールねじはおねじ（ねじ軸）とめねじ（ナット）の間にボールがある。普通のねじではおねじとめねじの間に滑りによる摩擦抵抗が発生するが，ボールねじでは滑りではなくボールの転がりとなるため，摩擦抵抗が非常に小さい。また，予圧を与えることによりバックラッシをなくすことや，剛性を調整することができる。このようなことから，精密な位置決めをすることが得意である。短所としては，ボールを用いているために衝撃に弱いことが挙げられる。また，ボールとねじの間にほこりが入ると損傷するため，それを避ける必要があることや，騒音の問題などがある。

ねじ軸が回転するとボールが転がり，ボールの位置が変わる。そのままねじ軸が回転を続けるとボールがナットから外れてしまうため，ボールを元の位置に戻して循環させる必要がある。このため，図 3.49 に示すように，エンドデフレクタ式やチューブ式などの方法でボールを循環させるようになっている。

図 3.48　ボールねじ（写真提供：日本精工株式会社）

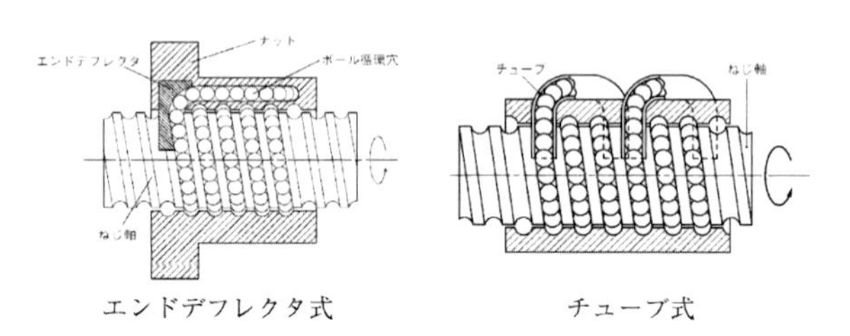

図 3.49　ボールの循環（提供：日本精工株式会社）

(2) 設計[1]

ボールねじの製作は難しいため，専門メーカから購入することが一般的である。専門メーカのカタログにはボールねじの選定手順が詳細に記載されており，それに従って選定をすればよい。例えば，使用条件（荷重，速度，ストローク，精度，希望寿命）の決定，基本諸元（精度等級，ねじ軸外径，リード，ストローク）の決定，基本的な安全性の検討（許容軸方向荷重，許容回転数，寿命），要求機能に応じた検討（熱変位とリード精度，剛性，駆動トルク，潤滑・防錆・防塵など）の手順で選定する。

(3) 静的荷重限界[1]

ボールねじには軸方向の荷重がかかるため，その強度を設計時に検討しておく必要がある。検討を行う点として，ねじ軸の座屈荷重と降伏応力，ボール接触部の永久変形がある。ボールは大きな荷重を受けると表面に凹みが生じ，永久変形として残る。この永久変形の大きさはボールの直径の 0.01%未満にする必要がある。このため，設計時に各ボールねじ製品の基本静定格荷重に安全係数 1〜3 をかけた軸方向荷重の許容限界を計算しておく。

(4) 許容回転数[1]

ボールねじには最高回転数に限界がある。それを決めているのは，軸の危険速度とボール循環部の破損である。ボールねじの回転数がねじ軸の固有振動数と一致する速度が危険速度であり，その速度の80%以下で使用する。また，回転数が高くなると，ボールの動きが速くなり，循環部に損傷を与えることがある。これを避けるため，ねじ軸外径 d と回転数 n の積である d・n 値がある値を超えないようにする必要がある。

(5) 動的な荷重限界と寿命[1]

ボールねじは正しく使用していても，繰り返し使用することにより剥離が生じ，性能が劣化するため，選定する際にはこの寿命を計算する必要がある。この計算は，各ボールねじ製品の基本動定格荷重（90%のボールねじが転がり疲れによる剥離を生じることなく 100 万回回転することができる軸方向荷重）を参考にして行う。詳しくは専門メーカの資料に記載されているため，それに従って計算をすればよい。この寿命はボールねじを取り付ける際に発生する誤差によって影響を受けるため，取付けには注意が必要である。

(6) 組付け方法[1]

図 3.50 にボールねじの組付け方法の例を示す。この他にも組付け方法は様々あるが，組付け方法によって座屈荷重や危険速度の計算が変わってくるため注意が必要である。

また，ボールねじを組み付ける部分は精密に製作する必要がある。図 3.51 に示すように取付け誤差があると寿命や摩耗が問題となったり，摩擦トルクが増加したり，運動精度が低下する。例えば，精密なものでは傾き誤差は 1/2,000 以下，芯違いは 0.020 mm 以下の取付け誤差とする必要がある。

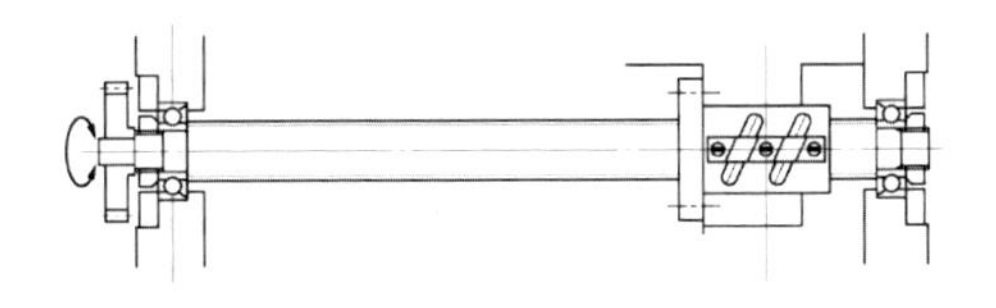

図 3.50　組付け方法（提供：日本精工株式会社）

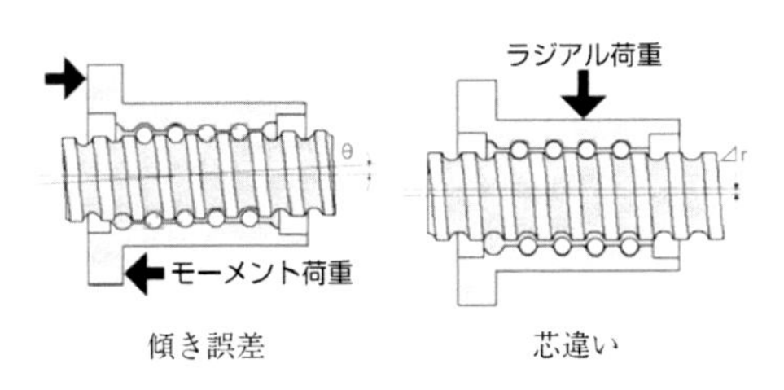

図 3.51　取付け誤差（提供：日本精工株式会社）

(7) 予圧[1]

ボールねじの剛性を高めたい場合には予圧の調整を行う。予圧の調整には図 3.52 に示す定位置予圧方式と定圧予圧方式がある。定位置予圧方式ではナット A とナット B の間の距離を間座を使って長くすることで圧力を与え，ナットを弾性変形させる。これにより，外力が加わった時の弾性変形を小さくすることができ，剛性を高めることができる。定圧予圧方式ではばねを使用してナット A とナット B の距離を調整する。予圧は大きくしすぎるとボールねじの寿命や発熱などの問題を生じるため，注意する必要がある。

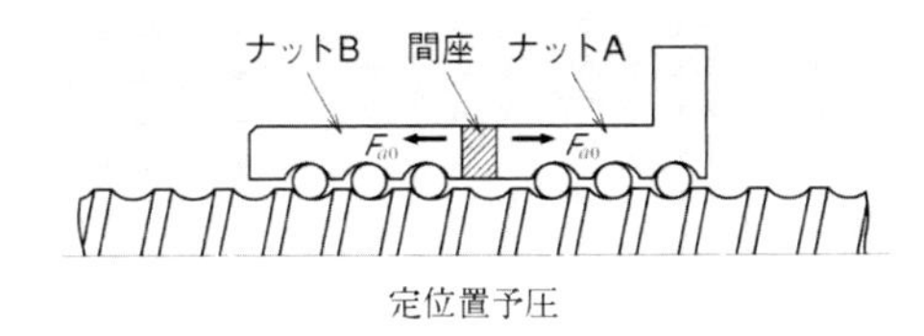

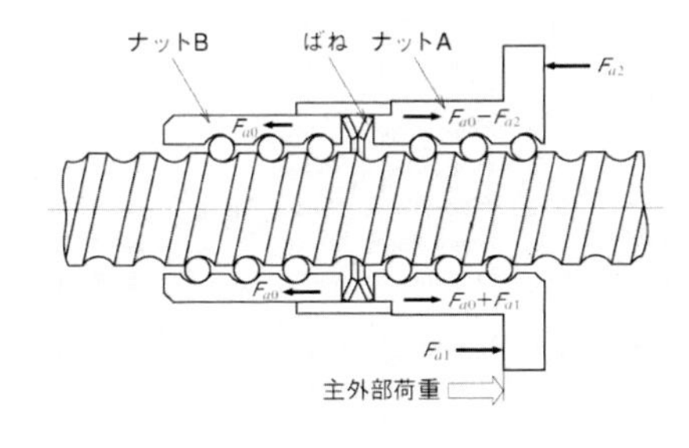

図 3.52　予圧（提供：日本精工株式会社）

＜小森雅晴＞

参考文献（3.3.3 項）

[1]『精機製品』，日本精工（株）(2008).

3.3.4 ハーモニックドライブ（波動歯車装置）

(1) 概要

ロボットで使用されるモータは，一般的に回転速度が速く，トルクは小さい。このため，回転速度を下げ，トルクを大きくする減速機と組み合わせて使用されることが多い。ロボットに用いる減速機としては，3.3.1 項で説明した平歯車や遊星歯車機構などを用いるものの他に波動歯車装置がある。波動歯車装置はハーモニックドライブと呼ばれることが多いが，この名称は（株）ハーモニック・ドライブ・システムズの登録商標である。

(2) 構造[1]

波動歯車装置の構造を図3.53に示す。ウェーブ・ジェネレータ，フレクスプライン，サーキュラ・スプラインから構成されている。ウェーブ・ジェネレータは楕円形状をした部品の外側に肉厚の薄いボールベアリングをはめたものであり，楕円形状部品が回転するとそれに合わせてボールベアリングの形状が楕円状に変化する。フレクスプラインは肉厚の薄いカップのような形をした部品で，外側には歯車のような歯が作られている。フレクスプラインはウェーブ・ジェネレータと接触しており，ウェーブ・ジェネレータの形に合わせて楕円形状に変化する。サーキュラ・スプラインは内歯車のような部品である。サーキュラ・スプラインの歯数は，フレクスプラインの歯数よりも通常2枚多い。

図 3.53　波動歯車装置（ハーモニックドライブ）（文献[2]から転載）

(3) 原理[1]

図3.54上に示すように，サーキュラ・スプラインの歯は楕円形状に変形したフレクスプラインの長軸部分の歯とかみあう。図3.54上では，サーキュラ・スプラインに付けた矢印とフレクスプラインにつけた矢印は一致している。サーキュラ・スプラインを固定して，ウェーブ・ジェネレータを図3.54下左のように時計回りに回転させると，楕円形状の長軸の方向が変化していく。長軸方向ではサーキュラ・スプラインとフレクスプラインがかみあっているので，それらのかみあう歯が順に変化していく。図3.54上から図3.54下右のようにウェーブ・ジェネレータが1回転すると，その間にサーキュラ・スプラインとフレクスプラインの歯は同じ数だけかみあう。サーキュラ・スプラインの歯数はフレクスプラインの歯数より通常2枚多いので，フレクスプラインは2歯分だけ反時計回りに回転することとなる。このフレクスプラインの回転を出力として取り出す。

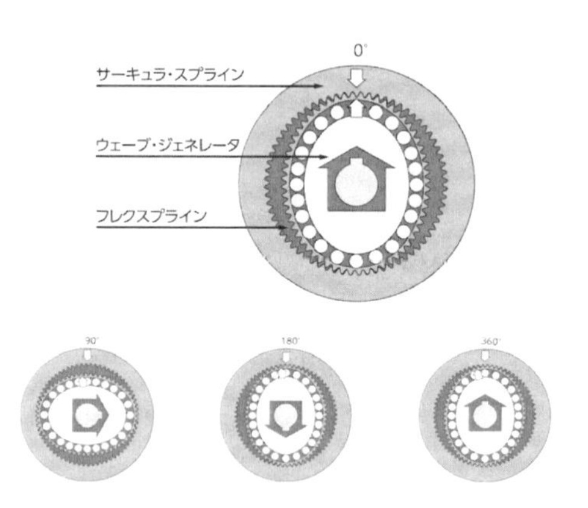

図 3.54　波動歯車装置の原理（文献[1]から転載）

(4) 特徴[1]

波動歯車装置の特徴として，構造が簡単で部品数が少ないことが挙げられる。図3.53に示すように構成部品は3つだけである。このため，減速機を小型，軽量にすることができる。減速比が大きいことも波動歯車装置の特徴であり，減速比320まで商品化されている。また，一般的な歯車ではバックラッシを与える必要があるが，波動歯車装置ではバックラッシを小さくすることができる。

(5) 入力，出力，固定[1]

波動歯車装置では，ウェーブ・ジェネレータ，サーキュラ・スプライン，フレクスプラインを入力，出力，固定のいずれかにする。減速機として使用する場合は図3.55の3通りとなる。

(6) 使用上の注意[1]

波動歯車装置を使用するとフレクスプラインは繰り返し変形をすることとなるため，これにより疲労を生じる。また，フレクスプラインに過度なトルクがかかるとその胴部が座屈を起こす。使用時にはこれらの点で注意が必要となる。

また，運転中に衝撃トルクがかかると，サーキュラ・

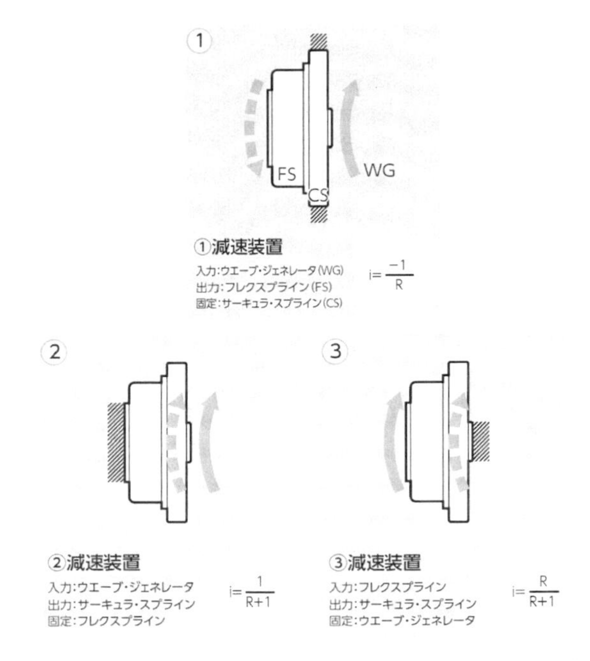

図 3.55　入力，出力，固定（文献 [1] から転載）

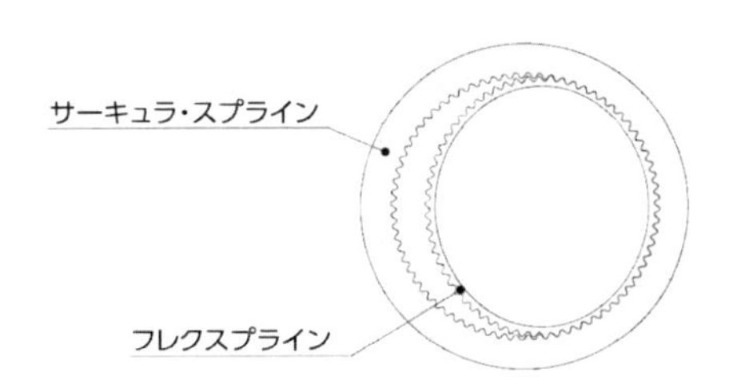

図 3.56　片側へのずれ（文献 [1] から転載）

スプラインとフレクスプラインの歯がずれることがある。この際に図 3.56 に示すようにフレクスプラインが片側にずれることがある。

(7) 剛性[1]

波動歯車装置にトルクがかかると図 3.57 上のグラフに示すようにねじれが生じる。このグラフの傾きが剛性を意味する。図 3.57 下に示すように，専門メーカからは 3 つの区間に分けて剛性のデータが提供されているので，これを利用すればよい。

＜小森雅晴＞

参考文献（3.3.4 項）

[1]『ハーモニックドライブ総合カタログ』，（株）ハーモニック・ドライブ・システムズ (2014).

[2] （株）ハーモニック・ドライブ・システムズのウェブサイト https://www.hds.co.jp/products/hd_theory/

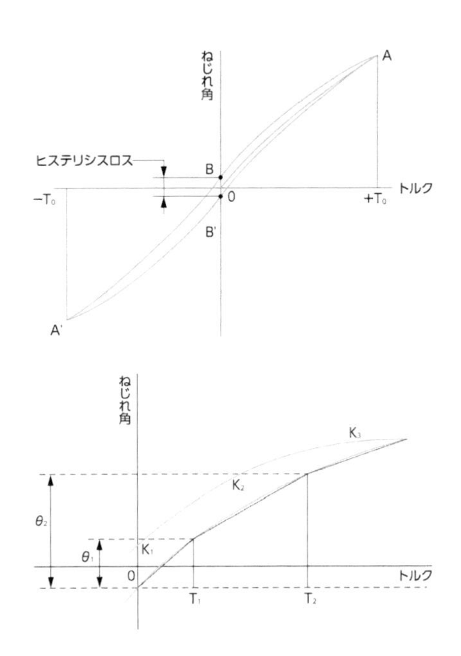

図 3.57　剛性（文献 [1] から転載）

3.4　内界センサ

3.4.1　位置・回転角センサ

機械の運動を制御するためには，運動状態の情報を知る必要がある。具体的には，位置，変位，速度，加速度，力などである。特にロボットのようにシステム各部の動きを同時に高精度に計測し制御したい場合には，位置・回転角センサの重要性は高く，中でも運動状態の情報をデジタル量として出力するエンコーダは，ロボットシステムのセンサとして必要不可欠である。ここでは，位置・回転角センサの概要を説明し，それらを有効に利用するための情報を提供する。

(1) 位置・回転角センサの機能モデル

位置・回転角センサの目的は，計測対象とする物体の運動をその位置や変位の情報に変換し，信号として出力することである。図 3.58 に位置・回転センサのシステム構成を示す。位置・回転センサの構成は，① 計測対象の動きを入力するための機械的インタフェースである入力部および本体構造部，② 入力部に結合された計測対象の動きを検出するスケールとその動きを検出するピックアップから構成されるセンサ部，③ 検出信号を所望の信号，情報に変換して出力する電子回路部の主に 3 つの部分に大別される。

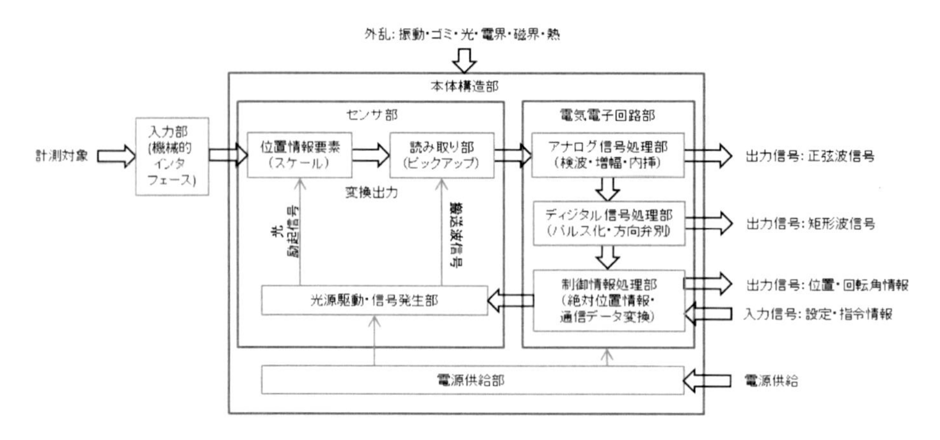

図 3.58　位置・回転センサのシステム構成

(i) 入力部および本体構造部

本体構造部には，計測対象との結合機能（入力部），各要素の一体化機能，収納機能，保護機能がある。

エンコーダの入力部は，計測対象である移動体とセンサ部のスケールとを機械的に正確に結合し，計測対象の変位を正しくスケールに伝える。一方，計測対象は相対的に静止している本体構造部内の基準位置（以後，ベースと呼ぶ）に対して移動または回転するため，ピックアップをベースに固定している。

回転角センサの入力部（結合機能）の形式は，軸入力型（シャフト型）と中空軸入力型（中空シャフト型）に大別される。軸入力型を使用する場合には，計測対象と軸継手（カップリング）によって結合する必要がある。一方，中空軸入力型を使用する場合には，計測対象の軸とセンサ部のスケールを直接結合することができる。いずれの場合も本体構造部は，計測対象に対して基準となるベース側に固定する。

また，本体構造部は，スケールとピックアップを一つの構造体内に収めた一体型（ユニット形）とスケールとピックアップを別々の構造体内に収めた分離型（セパレート形あるいは組込形ともいう）がある。工作機械等で多く使用されているリニアエンコーダおよびロータリエンコーダは，取り付けが容易なスケールとピックアップを一体化構造としたユニット型が主流である。一方，計測対象にスケールを直接取り付け，基準となるベース側にピックアップを取り付ける（またはその逆）分離型は，取付調整に手数がかかるが，計測対象とエンコーダの取付誤差を小さくすることが可能となる。また，小型化，軽量化にも寄与する。

(ii) センサ部

センサ部は，被検出部である位置情報要素（以後，スケールと呼ぶ）と検出部である読取部（以後，ピックアップと呼ぶ）により構成される。位置情報要素とは位置情報を物理的に記憶させた要素であり，一般に目盛，格子，符号板などがある。読取部とは，位置情報要素から位置情報を再生検出して電気信号に変換する要素である。センサの原理によって励起信号や搬送波信号が必要な場合がある。エンコーダの分解能や精度などの諸性能は，まず位置情報要素と読み取り部の特性に依存する。センサ部の原理および構成については，(2) 位置・回転角センサの分類・種類にて述べる。

(iii) 電気電子回路部

電気電子回路部には，主にアナログ信号処理機能，デジタル信号処理機能，制御情報処理機能がある。その他，光源や励起信号，搬送波信号を発生させるための光源駆動・信号発生部およびこれらの電気電子回路への電源供給部がある。アナログ信号処理部は，検波，増幅，整合，分解能を高くするための内挿分割などの機能を持つ。デジタル信号処理部は，パルス化，移動方向あるいは回転方向を判別する方向弁別の機能を持つ。制御情報機能は，光源の制御，信号発生部の制御，出力信号を絶対位置情報に変換するためのコード変換などの機能を持つ。さらに，高機能なエンコーダになると，回転量に相当するパルス数の計数機能，絶対位置情報と高分解能相対変位情報の統合機能，通信インタフェース機能（汎用および各メーカーの制御装置向けがある）などを搭載しているものがある。

(2) 位置・回転角センサの分類・種類

(i) 計測対象による分類（リニアとロータリ）

計測対象の運動が直線運動か回転運動か，すなわち長さの計測か角度の計測かにより，リニアエンコーダまたはロータリエンコーダを使用する。機械的構造はそれぞれの運動に最適化されているが，測定原理やセンサ部の構造が共通のものも多い。

(ii) 出力情報による分類（アブソリュートとインクリメンタル）

エンコーダの出力基本情報は，位置または変位である。「位置」とは，定められた座標における座標値，すなわち固有の原点からの距離または角度で表され，「絶対位置」ともいう。一方，「変位」は，計測対象が任意の位置から異なる位置へ移動した距離または角度である。「絶対位置」を常に出力できるエンコーダをアブソリュートエンコーダ，変位量のみを出力するエンコーダをインクリメンタルエンコーダという。表 3.2 にアブソリュート方式とインクリメンタル方式の特徴を示す。

表 3.2 アブソリュート方式とインクリメンタル方式の特徴

アブソリュート方式	インクリメンタル方式
・ノイズに強く，読み誤りは累積されない	・ノイズその他によるミスカウントが累積される可能性がある
・電源を切っても情報は失われず，再び同じ状態で復帰できる	・電源が切れると情報を失い，前の状態が再現されない
・検出不要な範囲では最高応答速度を超えてもよい	・必ず最高応答速度以下で検出する必要がある
・方向弁別は不要	・方向弁別回路が必要
・任意の位置をゼロ点にする演算が必要	・任意の位置でゼロ・リセットが容易
・グレイコードの場合信号の伝送が並列になる	・信号の伝送は単線でよい
・構造が複雑	・構造は簡単
・高分解能には多数のトラックが必要高価	・内挿により高分解能が得られる安価

(iii) センサ部の原理による分類

前述したように，センサ部は，被検出部である位置情報要素（以後，スケールと呼ぶ）と検出部である読取部（以後，ピックアップと呼ぶ）により構成される。スケールには，機械的，電磁的，光学的な種々の方法でパターンが記録されている。これらのパターンをピックアップにより検出再生し，電気信号に変換する。表 3.3 に検出原理によって分類した位置・回転角センサの種類を示す。変換出力（光量，磁束，インピーダンス変化）に着目すれば，エンコーダの方式は光電変換式，インピーダンス変換式，電磁誘導式に大別される。

表 3.3 検出原理による位置・回転角センサの種類

種　類	励起信号	位置情報要素	変換出力	ピックアップ	搬送波信号	実　例
光電変換式	光 ランプ LED	光学格子	明・暗	走査格子（インデックススケール）と光電変換素子	—	インクリメンタルエンコーダ
		光学符号板	明・暗			
		スリット板	明・暗			
		回折格子	モアレ縞			モアレ縞スケール
		光学符号板（グレイコード，M系列コード）	明・暗			アブソリュートエンコーダ
	レーザ光	ホログラフィ格子	干渉縞	光電変換素子	—	ホログラフ・レーザスケール
		反射鏡＋干渉計				レーザ干渉計
インピーダンス変換式	直流電圧	抵抗素子（巻線型，コンダクティブ型）	抵 抗	ブラシ接点	直流電圧	接触式ポテンショメータ
		マグネット	磁界の変化	磁気抵抗素子	直流電圧	無接触ポテンショメータ
				ホール素子	交流電圧	
		ひずみゲージ	抵 抗	ブリッジ回路	直流電圧 交流電圧	ひずみゲージ式変位計
		接点格子	抵 抗	ブラシ接点	—	ブラシ式アブソリュートエンコーダ
	—	歯 車	インダクタンス変化	検出コイル	高周波電流	磁気式エンコーダ
		可動鉄心 測定対象（導電体）	インダクタンス	差動変圧器	交流電圧	差動変圧器（差動トランス）
				渦電流検出コイル	交流電流	渦電流式変位計
		可動極板 測定対象（導電体）	静電容量	共振回路	高周波電圧	静電容量式変位計
電磁誘導式	交流電流	ロータコイル	磁 束	ステータコイル	—	インダクトシン
	—	磁気スケール	磁 束	磁束応答形ヘッド	高周波電流	マグネスケール

(3) 位置・回転角センサの選定方法（仕様・性能）

位置・回転角センサを選定する場合には，サーボモータ等のアクチュエータを制御するための計測制御システムの目標仕様に合わせて，メーカーカタログの中から要求仕様を必要十分に満たす製品を選択しなければならない。表3.4に位置・回転角センサの主な仕様を示す。必要な位置決め精度や速度制御性能を得るためには，位置・回転角センサの取付方法，分解能，検出範囲，応答特性が重要であり，計測制御システムとのインタフェースにも留意する必要がある。また，高分解能，広検出範囲等の性能は，センサ部の方式により左右されるため，センサ仕様の比較検討が重要である。位置・回転角センサの分解能（最小検出単位）は，スケールのピッチ（波長λとする）に依存する。さらに分解能を上げるためには，1ピッチ内を等分割する内挿（内挿分割機能）が行われる。特に高分解能を必要とする場合は，スケールとピックアップの最新技術に注目する必要がある。また，ロータリエンコーダの場合，同一分解能のセンサ部を用いて1回転あたりの出力パルス数を増やすためには回転目盛の直径を大きくする必要があるため，大型化することに留意する。

表3.4　位置・回転センサの主な仕様

基本性能	検出方式　測定分解能（出力パルス数） 測定範囲（総出力パルス数）
出力信号	信号形式（矩形波・正弦波・グレイコード・純2進コード，出力回路） 通信形式（データ形式，通信速度，通信プロトコル） 最高応答周波数（応答パルス数），応答直線速度，応答回転速度 応答時間（波形立ち上がり立下り時間）
機械的特性	軸許容荷重（電気的，機械的），許容最高回転数（電気的，機械的）
電気的仕様	供給電圧，消費電流，消費電力
機械的仕様	ロータの慣性モーメント，シャフトの許容軸方向ずれ，耐振動，耐衝撃，外形寸法，質量
精　　度	システム精度，不確かさ
安全規格	FCC規格，CEマーキング，機能安全規格

測定精度を決定する要素は，スケールが持つ固有の誤差とスケールを対象物に取り付けてピックアップで読み取る時点で生じる誤差の和となる。最も重要なものはスケールパターンの正確さであり，スケール固有の誤差は，製造工程における格子目盛の品質によって決まる。一方，ピックアップで読み取る時点では，ピックアップ単体の安定性，ピックアップの姿勢変化や振動などの走査の質，電気電子回路部およびインタフェース回路における信号処理回路の質によって決まる。特にピックアップの姿勢変化や振動などの走査の質を高めるために，カップリングの弾性やベアリングの誤差などの機械的特性を高める構造や配置を工夫がされている。一方でこれらに起因する検出信号の変化を補正する技術なども実装されている。

安全規格については，CEマーク，UL等の国際規格への対応だけでなく，最新の機能安全規格（EN ISO 13849-1，IEC61508/SIL-2,SIL-3，61800-5-2等）に対応しているものもある。

(4) 具体的な仕様

以下では代表的な位置・回転センサを例に説明する。

(i) ポテンショメータ

ポテンショメータは，機械的な位置に比例した電圧出力を得る変位センサであり，接触式と非接触式に大別される。接触式の場合には抵抗体（巻線抵抗素子型，コンダクティブプラスチック抵抗素子型，サーメット抵抗素子型）とワイパ（ブラシ）から構成される。仕様としては，検出範囲である有効電気的回転角度，分解能は理論的には無限小であるが，アナログ電圧をデジタル化して取得する場合には，量子化の分解能が検出分解能となる。また巻線ポテンショメータの場合には，出力比が変化する最小の値である分解度に留意する必要がある。さらに変位・回転量と抵抗値との直線度に留意し，必要に応じて校正をする必要がある。図3.59に1回転型ポテンショメータの例として小型コンダクティブプラスチック1回転型JC10シリーズ（日本電産コパル電子（株））の基本構造を示す。直径10 mmのコンパクトサイズで，検出範囲（有効電気角）は324°±5°であり，360° に満たないことに注意する必要がある。図3.60に多回転型ポテンショメータの例として巻線10回転のM22L10シリーズ（日本電産コパル電子(株)）の基本構造を示す。回転軸に取り付けられたワイパが回転角に応じて上下し，側面の巻線抵抗との接触位置が変化する構造である。検出範囲すなわち有効電気角は，3600° であり，360° × 10回転の検出が可能である。図3.61に光学式非接触型1回転ポテンショメータの例を示す。図3.61(a)のように，発光素子(LED)とスリット板と受光素子(PSD: Position sensitive device)から構成される。図3.61(b)にJT30シリーズ（日本電産コパル電子(株)）の基本構造を示す。検出範囲は340°，アナログ出力は+0.5 V～+4.5 Vである。図3.62に直線型ポテンショメータの例として，JCLシリーズ（日本電産コパル電子(株)）の基本構造を示す。有効電気

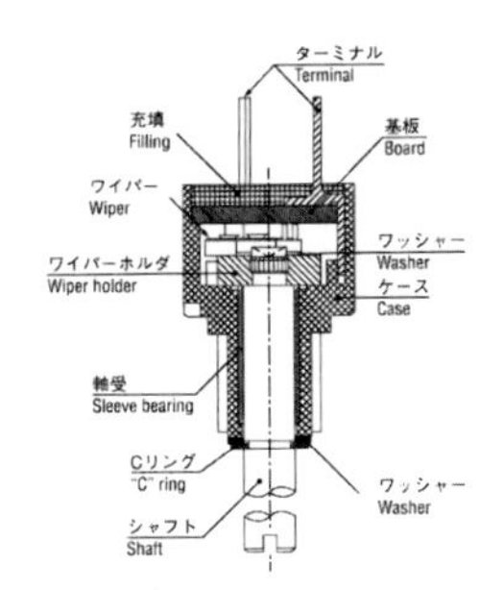

小型コンダクティブプラスチック1回転型JC10シリーズ
(提供元:日本電産コパル電子(株))

図 3.59
1回転型ポテンショメータの基本構造

入出力端子
Input/output terminal
ワイパ
Wiper
巻線抵抗体
Wirewound resistor

巻線10回転のM22L10シリーズ
(提供元:日本電産コパル電子(株))

図 3.60
多回転型ポテンショメータの基本構造

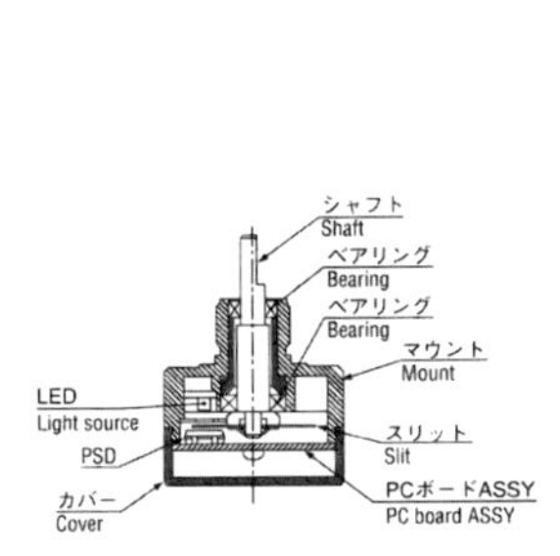

(a) JT22シリーズ
(提供元：日本電産コパル電子(株))

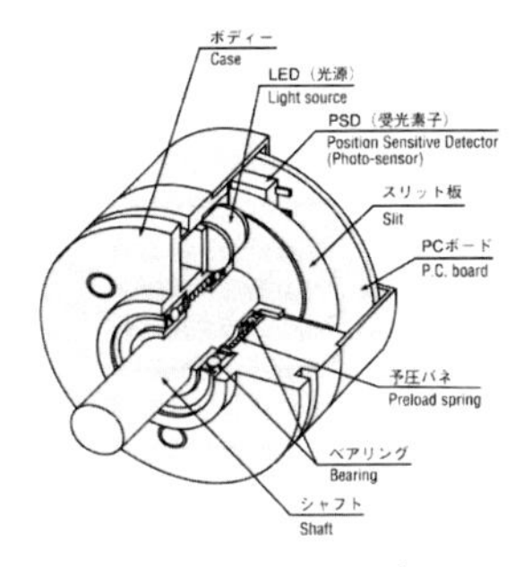

(b) JT30シリーズ
(提供元：日本電産コパル電子(株))

図 3.61
光学式非接触型1回転ポテンショメータの基本構造

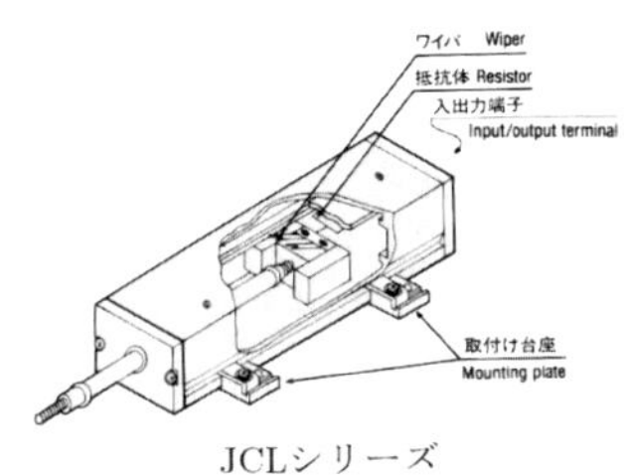

JCLシリーズ
(提供元：日本電産コパル電子(株))

図 3.62 直線型ポテンショメータの基本構造

長は，10/20/50 mm，100/200/300/500 mm である。

(ii) 小型ロータリエンコーダ

図3.63に片側軸タイプの超小型インクリメンタルロータリエンコーダの例としてMES-3Pシリーズ（マイクロテック・ラボラトリー(株)）を示す。目盛ディスク径が ϕ3 mm，外形 ϕ5 mm × 9.6 mm～

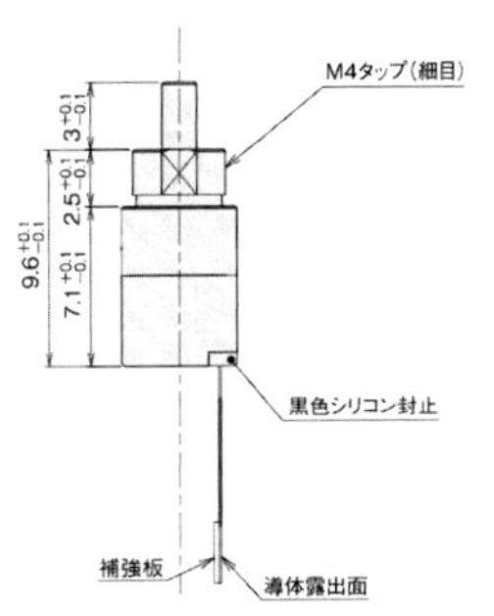

片側軸タイプのMES-3Pシリーズ
(提供元：マイクロテック・ラボラトリー(株))

図 3.63
超小型インクリメンタルロータリエンコーダの基本構造

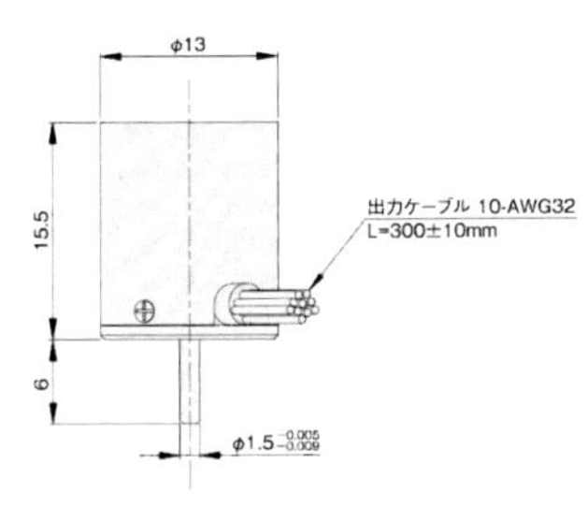

MAS-10シリーズ
(分解能256, 8ビット)
(提供元：マイクロテック・ラボラトリー(株))

図 3.64
超小型アブソリュートロータリエンコーダの基本構造

(16逓倍回路内蔵モデルは角 6 mm × 8.6 mm)，出力パルス数は，標準 64 P/R，標準 100 P/R，16逓倍回路内蔵の 1024 P/R がある。出力信号は，A,B,Z 相矩形波オープンコレクタ出力である。最高応答周波数（応答パルス数）は 100 kHz，すなわち最高検出回転数は，(100 kpls/sec)/(1,024 pls/rot) = 97.6 rps = 5,859 rpm となる。図3.64に超小型アブソリュートロータリエンコーダ MAS-10 シリーズ（マイクロテック・ラボラトリー(株)）を示す。入力部は片軸，目盛ディスク径が ϕ10 mm，外形 ϕ13 mm × 15.5，分解能256（8ビット），出力信号は，グレイコードである。最高応答周波数（応答パルス数）は 20 kHz である。

(iii) 高分解能リニアエンコーダ

表3.5に高分解能リニアエンコーダの主な仕様と性能比較表を示す。レーザスケールを用いたリニアエンコーダは，最高分解能はナノメートルからピコメートルの領域に入っている。また精度は，±0.5 μm から ±0.04 μm が実現している。

(iv) 高分解能ロータリエンコーダ

表3.6に高分解能ロータリエンコーダの主な仕様と性能比較表を示す。最高分解能としては，アブソリュートタイプ，インクリメンタルタイプ共に25ビット（33,554,432パルス/回転）が実現されている。さらにインクリメンタルタイプでは，4,194,304,000パルス/回転（r = 41.72mm，1,048,576パルス/回転の4,000分

表 3.5　高分解能リニアエンコーダの主な仕様と性能比較表

検出方式	マグネスケール（MR 素子，2 トラック M コード方式）	マグネスケール（MR 素子，2 トラック M コード方式）	レーザスケール（回折格子走査式）	レーザスケール（回折格子走査式）	レーザスケール（回折格子走査式）	DIADUR ガラススケール	SUPRA-DUR 位相格子付スチールスケール	DIADUR 位相格子付 Zerodur ガラススケール	DIADUR 位相格子付 Zerodur ガラススケール	OPTO-位相格子付 Zerodur ガラススケール
型式	SR27A（スリムタイプ） SR67A（中型タイプ）	SR74（スリムタイプ） SR84（中型タイプ）	BS（信号波長 138 nm，透過型）	BH（信号波長 250 nm，反射型）	BL（信号波長 400 nm，透過型）	LCC115（目盛間隔 20μm）	LF185（目盛間隔 8μm）	LIP382（目盛線間隔 0.512μm）	LIP372（目盛線間隔 0.512μm）	LIP281（目盛線間隔 2.048μm）
出力信号	アブソリュートシリアル双方向信号	インクリメンタル A/B/原点ラインドライバ信号	40 ビットバイナリーシリアル通信	40 ビットバイナリーシリアル通信	A/B 相アナログ	アブソリュート EnDat2.2	インクリメンタル 正弦波 1Vpp	インクリメンタル LIP382: 正弦波 1Vpp	インクリメンタル LIP372: 矩形波 TTL	インクリメンタル 正弦波 1Vpp
有効長	70～2,040 mm（SR27A） 140～3,640 mm（SR67A）	70～2,040 mm（SR74） 140～3,040 mm（SR84）	10～420 mm（BS78） 160～960mm（BS65R）	30～420 mm	30～410 mm（低膨張ガラス） 60－1,060 mm（青板ガラス）	最長 4,240 mm	最長 3,040 mm	70～270mm	70～270mm	20～3,040 mm
最高分解能	0.01 μm	0.05 μm	17 pm	31.25 pm	0.1/0.05 μm 0.02/0.01 μm 0.4 μm（1 Vp−p）		信号周期 4 μm	LIP382: 信号周期 0.128 μm 測定分解能 1 nm 以下	LIP372: 信号周期 0.004 μm（32 倍分割回路内蔵）	信号周期 0.512 μm 推奨分解能 1 nm 以下
精度（等級） L：有効長（mm）	(3 + 3L/1,000) μm（等級 S） (5 + 5L/1,000) μm（等級 A）	(3 + 3L/1,000) μm（等級 S） (5 + 5L/1,000) μm（等級 A）	±0.04 μm（有効長 40 mm） (0.1 + 0.4L/100)μmp−p(L<460) 3 μmp−p (L≧460 mm)	±0.5 μm (30 mm–170 mm) ±1 μm (220 mm–420 mm)	±0.5 μm (30 mm–170 mm) ±1 μm (220 mm–370 mm) ±1.5 μm (420 mm–1,060 mm)	±5 μm, ±3 μm	±3 μm, ±2 μm	±0.5 μm 1 信号周期あたりの位置誤差：±0.001 μm	±0.5 μm 1 信号周期あたりの位置誤差：±0.001 μm	±1 μm, ±3 μm 1 信号周期あたりの位置誤差：±0.001 μm
最大応答速度	200 m/min	50 m/min（分解能 0.1 μm 時）	400 mm/s	700 mm/s	1,500/650/300/120 mm/s					

割）が存在する。システム精度としては，±20 秒から ±2.5 秒が実現されている。

＜金森哉吏＞

3.4.2　ジャイロ・加速度計・IMU

慣性計測装置 (IMU: Inertial Measurement Unit) とは移動体の角速度と加速度を計測するための装置であり，移動体の挙動を計測および制御するために用いられる。3 軸のジャイロと加速度計がその基本構成要素であるが，方位角計測のために磁気センサが搭載されることがある。本項では，IMU の構成要素について述べ，移動体に IMU を固定するストラップダウン型慣性航法 (INS: Inertial Navigation System) について説明する。

(1) 座標系

地球軸 F_E は地球表面上の局所水平座標系である。原点は移動体の近傍に定め，その点における局所水平面を $x_E y_E$ 平面とする。北極方向を x_E 軸正の向きとし，東向きを y_E 軸正の向きとする。z_E 軸は鉛直下向きを正とする。機体鉛直軸 F_V は移動体重心を原点とするが，座標軸のとり方は F_E と同じである。機体軸 F_B も移動体重心を原点とする。x_B 軸を移動体の特定の基準線方向にとる。航空機などでは機首方向前向きを x_B 軸正の向きとする。y_B 軸，z_B 軸はそれぞれ右舷方向，下方を正の向きとする。機体鉛直軸 F_V から機体軸 F_B の回転を表す回転行列 L_{BE} は

$$L_{BV} = \begin{bmatrix} c\theta c\psi & c\theta s\psi & -s\theta \\ s\phi s\theta c\psi - c\phi s\psi & s\phi s\theta s\psi + c\phi c\psi & s\phi c\theta \\ c\phi s\theta c\psi + s\phi s\psi & c\phi s\theta s\psi - s\phi c\psi & c\phi c\theta \end{bmatrix} \tag{3.44}$$

と表される。ここでは余弦，正弦関数をそれぞれ c, s と略記した。ϕ, θ, ψ はオイラー角であり，それぞれロール角，ピッチ角，ヨー角と呼ぶ。機体軸 F_B から機体鉛直軸 F_V の回転を表す回転行列 L_{EB} は

$$L_{VB} = L_{BV}^T \tag{3.45}$$

である。地球軸 F_E は，それぞれの原点が十分に近ければ機体鉛直軸 F_V と平行な座標系である。以下，ベクトルの下付添字は表示座標系を表す。

(2) ジャイロ

最も基本的なジャイロはコマを用いた回転式である。

表 3.6 高分解能ロータリエンコーダの主な仕様と性能比較表

検出方式	マグネスケール （MR 素子，2 トラック M コード方式）	マグネスケール （MR 素子，2 トラック M コード方式）	レーザスケール （回折格子走査式）	多回転アブソリュート エンコーダ ダブルエンコーダシステム （一回転計数：M 系列 1 トラック 光学式アブソリュート， 多回転計数：磁気式）	中空多回転アブソリュート エンコーダ
型式	RU77-4096A （ユニットタイプ） 貫通穴径 ϕ20 mm	RS97-1024N （オープンタイプ） 貫通穴径 ϕ180 mm	BH（信号波長 250 nm， 反射型） BH20-RE	MAR-M50 薄さ 12.74 mm，外径は 35 mm のコンパクト形状	MAR-MC42A （内径 ϕ15 mm と ϕ24 mm） MAR-43A（内径 ϕ63 mm）
出力信号	アブソリュート シリアル双方向信号	アブソリュート シリアル双方向信号	40 ビットバイナリー シリアル通信	双方向フルシリアル通信 「ニコン A フォーマット」 最高 16 Mbps の高速通信	双方向フルシリアル通信 「ニコン A フォーマット」 最高 4 Mbps の高速通信
再生波長 λ	40 μm(λ)		250 nm		
出力波数	4096 λ/回転	1024 波/回転	—		
分割数	1/8192 （最大：25 bit 出力時）				
最高分解能	25 ビット 33,554,432 パルス/回転	23 ビット 8,388,608 パルス/回転	4,194,304,000 パルス/回転 = 3.09 × 10 − 4 秒 = 1.5 nrad （r = 41 mm スケール， 4,000 分割時） 1,048,576 パルス/回転 （r = 41.72 mm） 907,200 パルス/回転 （r = 36.10 mm） 680,400 パルス/回転 （r = 27.07 mm） 302,400 パルス/回転 （r = 12.03 mm）	一回転内分解能： 最大 24 ビット （:16,777,216 分割/回転） 多回転信号 16 ビット (65,536) 回転	一回転内分解能 最大 17 ビット （131,072 分割/回転） 多回転信号 16 ビット (65,536) 回転
システム精度	±2.5 秒	±2.5 秒			
許容回転数	2,000 min−1（電気的） 3,000 min−1（機械的）	5,000 min−1	アナログ出力時： 1,428 min−1 （r = 12.03 mm） 634 min−1 （r = 27.07 mm） 476 min−1 （r = 36.10 mm） 411 min−1 （r = 41.72 mm） インターポレータ（BD96） 接続時： 555 min−1(r = 12 mm) 160 min−1(r = 41 mm)	6,000 min−1（主電源 ON 時） 10,000 min−1（バッテリバックアップ時）	6,000 min−1（主電源 ON 時） 6,000 min−1（バッテリバックアップ時）

検出方式	シャフト型アブソリュート シングルターン シンクロフランジ付， クランピングフランジ付， カップリング外付け型	シャフト型アブソリュート マルチターン	インクリメンタル ユニバーサルステータカップリング 片側中空シャフト，貫通型中空シャフト	インクリメンタル ユニバーサルステータカップリング 片側中空シャフト，貫通型中空シャフト	インクリメンタル ユニバーサルステータカップリング 片側中空シャフト，貫通型中空シャフト
型式	ROC425	ROQ437	ERN420	ECN425	EQN437
出力信号	Endat2.2	Endat2.2	TTL，A/B/原点	Endat2.2	Endat2.2
再生波長 λ					
出力波数					
分割数					
最高分解能	一回転内分解能：25 ビット (:33,554,432 位置値/回転)	一回転内分解能：25 ビット (:33,554,432 位置値/回転) 多回転数 4,096	5,000（目盛線本数）	一回転内分解能：25 ビット (:33,554,432 位置値/回転)	一回転内分解能：25 ビット (:33,554,432 位置値/回転) 多回転数 4,096
システム精度	± 20 秒	± 20 秒	目盛間隔の 1/20	± 20 秒	± 20 秒
許容回転数	15,000 min−1（電気的） 15,000 min−1（機械的）	15,000 min−1（電気的） 12,000 min−1（機械的）	走査周波数 300 kHz 以下 6,000 min−1（機械的）	12,000 min−1（電気的） 6,000 min−1（機械的）	12,000 min−1（電気的） 6,000 min−1（機械的）

コマの角速度ベクトル，角運動量ベクトルを $\boldsymbol{\Omega}$, $\boldsymbol{h}$ とすると，回転軸を傾けるトルク $\boldsymbol{T}$ は

$$\boldsymbol{T} = \boldsymbol{\Omega} \times \boldsymbol{h} \tag{3.46}$$

と表される。このため，回転軸にかかるトルクを計測することにより，角速度を算出することができる。しかし，式 (3.46) より分解能を上げるにはコマの慣性モーメントを大きくする必要があること，摩耗のためメンテナンスが必要であるなどの欠点をもつことから，近年では回転式は用いられることが少ない。振動式では，物体に働くコリオリ力に基づいて，角速度を算出する。移動している物体の質量，速度ベクトル，角速度ベクトルを m, $\boldsymbol{v}$, $\boldsymbol{\omega}$ とすると，物体に働くコリオリ力 $\boldsymbol{F}_c$ は

$$\boldsymbol{F}_c = -2m\boldsymbol{\omega} \times \boldsymbol{v} \tag{3.47}$$

と表される。よって，$\boldsymbol{F}_c$ を計測することにより角速度を算出できる。振動式は MEMS 技術により小型化しやすく，近年では広く用いられている。一方，サニャック効果と呼ばれる光伝搬経路長の違いによる伝搬時間

差により角速度を検出する光ジャイロには可動部品がなく，その点で他方式よりも有利である。光ファイバジャイロは光ファイバをリング上に幾重にも巻き，それぞれの端よりレーザ光を入射させる。リングの角速度をΩ，ファイバ巻数をN，リング断面積をA，ファイバ中の光速をc_mとすると，伝搬時間差Δtは

$$\Delta t \simeq \frac{4NA\Omega}{c_m^2} \tag{3.48}$$

と表すことができる。リングレーザジャイロは光ファイバを用いず，複数のミラーによる反射により光路をリング状にする。真空中の光速をcとすると伝搬時間差Δtは

$$\Delta t \simeq \frac{4A\Omega}{c^2} \tag{3.49}$$

と表される。光ジャイロによる角速度計測感度はリング断面積A，巻数Nに比例する。このため，光ジャイロは振動式のように小型化することは難しい。光ジャイロの中では，光ファイバジャイロはリングレーザジャイロに比べて小型化しやすい。しかし，温度変化に敏感であり，精度はリングレーザジャイロより劣る。

移動体に取り付けたジャイロにより観測される角速度$\boldsymbol{\omega}_B = [p,\ q,\ r]^T$とオイラー角速度の間には，式(3.50)で表される変換則が成立する。

$$\begin{bmatrix} \dot{\phi} \\ \dot{\theta} \\ \dot{\psi} \end{bmatrix} = \begin{bmatrix} 1 & \sin\phi\tan\theta & \cos\phi\tan\theta \\ 0 & \cos\phi & -\sin\phi \\ 0 & \sin\phi\sec\theta & \cos\phi\sec\theta \end{bmatrix} \begin{bmatrix} p \\ q \\ r \end{bmatrix} \tag{3.50}$$

機体に固定したジャイロにより姿勢角を算出するには式(3.50)に基づいて角速度を積分する。

(3) 加速度計

加速度計の原理はニュートンの法則である。質量mの物体に加わる力をF，その加速度をaとする。物体がばね定数kのばねを介して懸架されており，ばねの伸縮長をxとすると，加速度aは

$$a = \frac{kx}{m}$$

と表される。つまり，伸縮長xを計測することにより，加速度を算出することができる。変位xの計測法には静電容量の変化，ひずみゲージの利用などがある。特に，近年ではMEMS技術を利用した加速度計が広く用いられている。

運動加速度をa_x, a_y, a_z，重力加速度をgとすると，機体軸F_Bに平行に取り付けた加速度計の測定値$\boldsymbol{\alpha}_B$は

$$\boldsymbol{\alpha}_B = \begin{bmatrix} a_x + g\sin\theta \\ a_y - g\sin\phi\cos\theta \\ a_z - g\cos\phi\cos\theta \end{bmatrix} \tag{3.51}$$

と表すことができる。式(3.51)より，a_x, a_y, a_zが小さいとすると，加速度計によりロール角ϕとピッチ角θが算出できる。ヨー角ψは算出不能であるが，これは重力ベクトルは重力方向を回転軸とする回転について情報をもたないためである。

(4) 磁気センサ

磁気センサは磁界の強さを測定するセンサであり，フラックスゲート型や磁気抵抗効果素子型などがある。磁気センサにより地球により生じる磁場を計測することができる。地球は北がS極，南がN極の磁石とみなすことができるため，磁気センサにより北との間の角度，つまり方位角を知ることができる。地球軸F_Eにおける北は地理上の北，つまり真北とする真北と磁北とは一般に一致しない。その差は磁気偏角と呼ばれる。磁気センサにより計測される地磁気ベクトル$\boldsymbol{m}$は，地球軸F_Eにおいて

$$\boldsymbol{m}_E = M \begin{bmatrix} \cos D\cos\Lambda \\ \sin D\cos\Lambda \\ \sin\Lambda \end{bmatrix} \tag{3.52}$$

と表すことができる。ここで，M, D, Λはぞれぞれ全磁力，磁気偏角，地磁気ベクトルの伏角である。図3.65に示した方向をD, Λの正の方向と定める。地磁気の測量結果を基にして作成された磁場モデルとして，国際標準地球磁場(IGRF: International Geomagnetic Reference Field)がある。日本付近であれば国土地理院も磁場モデルを公開している。

機体軸に平行に取り付けた磁気方位センサによる観測値は$\boldsymbol{m}_B$であり，

$$\boldsymbol{m}_B = \begin{bmatrix} m_{B_x} \\ m_{B_y} \\ m_{B_z} \end{bmatrix} = L_{BE}\boldsymbol{m}_E \tag{3.53}$$

と表される。磁気センサのロール角ϕ，ピッチ角θを

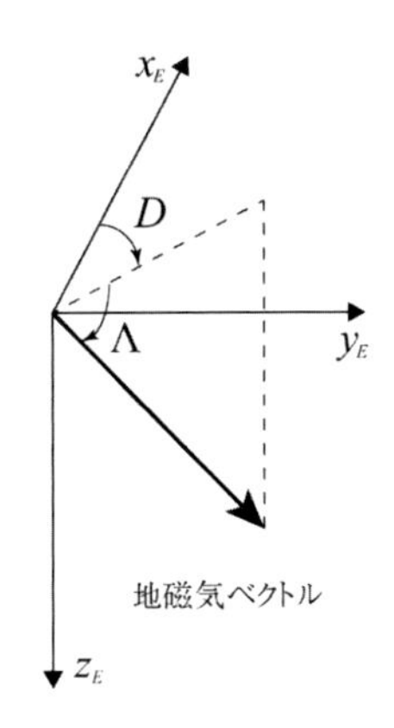

図 3.65 地磁気の偏角・伏角

0，すなわち磁気センサを水平に設置したとすると，

$$\psi = -\tan^{-1}\left(\frac{m_{B_y}}{m_{B_x}}\right) + D \tag{3.54}$$

より，磁気偏角 D が既知であれば，ヨー角 ψ を求めることができる。しかし，磁気センサを傾いたプラットホームに設置し，式 (3.54) を用いて方位角を求めると，姿勢角の影響を受けて偏りが大きくなるので注意が必要である。重力ベクトルと同様に，磁気ベクトルは磁気ベクトル方向を回転軸とする回転について情報をもたないため，磁気センサ単体ではすべての姿勢角を算出することはできない。運動加速度が十分に小さいとき，加速度計と磁気センサを併用することにより，姿勢角をすべて算出できる。

(5) INS

原点の並進運動による角速度ベクトルを $\boldsymbol{\omega}^V$，地球の自転による角速度ベクトル $\boldsymbol{\omega}^E$ とする。移動体の速度を $\boldsymbol{v}$ とすると，その時間微分は

$$\frac{d}{dt}\boldsymbol{v}_V = L_{VB}\boldsymbol{\alpha}_B - \left(\boldsymbol{\omega}_V^V + 2\boldsymbol{\omega}_V^E\right)\times\boldsymbol{v}_V + \boldsymbol{g}_V \tag{3.55}$$

と表すことができる。$\boldsymbol{g}$ は重力加速度ベクトルであり，その地点での重力加速度を g とすると，$\boldsymbol{g}_V = [0, 0, g]^T$ と表される。ストラップダウン型 INS では，移動体に取り付けたジャイロ，加速度計の観測値 $\boldsymbol{\omega}_B, \boldsymbol{\alpha}_B$ を式 (3.50), (3.55) に代入し，時間積分することで，移動体の姿勢および速度を算出する。移動体の位置を算出するには，算出された速度を時間積分する。図 3.66 にストラップダウン型 INS のブロック線図を示す。INS は外部信号源などが必要なく，自立的であること点が他の航法と比較して優れている。しかし，INS では初期状態を適切に設定する必要がある。また，ジャイロ，加速度計の観測値に含まれる観測誤差の影響が，時間積分により蓄積される。特に，ジャイロにオフセット誤差が存在するとき，時間とともに急激に算出誤差が増大する。このため，ストラップダウン型 INS では，一般的に光ジャイロなど高精度なものが用いられる。これらの INS の短所を補うために，カルマンフィルタにより GPS 航法と複合化し，高精度かつ高信頼度の GPS-INS 複合航法へと拡張され，移動体の制御に用いられている。

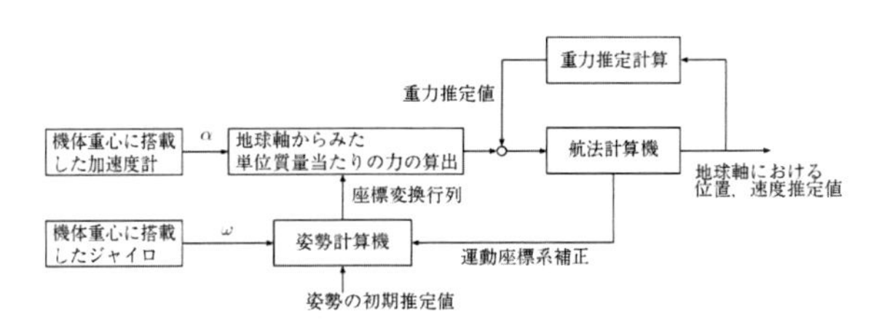

図 3.66 ストラップダウン型 INS のブロック線図

<中西弘明>

3.4.3 力・トルクセンサ

(1) ひずみゲージ

金属抵抗体の電気抵抗は次式により表されている。

$$R = \frac{\rho\ell}{A} \tag{3.56}$$

ここで，R は電気抵抗，ℓ は抵抗体の長さ，A は断面積，ρ は比抵抗である。

いま，図 3.67 に示すようにこの抵抗体の軸方向に力 f が作用して長さが $\Delta\ell$ 伸び，断面積が ΔA だけ小さくなったものとする。この場合，抵抗体の電気抵抗の変化率は次式で表される。

$$\frac{\Delta R}{R} = \frac{\Delta\rho}{\rho} + \frac{\Delta\ell}{\ell} - \frac{\Delta A}{A} \tag{3.57}$$

これは，式 (3.56) を ρ, ℓ, A を変数として $R = h(\rho, \ell, A)$ としたときに，線形近似により次式を用いることにより得られる。

$$\Delta R = \frac{\partial f}{\partial \rho}\Delta\rho + \frac{\partial f}{\partial \ell}\Delta\ell + \frac{\partial f}{\partial A}\Delta A \tag{3.58}$$

ここで，ポアソン比 σ を用いると，

$$\frac{\Delta A}{A} = -2\sigma\frac{\Delta\ell}{\ell} \tag{3.59}$$

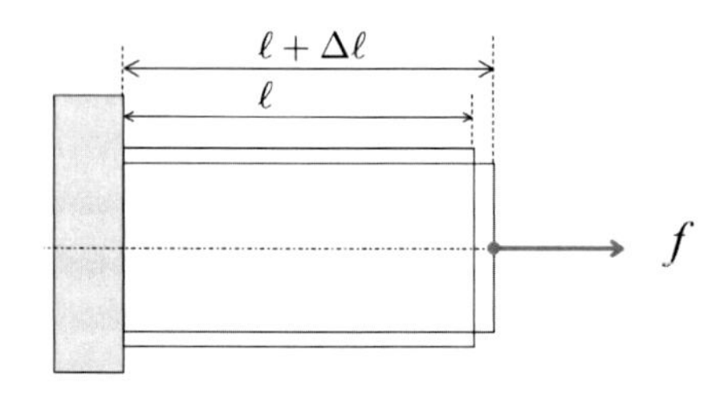

図 **3.67**　抵抗体の変形

式 (3.59) を式 (3.57) に代入して，

$$\frac{\Delta R}{R}=\frac{\Delta\rho}{\rho}+(1+2\sigma)\frac{\Delta\ell}{\ell} \tag{3.60}$$

金属の場合，右辺第 1 項は極めて小さいので，

$$\frac{\Delta R}{R}\approx S\frac{\Delta\ell}{\ell} \tag{3.61}$$

ここで S はゲージファクタと呼ばれ，ひずみゲージの感度を表す。

$$S=1+2\sigma \tag{3.62}$$

Cu-Ni 合金の場合，S は 1.7〜2.2 の値となる。

図 3.68 にひずみゲージの構造を示す。ベースを計測対象の物体に貼り付ける。ひずみが発生すると式 (3.60) に従い電気抵抗が変化する。

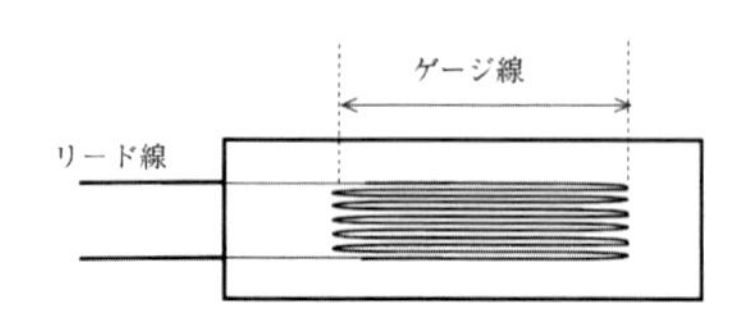

図 **3.68**　ひずみゲージの構造

(2) ホイートストンブリッジ回路

ひずみゲージの電気抵抗変化を電圧変化に変換するために，ホイートストンブリッジ回路（図 3.69）を用いる。ここで，ひずみゲージの電気抵抗は R_s で表されている部分に取り付けられる。R_1〜R_3 は適当な電気抵抗を有する抵抗体である。ブリッジ回路の 1 つの向かい合う角に電圧 V_{in} を印加し，残りの角から出力電圧 V_{out} を得る。

ここで，ホイートストンブリッジ回路の出力電圧 $V_{\rm out}$ は次式で表される。

$$V_{\rm out}=R_si_1-R_1i_2 \tag{3.63}$$

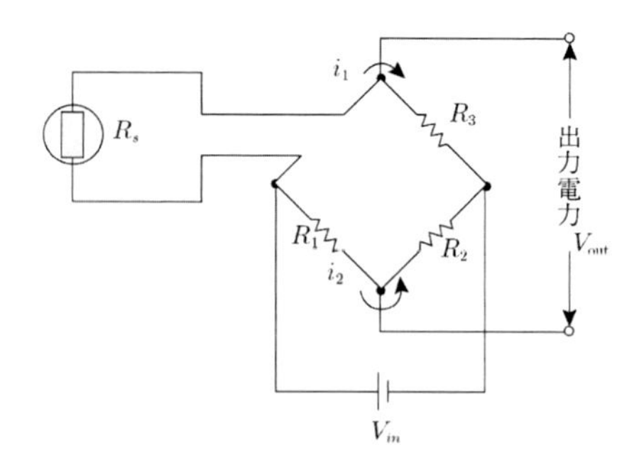

図 **3.69**　ホイートストンブリッジ回路

ひずみゲージを流れる電流が i_1 で，電流 i_2 は抵抗体 R_1 を流れる電流である。これらは，

$$i_1=\frac{V_{\rm in}}{R_s+R_3} \tag{3.64}$$

$$i_2=\frac{V_{\rm in}}{R_1+R_2} \tag{3.65}$$

と表せる。式 (3.64), (3.65) を式 (3.63) に代入して整理すると，

$$V_{\rm out}=\frac{R_sR_2-R_1R_3}{(R_s+R_3)(R_1+R_2)}V_{\rm in} \tag{3.66}$$

ひずみゲージの電気抵抗 R_s は初期抵抗を R として次式で表せる。

$$R_s=R+\Delta R \tag{3.67}$$

ΔR はひずみの発生による電気抵抗の変化分である。今，ひずみのない初期状態において

$$RR_2-R_1R_3=0 \tag{3.68}$$

となるように R_1〜R_3 の抵抗値を調整し，バランスを取っておくものとする。また，$\Delta R/R\ll 1$ であるものと仮定すると，ひずみの発生した時の出力電圧は次式で表される。

$$V_{\rm out}=\frac{1}{(1+R_3/R)(1+R_1/R_2)}\frac{\Delta R}{R}V_{\rm in} \tag{3.69}$$

ひずみによる出力電圧 $V_{\rm out}$ は微小であるため，増幅回路を用いて計測可能な電圧に増幅させて計測する。この電圧変化とひずみが比例することを利用して，ゲージのひずみ量を計測することができる。

(3) 力・トルクの計測

ひずみゲージを弾性体に貼り付けて，その弾性体に

力が作用した時に生じるひずみ量をひずみゲージで計測することにより，力・トルクを計測することができる。ひずみ ε と力 f は弾性率 k を用いて次式で与えられる。

$$f = k\varepsilon \tag{3.70}$$

2枚のひずみゲージを用いた力計測法（2ゲージ法）の一例を図3.70に示した。ひずみゲージを板状の弾性体の表面と裏面に貼り，外力によって曲げ応力が板状弾性体に発生することを利用して，力を計測するものである。この場合，表面のひずみゲージ1が外力により伸長した場合，裏面のひずみゲージ2は収縮することになる。これらのひずみゲージを図3.70のようにホイートストンブリッジ回路の隣り合う辺上に配置し，計測を行う。この場合，ひずみゲージ1に発生したひずみを ε_1，ひずみゲージ2に発生したひずみを ε_2 として，$\varepsilon_1 = -\varepsilon_2 = \varepsilon$ となり，出力電圧 V は次式で与えられる。

$$V_{\mathrm{out}} = \frac{1}{4}\left(\frac{\Delta R_1}{R_1} - \frac{\Delta R_2}{R_2}\right)V_{\mathrm{in}} = \frac{1}{2}S\varepsilon V_{\mathrm{in}} \tag{3.71}$$

2ゲージ法を用いることにより，1ゲージの場合に比べ2倍の感度でひずみを計測することができる。ひずみゲージは温度変化によりその感度が変化するという特性を有するが，2ゲージ法によれば2枚のひずみゲージの温度が同じであることを前提として，それらの温度による感度変化はブリッジ回路により消去させることができるので，自動的に温度補償を行うことができる。4ゲージ法による力・トルク計測法の例を図3.71に示した。力計測の方法として，ダイヤフラムの表面と裏面にそれぞれ2枚ずつひずみゲージを貼り付ける方法と，角柱にひずみゲージを交互に90°回転させて貼り付ける方法を示している。どちらも，図3.71のブリッジ回路のようにゲージを配置することによって，外力によるひずみを計測することができる。

$$\begin{aligned} V_{\mathrm{out}} &= \frac{1}{4}\left(\frac{\Delta R_1}{R_1} + \frac{\Delta R_3}{R_3} - \frac{\Delta R_2}{R_2} - \frac{\Delta R_4}{R_4}\right)V_{\mathrm{in}} \\ &= \varepsilon S V_{\mathrm{in}} \end{aligned} \tag{3.72}$$

この場合，2ゲージ法の倍の感度を有することができるとともに，温度補償も達成できる。

トルク計測の場合は，円柱のねじりによるひずみをひずみゲージにより計測する。4枚のゲージを90°回転させて図のように貼り付けることにより，伸長と圧縮のひずみが2枚ずつ現れることになる。出力電圧は式(3.72)と同じように表すことができる。トルクセンサとしては，モータの出力側に取り付けられたハーモニックドライブ減速機に含まれる弾性要素を用いたトルク計測法も提案されている。

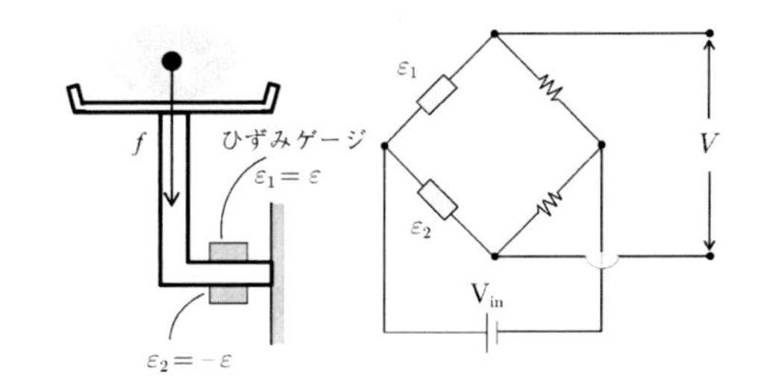

図 3.70　力計測

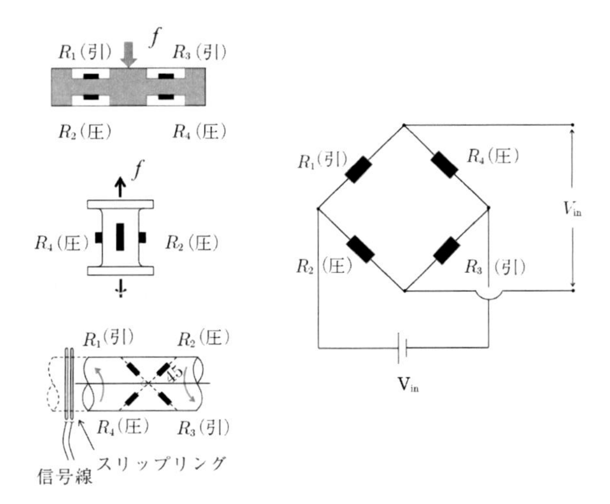

図 3.71　4ゲージ法による力/トルク計測法の例

(4) 6軸力・トルクセンサ

ロボットで組立作業等の環境と力学的相互作用を含む作業を実施する場合，それらの相互作用力を計測することが必要である。そのため，図3.72に示すようにロボットの手首等に多軸力・トルクセンサを取り付ける。ここでは，一般的な6軸力・トルクセンサについて述べる。

$$\boldsymbol{F} = \boldsymbol{K}\boldsymbol{E} \tag{3.73}$$

ここで，$\boldsymbol{F}$ は力・モーメントベクトルで $\boldsymbol{F} = (f_x,\ f_y,\ f_z,\ n_x,\ n_y,\ n_z)^T$，$\boldsymbol{E}$ はひずみベクトルで $\boldsymbol{E} = (\varepsilon_1,\ \varepsilon_2, \ldots, \varepsilon_n)^T$，$\boldsymbol{K}$ は $6 \times n$ の剛性行列である。外力を伝達する弾性体の表面にひずみゲージを6枚以上

貼り付け，外力によるひずみを計測する。外力を加えた時のひずみ量を計測し，式 (3.73) により，外力を求める。剛性行列 $\boldsymbol{K}$ はコンプライアンス行列 $\boldsymbol{C}$ の逆行列または疑似逆行列を用いて求められる。コンプライアンス行列 $\boldsymbol{C}$ は次式で表される。

$$\boldsymbol{E} = \boldsymbol{C}\boldsymbol{F} \tag{3.74}$$

力・モーメントベクトル $\boldsymbol{F}$ の各成分に相当する既知の力・モーメントをセンサの構造体に加えて，各成分に対するひずみを計測することにより，コンプライアンス行列 $\boldsymbol{C}$ を求めることができる。

構造体としてはビーム型構造や平行平板型構造などがあるが，図 3.73 にビーム型構造体の一例を示す。十字状ビームを介して構造体ボディと効果器側フランジを連結し，ビームの各面にひずみゲージを貼り付けた構造である。

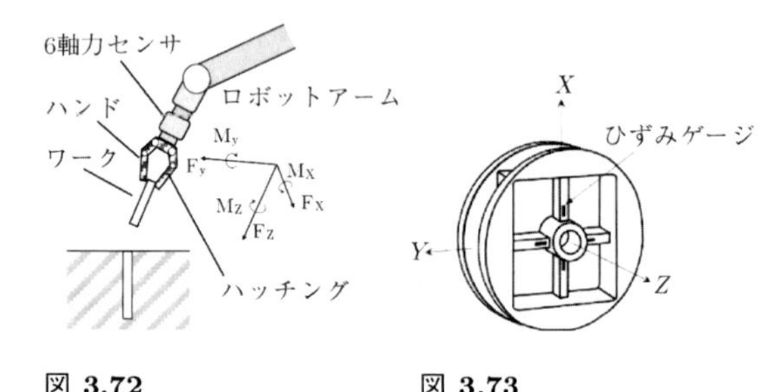

図 3.72
ロボットによる組立作業

図 3.73
6 軸力・トルクセンサ

(5) まとめ

本稿では，最も広く使用されているひずみゲージを用いた力・トルクセンサの計測原理，モデル式について述べたが，この他に静電容量式，光学式，圧電素子などのひずみ計測に基づく力・トルクセンサも開発されている。

<橋本 稔>

参考文献（3.4.3 項）

[1] (株)共和電業ウェブサイト http://www.kyowa-ei.com/jpn/

[2] ビー・エル・オートテック(株)ウェブサイト http://www.bl-autotec.co.jp/

[3] 橋本稔，ゴドレール・イヴァン：ハーモニックドライブ内蔵型トルクセンサの高精度化，『日本ロボット学会誌』，Vol.15, No.5, pp.802–806 (1997).

3.5　外界センサ

3.5.1　画像計測

本項では，ロボット制御に用いる画像計測手法について紹介する。ロボット制御における画像計測の目的は，撮影した画像からロボット制御に有益な何らかの情報を取得・計測することである。

(1) カメラを用いた画像撮影

画像計測に用いる画像は，デジタルカメラで撮影することが一般的である。そこで，カメラを使って画像を撮影する仕組みについて考えてみよう。

デジタルカメラで撮影したデジタル画像は格子状に分割されており，一つ一つの格子点を画素またはピクセルと呼ぶ。各画素にはその画素に入射した光の強度の情報が格納され，各画素における濃淡値を画素値と呼ぶ。カラーカメラで撮影した場合，各画素には R（赤），G（緑），B（青）の各色の強度の情報が格納される。

ロボットが動作する環境は，縦方向・横方向・高さ方向がある 3 次元空間である。一方で，画像は縦方向と横方向しかない 2 次元データである。よって，カメラによる画像撮影は，ロボットが動作する 3 次元空間における明るさや色彩に関する光学的な情報を取得し，2 次元データである画像に変換する行為と考えることができる。少し難しい言い方をすれば，カメラによる画像撮影は，3 次元情報を 2 次元情報に写像する行為であるととらえることができる。そこで，まずはこの写像を定式化してみよう。

ピンホールカメラは，ピンホール（非常に小さな穴）を通過する光線のみが投影面に結像するとしたカメラである（図 3.74(a)）。ここで，ピンホールの位置を光学中心，光学中心と投影面の距離を焦点距離，光学中心を通り投影面に垂直な直線を光軸と呼ぶ。被写体の表面で反射した光線は様々な方向に向かうが，投影面に到達する光線はピンホールを通過した光線のみである。したがってピンホールカメラモデルでは，実際の被写体と上下左右が反転した像が投影面に写る。

上下左右が反転した画像は取り扱いが面倒であるため，ピンホールカメラモデルの代わりに，画像の反転がない透視投影モデルが利用されることが多い。透視投影モデルの投影面とピンホールカメラモデルの投影面は，光学中心に対して対称な位置にある（図 3.74(b)）。また，透視投影モデルでは 3 次元空間中の被写体と投影面での像は反転せずに向きが一致しているが，透視

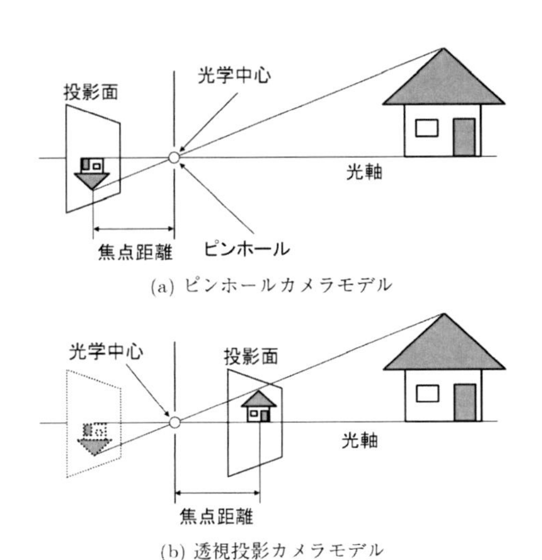

(a) ピンホールカメラモデル

(b) 透視投影カメラモデル

図 3.74 画像撮影のモデル

投影モデルとピンホールカメラモデルでは投影面上での像の大きさは等しい。

ここで，3 次元空間上の位置 (X, Y, Z) と 2 次元画像上の位置 (x, y) の写像関係を透視投影モデルで導出してみよう（図 3.75）。光学中心を 3 次元空間の座標系の原点 O として，画像中心を画像座標の原点と設定する。投影面が $Z = f$ の平面であるとすると，以下の関係が成立する。

$$x = f\frac{X}{Z} \tag{3.75}$$

$$y = f\frac{Y}{Z} \tag{3.76}$$

3 次元空間と 2 次元画像の幾何学的関係は式 (3.75), (3.76) が基本であり，多くの画像計測の理論はこれらの式に基づいていることが多い。そこで，式 (3.75), (3.76) の意味を考えてみよう。

焦点距離 f が既知である場合，3 次元空間上の位置 (X, Y, Z) がわかると，その点が 2 次元画像上に投影さ

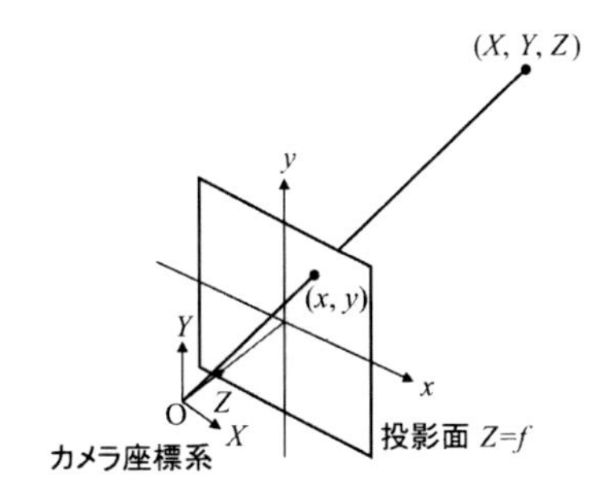

図 3.75 透視投影モデルでの 3 次元と 2 次元の関係

れる位置 (x, y) を計算することができる。一方で 2 次元画像上での位置 (x, y) がわかったとしても，3 次元空間上の位置 (X, Y, Z) を一意に定めることができない。式 (3.75), (3.76) からは，画像上の位置 (x, y) と点 O を結ぶ 3 次元空間での直線上に (X, Y, Z) が存在していることがわかるのみである。このことは，何らかの事前知識や仮定もしくは撮影上の工夫などがないと，2 次元の情報から 3 次元の情報を復元できない（2 次元から 3 次元への逆写像の問題を解けない）ことを意味する。

画像を用いた 3 次元計測を実現するためには，以下のような方法が考えられる。

① 奥行き方向の距離を計測可能な装置を用いた画像計測
② 奥行き方向の距離が既知の対象の画像計測
③ 奥行き方向の距離が未知の対象の画像計測

① は，画像を撮影すると同時に，カメラから対象までの距離を計測可能なセンサで奥行き方向の距離 Z を計測する方法である。Microsoft Kinect などに代表される RGB-D カメラと呼ばれるセンサは ① に該当する。ここで RGB は赤緑青の各色，D は奥行き (Depth) を意味している。奥行き方向の距離を計測可能なセンサを用いると Z は計測から既知となる。画像上での位置 (x, y) は画像を取得することで既知となる。また，事前にカメラの焦点距離 f を求めておくことで，f も既知とすることができる。したがって，未知パラメータは X,Y のみとなり，x, y, Z, f の値を式 (3.75),(3.76) に代入することにより，X,Y の値を求めることができる。

② は，例えばベルトコンベアの上部にカメラを固定し，ベルトコンベア上を流れる対象の位置を計測する場合などである。この場合，カメラと対象の奥行き方向の距離は変化しない。したがって，事前にカメラとベルトコンベアの距離 Z を計測しておくことにより Z を既知とすることができ，① と同様に未知パラメータ X,Y を求めることができる。

③ は，3 次元空間上での位置 (X, Y, Z) を画像上での位置 (x, y) のみから求める方法である。この方法については，以降の (2),(3) で詳細に説明する。

(2) 3 次元空間と画像の関係

式 (3.75), (3.76) は，カメラの光学中心を原点とした座標系での定式化である。しかし，原点を光学中心に限定した定式化は必ずしも扱いやすいとは言えない。

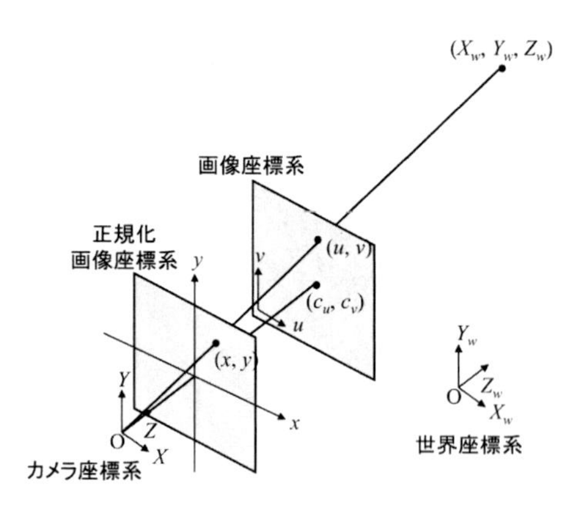

図 **3.76**　世界座標系と画像座標系の関係

そこで，3 次元空間上での任意の位置・姿勢の一般的な座標系で取り扱うことを考えて，世界座標系を導入する。また，3 次元上での位置 (X, Y, Z) と焦点距離 f の単位が mm だとすると画像上での位置 (x, y) の単位も mm となる。一方で画像上での位置の単位は画素であることが多い。そこで，画像上での位置を画素の単位で表現する画像座標系での定式化を考える。

世界座標系と画像座標系の関係を図 3.76 に示す。式の変形の都合により焦点距離 f を 1 とした正規化画像座標系と，画素の単位を用いた画像座標系を導入する[1]。カメラ座標系から見た 3 次元空間上の位置 (X, Y, Z) と正規化画像座標系での位置 (x, y) との関係は，以下のとおりである。

$$x = \frac{X}{Z} \tag{3.77}$$

$$y = \frac{Y}{Z} \tag{3.78}$$

カメラ座標系から見た点 (X, Y, Z) を世界座標系から見たときの位置を (X_w, Y_w, Z_w) とすると，以下の関係が成立する。

$$\begin{aligned}\begin{bmatrix} X \\ Y \\ Z \end{bmatrix} &= \begin{bmatrix} r_{11} & r_{12} & r_{13} \\ r_{21} & r_{22} & r_{23} \\ r_{31} & r_{32} & r_{33} \end{bmatrix} \begin{bmatrix} X_w \\ Y_w \\ Z_w \end{bmatrix} + \begin{bmatrix} t_1 \\ t_2 \\ t_3 \end{bmatrix} \\ &= \mathbf{R} \begin{bmatrix} X_w \\ Y_w \\ Z_w \end{bmatrix} + \mathbf{t}\end{aligned} \tag{3.79}$$

ここで行列 $\mathbf{R}$ とベクトル $\mathbf{t}$ は，カメラ座標系と世界座標系の関係を表す回転行列と並進ベクトルである。

一方で，画像座標系での位置 (u, v) と正規化画像座標系での位置 (x, y) の間には，以下の関係が成立する。

$$x = \frac{\delta_u (u - c_u)}{f} \tag{3.80}$$

$$y = \frac{\delta_v (u - c_v)}{f} \tag{3.81}$$

ここで，δ_u と δ_u はそれぞれ横方向と縦方向の画素の物理的な間隔，(c_u, c_v) は画像中心（光軸と画像座標系における画像面の交点）である。

式 (3.77)〜(3.81) から (X, Y, Z) を消去すると，画像座標系での位置 (u, v) と世界座標系での位置 (X_w, Y_w, Z_w) との関係を導くことができる。

$$u = \frac{f}{\delta_u} \frac{r_{11} X_w + r_{12} Y_w + r_{13} Z_w + t_1}{r_{31} X_w + r_{32} Y_w + r_{33} Z_w + t_3} + c_u \tag{3.82}$$

$$v = \frac{f}{\delta_v} \frac{r_{21} X_w + r_{22} Y_w + r_{23} Z_w + t_2}{r_{31} X_w + r_{32} Y_w + r_{33} Z_w + t_3} + c_v \tag{3.83}$$

さらに，同次座標で表現した画像座標系の位置 $\mathbf{m} = (u, v, 1)^T$ と世界座標系での位置 $\mathbf{X}_w = (X_w, Y_w, Z_w, 1)^T$ を用い，式 (3.82), (3.83) を書き直すと，

$$\mathbf{m} = \mathbf{A}\,[\mathbf{R}|\mathbf{t}]\,\mathbf{X}_w \tag{3.84}$$

と変形できる。ここで行列 $\mathbf{A}$ は，

$$\begin{bmatrix} f/\delta_u & 0 & c_u \\ 0 & f/\delta_v & c_v \\ 0 & 0 & 1 \end{bmatrix} = \begin{bmatrix} \alpha_u & 0 & c_u \\ 0 & \alpha_v & c_v \\ 0 & 0 & 1 \end{bmatrix} \tag{3.85}$$

である。行列 $\mathbf{A}$ を構成する f, δ_u, δ_v, c_u, c_v はカメラ自体によって決まるパラメータであり，内部パラメータと呼ばれる。一方で行列 $\mathbf{R}$ とベクトル $\mathbf{t}$ はカメラの位置・姿勢を表すパラメータであり，外部パラメータと呼ばれる。

なお，画像座標系の u 軸と v 軸が直交している場合の行列 $\mathbf{A}$ は式 (3.85) で表されるが，u 軸と v 軸の角度が ϕ のときの行列 $\mathbf{A}$ は以下のとおりである。

$$\begin{bmatrix} f/\delta_u & -f/\delta_u \cdot \cot\phi & c_u \\ 0 & f/(\delta_v \sin\phi) & c_v \\ 0 & 0 & 1 \end{bmatrix} = \begin{bmatrix} \alpha_u & -\alpha_u \cot\phi & c_u \\ 0 & \alpha_v / \sin\phi & c_v \\ 0 & 0 & 1 \end{bmatrix} \tag{3.86}$$

さて，式 (3.84) においての $\mathbf{P} = \mathbf{A}\,[\mathbf{R}|\mathbf{t}]$ とおくと，

$$\mathbf{m} = \mathbf{P}\mathbf{X}_w \tag{3.87}$$

となる。行列 $\mathbf{P}$ は 3×4 の行列であり，透視投影行列と

呼ばれる。式 (3.87) を書き下すと以下の通りである。

$$\begin{bmatrix} u \\ v \\ 1 \end{bmatrix} = \begin{bmatrix} p_{11} & p_{12} & p_{13} & p_{14} \\ p_{21} & p_{22} & p_{23} & p_{24} \\ p_{31} & p_{32} & p_{33} & p_{34} \end{bmatrix} \begin{bmatrix} X_w \\ Y_w \\ Z_w \\ 1 \end{bmatrix} \tag{3.88}$$

カメラを用いて画像計測を行う際には，行列 $\mathbf{P}$ の成分 p_{ij} を事前に求めておくことが必要となる。この作業をカメラキャリブレーションと呼ぶ。行列 $\mathbf{P}$ の成分は 12 個あるが，同次座標での記述では定数倍を許すため，キャリブレーションで求める未知パラメータは 11 個である。大きさや幾何学的特性が既知のパターン（キャリブレーションターゲットと呼ばれる）の位置・姿勢を変化させながら撮影して取得した複数枚の画像の情報を用いてキャリブレーションを行うことが多い。

以上により，世界座標系と画像座標系の関係式 (3.87)（および式 (3.88)）を導出することができた。式 (3.88) を整理すると，以下のように 2 本の方程式となる。

$$u = \frac{p_{11}X_w + p_{12}Y_w + p_{13}Z_w + p_{14}}{p_{31}X_w + p_{32}Y_w + p_{33}Z_w + p_{34}} \tag{3.89}$$

$$v = \frac{p_{21}X_w + p_{22}Y_w + p_{23}Z_w + p_{24}}{p_{31}X_w + p_{32}Y_w + p_{33}Z_w + p_{34}} \tag{3.90}$$

キャリブレーションによって行列 $\mathbf{P}$ を求め，撮影した画像から計測したい場所の座標 (u, v) を取得したとすると，連立方程式 (3.89),(3.90) における未知パラメータは (X_w, Y_w, Z_w) の 3 個である。方程式の個数 2 に対して未知パラメータの個数が 3 であるため，空間上の 3 次元位置 (X_w, Y_w, Z_w) を定めることはできない。式 (3.89), (3.90) を式 (3.91) の形に変形することにより，繰返しとなるが，式 (3.89), (3.90)（および式 (3.87)）は 3 次元空間において点 (X_w, Y_w, Z_w) が存在する直線の方程式を表していることがわかる。

$$\frac{X_w - x_0}{n_1} = \frac{Y_w - y_0}{n_2} = \frac{Z_w - z_0}{n_3} \tag{3.91}$$

(3) 画像による 3 次元計測

前述の通り ③ では，1 台のカメラで撮影した 1 枚の画像からは 3 次元空間上における 1 本の直線が求まるのみであり，対象の位置を確定させることができない。それに対して，2 台のカメラを用いて異なる 2 視点から撮影した画像を用いると，2 本の直線を求めることができ，2 本の直線の交点が求めるべき 3 次元位置となる。この原理により対象の 3 次元位置を求める

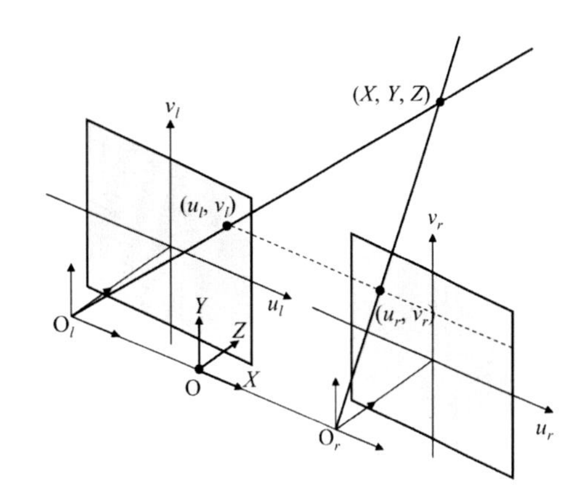

図 3.77 平行ステレオカメラ

方法をステレオビジョンと呼ぶ。ステレオビジョンでは，左カメラと右カメラの 2 台のカメラから構成されるステレオカメラを用いて対象を撮影し，左カメラで取得した画像と右カメラで取得した画像の見え方の違いを利用して，画像のみから対象の位置を計測する。

ここで内部パラメータが等しい 2 台のカメラを用い，カメラの光軸の方向を一致させ，光学中心の高さを一致させて平行に設置したステレオカメラを平行ステレオカメラと呼ぶ（図 3.77）。カメラの焦点距離を f，左カメラの光学中心 O_l と右カメラの光学中心 O_r の間の距離（基線長）を b とおくと，O_l と O_r の中点を原点とした座標系での計測点の 3 次元位置 (X, Y, Z) は以下の式で求めることができる。

$$X = \frac{b(u_l + u_r)}{2(u_l - u_r)} \tag{3.92}$$

$$Y = \frac{bv_l}{u_l - u_r} = \frac{bv_r}{u_l - u_r} \tag{3.93}$$

$$Z = \frac{bf}{u_l - u_r} \tag{3.94}$$

ただし，(u_l, v_l) は左画像中での対象の位置，(u_r, v_r) は右画像中での対象の位置である。また，左画像と右画像での見え方の違い $d = u_l - u_r$ を視差と呼ぶ。式 (3.94) より，視差が大きい対象はカメラの近くにあり，視差が小さい対象は遠くにあることがわかる。

ここで，ステレオ画像から 3 次元空間の位置を求めるためには，左画像中の点 (u_l, v_l) が右画像中のどこにあるのかを求める必要がある。一方の画像中のある点に対するもう一方の画像中の対応する点を対応点（図 3.78），対応点を検出することを対応点検出と呼ぶ。

対応点検出手法の 1 つに，テンプレートマッチングと呼ばれる方法がある。テンプレートマッチングでは，

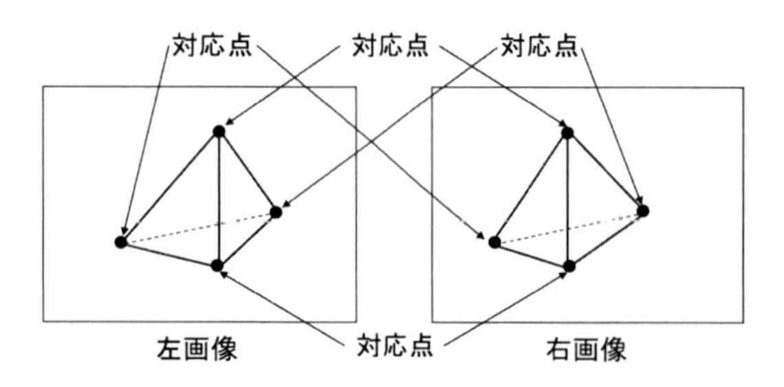

図 3.78　対応点の例

左画像からある大きさの領域を切り取り，その領域をテンプレートとする。そして，相違度や類似度などを用いて，左画像から切り取ったテンプレートと似たパターンが右画像に存在する位置を検出する。

相違度の計算には画像の差の絶対値の和 SAD(Sum of Absolute Difference) や差の 2 乗和 SSD(Sum of Squared Difference) が，類似度の計算には正規化相互相関 NCC(Normalized Cross Correlation) などがそれぞれ用いられる。テンプレートの大きさを $M \times N$，位置 (i,j) におけるテンプレートの画素値を $T(i,j)$，テンプレートと重ね合わせた際の入力画像の画素値を $I(i,j)$ とすると，SAD における相違度 C_{SAD}，SSD における相違度 C_{SSD}，NCC における類似度 C_{NCC} は以下の式で計算できる。

$$C_{\mathrm{SAD}} = \sum_{j=0}^{N-1}\sum_{i=0}^{M-1} |I(i,j) - T(i,j)| \tag{3.95}$$

$$C_{\mathrm{SSD}} = \sum_{j=0}^{N-1}\sum_{i=0}^{M-1} (I(i,j) - T(i,j))^2 \tag{3.96}$$

$$C_{\mathrm{NCC}} = \frac{\displaystyle\sum_{j=0}^{N-1}\sum_{i=0}^{M-1}(I(i,j)-\overline{I})(T(i,j)-\overline{T})}{\sqrt{\displaystyle\sum_{j=0}^{N-1}\sum_{i=0}^{M-1}(I(i,j)-\overline{I})\sum_{j=0}^{N-1}\sum_{i=0}^{M-1}(T(i,j)-\overline{T})}} \tag{3.97}$$

ただし，$\overline{I}$ と $\overline{T}$ は以下の式で表される。

$$\overline{I} = \frac{1}{MN}\sum_{j=0}^{N-1}\sum_{i=0}^{M-1} I(i,j) \tag{3.98}$$

$$\overline{T} = \frac{1}{MN}\sum_{j=0}^{N-1}\sum_{i=0}^{M-1} T(i,j) \tag{3.99}$$

相違度 C_{SAD} や C_{SSD} は，左画像から切り取ったテンプレートと右画像の探索領域のパターンが完全に一致したときに値が 0 となる。したがって，相違度が最小となる位置を探索することで対応点の位置を検出できる。一方で類似度 C_{NCC} は両者が完全に一致したときに値が 1 となるため，類似度が最大となる位置を探索することで対応点の位置を検出できる。NCC は SAD や SSD よりも計算量が多いが，照明条件の変動に強い。

ただし，左画像から切り出したテンプレートと右画像の探索領域のパターンの縮尺や角度が一致していない場合，テンプレートマッチングでは対応点の位置を正しく求めることができない。つまりテンプレートマッチングでは，サイズを拡大縮小した複数のテンプレートや，角度を回転させた複数のテンプレートを準備しない限りは，画像の拡大縮小や回転に対応できない。

さて，2 台のカメラを用いた画像計測に話を戻すと，2 台の内部パラメータに違いがあり，カメラの位置関係が平行でない場合にも，平行ステレオカメラと同様に 3 次元位置を計算することができる。式 (3.88) より，左画像の点 $\mathbf{m}_l = (u_l, v_l, 1)^T$ と 3 次元空間上の点 $\mathbf{X}_w = (X_w, Y_w, Z_w, 1)^T$，および右画像の点 $\mathbf{m}_r = (u_r, v_r, 1)^T$ と 3 次元空間上の点 $\mathbf{X}_w = (X_w, Y_w, Z_w, 1)^T$ の間には，

$$\begin{bmatrix} u_l \\ v_l \\ 1 \end{bmatrix} = \begin{bmatrix} p_{11,l} & p_{12,l} & p_{13,l} & p_{14,l} \\ p_{21,l} & p_{22,l} & p_{23,l} & p_{24,l} \\ p_{31,l} & p_{32,l} & p_{33,l} & p_{34,l} \end{bmatrix} \begin{bmatrix} X_w \\ Y_w \\ Z_w \\ 1 \end{bmatrix} \tag{3.100}$$

$$\begin{bmatrix} u_r \\ v_r \\ 1 \end{bmatrix} = \begin{bmatrix} p_{11,r} & p_{12,r} & p_{13,r} & p_{14,r} \\ p_{21,r} & p_{22,r} & p_{23,r} & p_{24,r} \\ p_{31,r} & p_{32,r} & p_{33,r} & p_{34,r} \end{bmatrix} \begin{bmatrix} X_w \\ Y_w \\ Z_w \\ 1 \end{bmatrix} \tag{3.101}$$

が成立する。ただし，$\mathbf{P}_l = [p_{ij,l}]$ と $\mathbf{P}_r = [p_{ij,r}]$ はそれぞれのカメラの透視投影行列である。3 次元空間上での位置 (X_w, Y_w, Z_w) に関して，式 (3.100) と式 (3.101) を整理すると，

$$\begin{bmatrix} p_{31,l}u_l - p_{11,l} & p_{32,l}u_l - p_{12,l} & p_{33,l}u_l - p_{13,l} \\ p_{31,l}v_l - p_{21,l} & p_{32,l}v_l - p_{22,l} & p_{33,l}v_l - p_{23,l} \\ p_{31,r}u_r - p_{11,r} & p_{32,r}u_r - p_{12,r} & p_{33,r}u_r - p_{13,r} \\ p_{31,r}v_r - p_{21,r} & p_{32,r}v_r - p_{22,r} & p_{33,r}v_r - p_{23,r} \end{bmatrix} \begin{bmatrix} X_w \\ Y_w \\ Z_w \end{bmatrix} = \begin{bmatrix} p_{14,l} - p_{34,l}u_l \\ p_{24,l} - p_{34,l}v_l \\ p_{14,r} - p_{34,r}u_r \\ p_{24,r} - p_{34,r}v_r \end{bmatrix} \tag{3.102}$$

となる。透視投影行列 $\mathbf{P}_l, \mathbf{P}_r$ がキャリブレーション済

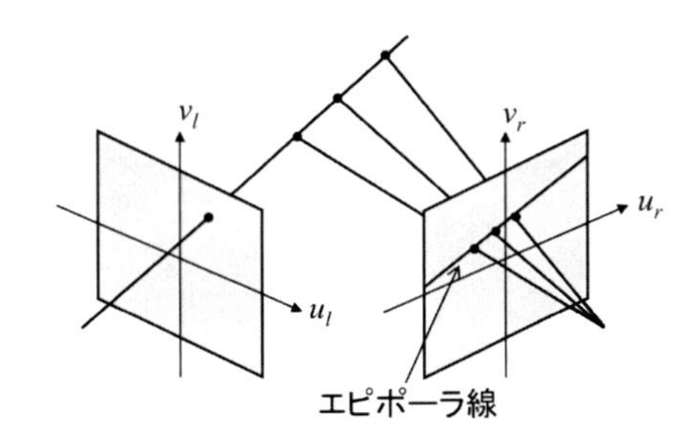

図 3.79 エピポーラ拘束

であり，左画像の点 (u_l, v_l) に対する右画像の対応点 (u_r, v_r) が得られたとすると，方程式の個数 4 に対して未知パラメータは X_w,Y_w,Z_w の 3 個となる。したがって，式 (3.102) を $\mathbf{A}\,[X_w,\,Y_w,\,Z_w]^T = \mathbf{b}$ と書くと，

$$\begin{bmatrix} X_w & Y_w & Z_w \end{bmatrix}^T = (\mathbf{A}^T\mathbf{A})^{-1}\mathbf{A}^T\mathbf{b} \qquad (3.103)$$

と最小二乗解が得られ，3 次元空間上の点の位置 (X_w, Y_w, Z_w) を求めることができる。

式 (3.102) において未知パラメータの数よりも方程式の数が 1 個多いことは，対応点間に拘束条件が存在していることを意味する。ステレオ画像の対応点は，もう一方の画像では直線上に存在することが知られており，この直線のことをエピポーラ線，この拘束条件をエピポーラ拘束と呼ぶ（図 3.79）。

同次座標で表現した左カメラの画像座標を $\mathbf{m}_l = (u_l, v_l, 1)^T$，右カメラの画像座標を $\mathbf{m}_r = (u_r, v_r, 1)^T$ とすると，

$$\mathbf{m}_r^T\mathbf{F}\mathbf{m}_l = 0 \qquad (3.104)$$

の関係が成立する。$\mathbf{F}$ は 3×3 の行列であり，基礎行列と呼ばれる。カメラ間の姿勢変化を表す回転行列を $\mathbf{R}$，姿勢変化を表す並進ベクトルを $\mathbf{t}$ とし，それぞれのカメラの内部パラメータから構成される行列を $\mathbf{A}_l, \mathbf{A}_r$ とすると，行列 $\mathbf{F}$ は以下の式で表される。

$$\mathbf{F} = (\mathbf{A}_r^{-1})^T\mathbf{T}\mathbf{R}\mathbf{A}_l^{-1} \qquad (3.105)$$

ただし，$\mathbf{T}$ は $\mathbf{t} = (t_x, t_y, t_z)^T$ に対して，

$$\mathbf{T} = \begin{bmatrix} 0 & -t_z & t_y \\ t_z & 0 & t_x \\ -t_y & t_x & 0 \end{bmatrix} \qquad (3.106)$$

となる 3×3 の行列である。

ここで，式 (3.104) の幾何学的な意味を考えてみよう。式 (3.104) を成分で書き下すと，

$$(f_{11}u_l + f_{12}v_l + f_{13})u_r + (f_{21}u_l + f_{22}v_l + f_{23})v_r + (f_{31}u_l + f_{32}v_l + f_{33}) = 0 \qquad (3.107)$$

である。キャリブレーション済のステレオカメラを用いる場合，行列 $\mathbf{F}$ の成分は既知である。また，左画像のある点 (u_l, v_l) に対する右画像のエピポーラ線を算出する場合には，点 (u_l, v_l) も既知である。したがって，式 (3.107) は未知パラメータ (u_r, v_r) に関して $au_r + bv_r + c = 0$ の形となり，右画像中の直線を表す。特に平行ステレオカメラのエピポーラ線は，左画像の点と同じ高さの水平な直線 $v_r = v_l$ となる。

エピポーラ拘束は，ステレオ計測において極めて重要な役割を果たす。具体的には，対応点の探索範囲をエピポーラ線上に限定することにより，対応点の誤検出を減らす効果を期待できることに加えて，対応点検出の計算時間を短縮することができる。

$1,000 \times 1,000$ 画素のカメラ 2 台から構成される平行ステレオカメラでの対応点検出について，前述のテンプレートマッチングを用いて考えてみよう。左画像の全 $1,000 \times 1,000$ 画素に対して，右画像の全 $1,000 \times 1,000$ 画素から対応点を検出するために必要な繰り返し計算回数は $(1,000 \times 1,000) \times (1,000 \times 1,000) = 10^{12}$ 回である。エピポーラ拘束を利用すると，右画像の探索範囲は $1,000 \times 1,000$ 箇所から 1,000 箇所に減り，計算回数を 10^9 回に削減可能である。さらに後述の特徴点抽出により左画像から 1,000 箇所の特徴的な部分のみを抽出し，抽出した左画像の特徴点のみに対して対応点検出を行うと，計算時間を 10^6 回に減らすことができる。右画像からも特徴点を抽出し，抽出した特徴点のみを対応点候補として探索する方法や，粗密探索法などの計算効率化手法などを用いることにより，さらに計算時間の削減を図ることが可能である。

ロボット制御にはリアルタイム性が必要となるケースが少なくないため，計算の高速化は極めて重要である。

(4) 特徴点抽出

コーナーや輪郭などに代表されるように，画像中の特徴的な場所を特徴点と呼ぶ。またエッジの方向や色など，特徴点あるいは特徴点周囲の領域の持つ特徴のことを特徴量と呼ぶ。

特徴点は，画像間で対応する点を検出・追跡する用

途や，あるカテゴリに属する物体が画像中のどこに存在するかを検出・追跡する用途などで用いられる。

コーナーを検出する方法としては，Harris の手法[2] や FAST(Features from Accelerated Segment Test) と呼ばれる手法[3] が提案されている。輪郭を検出する方法としては，Canny の手法[4] などが提案されている。

2 枚の画像間に拡大縮小や回転がある場合，前述のテンプレートマッチングを用いて対応する場所を検出することが難しい。テンプレートマッチングにおける特徴量は，画像の拡大縮小や回転があると変化するためである。それに対して，画像の拡大縮小や回転に対して不変な特徴量を持つ特徴点検出方法として，SIFT(Scale-Invariant Feature Transform)[5] と呼ばれる方法が提案されている。SIFT の特徴量は 128 次元の特徴ベクトルであり，画像の回転と拡大縮小に対して不変かつ照明変化に対して頑健である。SIFT よりも高速に計算可能な方法として SURF(Speeded Up Robust Features)[6] と呼ばれる手法も提案されている。また，BRIEF(Binary Robust Independent Elementary Features)[7] や ORB(Oriented fast and Rotated BRIEF)[8] などでは，計算の高速化・効率化を図るため特徴量を 2 値ベクトルで表現している。このように様々な特徴点抽出手法が提案されており，画像処理や画像計測に利用されている。

(5) オプティカルフロー

画像中のある点が次の時刻にどの位置に移動しているかを調べ，その移動量をベクトルで表現した結果はオプティカルフローと呼ばれ，移動物体の検出などに用いられる。

オプティカルフローの算出には，ブロックマッチング法や勾配法が用いられることが多い。

ブロックマッチング法では，テンプレートマッチングを用いてオプティカルフローを計算する。ある時刻の画像中から小さな領域を切り出しテンプレートとして，前述の SAD や SSD などが用いて，次の時刻の画像中においてテンプレートが移動した場所を調べる方法である。

勾配法では，ある時刻と次の時刻に取得した 2 枚の画像間で，追跡している点の明るさは変わらないとしてオプティカルフローを計算する。時刻 t における画像上の位置 (x, y) の画素値を $I(x, y, t)$ とおき，時間 $\mathrm{d}t$ の間に追跡点が $(\mathrm{d}x, \mathrm{d}y)$ だけ移動したとすると，

$$I(x, y, t) = I(x + \mathrm{d}x, y + \mathrm{d}y, t + \mathrm{d}t) \tag{3.108}$$

の関係が成立する。テイラー展開を用いて式 (3.108) の右辺を変形すると，

$$\begin{aligned} I(x, y, t) &= I(x, y, t) \\ &\quad + \frac{\partial I}{\partial x}\mathrm{d}x + \frac{\partial I}{\partial y}\mathrm{d}y + \frac{\partial I}{\partial t}\mathrm{d}t + \cdots \end{aligned} \tag{3.109}$$

となる。ここで，2 次以上の項は十分に小さいと考えて無視し，両辺を $\mathrm{d}t$ で割って整理すると，

$$\frac{\partial I}{\partial x}\frac{\mathrm{d}x}{\mathrm{d}t} + \frac{\partial I}{\partial y}\frac{\mathrm{d}y}{\mathrm{d}t} + \frac{\partial I}{\partial t} = 0 \tag{3.110}$$

の関係が得られる。$I_x = \frac{\partial I}{\partial x}$，$I_y = \frac{\partial I}{\partial y}$，$I_t = \frac{\partial I}{\partial t}$ とおくと，オプティカルフロー $(v_x, v_y) = (\frac{\mathrm{d}x}{\mathrm{d}t}, \frac{\mathrm{d}y}{\mathrm{d}t})$ が満たす拘束条件式を求めることができる。

$$I_x v_x + I_y v_y + I_t = 0 \tag{3.111}$$

式 (3.111) における未知パラメータは v_x と v_y の 2 個であるため，オプティカルフローを定めるためには拘束条件が足りない。そこで，Lucas–Kanade の方法[9] や Horn–Shunck の方法[10] など，仮定や拘束条件を追加してオプティカルフローを求める方法が提案されている。

(6) 物体認識

画像中から与えられた物体を検出することを物体認識と呼び，特定物体認識と一般物体認識に分類することができる。特定物体認識はあるカテゴリに属する物体が画像中のどこに存在するかを検出する技術であり，一般物体認識は例えば机・椅子・犬などのように一般的な物体のカテゴリを認識する技術である。

画像中から人の顔や人を検出する方法として，Haar-like 特徴を用いた顔検出[11] や HOG(Histograms of Oriented Gradients) 特徴を用いた人物検出[12] などが提案されている。

2000 年以降，SIFT が用いられるようになって，物体認識の技術は大きく発展し続けている。2004 年以降は bag-of-features と呼ばれる方法を用いた物体認識手法[13] が提案され幅広く用いられるようになってきたが，特に 2010 年以降は深層学習（ディープラーニング）と呼ばれる多層構造のニューラルネットワークを

用いた手法が様々な用途で用いられるようになった。
＜山下 淳＞

参考文献（3.5.1 項）

[1] ディジタル画像処理編集委員会：『ディジタル画像処理［改定新版］』, CG-ARTS 協会 (2015).

[2] Harris, C. and Stephens, M.: A Combined Corner and Edge Detector, *Proceeding of the 4th Alvey Vision Conferences*, pp.147–151 (1988).

[3] Rosten, E., Porter, R., and Drummond, T.: FASTER and Better: A Machine Learning Approach to Corner Detection, *IEEE Transactions on Pattern Analysis and Machine Intelligence*, Vol.32, pp.105–119 (2010).

[4] Canny, J.F.: A Computational Approach To Edge Detection, *IEEE Transactions on Pattern Analysis and Machine Intelligence*, Vol.8, No.6, pp.679–698 (1986).

[5] Lowe, D.G.: Distinctive Image Features from Scale-Invariant Keypoints, *International Journal of Computer Vision*, Vol.60, No.2, pp.91–110 (2004).

[6] Bay, H.: Tinne Tuytelaars and Luc Van Gool: SURF: Speeded Up Robust Features, *Proceedings of the 9th European Conference on Computer Vision*, pp.404–417 (2006).

[7] Calonder, M., Lepetit, V., Strecha, C. and Fua, P.: BRIEF: Binary Robust Independent Elementary Features, *Proceedings of the 11th European Conference on Computer Vision*, pp.778–792 (2010).

[8] Rublee, E., Rabaud, V., Konolige, K. and Bradski, G.: ORB: An Effcient Alternative to SIFT or SURF, *Proceeding of the 13th IEEE International Conference on Computer Vision*, pp.2564–2571 (2011).

[9] Lucas, B.D. and Kanade, T.: An Iterative Image Registration Technique with an Application to Stereo Vision, An Iterative Image Registration Technique with an Application to Stereo Vision, *Proceedings of the 7th International Joint Conference on Artificial Intelligence*, pp.674–679 (1981).

[10] Horn, B.K.P. and Schunck, B.G.: Determining Optical Flow, *Artificial Intelligence*, Vol.17, No.1–3, pp.185–203 (1981).

[11] Viola, P. and Jones, M.J.: Rapid Object Detection Using a Boosted Cascade of Simple Features, *Proceedings of the 2001 IEEE Computer Society Conference on Computer Vision and Pattern Recognition*, Vol.1, pp.511–518 (2001).

[12] Dalal, N. and Triggs, B.: Histograms of Oriented Gradients for Human Detection, *Proceedings of the 2005 IEEE Computer Society Conference on Computer Vision and Pattern Recognition*, pp.886–893 (2005).

[13] Csurka, G., Dance, C.R., Fan, L., Willamowski J. and Bray C.: Visual Categorization with Bags of Keypoints, *Proceedings of the ECCV Workshop on Statistical Learning in Computer Vision*, pp.59-74 (2004).

3.5.2　距離センサ

距離センサとは，対象物までの距離を光や音などを利用して，非接触で計測するセンサである。自動車の衝突回避のための周辺車両や人の計測，自動運転車の位置を確認するためのランドマークの計測など，移動体から離れた場所にある対象物までの距離を計測するのに利用される。本項では，移動体で利用されるレーザレンジセンサ（レーザ距離計）と超音波センサ（超音波距離計）について説明する。

(1) レーザレンジセンサ

レーザレンジセンサとは，レーザ光を利用して対象物までの距離を非接触で計測するセンサである。レーザ光は指向性が高いため，レーザ光が当たった場所までの距離 D を計測することができる。移動体で利用されるレーザレンジセンサの光源としては，大気中の減衰が少ない近赤外光（波長 600〜900 nm 程度）が使われている。

レーザレンジセンサの距離計測の方法はいくつか存在するが，そのなかでも図 3.80 に示す TOF(Time of Flight) 方式と三角測距方式がよく利用される。TOF 方式では送信したレーザ光が，対象物に当たって反射して戻ってくるまでの時間 T を利用して距離 D を計測する。三角測距方式は，対象物までの距離に応じてレーザ光が集光する位置 x が変化するのを利用して距離 D を計算する方式である。

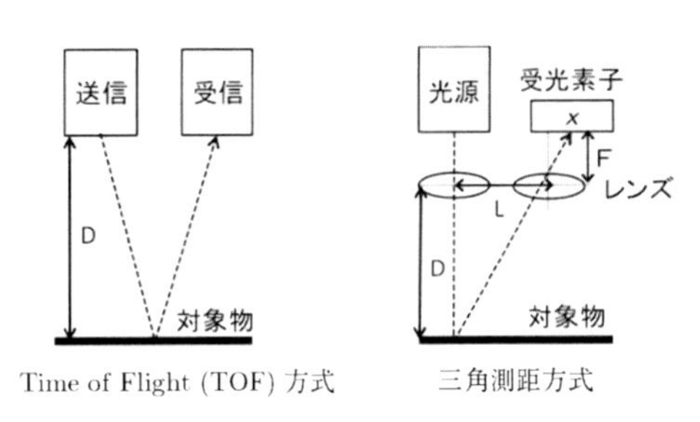

図 3.80　距離の測定原理

(2) 測定原理：TOF 方式

TOF 方式はレーザ光や音波を使った距離計測などで幅広く利用されている。センサの送信機から送信した信号（レーザ光や音波）が空気中を伝搬し，対象物の表面で反射して戻ってきた信号を受信器で受信する。信号を送ってから，信号を受信するまでの時間 T[s] から下記の式を利用して，距離 D[m] を計測する方法である。

$$D = \frac{1}{2}cT \tag{3.112}$$

c は信号の速度 [m/s] であり，レーザ光源の場合は光の速度で，音波の場合は音の速度である。T は信号が往復する時間に相当するため，2 で割って片道の距離を計算する。c は温度や通過する大気の構成で変化するため，計測条件に合った数値を選択する必要がある。

TOF の計測方法には，図 3.81 に示す位相差方式とパルス方式が存在する。位相差方式では，変調した信号を利用し，送信した信号と受信した信号の間の位相差から時間 T を計測する。

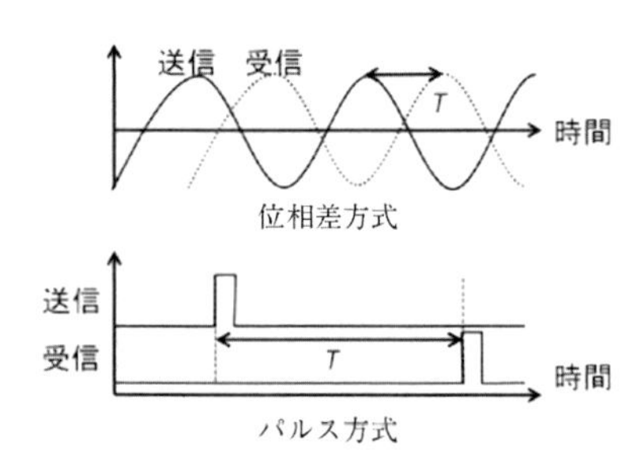

図 3.81　TOF の計測方法

パルス方式は，パルス状の信号を送信機で発し，そのパルスを受信するまでの時間 T を計測する。パルス方式の計測では，同じ方向の異なる距離にある物体から戻ってくる複数の反射信号を順次受け取り，物体ごとに到達時間 $T_1, T_2 \ldots$ を計算することができる。このように複数の反射信号を利用する機能のことをマルチエコーと呼ぶ。

(3) 測定原理：三角測距方式

三角測距方式は，光を使った距離計測に利用される。レーザ光を対象物の測定したい場所に投光し，反射したレーザ光を受光素子の 1 点に集光する。光が集まった位置 x は対象物までの距離 D によって変化するため，次式を利用して距離 D を計算する方法である。

$$D = \frac{FL}{x} \tag{3.113}$$

F がレンズから受光素子までの距離，L が 2 つのレンズの光軸中心の距離に相当する。受光素子として受光位置をアナログ信号として検出できる PSD(Position Sensing Device) 方式や，デジタル信号として検出できる CMOS(Complementary metal Oxide Semiconductor) 方式などが存在する。

(4) レーザレンジセンサの精度と測定範囲

計測の精度は，三角測距方式で数 μm～数 mm，TOF 方式で数 mm～十数 mm である。三角測距方式では，数 μm の精度を保証するために測定距離に合わせてレンズや受光素子を選定するため，測定できる距離の幅が狭くなる。一方，TOF 方式のセンサは，三角測距方式に比べると測定できる距離の幅が広いといったトレードオフが存在する。用途に応じて使い分ける必要がある。

(5) 走査型のレーザレンジセンサ

レーザ光源には，鏡で光の進む向きを変えることができるという特徴がある。そのため，1 対のレーザ光源と受光素子を，回転する鏡と組み合わせることで，空間を走査するレーザレンジセンサを作ることができる。図 3.82(a) に示す市販の空間走査型のレーザレンジセンサでは，1 秒間に 40 回以上回転する鏡を利用して 2 次元的に空間を走査することができる。

また，鏡を水平方向と垂直方向に回転することで，空間の 3 次元の形状を計測することもできるようになる。図 3.82(b) に示す 3 次元の走査型レーザレンジセンサについては，機構でミラーを回転する方法（図 3.82(b) 左）に加え，複数のレーザ光源と受光素子の組を回転台で回転させる方式（図 3.82(a) 右）が用いられている。また鏡を動かす方法としては，MEMS(Micro Electro Mechanical Systems) ミラーを利用した方式なども提案されている。

走査型レーザレンジセンサからは，対象の計測結果が空間中の点群として得られる。点群の各点は，レーザが当たった場所の座標であり，レーザで計測した距離と，レーザの向いている向きから計算することができる。また，人の目に安全な Class1 のレーザを利用した小型の走査型レーザレンジセンサが登場し，動的環境を移動する移動体の環境認識に欠かせないセンサになっている。

(6) 超音波センサ

超音波センサは，人の可聴域 (20 Hz～20 kHz) よりも高い音波を利用して非接触で距離を計測するセンサである。可聴域よりも高い周波数の音を利用することで，人の近くで利用した際に，人が感じる嫌悪感を小

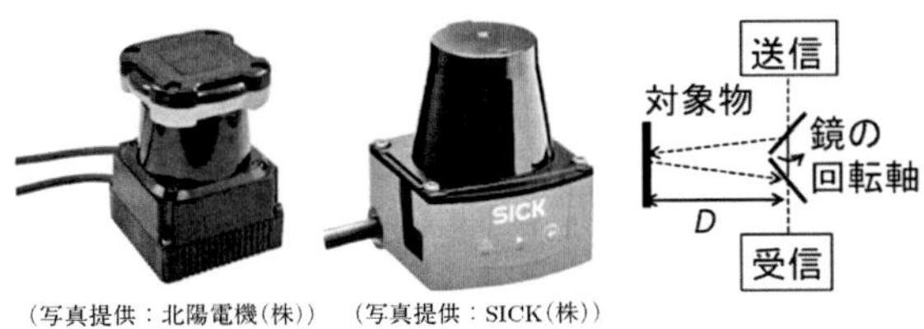

（写真提供：北陽電機(株)）　（写真提供：SICK(株)）

(a) 2次元の走査型レーザレンジセンサ

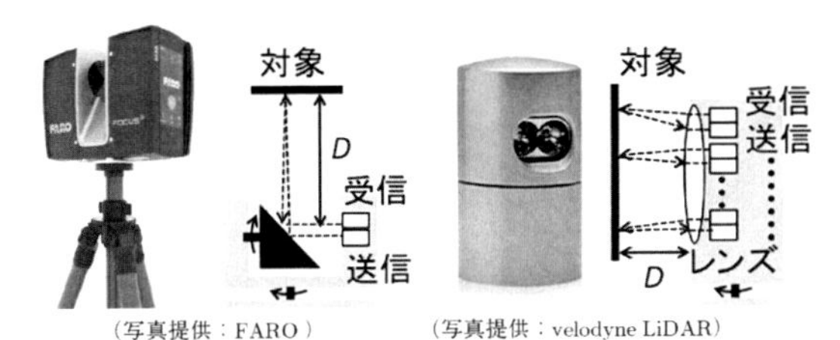

（写真提供：FARO）　（写真提供：velodyne LiDAR）

(b) 3次元の走査型レーザレンジセンサ

図 3.82　市販の走査型レーザレンジセンサ

さくすることができる。地上を移動する移動体では，40 kHz 程度の超音波（波長は数 mm）を発生する超音波トランスデューサを利用して距離を計測している。

音波は大気中に広がりながら進み，対象物で反射して戻ってくる。よって，超音波はレーザ光と異なり指向性が広く，音源が向いている方向を中心に ±10〜30° 程度に広がる。その範囲で，音源から対象物までの最短の距離を計測することになる。この特徴を利用すると，超音波センサが壁に対して垂直に正対していない場合でも，壁までの最短距離を計測することができる。

超音波センサの測定原理としては (2) で説明した TOF 方式が利用されている。音波が対象物に反射して戻ってくるまでの時間 T と音速 c から式 (3.112) を利用して距離 D を計算する。音波の速度も温度の影響を受けるため，温度に合わせて適切な音速を選ぶ必要がある。温度がコントロールされた人の生活環境では，以下の近似式を用いて温度 t[°C] から音速 c を計算することも行われている。

$$c = 331.5 + 0.6\,t \qquad (3.114)$$

時間 T は，レーザレンジセンサと同様に図 3.81 に示す位相差方式や，パルス方式を利用して計測される。パルス方式を利用することで，超音波センサでも，複数の異なる物体までの距離を計測することが可能になる。

超音波センサの精度は数十 mm 程度であり，レーザレンジセンサの精度よりも劣る。また，指向性が広いため，センサ位置を移動しながら空間を計測しても空間分解能を上げることが難しい。一方で，霧，埃，雨などの悪天候に対する頑健性や，ガラスなどの透明な物体の計測については，レーザレンジセンサよりも優れている。そのため，自動車の周辺の近距離の障害物の接近を知らせるセンサとして利用されている。

(7) 超音波センサの指向性を上げる方法

超音波を室内で利用する場合，対象物以外の方向から返ってくる反射波を受信しないように工夫することがある。このように超音波センサの指向性を上げる工夫として，超音波の送受信機にホーンを付ける方法が存在する。また，複数の超音波送信機を横に並べ，各送信機が発する音波の位相を制御することで，特定の方向に音波を集中する方法も存在する。

＜大野和則＞

3.5.3　触覚センサ

ヒトの触覚は分化した感覚器官をもたないいわゆる体性感覚であり，粗密の差こそあれ，その受容器は全身の皮膚に分布する。また，触覚は応答特性の異なる複数の機械受容器単位からなり，接触に伴う多角的な情報を取得する。そのため，視覚や聴覚に比べて，触覚を工学的に再現する実用的かつ汎用的な方法論は存在せず，触覚センサの検出原理，構造およびその用途は多岐にわたる。ここでは，触覚の機能的側面から接触覚・圧覚・滑り覚・振動覚の 4 項目に分類し，それぞれを工学的に検出する方法と事例を紹介する。

(1) 接触覚

ヒトの触覚において，接触覚は物体に触れた際に生じる感覚を意味する。これを工学的に機械で実現し，物体との接触の有無を検出するセンサを接触覚センサまたはタッチセンサと呼ぶ。接触覚センサの出力は，接触の有無を表す 2 値信号（オンまたはオフ）で十分であるが，力覚センサのような接触力を連続量として出力するセンサを接触覚センサとして使用することも可能である。

なお，接触覚センサをロボットに搭載することで，ロボットと環境や対象物との接触検知に利用できる。例えば，ロボット掃除機をはじめとした移動ロボットで，障害物に当たった際に向きを変えて移動するような反射行動を実現するためには，接触覚センサを用いることが求められる。また，スマートフォンやタブレット端末等のタッチパネルでも，ヒトの指とタッチパネル間の接触の有無を検知することが必須であり，我々の日常生活の中でも接触覚センサが身近に利用されている。

接触覚センサの測定原理には，マイクロスイッチ，ボタンといった機械方式，静電容量方式や抵抗膜方式といった容量や抵抗の変化を用いた方式等，いくつかの方法がある。マイクロスイッチを用いた方法では，接触によるマイクロスイッチへの力の有無により，電気回路が開閉する。これにより，接触の有無が電気信号に変換され，電圧のオン・オフを検出することで接触の有無を検出できる。

また抵抗変化を用いた方式として，タッチパネルで利用されている抵抗膜方式がある[1,2]。これは 図 3.83 に示すように，2 枚のフィルムまたはガラスから構成される基盤に透明導電膜（例えばITO膜等）が成膜され，それらが隙間を空けて配置される。ドットスペーサと呼ばれる絶縁体により，2 枚の透明導電膜は絶縁されている。力が加えられ，上部と下部の膜が接触した際，導通位置を求めることで接触の有無およびその位置を検出する。この検出方法には，アナログ方式とデジタル方式があり，アナログ方式は，上下膜の接触位置の電圧を測定することで接触位置を検出する。一方デジタル方式は，上部基盤と下部基盤に透明電極線が配置され，導通した電極線の組合せから，接触位置を検出する。

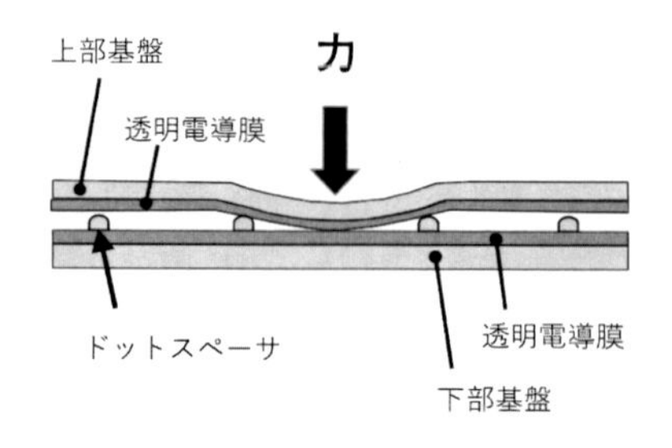

図 3.83　抵抗膜方式

なおタッチパネルにおける接触位置の検出方法は，抵抗膜式以外に静電容量式，光学式，超音波式など多数の方法がある[2]。また，タッチパネルでは力情報の検出を行わないものが主流であるが，最近では iPhone6s が感圧タッチを導入したように，力情報を検出するものも増えつつある。

(2) 圧覚

圧覚は，物体との接触によって圧迫を受けたときに生じる感覚であり，圧力を計測するセンサを圧覚センサと呼ぶ。圧力は単位面積当たりに働く力であり，力が作用する面積を陽に考慮する必要がある。このため力覚センサとは異なり，圧覚センサでは力の大きさに加えてその分布も計測する必要がある。

圧覚センサの検出原理として，感圧抵抗方式や静電容量方式がよく用いられている。感圧抵抗方式は，図 3.84 に示すように，上下の電極（行電極と列電極）に挟まれた物体に圧力をかけた際の抵抗の変化を計測する方法である[3]。物体として感圧導電性ゴムを用いれば，荷重によるゴム材の変形により，電気抵抗値が変化するため，抵抗を計測することで荷重の値を計測できる。特に，物体を挟む電極を縦横電極にすることで，縦横の電極が交差した箇所が力の検出部となり，分布圧力を検出できるようになる[4]。また感圧抵抗方式として，導電性インクを用いた方法もある。これは，2 枚の基盤シートにそれぞれ行電極と列電極を配置し，その電極の上に，圧力により抵抗が変化する感圧インクが印刷され，行と列の交点における抵抗変化を用いて圧力を計測する[5]。感圧抵抗方式は検出回路が簡単であるが，ゴムを用いた場合，応答にヒステリシス特性を持つ，インクを用いた場合，耐久性に課題がある等の問題もある。

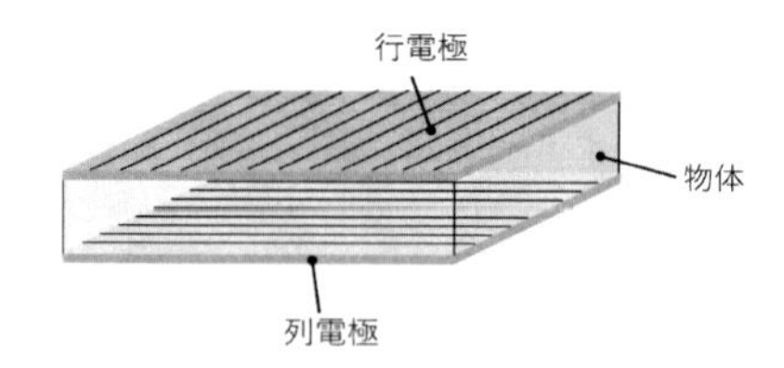

図 3.84　分布型圧覚センサの構成

一方静電容量方式は，図 3.84 において，物体を弾性のある誘電体にしたものである。荷重により電極間の距離が変化すると，静電容量が変化する性質を利用することで圧覚を計測する。特に，縦横の電極の交差箇所での静電容量を順次計測することで圧力分布を計測する。物体をより柔らかいものにすることで，計測感度を上げることができる性質があるが，一方で静電容量方式は，電磁雑音や温度の影響を受けやすい等の問題もあると言われている[6]。

なおここで紹介した以外の検出方法として，ひずみゲージを用いた方法，内部空間の変形を光学的に計測する方法等がある。

(3) 滑り覚

滑り覚は，物体との接触や圧迫が起こった状態から接線方向の運動が生じた際に生起される感覚である。ロボットと環境とのインタラクションにおいて，移動路面や操作対象物に対して積極的に接線力を作用させるケースは多い。このとき接触対象との摩擦による拘束状態が保たれているかが問題となる。これの解決を与えるのが滑り覚だといえる。

滑り覚センサの検出原理に用いられるのは，主に振動・変形・変位に関する物理量である。特に，接触状態にある二者のうち少なくとも一方が柔軟物である場合に起こる，初期滑りに焦点を当てたものが多い。初期滑りとは，柔軟物が圧迫により変形して面接触状態が形成された際に接線力が作用すると，比較的法線力が小さい外縁部から，固着部の局所的な剥がれが生じ始める現象である。このとき，巨視的には物体は静止したままであるが，剥がれに伴う微小振動や柔軟物の変形が観測される。一方，固着部全体が剥がれ（あるいは両者が剛体の場合），巨視的な滑りが生じた際には，接触位置の変化や，固着と剥がれの繰り返し発生（stick-slip 現象）による振動が観測されるが，このうち前者は (2) の圧覚センサによって検出可能であり，後者は (4) の振動覚センサの領域である。

初期滑りに伴う微小振動を検出する方法として，加速度センサや圧電材料の利用が挙げられる。加速度センサを用いた事例としては，シリコーンゴム製の円筒被膜の内面に小型の加速度センサを設置し，内部を発泡ゴムで充填した構成のものがある[7]。圧電材料を用いた事例としては，PVDF (Polyvinylidene Difluoride) 製の薄いフィルムをゴム製被膜の内部に埋め込んだ構成のものがある[8]。これらはいずれも振動が生成されやすくするための工夫として，被膜の外側に多数の小さな突起を設けている。一方，初期滑り時の変形を検出する方式としては，固着領域の形状変化を光学的に観察するものや，弾性体内部に設けられた共鳴空洞の変形による超音波の共振周波数の変化を検出するもの，構造内に埋め込まれたひずみゲージ群からひずみ分布を測定するものなどがある。主な検出器の配置位置の例を図 3.85 に示す。

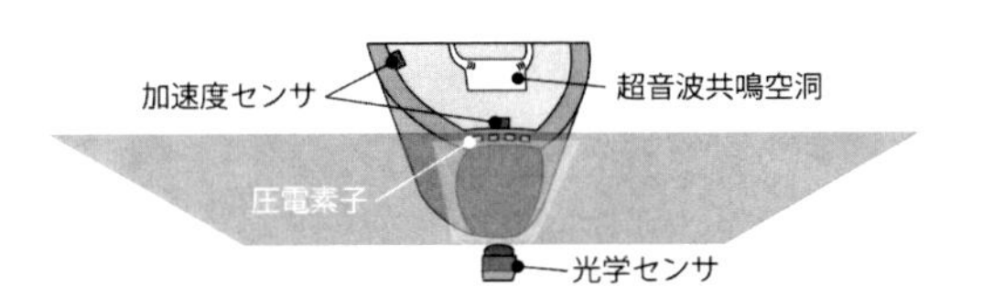

図 3.85 滑り覚の主な検出方法

なお，接触覚センサや圧覚センサの中には，滑り覚センサとしての機能を有するものもある。例えば，感圧導電性ゴムを用いた圧覚センサは，接触する物体との初期滑りが発生する際に，法線力によるものとは異なる高周波の出力波形が生じる場合があることが確認されている[9]。これは，感圧導電性ゴムの内部導電経路あるいは電極面との間の接触抵抗が，微小振動の影響で変化するためだと考えられている。

実際に，滑り覚センサが検出する物理量は接触覚・圧覚センサと本質的に類似しており，両者には運動の方向や周波数の違いしかない場合が多い。そのため，単一のセンサでマルチモーダルな情報取得が可能という利点が期待される一方で，相互の影響を除去し，各感覚を個別にセンシングできることが求められる。

(4) 振動覚

振動覚とは，圧覚よりも短い時間周期の接触状態の変化を捉える感覚である。ヒトの触覚には，接触力の時間変化率に感応する速順応性の機械受容器が存在し，これによりツルツル・ザラザラといった触感を認識できるとされている。周波数帯域は数十から数百 Hz である。振動覚センサによる工学的な触感情報の取得は，例えば，遠隔ロボットの操作者やロボット義手の装着者に対する触感提示技術に応用される。

振動覚センサの検出方式には，圧力センサ，音響センサ，加速度センサなどを応用したものがある。SynTouch 社の BioTac では，弾性を有する人工皮膚の内部に封入された液体を介して伝搬する微小な振動を，高感度の圧力センサによって検出する構造を用いている[10]。物体をなぞった際に生じた振動は水中音響として圧力センサに到達する。この信号をバンドパスフィルタを通して増幅することで，振動情報を計測している。なお，この液体は導電性を有しており，内部に配置された電極間のインピーダンス値を計測することで圧覚の検出にも利用されている。

音響センサを応用した方式では，一般的なマイクロフォンも用いられる。ただし，振動覚が対象とする周波数帯域に比べてマイクロフォンの帯域幅は広いため，注目する帯域以外の振動が雑音として混入する。この問題に対しては，特定の帯域に対してインピーダンス整合を行ったゴム製チューブを介したセンサ構造とすることで，不要な帯域の振動を減衰する方法がある[11]。一方，加速度センサを応用した方式では，市販のセンサにも振動覚の周波数帯域をカバーする応答周波数を有するものが数多くあり，これらを振動覚センサとして組み込む事例がある。

以上のように，振動覚センサもまた他の触覚センサと類似の物理現象を観測するものである。注目する周波数帯域を抽出するために，構造材料や形状，検出器の位置・姿勢といったセンサ構造自体の工夫に加えて，出力信号のフィルタリング，さらには機械学習による認識手法の改善といった取り組みがなされている。

＜鈴木陽介，遠藤孝浩＞

参考文献（3.5.3 項）

[1] 岡野祐一，宮原景泰：タッチパネルの最新技術動向，『映像情報メディア学会誌』, Vol. 63, No. 9, pp. 1101–1106 (2009).

[2] 大輪早苗：抵抗膜式タッチパネル，『映像情報メディア学会誌』, Vol. 68, No. 10, pp. 806–812 (2014).

[3] Girao, P. S., Ramos, P. M. P., Postolache, O., and Pereira, J. M. D.: Tactile sensors for robotic applications, *Measurement*, Vol. 46, No. 3, pp. 1257–1271 (2013).

[4] 石川正俊，下条誠：ビデオ信号出力をもつ圧力分布センサと触覚パターン処理，『計測自動制御学会論文集』, Vol. 24, No. 7, pp. 662–669 (1988).

[5] ニッタ（株），圧力分布測定システム，https://www.nitta.co.jp/product/sensor/detail/

[6] Kappassov, Z., Corrales, J.-A., and Perdereau, V.: Tactile sensing in dexterous robot hands–Review, *Robotics and Autonomous Systems*, Vol. 74, pp. 195–220 (2015).

[7] Tremblay, M. R., Pacjard, W. J., and Cutkosky, M. R.: Utilizing Sensed Incipient Slip Signals for Grasp Force Control, *Proc. the 1992 Japan-USA Symp. on Flexible Automation*, pp. 1237–1243 (1992).

[8] Son, J. S., Monteverde, E. A., and Howe, R. D.: A Tactile Sensor for Localizing Transient Events in Manipulation, *Proc. IEEE Int. Conf. on Robotics and Automation*, pp. 471–476 (1994).

[9] Teshigawara, S., Tsutsumi, T., Suzuki, Y., and Shimojo, M.: High Speed and High Sensitivity Slip Sensor for Dexterous Grasping, *Journal of Robotics and Mechatronics*, Vol. 24, No. 2, pp. 298–310 (2012).

[10] Yamamoto, T., Wettels, N., Fishel, J. A., Lin, C.-H., and Loeb, G. E.: BioTac —生体摸倣型触覚センサー—，『日本ロボット学会誌』, Vol. 30, No. 5, pp. 496–498 (2012).

[11] Kyberd, P. J., Evans, M., and Winkel, S.: An Intelligent Anthropomorphic Hand, with Automatic Grasp, *Robotica*, Vol. 16, pp. 531–536 (1998).

3.5.4　聴覚センサ

ロボットの聴覚機能は，入力デバイスとその処理システムから構成される。20 世紀のロボットにはマイクロフォン（耳）は着いていたが，「聞き分ける」という意味での聴覚機能はごく少数しか実現されていなかった[1]。聞き分ける機能は，音環境理解[2] という音情報を基に環境を理解する研究において，根幹の技術である。具体的には，入力として入ってくる様々な音が混じった混合音から，音源の方向を同定する音源定位，音源を分離する音源分離，分離した音の認識が主たる機能である。例えば，分離音が音声の場合には，テキストに変換する音声認識（Automatic Speech Recognition: ASR），話者を認識する話者認識，話者の属性（性別，年齢，感情など）の認識，発話区間認識（Voice Activity Detection: VAD）などがある。分離音が音楽の場合には，ビート追跡，音楽構成要素（和音，リズム，旋律）の認識，楽器音（パート）抽出，認識，楽曲認識，ボーカルパート抽出などがある。環境音の場合には，音響イベントの検出，認識，動物の鳴き声認識，打音検査などがある。

(1) 入力デバイス

聞き分ける技術では，何らかのスパースネスを想定して信号処理を行う。例えば，空間的，周波数的，時間的なスパースネスが仮定されることが多い。空間的なスパースネスに着目する場合には，マイクロフォンを複数本並べたマイクロフォンアレイの校正を取ることが多い。マイクロフォンの指向性には，無指向性，指向性，超指向性があり，マイクロフォンには，コンデンサマイクロフォン，ECM マイクロフォンなどの他に，携帯電話で使用されている MEMS マイクロフォンなどがある。MEMS マイクロフォンは，品質のバラつきが少なく，デジタル入力となっている場合が多い。多チャネル入力の場合には，同期入力が可能な入力デバイスの使用が必須である。2 チャネルの場合，両耳聴（バイノーラル）と呼ばれる。

(2) 処理方式

ロボットで要求される機能としては，特定の音だけ聞き分ける「カクテルパーティ効果」あるいは，混合音をできるだけもれなく聞き分ける「聖徳太子効果」がある。後者の立場から，聴覚センサとして要求される事項を列挙する。

① 多様なマイク配置への対応
② 多様な A/D 装置への対応
③ 多様な音響処理モジュールの提供
④ 実時間処理

⑤ 事前測定データ・事前学習を最小に
⑥ 自己生成音・自己雑音抑制機能
⑦ 雑音・残響抑制

音響センサシステムの設計法は，個別応用に特化，あるいは，汎用システム指向に大別される。後者は他のシステムへの移植が容易となり，ソフトウエア資産が活用できる。画像処理で成功しているオープンソースソフトウェア OpenCV は，様々なアルゴリズムや特徴抽出を提供しており，画像処理の building blocks としての役割を担っている。音響センサも同様に，オープンソースとして豊富なアルゴリズムを提供するシステムが不可欠である。

本稿では，汎用システムとして設計したロボット聴覚オープンソースソフトウェア HARK の概要を述べ，どのような応用に利用できるかについて報告する。

(3) ロボット聴覚ソフトウェア HARK

ロボット聴覚オープンソースソフトウェア HARK は，京都大学とホンダ・リサーチ・インスティチュート・ジャパンとの共同研究で開発され[3]，2008 年 4 月に公開が始まり，現在，HARK2.3 が http://www.hark.jp/ より公開されている（ダウンロード数 9 万件）。HARK の構成は図 3.86 に示すように，OS の上にミドルウェアがあり，その上の構成されている部分と外部プログラムとの連携部分からなる。ハッチ部分が HARK である。

HARK が現在サポートしている入力装置は，ALSA ベースのマルチチャネル装置，システムインフロンティア社製の RASP シリーズ（マイクは 8～16 本）や TAMAGO（8 本），ソニー社製 PSEye，マイクロソフト社製 Kinect（ともに 4 本）などがある。マルチチャネル装置や RASP シリーズを使用すると，自由なマイク配置が可能となる。

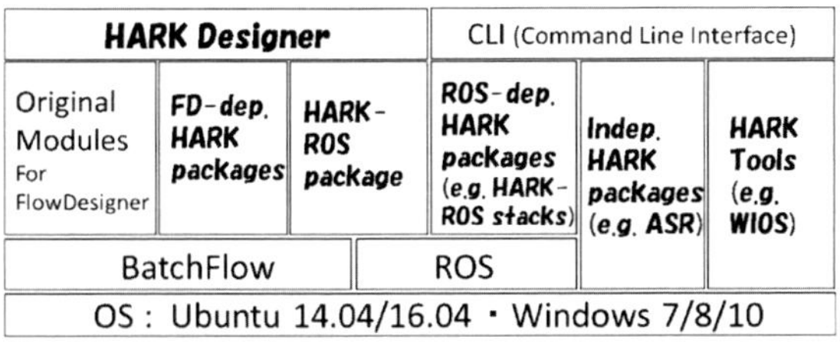

HARK Designer
CLI (Command Line Interface)
Original Modules For FlowDesigner
FD-dep. HARK packages
HARK-ROS package
ROS-dep. HARK packages (e.g. HARK-ROS stacks)
Indep. HARK packages (e.g. ASR)
HARK Tools (e.g. WIOS)
BatchFlow
ROS
OS : Ubuntu 14.04/16.04 · Windows 7/8/10

図 3.86　HARK と OS・ミドルウェアとの関係

(4) 音源定位法

HARK では Steered Beamformer と MUSIC(Maximum Signal Classification) の 2 種類の手法を提供している。前者は，特定の方向にビームを形成し，それを 360° 回転させることによって音源の有無を検出する。後者は，入力音とマイク配置から得られる方向情報に関する部分空間との相関から得られる MUSIC スペクトルを求め，所与の音源数に対して音源方向を求める。特に，マイク配置に対する部分空間は幾何学的に計算するよりは，測定したマイクの伝達関数を使用する方が性能がよい。

2 チャンネル入力に対して方向情報を求めるときには，人間の聴覚機能のモデル化に従った両耳間位相差 (Interaural Phase Difference: IPD) や両耳間強度差 (Interaural Intensity Difference: IID) が古典的に使用されてきた。しかし，位相差は 2π で曖昧となり，強度差は自由空間に設置されたマイクではそれほど大きな差はでない。そのため，到達時間差（TDOA: Time Difference of Arrival）が使用され，その推定は GCC-PHAT(Generalized Correlation with Phase Transform) 法[4, 5] でよく使用される。システムが音を送信する能動的センシングでは，送信音のピークを検出することが不可欠である。インパルス応答測定に使用される TSP(Time Stretching Pulse) 信号を使用すると，その受信信号に TSP 逆信号を重畳するとインパルス信号が復元できるので，TDOA の推定精度が向上する。ただし，音源数がマイクロフォンの本数よりも多い劣決定条件では，複数の TDOA 候補を継時的に追跡する機能が不可欠となる。

(5) 音源分離法

HARK では 11 種類の音源定位手法を提供している。いずれの手法も，所与の音源方向から到達する音源を分離する。

- ビームフォーム手法

① Delay-and-Sum Beamformer (DS)
② Null Beamformer (NULL)
③ Weighted Delay-and-Sum Beamformer (WDS)
④ Indefinite Least Square Estimator Beamformer (ILSE)

- 雑音情報を活用した手法

⑤ Maximum Likelihood Beamformer (ML)
⑥ Maximum SNR Beamformer (MSNR)

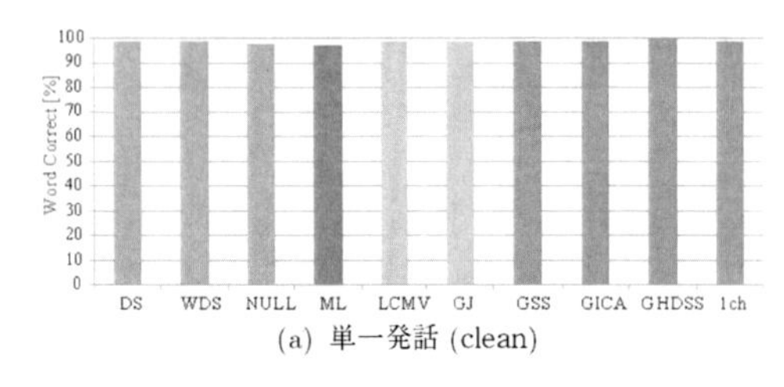

(a) 単一発話 (clean)

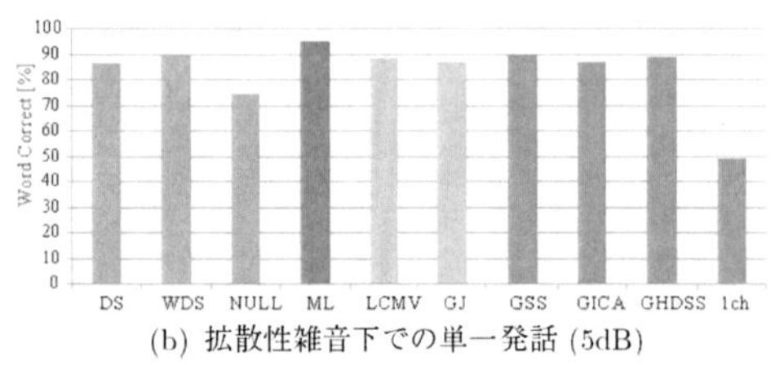

(b) 拡散性雑音下での単一発話 (5dB)

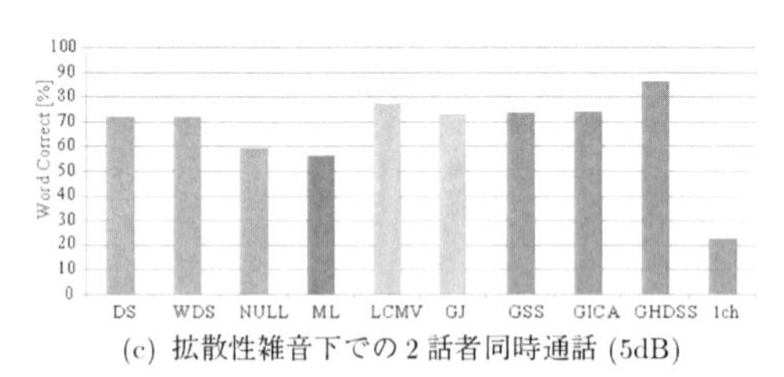

(c) 拡散性雑音下での 2 話者同時通話 (5dB)

図 3.87　9 種の音源分離手法の音声認識による性能比較。(a) は単一話者，(b) は 5 dB の拡散性雑音下での単一発話，(c) は (b) と同じ状況での 2 話者同時発話。

- 線形拘束付最小分散法（適応ステップサイズ処理）
  - ⑦ Linear Constrained Minimum Variance Beamformer (LCMV)
  - ⑧ Griffith-Jim Beamformer (GJ)
- 線形拘束付ブラインド分離（適応ステップサイズ処理）
  - ⑨ Geometric Source Separation (GSS)
  - ⑩ Geometric Independent Component Analysis (GICA)
  - ⑪ Geometric High-order Decorrelation based Source Separation (GHDSS)

HARK ではこれまでの使用経験から最後の GHDSS の使用を推奨している[6]。図 3.87 に，HEARBO という上半身ロボットの頭部に設置した 8 本のマイクで収録した 3 種類の音，(a) 単一発話，(b) 5 dB の拡散性雑音下での単一発話，(c) 5 dB の拡散性雑音下での 2 話者同時発話，を分離し，音声認識した結果を示す。単一発話だけであれば，いずれの手法を使っても，あるいは，1 ch（分離を行わない）でも性能はほとんど変わらず 98%以上の単語正解率である。しかし，拡散性雑音が入ると性能は低下し，話者がもう 1 名加わるとさらに性能は低下する。1 話者では高い性能を示した ML も 2 話者になると急激に性能が劣化する。このように，実環境では，音響条件の変化にロバストな処理手法が重要となる。GHDSS は環境が変わっても性能の劣化が極めて小さいことがわかる。

(6) 音声認識手法

HARK では，2 種類の音声認識システムとのインタフェースを提供している。一つは，音声認識用特徴量として MSLS(Mel-Scale Log Spectrum) を使い，ミッシングフィーチャ理論に基づいた認識エンジン（Julius の改造版）を使用するもの，もう一つは特徴量として MFCC(Mel-Frequency Cepstrum Coefficient) を使用し，一般の音声認識エンジンを使用する方法である。HARK 開発当時は前者の性能の方が格段に良かったが，最近の音声認識システムの改良により，両者の性能はほとんど変わらなくなっている。前者に対しては音響モデル（日本語用，英語用）を HARK で提供している。DNN による音声認識システム Kaldi を使用すると，日本語を含む 6 か国語の音声認識が高い精度で達成できる。

(7) 自己生成音抑制

ロボットの発話中に，ユーザが割り込み発話を行う「バージイン発話」，ロボットの動作・移動等で発生する雑音である「自己生成音（エゴノイズ）」を抑制し，目的音を強調する機能は，ロボット聴覚センサに不可欠である。例えば，ロボットが常時入力を受け付けるとすると，相手が発話し，それをロボットが聞いて応答を返す，その返した応答が自分のマイクに入るので，相手の発話と思って応答する。このような自分の発話に対して無限に応答を繰り返すことになる（音声対話ハウリングとでもいうべき現象）。音楽共演ロボットが自分の耳で相手の演奏を聴く場合にも，相手の演奏と自分の演奏の切り分けがうまくできないと，自分の演奏を相手の演奏だと思い，間違ったテンポで演奏することになってしまう。

自己生成音抑制処理は，① スペクトルレベルの処理で抑制する，② 自己生成音を既知情報として使用して，セミブラインド分離を行う，の 2 つに大別できる。前者の方法は，何らかの方法で得た雑音成分を，実際の信号に適応させてスペクトル減算を行う。雑音成分の推定には，直前の雑音だけの部分から取り出したスペクトル成分を対象信号に適応させる単純なものから，事前に収録したテンプレートを実信号に適応させるものがある。事前収録するテンプレートには，ロボットの動作ごとに求め，動作情報から適切なテンプレートを抽出する手法もある。スペクトル減算は非線形歪を導入することになるので，音声認識とは相性が悪い。後者のセミブラインド分離は，自己発話が既知であることを利用して，その残響特性も含めて線形処理で分離する手法である[8]。また，直前の雑音成分に対応する雑音相関行列を求めてその逆行列をかける方法もある。iGSVD-MUSIC(incremental Generalized Singlar Value Decomposition)[9] は，無人飛行機 (UAV) に設置されたマイクアレイから音源定位を行うときに UAV のモータ音や風切り音を白色化することによって，音源定位の性能を向上させている。

テンプレートを利用した自己生成音抑制機能は，ロボットが動作を組み合わせて音を聞き分けようとする能動的聴覚と組み合わせると効果的である。また，自分の耳で聞く音楽ロボットやダンスロボットにも不可欠である。

(8) 雑音・残響抑制

一般雑音や残響の抑制法は数多く発表されており，適材適所があって，適切なものを選択することが不可欠である。雑音には拡散性と方向性がある。後者の場合には，音源方向とは異なる方向から到来する雑音は容易に排除できる。一方，拡散性雑音の場合には，様々な雑音抑制法が開発されている。また，音声認識や音声の明瞭度は，適度な雑音が残っていた方が増すという報告もあり，雑音情報をうまく活用することが不可欠である。

最後に，*Journal of Robotics and Mechatronics*, **29**(1) (Feb. 2017) にロボット聴覚技術特集が組まれ，最近の成果が 23 件報告されていることを付記する。

＜奥乃 博＞

参考文献（3.5.4 項）

[1] 特集「ロボット聴覚」,『日本ロボット学会誌』, **28**(1): pp.1–25 (2010).

[2] Rosenthal, D. & Okuno, H. (Eds.): *Computational Auditory Scene Analysis*, CRC Press (1998).

[3] Nakadai, K. *et al.*: Design and Implementation of Robot Audition System "HARK", *Advanced Robotics*, **24**(5–6), pp.739–761 (2010).

[4] Knapp, C. & Carter, G.: The Generalized Correlation Method for Estimating of Time Delay, *IEEE TASPL*, **24**(4), pp.320-327 (1976).

[5] Brandstein, M. S. & Silverman, H. F.: A robust method for speech signal time-delay estimation in reverberant rooms, *IEEE ICASSP–1997*, pp.375–378.

[6] Okuno, H. & Nakadai, K.: Robot Audition: Its Rise and Perspectives, *IEEE ICASSP–2015*, pp.5610–5614.

[7] Ince, G. & Nakadai, K., *et al.*: Assessment of single-channel ego noise estimation methods, *IEEE/RSJ IROS–2011*.

[8] Takeda, R. *et al*: Efficient Blind Dereverberation and Echo Cancellation based on Independent Component Analysis for Actual Acoustic Signals, *Neural Computation*, **24**(1), pp.234–272 (2011).

[9] Ohta, T. *et al.*: Outdoor Sound Source Detection for a Quadrotor with a Microphone Array, *Journal of Robotics and Mechatronics*, **29**(1), pp.177–187 (2017).

3.5.5 GNSS

GNSS(Global Navigation Satellite System) とは，全地球型測位システムや全地球航法衛星システムと呼ばれるものであり，人工衛星を使用して全地球を測位対象とすることができる衛星測位システムである。その代表的なシステムとして，米国が運用する GPS，ロシア，EU，中国がそれぞれ開発中の GLONASS，Galileo，BeiDou（北斗）がある。日本が開発中である準天頂衛星システムは衛星測位システムの一つであるが，測位可能な領域が全地球ではないので GNSS とは分類されず，高層建築物が多い都市部などでも測位可能となるように GPS などの GNSS を補完するものである。本項では GPS を例とし，GNSS の基礎について説明する。

(1) 原理・構成

位置が既知の定点 A から発信された電波を受信することにより，位置が未知な点 P と点 A の間の距離が r_A とわかるとする。このとき，点 P は点 A を中心とする半径 r_A の球面上に存在するといえる。ある基準時刻に電波が正確に発信され，受信側が送信側と同期した正確な時計を持つならば，受信時刻と送信時刻の差である伝搬時間 τ に光速 c を乗じることにより，発信点からの受信点までの距離は $c \cdot \tau$ と知ることができる。$c \cdot \tau$ は実際に距離を測定したものではないので，疑似距離と呼ばれる。2 つの異なる電波源から点 P までの疑似距離がわかるとすると，点 P の候補は 2 つの球面の交円である。3 つの異なる電波源から点 P までの疑似距離がわかるとすると，点 P の候補は 2 点となる。GNSS の場合，2 つの交点の一方は地球側，他方は宇宙空間側の点となるので，地球側の点を選択することで点 P の位置が定まる。以上が GNSS の測位原理であり，その概略を図 3.88 に示す。

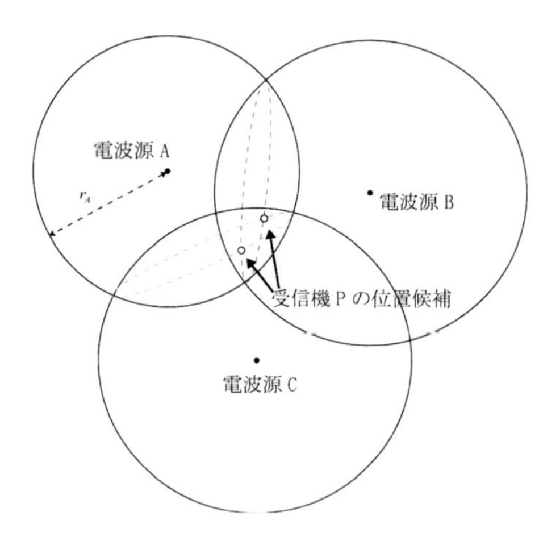

図 3.88　GNSS による測位

GNSS は航法衛星・地上管制局・受信機の 3 要素で構成される。航法衛星からは電波により測距用の情報が発信される。航法衛星には正確な時計が必要なことから，原子時計が搭載されている。また，複数の点からの距離情報が測位には必要であることから，複数の航法衛星が打ち上げられ，軌道上に存在する。気象衛星などの静止衛星とは異なり，航法衛星は一般に低高度軌道に入れられている。GPS の場合，約 2 万 km 上空の 6 つの軌道に，それぞれ 4 機以上の衛星が配備されている。地上管制局では航法衛星を監視・制御する。受信機は航法衛星から発信された電波を受信し，受信された情報に基づいて受信機の位置を計算する。受信機はコストや大きさの点から原子時計など高精度な時計を搭載することができず，一般に安価な水晶振動子を用いた時計が搭載されている。このために受信機には時計のバイアス誤差 Δt がある。航法衛星 i からの電波の伝搬時間 τ_i とすると，航法衛星 i から受信機までの疑似距離 ρ_i は $c \cdot \tau_i$ である。ある直交座標で表した航法衛星 i の位置を (X_i, Y_i, Z_i)，受信機の位置を (x, y, z) とすると，疑似距離 $c \cdot \tau_i$ は

$$c \cdot \tau_i = \sqrt{(X_i - x)^2 + (Y_i - y)^2 + (Z_i - z)^2} + c \cdot \Delta t \tag{3.115}$$

と表される。航法衛星 i の位置は既知であるので，式 (3.115) に含まれる未知変数は受信機の位置 (x, y, z)，およびその時計誤差 Δt であり，合計 4 つである。このことから，4 つの異なる航法衛星から測定した疑似距離によれば，受信機の位置だけでなくその時計誤差も求められることがわかる。

(2) 測位計算

異なる N 個 $(N \geq 4)$ の航法衛星からの疑似距離 $\rho_i (i = 1, 2, \ldots, N)$ を縦に並べたベクトルを $\boldsymbol{z}$ とする。受信機の位置およびその時計誤差を $\boldsymbol{x} = [x, y, z, c\Delta t]$ と表すと，

$$\boldsymbol{z} = \boldsymbol{h}(\boldsymbol{x}) + \boldsymbol{v} \tag{3.116}$$

と書ける。ここで $\boldsymbol{h}$ は式 (3.115) を列ベクトルに並べた非線形ベクトル関数，$\boldsymbol{v}$ は疑似距離の観測雑音である．ここで，$\boldsymbol{x}_0$, $\delta\boldsymbol{x}$ はそれぞれ $\boldsymbol{x}$ の初期値，微小変化とし，$\boldsymbol{x}$ を $\boldsymbol{x} = \boldsymbol{x}_0 + \delta\boldsymbol{x}$ と表す。$\delta\boldsymbol{x}$ の高次項を無視すると，$\delta\boldsymbol{z} = \boldsymbol{h}(\boldsymbol{x}) - \boldsymbol{h}(\boldsymbol{x}_0)$ は，

$$\delta\boldsymbol{z} = \frac{\partial \boldsymbol{h}(\boldsymbol{x})}{\partial \boldsymbol{x}}|_{\boldsymbol{x}=\boldsymbol{x}_0} + \boldsymbol{v} \tag{3.117}$$

と書ける。行列 H を

$$\frac{\partial \boldsymbol{h}(\boldsymbol{x})}{\partial \boldsymbol{x}}|_{\boldsymbol{x}=\boldsymbol{x}_0} = H \tag{3.118}$$

と定義する。$\boldsymbol{v}$ を平均 $\boldsymbol{0}$ のガウス雑音とすると，式 (3.117) の最小二乗誤差解は

$$\delta\boldsymbol{x} = \left(H^{\mathrm{T}} H\right)^{-1} H\delta\boldsymbol{z} \tag{3.119}$$

で与えられる。式 (3.119) で与えられた $\boldsymbol{x}$ を用いて $\boldsymbol{x}_0 + \boldsymbol{x}$ を $\boldsymbol{x}_0$ と更新し，誤差が十分小さくなるまで上記計算を繰り返すことにより，受信機の位置 (x, y, z)，およびその時計誤差 Δt が得られる。

E を期待値とすると，受信機の位置，およびその時計誤差の推定誤差 $\delta\boldsymbol{x}$ の共分散は，

$$E[\delta\boldsymbol{x}\delta\boldsymbol{x}^T] = \sigma^2 \left(H^T H\right)^{-1} \tag{3.120}$$

と表せる。ここで，各衛星からの疑似距離の観測誤差分散は共通であると仮定し，それを σ^2 と表した。H は受信機の位置，時計誤差だけでなく，航法衛星の位置の関数である。このため，測位誤差は受信機から見た航法衛星の配置に依存する。

$$\left(H^T H\right)^{-1} = \begin{bmatrix} h_{11} & h_{12} & h_{13} & h_{14} \\ h_{21} & h_{22} & h_{23} & h_{24} \\ h_{31} & h_{32} & h_{33} & h_{34} \\ h_{41} & h_{42} & h_{43} & h_{44} \end{bmatrix} \tag{3.121}$$

とすると，測位精度の劣化程度を表す DOP(Dilution of Precision) は

$$\mathrm{GDOP} = \sqrt{h_{11} + h_{22} + h_{33} + h_{44}} \tag{3.122}$$

$$\mathrm{PDOP} = \sqrt{h_{11} + h_{22} + h_{33}} \tag{3.123}$$

$$\mathrm{HDOP} = \sqrt{h_{11} + h_{22}} \tag{3.124}$$

$$\mathrm{VDOP} = \sqrt{h_{33}} \tag{3.125}$$

$$\mathrm{TDOP} = \sqrt{h_{44}} \tag{3.126}$$

と表される。GDOP，PDOP，HDOP，VDOP，TDOP はそれぞれ geometric DOP，position DOP，horizontal DOP，vertical DOP，time DOP と呼ばれる。一般に上空に均等に航法衛星が配置されるとき，各 DOP は小さくなり，測位精度が上がる。

(3) 座標系

世界測地系では，地球を回転楕円体と近似し，その長半径および扁平率が国際的決定により定められた値をとる。また，その中心および短軸はそれぞれ地球の重心，自転軸と一致する。2002 年以前は，日本国内では三角測量の基準点として Tokyo datum と呼ばれる日本測地系を定めて利用していたが，その原点は地球の中心ではないことから，現在では世界測地系への切り替えが行われている。GPS の出力は WGS-84 と呼ばれる世界測地系に準拠している。WGS-84 では地球の長軸半径は 6,378.137m 扁平率は 1/298.257223563 である。GPS では受信機の位置を WGS-84 に準拠した緯度 B，経度 L，高度 H を出力される。ロボットの移動制御に用いるためには，B, L, H を局所水平座標系で表した位置に変換する必要がある。

(4) 測位誤差と補強

GNSS による測位は航法衛星から受信する電波による疑似距離に基づいて行われる。疑似距離は式 (3.115) と表されることから，GNSS のみによる測位，つまり単独測位における測位誤差をその要因により分類する。

航法衛星には高精度な原子時計が用いられているが，わずかに時計誤差があり，疑似距離に影響を与える。これを衛星時計誤差と呼ぶ。航法衛星の軌道情報は地上管制局により管理され，低レートではあるが測位用電波により航法衛星から受信機に配信され，適宜更新される。しかし，配信された軌道情報には誤差が含まれ，疑似距離に影響を及ぼす。疑似距離計算には光速度 c が用いられている。光は屈折率の異なる媒介を通過するとき，その速度が変化する。航法衛星からの電波は大気中を伝搬し，大気の屈折率に起因する伝搬の遅れは大気伝搬遅延と呼ばれる。大気の屈折率はモデル化されているが，屈折率による遅延時間の誤差に影響する要因として，電離層と呼ばれる大気上層部において分子・原子が電離している領域の厚さが挙げられる。電離層の厚さは時間・空間により大きく変化することが知られており，疑似距離に最も大きな影響を与える。また，大気伝搬遅延には対流層遅延と呼ばれる中性大気の屈折率に起因する遅延も含まれる。さらに，受信機における受信時における誤差も存在する。単なる測定誤差だけでなく，航法衛星から電波を直接受信するのでなく，壁面などにより反射した電波を受信するマルチパス成分の影響が大きい。

これら誤差は，系統的なものとランダムなものに区分することができる。衛星時計誤差，衛星軌道情報誤差，電離層遅延，対流層遅延は受信機によらず，また設置場所に関係せずに共通して現れることから系統的である。このため，位置が既知の地点に設置した受信機により，これらの誤差を逆算し，逆算した誤差を個々の受信機に配信すれば，受信機で誤差を補正することが可能となる。位置が既知の基地局に設置した受信機より，逆算した系統的な誤差を他の受信機に伝送し，観測結果を補正して測位に用いる方式はディファレンシャル測位と呼ばれる。電離層遅延，対流層遅延は仰角など空間的な変動が大きいことから基地局から離れるに従って，ディファレンシャル測位の効果は小さくなる。国内では，FM 放送によるディファレンシャル GPS が広く用いられているほか，2007 年 9 月からは静止人工衛星 MTSAT（ひまわり）を利用した SBAS(Satellite-Based Augmentation System) も用いられ，測位精度の向上に貢献している。また，搬送波の位相情報を用いる RTK(Real Time Kinematic) 方式は精度は数 cm 程度と極めて高精度の測位が実現できる。これら系統的な誤差要因に対して，マルチパス成分による影響はランダムなものと分類され，個々の受信機の受信環境に依存する。また，時間変化も大きく，この影響を取り除くのは一般に難しい。マルチパスは高層建築物が多い都市部で顕著に現れる．日本が開発中である準天頂

衛星システムは高迎角に航法衛星を配置するため，マルチパスの影響軽減にも効果があると期待されている。このほか，カルマンフィルタにより 3.4.2 項で説明した慣性航法 (INS) と複合する GPS-INS 複合航法により高精度・高信頼度の航法を実現することができる。

＜中西弘明＞

3.6　おわりに

本章では，ロボット制御に使われることが多いセンサやアクチュエータ，そしてアクチュエータの一部として捉えられる場合もある運動の伝達機構についてのモデリングを述べた。もちろんここで紹介した以外にも様々なセンサやアクチュエータがある。個別的にはそれらのモデルは異なるので，ここではすべてを網羅的に紹介することはできないが，掴んでいただきたいのは，モデリングの考え方である。すなわち，そこには複雑な現象をいかにシンプルに捉えてモデリングするかというスタンスが通底原理として流れている。

＜大須賀公一＞

第4章

ROBOT CONTROL HANDBOOK

アクティブモデリング

4.1 はじめに

本章ではアクティブモデリングについての代表的な技法のいくつかを紹介する。

ここでいうアクティブモデリングとは，センサと特性未知の対象物を含む系において，センサないしは対象物に何らかの能動的操作を加え，その応答をセンサで観測することによって対象物特性のモデル，ないしはその一部についての情報を獲得することである。我々人間も，種々の対象物の特性を知りたいとき，その対象物の周囲をまわって3次元形状を調べてみたり，表面を触って柔らかさを調べてみたり，持ち上げてその重さを感じてみたり，床上で押してその滑りやすさを見てみたりする。これらは，すべてここでいうアクティブモデリングの一技法であると言える。なお，類似の用語として「アクティブセンシング」が知られているが，ここでいうアクティブモデリングはアクティブセンシングの考え方を，視覚センサや触覚センサによる対象物の形状モデル獲得だけでなく，さらに構造や動特性まで含めたモデルの特性獲得に広げた概念であると言える。

以下の各節の内容を簡単に紹介しよう。まず4.2節「パラメータ同定」では多関節ロボットの動力学パラメータの同定方法について解説している。多関節ロボットの運動方程式に表れるパラメータは，運動学パラメータと動力学パラメータの2種類に分類できるが，その内静的な釣合い状態での計測や機構設計図から求めるのが比較的難しい動力学パラメータを，実際のロボットの操作実験データから求める方法について，詳しい説明が与えられている。この方法は，各部品の動特性モデルから全体モデルを構成するのではなく，組み上がったシステムを操作してその操作結果のデータからシステムのモデルについての情報を得るという点で，アクティブモデリングの代表的な手法である。

4.3節「SLAM」では，移動ロボットが未知の環境で安全にかつ効率良く移動するためにはその環境の地図を獲得することが必要であるが，この環境地図獲得のための問題の定式化と地図構築手法について解説している。未知環境中を移動しながらロボットがセンサを用いて取得するデータから環境に関する部分的な地図を作成し，またデータが増加するにつれてその地図を拡大・更新して地図の精度を向上させることが可能であると考えられるが，実はこの状況下ではロボットが自分の位置を推定するという作業と環境地図を構築するという作業の2つの作業を分離することができず，これらを同時に遂行しなくてはならないのである。SLAMとは，この問題を定式化し解決するための手法である。移動ロボットのアクティブな移動動作とセンサによる環境観測により，環境モデリングが可能となっていることに注意されたい。

4.4節「操作による対象物特性の推定」では，ロボットマニピュレータやハンドで対象物を組み立てたり運搬したりする作業において，事前にはわかっていない操作対象物の特性を，対象物を実際に操作してみてその操作中の取得データから推定する方法について解説している。なおロボット機構自体の特性は既知であるという前提のもとに議論を展開しており，ロボットマニピュレータやハンドによって特性未知の対象物にアクティブに働きかけることによって対象物のモデルを獲得することを主題としている。

最後に4.5節「能動視覚」では，ロボット機構に搭載されたカメラで得る対象物の画像から対象物の立体形状などに関する情報を獲得する際に，ロボット機構自身がカメラをアクティブに動かすことによってより良い対象物の情報が得られる可能性があることに注目し，このための基礎理論と技法について解説している。ここで中心となる概念は，カメラが動いたときに対象物面上の特徴点に対応する，カメラ画像面上での点の動きを表す速度場であるオプティカルフローである。このオプティカルフローの運動の特性を解析することによって，カメラの運動と対象物の運動の間の相対運動についての情報を得ることができるのである。

＜吉川恒夫＞

4.2　パラメータ同定

4.2.1　ベースパラメータと可同定性

ロボットの運動方程式の計算には，運動学パラメータと動力学パラメータを必要とする。ここで，運動学パラメータとは，Denaviet–Hartenberg の記法で用いるリンク長さ，リンクねじれ角など運動学的なヤコビ行列を求めるときに必要なパラメータである。動力学パラメータとは，動力学モデルを求めるときに必要な運動学パラメータを除くパラメータである。一般に，運動学パラメータは静的な釣合い状態での計測や機構設計図から高精度に求めやすい。本節では運動学パラメータは既知とし，動力学パラメータの求め方を示す。

n 自由度のロボットの動力学モデルは一般に次式[1]で表される。

$$\boldsymbol{M}(\boldsymbol{q})\ddot{\boldsymbol{q}} + \boldsymbol{h}(\boldsymbol{q},\dot{\boldsymbol{q}}) + \boldsymbol{g}(\boldsymbol{q}) = \boldsymbol{\tau} \tag{4.1}$$

ここで，$\boldsymbol{q} \in R^n$ は関節変位，$\boldsymbol{\tau} \in R^n$ は関節駆動力，$\boldsymbol{M}(\boldsymbol{q})$ はロボットの慣性行列，$\boldsymbol{h}(\boldsymbol{q},\dot{\boldsymbol{q}})$ は遠心力やコリオリ力を表す速度 2 乗項，$\boldsymbol{g}(\boldsymbol{q})$ は重力項である。第 i リンクの質量を m_i，1 次モーメントを $m_i\hat{\mathbf{s}}_i(=[m_i\hat{s}_{ix},\, m_i\hat{s}_{iy},\, m_i\hat{s}_{iz}]^T)$，質量中心での慣性テンソルを $\boldsymbol{I}_i(=\{I_{ijk}\})$，第 i リンクの動力学パラメータ $\boldsymbol{\sigma}_i$ を

$$\begin{aligned}\boldsymbol{\sigma}_i =& [m_i,\, m_i\hat{s}_{ix},\, m_i\hat{s}_{iy},\, m_i\hat{s}_{iz},\, I_{ixx},\, I_{iyy},\, I_{izz},\\ & I_{ixy},\, I_{ixz},\, I_{iyz}]^T \in R^{10}\end{aligned} \tag{4.2}$$

で定義し，全体の動力学パラメータを

$$\boldsymbol{\sigma} = [\boldsymbol{\sigma}_1^T,\, \boldsymbol{\sigma}_2^T,\, \ldots,\, \boldsymbol{\sigma}_n^T]^T \in R^{10n} \tag{4.3}$$

とすると，ロボットの動力学モデルは $\boldsymbol{\sigma}$ に関して線形[2–4]であることが示されている。すなわち，

$$\boldsymbol{\tau} = \boldsymbol{W}(\boldsymbol{q},\dot{\boldsymbol{q}},\ddot{\boldsymbol{q}})\boldsymbol{\sigma} \tag{4.4}$$

と表せる。ここで，$\boldsymbol{W}$ は $\boldsymbol{\sigma}$ のリグレッサと呼び，動力学パラメータを含まない行列である。関節 i の摩擦力が無視できないとき，クーロン摩擦 fr_i と粘性摩擦係数 D_i を未知なパラメータとし，式 (4.4) の代わりに

$$\boldsymbol{\tau} = \boldsymbol{W}\boldsymbol{\sigma} + \mathrm{diag}\,[\dot{q}_i]\,\boldsymbol{\sigma}_D + \mathrm{diag}\,[\mathrm{sign}(\dot{q}_i)]\,\boldsymbol{\sigma}_{fr} \tag{4.5}$$

と表せる。ここで，$\mathrm{diag}\,[*_i]$ は (i,i) 要素のみ$*_i$ の値をもち，他の要素は零の対角行列，sign は符号関数，$\boldsymbol{\sigma}_D = [D_1, D_2, \ldots, D_n]^T$，$\boldsymbol{\sigma}_{fr} = [fr_1, fr_2, \ldots, fr_n]^T$ である。したがって，$[\boldsymbol{\sigma}^T,\, \boldsymbol{\sigma}_D^T,\, \boldsymbol{\sigma}_{fr}^T]^T$ を新たに $\boldsymbol{\sigma}$ とし，これと $\boldsymbol{\tau}$ を関係づける行列を $\boldsymbol{W}$ とおくことにより，式 (4.4) と同一形式のパラメータに関して線形の動力学モデルを得る。

パラメータに関する線形式から，ロボットに適当に運動させたときの観測値 $\boldsymbol{q}$, $\dot{\boldsymbol{q}}$, $\ddot{\boldsymbol{q}}$ と関節駆動力 $\boldsymbol{\tau}$ の入力値を用いパラメータ $\boldsymbol{\sigma}$ を求めることをパラメータ同定という。ただし，全てのパラメータが必ずしも同定できず，同定の可否によりパラメータは次の 3 つに分類できる。

① 可同定：適当な運動により正確にパラメータを推定可能なとき
② 線形結合により可同定：線形結合したパラメータが適当な運動により正確に推定可能のとき
③ 非可同定：いかなる運動によってもパラメータの推定が不能のとき

パラメータ σ_i を $\boldsymbol{\sigma}$ の第 i 要素とし，σ_i に対する $\boldsymbol{W}$ の第 i 列ベクトルを $\boldsymbol{w}_i$ とする。σ_i が関節駆動力になんら影響を及ぼさないとき，$\boldsymbol{w}_i$ は零ベクトルとなる。すなわち，$\boldsymbol{w}_i = \boldsymbol{0}$ のとき，σ_i は非可同定パラメータである。$\boldsymbol{w}_i$ が $\boldsymbol{w}_j(j \neq i)$ の線形結合で表すことができないときは σ_i は可同定パラメータである。$\boldsymbol{w}_i$ が $\boldsymbol{w}_j(j \neq i)$ の線形結合で表せる 1 次従属のとき，σ_i は単独では非可同定であるが，適当に線形結合したパラメータが可同定となる。すなわち，k_j をスカラ定数とするとき $\boldsymbol{w}_i$ が

$$\boldsymbol{w}_i = \sum_j k_j \boldsymbol{w}_j \;(j \neq i)$$

で表されるときは，$\boldsymbol{w}_i$ を $\boldsymbol{0}$ ベクトル，σ_j を $\sigma_j + k_j\sigma_i$

と置き換えることによりパラメータ σ_i は消去できる。このとき，$\boldsymbol{w}_j$ が他の列ベクトルの線形結合で表せない1次独立のときは $\sigma_j + k_j\sigma_i$ が可同定となり，$\boldsymbol{w}_j$ が1次従属なら同様の手順で $\sigma_j + k_j\sigma_i$ を消去できる。

線形結合により，要素数 p の可同定なパラメータのみからなるベクトルを $\boldsymbol{\sigma}_{\min} \in R^p$ とすると

$$\boldsymbol{\sigma}_{\min} = \boldsymbol{K}\boldsymbol{\sigma} \tag{4.6}$$

で表される。ここで，$\boldsymbol{K}$ は $p \times 10n$ 定数行列である。要素数 p は，ロボットの機構構成と重力の作用する方向により定まる。この $\boldsymbol{\sigma}_{\min}$ をベースパラメータ[3] または最小動力学パラメータ[4] という。式 (4.6) より，$\boldsymbol{\sigma}_{\min}$ と $\boldsymbol{\tau}$ との関係は

$$\boldsymbol{\tau} = \boldsymbol{W}_{\min}\boldsymbol{\sigma}_{\min} \tag{4.7}$$

となる。ただし，$\boldsymbol{W} = \boldsymbol{W}_{\min}\boldsymbol{K}$ の関係がある。明らかに，$\boldsymbol{W}_{\min}$ の任意の第 i 列ベクトルは他のベクトルの線形結合で表せない。なお，ベースパラメータの表現は一意ではなく，例えば

$$\boldsymbol{\sigma}^*_{\min} = \boldsymbol{L}\boldsymbol{\sigma}_{\min} \tag{4.8}$$

もベースパラメータの一つの表現である。ここで，$\boldsymbol{L}$ は正則な $p \times p$ 定数行列である。

上記のベースパラメータの導出は，数値解析[5] と数式処理[6] の両者で実行できるが，後者は数値計算誤差の影響を受けない厳密な解析を可能とする。また，シリアルリンク機構や木構造リンク機構では，直動関節か回転関節かの関節型とリンク機構の空間配置から，手先リンクから順にベースリンクに向かって可同定なパラメータを求める方法[3, 7, 8] が示されている。

[例題]

図 4.1 に示す 2 関節ロボットのベースパラメータについて考察する。なお，簡単化のため関節には摩擦力は作用しないとする。このとき，式 (4.4) は，次式で表される[1]。

$$\begin{bmatrix} \tau_1 \\ \tau_2 \end{bmatrix} = \left[\begin{matrix} 0 & \tilde{g}C_1 & -\tilde{g}S_1 & 0 & 0 & 0 & \ddot{\theta}_1 & 0 & 0 & 0 & L_1^2\ddot{\theta}_1 + \tilde{g}L_1C_1 \\ 0 & 0 & 0 & 0 & 0 & 0 & 0 & 0 & 0 & 0 & 0 \end{matrix} \right.$$
$$\left. \begin{matrix} w_{112} & w_{113} & 0 & 0 & 0 & \ddot{\theta}_1 + \ddot{\theta}_2 & 0 & 0 & 0 \\ w_{212} & w_{213} & 0 & 0 & 0 & \ddot{\theta}_1 + \ddot{\theta}_2 & 0 & 0 & 0 \end{matrix} \right] \begin{bmatrix} \boldsymbol{\sigma}_1 \\ \boldsymbol{\sigma}_2 \end{bmatrix} = \boldsymbol{W}\boldsymbol{\sigma}$$

ここで，$\tilde{g}$ は重力加速度，$S_i, C_i (i = 1, 2)$ はそれぞれ $\sin\theta_i, \cos\theta_i$ の略記号，S_{12}, C_{12} はそれぞれ $\sin(\theta_1+\theta_2)$，$\cos(\theta_1 + \theta_2)$ の略記号，

$$w_{112} = L_1\left[(2\ddot{\theta}_1 + \ddot{\theta}_2)C_2 - (2\dot{\theta}_1 + \dot{\theta}_2)\dot{\theta}_2S_2\right] + \tilde{g}C_{12}$$

$$w_{113} = -L_1\left[(2\ddot{\theta}_1 + \ddot{\theta}_2)S_2 + (2\dot{\theta}_1 + \dot{\theta}_2)\dot{\theta}_2C_2\right] - \tilde{g}S_{12}$$

$$w_{212} = L_1(\ddot{\theta}_1C_2 + \dot{\theta}_1^2S_2) + \tilde{g}C_{12}$$

$$w_{213} = L_1(-\ddot{\theta}_1S_2 + \dot{\theta}_1^2C_2) - \tilde{g}S_{12}$$

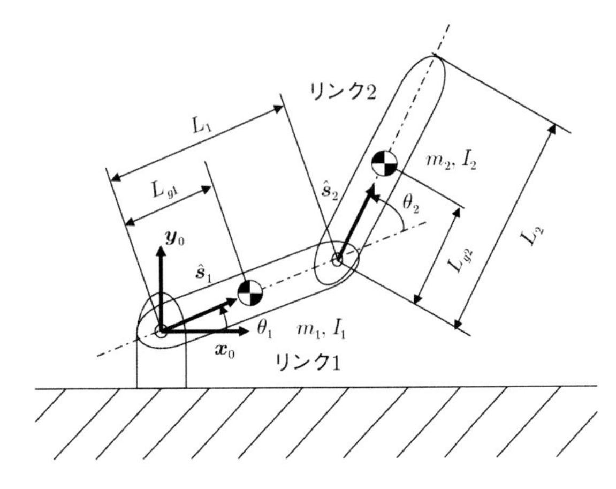

図 4.1 2 関節ロボットアーム

であり，その他は図 4.1 内の記号を参照されたい。上式は運動方程式がパラメータ $\boldsymbol{\sigma}$ に関して線形であることを示す。ここで，パラメータ同定の観点から分類してみよう。

① 非可同定パラメータ：$\boldsymbol{W}$ の第 1, 4～6, 8～10, 14～16, 18～20 列ベクトルは零ベクトルである。したがって，$m_1, m_1\hat{s}_{1z}, m_2\hat{s}_{2z}$ および I_{izz} を除く $I_{ijk}(i = 1, 2)$ は非可同定である。

② 可同定パラメータ：$\boldsymbol{W}$ の第 3, 12, 13, 17 列ベクトルはそれぞれ他の列ベクトルの線形結合で表せない。したがって，$m_1\hat{s}_{1y}, m_2\hat{s}_{2x}, m_2\hat{s}_{2y}, I_{2zz}$ は可同定である。

③ 線形結合による可同定パラメータ：その他のパラメータは，線形結合により可同定なパラメータで，それ単独では同定できない。すなわち，$L_1\boldsymbol{w}_2 + L_1^2\boldsymbol{w}_7 = \boldsymbol{w}_{11}$ の関係があり，$m_1\hat{s}_{1x}, I_{1zz}$ および m_2 が該当する。3つのパラメータに対し1つの拘束式があるから，独立なパラメータの数は2つである。線形結合したパラメータの例として $\boldsymbol{w}_{11}$ を消去すると $m_1\hat{s}_{1x} + m_2L_1$，$I_{1zz} + m_2L_1^2$ を得る。

可同定なパラメータのみから構成したベースパラメータを

$$\boldsymbol{\sigma}_{\min} = (m_1\hat{s}_{1x} + m_2L_1,\ m_1\hat{s}_{1y},\ I_{1zz} + m_2L_1^2,\ m_2\hat{s}_{2x},\ m_2\hat{s}_{2y},\ I_{2zz})^T$$

とおくと，

$$\boldsymbol{\tau} = \begin{bmatrix} \tilde{g}C_1 & -\tilde{g}S_1 & \ddot{\theta}_1 & w_{112} & w_{113} & \ddot{\theta}_1 + \ddot{\theta}_2 \\ 0 & 0 & 0 & w_{212} & w_{213} & \ddot{\theta}_1 + \ddot{\theta}_2 \end{bmatrix} \boldsymbol{\sigma}_{\min} = \boldsymbol{W}_{\min}\boldsymbol{\sigma}_{\min}$$

を得る。$\boldsymbol{W}_{\min}$ の列ベクトルは，それぞれ他の列ベクトルの線形和で表せない。したがって，$\boldsymbol{\sigma}_{\min}$ はベースパラメータである。なお，重力方向が図中の $\boldsymbol{z}_0$ 軸方向の場合は，重力負荷はトルクに影響を与えないから $\boldsymbol{\sigma}_{\min}$ の第 1 要素と第 2 要素は非可同定となる。

4.2.2　数式処理によるベースパラメータの導出

(1) リグレッサの 1 次独立性の判定

リグレッサの各要素は時間関数であり，ある時刻で各列ベクトルは 1 次独立になったり 1 次従属になったりするが，時間関数を要素とするベクトルは常に 1 次従属でない限り 1 次独立とみなせる。そこで，時間関数を要素とするベクトルの 1 次独立性について，数式処理による判別法[6] を示す。いま，$s+1$ 個の n 次元の関数ベクトル $\boldsymbol{x}_1, \boldsymbol{x}_2, \ldots, \boldsymbol{x}_s, \boldsymbol{x}_{s+1}$ が与えられ，はじめの s 個は 1 次独立で $s+1$ 個目が 1 次従属であると仮定すると

$$\boldsymbol{x}_{s+1} = \sum_{i=1}^{s} k_i \boldsymbol{x}_i \tag{4.9}$$

と表せる。関数ベクトルの 1 次独立性を判別するには，係数 k_i を要素とするベクトル $\boldsymbol{k}$ が存在するかどうかを調べればよい。しかし，$\boldsymbol{x}_i\ (i = 1, \ldots, s)$ は時間関数を要素とするベクトルであるため，$\boldsymbol{k}$ の存在を直接判定するのは困難である。そこで，以下の基本関数を導入する。

[定義] ある関数ベクトル集合に対して，以下の条件を満たす関数をその関数ベクトル集合の基本関数と呼ぶ。

① 基本関数は独立変数とそれらの時間微分からなるスカラー関数で，従属変数を含まない。
② 任意の基本関数は他の基本関数の線形結合として表すことはできない。
③ 適当な関数ベクトル集合に含まれる任意の元は，常にその集合の基本関数の線形結合として表すことができる。

この定義に従って，$s+1$ 個の関数ベクトル $\boldsymbol{x}_1, \ldots, \boldsymbol{x}_s, \boldsymbol{x}_{s+1}$ を表すのに必要な r 個の基本関数の組 $\{f_1, f_2, \ldots f_r\}$ が求められたとする。このとき，基本関数ベクトル $\boldsymbol{f} = (f_1, f_2, \ldots f_r)^T$ を定義し，ベクトル $\boldsymbol{x}_i$ の第 j 要素を x_{i_j} と記述すると

$$\begin{aligned} x_{s+1j} &= \boldsymbol{a}_j^T \boldsymbol{f} \\ x_{i_j} &= \boldsymbol{b}_{i_j}^T \boldsymbol{f}\ \ (i = 1, \ldots, s : j = 1, \ldots, n) \end{aligned} \tag{4.10}$$

と表せる。ここで，$\boldsymbol{a}_j,\ \boldsymbol{b}_{i_j} \in R^r$ は定数ベクトルである。式 (4.10) を式 (4.9) に代入し，第 j 要素を抽出すると

$$\boldsymbol{a}_j^T \boldsymbol{f} = \sum_{i=1}^{s} k_i \boldsymbol{b}_{i_j}^T \boldsymbol{f}$$

を得る。上式が任意の時刻の $\boldsymbol{f}$ に対して成立するので，両辺より $\boldsymbol{f}$ を消去することができ，

$$\boldsymbol{a}_j = \sum_{i=1}^{s} k_i \boldsymbol{b}_{i_j}$$

が成り立つ。ここで，$\boldsymbol{a} = (\boldsymbol{a}_1^T, \boldsymbol{a}_2^T, \ldots, \boldsymbol{a}_n^T)^T \in R^{nr}$，$\boldsymbol{\beta}_j = (\boldsymbol{b}_{j1}^T, \boldsymbol{b}_{j2}^T, \ldots, \boldsymbol{b}_{jn}^T)^T \in R^{nr}$，$\boldsymbol{B} = (\boldsymbol{\beta}_1, \boldsymbol{\beta}_2, \ldots, \boldsymbol{\beta}_s \boldsymbol{a}) \in R^{nr \times (s+1)}$ とおくと

$$\boldsymbol{B} \begin{bmatrix} \boldsymbol{k} \\ -1 \end{bmatrix} = 0 \tag{4.11}$$

を得る。したがって，上式を満たすベクトル $\boldsymbol{k}$ が存在すれば $s+1$ 個のベクトル $\boldsymbol{x}_1, \ldots, \boldsymbol{x}_s, \boldsymbol{x}_{s+1}$ は 1 次従属となる。このベクトル $\boldsymbol{k}$ の存在を調べるため，ガウス–ジョルダン法を用いて式 (4.11) の行列 $\boldsymbol{B}$ を上右三角行列に変形し

$$\begin{bmatrix} \boldsymbol{I} & \boldsymbol{a}_1^* \\ 0 & \boldsymbol{a}_2^* \end{bmatrix} \begin{bmatrix} \boldsymbol{k} \\ -1 \end{bmatrix} = 0$$

を求める。その結果，$\boldsymbol{a}_2^* = 0$ のときは $\boldsymbol{k} = \boldsymbol{a}_1^*$ となり $\boldsymbol{k}$ が存在するのでベクトル集合は 1 次従属であり，$\boldsymbol{a}_2^* \neq 0$ のときは，式が矛盾し $\boldsymbol{k}$ が存在しないのでベクトル集合は 1 次独立と判定できる。行列 $\boldsymbol{B}$ は定数行

列であるので，ガウス–ジョルダン法による三角化は容易である。

(2) グレブナー基底に基づく解析

閉ループロボットの運動方程式は，適当な関節で仮想的に切断して仮想木構造ロボットを作り，この仮想木構造ロボットの運動方程式に閉ループの幾何学的な拘束を加えることで求められる。閉ループロボットと仮想木構造ロボットの一般化変数をそれぞれ $\boldsymbol{q}, \boldsymbol{q}_o$ とすると，閉ループの幾何学的拘束は，一般に陽な関係式 $\boldsymbol{q}_o = \boldsymbol{q}_o(\boldsymbol{q})$ として与えられるとは限らず，陰な関係式

$$\boldsymbol{f}(\boldsymbol{q}, \boldsymbol{q}_o) = 0 \tag{4.12}$$

として与えられることが多い。このような場合，拘束条件の 1 階微分 $\dot{\boldsymbol{f}}(\boldsymbol{q}, \boldsymbol{q}_o) = 0$ と 2 階微分 $\ddot{\boldsymbol{f}}(\boldsymbol{q}, \boldsymbol{q}_o) = 0$ の拘束条件を考慮した上で，リグレッサの列ベクトルの 1 次独立性を解析する必要がある。拘束を考慮しながらリグレッサの列ベクトルの 1 次独立性の解析を行うため，グレブナー基底を用いた 1 次独立性の解析法[9, 10]が示されている。

回転関節 q_i に対して，式 (4.12) の拘束とその微分からなる拘束集合 $F = \{\boldsymbol{f}, \dot{\boldsymbol{f}}, \ddot{\boldsymbol{f}}\}$ およびリグレッサ $\mathbf{W}$ の各要素に対して，変数変換 $Sq_i = \sin q_i$, $Cq_i = \cos q_i$ ($i = 1, \ldots, n$) を行う。このとき，拘束集合 F とリグレッサの各要素は Sq_i, Cq_i に関する多変数多項式として表される。また，2 つの変数 Sq_i と Cq_i を関係付ける式 $Sq_i^2 + Cq_i^2 - 1 = 0$ を拘束集合 F に加える。次に拘束集合 F のグレブナー基底[11] を求めて $\boldsymbol{W}$ の各要素を縮約し，拘束条件のもとで最も簡潔な表現となるリグレッサを求める。グレブナー基底により縮約した基本関数は，独立であることが示されるので，縮約したリグレッサに対し，(1) のリグレッサの 1 次独立性の解析法を適用することで，複雑な閉ループロボットに対してもベースパラメータを求めることができる。ただし，ロボット機構によってはグレブナー基底を求めるために多大な計算時間や計算機メモリが必要となることがある。数式処理によるベースパラメータの導出方法は，数式処理システム Maple のライブラリー[12] を利用できる。

4.2.3 パラメータ同定法の原理

関節変位，関節速度，関節加速度および関節トルクの観測値から式 (4.4) を用いてパラメータを推定する方法には，同時同定法[13]，逐次同定法[14, 15]，混合同定法[16] がある。また，ロボットのエネルギーモデル式を積分し，関節加速度を用いないエネルギーモデル法[17, 18] もある。これらは，いずれも推定するパラメータに関して線形な関係式を用いる。

(1) 同時同定法

同時同定法とは，パラメータを一括して同定する方法で，ここでは重み付き最小二乗法と補助変数法を示す。

(i) 重み付き最小二乗法

ロボットの関節変位と関節速度および関節加速度と関節駆動力の観測値から $\boldsymbol{\sigma}_{\min}$ を推定する重み付き最小二乗法を示す。以下では，簡素化のため $\boldsymbol{\sigma}_{\min}$ と $\boldsymbol{W}_{\min}$ は $\boldsymbol{\sigma}$ と $\boldsymbol{W}$ に置き換える。観測ノイズや計算誤差を考慮して，$\boldsymbol{W}$ を計算したときに生じる式誤差を φ とし，サンプル時刻 $t = i\Delta t$ の $\boldsymbol{\tau}(t)$ を $\boldsymbol{\tau}(i)$ で表すと，式 (4.4) は

$$\boldsymbol{\tau}(i) = \boldsymbol{W}(i)\boldsymbol{\sigma} + \varphi(i) \tag{4.13}$$

と表される。サンプル時刻 1 から N までのデータから $\boldsymbol{\sigma}$ を推定するために

$$\boldsymbol{y} = \begin{bmatrix} \boldsymbol{\tau}(1) \\ \vdots \\ \boldsymbol{\tau}(N) \end{bmatrix}, \ \boldsymbol{A} = \begin{bmatrix} \boldsymbol{W}(1) \\ \vdots \\ \boldsymbol{W}(N) \end{bmatrix}, \boldsymbol{\psi} = \begin{bmatrix} \varphi(1) \\ \vdots \\ \varphi(N) \end{bmatrix}$$

を定義すると

$$\boldsymbol{y} = \boldsymbol{A}\boldsymbol{\sigma} + \boldsymbol{\psi} \tag{4.14}$$

を得る。ここで，評価関数として式誤差の重み付きノルム

$$PI = \boldsymbol{\psi}^T \boldsymbol{\Omega} \boldsymbol{\psi} = (\boldsymbol{y} - \boldsymbol{A}\boldsymbol{\sigma})^T \boldsymbol{\Omega} (\boldsymbol{y} - \boldsymbol{A}\boldsymbol{\sigma}) \tag{4.15}$$

を考え，これを最小とするものを最適な推定値とする。ここで，$\boldsymbol{\Omega}$ は正値対称な重み行列であり，評価関数を最小とする $\hat{\boldsymbol{\sigma}}$ は $\boldsymbol{A}^T \boldsymbol{\Omega} \boldsymbol{A}$ が正則のときは

$$\hat{\boldsymbol{\sigma}} = (\boldsymbol{A}^T \boldsymbol{\Omega} \boldsymbol{A})^{-1} \mathbf{A}^T \boldsymbol{\Omega} \boldsymbol{y} \tag{4.16}$$

で求められる。このとき，推定誤差は

$$\hat{\boldsymbol{\sigma}} - \boldsymbol{\sigma} = (\boldsymbol{A}^T \boldsymbol{\Omega} \boldsymbol{A})^{-1} \boldsymbol{A}^T \boldsymbol{\Omega} \boldsymbol{\psi} \tag{4.17}$$

となる。推定誤差は，推定値に真値からのバイアスとして表れる。この求め方を重み付き最小二乗法と呼ぶ。ここで，$\boldsymbol{\Omega}$ が単位行列のとき最小二乗法となる。φ が平均値零で $\boldsymbol{W}$ と無相関ならば推定誤差は零に収束する。

(ii) 補助変数法

関節変位や関節速度は比較的高精度な観測が容易であるが，関節加速度は一般に変位の 2 階微分となるため観測誤差を含みやすい。関節加速度の観測誤差を $\Delta\ddot{\boldsymbol{q}}(i)$ とすると，これによる式誤差は $-\boldsymbol{M}(i)\Delta\ddot{\boldsymbol{q}}(i)$ となる。一方，$\boldsymbol{W}$ の計算値は $\boldsymbol{W}(\boldsymbol{q},\dot{\boldsymbol{q}},\ddot{\boldsymbol{q}}+\Delta\ddot{\boldsymbol{q}})$ であるから，$\varphi(i)$ と $\boldsymbol{W}(i)$ とに強い相関があり，このため重み付き最小二乗法では式 (4.17) で示されるバイアスが生じる。この誤差を漸近的に零に収束させる推定法として，以下に示す川崎ら[13] による補助変数法がある。

補助変数法とは，$\ddot{\boldsymbol{q}}^*$ を $\ddot{\boldsymbol{q}}$ の補助変数とし

$$\hat{\boldsymbol{W}}(i) = \boldsymbol{W}(\boldsymbol{q}(i),\dot{\boldsymbol{q}}(i),\ddot{\boldsymbol{q}}^*(i)) \tag{4.18}$$

$$\hat{\boldsymbol{A}} = \mathrm{blockdiag}(\hat{\boldsymbol{W}}(1),\ldots,\hat{\boldsymbol{W}}(N)) \tag{4.19}$$

を定義し，重み行列を

$$\boldsymbol{\Omega} = \hat{\boldsymbol{A}}\hat{\boldsymbol{A}}^T \tag{4.20}$$

として，式 (4.16) で最適推定値を得る。このとき，推定値の誤差は

$$\hat{\boldsymbol{\sigma}} - \boldsymbol{\sigma} = (\boldsymbol{A}^T\hat{\boldsymbol{A}}\hat{\boldsymbol{A}}^T\boldsymbol{A})^{-1}\boldsymbol{A}^T\hat{\boldsymbol{A}}\hat{\boldsymbol{A}}^T\boldsymbol{\psi} \tag{4.21}$$

で与えられる。ここで，plim を確率極限とすると

$$\text{(a)}\quad \operatorname*{plim}_{N\to\infty}\frac{1}{N}\boldsymbol{A}^T\hat{\boldsymbol{A}}\hat{\boldsymbol{A}}^T\boldsymbol{A}\ \text{が正則} \tag{4.22}$$

$$\text{(b)}\quad \operatorname*{plim}_{N\to\infty}\frac{1}{N}\boldsymbol{A}^T\hat{\boldsymbol{A}}\hat{\boldsymbol{A}}^T\boldsymbol{\psi} = \boldsymbol{0} \tag{4.23}$$

であるならば，Slutsky の定理より $\hat{\boldsymbol{\sigma}}$ は漸近的に一致推定値[19] となる。この 2 つの条件は $\ddot{\boldsymbol{q}}^*(i)$ と $\ddot{\boldsymbol{q}}(i)$ が強い相関があり，$\ddot{\boldsymbol{q}}^*(i)$ と $\varphi(i)$ が無相関であるときに成り立つ。そこで，事前に得られる概略データから運動方程式に相当する補助モデル

$$\hat{\boldsymbol{M}}(\boldsymbol{q})\ddot{\boldsymbol{q}}^* + \hat{\boldsymbol{h}}(\boldsymbol{q},\dot{\boldsymbol{q}}) + \hat{\boldsymbol{g}}(\boldsymbol{q}) = \boldsymbol{\tau} \tag{4.24}$$

を作り，$\ddot{\boldsymbol{q}}^*(i)$ を補助モデルの出力とする。ここで，$\hat{\boldsymbol{M}}(\boldsymbol{q}),\hat{\boldsymbol{h}},\hat{\boldsymbol{g}}$ はそれぞれ補助モデルの慣性行列，遠心力・コリオリ力，重力負荷項である。$\boldsymbol{\tau}$ が加速度フィードバックを含まない限り $\ddot{\boldsymbol{q}}^*(i)$ は $\phi(i)$ に無相関で $\ddot{\boldsymbol{q}}(i)$ と強い相関があるといえる。したがって，式 (4.22), (4.23) の条件を満たし，一致推定値が得られる。文献 [13] には，マニピュレータを対象とした補助変数法によるパラメータ同定の理論と実験が示されている。

なお，パラメータが冗長のときは $\boldsymbol{A}^T\boldsymbol{\Omega}\boldsymbol{A}$ が正則でないので上記の最小二乗法や補助変数法は利用できない。しかし，これら推定法の逐次計算アルゴリズムを用いると，パラメータが冗長であってもパラメータ同定が可能となる。補助変数法による逐次計算アルゴリズムは，$N-1$ 時点での推定値 $\hat{\sigma}(N-1)$ を $\hat{\boldsymbol{x}}_0$, $\tilde{\mathbf{w}}_j$ を $\boldsymbol{W}(N)$ の第 j 行ベクトル，$\hat{\boldsymbol{w}}_j$ を $\hat{\boldsymbol{W}}(N)$ の第 j 行ベクトル，τ_j を $\boldsymbol{\tau}(N)$ の第 j 要素とすると，$j=1$ より n まで

$$\boldsymbol{h}_j = \boldsymbol{R}_{j-1}\hat{\boldsymbol{w}}_j(1+\tilde{\mathbf{w}}_j^T\boldsymbol{R}_{j-1}\hat{\boldsymbol{w}}_j)^{-1} \tag{4.25}$$

$$\boldsymbol{R}_j = \boldsymbol{R}_{j-1} - \boldsymbol{h}_j\tilde{\boldsymbol{w}}_j^T\boldsymbol{R}_{j-1} \tag{4.26}$$

$$\hat{\boldsymbol{x}}_j = \hat{\boldsymbol{x}}_{j-1} - \boldsymbol{h}_j(\tilde{\boldsymbol{w}}_j^T\hat{\boldsymbol{x}}_{j-1} - \tau_i) \tag{4.27}$$

を計算し，$\hat{\boldsymbol{\sigma}}(N) = \hat{\boldsymbol{x}}_n$, $\boldsymbol{R}(N) = \boldsymbol{R}_n$ とすればよい。ここで，$\boldsymbol{R}_0$ は $N=1$ のとき要素に適当に重み付けした対角行列とし，$N \neq 1$ とき $\boldsymbol{R}_0 = \boldsymbol{R}(N-1)$ とする。また，式 (4.25) で $\hat{\boldsymbol{w}}_j$ を $\tilde{\boldsymbol{w}}_j$ に置換することによって最小二乗法の逐次計算式となる。

逐次計算アルゴリズムでパラメータの初期値を零として推定する場合，すなわち，$N=1$ のときの初期推定値を $\hat{\boldsymbol{x}}_0 = \boldsymbol{0}$ とすると，非可同定パラメータは零のままであり，線形結合により可同定なパラメータの推定値はバイアスを含むがトルク誤差を最小とするアルゴリズムであるので，推定パラメータによるトルク計算の結果はトルク誤差がキャンセルされる。したがって，制御や解析にその推定値を利用が可能である。

(2) 逐次同定法

逐次同定法[14, 15] は，手先側のリンクからベース側のリンクに向かって順に各リンク毎に動力学パラメータを同定する方法である。Mayeda ら[14] は，動作軸が平行か直交する回転関節のみからなるロボットアームの動力学パラメータが，静止試験，等速度運動試験，加速度運動試験の 3 タイプの試験により，順次同定できることを示した。静止試験では，重力項に表れるパラメータが同定される。この同定値を用い，等速度運動試験では速度 2 乗項に表れるパラメータが同定され

る。さらに，これらの同定値を用い，加速度運動試験では慣性項に表れるパラメータが同定される。この方法は，あるパラメータを精度よく推定するのに有利な試験運動を工夫しやすい長所があるが，先に推定したパラメータ値を用いて次のパラメータを推定するため，推定誤差が蓄積しやすい欠点をもつ。このため，多軸のロボットアームでは高精度な同定が困難とされる。また，多自由度ロボットアームの場合，多数の試験運動が必要で，実験者の作業量が多い[20]。

(3) 混合同定法

混合同定法とは，同時同定法と逐次同定法のそれぞれの長所を生かし，逐次同定法で高精度に同定可能なパラメータを初めに同定し，その後に残りのパラメータを同時同定法で同定する手法である。坂本ら[16] は，関節の摩擦項，粘性項を逐次同定法を用い，その他のパラメータを同時同定法で求めている。実際的な手法であるが，前段の逐次同定において高精度な推定が前提となる。

(4) エネルギーモデル同定法

同時同定法や逐次同定法では加速度の計測が必要であり，これを避ける方法として Gautier ら[17] によりエネルギーモデル同定法が示されている。

ロボットのハミルトニアンは

$$H = E + U \tag{4.28}$$

で与えられる。ここで，E はロボットの運動エネルギーであり，慣性行列 $\boldsymbol{M}(\boldsymbol{q})$ を用い

$$E = \frac{1}{2}\dot{\boldsymbol{q}}^T \boldsymbol{M}(\boldsymbol{q})\dot{\boldsymbol{q}} \tag{4.29}$$

と表される。$U(\boldsymbol{q})$ はポテンシャルエネルギーである。ここで，一般運動量を

$$\boldsymbol{p} = \boldsymbol{M}(\boldsymbol{q})\dot{\boldsymbol{q}} \tag{4.30}$$

と定義すると，式 (4.28) は

$$H = \boldsymbol{p}^T\dot{\boldsymbol{q}} - L(\boldsymbol{q}, \dot{\boldsymbol{q}}) \tag{4.31}$$

と表される。ここで $L = E - U$ であり，ロボットのラグランジュ関数である。また，運動エネルギーは

$$E(\boldsymbol{p}, \boldsymbol{q}) = \frac{1}{2}\boldsymbol{p}^T \boldsymbol{M}(\boldsymbol{q})^{-1}\boldsymbol{p} \tag{4.32}$$

と表せる。状態変数を $\boldsymbol{p}$ と $\boldsymbol{q}$ とすることで，ロボットの状態空間でのハミルトン運動方程式は，次式で表される。

$$\dot{\boldsymbol{q}} = \frac{\delta H(\boldsymbol{p}, \boldsymbol{q})}{\delta \boldsymbol{p}} \tag{4.33}$$

$$\dot{\boldsymbol{p}} = -\frac{\delta H(\boldsymbol{p}, \boldsymbol{q})}{\delta \boldsymbol{q}} + \boldsymbol{\tau} \tag{4.34}$$

これらの関係から，H の時間微分は

$$\dot{H} = \left(\frac{\delta H(\boldsymbol{p}, \boldsymbol{q})}{\delta \boldsymbol{q}}\right)^T \dot{\boldsymbol{q}} + \left(\frac{\delta H(\boldsymbol{p}, \boldsymbol{q})}{\delta \boldsymbol{p}}\right)^T \dot{\boldsymbol{p}} = \dot{\boldsymbol{q}}^T\boldsymbol{\tau} \tag{4.35}$$

と表せる。この時間積分は

$$\int_{t_a}^{t_b} \dot{\boldsymbol{q}}^T \boldsymbol{\tau} dt = H(\mathbf{p}(t_a), \boldsymbol{q}(t_a)) - H(\boldsymbol{p}(t_b), \boldsymbol{q}(t_b)) \tag{4.36}$$

一方，ハミルトニアンはロボットの動力学パラメータに関して線形[18] であることが示され，

$$H = \boldsymbol{a\sigma} \tag{4.37}$$

と表せる。ここで，$\boldsymbol{a}(\boldsymbol{q}, \dot{\boldsymbol{q}})$ は $\boldsymbol{\sigma}$ の係数を表す行ベクトルである。式 (4.37) を式 (4.36) に代入して

$$\begin{aligned} y &= \int_{t_a}^{t_b} \dot{\boldsymbol{q}}^T \boldsymbol{\tau} dt \\ &= (\boldsymbol{a}(\boldsymbol{p}(t_a), \boldsymbol{q}(t_a)) - \boldsymbol{a}(\boldsymbol{p}(t_b), \boldsymbol{q}(t_b)))\boldsymbol{\sigma} \end{aligned} \tag{4.38}$$

この関係式は，式 (4.4) と類似のパラメータに関する線形式である。したがって，同時同定法と同様に，様々な時間区間と軌道に対してデータを観測し，最小二乗法でパラメータを推定できる。同時同定法と異なる点は，加速度を含まない式であることである。このため，加速度のノイズの影響を受けず，高周波数の摂動にロバストであるとされる。一方で，運動軌道が動的に大きな変化がないと高精度な推定が難しいとされる。なお，関節での摩擦を考慮するときは，上式の右辺に摩擦パラメータに関する項が加わる。Reyes ら[21] は，式 (4.35) にローフィルターを付加したモデル

$$\frac{\lambda}{s+\lambda}y = \frac{\lambda}{s+\lambda}(\boldsymbol{a}(\mathbf{p}(t_a), \boldsymbol{q}(t_a)) - \boldsymbol{a}(\boldsymbol{p}(t_b), \boldsymbol{q}(t_b)))\boldsymbol{\sigma} \tag{4.39}$$

を用いた実験を報告している。ここで，s はラプラス演算子，λ はローパスフィルターのパラメータである。

4.2.4　手先負荷の同定

ロボットの動力学パラメータの経時的な変化は，手先負荷と摩擦項を除けばほとんどないといえる。手先負荷は，作業内容の変化もしくは把持する対象物の変化により，変動することが多い。手先負荷は先端のリンクに含めて考えることができる。ここで，手先負荷が変化したことにより，第 n リンクのパラメータが $\boldsymbol{\sigma}_n$ から $\boldsymbol{\sigma}_n + \Delta\boldsymbol{\sigma}_n$ になり，関節駆動力が $\boldsymbol{\tau}$ から $\boldsymbol{\tau} + \Delta\boldsymbol{\tau}$ になったとすると，式 (4.4) より

$$\Delta\boldsymbol{\tau} = \boldsymbol{W}\begin{bmatrix} \mathbf{0} \\ \vdots \\ \mathbf{0} \\ \Delta\boldsymbol{\sigma}_n \end{bmatrix} \tag{4.40}$$

の関係式を得る。この式は $\boldsymbol{W} = [\boldsymbol{W}_1 \ldots \boldsymbol{W}_n]$ とおくと

$$\Delta\boldsymbol{\tau} = \boldsymbol{W}_n \Delta\boldsymbol{\sigma}_n \tag{4.41}$$

と表せる。ただし，$\boldsymbol{W}_i$ は $\boldsymbol{\sigma}_i$ に対応する $\boldsymbol{W}$ の部分行列である。式 (4.41) を用いてパラメータ $\Delta\boldsymbol{\sigma}_n$ が推定できる。なお，$\Delta\boldsymbol{\tau}$ は手先負荷があるときの実際の駆動力 $\boldsymbol{\tau}_m$ と手先負荷の公称値を用いて計算した駆動力 $\boldsymbol{\tau}_c$ との差として $\Delta\boldsymbol{\tau} = \boldsymbol{\tau}_m - \boldsymbol{\tau}_c$ で求められる。文献 [22] には，手先負荷の同定の理論と実験が述べられている。

4.2.5　同定の最適軌道

最小二乗法での推定は

$$\boldsymbol{A}^T\boldsymbol{y} = \boldsymbol{A}^T\boldsymbol{A}\boldsymbol{\sigma}$$

の関係から

$$\hat{\boldsymbol{\sigma}} = (\boldsymbol{A}^T\boldsymbol{A})^{-1}\boldsymbol{A}^T\boldsymbol{y} \tag{4.42}$$

で計算される。このとき，$\boldsymbol{A}^T\boldsymbol{y}$ の誤差 $\boldsymbol{\varepsilon}$ による推定値の誤差を $\Delta\boldsymbol{\sigma}$ とおくと，

$$\boldsymbol{A}^T\boldsymbol{y} + \boldsymbol{\varepsilon} = \boldsymbol{A}^T\boldsymbol{A}(\boldsymbol{\sigma} + \Delta\boldsymbol{\sigma})$$

より，

$$\frac{||\Delta\boldsymbol{\sigma}||}{||\boldsymbol{\sigma}||} \leq \mathrm{cond}(\boldsymbol{A}^T\boldsymbol{A})\frac{||\boldsymbol{\varepsilon}||}{||\mathbf{A}^T\boldsymbol{y}||} \tag{4.43}$$

の関係があることが知られている。ここで，$\mathrm{cond}(\boldsymbol{A}^T\boldsymbol{A})$ は行列 $\boldsymbol{A}^T\boldsymbol{A}$ の条件数と呼ばれ，最大特異値 $\lambda_{\max}$，最小特異値 $\lambda_{\min}$ を用いて，

$$\mathrm{cond}(\boldsymbol{A}^T\boldsymbol{A}) = \frac{\lambda_{\max}}{\lambda_{\min}} \geq 1 \tag{4.44}$$

と表される。この式は，$\mathrm{cond}(\boldsymbol{A}^T\boldsymbol{A})$ が大きいと同定において誤差が生じやすく，1 に近いほど誤差が生じにくいことを示す。この値は，同定で用いる運動軌道により大きく変化する。そのため，条件数から同定のための運動軌道の良否が判定できる。さらには，その最適化に向けた研究[23–25] がある。また，吉川[26] は，同定の目的が関節駆動力を精度よく計算することにあるとし，推定したパラメータ値を用いたときの関節駆動力の誤差を同定試験の評価とする評価法を提案し，実際の運動に近い動作で観測データをとることが望ましいとしている。

<川﨑晴久>

参考文献（4.2 節）

[1] 川﨑晴久：『ロボティクス—モデリングと制御—』，共立出版 (2012).

[2] Khalil, W., Bennis, F., *et al.*: The Use of the Generalized Links to Determine the Minimum Inertial Parameters of Robots, *Jour. of Robotic Systems*, Vol. 7, No.2 , pp.225–242 (1990).

[3] Mayeda, H., Yoshida, K. , *et al.*: Base Parameters of Manipulator Dynamic Models, *IEEE Trans. on Robotics and Automation*, Vo. 6, No. 3, pp. 312–321 (1990).

[4] Kawasaki, H. and Kanzaki, K.: Minimum Dynamics Parameters of Robot Models, *ROBOT CONTROL 1991*, PERGAMON Press (Edited by I. Troch *et al.*), pp. 33–38 (1991) (*Proc. of IFAC Robot Control* (SYROCO'91).

[5] Ghodoussi, M. and Nakamura, Y.: Principal Base Parameters of Open and Closed Kinematic Chains, *Proc. IEEE Int. Conf. on Robotics and automation*, pp.84–89 (1991).

[6] 川﨑晴久，村田敦 他： 数式処理による閉リンクマニピュレータの最小動力学パラメータの解析法，『日本ロボット学会誌』，Vol.13, No.4, pp.558–564 (1995).

[7] Kalil, W., Bennis, F., *et al.*: The Use of Generalized Links to Determine the Minimum Inertial Parameters of Robots, *Jour. of Robotic Systems*, Vol. 7, No.2, pp.225–242 (1990).

[8] 川﨑晴久，神崎一男：マニピュレータモデルにおける最小動力学パラメータと逆動力学計算法，『日本ロボット学会誌』，Vol. 11, No. 1, pp.100–110 (1993).

[9] 川﨑晴久，清水年美：ロボット動的モデルにおけるベースパラメータのグレブナ基底に基づく解析，『計測自動制御学会論文集』，Vol. 33, No.11, pp.1059–1065 (1997).

[10] Kawasaki, H. and Shimizu, T.: Symbolic Analysis of

Robot Base Parameter Set Using Grobner-Basis, *Journal of Robotics and Mechatronics*, Vol. 10, No. 6, pp.475–481 (1998).

[11] Buchberger, B.: Grobner Bases: An Algorithmic Method in Polynomial Ideal Theory, *Mu ltidimensional Systems Theory* (N. K. Bose *ed.*), pp.184–232, D. Reidel Publishing Company (1985).

[12] 川崎晴久, ROSAM: 数式処理によるロボット解析システム,『日本ロボット学会誌』, Vol.14, No.3, pp.370–376 (1996).

[13] 川崎晴久, 西村国俊：マニピュレータのパラメータ同定,『計測自動制御学会論文集』, Vol. 22, No.1. pp. 76–83 (1986).

[14] Maeda H., Osuka K., *et al.*: A New Identification Method for Serial manipulator Arm, *Proc. of 9th IFAC World Congress*, pp.2429–2434 (1984).

[15] 大須賀公一, 前田浩一：マニピュレータの動特性同定法,『計測自動制御学会論文集』, Vol. 22, No.6, pp. 46–47(1986).

[16] 阪本武志，平井慎一：混合同定法による 6 自由度マニピュレータの動特性の同定とモデルベースド軌道制御,『日本ロボット学会学術講演会予稿集』, pp. 1083–1084(1999).

[17] Gautier, M. and Khalil, W.: On the identification of the inertial parameters of robot, *Proc. of the 27th Conference on Decision and Control*, pp. 2264–2269 (1988).

[18] Khalil, W. and Dombre, E.: *Modeling, Identification & Control of Robots*, Hermes Penton Science (2002).

[19] 相良節夫, 秋月影雄 他：『システム同定』, 計測自動制御学会 (1981).

[20] 吉田浩治, 池田展也 他：6 自由度産業用マニピュレータに対するパラメータ同定法の実証的研究,『日本ロボット学会』, Vol.11, No.4, pp.564–573 (1993).

[21] Reyes, F. and Kelly, R.: On Parameter Identification of Robot Manipulators, *Proc. of the IEEE lnt. Conf. on Robotics and Automation*, pp. 1910–1915 (1997).

[22] Kawasaki, H. and Nishimura, K.: Terminal-Link Parameter Estimation of Robotic Manipulators, *IEEE Journal of Robotics and Automation*, Vol.4, No.5, pp.485–490 (1988).

[23] Armstrong, B.: On Finding Exciting Trajectories for Identification Experiments Involving System with Nonlinear Dynamics, *The Int. Jour. of Robotics Research*, Vol. 8, No.6, pp.28–48 (1989).

[24] Gautier, M. and Khalil, W.: Exciting Trajectories for the Identification of Base Inertial Parameters of Robots, *The Int. Jour. of Robotics Research*, Vol. 11, No. 4, pp. 362–375(1992).

[25] 大谷幸次, 柿崎隆夫 他：多関節マニピュレータの動力学パラメータ同定に関する実験的検討,『日本ロボット学会誌』, Vol.11, No.7, pp.1083–1092 (1993).

[26] 吉川恒夫：マニピュレータに対するパラメータ同定試験の評価,『計測自動制御学会論文集』, Vol.23, No.11, pp.1227–1229 (1987).

4.3 SLAM

4.3.1 SLAM とは

ロボットが安全かつ効率よく移動するには，対象環境の地図が必要である。地図に載せる最も基本的な情報は，場所の目印となるランドマーク，および，走行可能性を判断するための障害物である。地図の作成・更新を人手で行うのは非常に手間がかかるので，ロボット自身がセンサで周囲を観測して地図を作ることが望まれ，重要な研究分野となっている。

ロボットによる地図構築では，移動しながらセンサでデータを取得し，それをつなぎ合せて 1 つの地図を作る。ここで重要なのは，ロボットが持つセンサで得たデータはロボット座標系で得られることである [1)]。地図は通常 1 つの座標系（地図座標系）で定義されるので，地図を作るにはセンサデータをロボット座標系から地図座標系に変換する必要がある。このため，ロボットの自己位置推定と地図構築は分離できないという問題が生じ，それらを同時推定する SLAM (Simultaneous Localization and Mapping) が研究されてきた。

図 4.2 の 2 次元地図を例に，SLAM の概要を説明する。ここではランドマークを点として扱う。回転の扱いに注意すれば，3 次元でもほぼ同じ議論が成り立つ。

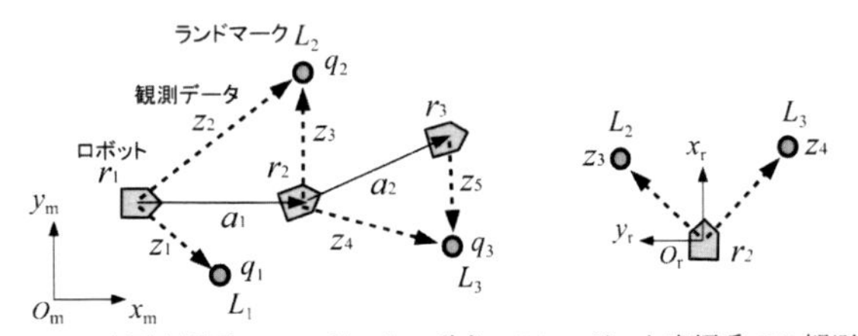

(a) 地図座標系でのロボットの動き　(b) ロボット座標系での観測

図 4.2　ロボット位置とランドマーク位置の推定

(1) ランドマーク位置の推定

ロボット位置がわかればランドマーク位置は計算できる。たとえば，ランドマーク L_2 の地図座標系での位置 $q_2 = (x_{q_2}, y_{q_2})^T$ は，観測データ $z_2 = (x_{l_2}, y_{l_2})^T$，ロボット位置 $r_1 = (x_{r_1}, y_{r_1}, \theta_{r_1})^T$ から式 (4.45) のように計算できる。R_1 はロボットの向き θ_{r_1} による回転行列，r'_1 は並進ベクトル $(x_{r_1}, y_{r_1})^T$ である。

$$q_2 = R_1 z_2 + r'_1 \tag{4.45}$$

1) 簡単のため，センサとロボットの相対位置は既知とし，両者の座標系は同一視する。GPS はここでは除外する。

(2) ロボット位置の推定

ロボット位置を推定する有力な方法の一つにオドメトリがある。オドメトリは，所与の初期位置から微小変位を積分して現在位置を求める。例えば，車輪型ロボットでは，車輪の回転数から移動量を求める車輪オドメトリがよく用いられる。また，連続したカメラ画像列から移動量を求めるビジュアルオドメトリもよく用いられる。図 4.2 で，ロボット位置 r_2 は，オドメトリで得た移動量（ロボット座標系での直進と回転）を $a_1 = (\Delta d_1, 0, \Delta\theta_1)^T$ とすると，式 (4.46) のようになる。

$$r_2 = \begin{pmatrix} R_1 & 0 \\ 0 & 1 \end{pmatrix} a_1 + r_1 \tag{4.46}$$

初期位置 r_1 を与えれば，オドメトリによってロボット位置を次々に求めることができる。しかし，オドメトリは積分計算なので，誤差が累積されるという問題があり，走行するにつれてロボット位置は徐々にずれる。

(3) ロボット位置とランドマーク位置の同時推定

オドメトリの累積誤差に対処するには，地図上のランドマークと照合して，ロボット位置を修正すればよい。例えば，ランドマーク L_2 の位置 q_2 は式 (4.45) で既に得られているので，新しい観測データ z_3 からロボット位置 r_2 に関する制約が得られる。

$$q_2 = R_2 z_3 + r_2' \tag{4.47}$$

この式だけでは r_2 は不定だが，式 (4.45)〜(4.47) を合わせると，冗長な連立方程式ができる。この連立方程式を最小二乗問題として解けば r_2 の誤差を減らすことができる。

(1) ではランドマーク位置を求めるのにロボット位置を必要とし，(3) ではロボット位置の誤差を修正するために地図上のランドマークを必要とした。このように，ロボットの自己位置推定と地図構築は相互に関係し分離できない。このため，SLAM という枠組みが考えられたのである。SLAM で重要なことは，同じランドマークを複数回観測することである。これにより，ロボット位置の誤差を減らすことが可能になる。特に，ロボットが周回経路（ループ）を一周して同じランドマークを観測すると，誤差を大幅に修正できる。

SLAM の難しさは次の点にある。連立方程式は非線形最小二乗法で解くことになり，地図が大きくなるほど困難になる。また，同じランドマークを複数回観測するには，センサデータとランドマークの対応づけが必要だが，これは組合せ最適化であり，一般には計算量が爆発する。SLAM は非線形最小二乗と組合せ最適化の混合問題となり，しかも，センサデータのノイズや外れ値（アウトライア）を考慮する必要がある。このような問題は一般には非常に難しいが，データ対応づけとロボット位置の依存関係を利用することで計算量は大きく削減され，効率よく解くことができる。

SLAM にはセンサデータや地図表現の種類に応じて様々な形態があるが，本稿では，その中で代表的なものについて紹介する。なお，以下の議論で，画像を用いる SLAM では 3 次元地図を想定し，それ以外では 2 次元か 3 次元かは問わない。

4.3.2　SLAM の構成と種類

(1) センサ

内界センサとしては，車輪オドメトリ，ジャイロ，IMU などがよく用いられる。これらを併用すると，かなり正確なロボット位置が得られる。外界センサとしては，超音波センサ，レーザスキャナ，カメラ，距離カメラ（RGB-D カメラ）がよく用いられる。レーザスキャナとカメラは，大量の特徴点を高速に得られるため，近年の SLAM では主流のセンサとなっている。レーザスキャナと距離カメラは，物体までの距離が直接得られることが大きな利点である。通常のカメラでは，物体までの距離は三角法で求める必要がある。

(2) 地図の構成要素

地図の構成要素として何を用いるかは，SLAM にとって重要な選択である。ロボットでよく用いられる地図には，幾何地図と格子地図がある。幾何地図は，点，線，面などを要素として作られた地図である。格子地図は，2 次元平面（床など）や 3 次元空間を格子で区切って，格子に囲まれた各区間に障害物があるかないかを登録した地図である。格子地図は経路計画を含めたナビゲーションによく用いられる。

SLAM では，処理のしやすさから点群による地図を用いることが多い。点群はランドマークとしても障害物としても使われる。点群から格子地図への変換も容易にできる。そこで，本稿では，点を構成要素とした地図を考える。

(3) SLAMの種類

大きく分けて，SLAMにはベイズフィルタを用いるアプローチと最適化に基づくアプローチがある。歴史的には，ベイズフィルタを用いたSLAMが最初である[24]。そこでは，超音波センサによる疎な観測点にカルマンフィルタを適用した。その後，大規模な環境に対処するために，パーティクルフィルタを用いたSLAMが提案された[28]。フィルタベースSLAMの特長は，ロボット位置とランドマーク位置の確率分布を逐次的に推定する点にある。これにより，それぞれの位置を不確実性を含めてリアルタイムで知ることができる。

最適化を用いたSLAMは，グラフベースSLAMとも呼ばれ，4.3.1項で述べた連立方程式を非線形最小二乗問題として直接解く[16, 21, 28]。この最適化処理は一括処理でありリアルタイム性に欠けるので，図4.3のように，逐次型の手法と合わせて2段階でSLAMを構成する[6, 13, 14, 26]。フロントエンドは，センサデータの取得とともにロボット位置と地図を逐次的にリアルタイムで求める。バックエンドは，最適化処理によってロボット位置と地図を高精度に計算しなおす。バックエンドは別スレッドで実行されるので，リアルタイム処理には影響しない。この枠組みは，環境の規模が大きくなるほど有利になる。

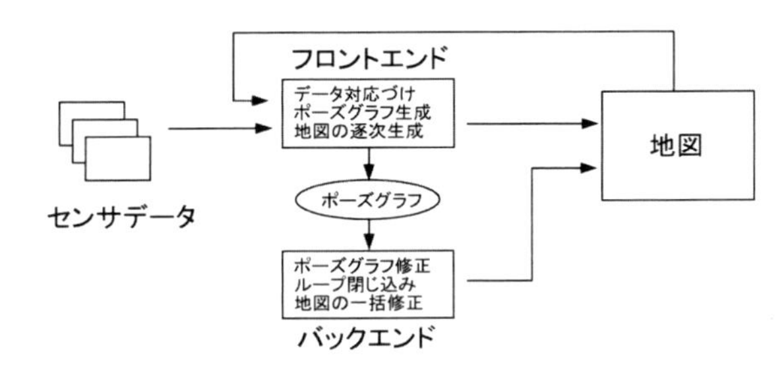

図 4.3 最適化ベースSLAMの構成

図4.4に，最適化ベースSLAMによる3次元地図の例を示す。この地図は，ステレオカメラだけを用いて，画像エッジ点から後述の逐次型SLAMとグラフベースSLAMによって構築した。

4.3.3 ベイズフィルタによるSLAM

ベイズフィルタは，カルマンフィルタやパーティクルフィルタなど，ベイズ推定にもとづく時系列フィルタの総称である。

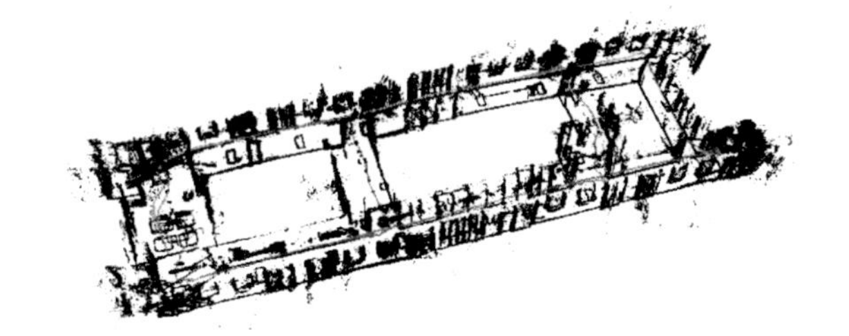

図 4.4 最適化ベースSLAMによる3次元地図の例

(1) 拡張カルマンフィルタによるSLAM

時刻tのロボット位置をr_tとし，地図mはn個のランドマーク$q_j (j = 1, \ldots, n)$からなるとして，これらをまとめた状態変数を$u_t = (r_t, q_1, \ldots, q_n)$とする。拡張カルマンフィルタを用いたSLAMでは，ロボット位置と地図の同時確率密度$p(u_t|z_{0:t}, a_{0:t})$を1つの正規分布で表す。$z_{0:t}$と$a_{0:t}$は，それぞれ，時刻$0 \sim t$の外界センサデータと走行コマンド（オドメトリ値）の列である。正規分布は平均と共分散だけで決まるから，平均$\bar{u}_t$と共分散行列Σ_tを求めればこの同時確率密度は決まる。カルマンフィルタでは，これを運動モデルと観測モデルに分けて計算する[28]。

運動モデルは，式(4.46)を一般化したもので，$r_t = g(r_{t-1}, a_t)$と表される。これは，走行コマンドa_tを与えたときのロボット位置r_tの予測値を計算する。a_tは正規分布$N(\hat{a}_t, M_t)$に従うとする。関数gはオドメトリのモデルから導出される。gは非線形関数なのでテイラー展開によって線形化し，r_tの予測値と共分散を次のように得る。

$$\tilde{r}_t = g(\bar{r}_{t-1}, \hat{a}_t) \tag{4.48}$$

$$\tilde{\Sigma}_t = G_t \Sigma_{t-1} G_t^T + V_t M_t V_t^T \tag{4.49}$$

ここで，G_tはr_tに関するgのヤコビ行列，V_tはa_tに関するgのヤコビ行列である。

観測モデルは式(4.45)を一般化したもので，$z_t = h(u_t) + \beta_t$と表される。β_tは誤差で，正規分布$N(0, Q_t)$に従うとする。ランドマークを観測したら，観測モデルに基づく残差$z_t - h(\tilde{u}_t)$を用いてu_tを更新する。hは非線形関数なのでテイラー展開で線形化し，u_tの推定値と共分散を次のように更新する。

$$\bar{u}_t = \tilde{u}_t + K_t(z_t - h(\tilde{u}_t)) \tag{4.50}$$

$$\Sigma_t = (I - K_t H_t)\tilde{\Sigma}_t \tag{4.51}$$

$$K_t = \tilde{\Sigma}_t H_t^T (H_t \tilde{\Sigma}_t H_t^T + Q_t)^{-1} \tag{4.52}$$

ここで，H_t は u_t に関する h のヤコビ行列である。また，$\tilde{u}_t = (\tilde{r}_t, q_1, \ldots, q_n)$ である。

解 $\bar{u}_t$ は，運動モデルの予測値 $\tilde{u}_t$ と残差 $z_t - h(\tilde{u}_t)$ を K_t で重みづけした線形和になっている。K_t はカルマンゲインと呼ばれ，運動モデルと観測モデルの精度に応じた重みをつけて最適値を得る働きをする。また，カルマンゲインは，z_t をセンサの観測空間の座標系から地図座標系に変換する働きもしている。

拡張カルマンフィルタは，逆行列計算を含むため，計算量はランドマーク数の2乗で増える。このため，ランドマークが少ない場合に向いている。また，拡張カルマンフィルタは非線形関数を線形化しているので，その誤差に影響される。

(2) パーティクルフィルタによるSLAM

パーティクルフィルタは，多数の状態仮説をパーティクルで表し，各パーティクルがシミュレーションを行うようにして状態を推定する。

パーティクルフィルタを用いたSLAMとしてFast SLAMがある[28]。ランドマークを含めると状態ベクトルの次元が膨大になり，パーティクル数が不足する。そこで，FastSLAMではロボット軌跡だけをパーティクルで表す。すなわち，ロボット軌跡 $r_{1:t}$ と地図 m の同時確率密度を式 (4.53) のように分解し，ロボット軌跡の分布 $p(r_{1:t}|z_{1:t}, a_{1:t})$ をパーティクルフィルタで計算する。ランドマーク位置の分布 $p(m_j|r_{1:t}, z_{1:t})$ は，各パーティクルに対してカルマンフィルタで計算する。したがって，パーティクルごとに地図を持つ。

$$p(r_{1:t}, m|z_{1:t}, a_{1:t}) = p(r_{1:t}|z_{1:t}, a_{1:t}) \prod_j p(m_j|r_{1:t}, z_{1:t}) \qquad (4.53)$$

FastSLAMは，拡張カルマンフィルタによるSLAMよりも多くのランドマークを扱うことができる。Fast SLAMでは，パーティクルをロボット軌跡に限定しているが，その次元はロボット位置に比べれば大きく，一般には大量のパーティクルが必要になる。しかし，1つの軌跡中の各ロボット位置は強い相関をもつので，実際に必要なパーティクル数は少ない。ただし，長時間実行するとFastSLAMは誤差分散を小さく見積すぎるという報告がある[2]。また，誤差分布の形状やデータ対応づけの精度によっては，仮説が多数分岐してパーティクル数が足りなくなる可能性もある。

一般に，ベイズフィルタによるSLAMは，最適化ベースのSLAMに比べて計算量が多いことが示されており[25]，大量のランドマークをもつ大規模な環境には向かない。しかし，自己位置推定に限定すれば，状態変数はロボット位置だけになり，計算量が小さいので，ベイズフィルタは非常に有用である[31]。

4.3.4 逐次型SLAM

逐次型SLAMは，最適化ベースSLAMのフロントエンドとして用いる。精度が要求されなければ単独で利用してもよい。逐次型SLAMは局所的な最適化だけ行い，ループ閉じ込みなどの大域的な最適化はグラフベースSLAMで行う。

逐次型SLAMでは，ロボット位置の推定と地図生成を交互に行う形になる。まずロボット位置の推定方法を説明し，次に地図の生成方法を説明する。

(1) 車輪オドメトリによる方法

車輪オドメトリで得たロボット位置の時系列に沿って外界センサの観測データを並べれば，地図は作れる。これだけでは，ロボット位置の推定にランドマークを全く用いていないので，厳密にはSLAMではない。しかし，ジャイロやIMUと併用すれば，高精度な位置推定が可能であり，この方法も実用性が高い[33]。

ランドマークを局所的に複数回観測するだけならば，SLAMを行っても累積誤差は残る。累積誤差を大幅に削減するには，ループ閉じ込み（ループを1周して位置を合わせること）が必要である。これを考えると，局所的には高精度オドメトリで地図を作り，ランドマークは主にループ閉じ込みで用いるアプローチもありうる。

(2) マッチングによる方法

マッチングによるSLAMでは，時刻 t の観測データ点群と時刻 $t-1$ までに得られたランドマーク点群の形状をマッチングしてロボットの位置を求める。一般に，マッチングに使う点が多いほど精度や安定性は向上する。レーザスキャナやカメラ画像など，一度に大量のランドマーク点群を観測できるセンサに適する。車輪オドメトリや慣性センサはなくてもよい。以下，カメラの場合は，内部校正済みと仮定する。

(i) 3D点-3D点対応の場合

レーザスキャナは高精度な3D点を取得できるので，3D点同士のマッチングがよく行われ，スキャンマッチングと呼ばれる。1回の走査で得られるデータをスキャンという。スキャンは2次元レーザスキャナでは平面上に分布し，3次元レーザスキャナでは3次元空間に分布する。スキャンマッチングは式(4.54)を最小化するロボット位置 r_t を求める問題に帰着する。

$$G_1(r_t) = \sum_i^N ||R_t^{-1}(p_{i,t-1} - r'_t) - q_{i,t}||^2 \quad (4.54)$$

$p_{i,t-1}$ は時刻 $t-1$ までに生成した地図の点，$q_{i,t}$ は時刻 t のセンサ座標系での観測点である。2次元スキャンの場合は，マッチングは平面上で行われ，ロボット位置の自由度は平面上の運動に限定される。

この解法にはICP (Iterative Closest Points) がよく用いられる[3, 17]。ICPでは，① r_t を固定して最近傍点を対応づける，② その対応において式(4.54)を最小化する r_t を求める，というステップを繰り返す。式(4.54)の最小化では，まず，対応がとれた点群を，その重心を原点とする座標系に変換して回転を求める。2次元スキャンの場合は，対応点のなす角から回転は容易に求まる。3次元スキャンの場合は，特異値分解や四元数による線形解法で回転が得られる。並進は，得られた回転と重心位置から計算される。また，式(4.54)にマーカート法などの非線形最小化を適用して r_t を求めることもできる。非線形最小化では初期値が必要になるが，時刻 $t-1$ と t では変位が小さいので，r_{t-1} を r_t の初期値にして比較的容易に最小化できる。オドメトリによる予測値 $\tilde{r}_t$ があれば，それを初期値にするとよい。ICPは局所解に陥りやすいので，特徴ベクトルで点の対応を絞り込んだり，M推定でアウトライアに対処するなどの工夫が必要である。

(ii) 3D点-2D点対応の場合

画像の場合は，観測データが2D点，ランドマークが3D点となり，式(4.55)に基づいて，透視変換 h を介した最小二乗法で位置合せができる。

$$G_2(r_t) = \sum_i^N ||h(R_t^{-1}(p_{i,t-1} - r'_t)) - q_{i,t}||^2 \quad (4.55)$$

$p_{i,t-1}$ は時刻 $t-1$ までの地図の3D点，$q_{i,t}$ は時刻 t の画像上の2D点である。

点の対応がついている場合は，線形解法としてDLT (Direct Linear Transformation) がある。DLTでは，6個以上の3D点に対してカメラ行列 2) に関する連立方程式を立て，特異値分解を用いて解く[7, 9]。上記(i)と同様，マーカート法や準ニュートン法などの非線形最小化もよく用いられる。一方，点の対応がついていない場合は，透視変換を介して画像空間でICPを行う[29]。図4.5にその例を示す。

2) カメラ位置 R と T，およびカメラ内部パラメータで構成される行列。

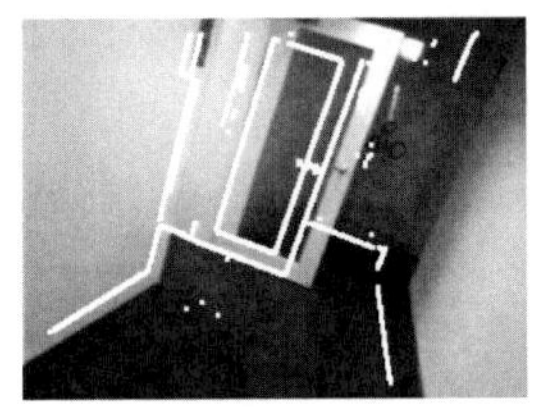

図 4.5 透視変換を介したICPの例。白い線が3D点群の投影像。見やすさのため，2D点は表示していない。

なお，ステレオカメラでは3D点-3D点対応も可能だが，ステレオ復元は奥行誤差が大きいため，奥行を捨象して3D点-2D点対応で最適化する方が安定する。

(iii) 2D点-2D点対応の場合

単眼カメラでは，初期状態で3D点が得られないので，2枚の画像の2D点からロボットの移動量（画像間の相対位置）を推定する必要がある。2D点-2D点対応による相対位置推定には，エピポーラ幾何を使う。エピポーラ幾何は，基本行列 $E = TR$ を用いて次式で表せる。R は画像1と画像2間のカメラの相対位置による回転行列，T は並進の歪対称行列である。

$$q_1^T E q_2 = 0 \quad (4.56)$$

$q_1 = (u_1, v_1, 1)^T$ と $q_2 = (u_2, v_2, 1)^T$ は各画像上の対応点である。これを展開すると次式が得られる。

$$\tilde{q}^T \tilde{E} = 0 \quad (4.57)$$

ここで，$\tilde{q}^T = (u_1u_2, v_1u_2, u_2, u_1v_2, v_1v_2, v_2, u_1, v_1, 1)$，$\tilde{E}$ は E の要素を縦に並べたベクトルである。式(4.57)を N 組の対応点に対してまとめると $M\tilde{E} = 0$ を得る。M は N 個の異なる $\tilde{q}^T$ を縦に並べた行列である。

この解法として，8点法や5点法がある。8点法[5, 7, 9]は，$N \geq 8$ の場合に，M^TM の最小固有値として E を求める。これは M の特異値分解で得られる。5点法[18]は，$N \geq 5$ の場合に適用できる。E の自由度は5なので，$\tilde{E}$ は $M\tilde{E} = 0$ の右零空間を張る4個のベクトル $\tilde{X}, \tilde{Y}, \tilde{Z}, \tilde{W}$ の線形和 $\tilde{E} = x\tilde{X} + y\tilde{Y} + z\tilde{Z} + \tilde{W}$ で表

せる。これらのベクトルは特異値分解や QR 分解で得る。係数 x, y, z を変数として，E が満たすべき関係式に代入して整理すると，1 変数の 10 次方程式を得る。それを数値解法で解いて E を得る。8 点法や 5 点法で求めた E から，特異値分解で R と T が得られる。

なお，単眼カメラではスケールは得られないので，並進の自由度は 1 残る。また，安定性は (ii) の方がよいので，ここでの方法で SLAM を行って十分な 3D 点が得られたら，それ以降は (ii) の方法を使えばよい。

(3) 地図の生成

ロボット位置が得られたら，それに合わせて 3D 点を配置して地図を更新する。点 p_i を観測した時刻の集合を O_i とすると，その各時刻について，r_t から見えるべき p_i の位置と観測値とのずれが最小になるように p_i を求める。観測点 $q_{i,t}$ が 3D 点の場合は式 (4.58) を，2D 点（画像）の場合は式 (4.59) を最小化する。

$$H_1(p_i) = \sum_{t \in O_i} ||R_t^{-1}(p_i - r'_t) - q_{i,t}||^2 \tag{4.58}$$

$$H_2(p_i) = \sum_{t \in O_i} ||h(R_t^{-1}(p_i - r'_t)) - q_{i,t}||^2 \tag{4.59}$$

大量のランドマークについて，これらの最小化を毎回計算するのは効率が悪い。そこで，式 (4.60) を用いて時刻 t だけで $p_{i,t}$ を計算し，その時点で地図に登録されている p_i に統合する。$q_{i,t}$ は時刻 t に外界センサで得られた 3D 点である。統合においては，共分散の重みが付いた平均をとる。

$$p_{i,t} = R_t q_{i,t} + r'_t \tag{4.60}$$

単眼カメラの場合は 3D 点が直接得られないので，三角法で 3D 点の初期値を得たうえで式 (4.59) を用いる。

4.3.5　グラフベース SLAM

最適化 SLAM のバックエンドには，グラフベース SLAM が用いられる。グラフベース SLAM では，ロボット位置とランドマーク位置の関係をグラフで表し，そのグラフから非線形最小二乗問題を生成して解く。確率論の観点からは，グラフベース SLAM は，誤差が正規分布に従うと仮定して最大事後確率推定を行っている。ベイズフィルタによる SLAM と違って，確率分布ではなく最適値を求めることが目的であるが，ロボット位置の共分散行列を得ることもできる。

(1) SLAM のグラフ表現

グラフ表現には様々な方法があるが，ここでは因子グラフを紹介する[12]。図 4.6 に例を示す。因子グラフは変数ノードと因子ノードからなる。変数ノードはロボット位置やランドマーク位置を表す。因子ノードは変数ノード間の確率的な制約を表す。SLAM で用いられる制約には，オドメトリ制約，ループ制約，ランドマーク観測，初期位置がある。ループ制約はループを 1 周して同じ場所に戻ってきたことを表す位置制約である。

図 4.6 は SLAM の全制約を表しているが，実用上は，バンドル調整とポーズ調整が重要である。バンドル調整[20, 32] はカメラ画像による 3D モデリングや SLAM に用いられる。本稿では，ポーズ調整を説明する。

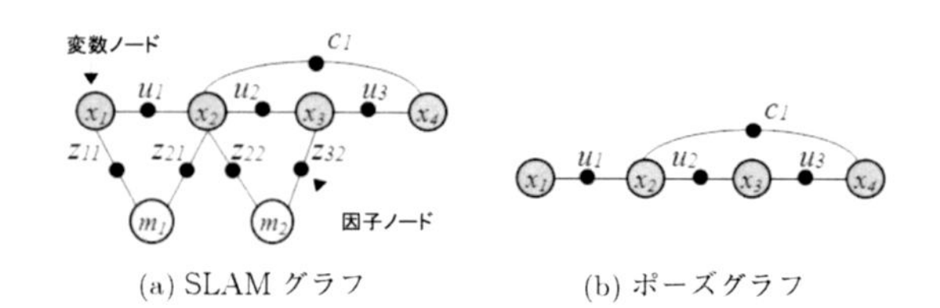

図 4.6　SLAM の因子グラフ表現。x はロボット位置，m はランドマーク位置，u はオドメトリ制約，c はループ制約，z はランドマーク観測である。

(2) ポーズ調整

SLAM においては，ポーズ調整がよく用いられる[6, 13, 21, 27]。ポーズ調整は，制約をオドメトリ制約とループ制約に限定したポーズグラフを用いて計算され，ループ閉じ込みにおいて特に有効である。ポーズグラフは，図 4.6(a) のような SLAM グラフからランドマークを消去することで得られる[11, 28]。また，4.3.4 項の逐次型 SLAM で得たロボット位置間の関係（相対位置）を制約としてポーズグラフを生成することも多い。

因子グラフ表現では，因子ノードに割り当てられた確率密度の積により，グラフ全体の同時確率密度が計算できる。ポーズグラフでは，ロボット位置の列 $X = (x_0, \ldots, x_n)^T$ の確率密度の制約式が次のように得られる。制約 $u_{i,j}$ は観測や逐次型 SLAM で得た相対位置（固定値）であり，関数 $g(x_i, x_j)$ はロボット位置 x_i, x_j（変数）から計算される相対位置である。$W_{i,j}$ は $u_{i,j}$ の誤差共分散である。C は制約が張られたロボット位置のペアの集合である。

$$P(X|U) \propto \prod_{i,j \in C} P(u_{i,j}|x_i, x_j) \tag{4.61}$$

$$P(u_{i,j}|x_i, x_j) \propto \exp(-||g(x_i, x_j) - u_{i,j}||^2_{W_{i,j}}) \tag{4.62}$$

ポーズ調整においては，式 (4.61) の対数をとり，その負値を最小にするロボット位置の列 X を求める。

$$X = \mathrm{argmin}_X(\sum_{i,j\in C} ||g(x_i, x_j) - u_{i,j}||^2_{W_{i,j}}) \tag{4.63}$$

式 (4.63) は非線形最小二乗問題であり，ガウス–ニュートン法を用いて，連立 1 次方程式に帰着される。

$$Ad = b \tag{4.64}$$

ここで，$A = J^T W^{-1} J$，$b = J^T W^{-1} r$ である。J は g のヤコビ行列，W は相対位置誤差の共分散行列，d は X の変位，r は残差 $u - g$ である。この連立 1 次方程式を QR 分解やコレスキー分解で解けば，X が得られる[6, 13, 21, 27]。

A は情報行列と呼ばれ，大規模な疎行列になる。式 (4.64) を解くには，A の要素に 0 が多いほど効率がよい。しかし，行列を分解する過程で 0 でない要素が多数生じる（フィルインと呼ぶ）。これに対処するために，行列の要素を並べ替えて，フィルインを大幅に減らすことが行われ，これが性能を大きく左右する。行列の並べ替えには多くの方法が提案されている[1]。

ポーズ調整でロボット位置が求まれば，4.3.4 項 (3) の方法やバンドル調整でランドマーク位置を推定できる。

(3) 共分散行列の計算

グラフベース SLAM ではロボット位置や地図の最適値を求めるが，ロボット位置が正規分布であると仮定して，その共分散行列を計算することもできる。例えば，完全 SLAM の式から周辺化により地図変数を消去して，ロボット位置の共分散行列を得ることができる[28]。また，非線形最小二乗問題をニュートン法やガウス–ニュートン法で解く際に，その収束時のヘッセ行列（あるいはその近似）の逆行列をロボット位置の共分散行列とする方法も有効である[20]。

グラフベース SLAM の計算では，ポーズグラフの各制約の共分散行列が必要である。制約の共分散行列は，データ対応づけに曖昧性がなければ，運動モデルや観測モデルに基づきながら経験的に値を決めてもうまくいくことが多い。しかし，ICP などでデータ対応づけに曖昧性が生じる場合は，それを考慮して共分散行列を求める必要がある。

4.3.6 データ対応づけ

データ対応づけは，異なる時刻に観測されたセンサデータで同じものを対応づけることである。多くの場合，地図に登録されているランドマークと現在観測したセンサデータとの対応づけが問題となる。観測した時刻が近いか離れているかで，難易度が大きく異なる。

(1) 連続的に観測したデータの対応づけ

逐次的に SLAM を行う際，連続したセンサデータ間での対応づけが必要になる。典型的には，時刻 t に観測したセンサデータを時刻 $t-1$ までに生成した地図のランドマークと対応づける。

観測時刻が近い場合は，ロボットの移動量は小さいので，ランドマークの探索範囲を限定でき，対応づけは比較的容易である。位置に基づくデータ対応づけは次のように行う。z_t^i を時刻 t での i 番目の観測データ，$\hat{z}_t^k$ を k 番目のランドマークを時刻 t のロボット姿勢で観測したときの値とし，Ψ_k をその共分散行列とすると，観測の最尤推定として対応 $c(i)$ を求める[28]。

$$c(i) = \mathrm{argmin}_k((z_t^i - \hat{z}_t^k)^T \Psi_k^{-1}(z_t^i - \hat{z}_t^k)) \tag{4.65}$$

これは，現ロボット姿勢から見えるランドマークに最も近い観測データを対応づけることを意味する。前述の ICP で最近傍点に対応づけるのもこれと同じ原理である。もし各点が識別のための特徴量をもつ場合は，それによって対応候補を減らすことができる。

前提が何もなければ，ランドマークとセンサデータの対応は指数オーダとなる。しかし，環境形状が変形しないと仮定すれば，ロボット位置が決まると最近傍点は一意に決まる。このようにデータ対応づけはロボット位置と強い相関をもつので，連続的に観測するならば，直前のロボット位置を手がかりに対応候補を大幅に絞り込むことができる。

それでも，対応づけには曖昧性があり，誤りが生じうる。これに対処するために，RANSAC[8] や M 推定[7, 9] などのロバスト推定法が用いられる。RANSAC は，少数のデータ対応からロボット位置の仮説を計算し，その位置において他のデータが何個のランドマークと一致するか評価する。これを繰り返して，最も一致数の多い仮説をロボット位置として採用する。M 推定は，式 (4.54) や式 (4.55) の 2 乗ノルムを他の評価関数に置き換える。アウトライアがあると 2 乗ノルムは過剰に大きな値となるので，推定に悪影響を与える。そこで，誤差が大きくても過剰に反応しない評価関数を用いる。

(2) 観測時刻が離れているデータの対応づけ

観測時刻が離れている場合は，大きく2つある。一つは，ロボットがループを1周して同じ場所に戻って来た場合である。同じ場所だと知ることをループ検出と呼ぶ。もう一つは，すでに構築した地図上で，初期位置を知らずに自己位置推定をする場合である。これは，大域自己位置推定と呼ばれる。大域自己位置推定はロボットのナビゲーションでも用いられるが，複数の地図を結合して1つの地図を作る際にも必要となる。

観測時刻が離れていると，ランドマークの探索範囲が大きくなるので，データ対応づけは非常に難しくなる。これに対処するために，ランドマークを識別する特徴を用いる。画像であれば，SIFT[15] や BRIEF[4] などの局所記述子が有用である。レーザスキャナでも，スピンイメージ[10] や FPFH[22] などが提案されている。局所記述子は多次元の特徴ベクトルであり，ユークリッド距離やコサイン相関により類似度を判定する。

広範囲の地図からランドマークを見つけるには，高速なデータ検索が必要になる。画像の場合には，visual vocabulary を用いた検索手法が提案されている[23]。まず，局所記述子をクラスタリングして，有限個の離散化した特徴ベクトル（語彙）に変換する。そして，地図に登録された画像から，語彙のヒストグラムが入力画像とよく一致する画像を検索する。さらに，クラスタリングを階層的に行い，vocabulary tree と呼ぶ階層木で語彙を効率的に管理・検索する方法もある[19]。

画像単位で対応候補が求まったら，その画像内でどの特徴点（2D 点）がランドマーク（3D 点）と対応するかを調べる。このためには，上記 (1) と同様に，RANSAC や M 推定を用いて，ロボット位置を求めながらデータの対応づけを行う[30]。

(3) ループ閉じ込みにおける誤対応の対処

前述のように，ループ閉じ込みは累積誤差を修正するのに大きな役割を果たす。ループ検出は上記 (2) で述べた方法で行う。対応がつけられた2つのロボット位置には，ポーズグラフ上にループ制約が張られる。

データ対応づけに誤りがあれば，偽のループ制約が発生する。これは，環境によく似た場所が複数あるときに起こる。ポーズ調整の最適化計算は偽の制約に弱く，少数の偽制約でも失敗することがあり，その場合，地図は大きく歪む。

これに対処する方法として，ループ制約が正しいかどうかのラベル変数 $w_{i,j}$ を付加し，式 (4.66) により，ラベル変数とロボット位置を同時に最適化する方法が提案されている。第1項はオドメトリ制約，第2項はループ制約である。

$$F(X) = \sum_{i \in D} ||g(x_i, x_{i+1}) - u_{i,i+1}||^2_{W_{i,i+1}} + \sum_{i,j \in C} w_{i,j} ||g(x_i, x_j) - u_{i,j}||^2_{W_{i,j}} \tag{4.66}$$

この解法には，両者を直接最適化する手法[26] や EM 法を用いて交互に最適化する手法[14] などがある。後者は M 推定と等価であることが示されている。

<友納正裕>

参考文献（4.3 節）

[1] Agarwal, P. and Olson, E.: Variable reordering strategies for SLAM, *IEEE/RSJ Int. Conf. Intelligent Robots and Systems (IROS2012)*, pp. 3840–3850 (2012)

[2] Bailey, T., Nieto, J. *et al.*: Consistency of the FastSLAM Algorithm, *IEEE Int. Conf. Robotics and Automation (ICRA2006)*, pp. 424–429 (2006).

[3] Besl, P. J. and Mckay, N. D.: A Method of Registration of 3-D Shapes, *IEEE Trans. on PAMI*, Vol. 14, No. 2, pp. 239–256 (1992).

[4] Calonder, M., Lepetit, V. *et al.*: Brief: binary robust independent elementary features, *Euro. Conf. Computer Vision (ECCV2010)*, pp. 778–792 (2010).

[5] 出口光一郎：『ロボットビジョンの基礎』，コロナ社 (2000).

[6] Grisetti, G., Grzonka, S. *et al.*: Efficient Estimation of Accurate Maximum Likelihood Maps in 3D, *IEEE/RSJ Int. Conf. Intelligent Robots and Systems (IROS2007)*, pp. 3472–3478 (2007).

[7] Hartley, R. and Zisserman, A.: *Multiple View Geometry in Computer Vision*, Cambridge University Press (2004).

[8] Fischler, M. and Bolles, R.: Random Sample Consensus: a Paradigm for Model Fitting with Application to Image Analysis and Automated Cartography, *Communications ACM*, Vol. 24, pp. 381–395 (1981).

[9] 徐剛，辻三郎：『3次元ビジョン』，共立出版 (1998).

[10] Johnson, A. E. and Hebert, M.: Using spin images for efficient object recognition in cluttered 3d scenes. *IEEE Trans. on PAMI*, Vol. 21, pp. 433–449 (1999).

[11] Konolige, K. and Agrawal, M.: FrameSLAM: from Bundle Adjustment to Realtime Visual Mapping, *IEEE Trans, on Robotics*, Vol. 24, No. 5, pp. 1066–1077 (2008).

[12] Kschischang, F. R., Frey, B. J. *et al.*: Factor Graphs and the Sum-Product Algorithm, *IEEE Trans. on Information Theory*, Vol. 47, No. 2, pp. 498–519 (2001).

[13] Kummerle, R., Grisetti, G. *et al.*: g2o: A General Framework for Graph Optimization, *IEEE Int. Conf. Robotics and Automation (ICRA2011)*, pp. 3607–3613 (2011).

[14] Lee, G. H., Fraundorfer, F. *et al.*: Robust Pose-Graph Loop-Closures with Expectation-Maximization, *IEEE/RSJ Int. Conf. Intelligent Robots and Systems (IROS2013)*, pp. 556–563 (2013).

[15] Lowe, D. G.: Distinctive Image Features from Scale-Invariant Keypoints, *Int. J. Computer Vision*, Vol. 60, No. 2, pp. 91–110 (2004).

[16] Lu, F. and Millos, E.: Globally Consistent Range Scan Alignment for Environment Mapping, *Autonomous Robots*, Vol. 4, No. 4, pp. 333–349 (1997).

[17] 増田健：ICP アルゴリズム，『コンピュータビジョン最先端ガイド 3』，アドコムメディア (2010).

[18] Nister, D.: An Efficient Solution to the Five-Point Relative Pose Problem, *IEEE Trans. on PAMI*, Vol. 26, No. 6, pp.756–770 (2004).

[19] Nister, D. and Stewnius, H.: Scalable Recognition with a Vocabulary Tree, *IEEE Conf. Computer Vision and Pattern Recognition (CVPR2006)*, pp.2161–2168 (2006).

[20] 岡谷貴之：バンドルアジャストメント，『コンピュータビジョン最先端ガイド 3』，アドコムメディア (2010).

[21] Olson, E., Leonard, J. *et al.*: Fast Iterative Alignment of Pose Graphs with Poor Initial Estimates, *IEEE Int. Conf. Robotics and Automation (ICRA2006)*, pp. 2262–2269 (2006).

[22] Rusu, R. B., Blodow, N. *el al.*: Fast Point Feature Histograms (FPFH) for 3D Registration, *ICRA2009*, pp. 3212–3217 (2009).

[23] Sivic, J. and Zisserman, A.: Video Google: A text retrieval approach to object matching in videos, *Int. Conf. Computer Vision (ICCV2003)*, pp. 1470–1477 (2003).

[24] Smith, R. and Cheeseman, P.: On the Representation and Estimation of Spatial Uncertainty, *Int. J. Robotics Research*, Vol. 5, No. 4, pp. 56–68 (1986).

[25] Strasdat, H., Montiel, J. M. *et al.*: Real-time Monocular SLAM: Why Filter?, *IEEE Int. Conf. Robotics and Automation (ICRA2010)*, pp. 2657–2664 (2010).

[26] Sunderhauf, N. and Protzel, P.: Towards a Robust Back-End for Pose Graph SLAM, *IEEE Int. Conf. Robotics and Automation (ICRA2012)*, pp. 1254–1261 (2012).

[27] Takeuchi, E. and Tsubouchi, T.: Multi Sensor Map Building based on Sparse Linear Equations Solver, *IEEE/RSJ Int. Conf. Intelligent Robots and Systems (IROS2008)*, pp. 2511–2518 (2008).

[28] Thrun, S., Burgard, W. *et al.*: *Probabilistic Robotics*, MIT Press, (2005). （邦訳）上田隆一訳：『確率ロボティクス』，毎日コミュニケーションズ (2007).

[29] 友納正裕：エッジ点追跡に基づくステレオカメラを用いた三次元 SLAM，『日本ロボット学会誌』，Vol. 27, No.7, pp. 57–65 (2009).

[30] Tomono, M.: 3D Localization Based on Visual Odometry and Landmark Recognition Using Image Edge Points, *IROS2010*, pp. 5953–5959 (2010).

[31] 友納正裕：移動ロボットのための確率的な自己位置推定と地図構築，『日本ロボット学会誌』，Vol. 29, No. 5, pp. 21–24 (2011).

[32] Triggs, B., McLauchlan, P. F. *et al.*: Bundle Adjustment – A Modern Synthesis, *Vision Algorithm99, LNCS 1883*, pp. 298–372 (2000).

[33] 吉田智章，入江清 他：3D スキャナとジャイロを用いた屋外ナビゲーションプラットホーム，『計測自動制御学会論文集』，Vol. 47, No. 10 (2011).

4.4 操作による対象物特性の推定

4.4.1 概要

組み立て作業や物体の運搬作業においては，マニピュレータやロボットハンドで対象物を操作する際，形状や質量，質量中心等の対象物の特性に関する情報が必要となる。特に，器用な操りや作業の効率性を要求するのであれば，対象物の特性は事前に，かつ正確に与えなければならない。操作や作業の遂行に必要な対象物の特性は必ずしも事前にすべて与えることができるとは限らないが，カメラやレンジファインダ等のセンサを用いれば対象物の形状を把握することは可能であろう。また，対象物を一端把持して持ち上げてしまえば，その質量や質量中心を推定することも可能である。しかしながら，カメラ等の視覚センサが備わっていなければ，ロボットは対象物の形状を把握することはできない。また，大きくて把持することができない，または重くて持ち上げることができない対象物は，そもそも操作することすら容易ではない。ところが人間は，手探りによって物体の形状を把握することができる。昆虫は触角を用いて周囲の環境を把握し，環境に接触することなく移動することができる。昆虫の触角は物体との接触から物体の位置を検出するセンサとなっているからである。また，人間は押す，転がすといった非把持操作により，持ち上げることができない物体でも器用に操ることができる。

ここで，ロボットで非把持操作を行うことを考えてみよう。非把持操作により対象物を移動させる作業では，力が加えられた対象物にどのような運動が生じるかを予測できなければ，効率の良い作業を実現することはできない。例えば，床面に置かれた対象物を押した際，対象物に生じる運動は加えた力と対象物の底面に生じる摩擦に密接に関係している。したがって，どのような摩擦が生じるのかを事前に把握しなければ，押された対象物の運動を予測することは難しく，対象物を望みの方向へ移動させることができない。また，対象物を転がして移動させる作業では，対象物の質量や重心の位置が与えられなければ，対象物を安定して転がすことはできない。

では，対象物の特性が事前に与えられていない場合はどうするか。この問題に対して，ロボットで対象物に何らかの操作を行い，その結果として得られる対象物の運動や反力等の物理量を測定する，いわゆる能動動作によるセンシングで，作業に必要な情報を抽出する研究がなされている。以下ではまず4.4.2項で，センシング機能を持たない柔軟なワイヤと，角度センサ，トルクセンサ，およびアクチュエータからなるセンサシステムにより，ワイヤと環境との接触点を検出する能動触角を紹介する。4.4.3項では，水平な床面に置かれた対象物を複数回押すことによって，対象物の底面と床面間に生じる摩擦の分布を推定する方法を説明する。4.4.4項では，対象物を複数回傾ける操作により，対象物の質量や重心の位置，慣性モーメントを推定する方法を紹介する。

＜栗栖正充＞

4.4.2　能動触角[1, 2]

図4.7のようにセンシング機能を持たない弾性棒の根元に角度センサ，トルクセンサ，さらに弾性棒を駆動するためのアクチュエータが備わっているセンサシステムを考えてみよう。問題を簡単にするため，以下の仮定を設ける。

[仮定1] 触角の運動は平面内に限定する。
[仮定2] 触角の変形は線形近似が成り立つ程度の微小とする。
[仮定3] 触角の曲げモーメントによるたわみに対し，触角の長手方向の伸びや縮みは無視できる程度に小さいものとする。
[仮定4] 触角形状は既知とする。
[仮定5] 環境は触角に比べて十分硬いものとする。
[仮定6] 能動動作を付加するまで，触角と環境との接触力は無視できるものとする。
[仮定7] 触角はそのダイナミクスが無視できるほどゆっくり動くものとする。

図4.8のように直線形状の棒が対象物に接触している場合を例にとって基本動作原理について説明してみよう。はじめに図4.8(a)のように剛体棒を想定する。ここで，s_x, f_n はそれぞれ根元から接触点までの距離，及び法線方向の接触力である。ただし，たとえ任意の方向の接触力を想定したとしても，ゴムのような触角を考えない限り，接線方向の力による触角の伸びは仮定3により無視できるため，実質的には f_n によるたわみだけ考えれば一般性を失うことはない。このとき，根元のアクチュエータにかかるトルク τ と法線方向接触力 f_n との間には，式(4.67)の関係が成立する。

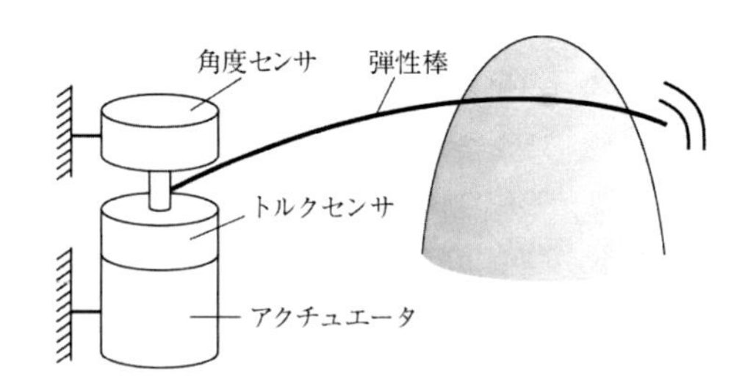

図 4.7　能動触角

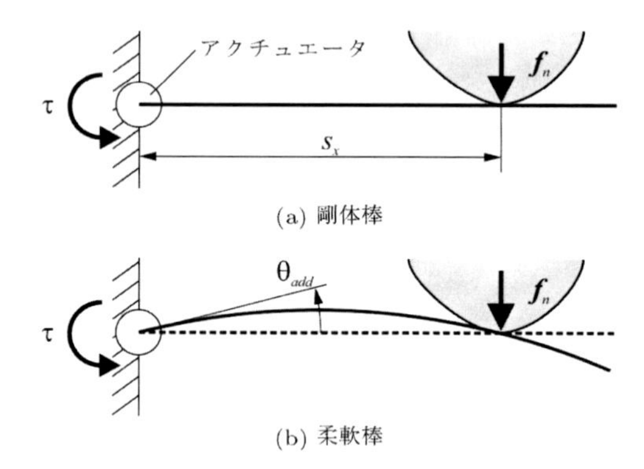

図 4.8　直線棒が対象物に接触した状態

$$\tau = s_x f_n \tag{4.67}$$

式(4.67)には s_x と f_n の2つの未知数があるため，たとえ τ が測定できたとしても s_x と f_n を分離することはできない。つまり，剛体の触角が単に環境に接触しただけでは接触点 s_x は決まらない。次に図4.8(b)のように触角が弾性体の場合を想定してみよう。この条件下で，触角が環境に接触した後，アクチュエータをさらに能動的に $\theta_{\rm add}$ だけ環境側に回転させると，回転量 $\theta_{\rm add}$ に応じて触角がたわみ，接触力 f_n，トルク τ 共に増加する。はじめに環境がないとすると，触角は剛体的に回転し，接触点の変位量 δ_1 は式(4.68)で表される。

$$\delta_1 = s_x \theta_{\rm add} \tag{4.68}$$

次に環境が存在する場合を考えると，接触点において式 (4.69) で現される接触力が発生する。

$$\delta_1 = f_n s_x^3/(3EI) \tag{4.69}$$

ここで E, I はそれぞれ触角のヤング率および断面 2 次モーメントである。式 (4.68), (4.69) から式 (4.70) を導出することができる。

$$s_x = 3EI\theta_{\mathrm{add}}/\tau \tag{4.70}$$

式 (4.70) は接触点位置 s_x が押し込み角度 θ_{add} に比例し，根元トルク τ に反比例することを意味している。ここで式 (4.70) は θ_{add} という能動動作を付加することによってはじめて得られるもので，能動動作なしには接触点位置 s_x は求まらないことに留意されたい。

一方，回転系の柔らかさを表す指標として回転コンプライアンス C_θ がある。回転コンプライアンスは式 (4.71) で定義される。

$$\theta_{add} = C_\theta \tau \tag{4.71}$$

式 (4.71) を式 (4.70) に代入することにより，最終的にきわめてきれいな式を導出することができる。

$$s_x = kC_\theta \tag{4.72}$$

ここで，$k = 3EI$。式 (4.72) から能動触角は接触位置によって変化する回転コンプライアンスをトルクセンサと角度センサを使って計測することによって，接触点位置を間接的に推定するセンサであることがわかる。

ここでは，触角の動きを仮定 1 によって平面内に限定したが，3 次元空間内がスキャンでき，かつ根元に 2 軸のトルクセンサを配置しておけば，3 回の探索動作によって接触点位置が規定の精度で算出できることも明らかにされている[2]。

＜金子 真＞

4.4.3 押し操作による床面摩擦の推定

床面上に置かれた対象物を押したとき，その対象物に生じる運動は床面と対象物底面との間に生じる摩擦に左右される。特に対象物の慣性力が摩擦力に比べて十分小さい場合，対象物の運動は摩擦力の分布に支配される。仮に対象物が動いてもこの分布が変動しないとすると，対象物を押す動作と対象物に生じる運動との関係は一意に定まることになる。逆に，摩擦力の分布が既知であれば，押した際に生じる対象物の運動を予測することができ，人間が行うような卓上の物体を持ち上げずに移動させる器用なマニピュレーションをロボットに行わせることが可能となる。そこで，ロボット指で対象物に複数回の押し操作を行い，押した際に対象物に生じた運動を計測することで，対象物底面の摩擦力分布を推定する方法が提案されている[3, 4]。ここではこの摩擦力分布の推定方法を紹介する。

まず，摩擦のある水平な床面上に置かれた対象物を押して力を加えたとき，その対象物の底面にはたらく力，およびモーメントの関係式を導く。なお，以下では対象物に次の仮定が成立しているものとする。

[仮定 1] 対象物底面のおおよその形状はわかっている。
[仮定 2] 対象物底面と床面との接触は有限個の接触で近似でき，それらの接触点の個数を n とする。
[仮定 3] 対象物を動かしても対象物から見た接触点の位置は変化しない。
[仮定 4] 接触点における摩擦力の大きさは変化しない。
[仮定 5] 静止摩擦と動摩擦は等しい。
[仮定 6] 対象物に生じる慣性力は摩擦力に比べて十分小さい。

また，推定のために行う押し操作の回数を m とし，各押し操作においては以下が成立するように行うものとする。

- 押す力は水平に，かつ床面に十分近い位置で対象物に加えられる。
- 押し操作中において押す位置は対象物に対して移動しない。
- 対象物を押す力，および押す位置は計測できる。
- 対象物に生じる運動の回転中心の位置は計測できる。

以上の設定のもとでは，対象物にはたらく力の釣合いは水平面内でのみ考慮すればよいことになる。そこで以後の議論は対象物底面を含む 2 次元平面内で行う。ここで，対象物底面に固定された座標系 $\Sigma_O(O_O - X_O Y_O)$ から見た以下の要素を定義する（図 4.9）。

$\boldsymbol{p}_i$ ：対象物底面の i 番目の接触点の位置
$\boldsymbol{p}_{c,j}$ ：対象物を押す位置
$\boldsymbol{p}_{r,j}$ ：対象物に生じた運動の回転中心の位置
$\boldsymbol{v}_{i,j}$ ：$\boldsymbol{p}_i$ における対象物の速度
$\boldsymbol{f}_{i,j}$ ：$\boldsymbol{p}_i$ に生じている摩擦力
$m_{i,j}$ ：$\boldsymbol{f}_{i,j}$ による Σ_O 原点まわりのモーメント

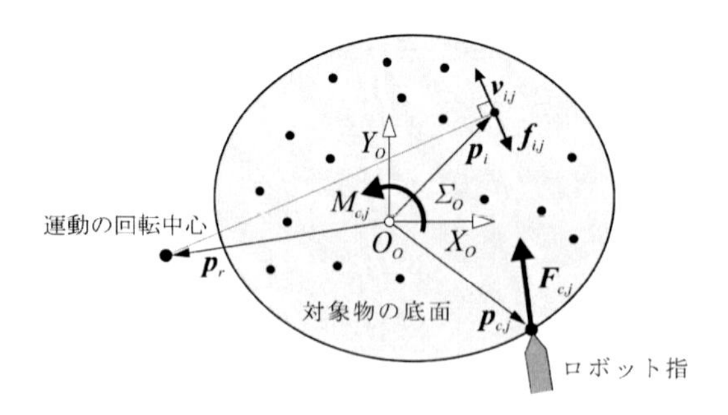

図 **4.9**　対象物の底面

$\boldsymbol{F}_{c,j}$ ：対象物を押す力
$M_{c,j}$ ：$\boldsymbol{F}_{c,j}$ による Σ_O 原点まわりのモーメント

なお，右下付き添字 j は j 回目の押し操作に関する量であることを示す。

仮定 4 より $\| \boldsymbol{f}_{i,j} \| = a_i$ とおくと，i 番目の接触点に生じる摩擦力，およびその摩擦力によるモーメントはそれぞれ次式で表される。

$$\boldsymbol{f}_{i,j} = -\frac{\boldsymbol{v}_{i,j}}{\| \boldsymbol{v}_{i,j} \|} a_i \tag{4.73}$$

$$m_{i,j} = \boldsymbol{p}_i \otimes \boldsymbol{f}_{i,j} \tag{4.74}$$

ここで $\otimes$ は任意のベクトル $\boldsymbol{b} = [b_x, b_y]^T$，$\boldsymbol{c} = [c_x, c_y]^T$ に対して $\boldsymbol{b} \otimes \boldsymbol{c} = b_x c_y - b_y c_x$ を定義する演算子である。

摩擦力により対象物に生じている合力と合モーメントは，対象物を押す力とその力によるモーメントとそれぞれ釣り合っている。このことから次式を得る。

$$\boldsymbol{F}_{c,j} = -\sum_{i=1}^{n} \boldsymbol{f}_{i,j} \tag{4.75}$$

$$M_{c,j} = \boldsymbol{p}_{c,j} \otimes \boldsymbol{F}_{c,j} = -\sum_{i=1}^{n} m_{i,j} \tag{4.76}$$

また，接触点の移動方向は対象物の運動の回転中心を用いて表すことができ，$\boldsymbol{p}_i - \boldsymbol{p}_{r,j} = [X_{i,j},\ Y_{i,j}]^T$，$\| \boldsymbol{p}_i - \boldsymbol{p}_{r,j} \| = R_{i,j}$ とおくと，その方向は

$$\frac{\boldsymbol{v}_{i,j}}{\| \boldsymbol{v}_{i,j} \|} = \mathrm{sgn}(\dot{\theta}_j) \frac{[-Y_{i,j}, X_{i,j}]^T}{R_{i,j}} \tag{4.77}$$

となる。ただし $\mathrm{sgn}(\dot{\theta}_j)$ は j 回目の対象物の回転方向を表す。以上より，最終的に対象物を押す力と摩擦力の関係は，式 (4.73)〜(4.77) より次式で表すことができる。

$$\boldsymbol{F}_{c,j} = \mathrm{sgn}(\dot{\theta}_j) \sum_{i=1}^{n} \frac{[-Y_{i,j}, X_{i,j}]^T}{R_{i,j}} a_i \tag{4.78}$$

$$M_{c,j} = \mathrm{sgn}(\dot{\theta}_j) \sum_{i=1}^{n} \frac{\boldsymbol{p}_i^T [X_{i,j}, Y_{i,j}]^T}{R_{i,j}} a_i \tag{4.79}$$

a_i は支持点 $\boldsymbol{p}_i$ にはたらく摩擦力の大きさなので，$\boldsymbol{a} = [a_1, a_2, \ldots, a_n]^T$ は対象物底面の摩擦力の大きさの分布を表す。仮定 1〜6 が成立している場合，この摩擦力分布は対象物に固有なものとなる。このとき，次式で与えられる対象物底面内の点 $\boldsymbol{p}_g$ を摩擦中心と呼ぶ。

$$\boldsymbol{p}_g = \frac{\displaystyle\sum_{i=1}^{n} \boldsymbol{p}_i a_i}{\displaystyle\sum_{i=1}^{n} a_i} \tag{4.80}$$

対象物を押す力が摩擦中心を通るとき，対象物の運動は姿勢変化を伴わない純粋な並進運動となる。言い換えれば，押す力が摩擦中心を通るようにすれば，姿勢を変えずに対象物を押すことができる。

対象物底面と床面との接触状態は一般には未知であり，当然接触点の位置 $\boldsymbol{p}_i$ は事前にはわからない。また，これらはカメラ等のセンサを用いても正確に把握することは極めて困難である。そこで，図 4.10 のように対象物底面を格子状に分割し，各格子点を仮想的な接触点とする。これにより，$\boldsymbol{p}_i$ は既知として扱うことができる。$\boldsymbol{F} = [\boldsymbol{F}_{c,1}^T, M_{c,1}, \ldots, \boldsymbol{F}_{c,m}^T, M_{c,m}]^T$ とおくと，式 (4.78), (4.79) はまとめて次式のように表すことができる。

$$\boldsymbol{F} = \boldsymbol{G}\boldsymbol{a} \tag{4.81}$$

ここで $\boldsymbol{G} (\in \boldsymbol{R}^{m \times n})$ は既知の量，および計測値で構成された行列である。したがって，摩擦力分布の推定は以下の最小化問題に帰着する。

$$\text{Minimize} \ \| \boldsymbol{F} - \boldsymbol{G}\boldsymbol{a} \|$$

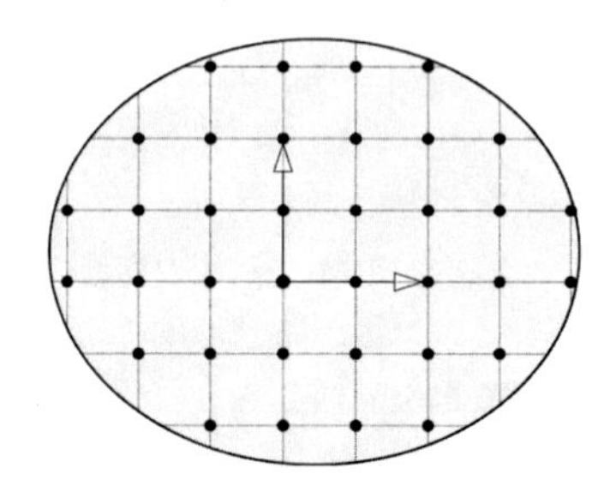

図 **4.10**　仮想的な接触点

Subject to $\boldsymbol{a} > \mathbf{0}$

この最小化問題を解くことにより摩擦力分布の推定値を得る。ただし，計測誤差を考慮すると押し操作の回数 m は接触点の個数 n より多くする必要がある。

さて，上述した推定方法では対象物底面と水平面との接触を仮想的な接触点 $\boldsymbol{p}_i$ で表したが，これは実際の接触状態を表しているわけではない。しかしながら，格子点の数 n を大きく取れば，実際には接触していない仮想の接触点における摩擦力は十分小さくなり，推定した摩擦力分布は実際の分布に近いものとなる。したがって，対象物底面に関しても正確な形状が既知である必要はなく，おおよその形状が把握できていればよいわけである。

なお，上述した方法では摩擦力の大きさの分布を推定しているが，押された対象物の運動を予測するのであれば，摩擦力の相対的な大きさの分布が把握できればよく，絶対的な大きさの分布は必要ではない。文献[4]ではこの性質を利用し，式 (4.82) の拘束条件のもと，押す力の方向成分のみを用いて，摩擦力の相対的な大きさの分布を推定する方法を示している。

$$\sum_{i=1}^{n} a_i = 1 \tag{4.82}$$

この方法は，押し操作中に対象物に対してロボット指が滑る場合も考慮しており，より一般的な推定方法といえる。ただし，摩擦力の相対的な大きさの分布からは，対象物に所望の運動を生じさせるために必要な操作力を前もって計算することはできない。

＜栗栖正充＞

4.4.4 傾け操作による対象物質量特性推定

ロボットハンドを使って対象物の操りや運搬を安定に行うために，対象物の重心や質量などの対象物の特性を正確に知ることが要求される。多くの場合，対象物の重心および質量が不明であれば，対象物の操りや運搬を安定に，しかも安全に操作することが難しくなる。

把持範囲外である形状または質量の大きな対象物の場合，ロボットハンドの能力をできるだけ生かせるような手法として，重力効果等価面による把持不可能な未知対象物の重心と質量の推定方法を考案し，物体傾け操作において多面体の重心や質量を推定している。

そのため，環境と線接触をした対象物の重心と接触線を含む重力効果等価面を定義する。その面を推定するためにロボット指により繰り返して対象物を上下に傾ける Tip 操作を行い，その Tip 操作によって得られた指先の測定位置と指先力から重力効果等価面を推定するためのアルゴリズムを確立し，そして複数の異なった面の組み合わせによる重心と質量の推定法を考案した。本項では，この事例を紹介する[5,6]。

(1) 問題の設定

本項では次の設定のもとに議論を行う（図 4.11 参照）。

- 対象物は質量や形状が大きいため把持不可能である。
- 対象物は形状，重心，および質量が未知の多面体，環境は位置と法線方向が未知の平面とする。
- ロボットハンドを用いて対象物を操作し，ロボット指と対象物とは摩擦有点接触するものとする。指先の位置と接触力は内界センサから得られる。
- 対象物の操作には対象物と環境との線接触または面接触を用いることにする。対象物を傾けたとき，対象物と環境とは線接触となるものとする。
- 操作途中において対象物と環境との接触位置は十分な摩擦により移動しないものとする。

以上に基づき，ロボットの能動操作から得た指先の位置と力の情報より，未知の重心と質量を推定する。

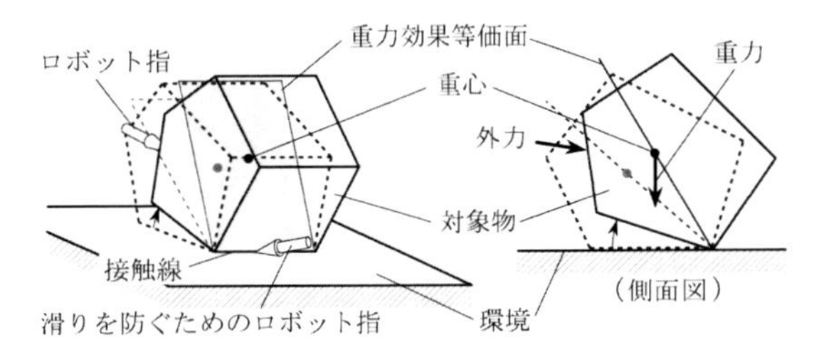

図 4.11 対象物と重力効果等価面

(2) 重力効果等価面

重力が働く物体に外力を作用させ傾ける，ある軸に対してモーメントが釣り合っている場合を考える。このとき，この軸と重心を含んで物体と同じ重量を持つ平面が存在し，物体に作用する外力はこの平面に対しても同等にはたらく。このように物体のある軸に対して，物体への外力が軸と重心を含んだ平面に対しても同等にはたらくような平面を，重力効果等価面と呼ぶ。

対象物において，重心を含む重力効果等価面はそれぞれの異なる軸によって複数存在する。姿勢が異なりかつ同一直線状で交わらない3つ以上の重力効果等価面は1点で交差する。この点が対象物の重心である。したがって，対象物の重心位置は3つ以上の重力効果等価面により推定できる。

(3) 重力効果等価面に関するパラメータ

多面体形状の対象物と環境との点接触は重力下では不安定な接触である。ここでは，対象物の操作に環境との面接触と線接触を用いることにする。

図4.12に示すように，ロボット指により対象物を傾かせ，環境との線接触に関するモーメントの釣合い式は次式で与えられる。

$$\boldsymbol{l}_R \times \boldsymbol{f} + \boldsymbol{T} \times \boldsymbol{g} = \boldsymbol{0}, \quad \boldsymbol{T} = m\boldsymbol{l}_g \tag{4.83}$$

ここに，$\boldsymbol{l}_R$ は接触線から指先の接触点位置までの距離ベクトル，$\boldsymbol{f}$ はセンシングされた指先の接触力，$\boldsymbol{g}$ は重力加速度を表す。また，$\boldsymbol{T}$ は接触線と直交して接触線から重心を向くベクトル，m は対象物の質量，$\boldsymbol{l}_g$ は接触線から重心位置までの距離ベクトルである。さらに，$\boldsymbol{L}$ は接触線ベクトルの方向を表す単位ベクトルとする。ただし，$\boldsymbol{l}_R, m, \boldsymbol{l}_g, \boldsymbol{T}$ および $\boldsymbol{L}$ は未知である。ベクトル $\boldsymbol{T}$ と $\boldsymbol{l}_g$ とは，互いに同方向であるが，質量 m により大きさが異なる。ここでは，$\boldsymbol{T}$ を接触線からの向重心ベクトル，$\boldsymbol{l}_g$ を接触線に対する重心位置ベクトル，$\boldsymbol{l}_R$ を接触線に対する指先位置ベクトルと呼ぶ。

接触線ベクトルとその $\boldsymbol{T}$ を求めれば，対応する重力効果等価面が測定できる。接触線ベクトルは，接触線を変位させずに対象物を数回傾ける動作から得られたロボット指先位置の複数個の変位ベクトルと直交する。よって接触線ベクトルの方向 $\boldsymbol{L}$ は，このような操作から推定できる。また接触線ベクトルの位置は，接触線に対する $\boldsymbol{l}_R$ により推定できる。一方，$\boldsymbol{T}$ は式(4.83)より $\boldsymbol{l}_R$ と指先力 $\boldsymbol{f}$ によって変化する。対象物を傾けるときに，重心位置ベクトルの大きさと物体の質量は変化しないので，向重心ベクトル $\boldsymbol{T}$ の大きさは変化しない。また，物体を傾ける前と傾けた後の向重心ベクトル間の角度は，それぞれに対応する指先位置ベクトル間の角度と同じである。したがって，$\boldsymbol{l}_R$ がわかれば，接触線ベクトルとその向重心ベクトル $\boldsymbol{T}$ が推定できる。

他方，対象物の形状は未知であるので，指先位置ベクトル $\boldsymbol{l}_R$ は未知であり，$\boldsymbol{l}_R$ を求めることが必要である。直観的に考えて，$\boldsymbol{l}_R$ を求める方法が次のように示される。接触線を変位させない対象物の数回の傾け動

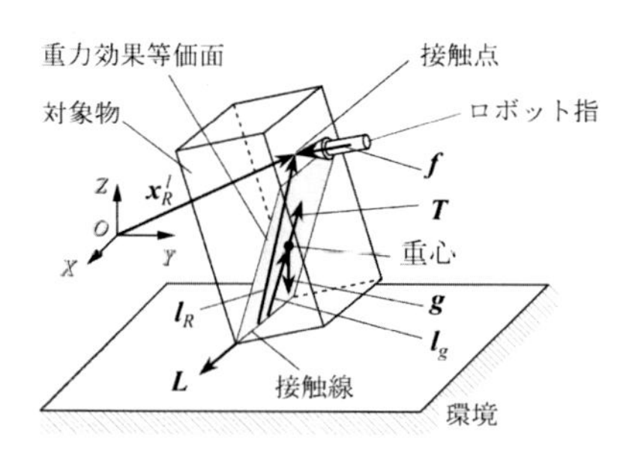

図 4.12 傾けた対象物と各ベクトル

作において，それぞれの傾け前後の指先の変位ベクトルは，接触線ベクトルと直交する平面と平行になっている。このような一つの平面に各指先変位ベクトルを投影すると，それらの方向と大きさは変わらない。投影平面上において各指先変位の中点からその変位と直交する線を引くと，複数の線が1点に交わる。この交点が接触線上に存在するので，投影平面上における交点の位置と各指先の位置によって各 $\boldsymbol{l}_R$ が求められる。

(4) ロボットによる Tip 操作

必要な複数の指先の力と変位情報を得るために，環境との接触線を軸にして指先接触点を変えて接触線を動かさずに対象物の一端を上下させる繰り返し操作，ロボットによる Tip 操作の手順を次のように与える。

[手順1] 対象物を傾ける前の位置姿勢を初期姿勢とし，指先を対象物と接触させる。指先微小変位の方向と指先が受ける力の逆方向とをなるべく一致させるという条件のもとで，初期姿勢からある接触線を変位させずに，その接触線を軸に対象物を徐々に傾ける。

[手順2] 対象物を傾けた後の静止状態において，ロボットの力情報と指先接触点の位置情報を得る。

[手順3] 接触線を変位させずに対象物を徐々に初期姿勢に戻して，手順2で測定した指先接触点の対象物上の位置において，指先の接触点位置の情報を得る。

[手順4] 重力効果等価面の必要な情報を得るために，同一の接触線に対して指先の接触点位置を上下などに変えながら，手順1から3の操作を2回以上行う。

以上より，互いに異なる接触線に対して Tip 操作を行えば，初期姿勢において姿勢が異なりかつ同一直線上で交わらない複数の重力効果等価面を推定できる。

(5) 対象物の重心と質量の推定

初期姿勢から見て姿勢が異なりかつ同一直線上で交わらない複数の重力効果等価面の交点から，対象物の重心が求められる（図 4.13 参照）。ここでは，対象物が環境との面接触をもつ初期姿勢において記述された 3 個以上の重力効果等価面を使って，それらの面が 1 点に交わり，この点の位置を重心位置と推定できる。

初期姿勢における複数の重心効果等価面の重心位置ベクトルと向重心ベクトルを前述の釣り合い式に代入して，相加平均を用い対象物の質量が推定できる。

上述事例以外に，傾け操作から円柱状や円台状などの対象物の重心と質量[7]，押し操作から対象物の重心，質量と慣性モーメント[8] を推定する事例もある。

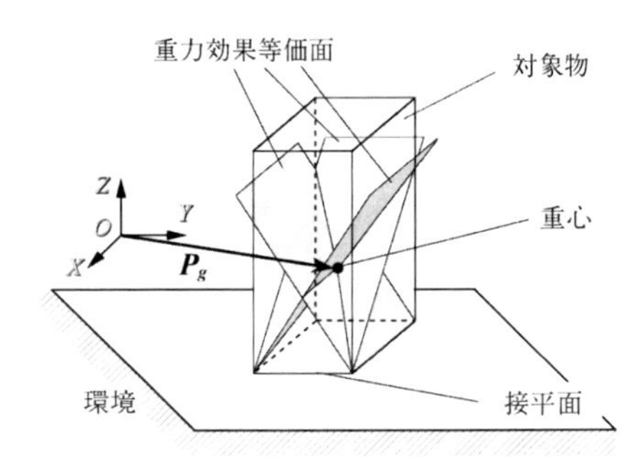

図 4.13 複数の重力効果等価面と各面の交点となる重心

＜余 永＞

参考文献（4.4 節）

[1] 金子真，上野直弘：能動触角 (Active Antenna) に関する基礎的研究，『日本ロボット学会誌』, Vol.13, No.1, pp.149–156 (1995).

[2] Kaneko, M., Kanayama, N., Tsuji, T.: Active Antenna for Contact Sensing, *IEEE Trans. on Robotics and Automation*, Vol.14, No.2, pp.278–291 (1998).

[3] 吉川恒夫，栗栖正充：対象物押し操作にもとづく摩擦力分布の推定法，『日本ロボット学会誌』, Vol.10, No.5, pp.632–638 (1992).

[4] Lynch, M.K.: Estimating the Friction Parameters on Pushed Object, *The Proc. of IEEE/RSJ Int. Conf. on Intelligenc Robots and Systems*, pp.32–40 (1993).

[5] 余永，福田健朗，辻尾昇三：重力効果等価面による把持不可能な未知対象物の重心と重量の推定，『日本ロボット学会誌』, Vol.17, No.5, pp.728–735 (1999).

[6] Yu, Y., Fukuda, K., Tsujio, S.: Estimation of mass and center of mass of graspless and shape-unknown object, *Proc. of 1999 IEEE International Conference on Robotics and Automation*, Vol.4, pp.2893–2898 (1999).

[7] Yu, Y., Kiyokawa, T., Tsujio, S.: Estimation of mass and center of mass of unknown cylinder-like object using passing-C.M. lines, *Proc. of 2001 IEEE/RSJ International Conference on Intelligent Robots and Systems*, Vol.3, pp.1788–1793 (2001).

[8] Yu, Y., Arima, T., Tsujio, S.: Estimation of Object Inertia Parameters on Robot Pushing Operation, *Proc. of 2005 IEEE International Conference on Robotics and Automation*, pp.1669–1674 (2005).

4.5 能動視覚

4.5.1 ロボットの能動視覚

本章（第 4 章）の最初では，「能動（アクティブ）」という語の意味を「対象に何らか作用を加えること」と定義し，本章ではその作用に対して対象がどう反応するか，どう変化するかを通して，対象をモデル化をする手法を述べることとした。この最初の定義に従えば，「能動視覚」とは，例えば，空間の対象に対してあるパターンを投影し，そのパターンが対象表面上でどのように変形されて見えるかによって対象の立体形状を得るといった手法があてはまるであろう。このような手法は，立体形状計測に広く用いられており，第 3 章 3.5.1 項 (3) で詳しく述べた。

しかしながら，本節での「能動視覚」ではこの「能動」を少し違った意味で用いている。ロボットに搭載された「視覚」すなわちカメラで得る画像は，ロボット自身が動くことによりいろいろに変化する。この動くことで視点を選ぶことができる視覚を，ここでは「能動視覚」と呼ぶ[1]。

ロボットが動き方を選ぶことで，ある対象を見るときに，より見やすい位置に動ける。また，対象をとらえながらカメラを動かすことにより，そのときの画像の変化から対象の立体形状が測れるが，このとき，例えば，その対象ごとにより正確に立体形状を得るように，自身の動きを選ぶということもできる[2]。すなわち，「能動的」に視覚を利用するわけである。これは，ロボットの視覚に特有の利点である。では，どのような動き方をすることで，どのような視覚情報を得ることができるようになるのかを，ここでは考えてみよう。

本節で述べる一番大事なことは，ロボット自身の運動によって，どのような画像上の変化を生み出すのかを，まず，よく理解することである。

4.5.2 ステレオ視と運動視

最初に，運動するロボットの眼と空間の立体知覚の関係を見ておこう。図 4.14(a) は，前章で述べた，いわゆるステレオ視である。人間の眼と同じように視点がわずかにずれた 2 台のカメラによる画像間での対象の見え方の差には，対象物体の立体構造が反映されることから，画像間の差（視差）から，立体を知覚する。

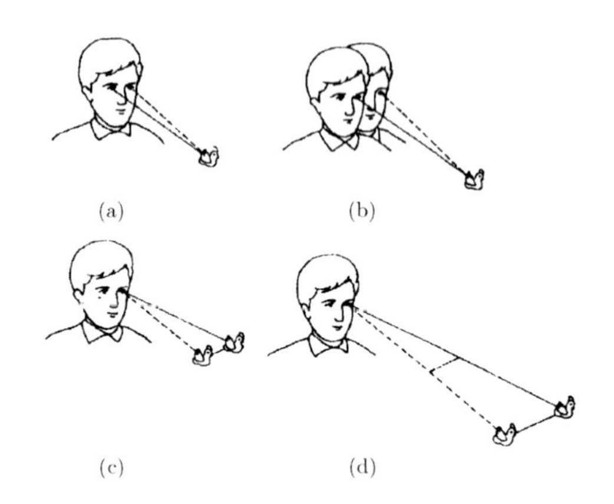

図 **4.14**　ステレオ視と運動視

このとき，(b) に示すように，単眼でも視点を動かして 2 枚の画像を得れば同じことである。さらに，(c) のように眼が動かなくても，対象が動き，その前後で 2 枚の画像を得れば，同じように対象の立体構造を得ることができる。つまり，カメラ自身または対象の運動によって，ステレオ視と同じ状況を作れる。

ただし，例えば (d) に示すように，2 倍の距離のところを 2 倍の大きさの対象が 2 倍の速度で移動したとしても，(c) と全く同じ画像を得る。すなわち，対象の大きさ，移動距離，または速度などの倍率を表すパラメータが不足する。これは，(a) では両目の間隔が固定であるのに対して，(b) では眼の移動距離が不定であることにもあたる。(b), (c) の運動視では，(a) のステレオ視に比べて，1 つパラメータが不定になっていることに注意が必要である。

以下ではこの不定性を，対象または空間の「倍率（スケール）」が不定であるとして，スケール不定性と呼ぶ。

4.5.3　カメラの 3 次元運動と画像の速度場

カメラ内でレンズを通しての画像の生成は，図 4.15(a) のようにモデル化される。これを透視投影モデルという[3]。光学中心（レンズの中心にあたる）を座標中心として，カメラの光軸方向に z 軸，画像面に平行に x, y 軸をとった座標系をカメラ座標という。

この座標系で，(X, Y, Z) にある点 P が画像上に投影

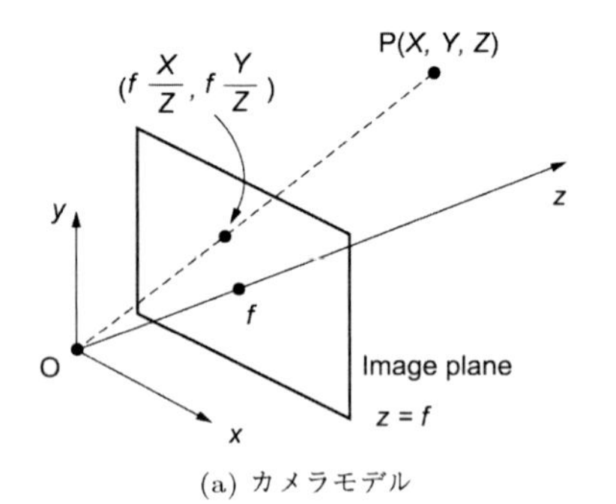

(a) カメラモデル

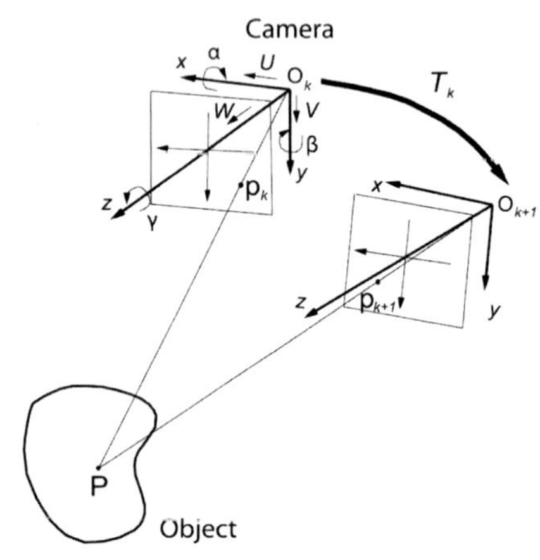

(b) カメラの運動パラメータ

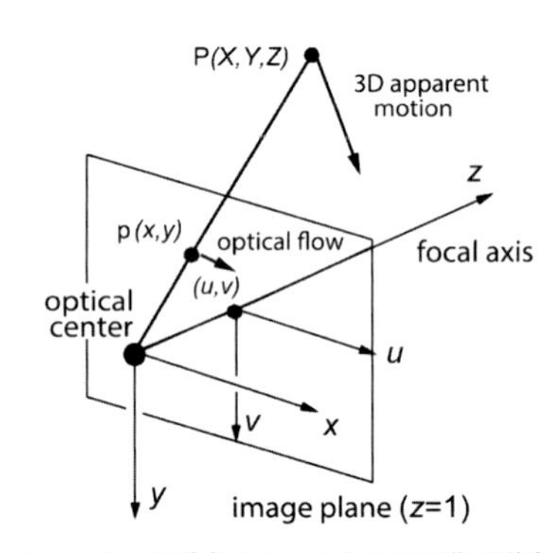

(c) カメラの動きによって生じる画像の動き

図 **4.15**　カメラの動きによる画像の動きのモデル

された点を $\mathrm{p}(x, y)$ とすると，レンズの焦点距離を f として

$$x = f\frac{X}{Z}, \quad y = f\frac{Y}{Z} \tag{4.84}$$

となる。これを透視変換と呼ぶ。

さて，同図 (b) に示すように，時刻 k から $k+1$ の間に，カメラ，すなわちカメラ座標自身が O_k-xyz から O_{k+1}-xyz へ運動をする。その平行移動速度を $\mathbf{t} = (U, V, W)$,

また，回転角速度を $\mathbf{w} = (\alpha, \beta, \gamma)$ とする。このとき，空間の対象点 $P(X, Y, Z)$ がカメラに対して相対運動をしたとみなせば，その相対速度の各成分は，

$$\begin{aligned} \dot{X} &= -U - \beta Z + \gamma Y \\ \dot{Y} &= -V - \gamma X + \alpha Z \\ \dot{Z} &= -W - \alpha Y + \beta X \end{aligned} \tag{4.85}$$

となる。

したがって，P の画像点 p の画像面上の速度 $(u, v) = (dx/dt, dy/dt)$ は，式 (4.84) を微分した後式 (4.85) を代入して，

$$\begin{aligned} u &= \frac{-Uf + xW}{Z} + \alpha\frac{xy}{f} - \beta(\frac{x^2}{f} + f) + \gamma y \\ v &= \frac{-Vf + YW}{Z} + \alpha(\frac{y^2}{f} + f) - \beta\frac{xy}{f} - \gamma x \end{aligned} \tag{4.86}$$

で与えられることになる。この (u, v) の場をオプティカルフローという。

この式より，オプティカルフローは平行移動 $\mathbf{t}$ による成分と回転運動 $\mathbf{w}$ による成分に分けられ，それぞれを (u_t, v_t), (u_r, v_r) とすれば，

$$\begin{aligned} u_t &= (x - x_0)\frac{W}{Z}, \quad v_t = (y - y_0)\frac{W}{Z} \\ u_r &= \alpha\frac{xy}{f} - \beta(\frac{x^2}{f} + f) + \gamma Y \\ v_r &= \alpha(\frac{y^2}{f} + f) - \beta\frac{xy}{f} - \gamma X \end{aligned} \tag{4.87}$$

ここで，$(x_0, y_0) = (f\frac{U}{W}, f\frac{V}{W})$ である。また，対象点までの奥行 Z に依存するのは，平行移動による成分のみである。

いま，カメラ運動が平行移動のみである場合を考えると，(x_0, y_0) は画像面と平行移動方向へ原点から伸ばした直線との交点の座標を表す。視点がちょうどこの方向に進むと，図 4.16(a) に示すように，カメラが前進すれば画像上の各点はこの点から湧き出るように遠ざかり，後退すれば集まってくる。そこで，この点を湧き出し点 FOE (Focus of Expansion) と呼ぶ。すなわち，各点でのフローの方向は FOE の位置で決まる。一方，このフローの大きさは奥行きで決まる。

回転移動成分のみを考えた場合は次のようになる。カメラが回転するに従って，カメラからは空間の点はその回転軸のまわりを回転するように見えるので，その画像はこの回転軸を軸とする円錐と画像面の交線（円錐曲線と呼ばれる 2 次曲線）上を動く（図 4.16(b))。回転軸の方向は，カメラ座標では (α, β, γ) となるので，これらの円錐曲線はこの回転軸との交点である画像面状の点 $(f\frac{\alpha}{\gamma}, f\frac{\beta}{\gamma})$ を焦点に持つ。この点を AOR (Axis of Rotation) と呼ぶ。(u_r, v_r) は，これらの円錐曲線の接線方向を表す。

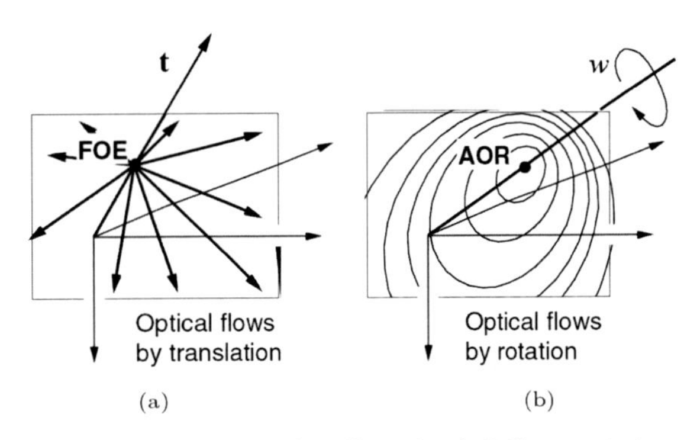

図 4.16 カメラ r の平行移動 (a) と回転移動 (b) によるオプティカルフローの出来方

4.5.4 オプティカルフローからのカメラの運動の推定

オプティカルフローの式 (4.86) より，未知である Z を消去すると

$$\frac{x_0 - x}{y_0 - y} = \frac{-u + \alpha\frac{xy}{f} - \beta(\frac{x^2}{f} + f) + \gamma y}{-v + (\frac{y^2}{f} + f) - \beta\frac{xy}{f} - \gamma x} \tag{4.88}$$

この式の未知数は，平行移動の方向を表すパラメータ x_0, y_0 と回転運動のパラメータ α, β, γ の 5 つである。透視変換の下で求めることができる運動パラメータはこの 5 つとなり，空間での 6 個の運動パラメータから，スケール不定性によって 1 個が減ぜられたと解釈できる。5 点以上の画像点 (x, y) について画像上でのその点の速度 (u, v) を測定できれば，これらの解が求まることになる。

画像上の速度場を求める手法は数多く提案されているが，大きく別けて 2 つに分類される。

一つは時刻ごとのフレーム間で対応点を求めてその点の画像上での速度を求める手法である。明白な追跡可能な特徴点などでしか求めることができないが，画像対応点の抽出法は急速に進歩を見せており，通常のシーン画像では十分に密な点で画像速度を得ることができるようになっている（第 3 章 3.5.1 項)。

もう一つは，画像の輝度勾配の変化から画像の動き

を直接求める手法である[5]。ある時刻 t での画像上の点 (x,y) の輝度を $E(x,y,t)$ で表す。画像に写っている対象表面上の各点の明るさは一定であると仮定すると，$\frac{\partial E}{\partial t}=0$ より，

$$E_x u + E_y v + E_t = 0$$

したがって，

$$(E_x, E_y)\cdot(u,v) = -E_t$$

を得る。これは，オプティカルフロー (u,v) の (E_x,E_y) 方向，すなわち，輝度の勾配方向の成分（画像の濃淡がその濃淡の勾配の方向にどれくらいの速度で動くかの成分。これを normal flow という）は，

$$\|(n_u, n_v)\| = -\frac{E_t}{\sqrt{E_x^2+E_y^2}} \tag{4.89}$$

であることを表す（図 4.17）。ただし (u,v) そのものの方向は，輝度勾配の変化からは求めることはできない（aperture problem と呼ばれる[6]）。

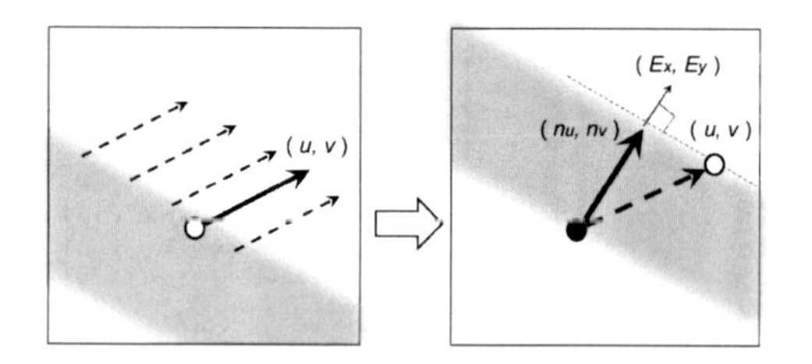

図 **4.17**　normal flow と aperture problem

4.5.5　normal flows に基づく平行運動，回転運動の推定

画像上の速度場は，式 (4.86) に示したように，平行移動による成分と回転運動による成分とに分けることができる。それぞれの運動に対する画像上の変化は，これまで見てきたようにわりと単純である。しかし，両者が混ざり合った運動のときは，画像上の動きは少し複雑になる。画像上の速度場に対する平行移動と回転運動の効果を分離することができれば，オプティカルフローから奥行きを除いてカメラ運動のパラメータを求め得る。この分離を探ってみよう。

いま，新たにカメラ中心を通る仮想的な回転軸を考える。この回転軸のカメラ座標での空間的な方向を (A,B,C) とする。カメラ中心を頂点とし，この方向を軸とする円錐の集合を考える。AOR の場合と同じように考えると，それらと画像面との交わりは，画像上で $(f\frac{A}{C}, f\frac{B}{C})$ を焦点とする円錐曲線群をなす。これを (A,B,C) field lines と呼ぶ（図 4.18）。もし，カメラが軸 (A,B,C) に対して回転するとすると，画像上の点が動く軌跡に相当する。

さらに，(A,B,C) field lines に垂直な normal flow ベクトルの集合を一つのクラスとしてまとめ，(A,B,C) coaxis ベクトルと呼ぶことにする。

(A,B,C) field line に沿った視線方向は，(4.87) と同様にして求められるので，それに垂直なベクトルが，

$$\begin{aligned}\mathbf{M} = (\ & -A(y^2+f^2) + Bxy + Cxf,\\ & Axy - B(x^2+f^2) + Cyf\ )\end{aligned}$$

で与えられる．それを正規化した方向ベクトル

$$\mathbf{m} = (m_x, m_y) = \frac{\mathbf{M}}{\|\mathbf{M}\|} \tag{4.90}$$

を定義する。そして，$\mathbf{m}$ と同じ向きを「正の向き」として，図 4.18 に示すように，coaxis ベクトルの値に符号を付け，その正負の分布パターンを考える。

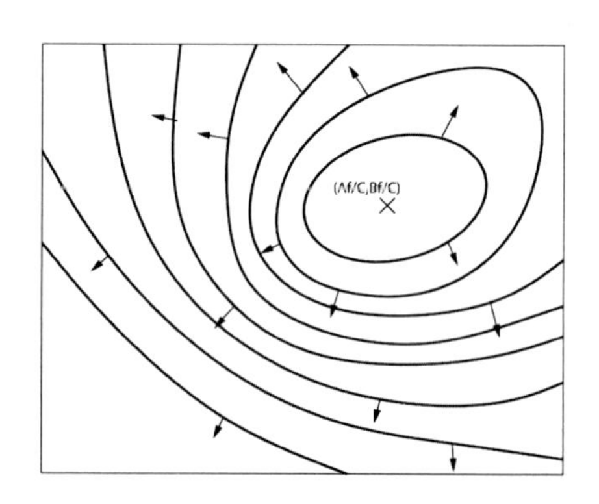

図 **4.18**　(A,B,C) field lines と正の (A,B,C) coaxis ベクトル

まず，平行移動のみによってできるパターンを見てみよう。オプティカルフローの平行移動による成分 (u_t,v_t) の $\mathbf{m}$ 方向の成分を t_n とすれば，

$$t_n = \frac{W}{Z}(x-x_0, y-y_0)\cdot(m_x, m_y) \tag{4.91}$$

カメラが前進している場合は $W>0$ であるので，t_n の符号は

$$h(A,B,C,x_0,y_0;x,y) = (x-x_0, y-y_0)\cdot(M_x, M_y) \tag{4.92}$$

の符号と同じ（後退している場合は逆）である。したがって，$h=0$ は (A,B,C) coaxis ベクトルの正負を分ける境界となる曲線を表し，明らかに，FOE(x_0,y_0) と $(f\frac{A}{C},f\frac{B}{C})$ を通る（図 4.19(a)）。すなわち，任意の coaxis ベクトルに対し，FOE を通る 2 次曲線 $h(A,B,C,x_0,y_0;x,y)=0$ が存在する。

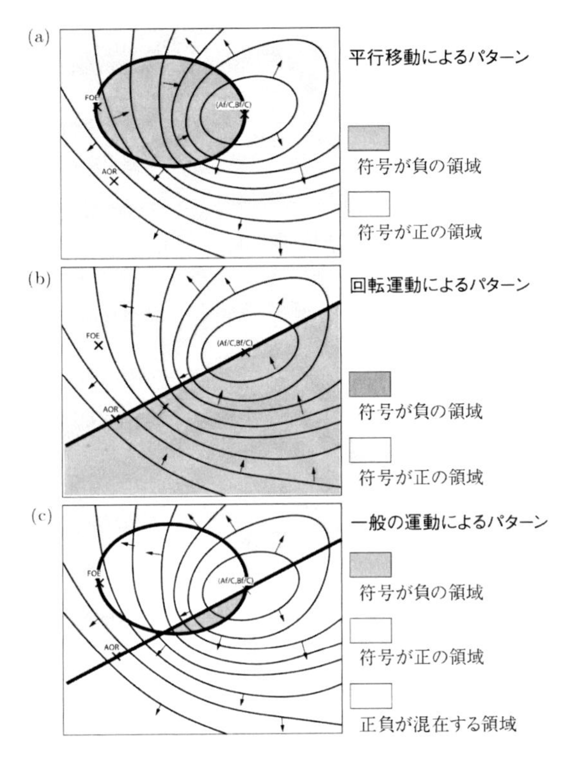

図 4.19 平行運動のみ，回転運動のみ，その両方のカメラ運動での，coaxis パターン

次に，回転運動によってできるパターンを見てみる。オプティカルフローの回転運動分 (u_r,v_r) の $\mathbf{m}$ 方向（coaxis ベクトルの正の方向）の成分を r_n とすれば，

$$\begin{aligned}r_n =&(u_r,v_r)\cdot(m_x,m_y)\\ =&(y(A\gamma-C\alpha)-x(B\gamma-C\beta)+B\alpha f-A\beta f)\\ &\cdot(x^2+y^2+f^2)\end{aligned}$$

したがって，r_n の符号は

$$g=y(A\gamma-C\alpha)-x(B\gamma-C\beta)+B\alpha f-A\beta f \quad (4.93)$$

の符号と等しい。よって，$g=0$ は (A,B,C) coaxis ベクトルの正負を分ける境界となる直線を表し，AOR と $(f\frac{A}{C},f\frac{B}{C})$ を通る（図 4.19(b)）。したがって，任意の coaxis ベクトルに対して，AOR を通る直線 $g(A,B,C,\alpha,\beta,\gamma;x,y)=0$ が存在する。

最後に，一般の運動によってできるパターンをまとめてみる。coaxis ベクトルの値は平行移動による成分と回転運動による成分の和である。したがって一般の運動の場合，平行移動と回転の 2 つのパターンが重なり，それぞれの成分の符号に関して

① 両方とも正
② 両方とも負
③ 回転と平行移動の成分が逆向き

の 3 つの領域ができる（図 4.19(c)）。4.5.5 の領域はどちらの成分が大きいかを定量的に評価する必要がある（対象点への奥行きが関係する）。しかし，はじめの 2 つはその必要はない。したがって，次のようにまとめることができる。

任意の (A,B,C) coaxis ベクトルのクラスに対して

① 正の coaxis ベクトルだけ
② 負の coaxis ベクトルだけ

の 2 つの領域（と正負が混在する領域）があり，その境界は FOE で決まる 2 次曲線 $h(A,B,C,x_0,y_0;x,y)=0$ と AOR で決まる直線 $g(A,B,C,\alpha,\beta,\gamma;x,y)=0$ で構成される。この正負のパターンを coaxis パターンと呼ぶ。

図 4.19 より，いくつか (A,B,C) の組を設定し，それぞれに対して coaxis パターンを描き，$h=0$ と $g=0$ とをあてはめ，それらの交点から FOE，AOR を推定してカメラの運動を推定することが試みられている[4]。

4.5.6 カメラの自己運動からのシーン解析とその誤差

カメラ自身の運動によってオプティカルフローが生じる。もし，そのオプティカルフロー (u,v) が平行移動による成分 (u_t,v_t) と回転運動による成分 (u_r,v_r) に分解することができれば（すなわち，FOE(x_0,y_0) を求めることができ，その結果，平行移動による成分のみを抜き出すことができれば），スケール不定性のもとではあるが，画像上の各点 (x,y) の対象への奥行を，

$$Z=\frac{\|(x-x_0,y-y_0)\|^2}{(u-u_r,v-v_r)\cdot(x-x_0,y-y_0)} \quad (4.94)$$

と求めることができる[7]。ただし，スケールを $W=1$ となるように定めた。また，$u-u_r=u_t$ などと定義し

ている。

しかし，前項までの方法で画像から求めた運動パラメータ $x_0, y_0, \alpha, \beta, \gamma$ の推定値は誤差を持つ。そこで，この運動パラメータの推定誤差が，シーン解析，すなわち対象点の奥行推定にどのように影響するかを見てみよう。以下では，(x_0, y_0) の推定値（誤差を持つ）を $(\hat{x}_0, \hat{y}_0)$ とし，また，(α, β, γ) の真値からの誤差を $(\alpha_e, \beta_e, \gamma_e)$ と表す。

すると，これらの誤差を持つ運動パラメータの推定値を用いて求めた奥行は，式 (4.94) で与えられる Z に対して，

$$\hat{Z}(x,y) = Z(x,y)D(x,y,Z;x_0,y_0,\hat{x}_0,\hat{y}_0,\alpha_e,\beta_e,\gamma_e) \tag{4.95}$$

と歪む。この D は，歪み因子と呼ばれ[8, 9]，次式で与えられる。

$$D = \frac{(x-\hat{x}_0)^2 + (y-\hat{y}_0)^2}{((x-x_0, y-y_0) + (u_r, v_r)Z)\cdot(x-\hat{x}_0, y-\hat{y}_0)} \tag{4.96}$$

さて，カメラ運動のパラメータの推定誤差が奥行推定にどのように影響するかを，この歪み因子に基づいてとらえるには，ある特定の値の組 $(x_0, y_0, \hat{x}_0, \hat{y}_0, \alpha_e, \beta_e, \gamma_e)$ に対して，$D(x,y,Z) = \text{const.}$ となる（すなわち，同じ歪みを与える）(x,y,Z) の組を描いてみることが有効である。これを，等歪み面と呼ぶ。

まず，図 4.20(a) に示すように，カメラが横方向に平行移動をした（と推定された）場合は，

$$\hat{Z} = Z\left(\frac{(\hat{U},\hat{V})\cdot(n_x,n_y)}{(U,V)\cdot(n_x,n_y) + Z(\beta_e,-\alpha_e)\cdot(n_x,n_y)}\right) \tag{4.97}$$

このとき，FOE (x_0, y_0) は，無限遠点になるが，$(n_x, n_y) = (1, 0)$ とみなすことで，一般性を失わない。すると，

$$D = \frac{\hat{U}}{U + Z\beta_e} \tag{4.98}$$

となり，等歪み面は，

$$Z = \frac{1}{D}\,\frac{\hat{U}}{\beta_e} - \frac{U}{\beta_e} \tag{4.99}$$

となる。

いま，図 4.20(a) で，$U = 0.81$ に対して，$\hat{U} = 1.0$ と推定し，また，視線方向も実際には y 軸まわりにわずかに回転していた（$\beta_e = 0.001$ と -0.001）とする。この場合の等歪み面を，同図 (b),(c) に示す。このときは，等歪み面は (x, y) 面に平行な平面になる。図では各 D の値での等歪み面の x-z 平面での断面を示している。式 (4.98) からもわかるように，D は，$\beta_e = 0.001 > 0$ の場合は，奥行き z が大きくなるにしたがってその値は小さくなり，$\beta_e = -0.001 < 0$ の場合は大きくなる。

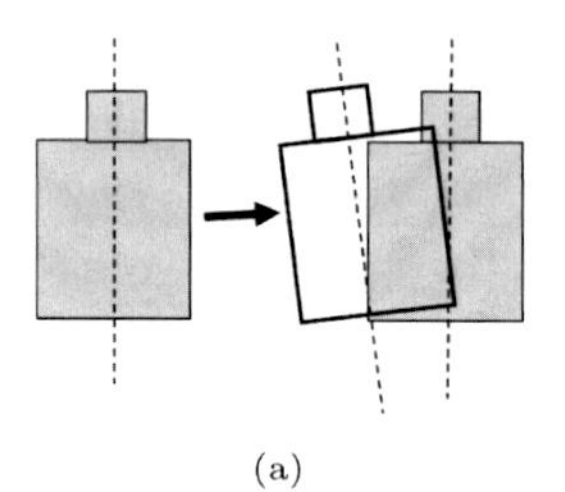

(a)

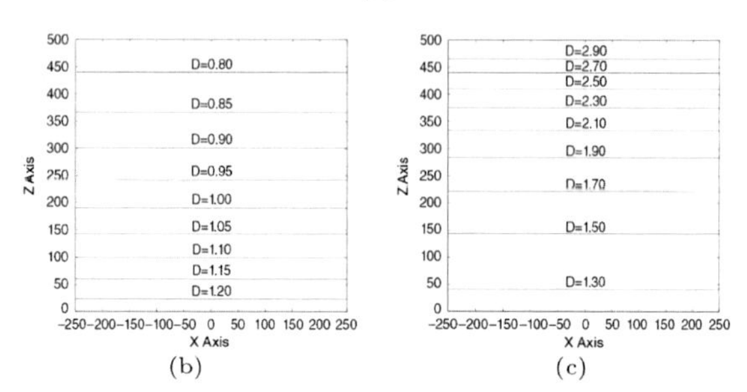

(b) (c)

図 4.20 (a) カメラが横に平行移動する場合（$U = 0.81$ に対して，$\hat{U} = 1.0$）。(b) $\beta_e = 0.001$ のときの等歪み面，(c) $\beta_e = -0.001$ のときの等歪み面

次に，図 4.21(a) に示す，カメラが前方へ平行移動した（と推定された）場合を見てみよう。このとき，γ_e が微小であるとすれば，$(u_r, v_r) = (-\beta_e f, \alpha_e f)$ であるので，奥行きの推定は，

$$\hat{Z} = Z\left(\frac{x^2+y^2}{x^2+y^2+Z(-\beta_e f, \alpha_e f)\cdot(x,y)}\right) \tag{4.100}$$

となる。したがって，この式より，カメラが前方へ平行移動したときの等歪み面は，

$$x^2 + y^2 + \left(\frac{DZf}{D-1}\right)(-\beta_e f, \alpha_e f) = 0 \tag{4.101}$$

となる。$D = $const. とすると，この面は，図 4.21(b) に示すように，カメラ座標の原点を頂点に持つ円錐面

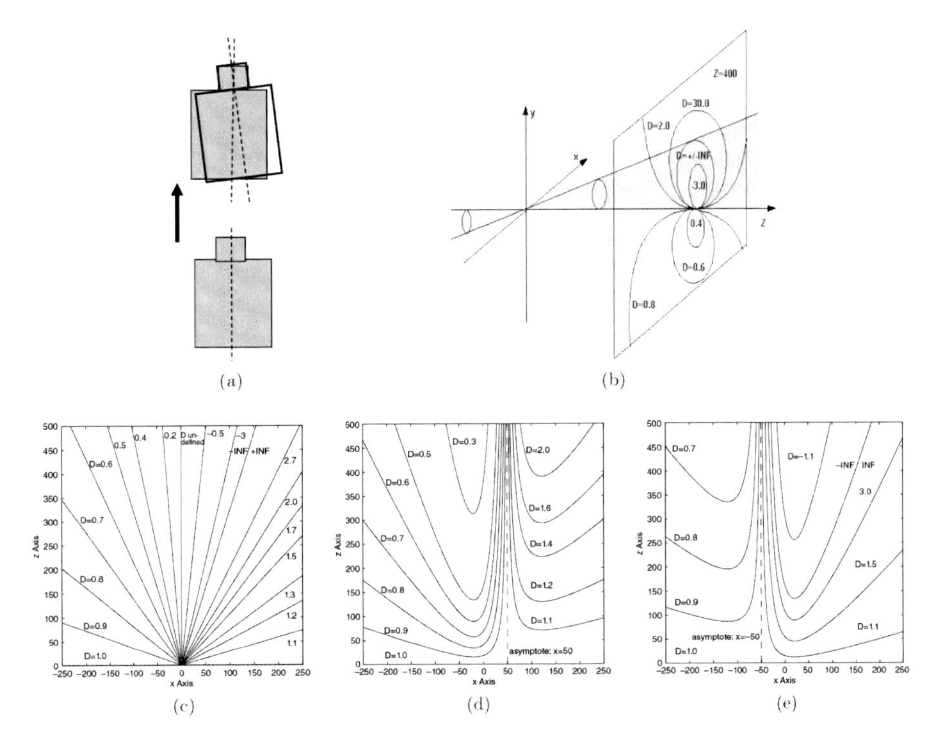

図 4.21 (a) カメラが前方に平行移動をする場合。(b) 等歪み面は，カメラ座標の原点を頂点に持つ円錐面となる。(c) $y=0$ 平面（すなわち，x-z 平面）での等歪み面の断面，(d) $y=50$ 平面での断面，(e) $y=-50$ 平面での断面。

となる。図で陰影を付けて示した円錐が，$D=\pm\infty$ の場合にあたり，z 軸を母線とする。

$f=309.0$，$\alpha_e=0.001$，$\beta=0.001$ のときの様々な D の値に対するこの等歪み面の，$y=0$ 平面（すなわち，x-z 平面），$y=50$ 平面，$y=-50$ 平面での断面を，それぞれ，図 4.21(c), (d), (e) に示す。

カメラが前方に移動する場合は，横方向への移動と違って，図に示すように，奥行き z だけでなく (x,y) の値（すなわち画像上の位置）によって，歪み因子 D は複雑に変化する。特に，進行方向である z 軸のまわりでは，小さな範囲内でも D が大きく変化している。これは，上記の前方への移動では z 軸上の奥行きは求まらないことと対応している。

＜出口光一郎＞

参考文献（4.5 節）

[1] Bruss, A. R. and Horn, B. K. P.: Passive Navigation, *Computer Vision, Graphics and Image Understanding*, Vol. 21, pp. 3–20 (1983).

[2] Li, S., Miyawaki, I., Ishiguro, H. and Tsuji, S.: Finding 3D Structure by an Active-Vision-based Mobile Robot, *Proc. of IEEE Int. Conf. on Robotics and Automation*, Vol. 1, pp. 1812–1817 (1992).

[3] 出口光一郎：『ロボットビジョンの基礎』，コロナ社 (2000)

[4] Fermuller, C. and Aloimonos, Y.: Qualitative Egomotion, *International Journal of Computer Vision*, Vol. 15, pp. 7–29 (1995).

[5] Barron, J. L., Fleet, D. J. and Beauchemin, S. S.: Performance of Optical Flow Techniques, *International Journal of Computer Vision*, Vol. 12, No. 1, pp. 43–77 (1994).

[6] Horn, B. K. P. and Schunck, B. G.: Determining Optical Flow, *Artificial Intelligence*, Vol. 17, pp. 185–204 (1981).

[7] Tian, T. Y., Tomasi, C. and Heeger, D. J.: Comparison of Approaches to Egomotion Computation, *Proc. of IEEE Int. Conf. on Computer Vision and Pattern Recognition*, pp. 315–320 (1996).

[8] Cheong, L-F., Xiang, T.: Characterizing Depth Distortion under Different Generic Motions, *International Journal of Computer Vision*, 44(3), pp.199–217 (2001).

[9] Cheong, L-F., Peh, C-H.: Depth distortion under calibration uncertainty, *Computer Vision and Image Understanding*, 93, pp.221–244 (2004).

4.6 おわりに

本章ではアクティブモデリングについての代表的な技法である，動力学パラメータの同定，SLAM，操作による対象物特性の推定，能動視覚，などについて解説した。なお，これら以外にもアクティブモデリングの考え方が用いられている分野がある。例えば，動特性が未知なロボットアームの適応制御法[1] は，アクティブモデリングの手法と安定化制御法を組み合わせたものである。また，人体の筋骨格モデルを各種身体運動の計測データから推測する方法[2] も，アクティブモデリングの範疇に入る技法であると考えることができる。

アクティブモデリングは，3 次元空間を移動し，未知対象物を把持し操作する高度な知能を持つ移動型ロボットにおいて有用な技術であり，今後の展開が期待される。

＜吉川恒夫＞

参考文献（4.6 節）

[1] Slotine, J.J.E. *et al.*: On the Adaptive Control of Robot Manipulators, *The International Journal of Robotics Research*, Vol.6, No.3, pp.49–59 (1987).

[2] 村井昭彦，中村仁彦：ヒト全身詳細筋骨格モデルの構築とその検証・応用について，『日本ロボット学会誌』，Vol.32, No.10, pp.870–873 (2014).

第5章

ROBOT CONTROL HANDBOOK

制御基礎

5.1 はじめに

5.1.1 フィードフォワードとフィードバック

制御工学では制御する対象をシステムと呼ぶ。ここでは,「何かを入れると何かが出てくる」対象をシステム,入れる何かを入力,出てくる何かを出力と定義しよう。例えば,平面を移動する車は加減速のアクセル(ブレーキは負のアクセル)と操舵のハンドルの2入力で車の位置と方向(姿勢)を出力する,3出力のシステムである。物理現象だけでなく,日銀が介入(入力)すると円相場(出力)が変動するなどの経済現象も,システムと捉えることもできる。また,刺激(入力)を与えると反応(出力)する生体もシステムの一つである。このように,様々な対象をシステムとみなすことができる。

制御は,与えられたシステムに対して望ましい出力を得られるような入力を設計する問題であり,逆問題を解く必要がある。制御には対象のモデルが必要であり,古典制御では伝達関数表現 (5.1) が,現代制御では状態空間表現 (5.2) がシステムの表現である。

$$\boldsymbol{Y}(s)=\boldsymbol{G}(s)\boldsymbol{U}(s) \tag{5.1}$$

$$\dot{\boldsymbol{x}}(t)=\boldsymbol{A}\boldsymbol{x}(t)+\boldsymbol{B}\boldsymbol{u}(t),\quad \boldsymbol{y}(t)=\boldsymbol{C}\boldsymbol{x}(t) \tag{5.2}$$

状態空間表現は t(時間)領域でのモデル表現であり,ラプラス変換を用いて s 領域で議論するためのモデル表現が伝達関数である。ここで,入力 $\boldsymbol{u}(t)\in R^m$,出力 $\boldsymbol{y}(t)\in R^l$ のラプラス変換がそれぞれ $\boldsymbol{U}(s)$,$\boldsymbol{Y}(s)$ であり,$\boldsymbol{x}(t)\in R^n$ は状態ベクトルである。状態ベクトル $\boldsymbol{x}(t)$ は入出力に直接関係しない内部状態である。$\boldsymbol{G}(s)\in R^{l\times m}$ は伝達関数行列,$\boldsymbol{A}\in R^{n\times n}$,$\boldsymbol{B}\in R^{n\times m}$,$\boldsymbol{C}\in R^{l\times n}$ である。伝達関数表現 (5.1) の伝達関数行列 $\boldsymbol{G}(s)$ と状態空間表現 (5.2) の行列の組 $(\boldsymbol{A}, \boldsymbol{B}, \boldsymbol{C})$ の間の関係は

$$\boldsymbol{G}(s)=\boldsymbol{C}(s\boldsymbol{I}-\boldsymbol{A})^{-1}\boldsymbol{B}$$

である。システムが与えられたときに,伝達関数表現は一意に決定できるのに対して,状態空間表現は状態ベクトルの設定の仕方により様々な表現が可能になり,一意ではないことに注意しておく。

図5.1に示すように1入力1出力のシステムの伝達関数を $G(s)$ で表し,時間領域でのスカラー入力 $u(t)$ とスカラー出力 $y(t)$ のラプラス変換をそれぞれ $U(s)$,$Y(s)$ とおく。ここで,望ましい出力を $Y_d(s)$ とし,その出力を実現する入力を設計してみよう。入力を $U(s)=Y_d(s)/G(s)$ とすると,出力は $Y(s)=G(s)U(s)=G(s)Y_d(s)/G(s)=Y_d(s)$ となり,望ましい出力を得ることができる(図5.2)。$1/G(s)$ はシステムの逆モデルであり,人間は学習しながら小脳で逆モデルを構成しているといわれている[1,2]。

実際の対象を正確にモデル化するのは非常に困難であり,モデル化誤差が存在する。例えば,機械系であ

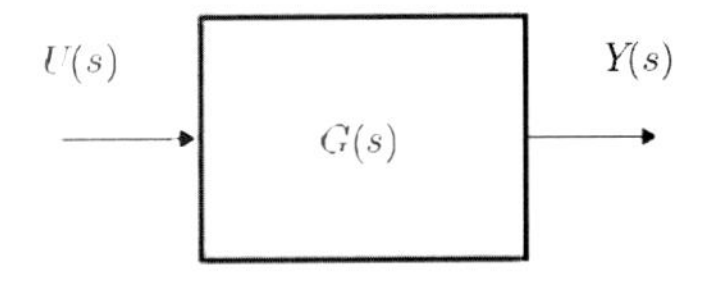

図 5.1 伝達関数

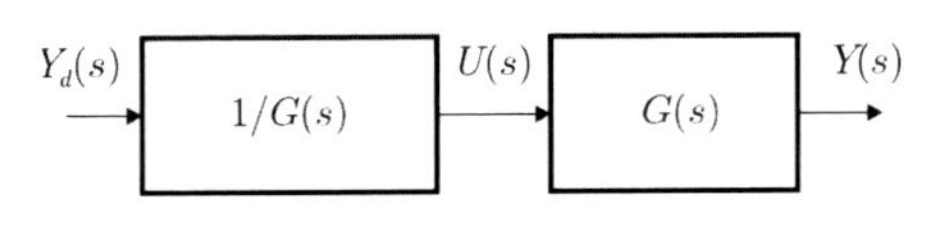

図 5.2 逆モデル

れば物理パラメータが正確に測定できるとは限らないし，電気系であれば素子にはばらつきがあり公称値と実際の値は異なっている。また，第 1 章でも述べたが，摩擦などモデル化が難しい現象も存在する。したがって，逆モデルを構築できたとしても，それが現在の実際のシステムに対する正確な逆モデルである保証はない。システムの逆モデルを使った $U(s)=Y_d(s)/G(s)$ は観測量 $Y(s)$ を用いず，出力の目標値 $Y_d(s)$ のみを用いておりフィードフォワード制御と呼ばれている。このフィードフォワード制御のみで制御を実行した場合，モデル化誤差があれば，出力は目標値と一致しない。この場合には，図 5.3 のように出力を何らか加工して（制御器 $C(s)$ を作用させて）入力に帰還するフィードバック制御が重要になってくる。

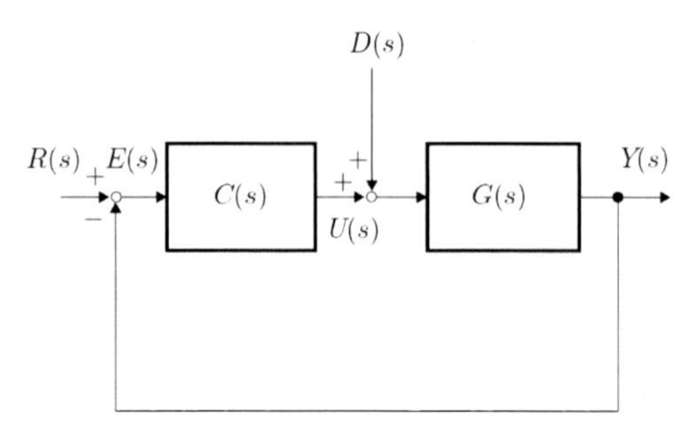

図 5.3　フィードバックループ

さて，野球の外野手の行動を制御的に考えてみよう。超一流の外野手がホームラン性の大きな飛球を捕球するファインプレーを観察してみよう。まず，外野手は打者の特徴や投手が投げる球種などによって守備位置を変更する。打者が球を打った瞬間の球の初速度と打ち上がった角度を認識して，大きな飛球だと判断すると，くるりと後ろ向きになり，球を見ないで全速力で走りだし，落下点近くで振り向いて球を確認し捕球する。時には，フェンスによじ登って，振り向きざまにジャンプしてホームランボールを取ってしまう。球を見ないで全速力で落下予想地点に背走していく行動は，目（センサ）で球（対象物）の運動を観測していない，フィードフォワード的な行動である。球場の状態やその時点の天候などの環境条件により，予想された落下点は実際の位置とは違う場合が多い。振り向いた外野手は落下してくる球を目で観測して，球の落下軌道をリアルタイムで予測して，グローブの位置を修正して捕球する。落下予想地点まで到達し，振り向いた後の行動はフィードバック制御である。草野球の下手な内野手が内野と外野の中間付近に高く上がった飛球を体の向きを変えずにそのまま後ろに下がって追っていき，最終的には万歳して落球する様子を見かける。これは，上がった球を常に目で確認しながら運動を修正しており，フィードバック制御のみで行動をしていることになる。目標値をそのまま逆モデルに入力するようなフィードフォワード制御に比べて，センサからの情報を処理して状況を認識・判断して行動に反映させるフィードバック制御は，長い処理時間が必要になる。一流の選手は，処理時間は短いが粗いフィードフォワード制御と，処理時間は長いが精密なフィードバック制御を巧みに使い分けて，ファインプレーに結びつける。フィードフォワード制御を併用しないで常に目で球を追いながら捕球を試みる方法では，フィードバック制御の処理が追いつかなくなり，落球という事態になってしまう。フィードフォワード制御とフィードバック制御を併用する制御系は 2 自由度制御系と呼ばれており，産業界でも様々な機器の制御に適用されている。例えば，ハードディスクのヘッドの制御でも，目標位置近傍への粗い制御（フィードフォワード制御）とセンサを用いた目標位置への高精度な位置決め制御（フィードバック制御）が併用され，短時間でのヘッドの移動を可能としている。

5.1.2　線形システムと非線形システム

関数 $f(x)$ が線形な関数とは，スカラー定数 α_1, α_2 に対して

$$f(\alpha_1 x_1 + \alpha_2 x_2) = \alpha_1 f(x_1) + \alpha_2 f(x_2)$$

の関係が成り立つことである。線形な関数は $f(x)=ax$ 以外に挙げることは困難であるが，非線形な関数は $f(x)=\frac{1}{x}, x^2, \sin x, \exp(x), |x|, \ldots$ など挙げだしたらきりがない。ほとんどの関数は非線形である。

一般に非線形システムは線形システムに比べ解析や制御が難しいとされている。非線形システムを何らかの方法で線形システムにできれば，扱いが容易になる。非線形システムがある条件を満たせば，座標変換と入力変換を導入し線形システムに変換することが可能で，この手法を厳密な線形化と呼ぶ。これに対し，ある状態の近傍を考えて，テイラー展開の 2 次以上の高次項を無視して得られるシステムを近似線形化システムと呼ぶ。前者は逆変換すれば元の非線形システムに戻すことができ，等価な変換である。これに対し，後者はある状態の近傍でしか適用できない，あくまでも近似的な線形システムである。ほとんどの物理現象の支配

方程式が非線形システムで表現されるのにもかかわらず，近似線形化を導入して線形近似モデルを用いて制御することに意義はあるのだろうか？

図 5.4　非線形の線形近似（夜の山道のドライブ）

夜の山道をドライブすることを考えてみよう。車のヘッドライトを頼りにつづら折りになった細い道を運転するわけであるが，ヘッドライトの光が届く範囲は限られている。直線では見通しが良いので，速度を上げてもさほど問題はない。カーブに差しかかると，見通しが悪いので速度を落として慎重に運転する。図 5.4 のように曲線（山道）上のある点（車の位置）における接線（ヘッドライトの光）を引いてみよう。曲線が滑らかである限り，接線を引くことができるが，どの点における接線かによって接線の傾きは変わってくる。また，曲線の曲率が大きい点では，ほんの小さな近傍でしか接線による直線近似が成り立たない。これに対し，曲率が小さいところでは接線による直線近似は十分確からしい。直観的には，この接線が線形近似を意味しており，着目する点（近傍を考える状態）を変えれば，接線の傾き（近似線形化モデル）も変化することがわかる。曲線全体を接線で表現することはできず，非線形システムの大域的な性質は動作点近傍の近似線形化システムによる局所的な情報だけではカバーできない。線形近似モデルを用いる場合には，そのモデルの適用範囲を十分理解して適用する必要があることに注意しておく。

非線形システムを動作点 x_0 近傍で線形近似することを近似線形化と呼ぶ。スカラーの非線形システム

$$\dot{x}(t) = \frac{\mathrm{d}}{\mathrm{d}t}x(t) = f(x(t)) \tag{5.3}$$

を考えよう。ここで，関数 $f(x)$ は無限回微分可能としておく。非線形システム (5.3) を動作点 x_0（定数）の近傍で線形近似することを考えてみよう。動作点 x_0 のまわりで関数 $f(x)$ をテイラー展開する。$x(t) = x_0 + \delta x(t)$ とおくと

$$f(x) = f(x_0) + \frac{\mathrm{d}f}{\mathrm{d}x}(x_0)\delta x + \frac{1}{2!}\frac{\mathrm{d}^2 f}{\mathrm{d}x^2}(x_0)\delta x^2 + \cdots + \frac{1}{n!}\frac{\mathrm{d}^n f}{\mathrm{d}x^n}(x_0)\delta x^n + \cdots$$

となる。$\delta x(t)$ は微小であるとして，2 次以降の高次項を無視すると

$$f(x(t)) \cong f(x_0) + \frac{\mathrm{d}f}{\mathrm{d}x}(x_0)\delta x(t)$$

となる。また，$\frac{\mathrm{d}}{\mathrm{d}t}(x(t)) = \frac{\mathrm{d}}{\mathrm{d}t}(x_0 + \delta x(t)) = \frac{\mathrm{d}}{\mathrm{d}x}\delta x(t)$ となるので，非線形システム (5.3) は，動作点 x_0 の近傍で

$$\frac{\mathrm{d}}{\mathrm{d}t}\delta x(t) = \frac{\mathrm{d}f}{\mathrm{d}x}(x_0)\delta x(t) \tag{5.4}$$

と線形近似される。線形近似が成り立つ近傍では近似線形化システム (5.4) は十分システムの挙動を表しており，制御系設計モデルとして機能を発揮する。しかし，近傍から大きく離れた動作点では近似線形化システムが元の非線形システムから大きく離れてしまい近似が成り立たないので，近似線形化システム (5.4) は制御系設計モデルとして有用ではない。

＜松野文俊＞

参考文献（5.1 節）

[1] 五味裕章，川人光男: 小脳における運動学習適応系モデル—計算論と生理学—，『応用物理』，61 (10)，pp. 1035–1038 (1992).

[2] Shidara, M., Kawano, K., Gomi, H., Kawato, M.: Inverse-dynamics model eye movement control by Purkinje cells in the cerebellum, *Nature*, 365, pp. 50–52 (1993).

5.2 システムの安定性[1]

5.2.1 数学的準備

n 次元ベクトル $\boldsymbol{x} = [x_1, \ldots, x_n]^T$ についてのスカラ関数 $V(\boldsymbol{x})$ が，$V(\boldsymbol{0}) = 0$ でかつ任意の $\boldsymbol{x} \neq \boldsymbol{0}$ に対して $V(\boldsymbol{x}) > 0$ $(-V(\boldsymbol{x}) > 0)$ を満足する場合に正定関数（負定関数），また任意の $\boldsymbol{x} \neq \boldsymbol{0}$ に対して $V(\boldsymbol{x}) \geq 0$ $(-V(\boldsymbol{x}) \geq 0)$ を満足する場合に準正定関数（準負定関数）という。また，n 次元ベクトル $\boldsymbol{x}$，$n \times n$ 実数行列 $\boldsymbol{A}$ に対して $\boldsymbol{x}^T\boldsymbol{A}\boldsymbol{x}$ と定義されたスカラー量のことを，2 次形式という。以下，断らない限り行列は実数の要素をもつ実数行列とし，この 2 次形

式の説明において $\boldsymbol{A}$ は $n \times n$ 実対称行列とする。

$n \times n$ 対称行列 $\boldsymbol{A}$ が正定（負定）とは $\boldsymbol{A} > 0$ ($\boldsymbol{A} < 0$) と表現し，すべての固有値が正（負）であること，あるいは，任意の n 次元ベクトル $\boldsymbol{x} \neq \boldsymbol{0}$ に対して，2次形式が $\boldsymbol{x}^T \boldsymbol{A} \boldsymbol{x} > 0$ ($\boldsymbol{x}^T \boldsymbol{A} \boldsymbol{x} < 0$) を満足することである。

$n \times n$ 対称行列 $\boldsymbol{A}$ が準正定（準負定）とは $\boldsymbol{A} \geq 0$ ($\boldsymbol{A} \leq 0$) と表現し，固有値が正（負）もしくはゼロであること，あるいは，任意の n 次元ベクトル $\boldsymbol{x} \neq \boldsymbol{0}$ に対して，2次形式が $\boldsymbol{x}^T \boldsymbol{A} \boldsymbol{x} \leq 0$ ($\boldsymbol{x}^T \boldsymbol{A} \boldsymbol{x} \leq 0$) を満足することである。

5.2.2　安定性に関する定理[1]

(1) リアプノフ安定と漸近安定

一般の非線形システム

$$\dot{\boldsymbol{x}}(t) = \boldsymbol{f}(\boldsymbol{x}(t)), \qquad \boldsymbol{x}(t) = [x_1, \ldots, x_n]^T \in R^n \tag{5.5}$$

について考えよう。ここで，$\boldsymbol{f}(\boldsymbol{x}(t)) = \boldsymbol{0}$ を満足する平衡点は原点 $\boldsymbol{x} = \boldsymbol{0}$ にあるものとする。また，ノルムを $\| \boldsymbol{x} \| = \sqrt{x_1^2 + \cdots + x_n^2}$ と定義する。

● **リアプノフ安定**

微分方程式 (5.5) について，原点近傍において任意の $\varepsilon > 0$ に対して，ある $\delta(\varepsilon) > 0$ が存在し，初期条件 $\| \boldsymbol{x}(0) \| < \delta(\varepsilon)$ を満足するすべての $\boldsymbol{x}(0)$ と $t \geq 0$ について

$$\| \boldsymbol{x}(t) \| < \varepsilon$$

となるとき，原点 $\boldsymbol{x} = \boldsymbol{0}$（平衡点）はリアプノフ安定であるという。これは図5.5に示すように，原点近傍において任意の ε に対して，初期値 $\boldsymbol{x}(0)$ が ε に依存する半径 $\delta(\varepsilon)$ の円内にあれば微分方程式 (5.5) の解 $\boldsymbol{x}(t)$ は $t = 0$ から未来永劫に半径 ε の円の外部に出ることはないことを意味している。

● **漸近安定**

微分方程式 (5.5) について，原点近傍において任意の $\varepsilon > 0$ に対して，ある $\delta(\varepsilon) > 0$ が存在し，$\| \boldsymbol{x}(0) \| < \delta(\varepsilon)$ を満足するすべての $\boldsymbol{x}(0)$ と $t \geq 0$ について，

$$\| \boldsymbol{x}(t) \| < \varepsilon \quad \text{かつ} \quad \lim_{t \to \infty} \| \boldsymbol{x}(t) \| = 0$$

となるとき，原点 $\boldsymbol{x}(0) = \boldsymbol{0}$（平衡点）は漸近安定であるという。これは図5.6に示すように，原点近傍において，任意の ε に対して初期値 $\boldsymbol{x}(0)$ が ε に依存する半径 $\delta(\varepsilon)$ の円内にあれば，微分方程式 (5.5) の解 $\boldsymbol{x}(t)$ は $t = 0$ から未来永劫に半径 ε の円の外部に出ることはなく，時間 t が無限大になれば原点 $\boldsymbol{x}(0) = \boldsymbol{0}$ に収束することを意味している。

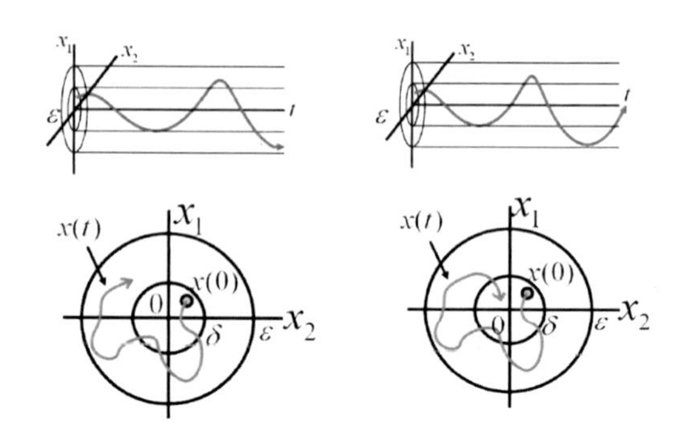

図 5.5　リアプノフ安定　　　図 5.6　漸近安定

(2) リアプノフの安定定理とラ・サールの定理

システムの安定性を判別する方法について説明しよう。いま，$\frac{\partial V(\boldsymbol{x})}{\partial \boldsymbol{x}} = \left[\frac{\partial V}{\partial x_1}, \ldots, \frac{\partial V}{\partial x_n} \right]$ が連続であるような，ベクトル $\boldsymbol{x}(t)$ について恒等的に正となるスカラー関数 $V(\boldsymbol{x})$ があり，かつシステム (5.5) に沿っての時間微分が

$$\begin{aligned} \dot{V} &= \sum_{i=1}^{n} \frac{\partial V}{\partial x_i} \dot{x}_l = \left[\frac{\partial V}{\partial x_i}, \ldots, \frac{\partial V}{\partial x_n} \right] \begin{bmatrix} \dot{x}_1 \\ \vdots \\ \dot{x}_n \end{bmatrix} \\ &= \frac{\partial V}{\partial \boldsymbol{x}} \dot{\boldsymbol{x}} = \frac{\partial V}{\partial \boldsymbol{x}} \boldsymbol{f} \leq 0 \end{aligned}$$

であったとしよう。このような関数 $V(\boldsymbol{x})$ はシステム (5.5) のリアプノフ関数と呼ばれている。

$\boldsymbol{x}(t)$ が2次元の場合のリアプノフ関数 $V(\boldsymbol{x})$ を図5.7に示す。これは，定義の通り，$\boldsymbol{x} \neq \boldsymbol{0}$ では $V(\boldsymbol{x})$ が常に正であり，時間と共に変化する $\boldsymbol{x}(t)$ に対して，$V(\boldsymbol{x})$

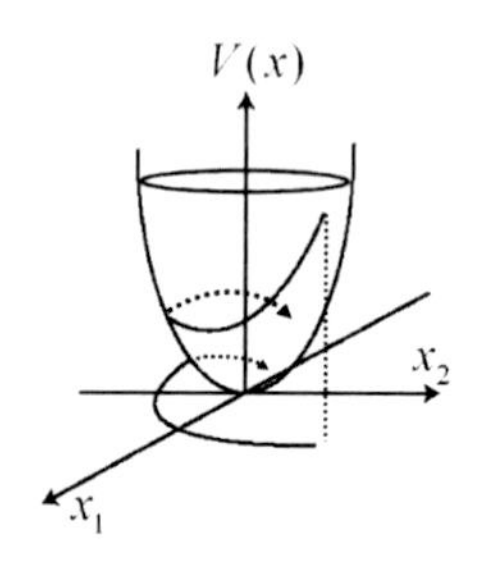

図 5.7　リアプノフ関数

は時間 t に関して非増加であることを示している。

さて，ここで非線形システムや線形システムの安定性解析や制御系設計に有用なリアプノフの安定定理を紹介する。

● **リアプノフの安定定理**

システム (5.5) の原点近傍のある範囲内でリアプノフ関数 $V(\boldsymbol{x})$ が存在すれば，原点はリアプノフ安定であり，さらに $\dot{V}(\boldsymbol{x})$ が負定関数ならば，平衡点 $\boldsymbol{x}=\boldsymbol{0}$ は漸近安定である。

次に，$\dot{V}(\boldsymbol{x})$ が準負定関数の場合に有用なラ・サールの定理を紹介する。

● **ラ・サールの定理**

システム (5.5) の原点近傍のある範囲内 Ω でリアプノフ関数 $V(\boldsymbol{x})$ が存在し，さらに $\dot{V}(\boldsymbol{x})$ が準負定関数であるとする。また，$\dot{V}(\boldsymbol{x})=0$ を満足する Ω の点の集まりを E で表し，E における最大の不変集合を M で表す。このとき，Ω の中から出発するシステム (5.5) の解は，$t\to\infty$ のとき限りなく集合 M に近づく。最大の不変集が唯一原点であることが示されれば，システムの漸近安定性が証明できる。

(3) 線形システムの安定性

さて，線形システム

$$\dot{\boldsymbol{x}}(t)=\boldsymbol{A}\boldsymbol{x}(t) \tag{5.6}$$

について考えてみよう。線形システムのリアプノフ安定性に関しては以下の定理がある。

線形システム (5.6) の平衡点 $\boldsymbol{x}=\boldsymbol{0}$ がリアプノフ安定であるための必要十分条件は，ある実対称正定行列 $\boldsymbol{P}$ が存在して，

$$\boldsymbol{A}^T\boldsymbol{P}+\boldsymbol{P}\boldsymbol{A}\leq 0$$

となることである。

また，線形システムの漸近安定性に関しては以下の定理がある。

線形システム (5.6) の平衡点 $\boldsymbol{x}=\boldsymbol{0}$ が漸近安定であるための必要十分条件は，行列 $\boldsymbol{A}$ の固有値の実部がすべて負であることである。この性質をもつ行列 $\boldsymbol{A}$ を安定行列という。ここで，有限次元線形システムにおいては漸近安定性と指数安定性は等価であることに注意しておく。

最後に，リアプノフ方程式について紹介する。

● **リアプノフ方程式**

線形システム (5.6) の平衡点 $\boldsymbol{x}=\boldsymbol{0}$ が漸近安定であるための必要十分条件は，与えられた任意の実対称正定行列 $\boldsymbol{Q}$ に対して，方程式

$$\boldsymbol{A}^T\boldsymbol{P}+\boldsymbol{P}\boldsymbol{A}=-\boldsymbol{Q} \tag{5.7}$$

を満足する実対称正定行列 $\boldsymbol{P}$ がただ1つ存在することである。なお，式 (5.7) をリアプノフ方程式という。

＜松野文俊＞

参考文献（5.2 節）

[1] 喜多村，林，早川，岡田，加藤，松野：『制御工学』，日本機械学会 (2002).

5.3　線形システムの性質と制御[1]

5.3.1　線形システムの性質

(1) フィードバック制御系の定常特性

5.1 節で述べたが，古典制御では伝達関数が，現代制御では状態方程式がシステムのモデルとして用いられる。ここでは，1入力1出力システムに対して，伝達関数表現によるシステムの定常偏差に関する性質について述べる。

フィードバック制御系の定常特性とは，目標値や外乱が印加されてから十分時間が経過した後の定常状態における，閉ループ系の目標値への追従精度や外乱の出力への影響を評価するものである。図 5.3 のフィードバック制御系において，$G(s)$ は制御対象の伝達関数，$C(s)$ は制御器の伝達関数であり，$R(s)$, $D(s)$, $U(s)$, $Y(s)$ はそれぞれ目標値 $r(t)$，外乱 $d(t)$，制御入力 $u(t)$，制御出力 $y(t)$ のラプラス変換，$E(s)$ は偏差 $e(t)=r(t)-y(t)$ のラプラス変換である。目標値 $R(s)$ および外乱 $D(s)$ から偏差 $E(s)$ までの関係は

$$E(s)=\frac{1}{1+G(s)C(s)}R(s)-\frac{G(s)}{1+G(s)C(s)}D(s) \tag{5.8}$$

である。偏差の時間応答の定常値すなわち定常偏差 e_s はラプラス変換の最終値の定理を用いると

$$e_s=\lim_{t\to\infty}e(t)=\lim_{s\to 0}sE(s)$$

となる。

古典制御では PID 制御がよく適用される。P は比例

制御であり応答性の改善，Dは微分制御であり安定性の改善，Iは積分制御であり定常偏差の抑制に効果があるといわれている。ここでは，図5.3の制御系において，目標値 $R(s)$ や外乱 $D(s)$ を単位ステップ入力，単位定速度入力，単位定加速度入力とした場合に，定常偏差がどのようになるかを考えてみる。参照入力および外乱に対する定常偏差の抑制性能と，制御対象のもつ積分器の数，制御器がもつ積分器の数の関係について考察する。

(i) 目標値に対する定常偏差

図5.3のフィードバック制御系において，外乱項 $D(s)=0$ とおくと，目標値から偏差までの伝達関数 $W_{re}(s)$ は，フィードバック制御系の一巡伝達関数 $L(s)=G(s)C(s)$ を用いて，$W_{re}(s)=1/(1+L(s))$ と表される。ここでは，一巡伝達関数を

$$L(s)=G(s)C(s)=\frac{K(b_m s^m+b_{m-1}s^{m-1}+\cdots+b_1 s+1)}{s^l(a_n s^n+a_{n-1}s^{n-1}+\cdots+a_1 s+1)} \tag{5.9}$$

とし，閉ループ系は安定とする。この一巡伝達関数 $L(s)$ の構成から，システム $G(s)$ と制御器 $C(s)$ が合わせて積分器 $1/s$ を l 個もっているように定式化されていることに注意しよう。目標値に対する定常偏差の考察では，一巡伝達関数に含まれる積分器の数 l が重要な働きをする。一巡伝達関数 $L(s)$ が l 個の積分器をもつとき，その制御系は l 型と呼ばれる。

目標値 $r(t)$ が単位ステップ入力 $r(t)=1$ $(R(s)=1/s)$ のときの定常偏差である定常位置偏差 e_{sp} は，最終値の定理を用いると

$$e_{sp}=\lim_{s\to 0}sE(s)=\lim_{s\to 0}s\frac{1}{1+L(s)}\frac{1}{s}=\begin{cases}\frac{1}{1+K} & (l=0)\\ 0 & (l\geq 1)\end{cases} \tag{5.10}$$

となる。式(5.10)から，0型の制御系では0でない有限な定常位置偏差が生じるのに対し，$l\,(\geq 1)$ 型の制御系では定常位置偏差は生じないことがわかる。

目標値 $r(t)$ が単位定速度入力 $r(t)=t$ $(R(s)=1/s^2)$ のときの定常偏差である定常速度偏差 e_{sv} は

$$e_{sv}=\begin{cases}\infty & (l=0)\\ \frac{1}{K} & (l=1)\\ 0 & (l\geq 2)\end{cases} \tag{5.11}$$

となる。式(5.11)より，1型の制御系では0でない有限な定常速度偏差が生じるのに対し，$l\,(\geq 2)$ 型の制御系では定常速度偏差は生じないことがわかる。また，0型の制御系では定速度入力には追従できず，定常偏差は発散してしまう。

目標値 $r(t)$ が単位定加速度入力 $r(t)=t^2$ のときの定常偏差である定常加速度偏差 e_{sa} は

$$e_{sa}=\begin{cases}\infty & (l\leq 1)\\ \frac{2}{K} & (l=2)\\ 0 & (l\geq 3)\end{cases} \tag{5.12}$$

となる。この場合，2型の制御系では0でない有限な定常加速度偏差が生じるのに対し，$l\,(\geq 3)$ 型の制御系では定常加速度偏差は生じない。しかし，0型および1型の制御系では定加速入力には追従できず，定常偏差は発散してしまう。

以上の結果をまとめると，表5.1のようになる。制御対象と制御器のそれぞれがもつ積分器の和が定常偏差に大きな影響を与えることがわかる。また，制御器のフィードバッゲインに相当する K を大きく（ハイゲインフィードバック）することで，積分器が不足する場合でも定常偏差を小さく抑えることができることに注意しておく。

表5.1 目標値に対する定常偏差

l 型	定常位置偏差	定常速度偏差	定常加速度偏差
0型	$\frac{1}{1+K}$	∞	∞
1型	0	$\frac{1}{K}$	∞
2型	0	0	$\frac{2}{K}$
3型	0	0	0

(ii) 外乱に対する定常偏差

図5.3のフィードバック制御系において，目標値 $R(s)=0$ として，外乱から偏差までの伝達関数 $W_{de}(s)$ を求めると，$W_{de}(s)=-G(s)/(1+L(s))$ となる。したがって，外乱に対する定常偏差は一巡伝達関数 $L(s)$ のみでは定まらない。そこで，システム $G(s)$ と制御器 $C(s)$ の伝達関数のそれぞれが積分器を l_1,l_2 個持っているとし

$$G(s)=\frac{K_1B_1(s)}{s^{l_1}A_1(s)},\quad C(s)=\frac{K_2B_2(s)}{s^{l_2}A_2(s)} \tag{5.13}$$

$$A_1(s) = a_{n_1}s^{n_1} + \cdots + a_1 s + 1,$$
$$B_1(s) = b_{m_1}s^{m_1} + \cdots + b_1 s + 1$$
$$A_2(s) = c_{n_2}s^{n_2} + \cdots + c_1 s + 1,$$
$$B_2(s) = d_{m_2}s^{m_2} + \cdots + d_1 s + 1$$

とおいて外乱に対する定常偏差を考察する。この場合，一巡伝達関数は

$$L(s) = \frac{KB_1(s)B_2(s)}{s^l A_1(s)A_2(s)}, \quad K = K_1K_2, \quad l = l_1 + l_2 \tag{5.14}$$

であり，$W_{de}(s)$ は

$$W_{de}(s) = -\frac{s^{l_2}K_1B_1(s)A_2(s)}{s^lA_1(s)A_2(s) + KB_1(s)B_2(s)} \tag{5.15}$$

である。外乱 $d(t)$ が単位ステップ関数 $d(t)=1$ のときの定常位置偏差 e_{sp} は

$$\begin{aligned} e_{sp} &= \lim_{s\to 0} -s\frac{s^{l_2}K_1B_1(s)A_2(s)}{s^lA_1(s)A_2(s) + KB_1(s)B_2(s)}\frac{1}{s} \\ &= \begin{cases} -\frac{K_1}{1+K} & (l_2 = 0, l_1 = 0) \\ -\frac{1}{K_2} & (l_2 = 0, l_1 \geq 1) \\ 0 & (l_2 \geq 1) \end{cases} \end{aligned} \tag{5.16}$$

となる。同様に，外乱に対する定常速度偏差 e_{sv}，定常加速度偏差 e_{sa} は

$$\begin{aligned} e_{sv} &= \lim_{s\to 0} -s\frac{s^{l_2}K_1B_1(s)A_2(s)}{s^lA_1(s)A_2(s) + KB_1(s)B_2(s)}\frac{1}{s^2} \\ &= \begin{cases} -\infty & (l_2 = 0) \\ -\frac{1}{K_2} & (l_2 = 1) \\ 0 & (l_2 \geq 2) \end{cases} \\ e_{sa} &= \lim_{s\to 0} -s\frac{s^{l_2}K_1B_1(s)A_2(s)}{s^lA_1(s)A_2(s) + KB_1(s)B_2(s)}\frac{2}{s^3} \\ &= \begin{cases} -\infty & (l_2 \leq 1) \\ -\frac{2}{K_2} & (l_2 = 2) \\ 0 & (l_2 \geq 3) \end{cases} \end{aligned}$$

である。これらの結果をまとめると表5.2のようになる。

このように，目標値に対して $l = l_1 + l_2$ 型であっても，外乱に対しては l_2 型になっており，フィードバック制御系において，外乱の入る位置の前に積分器がいくつあるか（制御対象の入力側に入ってくる外乱を考えているので，制御器 $C(s)$ に積分器がいくつあるか）が重要になる。また，制御器のフィードバッゲイン K_2 を大きく（ハイゲインフィードバック）することで，積分器が不足する場合でも定常偏差を小さく抑えることができることに注意しておく。

表 5.2 入力外乱に対する定常偏差

l	l_2 型	定常位置偏差	定常速度偏差	定常加速度偏差
0	0 型	$-\frac{K_1}{1+K}$	$-\infty$	$-\infty$
≥ 1	0 型	$-\frac{1}{K_2}$	$-\infty$	$-\infty$
	1 型	0	$-\frac{1}{K_2}$	$-\infty$
	2 型	0	0	$-\frac{2}{K_2}$
	3 型	0	0	0

(2) 線形システムの可制御・可観測性

伝達関数 $\boldsymbol{G}(s)$ を持つシステムが安定であるとは，$\boldsymbol{G}(s)$ の分母多項式 $=0$ である特性方程式の解の実部が全て負であることを意味している。伝達関数表現 $\boldsymbol{G}(s)$ と状態空間表現 $(\boldsymbol{A}, \boldsymbol{B}, \boldsymbol{C})$ との間には

$$\boldsymbol{G}(s) = \boldsymbol{C}(s\boldsymbol{I} - \boldsymbol{A})^{-1}\boldsymbol{B} = \boldsymbol{C}\frac{\mathrm{adj}(s\boldsymbol{I} - \boldsymbol{A})}{\det(s\boldsymbol{I} - \boldsymbol{A})}\boldsymbol{B} \tag{5.17}$$

の関係がある。式 (5.17) から特性方程式は $\det(s\boldsymbol{I} - \boldsymbol{A}) = 0$ であるので，状態空間表現されたシステムが安定であるとは，行列 $\boldsymbol{A}$ の固有値の実部がすべて負であることを意味する。このように，伝達関数表現における概念は状態空間表現でも説明できる。一方，状態空間表現であるからこその概念が存在する。その代表例が可制御性・可観測性である。伝達関数表現では入出力関係 $\boldsymbol{u}(t), \boldsymbol{y}(t)$ のみに着目しているのに対して，状態空間表現ではシステムの内部状態 $\boldsymbol{x}(t)$ に関する動特性を記述できる。状態空間表現では，内部状態を制御できるか，内部状態を観測できるかなどが代数学的考察で可能になり，システム制御理論が大きく花開き，制御系設計がシステマチックにできるようになった。

線形システム

$$\dot{\boldsymbol{x}}(t) = \boldsymbol{A}\boldsymbol{x}(t) + \boldsymbol{B}\boldsymbol{u}(t), \quad \boldsymbol{y}(t) = \boldsymbol{C}\boldsymbol{x}(t) \tag{5.18}$$

について考える。ここで，$\boldsymbol{x}(t) \in R^n$，$\boldsymbol{u}(t) \in R^m$，$\boldsymbol{y}(t) \in R^l$，$\boldsymbol{A} \in R^{n\times n}$，$\boldsymbol{B} \in R^{n\times m}$，$\boldsymbol{C} \in R^{l\times n}$ である。線形システム (5.18) の解は

$$\boldsymbol{x}(t) = e^{\boldsymbol{A}t}\boldsymbol{x}(0) + \int_0^t e^{\boldsymbol{A}(t-\tau)}\boldsymbol{B}\boldsymbol{u}(\tau)\mathrm{d}\tau \tag{5.19}$$

と書ける。

● **可制御性**

線形システム (5.18) において，任意の時刻 t_0 での任意の初期状態 $\boldsymbol{x}(t_0)=\boldsymbol{x}_0$ から，ある有限時刻 t_f に任意の目標状態 $\boldsymbol{x}(t_f)=\boldsymbol{x}_f$ へ移動させることができるような入力 $\boldsymbol{u}(t)$, $(t_0\le t\le t_f)$ が存在するとき，このシステムは可制御，あるいは $(\boldsymbol{A},\boldsymbol{B})$ は可制御という。線形システム (5.18) が可制御であるための必要十分条件は，可制御行列

$$\boldsymbol{U}_c=[\boldsymbol{B}\quad \boldsymbol{AB}\quad \boldsymbol{A}^2\boldsymbol{B}\quad\cdots\quad \boldsymbol{A}^{n-1}\boldsymbol{B}]$$

において，$\mathrm{rank}\,\boldsymbol{U}_c=n$ を満足することである。

● **可観測性**

線形システム (5.18) において任意の時刻 t_0 から任意の有限時刻 t_f まで出力を観測することにより，初期状態 $\boldsymbol{x}(0)=\boldsymbol{x}_0$ を一意に決定できるとき，このシステムは可観測，あるいは $(\boldsymbol{A},\boldsymbol{C})$ は可観測という。ただし，入力 $u(t)$ は観測時間 $t_0\le t\le t_f$ にわたって既知とする。初期状態 $\boldsymbol{x}(0)=\boldsymbol{x}_0$ を一意に決定できるということは，線形システム (5.18) の解 (5.19) より，状態 $\boldsymbol{x}(t)$ を一意に決定できることを意味している。線形システム (5.18) が可観測であるための必要十分条件は，可観測行列

$$\boldsymbol{U}_o=[\boldsymbol{C}^T\ \boldsymbol{A}^T\boldsymbol{C}^T\ (\boldsymbol{A}^T)^2\boldsymbol{C}^T\ \cdots\ (\boldsymbol{A}^T)^{n-1}\boldsymbol{C}^T]^T$$

において，$\mathrm{rank}\boldsymbol{U}_o=n$ を満足することである。

5.3.2　線形システムの状態フィードバックと極配置

(1) 線形システムの状態フィードバック

状態を入力に帰還することを状態フィードバックという。その目的は，状態フィードバックを用いることによりシステムの挙動を設計者の思うように設定することである。線形システム (5.18) において $(\boldsymbol{A},\boldsymbol{B})$ は可制御とする。状態フィードバック入力は

$$\boldsymbol{u}(t)=\boldsymbol{Kx}(t) \tag{5.20}$$

となる。ここで，$\boldsymbol{K}$ は $m\times n$ の状態フィードバックゲイン行列と呼ばれる行列であり，設計者が任意に設定できる。状態フィードバックの構成をブロック線図で書くと図 5.8 のようになる。

状態フィードバック入力 (5.20) に対する閉ループ系は

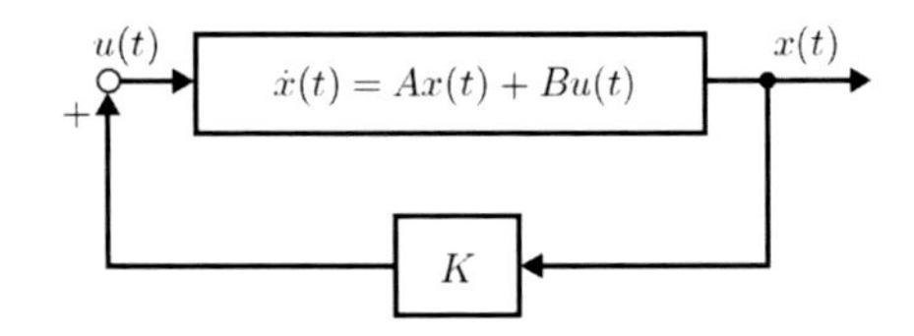

図 5.8　状態フィードバックの構成

$$\dot{\boldsymbol{x}}(t)=(\boldsymbol{A}+\boldsymbol{BK})\boldsymbol{x}(t)$$

となり，システムの極が移動する。閉ループ系の安定化は行列 $\boldsymbol{A}+\boldsymbol{BK}$ を安定行列とすることにより達成される。線形システム (5.18) が可制御であれば，閉ループ系 $\boldsymbol{A}+\boldsymbol{BK}$ の極を任意に配置することが可能である。

(2) 線形システムの極配置

まず，可制御な 1 入力システム $(m=1)$ に対して，状態フィードバックを用いて閉ループ系の極を指定した極に配置するための，状態フィードバックゲインの決定法について説明する。可制御な線形システム (5.18) は適当な座標変換により可制御正準形

$$\frac{\mathrm{d}}{\mathrm{d}t}\begin{bmatrix}x_1(t)\\x_2(t)\\\vdots\\x_{n-1}(t)\\x_n(t)\end{bmatrix}=\begin{bmatrix}0&1&0&\cdots&0&0\\0&0&1&\cdots&0&0\\\vdots&\vdots&\vdots&\cdots&&\\0&0&0&\cdots&0&1\\-a_1&-a_2&-a_3&\cdots&-a_{n-1}&-a_n\end{bmatrix}\begin{bmatrix}x_1(t)\\x_2(t)\\\vdots\\x_{n-1}(t)\\x_n(t)\end{bmatrix}+\begin{bmatrix}0\\0\\\vdots\\0\\1\end{bmatrix}u_1(t)$$

に変換できる。このシステムの開ループ系に対する特性方程式は

$$s^n+a_ns^{n-1}+\cdots+a_3s^2+a_2s+a_1=0 \tag{5.21}$$

である。状態フィードバック入力

$$u_1(t) = k_1x_1(t)+k_2x_2(t)+\cdots+k_{n-1}x_{n-1}(t)+k_nx_n(t)$$

に対する閉ループ系は

$$\frac{\mathrm{d}}{\mathrm{d}t}\begin{bmatrix} x_1(t) \\ x_2(t) \\ \vdots \\ x_{n-1}(t) \\ x_n(t) \end{bmatrix} = \begin{bmatrix} 0 & 1 & 0 & \cdots & 0 & 0 \\ 0 & 0 & 1 & \cdots & 0 & 0 \\ \vdots & \vdots & \vdots & \cdots & & \vdots \\ 0 & 0 & 0 & \cdots & 0 & 1 \\ k_1-a_1 & k_2-a_2 & k_3-a_3 & \cdots & k_{n-1}-a_{n-1} & k_n-a_n \end{bmatrix} \begin{bmatrix} x_1(t) \\ x_2(t) \\ \vdots \\ x_{n-1}(t) \\ x_n(t) \end{bmatrix}$$

となり，閉ループ系の極は

$$s^n + (a_n - k_n)s^{n-1} + \cdots + (a_3 - k_3)s^2 + (a_2 - k_2)s + a_1 - k_1 = 0 \tag{5.22}$$

を満足することがわかる。開ループ系に対する特性方程式 (5.21) と閉ループ系に対する特性方程式 (5.22) を比較すると，係数が変わっている。したがって，状態フィードバックにより特性方程式が変わり，図 5.9 のようにシステムの極が移動することがわかる。

次に，図 5.10 に示すように閉ループ系の極（移動させた後の極）を指定した場合に状態フィードバックゲインを求める極配置問題について考える。閉ループ系の極を $s_1, \ldots, s_n$ とし，その特性方程式を，

$$(s-s_1)(s-s_2)\cdots(s-s_n) = s^n + \beta_n s^{n-1} + \beta_{n-1}s^{n-2} + \cdots + \beta_2 s + \beta_1 \tag{5.23}$$

としよう。状態フィードバックを行った閉ループ系の特性方程式 (5.22) と式 (5.23) は一致しなければならないので，係数比較を行えば，状態フィードバックゲイン

$$k_i = a_i - \beta_i \quad (i = 1, \ldots, n)$$

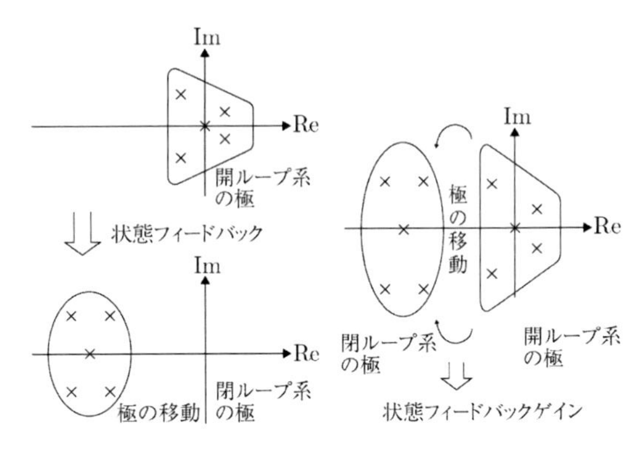

図 5.9 極の移動　　図 5.10 極配置

を得る。

多入力システムの極配置法においても，1 入力システムの極配置法と同様に，可制御正準形を利用して状態フィードバックゲインを求めることは可能である。しかし，多入力システムの可制御正準形を求めることは決して容易ではなく，現実には，配置できる閉ループ極に若干の制約があっても，計算が容易な次の方法がよく用いられる。線形システム (5.18) に対して，状態フィードバックによって得られる閉ループ系の固有値を s_i $(i=1,\ldots,n)$ とし，s_i は互いに異なる値であるとともにシステム行列 $\boldsymbol{A}$ の固有値と共通なものはないとする。閉ループ系の固有値 $s_i(i=1,\ldots,n)$ と m 次の任意ベクトル $\bar{\boldsymbol{k}}_i$ を与え，ベクトル $\boldsymbol{v}_i$ を

$$\boldsymbol{v}_i = -(\boldsymbol{A} - s_i\boldsymbol{I})^{-1}\boldsymbol{B}\bar{\boldsymbol{k}}_i \tag{5.24}$$

と定義する。ここで，状態フィードバックゲイン行列 $\boldsymbol{K}$ を

$$\bar{\boldsymbol{k}}_i = \boldsymbol{K}\boldsymbol{v}_i \tag{5.25}$$

の関係を満足するものとする。式 (5.24) は

$$(\boldsymbol{A} - s_i\boldsymbol{I})\boldsymbol{v}_i = -\boldsymbol{B}\boldsymbol{K}\boldsymbol{v}_i$$

と書き直され，さらに

$$(\boldsymbol{A} + \boldsymbol{B}\boldsymbol{K})\boldsymbol{v}_i = s_i\boldsymbol{v}_i \tag{5.26}$$

となり，式 (5.26) より $\boldsymbol{v}_i$ は行列 $\boldsymbol{A}+\boldsymbol{B}\boldsymbol{K}$ の固有値 s_i に対する固有ベクトルであることがわかる。したがって，行列 $\boldsymbol{K}$ は閉ループ極を $\{s_1,\ldots,s_n\}$ と配置するためのフィードバックゲインであることがわかる。ここで

$$\bar{\boldsymbol{K}} = [\bar{\boldsymbol{k}}_1, \ldots, \bar{\boldsymbol{k}}_n], \quad \boldsymbol{U} = [\boldsymbol{v}_1, \ldots, \boldsymbol{v}_n]$$

とおくと，式 (5.25) より $\boldsymbol{K}$ を

$$\boldsymbol{K} = \bar{\boldsymbol{K}}\boldsymbol{U}^{-1}$$

と決定すればよいことがわかる。ただし，$\det \boldsymbol{U} \neq 0$ とする。もし行列 $\boldsymbol{U}$ が正則でない場合には，従属な $\boldsymbol{v}_i$ に対するベクトル $\bar{\boldsymbol{k}}_i$ を変更して正則となるように設定すればよい。指定極に複素数を含む場合，s_i と s_j が共役複素数であれば，$\bar{\boldsymbol{k}}_i$ と $\bar{\boldsymbol{k}}_j$ を共役複素ベクトルとして選べば状態フィードバックゲイン行列 $\boldsymbol{K}$ は実数行列となる。ただし，共役複素数を含まないように複素数の極を指定した場合には，得られる状態フィードバックゲイン行列 $\boldsymbol{K}$ は複素数行列となってしまうことに注意しておく。

5.3.3　線形システムに対する最適制御

(1) 最適とは何か

システムが可制御ならば閉ループ系の極を任意に配置できることを説明した。閉ループ系の状態をすばやく 0 に収束させるためには，閉ループ極を複素左半面遠くへ設定するように状態フィードバックゲイン $\boldsymbol{K}$ を決定すればよいことになる。例えば，水平面内を運動する 1 自由度アームの状態空間表現は駆動トルクを入力と回転角度と角速度を状態とし物理定数を適当に定めると

$$\frac{\mathrm{d}}{\mathrm{d}t}\begin{bmatrix} x_1(t) \\ x_2(t) \end{bmatrix} = \begin{bmatrix} 0 & 1 \\ 0 & 0 \end{bmatrix}\begin{bmatrix} x_1(t) \\ x_2(t) \end{bmatrix} + \begin{bmatrix} 0 \\ 1 \end{bmatrix} u_1(t)$$

と表現される。このシステムの閉ループ極を ① $-6 \pm 10j$，② $-1 \pm 0.5j$ と設定した場合の状態 $x_1(t)$ と入力 $u_1(t)\,(= k_1x_1(t) + k_2x_2(t))$ の応答を，それぞれ図 5.11 と図 5.12 に示す。この場合の状態フィードバックゲインは ① $(k_1, k_2) = (136, 12)$，② $(k_1, k_2) = (1.25, 2)$ となる。① の場合には，応答速度は速いが状態 $x_1(t)$ の振れ幅が大きくなり，入力も大きくなってしまう。これに比べ ② の場合には，応答速度が遅いものの，振れ幅や入力は小さくなっている。

このように，速応性やエネルギー消費などを考慮した場合に閉ループ極をどのように配置すればよいかは，非常に難しい問題である。特に多入力システムの場合には，同じ極の集合を配置できる状態フィードバックゲインは無数にあり，どのゲインを用いて制御するのがよいのかわからなくなってしまう。

このような問題を解決する一つの方法に，適当な評価関数を最小にするように状態フィードバックゲインを決定する方法がある。これが最適フィードバック制御である。一般にシステムを制御する場合，設計者はある目的をもっており，その目標を実現すれば，良い制御系が構成できたと考える。その“目標”や“良い”の評価は設計者によって異なっており，それをいかに定式化するかが一つの問題である。その望ましい目標の指標として評価関数があり，最適制御はこの評価関数を最小にするという意味において“最適”である。

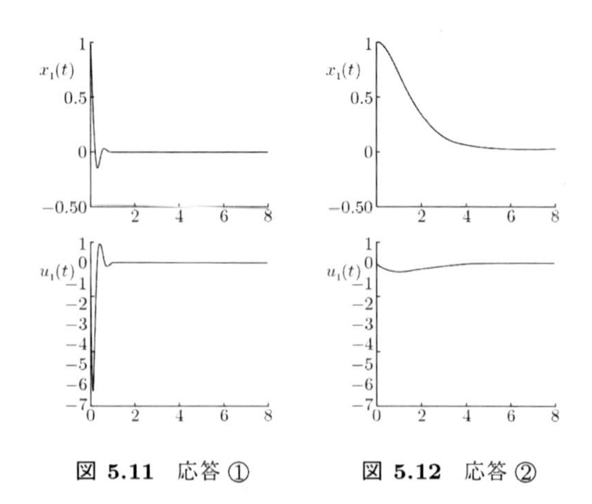

図 5.11　応答 ①　　図 5.12　応答 ②

例えば，目標とする状態に早く到達することを目的とすると，到達するまでの所要時間を評価関数とすればよく，最短時間で目的を達成する最短時間制御が最適となる。この場合，入力に無限大のエネルギーを投入すれば無限小の時間で目的を達成できそうである。しかし，実システムを考えた場合，無限大のエネルギーを発生させることは不可能であり，目的達成に消費されるエネルギーの総量も重要である。図 5.13 に示すように，F1 レースのようにスピードを競うか，エコカー・レースのように省エネを競うかといった目的の違いにより，最適は異なってくるはずである。

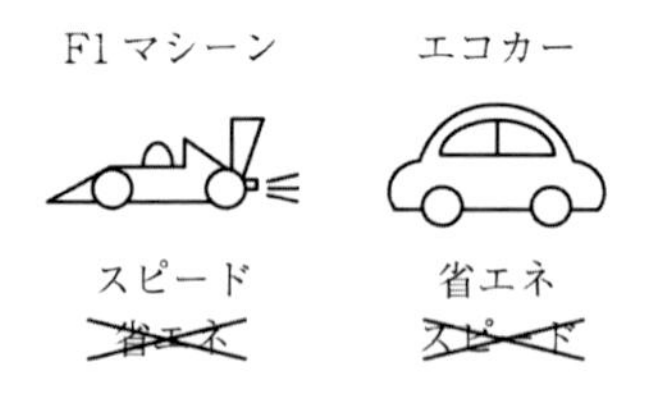

図 5.13　評価と最適性

(2) 無限時間積分評価による最適レギュレータ

多入力をもつ可制御な n 次元線形時不変システム

$$\dot{\boldsymbol{x}}(t) = \boldsymbol{A}\boldsymbol{x}(t) + \boldsymbol{B}\boldsymbol{u}(t), \quad \boldsymbol{x}(0) = \boldsymbol{x}_0 \tag{5.27}$$

において，状態を目標状態である零状態 ($\boldsymbol{x}=\boldsymbol{0}$) にすることとエネルギーの消費を少なくすることを目的とし，2 次形式評価関数

$$J=\frac{1}{2}\int_0^{\infty}(\boldsymbol{x}^T(t)\boldsymbol{Q}\boldsymbol{x}(t)+\boldsymbol{u}^T(t)\boldsymbol{R}\boldsymbol{u}(t))\mathrm{d}t \quad (5.28)$$

を定義する。ここで，$\boldsymbol{x}(t)$ は n 次元ベクトル，$\boldsymbol{u}(t)$ は m 次元ベクトル，$\boldsymbol{Q}$ は $n\times n$ 次の対称準正定行列，$\boldsymbol{R}$ は $m\times m$ 次の対称正定行列とする。すばやく状態を零状態にすることと入力のエネルギー消費を最小にすることは相容れない要求であり，トレードオフが存在する。無限時間積分評価関数 (5.28) の被積分項の第 1 項は状態に関する評価の項であり，第 2 項は入力に関する評価の項である。行列 $\boldsymbol{Q}$, $\boldsymbol{R}$ は設計者がそれぞれ対称準正定，対称正定の条件下で自由に設定できる重み行列であり，トレードオフの適当な妥協点を与えていると考えることもできる（図 5.14）。

図 **5.14** トレードオフ

システム (5.27) に対して 2 次形式評価関数 (5.28) を最小にするような入力 $\boldsymbol{u}(t)$ を求めようとする最適制御問題は線形システム理論の最も標準的な問題の 1 つであり，最適レギュレータ問題と呼ばれている。この問題に関して以下の公式がよく知られている。

式 (5.27) で与えられる線形システムが可制御のとき，$\boldsymbol{Q}$ を正定行列とした評価関数 (5.28) を最小にする入力は

$$\boldsymbol{u}(t)=-\boldsymbol{R}^{-1}\boldsymbol{B}^T\boldsymbol{P}\boldsymbol{x}(t) \quad (5.29)$$

という状態フィードバックで与えられる。ただし，$\boldsymbol{P}$ はリカッチ代数方程式

$$\boldsymbol{A}^T\boldsymbol{P}+\boldsymbol{P}\boldsymbol{A}+\boldsymbol{Q}-\boldsymbol{P}\boldsymbol{B}\boldsymbol{R}^{-1}\boldsymbol{B}^T\boldsymbol{P}=0 \quad (5.30)$$

を満たす対称正定行列である。このとき，閉ループ系は漸近安定となる。また，このとき評価関数 J の最小値は以下で与えられる。

$$\min J=\frac{1}{2}\boldsymbol{x}_0^T\boldsymbol{P}\boldsymbol{x}_0$$

なお，式 (5.28) の評価関数で $\boldsymbol{x}$ の代わりに $\boldsymbol{y}=\boldsymbol{C}\boldsymbol{x}$ が用いられる場合には，リカッチ代数方程式 (5.30) において $\boldsymbol{Q}$ を $\boldsymbol{Q}=\boldsymbol{C}^T\boldsymbol{Q}\boldsymbol{C}$ としなければならないことに注意しておく。

また，$\boldsymbol{Q}$ が対称準正定行列である場合には，$\boldsymbol{Q}=\boldsymbol{W}^T\boldsymbol{W}$ と表したときに，$(\boldsymbol{W},\boldsymbol{A})$ が可観測ならば閉ループ系が漸近安定であることが保証されている。

1 入力 1 出力システムに対する無限制御時間最適レギュレータは次の安定余裕をもつことが知られている。

① ゲイン余裕は 1/2 から ∞
② 位相余裕は少なくとも 60°

なお，リカッチ代数方程式 (5.30) の解法については他書を参照されたい。

(3) 有限時間積分評価による最適レギュレータ

5.3.3 項 (2) では制御時間を無限大として，評価関数における積分上限の時間を無限大とした式 (5.28) の無限時間区間の評価を考えてきた。しかし，制御時間は有限であるので，有限時間区間の 2 次形式評価関数

$$J_f(\boldsymbol{u})=\frac{1}{2}\boldsymbol{x}^T(t_f)\boldsymbol{P}_f\boldsymbol{x}(t_f)+\frac{1}{2}\int_0^{t_f}(\boldsymbol{x}^T(t)\boldsymbol{Q}\boldsymbol{x}(t)+\boldsymbol{u}^T(t)\boldsymbol{R}\boldsymbol{u}(t))\mathrm{d}t \quad (5.31)$$

に対する最適制御問題を考える必要が生じる。この問題に関して以下の公式がよく知られている。

線形システム (5.27) が可制御のとき，評価関数 (5.31) を最小にする入力は

$$\boldsymbol{u}(t)=-\boldsymbol{R}^{-1}\boldsymbol{B}^T\boldsymbol{P}(t;\boldsymbol{P}_f,t_f)\boldsymbol{x}(t) \quad (5.32)$$

という状態フィードバックで与えられる。ただし，$\boldsymbol{P}(t;\boldsymbol{P}_f,t_f)$ はリカッチ微分方程式

$$-\dot{\boldsymbol{P}}(t)=\boldsymbol{A}^T\boldsymbol{P}(t)+\boldsymbol{P}(t)\boldsymbol{A}+\boldsymbol{Q}-\boldsymbol{P}(t)\boldsymbol{B}\boldsymbol{R}^{-1}\boldsymbol{B}^T\boldsymbol{P}(t) \quad (5.33)$$

の終端条件

$$\boldsymbol{P}(t_f)=\boldsymbol{P}_f \quad (5.34)$$

を満たす解である。

最適制御入力 (5.32) を用いた場合の式 (5.31) の評価関数 J_f の最小値は

$$\min J_f = \frac{1}{2}\boldsymbol{x}_0^T \boldsymbol{P}(0; \boldsymbol{P}_f, t_f)\boldsymbol{x}_0$$

である。ここで，$\boldsymbol{P}(t; \boldsymbol{P}_f, t_f)$ と書いているのは，$\boldsymbol{P}(t)$ は式 (5.34) の終端条件を満足するので $\boldsymbol{P}_f$ と t_f に依存して決まることを意味している。制御時間が有限の場合には，状態フィードバック入力を求めるフィードバックゲイン行列が

$$\boldsymbol{K}(t) = -\boldsymbol{R}^{-1}\boldsymbol{B}^T \boldsymbol{P}(t; \boldsymbol{P}_f, t_f)$$

となり時変となる。したがって，時々刻々のフィードバックゲイン行列をメモリに記憶しておき，それをロードして制御入力を計算することになり，実現上あまり好ましくない。したがって，実用的には制御時間を無限大と考え，5.3.3 項 (2) で説明した無限時間積分評価による最適レギュレータを用いる場合が多い。

5.3.4　線形システムのオブザーバ・コントローラ

状態が直接観測できる場合には，状態フィードバックによる最適レギュレータを設計し，実装することができる。しかし，一般には状態が計測できない場合が多く，その場合は状態を推定する状態観測器（オブザーバ）を用いて，状態フィードバックを構成する。システムが可観測であれば，状態が直接計測できない場合でも，システムに与える入力とシステムから得られる出力を用いてシステムの状態を知る（推定する）ことが可能である。再び，線形システム (5.18)

$$\dot{\boldsymbol{x}}(t) = \boldsymbol{A}\boldsymbol{x}(t) + \boldsymbol{B}\boldsymbol{u}(t), \quad \boldsymbol{y}(t) = \boldsymbol{C}\boldsymbol{x}(t)$$

について考える。システムの出力 $\boldsymbol{y}(t)$ と状態の推定値 $\boldsymbol{z}(t) \in R^n$ から計算される出力の推定値 $\boldsymbol{C}\boldsymbol{z}(t)$ との偏差，すなわち出力誤差 $\boldsymbol{y}(t) - \boldsymbol{C}\boldsymbol{z}(t)$ をフィードバックする。これは

$$\dot{\boldsymbol{z}}(t) = \boldsymbol{A}\boldsymbol{z}(t) + \boldsymbol{B}\boldsymbol{u}(t) + \boldsymbol{G}(\boldsymbol{y}(t) - \boldsymbol{C}\boldsymbol{z}(t)) \quad (5.35)$$

と微分方程式表現される。ここで，$\boldsymbol{G} \in R^{nxl}$ である。状態量と推定値の偏差 $\boldsymbol{\varepsilon}(t) = \boldsymbol{x}(t) - \boldsymbol{z}(t)$ は式 (5.18), (5.35) を用いると

$$\begin{array}{rl} & \dot{\boldsymbol{x}}(t) = \boldsymbol{A}\boldsymbol{x}(t) + \boldsymbol{B}\boldsymbol{u}(t) \\ - & \dot{\boldsymbol{z}}(t) = \boldsymbol{A}\boldsymbol{z}(t) + \boldsymbol{B}\boldsymbol{u}(t) + \boldsymbol{G}(\boldsymbol{C}\boldsymbol{x}(t) - \boldsymbol{C}\boldsymbol{z}(t)) \\ \hline & \dot{\boldsymbol{x}}(t) - \dot{\boldsymbol{z}}(t) = (\boldsymbol{A} - \boldsymbol{G}\boldsymbol{C})(\boldsymbol{x}(t) - \boldsymbol{z}(t)) \end{array}$$

より

$$\dot{\boldsymbol{\varepsilon}}(t) = (\boldsymbol{A} - \boldsymbol{G}\boldsymbol{C})\boldsymbol{\varepsilon}(t)$$

となる。この場合，解は

$$\boldsymbol{\varepsilon}(t) = e^{(\boldsymbol{A}-\boldsymbol{G}\boldsymbol{C})t}\boldsymbol{\varepsilon}(0)$$

となる。システムが可観測であれば，行列 $\boldsymbol{A} - \boldsymbol{G}\boldsymbol{C}$ の固有値を任意に指定した場合に，その固有値の配置を実現する行列 $\boldsymbol{G}$ が存在することがわかっている。したがって，行列 $\boldsymbol{G}$ を適当に選ぶことにより，任意の初期推定誤差 $\boldsymbol{\varepsilon}(0)$ に対して推定誤差 $\boldsymbol{\varepsilon}(t)$ を指定した収束速度でゼロにすることが可能となる。微分方程式 (5.35) をシステム (5.18) の状態観測器と呼び，$\boldsymbol{G}$ をオブザーバゲイン行列という。特に，式 (5.35) のオブザーバはシステムの次数と同じなので同一次元状態オブザーバと呼ぶ。オブザーバのブロック線図を図 5.15 に示す。

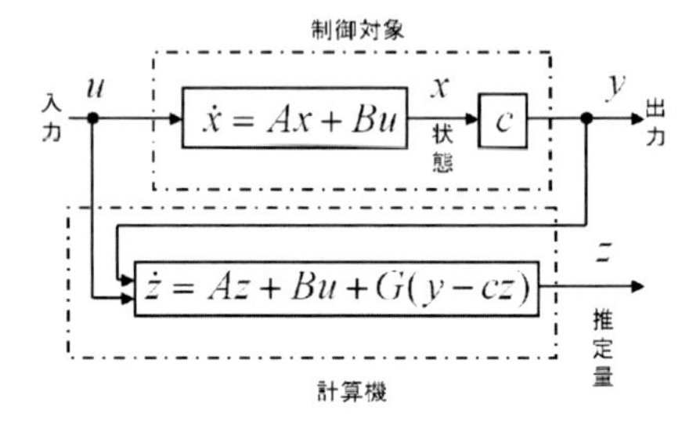

図 5.15　状態観測器のブロック線図

状態フィードバックの状態 $\boldsymbol{x}(t)$ の代わりにオブザーバ (5.35) の出力である状態推定値 $\boldsymbol{z}(t)$ を用いる場合には，その拡大系を構成して，閉ループ系の安定性を考察する必要がある。線形時不変システム

$$\begin{aligned} &\dot{\boldsymbol{x}}(t) = \boldsymbol{A}\boldsymbol{x}(t) + \boldsymbol{B}\boldsymbol{u}(t), \quad \boldsymbol{x}(0) = \boldsymbol{x}_0 \\ &\boldsymbol{y}(t) = \boldsymbol{C}\boldsymbol{x}(t) \end{aligned} \quad (5.36)$$

に対して，同一次元状態オブザーバ

$$\begin{aligned} &\dot{\boldsymbol{z}}(t) = (\boldsymbol{A} - \boldsymbol{G}\boldsymbol{C})\boldsymbol{z}(t) + \boldsymbol{B}\boldsymbol{u}(t) + \boldsymbol{G}\boldsymbol{y}(t), \\ &\quad \boldsymbol{z}(0) = \boldsymbol{z}_0 \end{aligned} \quad (5.37)$$

と最適レギュレータにより得られた最適な状態フィードバックゲイン $\boldsymbol{K}$ を用いて入力を

$$\boldsymbol{u}(t) = \boldsymbol{K}\boldsymbol{z}(t) \quad (5.38)$$

と構成する。システム $(\boldsymbol{A}, \boldsymbol{B}, \boldsymbol{C})$ は可制御かつ可観測としよう。式 (5.36)〜(5.38) をまとめると拡大系

$$\begin{bmatrix} \dot{\boldsymbol{x}}(t) \\ \dot{\boldsymbol{x}}(t) - \dot{\boldsymbol{z}}(t) \end{bmatrix} = \begin{bmatrix} \boldsymbol{A} + \boldsymbol{BK} & -\boldsymbol{BK} \\ \boldsymbol{O} & \boldsymbol{A} - \boldsymbol{GC} \end{bmatrix} \begin{bmatrix} \boldsymbol{x}(t) \\ \boldsymbol{x}(t) - \boldsymbol{z}(t) \end{bmatrix} \tag{5.39}$$

を得る。行列 $\boldsymbol{K}$ は最適レギュレータにより得られた最適フィードバックゲインであるので，$(\boldsymbol{A} + \boldsymbol{BK})$ は安定行列になることが保証されている。また，$(\boldsymbol{A}, \boldsymbol{C})$ が可観測であるので，$(\boldsymbol{A} - \boldsymbol{GC})$ を安定行列とする $\boldsymbol{G}$ は存在する。システム (5.39) の $\boldsymbol{A}$ 行列の 2-1 ブロックが零行列であるので，拡大系の極は $\boldsymbol{A} + \boldsymbol{BK}$ と $\boldsymbol{A} - \boldsymbol{GC}$ の極と同じである。したがって，拡大系は安定となり，

$$\boldsymbol{x}(t) \to 0,\ \dot{\boldsymbol{x}}(t) \to 0,\ \boldsymbol{x}(t) - \boldsymbol{z}(t) \to 0,\ \dot{\boldsymbol{x}}(t) - \dot{\boldsymbol{z}}(t) \to 0 \quad (t \to \infty)$$

が保証されることがわかる。すなわち，オブザーバの出力である状態の推定値が状態に追従し，制御対象の状態は目標であるゼロに収束することがわかる。

以上により，状態が直接計測できない場合でも，オブザーバを構成し，その出力である状態推定値と最適レギュレータによって得られた最適フィードバックゲインを用いれば閉ループ系を安定化できることがわかった。制御系 (5.37), (5.38) はオブザーバの推定値を用いたコントローラなので，オブザーバ・コントローラと呼ばれている。以上で得られたオブザーバ・コントローラのブロック線図を図 5.16 に示す。

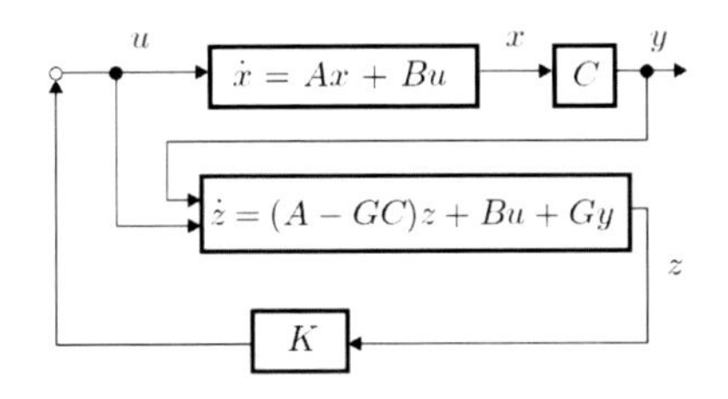

図 5.16　オブザーバ・コントローラのブロック線図

5.3.5　線形システムの 2 自由度制御系

5.1.1 項でフィードフォワードとフィードバックについて説明した。フィードバック制御によって閉ループ系を安定化し，さらにフィードフォワード制御によって閉ループ系の応答を修正するという制御系を，2 自由度制御系という。図 5.17 に示すように，参照入力 $R(s)$ および出力外乱 $D(s)$ から出力 $Y(s)$ までの伝達関数は

$$Y(s) = \frac{G(s)K_b(s)}{1 + G(s)K_b(s)} K_f(s)R(s) + \frac{1}{1 + G(s)K_b(s)} D(s)$$

となる。したがって，外乱の影響はフィードバック制御器 $K_b(s)$ によって抑制し，目標値応答はフィードフォワード制御器 $K_f(s)$ によって整形するような，設計自由度が 2 となる制御系が構成される。$K_b(s)$ は外乱に対する影響を小さくするようなコントローラであることが望ましいので PID 制御だけではなく，H_∞ 制御に代表されるロバスト制御理論での設計が有効である。

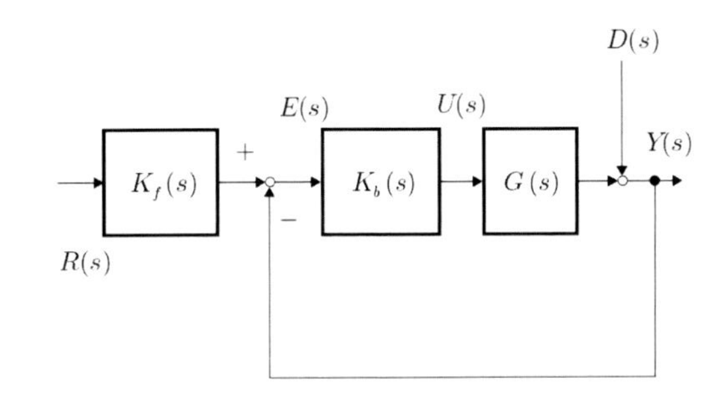

図 5.17　2 自由度制御系

2 自由度制御系では，$K_f(s)$ の設計指針や系の構成にはある程度幅がある。そこで，$K_f(s)$ の代わりに $R(s)$ から $Y(s)$ までの伝達関数を導入する。これは，図 5.17 の制御系に対して，目標値 $R(s)$ から $Y(s)$ までの伝達関数，つまりシステムの目標値応答を希望の形に整形する問題に役立つ。この問題を特にモデルマッチング問題と呼ぶ。この希望の伝達関数を

$$Y(s) = P(s)R(s)$$

とする。このとき，図 5.17 とは異なり図 5.18 のような制御系を構成する。ここで，$G_m(s)$ は $G(s)$ のモデルである。$G_m(s)$ と $G(s)$ が等しいとき，$R(s)$, $D(s)$ から $Y(s)$ までの伝達関数は

$$Y(s) = P(s)R(s) + \frac{1}{1 + G(s)K_b(s)} D(s)$$

となる。外乱がない場合 $(D(s) = 0)$ にはシステムの出力 $Y(s)$ が目標の応答 $P(s)R(s)$ に一致することがわかる。フィードバック制御器 K_b の役割は外乱に対する

影響の軽減である。実際には，制御系設計モデル構築時における線形化誤差や物理パラメータの測定誤差などの影響によるモデル化誤差が存在するので，$G_m(s)$ と $G(s)$ の間には誤差が存在する場合がある。外乱 $D(s)$ にこれらが含まれていると考えれば，K_b はモデル化誤差の影響を軽減させる役割も担っている。

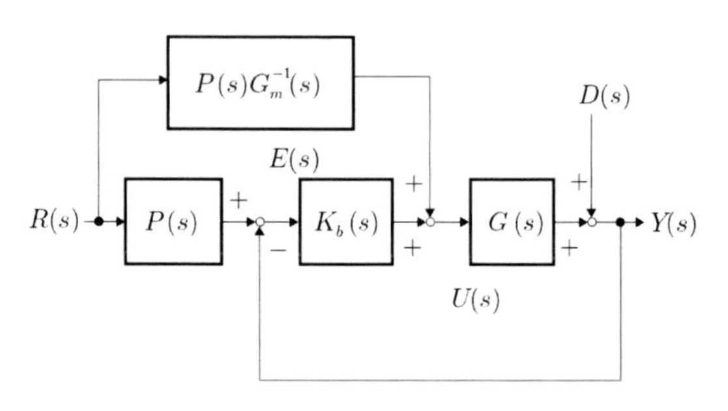

図 5.18　モデルマッチング問題

<松野文俊>

参考文献（5.3 節）

[1] 喜多村，林，早川，岡田，加藤，松野：『制御工学』，日本機械学会 (2002).

5.4　非線形システムの性質と制御

5.4.1　近似線形化では本質的に制御できない非線形システム[1]

まず，近似線形化では本質的に制御できない非線形システムについて，例を挙げて説明しよう。ヒューマノイドをはじめ，人間の巧みな技をロボットで実現する取組みがなされている。図 5.19 のアクロバットロボットで人間の鉄棒技を実現することを考えてみよう。

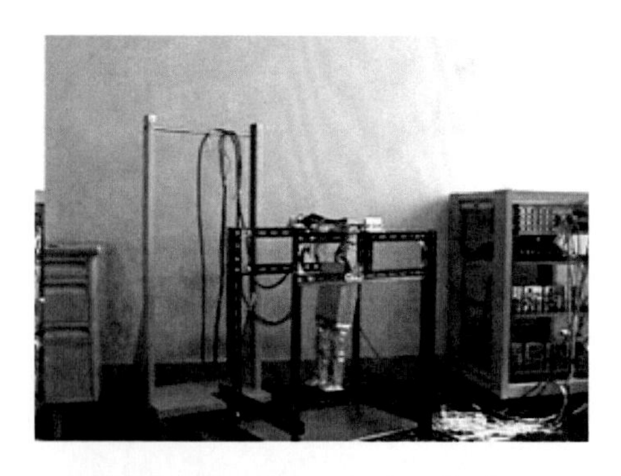

図 5.19　アクロバットロボット

このアクロバットロボットを制御するために，まずモデルを導出する。これは，アクロバットロボットの手先を回転中心とし，長さ l の質量がなく変形しない剛体棒の先端に質点 m が取り付けられた振り子として，モデル化が可能である。図 5.20 のように慣性座標系を定義し，アクロバットロボットの角度を $\theta(t)$，回転中心のトルクを $\tau(t)$，重力加速度を g とすれば，運動方程式は

$$ml^2 \frac{\mathrm{d}^2\theta(t)}{\mathrm{d}t^2} = -mgl\sin\theta(t) + \tau(t) \tag{5.40}$$

となり，重力を考えただけで，運動方程式には sin 関数が現れ，非線形システムとなる。

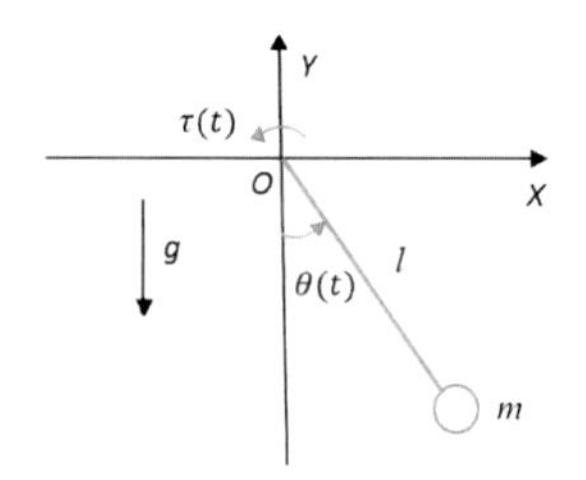

図 5.20　座標系の定義

次に，この運動の平衡状態を考えてみよう。平衡状態とはその状態に初期値を取ると未来永劫その初期状態を保ち続ける状態のことである。運動方程式で状態変数（座標）の速度や加速度をゼロとした場合の状態変数の取り得る状態が，平衡状態である。入力をゼロ ($\tau(t) = 0$) とした式 (5.40) において角速度 $\dot{\theta}(t)$ および角加速度 $\ddot{\theta}(t)$ をゼロとすると，平衡状態は $\sin\theta(t) = 0$ を満足する $\theta(t)$ であり，$\theta = \pm n\pi, (n = 0, 1, 2, \ldots)$ となる。実際には，$\theta = 0$ の鉄棒にぶら下がった状態と $\theta = \pi$ の鉄棒で倒立した状態である。平衡状態には安定な平衡状態と不安定な平衡状態があり，安定な場合には平衡状態から少し状態をずらした場合でもシステムの状態は平衡状態の近傍で留まっているのに対して，不安定な場合には平衡状態の近傍には留まらず状態がどんどんずれていってしまう。アクロバットロボットの場合，$\theta = 0$ の鉄棒にぶら下がった状態は安定平衡状態で，$\theta = \pi$ の鉄棒で倒立した状態は不安定平衡状態である。鉄棒にぶら下がるのは誰にでもできるので鉄棒技にはならないが，不安定平衡状態に状態を安定化させる倒立は鉄棒技になるわけである。

アクロバットロボットの運動方程式 (5.40) において

$\frac{g}{l}=a$, $\tau(t)=0$ とした，微分方程式

$$\frac{\mathrm{d}^2\theta}{\mathrm{d}t^2}+a\sin\theta=0 \tag{5.41}$$

において，$\frac{\mathrm{d}\theta}{\mathrm{d}t}$ をかけると

$$\frac{\mathrm{d}\theta}{\mathrm{d}t}\frac{\mathrm{d}^2\theta}{\mathrm{d}t^2}+\frac{\mathrm{d}\theta}{\mathrm{d}t}a\sin\theta=x_2\frac{\mathrm{d}x_2}{\mathrm{d}t}+a\sin x_1\frac{\mathrm{d}x_1}{\mathrm{d}t}=0$$

を得る。ただし，$\theta=x_1$, $\frac{\mathrm{d}\theta}{\mathrm{d}t}=x_2$ である。これを積分することにより

$$\frac{1}{2}x_2^2-a\cos x_1=c$$

を得る。ここで，c は任意定数であり，両辺に ml^2 をかけると

$$E=\frac{1}{2}ml^2\left(\frac{\mathrm{d}\theta}{\mathrm{d}t}\right)^2-mlg\cos\theta=ml^2c$$

となり，力学的エネルギー保存則を意味していることがわかる。また，式 (5.41) は

$$\frac{\mathrm{d}x_1}{\mathrm{d}t}=x_2,\quad \frac{\mathrm{d}x_2}{\mathrm{d}t}=-a\sin x_1$$

と書き直すことができる。この微分方程式の解曲線は，(x_1,x_2)–平面上のベクトル場 $\left(\frac{\mathrm{d}x_1}{\mathrm{d}t},\frac{\mathrm{d}x_2}{\mathrm{d}t}\right)=(x_2,-a\sin x_1)$ の解曲線である。アクロバットロボットの運動の相図を描いてみると，図 5.21 のようになる。同心円状の閉軌道がブランコのような振り子の単振動を表している。安定平衡状態が $\theta=\pm 2n\pi$, $(n=0,1,2,\ldots)$，不安定平衡状態が $\theta=\pm(2n-1)\pi$, $(n=1,2,\ldots)$ であることが確かめられる。外側の正弦波軌道は大車輪の運動に対応している。倒立と大車輪の技をアクロバットロボットで実現する制御は本質的に違うのであろうか？

まず，アクロバットロボットの倒立制御について考えてみよう。倒立状態を維持するためには，不安定平衡状態 $\theta=\pi$ の近傍で状態を安定化させる必要がある。これには $\theta=\pi$ の近傍での線形近似モデルを導出し，線形制御理論を用いれば安定化が可能である。ただし，適切な近傍から状態が出てしまうと，近似線形化モデルがシステムの挙動を表現できず，倒立制御を実現できなくなってしまうことに注意しておく。次に，アクロバットロボットが鉄棒にぶら下がった $\theta=0$ の状態から大車輪運動への移行について考えてみよう。この運動の実現にはアクロバットロボットの角度の最大振幅を増加させることが必要である。人間の体操選手でも，ブランコの要領で体を数回振って，エネルギーを蓄えた後，大車輪モードに運動を遷移させる。これは，ある状態の近傍での運動を考えるだけでは実現できない運動であり，非線形システムを大域的に捉えることが必要となる。このように，線形近似モデルに基づいた制御で実現可能な運動と非線形システムをそのまま取り扱わないと達成できない運動とがあることに注意しておく。

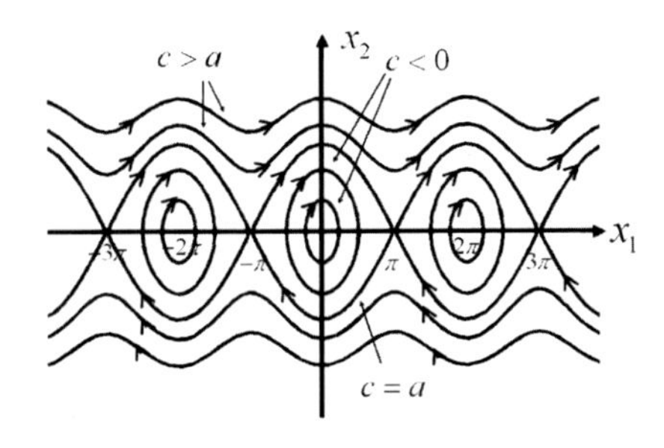

図 5.21 アクロバットロボット運動の相図

5.4.2 数学的準備[2–4]

(1) リー微分とリー括弧

非線形システム

$$\dot{\boldsymbol{x}}(t)=\boldsymbol{f}(\boldsymbol{x}(t)) \tag{5.42}$$

を考える。ここで，$\boldsymbol{x}(t)\in R^n$, $\boldsymbol{f}(\boldsymbol{x}(t))\in R^n$ とする。$\boldsymbol{f}(\boldsymbol{x})$ はユークリッド空間 R^n からベクトル空間 R^n への関数であり，ベクトル場と呼ばれる。スカラー関数 $\phi(\boldsymbol{x})$ のベクトル場 $\boldsymbol{f}(\boldsymbol{x})$ によるリー微分は

$$L_f\phi(\boldsymbol{x})=\frac{\partial\phi}{\partial\boldsymbol{x}}\boldsymbol{f}(\boldsymbol{x})$$

で定義されるスカラー関数である。リー微分を繰り返すときには

$$L_f^0\phi(\boldsymbol{x})=\phi(\boldsymbol{x}),\quad L_f^{j+1}\phi(\boldsymbol{x})=L_fL_f^j\phi(\boldsymbol{x})$$

を用いる。式 (5.42) は状態 $\boldsymbol{x}$ の挙動がベクトル場 $\boldsymbol{f}(\boldsymbol{x})$ によって決まる状態方程式で表されており，関数 $\phi(\boldsymbol{x})$ の時間微分はリー微分を用いて

$$\frac{\mathrm{d}\phi}{\mathrm{d}t}=\frac{\partial\phi}{\partial\boldsymbol{x}}\frac{\mathrm{d}\boldsymbol{x}}{\mathrm{d}t}=\frac{\partial\phi}{\partial\boldsymbol{x}}\boldsymbol{f}(\boldsymbol{x})=L_f\phi(\boldsymbol{x})$$

と表せる。非線形システム

$$\dot{\boldsymbol{x}}(t)=\boldsymbol{f}(\boldsymbol{x}(t))+\boldsymbol{g}(\boldsymbol{x}(t))\boldsymbol{u}(t) \tag{5.43}$$

$$\boldsymbol{x}(t) \in R^n, \quad \boldsymbol{u}(t) \in R^m, \quad \boldsymbol{f}(\boldsymbol{x}(t)) \in R^n, \quad \boldsymbol{g}(\boldsymbol{x}(t)) \in R^{n \times m}$$

で状態 $\boldsymbol{x}$ の挙動が与えられた場合には

$$\frac{\mathrm{d}\phi}{\mathrm{d}t} = \frac{\partial \phi}{\partial \boldsymbol{x}}\frac{\mathrm{d}\boldsymbol{x}}{\mathrm{d}t} = \frac{\partial \phi}{\partial \boldsymbol{x}}(\boldsymbol{f}(\boldsymbol{x}) + \boldsymbol{g}(\boldsymbol{x})\boldsymbol{u}) = L_{f+gu}\phi(\boldsymbol{x})$$

となる。

2 つのベクトル場 $\boldsymbol{f}(\boldsymbol{x}), \boldsymbol{g}(\boldsymbol{x})$ のリー括弧は

$$[\boldsymbol{f}, \boldsymbol{g}](\boldsymbol{x}) = \frac{\partial \boldsymbol{g}}{\partial \boldsymbol{x}}\boldsymbol{f}(\boldsymbol{x}) - \frac{\partial \boldsymbol{f}}{\partial \boldsymbol{x}}\boldsymbol{g}(\boldsymbol{x})$$

で定義される新たなベクトル場である。リー括弧を繰り返し行うことにより定義されるベクトル場を

$$ad_f^0\boldsymbol{g}(x) = \boldsymbol{g}(\boldsymbol{x}), \quad ad_f^{i+1}\boldsymbol{g}(\boldsymbol{x}) = [\boldsymbol{f}, ad_f^i\boldsymbol{g}](\boldsymbol{x})$$

と定義する。ベクトル場 $\boldsymbol{f}(\boldsymbol{x})$, $\boldsymbol{g}(\boldsymbol{x})$ のリー括弧 $[\boldsymbol{f}, \boldsymbol{g}](\boldsymbol{x})$ は任意のスカラー関数 $\phi(\boldsymbol{x})$ に対して

$$L_f L_g \phi(\boldsymbol{x}) - L_g L_f \phi(\boldsymbol{x}) = L_{[f,g]}\phi(\boldsymbol{x})$$

を満足する。

(2) インボリューティブとフロベニウスの定理

● **インボリューティブ**

ベクトル場の集合 $D(\boldsymbol{x})$ を $D(\boldsymbol{x}) = \{\boldsymbol{f}_1(\boldsymbol{x}), \boldsymbol{f}_2(\boldsymbol{x}), \ldots, \boldsymbol{f}_r(\boldsymbol{x})\}$ と定義する。任意の点 $\boldsymbol{x} = \boldsymbol{\alpha}$ とベクトル場 $\boldsymbol{f}_i(\boldsymbol{x}), \boldsymbol{f}_j(\boldsymbol{x}) \in D(\boldsymbol{x})$ に対して，そのリー括弧 $[\boldsymbol{f}_i, \boldsymbol{f}_j](\boldsymbol{\alpha})$ が $D(\boldsymbol{\alpha})$ の要素の線形結合で表されるとき，すなわち

$$[\boldsymbol{f}_i, \boldsymbol{f}_j](\boldsymbol{\alpha}) \in \mathrm{span}\{\boldsymbol{f}_1(\boldsymbol{\alpha}), \boldsymbol{f}_2(\boldsymbol{\alpha}), \ldots, \boldsymbol{f}_r(\boldsymbol{\alpha})\}$$

であるときベクトル場の集合 $D(\boldsymbol{x})$ はインボリューティブであるという。

次に，フロベニウスの定理を紹介する。

● **フロベニウスの定理**

$D(\boldsymbol{x}) = \{\boldsymbol{f}_1(\boldsymbol{x}), \boldsymbol{f}_2(\boldsymbol{x}), \ldots, \boldsymbol{f}_r(\boldsymbol{x})\}$ のベクトル場が $\boldsymbol{x}_0$ の近傍 U において線形独立であるとする。このとき $\boldsymbol{x}_0$ の近傍 V と V 上で

$$L_{f_i}\phi_j(\boldsymbol{x}) = 0, \quad i = 1, 2, \ldots, r$$

を満たす $n-r$ 個の独立な関数 $\phi_j(\boldsymbol{x}), j = 1, 2, \ldots, n-r$ が存在する必要十分条件は $D(\boldsymbol{x})$ がインボリューティブである $\boldsymbol{x}_0$ の近傍 U' が存在することである。

5.4.3　非線形システムの性質と制御[2, 3]

(1) 非線形システムの可制御性

システム可制御性を考察するために以下の 2 入力システム（$u_1(t), u_2(t)$ はスカラー）を考える。

$$\dot{\boldsymbol{x}}(t) = \boldsymbol{g}_1(\boldsymbol{x}(t))u_1(t) + \boldsymbol{g}_2(\boldsymbol{x}(t))u_2(t), \quad \boldsymbol{x}(0) = \boldsymbol{x}_0 \tag{5.44}$$

非線形システム (5.44) に入力

$$\begin{aligned}
&u_1(t) = 1, \quad u_2(t) = 0 \quad (0 \le t < T)\\
&u_1(t) = 0, \quad u_2(t) = 1 \quad (T \le t < 2T)\\
&u_1(t) = -1, \quad u_2(t) = 0 \quad (2T \le t < 3T)\\
&u_1(t) = 0, \quad u_2(t) = -1 \quad (3T \le t < 4T)
\end{aligned}$$

を加える。このとき，各時間区間のシステムは

$$\begin{aligned}
&\dot{\boldsymbol{x}}(t) = \boldsymbol{g}_1(\boldsymbol{x}(t)) \quad (0 \le t < T)\\
&\dot{\boldsymbol{x}}(t) = \boldsymbol{g}_2(\boldsymbol{x}(t)) \quad (T \le t < 2T)\\
&\dot{\boldsymbol{x}}(t) = -\boldsymbol{g}_1(\boldsymbol{x}(t)) \quad (2T \le t < 3T)\\
&\dot{\boldsymbol{x}}(t) = -\boldsymbol{g}_2(\boldsymbol{x}(t)) \quad (3T \le t < 4T)
\end{aligned}$$

なる状態方程式に従って運動する。直観的には対称な入力を加えたので，状態は初期状態に戻ってくるように思われる。

さて，システム

$$\dot{\boldsymbol{x}}(t) = \boldsymbol{g}(\boldsymbol{x}(t))$$

に対して

$$\ddot{\boldsymbol{x}}(t) = \frac{\mathrm{d}}{\mathrm{d}t}\frac{\mathrm{d}\boldsymbol{x}}{\mathrm{d}t} = \frac{\mathrm{d}}{\mathrm{d}t}\boldsymbol{g}(\boldsymbol{x}(t)) = \frac{\partial \boldsymbol{g}}{\partial \boldsymbol{x}}\frac{\mathrm{d}\boldsymbol{x}}{\mathrm{d}t} = \frac{\partial \boldsymbol{g}}{\partial x}\boldsymbol{g}$$

となる。また，微小な T を考えると

$$\begin{aligned}
&\boldsymbol{x}(T) = \boldsymbol{x}(0) + \dot{\boldsymbol{x}}(0)T + \frac{1}{2}\ddot{\boldsymbol{x}}(0)T^2 + O(T^3)\\
&\dot{\boldsymbol{x}}(0) = \boldsymbol{g}_1(\boldsymbol{x}(0)),\\
&\ddot{\boldsymbol{x}}(0) = \frac{\partial \boldsymbol{g}_1}{\partial \boldsymbol{x}}(\boldsymbol{x}(0))\dot{\boldsymbol{x}}(0) = \frac{\partial \boldsymbol{g}_1}{\partial \boldsymbol{x}}(\boldsymbol{x}(0))\boldsymbol{g}_1(\boldsymbol{x}(0))
\end{aligned}$$

同様に

$$\begin{aligned}
\boldsymbol{x}(2T) &= \boldsymbol{x}(T) + \dot{\boldsymbol{x}}(T)T + \frac{1}{2}\ddot{\boldsymbol{x}}(T)T^2 + O(T^3)\\
\dot{\boldsymbol{x}}(T) &= \boldsymbol{g}_2(\boldsymbol{x}(T)) = \boldsymbol{g}_2(\boldsymbol{x}(0)) + \frac{\partial \boldsymbol{g}_2}{\partial \boldsymbol{x}}(\boldsymbol{x}(0))\dot{\boldsymbol{x}}(0)T + O(T^2)\\
&= \boldsymbol{g}_2(\boldsymbol{x}(0)) + \frac{\partial \boldsymbol{g}_2}{\partial \boldsymbol{x}}(\boldsymbol{x}(0))\boldsymbol{g}_1(\boldsymbol{x}(0))T + O(T^2)
\end{aligned}$$

$$\ddot{\boldsymbol{x}}(T) = \frac{\mathrm{d}\boldsymbol{g}_2}{\mathrm{d}t}(\boldsymbol{x}(T)) = \frac{\partial \boldsymbol{g}_2}{\partial \boldsymbol{x}}(\boldsymbol{x}(T))\boldsymbol{g}_2(\boldsymbol{x}(T))$$
$$= \frac{\partial \boldsymbol{g}_2}{\partial \boldsymbol{x}}(\boldsymbol{x}(0))\boldsymbol{g}_2(\boldsymbol{x}(0))T + O(T)$$

さらに,

$$\begin{aligned}
\boldsymbol{x}(3T) &= \boldsymbol{x}(2T) + \dot{\boldsymbol{x}}(2T)T + \frac{1}{2}\ddot{\boldsymbol{x}}(2T)T^2 + O(T^3) \\
&= \boldsymbol{x}(T) + \dot{\boldsymbol{x}}(T)T + \frac{1}{2}\ddot{\boldsymbol{x}}(T)T^2 + \dot{\boldsymbol{x}}(2T)T \\
&\quad + \frac{1}{2}\ddot{\boldsymbol{x}}(2T)T^2 + O(T^3) \\
\dot{\boldsymbol{x}}(2T) &= \boldsymbol{g}_1(\boldsymbol{x}(2T)) \\
&= -\boldsymbol{g}_1(\boldsymbol{x}(T)) - \frac{\partial \boldsymbol{g}_1}{\partial \boldsymbol{x}}(\boldsymbol{x}(T))\boldsymbol{g}_2(\boldsymbol{x}(T))T + O(T^2) \\
&= -\boldsymbol{g}_1(\boldsymbol{x}(0)) - \frac{\partial \boldsymbol{g}_1}{\partial \boldsymbol{x}}(\boldsymbol{x}(0))\boldsymbol{g}_1(\boldsymbol{x}(0))T \\
&\quad - \left\{\frac{\partial \boldsymbol{g}_1}{\partial \boldsymbol{x}}(\boldsymbol{x}(0)) + \frac{\partial^2 \boldsymbol{g}_1}{\partial \boldsymbol{x}^2}(\boldsymbol{x}(0))\dot{\boldsymbol{x}}(0)T\right\} \\
&\quad \{\boldsymbol{g}_2(\boldsymbol{x}(0)) + \frac{\partial \boldsymbol{g}_2}{\partial \boldsymbol{x}}(\boldsymbol{x}(0))\dot{\boldsymbol{x}}(0)T\}T + O(T^2) \\
&= -\boldsymbol{g}_1(\boldsymbol{x}(0)) - \frac{\partial \boldsymbol{g}_1}{\partial \boldsymbol{x}}(\boldsymbol{x}(0))\boldsymbol{g}_1(\boldsymbol{x}(0))T \\
&\quad - \frac{\partial \boldsymbol{g}_1}{\partial \boldsymbol{x}}(\boldsymbol{x}(0))\boldsymbol{g}_2(\boldsymbol{x}(0))T + O(T^2) \\
\ddot{\boldsymbol{x}}(2T) &= -\frac{\mathrm{d}\boldsymbol{g}_1}{\mathrm{d}t}(\boldsymbol{x}(2T)) = \frac{\partial \boldsymbol{g}_1}{\partial \boldsymbol{x}}(\boldsymbol{x}(2T))\boldsymbol{g}_1(\boldsymbol{x}(2T)) \\
&= \frac{\partial \boldsymbol{g}_1}{\partial \boldsymbol{x}}(\boldsymbol{x}(0))\boldsymbol{g}_1(\boldsymbol{x}(0)) + O(T)
\end{aligned}$$

最後に

$$\begin{aligned}
\boldsymbol{x}(4T) &= \boldsymbol{x}(3T) + \dot{\boldsymbol{x}}(3T)T + \frac{1}{2}\ddot{\boldsymbol{x}}(3T)T^2 + O(T^3) \\
\dot{\boldsymbol{x}}(3T) &= -\boldsymbol{g}_2(\boldsymbol{x}(3T)) \\
&= -\boldsymbol{g}_2(\boldsymbol{x}(2T)) + \frac{\partial \boldsymbol{g}_2}{\partial \boldsymbol{x}}(\boldsymbol{x}(2T))\boldsymbol{g}_1(\boldsymbol{x}(2T))T + O(T^2) \\
&= -\boldsymbol{g}_2(\boldsymbol{x}(T)) - \frac{\partial \boldsymbol{g}_2}{\partial \boldsymbol{x}}(\boldsymbol{x}(T))\boldsymbol{g}_2(\boldsymbol{x}(T))T \\
&\quad + \frac{\partial \boldsymbol{g}_2}{\partial \boldsymbol{x}}(\boldsymbol{x}(T))\boldsymbol{g}_1(\boldsymbol{x}(T))T + O(T^2) \\
&= -\boldsymbol{g}_2(\boldsymbol{x}(0)) - \frac{\partial \boldsymbol{g}_2}{\partial \boldsymbol{x}}(\boldsymbol{x}(0))\boldsymbol{g}_1(\boldsymbol{x}(0))T \\
&\quad - \frac{\partial \boldsymbol{g}_2}{\partial \boldsymbol{x}}(\boldsymbol{x}(0))\boldsymbol{g}_2(\boldsymbol{x}(0))T \\
&\quad + \frac{\partial \boldsymbol{g}_2}{\partial \boldsymbol{x}}(\boldsymbol{x}(0))\boldsymbol{g}_1(\boldsymbol{x}(0))T + O(T^2) \\
&= -\boldsymbol{g}_2(\boldsymbol{x}(0)) - \frac{\partial \boldsymbol{g}_2}{\partial \boldsymbol{x}}(\boldsymbol{x}(0))\boldsymbol{g}_2(\boldsymbol{x}(0))T + O(T^2) \\
\ddot{\boldsymbol{x}}(3T) &= -\frac{\partial \boldsymbol{g}_2}{\partial \boldsymbol{x}}(\boldsymbol{x}(3T))\{-\boldsymbol{g}_2(\boldsymbol{x}(3T))\} \\
&= \frac{\partial \boldsymbol{g}_2}{\partial \boldsymbol{x}}(\boldsymbol{x}(0))\boldsymbol{g}_2(\boldsymbol{x}(0)) + O(T)
\end{aligned}$$

を得る。これらを用いると

$$\begin{aligned}
\boldsymbol{x}(4T) &= \boldsymbol{x}(3T) + \dot{\boldsymbol{x}}(3T)T + \frac{1}{2}\ddot{\boldsymbol{x}}(3T)T^2 + O(T^3) \\
&= \boldsymbol{x}(T) + \dot{\boldsymbol{x}}(T)T + \frac{1}{2}\ddot{\boldsymbol{x}}(T)T^2 + \dot{\boldsymbol{x}}(2T)T \\
&\quad + \frac{1}{2}\ddot{\boldsymbol{x}}(2T)T^2 + \dot{\boldsymbol{x}}(3T)T + \frac{1}{2}\ddot{\boldsymbol{x}}(3T)T^2 + O(T^3) \\
&= \boldsymbol{x}(0) + \boldsymbol{g}_1(\boldsymbol{x}(0))T + \frac{1}{2}\frac{\partial \boldsymbol{g}_1}{\partial \boldsymbol{x}}(\boldsymbol{x}(0))\boldsymbol{g}_1(\boldsymbol{x}(0))T^2 \\
&\quad + \left\{\boldsymbol{g}_2(\boldsymbol{x}(0)) - \frac{\partial \boldsymbol{g}_2}{\partial \boldsymbol{x}}(\boldsymbol{x}(0))\boldsymbol{g}_1(\boldsymbol{x}(0))T\right\}T \\
&\quad + \frac{1}{2}\frac{\partial \boldsymbol{g}_2}{\partial \boldsymbol{x}}(\boldsymbol{x}(0))\boldsymbol{g}_2(\boldsymbol{x}(0))T^2 \\
&\quad - \left\{\boldsymbol{g}_1(\boldsymbol{x}(0)) + \frac{\partial \boldsymbol{g}_1}{\partial \boldsymbol{x}}(\boldsymbol{x}(0))\boldsymbol{g}_1(\boldsymbol{x}(0))T\right. \\
&\quad \left.+ \frac{\partial \boldsymbol{g}_1}{\partial \boldsymbol{x}}(\boldsymbol{x}(0))\boldsymbol{g}_2(\boldsymbol{x}(0))T\right\}T \\
&\quad + \frac{1}{2}\frac{\partial \boldsymbol{g}_1}{\partial \boldsymbol{x}}(\boldsymbol{x}(0))\boldsymbol{g}_1(\boldsymbol{x}(0))T^2 \\
&\quad - \left\{\boldsymbol{g}_2(\boldsymbol{x}(0)) + \frac{\partial \boldsymbol{g}_2}{\partial \boldsymbol{x}}(\boldsymbol{x}(0))\boldsymbol{g}_2(\boldsymbol{x}(0))T\right\}T \\
&\quad + \frac{1}{2}\frac{\partial \boldsymbol{g}_2}{\partial \boldsymbol{x}}(\boldsymbol{x}(0))\boldsymbol{g}_2(\boldsymbol{x}(0))T^2 + O(T^3) \\
&= \boldsymbol{x}(0) \\
&\quad + \left\{\frac{\partial \boldsymbol{g}_2}{\partial \boldsymbol{x}}(\boldsymbol{x}(0))\boldsymbol{g}_1(\boldsymbol{x}(0)) - \frac{\partial \boldsymbol{g}_1}{\partial \boldsymbol{x}}(\boldsymbol{x}(0))\boldsymbol{g}_2(\boldsymbol{x}(0))\right\}T^2 \\
&\quad + O(T^3)
\end{aligned}$$

を得る。これは，初期値が $\boldsymbol{x}(0) = \boldsymbol{x}_0$ のとき，状態が

$$\frac{\partial \boldsymbol{g}_2}{\partial \boldsymbol{x}}(\boldsymbol{x}(0))\boldsymbol{g}_1(\boldsymbol{x}(0)) - \frac{\partial \boldsymbol{g}_1}{\partial \boldsymbol{x}}(\boldsymbol{x}(0))\boldsymbol{g}_2(\boldsymbol{x}(0)) = [\boldsymbol{g}_1, \boldsymbol{g}_2](\boldsymbol{x}_0)$$

の方向にも移動できることを意味している。これを繰り返せば状態は初期値 $\boldsymbol{x}(0) = \boldsymbol{x}_0$ から $\boldsymbol{g}_1(\boldsymbol{x}_0)$, $\boldsymbol{g}_2(\boldsymbol{x}_0)$,$[\boldsymbol{g}_1, \boldsymbol{g}_2](\boldsymbol{x}_0)$, $[\boldsymbol{g}_1, [\boldsymbol{g}_1, \boldsymbol{g}_2]](\boldsymbol{x}_0), \ldots$ 方向に移動できることになる。もし，これらが状態空間の次元と同じ本数の線形独立なベクトルを生成できれば，状態は任意の方向に移動できることになる。

式 (5.44) を一般化した対称アフィンシステム

$$\dot{\boldsymbol{x}}(t) = \boldsymbol{G}(\boldsymbol{x}(t))\boldsymbol{u}(t) = \sum_{i=1}^{m} \boldsymbol{g}_i(\boldsymbol{x})u_i \tag{5.45}$$

の可制御性について，以下の定理を紹介する。

対称アフィンシステム (5.45) に対応するベクトル場 $\boldsymbol{g}_i$ $(i = 1, \ldots, n-m)$ と

$$[\boldsymbol{r}_k, [\boldsymbol{r}_{k-1}, [\cdots, [\boldsymbol{r}_2, \boldsymbol{r}_1]\cdots]]] \quad k = 2, 3, 4\cdots$$
$$\boldsymbol{r}_i \in \{\boldsymbol{g}_1, \boldsymbol{g}_2, \ldots \boldsymbol{g}_{n-m}\}$$

として求まるすべてのベクトル場の張る線形空間 $\Delta_g(\boldsymbol{x})$

（可到達ディストリビューション）が，すべての $\boldsymbol{x} \in R^n$ で $\dim\Delta_g(\boldsymbol{x}) = n$ を満足するならシステム (5.45) は可制御である。

また，対称でないアフィンシステム (5.43) に対して局所可到達性を以下のように判定できる。この対称アフィンシステムの可制御性の定理の $\boldsymbol{g}_i(\boldsymbol{x})$ $(i = 1, \ldots, n-m)$ のベクトル場の集合に $\boldsymbol{f}(\boldsymbol{x})$ を加えたベクトル場に対して，可到達ディストリビューション $\Delta_{fg}(\boldsymbol{x})$ を計算し，すべての $\boldsymbol{x} \in R^n$ で $\dim\Delta_{fg}(\boldsymbol{x}) = n$ を満足するならシステム (5.43) は局所可到達である。

例として，線形システム

$$\dot{\boldsymbol{x}}(t) = \boldsymbol{A}\boldsymbol{x}(t) + \boldsymbol{B}\boldsymbol{u}(t)$$

を考えてみよう。リー括弧は

$$ad_{Ax}\boldsymbol{B} = [\boldsymbol{A}\boldsymbol{x}, \boldsymbol{B}] = \left\{\frac{\partial}{\partial \boldsymbol{x}}\boldsymbol{B}\right\}\boldsymbol{A}\boldsymbol{x} - \left\{\frac{\partial}{\partial \boldsymbol{x}}\boldsymbol{A}\boldsymbol{x}\right\}\boldsymbol{B} = -\boldsymbol{A}\boldsymbol{B}$$
$$ad_{Ax}^2\boldsymbol{B} = [\boldsymbol{A}\boldsymbol{x}, -\boldsymbol{A}\boldsymbol{B}] = \boldsymbol{A}^2\boldsymbol{B}$$
$$\vdots$$
$$ad_{Ax}^k\boldsymbol{B} = (-1)^k\boldsymbol{A}^k\boldsymbol{B}$$

となり，リー括弧は線形システムにおいて可制御性を判定するための可制御行列の要素を計算することに対応していることがわかる。

(2) 非線形システムの可観測性

非線形システム

$$\dot{\boldsymbol{x}}(t) = \boldsymbol{f}(\boldsymbol{x}(t)), \quad \boldsymbol{y}(t) = \boldsymbol{h}(\boldsymbol{x}(t))$$

においてシステムの出力から状態を推定する問題（可観測性）について考える。ここで，簡単のために 1 出力の場合，すなわち y がスカラー関数の場合を考える。$\phi_i(\boldsymbol{x})$ を

$$\phi_0(\boldsymbol{x}) = y = h(\boldsymbol{x}), \quad \phi_1(\boldsymbol{x}) = \frac{\mathrm{d}y}{\mathrm{d}t} = L_f h(\boldsymbol{x}), \ldots$$
$$\phi_i(\boldsymbol{x}) = \frac{\mathrm{d}^i y}{\mathrm{d}t^i} = L_f^i h(\boldsymbol{x}), \ldots$$

と定義する。この $\phi_i(\boldsymbol{x})$ の中で独立なものが n 個あると仮定し，それを改めて $\phi_i(\boldsymbol{x})$ $(i = 1, \ldots, n)$ と置き，$\boldsymbol{\phi} = [\phi_1(\boldsymbol{x}), \phi_2(\boldsymbol{x}), \ldots, \phi_n(\boldsymbol{x})]^T$ と定義すると，

$$\frac{\partial \boldsymbol{\phi}}{\partial \boldsymbol{x}} = \begin{bmatrix} \frac{\partial \phi_1}{\partial \boldsymbol{x}} \\ \vdots \\ \frac{\partial \phi_n}{\partial \boldsymbol{x}} \end{bmatrix} = \begin{bmatrix} \frac{\partial \phi_1}{\partial x_1} & \cdots & \frac{\partial \phi_1}{\partial x_n} \\ \vdots & \ddots & \vdots \\ \frac{\partial \phi_n}{\partial x_1} & \cdots & \frac{\partial \phi_n}{\partial x_n} \end{bmatrix}$$

より，$\frac{\partial \boldsymbol{\phi}}{\partial \boldsymbol{x}}$ は正則である。したがって，逆関数定理により $\boldsymbol{\phi}(\boldsymbol{x})$ と $\boldsymbol{x}$ の間に局所的な 1 対 1 対応が存在するので，$\boldsymbol{\phi}(\boldsymbol{x})$ （出力 $y(t)$ の時間微分）を観測することによって $\boldsymbol{x}$ を一意に決定できることになり，線形システムの可観測性と同等な概念が説明できる。すなわち，$L_f^i h(\boldsymbol{x})$ の独立性から可観測性を判定できる。

例として，線形システム

$$\dot{\boldsymbol{x}}(t) = \boldsymbol{A}\boldsymbol{x}(t), \quad y(t) = \boldsymbol{C}\boldsymbol{x}(t)$$

を考えてみよう。リー微分は

$$\phi_0(x) = y = \boldsymbol{C}\boldsymbol{x},$$
$$\phi_1(x) = \frac{\mathrm{d}y}{\mathrm{d}t} = L_{Ax}\boldsymbol{C}\boldsymbol{x} = \left\{\frac{\partial}{\partial \boldsymbol{x}}\boldsymbol{C}\boldsymbol{x}\right\}\boldsymbol{A}\boldsymbol{x} = \boldsymbol{C}\boldsymbol{A}\boldsymbol{x}, \cdots$$
$$\phi_{n-1}(x) = \frac{\mathrm{d}^{n-1}y}{\mathrm{d}t^{n-1}} = L_{Ax}^{n-1}\boldsymbol{C}\boldsymbol{x} = \boldsymbol{C}\boldsymbol{A}^{n-1}\boldsymbol{x}$$

となる。ケイリー–ハミルトンの定理より $\boldsymbol{A}^j$ $(j \geq n)$ は $\boldsymbol{A}, \boldsymbol{A}^2, \ldots, \boldsymbol{A}^{n-1}$ の線形結合で表されることより，ϕ_j $(j \geq n)$ は独立性には寄与しない。したがって，

$$\frac{\partial \boldsymbol{\phi}}{\partial \boldsymbol{x}} = \begin{bmatrix} \boldsymbol{C} \\ \vdots \\ \boldsymbol{C}\boldsymbol{A}^{n-1} \end{bmatrix}$$

となり，この行列（可観測行列）が正則であることが可観測性を意味し，線形システムの可観測性と一致する。

(3) 入出力厳密線形化と制御

アフィンシステム

$$\dot{\boldsymbol{x}}(t) = \boldsymbol{f}(\boldsymbol{x}(t)) + \boldsymbol{G}(\boldsymbol{x}(t))\boldsymbol{u}(t) = \boldsymbol{f}(\boldsymbol{x}) + \sum_{i=1}^{m}\boldsymbol{g}_i(\boldsymbol{x})u_i$$
$$\boldsymbol{y}(\boldsymbol{x}(t)) = \boldsymbol{h}(\boldsymbol{x}(t)) \tag{5.46}$$

を考える。ただし，$\boldsymbol{x}(t) \in R^n$, $\boldsymbol{u}(t) \in R^m$, $\boldsymbol{y}(t) \in R^l$ はそれぞれ，状態ベクトル，入力ベクトル，出力ベクトルである。アフィンシステム (5.46) に対して状態フィードバック

$$\boldsymbol{u} = \boldsymbol{\alpha}(\boldsymbol{x}) + \boldsymbol{\beta}(\boldsymbol{x})\boldsymbol{v} \tag{5.47}$$

を用い，$\boldsymbol{v}$ から $\boldsymbol{y}$ までを厳密に線形化することを考える。

まず，簡単のために 1 入力 1 出力 $(m = l = 1)$ アフィンシステム (5.46) を仮定して，相対次数を定義する。ある点 $\boldsymbol{x}_0$ において，y が相対次数 ρ をもつとは，$\boldsymbol{x}_0$ の近傍 U_{x_0} が存在して

$$(L_gL_f^ih)(\boldsymbol{x})=0,\quad i=1,\dots,\rho-2,\quad \forall\boldsymbol{x}\in U_{\boldsymbol{x}_0}$$
$$(L_gL_f^{\rho-1}h)(\boldsymbol{x}_0)\neq 0$$

となることである。出力 y が相対次数 ρ をもてば，出力 y を ρ 回時間微分すると

$$\frac{\mathrm{d}^\rho y}{\mathrm{d}t^\rho}=L_f^\rho h(\boldsymbol{x})+L_gL_f^{\rho-1}h(\boldsymbol{x})\cdot u \tag{5.48}$$

となり，入力 u が陽に現れることになる。式 (5.48) より

$$u=\frac{-L_f^\rho h(\boldsymbol{x})+v}{L_gL_f^{\rho-1}h(\boldsymbol{x})}$$

とフィードバック入力を設計すれば，新しい入力 v と出力 y との入出力間が線形化され

$$\frac{\mathrm{d}^\rho y}{\mathrm{d}t^\rho}=v \tag{5.49}$$

を得る。$y=h(\boldsymbol{x}),\ \dot{y}=L_fh(\boldsymbol{x}),\cdots,\frac{\mathrm{d}^{\rho-1}y}{\mathrm{d}t^{\rho-1}}=L_f^{\rho-1}h(\boldsymbol{x})$ の線形フィードバック（$\boldsymbol{x}$ から見れば非線形）で閉ループ系の極配置が可能である。また，積分器を追加したり，フードフォワード項を加えた 2 自由度系を構築することも可能である。

次に，多入力多出力系 $(1<l\leq m)$ について考える。ある点 $\boldsymbol{x}_0$ において，アフィンシステム (5.46) がベクトル相対次数 $(\rho_1,\dots,\rho_l)$ をもつとは，$\boldsymbol{x}_0$ の近傍 U_{x_0} が存在して

$$(L_{g_k}L_f^ih_j)(\boldsymbol{x})=0,\quad j=1,\dots,l, i=0,\dots,\rho_j-2,$$
$$k=1,\dots,m,\qquad \forall\boldsymbol{x}\in U_{\boldsymbol{x}_0}$$
$$\mathrm{rank}\qquad G(x_0)=l$$

を満足することである。ここで，

$$G(x)=\begin{bmatrix}L_{g_1}L_f^{\rho_1-1}h_1(\boldsymbol{x})&\cdots&L_{g_m}L_f^{\rho_1-1}h_1(\boldsymbol{x})\\ \vdots&\cdots&\vdots\\ L_{g_1}L_f^{\rho_l-1}h_l(\boldsymbol{x})&\cdots&L_{g_m}L_f^{\rho_l-1}h_l(\boldsymbol{x})\end{bmatrix}$$

である。このとき，

$$\begin{bmatrix}\frac{\mathrm{d}^{\rho_1}y_1}{\mathrm{d}t^{\rho_1}}\\ \vdots\\ \frac{\mathrm{d}^{\rho_l}y_l}{\mathrm{d}t^{\rho_l}}\end{bmatrix}=\begin{bmatrix}L_f^{\rho_1}h_1(\boldsymbol{x})\\ \vdots\\ L_f^{\rho_l}h_l(\boldsymbol{x})\end{bmatrix}+\boldsymbol{G}(\boldsymbol{x})\boldsymbol{u}$$

であるので，例えば，擬似逆行列を用いて

$$\boldsymbol{u}=\boldsymbol{G}^T(\boldsymbol{x})(\boldsymbol{G}(\boldsymbol{x})\boldsymbol{G}^T(\boldsymbol{x}))^{-1}\left\{-\begin{bmatrix}L_f^{\rho_1}h_1(\boldsymbol{x})\\ \vdots\\ L_f^{\rho_l}h_l(\boldsymbol{x})\end{bmatrix}+\boldsymbol{v}\right\}$$

と入力を設計すれば，式 (5.46) は

$$\begin{bmatrix}\frac{\mathrm{d}^{\rho_1}y_1}{\mathrm{d}t^{\rho_1}}\\ \vdots\\ \frac{\mathrm{d}^{\rho_l}y_l}{\mathrm{d}t^{\rho_l}}\end{bmatrix}=\boldsymbol{v} \tag{5.50}$$

のように入出力線形化される。入出力線形化された式 (5.50) は 1 入力 1 出力系と同様に状態フィードバックなどが可能となり，線形システムの制御理論を援用し，ロバスト制御など様々な制御系を適用できる。

(4) 受動性

アフィンシステム (5.46) において，入力の数と出力の数が同じ場合 $(m=l)$ について考えよう。システム (5.46) が受動性を持つとは，システムが供給率 $\boldsymbol{u}^T\boldsymbol{y}$ について散逸的であることである。つまり，準正定なストレージ関数 $V(\boldsymbol{x})$ が存在して

$$V(\boldsymbol{x}(t_1))-V(\boldsymbol{x}(t_0))\leq\int_{t_0}^{t_1}\boldsymbol{u}^T\boldsymbol{y}\mathrm{d}t \tag{5.51}$$

となることである。受動的なシステムの性質として，以下が知られている。

① ストレージ関数が正定であれば，$\boldsymbol{u}=\boldsymbol{0}$ のとき安定。さらに，ストレージ関数が放射状に非有界であれば大域的に安定。

② $\boldsymbol{u}=\boldsymbol{0}$ のときゼロ状態可検出であれば，$\boldsymbol{u}=\boldsymbol{0}$ のとき安定。

③ フィードバック $\boldsymbol{u}(t)=-\boldsymbol{K}\boldsymbol{y}(t)$ $(\boldsymbol{K}>0)$ でシステムが漸近安定となる必要十分条件は閉ループ系がゼロ状態可検出であることである。

ここで，ゼロ状態可検出であるとは，$\boldsymbol{y}\equiv\boldsymbol{0}$ ならば $\lim_{t\to\infty}\boldsymbol{x}(t)=\boldsymbol{0}$ となることである。また，ゼロ状態可観測であるとは，$\boldsymbol{y}\equiv\boldsymbol{0}$ ならば $\boldsymbol{x}\equiv\boldsymbol{0}$ となることである。

また，受動的な 2 つのシステムを並列結合してできたシステムも受動的であり，受動的な 2 つのシステムをフィードバック結合してできたシステムも受動的である。

ここで，出力に直達項をもつ線形システム

$$\dot{\boldsymbol{x}}(t)=\boldsymbol{A}\boldsymbol{x}(t)+\boldsymbol{B}\boldsymbol{u}(t),\quad \boldsymbol{y}(t)=\boldsymbol{C}\boldsymbol{x}(t)+\boldsymbol{D}\boldsymbol{u}(t) \tag{5.52}$$

を考える。ここで，$\boldsymbol{A}\in R^{n\times n}$, $\boldsymbol{B}\in R^{n\times m}$, $\boldsymbol{C}\in R^{l\times n}$,

$\boldsymbol{D} \in R^{l \times m}$ である。入力の数と出力の数が同じ $(m = l)$ と仮定しているので，線形システム (5.52) の伝達関数行列 $\boldsymbol{G}(s) = \boldsymbol{C}(s\boldsymbol{I} - \boldsymbol{A})^{-1}\boldsymbol{B} + \boldsymbol{D}$ は正方行列になる。伝達関数行列 $\boldsymbol{G}(s)$ が正実であるとは

$$\boldsymbol{G}(s) + \boldsymbol{G}^T(\bar{s}) \geq 0 \quad \text{for} \quad \forall\, s \in \{s | Re(s) \geq 0\}$$

が成り立つことである。また，$\boldsymbol{G}(s - \gamma)$ が正実であるような正の実数 γ が存在するとき，$\boldsymbol{G}(s)$ は強正実であるという。

$\boldsymbol{G}(s)$ が正実になるための必要十分条件は，以下の 3 つの式

$$\boldsymbol{A}^T\boldsymbol{P} + \boldsymbol{P}\boldsymbol{A} = -\boldsymbol{L}^T\boldsymbol{L}$$
$$\boldsymbol{P}\boldsymbol{B} = \boldsymbol{C}^T - \boldsymbol{L}^T\boldsymbol{W}$$
$$\boldsymbol{W}^T\boldsymbol{W} = \boldsymbol{D} + \boldsymbol{D}^T$$

を満足する行列 $\boldsymbol{L} \in R^{r \times n}$, $\boldsymbol{W} \in R^{r \times m}$ および正定対称行列 $\boldsymbol{P} \in R^{n \times n}$ が存在することである。さらに，線形システム (5.52) が受動性を満たすための必要十分条件は，その伝達関数行列 $\boldsymbol{G}(s)$ が正実になることである。その場合のストレージ関数 $S(t)$ は

$$S(t) = \frac{1}{2}\boldsymbol{x}^T(t)\boldsymbol{P}\boldsymbol{x}(t)$$

となる。式 (5.52) において $\boldsymbol{D} = 0$ とした場合のシステムも同様に正実性と受動性には強い関係が存在する。非線形システムでは，線形システムのようにラプラス変換が適用できないので，システムの正実性を用いて議論を進めることはできない。しかし，システムの同質な性質を特徴づける受動性を手がかりに，非線形システムの解析やセンサ出力のフィードバック制御系の設計論を展開することが可能となる。

非線形システムでは線形システムのようにリアプノフ方程式やリカッチ方程式のような安定性や安定化の一般論が成り立たないことが，大域的安定化を困難な問題としている。しかしシステムの受動性は，非線形制御システムの大域的安定化問題に対して非常に重要な役割を果たしている。例えば，非線形システムを直列結合に分解したときに，それらの結合が受動性を満たせば大域的安定化が可能であり，受動性に基づいて，大域的安定化問題に対して様々な十分条件が得られている[3]。特に，本書で対象としているロボットを代表とする，オイラー–ラグランジュ方程式などでモデル化される非線形機械システムの受動性の重要性が明らかにされ，受動定理や超安定論などによるロボットマニピュレータの運動制御に大きな進展がもたらされた[4]。

これまで説明してきたように，システムが非線形であったとしても，厳密な線形化や近似線形化を用いて線形システムに変換すれば，これまで培われてきた線形制御理論を援用できる。これは制御理論としては王道である。しかし，第 1 章でも述べたが，厳密な線形化はシステムの持っている特徴を消し去って標準形に変換しており，近似線形化は局所的には有効かもしれないが大域的な運動には対応できず，両者とも少なからず強引さを感じる。ロボットのダイナミクスは一見複雑で物理的本質が見えにくいが，一般の非線形システムにはない固有の特徴がある。この特徴を活かした制御が理に適っている。一般性を追求するのではなく，物理現象をつぶさに見ることによってその特徴を引出し，力学構造を巧みに変えてやることで，ロボットシステムの本質を突いたロバストでシンプルな制御が獲得できると考えている。

第 6 章以降では，ロボットシステムがもつ受動性のような力学的特徴を活かした制御系設計のアプローチでロボット運動知能の解明を目指していく。

＜松野文俊＞

参考文献（5.4 節）

[1] 川井，瀬田，鈴木，大須賀，松野：『機械工学のための数学』，日本機械学会 (2013).

[2] 石島，島，石動，山下，三平，渡辺：『非線形システム論』，計測自動制御学会 (1993).

[3] Ishidori, A.: *Nonlinear Control Systems* (Third Edition), Springer-Verlag (1995).

[4] 有本：『新版 ロボットの力学と制御』，朝倉書店 (2002).

5.5　ロバスト制御，適応制御，学習制御の考え方

なにか注目する対象物「制御対象」を制御するためには，「制御則」を設計（計算）しなくてはならない。そして，その設計には，その制御対象の（数学）「モデル」が必要で，それを基に計算するのが定石である。その際，モデルが正確に制御対象を表現していれば理想的な制御則が得られ，思うように制御できることは想像できる。しかし現実にはそれはあり得ない。たとえどんな簡単な対象であっても，細かく見れば非常に複雑な物理現象の絡み合いで構成されているからである。

5.5.1 モデル化誤差

例えば，図 5.22 のような，第 1 章 1.3 節でも考えたモータを考えてみよう。いま，モータを制御対象と思い，モータのローターの回転角度 θ を出力だと定めたとする。そうすると，入力はモータ端部から出ている 2 本のケーブルへ注入する電流 i となる（一般に，出力に最も影響力がある端子を入力に選ぶ）。

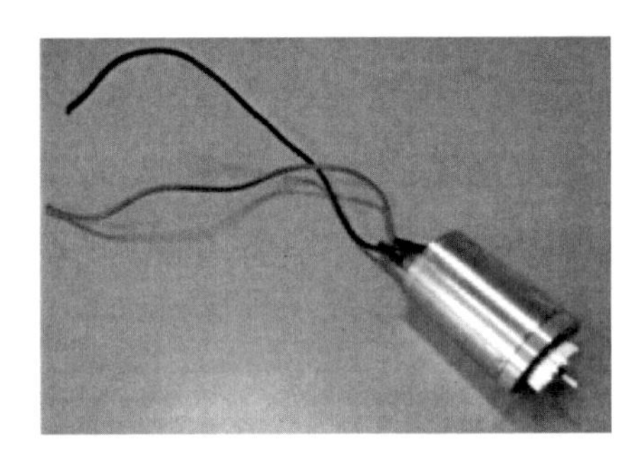

図 5.22 モータ

このモータは，入出力に注目すると「電流 i が角度 θ に変換される要素」というように単純に見えるが，内部に注目すると非常に複雑な現象の連鎖になっている。そもそもケーブルの中を電流が流れるという物理現象自体，ミクロに見ると電子や原子の様々な挙動の連鎖になっている（と仮説されている）。さらにローターに巻き付けられている巻き線に電流が流れるとコイル自体が磁石になり，ステーターに固定されている永久磁石と作用しあうことで回転トルクが生まれ，その結果ローターが回転して角度が生まれる。もちろん，磁石自体の働きなども厳密には解明されていないだろう。ただ，マクロな現象と見なせば，（ほぼ）ポイントをついた理解ができていると考えられる。また回転トルクを受けたローターは（ほぼ）オイラーの運動方程式に従って回転が始まる。ここでもローターを剛体だと考えているが，実際にはそのような物は存在しない。ミクロに見ると非常に複雑に運動している無数の要素の総体としてのマクロな挙動になっている。そこで，そのマクロな側面に注目すると，このモータの入出力を表現する数学モデルは

$$J\ddot{\theta} + B\dot{\theta} = Ki \tag{5.53}$$

と 2 階の線形微分方程式となる（近似できる，いや，近似するという言い方が正しいだろう）。ここで J, B, K などはモータの物理定数などから定まる（と仮定する）定数パラメータである。

このように，通常モータの数学モデルとしてしばしば用いられる式 (5.53) は，様々な近似の結果想定されたものであることがわかる。すなわち，式 (5.53) を用いて制御対象の解析を行ったり制御則を設計したりすることは，実は正確な結果にはならない，ということである。具体的には，実際のモータは（もし微分方程式で表現できるとすれば）2 階ではなく高階（あるいは無限大階数）の微分方程式であり，解挙動が時間のみに依存する常微分方程式ではなく，時間と空間位置に依存する偏微分方程式であり，さらに，線形システムではなく非線形システムである。また，特性は時間と共に変化する時変システムかもしれない。そうではあるが我々は，図 5.23 のように，複雑な現実の制御対象を単純な線形システムと見なそうということである。もちろん，無防備に線形システムと見なすことはできない。目の前の制御対象をよく観て，いま想定している動作範囲などを鑑みて，慎重に線形性を仮定しなくてはいけない。逆に，スイートスポットを当てた線形システムは適切な制御則を生み出し，現実の制御対象を適切に制御することができる。この辺の見極めにはどうしても経験が必要になる。

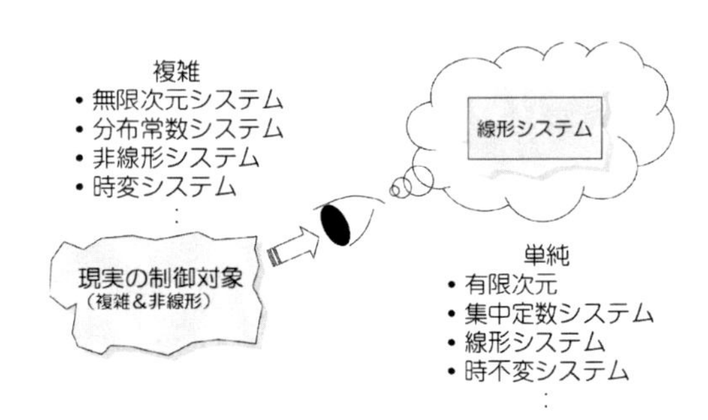

図 5.23 現実の制御対象とモデル

以上のような事態は，モデルとして線形システムではなく複雑な非線形システムを想定しても，同様に起こりえる。要するに，「どんなモデルも厳密に現実の制御対象を表現することはできない。必ずモデル化誤差がある。」ということである。したがって，モデルを基に制御則を設計する制御理論は，必ずモデル化誤差を意識しなくてはならない。以下ではモデル化誤差に対処する方法を 3 種類紹介する。

5.5.2 ロバスト制御

1 つ目の考え方は，モデル化誤差が少々あっても「ビ

ク」ともしない制御系を構成することである。そのような性質を「ロバスト（頑健）」という。とはいえ，実はこのようにあえて言わなくても，基本的に制御系は本質的に何らかのロバスト性をもっている（持っていなくてはならない）。例えば，不安定な制御対象のモデルが

$$\dot{y} = 5y + u \tag{5.54}$$

であった場合，制御則

$$u = -10y \tag{5.55}$$

は閉ループ系を安定にする。なぜなら式 (5.55) を式 (5.54) に代入すると

$$\dot{y} + 5y = 0 \tag{5.56}$$

となりこの系の解軌道は任意の初期値に対して 0 に収束するからである。ここで，制御則 (5.55) は，制御対象のモデルが少々変化しても安定化を達成することは容易にわかる。実際，どれくらいの変動に耐えられるかというと，式 (5.54) を

$$\dot{y} = ay + u \tag{5.57}$$

とすると，

$$a < 10 \tag{5.58}$$

であれば大丈夫であることがわかる（大きいほうは 2 倍まで，小さい方は負になっても大丈夫)。一方，制御則を

$$u = -6y \tag{5.59}$$

としても，先と同様，閉ループ系を安定にできる。その意味では，制御系を安定化するという目的はどちらの制御則（式 (5.55) でも (5.59) 式でも）も達成できている。しかし今度の場合，許される変動は

$$a < 6 \tag{5.60}$$

となり，先ほどよりも小さくなる。

この簡単な例から言えることは，「制御則によって許されるモデル化誤差の大きさが異なる」ということである。この性質を逆に利用すると，「モデル化誤差の大きさを見積もることができれば，それに応じて適切な制御則が設計できる」ということである。

例えば，モデル (5.57) においてモデル化誤差の大きさが

$$a < 20 \tag{5.61}$$

と見積もられたとすると，制御則 (5.55) でも (5.61) でも制御系の安定性を保証することはできない（もしも $a = 15$ になると，いずれの制御則でも安定化できない)。ところが，いまの場合は

$$u = -ky \qquad (k > 20) \tag{5.62}$$

とすればよいことがわかる。すなわち「ロバスト安定（安定性という性質がロバストに保証されている)」になっている，といえる。

このように，上の例を一般化した下のような手順で制御則を設計する理論を，特に「ロバスト制御理論」という。

[Step1] モデル化誤差の大きさを見積もる。例えば，制御対象のモデルを

$$G(s) = G_0(s) + \Delta(s) \tag{5.63}$$

などと想定することがある。ここで $G_0(s)$ はモデルの公称値伝達関数で既知，$\Delta(s)$ はモデル化誤差（安定な伝達関数表現）で未知とする。また，

$$\dot{x} = (A + \Delta_A)x + (B + \Delta_B)u \tag{5.64}$$

と状態方程式表現することもある。ここで，A, B は既知，Δ_A, Δ_B はモデル化誤差で未知である。

[Step2] [Step1] で想定したモデル化誤差大きさを見積もる。例えば，

$$\| \Delta(s) \|_\infty < \gamma \tag{5.65}$$

とか

$$\| \Delta_A \| < \gamma_A, \ \| \Delta_B \| < \gamma_B \tag{5.66}$$

というように見積もる。ここで，$\| \cdot \|_\infty$ は安定な伝達関数のゲインの上界，$\| \cdot \|$ は行列のノルムである。式 (5.61) は式 (5.66) の一例である。

[Step3] [Step2] で見積もった中で最悪な場合になっても不安定にならない制御則を設計する。例えば，式 (5.62) は式 (5.61) において最悪ケースでも不安定にならないように設計されている。

ポイントは最初にモデル化誤差の大きさを見積もるところである。この大きさをどのような尺度で測るかによって，さらにいくつかのロバスト制御理論に分類できる。詳細は文献[1,2] などを参照されたい。

ただし，ロバスト制御理論によって設計された制御則は最悪な場面を想定するために，モデル化誤差の入り方によっては，安全性を求めれば求めるほど保守的になり，制御性能が落ちることがある。ロバスト制御理論を用いるときは，モデル化誤差の見積もりと制御性能とのトレードオフを適切に設定することが重要である。

5.5.3 適応制御

モデル化誤差に対処するもう一つの方法は，「制御しながらモデル化誤差を少なくする」，という考え方に基づいた制御方策である。すなわち，図 5.24 のように実時間で制御対象のモデルを同定して，時間とともに制御性能を向上させようという考えである。このような制御理論を「適応制御理論」と呼ぶ。適応制御理論のアイデア自体は，「6.3.5 適応制御」で紹介するように，単純である。

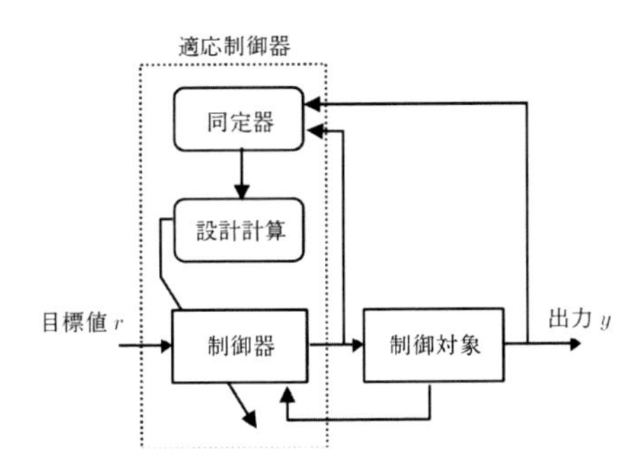

図 5.24 適応制御系

適応制御理論の目指すところは制御系の理想形である。ただ，実際には適応制御系が適切に機能することを保証するためには，制御対象に対する制約（仮定）が必要になる。それでも，制御対象の定性的な特性を的確に捉えることができる場合には，有効な制御系が構成できる。詳細は文献[3, 4] などを参照のこと。

5.5.4 学習制御

ロバスト制御理論や適応制御理論が有効に働くには，制御対象のモデルの構造が，モデル化誤差の入り方も含めてわかっている必要がある。例えばロバスト制御理論では，制御対象のモデルを (5.63) 式や (5.64) 式のように想定している。あるいは，適応制御理論では，制御対象の未知性はモデルの中のパラメータで代表させることが多い。そして，未知パラメータと既知な信号とが分離できることを利用する。その際，既知信号は非線形な関数を通して得られるとしてもよいが，ただその非線形関数は既知でなくてはならない。

このように，ロバスト制御理論や適応制御理論では，想定している制御対象のモデルの構造を（伝達関数であったり状態方程式であったりと）想定し，その中に既知な部分と不確実な部分があると仮定する。

もしもこのような構造さえもよくわからない制御対象に遭遇したらどうするか？　直感的には，とにかく一度動かしてみて，その結果を見て動かし方を修正してみるという戦術を思いつくだろう。まさにこのような戦略で制御しようという考え方が「学習制御」である。例えば，次のような試行手順になる（図 5.25 参照）。

[Step1] 制御対象の出力 $y(t)$ が目標値 $r(t)$ に漸近することを目指して入力を定め，それを制御対象に加える。それを $u_1(t)$ とする。ただしこの段階では制御対象のモデルが得られていないので，この入力が適切かどうかわからない。また試行時間を $0 \leq t \leq T$ とし，試行回数を $i = 1$ とする。

[Step2] 入力 $u_i(t)$ によって駆動された結果 $y_i(t)$ と目標値 $r(t)$ との差を $e_i(t) = r(t) - y_i(t)$ として，試行時間 $0 \leq t \leq T$ 分蓄えておく。そして，$e_i(t)(0 \leq t \leq T)$ に修正項を施した信号を $p_i(t)(0 \leq t \leq T)$ とし，

$$u_{i+1}(t) = u_i(t) + p_i(t) \qquad (0 \leq t \leq T)$$

を生成する。

[Step3] $e_i(t)(0 \leq t \leq T)$ が所望の大きさに達していなければ $i = i + 1$ として [Step2] へ戻る。達していると判断すれば終了である。

このような学習制御系が試行を繰り返す毎に制御誤差 $e_i(t) = r(t) - y_i(t)$ が小さくなるかどうかは，制御対象の（定性的な）性質に依存する。どうしてもある程度の制約は必要であるが，ロバスト制御理論や適応制御理論よりは緩くなる。また試行時間を有限時間で

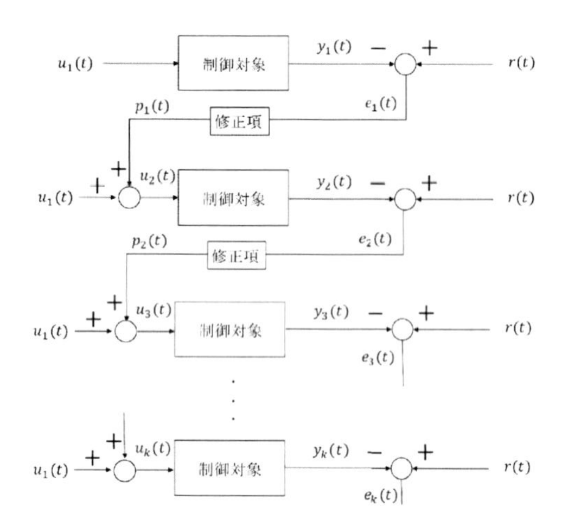

図 5.25　学習制御系

はなく無限時間にするか，あるいは試行をいちいちやり直すのではなく連続して繰り返すかによって，用いられる理論や収束の条件などが異なってくる。詳細は文献[5, 6] などを参照されたい。

＜大須賀公一＞

参考文献（5.5 節）

[1] 木村英紀，藤井隆雄，森武宏：『ロバスト制御』，コロナ社 (1994).

[2] Zhou, K., Doyle, J. and Glover, K.（劉，羅共訳）：『ロバスト最適制御』，コロナ社 (1997).

[3] Landau, I.D., 冨塚誠義：『適応制御システムの理論と実際』，オーム社 (1981).

[4] 鈴木隆：『アダプティブコントロール』，コロナ社 (2001).

[5] 中野道雄，井上悳，山本裕，原辰次：『繰返し制御』，コロナ社 (1989).

[6] 杉江俊治，小野敏朗：学習制御に関する一考察，『システムと制御』，31-2, pp. 129-135 (1987).

5.6　制御の「しやすさ」と「しにくさ」

これまで見てきたように，制御則の設計法は様々ある。もちろん，どの設計法を選ぶかは制御対象の性質を見極めて決めなくてはならないが，そもそも制御対象には制御しやすいものとしにくいものがある。おそらく直感的には納得するだろうが，ここではその直感を数理的観点から説明しておこう。

まず，素朴に，安定な制御対象と不安定な制御対象では不安定な制御対象の方が制御しにくいと言っていいだろう。なぜなら，不安定な制御対象の場合には，まず安定化をして，それから様々な制御性能を考慮しなくてはならないのに対して，元々安定なものは最初から制御性能を追求すればいいからである。

では，安定であれば制御のしやすさは同じだろうか？実はそうではなく，その中にも制御しやすい，しにくいがある。以下では 2 つの場合について説明しよう。ポイントは「反応の鈍さ」と「反応の方向」である。

5.6.1　相対次数

まず，第 1 章 1.3.5 項「制御が難しくなる要因（動的システム）」で述べたように，制御対象が「動的システム」であることが，そもそも制御を難しくしている。この点をさらに詳しく見てみよう。

伝達関数で定義される「相対次数」を状態方程式で表現するとどのようになるかを考える。その結果，相対次数には物理的意味があり，制御において重要な役割を果たすことが理解できる。

一般に伝達関数は

$$G(s) = \frac{N(s)}{D(s)} = \frac{b_m s^m + b_{m-1}s^{m-1} + \cdots + b_1 s + b_0}{s^n + a_{n-1}s^{n-1} + \cdots + a_1 s + a_0} \tag{5.67}$$

のように s の多項式の比で与えられる。ただし，

$$N(s) = b_m s^m + b_{m-1}s^{m-1} + \cdots + b_1 s + b_0 \tag{5.68}$$

$$D(s) = s^n + a_{n-1}s^{n-1} + \cdots + a_1 s + a_0 \tag{5.69}$$

であり，n は分母多項式 $D(s)$ の次数，m は分子多項式 $N(s)$ の次数，$a_i (i = 0, \ldots, n)$，$b_i (i = 0, \ldots, m)$ は定数パラメータとする。このとき，相対次数は次のように定義される。

定義 5.1（相対次数）　伝達関数の分母多項式と分子多項式の次数差 $\rho = n - m$ を相対次数という。

また，伝達関数は相対次数によって 3 種類に分類される。

定義 5.2（プロパー性）　伝達関数は，(a) $\rho > 0$ のとき「厳密にプロパー」，(b) $\rho \geq 0$ のとき「プロパー」，(c) $\rho < 0$ のとき「インプロパー」と呼ばれる。

例えば，下のようになる。

Case1　$G(s) = \dfrac{1}{s^2 + 2s + 3}$，$\rho = 2$，厳密にプロパー

Case2　$G(s)=\dfrac{s+1}{s^2+2s+3}$，$\rho=1$，厳密にプロパー

Case3　$G(s)=\dfrac{s^2+s+1}{s^2+2s+3}$，$\rho=0$，プロパー

Case4　$G(s)=\dfrac{s^3}{s^2+2s+3}$，$\rho=-1$，インプロパー

ただし，物理的意味のある伝達関数はプロパーか厳密にプロパーなものであり，インプロパーな伝達関数は数学的には定義できるが，物理的には存在しない。なぜなら，インプロパーな伝達関数を持つ制御対象の出力を計算すると，その中に「因果律」[1)] に反する入力の微分信号が含まれるからである。

このような準備のもとで，相対次数という（単なる）インデックスをいろいろな側面から見ることで，相対次数の制御理論における物理的意味とその重要性を再認識する。実は，伝達関数表現を状態方程式表現しそれをブロック線図で表すと相対次数の意味が浮き彫りになってくる。そこで，まず上の Case1，Case2，Case3 の 3 ケースをそれぞれ状態方程式表現で記述すると次のようになる。

$$\text{Case1}\quad G(s)=\frac{1}{s^2+2s+3} \tag{5.70}$$

$$\Rightarrow\begin{cases}\dot{x}_1=x_2\\ \dot{x}_2=-3x_1-2x_2+u\\ y=x_1\end{cases} \tag{5.71}$$

$$\text{Case2}\quad G(s)=\frac{s+1}{s^2+2s+3} \tag{5.72}$$

$$\Rightarrow\begin{cases}\dot{x}_1=x_2\\ \dot{x}_2=-3x_1-2x_2+u\\ y=x_1+x_2\end{cases} \tag{5.73}$$

$$\text{Case3}\quad G(s)=\frac{s^2+s+1}{s^2+2s+3} \tag{5.74}$$

$$\Rightarrow\begin{cases}\dot{x}_1=x_2\\ \dot{x}_2=-3x_1-2x_2+u\\ y=x_2+u\end{cases} \tag{5.75}$$

さらに，これらの式から 3 つの伝達関数（状態方程式表現）をブロック線図で表現すると図 5.26 のようになる。ここで，相対次数 ρ とブロック線図の構造の関連

1) 何らかの事象が起こるには，必ずそれに先立ってその原因となる事象が存在しているという原則。過去から今現在の瞬間までのことはわかるが，一瞬でも未来のことはわからないということである。

Case1) 相対次数 2

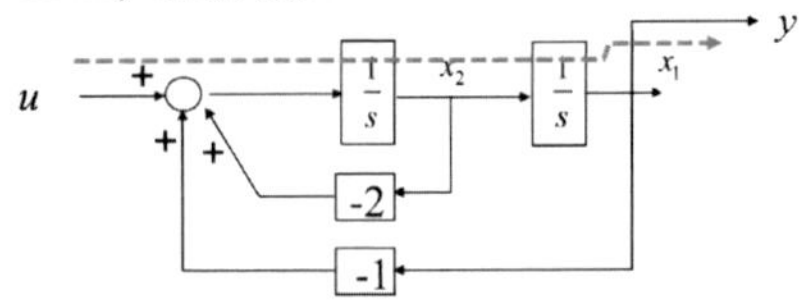

Case2) 相対次数 1

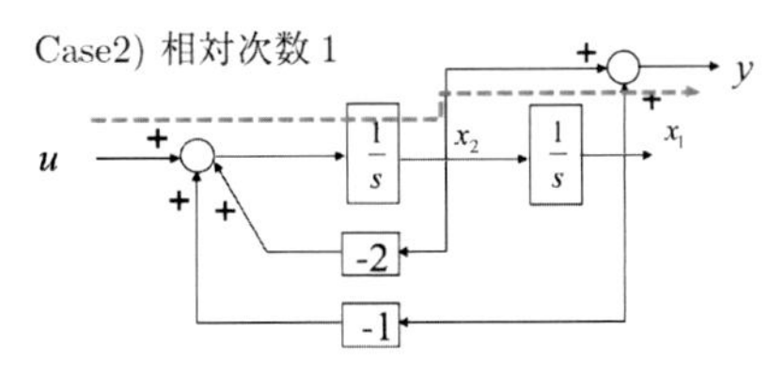

Case3) 相対次数 2

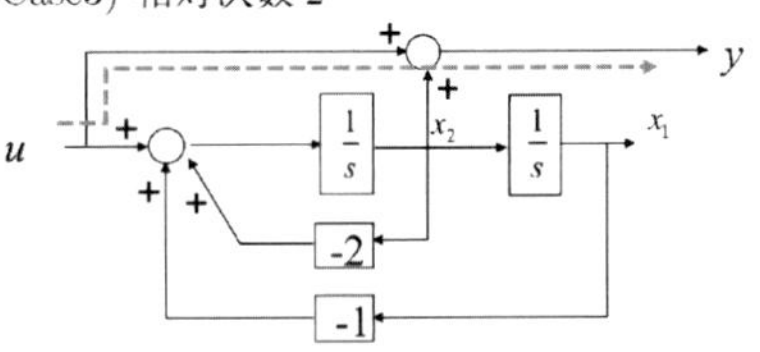

図 5.26　伝達関数のブロック線図

を考えてみよう。そもそも伝達関数は制御対象の入出力関係を表現したものなので，図 5.26 のブロック線図において入力信号 u から出力信号 y までのパスに注目してみる。具体的には，u から y まで到達しようとする時，できるだけ信号に修正がかからない道を探してみる。いまの場合，積分器 $1/s$ を一つ通過する毎に信号が変形されるので，できるだけ積分器を通過しないルートを探すことになる。例えば Case1 では，u から $1/s$ を通って -2 のブロックを通り，再び $1/s$ を通って，もう一つの $1/s$ を通過した後 y に行くルートなどが考えられるが，これは該当しない。このようにして各ケースについて所望のルートを考えてみると，図 5.26 の各ケースにおける波線のルートが求まる。そうすると，各ケースで求まったルートにおいて通過する積分器の数と相対次数が一致していることがわかる。実はこれが相対次数の物理的意味の一つである。

上では相対次数の定義とその物理的意味を見てきた。そこでわかったことは，ある信号が入力から入り出力から出て行くまでには，最低限，相対次数で決まる個数の積分器を通過しなくてはならない，ということである。一方，ある信号が積分器を 1 個通過する毎に（ボード線図を思い起こしてみるとわかるように），定常的には位相が 90° 遅れることがわかる。さらに，積分器のゲインは低周波領域では高く，高周波領域では低く

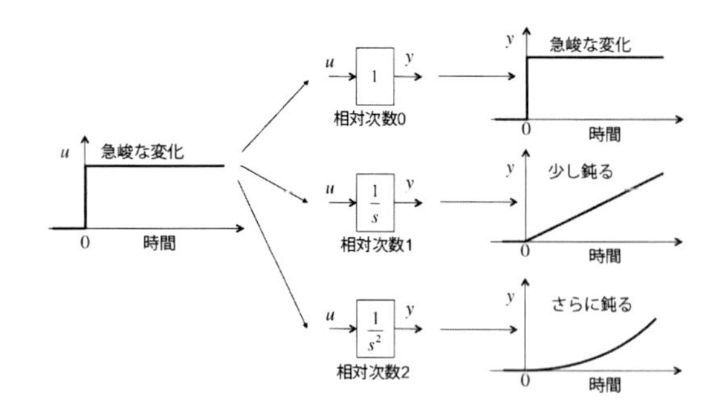

図 **5.27**　様々な相対次数と入出力関係

なっている。したがって，角張った信号（その角には高周波信号の成分が多く含まれている）が積分器を通過すると，高周波成分が小さくなり，その結果出てくる信号は鈍る。例えば，相対次数 0, 1, 2 の最も単純な例は図 5.27 の中央の 3 つの伝達関数である。上から相対次数 0, 1, 2 となっている。これら 3 つの伝達関数に同じステップ入力 u（図 5.27 左）を加えた時の出力 y を見てみよう。図 5.27 右の上からそれぞれの出力結果を表している。これらの 3 つを比較すればわかるように，確かに相対次数 0 の場合には入力波形がそのまま出力されているのに対して，相対次数が大きくなるにつれて，出力信号の立ち上がりが遅くなっている。

すなわち，相対次数が大きくなるにつれて，入力の影響が出力に現れるまでに信号の歪みが大きくなってゆき，位相遅れが大きくなってゆく，ということである。特に位相遅れが大きくなるということは，入力の影響が出力に現れるまでに時間遅れが発生することを意味し[2]，これは，フィードバック制御を考える場合不利になってくる。なぜなら，現在の出力の様子を見て入力を決めてそれを加えたとしても，その影響が出力に反映されるまでには時間を必要とし，修正が間に合わないことになるからである。すなわち「反応の鈍さ」が制御をしにくくする。

以上のように，相対次数は制御対象の制御しにくさ（しやすさ）を知る一つの指標になる。大ざっぱに表現すると，相対次数が小さいと制御しやすく，大きいと制御しにくい，という言い方ができよう。

なお，ここでは説明の簡単化のため，線形システムにおける相対次数について説明したが，非線形システムにおいても相対次数は定義でき，やはり制御のしにくさを知る指標になる。

[2] 入力を急激に変化させても出力にはすぐにその変化は現れず，ジワジワと変化するということ。

5.6.2　非最小位相性

次に（やはり線形システムを例に）もう一つの制御し難い制御対象を紹介しよう。例えば，次のような 2 つの安定な伝達関数を考えてみよう。

$$G_1(s) = \frac{s+1}{(s+2)^2} \tag{5.76}$$

$$G_2(s) = \frac{1-s}{(s+2)^2} \tag{5.77}$$

そしてこの 2 つの伝達関数のゲイン特性を求めると

$$\begin{aligned}|G_1(j\omega)| &= \frac{|1+j\omega|}{|4-\omega^2+4j\omega|} = \frac{|1-j\omega|}{|4-\omega^2+4j\omega|} \\ &= |G_2(j\omega)|\end{aligned} \tag{5.78}$$

となり同じである。一方，位相特性を求めると

$$\angle G_1(j\omega) = \angle(1+j\omega) - \angle(4-\omega^2+4j\omega) \tag{5.79}$$

$$\angle G_2(j\omega) = \angle(1-j\omega) - \angle(4-\omega^2+4j\omega) \tag{5.80}$$

となる。2 つの伝達関数のボード線図を描くと図 5.28 のようになり，ゲイン特性は 2 つとも同じなのに，位相変化は $G_2(j\omega)$ のほうが $G_1(j\omega)$ より大きい。

このように，ゲイン特性は同じなのに位相特性が異なる伝達関数が存在する。その違いは上の例でわかるように，分子多項式の性質によって決まる。すなわち，分子多項式が安定（零点の実部が負）なほうが不安定（零点の実部が正）な場合より位相が小さくなる。このことは一般にも成り立ち，安定なシステムで不安定な零点を持たないものは最小位相推移系あるいは最小位相系と呼ばれ，そうでないものは非最小位相系という。

では最小位相系と非最小位相系では応答にどのよう

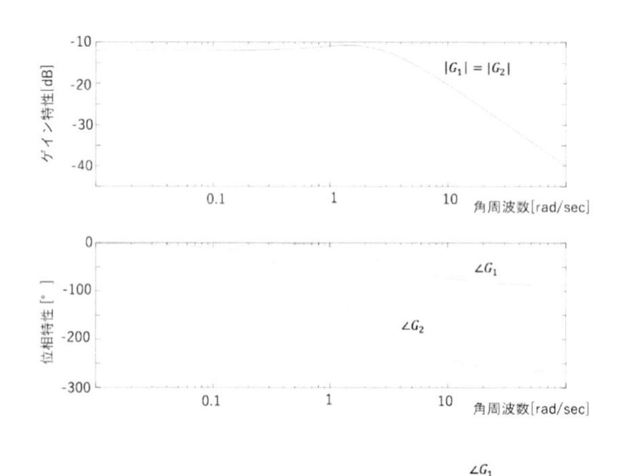

図 **5.28**　$G_1(s)$ と $G_2(s)$ のボード線図

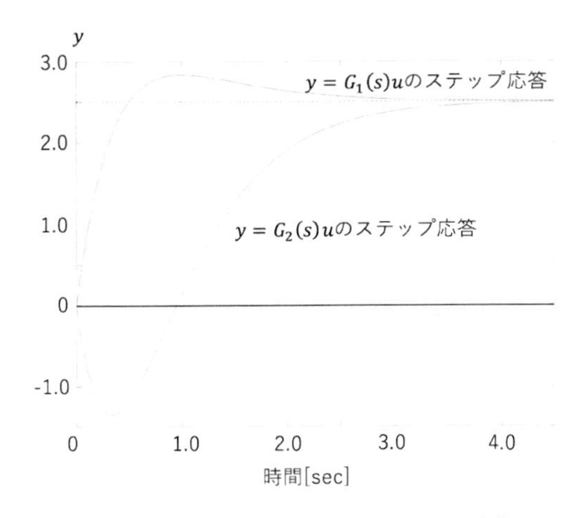

図 5.29 $G_1(s)$ と $G_2(s)$ のステップ応答

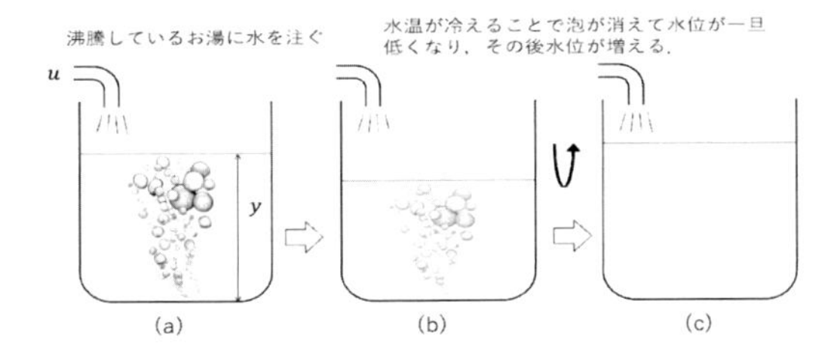

図 5.30 沸騰水の水位

な違いがあるのだろう。先の 2 つの伝達関数にステップ入力を加えてみる。その結果が図 5.29 である。このように，非最小位相系（$G_2(s)$）は逆応答を見せる。すなわち，非最小位相系では，出力を増やすように入力を加えたにもかかわらず，いったん減るのである。これを逆応答という。このような現象は実際にも見られる。

例えば，沸騰している湯に水を注ぐ場合の水位を出力とみなしてその挙動を考えてみよう。図 5.30 のように，沸騰水に水を注ぐといったん水温が低くなり泡が消える。そのとき水位は一時的に下がるが，水が引き続き注がれているので水位はその後増えてゆく。すなわち，水位は逆応答をする。水道からの水量を入力 u，水位を出力 y とし，u から y への伝達関数を求めると非最小位相系になる。

このように，非最小位相系では，出力を増やそうと入力を増やしてもいったん逆に出力が減るので，制御しにくい。すなわち「反応の方向」が逆になるのである。

<大須賀公一>

5.7 実際に制御する

5.7.1 モデルや理論と実際とのギャップ

制御理論は，制御対象のモデル（例えば伝達関数とか状態方程式とか）が与えられたとき，制御目的を達成するような制御則を設計するための方法論を与える。その際，与えられたモデルは正確であるというのがまずは前提である。しかしながら，そのモデルにはモデル化誤差が含まれている可能性があるので，その可能性を制御則の設計段階から考慮しようとする制御理論が考案された。それが適応制御でありロバスト制御である。また，制御対象が線形システムとは限らず，非線形システムの場合もある。したがって非線形制御理論の構築が精力的に行われた。さらに制御対象の特性が時不変であることはありえず，時変形として扱うことができる制御理論も構築された。このような流れが制御理論の発展の歴史である。

ただ，よく考えてみると，そもそもあらゆる制御対象は，どんなにシンプルに見えても，非常に複雑で非線形かつ時変な現象の複合体になっており，正確なモデルなどは実は存在しないことに気がつく。例えばモータは，よく知られているように，モータから出ている 2 本のケーブルに電池をつなぐと中心のローターが回転する，というように単純な挙動を示すように見えるが，実際にはモータの中では電磁気学的な複雑かつ非線形な現象が絡み合っているはずである。図 5.31 はその様子の一例を示したものである。我々は，現実の制御対象そのものを厳密に数理表現するのは原理的に不可能なことを直感的には知っているので，いま注目している側面を的確に掴んでいるシンプルなモデル（例えば，線形時不変システムなど）を求める。

以上のようなことから，ここでは，モデルとは何かを考えることで，モデル化誤差についてもう少し深く考察しよう。そもそも我々は何のためにモデルを必要

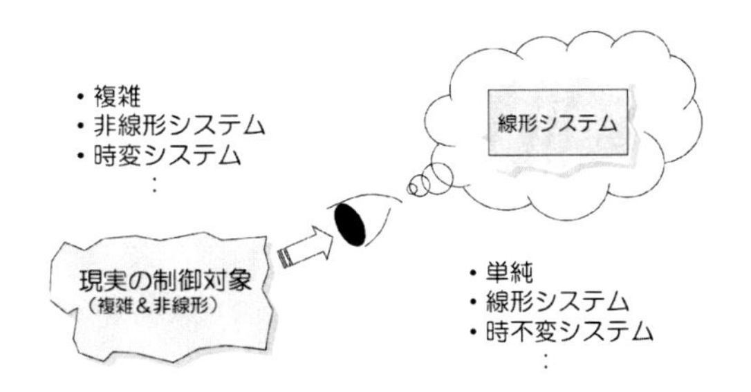

図 5.31 制御対象の捉え方（例）

としているのかというと，注目している対象を理解したいからである。では，理解するとはどういうことだろう。いわゆる唯一絶対的な真理に到達することだろうか？　少し考えてみると，実はそれは本質的には不可能であることに気がつく。そもそも未知な真理に近づいたかどうかを判断する方法がわからない。ではあきらめるのかというと，そうではない。我々は観測できる範囲で目の前の物事を説明できる模型，すなわちモデルを求めることで腑に落ちようとしているのである。その際，科学哲学者である戸田山によると[1]，我々が求められるのは「より良いモデル」であり「より正しいモデル」ではないのである。そして同氏によると，「より良いモデル」とは，

① より多くの新奇な予言をしてそれを当てはめることができる
② その場しのぎの仮定や正体不明の要素をなるべく含まない
③ より多くのことがらを，できるだけたくさん同じ仕方で説明してくれる

を満たすモデルであるということだ。

以上のように，我々が制御対象のモデルを求めたとき，そこには必ず実際の対象との間に誤差が含まれていることを忘れてはならない。この誤差は，少なくすることは可能であるが，完全に無くすことは本質的に不可能である。したがって，そもそも実際のモノを制御するための制御理論においては，最初からモデル化誤差の存在を意識していなくてはならないのである。

5.7.2 線形制御で制御できるシステムとできないシステム

どのようなモデルを持ってこようと制御対象の性質を正確に表現することはできないことは事実である。では制御できないということで諦めなくてはならないのだろうか？　もちろんそうではない。正確なモデル化ができないということと制御できないことは，ある意味別である。実際，我々はこれまで色々な制御対象を制御してきた。また多くの場合，非常にシンプルなモデルが用いられていることも多い。

このような状況はどのように理解しておけばいいだろう。この問題は厳密に考えると非常に難しいので，本書では直感的に理解することを試みる。具体的には，制御においてどのような場合にシンプルなモデルが有効で，どのような場合にシンプルなモデルでは歯が立たなくなるのかということを考察しよう。あるいは一例として具体的に表現すると，「線形制御理論で制御則が設計でき有効性が期待できる場合」と，「線形制御理論が使えない場合」があるようだが，その違いはどこにあるのだろう，ということを考えてみる。

このようなことを考える際の拠り所となる強力な定理がある。それが次に紹介する「リアプノフの間接法」である。「間接法」ではない「直接法」は「リアプノフの安定定理」のことで，これについてはは5.2節で詳細な紹介があるので正確な記述はそちらを参照されたい。

リアプノフの間接法を紹介するために，ざっくりとリアプノフの安定定理（リアプノフの直接法）を復習しておく（5.2節参照)。

いま，状態方程式

$$\dot{x} = f(x) \tag{5.81}$$

を考える。ただし，x は n 次元の状態ベクトル，$f(x)$ は状態 x に関するベクトル値関数であり十分滑らかだとしよう。

このとき，平衡点とは

$$0 = f(x_0) \tag{5.82}$$

を満たす点 x_0 であり，以下では簡単のため（一般的には平衡点が存在しない，あるいは存在しても唯一点ではない，など様々な場合がある）そのような点が存在しているものとする。また，$x_0 = 0$ とする。このときリアプノフの安定定理とは次のようなものであった。

定理 5.1（リアプノフの安定定理）　ある正定[3]な関数 $V(x)$ を考える。このとき，この関数を状態方程式(5.81)に沿った時間微分 $\dot{V} = \frac{\partial V(x)}{\partial x} f(x)$ が負定[4]になっていれば，平衡点 $x_0 = 0$ は漸近安定である。このとき，先に設定した関数 $V(x)$ をリアプノフ関数という。

リアプノフの安定定理は，制御対象が線形であっても非線形であっても，閉ループ系の平衡点（いまの場合 $x_0 = 0$）の安定性を判定するのに使える。さらに安定化のための制御則を設計するのに利用できる。すなわち，制御対象が適当なベクトル $f(x)$ と $g(x)$ および

[3] 原点を含むある領域 Ω で定義されたあるスカラ関数 $V(x)$ が $V(0) = 0$ で，かつ $x \neq 0$ なる任意の $x \in \Omega$ に対して $V(x) > 0$（または $V(x) \geq 0$）を満たすとき，$V(x)$ は Ω で正定であるという。

[4] $A(x)$ が負定とは $-A(x)$ が正定なことである。

入力 u を用いて

$$\dot{x} = f(x) + g(x)u \tag{5.83}$$

と表現されているとき，状態フィードバック則

$$u = k(x) \tag{5.84}$$

を考えると閉ループ系

$$\dot{x} = f(x) + g(x)k(x) \tag{5.85}$$

が得られる。そこで，なんらかの正定関数 $V(x)$ を考え，この関数の閉ループ系にそった時間微分 $\dot{V} = \frac{\partial V(x)}{\partial x}(f(x) + g(x)k(x))$ が負定になるように $k(x)$ を求めればよい。ポイントは所望の関数 $V(x)$ が見つかるかどうかである。機械系の場合はしばしば全系の全エネルギーを $V(x)$ とするとうまくいくことが多い。

例えば，

$$\dot{x} = x^3 + u \tag{5.86}$$

を考え，$x = 0$ を漸近安定な平衡点にするような入力 u をリアプノフの安定定理を用いて設計してみよう。まず，リアプノフ関数の候補として $V(x) = \frac{1}{2}x^2$ なる正定関数を考える。次にこの $V(x)$ を式 (5.86) に沿って時間微分すると

$$\dot{V} = x\dot{x} = x(x^3 + u) \tag{5.87}$$

となる。そこで，$u = -x^3 - x$ とすると

$$\dot{V} = -x^2 \tag{5.88}$$

となり，$\dot{V}(x)$ は負定になり，また $x = 0$ は平衡点なので，上の定理からこの平衡点 $x = 0$ は漸近安定になる。すなわち，

$$u = -x^3 - x \tag{5.89}$$

が求めるべき制御則である。

これに対して，リアプノフの間接法とは次のようなものである。いま，上の状態方程式 (5.81) の平衡点まわりの線形近似モデルを

$$\dot{z} = Az \tag{5.90}$$

$$A = \frac{\partial f(x)}{\partial x}(0) \tag{5.91}$$

とする。このとき次の定理が成り立つ[2]。

定理 5.2（リアプノフの間接法の定理） 状態方程式 (5.81) の平衡点 $(x = 0)$ まわりの線形近似モデル (5.90)，(5.91) が漸近安定であればもとのシステム (5.81) の平衡点 $(x = 0)$ も漸近安定になっている。

この定理は，非線形システムを平衡点まわりで線形近似して制御することの妥当性を示している。すなわち，制御対象が非線形システムであってもそのモデルを平衡点まわりで線形近似してその線形近似システムを安定化すれば，同時に，もとの非線形システムの平衡点も漸近安定化されていることを保証しているのである。これが非線形システムに対して線形制御理論が有効に働く根拠の一つになっているのである。

しかしながら残念ながらこれは万能ではなく，歯が立たなく状況もある。それはターゲットの平衡点で線形近似がうまくいかない場合である。そのようなケースは 2 つある。

[Case1] 非線形モデルが平衡点で微分できない場合。このケースはそもそも線形近似モデルが得られないので明らかである。例えば，

$$\dot{x} = |x| + u \tag{5.92}$$

は，$x = 0$ で微分できない。

[Case2] 非線形モデルは平衡点で微分できるが，平衡点で入力ベクトルが 0 になる場合。 このケースは，線形近似モデルは得られるのだが，その線形モデルに入力項がなくなるので得られた線形モデルに対して制御則が設計できない。例えば，

$$\dot{x} = f(x) + g(x)u = \sin x + x^2 u \tag{5.93}$$

の，$x = 0$ での線形近似モデルは

$$\dot{z} = Az + Bu \tag{5.94}$$

$$A = \frac{\partial f(x)}{\partial x}(0) = \cos x|_{x=0} = 1 \tag{5.95}$$

$$B = \frac{\partial g(x)}{\partial x}(0) = 2x|_{x=0} = 0 \tag{5.96}$$

となり，線形近似モデルにすると入力項 B が消えてしまい制御則の設計ができない。

上の 2 つのケースはいずれも，平衡点 $x = 0$ の 1 点で不具合が生じているが，ともにその点を少しでも外

れれば線形近似モデルが存在する。したがって，なんらかの切り替え制御を考えるとよい。言い換えると，このような制御対象は（本質的に）線形制御則が設計できず，切り替え制御などの非線形制御則を必要とする，ということである。

5.7.3　アクチュエータ・センサと制御の関係

上では制御対象自身の性質（線形近似できるか，相対次数がどれほどかなど）によって制御しやすい制御対象と制御しにくい制御対象があることを見てきた。ここでは，さらに，実際の制御の場面で必ず考慮すべき要因として「アクチュエータ」と「センサ」について考える。

例えば次のような事例を見てみよう。いま，図 5.32 のようなフィードバック制御系を考える。

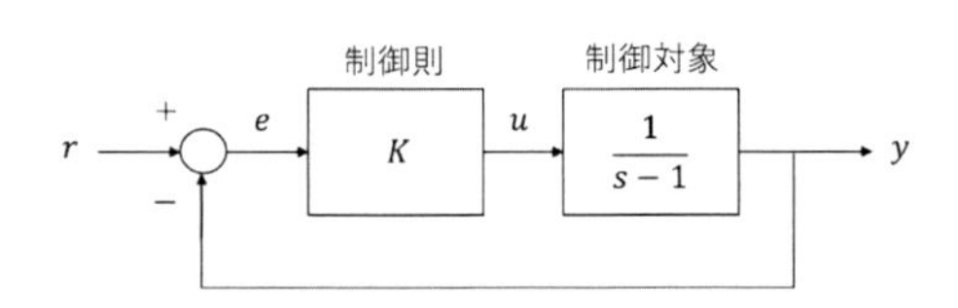

図 5.32　フィードバック制御系

この系の閉ループ伝達関数は

$$G_c(s) = \frac{K}{s + K - 1} \tag{5.97}$$

となり，$K > 1$ であれば，安定な制御系が得られる（例えば $K = 2$ とすればよい）。このように，制御理論としてはこれで完結であるが，実際問題においてはまだ未完である。すなわち，図 5.32 の u はアクチュエータによって発生し，y はセンサによって検出され，それら（アクチュエータとセンサ）はいずれも何らかのダイナミクスを持っているが，そのことがこの図には考慮されていないのである。

そこでアクチュエータとセンサが何らかのダイナミクスを持っているのに，その影響を考慮しないと，理論的には安定な制御系が構成されているにもかかわらず，実際には不安的になることがあることを，簡単な例で見てみよう。そのためにアクチュエータ $G_a(s)$ とセンサ $G_s(s)$ を

$$G_a(s) = \frac{1}{s + 1} \tag{5.98}$$

$$G_s(s) = \frac{1}{s + 1} \tag{5.99}$$

というダイナミクスをもっている装置として，これら

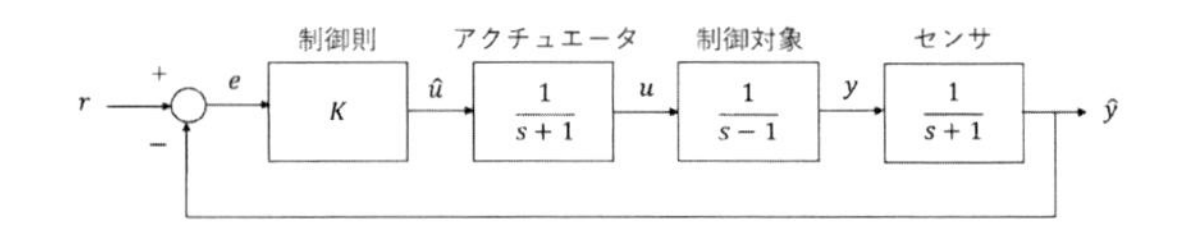

図 5.33　フィードバック制御系＋アクチュエータとセンサ

を図 5.32 に組み込んでみると図 5.33 のようになる。

この系の閉ループ系の伝達関数は

$$G_{\mathrm{cas}}(s) = \frac{K}{s^2 + s^2 - s + K - 1} \tag{5.100}$$

となる。ここで，この系が安定であるためには，ラウス–フルビッツの安定判別法[3] によると，少なくとも特性方程式のすべての係数は正になっていなくてはならない。しかし，本系は K をいかに選ぼうと，s の係数（-1）を正にすることはできない。

この簡単（かつ少しわざとらしい）な考察は，アクチュエータやセンサのダイナミクスを考慮しないで（あるいは共に理想的に $G_a(s) = 1$，$G_s(s) = 1$ だとして）設計した制御則は，ダイナミクスを持ったアクチュエータやセンサが組み込まれると必ずしも有効には働かない場合があることを示している。このような不具合が発生することを回避するためには，① アクチュエータとセンサを合わせた拡大系を制御対象だと考える，② アクチュエータとセンサのダイナミクスをモデル化誤差だと捉え，ロバスト制御理論によって閉ループ系の安定性を確保する，という方法が考えられる。

5.7.4　制御則を実装するには

これまで見てきたように，制御対象の非線形モデルが線形近似できるかどうか，モデル自体の誤差，アクチュエータやセンサが持っているダイナミクスの影響，などを考慮して制御則が設計できたとすると，最後はこの制御則を実現して実装する段階になる。実装の方法は色々ある[4]。制御則も基本的には微分方程式で記述されるので，その式を電子回路で実現（アナログ実現）する場合，計算機の中に再現する（デジタル実現）場合があるが，近年ではデジタル実現することが多い。

そこで本項では，デジタル実現する際に留意すべき本質的な点について考察する。図 5.34 にデジタル実現の一例を示す。ただし，ここでは簡単のためアクチュエータとセンサは理想的な特性を持っているとする。また，図の「D/A」は計算機内のデータ（デジタル値）を計算機の外の世界（アナログな世界）に取り出す装置で，D/A 変換器である。「A/D」はその逆で，外界

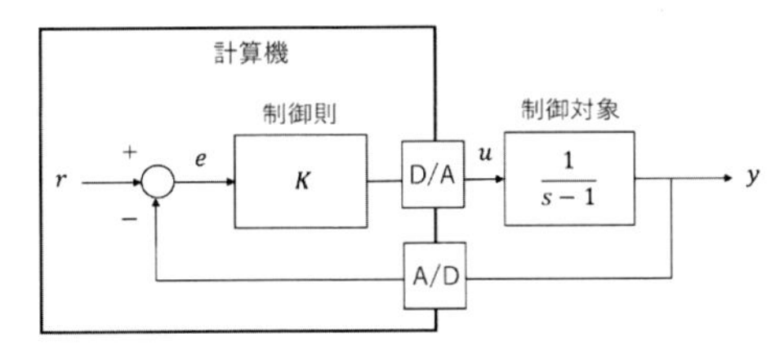

図 5.34　制御系の実現

のアナログ信号を計算機内のデジタル値に変換するための装置で，A/D 変換器と呼ばれる。このような系では，次のように信号が処理される。

S0 $T=0$ とする。
S1 A/D 変換器により制御対象（厳密に言うとセンサ）の出力 y を計算機の中に取り込む。
S2 計算機の中で制御則を計算する。今の場合 $u=K(r-y)$ である。
S3 S2 の結果を D/A 変換器に渡し，制御対象へ入力する。
S4 微小な正定数 L を用いて $T=T+L$ を計算し S1 に戻る。このループを必要なだけ回す。

上の例では制御則は静的システムなので非常にシンプルであるが，場合によっては制御則自体が伝達関数や状態方程式で記述されることがある。例えば，オブザーバやサーボ系を構成すると制御則が動的システムになる。その場合，制御則の計算はリアルタイムで微分方程式を解くことになり（その解き方は様々で，サンプリング周期 L で離散化するなどの方法がある），y の情報を得てから u を出すまでに何らかの時間 L がかかってしまう。近年の計算機の能力の向上に伴って必要となる計算時間は短くなってきているが，この時間 L が制御系の性能にとっては重要な意味合いをもつことになる。そのことを簡単な例で確認してみよう。

図 5.34 において計算機内で行う計算にかかる時間を L とすると，これは見かけ上制御則と制御対象の間に時間 L の無駄時間要素が挿入されていると見なせる（図 5.35 の上図参照）。

無駄時間要素は無限次元系で取り扱いが難しいので，これを級数展開して 2 次以降は切り捨てて考える（パデ近似という[3]）。すなわち

$$e^{-sL} \approx \frac{1-sL/2}{1+sL/2} \tag{5.101}$$

とする。

図 5.35 の上図の無駄時間要素に上式を組み込んだの

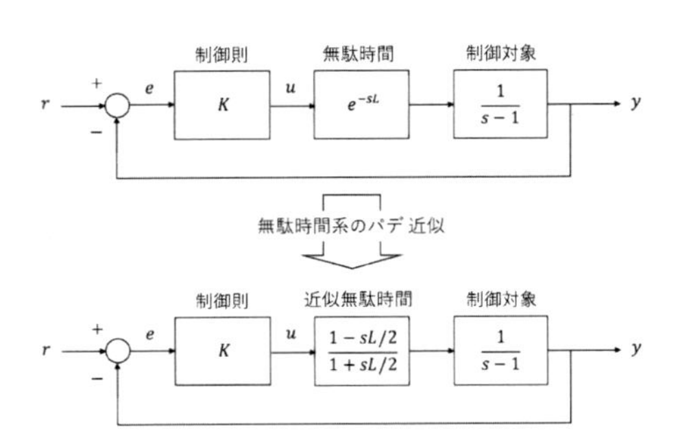

図 5.35　制御系のデジタル実現

が下図である。この系（図 5.35 下図）の閉ループ伝達関数を求めると

$$G_{\mathrm{cdelay}} = \frac{K(1-s\frac{L}{2})}{\frac{L}{2}s^2+(1-\frac{L}{2}-K\frac{L}{2})s+(K-1)} \tag{5.102}$$

となる。したがって，本系が安定になるためにはこの伝達関数の分母多項式の係数すべてが正でなくてはならず，それは

$$K>1 \tag{5.103}$$

$$L<\frac{2}{K+1} \tag{5.104}$$

となっていなくてはならないことを意味する。ここで，式 (5.103) はそもそもの閉ループ系が安定になるための条件であるが，式 (5.104) は，無駄時間はある値よりも小さくなくてはならないことを意味している。また，K の値を大きくすればするほど制御性能は高くなる（安定度が強くなるなど）が，式 (5.104) からは，K が大きくなると許容される L の大きさは小さくなるということがわかる。

まとめると，制御則のデジタル実現では制御則の計算時間は短くしないと制御系が不安定になることがあるので注意しなくてはならない，ということである。

<大須賀公一>

参考文献（5.7 節）

[1] 戸田山和久：『「科学的思考」のレッスン —学校では教えてくれないサイエンス』，NHK 出版　(2011).
[2] 井村順一：『システム制御のための安定論』，コロナ社 (2000).
[3] 杉江俊治，藤田政之：フィードバック制御入門，コロナ社 (1999).
[4] 大須賀公一：『制御工学』，共立出版 (1995).

5.8　おわりに

本章では，制御工学の基礎を復習した。前半では様々な制御工学で紹介されている制御理論の基礎概念について詳細に述べた。またロボット制御ではしばしば問題になる非線形制御についても言及している。

そして後半では，制御理論を実際の場面に用いようとするとしばしば遭遇する現実的な問題を説明した。特に，線形制御理論では制御則が設計できないのはどんな場合か，実際の制御においては必ず必要になるアクチュエータとセンサのダイナミクスを考慮することの大切さ，制御則を実現するときに遭遇する時間遅れの問題について紹介した。いずれもシンプルな例題を用いて説明したがこれらはどれも一般論としても課題となる重要なポイントである。

<大須賀公一>

第6章

ROBOT CONTROL HANDBOOK

ロボットアームの制御

6.1　はじめに

本章では，制御対象をロボットアームに絞って，その力学的特徴を活かした制御理論を適用するための基礎と，制御系設計手法について解説する。

そこでまず，ロボットアームの手先が作業空間中を自由に運動することができる場合の制御手法を取り上げる。線形・非線形の制御理論の直接的なロボットアームへの応用に続いて，ロボットアームのダイナミクスの持つ特性を活用した，適応や学習といった機能を持つ制御の手法について解説する。さらに，ニューラルネットワークやファジィ理論といった，ソフトコンピューティングの手法を取り入れた制御手法についてもその基礎を紹介している。また，外乱の影響を考慮したロバスト制御理論のロボットアームへの応用についても解説する。

ロボットアームに作業を行わせる場合，ロボットアームと外界の間で物理的な干渉が生じることが期待される。このような状況では，ロボットアームの手先の空間的な運動を制御するだけではなく，ロボットアームと外界の間に発生する力も制御する必要がある。本章では，このようなロボットアームにおける手先の位置と力の制御の手法についても解説する。さらに，複数のロボットアームが協調して１つの物体を操作する，協調制御についての理論の解説も行っている。

＜浪花智英＞

6.2　ロボットアームへの指令の与え方

ロボットアームを使用する主な目的は，アームの手先に取り付けた手先効果器を用いて物体を操作するなど，外界への物理的な影響を生じさせることにある。そのため，作業空間に設定した座標系（作業座標系）において，手先の位置と姿勢を，作業に必要となる位置と姿勢に一致させることが重要となる。

ロボットアームの構造上，直接手先を x, y, z 軸の方向に運動させることができる直交座標型ロボットアームを除くと，ロボットの手先の位置・姿勢はロボットの各関節に置かれたアクチュエータの変位によって間接的に決定される。特に，すべての関節が回転関節で構成される垂直多関節型のロボットアームの場合，各回転関節の角度によって手先の位置・姿勢が決定されるため，手先に目的とする位置・姿勢を達成させるためには，その位置・姿勢に対応する関節の角度の目標値を計算する必要がある。

一般に，各関節の角度 $\boldsymbol{q}$ を関節座標系のある点と見なし，$\boldsymbol{q}$ に対応する作業座標系における手先の位置・姿勢 $\boldsymbol{x}$ を決定する問題を運動学問題（あるいは順運動学問題）と呼ぶが，その解は一般に非線形な関数 $\boldsymbol{f}$ を用いて

$$\boldsymbol{x} = \boldsymbol{f}(\boldsymbol{q}) \tag{6.1}$$

と表すことができる。$\boldsymbol{x}$ は $\boldsymbol{q}$ によって一意に定まり，また，関数 $\boldsymbol{f}$ はロボットアームの構造から容易に決定することができる。一方，$\boldsymbol{x}$ から $\boldsymbol{q}$ を決定する問題は逆運動学問題と呼ばれ，$\boldsymbol{f}$ の逆関数を求める問題と見なすことができる。その解は形式的には

$$\boldsymbol{q} = \boldsymbol{f}^{-1}(\boldsymbol{x})$$

と書くことができるが，ある $\boldsymbol{x}$ に対して複数の解 $\boldsymbol{q}$ が存在したり，逆に解 $\boldsymbol{q}$ が全く存在しない場合もあり，

順運動学問題よりも解決が困難な問題となる。

そのため，ロボットアームの制御系を構成する場合には，作業座標系における手先の位置・姿勢の目標値から直接各アクチュエータを駆動させる作業座標系サーボと呼ばれる方式と，作業座標系における目標値をいったん関節角座標系における目標値に変換し，関節ごとに求めた目標値を実現するようにアクチュエータを駆動させる関節座標系サーボと呼ばれる方式の2種類の制御方式が用いられている。

6.2.1　作業座標系サーボ

作業座標系サーボは，与えられたロボットアームの手先の位置・姿勢の目標値を直接用いて関節のアクチュエータに与える指令値を計算する制御系を構成する方法である。そのため作業座標系サーボでは，逆運動学問題を解いて，手先の目標値に対応する関節の角度を求める必要がない。

ロボットアームの手先の位置・姿勢がセンサによって計測できる場合には，逆運動学だけではなく，関節角度から手先の位置・姿勢を求める順運動学の計算も不要となり，ロボットアームのモデル化の誤差による制御の誤差を避けることができるというメリットがある。

作業座標系サーボにおいても，ロボットアームの駆動は各関節におかれたアクチュエータによって実現されるため，手先の位置・姿勢の誤差から計算した駆動力を各関節の力/トルクに分配する必要があるが，これには手先の速度と関節角速度を結びつけるヤコビ行列が用いられる。ヤコビ行列は式 (6.1) を微分して得られる式

$$\dot{\boldsymbol{x}} = \frac{\partial \boldsymbol{f}(\boldsymbol{q})}{\partial \boldsymbol{q}} \dot{\boldsymbol{q}} = \boldsymbol{J}(\boldsymbol{q}) \dot{\boldsymbol{q}} \tag{6.2}$$

における関数行列 $\boldsymbol{J}(\boldsymbol{q})$ である。また，関節駆動力 $\boldsymbol{\tau}$ と手先に発生する力 $\boldsymbol{F}$ の間に式

$$\boldsymbol{F} = \boldsymbol{J}(\boldsymbol{q})^T \boldsymbol{\tau}$$

が成立し，この関係を用いて手先の誤差を減少させる方向に移動させる力を各関節の駆動力として分配することができる。

作業座標系サーボでは，このヤコビ行列 $\boldsymbol{J}(\boldsymbol{q})$ を用いてアクチュエータの駆動指令を計算するため，駆動指令の計算には全関節の角度の情報を必要とし，作業座標系サーボを関節毎に独立した制御系として構築することはできない。

6.2.2　関節座標系サーボ

ロボットアームの各関節のアクチュエータには，その動作を制御するための制御装置が取り付けられており，外部から与えられた指令に基づきアクチュエータで発生する力もしくはトルクが制御され，ロボットアームの運動が生じる。産業用のロボットアームでは，各関節の変位や速度を計測するセンサの数値に基づいて，各関節のアクチュエータ毎にその変位や速度を制御する位置制御系や速度制御系が構成されており，この場合，各関節の制御系が受け取る指令はその関節単独の変位や速度の目標値となる。このため，逆運動学問題を解くことで手先の位置・姿勢の目標値を各関節角度の目標値に変換し，各関節毎に目標を達成するような制御を行う方式が用いられるが，そのような制御系は関節座標系サーボと呼ばれている。

関節毎に独立した制御を行う場合は，制御系の構造を線形な制御則であるPID制御則のような単純なものにすることができる。しかしながら，このような制御では，ロボットアームの動力学に含まれる非線形力の影響で，高速な軌道に追従する場合には追従制御の精度が劣化することが知られている。そのため，より高精度な追従制御を実現するために，ロボットアームの各関節間の動的な干渉の補償を考慮するような高度な制御則が多数考案されており，6.3節以降で取り上げる制御則の多くでは，関節角度の目標値を実現するための制御系が構成されている。

6.2.3　冗長自由度アームの制御

ロボットアームの運動は，作業空間における手先の位置と姿勢で指定され，合計で6つの自由度をもつ。ロボットアームの関節の数が手先の自由度の最大値の6を超す場合，ある手先の位置・姿勢を実現することができる関節角度の組合せが無数に存在することになる。このようなロボットアームは冗長自由度アームと呼ばれるが，このようなアームに対して関節角座標系サーボにおける関節角度の指令を作るには，取りうる無数の関節角度の組合せの中から何らかの指標に基づいて指令値を選択することになる。

先に示したとおり，手先の位置・姿勢の速度と関節角速度の関係は式 (6.2) で与えられるが，関節角度ベクトルの次元 n が手先の位置姿勢ベクトルの次元 m より大きい場合，ヤコビ行列 $\boldsymbol{J}$ の次元は $m \times n$ となり，正方行列ではなくなる。ヤコビ行列が行フルランクの場合，擬似逆行列 $\boldsymbol{J}^+ = \boldsymbol{J}^T(\boldsymbol{J}\boldsymbol{J}^T)^{-1}$ を用いて，式

$$\dot{\boldsymbol{q}} = \boldsymbol{J}^{+}\dot{\boldsymbol{x}} + (\boldsymbol{I} - \boldsymbol{J}^{+}\boldsymbol{J})\boldsymbol{k} \tag{6.3}$$

を導くことができる。ここで式 (6.3) の右辺第 1 項は，$\dot{\boldsymbol{x}}$ を実現する事ができる $\dot{\boldsymbol{q}}$ の中で，ユークリッドノルム $\|\dot{\boldsymbol{q}}\|$ を最小にする解を示している。右辺第 2 項の $\boldsymbol{k}$ は n 次元の任意ベクトルであるが，$\boldsymbol{k}$ を設定することにより，アームの手先の位置・姿勢の目標を実現しながら，アームの各関節の運動に追加のタスクを与えることができるようになる。

式 (6.3) のベクトル $\boldsymbol{k}$ を設定する目的としては，アームによる障害物回避，ヤコビ行列のランクが低下する特異姿勢を回避する，などのタスクが考えられている。

一方，ロボットアームの制御手法として，作業座標系サーボを用いて手先の位置・姿勢の誤差を直接的に制御する手法がある。この場合，手先の位置・姿勢のみが制御されるため，目標とする手先の運動は達成されることになるが，各関節の動作は制御の結果に自然に委ねられることになる。

＜浪花智英＞

参考文献（6.2 節）

[1] 有本卓：『新版 ロボットの力学と制御』，朝倉書店 (2002).

[2] 川﨑晴久：『第 2 版 ロボットの工学の基礎』，森北出版 (2012).

[3] 吉川恒夫：『ロボット制御基礎論』，コロナ社 (1988).

6.3 位置・軌道追従制御

6.3.1 PID 制御

(1) PID 制御の基本

基本的なフィードバック制御の一つとして，PID 制御則[1] が次式で与えられる。

$$u(t) = k_c\left\{e(t) + \frac{1}{T_I}\int_0^t e(\tau)\mathrm{d}\tau + T_D\frac{\mathrm{d}e(t)}{\mathrm{d}t}\right\} \tag{6.4}$$

式 (6.4) の第 1 項を比例動作，第 2 項を積分動作，第 3 項を微分動作と呼び，その係数 k_c, T_I および T_D は，それぞれ比例ゲイン，積分時間，および微分時間を表している。これら 3 つのパラメータをまとめて PID パラメータと呼ぶ。また，$e(t)$ は目標値を $r(t)$ とするとき，次式で与えられる制御誤差を表している。

$$e(t) := r(t) - y(t) \tag{6.5}$$

式 (6.4) をラプラス変換すると，次式の関係を得る。

$$U(s) = k_c\left(1 + \frac{1}{T_I s} + T_D s\right)E(s) := C(s)E(s) \tag{6.6}$$

制御対象の伝達関数を $G(s)$ とするとき，PID 制御系のブロック線図を図 6.1 に示す。ただし，$C(s)$ は PID 制御則の伝達関数を表しており，式 (6.6) により与えられる。ここで，式 (6.4) の比例，積分，微分の各動作は，時間領域で考えると，「現在」，「過去」，「未来」の制御誤差に基づいた動作に対応付けられ，周波数領域で考えると，それぞれの動作は，「ゲイン補償」，「位相遅れ補償」，「位相進み補償」に対応づけられる[2]。

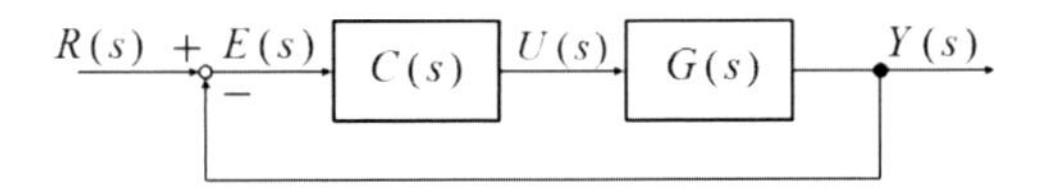

図 6.1 PID 制御系のブロック線図

式 (6.4) における各動作の役割を，以下の数値例を用いて説明する。システム（制御対象）が次式で与えられるとする。

$$G(s) = \frac{10}{(s+1)(s+10)} \tag{6.7}$$

図 6.2 に P 制御 ($k_c = 20$)，PI 制御 ($k_c = 20$，$T_I = 1$)，PID 制御 ($k_c = 20$，$T_I = 1$，$T_D = 0.1$) の結果を示す。ただし，目標値は $r(t) = 1$ である。

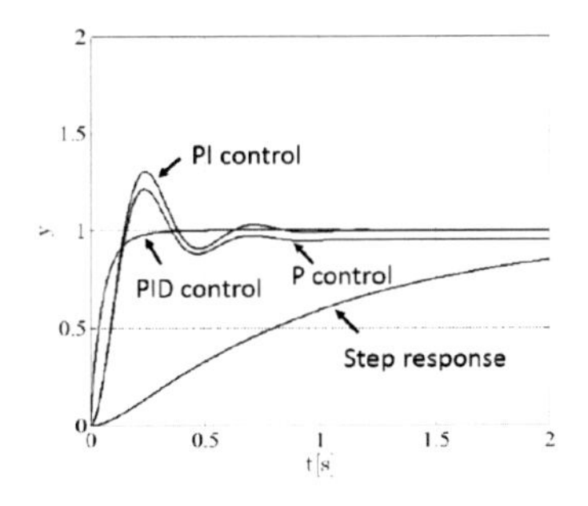

図 6.2 ステップ応答と制御結果

まず，P 制御では，定常偏差 ($C(s) = k_c$) が生じていることがわかる。なお，k_c を大きくすることで，定常偏差が小さくなるものの，次第にオーバーシュートが生じるなど，制御性能が劣化することが知られている。

PI 制御 ($C(s) = k_c\left(1 + \frac{1}{T_I s}\right)$) では，制御系に積分

動作を含ませたことで，定常偏差が除去されていることがわかる。なお，k_c が小さいと過減衰的な応答となり，k_c を大きくすると，立ち上がりは早くなるものの，オーバーシュートが生じていることが知られている。これは，積分動作によって位相が遅れてしまうことに起因している。PI 制御では，立ち上がり時間とオーバーシュート量の間にトレードオフの関係がある。制御応答としては，立ち上がりが早く，かつオーバーシュートが生じないことが望まれる。そこで，PID 制御系 ($C(s) = k_c\left(1 + \frac{1}{T_I s} + T_D s\right)$) では，微分動作が加わったことで，立ち上がりが早く，オーバーシュートのない制御応答が得られていることがわかる。

これらは，以下のようにまとめられる。まず，フィードバック制御の基本動作として比例動作が用いられ，定常偏差を除去する目的で，積分動作が付加される。積分動作が加わったことで位相遅れが生じ，これによりオーバーシュートが発生したり，制御系の安定性の劣化が引き起こされたりする。そこで，微分動作により位相遅れを解消し，即応性や安定性の改善が図られるようになっている。ここで注意されたいのは，位置制御問題のように制御対象が次式 (6.8) で与えられる場合は，積分動作が制御対象に含まれているので，比例制御のみで目標値追従性が達成できる。通常は，即応性や安定性を考慮して，PD 制御系が構成されることが多い。

$$G(s) = \frac{K}{s(1+Ts)} \tag{6.8}$$

このように各動作が重要な制御機能を担っている一方で，PID 制御系を設計する上で最も重要な問題は，PID パラメータをどのように調整すればよいかということである。この問題に対しては，古くから現在に至るまで数多く研究されている。様々な PID パラメータの調整則が，文献 [1] にまとめられている。

(2) セルフチューニング PID 制御

制御対象の特性を予め把握することができる場合は，上述の調整則を上手く利用して制御系を設計することができるが，制御対象の特性が正確にわからない場合や，制御の途中で，動作条件に対応して特性が時々刻々と変化する場合も往々にして存在する。そのような場合でも所望の制御性能を得るためには，制御対象の特性に対応して PID パラメータを調整する必要がある。ここでは，その制御法の一つとして，セルフチューニング PID 制御法（ST-PID 制御法）[3] を紹介する。

ST-PID 制御系の概念図を図 6.3 に示す。ST-PID 制御系は離散時間系において設計されることが多く，制御対象を離散時間モデルとして記述する。その上で，図 6.3 からわかるように，3 つの部分から構成される。

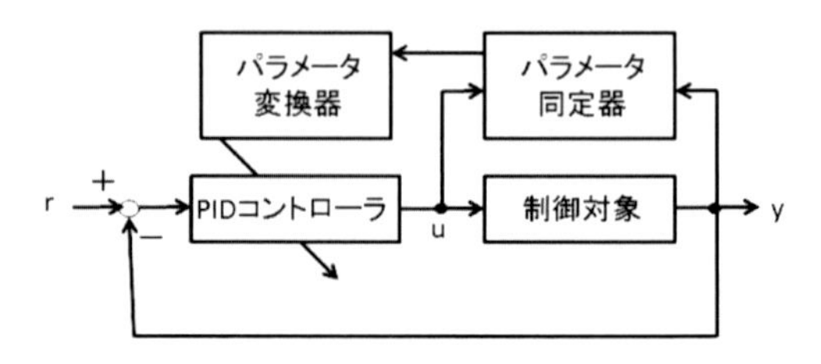

図 6.3　セルフチューニング PID 制御系の概念図

まず，パラメータ同定部において，制御対象の入出力データからシステムパラメータを推定する。次に，パラメータ調節部において，推定したシステムパラメータから PID パラメータに変換する。この PID パラメータを用いてコントローラにおいて制御入力が計算される。この手順を各サンプリング間隔毎に行うことで ST-PID 制御系を設計することができる。この方式は，いわゆる間接法と呼ばれ，システム同定結果に基づいて PID パラメータが計算されることに注意されたい。一方で，所望の閉ループ特性が得られるように，入出力データから直接 PID パラメータを自己調整する，いわゆる直接法もある。

ここで，ST-PID 制御の振舞いを以下の例題を用いて紹介する，なお，紙面の都合上，詳細な設計方法は文献[3] を参照されたい。

$$G(s) = \frac{K}{(s+1)(s+10)} \tag{6.9}$$

ただし，K は，次のように与えられる。

$$K = \begin{cases} 10 & (0 \le k \le 250) \\ 10 + (k-250)/25 & (250 < k \le 750) \\ 30 & (750 < k \le 1000) \end{cases} \tag{6.10}$$

まず，固定 PID パラメータ ($k_c = 20$, $T_I = 1$, $T_D = 0.1$) で制御した結果を図 6.4 に示す。

次に，ST-PID 制御による制御結果を図 6.5 に示す。また，その制御応答に対応した PID パラメータを図 6.6 に示す。

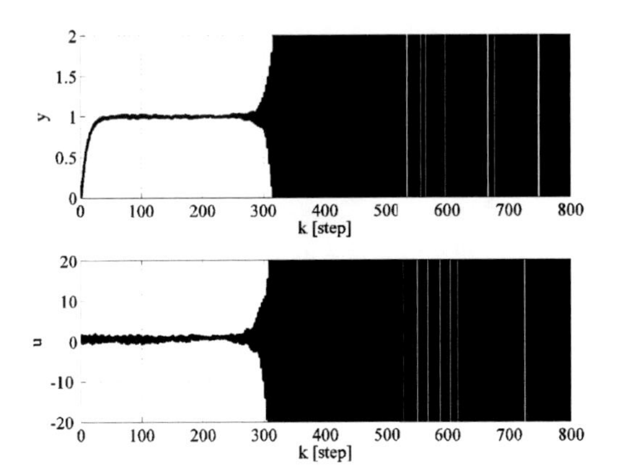

図 6.4　固定 PID パラメータによる制御結果

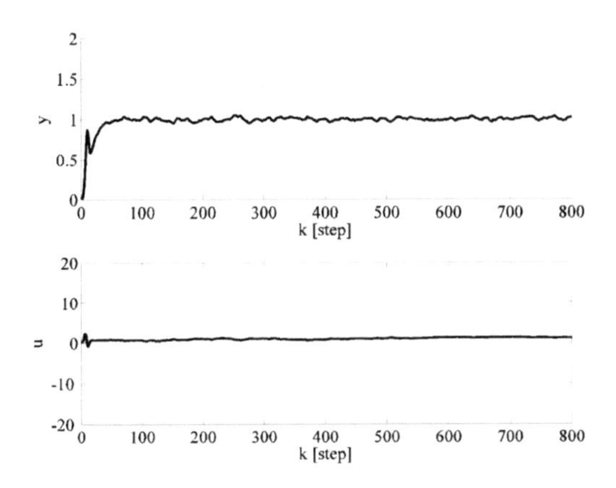

図 6.5　セルフチューニング PID 制御結果

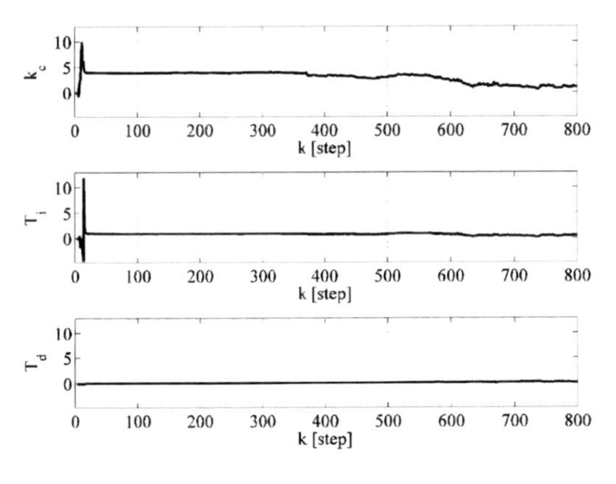

図 6.6　PID パラメータの調整結果

固定 PID パラメータの場合，システムゲインの変化に対応できず，制御系が不安定に陥っていることがわかる。その一方で，ST-PID 制御によると，システムゲインの変化に対応して，比例ゲインが自己調整され，望ましい制御性能が得られていることがわかる。

＜山本 透＞

参考文献（6.3.1 項）

[1] 須田信英 他：『PID 制御』，朝倉書店 (1992).

[2] 山本透，大嶋正裕：プロセス制御の現在・過去・未来，『計測と制御』，Vol.42，No.4，pp.330–333 (2003).

[3] 山本透，兼田雅弘：一般化最小分散制御則に基づくセルフチューニング PID 制御器の一設計，『システム制御情報学会論文誌』，Vol.11，No.1，pp.1–9 (1998).

6.3.2　フィードバック線形化・分解加速度制御

ロボットアームは一般に回転要素を含み，非線形な動特性を持つため，線形フィードバックによって制御すると，姿勢によって特性が大きく変化してしまう。ある点近傍を線形近似するのではなく，非線形性をフィードバック入力によって打ち消し，線形システムのように振る舞わせる方法がフィードバック線形化である[1]。運動方程式

$$\boldsymbol{M}(\boldsymbol{q})\ddot{\boldsymbol{q}} + \boldsymbol{C}(\boldsymbol{q}, \dot{\boldsymbol{q}})\dot{\boldsymbol{q}} + \boldsymbol{g}(\boldsymbol{q}) = \boldsymbol{\tau} \tag{6.11}$$

に対して新しい入力 $\boldsymbol{u}$ を考え，元のトルク入力 $\boldsymbol{\tau}$ を

$$\boldsymbol{\tau} = \boldsymbol{M}(\boldsymbol{q})\boldsymbol{u} + \boldsymbol{C}(\boldsymbol{q}, \dot{\boldsymbol{q}})\dot{\boldsymbol{q}} + \boldsymbol{g}(\boldsymbol{q}) \tag{6.12}$$

とすることで，非線形項 $\boldsymbol{C}(\boldsymbol{q}, \dot{\boldsymbol{q}})$，$\boldsymbol{g}(\boldsymbol{q})$ が相殺され，さらに一般に慣性行列 $\boldsymbol{M}$ が正則であることを利用するとシステムの運動方程式は

$$\ddot{\boldsymbol{q}} = \boldsymbol{u} \tag{6.13}$$

となり，新しい入力 $\boldsymbol{u}$ から関節角 $\boldsymbol{q}$ について線形な動特性となるため，線形のフィードバック制御がそのまま適用可能となる（図 6.7，図 6.8）。

分解加速度制御とは，このフィードバック線形化を先端の位置・姿勢の各座標系において実現するものである。名称は各関節の回転運動によって合成された手先位置姿勢の運動を，ワールド座標系の各座標成分に分解するということに由来している[2]。

手先位置姿勢 $\boldsymbol{x}$ と関節角 $\boldsymbol{q}$ の間には

$$\dot{\boldsymbol{x}} = \boldsymbol{J}(\boldsymbol{q})\dot{\boldsymbol{q}} \tag{6.14}$$

の関係が成り立つ。ただし $\boldsymbol{J}(\boldsymbol{q})$ はヤコビ行列である。$\boldsymbol{J}$ が正則である場合，両辺を時間で微分して整理する

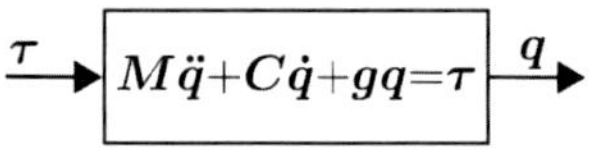

$$\tau \rightarrow \boxed{M\ddot{q}+C\dot{q}+gq=\tau} \rightarrow q$$

図 **6.7**　オリジナルのシステム

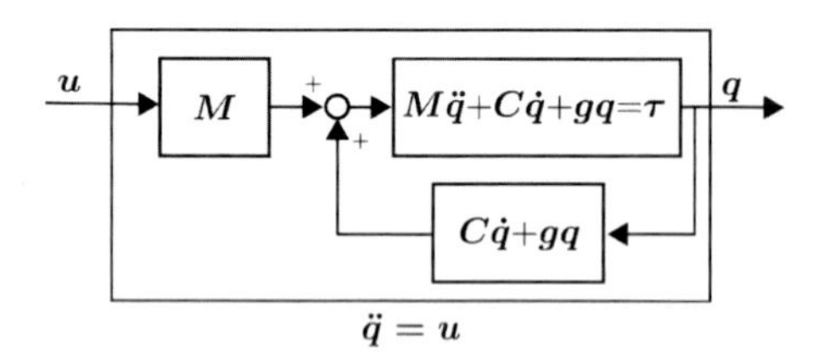

図 **6.8**　フィードバックにより線形化されたシステム

と，関節角加速度と手先位置姿勢の加速度の関係

$$\ddot{\boldsymbol{q}} = \boldsymbol{J}^{-1}\left(\ddot{\boldsymbol{x}} - \dot{\boldsymbol{J}}\dot{\boldsymbol{q}}\right) \tag{6.15}$$

が得られる。ここで，新しい入力 $\boldsymbol{u}$ を考え，元のトルク入力 $\boldsymbol{\tau}$ を

$$\boldsymbol{\tau} = \boldsymbol{M}\boldsymbol{J}^{-1}\left(\boldsymbol{u} - \dot{\boldsymbol{J}}\dot{\boldsymbol{q}}\right) + \boldsymbol{C}\dot{\boldsymbol{q}} + \boldsymbol{g} \tag{6.16}$$

とし，式 (6.15) とともに運動方程式 (6.11) に代入すると諸々の項が相殺され

$$\ddot{\boldsymbol{x}} = \boldsymbol{u} \tag{6.17}$$

の関係が得られる（図 6.9）。ここで例えば新しい入力 $\boldsymbol{u}$ に対して線形フィードバック制御則，すなわち

$$\boldsymbol{u} = \ddot{\boldsymbol{x}}_d + K_v(\dot{\boldsymbol{x}}_d - \dot{\boldsymbol{x}}) + K_p(\boldsymbol{x}_d - \boldsymbol{x}) \tag{6.18}$$

と定めれば，手先位置姿勢の目標軌道 $(\ddot{\boldsymbol{x}}_d, \dot{\boldsymbol{x}}_d, \boldsymbol{x}_d)$ に対して，マス・ダンパ・バネ系の応答特性を実現できる。本稿では手先位置姿勢 $\boldsymbol{x}$ のうち姿勢の具体的な表現方法について触れなかったが，回転行列，オイラー角，四元数を用いた場合の比較がなされている[3]。

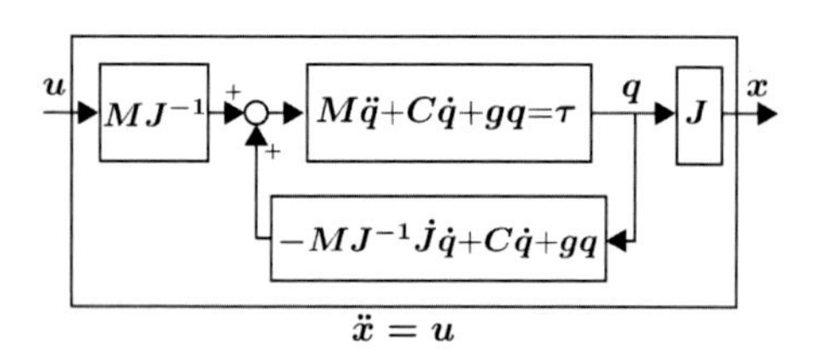

図 **6.9**　分解加速度制御により実現されるシステム

<伊達 央>

参考文献（6.3.2 項）

[1] 石島辰太郎，島公脩，石動善久，山下裕，三平満司，渡辺敦：『非線形システム論』，計測自動制御学会 (1993).

[2] Luh, J. Y. S., Walker, M. W. and Paul, R. P. C.: Resolved-Acceleration Control of Mechanical Manipulators, *IEEE Transactions on Automatic Control*, Vol. 25, No. 3, pp. 468–474 (1980).

[3] Caccavale, F., Natale, C., Siciliano, B. and Villani, L.: Resolved-acceleration control of robot manipulators: A critical review with experiments, *Robotica*, Vol. 16, pp. 565–573 (1998).

6.3.3　予見制御

ロボットをはじめとする多くの制御システムでは，目標値信号や外乱などの外部入力の下で，出力を目標値に追従させるようにコントローラを設計する。もし未来における外部入力の情報を制御に利用できれば，制御性能を大幅に向上させることが可能となる。このような制御手法を予見制御といい，メカトロ系・プロセス制御系を含む種々のシステムで応用されている[1–5]。

予見制御の基本的なアイデアは，ヘッドライトを点して夜道を走る自動車を使って説明できる。運転者（コントローラ）は自動車が走る道路の状況を予め完全に把握できるわけではない。このとき，ヘッドライトが照らす範囲の道路状況が，運転者に与えられる"予見情報"となる。つまり，ヘッドライトの照射距離が短ければ予見情報が少なく，長ければ予見情報が多いということである。運転者は前方のカーブを認識してからハンドルを回すので，照射距離が短い場合には，ハンドルを切るのが間に合わず，道路から逸脱したりガードレールに激突してしまう。一方，照射距離が長い場合，カーブに到達するまでに十分な時間があるので，安全にカーブを曲がりきることができる。このように予見制御では，各時刻において一定区間未来の予見情報を利用して制御を行うのである。

予見制御系の設計法を説明するため，

$$x(t+1) = Ax(t) + Bu(t) + Ew(t)$$

で表される線形離散時間システムに対して評価関数

$$J = \sum_{t=0}^{\infty} x(t)^T Q x(t) + u(t)^T R u(t), \quad Q,\ R > 0$$

を最小化する LQ 最適予見制御問題を考える。ここに，x, u はそれぞれ状態，制御入力であり，w は目標値信号や外乱を表す外部入力である。現時刻から $h-1$ ステップ先までの外部入力値 $w(t), w(t+1), \ldots, w(t+h-1)$ は予見情報として制御に利用可能であるとする。

予見制御則の導出法はいくつかあるが，ここでは拡大系を用いる方法を紹介する。状態ベクトルを拡大して

$$X(t) = [\ x(t) \ \vdots\ w(t),\ w(t+1),\ \ldots,\ w(t+h-1)\ ]^T$$

とする。現時刻より h ステップ以降未来の外部入力値は未知なので，便宜上，$w(t+h+k)=0,\ k \geq 0$ と仮定すれば，状態方程式および評価関数は，それぞれ

$$X(t+1) = \left[\begin{array}{c|ccccc} A & E & 0 & \ldots & 0 \\ \hline 0 & 0 & I & & 0 \\ 0 & 0 & \ddots & \ddots & \\ \vdots & \vdots & & \ddots & I \\ 0 & 0 & 0 & \cdots & 0 \end{array}\right] X(t) + \left[\begin{array}{c} B \\ \hline 0 \\ \vdots \\ \vdots \\ 0 \end{array}\right] u(t)$$

$$J = \sum_{t=0}^{\infty} X(t)^T \left[\begin{array}{c|c} Q & 0 \\ \hline 0 & 0 \end{array}\right] X(t) + u(t)^T R u(t)$$

と表され，LQ 最適レギュレータ問題に帰着できる。この問題に対する最適制御則は $X(t)$ の線形フィードバック則となるので，最適予見制御則は次式で与えられる。

$$u(t) = K_x x(t) + \sum_{i=0}^{h-1} K_{w,i} w(t+i)$$

右辺第 1 項はもとの制御対象に対する状態フィードバック項であり，第 2 項が予見動作を表すフィードフォワード項である（図 6.10）。最適ゲイン K_x, $K_{w,0}, \ldots, K_{w,h-1}$ は，拡大系の LQ 最適レギュレータ問題に対応するリカッチ方程式の非負定値解を用いて計算される[2, 3]。

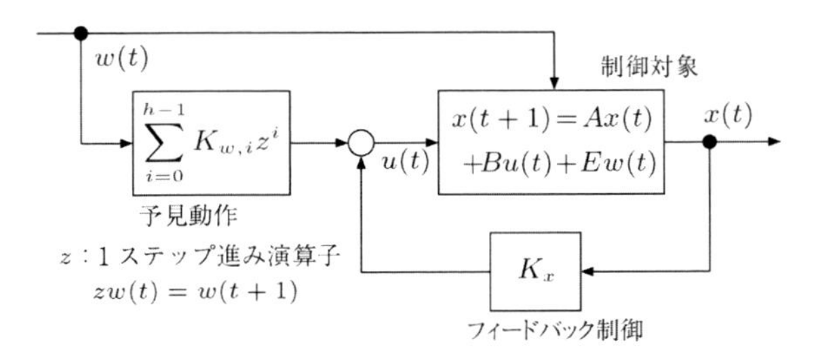

図 6.10 予見制御系

以上では，最も簡単な LQ 最適予見制御の概略を説明した。予見制御は，連続時間系はもとより，最適予見サーボ系の設計[3] や H_∞ 制御仕様などロバスト性を指向した予見制御系設計[4] などについても多くの研究報告がある。また，ロボットマニピュレータなど繰返し作業を行うシステムへの応用では，目標軌道の周期性に着目して，繰返し制御と予見制御を組み合わせた制御手法[5] も提案されている。

<鷹羽浄嗣>

参考文献（6.3.3 項）

[1] 早勢，市川：目標値の未来値を最適に利用する追値制御，『計測自動制御学会論文集』，Vol. 5, No. 1, pp. 86–94 (1969).

[2] 江上：『ディジタル予見制御』，産業図書 (1992).

[3] Katayama, T., Ohki, T., Inoue, T. and Kato, T.: Design of an optimal controller for a discrete-time system subject to previewable demand, *Int. J. Control*, Vol. 41, No. 3, pp. 677–699 (1985).

[4] Kojima, A., Ishijima, S.: H_∞ performance of preview control systems, *Automatica*, Vol. 39. No. 4, pp. 693–701 (2003).

[5] 安藤，中村，示村，内田：最適予見繰り返し制御とその安定条件，『計測自動制御学会論文集』，Vol. 31, No. 7, pp. 871–879 (1995).

6.3.4 スライディングモード制御則

スライディングモード制御に関しては，1980 年代以降研究が進んできており，サーベィも含めて多数の文献（[1–4]）がある。ここでは最も簡単な例を示し，それらの文献への橋渡しとする。煩雑な部分もあるが最も基礎的な部分を記す。

(1) 2 次系でのスライディングモード制御の概要

2 次の運動制御系は，x を位置ととると，多くの場合次のように表される。なお，ここでは位置 x と速度 $\dot{x}$ はセンサで測定可能とする。

$$\frac{\mathrm{d}}{\mathrm{d}t}\begin{pmatrix} x \\ \dot{x} \end{pmatrix} = \begin{pmatrix} 0 & 1 \\ a & b \end{pmatrix}\begin{pmatrix} x \\ \dot{x} \end{pmatrix} + \begin{pmatrix} 0 \\ 1 \end{pmatrix} u \tag{6.19}$$

スライディングモード制御系設計のために超平面（n 次元空間に対してそれを分割する $n-1$ 次元部分空間）s を，

$$s = \begin{pmatrix} c & 1 \end{pmatrix}\begin{pmatrix} x \\ \dot{x} \end{pmatrix} \tag{6.20}$$

と設定する。ここでは $n=2$ なので超平面は 1 次元となりスカラー量となる。c は設計パラメータであり，設計者が決める。この s は状態 $(\ x \quad \dot{x}\ )$ が観測できる

ので計算できる。これは切り替え面とも呼ばれており，s の値に従って制御入力を切り替える。通常は，s の正負で制御入力を u_+（$s>0$ のとき）および u_-（$s<0$ のとき）と切り替える。u_+, u_- と 2 つの制御構造を切り替えていくので，可変構造制御系と呼ばれる。この可変構造制系の一つとしてスライディングモード制御系がある。最初に任意の初期状態から状態 $(\,x \quad \dot{x}\,)$ を $s=0$ に到達させる。続いて，状態 $(\,x \quad \dot{x}\,)$ を u_+ と u_- を用いて $s=0$ に拘束させる。$s=0$ を実現しているので，

$$s = cx + \dot{x} = 0 \tag{6.21}$$

となり，$\dot{x}=-cx$ から $x=x_0e^{-c(t-t_0)}$　($x_0=x(t_0)$ 時刻 t_0 で $s=0$ となる）を得て，$c>0$ と設定しておけば，状態 $(\,x \quad \dot{x}\,)$ は $s=0$ の上を滑るように原点 $(\,0 \quad 0\,)$ へと収束する。これはスライディングモード（滑り状態）と呼ばれるもので，横軸を位置 x，縦軸を速度 $\dot{x}$ とする位相面上にこれらの挙動を示す（図 6.11）。

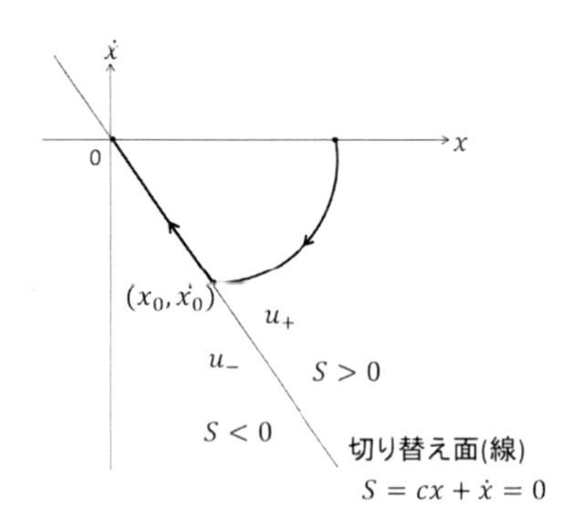

図 6.11　2 次系のスライディングモード制御

このスライディングモード制御系の特徴は，式 (6.19) で表現されるシステムが，スライディングモードを実現することによって，式 (6.21) となることにある。すなわち，システムが持つ a および b というパラメータが消えて，設計者が決めるパラメータ c のみでシステムの挙動が表現される。また，式 (6.19) のシステムに外乱 f が

$$\frac{\mathrm{d}}{\mathrm{d}t}\begin{pmatrix} x \\ \dot{x} \end{pmatrix} = \begin{pmatrix} 0 & 1 \\ a & b \end{pmatrix}\begin{pmatrix} x \\ \dot{x} \end{pmatrix} + \begin{pmatrix} 0 \\ 1 \end{pmatrix}u + \begin{pmatrix} 0 \\ 1 \end{pmatrix}f \tag{6.22}$$

と加わっても，後述するように $s=0$ を実現する制御入力の設計は可能である。ロバストな制御系といわれる所以である。

後述の設計を通して明らかになるが，スライディングモード制御は，そのままでは不安定となるハイゲインシステムを，$s=0$ で遅延なく理想的な切り替え（スイッチング）を行うことによって安定化させるものである。正確に $s=0$ を得るためには観測に重きを置く必要がある。センサおよびスイッチング入力の高性能化が実現のキーとなっている。

(2) 2 次系でのスライディングモード制御系設計

制御対象を式 (6.22)，切り替え面を式 (6.20) として，設計を行う。制御入力 u を

$$u = k_1x + k_2\dot{x} + k_f\mathrm{sign}(s) \tag{6.23}$$

$$\text{ただし，}\mathrm{sign}(s) = \begin{cases} 1 & s>0 \\ 0 & s=0 \\ -1 & s<0 \end{cases}$$

とする。本稿の 2 次系では任意の初期状態から $s=0$ への到達と $s=0$ でのスライディングモードは同時に実現できるので，リアプノフのテスト関数として s^2 を考える。この時 $\dfrac{d}{dt}s^2 = 2s\dot{s}$ が負になるように制御系を設計すればよい。

$\dot{s} = c\dot{x} + \ddot{x} = c\dot{x} + (ax + b\dot{x} + u + f)$ と式 (6.23) から $s\dot{s} = (a+k_1)sx + (c+b+k_2)s\dot{x} + sf + k_f|s|$ を得る。ただし，$s \times \mathrm{sign}(s) = |s|$ であることを用いる。

k_1, k_2 “および” k_f を以下のような可変構造系とする。

$$k_1 = \begin{cases} k_{1+} & sx>0 \\ k_{1-} & sx<0 \end{cases} \quad k_2 = \begin{cases} k_{2+} & s\dot{x}>0 \\ k_{2-} & s\dot{x}<0 \end{cases}$$

$$k_f = \begin{cases} k_{f+} & s>0 \\ k_{f-} & s<0 \end{cases}$$

このとき，

$$\begin{cases} a+k_{1+}<0 \\ a+k_{1-}>0 \end{cases} \begin{cases} c+b+k_{2+}<0 \\ c+b+k_{2-}>0 \end{cases} \begin{cases} f+k_{f+}<0 \\ f+k_{f-}>0 \end{cases}$$

を満足するように k_1, k_2 “および” k_f を設計すれば，$s\dot{s}<0$ となりスライディングモード制御系が実現できる。

数多くの解の一つとして，$k_1 = \overline{k_1}\mathrm{sign}(sx)$, $k_2 = \overline{k_2}\mathrm{sign}(s\dot{x})$ および $k_f = \overline{k_f}$, が考えられる。このとき，$s\dot{s} = (a+\overline{k_1}\mathrm{sign}(sx))sx + (c+b+\overline{k_2}\mathrm{sign}(s\dot{x}))s\dot{x} + sf +$

$\overline{k_f}|s|$ となり，$sx = \mathrm{sign}(sx)|sx|$ などの関係を用いて $s\dot{s} = (a \times \mathrm{sign}(sx) + \overline{k_1})|sx| + ((c+b) \times \mathrm{sign}(s\dot{x}) + \overline{k_2})|s\dot{x}| + (f \times \mathrm{sign}(s) + \overline{k_f})|s|$ を得る。$s\dot{s} < 0$ とするためには，$a \times \mathrm{sign}(sx) + \overline{k_1} < 0$，すなわち $\overline{k_1} < -|a|$，同様に $\overline{k_2} < -|c+b|$，$\overline{k_f} < -|f|$ と選べばよい。a，b および f の不確かさや変動を考慮して制御入力のゲインを決めれば極めてロバストな制御系が実現できる。

以上が，スライディングモード制御系の基礎となる部分である。これからより一般的な系への拡張などは文献[1–4] を参照されたし。ロボットアームへの適用等も紹介されている。

＜橋本秀紀＞

参考文献（6.3.4 項）

[1] 原島文雄，橋本秀紀：Sliding Mode とその応用 I，『システムと制御』，29-2，pp.94–103 (1985).

[2] 原島文雄，橋本秀紀：Sliding Mode とその応用 II，『システムと制御』，29-4，pp.242–250 (1985).

[3] 野波健蔵，田宏奇：『スライディングモード制御』，コロナ社 (2004).

[4] 小菅一弘，平田泰久：非線形制御，『新版ロボット工学ハンドブック』，pp.324–328，コロナ社 (2005).

6.3.5 適応制御

本項では，適応制御の考え方[1–3] と機械システム独特な性質を利用した適応制御の概要を述べる。

(1) 適応制御の考え方

まず，図 6.12 をご覧いただきたい。この図において，$G = 5$ は制御対象（この場合，簡単のために最も簡単な静的システムであるとしている），y がその出力，u が入力である。そして，K をこれから定めようとしている制御則，$r = r_M$ をこの制御対象の出力に対する目標値とする。このとき，y を r に一致させるような制御則 K を求めるにはどうすればいいだろうか。もちろん，G の値が 5 とわかっていれば，

$$K = \frac{1}{5} \tag{6.24}$$

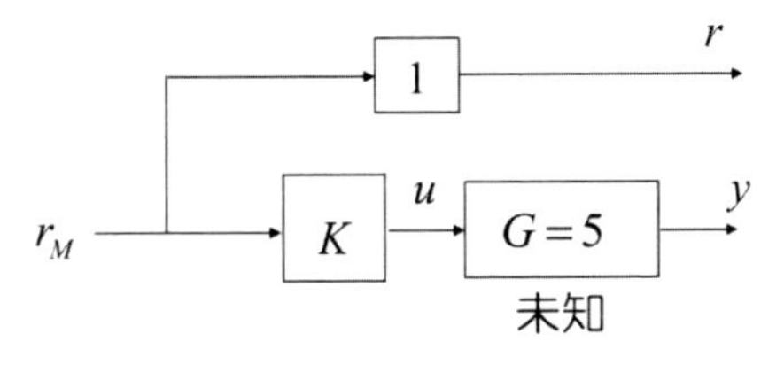

図 6.12　目標値追従制御問題

とすれば上の目的は達せられる。なぜなら，$u = Kr_M$ なので，そのときの r_M から y の関係を求めると

$$y = Gu = GKr_M = 5\frac{1}{5}r_M = r_M \tag{6.25}$$

となるからである。

このケースは非常に簡単である。では，$G = 5$ の値がわからなかったらどうするだろう？　おそらく，図 6.13 のように，まず適当な値に設定した $\hat{K}$ を用いて，上と同様に $u = \hat{K}r_M$ として，制御してみるだろう。すると（我々は G の正解を知らないので），$\hat{K}$ は一般には適切な値になっていないため，r（すなわち r_M）と y は違うことになる。そのとき我々は，誤差 $e = y - r$ に応じて次のような戦略をとるのではないだろうか。

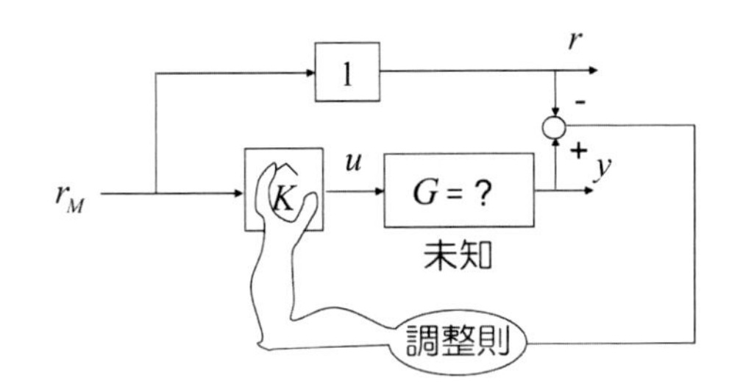

図 6.13　調整による目標達成

C1 もし，$y > r$ ならば，$\hat{K}$ が大きかったので $\hat{K}$ を減らす。すなわち，$e > 0 \Rightarrow \dot{\hat{K}} < 0$ とする。

C2 もし，$y < r$ ならば，$\hat{K}$ が小さかったので $\hat{K}$ を増やす。すなわち，$e < 0 \Rightarrow \dot{\hat{K}} > 0$ とする。

そうすると，上の 2 つの戦略は 1 つの調整則

$$\dot{\hat{K}} = -\Gamma e \tag{6.26}$$

として表現できることがわかる。ここで，Γ は適当な正定数である。

このように，制御対象の特性が不確定な場合，制御則を調整しながら目標を達成しようという考え方が「適応制御」である。この極めてシンプルな例における調整則 (6.26) の形は，一般的な適応制御系に引き継がれる。

(2) 適応制御系の型

さて，適応制御の方式には大きく分けて 2 通りある[4]。

1 つ目は，図 6.14 に示す方式で，間接法と呼ばれる。この方式は，測定可能な入出力信号から制御対象の未知パラメータを同定し，その値を用いて制御器のパラ

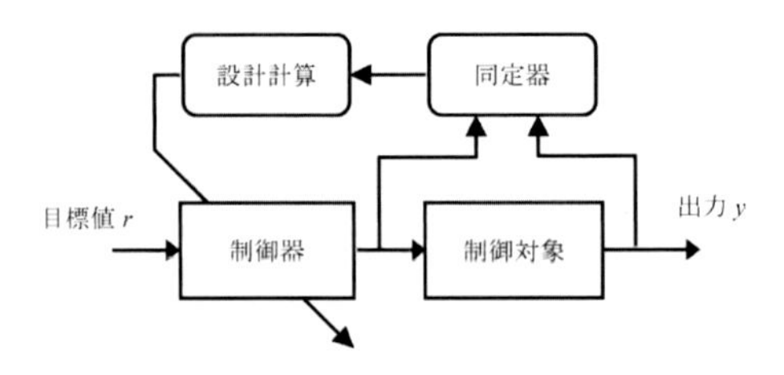

図 6.14　間接法

メータ調整を行う。要するに，実時間同定と通常の制御則設計（制御対象のパラメータから制御則を計算する）を組み合わせたものである。

2 つ目は，図 6.15 に示す方式で，直接法と呼ばれる。この方式は，制御対象のモデルを陽には同定せずに，制御則を直接調整する。

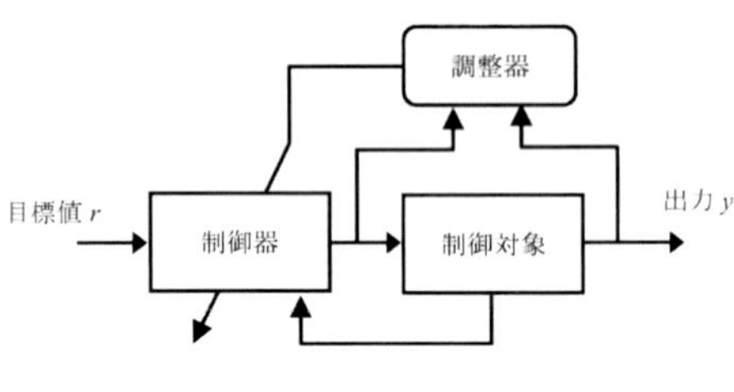

図 6.15　直接法

以下では，マニピュレータの適応制御と馴染みやすい間接法の簡単な例を示しておく。

[例題] 未知の定数パラメータ $a > 0$ を含む制御対象（y：出力，u：入力）

$$a\dot{y} + y = u \tag{6.27}$$

の特性を安定な規範モデル（設計者がこのような特性の制御系がほしいという仕様を反映させたお手本になるモデル）

$$\dot{y}_M = r \tag{6.28}$$

に一致させる入力 u を設計せよ。ただし，y_M は目標値であり，r はそれを与える規範入力とする。すなわち，$e = y - y_M$ を 0 に漸近させることが制御目的となる。□

この問題は制御対象の挙動を規範モデルのそれに一致させようということで，モデル規範型制御という。以下，これを間接法で解いてみよう。

もし a の値がわかっていれば，制御対象のモデル情報を用いた入力

$$u = av + y - ke \tag{6.29}$$

を構成する。ただし，$k > 0$ は任意定数，v は制御則の設計自由度を増やすために導入した変数で後で決める。このとき，式 (6.29) を式 (6.27) に代入すると

$$a(\dot{y} - v) + ke = 0 \tag{6.30}$$

が得られるので，$v = \dot{y}_M$ と置くことによって e に関する発展方程式が

$$a\dot{e} + ke = 0 \tag{6.31}$$

と求まり，$a > 0$，$k > 0$ ゆえこのシステムは安定なので，e は 0 に収束する。以上から得られた制御則は次式のようになる。

$$u = a\dot{y}_M + y - ke \tag{6.32}$$

ところが，実際には a の値は未知なので，何らかの推定値 $\hat{a}$ を用いた制御則

$$u = \hat{a}v + y - ke \tag{6.33}$$

を用いることになる。ただし v は，上と同様，制御則の設計自由度を増やすために導入した変数で後で決める。そうすると，あとはいかに $\hat{a}$ と v を定めるかであるが，そのためにここではリアプノフの方法に従って求めてみよう[3]。リアプノフの方法とは，まず，制御誤差や調整パラメータの推定誤差などを含み，達成したい目標を反映させた正定値関数 V を定義し，それを注目している動的システムの挙動に沿って時間微分し（$\dot{V}$），それが負定値になるように調整則などを求めるというものである（5.2.2 項参照）。

具体的には今の場合，$e = y - y_M$ とパラメータ推定誤差

$$\tilde{\alpha} = \hat{a} - a \tag{6.34}$$

を 0 にしたいので，

$$V = \frac{1}{2}ae^2 + \frac{1}{2}\gamma^{-1}\tilde{\alpha}^2 \geq 0 \tag{6.35}$$

としてみる。そして，この V が式 (6.27),(6.33) に沿って動いたとき，時間とともに減少すれば目的を達成するという考えである。そこで具体的に $\dot{V}$ を求めると

$$\begin{aligned}\dot{V} &= ea\dot{e} + \gamma^{-1}\tilde{\alpha}\dot{\tilde{\alpha}} \\ &= e(a\dot{y} - a\dot{y}_M) + \gamma^{-1}\tilde{\alpha}\dot{\tilde{\alpha}} \\ &= e(u - y - a\dot{y}_M) + \gamma^{-1}\tilde{\alpha}\dot{\tilde{\alpha}} \\ &= e(\hat{a}v - ke - a\dot{y}_M) + \gamma^{-1}\tilde{\alpha}\dot{\tilde{\alpha}} \end{aligned} \tag{6.36}$$

となる。ここで，

$$v = \dot{y}_M \tag{6.37}$$

とおくと式 (6.36) は

$$\begin{aligned} &= e(\tilde{\alpha}r - ke) + \gamma^{-1}\tilde{\alpha}\dot{\tilde{\alpha}} \\ &= -ke^2 + \tilde{\alpha}(er + \gamma^{-1}\dot{\tilde{\alpha}}) \end{aligned} \tag{6.38}$$

を得る。そこで，

$$\dot{\tilde{\alpha}} = \dot{\hat{a}} = -\gamma er \tag{6.39}$$

とすれば

$$\dot{V} = -ke^2 \leq 0 \tag{6.40}$$

とできる。

以上から，次のような適応制御則が得られる。

$$u = \hat{a}\dot{y}_M + y - ke \tag{6.41}$$

$$\dot{\hat{a}} = -\gamma er \tag{6.42}$$

ところで，適応制御はパラメータ推定がベースにあるので，そのために最も重要なことは制御対象の表現が未知パラメータに関して線形になっていることである。たとえば，未知パラメータ a, b を持つシステム

$$a\dot{y} + by = u \tag{6.43}$$

はパラメータに関して線形であるが

$$a\dot{y} + \sin(by) = u \tag{6.44}$$

はそうではない。なぜなら式 (6.43) は

$$[\dot{y}, y]\begin{bmatrix} a \\ b \end{bmatrix} = [\dot{y}, y]\,\alpha = u \tag{6.45}$$

と書ける（未知パラメータ $\alpha = [a, b]^T$ と信号とが分離できる）が，式 (6.44) はそうは書けないからである。

最後に一つ注意しておく。間接法は，未知パラメータを推定して，その結果を用いて制御則を実現しているので，感覚的には推定パラメータが真値に一致したときにのみ制御則が有効になると思える。しかしながら，式 (6.36) と式 (6.40) からは $e \to 0$ は達成されることがわかる。逆に，推定パラメータが真値に収束する保証は与えていない。詳細は省略するが，それに加えて，推定誤差が 0 になるには，制御系内部の信号が十分励起されている（簡単に言うと，暴れている）必要がある。これは逆に言うと過渡応答が悪くなることを意味している。適応制御系は，このような定性的な性質を理解して用いる必要がある。

(3) マニピュレータの適応制御

マニピュレータに対する適応制御系の構成法を見てゆこう。

一般に n 自由度のマニピュレータの運動方程式は

$$\begin{aligned} &M(\theta)\ddot{\theta} + C(\theta, \dot{\theta})\dot{\theta} + B\dot{\theta} + g(\theta) \\ &\qquad = R(\ddot{\theta}, \dot{\theta}, \theta)\alpha = u \end{aligned} \tag{6.46}$$

と書ける[5]。ここで，$\theta \in R^n$ は関節角度ベクトル，$u \in R^n$ は関節への入力トルクベクトル，$M(\theta) \in R^{n\times n}$ は正定対称で非線形な慣性行列，$C(\theta, \dot{\theta})\dot{\theta} \in R^n$ は非線形な遠心力・コリオリ力項，$B \in R^{n\times n}$ は関節における正定対称で定数の粘性摩擦係数，$g(\theta) \in R^n$ は非線形な重力項である。また，$\alpha \in R^p$ は慣性モーメントや質量などのパラメータがある規則に則って結合した定数パラメータで，基底パラメータと呼ぶ[6]。そして，$R(\ddot{\theta}, \dot{\theta}, \theta) \in R^{n\times p}$ は基底パラメータを含まない $\ddot{\theta}$, $\dot{\theta}$, θ の非線形関数からなる行列で，リグレッサと呼ばれる[5]。通常，基底パラメータは未知パラメータとなり得るが，リグレッサは既知の行列になっている。ここが重要である。

すなわち，マニピュレータの運動方程式は基底パラメータに関して線形で既知な部分と未知な部分が分離できるので，上に述べた適応制御系を構成しやすい構造になっているのである。ところが，$x = [\theta, \dot{\theta}]^T$ と置いて式 (6.47) を状態方程式に変換すると，このパラメータに関する線形性が崩れる。それは，$M(\theta)$ はパラメータに関する線形性をもっているが，$M(\theta)^{-1}$ はそれが崩れるからである。したがって，マニピュレータの適

応制御系を構成するためには，運動方程式から始めなくてはならないことがわかる。

歴史的には，初めてマニピュレータに対してモデル規範型適応制御を適用したのは Dubowsky ら[7] であると言われている。彼らは，① マニピュレータの運動方程式を線形近似することで状態方程式表現して，② 非線形効果によってその線形化状態方程式のパラメータが変動するので適応的に制御する，という立場で適応制御系を設計した。ただし，そこでは制御系全体の安定性の保証は議論していなかった。一方，竹垣ら[8] は目標軌道の加速度情報を含む PD 制御をベースに適応的な制御則を提案している。この方法では，目標軌道まわりの線形近似システムに対しての安定性が保証されているが，元の非線形システムに対しては厳密には安定性は保証されていない。

そんな中，1980 年代半ば以降，機械システムにはいくつかの特質が具備されていることが意識されはじめた。そして，これらを用いた適応制御手法が提案されるようになってきた。

はじめに，大須賀[9]，Craig ら[10] が同時期に基底パラメータに関する線形性を使った非線形適応制御則を提案した。この 2 つは類似したもので，いずれも線形近似を用いず制御系の安定性を保証した適応制御としては初めての提案であった。ただし，両者とも角加速度情報を必要としている点が問題であった。

その後，Slotine ら[11] は慣性行列と遠心力・コリオリ力項との構造的性質や制御性能を評価する変数を巧みに工夫することによって非線形適応制御則を提案した。この方法は角加速度を必要とせず，しかも線形近似をせずに安定性を論じることができた。その意味ではその後の機械システムに対する適応制御の基本となる手法である。

以下では，Slotine らの適応制御法を，簡単のために 1 自由度アームに対して構成してみる。n 自由度の場合は運動方程式が複雑になり，いくつかの構造的性質を用いる点は異なるが，本質は共通なので，ここでは簡単な例を示しておく。

いま，図 6.16 に示す 1 自由度アームを考える。このときこのアームの運動方程式は

$$M\ddot{\theta} + B\dot{\theta} + L\sin\theta = R(\ddot{\theta}, \dot{\theta}, \theta)\alpha = u \tag{6.47}$$

となる。ここで，θ はアームの垂直上向きからの角度，u は関節に加えられる入力トルク，M, B, R はいずれも正の定数とする。また

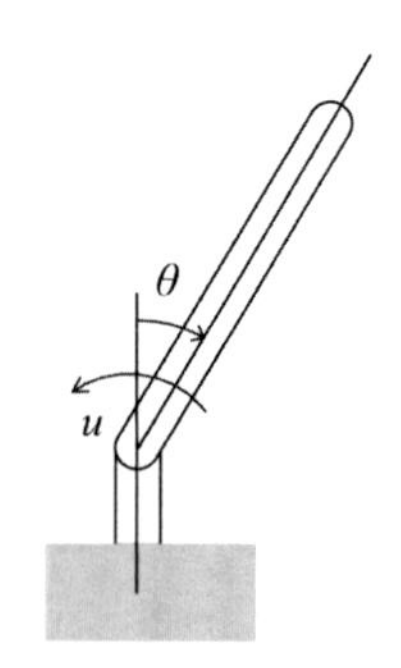

図 **6.16**　1 自由度アーム

$$R(\ddot{\theta}, \dot{\theta}, \theta) = [\ddot{\theta}, \dot{\theta}, \sin\theta], \qquad \alpha = \begin{bmatrix} M \\ B \\ L \end{bmatrix} \tag{6.48}$$

である。

そして，規範モデルとして

$$\ddot{y}_M = r \tag{6.49}$$

を考える。ここで，$y_M \in R$ は目標値，$r \in R$ は規範モデルへの入力である。

このとき，「(2) 適応制御の型」で示した方法に沿ってモデル規範型適応制御系を構成してみよう。すなわち，目的は $e = \theta - y_M$ と $e = \dot{\theta} - \dot{y}_M$ を共に 0 に収束させることである。そのために，式 (6.33) を参考にして，次のような入力を考えよう。

$$u = \hat{M}v + \hat{B}\dot{\theta} + \hat{L}\sin\theta - ks \tag{6.50}$$

$$s = \dot{e} + \lambda e \tag{6.51}$$

ただし，$\hat{M}$, $\hat{B}$, $\hat{L}$ は，それぞれ，M, B, L の推定値である。また，v は制御則の設計自由度を増やすために導入する変数，$k > 0$ は制御性能の指定に関わる定数の設計パラメータである。そして，s を導入することがこの手法の巧みな点の 1 つである。先に述べたように，マニピュレータの運動方程式は基底パラメータに関して線形になっているのだが，状態方程式にするとその線形性が崩れる。したがって，制御性能を状態の誤差 $(x - x_M = [\theta, \dot{\theta}]^T - [y_M, \dot{y}_M]^T)$ とすると，解くべき問題が複雑になる。そこで s という（ある意味）出力方程式を設定し，s を 0 にすることを目的とする。そうすると，$\dot{e} + \lambda e = 0$ と収束し，その結果，$\lambda > 0$ より，

$$e \to 0, \qquad \dot{e} \to 0 \tag{6.52}$$

が得られるということである。マニピュレータの適応制御則をシンプルに設計できるようになったアイデアは2つあり，その一つが上述の s を考えることである。もう一つは，上の制御則 u の定式化に v を導入することである。これについては以下に述べよう。

さて，制御則 (6.50),(6.51) によって達成したいことは，s を 0 にすることとパラメータ推定誤差を 0 にすること，すなわち

$$\tilde{\alpha} = \hat{\alpha} - \alpha = \begin{bmatrix} \hat{M} \\ \hat{B} \\ \hat{L} \end{bmatrix} - \begin{bmatrix} M \\ B \\ L \end{bmatrix} \to 0 \tag{6.53}$$

である。そこで，リアプノフ関数の候補として

$$V = \frac{1}{2}Ms^2 + \frac{1}{2}\tilde{\alpha}^T\Gamma^{-1}\tilde{\alpha} \geq 0 \tag{6.54}$$

を考え（$\Gamma > 0$ は任意の定数行列），アーム (6.47) と制御則 (6.50),(6.51) に沿って時間微分すると，

$$\begin{aligned} \dot{V} &= Ms\dot{s} + \tilde{\alpha}^T\Gamma^{-1}\dot{\tilde{\alpha}} \\ &= s(M\ddot{e} + M\lambda\dot{e}) + \tilde{\alpha}^T\Gamma^{-1}\dot{\tilde{\alpha}} \\ &= s(M\ddot{\theta} - M(\ddot{y}_M - \lambda\dot{e})) + \tilde{\alpha}^T\Gamma^{-1}\dot{\tilde{\alpha}} \\ &= s(u - B\dot{\theta} - L\sin\theta - M(\ddot{y}_M - \lambda\dot{e})) + \tilde{\alpha}^T\Gamma^{-1}\dot{\tilde{\alpha}} \\ &= s(\hat{M}v + (\hat{B} - B)\dot{\theta} + (\hat{L} - L)\sin\theta \\ &\qquad -M(\ddot{y}_M - \lambda\dot{e}) - ks) + \tilde{\alpha}^T\Gamma^{-1}\dot{\tilde{\alpha}} \end{aligned} \tag{6.55}$$

となる。ここで

$$v = \ddot{\theta}_r = \ddot{y}_M - \lambda\dot{e} \tag{6.56}$$

とおくと，(6.55) 式はさらに下のようになる。Slotine らの2つ目の工夫が，v を上式のように定義した点である。

$$\begin{aligned} &= -ks^2 + s((\hat{M} - M)\ddot{\theta}_r + (\hat{B} - B)\dot{\theta} + (\hat{L} - L)\sin\theta) \\ &\qquad +\tilde{\alpha}^T\Gamma^{-1}\dot{\tilde{\alpha}} \\ &= -ks^2 + sR(\ddot{\theta}_r, \dot{\theta}, \theta)\tilde{\alpha} + \tilde{\alpha}^T\Gamma^{-1}\dot{\tilde{\alpha}} \\ &= -ks^2 + \tilde{\alpha}^T(R(\ddot{\theta}_r, \dot{\theta}, \theta)^T s + \Gamma^{-1}\dot{\tilde{\alpha}}) \end{aligned} \tag{6.57}$$

よって

$$\dot{\tilde{\alpha}} = \dot{\hat{\alpha}} = -\Gamma R(\ddot{\theta}_r, \dot{\theta}, \theta)^T s \tag{6.58}$$

とすると

$$\dot{V} = -ks^2 \leq 0 \tag{6.59}$$

を得る。

以上から，求める適応制御則は

$$u = \hat{M}\ddot{\theta}_r + \hat{B}\dot{\theta} + \hat{L}\sin\theta - ks \tag{6.60}$$

$$s = \dot{e} + \lambda e \tag{6.61}$$

$$\ddot{\theta}_r = \ddot{y}_M - \lambda\dot{e} \tag{6.62}$$

$$\dot{\hat{\alpha}} = -\Gamma R(\ddot{\theta}_r, \dot{\theta}, \theta)^T s \tag{6.63}$$

となる。

＜大須賀公一＞

参考文献（6.3.5 項）

[1] Landau, I.D.，富塚：『適応制御システムの理論と実際』，オーム社 (1981).

[2] 市川，金井，鈴木，田村：『適応制御』，昭晃堂 (1984).

[3] 鈴木：『アダプティブコントロール』，コロナ社 (2001).

[4] 増田，大森：フレッシュマンのための適応制御～ モデリングしながら制御する～，『計測と制御』，Vol.42，No.4，pp.297–303 (2004).

[5] 有本：『新版 ロボットの力学と制御』，朝倉書店 (2002).

[6] 大須賀，前田：マニピュレータのモデリングと逆動力学問題のためのパラメータ表現，『日本ロボット学会誌』，Vol. 5，No. 2，pp.150–157 (1987).

[7] Dubowsky, S. and Desforges, D.T.: The Application of Model Reference Adaptive Control to Robotic Manipulators, *Trans. ASME, J. Dynamic Systems, Measurement, and Control*, 101-9, pp.193–200 (1979).

[8] 竹垣，有本：マニピュレータの適応的な軌道制御方式，『計測自動制御学会論文集』，Vol.17，No.4，pp.467–472 (1981).

[9] 大須賀：非線形メカニカルシステムの適応制御，『計測自動制御学会論文集』，Vol.22，No.7，pp.756–762 (1986).

[10] Craig, J.J., Hsu, P. and Sastry, S.: Adaptive Control of Mechanical manipulators, *Proc. of IEEE Conf. on Robotics and Automation*, pp.190–195 (1986).

[11] Slotine, J.J.E. and Li, W.: On the Adaptive Control of Robot manipulators, *Int. J. of Robotics Research*, No.6, pp.49–59 (1987).

6.3.6 学習制御則

(1) 概要

学習制御，繰返し学習制御は，有限時間 [0, T] で完了する所定の作業に対し，実際に行った試行データに基づく入力信号の再帰的な修正により，システムの過渡応答を段階的に改良する手法である。その仕組みを

野球選手が新しいバットに慣れる過程にたとえて見てみる。まず，実際にスイングを行い，そのときのバットの理想軌道と実際との差（出力誤差）と筋力パターン（制御入力）を記憶しておく。その記憶情報から誤差を小さくする筋力パターンをイメージし，再度スイングを行う。この過程を繰り返し行うことで，やがてイメージ通りのスイングとそれを実現する筋力パターンを獲得する。繰返し学習制御は，内部モデルの未知もしくは不確かなシステムにおいても，繰り返し実行することで，モデルの仮定なしに望みの過渡応答を実現する。

繰返し学習制御法の適用には，以下の前提条件を対象システムに求める[1]。

① 1 回の作業は短い時間 $T(>0)$ で終わる。
② その有限時間区間 $t \in [0,\ T]$ にわたって，理想の軌道 $\boldsymbol{y}_d(t)$（目標出力）が先験的に与えられる。
③ 試行毎に同一状態 $\boldsymbol{x}_0$ に初期化される。つまり，k 回目のシステムの初期状態は，$\boldsymbol{x}_k(0) = \boldsymbol{x}_0$ を満足する。ロボットアームの運動において，時刻 t の状態は関節位置ベクトル $\boldsymbol{q}(t)$，関節速度ベクトル $\dot{\boldsymbol{q}}(t)$ で表され，試行毎に初期位置 $\boldsymbol{q}_0$，初期速度 $\dot{\boldsymbol{q}}_0$ にそれぞれ初期化される。
④ 対象システムの運動方程式は不変である。
⑤ 出力軌道 $\boldsymbol{y}_k(t)$ は測定できる。これより，任意の k 回目の出力誤差 $\Delta\boldsymbol{y}_k(t) = \boldsymbol{y}_k(t) - \boldsymbol{y}_d(t)$ は常に計算可能である。
⑥ $k+1$ 回目の制御入力 $\boldsymbol{u}_{k+1}(t)$ は，k 回目の記録された入出力データに基づき，簡単な再帰形式 $\boldsymbol{u}_{k+1}(t) = \boldsymbol{F}(\boldsymbol{u}_k(t), \Delta\boldsymbol{y}_k(t))$ で構成される。

これらの前提条件のもと，理想の軌道 $\boldsymbol{y}_d(t)$ を実現することが，繰返し学習制御法の目的である。

前提条件 ⑥ の学習更新則の具体的な設計が，繰返し学習制御法の重要な研究対象の一つである。設計法は多岐にわたるが，それらの基本構造は，

$$\boldsymbol{u}_{k+1}(t) = \boldsymbol{u}_k(t) - \left(\boldsymbol{\Gamma}\Delta\dot{\boldsymbol{y}}_k(t) + \boldsymbol{\Phi}\Delta\boldsymbol{y}_k(t) + \boldsymbol{\Psi}\int_0^t \Delta\boldsymbol{y}_k(\tau)\,\mathrm{d}\tau\right) \tag{6.64}$$

と表せる[2]。ここに，$\boldsymbol{\Gamma}, \boldsymbol{\Phi}, \boldsymbol{\Psi}$ は学習ゲインと呼ばれ，正定対称行列もしくは正定対角行列で構成される。式 (6.64) の右辺括弧内は，それぞれ出力誤差に対する時間微分，比例，時間積分を表す。PID 制御法に倣い，式 (6.64) による方法を PID 型学習制御法という。算出した入力は一時的に記憶領域に保存しておき，次回の試行で用いる（図 6.17 参照）。式 (6.64) では，時刻 t の出力誤差に対する入力を次の試行時の同時刻 t の入力に反映する。これを出力誤差がなくなるまで繰り返すことで，最終的に理想の出力軌道を得る。それゆえ，目標出力 $\boldsymbol{y}_d(t)$ を実現するフィードフォワード制御入力 $\boldsymbol{u}_d(t)$ を見つけることが繰返し学習制御法ともいえる。

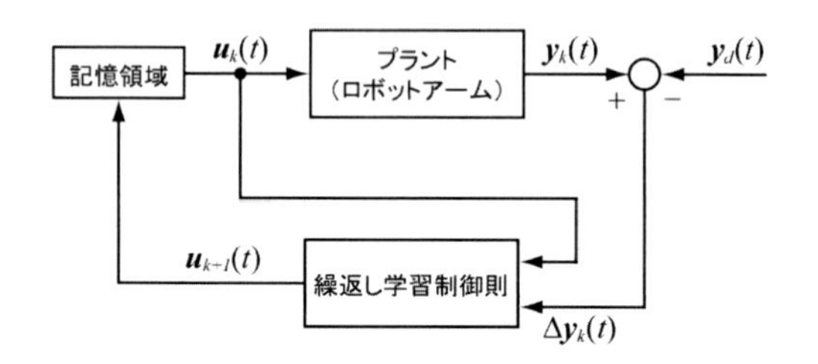

図 6.17　繰返し学習制御法の構成

(2) ロボットアーム適用時の理想軌道への収束性

水平面内を運動し重力の影響を受けない n 自由度ロボットアームにおいて，初期位置 $\boldsymbol{q}_0(\in \Re^n)$，初期速度 $\dot{\boldsymbol{q}}_0(\in \Re^n)$ から，運動時間 $t \in [0,\ T]$ で完了する理想の運動 $\dot{\boldsymbol{q}}_d(t)(\in \Re^n)$ を実現したい。$\dot{\boldsymbol{q}}_d(t)$ は十分滑らかで，$\boldsymbol{q}_d(t)$，$\ddot{\boldsymbol{q}}_d(t)$ とともに，$C[0,\ T] \cap L^2(0,\ T)$ に属するとする。ここでは，P 型学習制御法によりこの理想運動を達成する。

k 回目の試行のロボットアームの運動方程式は，

$$\boldsymbol{M}(\boldsymbol{q}_k)\ddot{\boldsymbol{q}}_k + \boldsymbol{C}(\boldsymbol{q}_k, \dot{\boldsymbol{q}}_k)\dot{\boldsymbol{q}}_k = \boldsymbol{\tau}_k \tag{6.65}$$

と表せる。ここに，変数の添字 k は試行回数を表す。また，システムの出力を $\boldsymbol{y}_k = \dot{\boldsymbol{q}}_k$ にとる。このとき，目標出力は $\boldsymbol{y}_d(t) = \dot{\boldsymbol{q}}_d(t)$ で決まる。このシステムに，出力誤差フィードバック入力と P 型学習制御法からなる制御入力

$$\begin{cases} \boldsymbol{\tau}_k = -\boldsymbol{K}\Delta\boldsymbol{y}_k + \boldsymbol{u}_k & (6.66) \\ \boldsymbol{u}_{k+1} = \boldsymbol{u}_k - \boldsymbol{\Phi}\Delta\boldsymbol{y}_k & (6.67) \end{cases}$$

を適用する。ここに，$\Delta\boldsymbol{y}_k = \boldsymbol{y}_k - \boldsymbol{y}_d$，$\boldsymbol{K}$ は正の定数を成分にもつ対角行列のフィードバックゲインである。初回の入力 $\boldsymbol{u}_1(t)$ には，用意する $\boldsymbol{u}_{init}(t)$ を用いる。式 (6.66) の右辺第 1 項のフィードバック入力は，安定性・収束性を高めるため，また，実用で生じうる繰返しに対する再現性のない影響を補償するために導

入される。学習スピードの向上のためにこのフィードバック入力を学習更新則内で用いることもあるが，ここではシンプルに並列的に加えることにする。

任意の軌道 $\boldsymbol{y}_k$ に対し，$\boldsymbol{y}_k$ と $\dot{\boldsymbol{y}}_k$ が $C[0,\,T]\cap L^2(0,\,T)$ に属せば，初期条件，式 (6.65), (6.66) より，$C[0,\,T]\cap L^2(0,\,T)$ に属する滑らかな入力 $\boldsymbol{\tau}_k$ と $\boldsymbol{u}_k$ が存在する。それゆえ，$\boldsymbol{y}_d$ を実現する理想の入力 $\boldsymbol{u}_d$ が存在する。このとき，$\boldsymbol{y}_d$ の実現には $\boldsymbol{u}_d \in C[0,\,T]\cap L^2(0,\,T)$ でなければならず，繰返し学習制御による実現では $\boldsymbol{u}_{init}$ が $C[0,\,T]\cap L^2(0,\,T)$ に属することが求められる。

これらを踏まえ，繰返し学習制御を適用したロボットが理想の運動を獲得する，つまり，$k\to\infty$ のとき $\boldsymbol{y}_k$ が $\boldsymbol{y}_d$ に収束することを確認する。式 (6.65)〜(6.67) からこれらの理想運動時に成立する関係式（添字 k を d にしたもの）をそれぞれ引くと，

$$\begin{cases} \boldsymbol{M}(\boldsymbol{q}_k)\Delta\ddot{\boldsymbol{q}}_k + \boldsymbol{C}(\boldsymbol{q}_k,\dot{\boldsymbol{q}}_k)\Delta\dot{\boldsymbol{q}}_k + \boldsymbol{K}\Delta\dot{\boldsymbol{q}}_k \\ \qquad + \boldsymbol{h}(\Delta\boldsymbol{q}_k,\Delta\dot{\boldsymbol{q}}_k) = \Delta\boldsymbol{u}_k & (6.68) \\ \Delta\boldsymbol{u}_{k+1} = \Delta\boldsymbol{u}_k - \boldsymbol{\Phi}\Delta\boldsymbol{y}_k & (6.69) \end{cases}$$

を得る。ここに，$\Delta\boldsymbol{q}_k = \boldsymbol{q}_k - \boldsymbol{q}_d$，$\Delta\boldsymbol{u}_k = \boldsymbol{u}_k - \boldsymbol{u}_d$，

$$\boldsymbol{h}(\Delta\boldsymbol{q}_k,\Delta\dot{\boldsymbol{q}}_k) := (\boldsymbol{M}(\boldsymbol{q}_k) - \boldsymbol{M}(\boldsymbol{q}_d))\ddot{\boldsymbol{q}}_d + (\boldsymbol{C}(\boldsymbol{q}_k,\dot{\boldsymbol{q}}_k) - \boldsymbol{C}(\boldsymbol{q}_d,\dot{\boldsymbol{q}}_d))\dot{\boldsymbol{q}}_d \qquad (6.70)$$

である。式 (6.68), (6.69) は入出力誤差に関するダイナミクスと学習更新則をそれぞれ表しており，$k\to\infty$ のときに $\Delta\boldsymbol{y}_k$ がゼロになれば，$\boldsymbol{y}_k$ は $\boldsymbol{y}_d$ に収束する。

いま，式 (6.69) の左から $\boldsymbol{\Phi}^{-1/2}$ をかけたものに左辺，右辺それぞれで自身との内積をとり，区間 $[0,\,T]$ で積分すると，

$$\|\Delta\boldsymbol{u}_{k+1}\|^2_{\boldsymbol{\Phi}^{-1}} = \|\Delta\boldsymbol{u}_k\|^2_{\boldsymbol{\Phi}^{-1}} - 2\int_0^T \Delta\boldsymbol{y}_k^T(t)\Delta\boldsymbol{u}_k(t)\,\mathrm{d}t + \|\Delta\boldsymbol{y}_k\|^2_{\boldsymbol{\Phi}} \qquad (6.71)$$

が成立する。ここに，

$$\|\Delta\boldsymbol{u}_k\|^2_{\boldsymbol{\Phi}^{-1}} := \int_0^T \Delta\boldsymbol{u}_k^T(t)\boldsymbol{\Phi}^{-1}\Delta\boldsymbol{u}_k(t)\,\mathrm{d}t \qquad (6.72)$$

のように定義した。また，式 (6.68) と出力 $\Delta\boldsymbol{y}_k$ との内積をとり，区間 $[0,\,T]$ で積分し，

$$\Delta\dot{\boldsymbol{q}}_k^T\boldsymbol{h}(\Delta\boldsymbol{q}_k,\Delta\dot{\boldsymbol{q}}_k) \geq -\bar{c}_1\Delta\dot{\boldsymbol{q}}_k^T\Delta\dot{\boldsymbol{q}}_k \qquad (6.73)$$

を満足する正の定数 $\bar{c}_1$ が存在することを考慮すれば，

$$\int_0^T \Delta\boldsymbol{y}_k^T(t)\Delta\boldsymbol{u}_k(t)\,\mathrm{d}t \geq V_k(T) - V_k(0) + \|\Delta\dot{\boldsymbol{q}}_k\|^2_{\boldsymbol{K}-\bar{c}_1\boldsymbol{I}} \qquad (6.74)$$

を得る[1]。ここに，$\boldsymbol{I}$ は単位行列であり，

$$V_k(t) := \frac{1}{2}\Delta\dot{\boldsymbol{q}}_k^T(t)\boldsymbol{M}(\boldsymbol{q}_k(t))\Delta\dot{\boldsymbol{q}}_k(t) \qquad (6.75)$$

とした。初期条件より $V_k(0)=0$，$V_k(T)$ は準正定値関数であるから，不等式 (6.74) の右辺からこれらを除いた関係も成り立ち，それを式 (6.71) に適用すれば，

$$\|\Delta\boldsymbol{u}_{k+1}\|^2_{\boldsymbol{\Phi}^{-1}} \leq \|\Delta\boldsymbol{u}_k\|^2_{\boldsymbol{\Phi}^{-1}} - \|\Delta\boldsymbol{y}_k\|^2_{2(\boldsymbol{K}-\bar{c}_1\boldsymbol{I})-\boldsymbol{\Phi}} \qquad (6.76)$$

を得る。これより，$2(\boldsymbol{K}-\bar{c}_1\boldsymbol{I})-\boldsymbol{\Phi}>0$ であれば，$k\to\infty$ のとき数列 $\{\|\Delta\boldsymbol{u}_k\|^2\}$ は単調非増加かつ下に有界なので非負のある値に，$\|\Delta\boldsymbol{y}_k\|^2_{2(\boldsymbol{K}-\bar{c}_1\boldsymbol{I})-\boldsymbol{\Phi}}$ はゼロに収束する。こうして，$\boldsymbol{y}_k$ は $L^2(0,\,T)$ ノルムの意味で $\boldsymbol{y}_d$ に収束し，理想の運動とそのための制御入力が得られる。

重力の影響下にあるロボットアームの場合，出力を $\Delta\boldsymbol{y}_k = \Delta\dot{\boldsymbol{q}}_k$ ととる代わりに，定数 α と飽和関数 $\boldsymbol{s}(\cdot)$ を用いて $\Delta\boldsymbol{y}_k = \Delta\dot{\boldsymbol{q}} + \alpha\boldsymbol{s}(\Delta\boldsymbol{q})$ ととることで，収束性を保証できることが報告されている[3]。

(3) シミュレーション

3 自由度ロボットアームに上述の繰返し学習制御法を適用した際のシミュレーション結果を図 6.18，図 6.19 に示す。ロボットアームの先端で円弧を描くことを目標とし，滑らかな理想軌道（関節速度）$\boldsymbol{y}_d(=\dot{\boldsymbol{q}}_d)$ を与えた。図 6.18 は運動の様子を示しており，20 回目には手先軌道（実線）は目標軌道（破線）を正確に追従している。図 6.19 は固定した $\boldsymbol{K}$ を基準に $\boldsymbol{\Phi}$ を変えたときの出力誤差ノルムの試行推移を示しており，誤差がゼロに収束する傾向を確認できる。$\boldsymbol{\Phi}$ の増加に伴い収束は速くなるが，$\boldsymbol{\Phi}=1.9\boldsymbol{K}$ のときに一時的に初期値より大きくなっている。実用において，学習過程の誤差増幅は望まれない場合も多い。そのため，繰返し学習制御法の解析では，上述の漸近収束性に加え，単調収束性（$\|\Delta y_{k+1}\| < \rho\|\Delta y_k\|$, $(0<\rho<1)$）が議論されることも多い。

収束性を連続時間で解析したが，ロボット制御では，制御や入力信号の記憶を離散的に行うことが多い。実

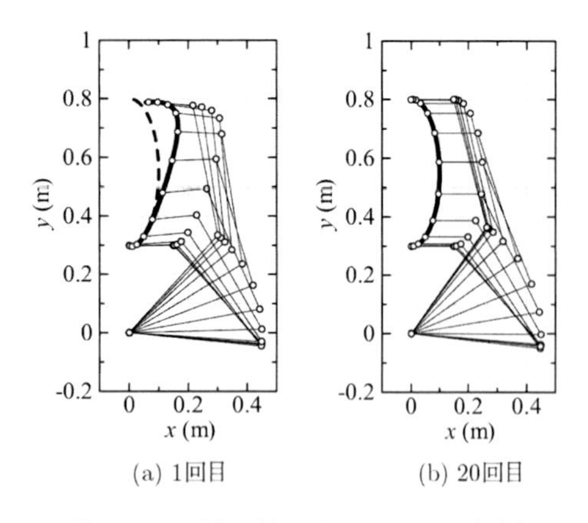

(a) 1回目　　(b) 20回目

図 6.18　運動の様子（$\Phi = 0.8K$ のとき）

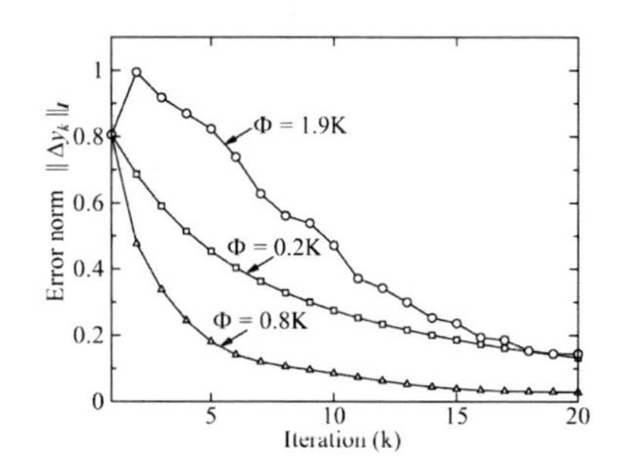

図 6.19　P 型学習制御法適用時の出力誤差ノルム

用では，固定した制御周期時間 T_s に対して T/T_s 個のデータ領域を用意しておき，制御周期毎に式 (6.67) の結果を記憶し，次の試行時にそれらを用いる。

(4) 研究動向

繰返し学習制御の基盤となる枠組み，式 (6.64) の形式による出力誤差の収束性は，主に 1980 年代に盛んに議論された。線形時不変システムを対象とした D 型学習制御の単調収束性・収束条件が有本らのグループ[4]により示されて以降，学習アルゴリズムの制御性能解析，適用可能なプラントの調査，収束性の向上・学習過程で生じるロバスト性問題解消のための制御系設計など，数多くの研究成果が報告されている。

例えば，学習スピードの向上のため，評価関数の最適化に基づいて学習ゲインを動的に調整する方法が提案されている。また，再現性のない測定ノイズや外乱，初期状態の変動に対するロバスト性向上のため，学習更新則の $\boldsymbol{u}_k$ に重み係数（これは忘却係数，Q フィルタなどと呼ばれる）を追加し，この係数を状況に応じて変える方法が提案されている[2, 3, 5]。その他，適応制御などの他の制御法と組み合わせることで，ロバスト性を高める方法も提案されている[6]。

繰返し学習制御の適用可能なシステムは，ロボットアームを含む非線形系，離散時間系，時間遅れ系などに広げられている[2, 3, 6, 7]。一方，シンプルな P 型学習制御法により学習可能なシステムの属性が調べられ，① 付帯条件付き強正実性，② 出力消散性

$$\int_0^t \Delta \boldsymbol{y}^T(\tau)\Delta \boldsymbol{u}(\tau)\mathrm{d}\tau \geq -\gamma_0^2 + \gamma^2 \int_0^t \|\Delta \boldsymbol{y}(\tau)\|^2 \mathrm{d}\tau \tag{6.77}$$

と可逆転性，のどちらかが成立すれば学習可能であることが示された[8]。この結果は，伝達関数が定義できない非線形システムの収束性解析に有効であり，このことは上述の収束性解析において，不等式 (6.74) が出力消散性を示すことから理解できる。

その他，これまでの繰返し学習制御法の研究成果は，文献[1–3, 6, 7] に詳細にまとめられている。

＜関本昌紘＞

参考文献（6.3.6 項）

[1] 有本卓：『新版 ロボットの力学と制御』，朝倉書店 (2002).

[2] Moore, K. L.: Iterative learning control: An expository overview, *Appl. and Comput. Control, Signals, and Circuits*, Vol. 1, No. 1, pp. 151–214 (1999).

[3] Arimoto, S.: *Control Theory of Non-linear Mechanical Systems: A Passivity-based and Circuit-theoretic Approach*, Oxford Univ. Press (1996).

[4] Arimoto, S., Kawamura, S., and Miyazaki, F.: Bettering operation of robots by learning, *J. of Robotic Systems*, Vol. 1, No. 2, pp. 123–140 (1984).

[5] Longman R.W.: Iterative learning control and repetitive control for engineering practice, *Int. J. of Control*, Vol. 73, No. 10, pp. 930–954 (2000).

[6] Ahn H.-S., Chen Y.-Q., and Moore K.L.: Iterative Learning Control: Brief Survey and Categorization, *IEEE Trans. on Syst., Man, and Cybern., Part C: Applications and Reviews*, Vol. 37, No. 6, pp. 1099–1121 (2007).

[7] Bristow D. A., Tharayil M., and Alleyne A. G.: A survey of iterative learning control: A learning-based method for high-performance tracking control, *IEEE Control Syst. Mag.*, Vol. 26, No. 3, pp. 96–114 (2006).

[8] Arimoto S., and Naniwa T.: Equivalence relations between learnability, output-dissipativity and strict positive realness, *Int. J. of Control*, vol. 73, no. 10, pp. 824–831 (2000). (Corrections: *Int. J. of Control*, Vol. 74, No. 14, pp. 1481–1482 (2001)).

6.3.7　受動制御

受動性とは非線形システムの入出力安定性の一つであり，この性質に基づいた制御手法を受動性に基づく

制御と呼ぶ。特に多リンクマニピュレータなどの機械システムがこの性質を持つことがよく知られており，人工ポテンシャル法などに利用されている。本節ではこの受動性に基づく制御法の概要を説明する。詳しくは成書[1, 4, 5] 等を参照いただきたい。

(1) 受動性と受動定理

次式で表されるような入出力 $u \mapsto y$ を持つ一般的な非線形システムを考えよう。ただし $x \in \mathbb{R}^n$，$u, y \in \mathbb{R}^m$。

$$\begin{cases} \dot{x} &= f(x, u) \\ y &= h(x, u) \end{cases} \tag{6.78}$$

この系が受動的であるとは，任意の入力 u と任意の時刻 $T > 0$ に対して，以下の条件を満たす定数 β が存在することをいう。

$$\int_0^T y(t)^{\mathrm{T}} u(t) \mathrm{d}t \geq -\beta, \ \ \forall T > 0, \ \forall u \tag{6.79}$$

さらに，この条件を厳しくした

$$\int_0^T y(t)^{\mathrm{T}} u(t) \mathrm{d}t \geq \epsilon \int_0^T \|y(t)\|^2 \mathrm{d}t - \beta, \ \ \forall T > 0, \ \forall u$$

を満たす正定数 $\epsilon > 0$ が存在するとき，系は出力強受動的であるという。

受動性の定義式 (6.79) は，入出力信号 u, y のみからなっており，式 (6.78) の状態空間モデルとの関係が不明確である。状態空間モデルと入出力の関係を結びつけるのが，以下に述べる消散性という概念である。式 (6.78) の系と入出力 u, y のスカラ関数 $s(u, y)$ に対して，状態 x のスカラ関数 $S(x) \geq 0$ が存在して

$$S(x(T)) \leq S(x(0)) + \int_0^T s(u(t), y(t)) \mathrm{d}t, \ \ \forall T > 0, \ \forall u \tag{6.80}$$

が成立するとき，系 (6.78) は供給率 $s(u, y)$ に関して消散的であるという。ここで $S(x)$ は蓄積関数と呼ばれる。

受動性の定義式 (6.79) と比べると，供給率を $s(u, y) = y^{\mathrm{T}} u$ と選ぶと消散性は受動性と一致することがわかる。これ以外にも供給率の選び方によって様々な安定性を表現することができる。$s(u, y) = y^{\mathrm{T}} u - \epsilon \|y\|^2$: 出力強受動性，$s(u, y) = \gamma^2 \|u\|^2 - \|y\|^2$: L_2 有限ゲイン安定性など。

この消散性の定義式 (6.80) を時間 T に関して微分すると，以下の不等式を得る。

$$\dot{S}(x) \leq s(u, y) \tag{6.81}$$

蓄積関数 $S(x)$ は系に蓄えられたエネルギーを表し，供給率 $s(u, y)$ は外部から供給されるエネルギーの変化率を表す。消散性とは，内部に蓄えられるエネルギーは外部から供給されるエネルギー以下であるという性質に他ならず，特殊な供給率 $s = y^{\mathrm{T}} u$ に関する消散性を受動性と呼ぶのである。

制御対象が受動性を有していれば，受動定理と呼ばれる安定化法を利用して比較的簡単に安定化制御を行うことができる。受動定理とは，受動性を有する 2 つの系（もしくは受動的な系と出力強受動的な系）をフィードバック結合させると閉ループ系が受動的（出力強受動的）になる，という性質を示すものである。

この受動定理を用いた制御手法を，受動性に基づく制御と呼ぶ。任意の正定対称行列 $K \succ 0$ を用いた制御器

$$u = -Ky$$

は出力強受動的であるので，これを用いて受動定理の意味で安定化を行える。受動的である制御対象式 (6.78) の蓄積関数を $S(x)$ とすると，消散性の不等式 (6.81) より

$$\dot{S} = y^{\mathrm{T}} u = -y^{\mathrm{T}} K \ y \leq 0$$

右辺は非正であるので，$y \neq 0$ である限り S は減り続け，S が下界を持つことから $\lim_{t \to \infty} y(t) = 0$ が成立するという意味での安定化が達成される。この方法では，制御対象の情報を用いることなく，正定行列のフィードバックゲインを施すだけで安定化が可能であり，また制御対象の受動性によりゲイン余裕が無限大 (K はいくらでも大きくできる) となることから，パラメータ変動などに強いロバストな制御法として知られる。ただし，制御系設計に利用するのであれば，蓄積関数 $S(x)$ は漸近安定性を導くリアプノフ関数となるよう，正定関数を選ぶことが望ましい。

(2) 受動性に基づく制御

多リンクからなるロボットマニピュレータは，関節角を表す変数を $q \in \mathbb{R}^m$，慣性行列を $M(q) \in \mathbb{R}^{m \times m}$，遠心・コリオリ力等を表す項を $C(q, \dot{q}) \ \dot{q} \in \mathbb{R}^m$，摩擦力を $D(q, \dot{q}) \ \dot{q} \in \mathbb{R}^m$，重力などのポテンシャル項を $(\partial P(q)/\partial q)^{\mathrm{T}} \in \mathbb{R}^m$，入力のトルクや力を $u \in \mathbb{R}^m$ と

すれば，次式のように表される。

$$M(q)\,\ddot{q}+(C(q,\dot{q})+D(q,\dot{q}))\,\dot{q}+\frac{\partial P(q)}{\partial q}^{\mathrm{T}}=u \tag{6.82}$$

いま蓄積関数を系全体の力学的エネルギー $S(q,\dot{q})=(1/2)\,\dot{q}^{\mathrm{T}}M\dot{q}+P(q)$ ととり，$\dot{M}-2C, D$ がそれぞれ歪対称行列，および半正定行列になることに注意すると，

$$\dot{S}=\frac{\partial S}{\partial q}\dot{q}+\frac{\partial S}{\partial \dot{q}}\ddot{q}=\frac{1}{2}\dot{q}^{\mathrm{T}}(\dot{M}-2C-2D)\dot{q}+\dot{q}^{\mathrm{T}}u\leq\dot{q}^{\mathrm{T}}u$$

となり，出力を $y=\dot{q}$ ととると，供給率 $s(u,y)=y^{\mathrm{T}}u$ に関して式 (6.81) を満たし受動的であることがわかる。

このように通常のロボットマニピュレータは受動的であり，受動定理に基づいた制御を簡単に行える。先に述べたように，この制御法では蓄積関数 S がリアプノフ関数の役割を果たすため，S が正定関数となることが望ましい。ここで関数 $P_{\mathrm{add}}(q)$ を設計パラメータとしたフィードバック

$$u=-\frac{\partial P_{\mathrm{add}}(q)}{\partial q}^{\mathrm{T}}+v$$

を施すと，閉ループ系は以下のように元の系と同じ形の微分方程式で表されることになる。

$$M(q)\,\ddot{q}+(C(q,\dot{q})+D(q,\dot{q}))\,\dot{q}+\frac{\partial \bar{P}(q)}{\partial q}^{\mathrm{T}}=v$$

ここで新たなポテンシャル関数を $\bar{P}(q):=P(q)+P_{\mathrm{add}}(q)$ と定義した。この系の蓄積関数は $S=(1/2)\,\dot{q}^{\mathrm{T}}M(q)\,\dot{q}+\bar{P}(q)$ のようになり，$\bar{P}(q)$ が正定になるように $P_{\mathrm{add}}(q)$ を選べば，$S(q,\dot{q})$ も正定関数になる。この系に対して強受動的な要素である正定行列 $K_{\mathrm{D}}\succ 0$ を用いて

$$v=-K_{\mathrm{D}}\,\dot{q}$$

のようにフィードバックしよう。いま簡単のため $P=0$ とし，人工的なポテンシャル関数 P_{add} を $\bar{P}=P_{\mathrm{add}}=(1/2)q^{\mathrm{T}}K_{\mathrm{P}}\,q$ のように選ぶと，最終的な制御器は

$$u=-K_{\mathrm{P}}\,q-K_{\mathrm{D}}\,\dot{q}$$

のように P ゲイン K_{P}，D ゲイン K_{D} の PD 補償器になることがわかる。このように人工的なポテンシャル関数 $P_{\mathrm{add}}(q)$ を加える制御法であることから，人工ポテンシャル法と呼ばれる。この方法では制御対象のパラメータをほとんど利用しないで制御器を設計できることから，ロバストな手法として知られている。またポテンシャル関数 $\bar{P}(q)$ の形を変えることで，PTP (Point To Point) 制御に応用したり，位置のフィードバックに飽和特性を持たせたり，様々な制御目的を達成することができる。例えば $\bar{P}(q)=(1/2)(q-q_0)^{\mathrm{T}}K_{\mathrm{P}}(q-q_0)$ のように選ぶと q を目標値 q_0 に動かす PTP 制御系が達成でき，大きな q に対して $\bar{P}(q)=k\|q\|$ のように選ぶと制御入力が大きくなりすぎない飽和特性を持つ制御器が設計できる。

(3) 軌道追従制御

次に受動性を用いた軌道追従制御問題を考えよう。式 (6.82) のロボットマニピュレータに対して q の目標軌道の時間関数 $q_{\mathrm{d}}(t)$ が与えられたとする。正定対称行列 Λ を用いた次のような補償器を付加しよう。

$$\begin{aligned}u&=M(q)\,\dot{\xi}+(C(q,\dot{q})+D(q,\dot{q}))\,\xi+\frac{\partial P}{\partial q}^{\mathrm{T}}+v\\ \xi&=\dot{q}_{\mathrm{d}}-\Lambda(q-q_{\mathrm{d}})\end{aligned} \tag{6.83}$$

すなわち $\dot{q}$ を，その目標値 $\dot{q}_{\mathrm{d}}$ ではなく少々修正した値 ξ に追従させる系を設計する。この時の追従誤差 $\eta:=\dot{q}-\xi$ は次式を満たす。

$$M(q)\dot{\eta}+(C(q,\dot{q})+D(q,\dot{q}))\eta=v$$

これを誤差系と呼ぶ。この系は元の系 (6.82) とほぼ同じ形をしており，蓄積関数の候補として $S=(1/2)\eta^{\mathrm{T}}M(q)\eta$ を考えると式 (6.82) と同様に

$$\begin{aligned}\dot{S}&=\eta^{\mathrm{T}}M\dot{\eta}+\frac{1}{2}\eta^{\mathrm{T}}\dot{M}\eta\\&=\frac{1}{2}\eta^{\mathrm{T}}(\dot{M}-2C-2D)\eta+\eta^{\mathrm{T}}v\leq\eta^{\mathrm{T}}v\end{aligned}$$

したがって $y=\eta$ ととると受動的である。さらに受動性に基づく制御法により，正定行列 K を用いたフィードバック

$$v=-K\eta$$

を施すと，追従誤差 $e:=q-q_{\mathrm{d}}$ は次式を満たし，$e\to 0$ すなわち軌道追従が達成されることがわかる。

$$\dot{e}=-\Lambda e+\eta$$

このように，非線形系であるロボットマニピュレータ

も，受動性を用いることで簡単な制御器で軌道追従制御を達成できる。

また機械系のみならずある種の非ホロノミック拘束を有する系や電気回路等も取り扱え，出力フィードバック制御等の様々な制御目標にも対応できる一般化された受動性に基づく制御法も提案されており，ハミルトン系の制御法として知られている[4, 5]。

＜藤本健治＞

参考文献（6.3.7 項）

[1] 有本：『ロボットの力学と制御』，朝倉書店 (1990).

[2] Slotine, J.-J. E. and Li, W.: *Applied Nonlinear Control*, Prentice-Hall, Inc. (1991).

[3] Ortega, R., Loría, A., Nicklasson, P. J. and Sira-Rmírez, H.: *Passivity-based Control of Euler-Lagrange Systems*, Springer-Verlag (1998).

[4] van der Schaft, A. J.: *L_2-Gain and Passivity Techniques in Nonlinear Control*, Springer-Verlag (2000).

[5] 藤本：ハミルトニアンシステムの制御，『計測と制御』，Vol. 39, No. 2, pp. 99–104 (2000).

6.3.8 ファジィ制御

(1) ファジィ集合の基礎

図 6.20(a) のように，横軸に車の速度，縦軸に速度の度合いをとってファジィ集合を考える。このとき，例えば速度が 40 km/h では「適切な速度の度合いは 0.5」となる。ファジィ理論では，「適切な速度」などをラベルと呼び，その度合いをグレードという。ただし，数学的な扱いの容易さからグレードは 0 から 1 までの範囲で用いられることが多い。

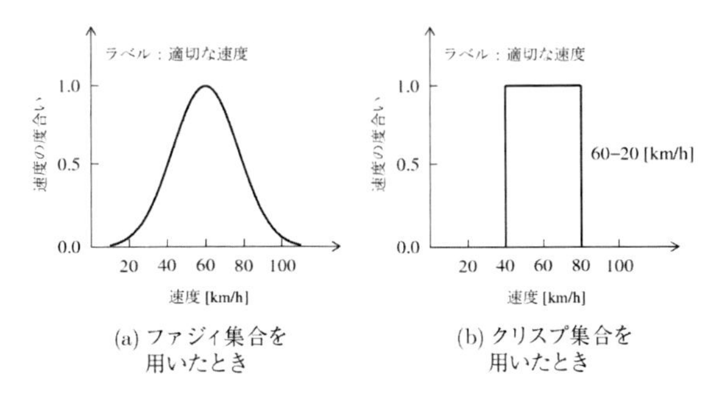

(a) ファジィ集合を用いたとき　(b) クリスプ集合を用いたとき

図 6.20 ファジィ集合とクリスプ集合の違い

一方，従来の集合であるクリスプ集合を図 6.20(b) に示す。この場合，適切な速度の範囲は 60 ± 20 km/h で設定されていると，例えば 35 km/h のときは適切な速度の度合いは 0 となってしまう。

ファジィ理論では，図 6.20(a) のようなファジィ集合を，横軸の物理量を変数とする関数と見なし，それをメンバーシップ関数と呼ぶ。特に，数学的な標記においては

$$\mu_A : X \to [0, 1] \qquad (6.84)$$

としばしば書く。ここで，集合 X（今の場合，速度）でのファジィ集合 A（今の場合，適切な速度）のメンバーシップ関数が μ_A であり，その値域（範囲）が [0, 1] であることを意味する。なお，X はファジィ集合 A の全体集合あるいは台集合と呼ばれる。また，ファジィ推論においては，メンバーシップ関数は普通，1 つの台集合上に複数のものを配置する。図 6.21(a) には，三角形と台形からなる不連続なメンバーシップ関数の例を，図 6.21(b) にはガウス型とシグモイド型関数からなる連続なメンバーシップ関数を，図 6.21(c) には幅を持たない集合としてシングルトン型メンバーシップ関数の例を示す。

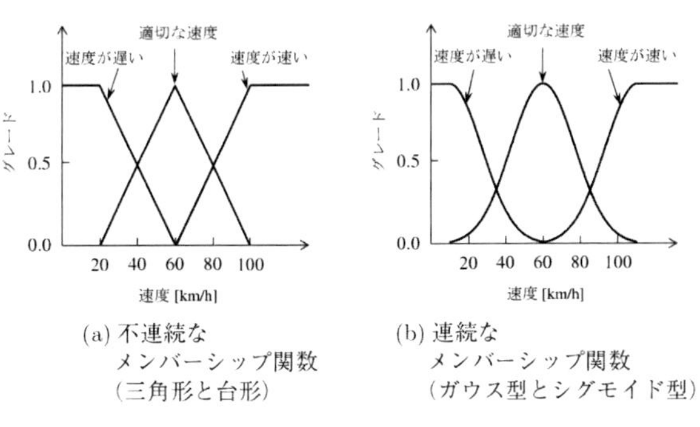

(a) 不連続なメンバーシップ関数（三角形と台形）　(b) 連続なメンバーシップ関数（ガウス型とシグモイド型）

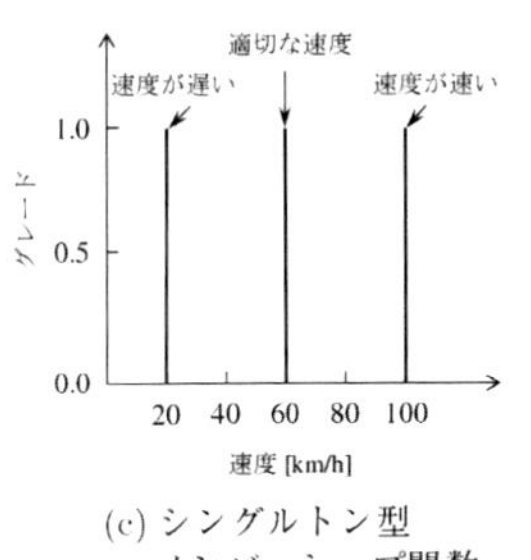

(c) シングルトン型メンバーシップ関数

図 6.21 様々なメンバーシップ関数

ファジィ集合の演算，特に論理演算について簡単に述べておく。2 つのファジィ集合 A と B の和集合（または OR）は

$$\mu_{A\cup B} = \mu_A(x) \vee \mu_B(x)$$
$$= \max\{\mu_A(x), \mu_B(x)\} \tag{6.85}$$

で求め，共通集合（または AND）は

$$\mu_{A\cap B} = \mu_A(x) \wedge \mu_B(x)$$
$$= \min\{\mu_A(x), \mu_B(x)\} \tag{6.86}$$

で計算できる。また，ファジィ集合 A の補集合は

$$\mu_{\bar{A}} = 1 - \mu_A(x) \tag{6.87}$$

となる。なお，実際の計算では max, min の論理演算の代わりに，実用的な代数和と代数積を用いても精度上大きな影響はない。

さらに，ファジィ集合においては従来の集合演算と同様な性質（交換律，結合律，分配律，二重否定の法則およびド・モルガンの法則）が成り立つが，排中律と矛盾律については成立しないことが知られている[1]。

(2) ファジィ推論と制御ルール

ここでは，マムダニの min-max 重心法[2] を用いて 2 リンクマニピュレータの軌道追従制御のためのファジィ制御器を構成しながら，ファジィ推論の過程を説明する。

今，入手可能な測定データは各時刻 t でのリンク 1 と 2 の関節角度 $\theta_i(t)$ とその角速度 $\dot{\theta}_i(t)$ とする。ただし，$i = 1, 2$ とする。また，追従させるべき目標関節角度を $\theta_i^d(t)$ とし，目標関節角速度 $\dot{\theta}_i^d(t)$ はその微分値から得られるとする。このとき，偏差値とその微分値を

$$e_i(t) \triangleq \theta_i^d(t) - \theta_i(t) \tag{6.88}$$
$$\dot{e}_i(t) \triangleq \dot{\theta}_i^d(t) - \dot{\theta}_i(t) \tag{6.89}$$

とし，これらをファジィ推論への入力とする求めるべき制御トルクを $\tau_i, i = 1, 2$ とする。また，$e_i(t), \dot{e}_i(t)$ および τ_i に対応する台集合を，それぞれ E_i, E_i^d および T_i とし，それぞれの変数に対して図 6.22 のように 3 つのメンバーシップ関数を配置すると 3^4 通りの IF-THEN ルールが以下のように得られる。

$$\begin{aligned}
\mathrm{R}_1:\ & \text{IF } e_1(t) = \text{N and } e_2(t) = \text{N and } \dot{e}_1(t) = \text{N} \\
& \text{and } \dot{e}_2(t) = \text{N THEN } \tau_1 = \tilde{\tau}_1^1, \tau_2 = \tilde{\tau}_2^1 \\
\mathrm{R}_2:\ & \text{IF } e_1(t) = \text{N and } e_2(t) = \text{N and } \dot{e}_1(t) = \text{N} \\
& \text{and } \dot{e}_2(t) = \text{ZO THEN } \tau_1 = \tilde{\tau}_1^2, \tau_2 = \tilde{\tau}_2^2 \\
& \vdots \\
\mathrm{R}_{80}:\ & \text{IF } e_1(t) = \text{P and } e_2(t) = \text{P and } \dot{e}_1(t) = \text{P} \\
& \text{and } \dot{e}_2(t) = \text{ZO THEN } \tau_1 = \tilde{\tau}_1^{80}, \tau_2 = \tilde{\tau}_2^{80} \\
\mathrm{R}_{81}:\ & \text{IF } e_1(t) = \text{P and } e_2(t) = \text{P and } \dot{e}_1(t) = \text{P} \\
& \text{and } \dot{e}_2(t) = \text{P THEN } \tau_1 = \tilde{\tau}_1^{81}, \tau_2 = \tilde{\tau}_2^{81}
\end{aligned} \tag{6.90}$$

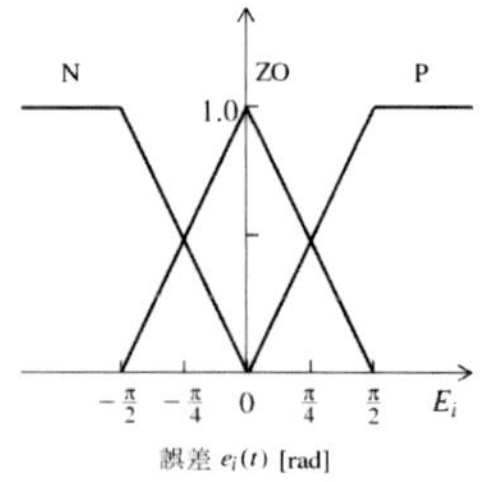

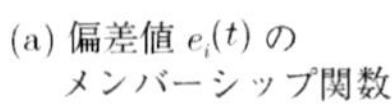

(a) 偏差値 $e_i(t)$ の メンバーシップ関数

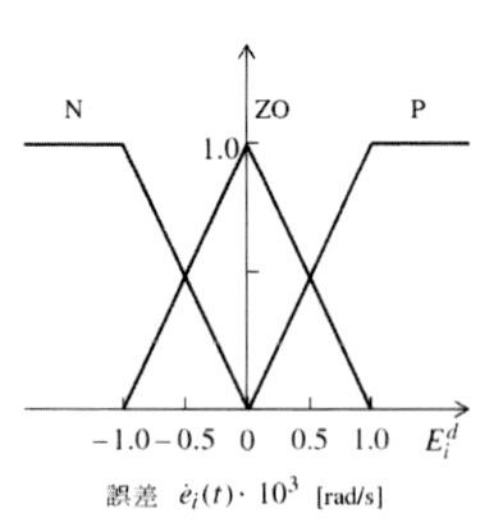

(b) 偏差の微分値 $\dot{e}_i(t)$ の メンバーシップ関数

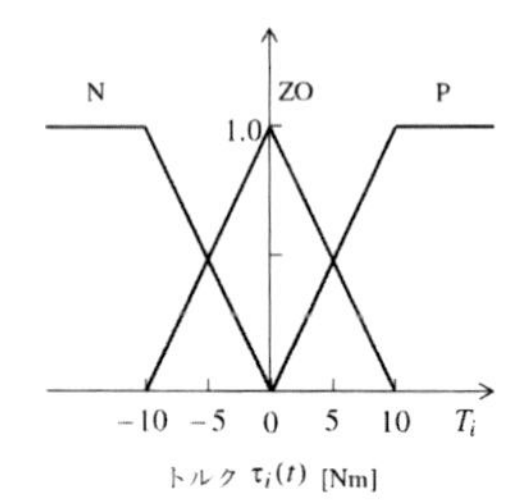

(c) 制御入力 $\tau_i(t)$ の メンバーシップ関数

図 6.22　台集合 E_i, E_i^d および T_i のメンバーシップ関数

ここで，P はラベル Positive を，ZO はラベル Zero を，N はラベル Negative を表し，各ルール j での後件部の制御入力 $\tilde{\tau}_i^j$ には図 6.22(c) のようなメンバーシップ関数のラベルのいずれかが割り当てられるものとする。

上述の 4 入力・2 出力のファジィ推論ルールは，ルール数が 81 と多いので，より実用的な図 6.23(b) に示すようなリンクごとの独立推論として 2 入力・1 出力のファジィ推論ルールと書き直し，より詳細な推論ルールでの

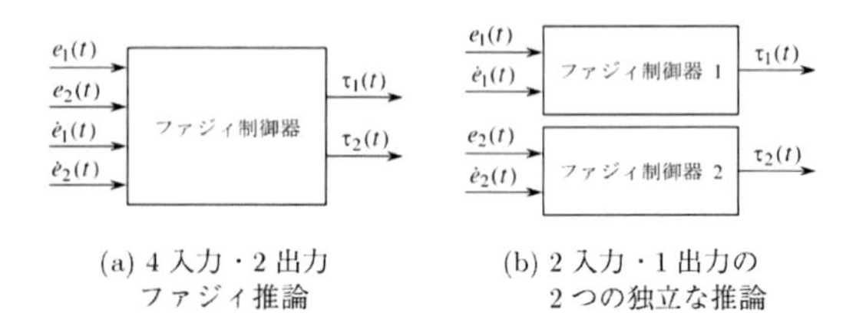

(a) 4 入力・2 出力 ファジィ推論　(b) 2 入力・1 出力の 2 つの独立な推論

図 6.23　2 リンクマニピュレータのファジィ制御のための推論機構

演算過程を説明する。このとき，リンク i の IF-THEN ルールは 3^2 通りとなり，例えば

$$\begin{aligned}
&R_1: \text{ IF } e_i(t) = \text{N and } \dot{e}_i(t) = \text{N THEN } \tau_i(t) = \text{P} \\
&R_2: \text{ IF } e_i(t) = \text{N and } \dot{e}_i(t) = \text{ZO THEN } \tau_i(t) = \text{P} \\
&R_3: \text{ IF } e_i(t) = \text{N and } \dot{e}_i(t) = \text{P THEN } \tau_i(t) = \text{ZO} \\
&R_4: \text{ IF } e_i(t) = \text{ZO and } \dot{e}_i(t) = \text{N THEN } \tau_i(t) = \text{P} \\
&R_5: \text{ IF } e_i(t) = \text{ZO and } \dot{e}_i(t) = \text{ZO} \\
&\qquad \text{THEN } \tau_i(t) = \text{ZO} \qquad (6.91) \\
&R_6: \text{ IF } e_i(t) = \text{ZO and } \dot{e}_i(t) = \text{P THEN } \tau_i(t) = \text{N} \\
&R_7: \text{ IF } e_i(t) = \text{P and } \dot{e}_i(t) = \text{N THEN } \tau_i(t) = \text{ZO} \\
&R_8: \text{ IF } e_i(t) = \text{P and } \dot{e}_i(t) = \text{ZO THEN } \tau_i(t) = \text{N} \\
&R_9: \text{ IF } e_i(t) = \text{P and } \dot{e}_i(t) = \text{P THEN } \tau_i(t) = \text{N}
\end{aligned}$$

のように表現できる[3]。また（例えば）制御ルール 1 の前件部適合度 h_1 は min 論理を使うと

$$h_1 = \min\{\mu_N(e_i), \mu_N(\dot{e}_i)\} \qquad (6.92)$$

の計算となり，図 6.24 の破線で示すような $e_i(t)$ と $\dot{e}_i(t)$ の共に負のデータが得られたとき，後件部の $\tau_i(t) = P$ のメンバーシップ関数は斜線部のみが有効となる。同様にしてルール 2 から 9 までのそれぞれのルールの前件部適合度から後件部を評価し，各ルールの結果を OR，つまり和集合としての max 演算をすると図 6.24 のような推論結果が得られる。なお，この例では前件部にラベル P を含むルールでは推論の評価値が零になることから，図 6.24 では表示を省いている。このように，この統合された集合 $\mu_P(x)$ の重心値

$$\tau_i(t) = \frac{\int_a^b \mu_P(x) x \mathrm{d}x}{\int_a^b \mu_P(x) \mathrm{d}x} \qquad (6.93)$$

を用いて非ファジィ化を行い制御トルク $\tau_i(t)$ を実現するものを min-max 重心法と呼んでいる[2]。ここで，$[a, b]$ は得られた集合の台集合上の有効区間（定義域）である。

(3) T-S ファジィ推論による方法

T-S (Takagi-Sugeno) ファジィ推論あるいは関数型ファジィ推論[4] では，後件部の制御器の形をファジィ集合で与える代わりにファジィ推論入力の関数値（つまり，一種の出力値からなる PD 制御器あるいは状態フィードバック制御器）

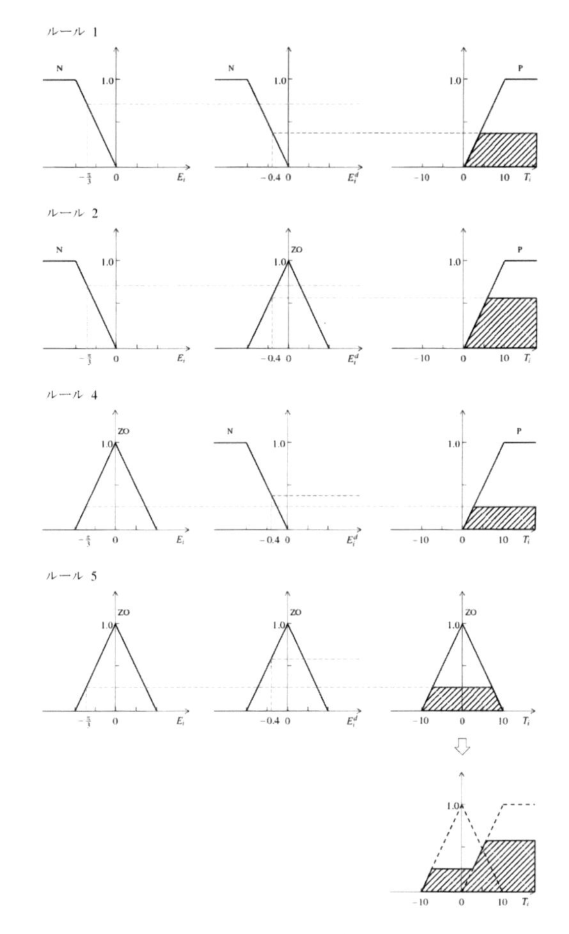

図 6.24　ファジィ推論の例

$$\tau_i^j(t) = f_i^j(e_i, \dot{e}_i), \quad i = 1, 2; j = 1, \ldots, 9 \qquad (6.94)$$

とするものである。また，非ファジィ化は前件部適合度 h_j の重み付き平均値として

$$\tau_i(t) = \frac{\sum_{j=1}^{9} h_j f_i^j(e_i, \dot{e}_i)}{\sum_{j=1}^{9} h_j}, \quad i = 1, 2 \qquad (6.95)$$

で与えられる。

(4) 簡略化ファジィ推論による方法

もし，$f_i^j(\cdot)$ の形を e_i と $\dot{e}_i$ の線形関数，

$$\tau_i^j(t) = a_i^j e_i + b_i^j \dot{e}_i + c_i^j, \quad i = 1, 2; j = 1, \ldots, 9 \qquad (6.96)$$

とすれば，非ファジィ化は

$$\tau_i(t) = \frac{\sum_{j=1}^{9} h_j(a_i^j e_i + b_i^j \dot{e}_i + c_i^j)}{\sum_{j=1}^{9} h_j}, \quad i = 1, 2 \tag{6.97}$$

となり，特に上記で後件部を定数 c_i^j のみに設定すると

$$\tau_i(t) = \frac{\sum_{j=1}^{9} h_j c_i^j}{\sum_{j=1}^{9} h_j}, \quad i = 1, 2 \tag{6.98}$$

となる。これは，後件部に通常の三角形のファジィ集合などを配置する代わりに，幅を持たないシングルトンを台集合上の位置 c_i^j に配置した場合に対応し，簡略化ファジィ推論と呼ばれている。

(5) T-S ファジィモデルによる制御器設計

いま 2 リンクマニピュレータの状態ベクトルを $\boldsymbol{x}(t) = [\theta_1(t)\ \theta_2(t)\ \dot{\theta}_1(t)\ \dot{\theta}_2(t)]^T$，制御入力を $\boldsymbol{u}(t) = [\tau_1(t)\ \tau_2(t)]^T$ とする。このとき T-S ファジィモデルの i 番目のルールは

$$\begin{aligned} &\text{IF } z_1(t) \text{ is } M_{i1} \text{ and } \cdots \text{ and } z_p(t) \text{ is } M_{ip} \\ &\quad \text{THEN } \dot{\boldsymbol{x}}(t) = A_i \boldsymbol{x}(t) + B_i \boldsymbol{u}(t), \quad i = 1, \dots, r \end{aligned} \tag{6.99}$$

と書ける。ここで，$z_1(t) \sim z_p(t)$ は前件部の変数，M_{ij} はファジィ集合，r はルール数であり，また $\{A_i, B_i\}$ は元の制御対象のモデルの線形化，あるいは元のモデルに含まれる三角関数などをセクター表現で置き換えることにより得られる線形モデルのシステム行列と制御分配行列を表す。このとき，$\{\boldsymbol{x}(t), \boldsymbol{u}(t)\}$ が与えられるならばファジィシステムは

$$\dot{\boldsymbol{x}}(t) = \sum_{i=1}^{r} \tilde{h}_i(\boldsymbol{z}(t)) \{A_i \boldsymbol{x}(t) + B_i \boldsymbol{u}(t)\} \tag{6.100}$$

となる。ただし，$\boldsymbol{z}(t) = [z_1(t) \cdot z_p(t)]^T$, $h_i(\boldsymbol{z}(t))$ はルール i の適合度で，例えば

$$h_i(\boldsymbol{z}(t)) = \Pi_{j=1}^{p} M_{ij}(z_j(t)) \tag{6.101}$$

のようにファジィ集合 M_{ij} の $z_j(t)$ のメンバーシップのグレード $M_{ij}(z_j(t))$ の代数積として得られ，$\tilde{h}_i(\boldsymbol{z}(t))$ はその正規化適合度 $\tilde{h}_i(\boldsymbol{z}(t)) = h_i(\boldsymbol{z}(t)) / \sum_{j=1}^{r} h_j(\boldsymbol{z}(t))$ である。

一方，並列分散補償（PDC：Parallel Distributed Compensation）の考え方の下で，上のファジィモデルに対して，例えばファジィレギュレータは以下のようなルールで設計できる。

$$\begin{aligned} &\text{IF } z_1(t) \text{ is } M_{i1} \text{ and } \cdots \text{ and } z_p(t) \text{ is } M_{ip} \\ &\quad \text{THEN } \boldsymbol{u}(t) = -F_i \boldsymbol{x}(t), \quad i = 1, \dots, r \end{aligned} \tag{6.102}$$

よって，最終的なファジィレギュレータは

$$\boldsymbol{u}(t) = -\sum_{i=1}^{r} \tilde{h}_i(\boldsymbol{z}(t)) F_i \boldsymbol{x}(t) \tag{6.103}$$

として求まる。なお，フィードバックゲイン F_i は先のファジィモデルの推論結果が大域漸近安定になるように，部分（あるいは局所）システム $\{A_i, B_i\}$ と F_i からなる共通リアプノフ解 P を線形行列不等式 (LMI: Linear Matrix Inequality) などで求めることから決定する必要がある[5]。

＜渡辺桂吾＞

参考文献（6.3.8 項）

[1] 萩原将文：『ニューロ・ファジィ・遺伝的アルゴリズム』，産業図書 (2000).

[2] Mamdani, E.H. and Assilian, S.: An experiment in linguistic synthesis with a fuzzy logic controller, *Int. J. Man-Machine Studies*, Vol. 7, pp. 1–13 (1975).

[3] Passino, K.M.: Intelligent control: An overview of techniques, in *Perspectives in Control Engineering: Technologies, Applications, and New Directions* (ed. Samad, T.), pp. 104–133, IEEE Press (2001).

[4] Takagi, T. and Sugeno, M.: Fuzzy identification of systems and its applications to modeling and control, *IEEE Trans. on Syst., Man, Cybern.*, Vol. SMC-15, pp.116–132 (1985).

[5] Tanaka, K., Ikeda, T. and Wang, H.O.: Fuzzy regulators and fuzzy observers: Relaxed stability conditions and LMI-based designs, *IEEE Trans. on Fuzzy Systems*, Vol. 6, No. 2, pp. 250–265 (1998).

6.3.9 ニューラルネットワーク制御

(1) ニューラルネットワークの数理モデル

ニューラルネットワークの研究は，人間の脳が行っている優れた情報処理や巧みな運動制御のメカニズムをモデル化するとともに，工学的な応用をめざして発展してきた。ニューラルネットの基本的な構成要素はニューロンであり，生理学的に明らかにされた神経細胞（生体ニューロン）の機能を単純化して，図 6.25 のような数理モデルがよく用いられる。1 つのニューロンは他の多数のニューロンからの入力信号 x_i の重み付き線形和を非線形変換して，その出力信号 y を別のニューロ

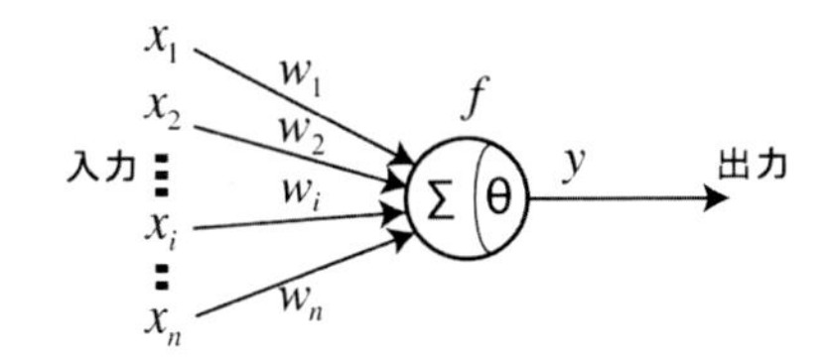

図 6.25 ニューロンの数理モデル

ンへと送る。

$$y = f(\sum_i w_i x_i - \theta) \tag{6.104}$$

重みのパラメータ w_i はシナプス結合荷重と呼ばれ，この値を変更するとニューロンの入出力関係も変化するので，ニューラルネットに学習機能をもたせることが可能になる。閾値パラメータ θ は，生体ニューロンにおいて膜電位がある閾値を越えるとパルスが生じることに対応して導入される。関数 $f(\cdot)$ は非線形であるので，ニューラルネットを制御系に組み込むことによって非線形制御を実現することができる。どのような関数形を用意するかによってニューラルネットの機能も変わってくるが，数学的な扱いやすさ（単調非減少で連続微分可能）を考慮して，次式のようなシグモイド関数を用いることが多い。

$$f(u) = \frac{1}{1 + e^{-\beta u}} \tag{6.105}$$

β は正の定数でこの値が大きいほどシグモイド曲線の勾配は急峻になる。

同一の機能をもった多数のニューロンが結合されてニューラルネットワークが構成される。その結合の仕方によって，階層型と相互結合型とに大別される。階層型ネットワークは入力層と出力層の間に隠れ層と呼ばれるいくつかの層があり，多層構造を成している。信号は入力層から出力層に向かって一方向にだけ流れるので，フィードフォワード型ネットワークとも呼ばれる。一方，相互結合型ネットワークは各ニューロンが相互に結合しており，信号は一方向に流れるのではなく，各ニューロンの出力信号が他のニューロンにフィードバックされる。なお，多層ニューラルネットワークで，出力層から隠れ層あるいは入力層への結合を追加し，信号がネットワーク内を巡回するものも考えられ，リカレントニューラルネットワークと呼ばれる。

階層型ネットワークは可変のパラメータ（結合荷重）の値を繰り返し更新することによって，入力層から出力層に至る信号変換が望ましい関数形を成すようにすることができる（学習能力がある）。このような関数近似の能力を生かして，多層ニューラルネットワークにパターン識別やフィルタ，制御器などの機能を持たせることができる。一方，相互結合型ネットワークはニューロン間のダイナミクスが適切に働くように構成することによって，各種の最適化問題に適用することができる。その代表的なものに，巡回セールスマン問題の近似解を短時間で求めるHopfield型ニューラルネットワークがある[1]。

(2) 多層ニューラルネットワークの学習法

ロボットアームの制御においては，制御対象（多リンク機構）のキネマティクスやダイナミクスが未知（または不正確）である場合に，ニューラルネットワークに逆キネマティクスや逆ダイナミクスを学習させて，フィードフォワード制御器の役割を担わせる。あるいはロボットアームの目標軌道を計画する際に，何らかの評価関数の値が最小（または最大）となるような解（最適軌道）を求めるためにもニューラルネットワークを利用することができる。

簡単な例として，図6.26のような3層のニューラルネットワークに制御対象（ロボットアーム）の逆ダイナミクスを学習させる方法について記す。このニューラルネットワークはフィードフォワード制御器として働き，目標軌道が与えられたときに，それに対応する駆動トルクの時系列を計算できるものでなければならない。ニューラルネットへのすべての入力パターンは，様々な軌道上の各時刻における関節角度，角速度，角加速度に関する情報である。p 番目の入力パターン（目標軌道上のある時刻における関節角度，角速度，角加速度の信号）$\boldsymbol{x}_p$ が入力層に与えられて，隠れ層，出力層へと信号が伝播し $\boldsymbol{z}_p$ を出力したとする。簡単のため，入

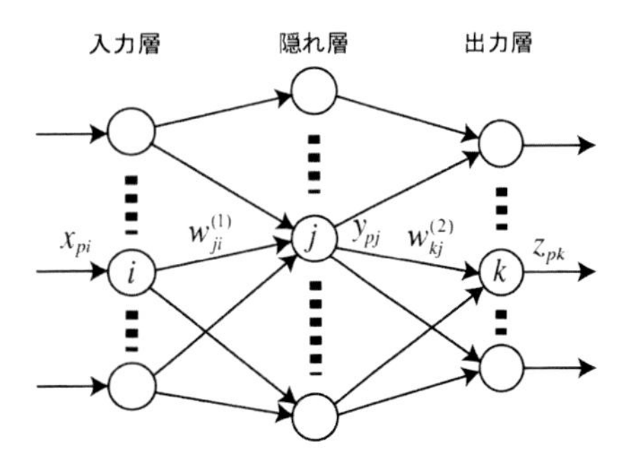

図 6.26 3層ニューラルネットワーク

力層では信号が変換されることなく出力されるものとする。すなわち，i 番目のニューロンへの入力 x_{pi} はそのまま隠れ層の各ニューロンへと送られる。また，隠れ層の j 番目のニューロンの出力を y_{pj}，出力層の k 番目のニューロンの出力を z_{pk} とする。さらに，入力層の i 番目のニューロンから隠れ層の j 番目のニューロンへの結合荷重を $w_{ji}^{(1)}$，隠れ層の j 番目のニューロンから出力層の k 番目のニューロンへの結合荷重を $w_{kj}^{(2)}$ とし，隠れ層の j 番目のニューロン，および出力層の k 番目のニューロンの閾値パラメータを $\theta_j^{(1)}$，$\theta_k^{(2)}$ とする。このとき，ニューラルネットワーク内の信号の流れは，式 (6.105) に示したシグモイド関数を用いると次式のように書ける。

$$y_{pj} = f(\sum_i w_{ji}^{(1)} x_{pi} - \theta_j^{(1)}) \tag{6.106}$$

$$z_{pk} = f(\sum_j w_{kj}^{(2)} y_{pj} - \theta_k^{(2)}) \tag{6.107}$$

目標軌道を実現する駆動トルク（教師信号）$\boldsymbol{\tau}_p^*$ が既知であるならば，ニューラルネットワークはその出力信号 $\boldsymbol{z}_p$ が $\boldsymbol{\tau}_p^*$ に一致するように学習を行う。ただし，シグモイド関数の値域に留意して，教師信号の値は $[0,1]$ に規格化されるものとする。一般には，次の誤差関数 E の値が最小となるように，可変パラメータである結合荷重 $\boldsymbol{w}$（$\boldsymbol{w}$ は $w_{ji}^{(1)}$，$w_{kj}^{(2)}$ のすべてを表す）の値を繰り返し更新する。

$$E = \sum_p (\boldsymbol{\tau}_p^* - \boldsymbol{z}_p)^T (\boldsymbol{\tau}_p^* - \boldsymbol{z}_p) \tag{6.108}$$

ニューラルネットワークの出力 $\boldsymbol{z}_p$ は結合荷重 $\boldsymbol{w}$ の値に依存するので，誤差関数 E は $\boldsymbol{w}$ の関数である。E を最小にする $\boldsymbol{w}$ を求めるための学習アルゴリズムとしては，最急降下法，共役勾配法，準ニュートン法など種々の最適化手法が応用可能である。このうち最急降下法では，$\boldsymbol{w}$ に対する E の勾配 $\partial E/\partial \boldsymbol{w}$ を利用して $\boldsymbol{w}$ の値が繰り返し更新される。E の勾配は微分のチェインルールに従って計算することができ，毎回の繰返しにおける結合荷重 $\boldsymbol{w}$ の修正量は，この勾配に学習係数 ϵ $(0 < \epsilon \ll 1)$ を乗じ，さらに逆符号にしたもので，具体的には次のように計算される。

$$\Delta w_{ji}^{(1)} = -\epsilon \sum_p \frac{\partial E}{\partial w_{ji}^{(1)}} = \epsilon \sum_p \delta_{pj}^{(1)} x_{pi} \tag{6.109}$$

$$\Delta w_{kj}^{(2)} = -\epsilon \sum_p \frac{\partial E}{\partial w_{kj}^{(2)}} = \epsilon \sum_p \delta_{pk}^{(2)} y_{pj} \tag{6.110}$$

ここで，$\delta_{pj}^{(1)}$ は隠れ層の j 番目のニューロンにおける学習信号，$\delta_{pk}^{(2)}$ は出力層の k 番目のニューロンにおける学習信号と呼ばれるもので，出力誤差 $\tau_{pk}^* - z_{pk}$ から再帰的に計算される。

$$\delta_{pk}^{(2)} = \beta z_{pk}(1 - z_{pk})(\tau_{pk}^* - z_{pk}) \tag{6.111}$$

$$\delta_{pj}^{(1)} = \beta y_{pj}(1 - y_{pj}) \sum_k \delta_{pk}^{(2)} w_{kj}^{(2)} \tag{6.112}$$

上記の計算過程は図 6.27 の破線矢印のように表される。学習信号が出力層から隠れ層へと逆向きに流れることを意味することから，この学習法は誤差逆伝播法と名付けられた[2]。

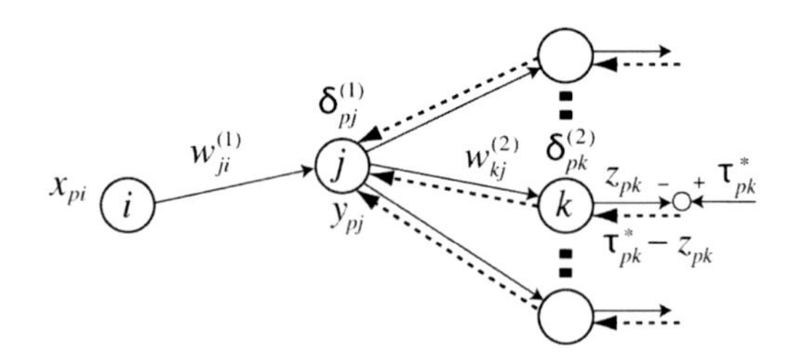

図 6.27　誤差逆伝播法

誤差逆伝播法では，訓練データ（例えばロボットアームの逆ダイナミクスの学習では，様々な軌道上の時刻ごとの位置，速度，加速度と駆動トルクのデータ）に対して，上記のように結合荷重の値を調整して式 (6.108) の誤差関数の値が十分小さくなるまで繰り返す。このような学習によりニューラルネットワークに獲得した入出力関係が，所望の変換（例えば逆ダイナミクス）を表現できるものであれば，訓練に用いなかった軌道データ（テストデータ）に対しても妥当な出力を計算する能力（汎化性）がある。汎化性のよい学習をするためには，ネットワークの適切なサイズの決め方や訓練データの与え方が問題となり，これは統計学におけるモデル選択の問題でもある。

(3) 運動制御の学習スキーム

実際のロボットアームの軌道追従制御に多層ニューラルネットの誤差逆伝播法を応用する際には，教師信号である $\boldsymbol{\tau}^*$（目標軌道を実現する駆動トルクの時系列）をいかにして用意するかが問題となり，様々な学習スキームが提案されている。最も簡便な方法は直接逆モデリングと呼ばれるもので，任意に選んだ駆動トルクの時系列（制御入力）をロボットの駆動モータに与えて生成された運動軌道を計測した後，その計測軌道を入力信号，使用した駆動トルクを出力の教師信号として，ニューラルネットに逆ダイナミクスを学習させる。もし，学習が適切に進んで汎化能力が十分に得られるならば，任意の目標軌道に対する駆動トルクをニューラルネットが計算してくれることになる。

一方，教師信号 $\boldsymbol{\tau}^*$ を直接扱うのではなく，誤差信号をフィードバック信号に置き換えることも可能である。この学習スキームはKawatoらによって提案され，フィードバック誤差学習と呼ばれる[3]。これは図6.28に示すように，基本となるフィードバックループの上に，フィードフォワード制御器としてのニューラルネットが重畳されており，2自由度制御系の構成である。制御対象であるロボットアームにはフィードバック制御器からの出力 $\boldsymbol{\tau}_{fb}$ とニューラルネットからの出力 $\boldsymbol{\tau}_{ff}$ との和 $\boldsymbol{\tau}$ が入力されて運動軌道が生成される。制御対象の逆ダイナミクスを学習する際に，フィードバック信号 $\boldsymbol{\tau}_{fb}$ が小さくなるようにオンラインの学習を行う。すなわち，次の学習則に従って結合荷重 $\boldsymbol{w}$ を更新する。

$$\frac{d\boldsymbol{w}}{dt} = \eta \left(\frac{\partial \boldsymbol{\tau}_{ff}}{\partial \boldsymbol{w}} \right)^T \boldsymbol{\tau}_{fb} \tag{6.113}$$

$\eta > 0$ は誤差逆伝播法（式(6.109)〜(6.112)）での学習係数 ϵ に対応する。学習則(6.113)は誤差逆伝播法において，$\boldsymbol{\tau}_{fb}$ が $\boldsymbol{\tau}^* - \boldsymbol{\tau}_{ff}$ を近似しているとみなして計算式を導出できる。通常，結合荷重 $\boldsymbol{w}$ の初期値はニューラルネットワークの出力がほとんど0になるように設定しておく。したがって，学習開始時にはほぼフィードバック制御だけが働くが，学習が進行するとフィードバック信号が小さくなっていき，フィードフォワード信号が主体の制御が行われるようになる。すなわち，軌道制御と学習が繰り返されるうちに，徐々にニューラルネットワーク内に逆ダイナミクスモデルが形成されて，目標軌道を滑らかに追従できるようになる。

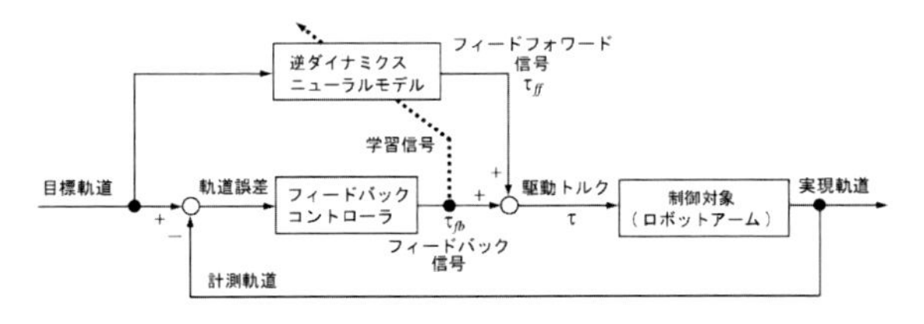

図 **6.28** フィードバック誤差学習

以上，ロボットアームの制御への応用として，多層ニューラルネットの基本的な学習法に焦点を絞って記述した。ニューラルネットワークは近年，ベイズ推定などの確率統計の手法と結びついて機械学習という分野を形成し発展している[4]。

＜宇野洋二＞

参考文献（6.3.9 項）

[1] Hopfield, J. J., Tank, D. W.: Neural computation of decisions in optimization problems, *Biol. Cybern.*, Vol.52, pp. 141–152 (1985).

[2] Rumelhart, D. E., Hinton, G. E., *et al.*: Learning representations by back- propagating errors, *Nature*, Vol.323, pp. 533–536 (1986).

[3] Kawato, M., Furukawa, K., *et al.*: A hierarchical neural-network model for control and learning of voluntary movement, *Biol. Cybern.*, Vol.57, pp. 169–185 (1987).

[4] Bishop, C., M.: *Pattern recognition and machine learning*, Springer-Verlag (2006).

6.3.10 ロバスト制御

(1) H_∞ 制御

H_∞ 制御問題は，指定された閉ループ伝達関数の H_∞ ノルムを小さくするような制御系を設計する問題である。H_∞ 制御は周波数整形からロバスト制御まで，幅広い応用範囲をもつ強力かつ汎用的な制御系設計手法である。

H_∞ 制御の設計規範である H_∞ ノルムは，安定かつプロパーな伝達関数（行列）の大きさを測る尺度である。安定かつプロパーな伝達関数行列 $\Phi(s)$ の H_∞ ノルム $\|\Phi\|_\infty$ の定義は次式のとおりである。

$$\|\Phi\|_\infty = \sup_{\omega \in \mathbf{R}} \bar{\sigma}(\Phi(j\omega)) \tag{6.114}$$

ここで，$\bar{\sigma}(\bullet)$ は行列の最大特異値である。最大特異値は，行列 M をベクトルからベクトルへの写像と見たとき，ユークリッドノルムの意味での入出力のノルム比の最大値に等しい。すなわち，

$$\bar{\sigma}(M) = \max_x \frac{\|Mx\|}{\|x\|}$$

である。M がスカラーの場合には $\bar{\sigma}(M) = |M|$ であるので，SISOの場合には $\|\phi\|_\infty = \sup_{\omega \in \mathbf{R}} |G(j\omega)|$ が成り立つ。式(6.114)は入力ベクトルの向きと周波数双方に関してゲインの最大値をとったものである。

H_∞ 制御問題は，（一般化された意味での）閉ループ伝達関数の H_∞ ノルムの最小化問題である。問題を一般的に設定するために，以下の $G(s)$ が与えられたものとする。

$$G(s) = \left[\begin{array}{cc} G_{11}(s) & G_{12}(s) \\ G_{21}(s) & G_{22}(s) \end{array} \right]$$

$G(s)$ は一般化プラントと呼ばれている。このとき，図 6.29 の閉ループ系 $\Phi(s)$ が内部安定で，かつ，与えられた $\gamma > 0$ に対して $\|\Phi\|_\infty < \gamma$ を満足するコントローラ $K(s)$ を求める問題を H_∞ 制御問題という。制御系設計の目的によっては，上記の条件を満足する γ を最小にするようなコントローラの設計を考える場合もある。

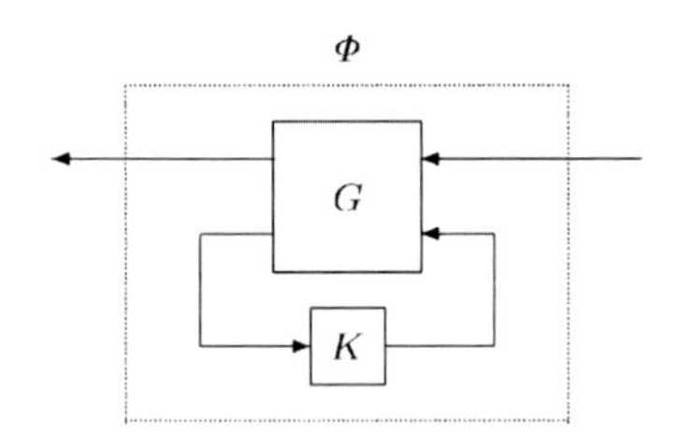

図 **6.29**　H_∞ 制御問題

現在では，H_∞ 制御に対して複数の解法が知られており，市販の数値計算パッケージを用いれば即座に $K(s)$ を求めることが可能である。いずれの解法も必要十分条件の意味での解法である。よって，与えられた $G(s)$ と γ に対して，問題の可解性を必要十分の意味で判定することが可能である。また，もし問題が可解であれば，得られる $K(s)$ の次数は $G(s)$ と同じである。

式 (6.114) の定義を思い出すと，設計仕様の条件は周波数に関係なく $\bar{\sigma}(\Phi(j\omega))$ が γ 未満となることを要請しているので，一見，周波数整形とは正反対の要請をしているように見える。しかし，例えば $\Phi(s)$ が閉ループ伝達関数 $\hat{\phi}(s)$ と，ある安定な伝達関数 $W(s)$ を用いて $\Phi(s) = W(s)\,\hat{\phi}(s)$ と書かれるように一般化プラントが構成されていたとする。このとき，$\|\Phi\|_\infty < \gamma$ は

$$|\hat{\phi}(j\omega)| < \frac{\gamma}{|W(j\omega)|} \tag{6.115}$$

を意味する。すなわち，各周波数で $|\hat{\phi}(j\omega)|$ が $\frac{\gamma}{|W(j\omega)|}$ よりも小さくなることを要請することになる。よって，$W(s)$ を適切に設定すれば，$\|\Phi\|_\infty < \gamma$ の条件によって $\hat{\phi}(s)$ の周波数応答を整形できることになる。このような目的で用いられる $W(s)$ を周波数重み関数とよぶ。$G(s)$ には制御対象以外に重み関数も含まれる。このことが，$G(s)$ が "一般化" プラントと呼ばれる所以である。

H_∞ 制御の初歩的な応用例として混合感度問題が広く知られている。混合感度問題は与えられた制御対象 $P(s)$，重み関数 $W_S(s)$，$W_T(s)$ に対して

$$\left\| \left[\begin{array}{c} W_S S \\ W_T T \end{array} \right] \right\|_\infty < \gamma \tag{6.116}$$

を満足する $K(s)$ を求める問題である。ただし，$S(s)$，$T(s)$ はそれぞれ次式で定義される感度関数，相補感度関数である。

$$S(s) = \frac{1}{1 + P(s)K(s)}, \quad T(s) - \frac{P(s)K(s)}{1 + P(s)K(s)}$$

制御系設計では $S(s)$, $T(s)$ のゲインは双方とも小さいほうが望ましい。しかしながら，$K(s)$ によらず $S(s) + T(s) = 1$ が成り立つので，$S(s), T(s)$ のゲインを双方とも同時に小さくすることは原理的に不可能である。そこで，$W_S(s), W_T(s)$ を用いることで，低周波数帯域では $S(s)$ のゲイン，高周波数帯域では $T(s)$ のゲインのみを選択的に小さくする問題が式 (6.116) の混合感度問題である。

例えば，以下の不安定かつ右半平面の零点をもつ $P(s)$

$$P(s) = \frac{s - 10}{(s + 1)^2 (s - 2)}$$

を考える。この $P(s)$ に対して H_∞ 制御を用いて式 (6.116) の混合感度問題を解き，$K(s)$ を求めた結果を図 6.30 に示す。図 6.30 は設計の結果得られた $S(s)$，$T(s)$ と $\frac{\gamma}{W_S(s)}$，$\frac{\gamma}{W_T(s)}$ のゲイン線図を示したものであ

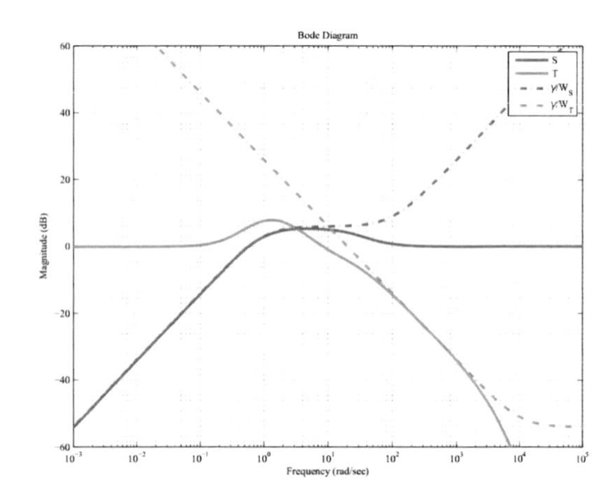

図 **6.30**　混合感度関数

る。図より，周波数応答の整形が実現されていることが確認できる。ちなみに，この場合に得られた補償器は7次の伝達関数である。

混合感度問題はわかりやすい設計法ではあるが，あくまでも初歩的な応用例である。H_∞ 制御の真価を引き出すには，一般化プラント G を適切に設定することが重要である。

(2) スモールゲイン定理

制御系の設計や解析はモデルに基づいて行われる。ただし，現実に起こりうる現象を完全にモデル化することは不可能であるので，制御対象とモデルの間に何らかの誤差が生じるのは避けられない。制御対象とモデルの間の誤差があると，制御系設計に様々な問題を引き起こす。このような誤差に起因する問題は，従来，ゲイン余裕や位相余裕などで対処されていた。

一方，同定実験を複数回行うなどすれば，制御対象とモデルの誤差の大きさをおおよそ見積もることができる。この情報を設計で活用できれば，モデル化誤差によって制御系が不安定になることもなく，実用的で高性能な制御系の設計が期待できる。

一般に制御対象の変動に対しても安定性や制御性能などが維持される性質を制御系のロバスト性という。ロバスト性を保証するためは，ある一つのシステムに対してだけでなく，システムの集合，すなわちモデル集合に対して安定性を保証しなければならない。さらにそのためには，モデル集合に対して安定性を保証する原理が必要となる。

モデル集合に対する安定性については以下の事実が知られている。まず，図 6.31 のブロック線図を考える。ここで $\Phi(s)$ は与えられた伝達関数である。一方，$\boldsymbol{\Delta}$ は以下のように定義される伝達関数の集合である。

$$\boldsymbol{\Delta} = \{\Delta(s) : \Delta(s) \text{ は安定}, \ \|\Delta\|_\infty \leq 1\} \quad (6.117)$$

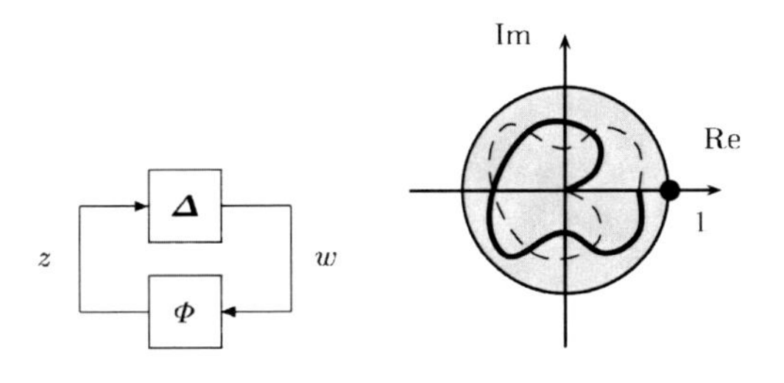

図 6.31 フィードバック制御系　図 6.32 ナイキスト軌跡

このとき，$\|\Phi\|_\infty < 1$ が成り立てば，任意の $\Delta(s) \in \boldsymbol{\Delta}$ に対して閉ループ系は安定となる。簡単のため1入出力系の場合のみに対して，その理由を説明しよう。まず，$\Phi(s)$ が安定であるので，一巡伝達関数 $\Delta(s)\Phi(s)$ は安定である。さらに，$\|\Delta\Phi\|_\infty < 1$ より $\Delta(s)\Phi(s)$ のナイキスト軌跡は単位円内に留まる（図 6.32）。よって，閉ループ系は安定となる。ゲインが小さければ安定ということから，この事実はスモールゲイン定理として知られている。

スモールゲイン定理を用いると，誤差を有するプラントに対するロバスト安定化問題を H_∞ 制御問題に帰着させることができる。例えば，誤差を有する制御対象を $(1 + W(s)\boldsymbol{\Delta})P_0(s)$ とモデル化できたとする。$P_0(s)$ は制御対象のおおよその振舞いを記述する伝達関数でノミナルプラントと呼ばれるものである。一方，$W(s)$ は誤差の大きさを表す周波数重み関数である。

$(1 + W(s)\boldsymbol{\Delta})P_0(s)$ のブロック線図は図 6.33 で書くことができる。よって，$(1 + W(s)\boldsymbol{\Delta})P_0(s)$ に属しているすべての伝達関数を安定化するコントローラ $K(s)$ を設計する問題は，図 6.34 の制御系を内部安定化し，$\|\Phi\|_\infty < 1$ を満足する $K(s)$ を設計する問題と等価である。このように，ロバスト安定化問題は H_∞ 制御問題に帰着可能である。

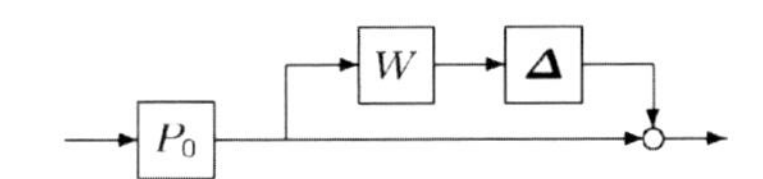

図 6.33　$(1 + W(s)\boldsymbol{\Delta})P_0(s)$ のブロック線図

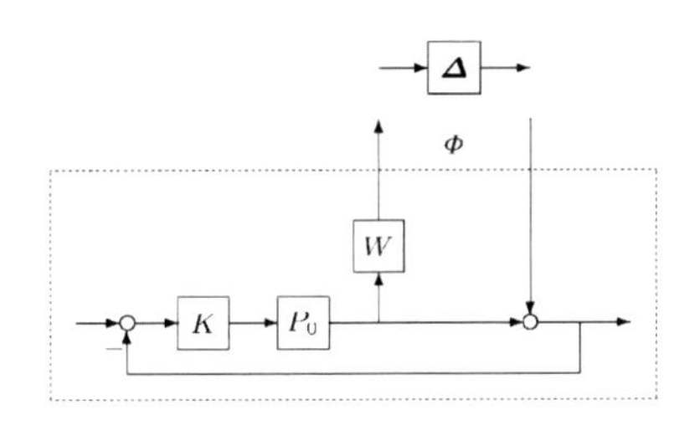

図 6.34　ロバスト安定化問題

(3) μ 解析・設計

H_∞ 制御で紹介した混合感度問題は，重み付き感度最小化などの性能最適化とロバスト安定化を同時に扱うことができる。ただし，混合感度問題で保証されるのはノミナルプラントに対する制御性能であり，モデル化誤差が生じたときの性能には何の保証もない。実際，最悪の場合には性能はいくらでも悪くなりうることが知られている。ノミナルプラントのみに対して保証される性能をノミナル性能という。一方，モデル化誤差が避けられないことを考えると，誤差がある場合の性能も保証したいことが多い。このような性能をロバスト性能という。

図 6.35 はロバスト性能を達成する制御系の設計問題を示している。ここでの設計仕様は以下のとおりである。

RS　任意の $\Delta(s) \in \boldsymbol{\Delta}$ に対して閉ループ系は内部安定である。

RP　任意の $\Delta(s) \in \boldsymbol{\Delta}$ に対して，w から z までの伝達関数の H_∞ ノルムが γ 未満である。

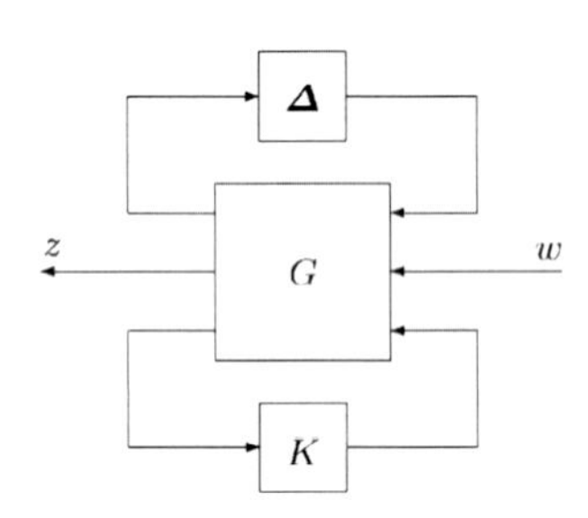

図 6.35　ロバスト性能設計

上記の条件は $\Delta(s)$ に依存しているので，そのままでは $K(s)$ を設計することはできない。RP が成り立つ条件を各周波数ごとに考えるために，図 6.36 に示される複素行列のフィードバック接続を考える。このとき，図 6.36 の w から z への変換行列 $F(M, \Theta)$ に対して次の関係が成り立つ。

$$\begin{aligned}
&\max_{\bar\sigma(\Theta_u)\le 1} F(M,\Theta_u) < 1 \\
&\Leftrightarrow \forall \Theta_u, \Theta_p \text{ s.t. } \bar\sigma(\Theta_u) \le 1,\ \bar\sigma(\Theta_p) \le 1 \\
&\qquad \det(I - F(M,\Theta_u)\,\Theta_p) \ne 0 \\
&\Leftrightarrow \forall \Theta_u, \Theta_p \text{ s.t. } \bar\sigma(\Theta_u) \le 1,\ \bar\sigma(\Theta_p) \le 1 \\
&\qquad \det\left(I - M\begin{bmatrix}\Theta_u & 0 \\ 0 & \Theta_p\end{bmatrix}\right) \ne 0
\end{aligned} \tag{6.118}$$

式 (6.118) はロバスト性能が複数のモデル化誤差に対するロバスト安定性と等価であることを意味している。

式 (6.118) をより一般化して，以下の指標を考える。

$$\mu_\Theta(M) = \frac{1}{\min\{\bar\sigma(\Theta) : \det(I - M\Theta) = 0\}}$$

ただし，Θ は $\Theta = \mathrm{diag}(\theta_1 I, \ldots, \theta_n I, \Theta_1, \ldots, \Theta_N)$ なる構造を有する行列である。$\mu_\Theta(M)$ は M だけでなく Θ の構造にも依存する。ロバスト安定性やロバスト性能は $\mu_\Theta(M) < 1$ に対応する。$\mu_\Theta(M)$ を構造化特異値といい，$\mu_\Theta(M) < 1$ を判定するための解析を μ 解析という。

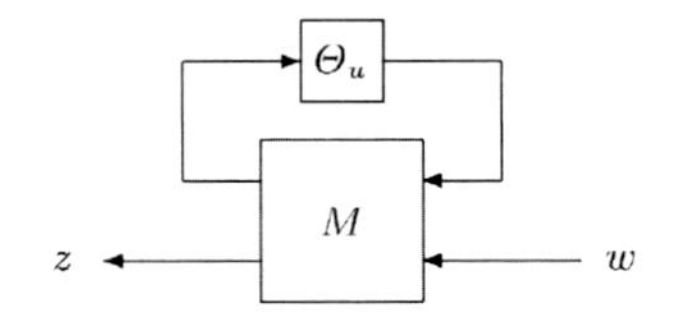

図 6.36　ロバスト性能解析

残念ながら $\mu_\Theta(M) < 1$ の判定は本質的に難しい問題であることが知られており，現在のところ，特別な場合を除いて $\mu_\Theta(M) < 1$ を厳密に判定する手法は知られていない。そこで実用上は，その十分条件

$$\inf_D \bar\sigma(DMD^{-1}) < 1 \tag{6.119}$$

が用いられる。ただし，D は $D\Theta = \Theta D$ を満足する正則行列であり，スケーリング行列と呼ばれている。

制御系設計も式 (6.119) に基づいて行われる。すなわち，ロバスト性能設計は，十分条件 $\|D\Phi D^{-1}\|_\infty < 1$ を達成するスケーリング行列 $D(s)$ とコントローラ $K(s)$ を設計することで行われる。さらに，これらの設計は $D(s)$ の探索と $K(s)$ の設計を交互に繰り返すことで実現されている。これを D-K イテレーションという。以上の枠組みで制御系を設計することは μ 設計とよばれている。

＜浅井 徹＞

参考文献（6.3.10 項 (1)〜(3)）

[1] Doyle, J. C. 他：『フィードバック制御の理論 —ロバスト制御の基礎理論』（藤井隆雄 監訳），コロナ社 (1995).

[2] Zhou, K., Doyle, J. C.: *Robust and Optimal Control*, Prentice Hall(1995).

[3] 平田光男：『実践ロバスト制御』，コロナ社 (2017).

(4) ロバスト適応制御

適応制御法の多くは，制御対象のパラメータ推定を行いながら目標値と制御量の誤差がゼロになる制御則を構築しており，外乱が制御性能に及ぼす影響についてはあまり考慮されていない。本稿では，適応制御法の働きをし，かつ $\mathcal{H}_\infty$ 制御法の規範で外乱が抑制可能な「ロバスト適応制御」について説明する。

式 (6.46) に示したロボットシステムの軌道追従制御において，まず目標軌道に追従させるのに必要なトルクを計算するが[1]，このときはノミナルパラメータ，すなわち (M_0, C_0, g_0) しか用いることができない。よって，入力トルクとして

$$\tau = u + M_0\ddot{q}_d + C_0\dot{q}_d + g_0 \tag{6.120}$$

を与える[1]。ここで u は後に設計する制御入力である。目標軌道誤差を $e = q - q_d$ とし，入力トルク (6.120) を入力トルク外乱 w を考慮したロボットシステム (6.46) に代入すると，誤差モデルとして次を得る。

$$M\ddot{e} + C\dot{e} + \Phi e_\beta = u + w \tag{6.121}$$

ここで Φ はリグレッサ行列，$e_\beta = \beta - \beta_0$ であり，この e_β にロボットシステムの不確かさが集約されていると解釈できる。さらに，$s = \dot{e} + \lambda e$ と定義し $(\lambda > 0)$，ロボットシステムの線形性より $M\dot{e} + Ce = \Phi_g\beta$ とすることができるので，式 (6.121) は

$$\begin{cases} \dot{e} & = -\lambda e + s \\ M\dot{s} & = -Cs - \Phi_e e_\beta + \lambda\Phi_g\beta_0 + u + w \end{cases} \tag{6.122}$$

と表される。ここで $\Phi_e = \Phi - \lambda\Phi_g$ である。不確かなロボットシステムに対し，適応的な安定性と外乱抑制性能をもつ適応型 $\mathcal{H}_\infty$ 制御系を構成する。誤差システム (6.122) において，e_β の推定値として $\hat{e}_\beta$ を考える。このとき，推定誤差は $\tilde{e}_\beta = e_\beta - \hat{e}_\beta$ で表される。いま，Slotine と Li[2] により与えられた適応型制御則を拡張して，次の制御則を与える。

$$\begin{cases} u & = -e - Ks - \lambda\Phi_g\beta_0 + \Phi_e\hat{e}_\beta + v \\ \dot{\hat{e}}_\beta & = -\Gamma\Phi_e^T s \ (K, \Gamma > 0 \text{ なる任意の定数行列}) \end{cases} \tag{6.123}$$

ここで v は後に定める新たな制御入力である。

次の仮想システムと正定関数 $\tilde{V}(t)$ を与える。

$$\begin{aligned} \frac{\mathrm{d}}{\mathrm{d}t}\begin{bmatrix} e \\ s \end{bmatrix} &= \begin{bmatrix} -\lambda e \\ \eta I s \end{bmatrix} + \begin{bmatrix} 0 \\ I \end{bmatrix} v + \begin{bmatrix} 0 \\ I \end{bmatrix} w \\ &= \hat{F} + \hat{b}_0 v + \hat{b}_0 w \end{aligned} \tag{6.124}$$

$$\tilde{V}(t) = \frac{1}{2}e^T e + \frac{1}{2}s^T s = \frac{1}{2}x^T x \tag{6.125}$$

ここで $x = \begin{bmatrix} e^T & s^T \end{bmatrix}^T$，$\eta$ は負値の定数または関数である。このとき，$\tilde{V}$ を解とするハミルトン–ヤコビ–イッサック方程式を求めると次となる。

$$\begin{aligned} &\frac{\partial\tilde{V}}{\partial x}\hat{F} - \frac{1}{4r}\frac{\partial\tilde{V}}{\partial x}\hat{b}_0\hat{b}_0^T\left(\frac{\partial\tilde{V}}{\partial x}\right)^T \\ &\quad + \frac{1}{4\gamma^2}\frac{\partial\tilde{V}}{\partial x}\hat{b}_0\hat{b}_0^T\left(\frac{\partial\tilde{V}}{\partial x}\right)^T + hx^T x \leq 0 \end{aligned} \tag{6.126}$$

ここで h, r は与えられた解 $\tilde{V}(t)$ に対して，不等式 (6.126) から与えられる正値の定数または関数，γ はある正定数である。また，不等式 (6.126) から次式が得られる。

$$-\lambda e^T e + \eta s^T s + \left(\frac{1}{4\gamma^2} - \frac{1}{4r}\right)s^T s + he^T e + hs^T s \leq 0 \tag{6.127}$$

このとき，入力トルク外乱 w を考慮した式 (6.46) に対して適応型制御則 (6.123) を適用する。このとき，式 (6.123) において

$$v = -\frac{1}{2r}s \tag{6.128}$$

とした場合，閉ループシステムは $t \leq \infty$，および $w \in \mathcal{L}^2$ に関して，次で定義される評価関数 $J(t)$ の上限を最小化するという意味で準最適なシステムとなる。

$$\begin{aligned} J(t) \equiv \sup_{w\in\mathcal{L}^2}&\left[\int_0^t \left\{x^T Q x + r v^T v\right\}\mathrm{d}\tau \right. \\ &\left. -\gamma^2\int_0^t w^T w \mathrm{d}\tau + V(t)\right] \end{aligned} \tag{6.129}$$

ここで

$$Q = \begin{bmatrix} hI & 0 \\ 0 & (h+\eta)I + K \end{bmatrix} \tag{6.130}$$

$$V = \frac{1}{2}e^T e + \frac{1}{2}s^T M s + \frac{1}{2}\tilde{e}_\beta^T\Gamma^{-1}\tilde{e}_\beta \tag{6.131}$$

である。

いま，正値関数 (6.131) をシステム (6.122) の解軌道に沿って時間微分を行い，式 (6.123) を考慮に入れると

$$\dot{V} = -\lambda e^T e - s^T K s + s^T v + s^T w$$

となる。ここで，両辺を積分し式 (6.127) の関係を用いて整理すると

$$
\begin{aligned}
V(t)-V(0) \leq &\int_0^t r\left\|\frac{1}{2r}s+v\right\|^2 \mathrm{d}\tau \\
&-\int_0^t \left\{s^T(hI+\eta I+K)s+rv^Tv\right\}\mathrm{d}\tau \\
&-h\int_0^t e^Te\mathrm{d}\tau-\gamma^2\int_0^t\left\|w+\frac{1}{2\gamma^2}s\right\|^2\mathrm{d}\tau \\
&+\gamma^2\int_0^t w^Tw\mathrm{d}\tau \\
\leq &\int_0^t r\left\|\frac{1}{2r}s+v\right\|^2\mathrm{d}\tau-\int_0^t\left(x^TQx+rv^Tv\right)\mathrm{d}\tau \\
&+\gamma^2\int_0^t w^Tw\mathrm{d}\tau \qquad (6.132)
\end{aligned}
$$

なる関係が得られる。

以上の関係により，外乱 w から評価信号 x までの $\mathcal{L}^2$ ゲインが γ 以下に規定されていることがわかる。またこれは適応的な H_∞ 制御系が実現できていることを意味する。

<佐藤和也>

参考文献（6.3.10 項 (4)）

[1] Murray R., Li Z., and Sastry S.: *A Mathematical Introduction to Robotic Manipulation*, CRC Press (1994).

[2] Slotine, J.J. and Li, W.: Adaptive manipulator control: a case study, *IEEE Trans. AC*, Vol. 33, No. 11, pp.995–1003. (1988).

[3] Sato K., Nakashima T., and Tsuruta K.: A robust adaptive H_∞ control for robotic manipulators with input torque uncertainties, *Int. J. of Advanced Mechatronic Systems*, Vol. 1, No. 2, pp. 116–124 (2008).

6.4 力制御

6.4.1 力制御の必要性

ロボットにさせたい作業には，作業対象物に加える力の制御を必要とするものが多い。例えば生産工場においては機械への部品組み付け，取り外し，組立て，研磨，ばり取りなど，また日常生活においては書字や描画，ものの把持と操り，ドアの開閉，ハンドル回しなどが挙げられる。さらにロボットと他の物体や人間との予期しない衝突時の安全のためには，その衝撃力をなるべく小さくすることが望ましい。本節では，このような力制御のための代表的な方法であるインピーダンス制御法および位置と力のハイブリッド制御法について解説する。

6.4.2 インピーダンス制御法

インピーダンス制御法とは，ロボットの手先の機械インピーダンス特性を適切な値に予め設定しておき，手先目標位置の調整を通して，手先が対象物に加える力を間接的に制御する方法である[1]。以下では機械インピーダンスについて概説した後，まず1自由度系の場合のインピーダンス制御について説明し，次いで多自由度ロボットアームの場合のインピーダンス制御について説明する。

(1) 機械インピーダンス

機械インピーダンスは電気回路分野における電気インピーダンスに対応する概念である。電気インピーダンスとは，電気回路の入力端に加えられた電圧に対する電流の流れにくさを表し，直感的には「電気インピーダンス=電圧/電流」である。これに対応して機械インピーダンスは加えられた力に対する機械系の動きにくさを表し，直感的には「機械インピーダンス=力/速度」である。例えば図6.37のように，ばね k とダンパ d によって固定壁に結合された質量 m の車両が直線上をなめらかに動くものとするとき，車両の平衡位置0からの変位 x と車両に加わる外力 f との関係は

$$
f=m\ddot{x}+d\dot{x}+kx=m\dot{v}+dv+k\int v\mathrm{d}t \qquad (6.133)
$$

で与えられる。ただし v は速度であり x の時間微分 $\mathrm{d}x/\mathrm{d}t$ を表す。したがって機械インピーダンスは，質量，ばね，ダンパの特性によって定まり，数学的には v から f への周波数伝達関数に相当する複素インピーダンス

$$
Z(j\omega)=mj\omega+d+\frac{k}{j\omega} \qquad (6.134)
$$

で記述される。ここで j は虚数単位，ω は角周波数である。

機械インピーダンスの設計が力の制御を必要とする

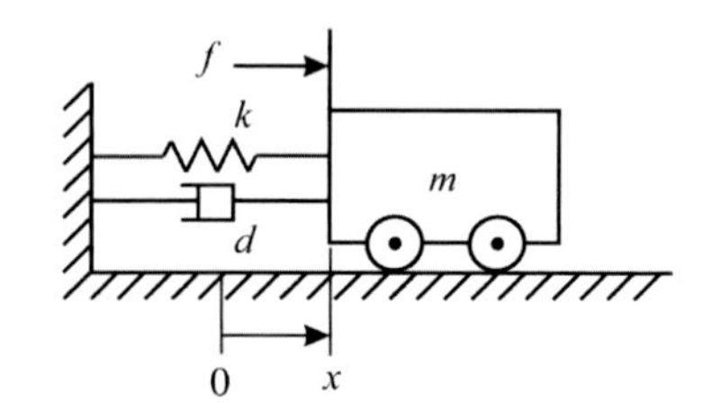

図 6.37　質量ばね・ダンパからなる機械系

作業に有効であることを示す例として，RCC(Remote Center Compliance) 装置がある[2]。これは円柱形の軸を公差の小さな穴に挿入するための装置である。ばね要素を用いた巧妙な構造によって，軸の中心線が穴の中心線からずれていてもそのまま RCC 装置をロボットハンドなどで穴の方向に押し込めば，穴の面取り部付近で発生する反力によって自然に中心線が修正され，軸が穴に挿入されるのである。ただし RCC 装置は純粋に機械的な要素を用いているため，軸の寸法などが変わると装置自体も作り変える必要があるという点で柔軟性に欠ける。

以下ではロボットのモータへの手先位置や力のフィードバック制御ループを設けることによって，手先の見かけ上の機械インピーダンスをソフトウェア的に望ましいものに変える方法について述べる。なお，RCC 装置のように機械的要素を用いる方法は受動インピーダンス法，フィードバック制御ループを通じてモータの駆動力を用いる方法は能動インピーダンス法と呼ばれる。

(2) 1 自由度系のインピーダンス制御

図 6.38 のように車輪駆動モータをもつ車両の場合を例にとって，1 自由度系の能動インピーダンス制御法を説明しよう。この力学系の運動方程式が

$$m\ddot{x} + d\dot{x} + kx = f + f_u \tag{6.135}$$

で与えられるものとする。ここで f_u はモータによってシステムに加えられる駆動力である。

この系の外力に対する望ましい機械インピーダンス特性が

$$m_d\ddot{x} + d_d\dot{x}_e + k_d x_e = f, \quad x_e = x - x_d \tag{6.136}$$

で与えられるものとする。ここで m_d, d_d, k_d は望ましい質量，減衰係数，ばね定数であり，x_d は目標位置軌道である。これを実現する駆動力 f_u を与える制御則は，外力 f が測定できる場合については理想特性 (6.136) の $\ddot{x}$ を式 (6.135) に代入することによって

$$f_u = (\frac{m}{m_d} - 1)f - \frac{m}{m_d}(d_d\dot{x}_e + k_d x_e) + (d\dot{x} + kx) \tag{6.137}$$

で与えられる。

以上の議論から任意に与えられたパラメータ m_d, d_d, k_d に対して理想特性 (6.136) を実現できることがわかった。残る課題はいかにこれらのパラメータを選定するかである。以下に代表的な場合について選定例を示そう。

まず系が対象物や障害物と接触せずに自由運動する場合には，物体の位置をなるべく速やかに目標軌道に追従させることが主な目的となる。例えば $m_d = m$ とすると f の情報が不要となり，理想特性 (6.136) の固有角周波数 $\omega_C = \sqrt{k_d/m_d}$ をなるべく大きくし，減衰係数 $\xi = d_d/(2\sqrt{m_d k_d})$ を 0.7～1.0 と選定すれば，x が適切な減衰振動のもとに速やかに x_d に収束する。また系が対象物や障害物と接触して拘束された状態で運動する場合には，接触力を小さくしたり，目標力に合わせたりすることが主な目的となる。接触力を小さくするには，m_d, k_d をなるべく小さくし，d_d を ξ が 0.7～1.0 となるようにすればよい。また対象物や障害物に一定の目標とする力 f_d を加えたい場合には，目標位置 x_d を対象物の表面から f_d/k_d だけ内部に入り込ませればよい。

(3) 多自由度ロボットアームのインピーダンス制御

多自由度系の代表例として，図 6.39 に示すような直列駆動型 6 関節ロボットアームのインピーダンス制御を考えよう。基準座標系 $\Sigma_R(O_R - X_R Y_R Z_R)$ および手先に固定した手先座標系 $\Sigma_E(O_E - X_E Y_E Z_E)$ を図のように定め，Σ_E の目標位置姿勢を表す座標系を Σ_{Ed}

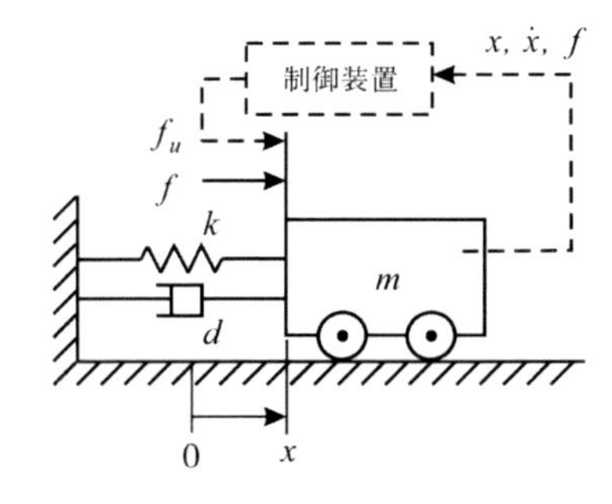

図 6.38　1 自由度系の例

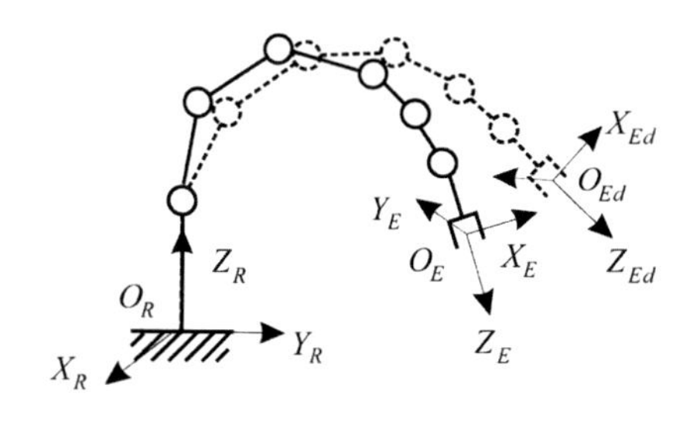

図 6.39　6 関節ロボットアーム

とする。以下ではΣ_Eを基準位置としΣ_{Ed}をばねとダンパに対する目標位置とする目標インピーダンス特性を指定し，それを実現する制御則を導出する。

まずロボットアームの台座に固定された基準座標系Σ_Rから見た手先座標系Σ_Eの位置姿勢を6次元の変数$\boldsymbol{r} = [\boldsymbol{p}^T\ \boldsymbol{\phi}^T]^T$で表現する。ただし$\boldsymbol{p}$は$\Sigma_E$の原点位置，$\boldsymbol{\phi} = [\phi\ \ \theta\ \ \psi]^T$は$\Sigma_E$の姿勢のロール・ピッチ・ヨー角表現である。同様に$\Sigma_{Ed}$の位置姿勢を$\boldsymbol{r}_d = [\boldsymbol{p}_d^T\ \boldsymbol{\phi}_d^T]^T$とする。さらに$\Sigma_E$と$\Sigma_{Ed}$は互いに近い位置姿勢にあって，ともに表現上の特異姿勢を取らない（すなわち$|\theta| \neq \pi/2$，$|\theta_d| \neq \pi/2$を満たす）ものとする。

以上の準備のもとに，ロボットの動特性を$\boldsymbol{r}$で表現しよう。まず運動学特性が

$$\boldsymbol{r} = \hat{\boldsymbol{f}}_r(\boldsymbol{q}),\quad \dot{\boldsymbol{r}} = \boldsymbol{J}_r\dot{\boldsymbol{q}} \tag{6.138}$$

で与えられるものとする。ただし$\hat{\boldsymbol{f}}_r(\boldsymbol{q})$は$\boldsymbol{r}$と6次元の関節変数$\boldsymbol{q}$の関係を表す非線形関数であり，$\boldsymbol{J}_r$は対応するヤコビ行列である。またロボットの動特性は関節変数$\boldsymbol{q}$と関節駆動力$\boldsymbol{\tau}$を用いて

$$\boldsymbol{M}\ddot{\boldsymbol{q}} + \boldsymbol{h} + \boldsymbol{g} = \boldsymbol{\tau} + \boldsymbol{J}_r^T\boldsymbol{f} \tag{6.139}$$

で与えられるものとする。ここで$\boldsymbol{M}(\boldsymbol{q})$は慣性行列，$\boldsymbol{h}(\boldsymbol{q}, \dot{\boldsymbol{q}})$は遠心力とコリオリ力，$\boldsymbol{g}(\boldsymbol{q})$は重力，$\boldsymbol{f}$は手先に加わる外力を一般化座標$\boldsymbol{r}$に対応する一般化力で表現したものである。すると$\boldsymbol{J}_r$が正則となる$\boldsymbol{q}$においては式(6.139)は手先変数$\boldsymbol{r}$を用いた表現

$$\boldsymbol{M}_r\ddot{\boldsymbol{r}} + \boldsymbol{h}_r + \boldsymbol{g}_r = \boldsymbol{J}_r^{-T}\boldsymbol{\tau} + \boldsymbol{f} \tag{6.140}$$

に変換できる。ただし$\boldsymbol{J}_r^{-T} = (\boldsymbol{J}_r^{-1})^T$，$\boldsymbol{M}_r = \boldsymbol{J}_r^{-T}\boldsymbol{M}\boldsymbol{J}_r^{-1}$，$\boldsymbol{h}_r = \boldsymbol{J}_r^{-T}\boldsymbol{h} - \boldsymbol{M}_r\dot{\boldsymbol{J}}_r\dot{\boldsymbol{q}}$，$\boldsymbol{g}_r = \boldsymbol{J}_r^{-T}\boldsymbol{g}$である。

さて式(6.140)に対する理想インピーダンス特性が

$$\boldsymbol{M}_d\ddot{\boldsymbol{r}} + \boldsymbol{D}_d\dot{\boldsymbol{r}}_e + \boldsymbol{K}_d\boldsymbol{r}_e = \boldsymbol{f},\quad \boldsymbol{r}_e = \boldsymbol{r} - \boldsymbol{r}_d \tag{6.141}$$

で与えられるものとする。ここで$\boldsymbol{M}_d$，$\boldsymbol{D}_d$，$\boldsymbol{K}_d$は理想特性の慣性行列，粘性係数行列，ばね係数行列である。この理想特性を実現する制御則は$\boldsymbol{f}$が測定できる場合には，式(6.141)の$\ddot{\boldsymbol{r}}$を式(6.140)に代入し，整理することにより

$$\boldsymbol{\tau} = \boldsymbol{M}\boldsymbol{J}_r^{-1}\{\boldsymbol{M}_d^{-1}(\boldsymbol{f} - \boldsymbol{D}_d\dot{\boldsymbol{r}}_e - \boldsymbol{K}_d\boldsymbol{r}_e) - \dot{\boldsymbol{J}}_r\dot{\boldsymbol{q}}\}$$
$$-\boldsymbol{J}_r^T\boldsymbol{f} + \boldsymbol{h} + \boldsymbol{g} \tag{6.142}$$

で与えられる。

理想特性(6.141)のパラメータ$\boldsymbol{M}_d$，$\boldsymbol{D}_d$，$\boldsymbol{K}_d$は作業内容に応じて定めることができる。例えば外部拘束の方向が目標手先座標系のいずれかの軸方向とほぼ一致している場合には$\boldsymbol{M}_d$，$\boldsymbol{D}_d$，$\boldsymbol{K}_d$を対角行列とし，外部拘束の状況に応じて$\boldsymbol{r}$の各変数毎に1自由度系の場合と同様に定めればよい。

以上の方法の問題点としては，手先姿勢の表現に$\boldsymbol{\phi}$を用いているため表現上の特異姿勢が生じ得ること，およびΣ_RとΣ_Eの3軸方向が異なる場合に回転のインピーダンスの設定が$\boldsymbol{\phi}$の値によって定まる斜交座標系での設定になることが挙げられる。これらの問題点への対応策であるが，与えられた作業実行中を通じて必要な手先姿勢に対するロール・ピッチ・ヨー角$\boldsymbol{\phi}$がある一定値$\boldsymbol{\phi}_s$に近い場合には，原点位置がΣ_Rに等しく姿勢が$\boldsymbol{\phi}_s$で与えられる直交座標系Σ_{Rs}を，Σ_Rに代わる新たな基準座標系とすればよい。また，手先姿勢から見て一定のインピーダンス特性を持たせたい場合や，与えられた作業の実行中に必要な手先姿勢が大きく変化して表現上の特異姿勢が問題になる可能性がある場合に対しては，表現上の特異姿勢の問題点を持たないように手先座標系の角速度ベクトルを基本的な変数に取り，加速度分解法を利用して望みのインピーダンスを実現する方法も提案されている[3]。

6.4.3　位置と力のハイブリッド制御法

前項のインピーダンス制御法は，基本的には手先座標系で表現したインピーダンス特性を目標特性に一致させるために，全方向に関して$\boldsymbol{r}$に対する位置制御則を用いるものである。これに対し本項で説明するハイブリッド制御法は，手先の位置制御方向と力制御方向を明確に区別し，力制御方向には力制御則を用いる方式である。以下ではまず位置方向と力方向の目標値からの誤差をフィードバックする誤差フィードバック制御法について説明し，次いでロボットの動特性を考慮してこれを補償する動的ハイブリッド制御法について説明する。

(1) 誤差フィードバックによるハイブリッド制御法

ハイブリッド制御法はRaibertとCraigによって提案された[4]。これはロボット手先の位置と手先が対象物に加える力の目標値からの誤差を関節変数レベルで

フィードバックして目的を達成しようとする直観的な方法である。

図 6.40 に示すような平面内を動く 2 自由度アームの手先を，斜線を施した対象物の滑らかな表面に接触させた状態で，面に沿う方向には指定された目標軌道に沿って移動させると同時に，垂直な方向には指定された目標力で押しつけたい場合を考える。このような状況を扱うためには，X_C が位置制御方向を，Y_C が力制御方向を指すような座標系 $\Sigma_C(O_C - X_C Y_C)$ を定めるのが便利である。座標系 Σ_C は拘束座標系と呼ばれる。この Σ_C から見た手先位置を ${}^C\boldsymbol{r}$ とし，手先速度 ${}^C\dot{\boldsymbol{r}}$ と関節速度 $\dot{\boldsymbol{q}} = [\dot{q}_1 \ \ \dot{q}_2]^T$ の関係が，ヤコビ行列 $\boldsymbol{J}_C$ を用いて ${}^C\dot{\boldsymbol{r}} = \boldsymbol{J}_C \dot{\boldsymbol{q}}$ と表せるものとする。またロボットに取り付けた位置センサと力センサで Σ_C 座標系から見た手先位置 ${}^C\boldsymbol{r}(t)$ と押しつけ力 ${}^C\boldsymbol{f}(t)$ が計測できるものとする。

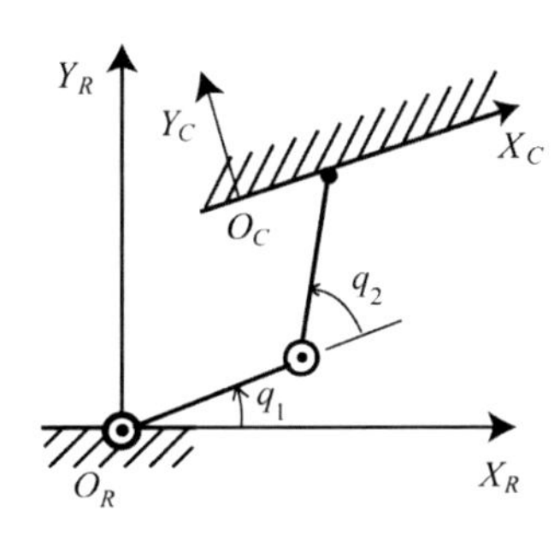

図 6.40　ハイブリッド制御法

まず，手先位置および押しつけ力の目標軌道を ${}^C\boldsymbol{r}_d(t)$ および ${}^C\boldsymbol{f}_d(t)$ とし，それらの方向性を考えた誤差を

$$ {}^C\boldsymbol{r}_e = \boldsymbol{S}_P({}^C\boldsymbol{r}_d - {}^C\boldsymbol{r}) \tag{6.143} $$

$$ {}^C\boldsymbol{f}_e = \boldsymbol{S}_F({}^C\boldsymbol{f}_d - {}^C\boldsymbol{f}) \tag{6.144} $$

によって求める。ここで $\boldsymbol{S}_P$ は位置制御方向選択行列，$\boldsymbol{S}_F$ は力制御方向選択行列と呼ばれ，

$$ \boldsymbol{S}_P = \begin{bmatrix} 1 & 0 \\ 0 & 0 \end{bmatrix}, \quad \boldsymbol{S}_F = \boldsymbol{I} - \boldsymbol{S}_P = \begin{bmatrix} 0 & 0 \\ 0 & 1 \end{bmatrix} \tag{6.145} $$

で与えられる。したがって式 (6.143) は手先位置誤差の X_C 軸方向成分のみを取り出し，式 (6.144) は力誤差の Y_C 軸方向成分のみを取り出す操作を意味する。

次に，これらの誤差を減少させるためのフィードバック制御則を関節変数空間で与える。${}^C\boldsymbol{r}_e$ に対応する関節角誤差 $\boldsymbol{q}_e$ およびその微分 $\dot{\boldsymbol{q}}_e$ は $\boldsymbol{q}_e \cong \boldsymbol{J}_C^{-1}\,{}^C\boldsymbol{r}_e$ および $\dot{\boldsymbol{q}}_e = \boldsymbol{J}_C^{-1}\,{}^C\dot{\boldsymbol{r}}_e$ で与えられ，${}^C\boldsymbol{f}_e$ に対応する関節駆動力誤差 $\boldsymbol{\tau}_e$ は，$\boldsymbol{\tau}_e = \boldsymbol{J}_C^T\,{}^C\boldsymbol{f}_e$ で与えられる。これらの関節角誤差および力誤差を補償するための関節駆動力 $\boldsymbol{\tau}_P$ および $\boldsymbol{\tau}_F$ をそれぞれ適当なフィードバック制御則より求める。たとえば PD（比例および微分）動作による位置制御則

$$ \boldsymbol{\tau}_P = \ddot{\boldsymbol{q}}_d + \boldsymbol{K}_{Pd}\dot{\boldsymbol{q}}_e + \boldsymbol{K}_{Pp}\boldsymbol{q}_e \tag{6.146} $$

と I（積分）動作による力制御則

$$ \boldsymbol{\tau}_F = \boldsymbol{\tau}_d + \boldsymbol{K}_{Fi}\int_0^t \boldsymbol{\tau}_e(t')\mathrm{d}t' \tag{6.147} $$

を取ればよい。ただし $\boldsymbol{K}_{Pp}$，$\boldsymbol{K}_{Pd}$，$\boldsymbol{K}_{Fi}$ は正定対称なフィードバックゲイン行列であり，$\ddot{\boldsymbol{q}}_d = \boldsymbol{J}_C^{-1}\boldsymbol{S}_P\,{}^C\ddot{\boldsymbol{r}}_d$ および $\boldsymbol{\tau}_d = \boldsymbol{J}_C^T\boldsymbol{S}_F\,{}^C\boldsymbol{f}_d$ は目標軌道を考慮したフィードフォワード項である。そして，これらの和

$$ \boldsymbol{\tau} = \boldsymbol{\tau}_P + \boldsymbol{\tau}_F \tag{6.148} $$

を各関節に加えれば目標とする位置と力がほぼ達成されると期待できるというのが，誤差フィードバックによるハイブリッド制御法である。

以上は 2 自由度アームの場合であったが，高自由度のアームについても同様な制御則が得られることを，6 関節アームの場合について以下に示そう。

まず実行したい作業に対して拘束座標系を設定する方法を，図 6.41 に示す軸挿入作業を例にとって説明する。円柱の軸は公差の小さな丸穴に挿入され穴の中でなめらかに運動でき，ロボットは軸をしっかりと握っているものとする。この場合には例えば図に示すように丸穴の中心線上の適当な位置に原点 O_C をもち，穴の中心線方向に Z_C 軸，それと右手系をなすように X_C 軸，Y_C 軸をもつ直交座標系 $\Sigma_C(O_C - X_C Y_C Z_C)$ を拘束座標系とすればよい。すると Z_C 軸に沿う並進と Z_C 軸まわりの回転のみが位置制御方向となり，それ以外の X_C，Y_C 軸に沿う並進と X_C，Y_C 軸まわりの回転の方向が力制御方向となる。したがってこの場合の $\boldsymbol{S}_P$ および $\boldsymbol{S}_F$ は

$$ \boldsymbol{S}_P = \mathrm{diag}\{0,\ 0,\ 1,\ 0,\ 0,\ 1\},\quad \boldsymbol{S}_F = \boldsymbol{I} - \boldsymbol{S}_P \tag{6.149} $$

で与えられる。ただし diag{ } は { } 内の要素を対角要

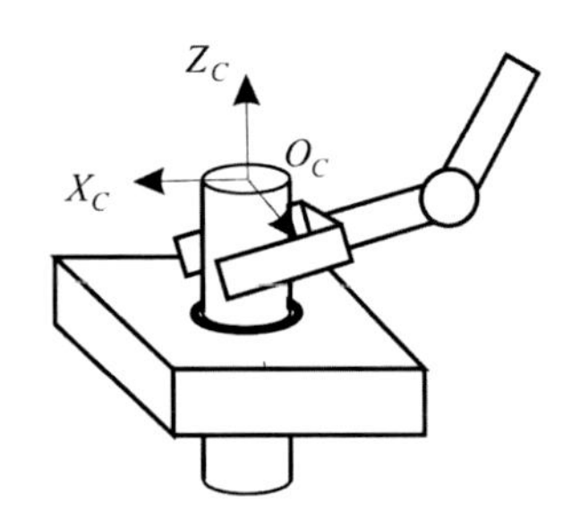

図 6.41　軸挿入作業に対する拘束座標系の例

素として持ち他の要素が全て 0 の対角行列を意味する。

なお，Σ_C に関連して以下の点を補足しておく。現在時刻における Σ_C で表した手先の速度と角速度を ${}^C\boldsymbol{v} = [v_x\ v_y\ v_z\ \omega_x\ \omega_y\ \omega_z]^T$，手先がハンドルに加える力とモーメントを ${}^C\boldsymbol{f} = [f_x\ f_y\ f_z\ n_x\ n_y\ n_z]^T$ とおこう。すると上述の軸挿入作業の場合には，位置に関する拘束条件から必然的に $v_x = v_y = \omega_x = \omega_y = 0$ となるとともに，これらの方向にはロボットから任意の力 $f_x = f_{x0}$，$f_y = f_{y0}$，$n_x = n_{x0}$，$n_y = n_{y0}$（f_{x0}，f_{y0}，n_{x0}，n_{y0} は任意定数）を加えることができる。また v_z と ω_z 方向には位置の拘束がないので任意の運動 $v_z = v_{z0}$，$\omega_z = \omega_{z0}$（v_{z0}，ω_{z0} は任意定数）を行うことができる。このことから $v_x = v_y = \omega_x = \omega_y = 0$，$f_z = n_z = 0$ は自然拘束，$v_z = v_{z0}$，$\omega_z = \omega_{z0}$，$f_x = f_{x0}$，$f_y = f_{y0}$，$n_x = n_{x0}$，$n_y = n_{y0}$ は人工拘束と呼ばれる。

以上の準備のもとに 6 自由度アームのハイブリッド制御則を与えよう。まず図 6.41 に示すようにハンドで把持した軸が穴に理想的に挿入された状態で Σ_C と Σ_E の 3 軸方向が合致するように Σ_E の 3 軸方向を定める。また手先速度 ${}^C\boldsymbol{v}$ と関節速度 $\dot{\boldsymbol{q}}$ との間のヤコビ行列 $\boldsymbol{J}_C$ を求める。そして式 (6.143) から式 (6.148) までと同様な議論を行い，それらをまとめるとハイブリッド制御則が

$$\begin{aligned}\boldsymbol{\tau} &= \boldsymbol{J}_C^{-1}\boldsymbol{S}_P\,{}^C\ddot{\boldsymbol{r}}_d + \boldsymbol{K}_{Pd}\boldsymbol{J}_C^{-1}\boldsymbol{S}_P({}^C\dot{\boldsymbol{r}}_d - {}^C\dot{\boldsymbol{r}})\\ &\quad + \boldsymbol{K}_{Pp}\boldsymbol{J}_C^{-1}\boldsymbol{S}_P({}^C\boldsymbol{r}_d - {}^C\boldsymbol{r}) + \boldsymbol{J}_C^T\boldsymbol{S}_F\,{}^C\boldsymbol{f}_d\\ &\quad + \boldsymbol{K}_{Fi}\int_0^t \boldsymbol{J}_C^T\boldsymbol{S}_F({}^C\boldsymbol{f}_d(t') - {}^C\boldsymbol{f}(t'))\mathrm{d}t' \end{aligned}\tag{6.150}$$

で与えられる。ただし ${}^C\boldsymbol{r}$ としては，Σ_C から見た Σ_E の原点位置ベクトル ${}^C\boldsymbol{p}$ と Σ_E のロール・ピッチ・ヨー角表現 ${}^C\boldsymbol{\phi} = [\phi\ \theta\ \psi]^T$（$X, Y, Z$ 軸まわりの順）を用いて，${}^C\boldsymbol{r} = [{}^C\boldsymbol{p}^T\ {}^C\boldsymbol{\phi}^T]^T$ を選ぶ。その理由は以下の通りである。上式右辺第 2 項の $({}^C\dot{\boldsymbol{r}}_d - {}^C\dot{\boldsymbol{r}})$ は前述の拘束座標系の考え方に従えば $({}^C\boldsymbol{v}_d - {}^C\boldsymbol{v})$ で与えられるべきものであるが，${}^C\boldsymbol{v}$ 中の角速度成分 $[\omega_x\ \omega_y\ \omega_z]^T$ の積分に厳密に対応する姿勢の表現法が存在しないため右辺第 3 項の姿勢表現項と整合させることができない。この困難に対処するための一方法として上記の ${}^C\boldsymbol{r}$ を取った。こうすれば ${}^C\boldsymbol{\phi}$ の時間微分 ${}^C\dot{\boldsymbol{\phi}}$ と角速度ベクトル ${}^C\boldsymbol{\omega}$ の関係が

$${}^C\boldsymbol{\omega} = \begin{bmatrix} 1 & 0 & \sin\theta \\ 0 & \cos\theta & -\sin\phi\cos\theta \\ 0 & \sin\theta & \cos\phi\cos\theta \end{bmatrix} {}^C\dot{\boldsymbol{\phi}} \tag{6.151}$$

で与えられるので，少なくとも ${}^C\boldsymbol{\phi} \simeq 0$ のときには ${}^C\dot{\boldsymbol{r}} \simeq {}^C\boldsymbol{v}$ が成立するからである。

(2) 動的ハイブリッド制御

(1) のハイブリッド制御法ではアームの動特性を考慮していない。また手先が対象物と 2 箇所で接触する場合などのように，直交型拘束座標系を定義することが困難な作業も存在する。ここではより一般的な拘束が記述でき，アームの動特性を正確に補償する動的ハイブリッド制御法について述べる[5, 6]。

動的ハイブリッド制御法ではまず直交型拘束座標系に代わって，手先が対象物から受ける拘束を大局的に反映した作業座標系（一般的には曲線座標系）を定める。次いでアームの動特性をこの作業座標系で記述し，さらに位置制御方向と力制御方向に線形非干渉化する。最後にこれら 2 つの方向に適当なサーボ補償制御則を与える。以上の手順によって目標位置軌道と目標力軌道への収束性が保証された制御系が構成される。

以下では図 6.42 に示すような 6 関節アームの手先を，対象物の滑らかな曲面に押し付けて動かす場合を例にとって説明しよう。まず手先が受ける拘束が基準座標系 Σ_R から見た Σ_E の 6 次元位置姿勢ベクトル $\boldsymbol{r}$

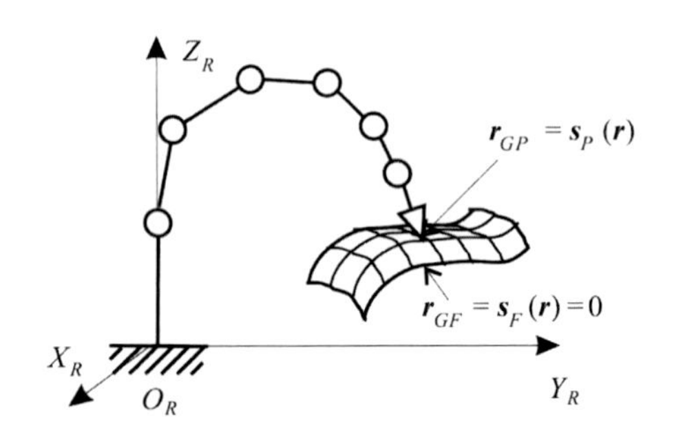

図 6.42　動的ハイブリッド制御法

を用いて，$\boldsymbol{r}$ が m 個の超曲面

$$\boldsymbol{s}_F(\boldsymbol{r}) = \boldsymbol{0} \tag{6.152}$$

に拘束されているという形で記述できるものとする。ここで $\boldsymbol{s}_F(\boldsymbol{r})$ は m 次元（$6 \geq m \geq 1$）の関数である。そして手先が拘束を受けながら運動するときの手先位置姿勢が $(6-m)$ 次元の関数

$$\boldsymbol{r}_{GP} = \boldsymbol{s}_P(\boldsymbol{r}) \tag{6.153}$$

で表現できるものとする。ただし $\boldsymbol{s}_F(\boldsymbol{r})$ および $\boldsymbol{s}_P(\boldsymbol{r})$ の計 6 つの要素はいずれも，目的とする作業で必要な $\boldsymbol{r}$ を含む（6 次元ユークリッド空間の）ある部分領域 S で定義された 2 回微分可能な関数であり，互いに 1 次独立であると仮定する。また部分領域 S は手先姿勢の表現上の特異姿勢を含まないものとする。

さて $\boldsymbol{r}_{GF} = \boldsymbol{s}_F(\boldsymbol{r})$ と置き，$\boldsymbol{r}_{GP}$ と合わせて $\boldsymbol{r}_G = [\boldsymbol{r}_{GP}^T \ \ \boldsymbol{r}_{GF}^T]^T = [\boldsymbol{s}_P^T(\boldsymbol{r}) \ \ \boldsymbol{s}_F^T(\boldsymbol{r})]^T$ と表示する。すると $\boldsymbol{r}_G$ は $\boldsymbol{r}$ に代わる手先位置の一般化座標の役割を果たす。また運動学特性 $\boldsymbol{r} = \hat{\boldsymbol{f}}_r(\boldsymbol{q})$ を用いれば

$$\boldsymbol{r}_G = \begin{bmatrix} \boldsymbol{s}_P(\hat{\boldsymbol{f}}_r(\boldsymbol{q})) \\ \boldsymbol{s}_F(\hat{\boldsymbol{f}}_r(\boldsymbol{q})), \end{bmatrix} = \hat{\boldsymbol{f}}_G(\boldsymbol{q}) \tag{6.154}$$

と表せ，これを微分すると $\dot{\boldsymbol{r}}_G = \boldsymbol{J}_G\dot{\boldsymbol{q}}$ が得られる。ただし $\boldsymbol{J}_G$ はヤコビ行列である。さらに $\boldsymbol{J}_G$ を $\boldsymbol{J}_G = [\boldsymbol{J}_{GP}^T \ \ \boldsymbol{J}_{GF}^T]^T$ と表現するとき，式 (6.152) より

$$\dot{\boldsymbol{r}}_G = \boldsymbol{J}_G\dot{\boldsymbol{q}} = \begin{bmatrix} \boldsymbol{J}_{GP} \\ \boldsymbol{J}_{GF} \end{bmatrix} \dot{\boldsymbol{q}} = \begin{bmatrix} \dot{\boldsymbol{r}}_{GP} \\ \boldsymbol{0} \end{bmatrix} \tag{6.155}$$

が成立する。また一般化座標 $\boldsymbol{r}_G$ に対応する一般化力を $\boldsymbol{f}_G = [\boldsymbol{f}_{GP}^T \ \ \boldsymbol{f}_{GF}^T]^T$ とすると，$\boldsymbol{f}_G$ と関節駆動力 $\boldsymbol{\tau}$ の間に $\boldsymbol{\tau} = \boldsymbol{J}_G^T\boldsymbol{f}_G$ という関係が成立する。なお $\dot{\boldsymbol{r}}_G$ の $\dot{\boldsymbol{r}}$ に関するヤコビ行列を $\boldsymbol{J}_{Gr}$ とするとき，$\dot{\boldsymbol{r}}$ の $\dot{\boldsymbol{q}}$ に関するヤコビ行列 $\boldsymbol{J}_r$ を用いて $\boldsymbol{J}_G$ が $\boldsymbol{J}_G = \boldsymbol{J}_{Gr}\boldsymbol{J}_r$ で与えられることに注意されたい。

次に位置制御方向と力制御方向に分割した形で線形非干渉化するための制御則を与えよう。アームの動特性は式 (6.139) と同様に

$$\boldsymbol{M}\ddot{\boldsymbol{q}} + \boldsymbol{h} + \boldsymbol{g} = \boldsymbol{\tau} + \boldsymbol{J}_{GF}^T\boldsymbol{f}_{GF} \tag{6.156}$$

で与えられるものとする。このアームに線形非干渉化補償器として

$$\boldsymbol{\tau} = \boldsymbol{\tau}_P + \boldsymbol{\tau}_F \tag{6.157}$$

$$\boldsymbol{\tau}_P = \boldsymbol{M}\ddot{\boldsymbol{q}}_P + \boldsymbol{h} + \boldsymbol{g}, \quad \boldsymbol{\tau}_F = \boldsymbol{J}_{GF}^T\boldsymbol{u}_F \tag{6.158}$$

$$\ddot{\boldsymbol{q}}_P = \boldsymbol{J}_G^{-1}(\begin{bmatrix} \boldsymbol{u}_P \\ 0 \end{bmatrix} - \dot{\boldsymbol{J}}_G\dot{\boldsymbol{q}}) \tag{6.159}$$

を用いると式 (6.156), (6.157) より

$$\begin{bmatrix} \boldsymbol{u}_P - \ddot{\boldsymbol{r}}_{GP} \\ \boldsymbol{0} \end{bmatrix} = \begin{bmatrix} \boldsymbol{J}_{GP}\boldsymbol{M}^{-1}\boldsymbol{J}_{GF}^T(\boldsymbol{u}_F - \boldsymbol{f}_{GF}) \\ \boldsymbol{J}_{GF}\boldsymbol{M}^{-1}\boldsymbol{J}_{GF}^T(\boldsymbol{u}_F - \boldsymbol{f}_{GF}) \end{bmatrix} \tag{6.160}$$

が成り立つ。そして $\boldsymbol{J}_{GF}\boldsymbol{M}^{-1}\boldsymbol{J}_{GF}^T$ が正則であることから，線形化補償器適用後のシステムの動特性が

$$\ddot{\boldsymbol{r}}_{GP} = \boldsymbol{u}_P, \quad \boldsymbol{f}_{GF} = \boldsymbol{u}_F \tag{6.161}$$

という線形非干渉系になり，$\boldsymbol{r}_{GP}$ の位置制御と $\boldsymbol{f}_{GF}$ の力制御を別個に行えることがわかる。

最後に位置制御と力制御のためのサーボ補償制御則を与える。例えば，位置サーボ補償器として PD 制御則

$$\boldsymbol{u}_P = \ddot{\boldsymbol{r}}_{GPd} + \boldsymbol{K}_{Pd}(\dot{\boldsymbol{r}}_{GPd} - \dot{\boldsymbol{r}}_{GP}) + \boldsymbol{K}_{Pp}(\boldsymbol{r}_{GPd} - \boldsymbol{r}_{GP}) \tag{6.162}$$

を用い，力サーボ補償器として I 制御則

$$\boldsymbol{u}_F = \boldsymbol{f}_{GFd} + \boldsymbol{K}_{Fi}\int_0^t (\boldsymbol{f}_{GFd}(t') - \boldsymbol{f}_{GF}(t'))\mathrm{d}t' \tag{6.163}$$

を用いるとよい。ただし $\boldsymbol{r}_{GPd}$ は目標位置軌道，$\boldsymbol{f}_{GFd}$ は目標力軌道である。このとき位置偏差を $\boldsymbol{r}_{GPe} = \boldsymbol{r}_{GPd} - \boldsymbol{r}_{GP}$ とし力偏差を $\boldsymbol{f}_{GFe} = \boldsymbol{f}_{GFd} - \boldsymbol{f}_{GF}$ とすると，閉ループ系の特性は

$$\ddot{\boldsymbol{r}}_{GPe} + \boldsymbol{K}_{Pd}\dot{\boldsymbol{r}}_{GPe} + \boldsymbol{K}_{Pp}\boldsymbol{r}_{GPe} = \boldsymbol{0} \tag{6.164}$$

$$\dot{\boldsymbol{f}}_{GFe} + \boldsymbol{K}_{Fi}\boldsymbol{f}_{GFe} = \boldsymbol{0} \tag{6.165}$$

となる。したがって $\boldsymbol{K}_{Pp}$, $\boldsymbol{K}_{Pd}$, $\boldsymbol{K}_{Fi}$ が正定対称であれば $t \to \infty$ のとき

$$\boldsymbol{r}_{GP} \to \boldsymbol{r}_{GPd}, \quad \boldsymbol{f}_{GF} \to \boldsymbol{f}_{GFd} \tag{6.166}$$

が成立し，式 (6.157)〜(6.159), (6.162), (6.163) で与えられるハイブリッド制御則によって位置軌道と力軌道の目標軌道への収束が実現されることが示された。

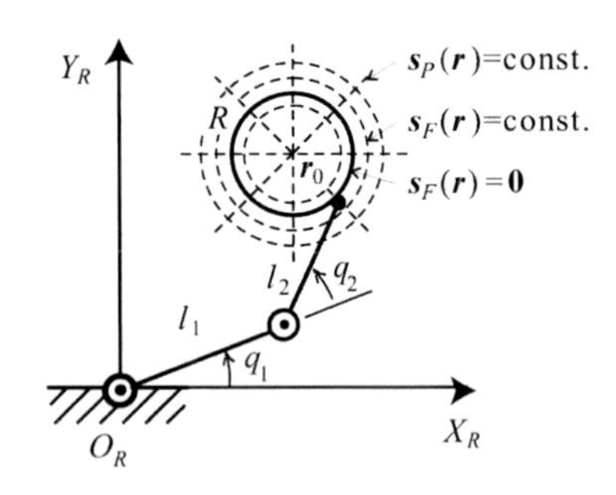

図 **6.43**　2 自由度アームによる曲面倣い

なお，本定式化の基礎となる式 (6.152) の $\boldsymbol{s}_F(\boldsymbol{r})$ と式 (6.153) の $\boldsymbol{s}_P(\boldsymbol{r})$ の選び方の一例を，図 6.43 に示すような平面 2 関節アームの手先で，中心位置が $\boldsymbol{r}_0 = [r_{ox} \quad r_{oy}]^T$ で半径が R の円板を倣う場合について与えておこう。この場合には例えば

$$\boldsymbol{s}_F(\boldsymbol{r}) = R - \sqrt{(r_x - r_{0x})^2 + (r_y - r_{0y})^2} \quad (6.167)$$

$$\boldsymbol{s}_P(\boldsymbol{r}) = \arg\{(r_x - r_{0x}) + i(r_y - r_{0y})\} \quad (6.168)$$

ととればよい。ただし arg は偏角を表す。これは図に示すような曲線座標系を定めたことに対応する。そして

$$\boldsymbol{J}_{Gr} = \begin{bmatrix} -(r_x - r_{0x})/R_r & -(r_y - r_{0y})/R_r \\ -(r_y - r_{0y})/R_r^2 & (r_x - r_{0x})/R_r^2 \end{bmatrix} \quad (6.169)$$

が得られる。ただし $R_r = \sqrt{(r_x - r_{0x})^2 + (r_y - r_{0y})^2}$ である。またロボットアームの関節変数 $\boldsymbol{q}$ と手先変数 $\boldsymbol{r}$ の関係

$$\boldsymbol{r} = \hat{\boldsymbol{f}}_r(\boldsymbol{q}) = \begin{bmatrix} l_1C_1 + l_2C_{12} \\ l_1S_1 + l_2S_{12} \end{bmatrix} \quad (6.170)$$

から

$$\boldsymbol{J}_r = \begin{bmatrix} -l_1S_1 - l_2S_{12} & -l_2S_{12} \\ l_1C_1 + l_2C_{12} & l_2C_{12} \end{bmatrix} \quad (6.171)$$

が得られる。ただし $S_1 = \sin q_1$，$C_1 = \cos q_1$，$S_{12} = \sin(q_1 + q_2)$ などとしている。さらに $\boldsymbol{J}_G = \boldsymbol{J}_{Gr}\boldsymbol{J}_r$ によって $\boldsymbol{J}_G$ が算出でき，これを用いてハイブリッド制御則が計算できる。

6.4.4　まとめ

本節ではロボットの力制御のための代表的方法であるインピーダンス制御法とハイブリッド制御法の基本的考え方とその定式化に焦点を絞って解説した。力制御に関連する多様な考え方や歴史について知りたい読者にはまずは文献 [7] およびその中で引用されている参考文献を見られることをお勧めする。また多指ハンドによる物体の操りにおける力制御については文献 [8] が参考になろう。

＜吉川恒夫＞

参考文献（6.4 節）

[1] Hogan, N.: Impedance Control; An Approach to Manipulation, Parts I ~III, *ASME Journal of Dynamic Systems, Measurement, and Control*, Vol. 107, No. 1, pp.1–24 (1985).

[2] De Fazio, T.L., Seltzer, D.S. and Whitney, D.E.: The Instrumented remote center compliance, *The Industrial Robot*, Vol.11, No. 4, pp.238–242 (1982).

[3] Caccavale, F. *et al.*: Six-DOF Impedance Control Based on Angle/Axis Representations, *IEEE Trans. on Robotics and Automation*, Vol.15, No.2, pp.289–300 (1999).

[4] Raibert, M.H. and Craig, J.J.: Hybrid Position/Force Control of Manipulators, *ASME Journal of Dynamic Systems, Measurement, and Control*, Vol.103, No.2, pp.126–133 (1981).

[5] Yoshikawa, T.: Dynamic Hybrid Position/Force Control of Robot Manipulators — Description of Hand Constraints and Calculation of Joint Driving Force, *IEEE Journal of Robotics and Automation*, Vol. RA-3, No.5, pp.386–392 (1987).

[6] Yoshikawa, T., Sugie, T. and Tanaka, M.: Dynamic Hybrid Position/Force Control of Robot Manipulators —Controller Design and Experiment, *IEEE Journal of Robotics and Automation*, Vol. RA-4, No.6, pp.699–705 (1988).

[7] Villani, L. and De Schutter, J.: Force Control, in: Siciliano, B. and Khatib, O. Eds., *Springer Handbook of Robotics*, pp.161–185, Springer-Verlag (2008).

[8] Yoshikawa, T.: Multifingered Robot Hands: Control for Grasping and Manipulation, *Annual Reviews in Control*, Vol. 34, pp.199–208 (2010).

6.5　複数アームの協調制御

6.5.1　座標系の設定

複数アームによる物体把持は，多指ハンドによる物体把持問題と類似する。両者の違いは，多指ハンドの場合は，指と物体は摩擦により緩やかに拘束されるのに対し，複数アームの場合は多くの場合，ハンドやグリッパーにより物体の 6 自由度を拘束できる点である。この節では，ハンドが物体に対し 6 次元の力/ モーメ

ントを加えることができる（または物体の6自由度を拘束できる）ことを仮定して，議論を進める。また把持する物体は剛体であるとし，その変形を考えない。

図6.44のように，n 本のロボットアームが一つの物体を把持している場合を考える。$\Sigma_{\mathrm{a}}, \Sigma_{\mathrm{W}}$ を，それぞれ物体に固定された座標系，ワールド座標系とし，それらの原点を $\mathrm{O_a}, \mathrm{O_W}$ とする。$\mathrm{O_a}$ は物体のどこに設定してもよいが，重心位置にとると制御が行いやすい。

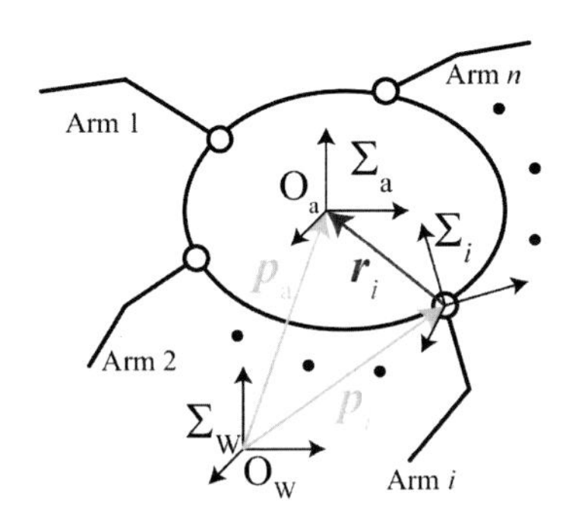

図 6.44 n 本のロボットアームによる共通物体把持

i 番目のロボットアーム（$i=1\sim n$，以後アーム i と略す）は N_i 個の能動ジョイントを有するとし，そのジョイント変位をベクトル $\boldsymbol{q}_i$ で表す。また，アーム i の把持点の位置を3次元ベクトル $\boldsymbol{p}_i(\boldsymbol{q}_i)$ で，姿勢を 3×3 行列 $\boldsymbol{R}_i(\boldsymbol{q}_i)$ で表す。同様に物体の3次元位置と姿勢を $\boldsymbol{p}_a$，$\boldsymbol{R}_a$ で表す。アーム i の先端に固定し，把持点を原点とする座標を Σ_i とする。点 $\mathrm{O_a}$ およびアーム i の把持点の位置・姿勢を表す6次元ベクトルを $\boldsymbol{x}_{\mathrm{a}}=\begin{bmatrix}\boldsymbol{p}_{\mathrm{a}}^T & \boldsymbol{\phi}_{\mathrm{a}}^T\end{bmatrix}^T, \boldsymbol{x}_i=\begin{bmatrix}\boldsymbol{p}_i^T & \boldsymbol{\phi}_i^T\end{bmatrix}^T$ とする。ここで，$\boldsymbol{\phi}_{\mathrm{a}}, \boldsymbol{\phi}_i$ は物体の姿勢および把持点の姿勢を表すオイラー角などの3変数からなるベクトルとする。また，点 $\mathrm{O_a}$ およびアーム i の把持点の速度・角速度を表す6次元ベクトルを $\boldsymbol{v}_{\mathrm{a}}=\begin{bmatrix}\dot{\boldsymbol{p}}_{\mathrm{a}}^T & \boldsymbol{\omega}_{\mathrm{a}}^T\end{bmatrix}^T, \boldsymbol{v}_i=\begin{bmatrix}\dot{\boldsymbol{p}}_i^T & \boldsymbol{\omega}_i^T\end{bmatrix}^T$ とする。$\boldsymbol{\omega}_{\mathrm{a}}, \boldsymbol{\omega}_i$ は角速度ベクトルである。

把持点 $\boldsymbol{p}_i$ から物体座標の原点 $\mathrm{O_a}$ へ向かうベクトルを座標系 Σ_i で表したものを ${}^i\boldsymbol{r}_i$ とする。アーム i が物体を把持した後，把持点が固定され，物体が変形しないとすると，ベクトル ${}^i\boldsymbol{r}_i$ は座標系 Σ_i で固定ベクトルとなる。ワールド座標系では $\boldsymbol{r}_i=\boldsymbol{R}_i{}^i\boldsymbol{r}_i$ と表せる。$\boldsymbol{r}_i$ は Σ_i に固定された剛体棒のように振る舞うので，内山とドシェは，これを仮想ステッキと呼んだ[1]。$\boldsymbol{r}_i$ の先端の位置と姿勢をワールド座標系で表したものを $\boldsymbol{p}_{\mathrm{a}i}, \boldsymbol{R}_{\mathrm{a}i}$ とする。物体が変形しないと仮定すると物体の姿勢と $\boldsymbol{r}_i$ の姿勢は固定されるので，$\boldsymbol{R}_{\mathrm{a}i}=\boldsymbol{R}_{\mathrm{a}}$ と設定し，初期状態で手先姿勢 $\boldsymbol{R}_i$ から物体姿勢 $\boldsymbol{R}_{\mathrm{a}}$ への変換行列 $\boldsymbol{R}_{\mathrm{a}}^i=\boldsymbol{R}_i^{\mathrm{T}}\boldsymbol{R}_{\mathrm{a}}$ を求めておくとよい。また，$\boldsymbol{p}_{\mathrm{a}}=\boldsymbol{p}_{\mathrm{a}i}=\boldsymbol{p}_i+\boldsymbol{r}_i$ である。このように仮想ステッキ $\boldsymbol{r}_i$ を導入することで，$\boldsymbol{r}_i$ をあたかもアーム i のエンドエフェクタのようにみなすことができる。物体の目標位置 $\boldsymbol{p}_{\mathrm{a}}$ と目標姿勢 $\boldsymbol{R}_{\mathrm{a}}$ を実現するための各アームのジョイント角度は，$\boldsymbol{p}_{\mathrm{a}i}, \boldsymbol{R}_{\mathrm{a}i}$ を用いて，$\boldsymbol{r}_i$ を含んだアーム i の逆運動学を解けばよい。

6.5.2 把持物体に作用する外力と内力

アーム i が把持点 $\boldsymbol{p}_i$ に作用する力 $\boldsymbol{f}_i$ とモーメント $\boldsymbol{m}_i$ をまとめて6次元ベクトル $\boldsymbol{h}_i=\begin{bmatrix}\boldsymbol{f}_i^T & \boldsymbol{m}_i^T\end{bmatrix}^T$ で表す。アーム i が物体に固定された点 $\mathrm{O_a}$ に作用する力とモーメントベクトル $\boldsymbol{h}_{\mathrm{a}i}$ は

$$\boldsymbol{h}_{\mathrm{a}i}=\begin{bmatrix}\mathbf{I}_3 & \mathbf{0}_3\\ -[\boldsymbol{r}_i\times] & \mathbf{I}_3\end{bmatrix}\boldsymbol{h}_i \tag{6.172}$$

と表すことができる[2]。ここで $\mathbf{I}_j$ は $j\times j$ 単位行列，$\mathbf{0}_j$ は $j\times j$ 零行列，$[\boldsymbol{r}_i\times]$ は任意の3次元ベクトル $\boldsymbol{k}$ に対し，$\boldsymbol{r}_i$ と $\boldsymbol{k}$ のベクトル積 $[\boldsymbol{r}_i\times]\boldsymbol{k}=\boldsymbol{r}_i\times\boldsymbol{k}$ を満たす 3×3 歪対称行列である。

n 本のアームが1つの物体を把持し，それぞれが点 $\mathrm{O_a}$ に力とモーメントを作用するとき，その総和が物体に作用する外力 $\boldsymbol{h}_{\mathrm{E}}$ となり

$$\boldsymbol{h}_{\mathrm{E}}=\sum_{i=1}^{n}\boldsymbol{h}_{\mathrm{a}i}=\boldsymbol{W}\boldsymbol{h}_{\mathrm{a}} \tag{6.173}$$

$$\boldsymbol{W}=\begin{bmatrix}\mathbf{I}_6 & \cdots & \mathbf{I}_6\end{bmatrix}\in\mathbb{R}^{6\times 6n},$$

$$\boldsymbol{h}_{\mathrm{a}}=\begin{bmatrix}\boldsymbol{h}_{\mathrm{a}1}^{\mathrm{T}} & \cdots & \boldsymbol{h}_{\mathrm{a}n}^{\mathrm{T}}\end{bmatrix}^{\mathrm{T}}\in\mathbb{R}^{6n\times 1}$$

と表すことができる。

望ましい外力 $\boldsymbol{h}_{\mathrm{E}}$ を出力するため n 本のアームが物体の点 $\mathrm{O_a}$ に作用すべき力とモーメント $\boldsymbol{h}_{\mathrm{a}}$ は，式(6.173)を用いて，次のように表すことができる。

$$\boldsymbol{h}_{\mathrm{a}}=\boldsymbol{W}^{-}\boldsymbol{h}_{\mathrm{E}}+\boldsymbol{V}\boldsymbol{h}_{\mathrm{I}}=\begin{bmatrix}\boldsymbol{W}^{-} & \boldsymbol{V}\end{bmatrix}\begin{bmatrix}\boldsymbol{h}_{\mathrm{E}}\\ \boldsymbol{h}_{\mathrm{I}}\end{bmatrix} \tag{6.174}$$

ここで $\boldsymbol{W}^{-}\in\mathbb{R}^{6n\times 6}$ は $\boldsymbol{W}$ の一般化逆行列，$\boldsymbol{V}\in\mathbb{R}^{6n\times 6(n-1)}$ は，

$$\boldsymbol{W}\boldsymbol{V}=\mathbf{0}_{6\times 6(n-1)} \tag{6.175}$$

を満たす行列（$\mathbf{0}_{6\times 6(n-1)}$ は $6\times 6(n-1)$ の零行列），$\boldsymbol{h}_{\mathrm{I}}\in\mathbb{R}^{6(n-1)\times 1}$ は $6(n-1)$ 次元の任意のベクトルで

ある。例題として $n=2$，目標内力 $\boldsymbol{h}_\mathrm{I}=\mathbf{0}_6$ である場合を考える。このとき $\boldsymbol{W}=\begin{bmatrix}\mathbf{I_6} & \mathbf{I_6}\end{bmatrix}$ であるから，一般化逆行列として $\boldsymbol{W}^-=\begin{bmatrix}\lambda\mathbf{I_6} & (1-\lambda)\mathbf{I_6}\end{bmatrix}^T$ を考える（$0\leq\lambda\leq 1$）。このとき式 (6.174) から，

$$\boldsymbol{h}_\mathrm{a}=\begin{bmatrix}\boldsymbol{h}_\mathrm{a1}\\ \boldsymbol{h}_\mathrm{a2}\end{bmatrix}=\begin{bmatrix}\lambda\boldsymbol{h}_\mathrm{E}\\ (1-\lambda)\boldsymbol{h}_\mathrm{E}\end{bmatrix} \tag{6.176}$$

となり，λ により負荷をアーム1とアーム2に分配できる。すなわち高出力のアームに，より高い負荷を割り当てることができる。λ は負荷分配係数と呼ばれる[2]。式 (6.176) で得られた解が 式 (6.173) を満たしていることは容易に確認できる。$\lambda=0.5$ のとき $\boldsymbol{W}^-$ はムーア–ペンローズ逆行列（擬似逆行列）に一致し，負荷はアーム1とアーム2に等しく分配される。物体の点 $\mathrm{O_a}$ に作用すべき力とモーメント $\boldsymbol{h}_\mathrm{a}$ が求められれば，

$$\boldsymbol{h}_i=\begin{bmatrix}\mathbf{I}_3 & \mathbf{0}_3\\ [\boldsymbol{r}_i\times] & \mathbf{I}_3\end{bmatrix}\boldsymbol{h}_{\mathrm{a}i}\triangleq\boldsymbol{L}_i\boldsymbol{h}_{\mathrm{a}i} \tag{6.177}$$

から，各アームが把持点で作用すべき力とモーメントが求められる。

さて，n 本のアームそれぞれが6次元の力とモーメントを物体に作用すると，合計で $6n$ 次元の力とモーメントを作用することになる。言い換えれば $6n$ 次元の力とモーメントを制御できる。このうち6次元が式 (6.173) の $\boldsymbol{h}_\mathrm{E}$ を制御するのに用いられ，残りの $6(n-1)$ 次元を式 (6.173) の行列 $\boldsymbol{W}$ の零空間に存在する力とモーメントを制御するのに用いることができる。この行列 $\boldsymbol{W}$ の零空間に存在する力とモーメントが内力である。

n 本のアームで共通の物体を把持するとき，1本のアームがマスタとなって $\boldsymbol{h}_\mathrm{E}$ を制御し，残りの $n-1$ 本のアームがスレーブとなって $6(n-1)$ 次元の内力を制御するのをマスタ・スレーブ方式（またはリーダ・フォロワ方式）という。$\boldsymbol{h}_\mathrm{E}$ を物体の位置制御のための力入力と考えると，マスタアームが物体の位置を制御することになる[3]。一方，マスタとスレーブの区別なくすべてのアームが対等な立場で $6n$ 次元の力とモーメントを制御するのが非マスタ・スレーブ方式[1] である。

図6.45のように n 本のアームで物体を把持するとき，n 本の中から任意の2本を選ぶ組合せは ${}_nC_2=n(n-1)/2$ である。任意の2本のアーム間の6次元内力を考えるとき，全体で $6\times{}_nC_2=3n(n-1)$ 次元の内力を定義できる。しかし前述のように制御可能な内力の次元は $6(n-1)$ である。2本のアームによる協調制御の場合[1,2]，$n=2$ に対して $6\times{}_nC_2=6(n-1)=6$ となり両者が一致するため問題はなかった。3本以上のアームによる協調制御を考えるとき，$6\times{}_nC_2>6(n-1)$ となり，$6(n-1)$ 次元の内力は直接制御され，$6(nC_2-(n-1))$ 次元の内力は間接的に制御されることになる。そのため，どの内力を陽に（直接的に）制御するかを選択する必要がある。

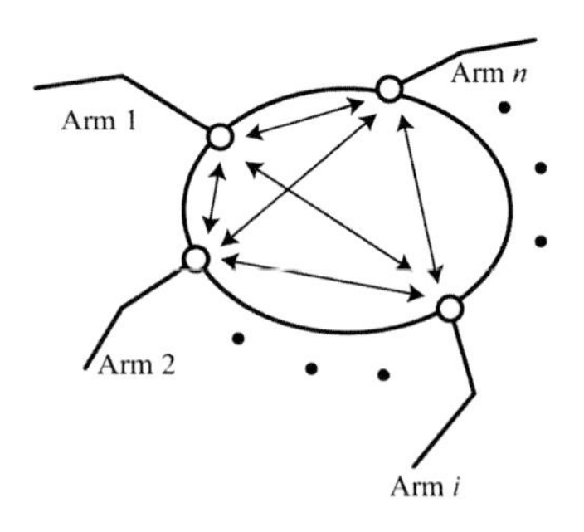

図 6.45　任意の2本のロボットアーム間に作用する内力

従来の研究では $n=2$ の場合に，行列 $\boldsymbol{V}$ を 式 (6.175) を満たすように，例えば $\boldsymbol{V}=\begin{bmatrix}-\mathbf{I}_6 & \mathbf{I}_6\end{bmatrix}^T$ と設定し，

$$\begin{bmatrix}\boldsymbol{h}_\mathrm{E}\\ \boldsymbol{h}_\mathrm{I}\end{bmatrix}=\begin{bmatrix}\boldsymbol{W}^- & \boldsymbol{V}\end{bmatrix}^{-1}\boldsymbol{h}_\mathrm{a} \tag{6.178}$$

として内力 $\boldsymbol{h}_\mathrm{I}$ を定義する手法が提案されていた[1,2]。$\boldsymbol{W}^-$ としてムーア–ペンローズ逆行列を与えると $\boldsymbol{h}_\mathrm{I}$ は

$$\boldsymbol{h}_\mathrm{I}=\frac{1}{2}(\boldsymbol{h}_\mathrm{a2}-\boldsymbol{h}_\mathrm{a1}) \tag{6.179}$$

となる[1,2]。しかし $n>2$ の場合には 式 (6.178) からは $\boldsymbol{h}_\mathrm{I}$ がどのような解として得られるのか直感的な理解が困難で，またどのように $\boldsymbol{V}$ を与えればよいのかの指針が与えられていなかった。Wu らは $\boldsymbol{V}$ を陽には与えず，

$$\begin{bmatrix}\boldsymbol{h}_\mathrm{E}\\ \boldsymbol{h}_\mathrm{I}\end{bmatrix}=\begin{bmatrix}\boldsymbol{W}\\ \boldsymbol{C}\end{bmatrix}\boldsymbol{h}_\mathrm{a} \tag{6.180}$$

の行列 $\boldsymbol{C}$ によって内力を定義する手法を提案した[5]。ここでは，この方法について解説する。

例として3本のアームで1つの物体を把持する場合を考える。2つのアーム間の内力の定義は一意には決まらないが，ここでは式 (6.179) のように

$$\boldsymbol{h}_{\mathrm{I}ij}=\frac{1}{2}(\boldsymbol{h}_{\mathrm{a}j}-\boldsymbol{h}_{\mathrm{a}i}) \tag{6.181}$$

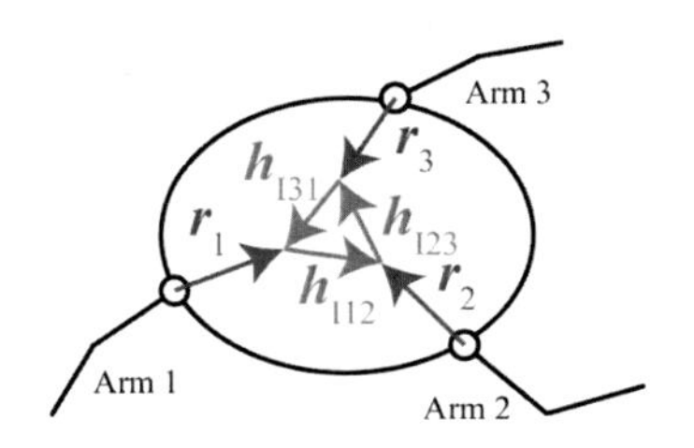

図 6.46 3本のロボットアーム間に作用する内力

と定義する。式 (6.178) から 式 (6.179) が導かれたように，式 (6.181) は 式 (6.175) を満たす $\boldsymbol{V}$ から得られる関係であり，点 $\mathrm{O_a}$ に発生する内力である。したがってそれらの線形和も内力となり，外力 $\boldsymbol{h}_{\mathrm{E}}$ に影響を及ぼさない。Wu らの方法は，式 (6.181) の線形和で内力を定義するものである。3本のアームの場合は図 6.46 のように $\boldsymbol{h}_{\mathrm{I12}}, \boldsymbol{h}_{\mathrm{I23}}, \boldsymbol{h}_{\mathrm{I31}}$ の3つの内力が定義できる。なお，$\boldsymbol{r}_i$ は 図 6.44 のように同一点 $\mathrm{O_a}$ を指すが，図 6.46 では内力の定義をわかりやすくするために異なる点を指すように描いてある。さて，$n = 3$ のとき内力制御のための独立な自由度は $6(3-1) = 12$ であるから，$\boldsymbol{h}_{\mathrm{I12}}, \boldsymbol{h}_{\mathrm{I23}}, \boldsymbol{h}_{\mathrm{I31}}$ のうち独立なのは2つの内力のみである。実際，$\boldsymbol{h}_{\mathrm{I31}} = -(\boldsymbol{h}_{\mathrm{I12}} + \boldsymbol{h}_{\mathrm{I23}})$ と1つの内力は残り2つの内力の線形和で表せる。$\boldsymbol{h}_{\mathrm{I12}}, \boldsymbol{h}_{\mathrm{I23}}$ の2つの内力を制御対象とすると，ベクトル $\boldsymbol{h}_{\mathrm{I}}$ は以下のようになる。

$$\boldsymbol{h}_{\mathrm{I}} = \begin{bmatrix} \boldsymbol{h}_{\mathrm{I12}} \\ \boldsymbol{h}_{\mathrm{I23}} \end{bmatrix} = \boldsymbol{C} \begin{bmatrix} \boldsymbol{h}_{\mathrm{a1}} \\ \boldsymbol{h}_{\mathrm{a2}} \\ \boldsymbol{h}_{\mathrm{a3}} \end{bmatrix} \qquad (6.182)$$
$$\boldsymbol{C} = \frac{1}{2} \begin{bmatrix} -\mathbf{I}_6 & \mathbf{I}_6 & \mathbf{0}_6 \\ \mathbf{0}_6 & -\mathbf{I}_6 & \mathbf{I}_6 \end{bmatrix}$$

次に 図 6.47 のように2本のアームを持つロボット2台が1つの物体を把持する場合を考える。この場合 $n = 4$ となるから，任意の2本のアームの組合せは ${}_4C_2 = 4(4-1)/2 = 6$ である。この組合せに内力ベクトルを定義すると $\boldsymbol{h}_{\mathrm{I12}}, \boldsymbol{h}_{\mathrm{I23}}, \boldsymbol{h}_{\mathrm{I34}}, \boldsymbol{h}_{\mathrm{I41}}, \boldsymbol{h}_{\mathrm{I13}}, \boldsymbol{h}_{\mathrm{I24}}$

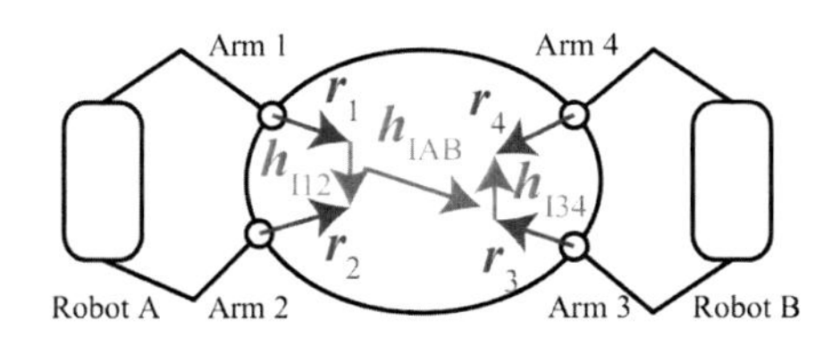

図 6.47 2本のアームを持つ2台のロボット間の協調作業

の6個となる。このうち独立な内力ベクトルの個数は $4-1=3$ である。図 6.47 のような場合は，制御したいのは各ロボットの両手間の内力 $\boldsymbol{h}_{\mathrm{I12}}, \boldsymbol{h}_{\mathrm{I34}}$ と2台のロボット間の内力 $\boldsymbol{h}_{\mathrm{IAB}}$（図 6.47 参照）であろう。図 6.47 の Robot A が $\boldsymbol{r}_1, \boldsymbol{r}_2$ の先端（点 $\mathrm{O_a}$）で発生する合力は $\boldsymbol{h}_{\mathrm{a1}} + \boldsymbol{h}_{\mathrm{a2}}$ である。同様に Robot B が $\boldsymbol{r}_3, \boldsymbol{r}_4$ の先端で発生する合力は $\boldsymbol{h}_{\mathrm{a3}} + \boldsymbol{h}_{\mathrm{a4}}$ である。したがって Robot A, B 間の内力 $\boldsymbol{h}_{\mathrm{IAB}}$ は以下のように定義できる。

$$\boldsymbol{h}_{\mathrm{IAB}} = \frac{1}{2}\left((\boldsymbol{h}_{\mathrm{a3}} + \boldsymbol{h}_{\mathrm{a4}}) - (\boldsymbol{h}_{\mathrm{a1}} + \boldsymbol{h}_{\mathrm{a2}})\right) \qquad (6.183)$$

$\boldsymbol{h}_{\mathrm{IAB}}$ は $\boldsymbol{h}_{\mathrm{IAB}} = \boldsymbol{h}_{\mathrm{I13}} + \boldsymbol{h}_{\mathrm{I24}}$ と書くこともできるから式 (6.181) で定義される内力の線形和になっている。

これらをまとめると，ベクトル $\boldsymbol{h}_{\mathrm{I}}$ は以下のようになる。

$$\boldsymbol{h}_{\mathrm{I}} = \begin{bmatrix} \boldsymbol{h}_{\mathrm{I12}} \\ \boldsymbol{h}_{\mathrm{I34}} \\ \boldsymbol{h}_{\mathrm{IAB}} \end{bmatrix} = \boldsymbol{C} \begin{bmatrix} \boldsymbol{h}_{\mathrm{a1}} \\ \boldsymbol{h}_{\mathrm{a2}} \\ \boldsymbol{h}_{\mathrm{a3}} \\ \boldsymbol{h}_{\mathrm{a4}} \end{bmatrix} \qquad (6.184)$$
$$\boldsymbol{C} = \frac{1}{2} \begin{bmatrix} -\mathbf{I}_6 & \mathbf{I}_6 & \mathbf{0}_6 & \mathbf{0}_6 \\ \mathbf{0}_6 & \mathbf{0}_6 & -\mathbf{I}_6 & \mathbf{I}_6 \\ -\mathbf{I}_6 & -\mathbf{I}_6 & \mathbf{I}_6 & \mathbf{I}_6 \end{bmatrix}$$

以上は内力の定義の一例であり，一意に決まるものではなく，ユーザが自由に決めてよい。

6.5.3 把持物体の外力と内力の制御

内力を定義したら，次に内力の指令値 $\boldsymbol{h}_{\mathrm{E,c}}$ を設定する。例えば PI 力制御を行うのであれば，

$$\boldsymbol{h}_{\mathrm{I,c}} = \boldsymbol{h}_{\mathrm{I,ref}} + \boldsymbol{K}_{\mathrm{Ii}} \int (\boldsymbol{h}_{\mathrm{I,ref}} - \boldsymbol{h}_{\mathrm{I}}) dt \qquad (6.185)$$

とする。$\boldsymbol{h}_{\mathrm{I,ref}}$ は目標内力，$\boldsymbol{K}_{\mathrm{Ii}}$ はI制御のためのフィードバックゲイン行列である。アーム i が内力制御のために物体の点 $\mathrm{O_a}$ に加えるべき力とモーメント $\boldsymbol{h}_{\mathrm{a}i,\mathrm{I}}$ は，式 (6.174) より

$$\boldsymbol{h}_{\mathrm{a}i,\mathrm{I}} = \boldsymbol{S}_i \boldsymbol{V} \boldsymbol{h}_{\mathrm{I,c}} \qquad (6.186)$$

である。ただし $\boldsymbol{S}_i \in \mathbb{R}^{6\times 6n}$ は $\boldsymbol{h}_{\mathrm{a}}$ から $\boldsymbol{h}_{\mathrm{a}i}$ 成分を抜き出すための行列で，

$$\boldsymbol{S}_i = \begin{bmatrix} \mathbf{0}_6 & \cdots & \mathbf{0}_6 & \mathbf{I}_6 & \mathbf{0}_6 & \cdots & \mathbf{0}_6 \end{bmatrix} \qquad (6.187)$$

である。また行列 $\boldsymbol{V}$ は設定した $\boldsymbol{C}$ を用いて

$$\begin{bmatrix}\boldsymbol{W}^{-} & \boldsymbol{V}\end{bmatrix} = \begin{bmatrix}\boldsymbol{W} \\ \boldsymbol{C}\end{bmatrix}^{-1} \tag{6.188}$$

から求められる。以上より，アーム i が内力制御のために発生すべきジョイントトルクは

$$\boldsymbol{\tau}_{i,\mathrm{I}} = \boldsymbol{J}_i^{\mathrm{T}} \boldsymbol{L}_i \boldsymbol{S}_i \boldsymbol{V} \boldsymbol{h}_{\mathrm{I,c}} \tag{6.189}$$

となる。$\boldsymbol{L}_i$ は $\boldsymbol{h}_{\mathrm{a}i}$ から $\boldsymbol{h}_i$ への変換行列で，式 (6.177) で定義された。また，$\boldsymbol{J}_i$ はアーム i のジョイント角速度 $\dot{\boldsymbol{q}}_i$ と把持点速度 $\boldsymbol{v}_i$ を関係づけるヤコビ行列である。

次に物体に与える外力の制御を考える。簡便のために，ここでは仮想ステッキ $\boldsymbol{r}_i$ もアーム i の一部と考えることにする。アーム i が外力制御のために発生すべきジョイントトルクは

$$\boldsymbol{\tau}_{i,\mathrm{E}} = \boldsymbol{J}_{\mathrm{a}i}^{\mathrm{T}} \boldsymbol{S}_i \boldsymbol{W}^{-} \boldsymbol{h}_{\mathrm{E,c}} \tag{6.190}$$

となる。$\boldsymbol{r}_i$ 先端の力 $\boldsymbol{h}_{\mathrm{a}i}$ を直接制御する場合，$\boldsymbol{L}_i$ は必要がない。また，$\boldsymbol{J}_{\mathrm{a}i}$ はアーム i のジョイント角速度 $\dot{\boldsymbol{q}}_i$ と $\boldsymbol{r}_i$ 先端での速度 $\boldsymbol{v}_{\mathrm{a}i}$ を関係づけるヤコビ行列である。アーム i のダイナミクスと物体のダイナミクスを考慮すると，以下の式が成り立つ。

$$\boldsymbol{\tau}_{i,\mathrm{E}} = \boldsymbol{M}_i \ddot{\boldsymbol{q}}_i + \boldsymbol{c}_i + \boldsymbol{g}_i + \boldsymbol{J}_{\mathrm{a}i}^{\mathrm{T}} \boldsymbol{S}_i \boldsymbol{W}^{-} (\boldsymbol{M}_{\mathrm{a}} \dot{\boldsymbol{v}}_{\mathrm{a}i} + \boldsymbol{c}_{\mathrm{a}} + \boldsymbol{g}_{\mathrm{a}}) \tag{6.191}$$

ここで，$\boldsymbol{M}$ は慣性行列，$\boldsymbol{c}$ は遠心力・コリオリ力ベクトル，$\boldsymbol{g}$ は重力項，添え字の a は物体に関する項，i はアーム i に関する項であることを表す。$\boldsymbol{p}_{\mathrm{a}} = \boldsymbol{p}_{\mathrm{a}i}$，$\boldsymbol{R}_{\mathrm{a}} = \boldsymbol{R}_{\mathrm{a}i}$ と設定したために，物体のダイナミクスも $\boldsymbol{r}_i$ 先端の 6 次元速度ベクトル $\boldsymbol{v}_{\mathrm{a}i}$ で表すことができる。さて，

$$\ddot{\boldsymbol{q}}_i = \boldsymbol{J}_{\mathrm{a}i}^{-1} (\dot{\boldsymbol{v}}_{\mathrm{a}i} - \dot{\boldsymbol{J}}_{\mathrm{a}i} \dot{\boldsymbol{q}}_i) \tag{6.192}$$

となるから 式 (6.191) は以下のように書き直すことができる。

$$\begin{aligned} \boldsymbol{\tau}_{i,\mathrm{E}} &= \overline{\boldsymbol{M}}_i \dot{\boldsymbol{v}}_{\mathrm{a}i} + \overline{\boldsymbol{c}}_i + \overline{\boldsymbol{g}}_i \\ \overline{\boldsymbol{M}}_i &= \boldsymbol{M}_i \boldsymbol{J}_{\mathrm{a}i}^{-1} + \boldsymbol{J}_{\mathrm{a}i}^{\mathrm{T}} \boldsymbol{S}_i \boldsymbol{W}^{-} \boldsymbol{M}_{\mathrm{a}} \\ \overline{\boldsymbol{c}}_i &= \boldsymbol{c}_i + \boldsymbol{J}_{\mathrm{a}i}^{\mathrm{T}} \boldsymbol{S}_i \boldsymbol{W}^{-} \boldsymbol{c}_{\mathrm{a}} - \boldsymbol{M}_i \boldsymbol{J}_{\mathrm{a}i}^{-1} \dot{\boldsymbol{J}}_{\mathrm{a}i} \dot{\boldsymbol{q}}_i \\ \overline{\boldsymbol{g}}_i &= \boldsymbol{g}_i + \boldsymbol{J}_{\mathrm{a}i}^{\mathrm{T}} \boldsymbol{S}_i \boldsymbol{W}^{-} \boldsymbol{g}_{\mathrm{a}} \end{aligned} \tag{6.193}$$

線形補償制御を行う場合は

$$\begin{aligned} \boldsymbol{\tau}_{i,\mathrm{E}} &= \overline{\boldsymbol{M}}_i \boldsymbol{u}_{\mathrm{a}} + \overline{\boldsymbol{c}}_i + \overline{\boldsymbol{g}}_i \\ \boldsymbol{u}_{\mathrm{a}} &= \dot{\boldsymbol{v}}_{\mathrm{a}i,\mathrm{ref}} + \boldsymbol{K}_{\mathrm{Ed}} (\boldsymbol{v}_{\mathrm{a}i,\mathrm{ref}} - \boldsymbol{v}_{\mathrm{a}i}) \\ &\quad + \boldsymbol{K}_{\mathrm{Ep}} \boldsymbol{B}_i (\boldsymbol{x}_{\mathrm{a}i,\mathrm{ref}} - \boldsymbol{x}_{\mathrm{a}i}) \end{aligned} \tag{6.194}$$

とする。$\boldsymbol{K}_{\mathrm{Ed}}$，$\boldsymbol{K}_{\mathrm{Ep}}$ はフィードバックゲイン行列である。$\boldsymbol{B}_i$ は $\boldsymbol{x}_{\mathrm{a}i}$ の微分を $\boldsymbol{v}_{\mathrm{a}i}$ に変換する 6×6 行列で，以下で定義される。

$$\boldsymbol{v}_{\mathrm{a}i} = \boldsymbol{B}_i \dot{\boldsymbol{x}}_{\mathrm{a}i} \tag{6.195}$$

物体に与える外力と内力を同時に制御するためのアーム i のジョイントトルクは

$$\boldsymbol{\tau}_i = \boldsymbol{\tau}_{i,\mathrm{E}} + \boldsymbol{\tau}_{i,\mathrm{I}} \tag{6.196}$$

となる。

さて，減速比の大きいロボットアームを用いる場合は，アーム自身や把持物体のダイナミクスの影響は減速比の 2 乗に比例して小さくなり[6]，物体の位置制御はアームと物体の重力項のみを補償した，単純なジョイント角度フィードバックで十分な場合が多い。その場合は，逆運動学問題を解き，物体の位置と姿勢の目標値 $\boldsymbol{p}_{\mathrm{a,ref}}$，$\boldsymbol{R}_{\mathrm{a,ref}}$ からアーム i のジョイント角度目標値 $\boldsymbol{q}_{i,\mathrm{ref}}$ を求め，式 (6.194) の代わりに

$$\boldsymbol{\tau}_{i,\mathrm{E}} = \boldsymbol{K}_{\mathrm{Jp}} (\boldsymbol{q}_{i,\mathrm{ref}} - \boldsymbol{q}_i) - \boldsymbol{K}_{\mathrm{Jd}} \dot{\boldsymbol{q}}_i + \boldsymbol{g}_i + \boldsymbol{J}_{\mathrm{a}i}^{\mathrm{T}} \boldsymbol{S}_i \boldsymbol{W}^{-} \boldsymbol{g}_{\mathrm{a}} \tag{6.197}$$

を用いればよい[2]。$\boldsymbol{K}_{\mathrm{Jp}}$, $\boldsymbol{K}_{\mathrm{Jd}}$ はジョイント角度フィードバックゲイン行列である。

6.5.4　まとめ

本節では，複数のロボットアームで協調物体を操る際に必要な制御法について解説した。共通物体を把持するすべてのアームが，それぞれ 6 自由度の力/モーメントを物体に作用できるとすると，6.5.2 項で解説した通り，2 本のロボットアームによる協調制御ではロボットアームが物体に作用する力の次元と物体に発生する力（外力と内力）の次元は一致する。しかし 3 本以上のロボットアームによる協調制御では内力の表現に冗長性が生じ，どの内力を制御するかを選択する必要がある。本節では 3 本のロボットアームによる協調制御，2 本のロボットアームを持つ 2 台のロボット間

の協調制御の例を挙げたが，さらに複雑な例については文献[5] を参照してほしい。

<近野 敦>

参考文献（6.5 節）

[1] 内山，ドシェ：両手ロボットの対称型運動学と非マスタスレーブ協調制御，『日本ロボット学会誌』，Vol. 7, No. 1, pp. 19–30 (1989).

[2] Caccavale, F. and Uchiyama, M.: Cooperative Manipulators, in *Springer Handbook of Robotics*, (Siciliano, B. and Khatib, O. Eds.) Chapter 29, pp. 701–718, Springer (2008).

[3] Nakano, E., Ozaki, S., Isida, T. and Kato, I.: Cooperational Control of the Anthropomorphous Manipulator 'MELARM', *Proc. of 4th Int. Symp. Industrial Robots*, pp. 251–260 (1974).

[4] Williams, D. and Khatib, O.: The Virtual Linkage: A Model for Internal Forces in Multi-Grasp Manipulation, *IEEE Int. Conf. on Robotics and Automation*, pp. 1025–1030 (1993).

[5] Wu, M-H., Ogawa, S. and Konno, A.: Symmetry Position/Force Hybrid Control for Cooperative Object Transportation Using Multiple Humanoid Robots, *Advanced Robotics*, DOI: 10.1080/01691864.2015.1096212, 2015 (to appear).

[6] 吉川恒夫：『ロボット制御基礎論』，コロナ社 (1988).

6.6 おわりに

本書の「実装編」となる第 11 章と第 12 章において，ロボットアームやロボットハンドの制御の実際についての詳しい解説が与えられるが，本章ではその基礎となる制御理論や制御系の設計手法をまとめた。

ページ数の制約から，本章において割愛した制御手法が少なからず存在している。制御理論のロボットアームへの適用という観点では，2 自由度制御系の設計手法や，外乱オブザーバーなどを省かざるをえなかった。また，学習・適応制御，ニューロ・ファジィ制御など，新しく考案されている融合的な制御手法についても割愛したものが多い。

本章の内容は，これらの新しい制御手法を学ぶ際の一助となるものと期待している。

<浪花智英>

第7章

ROBOT CONTROL HANDBOOK

車輪型移動ロボットの制御

7.1 はじめに

平坦な整地を移動する形態としては，今も昔も車輪を用いる方式が主流である。円板と車軸からなる車輪の発明は四大文明の時代にまでさかのぼり，ほぼ最初期から移動手段として用いられてきたといわれている。不整地には適さないという決定的な弱点があるにもかかわらず，車輪は決して捨て去られることはなく，むしろ環境のほうを車輪型移動に適したものに作り変えるべく，道路や鉄道の整備とともに文明が発展してきたことは歴史の示すとおりである。車輪型移動の優位性はそれほどまでに顕著なものであった。

車輪の力学的役割は，路面との摺動に起因する様々な摩擦（静止摩擦やクーロン摩擦など）を，転がり摩擦と軸受けの摩擦に置き換えることである。ふつう両者の間には圧倒的な差があり，地面と車輪が固い（変形しにくい）ほど転がり摩擦は小さく，軸受けの半径が小さいほど軸受けの摩擦は小さい。このことにより，物体を路面の上でそのまま引きずることに比べて，車輪を用いることで効率的に移動させることが可能になる。また円板の慣性モーメントは等価的に物体の慣性に上乗せされることになるので，機動性と直進安定性のトレードオフとして影響することになる。機動性が求められる自転車にはスポーク付きの車輪が，走行安定性とともに不整地の走破能力が重視される自動車には金属ホイールとゴムタイヤが，鉄道には金属円板が主に用いられるのは以上のような理由を反映している。

さて，かように単純な機構で太古から活用されてきた車輪型移動様式であるが，これを移動ロボットとして制御する問題はそれほど単純ではない。平面上の移動ロボットは位置と姿勢の1自由度を制御しなければならないが，車輪の基本運動は1次元的であり，現在向いている方向に転がることができるのみである。平面上を自由に運動するためには少なくとも向きを変える，すなわち車輪の接地点における鉛直軸まわりの回転を許容する必要がある。このためには差動機構やアッカーマン機構などの何らかの操舵機構を備えていなければならないが，それが可能であったとしてもなお，瞬間的な自由度は2にすぎないのである。後述するように，この自由度のギャップは非ホロノミック拘束に起因し，位置と方向の3自由度すべてを制御するためには本質的に非線形な制御問題を解かなければならない。

本章では，車輪型移動ロボットを制御するにあたって必要な基礎理論と，現在までに知られている主要な制御方法について概説する。機構学的な問題については深く立ち入らず，転がり摩擦が理想的にゼロであり，両輪の差動による操舵が可能な車輪型移動ロボットを想定する。まず7.2節では最も基礎的な事実として，車輪型移動ロボットの運動学，力学的拘束条件の性質，位置制御問題としての可制御性などについて数理的な観点から述べる。前述したように車輪型移動ロボットの制御問題は本質的に非線形であるが，これを線形問題に帰着させる鍵は適切な軌道を追従する問題へと置き換えることである。7.3節では制御入力と軌道の間に線形な関係を見出す数理的枠組みとして，フラットネスと呼ばれる考え方とその適用方法を解説する。7.4節と7.5節では，位置制御問題をフィードバック制御として実現しようとした場合の本質的な問題（位相幾何学的な問題）を指摘し，それに対する主要な解法として局所的・大域的な観点からそれぞれ述べる。ここまでは運動学モデルに基づく議論であるが，7.6節では車両の挙動の動力学モデルとその取り扱いについて解説し，7.7 節では系のエネルギー収支を基礎においたハミルトン系による制御論を紹介する。

<石川将人>

7.2 車輪型移動ロボットの運動学と基礎数理

まず本節では，車輪型移動ロボットの最も単純な仮定に基づく数理モデルの定式化と，その基本的性質について述べる。本節で扱うのは運動学の範疇での振舞いである。すなわち，車輪の角速度とロボットの速度，姿勢角速度の関係に基づき，その積分である位置と姿勢角の変化を調べるものであり，力，トルク，慣性，粘性摩擦といった動力学的性質や，モータの動特性は考慮しない。この仮定が近似的にでも成り立つためには，以下のことが前提となる。

- 車輪の角速度が制御入力とみなせること。すなわち局所フィードバックが十分に効いていること。
- 車輪のフィードバックの時定数に対して十分遅く，慣性力が寄与しないこと。

車輪型移動ロボットの運動学モデルは，車両の位置変化を操るうえで必要な「論理」の部分を抜き出したものともいえ，数学的な見通しのよい，たいへん有用なモデルである。ただし，これ自身は例えばラグランジュやハミルトンの方法といった，運動方程式の導出によって得られるものではないので，決して現実の挙動そのものではないことには留意すべきであり，運動学モデルがどこまで有効でどこから有効でないかを正しく理解しながら用いることが肝要である。動力学モデルに基づくモデリングと制御系設計については，後の 7.6 節ならびに 7.7 節で詳しく述べる。

7.2.1 運動学モデル

図 7.1 および図 7.2 に示すような差動二輪車両ロボットを考える。ロボットの車体には車軸が固定されており，その両端に同形状の円板（車輪）が軸受けを介して取り付けられている。車軸は各車輪の中心を通り車輪と垂直である。ロボットは水平面上に置かれており，車軸の中点を代表点と選んでその座標を $(x(t), y(t))$ とする。また，車軸の中点を通り車軸と直交する水平ベクトルの一つをロボットの向きと定め，それが x 軸となす角を $\theta(t)$ とする。車輪の半径を定数 ρ，車軸の長さを定数 $2W$ とする。また車輪にも向きを付け，右側の車輪の車軸まわりの回転角（転がり角）を $\phi_r(t)$[rad]，左側の車輪の回転角を $\phi_\ell(t)$ とする（それぞれ車体の進行方向への転がるときに正とする）。

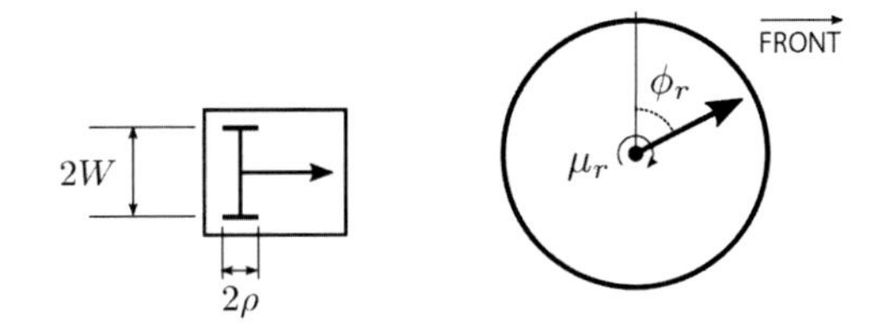

図 7.1 差動二輪車両ロボットと車輪

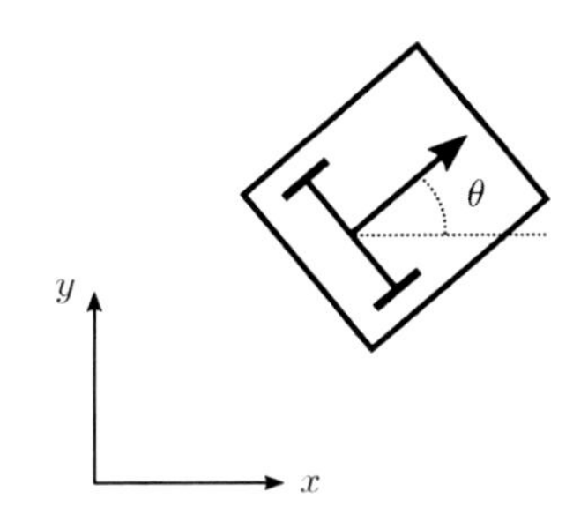

図 7.2 座標系の設定

さて，運動学モデルの解析においては，まず制御入力として各車輪に対して車軸まわりの角速度 $\mu_r(t), \mu_\ell(t)$ をそれぞれ与えられるものとする。このとき，各車輪が滑らずに転がるものと仮定すると，その接地点は車輪の向きと並行にそれぞれ $\rho\mu_r(t)$, $\rho\mu_\ell(t)$ という速さを持つことになる。したがって $x(t), y(t), \theta(t)$ の時間変化は次の式で与えられる。

$$\begin{bmatrix} \dot{x} \\ \dot{y} \\ \dot{\theta} \\ \dot{\phi}_r \\ \dot{\phi}_\ell \end{bmatrix} = \begin{bmatrix} \frac{\rho}{2}\cos\theta & \frac{\rho}{2}\cos\theta \\ \frac{\rho}{2}\sin\theta & \frac{\rho}{2}\sin\theta \\ \frac{\rho}{2W} & -\frac{\rho}{2W} \\ 1 & 0 \\ 0 & 1 \end{bmatrix} \begin{bmatrix} \mu_r \\ \mu_\ell \end{bmatrix} \tag{7.1}$$

この常微分方程式が車輪型移動を記述する出発点となる。以下では簡単のため，$\rho = 1$, $W = 1$ としよう。また，2 つの車輪を同じ方向に回転させると車体は前進し，逆方向に回転させると旋回するというのが差動二輪車両の基本原理である。そこで，各車輪の角度と角速度について，その和と差を表す成分に変換して

$$\phi_1 = \frac{\phi_r + \phi_\ell}{2}, \quad u_1 = \frac{\mu_r + \mu_\ell}{2} \tag{7.2}$$

$$\phi_2 = \frac{\phi_r - \phi_\ell}{2}, \quad u_2 = \frac{\mu_r - \mu_\ell}{2} \tag{7.3}$$

と表しておくと見通しがよい。(ϕ_r, ϕ_ℓ) と (ϕ_1, ϕ_2)，(μ_r, μ_ℓ) と (u_1, u_2) はそれぞれ 1 対 1 に対応するから，この変換を行っても問題は普遍であることは明らかである。このような変換のもとで，式 (7.1) は

$$\begin{bmatrix} \dot{x} \\ \dot{y} \\ \dot{\theta} \\ \dot{\phi}_1 \\ \dot{\phi}_2 \end{bmatrix} = \begin{bmatrix} \cos\theta & 0 \\ \sin\theta & 0 \\ 0 & 1 \\ 1 & 0 \\ 0 & 1 \end{bmatrix} \begin{bmatrix} u_1 \\ u_2 \end{bmatrix} \tag{7.4}$$

と書き換えられる。u_1 は車体の並進速度，u_2 は車体の旋回角速度を表していることがわかる。もう 1 点ただちにわかることは，θ と ϕ_2 については微分方程式の右辺が同一の形であるため，独立に制御することは不可能ということである。具体的には，それぞれの初期値を $\theta(0), \phi_2(0)$ としたとき

$$\theta(t) - \theta(0) = \phi_2(t) - \phi_2(0) \tag{7.5}$$

が任意の $t > 0$ に対して成り立つ。後述するとおり，θ と ϕ_2 の間には車輪の転がりに起因するホロノミック拘束が働いている。

式 (7.4) はこの車輪型移動ロボットの運動学的振舞いを表す状態方程式であり，その制御入力は (u_1, u_2) の 2 入力ということになるが，状態変数として何を選ぶかについては以下の 3 通りの考え方ができる。

- $\xi := (x, y, \theta)$ を状態変数と見る場合。これは車輪の回転角を考慮せず，車体の位置と姿勢の振舞いについてのみ着目する場合である。多くの場合，車輪型移動ロボットの制御問題はこのように捉えられる。
- $\eta := (x, y, \theta, \phi_1)$ を状態変数と見る場合。ϕ_1 は ϕ_r と ϕ_ℓ の平均であるから，この場合は車体の総移動距離を含めて制御する問題になる。転がるコインの問題[2] とも呼ばれる。
- $\zeta := (x, y, \theta, \phi_1, \phi_2)$ を状態変数と見る場合。上述したように ϕ_2 は θ と従属に変化するから，この場合は制御問題として不可制御であり，状態変数を冗長に選んでいることになる。

以下，しばらくは形式的に ζ を状態変数として，拘束条件と可制御性について調べていこう。

7.2.2　拘束条件から見た車輪型移動ロボット

前項では，制御入力に対する車体の微小変化，すなわち「動ける方向」を直接考えることで非線形状態方程式 (7.4) を導いたが，これを「動けない方向」という双対な視点から考えると以下のようになる。車体の位置 (x, y) に対して，右の車輪は $(x + \sin\theta, y - \cos\theta)$ の位置にあり，これが滑りなく転がるという仮定から

$$\dot{x} + \dot{\theta}\cos\theta = \dot{\phi}_r \cos\theta \tag{7.6}$$

$$\dot{y} + \dot{\theta}\sin\theta = \dot{\phi}_r \sin\theta \tag{7.7}$$

という拘束条件が課せられていることになる。同様に，$(x - \sin\theta, y + \cos\theta)$ の位置にある左の車輪についても

$$\dot{x} - \dot{\theta}\cos\theta = \dot{\phi}_\ell \cos\theta \tag{7.8}$$

$$\dot{y} - \dot{\theta}\sin\theta = \dot{\phi}_\ell \sin\theta \tag{7.9}$$

という拘束条件が課せられる。これらを式 (7.3) の変換を用いて整理すると

$$\dot{x}\cos\theta + \dot{y}\sin\theta - \dot{\phi}_1 = 0 \tag{7.10}$$

$$\dot{x}\sin\theta - \dot{y}\cos\theta = 0 \tag{7.11}$$

$$\dot{\theta} - \dot{\phi}_2 = 0 \tag{7.12}$$

となり，行列の形にまとめると

$$\omega(\zeta) := \begin{bmatrix} \cos\theta & \sin\theta & 0 & -1 & 0 \\ \sin\theta & -\cos\theta & 0 & 0 & 0 \\ 0 & 0 & 1 & 0 & -1 \end{bmatrix} \tag{7.13}$$

$$\omega(\zeta)\dot{\zeta} = 0 \tag{7.14}$$

となる。行列 $\omega(\zeta)$ のカーネル（零化空間）$\ker\omega(\zeta)$ が，状態が ζ にあるときに瞬間的に進める方向の集合を表している。$\omega(\zeta)$ の各行（行ベクトル値関数）を，$\omega^1(\zeta), \omega^2(\zeta), \omega^3(\zeta)$ と表し，状態方程式 (7.4) の各列（列ベクトル値関数）を

$$g_1(\zeta) = \begin{bmatrix} \cos\theta \\ \sin\theta \\ 0 \\ 1 \\ 0 \end{bmatrix}, \quad g_2(\zeta) = \begin{bmatrix} 0 \\ 0 \\ 1 \\ 0 \\ 1 \end{bmatrix} \tag{7.15}$$

と表すと，

$$\omega^i(\zeta) g_j(\zeta) = 0, \quad i \in \{1, 2, 3\},\ j \in \{1, 2\} \tag{7.16}$$

が成り立ち，状態方程式は拘束条件を満たすように作

られていることがわかる。つまり

$$\mathcal{G}(\zeta) := \mathrm{span}\{g_1(\zeta), g_2(\zeta)\} = \ker \omega(\zeta)$$

である。$\mathcal{G}(\zeta)$ のように各点 ζ に線形部分空間を割り当てるものを接分布という。

7.2.3 拘束条件の可積分性

さて，一般に力学的拘束条件について，一般化座標の等式条件 $c(\zeta) = 0$ の形で与えられるものをホロノミック拘束といい，ホロノミックでない拘束を非ホロノミック拘束という。ホロノミック拘束が存在すると，一般化座標をその数だけ消去することができる。つまり実質的に低自由度の系に簡略化されるということである。この過程を還元という。一方，非ホロノミック拘束の例としては不等式形の拘束 $c(\zeta) > 0$ や，一般化座標の微分を含む拘束 $c(\zeta, \dot{\zeta}, \ddot{\zeta}, \ldots) = 0$ などがあるが，本節で扱う式 (7.14) は一般化座標の速度 $\dot{\zeta}$ に線形に依存する拘束であり，後者の形の典型例である。非ホロノミック拘束は瞬間的には運動の方向を制約するが，大域的には運動の自由度を減退させない。

ただし，式 (7.14) の形であるからといって直ちに非ホロノミック拘束とは断定できないことに注意が必要である。ある $i \in \{1,2,3\}$ について，スカラ関数 $\alpha(\zeta), \beta(\zeta)$（ただし $\forall\zeta$ について $\beta(\zeta) \neq 0$）が存在して

$$d\alpha(\zeta) = \beta(\zeta)\omega^i(\zeta) \tag{7.17}$$

と表せたとしよう。ここで d はスカラ値関数の勾配を求める演算子で，

$$d\alpha(\zeta) = \frac{\partial\alpha}{\partial\zeta} = \left[\frac{\partial\alpha}{\partial\zeta_1}, \frac{\partial\alpha}{\partial\zeta_2}, \frac{\partial\alpha}{\partial\zeta_3}, \frac{\partial\alpha}{\partial\zeta_4}, \frac{\partial\alpha}{\partial\zeta_5}\right] \tag{7.18}$$

$$\zeta_1 = x,\ \zeta_2 = y,\ \zeta_3 = \theta,\ \zeta_4 = \phi_1,\ \zeta_5 = \phi_2$$

と定義される。$d\alpha(\zeta)$ を $\alpha(\zeta)$ の外微分という。このような場合，実は非ホロノミック拘束 $\omega^i(\zeta)\dot{\zeta} = 0$ は，ホロノミック拘束

$$\alpha(\zeta) = \text{const.} \tag{7.19}$$

と等価である。なぜならば，両辺を微分すれば

$$\frac{d}{dt}\alpha(\zeta) = \frac{\partial\alpha(\zeta)}{\partial\zeta}\dot{\zeta} = \beta(\zeta)\omega^i(\zeta)\dot{\zeta} = 0$$

が導かれるからである。このとき，拘束条件 $\omega^i(\zeta)\dot{(\zeta)} = 0$ は可積分であるという。

(1) 拘束条件の可積分性と微分形式

与えられた拘束条件 $\omega^i(\zeta)\dot{\zeta} = 0$ が可積分であるかどうかを解析するために，微分形式の概念を導入しよう。まず，スカラ値関数を 0 次微分形式と呼ぶ。続いて $\omega^i(\zeta)$ のような行ベクトル値関数を 1 次微分形式といい，その基底は座標変数の外微分 $d\zeta_1, \ldots, d\zeta_n$ で表す。状態変数が ζ の場合は基底は $dx, dy, d\theta, d\phi_1, d\phi_2$ の 5 つであり，

$$\omega^1(\zeta) = \cos\theta dx + \sin\theta dy - d\phi_1 \tag{7.20}$$

$$\omega^2(\zeta) = \sin\theta dx - \cos\theta dy \tag{7.21}$$

$$\omega^3(\zeta) = d\theta - d\phi_2 \tag{7.22}$$

という形になる。

前述したように 0 次微分形式の外微分は 1 次微分形式になる。外積と外微分の操作を繰り返し施すことで，2 次以上の微分形式も再帰的に定義される。以下では p 次微分形式全体の集合を Ω^p（$p \in \{0, 1, \ldots\}$）と表す。

定義 7.1（外積） 外積 $\wedge$ とは，p 次微分形式と q 次微分形式の組（$p, q \in \{0, 1, \ldots\}$）に対して $p+q$ 次微分形式を割り当てる，実係数について双線形な演算であって，$\forall\alpha \in \Omega^p$, $\forall\beta \in \Omega^q$ に対し

$$\alpha \wedge \alpha = 0$$

$$\alpha \wedge \beta = (-1)^{pq}\beta \wedge \alpha.$$

という反対称性を満たすものとして定義される。

定義 7.2（外微分） 外微分 d とは，p 次微分形式に対して $p+1$ 次微分形式を割り当てる，実係数について線形な演算であって，$\alpha \in \Omega^p$ に対して

$$d(\alpha \wedge \beta) = d\alpha \wedge \beta + (-1)^p \alpha \wedge d\beta$$

$$d(d\alpha) = 0$$

を満たすものとして定義される。

2 次微分形式 Ω^2 の基底は，$d\zeta_i \wedge d\zeta_j$（反対称性の性質により $(i \neq j)$ の形のすべての組合せであり，一般に n 自由度の系であれば $n(n-1)/2$ 個，車輪型移動ロボットで状態変数が ζ の場合は 10 個である。さらにこの場合，Ω^3 の基底は 10 個，Ω^4 は 5 個，Ω^5 はスカラである。

以上のような準備のもとで，微分形式の可積分性に

関して次のポアンカレの補題とフロベニウスの定理が知られている。

補題 7.1（ポアンカレ）
$\omega(\zeta) \in \Omega^p$ の定義域が可縮な領域であるとき，$d\omega = 0$ ならば $d\lambda = \omega$ を満たす $\lambda(\zeta) \in \Omega^{p-1}$ が存在する。

定理 7.1（フロベニウス）
$\omega^1(\zeta), \ldots, \omega^r(\zeta) \in \Omega^1$ とする。連立拘束条件 $\omega^i(\zeta)\dot{\zeta} = 0$，$i = 1, \ldots, r$ が完全可積分であるための必要十分条件は次で与えられる。

$$d\omega^i \wedge \omega^1 \wedge \cdots \wedge \omega^r = 0. \tag{7.23}$$

ポアンカレの補題は，いわゆる勾配ベクトルからポテンシャルを構成するための必要十分条件を一般化したものである。拘束条件の場合には式 (7.17) における関数 $\beta(\zeta)$ を乗ずる自由度があるので，これも考慮するためにはフロベニウスの定理が必要となる。

車輪型移動ロボットの場合にこの条件をチェックしてみよう。まず，

$$d\omega^1 = -\sin\theta dx \wedge d\theta + \cos\theta dy \wedge d\theta \tag{7.24}$$

$$d\omega^2 = \cos\theta dx \wedge d\theta + \sin\theta dy \wedge d\theta \tag{7.25}$$

$$d\omega^3 = 0 \tag{7.26}$$

である。この段階で ω^3 はポアンカレの補題を満たすことがわかる。実際，ω^3 は関数 $\alpha(\zeta) = \theta - \phi_2$ の外微分にほかならず，これは前項で述べたとおり θ と ϕ_2 が従属であることを意味している。

ω^1, ω^2 について，さらに $d\omega^i \wedge \omega^i$ を求めると

$$d\omega^1 \wedge \omega^1 = dx \wedge dy \wedge d\theta$$
$$+ \sin\theta dx \wedge d\theta \wedge d\phi_1 - \cos\theta dy \wedge d\theta \wedge d\phi_1$$
$$d\omega^2 \wedge \omega^2 = dx \wedge dy \wedge d\theta$$

と非零の 3 次微分形式が現れる。以降は紙面の都合上省略するが，

$$d\omega^i \wedge \omega^1 \wedge \omega^2 \wedge \omega^3, \quad i \in \{1, 2\} \tag{7.27}$$

まで計算してもいずれも非零である。したがって，ω^1 と ω^2 は不可積分，すなわち真に非ホロノミック拘束であり，ω^3 は可積分でホロノミック拘束であることがわかる。

7.2.4　非線形システムとしての可制御性

さて，前節で述べた拘束条件の不可積分性は，状態方程式と見たときの可制御性の概念と表裏一体である。まず，2 つのベクトル場 g_1, g_2 の間のリー括弧積という演算を

$$[g_1, g_2](\zeta) := \frac{\partial g_2}{\partial \zeta}(\zeta)g_1(\zeta) - \frac{\partial g_2}{\partial \zeta}(\zeta)g_2(\zeta)$$

と定義する。$[g_1, g_2](\zeta)$ は各点 ζ についてヤコビ行列とベクトルの積からなっているので，やはりベクトル場になる。よってリー括弧積は $[g_1, [g_1, g_2]]$ のように何度でも，あらゆる組合せで繰り返すことが可能である。また定義からこの演算が反対称，すなわち $[g, g] = 0$ のようになることもわかる。リー括弧積を理解するための解釈の一つを図 7.3 に示す。ある点 O からベクトル場 g_1 に沿って微小時間進み，その後で g_2 に沿って微小時間進んだときの到達点（点 D）と，ベクトル場 g_2 に沿って進んだ後に g_1 に沿って進んだときの到達点（点 C）とのギャップが $[g_1, g_2]$ に相当する。

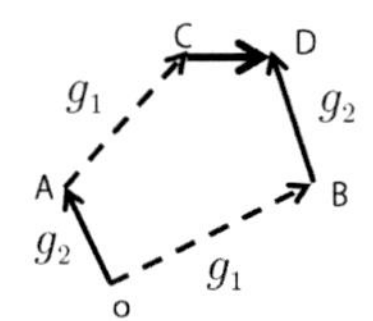

図 7.3　リー括弧積の解釈

$\mathcal{G}(\zeta)$ を接分布とし，$\forall\zeta$ について $g(\zeta) \in \mathcal{G}(\zeta)$ であるとき，ベクトル場 f は $\mathcal{G}$ に属するという。任意の $f, g \in \mathcal{G}$ に対して $[f, g] \in \mathcal{G}$ が成り立つとき，$\mathcal{G}$ はインボリューティブであるという。また，接分布 $\mathcal{G}(\zeta)$ が $\mathrm{span}\{g_1, g_2\}$ のように基底を用いて与えられているときは，$[g_1, g_2] \in \mathcal{G}$ であればインボリューティブである[1]。インボリューティブとは限らない $\mathcal{G}$ について，$\mathcal{G}$ を含む最小のインボリューティブな接分布 $\bar{\mathcal{G}}$ というものを考えることができる。すなわち，

$$\bar{\mathcal{G}} \supseteq \mathcal{G}, \quad \forall f, g \in \bar{\mathcal{G}} \Rightarrow [f, g] \in \bar{\mathcal{G}}$$

を満たすものである。$\mathcal{G}$ がもともとインボリューティブならば当然 $\mathcal{G} = \bar{\mathcal{G}}$ である。$\mathcal{G}$ がインボリューティブでない場合は，$\mathcal{G}$ の基底ベクトル場から生成されるリー括弧積で $\mathcal{G}$ に属さないものを新たに基底として加える。この手順をインボリューティブになるまで繰り

返すことで $\bar{\mathcal{G}}$ が得られる。

さて，状態方程式

$$\dot{\zeta} = g_1(\zeta)u_1 + g_2(\zeta)u_2 \tag{7.28}$$

で与えられるシステムの振舞いに話を戻そう。任意の初期状態 $\zeta(0)$ から任意の状態 $\zeta(t_f)$ に有限時間で到達させる入力 $u(t), t \in [0, t_f]$ が存在するときにシステム (7.28) は可制御であるというが，これは次の定理によって $\bar{\mathcal{G}}$ と関係づけられている[2]。

定理 7.2（チョウ） システム (7.28) が可制御であるための必要十分条件は $\bar{\mathcal{G}}(\zeta)$ の状態変数と同じ数の基底で張られることである。 ●

g_1, g_2 はもともと互いに独立なので，2 本を元手にどんどんリー括弧積を繰り返して，全部で残り $n-2$ 個の独立なベクトル場が生成できれば可制御ということになる。そして，実はこの性質は前項で述べたのと同じくフロベニウスの定理の名で呼ばれる条件によって判定される。

定理 7.3（フロベニウス） 定理 7.2 の条件が成り立つことと，$\mathcal{G}$ がインボリューティブであることは等価である。 ●

車輪型移動ロボットのベクトル場を表す式 (7.15) についてリー括弧積を計算してみると，

$$[g_1, g_2] = \begin{bmatrix} \sin\theta \\ -\cos\theta \\ 0 \\ 0 \\ 0 \end{bmatrix}$$

となり，g_1 とも g_2 とも独立である。したがって少なくとも $\mathcal{G} = \mathrm{span}\{g_1, g_2\}$ はインボリューティブでない。さらに計算すると

$$[g_1, [g_1, g_2]] = \begin{bmatrix} 0 \\ 0 \\ 0 \\ 0 \\ 0 \end{bmatrix}, \quad [g_2, [g_1, g_2]] = \begin{bmatrix} \cos\theta \\ \sin\theta \\ 0 \\ 0 \\ 0 \end{bmatrix}$$

となる。これ以降，$[g_1, [g_1, g_2]]$ を含むリー括弧積はすべて零ベクトルである。一方，$[g_2, [g_1, g_2]]$ については

$$[g_1, [g_2, [g_1, g_2]]] = 0$$
$$[g_2, [g_2, [g_1, g_2]]] = -[g_1, g_2]$$

となり，これ以降 g_2 とのリー括弧積をとるごとに $[g_1, g_2]$ と $[g_2, [g_1, g_2]]$ の形が交互に現れるだけである。したがって，ベクトル場 g_1, g_2 からリー括弧積によって生成される独立なベクトル場は 4 つであり，それらが張る接分布が

$$\begin{aligned} \bar{\mathcal{G}} &= \mathrm{span}\{g_1, g_2, [g_1, g_2], [g_2, [g_1, g_2]]\} \\ &= \mathrm{Im} \begin{bmatrix} \cos\theta & 0 & \sin\theta & \cos\theta \\ \sin\theta & 0 & -\cos\theta & \sin\theta \\ 0 & 1 & 0 & 0 \\ 1 & 0 & 0 & 0 \\ 0 & -1 & 0 & 0 \end{bmatrix} \end{aligned} \tag{7.29}$$

である。

以上の解析により，このシステムは状態変数の数が 5 であるのに対し $\bar{\mathcal{G}}$ の基底が 4 つであるので，可制御ではない。その原因は式 (7.29) からわかるように，第 3 行目と第 5 行目が線形従属であることによる。ここでもし，両輪の角度差 ϕ_2 を制御することを放棄し，状態変数を $\eta = (x, y, \theta, \phi_1)$ の 4 つに制限するならば，このシステムは可制御である。つまり，車体の位置・姿勢 x, y, θ と，その道のり ϕ_1 は独立に制御が可能であるということである。このことは前項で述べた，ω^3 のみがホロノミック拘束であって，ω^1, ω^2 は非ホロノミック拘束であるという事実と正確に対応する。さらに，ϕ_1 の制御も放棄して状態変数を $\xi = (x, y, \theta)$ の 3 つに制限した場合も当然可制御であり，このことは ω^2 がそれ単体で非ホロノミックであるという事実と対応する。

＜石川将人＞

参考文献（7.2 節）

[1] Isidori, A.: *Nonlinear Control Systems*, 3rd edition, Springer (1995).

[2] Murray, R.M.: Nilpotent basis for a class of nonintegrable distributions with applications to trajectory generation for nonholonomic systems, *Math. Contr. Signals, Syst.*, pp. 58–74 (1994).

[3] Nijmeijer, H. and van der Schaft, A.J.: *Nonlinear Dynamical Control Systems*, Springer (1990).

7.3 厳密な線形化とフラットネス

7.3.1 フィードバック線形化

本節では次のような入力にアファインな非線形系を

扱う。

$$\dot{x} = f(x) + g(x)u \tag{7.30}$$

$x(t) \in \mathbb{R}^n$, $u(t) \in \mathbb{R}$ とする。ここでは簡単のためまず 1 入力の系を扱う。フィードバック線形化とは，非線形のフィードバックと座標変換によって，非線形系を見かけ上線形の系に変換する方法である[1-3]。適用できる対象は限られるが，線形制御則と組み合わせることで非線形系に対して高精度な制御が比較的簡単に実装できる。フィードバック線形化と線形制御器を組み合わせた制御系のブロック線図を図 7.4 に示す。

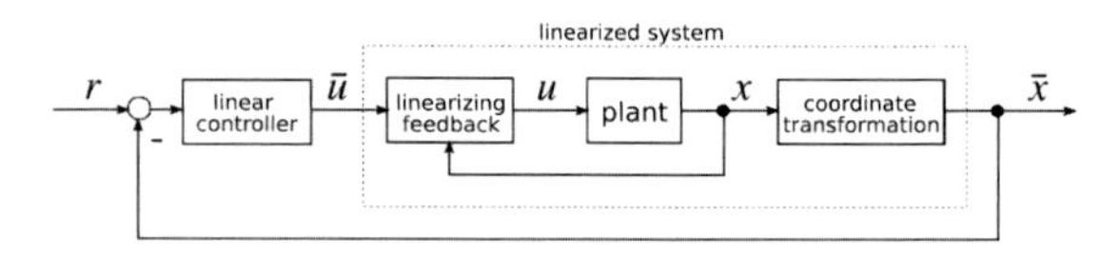

図 7.4　フィードバック線形化のブロック線図

フィードバック線形化手法で用いる微分幾何のツールの性質を述べておく。まずベクトル $x \in \mathbb{R}^n$ を引数とするスカラ関数 $\phi : \mathbb{R}^n \to \mathbb{R}$ と，ベクトル場 $f(x)$ に対して以下のリー微分を定義する。

$$\begin{aligned} \mathrm{L}_f\phi(x) &:= \frac{\partial\phi(x)}{\partial x}f(x) \\ \mathrm{L}_f^{i+1}\phi(x) &:= \mathrm{L}_f\left(\mathrm{L}_f^i\phi(x)\right), \quad i = 0, 1, 2, \ldots \\ \mathrm{L}_f^0\phi(x) &:= \phi(x) \end{aligned}$$

この演算は，変数 $x(t)$ が微分方程式 $\dot{x} = f(x)$ に従うときの関数 $\phi(x(t))$ の高階の時間微分を表す。

$$\mathrm{L}_f^i\phi(x) = \frac{\mathrm{d}^i}{\mathrm{d}t^i}\phi(x), \quad i = 0, 1, 2, \ldots$$

また，ベクトル値関数 $\phi(x) = (\phi_1(x), \ldots, \phi_m(x))^{\mathrm{T}}$ や複数のベクトル場からなる $g(x) = (g_1(x), \ldots, g_l(x))$ 等に対しても，以下のように同じ記号で各要素への同様の演算を表すものとする。

$$\mathrm{L}_g\phi = \begin{pmatrix} \mathrm{L}_{g_1}\phi_1 & \cdots & \mathrm{L}_{g_l}\phi_1 \\ \vdots & \ddots & \vdots \\ \mathrm{L}_{g_1}\phi_m & \cdots & \mathrm{L}_{g_l}\phi_m \end{pmatrix}$$

(1) 入出力線形化

入出力線形化とは，式 (7.30) のような非線形系に対して，操作したい信号 $z = h(x)$ が与えられているときに，フィードバック入力変換 $u = \alpha(x) + \beta(x)\bar{u}$ を用いて，新しい入出力 $\bar{u} \mapsto z$ の挙動が線形システムとなるように変換する手法である。こうすることで，被制御信号 z は制御入力 $\bar{u}$ を使って線形の制御則で制御することが可能になる。

いま z の高階の時間微分を順に計算してゆき，はじめて入力 u の影響が現れる微分の階数を ρ とする。すなわち，z の i 階の時間微分を $z^{(i)} := (\mathrm{d}^i z/\mathrm{d}t^i)$ と表すと，$z^{(1)}, \ldots, z^{(\rho-1)}$ は u に依存せず，$z^{(\rho)}$ は u の関数となることを意味する。そのような ρ を相対次数と呼ぶ。この条件をリー微分を使って表すと，

$$\begin{aligned} \dot{z} &= \mathrm{L}_f h(x) + \underbrace{\mathrm{L}_g h(x)}_{=0} u \\ &\vdots \\ z^{(\rho-1)} &= \mathrm{L}_f^{\rho-1}h(x) + \underbrace{\mathrm{L}_g\mathrm{L}_f^{\rho-2}h(x)}_{=0} u \\ z^{(\rho)} &= \mathrm{L}_f^{\rho}h(x) + \underbrace{\mathrm{L}_g\mathrm{L}_f^{\rho-1}h(x)}_{\neq 0} u \end{aligned} \tag{7.31}$$

すなわち，ある原点の近傍 $X \in \mathbb{R}^n$ に含まれる任意の $x \in X$ に対して，以下が成立する。

$$\mathrm{L}_g\mathrm{L}_f^i\phi(x) = 0, \quad i = 0, 1, \ldots, \rho-2 \tag{7.32}$$

$$\mathrm{L}_g\mathrm{L}_f^{\rho-1}\phi(x) \neq 0 \tag{7.33}$$

このとき，式 (7.31) よりフィードバック入力変換

$$u = \underbrace{-\frac{\mathrm{L}_f^{\rho}h(x)}{\mathrm{L}_g\mathrm{L}_f^{\rho-1}h(x)}}_{\alpha(x)} + \underbrace{\frac{1}{\mathrm{L}_g\mathrm{L}_f^{\rho-1}h(x)}}_{\beta(x)}\bar{u} \tag{7.34}$$

によって $\bar{u} \mapsto z$ が次のように線形系（ρ 次の積分器）になることがわかる。

$$z^{(\rho)} = \bar{u} \tag{7.35}$$

また z の時間微分を並べたものを新たな状態変数として以下のように定義すると，

$$\begin{aligned} \bar{x} &= \Phi(x) := (z, \dot{z}, \ldots, z^{(\rho-1)})^{\mathrm{T}} \\ &= (h(x), \mathrm{L}_f h(x), \ldots, \mathrm{L}_f^{\rho-1}h(x))^{\mathrm{T}} \in \mathbb{R}^{\rho} \end{aligned} \tag{7.36}$$

入力 $\bar{u}$ から状態 $\bar{x}$ までの挙動は ρ 次の線形系となる。

$$\dot{\bar{x}} = \underbrace{\begin{pmatrix} 0 & 1 & & 0 \\ \vdots & \ddots & \ddots & \\ \vdots & & \ddots & 1 \\ 0 & \cdots & \cdots & 0 \end{pmatrix}}_{A_c} \bar{x} + \underbrace{\begin{pmatrix} 0 \\ \vdots \\ 0 \\ 1 \end{pmatrix}}_{b_c} \bar{u} \quad (7.37)$$

この変換法を入出力線形化，被制御信号 $z = h(x)$ のことを線形化出力と呼ぶ。この系は線形制御則を用いて制御可能である。例えば状態フィードバック

$$\bar{u} = k\,\bar{x}$$

において，フィードバックゲイン k を適切に設計すれば，状態 $\bar{x}$ を安定化し制御できる。線形系 (7.37) に上式のフィードバックを適用すれば，閉ループ系は

$$\dot{\bar{x}} = (A_c - b_c k)\bar{x}$$

となるため，$(A_c - b_c k)$ が安定行列となるようにゲイン k を選べばよい。

ただしここで注意してほしいのは，元の系 (7.30) の次元 n と線形化された系 (7.37) の次元 $\rho(\leq n)$ が一般に異なる点である。この差 $n-\rho$ の次元の状態変数の動きが $\bar{u} \mapsto z$ の挙動には表れなくなっており，信号 z を 0 にするように安定化制御を行ったとしても，見えない $n-\rho$ 個の状態は不安定になり発散するということも起こりうる。この見えない状態の挙動をゼロダイナミクスと呼び，入出力線形化で制御を行うためにはゼロダイナミクスが漸近安定である必要がある。ゼロダイナミクスは線形系の零点の挙動に対応しており，式 (7.30) に出力 $z = h(x)$ を組み合わせた系の入出力 $u \mapsto z$ の線形近似系が安定な零点を持てば，ゼロダイナミクスは局所的に漸近安定となる。なおゼロダイナミクスが漸近安定である系を，線形の場合の類似の性質から最小位相系と呼ぶ。

例題として次のような 2 次元系を考えよう。

$$\begin{pmatrix} \dot{x}_1 \\ \dot{x}_2 \end{pmatrix} = \begin{pmatrix} \tan x_2 \\ \sin x_1 \end{pmatrix} + \begin{pmatrix} 0 \\ \cos x_2 \end{pmatrix} u \quad (7.38)$$

この系に対して被制御出力 $z = h(x) = x_1$ と選んでみると，$-\pi/2 < x_2 < \pi/2$ のとき，

$$\begin{aligned} \mathrm{L}_g h &= 0 \\ \mathrm{L}_g \mathrm{L}_f h &= \frac{1}{\cos x_2} \neq 0 \end{aligned}$$

よって相対次数は $\rho = 2$ であることがわかる。すなわちこの場合は，$\rho = n$ であるのでゼロダイナミクスは存在しない。実際，このときの入出力 $u \mapsto z$ を線形近似した線形系の伝達関数は

$$\frac{1}{s^2 - 1}$$

であり，その相対次数（分母と分子の多項式の次数の差）は 2 で零点を持たない。このときフィードバック線形化のための座標変換 (7.36) およびフィードバック (7.34) は次のように計算できる。

$$\begin{aligned} u &= -\frac{\sin x_1}{\cos x_2} + \bar{u}\cos x_2 \\ \bar{x} &= \Phi(x) = \begin{pmatrix} x_1 \\ \tan x_2 \end{pmatrix} \end{aligned}$$

次に別の被制御出力 $z = h(x) = ax_1 + bx_2$ $(b \neq 0)$ を用いて入出力線形化してみよう。

$$\mathrm{L}_g h(x) = b\ \cos x_2$$

よって，相対次数 $\rho = 1$ である。この系を線形近似して $u \mapsto z$ の伝達関数を求めると，

$$\frac{bs + a}{s^2 - 1}$$

この系の零点 $-a/b$ が負の値を持つとき，すなわち安定な零点を持つ最小位相系であるとき，元の非線形系の出力 z に関するゼロダイナミクスは局所的に漸近安定となり，非線形の意味でも最小位相系となる。このとき入出力線形化に線形安定化制御を組み合わせることで，ゼロダイナミクスも含めた全状態を（局所的に）安定化することができる。

(2) 厳密な線形化

(1) で紹介した入出力線形化法は，リー微分の演算だけを用いて実装できるため非常に簡単に利用することができるが，ゼロダイナミクスという制御できない状態ができてしまうという可能性があった。最小位相系であれば安定化制御は可能であるが，ゼロダイナミクスの挙動は自由に操ることができない。入出力線形化においては，線形化出力 $z = h(x)$ は設計パラメータとして設計者が与えるものであったが，ここでは $\rho = n$ となってゼロダイナミクスが存在しないような信号 z を見つける問題を考えよう。$\rho = n$ の場合の入出力線

形化を，厳密な線形化と呼ぶ。式 (7.32), (7.33) から，線形化出力関数 $z = h(x)$ の満たすべき条件は $\rho = n$ として

$$
\begin{aligned}
&\mathrm{L}_g \mathrm{L}_f^i h(x) = 0, \quad i = 0, 1, \ldots, n-2 \\
&\mathrm{L}_g \mathrm{L}_f^{n-1} h(x) \neq 0
\end{aligned}
$$

と書けるが，これは ϕ に関する高階の偏微分方程式となり，解きやすい問題ではない。しかしリー代数の基本公式を用いると次のような 1 階の線形な偏微分方程式に書き直すことができ，比較的容易に解を求めることができる。

$$
\mathrm{L}_{\mathrm{ad}_f^i g} h(x) = 0, \quad i = 0, 1, \ldots, n-2 \tag{7.39}
$$

$$
\mathrm{L}_{\mathrm{ad}_f^{n-1} g} h(x) \neq 0 \tag{7.40}
$$

ここで ad という演算はリー括弧積と呼ばれ，以下で定義される。

$$
\begin{aligned}
[f,\ g] &:= \frac{\partial g}{\partial x} f(x) - \frac{\partial f}{\partial x} g(x) \\
\mathrm{ad}_f^{i+1} g &:= \left[f,\ \mathrm{ad}_f^i g\right], \quad i = 0, 1, 2, \ldots \\
\mathrm{ad}_f^0 g &:= g(x)
\end{aligned}
$$

さらに式 (7.39), (7.40) の偏微分方程式が可解かどうかの確認も，微分演算のみで行うことができ，次のような 2 つの条件の成立と上の偏微分方程式の可解性が等価であることが知られている（フロベニウスの定理）。以下のようにディストリビューション [1] D_i を定める。

$$
D_i := \mathrm{span}\left\{g,\ \mathrm{ad}_f g, \ldots,\ \mathrm{ad}_f^{i-1} g\right\}
$$

- D_n のランクが n
- D_{n-1} がインボリューティブ，すなわち

  $a, b \in D_{n-1} \quad \Rightarrow \quad [a, b] \in D_{n-1}$

上記の条件を，先の式 (7.38) の例題に適用してみよう。ディストリビューション D_i は以下のようになる。

$$
\begin{aligned}
D_1 &= \mathrm{span}\left\{\begin{pmatrix} 0 \\ \cos x_2 \end{pmatrix}\right\} \\
D_2 &= \mathrm{span}\left\{\begin{pmatrix} 0 \\ \cos x_2 \end{pmatrix},\ \begin{pmatrix} 1/\cos x_2 \\ 0 \end{pmatrix}\right\}
\end{aligned}
$$

[1] 複数のベクトル場を基底として張られるベクトル空間をディストリビューションと呼ぶ。

D_2 は，原点を含む十分広い領域 $-\pi/2 < x_2 < \pi/2$ でランク 2 であり，条件を満たす。また D_1 は 1 次元であり，自動的にインボリューティブの条件を満たす。よって相対次数が $n = 2$ となる線形化出力 $h(x)$ が存在することがわかる。関数 $h(x)$ の満たすべき条件は，式 (7.39), (7.40) より以下のとおりである。

$$
\begin{aligned}
\left(\frac{\partial h}{\partial x_1},\ \frac{\partial h}{\partial x_2}\right)\begin{pmatrix} 0 \\ \cos x_2 \end{pmatrix} &= 0 \\
\left(\frac{\partial h}{\partial x_1},\ \frac{\partial h}{\partial x_2}\right)\begin{pmatrix} 1/\cos x_2 \\ 0 \end{pmatrix} &\neq 0
\end{aligned}
$$

すでに見たように，$h(x) = x_1$ が，領域 $-\pi/2 < x_2 < \pi/2$ において，上式の解になっていることが確認できる。

(3) 多入出力系のフィードバック線形化

以下では，これまでの話を拡張して剛体リンク系のロボット等を扱うための多入出力系に対するフィードバック線形化について述べる。ここでは式 (7.30) の系において，制御入力が $u \in \mathbb{R}^m$ のようにベクトル値を持つものとし，$g(x) = (g_1(x), \ldots, g_m(x))$ とする。このような系に対しては，被制御量である線形化出力 z は入力と同じ次元のベクトル $z = h(x) = (h_1(x), \ldots, h_m(x))^{\mathrm{T}} \in \mathbb{R}^m$ とする。ある原点の近傍 $X \subset \mathbb{R}^n$ が存在し，すべての $x \in X$ に対して以下を満たす自然数の組 $\rho = (\rho_1, \ldots, \rho_m)^{\mathrm{T}} \in \mathbb{R}^m$ が存在するとき，系のベクトル相対次数は ρ であるという。

$$
\begin{aligned}
&\mathrm{L}_{g_j} \mathrm{L}_f^l h_i(x) = 0, \quad i, j = 1, 2, \ldots, m, \\
&\qquad\qquad l = 0, 1, \ldots, \rho_i - 2 \\
&\det \underbrace{\begin{pmatrix} \mathrm{L}_{g_1} \mathrm{L}_f^{\rho_1 - 1} h_1 & \ldots & \mathrm{L}_{g_m} \mathrm{L}_f^{\rho_1 - 1} h_1 \\ \vdots & \ddots & \vdots \\ \mathrm{L}_{g_1} \mathrm{L}_f^{\rho_m - 1} h_m & \ldots & \mathrm{L}_{g_m} \mathrm{L}_f^{\rho_m - 1} h_m \end{pmatrix}}_{\Gamma(x)} \neq 0
\end{aligned}
$$

この条件を満たすとき，1 入力系の場合の式 (7.31) に対応して，次の関係が成立する。

$$
\begin{pmatrix} z_1^{(\rho_1)} \\ \vdots \\ z_m^{(\rho_m)} \end{pmatrix} = \underbrace{\begin{pmatrix} \mathrm{L}_f^{(\rho_1)} h_1 \\ \vdots \\ \mathrm{L}_f^{(\rho_m)} h_m \end{pmatrix}}_{\gamma(x)} + \Gamma(x)\, u
$$

よって，次式のフィードバックによって，

$$u = \Gamma(x)^{-1}(-\gamma(x) + \bar{u})$$

入出力 $\bar{u} \mapsto z$ は，以下のように線形化される。

$$\begin{pmatrix} z_1^{(\rho_1)} \\ \vdots \\ z_m^{(\rho_m)} \end{pmatrix} = \begin{pmatrix} \bar{u}_1 \\ \vdots \\ \bar{u}_m \end{pmatrix} \tag{7.41}$$

特に，$\sum_{i=1}^m \rho_i = n$ であるとき，ゼロダイナミクスが存在しないため，厳密な線形化となる。多入出力系の厳密な線形化の可解性に関する条件も得られているが，紙面の都合により割愛する。詳細は，文献[1, 2] などを参照いただきたい。

式 (7.41) のダイナミクスは，$\bar{x}$ を新しい状態として通常の状態方程式で記述すると以下のようになる。

$$\begin{aligned} \dot{\bar{x}} &= A_c\bar{x} + B_c\bar{u} \\ A_c &= \mathrm{diag}(A_c^1, \ldots, A_c^m) \\ A_c^i &= A_c \in \mathbb{R}^{\rho_i \times \rho_i}, \quad i = 1, 2, \ldots, m \\ B_c &= \mathrm{diag}(B_c^1, \ldots, B_c^m) \\ B_c^i &= b_c \in \mathbb{R}^{\rho_i}, \quad i = 1, 2, \ldots, m \end{aligned}$$

ただし新座標 $\bar{x}$ は，次の座標変換によって得られる。

$$\bar{x} = \begin{pmatrix} \bar{x}^1 \\ \vdots \\ \bar{x}^m \end{pmatrix} = \begin{pmatrix} \Phi^1(x) \\ \vdots \\ \Phi^m(x) \end{pmatrix} = \Phi(x) \tag{7.42}$$

$$\bar{x}^i = \Phi^i(x) = \begin{pmatrix} h_i(x) \\ \mathrm{L}_f h_i(x) \\ \vdots \\ \mathrm{L}_f^{\rho_i - 1}(x) \end{pmatrix}, \quad i = 1, 2, \ldots, m$$

1 入力の場合と同様に，状態変数 $\bar{x}$ に対する線形状態フィードバック

$$\bar{u} = -K\bar{x}$$

等によって，安定化制御を行える。閉ループ系のシステム行列 $(A_c - B_cK)$ が安定となるようにゲイン K を定めればよい。

(4) ロボットのフィードバック線形化

剛体リンク系からなるロボットは，一般に次のような運動方程式を持つ。

$$M(q)\ddot{q} + \ell(q, \dot{q}) = u \tag{7.43}$$

ここで $q \in \mathbb{R}^m$ は各関節の角度や変位を表し，$u \in \mathbb{R}^m$ はその変位を増やすトルクや力である。$M(q) \in \mathbb{R}^{m \times m}$ は慣性行列とよばれる正定対称行列であり，$\ell(q, \dot{q}) \in \mathbb{R}^m$ は遠心コリオリ力や摩擦等の力を表す。この系に対して，次式のフィードバック

$$u = \ell(q, \dot{q}) + M(q)\bar{u} \tag{7.44}$$

を施すと $M(q)$ は正則であることから，

$$\ddot{q} = \bar{u}$$

のように簡単にフィードバック線形化が行える。上記のような多関節ロボットに対してフィードバック線形化を用いた制御手法は，計算トルク制御とも呼ばれる。

運動方程式 (7.43) を書き直すと，以下のように式 (7.30) と同じ状態方程式の表現が得られる。

$$\frac{\mathrm{d}}{\mathrm{d}t}\underbrace{\begin{pmatrix} q \\ \dot{q} \end{pmatrix}}_{x} = \underbrace{\begin{pmatrix} \dot{q} \\ -M(q)^{-1}\ell(q, \dot{q}) \end{pmatrix}}_{f(x)} + \underbrace{\begin{pmatrix} 0 \\ M(q)^{-1} \end{pmatrix}}_{g(x)} u$$

この系に対して線形化出力 $z = h(x) = q$ と選ぶと，

$$\begin{aligned} \mathrm{L}_g h(x) &= 0 \\ \mathrm{L}_g \mathrm{L}_f h(x) &= M(q)^{-1} \end{aligned}$$

より，ベクトル相対次数 $\rho = (2, \ldots, 2)^{\mathrm{T}}$ となり，厳密に線形化可能な系であることが確認できる。さらに線形化の座標変換 (7.42) は，ベクトル x の要素を並べ替えるだけのものとなり，$\bar{x} = T_m x$ のように書ける。

これに例えば状態フィードバック $\bar{u} = -K_1 q - K_2 \dot{q}$ を組み合わせると，

$$u = \ell(q, \dot{q}) - M(q)(K_1 q + K_2 \dot{q})$$

のような非線形制御となる。このとき閉ループ系は，

$$\ddot{q} + K_2\dot{q} + K_1 q = 0$$

の線形系になるため，この系が安定となるようにゲイン K_1, K_2 を定めればよい。厳密な線形化によって閉ループ系の挙動は線形となり，精度よく制御できるが，この方法を用いるためには制御対象のモデルの情報 $M(\cdot)$, $\ell(\cdot)$ を正確に知る必要がある。

また式 (7.44) は，フィードバック制御だけではなく，$\bar{u}=0$ とすることで，望みの挙動 $q(t)$ が与えられたときにそれを実現するフィードフォワード入力 $u(t)$ を計算するのにも用いられる。

7.3.2　フラットネス

厳密な線形化可能な制御対象の持つべき性質を一般化した概念をフラットネスという[4–6]。フィードバック線形化では，フィードバック制御器を設計して安定化することが目的であった。ここでは安定化だけではなく，軌道計画や軌道追従制御に利用することを主眼において，フラットネスの性質を説明する。

(1) 等価性とフラットネス

前項で述べたとおり，この等価性をもう少し一般化した定義を以下で与える。次式のような 2 つの系を考える。

$$\dot{x} = f(x,u) \tag{7.45}$$

$$\dot{y} = g(y,v) \tag{7.46}$$

ただし入力は同じ次元 $u, v \in \mathbb{R}^m$ であるとする。さらに入力信号 u, v を時間微分して系を拡張する。

$$\frac{\mathrm{d}}{\mathrm{d}t}\underbrace{\begin{pmatrix} x \\ u \\ \dot{u} \\ \vdots \end{pmatrix}}_{\xi} = \underbrace{\begin{pmatrix} f(x,u) \\ \dot{u} \\ \ddot{u} \\ \vdots \end{pmatrix}}_{F(\xi)} \tag{7.47}$$

$$\frac{\mathrm{d}}{\mathrm{d}t}\underbrace{\begin{pmatrix} y \\ v \\ \dot{v} \\ \vdots \end{pmatrix}}_{\eta} = \underbrace{\begin{pmatrix} g(y,v) \\ \dot{v} \\ \ddot{v} \\ \vdots \end{pmatrix}}_{G(\eta)} \tag{7.48}$$

この無限次元の 2 つの系 (7.47) と (7.48) が，互いに各要素が有限個の引数を持つ座標変換 $\eta = \Psi(\xi)$ と $\xi = \Theta(\eta)$ で結ばれるとき，元の 2 つの系 (7.45) と (7.46) は等価であるということにしよう。この定義の元で，線形系 (式 (7.46) において $g(y,v) = Ay + Bv$) と等価な非線形系をフラット (flat) な系であるという。2 つの系 (7.45) と (7.46) が等価であるとき，これらは動的なフィードバックで互いに変換できることが知られている。

(2) 動的なフィードバック線形化と軌道計画

フラットネスが利用されているのは，前項で述べたような動的フィードバックを用いた線形化よりも，軌道計画や軌道追従制御の分野である。フラットな系は線形系と等価であり，フラットであれば一般性を失うことなく次のようなシンプルな線形系と等価となる。

$$\frac{\mathrm{d}}{\mathrm{d}t}\begin{pmatrix} y \\ \dot{y} \\ \vdots \end{pmatrix} = \begin{pmatrix} \dot{y} \\ \ddot{y} \\ \vdots \end{pmatrix} \tag{7.49}$$

このとき $y \in \mathbb{R}^m$ をフラット出力と呼び，先に述べた線形化出力に対応するものである。

等価性の定義より，式 (7.45) のシステムがフラットであることは，式 (7.47) の状態 ξ と式 (7.49) の状態 η が座標変換 $\eta = \Psi(\xi)$，$\xi = \Theta(\eta)$ で関係づけられることである。座標変換の各要素の引数は有限個の座標であったので，$\eta = \Psi(\xi), \xi = \Theta(\eta)$ の 1,2 行目の要素を書き下すと次式のようになる。ただし μ, ν は適当な正定数。

$$y = \psi_1(x, u, \dot{u}, \ldots, u^{(\mu)}) \tag{7.50}$$

$$x = \theta_1(y, \dot{y}, \ldots, y^{(\nu)}) \tag{7.51}$$

$$u = \theta_2(y, \dot{y}, \ldots, y^{(\nu)}) \tag{7.52}$$

逆に上式を満たす $\psi_1, \theta_1, \theta_2$ が存在すれば，Ψ や Θ の残りの要素の引数も自動的に有限個になる。したがって式 (7.45) の系がフラットであることは，上式を満たすフラット出力 $y = \psi_1(x, u, \ldots, u^{(\mu)})$ が存在することと等価であることがわかる。この条件式がフラットネスの定義として用いられることもある。

一般の非線形システム (7.45) に対してその状態 $x(t)$ の軌道を計画することは容易ではない。しかし式 (7.51) に見たように，フラットなシステムのダイナミクスはフラット出力 $y(t)$ の軌跡に集約されており，$y(t)$ の挙動を計画することがそのままシステムのすべての状態 $x(t)$ の軌跡を計画することに相当するため容易に軌道計画が行える。さらに $y(t)$ が決まればそれを達成する入力は式 (7.52) により直ちに計算でき，また動的な線形化フィードバックを用いれば軌道追従制御が行える。以下ではこれらの手順を例題を通して説明する。

(3) 軌道計画と軌道追従制御

図 7.5 にあるような転がるコインを取り扱う。コイ

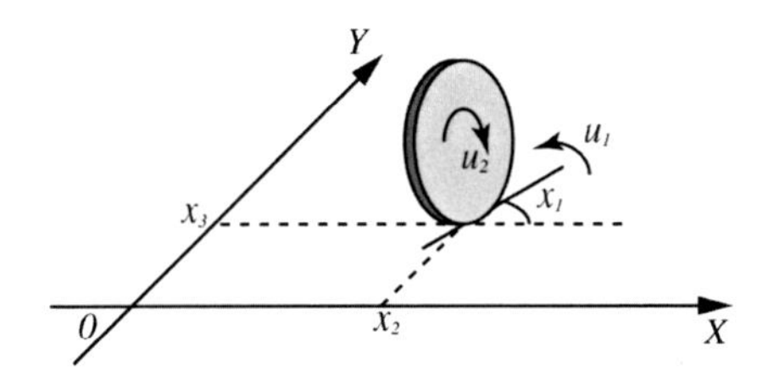

図 7.5 転がるコイン

ンの平面上の座標を (x_2, x_3)，コインの進む方向を x_1，角度 x_1 を増やす方向の角速度を入力 u_1，コインの進行方向への角速度を入力 u_2 とすると，以下のようなモデルで表現できる。

$$\begin{pmatrix} \dot{x}_1 \\ \dot{x}_2 \\ \dot{x}_3 \end{pmatrix} = \begin{pmatrix} 1 & 0 \\ 0 & \cos x_1 \\ 0 & \sin x_1 \end{pmatrix} \begin{pmatrix} u_1 \\ u_2 \end{pmatrix} \tag{7.53}$$

この系は，平面上の位置 $z = (x_2, x_3)^{\mathrm{T}}$ をフラット出力としてフラットである。以下のように，式 (7.50)～(7.52) の成立が確認できる。

$$\begin{aligned} z &= \psi_1(x) = \begin{pmatrix} x_2 \\ x_3 \end{pmatrix} \\ x &= \theta_1(z, \dot{z}) = \begin{pmatrix} \mathrm{atan2}(\dot{z}_1, \dot{z}_2) \\ z_1 \\ z_2 \end{pmatrix} \\ u &= \theta_2(z, \dot{z}) = \begin{pmatrix} \dfrac{(\dot{z}_1\ddot{z}_2 - \dot{z}_2\ddot{z}_1)(1 + \mathrm{atan2}(\dot{z}_1, \dot{z}_2)^2)}{\dot{z}_1^2} \\ \sqrt{\dot{z}_1^2 + \dot{z}_2^2} \end{pmatrix} \end{aligned}$$

この系の軌道を計画する場合は，フラット出力 $z = (x_2, x_3)^{\mathrm{T}}$ の軌道を計画してやれば，直ちに式 (7.51)，(7.52) によって全状態 x の軌道およびフィードフォワード入力 u が計算できることになる。

また，線形化出力 z の時間微分を計算すると，

$$\ddot{z} = \underbrace{\begin{pmatrix} -u_2 \sin x_1 & \cos x_1 \\ u_2 \cos x_1 & \sin x_1 \end{pmatrix}}_{\Gamma(x,u_2)} \begin{pmatrix} u_1 \\ \dot{u}_2 \end{pmatrix}$$

のようになり，$(u_1, \dot{u}_2)$ が系の入力信号で $(x^{\mathrm{T}}, u_2)^{\mathrm{T}}$ を制御対象の状態変数とみなせば，ベクトル相対次数 $\rho = (2, 2)^{\mathrm{T}}$ の系となる。よって新しい入力を $\bar{u} = (\bar{u}_1, \bar{u}_2)^{\mathrm{T}}$ として

$$\begin{pmatrix} u_1 \\ \dot{u}_2 \end{pmatrix} = \Gamma(x, u_2)^{-1}\bar{u} \tag{7.54}$$

という動的なフィードバックにより，以下の線形系に変換されることがわかる。

$$\ddot{z} = \bar{u}$$

式 (7.54) の動的なフィードバックは，$x_c(= u_2) \in \mathbb{R}$ を制御器の状態変数として状態空間モデルで表現すると以下のようになる。

$$\begin{aligned} \dot{x}_c &= (0,\ 1)\,\Gamma(x, x_c)^{-1}\bar{u} \\ u &= \begin{pmatrix} (1,\ 0)\,\Gamma(x, x_c)^{-1}\bar{u} \\ x_c \end{pmatrix} \end{aligned}$$

ただし $x_c = u_2 = 0$（進行方向の速度が 0）の点では，フィードバック則 (7.54) が定義されないため，この線形化フィードバックはコインが非零の角速度を持って転がり続けるような軌道追従問題に使用できるが，原点 $(x, u_2) = 0$ への漸近安定化（車庫入れに相当）には使えないことに注意しておく。これは制御対象 (7.53) が非ホロノミック系であり，そもそも滑らかな状態フィードバックでは漸近安定化できない系であることに起因している。

軌道追従制御は例えば以下のように行うことができる。フラット出力 z の目標軌道 $z^d(t)$ が与えられたとすると，

$$\bar{u} = -K_1(z - z^d) - K_2(\dot{z} - \dot{z}^d) + \ddot{z}^d$$

のように，線形化された系に線形の軌道追従制御則を加えることで軌道追従制御が達成される。ただし上に述べたように，$u_2 = x_c = 0$ の特異点近くを通る軌道を追従させる場合には，制御則を別途設計したり，時間軸状態制御系[7] 等の方策を用いる必要がある。

＜藤本健治＞

参考文献（7.3 節）

[1] Isidori, A.: *Nonlinear Control Systems*, third edition, Springer-Verlag (1995).

[2] 石島，島，石動，山下，三平，渡辺：『非線形システム論』，計測自動制御学会 (1993).

[3] Sastry, S.: *Nonlinear Systems: Anaysis, Stability and Control*, Vol. 10 of *Interdisciplinary Applied Mathematics*. Springer-Verlag (1999).

[4] Lévine, J.: *Analysis and Control of Nonlinear Systems:*

A Flatness-based Approach, Springer (2009).

[5] Fliess, M., Lévine, J., Martine, P. and Rouchon, P.: Flatness and defect of nonlinear systems: introductory theory and examples, *Int. J. Control*, Vol. 61, No. 6, pp. 1327–1361 (1995).

[6] 藤本，杉江：厳密な線形化からフラットネスへ，『システム/制御/情報』, Vol. 43, No. 2, pp. 87–93 (1999).

[7] 三平：非ホロノミック系のフィードバック制御，『計測と制御』, Vol. 36, No. 6, pp. 396–403 (1997).

7.4　フィードバック制御による局所安定化

本節では，7.2 節で導入した運動学モデルに基づき，車両を平面上でフィードバック制御する問題について解説する。すでに述べたとおり，両輪の角度差 ϕ_2 は不可制御であるため，状態変数としては車両の位置と方向からなる $\xi = (x, y, \theta)$，もしくは総移動距離に対応する ϕ_1 を含めた $\eta = (x, y, \theta, \phi_1)$ を採用することになる。以下では基本的に状態変数を ξ ととった場合を想定して述べるが，7.4.5 項の時間軸状態制御形を用いた方法などは状態 η の場合でも同様に適用が可能である。なお，本節で紹介する個々の制御方法について，より詳細に掘り下げた文献としては三平による解説[8] を参照されたい。

7.4.1　局所安定化問題としての特異性

n 状態 m 入力の非線形状態方程式

$$\dot{\xi} = g_1(\xi)u_1 + g_2(\xi)u_2, \quad \xi \in \mathbb{R}^n, u \in \mathbb{R}^m \tag{7.55}$$

を考える。車両系の場合には，状態を $\xi = (x, y, \theta)$，入力 u_1 を並進速度，u_2 を旋回角速度にとれば，

$$g_1(\xi) = \begin{bmatrix} \cos\theta \\ \sin\theta \\ 0 \end{bmatrix}, \; g_2(\xi) = \begin{bmatrix} 0 \\ 0 \\ 1 \end{bmatrix} \tag{7.56}$$

という $m = 2, n = 3$ の非線形状態方程式である。

7.2 節の定理 7.2 の可制御性の条件を満たしていれば，状態変数 $\xi(t)$ を目標状態である原点 $\xi = 0$ に到達させるという制御目的は達成可能である。しかしながら，これを状態フィードバック制御入力 $u(t) = k(\xi(t))$ を用いて達成することは，それより一段制約の厳しい問題となる。状態フィードバック制御下の状態の振舞いは，

$$\dot{\xi} = G(\xi)u(\xi) =: f_c(\xi) \tag{7.57}$$

という自律系の状態方程式に従う。つまり目的は式 (7.57) の原点が漸近安定な平衡点となるような写像 $k(\xi)$ を見つける問題となる。容易にわかるように，もとの状態方程式 (7.55) は制御入力 u について線形であるので，いかなる状態 $\xi(t)$ においても $u(t) = 0$ とおけば $\dot{\xi}(t) = 0$ となる。すなわち，あらゆる状態が平衡点になりうる（この点は動力学モデルと異なる運動学モデルならではの特徴でもある）。もちろん原点 $\xi = 0$ もその一つである。このようなシステムは，入力がゼロの時に状態を遷移させる項，いわゆるドリフト項がないことからドリフトレスシステム，あるいは入力の符号反転について対称であることから対称アフィンシステムとも呼ばれる。

まずこの問題が，線形動的システムの状態フィードバック制御問題と質的に異なるということを確認しておこう。よく知られているように，m 入力 n 状態の線形システム

$$\dot{\xi} := A\xi + Bu, \quad A \in \mathbb{R}^{n\times n}, B \in \mathbb{R}^{n\times m} \tag{7.58}$$

に対して

$$u = K\xi, \quad K \in \mathbb{R}^{m\times n} \tag{7.59}$$

の形の線形状態フィードバック制御則を施したとき，閉ループ系

$$\dot{\xi} = (A + BK)\xi \tag{7.60}$$

が漸近安定になるような K が存在するという性質は可安定性，$A + BK$ の固有値を任意に配置できるという性質は可制御性と呼ばれる。可制御性の必要十分条件は可制御性行列

$$V_c = [B, AB, \ldots, A^{n-1}B] \in \mathbb{R}^{n\times nm} \tag{7.61}$$

が行フルランク ($\mathrm{rank}Vc = n$) となることであり，可安定性の必要十分条件は

$$\mathrm{rank}\begin{bmatrix} sI - A & B \end{bmatrix} = n, \quad \forall s \in \mathbb{C}_+ \tag{7.62}$$

すなわち (A, B) の不可制御極が負の実部を持つことである。可安定性は可制御性の必要条件である。

さて，ここでドリフトレスシステム (7.55) に戻り，目標平衡点近傍でのシステム (7.55) の線形近似が可安定であるかを検証してみよう。一般に，入力について

アフィンな非線形システム

$$\dot{\xi} = f(\xi) + G(\xi)u, \quad \xi \in \mathbb{R}^n, u \in \mathbb{R}^m,$$
$$f : \mathbb{R}^n \to \mathbb{R}^n,\ G : \mathbb{R}^n \to \mathbb{R}^{n\times m}$$

の平衡点 $\xi = 0, f(0) = 0$ における線形近似システムは

$$\dot{\xi} = A\xi + Bu$$
$$A := \left.\frac{\partial f}{\partial \xi}\right|_{\xi=0},\ B := G(0)$$

で表される。しかるに，ドリフトレスシステム (7.55) の場合はドリフト項 $f(\xi)$ が存在しないため，線形近似システムにおいて $A = 0$，すなわち

$$\dot{\xi} = Bu$$

である。したがって可制御性行列は

$$V_c = \begin{bmatrix} B & 0 & \cdots & 0 \end{bmatrix} \in \mathbb{R}^{n\times nm}$$

であり，$m < n$ である限り行フルランクにはなりえないため，不可制御である。また $A = 0$ より A の固有値はすべて $0 \in \mathbb{C}$ であるから，原点に（すなわち実部が負でない）不可制御な固有値が $n - m$ 個あることになる。ゆえに可安定性も満たされない。つまり，システム (7.55) は，線形状態フィードバック $u = K\xi$ では全く太刀打ちできないシステムである。

では，制御則の構造の枠組みを広げ，非線形状態フィードバック則

$$u = k(\xi), \quad k : \mathbb{R}^n \to \mathbb{R}^m, k(0) = 0 \tag{7.63}$$

を採用すれば安定化できる可能性はあるのだろうか。しかしこの場合でもなお，次の否定的な事実が知られている。

定理 7.4（**Brockett**[1]） $n > m$ であれば，システム (7.55) の平衡点を局所漸近安定化する時不変な連続状態フィードバック $\boldsymbol{u} = k(\xi)$ は存在しない。 •

このことは，チョウの定理によって目標状態への到達可能性が保証されているということと矛盾しないだろうか。もちろんそうではなく，目標状態へ到達することはできるものの，それを $u = k(\xi)$ によって実現することは不可能だということを定理 7.4 は示しているのである。

ここで重要な点は，定理の記述の中にある ① 時不変な ② 連続 ③ 状態フィードバック，という限定詞である。逆にいえば，これらの制約を破れば，Brockett の定理から逃れる可能性が残されている。その手段として考えられるのが以下のような方策である。

① 時変なフィードバック則 $u = k(\xi, t)$ を用いること。

② 不連続なフィードバック則 $u = k(\xi)$ を用いる，すなわち $k : \mathbb{R}^n \to \mathbb{R}^m$ として原点近傍で連続ではない写像を採用すること。この場合，状態 ξ の微小な変化に対して制御入力 $u = k(\xi)$ が不連続にジャンプする可能性を避けられない。

③ フィードフォワード制御 $u(t)$ を用いる，つまり現在の状態 $\xi(t)$ のフィードバックではなく，時刻 t だけで制御入力を決定すること。

なお時変なフィードバック則で ξ への依存度を徐々に下げていくと，極限としてはフィードフォワード制御の形が得られる。また，7.4.3 項の方法のように区分的なフィードフォワード制御を反復することは，時変（周期的）フィードバック制御を行っているともいえる。したがって，フィードフォワード制御は本質的に時変フィードバック則の特別な場合と考えることができる。

また，フィードフォワード制御と不連続フィードバックの関係を述べておくと次のようになる。任意の初期状態から目標状態が到達可能であれば，最適制御問題をオフラインで解くことによってなんらかのフィードフォワード制御 $u(t)$ を求めることができるはずである。ただしその解は，最初に与えた初期状態 ξ_0 に依存したもの，すなわち初期状態の関数 $u(\xi_0, t)$ になっている。$k(\xi) := u(\xi, 0)$ とおけばこれは時不変な状態フィードバックが得られることになるが，Brockett の定理の制約により，$k(\xi)$ は連続な写像にはなり得ない。言い換えれば，フィードフォワード制御が可能であるとはいってもその解は初期状態について連続ではない，すなわち初期状態の連続的な変化に対してどこかでジャンプする危険性があることを示している[10]。

7.4.2 正準形への変換

フィードバック制御系の設計にあたっては，状態の振舞いが見通しよく解析できるように，適切な座標変換および入力変換を用いて状態方程式を変換しておくことが有用である。

もとの状態変数 $\xi = (x, y, \theta)^T$ に対して，新しい状態変数 q と制御入力 v を

$$q_1 = x,\ q_2 = \tan\theta,\ q_3 = y \tag{7.64}$$

$$v_1 = \cos\theta u_1,\ v_2 = \frac{1}{\cos^2\theta}u_2 \tag{7.65}$$

と定義する。ξ と q，u と v は，$-\pi/2 < \theta < \pi/2$ の範囲ではそれぞれ 1 対 1 に対応することに注意されたい。これらの時間微分は

$$\dot{q}_1 = \dot{x} = \cos\theta u_1 = v_1 \tag{7.66}$$

$$\dot{q}_2 = \frac{\dot{\theta}}{\cos^2\theta} = \frac{1}{\cos^2\theta}u_2 = v_2 \tag{7.67}$$

$$\dot{q}_3 = \sin\theta u_1 = \sin\theta\frac{1}{\cos\theta}v_1 = q_2 v_1 \tag{7.68}$$

であるから，

$$\dot{q} = g_1(q)v_1 + g_2(q)v_2 \tag{7.69}$$

$$g_1(q) = \begin{bmatrix} 1 \\ 0 \\ q_2 \end{bmatrix}, g_2(q) = \begin{bmatrix} 0 \\ 1 \\ 0 \end{bmatrix} \tag{7.70}$$

という形が得られる。これを 2 入力 3 状態のチェインド形式という。

q_3 の定義を変えて，$q_3 := 2y - x\tan\theta$ とすると，

$$\dot{q} = g_1(q)v_1 + g_2(q)v_2 \tag{7.71}$$

$$g_1(q) = \begin{bmatrix} 1 \\ 0 \\ q_2 \end{bmatrix}, g_2(q) = \begin{bmatrix} 0 \\ 1 \\ -q_1 \end{bmatrix} \tag{7.72}$$

となる。これを Brockett Integrator という。どちらの形式も，

$$[g_1, g_2](q) = \begin{bmatrix} 0 \\ 0 \\ -2 \end{bmatrix} \tag{7.73}$$

となり，2 階のリー括弧積 $[g_1, [g_1, g_2]]$ および $[g_2, [g_1, g_2]]$ はどちらも零となる。このように，ある階数以上のリー括弧積がすべて零となるような場合をベキ零という。

7.4.3 リー括弧積運動に基づく離散的フィードバック制御

可制御性解析の項（7.2.4 項）で述べたとおり，入力ベクトル場 g_1, g_2 のリー括弧積は，入力 u_1, u_2 を与えるパターンの非可換性を抽出したベクトルである。状態は，瞬間的に見ると g_1, g_2 によって張られる 2 次元の部分空間の方向にしか遷移できないが，その後の入力の積み重ねによって第 3 の方向 $[g_1, g_2]$ にも遷移する。これを直接的に利用するのがリー括弧積運動というものである。

式 (7.55) の形のドリフトレスシステムに対して，周期が $T > 0$ で平均が 0 の周期関数の組を入力として与えることとしよう。すなわち，$c_1(t), c_2(t)$ を時間の関数，それらの時間積分を

$$C_1(t) := \int_0^t c_1(\tau)\mathrm{d}\tau, \quad C_2(t) := \int_0^t c_2(\tau)\mathrm{d}\tau$$

とおいて，

$$c_1(t+T) = c_1(t), \quad c_2(t+T) = c_2(t)$$
$$C_1(T) = C_1(0) = 0, \quad C_2(T) = C_2(0) = 0$$

を満たすものとする。この $c_1(t), c_2(t)$ に適当な係数 $\epsilon > 0$ を乗じた

$$u_1(t) = \epsilon c_1(t),\ u_2(t) = \epsilon c_2(t) \tag{7.74}$$

を制御入力とする。このようにすると，$C_1 - C_2$ 平面で $(C_1(t), C_2(t))$ は閉曲線を描く。これを ∂A とし，その囲む領域を A，向きを考慮したその面積を $\mathcal{A}$ とする（つまり反時計回りに囲まれるときは正，時計回りに囲まれるときは負である）。

このとき，この制御入力を $t = 0$ から T まで加えたときの状態の遷移は以下のように与えられる。

定理 7.5 システム (7.55) に対し，入力 (7.74) を与えたとき，初期状態 $\xi(0) = \xi_0$ に対する解 $\xi(t)$ について

$$\xi(T) = \xi_0 + \epsilon^2\mathcal{A}\cdot[g_1, g_2](\xi_0) + O(\epsilon^3) \tag{7.75}$$

が成り立つ。 ●

この関係式はリー群論におけるキャンベル–ベーカー–ハウスドルフの公式に相当する級数展開から導かれるものであり[4]，$O(\epsilon^3)$ の項は 2 階以上の高階のリー括弧積からなる。ここで，ϵ が十分に小さければ第 2 項に対して $O(\epsilon^3)$ の項は無視できる。すなわち 1 周期後の状態遷移 $\xi(T) - \xi_0$ は，その大きさが面積 $|\mathcal{A}|$ および振幅の 2 乗 ϵ^2 にほぼ比例し，辿る向きによってその符号 $\mathrm{sgn}(\mathcal{A})$ が変わる，ということがわかる。この遷移をホロノミーという（図 7.6）。

制御対象を Brockett Integrator (7.72) とし，状態を

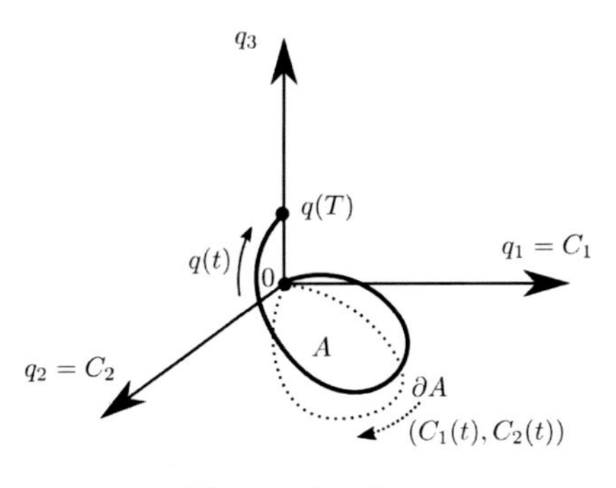

図 7.6 ホロノミー

到達させる目標点を一般性を失うことなく原点 $q = 0$ とする。定理 7.5 の結果をもとにすると，次のような戦略によって原点への接近が可能である。

[ステップ 1] (q_1, q_2) を $(0, 0)$ まで到達させる。

[ステップ 2] q_3 の偏差に対応する面積を持つ小領域 A をつくり，その境界を辿らせる。$q_3 > 0$ のときは反時計回り，$q_3 < 0$ のときは時計回りに辿る。

[ステップ 3] q_3 に偏差が残っていればステップ 2 を繰り返す。

なお，Brockett Integrator やチェインド形式のようにベキ零なシステムの場合は，高階のリー括弧積がすべてゼロベクトルであるために高次項 $O(\epsilon^3)$ は現れない（級数展開が有限項で打ち切れる）ため，ホロノミーを近似なく正確に算出することができる。したがって，外乱やモデル化誤差がない理想的な状態ではステップ 3 の偏差は生じない。入力振幅が十分に取れるならば繰返しを行わずに 1 周期分の入力だけで q_3 を 0 に到達させることも可能である[5]。より高次の近似公式，およびそれに基づいた入力設計法については例えば[4] に述べられている。また周期入力を前提とし，その効果を基にする一連のアプローチは平均化法と呼ばれることもある。

7.4.4 不連続フィードバック制御則による方法

不連続フィードバック制御則の設計については，そもそも不連続写像を設計する一般的な方法論がないために容易ではない。ロボットマニピュレータの制御でよく用いられるスライディングモード制御などは，ほぼ唯一存在する体系的な設計論といえるが，スライディングモード制御のように等価入力の存在する（より正確には凸化可能な）タイプの不連続制御則では，非ホロノミック系には本質的に無効であることが理論的に示されている[2, 6]。

非ホロノミック系の不連続制御においては，不連続点近傍において制御入力のとる値の集合が単連結でない（穴が空いている）ことが必要である。その例として代表的なものは，Brockett Integrator (7.72) に対して提案されている以下の制御則[3] である。

$$v = k(q) = \begin{bmatrix} -k_1 q_1 + k_2 q_3 \frac{q_2}{\sqrt{q_1^2 + q_2^2}} \\ -k_1 q_2 - k_2 q_3 \frac{q_1}{\sqrt{q_1^2 + q_2^2}} \end{bmatrix} \tag{7.76}$$

ただし $k_1, k_2 > 0$ である。これは，入力の直接の積分である $q_1 - q_2$ 平面において半径方向ベクトル $p = (q_1, q_2)$ と接線方向ベクトル $p^\perp = (-q_2, q_1)$ を用いて表すと，

$$v = -k_1 p - k_2 q_3 \frac{p^\perp}{\|p\|} \tag{7.77}$$

と整理できる。各項の意味は明快で，第 1 項は p を原点に収束させるためのものである。第 2 項は $q_1 - q_2$ 平面において p を接線方向に旋回させる項であるが，これは 7.4.3 項で述べたホロノミーを q_3 の残差に応じて生成する効果をもつ。ただし，p が原点に近づくと $p^\perp$ も小さくなるため，$\|p\|$ で除することによりその効果を正規化している。結果として，$p = 0$ の部分集合すなわち q_3 軸において不連続なフィードバック則となっている。結果として，初期状態から発した状態 q は q_3 軸に巻きつくようにして原点に到達するような挙動をみせる。もし初期状態が q_3 軸上にあった場合には，なんらかの制御入力 $v \in \mathbb{R}^2$ を用いてまず q_3 軸から脱出し，しかるのちにこの制御則を適用する必要がある。

7.4.5 フィードバック則の切替えに基づく制御方法

Brockett の定理 7.4 によれば，平衡点を漸近安定化する時不変で連続な状態フィードバック制御則は存在しない。では，それを承知で時不変で連続な状態フィードバックを適用したとすると，結局どのような不具合がが生じるのであろうか。

実は，時不変な連続状態フィードバックは原点を孤立平衡点として漸近安定化できなくても，原点を含む $n - m$ 次元以上のなんらかの不変集合 $S_k \subset \mathbb{R}^n$ を漸近安定化できる可能性が残されているのである。しかもその不変集合 S_k は状態フィードバック $k(\cdot)$ に依存して変化する。車輪型移動ロボットの例に即していえば，点を漸近安定化することはできなくても，例えば直線軌道を安定化する（追従する）ことは線形フィード

バックですら容易に実現できるのである。このような考え方に基づき，漸近安定化可能な不変集合を複数用意して順次切り替えることにより，不変集合の上で段階的に原点に接近していくというアプローチが複数提案されている。これは時刻によって制御則が変化するという時変要素と，制御則の切替えという不連続要素を併用したものであるといえる。以下に，その代表例として時間軸状態制御形に基づく方法[7] を紹介する。

簡単のため，ここではチェインド形式 (7.70) をベースにしよう。まず状態方程式を以下のような2つのサブシステムに分けて考える。

$$\dot{q}_1 = v_1 \tag{7.78}$$

$$\frac{d}{dt}\begin{bmatrix} q_2 \\ q_3 \end{bmatrix} = \begin{bmatrix} 0 \\ q_2 \end{bmatrix} v_1 + \begin{bmatrix} 1 \\ 0 \end{bmatrix} v_2 \tag{7.79}$$

q_1 は入力 v_1 の直接の積分であるから，その増減を制御することは容易である。式 (7.79) は依然としてドリフトレスシステムの形をしているが，式 (7.78) より $dq_1 = u_1 dt$ という関係があることを考慮して $\bar{q} := (q_2, q_3)^T$，$\bar{v} := \frac{v_2}{v_1}$，$\bar{t} := q_1$ とおけば，

$$\frac{d\bar{q}}{d\bar{t}} = A\bar{q} + B\bar{v} \tag{7.80}$$

$$A = \begin{bmatrix} 0 & 0 \\ 1 & 0 \end{bmatrix}, \quad B = \begin{bmatrix} 1 \\ 0 \end{bmatrix} \tag{7.81}$$

と書き直せることがわかる。これは，v_1 によって制御可能な量である $\bar{t}$ を仮想的な時間軸とし，$\bar{q}$ を状態，$\bar{v}$ を制御入力とした可制御な線形システムの形になっている。そこで式 (7.78) を時間軸制御部，式 (7.79) あるいは (7.80) を状態制御部と呼ぶ。$\bar{t}$ が単調変化する，例えば v_1 が定数のときには，状態制御部 (7.80) をあたかも実際の時間に沿って発展する通常の状態方程式と同じように扱える。むろん線形状態フィードバック則 $\bar{v} = K\bar{q}$ を用いて状態制御部を漸近安定化することも容易である。この場合，結果としては不変集合 $\{q \in \mathbb{R}^3 | \bar{q} = 0\}$，すなわち状態空間の q_1 軸が漸近安定化されるということになる。そこで，v_1 の正負を順次切り替えて q_1 を増減させつつ $\bar{q}$ を0に近づけ，しかるのちに q_1 を0に到達させることを考える。もっとも簡単な方法としては，$\epsilon > 0$ を定数として次のステップを繰り返せばよい。

[ステップ0] 状態制御部 (7.80) において $A + BK_+$ を漸近安定とするようなフィードバックゲイン $K_+ \in \mathbb{R}^{1\times 2}$，および $-A - BK_-$ を漸近安定とするようなフィードバックゲイン $K_- \in \mathbb{R}^{1\times 2}$ を設計する。

[ステップ1] $v_1 = \epsilon > 0$ として，状態制御部 (7.80) を漸近安定化するフィードバック則 $\bar{v} = K_+\bar{q}$ を施す。このとき q_1 は単調増加し，$\|\bar{q}\|$ は指数的に0に漸近する。$\|\bar{q}\|$ が十分に小さくなったらステップ2へ切り替える。

[ステップ2] $v_1 = -\epsilon$ として，状態制御部状態制御部 (7.80) を漸近安定化するフィードバック則 $\bar{v} = K_-\bar{q}$ を施す。このとき q_1 は単調減少し，$\|\bar{q}\|$ は指数減少する。$q_1 = 0$ となった時点で，$\|\bar{q}\|$ が十分に小さくなっていれば制御を終了する。そうでなければステップ1へ戻る。

本節冒頭に述べたように，本来この方法はチェインドシステム (7.70) に限らず，状態制御部が連続フィードバックによって安定化できるすべてのシステムに対して有効なものである。なお，このステップを反復していったときに仮想時間軸 $\bar{t} = q_1$ と状態 $\bar{q} = (q_2, q_3)^T$ がともに原点に収束するかどうかについては，リアプノフの方法論などを用いた慎重な議論が必要である[9]。

＜石川将人＞

参考文献（7.4節）

[1] Brockett, R.W.: Asymptotic stability and feedback stabilization, *Differential Geometric Control Theory*, Vol. 27, pp. 181–191, Springer (1983).

[2] Ceragioli, F.: Some remarks on stabilization by means of discontinuous feedback, *Systems & Control Letters*, Vol. 45, pp. 271–281 (2002).

[3] Khennouf, H. and Canudas de Wit, C.: On the construction of stabilizing discontinuous controllers for nonholonomic systems, *Proc. of NOLCOS'95*, pp. 747 – 752 (1995).

[4] Leonard, N.E. and Krishnaprasad, P.S.: Motion control of drift-free, left-invariant systems on lie groups, *IEEE Trans. on Automatic Control*, Vol. 40, No. 9 (1995).

[5] Murray, R.M. and Sastry, S.S.: Nonholonomic motion planning: Steering using sinusoids, *IEEE Trans. on Automatic Control*, Vol. 38, No. 5, pp. 700–716 (1993).

[6] Ryan, E.P.: On brockett's condition for smooth stabilizability and its necessity in a context of nonsmooth feedback, *SIAM J. of Control and Optimization*, Vol. 32, No. 6, pp. 1594–1604 (1994).

[7] 清田，三平：時間軸状態制御形によるドリフト項を持たない非ホロノミックシステムの安定化，『システム制御情報学会論文誌』，Vol. 43，No. 12 (1999).

[8] 三平：非ホロノミックシステムのフィードバック制御，『計測と制御』，Vol. 36, No. 6, pp. 396–403 (1997).

[9] 星，三平，中浦：時間軸状態制御形に基づく chained system のハイブリッド制御：共通 Lyapunov 関数による安定性保証，『計測自

動制御学会論文集』, Vol. 40, No. 10, pp. 1038–1045 (2004).
[10] 石川：非ホロノミックシステムの最適制御,『シミュレーション』, Vol. 27, No. 4, pp. 30–34 (2008).

7.5 大域的ナビゲーションと障害物回避

7.5.1 概要

本節では，車輪型移動ロボットの大域的ナビゲーションと障害物回避について解説する。ここでは平面内を移動する車輪型移動ロボットの制御問題について考えるものとし，丘のような平面ではない空間を移動する場合については扱わない。

大域的ナビゲーションとは，ロボットが移動可能な許容空間内において，初期状態から目標状態までロボットを制御する問題である。また障害物回避問題は，想定されていない障害物が空間に存在するときに，ロボットが障害物に接触することなく目標状態まで制御する問題である。本節では，両問題を合わせて大域的制御問題と呼ぶこととする。

移動ロボットの大域的制御問題に対する最も一般的な解決法は，初期状態から目標状態までの目標軌道を考え，目標軌道へのトラッキング制御を行う手法である。車両型移動ロボットは非ホロノミック拘束を持つため，7.4 節で述べたように，目標状態へ安定化するための静的な連続状態フィードバック安定化制御則が存在しないという問題がある。一方，軌道へのトラッキング問題に対しては目標軌道への漸近追従を行う連続状態フィードバック制御則が容易に設計できる。

ところが，大域的制御問題では目標軌道の設計に問題が生じる。制御対象の空間が可縮[2] でなければ目標軌道は初期状態に関する連続関数にならない[1]，という位相幾何学的な事実が車輪型移動ロボットの制御領域の大域化および障害物回避における主要な障害となるのである。非ホロノミック移動ロボットの大域的制御問題には，局所安定化の困難さに加えて大域的な問題においても幾何学的な困難さが加わり，多重の問題が生じることとなる点に十分に注意して制御系を構築しなければならない。

本節は以下のように構成する。7.5.2 項ではロボットの数学モデルの紹介，7.5.3 項では移動ロボットの制御則の大域化について紹介する。7.5.4 項では障害物回避および大域的ナビゲーションにおける数学的な問題を述べる。その後，7.5.5 項において具体的な制御系設計のためのアルゴリズムを紹介する。

なお，本節では $\mathbb{R}$ は実数体，$\mathbb{Z}$ は整数環を示すこととする。

7.5.2 移動ロボットの数式モデルの特徴

移動ロボットの状態を一意的に判別するための状態量として，位置 $q=(x,y)\in\mathbb{R}^2$ および姿勢 $\theta\in$ を用いる。

大域的制御問題は，ロボットの許容空間を X とするとき，現在の状態 $\boldsymbol{x}=(q,\theta)\in X$ から目標状態 $\boldsymbol{x}_d\in X$ へ制御する問題である。ただし，障害物回避問題を扱うとき，以降では固定された既知の障害物を想定する。

本節では二輪および四輪車両をモデル化した以下のシステムを制御対象とする。車両の状態を $\boldsymbol{x}=(x,y,\theta)$ とするとき，キネマティクスは次式で与えられる。

$$
\begin{aligned}
\dot{x} &= v\cos\theta \\
\dot{y} &= v\sin\theta \\
\dot{\theta} &= w
\end{aligned}
\tag{7.82}
$$

ここで，x は平面の x 座標，y は y 座標，θ は x 軸から半時計回りに取った機体の姿勢角であり，$\cdot$ は時間微分 d/dt を示す。また。v，w はシステムの入力であり，それぞれ並進速度，姿勢角速度入力を示す。システム (7.82) を目標状態 $\boldsymbol{x}_d$ で漸近安定化する問題を考えると，(7.82) の原点近傍における線形近似システムが不可制御となるため制御則の設計は難しいことに注意しよう。

大域的ナビゲーションおよび障害物回避問題を合わせた大域的制御問題では，この問題を回避するために目標軌道追従制御を行う[3]。初期状態 $\boldsymbol{x}_0$ から目標状態 $\boldsymbol{x}_d$ までの軌道 $\psi(\boldsymbol{x}_0,t)=[\psi_x(\boldsymbol{x}_0,t),\psi_y(\boldsymbol{x}_0,t),\psi_\theta(\boldsymbol{x}_0,t)]$ は，以下の 4 条件を満たすとき目標軌道であるという。

① 目標軌道 $\psi(\boldsymbol{x}_0,t)$ は，移動ロボットの許容軌道でなければならない。すなわち，任意の $t\geq 0$ において，次式を満たす $v_d:\mathbb{R}\to\mathbb{R}$ および $w_d:\mathbb{R}\to\mathbb{R}$ が存在しなければならない。

$$
\begin{aligned}
\frac{\partial\psi_x}{\partial t}(\boldsymbol{x}_0,t) &= v_d(t)\cos\psi_\theta(\boldsymbol{x}_0,t) \\
\frac{\partial\psi_y}{\partial t}(\boldsymbol{x}_0,t) &= v_d(t)\sin\psi_\theta(\boldsymbol{x}_0,t) \\
\frac{\partial\psi_\theta}{\partial t}(\boldsymbol{x}_0,t) &= w_d(t)
\end{aligned}
\tag{7.83}
$$

② 目標軌道は許容空間 X から飛び出さない。すなわち，任意の $t\geq 0$ において，$\psi(\boldsymbol{x}_0,t)\in X$。

③ $\psi(\boldsymbol{x}_0, 0) = \boldsymbol{x}_0$

④ $\lim_{t\to+\infty} \psi(\boldsymbol{x}_0, t) = \boldsymbol{x}_d$

この目標軌道の条件は，ロボットによって実現可能であるための条件に他ならない。

続いて，目標軌道への追従問題における可制御性を調べる。目標軌道の時間微分が 0 にならない，すなわち $\partial\psi/\partial t(t) \neq 0$ を満たす場合について考えよう。ここで，現在の状態と目標軌道との誤差は $e = (e_x, e_y, e_\theta) = \boldsymbol{x} - \psi(\boldsymbol{x}_0, t)$ とする。このとき誤差システムが次式のように得られる。

$$\begin{aligned} \dot{e}_x &= -v_d(t)\cos\psi_\theta(\boldsymbol{x}_0, t) + v\cos\theta \\ \dot{e}_y &= -v_d(t)\sin\psi_\theta(\boldsymbol{x}_0, t) + v\sin\theta \\ \dot{e}_\theta &= -w_d(t) + w \end{aligned} \tag{7.84}$$

ここで，以下のような回転座標変換を考える。

$$\tilde{e} = \begin{bmatrix} \tilde{e}_x \\ \tilde{e}_y \\ \tilde{e}_\theta \end{bmatrix} = \begin{bmatrix} \cos\psi_\theta & \sin\psi_\theta & 0 \\ -\sin\psi_\theta & \cos\psi_\theta & 0 \\ 0 & 0 & 1 \end{bmatrix} \begin{bmatrix} e_x \\ e_y \\ e_\theta \end{bmatrix} \tag{7.85}$$

このとき，$\tilde{e}$ で表現した誤差システムは次式のようなシンプルな形となる。

$$\begin{aligned} \dot{\tilde{e}}_x &= w_d(t)\tilde{e}_y - v_d(t) + v\cos\tilde{e}_\theta \\ \dot{\tilde{e}}_y &= -w_d(t)\tilde{e}_x + v\sin\tilde{e}_\theta \\ \dot{\tilde{e}}_\theta &= -w_d(t) + w \end{aligned} \tag{7.86}$$

入力変換 $v_e = v - v_d(t)$，$w_e = w - w_d(t)$ とおき，目標状態 $\tilde{e} = 0$ 近傍で線形近似を行うと，次式の時変線形システムが得られる。

$$\dot{\tilde{e}} = \begin{bmatrix} 0 & w_d(t) & 0 \\ -w_d(t) & 0 & v_d(t) \\ 0 & 0 & 0 \end{bmatrix} \tilde{e} + \begin{bmatrix} 1 & 0 \\ 0 & 0 \\ 0 & 1 \end{bmatrix} \begin{bmatrix} v_e \\ w_e \end{bmatrix} \tag{7.87}$$

時変線形システム (7.87) は任意の時刻 $t \geq 0$ において $v_d \neq 0$ あるいは $\omega_d \neq 0$ が満たされるとき線形可制御になる。以下では特に $v_d(t) \neq 0$ の場合における線形近似システム (7.87) に対する制御法を紹介する。

線形近似システム (7.87) は以下のような新たな状態 ξ と入力 u を選ぶことによって時不変線形システムに変換することができる。

$$\xi = \begin{bmatrix} \xi_x \\ \xi_y \\ \xi_\theta \end{bmatrix} = \begin{bmatrix} \tilde{e}_x \\ \tilde{e}_y \\ -w_d(t)\tilde{e}_x + v_d(t)\tilde{e}_\theta \end{bmatrix} \tag{7.88}$$

$$\begin{bmatrix} u_1 \\ u_2 \end{bmatrix} = \begin{bmatrix} \omega_d(t)\eta_y + v_e \\ -\dot{w}_d(t)\tilde{e}_x + \dot{v}_d(t)\tilde{e}_\theta - \omega_d(t)v_e + v_d\omega_e \end{bmatrix} \tag{7.89}$$

この入力状態変換は $v_d(t) \neq 0$ のとき全単射となり，逆写像が一意に定まることから座標変換として有効に作用する。以上の変換を用いて，最終的に以下の線形時不変システムが得られる。

$$\dot{\xi} = \begin{bmatrix} 0 & 0 & 0 \\ 0 & 0 & 1 \\ 0 & 0 & 0 \end{bmatrix} \xi + \begin{bmatrix} 1 & 0 \\ 0 & 0 \\ 0 & 1 \end{bmatrix} u \tag{7.90}$$

このとき，次式の線形状態フィードバック制御則は目標軌道を漸近安定化する。

$$u_1 = -k_1\xi_x \tag{7.91}$$

$$u_2 = -k_2\xi_y - k_3\xi_\theta \tag{7.92}$$

ここで，k_1, k_2, k_3 はそれぞれ正の定数である。以上の議論よりわかるように，非ホロノミック車両の安定化制御は難しいが，「停止しない」目標軌道への安定化問題は，線形フィードバック制御によって解決される。

なお，本節では線形化により制御則を導出したため，安定化領域が大きくないこともある（通常問題にならない程度に大きいことが多い）。より安定化領域を広く取りたいときには 7.3.2 項で説明したフラットネスを用いた制御則設計法が利用できる。

7.5.3　車輪型移動ロボットの制御領域の大域化

前項で述べたように，目標軌道 $\psi(\boldsymbol{x}_0, t)$ の時間微分が 0 にならなければ，目標軌道に対する誤差システムの線形近似システムは可制御である。もちろん，目標状態への漸近安定化制御を考えるのであれば，目標軌道 $\psi(\boldsymbol{x}_0, t)$ の時間微分は $t \to +\infty$ に従って 0 に収束する。そのため，車輪型移動ロボットの制御領域の大域化のためには，目標状態近傍への目標軌道追従制御と目標状態近傍における局所安定化制御を切り替えて使用する方法が簡便である。

すなわち，制御方策としては以下のようになる。

① 初期状態から目標状態への目標軌道を設計する。

② 現在地が目標地の遠くであるとき，目標軌道追従制御により目標点近傍へ制御する。
③ 現在地が目標地の近くであるとき，局所漸近安定化制御を使用する。

局所安定化制御は 7.4 節で紹介したものが利用できる。したがって初期状態から目標状態への目標軌道設計が問題となるため，本節では以下，目標軌道計画について説明する。

7.5.4 障害物回避と大域的ナビゲーションにおける数学的障害

大域的制御問題を考えるとき，位相幾何学的な問題として，移動ロボットの姿勢角の問題と障害物配置問題の 2 点が存在する。

前者は姿勢角は円周上の要素として与えられるが，円周は可縮ではないという問題である。この問題は，直線が円周の被覆空間[2] であることを利用し，例えば $-180°$ と $180°$ を別物に扱うように，角度を直線上の状態と思えばこの問題は回避できるため大きな問題とはならないことが多い。

後者は，障害物が浮島のように配置されており，ロボットの移動可能領域が可縮でない場合である。後述する人工ポテンシャル法やモデル予測制御など，連続関数を利用する方法ではうまく障害物回避が実現できないことがある。これを大域的制御問題におけるデッドロック問題という。これはパラメータチューニング等で避けられる問題ではなく，空間が可縮でなければ目標軌道 $\pi(\boldsymbol{x}_0, t)$ は初期状態 $\boldsymbol{x}_0$ に関する連続関数にならない[1]，という位相幾何学的問題に起因するものであるため，連続関数を使った方法では制御法が良好に動作するかどうかは注意深く検証する必要がある。

7.5.5 大域的制御のための軌道計画法

大域的ナビゲーション法としては，大きく分けて，使いやすいが障害物が浮島のように配置された非可縮空間においては都合の悪い平衡点が生じてしまうものと，使いにくいが平衡点が生じないものの 2 種類が存在する。それぞれの代表的なものをここでは紹介することにしよう。

- 非可縮空間において平衡点を生じるもの
  - ・人工ポテンシャル法
  - ・ダイナミックウィンドウ法
  - ・モデル予測制御
- 非可縮空間において平衡点を生じないもの
  - ・グリッドベースの方法
  - ・ラプラスポテンシャル法
  - ・最小射影法

目標状態以外の状態が平衡点になることは，制御目的が達成されないということであるが，制御法が簡単でわかりやすいため，計算量が多くなりがちな平衡点を生じない方法と状況に応じて使い分けることが重要である。

本項では，各軌道計画法を紹介する。なお，以降の軌道計画法では，障害物，あるいは壁面とロボットの距離を用いることが多い。そこで，障害物との距離について詳しく述べておく。

平面 $\mathbb{R}^2$ 内に置かれた障害物 $M \subset \mathbb{R}^2$ を考える。このとき，ロボットと障害物との最短距離によって与えられる関数 $\mathrm{dist}(q, M)$ を次式によって定義する。

$$\mathrm{dist}(q, M) = \min_{(x_{\mathrm{ob}}, y_{\mathrm{ob}}) \in M} \sqrt{(x - x_{ob})^2 + (y - y_{ob})^2} \tag{7.93}$$

dist 関数を利用して障害物回避を実現する軌道計画を行う。

また，ある非 0 ベクトル $p = [p_x, p_y]^T \in \mathbb{R}^2$ のなす角度 $\angle p$ を，C 言語における atan2 関数を用いて $\angle p = \mathrm{atan2}(p_y, p_x)$ により定義する。このとき，$\angle p$ は次式を満たす。

$$\begin{bmatrix} p_x \\ p_y \end{bmatrix} = \sqrt{(p_x^2 + p_y^2)} \begin{bmatrix} \cos(\angle p) \\ \sin(\angle p) \end{bmatrix} \tag{7.94}$$

(1) 人工ポテンシャル法

代表的な軌道計画法であり，簡単に目標軌道を設計することができる方法として広く用いられている人工ポテンシャル法[4] について紹介しよう。人工ポテンシャル法では，姿勢角は無視して障害物 $M \subset \mathbb{R}^2$ に接触することなく初期点 $q_0 = (\boldsymbol{x}_0, y_0)$ から目標点 $q_d = (x_d, y_d)$ へ向かう目標軌道を設計する。

人工ポテンシャル法は，目標点への引力ポテンシャル $V_d(x, y)$ と障害物への斥力ポテンシャル $V_{ob}(x, y)$ を組み合わせた人工的なポテンシャル $V(x, y)$ を設計し，初期点から目標点までの勾配 $\mathrm{grad}V$ をつなぎ合わせることによって目標軌道を設計する手法である。ここで，目標姿勢角 $\psi_\theta(\boldsymbol{x}_0, t)$ は勾配の方向によって与えられる。

目標点を q_d に対する人工ポテンシャル $V(x,y)$ は次式で与えられる。

$$V(x,y) = V_d(x,y) + V_{ob}(x,y) \tag{7.95}$$

ここで，引力ポテンシャル $V_d(x,y)$ および斥力ポテンシャル $V_o(x,y)$ は以下のように定義される関数である。

$$V_d(x,y) = k_d\left[(x-x_d)^2 + (y-y_d)^2\right] \tag{7.96}$$

$$V_o(x,y) = \begin{cases} k_o\left(\frac{1}{\mathrm{dist}(x,M)} - \frac{q}{r_0}\right) \\ \quad (\mathrm{dist}(x,M) \le r_0) \\ 0 \quad (\mathrm{dist}(x,M) > r_0) \end{cases} \tag{7.97}$$

ここで，$r_0 > 0$ は斥力を発生する半径，$k_d, k_o > 0$ はそれぞれ設計定数である。

人工ポテンシャルの勾配は $\mathrm{grad}V = [\partial V/\partial x(x,y), \partial V/\partial y(x,y)]^T$ で得られる。これを利用した以下の微分方程式系を考える。

$$\dot{q}_d = -\mathrm{grad}V \tag{7.98}$$

初期状態 $q_d(0) = q_0$ とした微分方程式の解 $q_d(t)$ と $\psi_\theta(t,\boldsymbol{x}_0) = \angle\dot{q}_d(t)$ を組み合わせた $\psi = [q_d^T(t), \psi_\theta(t,\boldsymbol{x}_0)]^T$ を目標軌道として用いることが可能である。

(2) ダイナミックウィンドウ法

ダイナミックウィンドウ法は，Fox[5] らによって開発された軌道計画法である。考え方としては人工ポテンシャル法に近く，入力の時間変化が大きくならないような入力集合の中から，一定時間後の人工ポテンシャルと似た評価関数を最適化するものを選ぶ作業を繰り返して目標軌道を設計する。

車両型移動ロボットとして式 (7.82) を考える。ダイナミックウィンドウ法では時間を離散化して考える。この離散化された時間の数列を $(t_i)_{i\in\mathbb{Z}}$ と書き，離散化サンプリング間隔 Δt は一定，すなわち任意の $i \in \mathbb{Z}$ に対して $t_{i+1} - t_i = \Delta t$ を満たすものとする。

時刻 $t \in [t_i, t_{i+1}]$ において v, w が一定値 $v(t_i), w(t_i)$ をとるものとすると，移動ロボットの軌道が計算でき，これを $q_{t_i}(t)$ および $\theta_{t_i}(t)$ と書く。

ある時刻 $t_i \in \mathbb{R}$ におけるダイナミックウィンドウとは，次式によって定義される入力対 (v,w) の矩形集合 $U(t_i)$ のことを表す。

$$U(t_i) = \{(v,w) \mid v \in [v(t_{i-1}) - \dot{v}_m\Delta t, v(t_{i-1}) + \dot{v}_m\Delta t], \; w \in [w(t_{i-1}) - \dot{w}_m\Delta t, w(t_{i-1}) + \dot{w}_m\Delta t]\} \tag{7.99}$$

ここで，$\dot{v}_m$ は最大許容加速度，$\dot{w}_m$ は最大許容角加速度とする。

ダイナミックウィンドウ法は，このダイナミックウィンドウと呼ばれる入力空間において次式の評価関数 $G(v,\omega)$ を最大化することによって障害物回避を実現する目標軌道生成法である。

$$G(t_i,v,w) = \alpha\mathrm{ali}(t_i,v,w) + \beta\mathrm{cle}(t_i,v,w) + \gamma\mathrm{vel}(t,v) \tag{7.100}$$

ここで $\alpha,\beta,\gamma > 0$ は設計定数，ali はロボットの姿勢角度と目標地への方向の誤差，cle は時刻 t_i から t_{i+1} 間における障害物との最接近距離，vel は機体並進速度に関する評価関数であり，以下のように定義される。

$$\mathrm{ali}(t_i,v,w) = 1 - \frac{|\theta_i(t_{i+1}) - \angle[y_d - y_i(i+1), x_d - x_i(i+1))]^T|}{\pi} \tag{7.101}$$

$$\mathrm{cle}(t_i,v) = \max_{t\in[t_i,t_{i+1}]} \mathrm{dist}(q_{t_i}(t), M) \tag{7.102}$$

$$\mathrm{vel}(t_i,v,w) = \begin{cases} \frac{\|v\|}{v_m} \\ (\text{ロボットが目標地から遠い}) \\ 1 - \frac{\|v\|}{v_m} \\ (\text{ロボットが目標地から近い}) \end{cases} \tag{7.103}$$

ここで，v_m は最大許容速度である。

各離散時間 t_i 毎に評価関数 $G(t_i,v,w)$ を最大化する入力 v,w を見つける作業を繰り返すことにより，目標軌道 $\psi(\boldsymbol{x}_0,t)$ を設計することができる。

(3) モデル予測制御による方法

モデル予測制御は，有限時間未来までの評価関数を逐次最小化することにより，現在の行動を決定する手法である。ある時刻 $t \ge 0$ において，有限時間将来にわたる区間 $[0,T]$ に対する評価汎関数 J を最小化する入力 $v(t), w(t)$ を求める。

$$J = (x-x_d)^2 + (y-y_d)^2 + \int_0^T \left[(x-x_d)^2\right.$$

$$+(y-y_d)^2+v^2+w^2+\frac{1}{\mathrm{dist}(q,M)}\Bigg]\mathrm{d}t \quad (7.104)$$

これを時刻 $t=0$ から十分に大きな値まで繰り返し解くことによって，最適入力列 $v(t)$ および $w(t)$ が求まる。有限区間の最適制御問題の解法は割愛するが（文献[7] 等を参照），得られた入力を式 (7.82) に代入して微分方程式を解くことにより目標軌道 $\psi(\boldsymbol{x}_0,t)$ を求めることができる。

(4) A*アルゴリズムによる方法

これまでに述べた方法はいずれも（時間を離散化することはあるが）連続空間における目標軌道の設計法であった。しかしながら，いずれも原理的に非可縮空間における大域的制御には向いていない。

非可縮空間における目標軌道を生成するためには，許容空間 X を格子状に離散化する手法を用いることが多い。空間を離散化する方法では，離散空間上でグラフを生成し，最適グラフ探索を行った後最適経路をスプライン補間等で平滑化することにより，大域的な軌道生成が実現される。

離散空間上の最適グラフ探索法としてもっともよく用いられるものが以下で紹介する A*アルゴリズムである[8, 9]。本項では離散化した空間を 2 次元整数空間で表現し，各点を $n=(n_x,n_y)\in\mathbb{Z}^2$ と書き，以下ノードと呼ぶ。初期地に最も近いノードを $n_0=(n_{0x},n_{0y})$，目標地に最も近いノードを $n_d=(n_{dx},n_{dy})$ と書く。各ノードでは，移動先が障害物でない限り上下左右 4 方向に移動可能であることとする。

A*アルゴリズムでは次式で与えられる評価関数 $f(n)$ を最小化することにより経路を設計する。

$$f(n)=g(n)+h(n) \qquad (7.105)$$

ここで，g は初期値 n_s から現在地 n までに要するコスト，h はヒューリスティック関数と呼ばれる，現在地 n から目標地 n_d までの予測コストである。ヒューリスティック関数 $h(n)$ は，次式のマンハッタン距離が用いられることが多い。

$$h(n)=|n_x-n_{dx}|+|n_y+n_{dy}| \qquad (7.106)$$

A*アルゴリズムでは各ノード毎に ① 隣接ノードへのポインタ，② 各ノードの f の値の 2 つの情報を持たなければならない。また，このノード情報を格納する場所として，OPEN および CLOSED の 2 つのリストが必要である。以上の準備の元で A*アルゴリズムは以下のように与えられる[10]。

① 初期値ノード n_0 を OPEN リストに代入する。
② もし OPEN リストが空なら，アルゴリズムは失敗として終了する。そうでなければ，3. へ進む。
③ OPEN リストから評価関数 $f(n)$ が最小のノード n を取り出し，それを CLOSED リストへ移す。そして，4. へ進む。
④ もしノード n が目的地ノード n_d であれば，そこから初期地ノード n_0 までポインタをたどり，最短経路とともにアルゴリズムを終了する。
⑤ そうでなければ，現在地ノード n を展開し，最大 4 つの隣接ノード n' に対して n' からノード n へのポインタを格納する。そして，すべての隣接ノード n' について以下の手続きを実施する。

1. もしノード n' が OPEN または CLOSED リストに存在していなければ，その値 $h(n')$ および $f(n')=g(n')+h(n')$ （$g(n')=g(n)+1$，および $g(n_s)=0$）を計算する。
2. もしノード n' が OPEN リストまたは CLOSED リストに存在していれば，小さい $g(n')$ をもたらす経路へとポインタを付け替える。このとき，もしそれが CLOSED リストに存在すれば，それを OPEN リストへ戻す。

⑥ ② へ戻る。

現在値から目標地までの真の最短距離を $\bar{h}(n)$ としよう。A*アルゴリズムは，ヒューリスティック関数 $h(n)$ が，$\bar{h}(n)\leq h(n)$ を満たすとき，必ず最短距離を与える経路が得られる[8]。

ここで紹介した方法では，最短経路は，直進と 90° 回転により実現されるから，一定値 v_c と w_c として目標軌道 $\psi(\boldsymbol{x}_0,t)$ を設計することが可能である。ただし非効率的な目標軌道であるから，実際には通常離散点をスプライン補間等で滑らかにした目標軌道を用いることが多い。

(5) ラプラスポテンシャル法

ラプラスポテンシャル法は，ラプラスの微分方程式が極小値を持たないことを利用した目標軌道計画法である[10]。この方法も A*アルゴリズムと同様に，許容空間 X を離散化幅 δ で離散化する。ラプラスポテンシャル法は，ノード (i,j) において，境界条件として障

害物の表面に $\Phi_0 > 0$，目標地に 0 を設定し，以下の差分方程式を解くことにより，人工ポテンシャルを設計する。

$$\Phi_{i,j} = \frac{1}{4}\left(\Phi_{i+1,j} + \Phi_{i-1,j} + \Phi_{i,j+1} + \Phi_{i,j-1}\right) \tag{7.107}$$

方程式は，以下の漸化式に従ってすべてのノードに対して繰り返し計算することにより解を収束させるガウス–ザイデル法を用いて解く方法が一般的である。

$$\Phi_{i,j}^{(n)} = \frac{1}{4}\left(\Phi_{i+1,j}^{(n-1)} + \Phi_{i-1,j}^{(n)} + \Phi_{i,j+1}^{(n-1)} + \Phi_{i,j-1}^{(n)}\right) \tag{7.108}$$

ここで，$\Phi_{i,j}^{(n)}$ は n 回目の繰り返し計算値である。

計算が収束して人工ポテンシャルが得られれば，初期値からポテンシャルが最も小さくなるノードを選択していくことにより目標経路が設計できる。目標経路が得られると，後は A^*アルゴリズムと同様に目標軌道 $\psi(\boldsymbol{x}_0, t)$ が設計できる。

(6) 最小射影法

最小射影法は，離散化した空間上のグラフから人工ポテンシャル関数を構成する手法である[11, 12]。本手法では，人工ポテンシャル法のように目標点以外の平衡点が生成されることはない。

最小射影法は，以下の手順でポテンシャル関数を生成する。

① 離散点 $q_{i,j}$ において，$q_{i,j}$ を目標点とする障害物が存在しない空間 $M_{i,j} \subset X$ 上における局所人工ポテンシャル関数 $\tilde{V}_{i,j}(q)$ を設計する。ただし，ポテンシャル関数は $M_{i,j}$ の境界 $\partial M_{i,j}$ において $+\infty$ の値を取ることとする。

② グリッドベースの方法に基づいてオフセット $c_{i,j}$ を設計する。

③ 次式に従ってポテンシャル関数にオフセットを足した関数集合の最小をとったものが大域的人工ポテンシャル関数 $V(q)$ となる。

$$V(q) = \min_{i,j}\left(\tilde{V}_{i,j}(q) + c_{i,j}\right) \tag{7.109}$$

オフセットの条件等詳細は文献[12] を参考にされたい。

最小射影法により得られた人工ポテンシャル関数より，人工ポテンシャル法と同様にして勾配を利用して目標軌道 $\psi(\boldsymbol{x}_0, t)$ が得られる。ただし最小射影法では微分不可能点が出るので，この場合には方向微分が最も小さくなる方向を勾配として用いる。

＜中村文一＞

参考文献（7.5 節）

[1] Farber, M.: *Invitation to Topological Robotics*, European Mathematical Society Publishing House (2008).

[2] 服部：『位相幾何学』，岩波書店 (1991).

[3] Luca, A.D., Oriolo, G. and Venditelli, M.: Control of wheeled mobile robots: An experimental overview, in *RAMSETE: Articulated and Mobile Robotics for Services and Technologies* (eds. Nicosia, S., *et al.*), Lecture Notes in Information Sciences 270, Springer, Berlin Heidelberg, pp. 181–226 (2001).

[4] Rimon, E. and Koditschek, E.: Exact robot navigation using artificial potential functions, *IEEE Transactions on Robotics and Automation*, Vol. 8, No. 5, pp. 501–518 (1992).

[5] Fox, D., Burgard, W. and Thrun, S.: The dynamic window approach to collision avoidance, *IEEE Robotics & Automation Magazine*, Vol. 4, No. 1, pp. 23–33 (1997).

[6] Brock, O. and Khatib, O.: High-speed navigation using the global dynamic window approach, *Proceedings of 1999 IEEE International Conference on Robotics & Automation*, pp. 341–346 (1999).

[7] 大塚：『非線形最適制御入門』，コロナ社 (2011).

[8] 長尾：『知識と推論』，岩波書店 (1988).

[9] 金井ほか：『ビークル』，コロナ社 (2003).

[10] 佐藤：極小点のないポテンシャル場を用いたロボットの動作計画，『日本ロボット学会誌』，Vol. 11, No. 5, pp. 702–709 (1993).

[11] 福井，中村，西谷：最小射影法を用いた二輪車両の障害物回避，『計測自動制御学会論文集』，Vol. 47, No. 2, pp. 90–99 (2011).

[12] Nakamura, H. and Nakamura, N: Multilayer minimum projection method with singular point assignment for nonsmooth control Lyapunov function design, *Asian Journal of Control*, , Vol. 15, No. 2, pp. 340–349 (2013).

7.6 移動ロボットの動力学と制御

7.6.1 車輪型移動ロボットの動力学モデル

近年は自動車の自動運転に向けた研究開発が活発に行われている。これは自動車のロボット化とも考えられ，ロボットの制御の研究で培われた技術の応用が期待される。一方で車輪型移動ロボットも，センサやアクチュエータ技術の進歩によって，より高速な運動が可能になりつつある。

一般に車両が低速で走行する場合は，車輪の向きと移動方向が一致することを仮定した拘束力を用いたモデルで，その運動を十分な精度で表現できる。これを物理的に解釈すると，車輪と路面の間の滑りによって生じた摩擦力が，車輪の回転方向や横方向の滑りを抑える力として作用した結果と考えられる。一方で車体に大きな加減速を生じて，慣性の影響や車輪が受ける摩擦力の影響が顕著に表れる場合には，動力学を考慮したモデリングと制御が必要になる。自動車では，タイヤ力の物理的な特性を考慮した運動制御の研究が数多く行われており，その成果は自律走行する車両型移動ロボットの制御にも共通する部分が多い。

そこで本節では，前輪操舵もしくは四輪操舵車両を対象として自動車の平面上の動力学モデルを示し，さらに，経路を追従する自動走行などの動力学に基づく制御手法を概説する。

7.6.2 平面上の運動方程式

図 7.7 に示すように，慣性座標系 x-y における車両重心位置を (x, y)，方向角を θ と定義する。車体の前方向速度を u，左方向速度を v，回転角速度を r とすると次式を得る。

$$\dot{x} = u\cos\theta - v\sin\theta \tag{7.110}$$

$$\dot{y} = u\sin\theta + v\cos\theta \tag{7.111}$$

$$\dot{\theta} = r \tag{7.112}$$

車体の回転と共に u, v の方向が変化することを考慮すると，車体の前方向への加速度は $\dot{u} - vr$，左方向への加速度は $\dot{v} + ur$ となる[1]。

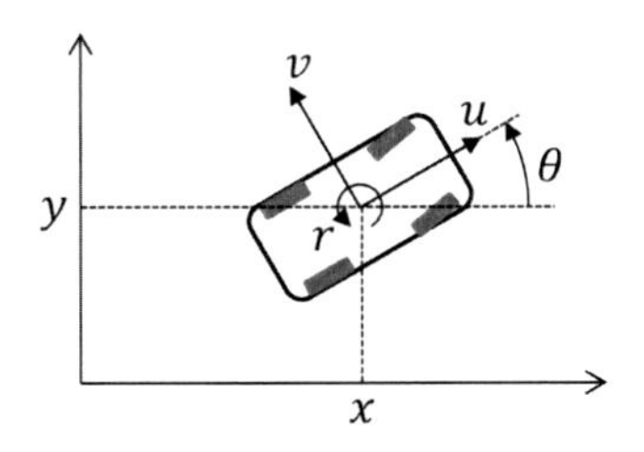

図 7.7 車両の座標と速度

図 7.8 に示すように，左前輪の操舵角度を δ_1，車輪回転方向の力（駆動力・制動力）を D_1，車輪軸左方向の力（横力）を S_1 とおく。また車体に固定した座標系における左前輪の位置を (l_1, d_1) とおく。同様に右前輪，左後輪，右後輪はそれぞれ添字を 2,3,4 として表す。車体の質量を m，車体重心まわりの慣性モーメントを I_z とおくと，車両の運動方程式は次式で表される。

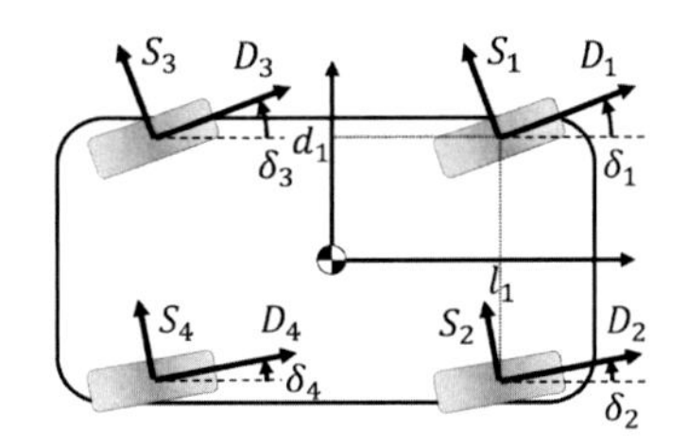

図 7.8 車両の発生する力

$$m(\dot{u} - vr) = F_u \tag{7.113}$$

$$m(\dot{v} + ur) = F_v \tag{7.114}$$

$$I_z\dot{r} = F_r \tag{7.115}$$

ここで F_u, F_v, F_r は，それぞれ次式で表される車両の前後方向，横方向の力および回転方向のトルクである。

$$F_u = \sum_{i=1}^{4}(D_i\cos\delta_i - S_i\sin\delta_i) \tag{7.116}$$

$$F_v = \sum_{i=1}^{4}(D_i\sin\delta_i + S_i\cos\delta_i) \tag{7.117}$$

$$F_r = \sum_{i=1}^{4}(D_i\sin\delta_i + S_i\cos\delta_i)\,l_i - (D_i\cos\delta_i - S_i\sin\delta_i)\,d_i \tag{7.118}$$

車体重心から前輪・後輪までの距離をそれぞれ l_f, l_r とし，左右方向の距離をそれぞれ d_l, d_r とすると，$l_1 = l_2 = l_f$，$l_3 = l_4 = -l_r$，$d_1 = d_3 = d_l$，$d_2 = d_4 = -d_r$ となる。実際の車両には，式 (7.113)〜(7.115) に空気抵抗や走行抵抗などが加わるが[2]，ここでは簡単化のために省略している。

車体に加わる力 F_u, F_v, F_r について，インホイールモーターを搭載した電気自動車は D_i が独立な操作量となるが，前輪駆動車は後輪は制動力のみを発生するので $D_3 \leq 0, D_4 \leq 0$ となり，前輪操舵車は $\delta_3 = \delta_4 = 0$ となるなど，機構による制約が生じる。また，一般に駆動力 D_i や横力 S_i は，u, v, r, δ_i やタイヤの回転速度などの複雑な非線形関数である。そして D_i, S_i は車輪と路面の間に作用する摩擦力なので路面状況による変動も大きい。

以下では，まず 7.6.3 項で D_i, S_i のモデルを述べる。そして，7.6.4 項以降でタイヤモデルも含めた車両ダイナミクスを示す。

7.6.3 タイヤモデル

路面とタイヤの間の接地面に，スリップや横滑りが生じると，タイヤが変形して車輪に力が作用する（図 7.9）。このようにタイヤの転動速度と移動速度が異なる時に駆動力または制動力 D_i が生じ，タイヤ回転軸方向に速度が生じるときに横力 S_i が発生する。

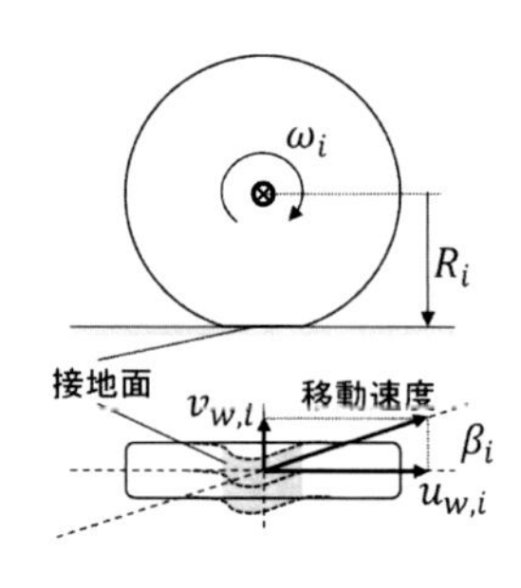

図 7.9　タイヤの変形

タイヤの転動方向の移動速度を $u_{w,i}$，回転角速度を ω_i，接地面までのタイヤ半径を R_i とおくと，次式で表されるタイヤと路面の間の滑り率 κ_i を得る。

$$\kappa_i = \begin{cases} \dfrac{R_i\omega_i - u_{w,i}}{R_i\omega_i} & (R_i\omega_i > u_{w,i}：駆動時) \\ \dfrac{R_i\omega_i - u_{w,i}}{u_{w,i}} & (R_i\omega_i \leq u_{w,i}：制動時) \end{cases} \tag{7.119}$$

次に，タイヤの回転軸方向の速度を $v_{w,i}$ とすると，次のタイヤ横滑り角 β_i を得る。

$$\beta_i = \tan^{-1}\left(\frac{v_{w,i}}{u_{w,i}}\right) \tag{7.120}$$

タイヤの発生する駆動力・制動力 D_i は主に滑り率 κ_i に依存し，横力 S_i は主に横滑り角 β_i に依存する。

ここで，$u_{w,i}, v_{w,i}$ と u, v, r, δ_i の関係は次式になる。

$$\begin{bmatrix} u_{w,i} \\ v_{w,i} \end{bmatrix} = \begin{bmatrix} \cos\delta_i & \sin\delta_i \\ -\sin\delta_i & \cos\delta_i \end{bmatrix} \begin{bmatrix} u - d_i r \\ v + l_i r \end{bmatrix} \tag{7.121}$$

タイヤ発生力を精度よく表現する実験式として知られる Magic Formula[3] を用いて，$\beta_i = 0°$ とした場合の滑り率 κ_i と駆動力 D_i について，路面摩擦係数 μ を $\mu = 0.3, 0.7, 1.0$ とした 3 種類のグラフを図 7.10 に示す。D_i は $\kappa_i = 0$ 付近で κ_i に比例し，$|\kappa_i| = 0.05$〜0.2 付近で飽和している。また路面摩擦係数 μ の増加と共に D_i の最大・最小値も増加する。特に $\kappa_i = 0$ 付近で D_i は κ_i に比例し，次の式で近似できる。

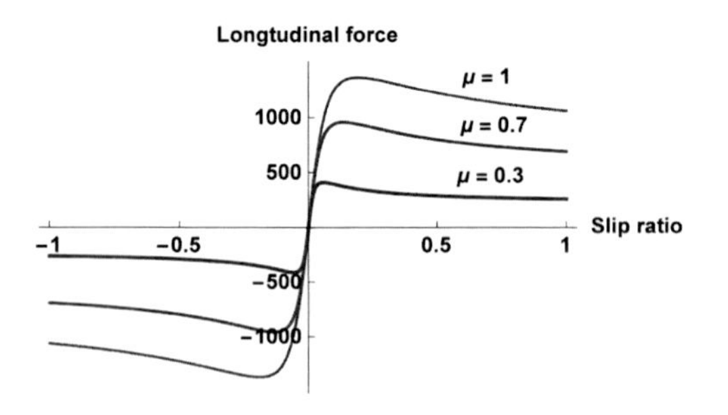

図 7.10　スリップ率 κ_i と制駆動力 D_i の関係（横滑り角 $\beta_i = 0°$）

$$D_i = K_{\kappa,i}\kappa_i \tag{7.122}$$

ここで $K_{\kappa,i}$ は次式で計算される正の定数である。

$$K_{\kappa,i} = \left.\frac{\partial D_i}{\partial \kappa_i}\right|_{\beta_i=0,\kappa_i=0} \tag{7.123}$$

図 7.11 に，今度は $\kappa_i = 0$ とした場合の横滑り角 β_i と横力 S_i のグラフを示す。横力 S_i は $\beta_i = 0$ 付近では β_i と共に減少し，$|\beta_i|$ が大きくなると飽和する。特に $\beta_i = 0$ 付近で S_i は β_i に比例した直線とみなせて，次の式が成り立つ。

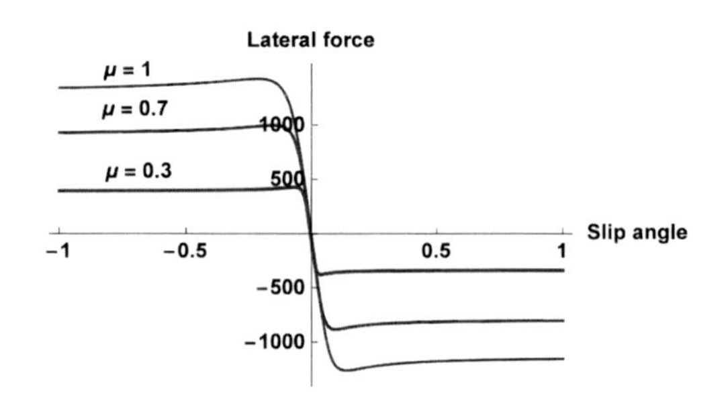

図 7.11　横滑り角 β_i と横力 S_i の関係（スリップ率 $\kappa_i = 0$）

$$S_i = -K_{\beta,i}\beta_i \tag{7.124}$$

ここで $K_{\beta,i}$ はコーナリングパワーと呼ばれる次式の定数である。

$$K_{\beta,i} = -\left.\frac{\partial S_i}{\partial \beta_i}\right|_{\beta_i=0,\kappa_i=0} \tag{7.125}$$

S_i が飽和したときの値は路面摩擦係数 μ と共に増加するが，$\beta_i = 0$ 付近での傾きは μ にほとんど依存しない。

制駆動力 D_i と横力 S_i は一方のみが発生している際は，それぞれ κ_i と β_i のみで決まるが，それらの合力はクーロンの摩擦法則によって，タイヤにかかる垂直荷重 W_i と路面摩擦係数 μ の積 μW_i を超えずに半径が μW_i の円内に制限される。

$$D_i^2 + S_i^2 \leq (\mu W_i)^2 \tag{7.126}$$

タイヤ発生力 D_i, S_i の最大値や，κ_i, β_i に対する比例係数 $K_{\kappa,i}, K_{\beta,i}$ は，おおよそタイヤ荷重 W_i に比例して増加する。

さらにタイヤ変形のメカニズムによって D_i と S_i は相互に連関する。滑り率 κ_i と横滑り角 β_i が共に変化する場合の D_i と S_i のグラフを描いたものを図 7.12 に示す。図 7.12 の曲線群は β_i をパラメータとして κ_i を -1 から $+1$ まで連続的に変化させたグラフである。このようにタイヤ力は真円とならずに縦方向につぶれた円として表される。したがって D_i, S_i はいずれも κ_i, β_i の両方に依存する複雑な非線形関数であり，タイヤ特性の他の要素や路面の変化による不確定性も含めて考えると，運動制御に必要な縦力 D_i と横力 S_i を発生する κ_i, β_i を解析的に求めることは容易ではない。

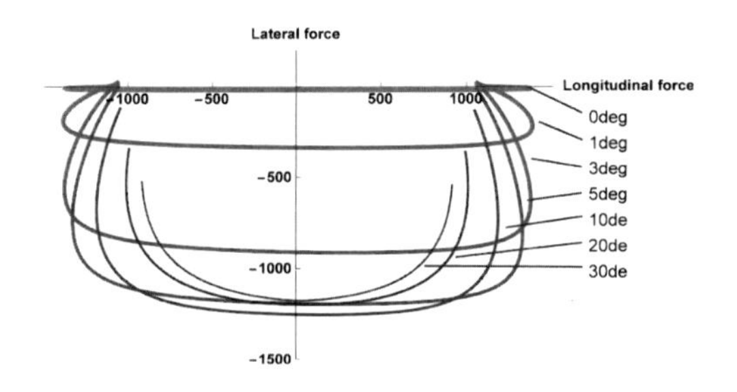

図 7.12　タイヤ力の摩擦円とスリップ率 κ_i や横滑り角 β_i の関係

しかし β_i の大きさが小さければ，$\kappa_i \approx 0$ 付近でも十分な制駆動力 D_i を発生することが可能で，β_i を変化させればある程度の横力も発生できる。図 7.13 は κ_i–D_i の曲線を β_i をパラメータとして描いたものである。β_i が小さい範囲ではグラフの変化も小さい。図 7.14 は β_i–S_i の曲線を κ_i をパラメータとして描いたものである。同様に κ_i が小さい範囲ではグラフの変化も小さい。さらに β_i の大きさが十分に小さければ，横力 S_i は式 (7.124) の直線とみなせる。このため $\kappa_i \approx 0$

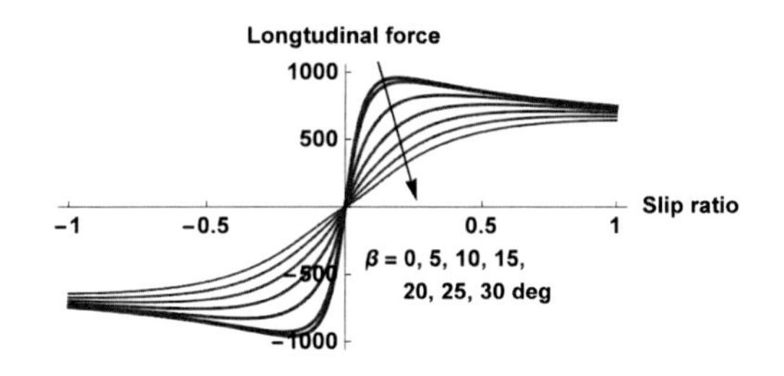

図 7.13　スリップ率と制駆動力の関係

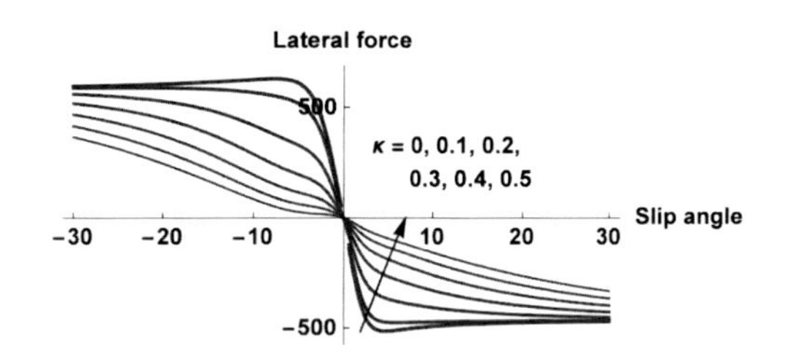

図 7.14　横滑り角と横力の関係

かつ $\beta_i \approx 0$ と見なせる範囲で線形化したモデルが広く用いられている。7.6.4 項では，速度を一定とした車両ダイナミクスの線形モデルと運動制御則を述べ，7.6.5 項では，慣性座標系における軌道追従制御則を示す。

7.6.4　車両ダイナミクスの線形モデルと運動制御

まず，車体横滑り角 β を次式で定義する。

$$\beta = \tan^{-1}\left(\frac{v}{u}\right) \tag{7.127}$$

一般的な車両の走行では $u \gg v$ が成立する。さらに定速走行時は走行速度 $\sqrt{u^2+v^2} \approx u$ を一定とみなし，$v \approx u\beta$ とおける。さらに $|\delta_i| \ll 1$，$u \gg v$，$u \gg l_i r$，$u \gg d_i r$ では，式 (7.120) のタイヤ横滑り角 β_i は次式で表せる。

$$\beta_i = \beta + \frac{l_i}{u}r - \delta_i \tag{7.128}$$

すると式 (7.114), (7.115) は式 (7.124), (7.128) を用いて，β, r に関する次の線形なダイナミクスで近似できる[4]。

$$mu\left(\dot{\beta} + r\right) = -\sum_{i=1}^{4} K_{\beta,i}\left(\beta + \frac{l_i}{u}r - \delta_i\right) \tag{7.129}$$

$$I_z\dot{r} = -\sum_{i=1}^{4} K_{\beta,i}\left(\beta + \frac{l_i}{u}r - \delta_i\right)l_i \tag{7.130}$$

次に β, r の制御を考える。$\delta_i (i = 1, 2, 3, 4)$ が操作量

となる四輪操舵車両では r を目標値 r_r に追従させるだけでなく，β を目標値 β_r に追従させることができる。以下では議論を簡単にするために左右輪の操舵を同じ角度にとり，$\delta_f = \delta_1 = \delta_2$，$\delta_r = \delta_3 = \delta_4$ とする。また，$K_{\beta,1} = K_{\beta,2} = K_f$，$K_{\beta,3} = K_{\beta,4} = K_r$ とおく。すると式 (7.129)，(7.130) より，次の状態方程式を得る。

$$\begin{bmatrix} \dot{\beta} \\ \dot{r} \end{bmatrix} = A \begin{bmatrix} \beta \\ r \end{bmatrix} + B \begin{bmatrix} \delta_f \\ \delta_r \end{bmatrix} \tag{7.131}$$

ここで A, B は，$K = K_f + K_r$，$\Delta_1 = K_f l_f - K_r l_r$，$\Delta_2 = K_f l_f^2 + K_r l_r^2$ を用いて，次式で表される。

$$A = \begin{bmatrix} -2K/(mu) & -2\Delta_1/(mu^2) - 1 \\ -2\Delta_1/I_z & -2\Delta_2/(uI_z) \end{bmatrix} \tag{7.132}$$

$$B = \begin{bmatrix} 2K_f & 2K_r \\ 2K_f l_f & -2K_r l_r \end{bmatrix} \tag{7.133}$$

ここで B は正則なので，r, β の目標値に対する誤差フィードバックにより，追従制御を実現できる。例えば次のモデル規範型操舵制御則（k_β, k_r は正の定数）

$$\begin{bmatrix} \delta_f \\ \delta_r \end{bmatrix} = B^{-1} \left(-A \begin{bmatrix} \beta \\ r \end{bmatrix} + \begin{bmatrix} -k_\beta(\beta - \beta_r) \\ -k_r(r - r_r) \end{bmatrix} \right) \tag{7.134}$$

により，$\dot{\beta} = -k_\beta(\beta - \beta_r)$，$\dot{r} = -k_r(r - r_r)$ となるので，$\beta \to \beta_r$，$r \to r_r$ を実現できる。

また，δ_f のみを操作量とする前輪操舵車両 ($\delta_r = 0$) では，β と r を独立に目標値に追従させることはできない。しかし車両の移動方向 $\theta + \beta$ の目標値を φ_r とすると，k を正の定数とする次の操舵制御則

$$\delta_f = \frac{K}{K_f}\beta + \frac{\Delta}{K_f}\frac{r}{u} - \frac{mu}{K_f}k\left(\theta + \beta - \varphi_r\right) \tag{7.135}$$

によって $\dot{\theta} + \dot{\beta} = -k(\theta + \beta - \varphi_r)$ となる。この操舵制御則によって，式 (7.131) の安定性を保ちながら，$\theta + \beta$ を目標値 φ_r に追従させることができる[5]。

7.6.5　慣性座標系における軌道追従制御

本項では図 7.15 のように，時間の関数として表された仮想的な車両の状態を目標状態として，これを追従する制御を扱う。

車両の運動学の式 (7.110)〜(7.112) と動力学の式 (7.113)〜(7.115) を用いると，慣性座標系における運動方程式は次のようになる。

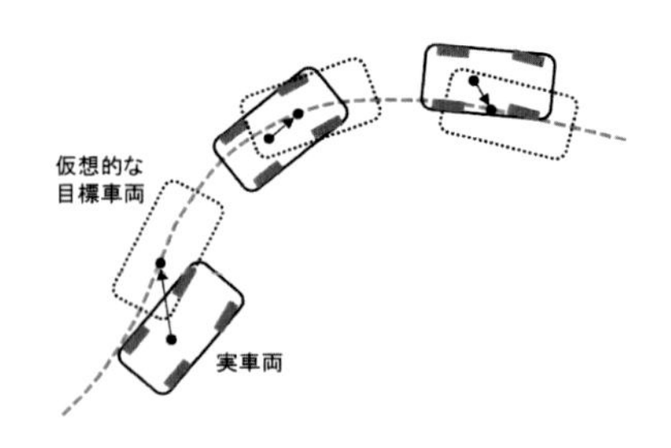

図 **7.15**　軌道追従制御

$$m\ddot{x} = F_u \cos\theta - F_v \sin\theta \tag{7.136}$$

$$m\ddot{y} = F_u \sin\theta + F_v \cos\theta \tag{7.137}$$

$$I_z\ddot{\theta} = F_r \tag{7.138}$$

x, y, θ の目標軌道を x_r, y_r, θ_r とする。次の a_x, a_y, a_θ について，$\ddot{x} = a_x$，$\ddot{y} = a_y$，$\ddot{\theta} = a_\theta$ が実現できれば，目標軌道追従 $x \to x_r$，$y \to y_r$，$\theta \to \theta_r$ の指数的漸近収束を実現できる。

$$a_x = \ddot{x}_r - c_x(\dot{x} - \dot{x}_r) - k_x(x - x_r) \tag{7.139}$$

$$a_y = \ddot{y}_r - c_y(\dot{y} - \dot{y}_r) - k_y(y - y_r) \tag{7.140}$$

$$a_\theta = \ddot{\theta}_r - c_\theta(\dot{\theta} - \dot{\theta}_r) - k_\theta(\theta - \theta_r) \tag{7.141}$$

ここで $c_x, c_y, c_\theta, k_x, k_y, k_\theta$ はいずれも正の定数である。

式 (7.136)〜(7.138) において，$\ddot{x} = a_x$，$\ddot{y} = a_y$，$\ddot{\theta} = a_\theta$ が成立する条件は次式となる。

$$F_u \cos\theta - F_v \sin\theta = ma_x \tag{7.142}$$

$$F_u \sin\theta + F_v \cos\theta = ma_y \tag{7.143}$$

$$F_r = I_z a_\theta \tag{7.144}$$

これらを満たす式 (7.116)〜(7.118) の F_u, F_v, F_r を 7.6.3 項のタイヤモデルに対して実現できれば，軌道追従制御を達成できる[6]。式 (7.142)〜(7.144) はスリップ率 κ_i と操舵角 δ_i に関する非線形連立方程式とみなせる。

F_u, F_v, F_r の大きさが増大するとタイヤ力の飽和が発生するため，一般的な走行では，a_x, a_y, a_θ の大きさが十分に小さい範囲で制御することになる。特に一般的な車両の走行状態の $|\kappa_i| \ll 1$，$|\delta_i| \ll 1$，$u \gg v$，$u \gg l_i r$，$u \gg d_i r$ では，式 (7.128) と同様に，式 (7.120) のタイヤ横滑り角 β_i を δ_i に関する次の 1 次近似式として表せる。

$$\beta_i = \frac{v}{u} + \frac{l_i}{u} r - \delta_i \tag{7.145}$$

この場合に D_i, S_i は，式 (7.122), (7.124), (7.145) で表され，式 (7.116)〜(7.118) の F_u, F_v, F_r も次式で近似できる。

$$F_u = \sum_{i=1}^{4} D_i \tag{7.146}$$

$$F_v = \sum_{i=1}^{4} S_i \tag{7.147}$$

$$F_r = \sum_{i=1}^{4} (S_i l_i - D_i d_i) \tag{7.148}$$

よって式 (7.142)〜(7.144) の左辺は $\kappa_i, \delta_i (i = 1〜4)$ に関する 1 次式となるので，次の形式で表現できる。

$$\Phi \mathbf{u} = \mathbf{a} \tag{7.149}$$

ここで $\mathbf{u}, \mathbf{a}$ は次のベクトルであり，

$$\mathbf{u} = [\kappa_1, \ldots, \kappa_4, \delta_1, \ldots, \delta_4]^T \tag{7.150}$$

$$\mathbf{a} = \begin{bmatrix} m a_x - \sum_{i=1}^{4} K_{\beta,i} \left(\frac{v}{u} + \frac{l_i r}{u} \right) \sin\theta \\ m a_y + \sum_{i=1}^{4} K_{\beta,i} \left(\frac{v}{u} + \frac{l_i r}{u} \right) \cos\theta \\ I_z a_\theta + \sum_{i=1}^{4} K_{\beta,i} \left(\frac{v}{u} + \frac{l_i r}{u} \right) l_i \end{bmatrix} \tag{7.151}$$

Φ は 3×8 の行列で，式 (7.142)〜(7.144) の左辺を要素とする縦ベクトルの，$\mathbf{u}$ に関するヤコビ行列である。

$$\Phi = \frac{\partial}{\partial \mathbf{u}} \begin{bmatrix} F_u \cos\theta - F_v \sin\theta \\ F_u \sin\theta + F_v \cos\theta \\ F_r \end{bmatrix} \tag{7.152}$$

式 (7.149) を満たす操作量 κ_i, δ_i は，ムーア–ペンローズの疑似逆行列で計算できる。

$$\mathbf{u} = W \Phi^T \left(\Phi W \Phi^T \right)^{-1} \mathbf{a} \tag{7.153}$$

ここで W は 8×8 の正定対称行列で，操作量 $\kappa_i, \delta_i (i = 1 〜4)$ の大きさを調整する重みである。式 (7.153) で計算される $\mathbf{u}$ は，式 (7.142)〜(7.144) の解の中で，$\mathbf{u}^T W^{-1} \mathbf{u}$ を最小化するものである。

式 (7.149) では κ_i, δ_i などの大きさを微小と仮定していた。それを陽に考慮すると，κ_i, δ_i の大きさの上限をそれぞれ $\bar{\kappa}, \bar{\delta}$ とした，次の制約条件付き最小化問題として定式化できる。

$$\begin{aligned} &\text{Minimize} \quad \mathbf{u}^T W^{-1} \mathbf{u} \\ &\text{subject to } \Phi \mathbf{u} = \mathbf{a} \\ &\qquad\qquad |\kappa_i| \le \bar{\kappa}, \quad |\delta_i| \le \bar{\delta} \ (i = 1, 2, 3, 4). \end{aligned}$$

これは線形制約条件付き 2 次計画問題であり，高速な数値計算ツール[7] などによる実時間計算が可能になりつつある。また計算量は増加するが，逐次 2 次計画法などを用いて，式 (7.149) の代わりに非線形連立方程式 (7.142)〜(7.144) を直接に制約条件として解くことも可能である。

7.6.6 モデル予測制御による軌道追従

7.6.5 項の軌道追従制御では，式 (7.139)〜(7.141) から求めた a_x, a_y, a_θ に対して，式 (7.142)〜(7.144) を満たす κ_i, δ_i を計算した。しかし任意の a_x, a_y, a_θ に対して，κ_i, δ_i が常に求まるとは限らない。

モデル予測制御[8] は，有限の評価区間における最適制御問題を実時間で解いて入力を決定する手法で，制約条件を陽に考慮できる。本項では，このモデル予測制御による車両の軌道追従制御則の考え方を述べる。

状態を $\mathbf{x} = [x, y, \theta, u, v, r]^T$ とおくと，車両のダイナミクス (7.110)〜(7.115) は

$$\dot{\mathbf{x}}(t) = \mathbf{f}\left(\mathbf{x}(t), \mathbf{u}(t)\right) \tag{7.154}$$

の形式で表現できる。状態方程式 (7.154) と入力に関する制約 $|\kappa_i| \le \bar{\kappa}, |\delta_i| \le \bar{\delta} \ (i = 1, 2, 3, 4)$ の下で，次の評価関数 J_t を最小にする $\mathbf{u}(\tau) (t \le \tau \le t + T)$ を求める。

$$J_t = \int_t^{t+T} L\left(\mathbf{x}(\tau), \mathbf{u}(\tau)\right) \mathrm{d}\tau + \phi(\mathbf{x}(t+T)) \tag{7.155}$$

ここで L, ϕ は正定関数であり，例えば Q, R, S を重み行列，$\mathbf{x}(t)$ の目標値を $\mathbf{x}_r(t)$ とした次の 2 次形式で表される。

$$L(\mathbf{x}, \mathbf{u}) = (\mathbf{x} - \mathbf{x_r})^T Q (\mathbf{x} - \mathbf{x_r}) + \mathbf{u}^T R \mathbf{u} \tag{7.156}$$

$$\phi(\mathbf{x}) = (\mathbf{x} - \mathbf{x_r})^T S (\mathbf{x} - \mathbf{x_r}) \tag{7.157}$$

このモデル予測制御則の計算は，次の制約条件付き最小化問題として定式化できる。

$$\begin{aligned} &\text{Minimize } J_t \text{ for } \mathbf{u}(\tau) \ (t \le \tau \le t + T) \\ &\text{subject to (7.154),} \end{aligned}$$

$$|\kappa_i| \le \bar{\kappa},\ \ |\delta_i| \le \bar{\delta}\ (i = 1, 2, 3, 4).$$

制御周期毎に計算された $\mathbf{u}(t)$ を車両に対する操作量として用いることで，現在から T だけ経過した時刻までの運動を最適化する制御を実現できる。ただし，状態方程式 (7.154) は非線形なので，リアルタイム制御として実装するためには計算量を削減する工夫が必要となる。例えば氷野ら[9] は，C/GMRES[8] を用いて，タイヤ力の飽和と荷重移動を考慮した車両運動制御を提案している。

7.6.7　経路追従制御

7.6.6 項では，状態 $\mathbf{x}(t)$ が時間の関数として表された目標状態 $\mathbf{x}_r(t)$ を追従する制御則を導出した。これは仮想的な目標車両を追跡しているものと解釈できる。一方で車両が道路を走行する場合は，時間の関数として移動する目標車両を追従するのではなく，経路からの距離や姿勢の誤差を抑制する経路追従制御[10] が考えられる (図 7.16)。このような経路追従制御では，時間に関する微分方程式である車両のダイナミクスの式 (7.154) を時間軸状態制御形[11] を用いて，媒介変数 s を仮想時間軸とした次の形式の微分方程式に変換して考えると見通しがよい。

$$\frac{\mathrm{d}\bar{\mathbf{x}}(s)}{\mathrm{d}s} = \bar{\mathbf{f}}\left(\bar{\mathbf{x}}(s), \bar{\mathbf{u}}(s)\right) \tag{7.158}$$

この $\bar{\mathbf{x}}(s)$ を目標状態 $\bar{\mathbf{x}}_r(s)$ に追従させて，経路追従制御を実現する。岡島ら[12] は s を参照位置の経路長とする手法，小山ら[13] は s を走行距離とする手法を提案している。

前項と同様に，モデル予測制御を用いることを考えると，状態方程式 (7.158) と入力に関する制約 $|\kappa_i| \le \bar{\kappa}$, $|\delta_i| \le \bar{\delta}\ (i = 1, 2, 3, 4)$ の下で，$\bar{L}$ を経路からの誤差と入力のコストを表す正定関数，$\bar{\phi}$ を終端における経路からの誤差を表す正定関数とした次の評価関数 J_s を最小にする $\mathbf{u}(\sigma)(s \le \sigma \le s+h)$ を求めることになる。

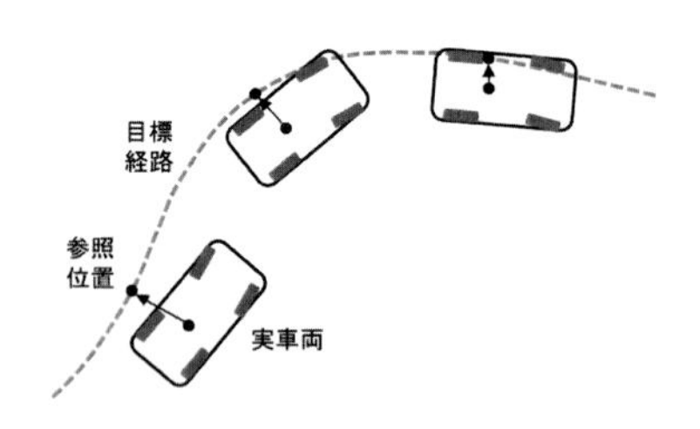

図 7.16　経路追従制御

$$J_s = \int_s^{s+h} \bar{L}\left(\bar{\mathbf{x}}(\sigma), \mathbf{u}(\sigma)\right) \mathrm{d}\sigma + \bar{\phi}(\bar{\mathbf{x}}(s+h)) \tag{7.159}$$

ここで積分区間長 h は距離であることに注意する。このモデル予測制御則の計算は，次の制約条件付き最小化問題として定式化できる。

Minimize J_s for $\mathbf{u}(\sigma)$ $(s \le \sigma \le s+h)$
subject to (7.158)
$$|\kappa_i| \le \bar{\kappa},\ \ |\delta_i| \le \bar{\delta} \quad (i = 1, 2, 3, 4).$$

制御周期毎に計算された $\mathbf{u}(s)$ を車両に対する操作量として用いることで，現在から h だけ移動した位置までの運動を最適化する制御を実現できる。

7.6.8　経路追従制御の数値計算例

本項では四輪操舵・駆動車両に対して，モデル予測制御による経路追従制御[14] を適用した数値シミュレーション例を示す。走行速度を v，車体重心から目標経路に下ろした垂線の足への距離を z として，状態を $\bar{\mathbf{x}} = [v, z, dz/ds, \theta, d\theta/ds]^T$ とする。ただし κ_i, δ_i を直接求めるのではなく，計算量を考慮して車体重心における並進力と回転トルクをモデル予測制御で求め，荷重移動によるタイヤ発生力の飽和を考慮して，各タイヤに配分する (図 7.17)。目標速度が 40 km/h で，路面摩擦係数が $\mu = 0.6$ の路面を風速 14m/s の風を受けながら，半径が 50 m の円軌道を追従する。車両やタイヤのモデルはベンチマーク問題[15] の第 3 問の値を用いた。PD 制御またはモデル予測制御 (MPC: Model Predictive Control) でタイヤ力の飽和を考慮せずに等配分した場合 (PD+Equidistribution，MPC+Equidistribution)，MPC でタイヤ力の飽和を考慮した配分を行った場合 (MPC+Allocatioin)，MPC にスライディングモード制御 (SMC：Sliding Mode Control) を追加してロバスト性を高めた上でタイヤ力の飽和を考慮して配分した場合 (MPC+SMC+Allocation) について，図 7.18 に経路，図 7.19 に目標経路からの誤差を示す。MPC を用

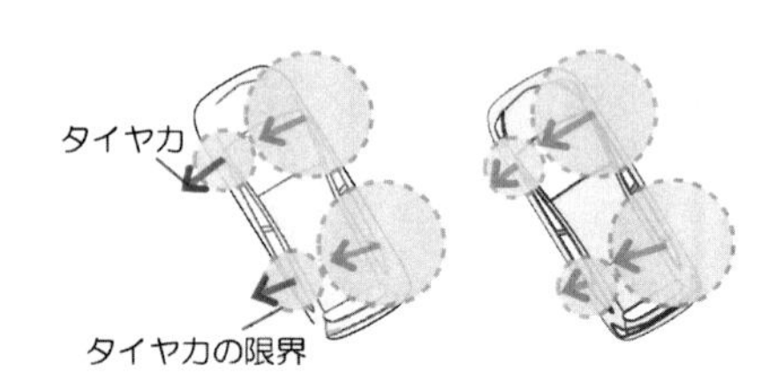

図 7.17　タイヤ力配分（左：等配分，右：飽和を考慮）

いると逸脱を抑制できることが確認できる。さらに，タイヤ力配分によって追従性が改善され，ロバスト制御により外乱の影響をおおよそ抑制できていることを確認できる。

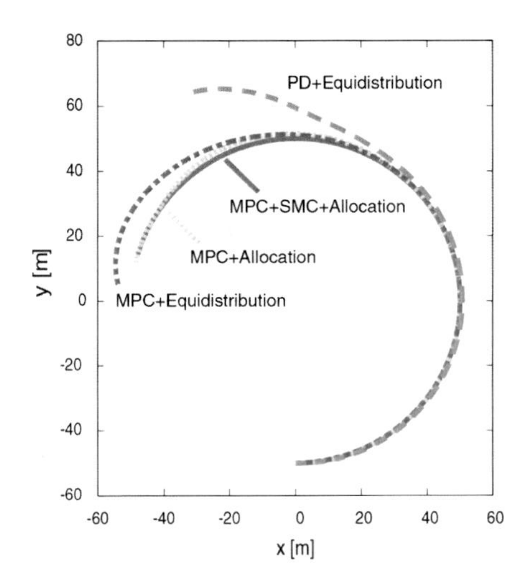

図 **7.18**　追従経路の比較

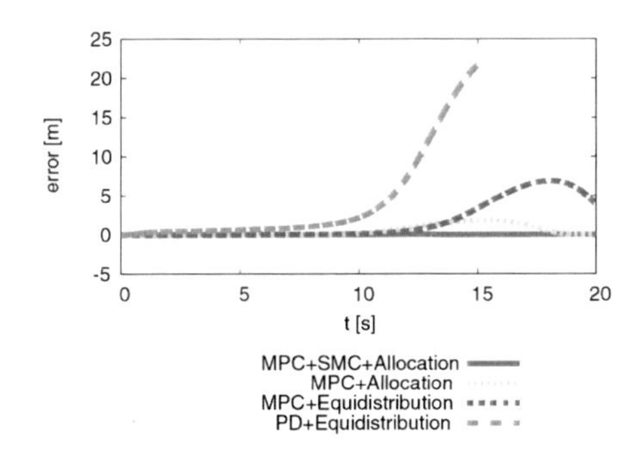

図 **7.19**　目標経路からの誤差の比較

＜野中謙一郎＞

参考文献（7.6 節）

[1] 安部正人：『自動車の運動と制御 第 2 版 車両運動力学の理論形成と応用』，東京電機大学出版局 (2008).

[2] Wong, J.Y.: *Theory of Ground Vehicles*, Fourth Edition, John Wiley & Sons, Inc.(2008).

[3] Pacejka, H.: *Tire and Vehicle Dynamics*, Third Edition, SAE International (2012).

[4] 金井喜美雄，越智徳昌，川邊武俊：『ビークル制御—航空機と自動車—』，槇書店 (2008).

[5] 野中謙一郎，中山元：車輪に横滑りを有する車両の厳密な線形化によるロバスト軌道追従制御，『計測自動制御学会論文集』，Vol. 42, No. 6, pp. 603–610 (2006).

[6] Freund, E. and Mayr, R.: Nonlinear Path Control in Automated Vehicle Guidance, *IEEE Transactions on Robotics ans Automation*, Vol. 13, No. 1 (1997).

[7] Mattingley, J., Wang Y. and Boyd S.: Receding Horizon Control, *IEEE Control System Magazine*, Vol. 31, Issue 3, pp.52–65 (2011)

[8] 大塚敏之：『非線形最適制御入門』，コロナ社 (2011).

[9] 氷野康平，橋本智昭，大塚敏之：タイヤ力の飽和と荷重移動を伴う四輪車両の非線形モデル予測制御，『計測自動制御学会論文集』，Vol. 50, No. 5, pp. 432–440 (2014).

[10] Altafini, C.: Following a path of varying curvature as an output regulation problem, *IEEE Transactions on Automatic Control*, Vol. 47, No. 9, pp. 1551–1556 (2002).

[11] Sampei, M.: A control strategy for a class of nonholonomic systems — time-state control form and its application, *Proceedings of the 33rd IEEE Conference on Decision and Control*, pp. 1120–1121 (1994).

[12] 岡島寛，浅井徹，川路茂保：『経路追従問題における最適速度制御』，『計測自動制御学会論文集』，Vol. 44, No, 7, pp. 566–574 (2008).

[13] 小山健太郎，関口和真，野中謙一郎：走行距離を時間軸とする時間軸状態制御形による車両の経路追従制御—モデル予測車庫入れ制御への適用—，『計測自動制御学会論文集』，Vol. 50, No,10, pp. 746–754 (2014).

[14] 小田貴嗣，野中謙一郎，関口和真：モデル予測制御とスライディングモード制御による四輪操舵駆動車両のロバスト経路追従制御，『計測自動制御学会論文集』，Vol. 51, No.7, pp. 484–493 (2015).

[15] JSAE-SICE 自動車のモデリングと制御ベンチマーク問題. http://cig.ees.kyushu-u.ac.jp/benchmark_JSAE_SICE/

[16] 特集：自動車制御の昨日，今日，明日，『計測と制御』，第 45 巻 3 号 (2006).

7.7 ハミルトン力学に基づくダイナミクスベースト制御

二輪車両モデル等を含む一般化速度に線形な非ホロノミック拘束を持つ機械系を対象とし，ハミルトン力学が本質的に持つ構造や性質を積極的に利用した制御法を紹介する。まず，上記の機械系を古典力学におけるハミルトンの正準方程式[1] を拡張したポート・ハミルトン系[8, 10] として表現する。この際に，文献[10, 11] によって提案された，非ホロノミック拘束の幾何学的構造に基づく拘束力が現れない低次元化されたポート・ハミルトン系を導出する。次に，文献[4, 13, 14] に基づきポート・ハミルトン系が本質的に持つ受動性という性質と，ポート・ハミルトン系の構造を保存する特別な座標・入力変換の組である一般化正準変換を用いて，系を漸近安定化する制御器を導出する。

7.7.1 非ホロノミック拘束を持つ機械系のポート・ハミルトン系表現

制御対象として，一般化座標 $q := (q_1, \ldots, q_l)^T \in \mathbb{R}^l$，一般化速度 $\dot{q} := (\dot{q}_1, \ldots, \dot{q}_l) \in \mathbb{R}^l$ で表される機械系を考え，系のラグランジュ関数が次式で与えられるとする。

$$L(q, \dot{q}) = \frac{1}{2}\dot{q}^T M(q)\dot{q} + V_0(q)$$

ここで，正定対称行列 $M(q) \in \mathbb{R}^{l\times l}$ は慣性行列，十分滑らかな関数 $V_0(q) \in \mathbb{R}$ はポテンシャル関数を表す。また，この系は $A(q)^T\dot{q} = 0$ で与えられる一般化速度 $\dot{q}$ に線形な非ホロノミック拘束を持つとする。ただし，$A(q) \in \mathbb{R}^{l\times k}, k < l$ であり，$\mathrm{rank}\, A(q) = k, \forall q$ を満たすとする。このとき，制御対象の運動方程式はダランベール–ラグランジュ方程式[1] より次式で与えられる。

$$\frac{\mathrm{d}}{\mathrm{d}t}\left(\frac{\partial L}{\partial \dot{q}}\right)^T - \frac{\partial L}{\partial q}^T = A(q)\lambda + B(q)u, \tag{7.160}$$

$$A(q)^T\dot{q} = 0 \tag{7.161}$$

ただし，$\lambda \in \mathbb{R}^k$ は速度拘束 (7.161) に関するラグランジュの未定乗数，$u \in \mathbb{R}^m$ は制御入力である。ここで，$B(q) \in \mathbb{R}^{l\times m}, m < l$ であり，$\mathrm{rank}\, B(q) = m, \forall q$ を満たすとする。運動方程式 (7.160) の導出の詳細や，微分幾何に基づく表現などのより発展的な話題については，例えば文献[1, 2, 6, 7, 12] などを参照いただきたい。

式 (7.160), (7.161) で与えられる制御対象をポート・ハミルトン系[8, 10] として表現しよう。この表現を用いることで，モデル化においては文献[10, 11] に基づく低次元化された状態空間表現が利用でき，制御においては次項で紹介するように文献[4, 13, 14] で提案されている一般化正準変換と受動性に基づく系統的な制御器の設計法などが利用できる。まず，一般化運動量 $p \in \mathbb{R}^l$ を

$$p := \frac{\partial L(q, \dot{q})}{\partial \dot{q}}^T = M(q)\dot{q} \tag{7.162}$$

と定義し，ルジャンドル変換によりハミルトン関数 $H(q, p)$ を次式のように定義する。

$$\begin{aligned} H(q, p) &:= p^T\dot{q} - L(q, \dot{q}) \\ &= \frac{1}{2}p^T M(q)^{-1}p + V_0(q) \end{aligned} \tag{7.163}$$

式 (7.162), (7.163) より，運動方程式 (7.161) は次式のように拘束付きポート・ハミルトン系として表される。

$$\dot{q} = \frac{\partial H(q, p)}{\partial p}^T \tag{7.164}$$

$$\dot{p} = -\frac{\partial H(q, p)}{\partial q}^T + A(q)\lambda + B(q)u \tag{7.165}$$

$$0 = A(q)^T\frac{\partial H(q, p)}{\partial p}^T \tag{7.166}$$

$$y = B(q)^T\frac{\partial H(q, p)}{\partial p}^T \tag{7.167}$$

式 (7.166) は，式 (7.161) の非ホロノミック拘束に対応する拘束条件である。また，式 (7.167) で定義される $y \in \mathbb{R}^m$ は制御入力 u に対する受動出力を表している。実際，式 (7.164)〜(7.166) より

$$\frac{\mathrm{d}H}{\mathrm{d}t} = \frac{\partial H}{\partial q}\dot{q} + \frac{\partial H}{\partial p}\dot{p} = \frac{\partial H}{\partial p}B(q)u = y^T u \tag{7.168}$$

となり，式 (7.163) のポテンシャル関数 V_0 が非負関数であれば，上記の系は入出力対 (u, y) について H を蓄積関数として受動的である。ただし，式 (7.167) の y は実際に観測可能な信号としての出力とは必ずしも一致しないことに注意する。このような受動性は，次項で紹介する安定化制御器の設計において重要な役割を持つ。

次に，文献[10, 11] で提案された座標変換を用いて，式 (7.164)〜(7.167) の拘束付きハミルトン系から拘束が現れない低次元化されたポート・ハミルトン系表現を導出する。ただし，文献[10, 11] ではハミルトン系が持つポアソン構造を陽に利用した導出が述べられているが，ここではポアソン構造に関する知識を必要としないように座標変換を直接計算する。ハミルトン系の幾何的構造に興味ある読者は，例えば文献[1, 7, 10] などを参照いただきたい。さて，式 (7.165) の $A(q)$ に関して $\mathrm{rank}\, A(q) = k, \forall q$ より，任意の q に対して，$\mathrm{rank}\, J_{12}(q) = l - k$ であり

$$A(q)^T J_{12}(q) = 0 \tag{7.169}$$

を満たすようなある $J_{12}(q) \in \mathbb{R}^{l\times(l-k)}$ が存在する。この $J_{12}(q)$ を用いて次式のような座標変換を考える。

$$\tilde{q} = q \tag{7.170}$$

$$\tilde{p} = \begin{pmatrix} \tilde{p}^1 \\ \tilde{p}^2 \end{pmatrix} = \begin{pmatrix} J_{12}(q)^T \\ A(q)^T \end{pmatrix} p =: \Phi_p(q)p \tag{7.171}$$

ここで，$\tilde{p}^1 \in \mathbb{R}^{l-k}$，$\tilde{p}^2 \in \mathbb{R}^k$ である。また，表記の簡単のために $x := (q^T, p^T)^T$, $\tilde{x} := (\tilde{q}^T, \tilde{p}^T)^T$ を定義し，

式 (7.170), (7.171) の座標変換をまとめて

$$\begin{pmatrix} \tilde{q} \\ \tilde{p} \end{pmatrix} = \tilde{x} = \Phi(x) := \begin{pmatrix} q \\ \Phi_p(q)p \end{pmatrix} \tag{7.172}$$

と表すこととする。式 (7.172) による座標変換後の拘束付きポート・ハミルトン系 (7.164)〜(7.167) を求める。まず，式 (7.170) より次式を得る。

$$\begin{aligned} \dot{\tilde{q}} &= \left.\frac{\partial H}{\partial p}^T\right|_{x=\Phi^{-1}(\tilde{x})} = \left(\frac{\partial \tilde{H}}{\partial \tilde{p}}\frac{\partial \tilde{p}}{\partial p}\right)^T \\ &= \Big(J_{12}(\tilde{q}), A(\tilde{q})\Big)\frac{\partial \tilde{H}}{\partial \tilde{p}}^T \end{aligned}$$

ただし，変換後の座標におけるハミルトン関数を

$$\tilde{H}(\tilde{q},\tilde{p}) := H(\tilde{q}, \Phi_p(\tilde{q})^{-1}\tilde{p})$$

と定義した。次に $\dot{\tilde{p}}$ を計算するが，式が複雑となるためいくつかの段階を踏む。以降では表記の簡単のため，ベクトル c の i 成分を下添字 i を用いて c_i と表記し，行列 C の (i,j) 成分を $C_{i,j}$ または $[C]_{i,j}$，i 行ベクトルを $[C]_{i,:}$，j 列ベクトルを $[C]_{:,j}$ とそれぞれ表記する。まずは，式 (7.171) の $\tilde{p}^1$ に関して $\dot{\tilde{p}}^1$ の任意の i 成分 $(1 \le i \le l-k)$ である $\dot{\tilde{p}}_i^1$ を求める。

$$\begin{aligned} \dot{\tilde{p}}_i^1 &= \frac{\mathrm{d}}{\mathrm{d}t}\Big[J_{12}(q)^T p\Big]_i = \sum_{z=1}^{l}\frac{\partial [J_{12}^T]_{i,z}p_z}{\partial q}\dot{q} + [J_{12}^T]_{i,z}\dot{p}_z \\ &= \sum_{z=1}^{l}\frac{\partial [J_{12}^T]_{i,z}p_z}{\partial q}\frac{\partial H}{\partial p}^T + [J_{12}^T]_{i,z}\left[-\frac{\partial H}{\partial q}^T + A\lambda + Bu\right]_z \end{aligned}$$

さてここで，

$$\begin{aligned} \frac{\partial H}{\partial q}^T &= \frac{\partial \tilde{q}}{\partial q}^T\frac{\partial H}{\partial \tilde{q}}^T + \frac{\partial \tilde{p}}{\partial q}^T\frac{\partial H}{\partial \tilde{p}}^T \\ &= \frac{\partial \tilde{H}}{\partial \tilde{q}}^T + \frac{\partial (\Phi_p(q)p)}{\partial q}^T\frac{\partial \tilde{H}}{\partial \tilde{p}}^T, \\ \frac{\partial H}{\partial p}^T &= \Phi_p(q)^T\frac{\partial \tilde{H}}{\partial \tilde{p}}^T = J_{12}(\tilde{q})\frac{\partial \tilde{H}}{\partial \tilde{p}^1}^T + A(\tilde{q})\frac{\partial \tilde{H}}{\partial \tilde{p}^2}^T \end{aligned}$$

に注意すると，次式を得る。

$$\begin{aligned} \dot{\tilde{p}}_i^1 = &\sum_{y,z=1}^{l}\frac{\partial [J_{12}^T]_{i,z}p_z}{\partial q}\left(J_{12}\frac{\partial \tilde{H}}{\partial \tilde{p}^1}^T + A\frac{\partial \tilde{H}}{\partial \tilde{p}^2}^T\right) \\ &+ [J_{12}^T]_{i,y}\left[-\frac{\partial \tilde{H}}{\partial \tilde{q}}^T - \frac{\partial (\Phi_p(q)p)}{\partial q}^T\frac{\partial \tilde{H}}{\partial \tilde{p}}^T + A\lambda + Bu\right]_y \end{aligned} \tag{7.173}$$

式 (7.173) 右辺第 4 項に着目すると，

$$\begin{aligned} &-[J_{12}^T]_{i,y}\left[\frac{\partial (\Phi_p(q)p)}{\partial q}^T\frac{\partial \tilde{H}}{\partial \tilde{p}}^T\right]_y \\ &\quad = \sum_{j=1}^{l} -[J_{12}^T]_{i,y}\frac{\partial [\Phi_p(q)p]_j}{\partial q_y}\frac{\partial \tilde{H}}{\partial \tilde{p}_j} \end{aligned}$$

となり，また

$$[\Phi_p(q)p]_j = \begin{cases} \displaystyle\sum_{z=1}^{l}[J_{12}(q)]_{z,j}p_z & 1 \le j \le l-k \\ \displaystyle\sum_{z=1}^{l}[A(q)]_{z,j-l+k}p_z & l-k+1 \le j \le l \end{cases}$$

であることから，結局次式を得る。

$$\begin{aligned} &-[J_{12}^T]_{i,y}\left[\frac{\partial (\Phi_p(q)p)}{\partial q}^T\frac{\partial \tilde{H}}{\partial \tilde{p}}^T\right]_y = \sum_{\substack{1\le j\le l-k \\ 1\le \alpha\le k \\ 1\le z\le l}} \\ &\quad -[J_{12}]_{y,i}\frac{\partial [J_{12}]_{z,j}p_z}{\partial q_y}\frac{\partial \tilde{H}}{\partial \tilde{p}_j^1} - [J_{12}]_{y,i}\frac{\partial A_{z,\alpha}p_z}{\partial q_y}\frac{\partial \tilde{H}}{\partial \tilde{p}_\alpha^2} \end{aligned} \tag{7.174}$$

式 (7.173) 右辺第 1 項と第 4 項（式 (7.174)）より，$\dot{\tilde{p}}_i^1$ の $\partial \tilde{H}/\partial \tilde{p}_j^1$ に関する係数をまとめると次式となる。

$$\begin{aligned} &\sum_{y,z=1}^{l}[J_{12}]_{y,j}\frac{\partial [J_{12}]_{z,i}p_z}{\partial q_y} - [J_{12}]_{y,i}\frac{\partial [J_{12}]_{z,j}p_z}{\partial q_y} \\ &\quad = -p^T\left(\frac{\partial [J_{12}]_{:,j}}{\partial q}[J_{12}]_{:,i} - \frac{\partial [J_{12}]_{:,i}}{\partial q}[J_{12}]_{:,j}\right) \\ &\quad = -p^T[[J_{12}(q)]_{:,i}, [J_{12}(q)]_{:,j}](q) \end{aligned} \tag{7.175}$$

ただし，$[\cdot,\cdot](q)$ は q に関するリー括弧積を表す。式 (7.173), (7.175) より，式 (7.172) による座標変換後の拘束付きポート・ハミルトン系 (7.164), (7.165) は次式で与えられる。

$$\begin{aligned} \begin{pmatrix} \dot{\tilde{q}} \\ \dot{\tilde{p}}^1 \\ \dot{\tilde{p}}^2 \end{pmatrix} &= \begin{pmatrix} 0 & J_{12}(\tilde{q}) & * \\ -J_{12}(\tilde{q})^T & J_{22}(\tilde{x}) & * \\ * & * & * \end{pmatrix}\begin{pmatrix} \frac{\partial \tilde{H}}{\partial \tilde{q}}^T \\ \frac{\partial \tilde{H}}{\partial \tilde{p}^1}^T \\ \frac{\partial \tilde{H}}{\partial \tilde{p}^2}^T \end{pmatrix} \\ &\quad + \begin{pmatrix} 0 \\ 0 \\ A(\tilde{q})^T A(\tilde{q}) \end{pmatrix}\lambda + \begin{pmatrix} 0 \\ J_{12}(\tilde{q})^T B(\tilde{q}) \\ A(\tilde{q})^T B(\tilde{q}) \end{pmatrix}u \end{aligned}$$

ただし，以降の議論に関係がない項は $*$ と略記しており，$J_{22}(\tilde{x}) \in \mathbb{R}^{(l-k)\times(l-k)}$ は次式で定義される。

$$[J_{22}(\tilde{x})]_{i,j} = -p^T[[J_{12}(q)]_{:,i},[J_{12}(q)]_{:,j}](q)\Big|_{x=\Phi^{-1}(\tilde{x})} \tag{7.176}$$

この座標変換後の系において重要な点として，まずラグランジュの未定乗数λは$\tilde{p}^2$のダイナミクスにしか現れない。次に，式(7.169)に注意すると拘束条件(7.166)は座標変換において

$$0 = A(\tilde{q})^T(J_{12}(\tilde{q}), A(\tilde{q}))\frac{\partial\tilde{H}}{\partial\tilde{p}}^T = A(\tilde{q})^T A(\tilde{q})\frac{\partial\tilde{H}}{\partial\tilde{p}^2}^T \tag{7.177}$$

となり，さらに$A(\tilde{q})^T A(\tilde{q})$が任意の$\tilde{q}$で正則であることから，結局拘束条件として$\partial\tilde{H}/\partial\tilde{p}^2 = 0$を得る。よって，座標変換後のハミルトン関数はある正定行列$\tilde{M}(\tilde{q}) \in \mathbb{R}^{(l-k)\times(l-k)}$を用いて

$$\tilde{H}(\tilde{q},\tilde{p}^1) = \frac{1}{2}(\tilde{p}^1)^T\tilde{M}(\tilde{q})^{-1}\tilde{p}^1 + V_0(\tilde{q}) \tag{7.178}$$

と書くことができ，次式のようにラグランジュの未定乗数を含まない$(\tilde{q},\tilde{p}^1)$に関する低次元化されたポート・ハミルトン系表現が得られる。

$$\begin{pmatrix}\dot{\tilde{q}}\\ \dot{\tilde{p}}^1\end{pmatrix} = \begin{pmatrix}0 & J_{12}(\tilde{q})\\ -J_{12}(\tilde{q})^T & J_{22}(\tilde{q},\tilde{p}^1)\end{pmatrix}\begin{pmatrix}\frac{\partial\tilde{H}}{\partial\tilde{q}}^T\\ \frac{\partial\tilde{H}}{\partial\tilde{p}^1}^T\end{pmatrix} + \begin{pmatrix}0\\ G(\tilde{q})\end{pmatrix}u \tag{7.179}$$

$$y = G(\tilde{q})^T\frac{\partial\tilde{H}(\tilde{q},\tilde{p}^1)}{\partial\tilde{p}^1}^T, \quad G(\tilde{q}) := J_{12}(\tilde{q})^T B(\tilde{q}) \tag{7.180}$$

式(7.179)中の$J_{22}(\tilde{q},\tilde{p}^1)$は，式(7.176)における$p$は$(\tilde{q},\tilde{p})$の関数であるが，拘束条件(7.177)より$\tilde{p}^2$を消去したものであることに注意する。

次項以降は，安定化制御器の設計の際に式(7.179)中の$G(\tilde{q})$の正則性を満足するため，$l-k=m$とする。

7.7.2　一般化正準変換と受動性に基づく安定化

ポート・ハミルトン系の重要な性質の一つに，受動性(7.168)に基づく安定化法[10]がある。式(7.168)より，任意の正定行列$K(x)$を用いた受動出力のフィードバック

$$u = -K(x)y \tag{7.181}$$

により，$(u(t),y(t)) \to 0,\ t\to\infty$が達成できる。さらに，系のハミルトン関数$H(x)$が正定であり，系が零状態可検出[2]であれば，式(7.181)により閉ループ系の原点は漸近安定となる。

しかしながら，前項で得られた非ホロノミック拘束を持つポート・ハミルトン系(7.179), (7.180)に対してこの方法に基づく漸近安定化を行うには，2つの問題がある。まず，制御対象が持つ式(7.163)のポテンシャル関数$V_0(q)$が，式(7.179)のハミルトン関数$\tilde{H}(\tilde{q},\tilde{p}^1)$を正定にするとは限らないことである。この問題を解決するために，V_0の代わりに条件を満たす任意のポテンシャル関数Uを付与することを考える。次の問題として，式(7.181)のフィードバックにより状態が収束する入出力零化集合がJ_{12}に依存するため，式(7.179), (7.180)のままでは所望の入出力零化集合が得られるとは限らない。そこで，文献[4]で提案されているポート・ハミルトン系の構造を保存する特別な座標・入力変換の組である一般化正準変換を用いて，任意のポテンシャル関数を持ち，さらに所望の入出力零化集合が得られるようにJ_{12}がある種の正準構造を持つポート・ハミルトン系へと式(7.179), (7.180)の系を変換する方法を紹介する。

次式で与えられる一般化正準変換を考える。

$$\begin{pmatrix}\hat{q}\\ \hat{p}\end{pmatrix} =: \hat{x} = \Psi(\tilde{q},\tilde{p}^1) := \begin{pmatrix}\Psi_q(\tilde{q})\\ N(\tilde{q})^T\tilde{p}^1\end{pmatrix}, \tag{7.182}$$

$$u = -G^{-1}J_{12}^T\left(-\frac{\partial V_0(\tilde{q})}{\partial\tilde{q}}^T + \frac{\partial\Psi_q}{\partial\tilde{q}}^T\frac{\partial\hat{U}(\hat{q})}{\partial\hat{q}}^T\right) + \hat{u}$$

ここで，$\Psi_q : \mathbb{R}^l \to \mathbb{R}^l$，$N(\tilde{q}) \in \mathbb{R}^{m\times m}$はそれぞれ適当な座標変換と正則行列であり，新たなポテンシャル関数$\hat{U}(\hat{q})$は$\hat{q}$に関する正定関数，$\hat{u}$は新たな制御入力である。このとき，直接的な計算より変換後の系は次式で与えられる。

$$\begin{pmatrix}\dot{\hat{q}}\\ \dot{\hat{p}}\end{pmatrix} = \begin{pmatrix}0 & \hat{J}_{12}(\hat{q})\\ -\hat{J}_{12}(\hat{q})^T & \hat{J}_{22}(\hat{q},\hat{p})\end{pmatrix}\begin{pmatrix}\frac{\partial\hat{H}}{\partial\hat{q}}^T\\ \frac{\partial\hat{H}}{\partial\hat{p}}^T\end{pmatrix} + \begin{pmatrix}0\\ \hat{G}(\hat{q})\end{pmatrix}\hat{u} \tag{7.183}$$

$$y = \hat{G}(\hat{q})^T\frac{\partial\hat{H}(\hat{q},\hat{p})}{\partial\hat{p}}^T \tag{7.184}$$

ここで，$\hat{J}_{12},\hat{J}_{22},\hat{G}$はそれぞれ次式で与えられる。

$$\begin{aligned}\hat{J}_{12} &= \frac{\partial\Psi_q}{\partial\tilde{q}}J_{12}N\Big|_{\tilde{q}=\Psi_q^{-1}(\hat{q})},\\ \hat{J}_{22} &= \frac{\partial(N^T\tilde{p}^1)}{\partial\tilde{q}}J_{12}N - N^T J_{12}^T\frac{\partial(N^T\tilde{p}^1)}{\partial\tilde{q}}^T\\ &\quad + N^T J_{22}N\Big|_{(\tilde{q},\tilde{p}^1)=\Psi^{-1}(\hat{x})},\end{aligned}$$

2) $u(t), y(t) = 0, \forall t$ならば，$\lim_{t\to\infty} x(t) = 0$。

$$\hat{G}=N^{T}G\Big|_{\tilde{q}=\Psi_q^{-1}(\hat{q})}$$

また，新しいハミルトン関数は次式で与えられる。

$$\hat{H}(\hat{q},\hat{p})=\frac{1}{2}\hat{p}^{T}\hat{M}(\hat{q})^{-1}\hat{p}+\hat{U}(\hat{q}),$$
$$\hat{M}(\hat{q}):=N(\tilde{q})^{T}\tilde{M}(\tilde{q})N(\tilde{q})\Big|_{\tilde{q}=\Psi_q^{-1}(\hat{q})}$$

式 (7.183) の系に，式 (7.181) に基づき受動出力 (7.184) のフィードバック $\hat{u}=-K(\hat{x})y$ を施した閉ループ系の状態 $\hat{x}$ は次式で与えられる入出力零化集合に収束する。

$$\Omega:=\left\{\hat{x}\;\middle|\;\frac{\partial\hat{H}}{\partial\hat{q}}\hat{J}_{12}(\hat{q})=0,\ \hat{p}=0\right\} \tag{7.185}$$

もし式 (7.185) の不変集合が $\Omega=\{0\}$ となれば，原点を漸近安定にできる。しかしながら，$l>m$ となる非ホロノミック系の場合は，$\hat{U}$ が滑らかな関数である場合には式 (7.185) の Ω は少なくとも 1 次元以上の部分集合となる。つまり，そのような $\hat{U}$ を用いた滑らかなフィードバックでは，原点を漸近安定化することはできない。このことは，よく知られる Brockett の定理[3]と合致する。そこで，文献[4, 13, 14] では $\Omega\setminus\{0\}$ 上で不可微分な $\hat{U}$ を選び，$\Omega\setminus\{0\}$ を不安定化することで原点を漸近安定化する滑らかでない状態フィードバック制御法を提案している。次項では，この方法を二輪車両モデルに適用し，具体的な制御器の設計を行う。

7.7.3 二輪車両モデルへの適用例

図 7.20 のような二輪車両系を考える。両輪の中点の座標を (X,Z)，車両の進行方向と X 軸のなす角を θ，左右車輪の回転角と入力トルクをそれぞれ ϕ_r, ϕ_l, u_1, u_2 とし，一般化座標を $q:=(\theta,X,Z,\phi_r,\phi_l)$ とする。車両と車輪の質量と慣性モーメントをそれぞれ m_c, m_w, i_c, i_w とし，車両半径を r，車輪間の距離を $2d$ とする。車両が横滑りと空回りをしないという条件から，式 (7.161), (7.169) の A, J_{12} は例えば次式で与えられる。

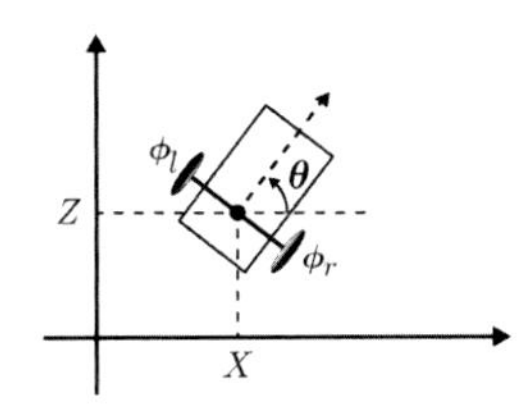

図 7.20 二輪車両モデル

$$A=\begin{pmatrix}1&0&0\\0&1&0\\0&0&1\\-\frac{r}{d}&-\frac{r\cos\theta}{2}&-\frac{r\sin\theta}{2}\\\frac{r}{d}&-\frac{r\cos\theta}{2}&-\frac{r\sin\theta}{2}\end{pmatrix},\ J_{12}=\begin{pmatrix}2r^2&0\\0&\cos\theta\\0&\sin\theta\\rd&\frac{1}{r}\\-rd&\frac{1}{r}\end{pmatrix}$$

これらから式 (7.172) の Φ を構成し，7.7.1 項で述べた手順に従い低次元化された系 (7.179), (7.180) を得る。さらに本項では ϕ_r,ϕ_l を除いた変数の安定化を考えるため，$\tilde{q}$ を改めて $\tilde{q}:=(\theta,X,Z)^T$ と置き直すことで，式 (7.179), (7.180) に対応する系を得る。ただし，$\tilde{H}=1/2(\tilde{p}^1)^T\tilde{M}^{-1}\tilde{p}^1$, $\tilde{M}=\mathrm{diag}\{4r^4i_c+2d^2r^2i_w,\ m_c+2i_w/r^2\}$,

$$J_{12}=\begin{pmatrix}2r^2&0\\0&\cos\theta\\0&\sin\theta\end{pmatrix},\quad J_{22}=0,\quad G=\begin{pmatrix}rd&-rd\\\frac{1}{r}&\frac{1}{r}\end{pmatrix}$$

である。

次に 7.7.2 項で述べたように，得られた系に次式で与えられる一般化正準変換式 (7.182) を施す。

$$\Psi_q=\begin{pmatrix}\tan\theta\\X\\2Z-X\tan\theta\end{pmatrix},N=\begin{pmatrix}\frac{1}{2r^2(\tan^2\theta+1)}&0\\0&\sqrt{1+\tan^2\theta}\end{pmatrix}$$

これにより，式 (7.183), (7.184) に対応する系が得られる。ここで，$\hat{J}_{12}$, $\hat{J}_{22}$ は次式で与えられる。

$$\hat{J}_{12}=\begin{pmatrix}1&0\\0&1\\-\hat{q}_2&\hat{q}_1\end{pmatrix},\quad \hat{J}_{22}=\begin{pmatrix}0&-\frac{\hat{q}_1\hat{p}_2}{1+\hat{q}_1^2}\\\frac{\hat{q}_1\hat{p}_2}{1+\hat{q}_1^2}&0\end{pmatrix} \tag{7.186}$$

式 (7.183) と式 (7.186) の $\hat{J}_{12}$ より，一般化正準変換により変換された系の運動学方程式（$\hat{q}$ のダイナミクス）はチェインド形式に似たある種の正準形に変換されていることがわかる。この構造は後述する入出力零化集合を特定するために用いられる[4, 13]。最後に，重要なポテンシャル関数 $\hat{U}$ の選定について述べる。表記の簡単のため，$\hat{q}=(\hat{q}_1,\hat{q}_2,\hat{q}_3)^T$ に対して $\hat{q}_{12}:=(\hat{q}_1,\hat{q}_2)^T$ を定義する。まず，$\hat{U}$ について $\hat{q}_{12}\neq0$ で滑らかで $\hat{U}=\hat{U}(\|\hat{q}_{12}\|,\hat{q}_3)$ と表せる正定関数とし，さらに $\hat{q}_{12}\neq0$ のとき $\partial\hat{U}/\partial\hat{q}\neq0$ を満たすとする。このとき文献[4, 13] より，$\hat{u}=-K(\hat{x})y$ を施した閉ループ系の状態が収束する入出力零化集合 Ω（式 (7.185)）に関して

$$\Omega\subset\hat{\Omega}:=\{\hat{x}\mid\hat{q}_{12}=0,\ \hat{p}=0\} \tag{7.187}$$

が成立することが示される。証明は上記文献を参照い

ただきたい。式 (7.187) より，$\hat{U}(\|\hat{q}_{12}\|, \hat{q}_3)$ が滑らかな関数では $\hat{\Omega}$ が不変集合となり原点を漸近安定化できない。そこで，さらに $\hat{U}(\|\hat{q}_{12}\|, \hat{q}_3)$ を $\hat{q}_{12} = 0$ 上で不可微分な関数とすることで，$\hat{\Omega} \setminus \{0\}$ を不安定にし，不変集合を $\{0\}$ のみとする。これらの条件を満足する関数として，文献[14] では次式が提案されている。

$$\hat{U}(\|\hat{q}_{12}\|, \hat{q}_3) = (k_1\|\hat{q}_{12}\|^2 + k_2\hat{q}_3^2) + \frac{k_3|\hat{q}_3|^{2+\gamma}}{(\|\hat{q}_{12}\| + k_4|\hat{q}_3|)^2}$$

ここで，$k_1, k_2, k_3, k_4 > 0$，$\gamma \geq 0$ は設計パラメータである。設計パラメータの選定法や，その他の $\hat{U}$ の選び方などについては文献[4, 13, 14] を参照いただきたい。

最後に，二輪車両系の数値例を示す。$m_c = 2.5$，$i_c = 2.0 \times 10^{-2}$，$i_w = 1.5 \times 10^{-4}$，$r = 7 \times 10^{-2}$，$d = 8 \times 10^{-2}$，$K = 10I$，$k_1 = 30$，$k_2 = 10$，$k_4 = 1/2$，$\gamma = 1$ とし，初期状態は $q(0) = (\pi/6, 0.2, 0.05, 0, 0)$，$\dot{q}(0) = 0$ とした。図 7.21(a) に $k_3 = 0$ とした滑らかなフィードバック，図 7.21(b) に $k_3 = 30$ とした滑らかでないフィードバックによる二輪車両の挙動を示す。左は不変集合 $\hat{\Omega}$ に，右は原点に収束していることがわかる。

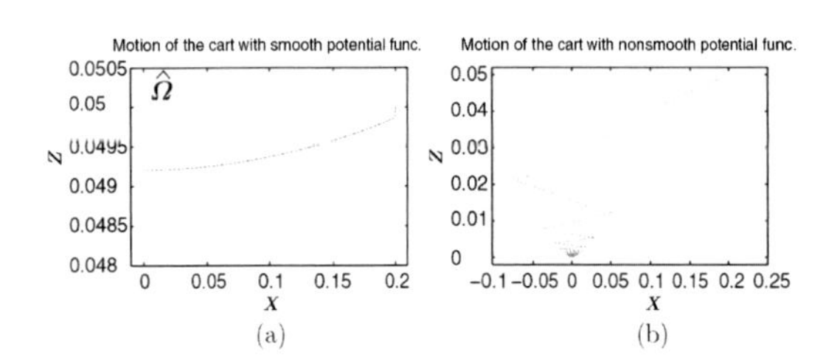

図 7.21　X-Z 平面上の車両挙動：(a) $k_3 = 0$，(b) $k_3 = 30$

関連する話題として，文献[5] では時変な一般化正準変換を用いた時変な状態フィードバック制御により，原点の漸近安定化を達成している。また，文献[14] でも指摘されているように，既存の非ホロノミック系の制御法はノイズに弱いことが多い。文献[9] では，ポート・ハミルトン系を確率システムへと拡張し，確率的不確かさを陽に考慮した安定化法を提案しており，ノイズを含む非ホロノミック系への効果も報告されている。

＜佐藤訓志＞

参考文献（7.7 節）

[1] Arnold, V. I.: *Mathematical Methods of Classical Mechanics*, second edition, Springer-Verlag (1989).

[2] Bloch, A. M.: *Nonholonomic Mechanics and Control*. Springer-Verlag (2003).

[3] Brockett, R. B.: Asymptotic stability and feedback stabilization, In R. W. Brockett, R. S. Millmann, and H. J. Sussmann, editors, *Differential Geometric Control Theory*, pp. 181–191, Birkhäuser (1983).

[4] Fujimoto, K., Sakai, S. and Sugie, T.: Passivity based control of a class of Hamiltonian systems with nonholonomic constraints, *Automatica*, Vol. 48, No. 12, p. 3054–3063 (2012).

[5] Fujimoto, K. and Sugie, T.: Stabilization of Hamiltonian systems with nonholonomic constraints based on time-varying generalized canonical transformations, *Systems & Control Letters*, Vol. 44, No. 4, pp. 309–319 (2001).

[6] Koon, W. S. and Marsden, J. E.: The Hamiltonian and Lagrangian approaches to the dynamics of nonholonomic systems, *Reports on Mathematical Physics*, Vol. 40, No. 1, pp. 21–62 (1997).

[7] Marsden, J. E. and Ratiu, T. S.: *Introduction to Mechanics and Symmetry*, Vol. 17 of *Texts in Applied Mathematics*, 2nd edition, Springer-Verlag (1999).

[8] Maschke, B. and van der Schaft, A. J.: Port-controlled Hamiltonian systems: modelling origins and system theoretic properties, In *Proc. 2nd IFAC Symp. Nonlinear Control Systems*, pp. 282–288 (1992).

[9] Satoh, S. and Fujimoto, K.: Passivity based control of stochastic port-Hamiltonian systems, *IEEE Trans. Autom. Contr.*, Vol. 58, No. 5, pp. 1139–1153 (2013).

[10] van der Schaft, A. J.: *L_2-gain and Passivity Techniques in Nonlinear Control*, Vol. 218. Lecture Notes on Control and Information Science, Springer (1996).

[11] van der Schaft, A. J. and Maschke, B. M. J.: On the Hamiltonian formulation of nonholonomic mechanical systems, *Reports on Mathematical Physics*, pp. 225–233 (1994).

[12] 井村：速度拘束を有する非ホロノミック系のモデル —接続による表現，『システム制御情報学会誌』，Vol. 42, No. 2, pp. 55–62 (1998).

[13] 藤本，杉江：一般化正準変換を用いたあるクラスの非ホロノミック系の安定化，『計測自動制御学会論文集』，Vol. 36, No. 9, pp. 749–756 (2000).

[14] 藤本，石川，杉江：一般化正準変換を用いた安定化法のロバスト性に関する考察—二輪車両系の実験と解析，『システム制御情報学会論文集』，Vol. 14, No. 8, pp. 387–394 (2001).

7.8　おわりに

以上，本章では 7.2〜7.7 節の 6 節にわたって，車輪型移動ロボットを制御問題として見たときの基本的性質，フラットネスの概念に基づく軌道生成の原理，運動学モデルに基づく局所的ならびに大域的ナビゲーションの方法，および動力学を考慮したモデリングとそれに基づくフィードバック制御系の設計法について解説した。本章で述べたことは，執筆時点で主要なものとして知られている，車輪型移動ロボットに関する理論的知見はほぼカバーできたと考えているが，アルゴリズムの実際の設計や実機への実装には，紙面ではカバーしきれない様々な困難が伴うことが常である。より進んだ内容については関連学会誌の解説・総説記事，あるいは学術論文等で等でフォローされることをお勧めする。

＜石川将人＞

第8章

ROBOT CONTROL HANDBOOK

脚ロボットの制御

8.1 はじめに

本章では，脚ロボットの歩行や走行といった，周期運動を生成するための制御手法について解説する。脚ロボットの周期運動生成の問題が他のロボットの制御と異なるのは，拘束状態の切り替わりと速度のジャンプ，周期運動の安定化の点である。本章では，脚ロボットの制御について，周期移動運動の生成手法を中心として，帰納的な手法から演繹的な手法までを網羅する形で様々な手法について取り上げる。

帰納的な手法の代表としては，生物の周期運動生成のメカニズムであると考えられている Central Pattern Generator (CPG) を組み込んだ手法について，8. 5 節で解説する。また，姿勢の安定性の指標としてよく用いられている Zero-Moment Point (ZMP) や，周期運動に限らず一般の脚ロボットの運動解析に用いられる手法について，8.2 節で解説する。8.3 節では，動的受動歩行に代表される自由度の少ない脚ロボットが，円弧足形状などの幾何学的性質を利用して安定な周期運動を生成する特性を利用して，アクティブなロボットの周期運動を生成する手法について解説する。そして 8.4 節で，最も演繹的な方法として，制御によって自由度を仮想的に拘束することで事前に安定な周期運動の存在を保証する手法について，制御論的な手法と解析力学的な手法を解説する。

様々な脚ロボットの制御のアプローチを概観し，それぞれの手法のメリットを理解してもらうことで，より実用的で洗練された手法が開発されることを期待している。

＜山北昌毅＞

8.2 ZMP に基づく制御法

8.2.1 脚ロボットの運動原理再考

2.4.3 項にて，脚ロボットの一般的な運動学・力学について述べた。そこで得た主要な結論を整理する。

(C1) 脚の役割は，支持と踏み出しである。前者は積極的に加重し接触を確かなものとすること，後者は積極的に抜重し自らを接触から解放することがそれぞれ求められる。この相反する要求を巧みに切り替え，支持状態を遷移させながら，環境に対して相対移動することが脚運動であると言える。

(C2) 脚ロボットの身体は，木構造浮遊リンク系として表現できる[1]。体節の一つを基底リンクとすると，その並進・回転を表現する 6 自由度の仮想関節（基底関節）は直接駆動力を持たない。すなわち脚ロボットは劣駆動系である。

(C3) 基底リンクは，関節駆動力を足先から地面に作用させたときに反作用として得られる接触力によって，間接的に駆動可能である[2]。この性質は脚ロボットの巨視的力学，すなわち全身運動量・角運動量と接触力との関係として陽に現れ，理解は難しくない。

(C4) 接触力は，接触状態に依存して決まる制約の範囲でのみ発生しうる。すべての制約を矛盾なく満たす接触点の振舞いと接触力の組合せから，ロボットの姿勢の時間発展が決まり（相補性問題），さらに接触状態が不連続に変化する。この性質は構造可変性[3] と呼ばれ，扱いが困難である。

以上のことを，基礎式に基づいて改めて説明しよう。図 8. 1 に示すような脚ロボットモデルの運動方程式は

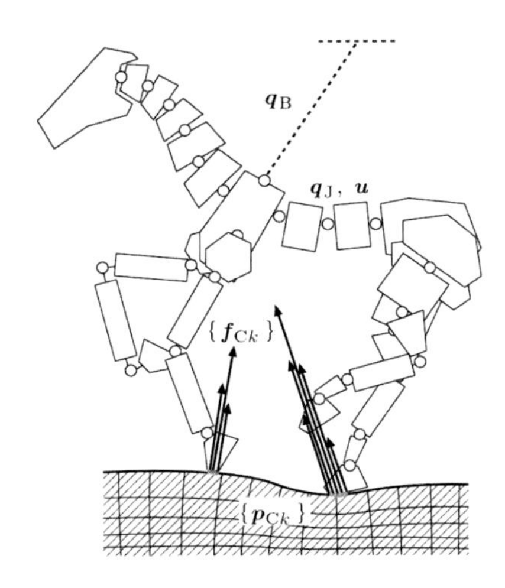

図 8.1 脚ロボットの運動モデル

次式となる。

$$\boldsymbol{H}_\mathrm{B}\ddot{\boldsymbol{q}}_\mathrm{B} + \boldsymbol{H}_\mathrm{BJ}\ddot{\boldsymbol{q}}_\mathrm{J} + \boldsymbol{b}_\mathrm{B} = \sum_{k=1}^{N_\mathrm{C}} \boldsymbol{J}_{\mathrm{CB}k}^T \boldsymbol{f}_{\mathrm{C}k} \tag{8.1}$$

$$\boldsymbol{H}_\mathrm{BJ}^T\ddot{\boldsymbol{q}}_\mathrm{B} + \boldsymbol{H}_\mathrm{J}\ddot{\boldsymbol{q}}_\mathrm{J} + \boldsymbol{b}_\mathrm{J} = \boldsymbol{u} + \sum_{k=1}^{N_\mathrm{C}} \boldsymbol{J}_{\mathrm{CJ}k}^T \boldsymbol{f}_{\mathrm{C}k} \tag{8.2}$$

ただし，基底関節を除いた（駆動）関節の自由度を n とし，$\boldsymbol{q}_\mathrm{B}$（6 次）は基底関節の変位，$\boldsymbol{q}_\mathrm{J}$（$n$ 次）は基底関節を除くすべての関節の変位，$\boldsymbol{H}_\mathrm{B}(6\times 6)$，$\boldsymbol{H}_\mathrm{BJ}(6\times n)$，$\boldsymbol{H}_\mathrm{J}(n\times n)$ は慣性行列，$\boldsymbol{b}_\mathrm{B}$（6 次），$\boldsymbol{b}_\mathrm{J}$（$n$ 次）は遠心力，コリオリ力，重力等を含むバイアス力項，$\boldsymbol{u}$（n 次）は関節駆動力，N_C は接触点の数，$\boldsymbol{f}_{\mathrm{C}k}$（3 次）は k 番目接触点に働く接触力である。また，$\boldsymbol{J}_{\mathrm{CB}k}(3\times 6)$，$\boldsymbol{J}_{\mathrm{CJ}k}(3\times n)$ は接触点のヤコビ行列であり，次を満たす。

$$\boldsymbol{J}_{\mathrm{CB}k}\dot{\boldsymbol{q}}_\mathrm{B} + \boldsymbol{J}_{\mathrm{CJ}k}\dot{\boldsymbol{q}}_\mathrm{J} = \dot{\boldsymbol{p}}_{\mathrm{C}k} \quad (k=1,\ldots,N_\mathrm{C}) \tag{8.3}$$

ただし，$\boldsymbol{p}_{\mathrm{C}k}$（3 次）は k 番目接触点の位置である。$\boldsymbol{q} = [\boldsymbol{q}_\mathrm{B}^T \;\; \boldsymbol{q}_\mathrm{J}^T]^T$ がロボットの一般化座標となる。

式 (8.1) は駆動力を含まず（(C2) に対応），次式と等価である（(C3) に対応）。

$$m(\ddot{\boldsymbol{p}}_\mathrm{G} + \boldsymbol{g}) = \boldsymbol{f} \tag{8.4}$$

$$m\boldsymbol{p}_\mathrm{G} \times (\ddot{\boldsymbol{p}}_\mathrm{G} + \boldsymbol{g}) + \boldsymbol{n}_\mathrm{G} = \boldsymbol{n} \tag{8.5}$$

ただし，

$$m \equiv \sum_{i=0}^{N} m_i \tag{8.6}$$

$$\boldsymbol{p}_\mathrm{G} \equiv \sum_{i=0}^{N} \frac{m_i \boldsymbol{p}_{\mathrm{G}i}}{m} \tag{8.7}$$

$$\boldsymbol{n}_\mathrm{G} \equiv \sum_{i=0}^{N} \left\{ m_i(\boldsymbol{p}_{\mathrm{G}i} - \boldsymbol{p}_\mathrm{G}) \times (\ddot{\boldsymbol{p}}_{\mathrm{G}i} + \boldsymbol{g}) + \frac{\mathrm{d}(\boldsymbol{I}_i\boldsymbol{\omega}_i)}{\mathrm{d}t} \right\} \tag{8.8}$$

$$\boldsymbol{f} \equiv \sum_{k=1}^{N_\mathrm{C}} \boldsymbol{f}_{\mathrm{C}k} \tag{8.9}$$

$$\boldsymbol{n} \equiv \sum_{k=1}^{N_\mathrm{C}} \boldsymbol{p}_{\mathrm{C}k} \times \boldsymbol{f}_{\mathrm{C}k} \tag{8.10}$$

とそれぞれおいた。N は全リンク個数，m_i はリンク i 質量，$\boldsymbol{p}_{\mathrm{G}i}$ はリンク i 重心位置ベクトル，$\boldsymbol{I}_i$ はリンク i 重心まわり慣性テンソル，$\boldsymbol{\omega}_i$ はリンク i 角速度，$\boldsymbol{g}$ は重力加速度ベクトルである。m は全質量，$\boldsymbol{p}_\mathrm{G}$ は重心，$\boldsymbol{n}_\mathrm{G}$ は重心まわり角運動量の時間変化率をそれぞれ意味する。

地盤が硬く，変形がロボットの運動に比べて十分小さいものとし，微小時間 Δt の間に $\boldsymbol{q}$ の速度が $\dot{\boldsymbol{q}}_-$ から $\dot{\boldsymbol{q}}_+$ へと変化したとしよう。この間の慣性行列およびヤコビ行列の変化が無視できるならば，次が成り立つ。

$$\boldsymbol{H}_\mathrm{B}\dot{\boldsymbol{q}}_{\mathrm{B}+} + \boldsymbol{H}_\mathrm{BJ}\dot{\boldsymbol{q}}_{\mathrm{J}+} = \boldsymbol{c}_\mathrm{B} + \sum_{k=1}^{N_\mathrm{C}} \boldsymbol{J}_{\mathrm{CB}k}^T \boldsymbol{j}_{\mathrm{C}k} \tag{8.11}$$

$$\boldsymbol{H}_\mathrm{BJ}{}^\mathrm{T}\dot{\boldsymbol{q}}_{\mathrm{B}+} + \boldsymbol{H}_\mathrm{J}\dot{\boldsymbol{q}}_{\mathrm{J}+} = \boldsymbol{c}_\mathrm{J} + \sum_{k=1}^{N_\mathrm{C}} \boldsymbol{J}_{\mathrm{CJ}k}^T \boldsymbol{j}_{\mathrm{C}k} \tag{8.12}$$

$$\boldsymbol{J}_{\mathrm{CB}k}\dot{\boldsymbol{q}}_{\mathrm{B}+} + \boldsymbol{J}_{\mathrm{CJ}k}\dot{\boldsymbol{q}}_{\mathrm{J}+} = \dot{\boldsymbol{p}}_{\mathrm{C}k+} \;\; (k=1,\cdots,N_\mathrm{C}) \tag{8.13}$$

ただし，$\dot{\boldsymbol{p}}_{\mathrm{C}j+}$ は時刻 $t+\Delta t$ における接触点 $\boldsymbol{p}_{\mathrm{C}j}$ の速度である。また，

$$\boldsymbol{c}_\mathrm{B} \equiv \boldsymbol{H}_\mathrm{B}\dot{\boldsymbol{q}}_{\mathrm{B}-} + \boldsymbol{H}_\mathrm{BJ}\dot{\boldsymbol{q}}_{\mathrm{J}-} - \int_t^{t+\Delta t} \tilde{\boldsymbol{b}}_\mathrm{B}\mathrm{d}t \tag{8.14}$$

$$\boldsymbol{c}_\mathrm{J} \equiv \boldsymbol{H}_\mathrm{BJ}^T\dot{\boldsymbol{q}}_{\mathrm{B}-} + \boldsymbol{H}_\mathrm{J}\dot{\boldsymbol{q}}_{\mathrm{J}-} + \int_t^{t+\Delta t} (\boldsymbol{u} - \tilde{\boldsymbol{b}}_\mathrm{J})\mathrm{d}t \tag{8.15}$$

$$\boldsymbol{j}_{\mathrm{C}k} \equiv \int_t^{t+\Delta t} \boldsymbol{f}_{\mathrm{C}k}\mathrm{d}t \tag{8.16}$$

とそれぞれおいた。$\tilde{\boldsymbol{b}}_\mathrm{B}, \tilde{\boldsymbol{b}}_\mathrm{J}$ はバイアス力のうち遠心力およびコリオリ力を除いたものである。クーロン摩擦を仮定すれば，$\dot{\boldsymbol{p}}_{\mathrm{C}k+}$ と $\boldsymbol{j}_{\mathrm{C}k}$ の関係として力学的に許容されるのは次のいずれかである。

$$(\mathrm{I}: 静止)\begin{cases} \dot{\boldsymbol{p}}_{\mathrm{C}k+} = \boldsymbol{0} \\ \boldsymbol{\nu}_k^T \boldsymbol{j}_{\mathrm{C}k} \geq 0 \\ \|\boldsymbol{j}_{\mathrm{C}k} - (\boldsymbol{\nu}_k^T \boldsymbol{j}_{\mathrm{C}k})\boldsymbol{\nu}_k\| \leq \mu_{\mathrm{S}k}\boldsymbol{\nu}_k^T \boldsymbol{j}_{\mathrm{C}k} \end{cases} \tag{8.17}$$

$$(\mathrm{II}: 滑り)\begin{cases} \dot{\boldsymbol{p}}_{\mathrm{C}k+} \neq \boldsymbol{0}, \quad \boldsymbol{\nu}_k^T \dot{\boldsymbol{p}}_{\mathrm{C}k+} = 0 \\ \boldsymbol{j}_{\mathrm{C}k} \times \left(\boldsymbol{\nu}_k - \mu_{\mathrm{K}k} \dfrac{\dot{\boldsymbol{p}}_{\mathrm{C}k+}}{\|\dot{\boldsymbol{p}}_{\mathrm{C}k+}\|} \right) = \boldsymbol{0} \end{cases} \tag{8.18}$$

$$(\mathrm{III}:離地)\begin{cases}\boldsymbol{\nu}_k^T\dot{\boldsymbol{p}}_{\mathrm{C}k+} > 0\\ \boldsymbol{j}_{\mathrm{C}k} = \boldsymbol{0}\end{cases} \tag{8.19}$$

ただし，$\boldsymbol{\nu}_k$, $\mu_{\mathrm{S}k}$, $\mu_{\mathrm{K}k}$ はそれぞれ点 $\boldsymbol{p}_{\mathrm{C}k}$ における単位法線ベクトル，最大静止摩擦係数，動摩擦係数である。$\boldsymbol{\nu}_k^T\dot{\boldsymbol{p}}_{\mathrm{C}k+} < 0$（IV:侵入）は運動として許容されない。ロボットの運動の時間発展は，式 (8.11)〜(8.13) の解のうち式 (8.17)〜(8.19) を満たす $\dot{\boldsymbol{q}}_{\mathrm{B}+}$, $\dot{\boldsymbol{q}}_{\mathrm{J}+}$, $\dot{\boldsymbol{p}}_{\mathrm{C}k+}$, $\boldsymbol{j}_{\mathrm{C}k}$ の組から決まる。$\boldsymbol{p}_{\mathrm{C}k}$ の数 N_{C} および分布は，ロボットの足先や地面の形状に依存する。わずかな姿勢の違いが接触点の発生や消失，それによる接触力の大きな変化を引き起こす。接触点の変化を事前に正確に予測することは困難である（(C4) に対応）。

8.2.2　CWC（接触力錐）

相補性問題としての定式化，すなわち許容される接触点の振舞いと接触力の組合せが複数あり，運動方程式だけからはどの組合せが選択されるかわからないことが，脚運動の複雑さの一つの原因である。

我々は今，ロボットを制御することを考えている。仮に，ある接触状態（支持状態）すなわち接触点の分布を維持することが制御目的に含まれていればどうか。例えば現在の接触点がすべて地面に対し静止を維持することが所望されるならば，すべての $k = 1, \ldots, N_{\mathrm{C}}$ について次の制約が課されるであろう。

$$\boldsymbol{\nu}_k^T\boldsymbol{f}_{\mathrm{C}k} \geq 0 \tag{8.20}$$

$$\|\boldsymbol{f}_{\mathrm{C}k} - (\boldsymbol{\nu}_k^T\boldsymbol{f}_{\mathrm{C}k})\boldsymbol{\nu}_k\| \leq \mu_{\mathrm{S}k}\boldsymbol{\nu}_k^T\boldsymbol{f}_{\mathrm{C}k} \tag{8.21}$$

$$\boldsymbol{J}_{\mathrm{CB}k}\ddot{\boldsymbol{q}}_{\mathrm{B}} + \boldsymbol{J}_{\mathrm{CJ}k}\ddot{\boldsymbol{q}}_{\mathrm{J}} + \dot{\boldsymbol{J}}_{\mathrm{CB}k}\dot{\boldsymbol{q}}_{\mathrm{B}} + \dot{\boldsymbol{J}}_{\mathrm{CJ}k}\dot{\boldsymbol{q}}_{\mathrm{J}} = \boldsymbol{0} \tag{8.22}$$

式 (8.20) は垂直抗力が非負となる条件，式 (8.21) は摩擦力が最大静止摩擦力以下となる条件，式 (8.22) は接触点加速度が零となる条件をそれぞれ表している。簡単のために，関節駆動力は無制限に発生できるものとし 1)，考慮対象から除外しよう。接触力 $\boldsymbol{f}_{\mathrm{C}k}$ は，行列 $\boldsymbol{J}_{\mathrm{CB}}^T k$ によって基底関節への等価駆動力 $\boldsymbol{f}, \boldsymbol{n}$ に変換される。このとき，式 (8.20),(8.21) で定義される $\boldsymbol{f}_{\mathrm{C}k}$ の集合も同様に行列 $\boldsymbol{J}_{\mathrm{CB}k}^T$ によって変換され，等価駆動力の存在可能領域 $\mathcal{F}_{\mathrm{B}}$ となる。すなわち，

$$\begin{bmatrix}\boldsymbol{f}\\ \boldsymbol{n}\end{bmatrix} = \sum_{k=1}^{N_{\mathrm{C}}}\boldsymbol{J}_{\mathrm{CB}k}^T\boldsymbol{f}_{\mathrm{C}k} \in \mathcal{F}_{\mathrm{B}} \tag{8.23}$$

1) 実際，接触力の制約に比べれば，ロボットの駆動力の出力可能範囲は（誤った設計がなされていなければ）ほとんどの状況で十分な余裕を持っている。

また，式 (8.22) より $\ddot{\boldsymbol{q}}$ は次のように表せる。

$$\ddot{\boldsymbol{q}} = (\boldsymbol{1} - \boldsymbol{J}_{\mathrm{C}}^{\#}\boldsymbol{J}_{\mathrm{C}})\boldsymbol{a} - \boldsymbol{J}_{\mathrm{C}}^{\#}\dot{\boldsymbol{J}}_{\mathrm{C}}\dot{\boldsymbol{q}} \tag{8.24}$$

ただし，

$$\boldsymbol{J}_{\mathrm{C}} \equiv \begin{bmatrix}\boldsymbol{J}_{\mathrm{CB1}} & \boldsymbol{J}_{\mathrm{CJ1}}\\ \vdots & \vdots\\ \boldsymbol{J}_{\mathrm{CB}N_{\mathrm{C}}} & \boldsymbol{J}_{\mathrm{CJ}N_{\mathrm{C}}}\end{bmatrix} \tag{8.25}$$

とおいた。$\boldsymbol{a}$ は任意の $n+6$ 次元ベクトルであり，$\boldsymbol{J}_{\mathrm{C}}^{\#}$ は $\boldsymbol{J}_{\mathrm{C}}$ の擬似逆行列を意味する。式 (8.1),(8.23),(8.24) より，次式を得る。

$$\tilde{\boldsymbol{H}}_{\mathrm{B}}\{(\boldsymbol{1} - \boldsymbol{J}_{\mathrm{C}}^{\#}\boldsymbol{J}_{\mathrm{C}})\boldsymbol{a} - \boldsymbol{J}_{\mathrm{C}}^{\#}\dot{\boldsymbol{J}}_{\mathrm{C}}\dot{\boldsymbol{q}}\} + \boldsymbol{b}_{\mathrm{B}} \in \mathcal{F}_{\mathrm{B}} \tag{8.26}$$

ただし，

$$\tilde{\boldsymbol{H}}_{\mathrm{B}} \equiv [\boldsymbol{H}_{\mathrm{B}}\ \ \boldsymbol{H}_{\mathrm{BJ}}] \tag{8.27}$$

とおいた。式 (8.26) は，制約式 (8.20),(8.21) の下で許容される $\boldsymbol{a}$ の集合，すなわち加速度 $\ddot{\boldsymbol{q}}$ の許容集合を示している。$\mathcal{F}_{\mathrm{B}}$ を，Hirukawa ら[20] は CWC（Contact Wrench Cone，接触力錐）と呼んだ。

上記に基づけば，次のような制御スキームが考えられる。まず，所望の支持状態遷移を先見的に与える。支持状態（接触状態）が不変な運動区間においては，CWC も式 (8.26) のような不変な形で表せる。そこで，現在の支持状態が形成する CWC に収まり，かつ次の支持状態へと至らしめる加速度を時々刻々発生させる。

ある加速度 $\ddot{\boldsymbol{q}}$ が CWC に収まるか否かを判定するために，Hirukawa ら[4] は次のような近似的方法を提案している。図 8.2(a) のように，孤立した接触領域内部に無数に分布する接触点を，その領域の凸包に内接する多角形の頂点群で代表し，接触力はすべてその頂点群のみに働くものと仮定する 2)。2.4.3 項で述べたように，制約式 (8.20),(8.21) を満たす接触力の集合は図 8.2(b) のような摩擦円錐をなす。これを同図 (c) のように正 L 角錐（L は 3 以上の整数）で近似すれば，次式で表せる。

$$\boldsymbol{f}_{\mathrm{C}k} \in \left\{\boldsymbol{r}\ \middle|\ \boldsymbol{r} = \sum_{l=1}^{L}\varepsilon_l(\boldsymbol{\nu}_k + \mu_{\mathrm{S}k}\boldsymbol{t}_{kl}), \forall\varepsilon_l \geq 0\right\} \tag{8.28}$$

2) この接触力群が作りうる合力は，接触点が接触領域に稠密に分布すると仮定した場合に作りうる合力と同一のものになるため，このような仮定が受け入れられる。

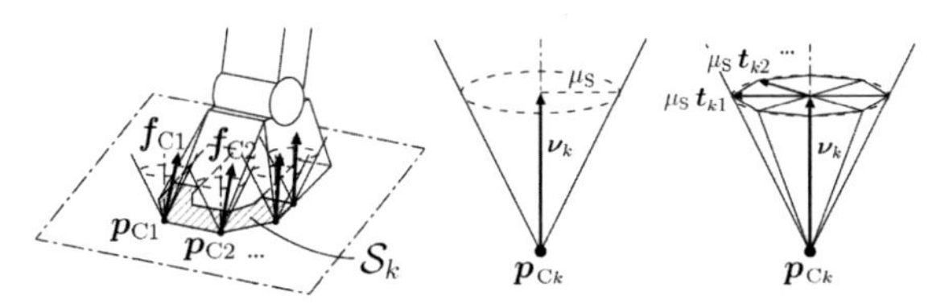

(a) 接触領域の多角形近似　(b) 摩擦円錐　(c) 摩擦多角錐

図 8.2　多角形と多角錐による CWC の近似表現

ただし $\boldsymbol{t}_{kl}$ $(l = 1, \ldots, L)$ は，$\boldsymbol{\nu}_k$ に直交する平面上で正 L 角形を作る L 個の単位ベクトルである。式 (8.1),(8.9),(8.10),(8.28) より，次を満たす $\boldsymbol{\varepsilon}(\geq \boldsymbol{0})$ が存在するならば，加速度 $\ddot{\boldsymbol{q}}$ は支持状態に整合する，すなわち CWC に含まれると言える。

$$\tilde{\boldsymbol{H}}_{\mathrm{B}}\ddot{\boldsymbol{q}} + \boldsymbol{b}_{\mathrm{B}} = \begin{bmatrix} \boldsymbol{L}_1 & \cdots & \boldsymbol{L}_{N_{\mathrm{C}}} \\ \boldsymbol{p}_{\mathrm{C}1}\times\boldsymbol{L}_1 & \cdots & \boldsymbol{p}_{\mathrm{C}N_{\mathrm{C}}}\times\boldsymbol{L}_{N_{\mathrm{C}}} \end{bmatrix} \boldsymbol{\varepsilon} \tag{8.29}$$

ただし，

$$\boldsymbol{L}_k = \begin{bmatrix} \boldsymbol{l}_{k1} & \boldsymbol{l}_{k2} & \cdots & \boldsymbol{l}_{kL} \end{bmatrix} \tag{8.30}$$

$$\boldsymbol{l}_{kl} = \boldsymbol{\nu}_k + \mu_{\mathrm{S}k}\boldsymbol{t}_{kl} \tag{8.31}$$

$$\boldsymbol{\varepsilon} = [\boldsymbol{\varepsilon}_1^T \quad \cdots \quad \boldsymbol{\varepsilon}_{N_{\mathrm{C}}}^T]^T \tag{8.32}$$

$$\boldsymbol{\varepsilon}_k = [\varepsilon_{k1} \quad \cdots \quad \varepsilon_{kL}]^T \tag{8.33}$$

とそれぞれおいた。また，任意の 3 次元ベクトル $\boldsymbol{v}$ に対し，$\boldsymbol{v}\times$ は外積演算と等価な 3×3 歪対称行列を意味する。このような $\boldsymbol{\varepsilon}$ が存在するか否かは，例えば線形計画法により容易に判別できる。

8.2.3　支持状態と平衡点

所望の加速度が現在の支持状態に整合するか否かは，前項で紹介した方法で判別できる。一方，長期的にどのような加速度を発生し続ければロボットを所望の状態へと至らしめられるかは自明ではない。そもそもある支持状態において発生可能な加速度がその後どのような運動をもたらすか，今のままではわかりにくい。これを定性的に理解するために，平衡状態すなわち $\dot{\boldsymbol{q}} = \boldsymbol{0}$，$\ddot{\boldsymbol{q}} = \boldsymbol{0}$ である状況を考えよう。このとき，式 (8.4),(8.5),(8.9),(8.10) より次式が成り立つ。

$$\begin{bmatrix} m\boldsymbol{g} \\ m\boldsymbol{p}_{\mathrm{G}} \times \boldsymbol{g} \end{bmatrix} = \sum_{k=1}^{N_{\mathrm{C}}} \begin{bmatrix} \boldsymbol{1} \\ \boldsymbol{p}_{\mathrm{C}k}\times \end{bmatrix} \boldsymbol{f}_{\mathrm{C}k} \tag{8.34}$$

図 8.3 のように，脚ロボットがある斜面上に立っているとする。斜面の単位法線ベクトルを $\boldsymbol{\nu}$ とおくと，

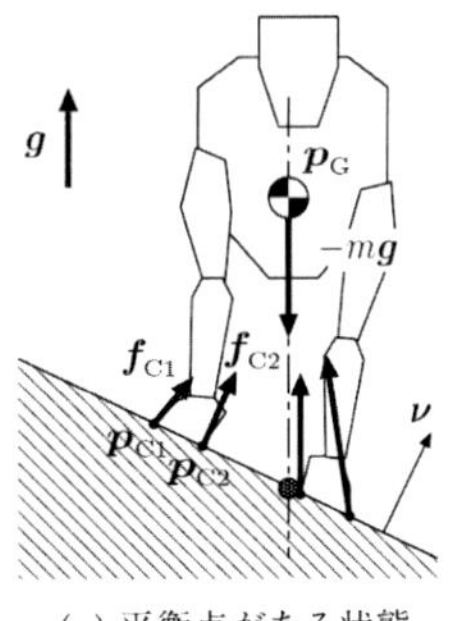

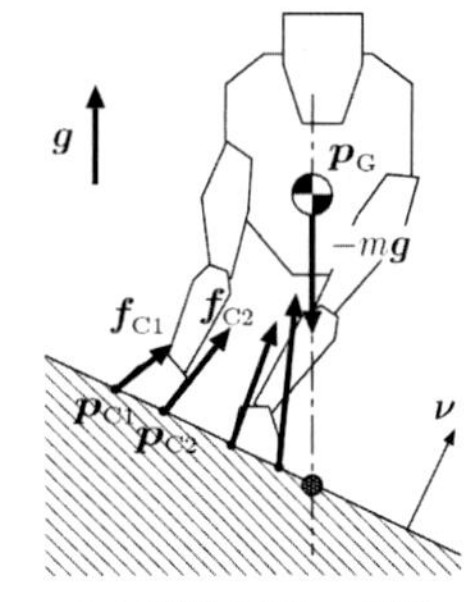

(a) 平衡点がある状態　(b) 平衡点がない状態

図 8.3　斜面上に立つ脚ロボット

式 (8.34) より次式が成り立つ。

$$\boldsymbol{\nu} \times (m\boldsymbol{p}_{\mathrm{G}} \times \boldsymbol{g}) = \boldsymbol{\nu} \times \left(\sum_{k=1}^{N_{\mathrm{C}}} \boldsymbol{p}_{\mathrm{C}k} \times \boldsymbol{f}_{\mathrm{C}k} \right)$$

$$\Leftrightarrow \qquad \boldsymbol{p}_{\mathrm{C}} = \boldsymbol{p}_{\mathrm{G}} - \frac{\boldsymbol{\nu}^T(\boldsymbol{p}_{\mathrm{G}} - \boldsymbol{p}_{\mathrm{C}})}{\boldsymbol{\nu}^T\boldsymbol{g}}\boldsymbol{g} \tag{8.35}$$

ただし，

$$\boldsymbol{p}_{\mathrm{C}} \equiv \frac{\sum_{k=1}^{N_{\mathrm{C}}} (\boldsymbol{\nu}^T \boldsymbol{f}_{\mathrm{C}k})\boldsymbol{p}_{\mathrm{C}k}}{\sum_{k=1}^{N_{\mathrm{C}}} \boldsymbol{\nu}^T \boldsymbol{f}_{\mathrm{C}k}} \tag{8.36}$$

とおいた。これが斜面上の圧力中心であることは明らかである。

式 (8.35) は，平衡状態においては重心を重力加速度方向に沿って斜面に投影した点（重心の地面投影点）と圧力中心が一致することを意味している[5]。一方，個々の $\boldsymbol{f}_{\mathrm{C}k}$ には制約条件式 (8.20) が課されるので，圧力中心は接触点群の凸包（斜面上の凸領域となる）内部になければならない。図 8.3(a) の姿勢は重心の地面投影点を囲むように接触点が分布しているため，平衡点たりえるが，同図 (b) の姿勢は重心の地面投影点が接触点凸包の外部にあるため，平衡点たりえない。このように脚ロボットにおいては，重心と接触点群との位置関係によっては平衡点が消失する。

平衡点が存在しない場合，ロボットを安定化することはできない。したがって長期的には，ロボットはいつか必ず転倒する。転倒を防止するには，図 8.4 のように足を踏み出すことで接触点分布が重心の地面投影点を包含するようにし，平衡点を回復することが必要であると直感的にもわかる。しかし同図左から中央に移る相，すなわち転倒する側にある足を離地させた瞬

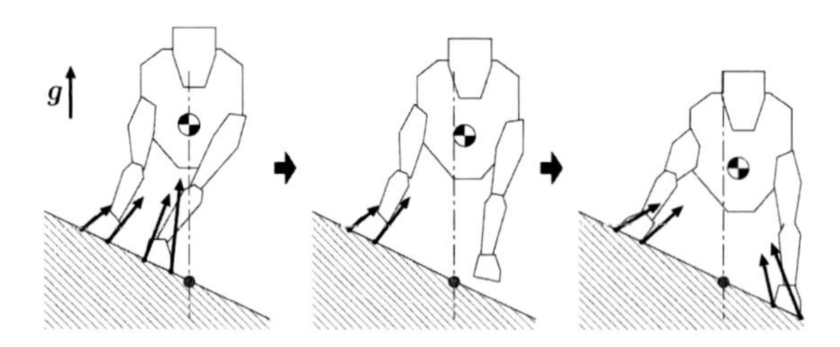

図 8.4　踏み出しによる平衡点の回復

間，接触点群はむしろ重心から遠ざかり，より転倒しやすい状況を作ってしまう。今一度，本項冒頭に挙げた (C1) を思い起こして頂きたい。支持することと踏み出すことは，相反する要求である。そしてその相反する要求を不用意に同時に満たそうとすると，容易に転倒につながるのである。

8.2.4　圧力中心に着目した接触力制約の簡略化

転倒を避けながらある支持状態から別の支持状態へと遷移するには，どのように各々の足先で加重・抜重し全身を加速させればよいのか。前項で見た例は，接触点が同一平面上にあるならば，接触力分布と運動との関係が比較的理解しやすくなることを示唆する。限定的ではあるが，本項ではすべての接触点が同一平面上で静止し，かつ接触点における摩擦係数が一様である状況を考えよう。

図 8.5 のように，すべての接触点 $\boldsymbol{p}_{\mathrm{C}k}$ がある同一平面上に存在しているものとする。この平面を支持平面と呼ぼう。すべての接触力 $\boldsymbol{f}_{\mathrm{C}k}$ は，式 (8.9),(8.10) により $\boldsymbol{f}$ および $\boldsymbol{n}$ に合成される。これらは次の制約を満たす。

$$\boldsymbol{\nu}^T\boldsymbol{f} \geq 0 \tag{8.37}$$

$$\|\boldsymbol{f} - (\boldsymbol{\nu}^T\boldsymbol{f})\boldsymbol{\nu}\| \leq \mu_{\mathrm{S}}\boldsymbol{\nu}^T\boldsymbol{f} \tag{8.38}$$

$$\boldsymbol{p}_{\mathrm{Z}} \in \mathcal{S} \tag{8.39}$$

$$\left|\boldsymbol{\nu}^T(\boldsymbol{n} - \boldsymbol{p}_{\mathrm{Z}} \times \boldsymbol{f})\right| \leq \mu_{\mathrm{S}}R\boldsymbol{\nu}^T\boldsymbol{f} \tag{8.40}$$

ただし，$\boldsymbol{\nu}$ は支持平面の単位法線ベクトル，μ_{S} は最大静止摩擦係数，$\mathcal{S}$ は接触点の凸包，R は $\mathcal{S}$ の形状から決まるある正の定数である。また，

$$\boldsymbol{p}_{\mathrm{Z}} \equiv \boldsymbol{p}_{\mathrm{F}} + \frac{\boldsymbol{\nu} \times \boldsymbol{n}}{\boldsymbol{\nu}^T\boldsymbol{f}} \qquad \left(\boldsymbol{p}_{\mathrm{F}} = \frac{\boldsymbol{\nu}^T\boldsymbol{p}_{\mathrm{Z}}}{\boldsymbol{\nu}^T\boldsymbol{f}}\boldsymbol{f}\right) \tag{8.41}$$

と定義した。$\boldsymbol{p}_{\mathrm{F}}$ が $\boldsymbol{p}_{\mathrm{Z}}$ を定義に含んでいることは一見奇妙に思えるが，圧力中心が支持平面上に定義される

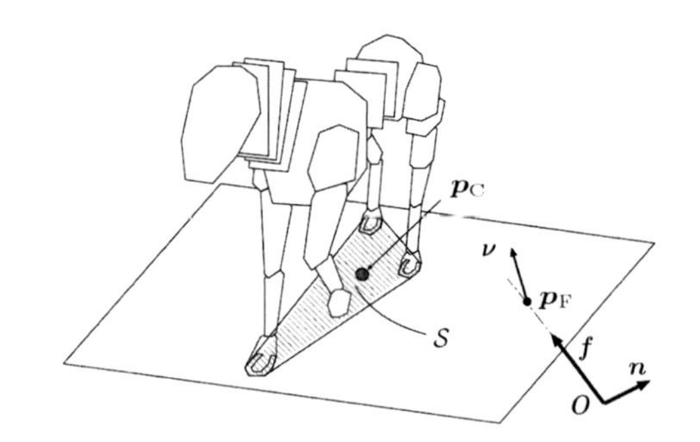

図 8.5　脚ロボットの支持平面と支持領域

ものであることに注意すれば，$\boldsymbol{p}_{\mathrm{F}}$ は $\boldsymbol{p}_{\mathrm{Z}}$ によらず原点を通り $\boldsymbol{f}$ に平行な直線と支持平面との交点となることがわかるだろう。$\mathcal{S}$ を支持領域と呼ぼう。各々の制約式は，2.4.3 項 (4) で行ったのと同様の方法で導出される。それぞれの具体的意味は，次のように説明できる。

式 (8.37) は，接触力の合力は支持平面から身体を押す方向にのみ発生する，という条件を意味している。等号成立時には重心が自由落下する。支持平面が水平に近ければ，（急激な屈み込みや跳躍を除く）多くの場合，重力が身体を地面に押し付けてくれるので接触は自然に維持される。

式 (8.38),(8.40) は静止摩擦力の制約である。等号成立時にはいずれかの接触点が滑り出す [3)]。通常の地面上での運動であれば静止摩擦力は十分得られることが多い。また滑りが発生したとしても支持領域は大きくは変化しないため，転倒の直接的な原因とはならない。

式 (8.39) は，圧力中心が必ず支持領域内に存在することを意味する。接触力トルクの（垂直抗力による）支持平面に平行な軸まわりの成分が支持領域の形状に依存して制約される，という意味でもある。足の離地によって直前まで圧力中心を含んでいた支持領域が消失した場合，全身は転倒方向に加速される。またこれによって支持脚足先が地面からはがれ，支持領域がさらに縮小する可能性がある。

以上の考察より，式 (8.39) が他の条件と比べて際立って深刻な制約と言える。この式が，「ある点がある凸領域内に存在する」という幾何学的な条件式であることの意味は大きい。例えば図 8.6 の $\mathcal{S}[1], \mathcal{S}[2], \ldots$ のように支持脚と支持領域を遷移させたいとしよう。簡単のため，式 (8.37),(8.38),(8.40) は自然に満たされるもの

3) 理論的には，最大静止摩擦力は滑りが生じない最大の摩擦力であるが，現実的には摩擦力が制約の限界値に達した時点で滑りが発生すると考えるべきである。

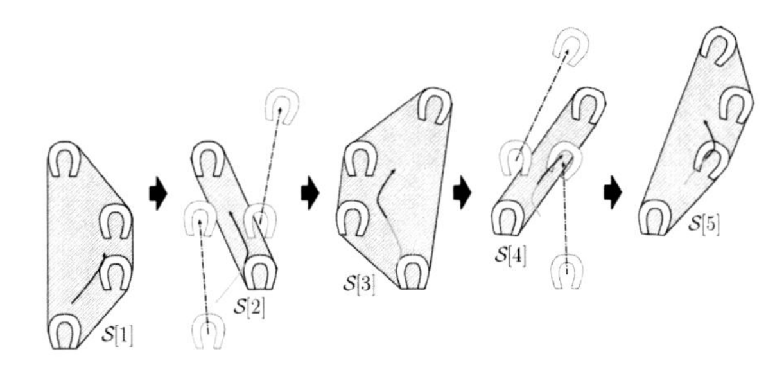

図 8.6 支持脚および支持領域の遷移と圧力中心の軌跡

として考えないことにすれば，満たすべき接触力の条件は，圧力中心の軌跡が $\mathcal{S}[1]$ 内部から $\mathcal{S}[2]$ 内部へ，ついで $\mathcal{S}[3]$ 内部へ…と推移すること，のように支持領域遷移と結び付けて直感的に解釈することができる。

8.2.5 圧力中心を ZMP と読み替える

2.4.3 項で見たように，式 (8.41) で決まる $\boldsymbol{p}_\mathrm{Z}$ は圧力中心の位置 $\boldsymbol{p}_\mathrm{C}$ に一致する。これは何を意味するのだろうか。

圧力中心の定義に従えば，$\boldsymbol{p}_\mathrm{C}$ は次式で求まる。

$$\boldsymbol{p}_\mathrm{C} = \frac{\displaystyle\int_{\boldsymbol{p}\in\mathcal{S}} (\boldsymbol{\nu}^T\boldsymbol{\sigma})\boldsymbol{p}\mathrm{d}s}{\displaystyle\int_{\boldsymbol{p}\in\mathcal{S}} \boldsymbol{\nu}^T\boldsymbol{\sigma}\mathrm{d}s} \tag{8.42}$$

ただし，$\boldsymbol{\sigma}$ は支持領域内の点 $\boldsymbol{p}$ に働く接触応力である。すなわち文字通り，支持平面に垂直に働く圧力 $\boldsymbol{\nu}^\mathrm{T}\boldsymbol{\sigma}$ の荷重中心であって，接触力の分布から決まるものである [4)]。一方で式 (8.41) は，接触力の分布が不明であっても，同じ点がロボットに働く力 $\boldsymbol{f}, \boldsymbol{n}$ から

「その点まわりに発生する全接触力のモーメント（トルク）の水平成分が零となる支持平面上の点」

として求められる [5)] ことを示している。そして $\boldsymbol{f}, \boldsymbol{n}$ は，運動方程式 (8.4), (8.5) によって全身運動と結び付けられる。これらを式 (8.41) に代入すると，$\boldsymbol{p}_\mathrm{Z}$ は次のように $\boldsymbol{q}, \dot{\boldsymbol{q}}, \ddot{\boldsymbol{q}}$ の関数となる。

$$\boldsymbol{p}_\mathrm{Z} = \frac{\boldsymbol{\nu}\times\{m\boldsymbol{p}_\mathrm{G}\times(\ddot{\boldsymbol{p}}_\mathrm{G}+\boldsymbol{g})+\boldsymbol{n}_\mathrm{G}\}}{m\boldsymbol{\nu}^T(\ddot{\boldsymbol{p}}_\mathrm{G}+\boldsymbol{g})}$$
$$+\frac{m(\boldsymbol{\nu}^T\boldsymbol{p}_\mathrm{Z})(\ddot{\boldsymbol{p}}_\mathrm{G}+\boldsymbol{g})}{m\boldsymbol{\nu}^T(\ddot{\boldsymbol{p}}_\mathrm{G}+\boldsymbol{g})} \tag{8.43}$$

$\boldsymbol{p}_\mathrm{G}$ が $\boldsymbol{q}$ の関数，$\boldsymbol{n}_\mathrm{G}$ が $\boldsymbol{q}, \dot{\boldsymbol{q}}, \ddot{\boldsymbol{q}}$ の関数であることに注意されたい。

この解釈に基づいて，Vukobratović ら[6, 7] は次のような脚ロボットの制御スキームを提案した。目標とする支持状態の遷移，および 1 歩ごとの遷移に要する時間 T は与えられるものとする。まず，これを滑らかにつなぐ脚の軌道を適当に決める。足先が地面にめり込まなければ何でもよい。また，$\boldsymbol{p}_\mathrm{Z}$ の目標軌道 ${}^d\boldsymbol{p}_\mathrm{Z}(t)$ も決める。典型的には，時間 T ごとに前の支持領域の中心から次の支持領域の中心へとステップ状に移動させる。残りの自由度を使って ${}^d\boldsymbol{p}_\mathrm{Z}(t)$ まわりのトルク水平成分が零となるように（すなわち ${}^d\boldsymbol{p}_\mathrm{Z}(t)$ を式 (8.43) の左辺に代入した式を満たすように）全身の目標運動軌道 ${}^d\boldsymbol{q}(t)$ を決定する。元々は式 (8.39) のように不等式で表される制約条件を，等式制約条件に置き換えることによって扱いやすくしている。このとき駆動関節の目標軌道 ${}^d\boldsymbol{q}_\mathrm{J}(t)$ が周期的境界条件 ${}^d\boldsymbol{q}_\mathrm{J}(kT) = {}^d\boldsymbol{q}_\mathrm{J}((k-1)T)$（$k$ は整数）を満たすようにすれば，得られた軌道は少なくとも継続可能なものとなる。あとは ${}^d\boldsymbol{q}_\mathrm{J}(t)$ に追従するように駆動関節 $\boldsymbol{q}_\mathrm{J}(t)$ をサーボ制御すればよい。支持領域がある程度の面積を持っていれば，圧力中心の目標軌道からの多少のずれは許容されるので，$\boldsymbol{q}_\mathrm{J}(t)$ が安定に ${}^d\boldsymbol{q}_\mathrm{J}(t)$ に収束すれば，$\boldsymbol{q}_\mathrm{B}(t)$ も安定に目標軌道 ${}^d\boldsymbol{q}_\mathrm{B}(t)$ に収束することが期待できる。また，圧力中心のずれに応じて ${}^d\boldsymbol{q}(t)$ をオンライン修正する。

事前に目標軌道を計画し，それに従って動くことを基本とする制御は，産業用ロボットマニピュレータでも頻繁に行われる（我々にとって馴染み深い）方法である。今日でも，多くの脚ロボットがこの方法を採用している。Vukobratović らの最初のモデルでは，いわゆるすり足を行わせることで，脚軌道を簡単に決められる工夫をしていた。また圧力中心を目標軌道に一致させるための自由度は，上半身を模した 2 方向に傾斜するレバーによって特別に設けていた。より大自由度で一般的なロボットにおいて目標圧力中心まわりのトルクを補償する運動軌道の計画方法は，Takanishi ら[8, 9] によって提案されている。

上記の圧力中心の別解釈から，Zero-Moment Point 略して ZMP という名前が（最初の提案よりも後に）考案された[10]。実際には法線まわり摩擦トルクが必ずしも零とならないので，この名前は正確さを欠いてはいる。しかしこれまでの議論で明らかなように，この名

4) 式 (8.36) では，有限個の接触点に集中荷重が働くと仮定していた。いずれの仮定を採用しても，ここでの議論に対して本質的に違いはない。
5) 暗黙のうちに，支持平面は水平であると仮定していることに注意されたい。実はこの仮定は必須ではないのだが，原典に敬意を表してこのように記す。

前は重要ではなく，接触力が満たすべき制約から全身の望ましい振舞いを逆算する，という問題設定にこそ要点がある。

式 (8.41) で示したように，ZMP の定義には支持平面の情報が含まれる。参考までに，$\boldsymbol{p}_{\mathrm{Z}}$ まわり全接触力のモーメントの水平成分が零となる，すなわち全接触トルクが $\boldsymbol{\nu}$ と平行になるという条件から $\boldsymbol{p}_{\mathrm{Z}}$ を求めると，次式となる。

$$\boldsymbol{p}_{\mathrm{Z}} = \frac{\boldsymbol{\nu} \times \boldsymbol{n}}{\boldsymbol{\nu}^T \boldsymbol{f}} + \beta \boldsymbol{f} \tag{8.44}$$

ただし β は任意の値である。すなわち，このような点は $\boldsymbol{f}$ に平行な直線上に無数に存在し，この直線と支持平面との交点が ZMP である。ロボットが凹凸面上で運動する場合，支持平面の決め方は自明ではなく，あくまでもノミナルなものとしてのみ定義可能である。このように ZMP の位置決定には人為が介在する，ということは知っておくべきである。

先に示したとおり，$\dot{\boldsymbol{q}} = \boldsymbol{0}$，$\ddot{\boldsymbol{q}} = \boldsymbol{0}$ のとき ZMP は重心の地面投影点に一致する。したがって運動（歩行）が準静的ならば，常に重心の地面投影点を含むように支持領域を遷移させればよいことになる。このような歩行は，慣習的に静歩行と呼ばれる。静歩行と区別して動歩行という言葉が使われることがあるが，歩行はすべて動的なものであり，その極限に静歩行があるととらえるべきであろう[6)]。

8.2.6　重心-ZMP モデル

圧力中心=ZMP と読み替えることによって，支持状態遷移と整合する全身運動を（不等式制約条件でなく）等式制約条件に基づいて逆算する，という明解なスキームが得られた。しかし，圧力中心の目標軌道から全身運動をただちに逆算するのは困難であるように思われる。実際，先に挙げた Vukobratović ら[6]，Takanishi ら[8, 9] とも，提案しているのは反復計算によってこれを行う方法である。

本項ではこの議論に新たな道筋を作るために，2.4.3 項で紹介した質量中心モデルを採用する。すなわち式 (8.43) において $\boldsymbol{n}_{\mathrm{G}} = \boldsymbol{0}$ と仮定すると，次式を得る。

$$\ddot{\boldsymbol{p}}_{\mathrm{G}} + \boldsymbol{g} = \zeta^2 (\boldsymbol{p}_{\mathrm{G}} - \boldsymbol{p}_{\mathrm{Z}}) \tag{8.45}$$

ただし，

$$\zeta^2 \equiv \frac{\boldsymbol{\nu}^T (\ddot{\boldsymbol{p}}_{\mathrm{G}} + \boldsymbol{g})}{\boldsymbol{\nu}^T (\boldsymbol{p}_{\mathrm{G}} - \boldsymbol{p}_{\mathrm{Z}})} \tag{8.46}$$

とおいた。これは図 8.7 のように，ロボットの重心の加速度（重力加速度を含む）は，ZMP から重心へ向かうベクトルに平行となる，ということを意味する[7)]。ζ^2 は $\ddot{\boldsymbol{p}} + \boldsymbol{g}$ と $\boldsymbol{p}_{\mathrm{G}} - \boldsymbol{p}_{\mathrm{Z}}$ の長さの比であり，通常，重心は支持平面よりも上側にあること（すなわち $\boldsymbol{\nu}^T (\boldsymbol{p}_{\mathrm{G}} - \boldsymbol{p}_{\mathrm{Z}}) > 0$），および式 (8.37) より，明らかにこの値は非負となるのでこのようにおける。このモデルを重心-ZMP モデルと呼ぼう。

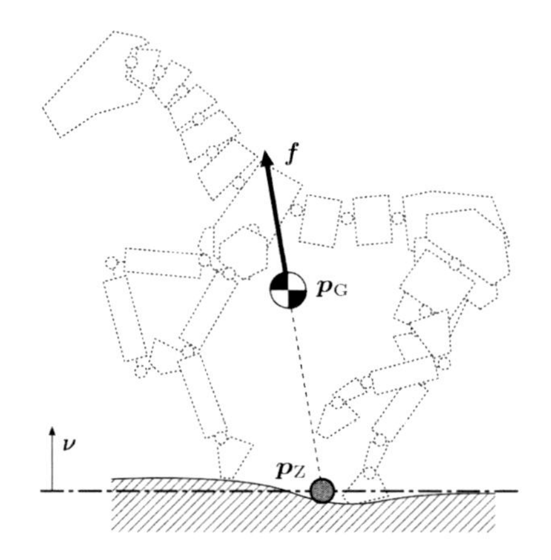

図 8.7　脚ロボットの重心-ZMP モデル

$\boldsymbol{p}_{\mathrm{G}} = [x \;\; y \;\; z]^T$，$\boldsymbol{p}_{\mathrm{Z}} = [x_{\mathrm{Z}} \;\; y_{\mathrm{Z}} \;\; z_{\mathrm{Z}}]^T$ とそれぞれおく。$\boldsymbol{\nu} = [0 \;\; 0 \;\; 1]^T$，$\boldsymbol{g} = [0 \;\; 0 \;\; g]^T$ としても一般性を失わない。ただし，$g = 9.8\,\mathrm{m/s^2}$ は重力加速度である。このとき，式 (8.45) は次のように成分ごとに書き下せる。

$$\ddot{x} = \zeta^2 (x - x_{\mathrm{Z}}) \tag{8.47}$$

$$\ddot{y} = \zeta^2 (y - y_{\mathrm{Z}}) \tag{8.48}$$

$$\ddot{z} = \zeta^2 (z - z_{\mathrm{Z}}) - g \tag{8.49}$$

z_{Z} は支持平面の鉛直高さである。上述の通り支持平面は実際の地形と無関係に設定可能な仮想水平面[12] であるので，これは人為的に与える定数であることに注意されたい。式 (8.47)～(8.49) から，x_{Z}，y_{Z}，ζ^2 が決まれば x, y, z の時間発展も決まることがわかる。

重心-ZMP モデルは水戸部ら[13] により初めて提案さ

6) したがって筆者は，動歩行という言葉は使用されるべきでないと考えている。

7) Popovic ら[11] は，重心まわり角運動量変化の影響を無視した ZMP を CMP(Centroidal Momentum Pivot) と呼んだ。

れ，その後も運動計画や制御に関する様々な議論が展開される糸口となった。例えば運動計画は，与えられた境界条件と制約条件式 (8.39) の下で重心と ZMP の目標軌道を同時に計画する問題 (2 点境界値問題)，と定式化された。Vukobratović らと同様に，支持状態遷移に合わせて先見的に決めた目標 ZMP 軌道を再現しながら目標終端状態へと至る目標重心軌道を，式 (8.47), (8.48) を離散化することで高速に求める方法が，長阪[14] ほかいくつか[15, 16] 提案されている。また，ZMP の目標軌道を多次関数や指数関数など比較的単純な関数で表し，重心と ZMP の目標軌道を解析的に求める方法[17–19, 21–23] も多く提案されている。

水戸部ら[13, 24] が元々議論したのは，x_Z, y_Z, ζ^2 を操作量，x, y, z を制御量と見なす脚ロボット制御である。ZMP を直接操作することはできないが，式 (8.45) に基づいて，それと等価な重心加速度を求めることができる。Hirai ら[25, 26] は，ZMP の目標位置からの誤差を補償することで足と地面の安定な接触を維持する方法を提案し，長阪ら[27] は，さらにその外側ループにおいて，重心の目標軌道からの誤差を補償するよう目標 ZMP 位置を補正することで，ロボットを安定化する制御方法を提案した 8)。Sugihara ら[12] は，ZMP と重心との関係を図 8.8(a) のように伸縮する倒立振子になぞらえ，全身運動の詳細な目標軌道を必要とせず脚ロボットを制御する方法を提案した。一方，Kajita ら[16] は図 8.8(b) のように，テーブル上を並進する台車とテーブル台座下面の圧力中心の関係になぞらえ，重心の躍度 $\dddot{x}, \dddot{y}$ を操作量，x_Z, y_Z を制御量と見なす方法を提案した 9)。前者に準じる方法[28–31]，後者に準じる方法[32, 33] ともその後の展開がある。いずれも二脚ロボットを対象としているが，すべての脚ロボットに応用できるものである。詳細は 17.2 節に委ねる。

ZMP に着目することは，様々な側面で議論の見通しをよくする。一方で，このようなアプローチが可能なのは，ロボットが水平な硬い単一平面上で運動し，しかも接触点において十分な静止摩擦力が働く状況に限られる。このような仮定が近似的に適用可能な状況は比較的多いものの，限定的であることは否めない。環境との 3 次元的な接触を伴う運動や大きく傾いた斜面上の運動，低摩擦路面上での運動，跳躍を伴う運動等を扱うためには，別のアプローチが必要である。近年はこのような研究も行われている[34–36]。

8) 接触の安定化と状態の安定化が異なる意味を持つことに注意されたい。

9) これは軌道計画を議論する過程で考案されたものだが，操作量と制御量という関係を陽に説明している。

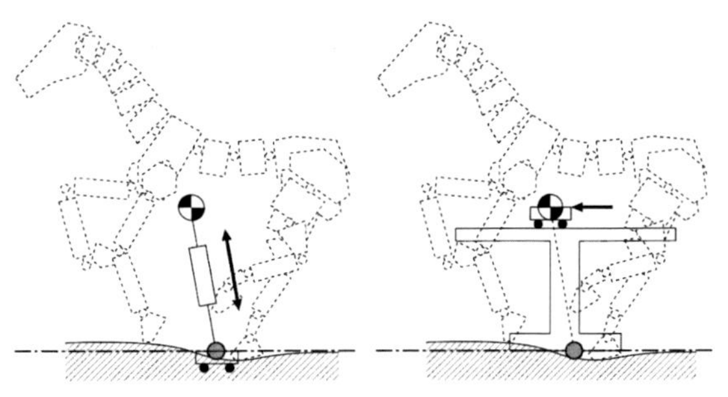

図 8.8 重心-ZMP モデルの定性的解釈

8.2.7 ZMP をめぐる誤解

本節で見てきたように，ZMP は数学的に明解な議論の中から生まれた言葉であるが，ある時期を境に一人歩きを始めた感がある。未だ聞かれる流言には，次のようなものがある。

- ZMP は脚運動の安定性の指標である。すなわち ZMP が支持領域内部にあれば，その運動は安定である。
- ZMP は脚運動の転倒判別指標である。すなわち ZMP が支持領域の縁にあれば転倒する。
- ZMP に着目した脚運動制御は身体が生来持つ力学を強引に補償するので，振舞いが不自然である。
- ZMP に着目した脚運動制御は身体が生来持つ力学を強引に補償するので，エネルギー効率が悪い。
- ZMP に着目した脚運動制御は，転倒防止を第一義としており保守的である。

上記の命題は，論理的にすべて偽である 10)。にも関わらず，その真偽を問い質すこともせずに，ZMP を考慮することは脚ロボット制御において最も重要である (ZMP を考慮しているのでこの議論は正しい) とか，逆に ZMP を考慮することは脚ロボット制御において害悪である (ZMP を考慮していないのでこの運動は自然である) とか，およそ非科学的な主張をする事例が未だに後を断たない。筆者自身が過去に誤った議論に加担していたことへの反省も込め，本項が，そうした議論に終止符を打つ一助となることを願う。

＜杉原知道＞

10) 小林[37] は，ZMP が直接的には安定性と無関係であることを 1976 年に指摘していた。

参考文献（8.2 節）

[1] Yoshida, K., Nenchev, D. N. and Uchiyama, M.: Moving Base Robotics and Reaction Management Control, in *Proceedings of The Seventh International Symposium of Robotics Research*, pp. 100–109 (1995).

[2] 藤本康孝, 河村篤男：2 足ロボットの床反力を考慮した安定化制御と自律的歩行パターン生成システムの提案, 『電気学会産業計測制御研究会』, IIC-96-20, pp. 103–110 (1996).

[3] Nakamura, Y. and Yamane, K.: Dynamics Computation of Structure-Varying Kinematic Chains and Its Application to Human Figures, *IEEE Transactions on Robotics and Automation*, Vol. 16, No. 2, pp. 124–134 (2000).

[4] Hirukawa, H., Hattori, S., Harada, K., Kajita, S., Kaneko, K., Kanehiro, F., Fujiwara, K. and Morisawa, M.: A Universal Stability Criterion of the Foot Contact of Legged Robots — Adios ZMP, in *Proceedings of the 2006 IEEE International Conference on Robotics & Automation*, pp. 1976–1938 (2006).

[5] McGhee, R. B. and Frank, A. A.: On the Stability Properties of Quadruped Creeping Gaits, *Mathematical Biosciences*, Vol. 3, pp. 331–351 (1968).

[6] Vukobratović, M. and Juričić, D.: Contribution to the Synthesis of Biped Gait, *IEEE Transactions on Bio-Medical Engineering*, Vol. BME-16, No. 1, pp. 1–6 (1969).

[7] Vukobratović, M., Frank, A. A. and Juričić, D.: On the Stability of Biped Locomotion, *IEEE Transactions on Bio-Medical Engineering*, Vol. BME-17, No. 1, pp. 25–36 (1970).

[8] Takanishi, A., Egusa, Y., Tochizawa, M., Takeya, T. and Kato, I.: Realization of Dynamic Walking Stabilized with Trunk Motion, in *Proceedings of ROMANSY 7*, pp. 68–79 (1988).

[9] 高西淳夫, 寸土 勧, 笠井 茂, 加藤一郎：上体運動により 3 軸モーメントを補償する二足歩行ロボットの開発～高速動歩行の実現～, 『第 6 回知能移動ロボットシンポジウム論文集』, pp. 1–6 (1992).

[10] Vukobratović, M. and Stepanenko, J.: On the Stability of Anthropomorphic Systems, *Mathematical Biosciences*, Vol. 15, No. 1, pp. 1–37 (1972).

[11] Popovic, M., Goswami, A. and Herr, H. M.: Ground reference points in legged locomotion: definitions, biological trajectories and control implications, *International Journal of Robotics Research*, Vol. 24, No. 12, pp. 1013–1032 (2005).

[12] Sugihara, T., Nakamura, Y. and Inoue, H.: Realtime Humanoid Motion Generation through ZMP Manipulation based on Inverted Pendulum Control, in *Proceedings of the 2002 IEEE International Conference on Robotics & Automation*, pp. 1404–1409 (2002).

[13] 水戸部和久, 那須康雄：2 足歩行ロボットのゼロモーメント点を制御入力として用いる制御則, 『第 14 回日本ロボット学会学術講演会予稿集』, pp. 187–188 (1996).

[14] 長阪憲一郎：動力学フィルタによる人間型ロボットの全身運動生成, 東京大学大学院工学系研究科博士論文 (2000).

[15] Kagami, S., Kitagawa, T., Nishiwaki, K., Sugihara, T., Inaba, M. and Inoue, H.: A Fast Dynamically Equilibrated Walking Trajectory Generation Method of Humanoid Robot, *Autonomous Robots*, Vol. 12, No. 1, pp. 71–82 (2002).

[16] Kajita, S., Kanehiro, F., Kaneko, K., Fujiwara, F., Harada, K., Yokoi, K. and Hirukawa, H.: Biped Walking Pattern Generation by using Preview Control of Zero-Moment Point, in *Proceedings of the 2003 IEEE International Conference on Robotics & Automation*, pp. 1620–1626 (2003).

[17] Kudoh, S. and Komura, T.: C^2 Continuous Gait-Pattern Generation for Biped Robots, in *Proceedings of the 2003 IEEE/RSJ International Conference on Intelligent Robots and Systems*, pp. 1135–1140 (2003).

[18] Kurazume, R., Hasegawa, T. and Yoneda, K.: The Sway Compensation Trajectory for a Biped Robot, in *Proceedings of the 2003 IEEE International Conference on Robotics & Automation*, pp. 925–931 (2003).

[19] Nagasaka, K., Kuroki, Y., Suzuki, S., Itoh, Y. and Yamaguchi, J.: Integrated Motion Control for Walking, Jumping and Running on a Small Bipedal Entertainment Robot, in *Proceedings of the 2004 IEEE International Conference on Robotics and Automation*, pp. 3189–3914 (2004).

[20] Hirukawa, H., Hattori, S., Kajita, S., Harada, K., Kaneko, K., Kanehiro, F., Morisawa, M. and Nakaoka, S.: A Pattern Generator of Humanoid Robots Walking on a Rough Terrain, in *Proceedings of the 2007 IEEE International Conference on Robotics and Automation*, pp. 2181–2187 (2007).

[21] Harada, K., Kajita, S., Kaneko, K. and Hirukawa, H.: An Analytical Method on Real-time Gait Planning for Humanoid Robots, *International Journal of Humanoid Robotics*, Vol. 3, No. 1, pp. 1–19 (2006).

[22] Terada, K. and Kuniyoshi, Y.: Online Gait Planning with Dynamical 3D-Symmetrization Method, in *Proceedings of 2007 IEEE-RAS International Conference on Humanoid Robots* (2007).

[23] Sugihara, T. and Nakamura, Y.: Boundary Condition Relaxation Method for Stepwise Pedipulation Planning of Biped Robots, *IEEE Transaction on Robotics*, Vol. 25, No. 3, pp. 658–669 (2009).

[24] Mitobe, K., Capi, G. and Nasu, Y.: Control of walking robots based on manipulation of the zero moment point, *Robotica*, Vol. 18, Issue 6, pp. 651–657 (2000).

[25] Hirai, K.: Current and Future Perspective of Honda Humanoid Robot, in *Proceeding of the 1997 IEEE/RSJ International Conference on Intelligent Robots and Systems*, pp. 500–508 (1997).

[26] Hirai, K., Hirose, M., Haikawa, Y., and Takenaka, T.: The Development of Honda Humanoid Robot, in *Proceeding of the 1998 IEEE International Conference on Robotics & Automation*, pp. 1321–1326 (1998).

[27] 長阪憲一郎, 稲葉雅幸, 井上博允：体幹位置コンプライアンス制御を用いた人間型ロボットの歩行安定化, 『第 17 回日本ロボット学会学術講演会予稿集』, pp. 1193–1194 (1999).

[28] Sugihara, T.: Standing Stabilizability and Stepping Maneuver in Planar Bipedalism based on the Best COM-ZMP Regulator, in *Proceedings of the 2009 IEEE International Conference on Robotics & Automation*, pp. 1966–1971 (2009).

[29] Yamamoto, K. and Nakamura, Y.: Switching Feedback Controllers Based on the Maximal CPI Sets for Stabilization of Humanoid Robots, in *Proceedings of the 9th IEEE-RAS International Conference on Humanoid Robots*, pp. 549–554 (2009).

[30] Sugihara, T.: Consistent Biped Step Control with COM-ZMP Oscillation Based on Successive Phase Estimation in Dynamics Morphing, in *Proceedings of the 2010 IEEE International Conference on Robotics & Automation*, pp. 4224–4229 (2010).

[31] Sugihara, T.: Biped Control To Follow Arbitrary Referential Longitudinal Velocity based on Dynamics Morphing, in *Proceedings of the 2012 IEEE/RSJ International Conference on Intelligent Robots and Systems*, pp. 1892–1897 (2012).

[32] Wieber, P.-B.: Trajectory Free Linear Model Predictive Control for Stable Walking in the Presence of Strong Perturbations, in *Proceedings of the 2006 IEEE-RAS International Conference on Humanoid Robots*, pp. 137–142 (2006).

[33] Herdt, A., Diedam, H., Wieber, P.-B., Dimitrov, D., Mombaur, K. and Diehl, M.: Online Walking Motion Generation with Automatic Footstep Placement, *Advanced Robotics*, Vol. 24, No. 5–6, pp. 719–737 (2010).

[34] Collette, C., Micaelli, A., Andriot, C. and Lemerle, P.: Robust Balance Optimization Control of Humanoid Robots with Multiple non Coplanar Grasps and Frictional Contacts, in *Proceedings of the 2008 IEEE International Conference on Robotics & Automation*, pp. 3187–3193 (2008).

[35] 長阪憲一郎，福島哲治，下村秀樹：接触拘束を考慮可能なマルチコンタクト対応スタビライザと一般可逆動力学による人型ロボットの全身制御，『第 17 回ロボティクスシンポジア予稿集』，pp. 134–141 (2012).

[36] Todorov, E.: Convex and analytically-invertible dynamics with contacts and constraints: Theory and implementation in MuJoCo. in *Proceedings of the 2014 IEEE International Conference on Robotics & Automation*, pp. 6054–6061 (2014).

[37] 小林宏哉：2 足歩行機械の安定化制御法の開発，早稲田大学大学院理工学研究科機械工学専攻修士論文 (1976).

8.3 リミットサイクルに基づく制御法

8.3.1 概論

受動歩行は簡単な構造の脚ロボットが重力作用のみを利用して緩やかな斜面を歩き下るという現象である。一切の制御入力を用いることなく移動効率の点で最適な歩行運動を生成することから，自然で高効率な歩容生成の手本にすべきものとして，その原理が多くの脚ロボット研究に応用されてきた。受動歩行が身近な力学現象として古く 19 世紀から知られていたことが玩具の資料[1] から確認されているが，ロボティクスの研究としてMcGeer により本格的に行われるようになったのは 1980 年代に入ってからである[2–4]。そして McGeer の基礎研究から得られた知見を基に，1990 年代後半から非線形力学系としての現象の理解や水平面上の能動歩行への応用を目指した多く研究が行われるようになり，2000 年代には完成度の高い高効率歩行ロボットが開発されるに至った[5–12]11)。この過程で定着したリミットサイクル規範という呼称は，歩行運動を支持脚交換の衝突（状態のジャンプ）を含む周期運動と捉え，そこに内在する安定原理や自然な運動生成機序を積極的に利用することでスマートな歩容生成を行おうとする方策を指すものと一般に認識されている。脚ロボットの姿勢やバランスの制御よりも安定な周期運動（定常歩容）生成を基本に置く性質から，ロボットの劣駆動性（特に足首が自由関節であること）やゼロダイナミクスの安定性が研究の中心的話題となることが多い。

後述する方策を含め，現在までに提案されてきた歩容生成法の大半は，受動歩行に内在する自明でない安定性に準じながら，力学的エネルギー回復などの必要条件を達成すべく状態量の一部を制御しようとするものである。この結果として得られる，状態のジャンプを含むリミットサイクルに内在する自明でない安定性に依存する点が本アプローチの最大の特徴であると同時に，制御系設計や安定性判別を困難なものとする最大の要因にもなっている。

以下に理論的基礎として，不確定性を持たない理想的な力学系としてのモデリング・制御系設計・歩容生成法をまとめる。なお，本節においては，その力学的影響の有無に関係なく，足首関節を介して結合した足リンクを持つものを足ロボット，持たないものを脚ロボットと呼ぶので注意されたい。

8.3.2 コンパス型二足ロボット

受動歩行運動は単脚支持期の連続時間運動と瞬間的な支持脚交換（両脚支持期）から形成され，数理的には状態のジャンプを含むリミットサイクルとなる。その数学モデルについて，最も簡単な受動歩行モデルとして知られるコンパス型二脚ロボット[5, 6] およびこれを

11) 受動歩行の基礎事項については第 17 章を参照されたい。

全駆動とした二足ロボットを例として以下にまとめる。

(1) 運動方程式

図 8.9(a) はコンパス型二脚ロボットに質量と厚さを無視できる足リンクを付加し，股と足首の各関節に駆動力を印加できるようにした二足ロボットのモデルである。図 8.9(b) はその衝突時の座標を示したものである。受動歩行をする際は股と足首は自由関節であり，足リンクも不要である。以下，単脚支持期において床面に接地している脚を支持脚，もう一方のそれを遊脚と呼ぶ。

まず二脚受動歩行ロボットの運動方程式について述べる。支持脚の絶対角度を θ_1，遊脚のそれを θ_2，一般化座標ベクトルを $\boldsymbol{\theta} = \begin{bmatrix} \theta_1 & \theta_2 \end{bmatrix}^T \in \mathbb{R}^2$ とすると，ラグランジュの運動方程式は

$$\frac{\mathrm{d}}{\mathrm{d}t}\left(\frac{\partial K}{\partial \dot{\boldsymbol{\theta}}}\right)^T - \left(\frac{\partial K}{\partial \boldsymbol{\theta}}\right)^T + \left(\frac{\partial P}{\partial \boldsymbol{\theta}}\right)^T = \mathbf{0}_{2\times 1} \quad (8.50)$$

となる。ただし，$K = K(\boldsymbol{\theta}, \dot{\boldsymbol{\theta}})$ はロボットの運動エネルギー，$P = P(\boldsymbol{\theta})$ は位置エネルギーである。右辺はシステムへの作用力を表す項であるが，ここでは受動歩行を考えているためゼロベクトルとなっている。式 (8.50) は以下のようにまとめられる。

$$\boldsymbol{M}(\boldsymbol{\theta})\ddot{\boldsymbol{\theta}} + \boldsymbol{C}(\boldsymbol{\theta}, \dot{\boldsymbol{\theta}})\dot{\boldsymbol{\theta}} + \boldsymbol{g}(\boldsymbol{\theta}) = \mathbf{0}_{2\times 1} \quad (8.51)$$

各項の詳細は次のとおりである。ただし，$\theta_H := \theta_1 - \theta_2$ は股関節の相対角度である。

$$\boldsymbol{M}(\boldsymbol{\theta}) = \begin{bmatrix} m_H l^2 + ma^2 + ml^2 & -mbl\cos\theta_H \\ -mbl\cos\theta_H & mb^2 \end{bmatrix} \quad (8.52)$$

$$\boldsymbol{C}(\boldsymbol{\theta}, \dot{\boldsymbol{\theta}}) = \begin{bmatrix} 0 & -mbl\dot{\theta}_2\sin\theta_H \\ mbl\dot{\theta}_1\sin\theta_H & 0 \end{bmatrix} \quad (8.53)$$

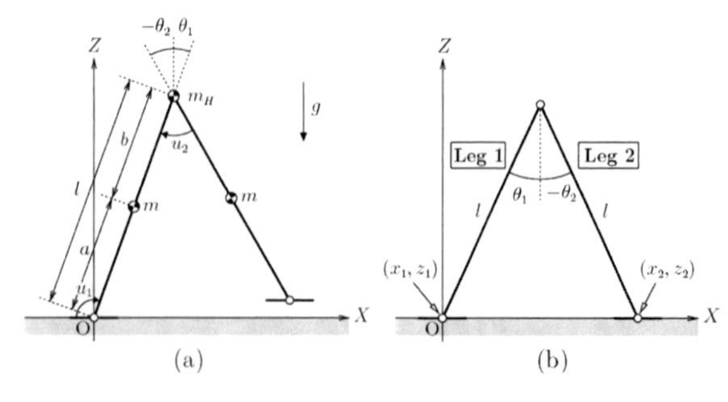

図 8.9　コンパス型二足ロボットのモデル (a)，およびその衝突時の座標系設定 (b)

$$\boldsymbol{g}(\boldsymbol{\theta}) = \begin{bmatrix} -(m_H l + ma + ml)g\sin\theta_1 \\ mbg\sin\theta_2 \end{bmatrix} \quad (8.54)$$

二脚ロボットとは言いながら，単純な二重振子と変わらないため，各項の内容はその導出過程や役割を瞬時に把握できるほど単純である。しかしながら，次に述べる衝突現象がこれに加わることで，複雑な非線形現象としての歩行運動が現れる。そしてこれを踏まえた上で，各項が持つ力学的意味やその運動生成における役割を理解しながら，その特性を有効に引き出すべく制御系設計を行おうとするのが，本アプローチ全般に共通する基本姿勢である。

(2) 衝突方程式

受動歩行を含むリミットサイクル型歩行運動においては，支持脚交換のための衝突モデルは前脚が床面に着地したと同時に後脚が離地するという仮定の下で，以下に述べる完全非弾性衝突方程式を導くのが一般的である。ただし冗長自由度を持つモデルでは，必ずしもこの仮定が成立しないので注意が必要である。換言すれば，必要最小限の自由度であるがゆえに遊脚の振り出しや脚交換を適切に行うことができ，その結果として安定なリミットサイクルを形成し得るということである。

コンパス型二脚（二足）ロボットの場合，衝突時の位置座標の更新則は，支持脚と遊脚の角度の交換として定まる。すなわち，

$$\boldsymbol{\theta}^+ = \begin{bmatrix} 0 & 1 \\ 1 & 0 \end{bmatrix}\boldsymbol{\theta}^- \quad (8.55)$$

となる。ただし，上付き文字の “−”，“+” はそれぞれ衝突直前・衝突直後を表すものとする。また，衝突時の股関節の半角を

$$\alpha := \frac{\theta_1^- - \theta_2^-}{2} = \frac{-\theta_1^+ + \theta_2^+}{2} > 0 \quad (8.56)$$

で定めれば，衝突姿勢の前後対称性により式 (8.55) の各成分は $\theta_1^{\pm} = -\theta_2^{\mp} = \mp\alpha$ となる。以下，位置座標についてはリセットまでを考慮しないため，その上付き文字については省略する。

完全非弾性衝突を仮定した速度座標の更新則については様々な導出方法が知られているが[2, 5]，いずれも数学的にやや複雑である。しかし結果的には，衝突時の股関節角度のみで定まる同一の式となる。ここでは大自由

度モデルへの拡張を考慮して，支持脚と遊脚を分離して速度拘束条件を付加する方法について紹介する。衝突直前の支持脚（後脚・図 8.9(b) の Leg 1）の一般化座標ベクトルを $\boldsymbol{q}_1 = \begin{bmatrix} x_1 & z_1 & \theta_1 \end{bmatrix}^T$，衝突直前の遊脚（前脚・図 8.9(b) の Leg 2）のそれを $\boldsymbol{q}_2 = \begin{bmatrix} x_2 & z_2 & \theta_2 \end{bmatrix}^T$，$\boldsymbol{q}_j$ に対応する慣性行列を $\bar{\boldsymbol{M}}_j(\boldsymbol{q}_j) \in \mathbb{R}^{3\times 3}$ とすると，$\bar{\boldsymbol{M}}_j(\boldsymbol{q}_j)$ は次の正定対称行列となる。

$$\bar{\boldsymbol{M}}_j(\boldsymbol{q}_j) = \begin{bmatrix} \bar{M}_{11} & 0 & \bar{M}_{13}(\theta_j) \\ 0 & \bar{M}_{22} & \bar{M}_{23}(\theta_j) \\ \bar{M}_{31}(\theta_j) & \bar{M}_{32}(\theta_j) & \bar{M}_{33} \end{bmatrix} \tag{8.57}$$

各項の詳細は次のとおりである。

$$\begin{aligned} \bar{M}_{11} &= \bar{M}_{22} = \frac{m_H}{2} + m \\ \bar{M}_{13}(\theta_j) &= \bar{M}_{31}(\theta_j) = \left(\frac{m_H l}{2} + ma\right)\cos\theta_j \\ \bar{M}_{23}(\theta_j) &= \bar{M}_{32}(\theta_j) = -\left(\frac{m_H l}{2} + ma\right)\sin\theta_j \\ \bar{M}_{33} &= \frac{m_H l^2}{2} + ma^2 \end{aligned}$$

ここで，$\boldsymbol{q}_j$ の第 3 成分の θ_j と $\boldsymbol{\theta}$ のそれとは別のものであることに注意されたい。前者の θ_j は図 8.9(b) の Leg j に対応したものであり，衝突前後の支持脚交換までを考慮したものではない。

$\bar{\boldsymbol{M}}_j(\boldsymbol{q}_j)$ を対角ブロック上に配置した次の行列

$$\bar{\boldsymbol{M}}(\boldsymbol{q}) = \begin{bmatrix} \bar{\boldsymbol{M}}_1(\boldsymbol{q}_1) & \boldsymbol{0}_{3\times 3} \\ \boldsymbol{0}_{3\times 3} & \bar{\boldsymbol{M}}_2(\boldsymbol{q}_2) \end{bmatrix} \in \mathbb{R}^{6\times 6} \tag{8.58}$$

は拡大座標系 $\boldsymbol{q} = \begin{bmatrix} \boldsymbol{q}_1^T & \boldsymbol{q}_2^T \end{bmatrix}^T \in \mathbb{R}^6$ に対応した慣性行列となる。これより非弾性衝突方程式は

$$\bar{\boldsymbol{M}}(\boldsymbol{q})\dot{\boldsymbol{q}}^+ = \bar{\boldsymbol{M}}(\boldsymbol{q})\dot{\boldsymbol{q}}^- + \boldsymbol{J}_I(\boldsymbol{q})^T\boldsymbol{\lambda}_I \tag{8.59}$$

となる。$\boldsymbol{\lambda}_I \in \mathbb{R}^4$ は衝撃力の力積を意味する未定乗数ベクトルである。また，位置座標の交換は考慮していないため，$\boldsymbol{q} = \boldsymbol{q}^- = \boldsymbol{q}^+$ である。衝突直後に Leg 1 と Leg 2 が股関節で結合したまま後者の先端位置が床面に拘束されるという仮定から，衝突直後に満たすべきホロノミック拘束条件式が

$$\boldsymbol{J}_I(\boldsymbol{q})\dot{\boldsymbol{q}}^+ = \boldsymbol{0}_{4\times 1} \tag{8.60}$$

とまとめられる。この $\boldsymbol{J}_I(\boldsymbol{q}) \in \mathbb{R}^{4\times 6}$ を決定する 4 つの幾何学的拘束条件の詳細を以下に述べる。まず，衝突直後に両脚の股関節位置が等しく，したがって，その時間微分も等しいという条件は

$$\frac{\mathrm{d}}{\mathrm{d}t}(x_1 + l\sin\theta_1)^+ = \frac{\mathrm{d}}{\mathrm{d}t}(x_2 + l\sin\theta_2)^+ \tag{8.61}$$

$$\frac{\mathrm{d}}{\mathrm{d}t}(z_1 + l\cos\theta_1)^+ = \frac{\mathrm{d}}{\mathrm{d}t}(z_2 + l\cos\theta_2)^+ \tag{8.62}$$

で与えられる。式 (8.61),(8.62) は

$$\dot{x}_1^+ + l\dot{\theta}_1^+\cos\theta_1 - \dot{x}_2^+ - l\dot{\theta}_2^+\cos\theta_2 = 0 \tag{8.63}$$

$$\dot{z}_1^+ - l\dot{\theta}_1^+\sin\theta_1 - \dot{z}_2^+ + l\dot{\theta}_2^+\sin\theta_2 = 0 \tag{8.64}$$

と整理される。また，衝突直後に前脚の先端位置が床面に拘束され滑らないという条件は

$$\dot{x}_2^+ = 0 \tag{8.65}$$

$$\dot{z}_2^+ = 0 \tag{8.66}$$

で与えられる。式 (8.63)～(8.66) をまとめることで $\boldsymbol{J}_I(\boldsymbol{q})$ が

$$\boldsymbol{J}_I(\boldsymbol{q}) = \begin{bmatrix} 1 & 0 & l\cos\theta_1 & -1 & 0 & -l\cos\theta_2 \\ 0 & 1 & -l\sin\theta_1 & 0 & -1 & l\sin\theta_2 \\ 0 & 0 & 0 & 1 & 0 & 0 \\ 0 & 0 & 0 & 0 & 1 & 0 \end{bmatrix} \tag{8.67}$$

と定まる。そして式 (8.59),(8.60) より，衝突直後の速度ベクトルが

$$\dot{\boldsymbol{q}}^+ = \left(\boldsymbol{I} - \bar{\boldsymbol{M}}(\boldsymbol{q})^{-1}\boldsymbol{J}_I(\boldsymbol{q})^T\boldsymbol{X}_I(\boldsymbol{q})^{-1}\boldsymbol{J}_I(\boldsymbol{q})\right)\dot{\boldsymbol{q}}^- \tag{8.68}$$

と解かれる。ただし，$\boldsymbol{X}_I(\boldsymbol{q}) := \boldsymbol{J}_I(\boldsymbol{q})\bar{\boldsymbol{M}}(\boldsymbol{q})^{-1}\boldsymbol{J}_I(\boldsymbol{q})^T$ である。最後に $\dot{\boldsymbol{q}}^+$ の第 3 成分 $\dot{\theta}_1^+$ を $\dot{\boldsymbol{\theta}}^+$ の第 2 成分 $\dot{\theta}_2^+$ に，$\dot{\boldsymbol{q}}^+$ の第 6 成分 $\dot{\theta}_2^+$ を $\dot{\boldsymbol{\theta}}^+$ の第 1 成分 $\dot{\theta}_1^+$ に置き換えることで速度座標の更新が完了する。なお，ここでは一般性を考慮して $\bar{\boldsymbol{M}}(\boldsymbol{q}), \boldsymbol{J}_I(\boldsymbol{q})$ などと表記したが，実際には各行列は式 (8.57),(8.67) の各成分からわかるように α（衝突時の股関節角度）のみで定まるものであり，水平面上に限らず下り斜面上などでも同様の結果となる。

8.3.3 能動歩行への応用

受動歩行ロボットに僅かな駆動力を印加することで

水平面などにおいても効率的な歩行運動を実現しようとする着想は McGeer の研究の中にも見られるが[4]，本格的な研究が行われるようになったのは1990年代後半からである。本項ではその中から代表的なものを幾つか紹介する。いずれの手法も受動歩行の原理を積極的に利用しているが，駆動力を持つ意味でこれと区別する必要があろうという考えから，limit cycle walking と呼ばれている[13]。ここで注意したいのは，リミットサイクル規範という言葉は前述のように安定な周期軌道を基本に運動生成を行う方策を指すものであって，ZMPや関節座標などの目標時間軌道への追従制御を伴うことやロボットが床面に対して全駆動の状態にあることは，特にこれと区別をする基準にはならないということである[7, 8, 10]。そしてこの呼称が定着すると共に，床面に固定されたロボットアームとして脚ロボットを扱う方策とは異なる，歩行運動の本質を突いた新しい理論体系を作ろうとする潮流が生まれた。また国内では，ダイナミクスベースト制御という言葉が次第に広まり使われるようになった[14]。その定義については依然として明文化されていないが，ロボットの身体に生来的に備わっている動特性やゼロダイナミクスの安定性を積極的に活用することで目標の運動を実現しようとする制御方策であると一般に認識されている。

(1) 仮想受動歩行

歩行運動を生成するためには前方への推進力が必要であり，受動歩行においてもこれは同じである。受動歩行における推進機序を図8.10に示す。重力加速度 g [m/s^2] は斜面に対する法線方向成分 $g\cos\phi$ [m/s^2] と接線方向成分 $g\sin\phi$ [m/s^2] に分解される。受動歩行はこの平行成分 $g\sin\phi$ を推力として前進運動を実現するものと解釈することができる。また，図8.10右に示すように，質点に作用する推進力を足首関節と股関節に等価な駆動力として印加することで，大きさ $g\cos\phi$ のやや小さい重力下を能動的に歩行しているとも解釈することができる。

この推進機序を水平面上において再現しようとする基礎的歩容生成法が提案された。前方へ大きさ $g\tan\phi$ [m/s^2] の擬似的保存場（これを仮想重力と呼ぶ）を想定し，これが生み出す仮想的な推進力を股や足首の関節トルクに等価変換し印加することで水平面上を能動的に歩行させようとするものである[7, 8]。ロボットの運動方程式は

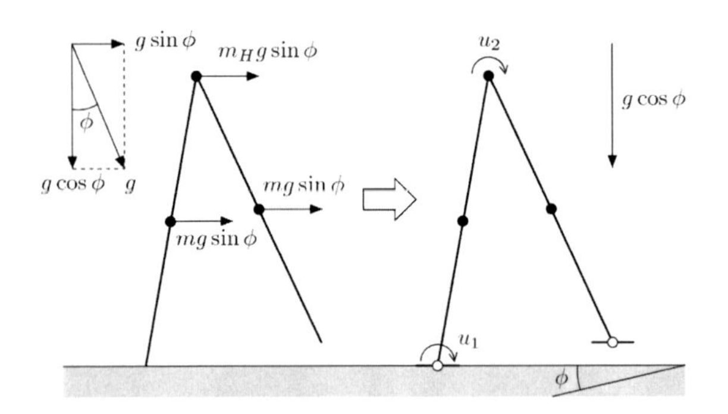

図 8.10　受動歩行における推進原理

$$\boldsymbol{M}(\boldsymbol{\theta})\ddot{\boldsymbol{\theta}} + \boldsymbol{C}(\boldsymbol{\theta}, \dot{\boldsymbol{\theta}})\dot{\boldsymbol{\theta}} + \boldsymbol{g}(\boldsymbol{\theta}) = \boldsymbol{S}\boldsymbol{u} \tag{8.69}$$

となる。左辺の各項は式(8.51)と同一である。また，仮想重力の等価変換トルクは

$$\begin{aligned}\boldsymbol{S}\boldsymbol{u} &= \begin{bmatrix} 1 & 1 \\ 0 & -1 \end{bmatrix}\begin{bmatrix} u_1 \\ u_2 \end{bmatrix} \\ &= \begin{bmatrix} (m_H l + ma + ml)\cos\theta_1 \\ -mb\cos\theta_2 \end{bmatrix} g\tan\phi \end{aligned} \tag{8.70}$$

で定まるため，ロボットは全駆動でなければならない。ただし，駆動行列 S は一意ではない。また，足首関節トルクを必要とすることから，結果として定まるZMPの運動をカバーしうる長さを持つ足リンクが必要となるので注意されたい。

ロボットの全力学的エネルギー $E = E(\boldsymbol{\theta}, \dot{\boldsymbol{\theta}})$ は運動エネルギーと位置エネルギーの和として次式で定まる。

$$E = \frac{1}{2}\dot{\boldsymbol{\theta}}^T \boldsymbol{M}(\boldsymbol{\theta})\dot{\boldsymbol{\theta}} + P(\boldsymbol{\theta}) \tag{8.71}$$

ただし，$P(\boldsymbol{\theta}) = (m_H l + ma + ml)\,g\cos\theta_1 - mbg\cos\theta_2$ は位置エネルギーである。E の時間微分と制御入力の間には次の関係式

$$\dot{E} = \dot{\boldsymbol{\theta}}^T \boldsymbol{S}\boldsymbol{u} = \dot{\theta}_1 u_1 + \dot{\theta}_H u_2 \tag{8.72}$$

が成り立つ。受動歩行においては $\boldsymbol{u} = \boldsymbol{0}_{2\times 1}$ であるため $\dot{E} = 0$ が成り立つ，つまり E は単脚支持期において一定値を保つ。式(8.70)のトルクを式(8.72)に代入してこれを整理すると，重心の水平位置 X_g [m] と全力学的エネルギー E の間に次の関係式

$$\dot{E} = \dot{\boldsymbol{\theta}}^T \boldsymbol{S}\boldsymbol{u} = Mg\tan\phi \dot{X}_g \tag{8.73}$$

が成り立つことが示される[7]。ただし，$M := m_H + 2m$

[kg] はロボットの全質量である。式 (8.73) は等価的に

$$\frac{\partial E}{\partial X_g} = Mg\tan\phi \tag{8.74}$$

と表されるが，これは（仮想）受動歩行運動において全力学的エネルギーが重心位置の変位に対して一定の割合で回復されることを意味するものである。

式 (8.74) は式 (8.70) から導かれる関係式であるが，制御入力との関係式 (8.73) からその概念は一般化され，これを満たす制御トルク $\boldsymbol{u}$ で生成される歩行運動全体を指して仮想受動歩行と呼ぶようになった。仮想重力の等価変換トルク以外の解の例を以下に述べる。式 (8.73) は制御入力について冗長な方程式であるため，何らかの条件式を加えて解かねばならない。例えばトルク比を μ として次の拘束条件

$$u_1 = \mu u_2 \tag{8.75}$$

を加えて解くと，次の制御入力を得る。

$$\boldsymbol{S}\boldsymbol{u} = \begin{bmatrix} \mu+1 \\ -1 \end{bmatrix} \frac{Mg\tan\phi\dot{X}_g}{(\mu+1)\dot{\theta}_1 - \dot{\theta}_2} \tag{8.76}$$

この制御入力を印加することで単脚支持期に力学的エネルギーが単調に回復され，これが衝突で失う運動エネルギーと釣り合うことで 1 周期の安定歩容へと運動が収束する。ただし，足リンクは式 (8.76) のトルクを印加することで結果として定まる ZMP の運動をカバーする十分な長さを持つことを前提としているので注意されたい。

ここで移動効率について略述する。リミットサイクル規範の脚ロボットの移動効率として，specific resistance が指標に用いられることが多い。これは 1 kg の質量を 1 m 移動させるのに必要なエネルギー消費量を表し，その値が小さいほど高効率を意味するものである。詳細については文献[8, 9] などを参照されたい。仮想受動歩行は理論的に簡明であると同時に，specific resistance の意味で高い移動効率を達成する。足首関節と股関節のパワー（$\dot{\theta}_1 u_1$ と $\dot{\theta}_H u_2$ の値）が常に正であれば，その値は最小値 $\tan\phi$ となる[8]。例えば傾斜角度が $\phi = 0.01$ rad であれば specific resistance はほぼ 0.01 となる。この値は，目標軌道追従などを伴う場合には達成困難な極めて小さいものである。

(2) 目標エネルギー追従制御

Goswami らは 1 周期の受動歩行運動における全力学的エネルギーの定常値 E^* [J] を目標値として，次の目標エネルギー追従制御系を提案した[10]。

$$\dot{E} = \dot{\boldsymbol{\theta}}^T \boldsymbol{S}\boldsymbol{u} = -\lambda(E - E^*) \tag{8.77}$$

ただし，λ は正の定数である。式 (8.77) も仮想受動歩行と同じく制御入力に関して冗長な方程式であるので，ここでも式 (8.75) の拘束条件を加えてこれを解くと，次の制御入力を得る。

$$\boldsymbol{S}\boldsymbol{u} = \begin{bmatrix} \mu+1 \\ -1 \end{bmatrix} \frac{\lambda(E^* - E)}{(\mu+1)\dot{\theta}_1 - \dot{\theta}_2} \tag{8.78}$$

また，E^* を大きく設定することで水平面上の歩行も可能となる。

この手法は仮想受動歩行にも拡張された[7, 8]。仮想受動歩行運動が 1 周期の定常歩容に収束した場合，力学的エネルギー軌道は X_g の 1 次関数

$$E(X_g) = E_0 + Mg\tan\phi X_g \tag{8.79}$$

となる。ただし E_0 は $X_g = 0$ における E の定常値である。式 (8.79) を目標エネルギー軌道 E_{d} として追従系

$$\frac{\mathrm{d}}{\mathrm{d}t}(E - E_{\mathrm{d}}) = -\lambda(E - E_{\mathrm{d}}) \tag{8.80}$$

を考えれば，解くべき方程式は

$$\dot{E} = \dot{\boldsymbol{\theta}}^T \boldsymbol{S}\boldsymbol{u} = Mg\tan\phi\dot{X}_g - \lambda(E - E_{\mathrm{d}}) \tag{8.81}$$

となる。この場合も先の条件式 (8.75) などを加えて $\boldsymbol{u}$ を求めればよい。

(3) パラメータ励振歩行

パラメータ励振はシステムの助変数が変化することで起こる持続的振動であり，ブランコやクレーンなど身近なものの運動中に見られる力学現象である。パラメータ励振歩行は，この原理を利用して衝突で失われる運動エネルギーを回復し，安定歩容生成を行おうとするものである[11, 12]。前述のように，仮想重力の等価変換トルクを印加するには歩行ロボットを全駆動の状態に保つ（足リンクを床面に対してフィットさせ続ける）必要がある。しかし，脚リンクそのものに力学的エネルギー回復の機能が備わっていれば，足首関節を駆動する必要がなく，足リンクの状態を意識しないダイナミックな歩行運動の実現が可能になるであろう，と

いう着想である。

図 8.11(a) は質点の上下動によるエネルギー増大の最適制御を示したものである。A 点において静止状態からスタートし（このときの振子長を l_0 とする），最下点である B 点に到達した瞬間に C 点へと上昇させ（このときの振子長を l_1 とする），D 点で角速度が再びゼロとなった瞬間（このときの振れ角度を θ とする）に振子長を元へ戻し E 点へ到達させるという運動を考えると，力学的エネルギーの増加分 ΔE は A 点と E 点における位置エネルギーの差分

$$\Delta E = mg\,(l_0 - l_1)\,(1 - \cos\theta) \tag{8.82}$$

に等しくなる。この力学的エネルギー回復機序を二脚ロボットの遊脚の伸縮運動に適用することで，水平面上の歩行が可能となる。支持脚の伸縮や腰質量の上下動などを適切なタイミングで行うことでも同様に歩容生成が可能となる。図 8.11(b) はこの原理を適用した歩行ロボットの実験機である。単脚支持期に遊脚の伸縮運動を行うことでパラメータ励振効果を引き出し，安定な水平面上の歩行の実現に成功したものである[15]。駆動力は脚リンク内の直動アクチュエータのみ（足首と股は自由関節）であり，その運動を 2 次元平面内に拘束するために外側 2 本と内側 2 本の脚リンクがそれぞれ同期して動く構造となっている。また，後述する円弧形状をした足部の効果を利用している点も，この実験機の一つの特徴である。

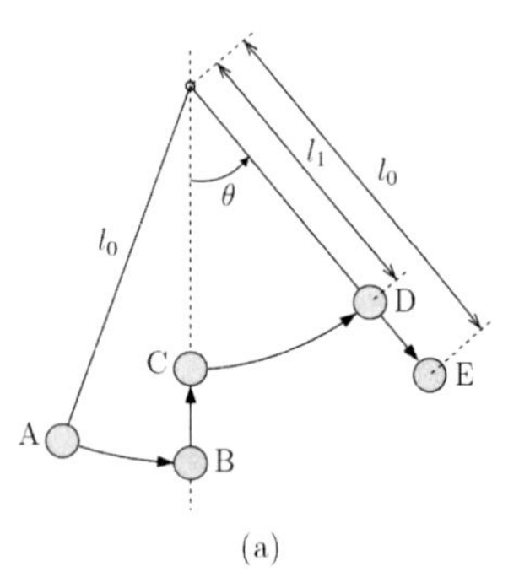

(a)

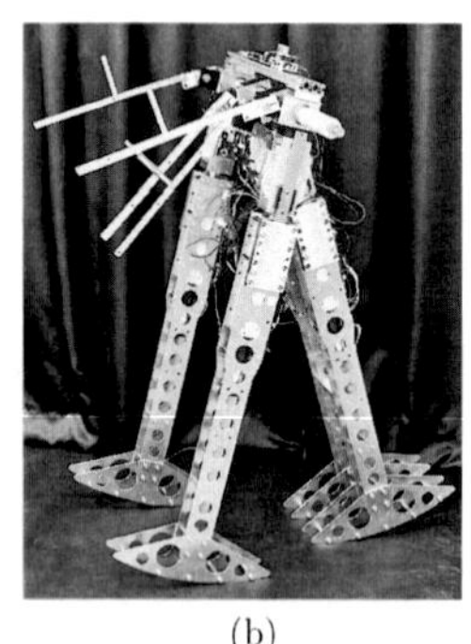
(b)

図 8.11　パラメータ励振原理 (a) とその原理を応用した二脚歩行ロボット (b)

歩容の特徴を数値シミュレーション結果を示しながら以下にまとめる。図 8.12 は遊脚の伸縮運動に基づく水平面上の定常歩容をスティック線図でプロットしたものである。足長は常に床面と転がり接触するための

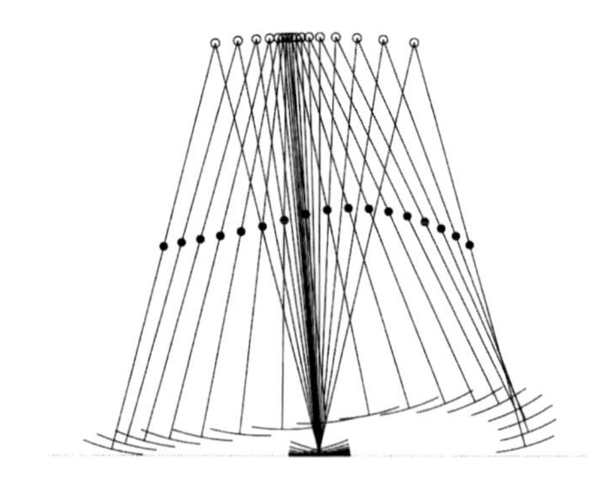

図 8.12　パラメータ励振歩行の定常歩容

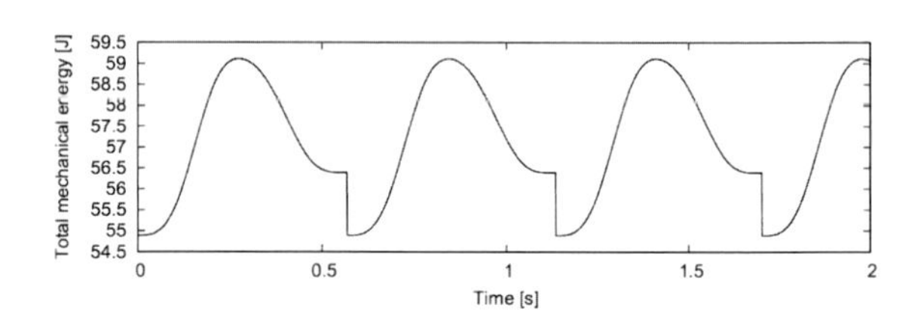

図 8.13　パラメータ励振歩行における全力学的エネルギーの時間変化

必要最低限の長さに少し余裕を持たせて設定している。また遊脚の重心位置の上下動を明確にするため，これを●で表示した。伸縮脚ロボットのモデルと物理パラメータについては文献 [11]Table 1 のものを用いている。ロボットは支持脚交換の衝突の直後から遊脚伸縮制御（出力追従制御に基づくスムーズな目標時間軌道への追従）を開始し，次の衝突までに制御開始時の長さまで戻し，固定したまま倒れ込んでいる。図 8.13 はこの歩容に対応した全力学的エネルギーの時間変化をプロットしたものである。力学的エネルギーは単脚支持期の前半に遊脚質量の上昇に伴い増大するが，後半にはこれが下降することで減少する。衝突により失う運動エネルギーを回復するためには，単脚支持期における変化分が正となる必要があり，これを達成するパラメータ励振効果を引き出すよう，システムパラメータを適切に設定しなければならない。また遊脚を伸長する際に負のパワーが発生するため，その分 specific resistance の意味での移動効率は悪化するが，駆動関節に弾性要素を並列に取り付けて負荷を軽減する（常にパワーが正となるようにする）ことで効率を大幅に改善することができる[11, 12]。

本節では省略したが，上記の他にも，支持脚の伸縮運動や膝関節の回転運動などを用いてパラメータ励振効果を引き出す方法が提案されている[16, 17]。

(4) 円弧形状をした足部の効果を利用した劣駆動二脚歩容生成

リミットサイクル規範がZMP規範と区別される一つの理由として，これまでに提案されてきた前者の手法の多くがZMPや足リンクの状態を陽に意識することなく歩行運動を実現するものであったという事実が挙げられよう。例えば，先の仮想受動歩行は，ロボットの物理パラメータや仮想重力の大きさのみを考慮して制御トルク式(8.70),(8.78)を一意に決定し，ZMPはこれらを印加した結果として定まるものであった。しかしこの場合はロボットを床面に対して全駆動の状態に保つため，ZMPの運動を考慮して適切に足リンクの長さを設計する必要があることに注意しなければならない。これに対して竹馬のような足リンクを持たない脚ロボットにおいては，脚リンクと床面との接触点そのものがZMPとなるため，制御系設計における中心的問題はリミットサイクルとしての安定性になる。ただし，ポテンシャル・バリア（位置エネルギーが最大となる姿勢）を突破して次の衝突へ至ることを前提としての議論である。

上体を持つ二脚ロボットであれば，これを前傾させることで，足首関節トルクを用いることなくポテンシャル・バリアの突破を保証することができる。しかし図8.9のように小自由度で足首が自由関節である二脚ロボットでは，一般に股関節トルクのみではポテンシャル・バリアを突破するだけの推進力の生成が困難である。これを解決する一つの有力な方法として，図8.14のような脚リンクと一体化した円弧形状の足部の利用が知られている。後述するように，単脚支持期においてはその転がりの作用が足首関節の駆動力として働き，ポテンシャル・バリアを突破するための推進力を助長する[18]。また，支持脚交換の衝突時には運動エネルギーの損失を抑制する[12, 19]。この結果，股関節トルクのみでも水平面上の歩容生成が可能となる[20]。

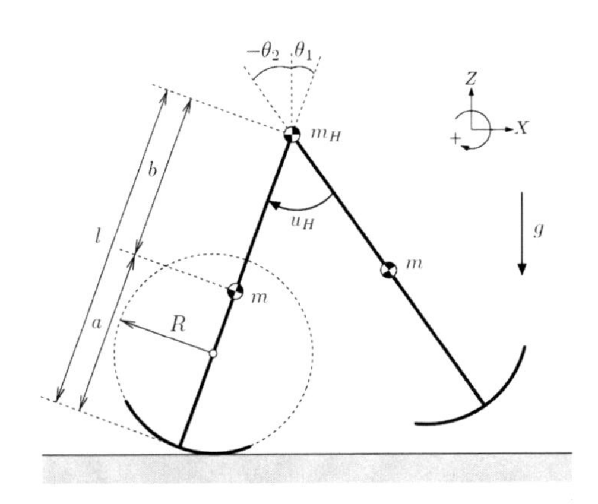

図 8.14　円弧状の足部を持つ劣駆動二脚ロボット

図8.14のモデルを用いて円弧形状をした足部の力学効果の概要を以下にまとめる。先の平面足モデルと同様に一般化座標ベクトル$\boldsymbol{\theta}$を設定すると，運動方程式は

$$\boldsymbol{M}(\boldsymbol{\theta})\ddot{\boldsymbol{\theta}} + \boldsymbol{C}(\boldsymbol{\theta}, \dot{\boldsymbol{\theta}})\dot{\boldsymbol{\theta}} + \boldsymbol{g}(\boldsymbol{\theta}) = \boldsymbol{S}u_H = \begin{bmatrix} 1 \\ -1 \end{bmatrix} u_H \tag{8.83}$$

となる。左辺の各項は式(8.50)のそれと同義であることから同じ表記を用いているが，内容は異なるので注意されたい。式(8.83)の$\boldsymbol{g}(\boldsymbol{\theta})$は

$$\boldsymbol{g}(\boldsymbol{\theta}) = \begin{bmatrix} -(m_H l + ma + ml - MR)g\sin\theta_1 \\ mbg\sin\theta_2 \end{bmatrix} \tag{8.84}$$

となり（M [kg]はロボットの全質量，R [m]は足裏半径），これは式(8.54)の第1成分に$MRg\sin\theta_1$を加えたものに等しい。また，式(8.84)の線形化された$\boldsymbol{M}(\boldsymbol{\theta})$は式(8.50)のそれと同じものに，$\boldsymbol{C}(\boldsymbol{\theta}, \dot{\boldsymbol{\theta}})$はいずれもゼロ行列になる。つまり，線形近似の有効範囲内では，足首関節トルク$-MRg\sin\theta_1 \approx -MRg\theta_1$を印加した平面足モデルと等価な運動方程式となる[18]。この式が明快に示すように，転がりが生む効果は直立姿勢への復元力としても機能する。すなわち，踵側の転がりは重心を前方へ押し出す効果を持つトルクとして，爪先側のそれは逆の効果を持つトルクとしてそれぞれ機能する。歩行運動の3次元への拡張においてはこの復元力が極めて重要であり，これまでに開発された3次元運動をするリミットサイクル型二脚歩行ロボットの多くが，凸曲面状あるいは円弧状の板を複数枚並べた足部を用いて困難な安定歩容生成を成し遂げている[9]。

典型的な劣駆動二脚歩容生成法として，入出力線形化に基づく出力追従制御の概要を以下にまとめる。その制御方針は，支持脚交換の衝突の時刻を$t = 0$ [s]（このときの股関節の相対角度θ_Hは$-2\alpha^*$であるとする）として，目標整定時刻$t = T_{\mathrm{set}}$ [s]に$\theta_H = 2\alpha^*$を実現し，これを維持しながら1自由度の剛体として倒れ込む，というものである。θ_Hを制御出力とすると，これは$\theta_H = \boldsymbol{S}^T\boldsymbol{\theta}$と書けるので，その時間による2階微分は

$$\ddot{\theta}_H = \boldsymbol{S}^T\ddot{\boldsymbol{\theta}} \\ = \boldsymbol{S}^T\boldsymbol{M}(\boldsymbol{\theta})^{-1}\left(\boldsymbol{S}u_H - \boldsymbol{C}(\boldsymbol{\theta},\dot{\boldsymbol{\theta}})\dot{\boldsymbol{\theta}} - \boldsymbol{g}(\boldsymbol{\theta})\right) \tag{8.85}$$

となる。これより，$\ddot{\theta}_H = v$ を実現する制御入力（股関節トルク）は

$$u_H = \frac{v + \boldsymbol{S}^T\boldsymbol{M}(\boldsymbol{\theta})^{-1}\left(\boldsymbol{C}(\boldsymbol{\theta},\dot{\boldsymbol{\theta}})\dot{\boldsymbol{\theta}} + \boldsymbol{g}(\boldsymbol{\theta})\right)}{\boldsymbol{S}^T\boldsymbol{M}(\boldsymbol{\theta})^{-1}\boldsymbol{S}} \tag{8.86}$$

と決定できる。次に制御出力の目標軌道を $\theta_{H\mathrm{d}}(t)$ としてこれへの追従制御系を設計する，すなわち $\theta_H \to \theta_{H\mathrm{d}}(t)$ を実現する v を決定する。基礎的なものとして，例えば K_P を比例ゲイン，K_D を微分ゲイン（いずれも正定数）とする 2 次の減数振動系を実現する次のものが考えられる。

$$v = \ddot{\theta}_{H\mathrm{d}}(t) + K_D\left(\dot{\theta}_{H\mathrm{d}}(t) - \dot{\theta}_H\right) \\ + K_P\left(\theta_{H\mathrm{d}}(t) - \theta_H\right) \tag{8.87}$$

しかし，厳密な衝突姿勢拘束を前提とした歩容の安定性解析を行う場合には，有限整定制御等を用いて次の衝突前に $\theta_H \equiv \theta_{H\mathrm{d}}(t)$ を達成しなければならないので，注意が必要である[20, 21]。

スムーズな股関節の運動制御を実現する基本的な目標軌道 $\theta_{H\mathrm{d}}(t)$ として，次の境界条件

$$\theta_{H\mathrm{d}}(0^+) = -\theta_{H\mathrm{d}}(T_{\mathrm{set}}) = -2\alpha^* \tag{8.88}$$

$$\dot{\theta}_{H\mathrm{d}}(0^+) = \dot{\theta}_{H\mathrm{d}}(T_{\mathrm{set}}) = 0 \tag{8.89}$$

$$\ddot{\theta}_{H\mathrm{d}}(0^+) = \ddot{\theta}_{H\mathrm{d}}(T_{\mathrm{set}}) = 0 \tag{8.90}$$

を満たす時間軌道が用いられることが多く，最も低次のものとして次の 5 次関数が定まる。

$$\theta_{H\mathrm{d}}(t) = 4\alpha^*\left(\frac{6}{T_{\mathrm{set}}^5}t^5 - \frac{15}{T_{\mathrm{set}}^4}t^4 + \frac{10}{T_{\mathrm{set}}^3}t^3\right) - 2\alpha^* \tag{8.91}$$

ただし，これは $0 \leq t < T_{\mathrm{set}}$ における目標時間軌道であるので，$t \geq T_{\mathrm{set}}$ において $\theta_H = 2\alpha^*$ を維持するためには目標軌道を $\theta_{H\mathrm{d}}(t) = 2\alpha^*$（定数値）に切り替える必要がある。また，この場合も目標軌道追従制御の結果として，単脚支持期における力学的エネルギー変化分が正となる必要がある。

図 8.15 は $T_{\mathrm{set}} = 0.60$ s，$\alpha^* = 0.20$ rad として劣駆動二脚動歩行の数値シミュレーションを行い，得られた定常歩容における関節角度と制御出力の時間変化をプロットしたものである。物理パラメータは文献[20] Table 1 のものを用いている。なお，追従誤差を持たない厳密な軌道制御を達成するために，衝突時に股関節が機械的に拘束されている（$\boldsymbol{J}_I(\boldsymbol{q})$ の決定に条件式 $\dot{\theta}_H^+ = 0$ が追加されている）ものとした。単脚支持期に θ_H が $-2\alpha^*$ から $2\alpha^*$ までスムーズに制御されていることがわかる。ただし，T_{set} は支持脚交換における衝突から次のそれまでの期間（歩行周期）よりも短くなるよう，また結果として定まる鉛直方向の床反力も常に正となるよう，システムパラメータに応じて適切な値に設定しなければならない。また式 (8.91) に従うことで，股関節を単脚支持期前半に加速，後半に減速する結果となるため，全力学的エネルギーの時間変化は図 8.13 に近いものとなる。なお，先のパラメータ励振歩行における遊脚伸縮運動も，上記と同じ制御方法を用いている[11]。図 8.13 は遊脚伸縮部の長さを制御出力として正弦波を利用した単純な目標時間軌道への追従制御を行ったものである。

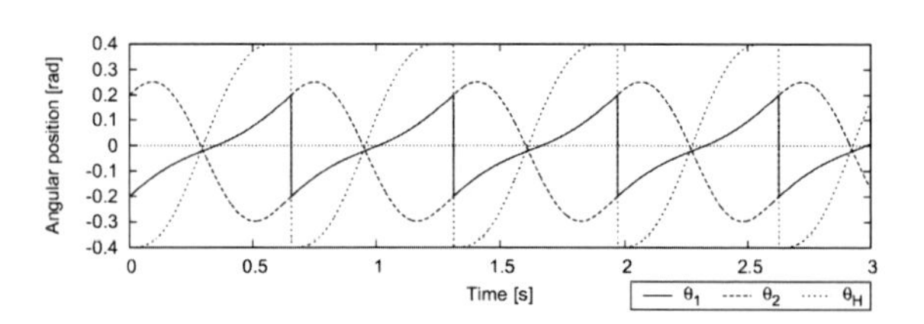

図 8.15　劣駆動二脚動歩行における関節角度と制御出力の時間変化

8.3.4　歩容の安定性

リミットサイクル型歩行運動はハイブリッドダイナミカルシステムとしての複雑さを持つため，生成される歩容の安定性を数値計算を行わずに知ることは一般に困難である。ここでは図 8.16 に示す単純なリムレスホイール[2, 4] の安定性を例として，以下に概要をまとめる。

リムレスホイールは自明な安定性を持つ唯一の受動歩行系であると言える。その受動歩行運動においては次の漸化式が成り立つ[22]。

$$K_{i+1}^- = \varepsilon K_i^- + \Delta E \tag{8.92}$$

ただし K_i^- は第 (i) 歩目の衝突直前の運動エネルギー，ε はエネルギー損失係数，ΔE は重力により自動的に供

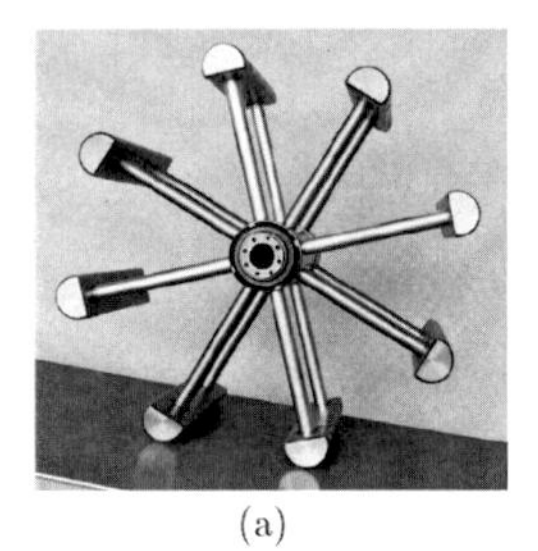
(a)

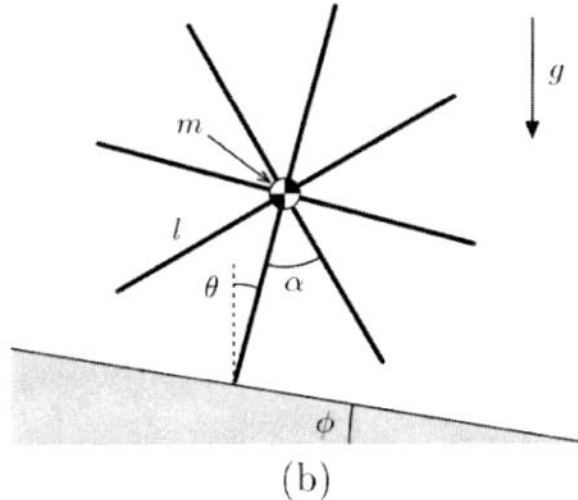

(b)

図 8.16 リムレスホイールの実験機 (a) とそのモデル (b)

給される回復エネルギーである。図 8.16 のモデル（質量を m [kg]，脚リンク長を l [m]，隣り合う脚リンクの相対角度を α [rad] とする）における ε と ΔE の値はそれぞれ

$$\varepsilon = \cos^2\alpha,\quad \Delta E = 2mgl\sin\frac{\alpha}{2}\sin\phi \tag{8.93}$$

となる。漸化式 (8.92) より，K_i^- の極限値が

$$\lim_{i\to\infty} K_i^- = \frac{\Delta E}{1-\varepsilon} \tag{8.94}$$

と求まる。これは生成される受動歩行運動が 1 周期かつ漸近安定であることを意味するものである。歩容全体の安定性はポアンカレ写像のそれに等価であるため[21]，式 (8.92) のように衝突から次のそれへの離散的な状態遷移を未知数を含まない漸化式として記述することができれば，容易に歩容の安定性を判別することができる。

遊脚自由度を持つ劣駆動二脚ロボットの場合は，単脚支持期に同じ制御を繰り返すことで足首以外の関節角度を一定の終端値へと制御し固定したまま 1 自由度の剛体として倒れ込む (衝突姿勢拘束を達成する[20–22]) ことにより ε を一定値に保つことが可能であるが，結果として定まる ΔE は一般に一定値とならないため式 (8.92) のような明快な漸化式や式 (8.94) のような単純な結論は得られない。近年の研究の進展により，衝突姿勢拘束といくつかの条件を満たすリミットサイクル型歩行運動については，数値積分を行うことなく安定性判別が可能であることが漸く示されたが[23]，受動歩行をはじめとする一般の (特に衝突姿勢が一定でない) 場合については理解が遅々として進まない状況が続いている。

本節で紹介した小自由度モデルの運動方程式や衝突方程式は，いずれも手計算による導出が可能，かつ各成分が持つ力学的意味の直感的理解が可能である初等的なものでありながら，生成される周期軌道に内在する安定性は自明でないばかりか，既存の数学的手法に基づく意味理解が実質的に不可能であるものが大半を占めている。周期倍分岐に代表される複雑な非線形現象についても，その理解や工学的応用へ向けての突破口を見出せないまま長く停滞が続いている。

以上に述べたように，リミットサイクル規範によるアプローチは，二足歩行は複雑な制御を必要としない本質的に安定な運動であり，この自明でない安定性を維持しつつ力学的エネルギー回復を期待できる制御トルクを適切に印加することで実現できるであろうという思想に支えられている。McGeer の研究から四半世紀が経過した現在もなお，受動歩行に内在する自己安定化原理の解明をはじめとする多くの未解決問題が残されているが，今後のさらなる研究の進展を通して諸性質の理解が深まることで，より確固たる理論体系が構築されていくものと期待する。

＜浅野文彦＞

参考文献（8.3 節）

[1] Fallis, G. T.: Walking toy, U.S. Patent No. 376588 (1888).

[2] McGeer, T.: Passive dynamic walking, *The Int. J. of Robotics Research*, Vol. 9, No. 2, pp. 62–82 (1990).

[3] McGeer, T.: Passive walking with knees, *Proceedings of the IEEE International Conference on Robotics and Automation*, Vol. 3, pp. 1640–1645 (1990).

[4] McGeer, T.: Dynamics and control of bipedal locomotion, *Journal of Theoretical Biology*, Vol. 163, Iss. 3, pp. 277–314 (1993).

[5] Goswami, A., Thuilot, B. and Espiau, B.: Compass-like biped robot Part I: Stability and bifurcation of passive gaits, *INRIA Research Report*, No. 2996 (1996).

[6] Goswami, A., Thuilot, B. and Espiau, B.: A study of the passive gait of a compass-like biped robot: Symmetry and chaos, *The International Journal of Robotics Research*, Vol. 17, No. 12, pp. 1282–1301 (1998).

[7] 浅野，羅，山北：受動歩行を規範とした 2 足ロボットの歩容生成と制御，『日本ロボット学会誌』，Vol. 22, No. 1, pp. 130–139 (2004).

[8] Asano, F., Luo, Z.-W. and Yamakita, M.: Biped gait generation and control based on a unified property of passive dynamic walking, *IEEE Transactions on Robotics*, Vol. 21, No. 4, pp. 754–762 (2005).

[9] Collins, S., Ruina, A., Tedrake, R, and Wisse, M.: Efficient bipedal robots based on passive-dynamic walkers, *Science*, Vol. 307, No. 5712 pp. 1082–1085 (2005).

[10] Goswami, A., Espiau, B. and Keramane, A.: Limit cycles in a passive compass gait biped and passivity-mimicking control laws, *Autonomous Robots*, Vol. 4, No. 3, pp.

273–286 (1997).

[11] 浅野，羅：パラメータ励振に基づく伸縮脚ロボットの動的歩行制御，『日本ロボット学会誌』，Vol. 23, No. 7, pp. 910–918 (2005).

[12] Asano, F. and Luo, Z.-W.: Energy-efficient and high-speed dynamic biped locomotion based on principle of parametric excitation, *IEEE Transactions on Robotics*, Vol. 24, No. 6, pp. 1289–1301 (2008).

[13] Wisse, M.: Biped Robots using the Limit Cycle Approach: Lessons Learned, 『日本ロボット学会誌』，Vol. 30, No. 4, pp. 383–387 (2012).

[14] 大須賀：モデルベースト制御からダイナミクスベースト制御へ：ロボットにおける「表モデル」と「裏モデル」，『システム/制御/情報』，Vol. 43, No. 2, pp. 94–100 (1999).

[15] Hayashi, T., Kaneko, K., Asano, F. and Luo, Z.-W.: Experimental study of dynamic bipedal walking based on the principle of parametric excitation with counterweights, *Advanced Robotics*, Vol. 25, No. 1–2, pp. 273–287 (2011).

[16] Asano, F., Hayashi, T., Luo, Z.-W., Hirano, S. and Kato, A.: Parametric excitation approaches to efficient dynamic biped locomotion, *Proceedings of the IEEE/RSJ International Conference on Intelligent Robots and Systems*, pp. 2210–2216 (2007).

[17] Harata, Y., Asano, F., Luo, Z.-W., Taji, K. and Uno, Y.: Biped gait generation based on parametric excitation by knee-joint actuation, *Robotica*, Vol. 27, No. 7, pp. 1063–1073 (2009).

[18] 浅野，羅：半円足の転がり効果を利用した劣駆動仮想受動歩行—(I) コンパス型モデルの駆動力学—，『日本ロボット学会誌』，Vol. 25, No. 4, pp. 566–577 (2007).

[19] 浅野，羅：半円足の転がり効果を利用した劣駆動仮想受動歩行—(II) 性能解析と冗長モデルへの拡張—，『日本ロボット学会誌』，Vol. 25, No. 4, pp. 578–588 (2007).

[20] 浅野：線形化モデルを用いた劣駆動 2 脚歩容の安定性解析，『日本ロボット学会誌』，Vol. 30, No. 4, pp. 391–398 (2012).

[21] Grizzle, J. W., Abba, G. and Plestan, F.: Asymptotically stable walking for biped robots: analysis via systems with impulse effects, *IEEE Transactions on Automatic Control*, Vol. 46, No. 1, pp. 51–64 (2001).

[22] 浅野，羅，山北：Rimless Wheel の安定原理に基づくコンパス型 2 足ロボットの漸近安定歩容生成，『日本ロボット学会誌』，Vol. 26, No. 4, pp. 351–362 (2008).

[23] Asano, F.: Fully analytical solution to discrete behavior of hybrid zero dynamics in limit cycle walking with constraint on impact posture, *Multibody System Dynamics*, Vol. 35, No. 2, pp. 191–213 (2015).

8.4 仮想拘束に基づく制御法

8.4.1 ハイブリッドゼロダイナミクスを用いた制御

(1) 出力ゼロ化とゼロダイナミクス

システムの状態空間表現を

$$\dot{x}(t) = f(x(t)) + g(x(t))u(t) \tag{8.95}$$

$$y(t) = h(x(t)) \tag{8.96}$$

とする。ただし，$x(t) \in R^n$，$u(t) \in R^m$，$y(t) \in R^p$ である。一般のシステムの場合，外部から観測できるのは $u(t), y(t)$ だけであるが，ここでは $x(t)$ がすべて観測できると仮定し，$y(t)$ は観測信号ではなくて，状態から計算される適当な出力関数であるとする。このように，状態方程式の右辺に入力がアフィンな形で現れる系を入力アフィン系と呼ぶ。このように定義したとき，ゼロダイナミクスとは，出力関数がゼロに制御されるときに残っているダイナミクスのことである。

数学的にゼロダイナミクスを定義するためには，出力関数の相対次数を定義しなければならない。議論を簡単にするために出力関数がスカラーの場合を考える。出力関数の相対次数とは，出力関数を時間で順次微分し，その値を状態変数と入力で表したとき，入力変数が初めて式の中に現れる微分の回数である。

出力関数を 1 回微分すると

$$\dot{y}(t) = \frac{\partial h}{\partial x}\dot{x} = \frac{\partial h}{\partial x}(f(x(t)) + g(x(t))u(t)) \tag{8.97}$$

となる。このとき，$\frac{\partial h}{\partial x}g(x(t))$ の項がゼロでないとき，システムの相対次数が 1 であるという。もし，式の中に u の項が残っていないときは

$$\dot{y}(t) = \frac{\partial h}{\partial x}f(x(t)) \tag{8.98}$$

となり，これを h のベクトル場 f に沿った微分，またはリー微分と呼び $L_f h$ と表現する。この場合にはさらに時間微分を行って r 回微分をして u に関する係数関数がゼロでないとき，システムの相対次数が r であるという。

入力アフィン系で相対次数が r であるとき，入力で非線形項をキャンセルすることができて，システムを r 個の積分器が直列につながったシステムと等価なシステムに入出力線形化することが可能となり，$y(t)$ をゼロに制御する状態フィードバック入力を決定することができる。その入力を

$$u(t) = k(x(t)) \tag{8.99}$$

とすると，状態方程式は

$$\dot{x}(t) = f(x(t)) + g(x(t))k(x(t)) \tag{8.100}$$

と表現される自律系になる。

また，出力関数の相対次数が r のとき，$Y(t) := [y(t), \dot{y}(t), \ldots, y^{(r-1)}(t)]^T$ とそれ以外の座標ベクトル $\xi(t) \in R^{n-r}$ で座標変換して表現するとして，

$$\begin{bmatrix} \xi(t) \\ Y(t) \end{bmatrix} = T(x(t)) \tag{8.101}$$

でかつ，

$$x(t) = T^{-1}\left(\begin{bmatrix} \xi(t) \\ Y(t) \end{bmatrix}\right) \tag{8.102}$$

となる座標変換 $T()$ が存在する。これより，

$$\begin{aligned} \frac{\mathrm{d}}{\mathrm{d}t}\begin{bmatrix} \xi(t) \\ Y(t) \end{bmatrix} &= \frac{\partial T(x(t))}{\partial x} \\ &\times (f(x(t) + g(x(t))k(x(t))))\Bigg|_{x(t)=T^{-1}\left(\begin{bmatrix} \xi(t) \\ Y(t) \end{bmatrix}\right)} \\ &=: \begin{bmatrix} F_1(\xi(t), Y(t)) \\ F_2(\xi(t), Y(t)) \end{bmatrix} \end{aligned} \tag{8.103}$$

となる。したがって，ゼロダイナミクスは

$$\dot{\xi}(t) = F_1(\xi(t), \mathbf{0}) \tag{8.104}$$

と表現でき，$n-r$ 次元に低次元化されたダイナミクスのみを考えればよいことになる。この $n-r$ 次元の状態空間をゼロダイナミクス多様体といい，ここでは Z で表記することにする。システムの次元が低次元の場合，例えばポアンカレ–ベンディクソンの定理や図的な方法によってシステムの安定性判別が容易になる。また，相対次数が n の場合には，状態変換と状態フィードバックによるシステムの線形化が可能であることに対応しており，その場合はシステムを線形化した後，線形システムに対する制御手法を適用できることになる。ただし，一般には $y(t) = 0$ は有限時間では達成されないため，その収束速度とゼロダイナミクスの性質との関係に注意しなければならない。

システムの安定化制御では，目標の平衡状態を 0 に平行移動することで，状態をゼロにすることでシステムの安定化を達成することができる。このとき，ゼロダイナミクスを指数安定化するような出力ゼロ化制御によって，システムの状態を 0 にすることができることが次の命題によって示される。

[命題]

ゼロダイナミクスが漸近安定であるとする。このとき，出力関数が残りのダイナミクスに影響されることなく漸近的に安定であれば，全体のシステムの 0 は漸近安定である。

上記の命題において，平衡状態を周期解に拡張し，ゼロダイナミクスを状態ジャンプを含むハイブリッドシステムのハイブリッドゼロダイナミクスの場合に拡張したものが (2) 以降に説明する手法である。

(2) メカニカルシステムの相対次数

一般のメカニカルシステムの運動方程式は，一般座標ベクトルを $q(t) \in R^N$ とすると次のように記述される。

$$D(q(t))\ddot{q}(t) + C(q(t), \dot{q}(t))\dot{q}(t) + G(q(t)) = E\tau(t) \tag{8.105}$$

ただし，$D(q(t))$ は一般化慣性行列，$C(q(t), \dot{q}(t))\dot{q}(t)$ はコリオリ・中心力項，$G(q(t))$ はポテンシャル項，E はゲイン行列，$\tau(t)$ は一般化力ベクトルである。状態変数を $x(t) := [q^T(t), \dot{q}^T(t)]^T =: [x_1^T(t), x_2^T(t)]^T$ とすると，状態方程式は

$$\begin{aligned} \frac{\mathrm{d}}{\mathrm{d}t}\begin{bmatrix} x_1(t) \\ x_2(t) \end{bmatrix} &= \begin{bmatrix} x_2(t) \\ D(x_1)^{-1}(E\tau(t) - C(x_1(t), x_2(t))x_2(t) - G(x_1(t))) \end{bmatrix} \end{aligned} \tag{8.106}$$

となる。メカニカルシステムに対して，出力関数を一般化座標ベクトル $q(t)$ のみを含むように $y(t) = h(q(t))$ と定めると，

$$\dot{y} = \frac{\partial h}{\partial q}\dot{q} \tag{8.107}$$

となり入力の項は出てこない。さらにもう 1 回微分を行うと

$$\begin{aligned} \ddot{y} &= \frac{\partial h}{\partial q}\ddot{q} + \frac{\mathrm{d}}{\mathrm{d}t}\left(\frac{\partial h}{\partial q}\right)\dot{q} \\ &= \frac{\partial h}{\partial q}(D^{-1}(E\tau - C(q(t), \dot{q}(t))\dot{q} - G(q))) \\ &\quad + \frac{\mathrm{d}}{\mathrm{d}t}\left(\frac{\partial h}{\partial q}\right)\dot{q} \end{aligned} \tag{8.108}$$

となり，入力の τ の項が現れ，相対次数が 2 であることがわかる。メカニカルシステムの自由度が N であると，状態は $q(t), \dot{q}(t)$ の $2N$ になる。これに対して，入力の数が m のとき，一般化座標のみからなる m 個の出力関数を考えると，それぞれが相対次数が 2 であり，m 個の入力によってそれらをゼロ化することができるので，ゼロダイナミクスの次元は $2(N-m)$ となる（出力関数に $\dot{q}$ を含めた場合，必ずしも相対次数が 2 とはならず，3 となるような出力関数を作れることに注意する）。したがって，(3) のように，$N-1$ の入力で $N-1$ の出力関数をゼロにすると，ゼロダイナミクスは 2 次元となる。

(3) ハイブリッドゼロとロボットへの応用

歩行ロボットなどのように地面と足の衝突がある場合，遊脚が支持脚に交換する際，遊脚の速度が衝突後ゼロになるような速度が不連続に変化する現象が見られる。このような状態がある条件を満たすと，不連続に変化する現状をモデル化するのに，次のようなハイブリッドシステムが定義される。

$$\dot{x}(t) = f(x(t), u(t)), x(t) \notin S \tag{8.109}$$

$$x^{+}(t) = \Delta(x^{-}(t)), x^{-}(t) \in S \tag{8.110}$$

ただし，S は状態のジャンプ面，$x^{-}(t)$ は衝突直前の状態，$x^{+}(t)$ 衝突直後の状態，Δ は状態遷移関数である。一般に $x^{-}(t) \in Z \cap S$ であっても $x^{+}(t) \in Z$ とはならない。これに対して，

$$x^{-}(t) \in Z \cap S \rightarrow x^{+}(t) \in Z \tag{8.111}$$

が成り立つとき，そのゼロダイナミクスをハイブリッドゼロダイナミクスと呼ぶ。ゼロダイナミクスは出力関数に依存するので，ハイブリッドゼロダイナミクスを定義するためには上記の条件を満たすように出力関数を選ぶことが必要となる。

図 8.17 に，3 次元システムで入力，出力がそれぞれ 1 の場合のハイブリッドゼロダイナミクス多様体を示す。図では，座標変換後の状態空間が図示されており，$\xi_1 - \xi_2$ 平面がゼロダイナミクスで，$\xi_1 - y$ 面が状態のジャンプが起きる切替え面である（メカニカルシステムの状態空間は偶数次元であるが，ここでは 3 次元空間内の絵として描くために 3 次元のシステムを想定している。また，相対次数は 1 であるとしている）。実線はハイブリッドゼロダイナミクス多様体内での周期

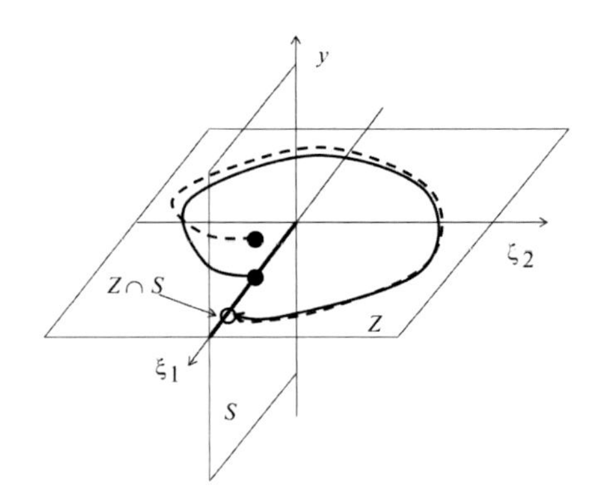

図 8.17　ハイブリットゼロダイナミクス多様体の一例

軌道である。破線のような軌道は周期軌道ではあるが，ハイブリッドゼロダイナミクス多様体の軌道ではない。なぜなら，状態がジャンプした直後には状態は Z の外に飛び出してしまっているからである。

文献[2] では，図 8.18 のような支持脚の足先がピンジョイントでトルクを入れることができない歩行モデルを考えて，次のようなゼロダイナミクスとハイブリッドゼロダイナミクスが存在することが示されている（実際の歩行ロボットでは足首にトルクを発生することができるが，そのトルクは出力ゼロ化制御の外側でさらに不確定性に対して制御系をロバスト安定にするように使うことができる）。

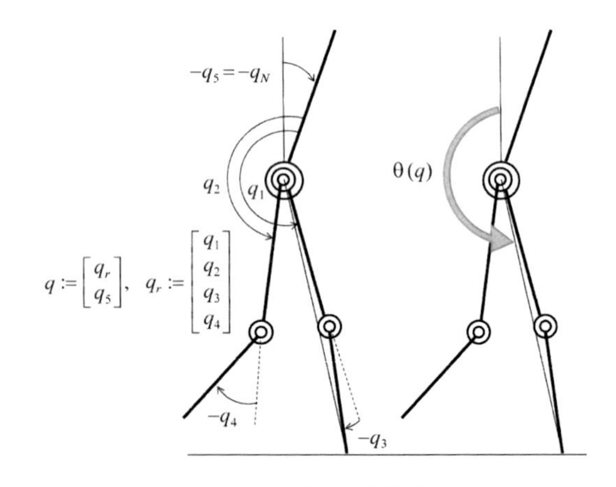

図 8.18　5 リンク歩行モデル

図 8.18 のシステムでは，システムの状態を相対角度ベクトルと絶対角 θ および相対角ベクトルの微分と絶対角に関する回転モーメントを新しい状態変数ベクトルとすることが示されている。つまり，ロボットが N 個のリンクから構成されているとき，相対角ベクト

ルを q_r，絶対角を q_N として，一般化座標ベクトルを $q := [q_r^T, q_N]^T$ として，状態を $[q^T(t), \dot{q}^T(t)]^T$ の代わりに

$$\eta_1 := h(q) \tag{8.112}$$

$$\xi_1 := \theta(t) \tag{8.113}$$

$$\eta_2 := \dot{h}(q) = L_f h \tag{8.114}$$

$$\xi_2 := d_0(q)\dot{q} \tag{8.115}$$

ただし，d_0 は一般化慣性行列の一番下の行ベクトルで，

$$D(q) = \begin{bmatrix} * \\ \cdot \\ * \\ d_0(q) \end{bmatrix}, \ d_0^T(q) \in R^N \tag{8.116}$$

として表現することができることが示されている。また，適当な仮定の下この新しい座標系の取り方に対して，$(\eta_1 = 0, \eta_2 = 0, \xi_1, \xi_2)$ がハイブリッドゼロダイナミクス多様体となることが示されている（つまり，出力ゼロ化が達成されると，ダイナミクスとして残るのは ξ_1, ξ_2 の 2 変数だけであるということである)。また，(ξ_1, ξ_2) のダイナミクスは次式で表される。

$$\dot{\xi}_1 = \kappa_1(\xi_1)\xi_2 \tag{8.117}$$

$$\dot{\xi}_2 = \kappa_2(\xi_1) \tag{8.118}$$

ただし，

$$\kappa_1(\xi_1) := \frac{\theta}{\partial q}\begin{bmatrix} \frac{\partial h}{\partial q} \\ \gamma_0 \end{bmatrix}^{-1}\begin{bmatrix} 0 \\ 1 \end{bmatrix}\Bigg|_Z \tag{8.119}$$

$$\kappa_2 := -\frac{\partial V}{\partial q_N} \tag{8.120}$$

であり，V は全系のポテンシャル関数である。さらに，$\theta(t)$ が単調で，状態ジャンプ直前直後の θ^-, θ^+ に対して $\theta^+ < \theta^-$ となるように選ぶことができることも示されている（つまり，θ を時間の進みが一定ではない仮想の時間として考えることができる)。

さらに興味深いことは，状態ジャンプ面では次のような単純なダイナミクスを持つことである。

$$\xi_1^+ = \theta_1^+ \tag{8.121}$$

$$\xi_2^+ = \delta_{\mathrm{zero}}^2 \xi_2^- \tag{8.122}$$

ただし，δ_{zero} は出力関数の定義 h によって決まる予め計算可能な定数である（ただし，一般に数値的にしか計算できない)。さらに，ξ_2^- と ξ_2^+ の具体的関係を導くために，ξ_2 の代わりに

$$\zeta_2 := 1/2(\xi_2)^2 \tag{8.123}$$

という座標変換を用いると

$$\frac{\mathrm{d}\zeta_2}{\mathrm{d}\xi_1} = \frac{\partial \zeta_2}{\partial \xi_2}\frac{\mathrm{d}\xi_2}{\mathrm{d}\xi_1} = \xi_2 \frac{\kappa_2(\xi_1)}{\kappa_1(\xi_1)\xi_2} = \frac{\kappa_2(\xi_1)}{\kappa_1(\xi_1)} \tag{8.124}$$

となる。ここで，

$$V_{\mathrm{zero}}(\xi_1) := -\int_{\theta+}^{\xi} \frac{\kappa_2(\xi)}{\kappa_1(\xi)} d\xi \tag{8.125}$$

と定義すると，

$$\zeta_2^- = \zeta_2^+ - V_{\mathrm{zero}}(\theta^-) \tag{8.126}$$

$$\zeta_2^+ = \delta_{\mathrm{zero}}^2 \zeta_2^- \tag{8.127}$$

を得る。ここで，$V_{\mathrm{zero}}(\theta^-)$ は数値的にではあるが事前に計算可能な量である。これより，$\delta_{\mathrm{zero}}^2 \neq 1$ であれば，ζ_2^- の平衡点を ζ_2^* とすると，

$$\zeta_2^* = \delta_{\mathrm{zero}}^2 \zeta_2^* - V_{\mathrm{zero}}(\theta^-) \to \zeta_2^* = -\frac{V_{\mathrm{zero}}(\theta^-)}{1 - \delta_{\mathrm{zero}}^2 \zeta^*} \tag{8.128}$$

となる。また，k 回目のジャンプ面直前の ζ_2^- の値を $\zeta_2(k)$ とすると，その離散のダイナミクスは

$$\zeta_2(k+1) = \delta_{\mathrm{zero}}^2 \zeta_2(k) - V_{\mathrm{zero}}(\theta^-) \tag{8.129}$$

となり，$0 < \delta_{\mathrm{zero}}^2 < 1$ であれば指数的に平衡点 ζ_2^* に収束する。ただし，ξ_2 と ζ_2 が物理的に対応するために，

$$\zeta_2^- > 0 \tag{8.130}$$

$$\delta_{\mathrm{zero}}^2 \zeta_2^- - K > 0, \ K := \max_{\theta^+ \leq \xi_1 \leq \theta^-} V(\xi_1) \tag{8.131}$$

でなければならない。図 8.19 に示すように，離散のダイナミクスは線形となり，平衡点 ζ_2^* に収束する様子を図示することができる。

特に，出力関数 $y = h(q)$ を

$$h(q) := h_0(q_r) - h_d(\theta) \tag{8.132}$$

のように決定する。ただし，h_0 は q_r と微分同相な $N-1$ 次元の写像で，h_d は $\theta(t)$ によってパラメトライズされ

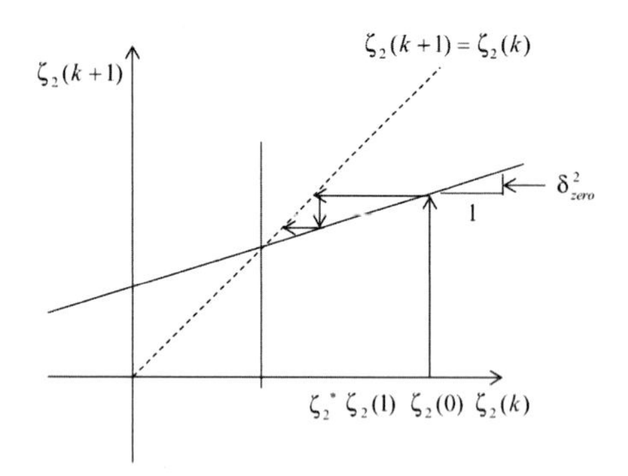

図 8.19　ζ_2 のリターンマップ

た h_0 の目標値関数である。このとき，h_0, h_d を δ^2_{zero} が 1 未満になるように設計することによって，ハイブリッドゼロダイナミクスが指数安定な周期解を持つようにする。このとき，出力関数を十分早くゼロに収束させることにより，全体のシステムを周期解を持つようにすることができることが示される。具体的には，文献[1, 2] では出力関数の動特性を 2 重積分系に線形化して有限整定制御を適用する手法による収束性を示している。一方，文献[3] では 2 重積分系に線形化してハイゲインな PD フィードバックでも同様の制御系が実現できることを示している。

Grizzle らのグループはこのハイブリッドゼロの考え方を拡張し，さらに足首トルクを使って外側のループで安定性を高めた走行制御についても提案している[5]。

8.4.2　ハミルトン系の性質を利用した階層的な歩行制御

前項で見た歩行モデルの制御においては，どのような拘束 $h(x) = 0$ を用いるかによって，現れる歩容と安定度，消費エネルギーが異なってくる。では，設計論としては何が考えられるだろうか？　例えば，歩幅や歩行速度などを与えて，パラメータ表現した $h(x)$ の（数値）最適化問題に帰着するというアプローチが考えられる[7]。

本項ではそのようなワンショットの最適化を行うアプローチではなく，力学系のある性質を利用して，優先度の高い安定性を確保する能動歩行から始めて，徐々にエネルギー消費の少ない受動歩行に移行するためのアプローチを紹介する[8–10]。具体的には，ハミルトン系の対称性を利用した歩行制御戦略について，以下，その考え方の基礎となる基本的事項をまとめ，二脚歩行ロボットと 1 脚走行ロボットへの適用例を示す。

(1) 階層的な歩行制御戦略

歩行制御において重要な問題は，① 転倒安定性，② 移動目標の達成，③ 高効率性の 3 つであると言える。ハミルトン系の特徴である周期性，エネルギー保存，エネルギー量の増減による解軌道の変形は，これら 3 つの問題を同時に解決する潜在力を有しており，この特徴を利用したロコモーション制御戦略が考えられる。例えば，上記 3 つの問題を次の 3 つのステップで階層的に達成する方法が考えられる（図 8.20）。

(S1) 系の消散項を無視して無損失なハミルトン系を抽出する。次いで，制御によって解軌道を不変集合に閉じ込める。

(S2) 消散項と外乱を考慮しつつ，周期制御やエネルギー制御等の軌道安定化制御を施し，所望の移動目標を達成する漸近安定な周期軌道を得る。

(S3) 適応・学習制御によって制御入力を最小化する。

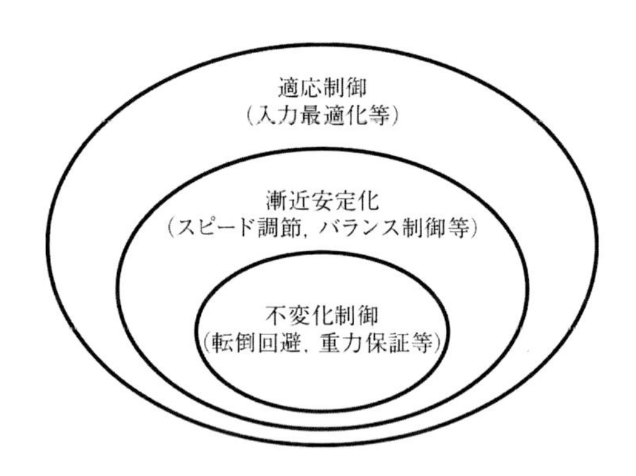

図 8.20　ハミルトン系に基づく運動制御戦略：不変集合を生成する制御を最下位で行い，具体的な運動目標を達成する上位制御を同時に行う多重構造。丸括弧は具体的な効果を示している。

まず，S1 では基本となる周期運動を生成する。いかなる運動もエネルギーを持ってこそ意味があるので，エネルギー保持の妨げとなる消散項はひとまず無視する（後で外乱などと一緒に考慮）。すると運動のコアとも言える無損失ハミルトン系が抽出されるので，力学系のよく知られた知見から[11]，解の存在性と有界性さえ保証してやれば，ハイブリッド系においても何らかの再帰的な軌道が生成されることが期待できる。再帰的軌道を生成し続けること，実はこれが脚ロボットにおいて最も重要な転倒回避を保証することと等価なのである。これは，脚ロボットの場合，図 8.21(a) のように，解がそもそも定義できない領域があることに由来する。転倒状態は配位座標で規定できるので，図 8.21(b) のように，「配位空間のある領域内に解が存在＝ロボットは転倒しない」という図式が成り立つ。

無制御で有界性が得られるならそれに越したことはないが，実際に起こりうるいかなる状況でも配位空間の有界性を保証するためには，やはり制御入力や切換のロジックが必要になる。具体的には図 8.21(c) のように，解にジャンプを許容することが含まれる。このように解を不変集合に閉じ込める制御をここでは不変化制御と呼ぶことにする（図 8.20 の最も内側のループ）。

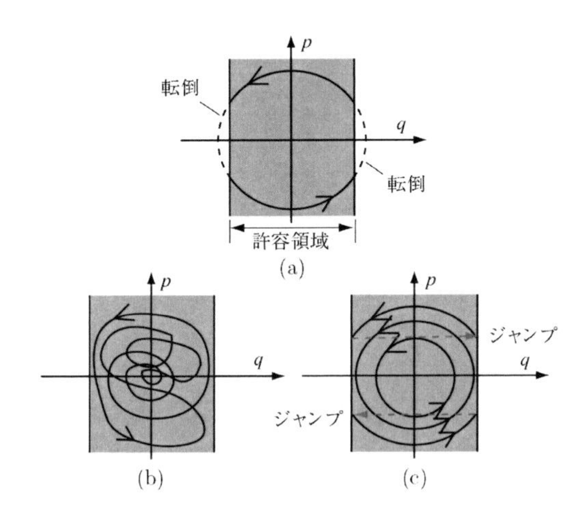

図 8.21 (a) いかに整然とした軌道でも許容領域から抜け出すものは無意味である。(b) 許容領域内であれば挙動が複雑であっても構わない。(c) ジャンプを許容すれば簡単に解を制約することが可能な場合もある。

次に，S2 では S1 で得られた再帰的軌道をさらなる追加制御入力で漸近安定化する（図 8.20 の中間の階層）。これによって例えば歩行速度などの所望の移動目標を達成する。脚ロボットにおいては，原始的な移動目標であれば単なるエネルギーレベルに変換できる。エネルギーレベルはハミルトニアンの値そのものなので，最初から制御対象をハミルトン系で眺めると制御系設計の見通しがよい。転倒回避を S1 でしっかり確保していさえすれば，当然外乱に対してもロバストな軌道安定化が可能である。

最後に S3 では，S1 と S2 に必要な制御入力の大きさを適応制御や学習制御によって最小化することで，最適軌道を得る（図 8.20 の最も外側のループ）。

(2) ハミルトン系の対称性

一般に機械系は時間可逆対称性と呼ばれる特殊な対称性を有している。多様体 $\mathcal{M}$ 上の微分同相写像 F を考える。

$$F : \mathcal{M} \to \mathcal{M} \tag{8.133}$$

多様体 $\mathcal{M}$ 上の involution（$R \circ R = id$ なる関係を満たす写像 $R : \mathcal{M} \to \mathcal{M}$）は，次の関係が成り立つとき，式 (8.133) に関して reversal symmetry（以下，「可逆対称」と訳す）と呼ぶ。

$$R \circ F = F^{-1} \circ R \tag{8.134}$$

さて，機械系は次のようなハミルトニアン（運動エネルギー＋ポテンシャルエネルギー）を持つ。

$$H_0(q, p) = \frac{1}{2} p^T M(q)^{-1} p + U(q) \tag{8.135}$$

そのフローを $\phi_t : (q(t_0), p(t_0)) \mapsto (q(t_0 + t), p(t_0 + t))$ と定義する。すると，H_0 は involution $R : (q, p) \mapsto (q, -p)$ に関して不変であるので，ϕ_t は R に関して（時間）可逆対称であることがわかる。すなわち，

$$R \circ \phi_t = \phi_{-t} \circ R \tag{8.136}$$

が成り立つ。

可逆対称系では固定点集合 Fix(R) と Fix($R \circ \phi_t$) の共通部分が特に重要である。というのも，対称軌道[14, 15]と呼ばれる特別な軌道がその共通部分と交わるからである。これは振子の平衡点まわりの調和振動と同じように，エネルギーレベルなどの初期条件でパラメトライズされた軌道「族」として存在し，これらが相空間内で不変多様体を構成する。対称軌道はそれ自体は必ずしも周期軌道ではないが，状態変数の切換を行うハイブリッド系としての記述を許容すれば，この遷移写像と組み合わせて周期軌道と関連づけられる。特に，対称軌道が周期軌道である場合，その軌道は R によって方向を変えて自分自身に写像される。つまり，もし R と R 可逆なフロー ϕ_t があってその固定点集合 Fix(R) と Fix($R \circ \phi_t$) が特定できれば，対称軌道が得られる。

以下の事例に見るように，支持脚と遊脚の座標入れ替え操作が R になっている。この場合周期軌道は R と R 可逆なフロー ϕ_t を数珠繋ぎにして得られる。そこで，制御入力によって解曲線を対称軌道族からなる不変多様体に拘束してやれば，振子の例と同じように，外

力は単にエネルギーレベルを変化するだけの存在となり，許容領域内で準大域的な歩容生成が可能になると考えられる。これが図 8.20 の不変化制御の具体的な実装方法である。以下では，その上の階層も含めて，全く異なる 2 種類のロボットにおいて具体的な実装方法を紹介する。

(3) 事例 1：二脚ロボットの歩行制御

図 8.22 のようなコンパス型二脚ロボットを考える。$q = (q_1, q_2)$ を配位空間 $\mathcal{N} := \{q \in S^2 \mid |q_1| \leq \pi/2 \text{ and } |q_1| < |q_2|\}$ 上の一般化座標とする。$z = (q, p)$ を相空間 $\mathcal{M} = T^*\mathcal{N}$ 上の正準座標にとる。ここで共役運動量 p は $p = M(q)\dot{q}$ で与えられる。ただし，

$$M(q) = \begin{bmatrix} (m_1 + 2m_2)L^2 + m_2(L-b)^2 & -m_2 bL\cos(q_1 - q_2) \\ -m_2 bL\cos(q_1 - q_2) & m_2 b^2 \end{bmatrix}, \tag{8.137}$$

で，m_1, m_2, b, L は図 8.22 中の質量や長さを表す。制御入力を $u_1 = \tau \in \mathcal{R}^1$ で定義する。ここでこのとき片足支持期におけるロボットのダイナミクスは $\{\cdot\}$ をポアソン括弧として，次のような 2 自由度のハミルトン制御系[18] として記述される。

$$\dot{z}^\mu = \{z^\mu, H_0\} - \{z^\mu, H_1\}u_1 \quad (\mu = 1, 2, 3, 4) \tag{8.138}$$

ここでハミルトニアンは

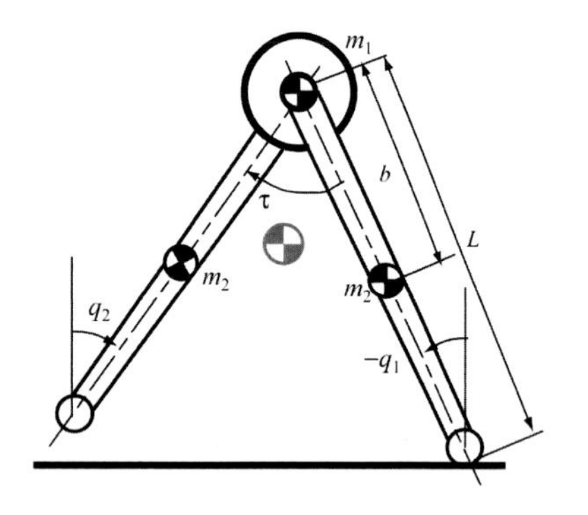

図 8.22　質点とリンクからなるコンパス型歩行モデル：q_1 と q_2 は支持脚および遊脚の鉛直軸からの絶対姿勢を示す。m_1 と m_2 は腰部と脚部の質量を表す。脚の重心は股関節から距離 b だけ離れている。脚長は L で示す。股関節トルク τ は両脚間に作用する。簡単のため摩擦は無視する。

$$H_0(q, p) = \frac{1}{2}p^T M(q)^{-1} p + U(q), \tag{8.139}$$

$$H_1(q) = q_1 - q_2 \tag{8.140}$$

で与えられ，ポテンシャル関数は

$$U(q) = (m_1 + 2m_2)gL\cos q_1 - m_2 gb(\cos q_1 + \cos q_2) \tag{8.141}$$

で与えられる（g は重力加速度）。

今，式 (8.138) で $u_1 = 0$ とおいた自由系の R 可逆なフロー ϕ_t を考えよう。ここでは典型的な involution $R : (q, p) \mapsto (q, -p)$ ではなく，次のような q 軸に関する鏡像に興味がある。

$$R : (q_1, q_2, p_1, p_2) \mapsto (-q_1, -q_2, p_1, p_2) \tag{8.142}$$

なぜなら式 (8.142) は平地では必ず満たされる着地条件 $q_1 + q_2 = 0$ を含んでいるため，コンパス型歩行ロボットの自然な involution と考えられるからである。$U(q)$ が R に関して不変であるため，R は ϕ_t に関して可逆対称であることに注意する。

したがって，R と R 可逆なフロー ϕ_t を交互に接続していくことで，「仮想的な」対称歩容が得られる。ただし，この接続が意味をもつためには，次のような ϕ_t の制約を考えなくてはならない。

$$F := \phi_t \big|_{t=T} \tag{8.143}$$

ここで $T > 0$ は着地条件 $q_1 + q_2 = 0$ が満たされる時刻である。すると，理想歩容を求める問題は固定点集合 $\mathrm{Fix}(F \circ R)$ を見つけることに還元される。また，「仮想的」と呼んだのは，$q_1 + q_2 = 0$ のとき $p_1 + p_2 = 0$ が厳密に満たされ，したがって式 (8.142) に従って支持脚を交換することができることを仮定するからである。

図 8.23(a) は文献[12] で述べた数値計算法を用いて求めた固定点集合 $\mathrm{Fix}(F \circ R)$ まわりの線形化ポアンカレ写像 DP の固有値を示している。図 8.23(b) はいくつかの固定点から出発した対称軌道を示したものである。この結果からわかるように自由系の対称軌道は中立安定または不安定である。

そこで，制御入力を使って R 可逆な対称軌道をアクティブに構成しよう。具体的には，次の対称拘束

$$h(x) = q_1 + q_2 = 0 \tag{8.144}$$

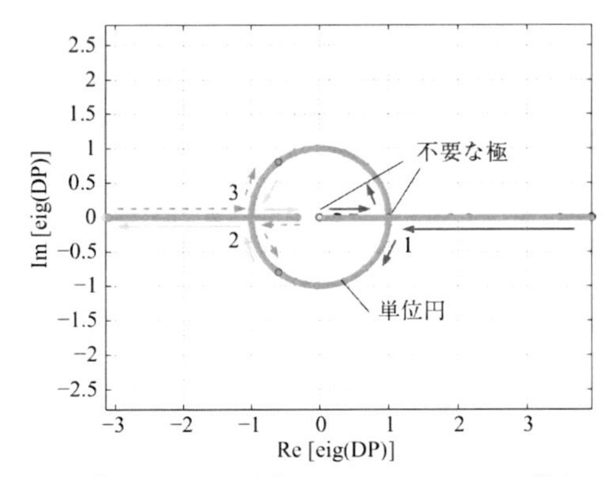

(a) 式 (8.142) および 式 (8.143) のFix $(F \circ R)$ に関する 4 つの特性乗数の軌道

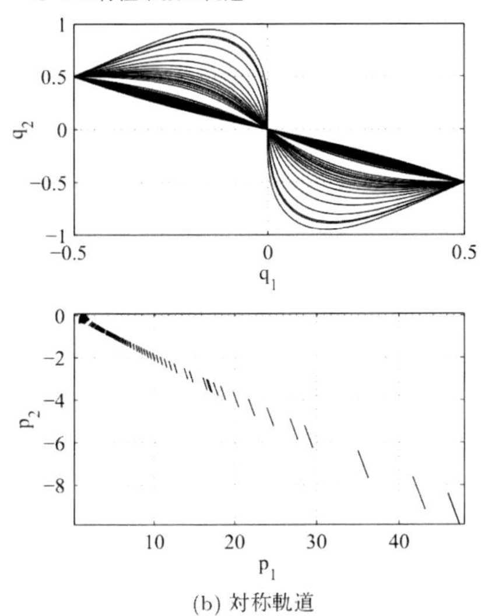

(b) 対称軌道

図 8.23 コンパス型歩行モデルの対称軌道（理想歩容）の数値計算。物理パラメータ：$m_1 = 2$, $m_2 = 1.2$, $b = 0.2$, $L = 0.4$。固定点：$q_1^* = -0.5$, $-10 \leq p_1^* \leq 0$。

とモード切替写像

$$F_{sw} : (q_1, q_2, p_1, p_2) \mapsto (q_2, q_1, p_2, p_1) \quad \text{if} \quad q_2 = \bar{\theta_1} \text{ and } \frac{\mathrm{d}}{\mathrm{d}t}|q_2| > 0 \tag{8.145}$$

を組み合わせたものを考える。ここで，$\bar{\theta_1} \geq 0$（切替角）は後で調整可能な歩容パラメータである．ここでは式 (8.144) と 式 (8.145) を達成する歩行制御を対称歩行制御と呼ぶことにする[9]。

まず式 (8.144) のもとで閉ループ系は新しいハミルトニアン

$$H_c(x) = \frac{1}{2M_c} p_1^2 + (m_1 + 2m_2) gL \cos q_1, \tag{8.146}$$

を持つ 1-DOF ハミルトン系となる。ここで，$M_c = (m_1 + 2m_2)L^2 - 2m_2 bL$. 制御入力の導出は 8.4.1 項の出力零化を用いてもよいし，ハミルトン系の構造を意識したいならば，文献[19] で提案されている一般化正準変換を用いることもできる。これに加えて式 (8.145) のスイッチング則によって次のことが言える。

F_c を式 (8.146) に付随するハミルトニアンフローとする。このとき式 (8.144) のもとで R は F_c に関して可逆対称である。さらに，モード切替え写像 (8.145) により，不変集合

$$M_I = \left\{ x \;\middle|\; H_c(x) = c,\ h(x) = 0,\ |\Theta \circ x| \leq \bar{\theta_1} \right\} \tag{8.147}$$

に拘束される。このことから次の結果を得る。

定理 8.1 式 (8.144) および式 (8.145) のもとで次が成立する。

$$\mathrm{Fix}\,(F_c \circ R) = \mathcal{M}_I^F, \tag{8.148}$$

$$\mathrm{Fix}\,(F_c \circ R \circ F_c \circ R) = \mathcal{M}_I^R. \tag{8.149}$$

ただし，$\mathcal{M}_I^F$ と $\mathcal{M}_I^R$ はそれぞれ，

$$\mathcal{M}_I \cap \{x \mid |p| > \sqrt{2M_c(m_1 + 2m_2)gL(1 + \cos q)}\},$$

$$\mathcal{M}_I \cap \{x \mid |p| < \sqrt{2M_c(m_1 + 2m_2)gL(1 + \cos q)}\}$$

で定義される $\mathcal{M}_I$ の部分空間である。 ■

定理 8.1 は $\mathcal{M}_I^F \cup \mathcal{M}_I^R$ 上の解の不変性を示している。すなわち，$\mathcal{M}_I^F \cup \mathcal{M}_I^R$ から出発するいかなる解軌道もその初期値を通過する対称軌道上にあるということである。ここで式 (8.148) は 1 周期軌道に対応，式 (8.149) は 2 周期軌道に対応する。実際にはユニラテラルな床反力条件や摩擦条件によって $\mathcal{M}_I$ がさらに狭まる。

さて，以上の議論における重要な仮定は R の物理的実現可能性であった。着地条件 $q_1 + q_2 = 0$ は平地において常に満たされるが，実際には $p_1 + p_2 = 0$（運動量保存）は満たされない。着地直後の運動量は衝突現象に支配されるためである。

そこで，戦略 S2 に従って，無視した着地衝撃に伴う運動エネルギー消散を復帰させる。単純な衝突モデルはラグランジュの衝突方程式によるもので，写像

$$R_1 : (q_1, q_2, p_1, p_2) \mapsto (-q_1, -q_2, p\eta(q)), \tag{8.150}$$

によって与えられる。ここで $\det(\eta(q)) \leq 1$（等号は

$q=0$ でのみ成立である)。したがって R_1 は involution ではなく縮小写像である。このことから，式 (8.146) の H_c は区分一定で，閉ループ系は関係式

$$H_c(x(t_+)) - H_c(x(t_-)) \leq 0. \qquad (8.151)$$

を満たすことがわかる。ここで t_-, t_+ はそれぞれ着地直前・直後の時刻を示す。さらに，ロボットの関節摩擦などの内部的な消散も考慮すると区分一定ではなく単調減少となる。

不変集合 M_I への拘束によって閉ループ系の解軌道は有界となるため，式 (8.146) の H_c を準正定関数にとり，ラ・サールの定理を使うと，消散がある場合の実際の系の挙動に関して次の主張が得られる。

定理 8.2 閉ループ系の不変集合はハイブリッド ω 極限集合 $L^+ = (\bar{\theta}_1, -\bar{\theta}_1, 0, 0) \cup (-\bar{\theta}_1, \bar{\theta}_1, 0, 0)$ となり，それは $\mathcal{M}_I$ 上で漸近安定である。 ■

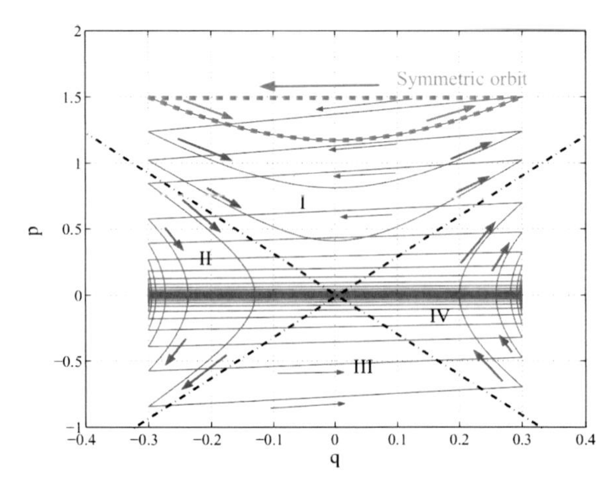

図 8.24　対称歩行制御 (8.144) および (8.145) の閉ループ系の軌道（式 (8.146) のハミルトニアンフロー）。原点を通る 2 つの中心線は分離枝を示す。この分離枝によって相空間は 4 つの領域 (I, II, III, IV) に分かれている。切替角は $\bar{\theta}_1 = 0.3$ に固定。実線の軌道は衝突 (8.150) を考慮したもので $(q(0), p(0)) = (-0.3, 1.5)$ から出発して漸近的にハイブリッド極限集合 $(0.3, 0) \cup (-0.3, 0)$ に収束する。一方，破線の軌道は衝突を考慮しない理想歩容で，同じ初期値から出発して元に戻る。矢印は流れの方向を示す。q 軸方向の不連続ジャンプは支持脚交換を意味し，p 軸方向のジャンプは衝突によるエネルギー消散を示している。

図 8.24 は 定理 8.1 および 定理 8.2 を数値的に説明したものである．これは 1 次元に簡約化された式 (8.146) のハミルトニアンフローで，着地による衝突がある場合とない場合を示している。原点はサドル平衡点となっている。サドルの分離枝および境界 $|q_1| = \bar{\theta}_1$ は相空間 $\mathcal{M}$ を $\{x \mid |p| > \sqrt{2M_c(m_1+2m_2)gL(1+\cos q)}\}$（領域 I ∪ III）および $\{x \mid |p| < \sqrt{2M_c(m_1+2m_2)gL(1+\cos q)}\}$（領域 II ∪ IV）に分割している。領域 I において q_1 は単調増加する。衝突がなければ解は $|q_1| = \bar{\theta}_1$ を境界としたハイブリッド周期軌道で，これが理想歩容である。この軌道は孤立しているのではなく，他の対称軌道に密に囲まれている点が重要で，これが定理 8.1 の主張である。

一方，式 (8.150) による衝突を考慮する場合（現実の場合)，運動量は着地の度に減少する。領域 I から出発した軌道はいずれ領域 II に入ることになる。このとき，運動の方向が逆転する。いったん領域 II に入ってしまうと，軌道は 領域 II ∪ IV に完全にトラップされ，最終的に ω 極限集合：$L^+ = (\bar{\theta}_1, 0) \cup (-\bar{\theta}_1, 0)$ に収束する。状態が L^+ に限りなく近づくとき，コントローラ内部で無数のスイッチングが生じるが（この現象はハイブリッド力学系において Zeno と呼ばれている[16]），物理的にはロボットは運動エネルギーをすべて失い，両脚を広げたまま停止することになる。明らかに L^+ は $\mathcal{M}_I$ 内で漸近安定である。

図 8.25 は対応する歩行シミュレーションである。(a) は仮想的なケースを示し，(b) は衝突がある場合を示している。図 8.26 に衝突がある場合の時間グラフを示している。とくに最下段のグラフは式 (8.139) のオリジナルの内部エネルギー H_0 と，式 (8.146) の新しいハミルトニアン H_c の時間推移をそれぞれ示している．この状況は「ロボットがあたかも地面の上を転がる球の挙動を持つように入力を使ってフィードバック制御された」と表現することができよう。

なお，ここでは非常に簡単なコンパスモデルを取り扱ったため，制御後の歩容は遊脚の足先が常に地面を擦りながら歩くような歩容になるので，実際には実現不可能である。しかし他の関節を持ってきて遊脚の長さを制御することで，地面に対するクリアランスを適切に確保することは可能である。また，以上において $\bar{\theta}_1$ は一定であったが，必要に応じて歩調を変えることができることは言うまでもない。

さて，S1 でいったん転倒回避が実現できてしまえば，

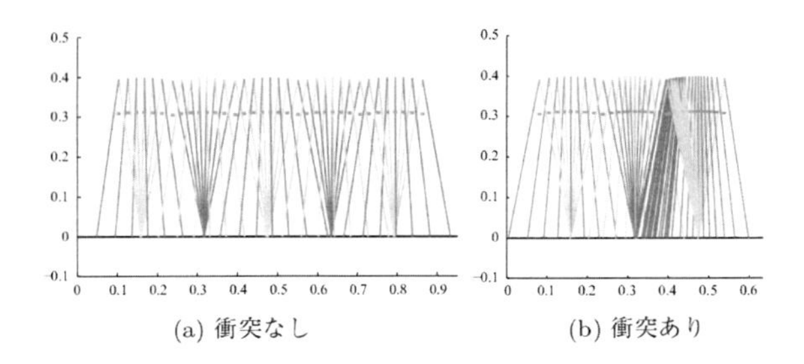

図 8.25 歩行シミュレーション。パラメータ：$m_1 = 5$, $m_2 = 1.2$, $L = 0.4$, $b = 0.2$; 初期値 $q_1(0) = 0.2 = -q_2(0)$, $p_1(0) = 1.7$, $p_2(0) = -0.2$; 切替角 $\bar{\theta_1} = 0.2$。(a)：対称歩容。(b)：最終的に $L^+ = (0.2, -0.2, 0, 0) \cup (-0.2, 0.2, 0, 0)$ で停止。両者とも新しいハミルトニアン H_c は区分一定となっている。

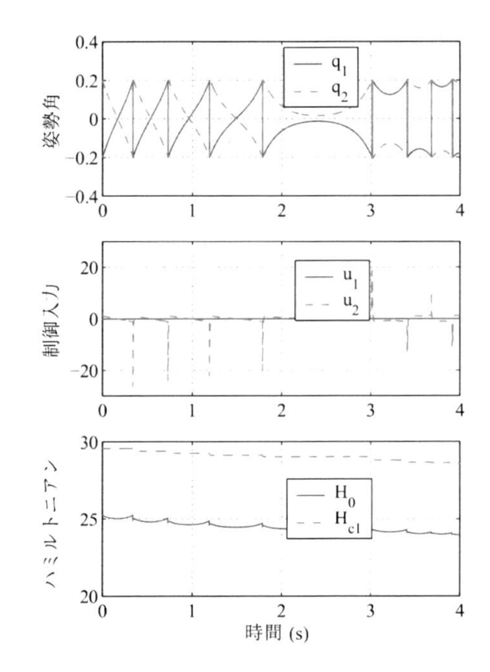

図 8.26 図 8.25(b) 衝突ありの場合の姿勢角，制御入力，ハミルトニアンの時間推移

S2 で所望の移動速度をもつ周期軌道に漸近させることは比較的容易である。例えば，足首関節を新たに加えてエネルギーを注入することもできれば，胴体を新たに取り付けてその姿勢を変化させる（入力を新たに加える）ことによっても任意の目標速度に追従させることができる。前者は多自由度のヒューマノイドロボットにおいて，ZMP 操作による加減速制御で実装したシミュレーション例が文献[17] に示されている。後者は平面ロボットを用いて速度制御を行った実験例が文献[9] に示されている。

以上のようにして軌道安定な歩行が得られるわけだが，S3 はどうだろうか？　不変化制御では天下り的に拘束 (8.144) を用いたが，これは着地時において満たすべき必要条件に過ぎず，これを歩行の全区間で用いる必要はない。実際，図 8.23 で示した無入力の対称軌道族は式 (8.144) を恒等的に満たしていない。そこで戦略 S3 として考えられるのは，① 学習によってエネルギー消費を減らしていくこと，② 数値的に得られている軌道族（多様体）に拘束することなどである。前者は文献[13] にその一部が示されており，後者は文献[10] で示されている。

(4) 事例 2：1 脚ロボットの走行制御

最後に，図 8.27 に示す 1 脚走行ロボットについて，本節冒頭で述べたアプローチを考察してみよう[20]。本ロボットは伸縮型の脚を有しており，膝関節と股関節にそれぞれ線形バネが取り付けてある。これは「受動走行ロボット」と呼ばれるモデルで，うまく初期値を選ぶと，無入力で平地を走行できることが知られている[21]。本モデルはさらに進んで衝突を考慮したモデルとなっている。

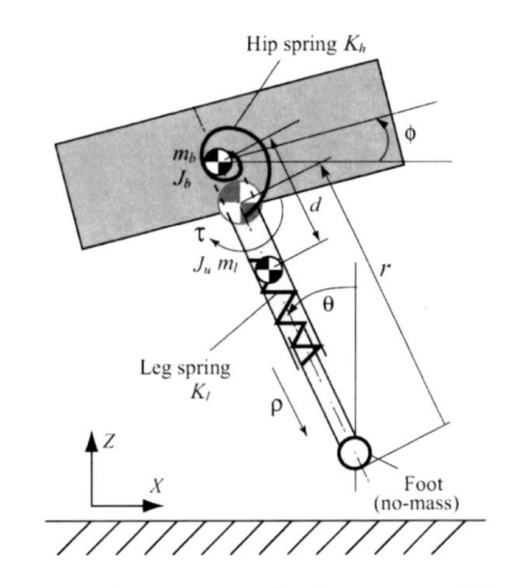

図 8.27 1 脚走行ロボット：胴体と脚はそれぞれ質量 m_b, m_l，慣性モーメント J_b, J_u を持つ。ρ と τ はそれぞれ膝関節と股関節のバネに並列に加えられる推力とトルク。非弾性衝突を仮定。

一般化座標を $q = (r,\ \theta,\ \phi) \in \mathcal{R} \times S^2$ と定義し，配位空間上の許容領域 $\mathcal{N} = \{q \in \mathcal{R} \times S^2 \mid |\theta| \leq \pi/2\}$ を定める。相空間 $\mathcal{M} = T^*\mathcal{N}$ 上の正準座標を $z = (q,\ p)$

とおく。ここで，共役運動量は $p = (p_r,\ p_\theta,\ p_\phi) = \left(m\dot{r},\ (J_l + mr^2)\dot{\theta},\ J_b\dot{\phi}\right)$ で与えられる。ただし，$m = m_b + m_l$ は全質量，$J_l = J_u + \frac{m_b m_l}{m_b + m_l} d^2$ は等価慣性モーメントである。

走行運動は接地期と浮遊期から構成される。接地期におけるロボットのダイナミクスは次のような 3 自由度のハミルトン制御系で記述できる。

$$\dot{z}^i = \{z^i, H_0\} - \{z^i, H_1\}u_1 - \{z^i, H_2\}u_2 \quad (i = 1, 2, \ldots, 6) \tag{8.152}$$

ここで，$u = (u_1,\ u_2) = (\rho,\ \tau)$ は制御入力（それぞれ脚の伸縮力，股関節トルク），その他は次のとおりである。

$$H_0(q,p) = \frac{1}{2}p^T M(q)^{-1} p + U(q), \tag{8.153}$$

$$H_1(q) = r \tag{8.154}$$

$$H_2(q) = \theta - \phi \tag{8.155}$$

$$U(q) = mgr(1 + \cos\theta) + \frac{1}{2}K_l\,(r - r_0)^2 + \frac{1}{2}K_h(\theta - \phi)^2 \tag{8.156}$$

また，r_0 はバネ自然長から定まる脚長初期値である。一方，浮遊期は放物運動，角運動量保存則，脚の胴体に対する振動系（すべて線形微分方程式）で表せる。また，着地時には衝突方程式による運動量のジャンプが生じる。

さて，系 (8.152) の自由系（無入力系）における R 可逆なフロー ϕ_t を考える。ここでは典型的な involution $(R := (q,p) \mapsto (q,-p))$ ではなく，次のような involution に興味がある。

$$R : (r,\ \theta,\ \phi,\ p_r,\ p_\theta,\ p_\phi) \mapsto (r,\ -\theta,\ -\phi,\ -p_r,\ p_\theta,\ p_\phi). \tag{8.157}$$

この involution が隣り合う 2 つの接地期同士を結ぶ，理想的な写像（すなわち浮遊期の離散ジャンプ）と考えられることは，ロボットの周期的な歩容を具体的にイメージすれば明らかであろう（図 8.28 参照）。式 (8.156) の $U(q)$ はこの R に関して不変であるので，いかなる ϕ_t も R 可逆である。

事例 1 と同様に R と R 可逆なフロー ϕ_t を数珠繋ぎにして対称軌道を作る。それに伴い，ϕ_t ではなく

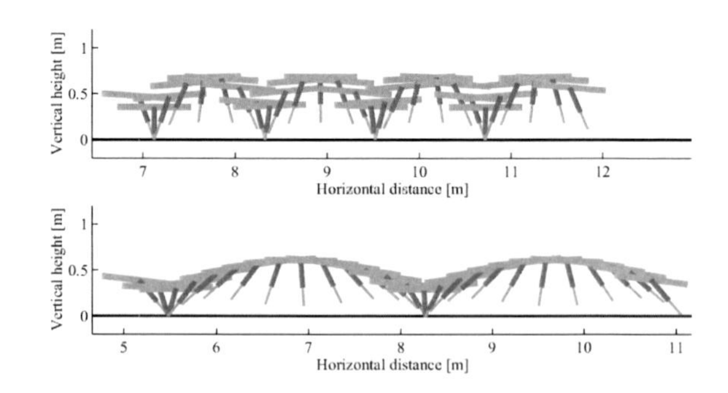

図 8.28　1 周期受動走行（低速・高速）のアニメーション。ロボットは左から右に走っている。

$$F := \phi_t\big|_{t=T_s} \tag{8.158}$$

の半区間写像を使う。ここで T_s は接地期終了条件 $r(T_s) = r_0$ が満たされる時刻である。対称軌道を特定することは固定点集合 $\mathrm{Fix}(F \circ R)$ を探すことと同じである。数値計算で求めた軌道のアニメーションを図 8.28 に示す。しかし，同じところをジャンプする歩容以外はすべて不安定であるため[12]，何らかの制御が必要である。ここでも線形化ポアンカレ写像 DP に基づく安定化フィードバックを導出することも可能であるが，以下では大域的な制御方法を示す。

不変化制御 S1 の要点は，転倒回避のために配位空間を必要なだけ閉じ込めることである。転倒回避に直接関係している座標は脚の絶対角 θ である。本ロボットは (3) 事例 1 で見た二足歩行ロボットとは異なり，遊脚を持たないため支持脚交換が使えない。また，足首まわりにトルクを発生できないので，接地期において θ を制御するには相当な無理がある。しかし，このロボットには浮遊期があるため，接地期では自由運動に任せ，浮遊期で何らかの制御を施すことが考えられる。浮遊期に R を制御で実現しつつ θ の範囲を制限してやれば，接地期においても有界になることが期待できる。このような戦略をとると，制御問題は結局，離陸の瞬間に R を満たす着地目標値を決定してしかるべきトルクを発生する問題となる。

しかるに，浮遊期において利用できる制御入力はトルク τ のみである。本ロボットの浮遊期ダイナミクスはホロノミック系であるため，式 (8.157) のすべてを実現することは不可能である。そこで，式 (8.157) において，転倒回避に直接関わる θ だけを抜き出して制御する（胴体姿勢 ϕ に関しては何もしない）。すなわち，着地時の姿勢および速度を次のように決定する。

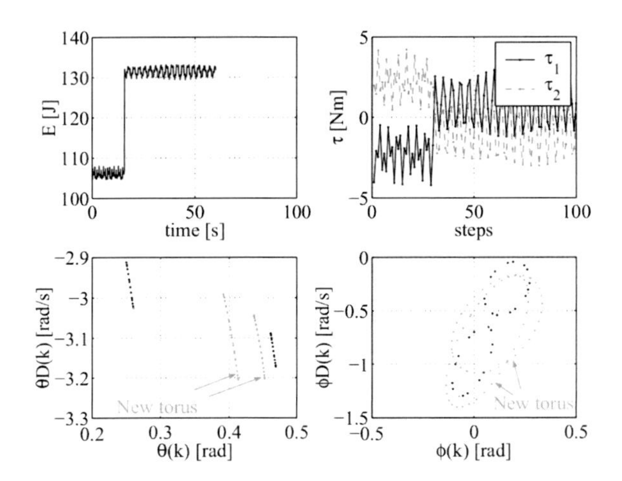

図 8.29 不変化制御によるトーラスの生成結果：外乱が加わっても新しいエネルギーレベルを持つトーラスに移る様子を示す。上左図は内部ハミルトニアンの時間推移，右図は区分一定制御入力の歩数毎の値，下の 2 図は脚の絶対角と胴体姿勢角に関する部分的ポアンカレ写像（記号 D は時間微分を示す）。

$$\overline{\theta} = -\theta\,\Big|_{t=T_s} \tag{8.159}$$

$$\overline{p_\theta} = p_\theta\,\Big|_{t=T_s} \tag{8.160}$$

より具体的に言えば次のとおりである。走行ロボットは離陸して空中を移動し，着地すると次の接地期が始まる。このとき接地期の初期姿勢が，1 歩前の接地期終了時の姿勢 $\theta\,\big|_{t=T_s}$ の鏡像になるように，浮遊期で脚を制御するのである。浮遊期の運動方程式は線形であるため，切替えのある制御トルクを用いれば，任意の指定した滞空時間で有限整定可能である。

図 8.29 に本制御則を適用したシミュレーション結果を示す。ハミルトン系で見られるような不変トーラス上の準周期軌道が現れた（図 8.29 の前半）。したがってエネルギーと同格の外乱が加わっても，閉ループ系は基本的には新しいエネルギーレベルの下で準周期解を発生することが予想され，実際に確認される（図 8.29 の後半）。

なお，図 8.28 に示した対称軌道が得られないのは，胴体座標 ϕ に関する制約を課していないからである。このせいで，初期値によっては脚が胴体を通り過ぎるような現実には許容できない歩容が見られることもある。不満であれば制御入力やロジックを増やすことで，必要に応じて配位空間を閉じ込めてやればよい。胴体の慣性 J_b を増加させることでも運動範囲を限定することは可能である。また，文献[22] には二脚走行ロボットへの適用例が示されているが，これはもう片方の脚と胴体が協調してカウンターバランスすることでトータルとして運動範囲が抑えられている例である。

いったんこのような不変集合が得られたならばロボットは転倒しないので，あとは S2 で目標速度に応じてエネルギーレベルを増減すればよい。文献[20] ではカオス制御における delayed feedback と同じアイデアで準周期軌道を漸近的に 1 周期あるいは 2 周期軌道に収束させる例が示されている。特に 1 周期軌道に限っては，S3 の適応則によって，図 8.30 に示すように制御入力がゼロである受動歩行に収束することが確認されている。この場合，リミットサイクルが図 8.28 で示した受動走行というわけである。なお，設計論は異なるが，ハミルトン系の性質を利用した繰返し学習によって最適歩容を得る試みが文献[23] でなされている。

以上の 2 つの例により，図 8.20 で示した階層的な制御戦略が有効であることがわかる。

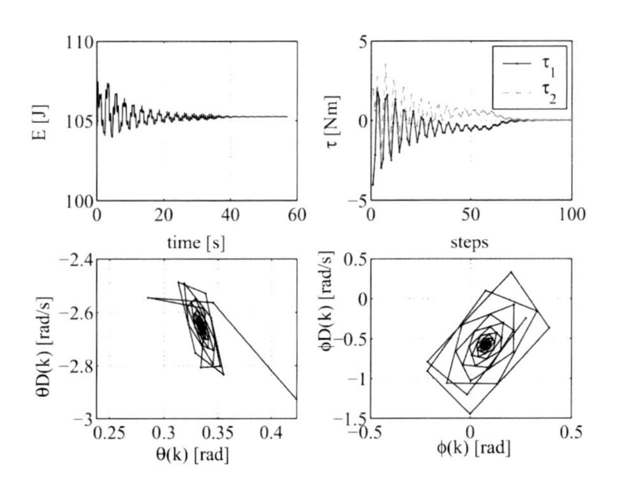

図 8.30 図 8.29 で示した安定な系に遅延フィードバック制御を追加することで 1 周期歩容へ漸近安定化し，さらに適応制御（股関節のバネ定数適応則）によって入力を最適化したシミュレーション結果。最終的に股関節トルクがゼロに収束している（受動走行）。

<山北昌毅，玄 相昊>

参考文献（8.4 節）

[1] Grizzle, J. W., Abba, G., Plestan, F.: Asymptotically Stable Walking for Biped Robots: Analysis via Systems with Impulse Effects, *IEEE Trans. of Automatic Control*, Vol. 46, No. 1, pp. 51–64 (2001).

[2] Westervelt, E. R., Grizzle, J. W., Koditschek, D. E.: Hybrid Zero Dynamics of Planar Biped Walkers,

IEEE Trans. of Automatic Control, Vol. 48, No. 1, pp. 42–56 (2003).

[3] Morris, B. J., Grizzle, J. W. : A restricted Poincare map for determing exponetially stable periodic orbits in systems with impulse effects: Application to bipedal robots, *Proc. of CDC*, pp. 4199–4206 (2005)

[4] Westervelt, E. R., Grizzle, J. W., *et. al.*: *Feedback Control of Dynamic Bipedal Robot Locomotion,* Taylor & Francis/CRC Press (2007).

[5] Sreenath, K., Park, H.-W., Poulakakis, I., Grizzle: Embedding Active Force Control within The Compliant Hybrid Zero Dynamics to Achieve Stable, Fast Running on MABEL, *International Journal of Robotic Research*, Vol. 30, No. 9, pp. 1170–1193 (2011).

[6] Ishidori, A: *Nonlinear Control Systems* Third Edition, Springer (1995).

[7] Wieber, P. and Chevallereau, C.: Online adaptation of reference trajectories for the control of walking systems, *Robotics and Autonomous Systems*, Vol. 54, No. 7, pp. 559–566 (2006).

[8] 玄相昊：動的脚ロボットのハミルトン系に基づく走行制御,『システム/制御/情報』, Vol. 49, No. 7, pp. 260–265 (2005).

[9] Hyon, S. and Emura, T.: Symmetric walking control: Invariance and global stability, in *Proc. of IEEE International Conference on Robotics and Automation*, pp. 1455–1462 (2005).

[10] 玄相昊, 藤本健治：ハミルトン系の対称軌道族と最適歩行制御への応用,『日本ロボット学会誌』, Vol. 26, no.4, pp.372–380 (2008).

[11] Arnold, V. I.: *Mathematical Methods of Classical Mechanics*, Springer (1978).

[12] 玄相昊, 江村超, 上田哲史：脚式走行ロボットにおける非線形振動,『信学技報』, NLP2004-9 (2004).

[13] Satoh S., Fujimoto K. and Hyon, S.: Gait generation via unified learning optimal control of Hamiltonian systems, *Robotica*, Vol. 31, No. 5, pp. 717–732 (2013).

[14] Devaney, R. L.: Reversible diffeomorphisms and flows, *Transactions of the American Mathematical Society*, Vol. 218, pp. 89–113 (1976).

[15] Lamb, J. S. W. and Roberts, J. A. G.: Time-reversal symmetry in dynamical systems: A survey, *Physica D: Nonlinear Phenomena*, Vol. 112, No. 1–2, pp. 1–39 (1998).

[16] Matveev, A. S. and Savkin, A. V.: *Quatitative Theory of Hybrid Dynamical Systems*, Birkhäuser (2000).

[17] Hyon, S. and Cheng, G.: Passivity-based full-body force control for humanoids and application to dynamic balancing and locomotion, in *Proc. of IEEE/RSJ International Conference on Intelligent Robots and Systems*, pp. 4915–4922 (2006).

[18] Nijmeijer, H. and van der Schaft, A.: *Nonlinear Dynamical Control Systems*, Springer (1990).

[19] Fujimoto, K. and Sugie T.: Stabilization of generalized hamiltonian systems—canonical transformation approach, *Systems, Control and Information*, vol. 11, no. 11, pp. 1–7 (1998).

[20] Hyon, S. and Emura, T.: Energy-preserving control of passive one-legged running robot, *Advanced Robotics*, vol. 18, no. 4, pp. 357–381 (2004).

[21] Thompson, C. M. and Raibert, M. H.: Passive dynamic running, *Experimental Robotics I*, pp. 74–83 (1989).

[22] Hyon, S. and Emura, T.: Running control of a planar biped robot based on energy-preserving strategy, in *Proc. of IEEE International Conference on Robotics and Automation*, pp. 3791–3796 (2004).

[23] 佐藤訓志, 藤本健治, 玄相昊：ハミルトン系の変分対称性に基づく 1 脚ロボットの最適歩容生成,『計測自動制御学会論文集』, Vol. 43, No. 12, pp.1103–1110 (2007).

8.5　生物規範 CPG に基づく制御法

ヒトや動物は複雑な筋骨格系を巧みに動かし, 多様な環境の中, 頑健で適応的な歩行を実現している。生物のこのような運動は, 中枢神経系から発令される運動指令により関節をまたぐように骨格に付着する骨格筋が収縮して関節の運動を生成し, 環境の影響を受けつつ骨格が動くことにより実現されており, 脳神経系と身体筋骨格系, そして環境との相互作用から形成される非常に複雑な力学現象である。

その一方で歩行は端的に言えば, 脚という生物特有の構造を用いて身体の質量中心を移動させる運動だと考えられるが, 生物はそのような運動を構成するために必要な空間自由度よりも多い関節自由度を持ち, 関節を駆動する筋はさらに冗長な自由度を有している。その上, 筋を収縮させる運動指令の発令には, 大脳皮質, 小脳, 脳幹, 脊髄など多くの中枢神経系が関与し, その際, 視覚, 体性感覚, 前庭感覚など様々な感覚情報を統合している。すなわち, 生物は冗長性の問題を解決しつつ, 膨大な自由度や情報を駆使して歩行を生成している。また, 歩行を形成する基本的な身体力学は, 倒立振子に代表されるサドル型の不安定構造を内在しており, 生物はこの不安定性に起因する転倒を回避しつつ頑健な歩行を生成している。

このような生物の頑健で適応的な歩行には, 脊椎動物における脊髄や節足動物における胸部神経節に存在する歩行パターン生成機構 (Central Pattern Generator : CPG) が重要な役割を持つことが知られている[19, 32, 39]。この生物規範 CPG に基づくアプローチでは, CPG に関する生理学的知見に基づいて結合非線形振動子を用いた神経制御系の数理モデルを構築し, 身体力学系の数理モデルや脚ロボットを介して冗長性や不安定性の問題を解決しつつ，脳・身体・環境の力学的相互作用からいかに頑健で適応的な歩行が生成されるのかを構成論的に理解することを目指している。さらには，適応機能を有する自律移動システムの新たな設計論の確立に向けて研究が進められている。

8.5.1 CPG に基づく結合非線形振動子を用いた歩行制御

歩行のような生体のなす基本的なリズム運動は，上位中枢においてすべてが詳細に制御されるのではなく，CPG における周期的な運動指令により，比較的下位のレベルで自律的に生成されている。この運動指令は，各種感覚器からの情報や上位指令に基づいて適宜調整され，歩行においては外乱や環境変動に対して頑健で適応的な振舞いが獲得される。

Taga ら[41, 42] は，CPG のモデルとして Matsuoka[28] により提案された神経振動子のモデルを用い，ヒトの身体力学モデルの二足歩行に関する先駆的な研究を行った。このモデルでは，それぞれの関節に屈筋・伸筋を制御する神経振動子を用い，振動子からの周期的な信号を用いて関節トルクを生成している。神経振動子は他の振動子からの出力の影響を受けつつ，関節角度などの感覚情報を受け取り，出力される周期的な信号を調整する。結果として，脳・身体・環境を介した力学的相互作用により，外乱や環境変動に対して適応的な歩行を実現できることが実証されている。この方法は，Kimura ら[25] によって四足ロボットに適用され，センサ情報を活用して環境変動に対して適応的な歩行が生成されることが示されている。またロボットシステムとしては，この神経振動子からの出力を用いて関節角度のリファレンスを生成し，PD フィードバック制御を用いて関節運動を制御する方法がより一般的に用いられている[12, 17]。

このような結合非線形振動子による運動生成と各種センサ情報を用いた運動調整は，脚ロボットの歩行制御の手法として広く用いられるようになり (Ijspeert[20] のレビューが詳しい)，振動子に関しても Matsuoka[28] により提案された神経振動子だけでなく，Hopf 振動子[36] やカオス振動子[40]，KYS 振動子[1] など様々なものが用いられている。その中でも，生物のなすリズム現象のモデルとしてもよく用いられる結合リミットサイクル振動子の位相縮約理論における位相記述を参考にして[26]，よりシンプルに位相のみに着目した位相振動子がよく用いられている[2–8, 21, 29–31]。そこでは，i 番目の振動子の位相を ϕ_i として，次のような結合力学系が用いられる。

$$\dot{\phi}_i = \omega_i - \sum_j K_{ij} \sin(\phi_i - \phi_j - \hat{\Delta}_{ij}) + g_i \tag{8.161}$$

ここで，ω_i は歩行の基本周波数であり，右辺第 2 項は $\hat{\Delta}_{ij}$ を安定な振動子間位相差とする振動子間相互作用を表し，K_{ij} はそのゲイン定数，右辺第 3 項の g_i は後述するようなセンサフィードバックの項である。

CPG の具体的な神経構造についてはまだ不明確な点も多いが，介在ニューロンを介した階層的な構造を持ち，リズム発生部 (RG: Rhythm Generator) とパターン形成部 (PF: Pattern Formation) の 2 階層から構成されていると推測されている（図 8.31）[37]。RG の階層は歩行の基本となるリズムを生成し，各種感覚器からの入力に基づいてこれを修正する。PF の階層はこのリズム情報をもとに運動指令の時空間パターンを形成する。すなわち，CPG は歩行リズムと運動指令の周期的な構造をそれぞれ独立に制御している。上述の位相振動子はこの RG の階層のモデルとして考えることができ，後述するように PF の階層をさらにモデル化し，位相振動子の位相情報に基づいてロボットの制御信号を生成することでロボットは制御される[7, 8]。

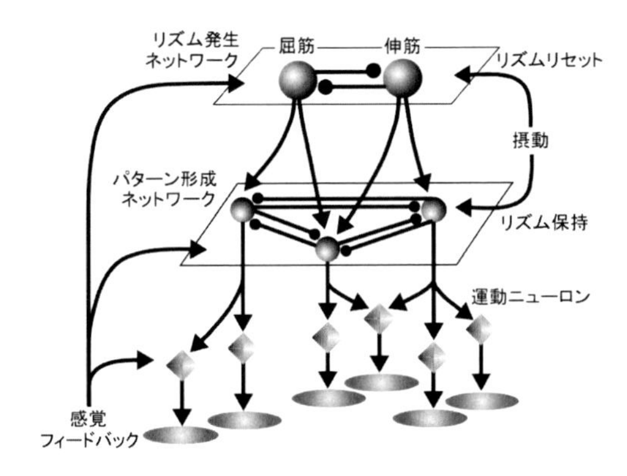

図 8.31　リズム発生部 (RG) とパターン形成部 (PF) の 2 階層からなる CPG モデル（文献[37] より改変）

8.5.2 冗長性の問題と歩行に内在する低次元シナジー構造

ヒトや動物は運動生成における冗長性の問題に対して，内在する自由度すべてを独立に動かすのではなく，歩行など目的とするタスクに応じて，機能的に結合された集まりを介して運動を構成し，制御していることが示唆されている。歩行においては，複数の関節がある関係を持ちながら共に動くことや，複数の筋が同時に活動するような振舞いに対応する。すなわち，運動を生成する冗長多自由度系において，複数の自由度に何らかの関係（拘束条件）を与えることで自由度を減らし，制御すべき要素の数を減少させていると考えられる。

このような関係は，歩行中に計測した関節の運動や筋活動に対して何らかの数理的な処理や表現方法を用いることで見えてくる。すなわち，多自由度系から構成されるシステムの中に，いくつかの自由度の間の関係性を表す協調構造を示す様々な低次元構造が見受けられる。特に，関節運動に見られる低次元構造は運動学シナジーと呼ばれ，筋活動に見られる低次元構造は筋シナジーと呼ばれる。このような低次元構造は，歩行だけでなく，腕のリーチングのような比較的単純な運動から，直立姿勢制御や端座位からの立ち上がりなどの全身運動まで様々な運動に見られ，ヒトに限らず様々な生物で見られる普遍的なものである[27]。

例えば，ヒトの矢状面内の大腿・下腿・足の仰角を 3 つの軸として，角度データを歩行 1 周期にわたってプロットすると，図 8.32 のようにほぼある平面に載ることが知られている[9]。すなわち，股関節・膝関節・足関節の 3 つの運動は，歩行中ある 1 つの線形な関係を保ちつつ共に変化するような肢内協調を有していることを示唆している。この平面内の運動は，脚の付け根と脚先を結ぶ脚軸の向きや長さの制御に大きく関連しており[23]，このような振舞いは，歩行に近い走行や跳躍，障害物またぎ越し歩行などでも見受けられる。その際，速度など歩行条件の変化に応じて形成される平面の向きが変わるなど，関節間の共変化の関係性を変化させながら適切な肢内協調を形成していることが知られている。このような振舞いは，ヒトに限らずネコ[34] やサル[24] などの哺乳類でも見受けられており，歩行を形成する関節運動に内在する本質的な特性であると思われる。また，このような低次元構造は下肢 3 関節の運動に限定されず，矢状面内の体幹と左右の大腿・下腿・足の仰角，すなわち全身 7 つの角度情報からも特異値分解を用いることで見受けられている[18]。

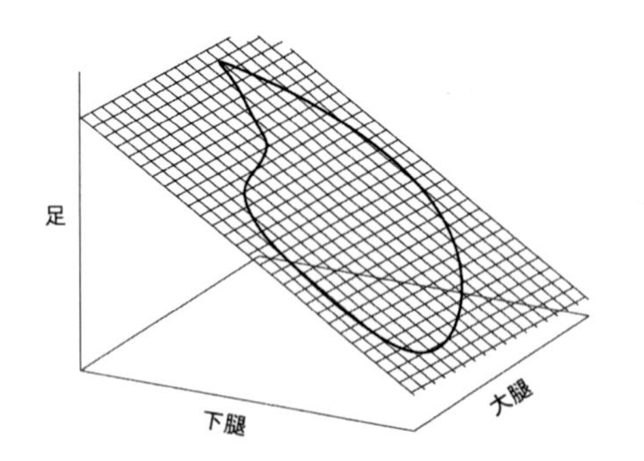

図 8.32　ヒト歩行における大腿・下腿・足の仰角。歩行 1 周期の角度データをプロットするとほぼ平面に載る。

小脳は歩行中，背側脊髄小脳路を介して体性感覚情報を受け取っていることが知られている[43]。ネコの後肢を強制的に動かした際の背側脊髄小脳路の神経活動に，脚軸の向きと長さに対応する情報量がコーディングされていることが報告されており[33]，これは運動学シナジーのような関節運動に内在する低次元構造が運動生成に寄与している可能性を示唆している。CPG の位相振動子を用いた RG の階層のモデルに加え，振動子からの位相情報に基づいて，ロボットの脚軸の向きと長さに関する指令値を生成することでロボットを制御する PF の階層のモデルが提案されている[7, 8]。ロボットの内部運動（関節運動）を振動子の位相を用いて設計することで（ロボットの関節角度を θ_j とすると，$\theta_j = \theta_j(\phi_i)$ と書ける），ロボットの歩行力学系における状態は慣性系におけるロボットの任意の部位の位置・姿勢と振動子の位相を用いて記述することができ，歩行の安定性は環境を介したロボットの位置・姿勢と振動子の位相の結合力学系における問題に帰着することができる[6]。そのため，生物規範 CPG に基づくアプローチでは，次項で述べるように，結合非線形振動子にセンサ情報をフィードバックしてロボットの制御指令を修正することで，振動子系・ロボット機構系・環境の相互作用を介した歩行安定性の向上や環境変動に対する適応機能の創出などを目的とした研究が最も本質的なテーマとなることが多い。

8.5.3　感覚-運動協調と位相リセット

CPG は上位中枢からの周期的な入力や求心性の入力がなくても周期的な信号は生成できるが，頑健で適応的かつ効率的な歩行を実現するためには，感覚情報の適切な統合が重要である。実際，感覚情報に基づいて，接地や離地などのイベントに応じて筋シナジーなど運動制御における低次元構造を適切に制御し，適応的な歩行を実現していると考えられている[22]。

このような感覚情報に基づく運動指令の調整に関連して，トレッドミル上の脊髄ネコは，ベルトの速度に応じてウォーク，トロット，ギャロップなどその歩容を変えることが知られており[32]，これは足裏の皮膚感覚情報によって CPG により生成されたリズムや位相が調整されることに起因していると示唆されている[11]。また，除脳ネコの fictive locomotion では，図 8.33 のように，皮膚感覚刺激に対して周期的な運動指令の位相をシフトして，リズムをリセットするような調整が行われることが知られている[38]。このような感覚情報に基づく運動指令のリズムや位相の調整は，CPG の RG の階層において実行されていると示唆されている[37]。

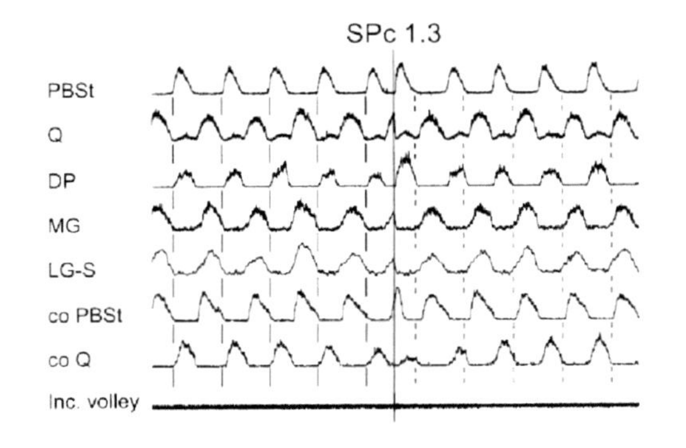

図 8.33 皮膚感覚刺激による周期的な運動指令の位相シフトを伴うリセット的な調整（文献[38] より転載）。SPc：浅腓骨神経の皮枝，PBSt：後大腿二頭筋，Q：大腿四頭筋・大腿直筋，DP：前脛骨筋・長指伸筋，MG：内側腓腹筋，LG-S：外側腓腹筋・ヒラメ筋，co：対側，inc. volley：入力信号。

歩行は複数の足の接地・離地の繰返しにより生成される運動であり，その際の脚の働きは，足が離地している遊脚相では振り子のようにその足を前に振り出し，接地している支持脚相では重力に抗して身体を支え，地面との相互作用により推進力や減速力を得ることである。すなわち，接地状態に応じて脚の力学的寄与は大きく異なり，歩行力学系としても接地・離地のイベントで切り替わる異なる力学系から構成されるハイブリッド系となっている。そのため，上述のような感覚情報に基づく位相シフトを伴うリセット的な運動指令の調整をモデル化して，センサ情報に基づいて非線形振動子の位相をリセットし，接地・離地などのイベントに応じて制御入力を切り替える方法（位相リセット）が提案され，脚ロボットの頑健で適応的な歩行に大きく寄与することが実証されている[2, 5, 7, 8, 14, 16, 30, 31]。この位相リセットを用いると，上述の振動子の位相ダイナミクス (8.161) におけるセンサフィードバック項 g_i は，次のように表される。

$$g_i = (\hat{\phi}_i - \phi_i)\delta(t - \hat{t}_i) \tag{8.162}$$

ここで，$\hat{\phi}_i$ はリセットされる位相の値，$\hat{t}_i$ はイベントの時刻，$\delta(\cdot)$ はディラックのデルタ関数である。

8.5.4 位相振動子を用いた脚ロボット制御：二足ロボット

ここから，CPG に基づく位相振動子や位相リセット，運動学シナジーに基づく低次元構造などを用いた脚ロボットの歩行制御についての具体的な例を挙げる。特にここでは，二足ロボットに関して，四足歩行から二足歩行への動的な歩容遷移問題について述べる[7]。これは，2 つの異なる歩容を安定に実現させ，さらに一方の歩容からもう一方の歩容へと転倒することなく遷移して歩行を継続させる問題であり，2 つの異なる歩容とその遷移における運動を生成する際の冗長性の問題をいかに解決するかという点と，この遷移では大きな姿勢の変化を伴い，歩行中に身体を支持する肢数の減少により安定性が大きく変化するため，転倒することなくいかに安定に状態を遷移させるかという点が重要となる。このような問題に対して，運動学シナジーに基づく適切な運動の生成と，位相リセットを用いた頑健で適応的な歩行生成に着目している。

対象とする二足ロボットは，上部と下部リンクから構成される胴体と，2 リンクから構成される腕，5 リンクから構成される脚を持つ（図 8.34）。四肢にそれぞれ振動子を配置し，それら振動子の位相を用いて各関節の運動を生成している。その際，脚軸の向きと長さ

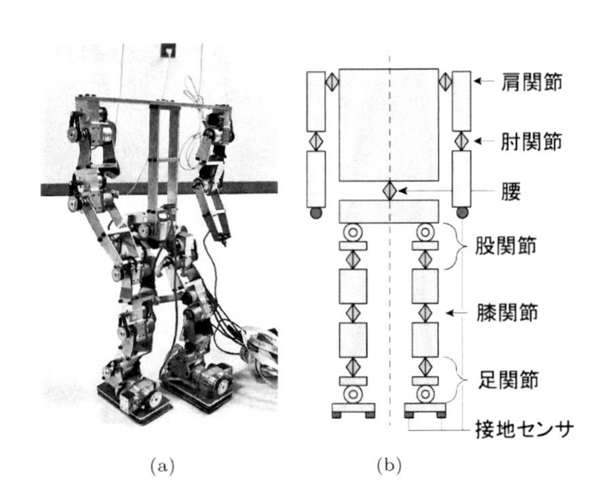

図 8.34 二足ロボット（(a) ロボット，(b) モデル）

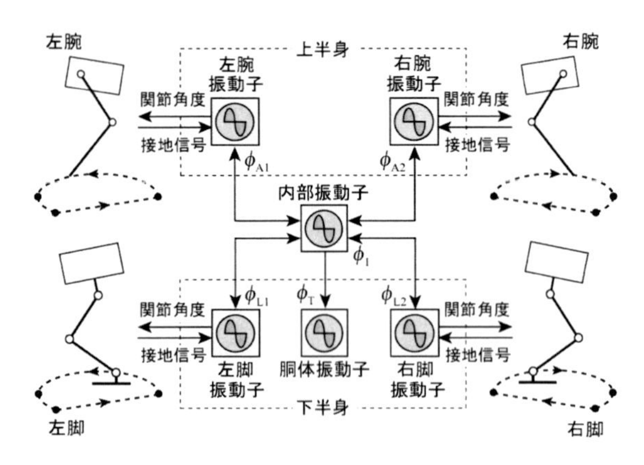

図 8.35　位相振動子を用いた歩行制御系（二足ロボット）

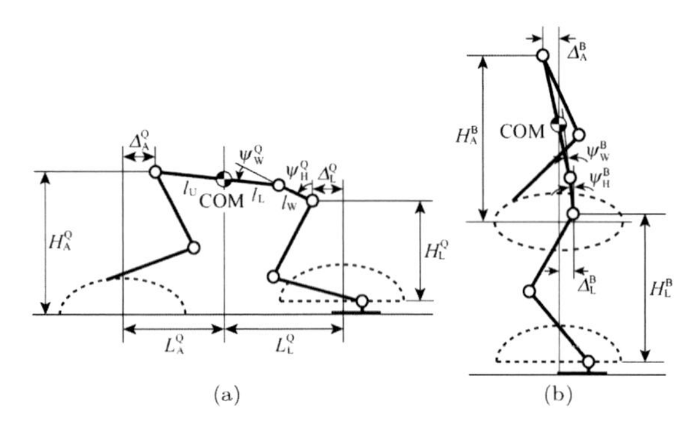

図 8.36　四足歩行 (a) と二足歩行 (b) の運動を決めるパラメータ

を制御し，腕先と足首が遊脚時には胴体に対して楕円軌道を描き，支持脚時には接地したところから直線軌道を描くように設計している（図 8.35)。四足歩行と二足歩行における運動は，胴体に対する腕先と足首の軌道の位置 Δ_{A}, Δ_{L}, H_{A}, H_{L} と，胴体の姿勢角 ψ_{H}, ψ_{W} をそれぞれ適切に設定することで決定されている (図 8.36)。これらを用いて安定な四足，二足歩行が実現されるのであれば，先ほどのパラメータ Δ_{A}, Δ_{L}, H_{A}, H_{L}, ψ_{H}, ψ_{W} を四足から二足のものへ変化させることで運動学的に遷移は実現される。しかしながら，このように多くのパラメータをどのように変化させるかが問題となる。

ヒトの立脚時の周期的な全身運動において，質量中心の位置と体幹の姿勢を適切に制御するような 2 つの関節間協調が存在することが知られている[13]。そこで，図 8.32 のような多関節の運動に内在する低次元構造を参考にして，四肢と質量中心の位置関係と胴体の傾きを決定する 2 つの変数 ξ_1, ξ_2 を導入し，先ほどのパラ

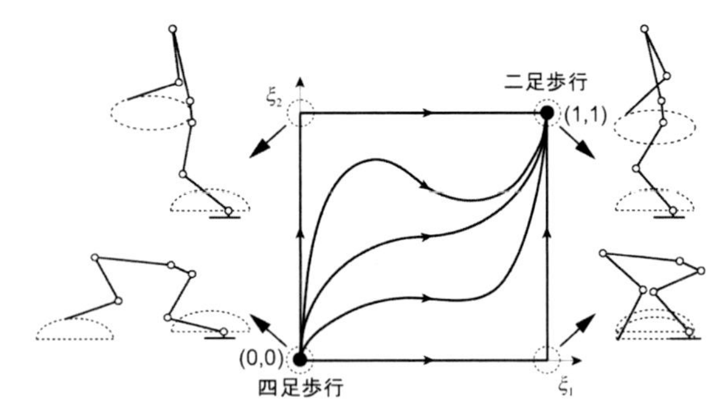

図 8.37　2 つの変数を用いて設計した二足ロボットの歩容遷移

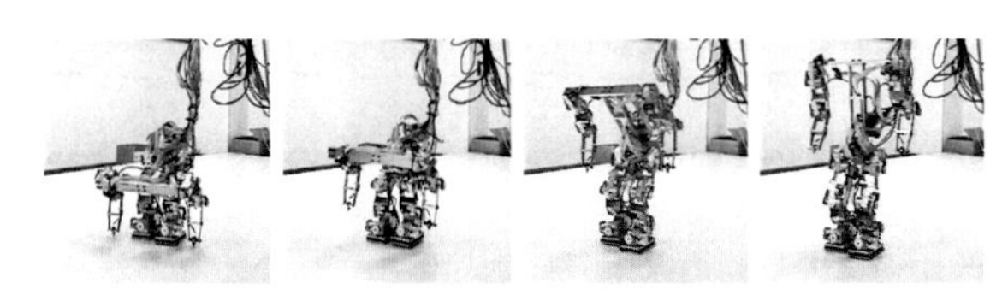

図 8.38　二足ロボットの四足歩行から二足歩行への歩容遷移実験

メータ Δ_{A}, Δ_{L}, H_{A}, H_{L}, ψ_{H}, ψ_{W} をこの 2 つの変数で記述することで歩容遷移におけるロボットの運動を生成している (図 8.37)。さらに，遷移時の転倒回避を目的として，接地情報に基づく位相リセットを用いて周期的な制御指令の時間パターンを状況に応じて調整している。

ロボット実験の結果，安定な四足，二足歩行が実現され，四足から二足への歩容遷移も安定かつスムーズに実現されている (図 8.38)。ただし，位相リセットを用いない場合には安定な遷移を実現することは難しく容易に転倒してしまい，接地情報に基づく位相リセットを用いた制御指令の時間パターンの調整が力学的に大きく寄与することが示されている。

このような位相リセットを用いた二足ロボットの歩行制御は，四足から二足歩行への遷移だけでなく，様々な歩行タスクにおいて有効性が示されている。例えば，歩行面の傾斜や歩行速度などの変化に応じて自律的に歩行周期が変化することで頑健な歩行が実現され[2]，旋回歩行や左右分離型のトレッドミル上での歩行においては，旋回曲率や左右のベルトの速度差に応じて，歩行周期に加えて左右の脚の位相関係やデューティー比（歩行周期に対する支持脚時間）も変化することで適応的な歩行が実現されている[5, 14, 16]。このような適応性はあらかじめ設計されていたものではなく，振動子系・ロボット機構系・環境の相互作用の結果として創出さ

れたものであり，ヒト二足歩行において見受けられる適応的な振舞いと同様のものが実現されている[10, 35]。これらの結果は，対象とするロボットや歩行タスクに応じて制御則を変えたために実現されたわけではなく，非常にシンプルな制御則を用いるだけで状況に応じた様々な適応機能が創出されている。さらには，シンプルな歩行力学モデルを用いた安定解析より，位相振動子や位相リセットを用いた歩行制御の有効性も示されている[3, 4, 6]。

8.5.5 位相振動子を用いた脚ロボット制御：四足ロボット

次に，四足ロボットでの例を挙げる。特にここでは，ウマやネコのような歩行速度に応じた適応的な歩容遷移問題について述べる[8]。ただし，運動学シナジーに基づいて歩容遷移を設計した上述の二足ロボットとは異なり，ここでは振動子系・ロボット機構系・環境との相互作用の結果として歩容が遷移する力学メカニズムや適応機能を明らかにすることを目的としている。すなわち，あらかじめ歩容遷移の道筋を作ってそのように遷移させるのではなく，速度変化に起因して相互作用に変化が生じ，自律的に歩容が遷移する力学構造に着目している。

対象とする四足ロボットは，1 つの胴体と 2 リンクから構成される 4 つの脚を持つ（図 8.39）。各脚にそれぞれ振動子を配置し，二足ロボットと同様に振動子の位相を用いて各関節の運動を生成している（図 8.40）。四足動物のウォーク・トロットは，前肢・後肢の運動において左右で常に逆位相の関係が成立しており，これらの歩容遷移は前肢・後肢の位相関係の変化で説明することができる（ウォークでは 90°，トロットでは 180° 程度ずれる）。四足ロボットの各脚の運動を振動子の位相を用いて生成しているため，ロボットの歩容はこの振動子間の位相関係から説明することができる。特に，振動子の位相ダイナミクス (8.161) において，前肢・後肢における左右の振動子間相互作用の $\hat{\Delta}_{ij} = \pi$ とし，それに対応するゲイン定数 K_{ij} を十分大きくすることで，左右逆位相の関係を実現しておく。そうすると，このロボットの歩容は前後の位相差 $\Delta_{31} = \phi_3 - \phi_1$ のみで説明できることになる。そして，歩行速度を時間的に徐々に変化させつつ，位相リセットを介した位相の調整を通して，歩行速度に応じてどのような歩容が生成されるかを調べている。

ロボット実験の結果，図 8.41 のように歩行速度に応じた歩容が実現されている。特に，低速ではウォーク，高速ではトロットが実現されている。低速から速度を徐々に上げていくと，5 cm/s あたりでウォークからトロットに遷移し，高速から速度を徐々に下げていくと，4 cm/s あたりでトロットからウォークに遷移している。すなわち，歩行速度の加速・減速に応じて歩容が遷移する速度が異なっており，ヒステリシスが生じていることがわかる。このような，ウォーク・トロット遷移におけるヒステリシスは，四足動物においても

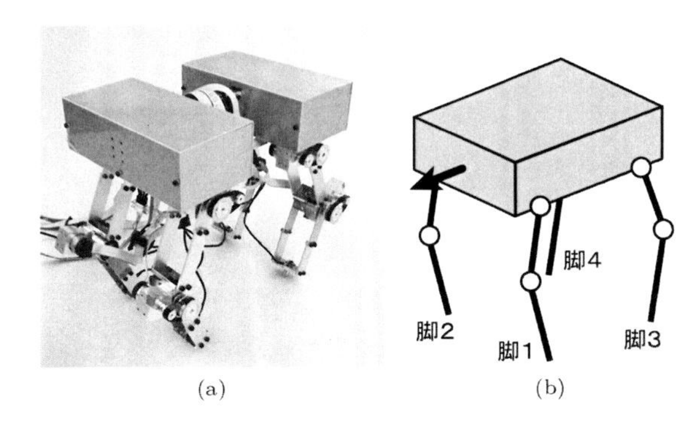

図 8.39　四足ロボット（(a)：ロボット，(b)：モデル）

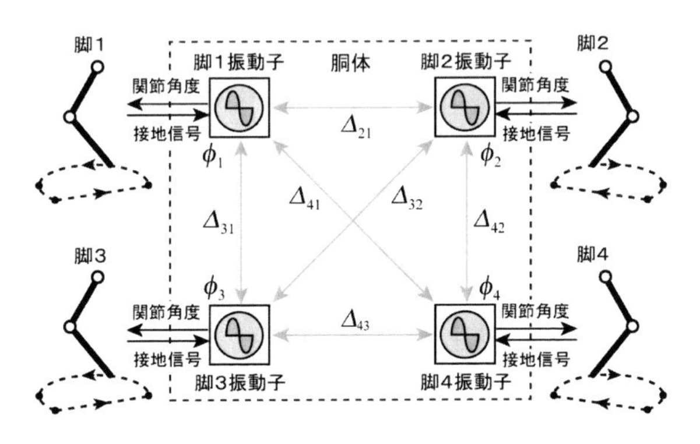

図 8.40　位相振動子を用いた歩行制御系（四足ロボット）

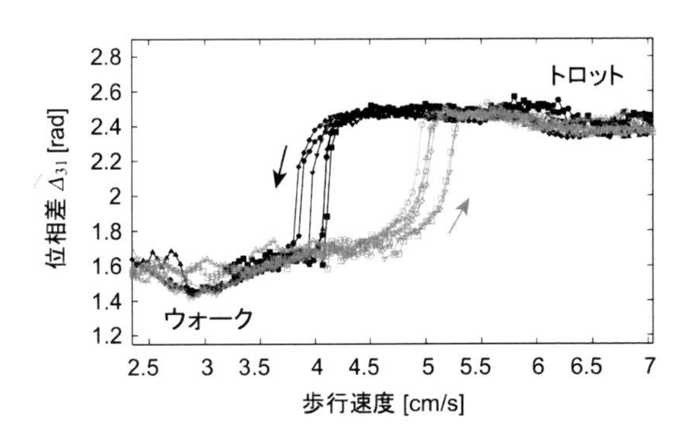

図 8.41　四足ロボットのウォーク・トロット遷移とヒステリシス

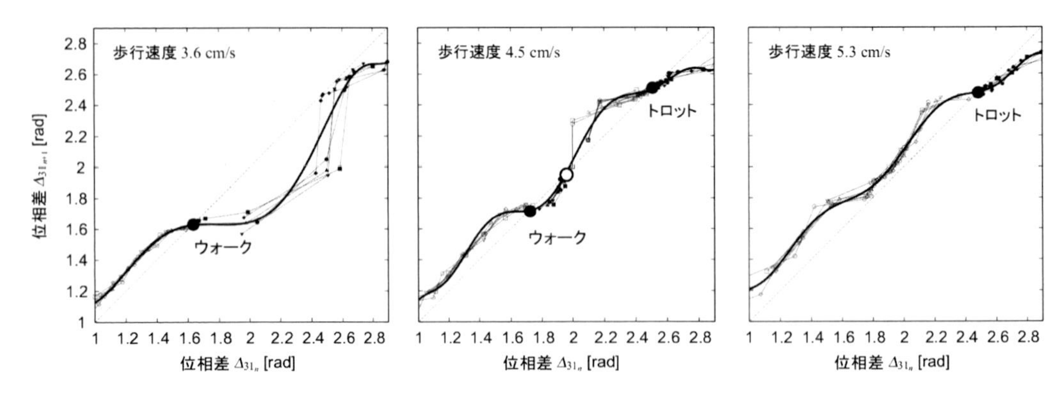

図 8.42　リターンマップによる歩容の安定解析（低速ではウォークのみ，中速ではウォークとトロット，高速ではトロットのみ安定）

見られる現象であり，トレッドミル上のイヌの歩行で観測されることも確認している。また，図 8.42 のようなリターンマップを用いた安定解析より，歩行速度に応じて歩容の安定構造が変化し，サドルノード分岐によりジャンプ現象を伴うヒステリシスが生じていることが確認されている。さらに，同様のアプローチから，六足昆虫の歩容遷移に関しても同様の力学構造を有することが数理モデルを用いて示されている[15]。

＜青井伸也＞

参考文献（8.5 節）

[1] Akimoto, K. Watanabe, S. and Yano, M.: An insect robot controlled by the emergence of gait patterns, *Artif. Life. Robot.*, 3, pp. 102–105 (1999).

[2] Aoi, S. and Tsuchiya, K.: Locomotion control of a biped robot using nonlinear oscillators, *Auton. Robots*, 19(3), pp. 219–232 (2005).

[3] Aoi, S. and Tsuchiya, K.: Stability analysis of a simple walking model driven by an oscillator with a phase reset using sensory feedback, *IEEE Trans. Robot.*, 22(2), pp. 391–397 (2006).

[4] Aoi, S. and Tsuchiya, K.: Self-stability of a simple walking model driven by a rhythmic signal, *Nonlinear Dyn.*, 48(1-2), pp. 1–16 (2007).

[5] Aoi, S. and Tsuchiya, K.: Adaptive behavior in turning of an oscillator-driven biped robot, *Auton. Robots*, 23(1), pp. 37–57 (2007).

[6] Aoi, S. and Tsuchiya, K.: Generation of bipedal walking through interactions among the robot dynamics, the oscillator dynamics, and the environment: Stability characteristics of a five-link planar biped robot, *Auton. Robots*, 30(2), pp. 123–141 (2011).

[7] Aoi, S., Egi, Y., Sugimoto, R., Yamashita, T., Fujiki, S., and Tsuchiya, K.: Functional roles of phase resetting in the gait transition of a biped robot from quadrupedal to bipedal locomotion, *IEEE Trans. Robot.*, 28(6), pp. 1244–1259 (2012).

[8] Aoi, S., Katayama, D., Fujiki, S., Tomita, N., Funato, T., Yamashita, T., Senda, K., and Tsuchiya, K.: A stability-based mechanism for hysteresis in the walk–trot transition in quadruped locomotion, *J. R. Soc. Interface*, 10(81), pp. 20120908-1–20120908-12 (2013).

[9] Bianchi, L., Angelini, D., Orani, G. P., and Lacquaniti, F.: Kinematic coordination in human gait: relation to mechanical energy cost, *J. Neurophysiol.*, 79, pp. 2155–2170 (1998).

[10] Courtine, G. and Schieppati, M.: Human walking along a curved path. II. Gait features and EMG patterns, *Eur. J. Neurosci.*, 18(1), pp. 191–205 (2003).

[11] Duysens, J., Clarac, F., and Cruse, H.: Load-regulating mechanisms in gait and posture: comparative aspects, *Physiol. Rev.*, 80, pp. 83–133 (2000).

[12] Endo, G., Morimoto, J., Matsubara, T., Nakanishi, J., and Cheng, G.: Learning CPG-based biped locomotion with a policy gradient method: Application to a humanoid robot, *Int. J. Robot. Res.*, 27(2), pp. 213–228 (2008).

[13] Freitas, S. M. S. F., Duarte, M., and Latash, M. L.: Two kinematic synergies in voluntary whole-body movements during standing, *J. Neurophysiol.*, 95, pp. 636–645 (2006).

[14] Fujiki, S., Aoi, S., Yamashita, T., Funato, T., Tomita, N., Senda, K., and Tsuchiya, K.: Adaptive split-belt treadmill walking of a biped robot using nonlinear oscillators with phase resetting, *Auton. Robots*, 35(1), pp. 15–26 (2013).

[15] Fujiki, S., Aoi, S., Funato, T., Tomita, N., Senda, K., and Tsuchiya, K.: Hysteresis in the metachronal-tripod gait transition of insects: A modeling study, *Phys. Rev. E*, 88(1), pp. 012717-1–012717-7 (2013).

[16] Fujiki, S., Aoi, S., Funato, T., Tomita, N., Senda, K., and Tsuchiya, K.: Adaptation mechanism of interlimb coordination in human split-belt treadmill walking through learning of foot contact timing: a robotics study, *J. R. Soc. Interface*, 12(110), pp. 20150542-1–20150542-15 (2015).

[17] Fukuoka, Y., Kimura, H., and Cohen, A. H.: Adaptive dynamic walking of a quadruped robot on irregular terrain based on biological concepts, *Int. J. Robot. Res.*, 22(3-4), pp. 187–202 (2003).

[18] Funato, T., Aoi, S., Oshima, H., and Tsuchiya, K.: Variant and invariant patterns embedded in human locomotion through whole body kinematic coordination, *Exp. Brain Res.*, 205(4), pp. 497–511 (2010).

[19] Grillner, S.: Locomotion in vertebrates: central mechanisms and reflex interaction, *Physiol. Rev.*, 55(2), pp. 247–304 (1975).

[20] Ijspeert, A. J.: Central pattern generators for locomotion control in animals and robots: a review, *Neural Netw.*, 21(4), pp. 642–653 (2008).

[21] Ijspeert, A. J., Crespi, A., Ryczko, D., and Cabelguen, J. M.: From swimming to walking with a salamander robot driven by a spinal cord model, *Science*, 315, pp. 1416–1420 (2007).

[22] Ivanenko, Y. P., Poppele, R. E., and Lacquaniti, F.: Motor control programs and walking, *Neuroscientist*, 12(4), pp. 339–348 (2006).

[23] Ivanenko, Y. P., Cappellini, G., Dominici, N., Poppele, R. E., and Lacquaniti, F.: Modular control of limb movements during human locomotion, *J. Neurosci.*, 27(41), pp. 11149–11161 (2007).

[24] Ivanenko, Y. P., d'Avella, A., Poppele, R. E., and Lacquaniti, F.: On the origin of planar covariation of elevation angles during human locomotion, *J. Neurophysiol.*, 99, pp. 1890–1898 (2008).

[25] Kimura, H., Akiyama, S., and Sakurama, K.: Realization of dynamic walking and running of the quadruped using neural oscillator, *Auton. Robots*, 7, pp. 247–258 (1999).

[26] Kuramoto, Y.: *Chemical oscillations, waves, and turbulences*, Springer-Verlag (1984).

[27] Latash, M. L.: *Synergy*, Oxford University Press (2008).

[28] Matsuoka, K.: Mechanisms of frequency and pattern control in the neural rhythm generators, *Biol. Cybern.*, 56, pp. 345–353 (1987).

[29] Morimoto, J., Endo, G., Nakanishi, J., and Cheng, G.: A biologically inspired biped locomotion strategy for humanoid robots: Modulation of sinusoidal patterns by a coupled oscillator model, *IEEE Trans. Robot.*, 24(1), pp. 185–191 (2008).

[30] Nakanishi, J., Morimoto, J., Endo, G., Cheng, G., Schaal, S., and Kawato, M.: Learning from demonstration and adaptation of biped locomotion, *Robot. Auton. Syst.*, 47(2-3), pp. 79–91 (2004).

[31] Nomura, T., Kawa, K., Suzuki, Y., Nakanishi, M., and Yamasaki, T.: Dynamic stability and phase resetting during biped gait, *Chaos*, 19, pp. 026103-1–026103-12 (2009).

[32] Orlovsky, G. N., Deliagina, T., and Grillner, S.: *Neuronal control of locomotion: from mollusc to man*, Oxford University Press (1999).

[33] Poppele, R. E., Bosco, G., and Rankin, A. M.: Independent representations of limb axis length and orientation in spinocerebellar response components, *J. Neurophysiol.*, 87, pp. 409–422 (2002).

[34] Poppele, R. E. and Bosco, G.: Sophisticated spinal contributions to motor control, *Trends Neurosci.*, 26, pp. 269–276 (2003).

[35] Reisman, D. S., Block, H. J., and Bastian, A. J.: Interlimb coordination during locomotion: What can be adapted and stored?, *J. Neurophysiol.*, 94, pp. 2403–2415 (2005).

[36] Righetti, L. and Ijspeert, A. J.: Programmable central pattern generators: an application to biped locomotion control, *Proc. IEEE Int. Conf. Robot. Autom.*, pp. 1585–1590 (2006).

[37] Rybak, I. A., Shevtsova, N. A., Lafreniere-Roula, M., and McCrea, D. A.: Modelling spinal circuitry involved in locomotor pattern generation: insights from deletions during fictive locomotion, *J. Physiol.*, 577(2), pp. 617–639 (2006).

[38] Schomburg, E. D., Petersen, N., Barajon, I., and Hultborn, H.: Flexor reflex afferents reset the step cycle during fictive locomotion in the cat, *Exp. Brain Res.*, 122(3), pp. 339–350 (1998).

[39] Shik, M. L. and Orlovsky, G. N.: Neurophysiology of locomotor automatism, *Physiol. Rev.*, 56(3), pp. 465–501 (1976).

[40] Steingrube, S., Timme, M., Wörgötter, F., and Manoonpong, P.: Self-organized adaptation of a simple neural circuit enables complex robot behaviour, *Nat. Phys.*, 6, pp. 224–230 (2010).

[41] Taga, G., Yamaguchi, Y., and Shimizu, H.: Self-organized control of bipedal locomotion by neural oscillators in unpredictable environment, *Biol. Cybern.*, 65, pp. 147–159 (1991).

[42] Taga, G.: A model of the neuro-musculo-skeletal system for human locomotion I. Emergence of basic gait, *Biol. Cybern.*, 73, pp. 97–111 (1995).

[43] 柳原大：歩行運動における小脳の役割，『神経進歩』，44(5), pp. 793–800 (2000).

8.6 おわりに

本章では，帰納的な手法から演繹的な手法までを 4 つの手法に分類して解説しました。これらの内容とそれぞれの参考文献が脚ロボットの研究をさらに進めるための一助になれば幸いです。

最後に，この場をお借りして，各節を執筆していただいた先生方にお礼を申し上げます。

＜山北昌毅＞

第9章

ROBOT CONTROL HANDBOOK

制御系の実装技術

9.1 はじめに

制御理論は連続時間システムに対して考案されたものが多い。例えば，PID 制御に代表される古典制御理論もそうである。また，現代制御やロバスト制御も，最初は連続時間システムを前提にして理論構築がなされた。制御対象の多くは連続時間システムであるから，これは自然なことと言える。その結果，ほとんどの場合，制御器も連続時間システムとなるから，それをそのまま実装するためには演算増幅器などによるアナログ回路が必要となる。しかし，アナログ回路では複雑な制御器の実装は難しく，また，素子のばらつきや使用環境（例えば温度など）の変化によって，アナログ回路の特性が変化してしまうといった問題がある。

このような問題を避けるため，制御器をマイコンなどの計算機を用いて実装することが，近年ではあたりまえとなっている。複雑な制御器の実装も比較的容易で，プログラムの変更によって制御アルゴリズムを簡単に変更することもできる。また，アナログ回路と異なり，制御器の実装に伴う特性のばらつきも，無視できるほど小さい。

マイコンを使って制御するには，一定の周期で制御対象の出力を取り込み，何らかの演算をしたあとに制御対象へ加える制御入力を出力する，という動作を繰り返さなければならない。このとき，マイコンの中でやりとりされている信号は離散時間信号となる。また，マイコンで実行される演算もサンプリング周期ごとに行われるため，離散時間システムとしての取扱いが必要となる。したがって，離散時間信号や離散時間システムを取り扱うデジタル制御理論の理解が必要となる。そこで，9.2 節では，デジタル制御の基礎についてまとめた。

ところで，制御系設計および解析から制御器の実装までの一連の流れをスムーズに行うためには，それをサポートする CAE ソフトウェアが欠かせない。そこで，9.3 節ではこれら CAE ソフトウェアとしてよく知られる MATLAB/Simulink，MapleSim，Scilab，MATX について紹介する。さらに，9.4 節では，設計したデジタル制御器を計算機にリアルタイム実装する際に役立つリアルタイム OS および RT ミドルウェアについて紹介する。

＜平田光男＞

9.2 デジタル制御理論

9.2.1 デジタル制御

図 9.1 に典型的な目標値追従制御系のブロック線図を示す[1]。$P_c(s)$ は制御対象，$K_c(s)$ は制御器，$r(t)$ は目標値であり，制御器 $K_c(s)$ は目標値 $r(t)$ と出力 $y(t)$ の偏差 $e(t)$ が十分小さくなるように制御入力 $u(t)$ を生成する。

例えば，ロボットアームの角度制御系であれば，$y(t)$ がロボットアームの角度，$u(t)$ がモータへの印加電圧となる。制御器 $K_c(s)$ は連続時間システムであるが，これをマイコンなどを使って実現したのがデジタル制

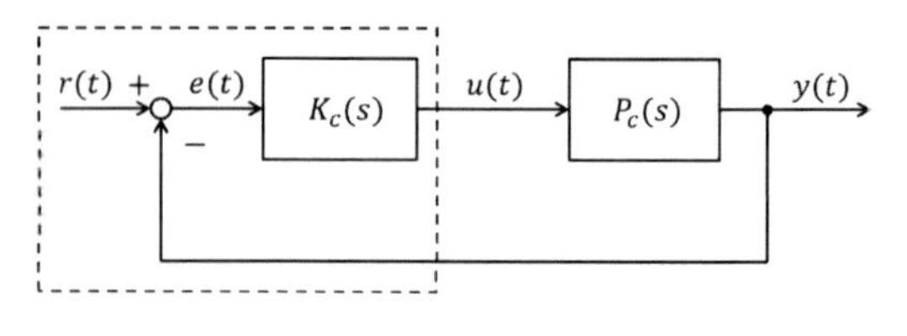

図 9.1　目標値追従制御系

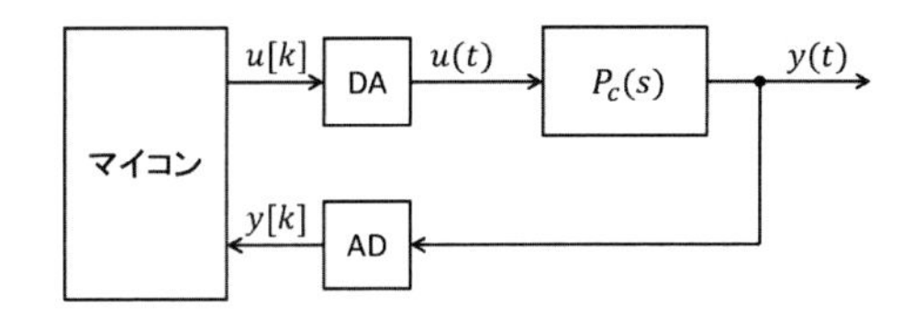

図 9.2 マイコンによる制御

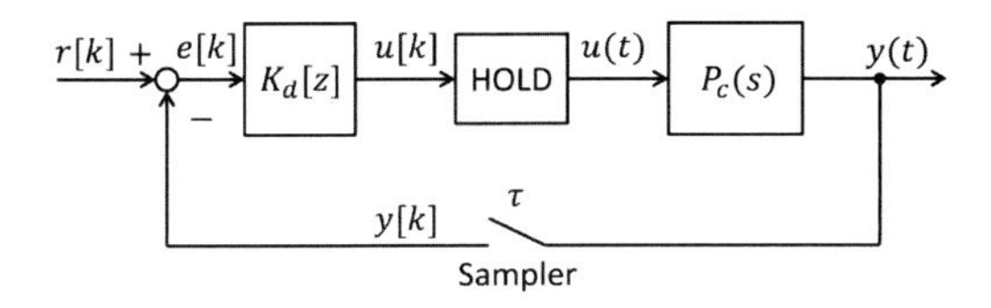

図 9.3 デジタル制御系

御である[2]。実際には $K_c(s)$ だけでなく，図 9.1 に破線で示した部分がデジタル制御装置に置き換えられる (図 9.2)。図 9.2 において，AD は連続時間信号 $y(t)$ をサンプリング周期 τ ごとに離散時間信号 $y[k] := y(\tau k)$ $(k = 0, 1, \ldots)$ として計算機内部へ取り込むための AD (Analogue to Digital) 変換器，DA はマイコンで計算された制御入力 $u[k]$ を連続時間信号 $u(t)$ として出力する DA (Digital to Analogue) 変換器を表す。

さらに，図 9.1 と対応するように，マイコン内部の処理も含めて描いたブロック線図を図 9.3 に示す。図において Sampler（サンプラ）は AD 変換器で行われている処理（連続時間信号 $y(t)$ をサンプリング周期 τ 毎に標本化）に対応し，HOLD（ホールド）は DA 変換器で行われている処理（離散時間信号 $u[k]$ を連続時間信号 $u(t)$ に変換して出力）に対応する。

以下では，デジタル制御を理解するために必要な，z 変換，離散時間信号，サンプラおよびホールド，離散時間システムとその表現および性質に関する基本的事項，離散時間制御器の設計方法およびその実装方法について簡潔にまとめる。

9.2.2 離散時間信号

離散時間信号は，離散的に変化する時間軸上の信号として，次式で定義される。

$$\{x[k]\} = \{\ldots, x[-2], x[-1], x[0], x[1], x[2], \ldots\} \tag{9.1}$$

図 9.3 の Sampler では $y(t)$ の値を一定周期 τ ごとに $y[k] = y(\tau k)$ として取得している。この動作をサンプリングと呼び，周期 τ をサンプリング周期，その逆数 $f = 1/\tau$ をサンプリング周波数と呼ぶ[2–4]。

なお，連続時間信号をサンプリングすると，サンプリング周期の間の情報は失われてしまう。したがって，サンプリング周期に比べて変化の速い信号をサンプリングした場合は，もとの連続時間信号の情報を完全に保存できない。そこで，離散時間信号からもとの連続時間信号を完全に復元するための条件が導き出された。これは，シャノンのサンプリング定理としてよく知られる[2]。サンプリング定理では，連続時間信号が周波数 f_s 以上の周波数成分を持たないとき，$2f_s$ 以上のサンプリング周波数で連続時間信号をサンプリングすれば，サンプリングされた離散時間信号を使ってもとの連続時間信号を完全に再現できることを示している。なお，サンプリング周波数の 1/2 の周波数をナイキスト周波数という。

一方，図 9.3 の HOLD では離散時間信号 $u[k]$ から連続時間信号 $u(t)$ を生成する際に，サンプル点の間を補間しなければならない。通常は，サンプル点間 $(k\tau \le t < (k+1)\tau)$ を一定値，つまり，0 次関数で補間する零次ホールド (ZOH: Zero-Order Hold) がよく用いられる。これを数式で記述すると

$$u(t) = u[k], \quad k\tau \le t < (k+1)\tau \tag{9.2}$$

となる。図 9.4 に零次ホールドによって，$u[k]$ から $u(t)$ が生成される様子を示した。

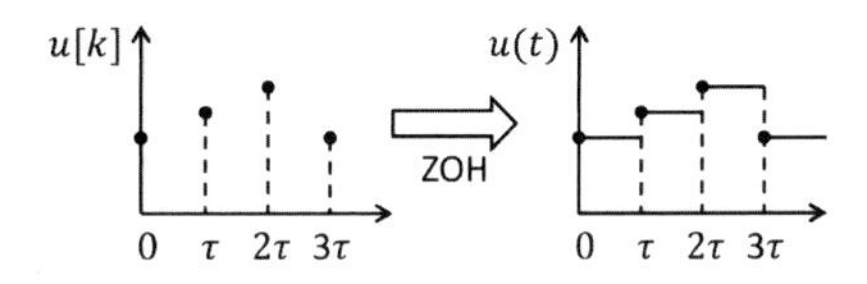

図 9.4 零次ホールド

9.2.3 基本的な離散時間信号

(1) 単位インパルス信号

離散時間における単位インパルス信号は次のように定義される。

$$\delta[k] = \begin{cases} 1, & k = 0 \\ 0, & k \ne 0 \end{cases} \tag{9.3}$$

連続時間におけるディラックのデルタ関数に対して，$\delta[k]$ はクロネッカーのデルタ関数と呼ばれる。

(2) 単位ステップ信号

離散時間における単位ステップ信号は，連続時間の場合と同様に，時刻 $k=0$ で 0 から 1 に階段状に変化する信号として定義される。つまり，

$$u[k] = \begin{cases} 0, & k < 0 \\ 1, & k \geq 0 \end{cases} \tag{9.4}$$

連続時間の場合と同様に，単位ステップ信号は単位インパルス信号の無限和として，次のように表現することもできる。

$$u[k] = \sum_{n=0}^{\infty} \delta[k-n] \tag{9.5}$$

(3) 正弦波信号

離散時間における正弦波信号は次式で定義される。

$$x[k] = A\sin(\omega\tau k + \phi) \tag{9.6}$$

連続時間信号の場合と同様に，A は振幅，ω [rad/s] は角周波数，ϕ [rad] は位相と呼ばれる。ここで，連続時間の場合と異なる点は，すべての ω に対して，式 (9.6) は周期的とはならないことである。

まず，離散時間信号 $x[k]$ が周期的とは，ある最小の正の整数 L に対して

$$x[k] = x[k+L]$$

が成り立つことをいう。したがって，正弦波信号が周期的であるためには

$$\begin{aligned} \sin\omega\tau k &= \sin\omega\tau(k+L) \\ &= \sin(\omega\tau k + \omega\tau L) \end{aligned}$$

が成り立たなければならない。このことから，周期 $L = 2\pi/(\omega\tau)$ が整数であるときに限って，$\sin\omega\tau k$ は周期信号となることがわかる。

(4) 指数信号

離散時間信号の指数信号は次式で定義される。

$$x[k] = Ae^{ak} \tag{9.7}$$

基本的には，連続時間の指数信号と同じように考えられる。例えば，a が実数の時は a の符号によって式 (9.7) は 0 に収束，あるいは発散し，a が虚数の場合は

$$\begin{aligned} x[k] &= Ae^{j\omega\tau k} \\ &= A(\cos(\omega\tau k) + j\sin(\omega\tau k)) \end{aligned} \tag{9.8}$$

のようになる。正弦波信号と同様に，式 (9.8) は $L = 2\pi/(\omega\tau)$ が整数のときに限って周期信号となる。

9.2.4　z 変換

連続時間信号の解析および連続時間システムに対する制御系設計ではラプラス変換が使われるが，離散時間信号および離散時間システムの場合には z 変換が使われる[2]。

離散時間信号 $f[k]$ $(k=0,1,2,\ldots)$ の z 変換 $F[z]$ は次式で定義される。

$$F[z] := f[0] + f[1]z^{-1} + f[2]z^{-2} + \cdots \tag{9.9}$$

これを，次のように表記する。

$$F[z] = \mathcal{Z}\{f[k]\} \tag{9.10}$$

離散時間信号 $f[k]$ を単なる数列ではなく，連続時間信号 $f(t)$ をサンプリング周期 τ でサンプリングして得られた数列と考えよう。つまり，$f[k] = f(\tau k)$ とする。このとき，$f(t)$ の z 変換を次のように定義する。

$$\begin{aligned} F[z] &= \mathcal{Z}\{f(t)\} \\ &= f(0) + f(\tau)z^{-1} + f(2\tau)z^{-2} + \cdots \end{aligned} \tag{9.11}$$

また，$f(t)$ のラプラス変換 $F(s)$ が与えられている場合

$$F[z] = \mathcal{Z}\{F(s)\} \tag{9.12}$$

と書くこともできるものとする。これは，$F(s)$ の逆ラプラス変換の連続時間信号 $f(t)$ を z 変換する，という意味を持つ。

例として，数列 $\{\lambda^k\}$ の z 変換を行おう。その z 変換を $X[z]$ とすれば，次式を得る。

$$\begin{aligned} X[z] &= 1 + \lambda z^{-1} + \lambda^2 z^{-2} + \cdots + \lambda^k z^{-k} + \cdots \\ &= \frac{1}{1-\lambda z^{-1}} = \frac{z}{z-\lambda} \end{aligned}$$

表 9.1 に連続時間信号とそのラプラス変換，そして，その信号をサンプリング周期 τ でサンプリングして得られた離散時間信号の z 変換をまとめた。ただし，連続時間の $\delta(t)$ と離散時間の $\delta[k]$ は意味が異なるので，それぞれ別の行にある。

表 9.1 ラプラス変換と z 変換

$x(t)$	$X(s)$	$x[k]$	$X[z]$
$\delta(t)$	1	—	—
—	—	$\delta[k]$	1
1	$\dfrac{1}{s}$	1	$\dfrac{z}{z-1}$
t	$\dfrac{1}{s^2}$	τk	$\dfrac{\tau z}{(z-1)^2}$
e^{-at}	$\dfrac{1}{(s+a)}$	$(e^{-a\tau})^k$	$\dfrac{z}{z-e^{-a\tau}}$
$\sin\omega t$	$\dfrac{\omega}{(s^2+\omega^2)}$	$\sin\omega\tau k$	$\dfrac{z\sin\omega\tau}{z^2-2z\cos\omega\tau+1}$
$\cos\omega t$	$\dfrac{s}{(s^2+\omega^2)}$	$\cos\omega\tau k$	$\dfrac{z(z-\cos\omega\tau)}{z^2-2z\cos\omega\tau+1}$

一方，$X[z]$ から $x[k]$ を求める逆 z 変換 $x[k] = \mathcal{Z}^{-1}\{X[z]\}$ は，逆ラプラス変換と同様に変換表を使って行えるが，若干異なる点がある。そこで，例を使って説明しよう。いま，

$$X[z] = \frac{0.2}{(z-0.1)(z-0.5)} \tag{9.13}$$

の逆 z 変換を考える。ラプラス変換のように部分分数に展開し

$$X[z] = \frac{c_1}{z-0.1} + \frac{c_2}{z-0.5}$$

としても，各項に対する逆変換が表 9.1 にない。候補として $\tau z/(z-e^{-a\tau})$ があるが，分子の z が余計である。そこで，式 (9.13) の両辺を z で割ってから部分分数展開しよう。

$$\begin{aligned}\frac{X[z]}{z} &= \frac{0.2}{z(z-0.1)(z-0.5)} \\ &= \frac{4}{z} - \frac{5}{z-0.1} + \frac{1}{z-0.5}\end{aligned}$$

そして両辺を z 倍すると，

$$X[z] = 4 - 5\frac{z}{z-0.1} + \frac{z}{z-0.5}$$

のように各要素の分子に z が現れるので，表 9.1 から対応する逆変換を見つけることができる。以上から，逆変換は次のように求まる。

$$\mathcal{Z}^{-1}\{X[z]\} = 4\cdot\delta[k] - 5\cdot(0.1)^k + (0.5)^k$$

9.2.5 離散時間システムの表現

離散時間信号 $u[k]$ および $y[k]$ をそれぞれ入力と出力にもつシステムを離散時間システムと呼ぶ。離散時間システムにおける線形/非線形システム，時不変/時変システム，因果/非因果システムについては，連続時間システムの場合と同じように定義できる。

以下では線形かつ時不変な離散時間システム，つまり離散時間 LTI システムについて考えていこう。ここで，LTI は Linear Time Invariant の頭文字をとったものであり，線形時不変を意味する。以降，離散時間システムであることが明らかな場合，“離散時間”を省略する。

(1) パルス伝達関数

入力 $u[k]$ と出力 $y[k]$ の z 変換 $u[z]$ および $y[z]$ の比

$$G[z] = \frac{y[z]}{u[z]}$$

をパルス伝達関数と呼ぶ。単位インパルス入力 $u[k] = \delta[k]$ の z 変換は 1 なので，単位インパルス入力を加えたときの出力応答 $g[k]$ を z 変換すればパルス伝達関数 $G[z]$ が求まる。つまり，$G[z] = \mathcal{Z}\{g[k]\}$。

パルス伝達関数 $G[z]$ を，互いに既約な多項式の比で

$$G[z] = \frac{n[z]}{d[z]}$$

と表現すると，連続時間の場合と同様に，$d[z]$ を特性多項式，$d[z]=0$ を特性方程式，そして，特性方程式の根を $G[z]$ の極として定義できる。また，零点は $G[z]=0$ を満たす z として定義され，$n[z]=0$ の根を含む。なお，プロパ，厳密にプロパ，バイプロパ，非プロパ（あるいは，インプロパ）についても，分母，分子の次数によって，連続時間システムの場合と同じように定義できる。

(2) 状態空間実現

次式で定義される離散時間 LTI システムの実現を状態空間実現と呼ぶ。

$$x[k+1] = Ax[k] + Bu[k] \tag{9.14}$$

$$y[k] = Cx[k] + Du[k] \tag{9.15}$$

ここで，式 (9.14) を状態方程式，式 (9.15) を出力方程式と呼ぶ。なお，入力 $u[k]$，出力 $y[k]$，および状態変数 $x[k]$ は次式で定義する。

$$u[k] = \begin{bmatrix} u_1[k] \\ \vdots \\ u_p[k] \end{bmatrix} \in \mathcal{R}^p, \quad y[k] = \begin{bmatrix} y_1[k] \\ \vdots \\ y_q[k] \end{bmatrix} \in \mathcal{R}^q$$

$$x[k] = \begin{bmatrix} x_1[k] \\ \vdots \\ x_n[k] \end{bmatrix} \in \mathcal{R}^n$$

ただし，$A \in \mathcal{R}^{n\times n}$, $B \in \mathcal{R}^{n\times p}$, $C \in \mathcal{R}^{q\times n}$, $D \in \mathcal{R}^{q\times p}$。

状態空間実現では，任意の正則な行列 T（相似変換行列）を用いて定義した新たな状態変数 $z[k] = T^{-1}x[k]$ を使って別の状態空間実現へ変換できる。このことを示すため

$$x[k] = T\,z[k] \tag{9.16}$$

を式 (9.14), (9.15) に代入して整理すると，次の状態空間実現を得る。

$$z[k+1] = \tilde{A}z[k] + \tilde{B}u[k] \tag{9.17}$$

$$y[k] = \tilde{C}z[k] + Du[k] \tag{9.18}$$

ただし，

$$\tilde{A} = T^{-1}AT, \quad \tilde{B} = T^{-1}B, \quad \tilde{C} = CT$$

このように，同じ入出力特性を表す状態空間実現は唯一ではなく無数に存在する。また，この変換を状態空間実現の相似変換という。

さて，式 (9.14), (9.15) の状態方程式および出力方程式を z 変換して整理すると，

$$y[z] = \left\{C(zI-A)^{-1}B + D\right\}u[z]$$

を得る。つまり，状態空間実現とパルス伝達関数の関係は

$$G[z] = C(zI-A)^{-1}B + D \tag{9.19}$$

となる。なお，相似変換された式 (9.17), (9.18) から伝達関数を求めると

$$\tilde{G}[z] = \tilde{C}(zI-\tilde{A})^{-1}\tilde{B} + D$$

となるが，簡単な計算から $G[z] = \tilde{G}[z]$ が示せる。よって，相似変換に対して伝達関数は不変である。

9.2.6　離散時間システムの解析

(1) 安定性

離散時間 LTI システムにおいて，すべての有界な入力に対して出力が有界になるとき，このシステムは BIBO 安定（Bounded-Input Bounded-Output stability：有界入力・有界出力安定），あるいは単に安定という。

システムのパルス伝達関数 $G[z]$ が与えられたとき，$G[z]$ が安定になるための必要十分条件は，$G[z]$ のすべての極 λ_i $(i=1,\ldots,n)$ の絶対値が 1 未満，つまり $|\lambda_i| < 1\ \forall i$ となる。

一方，状態空間実現されたシステムに対する安定性としては漸近安定性が知られる。式 (9.14) の入力 $u[k]$ を 0 にしたとき，任意の初期状態 $x[0] \neq 0$ に対して

$$x[\infty] = \lim_{k\to\infty} x[k]$$

となるとき，漸近安定という。漸近安定となるための必要十分条件は A 行列のすべての固有値の絶対値が 1 未満となることである。

式 (9.14) が漸近安定ならば式 (9.19) のパルス伝達関数は常に安定となる。しかしながら，式 (9.19) が安定であっても，式 (9.14) は漸近安定にはならないことがあるので注意が必要である。

(2) 周波数応答

LTI 離散時間システム $G[z]$ に対して，振幅 1 の離散時間正弦波信号

$$u[k] = \sin(\omega\tau k)$$

を加えて定常状態にあるとき，出力は

$$y[k] = A\sin(\omega\tau k + \phi)$$

となる。このとき，A をゲイン，ϕ を位相と呼ぶ。

ゲインおよび位相は $G[z]$ を使って次のように計算できる。

$$g(\omega) = |G[e^{j\omega\tau}]|, \quad \phi(\omega) = \angle G[e^{j\omega\tau}] \tag{9.20}$$

片対数グラフの横軸を角周波数 ω [rad/s] または周波数 $\omega/(2\pi)$ [Hz] にとり，縦軸をゲインとし，その単位をデシベル (dB)，つまり

$$20\log_{10} g(\omega)$$

としたものをゲイン線図，同じく片対数グラフの横軸を

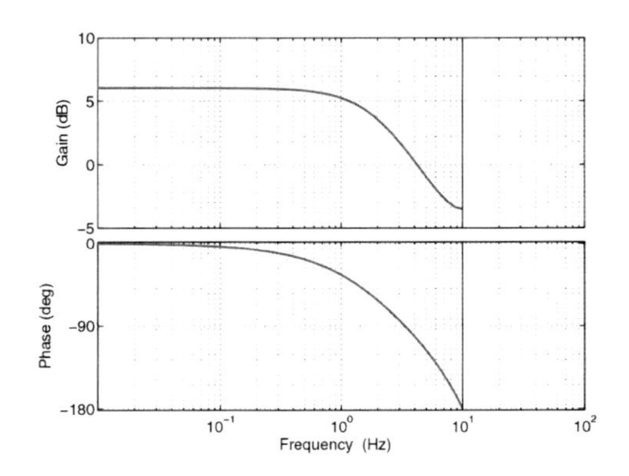

図 9.5　$G[z] = 1/(z-0.5)$ のボード線図

角周波数または周波数にとり，縦軸を位相 $180\phi/\pi$ [°] としたものを位相線図と呼ぶ。また，ゲイン線図と位相線図を縦に並べて周波数軸を揃えてペアにしたものをボード線図と呼ぶ。一例として $G[z] = 1/(z-0.5)$ のボード線図を図 9.5 に示す。

(3) 時間応答

離散時間 LTI システムに離散時間信号 $u[k]$ を加えた時の出力 $y[k]$ を求める方法について述べる。

システムのパルス伝達関数 $G[z]$ と $u[k]$ の z 変換 $U[z]$ が与えられている場合は，次式から $y[k]$ を計算するのが簡単である。

$$y[k] = \mathcal{Z}^{-1}\{G[z]U[z]\}$$

一方，任意の離散時間信号 $u[k]$ が与えられている場合は，状態空間実現を使うのが便利である。式 (9.14) はベクトル漸化式なので容易に解くことができ，その解は

$$\begin{aligned} x[1] &= Ax[0] + Bu[0] \\ x[2] &= Ax[1] + Bu[1] \\ &= A^2x[0] + ABu[0] + Bu[1] \\ &\vdots \\ x[k] &= A^kx[0] + \sum_{i=0}^{k-1} A^iBu[k-1-i] \end{aligned} \tag{9.21}$$

となる。したがって，式 (9.21) および式 (9.15) から出力 $y[k]$ が計算できる。

9.2.7 デジタル再設計

デジタル制御器 $K_d[z]$ の設計方法は，大きく分けて3つある。1つ目は，連続時間制御器 $K_c(s)$ を求めた後，それとほとんど同じ振舞いをする離散時間制御器 $K_d[z]$ を求める方法である。これは，デジタル再設計とも呼ばれる。この方法は，サンプリング周波数が制御帯域に比べて十分高ければ離散化の影響が無視でき，数多くの連続時間制御系設計法が使えることから，一般によく用いられる。

2つ目は，制御対象を離散化して離散時間のモデルを求め，デジタル制御理論を用いて，デジタル制御器を設計する方法である。サンプリング周波数によらず，常に閉ループ系の安定性が保たれるため，サンプリング周波数を制御帯域に比べて十分高く設定できない場合に有効である。しかし，サンプリング周波数が低くなると，サンプル点間の応答が悪化するといった問題も知られる。

これら2つの方法に対して，制御対象は連続時間系のまま，そして制御器は離散時間系のまま，連続時間系と離散時間系とが混在する制御系をそのまま取り扱う設計法がある。これはサンプル値制御理論と呼ばれ，近年発展した強力な方法である[5, 6]。

以下では，制御対象の離散化と，デジタル再設計で必要となる制御器の離散化について説明する。

(1) 制御対象の離散化

図 9.3 の制御系において，$P_c(s)$ の状態空間実現を

$$\dot{x}(t) = A_cx(t) + B_cu(t),\ y(t) = C_cx(t)$$

で定義したとき，$u[k]$ から $y[k]$ までのパルス伝達関数 $P_d[z]$ を求めよう。

まず，現在の状態 $x[k] := x(\tau k)$ と次のサンプリング時間 $\tau(k+1)$ までの入力 $u(t)$ $(\tau k \le t < \tau(k+1)$ が与えられたとき，次の状態 $x[k+1] := x(\tau(k+1))$ は次式で計算できることが知られている[2]。

$$x[k+1] = e^{A_c\tau}x[k] + \int_0^\tau e^{A_c(\tau-t)}B_cu(t)\mathrm{d}t \tag{9.22}$$

ここで，$u(t)$ が零次ホールドによって $u[k]$ から生成されると仮定すると，式 (9.22) は次式となる。

$$x[k+1] = A_dx[k] + B_du[k] \tag{9.23}$$

ただし，$A_d = e^{A_c\tau}$，$B_d = \int_0^\tau e^{A_c\tau}B_c\mathrm{d}t$。一方，出力方程式は $y[k] = y(\tau k) = C_cx(\tau k) = C_cx[k]$ となる。したがって，パルス伝達関数 $P_d[z]$ は次式となる。

$$P_d[z] = C_c(zI - A_d)^{-1}B_d$$

この導出からわかるように，$P_c(s)$ の離散時間モデル $P_d[z]$ は一切の近似を使わずに求められ，$u[k]$ から $y[k]$ までの正確な特性を表している。

(2) 制御器の離散化

制御対象の離散時間モデルは近似なしに求めることができた。一方，制御器の場合は，連続時間制御器 $K_c(s)$ の振舞いに何らかの意味で近くなる離散時間制御器 $K_d[z]$ を求める問題となる。これは近似問題なので，様々なアプローチが考えられる。以下では，代表的な 5 つの方法について説明する。

(i) インパルス不変方式

$K_c(s)$ の単位インパルス応答と $K_d[z]$ の単位インパルス応答が一致するように $K_d[z]$ を求める方法である。つまり，

$$K_d[z] = \mathcal{Z}\{K_c(s)\} \tag{9.24}$$

(ii) 後退差分近似

信号の微分を後退差分近似する方法である。つまり，連続時間信号 $e(t)$ の微分を次式で近似する。

$$\frac{\mathrm{d}}{\mathrm{d}t}e(t) \simeq \frac{e[k] - e[k-1]}{\tau} \tag{9.25}$$

上式左辺をラプラス変換し，右辺を z 変換すると

$$s = \frac{z-1}{\tau z} \tag{9.26}$$

の関係式が得られる。したがって，次の公式を得る。

$$K_d[z] = K_c(s)|_{s=(z-1)/\tau z} \tag{9.27}$$

式 (9.26) により，$K_c(s)$ の安定極は z 平面において中心 $(1/2, 0)$ 半径 $1/2$ の領域に写像される。つまり，$K_c(s)$ が安定ならば $K_d[z]$ も安定となる。

(iii) 前進差分近似

信号の微分を前進差分近似する方法である。つまり，連続時間信号 $e(t)$ の微分を次式で近似する。

$$\frac{\mathrm{d}}{\mathrm{d}t}e(t) \simeq \frac{e[k+1] - e[k]}{\tau} \tag{9.28}$$

上式左辺をラプラス変換し，右辺を z 変換すると

$$s = \frac{z-1}{\tau} \tag{9.29}$$

の関係式が得られる。したがって，次の公式を得る。

$$K_d[z] = K_c(s)|_{s=(z-1)/\tau} \tag{9.30}$$

前進差分近似では，$K_c(s)$ が安定であっても $K_d[z]$ は不安定になることがあるので注意が必要である。

(iv) 双 1 次変換

双 1 次変換は積分を台形近似する方法である。つまり，$e(t)$ の積分 $u(t)$ を次式で近似する。

$$u[k+1] = u[k] + \frac{\tau}{2}\{e[k] + e[k+1]\} \tag{9.31}$$

これを z 変換して $e[z]$ から $u[z]$ までの伝達関数を求めると

$$\frac{u[z]}{e[z]} = \frac{\tau}{2}\frac{z+1}{z-1} \simeq \frac{1}{s} \tag{9.32}$$

を得る。したがって，次の公式を得る。

$$K_d[z] = K_c(s)|_{s=\frac{2}{\tau}\frac{z-1}{z+1}} \tag{9.33}$$

この変換は，s 平面上の複素左半面を z 平面上の原点を中心とする単位円に移す変換になっている。つまり，s 平面の安定領域と z 平面の安定領域が 1 対 1 に対応する。なお，双 1 次変換は Tustin 変換とも呼ばれる。

(v) 整合 z 変換

$K_c(s)$ の分母分子を因数分解し，すべての極と零点 $(-a)$ を $e^{-a\tau}$ に変換する方法であり，極-零点マッチング法とも呼ばれる。ただし，それらが複素数 $-a \pm jb$ のときは，$r = e^{-a\tau}$，$\theta = b\tau$ を用いて $re^{\pm j\theta}$ に変換する。また，$K_c(s)$ と $K_d[z]$ のゲインが低周波域で一致，つまり

$$K_c(s)|_{s=0} = K_d[z]|_{z=1} \tag{9.34}$$

を満たすように $K_d[z]$ のゲインが調整されることが多い。

なお，$K_c(s)$ が厳密にプロパで分母分子に次数差がある場合，$s = \infty$ に無限遠点零を持つので，無限遠点零の取り扱いについて，以下の 2 つの方法が知られる。

① すべての無限遠点零を $z = -1$ に写像する。このとき，$K_d[z]$ は分母分子が同次数，つまり，直達項を

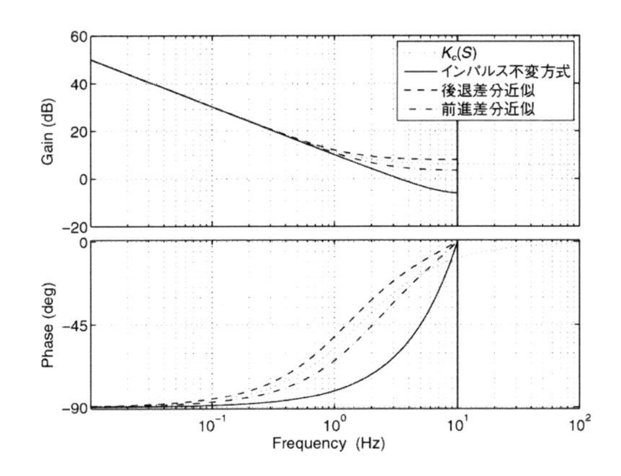

図 9.6 離散時間制御器のボード線図 1

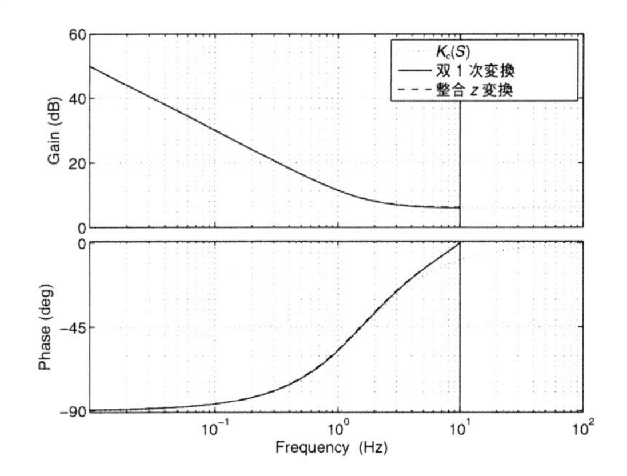

図 9.7 離散時間制御器のボード線図 2

持つ。したがって，$K_d[z]$ の入力から出力を計算する際の時間遅れは理論上 0 でなければならない。

② 入力から出力を計算する際，実装上 1 サンプリング遅れが必要な場合には，1 つの無限遠点零を $z=\infty$ に変換し，残りを $z=-1$ に変換する。

例として，PI 制御器 $K_c(s)=2+20/s$ をサンプリング周期 $\tau=0.05$ で離散化したときのボード線図を離散化手法で比較しよう。図 9.6 に，$K_c(s)$ をインパルス不変方式（実線），後退差分近似（破線），前進差分近似（一点鎖線）で離散化した $K_d[z]$ のボード線図を示す。なお，図の縦実線はナイキスト周波数を表す。この図から，インパルス不変方式はゲインおよび位相の両方に大きな離散化誤差が見られる。また，後退差分近似および前進差分近似についても若干の離散化誤差が見られる。一方，図 9.7 に，双 1 次変換（実線）および整合 z 変換（破線）で離散化した $K_d[z]$ のボード線図を示すが，これらの離散化手法については離散化誤差はほとんど見られないことがわかる。

例より，双 1 次変換と整合 z 変換による離散化が $K_c(s)$ の良い近似となることがわかったが，通常は双 1 次変換がよく用いられる[2]。ただし双 1 次変換では，高周波になると周波数軸が歪むので，ノッチフィルタなどを離散化するとその反共振周波数がずれてしまう場合がある。このような場合は，反共振周波数が離散化によって変わらないようにプリワープ処理が行われる[4]。ただし，複数の周波数を合わせることはできないので，多段型のノッチフィルタでは各段のノッチフィルタを個別にプリワープ処理して離散化し，そのあと結合する，といった工夫が必要となる。あるいは，このような問題を避けるため整合 z 変換が使われる場合もある。

9.2.8 デジタル制御器の実装

デジタル制御器の伝達関数 $K_d[z]$ が得られたら，それを実現するプログラムを書き，マイコンなどに実装することになる。MATLAB/Simulink などの CAE ツールとそれに対応した MicroAutoBox（dSPACE 社）などのラピッドプロトタイピング装置を使えば，制御系設計から制御器のリアルタイム実装まで，一気通貫に行うことができる。しかしながら，そのようなツールはすべてのマイコンに対応しているわけではなく，特に計算資源が限られたマイコンへ実装する場合は自分でプログラムを書かなければならないことが多い。また，ラピッドプロトタイピング装置を使う場合でも，制御器の実装方法の知識はトラブルシュートの場面などで役立つ。

デジタル制御器 $K_d[z]$ はデジタルフィルタであり，デジタルフィルタの実装方法が使える[7]。以下では，具体例を通して，デジタル制御器（デジタルフィルタ）の実装方法を説明する。

(1) PI 制御器の実装

PI 制御器

$$K_c = a + \frac{b}{s} \tag{9.35}$$

を双 1 次変換によって離散化して実装しよう。そこで，式 (9.33) に従って式 (9.35) に

$$s = \frac{2}{\tau}\frac{z-1}{z+1} \tag{9.36}$$

を代入して整理すると次式を得る。

$$
\begin{aligned}
K_d[z] &= \frac{(a+b\tau/2)z-(a-b\tau/2)}{z-1} \\
&= \frac{(a+b\tau/2)-(a-b\tau/2)z^{-1}}{1-z^{-1}}
\end{aligned}
\tag{9.37}
$$

ここで，$K_d[z]$ への入力を $e[k]$，出力を $y[k]$ とし，それらの z 変換をそれぞれ $e[z]$，$y[z]$ で定義すると

$$
y[z] = \frac{(a+b\tau/2)-(a-b\tau/2)z^{-1}}{1-z^{-1}}e[z]
$$

が成り立つが，さらに上式の分母を払うことで得られる

$$
y[z]-y[z]z^{-1} = (a+b\tau)e[z]-(a-b\tau)z^{-1}e[z]
$$

において，z^{-1} が 1 ステップ遅れを表す事に注意して，両辺を逆 z 変換すると次式を得る。

$$
y[k] = y[k-1]+(a+b\tau)e[k]-(a-b\tau)e[k-1] \tag{9.38}
$$

したがって，$y[k]$ は式 (9.38) を逐次計算することで得られる。

以上から，$K_d[z]$ は次のステップに従って動作するプログラムを作成すればマイコン実装できる。

[Step 1]　AD 変換などにより $e[k]$ を得る。
[Step 2]　式 (9.38) から $y[k]$ を計算。
[Step 3]　DA 変換などで $y[k]$ を直ちに出力。
[Step 4]　$k \leftarrow k+1$ とし，次のサンプリング時間が来るまで待つ。
[Step 5]　Step 1 に戻る。

この手順において，$e[k]$ と $y[k]$ は同時刻なので，$e[k]$ を AD 変換によって得てから (Step 1)，$y[k]$ を DA 変換で出力 (Step 3) するまでの時間はできるだけ短い方がよい。そのためには，式 (9.38) 右辺の 1, 3 項

$$
y[k-1]-(a-b\tau)e[k-1]
$$

を Step 4 の待ち時間に予め計算しておく，といった工夫が必要となる。

(2) 2 次伝達関数の実装

2 次伝達関数の場合も，次数が異なるだけで PI 制御器の実装方法と基本的に考え方は同じである。ただし，次数が増えるとデジタルフィルタの実現の自由度も増える。

まず，連続時間伝達関数を

$$
K_c(s) = \frac{\beta_2 s^2+\beta_1 s+\beta_0}{s^2+\alpha_1 s+\alpha_0}
$$

と定義し，これを，式 (9.36)（双 1 次変換）によって離散化した伝達関数を次式で定義する。

$$
K_d[z] = \frac{b_0+b_1z^{-1}+b_2z^{-2}}{1+a_1z^{-1}+a_2z^{-2}} \tag{9.39}
$$

PI 制御器のときと同様に $K_d[z]$ への入力および出力を $e[k]$，$y[k]$ で定義し，式 (9.39) から両者の関係式を求めると次式を得る。

$$
\begin{aligned}
y[k] &= b_0e[k]+b_1e[k-1]+b_2e[k-2] \\
&\quad -a_1y[k-1]-a_2y[k-2]
\end{aligned}
\tag{9.40}
$$

式 (9.40) をブロック線図で表現したのが図 9.8 となる。図 9.8 は式 (9.40) に直接対応していることから直接型 I と呼ばれる[7]。図において，z^{-1} は単位遅延要素，b_0 などの係数ブロックは係数乗算器，⊕ で表される加算点は加算器と呼ばれ，これらの数が少ない方がマイコン上での演算量やメモリ数が減らせる。

図 9.8 の実現は，$e[k]$ から $u[k]$ までと $e[k]$ から $y[k]$ までの 2 つのフィルタが直列に接続された形となって

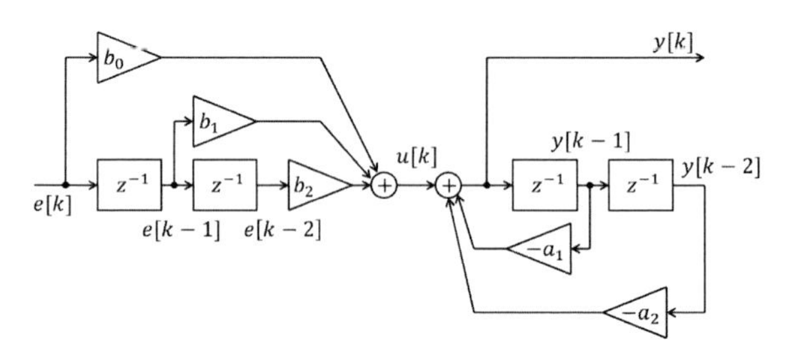

図 9.8　直接型 I

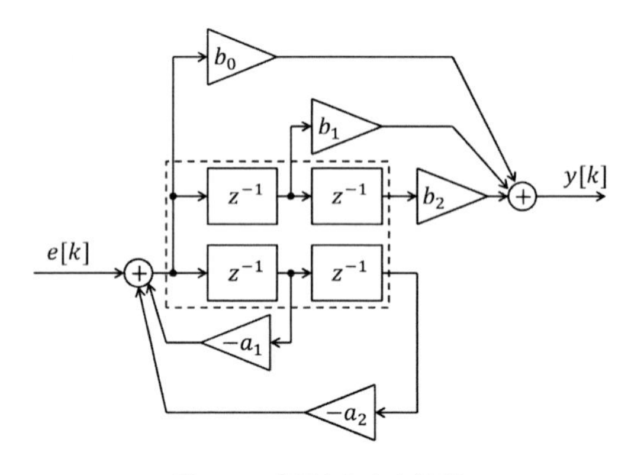

図 9.9　変形された直接型 I

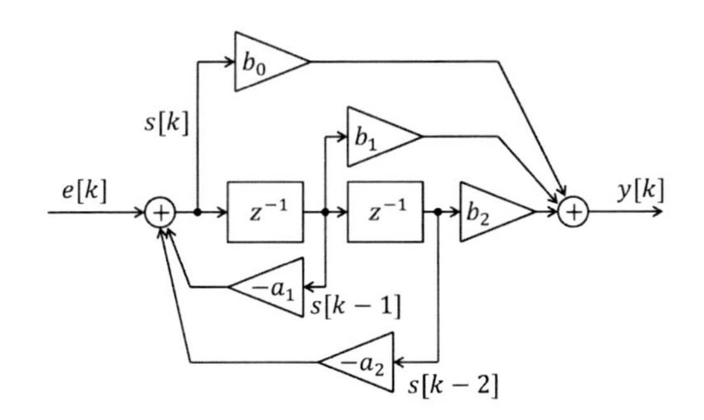

図 9.10　直接型 II

いる。各フィルタは離散時間 LTI システムなので，順序を入れ替えても $e[k]$ から $y[k]$ までの入出力特性は変わらない。そこで，図 9.9 に示すように順序を入れ替えてみよう。すると，破線で囲んだ部分において，上側の遅延要素と下側の遅延要素は，ともに同じ信号を入力にしているので，それらを 1 つにまとめることができる（図 9.10）。図 9.10 は直接型 II と呼ばれ[7]，遅延要素の数がフィルタの次数（この例では 2）に一致している。このように，フィルタの次数と必要とされる遅延要素の数が一致する実現を標準形と呼ぶ。

(3) 状態空間実現の実装

デジタル制御器 $K_d[z]$ が状態空間実現

$$x[k+1] = A\,x[k] + B\,e[k] \tag{9.41}$$

$$y[k] = C\,x[k] + D\,e[k] \tag{9.42}$$

で与えられた場合の実装方法について説明しよう。AD 変換などで $e[k]$ を得てから DA 変換により $y[k]$ を出力するために必要な式は式 (9.42) の出力方程式であり，式 (9.41) の状態方程式は必要ない。したがって，式 (9.41) は次のサンプリング周期が来るまでの待ち時間に計算すればよい。具体的には次のステップに従って動作するプログラムを書けばよい。

[Step 1]　AD 変換などにより $e[k]$ を得る。

[Step 2]　式 (9.42) から $y[k]$ を計算。このとき，$Cx[k]$ については，1 ステップ前に予め計算しておく。

[Step 3]　DA 変換などで $y[k]$ を直ちに出力。

[Step 4]　式 (9.41) の状態方程式を計算。さらに，次のステップで必要となる $Cx[k+1]$ も予め計算しておく。

[Step 5]　$k \leftarrow k+1$ とし，次のサンプリング時間が来るまで待つ。

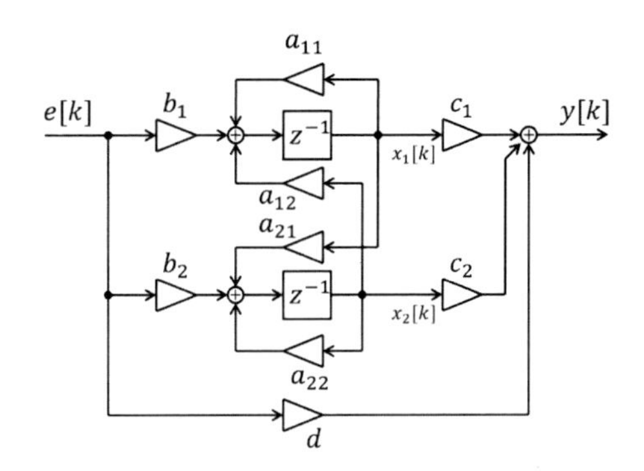

図 9.11　状態空間型

[Step 6]　Step1 に戻る。

1 入出力かつ 2 次の状態空間実現

$$\begin{bmatrix} x_1[k+1] \\ x_2[k+1] \end{bmatrix} = \begin{bmatrix} a_{11} & a_{12} \\ a_{21} & a_{22} \end{bmatrix} \begin{bmatrix} x_1[k] \\ x_2[k] \end{bmatrix} + \begin{bmatrix} b_1 \\ b_2 \end{bmatrix} e[k]$$

$$y[k] = \begin{bmatrix} c_1 & c_2 \end{bmatrix} \begin{bmatrix} x_1[k] \\ x_2[k] \end{bmatrix} + d\,e[k]$$

をブロック線図で表現すると図 9.11 となる。遅延要素の数が次数と等しい標準形ではあるが，図 9.10 の直接型 II に比べて係数乗算器の数が多い。計算量を少しでも減らしたい場合は，次のような工夫が考えられる。

- 状態空間実現に対する相似変換により，b_1，b_2 を 1 にする。具体的には式 (9.16) の相似変換行列を $T = \mathrm{diag}[b_1, b_2]$ と選べばよい。
- A 行列の固有値が実数の場合は，A を対角変換する。その結果，a_{12} および a_{21} が 0 となるため，係数乗算器の数が減る。A を対角変換するには，式 (9.16) の相似変換行列の各行を固有ベクトルに選べばよい。
- $A \in \mathcal{R}^{N\times N}$ において，N が大きくなると $A\,x[k]$ の積和演算が N^2 のオーダで増加する。この場合も，A を対角変換すれば，演算量の増加は N のオーダに抑えられる。ただし A が複素固有値を持つ場合は，A は対角行列ではなく，

$$A = \text{block diag}\,[A_1, A_2, \ldots, A_m]$$

のようにブロック対角行列へ変換できる。ここで，A_i はスカラまたは 2 行 2 列の実数行列となる。

＜平田光男＞

参考文献（9.2 節）

[1] 足立修一：『制御工学の基礎』，東京電機大学出版局 (2016).

[2] 美多勉，原辰次，近藤良：『基礎ディジタル制御』，コロナ社 (1988).

[3] 足立修一：『信号とダイナミカルシステム』，コロナ社 (1999).

[4] Franklin, G.F., Powell, J.D. and Workman, M.: *Digital Control of Dynamic Systems* (3rd ed.), Addison Wesley (1998).

[5] Chen, T. and Francis, B.: *Optimal Sampled-Data Control Systems*, Springer Verlag (1995).

[6] 山本裕，原辰次，藤岡久也：サンプル値制御理論 I–VI（連載講座），『システム/制御/情報』(1999〜2000).

[7] 樋口龍雄，川又政征：『MATLAB 対応 ディジタル信号処理』，森北出版 (2015).

9.3 制御系の解析・設計・実装のための CAE ソフトウェア

9.3.1 MATLAB/Simulink

(1) 導入

MATLAB/Simulink は米国の MathWorks が提供する数学をベースとした科学技術を支援するツールである。MathWorks は 1984 年に Jack Little と Cleve Moler により設立された。MATLAB/Simulink が提供する産業分野，科学分野のオプションは多岐に渡り，制御系設計，信号/画像処理，機械，電気，ドライブライン（駆動伝達装置）および油空圧等の物理系モデリング，実験データとモデルの挙動を最適化によりマッチングするシステム同定（パラメータ推定），実験計測，C 言語，HDL 言語およびプログラマブルコントローラ用言語の Structured Text ソースの自動生成，通信システム設計，金融工学，生命工学，最適化，統計および数式処理等 90 種類を超える（図 9.12）。また 350 社を超えるサードパーティが関連したツール/サービスを提供する。ここでは，MATLAB と Simulink の概要，ロボット制御への MATLAB プロダクトの適用および実験計測に焦点を絞り紹介する。

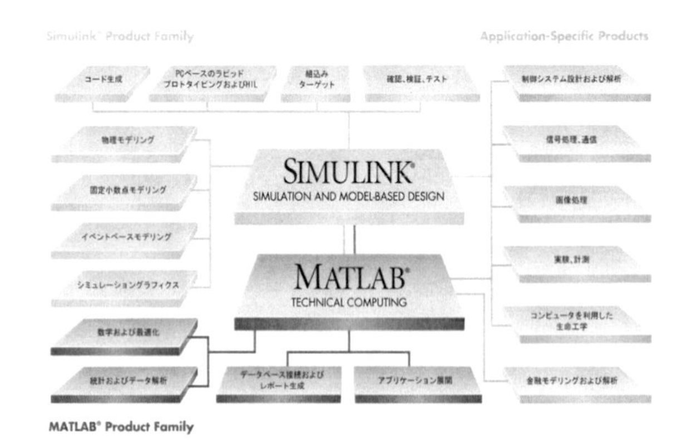

図 9.12　MATLAB/Simulink プロダクトファミリ[1]

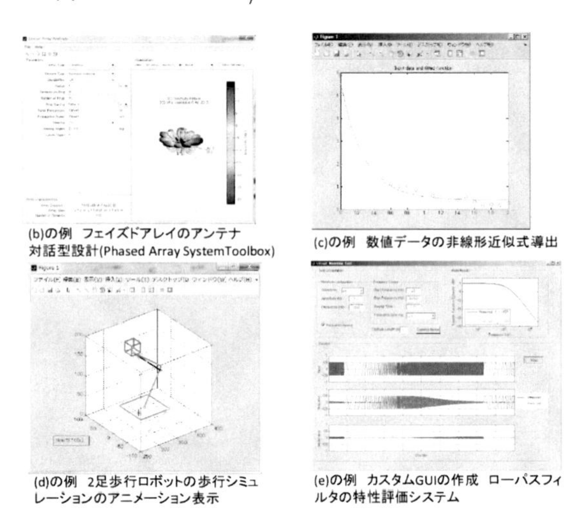
(b)の例　フェイズドアレイのアンテナ対話型設計(Phased Array SystemToolbox)
(c)の例　数値データの非線形近似式導出
(d)の例　2足歩行ロボットの歩行シミュレーションのアニメーション表示
(e)の例　カスタムGUIの作成　ローパスフィルタの特性評価システム

図 9.13　MATLAB の機能一例（文献[2] に一部加筆）

(2) MATLAB の概要

MATLAB は，アルゴリズム開発，データの可視化および数値計算を行うインタプリタ型のテクニカルコンピューティング言語環境である。MATLAB は標準関数を豊富に提供する。それらを利用してプログラムを組み，目的の科学技術計算処理を行う。また，多岐にわたる科学/工学領域別に特化した関数ライブラリオプションの Toolbox を提供する。

MATLAB の主な特徴を以降に示す。図 9.13 にそれらの一例を示す。

(a) 科学技術計算のための高水準言語
(b) 設計・解析用の対話型ツールの充実
(c) 線形代数，統計，最適化，数値積分などの数学関数の充実
(d) データの 2・3 次元可視化関数の充実
(e) GUI(Graphical User Interface) 作成ツール
(f) C，C++，Fortran，Java，COM，Excel などの他言語や汎用アプリケーションとのオープンなインタフェース
(g) 実装機器，実験計測器とのオープンなインタフェース

(3) Simulink の概要

Simulink は時間の概念を持つ動的システムのシミュレータであり，同時に後述する組込みシステムのモデルベース開発のプラットフォームである。様々な機能を持つブロックを図的に組み合わせることで，シミュレーションモデルの構造が定められる。シミュレーションモデルおよびブロックのパラメータを適切に設定することで，仮想時間でのシミュレーションが実行される。

Simulink では，静的/動的，連続/離散時間系，線形/非線形，イベントドリブン，マルチサンプルレート，論理/比較演算およびそれらの混在システムをシミュレーションできる。ブロックライブラリにより，通信，制御，動画像処理，静止画像処理等アプリケーションに応じた動的システムの設計，シミュレーション，実装および検証/試験を支援する。オプションの Stateflow は，Simulink 上で状態遷移図/フローチャートを記述し，可読性の高いシーケンシャルな制御の記述を行う。

図 9.14 に Simulink と Stateflow で表した，DC モータの簡単な制御モデルを示す。このモデルは，台形制御が与える角度設定値に DC モータが設定値追従制御するようにフィードバック制御を行う。フィードバック制御器と DC モータは Simulink で表現され，台形制御は Stateflow で表現される。台形制御は複数の状態（停止，CW，CCW）で現在の状態を表す。CW(Clockwise)，CCW(Counter Clockwise) は内部にサブ状態（加速，等速および減速）を持ち，状態に応じて角度設定値を切り替える。シミュレーション結果では角度設定値に制御量（モータの回転角度）が追従している様子が確認される[3]。

また，オプションの Simulink Coder は Simulink モデルから等価な C 言語のコードを自動生成するツールである。このコードは HILS(Hardware In the Loop Simulation) 等のリアルタイムシミュレータ構築に使用できる。Simulink Coder とそのオプションである Embedded Coder は，Simulink/Stateflow モデルから，実装のターゲットに搭載する最適化されたコードを自動生成する。これらオプションにより，シミュレーションで使用した制御モデルを元に，情報を追加，変更した実装用モデルからコードに変換し，実装のターゲットに搭載することが可能である。

Simulink の主な特徴を次に示す。

(a) 様々なモデリングに対応しカスタマイズできるブロックライブラリ

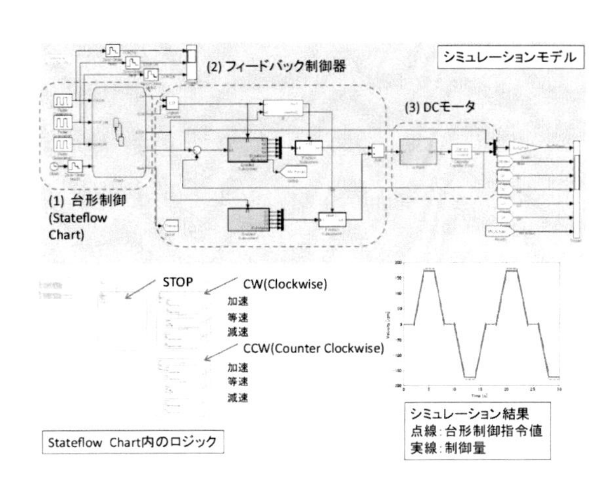

図 **9.14** Simulink/Stateflow のシミュレーションモデルの例[3]

(b) 直感的なブロックダイヤグラム作成，管理する対話型グラフィカルエディタ

(c) モデルの分割化と階層化

(d) モデル諸元すべてをナビゲート，作成，設定，検索するためのモデルエクスプローラ

(e) 他のシミュレーションプログラムとの接続を可能にするオープンインタフェース

(f) MATLAB, C, Fortran 等のユーザプログラムを Simulink に取り込む機能

(g) グラフィカルデバッガおよびプロファイラによるシミュレーション結果の検証，設計のパフォーマンス診断

(h) 結果の解析と可視化，モデリング環境のカスタマイズ，および信号，パラメータ，テストデータ定義のための MATLAB と Simulink の双方向間のコントロール

図 9.15 に上記の機能の一例を示す。図 9.15 のモデルは 2 リンクのマニピュレータ（剛体）を 2 個の DC モータで制御し，マニピュレータの先端を所望の参照軌道（この例は円）に設定値追従制御するシミュレーションモデルである[4]。図 9.16 に示すシミュレーション結果は，時系列データや様々な情報表示機能および MATLAB のグラフィックス表示機能により見やすく表示できる。

(4) モデルベース開発と MATLAB

近年のソフトウェアの発展に伴い，計算機上で制御設計・検証を行う手法が注目されている。制御システ

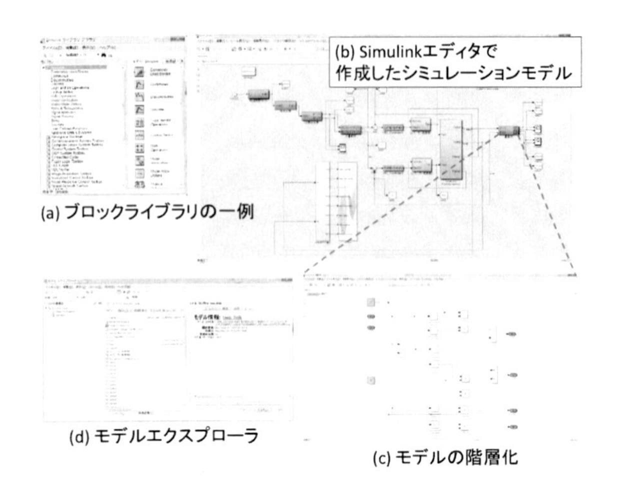

図 **9.15**　Simulink の機能の一例[4]

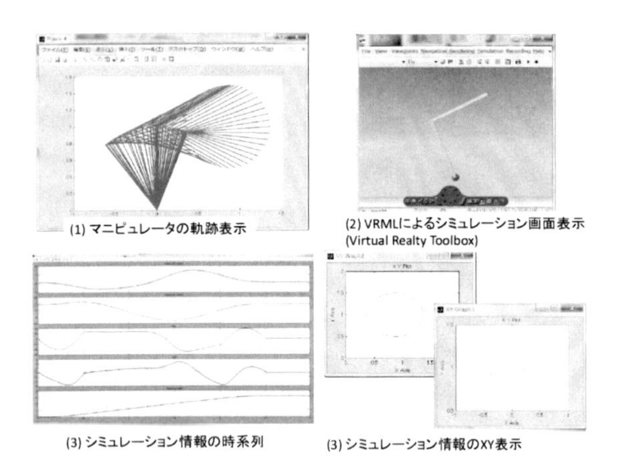

図 **9.16**　シミュレーションの結果表示[4]

ムと制御対象のモデルを計算機上で表現し，モデルを活用する開発手法をモデルベース開発と呼ぶ。モデルベース開発では，制御システムと制御対象をモデルとして表現する。図 9.17 の各工程を通して，仕様の表現，仕様の精緻化，実装コード生成，制御対象のリアルタイムシミュレータとなる HILS 等によるテストや検証で制御システムと制御対象のモデルとシミュレーションを活用する。各工程で必要に応じ，モデルに情報が付加される[3]（図 9.18 参照）。

(5) ロボット制御と MATLAB

ロボット制御システムのコントローラは制御量と目標値を比較し，一致させるよう操作量を出力するフィードバック制御と，あらかじめ決められた手続きを実行するシーケンス制御が混在する。シミュレーションを

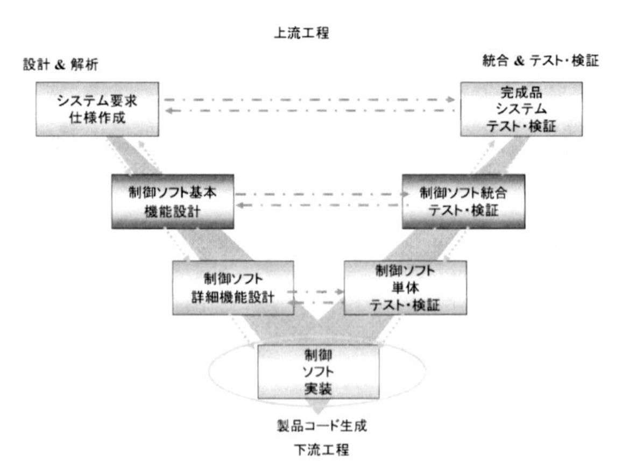

図 **9.17**　制御システム設計の V 字プロセス例[3]

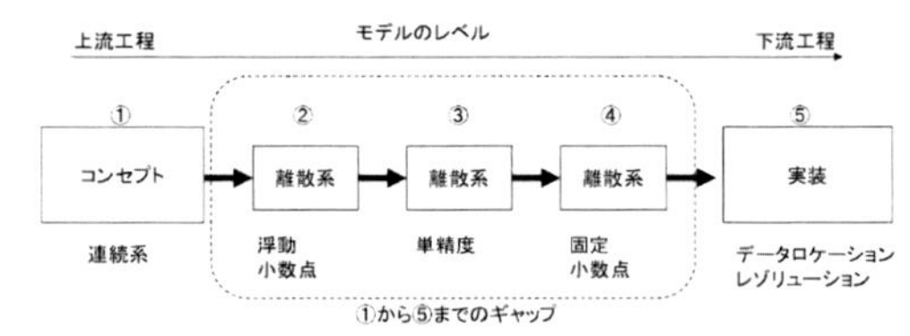

項目	①	②	③	④	⑤
系(連続、離散)	連続系	離散系	離散系	離散系	離散系
離散化		○	○	○	○
信号	物理的	物理的	物理的	整数	整数
初期化の追加		○	○	○	○
制約の追加			○	○	ロケーション追加
量子化		○	○	○	○
数値型	浮動小数点	浮動小数点	浮動小数点	固定少数点	固定少数点
コンフィギュレーション		ターゲット非依存	ターゲット非依存	ターゲット依存	ターゲット依存
ドキュメント(別ファイル)		○	○	○	○
担当	機能開発者				ソフトウェア開発者

図 **9.18**　各工程でコントローラモデルに付加される情報の例[3]

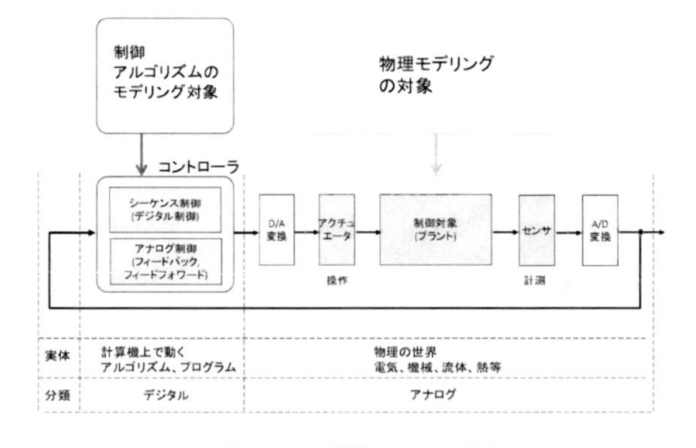

図 **9.19**　制御システム[3]

活用してコントローラを設計/検証するためには，制御対象（プラント）の適切なモデルが必要になる（図 9.19 参照）。

(i) コントローラのモデリング

Simulink 環境におけるデジタル制御のシミュレーションは，仕様に基づいたデジタル制御のモデルを Simulink/Stateflow で作成して行うのが一般的である。古典/現代制御理論に基づくアナログ制御のシミュレーションでは，オプションの Control System Toolbox が，離散/連続時間，時間/周波数領域で設計/解析を支援する関数を提供する。ロバスト制御理論に基づくフィードバック制御のシミュレーションでは，同オプションの Robust Control Toolbox が連続時間，時間/周波数領域で設計/解析を支援する関数を提供する。これらは GUI による対話的なコントローラ設計を行える（図 9.20）。

図 9.20　古典/現代/ロバスト制御の機能例

Simulink モデルの場合，Simulink Design Optimization を用いて，最適化を応用した制御器パラメータの最適チューニングが行える。図 9.21 は，PID 制御の制御パラメータ（比例ゲイン，積分ゲインおよび微分ゲイン）を最適チューニングするモデルの例である。PID 制御の操作量と制御量に時間領域で上下限制約を設定し，上下限制約範囲内を満たす制御パラメータを自動計算する。

(ii) プラントのモデリング

古来，制御対象（プラント）のモデル化では，制御対象の特性を示す数式（微分方程式，差分方程式）を得るために，次の方法がよく知られる。

① 物理的な釣合いからの数式導出
② 実機の入出力データを用いた近似式の導出（システム同定，モーダル解析等）

図 9.21　制御パラメータの最適チューニング

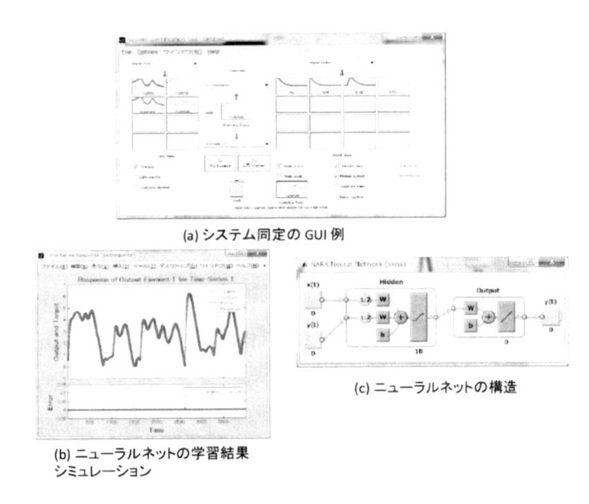

図 9.22　システム同定，ニューラルネット GUI の例

② において，MATLAB オプションでは，システム同定を扱う System Identification Toolbox を提供する。また，ニューラルネットワークを扱う Neural Network Toolbox を提供する（図 9.22）。

Simulink 環境で物理系モデリングを行う際に，モデル構造が複雑になると数式のモデリングが困難になることが多い。また，物理的な切り分け（物理ドメイン）を複数含む系（マルチドメイン）を扱うと，マルチドメインの信号が混在し，モデルが複雑になる原因となる。MATLAB では，この問題に対する解として Simscape とオプションの物理系ライブラリを提供する。Simscape は基本的な物理ドメインを扱う標準ブロックライブラリを持ち，またユーザ独自のライブラリ作成が Simscape 言語の環境から行える。各物理ドメインのブロックライブラリの全体像を図 9.23 に示す。各オプションを連携させることで，マルチドメイン物理システムでのモデリングが行える。

また，先述した Simulink Design Optimization を用いて，実測データと Simulink モデルの振舞いの誤差を最小化するようなモデルのパラメータ値を計算する。これによりモデルの挙動をより実測に近づけるパラメータ推定が行える。

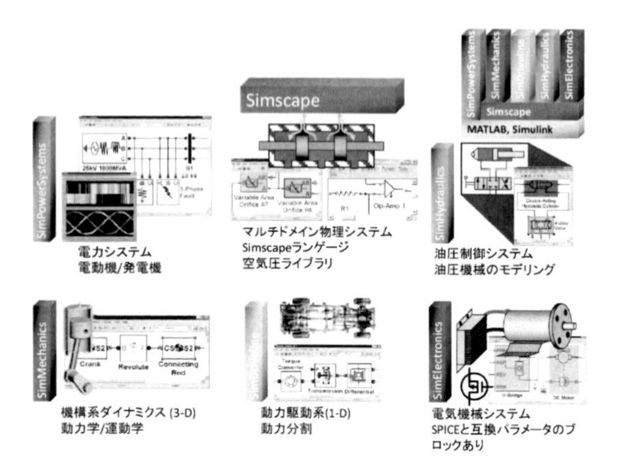

図 9.23　各物理ドメインのブロックライブラリ

Simscape プロダクトを用いたロボットのシミュレーション例を図 9.24 に 2 点示す。2 足歩行ロボットは SimMechanics でロボットのリンク機構を作成し，12 自由度の関節に予め設計した関節角のモーションを与えることで動作する。ロボットの歩行はロボットの足裏と地面の接触のモデルが必要になる。モデルはロボットの足裏の地面に対する位置および速度により，接触，固着および乖離の状態を Stateflow で表現する[5, 6]。

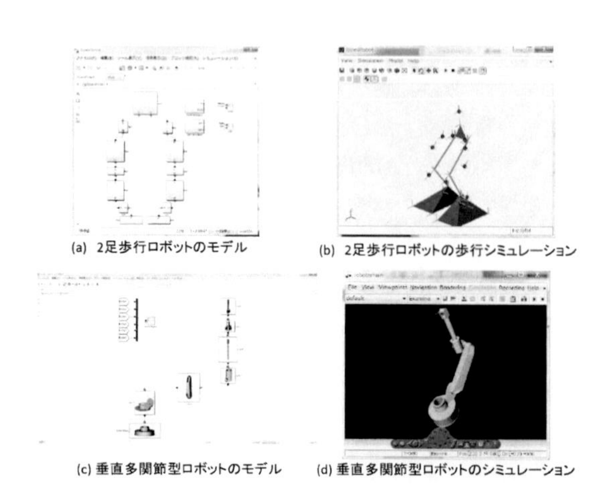

図 9.24　ロボットのシミュレーションの例

垂直多関節型ロボットは，SimMechanics でロボットのリンク機構を作成する。CAD データからインポートされた VRML 表示により，動作がイメージしやすいよう可視化される。

(6) MATLAB による実験計測

ここでは実験計測を支援するオプションを紹介する（図 9.25）。

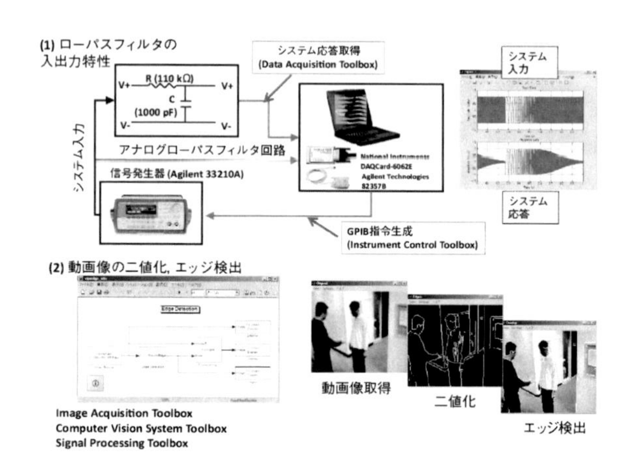

図 9.25　実験計測関連の一例[2]

(i) Data Acquisition Toolbox

Data Acquisition Toolbox は PC 互換のデータ収集ハードウェアデバイスからのアナログ入出力，デジタル I/O の読み書き機能を提供する。外部デバイスの設定，MATLAB への計測データの読込み，外部デバイスへの指令データの出力が行える。

(ii) Instrument Control Toolbox

Instrument Control Toolbox はオシロスコープやファンクションジェネレータなどの機器との通信を，MATLAB から直接行う機能を提供する。サポートする通信プロトコルは GPIB, VISA, TCP/IP, UDP，シリアル等である。MATLAB と機器間のデータ読み書きを簡易に行う関数を用意し，計測データの解析や可視化を行う。

(iii) Image Acquisition Toolbox

Image Acquisition Toolbox により，PC 互換のイメージングハードウェアから MATLAB や Simulink に静止画像や動画像を直接取り込める。様々なハードウェアベンダをサポートし，安価な Web カメラや産業用フレームグラバ，高性能カメラまで，幅広いイメージングデバイスに対応する。加えて Computer Vision System Toolbox を併用することで，画像処理アプリケーションの作成，静止画像や動画像の取得，データの可視化，アルゴリズムや解析手法の開発，GUI の構築が行える。また Simulink 上でのリアルタイムの組込み画像処理システムのシミュレーションおよびモデリングが可能である。

<三田宇洋>

参考文献（9.3.1 項）

[1] MathWorks http://www.mathworks.co.jp

[2] 三田：油空圧における物理モデリングと計測技術，『油空圧技術』，pp.25–31 (2010).

[3] 三田：『MATLAB/Simulink によるモデルベースデザイン入門』，オーム社 (2014).

[4] 三田：2 リンクロボットマニピュレータの DC モータによる位置制御へのモデルベース開発の適用技術資料，MathWorks Japan(2009).

[5] Wendlandt, J.: Control and Simulation of Multibody Systems, Ph.D. thesis in Mechanical Engineering, University of California at Barkeley, Fall 1997, UCB/ERL Technical Memo M97/48., pp.110–136 (1997).

[6] 三田，宅島 他編：『MATLAB/Simulink とモデルベース設計による 2 足歩行ロボット・シミュレーション』，毎日コミュニケーションズ (2007).

9.3.2 MapleSim

(1) Maple/MapleSim の生い立ちと歴史

数式処理システム Maple（メイプル）は，1980 年にカナダの University of Waterloo の記号計算グループの重鎮，Keith Geddes 教授と Gaston Gonnet 教授により始められた，軽量かつ可搬性に優れた包括的な数式・記号計算システムの開発に起源を持つ。当時，数式処理システムとしては REDUCE や Macsyma などが知られていたが，高価で大規模な計算能力を必要としており，後のパーソナルコンピューティング環境を見据えた数式処理システムの必要性が高まる時代の幕開けでもあった。なお，University of Waterloo は，後の Watcom（Waterloo Compiler）コンパイラでも知られるように，計算科学や工学分野において世界的な研究を行なう北米有数の研究拠点として知られている。

数式処理システムとしての Maple は，他のシステム同様に，記号計算，数値計算，グラフィカルな技術文書ユーザインタフェース，シンプルなプログラミング言語（Maple 言語）から構成されている。一見すると他のシステムと大きな差はないように見えるが，特に数学・物理の広汎な分野に渡る数式計算能力と，微分方程式に関連する計算能力などは極めて高く，後述する複合物理領域（マルチドメイン）のためのシステムレベル設計ツールである MapleSim における高速シミュレーションの実現に大きな力を発揮している。

一個人が開発したシステムではなく，大学での研究プロジェクトに端を発していることもあり，Maplesoft 製品の開発には，米国や欧州をはじめ今も多くの世界的研究者が製品開発のための研究協力を行なっている。一例として，University of Waterloo の WatCAR (Waterloo Centre for Automotive Research) を挙げる。

WatCAR は文字通り自動車分野に関連する横断的研究センターである。自動車の構成部品（エンジン，サスペンション，バッテリー，タイヤ等）の研究開発だけでなく，自動車生産のための様々なロボットシステム，環境，無線通信などの自動車を取り巻く技術分野に対して，理学，工学，計算科学，健康科学，環境科学などの研究者が各種プロジェクトを通じた学際的研究を行なっている。なお，WatCAR における詳細な事例は (3) でも述べる。同センターのプロジェクトリーダーの 1 人である John McPhee 教授は，古くからの Maple ユーザでもあり，Maple を用いたマルチボディダイナミクス分野の研究における第一人者として知られている。

John McPhee 教授は，2000 年代初頭から Maple の持つ数式処理能力，特にマルチボディダイナミクスで多用される数式に対する簡単化機能に着目し，自身の研究室において DynaFlex と呼ばれる，コンポーネントベースで機構系システムのモデリングとシミュレーションを行なう Maple 上のツールを開発した[1]。DynaFlex では，オイラーによる線形グラフ理論を用いて，ユーザが選択した座標系に関して，もっとも項数が少なく，かつ最適な計算量を持つ支配方程式系の生成を行う。このツールの開発で得られた最適な数式生成処理こそが，後の MapleSim の重要な機能の一つとなる。

一方，同じく 2000 年代初頭から中頃にかけて，Maplesoft では日本の自動車メーカや制御関連学会の研究者と数式処理を用いた研究協力についての議論を繰り返していた。この中で，Maplesoft ではコアである Maple の記号計算能力を多用化し，自動車やロボティクス等，複雑化する制御対象の物理システムの効率的なモデリング・シミュレーションを行なえるツールの将来性を感じ，MapleSim の開発に着手した。

2008 年末，最初のバージョンの MapleSim がリリースされた。MapleSim は，物理モデリング言語として盛り上がりつつあった Modelica[2] 言語を採用し，20 年以上に渡って世界各国の先端的研究成果を取り入れた数式計算能力と，記号計算機能を応用したシミュレーションコードの最適生成能力とを併せ持った複合物理領域・システムレベル設計ツールとして，メカトロニクス分野，自動車分野，人体工学分野等の研究・教育機関や製造業を中心に利用が広まっている。

(2) Maple/MapleSim の特徴

(1) でも述べたように，Maple/MapleSim を用いたロボティクス分野におけるシミュレーション・解析環境は，Maple が持つ数式処理の能力を最大限生かすことにその特徴がある。MapleSim の基本的な使用方法は，必要なコンポーネントをドラッグ＆ドロップでワークスペースへ配置し，モデルを構築後，時刻暦のシミュレーションを行うというものである。その計算エンジンとして機能するのが Maple であり，数式処理技術を活かすことで高速シミュレーションを実現している。さらに，モデルから数式を生成したり，数式そのものをモデルへ取り込むといった操作に関しても，Maple の持つ基本技術によって可能にしている。次に，Maplesoft 製品の主な特徴をまとめる。

(i) 3D ビューワを活用したモデリング

MapleSim では，マルチボディダイナミクスのモデリングを行う際に，3D ビューワを活用することができる。配置したコンポーネントによって表現されたモデルの構造について，初期値計算を含めた形でシミュレーション前に確認することを可能にしている。図 9.26 に 5 自由度のロボットアームのモデリング例を示す。また，シミュレーションを実行すると，3D アニメーションが自動生成され，挙動の確認を動画によって行うことができ，そのアニメーションを動画ファイルへエクスポートすることも可能である。

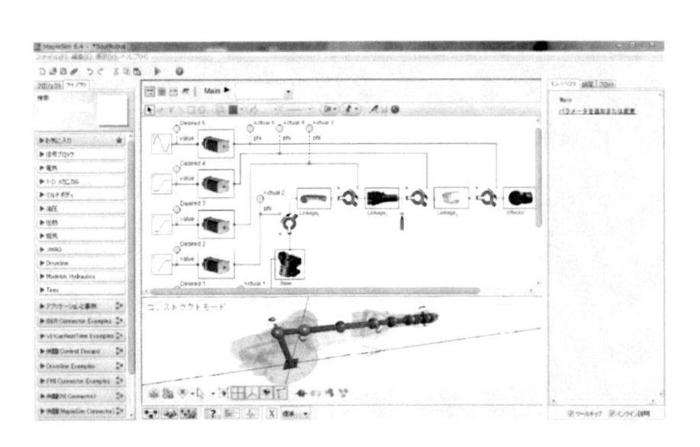

図 9.26　3D ビューワを活用したモデリング

(ii) 数式の自動生成と活用

ロボティクス分野において，システム解析や制御系設計等，様々なシーンで数式の活用が必要となる。そこで，Maple/MapleSim では作成したモデルから数式を生成し，利用することが可能である。マルチボディダイナミクスに基づく数式生成の例として，ラグランジュの未定乗数を用いた動力学方程式として

$$M \cdot \frac{\mathrm{d}p}{\mathrm{d}t} + \Psi_p^T \cdot \lambda = F \tag{9.43}$$

を得ることができる。ここで，p は一般化速度，M は質量行列，Ψ_{p} は一般化速度に対する拘束式のヤコビアン，λ はラグランジュの未定乗数，F は一般化力である。

他にも，式 (9.44) のような形式の一般的な微分代数方程式 (DAE : Differential Algebraic Equations) としても生成することが可能である。

$$\begin{aligned} \dot{x} &= f(t, \boldsymbol{x}, \boldsymbol{z}) \\ g(t, \boldsymbol{x}, \boldsymbol{z}) &= 0 \end{aligned} \tag{9.44}$$

MapleSim から生成される数式は，完全にパラメトリックな形であり，感度解析や部分的・全体的な式の変形・近似等も適用可能である。

(iii) 計算量最適なシミュレーションコード

数式処理技術はシミュレーションにおいても有効な技術であり，それによって計算量の低減を可能にしている。図 9.27 に MapleSim におけるシミュレーションプロセスを示す。

シミュレーションプロセス中の DAE の低インデックス化および計算順序決定は，モデルから生成された数式の集合を操作し，数値積分ができるように変換するための処理である。Maple/MapleSim では更に冗長な数式を取り除く簡単化および計算コード最適化を行うことで，計算量低減を可能にしている。図 9.28 に，計算コード最適化処理の例を示す。中間変数を導入し，式をくくるだけで CPU に負荷のかかる乗算回数を減らすことができる。他の処理については文献[3, 4] を参照されたい。

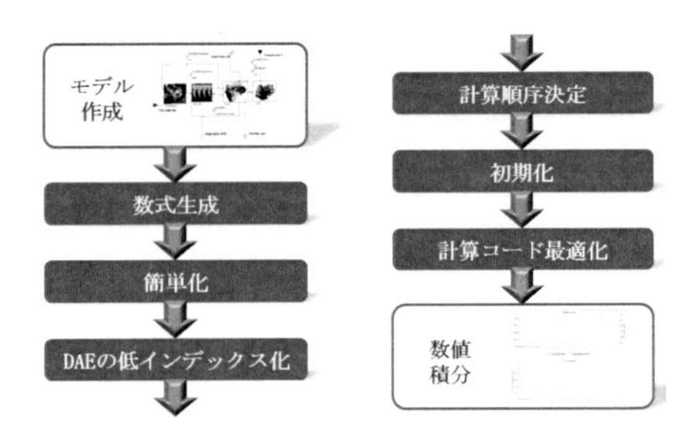

図 9.27　MapleSim のシミュレーションプロセス

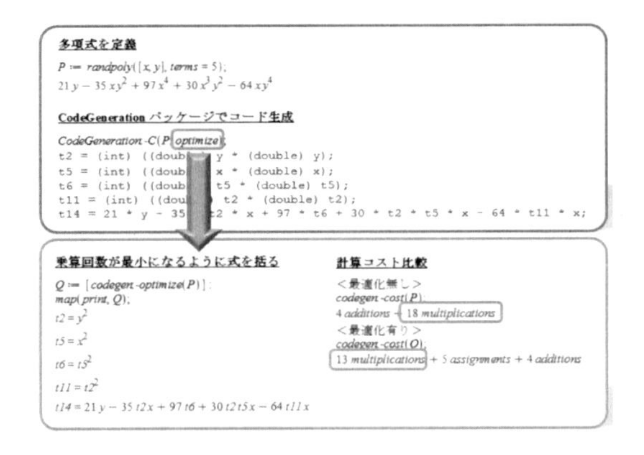

図 9.28　計算コードの最適化

このように，数式処理技術を適用することによって，計算量を減らした上で数値計算することが可能であるため，MapleSim でパラメータスタディを効率的に実施できる。さらに，コード生成によって Maple/MapleSim の外部で実行する際にも有効であり，S-Function 生成を介した Simulink 連携やロボットのオペレーションを模擬するシミュレータ作成等で，実時間でのシミュレーション実行を可能にする。

(iv) システム全体シミュレーション

MapleSim には，様々な物理領域のライブラリが用意されており，それらを組み合わせてマルチドメイン（複合領域）のモデルを作成することが可能である。図 9.29 にマルチドメインモデルの例として，熱を考慮した DC モータをアクチュエータとし，単振り子をマルチボディで表現したモデルを示す。ドメイン間の接続は，エネルギー保存に基づいて定義されており，それによって，ドメイン間における相互作用の表現を可能にしている。マルチドメインモデルは，メカ，エレキ，制御それぞれの領域を統合したものであり，システム全体での相互の挙動を確認し合う環境である。

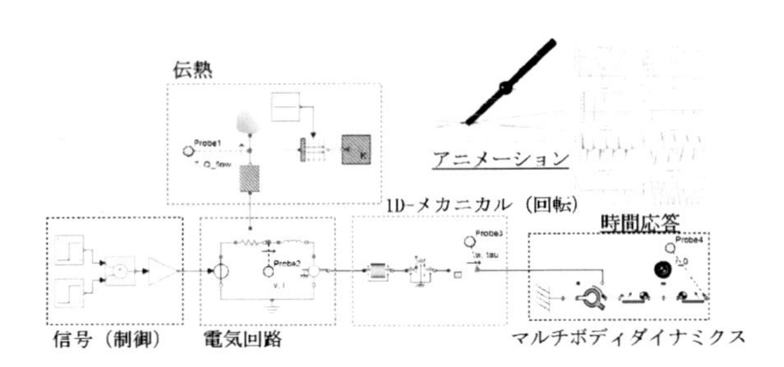

図 9.29　熱を考慮した DC モータとマルチボディ

(3) ロボティクス分野への適用事例

Maple/MapleSim の適用事例として，パラレルリンクロボットのシステム設計と，諸外国における事例を紹介する。

(i) パラレルリンクロボットのシステム設計

産業用ロボットであるパラレルリンク機構開発への適用事例を紹介する。ここでは，図 9.30 のようなシンプルな機構を対象として，終端器の稼働範囲の解析と，逆解析を活用した制御系設計を示す。

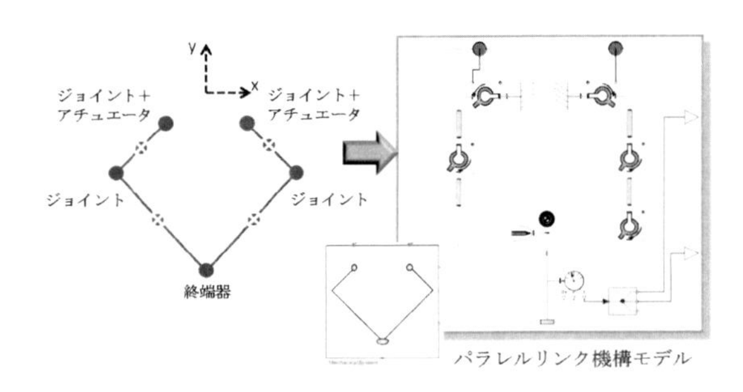

図 9.30　パラレルリンク機構モデル

● **終端器の稼働範囲解析**

パラレルリンクロボットの終端器に必要な装置をつけることで様々な作業を行うことが可能であり，その際の稼働範囲は構造的に決定されるため，事前に解析を行うことが必要である。Maple/MapleSim ではモデルから数式を生成することができるため，その数式をベースに解析を行った。生成された位置の拘束式と各ジョイントにおける角度の閾値を表現した不等式を連立し，実数解の存在有無を数式処理/記号計算によって

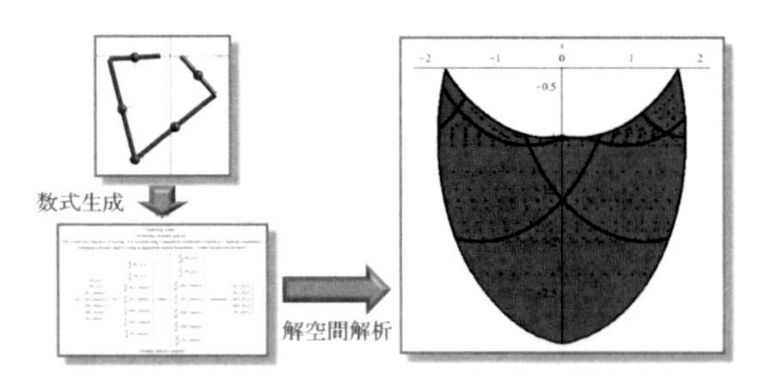

図 9.31　自動生成された数式による稼働域解析

求め，可視化した解析結果を図 9.31 に示す。同様のことを数値計算的に行うことも可能だが，数式を元に解析するメリットとしては，厳密な解の存在範囲を設計変数空間上に表せることにある。

● 逆解析を活用した制御系設計

本事例では，アクチュエータはリンクの付け根に 2 つ付いている構成となっており，終端器が所望軌道となるように，その 2 つのジョイントを動かすことになる。そこで，所望軌道が与えられた際の両ジョイントの角度の算出に数式処理を用いた逆運動学解析的なモデルを利用し，制御系全体を構成した。図 9.32 に逆解析モデルを含む制御系システムのモデルを示す。

このシステムモデルでは，実際のパラレルリンク機構と逆解析モデルは同一であり，入出力条件を変えることで順/逆解析を実現していると言える。そのため，このモデリング手法を用いることで効率的に全体系のシミュレーションが可能になる。本事例における課題は，逆解析モデルの計算量である。実際には逆運動学の計算のみを必要としているが，パラレルリンク機構モデルをそのまま使用しているため動力学も計算しており，冗長である。この課題については，モデルから生成した運動学方程式を活用することで解決されると考えられる。

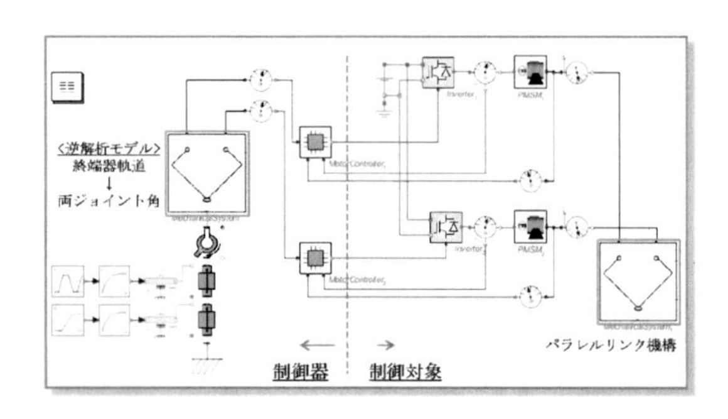

図 9.32　逆解析を用いた制御システム

(ii) 諸外国での Maplesoft 製品適用事例

● グレブナー基底を用いた効率的な運動方程式解の導出：University of Waterloo, WatCAR

グレブナー基底とは，与えられた多項式イデアルをある項順序の元で簡約した基底（イデアル）で，多変数の連立代数方程式を厳密に解く際に用いられる手法である。例えば，多項式集合

$$P = \left\{4x^2y + 9xy + 4x - 7y - 4,\ xy - y + 3\right\}$$

に対して，全次数辞書式順序で計算することで次のグレブナー基底を得る。

$$G = \{8x - 6y + 43,\ 2y^2 - 17y + 8\}$$

2 番目の多項式は 1 変数であり，これを解くことで変数 y の解を得る。得られた解を 1 番目の多項式に代入することで変数 x の解を得ることができる。同手法は代数的な関係で記述されるシステムであれば本質的には適用可能である。また，グレブナー基底の計算機能は Maple 本体に標準で組み込まれている。

文献[6] では，グレブナー基底を用いることで，6 自由度の Gough-Stewart platform や 5 リンク・サスペンション機構，航空機のランディングギア機構などの閉リンク機構の力学・順動力学方程式における力学的な拘束式の求解を，従来の Baumgarte 安定化法やペナルティ法と比較して高速に行える結果を示している。

● その他の産業応用事例

Maple/MapleSim を用いた産業応用例が Maplesoft 社のウェブサイトに掲載されている。ここでは主だったもののみ，ウェブサイトのリンクとして紹介する。

・歩行・会話ロボット：RoboThespian
http://www.maplesoft.com/company/publications/articles/view.aspx?SID=141193
・マンチェスター大学歩行ロボット
http://www.maplesoft.com/company/publications/articles/view.aspx?SID=102134
・早稲田大学高西研究室
http://www.maplesoft.com/company/publications/articles/view.aspx?SID=370
・閉パラレルリンク機構ロボット：DeltaBot（図 9.33）
http://www.maplesoft.com/company/publications/articles/view.aspx?SID=100216

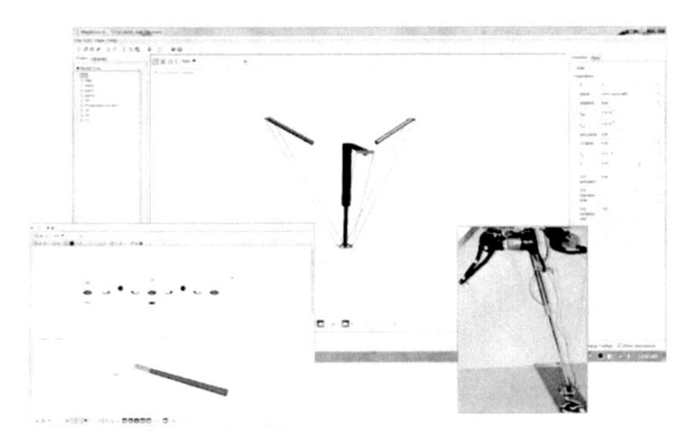

図 9.33 DeltaBot のモデル

(4) まとめ

本稿では，Maple/MapleSim の生い立ち，特徴から実際の適用事例まで紹介した。MapleSim におけるシステム解析や制御系設計では，物理現象，つまりロボットそのものを表現することが中心であり，そこから得られる数式や計算コードの活用により，より先端的な技術開発，製品開発へ結びつけることが可能と言える。

＜岩ヶ谷 崇，山口 哲＞

参考文献（9.3.2 項）

[1] McPhee, J., Schmitke, C., Redmond, S.: Dynamic Modeling of Mechatronic Multibody Systems With Symbolic Computing and Linear Graph Theory, *Math. and Comp. Modelling of Dynamical Systems*, Vol. 10, No.1, pp.1–23, (2004).

[2] Modelica Association https://www.modelica.org/

[3] 岩ヶ谷崇，山口哲：数式処理技術とプラントモデリング，『計測と制御』第 53 巻 第 4 号，pp.335–338 (2014).

[4] Iwagaya, T., Yamaguchi, T.: Speed improvements for xIL Simulation based on Symbolic-Algebraic method, *proceedings of SICE annual conference* (2014).

[5] Char, B.W., Geddes, K.O., Gentleman, W.M., Gonnet, G.H.: The design of Maple: A compact, portable, and powerful computer algebra system, *LNCS*, Vol. 162, pp.101–115 (1983).

[6] Uchida, T., McPhee, J.: Using Gröbner bases to generate efficient kinematics solutions for the dynamic simulation of multi-loop mechanisms, *Mechanism and Machine Theory*, vol. 52, pp.144–157 (2012).

9.3.3 Scilab

(1) 概論

Scilab[1] は，無料でオープンソース（CeCILLライセンス[2]）の科学技術計算を行うソフトウェアで，GNU/Linux，Windows 7/8/10，Mac OS X 上で稼働する。また，GUI を基にしたブロック線図による設計・解析を行う Xcos が組み込まれている。Scilab/Xcos は Matlab/Simulink によく似ていると言われているが，互換性はない。

Scilab/Xcos は，大学・研究機関のみならず，宇宙，航空，自動車，エネルギー，防衛，金融，化学，生物，医療など，工業・サービス業などの広い分野で使用されている。その開発は，INRIA[4]（フランス国立情報学自動制御研究所）から始まり，その後，Scilab エンタープライズ社（2010 年設立）[3] が Scilab の公式発行元となり，専門サービスとして，アプリケーションのトレーニング，サポート，開発，統合などの総合サービスを提供しており，その品質向上のため Quality assurance（Scilab 公式ページ ⇒ Development 内にある）と称した PDCA を努めている。

右図は Puffin（鳥の一種）を表しており，Scilab のマスコットとして用いられている。この鳥には，オープンソースソフトウェアの啓蒙活動における誇りある自由のシンボルという意味が込められている。

(2) Scilab の機能

Scilab の機能を説明する。

- **数学関数とシミュレーション**

科学技術で用いられる数学演算とデータ解析のアプリケーションとシミュレーションパッケージを有している。一般に使われる数学関数の他に，一般行列演算（固有値，特異値，マルコフ行列など），スパース行列演算（UMFPACK[5] など），多項式演算（多項式行列含む），微分方程式解法（4 次の適応型ルンゲ–クッタ法やスティッフ問題用の BDF（Backward Differentiation Formula）法を含む ODEPACK[6]）が用意されている。

- **2D & 3D グラフ**

様々な形式のグラフやチャート表現，グラフの修飾，アニメーションを含む。グラフ，チャートについては，他のソフトと比して劣らないだけの表現方法を用意している。また，時々刻々と変化するアニメーション機能も有している。この様子は，Scilab コンソール ⇒ その他 ⇒ Scilab デモ ⇒ デモンストレーション（グラフィック） ⇒ グラフィック（アニメーション），からいくつかの例を見ることができ

図 9.34　N リンク振子のアニメーションの様子

る。図 9.34 は，このデモで提供されている N リンク振子が動くアニメーションの一部である。

- **最適化**

  制約付き/制約なし最適化問題を扱う。非線形最適化問題，2 次計画問題，非線形最小二乗問題，半正定値計画問題，遺伝的アルゴリズム，シミュレーティッドアニーリング，線形行列不等式などを含んでいる。

- **統計**

  統計学上のデータモデリングと解析を行う。多くの統計計算の他に，確率分布の関する様々な計算，線形および非線形モデリング問題を扱っている。

- **制御系設計と解析**

  ロバスト制御まで含んだ制御系設計と解析のための標準的なアルゴリズムとツールを扱う。時間領域，周波数領域，古典・最適制御，ロバスト制御，安定解析，状態方程式を用いた制御系設計など，幅広い分野を扱っている。また，ナイキスト線図やボード線図など，制御系解析で必要なグラフ機能も数多く提供している。

- **信号処理**

  時間領域，周波数領域での可視化，解析，フィルタ設計を行う。信号発生，データウィンドウ，パワースペクトル密度の推定，デジタル FIR および IIR フィルタ設計，アナログフィルタ設計を提供している。また，設計したフィルタ特性のグラフ表現も数多く提供している。

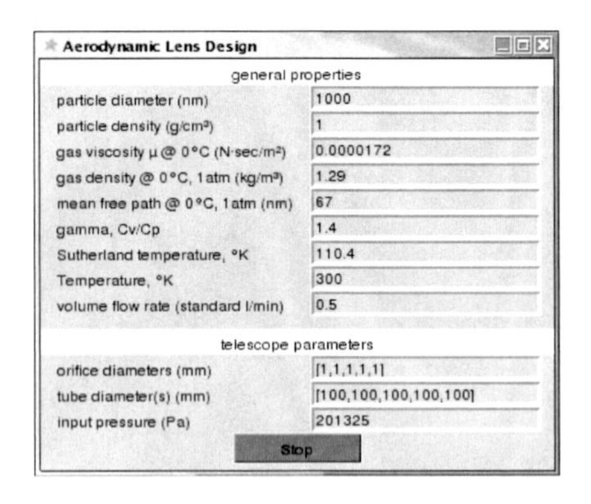

図 9.35　データ入力・表示，メッセージ出力のためのパネル

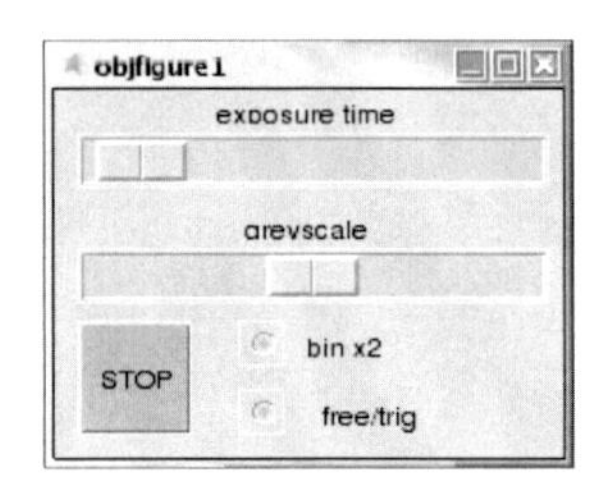

図 9.36　スライダー，ラジオボタンのパネル

- **ユーザがデザインできる GUI**

  数値の入出力を容易にするボタン，スライダを配置したパネルのデザインツールを提供している。シミュレーションの値を容易かつ素早く入力したいなどの要望に応えるため，ユーザが独自に入力インタフェースの GUI をデザインできる。この例として，図 9.35 は，データの入力・表示やメッセージ表示を行うパネルを示す。図 9.36 は，スライダーおよびラジオボタンでデータ入力するパネルを示す。

- **他言語とのインタフェース**

  C/C++, Java, Fortran で作成した計算モジュールや LabView とのインタフェース機能を有する。従来から持っている計算モジュールをそのまま使いたい，またはある計算部分を高速化したい，という要求に応えるため，これらの言語で作成したモジュールを Scilab から呼び出すインタフェースを提供している。この逆のインタフェースも提供している。また，物理系の計測・制御で有名な LabView とのインタフェース機能を提供している。

- **ATOMS**

  AuTomatic mOdules Management for Scilab の略で，一般ユーザにより開発された有用なモジュールとその説明書を Scilab ユーザに提供する管理システムである。このモジュールは Scilab Forge[7] から提供される。モジュール例として，.NET component server（例えば Excel から Scilab を呼び出す），ANN（artificial neural networks，理論書のドキュメントも無料で提供），Scilab-Python Gateway（Python とのインタフェース），画像処理ツール（Scilab Image processing など），Autonomous Robotics Kit Toolbox（Xcos で自律ロボットのシミュレーション）など，研究用，実用的なモジュールが多数が用意されている。Scilab ユーザに使いやすいモジュールにするよう，モジュールを設計するためのガイドラインを示すなど，ATOMS の発展・普及に努めている。

- **その他**

Matliab バイナリファイルの R/W，Matlab を Scilab へのコード変換，csv データへの R/W などの機能を有する。

(3) インストールと使い方

Scilab のインストールと使い方を簡単に説明する。

Scilab 公式 HP[1] ⇒ Download から OS および 32/64 bits を選択して，インストーラーをダウンロードする。ダウンロードファイルをクリックして起動すれば，特別な知識なしで，インストール作業は自動的に行われる。Windows 10 に 64bits 版をインストールした後に Scilab を起動すると，図 9.37 に示す Scilab コンソールが現れる。

このコンソールは，左から，ファイルブラウザ（ファイルの在り処を示す），コンソール（Scilab コマンドを入力する），コマンド履歴からなる。Scilab コンソールは，メニューがアイコン表示されているので直感的に使いやすく，マニュアルなしでも操作できる。詳細な使い方は，Scilab 公式 HP ⇒ Resources ⇒ Scilab Wiki ⇒ Documentation ⇒ Tutorials の中に英語版で Introduction to Scilab という名称でマニュアルが PDF で提供されている。

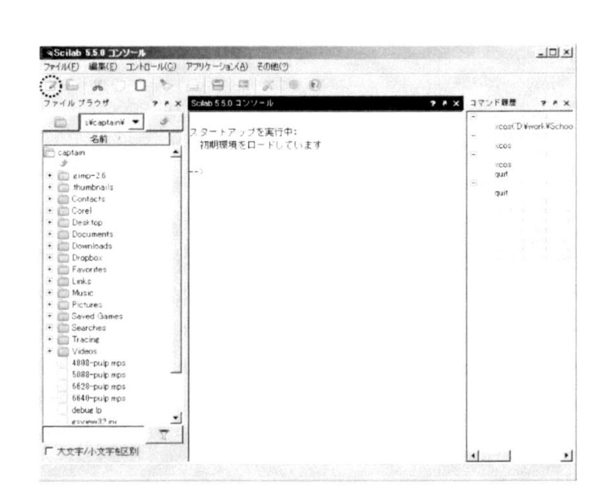

図 **9.37** Scilab コンソール

Scilab のコマンド実行は，コンソールから 1 行ずつ入力して実行することもできるが，一般にはファイルにコマンド群からなるプログラムコードを記述して，一括実行することが多い。適当なエディタを用いて text ファイルに記述し，そのファイル名の拡張子を “.sce” とするか，または，Scilab 機能にある SciNotes を用いる。これは，簡単な開発統合環境であり，作成，実行，エラー表示などが一つのウィンドウでまとめられている。SciNotes の起動は，図 9.37 のメニュー欄に破線の円で囲んだアイコンをクリックするか，Scilab コンソール ⇒ アプリケーション ⇒ SciNotes を選べばよい。

図 9.38 は，SciNotes を起動し，プログラムを記述したものを示す。この実行は，SciNotes のメニューから実行を表すアイコンをクリックすればよい。計算結果は Scilab のコンソール画面に表示され，グラフは別ウィンドウに表示される。

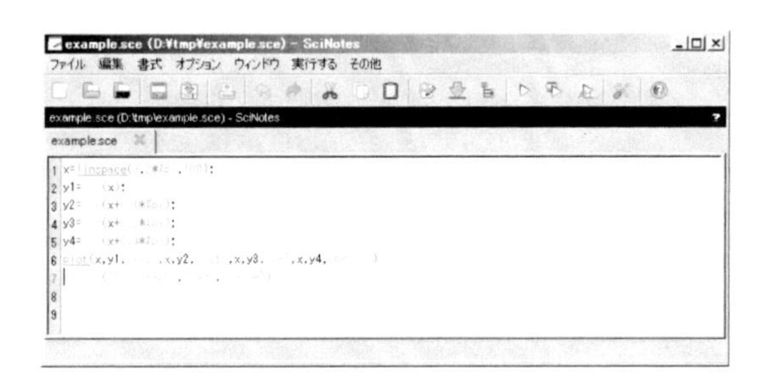

図 **9.38** SciNotes

(4) Xcos

Xcos は，信号処理，熱水力学，数学関数，連続・離散システム，電気・電子回路に関するブロック要素を図に示すパネルで提供しており，ユーザはこれらを GUI で扱うことで，動的システムモデルを製作，シミュレーションを実施できる。

Xcos を実行するには次の 3 種がある。

- ツールバーから Xcos アイコンをクリック
- メニューバー ⇒ アプリケーション ⇒Xcos を選択

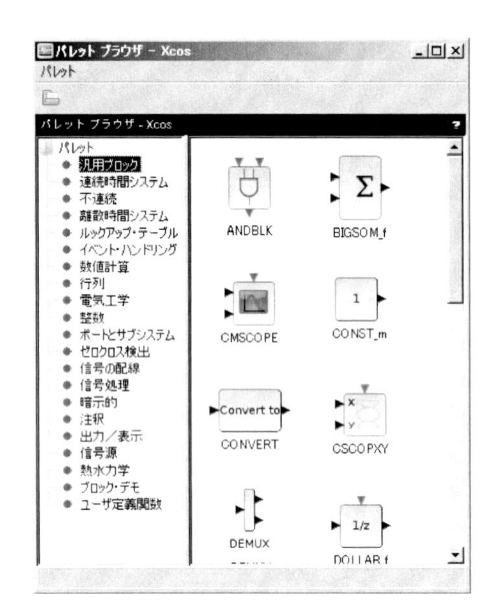

図 **9.39**　Xcos のパレットブラウザ

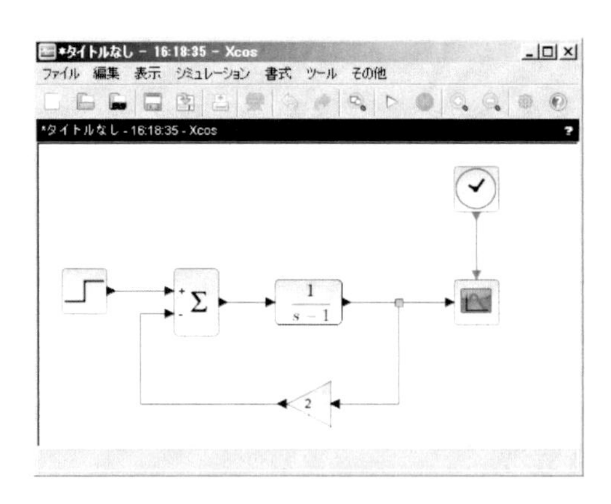

図 **9.40**　Xcos の編集ウィンドウ

- コンソールから Xcos を入力する。

Xcos は次の 2 つのウィンドウを開く。

- パレットブラウザ：ブロック要素を提供（図 9.39）
- 編集ウィンドウ：ブロック線図を設計する作業スペース（図 9.40）

シミュレーションのためのブロック線図を作成するには，パレットブラウザから適当なブロック要素を選択し，それを編集ウィンドウにドラッグして配置するという GUI ベースの操作で行う。ブロック要素間の信号線の結合も GUI ベースで行え，その結合のアシスト機能もある。

編集ウィンドウ（図 9.40）において，シミュレーション時間，各ブロック要素のパラメータ設定（ゲイン定数，初期値など）を行った後に，メニューにある開始ボタンをクリックするとシミュレーションが開始する。図 9.41 は，Xcos を用いたシミュレーション結果の例である。

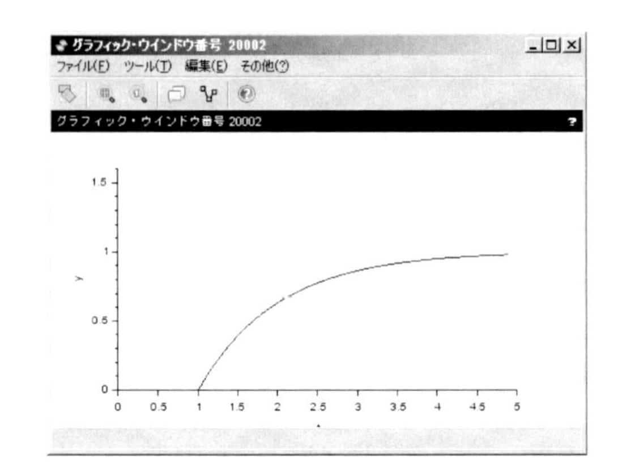

図 **9.41**　Xcos を用いたシミュレーション結果

(5) おわりに

Scilab は無料であり，容易にインストール・使用できることから，教育現場で広く使われており，演習を含んだ教科書例として，例えば文献[8],[9] がある。また，CNES（フランス国立宇宙研究センター）と Scilab エンタープライズ社は東京のフランス大使館において，宇宙航空分野における数値計算とシミュレーションの最新技術の利用に関するワークショップを開催するなどして実用性の高さをアピールしており，産業技術の現場でも有用なソフトウェアの一つとなりつつある。

＜橋本洋志＞

参考文献（9.3.3 項）

[1] Scilab　http://www.scilab.org/

[2] CeCILL Licence　http://www.cecill.info/

[3] scilab enterprises　http://www.scilab-enterprises.com/

[4] Inria　http://www.inria.fr/

[5] UMFPACK　http://faculty.cse.tamu.edu/davis/research.html

[6] ODEPACK　http://computation.llnl.gov/casc/odepack/odepack_home.html

[7] Scilab Forge　http://forge.scilab.org/

[8] 橋本洋志 他：『Scilab で学ぶ システム制御の基礎』，オーム社 (2007).

[9] 橋本洋志 他：『Scilab/Scicos で学ぶ シミュレーションの基礎』，オーム社 (2008).

9.3.4 $\mathrm{M_ATX}$

(1) 制御系構築統合環境

制御系の構築では図 9.42 に示すように，設計，シミュレーション，実装・検証の作業が繰り返される。制御系の構築プロセス全体にかかる時間を短縮するには，各作業を効率化するとともに，作業間の情報伝達を容易にし，シームレスに作業が進められるようにする必要がある。ここでは，このような制御系の構築を支援する統合環境を実現するソフトウェア $\mathrm{R_TM_ATX/M_ATX}$[1-3] を紹介する。

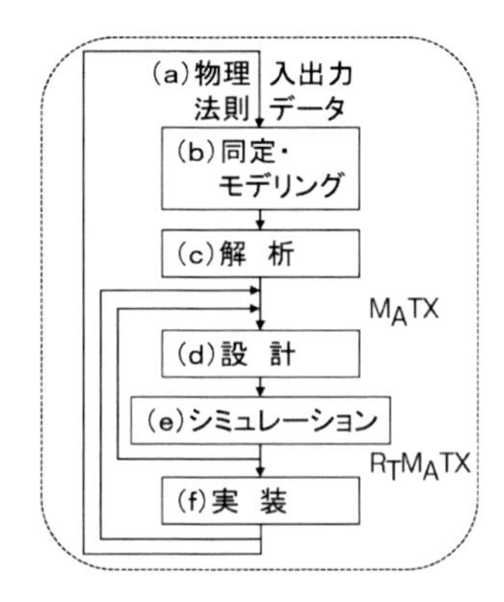

図 9.42　制御系構築のプロセス

$\mathrm{M_ATX}$ は科学や工学に必要な数値および数式計算をサポートする記述性に優れたプログラミング言語であり，東京工業大学において開発され，1989 年以来，制御系の解析・設計・シミュレーションを行うために使われてきた[4-7]。一方，$\mathrm{R_TM_ATX}$ はシミュレーションからリアルタイム制御実験までを効率的に行う環境を提供する。

(2) 制御系の解析・設計

$\mathrm{M_ATX}$ では行列を直接扱えるので，数学的表現をほぼそのままプログラムとして記述でき，制御系の解析・設計のための多くの関数を利用できる。制御系の設計の例を図 9.43 に示す。この例では，与えられた制御対象（線形システム）の LQ 最適制御による設計 (`lqr()`)，ゴピナスの方法によるオブザーバの設計 (`obsg()`)，および連続時間系の離散化 (`c2d()`) を行っている。

(3) 連続時間系のシミュレーション

N 個のサブシステムから構成される連続時間系のシミュレーションについて考える。各サブシステムの状態方程式と出力方程式が次式で与えられるとする。

```
// 制御対象のパラメータ
Matrix A,B,C;

// 設計パラメータ
Matrix Q,R,Pole;
Real dt;

// 制御器のパラメータ
Matrix F,Ah,Bh,Ch,Dh,Jh,Ahd,Bhd;

Func void design()
{
  {F} = lqr(A, B, Q, R);
  {Ah,Bh,Ch,Dh,Jh} = obsg(A,B,C,Pole);
  {Ahd, Bhd} = c2d(Ah,[Jh Bh],dt);
}
```

図 9.43　制御系の設計の例

$$\frac{\mathrm{d}}{\mathrm{d}t}x_i(t) = f_i(t, x_i(t), u_i(t))$$
$$y_i(t) = h_i(t, x_i(t), u_i(t))$$

ただし，u_i, y_i, x_i は i 番目のサブシステムの入力，出力，そして状態である。また，f_i と h_i は状態と入力から状態の微分，出力を計算する関数である。各サブシステムへの入力は，全サブシステムの出力を用いて

$$u_i(t) = g_i(x_i(t), y_1(t), y_2(t), \ldots, y_N(t))$$

のように計算できるとする。$\mathrm{M_ATX}$ を用いてシミュレーションを実行するには，まず，全サブシステムの状態を縦に連結した全体システムの状態

$$X = [x_1^T \ x_2^T \ \ldots \ x_N^T]^T$$

の微分 `dX` を計算する関数を図 9.44 のように記述する。

次に，全サブシステムの入出力を縦に連結した全体システムの入出力

$$UY = [u_1^T \ y_1^T \ u_2^T \ y_2^T \ \ldots \ u_N^T \ y_N^T]^T$$

を計算する関数を図 9.45 のように記述する。ただし，`h1()`～`hN()` と `g1()`～`gN()` の計算の順番を適当に決める必要がある。一般に，直達項がないサブシステムの出力計算を先に行う。代数ループがある場合，代数方程式をニュートン法で解くなどの工夫が必要となる。

これらの関数を関数 `Ode()` に図 9.46 のように渡すことでシミュレーション計算を実行できる。ただし `X0` は全体システムの初期状態，`t0` と `tf` はシミュレーショ

ンの開始時間と終了時間である。関数 Ode() は状態の時系列 Xs，入出力の時系列 UYs，計算を行った時刻の系列 Ts を求める。

```
Func Matrix diff_eqs(t, X, UY)
  Real t;
  Matrix X, UY;
{
  // X から xi，UY から ui をそれぞれ切り出す
  ..................

  dx1 = f1(t, x1, u1);
  dx2 = f2(t, x2, u2);
  ...................

  dX = [[dx1][dx2]...[dxN]];
  return dX;
}
```

図 9.44　システムの状態の微分を計算する関数

```
Func Matrix link_eqs(t, X)
  Real t;
  Matrix X;
{
  // X から xi を切り出す
  x1 = ................
  x2 = ................
  .....................

  y1 = h1(t, x1, u1);
  .................
  yN = hN(t, xN, uN);

  u1 = g1(t, x1, y1, y2, ...);
  .........................
  uN = gN(t, xN, y1, y2, ...);

  UY = [[u1][y1]...[uN][yN]];
  return UY;
}
```

図 9.45　入出力を計算する関数

```
// 全体システムの初期状態
X0 = [[x10][x20]...[xN0]];

// シミュレーション計算
{Ts, Xs, UYs} =
     Ode(t0, tf, X0, diff_eqs, link_eqs);
```

図 9.46　連続時間系のシミュレーション

(4) サンプル値系のシミュレーション

ここでは，デジタルコントローラが制御対象（連続時間系）の出力を標準型サンプラーを通して取り込み，制御入力を標準型 0 次ホールドを通して制御対象に出力するサンプル値系のシミュレーションについて考える。例えば，サブシステム 2 が離散時間制御器

$$x_2[k+1] = f_{2d}(k, x_2[k], u_2[k])$$
$$y_2[k] = h_2(k, x_2[k], u_2[k])$$

であるとする。連続時間系のシミュレーションと同様に，システムの状態の微分と入出力を計算する関数を図 9.47 と図 9.48 に示すように記述する。ただし，diff_eqs2() では連続時間系（制御対象）のみの状態の微分を計算し，離散時間系（制御器）の状態の更新は link_eqs2() で行う。

システムの状態の微分と入出力の計算をこのように関数として記述することで，連続時間系とサンプル値系のシミュレーションプログラムに似た構造をもたせることができ，プログラムの相互変換が容易となる。そして，link_eqs2() のみが制御器に関係するので，制御則を変更しても diff_eqs2() を変更する必要がなく，制御器変更に伴うバグの混入を防ぐ効果がある。

これらの関数を関数 OdeHybrid() に図 9.49 のように渡すことでシミュレーション計算を実行できる。ただし，x20 は離散時間系の初期状態，dt はサンプリング周期である。関数 OdeHybrid() は link_eqs2() をサンプル点毎に呼び出し，状態の時系列 Xs，入出力の時系列 UYs，計算を行った時刻の系列 Ts を求める。

```
Func Matrix diff_eqs2(t, X, UY)
  Real t;
  Matrix X, UY;
{
  // X から xi，UY から ui をそれぞれ切り出す
  .....................

  dx1 = f1(t, x1, u1);
  // dx2 = f2(t, x2, u2);
  ...................

  dX = [[dx1][dx3]...[dxN]]; // dx2 無し
  return dX;
}
```

図 9.47　連続時間系（制御対象）の状態の微分を計算する関数

```
// 離散時間系の状態
Matrix x2;

Func Matrix link_eqs2(t, X)
  Real t;
  Matrix X;
{
  // X から xi を切り出す
  x1 = .................
  // x2 = ..............
  ......................

  ..........................
  UY = [[u1][y1]...[uN][yN]];

  // x2 を更新
  x2 = f2d(t, x2, u2);

  return UY;
}
```

図 9.48 入出力計算と離散時間系の状態の更新を行う関数

```
x2 = x20;                        // 離散時間系の初期状態
X0 = [[x10][x30]...[xN0]]; // 連続時間系の初期状態

// シミュレーション計算
{Ts, Xs, UYs} =
   OdeHybrid(t0,tf,dt,X0,diff_eqs2,link_eqs2);
```

図 9.49 サンプル値系のシミュレーション

(5) 制御系の実装

一般にデジタルコントローラによるリアルタイム制御では，制御器はサンプル点毎に制御対象の出力を取り込み，制御入力を計算（制御器の出力の計算と状態の更新）し，制御対象に出力する。一方，サンプル値系のシミュレーションでは，制御対象の入出力計算と制御入力の計算（制御器の出力の計算と状態の更新）がサンプル点毎に実行される。このように，サンプル値系のシミュレーションプログラムでサンプル点毎に実行される処理と，リアルタイム制御プログラムでサンプル点毎に実行される処理には共通点が多い。$\mathrm{R_T M_A TX}$ を用いると，この性質を利用してサンプル値系のシミュレーションプログラムからリアルタイム制御プログラムを容易に作成できる。

ここでは，状態フィードバック

$$u = -Fx$$

と離散時間オブザーバ

$$z[k+1] = A_{hd}z[k] + B_{hd}y[k] + J_{hd}u[k]$$
$$x_h[k] = C_{hd}z[k] + D_{hd}y[k]$$

を用いる場合を例として，サンプル値系のシミュレーションプログラムからリアルタイム制御プログラムを作成する方法を説明する。

このサンプル値系のシミュレーションにおける入出力計算と離散時間系（制御器）の状態の更新を行う関数 **link_eqs3()** を図 9.50 に示す。

```
// 離散時間オブザーバの状態
Matrix z;

Func Matrix link_eqs3(t, x)
  Real t;
  Matrix x;
{
  Matrix u, y, xh, UY;

  y  = C*x;                 // 制御対象の出力
  xh = Chd*z + Dhd*y;       // 制御対象の状態推定
  u  = - F*xh;              // 状態フィードバック
  z  = Ahd*z+Bhd*y+Jhd*u; // 離散時間観測器の更新
  UY = [[u][y]];
  return UY;
}
```

図 9.50 入出力計算と離散時間系の状態の更新を行う関数

リアルタイム制御プログラムを作成するには，**link_eqs3()** を基に図 9.51 に示す **on_task()** を作成する。必要な変更は，制御対象の出力をセンサで取り込む関数 **sensor()** と制御入力をアクチュエータへ出力する関数 **actuator()** の呼出しを追加することである。

```
// 離散時間オブザーバの状態
Matrix z;

Func void on_task()
{
  Matrix u, y, xh;

  y  = sensor();          // センサによる測定
  xh = Chd*z + Dhd*y;  // 状態の推定
  u  = - F*xh;            // 状態フィードバック
  z = Ahd*z+Bhd*y+Jhd*u; // 観測器の更新

  actuator(u);            // アクチュエータへ出力
}
```

図 9.51 リアルタイム制御（リアルタイム処理）関数の例

```
Func void experiment()
{
  para_init();          // パラメータの設定
  var_init();           // 変数の初期化
  machine_read();       // 実験装置の準備

  rtSetClock(dt);       // サンプリング周期の設定
  rtSetTask(on_task);   // リアルタイム処理

  rtStart();            // リアルタイム処理の開始
  off_task_loop();      // 画面表示，コマンド入力
  rtStop();             // リアルタイム処理の停止

  machine_stop();       // 実験装置の停止
}
```

図 9.52　リアルタイム制御（実験）のための関数の例

リアルタイム制御（実験）のための関数の例を図 9.52 に示す。この例では，パラメータの設定と変数の初期化を行った後，サンプリング周期 dt とリアルタイム処理を記述した関数 on_task() を設定している。関数 **rtStart()** を呼び出すと，on_task() がサンプリング周期毎に実行される。**off_task_loop()** は変数の表示やユーザからのコマンド入力を担当する。

近年，CAD で設計された制御器をデジタルコントローラで実装する方法が提案され，制御系の設計から（デジタルコントローラによる）実装までに要する時間の短縮，および，CAD により設計された制御器と実装された制御器の一貫性を保つことができるようになった。

ブロック線図に対応する C 言語のコードを生成する方法と比較して，$\mathrm{R_TM_ATX}$ の方法は制御系解析・設計プログラム，シミュレーションプログラム，リアルタイム制御プログラムを統合できるので，制御系構築統合環境を開発できるという特長がある。統合環境を用いると図 9.42 に示す制御系の構築プロセス全体を同一の環境で実行できるので，シームレスに作業を進められる。制御系構築統合環境のメイン関数の例を図 9.53 に示す。この例では 10 行目から 19 行目が無限ループとなっており，14 行目の desgin() と 16 行目の experiment() を繰り返すことにより制御器の調整と実験を繰返し実行できる。

<古賀雅伸>

```
Func void main()
{
  set_parameter();  // パラメータの設定

  main_menu = {"《制御系構築》",
      "モデリングと同定", "制 御 系 解 析",
      "制 御 系 設 計", "シミュレーション",
      "制　御　実　験", "終　了"};

  while (1) {
    switch (menu(main_menu)) {
      case 1: modelling();  break;
      case 2: analysis();   break;
      case 3: design();     break;
      case 4: simulation(); break;
      case 5: experiment(); break;
      case 6: return;
    }
  }
}
```

図 9.53　制御系構築統合環境のメイン関数の例

参考文献（9.3.4 項）

[1] 古賀雅伸：MaTX ホームページ　http://www.matx.org/

[2] 古賀雅伸：『Linux・Windows でできる MaTX による数値計算』，東京電機大学出版 (2000).

[3] 古賀雅伸：制御系の開発プロセス全体を支援する制御系 CAD — java による制御系の開発，『システム制御情報学会誌』，Vol. 48, No. 4, pp. 138–143 (2004).

[4] 古賀雅伸，古田勝久：数値処理と数式処理を融合した制御系 CAD 言語 MaTX，『計測自動制御学会論文集』，Vol. 29, No. 10, pp. 1192–1198 (1993).

[5] Koga, M. and Furuta, K.: Programming language MaTX for scientific and engineering computation. In Derek A. Linkens, editor, *CAD for Control Systems*, chapter 12, pp. 287–317, Marcel Dekker, Inc. (1993).

[6] 吉田勝俊：『振動論と制御理論』，日本評論社 (2003).

[7] 橋本直：『MaTX 入門』，工学社 (2006).

9.4　制御系実装のためのソフトウェア技術

9.4.1　リアルタイムオペレーティングシステム

(1) リアルタイム性

何らかの時間制約を有している性質をリアルタイム性という[1]。より具体的には処理や通信等の真偽が時間にも依存するという性質をリアルタイム性という。狭義には，与えられた時間制約（デッドラインや周期等）を守るということを意味する。ここで，リアルタイム性には，「速い」，「即時に」という意味はないので注意が必要である。

ロボットの制御には，基本的にリアルタイム性が要求される。言い換えれば，ロボットの制御・処理はリアルタイムに行う必要がある。

(2) 時間制約

リアルタイム処理における時間制約は，多くの場合，ある処理を行うタスクが到着した時刻（そのタスクを開始可能な最も早い時刻）と，そのタスクを終了しなければいけない最も遅い時刻により表される。一般に，前者はリリースタイムと呼ばれ，後者はデッドラインと呼ばれる。実際にそのタスクが実行を開始した時刻は開始時刻，実際に終了した時刻は終了時刻と呼ばれる。

モータ制御のように周期的に処理を行わなければならない場合，毎回の処理におけるリリースタイムと開始時刻の差のずれ，もしくはデッドラインと終了時刻の差のずれが重要であることも多い。この開始時間もしくは終了時刻に関するずれをジッタと呼ぶ。具体的には，前者をリリースジッタ，後者を終了ジッタと呼ぶ。例えば，高精度なモータ制御を行いたい場合には，時間制約として周期（もしくはデッドライン）を与えるだけではなく，ジッタも時間制約として与える必要がある。

(3) リアルタイム処理の種類

リアルタイム性は「ハードリアルタイム性」と「ソフトリアルタイム性」の二つに大別することができる。

ハードリアルタイム性とは，必ず時間制約を守らなければならない性質であり，時間制約を少しでも破ると価値が 0 になる性質である。狭義には，時間制約を破った場合，システムに損害を与える可能性のあるリアルタイム性のことである。

ソフトリアルタイム性とは，時間制約を多少破ることを許容する性質であり，時間制約を破っても価値は直ちに 0 にはならない。多くの場合，時間制約を破ると時間経過と共に価値が急激に減少していく性質を指す。また，時間制約を破ってもシステム自身に損害を与えることはない。

ハードリアルタイム性の一例としては，分散制御がある。例えば，センサとアクチュエータがネットワークを介して接続されフィードバック制御が行われているシステムの場合，センサノードからアクチュエータノードに対して，センサデータの取得，センサデータの通信，フィードバック制御のための演算，アクチュエータの制御のすべてを周期的な時間制約（例えば 1 ms）を満たして行うことができないと（つまり，リアルタイム性が損なわれてしまうと），アクチュエータの制御ができなくなってしまう。リアルタイム性を満たせないと，アクチュエータにリプルが発生したり，最悪の場合，制御不能になって事故を引き起こす可能性もある。

ソフトリアルタイム性の一例としては，動画のストリーミング再生（VoD (Video-on-Demand) 等のネットワークを介した動画のデコード）がある。例えば，周期的な時間制約（例えば 33 ms）を満たして，通信およびデコードのための演算の両方を行うことができないと（つまり，リアルタイム性が損なわれてしまうと），正常に動画を視聴することができなくなってしまう。リアルタイム性を満たせない場合には，リアルタイム性を破る度合いに応じて品質が低下し，ブロックノイズが発生する，動画と音声の同期が取れない，動画の動きが不自然になる等の影響が発生する。

また，リアルタイム性を要求するアプリケーション（タスク）の種類によって，以下のように特徴が分かれる。

- **ハードリアルタイム性**

  主に制御系の通信や演算を行うタスクが要求するリアルタイム性であり，以下のような特徴がある。

  - 演算：演算量は小さい場合が多いが，時間制約を厳守する必要性がある。
  - 通信：データ量は小さいが，レイテンシ（遅延）に対する要求が厳しい。スループットよりレイテンシを重視する。
  - 時間粒度とデッドライン：時間粒度が小さく，デッドラインが短い場合が多い（100 μs～10 ms 程度）。

- **ソフトリアルタイム性**

  主にマルチメディア系の通信や演算を行うタスクが要求するリアルタイム性であり，以下のような特徴がある。

  - 演算：演算量は比較的大きい（MPEG のデコード等）が，時間制約は制御系に比較すれば厳しくない。
  - 通信：データ量が非常に大きく（ストリーミング等），レイテンシよりもスループットを重視する。
  - 時間粒度とデッドライン：時間粒度が比較的大きく，デッドラインが長い場合が多い（10 ms～1 s 程度）。

このように，同じリアルタイム性といっても，ソフトリアルタイムとハードリアルタイムでは，リアルタイム性を要求するアプリケーションも異なるし，特徴も異なることがわかる。近年のロボットでは，ハードリアルタイム処理とソフトリアルタイム処理の両方を要求される場合も多い。

(4) 最悪実行時間 (WCET)

リアルタイムシステムの時間制約を保証するためには，各処理における実行時間が予めわかっている必要がある。ここで，すべての条件下でプログラムを動作させたときに最も長くかかる実行時間のことを最悪実行時間 (WCET: Worst Case Execution Time) という。一般的なプログラムの WCET は，例えば入出力によりプログラムの挙動が変化するので，計算不能である。

WCET を計算するためには，ソフトウェアにある種の制約を加える。具体的には，再帰呼び出しをしない，動的なデータ構造を使用しない，繰返しの最大数を指定する等の制約を加えることによって，WCET を計算できるようにする。リアルタイムスケジューリングアルゴリズムは，WCET が事前にわかっていると仮定している。

(5) プリエンプション

処理（タスク）を時分割に実行するためには，現在行っている処理 (タスク) を一時的に中断して，新しい処理を実行することが要求される。中断された処理は後で再実行される。この動作をプリエンプションと呼ぶ。プリエンプションを処理側の協力なく OS (Operating System) の機能として実現できる場合，その OS はプリエンプティブな OS である。この処理におけるプリエンプションは，OS によるコンテキストスイッチによって実現される。コンテキストスイッチとは，OS が現在実行している処理のコンテキスト（レジスタセット，プログラムカウンタ等）をメモリ等に保存し，新たに実行するコンテキストをメモリ等から読み込んでその新しいコンテキストの処理を実行することである。RT-OS (Real-Time Operating System) のスケジューラは，基本的に OS のティック（ユニットタイム）毎に優先度の高い処理をプリエンプティブに実行させる。また，カーネルモードのタスクもプリエンプションできる OS のカーネルを，プリエンプティブ・カーネルと呼ぶ。プリエンプションにはオーバヘッドが存在し，例えば Linux ではコンテキストスイッチに約 8,000 クロックサイクルくらいかかる。したがって周波数の低い組込みプロセッサでは，相対的にオーバヘッドの割合が大きくなるので注意が必要である。

(6) 時間予測性

事前に時間的な振舞いを予測できる性質のことを時間予測性という。例えば，WCET がわかっていれば時間予測性があるということができる。時間予測性が高いとは，ある特定の処理が予測された時刻とどれだけ近い時刻に終了するかということである。例えば，ある処理の終了する時刻が予め予測されたものと常にほぼ同じであれば，その処理の時間予測性は高いことになる。逆に，同じ処理の実行時間に大きなばらつきがある場合，その処理の時間予測性は低いといわれる。様々な時間制約を満たすリアルタイムシステムを構築するためには，ハードウェアおよびソフトウェアのすべての処理に時間予測性を持たせることが必要となる。

(i) ハードウェアにおける時間予測性

近年，ハードウェア技術は飛躍的に発展しているが，これらは高い時間予測性を提供するためには障害となることが多い。例えばキャッシュやパイプラインを用いた場合，平均的な処理能力は向上することになるが，逆にキャッシュミスやパイプラインストールを生じた場合には大きなペナルティを生じる。この実行時間の差が時間予測性を低下させる原因の一つになっている。同様にプリフェッチ，スーパスカラ実行，アウトオブオーダ実行，投機実行，TLB，DMA といった処理能力を向上させるための技術の多くが，時間予測性の低下を招く。そのため，時間制約が非常に厳しいリアルタイム処理には，比較的単純なアーキテクチャのハードウェアを用いることが多い。

(ii) ソフトウェアにおける時間予測性

リアルタイム処理を行うためのソフトウェアの開発に際しては，以下のような障害がある。

- **プログラミング言語**

  従来から用いられてきたプログラミング言語は，言語レベルでは時間制約を明示的に扱うことができないものがほとんどである。そのため，プログラマは個々の処理に対して十分に細かい粒度で時間制約を指定することができないという問題がある。これに対して，新たな言語使用を設計し，専用のコンパイラを開発するという方法をとっているものもある。しかしながら，これらの特殊な言語は一般的に普及しているとは言い難いのが現状である。

● コンパイラによる最適化

次に問題となるのは，コンパイラの最適化である。今日のコンパイラの多くは，実際のオブジェクトコードを生成する前に，プログラムの論理構造を解析し，実行時にとり得る可能性の高いパスを予測する。これらを元に最適化を行うことにより，平均実行時間を短くすることが可能である。しかしそのために，予測したパスを実行した場合と異なるパスを実行した場合とで実行時間に大きな差が生じることになる。すなわち，そのような処理の時間予測性は低いと言わざるを得ない。

● マルチプログラミング/マルチスレッディング

近年では単純な組込みシステムを除いて，マルチプログラミングやマルチスレッディングを採用することがほとんどである。マルチプログラミングやマルチスレッディングでは，複数のプログラムやスレッドにより効率的に CPU を共有しスループットを向上させることができる。しかし，それぞれの処理は他の処理の影響を確実に受けることになり，リアルタイム性の保証を提供するのが非常に困難になってしまう場合もある。

(7) RT-OS

予測性の低下を可能な限り避けるための機構を備えているのが，RT-OS である。汎用 OS が平均パフォーマンスを最大にすることを目的としていたのに対して，RT-OS では個々の処理に対して時間予測性を提供することを目的とする。そのため RT-OS は，最悪の場合のパフォーマンスを保証するための様々な機構を提供している。

(i) 優先度

汎用 OS と大きく異なる点として，RT-OS では個々の処理に対して主に時間制約を元にした優先度を付加する。これらは固定的であることもあれば，システムの動作中に変化する場合もある。前者は固定優先度と呼ばれ，後者は動的優先度と呼ばれる。

(ii) スケジューリングアルゴリズム

固定優先度を用いて個々の処理をスケジューリングするアルゴリズムの代表的な方法が Rate Monotonic (RM) アルゴリズムである[2]。このアルゴリズムは周期的な処理を扱うためのものであり，優先度は静的に

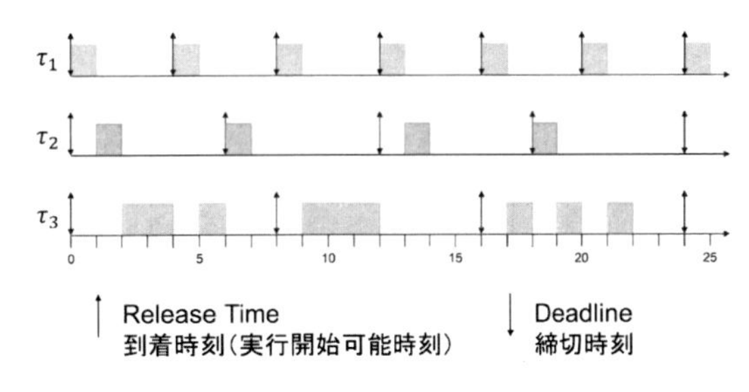

図 9.54 Rate Monotonic (RM) のスケジュール例

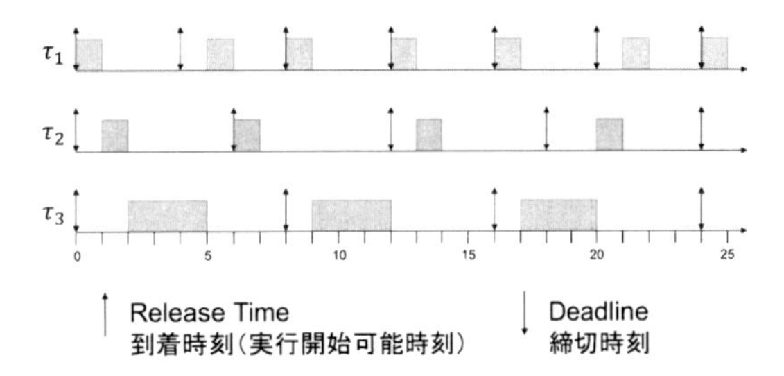

図 9.55 Earliest Deadline First (EDF) のスケジュール例

決定され，周期が短い処理ほど優先度は高い値となる（図 9.54）。最大プロセッサ使用率 U はタスク数を n とすると $U = n \times (2^{1/n} - 1)$ で表され，n が無限個の場合には $U = 69\%$ となる。

一方，動的優先度を用いるアルゴリズムの代表的なものには Earliest Deadline First (EDF) アルゴリズムがある[2]。このアルゴリズムでは優先度は動的に計算され，デッドラインの早いものほど優先度は高くなる（図 9.55）。最大プロセッサ使用率 U は $U = 1$ となり，プロセッサを 100 %使用することができる。

リアルタイムスケジューリングアルゴリズムはアプリケーションの持つ時間制約に応じて最適なものが異なるため，一つの RT-OS が複数の方式を切替え可能な状態でサポートしていることが多い。

(iii) 優先度逆転問題と共有資源アクセスプロトコル

RT-OS は全処理の中から最も優先度の高い処理を実行しようとする。その際，優先度の低い処理により優先度の高い処理がブロックされる場合があり，この状態を優先度逆転と呼ぶ。優先度逆転はシステムの予測可能性を低下させ，デッドラインミスを生じる大きな要因であるため，できるだけこの状態を避ける必要がある。

優先度逆転問題は主に資源を共有することから生じる。例えば，I/O 等の共有資源を低い優先度の処理が獲得している場合，同じ資源にアクセスするためには，

たとえ優先度が高くてもその資源が解放されるのを待たなければいけない。さらに，その資源を必要としない別の中優先度の処理がリリースされた場合，中優先度の処理が低優先度の処理より先に実行され，低優先度の処理は中優先度の処理が終了するのを待たなければならない。この場合，高優先度の処理は，使用したい資源を獲得している低優先度の処理が終了するのを待つ必要があり，さらに実行時間が延びてしまう。

従来のロックや同期機構を用いた場合には，このようなブロッキングによる優先度逆転が生じている時間の長さの上限を保証することができない。しかし，RT-OSではPriority Inheritance Protocol，Priority Ceiling Protocol，さらにはStack Resource Policy等の洗練された技術を用いて，ブロック時間が最小の長さになることを保証可能にしている[3]。

ただし，これらの方式はシステムのオーバヘッドを確実に増加させるため，VxWorksのようにミューテックス毎にPriority Inheritance Protocolを使用するかどうかを決定することを可能にしているRT-OSも存在する。

(iv) 割込み処理

予測性をさらに低下させる一つの大きな要因としては，I/Oからの割込み処理が挙げられる。I/Oからの割り込みは一般的には任意の時刻に生じるものであり，その他の処理に対する影響を事前にバウンドするのは困難である。

これらの影響を緩和するために，リアルタイムシステムの中には割込みを無効にし，アプリケーションレベルでポーリングを行う形態をとっているものもある。また，割込みが有効な場合でも，その影響を極力小さくするために割込み処理を二分化して扱っていることが多い。割込みハンドリングルーチンでは，割込みが発生したということのみを記録しておき，その割込みに対応する実際の処理は行わない。その割込みに対応する実際の処理は，割込み処理からは分離し，処理自身はリアルタイムスケジューラでスケジューリングされたタイミングで行われる。

また，Lynx OSではカーネルスレッドがデバイスをオープンしたユーザスレッドの優先度を継承して割込み処理を行うことで，高い優先度の処理の時間予測性を高めている。

RT-OSは，商用（有償）のものやフリー（無償）のものを含め，非常に多くの種類が研究開発されている。例えば，μITRON系（T-Kernel, TOPPERS等），UNIX系（VxWorks, LynxOS, QNX等），Linux系（RT-Linux, ART-Linux等），Windows系（Windows Embedded, Windows Phone）と多岐にわたる。

(8) 分散リアルタイムシステム

複数のプロセッサ（コントローラ）がネットワークで接続され，系全体としてリアルタイム処理を行うことを，分散リアルタイム処理といい，そのシステムを分散リアルタイムシステムと呼ぶ。分散リアルタイムシステムにおいて，複数の処理がネットワークを介して協調動作を行う場合，その間の通信にもリアルタイム性を保証する必要がある。このような分散リアルタイムシステムで要求されるネットワークにおける制約はQuality-of-Service (QoS)と呼ばれることが多い。QoSとはリアルタイム性，信頼性，さらにはシステムの再構成能力を含む広い概念である。例えば，リアルタイム性に関連するものでは，通信遅延やバンド幅等が挙げられる。

リアルタイム性を保証可能なネットワークをリアルタイムネットワークと呼ぶ。これらはハードウェアにより優先度をサポートするものや，独自のプロトコルを用いているものである。例えば，USBおよびIEEE1394にはアイソクロナス転送（周期通信モード）があり，ソフトリアルタイム通信を行うことができる。さらには，Responsive Linkでは，通信におけるプリエンプションを優先度付パケットのノード毎の追越しによって実現する等のハードウェアによるサポートにより，ハードリアルタイム通信とソフトリアルタイム通信の両方を実現している[4]。Responsive Linkでは，通信におけるプリエンプションを優先度付パケットによるノード毎の追越しによって実現することで，リアルタイムスケジューリングアルゴリズムを通信にも適用できるようにしている。

(9) リアルタイムシステムの構築

実際のアプリケーションを開発する際には，より低層のソフトウェアやハードウェアの特徴を考慮し，高いリアルタイム性を提供可能なように構築しなければいけない。これらに関連した分野としては，リアルタイムデータベースやリアルタイム性を考慮した人工知能(RTAI)などがある。現時点では，制御分野や人工知能などの異なる階層における時間制約を統合的に扱ったシステムは少ないが，今後はシステムに必要なコンポーネントの持つ全時間制約を考慮し，それらを保証する統合的なアプローチが重要となる。

＜山﨑信行＞

参考文献（9.4.1 項）

[1] Stankovic, J.A.: Misconceptions about Real-Time Computing, *IEEE Computer*, pp. 2–10 (1988).

[2] Liu, C.L. and Layland, J.W.: Scheduling Algorithms for Multiprogramming in a Hard-Real-Time Environment, *Journal of Association for Computing Machinery*, Vol.20, No.1, pp.46-61 (1973).

[3] Buttazzo, G.C.: *Hard Real-Time Computing Systems*, 3rd ed, Springer (2011).

[4] Yamasaki, N.: Responsive Link for Distributed Real-Time Processing, *The 10th International Workshop on Innovative Architecture for Future Generation High-Performance Processors and Systems*, pp.20–29 (2007).

9.4.2 ロボット用ミドルウェア

制御系を含むロボットシステムの実装技術として，近年ロボットミドルウェア 1) と呼ばれれるソフトウェア基盤が用いられつつある。これまで一体のものとして実装されてきた制御ソフトウェアを，モジュール化・インタフェースの共通化を行うことで，再利用性，柔軟性，信頼性，堅牢性を向上させ，より複雑なシステムの構築を容易にすることを目指して，様々なロボットミドルウェアが開発されている。

ロボットミドルウェアは，モジュール化の粒度や実行周期，分散システムやリアルタイムシステムへの適用の観点から，大きく 2 つに分類することができる。分散システム構築に適し，粒度が大きく，モジュール間の結合が比較的「疎」な ROS[1] や YARP[2] のようなミドルウェア。逆に，細粒度のモジュールを「密」に結合しリアルタイム制御システムを構成可能な OROCOS[3] のようなミドルウェア。また，その両方の能力を兼ね備えた RT(Robot Technology) ミドルウェア[4] のようなミドルウェアも存在する。

RT ミドルウェアは，ソフトウェアの国際標準化団体である OMG (Object Management Group)[5] において，Robotic Technology Component Specification[6] として標準化され，産総研が実装しオープンソースで配布する OpenRTM-aist[4] 以外にも，複数のベンダーが実装[7, 8] を提供する，標準に準拠したミドルウェアである。

1) OS とアプリケーションの中間に位置し，特定の用途に対して利便性を提供するソフトウェア。

本項では，制御システム実装にも利用可能な RT ミドルウェアを取り上げ，その基本的アーキテクチャや制御システムを構成するための特徴的な機能，コンポーネントやシステムの作成方法等について概要を紹介する。

(1) RT ミドルウェア概要

RT ミドルウェア (RTM : RT-Middleware) とは，ロボット機能要素（RT 機能要素）をソフトウェア的にモジュール化（これを RTC (RT-Component) と呼ぶ）し，RTC を多数組み合わせてロボットシステム（RT システム）を構築するためのミドルウェアである。

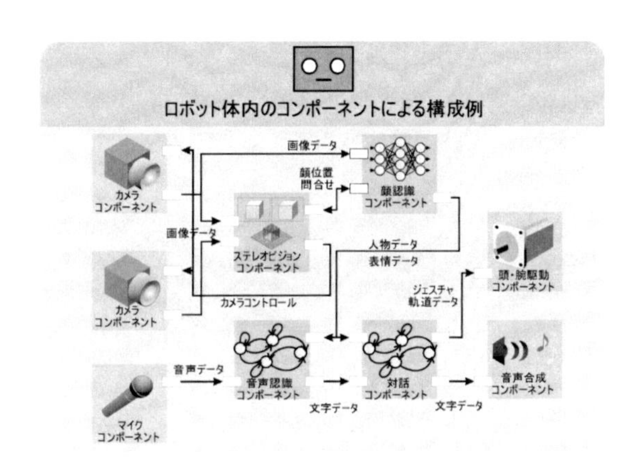

図 9.56 モジュールで構成されるロボットシステム

RT ミドルウェアの基本的な考え方を図 9.56 に示す。センサやアクチュエータ等がソフトウェア的にモジュール化されたものを RTC（RT コンポーネント）と呼ぶ。それぞれの RTC はポートと呼ばれる出入口を通して，他の RTC と相互作用（データやコマンドのやり取り）をすることで，全体として一つのシステムとして動作する。モジュール化と相互作用の方法の標準的な方法とフレームワークを提供するのが RTM（RT ミドルウェア）である。

(2) アーキテクチャ

RT コンポーネント (RTC) の基本的なアーキテクチャを図 9.57 に示す。

RTC は，RTC 自体の情報を取得するための機能である「イントロスペクション」，コンポーネントの共通のライフサイクルである「アクティビティ」，コンポーネントに実装されたロジックを駆動するための「実行コンテキスト」，他の RTC とデータのやり取りを行う

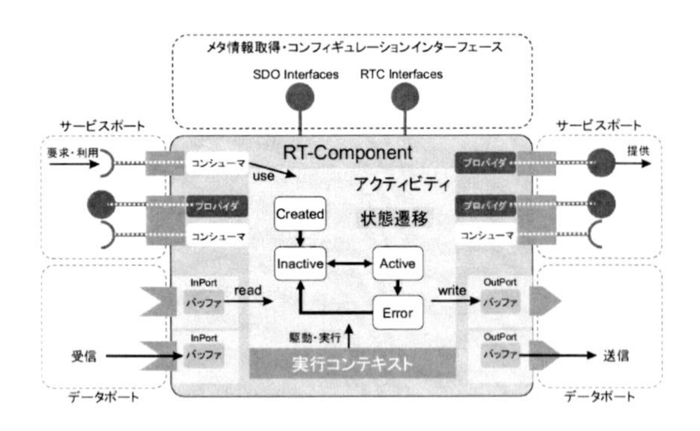

図 9.57　RT コンポーネントモデル

ための「データポート」，他の RTC とコマンドのやり取りを行うための「サービスポート」，内部のパラメータセットを管理し実行時に変更するための仕組みとしての「コンフィギュレーション」といった機能等から構成される。

(i) イントロスペクション

イントロスペクション機能は，RTC 自身の実行周期や実行状態，どのようなポートやパラメータを持っているか，といったメタ情報を実行時に取得する機能である（図 9.58）。この機能を用いることで，システムを実行時に動的に変更することが可能になる。

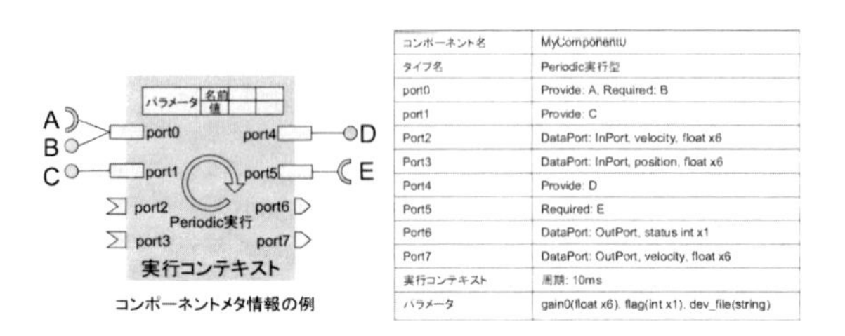

コンポーネント名	MyComponent0
タイプ名	Periodic実行型
port0	Provide: A, Required: B
port1	Provide: C
Port2	DataPort: InPort, velocity, float x6
Port3	DataPort: InPort, position, float x6
Port4	Provide: D
Port5	Required: E
Port6	DataPort: OutPort, status int x1
Port7	DataPort: OutPort, velocity, float x6
実行コンテキスト	周期: 10ms
パラメータ	gain0(float x6), flag(int x1), dev_file(string)

図 9.58　イントロスペクション

(ii) アクティビティ

アクティビティはコンポーネントのメインとなるロジック（コアロジック）を実行する部分である（図 9.59）。アクティビティの実体は，RTC 標準により定義された状態遷移とロジックを実行するためのコールバックインタフェース (Component Action) から構成される。

(iii) 実行コンテキスト

コンポーネントには，その主たる処理である「コアロジック」が実装され，“アクティブ”状態時にそのロジックが実行される。一般的なプログラムではいわゆる main() 関数から始まるメインスレッドや，明示的に開始されたスレッドによってロジックが実行される。一方，RTC ではロジックとスレッドは明示的に分離されており，スレッドに相当するものは実行コンテキスト (EC: Execution Context) と呼ばれる。図 9.60 のように RTC と EC は実行時に結合（アタッチ）され，例えば，リアルタイム実行用 EC を用いればロジックをリアルタイム実行することが，外部トリガ EC を用いれば外部トリガによりロジックを実行することが，RTC を再コンパイルせずに可能となる。このほか，一つの EC を複数の RTC にアタッチすることで，図 9.61 のように複数の RTC のロジックを直列に実行したり，これをリアルタイム実行させることでリアルタイム制御系を構成することも可能である。

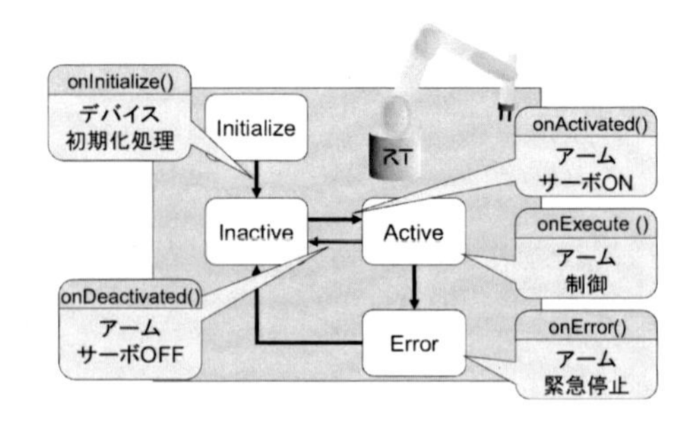

図 9.59　アクティビティ

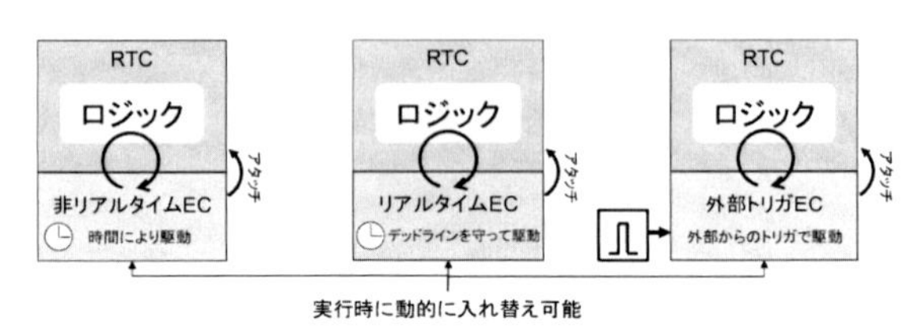

図 9.60　様々な実行形態の EC の動的アタッチ

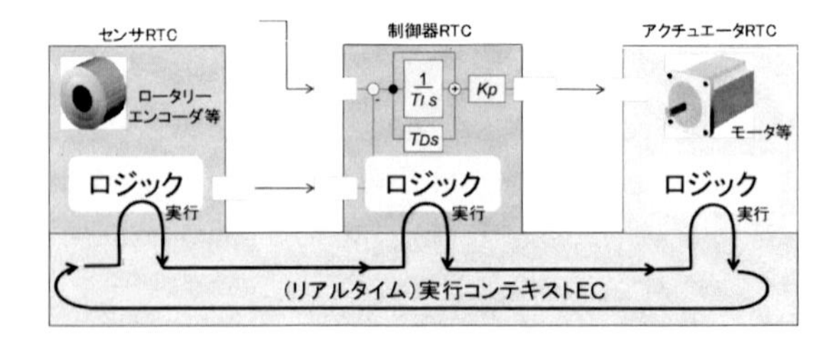

図 9.61　EC による複数 RTC の駆動

(iv) データポート

データポートは図 9.62 に示すような入力-処理-出力

から成るデータフロー型構造を実現するための機能である。リアルタイム性やモジュール間の密な連携が必要なロボットの低レベル層においては，このような連続的なデータの流れでモジュールが連携し制御システムを構成する。データポートは，push 型・pull 型といったデータフロー型指定，送信タイミングや送信周期を指定する QoS 機能が実装されており，モジュールやシステムの特性に応じて，データ転送を柔軟に行うことが可能である。

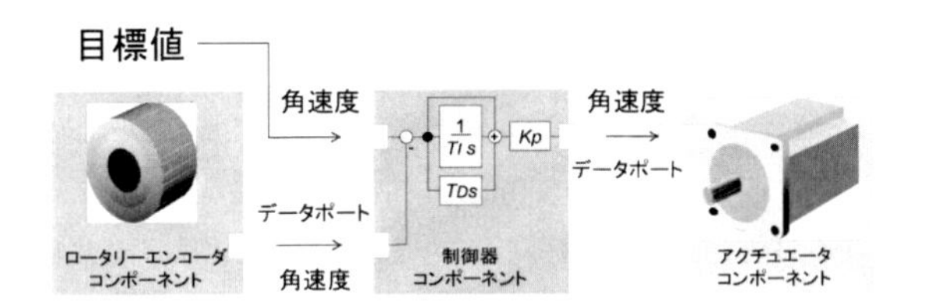

図 9.62 データポートの利用例

(v) サービスポート

サービスポートは，図 9.63 に示すように RTC の内部の詳細な機能を外部に対してサービスとして提供するため，RTC を実装する開発者が定義可能なコマンドインタフェースを提供するためのポートである。

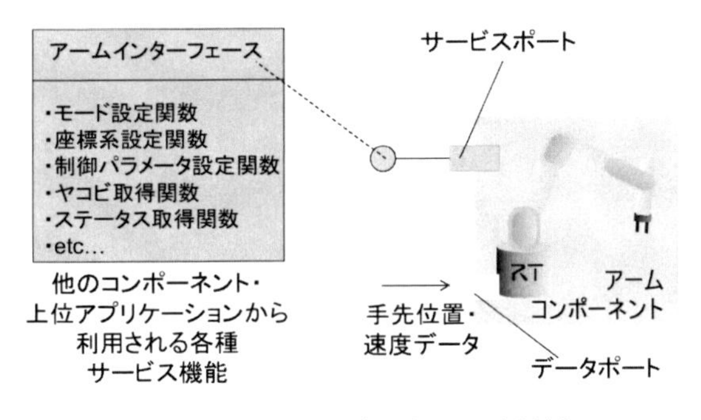

図 9.63 サービスポートの利用例

(vi) コンフィギュレーション

コンフィギュレーション機能とは，図 9.64 に示すように，開発者が自由に定義しコンポーネントの実装内部で利用可能なパラメータセットである。コンフィギュレーション機能により，実行時に外部からパラメータを変更することができ，いったん作成した RTC を用途に応じてパラメータを変更することで，様々な用途に再利用することが容易となる。

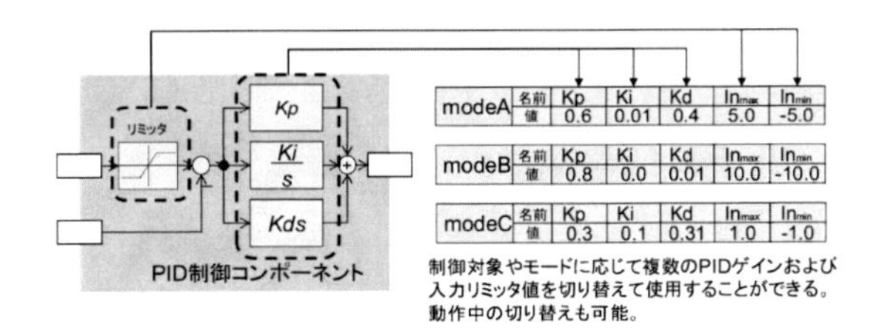

図 9.64 コンフィギュレーション機能

(3) システム開発

OpenRTM-aist は，コンポーネントを開発したいユーザ（コンポーネント開発者）が持つ既存のソフトウェア資産，あるいは新たに作成したソフトウェアを容易に RTC 化するためのフレームワークを提供する。コンポーネント作成の大まかな流れは図 9.65 のようになる。

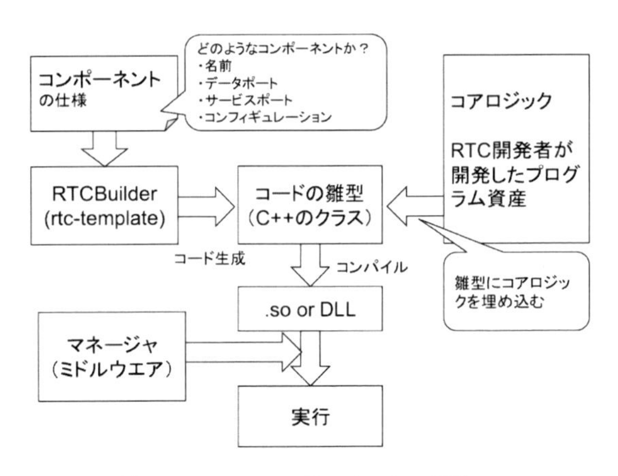

図 9.65 RT コンポーネントの開発フロー

RTC 開発者は，既存のソフトウェア資産のライブラリ関数・クラスライブラリ等をコンポーネントフレームワークに埋込みコンポーネントを作成する。既存のソフトウェア資産を RT コンポーネントとして作成しておけば，様々な場面で再利用することができる。作成された RT コンポーネントは，ネットワーク上の適切な場所に配置して，ネットワーク上の任意の場所から利用することが可能となる。

図 9.66 に示す RTCBuilder は RT コンポーネントのひな型コードを自動生成する開発ツールである。RTC の基本プロファイルやデータポート，サービスポート，コンフィギュレーションに関する情報を入力することで大半のコードが自動生成される。対応している言語は，C++，Java，Python である。

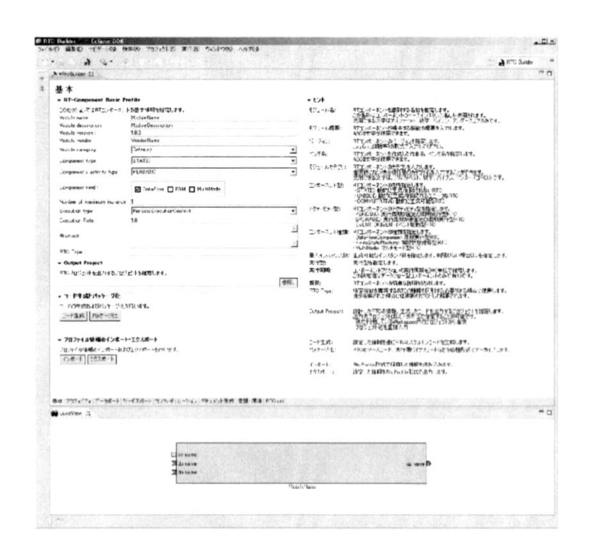

図 **9.66**　RTCBuilder

```
class MyComponent
 : public DataflowComponentBase
{
public:
  // 初期化時に実行したい処理
  virtual ReturnCode_t onInitialize()
  {
    if (mylogic.init())
      return RTC::RTC_OK;
    return RTC::RTC_ERROR;
  }

  // 周期的に実行したい処理
  virtual ReturnCode_t onExecute()
  {
    if (mylogic.do_someting())
      return RTC::RTC_OK;
    RTC::RTC_ERROR;
  }
private:
  // ポート等の宣言
  //      :
};
```

図 **9.67**　実装の例

RTC は，ある基底クラスを継承した一つのクラスとして実装される。RTC においてロジックが行う処理は，その基底クラスのメンバ関数（メソッド）をオーバーライドする形で記述する。例えば，初期化時に行う処理は，`onInitialize` 関数の中に，RTC がアクティブ時に周期的に処理したい内容は `onExecute` 関数に記述する。

図 9.67 は C++ での例である。このコードをコンパイルすることで，実行ファイルと，共有オブジェクト（または DLL）が生成される。

作成されたいくつかの RTC を実行し，それらのポートを接続し，アクティブ化することでシステムが動作する。RTC 同士の接続や RTC に対してアクティブ化・非アクティブ化等のコマンドを送りシステム全体の操作を行うツールとして，図 9.68 に示す RTSystemEditor のような GUI ツールや，コマンドラインから操作する rtshell といったツールが提供されている。

RTC は起動されると，図 9.68 左の Name Service View に現れる。Name Service View 上の RTC を中央のエディタにドラッグアンドドロップすると，RTC が同図に示されるアイコンで表示される。長方形の辺上の凸部がポートを表しており，これら RTC 間のポートを接続することでシステムを構築する。また，画面中央下部には RTC のコンフィギュレーションビューが表示されており，ここで任意の RTC の設定パラメータを編集することができる。

＜安藤慶昭＞

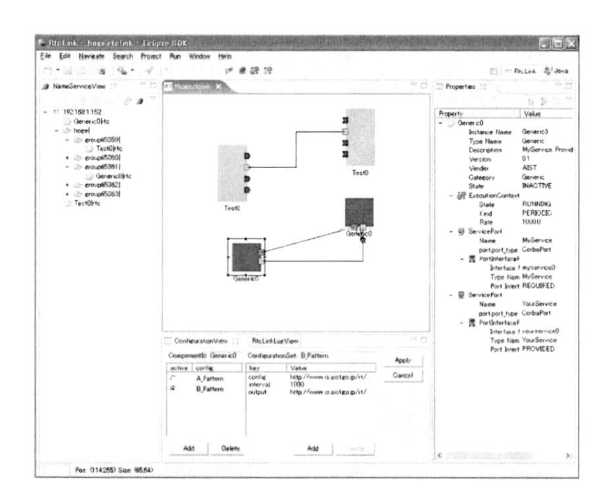

図 **9.68**　RTSystemEditor

参考文献（9.4.2 項）

[1] ROS　http://ros.sourceforge.net

[2] YARP (Yet Another RObot Platform)　http://www.yarp.it/

[3] OROCOS　http://www.orocos.org/

[4] OpenRTM-aist Official Web Site　http://openrtm.org

[5] Object Managerment Group (OMG)　http://www.omg.org

[6] Object Management Group: Robotic Technology Component Specification Version 1.1, formal/2012-09-01 http://www.omg.org/spec/RTC

[7] 長瀬雅之，中本啓之，池添明宏：『はじめてのコンポーネント指向ロボットアプリケーション開発— RT ミドルウェア超入門—』，

毎日コミュニケーションズ (2008).

[8] 関谷眞，根木教男，宮下善太，大野信之：知能ロボットソフトウェア用コンポーネント指向ミドルウェアの開発，*Honda R&D Technical Review*, Vol.26, No.2, pp.157–164 (2015).

9.5 おわりに

本章では，制御系の実装技術について，デジタル制御理論から，制御器を設計するためのCAEソフトウェア，そして，設計された制御器をリアルタイム実装するためのリアルタイムOSやロボットミドルウェアについて基礎的な内容をまとめた。なお，CAEソフトウェアやロボットミドルウェアについては，進展が速く，本書の編集中にも状況が変わりつつある。最新の情報について，インターネットや雑誌，関連学会の学術講演会や展示会などを通じて，常に触れるようにしてほしい。

＜平田光男＞

第10章

ROBOT CONTROL HANDBOOK

ヒューマン・ロボットインタラクション

10.1　はじめに

本章では，ヒューマン・ロボットインタラクションに関するロボット制御に焦点を当てる。ヒューマン・ロボットインタラクションとしてすぐに思いつくものとして，サービスロボットなどで必要となる会話やジェスチャーを使ってのロボットと人間とのインタラクションがあるが，本章ではロボットと人間との間で力学的なインタラクションがある場合に限定する。力学的なインタラクションがある場合に限ったとしても，ヒューマン・ロボットインタラクションには図 10.1 に示すように様々な形態が考えられるので，本節ではまず本章で扱うヒューマン・ロボットインタラクションを整理し明確化する。

ロボットの目的は人間による作業を代替することなので，まず人間が実環境下で行う直接作業を出発点として考えよう（図 10.1 上側の「直接作業」の図）。実環境には様々な作業対象が存在し，その中には人間（作業例：リハビリや介護）も含まれる。次に，この実環境下での作業主体である人間をロボットに置き換えた場合を考える（図 10.1 右側の「ロボット」の図）。このとき作業対象が人間である場合，ここにまず 1 つ目のヒューマン・ロボットインタラクションが生じる（「ロボット」の図内の点線）。

実環境下の人間を人工物たるロボットに置き換えるロボット工学と相補的な関係にあるのがバーチャルリアリティであり，人間を取り囲む実環境をコンピュータで生成したバーチャル環境に置き換え，力学的なインタラクションを可能ならしめるためにハプティックデバイスを配置する（図 10.1 左側の「バーチャルリアリティ」の図）。ハプティックデバイスをロボットの一種とみなせば，ここにもヒューマン・ロボットインタラクションが生じる（「バーチャルリアリティ」の図内の点線）。

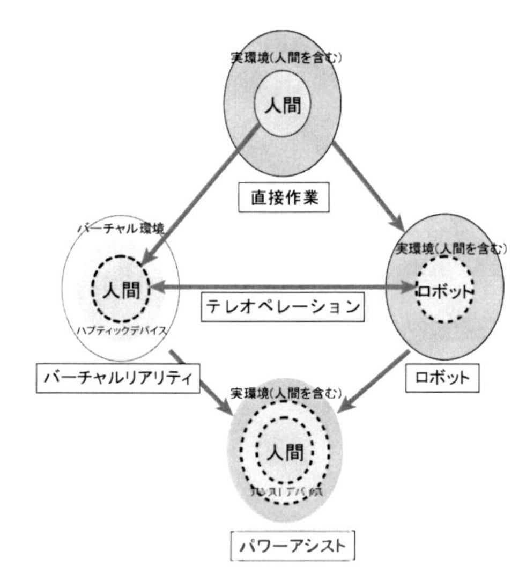

図 10.1　ヒューマン・ロボットインタラクションの形態

実環境下で人間の代わりに完全自律でロボットを動作させることは難しく，しばしばテレオペレーションが用いられる。そもそもロボット工学の原点は，マスタ・スレーブマニピュレータに代表されるテレオペレーションであった。極限環境など直接人間が作業できない実環境下にロボット（スレーブ）を配置し，安全な遠隔地からマスタ操縦デバイスを介して遠隔操縦する。このとき操縦者に提示されるスレーブ側からの視覚情報や力覚情報は，実環境からの情報ではあるものの，提示の方法は先に述べたバーチャルリアリティと何ら変わらない。すなわちテレオペレーションで用いる反力が提示可能なマスタデバイスはハプティックデバイスであり，この観点では，テレオペレーションとはロボットとバーチャルリアリティをつなぐ架け橋的な存在であると言える（図 10.1 中央の「テレオペレーション」)。よってテレオペレーションによって人を対象とする作業を行った場合は，マスタ側とスレーブ側の 2 か所でヒューマン・ロボットインタラクションが生じている。

テレオペレーションでは，作業するスレーブロボットと操縦する人間とは物理的に分離されていたが，パワーアシストでは人間が操縦するハプティックデバイスとスレーブロボットとの距離が 0 となり両者が一体化したテレオペレーションの特殊ケースとみなすことができる（図 10.1 下側の「パワーアシスト」の図)。この場合，操縦する人間とアシストロボットとの間にヒューマン・ロボットインタラクションが生じ，パワーアシストで患者の抱き上げなどの介護をした場合は，アシストロボットと患者との間にもう一つのヒューマン・ロボットインタラクションが生じている（「パワーアシスト」の図内の点線)。

以上見てきたように，ロボットと人間との間で力学的なインタラクションがある場合に限っても，ヒューマン・ロボットインタラクションは，テレオペレーション，ハプティックデバイス，パワーアシスト，自律ロボットと作業対象としての人間とのインタラクションに分類できることがわかる。本章ではまず 10.2 節にてヒューマン・ロボットインタラクションをテレオペレーション，ハプティックインタフェース，パワーアシスト，その他のヒューマン・ロボットインタラクションに分けて，それぞれの項目について歴史的経緯を述べた後，さらに分類を行う。次に 10.3 節にてヒューマン・ロボットインタラクションに関する制御理論について述べる。最後に 10.4 節にてヒューマン・ロボットインタラクションのいくつかの事例紹介をする。

<横小路泰義>

10.2 ヒューマン・ロボットインタラクションの分類と歴史

10.2.1 テレオペレーションの歴史と分類

(1) テレオペレーションの歴史

(i) 機械式マスタ・スレーブマニピュレータ

放射性物質など直接人間が扱うことのできないものを遠隔からハンドリングする要求から，リモートハンドリング用の機器が開発されるようになった。初期のころは鍛冶で使う火箸を原型とするトングが用いられたが[1]，ほどなく直感的な作業が可能なマスタ・スレーブマニピュレータが登場した。1949 年に米国アルゴンヌ研究所の Ray Goertz が開発した Model-1 が，世界初のマスタ・スレーブマニピュレータである[2]。このマニピュレータは，マスタ側とスレーブ側がワイヤやメタルテープで機械的に結合されており，機械式マスタ・スレーブマニピュレータと呼ばれている。図 10.2 は，この Model-1 の後継モデルの Model-8 である。米国での開発に続き，フランスでも CEA において 1961 年にヨーロッパで初の機械式マスタ・スレーブマニピュレータが開発されている[1]。

図 10.2 機械式マスタ・スレーブマニピュレータ Model-8[1)]
(Central Research Laboratories（DESTACO 社）の厚意による)

(ii) サーボマニピュレータ

機械式マニピュレータには，マスタとスレーブが機械的に結合されていることからくる作業範囲の限界や，壁に穴を開けなければならないという設置性の問題，高レベルの放射性物質を扱うのに十分な遮蔽をとれないといった問題点があった。

米国アルゴンヌ研究所の Goertz らもこの問題を早くから認識しており，マスタとスレーブ間を電気的に結合する方式の開発が進められた。マスタからの指令をスレーブ上で実現するためには，スレーブ側にアクチュエータを配置してサーボ系を構成する必要があり，このことから電気的に結合する方式をサーボマニピュレータ（または電動式マスタ・スレーブマニピュレータ）と呼ぶ。1954 年にはサーボマニピュレータの 1 号

1) Model-1 から製造を担当していた Central Research Laboratories は，2008 年より DESTACO 社の傘下となった。現在は，Model-1 の後継機種であった Model-8 も製造されておらず，その設計コンセプトを引き継いでより高い操作性を有する機械式マスタ・スレーブマニピュレータが製造されている[3]。

機である Model E1 が開発された[4]。

電動式は作業範囲が飛躍的に増大するが，機械式と同じようにスレーブ側の力をマスタアームで知覚できるようにするには，バイラテラル制御を適用する必要がある。Goerz らは，遠隔操縦における力フィードバックの重要性を早くから認識しており，1952 年には既にバイラテラル制御の必要性を指摘し[5]，現在力帰還形として知られるバイラテラル制御法（本項 (3) 参照）を提案した[6]。

(iii) 計算機の介在（異構造型マスタ・スレーブシステム）

機械式マニピュレータや初期のサーボマニピュレータは，対応する関節が個々に機械的または電気的に結合していたので，マスタアームとスレーブアームの構造は同一もしくは相似形である必要があった（これを同構造型と呼ぶ）。

マスタとスレーブの間に計算機を介在させ，関節ごとの対応関係から両者の手先位置・姿勢を対応させることにより，異なった構造のアームを組み合わせてもマスタ・スレーブシステムが構成できるようになる。これを異構造型マスタ・スレーブマニピュレータと呼ぶ。異構造型の考え方を最初に提案したのは，米国ジェット推進研究所 (JPL) の Bejczy ら[7] である。

(iv) ロボット技術との融合（テレロボティクス[8]）

1980 年代に入ると，様々なロボティクスの研究成果が操縦型ロボットにも取り入れられ，操縦型ロボットは単純なマニピュレータから多彩な発展を遂げることとなる。

まずメカニズムの側面から見ると，エンドエフェクタや視覚システムが高機能化し，移動機構が付加された。また同時にマスタ側の装置も高機能となっていった。この種のロボットで先駆的なものとしては，機械技術研究所（現 産業技術総合研究所）においてテレイグジスタンス実証のために 1989 年に完成した人間型ロボット「テレサ」[9] や，米国の Space and Naval Warfare Systems Center で 1991 年に開発された TOPS がある[10]。

また，ロボットの自律性に関する研究が進むにつれてその成果が操縦型ロボットにも取り込まれ，図 10.3 に示すように自律制御と遠隔操縦とを組み合わせる Shared Autonomy（分担自律）の考え方がいくつか提案された[11–13]。

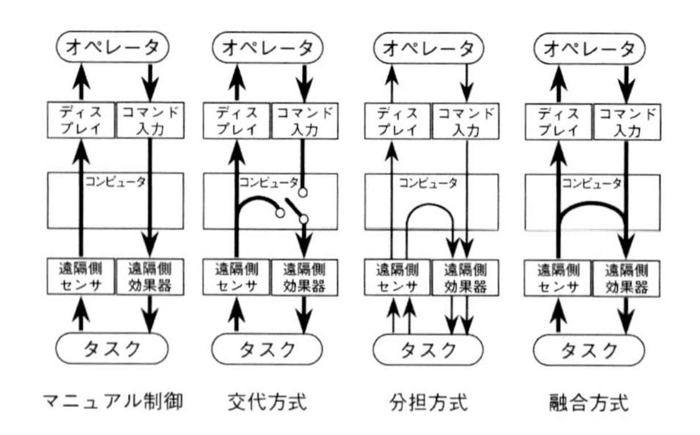

図 10.3　Shared Autonomy（分担自律）の分類

さらには，1990 年代のインターネットおよび移動体通信技術の爆発的発展とともに，これらの通信インフラにロボットを接続して遠隔操縦する試みが行われるようになってきた。計算機ネットワークを介しての遠隔操縦に特有の問題としては，通信時間遅れの問題がある。通信時間に遅れがあると，通常のバイラテラル制御では系が不安定になることがよく知られており[14]，時間遅れがある場合でのバイラテラル制御については 10.3.4 項で詳説する．

(2) テレオペレーション手法の分類

ロボットを遠隔操縦するには様々な方法が考えられるが，操縦方法としては，① 各軸スイッチ方式，② ジョイスティック方式，③ マスタ・スレーブ方式の 3 つに分けることができる。

① 各軸スイッチ方式

各関節の増分を指令するもっとも単純な操縦法である。ただし，アームの手先に望みの動きをさせるように各軸スイッチを操作するには，ある程度の熟練を要する。

② ジョイスティック方式

アームの手先位置や姿勢の増分をジョイスティックの傾きで直接指令する方法である。微細な位置決めにも有効だが，座標軸ごとの動作になりがちで複合的な動作指令は不得意である。デバイスの占有空間が小さいので，宇宙用や海底探査用のマニピュレータでよく用いられる。

③ マスタ・スレーブ方式

マスタ・スレーブ方式は，実際に作業を行うロボットアーム（スレーブ）と同様の多リンク機構を操縦デバイス（マスタ）として用いるもので，デバイスを操作する操縦者の手先位置とロボットアームの手先位置を対応させることで，直接作業する形態に近い形でロボットを操縦できる。

(3) マスタ・スレーブ方式の分類

(i) バイラテラル制御とユニラテラル制御

バイラテラル制御は，マスタ・スレーブ方式の遠隔操縦系の制御法の一つであり，マスタアームの制御系とスレーブアームの制御系が双方に目標値を出し合いながら結合していて，マスタとスレーブのどちらを操作してももう一方がこれに追従することから，このように呼ばれている。図 10.4 にバイラテラル制御の代表的な方式を示す。バイラテラル制御に対して，マスタ側に制御系を置かず単にマスタアームからの目標値をスレーブ側の制御系に送るだけの方式をユニラテラル制御と呼ぶ。バイラテラル制御の持つ特徴は，ユニラテラル制御のように単に操作者の動作指令をスレーブ側に送るだけでなく，スレーブ側の作業状況が力感覚として操作者に伝えられる点である。以下では，図 10.4 に示したそれぞれのバイラテラル制御について詳しく説明する。

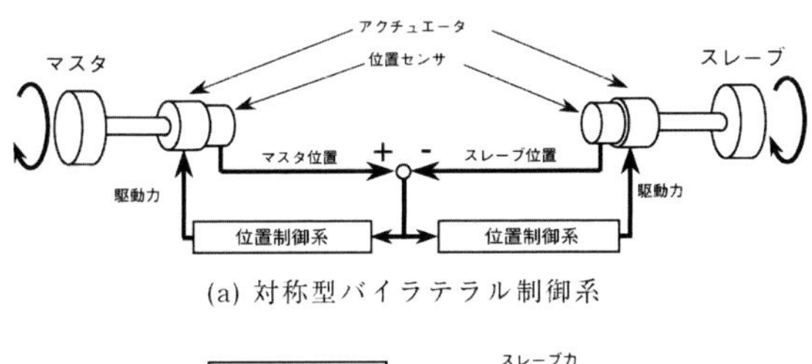

(a) 対称型バイラテラル制御系

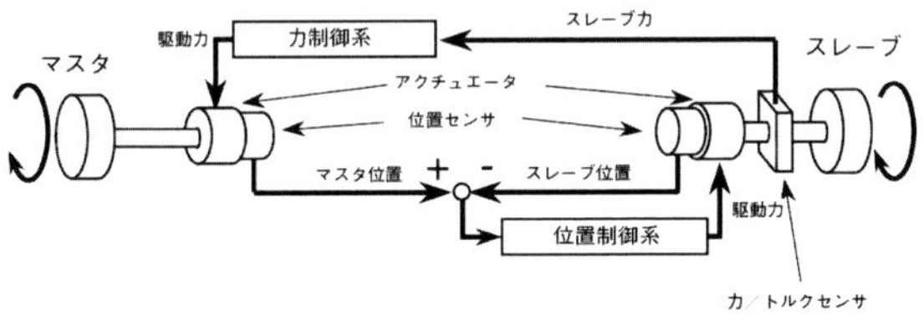

(b) 力逆送型バイラテラル制御系

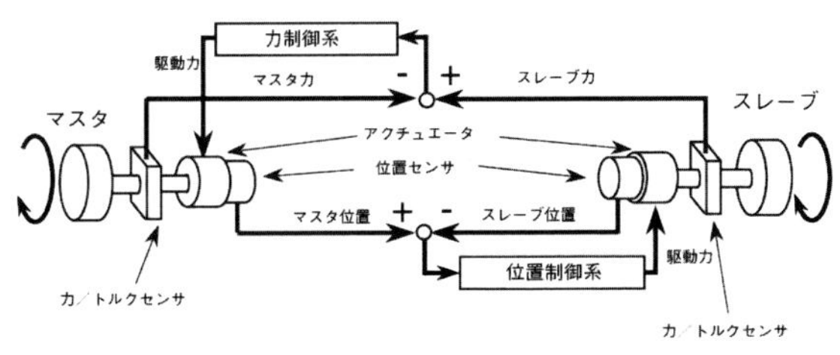

(c) 力帰還型バイラテラル制御系

図 10.4　代表的なバイラテラル制御法

(ii) バイラテラル制御の分類

① 対称型

図 10.4(a) に示したように，対称型では両方に位置制御系を配置し，相手側のアームの位置が目標値となるような閉ループ系を構成している。同じ位置制御系がマスタ側とスレーブ側で対称に配置されているのでこう呼ばれている。

② 力逆送型

力逆送型は，マスタアームの位置を目標値として，スレーブアームが位置制御されるのと同時に，スレーブアーム側で検出された環境との接触力がマスタ側に逆送されてマスタアームを駆動する方式である。

③ 力帰還型

力帰還型は，マスタアームの位置を目標値として，スレーブアームが位置制御されるのと同時に，スレーブアーム側で検出された環境との接触力を目標値としてマスタアームが力制御される方式である。力逆送型と違ってマスタアーム側に力帰還ループが追加されているので，力感度，逆動可能性などが向上し，アームの見かけの慣性が小さくなって操作感が向上する。

以上 3 つの代表的なバイラテラル制御法について述べた。これらの制御法は 1950 年代に提案されたが，その後も基本的な部分は変わることなく用いられてきた。1980 年代後半になってようやくこれら従来のバイラテラル制御とは違った新しい制御法の提案がなされ始めた。一つは安定性を保証したうえで操作性を向上させる方向であり，もう一つは通信時間遅れに対処する方向である。これについては 10.3.3 項，10.3.4 項および 10.4.1 項，10.4.2 項などで詳しく説明する。

＜横小路泰義＞

参考文献（10.2.1 項）

[1] Vertut, J. and Coffet, P.: Teleoperation and Robotics *Robot Technology*, Vol.3A, Prentice-Hall, Inc (1984).

[2] Goertz, R.C.: Manipulator Systems Developed at ANL, *Proc. the 12th Conference on Remote Systems Technology*, pp.117–136 (1964).

[3] Telemanipulators by CRL https://www.destaco.com/telemanipulators.html Accessed October 24, 2017.

[4] Goertz, R.C. and Thompson, W.M.: Electrically Controlled Manipulator, *Nucleonics*, Vol.12, No.11, pp.46–47 (1954).

[5] Goertz, R.C.: Fundamentals of General-Purpose Remote Manipulators, *Nucleonics*, Vol.10, No.11, pp.36–42 (1952).

[6] Goertz, R.C. and Bevilacqua, F.: A Force-Reflecting Positional Servomechanism, *Nucleonics*, Vol.10, No.11, pp.43–45 (1952).

[7] Bejczy, A.K. and Handlykken, M.: Generalization of Bilateral Force-Reflecting Control of Manipulators, *Proc. 4th Ro.Man.Sy.* (1981).

[8] Sheridan, T.B.: Telerobotics, *Automatica*, Vol.25, No.4, pp.487–507 (1989).

[9] Tachi, S., Arai, H. and Maeda, T.: Development of an Anthropomorphic Tele-Existence Slave Robot, *Proceedings of the International Conference on Advanced Mechatronics (ICAM)*, pp.385–390 (1989).

[10] Shimamoto, M.S.: TeleOperator/telePresence System (TOPS) Concept Verification Model (CVM) Development, *Proc. Pacific Congress on Marine Science and Technology*, pp.97–104 (1992).

[11] Ferrell, W.R. and Sheridan, T.B.: Supervisory Control of Remote Manipulation, *IEEE Spectrum*, Vol.4, No.10, pp.81–88 (1967).

[12] 平井，佐藤：言語介在型マスタスレーブマニピュレータ，『計測自動制御学会論文集』，Vol.20, No.1, pp.78–84 (1984).

[13] 平井：Shared Autonomy の理論，『日本ロボット学会誌』，Vol.11, No.6, pp.788–793 (1993).

[14] Sheridan, T.B.: Space Teleoperation Through Time Delay: Review and Prognosis, *IEEE Trans. on Robotics and Automation*, Vol.9, No.5, pp.592–606 (1993).

10.2.2　ハプティックインタフェースの歴史と分類[1]

(1) ハプティックデバイスの歴史

ハプティックス (haptics) は力触覚に関する学問分野または力触覚手法を意味し，ギリシャ語を語源とする「触覚に関する」という意味を持つ英語の形容詞 haptic がもととなっている。力触覚を伴うマンマシンインタフェースをハプティックインタフェースといい，ハプティックインタフェースの中で力覚または触覚を人に提示するデバイスをハプティックデバイスという。

10.1 節でも述べたように，テレオペレーションで用いる力覚提示可能なマスタアームをハプティックデバイスと見るなら，ハプティックデバイスの歴史は，テレオペレーションの歴史と起源を同じくする。しかし 1990 年代に入ってからバーチャルリアリティ (VR) が注目を集めるようになり，その中でもバーチャル環境とのインタラクションを力覚や触覚を介してフィードバックするデバイスとしてハプティックデバイスが注目されるようになってきた。

バーチャルリアリティの研究の発端として，アイバン・サザランドによって 1965 年に開発された究極のディスプレイ (The Ultimate Display)，すなわち今で言う頭部装着型ディスプレイ (HMD: Head-Mounted Display) が有名であるが[2]，1967 年に米国ノースカロライナ大学で始まった GROPE プロジェクトでの分子結合シミュレーションシステム[3] がバーチャルリアリティ分野での最初のハプティックスの研究である。

1990 年代に入ってバーチャルリアリティの研究は隆盛を極め，当初は視覚提示の研究が中心であったが，1993 年に米国センサブル・テクノロジー社から高機能なハプティックデバイスであるファントム 2) が販売開始されてからはハプティックスの研究が広がり，現在では世界各国でハプティックスに関する研究が行われている[4]。

(2) ハプティックデバイスの分類

ハプティックデバイスはこれまでに様々なものが研究開発され，実際に販売されているものもあるが，それらはいくつかの観点から分類することができる。(3) にていくつかのハプティックデバイスを実際に紹介する前に，ここではこれらの分類法ついて述べる。

(i) ユーザとデバイスとの接触形態による分類

ユーザがハプティックデバイスとどう接触して力を受けるかという観点から，以下のような分類が可能である。

① 道具把持型

ハプティックデバイスの先端がスタイラスやノブとなっているとき，ユーザはこの部分を把持してデバイスを操作する。このときユーザはスタイラスやノブの先の仮想的なツールを介して，バーチャル物体に接触することになる。

② 装着型

ハプティックデバイスの先端の指サックに指を挿入して操作する場合や，指先をベルトで固定するなどして，完全にデバイスをユーザの手に装着する形態を指す。装着型では，ユーザ自身の指先で直接バーチャル環境に触れるような感覚を得ることができる。

③ 遭遇型

遭遇型[5, 6] は，既述の道具把持型や装着型と違った新しい考え方によるものであり，ユーザとデバイスとは常に接触を保つのではなく，図 10.5 に示すように，

2) 2002 年にセンサブル・テクノロジー社は米国ジオマジック社に買収され，2013 年にジオマジック社が米国スリーディー・システムズ社に買収されている。

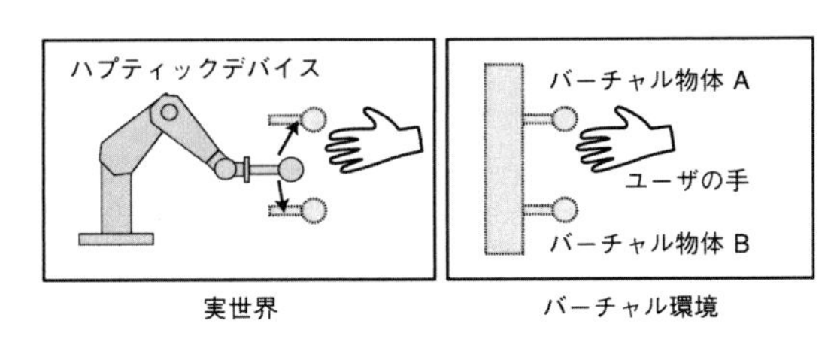

図 10.5 遭遇型ハプティックデバイス

ユーザがバーチャル物体に触れようとするときに予めその位置にデバイスを待機させておき，ユーザがバーチャル物体に触れようとする瞬間にデバイスと遭遇することで，力触覚を得る方式のものをいう。必要なときにしかデバイスと接触しないので，ユーザにとっては拘束感がなく，バーチャル物体に触れるときに初めてデバイスと触れるので，自然な接触感が得られるのが特徴である。

(ii) デバイスの設置方法に関する分類

ハプティックデバイスは通常地面に設置されるが，これを接地型もしくは環境接地型という。これに対して，デバイスをユーザの身体に設置する場合があり，これを非接地型もしくは身体接地型と呼ぶ。環境接地型では原理的にあらゆる力を提示できるが，ユーザの動きはデバイスの動作範囲で制限される。一方身体接地型では，ユーザはデバイスを装着したまま自由に動き回れるが，デバイスが環境に接地されていないため，提示できる力に制限がある。

(iii) 力覚提示方法に関する分類

力覚提示の手法には大きく分けてインピーダンス制御型とアドミッタンス制御型がある[7]。インピーダンス制御型は，デバイスの位置や速度の情報を入力として，そこから提示すべき力の方向や大きさを計算で求め，求められた力をデバイスで提示できるようにデバイスを力制御する方法である。一方，アドミッタンス制御型は，デバイスの先端に装着した力覚センサによって計測された「ユーザがデバイスに加えている力」を入力とし，その力によってバーチャル空間内の物体がどう動くかを計算し，求められたバーチャル物体の位置や速度を目標値としてデバイスを位置制御する方法である。

インピーダンス制御型を適用するためには，デバイスは低減速比で逆動可能でなければならない。アドミッタンス制御型は，減速比が高く逆動可能でないデバイスに有効な手法であるが，力センサを必要とする。

(iv) デバイスの機構に関する分類

ロボットアームと同様に，ハプティックデバイスにも機構的にリンクが連鎖状に結合されるシリアルリンク型と，リンクが並列結合されて閉ループ構造を持つパラレルリンク型とがある。

(3) 代表的なハプティックデバイス

ここでは限られた紙面ではあるが，代表的なハプティックデバイスのいくつかを紹介し，(2) の分類に従って整理してみることにしよう。

① ファントム (Phantom)

図 10.6 に示す米国スリーディー・システムズ社が販売中のファントムは，(2) の分類に従うと，装着型・環境接地型・インピーダンス制御型・シリアル（一部パラレル）リンク型となる。なお，先端の指サックをスタイラスに交換すれば，装着型から道具把持型になる。

② オメガ 3 (Omega 3)

スイスのフォースディメンジョン社はパラレルリンク機構をベースとしたいくつかのタイプのハプティックデバイスを販売しているが，図 10.7 のオメガ 3 は，道具把持型・環境接地型・インピーダンス制御型・パラレルリンク型と分類できる。

③ サイバーフォース (CyberForce) + サイバーグラスプ (CyberGrasp)

図 10.8 に示すように，米国サイバーグローブシステムズ社のサイバーフォースと同社の製品であるサイバーグラスプとを組み合わせることで，5 本の指先に把持力だけでなく環境からの反力も提示することができる。この組合せは，装着型・環境接地型・インピーダンス制御型・シリアル（一部パラレル）リンク型と分類できる。同社は，サイバーフォースとサイバーグラスプを組み合わせたものを両手用に 2 台用意し，さらに視覚提示用の HMD とも組み合わせたシステムをハプティックワークステーション (Haptic Workstation) として販売している。

図 10.8 の組合せから環境接地型のサイバーフォースを取り除いて，サイバーグラスプ単独で使用した場合は，装着型・身体接地型・インピーダンス制御型・シリアルリンク型となる。

図 10.6　ファントム
(3D Systems, Inc.)
（写真提供：(株) スリーディー）

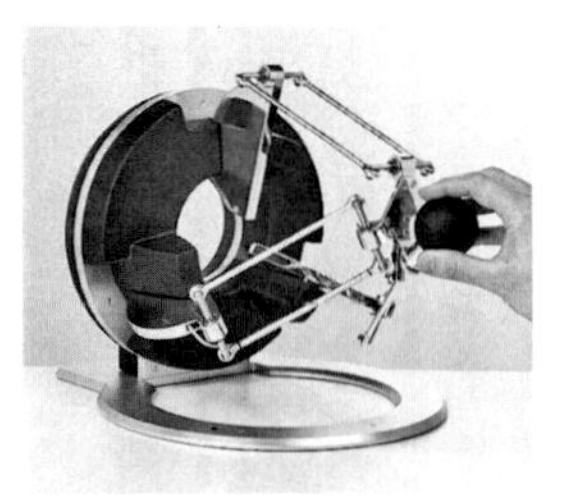

図 10.7　オメガ 3
(Courtesy of Force Dimension, Switzerland.)

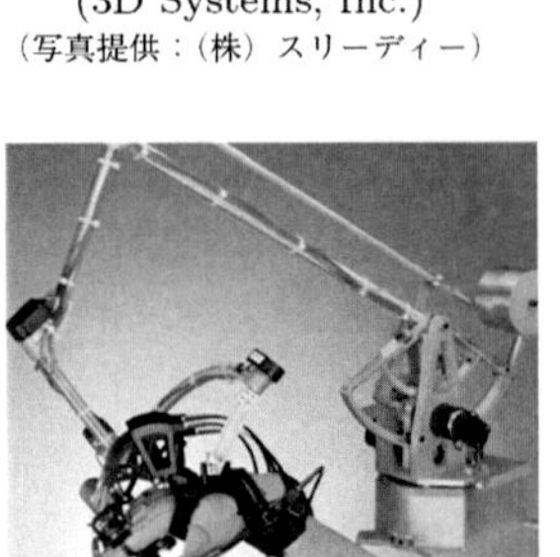

図 10.8
サイバーフォースとサイバーグラスプの組合せ
（写真提供：CyberGlove Systems LLC）

図 10.9
ハプティックマスター
(Moog Inc.)
（写真提供：日本バイナリー（株））

④ ハプティックマスター (HapticMASTER)

オランダのモーグ社が販売するハプティックマスター（図 10.9）は，アドミッタンス制御型で動作する数少ないハプティックデバイスである。分類すると，道具把持型・環境接地型・アドミッタンス制御型・シリアルリンク型となる。

⑤ 遭遇型の例

遭遇型のハプティックデバイスで市販されているものは存在しないので，研究目的で開発されたものの一例として横小路らのバーチャルコントロールパネルシステム[8] を図 10.10 に示す。小型産業ロボット (PUMA260) をハプティックデバイスとして用いており，遭遇型・環境接地型・アドミッタンス制御型・シリアルリンク型と分類できる。

＜横小路泰義＞

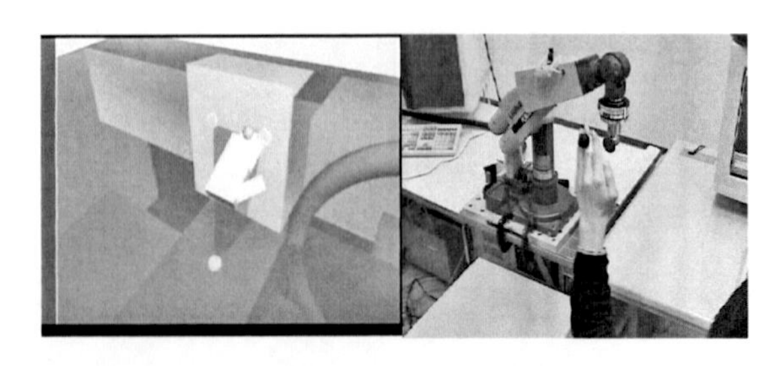

図 10.10　バーチャルコントロールパネルシステム

参考文献（10.2.2 項）

[1] 日本ロボット学会（編）:『ロボットテクノロジー』，オーム社 (2011).

[2] 舘，佐藤，廣瀬（監修）:『バーチャルリアリティ学』，工業調査会 (2010).

[3] Brooks, F.P., Jr., Ouh-Young, M., Batter, J.J. and Kilpatrick, P.J.: Project GROPE -Haptic Displays for Scientific Visualization, *Computer Graphics*, Vol.24, No.4, pp.177–185 (1990).

[4] Burdea, G. C.: *Force and Touch Feedback for Virtual Reality*, Jhon Wiley & Sons (1996).

[5] McNeely, W. A.: Robotic Graphics: A New Approach to Force Feedback for Virtual Reality, *Proceedings of 1993 IEEE Virtual Reality Annual International Symposium (VRAIS'93)*, pp.336–341 (1993).

[6] 横小路，ホリス，金出：仮想環境への視覚／力覚インタフェース：WYSIWYF ディスプレイ，『日本バーチャルリアリティ学会論文集』，Vol.2, No.2, pp.17–26 (1997).

[7] 吉川 他：動特性を考慮した仮想物体操作感の実現，『日本ロボット学会誌』，Vol.11, No.8, pp.1236–1243 (1993).

[8] 横小路 他：3 次元空間内の複数の仮想物体を提示するための遭遇型ハプティックデバイスの軌道計画，『計測自動制御学会論文集』，Vol.40, No.2, pp.139–147 (2004).

10.2.3　パワーアシストの歴史と分類

本項では，人・ロボット・環境（外界）の力学的相互作用の観点から，パワーアシストシステムを体系的に分類する。本項の内容は，先行研究[1] を元に，その後の進展を取り入れて加筆修正したものである。

(1) パワーアシストの定義

すべてのロボットは，物理的/空間的/時間的な意味での人間能力拡大システムである[2]。その文脈において，すべてのロボットは広義のパワーアシストシステムであるとも言えよう。しかし，ここでの（狭義の）パワーアシストシステムは「人とロボットが何らかの力学的相互作用をリアルタイムで行なうことにより，力学的に人間能力を拡大するシステム」と定義する。

(2) パワーアシストの歴史

パワーアシストシステムの萌芽は，最初期のマスタ・スレーブマニピュレータに遡る。世界初のマスタ・スレーブマニピュレータは，1949 年に米アルゴンヌ国立研究所で，放射性物質を隔壁越しに安全に扱うために

Ray Goertz が開発した The ANL Model 1 である[3]。これは「パワーアシストロボット」でも「ロボット」でもなく，人力で駆動する機械式マスタ・スレーブマニピュレータであった。マスタとスレーブの機械的な結合という制約からマスタとスレーブとの距離は制限され，また，人力が唯一のパワー源であることから，スレーブが発揮できるパワーも制限されていた。

その後，機械式マスタ・スレーブマニピュレータが抱える制約を解消する方向に技術は発展してゆく。まず，マスタとスレーブの機械的な結合を電気的な結合で置換することにより，マスタとスレーブを離すことができるようになる。これは 10.2.1 項で述べられたテレオペレーションの源流であり，同じく Goertz による電気式マスタ・スレーブマニピュレータ The ANL Model E1 が 1954 年に開発され[4]，先鞭を付けた。

一方，スレーブの発揮するパワーが人力によって制限される問題を解決するために，機械式の結合はそのままに，アクチュエータによって人力以外のパワー源を付加したのが，概念としてのパワーアシストの源流である。テレオペレーションから少し遅れて 1960 年代，同じく米国において Cornell Aeronautical Laboratory, Inc. による Man-Amplifier[5] や，GE による Hardiman[6] が先駆的な研究として行われた。これらはいわゆる powered exoskeleton であり，当時としては革新的であったが，センサ・コンピュータ・アクチュエータ技術の未熟さ，機械構造の複雑さ，安全性，といった課題があり，モックアップ以上のものは作られなかったようである。

その後の技術発達に伴い，1980 年代後半から 1990 年代にかけて Kazerooni[7] をはじめとして精力的に研究開発が行なわれ，マンマシン系の制御理論の構築は進んだが，やはり機械構造の複雑さや安全性の課題を完全に克服できたわけではない。

現在，介護・リハビリテーションやスキルアシストにフォーカスし，必ずしも大出力を追求しないことで powered exoskeleton が本質的に持つ課題をクリアし，実用化に繋がる事例が出つつある。これらの事例については第 23 章にて詳述されるので参照されたい。

(3) パワーアシストの分類

パワーアシストシステムでは，人・ロボット・環境の 3 者の力学的関係についての考察が求められる。中内ら[8] は，人間とロボットのインタフェースの特性空間を，時間的特性（同期型/非同期型），空間的特性（臨場型/遠隔型），主体的特性（一体型/対面型）の 3 軸によって分類している。Kazerooni[9] は，人間機械間の力学的相互作用の有無と人間によってコマンド入力可能な powered な機械であるか否かによって分類している。永井ら[10] は 3 者の接続順序に着目して分類し，前田[11] はその機構的拘束度に着目し，拘束度の高い順に，能動義手，能動装具，閉構造外骨格型，開構造外骨格型，遠隔臨場制御型の 5 種類に分類している。

ここでは，パワーアシストシステムを人と環境との間のインタフェースとして捉え，力学的相互作用に着目して 3 者の関係を整理する。

(i) 代替接続

産業用ロボットなどの自動・自律ロボットにおいて，人・ロボット・環境の関係は図 10.11(a) のようになる。人からロボットへ情報としてコマンドが下され，ロボットはコマンドに従い，アクチュエータを駆動して環境と力学的相互作用を行う。これを代替接続と呼ぶ。

代替接続では，ロボットと環境の力学的相互作用を時間的/空間的に人から分離できる。つまり，人がロボットにコマンドを与えておけば，ロボットが人の代わりに作業を遂行する。広義のパワーアシストシステムとしては理想的ともいえるが，人とロボットとのコマンドベースのコミュニケーションは効率的でなく，ロボット単独での作業遂行は，必要とされるすべてのスキルをロボットに埋め込まなければならず，未だ困難な場合が多い。ここに，代替接続ではない狭義のパワーアシストシステムとして，人とロボットがリアルタイムに力学的相互作用を行なう意義が見出される。

(ii) 並列接続

人がロボットにコマンドを与える代わりに，人とロボットとの力学的接続から人の動作意図を抽出し，人とロボットが共に作業を遂行することを考える。既存のカテゴリーにおいて，このようなロボットは，中内ら[8] の一体型/対面型に相当する 2 つに分けることができる。一方はウェアラブルなパワーアシストロボットであり，もう一方は人間協調型ロボットである。

ウェアラブルロボットの接続形態は図 10.11(b) のようになる。これを並列接続と呼ぶ。なお，人と対等に作業を行う人間協調型ロボットの場合も並列接続と同様であるが，人とロボットとの直接の力学的接続が存在しない接続形態となる。

ウェアラブルロボットは狭義のパワーアシストシス

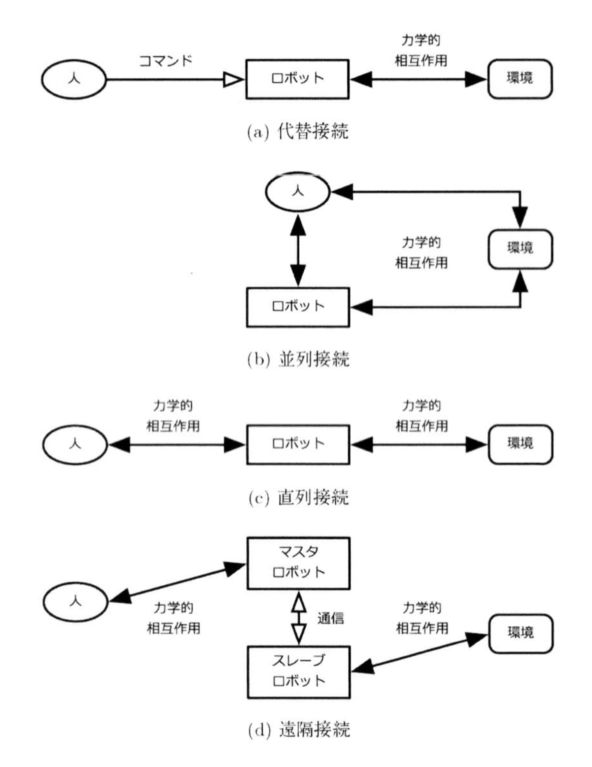

図 10.11 パワーアシストシステムの力学的相互作用と分類

テムであるが，人と環境との接続による環境からの外力に対する人体の安全確保が課題となる。

さらに並列接続では暗黙に，人とロボットが同スケールで作業することが想定されている。したがって，並列接続によるパワーアシストシステムは，人とロボット，人と環境が同スケールで力学的に接続されることに特別な意味がある分野（医療・介護・スポーツ等）への実装に適している。

(iii) 直列接続

外力に対する人体の安全確保を考えると，狭義のパワーアシストシステムにおいても図 10.11(c) のように人と環境との直接の力学的接続が存在しないことが望ましい。これを直列接続と呼ぶ。

直列接続では「人」と「ロボット・環境」のスケールは必ずしも同程度でなくてもよい。並列接続に比べ，スケールアップにおいて直列接続は有利であり，仮想パワーリミッタシステム[12] のようなリミッタ機能をロボットに持たせることによって，大スケールのロボット・環境に対する人体の安全を確保しつつ，狭義のパワーアシストシステムとして人の「パワー増幅」を行なうことが可能となる[13]。

ただし，並列接続にせよ直列接続にせよ，人とロボットとの直接の力学的接続が存在することには変わりなく，ロボットのパワーと人体の安全性がトレードオフとなる。つまり，直列接続においてパワー増幅できるといっても，やはり構造的な限界が存在する。

(iv) 遠隔接続

先のスケールアップの限界に加え，並列接続・直列接続ではスケールダウンも難しい。また，パワーアシストの黎明期からの課題である機械構造の複雑さや安全性を解決することも，やはり難しい。

本質的な解決策は「パワーアシストシステムとしての（電気式）マスタ・スレーブシステム」である。それは図 10.11(d) のように表現され，遠隔接続と呼ばれる。

ここでのマスタ・スレーブは，必ずしもテレオペレーションを意味しない。距離を稼ぐことではなく，マスタとスレーブとの直接の力学的接続をなくして（機械的に分離して）ロボットのパワーと人体の安全性のトレードオフを解消することが目的である。機械的に分離されていることで，機械構造の複雑さも同時に解消される。人とマスタロボットのコミュニケーションは力学的に行なえるため直感的であり，スレーブロボットのスケールが大きくても小さくても構造的限界は存在しない。

ただし，制御によって実現可能な機械インピーダンス特性の限界から，衝突や硬い感触など高周波成分を含む「リアル」な力学的作用（臨場感）を遠隔接続によって人に伝えることは必ずしも容易ではない。この制御上の課題に対しては，例えば Kuchenbecker らが加速度フィードバックによる解決方法[14] を提案して顕著な成果を上げており，克服は可能であろう。

(4) おわりに

本項では，パワーアシストの歴史と分類を概観することで，その来し方行く末を概説した。遠隔接続は，パワーアシストが，源流であるマスタ・スレーブに再び合流する自然な流れとも言えるのかもしれない。遠隔接続によってパワーアシストの構造的限界を打破すれば医療・介護・スポーツ等に限定されないパワーアシストの広範な応用分野が拓けると期待している。

＜金岡克弥＞

参考文献（10.2.3 項）

[1] 金岡克弥：非定型重作業におけるマンマシンシナジーの効果に

関する一考察,『第 11 回建設ロボットシンポジウム論文集』, pp. 119–124 (2008).

[2] 横小路泰義:「以心伝心」ロボットに心は必要?,『日本ロボット学会誌』, Vol. 12, No. 1, pp. 65–66 (1994).

[3] 日本ロボット学会 編:『新版 ロボット工学ハンドブック』, p. 711 (2005).

[4] Goertz, R. C. and Thompson, W. M.: Electrically controlled manipulator, *Nucleonics*, Vol. 12, No. 11, pp. 46–47 (1954).

[5] Clark, D. C., DeLeys, N. J. and Matheis, C. W.: Exploratory Investigation of the Man Amplifier Concept, *U.S. Air Force Technical Documentary Report*, No. AMRL-TDR-62-89, AD-0290070 (1962).

[6] Mosher, R. S.: Handyman to Hardiman, *SAE Technical Paper*, No. 670088 (1967).

[7] Kazerooni, H.: Extenders; Human Machine Interaction via the Transfer of Power and Information Signals, *IEEE International Workshop on Intelligent Robots and Systems*, pp. 737–742 (1988).

[8] 中内靖, 安西祐一郎:ヒューマン・群知能ロボット・インターフェースシステム—人間とロボットの協調について—,『計測と制御』, Vol. 31, No. 11, pp. 1167–1172 (1992).

[9] Kazerooni, H.: The Extender Technology at the University of California, Berkeley,『計測と制御』, Vol. 34, No. 4, pp. 291–298 (1995).

[10] Nagai, K., Nakanishi, I. and Kishida, T.: Desigin of Robotic Orthosis Assisting Human Motion in Production Engineering and Human Care, *Proc. Int. Conf. on Rehabilitation Robotics*, pp. 270–275 (1999).

[11] 前田太郎:パワードスーツのサイエンス:創作と創造の狭間で,『計測と制御』, Vol. 43, No. 1, pp. 38–45 (2004).

[12] Kanaoka, K. and Uemura, M.: Virtual Power Limiter System which Guarantees Stability of Control Systems, *Proc. Int. Conf. on Robotics and Automation*, pp. 1392–1398 (2005).

[13] 金岡克弥:パワー増幅ロボットシステム設計概論 力学的相互作用にもとづく人と機械の相乗効果を実現するために,『日本ロボット学会誌』, Vol. 26, No. 3, pp. 255–258 (2008).

[14] Kuchenbecker, K. J. and Niemeyer, G.: Improving Telerobotic Touch via High-Frequency Acceleration Matching, *Proc. Int. Conf. on Robotics and Automation*, pp. 3893–3898 (2006).

10.2.4 その他のヒューマン・ロボットインタラクション

ヒューマン・ロボットインタラクションの研究は,人間とロボットがいかに協調するかという問題を取り扱うものであり,使われる環境,用途,ロボットの形に応じて多くの制御手法が提案されている。本項では,前項で紹介したテレオペレーションやハプティックインタフェース,パワーアシストとは違う観点から,人間・ロボット協調に関する研究を簡単に紹介する。

(1) 多自由度ロボットのための協調制御手法

ロボットが人間と物理的な接触を前提として制御される場合,その接触する点を代表点とし,その代表点まわりに運動制御系を設計する場合が多い。前項で紹介したテレオペレーションやハプティックインタフェースにおいて多自由度ロボットアームを使用する場合,操作者はロボットアームの手先を持ち操作することから,手先を代表点としそのまわりに様々な運動特性を持つような制御系が設計される。また,人間が操作してロボットを動かすことから,一般的に,人間が加える操作力の向きや大きさに対して手先が受動的な動作を生成するように制御される場合が多い。

ロボットが必要とされる環境は,工場内はもちろん,病院,オフィス,家庭内など様々考えられるが,ロボットの使用者は通常ロボットに対して詳細な知識を有しているわけではなく,ロボットを単なる道具として使用することがほとんどである。したがって,上記のような代表点を操作する場合は,使用者は代表点の動きのみに注目して操作力を加える。しかし,マニピュレータやヒューマノイドロボットのような多自由度ロボットの手先を自由に動かすと,ロボットアームの肘が伸びきってしまうなど,そのロボットが持つ特異姿勢に陥ることが考えられる。また,代表点の動きによっては,アームとボディが衝突するような自己衝突問題が考えられる。

特異姿勢を考慮せずにロボットを制御すると,ロボットは特異姿勢において人間の意図に反した動作を生成するため,特に人間協調型ロボットにおいては解決すべき非常に重要な問題となる。そこで,このような人間と多自由度ロボットの協調において,ロボットが特異姿勢に陥っても制御が破たんすることなくロボットの運動が継続できる手法が提案されてきた[1]。これは,多自由度ロボットが特異姿勢に陥った際に,縮退した自由度に基づいて運動学を切り替えることで,制御が破たんせずかつ適切な作業支援が継続できる制御手法であり,使用者はロボットの特異姿勢を意識することなく手先を自由に操ることが可能となる。

また,自己衝突の問題に関しても研究が進められており,ロボットのアームやボディを簡易な弾性体で近似することで,その弾性体同士の衝突を防ぐようにロボットを制御することで自己衝突を回避する手法[2]や,ロボットのボディに対してポテンシャル場を設計する方法[3]などが提案されている。これにより,人間とロボットの協調において,人間の手先のみを考慮した操作によりロボット自身が破壊されることを防ぐことができる。

(2) 人間の意図や状態に適応した協調制御手法

(1) で紹介したように，一般的な人間とロボットの協調制御手法は，人間がロボットに加える力の向きや大きさに応じて受動的に動くというものである。しかし，人間とロボットのより高度な協調について考えると，ロボットは人間の意図や状態に応じて能動的に運動を変更することが必要である。これは，人間同士の協調に見られる阿吽の呼吸である。

現時点で，人間とロボットが人間同士の阿吽の呼吸のような高度な協調運動を実現することは難しいが，限定した状況において人間の意図や状態に適応してロボットを制御する手法は数多く提案されている。例えば，人間とロボットが組となり，人間の意図したダンスステップを推定することで優雅なダンスを実現する社交ダンスロボットの研究開発が行われている[4]。これは，事例紹介において詳細を説明するが，人間の意図や状態に応じてロボットが能動的に制御され，かつ状況に応じて適切に機能が切り替わることでより効果的な協調を実現するものである。

この意図や状態推定に基づく制御手法のコンセプトは，社交ダンスロボットだけでなく様々なロボットシステムに適用することができる。例えば，歩行支援システムにおいて，実時間で人間の状態を推定することで転倒防止を実現する手法[5] や手術において看護師の代わりに医師に適切な道具を適切なタイミングで提供するロボットの開発[6]，工場内の作業者の行動モデルを作成し，作業者に適切な道具や部品を提供することで作業の効率化を目指すロボット[7] などが開発されている。

(3) 安全を考慮した運動制御手法

ヒューマン・ロボットインタラクションにおいては，ロボットは人間が加える操作力に基づいて動作する。そのため，人間とロボットが接触する部位に力センサを取り付けることが多い。特に多自由度ロボットでは，手先に力センサを取り付け協調して作業を行うことが多いが，それ以外の場所に人間が力を加えた場合や環境との接触が起こった場合には，その情報を検知することができない。

この問題を解決するために，ロボット全体に力センサを配置し，手先以外の場所での衝突を緩和しながら手先での作業を継続する研究[8,9] やロボットアームの関節部にトルクセンサを搭載することでロボットアーム全体に加わる力を検出する研究[10] などが行われている。また，ロボット自身には力センサを搭載せず，ロボットの動力学から人間が加えている力情報を推定する研究なども行われている[11,12]。

その他，安全性の向上を考え，非駆動型ロボットの研究開発が行われている。一般にロボットにはサーボモータのような能動的に駆動するアクチュエータが搭載されているが，アクチュエータの誤動作があった場合に，人間の意図に反してロボットが駆動してしまう場合があり，この状況は人間とロボットの協調においては非常に危険である。これに対して，ロボットを動かす力は人間が加える操作力とし，その操作力の方向のみをサーボモータを用いて変化させる手法[13] やサーボモータを一切用いることなくブレーキのみによってロボットを制御する手法[14] などが提案されている。ブレーキ制御による人間協調型ロボットの詳細に関しては事例紹介で述べる。

(4) 人間の理解

ロボットの利用は人間を支援するだけでなく，その運動特性を推定する道具として用いる場合がある。人間の運動能力を計測することができれば，その計測結果をリハビリテーションによる機能回復の評価に使うことや，人間が使用する道具やシステムを人間工学的に設計することが可能となる。特に人間の腕のインピーダンス特性を計測する研究が数多く行われ[15]，近年ではさらに脚の運動特性を計測することで機器の設計指針を構築するような研究も行われている[16]。

また，人間とロボットとの相互作用を通して，人間が創造・発達するメカニズムを解明するという認知発達ロボティクスという研究が行われている。例えば，乳幼児を模倣したロボットとのインタラクション実験を通して，乳幼児の認知発達プロセスを理解することを目的とした研究[17] や，乳幼児と小型ロボットの長期間にわたるインタラクションにおいて，乳幼児とロボットとの間の社会化の過程やそのための原始的なコミュニケーションの重要要素の抽出を行った研究がある[18]。

(5) 人間とロボットの自然なインタラクション

人間と自然なコミュニケーションを行うために，ロボットの外観やその動作は人間と酷似することが重要であるといわれている。石黒らは人間と酷似した外観を持つアンドロイドと呼ばれるロボットを開発し，そのロボットと人間のコミュニケーション動作が，人間が人間にのみ示すような心理的反応を引き出せることを示した[19]。

また物をつかむ，手を伸ばすといった日常的な動作を，人間は特に意識することなしに滑らかに生成することができる。しかしながら多自由度ロボットで同様の動作を生成するためには，冗長自由度をどのように制御するかという問題が存在する。多自由度ロボットにおいて人間と同じような滑らかな動作を生成することで，人間に恐怖を与えずに自然な相互作用を実現するという研究が行われている[20]．

また，人間同士が道ですれ違う際に，互いに相手の意図を推定することで道を譲る行動を行う場合があるが，このような行動モデルをロボットのナビゲーションに応用する研究がおこなわれている[21]。このような研究開発は，人間が多数行動し動的に変化する環境でも，停留することなくロボットを目的地にナビゲーションし，適切なサービスを実時間で提供するシステムの開発につながる。

＜平田泰久＞

参考文献（10.2.4 項）

[1] Nakai, K., Kosuge, K., Hirata, Y.: Control of Robot in Singular Configurations for Human-Robot Coordination, *Proceedings of the 2002 IEEE International Workshop on Robot and Human Interactive Communication*, pp. 356–361 (2002).

[2] 瀬戸文美，小菅一弘，平田泰久：人間協調型ロボットにおける RoBE を用いた実時間自己衝突回避，『日本機械学会論文集（C 編）』，Vol. 72, No. 718, pp. 1826–1831 (2006).

[3] Dietrich, A., Wimböck, T., Täubigy, H., Albu-Schäffer, A., Hirzinger, G.: Extensions to Reactive Self-Collision Avoidance for Torque and Position Controlled Humanoids, *Proceedings of the 2011 IEEE International Conference on Robotics and Automation* pp. 3455–3462 (2011).

[4] Takeda, T., Hirata, Y., Kosuge, K.: Dance Step Estimation Method Based on HMM for Dance Partner Robot, *IEEE Transactions on Industrial Electronic*, Vol. 54, No. 2, pp. 699–706 (2007).

[5] Hirata, Y., Muraki, A., Kosuge, K.: Motion Control of Intelligent Passive-type Walker for Fall-prevention Function based on Estimation of User State, *Proceedings of the 2006 IEEE International Conference on Robotics and Automation*, pp. 3498–3503 (2006).

[6] Miyawaki, F., Masamune, K., Suzuki, S., Yoshimitsu, K., and Vain, J.: Scrub Nurse Robot System—Intraoperative Motion Analysis of a Scrub Nurse and Timed-Automata-Based Model for Surgery, *IEEE Transactions on Industrial Electronics* , Vol. 52, No. 5, pp. 1227–1235 (2005).

[7] 衣川潤，川合雄太，菅原雄介，小菅一弘：組立作業支援パートナロボット PaDY（第 1 報，コンセプトモデルの開発とその制御），『日本機械学会論文集（C 編）』，Vol. 77, No. 783, pp. 4204–4217 (2011).

[8] 菅野重樹，岩田浩康，菅岩泰亮：人間共存ロボット TWENDY-ONE によるコンプライアントマニピュレーション，『日本ロボット学会誌』，Vol. 31, No. 4, pp. 29–34 (2013).

[9] 瀬戸文美，平田泰久，小菅一弘：作業拘束・環境拘束に適応可能な人間協調型ロボットの協調動作生成手法，『日本ロボット学会誌』，Vol. 27, No. 2, pp. 99–107 (2009).

[10] Albu-Schäffer, A., Haddadin, S., Ott, Ch., Stemmer, A., Wimböck, T., Hirzinger, G.: The DLR lightweight robot: design and control concepts for robots in human environments *Industrial Robot, An International Journal*, Vol. 34, Iss: 5, pp.376–385 (2007).

[11] 武居直行，野畑茂広，藤本英雄：安定した接触を実現するアドミッタンス制御手法，『日本ロボット学会誌』，Vol. 26, No. 6, pp. 635–642 (2008).

[12] 小菅一弘，松本大志，盛永真也：適応制御を利用したマニピュレータの衝突検出，『計測自動制御学会論文集』，Vol. 39, No. 6, pp. 552–558 (2003).

[13] Peshkin, M. A., Colgate, J. E., Wannasuphoprasit, W., Moore, C. A., Gillespie, R. B., and Akella, P.: Cobot architecture, *IEEE Transactions on Robotics and Automation*, Vol. 17, No. 4, pp. 377–390 (2001).

[14] Hirata, Y., Hara, A., Kosuge, K.: Motion Control of Passive Intelligent Walker Using Servo Brakes, *IEEE Transactions on Robotics*, Vol. 23, No. 5, pp. 981–990 (2007).

[15] 辻敏夫：ヒトの上肢運動のしなやかさを計測する，『計測と制御』，第 35 巻，9 号，pp. 689–695 (1996).

[16] 西川一男，宮崎透，古川浩二，阿部治彦，農沢隆秀，辻敏夫：人間の下肢の力学特性を利用したペダル特性の設計，『日本機械学会論文集』，Vol. 80, No. 809 (2014).

[17] Asada, M., Hosoda, K., Kuniyoshi, Y., Ishiguro, H., Inui, T., Yoshikawa, Y., Ogino, M., Yoshida, C.: Cognitive Developmental Robotics: A Survey. *IEEE Transactions on Autonomous Mental Development*, Vol.1, No.1, pp.12–34 (2009).

[18] Tanaka, F., Cicourel, A., Movellan, J. R.: Socialization between toddlers and robots at an early childhood education center, *Proceedings of the National Academy of Sciences of the United States of America*, Vol. 104, No. 46, pp. 17954–17958 (2007).

[19] 石黒浩：『どうすれば「人」を創れるか アンドロイドになった私』，新潮社 (2011).

[20] 有本卓，関本昌紘：『"巧みさ" とロボットの力学』，毎日コミュニケーションズ (2008).

[21] 熊原渉，増山岳人，田村雄介，山下淳，淺間一：動的環境下における歩行者流を利用した移動ロボットナビゲーション，『計測自動制御学会論文集』，Vol. 50, No. 1, pp. 58–67 (2014).

10.3　ヒューマン・ロボットインタラクションの制御理論

10.3.1　人間のモデリング

(1) 筋の力学的特性

テレオペレーションやハプティックシステムなどのヒューマン・ロボットインタラクションシステムの制御の問題を難しくしているのは，系の中にオペレータの動特性を含む点である。そこで，ヒューマン・ロボットインタラクションの制御理論を考える前に，まず人間自体のモデリングについて考えてみよう。本項では人間の力学的特性を考えるために，まず個々の筋肉の特性を見てみよう。

よく知られているように，筋肉の特性には図 10.12 に示すように張力-長さ関係（弾性）と張力-速度関係（粘性）がある[1]。張力-長さ関係は，図 10.12(a) に示すように受動的な成分と能動的な成分の和で表される非線形な特性で，能動的な成分は筋活動度 $\alpha (0 \leq \alpha \leq 1)$ によって変化する。受動的な部分は，筋長が基準長 ℓ_0 よりも伸ばされたときに発生するもので，非線形なバネ特性とみなすことができる。一方，能動的な部分は，筋の活動度によって筋張力が変化し，どの活動度においても基準長 ℓ_0 で最大となり，そこから伸張しても収縮しても筋張力が減少する。これは，図 10.13 に示す筋繊維中に存在する収縮性の構造をもつ筋源繊維の最小単位であるサルコメア（筋節）の構造を見れば理解できる。サルコメアは，アクチンフィラメントとミオシンフィラメントが並行に一部分が重なるように配列しており，アクチンフィラメントの間にミオシンフィラメントが滑り込むことで筋が収縮する。このアクチンフィラメントとミオシンフィラメントとの重なりが基準長のときに最大となり，それよりも伸張しても収縮しても減少するために，筋長力も減少するのである。同様に，図 10.12(b) に示すように張力-速度関係も非線

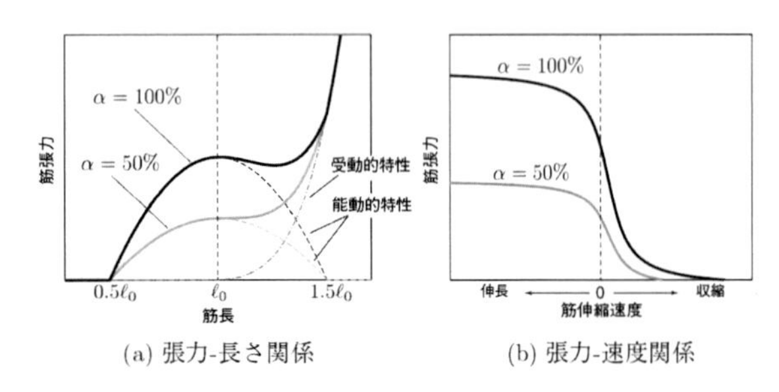

(a) 張力-長さ関係　　(b) 張力-速度関係

図 10.12　筋の特性

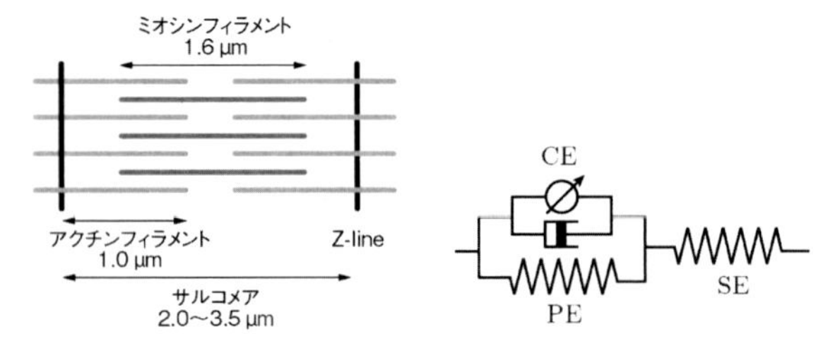

図 10.13　サルコメア（筋節）　　図 10.14　Hill のモデル

形でかつ筋活動度によって変化する。

筋の力学特性のモデルとして知られているのが，図 10.14 に示す Hill のモデルである。図中の SE は直列結合の弾性要素であり，腱などの受動要素の弾性特性を表す。一方 PE は筋のアクティブな収縮要素 (CE) と並列な弾性要素であり，図 10.12 で見たように筋活動度 α によって変化する。CE と並列に粘性要素もあり，その特性も筋活動度によって変化する。

さて，図 10.14 において，腱などに起因する直列弾性要素 SE は，筋の弾性 PE に比べると弾性は十分小さく，剛体と近似でき無視できるとしよう。このとき，PE および粘性要素は図 10.12 から明らかなように，筋長 ℓ と筋の伸展速度 v の関数となり，筋活動度が最大 $(\alpha = 1)$ のときの筋張力は，そのときの CE の最大収縮力を $u_{\max}$ とすると，次式となる[2]。

$$f_{\max} = u_{\max} - k(\ell, v)y - d(\ell, v)\dot{y} \tag{10.1}$$

ただし，$y = \ell_0 - \ell$ は基準長時に 0，短縮の方向を正とする筋長であり，$\dot{y} = -v$ は筋の短縮速度である。筋活動度が α のときの筋張力 f は $\alpha f_{\max}$ で表されるとし，このときの CE の収縮力を $u = \alpha u_{\max}$ とすると，

$$\begin{aligned} f &= u - \alpha k(\ell, v)y - \alpha d(\ell, v)\dot{y} \\ &= u - uk'(\ell, v)y - ud'(\ell, v)\dot{y} \end{aligned} \tag{10.2}$$

となる。ただし $d' = d/u_{\max}, k' = k/u_{\max}$ である。上式より，筋の粘弾性係数は，力発生要素 CE の収縮力 u に比例するという非線形特性を有することがわかる。また，粘弾性係数 $d' = d'(\ell, v)$, $k' = k'(\ell, v)$ 自体も，筋長や筋の速度によって変化する非線形特性を有していることにも注意する必要がある。

(2) 筋骨格系の特性[2]

人の上肢の筋骨格系のモデルを図 10.15 に示す。上肢に限らず，人の関節は伸筋と屈筋の 2 つ（もしくは

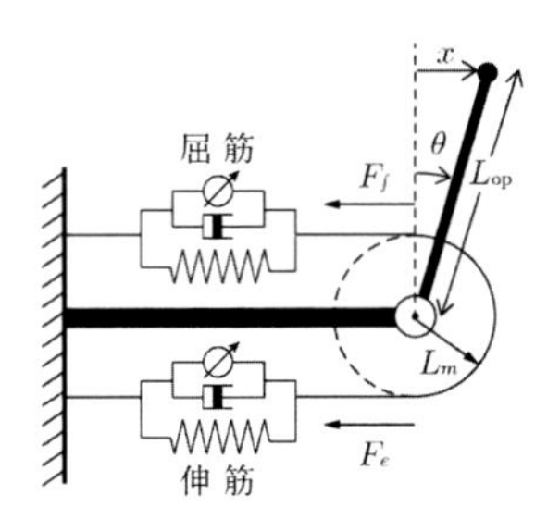

図 **10.15** 上肢の筋骨格モデル

それ以上）の筋で拮抗しているものが多く，ここでは簡単のため伸筋と屈筋は同じ特性を持ち，モーメントアーム L_m も同じであるとすると，屈筋と伸筋による関節トルクは

$$\tau_f = L_m\left(u_f - u_f k'(\theta,\dot{\theta})\theta - u_f d'(\theta,\dot{\theta})\dot{\theta}\right) \quad (10.3)$$

$$\tau_e = L_m\left(u_e - u_e k'(\theta,\dot{\theta})\theta - u_e d'(\theta,\dot{\theta})\dot{\theta}\right) \quad (10.4)$$

で与えられる。上式において θ は関節角度，添字 f, e はそれぞれ屈筋と伸筋を表す。

関節まわりの上肢の慣性モーメントを I_{op} とし，関節まわりの粘性を無視すると，関節まわりの回転に関する運動方程式は，

$$\frac{I_{\mathrm{op}}}{L_m}\ddot{\theta} = u_f - u_e - (u_f + u_e)(k'(\theta,\dot{\theta})\theta + d'(\theta,\dot{\theta})\dot{\theta}) \quad (10.5)$$

という双線形モデルとなる。上式は，伸筋と屈筋が拮抗し，$u_f = u_e$ という釣合い状態にあったとしても，$u_f + u_e$ が大きいほど，関節軸まわりのインピーダンスが増加するという筋骨格系の特性を表現している。

ここで簡単化のために，筋の粘弾性 d', k' が筋の収縮度，収縮速度によらず一定であり，かつ収縮力にも比例せず一定となる（一定として近似した値を d'', k'' とする）と仮定すると，

$$\frac{I_{\mathrm{op}}}{L_m}\ddot{\theta} = u_f - u_e - (k''\theta + d''\dot{\theta}) \quad (10.6)$$

という線形モデルになる。変数を手先の変位 $x = L_{\mathrm{op}}\theta$（ただし L_{op} は上肢の長さ）に置き換え，人間は u_f と u_e を独立には指令できないとして筋力 $\tau_{\mathrm{op}}(= (u_f - u_e)\frac{L_m}{L_{\mathrm{op}}})$ とし，上肢の慣性，筋肉の粘弾性をすべて手先変位の次元で等価な質量 $m_{\mathrm{op}}(= \frac{I_{\mathrm{op}}}{L_{\mathrm{op}}^2})$，粘性 $b_{\mathrm{op}}(= \frac{d''L_m}{L_{\mathrm{op}}^2})$，剛性 $c_{\mathrm{op}}(= \frac{k''L_m}{L_{\mathrm{op}}^2})$ とし，手先が外部負荷に対して加える力を f_{op} とすると，上式は次式となる。

$$m_{\mathrm{op}}\ddot{x} = \tau_{\mathrm{op}} - (c_{\mathrm{op}}x + b_{\mathrm{op}}\dot{x}) - f_{\mathrm{op}} \quad (10.7)$$

これを整理して，次式となる。

$$\tau_{\mathrm{op}} - f_{\mathrm{op}} = m\ddot{x} + b_{\mathrm{op}}\dot{x} + c_{\mathrm{op}}x \quad (10.8)$$

(3) オペレータの特性

最後に，オペレータが目標追従などの何らかのタスクを行っている場合の動特性について考えてみよう。戦闘機のパイロットがターゲットを補足する際の動特性を数学モデルとして表現する研究は，古くから行われていた。図 10.16 に示すように，操縦する飛行機の動特性を Y_c としたとき，ある目標値 r からの誤差を入力として，パイロットの動特性 Y_p を数学的に表そうとする試みである。

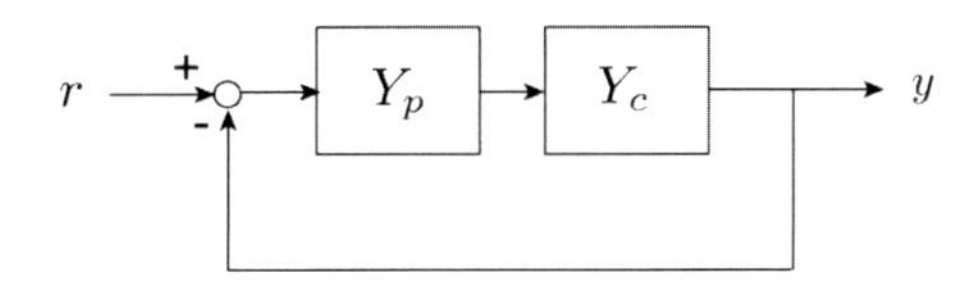

図 **10.16** パイロットのモデル

Tustin は，図 10.16 のようなマニュアル制御でのパイロットの特性として次式を提案した[3]。

$$Y_p = \frac{K_p(Ts+1)}{s}e^{-\tau s} \quad (10.9)$$

これは，Tustin のパイロットモデルとして知られている。

しかし，実際はパイロットのモデルは一定ではなく，操縦する飛行機（より一般的にビークル）の特性によって変化する。クロスオーバーパイロットモデルは，この点を考慮したもので，図 10.16 の一巡伝達関数 Y_pY_c の交差周波数 ω_c（すなわちゲインが 1 となる周波数）付近での特性が以下で近似されるというものである[4]。

$$Y_pY_c = \frac{\omega_c e^{-\tau s}}{s} \quad (10.10)$$

古典制御理論でよく知られているように，フィードバック系の安定性（位相余裕）を確保するために，一巡伝達関数の交差周波数付近でゲインが –20dB/dec となるようにコントローラを設計する。クロスオーバーパイロットモデルは，フィードバック系が安定となるようにパイロットが自らの特性を調節していることを意味している。

表 10.1　ビークルの特性の典型例と，クロスオーバーモデルによるパイロットの動特性[4]

ビークルの特性 Y_c	飛行機での例	自動車での例	そのときのパイロットの特性 Y_p
K_c	姿勢指令による姿勢制御	速度制御	$\frac{K_p e^{-\tau s}}{s}$
$\frac{K_c}{s}$	速度指令による姿勢制御	低中速での操舵制御	$K_p e^{-\tau s}$
$\frac{K_c}{s(Ts+1)}$	通常の飛行機のロール角制御		$K_p(Ts+1)e^{-\tau s}$
$\frac{K_c}{s^2}$	姿勢変化の時定数が大きな飛行機のロール角制御	前後方向の位置制御	$K_p s e^{-\tau s}$

表 10.1 に，ビークルの様々な状況における Y_c と，そのときのパイロットの特性 Y_p を示す。いずれの場合も Y_pY_c が，式 (10.10) に近似できていることがわかる。クロスオーバーパイロットモデルは，パイロットの動特性がパイロットの意思により大きく変化しうることを示している。

<横小路泰義>

参考文献（10.3.1 項）

[1] Zajac, F. E.: Muscle and Tendon: Properties, Models, Scaling, and Application to Biomechanics and Motor Control, *Crinical Reviews in Biomedical Engineering*, Vol.17, No.4, pp.359–411 (1989).

[2] 伊藤 他：『生体とロボットにおける運動制御』，計測自動制御学会 (1991).

[3] Tustin, A.: The Nature of the Operator's Response in Manual Control, and its Implications for Controller Design, *Convention on Automatic Regulators and Servo Mechanisms* (1947).

[4] McRuer, D. T. and Krendel, E. S.: Mathematical Models of Human Pilot Behaviors, No. AGARD-AG-188. Advisory Group for Aerospace Research and Development, France (1974).

10.3.2　インタラクションの安定指標：受動性について

(1) 環境と相互作用するロボットの安定性

(i) 受動性と正実性，有界実性

ヒューマン・ロボットインタラクションにおける安定性を議論するために，人間を環境の一種とみなし，図 10.17 に示すような環境（図 10.17 の $E(s)$ のブロック）とインタラクション（相互作用）するロボット（図 10.17 の $P(s)$ のブロック）の系全体の安定性を受動性の観点から論じよう。

ロボットと人間がインタラクションしている場合の安定性を厳密に議論するのは，一般に難しい。これは

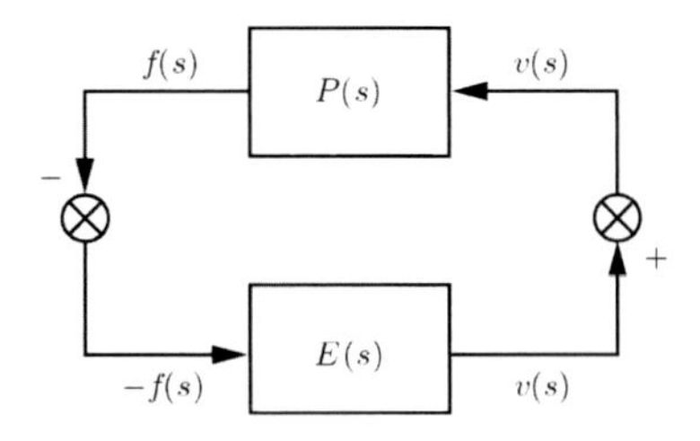

図 10.17　ヒューマン・ロボットインタラクション系

システムの中に人間のダイナミクスが含まれており，10.3.1 項で見たように人間のダイナミクスは一般に非線形であるためである。

人間のダイナミクスを線形に近似すれば，図 10.17 の閉ループ系の特性根が複素平面の左半平面にあるかどうかで，安定性の判別はできる。しかし，10.3.1 項で見たように，筋活動度によって線形モデルのパラメータは変化するので，すべての状況について閉ループ系の特性根をチェックするのは不可能である。

Colgate は，環境（人間を含む）と相互作用するロボットの安定性を論じるにあたり，環境を受動的なものであると仮定し，多くの環境がアドミッタンスとして表現できるので，ロボットはインピーダンスとして表現するのが適当であるとした。そして特に環境が線形とみなせる場合，ロボット自身も受動的であること，言い換えればロボットのインピーダンスが正実関数であることが安定性の必要十分条件であることとした[1]。

さて，ここで図 10.18(a) のような 1 端子対の回路を考え，その特性が図 10.18(b) に示すようにインピーダンスとして有理関数 $Z(s)$ で表現されているとしよう。ここでは実際の力学系の速度と力を電気回路での電流と電圧に置き換えていることに注意しよう。このとき，端子対の電圧 $V(s)$ と端子を流れる電流 $I(s)$ とは，

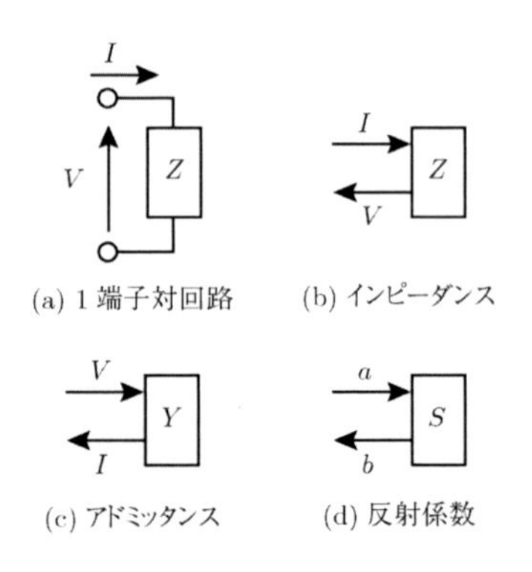

図 10.18　1 端子対回路と種々の入出力関係

$$V(s) = Z(s)I(s) \tag{10.11}$$

の関係がある。$Z(s)$ が正実関数であるとは以下の条件を満たすことをいう。

① $\mathrm{Re}(s) > 0$ ならば $\mathrm{Re}(Z(s)) \geq 0$
② s が実数ならば，$Z(s)$ も実数

1 つ目の条件は，直感的にはインピーダンス $Z(s)$ が減衰特性を持つことを意味し，2 つ目の条件は，インピーダンス特性の物理的な実現条件に相当する。

図 10.18(b) の回路に $i(t) = i_0 e^{pt}$（$\mathrm{Re}(p) > 0$，i_0 は複素定数）という指数関数の駆動電流を与えたときの応答から，受動性の必要条件は次式となる[2]。

$$\begin{aligned}&\mathrm{Re}\int_{-\infty}^{\infty} i(t)^* v(t)\mathrm{d}t \\ &= \tfrac{1}{2\sigma} i_0^* \left(\tfrac{Z(p)+Z^*(p)}{2}\right) i_0 e^{2\sigma t} \geq 0, \quad \forall t\end{aligned} \tag{10.12}$$

ただし * は複素共役を表し，$\mathrm{Re}(p) = \sigma > 0$ である。上式からも，受動性はインピーダンス $Z(s)$ が正実関数であることと等価であることがわかる。なお上記の正実関数の条件は，インピーダンス $Z(s)$ の逆数であるアドミッタンス $Y(s)$（図 10.18(c)）についても同様である。

さてここで図 10.18(a) の 1 端子対において，以下の変数を定義する。

$$a = \frac{1}{2}(V + I) \tag{10.13}$$

$$b = \frac{1}{2}(V - I) \tag{10.14}$$

a, b は，それぞれ入射波，反射波と呼ばれ，単位量の特性インピーダンスを持つ無損失一様分布定数線路上を伝わる電流，電圧の波に相当する[3]。また，式 (10.13)，(10.14) のような変換を散乱変換と呼ぶ。入射波と反射波は，

$$b(s) = S(s)a(s) \tag{10.15}$$

のように関係づけることができ，この係数 $S(s)$ を反射係数と呼ぶ（図 10.18(d)）。図 10.18 の 1 端子対回路のインピーダンスが $Z(s)$ で表されるとき，反射係数は

$$S(s) = \frac{Z(s) - 1}{Z(s) + 1} \tag{10.16}$$

となる。

図 10.18 の 1 端子対回路が受動的であるとは，次式のようにこの 1 端子対回路で消費される電力 P が非負のときである。

$$P = \frac{1}{2}\mathrm{Re}(V^* I) \geq 0 \tag{10.17}$$

上式の消費電力を a, b で表すと

$$\begin{aligned}P &= \frac{1}{2}(a^* a - b^* b) \\ &= \frac{|a|^2}{2}(1 - |S|^2) \geq 0\end{aligned} \tag{10.18}$$

でなければならない。あらゆる入力波 a に対して上式が成り立つには，$S(s)$ が安定でかつ

$$|S(j\omega)|^2 \leq 1, \quad \forall\omega \tag{10.19}$$

であることが必要十分である。これは，反射係数 S が有界実であることに相当し，受動的であれば入力されたパワーよりも出力されるパワーが上回ることがないことを意味する。また，図 10.17 において，環境 $E(s)$ を受動的とみなせば環境の反射係数は 1 以下であるので，これと相互作用するロボット $P(s)$ が受動的であること，言い換えればロボットの反射係数が 1 以下でなければならないということは，閉ループ系の安定性の条件である小ゲイン定理（閉ループ系の構成要素となる各ブロックの積の $\mathcal{H}_\infty$ ノルムが 1 未満であれば，閉ループ系は安定である）に相当する。ただし厳密には小ゲイン定理で言うところの安定性では，安定限界を許さないので 1 未満となる。

システムの特性を反射係数で表現することの利点は，端子対が開放 ($Z = \infty$) または短絡 ($Z = 0$) された場合のようにインピーダンスやアドミッタンスが無限大となって定義できない場合にも，式 (10.16) からわかるように反射係数はそれぞれ 1, −1 といった有限の値をとること，そして入力と出力から受動性に関係する消費電力を求めることができることなどである。

(ii) アクティブな環境の扱い

(i) では，人間をロボット（やハプティックデバイス）が相互作用する環境とみなし，線形かつ受動的であるとして系全体の安定性を議論した。しかし，実際には人間は自由に筋力を発生できるので，厳密に言えば明らかに受動的ではない。事実，10.3.1 項でも見たように，パイロットの特性はビークルの特性によって様々に変化しており，この場合はパイロットは自らの特性をアクティブに変えている。

そこで Colgate ら[1] は，たとえ環境（この場合は人間）が能動的であっても，その能動的な入力項が系の状態に依存しない独立なものであり，かつそのような能動的な項がなくなった場合に環境が受動的でありさえすれば，系の安定性は保証されるとした。本来能動的なオペレータを受動的とみなす点については，10.3.3 項でも詳しく議論することにしよう。

(2) サンプル値システムの受動性

(1) では，人間と相互作用するロボット（やハプティックデバイス）の系全体の安定性を論じたが，そこではロボット（やハプティックデバイス）は連続時間システムとして扱っていた。しかし，実際にはロボット（やハプティックデバイス）は計算機によって制御されており，サンプル値制御系として扱うべきである。

この問題に応え，Colgate ら[4] はハプティックインタフェースに代表されるようなサンプル値制御によって，ある目標インピーダンス特性が模擬されたシステムが，人間を含む連続時間システムの環境と相互作用する際の安定性の条件を導いた。

図 10.19 に対象とするシステムを示す。ハプティックデバイスはマス・ダンパの連続系であり，サンプリング時間 T 毎に位置がサンプルされる。$H(z)$ は，離散時間系で表現された仮想環境の特性を表す線形な伝達関数であり，その出力が 0 次ホールドされたのちにデバイスの駆動力となる。位置のサンプラーと $H(z)$ の間の片側拘束は，壁などの接触を模擬するための非線形要素である。

オペレータを線形かつ受動的とみなすと，この系全体の安定性の必要十分条件（ただし非線形な片側拘束はないものとする）は，ハプティックデバイスを f と v の入出力ポートを持つ 1 端子対回路とみなしたときに，これが受動的となることであり，次式を満たすことが必要十分である[4]。

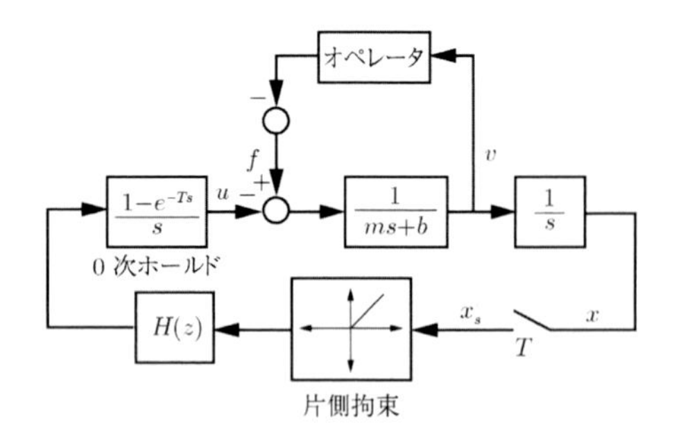

図 10.19　1 自由度のハプティックインタフェースのモデル

$$b > \frac{T}{2}\frac{1}{1-\cos\omega T}\mathrm{Re}\{(1-e^{-j\omega T})H(e^{j\omega T})\}$$
$$0 \le \omega \le \omega_N \qquad (10.20)$$

ただし，$\omega_N = \frac{\pi}{T}$ はナイキスト周波数である。また式 (10.20) は，図 10.19 中の非線形な片側拘束がある場合には，安定性の十分条件となる[4]。

仮想環境のモデルとして，もっとも簡単なバネ・ダンパによるバーチャル壁を考えよう。速度は位置の差分で求めるとして，$H(z)$ は次式となる。

$$H(z) = K + B\frac{z-1}{Tz} \qquad (10.21)$$

ここに，K はバーチャル壁の剛性，B は粘性である。この $H(z)$ を式 (10.20) に代入して整理すると，右辺は $\omega = \omega_N$ で最大となることから，次式となる。

$$b > \frac{KT}{2} + B \qquad (10.22)$$

この式は，受動性を確保するには，デバイスが本来持つ粘性 b の存在が本質的に重要であり，いったん B を決めると実現可能な最大の K はサンプリング周波数 ($\frac{1}{T}$) に比例することがわかる。

式 (10.22) からわかるように，一定のサンプリング周期の下では，実現可能なバーチャル壁のインピーダンスの範囲は，デバイス自身が本来持っている物理的な粘性によって決まってしまう。Colgate ら[5] は，ハプティックデバイスが実現できるバーチャルなインピーダンス特性の範囲を “Z-Width” と呼び，この “Z-Width” を広げるために，アナログ回路を付加してデバイス自身の物理的な粘性 b を大きくすることを試みている。

また Adams と Hannaford は，ハプティックデバイスは任意の受動的な環境を模擬できなければならないとし，ハプティックデバイスを 10.3.3 項で述べるマスタ・スレーブシステムと同様に 2 端子対回路として扱い，その安定条件について考察している[6]。

<横小路泰義>

参考文献（10.3.2 項）

[1] Colgate, J. E. and Hogan, N.: Robust Control of Dynamically Interacting Systems, *Int. J. Control*, Vol.48, No.1, pp.65–88 (1988).

[2] 前田：正実性と回路網，『計測と制御』，Vol.34, No.8, pp.662–679 (1995).

[3] 古賀：『伝送回路』，コロナ社 (1978).

[4] Colgate, J. E. and Schenkel, G. G.: Passivity of a Class of Sampled-Data Systems: Application to Haptic Interfaces, *Journal of Robotic Systems*, Vol.14, No.1, pp.37–47 (1997).

[5] Weir, D. W., Colgate, J. E. and Peshkin, M. A.: Measuring and Increasing Z-Width with Active Electrical Damping, *Symposium on Haptic Interfaces for Virtual Environments and Teleoperator Systems 2008*, pp.169–175 (2008).

[6] Adams, R.J. and Hannaford, B.: Stable haptic Interaction with Virtual Environments, *IEEE Trans. on Robotics and Automation*, Vol.15, No.3, pp.465–474 (1999).

10.3.3 マスタ・スレーブシステムの制御理論 (I)：時間遅れなし

(1) システムのモデリング

(i) 回路網表現

10.3.2 項では，ロボットもしくはハプティックデバイスが人間とインタラクションする際の系全体の安定性を論じた。本項では，時間遅れがない場合のマスタ・スレーブシステムの安定性を論じる。まず以下での議論のために，簡単な 1 自由度系を対象にモデル化をしておこう。ここではマスタアーム，スレーブアーム，およびそれらの制御則を合わせた全体の系をマスタ・スレーブシステムと呼ぶことにする（図 10.20）。

マスタ・スレーブシステムの解析では，図 10.20 を図 10.21 のような電気回路に置き換えて考えられることが多い。実際の力学系の速度と力を回路の電流と電圧に置き換えると，マスタおよびスレーブアーム，オペレータそして対象物の動特性は，インピーダンス Z_m, Z_s, Z_{op}, および Z_{env} で表される。

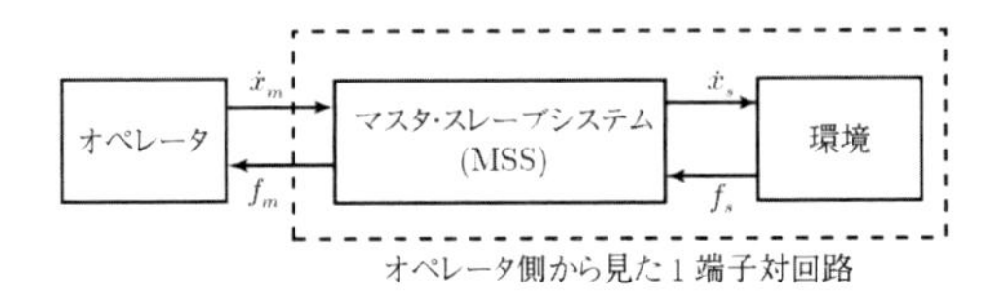

図 10.20　マスタ・スレーブシステム

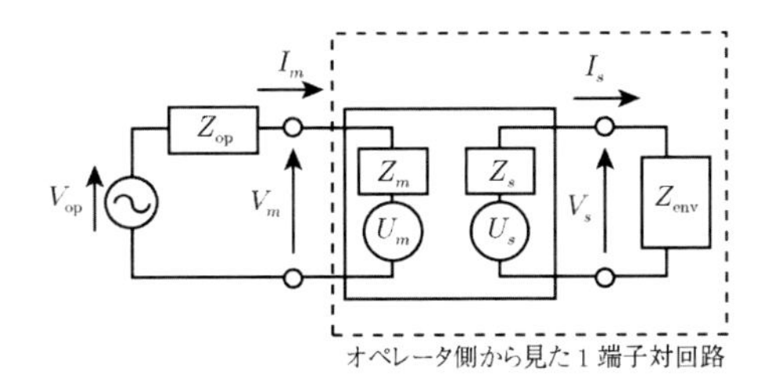

図 10.21　電気回路表現

例えばマスタおよびスレーブの特性を表すインピーダンスは，

$$Z_m = m_m s + b_m \tag{10.23}$$

$$Z_s = m_s s + b_s \tag{10.24}$$

で表される。ここに m_m, m_s, b_m, b_s はそれぞれのアームの質量と粘性係数を表す。s はラプラス演算子である。

図 10.21 中の電圧源 V_{op} はオペレータの発生する筋力（式 (10.8) の τ_{op}）に対応する。また 2 つの電圧源 U_m, U_s はマスタ，スレーブそれぞれのアクチュエータ駆動力であり，ここでは以下のような一般形で表現することにする[1]。

$$\begin{bmatrix} U_m \\ U_s \end{bmatrix} = \begin{bmatrix} \frac{K_{mpm}}{s} + K'_{mpm} + sK''_{mpm} & K_{mfm} \\ \frac{K_{spm}}{s} + K'_{spm} + sK''_{spm} & K_{sfm} \end{bmatrix} \begin{bmatrix} I_m \\ V_m \end{bmatrix} - \begin{bmatrix} \frac{K_{mps}}{s} + K'_{mps} + sK''_{mps} & K_{mfs} \\ \frac{K_{sps}}{s} + K'_{sps} + sK''_{sps} & K_{sfs} \end{bmatrix} \begin{bmatrix} I_s \\ V_s \end{bmatrix} \tag{10.25}$$

上式は，マスタ，スレーブそれぞれのアクチュエータ駆動力が，マスタおよびスレーブそれぞれの位置，速度，加速度および力の信号の線形結合によって算出されることを示しており，10.2.1 項で紹介したような従来の制御法は，すべて式 (10.25) 中のゲインを適当に設定してやることにより表現できる。

(ii) マスタ・スレーブシステムの特性を表現する行列

マスタ・スレーブシステムの制御則を変えることにより，システムの特性は様々に変えうる。10.3.2 項で論じたヒューマン・ロボットインタラクションでは，ロボットは 1 端子対回路とみなすことができたが，マスタ・スレーブシステムは，マスタ側で人間と，スレーブ側で環境とインタラクションするので，図 10.21 の中で示したように 2 端子対回路とみなされる。

一般に 2 端子対回路の特性は，以下のような行列で表現できる。なお通常電気回路理論では各端子対の電流電圧を I_1, V_1, I_2, V_2 で表すが，以下の表現では，$I_m = I_1$, $V_m = V_1$, $I_s = -I_2$, $V_s = V_2$ の関係があることに注意されたい。

インピーダンス行列 $\boldsymbol{Z}_{mss} = [z_{ij}]$

$$\begin{bmatrix} V_m \\ V_s \end{bmatrix} = \begin{bmatrix} z_{11} & z_{12} \\ z_{21} & z_{22} \end{bmatrix} \begin{bmatrix} I_m \\ -I_s \end{bmatrix} \tag{10.26}$$

アドミッタンス行列 $\boldsymbol{Y}_{\mathrm{mss}} = [y_{ij}]$

$$\begin{bmatrix} I_m \\ -I_s \end{bmatrix} = \begin{bmatrix} y_{11} & y_{12} \\ y_{21} & y_{22} \end{bmatrix} \begin{bmatrix} V_m \\ V_s \end{bmatrix} \tag{10.27}$$

ハイブリッド行列 $\boldsymbol{H}_{\mathrm{mss}} = [h_{ij}]$

$$\begin{bmatrix} V_m \\ -I_s \end{bmatrix} = \begin{bmatrix} h_{11} & h_{12} \\ h_{21} & h_{22} \end{bmatrix} \begin{bmatrix} I_m \\ V_s \end{bmatrix} \tag{10.28}$$

散乱行列 $\boldsymbol{S}_{\mathrm{mss}} = [s_{ij}]$

$$\begin{bmatrix} \frac{(V_m - I_m)}{2} \\ \frac{(V_s + I_s)}{2} \end{bmatrix} = \begin{bmatrix} s_{11} & s_{12} \\ s_{21} & s_{22} \end{bmatrix} \begin{bmatrix} \frac{(V_m + I_m)}{2} \\ \frac{(V_s - I_s)}{2} \end{bmatrix} \tag{10.29}$$

定義から，明らかに $\boldsymbol{Y}_{\mathrm{mss}} = \boldsymbol{Z}_{\mathrm{mss}}^{-1}$ である。また，インピーダンス行列 $\boldsymbol{Z}_{\mathrm{mss}}$ が存在するとき，散乱行列は次式で与えられる（ただし $\boldsymbol{E}_2$ は 2×2 単位行列）。

$$\boldsymbol{S}_{\mathrm{mss}} = (\boldsymbol{Z}_{\mathrm{mss}} - \boldsymbol{E}_2)(\boldsymbol{Z}_{\mathrm{mss}} + \boldsymbol{E}_2)^{-1} \tag{10.30}$$

(iii) 環境とオペレータの受動性

マスタ・スレーブシステムの制御の問題を難しくしているのは，系の中にオペレータと環境の動特性を含む点である。既に 10.3.1 項で見たように，オペレータの力学的特性は非線形でかつ筋活動度によって変化する。議論を簡単化するために，これを局所的に線形な機械インピーダンスモデルで近似することもよく行われる。ただし線形モデルとして近似したとしても，実際にはその特性は，腕の姿勢や筋活動度によって変化する。

一方，スレーブが接触する環境も一般に非線形であり，その特性も多岐にわたる。環境の特性もしばしば線形近似されるが，制御系を設計する際にある特性の環境モデルを仮定することは，特殊な場合を除き無理がある。特に自由空間（インピーダンスがゼロ）と剛体壁（インピーダンス無限大）との間の遷移では大きな特性変化となり，システムにとっては厳しい条件の一つである。

このように多岐にわたるオペレータと環境の特性も，受動的なクラスとして規定することができる。受動性は 10.3.2 項で見たように，インピーダンス特性の正実性，もしくは散乱行列（スカラ系の場合は反射係数）の有界実性と等価である[2]。

以下ではマスタ・スレーブシステムの安定性について議論するが，その際に注意しておかなければならないのがオペレータの能動性である。すなわち図 10.21 においてオペレータの筋力に相当する V_{op} は，オペレータの意志によって自由に与えることができるので，厳密にはオペレータは受動的ではない。

そこで，Colgate ら[3] が仮定したように，オペレータの入力 V_{op} は系の状態に依存しない有界な独立変数であり，オペレータ自身も $V_{\mathrm{op}} = 0$ としたときは線形かつ受動的であると仮定することにする。つまり実際のオペレータは明らかに能動的だが，オペレータの随意動作を状態に依存しない外乱と見なすことで，受動的であるとみなすわけである。

この仮定をするに際して注意しなければならないのは，実際には，オペレータは環境がたとえ受動的でなくても巧みに安定に操作できる場合があること，また，たとえ環境が受動的であってもシステムを不安定にでき得ることである。前者の例として Colgate[4] は，床磨き用のパワーポリッシャーを挙げている。後者の例としては，例えば環境が純粋なバネ質量系であれば，オペレータがこの系の固有周波数と同じ周期で入力を加え続ければ，システムは発散してしまう。これらの例は，オペレータの入力が系の状態に依存する場合に起こる現象である。このようにオペレータの入力はオペレータの意志により系の状態に依存させたりさせなかったりできるので，厳密な安定性の議論はかなり厄介であり，上記の仮定はこの問題を避けるために設定したものである。

(iv) システムの理想状態

マスタ・スレーブシステムの理想状態は，マスタとスレーブの位置（速度）と力の応答が一致することである。図 10.20 に示す系での理想状態は，

$$\dot{x}_m(t) = \dot{x}_s(t), \quad f_m(t) = f_s(t) \tag{10.31}$$

となる。ここに，$\dot{x}_m$, $\dot{x}_s$ はマスタとスレーブの速度，f_m, f_s はそれぞれオペレータがマスタへ加える力，スレーブが環境へ加える力であり，議論を単純化するためにすべて 1 自由度系のスカラ変数とする。この理想状態を実現するためには，オペレータと環境との間に存在するシステムの特性を見かけ上キャンセルしなけ

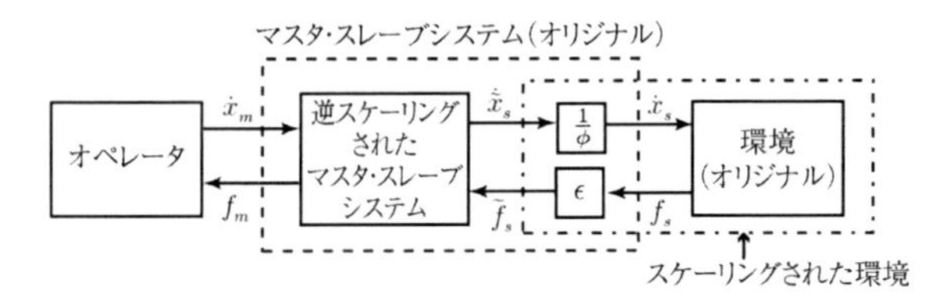

図 **10.22**　スケールドマスタ・スレーブシステム

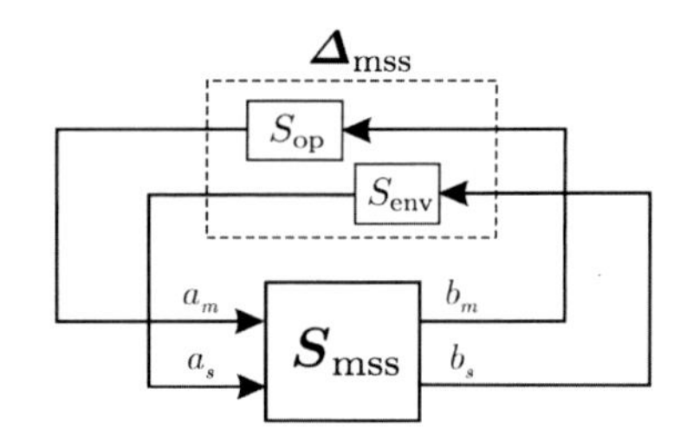

図 **10.23**　構造的な不確かさと見なしたオペレータと環境

ればならず，どれだけこの特性がキャンセルされたかの度合いを機構透明性という[5]。

マスタ・スレーブシステムの特性は，既に見たようにインピーダンス行列やハイブリッド行列，散乱行列で表現できる[2]。1 自由度系での式 (10.31) の理想状態を散乱行列で表現すると，次式となる。

$$\boldsymbol{S}_{\rm mss}^{\rm ideal} = \begin{bmatrix} 0 & 1 \\ 1 & 0 \end{bmatrix} \tag{10.32}$$

この理想状態は，先の電気回路表現の上では $I_m = I_s$，$V_m = V_s$ となることに相当する。これは電気回路での変換比率 1 の理想変成器に対応し，インピーダンス行列およびアドミッタンス行列は定義できなくなる。このように散乱行列表現は，マスタ・スレーブシステムの理想状態を表現できるという点でも都合がよい。

しかし上記の理想状態では，マスタとスレーブの間にスケール差がある場合が考慮されていない。そこで，後の議論のため図 10.22 に示すスケールドテレオペレーションの理想状態を以下に示す。

$$\dot{x}_m(t) = \phi \dot{x}_s(t), \quad f_m(t) = \epsilon f_s(t) \tag{10.33}$$

ここに，ϕ と ϵ はそれぞれマスタとスレーブ間での速度と力のスケール比を表す。

式 (10.33) の理想状態を散乱行列で表現すると，次式となる。

$$\boldsymbol{S}_{\rm mss}^{\rm ideal} = \begin{bmatrix} -\frac{\phi-\epsilon}{\phi+\epsilon} & \frac{2\phi\epsilon}{\phi+\epsilon} \\ \frac{2}{\phi+\epsilon} & \frac{\phi-\epsilon}{\phi+\epsilon} \end{bmatrix} \tag{10.34}$$

式 (10.34) は，式 (10.32) の一般化となっている。

(2) マスタ・スレーブシステムの安定性

(i) マスタ・スレーブシステムの絶対安定性

ここではまずマスタ・スレーブシステムのような 2 端子対回路で表される系の受動性を考えよう。式 (10.29) で定義した散乱行列は，1 端子対回路における式 (10.15) の反射係数に対応する。よってマスタ・スレーブシステムが受動的であるとは，$\boldsymbol{S}_{\rm mss}(s)$ が ${\rm Re}(s) \geq 0$ に極を持たず $\sigma_{\max}(\boldsymbol{S}_{\rm mss}(j\omega)) \leq 1, \forall\omega$ となること，言い換えれば，

$$||\boldsymbol{S}_{\rm mss}||_\infty \leq 1 \tag{10.35}$$

となることが必要十分となる。すなわち，マスタ・スレーブシステムの受動性は，散乱行列の有界実性と等価である。

10.3.2 項では，環境（人間も環境とみなす）とインタラクションするロボットやハプティックデバイスが受動的であることが，系全体の安定性の必要十分条件であった。ではマスタ・スレーブシステムの場合も，はたしてシステムの受動性が安定性の必要十分条件であろうか？　結論を言うと，これは十分条件に過ぎない。この理由は，以下のように説明できる。

まず，散乱変換されたマスタ・スレーブシステムの受動性を考える際の入出力は，図 10.23 に示したように，入力波 $\boldsymbol{a} = \begin{bmatrix} a_m & a_s \end{bmatrix}^T$ と出力波 $\boldsymbol{b} = \begin{bmatrix} b_m & b_s \end{bmatrix}^T$ 共にマスタとスレーブをまとめてベクトルとしたものに相当するが，マスタ・スレーブシステムと相互作用するブロック $\boldsymbol{\Delta}_{\rm mss}$ の散乱行列は，以下のようなブロック構造となっている。

$$\boldsymbol{\Delta}_{\rm mss} = \begin{bmatrix} S_{\rm op} & 0 \\ 0 & S_{\rm env} \end{bmatrix} \tag{10.36}$$

ここで環境およびオペレータの受動性を仮定しているので，$|S_{\rm env}(j\omega)| \leq 1$，$|S_{\rm op}(j\omega)| \leq 1$ であり，$||\boldsymbol{\Delta}_{\rm mss}||_\infty \leq 1$ となる。

もしもマスタ・スレーブシステムと相互作用するブロック $\boldsymbol{\Delta}_{\rm mss}$ を受動的であることしかわからないブラックボックスとして捉えるのなら，マスタ・スレーブシステムが受動的すなわち $||\boldsymbol{S}_{\rm mss}||_\infty \leq 1$ であることが，系全体が安定となるための必要十分条件となる。しかしブロック $\boldsymbol{\Delta}_{\rm mss}$ は未知ではなく構造化されているので，$||\boldsymbol{S}_{\rm mss}||_\infty \leq 1$ の条件は保守的となるのである。

例えば，式（10.34）で表現された理想応答を実現す

るシステムの散乱行列の特異値は

$$\frac{|\phi\epsilon - 1| + \sqrt{(\phi^2+1)(\epsilon^2+1)}}{(\phi+\epsilon)} (\geq 1) \tag{10.37}$$

で与えられるが，理想状態は安定とみなされるべきにもかかわらず，$\phi\epsilon = 1$ のときにしか有界実性（すなわち受動性）が満たされていないことからも，受動性の条件が保守的となっていることがわかる。

マスタ・スレーブシステムの安定性を，10.3.2 項のように受動性の条件として議論したいのであれば，図 10.20 に示したように，環境を含めたマスタ・スレーブシステムのオペレータ側の入出力関係にのみに着目し，それが受動的であるかどうかをチェックすればよい。ただし，そこに含まれる環境は受動的であればどんなものでも許される必要がある。よってここでマスタ・スレーブシステムに要求される安定性を明確に定義しよう[4]。

定義：［マスタ・スレーブシステムの絶対安定性］

マスタ・スレーブシステムが絶対安定であるとは，どのような受動的な環境と相互作用したとしても，オペレータ側から見たシステムが受動的となること，すなわち受動的などんなオペレータと相互作用しても系全体の安定性が保証されることである。 □

なお，この絶対安定性は，オペレータと環境の立場を入れ替えても成り立つことに注意されたい。

実は上記の絶対安定性の条件は，通信回路の分野で Llewellyn が 1952 年に既に "Unconditional Stability" として示しており[6]，その条件は 2 端子対回路のイミッタンス行列（インピーダンス行列またはアドミッタンス行列）を

$$\boldsymbol{N}(j\omega) = \begin{pmatrix} N_{11}(j\omega) & N_{12}(j\omega) \\ N_{21}(j\omega) & N_{22}(j\omega) \end{pmatrix} \tag{10.38}$$

としたとき，以下の条件が $\forall\omega$ で満たすことが必要十分である。

$$R_{11} \geq 0 \tag{10.39}$$

$$R_{22} \geq a \tag{10.40}$$

$$2R_{11}R_{22} - |N_{12}N_{21}| - \mathrm{Re}\{N_{12}N_{21}\} - 2R_{11}a \geq 0 \tag{10.41}$$

ただし R_{ij}, X_{ij} は，それぞれイミッタンス行列の要素 N_{ij} の実部と虚部である。

(ii) 構造化特異値によるマスタ・スレーブシステムの絶対安定性の必要十分条件

マスタ・スレーブシステムの受動性，言い換えれば散乱行列 $\boldsymbol{S}_{\mathrm{mss}}$ の有界実性が安定性の条件として保守的であった原因は，ブロック $\boldsymbol{\Delta}_{\mathrm{mss}}$ が構造化されていることを考慮していなかったからであった。以下に示すように，ブロック $\boldsymbol{\Delta}_{\mathrm{mss}}$ が構造化されていることを考慮した，散乱行列 $\boldsymbol{S}_{\mathrm{mss}}$ の構造化特異値により，絶対安定性の必要十分条件を与えることができる[4]。

さてここで準備として，$\boldsymbol{\Delta}_{\mathrm{mss}}$ に対応した以下のブロック構造を定義しておく。

$$\underline{\boldsymbol{\Delta}} = \{\mathrm{diag}[\Delta_1, \Delta_2] : \Delta_i \in C\} \tag{10.42}$$

Colgate[4] は，マスタ・スレーブシステムの絶対安定性の必要十分条件として以下の条件を示した。

［散乱行列によるマスタ・スレーブシステムの絶対安定条件］

マスタ・スレーブシステムがあらゆる線形かつ受動的なオペレータ，環境に対して安定となるための（すなわち絶対安定条件の）必要十分条件は，マスタ・スレーブシステムの散乱行列 $\boldsymbol{S}_{\mathrm{mss}}(s)$ が $\mathrm{Re}(s) \geq 0$ で解析的でありかつブロック構造 $\underline{\boldsymbol{\Delta}}$ に対する構造化特異値がすべての周波数で 1 以下となること，すなわち

$$\mu_{\underline{\boldsymbol{\Delta}}}(\boldsymbol{S}_{\mathrm{mss}}(j\omega)) \leq 1, \quad \forall\omega \tag{10.43}$$

となることである。 □

構造化特異値は，もともと Doyle[7] によって定義された特異値の一種の拡張であり，本来はシステムの構造的な不確かさに対するロバスト性を評価するために考え出されたものである。

一般に構造化特異値はその計算方法が難しく，その上限値と下限値でしか抑えられない場合があるが，マスタ・スレーブシステムの場合は，不確定性を表すマトリクスのブロック数が 2 であるため，以下のように構造化特異値が厳密に求められる。

$$\mu_{\boldsymbol{\Delta}}(\boldsymbol{S}_{\mathrm{mss}}) = \sup_{\omega} \left(\inf_{\gamma>0} \bar{\sigma} \left(\begin{bmatrix} s_{11} & \gamma s_{12} \\ \frac{1}{\gamma} s_{21} & s_{22} \end{bmatrix} \right) \right) \tag{10.44}$$

ここに，$\gamma (> 0)$ は適当なスケールファクタである。構造化特異値について詳しくは、文献[8–10] などを参照

されたい。

(iii) 構造化特異値による絶対安定性条件とスケールド受動性との関係[11]

ここでは構造化特異値による絶対安定性条件に対する理解を深めるために，スケールドテレオペレーションにおける新たな受動性の概念としてスケールド受動性を定義し，構造化特異値による絶対安定性条件との関係を明らかにしてみよう。

図 10.22 に示したスケールドテレオペレーションシステムおいて，元々の環境が受動的であるならば，スケール変換された環境（図 10.22 で一点鎖線で囲まれた部分）は，$\dot{\widetilde{x}}_s(t)=\phi\dot{x}_s(t)$ と $\widetilde{f}_s(t)=\epsilon f_s(t)$ を新たに速度と力の変数とみなせば受動的となる[12]。したがって，システムの安定性を保証するためには，環境側へスケールファクタを転化した後の残りの部分である，図 10.22 の「逆スケーリングされたマスタ・スレーブシステム」の受動性を満たせば十分であり，これは以下で示すスケールド受動性を満たすことと等価となる。

$$\int_0^t \dot{x}_m(\tau)^T f_m(\tau)d\tau-\phi\epsilon\int_0^t \dot{x}_s(\tau)^T f_s(\tau)d\tau \geq -\widetilde{E}_{\text{init}} \tag{10.45}$$

ここに，$\widetilde{E}_{\text{init}}$ はシステムに蓄えられていた（スケールド）エネルギーの初期値である。もしもシステムに注入されるスケールドパワーが次式に示すように常に非負であるならば，スケールド受動性が保証されることは明らかである。

$$\widetilde{P}_{\text{total}}(t)=\dot{x}_m(t)^T f_m(t)-\phi\epsilon\dot{x}_s(t)^T f_s(t)\geq 0 \tag{10.46}$$

ここに $\widetilde{P}_{\text{total}}$ はスケールファクタ転化後のシステム全体に流れ込むスケールドパワーを表す。

式 (10.45) で，スケール比 $\phi\epsilon$ がないと通常の受動性の条件になるが，本来の受動性の条件はスケール比が存在する場合に保守的となってしまう。図 10.24(a) は，式 (10.46) に対応するスケールドパワーフローを表現したものである。$\phi\epsilon>1$ の場合はスレーブ側での本来のパワーフロー $P_s(t)$ を増幅されたパワーフロー $\widetilde{P}_s(t)$ $(=-\dot{\widetilde{x}}_s(t)^T\widetilde{f}_s(t))$ に読み換えるために余分なパワーが必要になり，元のシステムはもはや受動的でない。$\phi\epsilon<1$ の場合は，逆向きのフローを考えたときに同様に余分なパワーが必要になる。これが，式 (10.37) で，理想応答を実現するシステムの散乱行列の特異値が $\phi\epsilon=1$ 以外のときには 1 を超えてしまう理由である。

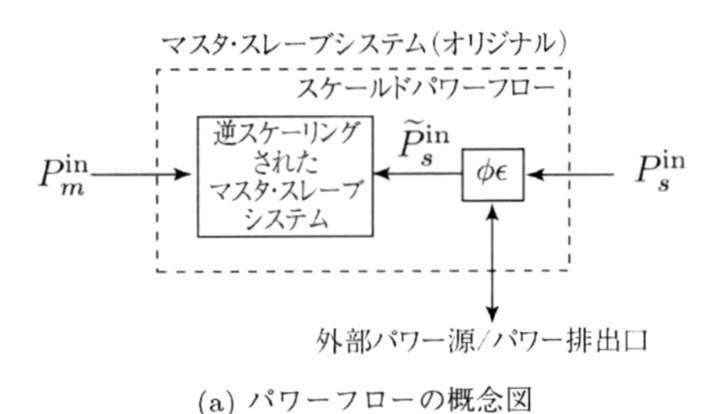

(a) パワーフローの概念図

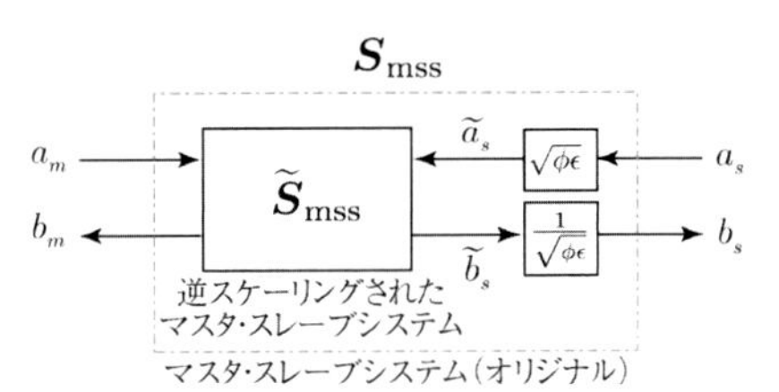

(b) 散乱表現でのパワーフロー

図 10.24 スケールド受動性

さて，スケールドパワーフローで表現した条件式 (10.46) に対応する周波数領域での条件式は次式で与えられる。

$$\begin{aligned}\widetilde{P}_{\text{total}}(\omega) &= \frac{1}{2}\left(a_m^T a_m+\phi\epsilon a_s^T a_s-b_m^T b_m-\phi\epsilon b_s^T b_s\right)\\ &= \frac{1}{2}\widetilde{\boldsymbol{a}}^T(\boldsymbol{I}-(\boldsymbol{D}\boldsymbol{S}_{\text{mss}}\boldsymbol{D}^{-1})^T(\boldsymbol{D}\boldsymbol{S}_{\text{mss}}\boldsymbol{D}^{-1}))\widetilde{\boldsymbol{a}}\\ &\geq 0 \qquad \forall\omega\end{aligned} \tag{10.47}$$

ここに a_m，b_m，a_s，b_s は，図 10.24(b) に示すように散乱変換後のマスタ・スレーブシステムへの入力波と出力波[2] であり，$\boldsymbol{S}_{\text{mss}}$ はマスタ・スレーブシステムの散乱行列，$\boldsymbol{D}=\text{diag}(1,\sqrt{\phi\epsilon})$ はスケーリング行列，$\widetilde{\boldsymbol{a}}=[\ a_m \quad \sqrt{\phi\epsilon}a_s\ ]^T$ はスケール倍された入力波である[3)]。式 (10.47) を満たすためには，$\boldsymbol{D}$ によってスケール変換された散乱行列の $\mathcal{H}_\infty$ ノルム $||\boldsymbol{D}\boldsymbol{S}_{\text{mss}}\boldsymbol{D}^{-1}||_\infty$ が常に 1 以下（すなわち有界実）であれば十分であり，これが周波数領域でのスケールド受動性の条件になる。

式 (10.44) において構造化特異値を求める際のスケールファクタ γ は通常反復計算で数値的に求めるが，1 自由度系の場合には，$\gamma=\sqrt[4]{(s_{21}^*s_{21})/(s_{12}^*s_{12})}$ で与えられることがわかっている[13]。ただし，x^* は x の共役複素数である。例えば式 (10.34) の $\boldsymbol{S}_{\text{mss}}^{\text{ideal}}$ の構造化特異値は，パワースケールファクタ $\phi\epsilon$ を環境側に転化

3) 厳密には，$\widetilde{a}_s=\sqrt{\phi\epsilon}a_s$，$\widetilde{b}_s=\sqrt{\phi\epsilon}b_s$ と $\dot{\widetilde{x}}_s$，$\widetilde{f}_s$ から定義される波変数とを関連付けるために理想変成器を導入する必要がある。

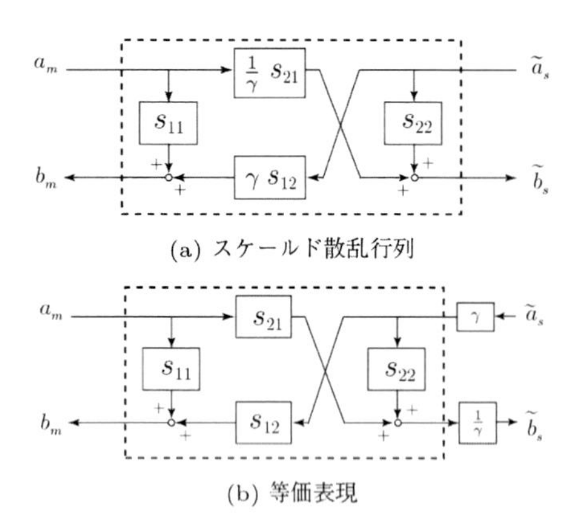

図 10.25　γ でスケール変換された散乱行列とその等価表現

した場合に相当する $\gamma = 1/\sqrt{\phi\epsilon}$ の時の特異値として計算でき，この値は常に 1 になる（10.4.1 項参照）。

図 10.25(a) は，式 (10.44) 中のスケールファクタ γ で変換された散乱行列を表現したものであり，これが図 10.25(b) と等価であることは容易に示せ，$\gamma = 1/\sqrt{\phi\epsilon}$ としたものは式 (10.47) の $\boldsymbol{DS}_{\mathrm{mss}}\boldsymbol{D}^{-1}$ すなわち図 10.24(b) の $\widetilde{\boldsymbol{S}}_{\mathrm{mss}}$ の部分と等価になる。このように，構造化特異値の条件をスケールド受動性の条件と関連付けることができるが，式 (10.44) で構造化特異値を求める際のスケールファクタ γ は一定である必要がなく周波数依存であってもよいことに注意されたい。この点についてさらに (iv) で議論する。

(iv) 絶対安定条件を満たす制御系の設計

Colgate の示した絶対安定条件を基にして，図 10.23 に示すようにオペレータと環境をシステムにとっての構造化された不確かさとみなして，μ-設計によりあらゆる受動的な環境とオペレータに対しても安定性が保証されるコントローラの設計ができる[14]。ただし μ-設計を適用する際には，構造化された不確かさは線形時不変でなければならないことに注意する必要がある。構造化特異値のスケールファクタ γ が周波数依存とできるのはこのためである。

ただし，10.3.1 項で見たように，μ-設計を適用するためにオペレータや環境を線形時不変の不確かさと見なすのには無理があり，むしろこれらの不確かさは線形時変もしくは非線形な特性と見なすほうが自然である。このような場合には，定数スケーリング付き $\mathcal{H}_\infty$ 制御問題が適用でき，ロバスト安定条件として構造化特異値のスケールファクタ γ を周波数依存とせずに定数に限定することに対応する[15]。つまり定数スケールド散乱行列の有界実性が安定性の条件になる[4]。また定数スケーリング付き $\mathcal{H}_\infty$ 制御問題は，LMI を用いて見通しよく制御系設計ができることが知られており，D-K 反復法を用いる μ-設計においては標準 $\mathcal{H}_\infty$ 制御問題とするために必要であった制御性能を設定する際の特別な配慮も不要となる。菅野らは，この定数スケーリング付き $\mathcal{H}_\infty$ 制御問題を LMI で解き，さらにゲインスケジューリング法とも組み合わせることで，可変スケール型バイラテラル制御系の設計を行った[16]。

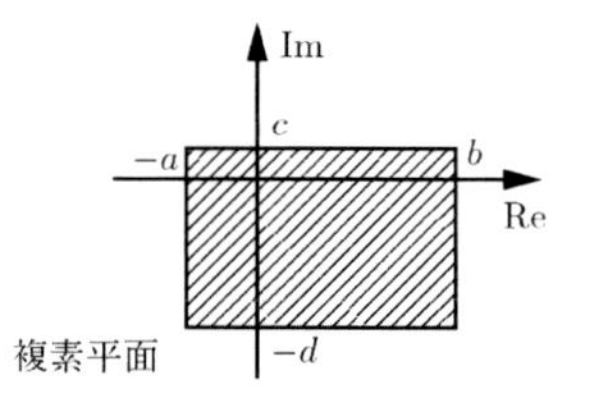

図 10.26　複素平面上での制限されたオペレータインピーダンスの領域

(v) 絶対安定条件の保守性の低減―限定した環境またはオペレータのクラスに対する安定条件

マスタ・スレーブシステムの絶対安定性に関する最近の話題としては，オペレータや環境をすべての受動的なクラスとするのではなく，現実に即したあるクラスに限定することで，安定条件を緩和しようとするアプローチが挙げられる。例えば Haddadi と Hashtrudi-Zaad[17, 18] は，安定条件を複素平面上でグラフィカルに表現することで，マスタ・スレーブシステムの絶対安定性の条件を見通しよく把握できる方法を提案しているが，オペレータ（または環境）の範囲を受動的なものすべてからある程度制限する（例えばある一定の値以上のダンピングを必ず持つなど）ことで，絶対安定性の条件の緩和もグラフィカルに示され，コントローラの設計を見通しよく行うことができるとしている。

Jazayeri らは，図 10.26 に示すように，オペレータのインピーダンスの領域を制限した場合の絶対安定の条件を Llewellyn の条件を拡張する形で以下のように示した[19]。

$$R_{11} \geq 0 \tag{10.48}$$

$$R_{22} \geq a \tag{10.49}$$

$$2R_{11}R_{22} - |Z_{12}Z_{21}| - \mathrm{Re}\{Z_{12}Z_{21}\} - 2R_{11}a \geq 0 \tag{10.50}$$

興味深いことに，上式から安定性に関係するのは，図10.26 の領域 $a(>0)$, $b(>0)$, $c(>0)$, $d(>0)$ のうち左側の境界の値 a のみであることがわかる。この条件は $a<0$ のときにも同様に成り立ち，新たに $\delta=-a$ を導入すると，オペレータが少なくとも $\delta(>0)$ の粘性要素を持つ場合の絶対安定条件が次式で与えられることになる。

$$R_{11} \geq 0 \tag{10.51}$$

$$R_{22} \geq -\delta \tag{10.52}$$

$$2R_{11}R_{22} - |Z_{12}Z_{21}| - \mathrm{Re}\{Z_{12}Z_{21}\} + 2R_{11}\delta \geq 0 \tag{10.53}$$

本来の Llewellyn の条件（式 (10.39)～(10.41)）に比べて条件が緩和されていることがわかる。

＜横小路泰義＞

参考文献（10.3.3 項）

[1] 横小路，吉川：マスタ・スレーブ型遠隔操縦システムの操作性，『計測自動制御学会論文集』，Vol.26, No.7, pp.818–825 (1990).

[2] 横小路：マスタ・スレーブ制御の理論，『日本ロボット学会誌』，Vol.11, No.6, pp.794–802 (1993).

[3] Colgate, J. E. and Hogan, N.: Robust Control of Dynamically Interacting Systems, *Int. J. Control*, Vol.48, No.1, pp.65–88 (1988).

[4] Colgate, J. E.: Robust Impedance Shaping Telemanipulation, *IEEE Trans. on Robotics and Automation*, Vol.9, No.4, pp.374–384 (1993).

[5] Lawrence, D. A.: Stability and Transparancy in Bilateral Teleoperation, *IEEE Trans. on Robotics and Automation*, Vol.9, No.5, pp.624–637 (1993).

[6] Llewellyn, F.B.: Some Fundamental Properties of Transmission Systems, *Proc. of the I.R.E.*, Vol.40, No.5, pp.271–283 (1952).

[7] Doyle, J.: Analysis of Feedback Systems with Structured Uncertainties, *IEEE Proceedings*, Vol.129, Part D, No.6, pp.242–250 (1982).

[8] Doyle, J. *et al.*: Review of LFT's, LMI's, and μ, *Proceedings, 30th IEEE Conference on Decision and Control*, pp.1227–1232 (1991).

[9] Doyle, J.: H^∞ Control -Review of LFT's, LMI's, and μ-, 『SICE'91 特別講演資料』，pp.28–59 (1991).

[10] 藤田：ロバスト制御性能と $\mu-$ シンセシス，『システム/制御/情報』，Vol.37, No.2, pp.93–101 (1993).

[11] 横小路：テレオペレーション制御の現状と今後，『日本ロボット学会誌』，Vol.27, No.4, pp.405–409 (2009).

[12] Kosuge, K. *et al.*: Scaled Telemanipulation with Communication Time Delay, *Proc. IEEE ICRA'96*, pp.2019-2024 (1996).

[13] Vander Poorten, E. B., Yokokohji, Y. and Yoshikawa, T.: Stability Analysis and Robust Control for Fixed-Scale Teleoperation, Advanced Robotics, Vol.20, No.6, pp.681–706 (2006).

[14] 吉川 他：環境とオペレータ特性の不確かさを考慮したマスタ・スレーブシステムのロバスト制御，『日本ロボット学会誌』，Vol.14, No.6, pp.836–845 (1996).

[15] 佐伯：μ-設計と定数スケーリング行列つき H^∞ 設計の比較，『システム/制御/情報』，Vol.38, No.3, pp.161–163 (1994).

[16] 菅野 他：マイクロテレオペレーションのための可変スケール型バイラテラル制御，『日本ロボット学会誌』，Vol.27, No.2, pp.239–248 (2009).

[17] Haddadi, A. and Hashtrudi-Zaad, K.: A New Robust Stability Analysis and Design Tool for Bilateral Teleoperation Control System, *Proc. of IEEE ICRA'08*, pp.663–670 (2008).

[18] Haddadi, A. and Hashtrudi-Zaad, K.: Bounded-Impedance Absolute Stability of Bilateral Teleoperation Control Systems, *IEEE Trans. on Haptics*, Vol.3, No.1, pp.15–27 (2010).

[19] Jazayeri, A. and Tavakoli, M.: Bilateral Teleoperation System Stability with Non-Passive and Strictly Passive Operator or Environment, *Control Engineering Practice*, Vol.40, pp.45–60 (2015).

10.3.4 マスタ・スレーブシステムの制御理論 (II)：時間遅れあり

(1) 概要

マスタアームとスレーブアームが離れた場所にある場合，その間には通信の時間遅れが存在する。宇宙空間のロボットを地上から操作する場合，地上から発せられた電波が宇宙ロボットに到達するまでの所要時間が通信の遅れとなる。このような系においては，時間遅れはマスタ・スレーブ間の距離のみに依存し，遅れ量は一定とみなすことができる。一方，インターネット等の計算機ネットワークを経由してロボットを遠隔操作する場合，パケットが多数の通信機器を経由して送られる。通信経路が変化するために遅れ時間の長さが常に変動するほか，パケットロスが生じるため，従来の枠組みで安定性を保証することが難しい。

時間遅れのある系のバイラテラル制御に従来の位置制御や力制御をそのまま適用すると，システムが不安定となる。これまでに多数の制御理論が提案されているが，広く用いられている手法として，波変数に基づく制御理論が挙げられる。また，PD 制御やロバスト制御などの枠組みで，時間遅れのモデルを用いて安定性を保証する制御理論も用いられている。

(2) 波変数に基づく制御の基礎

波変数に基づく制御は，Anderson と Spong により原理が提案された後[1]，Niemeyer と Slotine により改良され波変数と命名された[2]。これは，弾性波の伝播を模擬した制御手法であり，図 10.27 のようにアーム同士を分布定数系で接続した力学系と等価な動特性を示す。この制御理論の特長は，任意の遅れ時間に対して受動性を保証できることであり，計算機ネットワークを介したシステムなどの，事前に遅れ時間の上限が定まっていないシステムに適している。以下に波変数に基づく制御理論を示す。

図 10.27　波変数に基づくバイラテラル制御系と等価な力学系

波変数による制御では，マスタおよびスレーブの速度と力は次式で表される波変数に変換されてから相手側に送信される。

$$\boldsymbol{u}_m(t) = \frac{b\dot{\boldsymbol{x}}_m(t) + \boldsymbol{f}_m(t)}{\sqrt{2b}} \tag{10.54}$$

$$\boldsymbol{v}_s(t) = \frac{b\dot{\boldsymbol{x}}_s(t) - \boldsymbol{f}_s(t)}{\sqrt{2b}} \tag{10.55}$$

ここで $\dot{\boldsymbol{x}}_m$, $\dot{\boldsymbol{x}}_s$ はそれぞれマスタとスレーブの速度を表す。$\boldsymbol{f}_m$ はオペレータがマスタアームに加える力であり，$\boldsymbol{f}_s$ はスレーブアームが環境に加える力である。また b は特性インピーダンスと呼ばれるパラメータである。受信側の波変数は以下のように表される。

$$\boldsymbol{u}_s(t) = \frac{b\dot{\boldsymbol{x}}_s(t) + \boldsymbol{f}_s(t)}{\sqrt{2b}} = \boldsymbol{u}_m(t - T_1) \tag{10.56}$$

$$\boldsymbol{v}_m(t) = \frac{b\dot{\boldsymbol{x}}_m(t) - \boldsymbol{f}_m(t)}{\sqrt{2b}} = \boldsymbol{v}_s(t - T_2) \tag{10.57}$$

ここで，T_1 はマスタからスレーブへの遅れ時間，T_2 は逆方向の遅れ時間である。

元となった速度と力の情報は式 (10.54)〜(10.57) を解いて得られる。実際には，図 10.28 に示すように，波変数の速度を速度目標値に，波変数の力情報をアクチュエータ出力に対応させて位置の PD 制御を適用するなどの実装が行われる。

(3) 波変数における波の反射

特性インピーダンス b は制御系の応答性を決定するパラメータであり，アームの慣性やシステムの用途に応じて適切に設定する。図 10.27 の分布定数系の全質量を m_T，定常状態でのバネ定数を k_T とすると，$k_T = b/T$, $m_T = bT$ が成り立つ。すなわち，システムの「硬さ」と「軽さ」がトレードオフの関係にある。

波変数に基づく制御を適用したシステムでは，実際の分布定数系と同様に終端での波の反射が生じるため，振動的な応答を示すことがある。そこで，アームに特性インピーダンス b と等しい粘性要素を持たせることで波の反射を抑えることができる[2]。これは，高周波回路において，伝送線路の特性インピーダンスと終端抵抗を一致させるインピーダンス整合と同じ原理である。

さらに，アームが物体に触れているときなどの，インピーダンスが一致しないときに生じる波の反射を抑えるために，波変数にローパスフィルタを適用するなどの対策が取られている。フィルタはゲインが 1 以下であればシステムの受動性を損ねることはない。インピーダンス整合，フィルタともにシステムのエネルギーを減衰させる要素であるため，必ずしも制御性能が向上するとは限らない。

(4) 波変数の積分誤差と位置ドリフト

式 (10.54)〜(10.57) の波変数は速度情報と力情報のみからなっており，位置情報を得るには積分演算が必要である。時間遅れが変動する系に波変数を適用する

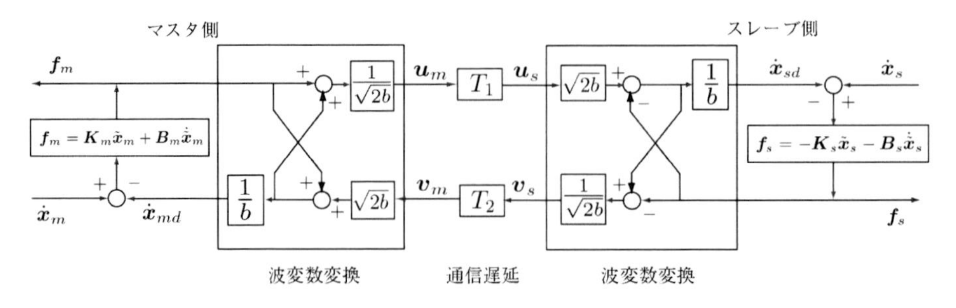

図 10.28　波変数に基づくバイラテラル制御の実装例

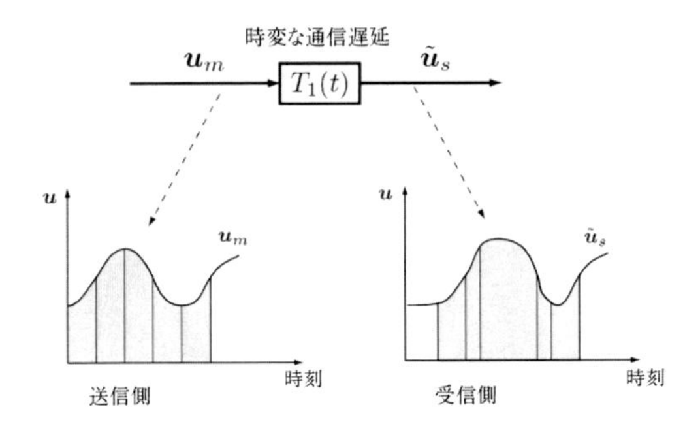

図 10.29 波変数に基づくバイラテラル制御の実装例

と，図 10.29 に示すように波形が歪むため，送信側と受信側での積分値が一致せず，位置情報がドリフトするという問題がある。これを補償するために様々な制御則が提案されている。例えば，受信側にバッファを設けて擬似的に一定時間遅れ環境を再現することで補償が可能である[3]。また，より制御性能の高い手法としては，積分値を送信側で計算し受信側の積分値との誤差をフィードバックするもの[4, 5]，遅れ時間の微分値を用いて波の歪みを補正する手法[6, 7] などが提案されている。

(5) その他の制御手法

H_∞ 制御は，モデル化誤差に対してロバスト安定性を保証できる制御理論である。図 10.30 のように，時間遅れ e^{-sT} をノミナル伝達関数 $T(s) = 1$ と加法的不確かさ $\Delta(s) = e^{-sT} - 1$ に分解し，$||e^{-sT} - 1||_\infty = 2$ であることを利用すれば，H_∞ 制御やそれを拡張した μ 設計法[8]，ゲインスケジュールド H_∞ 制御[9] などを用いた安定化制御器の導出が可能である。なお，上記の $\Delta(s)$ はノミナル伝達関数よりもゲインが大きいため，そのままではコントローラが保守的となり十分な制御性能を達成できない。実際には，遅れ時間要素とスレーブアームの積をとったものを 1 つのプラントとしてコントローラを設計する。これにより，低周波領域において不確かさのゲインを小さくすることができ，制御性能を向上させることができる。

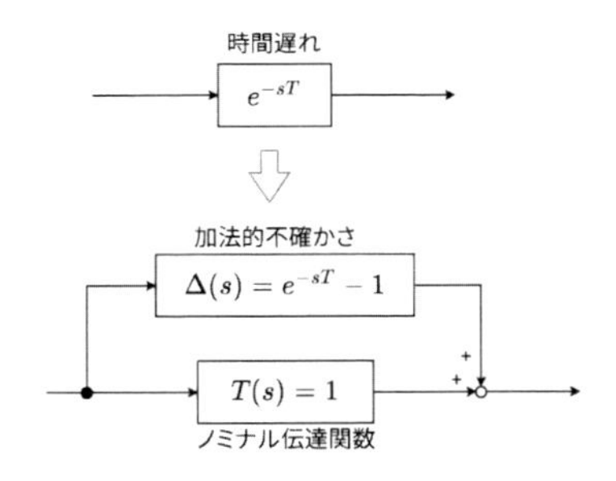

図 10.30 H_∞ 制御における時間遅れの近似

本項では，波変数に基づく手法やロバスト制御理論を紹介したが，ゲインが所定の安定条件を満たしていれば単純な PD 制御での安定化も可能である[10]。

＜菅野貴皓＞

参考文献（10.3.4 項）

[1] Anderson, R. J., Spong, M. W.: Bilateral Control of Teleoperators with Time Delay, *IEEE Transactions on Automatic Control*, Vol. 34, No. 5, pp. 494–501 (1989).

[2] Niemeyer, G., Slotine, J. J. E., Stable adaptive teleoperation Ocean, *Eng. IEEE J.*, Vol. 16, No. 1, pp. 152–162 (1991).

[3] Kosuge, K., Murayama, H., Takeo, K.: Bilateral Feedback Control of Telemanipulators via Computer Network, *Proc. IEEE/RSJ IROS' 96*, pp. 1380–1385 (1996).

[4] Niemeyer, G., Slotine, J. J. E.: Towards Force-Reflecting Teleoperation Over the Internet, *Proc. IEEE ICRA' 98*, pp. 1909–1915 (1998).

[5] Yokokohji, Y., Imaida, T., Yoshikawa, T.: Bilateral Teleoperation under Time-Varying Communication Delay, *Proc. IEEE/RSJ IROS' 99*, pp. 1854–1859 (1999).

[6] Lozano, R., Chopra, N., Spong, M. W.: Passivation of Force Reflecting Bilateral Teleoperators with Time Varying Delay, *Proc. 8th Mechatronics Forum (Mechatronics' 02)*, pp. 954–962 (2002).

[7] Berestesky, P., Chopra, N., Spong, M. W.: Discrete Time Passivity in Bilateral Teleoperation over the Internet, *Proc. IEEE ICRA 2004*, pp. 4557–4564 (2004).

[8] Leung, G. M. H., Francis, B. A. and Apkarian, J.: Bilateral Controller for Teleoperators with Time Delay via μ-Synthesis, *IEEE Transactions on Robotics and Automation*, Vol. 11, No. 1, pp. 105–116 (1995).

[9] Sano, A., Fujimoto, H., Tanaka, M.: Gain-Scheduled Compensation for Time Delay of Bilateral Teleoperation Systems, *Proceedings of the 1998 IEEE International Conference on Robotics and Automation*, pp. 1916–1923 (1998).

[10] Oboe, R., Fiorini, P.: A Design and Control Environment for Internet-Based Telerobotics, *International Journal of Robotics Research*, Vol. 17, No. 4, pp. 433–449 (1998).

10.4 事例紹介

10.4.1 4ch アーキテクチャのバイラテラル制御

(1) 理想応答を実現する 4ch アーキテクチャ

横小路らは，10.3.3 項で議論したマスタ・スレーブシステムの理想状態を実現する条件を式 (10.25) で示したバイラテラル制御の一般表現を基に議論し，加速度情報が必要であることを示した[1]。また，理想状態を実現するバイラテラル制御として，次式を提案した[2, 3]。

$$\begin{aligned}\tau_m &= m_m\left[\ddot{x}_{\mathrm{ms}} + k_1(\dot{x}_{\mathrm{ms}} - \dot{x}_m) + k_2(x_{\mathrm{ms}} - x_m)\right]\\ &\quad + b_m\dot{x}_m - \frac{(1+k_{\mathrm{mf}})}{2}\left[\hat{m}\ddot{x}_{\mathrm{ms}} + \hat{b}\dot{x}_{\mathrm{ms}} + \hat{c}x_{\mathrm{ms}}\right]\\ &\quad + \frac{\lambda}{2}m_m f_{\mathrm{ms}} - k_{\mathrm{mf}}(f_{\mathrm{ms}} - f_m) - f_{\mathrm{ms}} \qquad (10.58)\end{aligned}$$

$$\begin{aligned}\tau_s &= m_s\left[\ddot{x}_{\mathrm{ms}} + k_1(\dot{x}_{\mathrm{ms}} - \dot{x}_s) + k_2(x_{\mathrm{ms}} - x_s)\right]\\ &\quad + b_s\dot{x}_s - \frac{(1+k_{\mathrm{sf}})}{2}\left[\hat{m}\ddot{x}_{\mathrm{ms}} + \hat{b}\dot{x}_{\mathrm{ms}} + \hat{c}x_{\mathrm{ms}}\right]\\ &\quad - \frac{\lambda}{2}m_s f_{\mathrm{ms}} + k_{\mathrm{sf}}(f_{\mathrm{ms}} - f_s) + f_{\mathrm{ms}} \qquad (10.59)\end{aligned}$$

ここに，$x_{ms} \triangleq \frac{(x_m + x_s)}{2}$，$f_{ms} \triangleq \frac{(f_m + f_s)}{2}$ である。また $\hat{m}, \hat{b}, \hat{c}$ は図 10.31 に示す介在インピーダンスの質量，粘性，剛性であり，$\hat{m} = 0$，$\hat{b} = 0$，$\hat{c} = 0$ としたときに完全な理想状態となる。λ による介在インピーダンスは，図 10.31 には示されていないが，理想状態では剛体であったオペレータと環境の間をつなぐ棒に多少の伸縮を許容することに相当する。

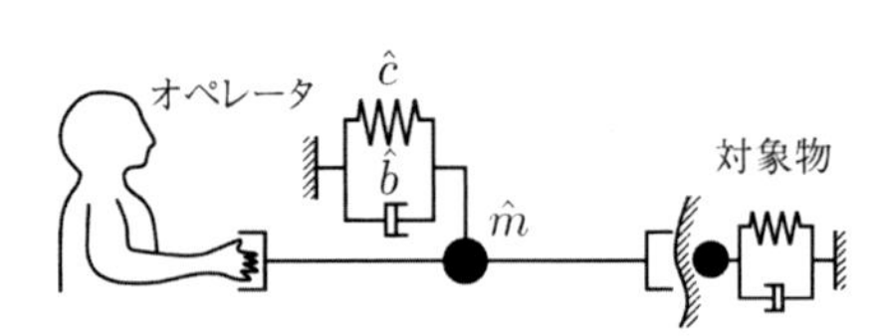

図 **10.31**　介在インピーダンス

式 (10.58), 式 (10.59) の制御則は，式 (10.25) の一般形の各ゲインの値としては，以下のようになる。

$$K_{\mathrm{mpm}} = -\frac{m_m}{2}k_2 - \frac{(1+k_{\mathrm{mf}})}{2}\frac{\hat{c}}{2}$$

$$K'_{\mathrm{mpm}} = -\frac{m_m}{2}k_1 + b_m - \frac{(1+k_{\mathrm{mf}})}{2}\frac{\hat{b}}{2}$$

$$K''_{\mathrm{mpm}} = \frac{m_m}{2} - \frac{(1+k_{\mathrm{mf}})}{2}\frac{\hat{m}}{2}$$

$$K_{\mathrm{mfm}} = \frac{(k_{\mathrm{mf}}-1)}{2} + \frac{\lambda}{2}\frac{m_m}{2}$$

$$K_{\mathrm{mps}} = -\frac{m_m}{2}k_2 + \frac{(1+k_{\mathrm{mf}})}{2}\frac{\hat{c}}{2}$$

$$K'_{\mathrm{mps}} = -\frac{m_m}{2}k_1 + \frac{(1+k_{\mathrm{mf}})}{2}\frac{\hat{b}}{2}$$

$$K''_{\mathrm{mps}} = -\frac{m_m}{2} + \frac{(1+k_{\mathrm{mf}})}{2}\frac{\hat{m}}{2}$$

$$K_{\mathrm{mfs}} = \frac{(k_{\mathrm{mf}}+1)}{2} - \frac{\lambda}{2}\frac{m_m}{2}$$

$$K_{\mathrm{spm}} = \frac{m_s}{2}k_2 - \frac{(1+k_{\mathrm{sf}})}{2}\frac{\hat{c}}{2}$$

$$K'_{\mathrm{spm}} = \frac{m_s}{2}k_1 - \frac{(1+k_{\mathrm{sf}})}{2}\frac{\hat{b}}{2}$$

$$K''_{\mathrm{spm}} = \frac{m_s}{2} - \frac{(1+k_{\mathrm{sf}})}{2}\frac{\hat{m}}{2}$$

$$K_{\mathrm{sfm}} = \frac{(k_{\mathrm{sf}}+1)}{2} - \frac{\lambda}{2}\frac{m_s}{2}$$

$$K_{\mathrm{sps}} = \frac{m_s}{2}k_2 + \frac{(1+k_{\mathrm{sf}})}{2}\frac{\hat{c}}{2}$$

$$K'_{\mathrm{sps}} = \frac{m_s}{2}k_1 - b_s + \frac{(1+k_{\mathrm{sf}})}{2}\frac{\hat{b}}{2}$$

$$K''_{\mathrm{sps}} = -\frac{m_s}{2} + \frac{(1+k_{\mathrm{sf}})}{2}\frac{\hat{m}}{2}$$

$$K_{\mathrm{sfs}} = \frac{(k_{\mathrm{sf}}-1)}{2} + \frac{\lambda}{2}\frac{m_s}{2}$$

このように，式 (10.58), 式 (10.59) の制御則は，マスタ，スレーブの位置，速度，加速度，力のすべての情報を必要とすることを意味している。

Lawrence[4] も，横小路らとほぼ同時期にマスタ・スレーブの理想状態を実現するバイラテラル制御則について議論し，図 10.32 に示すような 4ch アーキテクチャを提案した。Lawrence の 4ch アーキテクチャでは，マスタ，スレーブの速度と力の情報をすべて用いるため，情報チャンネルの数は 4 となる。横小路らの一般形でも，位置，速度，加速度，力の線形結合としているのでこれも 4ch アーキテクチャとも見なせるが，Lawrence の 4ch アーキテクチャでは速度と力に関する一般的な伝達関数で表現されているため，より一般的な表現形態となっている。

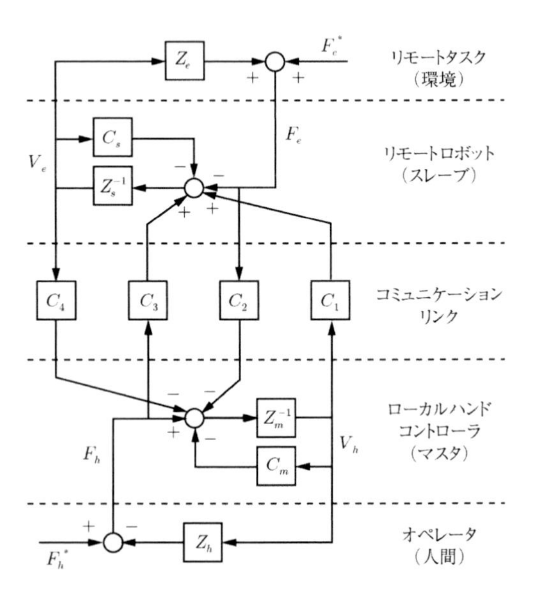

図 **10.32**　4ch アーキテクチャ

Lawrenceは，完全な理想状態を実現するには加速度情報が必要であるとしながらその実装は難しいとしている[4]。横小路らの制御則においても介在インピーダンスの質量項 $\hat{m}$ を残すことで，加速度に関するゲインを小さくしたり，ゼロにする（すなわち加速度情報を必要としないようにする）ことができるが，理想的な状態からは遠ざかることになる。

最後に式(10.58), (10.59)で示した制御則の安定性を確認しよう。この制御則を適用した場合のシステムの散乱行列は次式で与えられる。

$$\boldsymbol{S} = \frac{1}{((s+k_1+\frac{k_2}{s})+\frac{1}{2}\lambda)((\hat{m}s+\hat{b}+\frac{\hat{c}}{s})+2)} \times \begin{bmatrix} \alpha & \beta \\ \beta & \alpha \end{bmatrix} \tag{10.60}$$

ここに α, β は次式で与えられる。

$$\alpha = \left(s+k_1+\frac{k_2}{s}\right)\left(\hat{m}s+\hat{b}+\frac{\hat{c}}{s}\right)-\lambda \tag{10.61}$$

$$\beta = 2\left(s+k_1+\frac{k_2}{s}\right)-\frac{1}{2}\left(\hat{m}s+\hat{b}+\frac{\hat{c}}{s}\right) \tag{10.62}$$

この場合の散乱行列 $\boldsymbol{S}$ は対称行列なので，構造化特異値はこの行列の本来の特異値と一致する。この行列の特異値は，

$$\sigma_1 = \frac{\left|\left(\hat{m}s+\hat{b}+\frac{\hat{c}}{s}\right)-2\right|}{\left|\left(\hat{m}s+\hat{b}+\frac{\hat{c}}{s}\right)+2\right|} \leq 1 \tag{10.63}$$

$$\sigma_2 = \frac{\left|(s+k_1+\frac{k_2}{s})-\frac{1}{2}\lambda\right|}{\left|(s+k_1+\frac{k_2}{s})+\frac{1}{2}\lambda\right|} \leq 1 \tag{10.64}$$

となり，絶対安定性が保証されることがわかる。また $\hat{m}=0$, $\hat{b}=0$, $\hat{c}=0$, $\lambda=0$ とすることで，式(10.60)の散乱行列が式(10.32)で示した理想状態での散乱行列になることも確認できる。

(2) 固定スケールテレオペレーションへの拡張

Vander Poortenらは，横小路らの制御則を図10.33に示すような固定スケールのスケールドテレオペレーションに拡張し，固定スケールテレオペレーションでの理想状態を実現する制御測を提案した[5]。

固定スケールのスケールドテレオペレーションにおける理想状態は，既に10.3.3項で見たように，

$$\dot{x}_m(t) = \epsilon\dot{x}_s(t) \tag{10.65}$$

$$f_m(t) = \phi f_s(t) \tag{10.66}$$

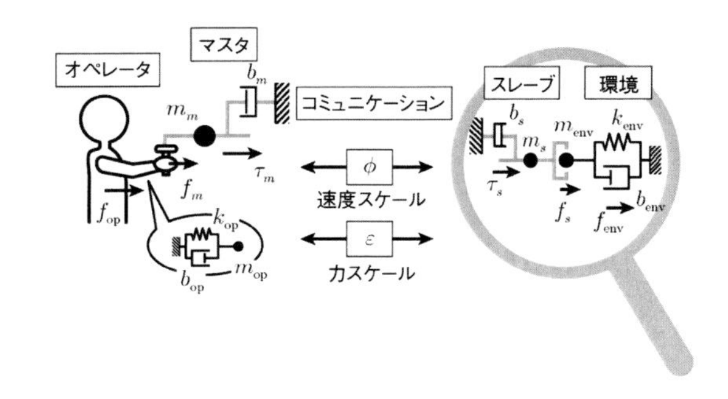

図 10.33　スケールドテレオペレーション

となる。ここに ϵ, ϕ はそれぞれ速度と力に関するある一定なスケール比である。

この理想状態での散乱行列 $\boldsymbol{S}_{\rm mss}^{\rm ideal}$ は式(10.34)で示したが，この行列の構造化特異値は $\gamma=\frac{1}{\sqrt{\epsilon\phi}}$ でスケーリングした以下の行列の特異値となり，

$$\boldsymbol{D}\boldsymbol{S}_{\rm mss}^{\rm ideal}\boldsymbol{D}^{-1} = \begin{bmatrix} \frac{1-\frac{\epsilon}{\phi}}{1+\frac{\epsilon}{\phi}} & \frac{2\sqrt{\frac{\epsilon}{\phi}}}{1+\frac{\epsilon}{\phi}} \\ \frac{2\sqrt{\frac{\epsilon}{\phi}}}{1+\frac{\epsilon}{\phi}} & \frac{1-\frac{\epsilon}{\phi}}{1+\frac{\epsilon}{\phi}} \end{bmatrix} \tag{10.67}$$

これより最大特異値は，

$$\bar{\sigma}(\boldsymbol{D}\boldsymbol{S}_{\rm mss}^{\rm ideal}\boldsymbol{D}^{-1}) = \frac{\sqrt{\left(1-\frac{\epsilon}{\phi}\right)^2+\left(2\sqrt{\frac{\epsilon}{\phi}}\right)^2}}{\sqrt{\left(1+\frac{\epsilon}{\phi}\right)^2}} = 1 \tag{10.68}$$

となり，理想状態の絶対安定性が示される。

ここでは紙面の都合もあり，Vander Poortenらの示した制御則を具体的に示すことはしないが，彼らは散乱行列の構造化特異値を求める際のスケールファクタ γ が $\gamma=\sqrt[4]{(s_{21}^*s_{21})/(s_{12}^*s_{12})}$ で与えられることを利用して，提案した制御測の絶対安定性を解析的に示している。

＜横小路泰義＞

参考文献（10.4.1 項）

[1] 横小路，吉川：マスタ・スレーブ型遠隔操縦システムの操作性，『計測自動制御学会論文集』，Vol.26, No.7, pp.818–825 (1990).

[2] 横小路，吉川：理想的な筋運動感覚を与えるマスタ・スレーブマニピュレータのバイラテラル制御，『計測自動制御学会論文集』，Vol.27, No.1, pp.56–63 (1991).

[3] Yokokohji, Y. and Yoshikawa, T.: Bilateral Control of Master-Slave Manipulators for Ideal Kinesthetic Coupling —Formulation and Experiment—, *IEEE Transaction on Robotics and Automation*, Vol.10, No.5, pp.605–620 (1994).

[4] Lawrence, D. A.: Stability and Transparancy in Bilateral Teleoperation, *IEEE Trans. on Robotics and Automation*, Vol.9, No.5, pp.624–637 (1993).

[5] Vander Poorten, E. B., Yokokohji, Y. and Yoshikawa, T.: Stability Analysis and Robust Control for Fixed-Scale Teleoperation, Advanced Robotics, Vol.20, No.6, pp.681–706 (2006).

10.4.2 PO/PC を用いたハプティックインタフェースやテレオペレーション

(1) 時間領域受動性

これまでのテレオペレーション制御は主に線形な制御手法が用いられており，受動性（10.3.2 項）の条件を満たしながら高い制御性能を達成することを目的に，ロバスト制御理論などが適用されてきた。しかしながら，ハプティックインタフェースやテレオペレーションシステムはインピーダンスが 0 の自由空間からインピーダンスが非常に高い剛体壁まで，幅広い環境インピーダンスに対して安定性を保証しなければならない。理想的なシステムにおいてはロバスト制御でも性能の高いコントローラを得ることは可能であるが，実際の制御系にはセンサのノイズや応答の遅れ，デジタル制御のサンプリングによる時間遅れなど，システムの受動性を損ねる要因が複数存在する。これらの条件を全て考慮して安定かつ性能の高いコントローラを達成することは非常に難しい。特に，スレーブアームが剛体壁と接触した際に振動が生じやすく，これを抑えるためには制御系の粘性を強めて制御性能を犠牲にしなければならない。

この課題に対して，Hannaford と Ryu は時間領域受動性を用いた制御 (time-domain passivity control) を提案した[1]。この制御においては，時間領域の受動性の定義を積極的に利用し，制御器に時変な粘性要素を追加することによって幅広い環境インピーダンスに対して安定な制御を実現している。

時間領域受動性は，下記の式で定義される[1, 2]。

$$\int_0^t (f_1(\tau)v_1(\tau) + \cdots + f_M(\tau)v_M(\tau))d\tau + E(0) \geq 0, \qquad \forall t \geq 0 \tag{10.69}$$

ただし，M はシステムのポート数であり，1 自由度のハプティックインタフェースの場合 $M=1$，マスタ・スレーブシステムの場合は $M=2$ となる。また，$E(0)$ はシステムに蓄積されている初期エネルギーである。これは，線形時不変なシステムにおいては従来の周波数領域の受動性と等価である。

(2) PO/PC の実装

時間領域受動性を用いた制御は，システムの受動性を監視する Passivity Observer (PO) と受動性を保証するための散逸要素 Passivity Controller (PC) から構成される。ハプティックインタフェース等の 1 ポートのネットワークに対しては，図 10.34 のように散逸要素 α を直列または並列に配置する。PO は次式によりシステムのエネルギーを監視する。

$$E_{\mathrm{obsv}}(n) = \Delta T \sum_{k=0}^{n} [f_1(k)v_1(k)] \tag{10.70}$$

ただし，ΔT はサンプル時間，k は時刻である。$E_{\mathrm{obsv}}(n) \geq 0$ であればこのシステムは受動的である。例えば，図 10.34 (a) の直列接続の構成とした場合，$f_1 = f_2 + \alpha v$ であるから，

$$E_{\mathrm{obsv}}(n) = E_{\mathrm{obsv}}(n-1) + [f_2(n)v_2(n) + \alpha(n-1)v_2(n-1)^2]\Delta T \tag{10.71}$$

となる。したがって，$\alpha(n)$ を

$$\alpha(n) = \begin{cases} -E_{\mathrm{obsv}}(n)/\Delta T v_2(n)^2, & E_{\mathrm{obsv}}(n) < 0 \\ 0, & E_{\mathrm{obsv}}(n) \geq 0 \end{cases} \tag{10.72}$$

とすれば，システムの受動性が保証される。

本手法の利点は，力帰還型バイラテラル制御などの

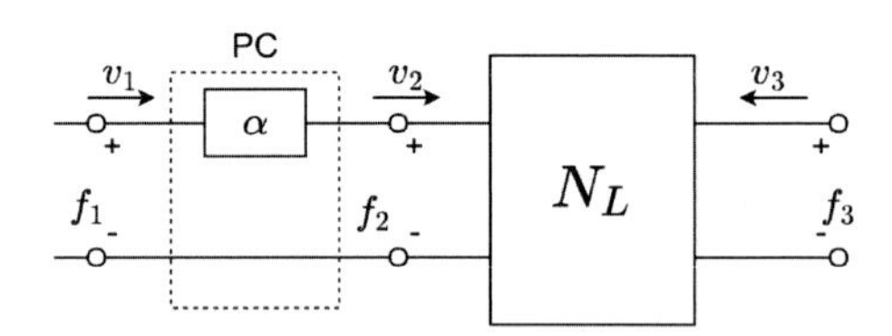

(a) 直列接続型 PC

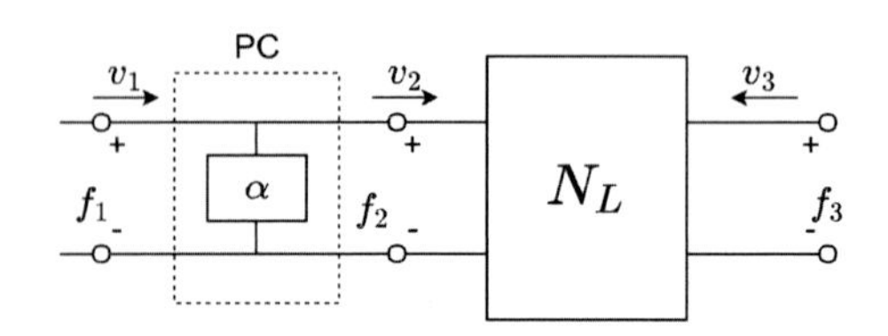

(b) 並列接続型 PC

図 10.34　時間領域受動性を用いた制御

既存の制御則に対して PO/PC を付加するだけで容易に受動性を保証できるという点である。特に，剛体壁との接触による振動を抑えるという点では強力な手法である。一方，制御系にスイッチング要素が含まれるため，PC が頻繁に作動するとシステムの力応答が振動的となり，操作感が悪化する恐れがある。また，力と速度の計測値にノイズやドリフトが生じた場合には必ずしも受動性が保証されるとは限らない。

(3) PO/PC の拡張

当初，ハプティックインタフェースの制御則として提案された PO/PC は，後にテレオペレーション制御へと拡張された[3]。図 10.35 のように PC をマスタ側，スレーブ側に各 1 個ずつ配置し，下式で定義される 2 ポートの受動性を監視する。

$$E_{\text{obsv}}(n) = \Delta T \sum_{k=0}^{n} [f_1(k)v_1(k) + f_2(k)v_2(k)] \tag{10.73}$$

この方式ではマスタ側とスレーブ側のエネルギー値を同時に計測しなければならないため，通信の遅延があるテレオペレーションには適用することができない。

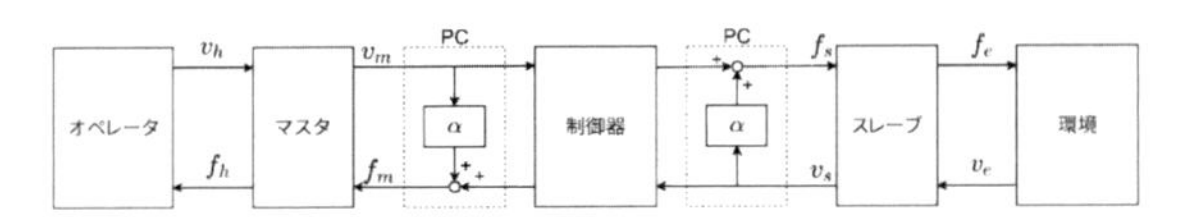

図 10.35 マスタ・スレーブシステムの時間領域受動性に基づく制御

通信遅延がある場合には，マスタ側とスレーブ側でエネルギーをそれぞれ監視し，エネルギー値を互いに送信する手法が開発されている[4,5]。PO/PC は受動性が保証されるように速度情報を加工するため，マスタとスレーブの位置にドリフトが生じる。これに対して，Artigas らは，絶対位置のフィードバック項を含んだ対称型バイラテラル制御の構成に対して適用できるように PO/PC を改良している[6]。

(4) 周波数領域受動性と時間領域受動性の組み合わせ

PO/PC を用いた制御は理論上はどのような系でも受動性を保証することができるが，実際には PC からの制御入力がアクチュエータが飽和するような過大な入力となる場合がある。また，PC が頻繁に作動することによってオペレータに提示される力覚が振動的となり，操作感が悪化する可能性がある。

そこで，時間領域受動性に従来の周波数領域受動性を組み合わせた制御則が提案されている。Franken らは環境のバネ定数が小さい場合には従来の力逆送型バイラテラル制御によって周波数領域で安定性を保証し，剛体壁などの高インピーダンス環境に対しては PC を作動させる方式を提案している[7]。

また，このようなアプローチは通信遅延がある系にも有用である。波変数を用いたバイラテラル制御は周波数領域受動性を保証するが，遅れ時間が変動する場合には理論上は受動性が保証されない。このような遅れ時間の変動に備えてシステムのエネルギーを監視し，波変数の出力を停止する「エネルギー収支モニタ」が提案されている[8,9]。

＜菅野貴皓＞

参考文献（10.4.2 項）

[1] Hannaford, B., Ryu, J.-H.: Time-Domain Passivity Control of Haptic Interfaces, *IEEE Trans. Robot*, Vol. 18, No. 1, pp. 1–10 (2002).

[2] Anderson, R. J., Spong, M. W.: Bilateral Control of Teleoperators with Time Delay, *IEEE Transactions on Automatic Control*, Vol. 34, No. 5, pp. 494–501 (1989).

[3] Ryu, J.-H., Kwon, D.-S., Hannaford, B.: Stable teleoperation with time-domain passivity control, *IEEE Trans. Robot. Autom.*, Vol. 20, No. 2, pp. 365–373 (2004).

[4] Ryu, J.-H., Preusche, C.: Stable bilateral control of teleoperators under time-varying communication delay: Time domain passivity approach, *2007 IEEE International Conference on Robotics and Automation*, pp. 10–14 (2007).

[5] Ryu, J.-H., Artigas, J., Preusche, C.: A passive bilateral control scheme for a teleoperator with time-varying communication delay, *Mechatronics*, Vol. 20, No. 7, pp. 812–823, (2010).

[6] Artigas, J., Ryu, J.-H., Preusche, C.: Time Domain Passivity Control for Position-Position Teleoperation Architectures, *Presence Teleoperators Virtual Environ.*, Vol. 19, No. 5, pp. 482–497 (2010).

[7] Franken, M., Willaert, B., Misra, S., Stramigioli, S.: Bilateral telemanipulation: Improving the complementarity of the frequency- and time-domain passivity approaches, *Proc. IEEE Int. Conf. Robot. Autom.*, No. 1, pp. 2104–2110 (2011).

[8] Yokokohji, Y.: Bilateral control with energy balance monitoring under time-varying communication delay, *IEEE International Conference on Robotics and Automation*, pp. 2684–2689 (2000).

[9] Yokokohji, Y., Tsujioka, T., Yoshikawa, T.: Bilateral Control with Time-Varying Delay including Communication Blackout, *Proc. the 10th Symposium on Haptic*

Interfaces for Virtual Environment and Teleoperator Systems, pp. 285–292 (2000).

10.4.3　ダンスパートナロボット

(1) はじめに

前節で紹介したように，ヒューマンロボットインタラクションの研究は様々行われている。特にパワーアシストや身体補助といった人間との物理的な接触を伴う協調システムにおいては，人間とロボットの間に生じる相互作用力に基づいてロボットの動作を決定する。従来，相互作用力に基づく人間協調型ロボットの制御では，ロボットに加えられた力の大きさとその方向に基づき受動的な運動を生成するという制御系が設計されている場合が多い。

しかし，人間同士の協調運動を考えると，単に力に対して受動的な運動を生成するだけでなく，作業内容やその瞬間の状態に応じて，お互い意図した動作を意識的にもしくは無意識に推定し，その動作推定に基づいてそれぞれの個人が能動的に運動を行う。これにより，単に相互作用力に基づいて受動的な動作をする場合と比べて，格段に効率的な作業が実現できる。この動作意図の推定に基づく運動は，いわゆる人間同士の「阿吽の呼吸」に基づく動作遂行である。

人間とロボットの阿吽の呼吸の実現を目指した研究として，人間とロボットが社交ダンスを踊るロボットがある[1]。阿吽の呼吸の実現と言っても，人間同士のような様々な状況において適切な行動推定を行うことは難しい。そこで，本研究では，人間の意図したダンスステップを推定するという限られた状況において，適切な人間とロボットの協調が実現できる制御手法の研究開発を行っている。そして，この人間の意図や状態の推定を行う手法を拡張することにより，社交ダンスに限らず作業支援や身体補助を行うロボットが，人間同士の協調に見られる高度な協調運動を実現することを目指している。本項では，このような目的で開発された社交ダンスロボットの制御手法について紹介する。

(2) 社交ダンスロボット PBDR

社交ダンスにおいて，ステップとは連続した足の運びから構成されるある程度決められた運動である。通常，ステップを選択する順番は決まっておらず，男性がステップの遷移規則によって制限されたステップの中から次に踊るステップを選択することにより，社交ダンスの一連の運動が実現される。ステップを切り換える際，男性は切り換えるステップに応じて主に相互作用力を変化させることでリードするステップを女性に示し，一方，女性はそのリードから男性の意図するステップを推定し，次に踊るステップとして選択する。本ロボットシステムにおけるコミュニケーション技術は，男性から加えられるリードを基に，女性が男性の意図するステップを推定するメカニズムを指す。

図 10.36　ダンスパートナロボット PBDR

図 10.36 に示すような人間と社交ダンスを踊るダンスパートナロボット PBDR(Partner Ballroom Dance Robot) が開発されている。これは人間と同様の上半身構造を持ち，2 本の腕が社交ダンスの姿勢を取るように制御される。また，上半身の上下動を行うために腰部と移動ベースの間にパラレルリンク機構を有している。社交ダンスのステップを行うために最も重要となるのが移動ベースである。本システムでは 3 輪のオムニホイールを有する構造とし，全方向移動が可能となっている。腰部には力センサが搭載され，その上に上半身が乗る構造となっているため，ロボットの上半身すべてが力センサの検知部となり，人間とロボットの上半身における相互作用力を計測することが可能である。ダンスパートナロボットはこの相互作用力を解析することで，人間が意図したダンスステップを推定する。

(3) 相互作用力に基づく意図推定技術

人間がロボットに加える相互作用力からどのように人間の意図した次のダンスステップを推定し，推定されたステップを生成するかについて説明する。社交ダンスの制御アーキテクチャは CAST (Control Architecture based on Step Transition) と呼ばれ図 10.37 に示す。CAST は，ステップ軌道やその遷移規則等に代表される社交ダンスの知識をまとめた Knowledge と，人

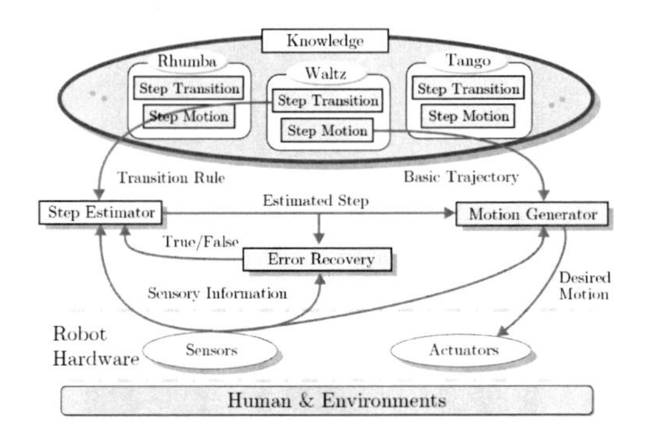

図 10.37 制御アーキテクチャ CAST

間のステップを推定する Step Estimator，ロボットと人間が協調的にダンスを踊る Motion Generator というモジュールから構成される。

人間が意図したステップの推定は Step Estimator で行われ，力センサによって計測された人間・ロボット間の相互作用力と Knowledge に格納されたダンスの知識に基づいて，最も確からしい人間のステップを推定する。そして，その結果を Motion Generator に送ることにより，人間との社交ダンスを実現する。また，Motion Generator においては単に Knowledge に格納されたダンス軌道に完全に追従するように動作を生成するのではなく，人間がロボットに加える相互作用力に応じて，適切にダンスのステップ幅などを変更するようにロボットの移動ベースを制御する。

一般に人間同士による社交ダンスでは，男性パートナの意図したステップを推定するためには，女性はパートナ間の相互作用力だけではなく，環境における現在の位置・姿勢や他のペアとの位置関係など様々な状況を総合して次のステップを推定する。しかし本研究では，男性の加えるリードはロボットの上半身に加わる力情報だけであるという前提の下で，ロボット腰部に搭載した力センサの情報を基に男性の意図するステップを推定する技術を開発した。

ステップの推定に用いるデータは，ステップ遷移の瞬間とその直前の短い時間間隔における力情報の時系列データとし，この時系列データを学習することでパートナの意図するステップを推定する。時間間隔における時系列データを用いることにより，繰返し試行毎に生じるデータの数値的なばらつきやタイミングのずれといった不確かさを含めて，パートナのリードの癖を学習することが可能となる。本推定手法では，時系列データの学習に隠れマルコフモデルを用いた[2]。隠れマルコフモデルは音声認識や DNA 解析などで利用されている学習アルゴリズムであり，不確かさを含む時系列データを統計学的にモデル化することが可能である。

(4) 人間とロボットの意図不一致の検出および修正

社交ダンスをはじめ，様々な作業を人間とロボットが互いの意図を推定しながら実現する場合には，必ず意図の不一致というものが存在する。従来，人間の意図が的確にロボットに伝わらなかった場合には，人間が無理にロボットの運動に合わせるか，ロボットを停止させることが一般的である。しかし，ロボットがそのような人間との意図の不一致状態を感知し，それに合わせてロボットの運動を変化させることができれば，ロボットの人間への適応力は格段に向上する。そこで，本研究では，社交ダンスにおいて，人間の意図した運動とロボットが推定した運動とに差異があるのかを，実際に人間が踊ったステップを計測・解析することで，人間とロボットの意図不一致を検出し，ロボットのステップを変化させる手法を開発した[3]。これは，図 10.37 に示した CAST の中の Error Recovery モジュールで実現される。

ロボットが自身のステップ選択間違いを判断するための情報として，人間がステップを踊る際の運動情報に着目する。社交ダンスはステップ運動が切り替わることにより成り立つものであり，各々のステップ運動の特徴が最も現れるのは両足の運動である。そこで本手法では，人間の両足の運動情報を基に人間の運動をモデル化し，ロボットが選択したステップが人間の実際のステップと一致するかを判断することにより，ステップ選択の一致・不一致を検出する。そして，人間の意図と一致したステップ軌道に運動修正を行うことにより，たとえロボットが正しいステップを推定できない場合においても，人間と協調して社交ダンスを踊ることが可能となる。

(5) おわりに

本項では，人間とロボットの物理的な相互作用に基づく協調運動において，人間の意図を推定する問題に注目し，社交ダンスロボットにおけるステップ推定手法を紹介した。人間の意図や状態推定技術は，社交ダンスロボットに限った技術ではなく，ほぼすべての人間協調型ロボットにおいて必要となる技術である。人間とロボットの協調形態に応じて意図推定を行うために必要となるセンサ情報等は異なるが，このような意図や状態の推定を行うことで人間同士の協調に見られる阿吽の呼吸が，近い将来人間とロボット間にも実現できるものと考える。

＜平田泰久＞

参考文献（10.4.3 項）

[1] Kosuge,K., Hayashi,T., Hirata,Y., Tobiyama, R.: Dance Partner Robot—Ms DanceR—, *Proceedings of the 2003 IEEE/RSJ International Conference on Intelligent Robots and Systems*, pp. 3459–3464 (2003).

[2] Takeda, T., Hirata, Y., Kosuge, K.: Dance Step Estimation Method Based on HMM for Dance Partner Robot, *IEEE Transactions on Industrial Electronic*, Vol. 54, No. 2, pp. 699–706 (2007).

[3] Takeda, T., Hirata, Y., Kosuge, K.: HMM-based Error Recovery of Dance Step Selection for Dance Partner Robot, *Proceedings of 2007 IEEE International Conference on Robotics and Automation*, pp. 1768–1773 (2007).

10.4.4　ブレーキ制御に基づく人間・ロボット協調システム

(1) はじめに

現在開発されている多くのロボットの制御には，サーボモータのような能動的に駆動可能なアクチュエータが用いられている。ロボットに搭載された複数のアクチュエータを適切に制御することで，物体のハンドリングやパワーアシスト，身体補助といった様々な機能を実現することができる。しかし，ロボットの安全性を低下させる大きな要因の一つは，能動アクチュエータの誤動作に起因するものである。制御装置の不具合やプログラミングの間違い，センサの誤検出などで，誤った指令が能動アクチュエータに与えられた場合に，ロボットは人間が意図した動作とは全く異なる運動を行う。

本章で紹介してきたヒューマン・ロボットインタラクションを行うシステムは，人間とシステムが物理的な接触を伴うため，モータの誤動作等による安全対策が重要な課題となる。安全に人間と共生するロボットの実現を目指した研究開発が様々進められているが，本節ではロボットを制御するためのアクチュエータに注目し，安全に人間を支援することが可能なブレーキを用いたロボット制御手法を紹介する。

一般に人間が物体搬送を行う場合には，400 kg 程度の台車であれば，自らの力で動かすことができると言われている。このような場合に問題となるのは，むしろ一度動いてしまった物体を止めることや運動方向を変化させることが物体の慣性力のため困難になることである。また，人間の支援などに使われている歩行器のような福祉機器では，重度な障害を有している場合を除いては，アクチュエータが付いていない受動的な機器を使用する患者が多い。受動的な機器は非常に軽い力で動かせるため，パワーアシストが期待されているというよりは，つまずき時や坂道走行時などにおける速度超過により，使用者が転倒などの危険な状態に陥ることを防ぐことが求められている。

すなわち，人間と協調するシステムを開発するためには，能動的に駆動するアクチュエータを使うことは必須ではなく，むしろシステムの運動速度や運動方向を適切に制御することが重要となる。そのような観点から，本項では非駆動型のロボットシステムを紹介する。ロボットに加わる外力を制御することで結果的にロボットの運動を制御することを目指す研究として，パッシブロボティクスという概念が Goswami ら[1] によって提案されている。これは，スプリングやダンパ等の機械要素から構成されるマニピュレータの手先を，それら機械要素のパラメータを変更することによって，その運動を受動的に制御するものである。

その後，Peshkin ら[2] は，Cobot と呼ばれる非駆動型の物体搬送システムを開発した。これは，ステアリング用の車輪にサーボモータを取り付け，環境情報等に基づき，そのステアリング角度を適切に制御することによって，システムの進行方向等を制御するというものである。システムの進行方向は制御されるが，人間がそのシステムに力を加えないと動かないため非駆動型のシステムとなる。

これに対して，非駆動型という概念は同じであるが，人間が加える力のエネルギーを散逸させることでより安全なロボットの開発を目指したシステムが，ブレーキ制御型システムである[3–5]。ロボットの関節や移動車輪にサーボブレーキを取り付け，人間が加えた力を適切に制限することで，結果的にロボットの運動速度や運動方向を制御することが可能となる。一般にブレーキ制御には，磁性粉体を用いたパウダーブレーキや磁性流体を用いた ER ブレーキ，MR ブレーキが用いられる場合が多いが，これらはサーボモータと比較して低消費電力であるという利点がある。また，回生ブレーキを使うと，さらなる低消費電力化も可能であり，安全性に加えてロボットの長時間駆動に関しても利点となる[6]。したがって，非駆動型ロボットの実現は，ヒューマン・ロボットインタラクションという分野において非常に重要な要素技術となると考え，本項では特にブレーキ制御型ロボットの制御手法を紹介する。

(2) ブレーキ制御型ロボットの運動制御

ブレーキ制御型ロボットとして，図 10.38(a) に示されるような歩行支援ロボット RT Walker[4] や，図 10.38(b) に示されるような物体搬送用全方向移動ロボット PRP[7] が開発されている。これらのシステムには，車輪軸にサーボブレーキが搭載され，車輪に働くブレーキトルクが制御できる。歩行支援ロボットの場合は後輪 2 輪に，物体搬送ロボットの場合は全方向移動車輪 3 輪にそれぞれブレーキが搭載される。サーボブレーキは入力電流に対して比例したブレーキトルクを出力するため，連続的なトルク制御が可能となる。

各車輪のブレーキ力を独立に制御することによって，単純に速度を低下させるだけでなく，その進行方向や姿勢も制御することが可能となり，障害物回避や経路追従といった機能が実現可能である。また，坂道においてロボットの重量をブレーキを用いて補償することで，坂道であってもその場で停止することが可能である。

本項では，このような機能を実現するためにどのようにブレーキ力を決定するかについて説明する。例えば全方向移動が可能な物体搬送ロボットの場合，重心まわりに次式のような運動方程式を考える。

$$\boldsymbol{M}\ddot{\boldsymbol{x}} + \boldsymbol{D}\dot{\boldsymbol{x}} + \boldsymbol{G} = \boldsymbol{F}_h + \boldsymbol{F}_d \tag{10.74}$$

ここで，$\boldsymbol{M}$ はロボットの質量を表し，$\boldsymbol{D}$ はその粘性係数を表す。$\boldsymbol{G}$ は坂道での重力方向への力を表す。$\ddot{\boldsymbol{x}}$，$\dot{\boldsymbol{x}}$ はロボットの重心における並進の加速度・速度および回転の角加速度・角速度を表す。$\boldsymbol{F}_h$ は人間がロボットに加える力・モーメントであり，$\boldsymbol{F}_d$ は様々な支援機能を実現するための目標力・モーメント（以下目標力と呼ぶ）である。

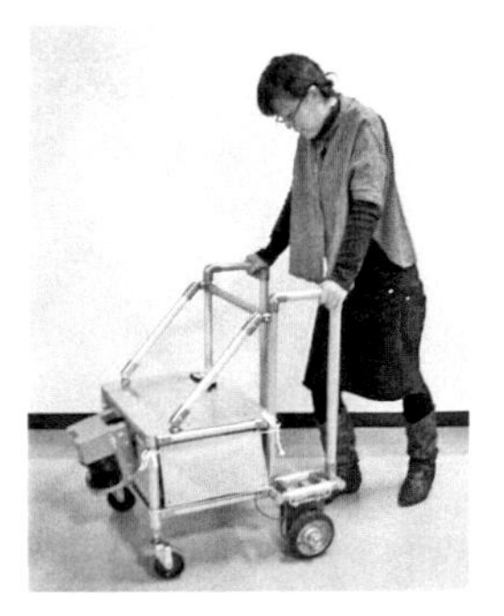
(a) RT Walker

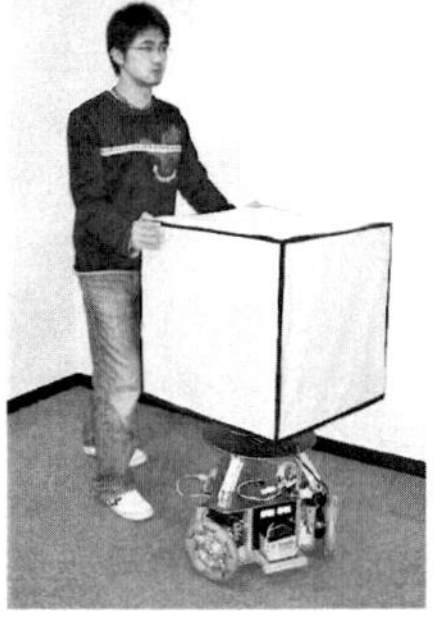
(b) PRP

図 10.38 ブレーキ制御型ロボット

目標力 $\boldsymbol{F}_d$ を適切に設計することで，ロボットに様々な支援機能を持たせることが可能となるが，例えば，一例として，速度制御，重力補償制御，障害物・段差回避制御を実現するためには，下記のように目標力を決定する。

$$\boldsymbol{F}_d = \boldsymbol{F}_v + \boldsymbol{F}_g + \boldsymbol{F}_o \tag{10.75}$$

ここで $\boldsymbol{F}_v$ は速度制御のための目標力であり，速度超過時にブレーキ力が発生するように設計する。$\boldsymbol{F}_g$ は重力補償のためのブレーキ力であり，ロボットが斜面に存在している際の，ピッチ角度およびロール角度に基づきロボット自身の重量から補償すべきブレーキ力を計算する。$\boldsymbol{F}_o$ は障害物・段差回避制御のための目標力であり，進行方向に障害物や段差がある場合に，それらとロボットの距離に基づいてブレーキ力を発生させる。

(3) ブレーキ制御条件

(2) で紹介した手法は，実現したい機能に応じてそれぞれ目標力を設計し，それらを足し合わせてブレーキから出力することで，同時に様々な機能を実現する制御系である。これは，能動的なロボットにも適用できる運動制御手法であるが，ブレーキ制御を行う場合には，実際にロボットがすべての目標力を発生できるわけではないということを考慮する必要がある。

ブレーキ制御型ロボットは能動的に作用する駆動系を有していないため，システム自身で駆動力を発生することはなく，人間が加える力や重力等に基づいて運動を行う。すなわちブレーキを使った制御の場合，操作力や重力に基づく車輪の回転に対して，その回転の反対方向のみにしかトルクの制御を行うことができず，次式のようなブレーキ制御条件を持つ。

$$\tau_w \dot{\phi}_w \leq 0 \tag{10.76}$$

ここで，τ_w は車輪に加わるブレーキ力であり，$\dot{\phi}_w$ は車輪の回転角速度を表す。したがって，従来のサーボモータの制御と異なり，この条件を考慮した制御系の設計が必要となる。

ブレーキ制御のための簡単な概念を図 10.39 に示す。いま，人間が $\boldsymbol{F}_h$ という力・モーメントでロボットを押しているとすると，全方向移動車輪に取り付けられた

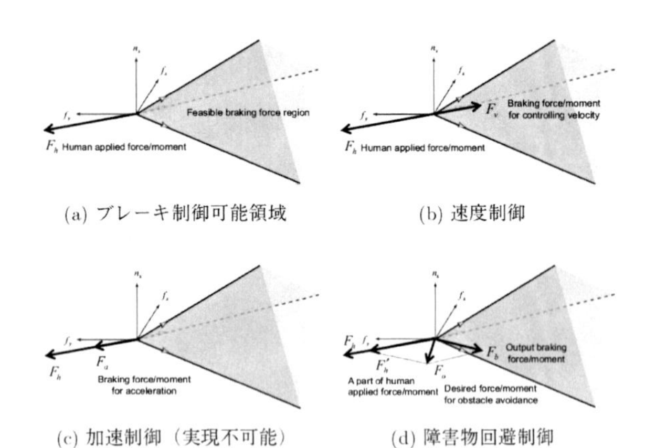

(a) ブレーキ制御可能領域　(b) 速度制御

(c) 加速制御（実現不可能）　(d) 障害物回避制御

図 10.39　ブレーキ制御可能領域に基づく運動制御

ブレーキでは，人間の操作力と反対方向の領域にしかブレーキを発生させることができない（図 10.39(a)）。ここで座標系の各軸は並進方向の力 (f_x, f_y) とモーメント (n_x) を表し，その領域をブレーキ制御可能領域と呼ぶ。いま，ロボットが人間の操作力 $\boldsymbol{F}_h$ に基づいて動作しており，そのロボットの速度を減少させたいと考えた場合，図 10.39(b) に示すように $\boldsymbol{F}_h$ に対して反対方向の力・モーメントをブレーキ力 $\boldsymbol{F}_v$ として発生させれば良いことになる。この場合，$\boldsymbol{F}_v$ はブレーキ制御可能領域の中にあるので，サーボブレーキでロボットを減速させることができる。反対にロボットを加速させたい場合は，図 10.39(c) に示すように人間の加える力の方向と同じ方向にブレーキ力・モーメント $\boldsymbol{F}_a$ を発生させる必要があるが，これは直感的にも無理であることがわかり，図 10.39(c) に示すように $\boldsymbol{F}_a$ はブレーキ領域から外れてしまうため，このような機能は実現することができない。

しかし，目標力がブレーキ制御可能領域から外れた場合，それらのすべての機能が実現できないというわけではない。例えば，ロボットが障害物回避を行いたい場合は，人間の操作力 $\boldsymbol{F}_h$ の方向と障害物回避のための目標力 $\boldsymbol{F}_o$ の方向が直交する場合がある。この力を実現するためには，人間の力と発生可能ブレーキ領域の中のブレーキ力をうまく合成すれば実現できる。すなわち，人間が物体を押してさえいれば，図 10.39(d) に示すようにその押している力の一部 $\boldsymbol{F}'_h$ とブレーキ力・モーメント $\boldsymbol{F}_b$ を使うことにより，障害物回避に必要な領域外の目標力 $\boldsymbol{F}_o$ を発生させることが可能となる。

このようにブレーキ制御可能領域に基づく制御では，物体を加速させる方向以外の目標力が実現できる。したがって，加速しないことで安全なシステムが実現できるとともに，能動システムと同様多くの機能が実現できることがわかる。しかし，人間の操作力の一部を使って目標力を実現する場合には，人間の負担が増加する。人間の負担の定量的な評価が必要ではあるが，歩行支援ロボットや物体搬送ロボットの向きを変える程度においては人間の負担はほぼないことが実験的にわかっており，十分実用的なシステムが実現できると考える。

(4) おわりに

パッシブロボティクスという概念は，人間の操作力に基づいてシステムを安全に操るために必要不可欠なものであり，ブレーキ制御だからといって機能が大幅に制限されるわけではない。また，移動ロボットの制御だけでなく，マニピュレータの関節にブレーキを取り付けて人間の運動を 3 次元空間内でガイドすることも可能であり，リハビリテーションやスポーツのトレーニングなどへの応用が期待されている。

＜平田泰久＞

参考文献（10.4.4 項）

[1] Goswami, A., Peshkin, M. A., Colgate, J.: Passive robotics: an exploration of mechanical computation, *Proceedings of the 2006 IEEE International Conference on Robotics and Automation*, pp. 279–284 (1990).

[2] Peshkin, M. A., Colgate, J. E., Wannasuphoprasit, W., Moore, C. A., Gillespie, R. B., and Akella, P.: Cobot architecture. *IEEE Transactions on Robotics and Automation*, vol. 17, No. 4, pp. 377–390 (2001).

[3] Swanson, D. K., and Book, W. J.: Path-Following Control for Dissipative Passive Haptic Displays, *Proceedings of 11th Symposium on Haptic Interfaces for Virtual Environment and Teleoperator Systems*, pp. 101–108 (2003).

[4] Hirata, Y., Hara, A., Kosuge, K.: Motion Control of Passive Intelligent Walker Using Servo Brakes, *IEEE Transactions on Robotics*, vol. 23, No. 5, pp. 981–990 (2007).

[5] Dellon, B., and Matsuoka, Y.: Modeling and System Identification of a Life-Size Brake-Actuated Manipulator, *IEEE Transaction on Robotics*, Vol. 25, No. 3, pp. 481–491 (2009).

[6] Hirata, Y., Kawamata, K., Sasaki, K., Kaisumi, A., Kosuge, K., Monacelli, E.: Regenerative Brake Control of Cycling Wheelchair with Passive Behavior, *Proceedings of the 2013 IEEE International Conference on Robotics and Automation*, pp. 3858–3864 (2013).

[7] Hirata, Y., Wang, Z., Fukaya, K., Kosuge, K.: Transporting an Object by a Passive Mobile Robot with

Servo Brakes in Cooperation with a Human, *Advanced Robotics*, Vol. 23, No. 4, pp. 387–404 (2009).

10.5　おわりに

本章では，ヒューマン・ロボットインタラクションに関するロボット制御に焦点を当てて解説をした。複数の著者による執筆のため，全体の一貫性という観点では単一著者によるものと比べると劣るかもしれないが，逆に複数著者によってヒューマン・ロボットインタラクションを様々な観点から論じられたのではないかと思う。例えば，10.1 節で論じたヒューマン・ロボットインタラクションの形態と 10.2.3 項で述べられているパワーアシストの分類には共通するものもあれば異なる観点もあり，異なる著者による問題の捕らえ方の違いが興味深い。読者にはそれぞれの観点をご理解いただきながら，ヒューマン・ロボットインタラクションのそれぞれの形態の特徴を把握していただきたい。

また本章では，受動性の観点からハプティックインタフェースに代表されるようなシステムが 1 端子対回路でモデル化できる場合のヒューマン・ロボットインタラクションの安定性と，マスタ・スレーブシステムのようにシステムが 2 端子対回路でモデル化できる場合のヒューマン・ロボットインタラクションの安定性を一元的に論じることができたが，これは読者にとっても非常に有意義なことであると考える。

本章で述べられた内容を一つの図で表現するなら，図 10.40 のようになるであろうか。人間とロボットの力学的なインタラクションの理論的な定式化は，系を単純化した 1 自由度系でなされる場合が多い。本章でも，インタラクションの安定性を保証するために系の受動性に着目し，ハプティックデバイスやマスタ・スレーブシステムなど様々なヒューマン・ロボットインタラクションの安定性を論じた。また，インタラクションのための情報通信に時間遅れが生じる場合についの取組みについても紹介した。

しかし現実的なヒューマン・ロボットインタラクションのシステムを論じるには 1 自由度系では不十分であり，多自由度系での議論が必要になってくる。その際，特異点回避は重要な課題であり，またシステムの本質安全性を確保するためにブレーキ制御などの受動的な機構が有効であることも示された。さらにヒューマン・ロボットインタラクションのより高度な形態として，人間の意図を推定して能動的に動作し「阿吽の呼吸」を実現しようとする試みとして，社交ダンスロボットという具体例も紹介された。

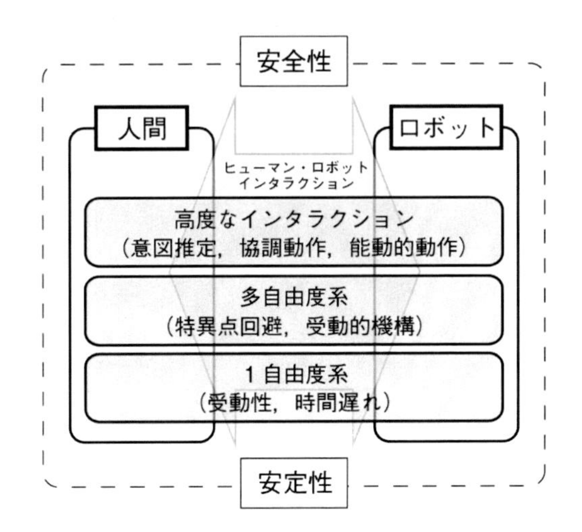

図 10.40　ヒューマン・ロボットインタラクションの階層

以上本章で見てきたように，ヒューマン・ロボットインタラクションにはインタラクションのレベルとしても様々なものがあり，力学的なレベルでは安定性の確保が，より上位のシステムレベルでは人間に対する安全性の確保（安定性の確保も安全性確保のための必要条件であるといえよう）が大前提であるといえるであろう。

本章が，読者に方々のヒューマン・ロボットインタラクションの制御に関する知見を深める一助となれば幸いである。最後に本章の各担当節をご執筆いただいた著者各位に感謝申し上げる。

＜横小路泰義＞

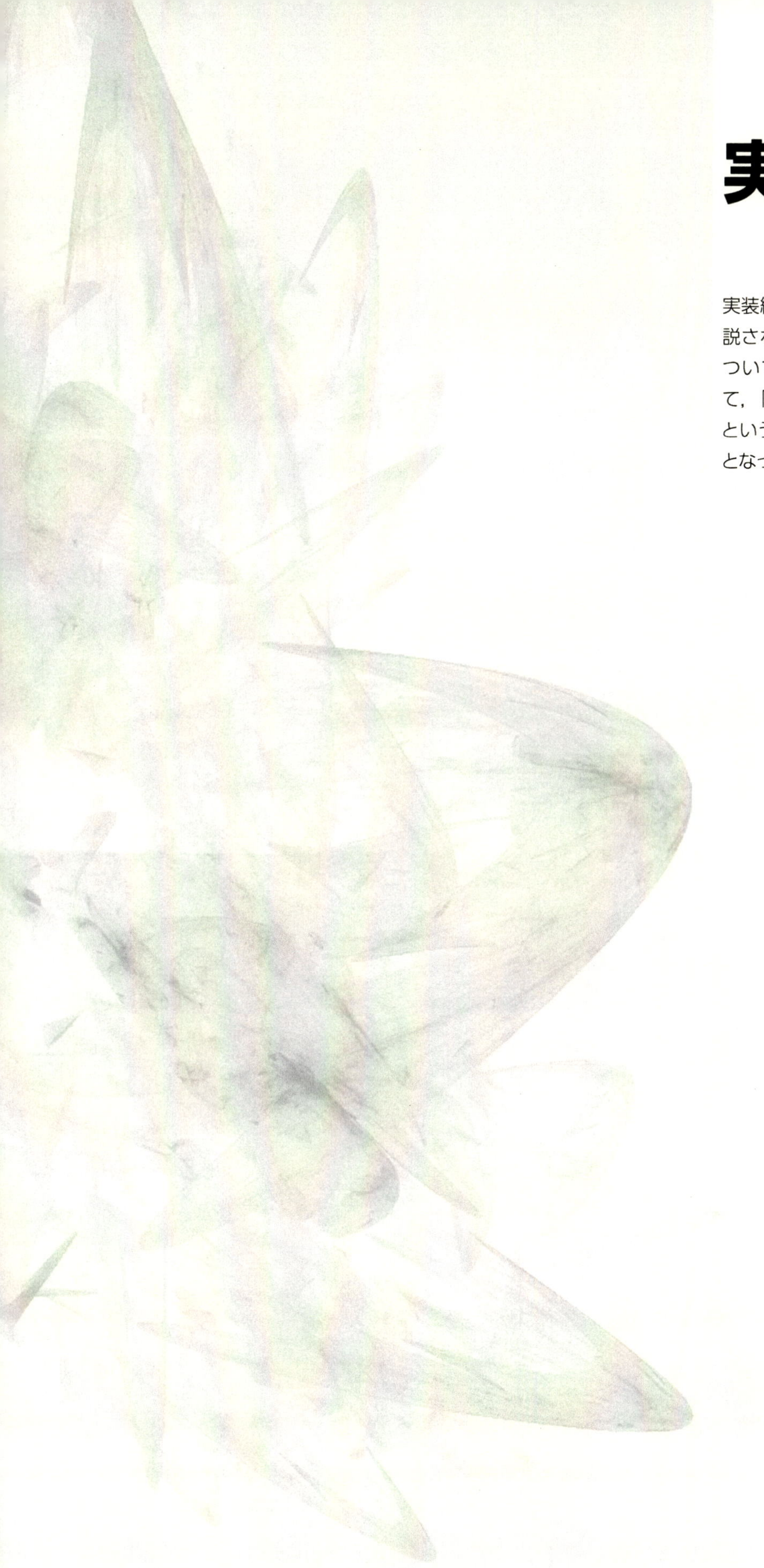

実装編

実装編では，基礎編 第 6～10 章で解説された理論をもとに設計する制御系について解説する。各々のロボットについて，「モデリング→制御系設計→実装」という一連の流れを意識した構成・内容となっている。

第11章

ロボットアーム

11.1 はじめに

本章では，第2～4章で解説されたモデリング手法，および第5～10章で解説された制御系設計手法と実装技術を用いて，ロボットアームのモデリング，制御系設計，実装，実験という一連の流れを具体的に解説する。本章では特に，第6章で出てきたマニピュレータの運動学モデルと動力学モデル（運動方程式）を詳細に導出し，その動力学モデルがもっているいくつかの性質を紹介する。次に，その動力学モデルをどのように同定するかについて述べる。最後に実際のマニピュレータの制御について事例紹介を行う。

＜大須賀公一＞

11.2 ロボットアーム

ロボットアームとは，複数のリンクが関節によって連結された構造になっている連鎖である。例えば図11.1のような物が典型例である。

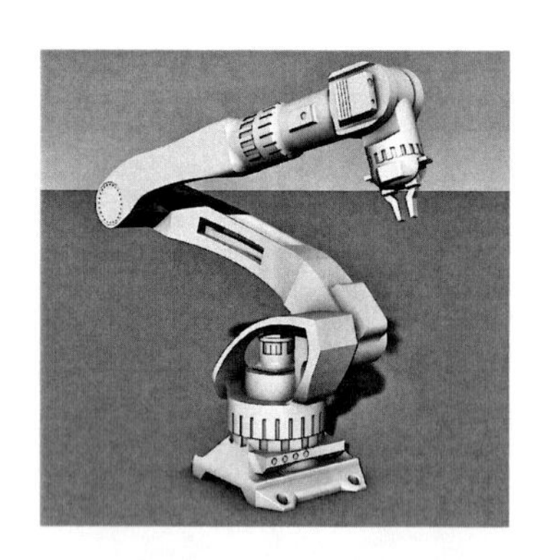

図 11.1 ロボットアーム

また，関節の種類や付き具合によって，形式的にはいくつかの種類に分類することができる。多くの産業用ロボットは，関節の付き方や種類に応じて図11.2のような形のいずれかになっていることが多い。

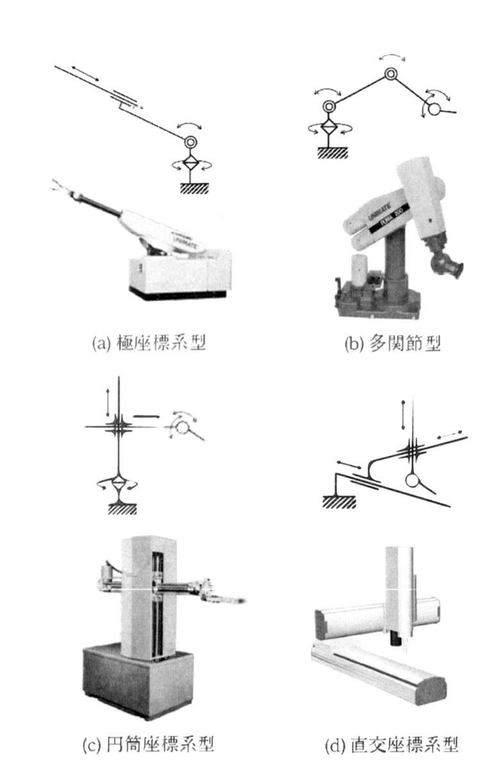

(a) 極座標系型　(b) 多関節型　(c) 円筒座標系型　(d) 直交座標系型

図 11.2 ロボットアームの種類

さらに，これらの形式を一般化すると，図11.3に示すような一般的なn自由度のロボットアームを考えることができる。以降で，このような複数のリンクが連結したシリアルリンク機構の運動学モデルや動力学モデル求めるために，座標系を定義しておこう。図 11.3 のように，リンクはベース 0 から順に手先へと番号を付与され，関節 i はリンク $i-1$ とリンク i の連結部にある。z_i 軸が関節軸と一致するように i 座標系 $\sum_i = \{z_i, y_i, z_i\}$ がリンク i に設定されており，q_i は関節 i の関節変位を表す。そして，第 n リンクはハンドでその先端位置を表すベクトルを $p \in R^3$，手先の方向を示す単位ベクトルを $r \in R^3$ とする。

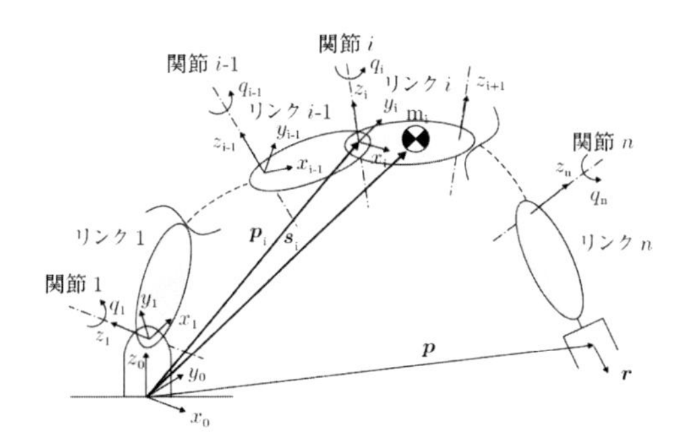

図 11.3　n 自由度ロボットアーム

＜大須賀公一＞

11.3　ロボットアームのモデリング

前述のように，普通ロボットアームは複数のリンクが関節によって連結された構造になっている。ロボットアームのモデルは 2 種類ある。まずは，ロボットアームに作業させるときの手先座標系と関節座標系との間の関係を表すモデルであり，運動学モデルと呼ばれる。もう一つは，ロボットアームの運動方程式である，動力学モデルである。ロボットアームの動力学モデルは，動的制御のための制御入力の設計やその解析に重要な役割を果たす。本節では，運動学モデルを説明し，次に，ラグランジュ法による多関節リンク機構の動力学モデルの基本的な導出法，ホロノミック拘束と非ホロノミック拘束を受けるロボットの動力学モデルを示す。

11.3.1　運動学モデル

一般的に，ロボットアームは手先に装着された何らかの効果器（例えば物体を掴むハンドや溶接ガンなど）で何かしらの作業をするので，制御目的は手先効果器の位置 $\boldsymbol{p}$ と姿勢 $\boldsymbol{r}$ ($\boldsymbol{P} = (\boldsymbol{p}^T, \boldsymbol{r}^T)$) を指定どおりに動かすこととすることが多い。そして，そのためには関節角度 θ_i（回転関節の場合）や変位 h_i（直動関節の場合）($q_i = \theta_i$ or h_i) を適切に制御しなくてはならない。

すなわち，このようなことを考えるには，ロボットアームの関節角度や変位を表す関節座標系とロボットアームの手先効果機の位置・姿勢を表す作業座標系との間の関係を明確にしておく必要がある。一般にそれは

$$\boldsymbol{P} = \boldsymbol{f}(\boldsymbol{q}) \tag{11.1}$$

と書け，この式を運動学モデルと呼んでおこう。このような準備のもと，本節では，次のような 2 種類の問題を定義する（図 11.4 参照）。

- 順運動学問題：関節座標 $\boldsymbol{q} = (q_1, q_2, \ldots, q_n)^T$ から作業座標 $\boldsymbol{P} = (\boldsymbol{p}^T, \boldsymbol{r}^T)^T$ までの関係を求める問題。
- 逆運動学問題：作業座標 $\boldsymbol{P} = (\boldsymbol{p}^T, \boldsymbol{r}^T)^T$ から関節座標 $\boldsymbol{q} = (q_1, q_2, \ldots, q_n)^T$ までの関係を求める問題。

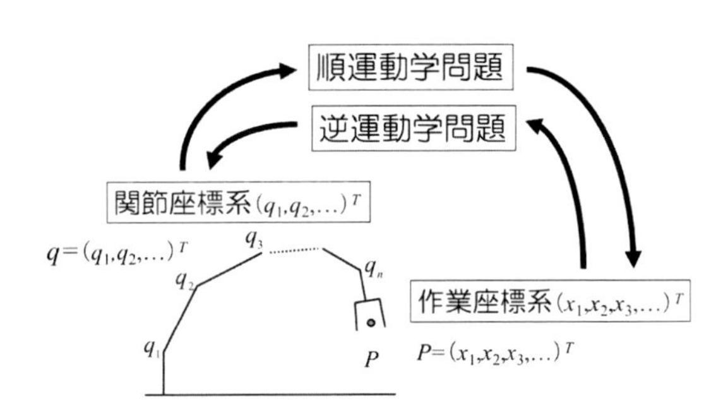

図 11.4　順運動学問題と逆運動学問題

(1) 順運動学問題

例えば，図 11.5 のような 2 自由度のロボットアームを考えよう。ここで，θ_i を第 i 関節の角度 ($i = 1, 2$)，x 軸，y 軸を図のようにとる。このとき，関節座標は $\boldsymbol{q} = (\theta_1, \theta_2)^T$ となり，作業座標は $\boldsymbol{P} = (x, y)^T$ となる。

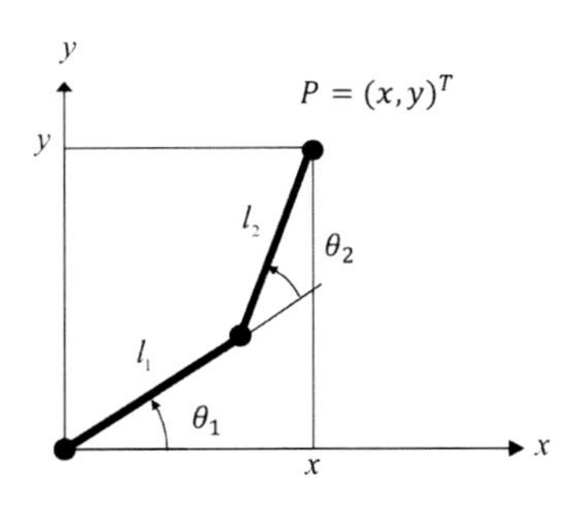

図 11.5　2 自由度ロボットアーム

このとき，運動学方程式は

$$\boldsymbol{P}=\boldsymbol{f}(\boldsymbol{q})=\begin{bmatrix} l_1\cos q_1+l_2\cos(q_1+q_2) \\ l_1\sin q_1+l_2\sin(q_1+q_2) \end{bmatrix} \quad (11.2)$$

となる。

順運動学問題とは，上式において $\boldsymbol{q}=(\theta_1,\theta_2)^T$ が与えられたとき，これを右辺に代入することで $\boldsymbol{P}$ を計算する問題である。

また，この問題の派生的な問題として，$\boldsymbol{q}=(q_1,q_2)^T$ と $\dot{\boldsymbol{q}}=(\dot{q}_1,\dot{q}_2)^T$ を与えて $\dot{\boldsymbol{P}}$ を計算する問題も成り立つ。この問題は，上式の両辺を時間微分した次の式を用いて計算する。

$$\dot{\boldsymbol{P}} = \frac{\partial \boldsymbol{f}(\boldsymbol{q})}{\partial \boldsymbol{q}}\dot{\boldsymbol{q}}=\boldsymbol{J}(\boldsymbol{q})\dot{\boldsymbol{q}} \quad (11.3)$$

$$\boldsymbol{J}(\boldsymbol{q}) = \begin{bmatrix} -l_1Sq_1-l_2Sq_{12} & -l_2Sq_{12} \\ l_1Cq_1+l_2Cq_{12} & l_2Cq_{12} \end{bmatrix} \quad (11.4)$$

ただし，$S=\sin$，$C=\cos$，$q_{12}=q_1+q_2$ である。ここで，$\boldsymbol{J}(\boldsymbol{q})$ をヤコビ行列と呼ぶ。

さらに，式 (11.3) の両辺をさらに時間微分した式

$$\ddot{\boldsymbol{P}}=\boldsymbol{J}(\boldsymbol{q})\ddot{\boldsymbol{q}}+\dot{\boldsymbol{J}}(\boldsymbol{q})\dot{\boldsymbol{q}} \quad (11.5)$$

を用いると，$\boldsymbol{q}=(q_1,q_2)^T$，$\dot{\boldsymbol{q}}=(\dot{q}_1,\dot{q}_2)^T$，そして $\ddot{\boldsymbol{q}}=(\ddot{q}_1,\ddot{q}_2)^T$ を与えることで $\ddot{\boldsymbol{P}}$ を計算することができる。

以上をまとめて図示すると，順運動学問題は図 11.6 のようになる。

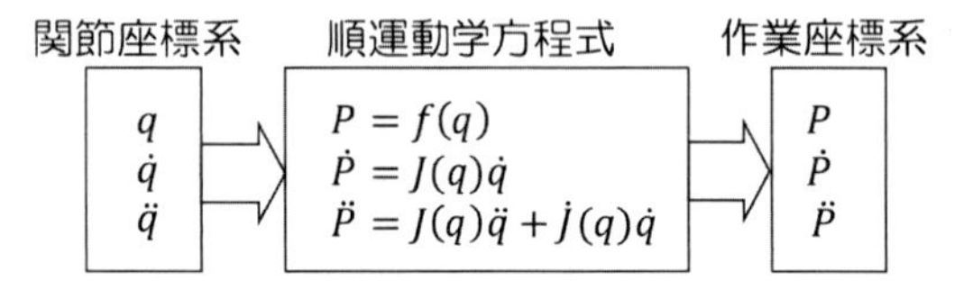

図 **11.6**　順運動学問題

(2) 逆運動学問題

次に逆運動学問題を説明しよう。この問題は図 11.4 において $\boldsymbol{P}$ が与えられたとき，その $\boldsymbol{P}$ を実現する $\boldsymbol{q}$ を求める問題である。すなわち，与えられた $\boldsymbol{P}$ に対して $\boldsymbol{f}$ の逆写像を求め

$$\boldsymbol{q}=\boldsymbol{f}^{-1}(\boldsymbol{P}) \quad (11.6)$$

を計算する問題である。先ほどの順運動学問題では，関数 $\boldsymbol{f}(\boldsymbol{q})$ に変数 $\boldsymbol{q}$ を代入して計算すればいいので，必ず計算結果は得られる。すなわち，（当たり前であるが）$\boldsymbol{P}$ の次元と $\boldsymbol{q}$ の次元が異なっていても必ず解は存在する。それに対して，逆運動学問題ではいわゆる逆写像（逆関数）を求めることになるので，必ずしも解が存在するとは限らない。あるいは，解が一意とは限らない。

例えば，上の 2 自由度のロボットアームを例に逆運動学問題を見てみよう。この場合，式 (11.2) から $\boldsymbol{q}$ を解き出せばよい。ここでは図 11.7 を用いて直感的かつ幾何学的に説明する。この図を見ると，いくつかのケースに分けて考えればよいことがわかる。

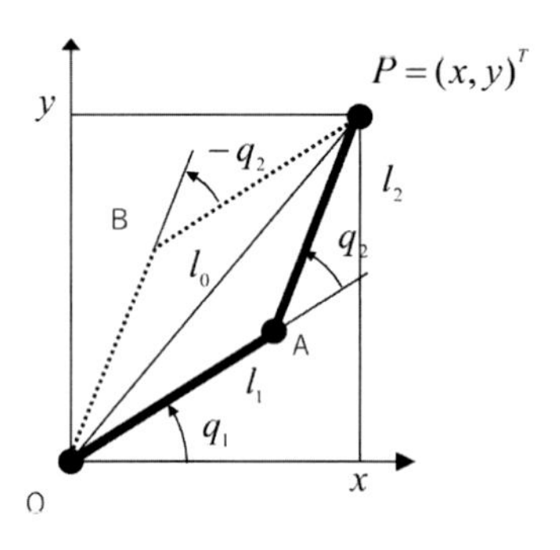

図 **11.7**　2 自由度ロボットアームの逆運動学問題

[ケース 1] $\boldsymbol{P}$ が半径 l_1+l_2 の円の外にある場合，この領域にはロボットアーム先端は届かないので，明らかにその $\boldsymbol{P}$ を実現する $\boldsymbol{q}$ は存在しない。すなわち，解は存在しない。

[ケース 2] $\boldsymbol{P}$ が半径 l_1+l_2 の円上にある場合，$q_2=0$，$q_1=\tan^{-1}(y/x)$ が唯一の解になっていることがわかる（ただし，$x=0$ の場合は注意する）。

[ケース 3] $l_1\neq l_2$ の場合，半径 $|\,l_1-l_2\,|$ の内部にはこのロボットアームは到達できない。したがって，この場合，解は存在しない。

[ケース 4] $l_1=l_2$ の場合，$\boldsymbol{P}=\boldsymbol{0}$（ロボットアームの付け根）は到達可能な点であるが，このときの解は $q_2=0$ で q_1 は任意である。すなわち，この場合の解は無限にある。

[ケース 5] ケース 1〜4 以外の場合には，解が存在する。

以下，ケース 5 の場合について詳細に説明する。まず，図より直感的にこのロボットアームで $\boldsymbol{P}$ 点を実

現する姿勢は 2 つあることがわかる。すなわち，姿勢 0-A-P と姿勢 0-B-P である。このことは以下の計算でも導き出される。これからの目的は，図のようにこのロボットアームの先端が $\boldsymbol{P}$ 点になっている時の関節角度 $\boldsymbol{q}$ を求めることである。ここでは幾何学的に求める。

まず，三角形 0-A-P に注目し，余弦定理を用いると

$$\begin{aligned} l_0^2 &= x^2 + y^2 \\ &= l_1^2 + l_2^2 - 2l_1 l_2 \cos(\pi - q_2) \\ &= l_1^2 + l_2^2 + 2l_1 l_2 \cos q_2 \end{aligned} \tag{11.7}$$

となるので，本式より

$$\cos q_2 = \frac{(x^2 + y^2) - (l_1^2 + l_2^2)}{2l_1 l_2} \tag{11.8}$$

を得る。したがって，

$$q_2 = \cos^{-1}\left(\frac{(x^2 + y^2) - (l_1^2 + l_2^2)}{2l_1 l_2}\right) \tag{11.9}$$

が求まった。ただし，cos が偶関数なので $-q_2$ も解になっている。

次に q_1 を求める。式 (11.2) より

$$\begin{aligned} x &= l_1 \cos q_1 + l_2 \cos(q_1 + q_2) \\ &= (l_1 + l_2 \cos q_2) \cos q_1 - l_2 \sin q_2 \sin q_1 \end{aligned} \tag{11.10}$$

$$\begin{aligned} y &= l_1 \sin q_1 + l_2 \sin(q_1 + q_2) \\ &= l_2 \sin q_2 \cos q_1 + (l_1 + l_2 \cos q_2) \sin q_1 \end{aligned} \tag{11.11}$$

となるので，この 2 つの式から $\cos q_1$ と $\sin q_1$ を解くと

$$\begin{aligned} \sin q_1 &= \frac{-(l_1 + l_2 \cos q_2)x + (l_2 \sin q_2)y}{(l_1 + l_2 \cos q_2)^2 + (l_2 \sin q_2)^2} \\ \cos q_1 &= \frac{(l_1 + l_2 \cos q_2)x + (l_2 \sin q_2)y}{(l_1 + l_2 \cos q_2)^2 + (l_2 \sin q_2)^2} \end{aligned} \tag{11.12}$$

を得る。したがって

$$\tan q_1 = \frac{-(l_1 + l_2 \cos q_2)x + (l_2 \sin q_2)y}{l_1 + l_2 \cos q_2)x + (l_2 \sin q_2)y} \tag{11.13}$$

なので，これより

$$q_1 = \tan^{-1}\left(\frac{-(l_1 + l_2 \cos q_2)x + (l_2 \sin q_2)y}{(l_1 + l_2 \cos q_2)x + (l_2 \sin q_2)y}\right) \tag{11.14}$$

となる。

さらに，上の計算によって $\boldsymbol{P}$ から $\boldsymbol{q}$ が求まると，式 (11.3) から

$$\dot{\boldsymbol{q}} = \boldsymbol{J}(\boldsymbol{q})^{-1}\dot{\boldsymbol{P}} \tag{11.15}$$

を計算することができる。そうすると，式 (11.5) から

$$\ddot{\boldsymbol{q}} = \boldsymbol{J}(\boldsymbol{q})^{-1}\left(\ddot{\boldsymbol{P}} - \dot{\boldsymbol{J}}(\boldsymbol{q})\dot{\boldsymbol{q}}\right) \tag{11.16}$$

が計算できる。

以上をまとめて図示すると，図 11.8 のようになる。

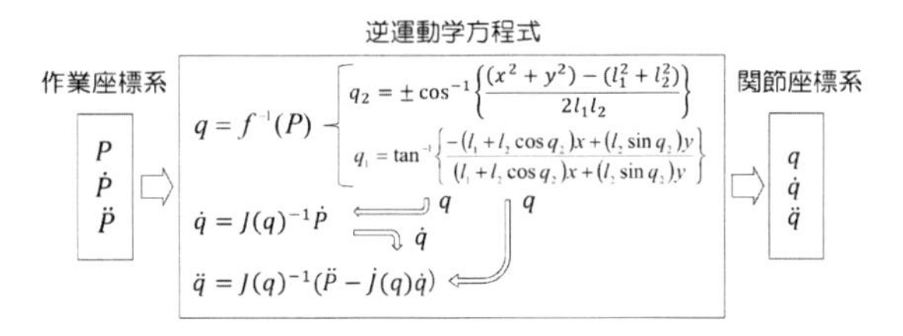

図 11.8　逆運動学問題

以上，2 自由度ロボットアームを例に順運動学問題と逆運動学問題について説明した。一般の n 自由度ロボットアームに対する運動学モデルは，ここでは省略するが，図 11.3 に示したような内部座標系を定義することによって求めることができる（文献[1, 2] などを参照のこと）。またヤコビ行列についての詳細は次節で触れる。

＜大須賀公一＞

参考文献（11.3.1 項）

[1] 計測自動制御学会（編）:『ロボット制御の実際』, コロナ社 (1997).

[2] 松日楽信人, 大明準治 :『わかりやすいロボットシステム入門』, オーム社 (2010).

11.3.2　動力学モデル

次に，ロボットアームの制御において不可欠な動力学モデルを導出する。

(1) ラグランジュ法

複数のリンクが連結したシリアルリンク機構の動力学モデルをラグランジュ法により求めよう。ここでは，図 11.3 に示す n 自由度ロボットアームの運動方程式の基本的な導出方法を述べる。

アーム全体の運動エネルギーを K，アーム全体のポテンシャルエネルギーを P とすると，ラグランジュ関

数 L は $L = K - P$ で与えられる。一般化座標を関節変位 $q_i\,(i = 1, \ldots, n)$ とするとそれに働く一般化力は関節駆動力 τ_i であり，ラグランジュの方程式[1] は

$$\tau_i = \frac{\mathrm{d}}{\mathrm{d}t}\left(\frac{\partial L}{\partial \dot{q}_i}\right) - \frac{\partial L}{\partial q_i},\ i = 1, \ldots, n \tag{11.17}$$

と表せる。ポテンシャルエネルギーは $\dot{q}_i$ に依存しないので，上式は

$$\tau_i = \frac{\mathrm{d}}{\mathrm{d}t}\left(\frac{\partial K}{\partial \dot{q}_i}\right) - \frac{\partial K}{\partial q_i} + \frac{\partial P}{\partial q_i},\ i = 1, \ldots, n \tag{11.18}$$

アームを構成するリンク i の運動エネルギーを K_i とすると

$$K_i = \frac{1}{2} m_i \hat{\boldsymbol{\nu}}_i^T \hat{\boldsymbol{\nu}}_i + \frac{1}{2} \boldsymbol{\omega}_i^T \boldsymbol{I}_i \boldsymbol{\omega}_i \tag{11.19}$$

ここで，m_i はリンク i の質量，$\boldsymbol{I}_i \in R^{3\times3}$ は基準座標で表されたリンク質量中心での慣性テンソル，$\hat{\boldsymbol{\nu}}_i \in R^3$ はリンク i の質量中心の並進速度，$\boldsymbol{\omega}_i \in R^3$ はリンク i の角速度である。上式の右辺第 1 項は質量 m_i の並進運動によって生じる運動エネルギー，第 2 項は質量中心まわりの回転によって生じる運動エネルギーである。アーム全体の運動エネルギー K は

$$K = \sum_{i-1}^{n} K_i \tag{11.20}$$

である。

並進速度 $\hat{\boldsymbol{\nu}}_i$ と角速度 $\boldsymbol{\omega}_i$ を一般化座標で表そう。リンクを手先とみなすと，ヤコビ行列を用いて関節速度とアーム手先速度を求める方法が適用できる。すなわち，

$$\hat{\boldsymbol{\nu}}_i = \boldsymbol{J}_{p1}^{(i)} \dot{q}_1 + \cdots + \boldsymbol{J}_{pi}^{(i)} \dot{q}_i = \boldsymbol{J}_p^{(i)} \dot{\boldsymbol{q}} \tag{11.21}$$

$$\boldsymbol{\omega}_i = \boldsymbol{J}_{o1}^{(i)} \dot{q}_1 + \cdots + \boldsymbol{J}_{oi}^{(i)} \dot{q}_i = \boldsymbol{J}_o^{(i)} \dot{\boldsymbol{q}} \tag{11.22}$$

となる。ここで，$\boldsymbol{J}_p^{(i)}, \boldsymbol{J}_o^{(i)} \in R^{3\times3}$ は第 i リンクに関する位置と姿勢のヤコビ行列で，$\boldsymbol{J}_{pj}^{(i)}, \boldsymbol{J}_{oj}^{(i)} \in R^3$ は位置と姿勢のヤコビ行列の第 j 列ベクトルである。リンク i の動きは関節 1 から関節 i のみに依存するため，$j > i$ では列ベクトルが零ベクトルとなる。したがって

$$\boldsymbol{J}_p^{(i)} = \left[\boldsymbol{J}_{p1}^{(i)} \cdots \boldsymbol{J}_{pi}^{(i)} \boldsymbol{0} \cdots \boldsymbol{0}\right] \tag{11.23}$$

$$\boldsymbol{J}_o^{(i)} = \left[\boldsymbol{J}_{o1}^{(i)} \cdots \boldsymbol{J}_{oi}^{(i)} \boldsymbol{0} \cdots \boldsymbol{0}\right] \tag{11.24}$$

と表せる。また，それぞれの列ベクトルは

$$\boldsymbol{J}_{pj}^{(i)} = \begin{cases} \boldsymbol{z}_j & \text{：関節 } j \text{ が直動関節のとき} \\ \boldsymbol{z}_j \times (\boldsymbol{s}_i - \boldsymbol{p}_j) & \text{：関節 } j \text{ が回転関節のとき} \end{cases} \tag{11.25}$$

$$\boldsymbol{J}_{oj}^{(i)} = \begin{cases} \boldsymbol{0} & \text{：関節 } j \text{ が直動関節のとき} \\ \boldsymbol{z}_j & \text{：関節 } j \text{ が回転関節のとき} \end{cases} \tag{11.26}$$

と表せる。ここで，$\boldsymbol{z}_i$ は関節 i の軸に沿った単位ベクトル，$\boldsymbol{s}_i$ は基準座標で表した基準座標原点からリンク i の質量中心への位置ベクトル，$\boldsymbol{p}_i$ は基準座標で表した基準座標原点から座標系 i の原点への位置ベクトルである。これらの関係式から

$$K = \frac{1}{2} \dot{\boldsymbol{q}}^T \boldsymbol{M} \dot{\boldsymbol{q}} \tag{11.27}$$

を得る。ここで，$\boldsymbol{M} \in R^{n\times n}$ は多関節リンク機構の慣性行列と呼び，次式で与えられる。

$$\boldsymbol{M} = \sum_{i=1}^{n} (m_i \boldsymbol{J}_p^{(i)T} \boldsymbol{J}_p^{(i)} + \boldsymbol{J}_o^{(i)T} \hat{\boldsymbol{I}}_i \boldsymbol{J}_o^{(i)}) \tag{11.28}$$

この慣性行列は対称正値行列であり，手先の位置・姿勢とともに変化する。M_{ij} を $\boldsymbol{M}$ の (i,j) 要素とすると，運動エネルギーは

$$K = \frac{1}{2} \sum_{i=1}^{n} \sum_{j=1}^{n} M_{ij} \dot{q}_i \dot{q}_j \tag{11.29}$$

と表せる。全リンクのポテンシャルエネルギーは

$$P = \sum_{i=1}^{n} m_i \tilde{\boldsymbol{g}}^T \boldsymbol{s}_i \tag{11.30}$$

ここで，$\tilde{\boldsymbol{g}} \in R^3$ は重力加速度である。$\boldsymbol{s}_i$ は関節角度に依存し，ポテンシャルエネルギーは $q_i\,(i = 1, \ldots, n)$ の関数である。これらの関係式をラグランジュ方程式に代入してみよう。はじめに，M_{ij} は関節変位の関数であるので

$$\frac{\mathrm{d}M_{ij}}{\mathrm{d}t} = \sum_{k=1}^{n} \frac{\partial M_{ij}}{\partial q_k} \dot{q}_k \tag{11.31}$$

が成り立つ。この関係式より，式 (11.18) の右辺の第 1 項は次のように求められる。

$$\frac{\mathrm{d}}{\mathrm{d}t}\left(\frac{\partial K}{\partial \dot{q}_i}\right) = \frac{\mathrm{d}}{\mathrm{d}t}\left(\sum_{j=1}^{n} M_{ij} \dot{q}_j\right) \tag{11.32}$$

$$= \sum_{j=1}^{n} M_{ij} \ddot{q}_j + \sum_{j=1}^{n} \frac{\mathrm{d}M_{ij}}{\mathrm{d}t} \dot{q}_j \tag{11.33}$$

$$= \sum_{j=1}^{n} M_{ij}\ddot{q}_j + \sum_{j=1}^{n}\sum_{k=1}^{n} \frac{\partial M_{ij}}{\partial q_k}\dot{q}_k\dot{q}_j \tag{11.34}$$

式 (11.18) の右辺の第 2 項は，式 (11.29) の右辺の添字 i, j を j, k に置換して代入すると

$$\frac{\partial K}{\partial q_i} = \frac{1}{2}\sum_{j=1}^{n}\sum_{k=1}^{n} \frac{\partial M_{jk}}{\partial q_i}\dot{q}_j\dot{q}_k \tag{11.35}$$

となる。式 (11.18) の右辺の第 3 項は，式 (11.30) と $\partial \boldsymbol{s}_j/\partial q_i = \boldsymbol{J}_{pi}^{(i)}$ の関係より

$$\frac{\partial P}{\partial q_i} = \sum_{j=1}^{n} m_j \tilde{\boldsymbol{g}}^T \frac{\partial \boldsymbol{s}_j}{\partial q_i} = \sum_{j=1}^{n} m_j \tilde{\boldsymbol{g}}^T \boldsymbol{J}_{pi}^{(j)} \tag{11.36}$$

となる。これらの関係式を式 (11.18) に代入して整理すると次式を得る。

$$\tau_i = \sum_{j=1}^{n} M_{ij}\ddot{q}_j + \sum_{j=1}^{n}\sum_{k=1}^{n} h_{ijk}\dot{q}_j\dot{q}_k + \sum_{j=1}^{n} m_j \tilde{\boldsymbol{g}} \boldsymbol{J}_{pi}^{(j)}, \quad (i = 1, \dots, n) \tag{11.37}$$

ここで，

$$h_{ijk} = \frac{\partial M_{ij}}{\partial q_k} - \frac{1}{2}\frac{\partial M_{jk}}{\partial q_i} \tag{11.38}$$

である。上式右辺の第 1 項は慣性トルクを表し，$M_{ii}\ddot{q}_i$ は関節 i の加速度による慣性項，$M_{ij}\ddot{q}_j (i \neq j)$ は，関節 j の加速度による関節 i への干渉項を表す。第 2 項は速度 2 乗項で，$h_{ijj}\dot{q}_j{}^2$ は関節 j の速度による関節 i に及ぼす遠心力であり，$h_{ijk}\dot{q}_j\dot{q}_k$ $(j \neq k)$ は関節 j と関節 k の速度により関節 i に及ぼすコリオリ力である。なお，M_{ii} は q_j $(1 \leq j < i)$ の関数であるので $h_{iii} = 0$ である。第 3 項は重力の影響を表す項である。式 (11.37) は，行列とベクトルを用いて

$$\boldsymbol{M}(\boldsymbol{q})\ddot{\boldsymbol{q}} + \boldsymbol{C}(\boldsymbol{q}, \dot{\boldsymbol{q}})\dot{\boldsymbol{q}} + \boldsymbol{g}(\boldsymbol{q}) = \boldsymbol{\tau} \tag{11.39}$$

と表せる。ここで，$\boldsymbol{C}(\boldsymbol{q}, \dot{\boldsymbol{q}}) \in R^{n\times n}$ はその要素 C_{ij} が次の関係を満たす適当な行列である。

$$\sum_{j=1}^{n} C_{ij}\dot{q}_j = \sum_{j=1}^{n}\sum_{k=1}^{n} h_{ijk}\dot{q}_j\dot{q}_k \tag{11.40}$$

このため，C_{ij} の表現は一意ではない。また，$\boldsymbol{g}(\boldsymbol{q}) \in R^n$ の第 i 要素 g_i は

$$g_i = \sum_{j=1}^{n} m_j \tilde{\boldsymbol{g}}^T \boldsymbol{J}_{pi}^{(j)} \tag{11.41}$$

である。

ロボットの手先に外力である力・モーメント $\boldsymbol{F}_H$ が作用するとき，手先のヤコビ行列を $\boldsymbol{J}(\boldsymbol{q})$ すると，これに釣り合う関節トルクは $\boldsymbol{J}^T(\boldsymbol{q})\boldsymbol{F}_H$ であるから，運動方程式は

$$\boldsymbol{M}\ddot{\boldsymbol{q}} + \boldsymbol{C}(\boldsymbol{q}, \dot{\boldsymbol{q}})\dot{\boldsymbol{q}} + \boldsymbol{g}(\boldsymbol{q}) = \boldsymbol{\tau} - \boldsymbol{J}^T(\boldsymbol{q})\boldsymbol{F}_H \tag{11.42}$$

と記述できる。

(2) 動力学モデルの基本的な性質

剛体リンク機構の運動方程式には次の基本的な性質がある。性質 11.1～11.4 の証明は文献 [2] を，性質 11.5 の証明は文献 [3] を参照されたい。なお，任意の $\boldsymbol{q} \in R^n$ に対し行列のすべての要素が有界のとき，行列は有界と定義する。

性質 11.1　ロボットの慣性行列 $\boldsymbol{M}(\boldsymbol{q})$ は正値対称行列である。

性質 11.2　ロボットアームの慣性行列 $\boldsymbol{M}(\boldsymbol{q})$ は次のいずれかの条件を満たすアーム構造のとき有界である。

① ロボットアームのすべての関節が回転関節である。
② 任意の直動関節 k の関節軸 $\boldsymbol{z}_k$ はそれよりベース側にあるすべての回転関節 $j (j < k)$ の関節軸 $\boldsymbol{z}_j$ と平行である。

性質 11.3　$\boldsymbol{C}(\boldsymbol{q}, \dot{\boldsymbol{q}})$ の適当な定義により，$\dot{\boldsymbol{M}}(\boldsymbol{q}) - 2\boldsymbol{C}(\boldsymbol{q}, \dot{\boldsymbol{q}})$ は歪対称行列となる。

性質 11.4　式 (11.39) で表されるロボットアームは，関節トルクを入力，関節速度を出力とする入出力に関して受動性が成り立つ。すなわち

$$\int_0^t \dot{\boldsymbol{q}}(s)^T \boldsymbol{\tau}(s) ds \geq -\gamma_0 \tag{11.43}$$

が成り立つ。ただし，γ_0 は適当な正定数である。

性質 11.5　適当に選んだ動力学パラメータに関して動力学モデルは線形である。すなわち

$$\boldsymbol{M}(\boldsymbol{q})\ddot{\boldsymbol{q}}_r + \boldsymbol{C}(\boldsymbol{q}, \dot{\boldsymbol{q}})\dot{\boldsymbol{q}}_r + \boldsymbol{g}(\boldsymbol{q}) = \boldsymbol{Y}(\boldsymbol{q}, \dot{\boldsymbol{q}}, \dot{\boldsymbol{q}}_r, \ddot{\boldsymbol{q}}_r)\boldsymbol{\sigma} \tag{11.44}$$

ここで，$\dot{\boldsymbol{q}}_r \in R^n$ は適当に設定する関節速度，$\boldsymbol{\sigma} \in R^p$

は動力学パラメータ，$\boldsymbol{Y}(\boldsymbol{q},\dot{\boldsymbol{q}},\dot{\boldsymbol{q}}_r,\ddot{\boldsymbol{q}}_r) \in R^{n\times p}$ は $\boldsymbol{\sigma}$ に関するリグレッサである。

(3) ホロノミック拘束を受けるロボットの動力学

ロボットの手先が環境から拘束を受けるときの動力学モデル[4] を考えよう。拘束には，一般化変数と時間のみで表されるホロノミック拘束 $\varphi(\boldsymbol{q},t)=0$ と，一般化変数の微分を含む非ホロノミック拘束 $\varphi(\boldsymbol{q},\dot{\boldsymbol{q}},t)=0$ がある。ここでは，拘束が k 個のホロノミック拘束

$$\varphi_j(q_1,\ldots,q_n)=0,\ j=1,2,\ldots,k \tag{11.45}$$

として与えられるとする。このような条件を束縛条件と呼ぶ。また，これらの拘束は滑らかであり，$q_i\,(i=1,\ldots,n)$ で微分可能とする。ここで，変位 q_i の仮想変位 δq_i を考える。この仮想変位も式 (11.45) の拘束を破ってはいけないから，q_i が $q_i+\delta q_i$ に変化したとき φ_j の変化 $\delta\varphi_j$ は零でなければならない。これより，全微分の公式より

$$\delta\varphi_j=\sum_{i=1}^{n}\frac{\partial\varphi_j}{\partial q_i}\delta q_i=0 \tag{11.46}$$

となる。一方で，動力学の問題を静力学の問題としてとらえるダランベールの原理に，仮想仕事の原理を適用すると

$$\sum_{i=1}^{n}\left(\tau_i-\frac{\mathrm{d}}{\mathrm{d}t}\left(\frac{\partial L}{\partial\dot{q}_i}\right)+\frac{\partial L}{\partial q_i}\right)\delta q_i=0 \tag{11.47}$$

と表すことができる。式 (11.46) の両辺に任意の乗数 λ_j をかけても零であるので，これを式 (11.47) に加え

$$\sum_{i=1}^{n}\left(\tau_i-\frac{\mathrm{d}}{\mathrm{d}t}\left(\frac{\partial L}{\partial\dot{q}_i}\right)+\frac{\partial L}{\partial q_i}+\sum_{j=1}^{k}\lambda_j\frac{\partial\varphi_j}{\partial q_i}\right)\delta q_i=0 \tag{11.48}$$

ここで，δq_i は式 (11.46) を満たさなくてはならないので，n 個の要素の内，独立に選べるのは $n-k$ 個であり，後の k 個は式 (11.46) を用いてはじめの $n-k$ 個の要素で表される。そこで，適当に番号を付けかえて，独立ではない k 個を $\delta q_1,\ldots,\delta q_k$ と選び，未定であった λ_j を

$$\tau_i-\frac{\mathrm{d}}{\mathrm{d}t}\left(\frac{\partial L}{\partial\dot{q}_i}\right)+\frac{\partial L}{\partial q_i}+\sum_{j=1}^{k}\lambda_j\frac{\partial\varphi_j}{\partial q_i}=0,$$
$$i=1,2,\cdots,k \tag{11.49}$$

となるように選ぶことにする。このとき式 (11.48) は

$$\sum_{i=k+1}^{n}\left(\tau_i-\frac{\mathrm{d}}{\mathrm{d}t}\left(\frac{\partial L}{\partial\dot{q}_i}\right)+\frac{\partial L}{\partial\dot{q}_i}+\sum_{j=1}^{k}\lambda_j\frac{\partial\varphi_j}{\partial q_i}\right)\delta q_i=0 \tag{11.50}$$

となる。ここで，総和が $k+1$ から始まっていることに注意されたい。また，$\delta q_i\ (i=k+1,k+2,\ldots,n)$ は独立に選ぶことができるから，式 (11.50) を常に満たすには括弧内が零でなければならない。

$$\tau_i-\frac{\mathrm{d}}{\mathrm{d}t}\left(\frac{\partial L}{\partial\dot{q}_i}\right)+\frac{\partial L}{\partial q_i}+\sum_{j=1}^{k}\lambda_j\frac{\partial\varphi_j}{\partial q_i}=0,$$
$$i=k+1,k+2,\ldots,n \tag{11.51}$$

式 (11.49) と式 (11.51) をまとめて

$$\frac{\mathrm{d}}{\mathrm{d}t}\left(\frac{\partial L}{\partial\dot{q}_i}\right)-\frac{\partial L}{\partial\dot{q}_i}=\tau_i+\sum_{j=1}^{k}\lambda_j\frac{\partial\varphi_j}{\partial q_i}=0,$$
$$i=1,2,\ldots,n \tag{11.52}$$

これを，$\boldsymbol{\lambda}=(\lambda_1,\ldots,\lambda_k)^T$ と $\boldsymbol{\varphi}=(\varphi_1,\ldots,\varphi_k)^T$ とおいてベクトルで表すと

$$\frac{\mathrm{d}}{\mathrm{d}t}\left(\frac{\partial L}{\partial\dot{\boldsymbol{q}}}\right)-\frac{\partial L}{\partial\boldsymbol{q}}=\boldsymbol{\tau}+\boldsymbol{A}(\boldsymbol{q})^T\boldsymbol{\lambda} \tag{11.53}$$

ここで，

$$\boldsymbol{A}(\boldsymbol{q})=\frac{\partial\varphi}{\partial\boldsymbol{q}}\in R^{k\times n} \tag{11.54}$$

であり，$\boldsymbol{\lambda}$ をラグランジュの未定乗数という。式 (11.53) の右辺の第 2 項

$$\boldsymbol{\tau}_C=\boldsymbol{A}^T\boldsymbol{\lambda} \tag{11.55}$$

は式 (11.45) の拘束を生じさせる束縛力である。式 (11.53) はホロノミック拘束のときの運動方程式である。ただし，式 (11.45) の束縛がある。式 (11.45) を時間微分すると

$$\boldsymbol{A}(\boldsymbol{q})\dot{\boldsymbol{q}}=\boldsymbol{0} \tag{11.56}$$

よりロボットの運動方程式は次の R^{2n} 次元拘束多様体 S の中に制限されると見ることができる。

$$S = \{(\boldsymbol{q}, \dot{\boldsymbol{q}}) : \varphi(\boldsymbol{q}) = \boldsymbol{0}, \boldsymbol{A}(\boldsymbol{q})\dot{\boldsymbol{q}} = \boldsymbol{0}\} \tag{11.57}$$

式 (11.56) で表される拘束をパフィアン拘束という。さらに，式 (11.56) に $\boldsymbol{\lambda}^T$ を左からかけると

$$\boldsymbol{\tau}_C^T \dot{\boldsymbol{q}} = \boldsymbol{0} \tag{11.58}$$

を得る。この式は，関節空間において速度と束縛力が直交していることを示す。

n リンク機構のラグランジュ運動方程式を 11.3.2 項 (1) と同様に求めると

$$\boldsymbol{M}(\boldsymbol{q})\ddot{\boldsymbol{q}} + \boldsymbol{C}(\boldsymbol{q}, \dot{\boldsymbol{q}})\dot{\boldsymbol{q}} + \boldsymbol{g}(\boldsymbol{q}) = \boldsymbol{\tau} + \boldsymbol{A}(\boldsymbol{q})^T \boldsymbol{\lambda} \tag{11.59}$$

を得る。このときの束縛力を求めよう。式 (11.56) を微分して

$$\boldsymbol{A}(\boldsymbol{q})\ddot{\boldsymbol{q}} + \dot{\boldsymbol{A}}(\boldsymbol{q})\dot{\boldsymbol{q}} = \boldsymbol{0} \tag{11.60}$$

が求まり，式 (11.59) から $\ddot{\boldsymbol{q}}$ を求め，この式に代入すると

$$\boldsymbol{A}\boldsymbol{M}^{-1}\boldsymbol{A}^T\boldsymbol{\lambda} = \boldsymbol{A}\boldsymbol{M}^{-1}(\boldsymbol{C}\dot{\boldsymbol{q}} + \boldsymbol{g} - \boldsymbol{\tau}) - \dot{\boldsymbol{A}}(\boldsymbol{q})\dot{\boldsymbol{q}} \tag{11.61}$$

となる。ここで，拘束が独立であるなら，$\boldsymbol{A}\boldsymbol{M}^{-1}\boldsymbol{A}^T$ は正則である。これより次式を得る。

$$\boldsymbol{\lambda} = (\boldsymbol{A}\boldsymbol{M}^{-1}\boldsymbol{A}^T)^{-1}(\boldsymbol{A}\boldsymbol{M}^{-1}(\boldsymbol{C}\dot{\boldsymbol{q}} + \boldsymbol{g} - \boldsymbol{\tau}) - \dot{\boldsymbol{A}}(\boldsymbol{q})\dot{\boldsymbol{q}}) \tag{11.62}$$

この式は，状態 $\boldsymbol{q}, \dot{\boldsymbol{q}}$ が与えられると束縛力が計算できることを示し，系の運動方程式が式 (11.62) で与えられる $\boldsymbol{\lambda}$ を用いて式 (11.59) で与えられることになる。

最後に，変数 $\boldsymbol{q}, \boldsymbol{\lambda}$ を $(n+k)$ 個の一般化座標とみなし，これらに対するラグラジアンとして

$$L' = L + \boldsymbol{\lambda}^T \varphi \tag{11.63}$$

を定義すると式 (11.53) と式 (11.45) はそれぞれ

$$\frac{\mathrm{d}}{\mathrm{d}t}\left(\frac{\partial L'}{\partial \dot{\boldsymbol{q}}}\right) - \frac{\partial L'}{\partial \boldsymbol{q}} = \boldsymbol{\tau} \tag{11.64}$$

$$\frac{\mathrm{d}}{\mathrm{d}t}\left(\frac{\partial L'}{\partial \dot{\boldsymbol{\lambda}}}\right) - \frac{\partial L'}{\partial \boldsymbol{\lambda}} = 0 \tag{11.65}$$

と記述できる。ここで，L' は運動エネルギーとポテンシャルとの単純な差ではなく，拡張したラグラジアンであるが，これを導入することで未知数をすべて一般化座標とみなしたラグランジュ方程式が導ける。

(4) 非ホロノミック拘束を受けるロボットの動力学

パフィアン拘束が非可積分である非ホロノミック拘束を受けるロボットの動力学を考えよう。すなわち，ロボットに k 個の速度拘束

$$\boldsymbol{A}(\boldsymbol{q})\dot{\boldsymbol{q}} = \boldsymbol{0} \tag{11.66}$$

があるとする。ここで，$\boldsymbol{A} \in R^{k \times n}$ である。このときも，束縛力 $\boldsymbol{\tau}_C$ が運動方程式に付加される。束縛が滑らかであるとすると，仮想変位 $\delta\boldsymbol{q}$ に対して仮想仕事は零であるから $\boldsymbol{\tau}_C^T \delta\boldsymbol{q} = 0$ である。一方，仮想変位の定義から $d\boldsymbol{q} \to \delta\boldsymbol{q}$，$dt \to 0$ のときにも式 (11.66) は成り立たなければならないので

$$\boldsymbol{A}(\boldsymbol{q})\delta\boldsymbol{q} = \boldsymbol{0} \tag{11.67}$$

である。これより束縛力は

$$\boldsymbol{\tau}_C = \boldsymbol{A}(\boldsymbol{q})^T \boldsymbol{\lambda} \tag{11.68}$$

と表すことができる。ここで $\boldsymbol{\lambda} \in R^k$ は未定乗数である。$\boldsymbol{\tau}_C^T \delta\boldsymbol{q} = 0$ を式 (11.47) に加えることで，式 (11.53) あるいは式 (11.59) と同じ式を得る。このことは，式 (11.66) で与えられる非ホロノミック拘束はホロノミック拘束と同じ運動方程式で記述できることを示す。しかし，式 (11.64), (11.65) のような拡張したラグラジアンを導入したラグランジュ運動方程式は導けない。

＜川﨑晴久＞

参考文献（11.3.2 項）

[1] 田辺行人，品田正樹：『理・工基礎　解析力学』，裳華房 (1988).

[2] 川﨑晴久：『ロボットハンドマニピュレーション』，共立出版 (2009).

[3] 川﨑晴久，西村国俊：マニピュレータのパラメータ同定，『計測自動制御学会論文集』，22 巻，1 号，pp.76-83 (1986).

[4] 大貫義郎：『解析力学』，岩波書店 (1987)

11.3.3 順動力学問題と逆動力学問題

運動学モデルを用いた順運動学問題と逆運動学問題があったように，動力学モデル

$$\boldsymbol{M}(\boldsymbol{q})\ddot{\boldsymbol{q}} + \boldsymbol{C}(\boldsymbol{q}, \dot{\boldsymbol{q}})\dot{\boldsymbol{q}} + \boldsymbol{g}(\boldsymbol{q}) = \boldsymbol{\tau} \tag{11.69}$$

を用いた 2 つの問題がある。それは順動力学問題と逆

動力学問題である[1]。

(1) 順動力学問題

まず，動力学モデル (11.69) は微分方程式なので，解くことが普通の問題である。したがって，この式において初期状態 $\boldsymbol{q}(0), \dot{\boldsymbol{q}}(0)$，そして $\boldsymbol{\tau}(t)$ が与えられたとき $\boldsymbol{q}(t), \dot{\boldsymbol{q}}(t)$ を求める問題を考えることができ，これを順動力学問題という（図 11.9 参照）。例えば，入力関数が与えられたときのロボットアームの動きをシミュレーションするときなどは，この問題になる。この問題を解くためには式 (11.70) を

$$\ddot{\boldsymbol{q}} = \boldsymbol{M}(\boldsymbol{q})^{-1}\left(-\boldsymbol{C}(\boldsymbol{q},\dot{\boldsymbol{q}})\dot{\boldsymbol{q}} - \boldsymbol{g}(\boldsymbol{q}) + \boldsymbol{\tau}\right) \tag{11.70}$$

とし，さらに，$\boldsymbol{x} = (\boldsymbol{x}_1^T, \boldsymbol{x}_2^T)^T = (\boldsymbol{q}^T, \dot{\boldsymbol{q}}^T)^T$ とおいて状態方程式

$$\dot{\boldsymbol{x}} = \boldsymbol{F}(\boldsymbol{x}, \boldsymbol{\tau}) \tag{11.71}$$

表現するとよい。ただし，

$$\boldsymbol{F}(\boldsymbol{x},\boldsymbol{\tau}) = \begin{bmatrix} \boldsymbol{x}_2 \\ -\boldsymbol{M}(\boldsymbol{x}_1)^{-1}\left(\boldsymbol{C}(\boldsymbol{x}_1,\boldsymbol{x}_2)\boldsymbol{x}_2 + \boldsymbol{g}(\boldsymbol{x}_1) - \boldsymbol{\tau}\right) \end{bmatrix}$$

である。

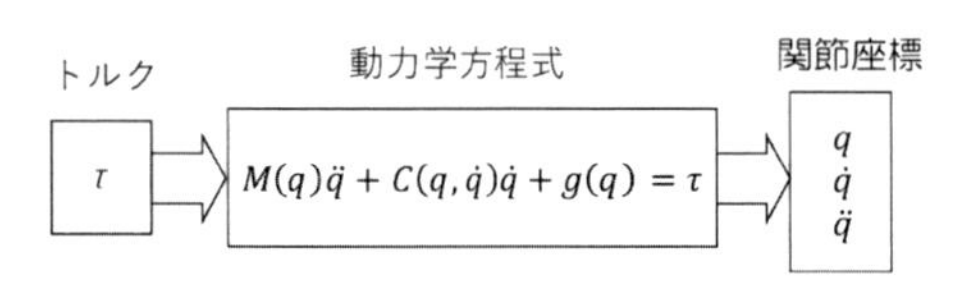

図 **11.9**　順動力学問題

状態方程式 (11.71) を解く方法はいくつかあるが，ここではもっとも簡易的な方法としてオイラー法 ($\dot{\boldsymbol{x}}(t) \approx (\boldsymbol{x}(t+h) - \boldsymbol{x}(t))/h$ を利用，h は適当な微小正定数) を下に記す。

[Step 0] 初期値を $\boldsymbol{x}(0)$，$t=0$ とし，終端時間 $T>0$ とする。そして，入力として $\boldsymbol{\tau}(t)(0 \le t \le T)$ を用意する。

[Step 1] 微小正定数 h を想定して次式を計算する。

$$\boldsymbol{x}(t+h) = \boldsymbol{x}(t) + h\boldsymbol{F}(\boldsymbol{x}(t), \boldsymbol{\tau}(t)) \tag{11.72}$$

[Step 2] $t = t+h$ とし，$t > T$ なら Step3 に進む。それ以外は Step1 に戻る。

[Step 3] 終わり。

(2) 逆動力学問題

それに対して，逆動力学問題とは，動力学モデル (11.70) の左辺に $\boldsymbol{q}(t), \dot{\boldsymbol{q}}(t), \ddot{\boldsymbol{q}}(t)$ を代入して，$\boldsymbol{\tau}(t)$ を計算する問題である（図 11.10 参照）。この問題は，例えば，非線形補償による制御を考えたときに使われる。すなわち，動力学モデル (11.70) に

$$\boldsymbol{\tau} = \boldsymbol{M}(\boldsymbol{q})\boldsymbol{v} + \boldsymbol{C}(\boldsymbol{q},\dot{\boldsymbol{q}})\dot{\boldsymbol{q}} + \boldsymbol{g}(\boldsymbol{q}) \tag{11.73}$$

を加えると，

$$\ddot{\boldsymbol{q}} = \boldsymbol{v} \tag{11.74}$$

と非線形項がキャンセルされ，線形システムに変換される。このとき，入力 (11.73) は逆動力学問題を解くことそのものになっていることがわかる。ロボットアームの自由度が小さいときは，あえてこのような問題を考える必要はないが，自由度が大きくなってくると，この計算は大変複雑になってきて，効率の良い計算方法が望まれる。そこでこの逆動力学問題を効率良く解くアルゴリズムが様々提案されている[2]。

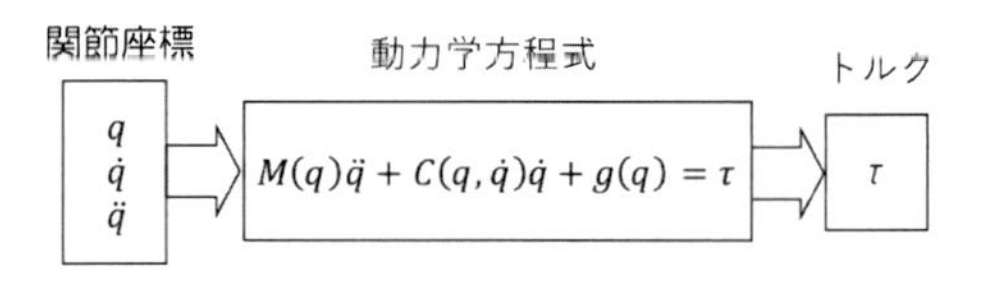

図 **11.10**　逆動力学問題

＜大須賀公一＞

参考文献（11.3.3 項）

[1] 美多勉，大須賀公一：『ロボット制御工学入門』，コロナ社 (1989)

[2] 大須賀公一，前田浩一：マニピュレータのモデリングと逆動力学問題のためのパラメータ表現，『日本ロボット学会誌』，Vol.5, No.2，pp.66–73(1986)

11.4　ロボットアームのシステム同定

近年，ロボットアームの高速化・高精度化への要求は高くなってきている。それら要求に応えるべく適用される制御技術は，11.5 節で示されるように，動特性モデルに基づくモデルベースド制御が主流となっており，ロボットアームの正確な動特性モデルを得ること

が非常に重要な課題となっている。本節では，ロボットアームの正確な動特性モデルを得るためのシステム同定について述べる。

11.4.1 アクチュエータと駆動方式に応じたシステム同定

(1) アクチュエータ（AC 同期モータ）の校正と同定

ロボットアームを駆動するアクチュエータは，油圧や電動など様々であるが，ここでは広く普及しているAC 同期モータを取り上げ，アクチュエータの校正と同定について述べる。

図 11.11 に AC 同期モータの模式図を示す。AC 同期モータは回転子上の d-q 座標で議論するとわかりやすい。次式の d-q 変換[1,2] により，UVW 相電流 $i_{\mathrm{U}}, i_{\mathrm{V}}, i_{\mathrm{W}}$ を回転子の d-q 軸上の電流 $i_{\mathrm{d}}, i_{\mathrm{q}}$ に変換できる。

$$\begin{bmatrix} i_{\mathrm{d}} \\ i_{\mathrm{q}} \end{bmatrix} = C \begin{bmatrix} i_{\mathrm{U}} \\ i_{\mathrm{V}} \\ i_{\mathrm{W}} \end{bmatrix} \tag{11.75}$$

$$C = \sqrt{\frac{2}{3}} \begin{bmatrix} \cos(\theta_e) & \cos\left(\theta_e - \frac{\pi}{3}\right) & \cos\left(\theta_e + \frac{\pi}{3}\right) \\ \sin(\theta_e) & \sin\left(\theta_e - \frac{\pi}{3}\right) & \sin\left(\theta_e + \frac{\pi}{3}\right) \end{bmatrix}$$

ここで θ_e は電気角であり，機械角（モータ回転角）× モータ極数/2 で与えられる。

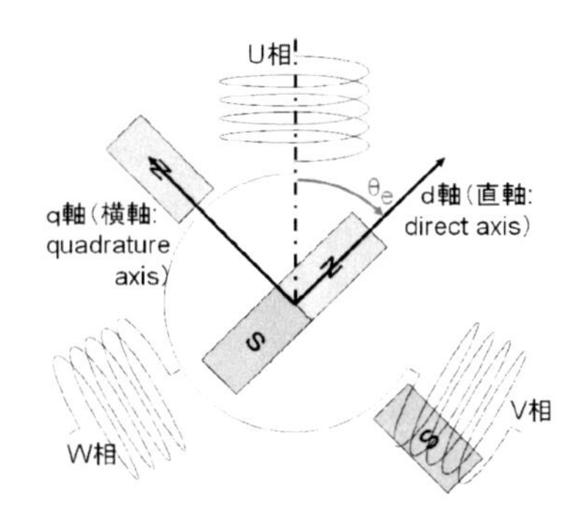

図 11.11　AC 同期モータの UVW 各相と d-q 座標

回転子の磁極方向に一致する d 軸（直軸：direct axis）方向に流れる d 軸電流 i_{d} は，トルクに寄与することなく，すべて熱となって消失してしまうもので，無効電流と呼ばれる。一方，回転子の磁極方向に直行する q 軸（横軸：quadrature axis）方向に流れる q 軸電流 i_{q} はトルク電流と呼ばれ，トルク τ と比例関係にある。

$$\tau = K_\tau \cdot i_{\mathrm{q}} \tag{11.76}$$

ここで K_τ はトルク定数と呼ばれ，理論的には逆起電圧定数 K_{e} と一致する。一般にトルク定数 K_τ はモータ仕様として与えられており，q 軸電流 i_{q} がわかれば式 (11.76) からトルク τ を逆算することできる。またトルク定数 K_τ は，トルクメータなどでトルクを計測することで，図 11.12 のような q 軸電流 i_{q} とトルク τ の関係からトルク定数 K_τ を校正することも可能である。

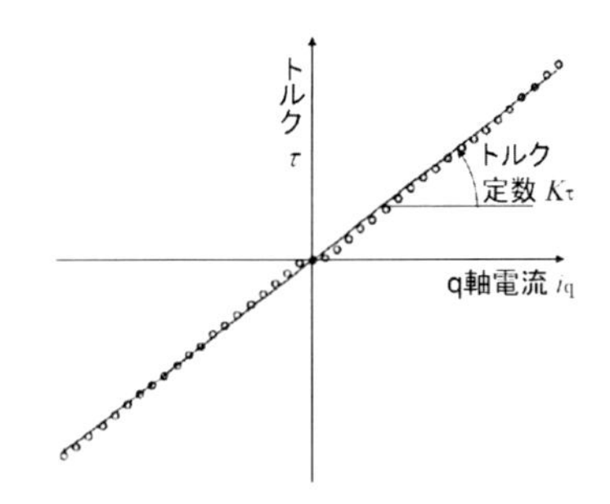

図 11.12　q 軸電流 i_{q} とトルク τ の関係

またモータの d-q 軸上での動特性モデルは一般に

$$\begin{bmatrix} L & 0 \\ 0 & L \end{bmatrix} \cdot \frac{\mathrm{d}}{\mathrm{d}t} \begin{bmatrix} i_{\mathrm{d}} \\ i_{\mathrm{q}} \end{bmatrix} + \begin{bmatrix} R & -L\cdot\dot{\theta}_e \\ L\cdot\dot{\theta}_e & R \end{bmatrix} \begin{bmatrix} i_{\mathrm{d}} \\ i_{\mathrm{q}} \end{bmatrix} + \begin{bmatrix} 0 \\ K_{\mathrm{e}}\cdot\dot{\theta}_e \end{bmatrix} = \begin{bmatrix} V_{\mathrm{d}} \\ V_{\mathrm{q}} \end{bmatrix} \tag{11.77}$$

で与えられる[1]。ここで入力 $V_{\mathrm{d}}, V_{\mathrm{q}}$ は d 軸，q 軸電圧，L はインダクタンス，R は抵抗，K_{e} は逆起電圧定数である。L, R, K_{e} は一般にモータの仕様として与えられているが，式 (11.77) を L, R, K_{e} に対して既知の行列との積の形に整理することができる。

$$\begin{bmatrix} \dot{i}_{\mathrm{d}} - \dot{\theta}_e\cdot i_{\mathrm{q}} & i_{\mathrm{d}} & 0 \\ \dot{i}_{\mathrm{q}} + \dot{\theta}_e\cdot i_{\mathrm{d}} & i_{\mathrm{q}} & \dot{\theta}_e \end{bmatrix} \begin{bmatrix} L \\ R \\ K_{\mathrm{e}} \end{bmatrix} = \begin{bmatrix} V_{\mathrm{d}} \\ V_{\mathrm{q}} \end{bmatrix} \tag{11.78}$$

上式から最小二乗法などによって L, R, K_{e} を同定することも可能である。

なお，近年，i_{q} による磁石トルクに加え，磁気抵抗の非対称性によるリアクタンストルクが活用可能な IPM などの突極モータ[3] の開発が進み，さらなる小型化高出力化が進んでいる。

(2) DD 駆動と減速機を介した駆動

モータでアームを駆動させる方式は，減速機を介してモータのトルクを伝える方式と，減速機などの間接機構を介さず直接，アームにトルクを伝達する DD (Direct Drive) 駆動方式に大別される。DD 駆動方式では，摩擦損失が少なく高効率，低騒音，クリーン，高信頼性，高速動作可能などの利点がある。またモータ慣性 j_{M} とアーム慣性 j_{A} が一体となって動作するため，図 11.13(a) のように，動特性は一つの慣性 $(j_{\mathrm{M}}+j_{\mathrm{A}})$ だけで表現され，システム同定としては $(j_{\mathrm{M}}+j_{\mathrm{A}})$ だけを同定すればよい。一方，アームを直接駆動するには，非常に高トルクなモータが必要になるため，高速動作やクリーン環境など，特別な用途に用いられることが多い。

一方，減速機を介して駆動する方式では，汎用モータが使用可能で，用途を限らず広く用いられている。減速機を介して駆動する方式では，図 11.13(b) のように減速機がバネ要素として作用し，その動特性は 4 次の 2 慣性系と呼ばれる振動系で表される。慣性 $(j_{\mathrm{M}}+j_{\mathrm{A}})$ だけをシステム同定すればよい DD 駆動方式とは異なり，減速機を介した駆動の場合，モータ慣性 j_{M} とアーム慣性 j_{A} をそれぞれ個別に同定するとともに，さらにバネ要素として作用する減速機の剛性も同定する必要がある。

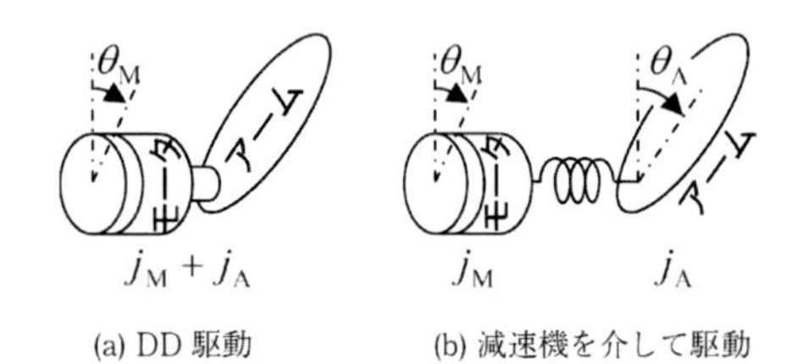

図 11.13　DD 駆動方式と減速機を介した駆動方式での関節軸の模式モデル

11.4.2　DD アームのシステム同定

本項では，アームとモータが一体となって動作する DD 駆動方式による多リンクアームに対するシステム同定について述べる。

(1) DD アームのシステム同定

図 11.14 のスカラ (SCARA：Selective Compliance Assembly Robot Arm) 型ロボットは，コンベア上のピッキング作業など，4 自由度の位置決め（ワーク姿勢は回転 1 自由度のみ）を必要とする作業によく使用されるロボットである。ここでは多リンクアームとしてスカラ型ロボットを取り上げ，スカラ型 DD アームのシステム同定について述べる。スカラ型 DD アームの運動方程式は（θ_3 軸の重心位置が回転軸上にあるとすれば）次式で与えられる。

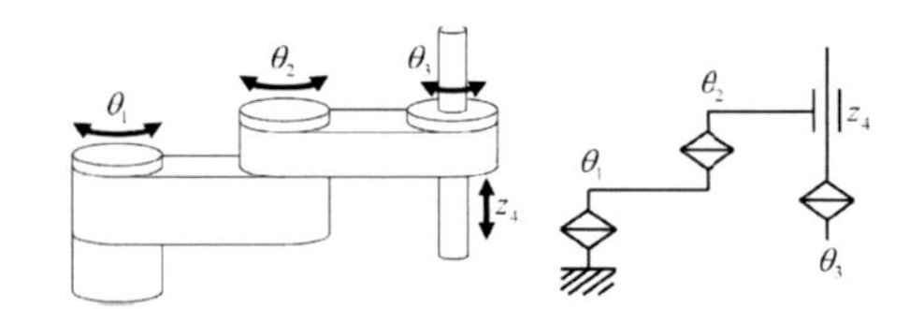

図 11.14　スカラ型（水平多関節）ロボット

$$
J(\theta)\cdot\ddot{\theta}+c(\theta,\dot{\theta})=\tau \tag{11.79}
$$

$$
\theta=\begin{bmatrix}\theta_1 & \theta_2 & \theta_3 & z_4\end{bmatrix}^T,\quad \tau=\begin{bmatrix}\tau_1 & \tau_2 & \tau_3 & \tau_4\end{bmatrix}^T
$$

$$
J(\theta)=\begin{bmatrix} j_1+2j_{12}\cos(\theta_2) & j_2+j_{12}\cos(\theta_2) & j_3 & 0 \\ j_2+j_{12}\cos(\theta_2) & j_2 & j_3 & 0 \\ j_3 & j_3 & j_3 & 0 \\ 0 & 0 & 0 & j_4 \end{bmatrix}
$$

$$
c(\theta,\dot{\theta})=\begin{bmatrix} b_1\dot{\theta}_1-j_{12}(2\dot{\theta}_1+\dot{\theta}_2)\dot{\theta}_2\sin(\theta_2) \\ b_2\dot{\theta}_2+j_{12}\dot{\theta}_1^2\sin(\theta_2) \\ b_3\dot{\theta}_3 \\ b_4\dot{z}_4+j_4 g \end{bmatrix}
$$

ただし j_1, j_2, j_3, j_4 は θ_1, θ_2, θ_3, z_4 の慣性および質量，b_1, b_2, b_3, b_4 は粘性摩擦係数，j_{12} は θ_1 軸と θ_2 軸の干渉慣性であり，以上の 9 つのパラメータが同定すべき未知パラメータである。また g は重力加速度である。前節と同様，未知パラメータを集約したベクトル x に対して，式 (11.79) を既知行列 $a(\ddot{\theta},\dot{\theta},\theta)$ と x の積の形で整理すると，

$$
\tau=a(\ddot{\theta},\dot{\theta},\theta)\times x \tag{11.80}
$$

$$
x=\begin{bmatrix} j_1\cdots j_4 & b_1\cdots b_4 & j_{12}\end{bmatrix}^T
$$

$$
a(\ddot{\theta},\dot{\theta},\theta)=
$$

$$
\begin{bmatrix} \ddot{\theta}_1 & \ddot{\theta}_2 & \ddot{\theta}_3 & 0 & \dot{\theta}_1 & 0 \\ 0 & \ddot{\theta}_1+\ddot{\theta}_2 & \ddot{\theta}_3 & 0 & 0 & \dot{\theta}_2 \\ 0 & 0 & \ddot{\theta}_1+\ddot{\theta}_2+\ddot{\theta}_3 & 0 & 0 & 0 \\ 0 & 0 & 0 & \ddot{z}_4+g & 0 & 0 \end{bmatrix}\cdots
$$

$$
\cdots \begin{matrix} 0 & 0 & (2\ddot{\theta}_1+\ddot{\theta}_2)\cos(\theta_2)-(2\dot{\theta}_1+\dot{\theta}_2)\dot{\theta}_2\sin(\theta_2) \\ 0 & 0 & \ddot{\theta}_1\cos(\theta_2)+\dot{\theta}_1^2\sin(\theta_2) \\ \dot{\theta}_3 & 0 & 0 \\ 0 & \dot{z}_4 & 0 \end{matrix} \Bigg]
$$

と書き下せるので，最小二乗法などで未知パラメータベクトル x を同定することができる。

もう少し具体的に同定手順について示そう。時刻 $t_1,\ldots,t_n$ におけるトルクベクトル $\tau(t_1),\ldots,\tau(t_n)$ と関節角ベクトル $\theta(t_1),\ldots,\theta(t_n)$ が得られた場合，時刻毎に式 (11.80) が成立しているため，

$$
b = A\cdot x + e_{\mathrm{noise}} \tag{11.81}
$$

$$
b = \left[\tau(t_1)^T \ \cdots \ \tau(t_n)^T\right]^T
$$

$$
A = \left[a(\ddot{\theta}(t_1),\dot{\theta}(t_1),\theta(t_1))^T \ \cdots \ a(\ddot{\theta}(t_n),\dot{\theta}(t_n),\theta(t_n))^T\right]^T
$$

が成り立つ。ただし e_{noise} は計測誤差などのノイズベクトルである。ここで $A^T\cdot A$ がフルランクならば，次式から最小二乗推定値 $\hat{x}$ を得ることができる。

$$
\hat{x} = (A^T\cdot A)^{-1}\cdot b \tag{11.82}
$$

(2) システム同定のための動作パターン

上述のように，$A^T\cdot A$ がフルランクになるようにアームに種々の動作をさせればよいのだが，より精度よく同定するために（$A^T\cdot A$ の条件数が良くなるように）種々の動作パターンが提案されている。いくつかの動作パターンについて，以下に紹介しておく。

① 等加速度動作
等加速度動作は慣性パラメータをわかりやすく推定するための動作であるが，加速減速を繰り返すような動作でもよい。

② 等速度動作
等速度動作は粘性摩擦などの摩擦パラメータに加え，重力項パラメータなどの推定にも有効である。

③ 位置保持動作
位置保持動作も重力項パラメータなどを推定するものであるが，② の等速度動作でほぼ代替することができる。

④ M 系列信号など
M 系列信号やホワイトノイズなどをトルクや位置指令値などに重畳することで，高周波域での加速度信号強度を向上させ，短時間でリッチな同定信号を得ることができる。

⑤ 通常の運転動作
通常の運転動作のデータを加えることで，通常運転時に適したパラメータを推定することできる。

これ以外にも種々の動作パターンが考えられるが，何を高精度に同定したいかに応じて，動作パターンを選択する必要がある。

図 11.15 に一定トルク動作時のデータを示しておく（摩擦の少ない DD アームでは等加速度動作とよく似た挙動を示す）。このような動作データなどから先の慣性パラメータ j_1, j_2, j_{12} を同定することができる。

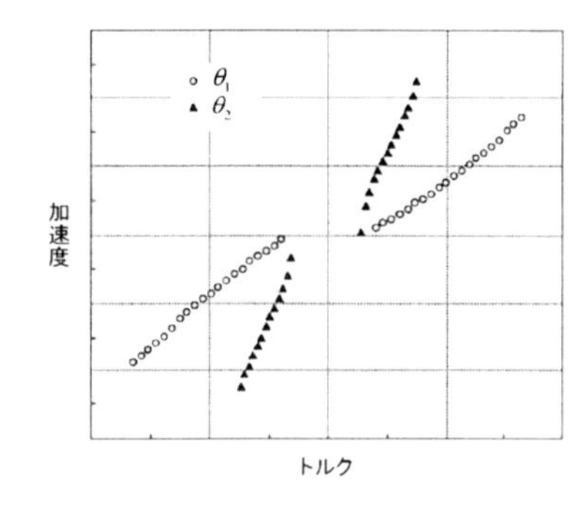

図 11.15　一定トルク（疑似的な等加速度）動作

11.4.3　減速機を介して駆動するアームのシステム同定

減速機を介して駆動するアームでは，前述のとおり，モータ慣性 j_{M} とアーム慣性 j_{A} の 2 つの慣性をそれぞれ個別に同定するとともに，バネ要素として作用する減速機の剛性も同定する必要がある。本項ではまず剛体モードの慣性 ($j_{\mathrm{M}}+j_{\mathrm{A}}$) や干渉慣性（$j_{12}$ など）を同定した後，モータ単体の慣性 j_{M} を別途同定し，($j_{\mathrm{M}}+j_{\mathrm{A}}$) から j_{M} を差し引くことで j_{A} を得る。さらに得られた j_{A} を用いて剛性を同定する[4, 5]。

(1) 剛体モードのシステム同定

減速機を介してアームを駆動する場合，前述のとおり減速機がバネ要素として作用し，図 11.13 で示される 2 慣性系となる。

モータトルクからモータ角速度までの 2 慣性系のゲイン線図を図 11.16 に示す。図中の反共振点は，モータが動かず，アームなどの機械部分が大きく振動する周波数で，機械の固有振動数にあたる。この反共振点

(機械の固有振動周波数) よりも十分に低い低周波域での 2 慣性系のモータ挙動は，モータとアームが一体となって動作する剛体モードの応答とほぼ等価である。すなわち低周波域における 2 慣性系のモータ挙動から，剛体モードのパラメータ，例えば，アームとモータが剛体として動作した際の慣性 $j_{\mathrm{M}}+j_{\mathrm{A}}$ や，多リンクにおける干渉慣性などがシステム同定可能である。

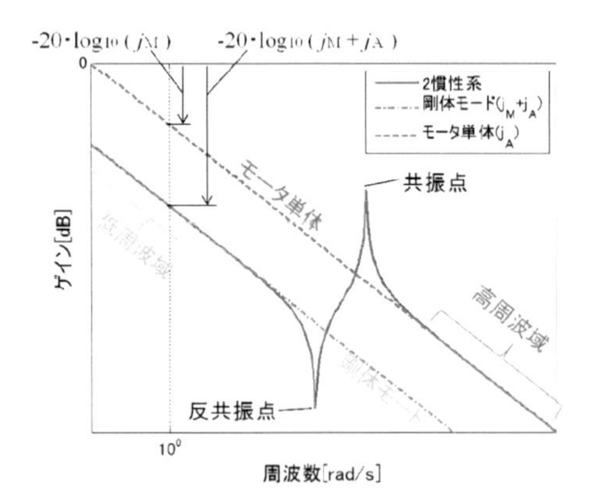

図 11.16　2 慣性系のトルクからモータ角速度へのゲイン線図

今，図 11.14 のスカラ型アームを，減速機を介して駆動された図 11.17 のロボットを考える。このとき，式 (11.79) の慣性行列 $J(\theta)$ の対角要素中の固定成分 j_1, j_2, j_3, j_4 が剛体モードで動作した慣性 $j_{\mathrm{M}}+j_{\mathrm{A}}$ にあたる。すなわち第 k リンクのモータ慣性とアーム慣性をそれぞれ j_{Mk}, j_{Ak} とすれば，剛体モードの慣性 j_k はそれらの和として

$$j_k = j_{\mathrm{M}k} + j_{\mathrm{A}k} \qquad (k=1,2,3,4) \tag{11.83}$$

で与えられる。

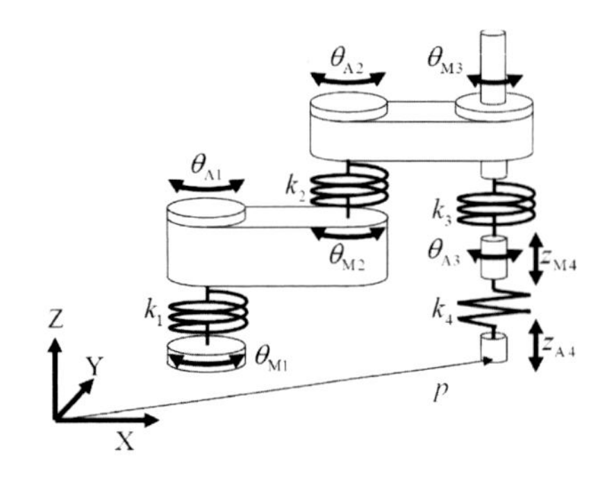

図 11.17　減速機を介して駆動するスカラ型ロボット

(i) 反共振周波数の計測

剛体モードのシステム同定を行うためには，まず反共振点を知る必要がある。反共振点は機械の固有振動数と等価なので，ロボットを停止（モータが動かないようにブレーキなどで固定）状態で，アームなどをプラスチックハンマーなどで打撃すれば，固有振動が励起され，その振動数を計測することで固有振動周波数を測定することができる。ここで重要なのはモータが停止した状態で振動を計測することである。

(ii) 低周波域動作データに基づく剛体モードのシステム同定

反共振周波数がわかれば，それよりも低い周波数域で動作させればよい。図 11.18 のようにロボットコントローラにおいて，上位 CPU からサーボアンプに出力される角度指令値やトルク補償量に対して，反共振周波数よりも十分低い周波数しか通さないローパスフィルタを施すことで，低周波域成分のみの動作データが得られる。この動作データから式 (11.81) などに基づいてシステム同定を行うことで，剛体モードのパラメータ（$j_{\mathrm{M}k}+j_{\mathrm{A}k}$ や干渉慣性 j_{12} など）を同定することができる。

図 11.19 に通常運転動作データを用いた同定結果の一例を示す。図より実トルクと同定モデルがほぼ一致し，良好な同定結果が得られていることがわかる。

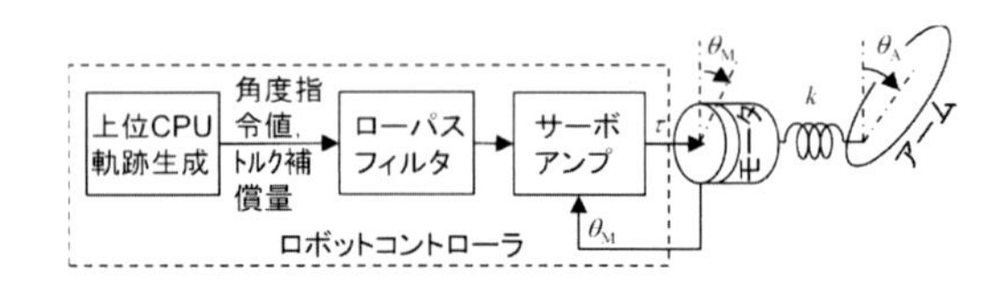

図 11.18　低周波域動作による剛体モードのシステム構成

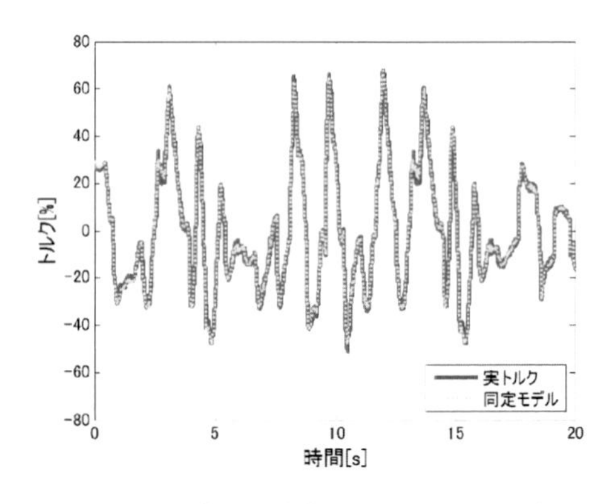

図 11.19　通常運転動作データを用いた同定結果

(2) モータ単体のシステム同定

モータ単体の慣性などはモータの仕様などに記載されているが，ここではシステム同定によるモータ慣性 $j_{\mathrm{M}k}$ の推定について述べる。図 11.16 の 2 慣性系のゲイン線図について再度着目する。図中の共振点は，モータとアームが共振し合い，互いに逆方向に反転しながら振動する 2 慣性系（機械とモータ双方を含んだ系）の固有振動数にあたる。この共振周波数よりも十分に高い高周波域における 2 慣性系のモータ挙動は，モータ単体で動作する応答とほぼ等価である。すなわち高周波域における 2 慣性系のモータ挙動から，モータ単体の慣性 j_{M} をシステム同定することができる。

例えば図 11.20 に示されるように，ロボットをサーボロック（一定位置に停止するように制御）した状態で，サーボアンプから出力されるトルクに M 系列信号やホワイトノイズなどの高周波信号を重畳させる。そうして得られる動作データは高周波域での動作データに相当し，モータ単体の挙動を示している。そこでモータ単体のモデル

$$j_{\mathrm{M}k} \cdot \ddot{\theta}_{\mathrm{M}k} + f_k(\dot{\theta}_{\mathrm{M}k}) = \tau_k \qquad (k = 1, 2, 3, 4) \tag{11.84}$$

$$\begin{aligned} f(\dot{\theta}_{\mathrm{M}}) &= \left[f_1(\dot{\theta}_{\mathrm{M}1})\ f_2(\dot{\theta}_{\mathrm{M}2})\ f_3(\dot{\theta}_{\mathrm{M}3})\ f_4(\dot{\theta}_{\mathrm{M}4}) \right]^T \\ &= \left[b_1\dot{\theta}_{\mathrm{M}1}\ b_2\dot{\theta}_{\mathrm{M}2}\ b_3\dot{\theta}_{\mathrm{M}3}\ b_4\dot{\theta}_{\mathrm{M}4} + j_{\mathrm{A}4}g \right]^T \end{aligned}$$

から，この動作データを用いて，モータ慣性 $j_{\mathrm{M}k}$ を同定することができる。ただし $f(\dot{\theta}_M)$ は重力・摩擦項である。

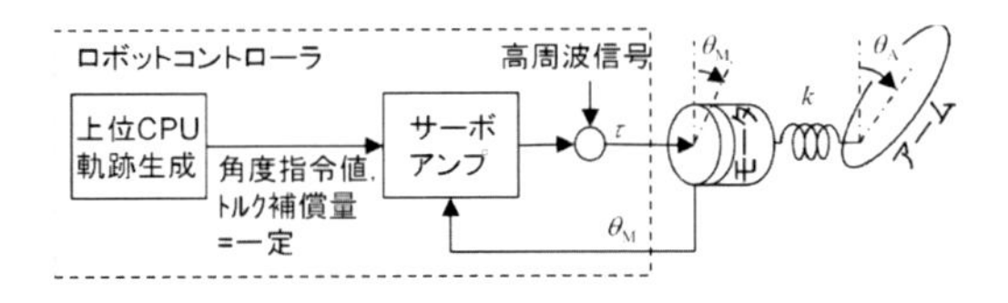

図 11.20　高周波域動作によるモータ単体のシステム構成

(3) 剛性のシステム同定

減速機を介して駆動される図 11.17 のスカラ型アームの 2 慣性系の運動方程式は次式で与えられる。

$$J_{\mathrm{A}}(\theta_{\mathrm{A}}) \cdot \ddot{\theta}_{\mathrm{A}} + c(\theta_{\mathrm{A}}, \dot{\theta}_{\mathrm{A}}) = K \cdot \varepsilon \tag{11.85}$$

$$J_{\mathrm{M}} \cdot \ddot{\theta}_{\mathrm{M}} + K \cdot \varepsilon = \tau \tag{11.86}$$

$$\varepsilon = \theta_{\mathrm{A}} - \theta_{\mathrm{M}} = [\theta_{\mathrm{A}1} - \theta_{\mathrm{M}1}\ \cdots\ \theta_{\mathrm{A}3} - \theta_{\mathrm{M}3}\quad z_{\mathrm{A}4} - \theta_{\mathrm{M}4}]^T \tag{11.87}$$

$$\theta_{\mathrm{A}} = [\theta_{\mathrm{A}1}\ \theta_{\mathrm{A}2}\ \theta_{\mathrm{A}3}\ z_{\mathrm{A}4}]^T,\ \tau = [\tau_1\ \tau_2\ \tau_3\ \tau_4]^T$$

$$\theta_{\mathrm{M}} = [\theta_{\mathrm{M}1}\ \theta_{\mathrm{M}2}\ \theta_{\mathrm{M}3}\ \theta_{\mathrm{M}4}]^T$$

$$J_{\mathrm{A}}(\theta_{\mathrm{A}}) = \begin{bmatrix} j_{\mathrm{A}1} + 2j_{12}\cos(\theta_{\mathrm{A}2}) & j_{\mathrm{A}2} + j_{12}\cos(\theta_{\mathrm{A}2}) & j_{\mathrm{A}3} & 0 \\ j_{\mathrm{A}2} + j_{12}\cos(\theta_{\mathrm{A}2}) & j_{\mathrm{A}3} & j_{\mathrm{A}3} & 0 \\ j_{\mathrm{A}3} & j_{\mathrm{A}3} & j_{\mathrm{A}3} & 0 \\ 0 & 0 & 0 & j_{\mathrm{A}4} \end{bmatrix}$$

$$c(\theta_{\mathrm{A}}, \dot{\theta}_{\mathrm{A}}) = \begin{bmatrix} b_1\dot{\theta}_{\mathrm{A}1} - j_{12}(2\dot{\theta}_{\mathrm{A}1} + \dot{\theta}_{\mathrm{A}2})\dot{\theta}_{\mathrm{A}2}\sin(\theta_{\mathrm{A}2}) \\ b_2\dot{\theta}_{\mathrm{A}2} + j_{12}\dot{\theta}_{\mathrm{A}1}^2\sin(\theta_{\mathrm{A}2}) \\ b_3\dot{\theta}_{\mathrm{A}3} \\ b_4\dot{z}_{\mathrm{A}} + j_{\mathrm{A}4}g \end{bmatrix}$$

$$K = \mathrm{diag}(k_1, k_2, k_3, k_4)$$

$$J_{\mathrm{M}} = \mathrm{diag}(j_{\mathrm{M}1}, j_{\mathrm{M}2}, j_{\mathrm{M}3}, j_{\mathrm{M}4})$$

ただし diag(*) は*を対角要素に持つ対角行列，k_k は第 k 関節の剛性，K は $k_1, \ldots, k_4$ を対角要素に持つ剛性行列である。ここで未知パラメータは剛性 k_k とアーム慣性 $j_{\mathrm{A}k}$ であるが，$j_{\mathrm{A}k}$ は先に同定した剛体モードの慣性 j_k とモータ慣性 $j_{\mathrm{M}k}$ から次式で与えられるので，

$$j_{\mathrm{A}k} = j_k - j_{\mathrm{M}k} \qquad (k = 1, 2, 3, 4) \tag{11.88}$$

未知パラメータは剛性 k_k だけとなる。

(i) 先端位置計測による剛性のシステム同定

今，図 11.17 のアーム先端の XYZ 座標位置 p が計測できるとする。ここで θ_{A} から先端位置 p への順変換が $L(\theta_{\mathrm{A}})$ で与えられれば，各軸の軸ねじれによる XYZ 座標での先端位置 p の変位量 e は次式で与えられる。

$$e = L(\theta_{\mathrm{A}}) - L(\theta_{\mathrm{M}}) = p - L(\theta_{\mathrm{M}}) \tag{11.89}$$

さらに θ_{A} から p へのヤコビ行列を $Jc(\theta_{\mathrm{A}})$ とすると，軸ねじれ量 ε や変位量 e は共に微小なため，ε および θ_{A} は次式で近似できる。

$$\varepsilon \cong Jc(\theta_{\mathrm{A}})^{-1} \cdot e = Jc(\theta_{\mathrm{M}} + \varepsilon)^{-1} \cdot e \cong Jc(\theta_{\mathrm{M}})^{-1} \cdot e \tag{11.90}$$

$$\theta_A = \theta_M + \varepsilon \cong \theta_M + Jc(\theta_M)^{-1} \cdot e \tag{11.91}$$

以上から，アーム角度 θ_A，アーム慣性行列 J_A，モータ慣性行列 J_M，非線形項 c，軸ねじれ量 ε が算出可能なため，式 (11.85) を未知パラメータ $k_1, \ldots, k_4$ に対して既知行列との積の形に整理すれば，

$$\mathrm{diag}(\varepsilon) \cdot [k_1 \ \cdots \ k_4]^T = \tau_{\mathrm{axis}} \tag{11.92}$$

$$\tau_{\mathrm{axis}} = J_A(\theta_A) \cdot \ddot{\theta}_A + c(\theta_A, \dot{\theta}_A) \tag{11.93}$$

となり（ただし τ_{axis} は軸に加わる軸力），上式から $k_1, \ldots, k_4$ を最小二乗法などで推定することができる。

(ii) 剛性の同定結果

図 11.21 の垂直多関節ロボットは 6 自由度の位置決めが必要な作業に多く用いられ，また図中の手首構造は Roll-Bend-Roll の RBR 手首といわれ，垂直多関節ロボットで広く採用されている。この垂直多関節ロボットに対して剛性のシステム同定を行った。

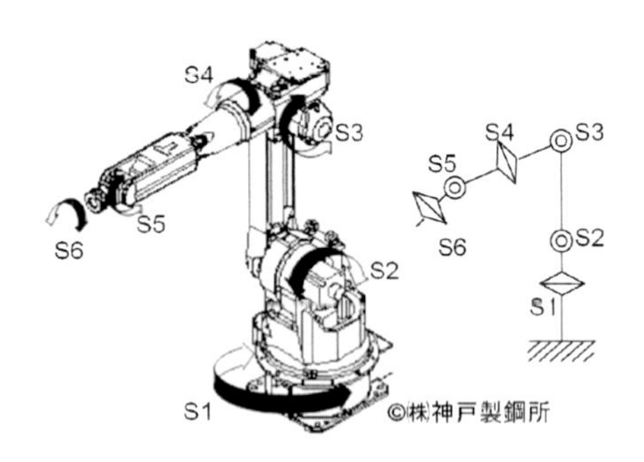

図 11.21　垂直多関節ロボット

(i) の先端位置計測による剛性のシステム同定では，いかに高精度にアーム先端の XYZ 座標位置 p を計測するかが重要である。ここでは，アーム先端を種々の姿勢で微小運動（具体的には種々の方向に 1〜5 Hz の SIN 動作）を行わせ，その時の先端位置をリニアゲージにて計測した。先端位置の計測範囲を微小範囲に限定することで先端位置の計測精度が向上し，高精度な剛性のシステム同定を実現している。

垂直多関節ロボットの剛性をシステム同定した結果の一例を図 11.22 に示す。図は軸ねじれ量 ε と軸力 τ_{axis} の関係を示しており，図中の各○印は種々 SIN 動作時の軸ねじれ量 ε と軸力 τ_{axis} をプロットしたもので，傾きが $1/\hat{k}$（$\hat{k}$：剛性の同定結果）の直線上によく乗っていることがわかる。

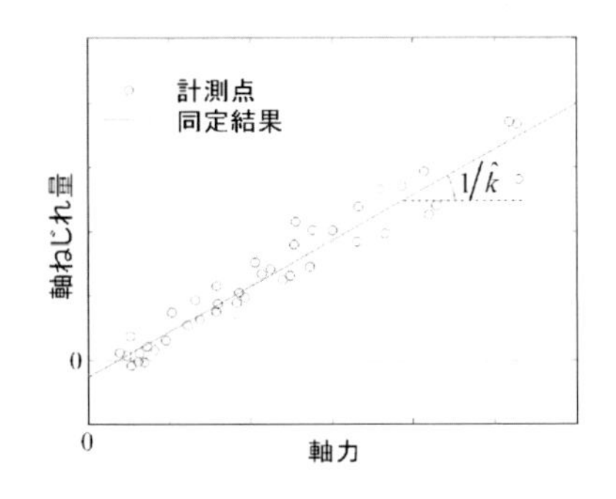

図 11.22　垂直多関節ロボットの剛性同定結果

＜西田吉晴，井上芳英，友近信行，
大根 努，和田 尭，湊 達治，小池 武＞

参考文献（11.4 節）

[1] 杉山，小山，玉井：『AC サーボシステムの理論と設計の実際—基礎からソフトウェアサーボまで—』，総合電子出版社 (1990).

[2] Yamashita, T., Otera, N. and Nishida, Y.: Development of the Current Control LSI for AC Servo Motor Driver, *1994 Japan-U.S.A. Symposium on Flexible Automation Proceedings*, Vol.1, pp.243–246 (1994).

[3] 百目鬼：SPM モータと IPM モータの特徴について，『電気製鋼』，Vol.79，No.2，pp.135–141 (2008).

[4] 西田，藤平，本家，湊：柔軟関節をもつマニピュレータの弾性変形補償制御と剛性の同定，『SICE 関西支部創立 30 周年記念シンポジウム講演論文集』，pp.55–56 (1996).

[5] 西田，藤平，村上，湊：柔軟関節をもつマニピュレータの制御モデルと同定，『R&D 神戸製鋼技報』，Vol.48，No.2，pp.10–13 (1998).

11.5　ロボットアームの制御

従来，ロボットアームの制御は PID 制御をベースにした制御が主流であったが，近年，高速化・高精度化への要求は高く，それら要求に応えるべく，11.4 節で同定された動特性モデルに基づくモデルベースド制御が主流となっている。本節では，まずモータの電流制御について触れた後，従来の PID 制御からモデルベースド制御に至る，ロボットアームの制御手法について述べる。

11.5.1　AC 同期モータの電流制御

(1) 各相 PI 制御

図 11.11 の AC 同期モータの電流制御について述べる。従来，UVW 相毎に PI 制御を行う各相 PI 制御[1]がよく使用された。ここで UVW 相における動特性は

次式で与えられる。

$$\begin{bmatrix} L & -M & -M \\ -M & L & -M \\ -M & -M & L \end{bmatrix} \cdot \frac{d}{dt} \begin{bmatrix} i_{\mathrm{U}} \\ i_{\mathrm{V}} \\ i_{\mathrm{W}} \end{bmatrix} + \begin{bmatrix} R & 0 & 0 \\ 0 & R & 0 \\ 0 & 0 & R \end{bmatrix} \begin{bmatrix} i_{\mathrm{U}} \\ i_{\mathrm{V}} \\ i_{\mathrm{W}} \end{bmatrix} + \begin{bmatrix} K_e \cdot \dot{\theta}_e \cdot \sin(\theta_e) \\ K_e \cdot \dot{\theta}_e \cdot \sin(\theta_e - 2\pi/3) \\ K_e \cdot \dot{\theta}_e \cdot \sin(\theta_e + 2\pi/3) \end{bmatrix} = \begin{bmatrix} V_{\mathrm{U}} \\ V_{\mathrm{V}} \\ V_{\mathrm{W}} \end{bmatrix} \tag{11.94}$$

ただし L は自己インダクタンス，M は相互インダクタンス，R は抵抗値である。式 (11.94) の左辺第 3 項は逆機電圧の項であるが，式からわかるように，各相に印可される逆機電圧が回転に応じて周期的に変動する。さらに，トルク指令値 τ_{d} に対して UVW 相電流への目標電流 $i_{\mathrm{Ud}}, i_{\mathrm{Vd}}, i_{\mathrm{Wd}}$ は

$$\begin{bmatrix} i_{\mathrm{Ud}} \\ i_{\mathrm{Vd}} \\ i_{\mathrm{Wd}} \end{bmatrix} = \sqrt{\frac{2}{3}} \begin{bmatrix} \sin(\theta_e) \\ \sin(\theta_e - 2\pi/3) \\ \sin(\theta_e + 2\pi/3) \end{bmatrix} \cdot \frac{\tau_{\mathrm{d}}}{K_\tau} \tag{11.95}$$

で与えられ，目標電流も回転に応じて周期的に変化することがわかる。このような状況の下，各相 PI 制御では UVW 相毎に PI 制御を行い，各相電圧を

$$V_{\mathrm{U,V,W}} = G_{ip} \cdot (i_{\mathrm{U,V,Wd}} - i_{\mathrm{U,V,W}}) + G_{ii} \cdot \int (i_{\mathrm{U,V,Wd}} - i_{\mathrm{U,V,W}}) \mathrm{d}t \tag{11.96}$$

にて与える（ただし G_{ip} は P ゲイン，G_{ii} は I ゲイン）のだが，

- 目標電流は回転に応じて周期的に変化
- 目標値が周期的に変化するため I 制御はほとんど意味をなさず，P 制御が主体
- 逆機電圧（外乱）も回転に応じて周期的に変化

などの精度阻害要因が存在し，制御精度の向上には限界があった。

(2) ベクトル制御

ベクトル制御[1] は図 11.11 に示された回転子に固定された d-q 座標上で制御する手法で，d-q 軸上の電流 $i_{\mathrm{d}}, i_{\mathrm{q}}$ の動特性は式 (11.77) に示されるが，状態方程式の形で記述すると次式となる。

$$\frac{\mathrm{d}}{\mathrm{d}t} \begin{bmatrix} i_{\mathrm{d}} \\ i_{\mathrm{q}} \end{bmatrix} = \begin{bmatrix} -R/L & \dot{\theta}_e \\ -\dot{\theta}_e & -R/L \end{bmatrix} \begin{bmatrix} i_{\mathrm{d}} \\ i_{\mathrm{q}} \end{bmatrix} - \begin{bmatrix} 0 \\ K_e \cdot \dot{\theta}_e / L \end{bmatrix} + \begin{bmatrix} V_{\mathrm{d}}/L \\ V_{\mathrm{q}}/L \end{bmatrix} \tag{11.97}$$

右辺第 2 項が逆機電圧であるが，回転によって変化せず，I 制御などで容易に抑制可能である。またトルク指令値 τ_{d} に対する電流 $i_{\mathrm{d}}, i_{\mathrm{q}}$ の目標値 $i_{\mathrm{dd}}, i_{\mathrm{qd}}$ も

$$\begin{bmatrix} i_{\mathrm{dd}} \\ i_{\mathrm{qd}} \end{bmatrix} = \begin{bmatrix} 0 \\ \tau_{\mathrm{d}}/K_\tau \end{bmatrix} \tag{11.98}$$

と回転によって変化しない。このように d-q 座標上では，一定の外乱（逆機電圧）存在下で，一定の目標値に対して制御を行えばよく，d-q 座標上で PI 制御

$$V_{\mathrm{d,q}} = G_{ip} \cdot (i_{\mathrm{d,qd}} - i_{d,q}) + G_{ii} \cdot \int (i_{\mathrm{d,qd}} - i_{d,q}) \mathrm{d}t \tag{11.99}$$

を構成すれば，容易に高精度な電流制御を実現することができる。ただし式 (11.97) からわかるように状態行列の非対角項が速度に応じて大きくなるため，高速回転時に電圧飽和を起こすことがある。そのような場合，弱め界磁制御などの適用を検討する必要がある。

11.5.2 位置 P-速度 PI 制御

モータを用いた制御系では，位置制御と速度制御をカスケードに構成するのが一般的で，図 11.23 のように位置制御で P 制御，速度制御で PI 制御を行う位置 P-速度 PI 制御[2-4] は，産業用マニピュレータでよく使用される制御系である。

一般には位置制御帯域≪速度制御帯域となっており，

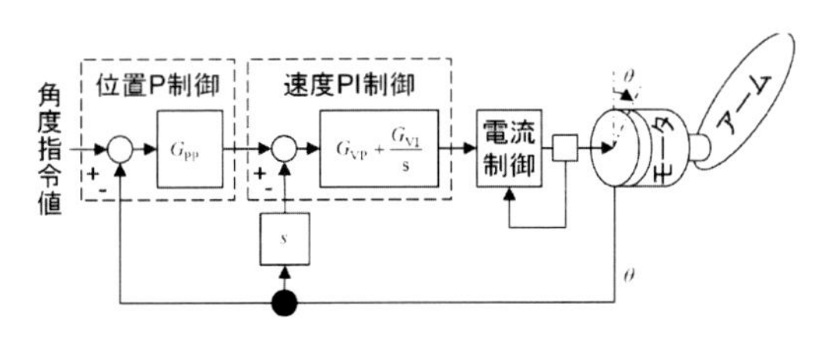

図 11.23 位置 P-速度 PI 制御

この条件下では，各軸の応答波形は位置 P ゲイン G_{PP} によってほぼ支配される。このため，全軸で同じ位置 P ゲイン G_{PP} を与えれば，全軸の応答をほぼ揃えることができ，滑らかな複合軸動作が可能となる。

一方，外乱抑制などのロバスト性は，速度 PI 制御によってほぼ決定され，ロバスト性を高めるには速度 P ゲイン G_{VP} を大きくする必要がある。速度 P ゲイン G_{VP} の上限は，（本来なら摩擦の影響なども受けるが）離散システムの安定性の観点から，サンプリング周期 ΔT とモータ慣性 J_{M} から次式で与えられる。

$$G_{\mathrm{VP}} \leq J_{\mathrm{M}}/\Delta T \tag{11.100}$$

しかし実際の産業用マニピュレータでは，速度検出分解能が与える影響も大きい。特に位置検出器として分解能 11 bit 光学式ロータリエンコーダが主流であった当時，G_{VP} の上限は式 (11.100) ではなく，位置差分による速度の検出分解能によって決定される状況が多々発生した。近年では，エンコーダ分解能が飛躍的に向上し，速度検出分解能ではなく，式 (11.100) が G_{VP} 上限の支配因子になっている。

11.5.3　非線形補償制御（計算トルク法）

多リンクのマニピュレータでは，軸間の干渉など非線形性が強く，特に図 11.21 のような垂直多関節ロボットでは，6 軸それぞれが複雑に干渉し合い，制御精度に与える影響は大きい。今，マニピュレータの運動方程式が

$$J(\theta) \cdot \ddot{\theta} + c(\theta, \dot{\theta}) = \tau \tag{11.101}$$

で与えられるものとする。ただし θ は関節角度ベクトル，τ はトルクベクトル，J は慣性行列，c は遠心・コリオリや重力などの非線形項である。非線形補償制御[4, 5] では式 (11.101) の運動方程式から，指令値 θ_{d} どおりに動作するために必要な計算トルク（非線形補償量）τ_{c} を

$$\tau_{\mathrm{c}} = J(\theta) \cdot \ddot{\theta}_{\mathrm{d}} + c(\theta, \dot{\theta}) \tag{11.102}$$

にて計算し，トルク τ として与える。この非線形補償を行うと非線形項が相殺され，式 (11.101), (11.102) から

$$J(\theta) \cdot \ddot{\theta} = J(\theta) \cdot \ddot{\theta}_{\mathrm{d}} \tag{11.103}$$

が成り立つ。J は正定値行列なので $\ddot{\theta}$ と $\ddot{\theta}_{\mathrm{d}}$ とが一致し，θ を指令値 θ_{d} どおりに制御することができる。

しかし式 (11.102) の J や c は実際にはモデル式から算出するため，モデルと真値との誤差（モデル化誤差）の影響で精度劣化や振動などが発生することがある。例えば非線形補償量 τ_{c} の高次微分項に含まれる高周波成分は，モデル化誤差がある場合，マニピュレータの振動モードを励起する加振力として作用することがある。振動抑制，精度向上を図るためには，11.4 節のシステム同定で誤差の少ないモデルを得ることが非常に重要である。

11.5.4　外乱抑制性能と応答性を個別に指定できる 2 自由度制御

非線形補償を使用する制御系として 2 自由度制御[6] がある。2 自由度制御ではフィードバック値と指令値情報を活用し，外乱抑制性能と応答性を個別に指定することができる。図 11.24 に前置補償 + フィードフォワード型 2 自由度制御[4, 5, 7] の例を示す。外乱抑制性能は G_{PP} や G_{VP} などのフィードバックゲインで決定される。ただし非線形補償のモデル化誤差は外乱として作用し，精度悪化の要因となるため，やはりモデル化誤差の低減が重要である。一方，応答性はフィードバックゲインと関係なく，前置補償 $F(s)$ により

$$\theta = F(s) \cdot \theta_{\mathrm{d}} \tag{11.104}$$

で与えられる。このように 2 自由度制御では，外乱抑制性能と応答性を個別に与えることができる。

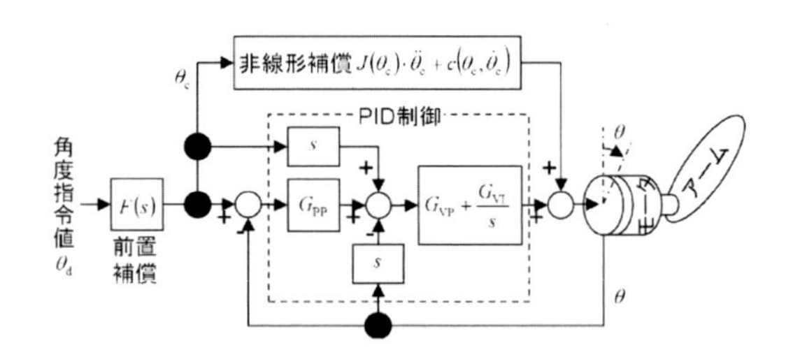

図 11.24　2 自由度制御の構成例

11.5.5　ロバスト性を付与する外乱推定オブザーバ

モデル化誤差や外乱などに対するロバスト性を付与する手法として，外乱推定オブザーバ[8] がよく用いられる。トルク外乱 d が付与された次の運動方程式を考える。

$$J(\theta) \cdot \ddot{\theta} + c(\theta, \dot{\theta}) = \tau + d \tag{11.105}$$

ここで外乱 d をオフセット外乱

$$\dot{d} \equiv 0 \tag{11.106}$$

と仮定し，最小次元オブザーバなどで外乱推定オブザーバを構成することができる。

産業用マニピュレータなどでは，単軸毎に制御されることが多く，外乱推定オブザーバも単軸毎に構成されている。外乱推定オブザーバを単軸毎に構成できるようにするため，式 (11.105) の運動方程式を見直してみよう。今，J を対角要素のみの行列 J_{dg} と非対角要素のみの行列 J_{nd} に分離し，非対角要素行列 J_{nd} と非線形項 c をトルク τ と一括りにまとめると，軸間の干渉がない J_{dg} のみを含む状態行列を持つ状態方程式

$$\frac{\mathrm{d}}{\mathrm{d}t}\begin{bmatrix} d \\ \dot{\theta} \end{bmatrix} = \begin{bmatrix} 0 & 0 \\ J_{\mathrm{dg}}(\theta)^{-1} & 0 \end{bmatrix}\begin{bmatrix} d \\ \dot{\theta} \end{bmatrix} + \begin{bmatrix} 0 \\ J_{\mathrm{dg}}(\theta)^{-1} \end{bmatrix}\left(\tau - c(\theta,\dot{\theta}) - J_{\mathrm{nd}}(\theta)\ddot{\theta}\right) \tag{11.107}$$

$$\dot{\theta} = \begin{bmatrix} 0 & I \end{bmatrix}\begin{bmatrix} d \\ \dot{\theta} \end{bmatrix} \tag{11.108}$$

$$J(\theta) = J_{\mathrm{dg}}(\theta) + J_{\mathrm{nd}}(\theta) \tag{11.109}$$

が得られる。ここで式 (11.107) の右辺第 2 項を入力と見なし，外乱 d を推定する最少次元オブザーバを構成すると，軸毎に独立したオブザーバを構成することができる。このとき，外乱 d の第 k 要素 d_k から外乱推定値 $\hat{d}$ までの伝達関数は次式で与えられる。

$$\hat{d}_k = \frac{\omega}{s+\omega}\cdot d_k \tag{11.110}$$

ただし ω はオブザーバの収束ゲインである。この d_k を要素に持つ外乱推定値 $\hat{d}$ をトルクから減じれば，外乱 d を相殺するロバストな制御系が構成できる。

外乱推定オブザーバの伝達関数が式 (11.110) で与えられるため，状態量と入力から状態推定を行うオブザーバを構成するのではなく，状態量の微分値である角加速度 $\ddot{\theta}$ を用いて式 (11.105), (11.110) から

$$\hat{d}_k = \frac{\omega}{s+\omega}\cdot\left(J_k(\theta)\cdot\ddot{\theta} + c_k(\theta,\dot{\theta}) - \tau_k\right) \tag{11.111}$$

によって外乱推定値 $\hat{d}_k$ を直接推定する方法が広く行われている。ただし J_k は J の第 k 番目の行ベクトル，c_k と τ_k は c と τ の第 k 要素である。式 (11.111) は厳密にはオブザーバではないが，最小次元オブザーバと同等の効果が得られ，かつコントローラへの実装が容易なため，広く使用されている。

実際の外乱の微分値 $\dot{d}$ は 0 ではなく，式 (11.106) は成立しない。しかし ω を十分早くすることで，オブザーバの収束速度に対する d の見かけ上の動きが遅くなるため，式 (11.106) が疑似的に成り立つと仮定している。またオブザーバに使用する τ や $\dot{\theta}$ に計測などに伴う位相遅れがある場合，ω の上限が制限される。ω を大きくし，オブザーバの収束速度を速めるためには，τ と $\dot{\theta}$ の位相をそろえる位相補償が有効[9] である。

11.5.6 振動を抑制する関節角速度推定オブザーバ

大型の垂直多関節マニピュレータ等では，トルクを増幅させるために減速機を介してアームを駆動する。この減速機が弾性変形するため，大型のマニピュレータは図 11.13(b) のように，モータとアームがバネを介して結合した 2 慣性の振動系となる。ここで θ_{M} はモータ角度，θ_{A} はアームの関節角度である。産業用マニピュレータで検出可能な値はモータ角度 θ_{M} のみであり，2 慣性系を制振する上で重要なアーム側情報，特に関節角速度 $\dot{\theta}_{\mathrm{A}}$ は検出できない。この $\dot{\theta}_{\mathrm{A}}$ をオブザーバで推定しフィードバックするのが関節角速度推定オブザーバ[4, 7, 10] である。2 慣性系の状態方程式は

$$\frac{\mathrm{d}}{\mathrm{d}t}\begin{bmatrix} \dot{\theta}_{\mathrm{A}} \\ \varepsilon \\ \dot{\theta}_{\mathrm{M}} \end{bmatrix} = \begin{bmatrix} 0 & J_{\mathrm{A}}(\theta_{\mathrm{A}})^{-1}K & 0 \\ -I & 0 & I \\ 0 & -J_{\mathrm{M}}^{-1}K & 0 \end{bmatrix}\begin{bmatrix} \dot{\theta}_{\mathrm{A}} \\ \varepsilon \\ \dot{\theta}_{\mathrm{M}} \end{bmatrix} + \begin{bmatrix} 0 & -J_{\mathrm{A}}(\theta_{\mathrm{A}})^{-1} \\ 0 & 0 \\ J_{\mathrm{M}}^{-1} & 0 \end{bmatrix}\begin{bmatrix} \tau \\ c(\theta_{\mathrm{A}},\dot{\theta}_{\mathrm{A}}) \end{bmatrix} \tag{11.112}$$

$$\dot{\theta}_{\mathrm{M}} = \begin{bmatrix} 0 & 0 & I \end{bmatrix}\begin{bmatrix} \dot{\theta}_{\mathrm{A}} \\ \varepsilon \\ \dot{\theta}_{\mathrm{M}} \end{bmatrix} \tag{11.113}$$

で与えられる。ただし ε は軸ねじれ量 $\theta_{\mathrm{M}}-\theta_{\mathrm{A}}$, K は関節軸の剛性行列, J_{A} はアーム部の慣性行列, J_{M} はモータ部の慣性行列である。この状態方程式 (11.112),(11.113) に基づき，軸ねじれ量 ε と関節角速度 $\dot{\theta}_{\mathrm{A}}$ を推定する最少次元オブザーバを構成し，関節角速度推定値をフィードバックすることで振動を抑制できる。

11.5.7 軸ねじれ量を補償する弾性変形補償

産業用マニピュレータでは関節角度 θ_{A} を関節角度

指令値 θ_{Ac} と一致させることが求められる。しかし前述のとおり実測できるのはモータ角度 θ_M であり，関節角度 θ_A を関節角度指令値 θ_{Ac} と一致させるため，モータ角度 θ_M がとるべきモータ角度指令値 θ_{Mc} を算出するのが，弾性変形補償[4, 5, 11, 12]である。一般的な弾性変形補償では，指令値 θ_{Ac} どおりに動作させるために必要な軸力 τ_{axis} を算出し，所望の軸ねじれ量 $\hat{\varepsilon}$ を求め，θ_{Mc} を次式で与える。

$$\theta_{Mc} = \theta_{Ac} + \hat{\varepsilon} \qquad (11.114)$$

$$\hat{\varepsilon} = K^{-1} \cdot \tau_{axis}$$

$$\tau_{axis} = J_A(\theta_{Ac}) \cdot \ddot{\theta}_{Ac} + c(\theta_{Ac}, \dot{\theta}_{Ac})$$

<西田吉晴，井上芳英，友近信行，大根 努，和田 尭，湊 達治，小池 武>

参考文献（11.5 節）

[1] 杉山，小山，玉井：『AC サーボシステムの理論と設計の実際—基礎からソフトウェアサーボまで—』，総合電子出版社 (1990).

[2] 鳥居：産業用ロボットのディジタルサーボ，『日本ロボット学会誌』，Vol.7，No.3，pp.249–253 (1989).

[3] 山崎：PID ディジタル・ソフトウェア制御アルゴリズム，『日本ロボット学会誌』，Vol.7，No.3，pp.218–224 (1989).

[4] 西田：産業用ロボットにおける制御理論応用，『システム/制御/情報』，Vol.42，No.11，pp.607–614 (1998).

[5] 西田，井上：中厚板向けアーク溶接ロボットの動作制御，『計測と制御』，Vol.51，No.9，pp.874–879 (2012).

[6] 杉江，吉川：2 自由度制御系の基本構造とそのサーボ問題への応用，『計測自動制御学会論文集』，Vol.22，No.2，pp.156–161 (1986).

[7] 西田，西村，本家，中上，今泉，木邑：柔軟関節を持つマニピュレータのロバスト制御—オブザーバと 2 自由度コントローラの適用—，『日本ロボット学会誌』，Vol.12，No.3，pp.466–471 (1994).

[8] 大西：メカトロニクスにおける新しいサーボ技術，『電気学会論文誌 D 編』，Vol.107，No.1，pp.83–86 (1987).

[9] 西田，木邑，大寺，福島：高次モードを考慮した外乱推定オブザーバとゲイン可変型 SLIDING MODE 制御，『第 36 回自動制御連合講演会前刷』，pp. 特セ 33–特セ 36 (1993).

[10] 宇野，久保，西，和田：ソフトウェアサーボによるロボットの制御—大型電動ロボットの防振制御—，『電気学会論文誌 D 編』，Vol.107，No.8，pp.1018–1025 (1987).

[11] 西田，藤平，本家，湊：柔軟関節をもつマニピュレータの弾性変形補償制御と剛性の同定，『SICE 関西支部創立 30 周年記念シンポジウム講演論文集』，pp.55–56 (1996).

[12] 西田，藤平，村上，湊：柔軟関節をもつマニピュレータの制御モデルと同定，『R&D 神戸製鋼技報』，Vol.48，No.2，pp.10–13 (1998).

11.6　事例紹介

11.6.1　産業用マニピュレータの制御

(1) 産業用マニピュレータ（産業用ロボット）

産業用マニピュレータとは，マニピュレータ（必要に応じて図 11.25 のスライダや，ポジショナなどの周辺軸も含め）を自動制御することにより，プログラミングされた種々の作業を，動作実行する機械のことである。

産業用マニピュレータのリンク構造は 11.4 節で示した垂直多関節ロボットとスカラ型ロボットの 2 種類に概ね大別されるが，このほかにも，直交ロボットやパラレルリンクロボット[1]など，用途に応じたリンク構造が採用されている。

これら産業用マニピュレータはロボット元年と呼ばれる 1980 年以降爆発的に普及し，溶接，ハンドリング，組立，塗装，研磨など，その用途は多岐にわたっている。

図 11.25　産業用マニピュレータのシステム構成例

(2) ティーチングプレイバック方式と教示

産業用マニピュレータの大半が，ティーチングプレイバック方式で動作している。予め教示（ティーチング）された教示点を，プログラムで設定された速度・加減速度・動作（直線・各軸）モード・スムージングレベルで通過するように，再生動作（プレイバック）する方式である。

このティーチングプレイバック方式では，予め教示点を教示しておく必要があるが，教示点の教示方法としては，次の 2 種類に大別される。一つは，直接ロボットを教示点まで動かして，教示点を登録してゆくダイ

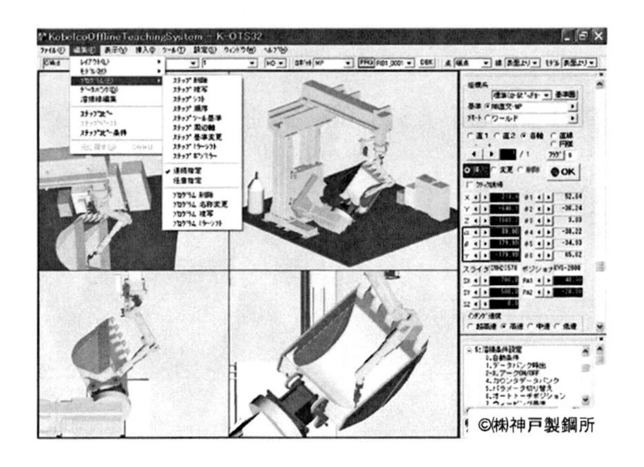

図 11.26　オフライン教示システムの適用例

レクト教示で，もう一つは，実際のロボットを用いずパソコンの仮想空間上で教示点を教示するオフライン教示[2]（図 11.26 参照）である。

ダイレクト教示はロボットを占有して教示作業を行うため，教示中はシステムを停止させておく必要があり，ロボットの稼働率を低下させてしまう。一方，オフライン教示は，パソコン上で教示を行うため，システムの停止時間を最小限に抑えることができる。また近年，オフライン教示システムの自動教示技術が向上し，教示時間の短縮・自動化が進んでいる。

(3) コントローラの構成とフルデジタルサーボ化

図 11.27 にロボットコントローラのシンプルな構成例を示す。ロボットコントローラは上位 CPU とサーボアンプから構成され，上位 CPU では，教示点や教示プログラムからロボットの動作軌跡を算出し，順逆変換処理などを行い，モータ角度指令値をアンプに指令する。サーボアンプは指令値に基づきモータを制御し，マニピュレータに所望の作業を行わせる。

当初アナログ回路で構成されていたサーボアンプは，

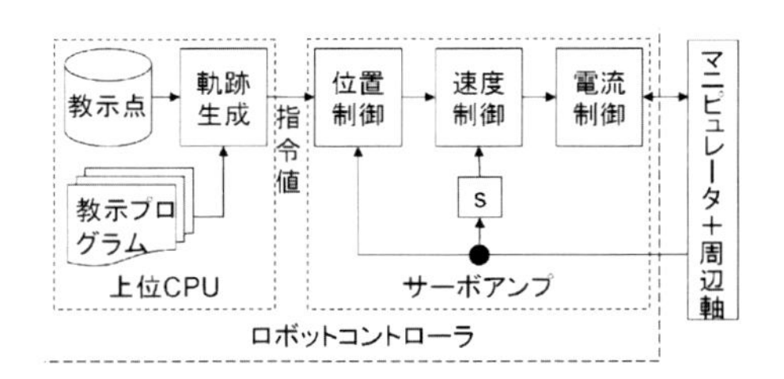

図 11.27　シンプルなコントローラ構成例

1990 年代に急速なデジタル化が進展し，現在ではフルデジタルサーボ制御[3-7]が主流となっている。デジタル化に伴い，図 11.28 に示されるような，11.5 節で示した高度で複雑なモデルベースド制御ロジックが種々実用化され，動作制御精度の高精度が一気に進んだ。以下では，産業用マニピュレータで実用化されている種々の制御手法について説明する。

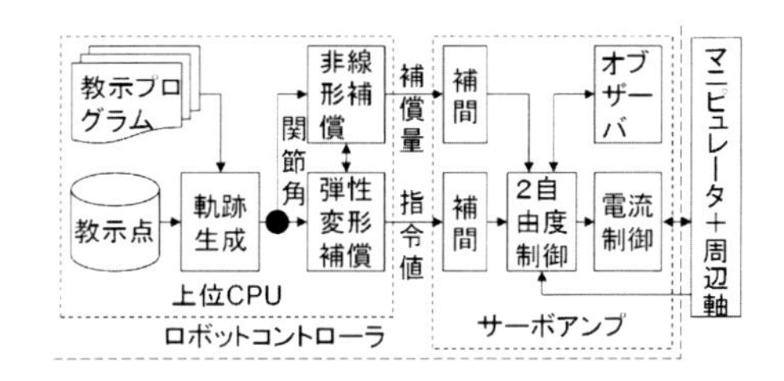

図 11.28　各種制御ロジックのコントローラ実装例

(4) 厳密な非線形補償制御（計算トルク法）の適用

11.5 節で説明した非線形補償制御では，いかに高精度なモデルで非線形補償量を計算できるかが性能の優劣を決定する。しかし式 (11.102) の非線形補償量 τ_c の計算は軸数が多くなると，爆発的に計算量が多くなり，たちまちオンラインで計算できなくなってしまう。

産業用マニピュレータでは，図 11.21 の 6 軸垂直多関節ロボットなどが広く使用されているが，6 軸全軸に対する τ_c を算出する厳密なモデル式は計算量が膨大で，通常 2 万回程度の加減乗除計算が必要となり，そのままではロボットコントローラに実装できない。そこで，厳密モデルの膨大な計算式の一部を省略するなど簡略化した簡易モデルに基づいて非線形補償を行った結果を図 11.29(a) に示す。簡易モデルの表現力がプアなため計算トルクと実トルクが乖離し，非常に大きなモデル化誤差が発生している。

一方，図 11.29(b) は，計算量低減手法[8]などで膨大

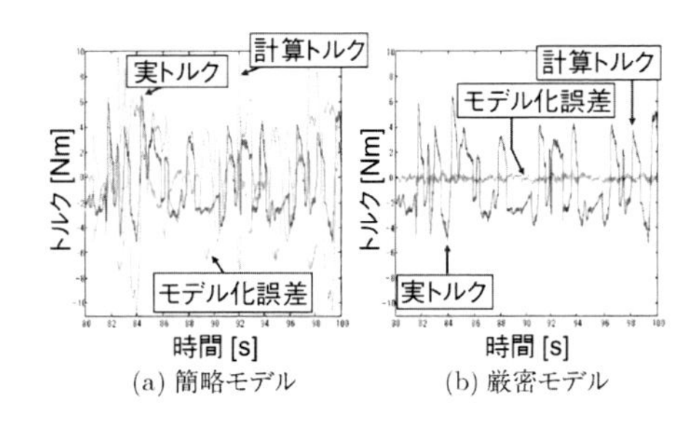

図 11.29　簡略，厳密モデルのモデル化誤差の比較

な計算量を 1/20 に圧縮し，厳密なモデルを適用した結果である。計算トルクと実トルクが一致し，モデル化誤差が非常に小さく抑えられている[9]。モデル化誤差低減には，厳密なモデル式の導入が有効である。

また式 (11.102) では，J や c を θ から算出したが，θ の代わりに指令値 θ_{d} から算出し，図 11.28 のように完全にフィードフォワードベースで非線形補償を行うことも可能である。

(5) 関節角速度推定オブザーバと外乱推定オブザーバの適用

図 11.21 に示される大型の垂直多関節マニピュレータ等ではトルクを増幅させるために，減速機を介してアームを駆動する。この減速機が弾性変形するため，大型のマニピュレータは図 11.13(b) のように，モータとアームがバネを介して結合した 2 慣性の振動系となるのは前述のとおりである。振動を抑えるためには関節角速度 $\dot{\theta}_{\mathrm{A}}$ をフィードバックすることが非常に有効であるが，産業用マニピュレータではモータ角度 θ_{M} は計測しているが，関節角度 θ_{A} は計測しておらず，$\dot{\theta}_{\mathrm{A}}$ をフィードバックすることができない。

そこで $\dot{\theta}_{\mathrm{A}}$ を推定しフィードバックしようというのが，11.5 節で説明した関節角速度推定オブザーバである。図 11.30 に関節角速度推定オブザーバ[10, 11] の推定結果を示す。図はオブザーバの関節角速度推定値と実測値との比較であり，推定値が実測値とよく一致していることがわかる。この関節角速度推定オブザーバによる関節角速度推定値をフィードバックすることで，大きな振動抑制効果が得られる。

さらに図 11.31 に外乱推定オブザーバ[10, 11] の推定結果を示す。従来の推定結果は弾性変形を考慮せず剛体モードで外乱推定オブザーバを構成したもので，弾性変形の影響を考慮していないため，固有振動周波数付近で，外乱を誤って大きく推定していることがわかる。

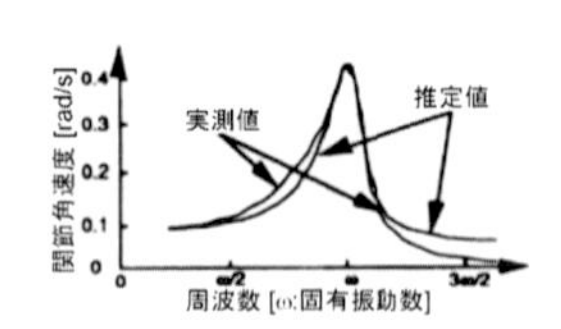

図 11.30
関節角速度推定オブザーバの推定結果

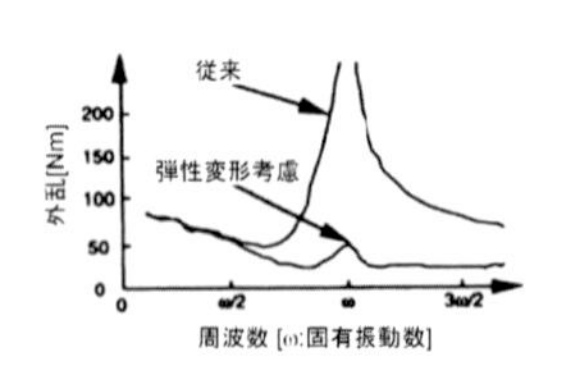

図 11.31
弾性変形を考慮した外乱推定オブザーバの推定結果

このような外乱推定値をフィードバックすると，外乱抑制は可能であるが，振動を助長させてしまう。

図中の弾性変形を考慮した外乱推定値は，弾性変形モデルを考慮し，オブザーバを構成することで，固有振動周波数付近でも誤って推定値が大きくなることなく，高精度な外乱推定がなされていることがわかる。弾性変形を考慮した外乱推定値をフィードバックすれば，振動を助長することなく，外乱抑制が可能である。

(6) 弾性変形補償を搭載した 2 自由度制御系

図 11.32 にこれまで述べた非線形補償，関節角速度推定オブザーバに加え，弾性変形補償[12–16] を搭載した 2 自由度制御系のブロック図を示す。

非線形補償で使用した高精度な動力学モデルと 11.4 節で同定した剛性に基づき，11.5 節の弾性変形補償制御を実施した結果を図 11.33 に示す。図 11.33 はアーク溶接ロボットでエンドエフェクタを左右に搖動させるウィービング動作における弾性変形補償の効果比較である。弾性変形補償を行わず，一定振幅のウィービング（搖動）動作をさせた場合，弾性変形の影響により，ウィービング周波数が高くなるに従って実振幅が大きくなってしまう。一方，弾性変形補償を行えば，弾性変形分が補償され，ウィービング周波数によらず所望の一定振幅のウィービング動作を行うことができる。

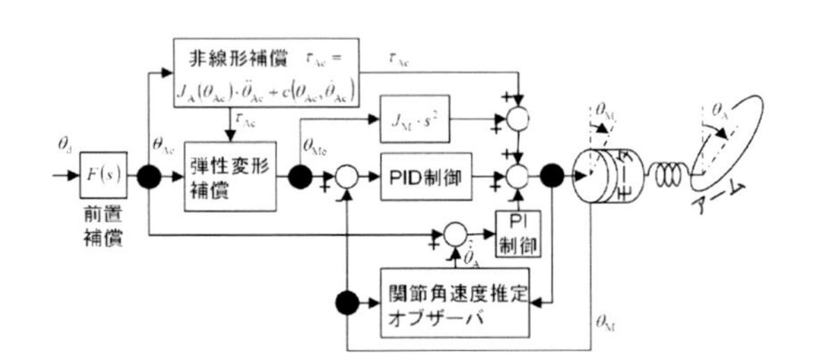

図 11.32　弾性変形補償，非線形補償，関節角速度推定オブザーバを搭載した 2 自由度制御系

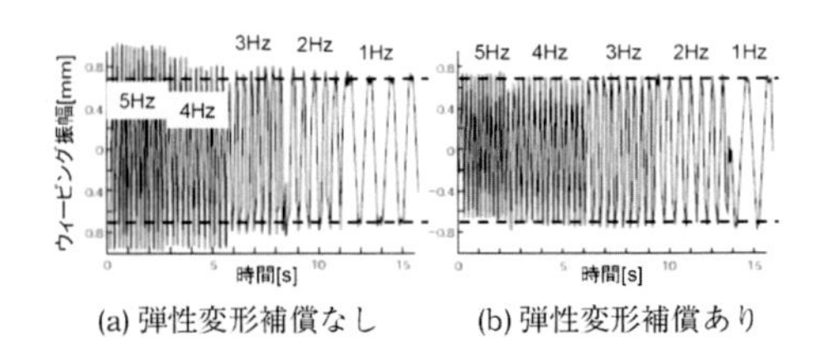

(a) 弾性変形補償なし　(b) 弾性変形補償あり

図 11.33　ウィービング動作時の弾性変形補償の効果

(7) 高次微分値まで滑らかな前置補償と補間器

図 11.32 のように弾性変形補償を構成すると，関節角度指令値 θ_{Ac} の 4 階微分値まで連続でないと振動が励起される。そのため θ_{Ac} を出力する前置補償では高次フィルタや高次補間などの処理が必要となる。補間器として 1 次補間などがよく使用されるが，2 次以上の高次補間は通常，図 11.34(a) のように不安定化してしまい，使用できない。その対策としては，所定の移動平均処理によるサンプル点修正が有効であり，図 11.34(b) のように安定した高次補間[14, 16] を実現することができる。

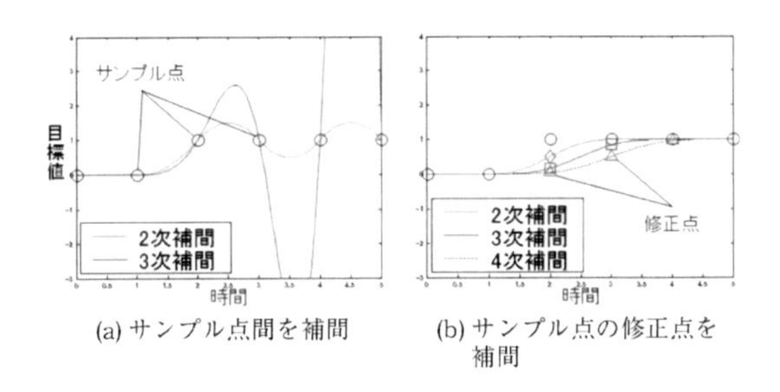

(a) サンプル点間を補間　(b) サンプル点の修正点を補間

図 11.34　2 次以上の高次補間

(8) 周期動作に対する周期外乱推定オブザーバ

前述の周期的に揺動するウィービング動作は，アーク溶接ロボットの基本性能を左右する非常に重要な動作である。これまで外乱を一定値のオフセット外乱として扱ってきたが，周期的な揺動動作で発生する外乱はオフセット外乱ではなく，周期的に変動する周期外乱として表現できる。この周期（角速度 ω）的に変動する外乱特性 ($\ddot{d} = -\omega^2 \cdot I \cdot d$) を積極的にモデルに取り入れ，運動方程式に加味すれば

$$\frac{d}{dt}\begin{bmatrix} \dot{d} \\ d \\ \dot{\theta} \end{bmatrix} = \begin{bmatrix} 0 & -\omega^2 \cdot I & 0 \\ I & 0 & 0 \\ 0 & J_{\mathrm{dg}}(\theta)^{-1} & 0 \end{bmatrix}\begin{bmatrix} \dot{d} \\ d \\ \dot{\theta} \end{bmatrix} + \begin{bmatrix} 0 \\ 0 \\ J_{\mathrm{dg}}(\theta)^{-1} \end{bmatrix}\left(\tau - c(\theta, \dot{\theta}) - J_{\mathrm{nd}}(\theta)\ddot{\theta}\right) \tag{11.115}$$

$$\dot{\theta} = \begin{bmatrix} 0 & 0 & I \end{bmatrix}\begin{bmatrix} \dot{d} \\ d \\ \dot{\theta} \end{bmatrix} \tag{11.116}$$

となる。この状態方程式に対して外乱 d を推定するオブザーバを構成したものが周期外乱推定オブザーバ[14, 15] である。

ここでオブザーバの極を $-\zeta \pm i \cdot \sqrt{\omega^2 - \zeta^2}$（$\zeta$ は設計パラメータ）と与えると，外乱 d の第 k 要素 d_k から推定値 $\hat{d}_k$ までの伝達関数は

$$\hat{d}_k = \frac{2 \cdot \zeta \cdot s}{s^2 + 2 \cdot \zeta \cdot s + \omega^2} \cdot d_k \tag{11.117}$$

となり，角速度 ω の周期外乱のみを推定するオブザーバが構成される。オブザーバの極を上記のような複素根ではなく実根などにしてしまうと，広く他の周波数成分まで推定してしまう。推定された他の周波数成分は状態方程式 (11.115),(11.116) に則っていないため，その推定値は実際の外乱と乖離している。実際と乖離した，他の周波数成分の推定値をフィードバックしてしまうと，制御精度の悪化を招く恐れがある。そのため，周期外乱オブザーバを適用する際には，他の周波数成分を推定しないようにすることが重要であり，極を $-\zeta \pm i \cdot \sqrt{\omega^2 - \zeta^2}$ と与える点がみそである。

この周期外乱推定値をトルクから減じることで，周期外乱を完全に相殺することができる。図 11.35 に周期外乱推定オブザーバの効果比較を示す。オブザーバなしでは指令値と実値に誤差が生じているが，オブザーバを適用し，周期外乱を完全相殺することで，誤差がほぼ 0 になっている。

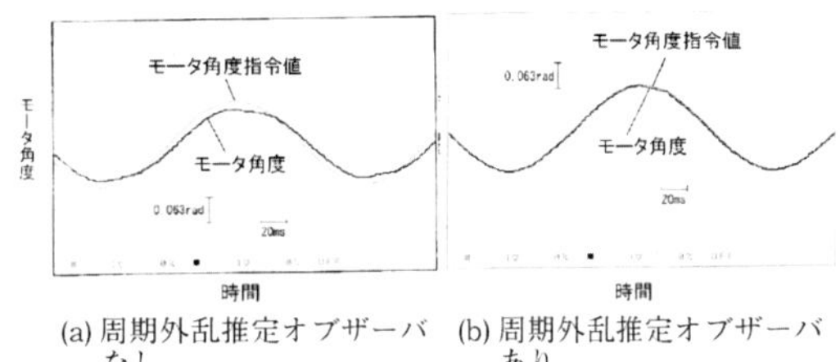

(a) 周期外乱推定オブザーバなし　(b) 周期外乱推定オブザーバあり

図 11.35　周期外乱推定オブザーバの効果比較

<西田吉晴，井上芳英，友近信行，大根 努，和田 尭，湊 達治，小池 武>

参考文献（11.6.1 項）

[1] 内山，飯村，多羅尾，フランソワ，外山：6 自由度高速パラレルロボット HEXA の開発，『日本ロボット学会誌』，Vol.12，No.3，pp.451–458 (1994).

[2] 泉，金，飛田，山崎：オフライン教示システム K-OTS の自動教示技術，『R&D 神戸製鋼技報』，Vol.63，No.1，pp.94–98 (2013).

[3] 鳥居：産業用ロボットのディジタルサーボ，『日本ロボット学会誌』，Vol.7，No.3，pp.249–253 (1989).

[4] 三木，嘉納：AC サーボモータとそのディジタル制御，『日本ロボット学会誌』，Vol.7，No.3，pp.229–230 (1989).

[5] 山崎：PID ディジタル・ソフトウェア制御アルゴリズム，『日本ロボット学会誌』，Vol.7，No.3，pp.218–224 (1989).

[6] 宇野，久保，西，和田：ソフトウェアサーボによるロボットの制御—大型電動ロボットの防振制御—，『電気学会論文誌 D 編』，Vol.107，No.8，pp.1018–1025 (1987).

[7] 西田：産業用ロボットにおける制御理論応用，『システム/制御/情報』，Vol.42，No.11，pp.607–614 (1998).

[8] 大須賀，前田：マニピュレータのモデリングと逆動力学問題のためのパラメータ表現，『日本ロボット学会誌』，Vol.5，No.2，pp.150–157 (1987).

[9] Inada, S., Kondo, M., Inoue, Y., Minato, T., Nishida, Y. and Wada, T.: Built-in Cable Type Welding Robot "ARCMAN^{TM}-GS", *KOBELCO Technology Review*, Vol.32, pp.40–44 (2013).

[10] 西田，西村，本家，中上，今泉，木邑：柔軟関節を持つマニピュレータのロバスト制御—オブザーバと 2 自由度コントローラの適用—，『日本ロボット学会誌』，Vol.12，No.3，pp.466–471 (1994).

[11] 本家，井上，川端，西田，西村：外乱オブザーバをもちいた弾性ロボットの運動と振動の制御（弾性振動を考慮した外乱オブザーバの適用），『日本機械学会論文集 C 編』，Vol.60，No.577，pp.3045–3050 (1994).

[12] 西田，藤平，本家，湊：柔軟関節をもつマニピュレータの弾性変形補償制御と剛性の同定，『SICE 関西支部創立 30 周年記念シンポジウム講演論文集』，pp.55–56 (1996).

[13] 西田，藤平，村上，湊：柔軟関節をもつマニピュレータの制御モデルと同定，『R&D 神戸製鋼技報』，Vol.48，No.2，pp.10–13 (1998).

[14] 西田，井上：中厚板向けアーク溶接ロボットの動作制御，『計測と制御』，Vol.51，No.9，pp.874–879 (2012).

[15] 井上，西田：溶接ロボットのウィービング動作制御，『R&D 神戸製鋼技報』，Vol.54，No.2，pp.91–95 (2004).

[16] 西田，和田，大根，井上，小池，稲田，木田：産業用ロボットにおける弾性変形補償制御と高次補間器を用いた二自由度制御，『計測自動制御学会第 4 回制御部門マルチシンポジウム予稿集』，3E1-1 (2017).

11.6.2　ビジュアルサーボ

(1) はじめに

近年の急速なコンピュータ技術・センサ技術の進展に伴い，各種ビジョンセンサや画像処理システムが安価に利用可能となってきた。また，カメラのフレームレートも高速なものが開発されている。これに伴い，ビジョンセンサをロボット制御システムに組み込む要求も高まってきた。しかしロボットとセンサと作業座標系のキャリブレーションが煩雑であり，ロバストな画像処理も容易ではないため，これらを実際の現場（工場や屋外）で使用するには工夫が必要である。

本項では，ビジュアルサーボに関する 2 つの手法とその特徴について述べ，パターンマッチングへの適用について紹介する。

(2) パンチルトカメラ

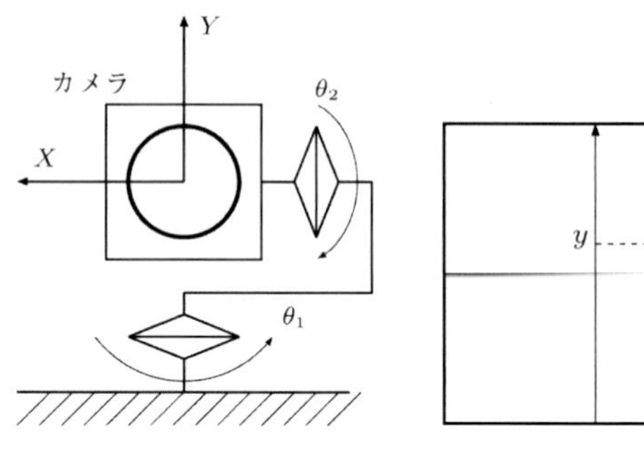

図 11.36　パンチルトカメラ 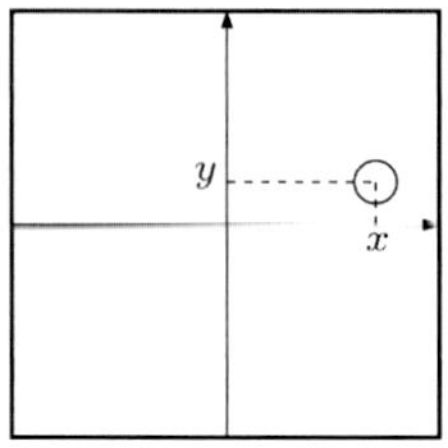　　**図 11.37**　画面座標

● **問題設定**

図 11.36 に示すパンチルトカメラを考える[21]。カメラは読者の方向を向いており，読者の顔を追跡するものとする。このような例は，ウェブカメラや街頭の監視カメラとして広く利用されている。

● **システム構成**

カメラはこちらを向いている。簡単のため，パン（左右：$\theta_1$1）軸とチルト（上下：θ_2）軸はカメラ座標系の原点で交差するものとする。カメラに写る対象（読者の顔）の座標系を図 11.37 に示す。x, y は顔中心の座標を表す。画面座標系において右が x 軸正の方向，上が y 軸正の方向である。

● **モデリング**

パンチルトカメラのモータ θ_1 をプラス方向に回転させればカメラは左を向き，相対的に顔の中心は右に寄る。したがって，θ_1 を増加させれば x は増加する。同様に θ_2 を増加させれば，カメラは下を向き，y が増加する。対象の像 $\mathbf{x} = [x,\ y]$ をカメラ視野の中心 $\mathbf{x}^* = [0, 0]$ に保つことが「顔を追跡する」ことに相当する。

● **制御則**

図 11.37 の状態では，対象物はカメラの視線の右上にあるので，θ_1 と θ_2 をともにマイナス方向に回転させることで，対象は画面中央に近づく。つまり，

制御則を

$$\dot{\theta} = -\lambda(\mathbf{x} - \mathbf{x}^*) = -\lambda\mathbf{x} \tag{11.118}$$

とすればよい。ここで $\theta = [\theta_1, \theta_2]$ であり，λ はフィードバックゲインである。

- **特徴ベースビジュアルサーボ**

  この例は，画像平面の対象の中心座標を特徴量として，目標の特徴量と現在の特徴量とを比較し，その差を制御変数をしているので，「特徴ベースビジュアルサーボ」と呼ばれる[11, 18]。通常は画像処理の遅れ[20]，対象の運動パラメータの推定[12]，モータダイナミクス[10] などを考慮して制御系を構成する場合が多い[19]。

(3) 定式化

ビジュアルサーボを一般的に定式化すると，「画像出力 $\mathbf{m}$ から制御したい量 $\mathbf{s}$ を計算し，$\mathbf{s}$ が目標値 $\mathbf{s}^*$ に収束するように制御できる量 $\mathbf{v}$ を調整すること」，となる。つまり制御偏差を $\mathbf{e}$ とするとき，

$$\mathbf{e}(t) = \mathbf{s}(\mathbf{m}(t), \mathbf{v}(t), \mathbf{a}) - \mathbf{s}^* \tag{11.119}$$

の最小化問題となる。t は時刻を表す。制御したい量 $\mathbf{s}$ をどのように定義するかが重要なポイントであり，ビジュアルサーボのいろいろな性質を決定する。パラメータ $\mathbf{a}$ はカメラの内部・外部パラメータや対象の形状・サイズなど，画像を生成する要因を表す。

先ほどの例題では，制御したい量を対象の画像座標 $(\mathbf{s} = \mathbf{x})$，制御できる量をモータ回転速度 $(\mathbf{v} = \dot{\theta})$ と設定している。式 (11.119) は入出力（モータの動きと画像の変化）に関する考察である。そのモデリングには一般的には入力と最小化変数の微分関係式

$$\dot{\mathbf{e}} = J\mathbf{v} \tag{11.120}$$

を用いるのが一般的である。ここで J はヤコビ行列であり，カメラパラメータや対象の形状などに依存する。実は，特徴ベースビジュアルサーボではこのパラメータが正確でなくても目標値への収束が保証される。

また，式 (11.119) は入力が変化すると制御したい量が変化することを要求している。これはカメラがロボットと共に動く場合であっても，カメラが環境に固定されていてロボットを観測している場合でも利用できる[2-4]。

(4) 位置ベース法

位置ベースビジュアルサーボでは，$\mathbf{s}$ を位置に関する変数にとる。例えば，ロボットの手先にカメラが搭載されており，その画像を元に目標の手先位置に収束させたい場合，目標の手先位置・姿勢を $\mathbf{c}^*$，現在の手先位置・姿勢を $\mathbf{c}$ と定義して，それらの位置偏差は

$$\mathbf{t} = {}^{c^*}\mathbf{t}_c = {}^{c^*}\mathbf{c}^* - {}^{c^*}\mathbf{c} \tag{11.121}$$

であり，姿勢偏差は

$$\mathbf{R} = {}^{c^*}\mathbf{R}_c \tag{11.122}$$

で与えられる。ただし ${}^{c^*}\mathbf{c}$ は目標位置・姿勢座標系における現在の手先位置，${}^{c^*}\mathbf{R}$ は目標位置・姿勢座標系における現在の姿勢である（図 11.38）。

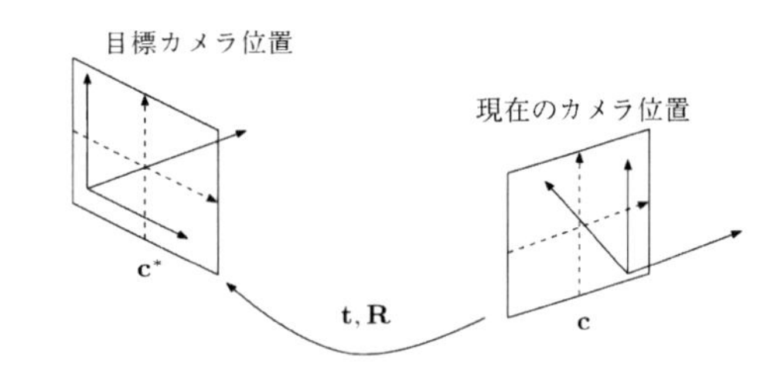

図 11.38 目標姿勢と現在の姿勢

位置・姿勢偏差 $\mathbf{t}, \mathbf{R}$ を求めるためのアルゴリズムの詳細は本稿の範囲を超えるので述べない[7]。しかし，カメラの内部・外部パラメータを正確に知る必要があり，対象形状も容易に復元可能なものでなければならない。また，ロボットの手先座標系において制御系が組まれるため，カメラとロボットの間の正確なキャリブレーションも必要である。

姿勢 $\mathbf{R}$ を回転軸 $\mathbf{u}$ と $\mathbf{u}$ まわりの回転角 θ で表すと，

$$\mathbf{e} = \mathbf{s} - \mathbf{s}^*, \quad \mathbf{s} = \begin{bmatrix} \mathbf{t} \\ \theta\mathbf{u} \end{bmatrix}, \quad \mathbf{s}^* = \mathbf{0} \tag{11.123}$$

と定式化できる。制御できる量 $\mathbf{v}$ が手先の速度 $\mathbf{v}_c$・角速度 ω_c である場合，微分関係式は

$$\dot{\mathbf{s}} = \mathbf{L}\dot{\mathbf{v}}, \quad \mathbf{L} = \begin{bmatrix} \mathbf{R} & \mathbf{0} \\ \mathbf{0} & \mathbf{L}_{\theta\mathbf{u}} \end{bmatrix}, \quad \mathbf{v} = \begin{bmatrix} \mathbf{v}_c \\ \omega_c \end{bmatrix} \tag{11.124}$$

となる。ただし

$$\mathbf{L}_{\theta\mathbf{u}} = \mathbf{I} - \frac{\theta}{2}\mathbf{u}_\times + \left(1 - \frac{\sin\theta}{\sin^2\frac{\theta}{2}}\right) \qquad (11.125)$$

である[15]。$\sin x = \sin x/x$，$\mathbf{u}_\times$ は $\mathbf{u}$ との外積と等価な演算をする歪対称行列である。行列 $\mathbf{L}_{\theta\mathbf{u}}$ が正則でなくなるのは θ が 2π の倍数となるときのみであり，$\theta = 0$ の近傍では I と近似できる。

このとき，制御手法の一例は

$$\mathbf{v} = -\lambda\mathbf{L}^{-1}\mathbf{e} = -\lambda\begin{bmatrix}\mathbf{R}^T\mathbf{t}\\ \theta\mathbf{u}\end{bmatrix} \qquad (11.126)$$

と書ける。安定性は大域的に保証される。

(5) 特徴ベース法

位置ベース法では 3 次元復元（$\mathbf{R}$ と $\mathbf{t}$ を求めること）が必要である。しかしこれは，対象形状やカメラパラメータのモデル誤差の影響で不正確になりやすい。それに対して特徴ベース法は「現在の特徴量を目標の特徴量に収束させること」を目的とするため，目標の特徴量が実際に使用するカメラで撮影されている場合には上記のモデル誤差の影響を受けない。

カメラが見ている対象に特徴点（opencv ならば goodFeaturesToTrack() 関数で得られるような特徴的なパターンを示す点）の座標 $\mathbf{x} = [x, y]^T$ を用いるとき，

$$\dot{\mathbf{x}} = \mathbf{L}_\mathbf{x}\mathbf{v}$$
$$\mathbf{L}_\mathbf{x} = \begin{bmatrix} -\frac{1}{Z} & 0 & \frac{x}{Z} & xy & -(1+x^2) & y \\ 0 & -\frac{1}{Z} & \frac{y}{Z} & 1+y^2 & -xy & x \end{bmatrix} \qquad (11.127)$$

が成り立つ。$\mathbf{v}$ はカメラの速度・角速度ベクトルであり，Z はカメラ座標系におけるその点までの距離（以後，深さという）である。複数の特徴点 $\mathbf{x}_1, \mathbf{x}_2, \ldots, \mathbf{x}_n$ が利用できる場合，それらの目標座標 $\mathbf{s}^*$ との差を制御偏差とする。つまり，

$$\mathbf{e} = \mathbf{s} - \mathbf{s}^*, \quad \mathbf{s} = \begin{bmatrix}\mathbf{x}_1\\ \mathbf{x}_2\\ \vdots\\ \mathbf{x}_n\end{bmatrix}, \quad \mathbf{s}^* = \begin{bmatrix}\mathbf{x}_1^*\\ \mathbf{x}_2^*\\ \vdots\\ \mathbf{x}_n^*\end{bmatrix} \qquad (11.128)$$

とおき，$\mathbf{e} \to \mathbf{0}$ を達成する制御系を構成する。

このとき，微分関係式は

$$\dot{\mathbf{e}} = \mathbf{L}\mathbf{v} \qquad (11.129)$$

となる。ここで $\mathbf{L}$ は，おのおのの特徴点座標 $\mathbf{x}_i$ に対して得られる式 (11.128) の行列 $\mathbf{L}_\mathbf{x}$ を縦に積んだ行列であり，画像ヤコビ行列[11]（または interaction matrix[8]）と呼ばれる。この画像ヤコビ行列の疑似逆行列 $\mathbf{L}^+$ をリアルタイムで計算できるならば，最も直接的な制御則は次式で与えられる[11]。

$$\mathbf{v} = -\lambda\mathbf{L}^+\mathbf{e} \qquad (11.130)$$

しかし画像ヤコビ行列には各点までの深さ Z_i $(i = 1, \ldots, n)$ が含まれるので，正確に計算するためにはある種の 3 次元復元をリアルタイムに計算する必要がある。これでは特徴ベース法の利点が失われる。最も単純な近似法は目標位置における画像ヤコビ行列 $\mathbf{L}^*$ を何らかの手法で推定して固定する方法であり

$$\mathbf{v} = -\lambda\widehat{\mathbf{L}^*}^+\mathbf{e} \qquad (11.131)$$

で表される。ここで $\widehat{\mathbf{L}^*}$ は $\mathbf{L}^*$ の推定値である。目標位置における深さを求める必要はあるが，あまり精度が良くなくても安定性は失われない。なぜなら，システムの特性を表す方程式は式 (11.129) であり，それに式 (11.131) を代入すると

$$\dot{\mathbf{e}} = -\lambda\mathbf{L}\widehat{\mathbf{L}^*}^+\mathbf{e} \qquad (11.132)$$

が得られる。実際はロボットの自由度より多くの特徴点数が存在するので，上式は偏差をゼロにすることを保証しないが，特徴点の自由度とロボットの自由度が同じ場合には $\mathbf{M} = \mathbf{L}\widehat{\mathbf{L}^*}^+$ の正定性が安定性の根拠になる。

(6) パターンマッチング

特徴量として，カメラに写る対象領域の明るさ分布を用いることができる。目標特徴量は追跡パターンと考えることができるので，これは古典的なパターンマッチングをビジュアルサーボの考え方で非線形最小化により解くことに相当する（明示的には意識していなかったようであるが，Lucas–Kanade[13] 法も同じ問題を解いている）。

まず，対象を平面に限定する。平面上の 1 点 $\mathbf{x} = [x, y, 1]$ はもう一つの平面上の 1 点 $\mathbf{x}^* = [x^*, y^*, 1]$ とホモグラフィ行列 H で対応づけられる[22]。

$$\mathbf{x}^* = H\mathbf{x} \qquad (11.133)$$

驚くべきことに，平面上のすべての点が，1つのホモグラフィ行列で対応づけられる。そしてこのホモグラフィ行列は8つの自由度を持つ。このパラメトリゼーションがいくつかあって，ESM[1] という手法はよく考えられている。詳細は文献を参照してもらうことにして，このパラメータを $\mathbf{z} = [z_1, \ldots, z_8]$ とする。

点 $\mathbf{x}$ の輝度を $I(\mathbf{x})$ で表し，現在の画像は視点を変えただけのテンプレート画像と同じと仮定すると，

$$I^*(\mathbf{x}_i^*) = I(H(\mathbf{z}^*)\mathbf{x}_i) \tag{11.134}$$

が画像中のテンプレート領域に対して成り立つ。

言い換えると，画像中のある領域のなかのピクセル $i = 1, \ldots, q$ に対して，

$$s_i(\mathbf{z}) = I(H(\mathbf{z})\mathbf{x}_i), \quad s_i^* = I^*(\mathbf{x}_i^*) \tag{11.135}$$

を定義し，

$$\mathbf{s} = [s_1(\mathbf{z}), \ldots, s_q(\mathbf{z})] \to \mathbf{s}^* \tag{11.136}$$

とするホモグラフィパラメータ $\mathbf{z}$ を求める。これは，テンプレート画像 $\mathbf{s}^*$ に最も近い領域 $\mathbf{s}$ を現画像 I から求めるテンプレートマッチング問題となる。

図 11.39，図 11.40 に実行例を示す[16]。白線で囲まれた四角内がテンプレートであり，6 自由度の運動推定が良好かつロバストに実点されている。画像1枚が入力されるごとにビジュアルサーボ（収束計算）によりホモグラフィパラメータを求めるので，収束の高速化と計算の高速化が鍵となる。テンプレート画像のサイズを 100×100 ピクセル程度にすると，特徴量は $q =$ 10,000 次元程度となる。この情報を用いて冗長度の大きい非線形最小化を行っている。この冗長度のおかげで，オクルージョンや変形に対するロバストなビジュアルサーボが可能となる。

図 11.39
オクルージョンの例

図 11.40
対象が変形する例

(7) まとめ

本稿では，ビジュアルサーボの例題，位置ベース法の考え方，特徴ベース法がパラメータ誤差に対するロバスト性を有すること，特徴ベースビジュアルサーボでパターンマッチングが解けること，などを具体的に示した。2-1/2D[15] については，重要な貢献であるが紙数の都合上述べられなかった。全方位カメラ[9]，カメラの冗長化による隠れに強いビジュアルサーボ[17]，変形する対象のトラッキング[14, 16]，対象が視野に納まることを保証する制御法[6] など，まだまだ興味ある展開が期待できる。最近のビジュアルサーボに関する成果集が発刊されている[5] ので，ぜひ参考にしていただきたい。

＜橋本浩一＞

参考文献（11.6.2 項）

[1] Benhimane, S. and Malis, E.: Homography-based 2d visual tracking and servoing, *Int. J. Robotics Research*, Vol. 26, No. 7, pp. 661–676 (2007).

[2] Chaumette, F. and Hutchinson, S.: Visual Servoing and Visual Tracking, Chapter 24, *Handbook of Robotics*. Oxford University Press (2001).

[3] Chaumette, F. and Hutchinson, S.: Visual servo control, part i: Basic approaches, *IEEE Robotics and Automation Magazine*, Vol. 13, No. 4, pp. 82–90 (2006).

[4] Chaumette, F. and Hutchinson, S.: Visual servo control, part ii: Advanced approaches, *IEEE Robotics and Automation Magazine*, Vol. 14, No. 1, pp. 109–118 (2007).

[5] Chesi, G. and Hashimoto, K.: *Visual Servoing via Advanced Numerical Methods*, Springer (2010).

[6] Chesi, G., Hashimoto, K., Prattichizio, D. and Vicino, A.: Keeping features in the field of view in eye-in-hand visual servoing: A switching approach, *IEEE Trans. Robotics and Automation*, Vol. 20, No. 5, pp. 908–913 (2004).

[7] Dementhon, D. and Davis L.: Model-based object pose in 25 lines of code, *Int. J. Computer Vision*, Vol. 15, pp. 123–141 (1995).

[8] Espiau, B., Chaumette, F. and Rives, P.: A new approach to visual servoing in robotics, *IEEE Trans. Robotics and Automation*, Vol. 8, No. 3, pp. 313–326 (1992).

[9] Hadj-Abdelkader, H., Mezouar, Y., Andreff, N. and Martinet, P.: 2 1/2d visual servoing with central catadioptric cameras, *Proc. IROS*, pp. 3572–3577 (2005).

[10] Hashimoto, K., Ebine, T., Sakamoto, K. and Kimura, H.: Full 3d visual tracking with nonlinear model-based control, *Proceedings of 1993 American Control Conference*, pp. 3180–3184 (1991).

[11] Hashimoto, K., Kimoto, T., Ebine, T. and Kimura, H.: Manipulator control with image-based visual servo, *Proceedings of 1991 IEEE Int. Conf. on Robotics and Automation*, pp. 2267–2272 (1991).

[12] Hashimoto, K., Nagahama, K., and Noritsugu, T.: A mode switching estimator for visual servoing, *Proceedings of 2002 IEEE Int. Conf. on Robotics and Automation*, pp. 1610–1615 (2002).

[13] Lucas, B. D. and Kanade, T.: An iterative image registration technique with an application to stereo vision, *Proceedings of Imaging Understanding Workshop*, pp. 121–130 (1981).

[14] Malis, E.: An efficient unified approach to direct visual tracking of rigid and deformable surfaces, *Proc. IROS*, pp. 2729–2734 (2007).

[15] Malis, E., Chaumette, F. and Boudet, S.: 2-1/2D visual servoing. *IEEE Robotics and Automation Magazine*, Vol. 15, No. 2, pp. 238–250 (1999).

[16] 遠藤義英，橋本浩一：内視鏡手術のためのビジュアルトラッキング，『第 51 回自動制御連合講演会』，pp. 1023–1024 (2008).

[17] 岩谷靖，渡部淏，橋本浩一：隠れにロバストなビジュアルサーボ，『日本ロボット学会誌』，Vol. 27, No. 1, pp. 55–62 (2009).

[18] 橋本浩一：視覚フィードバック制御 — 静から動へ，『システム/制御/情報』，Vol. 38, No. 12, pp. 659–665 (1994).

[19] 橋本浩一：ビジュアル・サーボイング，『計測と制御』，Vol. 35, No. 4, pp. 282–285 (1996).

[20] 橋本浩一：ビジュアルサーボにおける予測と感度，『計測と制御』，Vol. 40, No. 9, pp. 630–635 (2001).

[21] 橋本浩一：ビジュアルフィードバック制御と今後，『日本ロボット学会誌』，Vol. 27, No. 4, pp. 400–404 (2009).

[22] 出口光一郎：『コンピュータビジョンの基礎』，コロナ社 (2000).

11.7　おわりに

本章では，ロボットアームの機構学的なモデル（運動学モデル）と動力学的なモデル（動力学モデル）について述べ，実際にどのようにして動力学モデルを同定するかについて説明した。運動学モデルは，ロボットアーム先端の運動と関節座標との関係を表現したもので，動力学モデルは，関節座標と関節入力との関係を表現したものである。これらのモデルはロボットアームの制御において基本となる。

＜大須賀公一＞

第12章

ROBOT CONTROL HANDBOOK

ロボットハンド

12.1 はじめに

ロボットハンドが人の手のように多くの指と関節を持てば，多様な物体の把持や器用な操作が期待できる。しかしその分，そのモデリングと制御は複雑になる。本章では，静力学，運動学，動力学，さらに幾何形状を考慮した多指ハンドの制御について述べる。その制御には実装の手間やコスト，実時間性を考慮する必要がある。

まず12.2節では基本として多指ハンドの運動学と静力学について解説する。運動学と静力学は仮想仕事の原理により関連している。静力学では，あらゆる方向の力とモーメントに対抗できるフォースクロージャという概念が重要であり，それを判定するアルゴリズムを紹介する。運動学と静力学より，把持物体のコンプライアンスを制御する制御則が導出できる[1]。多指ハンドの制御では，大きな加速度運動を伴わない場合が多いので，動力学を考慮しなくても十分な場合が多い。

次に指先だけではなく，指の腹や掌を物体に接触させて把持するパワーグラスプについての運動学と静力学を述べる。パワーグラスプには関節トルクを変化させなくても，受動的にフォースクロージャを実現できる優れた特性がある。しかし，その特性と引き換えに，接触力が関節トルクと釣合い条件だけでは計算できない不静定性があることに注意を要する。

12.3節では，ロボットアームの動力学を拡張して，多指ハンドと把持物体を合わせた系の動力学をモデリングする。この定式化に基づきインピーダンス制御，計算トルク法，適応制御が導出される。

しかし，運動学，静力学，あるいは動力学のモデルに基づいた制御だけで，多指ハンドが自動的に物体を把持できるというわけではない。把持物体の3次元形状により把持方法は大きく異なるからである。12.4節では，物体の3次元形状を考慮した把持計画を解説する。把持計画ソフトウェアが近年公開されてから，容易に把持姿勢の自動生成が可能になった。それとともに，把持計画の研究が活発化した。物体形状をプリミティブな形状の集合として表現することが基本である。

12.5節では実装事例を紹介する。多指ハンドの制御には，関節トルクセンサ[2,3]，力覚センサ，触覚センサ[5]，近接覚センサ，視覚センサ[5]などが用いられ，どのようなセンサを用いるかによっても制御は多様である。

まず6軸力センサによる接触力/位置計測，高速最適把持力計算，インピーダンス制御を組み合わせた力覚フィードバック制御の実装例を紹介する。6軸力センサは把持物体との接触力だけではなく，接触位置の計測も可能であり，触覚センサのように接触部を覆う必要がないため，接触位置計測センサとして有用である。高速最適把持力計算により，指を物体から離して物体を持ち替える操作も安定して実行可能である。

次に指先に装着した近接覚を用いた物体把持の事例を紹介する。視覚センサは把持物体の形状を大局的に捉えることができるが，物体把持時に指自体で物体が見えなくなることが難点である。これに対して，近接覚センサは把持部の局所的な物体形状把握に有効である。なお，視覚フィードバックについては，『ロボット情報学ハンドブック』に高速視覚フィードバックが紹介されているので，そちらを参照して頂きたい[5]。また，紙数の関係で紹介できなかったが，触覚センサを用いた把持制御が多く研究されている[5]。

多指ハンドはプログラムにより動作させることが最

適とは限らず，人が把持を指示する方が容易な場面も多い。そこで，人がマスタハンドを操作して，スレーブハンドを制御する方式を紹介する。操作者に 3 次元指先力を提示するマスタハンド，およびそのためのバイラテラル制御が開発されている。

多指ハンドの応用の一つとして義手がある。筋電位計測による電動義手の制御方式を紹介する。また，日常物体を把持するときに，人は物体の 3 次元形状だけではなく，掴むべきところの知識を使って把持している。そのような知識を実装した把持計画システムを紹介する。

＜小俣 透＞

参考文献（12.1 節）

[1] Mason, M. T., Salisbury, J. K.: *Robot hands and the mechanics of manipulation*, chapter 7, The MIT Press (1985).

[2] Salisbury, J. K., Craig, J. J.: Articulated hands: force control and kinematic issues, *International Journal of Robotics Research*, Vol.1, No.1, pp.4–17 (1982).

[3] 金子真，横井一仁，鈴木夏夫，谷江和雄：プーリ・ワイヤ駆動系におけるトルクセンシングとトルク制御—張力差動形トルクセンサの提案とトルクサーボ系への組み込み—，『日本ロボット学会誌』，Vol.7, No.1, pp.1–8 (1989).

[4] 前川仁，谷江和雄，小森谷清：触覚フィードバックを用いた多指ハンドによる未知形状物体の転がり接触を考慮した操り制御，『計測自動制御学会論文集』，Vol.31, No.9 (1995).

[5] 松原仁，野田五十樹 他（編）『ロボット情報学ハンドブック』，ナノオプトニクス・エナジー出版局，pp.552–554 (2010).

12.2　運動学と静力学

12.2.1　運動学

ロボットハンドで物体を把持する場合，ロボットハンドと物体の接触により拘束が生まれる。本節では，この拘束を運動学の観点から見てみる。

(1) 指先把持における接触

接触の方式により，得られる運動学的拘束は異なる。動的な影響を踏まえることも可能であるが[1]，ここでは，1 点にて準静的に接触すると仮定して，下記の 3 つのモデルに集約して考える[18, 27]。i 番目の指の指先接触力を $\boldsymbol{f}_i$ で表す。

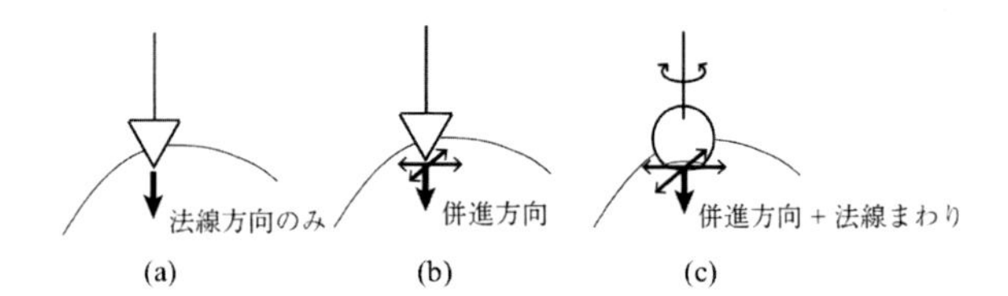

図 12.1　接触の種類

- 摩擦なし点接触（図 12.1 (a)）
  接触点の両曲面上での相対的移動が自由で，接触法線方向のみの接触力を把持対象物に対して作用させることができる。$\boldsymbol{f}_i \in \mathcal{R}$（$\mathcal{R}^n$ は n 次元ベクトルの集合を表す）。実際の具体例では，摩擦が小さく，指先が体表物表面を滑っている状態（あるいはその逆）に相当する。

- 摩擦あり点接触（図 12.1 (b)）
  接触点の両曲面上での相対的併進運動に抵抗する摩擦力がはたらく。接触法線方向に加え，摩擦力も作用させることができることから，$\boldsymbol{f}_i \in \mathcal{R}^3$ となる。

- ソフトフィンガー型接触（図 12.1 (c)）
  摩擦あり点接触における接触力に加え，接触法線まわりの回転モーメント $m_i \in \mathcal{R}$ を把持対象物に対して作用させることができる。対象物が指先にめり込むような接触をすることで，接触点まわりに指を回転させると抵抗が生じる。この抵抗が接触法線まわりの回転モーメントを生み出す。

実際には，ソフトフィンガー型接触を行うロボットハンドが多い。摩擦あり点接触となるのは，接触法線まわりの回転摩擦が小さく，その影響が無視できる場合である。厳密に接触をモデル化すればソフトフィンガー型であるが，接触モデルを摩擦あり点接触として系のモデルを作成し，モデル化誤差は制御の方で補償するなどの方策は可能である。これは，滑りを生じる指に関して，物体との接触を摩擦なし点接触と考えて系のモデルを構築する場合も同じである。

以上は接触を点で接触するとして近似する方法であるが，実際には点でなく，面で接触する場合も数多くある。面接触は有限個の点接触にて近似することができる。例えば，図 12.2 に示すように面接触が四角形で

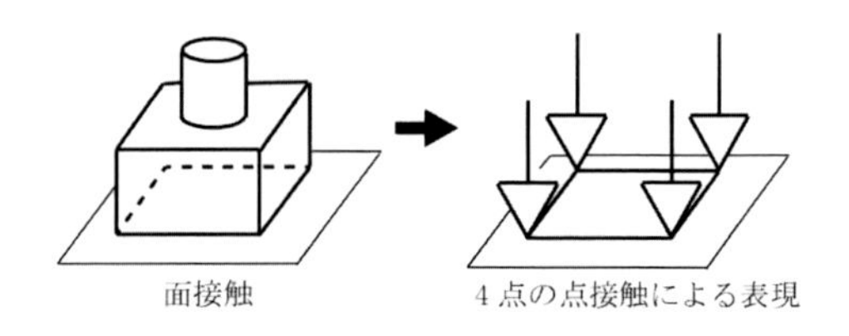

図 12.2　面接触の点接触による近似

表されるときは，その4つの頂点の各点において摩擦あり点接触を行うとして，接触をモデル化することができる。

(2) 指先把持における接触

以上の接触モデルに基づき，ここでは，接触モデルに対応する，接触に関する運動学的拘束について述べる。

図12.3に示すように n 本指で対象物を把持する場合について考える。Σ_R を基準座標系，Σ_O を対象物に固定された対象物座標系，i 番目の指の指先に固定された指座標系を Σ_{F_i}，i 番目の指に関する接触点を C_i，対象物上の C_i に固定された座標系を Σ_{CO_i}，i 番目の指先上の C_i に固定された座標系を Σ_{CF_i} とおく。各座標系の位置は $\boldsymbol{p}_*$ で表し，$*$ には各座標系の下添字を入れて表す。例えば Σ_O の場合は $\boldsymbol{p}_O$（$\in \mathcal{R}^3$）である。同様に姿勢に関しては，$\boldsymbol{R}_*$（$\in \mathcal{R}^{3\times3}$）で表す（例えば Σ_O の場合は $\boldsymbol{R}_O$）。左肩の添字はその座標系から見た位置もしくは姿勢を表すものとする。例えば，${}^O\boldsymbol{p}_{CO_i}$ は Σ_O から見た Σ_{CO_i} の位置を表す。

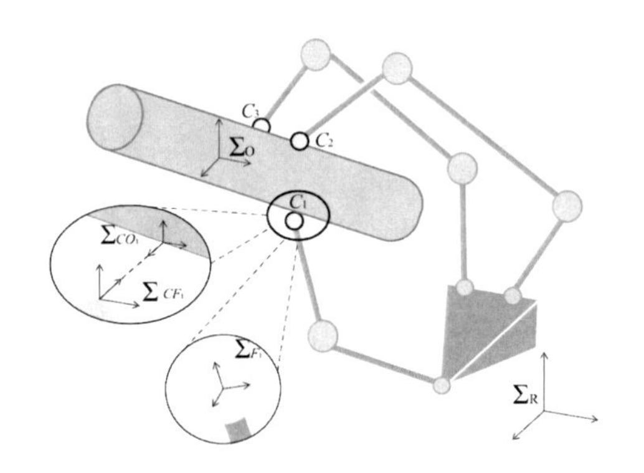

図 12.3　n 本指による指先把持・操りのための座標系

実際には対象物と指同士が互いに食い込みあう事象は起こりうるが，ここではその量は小さく無視できるとして，剛体同士の接触モデルを考える。

i 番目接触点 C_i は，指側，対象物側のどちらから見ても同じであるから接触点となりうる。したがって，その位置 $\boldsymbol{p}_{C_i}$ は下記のように表すことができる。

$$\boldsymbol{p}_O + \boldsymbol{R}_O\,{}^O\boldsymbol{p}_{CO_i} = \boldsymbol{p}_{F_i} + \boldsymbol{R}_{F_i}\,{}^{F_i}\boldsymbol{p}_{CF_i} = \boldsymbol{p}_{C_i} \tag{12.1}$$

この式を時間微分することで，下記の関係を得る。

$$\dot{\boldsymbol{p}}_O + \boldsymbol{\omega}_O \times (\boldsymbol{R}_O\,{}^O\boldsymbol{p}_{CO_i}) + \boldsymbol{R}_O\,{}^O\dot{\boldsymbol{p}}_{CO_i} =$$
$$\dot{\boldsymbol{p}}_{F_i} + \boldsymbol{\omega}_{F_i} \times (\boldsymbol{R}_{F_i}\,{}^{F_i}\boldsymbol{p}_{CF_i}) + \boldsymbol{R}_{F_i}\,{}^{F_i}\dot{\boldsymbol{p}}_{CF_i} = \dot{\boldsymbol{p}}_{C_i} \tag{12.2}$$

ただし，$\boldsymbol{\omega}_O$ は Σ_O（対象物）の回転速度，$\boldsymbol{\omega}_{F_i}$ は Σ_{F_i}（指先）の回転速度を表す。まず，摩擦なし点接触の場合は，接触法線方向のみ拘束が生じる。C_i における対象物内向き方向の単位法線ベクトルを $\boldsymbol{n}_i$ とする。$\boldsymbol{n}_i^T$ を左側から式(12.2)に対して乗じることで，法線方向の拘束を導出することができる。

$$\boldsymbol{n}_i^T\dot{\boldsymbol{p}}_O + \boldsymbol{n}_i^T(\boldsymbol{\omega}_O \times (\boldsymbol{R}_O\,{}^O\boldsymbol{p}_{CO_i})) =$$
$$\boldsymbol{n}_i^T\dot{\boldsymbol{p}}_{F_i} + \boldsymbol{n}_i^T(\boldsymbol{\omega}_{F_i} \times (\boldsymbol{R}_{F_i}\,{}^{F_i}\boldsymbol{p}_{CF_i})) = \boldsymbol{n}_i^T\dot{\boldsymbol{p}}_{C_i} \tag{12.3}$$

ここで $\boldsymbol{n}_i^T\boldsymbol{R}_O{}^O\dot{\boldsymbol{p}}_{CO_i} = \boldsymbol{n}_i^T\boldsymbol{R}_{F_i}{}^{F_i}\dot{\boldsymbol{p}}_{CF_i} = 0$ の関係を用いた。対象物上の Σ_O から見た移動速度 ${}^O\dot{\boldsymbol{p}}_{CO_i}$ と，指先上の Σ_{F_i} から見た移動速度 ${}^{F_i}\dot{\boldsymbol{p}}_{CF_i}$ の法線方向成分は共に0でなければ，それは接触からの離脱もしくはお互いへの食い込み干渉を意味することに注意されたい。

次に摩擦あり点接触について考える。対象物と指の両方の接触曲面上において接触点位置が変わらない，固定接触の場合は，$\dot{\boldsymbol{p}}_{CO_i} = \dot{\boldsymbol{p}}_{CF_i} = \boldsymbol{o}$ が成り立つ。一方，互いに転がりあうことで，接触は維持するが接触点位置は両曲面上で変わってしまう，転がり接触の場合は，$\boldsymbol{R}_O\,{}^O\dot{\boldsymbol{p}}_{CO_i} = \boldsymbol{R}_{F_i}\,{}^{F_i}\dot{\boldsymbol{p}}_{CF_i}$ が成り立つ。これは，接触が維持される場合，対象物上の Σ_O から見た移動速度 ${}^O\dot{\boldsymbol{p}}_{CO_i}$ と，指先上の Σ_{F_i} から見た移動速度 ${}^{F_i}\dot{\boldsymbol{p}}_{CF_i}$ が一致することから成り立つ条件である。したがって，式(12.2)は下記のようになる。

$$\dot{\boldsymbol{p}}_O + \boldsymbol{\omega}_O \times (\boldsymbol{R}_O\,{}^O\boldsymbol{p}_{CO_i}) =$$
$$\dot{\boldsymbol{p}}_{F_i} + \boldsymbol{\omega}_{F_i} \times (\boldsymbol{R}_{F_i}\,{}^{F_i}\boldsymbol{p}_{CF_i}) = \dot{\hat{\boldsymbol{p}}}_{C_i} \tag{12.4}$$

ただし，$\dot{\hat{\boldsymbol{p}}}_{C_i}$ は固定接触，転がり接触に関わらず使用できるように定義した接触点速度で，下記のように定義する。

$$\dot{\hat{\boldsymbol{p}}}_{C_i} = \begin{cases} \dot{\boldsymbol{p}}_{C_i} & \text{（固定接触）} \\ \dot{\boldsymbol{p}}_{C_i} - \boldsymbol{R}_O\,{}^O\dot{\boldsymbol{p}}_{CO_i} & \text{（転がり接触）} \end{cases}$$

ソフトフィンガー型接触の場合はこれに合わせて，接触法線まわりの回転に関する拘束が存在する。

$$\boldsymbol{n}_i^T\boldsymbol{\omega}_O = \boldsymbol{n}_i^T\boldsymbol{\omega}_{F_i} \tag{12.5}$$

これは，対象物ならびに i 番目の指の接触法線まわりの回転速度が一致することを意味する。さもなければ接触法線まわりに相対速度，すなわち回転に関する滑りが生じることを意味する。

面接触の場合，有限個の摩擦あり点接触で近似するとすれば，各近似点において，式 (12.4) が成り立つと考えればよい。

以上，式 (12.3)～(12.5) 等をまとめると下記のように一般系として表すことができる。

$$\boldsymbol{G}_{O_i}^T \begin{pmatrix} \dot{\boldsymbol{p}}_O \\ \boldsymbol{\omega}_O \end{pmatrix} = \boldsymbol{G}_{F_i}^T \begin{pmatrix} \dot{\boldsymbol{p}}_{F_i} \\ \boldsymbol{\omega}_{F_i} \end{pmatrix} = \boldsymbol{G}_{C_i}^T \begin{pmatrix} \dot{\hat{\boldsymbol{p}}}_{C_i} \\ \boldsymbol{\omega}_{C_i} \end{pmatrix} \tag{12.6}$$

ただし，$\boldsymbol{\omega}_{C_i}$ は接触点における回転速度を表し，

摩擦なし点接触の場合

$$\boldsymbol{G}_{O_i}^T = \begin{pmatrix} \boldsymbol{n}_i^T & -\boldsymbol{n}_i^T \left[(\boldsymbol{R}_O \, {}^O\boldsymbol{p}_{CO_i}) \times \right] \end{pmatrix}$$
$$\boldsymbol{G}_{F_i}^T = \begin{pmatrix} \boldsymbol{n}_i^T & -\boldsymbol{n}_i^T \left[(\boldsymbol{R}_F \, {}^{F_i}\boldsymbol{p}_{CF_i}) \times \right] \end{pmatrix}$$
$$\boldsymbol{G}_{C_i}^T = \begin{pmatrix} \boldsymbol{n}_i^T & \boldsymbol{o}^T \end{pmatrix}$$

摩擦あり点接触の場合

$$\boldsymbol{G}_{O_i}^T = \begin{pmatrix} \boldsymbol{I} & -\left[(\boldsymbol{R}_O \, {}^O\boldsymbol{p}_{CO_i}) \times \right] \end{pmatrix}$$
$$\boldsymbol{G}_{F_i}^T = \begin{pmatrix} \boldsymbol{I} & -\left[(\boldsymbol{R}_F \, {}^{F_i}\boldsymbol{p}_{CF_i}) \times \right] \end{pmatrix}$$
$$\boldsymbol{G}_{C_i}^T = \begin{pmatrix} \boldsymbol{I} & \boldsymbol{O} \end{pmatrix}$$

ソフトフィンガー型接触の場合

$$\boldsymbol{G}_{O_i}^T = \begin{pmatrix} \boldsymbol{I} & -\left[(\boldsymbol{R}_O \, {}^O\boldsymbol{p}_{CO_i}) \times \right] \\ \boldsymbol{o}^T & \boldsymbol{n}_i^T \end{pmatrix}$$
$$\boldsymbol{G}_{F_i}^T = \begin{pmatrix} \boldsymbol{I} & -\left[(\boldsymbol{R}_F \, {}^{F_i}\boldsymbol{p}_{CF_i}) \times \right] \\ \boldsymbol{o}^T & \boldsymbol{n}_i^T \end{pmatrix}$$
$$\boldsymbol{G}_{C_i}^T = \begin{pmatrix} \boldsymbol{I} & \boldsymbol{O} \\ \boldsymbol{o}^T & \boldsymbol{n}_i^T \end{pmatrix}$$

である。なお，$\boldsymbol{I}$ は単位行列を，$\boldsymbol{O}$ は零行列を，$\boldsymbol{o}$ は零ベクトルを，$[\boldsymbol{a}\times]$ は外積演算と等価な行列を表している（$[\,\boldsymbol{a}\times\,]\boldsymbol{b} = \boldsymbol{a}\times\boldsymbol{b}$）。

面接触の場合，上述のように有限個の点接触により近似するとすれば，必要とされる点接触の分だけ式 (12.4) に関する拘束があると考えればよい。例えば，4 点の摩擦あり点接触で面接触を近似する場合は，

$$\boldsymbol{G}_{O_i}^T = \begin{pmatrix} \boldsymbol{I} & -\left[(\boldsymbol{R}_O \, {}^O\boldsymbol{p}_{CO_i1}) \times \right] \\ & \vdots \\ \boldsymbol{I} & -\left[(\boldsymbol{R}_O \, {}^O\boldsymbol{p}_{CO_i4}) \times \right] \end{pmatrix}$$
$$\boldsymbol{G}_{F_i}^T = \begin{pmatrix} \boldsymbol{I} & -\left[(\boldsymbol{R}_F \, {}^{F_i}\boldsymbol{p}_{CF_i1}) \times \right] \\ & \vdots \\ \boldsymbol{I} & -\left[(\boldsymbol{R}_F \, {}^{F_i}\boldsymbol{p}_{CF_i4}) \times \right] \end{pmatrix}$$
$$\boldsymbol{G}_{C_i}^T = \begin{pmatrix} \boldsymbol{I} & \boldsymbol{O} \\ & \vdots \\ \boldsymbol{I} & \boldsymbol{O} \end{pmatrix}$$

として，式 (16.75) を使用すればよい。

以上では，対象物と指先との関係を見たが，これらに加えてロボットハンドに関する運動学的関係が存在する。各指 i に関して，その関節角度を要素に持つ関節ベクトルを $\boldsymbol{q}_i$ と定義すると，その関係は下記のように表される。

$$\begin{pmatrix} \dot{\boldsymbol{p}}_{F_i} \\ \boldsymbol{\omega}_{F_i} \end{pmatrix} = \boldsymbol{J}_{F_i} \dot{\boldsymbol{q}}_i$$

ただし，$\boldsymbol{J}_{F_i}$ は指 i の関節速度と指先速度との間の関係を表すヤコビ行列である。その導出方法はシリアル（直鎖状に連なった）マニピュレータと同じゆえ，例えば，文献[26] などを参照されたい。

この式と式 (16.75) をまとめると，下記の関係を得る。

$$\boldsymbol{G}_{O_i}^T \boldsymbol{v}_{O_i} = \boldsymbol{J}_i \dot{\boldsymbol{q}}_i = \boldsymbol{G}_{C_i}^T \boldsymbol{v}_{C_i} \tag{12.7}$$

ただし

$$\boldsymbol{v}_{O_i} = \begin{pmatrix} \dot{\boldsymbol{p}}_O \\ \boldsymbol{\omega}_O \end{pmatrix}, \ \boldsymbol{v}_{C_i} = \begin{pmatrix} \dot{\hat{\boldsymbol{p}}}_{C_i} \\ \boldsymbol{\omega}_{C_i} \end{pmatrix}, \ \boldsymbol{J}_i = \boldsymbol{G}_{F_i}^T \boldsymbol{J}_{F_i}$$

式 (12.7) をすべての接触点，指についてまとめると，

$$\boldsymbol{G}_O^T \begin{pmatrix} \dot{\boldsymbol{p}}_O \\ \boldsymbol{\omega}_O \end{pmatrix} = \boldsymbol{J}\dot{\boldsymbol{q}} = \boldsymbol{G}_C^T \boldsymbol{v}_C \tag{12.8}$$

となる。ただし，，$\boldsymbol{v}_C = \mathrm{col}\,[\boldsymbol{v}_{C_i}]$，$\dot{\boldsymbol{q}} = \mathrm{col}\,[\dot{\boldsymbol{q}}_i]$，$\boldsymbol{G}_O^T = \mathrm{col}\,[\boldsymbol{G}_{O_i}^T]$，$\boldsymbol{J} = \mathrm{blockdiag}\,[\boldsymbol{J}_i]$，$\boldsymbol{G}_C = \mathrm{blockdiag}\,[\boldsymbol{G}_{C_i}]$ である。$\mathrm{col}\,[*]$ は $*$ を縦に並べたベクトルまたは行列で，$\mathrm{blockdiag}\,[*]$ は $*$ を対角成分にもつブロック対角行列で，対角成分以外は零となる行列である。式 (12.8) を変形すると，

$$\begin{pmatrix} J & -G_O^T \end{pmatrix} \begin{pmatrix} \dot{q} \\ v_O \end{pmatrix} := A \begin{pmatrix} \dot{q} \\ v_O \end{pmatrix} = o. \tag{12.9}$$

の関係を得る。式 (12.9) から，以下の関係が得られる。

$$\begin{pmatrix} \dot{q} \\ v_O \end{pmatrix} = \Lambda \dot{\zeta} = \begin{pmatrix} \Lambda_q \\ \Lambda_r \end{pmatrix} \dot{\zeta}. \tag{12.10}$$

ここで，Λ はその列が A の零空間の正規直交基底により構成される直交行列，$\dot{\zeta}$ はその各列方向の大きさを表す任意ベクトルを表している。$\dot{\zeta}$ はロボットハンドによる拘束下において発生可能な指・対象物運動に対応する。Λ_r の各方向は，実現可能な対象物運動の方向を表す。したがってこの方向に含まれるように対象物を操る軌道を作成しなければ，拘束が崩れ，場合によっては物体把握に失敗することになる。

＜渡辺哲陽＞

12.2.2　静力学とフォースクロージャ

いざロボットハンドで物体を把持しようとしたとき，物体のどこをどのように持つべきかといった把持計画が必要になる。この把持計画は，フォースクロージャという概念に基づいて行われることが多い[16, 31]。そこで本項では，フォースクロージャについて述べる。

式 (12.8) もしくは式 (12.9) と仮想仕事の原理より，下記の関係を得る。

$$\begin{pmatrix} \tau_c \\ -w_o \end{pmatrix} = A^T w_c = \begin{pmatrix} J^T \\ -G_O \end{pmatrix} w_c. \tag{12.11}$$

ここで，w_o は対象物に加わる合力・モーメント（合力を f_O，合モーメントを m_O として，$w_o = [f_O^T \; m_O^T]^T$，以下対象物レンチと呼ぶ。レンチの詳細に関しては，例えば文献[14] を参照されたい），$w_c = \mathrm{col}\,[w_{ci}]$ は各接触点の接触力・モーメントを縦に並べたベクトル，$\tau_c = \mathrm{col}\,[\tau_{ci}]$ は接触力・モーメントベクトルに等価な関節トルクである。

以上は一般系である。以下，議論を容易にするため，すべての指先において接触が摩擦あり点接触モデルで表されるとする。また，各接触点においてロボットからどの方向にも自由に接触力を作用させることができるとして，接触力と対象物レンチの関係にのみ着目する。すると，式 (12.11) は

$$G_O f_C = \sum_i G_{O_i} f_{C_i} = w_o \tag{12.12}$$

となる。ただし，$f_c = \mathrm{col}\,[f_{C_i}]$ である。G_O は接触力空間から対象物レンチ空間への写像を表す。発生可能な接触力集合が与えられた場合，G_O により，発生可能な対象物レンチの集合が得られる。この意味で G_O は Grasping（または Grasp）行列と呼ばれる[17]。

物体把持の最基本要求の一つは，各接触点にて滑りを生じさせず，接触を失わずに物体を保持することである。この要求に基づき，以下のフォースクロージャという概念が提案されている。

フォースクロージャ：任意方向の対象物レンチを発生させることができる（任意方向の外レンチが対象物に加わっても，それとバランスする対象物レンチを発生させることができる）。

外レンチは対象物に加わる外力・モーメントで，把持するためには，ロボットによりバランスする必要がある。外レンチの具体例の一つが対象物の重量，つまり重力である。他の物体や環境との接触により対象物に加わる力・モーメントも外レンチである。この外レンチの大きさや方向が厳密に既知であれば，それを補償する接触力を与えればよい。しかし，実際に完璧に既知であることはほぼない。どのような方向に外レンチが加わっても，それとバランスする対象物レンチを発生できるように把持を構成することが望ましい。これを概念の形式にしたのがフォースクロージャである。

なお，フォースクロージャの定義では接触力を能動的もしくは受動的に発生するかどうかは考慮しない。考慮する場合，フォースクロージャはアクティブフォースクロージャ（能動的に任意方向の対象物レンチを発生させることができる），パッシブフォースクロージャ（受動的に任意方向の対象物レンチを発生させることができる），能動・受動を混合したハイブリッドフォースクロージャに，さらに分類することができる。指の配置のみで接触力の有無に関わらず拘束を行う場合，フォースクロージャはフォームクロージャと呼ばれる。詳細は文献[20, 21, 23, 24, 30] を参照されたい。なお，パッシブフォースクロージャは後述のパワーグラスプに対応する。

物体把持を行う際，把持できるかどうかはフォースクロージャを実現できるかどうかに置き換えて考えられる。ここでは，行おうとしている物体把持がフォースクロージャを実現できるかどうかを判定する方法論について述べる。

フォースクロージャを実現しているかどうかを判定

するためには，式 (12.12) の関係に加えて，摩擦条件を考慮する必要がある。クーロン摩擦を考えると，i 番目の接触点 C_i（摩擦あり点接触）における摩擦条件は下記のように表すことができる。

$$\mathcal{F}_{fC_i} = \{\boldsymbol{f}_{C_i} | \sqrt{t_{f_{C_i},1}^2 + t_{f_{C_i},2}^2} \leq \mu_{C_i} n_{f_{C_i}}, n_{f_{C_i}} \geq 0\} \tag{12.13}$$

ただし，$n_{f_{C_i}}$ は $\boldsymbol{f}_{C_i}$ の接触法線方向成分，$t_{f_{C_i},1}$ と $t_{f_{C_i},2}$ は $\boldsymbol{f}_{C_i}$ の接触接線方向成分，μ_{C_i} は最大静止摩擦係数を表している。なお，$n_{f_{C_i}} \geq 0$ の条件は，物体とロボットハンドが離れずに接触状態にあるという条件であり，物体把持が片側拘束に基づくものであることを意味している。ソフトフィンガー型接触の場合，接触法線まわりのモーメントの項があるため，力とモーメントが組み合わさった形式になる。この場合の摩擦条件を記述するモデルは数々提案されているが，Kao, Cutkosky によるモデルが有名である。詳細は文献[8, 11] を参照されたい。

式 (12.13) で表される摩擦条件は，円錐形状となるため，摩擦円錐と呼ばれる（図 12.4 参照）。凸集合[32] であるが，接触力 $\boldsymbol{f}_{C_i}$ に対して線形でなく，扱いづらい。そこでこの摩擦円錐を摩擦多面体で近似する方法論が提案されている[12]。m 多面体で近似する場合，式 (12.13) は下記のように表される。

$$\begin{aligned} \mathcal{F}_{fC_i} &= \{\boldsymbol{f}_{C_i} | \boldsymbol{f}_{C_i} = \sum_{j=1}^{m} \alpha_j \boldsymbol{f}_{C_i,j}\} \\ \boldsymbol{f}_{C_i,j} &= n_{f_{C_i}} + \mu_{C_i} \cos(\frac{2\pi j}{m}) t_{f_{C_i},1} \\ &\quad + \mu_{C_i} \sin(\frac{2\pi j}{m}) t_{f_{C_i},2} \\ \alpha_j &\geq 0 \end{aligned} \tag{12.14}$$

ただし，$\boldsymbol{f}_{C_i,j}$ は摩擦多面体の j 番目のエッジを表す（図 12.4 参照）。摩擦多面体の面の法線ベクトルに基づいて記述する方法もある。詳細は文献[28] などを参照されたい。ここでは摩擦多面体で近似する方法を示したが，近似せずに行列の準正定性（半正定とも呼ばれる）を用いて摩擦条件を記述し[4]，半正定値計画問題[9, 22] として把持計画問題を定式化する方法もある。また，ソフトフィンガー型接触の場合の Kao, Cutkosky によるモデルに対する摩擦多面体近似法も提案されている[25]。

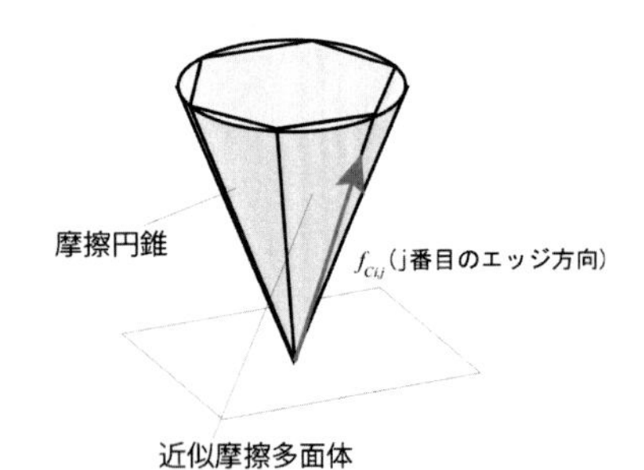

図 12.4　摩擦円錐と摩擦多面体による近似

以上の準備をもとに，フォースクロージャを実現しているかどうかを判定する方法について述べる。単純な方法として，Graspit![16] で用いられている方法をここでは述べる。各接触点において接触力の接触法線方向成分の大きさが 1 以下 ($n_{f_{C_i}} \leq 1$) でどのような対象物レンチを発生できるかを考える。式 (12.14) から $n_{f_{C_i}} \leq 1$ の条件は

$$\sum_{j=1}^{m} \alpha_j = |n_{f_{C_i}}| \leq 1 \tag{12.15}$$

と記述できることに注意されたい。

今，式 (12.12) に基づいて $\boldsymbol{f}_{C_i,j}$ に対応する対象物レンチ $\boldsymbol{w}_{C_i,j}$ を以下のように定義する。

$$\boldsymbol{w}_{C_i,j} = \boldsymbol{G}_{O_i} \boldsymbol{f}_{C_i,j} \tag{12.16}$$

すると，式 (12.14)〜(12.16) から，接触点 C_i における接触力 $\boldsymbol{f}_{C_i}$ によって発生可能な対象物レンチの集合は，下記のように表すことができる。

$$\mathcal{W}_i = \{\boldsymbol{w}_{C_i} | \boldsymbol{w}_{C_i} = \sum_{j=1}^{m} \alpha_j \boldsymbol{w}_{C_i,j}, \sum_{j=1}^{m} \alpha_j \leq 1, \ \alpha_j \geq 0\} \tag{12.17}$$

線形性から，$n_{f_{C_i}}$ の最大値が a 倍されれば $\mathcal{W}_i$ も a 倍されることに注意されたい。n 個の接触点に関してまとめると，発生可能な対象物レンチの集合は下記のようになる。

$$\begin{aligned} \mathcal{W} = \{&\boldsymbol{w}_{C_i} | \boldsymbol{w}_{C_i} = \sum_{i=1}^{n} \sum_{j=1}^{m} \alpha_j \boldsymbol{w}_{C_i,j}, \\ &\sum_{j=1}^{m} \alpha_j \leq 1, \ \alpha_j \geq 0\} \\ &= \mathrm{co}(\bigcup_{i=1}^{n} (\boldsymbol{w}_{C_i,1}, \ldots, \boldsymbol{w}_{C_i,m})) \end{aligned} \tag{12.18}$$

ただし，co は凸包を表す。$\mathcal{W}$ が原点を内点としても

つ場合，フォースクロージャを実現していると判定できる。凸包は qhull[2] などを用いて計算でき，その面を構成する超平面が例えば $\boldsymbol{a}^T\boldsymbol{w} = b$ と表された場合（$\boldsymbol{w}$ は変数），その面と原点との距離は $b/|\boldsymbol{a}|$ で計算できる。すべての面に対してこの距離が 0 より大きければ $\mathcal{W}$ は原点を内点として持つ。以上のようにしてフォースクロージャを実現しているかどうかを判定できる。

実際の把持計画では Point Cloud Library[19] や OpenCV[3] に基づいて対象物体を（点などで）記述し，Random Sampling[5] などを用いて候補となる接触点を検索し，フォースクロージャを実現できるかどうかを判断するなどの方法[10] がある。発生可能な対象物レンチ集合の体積[13]，最大発生可能対象物レンチの大きさ[7]，接触力最小化[22] などを評価指標としてこれを最適化するように把持計画を行うことも可能である。把持計画のライブラリとして，Grapit[16] の他，OpenRAVE[6]，GraspPlugin[31] などがある。より詳細は，各文献をはじめ文献[29] などの解説やレビューを参照されたい。

＜渡辺哲陽＞

参考文献（12.2.1, 12.2.2 項）

[1] Arimoto, S.: *Control Theory of Muli-fingered Hands*. Springer (2008).

[2] Barber, C. B., Dobkin, D. P. and Huhdanpaa, H.: The quickhull algorithm for convex hulls, *ACM Transactions on Mathematical Software*, Vol. 22, No. 4, pp. 469–483 (1996).

[3] Bradski, G.: The opencv library, *Dr. Dobb's Journal of Software Tools* (2000).

[4] Buss, M., Hashimoto, H. and Moore, J. B.: Dexterous hand grasping force optimization, *IEEE Transactions on Robotics and Automation*, Vol. 12, No. 3, pp. 406–418 (1996).

[5] Choset, H., Lynch, K. M., Hutchinson, S., Kantor, G., Burgard, W., Kavraki, L. E. and Thrun, S.: *Principles of Robot Motion: Theory, Algorithms, and Implementations*, MIT Press (2005).

[6] Diankov, R. and Kuffner, J.: Openrave: A planning architecture for autonomous robotics, Technical Report CMU-RI-TR-08-34, Robotics Institute, Pittsburgh, PA, July 2008.

[7] C. Ferrari and J. Canny. Planning optimal grasps. *Proc. of IEEE International Conference on Robotics and Automation*, pp. 2290–2295 (1992).

[8] Fungtammasan, P. and Watanabe, T.: Grasp input optimization taking contact position and object information uncertainties into consideration, *IEEE Transactions on Robotics*, Vol. 28, No. 5, pp. 1170–1177 (2012).

[9] Han, L., Trinkle, J. C. and Li, Z. X.: Grasp analysis as linear matrix inequality problems, *IEEE Transactions on Robotics and Automation*, Vol. 16, No. 6, pp. 663–674 (2000).

[10] Harada, K., Kaneko, K. and Kanehiro, F.: Fast grasp planning for hand/arm systems based on convex model, In *Robotics and Automation, 2008. ICRA 2008. IEEE International Conference on*, pp. 1162–1168 (2008).

[11] Kao, I. and Cutkosky, M. R.: Quasistatic manipulation with compliance and sliding, *The International Journal of Robotics Research*, Vol. 11, No. 1, pp. 20–39 (1992).

[12] Kerr, J. and Roth, B.: Analysis of multifingered hands, *The International Journal of Robotics Research*, Vol. 4, No. 4, pp. 3–17 (1986).

[13] Li, Z. and Sastry, S. S.: Task-oriented optimal grasping by multifingered robot hands, *IEEE Transactions on Robotics and Automation*, Vol. 4, No. 1, pp. 32–44 (1988).

[14] Mason, M. T.: *Mechanics of Robotic Manipulation*, MIT Press (2001).

[15] Mason, M. T. and Salisbury, J.K., Jr.: *Robot Hands and the Mechanics of Manipulation*. MIT Press (1985).

[16] Miller, A.T. and Allen, P.K.: Graspit!: A versatile simulator for grasp analysis, *ASME Int. Mechanical Engineering Congress & Exposition* (2000).

[17] Murray, R. M., Li, Z. and Sastry, S. S.: *A Mathematical Introduction to Robotic Manipulation*, CRC Press (1994).

[18] Okamura, A. M., Smaby, N. and Cutkosky, M. R.: An overview of dexterous manipulation, *Proc. of IEEE International Conference on Robotics and Automation*, pp. 255–262 (2000).

[19] Rusu, R. B. and Cousins, S.: 3d is here: Point cloud library (pcl), *ICRA*, IEEE (2011).

[20] Watanabe, T., Harada, K., Jiang, Z., and Yoshikawa, T.: Object manipulation under hybrid active/passive closure, *Proc. of IEEE International Conference on Robotics and Automation*, pp. 1025–1032 (2005).

[21] Watanabe, T., Jiang, Z. and Yoshikawa, T.: Mechanics of hybrid active/passive-closure grasps, *Proc. of IEEE International Conference on Robotics and Automation*, pp. 1252–1257 (2004).

[22] Watanabe, T and Yoshikawa, T.: Grasping optimization using a required external force set, *IEEE Transactions on Automation Science and Engineering*, Vol. 4, No. 1, pp. 52–66 (2007).

[23] Yoshikawa, T.: Passive and active closures by constraining mechanisms, *Transaction of the ASME, Journal of Dynamic Systems, Measurement, and Control*, Vol. 121, pp. 418–424 (1999).

[24] Yoshikawa, T.: Multifingered robot hands: Control for grasping and manipulation, *Annual Reviews in Control*, Vol. 34, No. 2, pp. 199–208 (2010).

[25] Yu, Z. and Wenhan, Q.: Linearizing the soft finger contact constraint with application to dynamic force distribution in multifingered grasping, *Science in China Ser. E Engineering & Materials Science*, Vol. 48, No. 2, pp.

121–130 (2005).

[26] 吉川恒夫：『ロボット制御基礎論』，コロナ社 (1988).

[27] 吉川恒夫：把持と操りの基礎理論 3．制御，『日本ロボット学会誌』，Vol. 14, No. 4, pp. 505–511 (1996).

[28] 張暁毅，中村仁彦，吉本堅一：不完全な接触をもつ把持の力学的多面凸解析，『日本ロボット学会誌』，Vol. 14, No. 1, pp. 105–113 (1996).

[29] 原田研介：マニピュレーション研究，『日本ロボット学会誌』，Vol. 31, No. 4, pp. 320–325 (2013).

[30] 渡辺哲陽，原田研介，江鐘偉，吉川恒夫：能動受動混合拘束の力学，『日本ロボット学会誌』，Vol. 24, No. 1, pp. 131–139 (2006).

[31] 辻徳生，原田研介．graspplugin for choreonoid，『日本ロボット学会誌』，Vol. 31, No. 3, pp. 232–235 (2013).

[32] 余永，竹内賢一，吉川恒夫：ロボットハンドによるパワーグラスプの最適化，『日本ロボット学会誌』，Vol. 17, No. 4, pp. 557–566 (1999).

12.2.3　パワーグラスプ

(1) 運動学と静力学

前項まででは指先で物体を把持する場合を扱ったが，本項では，指先だけではなく，指の腹や掌を物体に接触させて把持する場合を扱う。このような把持はパワーグラスプあるいは包み込み把持と呼ばれている。

L を全関節数，M を全接触点の数とすると，式 (12.9) の行列 J のサイズは $3M \times L$，行列 G_0^T のサイズは $3M \times 6$ であり，したがって，行列 A のサイズは $3M \times (L+6)$ である。全接触点 M の数が多くなると

$$3M > L + 6 \tag{12.19}$$

となる。$\mathrm{rank}A = L + 6$ と仮定すると，式 (12.9) の解は零ベクトルだけになる。これは接触が維持されている限り，指と物体の運動が起こらないことを意味している。例えば図 12.5 の各指 3 関節からなる 3 本指把持では，$L = 9$，$M = 6$ であり，この条件を満たしている。

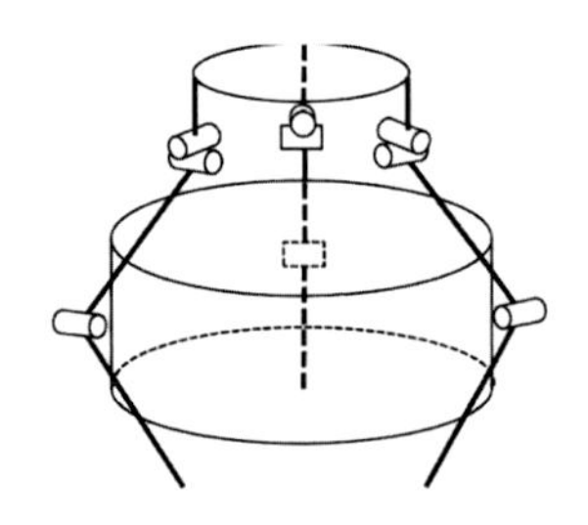

図 12.5　3 本指把持

次に式 (12.11) の釣合い条件から $3M > L + 6$ の場合を考える。式 (12.11) が成立した釣合い状態から，対象物に加わる合力・モーメントが $\boldsymbol{w}_0$ から $\boldsymbol{w}_0 + \Delta\boldsymbol{w}_0$ に変化したとする。このとき，① $J^T\Delta\boldsymbol{w}_c = 0$，かつ $G_0\Delta\boldsymbol{w}_c = \Delta\boldsymbol{w}_0$ となる接触力成分 $\Delta\boldsymbol{w}_c$，② $J^T\Delta\boldsymbol{w}'_c = 0$，かつ $G_0\Delta\boldsymbol{w}'_c = 0$ となる接触力成分，すなわち，$\Delta\boldsymbol{w}'_c \in \mathrm{null}(A^T)$ が存在する。

① は，関節トルクを変えなくても，接触力が受動的に $\Delta\boldsymbol{w}_0$ 変化し，対象物に加わる合力・モーメントの変化に釣り合うことができること意味している。このようにパワーグラスプは，指先把持にはない特長を有している。しかし，② の成分ため，式 (12.11) の解は一意には定まらない。これは，釣合い条件だけからは接触力を計算できないことを意味している。接触力を知ることができなければ，滑り出さないような接触力であるかも判定できず，不都合である。

(2) 接触力の計算法

接触力を定めるために，Bicchi は接触部の弾性変形を仮定することにより，接触力が計算できることを示した[1]。しかし，弾性係数を正確に知ることは難しい。文献[2] では，弾性係数の値がわからなくても接触力の範囲が計算できることを示した。接触点で接線方向，および法線方向に弾性変形すると仮定すると，式 (12.9) の代わりに

$$A\begin{pmatrix} \dot{\boldsymbol{q}} \\ \boldsymbol{v}_0 \end{pmatrix} = T\dot{\boldsymbol{Y}}_T + N\dot{\boldsymbol{Y}}_N \tag{12.20}$$

が成立する。ここで，T, N はそれぞれ接線方向，法線方向の単位ベクトルを並べた行列，$\dot{\boldsymbol{Y}}_T, \dot{\boldsymbol{Y}}_N$ をそれぞれ接線方向，法線方向の変形速度とする。行列 A^T に零空間が存在するので，その要素 $\boldsymbol{h}$ との内積をとると

$$\boldsymbol{h}^T T\dot{\boldsymbol{Y}}_T + \boldsymbol{h}^T N\dot{\boldsymbol{Y}}_N = \boldsymbol{0} \tag{12.21}$$

となり，接線方向，法線方向の合わせた運動に制約があることがわかる。弾性変形モデルでは，接触力は運動と逆方向にしか増加しない。このことから，発生する接触力にも制限があり，それが有界な超多面体集合に限られることを文献[2] では導いた。

この方法により，弾性係数の値を用いずに接触力の範囲が計算できる。しかし計算される接触力の範囲は広く十分に絞られているとは言えない。文献[3] では，接触力の各成分が弾性係数の単調減少関数または単調増加関数となることを示し，弾性係数の範囲が推定で

きれば，その上限値，下限値を用いて，接触力の範囲が計算できることを示した。弾性係数の範囲を絞り込むことができれば，計算される接触力も絞り込むことができる。

＜小俣 透＞

参考文献（12.2.3 項）

[1] Bicchi, A.: On the problem of decomposing grasp and manipulation forces in multiple whole-limb manipulation, *Robotics and Autonomous Systems*, Vol.13, pp. 127–147 (1994).

[2] Rimon, E., Burdick, J. W., Omata, T.: A polyhedral bound on the indeterminate Contact forces in planner Quasi-rigid fixturing and grasping arrangements, *IEEE Trans. on Robotics*, Vol.22, No.2, pp.240–255 (2006).

[3] 小俣透：弾性接触モデルの誤差を考慮したパワーグラスプの把持力解計算，『日本ロボット学会誌』，Vol.21，No.7，pp.794–801 (2003).

12.3 動力学と制御

ロボットハンドの動力学は，動的制御のための制御入力の設計やその解析に重要な役割を果たす。本節では，第 11 章の 11.3.2 項で示されているラグランジュ法による多関節リンク機構の動力学モデル，ホロノミック拘束と非ホロノミック拘束を受けるロボットの動力学を基礎に，複数の指で物体を把持するときのハンドの動力学を示す。次に，ハンド制御として代表的なインピーダンス制御，計算トルク制御，適応制御を述べる。

12.3.1 ハンドの動力学

複数の指からなるハンドにより対象物体を把持して操作を行う協調制御は，人間の手による器用な操作の実現には必須である。この節では，図 12.6 に示すように，k 本の指からなるロボットハンドの動力学モデル[5]を考察する。

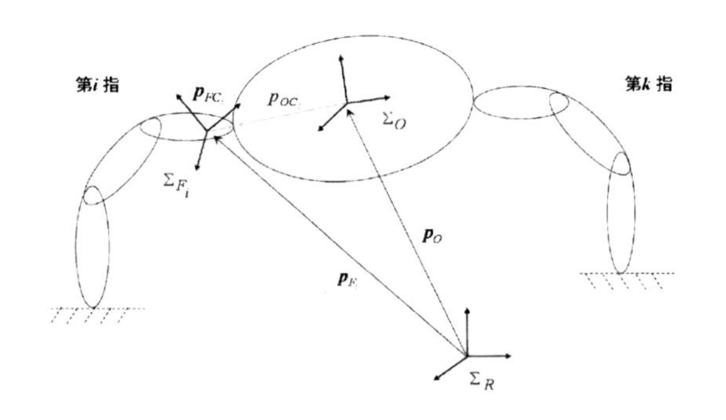

図 12.6　複数指による操作

図中において，Σ_R は基準座標系，Σ_O は対象物に設定する対象物座標系，Σ_{F_i} は第 i 指の指先リンクに設定する第 i 指先座標系，$\boldsymbol{p}_O \in R^3$ は Σ_R で表した対象物座標原点の位置ベクトル，$\boldsymbol{p}_{F_i} \in R^3$ は第 i 指手先座標系の原点の位置ベクトル，$\boldsymbol{p}_{OC_i} \in R^3$ は対象物座標系の原点から第 i 指の接触点への位置ベクトル，$\boldsymbol{p}_{FC_i} \in R^3$ は第 i 指先座標系の原点から第 i 指の接触点への位置ベクトルを表す。さらに，対象物座標原点の姿勢を $\boldsymbol{\eta}_O \in R^3$，第 i 指先座標系の原点の姿勢を $\boldsymbol{\eta}_i \in R^3$，対象物の位置姿勢を $\boldsymbol{r}_O = [\boldsymbol{p}_O^T \boldsymbol{\eta}_O^T]^T$，対象物の速度を $\boldsymbol{\nu}_O = [\dot{\boldsymbol{p}}_O^T\ \boldsymbol{\omega}_O^T]^T$，第 i 指の指先位置姿勢を $\boldsymbol{r}_i = [\boldsymbol{p}_i^T, \eta_i^T]^T$，第 i 指の指先速度を $\boldsymbol{\nu}_i = [\dot{\boldsymbol{p}}_i^T\ \boldsymbol{\omega}_i^T]^T$ とする。なお，これらのベクトルはすべて基準座標系 Σ_R で表されている。

ハンドと対象物の全系の運動方程式は，把持における拘束のもとでハンドと対象物の運動方程式を結合することで求められる。一般に，対象物の運動方程式は

$$\boldsymbol{M}_O(\boldsymbol{r}_O)\dot{\boldsymbol{\nu}}_O + \boldsymbol{C}_O(\boldsymbol{r}_O, \dot{\boldsymbol{r}}_O)\boldsymbol{\nu}_O + \boldsymbol{g}_O(\boldsymbol{r}_O) = \boldsymbol{F}_O \tag{12.22}$$

と表せる。ただし，$\boldsymbol{M}_O \in R^{6\times 6}$ は対称正値慣性行列，$\boldsymbol{C}_O\boldsymbol{\nu}_O \in R^6$ は遠心力やコリオリ力の項，$\boldsymbol{g}_O \in R^6$ は重力項，$\boldsymbol{F}_O \in R^6$ は対象物に作用する外力である。この動力学モデルには次の基本的な性質がある。

性質 12.1

① $\boldsymbol{M}_O$ は正値対称行列である。

② 適当な $\boldsymbol{C}_O$ の定義により，行列 $\dot{\boldsymbol{M}}_O - 2\boldsymbol{C}_O$ は歪対称行列となる。

③ 対象物の動力学モデルは適当な動力学パラメータに関し線形であり，

$$\begin{aligned}&\boldsymbol{M}_O(\boldsymbol{r}_O)\dot{\boldsymbol{\nu}}_{Or} + \boldsymbol{C}_O(\boldsymbol{r}_O, \dot{\boldsymbol{r}}_O)\boldsymbol{\nu}_{Or} + \boldsymbol{g}_O(\boldsymbol{r}_O)\\ &\quad = \boldsymbol{Y}_O(\boldsymbol{r}_O, \dot{\boldsymbol{r}}_O, \boldsymbol{\nu}_{Or}, \dot{\boldsymbol{\nu}}_{Or})\boldsymbol{\sigma}_O\end{aligned} \tag{12.23}$$

と表せること。ここで，$\boldsymbol{\nu}_{Or} \in R^6$ は任意に定義される速度，$\boldsymbol{\sigma}_O \in R^p$ は対象物の動力学パラメータ，$\boldsymbol{Y}_O(\boldsymbol{r}_O, \dot{\boldsymbol{r}}_O, \boldsymbol{\nu}_{Or}, \dot{\boldsymbol{\nu}}_{Or}) \in R^{6\times p}$ は $\boldsymbol{\sigma}_O$ に関するリグレッサである。

拘束のない第 i 指の運動方程式は，関節変位を $\boldsymbol{q}_{F_i}$，関節トルクを $\boldsymbol{\tau}_{F_i}$ とすると，ラグランジュ方程式から

$$\boldsymbol{M}_{F_i}\ddot{\boldsymbol{q}}_{F_i} + \boldsymbol{C}_{F_i}(\boldsymbol{q}_{F_i}, \dot{\boldsymbol{q}}_{F_i})\dot{\boldsymbol{q}}_{F_i} + \boldsymbol{g}_{F_i}(\boldsymbol{q}_{F_i})$$

$$= \boldsymbol{\tau}_{F_i} \ (i = 1, \ldots, k) \tag{12.24}$$

と表され，すべての指をまとめると

$$\boldsymbol{M}_F \ddot{\boldsymbol{q}}_F + \boldsymbol{C}_F \dot{\boldsymbol{q}}_F + \boldsymbol{g}_F = \boldsymbol{\tau}_F \tag{12.25}$$

を得る。ここで，$\boldsymbol{q}_F = [\boldsymbol{q}_{F_1}^T, \ldots, \boldsymbol{q}_{F_k}^T]^T$，$\boldsymbol{M}_F =$ block diag$[\boldsymbol{M}_{F_1}, \ldots, \boldsymbol{M}_{F_k}]$, $\boldsymbol{C}_F =$ block diag$[\boldsymbol{C}_{F_1}, \ldots, \boldsymbol{C}_{F_k}]$，$\boldsymbol{g}_F = (\boldsymbol{g}_{F_i}^T, \ldots, \boldsymbol{g}_{F_k}^T)^T$，$\boldsymbol{\tau}_F = [\boldsymbol{\tau}_{F_i}^T, \ldots, \boldsymbol{\tau}_{F_k}^T]^T$ である。この動力学モデルにも，性質 12.1 と同様な基本的な性質がある。

次に，把持の拘束について考察する。第 i 指が物体と接触しているときの拘束は次式で与えられる。

$$\boldsymbol{G}_{C_i}^T \boldsymbol{\nu}_O = \boldsymbol{J}_{C_i} \dot{\boldsymbol{q}}_{F_i} \tag{12.26}$$

ここで，$\boldsymbol{G}_{C_i}$ は対象物速度と第 i 指の接触点速度との幾何学的関係を表す行列であり，$\boldsymbol{J}_{C_i}$ は第 i 指の指関節速度と接触点速度との運動学的ヤコビ行列である。詳細は文献 [2] を参照されたい。第 1 指から第 k 指までの拘束をまとめると

$$\boldsymbol{G}_C^T \boldsymbol{\nu}_O = \boldsymbol{J}_C \dot{\boldsymbol{q}}_F \tag{12.27}$$

を得る。ここで，$\boldsymbol{G}_C = [\boldsymbol{G}_{C_1}, \ldots, \boldsymbol{G}_{C_k}]$，$\boldsymbol{J}_C =$ block diag$[\boldsymbol{J}_{C_1}, \ldots, \boldsymbol{J}_{C_k}]$ である。この拘束は $\dot{\boldsymbol{q}} = [\boldsymbol{\nu}_O^T, \dot{\boldsymbol{q}}_F^T]^T$ とおくと

$$\boldsymbol{A}(\boldsymbol{q}) \dot{\boldsymbol{q}} = \boldsymbol{0} \tag{12.28}$$

と表される。ここで，$\boldsymbol{A} = [\boldsymbol{G}_C^T, -\boldsymbol{J}_C]$ である。以下では，把持において次のことを仮定する。

● 把持条件の仮定

A1. 把持はフォースクロージャであり可操作把握である。

A2. 接触力はすべての接触点で摩擦円錐の中にある。このことは，接触点で滑りがないことを意味する。

A3. $\boldsymbol{J}_C$ は正則行列である。すなわち，指の自由度は冗長でなく，物体を操作する必要十分な自由度があるとする。

A4. 拘束は滑らかである。すなわち，拘束による仕事は生じないとする。

この条件のもとで，ラグランジュ法により全系の動力学モデルを求めよう。全系のラグラジアンは

$$L = \frac{1}{2}\dot{\boldsymbol{q}}_F^T \boldsymbol{M}_F \dot{\boldsymbol{q}}_F - P_F(\boldsymbol{q}_F) + \frac{1}{2}\boldsymbol{\nu}_O^T \boldsymbol{M}_O \boldsymbol{\nu}_O - P_O(\boldsymbol{r}_O) \tag{12.29}$$

と記述できる。ここで，$P_F(\boldsymbol{q}_F), P_O(\boldsymbol{r}_O)$ は指と対象物のポテンシャルを表す。ここで，$\dot{\boldsymbol{r}}_O$ は $\boldsymbol{\nu}_O = d\boldsymbol{r}_O/dt$ の関係があるとし，一般化座標を $\boldsymbol{q} = [\boldsymbol{r}_O^T, \boldsymbol{q}_F^T]^T$ とおく。仮定 A4 のもとで式 (12.28) の拘束のあるときのラグランジュ方程式は第 11 章の式 (11.59) と同様に与えられ，

$$\frac{d}{dt}\left(\frac{\partial L}{\partial \dot{\boldsymbol{q}}}\right) + \frac{\partial L}{\partial \boldsymbol{q}} - \boldsymbol{A}(\boldsymbol{q})^T \boldsymbol{\lambda} - \begin{bmatrix} 0 \\ \boldsymbol{\tau}_F \end{bmatrix} = 0 \tag{12.30}$$

である。ここで $\boldsymbol{\lambda}$ は未定乗数である。この式は次のように展開できる。

$$\begin{bmatrix} \dfrac{d}{dt}\left(\dfrac{\partial L}{\partial \dot{\boldsymbol{r}}_O}\right) + \dfrac{\partial L}{\partial \boldsymbol{r}_O} - \boldsymbol{G}_C \boldsymbol{\lambda} \\ \dfrac{d}{dt}\left(\dfrac{\partial L}{\partial \dot{\boldsymbol{q}}_F}\right) + \dfrac{\partial L}{\partial \boldsymbol{q}_F} + \boldsymbol{J}_C^T \boldsymbol{\lambda} - \boldsymbol{\tau}_F \end{bmatrix} = 0$$

この式にラグランジュ関数を代入することで

$$\boldsymbol{M}_O(\boldsymbol{r}_O)\dot{\boldsymbol{\nu}}_O + \boldsymbol{C}_O(\boldsymbol{r}_O, \dot{\boldsymbol{r}}_O)\boldsymbol{\nu}_O + \boldsymbol{g}_O(\boldsymbol{r}_O) = \boldsymbol{G}_C \boldsymbol{\lambda} \tag{12.31}$$

$$\boldsymbol{M}_F \ddot{\boldsymbol{q}}_F + \boldsymbol{C}_F(\boldsymbol{q}_F, \dot{\boldsymbol{q}}_F)\dot{\boldsymbol{q}}_F + \boldsymbol{g}_F(\boldsymbol{q}_F) = \boldsymbol{\tau}_F - \boldsymbol{J}_C^T \boldsymbol{\lambda} \tag{12.32}$$

を得る。式 (12.31) は対象物体の運動方程式であり，式 (12.32) は指の運動方程式である。このとき，対象物体に作用する外力は

$$\boldsymbol{F}_O = \boldsymbol{G}_C \boldsymbol{\lambda} \tag{12.33}$$

である。仮定より $\boldsymbol{J}_C$ が正則であるから未定乗数は

$$\boldsymbol{\lambda} = \boldsymbol{J}_C^{-T}(\boldsymbol{\tau}_F - \boldsymbol{M}_F \ddot{\boldsymbol{q}}_F - \boldsymbol{C}_F(\boldsymbol{q}_F, \dot{\boldsymbol{q}}_F)\dot{\boldsymbol{q}}_F - \boldsymbol{g}_F(\boldsymbol{q}_F)) \tag{12.34}$$

と表せる。この関係を式 (12.31) に代入して

$$\begin{aligned} &\boldsymbol{M}_O(\boldsymbol{r}_O)\dot{\boldsymbol{v}}_O + \boldsymbol{C}_O(\boldsymbol{r}_O, \dot{\boldsymbol{r}}_O)\boldsymbol{\nu}_O + \boldsymbol{g}_O(\boldsymbol{r}_O) + \\ &\quad \boldsymbol{G}_C \boldsymbol{J}_C^{-T}(\boldsymbol{M}_F \ddot{\boldsymbol{q}}_F + \boldsymbol{C}_F(\boldsymbol{q}_F, \dot{\boldsymbol{q}}_F)\dot{\boldsymbol{q}}_F + \boldsymbol{g}_F(\boldsymbol{q}_F)) \\ &\quad = \boldsymbol{G}_C \boldsymbol{J}_C^{-T} \boldsymbol{\tau}_F \end{aligned} \tag{12.35}$$

を得る。式 (12.35) は接触力が陽に表れていない動力学モデルである。ただし，式 (12.28) の拘束があ

る。そこで，$\dot{\boldsymbol{q}}_F = \boldsymbol{J}_C^{-1}\boldsymbol{G}_C^T\boldsymbol{\nu}_O$，$\ddot{\boldsymbol{q}}_F = \boldsymbol{J}_C^{-1}\boldsymbol{G}_C^T\dot{\boldsymbol{\nu}}_O + (d(\boldsymbol{J}_C^{-1}\boldsymbol{G}_C^T)/dt)\boldsymbol{\nu}_O$ を代入して

$$\tilde{\boldsymbol{M}}(\boldsymbol{q})\dot{\boldsymbol{\nu}}_O + \tilde{\boldsymbol{C}}(\boldsymbol{q},\dot{\boldsymbol{q}})\boldsymbol{\nu}_O + \tilde{\boldsymbol{g}}(\boldsymbol{q}) = \boldsymbol{G}_C\boldsymbol{u} \tag{12.36}$$

を得る。ここで

$$\begin{aligned}
\tilde{\boldsymbol{M}} &= \boldsymbol{M}_O + \boldsymbol{G}_C\boldsymbol{J}_C^{-T}\boldsymbol{M}_F\boldsymbol{J}_C^{-1}\boldsymbol{G}_C^T \\
\tilde{\boldsymbol{C}} &= \boldsymbol{C}_O \\
&\quad + \boldsymbol{G}_C\boldsymbol{J}_C^{-T}(\boldsymbol{C}_F\boldsymbol{J}_C^{-1}\boldsymbol{G}_C^T + \boldsymbol{M}_F\frac{d}{dt}(\boldsymbol{J}_C^{-1}\boldsymbol{G}_C^T)) \\
\tilde{\boldsymbol{g}} &= \boldsymbol{g}_O + \boldsymbol{G}_C\boldsymbol{J}_C^{-T}\boldsymbol{g}_F \\
\boldsymbol{u} &= \boldsymbol{J}_C^{-T}\boldsymbol{\tau}_F
\end{aligned} \tag{12.37}$$

である。式 (12.36) は拘束条件を消去した対象物体の運動方程式である。この動力学モデルも性質 11.5（第 11 章 11.3.2 項参照），性質 12.1 と同様な性質がある。本項で導いた運動方程式は，各指の対象物との接触が常に維持され，接触力が摩擦円錐の内にあると仮定している。解析においてはこれらの条件を満たすことを確認する必要がある。また，ハンドによる物体操作では接触モードの遷移を伴う。このような場合のダイナミクスは文献 [6] を参照されたい。

12.3.2 ハンド制御

複数の指により対象物体を把持して操作を行うための協調制御は，器用な操りの基本技術である。協調制御として，インピーダンス制御[7] や位置と力のハイブリッド制御[8]，対象物のセンシングのない把持制御[9]，転がり拘束での対象物運動と接触点の同時制御[10]，接触点での滑りがあるときの制御[11] などが提案されている。これらの制御法では，多くはシステムのダイナミクスを既知としている。しかし，実際にはシステムのダイナミクスを正確に求めることは困難であり，また，システムの動力学パラメータは操作対象毎に変動する。システムモデルのパラメータが未知あるいは変動する場合に対応するために，ニューラルネットワークを用いた協調制御[12]，学習制御[13]，適応協調制御法[14, 15]，接触点での滑りがあるときの制御[16] 等が示されている。本項では，複数の指により物体を操るためのインピーダンス制御，計算トルク制御，適応制御について述べる。

(1) インピーダンス制御

対象物体と指の運動をまとめた式 (12.36) の動力学

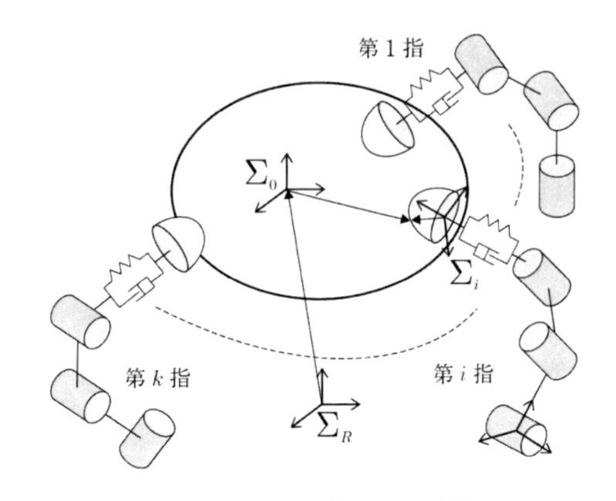

図 12.7 インピーダンス制御

モデルでインピーダンス制御を考えよう。対象物体と指の統合した系に図 12.7 に示すようなバネダンパ機構があるとして，この機構の作用により次の力が生じるとするインピーダンス制御を考察する。

$$\boldsymbol{F}_m = \tilde{\boldsymbol{M}}_d\dot{\boldsymbol{\nu}}_O + \tilde{\boldsymbol{D}}_d(\dot{\boldsymbol{r}}_O - \dot{\boldsymbol{r}}_O^d) + \tilde{\boldsymbol{K}}_d(\boldsymbol{r}_O - \boldsymbol{r}_O^d) \tag{12.38}$$

ここで，$\boldsymbol{r}_O^d$ は対象物体の目標位置姿勢，$\tilde{\boldsymbol{M}}_d$，$\tilde{\boldsymbol{D}}_d$，$\tilde{\boldsymbol{K}}_d$ はそれぞれ対象物体の仮想インピーダンスの慣性行列，減衰係数行列，剛性行列を表す。指先での接触力により物体に作用する力・モーメントは $\boldsymbol{G}_C\boldsymbol{u}$ であるので，$\boldsymbol{G}_C$ の零空間内のベクトルは対象物体の運動に影響を与えない内力となる。そこで，対象物体を把持するときの内力の目標力を

$$\boldsymbol{F}_{\rm int}^d = (\boldsymbol{I}_{6k\times 6k} - \boldsymbol{G}_C^+\boldsymbol{G}_C)\boldsymbol{f}_{\rm int}^d \tag{12.39}$$

で与える。ここで，$\boldsymbol{f}_{\rm int}^d = [(\boldsymbol{f}_{{\rm int}_1}^d)^T, \ldots, (\boldsymbol{f}_{{\rm int}_k}^d)^T]^T$ は任意の力，$\boldsymbol{G}_C^+$ は $\boldsymbol{G}_C$ の疑似逆行列であり

$$\boldsymbol{G}_C^+ = \boldsymbol{G}_C^T\left(\boldsymbol{G}_C\boldsymbol{G}_C^T\right)^{-1} \tag{12.40}$$

である。明らかに，$\boldsymbol{G}_C\boldsymbol{F}_{\rm int}^d$ は $\boldsymbol{f}_{\rm int}^d$ に関係なく零であるので，対象物体の運動に影響を与えない。制御入力はこれに重力補償を加え，

$$\boldsymbol{u} = \boldsymbol{G}_C^+(\boldsymbol{F}_m + \tilde{\boldsymbol{g}}) + \boldsymbol{F}_{\rm int}^d \tag{12.41}$$

とする。上式の右辺第 1 項がフィードバックによるインピーダンス制御項と重力のフィードフォワード補償項，第 2 項は内力のフィードフォワード補償項である。式 (12.41) を式 (12.36) に代入すると

$$(\tilde{\boldsymbol{M}}_d - \tilde{\boldsymbol{M}})\dot{\boldsymbol{\nu}}_O + \tilde{\boldsymbol{D}}_d(\dot{\boldsymbol{r}}_O - \dot{\boldsymbol{r}}_O^d) + \tilde{\boldsymbol{K}}_d(\boldsymbol{r}_O - \boldsymbol{r}_O^d) - \tilde{\boldsymbol{C}}_O\boldsymbol{\nu}_O = 0 \quad (12.42)$$

ここで，対象物体は低速で速度 2 乗項が無視できると仮定すると

$$(\tilde{\boldsymbol{M}}_d - \tilde{\boldsymbol{M}})\dot{\boldsymbol{\nu}}_O + \tilde{\boldsymbol{D}}_d(\dot{\boldsymbol{r}}_O - \dot{\boldsymbol{r}}_O^d) + \tilde{\boldsymbol{K}}_d(\boldsymbol{r}_O - \boldsymbol{r}_O^d) = 0 \quad (12.43)$$

系のインピーダンス特性を適切に設定することで，系は安定に応答する。例えば $\tilde{\boldsymbol{M}}_d = \tilde{\boldsymbol{M}}$ とおくと，系の応答は

$$\tilde{\boldsymbol{D}}_d(\dot{\boldsymbol{r}}_O - \dot{\boldsymbol{r}}_O^d) + \tilde{\boldsymbol{K}}_d(\boldsymbol{r}_O - \boldsymbol{r}_O^d) = 0 \quad (12.44)$$

と表せる。$\tilde{\boldsymbol{D}}_d$, $\tilde{\boldsymbol{K}}_d$ を正値対角行列に設定すると系は漸近安定となる。なお,

$$\boldsymbol{G}_{c_i}^* = \boldsymbol{G}_{C_i}^T\left(\sum_{j=1}^{k}\boldsymbol{G}_{C_j}\boldsymbol{G}_{C_j}^T\right)^{-1} \quad (12.45)$$

を定義すると，第 i 指の制御入力は

$$\boldsymbol{F}_{\mathrm{int}_i}^d = (\boldsymbol{I}_{6\times6} - \boldsymbol{G}_{C_i}^*\boldsymbol{G}_{C_i})\boldsymbol{f}_{\mathrm{int}_i}^d \quad (12.46)$$

$$\boldsymbol{\tau}_{F_i} = \boldsymbol{J}_{C_i}(\boldsymbol{G}_{C_i}^*(\boldsymbol{F}_m + \tilde{\boldsymbol{g}}) + \boldsymbol{F}_{\mathrm{int}_i}^d) \quad (12.47)$$

と表せる。式 (12.46), (12.47) は，各指の制御入力が式 (12.38) で与えるインピーダンス特性，重力補償，内力および把持行列から構成されることを示す。この制御は比較的簡便であるが，物体を動的に操作するときには対象物体の軌道の誤差が大きくなる。また，内力の制御がないため把持が保証されていない。さらに，$\tilde{\boldsymbol{M}}_d = \tilde{\boldsymbol{M}}$ と設定するときは，$\tilde{\boldsymbol{M}}$ の計算が複雑となる。

(2) 計算トルク制御

k 本の指により 1 つの剛体を把持し操作するときの統合したダイナミクスは，式 (12.36) で示されている。この式は接触点での力を陽に含まない動力学モデルである。このことは，力覚センサを用いなくても対象物を目標軌道に収束させることが可能であることを示唆している。一般に力覚センサは，高価で雑音の影響を受けやすく，制御システムの高信頼度化を妨げる要因となっているので，力覚センサを用いることなく安定な制御則が構成できると，制御システムとして有用性が高くなる。そこで，力覚センサを用いない計算トルク制御を述べる。計算トルク制御は，指の動力学の非線形要素をフィードフォワード補償で打ち消し，それに対象物の軌道誤差によるフィードバック補償を施すもので，動的制御の一手法である。計算トルク制御は次の 3 ステップで設計される。

[ステップ 1] 対象物の参照モデルを用いて対象物に作用する目標外力 $\boldsymbol{F}_O^d$ を計算する。ここで，対象物の参照モデルは，対象物の目標軌道 $\boldsymbol{r}_O^d, \dot{\boldsymbol{r}}_O^d, \ddot{\boldsymbol{r}}_O^d$ から生成される。ただし，これらの目標値は有界で連続とする。

[ステップ 2] 目標外力 $\boldsymbol{F}_O^d$ を用いて，接触点における目標接触力 $\boldsymbol{F}_C^d$ を計算する。

[ステップ 3] 各 i 指に対し，第 i 指の参照モデルから第 i 指の制御則を計算する。

なお，ここでの制御則では各指先の目標位置，目標速度を陽に求めてはいないことに注意されたい。

はじめに，対象物の参照速度 $\boldsymbol{\nu}_{Or} \in R^6$ を次式で定義する。

$$\boldsymbol{\nu}_{Or} = \boldsymbol{T}_O(\dot{\boldsymbol{r}}_O^d + \boldsymbol{\Lambda}\boldsymbol{e}_O) \quad (12.48)$$

ここで，$\boldsymbol{e}_O = \boldsymbol{r}_O^d - \boldsymbol{r}_O$ は対象物の位置姿勢誤差ベクトル，$\boldsymbol{T}_O \in R^{6\times6}$ はオイラー角による速度を角速度に変換する行列，$\boldsymbol{\Lambda} \in R^{6\times6}$ は正定対角な重み行列である。さらに，対象物の速度の残差 $\boldsymbol{s}_O \in R^6$ を

$$\boldsymbol{s}_O = \boldsymbol{\nu}_O - \boldsymbol{\nu}_{Or} \quad (12.49)$$

として定義する。このとき，$\boldsymbol{s}_O = -\boldsymbol{T}_O(\dot{\boldsymbol{e}}_O + \boldsymbol{\Lambda}\boldsymbol{e}_O)$ の関係を得る。対象物に作用する目標外力 $\boldsymbol{F}_O^d$ を次式の対象物の参照モデルから生成する。

$$\begin{aligned}\boldsymbol{F}_O^d &= \boldsymbol{M}_O(\boldsymbol{r}_O)\dot{\boldsymbol{\nu}}_{Or} + \boldsymbol{C}_O(\boldsymbol{r}_O, \dot{\boldsymbol{r}}_O)\boldsymbol{\nu}_{Or} + \boldsymbol{g}_O(\boldsymbol{r}_O)\\ &= \boldsymbol{Y}_O(\boldsymbol{r}_O, \dot{\boldsymbol{r}}_O, \boldsymbol{\nu}_{Or}, \dot{\boldsymbol{\nu}}_{Or})\boldsymbol{\sigma}_O\end{aligned} \quad (12.50)$$

ここで，$\boldsymbol{\sigma}_O$ は対象物の動力学パラメータである。接触点での力とモーメントが外力と平衡するとする。このとき，目標外力と平衡している接触点での力は $\boldsymbol{F}_O = \boldsymbol{G}_C\boldsymbol{F}_C$ の関係を満たすべきである。さらに，接触点での力とモーメントは，安定把持に必要な対象物の内部で生じる内力を生成する。このことから，接触点での目標接触力 $\boldsymbol{F}_C^d = ((\boldsymbol{F}_{C_1}^d)^T, \ldots, (\boldsymbol{F}_{C_k}^d)^T)^T$ を

$$\boldsymbol{F}_C^d = \boldsymbol{G}_C^+\boldsymbol{F}_O^d + (\boldsymbol{I}_{6k\times6k} - \boldsymbol{G}_C^+\boldsymbol{G}_C)\boldsymbol{f}_{\mathrm{int}}^d \quad (12.51)$$

で与える。上式の第1項は対象物の運動に影響を与える外力であり，第2項は対象物の運動に影響しない内力である。内力項は一様連続で有界な $\boldsymbol{G}_C$ の零空間にあるベクトルであり，接触条件を満たすようにする限りその与え方は自由である。この目標力に釣り合う関節トルクは $\boldsymbol{J}_C^T\boldsymbol{F}_C^d$ である。

ロボットアームの逆運動学と同様に，対象物の速度と第i指の関節速度には次の関係が成り立つ。

$$\dot{\boldsymbol{q}}_{F_i} = \boldsymbol{J}_{C_i}^{-1}\boldsymbol{G}_{C_i}^T\boldsymbol{\nu}_O \tag{12.52}$$

この関係から，第 i 指の参照関節速度 $\dot{\boldsymbol{q}}_{Fr_i}$ を

$$\dot{\boldsymbol{q}}_{Fr_i} = \boldsymbol{J}_{C_i}^{-1}\boldsymbol{G}_{C_i}^T\boldsymbol{\nu}_{Or} \tag{12.53}$$

で与え，第 i 指の参照モデルを

$$\begin{aligned}\boldsymbol{M}_{F_i}\ddot{\boldsymbol{q}}_{Fr_i} + \boldsymbol{C}_{F_i}(\boldsymbol{q}_{F_i},\dot{\boldsymbol{q}}_{F_i})\dot{\boldsymbol{q}}_{Fr_i} + \boldsymbol{g}_{F_i}(\boldsymbol{q}_{F_i})\\ = \boldsymbol{Y}_{F_i}(\boldsymbol{q}_{F_i},\dot{\boldsymbol{q}}_{F_i},\dot{\boldsymbol{q}}_{Fr_i},\ddot{\boldsymbol{q}}_{Fr_i})\boldsymbol{\sigma}_{F_i}\end{aligned} \tag{12.54}$$

と定義し，第 i 指の制御則を

$$\boldsymbol{\tau}_{F_i} = \boldsymbol{Y}_{F_i}(\boldsymbol{q}_{F_i},\dot{\boldsymbol{q}}_{F_i},\dot{\boldsymbol{q}}_{Fr_i},\ddot{\boldsymbol{q}}_{Fr_i})\boldsymbol{\sigma}_{F_i} + \boldsymbol{J}_{C_i}^T\boldsymbol{F}_{C_i}^d - \boldsymbol{K}_i\boldsymbol{s}_i \tag{12.55}$$

と与える。ここで，$\boldsymbol{\sigma}_{F_i}$ は第 i 指の動力学パラメータ，$\boldsymbol{K}_i > 0$ は対称フィードバックゲイン行列，$\boldsymbol{s}_i$ は次式で定義する参照関節速度と実際の関節速度との残差である。

$$\boldsymbol{s}_i = \dot{\boldsymbol{q}}_{F_i} - \dot{\boldsymbol{q}}_{Fr_i}. \tag{12.56}$$

このとき，$\boldsymbol{s}_i = \boldsymbol{J}_{C_i}^{-1}\boldsymbol{G}_{C_i}^T\boldsymbol{s}_O$ の関係がある。式(12.55)の右辺において，第1項は指の参照モデルに基づくフィードフォワード入力，第2項は対象物体の目標外力に釣り合うフィードフォワード入力，第3項は関節変位と関節速度の軌道誤差に対応するフィードバック入力である。

第1指から第 k 指を統合した制御則は次式で表せる。

$$\boldsymbol{\tau}_F = \boldsymbol{Y}_F(\boldsymbol{q}_F,\dot{\boldsymbol{q}}_F,\dot{\boldsymbol{q}}_{Fr},\ddot{\boldsymbol{q}}_{Fr})\boldsymbol{\sigma}_F + \boldsymbol{J}_C^T\boldsymbol{F}_C^d - \boldsymbol{K}\boldsymbol{s} \tag{12.57}$$

ここで，$\boldsymbol{K} = \text{block diag}[\boldsymbol{K}_1,\ldots,\boldsymbol{K}_k]$，$\boldsymbol{q}_{Fr} = [\boldsymbol{q}_{Fr_1}^T,\ldots,\boldsymbol{q}_{Fr_k}^T]^T$，$\boldsymbol{s} = [\boldsymbol{s}_1^T,\ldots,\boldsymbol{s}_k^T]^T$，$\boldsymbol{\sigma} = [\boldsymbol{\sigma}_1^T,\cdots,\boldsymbol{\sigma}_k^T]^T$ である。12.3.1項で述べた把持条件A1〜A4を仮定すると，次の定理が示される。

定理 12.1　k 本の指により把持された剛体を考える。システム(12.36)に対し，対象物の目標外力を式(12.50)，接触点での目標力を式(12.51)，残差を式(12.56)，制御則を式(12.57)で与えると，閉ループシステムは次の意味で漸近安定である。

① $t \to \infty$ のとき $\boldsymbol{r}_O \to \boldsymbol{r}_O^d$ および $\dot{\boldsymbol{r}}_O \to \dot{\boldsymbol{r}}_O^d$
② 接触点での力誤差 $\boldsymbol{F}_C - \boldsymbol{F}_C^d$ は有界

この定理の証明は，リアプノフ関数の候補を

$$V = \frac{1}{2}(\boldsymbol{s}_O^T\boldsymbol{M}_O\boldsymbol{s}_O + \boldsymbol{s}^T\boldsymbol{M}_F\boldsymbol{s})$$

とすると，その1回微分と2回微分が

$$\dot{V} = -\boldsymbol{s}^T\boldsymbol{K}\boldsymbol{s} \leq 0,\ \ddot{V} = -2\boldsymbol{s}^T\boldsymbol{K}\dot{\boldsymbol{s}}$$

と得られ，$\ddot{V}$ の有界性からLyapunov-like lemma[17]より定理が証明[2]される。

力覚センサを用いる計算トルク制御も構成でき，その詳細は文献[2]を参照されたい。

(3) 適応制御

対象物と指の動力学モデルは，対象物や指のリンクの慣性テンソルなどの動力学パラメータを含んでいる。これらの動力学パラメータが未知のとき，計算トルク制御では対象物の運動を正確に制御することは困難である。ここでの制御目的は，対象物とハンドの動力学パラメータが未知のとき，対象物の運動が目標軌道に漸近的に追従する制御則を求めることである。以下で紹介する適応制御も計算トルク制御と同様に3つのステップで設計される。ただし，対象物の参照モデルは動力学パラメータの推定値を用いて計算される。

(i) 力覚センサを用いない適応制御

対象物に作用する目標外力は，対象物の動力学パラメータ $\boldsymbol{\sigma}_O$ の推定値 $\hat{\boldsymbol{\sigma}}_O$ を用い，次式で与える対象物の推定参照モデルから生成する。

$$\begin{aligned}\boldsymbol{F}_O^d &= \hat{\boldsymbol{M}}_O(\boldsymbol{r}_O)\dot{\boldsymbol{\nu}}_{Or} + \hat{\boldsymbol{C}}_O(\boldsymbol{r}_O,\dot{\boldsymbol{r}}_O)\boldsymbol{\nu}_{Or} + \hat{\boldsymbol{g}}_O(\boldsymbol{r}_O)\\ &= \boldsymbol{Y}_O(\boldsymbol{r}_O,\dot{\boldsymbol{r}}_O,\boldsymbol{\nu}_{Or},\dot{\boldsymbol{\nu}}_{Or})\hat{\boldsymbol{\sigma}}_O\end{aligned} \tag{12.58}$$

ここで，$\boldsymbol{\nu}_{Or}$ は式(12.48)で定義される参照速度であり，$\hat{\boldsymbol{M}}_O$, $\hat{\boldsymbol{C}}_O$ および $\hat{\boldsymbol{g}}_O$ は，$\hat{\boldsymbol{\sigma}}_O$ を用いて求めたそれぞれ $\boldsymbol{M}_O$, $\boldsymbol{C}_O$ および $\boldsymbol{g}_O$ の推定である。ただし，対象

物の動力学パラメータの推定則は

$$\dot{\hat{\boldsymbol{\sigma}}}_O = -\boldsymbol{\Gamma}_O \boldsymbol{Y}_O^T(\boldsymbol{r}_O, \dot{\boldsymbol{r}}_O, \boldsymbol{\nu}_{Or}, \dot{\boldsymbol{\nu}}_{Or})\boldsymbol{s}_O \tag{12.59}$$

で与える。ここで，$\boldsymbol{\Gamma}_O > 0$ は対称な適応ゲイン行列，$\boldsymbol{s}_O$ は式 (12.49) で与える残差であり

$$\boldsymbol{s}_O = -\boldsymbol{T}_O(\dot{\boldsymbol{e}}_O + \boldsymbol{\Lambda}\boldsymbol{e}_O). \tag{12.60}$$

と計算される。対象物の目標外力は，対象物の動力学パラメータの推定に基づいて逐次更新される。

接触点での力とモーメントが外力と平衡するので，計算トルク制御のときと同様に接触点での力の目標 $\boldsymbol{F}_c^d$ は式 (12.51) で与える。計算トルク制御と異なる点は，$\boldsymbol{F}_O^d$ が推定値 $\hat{\boldsymbol{\sigma}}_O$ を用い式 (12.58) から計算されることである。

第 i 指の参照モデルは第 i 指の動力学パラメータベクトル $\boldsymbol{\sigma}_{F_i}$ の推定 $\hat{\boldsymbol{\sigma}}_{F_i}$ を用い

$$\begin{aligned}&\hat{\boldsymbol{M}}_{F_i}\ddot{\boldsymbol{q}}_{Fr_i} + \hat{\boldsymbol{C}}_{F_i}(\boldsymbol{q}_{F_i}, \dot{\boldsymbol{q}}_{F_i})\dot{\boldsymbol{q}}_{Fr_i} + \hat{\boldsymbol{g}}_{F_i}(\boldsymbol{q}_{F_i})\\ &\quad = \boldsymbol{Y}_{F_i}(\boldsymbol{q}_{F_i}, \dot{\boldsymbol{q}}_{F_i}, \dot{\boldsymbol{q}}_{Fr_i}, \ddot{\boldsymbol{q}}_{Fr_i})\hat{\boldsymbol{\sigma}}_{F_i}\end{aligned} \tag{12.61}$$

とする。ここで，$\hat{\boldsymbol{M}}_{F_i}$, $\hat{\boldsymbol{C}}_{F_i}$ および $\hat{\boldsymbol{g}}_{F_i}$ は，$\hat{\boldsymbol{\sigma}}_{F_i}$ を用いて求めたそれぞれ $\boldsymbol{M}_{F_i}$, $\boldsymbol{C}_{F_i}$ および $\boldsymbol{g}_{F_i}$ の推定であり，$\dot{\boldsymbol{q}}_{Fr_i}$ は式 (12.53) で与える。第 i 指の制御則は式 (12.55) に代わり

$$\boldsymbol{\tau}_{F_i} = \boldsymbol{Y}_{F_i}(\boldsymbol{q}_{F_i}, \dot{\boldsymbol{q}}_{F_i}, \dot{\boldsymbol{q}}_{Fr_i}, \ddot{\boldsymbol{q}}_{Fr_i})\hat{\boldsymbol{\sigma}}_{F_i} + \boldsymbol{J}_{C_i}^T\boldsymbol{F}_{C_i}^d - \boldsymbol{K}_i\boldsymbol{s}_i \tag{12.62}$$

とする。ここで，$\boldsymbol{K}_i > 0 \in R^{6\times 6}$ は対称なフィードバックゲイン行列，$\boldsymbol{s}_i$ は式 (12.56) で定義される参照速度と実際の速度との残差で

$$\boldsymbol{s}_j = \boldsymbol{J}_{C_i}^{-1}\boldsymbol{G}_{C_i}^T\boldsymbol{s}_O. \tag{12.63}$$

として求められ，第 i 指のパラメータ推定の適応則は

$$\dot{\hat{\boldsymbol{\sigma}}}_{F_i} = -\boldsymbol{\Gamma}_i\boldsymbol{Y}_{F_i}^T(\boldsymbol{q}_{F_i}, \dot{\boldsymbol{q}}_{F_i}, \dot{\boldsymbol{q}}_{Fr_i}, \ddot{\boldsymbol{q}}_{Fr_i})\hat{\boldsymbol{s}}_i \tag{12.64}$$

で与える。ここで，$\boldsymbol{\Gamma}_i > 0$ は対称な適応ゲイン行列である。式 (12.62) の右辺において，第 1 項は推定参照モデルに基づくフィードフォワード入力項，第 2 項は接触点での目標力に対応するフィードフォワード入力項，第 3 項は対象物の軌道誤差に対応するフィードバック入力項である。この適応制御は，各接触点での力とモーメントの計測を必要としていないことに注意されたい。統合した制御則と適応則は次式で表せる。

$$\boldsymbol{\tau}_F = \boldsymbol{Y}_F(\boldsymbol{q}_F, \dot{\boldsymbol{q}}_F, \dot{\boldsymbol{q}}_{Fr}, \ddot{\boldsymbol{q}}_{Fr})\hat{\boldsymbol{\sigma}}_F + \boldsymbol{J}_C^T\boldsymbol{F}_C^d - \boldsymbol{K}\boldsymbol{s} \tag{12.65}$$

$$\dot{\hat{\boldsymbol{\sigma}}}_F = -\boldsymbol{\Gamma}\boldsymbol{Y}_F^T(\boldsymbol{q}_F, \dot{\boldsymbol{q}}_F, \dot{\boldsymbol{q}}_{Fr}, \ddot{\boldsymbol{q}}_{Fr})\boldsymbol{s} \tag{12.66}$$

ここで，$\hat{\boldsymbol{\sigma}}_F = (\hat{\boldsymbol{\sigma}}_{F_1}^T, \ldots, \hat{\boldsymbol{\sigma}}_{F_k}^T)^T$，$\boldsymbol{\Gamma} = \text{block diag}(\boldsymbol{\Gamma}_1, \ldots, \boldsymbol{\Gamma}_k)$ である。12.3.1 項で述べた把持条件 A1～A4 を仮定すると，本制御法ついて次の定理が証明できる。

定理 12.2　k 本の指により把持された剛体を考える。システム (12.36) に対し，対象物体のパラメータ推定則を式 (12.59)，対象物の目標外力を式 (12.58)，接触点での目標力を式 (12.51)，残差を式 (12.63)，指のパラメータ推定則を式 (12.64)，制御則を式 (12.65) で与えると，閉ループシステムは次の意味で漸近安定である。
① $t \to \infty$ のとき $\boldsymbol{r}_O \to \boldsymbol{r}_O^d$ および $\dot{\boldsymbol{r}}_O \to \dot{\boldsymbol{r}}_O^d$
② 接触点での力誤差 $\boldsymbol{F}_C - \boldsymbol{F}_C^d$ は有界。

定理 12.2 の証明は，次のリアプノフ関数の候補を用いることにより証明できる。

$$\begin{aligned}V = &\frac{1}{2}(\boldsymbol{s}_O^T\boldsymbol{M}_O\boldsymbol{s}_O + \Delta\boldsymbol{\sigma}_O^T\boldsymbol{\Gamma}_O\Delta\boldsymbol{\sigma}_O + \boldsymbol{s}^T\boldsymbol{M}_F\boldsymbol{s}\\ &+ \Delta\boldsymbol{\sigma}_F^T\boldsymbol{\Gamma}\Delta\boldsymbol{\sigma}_F)\end{aligned}$$

ここで，$\Delta\boldsymbol{\sigma}_O = \hat{\boldsymbol{\sigma}}_O - \boldsymbol{\sigma}_O$，$\Delta\boldsymbol{\sigma}_F = \hat{\boldsymbol{\sigma}}_F - \boldsymbol{\sigma}_F$ である。詳細は文献 [18] を参照されたい。

(ii) 力覚センサを用いる適応制御

アームと対象物の動力学パラメータが未知で各アーム先端に力覚センサがあるときの適応制御を考察する。対象物に作用する目標外力は，対象物の動力学パラメータ $\boldsymbol{\sigma}_O$ の推定値 $\hat{\boldsymbol{\sigma}}_O$ を用い，次式で与える対象物の推定参照モデルから生成する。

$$\begin{aligned}\boldsymbol{F}_O^d &= \hat{\boldsymbol{M}}_O(\boldsymbol{r}_O)\dot{\boldsymbol{\nu}}_{Or} + \hat{\boldsymbol{C}}_O(\boldsymbol{r}_O, \dot{\boldsymbol{r}}_O)\boldsymbol{\nu}_{Or} + \hat{\boldsymbol{g}}_O(\boldsymbol{r}_O)\\ &\quad - \boldsymbol{K}_O\boldsymbol{s}_O\\ &= \boldsymbol{Y}_O(\boldsymbol{r}_O, \dot{\boldsymbol{r}}_O, \boldsymbol{\nu}_{Or}, \dot{\boldsymbol{\nu}}_{Or})\hat{\boldsymbol{\sigma}}_O - \boldsymbol{K}_O\boldsymbol{s}_O\end{aligned} \tag{12.67}$$

ここで，$\boldsymbol{\nu}_{Or}$ は式 (12.48) で定義される参照速度であり，$\boldsymbol{s}_O$ は式 (12.49) で定義する残差であり，推定値 $\hat{\boldsymbol{\sigma}}_O$ の推定則は

$$\dot{\hat{\boldsymbol{\sigma}}}_O = -\boldsymbol{\Gamma}_O\boldsymbol{Y}_O^T(\boldsymbol{r}_O, \dot{\boldsymbol{r}}_O, \boldsymbol{\nu}_{Or}, \dot{\boldsymbol{\nu}}_{Or})\boldsymbol{s}_O \tag{12.68}$$

とする。また，接触力誤差 $\Delta \boldsymbol{F}_{C_i} (= \boldsymbol{F}^d_{C_i} - \boldsymbol{F}_{C_u})$ にローパスフィルタ

$$\dot{\boldsymbol{\nu}}_{C_i} + \alpha \boldsymbol{v}_{C_i} = \alpha \Delta \boldsymbol{F}_{C_i} \tag{12.69}$$

を通してフィルタ処理後の出力 $\boldsymbol{v}_{C_i}$ を用いて，第 i 指の参照速度を

$$\dot{\boldsymbol{q}}_{Fr_i} = \boldsymbol{J}^{-1}_{C_i} (\boldsymbol{G}^T_{C_i} \boldsymbol{\nu}_{Or} + \boldsymbol{\Omega}_i \boldsymbol{v}_{C_i} + \boldsymbol{\Psi}_i \boldsymbol{\eta}_{C_i}) \tag{12.70}$$

とする。ここで，α は，ローパスフィルタのパラメータである。このとき，式 (12.56) で定義される第 i 指の速度の残差は

$$\boldsymbol{s}_i = \boldsymbol{J}^{-1}_{C_i} (\boldsymbol{G}^T_{C_i} \boldsymbol{s}_{Or} - \boldsymbol{\Omega}_i \boldsymbol{v}_{C_i} - \boldsymbol{\Psi}_i \boldsymbol{\eta}_{C_i}) \tag{12.71}$$

で求められる。制御則と推定則を

$$\begin{aligned} \boldsymbol{\tau}_{F_i} &= \boldsymbol{Y}_{F_i}(\boldsymbol{q}_{F_i}, \dot{\boldsymbol{q}}_{F_i}, \dot{\boldsymbol{q}}_{Fr_i}, \ddot{\boldsymbol{q}}_{Fr_i}) \hat{\boldsymbol{\sigma}}_{F_i} \\ &\quad + \boldsymbol{J}^T_{C_i} \boldsymbol{F}^d_{C_i} - \boldsymbol{K}_i \boldsymbol{s}_i \end{aligned} \tag{12.72}$$

$$\dot{\hat{\boldsymbol{\sigma}}}_{F_i} = -\boldsymbol{\Gamma} \boldsymbol{Y}^T_{F_i}(\boldsymbol{q}_{F_i}, \dot{\boldsymbol{q}}_{F_i}, \dot{\boldsymbol{q}}_{Fr_i}, \ddot{\boldsymbol{q}}_{Fr_i}) \boldsymbol{s}_i \tag{12.73}$$

で与える。第 1 指から第 k 指を統合した制御則と推定則は

$$\boldsymbol{\tau}_F = \boldsymbol{Y}_F(\boldsymbol{q}_F, \dot{\boldsymbol{q}}_F, \dot{\boldsymbol{q}}_{Fr}, \ddot{\boldsymbol{q}}_{Fr}) \hat{\boldsymbol{\sigma}}_F + \boldsymbol{J}^T_C \boldsymbol{F}^d_C - \boldsymbol{K} \boldsymbol{s} \tag{12.74}$$

$$\dot{\hat{\boldsymbol{\sigma}}}_F = -\boldsymbol{\Gamma} \boldsymbol{Y}^T_F(\boldsymbol{q}_F, \dot{\boldsymbol{q}}_F, \dot{\boldsymbol{q}}_{Fr}, \ddot{\boldsymbol{q}}_{Fr}) \boldsymbol{s} \tag{12.75}$$

と表せる。この適応制御の構成を図 12.8 に示す。各指の制御入力が対象物の軌道誤差と目標内力から計算され，各指は独立に適応制御される。指間の通信は必要でなく，各指の制御器の上位にある目標軌道生成器を設けることで，適応協調制御が実現される。このとき，12.3.1 項で述べた把持条件 A1～A4 を仮定すると次の定理が成り立つ。

定理 12.3 k 本の指に把持された剛体を考える。システム (12.36) に対し，対象物体のパラメータ推定則を式 (12.68)，対象物の目標外力を式 (12.67)，接触点での目標力を式 (12.51)，残差を式 (12.71)，指のパラメータ推定則を式 (12.75)，制御則を式 (12.74) で与えると，閉ループシステムは次の意味で漸近安定である。

① $t \to \infty$ につれて $\boldsymbol{r}_O \to \boldsymbol{r}^d_O$, $\dot{\boldsymbol{r}}_O \to \dot{\boldsymbol{r}}^d_O$

② $t \to \infty$ につれて $\boldsymbol{F}_C \to \boldsymbol{F}^d_C$

この定理の証明は，リアプノフ関数の候補を

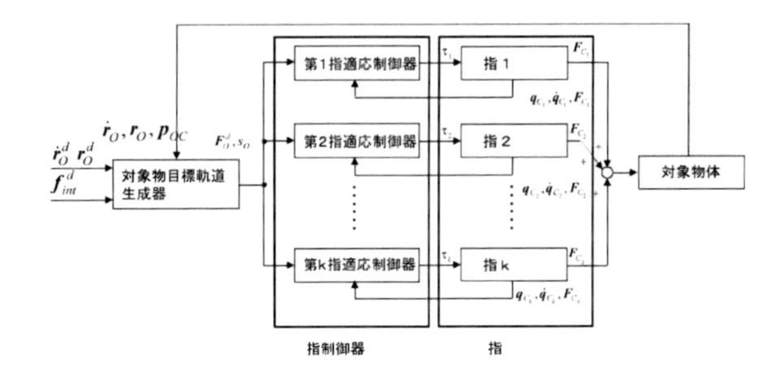

図 12.8　適応制御システム

$$\begin{aligned} V = \frac{1}{2} \Big(& \boldsymbol{s}^T_O \boldsymbol{M}_O \boldsymbol{s}_O + \Delta \boldsymbol{\sigma}^T_O \boldsymbol{\Gamma}^{-1}_O \Delta \boldsymbol{\sigma}_O + \frac{1}{\alpha} \boldsymbol{v}^T_C \boldsymbol{\Omega} \boldsymbol{v}_C \\ & + \boldsymbol{\eta}^T_C \boldsymbol{\Psi} \boldsymbol{\eta}_C + \boldsymbol{s}^T \boldsymbol{M}_F \boldsymbol{s} + \Delta \boldsymbol{\sigma}^T_F \boldsymbol{\Gamma}^{-1} \Delta \boldsymbol{\sigma}_F \Big) \end{aligned}$$

とすると，その時間微分が

$$\dot{V} = -\boldsymbol{s}^T_O \boldsymbol{K}_O \boldsymbol{s}_O - \boldsymbol{s}^T \boldsymbol{K} \boldsymbol{s} - \boldsymbol{v}^T_C \boldsymbol{\Omega} \boldsymbol{v}_C \leq 0$$

となり，Lyapunov-like lemma を用いて，漸近安定性を示すことができる。ここで，$\boldsymbol{\Omega}$, $\boldsymbol{\Psi}$ は正値対角の重み行列である。詳細は文献 [19] を参照されたい。

なお，パラメータが真値に収束することは保証されないことに注意されたい。パラメータが真値に収束するには，運動軌道が

$$\int_t^{t+\delta} \boldsymbol{Y}_i^T \boldsymbol{Y}_i \mathrm{d}t \geq \gamma \boldsymbol{I}_i, \ (i = O, F) \tag{12.76}$$

を満たす $\delta > 0$, $\gamma > 0$ が存在する持続的励振条件[20] が満たされる必要がある。

＜川﨑晴久＞

参考文献（12.3 節）

[1] 田辺行人，品田正樹：『理・工基礎　解析力学』，裳華房 (1988).

[2] 川﨑晴久：『ロボットハンドマニピュレーション』，共立出版 (2009).

[3] 川﨑晴久，西村国俊：マニピュレータのパラメータ同定，『計測自動制御学会論文集』，22 巻, 1 号, pp.76-83 (1986).

[4] 大貫義郎：『解析力学』，岩波書店 (1987).

[5] Murray, R. M., Li, Z., *et al.*: A Mathematical Introduction to Robotic Manipulation , CRC Press (1994).

[6] 八島真人，山口秀谷：接触モード遷移を伴うマニピュレーションのダイナミクス，『日本ロボット学会誌』，Vol. 22, No.4, pp.499–507 (2004).

[7] 小菅一弘，吉田英博 他：インピーダンス制御に基づく双腕マニピュレータの協調制御，『日本ロボット学会誌』，Vol.13, No.3, pp.404–140 (1995).

[8] Yoshikawa T. and Zheng X., Coordinated Dynamic Hybrid Position/Force Control for Multiple Robot Manipulators Handling One Constrained Object, *Proc. of IEEE*

Int. Conf. on Robotics and Automation, pp. 11178–1183 (1990).

[9] Hwang Y. Y. and Toda I.: Coordinated Control of Two Direct-Drive Robots Using Neural Networks, *JSME Int. Jour. Ser. C., Mech. Systems*, 37, 335–341 (1994).

[10] 浪花智英，有本卓：複数マニピュレータの協調制御に対する学習制御と Model-Based 適応制御，『計測自動制御学会論文集』Vol. 32, No.5, pp.706–713 (1996).

[11] Ozawa, R., Arimoto, *et al.*: Control of an Object with Parallel Surfaces by a Pair of Finger Robots Without object Sensing, *IEEE Trans. on Robot and Automation*, 21(5), pp. 965–976 (2005).

[12] 中島明，長瀬賢二 他：2 指ハンドロボットによる物体の把握と操り—転がり拘束を受ける剛体系の運動と接触点の同時制御，『計測と制御』，第 45 巻，第 7 号，pp.614–619 (2006).

[13] Zheng, X., Nakashima, R., *et al.*: On Dynamic Control of Finger Sliding and Object Motion in Manipulation with Mutifingered Hands, *IEEE Trans. on Robotics and Automation*, 16(5), pp. 469–481 (2000).

[14] Su, Y. and Stepanenco, Y.: Adaptive Sliding Mode Coordinated Control of Multiple Robot Arms Attached to a Constrained Object, *IEEE Trans. on Sys., Man, and Cybernetics*, 25, pp. 871–877 (1995).

[15] Ueki, S., Kawasaki, H., and Mouri, T. Adaptive Coordinated Control of Multi-Fingered Robot Hand, *J. of Robotics and Mechatronics*, 21(1), pp. 36–43 (2009).

[16] Ueki S., Kawasaki H., et. al., Adaptive Coordinated Control of Multi-Fingered Hands with Sliding Contact, *Proc. of SICE-ICASE International Joint Conference 2006*, pp.5893–5898 (2006).

[17] Slotine J.-J. E. and Li W.: *Applied Nonlinear Control*, Prentice Hall (1991).

[18] Kawasaki H., Ueki S., and Ito S.: Decentralized Adaptive Coordinated Control of Multiple Robot Arms without Using Force Sensor, *Journal of IFAC Automatica*, Vol. 42, Isure 3, pp.481–488 (2006).

[19] Kawasaki H., Ramli R. B., and Ueki S.: Decentralized Adaptive Coordinated Control of Multiple Robot Arms for Constrained Task, *Journal of Robotics and Mechatronics*, Vol. 18, No. 5, pp.580–588 (2006).

[20] Anderson, B. O. D.: Exponential Stability of Linear Systems Arising From Adaptive Identification, *IEEE Trans. on Automatic Control*, 22(2), pp. 83–88 (1977).

12.4　把持計画

12.4.1　はじめに

ロボットハンドで対象物を把持し，その対象物を操ることは，ロボット工学の基礎的な研究課題の一つであり，従来から研究が行われているが，特に近年マニピュレーション計画や把持計画に関する研究が盛んである。本節では，把持計画の研究と把持計画を用いたマニピュレーションを解説する。把持計画とは対象物の位置・姿勢が与えられたときに，対象物を安定に把持できるハンドのコンフィグレーションを求める計画問題である。把持計画はマニピュレータの様々な動作計画問題に展開させた，アームを搭載する移動ロボットやヒューマノイドロボットにも用いることができるため，その応用範囲は極めて広い。

解説論文[1–4] において記述されているように，2000 年以前の多指ハンド研究は，対象物の把持における運動学，力学，内力制御，把持安定性などが中心であった。ここで，把持計画に関して Shimoga[4] は 1996 年に実時間で把持計画を実行することは計算量的に困難であることを指摘している。一方，1999 年に Borst ら[5] はインクリメンタルに計算することで計算コストの小さな把持安定性の計算手法を提案し，これに基づいて多指ハンドの把持計画を行った。その後，Miller ら[6] は，開発した把持計画手法を GraspIt!と呼ばれるソフトウェアにより一般に公開した。GraspIt!を公開する以前は多自由度を有する多指ハンドが与えられても，対象物の把持姿勢は試行錯誤的に決めなくてはならなかった。それに対して，GraspIt!を用いることで，とりあえず対象物を安定に把持できる可能性のある把持姿勢を自動的に作ることができるため，把持やマニピュレーションの研究は一般的な 3 次元形状の対象物に対して把持姿勢は計算できるものとして研究を進めることができるようになった。なお，把持計画のソフトウェアとしては，後に OpenRAVE[7] や graspPlugin[8] が登場している。

12.4.2　把持計画の基礎

Miller ら[9] は Quick Hull[10] を用いて把持安定性を計算する[11] ことに基づく，把持計画手法を提案した。まず，人は対象物を把持する前にハンドを特定の形状にし，その形状からハンドを閉じることで把持する。この特定の形状のことを Preshape と呼ぶ。これをロボットハンドに対しても用いる。例えば，図 12.9 にはバレットハンドに対して左上から Spherical, Cylindrical, Precision-tip, Hook 把持に対する Preshape を示す。また，これらの Preshape に対してハンドがアプローチする方向を定義しておく。

次に，把持する対象物の形状を形状プリミティブに分解する。ここでは，形状プリミティブとして，Box, Sphere, Cylinder, Cone の 4 種類を考えている。図 12.10 はマグカップのモデルを Cylinder と Cone に分

図 12.9 Barret hand の把持プリシェイプ[9]

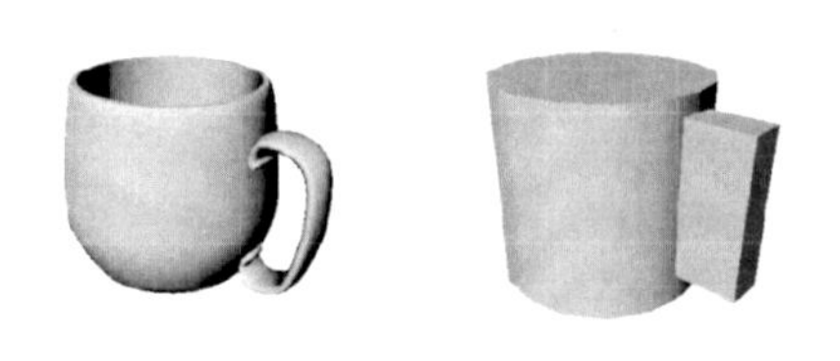

図 12.10 マグカップのモデルとその形状プリミティブ[9]

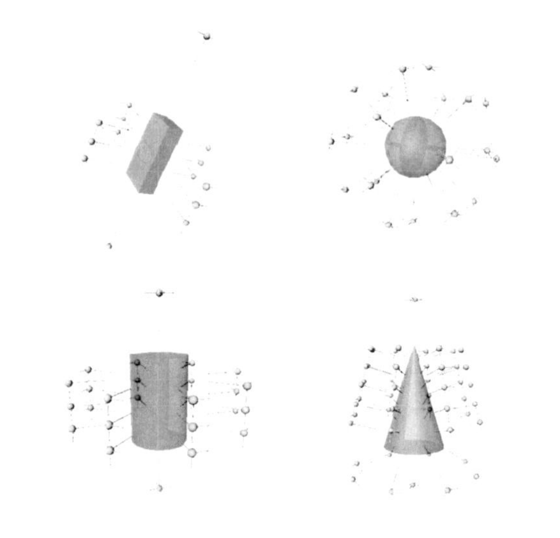

図 12.11 単一の形状プリミティブに基づく把持生成の例[9]

離した結果を示す。次に，それぞれの形状プリミティブに対してハンドが把持動作を開始する位置を定義する。図 12.11 には小さな球により把持動作の開始位置を示している。また，球から出ている長い線がアプローチ方向を示し，短い線が親指の方向を示している。この例では，親指の方向はアプローチ方向に常に直交すると定義している。この把持開始位置にハンドが Preshape の姿勢で置かれた状態からハンドをアプローチ方向に向かって動かし，さらに指が対象物と接するまでハンドを閉じる。指が対象物を接触した時点で，その把持姿勢における把持安定性[12] を評価する。

本手法により，3 次元の一般的な形状をした対象物に対して多指ハンドの安定な把持姿勢を求めることが可能である。ここで，本手法に対して種々の改良が施されており，以下ではそれらの数例を示す。

12.4.3 把持計画手法の拡張

前項で説明した基礎的な把持計画手法の機能を拡張する試みについて説明する。

(1) 把持形態の選択

まず，前項の手法においてハンドの Preshape の選択を自動的に行う手法を説明する。Harada ら[13] や Tsuji ら[14] は対象物の形状プリミティブとして直方体を仮定し，ハンドにも把持形態に応じた直方体である Grasp Rectangular Convex (GRC) を仮定することにより，Preshape を選択する問題をブロックを箱に収める問題に帰着させる手法を提案している（図 12.12）。図 12.13 にはこの手法により得られた多指ハンドによる把持姿勢を示す。ここでは，携帯電話，髭剃り，花瓶を把持するのに，それぞれ 3 指指先把持，4 指指先把持，包み込み把持を選択していることがわかる。

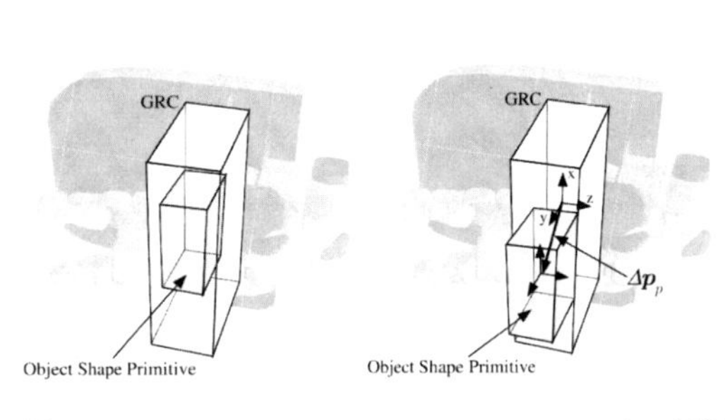

図 12.12 Grasp Rectangular Convex (GRC) の例[13]

(2) 複雑な形状をした対象物

次に，より複雑な形状をした対象物を把持するために考案された把持計画手法を説明する。複雑な形状をした対象物を把持するために，対象物の形状モデルに対して形状プリミティブを自動的に計算する手法が提案されている（例えば文献[15, 16, 18, 19]）。Goldfeder ら[15] はクマのぬいぐるみや飛行機の玩具のような複雑な形状を持つ対象物を例にとり，形状プリミティブとして複数の超 2 次曲面を自動的に割り当てる手法を提案した。ここでは，特に Uto ら[16] を紹介する。この

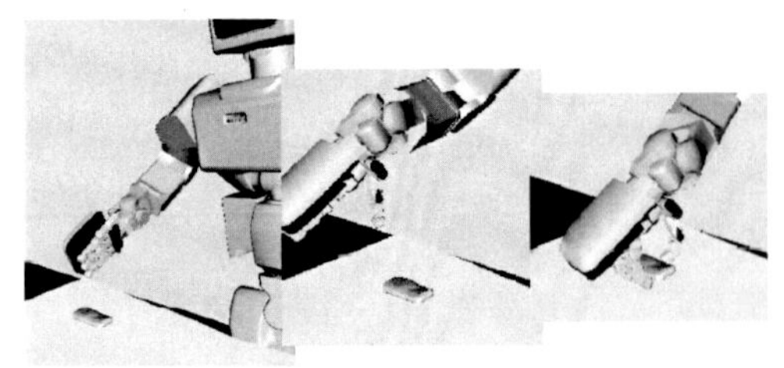

(a) 3 指指先把持による携帯電話の把持

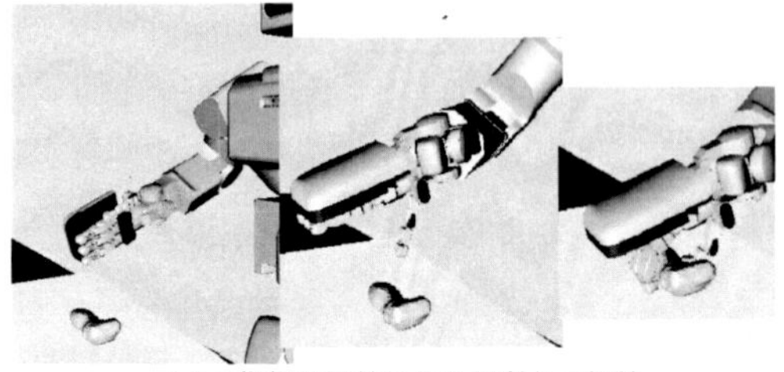

(b) 4 指指先把持による髭剃りの把持

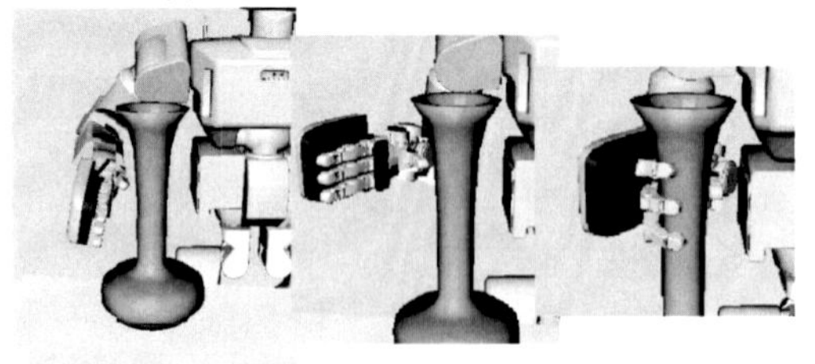

(c) 4 指包み込み把持による花瓶の把持

図 12.13　論文[13] で提案の方式による把持姿勢の例

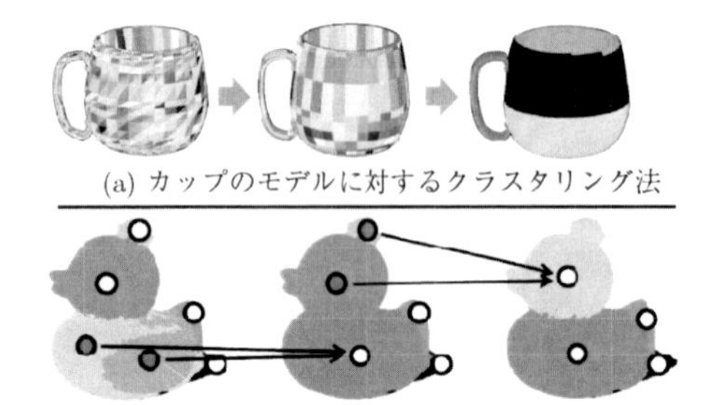

(a) カップのモデルに対するクラスタリング法

(b) アヒルの玩具のモデルに対するクラスタのマージ法

図 12.14　対象物のモデルに対する 2 次曲面の階層構造[16]

手法においては，図 12.14 に示すように対象物の形状モデルを近似する 2 次曲面の階層構造を構築する。そして，形状モデルの分割数や近似精度などの指標が与えられると，この指標を満足するような形状モデルのクラスタ構造を出力する。ここで，2 次曲面としては楕円体，楕円柱，双曲面などが想定される。この手法では，双曲面や楕円体などを用いることで，対象物に含まれる凹部を表現することができることが特徴である。このような凹部の把持は，凸部と比較して安定であることが数値的に確認されている[17]。

次に，対象物のサイズと比べて比較的大きな形状プリミティブを用いることが困難な場合を考える。例えば，バナナのように湾曲している対象物に対しては，対象物全体に大きな形状プリミティブを当てはめるのではなく，局所的に複数の形状プリミティブを当てはめる手法が有効であると考えられる。Huebner ら[18] は対象物に複数の直方体を当てはめる手法を提案している。また，Przybylski ら[19] らは対象物の形状モデルに大きさの異なる球を敷き詰めるアプローチを提案した。図 12.15 の上段には対象物の形状モデルに対して球を敷き詰めた状況を示しており，中段と下段には，それぞれの球に対してアプローチベクトルを仮定したものを示している。

図 12.15　対象物のモデルに球を敷き詰めるアプローチ[19]

また，対象物の形状モデルにを形状プリミティブに分解し，それぞれのプリミティブに対して役割を与える試みが行われている[20, 21]。例えば，醤油差しであれば，注ぎ口，取っ手，蓋などで別の機能を割り当てることになる。永田ら[20] は対象物を円柱，円錐，直方体などの形状プリミティブに分割し，それぞれのプリミティブに作用部，グリップ部，コンテナ部などを割り当て，それらに対して知識モデルを仮定した（図 12.16）。また，プリミティブの接続関係を定義することにより，蓋がついた鍋などを表現した。

(3) 未知対象物

多くの把持計画手法では，与えられた対象物の形状

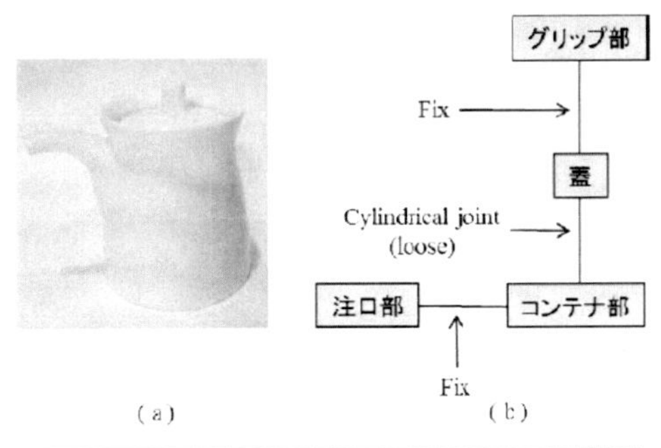

(a) (b)

主要パーツ:コンテナ
従属パーツ:蓋ー（円筒対偶（緩））ーコンテナ :op
従属パーツ:注ぎ口ー（固定）ーコンテナ side
従属パーツ:グリップー（固定）ー蓋 top
用途:移動
操作パーツ:コンテナ（把持）
操作禁止パーツ:注ぎ口, 蓋, グリップ
アプローチ制限:注ぎ口方向禁止
用途:注出
操作パーツ:コンテナ（把持）
操作パーツ:グリップ（押え）or 蓋（押え）or null
操作禁止パーツ:注ぎ口
アプローチ制限:注ぎ口方向禁止
用途:蓋開（注入）
操作パーツ:グリップ（把持）

(c)

図 12.16 醤油差しに対するセマンティクス[20].

モデルや摩擦係数などの物理パラメータが与えられている条件下で把持計画を実行し，把持姿勢を導出している。ここで，ロボットが人の日常生活をサポートするために日用生活品を把持する場合，ロボットは莫大な種類の対象物を把持しなくてはならない。ここで，これら莫大な種類の対象物のそれぞれに対して形状モデルや物理パラメータを用意し，それらが与えられていると仮定して把持計画を実行するのは現実的ではない。そこで，対象物の形状モデルがない場合でもハンドが対象物を安定に把持するために，多くの研究が行われている（例えば文献[22–27]）。これらの手法の多くでは，まず未知の対象物に対して視覚センサで局所的な形状情報を得る。次に，対象物の局所的な形状情報を基に，この対象物を安定に把持するハンドの姿勢を求めている。Goldfeder ら[22] は，まずモデルが存在する種々の対象物に対して把持計画を実行し，把持姿勢のデータベースを構築している。次に，新しい対象物に対しては，視覚センサにより得られた対象物の局所的な形状情報とデータベースのデータを組み合わせることにより把持姿勢を導出する手法を提案した。一方，Popovic ら[24] や Bohg ら[27] は，学習に基づいてモデルがない対象物を安定に把持する手法を提案している。また，Harada ら[23] は例えば農作物に代表されるように，大まかな形状は分っているが各個体毎に形状が微妙に異なっている対象物に対する把持計画の研究を行っている。

12.4.4 把持計画を仮定したアームの動作計画

把持計画を用いることで，多種多様なマニピュレータの動作を実現することが可能である。このような目的で，把持計画を様々なマニピュレーションの例に適用したり，他の様々な動作計画問題と組み合わせる研究が多く行われている。

マニピュレータを動作させる際にはロボットの動作軌道を周辺環境との干渉を避けるように計画する必要がある。把持する対象物の周辺環境を考慮し，ハンドが周辺環境と干渉しないような把持姿勢を計画する手法が提案されている[28]。また，把持計画では複数の把持姿勢の候補が得られるため，ロボットが初期姿勢から把持姿勢まで動く動作を計画する問題は，複数の目標コンフィグレーションに対して軌道計画問題を解く必要がある[29, 30]。図 12.17 では，ロボットが対象物を把持する際のコンフィグレーション空間を示している。ここで，対象物を安定に把持するコンフィグレーションの集合を $\mathcal{C}_{\mathrm{goal}}$ とする。Vahrenkamp ら[29] は Grasp-RRT と呼ばれる RRT (Rapidly-Exploring Random Tree) を拡張した手法を提案している。この手法では，$\mathcal{C}_{\mathrm{goal}}$ は予め与える必要はない。RRT におけるコンフィグレーションの木に新たなノードを追加する操作において，新たなノードが追加されると，そのコンフィグレーションから対象物に対してアプローチし，対象物を把持してみる。ここで，安定な把持姿勢が得られると，初期コンフィグレーションから把持コンフィグレーションまでを結ぶパスを出力する。

また，ロボットによるピックアンドプレースにおいて，複雑な形状をした対象物を複雑な形状をした環境の上に置かなければならない場合など，対象物を環境に置く姿勢を求めることが困難になる。Harada ら[31] は環境の指定された位置に対象物を置く姿勢の計画を行い，この対象物の姿勢計画と把持計画や軌道計画を組み合わせてピックアンドプレースの動作計画を行う手法を提案している[32]。

さらに，重い対象物を把持した状態でテーブルの上を滑らせ，持ち上げて別のテーブルの上に置くような動作を生成するためには，複数の違った多様体上で動作を計画し，これらを組み合わせなくてはならない。

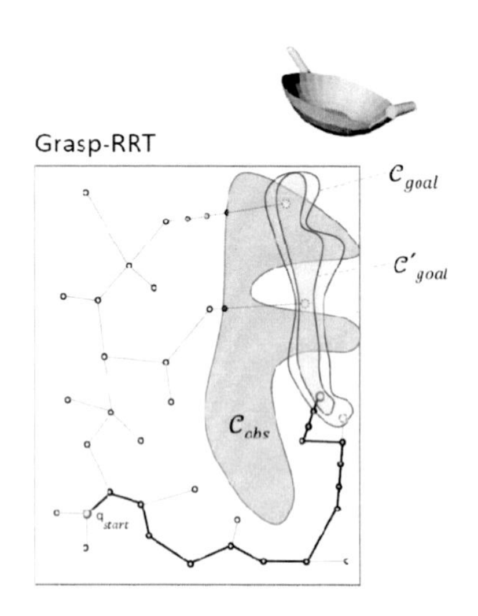

図 **12.17**　Grasp-RRT 法[29]

Berenson ら[33] はこのような動作計画問題を研究した。

そのほか，Saut ら[34] は把持計画と併せて双腕での持ち替えの計画を行う手法を提案した。また，多くの日用品に囲まれた環境においては，目標とする対象物をいったん押し操作で動かした上で別の場所に移動させて把持する必要がある。Dogar ら[35] は，このような動作の計画を行っている。また，Cosgun ら[36] は押し操作の計画を行っている。

12.4.5　おわりに

本節では多指ハンドによる把持計画手法について述べた。まず，基礎的な把持計画手法について説明すると共に，種々の拡張について述べた。さらに，把持計画を内包したマニピュレーション計画の手法について述べた。なお，近年の把持計画やマニピュレーション研究の解説としては，ほかに文献[37–39] などがある。

＜原田研介＞

参考文献（12.4 節）

[1] Bicchi, A. and Kumar, V.: Robotic Grasping and Contact: A Review, *Proc. of IEEE Int. Conf. on Robotics and Automation*, pp. 348–353 (2000).

[2] Bicchi, A.: Hands for Dexterous Manipulation and Robust Grasping: a Difficult Road Toward Simplicity, *IEEE Trans. on Robotics and Automation*, Vol.16, No.6, pp.652–662 (2000).

[3] Okamura, A.M., Smaby, N. and Cutkosky, M.R.: An Overview of Dexterous Manipulation, *Proc. of IEEE Int. Conf. on Robotics and Automation*, pp. 255–262 (2000).

[4] Shimoga, K.B.: Robot Grasp Synthesis: A Survey, *Int. J. of Robotics Research*, Vol.5, No.3, pp.230–266 (1996).

[5] Borst, C., Fischer, M., Hirzinger, G.: A fast and robust grasp planner for arbitrary 3D objects, *Proc. of IEEE Int. Conf. on Robotics and Automation*, pp.1890–1896 (1999).

[6] Miller, A.T. and Allen, P.K.: Graspit! A versatile simulator for robotic grasping, *IEEE Robotics and Automation Magazine*, Vol.11, No.4, pp. 110–122 (2004).

[7] Diankov, R. and Kuffner, J.J.: OpenRAVE: A Planning Architecture for Autonomous Robotics, CMU-RI-TR-08-34 (2008).

[8] 辻，原田：graspPlugin for Choreonoid，『日本ロボット学会誌』，Vol.31, No.3, pp. 232–235 (2013).

[9] Miller, A.T., Knoop, S., Christensen, H.I. and Allen, P.K.: Automatic Grasp Planning using Shape Primitives, *Proc. of IEEE Int. Conf. on Robotics and Automation*, pp. 14–19 (2003).

[10] http://www.qhull.org/

[11] Miller, A.T. and Allen, P.K.: Examples of 3D Grasp Quality Computations, *Proc. of IEEE Int. Conf. on Robotics and Automation*, pp. 1240–1246 (1999).

[12] Ferrari, C. and Canny, J.: Planning optimal grasps, *Proc. of IEEE Intl. Conf. on Robotics and Automation*, pp. 2290–2295 (1992).

[13] Harada, K., Kaneko, K. and Kanehiro, F.: Fast Grasp Planning for Hand/Arm Systems Based on Convex Model, *Proc. of IEEE Int. Conf. on Robotics and Automation*, pp. 1162–1168 (2008).

[14] Tsuji, T., Harada, K., Kaneko, K., Kanehiro, F. and Maruyama, K.: Grasp Planning for a Multifingered Hand with a Humanoid Robot, *J. of Robotics and Mechatronics*, Vol.22, No.2, pp. 230–238 (2010).

[15] Goldfeder, C., Allen, P.K., Lackner, C., Pelossof, R.: Grasp Planning via Decomposition Trees, *Proc. of IEEE Int. Conf. on Robotics and Automation*, pp.4680–4684 (2007).

[16] Uto, S., Tsuji, T., Harada, K., Kurazume, R. and Hasegawa, T.: Grasp Planning using Quadric Surface Approximation for Parallel Grippers, *Proc. of IEEE Int. Conf. on Robotics and Biomimetics*, pp. 1611–1616 (2011).

[17] Tsuji, T., Uto, S., Harada, K., Kurazume, R., Hasegawa, T. and Morooka, K.: Grasp Planning for Constricted Parts of Objects Approximated with Quadric Surfaces, *Proc. of IEEE/RSJ Int. Conf. on Intelligent Robots and Systems*, pp. 2447–2453 (2014).

[18] Huebner, K., Ruthotto, S. and Kragic, D.: Minimum Volume Bounding Box Decomposition for Shape Approximation in Robot Grasping, *Proc. of IEEE Int. Conf. on Robotics and Automation*, pp.1765–1770 (2008).

[19] Przybylski, M., Asfour, T. and Dillmann, R.: Planning Grasps for Robotic Hands Using a Novel Object Representation Based on the Medial Axis Transform, *Proc. of IEEE/RSJ Int. Conf. on Intelligent Robots and Sys-

tems, pp.1781–1788 (2011).

[20] 永田，山野辺，原田，中村，辻：機能パーツの接続による日用品のモデル化，『日本ロボット学会学術講演会予稿集 (2N3-7)』(2012).

[21] Dang, H. and Allen, P.K.: Semantic Grasping: Planning Robotic Grasps Functionally Suitable for an Object Manipulation Task, *Proc. of IEEE/RSJ Int. Conf. on Intelligent Robots and Systems*, pp. 1311–1317 (2012).

[22] Goldfeder, C., Ciocarlie, M., Peretzman, J., Dang, H. and Allen, P.K.: Data-Driven Grasping with Partial Sensor Data, *Proc. of IEEE/RSJ Int. Conf. on Intelligent Robots and Systems*, pp. 1278–1283 (2009).

[23] Harada, K., *et al.*: Probabilistic Approach for Object Bin Picking Approximated by Cylinders, *Proc. of IEEE Int. Conf. on Robotics and Automation* (2013).

[24] Popovic, M., Kraft, D., Bodenhagen, L., Baseski, E., Pugeault, N., Kragic, D., Asfour, T. and Kruger, N.: A Strategy for Grasping Unknown Objects based on Co-Planarity and Colour Information, *Robotics and Autonomous Systems*, Vol. 58, No. 5, pp. 551–565 (2010).

[25] Klingbeil, E., Rao, D., Carpenter, B., Ganapathi, V., Ng, A.Y. and Khatib, O.: Grasping with Application to an Autonomous Checkout Robot, *Proc. of IEEE Int. Conf. on Robotics and Automation*, pp.2837–2844 (2011).

[26] Saxena, A., Driemeyer, J., Kearns, J., Osondu, C., Ng, A.Y.: Learning to Grasp Novel Objects Using Vision, *Experimental Robotics: The 10th International Symposium*, Springer (2008).

[27] Bohg, J. and Kragic, D.: Learning Grasping Points with Shape Context, *Robotics and Autonomous Systems*, Vol. 58, No. 4, pp.362–377 (2010).

[28] Berenson, D. and Srinivasa, S.S.: Grasp Synthesis in Cluttered Environments for Dexterous Hands, *Proc. of IEEE-RAS Int. Conf. on Humanoid Robots*, pp. 189–196 (2008).

[29] Vahrenkamp, N., Asfour, T. and Dillmann, R.: Simultaneous Grasp and Motion Planning, *Robotics and Automation Magazine*, Vol.19, No.2, pp. 43–57 (2012).

[30] Horowitz, M.B., Burdick, J.W.: Combined Grasp and Manipulation Planning as a Trajectory Optimization Problem, *Proc. of IEEE Int. Conf. on Robotics and Automation*, pp. 584–591 (2012).

[31] Harada, K., *et al.*: Object Placement Planner for Robotic Pick and Place Tasks, *Proc. of IEEE/RSJ Int. Conf. on Intelligent Robots and Systems*, pp. 980–985 (2012).

[32] Harada, K., *et al.*: Pick and Place Planning for Dual Arm Manipulators, *Proc. IEEE Int. Conf. on Robotics and Automation*, pp. 2281–2286 (2012).

[33] Berenson, D., Srinivasa, S.S., Ferguson, D., Kuffner, J.J.: Manipulation Planning on Constraint Manifolds, *Proc. IEEE Int. Conf. on Robotics and Automation* (2009).

[34] Saut, J.-P., Gharbi, M., Cortes, J., Sidobre, D., Simeon, T.: Planning Pick-and-Place Tasks with Two-Hand Regrasping, *Proc. of IEEE/RSJ Int. Conf. on Intelligent Robots and Systems*, pp.4528–4533 (2010).

[35] Dogar, M.R. and Srinivasa, S.S.: A Framework for Push-Grasping in Clutter, *Robotics: Science and Systems* VII (2011).

[36] Cosgun, A., Hermans, T., Emeli, V. and Stilman, M.: Push Planning for Object Placement on Cluttered Table Surfaces, *Proc. of IEEE/RSJ int. Conf. on Intelligent Robots and Systems* (2011).

[37] Smith, C., Karayiannidis, Y., Nalpantidis, L., Gratal, X., Qi, P., Dimarogonas, D.V. and Kragic, D.: Dual Arm Manipulation —A Survey, Robotics and Autonomous Systems, Vol. 60, pp. 1340–1353 (2012).

[38] Wimbock, T., Ott, C., Albu-Schaffer, A., Hirzinger, G.: Comparison of Object-Level Grasp Controllers for Dynamic Dexterous Manipulation, *The Int. J. of Robotics Research*, Vol.31, No.1, pp.3–23 (2012).

[39] Bohg, J., Morales, A., Asfour, T., Kragic, D.: Data-Driven Grasp Synthesis—A Survey, *IEEE Transactions on Robotics* (2014).

12.5 事例紹介

12.5.1 力覚フィードバック制御

本項では，6 軸力センサを用いた 4 指ハンド（各指 3 自由度）の力覚フィードバック制御の事例を紹介する[1]。この制御系の主な要素は，6 軸力センサのデータ処理，最適把持力配分，各指のインピーダンス制御である。

(1) 6 軸力センサデータ処理部

各指の把持物体との接触力の計測には 6 軸力センサを用いる。6 軸力センサは図 12.18 のように起歪体部に加わる力 $\boldsymbol{f}_s$ とモーメント $\boldsymbol{m}_s$ を計測する。$\boldsymbol{f}_s$ が指先に加わる力 $\boldsymbol{f}$ になる。一方，モーメント $\boldsymbol{m}_s$ により，$\boldsymbol{m}_s = \boldsymbol{p} \times \boldsymbol{f}$ の関係から接触点の位置を求めることができる。すなわち，6 軸力センサは接触位置計測センサとして使うことができる。また，接触部の法線方向に回転モーメント s が加わる場合にも，s とともに接触点 $\boldsymbol{p}$ を求めることができる[2]。

接触点を計測する別の方法として，分布型触覚センサの利用が考えられる。しかし，それを接触領域に隙間なく覆うことは必ずしも容易ではない。一方，6 軸力センサの限界は，接触点が複数ある場合に対応できないことである。

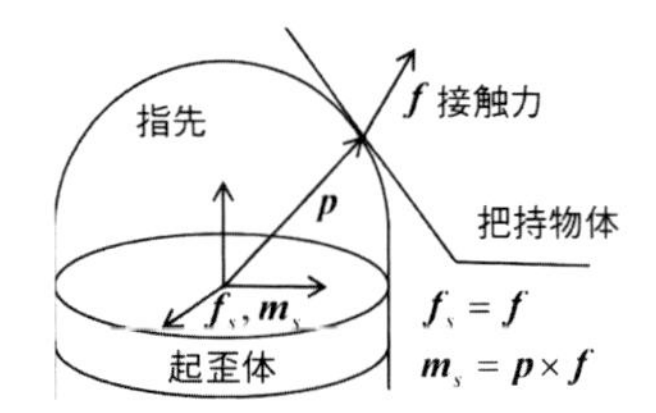

図 12.18　6 軸センサによる接触力と接触位置の計測

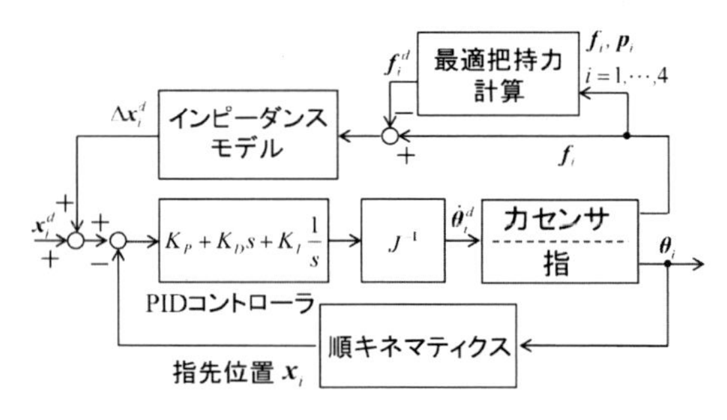

図 12.19　実装した力覚フィードバック制御

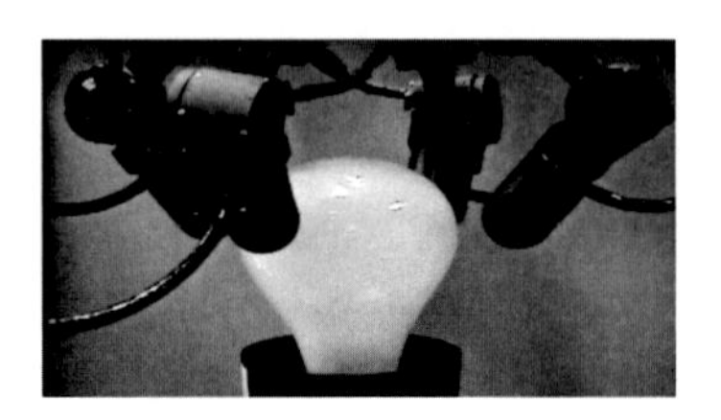

図 12.20　持ち替えによる電球のソケットへのねじ回転

(2) 最適把持力配分

計測された各指の接触力 $\boldsymbol{f}_i$ と接触位置 $\boldsymbol{p}_i$ から，把持物体に加わる外力と外モーメントを次のように求めることができる。

$$\boldsymbol{f}_1 + \boldsymbol{f}_2 + \boldsymbol{f}_3 + \boldsymbol{f}_4 = \boldsymbol{f}_e \tag{12.77}$$

$$\boldsymbol{p}_1 \times \boldsymbol{f}_1 + \boldsymbol{p}_2 \times \boldsymbol{f}_2 + \boldsymbol{p}_3 \times \boldsymbol{f}_3 + \boldsymbol{p}_4 \times \boldsymbol{f}_4 = \boldsymbol{m}_e \tag{12.78}$$

人間は物体を把持したときに，滑りが発生しないように瞬時に指先力を調整する。これと同じことがロボットハンドでも高速にできなければ，物体を落としてしまう。そこで，本制御系では，Buss らにより考案された高速最適把持力計算アルゴリズムを実装した[1]。2000 年当時で 1ms のサンプリング時間を実現している。

(3) インピーダンス制御

各指には，それぞれ独立にインピーダンス制御を実装した。すなわち，次のインピーダンスモデルにより，指先の目標軌道 $\boldsymbol{x}_i^d$ を $\boldsymbol{x}_i^d + \Delta\boldsymbol{x}_i^d$ に修正する。

$$M_i \Delta\ddot{\boldsymbol{x}}_i^d + D_i \Delta\dot{\boldsymbol{x}}_i^d + K_i \Delta\boldsymbol{x}_i^d = \boldsymbol{f}_i - \boldsymbol{f}_i^d \tag{12.79}$$

12.3.2 項で解説された把持物体と全指を含めたインピーダンス制御は実装していない。持ち替え操作では，各指が頻繁に把持物体から接触を離脱するため，制御系を切り替える必要が生じるからである。

(4) 全体制御系

以上を組み合わせた全体の制御系を図 12.19 に示す。各指の最下位の制御系には速度制御系が用いられている（このようなインピーダンス制御はアドミッタンス制御と呼ばれることがある）。この制御系により，図 12.20 のように電球を回してソケットに差し込むことに成功した。

＜小俣 透＞

参考文献（12.5.1 項）

[1] Schlegl, T., Buss, M., Omata, T. and Schmidt, G.: Fast Dextrous Regrasping with Optimal Contact Forces and Contact Sensor-Based Impedance Control, *IEEE Int. Conf. on Robotics and Automation*, pp.103–108 (2001).

[2] Bicci, A.: Intrinsic Contact Sensing for Soft Fingers, *Proc. of IEEE Int. Conf. on Robotics and Automation*, pp.968–973 (1990).

12.5.2　触近接覚フィードバック制御

本ロボットハンドは，自律的に物体の形状に倣い，物体の移動に追従するハンドである。ロボットハンドの構成を図 12.21 に，制御システム概要を図 12.22 に示す。

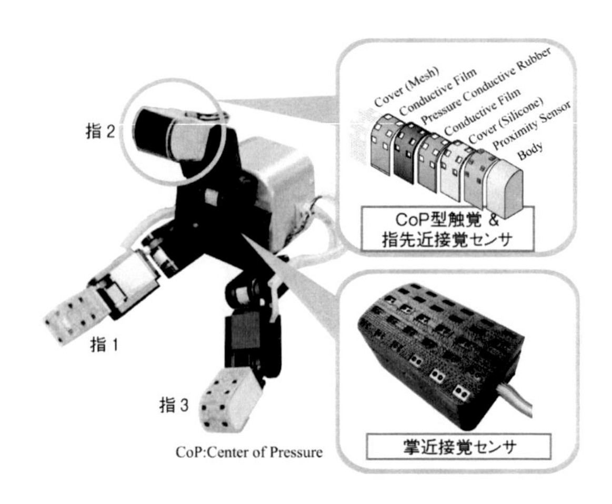

図 12.21　触近接覚センサを備えたロボットハンド

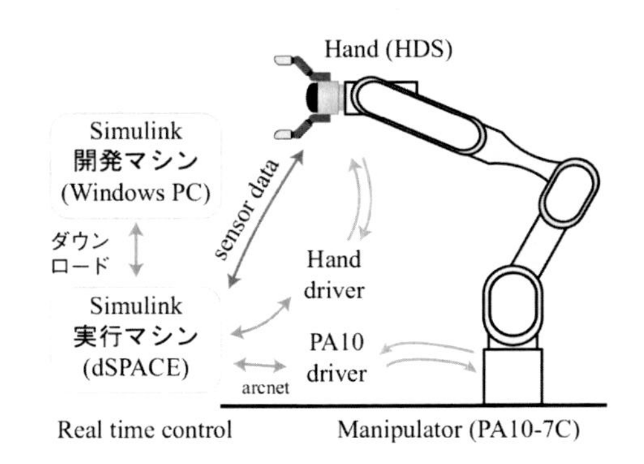

図 12.22 Simulink を用いた制御システム概要

ハンドは，3 指 8 自由度（屈曲 2 自由度 ×3 指，第 1, 3 指には旋回 1 自由度）の機構で，7 自由度の汎用ロボットアームに搭載している[1]。ハンドには，触・近接覚センサが実装され，対象物体とハンドとの位置・姿勢，および接触が計測できる。制御は，ハンド・アームシステムを統合的に制御するため，Simulink を用いて開発し，実行には dSPACE を用いている。このため，従来我々の研究室で行っていた C 言語による開発と比較して，① プログラム開発速度が格段に向上し，② ソフトウェアの保守・引き継ぎが大変容易となった。この他，実行マシンにより 1 ms 周期での制御ループを実現できるなどリアルタイム性も高い。

(1) ハンド近接覚センサ

ハンド指先には 3×2，掌には 5×6 のアレイ状近接覚センサが実装されている。センサは，フォトリフレクタを検出素子とし，これを抵抗ネットワーク回路網で接続したもので，センサの x 軸，y 軸まわりの近接距離モーメント量に関係する値 (S_x, S_y) と，センサからの距離に関係する値 (I_{all}) を出力する。このため，物体面と指先との x 軸，y 軸まわりの傾きに応じてセンサ出力 (S_x, S_y) は正負の値をとり，正対するとセンサ出力はゼロとなる。よって，(S_x, S_y) をゼロとするようにハンドの制御を行い，物体と指先の姿勢を定めている。また，掌のセンサは物体と掌との相対的位置を検出できる。このため，この位置誤差をゼロとするようにアームを制御することで，物体の移動に追従する[2]。

(2) 対象物の姿勢変化に対する追従動作

図 12.23 に示すように物体と指先の傾きを示す $(\delta\phi, \delta\theta)$ をゼロとすること，すなわち指先センサの位置出力 (S_x, S_y) が 0 に収束するように指先を Z 軸まわり，および Y 軸まわりに回転させる姿勢制御を行うことで，指先面は対象物表面に正対できる。

$$\begin{pmatrix} \Delta\phi \\ \Delta\theta \end{pmatrix} = \begin{pmatrix} K_Z(S_y - S_{y\_\mathrm{ref}}) \\ K_Y(S_x - S_{x\_\mathrm{ref}}) \end{pmatrix} \tag{12.80}$$

ここで，$S_{x\_\mathrm{ref}}, S_{y\_\mathrm{ref}}$ は，それぞれ x, y 方向目標センサ出力，K_Z, K_Y は適当なゲインである。ハンド姿勢が変化する物体に対する姿勢誤差の修正動作を行う場合，まず，指先 Z 軸および Y 軸まわりの目標角度への更新値 $\Delta\theta, \Delta\phi$ を求め，${}^f\hat{T}_f$ を，

$$\begin{aligned} {}^f\hat{T}_f &= \mathrm{Rot}(Z, \Delta\theta)\mathrm{Rot}(Y, \Delta\phi) \\ &= \begin{bmatrix} \cos\Delta\theta\cos\Delta\phi & -\sin\Delta\theta & \cos\Delta\theta\sin\Delta\phi & 0 \\ \sin\Delta\theta\cos\Delta\phi & \cos\Delta\theta & \sin\Delta\theta\sin\Delta\phi & 0 \\ -\sin\Delta\phi & 0 & \cos\Delta\phi & 0 \\ 0 & 0 & 0 & 1 \end{bmatrix} \end{aligned} \tag{12.81}$$

として計算する。次に，これをもとに式 (12.82) により ${}^0T_h$ を導出し，得られた ${}^0\hat{T}_{\mathrm{h}}$ をロボットアームの指令値として与え，姿勢制御動作を行っている。図 12.24 には，物体として円柱を近づけて姿勢を変化させた際の動作の様子を示す。提案した制御方式によって，対象物表面に指先面が正対するような姿勢追従動作が可能であることが確認できる。

$${}^0\hat{T}_h = {}^0T_h{}^hT_f{}^f\hat{T}_f\left({}^hT_f\right)^{-1} \tag{12.82}$$

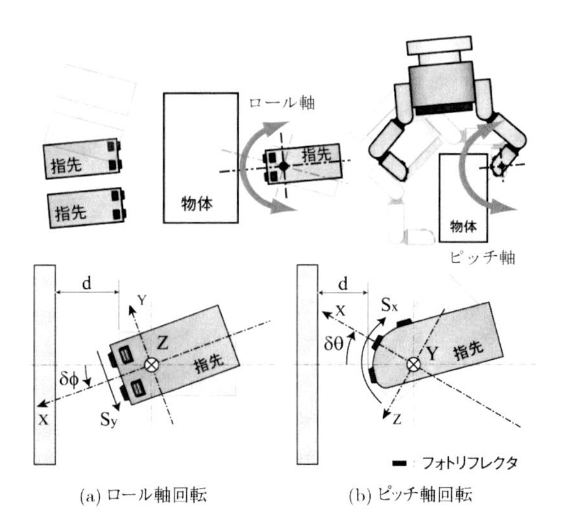

図 12.23 ハンドと対象物との姿勢誤差と制御

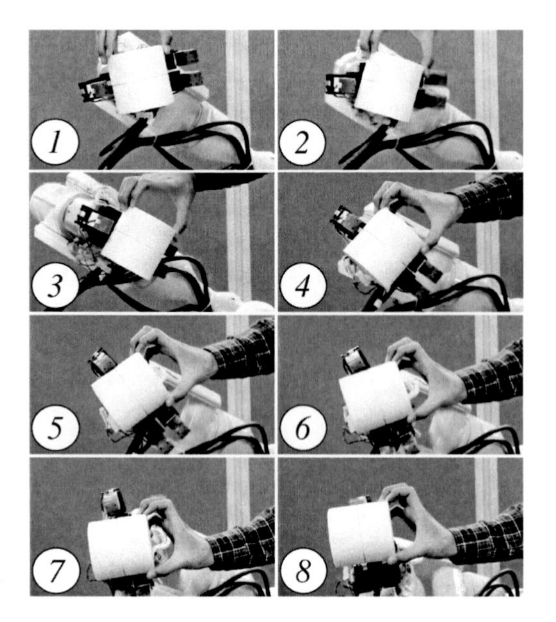

図 12.24 円柱物体に対するハンドの姿勢制御実験の様子

ここで，${}^{f}\hat{T}_f$ は指先座標系における指先の目標同次変換行列，${}^{h}T_f$ はアーム手先座標系から指先座標系への同次変換行列，${}^{0}T_{\mathrm{h}}$ はアームベース座標系からアーム手先座標系への同次変換行列，${}^{0}\hat{T}_{\mathrm{h}}$ はアームベース座標系におけるアーム手先の目標同次変換行列である。なお，ハンド各指の物体形状への自律的な倣い動作，物体反射率の補償，物体への同時接触などの手法は，文献を参照していただきたい[3, 4]。

(3) 考察・まとめ

従来のカメラシステムを用いた場合，オクルージョンを回避することは困難だが，提案するハンド指先に搭載した近接覚センサを用いた方式では，単純なセンサフィードバック制御によって対象物に倣い，把持が実現できる。今回，指先における各軸の姿勢誤差がロール軸まわりに 15deg，ピッチ軸まわりに 45deg と比較的大きい場合でも修正動作が可能であるため，対象物への高いアプローチ精度を必要とせずに，把持姿勢へと移行することが可能となる。このため，対象物へのアプローチでの高速化に大きく寄与すると考えられる。

大局的情報を取得できる視覚を用いた視覚フィードバック制御は，その有用性から多くのロボットシステムで利用されている。ただし，光学系の歪み等による計測誤差，照明の影響，そして特にロボットハンドでは対象物近傍でのハンドによる隠蔽が起こり，確実性の低下，動作速度の低速化を招いていた。このため，把持操作などでは近接覚制御の方が，確実性・高速性などの点で優位性が高い。このように視覚隠蔽による情報欠落を防ぎ，かつ接触数 cm の範囲を確実・高速に計測制御可能な近接覚制御システムは，従来の視覚フィードバック方式の一部を置換える可能性があると考える。

＜下条 誠＞

参考文献（12.5.2 項）

[1] 鈴木健治，鈴木陽介 他：ロボットハンド指先に付与したネット状近接覚センサ情報に基づく把持姿勢の決定，『計測自動制御学会論文集』，Vol. 48, No. 4, pp.232–240（2012).

[2] Sha, Y.; Suzuki,K., *et al.*: Robust Robotic Grasping Using IR Net-Structure Proximity Sensor to Handle Objects with Unknown Position and Attitude, *IEEE Int. Conf. on Robotics and Automation (ICRA)*, pp.3271–3288 (2012).

[3] Koyama,K., Hasegawa,H., *et al.*: Pre-Shaping for Various Objects by the Robot Hand Equipped with Resistor Network Structure Proximity Sensor, *IEEE/RSJ Int. Conf. on Intelligent Robots and Systems (IROS)*, pp.4027–4033 (2013).

[4] IEEE Spectrum, Video Friday: https://www.youtube.com/watch?v=tHsrXsEreCY

12.5.3 マスタ・スレーブハンド制御

マスタ・スレーブは，操作者の動作に応じてロボットを制御する手法であり，従来より多くの研究開発が行われている[1]。ここでは，人間型ロボットハンドを対象とした制御法を紹介する。

(1) ユニラテラル制御

人間型ロボットハンドは多自由度を有しており，個々の関節の目標軌道を生成するのは必ずしも容易ではない。そこで，人間の手の動作に連動させて，操作者が直感的にロボットハンドを制御するのが，図 12.25 に示すユニラテラル制御である。人間の手に装着したデータグローブにより計測された関節角 $\boldsymbol{q}_m$ は，校正行列 S_r によりロボットハンドの関節角度の目標値へ変換し，関節角度 $\boldsymbol{q}_s$ を制御する。

$$\begin{aligned}\boldsymbol{\tau}_s &= K_p\boldsymbol{e}_q + K_i\int_0^t \boldsymbol{e}_q \mathrm{d}t - K_v\dot{\boldsymbol{q}}_s \\ \boldsymbol{e}_q &= S_r\boldsymbol{q}_m - \boldsymbol{q}_s\end{aligned} \tag{12.83}$$

データグローブ[2] の関節角度 $\boldsymbol{q}_m$ より人間の手指モデルの順運動学による指先位置を推定，または 3 次元位置計測[3] により指先位置を計測してロボットハンドの指先位置を直接制御することもできる。

この手法では，人間の手指情報をロボットハンドへ伝達するのみであり，操作者はロボットハンドの状態を視覚等の付加的な情報により認識する必要がある。

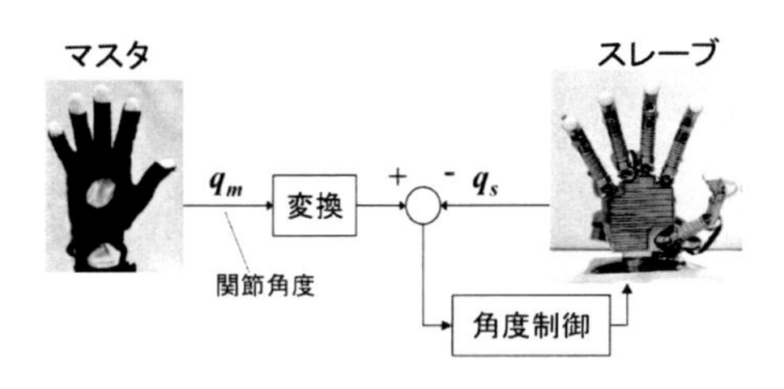

図 12.25 ユニラテラル制御

(2) 1 次元の力提示可能なバイラテラル制御

ロボットハンドが物体の把持や操作時の力覚を操作者に提示可能なのがバイラテラル制御である。ここでは，操作者に物体把持時の指先力と接触部位を提示可能な制御方法[4] を紹介する。図 12.26 のように操作者の手にはデータグローブと力覚提示デバイスを装着する。装着型力覚提示デバイスは，モータの回転力をワイヤーを介して 5 指の指先力として提示する。また，振動モータにより指腹部と掌に接触の有無も提示する。ユニラテラル制御と同様に操作者の関節角度 $\boldsymbol{q}_m$ を，ロボットハンドの関節角度の目標値へ変換し，式 (12.83) より関節角度 $\boldsymbol{q}_s$ を制御する。ロボットハンドに装着された力覚センサや触覚センサの情報 $\boldsymbol{f}_s$ は変換し，力覚提示デバイスの指先力 $\boldsymbol{f}_m$ を制御する。

$$\boldsymbol{\tau}_m = K_p \boldsymbol{e}_f + K_i \int_0^t \boldsymbol{e}_f \mathrm{d}t - K_v \dot{\boldsymbol{q}}_m,$$
$$\boldsymbol{e}_f = S_f \boldsymbol{f}_s - \boldsymbol{f}_m \tag{12.84}$$

指先力の提示等には，市販の力覚提示装置[2] も利用できる。この手法では，人間の手指の情報をロボットハンドへ伝達し，ロボットハンドの接触力を操作者に提示することが可能である。ただし，提示可能な力情報は力覚提示デバイスに依存し，多くのデバイスでは指の屈曲・伸展の 1 次元の力情報に限定される。

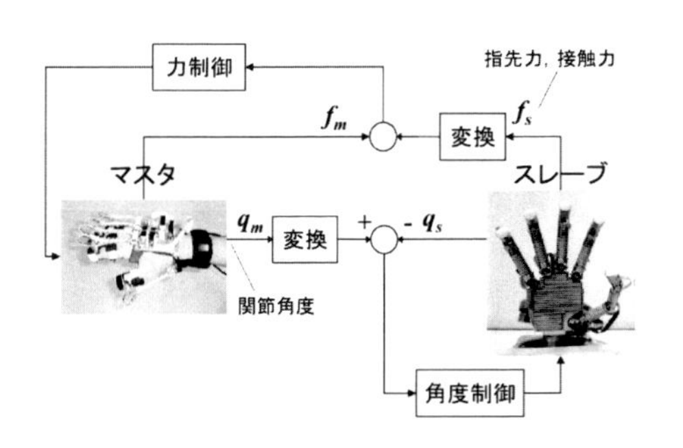

図 12.26 1 次元の力提示可能なバイラテラル制御

(3) 3 次元の力を提示可能なバイラテラル制御

(2) のような外骨格型のデバイスを用いて操作者に力を提示するバイラテラル制御では，物体の重量感等の 3 次元の力提示が不可能である。そこで，図 12.27 のように対向型多指ハプティックインタフェースを用いて操作者に 3 次元の力提示可能なバイラテラル制御する[5]。操作者の指先はハプティックインタフェースと接続されており，ハプティックインタフェースにより操作者の指先位置 $\boldsymbol{r}_m$ と指先力 $\boldsymbol{f}_m$ を計測する。指先位置はロボットハンドの目標値へ変換し，指先位置 $\boldsymbol{r}_s$ を制御して物体の把持・操作を実現する。ただし，J_s はヤコビ行列とする。

$$\boldsymbol{\tau}_s = J_s^T (K_p \boldsymbol{e}_r + K_i \int_0^t \boldsymbol{e}_r \mathrm{d}t) - K_v \dot{\boldsymbol{q}}_s,$$
$$\boldsymbol{e}_r = S_r \boldsymbol{r}_m(q_m) - \boldsymbol{r}_s(q_s) \tag{12.85}$$

ロボットハンドにより計測する物体の接触時の力情報 $\boldsymbol{f}_s$ は，ハプティックインタフェースの目標値へ変換し，指先力 $\boldsymbol{f}_m$ の制御により操作者へ力情報を提示する。

$$\boldsymbol{\tau}_m = J_m^T (K_p \boldsymbol{e}_f + K_i \int_0^t \boldsymbol{e}_f \mathrm{d}t + S_f \boldsymbol{f}_s) + \boldsymbol{g}_m(\boldsymbol{q}_m),$$
$$\boldsymbol{e}_f = S_f \boldsymbol{f}_s - \boldsymbol{f}_m \tag{12.86}$$

この手法では，物体の重力や接触力のみならず物体の形状の提示も可能である。ただし，指腹部への接触力の提示はデバイスの付加が必要である。

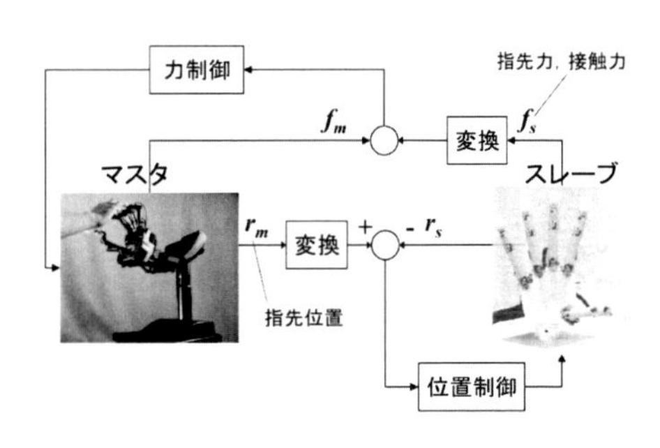

図 12.27 3 次元の力提示可能なバイラテラル制御

<毛利哲也>

参考文献（12.5.3 項）

[1] 小林尚登 他：『ロボット制御の実際』, pp. 228–244, 計測自動制御学会 (1997).

[2] http://www.cyberglovesystems.com/

[3] https://www.leapmotion.com/

[4] Mouri, T. and Kawasaki, H.: A Novel Anthropomorphic Robot Hand and its Master Slave System, *Humanoid Robots Human-like Machines*, I-Tech Education and Publishing, pp. 29–42 (2007).

[5] Mishima, M., Kawasaki, H., Mouri, T. and Endo, T.: Haptic Teleoperation of Humanoid Robot Hand Using Three-Dimensional Force Feedback, *Preprints of SYROCO'09*, pp. 565–570 (2009).

12.5.4　義手制御

人間の運動情報を含んだ筋電位信号を電動義手の制御に利用しようとする研究は古くから数多く試みられており，筋電位信号に基づく人間-義手制御系は主に，筋電位計測，筋力推定，動作推定，モータ制御の 4 要素で構成される（図 12.28）。筋電位計測ではノイズを軽減するために双極誘導後に差動増幅を行うことが多く，最近ではアクティブ電極と呼ばれるアンプ内臓型の電極がよく用いられる[1]。筋力推定では，生の筋電位信号に整流平滑処理を施し振幅成分を抽出する方法が一般的で，この振幅成分は筋力と比例関係があることが知られている[2]。動作推定は，古くは線形判別分析が用いられていたが，最近は学習的に非線形モデルを獲得するアプローチが主流である[3]。動作推定結果に応じたモータ制御には，単純にモータ電源を入/切する ON/OFF 制御，筋電位信号の大きさに応じて動作速度を調節する比例制御，関節の粘弾性を考慮するインピーダンス制御などがある。

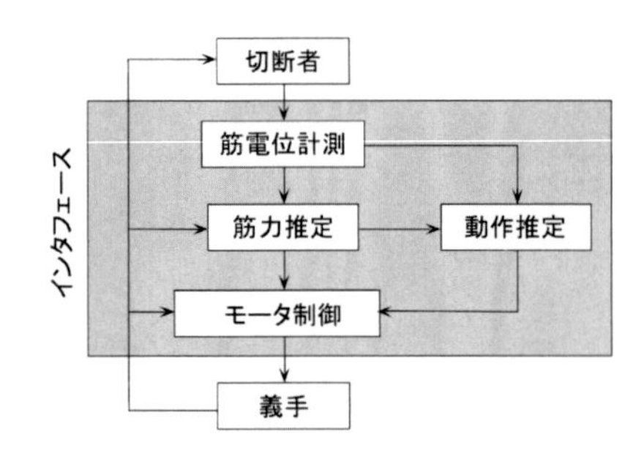

図 12.28　人間-義手制御系の構成

ここでは，インピーダンス制御の一種である双線形制御法について紹介する[4]。人間の骨格筋は，屈筋群と伸筋群が拮抗する形で配置されており，収縮要素，弾性要素，粘性要素により表現することができる。収縮要素が発生できる張力は一方向であり，張力によって発生する駆動トルクが大きい側に関節が回転する。弾性要素と粘性要素の特性は筋の張力に依存して変化し，関節の柔らかさや硬さを調節している。関節まわりの筋に力を込めると関節が硬くなり，リラックスすると柔らかくなる。

例として水平面内の肘関節運動を取り上げると，肘関節の運動方程式は，

$$\begin{aligned} I\ddot{\theta} + B_J\dot{\theta} &= T_f - T_e \\ &= d(u_f - u_e) - d(u_f + u_e)(K\theta + B\dot{\theta}) \end{aligned} \quad (12.87)$$

となり，図 12.29 に示すような双線形制御系を構成することができる。ただし，I は前腕の慣性モーメント，B_J は肘関節の回転に関する粘性係数，T_f と T_e は屈筋と伸筋によって生じるトルク，d はレバーアームに相当する正の定数，u_f と u_e は屈筋と伸筋の収縮力，K と B は正の定数を表す。θ は関節角度である。屈筋と伸筋の張力をほぼ等しく保ちながら増減させることにより，運動を生じることなく関節の粘弾性特性のみを調節することが可能となる[4]。

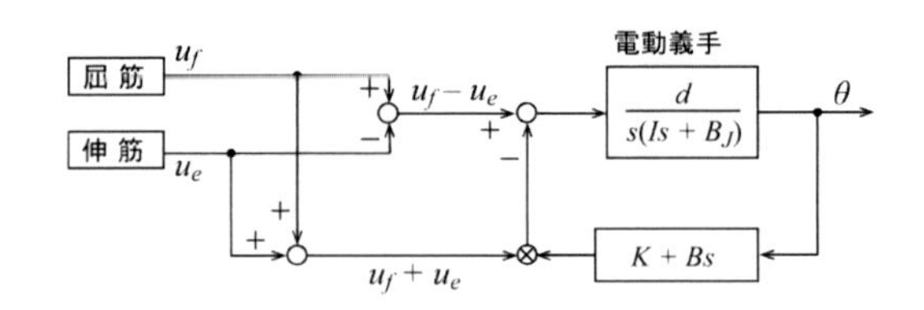

図 12.29　双線形制御系

<辻 敏夫，福田 修>

参考文献（12.5.4 項）

[1] 木塚朝博，木竜徹 他：『バイオメカニズム・ライブラリー 表面筋電図』，東京電機大学出版局 (2006).

[2] 赤澤堅造，滝沢文則 他：ヒトの運動制御機構を模擬した義手の制御方式および筋電位処理方式の開発，『バイオメカニズム 9』，pp. 43–53 (1988).

[3] 横井浩史，上嶋健嗣 他：サイボーグ義手，『計測と制御』，Vol. 47, No. 11, pp. 957–966 (2008).

[4] 伊藤宏司，辻敏夫：筋骨格系の双線形特性と義肢制御への応用，『電気学会論文誌』，Vol. 105-C, No. 10, pp. 201–208 (1985).

12.5.5　日常物体把持

我々のまわりには，デザインやサイズの異なる沢山の種類の日常物体が存在する。また，日常物体は他の隣接物体に取り囲まれており，これらの物体は人によって頻繁に移動させられる。日常物体把持の難しさは，対象物が多種多様であることと，対象物が動的な環境に置かれていることにある。

これまで，多種多様な日常物体を把持するために，日常物体を単純なプリミティブ形状で近似し，把持計画により力学的に安定な把持点を求める研究が行われている[1]。日常物体をプリミティブ形状で表すことで，把持計画で得られた結果を，他の類似形状の物体把持に再利用することができる。ところで日常物体の把持では，力学的な安定性に加え，用途や使用目的も考慮しなければならない[2,3]。例えばコップを把持する場合，コップを片付けるときにはどの部分を把持してもよいが，水の入ったコップを運ぶときにはコップの飲み口や内側を把持することは衛生上避けたい。このような日常物体の扱い方を知識モデルとして記述しておき，用途毎に把持可能な領域を個々の日常物体のデータにマッピングする研究が行われている（図 12.30）[4]。

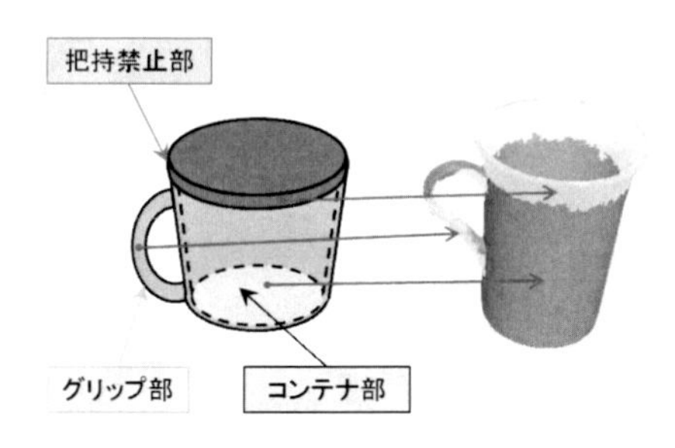

図 12.30　把持領域のマッピング

日常物体把持のもう一つの特徴は，物体把持がユーザの意図や意思に基づいて行われることである。このため，ユーザの意図や意思をロボットに伝達する作業指示が重要な役割を果たす。これまで，人が指定した物をロボットで取り上げる研究が行われている[5]。この研究では，多種多様な日常物体を，形状の特徴や扱い方の観点からいくつかのカテゴリに分け，カテゴリごとに物体モデルを定義している。物体モデルには，物体カテゴリを代表する形状と，用途に応じた様々な物体の取り方の作業モデルのリストが記述されている。また，空間に固定されている家具などの収納空間について空間モデルを定義し，収納空間の形状・サイズや物体への許容アプローチ方向の記述に加え，普段ユーザが置いている物体の物体モデルが登録されている。システムは，マニピュレータ，ステレオカメラ，ディスプレイで構成され，ディスプレイにはカメラ画像が表示されており，ステレオビジョンにより距離画像が得られている。ユーザはディスプレイに表示されたカメラ画像上で日常物体をクリックして対象物を指定する。すると，距離画像からクリック点に対応した対象物上の点の 3 次元座標が得られ，対象物が置かれている空間モデルが選定される。次に，システムは空間モデルに登録されている物体カテゴリのリストを提示する。ユーザはリストアップされた物体カテゴリの中から，対象物の物体カテゴリを選択する。これにより，システムは対象物の物体モデルを得る。次に，システムは物体モデルに記述されている物体の取り方のリストを提示する。ユーザは，用途や使用目的に応じて適切な取り方を選択する。これにより，物体を取り上げるための作業モデルがシステムに渡される。システムは作業指示の過程で得た情報を用いて，ステレオビジョンにより対象物認識と対象物周辺の環境モデルの構築を行う。次に，獲得した対象物情報と環境モデルを用いて，作業モデルに記述された作業仕様，力学的安定性，マニピュレータのキネマティクスやハンドの特性，隣接物体とのクリアランスを考慮して把持計画を行い，把持点を選定する。このように，作業指示で得られた情報を利用して，その場で作業に必要な情報を獲得することで，動的な環境下での物体把持が行える。

＜永田和之＞

参考文献（12.5.5 項）

[1] Miller A. T., Knoop S., *et al.*: Automatic Grasp Planning Using Shape Primitives, *Proc. of IEEE Int. Conf. on Robotics and Automation*, pp. 18243–1829 (2003).

[2] Baier T., Zhang J.: Reusability-based Semantics for Grasp Evaluation in Context of Service Robotics, *Proc. of IEEE Int. Conf. on Robotics and Biomimetics*, pp. 703–708 (2006).

[3] Dang H., Allen P. K.: Semantic Grasping: Planning Robotic Grasps Functionally Suitable for An Object Manipulation Task, *Proc. of IEEE/RSJ Int. Conf. on Intelligent Robots and Systems*, pp. 1311–1317 (2012).

[4] Shiraki Y., Nagata K., *et al.*: Modeling of Everyday Objects for Semantic Grasp, *Proc. of the 23rd IEEE Int. Symp. on Robot and Human Interactive Communication*, pp. 750–755 (2014).

[5] 永田和之，宮坂崇 他：複雑な環境下における指示物体の把持，『日本機械学会論文集 C 編』, Vol. 79, No. 797, pp.27–42 (2013).

12.6　おわりに

本章では，ロボットハンドとして人の手のような多くの指と関節を持つ多指ハンドに関して，その制御のために基本となる運動学・静力学，動力学についてまず解説した。次に多指ハンドの制御では，物体の 3 次元形状を考慮する必要性を指摘し，把持計画について解説した。さらに，いくつかの事例を紹介した。ページ数の制約から，割愛した内容も数多くある。例えば，触覚センサを用いた触覚フィードバック制御については割愛したが，数多くの事例がある。

人手で行われている作業の自動化は，今後，工場のさらなる自動化を求めて発展するものと考えられる。本章の内容が，多指ハンドの制御手法を学ぶ際の一助になれば幸いである。

＜小俣 透＞

第13章

ROBOT CONTROL HANDBOOK

浮遊ロボット

13.1　はじめに

本章では浮遊ロボット，つまり宇宙ロボット，空中ロボット，水中ロボットなど，3次元空間を移動するロボットを取り扱い，その基礎数理から最先端の応用事例までを紹介する。

3次元移動ロボットと2次元移動ロボットの間には，数理的と物理的の両面において大きな違いがある。まず数理的には，3次元空間におけるロボットの配置（位置・姿勢）とその運動（速度・角速度）の表現が2次元空間の場合に比べて格段に複雑になる。2次元での姿勢角が方位角の1変数で困難なく表現できるのに対し，3次元での姿勢は3次元回転行列群 $SO(3)$ と呼ばれる複雑な構造をもった3次元多様体の要素であり，どのような変数をとったとしても大域的に通用するものは選べない（13.2節参照）。もちろん，このような性質は大抵のロボットの問題，例えばマニピュレータなどの取り扱いでも直面することではあるが，移動ロボットの場合は文字通り3次元空間を「動き回る」ことが要求されるために，姿勢変数の取りうる範囲にほとんど制限がないところに特徴がある。

また，物体が空間内を移動するためには空間から何らかの力を受けなければならない。2次元移動においては地面からの抗力や摩擦力などの反力を利用することができたが，3次元移動においてはいかにして反力を得るかが設計の重要な部分を占める。たとえば本章で示すように，周囲環境が空気であれば航空機に代表される固定翼や飛行船・ヘリコプタのような回転翼が用いられ，また周囲が水であればヒレ推進もありうる。また周囲が真空であれば推進剤を用いずに重心移動することは原理的に不可能であり，宇宙機のように姿勢角を制御することに主眼が置かれる。このように，反力の獲得が困難であるがゆえに研究展開に大きな多様性が生じていることも，3次元移動体研究の興味深いところである。

本章の構成は以下のとおりである。まず13.2節において3次元移動体の数学的取り扱いにおいて重要となる $SO(3)$ の基礎数理について解説し，続く13.3節で宇宙空間に置かれた多リンクロボットの姿勢制御について述べる。以降は流体中の3次元移動ロボットの代表例として，13.4節でヘリコプタ型 13.5節で飛行船型のロボットについて，また13.6節ではヒレ推進を用いた水中移動ロボットについて，その基本設計，制御方法ならびに実際の活用例をそれぞれ紹介する。

＜石川将人＞

13.2　3次元移動体の基礎数理

本節では空間を移動するロボットの運動を記述するための基礎数理について解説する。ここでは，ロボットを理想的な剛体，すなわち構成部分の任意の2点間の距離が時間によって変化しない物体と考える。剛体のある位置から他の位置への変化を剛体変位と呼ぶ。剛体変位は一般に平行移動と回転に分けて考えることができるが，平行移動に比べ回転運動は，その表現法も速度も，またダイナミクスもきわめて複雑である。本節ではこの回転運動について詳細な解説を行う。なお，本節の内容については，文献[3,5,6]に詳しい説明があるので参照されたい。

13.2.1　回転群とその表現

本項では剛体の姿勢を回転行列を用いて表す手法について解説する。空間内で回転する剛体の姿勢は，空間に固定された座標系（または慣性系）に対する回転で表され，剛体の姿勢と 3×3 行列の集合

$$SO(3)=\{q\in\mathbb{R}^{3\times3}\,|\,q^Tq=I,\ \det q=1\}$$

を同一視する。q は 9 個のパラメータからなるが，関係式 $q^Tq=I$ から独立なパラメータは 3 個となり，3 次元多様体を構成する。$q^Tq=I$ から $\det q=\pm1$ となるが，この 2 枚の多様体のうち行列式が 1 であるものが $SO(3)$ である。また，$SO(3)$ は行列の積に関し群をなし，3 次回転行列群と呼ばれるリー群の一つである。$SO(3)$ を 3 個または 4 個のパラメータで表現する手法が数多く存在し，それらを解説するのが本項の目的である。一般に $SO(3)$ は 3 個のパラメータでは特異点を避けることができないことが知られている。

さて，$a\in\mathbb{R}^3$ に対し，

$$\widehat{a}=\begin{bmatrix}0 & -a_3 & a_2\\ a_3 & 0 & -a_1\\ -a_2 & a_1 & 0\end{bmatrix}$$

と表す。$\widehat{a}$ を $(a)^\wedge$ と書く場合もある。$\mathfrak{so}(3)=\{\widehat{a}\,|\,a\in\mathbb{R}^3\}$ で表される行列がなす線形空間を $SO(3)$ のリー環という。$\mathfrak{so}(3)$ は剛体の回転角速度を表すときに用いられる。$\widehat{a}$ に関して以下の公式をまとめておく。$a,b\in\mathbb{R}^3$，$q\in SO(3)$ とする。

命題 1

(1) $a\times b=\widehat{a}b$

(2) $q(a)^\wedge q^T=(qa)^\wedge$

(3) $\widehat{a}^2=aa^T-\|a\|^2I,\ \widehat{a}^3=-\|a\|^2\widehat{a}$

剛体の位置表現に関する基本定理としてオイラーの定理とロドリゲスの公式がある。

定理 2（オイラーの定理）　固定点をもつ剛体の変位はその点を通るある直線まわりの回転として表すことができる。すなわち，$q\in SO(3)$ に対し，$n\in\mathbb{R}^3$，$\|n\|=1$，$\phi\in\mathbb{R}$ があって

$$\begin{aligned}q&=\exp(\phi\widehat{n})=I+\widehat{n}\sin\phi+\widehat{n}^2(1-\cos\phi)\\&=\cos\phi I+\sin\phi\widehat{n}+(1-\cos\phi)nn^T\end{aligned}\tag{13.1}$$

と表せる（ロドリゲスの公式）。

定理 2 のベクトル n をオイラー軸といい，これは q の固有値 1 に対応する固有ベクトルである。また，式 (13.1) は命題 1 にある公式などから直接確かめることができる。

(1) Axis-Angle 表現

$q\in SO(3)$ が与えられたとき，式 (13.1) によって対応する (n,ϕ) が得られ，これを Axis-Angle 座標と呼ぶ。(n,ϕ) は次式で求められる。

$$\phi=\cos^{-1}\left(\frac{\mathrm{Tr}q-1}{2}\right),\ \widehat{n}=\frac{q^T-q}{2\sin\phi}$$

Axis-Angle 表現は多対一対応である。すなわち，$n'=-n$，$\phi'=2\pi-\phi$ は (n,ϕ) と同じ回転行列を与える。また，$q=I$ に対しては $\phi=0$ ととれば n は任意の単位ベクトルでよい。これは Axis-Angle 表現の特異点に対応する。

(2) オイラー角

まず，各座標軸まわりの回転行列を以下のようにおく。

$$q_{\mathrm{x}}(\theta)=\begin{bmatrix}1 & 0 & 0\\ 0 & \cos\theta & -\sin\theta\\ 0 & \sin\theta & \cos\theta\end{bmatrix}$$

$$q_{\mathrm{y}}(\theta)=\begin{bmatrix}\cos\theta & 0 & \sin\theta\\ 0 & 1 & 0\\ -\sin\theta & 0 & \cos\theta\end{bmatrix}$$

$$q_{\mathrm{z}}(\theta)=\begin{bmatrix}\cos\theta & -\sin\theta & 0\\ \sin\theta & \cos\theta & 0\\ 0 & 0 & 1\end{bmatrix}$$

ここで，y 軸まわり回転では負号がつく位置が異なることに注意する。

$q=q_{\mathrm{z}}(\psi)q_{\mathrm{x}}(\theta)q_{\mathrm{z}}(\phi)\in SO(3)$ で表される表現は 3-1-3 オイラー角表示と呼ばれ，物理学などでよく用いられる。この表現は以下のようにして得られる。まず，座標系 xyz が与えられたとき，z 軸まわりに ϕ 回転して新しい座標系 $x'y'z'$ を得る $(z=z')$。この座標系において x' 軸まわりに θ 回転して次の座標系 $x''y''z''$ を得る $(x'=x'')$。最後にこの座標系 $x''y''z''$ の z'' 軸のまわりに ψ だけ回転して座標系 $x'''y'''z'''$ を構成する（図 13.1 参照）。3-1-3 表示は単位行列 $q=I$ で特異点をもつ。

一方，$q = q_z(\psi)q_y(\theta)q_x(\phi)$ で表される 3-2-1 オイラー角表示は，z 軸まわりに ψ（ヨー角），y 軸まわりに θ（ピッチ角），x 軸まわりに ϕ（ロール角）の合成回転として表され，航空機分野で多く用いられる。この表示は $\theta = -\pi/2$ に特異点をもつが，$q = I$ には特異点をもたない。

これらを含めて，回転の順序により 12 種類の表示が考えられるが，いずれの表現も $0, \pm\pi, \pm\frac{\pi}{2}$ などで特異点をもつ。

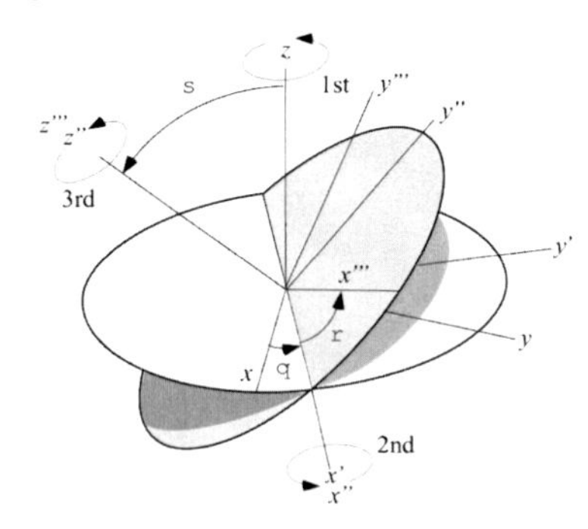

図 13.1 3-1-3 オイラー角

(3) クォータニオン

（実）四元数体 $\mathbb{H}$ とは，$(1, i, j, k)$ を基底とする $\mathbb{R}$ 上の 4 次元ベクトル空間で $\mathbb{R}$ 上の多元環であり，1 は乗法単位元で，その基底の間の積が

$$i^2 = j^2 = k^2 = -1$$
$$ij = -ji = k,\ jk = -kj = i,\ ki = -ik = j$$

を満たすもののことである。そして，$a \in \mathbb{H}$ を $a_s \in \mathbb{R}$，$a_v = (a_{v_1}, a_{v_2}, a_{v_3}) \in \mathbb{R}^3$ に対し

$$a = (a_s, a_v) = a_s 1 + a_{v_1} i + a_{v_2} j + a_{v_3} k$$

と書くと，四元数同士の積は

$$ab = (a_s b_s - a_v^T b_v,\ a_s b_v + b_s a_v + \widehat{a}_v b_v),\ a, b \in \mathbb{H}$$

となることがわかる。また，$a \in \mathbb{H}$ に対し $\bar{a} = (a_s, -a_v)$ を a の共役四元数といい，

$$\|a\| = \sqrt{a\bar{a}} = \sqrt{{a_s}^2 + a_v^T a_v}$$
$$= \sqrt{{a_s}^2 + {a_{v_1}}^2 + {a_{v_2}}^2 + {a_{v_3}}^2}$$

を，a のノルムという。また，$\overline{ab} = \bar{b}\bar{a}$，$a^{-1} = \dfrac{\bar{a}}{\|a\|^2}$ が成り立つこともわかる。

回転行列のクォータニオン表現とは，単位四元数 $S^3 = \{a \in \mathbb{H} \mid \|a\| = 1\}$ から $SO(3)$ への 2:1 対応写像による表現のことをいう。まず，$a = (a_s, a_v) \in S^3$ に対応する $q \in SO(3)$ を以下のように与える。

$$q = I + 2a_s\widehat{a}_v + 2(\widehat{a}_v)^2$$

この q が $SO(3)$ の元となることは ${a_s}^2 + {a_{v1}}^2 + {a_{v2}}^2 + {a_{v3}}^2 = 1$ と命題 1 の公式を用いて確かめられる。これにより対応

$$\begin{aligned} a &= (a_s, a_v) \\ &= \left(\cos\frac{\phi}{2},\ \left(\sin\frac{\phi}{2}\right)n\right) \in S^3 \subset \mathbb{H}\ (\|n\| = 1) \\ &\longmapsto q = I + 2a_s\widehat{a}_v + 2(\widehat{a}_v)^2 \\ &\qquad = (2{a_s}^2 - 1)I + 2a_s\widehat{a_v} + 2a_v{a_v}^T \in SO(3) \end{aligned} \tag{13.2}$$

が定まる。逆に，ロドリゲスの公式 (13.1) より，$n \in \mathbb{R}^3$，$(\|n\| = 1)$ 軸まわりの $\phi \in \mathbb{R}$ 回転 $q \in SO(3)$ は

$$\begin{aligned} q &= \exp(\phi\widehat{n}) \\ &= I + \sin\phi\widehat{n} + (1 - \cos\phi)(nn^T - I) \\ &= I + 2\sin\frac{\phi}{2}\cos\frac{\phi}{2}\widehat{n} + 2\sin^2\frac{\phi}{2}(nn^T - I) \\ &= (2\cos^2\frac{\phi}{2} - 1)I + 2\sin\frac{\phi}{2}\cos\frac{\phi}{2}\widehat{n} \\ &\quad + 2\sin^2\frac{\phi}{2}nn^T \end{aligned}$$
$$\mathrm{Tr}\, q = 4\cos^2\frac{\phi}{2} - 1,\ q - q^T = 4\sin\frac{\phi}{2}\cos\frac{\phi}{2}\,\widehat{n}$$

となることより，

$$q \in SO(3) \mapsto a = (a_s, a_v) \in \mathbb{H};$$
$$a_s = \pm\frac{\sqrt{1 + \mathrm{Tr}\, q}}{2},\ \widehat{a_v} = \pm\frac{1}{2\sqrt{1 + \mathrm{Tr}\, q}}(q - q^T)$$

または，

$$\begin{aligned} &\exp(\phi\widehat{n}) \in SO(3) \\ &\quad\mapsto a = (a_s, a_v) \\ &\qquad = \left(\pm\cos\frac{\phi}{2},\ \pm\left(\sin\frac{\phi}{2}\right)n\right) \in S^3 \subset \mathbb{H} \end{aligned}$$

など逆向きの対応が得られる。この a をオイラー–ロドリゲスパラメータ（またはオイラーパラメータ）という。4 次元のパラメータで，特異点を持たず，回転の合成 $\exp(\phi_1\widehat{n_1})\exp(\phi_2\widehat{n_2})$ を 2 つの四元数の積とし

て扱えることが特徴である。

(4) ロドリゲスパラメータ

ロドリゲスパラメータは，(3) のクォータニオンを改良して 3 次元で表現できるようにしたものである。具体的には式 (13.2) より，

$$
\begin{aligned}
q &= (\cos^2\frac{\phi}{2}-\sin^2\frac{\phi}{2})I+2\sin\frac{\phi}{2}\cos\frac{\phi}{2}\hat{n} \\
&\qquad +2\sin^2\frac{\phi}{2}nn^T \\
&= \cos^2\frac{\phi}{2}\left\{(1-\tan^2\frac{\phi}{2})I+2\tan\frac{\phi}{2}\hat{n}\right. \\
&\qquad \left.+2\tan^2\frac{\phi}{2}nn^T\right\} \\
&= \frac{1}{1+\tan^2\frac{\phi}{2}}\left\{(1-\tan^2\frac{\phi}{2})I+2\tan\frac{\phi}{2}\hat{n}\right. \\
&\qquad \left.+2\tan^2\frac{\phi}{2}nn^T\right\}
\end{aligned}
$$

となるので，$\xi=\left(\tan\frac{\phi}{2}\right)n$，$\|n\|=1$ とおけば

$$
\begin{aligned}
&\xi=\left(\tan\frac{\phi}{2}\right)n\in\mathbb{R}^3 \\
&\mapsto q=\frac{1}{1+\|\xi\|^2}\left\{(1-\|\xi\|^2)I+2\hat{\xi}+2\xi\xi^T\right\}\in SO(3)
\end{aligned}
$$

が得られる。ただし，$\frac{\pi}{2}<\phi<\frac{\phi}{2}$ である。さらに $\xi=(\xi_1,\xi_2,\xi_3)$ と成分表示して考えれば

$$
\begin{aligned}
q &= \frac{1}{1+\|\xi\|^2} \\
&\times\begin{bmatrix}1+2{\xi_1}^2-\|\xi\|^2 & 2(\xi_1\xi_2+\xi_3) & 2(\xi_1\xi_3-\xi_2) \\ -2(\xi_1\xi_2+\xi_3) & 1+2\xi_2-\|\xi\|^2 & 2(\xi_2\xi_3+\xi_1) \\ -2(\xi_1\xi_3-\xi_2) & -2(\xi_2\xi_3+\xi_1) & 1+2\xi_3^2-\|\xi\|^2\end{bmatrix}
\end{aligned}
$$

となる。

13.2.2　回転角速度とキネマティクス方程式

空間内を回転する剛体を考え，剛体内に固定されたある点 Q の剛体固定座標系に関する座標を x_b^0 とする。時刻 t において剛体固定座標系は空間固定座標系（慣性系）に対して回転行列 $q(t)$ で表される関係があるとする。すなわち，空間固定系における点 Q の座標 x_s は時刻 t において $x_s(t)=q(t)x_b^0$ と表され，Q の空間固定系における速度 v_s は $v_s=\dot{x}_s(t)=\dot{q}(t)x_b^0$ と表せるが，$\dot{q}$ を表すには 9 個のパラメータが必要になる。ここでは，よりコンパクトな回転運動の速度表現を解説する。

$\dot{q}q^T$ が歪対称行列であり，したがって $\mathfrak{so}(3)$ の要素であることに注意すれば，$\hat{\omega}_s=\dot{q}q^T$ となる $\omega_s\in\mathbb{R}^3$ を用いて，

$$
v_s(t)=\dot{q}q^Tqx_b^0=\hat{\omega}_s x_s(t)=\omega_s(t)\times x_s(t)
$$

のように 3 個のパラメータを用いて表すことができる。ω_s を空間固定系における角速度という。

一方，点 Q の剛体固定座標系での速度 v_b は $v_b=q^Tv_s$ と表されるので

$$
v_b=q^T\dot{q}x_b^0=\hat{\omega}_b(t)x_b^0=\omega_b(t)\times x_b^0
$$

と表せる。ここで，$\omega_b\in\mathbb{R}^3$ は $\hat{\omega}_b=q^T\dot{q}\in\mathfrak{so}(3)$ となるベクトルで，剛体固定系における角速度という。

前項で紹介された回転姿勢表現と角速度の関係式をキネマティクス方程式といい，以下のようにまとめられる。

(1) Axis-Angle 表現

$$
\begin{cases}\dot{\phi}=n^T\omega_b \\ \dot{n}=\frac{1}{2}\left(\hat{n}-\cot\frac{\phi}{2}\hat{n}^2\right)\omega_b\end{cases} \tag{13.3}
$$

$$
\begin{cases}\dot{\phi}=n^T\omega_s \\ \dot{n}=-\frac{1}{2}\left(\hat{n}+\cot\frac{\phi}{2}\hat{n}^2\right)\omega_s\end{cases} \tag{13.4}
$$

これらの式は，命題 1，式 (13.1) そして，時間とともに変化するオイラー軸に関する公式

$$
\begin{aligned}
&n^Tn=1,\quad n^T\dot{n}=0 \\
&\hat{n}n=0,\quad \hat{\dot{n}}n=-\hat{n}\dot{n},\quad \hat{n}\hat{n}=n\dot{n}^T \\
&n\dot{n}^T\hat{n}+\hat{n}\dot{n}n^T=-\hat{\dot{n}},\quad \dot{n}n^T-n\dot{n}^T=(\hat{n}\dot{n})^\wedge
\end{aligned}
$$

を用いて示される。

(2) オイラー角

3-1-3 表示

$$
\begin{bmatrix}\dot{\phi}\\ \dot{\theta}\\ \dot{\psi}\end{bmatrix}=\begin{bmatrix}\sin\theta\sin\psi & \cos\psi & 0\\ \sin\theta\cos\psi & -\sin\psi & 0\\ \cos\theta & 0 & 1\end{bmatrix}^{-1}\omega_b \tag{13.5}
$$

$$
\begin{bmatrix}\dot{\phi}\\ \dot{\theta}\\ \dot{\psi}\end{bmatrix}=\begin{bmatrix}0 & \cos\phi & \sin\phi\sin\theta\\ 0 & \sin\phi & -\cos\phi\sin\theta\\ 1 & 0 & \cos\theta\end{bmatrix}^{-1}\omega_s \tag{13.6}
$$

この 3-1-3 オイラー角表現のキネマティクス方程式は以下のように導出される。13.2.1 項 (2) にある構成において $x'''y'''z'''$ は剛体固定座標系に一致するとしよう。空間固定系での角速度 ω_s は

$$\omega_s = \dot{\phi}\boldsymbol{z}' + \dot{\theta}\boldsymbol{x}'' + \dot{\psi}\boldsymbol{z}'''$$

と表される。ここで，$\boldsymbol{z}'$ は座標系 $x'y'z'$ の z' 軸方向の単位ベクトル，$\boldsymbol{x}''$ は座標系 $x''y''z''$ の x'' 軸方向の単位ベクトル，$\boldsymbol{z}'''$ は座標系 $x'''y'''z'''$ の z''' 軸方向の単位ベクトルを表す。この式で，$\boldsymbol{z}', \boldsymbol{x}''$ を剛体固定系 $x'''y'''z'''$ で表し，その各成分を取り出したものが式 (13.5) である。式 (13.6) は，$\boldsymbol{z}', \boldsymbol{x}''$ を空間固定系 xyz で表して各成分を取り出せば得られる。

同様にして，3-2-1 表示のキネマティクス方程式が以下のように得られる。

$$\begin{bmatrix}\dot{\phi}\\ \dot{\theta}\\ \dot{\psi}\end{bmatrix} = \begin{bmatrix}\sin\theta\sin\psi & \cos\psi & 0\\ \sin\theta\cos\psi & -\sin\psi & 0\\ \cos\theta & 0 & 1\end{bmatrix}^{-1}\omega_b$$

$$\begin{bmatrix}\dot{\phi}\\ \dot{\theta}\\ \dot{\psi}\end{bmatrix} = \begin{bmatrix}0 & \cos\theta & \sin\phi\sin\theta\\ 0 & \sin\phi & -\cos\phi\sin\theta\\ 1 & 0 & \cos\theta\end{bmatrix}^{-1}\omega_s$$

(3) クォータニオン

$a(t){\in}S^3{\subset}\mathbb{H}$ に対して

$$\dot{a}(t) = \begin{bmatrix}\dot{a}_s(t)\\ \dot{a}_v(t)\end{bmatrix} = \frac{1}{2}\begin{bmatrix}-a_v(t)^T\\ a_s(t)I + \widehat{a}_v(t)\end{bmatrix}\omega_b(t) \quad (13.7)$$

$$= \frac{1}{2}\begin{bmatrix}-a_v(t)^T\\ a_s(t)I - \widehat{a}_v(t)\end{bmatrix}\omega_s(t) \quad (13.8)$$

式 (13.7)，(13.8) は，オイラー軸 n と $a_s = \cot\frac{\phi}{2}$，$a_v = \sin\frac{\phi}{2}n$ に対し，両辺微分したものにそれぞれ，式 (13.3)，(13.4) を代入すれば得られる。

(4) ロドリゲスパラメータ

$\xi(t){\in}\mathbb{R}^3$ に対して

$$\dot{\xi}(t) = \frac{1}{2}\left\{\omega_b(t) + \widehat{\omega}_b(t)\xi(t) + \left(\omega_b(t)^T\xi(t)\right)\xi(t)\right\}$$
$$= \frac{1}{2}\left\{\omega_s(t) - \widehat{\omega}_s(t)\xi(t) + \left(\omega_s(t)^T\xi(t)\right)\xi(t)\right\}$$

13.2.3　ダイナミクス方程式

ここでは，外力は働かないものとして剛体の運動方程式を導出する。力学的エネルギーは剛体の運動エネルギーだけであり，これは剛体を構成する質点の運動エネルギーの総和である。すなわち，剛体の密度を $\rho_0(x_b)$（x_b は剛体固定座標系を表す）とすれば，運動エネルギー K は以下のように書ける。

$$K(\omega_b) = \frac{1}{2}\int_{\mathfrak{B}} \rho_0(x_b)\|\widehat{\omega}_b(t)x_b\|^2\,\mathrm{d}^n x_b$$

ここで，$\mathfrak{B}$ は剛体の形状を表す図形である。詳細は省略するが[4]，剛体固定系の基底をうまく選ぶことで，この運動エネルギーは剛体の形状によって決まる同型 $J_0 : \mathfrak{so}(n) \to \mathfrak{so}(n)$（慣性テンソル）を用いて，

$$K(\omega_b) = \langle J_0(\widehat{\omega}_b), \widehat{\omega}_b\rangle, \quad \langle A, B\rangle := \frac{1}{2}\mathrm{Tr}(A^T B)$$

と表される。ここで Tr は行列のトレースを表す。ラグランジアンは，運動エネルギーを配位空間 $(q, \dot{q})$ で表して，

$$L(q, \dot{q}) = \frac{1}{2}\langle J_0(q^T\dot{q}), q^T\dot{q}\rangle$$

と書ける。ここで，行列 $A,\ B \in \mathbb{R}^{3\times3}$ に対し，$(A)^\flat{\cdot}B := \langle A, B\rangle$ と書くことにする。この記法を用いると，

$$\frac{\partial L}{\partial q} = \left(qJ_0(q^T\dot{q})q^T\dot{q}\right)^\flat,\ \frac{\partial L}{\partial \dot{q}} = \left(qJ_0(q^T\dot{q})\right)^\flat$$

となり，オイラー–ラグランジュ方程式

$$\frac{\mathrm{d}}{\mathrm{d}t}J_0(q^T\dot{q}) = J_0(q^T\dot{q})q^T\dot{q} - q^T\dot{q}J_0(q^T\dot{q})$$
$$\Leftrightarrow \frac{\mathrm{d}}{\mathrm{d}t}J_0(\widehat{\omega}_b) = J_0(\widehat{\omega}_b)\widehat{\omega}_b - \widehat{\omega}_b J_0(\widehat{\omega}_b)$$

を得る。$\omega_b = \begin{bmatrix}\omega_1 & \omega_2 & \omega_3\end{bmatrix}^T$ とおき，成分表示すると，剛体運動に関するオイラー方程式

$$J_1\dot{\omega}_1 = (J_2 - J_3)\omega_2\omega_3$$
$$J_2\dot{\omega}_2 = (J_3 - J_1)\omega_3\omega_1$$
$$J_3\dot{\omega}_3 = (J_1 - J_2)\omega_1\omega_2$$

を得る。ここで，J_1，J_2，J_3 は対角化された慣性テンソルの各成分である。

13.2.4　まとめ

3 次元移動体を表現する数理的基礎について解説した。平行移動と回転からなる 3 次元運動のうち回転運動について，その表現方法（座標系の取り方），回転速

度の表現（キネマティクス方程式）とダイナミクス方程式について概説した。制御系設計への発展には文献[2]などを，数学的より洗練された解析・表現手法については文献[1, 4] などを参照されたい。

＜坂本 登＞

参考文献（13.2 節）

[1] Bullo, F. and Lewis, A.D.: *Geometric Control of Mechanical Systems: Modeling, Analysis, and Design for Simple Mechanical Control Systems*, Springer (2004).

[2] Crouch, P.E.: Spacecraft attitude control and stabilization: Applications of geometric control theory to rigid body models, *IEEE Trans. Automat. Control*, Vol. 29, No. 4, pp. 321–331 (1984).

[3] Hughes, P.C.: *Spacecraft Attitude Dynamics*, John Wiley & Sons (1986).

[4] Marsden, J.E. and Ratiu, T.S.: *Introduction to Mechanics and Symmetry*, 2nd edition, Springer (1999).

[5] Murray, R.M., Li, Z. and Sastry, S.S.: *A Mathematical Introduction to Robotic Manipulation*, CRC Press (1994).

[6] Shuster, M.D.: A survey of attitude representations. *J. Astronautical Sciences*, Vol. 41, No. 4, pp. 439–517 (1993).

13.3　宇宙ロボットの制御

13.3.1　宇宙ロボットの運動学

(1) ハンドの位置

本節で対象とする宇宙ロボットは図 13.2 に示すような宇宙機本体にアームが装着された形態のものを指す。宇宙ロボットの作業中には外力が働かず，宇宙ロボット全体の運動量や，全体の質量中心まわりの角運動量は保存されるものとする。宇宙ロボットの運動量が保存されることは，宇宙ロボット全体の質量中心が慣性系で等速運動をすることを意味する。この慣性系に対して等速運動する系を慣性系に取り直すことにすると，宇宙ロボットの質量中心は慣性系で動かない点となる。

はじめに宇宙ロボットのハンドの宇宙ロボットの質量中心に対する相対位置を考えよう。宇宙ロボットが N 個の回転関節を有する 1 本のアームをもつものとし，図 13.3 に示すように，i 番目のリンクをボディ i，ボディ 0 を宇宙機本体，ボディ N をハンドとして，ボディ i の質量中心の位置ベクトルを $\boldsymbol{p}_i$ とする。ボディ $(i-1)$ の質量中心から i 番目の関節を指すベクトルを $\boldsymbol{d}_i$，i 番目の関節からボディ i の質量中心を指すベクトルを $\boldsymbol{r}_i$，ボディ i の質量を m_i，質量中心まわりの慣性テンソルを $\boldsymbol{i}_i$ とする。宇宙ロボット全体の質量中心の位置ベクトルを $\boldsymbol{p}_c$ とすると，$\boldsymbol{p}_c$ は次式で与えられる。

$$\boldsymbol{p}_c = \frac{1}{M}\sum_{i=0}^{N} m_i \boldsymbol{p}_i, \quad M = \sum_{i=0}^{N} m_i \tag{13.9}$$

M は宇宙ロボット全体の質量である。$\boldsymbol{p}_i (i \geq 1)$ は次式で表される。

$$\boldsymbol{p}_i = \boldsymbol{p}_0 + \sum_{j=1}^{i}(\boldsymbol{d}_j + \boldsymbol{r}_j) \tag{13.10}$$

したがって $\boldsymbol{p}_c$ を次のように表すことができる。

$$\begin{aligned}\boldsymbol{p}_c &= \frac{m_0}{M}\boldsymbol{p}_0 + \sum_{i=1}^{N}\frac{m_i}{M}\left[\boldsymbol{p}_0 + \sum_{j=1}^{i}(\boldsymbol{d}_j + \boldsymbol{r}_j)\right] \\ &= \boldsymbol{p}_0 + \sum_{j=1}^{N}\left(\sum_{i=j}^{N}\frac{m_i}{M}\right)(\boldsymbol{d}_j + \boldsymbol{r}_j)\end{aligned} \tag{13.11}$$

ハンドの宇宙ロボットの質量中心に対する相対位置は

$$\begin{aligned}\boldsymbol{p}_N - \boldsymbol{p}_c &= \sum_{j=1}^{N}\left(1 - \sum_{i=j}^{N}\frac{m_i}{M}\right)(\boldsymbol{d}_j + \boldsymbol{r}_j) \\ &= \sum_{j=1}^{N}\left(\sum_{i=0}^{j-1}\frac{m_i}{M}\right)(\boldsymbol{d}_j + \boldsymbol{r}_j)\end{aligned} \tag{13.12}$$

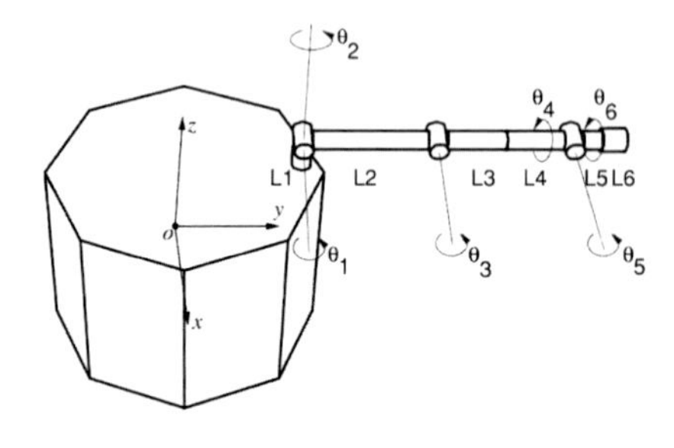

図 13.2　宇宙ロボットの概念図

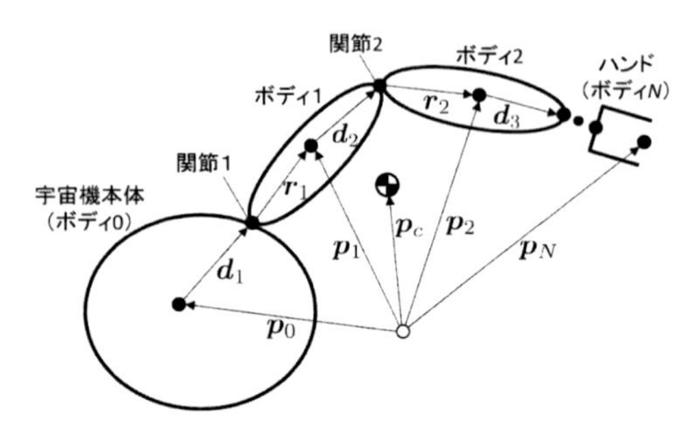

図 13.3　宇宙ロボットのベクトルの定義

上式より，アームの運動の反作用による本体の運動を考慮する場合，$\boldsymbol{d}_j$ と $\boldsymbol{r}_j$ を $\sum_{i=0}^{j-1} m_i/M$ 倍して地上のアームと同じハンドの位置計算を行えば，本体の影響を考慮したことになる。このような，宇宙ロボットの質量中心を原点として，リンク長を修正したアームは仮想マニピュレータと呼ばれている[1]。

(2) ハンドの速度

宇宙ロボットのハンドの制御を行う場合に，ハンドの慣性空間における速度とアームの各関節の回転角速度との関係を表すヤコビ行列が用いられる。いまアームの i 番目の関節の回転角を θ_i として，$\boldsymbol{\theta} = \begin{bmatrix} \theta_1 & \cdots & \theta_N \end{bmatrix}^T$ とおく。宇宙機本体の質量中心の速度を $\boldsymbol{v}_0$，宇宙機本体の角速度を $\boldsymbol{\omega}_0$，ハンドの速度を $\boldsymbol{v}_N$，角速度を $\boldsymbol{\omega}_N$ とすれば，$\boldsymbol{v}_N, \boldsymbol{\omega}_N$ は次のように表すことができる。

$$\begin{bmatrix} \boldsymbol{v}_N \\ \boldsymbol{\omega}_N \end{bmatrix} = \begin{bmatrix} \boldsymbol{v}_0 + \boldsymbol{\omega}_0 \times \boldsymbol{d}_1 \\ \boldsymbol{\omega}_0 \end{bmatrix} + \boldsymbol{J}_\theta \dot{\boldsymbol{\theta}} = \boldsymbol{J}_0 \begin{bmatrix} \boldsymbol{v}_0 \\ \boldsymbol{\omega}_0 \end{bmatrix} + \boldsymbol{J}_\theta \dot{\boldsymbol{\theta}} \tag{13.13}$$

ただし $\boldsymbol{J}_\theta$ は地上のアームのヤコビ行列と同じものである。一方，宇宙ロボット全体の運動量 $\boldsymbol{l}$ と質量中心まわりの角運動量 $\boldsymbol{h}_c$ は次の形で表すことができる。

$$\begin{bmatrix} \boldsymbol{l} \\ \boldsymbol{h}_c \end{bmatrix} = \boldsymbol{N}_0 \begin{bmatrix} \boldsymbol{v}_0 \\ \boldsymbol{\omega}_0 \end{bmatrix} + \boldsymbol{N}_\theta \dot{\boldsymbol{\theta}} \tag{13.14}$$

宇宙ロボットに外力が働かなければ $\boldsymbol{l}$ および $\boldsymbol{h}_c$ は慣性系で保存されるが，$\boldsymbol{l}$ は宇宙ロボットの質量中心と等速度で運動するような慣性系をとることで $\boldsymbol{l} = \boldsymbol{0}$ とみなすことができる。この場合には次のように表すことができる。

$$\begin{bmatrix} \boldsymbol{v}_N \\ \boldsymbol{\omega}_N \end{bmatrix} = \boldsymbol{J}_0 \boldsymbol{N}_0^{-1} \begin{bmatrix} \boldsymbol{0} \\ \boldsymbol{h}_c \end{bmatrix} + \left(\boldsymbol{J}_\theta - \boldsymbol{J}_0 \boldsymbol{N}_0^{-1} \boldsymbol{N}_\theta \right) \dot{\boldsymbol{\theta}} \tag{13.15}$$

$\boldsymbol{h}_c$ は宇宙ロボットの質量中心まわりを考えるので，その値は慣性系の取り方によらない。$\boldsymbol{h}_c$ の値は慣性系において保存されるため，$\boldsymbol{h}_c \neq \boldsymbol{0}$ の場合には宇宙ロボットのハンドの運動は，$\boldsymbol{h}_c$ の影響を受けて地上のアームとは異なる振舞いをする。一方，$\boldsymbol{h}_c = \boldsymbol{0}$ とみなせる場合は，$\left(\boldsymbol{J}_\theta - \boldsymbol{J}_0 \boldsymbol{N}_0^{-1} \boldsymbol{N}_\theta \right)$ を新たなヤコビ行列と考えることで地上のアームと同様に扱うことができる。このヤコビ行列は一般化ヤコビ行列と呼ばれている[2]。

13.3.2 宇宙ロボットの動力学

(1) 逆ダイナミクス

アームの関節角加速度を与えて関節駆動トルクを求める操作を逆ダイナミクスといい，運動方程式をもとに制御を行う場合に用いられる。地上のアームでは逆ダイナミクスを各リンクごとに漸化的に求める方法が計算効率のよい方法として知られている。いまボディ i の質量中心速度を $\boldsymbol{v}_i$，加速度を $\boldsymbol{a}_i$，角速度を $\boldsymbol{\omega}_i$，角加速度を $\boldsymbol{\alpha}_i$ とする。また関節 i の回転軸方向の単位ベクトルを $\hat{\boldsymbol{z}}_i$ とし，関節 i においてボディ i に働く力とトルクを $\boldsymbol{f}_i, \boldsymbol{n}_i$ とする。このときボディ i とボディ $(i-1)$ の間には次の関係が成り立つ。

$$\boldsymbol{\omega}_i = \boldsymbol{\omega}_{i-1} + \hat{\boldsymbol{z}}_i \dot{\theta}_i \tag{13.16}$$

$$\boldsymbol{v}_i = \boldsymbol{v}_{i-1} + \boldsymbol{\omega}_{i-1} \times \boldsymbol{d}_i + \boldsymbol{\omega}_i \times \boldsymbol{r}_i \tag{13.17}$$

$$\boldsymbol{\alpha}_i = \boldsymbol{\alpha}_{i-1} + \boldsymbol{\omega}_{i-1} \times \hat{\boldsymbol{z}}_i \dot{\theta}_i + \hat{\boldsymbol{z}}_i \ddot{\theta}_i \tag{13.18}$$

$$\begin{aligned} \boldsymbol{a}_i &= \boldsymbol{a}_{i-1} + \dot{\boldsymbol{\omega}}_{i-1} \times \boldsymbol{d}_i + \boldsymbol{\omega}_{i-1} \times (\boldsymbol{\omega}_{i-1} \times \boldsymbol{d}_i) \\ &\quad + \dot{\boldsymbol{\omega}}_i \times \boldsymbol{r}_i + \boldsymbol{\omega}_i \times (\boldsymbol{\omega}_i \times \boldsymbol{r}_i) \end{aligned} \tag{13.19}$$

またボディ i の運動方程式は次式で与えられる。

$$m_i \boldsymbol{a}_i = \boldsymbol{f}_i - \boldsymbol{f}_{i+1} \tag{13.20}$$

$$\begin{aligned} \boldsymbol{i}_i \boldsymbol{\alpha}_i + \boldsymbol{\omega}_i \times \boldsymbol{i}_i \boldsymbol{\omega}_i &= \boldsymbol{n}_i - \boldsymbol{n}_{i+1} \\ &\quad - \boldsymbol{r}_i \times \boldsymbol{f}_i - \boldsymbol{d}_{i+1} \times \boldsymbol{f}_{i+1} \end{aligned} \tag{13.21}$$

したがって $\boldsymbol{f}_i, \boldsymbol{n}_i$ と $\boldsymbol{f}_{i+1}, \boldsymbol{n}_{i+1}$ の間には次の関係が成り立つ。

$$\boldsymbol{f}_i = m_i \boldsymbol{a}_i + \boldsymbol{f}_{i+1} \tag{13.22}$$

$$\begin{aligned} \boldsymbol{n}_i &= \boldsymbol{i}_i \boldsymbol{\alpha}_i + \boldsymbol{\omega}_i \times \boldsymbol{i}_i \boldsymbol{\omega}_i + \boldsymbol{n}_{i+1} \\ &\quad + \boldsymbol{r}_i \times \boldsymbol{f}_i + \boldsymbol{d}_{i+1} \times \boldsymbol{f}_{i+1} \end{aligned} \tag{13.23}$$

地上のアームでは $\boldsymbol{\alpha}_0 = \boldsymbol{0}$ とし，$\boldsymbol{a}_0$ を重力加速度にとって，式 (13.16)〜(13.19) を $i = 1$ から $i = N$ まで順番に計算し，式 (13.22), (13.23) を $i = N$ から $i = 1$ まで順番に計算すれば，$\boldsymbol{f}_i, \boldsymbol{n}_i$ を求めることができる。このとき関節 i に働くトルク τ_i は次式で求められる。

$$\tau_i = \boldsymbol{n}_i \cdot \hat{\boldsymbol{z}}_i \tag{13.24}$$

宇宙ロボットにおいて同様の手続きを行う場合には，宇宙機本体の質量中心加速度 $\boldsymbol{a}_0$，宇宙機本体の角加速度 $\boldsymbol{\alpha}_0$ が未知なのでそのままでは適用できない。ただし $\boldsymbol{a}_0, \boldsymbol{\alpha}_0$ を以下のようにして求めれば同様の手続きを実行できる。はじめに $\boldsymbol{\alpha}_0 = \mathbf{0}$, $\boldsymbol{a}_0 = \mathbf{0}$ として上記の手続きを行う。このときの $\boldsymbol{f}_i$, $\boldsymbol{n}_i$ をそれぞれ $\boldsymbol{f}_i^*$, $\boldsymbol{n}_i^*$ とすると，宇宙機本体に関節 1 から働く力，トルクは $-\boldsymbol{f}_1^*$, $-\boldsymbol{n}_1^*$ となる。この力，トルクによって宇宙ロボット全体が運動するので $\boldsymbol{a}_0$, $\boldsymbol{\alpha}_0$ は次式を満たす。

$$M\boldsymbol{a}_0 + \boldsymbol{\alpha}_0 \times M(\boldsymbol{p}_c - \boldsymbol{p}_0) = -\boldsymbol{f}_1^* \tag{13.25}$$

$$M(\boldsymbol{p}_c - \boldsymbol{p}_0) \times \boldsymbol{a}_0 + \boldsymbol{I}_0\boldsymbol{\alpha}_0 = -\boldsymbol{n}_1^* - \boldsymbol{d}_1 \times \boldsymbol{f}_1^* - \boldsymbol{\omega}_0 \times \boldsymbol{i}_0\boldsymbol{\omega}_0 \tag{13.26}$$

ただし $\boldsymbol{I}_0$ は宇宙ロボット全体の宇宙機本体の質量中心まわりの慣性テンソルである。上式から $\boldsymbol{\alpha}_0$, $\boldsymbol{a}_0$ を求めてその分を補償すれば，宇宙ロボットにおける逆ダイナミクスを実行できる。

(2) 順ダイナミクス

上記とは逆に，宇宙ロボットの関節トルク τ_i を与えて，関節角加速度 $\ddot{\theta}_i$ を求める計算を順ダイナミクスという。順ダイナミクスも逆ダイナミクスと同様にボディごとに漸化的に求めることができる。以下にその概要を示す。ボディ i について加速度と角加速度，力とトルクなどをまとめて次のように定義する。

$$\boldsymbol{b}_i = \begin{bmatrix} \boldsymbol{a}_i \\ \boldsymbol{\alpha}_i \end{bmatrix}, \quad \boldsymbol{u}_i = \begin{bmatrix} \boldsymbol{f}_i \\ \boldsymbol{n}_i \end{bmatrix}, \quad \boldsymbol{w}_i = \begin{bmatrix} \mathbf{0} \\ \hat{\boldsymbol{z}}_i \end{bmatrix} \tag{13.27}$$

ハンド（ボディ N）における運動方程式 (13.20), (13.21), (13.24) は次の形で表すことができる。

$$\boldsymbol{m}_N\boldsymbol{b}_N + \boldsymbol{c}_N = \boldsymbol{u}_N \tag{13.28}$$

$$\boldsymbol{u}_N \cdot \boldsymbol{w}_N = \tau_N \tag{13.29}$$

ここで $\boldsymbol{m}_N$ はハンドの質量 m_N と慣性テンソル $\boldsymbol{i}_N$ から構成される 6×6 マトリクスである。また式 (13.18), (13.19) から $\boldsymbol{b}_N$ は $\boldsymbol{b}_{N-1}$ と $\ddot{\theta}_N$ を用いて次の形で表すことができる。

$$\boldsymbol{b}_N = \boldsymbol{b}_{N-1} + \boldsymbol{e}_N\ddot{\theta}_N \tag{13.30}$$

これを式 (13.28), (13.29) に代入すれば，$\ddot{\theta}_N$ は次の形で求められる。

$$\ddot{\theta}_N = \boldsymbol{p}_N \cdot \boldsymbol{b}_{N-1} + \gamma_N \tag{13.31}$$

この結果を式 (13.30) に代入して $\boldsymbol{b}_{N-1}$ を $\boldsymbol{b}_N$ だけで表すと次の形になる。

$$\boldsymbol{b}_N = \boldsymbol{A}_N\boldsymbol{b}_{N-1} + \boldsymbol{q}_N \tag{13.32}$$

この結果からボディ $(N-1)$ とボディ N の運動方程式を $\boldsymbol{b}_{N-1}$ を用いて次の形で表す。

$$\boldsymbol{M}_{N-1}\boldsymbol{b}_{N-1} + \boldsymbol{c}_{N-1} = \boldsymbol{u}_{N-1} \tag{13.33}$$

$$\boldsymbol{M}_{N-1} = \boldsymbol{m}_{N-1} + \boldsymbol{A}_N^T\boldsymbol{m}_N\boldsymbol{A}_N \tag{13.34}$$

この手続きでは，式 (13.29) の関節駆動トルク τ_N を用いて $\ddot{\theta}_N$ を消去し，ボディ $(N-1)$ とボディ N を合わせた部分の運動方程式を $\boldsymbol{b}_{N-1}$ だけで表している。これを一般化して，ボディ i からボディ N までの部分の運動方程式を次のように $\boldsymbol{b}_i$ で表そう。

$$\boldsymbol{M}_i\boldsymbol{b}_i + \boldsymbol{c}_i = \boldsymbol{u}_i \tag{13.35}$$

$$\boldsymbol{u}_i \cdot \boldsymbol{w}_i = \tau_i \tag{13.36}$$

この関係から，上記と同様の手続きを行えば，$\ddot{\theta}_i$ と $\boldsymbol{b}_i$ は $\boldsymbol{b}_{i-1}$ によって次のように表される。

$$\ddot{\theta}_i = \boldsymbol{p}_i \cdot \boldsymbol{b}_{i-1} + \gamma_i \tag{13.37}$$

$$\boldsymbol{b}_i = \boldsymbol{A}_i\boldsymbol{b}_{i-1} + \boldsymbol{q}_i \tag{13.38}$$

これらの関係を用いてボディ $(i-1)$ から先の部分の運動方程式を式 (13.35) と同じ形で表すと，$\boldsymbol{M}_i$ と $\boldsymbol{M}_{i-1}$ は次の関係になる。

$$\boldsymbol{M}_{i-1} = \boldsymbol{m}_{i-1} + \boldsymbol{A}_i^T\boldsymbol{M}_i\boldsymbol{A}_i \tag{13.39}$$

この漸化式を，$\boldsymbol{M}_N = \boldsymbol{m}_N$ として $i = N$ から $i = 1$ まで順番に計算すると，最終的に宇宙ロボット全体の運動方程式を宇宙機本体の $\boldsymbol{b}_0$ だけで表すことができ，それを解いて $\boldsymbol{b}_0$ を求めることができる。$\boldsymbol{b}_0$ が得られれば $i = 1$ から $i = N$ まで順番に $\ddot{\theta}_i$ を求めることができる。これが順ダイナミクスの手続きとなるが，宇宙ロボットの場合には，宇宙機本体があり，最終的に本体の運動に帰着されるので，この手続きを適用しやすい。ここで求めたボディ i から先の部分の質量マトリクス $\boldsymbol{M}_i$ は articulated body inertia と呼ばれている。

13.3.3　宇宙ロボットのアームの運動による姿勢変動

(1) 2 次元宇宙ロボットの姿勢変動

ここで対象とする宇宙ロボットの特徴は，アームの運動によって宇宙機本体の位置・姿勢が影響を受けることにある。このうち，本体の位置については，宇宙

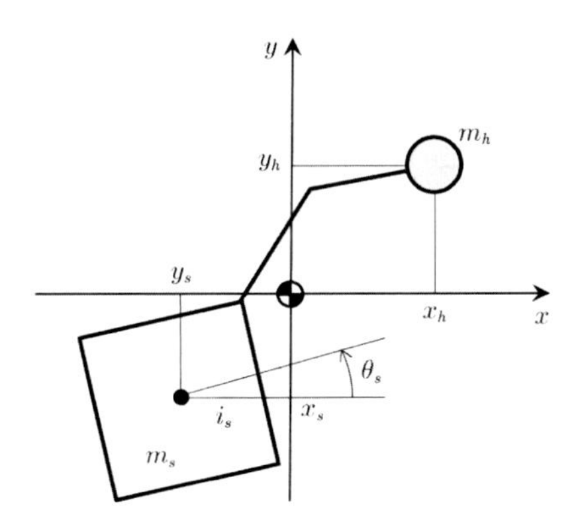

図 13.4　2 次元平面運動を行う宇宙ロボット

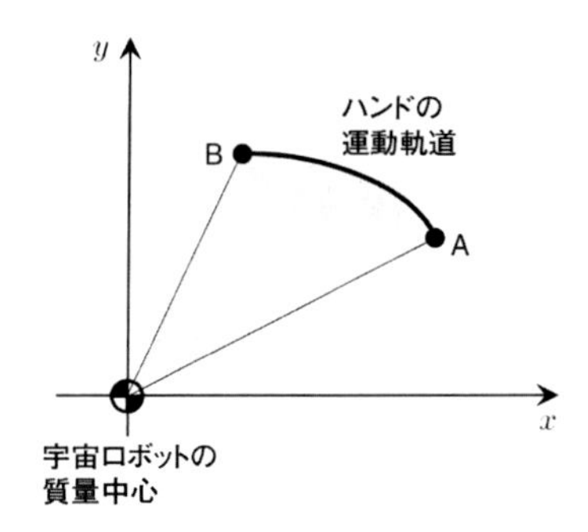

図 13.5　慣性系における宇宙ロボットのハンドの運動軌道

ロボットの質量中心位置が動かないことから，アームの位置・姿勢が決まると本体の位置が決まる。これに対して本体の姿勢については，角運動量保存則が積分できないために，アームの位置・姿勢が決まっても本体の姿勢は決まらず，アームの運動軌道にも依存する。本項ではこのアームの運動と本体の姿勢変動との関係について述べる[3]。前項までが宇宙ロボットの微分的な関係式であるのに対して，ここでは宇宙ロボットの積分的な関係式を扱う。

まず 2 次元宇宙ロボットにおけるハンドの運動について考えよう。図 13.4 に示すようにアームが平面内を運動して平面に垂直な回転軸のまわりで姿勢運動を行うようなロボットを対象とする。問題を簡単にするためにアームの質量はハンドに集中しているものとして，m_s, m_h を宇宙機本体とハンドの質量，i_s を本体質量中心まわりの慣性モーメントとする。また慣性系の原点を宇宙ロボット全体の質量中心にとって，x_s, y_s を本体質量中心の慣性系における位置，x_h, y_h をハンドの慣性系における位置，θ_s を本体の姿勢とする。

宇宙ロボットに外力が働かないときは，運動量保存則は積分されて次の位置に関する関係式となる。

$$m_s x_s + m_h x_h = 0, \quad m_s y_s + m_h y_h = 0 \tag{13.40}$$

宇宙ロボット全体の質量中心まわりの角運動量が 0 で保存されるものとすれば，角運動量保存則は次式となる。

$$i_s \dot{\theta}_s + m_s (x_s \dot{y}_s - y_s \dot{x}_s) + m_h (x_h \dot{y}_h - y_h \dot{x}_h) = 0 \tag{13.41}$$

上式から x_s, y_s を消去して θ_s と x_h, y_h との関係式を導くと次のようになる。

$$\dot{\theta}_s = \gamma (x_h \dot{y}_h - y_h \dot{x}_h), \quad \gamma = -\frac{m_h (m_s + m_h)}{m_s i_s} \tag{13.42}$$

上式において時間 t を消去すると

$$\mathrm{d}\theta_s = \gamma (x_h \mathrm{d}y_h - y_h \mathrm{d}x_h) \tag{13.43}$$

この式に対してハンドが慣性系で領域 D の境界 ∂D に沿って動くものとしてストークスの定理を適用すると，そのときの姿勢変動 $\Delta\theta_s$ は次式で表される。

$$\Delta\theta_s = \int_{\partial D} \gamma (x_h \mathrm{d}y_h - y_h \mathrm{d}x_h) = 2\gamma \int_D \mathrm{d}x_h \mathrm{d}y_h \tag{13.44}$$

上式より宇宙機本体の姿勢の変動量は領域 D の面積の 2γ 倍になる。これはハンドが閉曲線に沿って動く場合であるが，閉曲線でない場合には，ハンドの軌道に，慣性系原点と始点および終点とを結ぶ直線の軌道を付け加えることで対応できる。式 (13.42) において

$$\frac{\mathrm{d}y_h}{\mathrm{d}x_h} = \frac{y_h}{x_h} \tag{13.45}$$

が成り立てば右辺は 0 になるが，これは原点を通る直線上をハンドが動くことであり，この場合には姿勢変動は生じない。したがってハンドが始点から終点までの軌道を動く場合の姿勢変動は，始点および終点と原点とで囲まれる部分の面積に比例することになる。たとえばハンドが 図 13.5 に示すような軌道を点 A から点 B まで動くとすれば，このときの姿勢変動は図のグレーの部分の面積の 2γ 倍になる。このことから逆に姿勢変動量を指定してハンドの動く軌道を定めることもできる。例えば軌道長を最小にしようとすれば，等周問題となって始点と終点を結ぶ円弧が解として得られる。

(2) 3 次元宇宙ロボットの姿勢変動

次に 3 次元空間での姿勢変動を考えよう。2 次元では回転の自由度は 1 つだけだが，3 次元になるとこれが 3 つに増えるので問題はかなり複雑になる。2 次元の場合と同様に，アームが閉じた軌道を運動したときの姿勢変動を導くことを考えよう。式の見通しをよくするために姿勢の表現法にオイラーパラメータを導入する。3 次元空間において宇宙機本体に固定した座標系（機体系）が初期姿勢から単位ベクトル $\hat{\boldsymbol{\beta}}$ のまわりに角度 ϕ だけ回転して異なる姿勢になるものとしよう。このとき回転後の姿勢の初期姿勢に対するオイラーパラメータとは，ベクトル部を機体系で表した $\hat{\boldsymbol{\beta}}\sin(\phi/2)$ とし，スカラ部を $\cos(\phi/2)$ とする 4 つの成分のことである。これを

$$\boldsymbol{\epsilon} = \begin{bmatrix} \boldsymbol{\epsilon}_v \\ \epsilon_s \end{bmatrix} = \begin{bmatrix} \hat{\boldsymbol{\beta}} \sin \frac{\phi}{2} \\ \cos \frac{\phi}{2} \end{bmatrix} \tag{13.46}$$

と表記する。定義から明らかなようにオイラーパラメータには $\|\boldsymbol{\epsilon}\| = 1$ という性質がある。機体系の初期姿勢は慣性系と向きが一致するものとすると，$\boldsymbol{\epsilon}$ は機体系の慣性系に対する姿勢を表す。宇宙ロボットには外力が働かず角運動量 $\boldsymbol{h}_c$ が $\boldsymbol{0}$ で保存されるものとすると，式 (13.14) から角速度 $\boldsymbol{\omega}_0$ を次式で表すことができる。

$$\boldsymbol{\omega}_0 = -\sum_{i=1}^{N} \boldsymbol{x}_i \dot{\theta}_i \tag{13.47}$$

ここで $\boldsymbol{x}_i$ は各軸の回転角速度の本体角速度に対する影響を表すベクトルで，アーム回転角 θ_i の関数である。一方，$\boldsymbol{\epsilon}$ の時間微分と角速度 $\boldsymbol{\omega}_0$ の関係は次式で表される。

$$\dot{\boldsymbol{\epsilon}} = \frac{1}{2} \begin{bmatrix} \epsilon_s \boldsymbol{E}_3 + \boldsymbol{\epsilon}_v^{\times} \\ -\boldsymbol{\epsilon}_v^T \end{bmatrix} \boldsymbol{\omega}_0 \tag{13.48}$$

ただし上式では $\boldsymbol{\omega}_0$ を機体系で表現するものとし，$\boldsymbol{\epsilon}_v^{\times}$ は $\boldsymbol{\epsilon}_v$ によるベクトル積操作を表す 3×3 マトリクス，$\boldsymbol{E}_3$ は 3 次の単位マトリクスである。上式を簡単化して

$$\dot{\boldsymbol{\epsilon}} = \frac{1}{2} \boldsymbol{\epsilon} \otimes \boldsymbol{\omega}_0 \tag{13.49}$$

と略記しよう。式 (13.47) を式 (13.49) に代入すれば次式となる。

$$\dot{\boldsymbol{\epsilon}} = -\frac{1}{2} \sum_{i=1}^{n} \boldsymbol{\epsilon} \otimes \boldsymbol{x}_i \dot{\theta}_i \tag{13.50}$$

上式はアームの運動と本体の姿勢変動との関係を表しているが，この式から宇宙ロボットのアームがある状態から運動してもとの状態に戻ったときに，本体がどれだけ姿勢変動するかを推定することができる。このようにアームの状態が同じでも本体の姿勢が異なりうることは宇宙ロボットにおける特徴的な振舞いであり，以下このことについて述べよう。

この場合にも時間 t を消去して，アームの閉じた運動軌道と本体の姿勢変動との関係を導くことができるが，$\boldsymbol{x}_i$ が関節角 θ_i の関数となるので前述のような大域的な結果は得られない。そこで θ_i が微小閉曲線を動く場合の $\boldsymbol{\epsilon}$ の変動 $\Delta\boldsymbol{\epsilon}$ を近似的に求めることにすると，次の結果が得られる。

$$\Delta\boldsymbol{\epsilon} = \sum_{i=1}^{N} \sum_{j=1}^{N} \boldsymbol{\epsilon} \otimes \boldsymbol{v}_{ij} \mathrm{d}\theta_i \mathrm{d}\theta_j \tag{13.51}$$

$$\boldsymbol{v}_{ij} = \frac{1}{4} \left(\frac{\partial \boldsymbol{x}_i}{\partial \theta_j} - \frac{\partial \boldsymbol{x}_j}{\partial \theta_i} + \boldsymbol{x}_i \times \boldsymbol{x}_j \right) \tag{13.52}$$

式 (13.51) において右辺は関節角の N 次元空間における 2 次微分形式である。これを 2 次元空間における面積分に変換するために，θ_i を 2 つの独立変数 p_1, p_2 の関数とすると

$$\mathrm{d}\theta_i = \frac{\partial \theta_i}{\partial p_1} \mathrm{d}p_1 + \frac{\partial \theta_i}{\partial p_2} \mathrm{d}p_2 \tag{13.53}$$

となる。これを式 (13.52) の右辺に代入すれば p_1, p_2 の 2 次元空間における面積分として求めることができる。ここでは関節角 θ_i を

$$\theta_i = a_i p_1 + b_i p_2 + c_i \tag{13.54}$$

とおくことにすると，式 (13.52) は次の形になる。

$$\Delta\boldsymbol{\epsilon} = \boldsymbol{\epsilon} \otimes \left(\boldsymbol{a}^T \boldsymbol{B} \boldsymbol{b} \right) \tag{13.55}$$

ただし $\boldsymbol{a} = \left[a_1, \ldots, a_N \right]^T$, $\boldsymbol{b} = \left[b_1, \ldots, b_N \right]^T$ であり，p_1, p_2 が領域 D の境界に沿って動けば，$\boldsymbol{B}$ は (i, j) 成分を次のベクトルとするマトリクスとなる。

$$\boldsymbol{B}_{ij} = 2\boldsymbol{v}_{ij} \int_D \mathrm{d}p_1 \mathrm{d}p_2 \tag{13.56}$$

すなわち $\boldsymbol{B}_{ij}$ は D の面積に $2\boldsymbol{v}_{ij}$ をかけたものであり，$\boldsymbol{a}$, $\boldsymbol{b}$ を与えればそのときの姿勢変動量を求めることができる。例えば p_1,p_2 が単位円に沿って動くものとすると $\boldsymbol{B}_{ij} = 2\pi\boldsymbol{v}_{ij}$ となる。単位円を m 周するのであ

ればの $\boldsymbol{B}_{ij}$ の値も m 倍になり，単位円を逆向きに回るのであれば，$\boldsymbol{B}_{ij}$ の符号も逆になる。

このように式 (13.55) は $\boldsymbol{a}, \boldsymbol{b}$ で定まるアームの微小回転運動と 3 次元空間における宇宙機本体の姿勢変動との関係を表している。この式によれば，2 次元の場合と同様に，アームの微小運動の繰返しで望ましい姿勢変動を得るようなアームの運動軌道を求めることもできる。

＜山田克彦＞

参考文献（13.3 節）

[1] Vafa, Z. and Dubowsky, S.: On the Dynamics of Space Manipulators Using the Virtual Manipulator, with Applications to Path Planning, *The Journal of the Astronautical Sciences*, Vol. 38, No. 4, pp. 441–472 (1990).

[2] Umetani, Y. and Yoshida, K.: Resolved Motion Rate Control of Space Manipulators with Generalized Jacobian Matrix, *IEEE Transactions on Robotics and Automation*, Vol. 5, No. 3, pp. 303–314 (1989).

[3] 山田克彦：非ホロノミックシステムの軌道生成，『計測と制御』, Vol. 36, No. 6, pp. 390–395 (1997).

13.4 回転翼型空中ロボットの制御

最近，マルチロータヘリコプタを自律制御で飛行して空撮や測量，設備点検，監視，防災，農業，荷物搬送等様々な分野での活用が始まっており，この分野の技術が社会に浸透する日も近い。本稿では，こうしたマルチロータヘリコプタの基本的な非線形モデルについて述べ，ミキシング行列の導出と角速度安定化の方法を紹介する。その後に，伝達関数および状態空間法に基づく自律制御について述べる。

13.4.1 マルチロータヘリコプタの概要

図 13.6 に本稿で扱う機体を示す。この機体は 2015 年から量産している標準機で，純国産のミニサーベイヤー MS-06LA と呼んでいる。表 13.1 にその諸元を示す。なお本稿で解説するモデルは一般的なマルチロータヘリコプタに適用できるものである。ただし，実験結果等のデータはこの機体をプラットフォームとして得られたものである。

13.4.2 飛行原理

マルチロータヘリコプタが飛行する原理は非常にシンプルなものであり，その運動はそれぞれのロータの回転数だけで決定される。まず，ロール方向について

図 13.6 ミニサーベイヤー MS-06LA

表 13.1 MS-06LA の諸元

本体質量（バッテリ含まず）	約 2.8 kg
寸法（プロペラ含む）	(L)1010 mm× (W)1010 mm× (H)360 mm
寸法（プロペラ含まず）	(L)680 mm× (W)680 mm× (H)360 mm
プロペラ直径	13 インチ (330 mm)
バッテリタイプ	Li-po 22.2V (6 セル)
バッテリ質量	650 g
ペイロード	約 6 kg
飛行時間	10 min～30 min

述べる。この運動は図 13.7 に示すように機体前方を通る X 軸を対称軸として右側のロータと左側のロータの回転数に差を与え，発生する推力差を調整することによって実現される。図 13.7(a) は，2 番と 3 番のロータの回転数を下げてその推力を減少させ，5 番と 6 番のロータは回転数を上げて同じ分だけ推力を増加させた場合を示している。このとき X 軸まわりに時計回りのモーメントが生じるため，この作用によって X 軸まわりに機体が傾く。推力変化の合計は 0 であるため，上下方向に加速度は生じない。同様に Y 軸まわり，Z 軸まわりに関してもそれぞれモーメントが打ち消される。

ピッチ方向の運動もロール方向と同様に回転数差によって生じる推力差によって実現される。ただし，6 発ロータヘリコプタのように前後左右が非対称なマルチロータヘリコプタでは，やや複雑な推力の与え方となる。図 13.7(b) は，1, 2, 6 番ロータの回転数を上げて

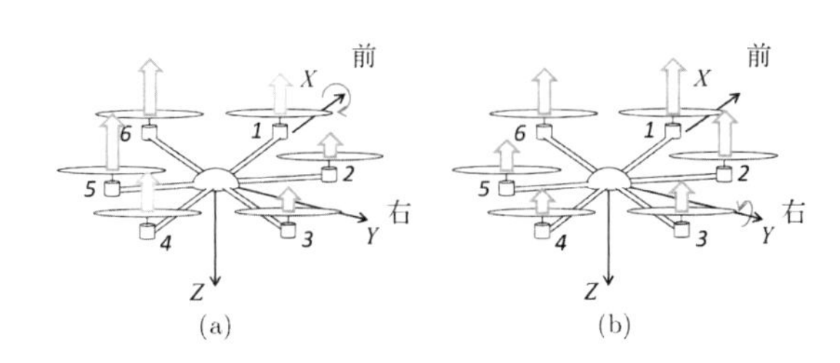

図 13.7 ロール，ピッチに関する運動

推力を増加させ，3, 4, 5 番のロータの回転数を下げた場合を示している。このようにすると，Y 軸まわりに時計回りのモーメントが生じ，機体は Y 軸まわりに傾く。ただし，変化させる推力の大きさはロータ毎に異なったものとなる。例えば同一円周上にロータが等間隔に並んでいる本図の構成では，2, 3, 5, 6 番ロータに比べ，1, 4 番のロータでは変化量を 2 倍にする必要がある。

ヨー方向の運動は，各ロータが機体に与える反トルクによって実現される。反トルクとはロータを回転させるための駆動力の反作用であり，各ロータの回転方向と逆方向に生じるモーメントである。シングルロータヘリコプタでは，メインロータから生じる反トルクをテールロータが生み出すモーメントによって相殺することで方位角を保っている。これに対し，マルチロータ型ヘリコプタでは図 13.8(a) のように半数のロータの回転方向を逆にすることで反トルクを相殺する。機体を Z 軸まわりに回転させたいときは，図 13.8(b) のように，時計回りと反時計回りのロータの回転数に差を与える。図では，反時計回りに回転する 1, 3, 5 番のロータの回転数を増加させ，2, 4, 6 番のロータの回転数を減少させている。このようにすると，時計回りの反トルクの方が大きくなるため，機体は時計回りに回転する。

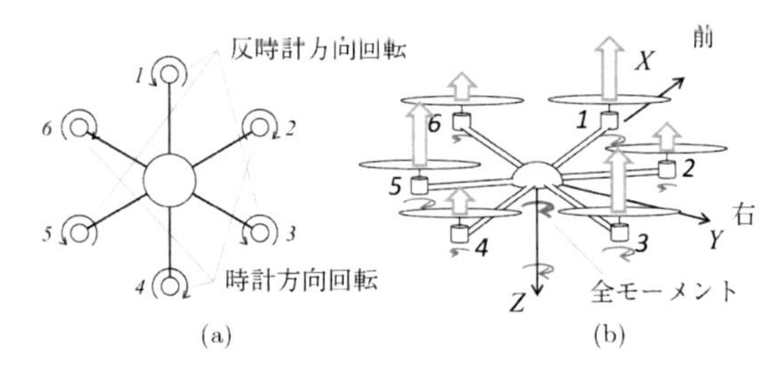

図 13.8　ヨーに関する運動

そして，機体の上下運動はすべてのロータの推力を等しく増減させることで行われる。以上の運動は非線形性を無視できる範囲で重ね合わせが成り立つため，それぞれの運動に対する 4 つの操作量から各ロータに対する入力の大きさを求める行列演算が一般的に行われる。これをミキシングと呼び，その係数はロータの幾何学的配置から求められる。

13.4.3 ハードウェア構成

マルチロータヘリコプタは本質的に不安定なシステムであるため，制御なしでは各ロータのばらつきによる推力の不均衡によって姿勢が急激に変化してしまい飛行させることができない。そこで，一般的にジャイロセンサを用いた角速度フィードバックによってダイナミクスの安定化が行われる。また，自律型の機体ではGPS を始めとした各種センサが搭載される。

我々のマルチロータヘリコプタのシステム構成を図 13.9 に示す。システムは，駆動部，制御装置，通信装置，そして外部装置の空撮用カメラから構成される。制御装置にはマイクロコントローラユニット（Micro Controller Unit, 以下 MCU）が 2 つ搭載されており，下位制御用 MCU と上位制御用 MCU にそれぞれ処理を分散させている。下位制御用 MCU は 3 つの 1 軸ジャイロセンサから角速度を取得し，角速度のフィードバック安定化を行う。その制御指令値は 6 つのモータドライバへと送信され，ロータの回転数を変化させる。オペレータによるマニュアル操縦下では，下位制御用 MCU は上位制御用 MCU から独立して動作するようになっており，RC レシーバから受け取る 操縦信号を角速度目標値とした角速度制御が行われる。

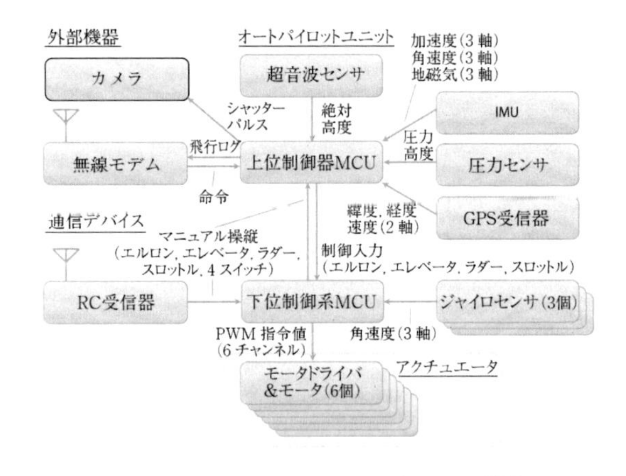

図 13.9　MS-06LA のハードウェア構成

上位制御用 MCU は自律飛行時の制御演算を担当している。本 MCU は GPS レシーバから緯度経度および水平面内の速度情報を，慣性センサ (IMU) から 3 軸加速度，3 軸角速度，3 軸方位を，気圧センサから気圧高度の情報を取得し，制御演算に用いている。制御演算の結果は下位制御用 MCU に角速度目標値として送信される。なお，図中の超音波センサは自動離着陸における地面検出のために搭載されたセンサである。

13.4.4 座標系と記号の定義

はじめに図 13.10 に示す座標系を定義しておく。まず，原点が機体重心に固定され，機体前方に X 軸，機体右方向に Y 軸，これらに垂直な機体下方向を Z 軸を持つ系を機体座標系と定義する。次に，慣性系として真北に x 軸，重力方向に z 軸，x 軸と z 軸に垂直な東向きの軸を y 軸とする地面固定座標系を定義する。最後に，速度制御による誘導のために，x-y-z の座標系を機首方位 ψ だけ水平面内で回転させた x'-y'-z 系を定義する。速度および，速度制御器に対する速度目標値はこの座標系で定義する。

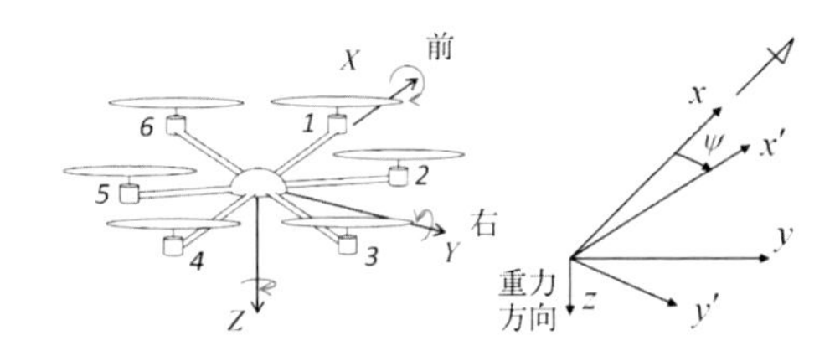

図 13.10　座標系の定義

● 記号

本稿で用いる記号を以下に列挙する。

[スカラー]

A	:	ロータ推力の比例係数
B	:	反トルクの比例係数
e_p, e_pi	:	ピッチ順逆
g	:	重力加速度
J_r	:	ロータの慣性モーメント
K_A	:	反トルクと回転数変動の間の比例係数
K_T	:	ロータ推力変動と回転数変動の間の比例係数
K_{Throttle}	:	スロットル操縦指令値に対するゲイン
L	:	機体重心からロータ回転軸までの水平面距離
m	:	機体質量
M_U, M_R, M_P, M_Y	:	対角行列 $\bar{M}M$ の任意パラメータ
N	:	ロータ数
p_m，q_m，r_m	:	観測されたロール，ピッチ，ヨー角速度
r_{Aileron}	:	ロールの角速度制御器に対する操縦指令値
r_{Elevator}	:	ピッチの角速度制御器に対する操縦指令値
r_{Rudder}	:	ヨーの角速度制御器に対する操縦指令値
r_{Throttle}	:	スロットル操縦指令値
T, T_i	:	ロータ推力
$u_{\mathrm{Roll\text{-}ff}}$	:	ロール角速度制御器が出力する制御入力のフィードフォワード成分
$u_{\mathrm{Roll\text{-}fb}}$	:	ロール角速度制御器が出力する制御入力のフィードバック成分
$u_{\mathrm{Pitch\text{-}ff}}$	:	ピッチ角速度制御器が出力する制御入力のフィードフォワード成分
$u_{\mathrm{Pitch\text{-}fb}}$	:	ピッチ角速度制御器が出力する制御入力のフィードバック成分
$u_{\mathrm{Yaw\text{-}ff}}$	:	ヨー角速度制御器が出力する制御入力のフィードフォワード成分
$u_{\mathrm{Yaw\text{-}fb}}$	:	ヨー角速度制御器が出力する制御入力のフィードバック成分
u_{Throttle}	:	スロットル操縦指令値から生成された入力値
u_{Roll}，u_{Pitch}，u_{Yaw}	:	ロール，ピッチ，ヨーの角速度制御器が出力する制御入力
U	:	総推力
v'_x，v'_y	:	x'-y'-z 系の水平面速度
ϕ, θ, ψ	:	ロール，ピッチ，ヨー姿勢オイラー角
δ_Z	:	機体重心を通る水平面からロータ回転面までの距離
τ_a，τ_{ai}	:	反トルク
Ω	:	ロータ回転数
Ω_0	:	ホバリング時のロータ回転数

[ベクトル]

$\boldsymbol{D} = [D_1 \cdots D_N]^T$	:	モータドライバへの入力（e.g. PWM Duty 比）
$\boldsymbol{e}_z = [001]^T$	:	z 軸基本ベクトル
$\boldsymbol{e}_\omega$, $\boldsymbol{e}_{\omega i} \in R^3$	:	i 番目のロータ回転方向を定義する単位ベクトル
$\boldsymbol{r}$, $\boldsymbol{r}_i \in R^3$	:	重心から i 番目のロータ回転面までの 3 次元距離
$\tilde{\boldsymbol{r}}$, $\tilde{\boldsymbol{r}}_i = [\tilde{r}_{Xi}\ \tilde{r}_{Yi}\ \tilde{r}_{Zi}]^T$	:	L で無次元化したベクトル r
$\boldsymbol{u} = [u_{\mathrm{Throttle}}\ u_{\mathrm{Roll}}\ u_{\mathrm{Pitch}}\ u_{\mathrm{Yaw}}]^T$	:	ミキサへの入力
$\boldsymbol{x} = [x\ y\ z]^T$	:	地面固定座標系の位置
$\boldsymbol{\Delta\Omega} = [\Delta\Omega_1 \cdots \Delta\Omega_N]^T$	:	ロータ回転数の平衡点からの変動
$\boldsymbol{\Delta T} = [T_1 \cdots T_N]^T$	:	ロータ推力の平衡点からの変動
$\boldsymbol{\Delta\tau}_a = [\tau_{a1} \cdots \tau_{aN}]^T$	:	反トルクの平衡点からの変動
$\boldsymbol{\eta} = [\phi\ \theta\ \psi]^T$	:	姿勢角
$\boldsymbol{\tau} = [\tau_X\ \tau_Y\ \tau_Z]^T$	:	機体に作用するトルク
$\boldsymbol{\omega} = [p\ q\ r]^T$	:	ロール，ピッチ，ヨー角速度
$\boldsymbol{\Omega} = [\Omega_1 \cdots \Omega_N]^T$	:	ロータ回転数

[行列]

$\boldsymbol{C} = \mathrm{diag}(c_x, c_y, c_z)$：空気抵抗パラメータ（$c_x = c_y$）
$\boldsymbol{J} \in R^{3\times3}$　：機体の慣性モーメント
$\boldsymbol{M} \in R^{N\times4}$　：ミキシング係数行列
$\bar{\boldsymbol{M}} \in R^{4\times N}$　：ロータ幾何配置に関する無次元係数行列
$\boldsymbol{R} \in R^{3\times3}$　：機体固定座標系から地面固定座標系への変換行列

[伝達関数]

$G_{\mathrm{RP\text{-}ff}}$　：ロール，ピッチの角速度制御器のフィードフォワード部
$G_{\mathrm{RP\text{-}fb}}$　：ロール，ピッチの角速度制御器のフィードバック部
$G_{\mathrm{Y\text{-}ff}}$　：ヨーの角速度制御器のフィードフォワード部
$G_{\mathrm{Y\text{-}fb}}$　：ヨーの角速度制御器のフィードバック部
G_r　：ロータ系（デューティー比 → 回転数変動）
$G_{\mathrm{Rb}}, G_{\mathrm{Pb}}, G_{\mathrm{Yb}}$：機体構造と回転運動（回転数変動 → 角速度）
G_c　：センサとフィルタ回路

13.4.5　マルチロータヘリコプタの角速度安定化制御

前述のようにマルチロータヘリコプタのダイナミクスは不安定であるため，フィードバック制御が不可欠である。そこで，ラジコンヘリコプタで利用されるスタビライザと同様の効果を得るために，通常はジャイロセンサによる角速度フィードバックを実装する。制御は数百 Hz の高いサンプリングレートで行う必要があり，計算負荷の小さい PID 制御を用いて安定化させる方法が広く用いられている。ここでは，PID 制御による角速度安定化の方法とそれぞれのロータに対する操作量を求めるミキシングの演算方法について述べる。

(1) モデリング

ミキシングの演算を述べる前に，まずマルチロータヘリコプタの基本的なダイナミクスについて述べる。4 発ロータに関しては文献 [1] や [2] などが参考になる。本稿では様々なマルチロータ機にモデルを適用できるよう，ロータの数や位置に関して数式を一般化する。また，無視または省略されることの多い重要な特性であるロータの遅れと慣性モーメントを考慮する。

実機のダイナミクスを図 13.11 に示す。プラントへの入力は，ロータの回転数を制御するモータドライバに対して入力する PWM 信号のデューティー比としてモデル化できる。モータドライバ，モータ，プロペラから構成されるロータ系はこの入力を受けてロータの回転数を変化させる。各ロータからはその回転数に応じた推力や反トルクが生じ，ロータの位置関係，回転方向，プロペラのピッチの順逆といった要素からなる構造的な要因によって様々な方向のトルクとなる。そして，それらの合力が機体姿勢を変化させる。

以下，図 13.11 に示したそれぞれの要素について述べるが，簡単のためすべてのロータ回転面はある一つの平面に平行で，それぞれが上向きに配置されるものとする。ロータ数に関しては一般化してその数を N とおく。なお，ここで述べるモデルは後述のアウターループの制御系設計にも用いられる。

(2) ロータ系のダイナミクス

モータドライバは指令値 D を受け取り，その大小に従ってロータの回転数を変化させる。指令値に対するロータ回転数の平衡点からの変動 $\Delta\Omega$ は，M 系列信号によるシステム同定の実験を行ったところ 1 次遅れ系として同定された。そこで指令値 D からロータ回転数の平衡点からの変動までのダイナミクスを次の伝達関数で表すこととする。

$$\frac{\Delta\Omega_i(s)}{D_i(s)} = \frac{K_r}{T_r s + 1} \equiv G_r(s) \qquad (13.57)$$

添字 i は個々のロータを表す 1〜N の番号である。K_r, T_r は伝達関数の特性を表すパラメータであり，すべてのロータで共通とする。

以上の関係をベクトル形式で次のように表す。添字 i はベクトルの要素番号に対応する。

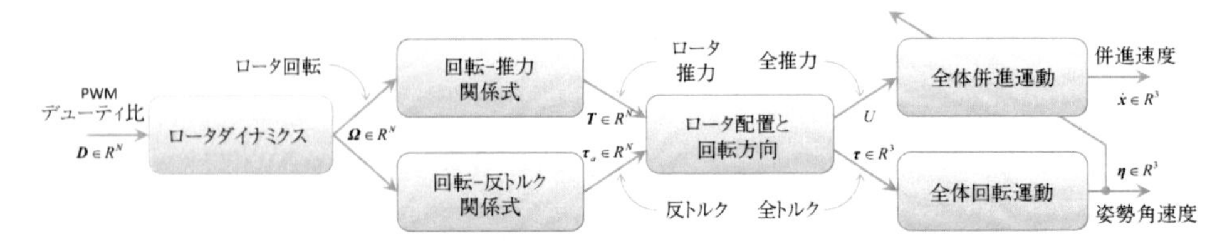

図 13.11　マルチロータヘリコプタのモデル

$$\boldsymbol{\Delta\Omega}(s) = G_r(s)\boldsymbol{D}(s) \tag{13.58}$$

(3) 回転数と揚力の関係

一般に，プロペラによって生ずる揚力は次式のようにロータの回転数の 2 乗に比例する。

$$T = A\Omega^2 \tag{13.59}$$

T_0 を平衡点であるホバリング時の推力，Ω_0 をそのときの回転数とし，変動を ΔT および $\Delta\Omega$ とすると，$T = T_0 + \Delta T$，$\Omega = \Omega_0 + \Delta\Omega$ であり，平衡点では $T_0 = A\Omega_0^2$ となる。重力との釣合いをとると，

$$T_0 = \frac{mg}{N} \tag{13.60}$$

であるから，

$$\Omega_0 = \sqrt{\frac{mg}{AN}} \tag{13.61}$$

が得られる。したがって，

$$\begin{aligned}\Delta T &= 2A\Omega_0\Delta\Omega + A\Delta\Omega^2 \\ &= \sqrt{\frac{4Amg}{N}}\Delta\Omega + A\Delta\Omega^2\end{aligned} \tag{13.62}$$

となる。上式を線形化し，すべてのロータで同一の式が成り立つものとすると次式が得られる。

$$\Delta T_i = \sqrt{\frac{4Amg}{N}}\Delta\Omega_i \equiv K_T\Delta\Omega_i \tag{13.63}$$

最後にベクトル形式で以上の関係を次のように表す。

$$\boldsymbol{\Delta T} = K_T\boldsymbol{\Delta\Omega} \tag{13.64}$$

(4) 回転数と反トルクの関係

ロータに駆動力を与えると機体はその反作用である反トルクを受ける。反トルクは推力と同様に回転数の 2 乗に比例する関係がある。また，ロータの慣性力も無視できないため次式となる。

$$\tau_a = B\Omega^2 + J_r\dot{\Omega} \tag{13.65}$$

式 (13.63) と同様に平衡点からの変動を求めると次のようになる。ただし $\dot{\Omega}_0 = 0$ より $\dot{\Omega} = \Delta\dot{\Omega}$ である。

$$\begin{aligned}\Delta\tau_{ai} &= \sqrt{\frac{4B^2mg}{AN}}\Delta\Omega_i + J_r\Delta\dot{\Omega}_i \\ &\equiv K_A\Delta\Omega_i + J_r\Delta\dot{\Omega}_i\end{aligned} \tag{13.66}$$

最後にベクトル形式で以上の関係を次のように表す。

$$\boldsymbol{\Delta\tau}_a = K_A\boldsymbol{\Delta\Omega} + J_r\boldsymbol{\Delta\dot{\Omega}} \tag{13.67}$$

(5) ロータ配置に基づくトルクおよび推力の合成

マルチロータヘリコプタではそれぞれのロータの配置に基づいて機体重心に生じるトルクと推力の合力が決定される。機体座標系にて，図 13.12 に示すように重心から各ロータまでのベクトルを $\boldsymbol{r}$，プロペラの回転方向を定義する単位ベクトルを $\boldsymbol{e}_\omega$，順ピッチプロペラを 1 とし，逆ピッチプロペラを -1 とするスカラー量を e_p とおくと，トルク $\boldsymbol{\tau}$ は次のようになる。

$$\boldsymbol{\tau} = \sum_{i=1}^{N}\{\boldsymbol{r}_i \times (T_i e_{pi}\boldsymbol{e}_{\omega i}) - \tau_{ai}\boldsymbol{e}_{\omega i}\} \tag{13.68}$$

後述のミキシングのために推力ベクトルも定式化しておく。推力ベクトル $\boldsymbol{F} = [F_X\ F_Y\ F_Z]^T$ は次のようになる。

$$\boldsymbol{F} = \sum_{i=1}^{N} T_i e_{pi}\boldsymbol{e}_{\omega i} \tag{13.69}$$

すべてのロータが同一平面に平行で，上向きに配置される構造では $e_{pi}e_{\omega i} = -e_Z$ となる。したがって，式 (13.69) は機体上方を正とする力 U を用いて次のように書き換えられる。

$$U = \sum_{i=1}^{N} T_i \tag{13.70}$$

式 (13.68) は，$\boldsymbol{e}_{\omega i} = -e_{pi}\boldsymbol{e}_Z$ の関係と，$\boldsymbol{r} = L\tilde{\boldsymbol{r}}$ とおくことにより次のように書き換えられる。

$$\boldsymbol{\tau} = \sum_{i=1}^{N}\{-LT_i\tilde{\boldsymbol{r}}_i \times \boldsymbol{e}_Z + \tau_{ai}e_{pi}\boldsymbol{e}_Z\} \tag{13.71}$$

ここで L は XY 平面内における機体重心からロータ

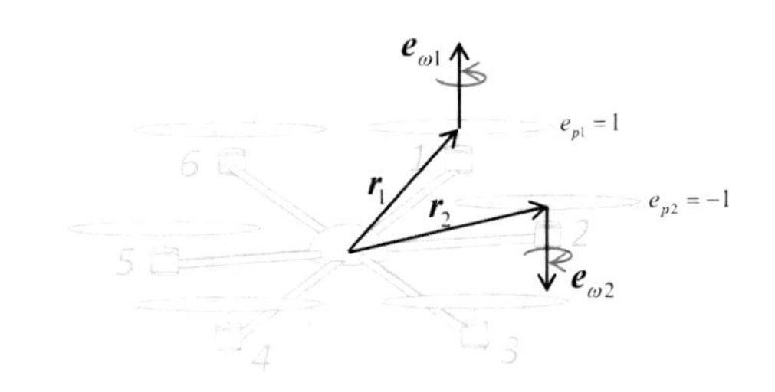

図 13.12 ベクトルの定義

回転軸までの距離，$\tilde{\boldsymbol{r}}$ は L によって無次元化されたベクトルである。次に，式 (13.70) および式 (13.71) を展開し，式 (13.59), (13.65) を代入すると次の関係が得られる。

$$\begin{bmatrix} U \\ \tau_X \\ \tau_Y \\ \tau_Z \end{bmatrix} = \begin{bmatrix} A & 0 & 0 & 0 \\ 0 & LA & 0 & 0 \\ 0 & 0 & LA & 0 \\ 0 & 0 & 0 & B \end{bmatrix} \bar{\boldsymbol{M}}\boldsymbol{\Omega}^2 + \begin{bmatrix} 0 & 0 & 0 & 0 \\ 0 & 0 & 0 & 0 \\ 0 & 0 & 0 & 0 \\ 0 & 0 & 0 & J_r \end{bmatrix} \bar{\boldsymbol{M}}\dot{\boldsymbol{\Omega}} \tag{13.72}$$

ただし，$\boldsymbol{\Omega}^2$ は次の意である。

$$\boldsymbol{\Omega}^2 = [\Omega_1^2 \; \Omega_2^2 \; \cdots \; \Omega_N^2]^T \tag{13.73}$$

行列 $\bar{M}$ は無次元の値で構成される係数行列であり，ロータの配置とその回転方向によってその要素は次のようになる。

$$\bar{\boldsymbol{M}} = \begin{bmatrix} 1 & 1 & \cdots & 1 \\ -\tilde{r}_{Y1} & -\tilde{r}_{Y2} & \cdots & -\tilde{r}_{YN} \\ \tilde{r}_{X1} & \tilde{r}_{X2} & \cdots & \tilde{r}_{XN} \\ e_{p1} & e_{p2} & \cdots & e_{pN} \end{bmatrix} \tag{13.74}$$

次に式 (13.72) に $\Omega = \Omega_0 + \Delta\Omega$ を代入する。また，回転数の変化が小さいホバリング時や等速飛行時を仮定して線形化を行うと次式が得られる。

$$\begin{bmatrix} U \\ \tau_X \\ \tau_Y \\ \tau_Z \end{bmatrix} = \begin{bmatrix} mg \\ 0 \\ 0 \\ 0 \end{bmatrix} + \begin{bmatrix} K_T & 0 & 0 & 0 \\ 0 & LK_T & 0 & 0 \\ 0 & 0 & LK_T & 0 \\ 0 & 0 & 0 & K_A \end{bmatrix} \bar{\boldsymbol{M}}\boldsymbol{\Delta\Omega} + \begin{bmatrix} 0 & 0 & 0 & 0 \\ 0 & 0 & 0 & 0 \\ 0 & 0 & 0 & 0 \\ 0 & 0 & 0 & J_r \end{bmatrix} \bar{\boldsymbol{M}}\boldsymbol{\Delta}\dot{\boldsymbol{\Omega}} \tag{13.75}$$

(6) 機体の回転運動

剛体の回転運動は一般的に次式で表される。

$$\boldsymbol{J}\dot{\boldsymbol{\omega}} + \boldsymbol{\omega} \times \boldsymbol{J}\boldsymbol{\omega} = \boldsymbol{\tau} \tag{13.76}$$

機体の対称性により，慣性モーメント $\boldsymbol{J}$ は次のように対角行列となっているものとする。

$$\boldsymbol{J} = \begin{bmatrix} J_{xx} & 0 & 0 \\ 0 & J_{yy} & 0 \\ 0 & 0 & J_{zz} \end{bmatrix} \tag{13.77}$$

以上の条件のもと，式 (13.76) を線形化し，伝達関数で表すと以下のようになる。

$$\frac{p(s)}{\tau_X(s)} = \frac{1}{J_{xx}s} \tag{13.78}$$

$$\frac{q(s)}{\tau_Y(s)} = \frac{1}{J_{yy}s} \tag{13.79}$$

$$\frac{r(s)}{\tau_Z(s)} = \frac{1}{J_{zz}s} \tag{13.80}$$

13.4.6 ミキシング

$U = mg + \Delta U$ とおいて式 (13.58), (13.78), (13.79), (13.80) を代入すると式 (13.75) は次のように書ける。

$$\begin{bmatrix} \Delta U(s) \\ p(s) \\ q(s) \\ r(s) \end{bmatrix} = G_r(s) \begin{bmatrix} K_T & 0 & 0 & 0 \\ 0 & \frac{LK_T}{J_{xx}s} & 0 & 0 \\ 0 & 0 & \frac{LK_T}{J_{yy}s} & 0 \\ 0 & 0 & 0 & \frac{J_r s + K_A}{J_{zz}s} \end{bmatrix} \bar{\boldsymbol{M}}\boldsymbol{D}(s) \tag{13.81}$$

ここで，推力および 3 軸姿勢に対する 4 つの入力 $\boldsymbol{u} = [u_{\mathrm{Throttle}} \; u_{\mathrm{Roll}} \; u_{\mathrm{Pitch}} \; u_{\mathrm{Yaw}}]^T$ を定義し，変換行列 $\boldsymbol{M} \in R^{N \times 4}$ を用いた演算を次のように定義する。

$$\boldsymbol{D} = \boldsymbol{M} \begin{bmatrix} u_{\mathrm{Throttle}} \\ u_{\mathrm{Roll}} \\ u_{\mathrm{Pitch}} \\ u_{\mathrm{Yaw}} \end{bmatrix} \tag{13.82}$$

以上の演算を行う場合，行列の積 $\bar{\boldsymbol{M}}\boldsymbol{M}$ が次のように対角行列となるならば，システムを線形領域において連成のない単入力単出力システムにすることが可能となる。

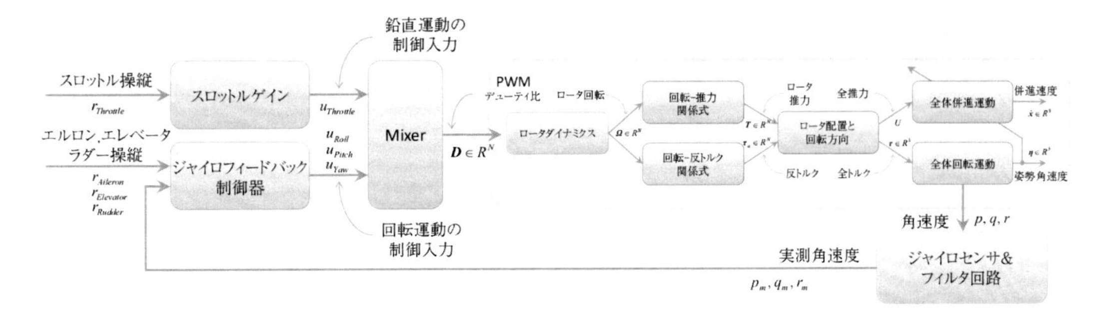

図 13.13 ジャイロフィードバックによるマルチロータヘリコプタの角速度安定化

$$\bar{M}\boldsymbol{M} = \begin{bmatrix} M_U & 0 & 0 & 0 \\ 0 & M_R & 0 & 0 \\ 0 & 0 & M_P & 0 \\ 0 & 0 & 0 & M_Y \end{bmatrix} \tag{13.83}$$

このような役割を持つ行列 $\boldsymbol{M}$ がミキシング行列であり，その値はロータの配置と回転方向で与えられる式 (13.74) の値を用いて決定することができる。ロータ数が 4 であるならば，単純に逆行列を求めることで $\boldsymbol{M}$ を求めることができる。ロータ数が 4 以上である一般的な場合には，推力のばらつきによる誤差が最小となるよう，擬似逆行列を用いた次の式でこれを求めることができる。

$$\boldsymbol{M} = \bar{\boldsymbol{M}}^T(\bar{\boldsymbol{M}}\bar{\boldsymbol{M}}^T)^{-1} = \begin{bmatrix} M_U & 0 & 0 & 0 \\ 0 & M_R & 0 & 0 \\ 0 & 0 & M_P & 0 \\ 0 & 0 & 0 & M_Y \end{bmatrix} \tag{13.84}$$

対角行列の各要素の値は任意であり，適切な値を選ぶことで $\boldsymbol{M}$ の要素を整数にできる場合がある。$\boldsymbol{M}$ の要素を整数にできれば MCU での行列演算の負荷が抑えられる。

13.4.7 ジャイロフィードバック制御

以上のミキシングによって制御器から見たプラントは単入力単出力となるため，1 軸毎に独立した制御器を実装できる。一例として，次のような PID 制御を行うことで角速度の出力 y を指令値 r に比例させることができる。

$$\begin{aligned} u =& K_{\text{p-ff}} r - K_{\text{p-fb}} y \\ &+ \int_0^t (K_{\text{i-ff}} r - K_{\text{i-fb}} y) dt - K_{\text{d-fb}} \frac{dy}{dt} \end{aligned} \tag{13.85}$$

13.4.8 マルチロータヘリコプタの自律制御

前述の角速度制御により安定化されたダイナミクスをプラントとみなし，その外側に制御系を構築することで マルチロータヘリコプタを自律化させることができる。ここでは，3 軸位置と方位を独立に制御して自律制御を実現する方法について述べる。

モデルベース制御を行うために，図 13.13 に示すプラントをモデル化する。ここでは，角速度制御器に対する入力から姿勢角までのダイナミクスを姿勢モデル，姿勢角から速度までのダイナミクスを速度モデル，スロットル指令値から高度までのダイナミクスを高度モデルと呼ぶこととし，それぞれの伝達関数を導出する。

(1) 姿勢モデル

(i) 角速度制御器

式 (13.85) にて PID 制御器の一例を示したが，ノイズ処理のためのデジタルフィルタが内包される場合もあり，厳密にはより複雑なシステムとなる。したがって制御器の構造は限定せず，次のように一般的な形式で連続時間の伝達関数を定義することとする。

$$\frac{u_{\text{Roll-ff}}(s)}{r_{\text{Aileron}}(s)} = \frac{u_{\text{Pitch-ff}}(s)}{r_{\text{Elevator}}(s)} \equiv G_{\text{RP-ff}}(s) \tag{13.86}$$

$$\frac{u_{\text{Roll-fb}}(s)}{p_m(s)} = \frac{u_{\text{Pitch-fb}}(s)}{q_m(s)} \equiv G_{\text{RP-fb}}(s) \tag{13.87}$$

$$\frac{u_{\text{Yaw-ff}}(s)}{r_{\text{Rudder}}(s)} \equiv G_{\text{Y-ff}}(s) \tag{13.88}$$

$$\frac{u_{\text{Yaw-fb}}(s)}{r_m(s)} \equiv G_{\text{Y-fb}}(s) \tag{13.89}$$

ただし，実際には離散時間システムであるため，離散時間の伝達関数から連続時間システムへの変換を行う必要がある。例えば，T_s をサンプリング周期とする次の双 1 次変換によりその変換が行える。

$$s = \frac{2}{T_s}\frac{1 - z^{-1}}{1 + z^{-1}} \tag{13.90}$$

また，制御器の出力は操縦指令値からのフィードフォワード成分と角速度からのフィードバック成分の和とし，次式で与えられるものとする。

$$u_{\mathrm{Roll}} = u_{\mathrm{Roll\text{-}ff}} + u_{\mathrm{Roll\text{-}fb}} \tag{13.91}$$

$$u_{\mathrm{Pitch}} = u_{\mathrm{Pitch\text{-}ff}} + u_{\mathrm{Pitch\text{-}fb}} \tag{13.92}$$

$$u_{\mathrm{Yaw}} = u_{\mathrm{Yaw\text{-}ff}} + u_{\mathrm{Yaw\text{-}fb}} \tag{13.93}$$

(ii) ミキサから角速度までのダイナミクス

式 (13.81) および式 (13.82) より，ミキサへの入力から角速度までは次の伝達関数となる。

$$\frac{p(s)}{u_{\mathrm{Roll}}(s)} = \frac{LK_T M_R}{J_{xx}s} G_r(s) \equiv G_{Rb}(s) G_r(s) \tag{13.94}$$

$$\frac{q(s)}{u_{\mathrm{Pitch}}(s)} = \frac{LK_T M_P}{J_{yy}s} G_r(s) \equiv G_{Pb}(s) G_r(s) \tag{13.95}$$

$$\frac{r(s)}{u_{\mathrm{Yaw}}(s)} = \frac{M_Y(J_r s + K_A)}{J_{zz}s} G_r(s) \equiv G_{Yb}(s) G_r(s) \tag{13.96}$$

(iii) センサおよびフィルタ回路のダイナミクス

角速度制御のためにジャイロセンサからアナログ電圧で出力された角速度を取り込む際，回路にローパスフィルタやハイパスフィルタを設ける場合がある。時定数が大きいと角速度の閉ループ系の挙動に少なからず影響を及ぼすため，この特性を次の伝達関数で定義する。

$$\frac{p_m(s)}{p(s)} = \frac{q_m(s)}{q(s)} = \frac{r_m(s)}{r(s)} \equiv G_c(s) \tag{13.97}$$

(iv) 閉ループ伝達関数

以上に示した伝達関数から，角速度フィードバック系の閉ループ伝達関数を求める。ホバリング状態では角速度の積分を姿勢角と見なすことができるため，角速度制御器に与えられた指令値から姿勢角までの伝達関数は次式となる。

$$\begin{aligned}\frac{\phi(s)}{r_{\mathrm{Aileron}}(s)} &= \frac{1}{s}\frac{p(s)}{r_{\mathrm{Aileron}}(s)} \\ &= \frac{G_{Rb}(s)G_r(s)G_{RP-ff}(s)}{s\{1+G_{Rb}(s)G_r(s)G_{RP-fb}(s)G_c(s)\}}\end{aligned} \tag{13.98}$$

$$\begin{aligned}\frac{\theta(s)}{r_{\mathrm{Elevator}}(s)} &= \frac{1}{s}\frac{q(s)}{r_{\mathrm{Elevator}}(s)} \\ &= \frac{G_{Pb}(s)G_r(s)G_{RP-ff}(s)}{s\{1+G_{Pb}(s)G_r(s)G_{RP-fb}(s)G_c(s)\}}\end{aligned} \tag{13.99}$$

$$\begin{aligned}\frac{\psi(s)}{r_{\mathrm{Rudder}}(s)} &= \frac{1}{s}\frac{r(s)}{r_{\mathrm{Rudder}}(s)} \\ &= \frac{G_{Yb}(s)G_r(s)G_{Y-ff}(s)}{s\{1+G_{Yb}(s)G_r(s)G_{Y-fb}(s)G_c(s)\}}\end{aligned} \tag{13.100}$$

(2) 高度モデル

地面固定座標系における機体の並進運動の運動方程式は次式で表される。

$$m\ddot{\boldsymbol{x}} + C\dot{\boldsymbol{x}} = \boldsymbol{R}(\boldsymbol{\eta})\sum_{i=1}^{N} T_i e_{pi}\boldsymbol{e}_{\omega i} + mg\boldsymbol{e}_z \tag{13.101}$$

これは z 軸に関して，次のように展開される。

$$m\ddot{z} + c_z\dot{z} = -U\cos\phi\cos\theta + mg \tag{13.102}$$

ホバリング状態を仮定し，$\cos\phi \approx 1$，$\cos\theta \approx 1$ が成り立つものとする。続いて $U = mg + \Delta U$ とおき，式 (13.81), (13.83) から得られる関係を代入すると次の伝達関数が得られる。

$$\frac{z(s)}{r_{\mathrm{Throttle}}(s)} = -\frac{K_T K_{\mathrm{Throttle}} M_U}{s(ms + c_z)} G_r(s) \tag{13.103}$$

ただし，次のように u_{Throttle} は r_{Throttle} に比例ゲインを乗じることによって算出されるものとした。

$$u_{\mathrm{Throttle}} = K_{\mathrm{Throttle}} r_{\mathrm{Throttle}} \tag{13.104}$$

(3) 速度モデル

適切な制御が行われ，並進移動中に高度の変化が起こらないと仮定すると，式 (13.102) から次の関係が得られる。

$$U = \frac{mg}{\cos\phi\cos\theta} \tag{13.105}$$

これを式 (13.101) に代入すると次の関係が求まる。ただし，x と y で機体が受ける空気抵抗は等しいものとし，$c_x = c_y$ とする。

$$m\begin{bmatrix}\ddot{x}\\ \ddot{y}\end{bmatrix} + c_x\begin{bmatrix}\dot{x}\\ \dot{y}\end{bmatrix} = mg\begin{bmatrix}\cos\psi & -\sin\psi\\ \sin\psi & \cos\psi\end{bmatrix}\begin{bmatrix}-\tan\theta\\ \sec\theta\tan\phi\end{bmatrix} \tag{13.106}$$

ここで

$$\begin{bmatrix} \cos\psi & \sin\psi \\ -\sin\psi & \cos\psi \end{bmatrix} \begin{bmatrix} \dot{x} \\ \dot{y} \end{bmatrix} = \begin{bmatrix} v'_x \\ v'_y \end{bmatrix} \tag{13.107}$$

とおき，方位の変化がない，すなわち $\dot{\psi} = 0$ とおくと式 (13.106) は次のように書き換えられる。

$$m \begin{bmatrix} \dot{v}'_x \\ \dot{v}'_y \end{bmatrix} + c_x \begin{bmatrix} v'_x \\ v'_y \end{bmatrix} = mg \begin{bmatrix} -\tan\theta \\ \sec\theta\tan\phi \end{bmatrix} \tag{13.108}$$

上式を線形化するとそれぞれの姿勢角から速度までがSISO系となり，次の伝達関数が得られる。

$$\frac{v'_y(s)}{\phi(s)} = -\frac{v'_x(s)}{\theta(s)} = \frac{g}{s + \frac{c_x}{m}} \tag{13.109}$$

以上が，x'-y'-z 座標系における姿勢角から速度までの伝達関数である。ただし，速度はGPSによって計測されるため，計測値 v'_{ym}，v'_{xm} は無駄時間を伴う。ヘリコプタにとってGPSの速度データに含まれる無駄時間は無視できないものであるため，次のように無駄時間をモデル化する。

$$\frac{v'_{ym}(s)}{\phi(s)} = -\frac{v'_{xm}(s)}{\theta(s)} = \frac{g}{s + \frac{c_x}{m}} e^{-t_d s} \tag{13.110}$$

ただし，無駄時間は1次のパデ近似で表すこととし，次式を速度モデルとする。

$$\frac{v'_{ym}(s)}{\phi(s)} = -\frac{v'_{xm}(s)}{\theta(s)} = \frac{g}{s + \frac{c_x}{m}} \frac{-s + \frac{2}{t_d}}{s + \frac{2}{t_d}} \tag{13.111}$$

13.4.9 制御系設計

図13.14に上述のモデルを用いて構築した制御系のブロック図を示す。最も右側の下位制御用MCU内部にあるコントローラが構成する制御ループは，姿勢モデルとしてモデル化した部分である。まずはじめに，これら3つに対しロール，ピッチ姿勢角をフィードバックする姿勢制御器，ヨー姿勢角をフィードバックする方位制御器を設計する。これらの制御器はサーボ系になっており，姿勢角が与えられた姿勢目標値に偏差なく追従するように制御を行う。このうち，ロール，ピッチ姿勢角の制御器に対してさらにその外側に速度制御器を設計する。速度制御器は，水平面内の速度を与えられた速度目標値に追従するように制御演算を行い，制御入力を姿勢制御器に対する姿勢目標値として出力する。速度制御器の外側には位置制御器が設けられる。位置制御器は速度目標値を生成することによって，直線軌道により機体を目標地点（ウェイポイント）へ向かって誘導する。機体の高度に関しては，高度制御器が単一のループによる制御を行う。制御入力はスロットル操縦指令値として下位制御用MCUに入力される。最も左側にあるウェイポイントシーケンサーは，飛行コースに沿って飛行が行えるよう，機体の現在地に応じて目標緯度経度や飛行速度，方位目標値，高度目標値を生成する機能を持つ部分である。

また，速度制御器は姿勢制御の閉ループ系に式(13.111)に示したダイナミクスを加えたシステムに対して設計する。角速度と姿勢角を出力する姿勢モデルの状

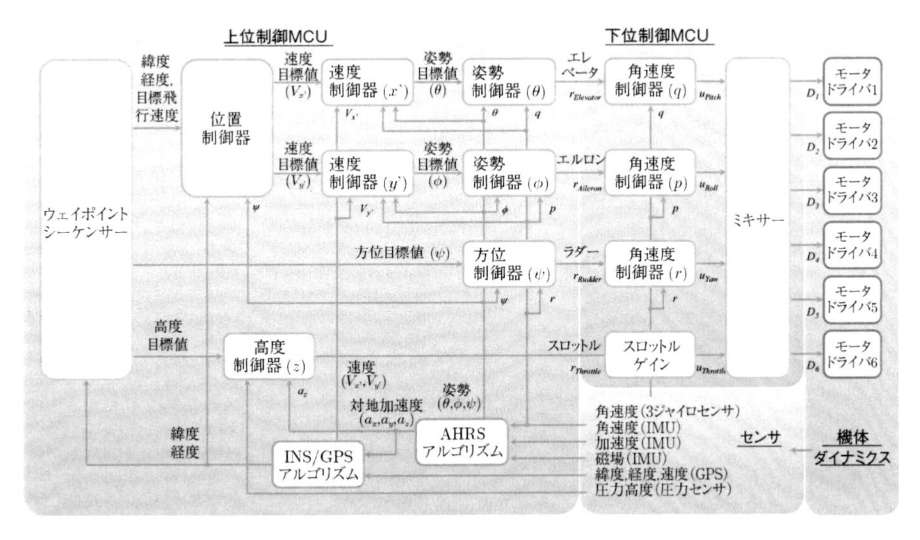

図 13.14　自律制御システム

態空間 ($\boldsymbol{A}_\phi$, $\boldsymbol{B}_\phi$, $\boldsymbol{C}_\phi$, $\boldsymbol{D}_\phi = 0$, $\boldsymbol{x}_\phi \in R^n$, $u_\phi = r_{\text{Aileron}}$, $\boldsymbol{y}_\phi = [p\phi]^T$) に対して設計された LQI 制御による姿勢制御 ($\dot{x}_r = r_i - \phi$, $u_\phi = [-\boldsymbol{F}_1 - F_2][\boldsymbol{x}_\phi x_r]^T$) の閉ループ系を

$$\begin{bmatrix} \dot{\boldsymbol{x}}_\phi \\ \dot{x}_r \end{bmatrix} = \begin{bmatrix} \boldsymbol{A}_\phi - \boldsymbol{B}_\phi \boldsymbol{F}_1 & -B_\phi F_2 \\ -\boldsymbol{C}_\phi & 0 \end{bmatrix} \begin{bmatrix} (\boldsymbol{x}_\phi \\ x_r \end{bmatrix} + \begin{bmatrix} 0_{n\times 1} \\ 1 \end{bmatrix} r_\phi \tag{13.112}$$

$$\boldsymbol{y}_\phi = \begin{bmatrix} \boldsymbol{C}_\phi \boldsymbol{A}_\phi & 0 \\ \boldsymbol{C}_\phi & 0 \end{bmatrix} \begin{bmatrix} \boldsymbol{x}_\phi \\ x_r \end{bmatrix} + \begin{bmatrix} \boldsymbol{C}_\phi \boldsymbol{B}_\phi \\ 0 \end{bmatrix} r_\phi \tag{13.113}$$

とおけば，姿勢目標値から速度までのダイナミクスは速度モデル ($\boldsymbol{A}_v$, $\boldsymbol{B}_v$, $\boldsymbol{C}_v$, $\boldsymbol{D}_v$, $\boldsymbol{x}_v \in R^m$, $u_v = \phi$, $y_v = v'_{ym}$) を加えることによって次のように書くことができる。

$$\begin{bmatrix} \dot{\boldsymbol{x}}_\phi \\ \dot{x}_r \\ \dot{\boldsymbol{x}}_v \end{bmatrix} = \begin{bmatrix} \boldsymbol{A}_\phi - \boldsymbol{B}_\phi \boldsymbol{F}_1 & -\boldsymbol{B}_\phi F_2 & 0_{n\times m} \\ -\boldsymbol{C}_\phi & 0 & 0_{1\times m} \\ \boldsymbol{B}_v \boldsymbol{C}_\phi & 0_{m\times 1} & \boldsymbol{A}_v \end{bmatrix} \begin{bmatrix} \boldsymbol{x}_\phi \\ x_r \\ \boldsymbol{x}_v \end{bmatrix} + \begin{bmatrix} 0_{n\times 1} \\ 1 \\ 0_{m\times 1} \end{bmatrix} r_\phi \tag{13.114}$$

$$\begin{bmatrix} \boldsymbol{y}_\phi \\ y_v \end{bmatrix} = \begin{bmatrix} \boldsymbol{C}_\phi \boldsymbol{A}_\phi & 0_{n\times 1} & 0_{n\times m} \\ \boldsymbol{C}_\phi & 0 & 0_{1\times m} \\ 0_{1\times n} & 0 & \boldsymbol{C}_v \end{bmatrix} \begin{bmatrix} \boldsymbol{x}_\phi \\ x_r \\ \boldsymbol{x}_v \end{bmatrix} + \begin{bmatrix} \boldsymbol{C}_\phi \boldsymbol{B}_\phi \\ 0 \\ 0 \end{bmatrix} r_\phi \tag{13.115}$$

13.4.10　ウェイポイント間誘導

位置制御器は速度制御器に対し，速度目標値を入力することによって機体をウェイポイントへ誘導する。その概要を図 13.15 に示す。機体とウェイポイントの距離が R_a 以上あり，ウェイポイントに到達していない状態では，図 13.15(a) のように 直線軌道に沿った誘導を行う。機体座標が軌道上に拘束されるよう，以下に述べる方法で 2 次元の速度目標値 $\boldsymbol{v}_r = \boldsymbol{v}_{rv} + \boldsymbol{v}_{rp}$ を決定する。

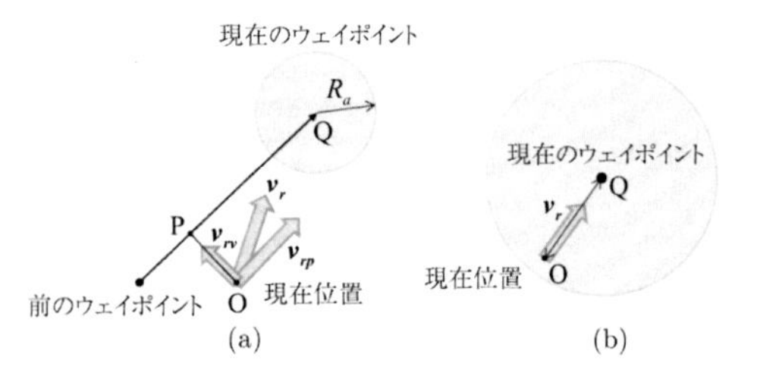

図 13.15　直線軌道によるウェイポイント間誘導

はじめに，軌道に垂直な方向の目標値ベクトル $\boldsymbol{v}_{rv}$ の大きさを決定する。$\boldsymbol{v}_{rv}$ は常に軌道と垂直なベクトル $\overrightarrow{\boldsymbol{OP}}$ に平行なベクトルで，次式で求める。

$$\boldsymbol{v}_{rv} = \min\left(K_v \parallel \overrightarrow{\boldsymbol{OP}} \parallel, CV_{\max}\right) \frac{\overrightarrow{\boldsymbol{OP}}}{\parallel \overrightarrow{\boldsymbol{OP}} \parallel} \tag{13.116}$$

ここで，K_v はゲイン，C は正の任意の定数，$V_{\max}$ は最大飛行速度である。$\boldsymbol{v}_{rv}$ が求まったら，次に軌道方向に平行な目標値ベクトル $\boldsymbol{v}_{rp}$ を次式で求める。

$$\boldsymbol{v}_{rp} = \min\left\{K_p \parallel \overrightarrow{\boldsymbol{PQ}} \parallel, \sqrt{\max(V_{\max}^2 - \parallel \boldsymbol{v}_{rv} \parallel^2, 0)}\right\} \frac{\overrightarrow{\boldsymbol{PQ}}}{\parallel \overrightarrow{\boldsymbol{PQ}} \parallel} \tag{13.117}$$

ここで，K_p はゲインである。

ウェイポイントまでの距離が R_a 以下となった場合は，図 13.15(b) のように軌道を設けず，ウェイポイントの方向に目標値ベクトルを生成して誘導を行う。

$$\boldsymbol{v}_r = \min\left(K_p \parallel \overrightarrow{\boldsymbol{OQ}} \parallel, V_{\max}\right) \frac{\overrightarrow{\boldsymbol{OQ}}}{\parallel \overrightarrow{\boldsymbol{OQ}} \parallel} \tag{13.118}$$

最終的に $\boldsymbol{v}_r$ は x'-y'-z 系に変換され，速度制御器に入力される。

$[\parallel OQ \parallel > R_a]$　$[\parallel OQ \parallel \leq R_a]$

13.4.11　まとめ

本稿では標準的な構造のマルチロータヘリコプタについて，ロータ数およびロータ配置を一般化した非線形モデルを求めた。また，線形化したモデルから，ミキシング行列の適用によって入力から姿勢角までのシステムを 4 つの単入力単出力システムにできることを示し，そのようなミキシング行列を決定する方法を導いた。加えて，ジャイロフィードバックによる角速度安定化の方法，角速度が安定化されたシステムを姿勢モデルと見なして姿勢制御器を設計する方法を紹介した。

＜野波健蔵＞

参考文献（13.4 節）

[1] Bouabdallah, S., Murrieri, P. and Siegwart, R.: Towards Autonomous Indoor Micro VTOL, *Autonomous Robots*, Springer, Vol.18, Issue 2, pp.171–183 (2005).

[2] Mahony, R., Kumar, V. and Corke, P.: Multirotor Aerial Vehicles, *IEEE Robotics & Automation Magazine*, Vol.19, Issue 3, pp.20–32 (2012).

[3] Hoffmann, G.M., Huang, H., Waslander, S.L. and Tomlin, C.J.: Quadrotor Helicopter Flight Dynamics and Control: Theory and Experiment, *the Conference of the American Institute of Aeronautics and Astronautics* (2007).

[4] Nonami, K., Kendoul, F., Suzuki, S., Wang, W., Nakazawa, D. : *Autonomous Flying Robots*, Springer (2010).

[5] 野波健蔵：小型無人航空機の厳密・簡易なモデリングとモデルベース制御，『計測と制御』，Vol.56, No.1, pp3–9 (2017).

13.5　飛行船型空中ロボットの制御

13.5.1　飛行船の概要

近年，情報通信やリモートセンシングなどの観点から飛行船が注目されている。それは飛行船が浮揚ガスによる浮力を利用して飛行するため，他の航空機に比べて安全性が高く，長期飛行や空中静止が可能であるというユニークな利点を有しているからである。特にヘリコプターに比べて，安価で墜落や騒音・振動の心配はなく，人工衛星に比べても，安価で回収・修理が容易等の特徴を持っている。このような特徴を利用して，最近では図 13.16 のように，レスキュー・空撮・交通流監視・環境観測など，様々なプロジェクトに応用されている[1–4]。自律型の無人飛行船を用いた大型プロジェクトもすでに世界各国で活発に行われており，飛行船のナビゲーション戦略に関するブラジルの AURORA プロジェクトや，ソーラー飛行船に関するドイツ Stuttgart 大学の Lotte プロジェクト，アメリカ Virginia 大学の Aztec プロジェクト，フランスの LAAS/CNRS（フランス国立科学技術研究センター）の研究等がある。日本においても JAXA（宇宙航空研究開発機構）にてミレニアム・プロジェクトとして飛行船を人工衛星に代わる通信・放送の中継基地等に利用する成層圏プラットフォームの研究開発が行われてきた[5]。本節では，飛行船のモデリング，自動航行制御系設計，飛行実験などについて説明する。

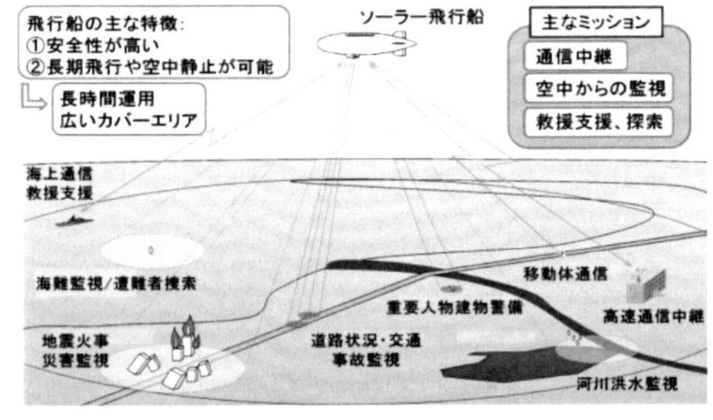

図 13.16　飛行船の用途や応用例[2]

(1) モデリング

図 13.17 に飛行船の座標系を示す。$\sum O = \{X, Y, Z\}$ と $\sum B = \{X_b, Y_b, Z_b\}$ はそれぞれ地上座標系と機体座標系で，$\boldsymbol{p} = [x\ y\ -z]^T$ と $\boldsymbol{\eta} = [\phi\ \theta\ \psi]^T$ は，それぞれ地上座標系での機体の重心位置と姿勢角であり，$\boldsymbol{v} = [u\ v\ w]^T$ と $\boldsymbol{\omega} = [p\ q\ r]^T$ はそれぞれ機体座標系での機体の速度と角速度を表す。飛行船は左右対称であり，飛行船の回転中心と重心は一致すると仮定する。3 次元平面内を移動する飛行船の運動方程式と幾何学方程式（機体座標系から地上座標系への回転行列などによる変換）は，それぞれ

並進方向成分：

$$M\dot{\boldsymbol{v}} + C(\boldsymbol{\omega}, \boldsymbol{\eta}, \boldsymbol{v}, \boldsymbol{p}) + P(\boldsymbol{\eta}, \boldsymbol{p}) = \boldsymbol{\tau}$$
$$\dot{\boldsymbol{p}} = R(\boldsymbol{\eta})\boldsymbol{v}$$

回転方向成分：

$$\bar{M}\dot{\boldsymbol{\omega}} + \bar{C}(\boldsymbol{\omega}, \boldsymbol{\eta}, \boldsymbol{v}, \boldsymbol{p}) + \bar{P}(\boldsymbol{\eta}, \boldsymbol{p}) = \bar{\boldsymbol{\tau}}$$
$$\dot{\boldsymbol{\eta}} = \bar{R}(\boldsymbol{\eta})\boldsymbol{\omega}$$

と記述される[1]。ただし $M, \bar{M}$ は慣性行列，$C, \bar{C}$ はコリオリ力や速度減衰の行列，$P, \bar{P}$ はポテンシャル行列，並進方向の制御入力は，$\boldsymbol{\tau} = [\tau_u, 0, \tau_w]^T$，回転方向の制御入力は $\bar{\boldsymbol{\tau}} = [\tau_p, \tau_q, \tau_r]$ であり，R は機体座標系から地上座標系へ変換する回転行列で

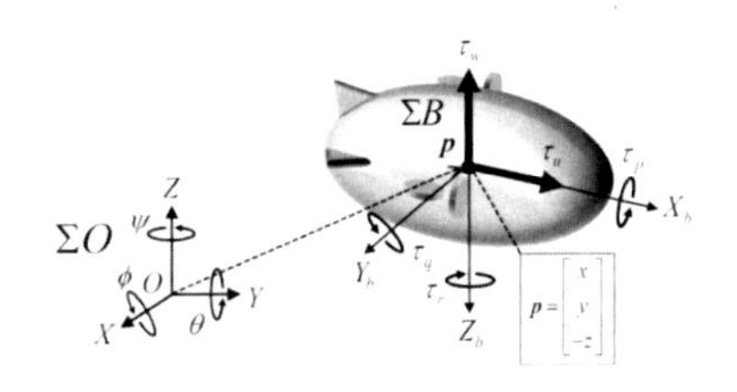

図 13.17　飛行船の座標系

$$R(\boldsymbol{\eta}) = \begin{bmatrix} c\theta c\psi & s\phi s\theta c\psi - c\phi s\psi & c\phi s\theta c\psi + s\phi s\psi \\ c\theta s\psi & s\phi s\theta s\psi + c\phi c\psi & c\phi s\theta s\psi - s\phi c\psi \\ -s\theta & s\phi c\theta & c\phi c\theta \end{bmatrix}$$

$$\bar{R}(\boldsymbol{\eta}) = \begin{bmatrix} 1 & s\phi t\theta & c\phi t\theta \\ 0 & c\phi & -s\phi \\ 0 & s\phi/c\theta & c\phi/c\theta \end{bmatrix}$$

である。なお，$s\theta$ は $\sin\theta$，$c\theta$ は $\cos\theta$，$t\theta$ は $\tan\theta$ を表す。

(2) 飛行船の制御の問題点

飛行船制御の難しさは運動方程式の非線形性，物理係数の不確かさに加え，主に次の点が挙げられる。

① 非ホロノミック拘束

一般的に主な推進装置は左右のプロペラであるため，例えば直進と旋回運動はできるが，横方向に入力を加えることができないという非ホロノミック拘束と呼ばれる制約をもつ。希望の位置・姿勢の制御には，車の車庫入れと同じように前進・後進の最適な切替しなど，巧みな制御を必要とする。

② 風外乱の影響

飛行船は風の影響を受けやすく，希望地点への移動や定点滞空が困難になりやすい。また風は変動し，正確なオンライン測定も困難である。

そこで，上記 2 点の問題点を考慮した制御法を紹介する。

13.5.2　非ホロノミック拘束を考慮した飛行船の制御

飛行船はコリオリ力などの非線形項をもつ非線形システムである。また，プロペラと舵が船体運動の制御手段であり，これらにより船体の前後方向の力と回転モーメントを与えることはできるが，船体の横方向に直接力を与えることができない。そのため，このシステムは加速度に関して不可積分な拘束，すなわち非ホロノミックな拘束をもつ劣駆動機械系の一つである。このような非ホロノミックなシステムの制御の難しさは，連続で静的なフィードバック則では安定化できない点である。この問題点を解決する手法として，近年逆最適化アプローチに基づいた手法[6] や座標変換に基づいた手法[7] などが提案されている。逆最適化アプローチに基づいた手法は，入力に関するあるクラスの不確定性に対してロバスト性を有するため，外界の変動や不確かさの影響を受けやすい飛行船の制御に有効な手法である。一方，座標変換法は，劣駆動非線形系の安定化問題を，線形時不変系の安定化問題に帰着させる手法であるため，この手法を用いれば，よく知られた線形制御理論を適用できるため，H_∞ 制御やロバスト制御など，最新の制御手法を容易に適用でき，高度な制御性能を実現できる。本節では，座標変換に基づいた制御法について以下に紹介する。

(1) モデリング

飛行船の性質より飛行時のローリングおよびピッチング運動の変化は微小かつ安定であると仮定し，飛行船の運動を地上座標系 $\sum O$ の水平方向 OXY 平面内の運動と鉛直方向 OXZ 平面内の運動に分離し，それぞれ独立に設計した制御器を用いて制御する[3]。ここでは，水平方向の制御法について説明し，鉛直方向の制御法は 13.5.4 項で紹介する。

図 13.18 に示すように，本項では水平平面内において，2 つの独立したプロペラで飛行船の位置および姿勢を同時に制御する問題について考察する。(x, y) と θ は，それぞれ地上座標系における飛行船の重心の位置と姿勢角である。u, v, r は機体座標系における前進速度，横方向速度，回転角速度である。水平平面内における飛行船の運動方程式は，機体座標系において

$$\begin{aligned} m_1\dot{u} &= m_2 vr - d_{11}u + \tau_u \\ m_2\dot{v} &= -m_1 ur - d_{22}v \\ m_3\dot{r} &= (m_1 - m_2)uv - d_{33}r + \tau_r \end{aligned} \qquad (13.119)$$

と記述される。ただし，m_i, $i = 1, 2, 3$ は付加質量を含む慣性に関する正の定数，d_{ii}, $i = 1, 2, 3$ は速度減衰に関する正の定数である。τ_u, τ_r は 2 つのプロペラによる前進力と回転モーメントであり，これら 2 つが制御入力である。地上座標系と機体座標系の幾何学的関係から，幾何学方程式は

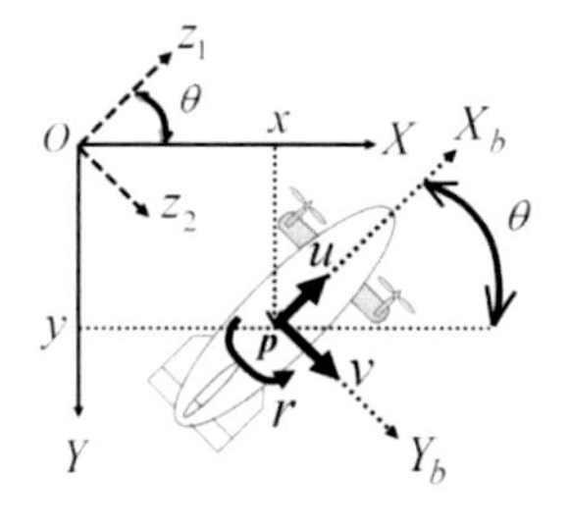

図 13.18　座標系（水平方向）

$$\dot{x} = u \cdot \cos\theta - v \cdot \sin\theta$$
$$\dot{y} = u \cdot \sin\theta + v \cdot \cos\theta \quad (13.120)$$
$$\dot{\theta} = r$$

である。次の座標変換を行う。

$$z_1 = x \cdot \cos\theta + y \cdot \sin\theta$$
$$z_2 = -x \cdot \sin\theta + y \cdot \cos\theta$$

(2) 制御系設計[7]

制御目的は，位置 (x, y) と姿勢 θ をすべて零に指数収束させる状態フィードバック補償器の設計である。まず，回転方向成分の安定化問題について考える。次の線形化フィードバック補償器を用いる。

$$\tau_r = m_3(k_r r + k_\theta \theta + \theta_d) - (m_1 - m_2)uv$$
$$k_r = d_{33}/m_3 - (k_1 + k_2) \quad (13.121)$$
$$k_\theta = -k_1 k_2, \quad \theta_d = ae^{-k_3 t}$$

ただし $[k_1, k_2, k_3, a] \in \boldsymbol{R}^4$ は設計者が任意に決めるパラメータであり，次式を満たすように与える。

$$k_1 > k_2 > k_3 > 0, \quad a \neq 0 \quad (13.122)$$

このとき，回転方向成分は次の線形システム

$$\ddot{\theta}(t) + (k_1 + k_2)\dot{\theta}(t) + k_1 k_2 \theta t = ae^{-k_3 t}$$

となる。これを解くと飛行船の角度と角速度の応答は

$$\theta(t) = a_1 e^{-k_1 t} + a_2 e^{-k_2 t} + a_3 e^{-k_3 t}$$
$$r(t) = -a_1 k_1 e^{-k_1 t} - a_2 k_2 e^{-k_2 t} - a_3 k_3 e^{-k_3 t}$$

である。ただし a_i $(i = 1, 2, 3)$ はある実数で，

$$a_3 = \frac{a}{(k_3 - k_1)(k_3 - k_2)}$$

である。$k_1 > k_2 > k_3 > 0$ であるため，回転方向成分の原点は大域的指数安定である。

次に，並進方向成分の安定化問題について考える。式 (13.119) のように横（左右）方向の推進力を持たない。そこで，この問題点を解決する一つの手法は，次の 2 つの運動制御である。

[Step1] まず横方向の運動制御を優先的に行い，飛行船を X 軸 $(y = 0)$ 付近に位置決めする。

[Step2] 前後方向の運動制御により，飛行船を原点 $(x = y = 0)$ に位置決めする。

本稿ではこれらの運動制御を複数の補償器の不連続な切替えではなく，一つの補償器で実現する。そのためのアイデアは，次の時変な座標変換である。

$$\bar{u} = u, \quad \bar{v} = ve^{k_3 t}, \quad \bar{z} = z_1, \quad \bar{z}_2 = z_2 e^{k_3 t} \quad (13.123)$$

この座標変換は，機体座標系における横方向速度 v と位置 Z_2 に指数関数の重みをかけているため，まず飛行船の横方向の位置と速度を優先的に零に収束させる。その後，姿勢角度・角速度，進行方向の位置・速度の順で零に収束させ，Step1 と 2 を満たす，無駄のない自然な応答を与える。次の新たな状態をおく。

$$\bar{\boldsymbol{x}} = [\bar{u}, \bar{v}, \bar{z}_1, \bar{z}_2]^T \in \boldsymbol{R}^4$$

並進方向成分のサブシステムは次のように表せる。

$$\dot{\bar{\boldsymbol{x}}} = (\bar{A}_1 + \bar{A}_2(t))\bar{\boldsymbol{x}} + \bar{\boldsymbol{b}}\tau_u \quad (13.124)$$

$$\bar{A}_1 = \begin{bmatrix} -d_{11}/m_1 & 0 & 0 & 0 \\ m_2 a_3 k_3/m_1 & -(d_{22}/m_2 - k_3) & 0 & 0 \\ 1 & 0 & 0 & 0 \\ 0 & 1 & a_3 k_3 & k_3 \end{bmatrix}$$

$$\bar{\boldsymbol{b}} = [1/m_1 \ 0 \ 0 \ 0]^T$$

時変要素 $\bar{A}_2(t)$ は，$\| \bar{A}_2(t) \| \to 0$ $(t \to \infty)$ かつ

$$\int_0^\infty \| \bar{A}_2(t) \| \, dt < \infty \quad (13.125)$$

を満たす。式 (13.124) から時変要素 $\bar{A}_2(t)$ を除いたシステム $(\bar{A}_1, \bar{b})$ が可制御であるための必要十分条件は

$$k_3 \neq d_{22}/m_2 \quad (13.126)$$

である。安定化補償器の設計法は以下のとおりである。

● **設計法** 1)2)

式 (13.121) と次式の状態フィードバック補償器を考える。

$$\tau_u = \bar{\boldsymbol{k}}\bar{\boldsymbol{x}}$$

$\bar{\boldsymbol{k}} = [\bar{k}_1, \bar{k}_2, \bar{k}_3, \bar{k}_4] \in R^4$ とおくと，補償器は

$$\tau_u = \bar{k}_1 u + \bar{k}_2 v e^{k_3 t} + \bar{k}_3 z_1 + \bar{k}_4 z_2 e^{k_3 t}$$

とも表現できる。$[k_1, k_2, k_3, a] \in \boldsymbol{R}^4$ は，式 (13.122) と式 (13.126) を満たすように選び，$\bar{\boldsymbol{k}} = [\bar{k}_1, \bar{k}_2, \bar{k}_3, \bar{k}_4] \in R^4$ は実定数行列 $(\bar{A}_1 + \bar{\boldsymbol{b}}\bar{\boldsymbol{k}})$ がフルビッツ行列になるように与える。このとき，任意の初期状態に対して，飛行船システム (13.119) の原点は大域的指数安定である。

(3) 小型飛行船を用いた屋内飛行実験[7, 8]

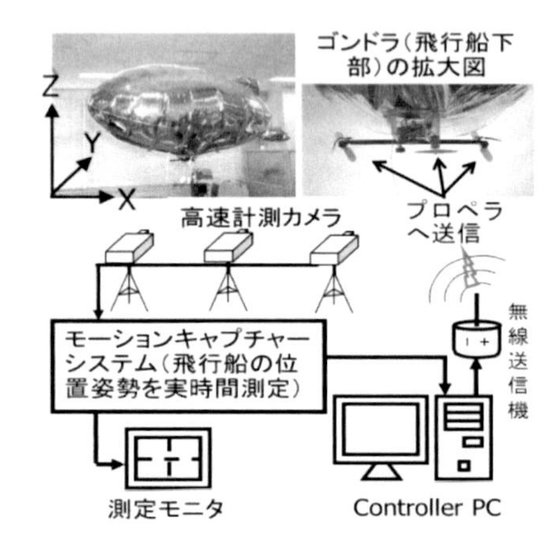

図 13.19　小型実験用飛行船の構成

図 13.19 の小型無線飛行船（全長 1 m，直径 0.5 m）を用いた屋内飛行実験の結果を示す。この小型飛行船は，機体下部に取り付けられたゴンドラ部の左右 2 つのプロペラで駆動される。図 13.20 は無風時の飛行制御実験の飛行船の重心の軌跡（左上図）とシステムの状態の時間応答（右上図）と飛行船の動きの連続写真（下図）を示す。図 13.21 は定常風下での飛行制御実験の飛行船の重心の軌跡（上図）と飛行船の動きの連続写真（下図）を示す。これらの図から，本手法を用いれば，この座標変換の効果により，まず飛行船の横方向の位置 と速度を優先的にゼロに収束させ，その後，姿勢角度・角速度，最後に進行方向の位置 z_1 と速度の

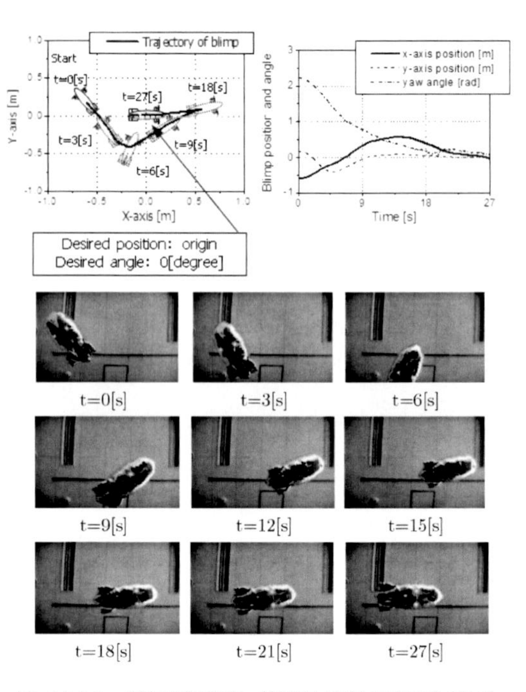

図 13.20　飛行実験結果（位置と姿勢の安定化手法）

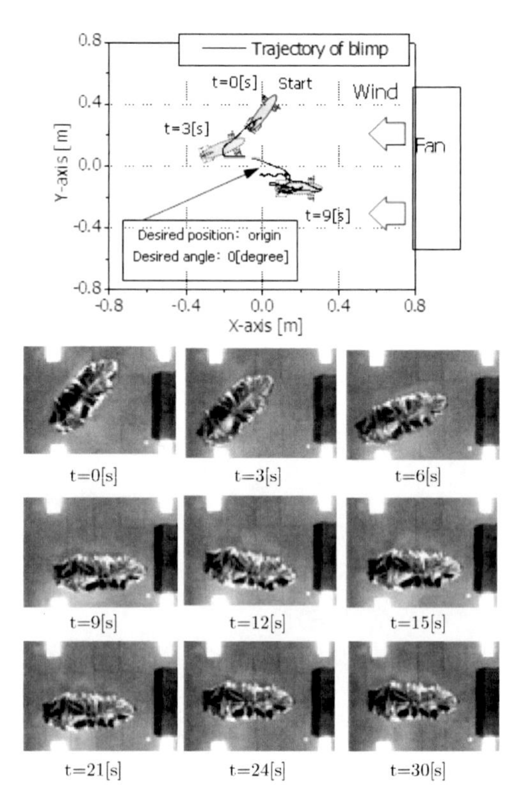

図 13.21　飛行実験結果（定常風を考慮した安定化手法）

1) $(\bar{A}_1, \bar{b})$ が可制御であるため，実定数行列 $(\bar{A}_1 + \bar{\boldsymbol{b}}\bar{\boldsymbol{k}})$ がフルビッツ行列になるフィードバックゲイン $\bar{\boldsymbol{k}} \in \boldsymbol{R}^4$ は存在し，その設計はよく知られた極配置法などの線形制御理論を用いて容易に設計できる。

2) 状態フィードバック (13.121) と座標変換 (13.123) により，非線形システム (13.119) の安定化問題が，式 (13.124) から時変要素 $\bar{A}_2(t)$ を除いた線形時不変システムの安定化問題に帰着できる。この結果により，飛行船システムの安定性だけでなく，ロバスト性や外乱抑制性の保証など，より高度な制御問題に応用できる[8]。

順で零に収束させることがわかる。その結果，滑らかで振動もなく，車の車庫入れのような巧みで無駄がない軌跡を与えており，最終的に目標通り飛行船システムのすべての状態を零に収束させている。

13.5.3 風外乱を考慮した屋外型飛行船の制御

飛行船はペイロードを確保するために船体が大きくならざるをえず，飛行時に風の影響を非常に受けやすい。さらに横方向への移動損失が大きいため，真横方向への直接的な推力を持たない劣駆動システムであることが多く，実用化するためには，風に対してロバストな飛行船の経路追従制御法が必要である。

風外乱を考慮した制御法として，速度場や角度場というベクトル場の概念を用いて，風の影響を受けても迅速かつ滑らかに経路に復帰できるような飛行船の軌道追従制御手法[6] や，図 13.22 に示すような座標変換法の応用[8] などが提案されている。特に，文献 [3] では，風速 5 m/s 以上の強風時でも有効である実用的な経路追従制御法を提案し，12 m 級の自律型飛行船を用いた屋外飛行制御実験により有用性を実証している。この手法は，飛行船の制御において最大の問題となる風をすべて外乱として扱うのではなく，新たに風座標系を導入し，その座標系に基づいた目標経路を生成して飛行船の経路追従制御を行うという，飛行船に合ったユニークな制御法である。以下にこの手法を紹介する。まず風速を考慮した式 (13.120) のモデルを導入する。

$$
\begin{aligned}
\dot{x} &= u\cdot\cos\theta - v\cdot\sin\theta + W_X \\
\dot{y} &= u\cdot\sin\theta + v\cdot\cos\theta + W_Y \qquad (13.127) \\
\dot{\theta} &= r
\end{aligned}
$$

ここで W_X, X_Y はそれぞれ地球座標系 X 軸，Y 軸方向の風速である。地上座標系 (X, Y, Z) を図 13.22 に示す方向，つまり風上方向に対して X 軸をとり，この X 軸に対して平行に目標経路を設定し，飛行船を追従させることを考える。飛行船が受ける横風成分を $W_Y \approx 0$ と仮定し，飛行船の劣駆動性から横滑り速度を $v \approx 0$ とみなす。さらに $\tilde{W}_X$ を X 軸方向における定常的な一定風速とし，以下の座標変換により，風座標系 (X_w, Y_w) を定義する。

$$
\begin{aligned}
x_w(t) &= x(t) - \int_0^t \tilde{W}_x(\tau)\mathrm{d}\tau \\
y_w(t) &= y(t)
\end{aligned}
$$

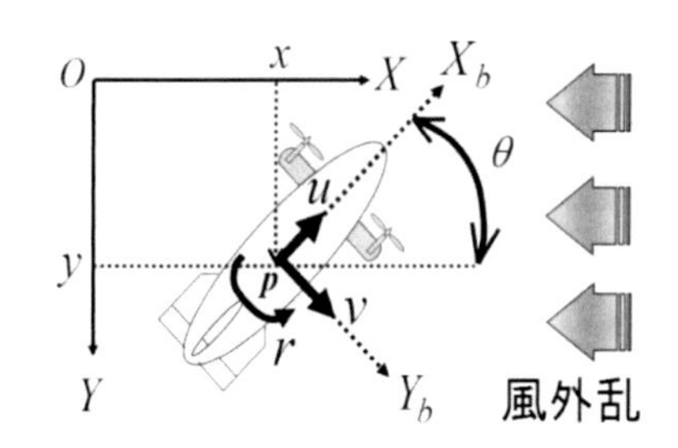

図 13.22 風座標系[3]

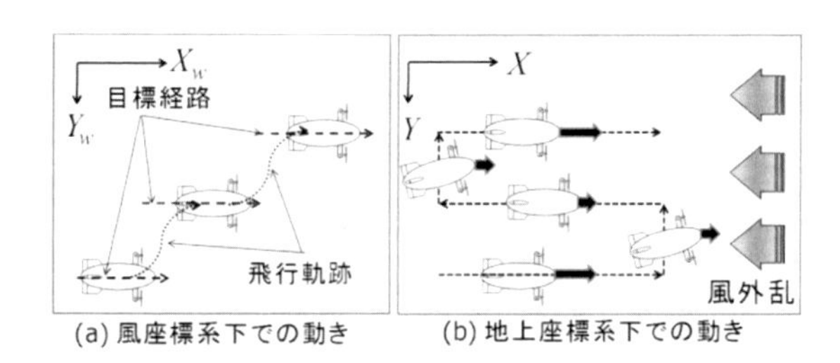

図 13.23 強風時に有用な飛行船の経路追従制御法[3]

これは，飛行時の風に座標系をおいた空間（平面）を考えたものであり，風座標系における飛行船の幾何学モデルは次のように表せる。

$$
\begin{aligned}
\dot{x}_w &= u\cdot\cos\theta \\
\dot{y}_w &= u\cdot\sin\theta \qquad (13.128) \\
\dot{\theta} &= r
\end{aligned}
$$

風座標系の定式化の利点は，定常的な風速・風向が観測可能な条件下で，風の定常成分 $\tilde{W}_X$ を座標系内に取り込み，これを外乱として扱わずに制御できることである。この風座標系内で制御系を設計することで，式 (13.127) では W_X, W_Y が外乱であるのに対し，式 (13.128) では $\tilde{W}_X$ からのずれが外乱となり，風外乱の影響を小さくすることができる。したがって，従来手法よりも風の影響を小さく扱うことができ，飛行船に与える目標速度や経路を適切に設定することで，強風時に図 13.23 のような飛行経路での自律飛行が可能となる。このような自律飛行を実現することで，強風時にも風下側への安定した低速移動が可能となる。さらに，目標経路からの横偏差の大きさに応じて風座標系内で経路再生成を行うことで，飛行船が突風や横風を受けて目標経路を逸脱した場合にも滑らかかつ迅速に経路復帰可能な実用的な方法である。

13.5.4　飛行船の縦系制御[4]

前項までは水平方向の制御法について述べた。本項では屋外型飛行船の鉛直方向の制御法に関する実用的な手法[4] を紹介する。

飛行船の鉛直面内の座標系を図 13.24 のようにおく。右手系の慣性座標系であり，飛行する範囲で地表面を平面であると近似し，座標原点は任意の地点（地上を $Z=0$ とする）をとる。機体座標系は，船首前方を X_b 軸，X_b 軸に対して右向きに Y_b 軸，下向きに Z_b 軸とする。また，飛行船のピッチ角を ψ，昇降舵角入力を δ とする。

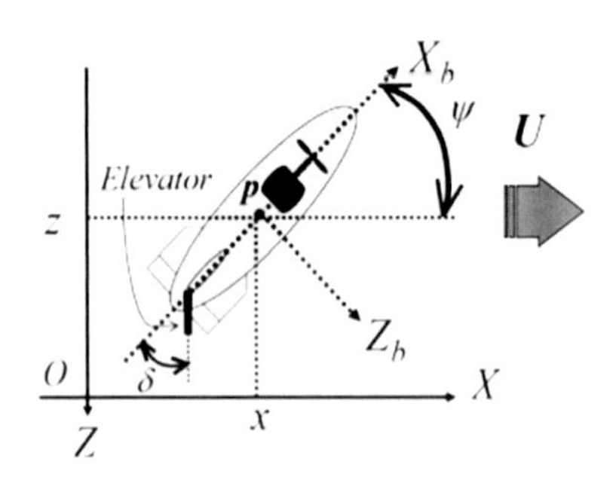

図 13.24　座標系（鉛直方向）

さらに図 13.24 に示すように，滑りなし，迎角 ψ で X 軸方向に一定の対気速度 U を持って進んでいるとすると，飛行船は垂直力とピッチングモーメントのみを受ける。垂直力 F_z とピッチングモーメント M_y は次式のように与えられる。

$$F_z = -\frac{1}{2}\rho U^2 SC_L$$
$$M_y = \frac{1}{2}\rho U^2 SlC_m$$

ここで，C_L は揚力係数，C_m はピッチングモーメント係数，S は代表面積，l は代表長さ，ρ は空気の密度である。次に線形モデルの導出を行うため，C_L, C_m をピッチ角，昇降舵角，ピッチ角速度のそれぞれが変数となる 1 次式に近似する。

$$C_L \approx C_{L0}\psi + \Delta C_{L1}\delta + \Delta C_{L2}\dot{\psi}$$
$$C_m \approx C_{m0}\psi + \Delta C_{m1}\delta + \Delta C_{m2}\dot{\psi}$$

飛行船の鉛直面内の運動方程式は，機体の質量を M，ピッチング方向の慣性モーメントを I_y とすると，次の線形微分方程式を得る。

$$M\ddot{Z} = -\frac{1}{2}\rho U^2 S(C_{L0}\psi + \Delta C_{L1}\delta + \Delta C_{L,2}\dot{\psi})$$

$$I_y\ddot{\psi} = \frac{1}{2}\rho U^2 Sl(C_{m0}\psi + \Delta C_{m1}\delta + \Delta C_{m2}\dot{\psi})$$

C_L と C_m の近似式の各空力係数は風洞試験より求める。縦系の線形近似モデルが得られたため，あとは線形制御理論（例えば H_∞ 制御法など）を用いて，ロバスト制御系を容易に設計できる。12 m 級飛行船を用いた屋外飛行制御実験については文献 [4] を参照されたい。

<山田 学>

参考文献（13.5 節）

[1] Khoury, G.A., and Gillet, J.D.: *Airship Technology*, Cambridge Univercity Press (1999).

[2] 梅野正義ら：総務省 戦略的情報通信研究開発制度　平成 18 年度採択課題「ソーラー飛行船によるセンサーネットワークシステムの研究開発」,『消防研究室年報』, 37 巻, pp.53–61 (2008).

[3] 佐伯一夢, 深尾隆則ら：災害監視を目的とした屋外型飛行船ロボットの経路追従制御,『日本機械学会論文集 C 編』, 79 巻, 798 号, pp.236–251 (2013).

[4] 佐伯一夢, 深尾隆則ら：災害監視を目的とした屋外型飛行船ロボットの縦系制御,『第 14 回システムインテグレーション部門講演会論文集』, pp.1250–1254 (2013).

[5] Maekawa, S., Nakadate, A., *ct.al.*: Structures of the low-altitude stationary flight test vehicle, *Proc. of AIAA 5th Aviation, Technology, Integration, and Operations Conference*, pp.662–666, (2005).

[6] Fukao, T., Yuzuriha, A., *et.al.*: Inverse Optimal Velocity Field Control of an Outdoor Blimp Robot—Blimp Surveillance Systems for Rescue , *Proc. of IFAC 17th World Congress*, pp.4374–4379 (2008).

[7] 山田学, 富塚誠義：劣駆動非ホロノミック飛行船システムの大域的指数安定化制御,『計測自動制御学会論文集』, 45 巻, 2 号, pp.99–104 (2009).

[8] 山田学, 多喜康博, 舟橋康行：定常風に対する飛行船システムの大域的な位置と姿勢の制御,『日本機械学会論文集 C 編』, 76 巻, 767 号, pp.1770–1779 (2010).

13.6　水中ロボットの制御

水中ロボットには，大きく分けると，母船とケーブルで結ばれ母船側から水中ロボットの制御を行う遠隔操縦型，母船とケーブルで結ばれていない自律航行型，生物の動きなどを模倣した生物模倣型がある。ここでは，深海調査用の自律航行型，浅海調査用の自律航行型，魚の胸ひれ運動を模倣した生物模倣型について，そのモデリング，制御系設計，実装，実験について，各々その特徴を説明する。

13.6.1 深海調査用の自律航行型水中ロボット[1]

長期間，海底から海面までの3次元空間の環境モニタリングを行う水中ロボットとして，アルゴ・フロート，水中グライダーがある。アルゴ・フロートは，鉛直に立ち，浮力調整装置によって鉛直方向に浮上する。水中グライダーは，流線型胴体に固定翼が付き，浮力調整装置を使って潜航・浮上により長距離移動する。この研究で開発された海底からの重油やガスのプルームの自動追跡を行う海中ロボット(SOTAB-I)は，頭部の可動式翼により鉛直移動と水平移動の中間に位置する運動機能を有し，また重油やガスのプルームをそれらの検出センサによって長期間追跡することができるように設計・製作された。

(1) SOTAB-Iの形状

図13.25にSOTAB-Iの形状を示す。全長2.5 m，質量312 kg，最大潜航深度2,000 mである。アクチュエータとして浮力調整装置(±3.8 kg)，上部可動翼（2対），スラスター2対を装備し，環境センサとして水中質量分析計（質量比200までの*in-situ*分析が可能），CTDセンサー，ADCPを装備し，位置計測用に，GPS，DVL（Doppler Velocity Log）および音響位置計測装置を，通信用に音響モデムとイリジウムアンテナを，海底観測用にCCDカメラと水中ライトを装備している。

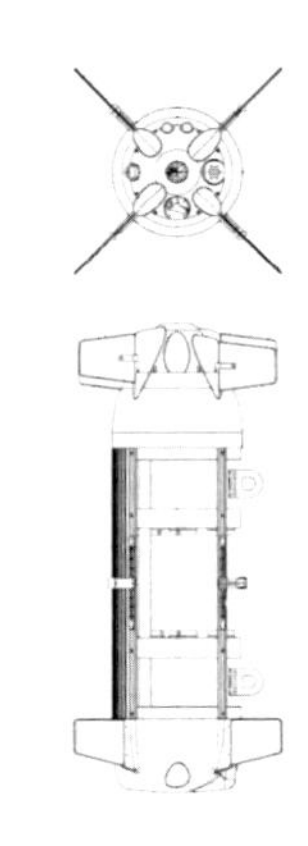

図 13.25　SOTAB-Iの形状

(2) SOTAB-Iの運動モード

SOTAB-Iには，目的に合わせ，大きく分けて5つの運用モードがある。第1は手動モード。このモードでは，手動でセンサ機器，浮力調整装置，可動翼などの機器作確認を行う。第2は概査モード。このモードでは，浮力調整装置，可動翼を制御し，調査海域の潮流や重油やガスのプルーム性状分布の情報を収集する。海中に円筒状の検査面を設定し，その側面上を上下移動と横移動を同時に行い探査する。その際，SOTAB-Iに搭載したセンサにより，潮流，水温，塩分濃度，ガスや重油の性状のデータを収集する。第3は精査モード。このモードでは，概査モードで判明した重油やガスのプルームについて，水中質量分析計からのリアルタイム情報をもとに，追跡しながらその内部を詳細に調査する。第4は潮流の鉛直プロファイル計測モード。このモードでは，SOTAB-Iを鉛直方向に移動させ，潮流の鉛直プロファイルを計測する。第5は写真撮影モード。このモードでは，スラスター4機を駆使し，プルームが噴出している海底の様子の撮影を行う。

(3) SOTAB-Iの制御系[2]

母船側とSOTAB-Iの間は，SOTAB-Iの頭部が水面より上にある場合は無線LANによって通信が行われ，水中にいる場合は音響モデムを通して通信が行われる。またSOTAB-Iの水中の位置情報は，水中音響航法装置と母船に取り付けたGPSで計測する。水面上ではSOTAB-I側のGPSを用いる。母船側では，GUIを通してSOTAB-Iの状態の監視，ロボットとの通信を行う。SOTAB-I側では，各種センサ情報の管理，アクチュエータの制御，誘導制御，母船との通信を行う。誘導制御には，(2)で述べた運動モードが含まれている。誘導制御では，ロボットが海底に近づいた場合，海底との衝突を防ぐために，DVLを用いて海底との距離を計測し，ある距離以下になった場合は上下スラスターを用いた自動緊急浮上モードが作動するよう組み込まれている。またこれらの制御系とは電装上独立に，サバイバル用に，母船から音響を通してバラストを落下させ，ロボットを浮上させる装置が組み込まれている。

(4) 海洋実験

これまで，日本では駿河湾（水深1,000 m），徳島沖（水深50 m），富山湾（水深800 m）にて，アメリカではミシシッピー河口沖（水深50 m）にて海洋実験を行い，自律航行と海洋データの取得に成功している。

水深100 mの場所から翼角を30°を付けて上昇した場合，海面での移動距離は，潮流の影響を差し引くと118 mに達し，鉛直線上の場所から50°程度の傾斜角で横移動できることがわかった。商用の水中グライダーが鉛直線上の場所から45°以上の傾斜角でしか上昇できないことから，SOTAB-Iは水平距離よりも鉛直方向

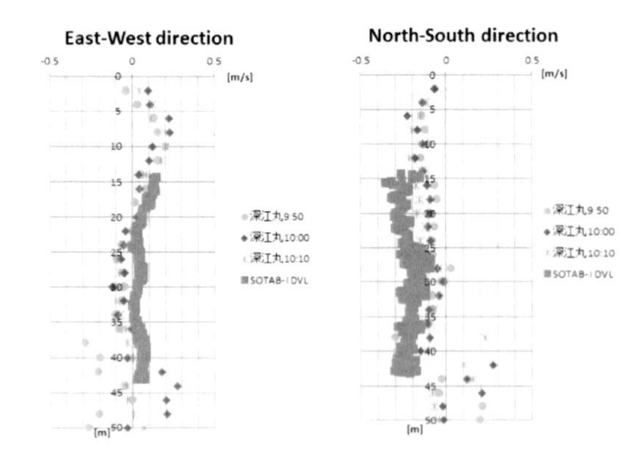

図 13.26　SOTAB-I と母船（深江丸）で得られた潮流分布の比較

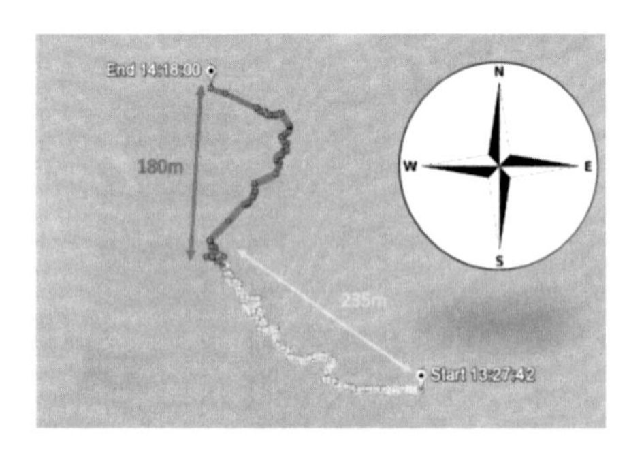

図 13.27　SOTAB-I のミシシッピー河口近傍での水平移動

の移動に特化した自律型水中ロボットと言える。

SOTAB-I は，ADCP（海底からの高度が 35 m 以内では DVL）を用いて鉛直方向の流速プロファイルの計測が可能であるが，その検証を行った。図 13.26 に，徳島沖での母船（神戸大学深江丸）と SOTAB-I のそれぞれで計測された潮流の鉛直プロファイルの比較を示す。なお，SOTAB-I は，6 分をかけて 40 m の水深に達し，さらに 6 分をかけて水面に達しており，始点と終点では時間差がある。一方，母船からの ADCP データは瞬時のデータである。ほぼ，良い一致を示している。

SOTAB-I に搭載している水中質量分析計を用いて，ミシシッピー河口近傍の水深 50m 程度の海域で，水質計測を行った。図 13.27 に，SOTAB-I が 1 回の潜航・浮上したときの水平面内の軌跡を示す。この潜航・浮上の際に計測された塩分濃度，溶存メタンガス濃度，溶存二酸化炭素濃度，溶存酸素濃度の鉛直プロファイルを示す（図 13.28）。海面付近はミシシッピー河口の影響により塩分濃度が下がっていること，溶存メタンガス濃度が水深 30 m より以深で急激に増加していること，同様なことが溶存二酸化炭素についても言えること，一方，溶存酸素はその領域では逆の傾向が見られることがわかる。このように，SOTAB-I に搭載している水中質量分析計を用いて，色々な水の化学的特性を in-situ で明らかにすることが可能となることがわかる。

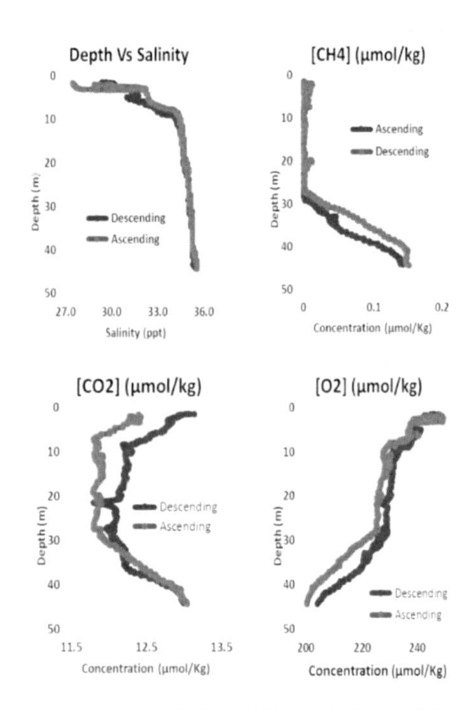

図 13.28　ミシシッピー河口近傍の塩分濃度，溶存メタンガス濃度，溶存二酸化炭素濃度，溶存酸素濃度の鉛直プロファイル

13.6.2　浅海調査用の水面貫通式自律航行型水中ロボット[3, 4]

沿岸環境のモニタリングを目的とした，風波の影響を受けにくく，安定した姿勢で海底情報や計測場所の位置情報をリアルタイムに得ることを可能とする水面貫通式 AUV “REEF” の運動制御法の検討を行った。水平面内では PID 制御を用いて REEF の軌道追従制御系の制御器を設計し，静水中と風外乱中での実験で制御器の有効性を確認した。鉛直面では H_∞ 制御を用いて REEF のピッチ角の制御器を設計し，不規則波中ピッチ角制御性能試験から広範囲の波に対応できることを示した。その後，沿岸域の生態系において必要不可欠な存在である藻場生態系の広域分布を時間的・空間的に把握する手法の開発を目的として，REEF に音響装置のサイドスキャンソナーを取り付け，藻場の密生度や成育高さの自動計測を行い，その有効性を示した。

(1) REEFの形状

REEFには推進機能として1対のプロペラを搭載しており，水平前翼，水平尾翼，垂直尾翼の3種類の翼を持つ（図13.29）。このうち水平前翼と垂直尾翼は可動式であり，迎角を変化させることができる。また位置データ取得のためにGPS，地上局とのデータ送受信のために無線LANシステム，海底の画像データ取得のためにデジタルカメラとサイドスキャンソナーを搭載している。GPSによる位置データ取得のために，REEFは常にストラットを海面から出した状態で航行する。この時，ビークル本体は水深0.5mに位置する。調査海域に図13.30に示すようなモニタリング用ルートを設定しエリアマッピングを行う。モニタリング用ルートは直進部分と旋回部分に分けられ，ビークルは直進部分でデータの取得を行う。そして取得したデータを用いてモザイキング処理を行い，観測用海底マップ作成し藻場の観測を行う。モザイキングとは，お互いに重なり (crossover lap) を持つ複数枚の画像を用いて，その重なりに従い画像を結合させ1枚の大きな画像を作成する処理である。

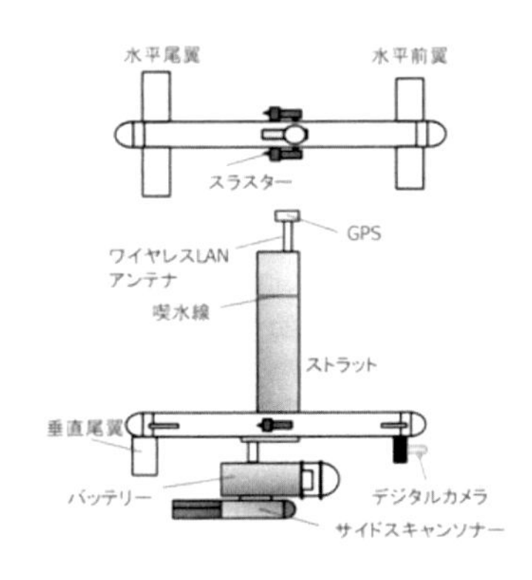

図13.29　水面貫通式自律型水中ロボット REEF

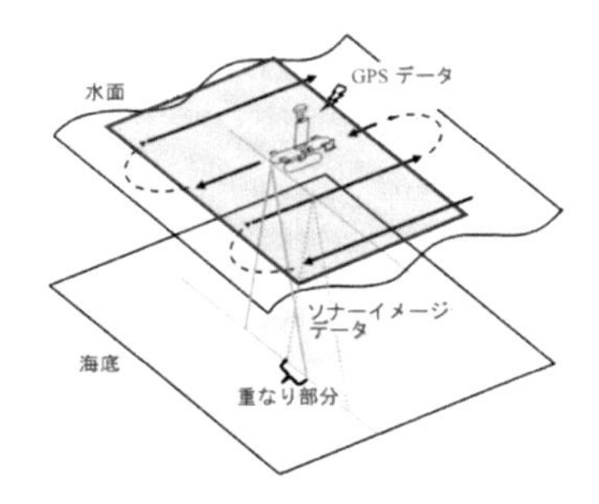

図13.30　REEFの運用想定イメージ

(2) RREFの制御系

ビークルには運用効率向上のために設定したモニタリング用ルートを精度よくトラッキングする制御と，画像データの動揺を低減するため波浪動揺を抑制する制御の2つが必要である。画像データの動揺に関してはロール，ピッチ運動が大きく影響すると考えられるが，ビークルはロール運動を動的に制御する手段を持たない。またモザイキング処理の際，横方向ではなく前進方向の重なりで処理を行ったほうが画像データを時系列で処理することができるという利点がある。そこで今回は可動式の水平前翼を用いて H_∞ 制御によりピッチ運動を最大限に抑制することとした。

ピッチ制御では，制御設計における運用想定海域の不規則波モデルとしてPierson–Moskowitz型スペクトルを使用した。制御設計で用いやすい伝達関数で表すことを考え，2次系の積の形を用いた。

ロバスト制御の目的はモデルの不確かさを許容する制御系を構成することである。モデルの不確かさを表現する方法に，非構造的不確かさの一つである乗法摂動を用いて，航行速度の変化 (±20%) を不確かさとして設定した。非構造的不確かさは周波数領域で伝達関数の摂動として表現される。求めたプラントP，重み関数を用いて一般化プラント G を図13.31のように設計した。W_S, W_T は重み関数であり，周波数領域の設計仕様を H_∞ 制御問題に取り込むための設計パラメータである。W_d は波浪外力の伝達関数モデル（Pierson–Moskowitz型スペクトルを不規則波のモデルに使用），W_n はセンサノイズのモデルである。

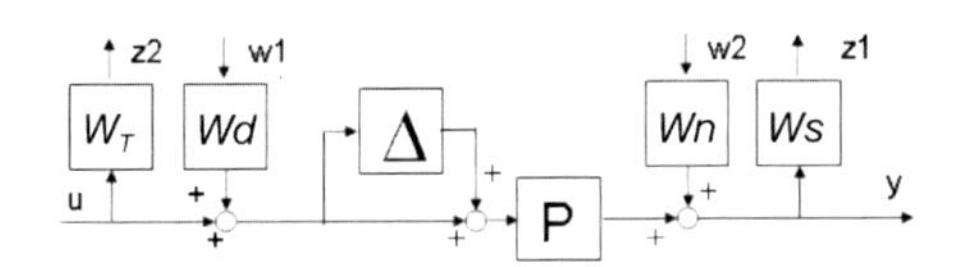

図13.31　一般化プラント G

一般化プラントを用いて，MATLABのμ-Analysys and Synthesis ToolboxのコマンドであるhinfsynによりコントローラKを設計した。コントローラの設計はすべて連続時間で行われていたが，実際ビークルのセンサから得られる信号はデジタル信号である。simulinkを用いてシミュレーションを作成する段階でも実装することを考慮して作る必要があり，設計したコントローラKとプラントPの離散化を行う。離散化する際のサンプリング時間を0.1secとし，Tustin変換を用いて離散化を行った。ビークルにはこの離散化したコントローラを搭載した。

軌道追従制御はあらかじめ設定されたルート上をビークルに進ませるための制御であり，調査線からのビークルの位置の距離を偏差と設定し，その値を小さくすればよい。しかしビークルは概して船首方向に進むため，位置の偏差のみでなく，調査線の方向とビークルのヨー角の偏差を同時に小さくするように制御した場合の方が結果的に位置偏差を素早く減衰させること，すなわち軌道追従制御に有効であることをシミュレーションにより確認した。そこで，位置偏差，ヨー角偏差それぞれに PID 制御を適用し，得られた出力に対して重みパラメータを与え，垂直尾翼への入力とすることとした。

(3) 水槽実験および海洋実験

設計した H_∞ コントローラの性能を評価するため，大阪大学の長水槽にて不規則波中の制御性能評価制試験を行った。試験は造波機を用いて不規則波を発生させ，ビークルをどことも接触をしないで曳航台車の間に置き，ビークルの速度に合わせて曳航台車を運転し，フリーランニングの状態で波浪中において定常航行させた。なお，Pierson–Moskowitz 不規則波は近似を用いた。発生させた不規則波によって生じるビークルのピッチ角動揺を H_∞ 制御を用いて制御した。また制御がない場合と制御がある場合（H_∞ 制御，PID 制御）で性能を評価する。PID 制御のパラメータは $P = 0.2$, $I = 0.1$, $D = 1.0$ とした。図 13.32 に，向い波中におけるピッチ角のパワースペクトル密度 (PSD) を示す。全体的に H_∞ 制御の PSD が小さくなっている。特にピークが立っている周波数において H_∞ 制御は PID よりも効果があり，周波数領域で設計できる H_∞ 制御の方が有効であると言える。

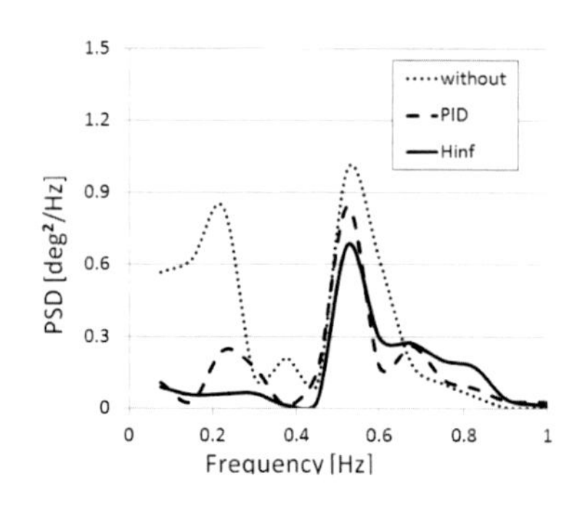

図 13.32　向かい波中のピッチ角のパワースペクトル密度分布

軌道追従制御試験では，ビークルのモニタリング用ルートとして，長さ 15 m の直線コースを 3 m 間隔で 4 本設定した。実験は静水中（大阪大学犬飼池），風外乱中（琵琶湖）の 2 つの場合で行った。風外乱試験における平均風速は 1.2 m/s であり，平均風向は 226.7deg であった。なお，ビークルの前進速度は 0.40 m/sec で一定とし，旋回の際の翼角は 40.0 deg とした。図 13.33 に，風外乱中におけるビークルの軌跡を示す。静水中の結果と比較して，風外乱中はルートトラッキングの性能は悪化している。特に旋回部分において風の影響を大きく受けており，各 Straight route の初期偏差が大きくなっていることが問題であると考えられる。しかし時間の経過とともに偏差は減衰し，小さい値を維持できているため，風外乱中においても設計したコントローラは有効であると考えられる。

ソナーデータと画像データを比較・考察することにより，サイドスキャンソナーを用いた藻の密生度と高さの推定法を開発した。藻の密生度の推定に関しては，まずカメラで撮影した画像を藻の部分と，海底（砂）の

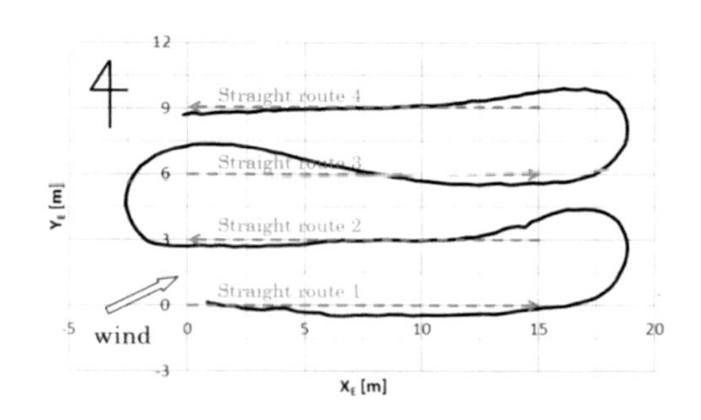

図 13.33　風外乱中におけるビークルの軌跡

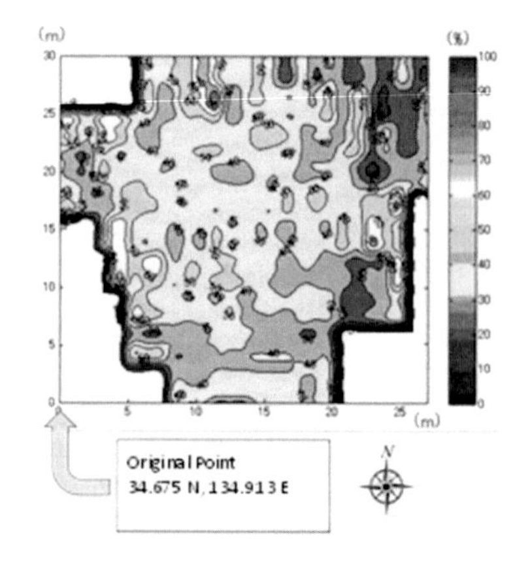

図 13.34　藻場の密生度のコンターマップ

部分とで2値化を行い，画像に映る藻の割合を算出した。その後，その画像と対応するソナーデータを抽出し反射強度を数値で表し，藻の割合とソナーの反射強度の関係を1次関数による最少二乗法を用いて求めた。また，高さに関しては，ARモデルを用いたソナーデータのノイズの除去を行い，高さを推定した。推測したデータを用い，GPSデータと組み合わせ，藻場の密生度のコンターマップを作成した。図13.34に，兵庫県江井ヶ島海岸での冬季のアマモの密生度のコンターマップの計測例を示す。

13.6.3 魚の胸ひれ運動のメカニズムとその水中ロボットへの応用[5, 6]

自律型水中ロボットが潮流中を浮遊状態である場所に留まって海底などの観察を行ったり，海中・海底ステーションとドッキングをしたりする場合，姿勢を安定化する必要がある。通常，スクリュー式の推進機をいくつも水中ロボットに付けて位置や姿勢の制御を行っているが，自律型水中ロボットが停止状態で位置や姿勢の制御を行う場合，スクリュー式推進機には正負の推力を迅速に発生するのが難しく，これによって波浪や潮流の非定常の外乱の中では，細かな位置や姿勢の制御を行うのに難しさがある。サンゴ礁や岩礁地帯での魚の遊泳を見ると，波浪や潮流の外乱の中でも，非常に高い操縦性能を示している。観察から胸ひれで前後方向に水をかいたり（前後運動），付け根を中心にひねったり（回転運動），上下方向に振ったり（上下運動）する動きが，素早い旋回や姿勢の保持に役立っていることを見出した。

(1) 胸ひれ運動装置

胸ひれの前後運動，ひねり運動，上下運動を独立に作り出せる小型の胸ひれ運動装置 “Birdfin” を開発した（図13.35）。この装置の胴体の直径は0.1 mで，長さは0.53 mである。

ローイング運動（前後運動）は −60° to 70° の範囲を，フラッピング運動（上下運動）は −60° to +60° の範囲を，フェザリング運動（ひねり運動）は −180° to 180° の範囲を最大3 Hzで動かすことができる。ローイング角度を ϕ_R で，フェザリング角度を ϕ_{FE} で，フラッピング角度を ϕ_{FL} で定義する。これらの角度は次式に従って正弦運動とした。

$$\phi_R = \phi_{R0} - \phi_{\mathrm{RA}} \cdot \cos(\omega_{fin} \cdot t)$$

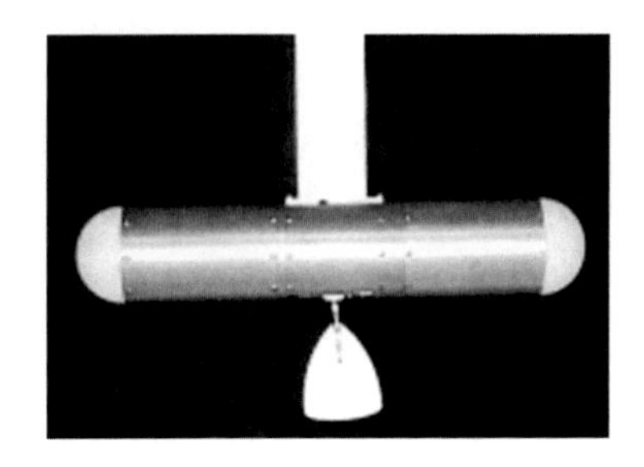

図 13.35 胸ひれ運動装置 “Birdfin”

$$\phi_{\mathrm{FE}} = \phi_{\mathrm{FE0}} - \phi_{\mathrm{FEA}} \cdot \cos(\omega_{\mathrm{fin}} \cdot t + \Delta\phi_{\mathrm{FE}})$$
$$\phi_{\mathrm{FL}} = -\phi_{\mathrm{FLA}} \cdot \cos(\omega_{\mathrm{fin}} \cdot t + \Delta\phi_{\mathrm{FL}}) \qquad (13.129)$$

非線形最適化手法を用いて，水流中と静水中における胸ひれ運動の最適化を行った。流速は0.2 m/sで運動周波数は1.25 Hzとした。静水中では，運動周波数は1.0 Hzとした。揚力型（上下振動を中心とした型）と抗力型（前後振動を中心とした型）の流体力学的な特徴を調べ，上下方向にはなるべく力を発生させず，かつ前進方向に最大の推力を出すための胸ひれ運動の最適条件を水槽実験から求めた。その結果，装置の運動範囲内において，一様流中では，揚力型が抗力型より大きな推力を出し，一方，静止中では，抗力型が揚力型より大きな推力を出すことがわかった。

(2) 胸ひれ運動装置付き水中ロボット “PLATYPUS”

“Birdfin” を前後・左右に取り付けた水中ロボット “PLATYPUS” を開発した（図13.36）。全長1.36 mで，胴体の直径0.12 m，質量14.5 kgである。円筒状のフロートが浮力調整用に付けてある。深度センサ，姿勢センサ（3軸角速度，3軸傾斜角），胸ひれ根元の力センサ，レーザを用いた前方距離計，位置計測用ピンガーを装備している。水槽の壁に3つの音響受波器を設置した。この水中ロボットは，前進，後進，その場旋回，その場上昇・下降，その場水平横移動など，停止状態で細かな操縦が可能であることを確認した。

(3) 誘導制御実験

水中ロボット “PLATYPUS” の運動は胸ひれ運動装置のパラメータに関して強い非線形であり，数学モデルが作れないため，姿勢・誘導制御にはこれらの問題に対処できるファジィ制御を用いた。

外乱の中でホバリング状態を中心とした姿勢・誘導制御性能を調べることを目的として，港湾における構

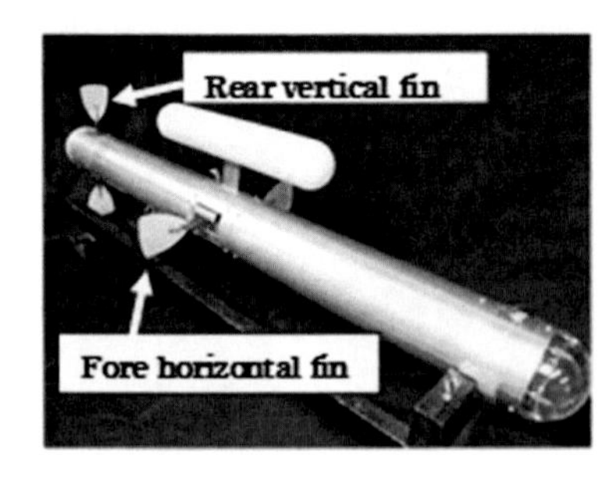

図 13.36　胸ひれ運動装置付き水中ロボット “PLATYPUS”

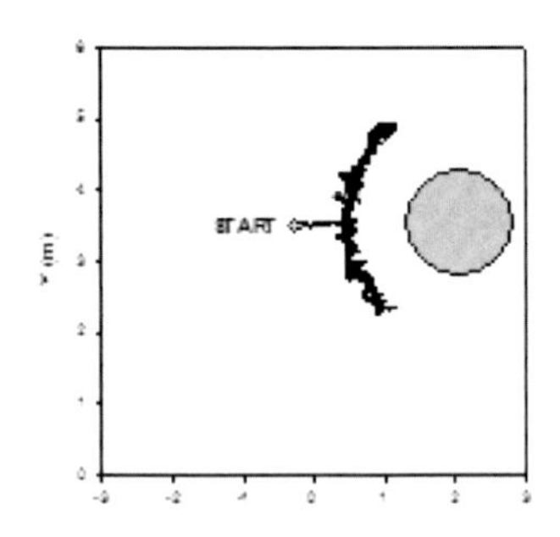

図 13.37　潮流なしの場合の円柱まわりの誘導制御

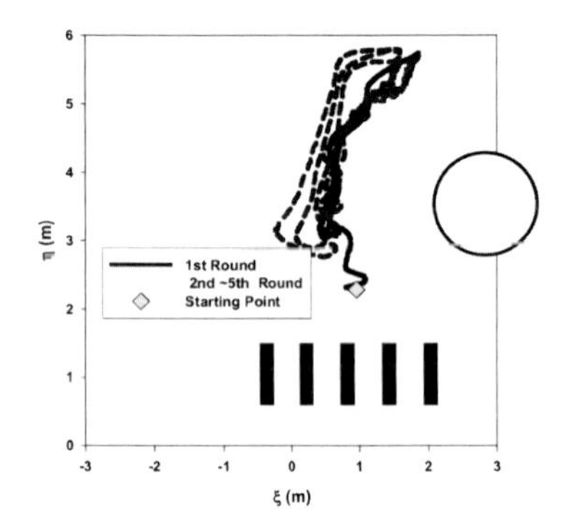

図 13.38　潮流中の円柱まわりの誘導制御

造物の脚柱の検査を想定し，潮流中の円柱まわりに水中ロボットの機首を円柱表面に向けて，なるべく一定距離を保ちながら移動させる実験を行った。この実験では，胸ひれ運動は揚力型を用いた。これは，抗力型を後部ひれに用いるとピッチング運動を伴うためである。潮流がない場合は，後部ひれで距離と方位角の制御を行い，前部ひれで横移動制御を行った。この場合は，精度よく一定距離 0.95 m を保って左右に移動できることがわかる（図 13.37）。誤差平均 0.00 m，誤差標準偏差 0.11 m の誤差範囲に収まった。一方，潮流中においては，推力不足から流れに逆らった横移動制御が不可能であったため，上流側から潮流に流されながら円柱表面と一定距離を保つように移動し，その後，いったん円柱から大きく離れて出発点に戻り，また潮流に流されながら円柱表面に沿って移動する方法を採用した。図 13.38 に潮流を発生させる船外機の位置と 5 往復した水中ロボットの軌跡を示す。平均水流は 0.2 m/s であった。誤差平均 0.16 m，誤差標準偏差 0.10 m の誤差範囲に収まった。円柱表面との距離精度は落ちるものの，潮流中においても円柱まわりの誘導制御が可能であることがわかる。

＜加藤直三＞

参考文献（13.6 節）

[1] Kato, N. (Editor): *Applications to Marine Disaster Prevention—Spilled Oil and Gas Tracking Buoy System—*, Springer (2017).

[2] Choyekh,M., Ukita, M., *et al.*: Structure of Control System of Spilled Oil and Gas Tracking Autonomous Underwater Vehicle SOTAB-I,*Proc. of ISOPE 2014*, pp. 624–631, ISOPE(2014).

[3] 渡邊亘樹・高木智史 他：沿岸水域環境モニタリング用 AUV “REEF” の運動制御，『日本船舶海洋工学会論文集』，Vol. 17, pp. 123–134(2013).

[4] Kato, N., Shoji, Y., *et al.*: Monitoring of Seaweed Bed by a Surface Piercing Autonomous Underwater Vehicle with a Sidescan Sonar, *Proc. of 9th IFAC Conference on Control Applications in Marine Systems*, pp. 304–309, IFAC(2013).

[5] Kato, N.: Median and paired fin controllers for biomimetic marine vehicles, *Applied Mechanics Reviews*, pp. 238–252, ASME (2005).

[6] Kato, N., Ando, Y., *et al.*: Biology-inspired Precision Maneuvering of Underwater Vehicles (Part 4), *Int. J. of Offshore and Polar Engineering*, pp.195–201, ISOPE(2006).

13.7　おわりに

本章では「浮遊ロボット」というキーワードのもと，3 次元移動ロボットの基礎数理と制御問題を網羅的に紹介した。ひとくちに 3 次元移動ロボットと言ってもその運用環境は宇宙・空中・水中と多岐に渡っているが，「3 次元という自由ではあるが支えるもののない空間において，いかにして環境から反力を得るか，またいかにしてそれを所望の運動に変えるか」という意味で問題意識が共通している（宇宙ロボットの場合には，環境反力が「得られない」こと自体が制御原理になっている）。またいずれも，限られた制御自由度で自在に動き回るために，劣駆動機械としての制御問題に帰着されるところが特徴である。近年では，13.4 節で述べたマルチロータヘリコプタをはじめとした 3 次元移動ロボットの制御技術が成熟し，無人探査や物流など様々な分野への応用の期待が急速に高まっている。本章で取り上げた基礎理論の解説が，関心をもつ多くの読者の益になれば幸いである。

＜石川将人＞

第14章

ROBOT CONTROL HANDBOOK

車輪型倒立振子ロボット

14.1　はじめに

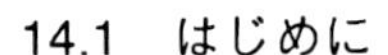

14.1.1　倒立振子ロボットの意味

人と同じ空間を共有して移動を行うロボットの一形態に車輪倒立振子ロボットがある。そのアイデアは古い文献にも見られる[1]。車輪倒立振子ロボットには，自律走行タイプと，人が運転するタイプとがある。前者に限らず後者にもロボット制御技術が用いられ，人の移動をアシストする意味でロボットと考える。

本章では，図 14.1 のような車輪倒立振子ロボットの制御学を扱う。同ロボットは占有面積が少なく，方向転換が容易であり，駆動に要するアクチュエータの数が少ない利点を持つ。将来に向けた有効な移動手段として着目され，セグウェイ[2] のような乗用移動体が開発されると共に自律ロボットとしての研究が行われている。そして実用化に耐える制御系を実現するには，きちんとした数学モデルを導出し，モデルに基づく制御系設計を行う必要がある[3]。

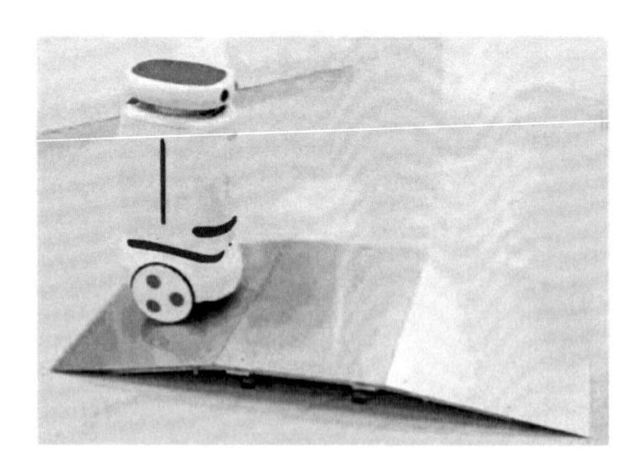

図 14.1　車輪倒立振子ロボットの例
（提供：東芝未来科学館）

＜島田 明＞

14.1.2　倒立振子ロボット制御研究の歴史と動向

倒立振子は現代制御理論等の制御アルゴリズムを実証するための題材として，古くから用いられてきた。その形状は様々であり，前項で取り上げられたような車輪型以外にも，レール上を動く台車を制御して受動回転ジョイントでつながれているリンクを逆さまに立てるタイプ，1 軸のマニピュレータの回転トルクを制御してその先の受動関節リンクを逆さまに立てるタイプなど，現在でも教材等で用いられている形態などがある。車輪型倒立振子に関しては，1970 年代から 1980 年代前半にかけて，例えば尾坂ら[4] は一輪車を対象に，林ら[5] は同軸平行二輪車を対象に安定化制御に関する研究を行った。1980 年代後半には，山藤ら[6] が接触子付きの同軸平行二輪タイプの車輪型倒立振子を開発し，左右独立に車輪を制御することで前後左右への移動を可能とし，移動ロボットへの応用に関する可能性を提示した。その後，山藤らは車輪型倒立振子の安定化制御をベースに，構造が変形するロボットも多数開発した[7]。また，14.5.1 項において紹介される本田技研の搭乗型倒立振子ロボットは，乗り物としての応用可能性を示した画期的な開発事例であった。その後，2001 年にはセグウェイが発表され，14.5 節で紹介される様々なロボットが開発され，現在に至っている。倒立振子制御により動的安定化が図られた乗り物や移動ロボットへの応用については，計算機やセンサ等の発展により飛躍的に進み，既に基盤となる制御システムや制御手法は確立されており，現在は実用化のフェーズに入っている。今後の制御研究の流れとしては，より複雑な応用に展開する際に生じる個別の課題を解決するという方向に行くものと思われる。

＜松本 治＞

14.2 車輪型倒立振子のモデリングと制御の基本

14.2.1 直線運動のための 2 次元モデル

車輪倒立振子の車輪は，原理的には，地面でなく胴体に対して回転し，駆動トルクも胴体に対して発生する。また，車輪を駆動するモータは胴体内部に搭載され，減速機を介して車輪にトルクを伝える。このことは車輪が地面から浮いてもスリップが生じても変わらない。この原理を踏まえて，位置および角度変数等の変数を表 14.1 に定義する。

図 14.2 を参照されたい。黒三角印を車輪基準点とする。(a) は胴体が傾き角 $\theta_b > 0$ 傾いているが，車輪は地面に対して回転していない。胴体に対して車輪が $\theta_{wb} = -\theta_b < 0$ 傾いている。(b) では車輪が胴体と共に回転し，胴体に対する相対角度 $\theta_{wb} = 0$ である。つまり，(a),(b) は状態が異なることに注意しよう。車輪にスリップがないと仮定すると $x_v = r_w\theta_w, \theta_w = \theta_b + \theta_{wb}$ が成り立つ。

表 14.1 車輪倒立振子ロボットに用いる変数

変数の名称	シンボル	単位
原点位置に対する車軸中心位置	x_v	m
鉛直線からの胴体の傾き角度	θ_b	rad
胴体に対する車輪の回転角度	θ_{wb}	rad
鉛直線からの車輪の回転角度	θ_w	rad
車輪半径	r_w	m
車軸から胴体質量中心までの距離	l	m
胴体の質量（モータ，減速機含む）	m_b	kg
車輪の質量	m_w	kg
胴体の質量中心まわりの慣性モーメント	I_{b0}	kgm^2
車輪の回転軸まわりの慣性モーメント	I_w	kgm^2
車輪が発生するトルク ($=n \cdot \tau_{mb}$)	τ	Nm
胴体に対するロータの回転角度	θ_{mb}	rad
鉛直線からのロータの回転角度	θ_m	rad
ロータの慣性モーメント	I_m	kgm^2
モータの駆動トルク	τ_{mb}	Nm
減速比	n	無次元

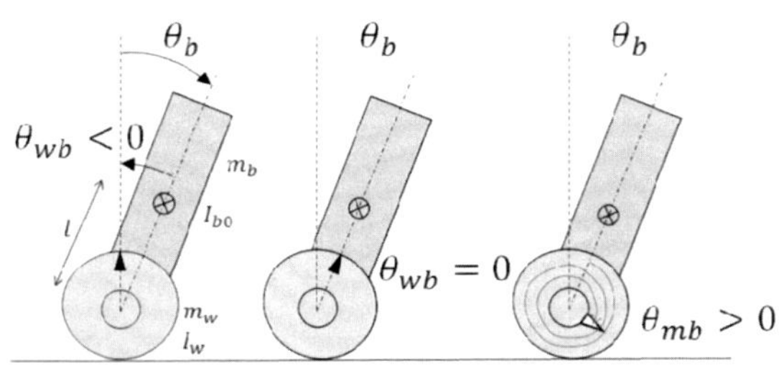

図 14.2 傾き角の関係

はじめに，内蔵されるモータのロータや減速機を無視して，車輪が直接に駆動トルク τ を発生すると仮定した運動方程式を考える。並行二輪でロボットを駆動するとすると，運動エネルギーは $K = m_b v_b^2/2 + I_{b0}\dot{\theta}_b/2 + 2\{m_w \dot{x}_v^2/2 + I_w(\dot{\theta}_b + \dot{\theta}_{wb})^2/2\}$。ただし，$v_b^2 = \{\dot{x}_v + l \cdot \mathrm{d}(\sin\theta_b)/dt\}^2 + \{l \cdot \mathrm{d}(\cos\theta_b)/dt\}^2 = (\dot{x}_v + l\cos\theta_b\dot{\theta}_b)^2 + (-l\sin\theta_b\dot{\theta}_b)^2$ であり，ポテンシャルエネルギーは $U = m_b g l \cos\theta_b$ となるので，ラグラジアン $L = K - U$ とおくと，ラグランジュの運動方程式より，車輪型倒立振子の運動方程式は式 (14.1) となる。

$$\begin{bmatrix} M & m_b l c\theta_b \\ m_b l c\theta_b & I_b \end{bmatrix} \begin{bmatrix} \ddot{x}_v \\ \ddot{\theta}_b \end{bmatrix} + \begin{bmatrix} h_z \\ h_\theta \end{bmatrix} = \begin{bmatrix} \tau/r_w \\ -\tau \end{bmatrix} \tag{14.1}$$

ただし，$M = m_b + 2(m_w + I_w/r_w^2)$，$I_b = I_{b0} + m_b l^2$，$h_z = -m_b l \sin\theta_b \dot{\theta}_b^2$，$h_\theta = -m_b g l \sin\theta_b$ であり，式中では $\mathrm{c} = \cos$ と略記した。右辺の一般化力 $[F_x, F_\theta]^T$ は並行二輪を踏まえ，仕事 $W = 2(\tau\theta_{wb}) = 2\tau(\theta_w - \theta_b) = 2\tau(x_v/r_w - \theta_b)$ より $F_x = \partial W/\partial x_v = \tau/r_w, F_\theta = \partial W/\partial\theta_b = -\tau$ を導出した。

一方，減速機を介してロータがトルク τ_{mb} を発生することを踏まえると，運動方程式は複雑になる。図 14.2(c) を参照されたい。白三角印の傾きは，胴体に対して $(2+\alpha)$ 回転したロータの回転角度 θ_{mb} の例を表すものとする。つまり，鉛直線からのロータ回転角度は $\theta_m = \theta_b + \theta_{mb}$ であり，減速機により $\theta_{mb} = n\theta_{wb}$ が成り立つものとする。ロータの運動を考慮することによる運動エネルギーの増分は，$K_m = 2\{I_m(\dot{\theta}_{mb} + \dot{\theta}_b)^2/2\} = 2\{I_m(n\dot{\theta}_{wb} + \dot{\theta}_b)^2/2\} = 2\{I_m(n\dot{x}_w/r_w - n\dot{\theta}_b + \dot{\theta}_b)^2/2\}$ である。一方，ポテンシャルエネルギーの増分はないので，ラグラジアンの増分は $L_m = K_m$ となる。重ね合わせが成り立つので，この L_m に対してラグランジュ運動方程式を導き出し，式 (14.1) に追加すると，式 (14.2) となる。

$$\begin{bmatrix} M + A_m & m_b l c\theta_b - B_m \\ m_b l c\theta_b - B_m & I_b + C_m \end{bmatrix} \begin{bmatrix} \ddot{x}_v \\ \ddot{\theta}_b \end{bmatrix} + \begin{bmatrix} h_z \\ h_\theta \end{bmatrix} = \begin{bmatrix} n\tau_{mb}/r_w \\ -n\tau_{mb} \end{bmatrix} \tag{14.2}$$

ただし，$A_m = 2n^2 I_m/r_w$，$B_m = 2nI_m(n-1)/r_w$，

$C_m = 2I_m(n-1)^2$ であり，$n=1$ の場合は B_m, C_m 項が消える。係数 2 は内蔵されるモータの数を表す。

14.2.2　拘束条件とロータ特性を考慮した 3 次元モデル

倒立振子ロボットの 3 次元モデリングを行う[8–10]。

(1) 座標系の定義とロボットの位置・姿勢

ロボットの車軸中央にビークル座標系 $\Sigma_v\{X_v, Y_v, Z_v\}$ を定義する。ワールド座標系 $\Sigma_w\{X_w, Y_w, Z_w\}$ から見た Σ_v は $P_v^w = [x_v, y_v, r_w]^T$ の位置にあり，Z_v 軸まわりに ϕ_v 回転するものとする。この関係を図 14.3 に示す。r_w は車輪半径であり，ϕ_v を方向角と呼ぶ。したがって，ビークル座標系の同次変換行列は $H_v^w = \mathrm{Trans}(x_v, y_v, r_w)\mathrm{Rot}(Z_v : \phi_v)$ である。さらに，ビークルの胴体内にボディ座表系 $\Sigma_b\{X_b, Y_b, Z_b\}$ を定義する。Σ_b は Y_v 軸まわりに θ_b 傾けた座標系である。また，Z_b 方向に l 上方に並進させた点を質量中心としておく。ボディ座表系 Σ_b の同次変換行列は式 (14.3) となる。以降，必要に応じて，cos,sin を c,s と略記する。

$$
\begin{aligned}
H_b^w &= \begin{bmatrix} R_b^w & p_v^w \\ 0_{1\times 3} & 1 \end{bmatrix} = H_v^w \cdot H_b^v \\
&= \mathrm{Trans}(x_v, y_v, r_w)\mathrm{Rot}(Z_v, \phi_v)\mathrm{Rot}(Y_v, \theta_b) \\
&= \begin{bmatrix} \mathrm{c}\phi_v\mathrm{c}\theta_b & -\mathrm{s}\phi_v & \mathrm{c}\phi_v\mathrm{s}\theta_b & x_v \\ \mathrm{s}\phi_v\mathrm{c}\theta_b & \mathrm{c}\phi_v & \mathrm{s}\phi_v\mathrm{s}\theta_b & y_v \\ -\mathrm{s}\theta_b & 0 & \mathrm{c}\theta_b & z_v \\ 0 & 0 & 0 & 1 \end{bmatrix}
\end{aligned} \tag{14.3}
$$

ボディ，車輪，ロータを含む車輪型倒立振子ロボット機構全体の質量中心の位置を求める。ワールド座標から見た質量中心の位置 $p_c^w \in R^3$ は，ボディ座標系の $p_c^b = [0, 0, l]^T$ の位置にある。同次表現 $\bar{p}_c^w = [p_c^w, 1]^T \in R^4$, $\bar{p}_c^b = [p_c^b, 1]^T \in R^4$ を用いて以下のようになる。

$$
\bar{p}_c^w = H_b^w \cdot \bar{p}_c^b = \begin{bmatrix} x_v + l\cdot\cos\phi_v\sin\theta_b \\ y_v + l\cdot\sin\phi_v\sin\theta_b \\ l\cdot\cos\theta_b + r_w \\ 1 \end{bmatrix} \tag{14.4}
$$

(2) 車輪倒立振子ロボットの速度・回転速度

式 (14.4) の第 1～3 成分を抜き出して位置表現 p_c^w に直して時間微分し，質量中心の並進速度 v_c^w を求める。

$$
v_c^w = \begin{bmatrix} \dot{x}_v - l\cdot\mathrm{s}\phi_v\mathrm{s}\theta_b\dot{\phi}_v + l\cdot\mathrm{c}\phi_v\mathrm{c}\theta_b\dot{\theta}_b \\ \dot{y}_v + l\cdot\mathrm{c}\phi_v\mathrm{s}\theta_b\dot{\phi}_v + l\cdot\mathrm{s}\phi_v\mathrm{c}\theta_b\dot{\theta}_b \\ -l\cdot\mathrm{s}\theta_b\dot{\theta}_b \end{bmatrix} \tag{14.5}
$$

次に，ワールド座標系から見たボディの回転角速度 ω_b^w はワールド座標系からボディ座標系への回転行列 R_b^w を用いて $\omega_b^w = (\dot{R}_b^w R_b^{wT})^\vee$ により求められる。ただし，$\vee$（ヴィー）はひずみ対称行列からベクトルを取り出す操作である。ワールド座標系からボディ座標への回転行列 R_b^w は，式 (14.3) の左上 3×3 行列である。したがって，回転速度は式 (14.6) で表される。

$$
\begin{aligned}
\omega_b^w &= (\dot{R}_b^w R_b^{wT})^\vee = \begin{bmatrix} 0 & -\dot{\phi}_v & \mathrm{c}\phi_v\dot{\theta}_b \\ \dot{\phi}_v & 0 & \mathrm{s}\phi_v\dot{\theta}_b \\ -\mathrm{c}\phi_v\dot{\theta}_b & -\mathrm{s}\phi_v\dot{\theta}_b & 0 \end{bmatrix}^\vee \\
&= \begin{bmatrix} -\sin\phi_v\dot{\theta}_b & \cos\phi_v\dot{\theta}_b & \dot{\phi}_v \end{bmatrix}^T
\end{aligned} \tag{14.6}
$$

(3) 車輪とロータの回転速度

図 14.4 に基づき両車輪の回転角度を定義する。鉛直軸 z_v からのボディの傾き角度を θ_b，ボディ座表系 Σ_b の z_b 軸からの両車輪の回転角度を $\theta_{wbr}, \theta_{wbl}$ とすると，車軸中央を原点とする鉛直軸 z_v から見た右車輪と左車輪の回転角度は式 (14.7) で表される。

$$
\theta_{wr} = \theta_{wbr} + \theta_b, \quad \theta_{wl} = \theta_{wbl} + \theta_b \tag{14.7}
$$

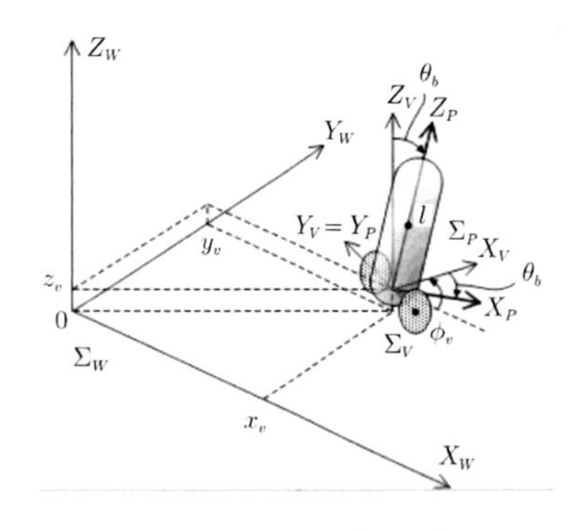

図 14.3　座標系の定義

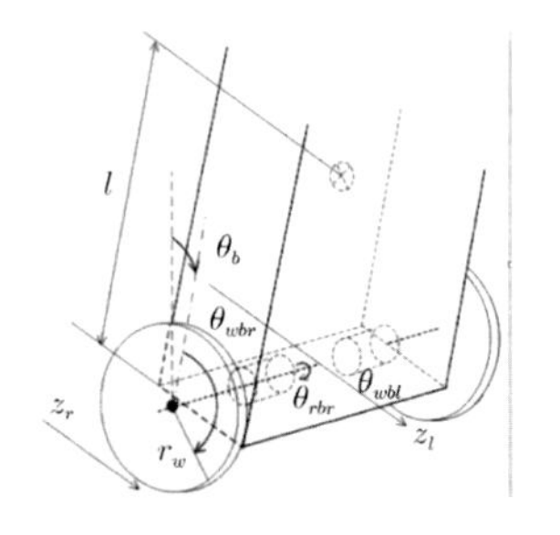

図 14.4　ボディと車輪の関係

右下添字の最後のr,lがそれぞれ右と左を表す。車輪の滑りがないと仮定すると，各車輪の回転により生じる移動距離z_r, z_lは$z_r = r_w\theta_{wr} = r_w(\theta_{wbr}+\theta_b)$, $z_l = r_w\theta_{wl} = r_w(\theta_{wbl}+\theta_b)$である。

鉛直軸から見た車輪の回転速度は式(14.7)の時間微分により，$\omega_{wr} = \dot{\theta}^v_{wr} = \dot{\theta}_{wbr}+\dot{\theta}_b$, $\omega_{wl} = \dot{\theta}^v_{wl} = \dot{\theta}_{wbl}+\dot{\theta}_b$となる。また，鉛直軸から見たロータ回転角度が$\theta_{\mathrm{rot},r} = n\theta_{wbr}+\theta_b$, $\theta_{\mathrm{rot},l} = n\theta_{wbl}+\theta_b$（$n$は減速比）となるので，鉛直軸から見たロータの回転速度は$\omega_{\mathrm{rot},r} = n\dot{\theta}_{wbr}+\dot{\theta}_b$, $\omega_{\mathrm{rot},l} = n\dot{\theta}_{wbl}+\dot{\theta}_b$と表される。これをベクトル表記すると，回転が$y_v(=y_b)$軸上で行われることから，式(14.6)を利用して，

$$
\begin{aligned}
\omega^w_{wr} &= \begin{bmatrix} -\mathrm{s}\phi_v(\dot{\theta}_{wbr}+\dot{\theta}_b) & \mathrm{c}\phi_v(\dot{\theta}_{wbr}+\dot{\theta}_b) & \dot{\phi_v} \end{bmatrix}^T \\
\omega^w_{wl} &= \begin{bmatrix} -\mathrm{s}\phi_v(\dot{\theta}_{wbl}+\dot{\theta}_b) & \mathrm{c}\phi_v(\dot{\theta}_{wbl}+\dot{\theta}_b) & \dot{\phi_v} \end{bmatrix}^T \\
\omega^w_{\mathrm{rot},r} &= \begin{bmatrix} -\mathrm{s}\phi_v(n\dot{\theta}_{wbr}+\dot{\theta}_b) & \mathrm{c}\phi_v(n\dot{\theta}_{wbr}+\dot{\theta}_b) & \dot{\phi_v} \end{bmatrix}^T \\
\omega^w_{\mathrm{rot},l} &= \begin{bmatrix} -\mathrm{s}\phi_v(n\dot{\theta}_{wbl}+\dot{\theta}_b) & \mathrm{c}\phi_v(n\dot{\theta}_{wbl}+\dot{\theta}_b) & \dot{\phi_v} \end{bmatrix}^T
\end{aligned} \tag{14.8}
$$

(4) 車輪型倒立振子ロボットの運動エネルギー

4項目のエネルギーを導出する。① 全並進運動エネルギーK_{pt}，② 回転運動エネルギーK_{pb}，③ 車輪とロータの回転運動エネルギーK_{pw}，④ 傾き角度θ_bに基づくポテンシャルエネルギーU_{pb}である。

ロボットは水平面上を移動するものとする。ロータ軸が車軸と一致する場合はそのポテンシャルは0値とみなせる。車輪およびロータのx_b, z_b軸まわりの慣性モーメントはボディに含め，y_b軸まわりの成分は車輪およびロータを含めず，ダブルカウントを避ける。モータを分解するわけにはいかないが，計算上，省けばよい。

モータを含むボディの質量m_b，1車輪の質量m_w，そして$m_{bw} = m_b + 2m_w$とおき，質量中心が何の拘束もなく，x, y, z軸方向に自由に移動すると仮定し，質量行列$M_b = \mathrm{diag}(m_{bw}, m_{bw}, m_{bw}) \in R^{3\times 3}$を定義する。

車輪型倒立振子ロボット全体の並進運動エネルギーは次の式(14.9)で表される。

$$
\begin{aligned}
K_{pt} &= \frac{1}{2} v^{wT}_c M_{bw} v^w_c \\
&= \frac{1}{2} m_{bw}(\dot{x}^2_v + \dot{y}^2_v + l^2\dot{\theta}^2_b + l^2 s^2\theta_b\dot{\phi}^2_v) \\
&+ m_{bw} l \mathrm{c}\theta_b \dot{\theta}_b(\dot{x}_v \mathrm{c}\phi_v + \dot{y}_v \mathrm{s}\phi_v) \\
&+ m_{bw} l \mathrm{s}\theta_b \dot{\phi}_v(-\dot{x}_v \mathrm{s}\phi_v + \dot{y}_v \mathrm{c}\phi_v)
\end{aligned} \tag{14.9}
$$

ボディ座標系に対してボディが回転するときの質量中心まわりの慣性テンソルを$I^b_{cm} = \mathrm{diag}(I_{xx}, I_{yy}, I_{zz}) \in R^{3\times 3}$と定義する。このとき，ボディ座標系はボディ上に定義したので，相対位置も相対姿勢も常に0値に固定されそうであるが，瞬時には剛体が元々の位置・姿勢から微小距離動くと考える。ここで，I_{xx}, I_{yy}, I_{zz}はそれぞれボディ座標$\Sigma_b\{X_b, Y_b, Z_b\}$の座標軸まわりの慣性モーメントである。

質量中心まわりにワールド座標から見たボディの回転速度ω^w_bで回転するときの慣性テンソルI^w_{cm}は

$$
\begin{aligned}
I^w_{cm} &= R^w_b I^b_{cm} R^{wT}_b \\
&= \begin{bmatrix} I^w_{11}(\phi_v,\theta_b) & I^w_{12}(\phi_v,\theta_b) & I^w_{13}(\phi_v,\theta_b) \\ I^w_{21}(\phi_v,\theta_b) & I^w_{22}(\phi_v,\theta_b) & I^w_{23}(\phi_v,\theta_b) \\ I^w_{31}(\phi_v,\theta_b) & I^w_{32}(\phi_v,\theta_b) & I^w_{33}(\phi_v,\theta_b) \end{bmatrix}
\end{aligned} \tag{14.10}
$$

で表される。ただし，$I_{x-z} = I_{xx} - I_{zz}$とおき，

$$
\begin{aligned}
&I^w_{11}(\phi_v,\theta_b) = I_{xx}\mathrm{c}^2\phi_v\mathrm{c}^2\theta_b + I_{yy}\mathrm{s}^2\phi_v + I_{zz}\mathrm{c}^2\phi_v\mathrm{s}^2\theta_b, \\
&I^w_{12}(\phi_v,\theta_b) = I^w_{21}(\phi_v,\theta_b) \\
&= \mathrm{c}\phi_v\mathrm{s}\phi_v\left(I_{xx}\,\mathrm{c}^2\theta_b - I_{yy} + I_{zz}\mathrm{s}^2\theta_b\right), \\
&I^w_{22}(\phi_v,\theta_b) = I_{xx}\mathrm{s}^2\phi_v\mathrm{c}^2\theta_b + I_{yy}\mathrm{c}^2\phi_v + I_{zz}\mathrm{s}^2\phi_v s^2\theta_b, \\
&I^w_{13}(\phi_v,\theta_b) = I^w_{31}(\phi_v,\theta_b) = -I_{x-z}\mathrm{c}\phi_v\mathrm{c}\theta_b\mathrm{s}\theta_b, \\
&I^w_{23} = I^w_{32} = -I_{x-z}\mathrm{s}\phi_v\mathrm{c}\theta_b\mathrm{s}\theta_b, \\
&I^w_{33}(\phi_v,\theta_b) = I_{xx}\mathrm{s}^2\theta_b + I_{zz}\mathrm{c}^2\theta_b.
\end{aligned}
$$

次に，ボディ座標系で表した車輪の慣性テンソルI^b_{wh}は，$I^b_{wh} = \mathrm{diag}(I_{wx}, I_{wy}, I_{wz}) \in R^{3\times 3}$で表され，$I_{wx}, I_{wy}, I_{wz}$は車輪の車輪座標系$\Sigma_{wi}\{X_{wi}, Y_{wi}, Z_{wi}\}$, $i = r, l$の座標軸まわりの慣性モーメントであり，y_b軸を車軸とすると$I_{wx} = I_{wz}$である。ワールド座標系から見た車輪の慣性テンソルI^w_{wh}は次式で求められる。

$$
\begin{aligned}
I^w_{wh} &= R^w_b I^b_{wh} R^{wT}_{wh} = R^w_v(R^v_b I^b_{wh} R^{vT}_b)R^{wT}_v \\
&= R^w_v I^v_{wh} R^{wT}_v
\end{aligned} \tag{14.11}
$$

ところが，車輪特有の性質から，$I^b_{wh} = I^v_{wh}$であるため，

$$
\begin{aligned}
I^w_{wh} &= R^w_v I^v_{wh} R^{wT}_v \\
&= \begin{bmatrix} I_{wx}\mathrm{c}^2\phi_v + I_{wy}\mathrm{s}^2\phi_v & (I_{wx}-I_{wy})\mathrm{s}\phi_v\mathrm{c}\phi_v & 0 \\ (I_{wx}-I_{wy})\mathrm{s}\phi_v\mathrm{c}\phi_v & I_{wx}\mathrm{s}^2\phi_v + I_{wy}\mathrm{c}^2\phi_v & 0 \\ 0 & 0 & I_{wz} \end{bmatrix}
\end{aligned} \tag{14.12}
$$

以上より，ボディ，車輪，ロータの回転運動エネルギー

は式 (14.13)〜(14.15) となる。

$$\begin{aligned} K_{pb} &= \frac{1}{2}\omega_b^{\omega T} I_{cm}^{\omega} \omega_b^{\omega} \\ &= \frac{1}{2} I_{yy} \dot{\theta}_b^2 + \frac{1}{2}(I_{xx}\mathrm{s}^2\theta_b + I_{zz}\mathrm{c}^2\theta_b)\dot{\phi}_v^2 \end{aligned} \tag{14.13}$$

$$\begin{aligned} K_{pwr} &= \frac{1}{2}\omega_{whr}^{\omega T} I_{wh}^{\omega} \omega_{whr}^{\omega} \\ &= \frac{1}{2}\{I_{wy}(\dot{\theta}_{wbr} + \dot{\theta}_b)^2 + I_{wz}\dot{\phi}_v^2\} \\ K_{pwl} &= \frac{1}{2}\{I_{wy}(\dot{\theta}_{wbl} + \dot{\theta}_b)^2 + I_{wz}\dot{\phi}_v^2\} \end{aligned} \tag{14.14}$$

$$\begin{aligned} K_{prr} &= \frac{1}{2}\{I_{ry}(n\dot{\theta}_{wbr} + \dot{\theta}_b)^2 + I_{rz}\dot{\phi}_v^2\} \\ K_{prl} &= \frac{1}{2}\{I_{ry}(n\dot{\theta}_{wbl} + \dot{\theta}_b)^2 + I_{rz}\dot{\phi}_v^2\} \end{aligned} \tag{14.15}$$

この結果，全運動エネルギー K_p は式 (14.16)，ポテンシャルエネルギー U_{pb} は式 (14.17) で表される。

$$K_p = K_{pt} + K_{pb} + (K_{pwr} + K_{pwl}) + (K_{prr} + K_{prl}) \tag{14.16}$$

$$U_{pb} = m_b(r_{\mathrm{w}} + l\ \mathrm{c}\theta_b)g \tag{14.17}$$

よってラグラジアン L_p は式 (14.18) となる。

$$\begin{aligned} L_p &= K_p - U_{pb} = K_{pt} + K_{pb} + (K_{pwr} + K_{pwl}) \\ &\quad + (K_{prr} + K_{prl}) - U_{pb} \\ &= \frac{1}{2}m_{bw}(\dot{x}_v^2 + \dot{y}_v^2) + \frac{1}{2}\{m_{bw}l^2 + I_{yy} + 2(I_{wy} + I_{ry})\}\dot{\theta}_b^2 \\ &\quad + \frac{1}{2}\{(m_{bw}l^2 + I_{xx})\mathrm{s}^2\theta_b + I_{zz}\mathrm{c}^2\theta_b + 2(I_{wz} + I_{rz})\}\dot{\phi}_v^2 \\ &\quad + m_{bw}l\mathrm{c}\theta_b\dot{\theta}_b(\dot{x}_v\mathrm{c}\phi_v + \dot{y}_v\mathrm{s}\phi_v) \\ &\quad + m_{bw}l\mathrm{s}\theta_b\dot{\phi}_v(-\dot{x}_v\mathrm{s}\phi_v + \dot{y}_v\mathrm{c}\phi_v) \\ &\quad + \frac{1}{2}(I_{wy} + n^2 I_{ry})(\dot{\theta}_{wbr}^2 + \dot{\theta}_{wbl}^2) \\ &\quad + (I_{wy} + nI_{ry})\dot{\theta}_b(\dot{\theta}_{wbr} + \dot{\theta}_{wbl}) - m_b(r_w + l\mathrm{c}\theta_b)g \end{aligned} \tag{14.18}$$

(5) 拘束条件を考慮する前の運動方程式

一般化座標を $q = [x_v, y_v, \phi_v, \theta_b, \theta_{wbr}, \theta_{wbl}]^T$ とする。車輪型倒立振子ロボットの仕事は右モータの駆動トルク $\tau_{mbr}(= \tau_{wbr}/n)$ と左モータの駆動トルク $\tau_{mbl}(= \tau_{wbl}/n)$ から生成されるため，仕事 (W) は $W = \theta_{wbr}\tau_{wbr} + \theta_{wbl}\tau_{wbl} = n\theta_{wbr}\tau_{mbr} + n\theta_{wbl}\tau_{mbl}$ となり，一般化力は次式となる。

$$E\tau = \begin{bmatrix} 0 & 0 \\ 0 & 0 \\ 0 & 0 \\ 0 & 0 \\ \frac{\partial W}{\partial \theta_{wbr}} & 0 \\ 0 & \frac{\partial W}{\partial \theta_{wbl}} \end{bmatrix} = \begin{bmatrix} 0 & 0 \\ 0 & 0 \\ 0 & 0 \\ 0 & 0 \\ n & 0 \\ 0 & n \end{bmatrix} \begin{bmatrix} \tau_{mbr} \\ \tau_{mbl} \end{bmatrix}$$

式 (14.18) からラグランジュの運動方程式を導くと，

$$M(q)\ddot{q} + V(q,\dot{q}) + G(q) = E\tau \tag{14.19}$$

ただし，$\tau = [\tau_{mbr}, \tau_{mbl}]^T$，

$$M(q) = \begin{bmatrix} m_{bw} & 0 & m_{13} & m_{14} & 0 & 0 \\ 0 & m_{bw} & m_{23} & m_{24} & 0 & 0 \\ m_{31} & m_{32} & m_{33} & 0 & 0 & 0 \\ m_{41} & m_{42} & 0 & m_{44} & m_{45} & m_{46} \\ 0 & 0 & 0 & m_{54} & m_{55} & 0 \\ 0 & 0 & 0 & m_{64} & 0 & m_{66} \end{bmatrix}$$

$$V(q,\dot{q}) = \begin{bmatrix} v_1(q,\dot{q}) & v_2(q,\dot{q}) & v_3(q,\dot{q}) & v_4(q,\dot{q}) & 0 & 0 \end{bmatrix}^T$$

$$G(q) = \begin{bmatrix} 0 & 0 & 0 & g_4(q) & 0 & 0 \end{bmatrix}^T$$

$$\begin{aligned} & m_{13} = m_{31} = -m_{bw}l\mathrm{s}\theta_b\mathrm{s}\phi_v, \\ & m_{14} = m_{41} = m_{bw}l\mathrm{c}\theta_b\mathrm{c}\phi_v, \\ & m_{23} = m_{32} = m_{bw}l\mathrm{s}\theta_b\mathrm{c}\phi_v, \\ & m_{24} = m_{42} = m_{bw}l\mathrm{c}\theta_b\mathrm{s}\phi_v, \\ & m_{33} = (m_{bw}l^2 + I_{xx})\mathrm{s}^2\theta_b + I_{zz}\mathrm{c}^2\theta_b + 2(I_{wz} + I_{rz}), \\ & m_{44} = m_{bw}l^2 + I_{yy} + 2(I_{wy} + I_{ry}), \\ & m_{45} = m_{46} = m_{54} = m_{64} = I_{wy} + nI_{ry}, \\ & m_{55} = m_{66} = I_{wy} + n^2 I_{ry}, \\ & v_1(q,\dot{q}) = -m_{bw}l\mathrm{s}\theta_b\mathrm{c}\phi_v(\dot{\theta}_b^2 + \dot{\phi}_v^2) - 2m_{bw}l\mathrm{c}\theta_b\mathrm{s}\phi_v\dot{\theta}_b\dot{\phi}_b, \\ & v_2(q,\dot{q}) = -m_{bw}l\mathrm{s}\theta_b\mathrm{s}\phi_v(\dot{\theta}_b^2 + \dot{\phi}_v^2) + 2m_{bw}l\mathrm{c}\theta_b\mathrm{c}\phi_v\dot{\theta}_b\dot{\phi}_b, \\ & v_3(q,\dot{q}) = 2\mathrm{s}\theta_b\mathrm{c}\theta_b(m_{bw}l^2 + I_{xx} - I_{zz})\dot{\theta}_b\dot{\phi}_v, \\ & v_4(q,\dot{q}) = -\mathrm{s}\theta_b\mathrm{c}\theta_b(m_{bw}l^2 + I_{xx} - I_{zz})\dot{\phi}_v^2 \\ & g_4(q) = -m_{bw}gl\mathrm{s}\theta_b \end{aligned}$$

この式では車輪型倒立振子の持つ拘束条件が考慮されておらず，一般化座標も冗長性を持つため，この後，拘束条件を考慮に入れた展開がいる。

(6) 拘束条件を考慮した運動方程式の導出

車輪型倒立振子の持つ拘束条件について考察する。図 14.5 を参照のこと。二輪の車輪型ロボットが横滑りをしない速度拘束条件は，

$$\dot{x}_v \sin\phi_v - \dot{y}_v \cos\phi_v = 0 \tag{14.20}$$

で表されるが，進行速度 v は $\dot{x}_v\cos\phi_v + \dot{y}_v\sin\phi_v = r_w(\dot{\theta}_{wr} + \dot{\theta}_{wl})/2$ で表されることと，車軸間距離 $2b$ のとき，左右の車輪毎の速度は $v + b\dot{\phi}_v = r_w\dot{\theta}_{wr}$ と $v - b\dot{\phi}_v = r_w\dot{\theta}_{wl}$ で表されること，さらに $\dot{\theta}_{wr} = \dot{\theta}_{wbr} + \dot{\theta}_b$ および $\dot{\theta}_{wl} = \dot{\theta}_{wbl} + \dot{\theta}_b$ の関係を利用すると，速度拘束

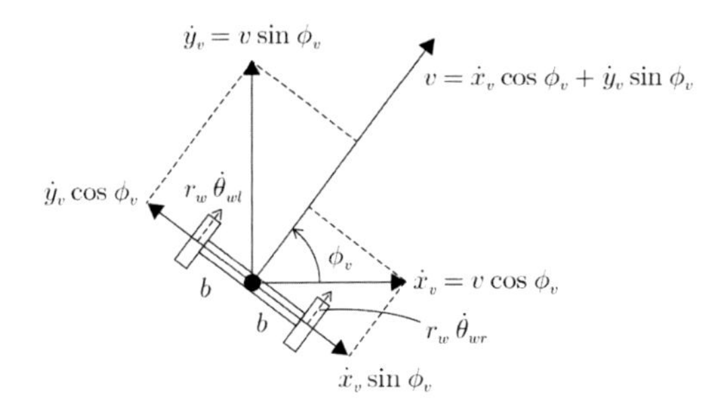

図 14.5　拘束条件を表す図

条件式 $A(q)\dot{q} = 0$ が得られる。ただし，

$$A(q) = \begin{bmatrix} \sin\phi_v & -\cos\phi_v & 0 & 0 & 0 & 0 \\ \cos\phi_v & \sin\phi_v & b & -r_w & -r_w & 0 \\ \cos\phi_v & \sin\phi_v & -b & -r_w & 0 & -r_w \end{bmatrix}$$

このとき，ラグランジュの未定乗数 λ を導入すると，運動方程式は次のように書き換えられる。

$$M(q)\ddot{q} + V(q,\dot{q}) + G(q) + A^T(q)\lambda = E\tau \quad (14.21)$$

(7) 拘束条件を考慮して低次元化した運動方程式

新たな一般化座標 $\nu = [v, \dot{\phi}_v, \dot{\theta}_b]^T$ を用いて運動方程式を構成する。また行列 $S(q)$ を定義する。これは $A(q)$ の零空間内に線形独立したベクトルからなるベクトルであり，$A(q)S(q) = 0$ を満たす。

$$S(q) = \begin{bmatrix} \cos\phi_v & 0 & 0 \\ \sin\phi_v & 0 & 0 \\ 0 & 1 & 0 \\ 0 & 0 & 1 \\ \frac{1}{r_w} & \frac{b}{r_w} & -1 \\ \frac{1}{r_w} & -\frac{b}{r_w} & -1 \end{bmatrix} \quad (14.22)$$

$\dot{x}_v = v\cos\phi$, $\dot{y}_v = v\sin\phi_v$, $\dot{\phi}_v = r_w(\dot{\theta}_{wbr} - \dot{\theta}_{wbl})/(2b)$ であり，$\dot{q} = S(q)\nu$, $\ddot{q} = \dot{S}(q)\nu + S(q)\dot{\nu}$ が成り立つ。式 (14.21) の左辺に $S^T(q)$ を乗じると，$A(q)S(q) = 0$, $S^T(q)A^T(q) = 0$ の関係より未定乗数項が消去され，式 (14.23) が得られ，$\ddot{q}$ を ν の式に置き換えると，最終的に，式 (14.24) が得られる。この式 (14.24) と $A(q)\dot{q} = 0$ とをあわせて，3 次元での運動が記述される。

$$S^T(q)M(q)\ddot{q} + S^T(q)V(q,\dot{q}) + S^T(q)G(q) = S^T(q)E\tau \quad (14.23)$$

$$\bar{M}(q)\dot{\nu} + \bar{H}(q,\dot{q})\nu + \bar{V}(q,\dot{q}) + \bar{G}(q) = \bar{E}\tau \quad (14.24)$$

ここで $\bar{M}(q) = S^T(q)M(q)S(q)$, $\bar{H}(q) = S^T(q)M(q)\dot{S}(q)$, $\bar{V}(q,\dot{q}) = S^T(q)V(q,\dot{q})$, $\bar{G}(q) = S^T(q)G(q)$, $\bar{E}(q) = S^T(q)E$ であり，個々に計算すると次のようになる。

$$\bar{M}(q) = \begin{bmatrix} \bar{m}_{11} & 0 & \bar{m}_{13} \\ 0 & \bar{m}_{22} & 0 \\ \bar{m}_{31} & 0 & \bar{m}_{33} \end{bmatrix},$$

$$\bar{H}(q,\dot{q}) = \begin{bmatrix} 0 & 0 & 0 \\ m_{bw} z \mathrm{s}\theta_b \dot{\phi}_v & 0 & 0 \\ 0 & 0 & 0 \end{bmatrix},$$

$$\bar{V}(q,\dot{q}) = \begin{bmatrix} -m_{bw} l \mathrm{s}\theta_b (\dot{\theta}_b^2 + \dot{\phi}_v^2) \\ 2\mathrm{s}\theta_b \mathrm{c}\theta_b (m_{bw} l^2 + I_{xx} - I_{zz})\dot{\theta}_b \dot{\phi}_v \\ -\mathrm{s}\theta_b \mathrm{c}\theta_b (m_{bw} l^2 + I_{xx} - I_{zz})\dot{\phi}_v^2 \end{bmatrix},$$

$$\bar{G}(q) = \begin{bmatrix} 0 \\ 0 \\ -m_{bw} g l \mathrm{s}\theta_b \end{bmatrix}, \bar{E} = \begin{bmatrix} \frac{n}{r_w} & \frac{n}{r_w} \\ \frac{nb}{r_w} & -\frac{nb}{r_w} \\ -n & -n \end{bmatrix}$$

$$\bar{m}_{11} = m_{bw} + 2\frac{I_{wy} + n^2 I_{ry}}{r_w^2}$$

$$\bar{m}_{13} = \bar{m}_{31} = 2\frac{(n - n^2)I_{ry}}{r_w^2}$$

$$\bar{m}_{22} = (m_{bw} l^2 + I_{xx})\mathrm{s}^2\theta_b + I_{zz}\mathrm{c}^2\theta_b$$

$$+2(I_{wz} + I_{rz}) + 2(\frac{b}{r_w})^2(I_{wy} + n^2 I_{ry})$$

$$\bar{m}_{33} = m_{bw} l^2 + I_{yy} + 2((1 + n^2 - n)I_{ry} - I_{wy})$$

14.2.3　倒立振子ロボット制御の基本的な考え方

車輪倒立振子ロボットの制御系設計を行う際に，2 次元モデルを用いる方法（方法 1）と，3 次元モデルを用いる方法（方法 2）の 2 通りが考えられる。

2 次元の場合も，線形近似をした上で安定化制御を行い，姿勢変化については一般的な車輪移動ロボットの制御法を用いる方法（方法 1-1），非線形系のまま制御系設計を行う方法（方法 1-2）[11] に大別される。

3 次元の場合は，3 次元モデルに対して線形近似を行ったうえで制御系設計を行う方法（方法 2-1），3 次元モデルでの非線形制御を試みる方法（方法 2-2）[8] が考えられる。

車輪倒立振子型ロボットはノンホロノミック系であり，車軸方向に速度を生成できない，つまり，横滑りしないことや車輪回転と方向角度の関係などを扱うには 3 次元の制御が必要となる。しかしながら一般的には方法 1-1 が最も簡便であり，実用的である。方法選択は用途や目的に応じて行えばよい。同ロボットにとって制御と共に重要な技術が，傾き角度 θ_b やロボット自

体の位置 x_v, y_v・姿勢 ϕ_v に代表される状態量の観測や推定技術[13] である。

＜島田 明＞

14.3　位置・姿勢および胴体角度の観測・推定法

14.3.1　姿勢の観測・推定とその特徴

14.2.3 項における記述のように，車輪型倒立振子を安定化するためにはいくつかの方法がある。よく用いられる方法は，すべての状態量に適切なゲインをかけてフィードバックする状態フィードバックであり，操舵を可能とするために左右車輪を独立に制御できるタイプのシステムでも，この方法で安定化を図ることができる。そのため，全状態量をセンサにより検出，あるいは推定することが可能になると，倒立安定を実現できる。

以降の議論は簡単のため，左右車輪が同軸でつながれている 2 次元のシステムについて取り扱う。全状態量とは，本体の傾き角度 θ_b，本体の傾き角速度 $\dot{\theta}_b$，車輪の回転角度 θ_{wb}，車輪の回転角速度 $\dot{\theta}_{wb}$ の 4 つの量となる。つまりこの 4 つの状態量を何らかの方法で検知しなければならない。$\dot{\theta}_b$ については近年 MEMS 技術により小型化，低価格化が飛躍的に進んでいるレートジャイロにより検知するのが一般的である。また，θ_{wb} については，モータ軸，もしくは車輪軸に取り付けたロータリエンコーダにより検知し，計算機上で差分を取ることで $\dot{\theta}_{wb}$ を算出するのが一般的である。

以上の 3 つの状態量については，上記のように容易に検知することが可能となる。残された本体の傾き角度 θ_b は，原理的には傾斜計もしくは加速度計により本体傾斜角度が変化することによる重力加速度の変化量を検知し，推定することが可能である。しかし，静止物体の場合は精度良く検知可能であるものの，倒立振子のように安定化制御を行う際にピッチ方向に振れる物体の場合は，前後方向の加速度の影響が計測誤差となるため，加速度計単体で検知することが困難となる。そのため，以下のような方法が考えられる。

① 外界（地面）と接触する相対角度センサ
② レートジャイロの積分
③ 加速度計とレートジャイロの融合
④ オブザーバによる推定

① の方法の代表例は，本体の車軸中心部分に地面との相対角度を検知可能な接触子を取り付け，その回転をポテンショメータ等で検知し，θ_b を計測する方法である[6]。この方法は平地上など接触する外界（地面）の状況が既知な場合は有効であるが，未知不整地等の場合，正しい姿勢を推定することができない。

② の方法はレートジャイロの積分誤差によるドリフトの影響を原理的に避けることができないという問題を抱えている。

③ の方法は，現在多くの車輪型倒立振子システムで用いられている方法であり，特に加速度計やレートジャイロの低コスト化が進む中，これからも使われる方法と思われる。14.3.2 項でその方法について詳説する。

④ の方法は，システムのダイナミクスがある程度正確に把握できる時に使用可能な方法である。加速度計がなくてもレートジャイロのみでドリフトのない姿勢推定可能な方法であり，センサの数を減らすことのできる方法[13] である。安価な加速度計が容易に入手可能である現在は，あまり使用されていない方法ではあるが，14.3.3 項で詳説する。

14.3.2　ジャイロと加速度センサの併用法

近年，スマートフォンにも標準搭載されているように，レートジャイロと加速度計の小型化・高精度化・低コスト化が飛躍的に進んでいる。前述のように，倒立振子の姿勢制御に重要である本体傾斜角度と角速度のうち，角速度については，角速度センサであるレートジャイロの値を直接用いることができる（場合によっては，ローパスフィルタで整形の必要あり）。しかし，傾斜角度に関しては，移動物体の場合は前後方向の加速度や振動による高周波ノイズの影響により，計測誤差が発生する。一方で，レートジャイロによる角速度値を積分することでも角度推定可能であるが，こちらは積分誤差の影響により，徐々に真値から乖離する。そのため，上記両者の角度推定法を合成することにより，高周波ノイズに強く積分誤差の問題を解消可能となるため，プログラム上での実装方法も含めて，その方法を以下に紹介する。

まず，前後方向の加速度計の出力信号によるピッチ軸まわりの推定傾斜角度を θ_a（加速度計を傾斜計として使用），ピッチ軸まわりのレートジャイロの出力信号を $\dot{\theta}_g$ とする。そして，加速度計からの推定傾斜角度信号をローパスフィルタに，レートジャイロの積分信号をハイパスフィルタに入れ合成する。ラプラス変換すると，式 (14.25) のように推定傾斜角度 θ_e を得ることができる。

$$\theta_e = \frac{1}{1+Ts}\theta_a + \frac{Ts}{1+Ts}\int\dot{\theta}_g = \frac{1}{1+Ts}\theta_a + \frac{T}{1+Ts}\dot{\theta}_g \tag{14.25}$$

$T = 1/2\pi f_0$ は時定数，f_0 はカットオフ周波数である。

式 (14.25) を以下のように変形する。

$$\theta_e + Ts\theta_e = \theta_a + T\dot{\theta}_g \tag{14.26}$$

$$\theta_e + T\dot{\theta}_e = \theta_a + T\dot{\theta}_g \tag{14.27}$$

$$\dot{\theta}_e = -\frac{1}{T}\theta_e + \frac{1}{T}\theta_a + \dot{\theta}_g \tag{14.28}$$

プログラム実装のため，離散化すると，式 (14.30) のように推定傾斜角度を計算できる。

$$\frac{\theta_{e,k+1} - \theta_{e,k}}{\Delta t} = -\frac{1}{T}\theta_{e,k} + \frac{1}{T}\theta_a + \dot{\theta}_g \tag{14.29}$$

ただし，Δt はサンプリングタイムである。

$$\theta_{e,k+1} = \theta_{e,k} - \frac{1}{T}\theta_{e,k}\Delta t + \frac{1}{T}\theta_a\Delta t + \dot{\theta}_g\Delta t \tag{14.30}$$

プログラムに実装する場合は，上式のループを繰り返し回せばよい。

14.3.3 オブザーバを用いる方法

14.2.1 項の式 (14.1) のように導出された車輪型倒立振子の 2 次元モデルの運動方程式をシステム表現すると，式 (14.31) で表すことができる。

$$\frac{\mathrm{d}}{\mathrm{d}t}x = Ax + b\tau \tag{14.31}$$

ただし，$x = \begin{bmatrix} \theta_b & \theta_w & \dot{\theta}_b & \dot{\theta}_w \end{bmatrix}^T$，

$$A = \begin{bmatrix} 0 & 0 & 1 & 0 \\ 0 & 0 & 0 & 1 \\ a_1 & 0 & a_3 & -a_3 \\ a_2 & 0 & a_4 & -a_4 \end{bmatrix}, b = \begin{bmatrix} 0 \\ 0 \\ b_1 \\ b_2 \end{bmatrix},$$

このように表現される車輪型倒立振子システム (A, b) は可制御であり，x で表される 4 つの状態変数がすべて計測可能な場合，モータトルク τ を状態フィードバック制御側で制御すると，倒立安定化可能となる。制御の詳細については，14.4.1 項で詳述する。

14.3.1 項にて触れたように，状態変数の内，本体傾斜角度 θ_b のみが正確に検知できない場合，同一次元オブザーバ[14] にてそれを推定する方法について，以下に述べる。この場合，レートジャイロ，ロータリエンコーダにより計測可能な出力ベクトル y と状態ベクトル x の関係は式 (14.32) のようになる。

$$y = Cx \tag{14.32}$$

ただし，$y = \begin{bmatrix} \theta_w \\ \dot{\theta}_b \\ \dot{\theta}_w \end{bmatrix}$，$C = \begin{bmatrix} -1 & 1 & 1 & 0 \\ 0 & 0 & 1 & 0 \\ 0 & 0 & -1 & 1 \end{bmatrix}$，

行列 C と A の可観測行列のランクを確認するとフルランクとなり，オブザーバを構成することで状態変数の推定が可能であることがわかる。図 14.6 のような同一次元オブザーバを構成することで，式 (14.33) のように推定状態ベクトル x＊を得ることができる。つまり，推定状態ベクトルの成分である θ_b* により，車体傾斜角度が推定可能となる[13]。

$$\dot{x}* = (A - KC)x * + Ky + b\tau \tag{14.33}$$

ただし，状態推定値 $x* = \begin{bmatrix} \theta_b* & \theta_w* & \dot{\theta}_b* & \dot{\theta}_w* \end{bmatrix}^T$，

なお，式 (14.33) のように，状態変数の現在の値から微分値が計算できるので，プログラム実装する際はサンプリングタイムをかけたものを足し込むことで計算可能となる。式 (14.33) のオブザーバのフィードバックゲインマトリクス K の成分を，$(A - KC)$ の極を指定することにより決定することで，真の状態量に対する追従特性を変えることが可能となる。

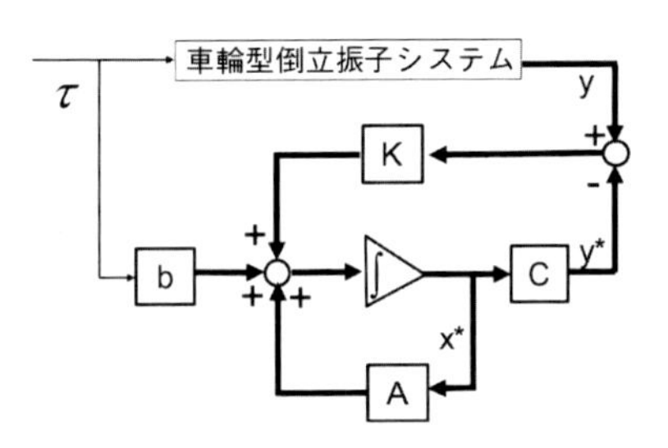

図 14.6 オブザーバのブロック図

<松本 治>

14.4 車輪型倒立振子ロボットの運動制御

14.4.1 車輪型倒立振子ロボットの移動制御

14.3.3 項の式 (14.31) のように，車輪型倒立振子システムは可制御であるため，式 (14.34) に示す状態フィードバック制御により全状態変数を 0 に収束させることが可能となる。

$$\tau = Fx \tag{14.34}$$

ただし，$F = [F_1, F_2, F_3, F_4]$。

つまり，この式を式 (14.31) に代入することで，

$$\frac{\mathrm{d}}{\mathrm{d}t}x = Ax + bFx = (A + bFx) \tag{14.35}$$

となるため，状態フィードバックゲインベクトル F の各成分を，$(A+bF)$ の固有値が安定になるように極配置法などを用いて決定する。さらに，以下の式 (14.36) に示すように，車輪回転角度目標値 θ_{ref} と角速度目標値 ω_{ref} を制御偏差として加えることにより，移動制御が可能となる。なお，θ_{ref} は ω_{ref} の時間積分となるように与える。制御ブロック図を図 14.7 に示す。

$$\tau = F(x - x_{\mathrm{ref}}) \tag{14.36}$$

ただし，$x_{\mathrm{ref}} = [0, \theta_{\mathrm{ref}}, 0, \omega_{\mathrm{ref}}]^T$。

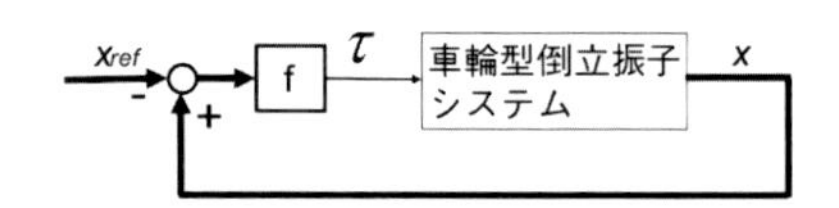

図 14.7　状態フィードバックによる走行制御系

また，左右独立駆動の車輪型倒立振子の場合，θ_{ref} と ω_{ref} を左右独立に与えることで操舵制御が実現できる。ただし，ヨー軸まわりの安定性については考慮していないため，システムのダイナミクスによってはヨー軸まわりに発散することがある。そのため，式 (14.37),(14.38) の第 2 項に示すように，左右車輪回転角度差と角速度差に対するフィードバック項を付加することで，ヨー軸まわりの安定化を図る。なお，r と l の添字は左右車輪に関する状態量や目標値を示す。

$$\tau_r = \frac{F(x_r - x_{\mathrm{ref},r})}{2} - K_y(x_r - x_{\mathrm{ref},r} - x_l + x_{\mathrm{ref},l}) \tag{14.37}$$

$$\tau_l = \frac{F(x_l - x_{\mathrm{ref},l})}{2} + K_y(x_r - x_{\mathrm{ref},r} - x_l + x_{\mathrm{ref},l}) \tag{14.38}$$

ただし，$x_r = [\theta_b, \theta_{w,r}, \dot{\theta}_b, \dot{\theta}_{w,r}]^T$，$x_l = [\theta_b, \theta_{w,l}, \dot{\theta}_b, \dot{\theta}_{w,l}]^T$，$K_y = [0, k_w, 0, k_{wd}]$，$x_{\mathrm{ref},r} = [0, \theta_{\mathrm{ref},r}, 0, \omega_{\mathrm{ref},r}]^T$，$x_{\mathrm{ref},l} = [0, \theta_{\mathrm{ref},l}, 0, \omega_{\mathrm{ref},l}]^T$。

この方法は，例えば車輪型倒立振子システムを遠隔から操縦する場合や，目標走行軌道に沿うように走行・操舵制御する場合に用いる。しかし，例えばセグウェイ等の搭乗型の場合は，人の重心移動で前後移動の走行指示を行うことになるため，前後移動（車輪回転角度）に関するフィードバックは不要となり，式 (14.34) の状態フィードバックゲイン F_2 を 0 にし，さらに式 (14.37),(14.38) の $x_{\mathrm{ref},r}$ や $x_{\mathrm{ref},l}$ にハンドルのロール角度などによる操舵目標値を左右回転角度差に変換して入力することで走行・操舵制御を行うことになる。

＜松本 治＞

14.4.2　車輪型倒立振子ロボットの起立・着座制御

倒立振子ロボットの倒立点は不安定な平衡点であり，継続した安定化制御を行わなければロボットは転倒してしまう。一方で，倒立振子ロボットが極めて長時間にわたり倒立状態を保ち続けることは，実用上はあり得ない。したがって，自立したロボットとして一連の動作を行うためには，静的安定な状態（着座状態）と倒立状態（起立状態）の間を遷移する，いわゆる起立・着座動作が必須となる。しかしながらこれまで，倒立振子ロボットの起立・着座動作に関する研究はほとんど報告がない。

着座状態とは，ロボットの重心の重力方向への投影点（以下，重心投影点）が 3 点以上の接地点で形成される支持多角形内に入っている状態である。通常は，この 3 点の接地点の内 2 点は 2 つの車輪の接地点である。ただし，この定義では，いわゆる着座と転倒を厳密に区別することは難しい。両者の違いは主として起立に至るまでの困難度の相違であり，両者の間に厳格な境界線を引くのは困難である。実用的な着座状態とは，その状態から起立や移動など，ロボットとして一定の機能が容易に実行できるような静的な安定状態でなければならず，例えば図 14.8(a) の左図にあるような状態が想定される。

着座から起立への遷移は，ロボットの重心投影点を 2 つの車輪接地点を結ぶ線上まで移動することで実現される。起立後，安定した倒立状態を維持するためには，重心投影点が線上あるいはその近傍に到達した時のロボット本体の傾斜角速度が，倒立点での安定化制御系の特性で決まるある一定速度の範囲内でなければならない。さもなければ，姿勢が倒立点に収束することなく再度着座（転倒）位置に戻ってしまう。

一方，起立から着座への遷移は，重心投影点を 3 点以上の接地点で形成される支持多角形内に移動し，ロボットを静的な安定状態にすることである。理想的には，3 点目の接地点が床面に速度ゼロで到達する，い

わゆるソフト・ランディング（軟着地）となることが望ましいが，バネ・ダンパなどから構成される付加的な緩衝機構を用いることで，ある程度の速度を保った状態で接地することも可能である。

(1) 起立・着座の手法

起立と着座間の遷移を行うための手法には，静的なものと動的なものとがある。静的な手法は，何らかの機構を用いて，静的な釣り合いを保ちながら徐々に目的の状態にロボットを遷移させるものである。これは，人間が座位から立位へと遷移する際に腕を使って徐々に体を起こし，最終的には手を座面（床面）から離して脚で立つ動作と同様のものである。具体的には，図14.8のように腕で胴体を支えながら行うもの[19]や，バランスを保つようなメカニズム構造を利用したもの[20]などがある。この手法は，比較的狭いスペースで起立・着座の遷移が行えるというメリットがある反面，腕やバランサなど付加的なメカニズムが必要となってしまう。

動的な手法は，慣性力を使って起立もしくは着座させる方法である。例えば，図14.9のようにロボット本体を水平方向に加速して，慣性力により本体を引き起こすようなモーメントを発生させる。この方法はロボット本体の動作のみでよいので付加的な機構が不要となるメリットがある。また，図14.9のようなロボットであれば，手に何か荷物を持ちながらの起立ができる。一方で，起立・着座の遷移のために比較的広いスペースが必要になることや，車輪と床面間の摩擦係数によってはこの方法が使えないなどの欠点もある。

またこれ以外にも，本体に取り付けた何らかの質量に加速度を与え，その反作用を利用して遷移する方法も考えられる。

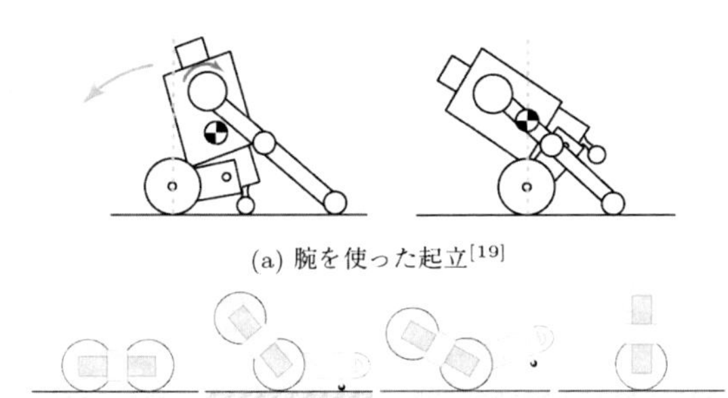

(a) 腕を使った起立[19]

(b) 静的バランスをとりながらの起立[20]

図 14.8　静的な起立・着座の方法

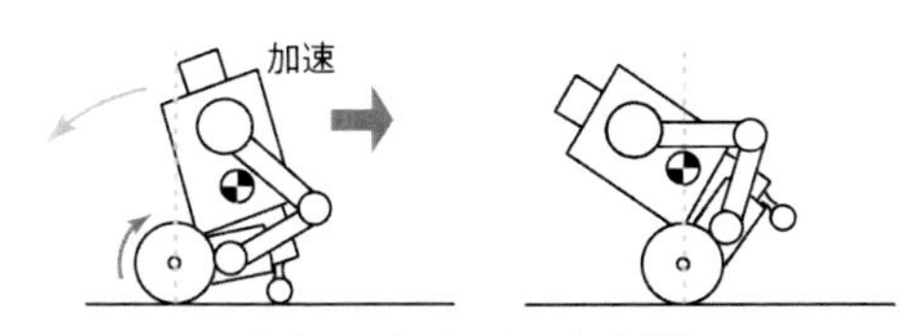

後方への加速による起立[19]

図 14.9　動的な起立・着座の方法

(2) 後方加速による動的起立・着座制御における目標軌道

ここでは，図14.9の方法について，少し詳しく考察してみよう。この動作を最も簡単に実現する方法は，ロボットの倒立点での安定化制御系を用いて，傾斜角の目標値を倒立点での傾斜角としてステップ状に与えることである。車輪と床面間の摩擦係数が十分に大きい場合には，これで着座から起立への状態遷移を行うことができる。しかしこの方法は，車輪の分担荷重が最も小さい着座状態の時に最大の駆動トルクを発生させてしまい，車輪の滑りが生じやすい。また，ロボットに衝撃的な加速度がかかることも，実用上は好ましいことではない。

これらのことから，着座と起立状態の遷移のための滑らかな軌道を生成し，それを目標値としてロボットを追従させるような制御を行う[19]。ここでは，遷移軌道として多項式を用いた場合について考察する。また，ロボットの運動は2次元モデルで考える。

起立・着座の遷移動作と通常の倒立点での安定化制御の大きな違いは，ロボット本体の傾斜角度 θ_b が無視できないほど大きいことである。また車輪の角度 θ_w（もしくは θ_{wb}）も同時に制御する必要がある。しかしながら，車輪型倒立振子ロボットでは，これら2つの状態量を独立に目標値追従させることはできない。車輪型倒立振子ロボットの起立・着座動作で，より重要な状態量は本体の傾斜角度であり，特に倒立点に到達した際の本体の角速度 $\dot{\theta}_b$ は，その後の安定化動作に大きく影響する。そこで，車輪の回転角度 θ_w を従属変数とし，本体の傾斜角度 θ_b の目標軌道を考える。

目標軌道の多項式は以下の式で与えられる。

$$\theta_b(t) = \sum_{i=0}^{n} a_i t^i \tag{14.39}$$

ここで a_i は係数，n は多項式の次数，t は時間である。多項式の次数は，初期条件および終端条件の数で決まる。例えば，着座から起立への遷移における傾斜角度に関する条件を以下のように選ぶと，5次となる。

$$\begin{aligned} \theta_b(0) = \theta_{b0}, \quad \dot{\theta}_b(0) = \ddot{\theta}_b(0) = 0 \\ \theta_b(t_f) = \theta_{bf}, \quad \dot{\theta}_b(t_f) = \ddot{\theta}_b(t_f) = 0 \end{aligned} \tag{14.40}$$

ここで t_f は遷移完了時刻，θ_{b0}, θ_{bf} はそれぞれ本体傾斜角度の初期値および終端値である。なお，初期時刻をゼロとしている。具体的な多項式は，

$$\theta_b(t) = -\frac{6(\theta_{b0} - \theta_{bf})}{t_f^5} t^5 + \frac{15(\theta_{b0} - \theta_{bf})}{t_f^4} t^4 - \frac{10(\theta_{b0} - \theta_{bf})}{t_f^3} t^3 + \theta_{b0} \tag{14.41}$$

と与えられる。ちなみにこの式は，ロボットによらず初期および終端の本体傾斜角度のみで決まることに注意する。

また，θ_{b0} があまり大きくないという条件であれば，車輪角速度の終端値

$$\dot{\theta}_w(t_f) = \dot{\theta}_{wf} = 0 \tag{14.42}$$

も目標軌道生成のための条件として用いることができる[19]。このために，車輪角速度を本体傾斜角の関数として表す。運動方程式から τ を消去すると

$$\ddot{\theta}_w = f(\ddot{\theta}_b, \dot{\theta}_b, \theta) \tag{14.43}$$

の形に変形できる。これを線形化し，$\theta_b(t)$ の 0 から t までの積分を $\Theta_b(t)$ とおくと

$$\dot{\theta}_w(t_f) = k_1 \Theta_b(t_f) - k_2 \dot{\theta}_b(t_f) \tag{14.44}$$

となる。ここで k_1, k_2 は定数である。式（14.40）を用いると，式（14.42）は結局，

$$\Theta_b(t_f) = 0 \tag{14.45}$$

のようにロボット本体の傾斜角の条件に変換される。式 (14.45) の意味するところは，着座から起立に至るまでの本体の傾斜角の積分がゼロとなる，ということである。つまり，$\theta_b(t)$ は必ずオーバーシュートする。最終的に，6 次の目標軌道多項式は

$$\theta_b(t) = \frac{70\theta_{b0} + 70\theta_{bf}}{t_f^6} t^6 - \frac{204\theta_{b0} + 216\theta_{bf}}{t_f^5} t^5 + \frac{195\theta_{b0} + 225\theta_{bf}}{t_f^4} t^4 - \frac{60\theta_{b0} + 80\theta_{bf}}{t_f^3} t^3 + \theta_{b0} \tag{14.46}$$

となり，これもロボットによらない。

得られた目標軌道の例を図 14.10 に示す。このグラフの条件は，$t_f = 1.3\,\mathrm{s}$，$\theta_{b0} = -0.52\,\mathrm{rad}$，$\theta_{bf} = 0\,\mathrm{rad}$ である。6 次軌道では，車輪角速度の終端値，すなわちロボットの移動速度の終端値をゼロとするために，途中で本体が後傾姿勢になることがわかる。この方法は，さらに θ_{wf} の条件（ロボットが指定された位置にて起立遷移を完了する）も加えて 7 次軌道とすることもできるが，この場合には t_f, θ_{wf} の値によっては実現不可能な軌道となることもあるので，注意が必要である。

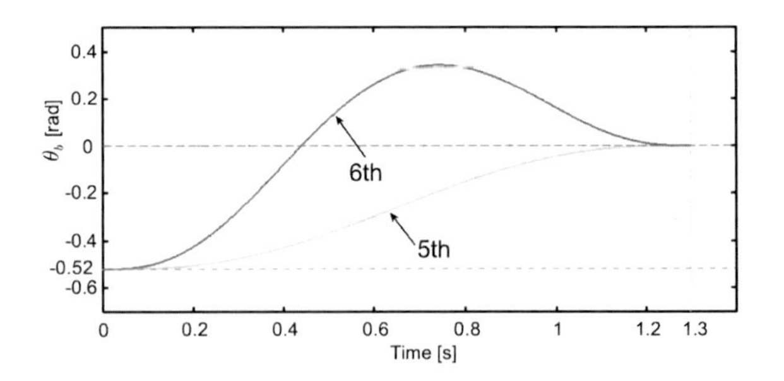

図 14.10　起立のための本体角度の目標値（$t_f = 1.3\,\mathrm{s}$，$\theta_{b0} = -0.52\,\mathrm{rad}$，$\theta_{bf} = 0\,\mathrm{rad}$）

なお，起立・着座遷移時に必要な車輪の発生トルクの最大値は t_f に依存し，特に t_f が小さい時に顕著に増加する。6 次軌道を用いた場合に，着座時の本体傾斜角が $-0.52\,\mathrm{rad}$ のロボットで試算すると，$t_f = 0.5\,\mathrm{s}$ の時に必要な最大トルクは，$t_f = 1.5\,\mathrm{s}$ で必要な大きさの約 3 倍となる。その一方で $t_f > 1.5\,\mathrm{s}$ ではほぼ一定値となる。ただし，t_f が大きくなれば遷移動作に必要なスペース（後方への走行距離）も大きくなることに注意する必要がある。

以上の議論は，起立から着座への遷移における目標軌道生成にも同様に適用できる。なお安定して起立している時は，本体の重心位置は必ず 2 つの車輪の接地点を結ぶ線上にあるので，モデル誤差やロボットが運搬する未知質量の荷物などはすべて本体の実際の傾斜角度 θ_b に反映される。したがって，観測された θ_b を初期値として軌道を生成することで，より適切な着座への遷移軌道を得ることができる。

(3) 起立・着座制御の方法

起立・着座遷移のための軌道追従制御法には様々な方式が考えられる。ここでは，ロボットの非線形性も考慮に入れた上で比較的構成が簡単な計算トルク法に

ついて考える。

一般に，ロボットの運動方程式は以下のように表される。

$$\boldsymbol{\tau} = \boldsymbol{M}(\boldsymbol{q})\ddot{\boldsymbol{q}}+\boldsymbol{C}(\boldsymbol{q},\dot{\boldsymbol{q}})+\boldsymbol{V}\dot{\boldsymbol{q}}+\boldsymbol{D}(\dot{\boldsymbol{q}})+\boldsymbol{G}(\boldsymbol{q}) \quad (14.47)$$

ここで，$\boldsymbol{q}$ は状態ベクトル，$\boldsymbol{M}(\boldsymbol{q})$ は慣性行列，$\boldsymbol{C}(\boldsymbol{q},\dot{\boldsymbol{q}})$ は遠心力とコリオリ力，$\boldsymbol{V}$ は粘性力，$\boldsymbol{D}(\dot{q})$ は動摩擦力，$\boldsymbol{G}(\boldsymbol{q})$ は重力である。逆動力学の解を

$$\boldsymbol{\tau}_D(\boldsymbol{q},\dot{\boldsymbol{q}},\ddot{\boldsymbol{q}}) = \hat{\boldsymbol{M}}(\boldsymbol{q})\ddot{\boldsymbol{q}}+\hat{\boldsymbol{C}}(\boldsymbol{q},\dot{\boldsymbol{q}})+\hat{\boldsymbol{V}}\dot{\boldsymbol{q}}+\hat{\boldsymbol{D}}(\dot{\boldsymbol{q}})+\hat{\boldsymbol{G}}(\boldsymbol{q}) \quad (14.48)$$

とする。ここでハット $\hat{()}$ は推定値を表す。追従すべき軌道 $\boldsymbol{q}_d(t)$ が与えられたとき，これを式（14.48）に代入することにより，目標軌道追従に必要なトルクが得られる。計算トルク法のブロック図を図 14.11 に示す。制御則は

$$\boldsymbol{\tau} = \boldsymbol{\tau}_D(\boldsymbol{q},\dot{\boldsymbol{q}},\ddot{\boldsymbol{q}}^*) \quad (14.49)$$

であり，

$$\ddot{\boldsymbol{q}}^* = \ddot{\boldsymbol{q}}_d - \boldsymbol{K}_d(\dot{\boldsymbol{q}}-\dot{\boldsymbol{q}}_d) - \boldsymbol{K}_p(\boldsymbol{q}-\boldsymbol{q}_d) \quad (14.50)$$

である。このようにすることで，理想状態における誤差方程式を線形にすることができる[22]。

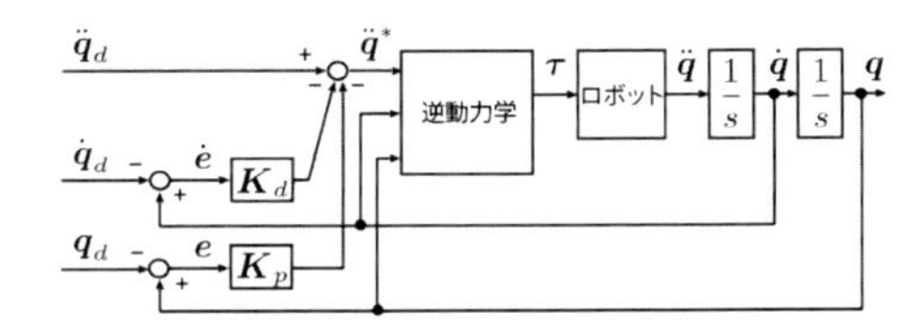

図 14.11 計算トルク法による制御系

この制御方法の欠点は，モデル誤差やロボットが運搬する未知質量の荷物などの影響により，式（14.48）で与えられる $\boldsymbol{\tau}_D$ に誤差が生じることである。式（14.50）により誤差に対して PD 制御がかかっているものの，誤差が大きくなると特性が悪化する。これに対しては，例えば，外乱オブザーバ[21] や拡張状態オブザーバ[23] を利用してシステムのパラメータ誤差やダイナミクスを推定して補償する方法などが提案されている。

＜高橋隆行＞

14.4.3 高加速度の実現をめざす直接傾き制御

通常，倒立振子は倒れないように制御を行う。そのため高速移動はあまり得意とは言えない。しかし，バランスの崩し方と戻し方を能動的・計画的に行うと，高速移動が可能になる。スピードスケートの選手が得意とするロケットスタートのような動作である。この高速移動制御を実現するには，図 14.12 に示すように前傾姿勢をとることで加速運動を行い，後傾姿勢をとることで減速運動を行えばよい。

本項では，14.2.2 項の 3 次元モデルを用いた直接傾き制御を紹介する。直接傾き制御は，(1) 部分線形化制御，(2) 傾きおよび方向制御，(3) 位置制御の 3 種類の制御系を順に組み合わせて実現する[8, 11]。

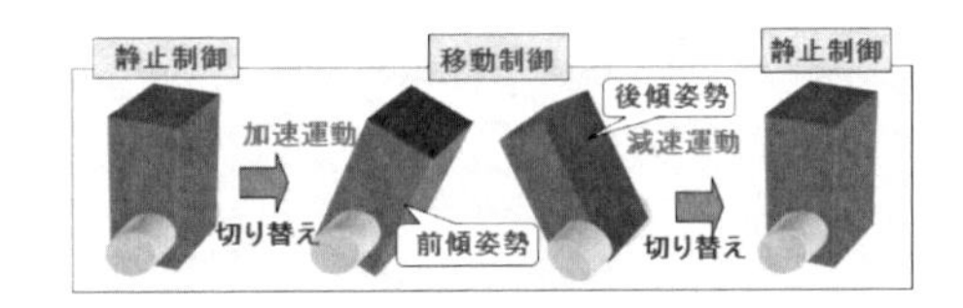

図 14.12 直接傾き制御のイメージ

(1) 部分線形化制御の実施[8, 10]

新たな一般化座標 $\nu = [v, \dot{\phi}_v, \dot{\theta}_b]^T$ を用いて 14.2 節で導出した運動方程式 $\bar{M}(q)\dot{\nu} + \bar{H}(q,\dot{q})\nu + \bar{V}(q,\dot{q}) + \bar{G}(q) = \bar{E}\tau$ を $\dot{\nu}$ について解き，$\dot{\nu} = -\bar{M}^{-1}\bar{H}\nu - \bar{M}^{-1}\bar{V} - \bar{M}^{-1}\bar{G} + \bar{M}^{-1}\bar{E}\tau$ を求め，$\dot{q} = S(q)\nu$ の上 4 行を使って状態変数 $x = [x_v, y_v, \phi_v, \theta_b, v, \dot{\phi}_v, \dot{\theta}_b]^T$ として式 (14.51) を得る。

$$\dot{x} = f(q) + g(q)\tau = \begin{bmatrix} S_p(q)\nu \\ -\bar{M}^{-1}\bar{H}\nu - \bar{M}^{-1}\bar{V} - \bar{M}^{-1}\bar{G} \end{bmatrix} + \begin{bmatrix} 0_{4\times 2} \\ \bar{M}^{-1}\bar{E} \end{bmatrix}\tau \quad (14.51)$$

この中の各要素まで書き下すと式 (14.52) が得られる。

$$\begin{bmatrix} \dot{x}_v \\ \dot{y}_v \\ \dot{\phi}_v \\ \dot{\theta}_b \\ \dot{v} \\ \ddot{\phi}_v \\ \ddot{\theta}_b \end{bmatrix} = \begin{bmatrix} v\cos\phi_v \\ v\sin\phi_v \\ \dot{\phi}_v \\ \dot{\theta}_b \\ f_1 \\ f_2 \\ f_3 \end{bmatrix} + \begin{bmatrix} 0 & 0 \\ 0 & 0 \\ 0 & 0 \\ 0 & 0 \\ g_1 & g_1 \\ g_2 & -g_2 \\ g_3 & g_3 \end{bmatrix} \begin{bmatrix} \tau_{wr} \\ \tau_{wl} \end{bmatrix} \quad (14.52)$$

$f_i, g_{jk}(i,j=1,2,3)$ は式 (14.51) 下段にあたる。

ここで右辺第 2 項の係数を入力に対して非干渉化するために，トルクベクトルを式 (14.53) とおく。

$$\begin{bmatrix} \tau_{wr} \\ \tau_{wl} \end{bmatrix} = \begin{bmatrix} 1/2 & 1/2 \\ 1/2 & -1/2 \end{bmatrix} \begin{bmatrix} u_r \\ u_l \end{bmatrix} \quad (14.53)$$

すると，次式 (14.54) が成り立つ。ただし，式 (14.52) の上 4 行は紙面の都合で省略する。

$$\begin{bmatrix} \dot{v} \\ \ddot{\phi}_v \\ \ddot{\theta}_b \end{bmatrix} = \begin{bmatrix} f_1 \\ f_2 \\ f_3 \end{bmatrix} + \begin{bmatrix} g_1 & 0 \\ 0 & g_2 \\ g_3 & 0 \end{bmatrix} \begin{bmatrix} u_r \\ u_l \end{bmatrix} \quad (14.54)$$

ここで $\ddot{\phi}_v$ と $\ddot{\theta}_b$ に関して部分線形化を行う。すなわち，

$$u_r = (-f_3 + \omega_1)/g_3 \quad (14.55)$$

$$u_l = (-f_2 + \omega_2)/g_2 \quad (14.56)$$

とおくと，$\ddot{\phi}_v = \omega_1$ と $\ddot{\theta}_b = \omega_2$ の関係が得られる。ω_1 と ω_2 は見かけの制御入力であって，角加速度指令に相当する。一方，$\dot{v}$ はこの部分線形化で独立して制御できない。

$$\begin{bmatrix} \dot{v} \\ \ddot{\phi}_v \\ \ddot{\theta}_b \end{bmatrix} = \begin{bmatrix} (f_1 - f_3 g_1/g_3) + g_1/g_3 w_2 \\ w_1 \\ w_2 \end{bmatrix} \quad (14.57)$$

(2) 傾きおよび方向角度制御

比例ゲイン $F_{p\phi}, F_{p\theta}$，微分ゲイン $F_{d\phi}, F_{d\theta}$ を選び，方向角度指令 ϕ_{vr}，傾き角度指令 θ_{br} とし，式 (14.58)，(14.59) の PD 制御を行うと，方向角度 ϕ_v，傾き角度 θ_b がそれぞれ指令値に収束する。

$$\omega_1 = F_{p\phi}(\phi_{vr} - \phi_v) - F_{d\phi}\dot{\phi}_v \quad (14.58)$$

$$\omega_2 = F_{p\theta}(\theta_{br} - \theta_b) - F_{d\theta}\dot{\theta}_b \quad (14.59)$$

これに対して速度 v はどのようになるだろうか。PD 制御により，厳密には v は傾き角度や角速度の関数になるが，θ_b が θ_{br} に収束し，$\dot{\theta}_b$ もほぼ 0 値に一致しているとみなす。さらに，$\phi_v = \phi_{br}$，$\theta_b = \theta_{br}$，$\dot{\phi}_v = 0$ が概ね成り立つと仮定する。ω_2 も 0 値に収束するので，加速度 $\dot{v}$ は $\dot{v} = f_1 - f_3 g_1/g_3$ に近似される。f_1, f_3 を具体的に表すと，加速度 $\dot{v}$ は次のように表される。

$$\dot{v} = \frac{m_b r_w g l \sin\theta_{br}}{m_{bw} r_w^2 + 2I_{w\ y} + m_b r_w l \cos\theta_{br}} \quad (14.60)$$

この式を変形し，cos 項と sin 項を左辺において $m_b r_w l \dot{v} \cos\theta_{br} - m_b r_w l g \sin\theta_{br} = -(m_{bw} r_w^2 + 2I_{wy})\dot{v}$ とし，両辺を $m_b r_w l/\sqrt{\dot{v}^2 + g^2}$ で割り，さらに $\sin\alpha_p = \frac{\dot{v}}{\sqrt{\dot{v}^2+g^2}}$，$\cos\alpha_p = \frac{g}{\sqrt{\dot{v}^2+g^2}}$ とおくと，左辺は $\sin\alpha_p \cos\theta_{br} - \cos\alpha_p \sin\theta_{br} = \sin(\alpha_p - \theta_{br})$ となる。再び α_p を元々の定義式に戻して整理すると，式 (14.61) が得られる。

$$\theta_{br} = \sin^{-1}\left(\frac{\dot{v}}{\sqrt{\dot{v}^2 + g^2}}\right) - \sin^{-1}\left\{-\frac{\dot{v}(m_{bw} r_w^2 + 2I_{wy})}{m_b r_w l \sqrt{\dot{v}^2 + g^2}}\right\} \quad (14.61)$$

(3) 位置制御

式 (14.61) の右辺は加速度 $\dot{v}$ の関数になっていることから，加速度 $\dot{v}$ を加速度参照値 $\dot{v}_r$ に置き換えられる。位置制御に関しては，距離に相当する 2 階以上の微分が可能な軌道参照値 $\int v_r dt$ を生成し，2 階微分によって加速度参照値 $\dot{v}_r$ を生成し，式 (14.61) を用いて傾き角度参照値 θ_{br} を生む。また，方向参照値 ϕ_r を生成し，先に紹介した PD 制御系を用いて間接的に位置制御を実現する。図 14.13 は制御系ブロック図である。

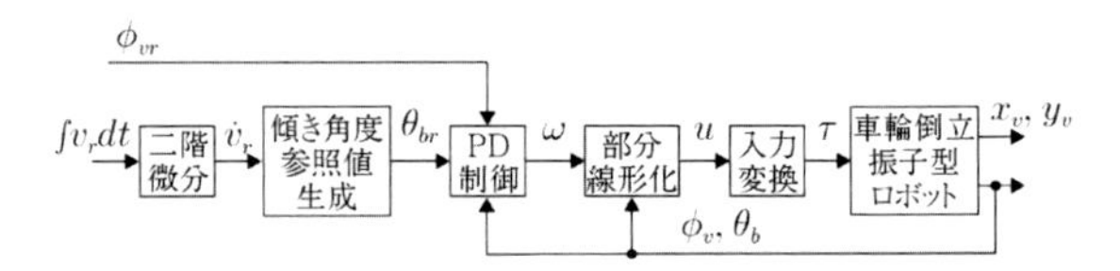

図 14.13　制御系ブロック図

(4) 実験結果

図 14.14 に直線移動時の実験波形を，図 14.16 に実験の様子を示す。図 14.14 上段は移動距離の参照値を点線で，実距離を実線で示しており，滑らかな移動が実現されている。中段が傾き角度 θ_b であり，正値は前向きの傾きを負値は後ろ向きの傾きを表す。下段が方向角 ϕ_v を示す。

図 14.15 は旋回移動実験時の軌跡を描いたものである。左旋回，直線移動，右旋回の移動実験結果を重ね書きしている。ずれは見られるが，意図した移動が実現できている。図 14.17 は右旋回の実験の様子である。

この制御法は高速移動を実現するが，移動距離の参照値から角度参照値の算出までがフィードフォワードであるため，車輪の滑りが顕著な場合は位置精度を保証できない。軌道制御性能を改善する例や外界センサを用いた例[12] もあるが，本稿では割愛する。

＜島田 明＞

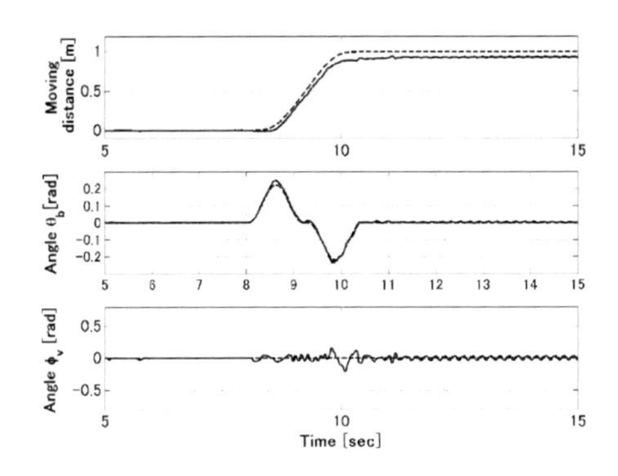

図 14.14　直線移動時の直接傾き制御の波形

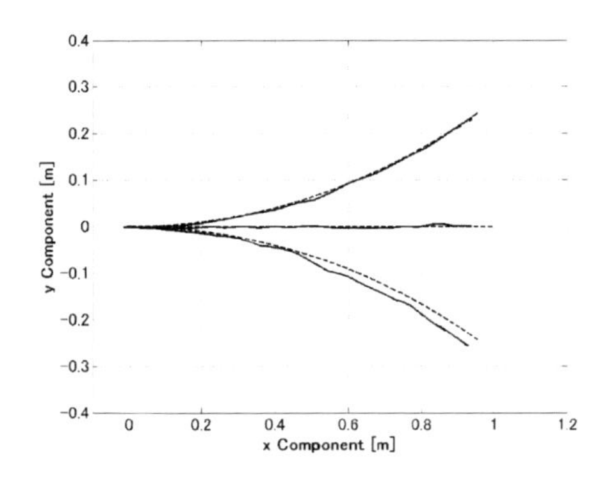

図 14.15　旋回移動時の直接傾き制御の軌跡

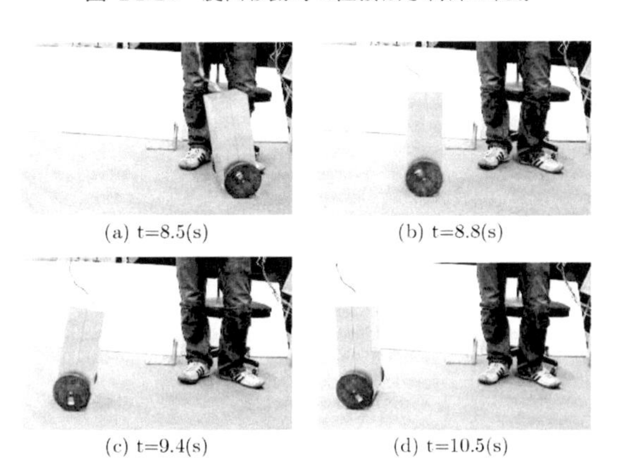

(a) t=8.5(s)　(b) t=8.8(s)　(c) t=9.4(s)　(d) t=10.5(s)

図 14.16　直線移動時の直接傾き制御の様子

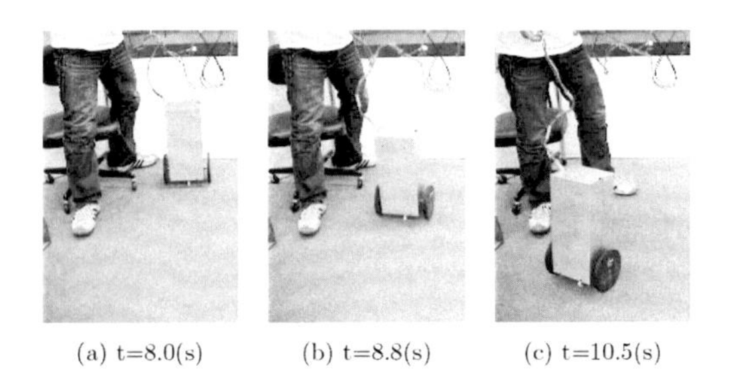

(a) t=8.0(s)　(b) t=8.8(s)　(c) t=10.5(s)

図 14.17　旋回移動時の直接傾き制御の様子

14.5　事例紹介

14.5.1　ホンダ 搭乗型倒立振子ロボット（平行二輪）の制御システム

社内レクレーション行事「アイデアコンテスト」の1989年大会に出場するため見栄えを考慮して，図14.18のようにキャビン付きとした平行二輪倒立振子ロボットである。搭乗者はキャビン内に座し，外部からはヘルメット上部しか見えない。舞台に登場している3分間だけが審査対象であるので，乗り降りに他者の助けを要するほど実用性を無視した設計であるが，10％程度の斜面も安定して上り下りできる性能を有した。2軸のジョイスティックにより前後進と旋回を操作する。

システム構成を図14.19に示す。図14.20に示すようにファジィ制御を適用し，図14.21のように現場でのチューニングが可能なゲインKp4を設けることで製作期間の短さを補った。高い安定性と操縦性を両立させるため，ゲインKp5は傾斜角度が大きくなると増加率が大きくなる非線形な特性とした。機構各部のフ

図 14.18　ロボット外観

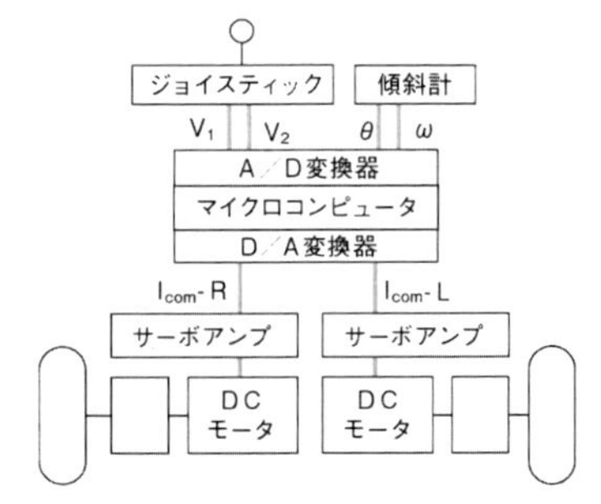

ジョイスティック指令値　$V1$：速度，$V2$：旋回
傾斜計計測値　θ：傾斜角度，ω：傾斜角速度
電源系統は省略してある

図 14.19　システム構成

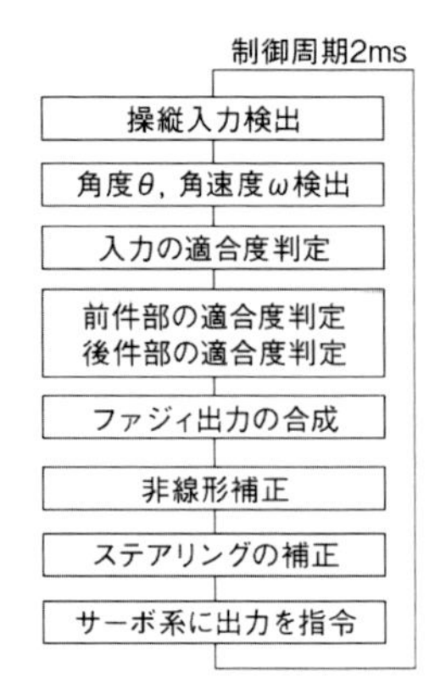

図 14.20　制御フロー

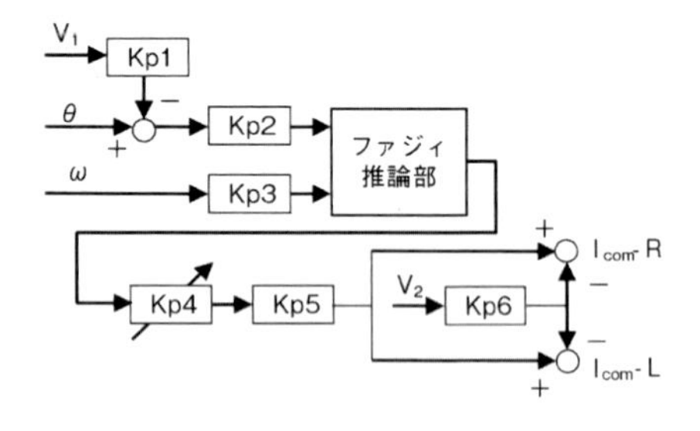

図 14.21　制御ブロック図

図 14.22　プロトタイプ

リクションとハーモニックドライブやタイヤの非線形要素は直接には補正していないが，ファジィ制御のロバスト性の高さによりそれらの影響が緩和された。プロトタイプでは図 14.22 に示すように搭乗者はステップに立ち，体重の前後移動で前後進を制御し，左右のハンドルに装備したスイッチ操作で一方の駆動を停止させて旋回した。ロボット本体に搭載されたのは駆動機構，左右のスイッチ，および傾斜計だけで，モータドライバ，コンピュータ，電源は外部に置いた。コンピュータは PC9800 シリーズ機種を使用した。ケーブルを引きながらの走行であるが，搭乗と操縦のおもしろさではこちらが勝っていた。

＜鶴賀孝廣＞

14.5.2　産業技術総合研究所 マイクロモビリティの制御システム

産業技術総合研究所では，2003 年から倒立振子制御を応用した小型・軽量の立ち乗り型モビリティに関する研究開発に取り組んでいる。図 14.23 に示すのは，2004 年に開発した乗車型移動プラットフォーム「PMP-2」である[15]。センサ（加速度計，レートジャイロ，力センサ，ロータリエンコーダ），モータ，計算機，バッテリ等が搭乗台の中に格納され，独立駆動可能な車輪が左右に取り付けられている極めてシンプルな形態の乗り物である。本システムでは式 (14.37),(14.38) に示す走行制御系を用い，14.3.2 項で述べた加速度計とレートジャイロの融合により姿勢を推定している。搭乗者の体重移動のみで前後左右に動く乗り物であり，匡体を CFRP で製造するなど軽量化の効果により，重量約 12kg で持ち運ぶことも可能なモビリティである。踏面の左右方向の体重移動を検知するための力センサ信号を用いて操舵を行うのが特徴で，両手がフリーで移動できるという利点があるものの，不整地走破性の問題から，ある程度平坦な路面上での使用に限定される。

2008 年には，PMP 2 で培った小型・軽量機構や制御ソフトウェアをベースに，左右にハンドル部を設けたマイクロモビリティを開発した（図 14.24）[16]。重量は約 14kg である。本モビリティの特徴は，車輪を含む駆動ユニットをエアサスペンションで本体と連結した

図 14.23
乗車型移動プラットフォーム
「PMP-2」

図 14.24
マイクロモビリティ

ことである。前後方向の安定化制御則は PMP-2 とほぼ同じであるが，左右方向の制御は手元のコントローラ操作により行う。制御システム図を図 14.25 に示す。エアサスペンションの効果により，乗り心地の向上，段差踏破性能の向上（4cm までの段差を踏破可能）が図られている。さらに，電装系をボックスに入れ，防塵・防滴性を向上させている。

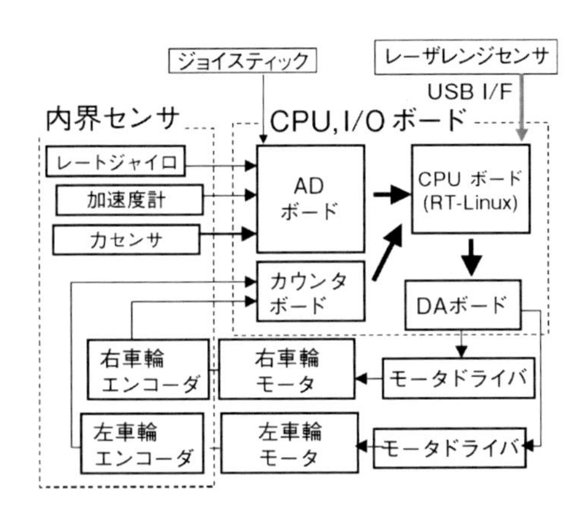

図 14.25　マイクロモビリティの制御システム

なお，これまでの研究開発において，レーザレンジセンサによる障害物検知・停止機能，無人倒立機能（モビリティ本体の重心位置を設計時に考慮することで無人倒立を可能にし，乗降を簡便にする機能），自動追従機能（人間や荷物を載せた状態で，傍にいる人間に自動追従する機能）などの機能を付加し，機能検証を実施している。公道走行試験等により，市街地環境を安全に走行可能であることは確認できており[17, 18]，このタイプの小型・軽量モビリティの早期実用化を期待したい。

＜松本 治＞

14.5.3　トヨタ パートナーロボット Winglet の制御システム

Winglet は「立ち乗り型の小型パーソナルモビリティ」で，歩行者が移動する空間での走行を前提としている。人が操縦し，周囲の歩行者と共存する実用的な乗り物とするためには，操縦者と歩行者への安全を確保することが重要である。本項では基本となる走行制御と安全を確保するための制御について述べる。

(1) ハードウェア構成

搭載されているセンサを図 14.26 に示す。各種センサの値は ECU に入力され，ECU からモータドライバへ回転速度の指令値を出力する。

図 14.26　搭載されているセンサ

(2) 基本的な走行制御

前進，後退は，操縦者が体重を前後に移動させることによって生じる車両の傾きを検知し，傾きに応じて車両を加減速することにより行われる。前後方向の傾きの目標値を $\theta^{\mathrm{ref}}_{\mathrm{Bodypitch}}$，実際の傾きを $\theta_{\mathrm{Bodypitch}}$，ゲインを K_{pp}, K_{dp} とすると，車輪の回転速度 $\omega_{\mathrm{Bodypitch}}$ を式 (14.62) で計算している。

$$\omega_{\mathrm{Bodypitch}} = K_{pp}(\theta_{\mathrm{Bodypitch}} - \theta^{\mathrm{ref}}_{\mathrm{Bodypitch}}) + K_{dp}(\dot{\theta}_{\mathrm{Bodypitch}} - \dot{\theta}^{\mathrm{ref}}_{\mathrm{Bodypitch}}) \tag{14.62}$$

$\theta_{\mathrm{Bodypitch}}$ は加速度センサと角速度センサの値からカルマンフィルタで推定している。さらに車両自体の剛性が低く車両が共振することがあるため，角速度センサの値はノッチフィルタを通す。車両の剛性を上げることは重量，コストの面から得策ではない。左右の旋回は，操縦者がハンドルをリーンさせることによって生じる台車に対するハンドルの角度を検知し，その角度に応じた車輪速度を左右輪に互いに回転方向が逆になるように加えることで行われる。リーン角を θ_{lean}，ゲインを K_{lean} とすると，旋回のための車輪の回転速度 ω_{lean} を式 (14.63) で計算している。

$$\omega_{\mathrm{lean}} = K_{\mathrm{lean}}\theta_{\mathrm{lean}} \tag{14.63}$$

実際，車輪へは $\omega_{\mathrm{Bodypitch}}$ と ω_{lean} の和（反対車輪は差）を与える。

(3) 安全を確保するための制御

「走る」だけであれば (2) の制御だけでよいが，それだけでは「商品」にならない。製造物として安全を確保する必要がある。ユーザの使用状態を考えられる限り想定してリスクアセスメントを行い，機構を見直したり，操縦者の順守事項としてマニュアルに記載し，乗車教育を行う等の対策も行うが，本項では制御で行っている対策を述べる。

(i) 速度抑制制御

駆動系のパワーには限界があり，限界を超えれば転倒に至る。事前に設定してある速度以上に速度が出たとき，車両を加速させることでハンドルを後傾させ，それにつれて操縦者の体重が後方に移動し，結果として車両が減速するようにしている。

目標ブレーキ量を B，車両の速度を $\dot{X}_{\mathrm{Body}}$，ゲインを K_{dx} とすると，

$$\omega_{\mathrm{Body}X} = -K_{dx}(B - \dot{X}_{\mathrm{Body}}) \tag{14.64}$$

で計算される速度を車輪に加える。B は $\dot{X}_{\mathrm{Body}}$ と正負が逆で，$\dot{X}_{\mathrm{Body}}$ の非線形の関数となっている。B は $\dot{X}_{\mathrm{Body}}$ が閾値を超えると一定の値で，閾値以下で徐々に 0 に近づくように設定されている。

(ii) 警告振動

モータのトルクや回転数が過大になり転倒の恐れがあったり，機器に異常が発生した場合は操縦者に知らせる必要がある。LED やブザー音に加えて，左右の車輪に逆位相の振動を加えて車両が振動する仕掛けになっている。

(iii) 乗車，降車制御

乗車時に不用意に車両が動くことを防ぐため，搭乗者が片足を車両のステップに置きかつ車体が垂直になってから倒立振子制御が有効になる仕組みになっている。降車時は後ろ向きに降りるので，降りやすいように，ハンドルにある「降車スイッチ」を押すと車両が後ろに傾斜する。

「倒立振子に人が乗る」には安全に相当配慮しなければならない。紙面の都合上記載できないが，他にも細部にわたり安全を確保するためのロジックが盛り込まれている。

＜杉原久義＞

14.5.4 日立 人間共生ロボット EMIEW2 の走行制御

日立では人と活動空間を同じにし，生活のサポートを行う人間共生ロボット EMIEW2（図 14.27）を開発している。EMIEW2 は人と同じ空間で活動するため，生活の邪魔にならない省スペース性と人の歩行程度の移動速度を実現可能な，車輪型倒立振子機構を採用している。また，両脚にロール姿勢を制御するアクティブサスペンションを備えている。倒立振子機構は本質的に不安定であり，車輪トルク制限を超える挙動が要求される場合や，路面凹凸等により車輪グリップが失われた場合に転倒リスクが高くなる。また，障害物回避を行う場合，移動計画に対し高い追従性が求められるが，速度目標や位置目標に対し逆応答を持ち，簡単に計画を行うことが難しい。

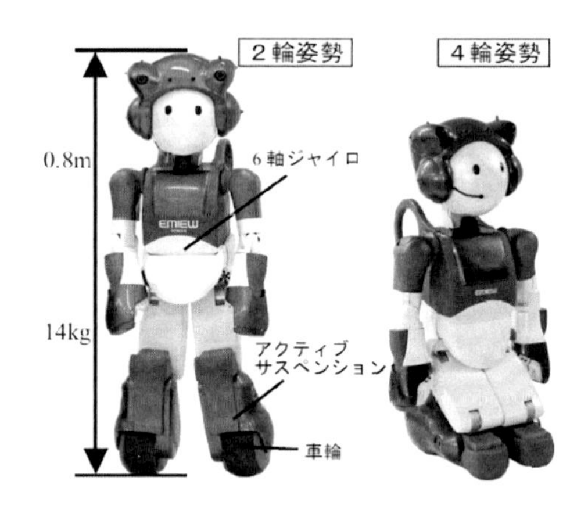

図 14.27　日立人間共生ロボット EMIEW2

本項では上記課題に対応する EMIEW2 の走行制御について図 14.28 を用いて紹介する。本走行制御系は障害物回避計画生成部，倒立制御部，ロール姿勢制御部の 3 つから構成される。

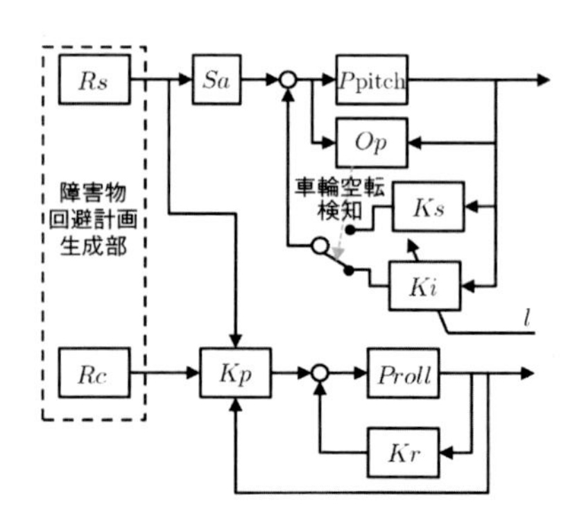

図 14.28　EMIEW2 の走行制御系構成（除：経路追従部）

(1) 障害物回避計画生成部

障害物回避計画生成部は，障害物の移動特性に合わせて，適切な直進計画と旋回計画を選択する[24]。直進計画は，機体の上体角度 θ_b，車輪角度 θ_{wb}，各々の角速度 $\dot{\theta}_b, \dot{\omega}_{wb}$ の計画であり，移動中の最大トルク，最大速度，移動距離を指定することで偏差なく機体が追従可能[25] であり，R_s により生成される。旋回計画は機体の旋回方向 ψ と旋回角速度 $\dot{\psi}$ の計画であり，狭路でも壁に衝突せず移動できるように変曲点を持つように[24]，Rc により生成される。

(2) 倒立制御部

倒立制御部は，腕の振りや 4 輪姿勢から直立二輪姿勢までの姿勢変化に対応する倒立制御と，段差乗り越え等による車輪空転時の悪影響を軽減する車輪空転制御を行う。S_a は直進計画より直近の目標値を取り出す操作であり，機体のピッチモデルは P_{pitch} である。姿勢変化に対応するため，安定化制御器 K_i は車軸–重心間距離 l をパラメータとするゲインスケジューリング制御器である。車輪の接地状況は外乱オブザーバ O_p により検知され，空転時には安定化制御器 K_i を車輪の過剰回転を抑制する制御器 K_s に切り替える[26]。

(3) ロール姿勢制御部

ロール制御部は，段差乗り越え時や，遠心力変化によるロール転倒を，アクティブサスペンションを制御し防止する。EMIEW2 のアクティブサスペンションは，バネと，バネ懸架位置を変更可能なアクチュエータから構成される。安定性の低いロールモデル Proll に対し，早い挙動を安定化制御器 K_r[26] で，遅い挙動をモデル予測制御器 K_p によって安定化している。モデル予測制御器 K_p は，直進計画と旋回計画，ロール角度 ϕ_b，角速度 $\dot{\phi}_b$ を入力とし，バネ懸架位置を出力している。

＜中村亮介＞

14.5.5 足漕ぎ型倒立振子ロボット Wi-PMP の制御システム

(1) Wi-PMP の構造およびモデル

Wi-PMP の搭乗モデルは，図 14.29 に示すように，独立駆動可能な対向二輪と，車軸まわりを角度 ψ で自由回転する搭乗者を含む車体で構成される。車体には，ハンドルやサドル，ペダル機構およびハイブリッド動力伝達機構が装着されている。ハイブリッド動力伝達機構は，差動歯車とワンウェイクラッチにより，ペダルからの搭乗者の駆動力 τ_p とモータの電動力 τ_m を車軸に同時に伝達することができる。図 14.30 に Wi-PMP の制御システムを示す。各種操作スイッチからの入力を基に電源供給を制御するパワーボード，各種センサからの情報を用いてアクチュエータへの制御指令を行う制御ボード，制御指令に従ってモータを駆動するアクチュエータ部で構成される。

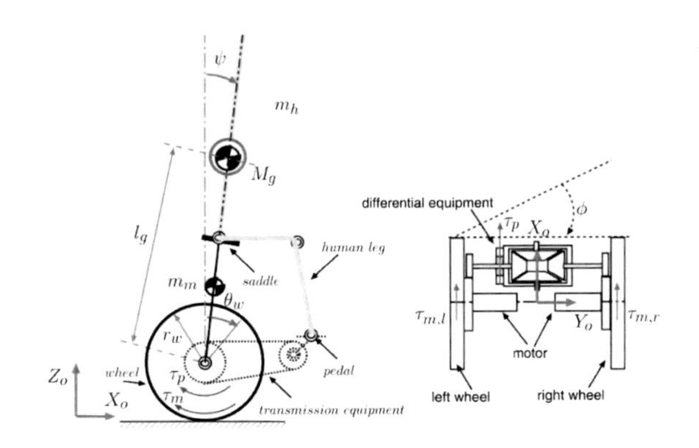

図 14.29　Wi-PMP のモデル

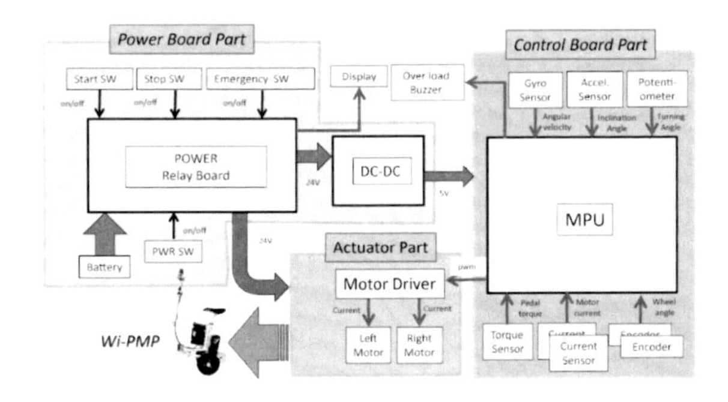

図 14.30　Wi-PMP の制御システム

(2) パワーアシスト走行制御

状態変数を $x = [\psi \ \dot{\psi} \ \dot{\theta}_w]^T$ とすると，

$$\dot{x} = Ax + Bu_\psi \tag{14.65}$$

ここで，$A \in R^{3\times3}$，$B \in R^3$，$u_\psi = \tau_m + \tau_p$ である。式 (14.65) のシステムは可制御であり，状態変数は観測可能であるため，次式で表す状態フィードバック制御により系を安定化することができる。

$$u_\psi = -K_\psi x \tag{14.66}$$

ここで，$K_\psi \in R^{3\times3}$ は状態フィードバック制御ゲインである。系の安定化が目的である場合，τ_p は外乱として捕らえられ，τ_m で打ち消す。Wi-PMP では，人力によるパワーアシストを実現するために，τ_p を電動力と合わせてシステムを安定化するための制御入力として利用する。すなわち，$u_\psi = \tau_m + \hat{\tau}_p$ とすると，モータに必要な制御入力は

$$\tau_m = -K_\psi x - \hat{\tau}_p \tag{14.67}$$

となる。ここで，$\hat{\tau}_p$ は推定ペダリングトルクであり，ペダル軸に取り付けたトルクセンサにより取得する。また，ψ は，ジャイロセンサと加速度センサ情報を利用したカルマンフィルタで推定し，ドリフト誤差をなくしている。一方，車体の旋回角度 ϕ の制御はハンドルの操舵角度指令に対する PD 制御により実現される。

$$u_\phi = K_p(\phi_d - \phi) - K_d\dot{\phi} \tag{14.68}$$

ここで，K_p および K_d は比例および微分制御ゲインである。最終的に，左右モータによる駆動力は

$$\tau_{m,r} = \frac{1}{2}(\tau_m + u_\phi), \quad \tau_{m,l} = \frac{1}{2}(\tau_m - u_\phi) \tag{14.69}$$

となり，人力を含めた安定なパワーアシスト走行が可能となる。制御ブロック線図を図 14.31 に示す。

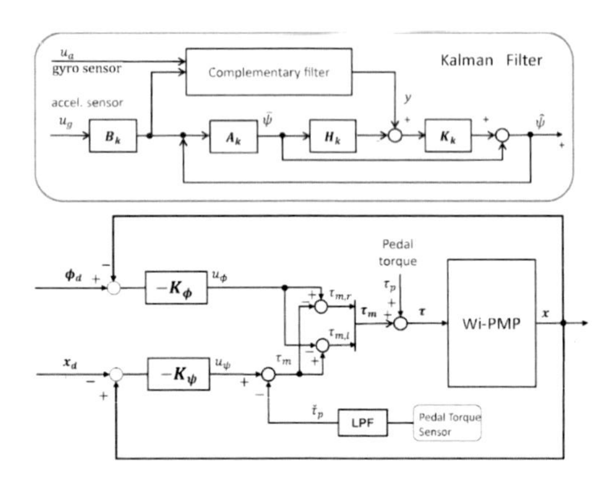

図 **14.31**　Wi-PMP の基本走行制御

＜鄭 聖熹＞

14.5.6　教育用機器の制御と実装

教育用ロボットの分野における車輪型倒立振子機構の採用については，重心位置やモータ出力特性などによりハードウェアの用途特化性が高くなること，プログラミングの内容がやや高等となる傾向があることなどから，専用設計の倒立振子ロボットとして展開されることが通常である。代表的な倒立振子教材ロボットについては，JAPAN ROBOTECH 製の「ミニウェイ」，ZMP 製の「nuvo WHEEL」，北斗電子製の「PUPPY」等が挙げられる。価格については，モデルやオプション類により異なるものの，概ね 3 万～20 万円程度となっており，いずれのモデルにおいても，倒立振子の動作を実現するためのセンサ，マイクロコンピュータ，モータ類を搭載し，実習用として十分な動作性能を得ている。弊社ヴイストンにおいても，同様の倒立振子学習ロボットとして，「ビュートバランサー」シリーズを発売している。これら製品の特徴は，① ハードウェア構成を簡略化しプログラミング学習用途に絞った製品となっていること，② 机上での動作が可能な小型軽量の機体となっていること，③ 教育機関との共同開発を行い，教育現場での扱いやすさに配慮した製品となっていること等であり，価格についてはいずれも発売時の税抜き定価にて，初代のビュートバランサーが 9,000 円，第 2 代目のビュートバランサーデュオが 12,000 円，第 3 代目のビュートバランサー 2 が 9,800 円となっている。

ビュートバランサー（図 14.32）では，必要十分な性能を維持したまま低価格化を実現するため，学習用として弊社より発売済みである H8 マイコン搭載ロボット制御ボード「VS-WRC003」を採用した。DC モータの駆動についても，通常の倒立振子とは異なる電圧制御とし，極めてシンプルなハードウェア構成にて，必要な動作が実現できるように設計を行っている。構造についての概略図を図 14.33 に示す。

高機能版として発売したビュートバランサーデュオにおいては，製品構成の基礎概念はそのままに専用基板を新規設計とし，そこにマイクロコンピュータ，各

図 **14.32**　ビュートバランサー

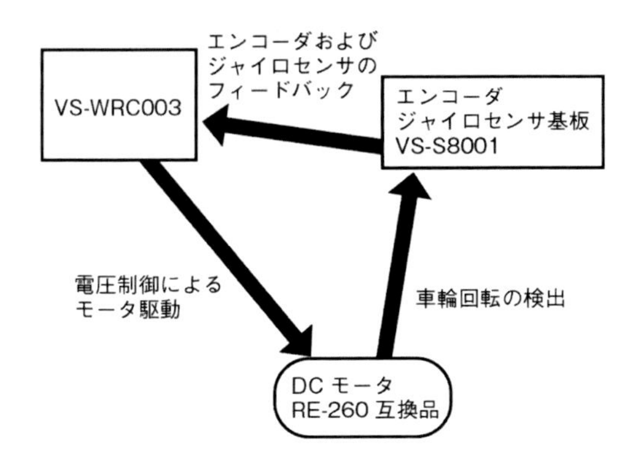

図 14.33 ビュートバランサーの構成概略図

種センサ類，モータドライバ等をすべて搭載することにより，構造の合理化と価格の最適化をはかっている。同時に，DCモータを2基搭載とし，無線コントローラの取り付けにも対応することによって，移動性能の大幅な向上を実現したことが特徴となっている。第3代目であるビュートバランサー2においては，ビュートバランサーデュオによって高機能化された部分をそのまま引き継ぐと共に，本体デザインのブラッシュアップによる扱いやすさの向上，Bluetooth通信オプションの設定など，さらなる高性能化を果たした。シリーズを通した特徴である低価格性と扱いやすいサイズ，高いプログラミング自由度なども変わらず維持されており，プログラミング学習のニーズに幅広く対応している。

車輪型倒立振子においては，ハードウェア，ソフトウェアの両面の理解が必須となることから，比較的高いレベルでの制御理論の学習および実践の教材として，非常に効果的であると考えられる。同時に，今後，各種マイコンの高性能化，モータやセンサなどの低価格化がいっそう進むにつれ，より高度でありながら安価で使いやすい教材が実現できるものと期待される。学習の高度化と理解のしやすさ，製品の高性能化と低価格化など，これまで両立が不可能であった要素を同時に盛り込んだ教材製品を作り出すべく，今後もいっそう研究開発を進めていきたいと考えている。

＜大和信夫＞

14.6 おわりに

本章の14.1節では，車輪倒立振子ロボットと研究の歴史と動向を紹介した。14.2節で2次元モデルと3次元モデルの導出法を記した。14.3節では，位置と姿勢，角度観測・推定法を紹介した。14.4節では，基本的な移動制御法を紹介した後，起立・着座制御法，高加速度を生む制御法を紹介した。14.5節では編集・執筆時点での興味深い事例を示した。最近では，モデル予測制御法を活用した制御例なども提案されており[28]，倒立振子ロボットのさらなる発展や実用化が期待される。

＜島田 明＞

参考文献（第14章）

[1] ロゲルギスト：『物理の散歩道』，pp.77–84，岩波書店 (1963).

[2] セグウェイ社ホームページ，http://www.segway.com/

[3] Li, Z., Yang, C., Fan, L.: *Advanced Control of Wheeled Inverted Pendulum Systems*, Springer (2013).

[4] 尾坂力，嘉納秀明，増淵正美，林節八：一輪車の安定化制御，『システムと制御』，Vol.25，No.3，pp.159–166 (1981).

[5] 林節八，古荘純次，嘉納秀明，増淵正美：振子型角度検出器を用いた一輪車の前後方向の姿勢制御，『第17回計測自動制御学会学術講演会予稿集』，pp.273–274 (1978).

[6] 山藤和男，河村隆：同軸二輪車の姿勢および走行制御に関する研究，『日本機械学会論文集』，Vol.54，No.501，pp.1114–1121 (1988).

[7] 山藤和男，越山篤：可変構造型平行二輪車の姿勢および走行制御，『日本機械学会論文集C編』，Vol.56，No.527，pp.1818–1825 (1990).

[8] 畠山直也，島田明：Zero Dynamicsを利用した倒立振子型二輪ロボットの高速移動制御，『計測自動制御学会論文集』，Vol.44，No.3，pp.252–259 (2008).

[9] Grasser, F., D'Arrigo, A., Colombi, S. and Rufer, A.C.: JOE: A Mobile, Inverted Pendulum, *IEEE Trans. on Industrial Electronics*, Vol.49, No.1 (2002).

[10] Pathak, K., Franch, J. and Agrawal, S.K.: Velocity and Position Control of a Wheeled Inverted Pendulum by Partial Feedback Linearization, *IEEE Trans. on Robotics*, Vol.21, No.3 (2005).

[11] Shimada, A., Yongyai, C.: Motion Control of Inverted Pendulum Robots Using a Kalman Filter Based Disturbance Observer, *SICE–JCMSI*, Vol.2 No.1, pp.50–55 (2009).

[12] Phaoharuhansa, D., Shimada, A.: Trajectory Tracking for Wheeled Inverted Pendulum Robot using Tilt Angle Control, *IECON*2013, pp.4287–4291 (2013).

[13] 松本治，梶田秀司，谷和男：移動ロボットの内界センサのみによる姿勢検出とその制御，『日本ロボット学会誌』，Vol.8，No.5，pp.541–549 (1990).

[14] 古田勝久，川路茂保，美多勉，原辰次：『メカニカルシステム制御』，オーム社 (1984).

[15] 佐々木牧子，柳原直人，松本治，小森谷清：重心移動のみで操縦可能な小型・軽量パーソナルビークル，『日本ロボット学会誌』，Vol.24，No.4，pp.533–542 (2006).

[16] 松本 他：平行2輪倒立振子型マイクロモビリティ群の特徴と仕

様,『第 27 回日本ロボット学会学術講演会予稿集』, AC3Q1-06 (2009).

[17] 松本 他：つくばモビリティロボット実験特区での産総研の取り組み,『第 29 回日本ロボット学会学術講演会予稿集』, AC1G3-4 (2011).

[18] 松本治, 大久保剛史：つくばモビリティロボット実験特区を活用した公道走行実証実験,『計測自動制御学会第 12 回システムインテグレーション部門講演会 (SI2011) 講演論文集』, pp.744–745 (2011).

[19] 木村直, 鄭聖熹, 高橋隆行：車輪型倒立振子ロボット I-PENTAR の加速起立制御,『第 27 回日本ロボット学会学術講演会』, 2Q1–05 (CDROM) (2009).

[20] Fukushima, H., Shinmura, S. and Matuno, F.: Transformation control to an inverted pendulum mode of a mobile robot with wheel-arm using partial linearization, *Prof. of* 2011 *IEEE Int. Conf. on Robotics and Automation (ICRA)*, pp.1683–1688 (2011).

[21] 木村直, 鄭聖熹, 高橋大樹, 高橋隆行：倒立振子ロボットの高速状態遷移—未知の荷重にロバストな起立・着座動作の実現—,『日本機械学会ロボティクス・メカトロニクス講演会』, 2P1-E28 (CD-ROM) (2010).

[22] 小林尚登 他：『ロボット制御の実際』, pp.86–103, コロナ社 (1997).

[23] Canete, L. and Takahashi, T.: Modeling, analysis and compensation of disturbances during task execution of a wheeled inverted pendulum type assistant robot using a unified controller, *Advanced Robotics*, vol.29, issue 22, pp.1453–1462 (2015).

[24] 上田泰士, 中村亮介, 網野梓：人のすれ違い特性分析に基づくロボットの障害物回避技術,『第 13 回計測自動制御学会システムインテグレーション部門大会』, 3E4 (2012).

[25] 中村亮介, 網野梓, 上田泰士：制約条件を考慮した車輪型倒立振子機構の位相平面を用いた移動計画手法,『計測自動制御学会誌』, Vol. 50, No.6, pp.455–460 (2014).

[26] 中村亮介, 網野梓, 松原満: ハイブリッドサスペンションを用いた車輪型倒立振子の床面凹凸走行手法の検討,『第 15 回ロボティクスシンポジア予稿集』, pp.303–308 (2010).

[27] Seonghee J., Yuji M., *et al.*: Development of Wheeled Inverted Pendulum Type Personal Mobility with Pedal: Design of prototype platform and verification of basic driving function, *12th International Conference on Control, Automation and Systems ICCAS*, pp.418–423 (2012).

[28] 廣瀬徳晃, 但馬竜介, 鋤柄和俊, 小山渚, 田中稔, 伊藤誠悟：モデル予測制御に基づくパーソナルロボットの姿勢安定化制御,『電気学会論文誌 D (産業応用部門誌)』, Vol.135, No.3, pp.172–181 (2015).

第15章

ROBOT CONTROL HANDBOOK

四輪/クローラロボット

15.1 はじめに

2011年3月11日の東日本大震災以降，地震・津波・原子力発電事故が重なった福島県では，放射能汚染区域での除染作業が進む一方で汚染地域内に発生する大量の集積除染残土が放置され，最終的な保管管理施設・場所の準備を待っている状態にある。環境省ではそのための中間貯蔵施設の建設を福島県に打診している状態であるが，同施設の収容能力ならびに収容受入れ基準を満たさない汚染土壌の処分方法や，その発生数量のみならず中間貯蔵後の最終処分も勘案すると今後の大きな課題となる。また除染土壌の集積・搬送は被爆リスクを伴うものであり，できれば作業者による手作業を避けたいところではあるが，これを代替できる機能を持つロボットは実現されていない状況である。

ロボットを移動型と固定型に分けて考えると，その行動/作業範囲が広いという意味で，当然移動型の方が固定型に対して有用なロボットと考えられる。除染作業を代替することを期待されるロボットは，移動作業型のロボットである移動マニピュレータである。移動機能は屋外作業用ロボットには不可欠であり，移動の結果ロボットは未知環境下で作業を行う能力を求められる。工場内の既知環境下で動作している既存のロボットの能力では，屋外の未知環境の中で適切に動作することができない。未知環境に対する適応能力を備えたロボットを作ることは，自律的に作業を行うことができるロボットを製作することと同じと考えてよい。そのようなロボットの動作計画や自律性はロボットの知能とも関連する課題であり，適応的行動型ロボットを構成する方法論は今だ確立されていない状況である。未知環境下では，まずロボットによる周辺環境の自律的な認識が重要であり，3次元画像認識などのセンシング技術と移動誘導技術との融合が望まれる。現在の移動型ロボットが上記の環境適応能力を持っているかというと疑わしい状態であり，今後の知識工学，知能工学，ロボット工学の進展を待たなければならないと思われる。

移動型ロボットは移動機構の構成方法，運動学的誘導制御方法（非ホロノーム特性への対処方法），動力学的制御方法などの分野で発展してきた。ここでは，四輪型またはクローラ型の移動機能を持つロボットの現状について，また，俯瞰する視点から技術的現状や今後の課題などについて四輪移動ロボット，クローラ型の移動ロボット，移動マニピュレータに焦点を当てて詳述する。さらに移動ロボットの研究を進めている大学や国立研究機関の研究事例について実例に基づいて紹介する。

＜見浪 護＞

15.2 車輪型移動ロボット

車輪型移動ロボットは，構造が単純であるために故障しにくく，また，平地であれば高速に広範囲を移動できるという利点がある。そのため，レゴブロックに代表される教育用の機器から，NASAの火星探査ローバーに至るまで，この機構は様々な分野で応用されている。本節では，車輪型移動機構の分類について述べた後，この中でも代表的なステアリング型ならびに独立駆動型の車輪型移動ロボットに関する，運動学ならびに自己位置推定手法について紹介する。また，これらの車輪型移動ロボットの誘導制御についても述べる。

15.2.1　種々の車輪型移動機構

車輪型移動機構は，車体の操舵を行うための車輪の配置方法で，大きく (1) 舵取り車輪型移動機構，(2) 独立操舵型移動機構，(3) 全方向移動機構に分類できる[1]。以下に，各機構の車輪の配置方法と特徴を記す。

(1) 舵取り車輪型移動機構

舵取り車輪型移動機構は，図 15.1 に示すように，自動車の操舵に一般的に利用されているものである。(a) は後輪駆動，(b) は前輪駆動の舵取り車輪型移動機構を表している。駆動用の原動機が 1 つで済むため，広く利用されているが，その場での旋回ができないという欠点を有する。また，この機構には，操舵を行う舵取り車輪が 1 つである場合などのバリエーションも存在する。一般的な舵取り車輪型移動機構の運動学については，15.2.2 項で紹介する。

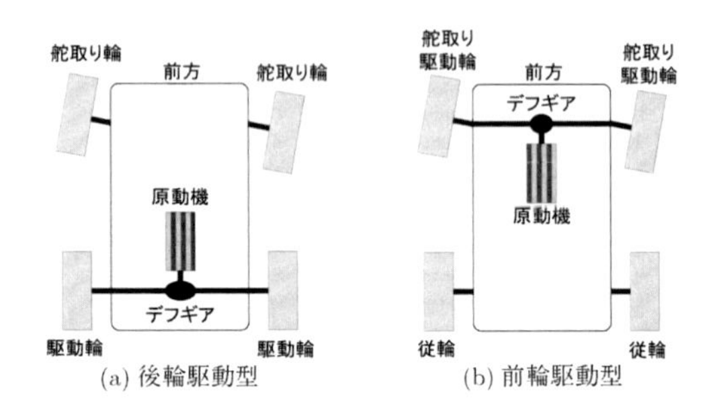

図 15.1　車輪の配置による分類：舵取り車輪型移動機構

(2) 独立駆動輪型移動機構

独立駆動輪型移動機構は，図 15.2 に示すように，2 つの原動機の動力を直接車輪（またはクローラ機構）に入れることで実現可能であるため，電動車椅子や研究用移動ロボット，クローラ機構を用いた建設機械などに広く利用されている機構である。原動機の回転方向を逆にすることで，その場旋回が可能であるという特徴を有する。(a) は従輪にキャスターを利用した独立駆動輪型の移動機構，(b) はクローラ型移動機構である。独立駆動型移動機構の運動学についても，15.2.2 項で紹介する。

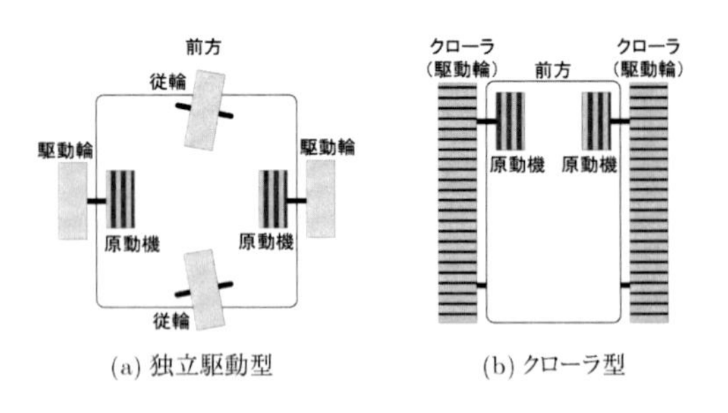

図 15.2　車輪の配置による分類：独立駆動型移動機構

(3) 全方向移動機構

車輪型移動機構の車輪のステアリングを工夫したり，車輪の接地方法面を工夫することで，ロボットの向きを変えずに移動方向を変えることができるものを，全方向移動機構と呼ぶ。代表的な全方向移動機構用の車輪を図 15.3 に記す[2]。各車輪は複数の受動回転ローラを有しており，回転ローラが回転する方向に受動的に移動が可能である。このため，受動回転ローラが直交するように車輪を配置し，これらの車輪を独立に駆動することで，全方向移動を実現できる。いずれの機構においても，直進後，向きを変えずに真横に動ける，といった通常の車輪型移動機構にない動きができるが，アクチュエータの数が多くなる，機構が複雑になるため故障に弱いといった欠点がある。

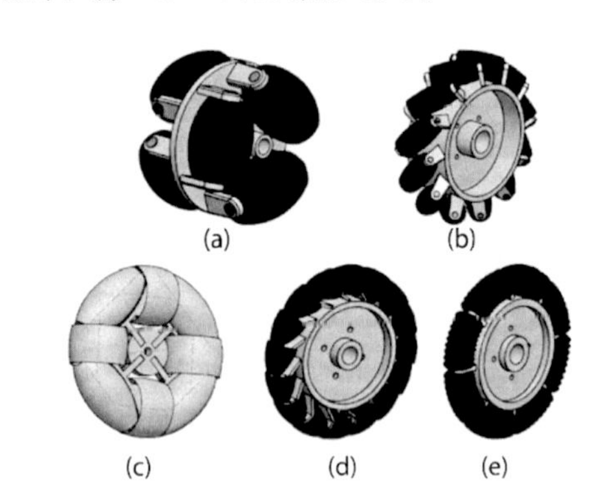

図 15.3　車輪の配置による分類：全方向移動を行うための車輪（文献[2] より引用）

(4) 不整地走行を可能とする車輪型移動機構

不整地移動を目的とした移動機構としては，パッシブなリンク機構を搭載したロッカーリンク機構が知られている。これは NASA/JPL の火星探査ローバーにも採用されてきた機構で，パッシブなリンク機構により，比較的大きな段差を走破することが可能となる。図 15.4 に，3 輪のロッカーリンクが段差を走破する様子を示す。

15.2.2　車輪型移動ロボットの運動学と自己位置推定

本項では，前項で示した移動機構のうち，舵取り車輪型移動機構ならびに独立駆動輪型移動機構の，運動

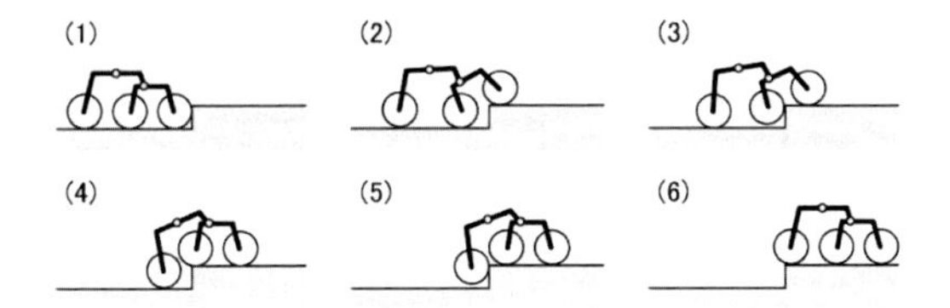

図 15.4 ロッカーリンクによる段差の乗り越えシーケンス

学ならびに自己位置推定について，以下に示す。

(1) 舵取り車輪型移動機構の運動学

舵取り車輪型移動機構を有するロボットが操舵角度 σ で走行する際の幾何的関係を図 15.5 に示す。ここで，L は前輪と後輪の距離を示すホイールベース，R は回転半径である。このとき，旋回中心，後輪の中心点，前輪の中心点が作る三角形に注目すると，

$$R = \frac{L}{\tan\sigma} \tag{15.1}$$

が成り立つ。ここで，ロボットの回転角速度を ω，ロボットの並進速度を v とおくと，$v = R\omega$ が成り立つため，これを整理し，$\tan\sigma$ の近似を σ とおくと，

$$\omega = \frac{\tan\sigma}{L}v \simeq \frac{\sigma}{L}v \tag{15.2}$$

を得る。これは，ロボットの回転角速度が舵取り車輪の操舵角度と並進速度で決まることを意味する。なお，四輪の舵取り車輪では左右車輪の走行速度が異なり，また，左右の操舵角もステアリング角 σ に一致しない。この問題を解決するため，原動機と後輪との間に左右の速度差を調整するディファレンシャルギア（デフギア）が，また，操舵角を調整するため，舵取り車輪にはアッカーマンリンク機構が，一般に採用される。

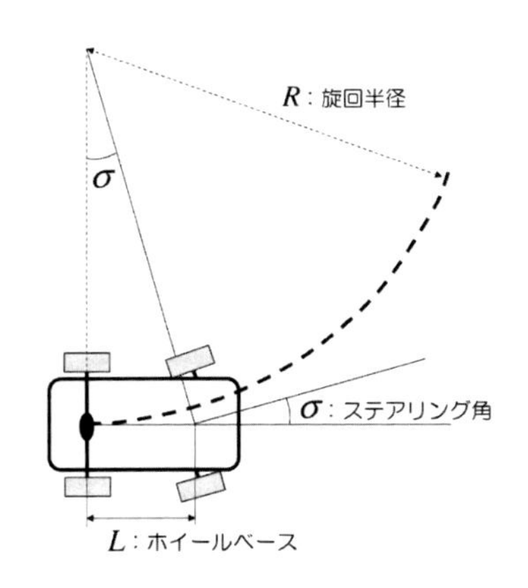

図 15.5 舵取り車輪型移動機構の運動学

(2) 独立駆動輪型移動機構の運動学

独立駆動輪型移動機構を有するロボットが旋回半径 R の円弧状を走行する際の幾何的関係を図 15.6 に示す。ここで，T は左右輪の距離を示すトレッド，v_r, v_l は，左右の車輪が生み出す走行速度である。ここで，左右輪の走行速度差とトレッドの関係より，

$$\omega \simeq \tan\omega = \frac{v_r - v_l}{T} \tag{15.3}$$

が成り立つ。また，並進速度 v については，

$$v = \frac{v_r + v_l}{2} \tag{15.4}$$

が成り立つ。ここで，ロボットの左右の車輪の回転角速度をそれぞれ ω_l, ω_r，車輪の半径を r とおくと，$v_r = r\omega_r$，$v_l = r\omega_l$ より，これを整理すると，

$$\begin{bmatrix} v \\ \omega \end{bmatrix} = \begin{bmatrix} \frac{r}{2} & \frac{r}{2} \\ \frac{r}{T} & -\frac{r}{T} \end{bmatrix} \begin{bmatrix} \omega_r \\ \omega_l \end{bmatrix} \tag{15.5}$$

と表すことができる。これは，ロボットの並進速度，回転角速度は左右の車輪角速度によって表現できることを意味する。

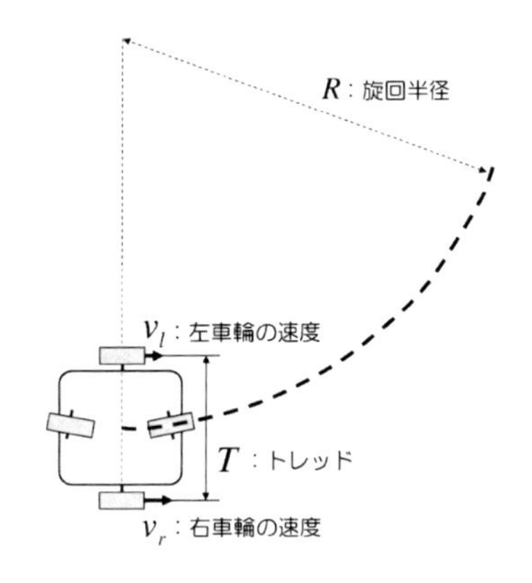

図 15.6 独立駆動輪型移動機構の運動学

(3) 車輪型移動ロボットの自己位置推定

移動ロボットの自己位置推定は，誘導制御を行う上でも環境情報を獲得する行う上でも，非常に重要な機能の一つである。この自己位置推定については，外部から情報を得て行う手法（例えばGPS）や，環境情報を取得して自己位置を割り出す手法（例えばランドマークベース手法），ロボットが有する内界センサを利用し，初期位置からの相対位置を求める手法（オドメト

リ）に分類できるが，ここでは，このオドメトリについて紹介する。

オドメトリとは，車体の速度と角速度を積分し自己位置を推定する方法で，基本式は以下で表される。

$$\theta(t) = \int_{t_0}^{t} \omega(\tau)\mathrm{d}\tau + \theta(t_0) \tag{15.6}$$

$$x(t) = \int_{t_0}^{t} v(\tau)\cos(\theta(\tau))\mathrm{d}\tau + x(t_0) \tag{15.7}$$

$$y(t) = \int_{t_0}^{t} v(\tau)\sin(\theta(\tau))\mathrm{d}\tau + y(t_0) \tag{15.8}$$

舵取り車輪型移動機構では，式 (15.2) に示す運動学より操舵角 $\sigma(t)$ と並進速度 $v(t)$ を測定することで，回転角速度 ω が得られる。これを利用して，ロボットの位置と向きを逐次算出することができる。

一方，独立駆動輪型移動機構では，式 (15.5) に示す運動学より，左右の車輪の回転角速度 ω_l, ω_r を測定することでロボットの位置と向きを逐次計算で算出することができる。

上述の通り，オドメトリは，操舵用のアクチュエータと走行用のアクチュエータに回転速度を測定するセンサを設置することで，容易に相対位置を推定できるという利点を有する。しかしながら，車輪のスリップや地面の凹凸が原因でロボットの回転角速度に誤差が生ずると，その誤差が累積し，長距離を走行する場合，累積の位置誤差が大きくなるという欠点を有する。

一方，近年，IMU(Inertial Measurement Unit) の性能が大きく向上し，移動ロボットの回転角速度 ω を，車輪の回転とは独立に精度良く測定することが可能となってきた。この情報を用いたオドメトリ手法は，ジャイロベーストオドメトリ[3] と呼ばれる。この手法は，特に路面状況が良くない環境や，そもそもスリップの発生を前提としたスキッドステア型のロボットやクローラ型ロボットがオドメトリを実現する上で広く利用されている。

15.2.3　車輪型移動ロボットの誘導制御

車輪型移動ロボットの誘導制御は，ロボットの遠隔操作を行う上でも自律動作を実現する上でも基盤となる機能の一つである。ここでは，15.2.2 項で説明したオドメトリを利用した誘導制御について，特に直線追従と円弧追従の方法について紹介する。

直線追従制御の概念図を図 15.7 に示す。ある目標直線に対してロボットの方位を一致させるためには，ロボットの方位角と目標直線のなす角 θ を 0 とするように，ロボットの角加速度 $\frac{\mathrm{d}^2\theta}{\mathrm{d}t^2}$ を制御することが直感的に考えられる。

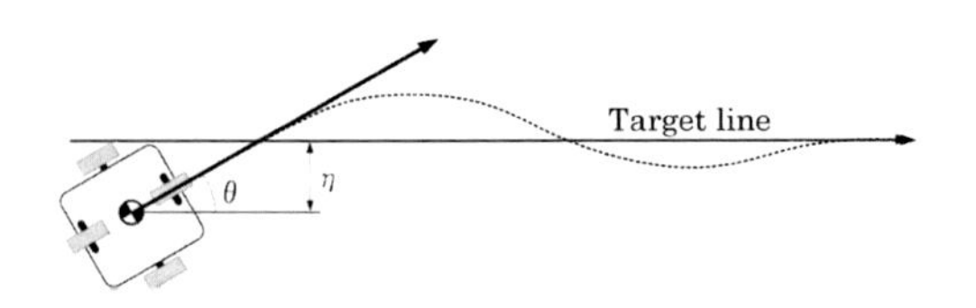

図 15.7　直線追従手法の概念図

$$\frac{\mathrm{d}^2\theta}{\mathrm{d}t^2} = -k_\theta\theta \tag{15.9}$$

ただし，k_θ は，θ に対するフィードバック係数である。しかしながら，上式の解析解からもわかるとおり，この系は振動する。そこで，走行を安定させるため，$\frac{\mathrm{d}\theta}{\mathrm{d}t}$ に関する減衰項を導入した次式で向きの安定化を行う。

$$\frac{\mathrm{d}^2\theta}{\mathrm{d}t^2} = -k_\theta\theta - k_\omega\frac{\mathrm{d}\theta}{\mathrm{d}t} \tag{15.10}$$

ただし，k_ω は角速度 $\frac{\mathrm{d}\theta}{\mathrm{d}t}$ に対するフィードバック係数である。さらに，移動ロボットを目標の直線に追従させるためには，ロボットと直線の距離 η を 0 にするような制御項目を導入すればよいことが知られている。具体的には，上述の 3 つの項を組み合わせた以下の式に示される制御式により，直線追従を行うことが可能となる。

$$\frac{\mathrm{d}^2\theta}{\mathrm{d}t^2} = -k_\theta\theta - k_\omega\frac{\mathrm{d}\theta}{\mathrm{d}t} - k_\eta\eta \tag{15.11}$$

ただし，k_η は距離 η に対するフィードバック係数である。

この式は，以下の式に書き換えることができる。

$$\frac{\mathrm{d}\omega}{\mathrm{d}t} = -k_\theta\theta - k_\omega\omega - k_\eta\eta \tag{15.12}$$

以上より，3 つのパラメータを適切に設定し，回転角速度 ω の微分値，すなわち回転角速度を制御することで，直線追従を行うことが可能となる。

また，式 (15.5) の式変形を下記のように行うことにより，式各車輪の目標回転角加速度を計算することができる。

$$\begin{bmatrix} \omega_r \\ \omega_l \end{bmatrix} = \begin{bmatrix} \frac{R}{2} & \frac{R}{2} \\ \frac{R}{T} & -\frac{R}{T} \end{bmatrix}^{-1} \begin{bmatrix} v_{\mathrm{ref}} \\ \omega_{\mathrm{ref}} \end{bmatrix} \tag{15.13}$$

直線追従制御の応用として，以下の手順により円弧追従制御が実現できる。円弧追従制御の概念図を図 15.8

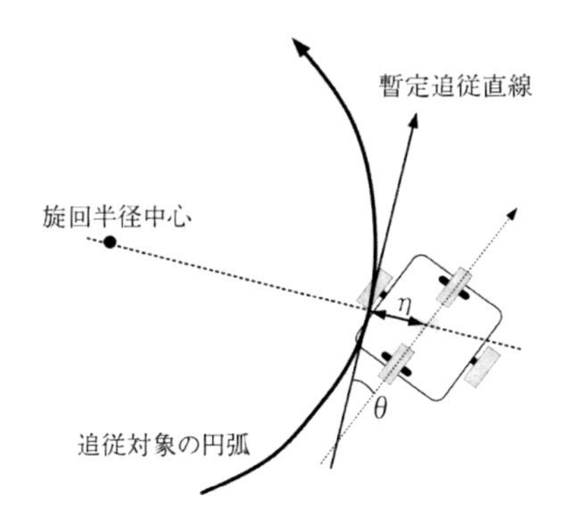

図 15.8 円弧追従手法の概念図

に示す。まずロボットと目標円弧の最近接点，すなわちロボットの現在地点と目標円弧の中心を通る直線と，目標円弧の交点を求める。次に，求めた交点における目標円弧の接線に対して直線追従制御を行う。走行に伴い，この交点および接線を逐次更新しながら制御を行うことで，目標円弧への追従制御が実現できる。

＜永谷圭司＞

参考文献（15.2 節）

[1] 米田完，坪内孝司，大隅久：『はじめてのロボット創造設計』改訂第 2 版，講談社 (2013).

[2] 多田隈健二郎：全方向移動・駆動機構，『日本ロボット学会誌』Vol.29, No.6, pp. 516–519 (2011).

[3] Nagatani K., *et. al*: Continuous Acquisition of Three-Dimensional Environment Information for Tracked Vehicles on Uneven Terrain, *Proceedings of the 2008 IEEE International Workshop on Safety, Security and Rescue Robotics*, pp. 25–30 (2008).

15.3 クローラ型移動ロボット

クローラ型移動ロボットは，左右一対に配置されるクローラベルトの差動，もしくは，連結されるクローラベルトの屈曲（操舵）によって旋回する。クローラは車輪に比べ路面に対する接地領域が広くロボットの重量が分散されるため，軟弱地盤や凹凸路面において高い走行性能を発揮する。一般にクローラ型移動ロボットは左右一対構造を採る場合がほとんどであり，基本的な運動は独立駆動二輪車両と等価なシステムとして記述される。そのため理論的にはその自己位置推定法や制御手法をそのまま適用することができる。しかし，クローラによる移動機構，特に差動旋回を伴う場合は，その特性上必ずクローラベルトと路面との滑りが生じるため，これを考慮する必要がある。したがって，クローラ型移動ロボットを制御するためには滑りを伴うモデルの構築，滑りの推定，および，これを考慮しながら従来の手法をどのように適用するのかという点が問題となる。そこで，15.3.1 項では，この滑りを考慮するためにクローラベルトと路面との相互作用を滑り速度に基づく関数とした摩擦モデルを導入し，動力学モデルを構築する。さらに，15.3.2 項では滑りを考慮したクローラロボットの運動学について述べ，経験則に基づいた滑り率の推定とこれに基づくオドメトリについて述べる。15.3.3 項ではクローラ型移動機構の様々な形態について紹介し，最後に 15.3.4 項でクローラ型移動ロボットの誘導制御について述べる。

15.3.1 クローラの動力学と接地摩擦モデル

ここではクローラを 2 次元平面に拘束された剛体で重心はロボット中心に存在するものと仮定し，運動方程式およびベルトの運動と滑りによって発生する摩擦力モデルを導出する[1]。

(1) クローラの運動方程式

クローラは車輪と比較して大きな接地面積を持つため，摩擦モデルを得るためには接地荷重がどの点にどのように作用しているのか，もしくは，どのように連続的に分布しているのか表現する必要がある。車両の 3 次元的な動力学モデルを導出すれば，加減速や旋回によって変化する荷重分布を得ることができるが，ここでは簡単のため，走行面上における 2 次元モデルを考える（図 15.9）。そこで，水平面に拘束された剛体としてのクローラの一般化座標を $\boldsymbol{q} \in \Re^{3\times1}$，一般化力を $\boldsymbol{\Gamma} \in \Re^{3\times1}$ とすると，運動方程式は次式で表される。

$$\boldsymbol{J}\ddot{\boldsymbol{q}} = \boldsymbol{\Gamma} \tag{15.14}$$

ただし，$\boldsymbol{J} \in \Re^{3\times3}$ は慣性行列である。例えば，一般化座標を重心座標 x, y と姿勢角 θ とし，質量を M，重心

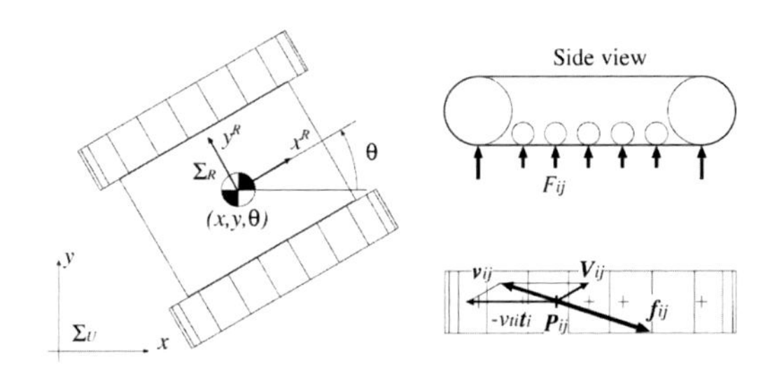

図 15.9 クローラのモデル

まわりの慣性モーメントを I とすれば，$\boldsymbol{q} = [x, y, \theta]^T$ で $\boldsymbol{J} = \mathrm{diag}(M, M, I)$ となる。

(2) 接地荷重と重心に作用する力

比較的固い路面において，接地荷重はクローラの転輪下の点 $\boldsymbol{P}_{ij} \in \Re^{2\times 1}$ （$i = 1, 2$ はそれぞれ右と左のクローラを，j は転輪番号を表す）で離散的に分布するものと仮定できる。したがって，摩擦によって車両重心に作用する力 $\boldsymbol{\Gamma}_g \in \Re^{3\times 1}$ は仮想仕事の原理から転輪下の摩擦力の総和として次式で与えられる。

$$\boldsymbol{\Gamma}_g = \sum_i \sum_j \left(\frac{\partial \boldsymbol{P}_{ij}}{\partial q} \right)^T \boldsymbol{f}_{ij} \tag{15.15}$$

ただし，$\boldsymbol{f}_{ij} \in \Re^{2\times 1}$ は各転輪に作用する摩擦力ベクトルである。摩擦力のみが駆動力として作用する運動であれば $\boldsymbol{\Gamma} = \boldsymbol{\Gamma}_g$ である。しかし，より詳細な運動を考察する場合，車両と路面との相互作用は摩擦力のみでは不十分である。例えば，走行抵抗として軟弱地盤における踏み締め抵抗や排土抵抗などが作用する。詳細についてはテラメカニクスの教科書[2] などを参照していただきたい。

(3) 摩擦モデル

接地摩擦モデルはアモントン–クーロンの摩擦法則に基づいて sgn 関数を用い，静摩擦，動摩擦を表現する方法が一般的である。また，滑り速度を持たない場合の異方性摩擦を楕円関数で与えるものなどがある。しかし，いずれも滑り速度の関数としては原点で不連続で，数値計算の収束性が保証されない場合がある。これに対し，テラメカニクスの分野では簡単な路面との相互作用モデルとして，摩擦係数を滑り速度（もしくは滑り率）の関数として与える等方性摩擦モデルを用いる場合がある。例えば，Janosi らによって示された経験則[3] に基づいて以下のモデルを導入している。

$$\mu(|\boldsymbol{v}_{ij}|) = \mu_0(1 - e^{-a|\boldsymbol{v}_{ij}|}). \tag{15.16}$$

ただし，μ_0 は最大摩擦係数，a は正定数である。摩擦力作用点における垂直抗力を F_{ij} とし，この関係式を用いると摩擦力は次式で与えられる。

$$\boldsymbol{f}_{ij} = -\frac{\boldsymbol{v}_{ij}}{|\boldsymbol{v}_{ij}|}\mu(|\boldsymbol{v}_{ij}|)F_{ij}. \tag{15.17}$$

ここで，左右のクローラベルトの移動速度を v_{ti}，ベルトに沿った前向きの単位ベクトルを $\boldsymbol{t}_i$ とする。この点における速度が $\boldsymbol{V}_{ij} = \dot{\boldsymbol{P}}_{ij}$ なので，各転輪下におけるベルトの滑り速度 $\boldsymbol{v}_{ij}$ は次式となる。

$$\boldsymbol{v}_{ij} = \boldsymbol{V}_{ij} - v_{ti}\boldsymbol{t}_i \tag{15.18}$$

クローラベルトは接地面において速度が後ろ向き（符号が負）となることに注意が必要である。この滑り速度によって発生する摩擦力の総和である式 (15.15) が駆動力となる。

15.3.2　クローラ型移動ロボットの運動学と自己位置推定

左右一対のベルトを持つクローラ型移動ロボットの運動学モデルは，対向二輪型移動ロボットの運動学モデルと基本的には等価である。ベルト間の距離を T，車両重心（15.3.1 項と同様にロボット中心と一致するものとする）の速度を V，角速度を ω とし，車両重心位置と姿勢角を x，y, θ とすると次式が成り立つ。

$$\dot{x} = V\cos\theta = \frac{v_{t1} + v_{t2}}{2}\cos\theta \tag{15.19}$$

$$\dot{y} = V\sin\theta = \frac{v_{t1} + v_{t2}}{2}\sin\theta \tag{15.20}$$

$$\dot{\theta} = \omega = (v_{t1} - v_{t2})/T \tag{15.21}$$

自己位置推定としてオドメトリ手法を用いるものとすれば両クローラベルトの移動速度を積分することで達成される。しかし，クローラ型移動ロボットは後述する滑り率や滑り角を持たない場合であっても，図 15.10 に示すようにクローラベルトの前後で本質的に滑りを生じながら旋回するという性質を持つ。そのため二輪モデルにおいても問題となる滑りにより生じる誤差の影響が顕著である。したがって，GPS 情報やステレオカメラもしくは LRF などを用いた周囲の形状データマッチングによる位置推定などと併用することで誤差を低減する手法が必要となる。また，オドメトリにおいてクローラ型移動機構の滑りを推定することでその精度を向上させ，自己位置推定のための計算負荷の低減と推定精度向上を実現することが可能である[4]。以下，滑りを伴う運動学モデルの導出と滑りの推定方法について述べる。

(1) 滑りを伴う運動学モデル

図 15.10 右は横滑りを伴うロボットの速度分布を表している。ロボットは車両中心において x^R 軸から滑

り角 α だけ傾きを持つ速度 V で走行している（Σ^R はロボットに固定された座標系である）。滑り角を持つ場合はロボットの横（y^R 軸）方向に滑っていることになる。このとき旋回中心 CoR は車両中心の前後方向に移動し，CoR から y^R 軸に平行な線（図内点線，nonslip line）を引くことができる。この線と左右クローラベルト中心線との交点における対地速度（x^R 軸に平行）を両ベルト速度 v_i とすると，ベルト周速度 v_{ti} を用いて駆動時の滑り率が次式で定義される[5]。

$$s_i = \frac{v_{ti} - v_i}{v_{ti}} \tag{15.22}$$

この滑り率 s_i と滑り角 α を持つ場合の運動学モデルは式 (15.19)〜(15.21) にこれらを代入することで

$$\dot{x} = \frac{v_{t1}(1-s_1) + v_{t2}(1-s_2)}{2\cos\alpha}\cos(\theta-\alpha) \tag{15.23}$$

$$\dot{y} = \frac{v_{t1}(1-s_1) + v_{t2}(1-s_2)}{2\cos\alpha}\sin(\theta-\alpha) \tag{15.24}$$

$$\dot{\theta} = \{v_{t1}(1-s_1) - v_{t2}(1-s_2)\}/T \tag{15.25}$$

と拡張される。

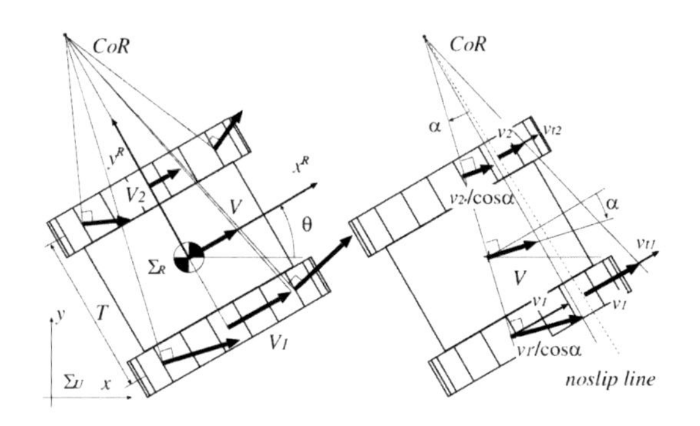

図 15.10　クローラベルトの滑り

(2) 横滑りがない場合の滑り率の推定

次に，各ベルトの滑り率 s_i の推定方法について述べる。角速度 ω はジャイロなどの内界センサにより計測可能であるものとする。ロボットの移動速度が比較的小さく，遠心力による横滑りがない（$\alpha = 0$）と仮定すると，経験則から左右ベルトの滑り率に以下の関係が成り立つことが知られている[6]。

$$\frac{s_2}{s_1} = -\mathrm{sgn}(v_{t1}\cdot v_{t2})\left|\frac{v_{t1}}{v_{t2}}\right|^n \tag{15.26}$$

ただし，n は設計パラメータで実験により得られる。式 (15.25) と式 (15.26) から滑り率 s_1 を求めると

$$s_1 = \frac{v_{t1} - v_{t2} - T\omega}{v_{t1} + v_{t2}\mathrm{sgn}(v_{t1}\cdot v_{t2})|v_{t1}/v_{t2}|^n} \tag{15.27}$$

となる。ここで，式 (15.26) と式 (15.27) によって推定された滑り率 s_i と滑り角 $\alpha = 0$ を運動学モデル (15.23)〜(15.25) に代入し，得られた速度を時間積分することでロボットの位置と姿勢を得ることができる。

15.3.3　様々なクローラ移動機構

前述のようにクローラ移動機構は左右のクローラベルトによって構成され，その差動によって旋回する。このとき，左右のベルト間の距離が接地範囲の前後方向長さに対して小さい（縦に細長い）と，旋回のためのモーメントがベルトの摩擦力に対して小さくなり，旋回が困難となる。そのため，クローラ移動機構の支持多角形における前後左右長の比は 1 に（つまり正方形に）近い形状を採る必要がある。例えば，消防研究センターで開発された FRIGO シリーズ（図 15.11）に見られる構造が典型的である。FRIGO-D はベルト間の被駆動部における突起物乗り上げを防止するためにベルト幅を広げ，側面を除く車両のほとんどをベルトで被覆することで走行性能を向上させている。さらに，FRIGO-M は防塵防水性が高く，消防への配備だけでなく屋外空間における調査などに様々な需要がある。しかし，垂直段差や溝などの障害物に対する踏破性能は全長が長ければ長いほどよくなるため，ロボット全体の大型化を招く。この問題を避けるために，以下に挙げる様々なクローラ移動機構が提案されている。

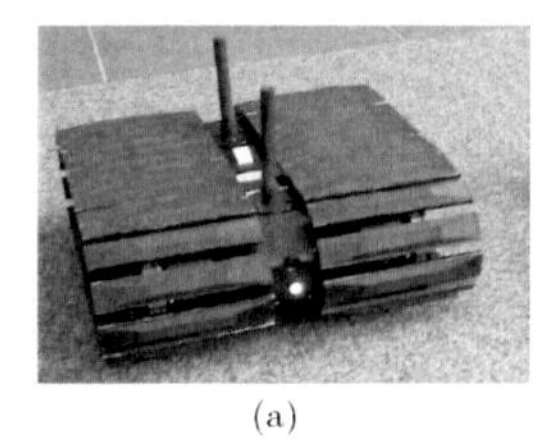

(a)

(b)

図 15.11　(a) FRIGO-D, (b) FRIGO-M（消防研究センター，三菱電機特機システム（株））

(1) 可動クローラおよび補助クローラ型

一対のベルトによって構成されるクローラ機構単体の走行性能を複数可動クローラや補助クローラを用いることで向上させる方法がある。可動（補助）クローラはその姿勢を変化させることで接地領域の調整およ

び全長や全高の変化が可能となり，障害物の踏破性能や，凹凸面における姿勢の維持など様々な機能が得られる。例えば，傾斜地において接地領域を前後方向に伸張させ転倒を防止し，旋回時は接地領域を縮小して正方形状にすることが可能である。また，凹凸路面において補助クローラをその形状に合わせて接地させることで，ロボットの姿勢を水平に保ちながら移動することも可能となる。図 15.12 の (a) は原発建屋内において作業を行うためのロボット MARS-A で，4 つの可動クローラを持ち，狭い階段の踊り場における旋回や急勾配の階段昇降が実現される。図 15.12(b) は東日本大震災における原発事故後の原子炉建屋に導入されたロボット Quince で，補助クローラを持つ移動機構であり，その高い走行性能は実践で証明されている（詳細は 15.5.6 項参照）。

図 **15.12**　(a) MARS-A（三菱重工業（株）），(b) Quince（小柳ら）

(2) 直列連結型

上述したように，クローラ機構単体では細長い形状を採ることができない。また補助クローラを用いても，全長を伸ばした状態における旋回性能の低下という問題は解消されない。そこで，クローラ機構を直列した直列型クローラが提案されている。この機構はクローラを連結する関節を屈曲させ，機体全体の湾曲姿勢を実現することで旋回する。直列型はロボットの形状を細長くすることができるため，障害物に対する走行性能，および配管や瓦礫の狭隘空間における走行性能の向上が期待できる。また，クローラ間の関節を制御することで路面の凹凸に適応させることで走行性能を向上させることができる。しかし，ロボットの一部を接地させた状態で差動旋回する機構を持たない場合や，複数のクローラを接地させた状態では，超信地旋回を実現できないので旋回半径が大きくなるという問題がある。

このような直列型クローラの例としては，森林総合研究所においてクローラを 2 台連結することで実現された PATV2（図 15.13(a)）がある。さらに，狭隘空間への進入を目的とし，複数台連結したいわゆるヘビ型のロボットである蒼龍シリーズ（IRS，広瀬ら，図 15.13(b)）や上下左右にクローラベルトを配置することで狭隘空間を広げながら内部に進入することが可能な MOIRA シリーズ（大阪大学，大須賀ら，図 15.14）などが開発されている。

図 **15.13**　(a) PATV2（森林総合研究所），(b) 蒼龍 IV（IRS，広瀬ら）

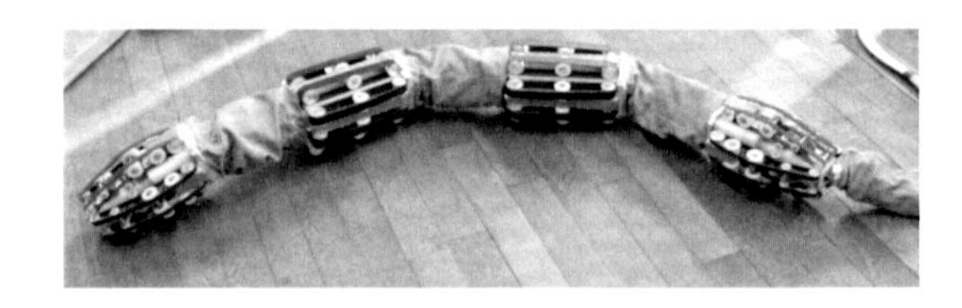

図 **15.14**　MOIRA1（大阪大学，大須賀ら）

(3) 単一可湾曲型

直列型クローラの連結部分を含め 1 本のクローラベルトで被覆し，左右方向に（場合によっては上下方向にも）屈曲可能なクローラが提案されている。このような単一可屈曲クローラの例として，古くはアメリカの特許に見られ，小型の移動ロボットとしては図 15.5 に示す壁面走行クローラ（福田ら）や AURORA (Automatika, Inc.)，柔軟全周囲クローラ（15.5.3 項）などが提案されている。

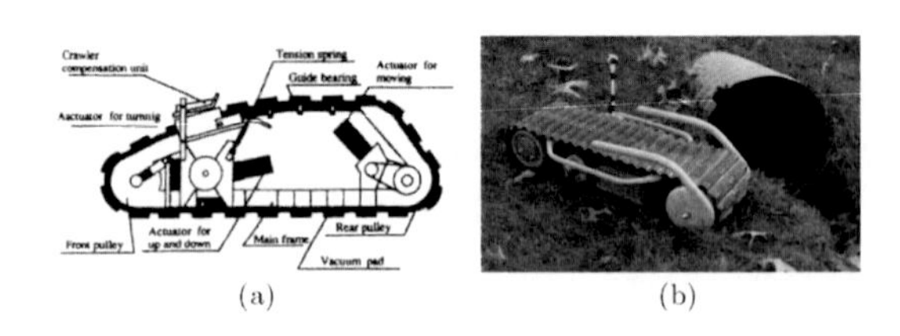

図 **15.15**　(a) 壁面清掃ロボット（福田ら），(b) AURORA (Automatika, Inc.)

(4) 全方位移動型

図 15.16 はクローラベルト部が円筒断面を持つ全方位移動型クローラである。この機構はクローラベルトの回転による移動だけでなく，円筒の回転によるある

種の車輪移動が可能で，前後方向だけでなく左右方向へも移動することができる。さらに，円筒断面クローラを三角形状に配置（図 15.16(b)）することで 3 面での移動が実現される。

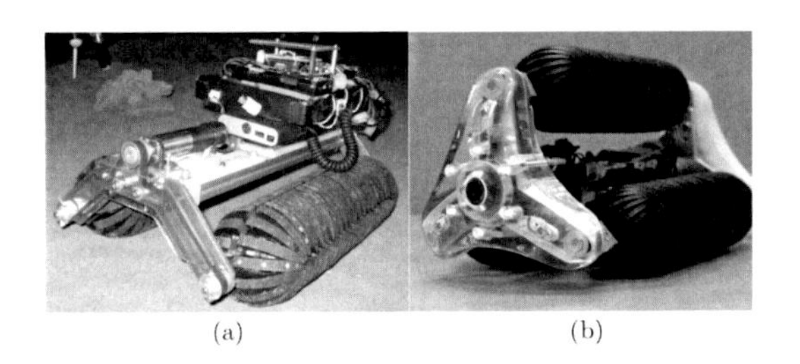

(a)　(b)

図 15.16　全方位クローラ（多田隈ら，JAXA）

15.3.4　クローラ型移動ロボットの誘導制御

クローラ型移動ロボットの誘導制御は，滑りを考慮することで独立二輪型移動ロボットの手法をそのまま適用することができる。そこで，本項では横滑りのない場合に前項の滑り率推定法を用いて制御する方法，横滑りを伴う場合に対しては仮想車輪ロボットを用いる手法について述べる。

(1) 直線追従制御とその応用

15.3.2 項で得られた滑りを伴う（ただし横滑りしない）ロボットの中心における並進速度 V は

$$V = \{v_{t1}(1 - s_1) + v_{t2}(1 - s_2)\}/2 \qquad (15.28)$$

となる。式 (15.25) と併せて逆運動学問題を解くと，与えられたロボットの参照並進速度 V_{ref} と参照角速度 ω_{ref} を実現する両クローラベルトの参照速度が得られる。

$$v_{t1}^{\mathrm{ref}} = \frac{1}{1 - s_1}V_{\mathrm{ref}} + \frac{T}{1 - s_1}\omega_{\mathrm{ref}} \qquad (15.29)$$

$$v_{t2}^{\mathrm{ref}} = \frac{1}{1 - s_2}V_{\mathrm{ref}} - \frac{T}{1 - s_2}\omega_{\mathrm{ref}} \qquad (15.30)$$

滑り率が 15.3.2 項の方法などで推定できるものとすれば，この両クローラの周速度を与えることでロボットの推進速度と回転速度を決定できる。

次に，参照直線軌道への追従制御を考える。具体的には，ロボットの姿勢角を参照直線軌道の方位角 ϕ に一致させ，ロボットからの距離 d をゼロとするように参照姿勢角速度 ω_{ref} に対して次の制御を考える（図 15.17)。

$$\dot{\omega}_{\mathrm{ref}} = -K_\omega \omega - K_\phi(\theta - \phi) - K_d d \qquad (15.31)$$

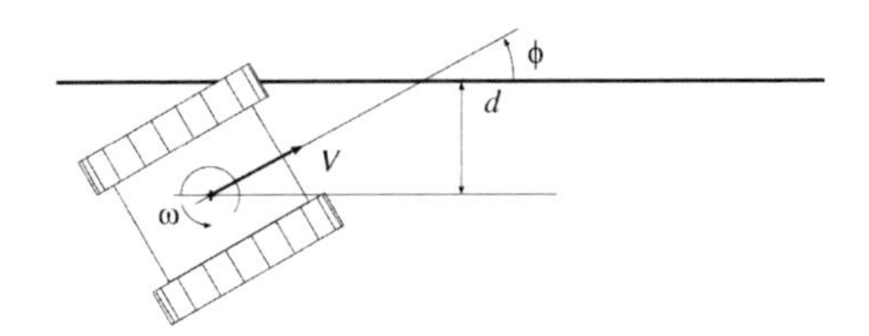

図 15.17　直線軌道追従制御

ただし，K_ω, K_ϕ, K_d は制御ゲインである。参照姿勢角に対しては，ロボットが直線に対して振動的にならないように微分制御を導入している。この制御則を積分し参照角速度として式 (15.30) に代入する。参照並進速度 V_{ref} については，実ロボットの最大クローラ外周速度などを考慮した上で任意に与えることが可能である。円弧や曲線に対しては近接点における接線を参照直線軌道とすることで近似的に追従制御が実現される。

(2) 横滑りを伴う場合の追従制御

横滑りする場合，前述したようにロボットの中心速度は滑り角を持つため旋回中心がロボット中心から前後にずれる（図 15.10)。そのため，両クローラベルトの回転速度に対して参照速度を与えロボット中心を目標軌道に追従させる手法をそのまま適用できない。そこで，横滑りを伴う場合における仮想車輪ロボットを用いた目標時間軌道への追従制御手法[7] を用いる。

座標系 Σ_R 上のロボット中心における並進速度ベクトルを $\boldsymbol{V}^R = [v_x^R,\ v_y^R]^T$ とし，回転中心を $\boldsymbol{P}_c^R = [x_c^R,\ y_c^R]^T$ とすると次の関係が得られる。

$$x_c^R = -v_y^R/\omega, \quad y_c^R = v_x^R/\omega \qquad (15.32)$$

ここで，nonslip line 上の点 O_v を考える。座標系 Σ_R の原点から見た O_v の位置を $\boldsymbol{P}_v^R = [x_v^R,\ y_v^R]^T$，速度を $\boldsymbol{V}_v^R = [V_v, 0]^T$ とすると次の関係式が得られる。

$$x_v^R = x_c^R \qquad (15.33)$$

$$V_v = -(y_v^R - y_c^R)\omega \qquad (15.34)$$

$$\begin{bmatrix} V_v \\ \omega \end{bmatrix} = \begin{bmatrix} 1/2 & 1/2 \\ 1/T_v & 1/T_v \end{bmatrix} \begin{bmatrix} v_1 \\ v_2 \end{bmatrix} \qquad (15.35)$$

上式においてロボットの並進速度ベクトル $\boldsymbol{V}^R$ と回転速度 ω，ベルト速度 v_i が既知とすると $\boldsymbol{P}_v^R$ と T_v が得られる。

$$\boldsymbol{P}_v^R = \begin{bmatrix} -v_y^R/\omega \\ -(v_1 + v_2 - 2v_x^R)/2\omega \end{bmatrix} \qquad (15.36)$$

$$T_v = (v_1 - v_2)/\omega \tag{15.37}$$

式 (15.35), (15.37) は，クローラロボットと同じ車輪周速度 v_i を持ち，車体中心が O_v で速度 V_v，両輪間距離 T_v の独立駆動二輪ロボットの運動学モデルと見なせる（図 15.18）。つまり，滑りを伴うクローラ型移動ロボットを仮想的な二輪ロボットとして取り扱うことができることを示している。ただし，速度ベクトルの向きに含まれる滑り角 α を，さらに，ベルトが滑っている（式 (15.22)）とすれば，滑り率 s_i も何らかの方法で推定する必要がある。滑り率については 15.3.2 項の方法を用いることができるが，滑り角についてはジャイロなどの内界センサと GPS などの外界センサの情報を併用することが考えられる。

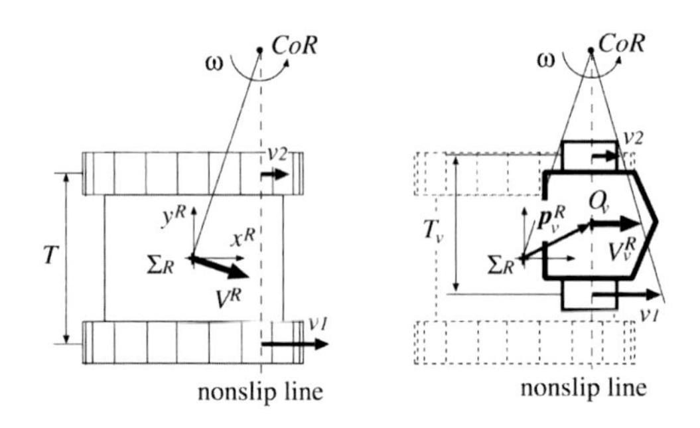

図 15.18　仮想車輪ロボット

次に目標軌道について述べる。ロボット中心の目標軌道をユニバーサル座標系 Σ_U から見た位置の微分可能な時間関数として $\boldsymbol{P}_d^U(t) = [x_d^U(t),\ y_d^U(t)]^T$ とすると，目標となる姿勢角 $\theta_d(t)$，並進速度 $V_d(t)$，角速度 $\omega_d(t)$ は次式で与えられる。

$$\theta_d(t) = \mathrm{atan}(\dot{y}_d^U(t)/\dot{x}_d^U(t)) \tag{15.38}$$

$$V_d(t) = \dot{x}_d^U(t)\cos\theta_d(t) + \dot{y}_d^U(t)\sin\theta_d(t) \tag{15.39}$$

$$\omega_d(t) = \frac{\dot{x}_d^U(t)\ddot{y}_d^U(t) - \ddot{x}_d^U(t)\dot{y}_d^U(t)}{(\dot{x}_d^U(t))^2 + (\dot{y}_d^U(t))^2} \tag{15.40}$$

ロボットが滑り角を持って運動するとき，目標軌道に沿って運動させるにはロボットの姿勢角を滑り角に一致させるように制御する必要がある（図 15.19）。この滑り角 $\alpha(t)$ は目標並進速度と角速度および仮想ロボットの中心位置から次式で与えられる（図 15.20）。

$$\alpha(t) = \sin^{-1}\left(\frac{x_v^R \omega_d(t)}{V_d(t)}\right) \tag{15.41}$$

ロボット中心の目標軌道に対して，仮想ロボットの

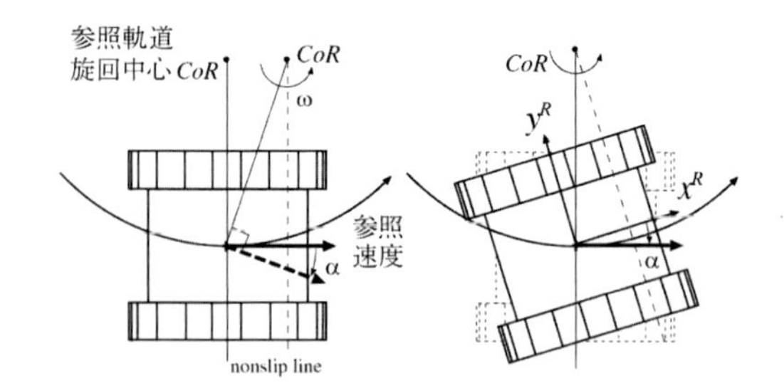

図 15.19　目標軌道と滑り角

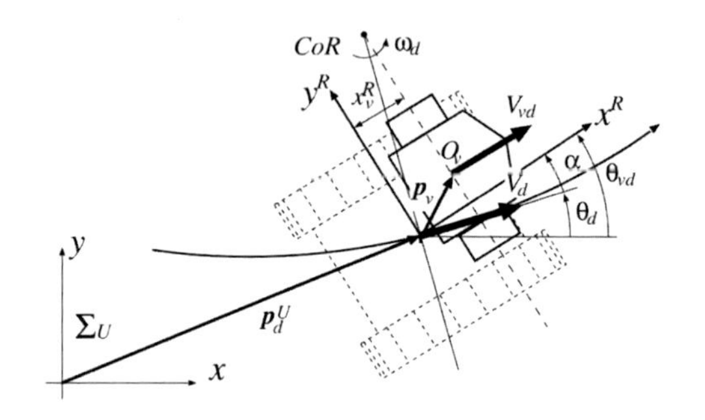

図 15.20　目標軌道と仮想独立二輪ロボット

中心との位置偏差 $\boldsymbol{P}_v^R$ と滑り角 α 分の姿勢角偏差を与えたユニバーサル座標における仮想ロボットの目標軌道は，次式で表される。

$$\boldsymbol{P}_{vd}^U(t) = \boldsymbol{P}_d^U(t) + \boldsymbol{P}_v^U \tag{15.42}$$

$$= \boldsymbol{P}_d^U(t) + \boldsymbol{R}(\theta_{vd}(t))\boldsymbol{P}_v^R \tag{15.43}$$

ただし，$\boldsymbol{R}(\theta)$ は回転行列で

$$\boldsymbol{R}(\theta) = \begin{bmatrix} \cos\theta & -\sin\theta \\ \sin\theta & \cos\theta \end{bmatrix} \tag{15.44}$$

と定義され，$\theta_{vd}(t) = \theta_d(t) + \alpha(t)$ は仮想ロボットの目標姿勢角である。さらに，仮想ロボットの中心位置は

$$\boldsymbol{P}_v^U(t) = \boldsymbol{P}^U(t) + \boldsymbol{R}(\theta(t))\boldsymbol{P}_v^R \tag{15.45}$$

なので，位置誤差ベクトルを $\boldsymbol{P}_e^R(t) = [x_e^R, y_e^R]^T = \boldsymbol{P}_v^R(t) - \boldsymbol{P}_{vd}^R(t)$，姿勢角誤差 $\theta_e = \theta_d - \alpha - \theta$ とすると，次式で表されるフィードバック則により軌道追従制御が実現される。

$$\begin{bmatrix} V_v^{\mathrm{ref}} \\ \omega^{\mathrm{ref}} \end{bmatrix} = \begin{bmatrix} V_v\cos\theta_e + K_x x_e^R \\ \omega_d + V_v(K_y y_e^R + K_\theta \sin\theta_e) \end{bmatrix} \tag{15.46}$$

ただし，K_x, K_y, K_θ は制御ゲインである。15.3.4 項

(1) と同様に，この参照速度 (15.46) を用いて式 (15.35) の逆運動学問題を解き，ベルトの滑り率 (15.22) を用いることで各ベルトの参照速度を得ることができる。このベルト参照速度を入力とすることで目標時間軌道への追従制御が実現できる。

<衣笠哲也>

参考文献（15.3 節）

[1] Kinugasa, T. *et al.*: Steerability of Articulated Multi-Tracked Vehicles by Flexed Posture Moving on Slippery Surface, *2013 Intl. Conf. on Robotics and Automation* pp. 3468–3473 (2013).

[2] 田中，笈田：『車両・機械と土系の力学—テラメカニックス—』，学文社 (1993).

[3] Janosi, Z. and Hanamoto, B.: The analytical determination of drawbar pull as a function of slip for tracked vehicles in deformable soils, *Intl. Society for Terrain-Vehicle Systems, 1st Intl. Conf. Proc.*, pp.707–736 (1961).

[4] Nagatani, K. *et al.*: Improvement of the Odometry Accuracy of a Crawler Vehicle with Consideration of Slippage, *Intl. Conf. on Robotics and Automation*, pp.2752–2757 (2007).

[5] Wong, J.Y.: *Theory of Ground Vehicles*, John Willey & Sons (1978).

[6] Endo, D. *et al.*: Path Following Control for Tracked Vehicles Based on Slip-Compensating Odometry *Intl. Conf. on Intelligent Robots and Systems*, pp.2871–2876 (2007).

[7] Kurisu, M.: Tracking Control for a Tracked Vehicle Based on Prediction Model of Virtual Wheeled Robot, *2008 Intl. Symp. on Nonlinear Theory and its Applications*, pp. 21–24 (2008).

15.4 移動マニピュレータ

15.4.1 移動マニピュレータの運動学

移動マニピュレータの走行部である移動ロボットをリンク 0 と呼ぶこととする。また，リンク 0 の中央に座標系 Σ_0 をリンク 0 に固定して取り付ける。図 15.21 に示すように Σ_0 の x 軸方向を前進方向に，y 軸方向を車輪軸方向と一致させて取り付ける。基準座標系 $\boldsymbol{\Sigma}_W$ における $\boldsymbol{\Sigma}_0$ の原点の位置を ${}^W x_0$, ${}^W y_0$，移動ロボットの回転角を ${}^W\theta_0$ と表す。左右駆動輪の回転角を q_L, q_R，車輪の半径を r，左右車輪間の長さを T と表す。このとき $\boldsymbol{\Sigma}_0$ の x 軸方向の移動ロボットの走行速度 V_0, $\boldsymbol{\Sigma}_0$ の z 軸まわりの回転角速度 ω_0 は，次式で表される。

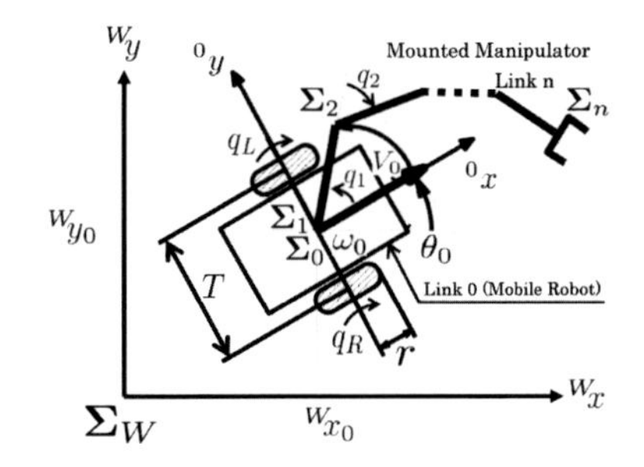

図 15.21 移動マニピュレータの座標系

$$\boldsymbol{v} = \begin{bmatrix} V_0 \\ \omega_0 \end{bmatrix} = \begin{bmatrix} \frac{r}{2} & \frac{r}{2} \\ -\frac{r}{T} & \frac{r}{T} \end{bmatrix} \begin{bmatrix} \dot{q}_L \\ \dot{q}_R \end{bmatrix} \equiv \boldsymbol{J}_1 \dot{\boldsymbol{q}}_v \tag{15.47}$$

また，速度 ${}^W\dot{x}_0$, ${}^W\dot{y}_0$, ${}^W\dot{\theta}_0$ と V_0, ω_0 の関係は次式で得られる。

$${}^w\dot{\boldsymbol{p}}_0 = \begin{bmatrix} {}^W\dot{x}_0 \\ {}^W\dot{y}_0 \\ {}^W\dot{\theta}_0 \end{bmatrix} = \begin{bmatrix} \cos {}^W\theta_0 & 0 \\ \sin {}^W\theta_0 & 0 \\ 0 & 1 \end{bmatrix} \begin{bmatrix} V_0 \\ \omega_0 \end{bmatrix} \equiv \boldsymbol{J}_2 \boldsymbol{v} \tag{15.48}$$

式 (15.48) の第 1，第 2 行の関係を用いて V_0 を消去して得られる次式

$${}^W\dot{x}_0 \sin {}^W\theta_0 - {}^W\dot{y}_0 \cos {}^W\theta_0 = 0 \tag{15.49}$$

は，移動ロボットの走行運動が非ホロノミックな運動であることを表している。移動ロボットのモデリングでは，一般化座標で表された運動方程式を式 (15.48) 中の右辺の行列の零空間を用いて非ホロノミックな拘束条件の数だけ次元を落としてモデリングする手法[25]が一般的に知られている。この方法は，一般化座標 ${}^W x_0$, ${}^W y_0$, ${}^W\theta_0$ を用いて表された運動方程式の変数を V_0, ω_0 に変換して次元を落としている。これに対してここでは，最初から V_0, ω_0 を変数としてモデリングを行うことで拘束条件を用いた低次元化の手順を省くことができる。[2, 3] $\sum_W$ で表された時刻 t における移動ロボットの位置・姿勢 ${}^W\boldsymbol{p}_0(t)$ は，式 (15.47),(15.48) より次式のように求められる。

$${}^w\boldsymbol{p}_0(t) = {}^w\boldsymbol{p}_0(0) + \int_0^t \boldsymbol{J}_2 \boldsymbol{J}_1 \dot{\boldsymbol{q}}_v \mathrm{d}t \tag{15.50}$$

この積分は移動ロボットの走行に伴って路面上に残される走行軌跡を表している。

n リンクマニピュレータと移動機構を組み合わせた移動マニピュレータのモデルを図 15.21 に示す。このとき，速度に関する運動学は式 (15.51) のように定義することができる。ここで

$$\dot{\boldsymbol{r}} = \boldsymbol{J}_n \dot{\boldsymbol{q}} \tag{15.51}$$

$\dot{\boldsymbol{q}} = [\dot{\boldsymbol{q}}_0{}^T, \dot{\boldsymbol{q}}_M{}^T]^T, \dot{\boldsymbol{q}}_0 = [\dot{q_L}, \dot{q_R}]^T, \dot{\boldsymbol{q}}_M = [\dot{q_1}, \dot{q_2} \ldots, \dot{q_n}]^T$ $(n \geq 6)$ は，移動機構の車輪の回転角およびマニピュレータの各リンクの速度からなるベクトルである。$\dot{\boldsymbol{r}} = [\dot{r_x} \;\; \dot{r_y} \;\; \dot{r_z} \;\; \omega_x \;\; \omega_y \;\; \omega_z \;\;]^T$ は移動マニピュレータの速度・角速度を表すベクトル，$\boldsymbol{J}_n$ は移動マニピュレータのハンド位置に関するヤコビ行列であり，車載マニピュレータの関節角がすべて回転関節で構成されているとき $\boldsymbol{J}_m, \boldsymbol{J}_r$ 次のように与えられる。

$$\boldsymbol{J}_n = [\ \boldsymbol{J}_m \ | \ \boldsymbol{J}_r\ ]$$

$$\boldsymbol{J}_m = \begin{bmatrix} (r/2)\cos^W \theta_0 & (r/2)\cos^W \theta_0 \\ (r/2)\sin^W \theta_0 & (r/2)\sin^W \theta_0 \\ 0 & 0 \\ 0 & 0 \\ 0 & 0 \\ -r/T & r/T \end{bmatrix}$$

$$\boldsymbol{J}_r = \begin{bmatrix} {}^W\boldsymbol{z}_1 \times {}^W\boldsymbol{p}_{E,1} & {}^W\boldsymbol{z}_2 \times {}^W\boldsymbol{p}_{E,2} & \cdots & {}^W\boldsymbol{z}_7 \times {}^W\boldsymbol{p}_{E,7} \\ {}^W\boldsymbol{z}_1 & {}^W\boldsymbol{z}_2 & \cdots & {}^W\boldsymbol{z}_7 \end{bmatrix} \tag{15.52}$$

式 (15.52) において ${}^W\boldsymbol{z}_i$ は第 i 関節軸を，${}^W\boldsymbol{p}_{E,i}$ は第 i リンク座標の原点から手先までのベクトルを表している。また $\boldsymbol{J}_i (i = 1, 2, \ldots, n-1)$ を第 i リンクのヤコビ行列として定義しておく。

15.4.2　移動マニピュレータの動力学

$\sum_W$ と $\sum_0$ の回転行列を ${}^W\boldsymbol{R}_0$ で表すと，$\sum_W$ で表された $\sum_0$ の並進速度 ${}^W\dot{\tilde{\boldsymbol{p}}}_0$ と回転角速度 ${}^W\boldsymbol{\omega}_0$ は，

$${}^W\dot{\tilde{\boldsymbol{p}}}_0 = {}^W\boldsymbol{R}_0 {}^0\boldsymbol{v}_0 = {}^W\boldsymbol{R}_0 [V_0 \quad 0 \quad 0]^T \tag{15.53}$$

$${}^W\boldsymbol{\omega}_0 = [0 \quad 0 \quad \omega_0]^T \tag{15.54}$$

このモデルの中に重力加速度を考慮するため，${}^W\boldsymbol{g} = [0 \quad 0 \quad -g]^T$ とおく。このとき，リンク 0 の重力加速度を含めた並進加速度 ${}^W\ddot{\boldsymbol{p}}_0$，回転角速度 ${}^W\dot{\boldsymbol{\omega}}_0$ は，式 (15.53), (15.54) より

$$\begin{aligned} {}^W\ddot{\boldsymbol{p}}_0 &= {}^W\ddot{\tilde{\boldsymbol{p}}}_0 - {}^W\boldsymbol{g} \\ &= {}^W\dot{\boldsymbol{R}}_0 {}^0\boldsymbol{V}_0 + {}^W\boldsymbol{R}_0 {}^0\dot{\boldsymbol{V}}_0 - {}^W\boldsymbol{g} \end{aligned} \tag{15.55}$$

$${}^W\dot{\boldsymbol{\omega}}_0 = [0 \quad 0 \quad \dot{\omega}_0]^T \tag{15.56}$$

${}^0\boldsymbol{s}_0$ を $\sum_0$ で表したリンク 0 の重心位置とすると，$\sum_W$ で表された $\sum_0$ の原点よりリンク 0 の重心までの位置ベクトル ${}^W\boldsymbol{s}_0$ は，${}^W\boldsymbol{s}_0 = {}^W\boldsymbol{R}_0 {}^0\boldsymbol{s}_0$ と表される。これを用い，$\sum_W$ で表されたリンク 0 の重心の加速度 ${}^W\ddot{\boldsymbol{p}}_{G0}$ を表すと，

$${}^W\ddot{\boldsymbol{p}}_{G0} = {}^W\ddot{\boldsymbol{p}}_0 + {}^W\dot{\boldsymbol{\omega}}_0 \times {}^W\boldsymbol{S}_0 + {}^W\boldsymbol{\omega}_0 \times ({}^W\boldsymbol{\omega}_0 \times {}^W\boldsymbol{S}_0) \tag{15.57}$$

さらに，リンク i の重心での ${}^W\ddot{\boldsymbol{p}}_{Gi}$ は式 (15.58) のように計算できる。

$${}^W\ddot{\boldsymbol{p}}_{Gi} = {}^W\ddot{\boldsymbol{p}}_i + {}^W\dot{\boldsymbol{\omega}}_i \times {}^W\boldsymbol{s}_i + {}^W\boldsymbol{\omega}_i \times ({}^W\boldsymbol{\omega}_i \times {}^W\boldsymbol{s}_i) \tag{15.58}$$

次に，求めた第 i リンクの運動を起こさせるのに必要な力 ${}^W\boldsymbol{f}_i$ $(= m_i {}^W\ddot{\boldsymbol{p}}_{Gi}$，$m_i$ は第 i リンクの質量）とトルク ${}^W\boldsymbol{n}_i(= {}^W\boldsymbol{I}_i {}^W\dot{\boldsymbol{\omega}}_i + {}^W\boldsymbol{\omega}_i \times ({}^W\boldsymbol{I}_i^W\boldsymbol{\omega}_i)$，ここで ${}^W\boldsymbol{I}_i$ は慣性テンソル)。${}^W\boldsymbol{f}_i, {}^W\boldsymbol{n}_i$ は第 $i+1$ リンクから第 i リンクに伝わる力 $-{}^W\boldsymbol{f}_{i+1}$ とトルク $-{}^W\boldsymbol{n}_{i+1}$ と，第 $i-1$ リンクより加わる力 ${}^W\boldsymbol{f}_i$ とトルク ${}^W\boldsymbol{n}_i$ より得られるので，第 i リンクの運動方程式を漸化式で表すと，

$${}^W\boldsymbol{f}_i = {}^W\boldsymbol{f}_{i+1} + m_i {}^W\ddot{\boldsymbol{p}}_{Gi} \tag{15.59}$$

$$\begin{aligned} {}^W\boldsymbol{n}_i &= {}^W\boldsymbol{n}_{i+1} + {}^W\boldsymbol{I}_i {}^W\dot{\boldsymbol{\omega}}_i + {}^W\dot{\boldsymbol{\omega}}_i \times ({}^W\boldsymbol{I}_i {}^W\dot{\boldsymbol{\omega}}_i) \\ &\quad + {}^W\boldsymbol{s}_i \times m_i {}^W\ddot{\boldsymbol{p}}_{Gi} + {}^W\boldsymbol{p}_{i,i+1} \times {}^W\boldsymbol{f}_{i+1} \end{aligned} \tag{15.60}$$

また，ここで q_i を第 i 関節の回転角，I_{ai} をアクチュエータの慣性モーメント，C_i を粘性抵抗であるとすると，式 (15.59), (15.60) で表された運動をするために第 i 関節軸に必要な駆動トルクは，

$$\boldsymbol{\tau}_i = ({}^W\boldsymbol{n}_i{}^T)^W\boldsymbol{z}_i + I_{ai}\ddot{q}_i + C_i\dot{q}_i \tag{15.61}$$

となる。移動ロボットに固定された座標系 $\sum_0$ の原点に加わる力とトルクは，式 (15.59), (15.60) において，$i = 0$ とすることで式 (15.62), (15.63) のように求められる。

$${}^W\boldsymbol{f}_0 = {}^W\boldsymbol{f}_1 + m_0 {}^W\ddot{\boldsymbol{p}}_{G0} \tag{15.62}$$

$${}^W\boldsymbol{n}_0 = {}^W\boldsymbol{n}_1 + {}^W\boldsymbol{I}_0 {}^W\dot{\boldsymbol{\omega}}_0 + {}^W\boldsymbol{\omega}_0 \times ({}^W\boldsymbol{I}_0 {}^W\boldsymbol{\omega}_0)$$

$$+{}^{W}\boldsymbol{s}_0 \times m_0 {}^{W}\ddot{\boldsymbol{p}}_{G0} + {}^{W}\boldsymbol{p}_{0,1} \times {}^{W}\boldsymbol{f}_1 \qquad (15.63)$$

移動ロボットは ${}^{W}\boldsymbol{x}_0$ の並進運動と ${}^{W}\boldsymbol{z}_0$ まわりの回転運動にしか自由度をもたないことと，この2つの自由度に対する移動ロボットの駆動力および旋回トルクは，左右の駆動輪が発生すべき駆動トルク $\hat{\tau}_L, \hat{\tau}_R$ の足し引きで求めることができることを考えると，これらのトルクと ${}^{W}\boldsymbol{f}_0, {}^{W}\boldsymbol{n}_0$ の間には次の関係が成り立つ。

$$\frac{\hat{\tau}_R}{r} + \frac{\hat{\tau}_L}{r} = {}^{W}\boldsymbol{f}_0^T\, {}^{W}\boldsymbol{x}_0 = ({}^{W}\boldsymbol{R}_0\, {}^{0}\boldsymbol{f}_0)^T\, {}^{W}\boldsymbol{R}_0\, {}^{0}\boldsymbol{x}_0$$
$$= ({}^{0}\boldsymbol{f}_0^T)^{0}\boldsymbol{x}_0 = f_0 \qquad (15.64)$$

$$\frac{T}{2}\left(\frac{\hat{\tau}_R}{r} - \frac{\hat{\tau}_L}{r}\right) = {}^{W}\boldsymbol{n}_0^T\, {}^{W}\boldsymbol{z}_0 = ({}^{W}\boldsymbol{R}_0\, {}^{0}\boldsymbol{n}_0)^T\, {}^{W}\boldsymbol{R}_0\, {}^{0}\boldsymbol{z}_0$$
$$= ({}^{0}\boldsymbol{n}_0^T)^{0}\boldsymbol{z}_0 = \tau_0 \qquad (15.65)$$

C_R, C_L を左右の駆動系の粘性抵抗，I_{aR}, I_{aL} を駆動系の左右の慣性モーメントとすると，モータの発生すべきトルク τ_R, τ_R は

$$\tau_R = \hat{\tau}_R + I_{aR}\ddot{q}_R + C_R\dot{q}_R \qquad (15.66)$$

$$\tau_L = \hat{\tau}_L + I_{aL}\ddot{q}_L + C_L\dot{q}_L \qquad (15.67)$$

と求めることができる。以上の逆動力学計算の中で τ_L と τ_R は ${}^{W}\boldsymbol{f}_0, {}^{W}\boldsymbol{n}_0$ より求められたものであり，これらは $V_0, \dot{V}_0, \omega_0, \dot{\omega}_0, \boldsymbol{q}_M, \dot{\boldsymbol{q}}_M$ を変数として含んでいる。これらの変数は式 (15.47) およびその微分 $\dot{\boldsymbol{v}}_0 = \boldsymbol{J_1}\ddot{\boldsymbol{q}}_0$ を用いて $\dot{q_L}, \ddot{q_L}, \ldots$ に変換することができる。これらの0リンクの駆動系に関する運動方程式とマニピュレータの第i関節に対する運動方程式をまとめると，水平面上を滑らずに走行する移動マニピュレータの運動方程式は

$$\boldsymbol{M}(\boldsymbol{q})\ddot{\boldsymbol{q}} + \boldsymbol{H}(\boldsymbol{q}, \dot{\boldsymbol{q}}) + \boldsymbol{g}(\boldsymbol{q}) + \boldsymbol{D}(\dot{\boldsymbol{q}}) = \boldsymbol{\tau} \qquad (15.68)$$

ただし $\boldsymbol{\tau} = [\boldsymbol{\tau_0}^T, \boldsymbol{\tau}_M{}^T]^T$，$\boldsymbol{\tau_0} = [\tau_L, \tau_R]^T$，$\boldsymbol{\tau_M} = [\tau_1, \tau_2, \ldots, \tau_n]^T$ である。ここで，$\boldsymbol{M}(\boldsymbol{q})$ は $(n+2)\times(n+2)$ の慣性行列であり，$\boldsymbol{H}, \boldsymbol{g}, \boldsymbol{D}$ はそれぞれ遠心力およびコリオリ力を表す項，重力項，粘性項を表している。

15.4.3 運動学冗長性の利用

マニピュレータの手先の目標軌道 $\boldsymbol{r}_{nd}$ と目標速度 $\dot{\boldsymbol{r}}_{nd}$ が与えられ，障害物がある場合を考える。$\dot{\boldsymbol{r}}_{nd}$ を実現するための角速度 $\dot{\boldsymbol{q}}$ は式 (15.51) より以下で与えられる。

$$\dot{\boldsymbol{q}} = \boldsymbol{J}_n^+\dot{\boldsymbol{r}}_{nd} + (\boldsymbol{I}_n - \boldsymbol{J}_n^+\boldsymbol{J}_n)^1\boldsymbol{l} \qquad (15.69)$$

ここで $\boldsymbol{J}_n^+$ は $\boldsymbol{J}_n$ の擬似逆行列である。障害物がある場合，マニピュレータは手先の目標軌道を実現しながら，中間リンクは障害物との衝突を回避しなければならない。その際，最初に障害物から遠ざけなければならないリンクを第 i リンクとする。この第 i リンクの衝突回避を手先の目標軌道追従の次に優先しなければならないため，第1サブタスクと呼ぶ。ここで $\boldsymbol{J}_i(\boldsymbol{q})$ をリンク i の先端ベクトル $\boldsymbol{r}_i$ の $\boldsymbol{q}$ に関するヤコビ行列とすると，第 i リンク先端の回避要求速度 ${}^1\dot{\boldsymbol{r}}_{id}$ は $\dot{\boldsymbol{r}}_i = \boldsymbol{J}_i(\boldsymbol{q})\dot{\boldsymbol{q}}$ および式 (15.69) より次のように求まる。

$${}^1\dot{\boldsymbol{r}}_{id} = \boldsymbol{J}_i\boldsymbol{J}_n^+\dot{\boldsymbol{r}}_{nd} + \boldsymbol{J}_i(\boldsymbol{I}_n - \boldsymbol{J}_n^+\boldsymbol{J}_n)^1\boldsymbol{l} \qquad (15.70)$$

${}^1\dot{\boldsymbol{r}}_{id}$ の左上の1が第1サブタスクを表す。次に

$${}^1\dot{\boldsymbol{r}}_{id} - \boldsymbol{J}_i\boldsymbol{J}_n^+\dot{\boldsymbol{r}}_{nd} \triangleq \Delta^1\dot{\boldsymbol{r}}_{id} \qquad (15.71)$$

$$\boldsymbol{J}_i(\boldsymbol{I}_n - \boldsymbol{J}_n^+\boldsymbol{J}_n) \triangleq {}^1\boldsymbol{M}_i \qquad (15.72)$$

定義すると，式 (15.70) は

$$\Delta^1\dot{\boldsymbol{r}}_{id} = {}^1\boldsymbol{M}_i{}^1\boldsymbol{l} \qquad (15.73)$$

と表される。${}^1\boldsymbol{l}$ の射影行列となる ${}^1\boldsymbol{M}_i \in R^{m\times n}$ を第 i リンクの第1回避行列と呼ぶ。なお式 (15.71) の関係を図 15.22 に示す。$\dot{\boldsymbol{r}}_{nd}$ により第 i リンクに発生する速度 $\boldsymbol{J}_i\boldsymbol{J}_n^+\dot{\boldsymbol{r}}_{nd}$ に対して ${}^1\dot{\boldsymbol{r}}_{id}$ を実現するには，$\Delta^1\dot{\boldsymbol{r}}_{id}$ を $\dot{q}_1, \dot{q}_2, \ldots, \dot{q}_i$ によって発生させる必要がある。$\dot{\boldsymbol{r}}_{nd}$ が与えられるとき，$\Delta^1\dot{\boldsymbol{r}}_{id}$ を通して $\forall^1\dot{\boldsymbol{r}}_{id} \in R^m$ を実現できるかどうかは，${}^1\boldsymbol{M}_i$ に依存する。すなわち ${}^1\boldsymbol{M}_i$ によって $\forall\Delta^1\dot{\boldsymbol{r}}_{id}$ の実現の可能性を判定できる。また，$(\boldsymbol{I}_n - \boldsymbol{J}_n^+\boldsymbol{J}_n)$ の単位は無次元になるため，${}^1\boldsymbol{M}_i$ の各要

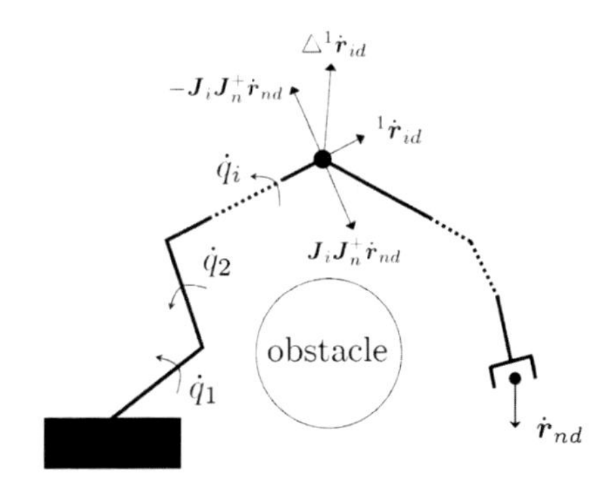

図 15.22 ハンド目標速度と第 i リンクに誘起される速度の関係

素の単位は $\boldsymbol{J}_i$ のそれらと一致する。したがって，式 (15.73) の ${}^1\boldsymbol{l}$ は $\dot{\boldsymbol{r}}_i = \boldsymbol{J}_i(\boldsymbol{q})\dot{\boldsymbol{q}}$ のように $\Delta^1\dot{\boldsymbol{r}}_{id}$ を実現する新たな関節角速度入力と考えることができる。よって式 (15.73) より $\Delta^1\dot{\boldsymbol{r}}_{id}$ を実現する ${}^1\boldsymbol{l}$ を求めると，以下を得る。

$$ {}^1\boldsymbol{l} = {}^1\boldsymbol{M}_i^+\Delta^1\dot{\boldsymbol{r}}_{id} + (\boldsymbol{I}_n - {}^1\boldsymbol{M}_i^{+\,1}\boldsymbol{M}_i)^2\boldsymbol{l} \quad (15.74) $$

ここで ${}^1\boldsymbol{l}$ に対して $\| {}^1\boldsymbol{l} \| \leq 1$ の制約を設けると，$\Delta^1\dot{\boldsymbol{r}}_{id}$ は

$$ \Delta^1\dot{\boldsymbol{r}}_{id}{}^T({}^1\boldsymbol{M}_i^+)^{T\,1}\boldsymbol{M}_i^+\Delta^1\dot{\boldsymbol{r}}_{id} \leq 1 \quad (15.75) $$

で規定される。$\forall\Delta^1\dot{\boldsymbol{r}}_{id} \in R^m$ が第 1 回避行列 ${}^1\boldsymbol{M}_i$ の張る空間内のベクトル

$$ \Delta^1\dot{\boldsymbol{r}}_{id} \in R({}^1\boldsymbol{M}_i) \quad (15.76) $$

であることは，式 (15.73) が常に解 ${}^1\boldsymbol{l}$ をもつことと等しい。この場合の必要十分条件は

$$ \Delta^1\dot{\boldsymbol{r}}_{id} = {}^1\boldsymbol{M}_i{}^1\boldsymbol{M}_i^+\Delta^1\dot{\boldsymbol{r}}_{id} \quad (15.77) $$

が $\forall\Delta^1\dot{\boldsymbol{r}}_{id}$ において成り立つことである。式 (15.77) が成り立つとき，${}^1\boldsymbol{M}_i$ は行フルランクである。また，このとき式 (15.75) は m 次元の楕円体を表し，式 (15.70) で表された m 次元空間内の任意な第 1 回避要求速度 ${}^1\dot{\boldsymbol{r}}_{id}$ が，式 (15.73) の入力 ${}^1\boldsymbol{l}$ により定まる $\Delta^1\dot{\boldsymbol{r}}_{id}$ を通して実現できる。この意味において，式 (15.75) で表される楕円体を第 i リンクの第 1 完全回避可操作性楕円体と呼び，${}^{1C}P_i$ で表すものとする。

式 (15.72) より第 1 回避行列 ${}^1\boldsymbol{M}_i$ の値域は $\boldsymbol{J}_i(\boldsymbol{q})$ と $(\boldsymbol{I}_n - \boldsymbol{J}_n^+\boldsymbol{J}_n)$ に依存して変化するため，$\forall\Delta^1\dot{\boldsymbol{r}}_{id} \in R^m$ に対し式 (15.76) が満たされない場合に対して以下に考察する。

すなわち $\mathrm{rank}({}^1\boldsymbol{M}_i) < m$ となる場合，$\Delta^1\dot{\boldsymbol{r}}_{id}$ の $R({}^1\boldsymbol{M}_i)$ への直交射影 $\Delta^1\dot{\boldsymbol{r}}_{id}^*$ は

$$ \Delta^1\dot{\boldsymbol{r}}_{id}^* = {}^1\boldsymbol{M}_i{}^1\boldsymbol{M}_i^+\Delta^1\dot{\boldsymbol{r}}_{id} \quad (15.78) $$

と与えられ，式 (15.78) を式 (15.73) に代入すると式 (15.79) を得る。

$$ \Delta^1\dot{\boldsymbol{r}}_{id}^* = {}^1\boldsymbol{M}_i{}^1\boldsymbol{l} \quad (15.79) $$

式 (15.79) より $\Delta^1\dot{\boldsymbol{r}}_{id}^*$ は $\Delta^1\dot{\boldsymbol{r}}_{id}^* \in R({}^1\boldsymbol{M}_i)$ を満たす。次に ${}^1\boldsymbol{M}_i^+ = {}^1\boldsymbol{M}_i^{+\,1}\boldsymbol{M}_i{}^1\boldsymbol{M}_i^+$ を式 (15.75) に代入すると

$$ ({}^1\boldsymbol{M}_i^{+\,1}\boldsymbol{M}_i{}^1\boldsymbol{M}_i^+\Delta^1\dot{\boldsymbol{r}}_{id})^{T\,1}\boldsymbol{M}_i^{+\,1}\boldsymbol{M}_i{}^1\boldsymbol{M}_i^+\Delta^1\dot{\boldsymbol{r}}_{id} \leq 1 \quad (15.80) $$

が得られる。式 (15.78) を用いることにより上式は

$$ (\Delta^1\dot{\boldsymbol{r}}_{id}^*)^T({}^1\boldsymbol{M}_i^+)^{T\,1}\boldsymbol{M}_i^+\Delta^1\dot{\boldsymbol{r}}_{id}^* \leq 1 \quad (15.81) $$

となる。上式で定義される m 次元未満の ${}^1\boldsymbol{M}_i$ の値域空間内に存在する楕円体を第 1 部分回避可操作性楕円体と呼び，${}^{1P}P_i$ で表すものとする。式 (15.77) および式 (15.78) で求められる $\Delta^1\dot{\boldsymbol{r}}_{id}$, $\Delta^1\dot{\boldsymbol{r}}_{id}^*$ は ${}^1\boldsymbol{M}_i$ の領域空間内のベクトルであるから，これを実現する式 (15.73) の解 ${}^1\boldsymbol{l}$ は必ず存在する。したがって，完全回避，部分回避いずれの場合においても

$$ \Delta^1\underline{\dot{\boldsymbol{r}}}_{id} = {}^1\boldsymbol{M}_i{}^1\boldsymbol{M}_i^+\Delta^1\dot{\boldsymbol{r}}_{id} \quad (15.82) $$

を満足する $\Delta^1\underline{\dot{\boldsymbol{r}}}_{id}$ を考えれば，式 (15.73) の ${}^1\boldsymbol{l}$ を求めることができる。

なお，可操作性の概念は手先の動きやすさを可操作性楕円体で表現しマニピュレータ形状の評価指標を与えたものであるが，回避可操作性は手先の目標軌道追従タスクを実行しつつ中間リンク形状の変更能力を回避可操作性楕円体で表現し，それに基づき評価するものである。すなわち回避可操作性楕円体を調べることにより，マニピュレータの各リンクの回避能力を知ることができる。

次にマニピュレータ全体の回避可操作性を評価する指標について述べる。手先の軌道追従タスクを実行しつつ各中間リンクの形状を変更する能力を評価したものは，回避可操作性楕円体で示される。この回避能力の良し悪しを評価する代表的なものとしては，回避可操作性楕円体の体積が挙げられる。第 i リンク目 $(i = 1, 2, \ldots, n-1)$ の回避可操作性楕円体 ${}^1P_i$ の体積 ${}^1V_i$ は

$$ {}^1V_i = c_m \cdot {}^1w_i \quad (15.83) $$

と表され，m は作業空間の次元を表す。また c_m, ${}^1w_i$ は

$$ c_m = \begin{cases} 2(2\pi)^{(m-1)/2}/[1 \cdot 3 \cdots (m-2)m] & (m：奇数) \\ (2\pi)^{m/2}/[2 \cdot 4 \cdots (m-2)m] & (m：偶数) \end{cases} \quad (15.84) $$

$$ {}^1w_i = {}^1\sigma_{i1}{}^1\sigma_{i2}\ldots{}^1\sigma_{im} \quad (15.85) $$

と定義され，式 (15.85) における $^1\sigma_{i1}\,^1\sigma_{i2}\ldots\,^1\sigma_{im}$ は式 (15.73) で定義される回避行列 $^1\boldsymbol{M}_i$ の特異値である。ここで，回避可操作性楕円体の概念は 3 次元の作業空間にも対応できるが，本節で述べる指標と全体の制御系の評価を容易にするため，水平多関節型の冗長マニピュレータを想定している。すなわち作業空間は 2 次元となり，^1V_i は面積である。この場合，第 1 リンクと第 $(n-1)$ リンクの回避可操作性楕円体は直線となり面積は 0 となるが，障害物回避という点でこの 2 つの直線も用いることができると考えるため，その長さを回避能力の一部とおく。ここで図 15.23 に 4 リンク水平多関節マニピュレータの例を示す。完全回避可操作性楕円体 $^{1C}P_2$ は楕円体となり，部分回避可操作性楕円体 $^{1P}P_1$, $^{1P}P_3$ は直線となる。この ^1V_i の値が最大となるマニピュレータ形状を求めれば，回避可操作性の良好なマニピュレータ形状を決定できる。

しかしこれは各リンクごとの回避可操作性の良し悪しを評価するものであり，第 i 関節の回避可操作性が良好なマニピュレータ形状であっても，第 j 関節の回避可操作性が良好なマニピュレータ形状が与えられるとは限らない。以上のことから，マニピュレータ全体の回避可操作性の優劣を決めるため，回避可操作性形状値 ^1E を次のように定義し，これを AMSI (Avoidance Manipulability Shape Index) と呼ぶことにする。

$$^1E = \sum_{i=1}^{n-1} {}^1V_i\ a_i \tag{15.86}$$

ただし，$a_1 = a_{n-1} = 1[\mathrm{m}^{-1}]$, $a_{2,3,\cdots,(n-2)} = 1[\mathrm{m}^{-2}]$ であり，$^1V_1[\mathrm{m}]$, $^1V_{n-1}[\mathrm{m}]$ は長さ，$^1V_{2,3,\cdots,(n-2)}[\mathrm{m}^2]$ は面積であるため，上式は a_i を用いて無次元化している。第 i リンクの回避可操作性楕円体の面積 ^1V_i は，長軸と短軸の長さが等しいときに最大となり，面積で評価することで長軸方向と短軸方向の回避可操作性を同時に評価している。楕円体が細長くなる場合は，面積が減少するので特定の方向に回避しやすく，他の方向に回避しにくいことを示し，^1V_i が小さくなることから，その総和である AMSI も低下する。また，マニピュレータの手先が目標位置に届かない場合は $^1E=0$ とする。この ^1E により，目標手先軌道の追従タスクを満たすマニピュレータの回避能力をスカラー値として判断できる。

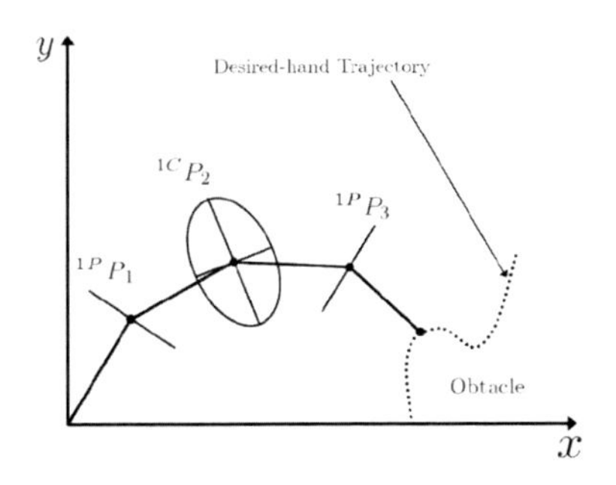

図 15.23 4 リンクマニピュレータの回避可操作性楕円体

15.4.4 誘導/ハンド軌道追従制御

図 15.24 に基準座標系上の移動マニピュレータを示す。図 15.24 より，実際の移動マニピュレータから見た目標位置との誘導誤差 X_e, Y_e, θ_e は次式のように表される。

$$\begin{bmatrix} X_e \\ Y_e \\ \theta_e \end{bmatrix} = \begin{bmatrix} \cos{}^W\theta_0 & \sin{}^W\theta_0 & 0 \\ -\sin{}^W\theta_0 & \cos{}^W\theta_0 & 0 \\ 0 & 0 & 1 \end{bmatrix} \begin{bmatrix} x_d - {}^Wx_{W,0} \\ y_d - {}^Wy_{W,0} \\ \theta_d - {}^W\theta_0 \end{bmatrix} \tag{15.87}$$

${}^Wx_{W,0}$, ${}^Wy_{W,0}$, ${}^W\theta_0$ は Σ_W から見た移動マニピュレータの現在位置，x_d, y_d, θ_d は目標位置の座標を表している。$t\to\infty$ のときこれら X_e, Y_e, θ_e の値が 0 に近づくならば，実際の移動マニピュレータが目標軌道上を走行する仮想の移動マニピュレータの目標軌道に追いつき，目標軌道上を走行することになる。

これらを時間で微分すると

$$\begin{bmatrix} \dot{X}_e \\ \dot{Y}_e \\ \dot{\theta}_e \end{bmatrix} = V_0 \begin{bmatrix} -1 \\ 0 \\ 0 \end{bmatrix} + \omega_0 \begin{bmatrix} Y_e \\ -X_e \\ -1 \end{bmatrix} + \begin{bmatrix} V_d\cos\theta_e \\ V_d\sin\theta_e \\ \omega_d \end{bmatrix} \tag{15.88}$$

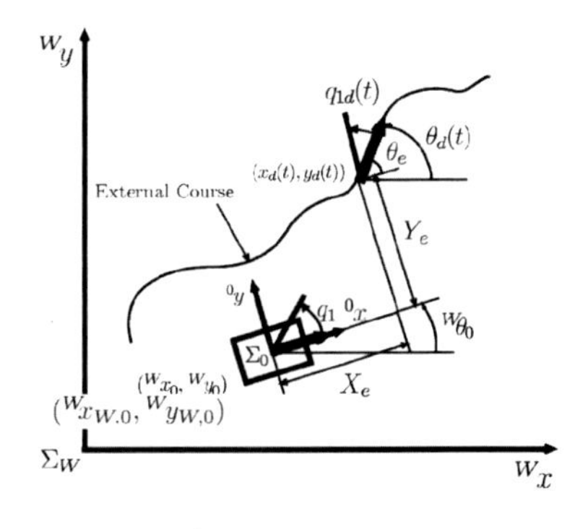

図 15.24 移動マニピュレータの目標走行軌道と位置・姿勢偏差

となる。ここで，V_0, ω_0 は実際の移動マニピュレータの速度，角速度，V_d, ω_d は目標速度，目標角速度である。またここでは，$|V_d| < \infty$，$|\omega_d| < \infty$，$|\dot{V}_d| < \infty$，$|\dot{\omega}_d| < \infty$ と仮定し，誘導制御式を以下のように与える。

$$\begin{bmatrix} V_c \\ \omega_c \end{bmatrix} = \begin{bmatrix} V_d \cos\theta_e + k_1 X_e \\ \omega_d + k_2 V_d Y_e + k_3 V_d \sin\theta_e \end{bmatrix} \quad (15.89)$$

V_c,ω_c は誘導制御出力速度，角速度，k_1～k_3 は誘導制御ゲインである。式 (15.90) の誘導制御法は金山らによって提案され，V_c,ω_c が時間遅れなく実現される場合，すなわち完全な速度制御を仮定するとき $X_e, Y_e, \theta_e \to 0(t \to \infty)$ を保証できる。さらに上式は，$t \to \infty$ のとき，X_e, Y_e, θ_e の値が 0 に近づくならば，V_c, ω_c の値がそれぞれ目標速度 V_d, ω_d に近づく事になる。実際の移動マニピュレータの移動台車部の速度 V_0，角速度 ω_0，車載リンク角速度 $\dot{\nu}_M$ と誘導制御出力速度 V_c，角速度 ω_c，目標リンク角速度 $\dot{q}$ との誤差 $V_e, \omega_e, \dot{q}_e = [\dot{q}_{1e}, \ldots, \dot{q}_{ne}]^T$ を次のようにおく。

$$\begin{bmatrix} V_e \\ \omega_e \\ \dot{q}_{1e} \\ \vdots \\ \dot{q}_{ne} \end{bmatrix} = \begin{bmatrix} V_0 - V_c \\ \omega_0 - \omega_c \\ \dot{q}_1 - \dot{q}_{1d} \\ \vdots \\ \dot{q}_n - \dot{q}_{nd} \end{bmatrix} \quad (15.90)$$

$t \to \infty$ のとき $V_e, \omega_e, \dot{q}_e$ の値が 0 に近づくならば，実際の移動マニピュレータの速度 V_0，角速度 ω_0 は式 (15.89) で得られた V_c, ω_c，すなわち目標速度 V_d, ω_d となる。したがって，$t \to \infty$ のとき $X_e, Y_e, \theta_e, q_e, V_e, \omega_e, \dot{q}_e$ の値がすべて 0 に収束することを保証する誘導制御法を提案し，それをリアプノフ関数を用いて確認することが目標となる。移動マニピュレータの運動方程式は式 (15.68) で与えられ，入力トルク $\boldsymbol{u}$ を逆動力学計算を用いて

$$\boldsymbol{u} = \bar{\boldsymbol{E}}^{-1}\{\bar{\boldsymbol{M}}(\boldsymbol{q})\boldsymbol{v} + \bar{\boldsymbol{V}}(\boldsymbol{q}, \dot{\boldsymbol{q}})\dot{\boldsymbol{\nu}} + \bar{\boldsymbol{G}}(\boldsymbol{q})\} \quad (15.91)$$

と決定する。式 (15.91) を式 (15.68) に代入すると

$$\ddot{\boldsymbol{\nu}} = \boldsymbol{v} \ , \ \ddot{\boldsymbol{\nu}} = [\dot{V}_0, \dot{\omega}_0, \ddot{q}_1, \ldots, \ddot{q}_n]^T \quad (15.92)$$

となる。制御出力トルク $\boldsymbol{v}$ を

$$\boldsymbol{v} = \ddot{\boldsymbol{\nu}}_c + \boldsymbol{K}_4(\dot{\boldsymbol{\nu}}_c - \dot{\boldsymbol{\nu}}) + \boldsymbol{K}_5(\boldsymbol{\nu}_c - \boldsymbol{\nu}) = \begin{bmatrix} \dot{V}_c + k_4(V_c - V_0) \\ \dot{\omega}_c + k_4(\omega_c - \omega_0) \\ \ddot{q}_{1d} + k_4(\dot{q}_{1d} - \dot{q}_1) + k_5(q_{1d} - q_1) \\ \vdots \\ \ddot{q}_{nd} + k_4(\dot{q}_{nd} - \dot{q}_n) + k_5(q_{nd} - q_n) \end{bmatrix} \quad (15.93)$$

と与える。式 (15.93) を式 (15.92) に代入し整理すると，式 (15.90) で表した変数を支配するダイナミクスは，

$$\begin{bmatrix} \dot{V}_e \\ \dot{\omega}_e \\ \ddot{q}_{1e} \\ \vdots \\ \ddot{q}_{ne} \end{bmatrix} = \begin{bmatrix} -k_4 V_e \\ -k_4 \omega_e \\ -k_4 \dot{q}_{1e} - k_5 q_{1e} \\ \vdots \\ -k_4 \dot{q}_{ne} - k_5 q_{ne} \end{bmatrix} \quad (15.94)$$

となる。ここで k_4, k_5 は正の誘導制御ゲインである。式 (15.94) に支配された閉ループ系の移動マニピュレータのダイナミクスが $t \to \infty$ のときに $X_e \to 0, Y_e \to 0, \omega_c \to 0, \boldsymbol{V}_e (= \boldsymbol{V}_o - \boldsymbol{V}_c) \to 0, \boldsymbol{\omega}_e (= \boldsymbol{\omega}_o - \boldsymbol{\omega}_c) \to 0, \boldsymbol{q}_e, \dot{\boldsymbol{q}}_e \to 0, \theta_e = 2a\pi(a = 0, \pm 1, \ldots)$ を満たすことは，文献[4] により確認されており，移動マニピュレータのハンドの $\sum_w$ 内の空間に定義された軌道への追従と移動ロボットの目標コースへの追従制御は同時に達成されることがわかる。

<見浪 護>

参考文献（15.4 節）

[1] Fierro, R., Lewis F. L.: Control of a Nonholonimic Mobile Robot: Backstepping Kinematics into Dynamics, *J. of Robotic Systems*, Vol.14, No.3, pp.149–163 (1997).

[2] 池田毅，竹内元哉，浪花智英，見浪護：積載物の滑りを考慮した移動ロボットのモデリングと走行実験，『日本機械学会論文集（C 編）』，Vol.70，No.699，pp3227–3235(2004).

[3] 矢崎靖啓，池田毅，竹内元哉，見浪護：PWS 型移動ロボットの加速度制限付き最速誘導制御，『日本ロボット学会誌』，Vol.25，No.4，pp535–544(2007).

[4] 池田毅，見浪護：移動マニピュレータの誘導制御法の提案と評価，『日本ロボット学会誌』，Vol.25，No.2，pp259–266(2007).

[5] 木下祐樹，植田浩介，見浪護，矢納陽，松野隆幸：回避可操作性形状値に基づく移動冗長マニピュレータの走行軌跡最適化，第 22 回インテリジェント・システム・シンポジウム (2012).

15.5 事例紹介

15.5.1 移動ロボットのための環境地図生成

ここでは，東北大学や千葉工業大学らの合同チームで研究開発が行われた，不整地走行クローラロボット Kenaf による，RoboCupRescue2009 で実施された環境地図生成について紹介する。RoboCupRescue[1] は，模擬災害環境において，遠隔操作型ロボットや自律型ロボットを用いて被災者探索を行うチャレンジである。その中の “autonomous challenge in best in Class” という競技は，環境地図を自律的に獲得することを目的とするものであるが，このチームは，このカテゴリにおい

(a) 対象とする環境

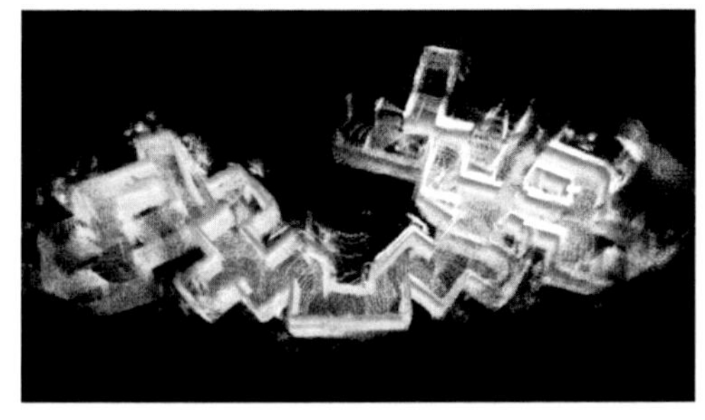

(b) オドメトリによる 3 次元地図

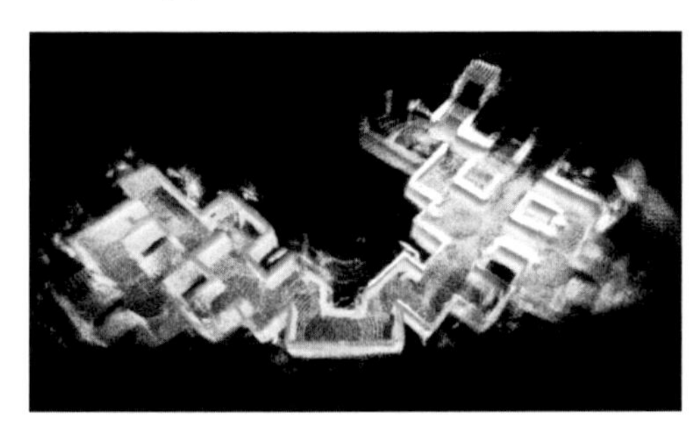

(c) ICP アルゴリズムによる 3 次元地図

図 15.25　対象環境と獲得した 3 次元地図（文献[2] より引用）

て第 2 位を獲得した。対象とする環境を図 15.25(a) に示す。以下に，この環境地図生成について紹介する[2]。

ここで利用したロボットは，不整地でスタックしない全面クローラに，段差を容易に乗り越えるためのサブクローラが 4 台設置されており，測域センサにより路面の凹凸を認識することで，自律的な不整地走行を可能とする。また，ロボット上部には 3 次元測域センサを設置しており，ロボット周囲の障害物までの距離情報を 3 次元的に取得することが可能である。さらに，ロボット内部には 3 軸のジャイロスコープと 3 軸の加速度計，クローラの駆動モータにエンコーダが取り付けられているため，ロボットの位置・姿勢を 3 次元的に取得すること（ジャイロベーストオドメトリ）が可能である。このロボットが対象環境を走行している様子を図 15.26 に示す。

ロボットは，フロンティアベースの経路計画[3] により，対象環境を自律的に走行する。この間，ロボットは

図 15.26　対象とするロボットの段差走破（文献[2] より引用）

搭載した 3 次元測域センサを利用してロボット周囲の環境情報を獲得し，ローカルな 3 次元環境地図を生成する。このローカルな地図を 3 次元オドメトリ情報を利用して繋げていくと，広域の 3 次元環境地図が生成できる。しかしながら，一般にオドメトリには，走行機構と路面のスリップ等により位置誤差が累積し，長距離を移動するとその位置情報の信頼性は大きく低下する。特にジャイロスコープを利用したオドメトリでは，ロボットの急激な姿勢変化をジャイロスコープが捉えきれず，ロボットの向きに誤差が生ずる場合がある。そのため，図 15.25(b) に示すように，行きと帰りで，壁が一致しないといった状況が見られる。そこで，ここでは，SLAM 研究でもよく知られている，ICP アルゴリズム[4] を利用したスキャンマッチング手法を用いて，ロボットの位置修正を行っている。ローカルな 3 次元地図情報は，いったん，Digital Elevation Map (DEM) に変換される。次に，DEM で表現されたグローバル地図と，DEM で表現されたローカルな地図にスキャンマッチングをかけ，ロボットの推定位置に修正を加えると共に，グローバル地図を更新する。その後，修正された位置情報を基にローカルな 3 次元地図を繋げることで，精度の高い 3 次元環境地図が生成される。図 15.25(c) は，スキャンマッチング手法を導入した後の環境地図であるが，矛盾なく環境情報が取得できたことがわかる。

<永谷圭司>

参考文献（15.5.1 項）

[1] Jacoff, A. *et. al.*: Test arenas and performance metrics for urban search and rescue robots, *Proc. of the IEEE/RSJ International Conference on IntelligentRobots and Systems 2003*, pp. 3396–3403 (2003).

[2] Nagatani, k., *et. al.*: Multirobot Exploration for Search and Rescue Missions: A Report on Map Building in RoboCupRescue 2009, *Journal of Field Robotics*, Vol. 28, Issue 3, pp. 373–387 (2011).

[3] Yamauchi, B.: A frontier-based approach for autonomous exploration, *Proc. of the IEEE International Symposium on Computational Intelligence in Robotics and Automation*, pp. 146–151 (1997).

[4] Zhang Z.: Iterative Point Matching for Registration of Free-Form Curves and Surfaces, *International Journal of Computer Vision*, Vol.13, No.2, pp. 119–152 (1994).

15.5.2　移動ロボットのビジュアルオドメトリ

ロボットの移動量をカメラ等の光学的なセンサを用いて非接触で計測するビジュアルオドメトリと呼ぶ手法がある。車輪回転量などの移動機構からの運動情報を用いることなく，ロボット近辺に見える静止物体の相対的な動きから自身の移動軌跡を得ようとするものである。車輪と地面との間に滑りが生じても計測精度が悪化せず，クローラのような滑りを前提として旋回を行うような場合にも対応できる。

ビジュアルオドメトリは，まわりの物体の動きを見るのか，それとも移動面の動きを見るのかにより 2 種類に分類できる。後者の手法では，大きな移動速度の計測は難しいが，周辺ランドマークや外光の状況に左右されない利点がある。ここでは 2 つの事例を紹介する。

1 つ目の事例として，カメラのみで移動面の回転を含む動きを計測しながら指定された経路を走行するクローラ型ロボットを図 15.27 に示す。このロボットに正方形経路を 1 周するプログラムを与え，絨毯の上を走行させたときに推定された軌跡を図 15.28 に示す。フレーム毎の相対移動量の累積に基づくため推定値に誤差はあるが，この手法の特徴の一つは，一度通った所の画像をメモリに記憶させておき，再び同じ所に来た際に記憶した画像を探すことで累積した誤差を除去できることである[1]。

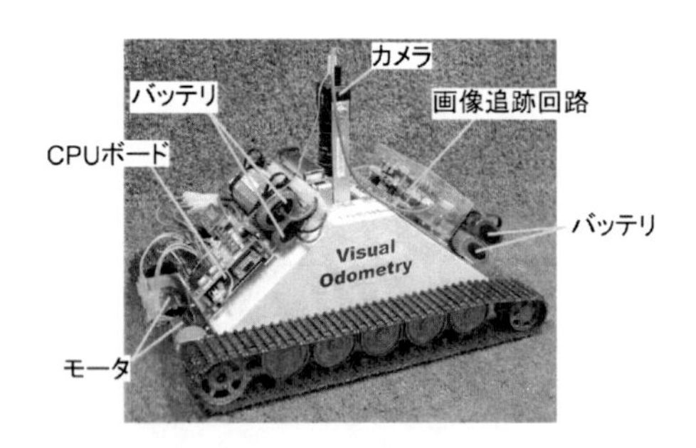

図 15.27　移動面を撮影するカメラを持つクローラ型ロボット

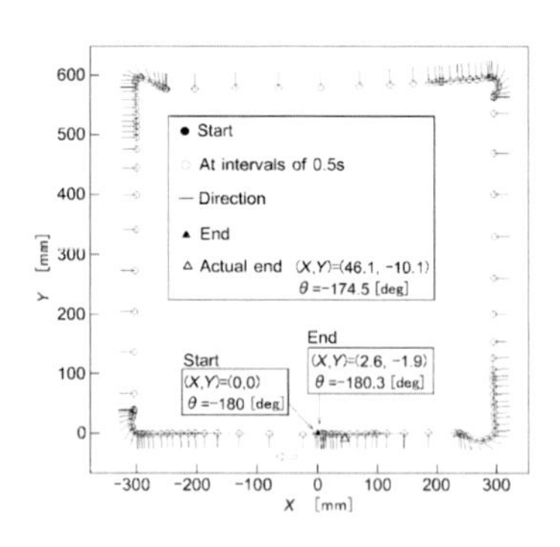

図 15.28　正方形状に走行させたときの推定軌跡

2 つ目の事例として，マウスに使われる光学センサとレーザ光を用いた移動軌跡の計測例を紹介する。光学センサを 2 つ用いることで，位置だけでなく姿勢の変化も計測できる。また，平行なビームの光源を用いると，センサから移動面までの距離によらずに一定の計測値を得ることができる点がカメラと異なる。光学センサ 2 つを取り付けた実験車両を図 15.29 に示す。このセンサには太陽光の影響を取り除くためのバンドパスフィルタを追加している。長さ 193 m の経路を 1 周させて得られた軌跡を図 15.30 に示す。走行距離の誤差は 3.6 %ほどであったが，姿勢の誤差により終点では真値とのずれが大きくなった。同じ経路を，移動

図 15.29　光学センサを取り付けた実験車両

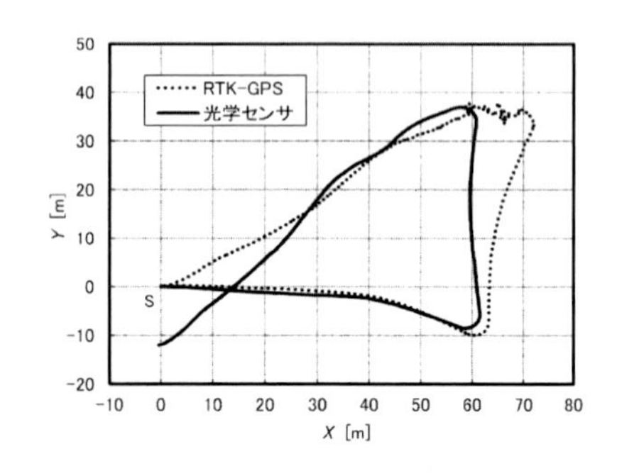

図 15.30　2 つの光学センサのみで計測した軌跡

量は光学センサで行い，姿勢は精度の良いジャイロセンサで計測したところ，終点のずれは 2.7 m へ改善した[2]。

＜永井伊作，渡辺桂吾＞

参考文献（15.5.2 項）

[1] Nagai, I. and Tanaka, Y.: Mobile Robot with Floor Tracking Device for Localization and Control, *Journal of Robotics and Mechatronics*, 19, No.1, pp. 34–41 (2007).

[2] Nagai, I., Yamauchi, G., *et al.*: Positioning Device for Outdoor Mobile Robots Using Optical Sensors and Lasers, *Advanced Robotics*, 27, No.15, pp. 1147–1160 (2013).

15.5.3 柔軟全周囲クローラ

新しい移動機構として柔軟全周囲クローラ (FMT：Flexible Mono-tread mobile Track) が提案されている。FMT とは，1 本のクローラベルトによって全身を被覆されたクローラが，旋回，段差昇降等をするために全身を 3 次元的に柔軟に湾曲させるという構造のものである。この機構の長所としては，湾曲による旋回を行うため細長い形状を採ることができる，柔軟構造により路面形状に適応することができるという点が挙げられる。図 15.31 にこれまでに開発された試作機 RT02-WORMY と RT04-NAGA を示す。この機構を実現するためには湾曲可能なクローラベルトとこれを拘束するガイドレールの実現が不可欠である。従来の単一可湾曲クローラはゴムや繊維で補強されたウレタンなどの柔軟素材によるベルトガイドを採用していたが，湾曲走行時におけるベルトの脱線などが生じやすいという問題があった。FMT はベルトコンベア用の可湾曲ベルト（椿本チェイン：TPU）を用い，ガイドレールを湾曲形状に合わせて精密に設計すること（図 15.32）でこの問題を解決した。最近では，MDF 板とゴムスポンジを積層させることでより連続的な湾曲が可能な機構も実現している。

試作機 RT04-NAGA の基本的な走行性能である垂直段差，溝，階段の昇降性能は，試作機の全長 1.26 m，幅 220 mm，高さ 160 mm に対し，最大で垂直段差 455 mm，溝 550 mm，斜面および階段 45° の走行が可能であった。さらに，NIST 規格による走行試験ではクロスピッチにおいて平均 58 s と高い走行性能を発揮したが（図 15.33），ランダムステップにおいて側面の被駆動部が障害物に接触や横転が発生する状況において走行が困難であった。この点は今後の課題である。

次に FMT の旋回特性について述べる。FMT は機体を構成する各ブロック重心下に荷重が集中し，離散的に重量が分布しているものと仮定できる。この仮定の下で滑りを考慮した動力学モデルによる走行性能評価の数値例を図 15.34 に示す。(a) はほぼ滑らない低速時，(b) は滑り状態にある高速時の円旋回特性（右回り）で，図内の R_t は実際の旋回半径，R_g は湾曲形状から得られる平均湾曲半径である。滑りを伴わない場合，旋回半径は湾曲半径に一致しベルトの回転速度に依存しないことがわかる。この特性は差動型クローラロボットが操向比（ベルトの速度比）一定下でもベル

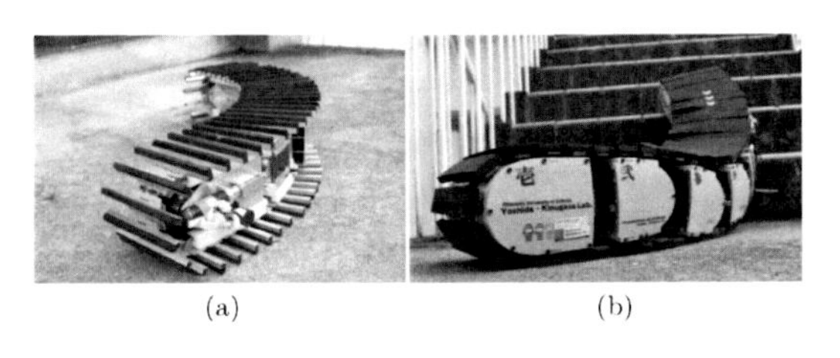

(a) (b)

図 15.31 (a) 柔軟全周囲クローラ RT02-WORMY と (b)RT04-NAGA（岡山理科大学）

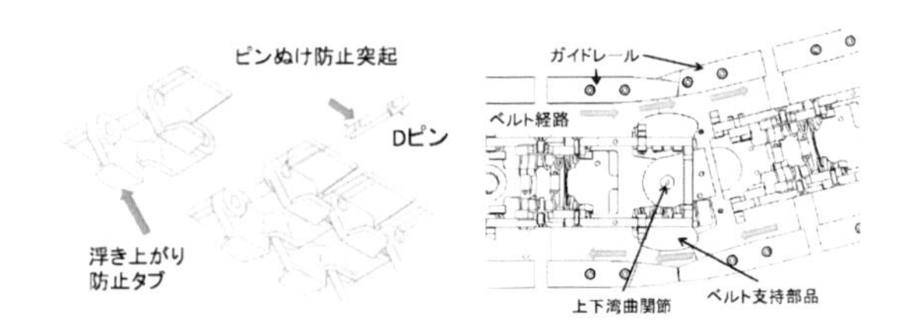

図 15.32 クローラベルトとガイドレール

図 15.33 NIST 規格クロスピッチ上の走行試験

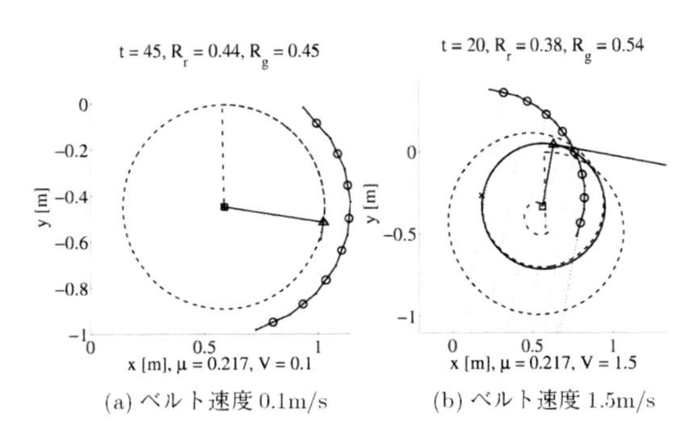

(a) ベルト速度 0.1m/s (b) ベルト速度 1.5m/s

図 15.34 旋回特性

ト速度に応じて旋回半径が変化することと比較して単純な旋回特性といえる。滑り状態にある場合は，左右一対型と同様に旋回半径が湾曲半径より小さいいわゆるオーバーステア特性を示し，速度の上昇と共にスピンへと向かう特性を持つ。

＜衣笠哲也＞

15.5.4　消防ロボット

いくつかの消防本部では遠隔操縦型の機械を配備し，現場で使用されている。これら遠隔操作機械も広義のロボットと考え，紹介する。用途は主に消火，水中探査，偵察，重量物排除，救助，無人航空機の 6 種類に分類できる。

(1) 消火・重量物排除

火災発生時の放射熱が高く消防隊員の近接が難しいと想定される，石油タンク，化学プラント火災対策として放水型ロボットが開発，配備されている。また，木造文化財の火災延焼防止を目的として開発，配備されているものもある。第 1 世代の放水型ロボットは 25 年程前から配備が進み，10 年ほど前に耐用期限を迎えたものが多くあった。この時点で更新を実施できた消防本部は少なく，更新せずに機器を配備から外し，保管している消防本部もいくつかある。放水型は専用に開発されたものが多く，コスト的に負担が大きく，更新が難しかったと考えられる。ピーク時においても全国で 8 台が配備されていたにすぎない。

第 1 世代の放水型ロボットには比較的大型のものが多く，火災対応において侵入が難しいことがあった。放水型ロボットは最も早く配備された消防ロボットであり，重量物排除を含む多くの機能を一つのロボットに盛り込んだため大型となってしまったと考えられている。そこで，放水型ロボットを小型化するために，放水以外の機能を別の機械として分化させたことから，重量物排除型ロボットの配備が始まっている。基本的には，汎用の遠隔操縦建機を消防用に若干改良したものである。市町村が組織の基本となっている消防本部独自の予算ではなく，国からの貸与という形でも配備が進んでいる。また，遠隔操縦機能が備わっていないものの，双腕重機を配備している本部がある。

(2) 水中探査

水難事故が発生した場合，水中の遭難者を探索することは消防隊員にとって大きな肉体的負担となる。また，水中での探索作業は消防隊員にも危険を伴う。そこで，消防本部で水中探査ロボットを配備している。これらは既製の水中ロボットを救助目的に使用しているものである。消防庁消防研究センターの調査では 32 台が全国の消防本部に配備されている。消防本部が配置すべき救助隊は，その都市の所管人口に応じて，救助隊，特別救助隊，高度救助隊，特別高度救助隊と規定され，各救助隊に応じて装備すべき機器が指定されている。高度救助隊では地域の実情に応じて，また特別高度救助隊では装備すべき救助資機材と指定されていることも，水中探査ロボットの配備が進んだ一要因と考えられる。消防隊が救助活動を行う港湾河川領域では，必ずしも水の透明度が高くはない。そのため，ソナーを装備しているロボットが多く用いられている。ロボットには単純なマニピュレータを装備しているものもあるが，主に周囲のものを把持し，潮流や水流に対抗してロボットの位置や姿勢を保つために使用される。装備されているソナーは平面的な検知しかできないため，今後，ソナーの平面検知データを拡張し，空間的な検知を可能にすることが期待されている。

(3) 偵察

火災室内に酸素供給が少ない状況において，隊員が火災室に侵入するためにドアを開放すると，急激に酸素が供給され，爆発的な燃焼（フラッシュオーバー）を引き起こし，隊員が負傷する可能性が高い。偵察型ロボットは当初このような火災対策として開発，配備された。その後，1995 年 3 月に発生した地下鉄サリン事件対応として偵察型ロボットが開発，配備された。さらに開発が進められ，汎用性が高まり，防塵，耐衝撃，非誘爆（可燃性ガス雰囲気内での活動が可能）性能等の耐環境性が高められた偵察型ロボットが配備されるようになった。この偵察型ロボットは閉鎖空間で使用される事が多いため，無線による遠隔操縦に難があった。そのため 2 台 1 セットでの配備とし，ロボット 1 台を中継器として使用することによって，より有効な運用を実現している。また，中継器となる 1 台を有線，探査機となる 1 台を無線とすることにより，密閉性の高い閉鎖空間内への遠隔操作および探査機の運動性能の両立を図っている。偵察型ロボットは特別高度救助隊の装備品として地域の実情に応じて装備すべき救助資機材と指定されており，また，国からの貸与という形でも配備が進んでいる。

(4) 救助

救助型ロボットは，国内に 1 台ではあるが配備されている。双腕型マスタ・スレーブマニピュレータが取り付けられ，救助者を格納式ベッドに収容する。ベッドには，救助者への音声による通話システム，空気の供給装置が装備されている。現在配備されている救助型ロボットは既に一度更新されたものであり，第 2 世代のロボットである。第 1 世代のロボットより小型軽量化が進められ，救助される人への影響，危険性が低減されている。

(5) 無人航空機

近年各分野で実用が進んでいるマルチロータ無人航空機が，消防においても導入が進んでいる。最近の調査では，全国の消防本部のうち約 1 割となる 70 消防本部で，のべ約 100 機が所有されている。今のところ，活用法も模索段階であるが，一方で実戦での活用も始まっている。操縦が比較的容易なこと，また，導入時のコストが大きくないことが，導入が進んだ大きな要因と考えられる。主な活用目的は，情報収集および資材の搬送等である。

＜天野久徳＞

15.5.5　四脚/四輪移動ロボット

脚車輪型移動ロボットは，脚移動ロボットのメリットである障害物乗り越えや人間環境への親和性，その自由度の多さを利用した多様な運動のほか，車輪移動ロボットの高速性や移動効率の高さなどのメリットを有している。図 15.35 に脚車輪型移動ロボットの一例を示す。

図 15.35　脚車輪型移動ロボットの例

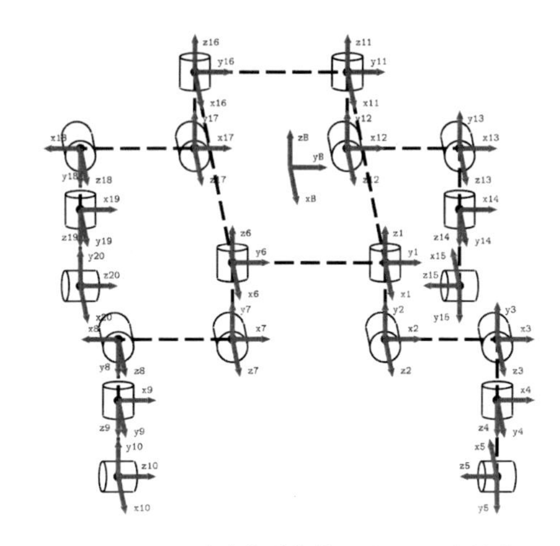

図 15.36　脚車輪型移動ロボットの座標系

リンク i の質量中心およびリンク i の座標系原点を $\boldsymbol{r}_i, \boldsymbol{p}_i$ とすると，それらはリンク i の親リンク $i-1$ の変数を用いて，それぞれ以下のように求められる。

$$ {}^{w}\boldsymbol{p}_i = {}^{w}\boldsymbol{p}_{i-1} + {}^{w}\boldsymbol{R}_{i-1}{}^{i-1}\boldsymbol{p}_i^* \tag{15.95} $$

$$ {}^{w}\boldsymbol{r}_i = {}^{w}\boldsymbol{p}_i + {}^{w}\boldsymbol{R}_i{}^{i}\boldsymbol{r}_i^* \tag{15.96} $$

ただし，添字 w は図 15.36 のように定義された座標系を用いて，変数がワールド座標系 Σ_W から見たベクトルもしくは回転行列であることを示している。同様に，添字 i は変数がリンク i の座標系 Σ_i から見たベクトルもしくは回転行列であることを示している。また，$\boldsymbol{p}_i^*$ は親リンク座標系 Σ_{i-1} の原点からリンク座標系 Σ_i の原点へ向かうベクトル，$\boldsymbol{r}_i^*$ はリンク座標系 Σ_i の原点からリンク i の質量中心までのベクトルである。回転行列は関節 j の角度 θ_j, $j = 1, \ldots, i$ を用いて親リンク座標系から見た子リンク座標系の回転行列の積として ${}^{w}\boldsymbol{R}_i = {}^{w}\boldsymbol{R}_B{}^{B}\boldsymbol{R}_1(\theta_1){}^{1}\boldsymbol{R}_2(\theta_2)\cdots{}^{i-1}\boldsymbol{R}_i(\theta_i)$ などと表すことができる。なお Σ_B はベースリンク（胴体）に固定された座標系を表す。また，脚 k の先端にある車輪の接地位置 $\boldsymbol{p}_{c_k}$ は ${}^{w}\boldsymbol{p}_{c_k} = {}^{w}\boldsymbol{p}_{a_k} + {}^{w}\boldsymbol{R}_{a_k}{}^{a_k}\boldsymbol{p}_{a_k}^*$ と表される。Σ_{a_k} は車輪を支持する先端リンク座標系であり，$\boldsymbol{p}_{a_k}^*$ は Σ_{a_k} 原点から車輪接地位置へのベクトルである。以上から，車輪接地点の速度とベースリンク速度，角速度，関節角速度の関係

$$ {}^{w}\dot{\boldsymbol{p}}_{c_k} = {}^{w}\dot{\boldsymbol{p}}_B - ({}^{w}\boldsymbol{p}_{c_k} - {}^{w}\boldsymbol{p}_B) \times {}^{w}\boldsymbol{\omega}_B + {}^{w}\boldsymbol{R}_B{}^{B}\dot{\boldsymbol{h}}_{c_k} $$

が導かれる。ただし $\boldsymbol{h}_{c_k}$ はベースリンク原点から車輪接地点へ向かうベクトルであり，その速度は

$$^B\dot{\boldsymbol{h}}_{c_k} = \boldsymbol{J}_{\text{leg}}\dot{\boldsymbol{\theta}} \tag{15.97}$$

と表される。$\boldsymbol{J}_{leg}$ はヤコビ行列となっている。一方，床と車輪との滑り速度 $\dot{\boldsymbol{p}}_{s_k}$ はゼロである必要がある。

$$\boldsymbol{0} = {}^w\dot{\boldsymbol{p}}_{s_k} = {}^w\dot{\boldsymbol{p}}_{c_k} - {}^w\boldsymbol{t}_{c_k}R\dot{\theta}_{w_k} = \boldsymbol{J}_B\boldsymbol{\xi}_B + \boldsymbol{J}_{\text{slip}}\dot{\boldsymbol{\theta}} \tag{15.98}$$

ただし，$\boldsymbol{t}_{c_k}$ は車輪と床の単位接線ベクトル，R は車輪半径，θ_{w_k} は車輪の回転角である。また，$\boldsymbol{\xi}_B = [{}^w\dot{\boldsymbol{p}}_B^T, {}^w\boldsymbol{\omega}_B^T]^T$ である。

図 15.35，図 15.36 のように，すねリンクが路面に対して垂直となる姿勢の場合，ステアリング関節 θ_{γ_k} に関して特異姿勢となり，式 (15.97), (15.98) のヤコビ行列がランク落ちするため，逆運動学において解を求めることができない。そこで，式 (15.97), (15.98) を時間微分した加速度の運動学関係式

$$^B\ddot{\boldsymbol{h}}_{c_k} = \boldsymbol{J}_{\text{leg}}\ddot{\boldsymbol{\theta}} + \dot{\boldsymbol{J}}_{\text{leg}\gamma_k}\dot{\theta}_{\gamma_k} + \boldsymbol{b}_{\text{leg}} = \boldsymbol{J}_{\text{leg}'}\boldsymbol{\eta} + \boldsymbol{b}_{\text{leg}} \tag{15.99}$$

$$\begin{aligned}\boldsymbol{0} = {}^w\ddot{\boldsymbol{p}}_{s_k} &= \boldsymbol{J}_B\dot{\boldsymbol{\xi}}_B + \boldsymbol{J}_{\text{slip}}\ddot{\boldsymbol{\theta}} + \dot{\boldsymbol{J}}_{\text{slip}\gamma_k}\dot{\theta}_{\gamma_k} + \boldsymbol{b}_{\text{slip}} \\ &= \boldsymbol{J}_B\dot{\boldsymbol{\xi}}_B + \boldsymbol{J}_{\text{slip}'}\boldsymbol{\eta} + \boldsymbol{b}_{\text{slip}}\end{aligned} \tag{15.100}$$

を用い，ステアリング関節角速度 $\dot{\theta}_{\gamma_k}$ を陽に表す。これにより逆運動学解を得ることができる。ただし，$\boldsymbol{J}_{\text{leg}'} = [\boldsymbol{J}_{\text{leg}}, \dot{\boldsymbol{J}}_{\text{leg}\gamma_k}]$, $\boldsymbol{J}_{\text{slip}'} = [\boldsymbol{J}_{\text{slip}}, \dot{\boldsymbol{J}}_{\text{slip}\gamma_k}]$, $\boldsymbol{\eta} = [\ddot{\boldsymbol{\theta}}^T, \dot{\theta}_{\gamma_k}]^T$ である。

式 (15.99)，(15.100) を優先度付き逆運動学で解くことにより，ステアリングも含めた車輪/脚によるシームレスな運動を実現できる。

$$\begin{aligned}\boldsymbol{\eta}^{\text{ref}} =& -\boldsymbol{J}_{\text{slip}'}^{\dagger}(\boldsymbol{J}_B\dot{\boldsymbol{\xi}}_B^{\text{cmd}} + \boldsymbol{b}_{\text{slip}}) \\ &+ (\boldsymbol{I} - \boldsymbol{J}_{\text{slip}'}^{\dagger}\boldsymbol{J}_{\text{slip}'})\boldsymbol{\eta}^{\text{tmp}}\end{aligned} \tag{15.101}$$

$$\boldsymbol{\eta}^{\text{tmp}} = \boldsymbol{J}_{\text{leg}'}^{\dagger}(\ddot{\boldsymbol{h}}_{c_k}^{\text{cmd}} - \boldsymbol{b}_{\text{leg}}) + (\boldsymbol{I} - \boldsymbol{J}_{\text{leg}'}^{\dagger}\boldsymbol{J}_{\text{leg}'})\boldsymbol{u}_{\text{null}} \tag{15.102}$$

図 15.37 に制御系の全体図を示す。上述の逆運動学の下位には，外乱オブザーバを用いた関節 $\boldsymbol{\theta}$ の加速度制御系およびステアリング角 θ_{γ_k} の速度制御系が構築されている。上位には，脚先位置 $\boldsymbol{h}_{c_k}$ およびベースリンク速度 $\boldsymbol{\xi}_B$ の指令値生成器が設けられている[1, 2]。なお，ZMP 方程式を用いた重心軌道生成と運動量ヤコビ行列を用いることで，安定性の高い運動を実現することができる[3]。

＜藤本康孝＞

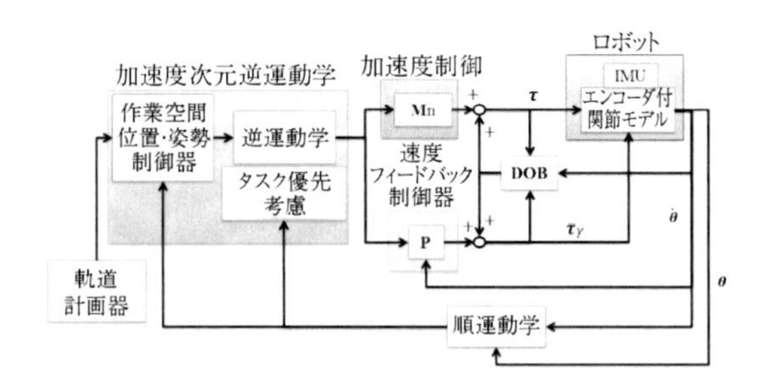

図 15.37　制御系の例

参考文献（15.5.5 項）

[1] Suzumura, A. and Fujimoto, Y.: Control of Dynamic Locomotion for the Hybrid Wheel-Legged Mobile Robot by using Unstable-Zeros Cancellation, *Proc. IEEE ICRA*, pp. 2337–2342 (2012).

[2] Nagano, K. and Fujimoto, Y: A Control Method of Low Speed Wheeled Locomotion for a Wheel-Legged Mobile Robot, *Proc. IEEE Int. Workshop on Advanced Motion Control*, pp. 332–337 (2014).

[3] Suzumura, A. and Fujimoto, Y.: Real-Time Motion Generation and Control Systems for High Wheel-Legged Robot Mobility, *IEEE Trans. on Industrial Electronics*, Vol. 61, No. 7, pp. 3648–3659 (2014).

15.5.6　原発対応ロボット

(1) 開発の経緯

レスキューロボット Quince は，NEDO 戦略的先端ロボット要素技術開発プロジェクト，被災建造物内移動 RT システム（特殊環境用ロボット分野）閉鎖空間内高速走行探査群ロボット (2006～2011) において，実用化事業化に向けたプラットフォームとして開発された。このプロジェクトでは，散乱した瓦礫上を高速度で移動する機能，破損した通信インフラを再構築しながら要求助者を捜索し，被害状況調査などを逐次行うことが求められた。原発事故の対応では，高濃度の放射能で汚染され，人が立ち入ることのできない過酷な環境下において，モニタリングロボットとして期待された。

(2) 原発対応での課題

原子炉建屋内を遠隔操作するとき，Quince には 2 つの問題があった。一つは遠隔通信であり，もう一つはロボットに搭載している電子部品の耐放射線特性である。またオペレータは誰がするのか，ロボットのメンテナンス体制をどのように構築し維持運営するのかなどの諸問題は未解決のままスタートした。

電子部品の耐放射線試験は JAEA 高崎量子応用研究

所でロボットに搭載するコントローラ，センサ，バッテリ，無線機などについて 20 Sv/h の γ 線を 5 時間連続で照射した。照射中におけるシステムの動作確認手法として，① Ping，② 画像，③ メモリ，④ USB のそれぞれに対し 15〜30 分ごとに起動/停止を繰り返し確認した。照射試験の結果，5 時間後トータル 100 Sv を照射してもすべてのデバイスが正常に機能していた[1]。

2011 年 4 月，廃炉準備中の浜岡原子力発電所 1 号原子炉建屋内での無線通信実験を行った。実験では，Quince に搭載されている無線機器すべてと，通常では使用を制限されている機材，その他 UHF 帯を含め通信実験を行った。無線は 2.4 GHz (IEEE 802.11 g) および 470 MHz (UHF) を使用した。実験に用いた空中線電力は，2.4 GHz は 10 mW とブースターを用いた 1000 mW。470 MHz は，5000 mW である。通信実験の結果，原子炉建屋内において，ロボットを無線で遠隔操縦することは不可能という結論に達した。通信が可能な範囲は，互いのアンテナ同士が見通せる（目視できる）範囲内に限られる。この結果から有線通信システムが必須であると判断した。有線システムの選定では，小型ロボットに無理なく搭載できること，長距離の通信が可能なこと，入手性，耐久性などを評価項目とした。

(3) 原発対応版 Quince のシステム構成

2011 年 5 月，当時最大の問題であった地下汚染水の水位上昇に関する調査，および施設設備の被害状況調査，線量調査など具体的な課題が東電より示された。遠隔操作を基本とする災害対応ロボットでは，人は線量のできるだけ少ない安全な場所から操作する。一方で，ロボットは極めて線量の高い地域でモニタリングや軽作業を行うことが求められる。ロボットへの遮蔽にはタングステンや鉛などでロボット本体を覆う必要があるが，重量の増加は小型移動ロボットの運動性能を著しく悪化させるため，電子部品の耐放射線試験結果を踏まえ，Quince は遮蔽をしていない。通信システムの開発では，ツイストペアケーブル (500 m) と VDSL 変換器を用い運用されている。図 15.38 に国産ロボット 1 号機として福島原発に導入された Quince を示す。

(4) Quince 運用実績と得られた知見

Quince は 6 月 24 日の 2 号建屋汚染水水位センサの投入から 10 月 20 日 2 号建屋でのミッションまで 6 回の調査を行った。主な成果は，建屋内の線量調査，重

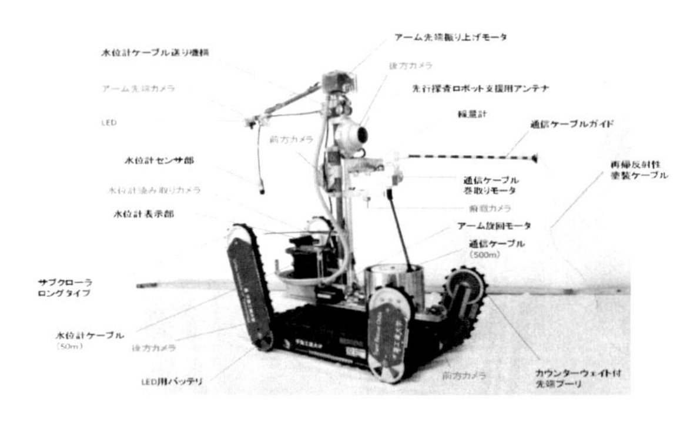

図 15.38　福島原発に導入された Quince

要施設の保全状況調査，詳細な映像情報などである。重要な成果は，7 月 26 日 3 号建屋 2 階のスプレー系冷却装置の保全状況調査である。爆発後の施設の保全状況と高精細画像データ，詳細な線量調査は作業工程と，人の安全作業を支える十分な情報を提供した。10 月 20 日，Quince は 2 号建屋の 5 階にまで調査を行い，事故後，最も重要な施設とされる 5 階原子炉オペレーションフロアと，燃料プール周辺に到達し，重要な情報の入手に成功した。一方，通信ケーブル巻き取り装置は，性能を超えた走行距離，損壊した施設にケーブルが絡まるという二重の試練に耐えきれず，通信ケーブルが切断した。Quince では通信経路の切断後 1 秒以内にすべてのアクチュエーターが停止するプログラムが動作し，2 次的な被害を防ぐことができたが，ロボットは帰還不能という事態に陥った。

＜小柳栄次＞

参考文献（15.5.6 項）

[1] Nagatani, K., Kiribayashi, S., Okada, Y., Otake, K., Yoshida, K., Tadokoro, S., Nishimura, T., Yoshida, T., Koyanagi, E., Fukushima, M. and Kawatsuma, S.: Gamma-ray irradiation test of Electric components of rescue mobile robot Quince —Toward emergency response to nuclear accident at Fukushima Daiichi Nuclear Power Station on March 2011—, *IEEE International Symposium on Safety, Security, and Rescue Robotics* (SSRR2011).

15.6　おわりに

本章では，まず 4 輪/クローラロボットの構成方法と制御方法について細述した。制御方法に関しては，非ホロノーム特性を考慮した運動学的制御方法と動力学的影響を考慮した制御方法について記述し，さらに事

例紹介として地図作成機能，位置姿勢推定機能について説明した。発展が期待される柔軟全周囲クローラや四脚/四輪ロボットも取り上げており，これらは消防用ロボットや原発対応ロボットとして実用されていくであろう。今後，フィールドロボティクス分野はロボット工学の中核の一つとなると予想され，走行運動機能付きロボットの役割はますます重要になっていくと考えられる。

＜見浪 護＞

第16章

ROBOT CONTROL HANDBOOK

ヘビ型ロボット

16.1 はじめに

蛇は見た目から嫌われがちであるが，ヘビ型ロボットは多くの研究者を引き付けている。ここでは，ヘビロボットの魅力を紹介しよう[1]。まず，象の鼻のような多関節マニピュレータと蛇のような多関節ロボットについて考えてみよう。どちらも自由度がたくさんあって冗長なロボットである点が共通しており，その冗長自由度を巧みに使って様々なタスクを実現できる。また，リンク間の干渉など問題点もよく似ている。では，両者の違いは何であろうか？　象の鼻は象の胴体に付いており，環境に固定されていると見なせる。したがって，象は足を使って移動し，鼻で移動したりはしない。足は移動，鼻はマニピュレーションと機能分割されている。

一方，蛇は足を持っていない。しかし，蛇は体の一部で木に絡みついたりして環境との固定点を作り出し，マニピュレータ的な動作をする。さらに，蛇は体全体に波を作ってうねりながら走行する。平坦な環境だけでなく不整地もまったく苦にしない。象は足と鼻の両方を使っても木に登れないが，蛇は走行だけではなく，木登り，谷渡り走行，木から木への飛び移り，物へのからみつきなど様々な機能を有している。蛇は機能分割されたメカニズムにはなっていない。同じような部分が単純に連結してできているだけで，その部分単体だけではほとんど何の機能も持たない。しかし，その単純で低機能な部分をたくさん連結することで，移動やマニピュレーションなど，すばらしい機能を創出する。蛇はすばらしい。

象のような足による歩行では，足は環境との摩擦の力を借りて，その反力で胴体を移動させる。では，蛇は足がないのにどのようにして推進するのであろうか？

蛇の歩容に関する生物学的観点からの研究は古くからなされており，主に4つの歩容モード (serpentine, sidewinding, concertina, rectilinear) があることが知られている[2–5]。しかし，工学的に蛇の歩容を実現しようという試みはそれほど古くはない[6]。世界で最初にヘビ型ロボットを実現したのは，広瀬らである[7,8]。広瀬らは，実際の蛇を飼育して，その推進運動を観察し，蛇が体幹方向と体幹に垂直な方向の摩擦の差を利用して推進していることを見出し，そのメカニズムをいかにして工学的に実現するかを考えた。その結果，受動車輪をもつボディを能動関節で結合することにより蛇をモデル化し，体幹方向には摩擦が少なく，体幹に垂直な方向には摩擦が大きい，蛇の摩擦特性をもつメカニズムを開発した。この車輪付きリンク機構の各関節に位相差を持つ正弦波を入力することにより，うねり走行が可能であることを，開発したヘビ型ロボットにより明らかにした[7,8]。そして，蛇が推進する際に描く蛇行曲線をサーペノイド関数として定式化した。蛇は足がないものの，体全体で摩擦力を受け止め，反力を得ているのである。

広瀬らのこの研究以来，ヘビ型ロボットはその冗長性を活かし，災害現場などで生存者を探索したり，宇宙における複雑な作業空間での作業を行ったり，狭く細長い配管内を調査するロボットとして，世界的に注目を集めている。ヘビ型ロボットはその冗長性を利用して環境に適応し，移動形態を変化させることにより複雑な環境下での推進を可能とする。

ヘビ型ロボットの移動として，螺旋運動，捻転運動，尺取り虫型運動，リング型運動など，多様な形態が考えられてきた[9–11]。また，コンパクトなユニットを結合させ，多様な移動形態を生成でき，さらに分離・再結合が可能で，フレキシブルなモジュラーロボットも開発されてきた[12, 13]。ACM-R3[14] は 3 次元運動を可能としたヘビ型ロボットであり，ラジコンによるマニュアル操作で自立的にしなやかに動き回ることができる。このように，様々なヘビ型ロボットが研究開発されてきた。

なぜ蛇は足がないのに推進できるのか？という疑問に，広瀬らは明快な答えを示してくれた。その理解の下に，ヘビ型ロボットを自律的に動かすこと，すなわち，自動制御することにも興味がもたれた。Burdick ら[15]，Chirikjian ら[16] は蛇のサイドワインディング走行の運動学について議論している。Ostrowski らは微分幾何学の手法を用いて，ヘビ型ロボットの運動などを含む非ホロノミックシステムに対する可制御性の性質を解析している[17]。また，Ma は受動車輪による速度拘束を前提としない，摩擦力を陽に表現したモデルを提案し，動力学シミュレータを開発している[18]。

しかし，これらの研究では，制御系の構成については議論されていない。制御的アプローチとして，Prautesch らは 2 次元平面上を運動する車輪型ヘビロボットに対して動力学モデルを導き，リアプノフの方法によってヘビ先頭の位置決めができるフィードバック制御則を提案した[19]。しかしながら，ロボットが特異姿勢である一直線や円弧の状態に収束してしまうという問題点を抱えていた。

この問題に対して，星らは動的可操作性の概念を車輪型ヘビロボットに適用し，それを増大化させるようにヘビ先頭の位置に対する目標値をサンプリングごとに与える手法を提案した[20]。また，Date らは受動車輪の受ける横拘束力に着目し，車輪型ヘビロボットの横拘束力を最小化することにより受動車輪が横滑りする危険性を軽減する制御則を提案した[21]。Saito らは車輪のないヘビ型ロボットに対する非線形摩擦モデルを導出し，エネルギー効率の観点からうねり推進の解析を行い，準線形化入力変換に基づいた制御器を提案している[22]。小野らは関節にばね機構を搭載した車輪型ヘビロボットに対して，関節の入力トルクに関節角度の正帰還を行い，自励振動を発生させることにより，高速な推進を実現した[23]。また，ユニットの概念に基づいた車輪型ヘビロボットの設計と冗長性を活かして様々なタスクを実現する制御則が提案された[24]。

これらの研究以降も，陸上だけでなく水中も視野に入れて，活発に研究開発が進められてきている。最新の研究成果に関しては次節以降に譲ることにする。本章では，次節以降に，16.2 節 運動学モデルと制御，16.3 節 動力学モデルと制御，16.4 節 ハイブリッドモデルと多様な滑走形態，16.5 節 連続体モデルと制御，16.6 節 事例紹介，と最新の研究成果を紹介する。

＜松野文俊＞

参考文献（16.1 節）

[1] 松野：ヘビ型ロボット—生物の模倣から生物を超えたロボットへ—，『日本ロボット学会誌』Vol.20, No.3, pp.261–264 (2002).

[2] Gray, J.: The Mechanism of Locomotion in Snakes, *J. Exp. Biol.*, Vol.23, pp.101–123 (1946).

[3] Gray, J. and Lissmann, H.: The Kinetics of Locomotion of the Grass-snake, *J. Exp. Biol.*, Vol.26, No.4, pp.354–367 (1950).

[4] Lissmann, H.: Rectilinear Locomotion in a Snake, *J. Exp. Biol.*, Vol.26, No.4, pp.368–379 (1950).

[5] Gray, J.: *Animal Locomotion*. pp.166–193, Norton (1968).

[6] Umetani, Y. and Hirose, S.: Biomechanical Study of Serpentine Locomotion, *Proc. 1st RoManSy Symp.*, pp.171–184 (1974).

[7] Hirose, S. and Umetani, Y.: Kinematic Control of Active Cord Mechanism with Tactile Sensors, *Proc. 2nd RoManSy Symp.*, pp.249–260 (1976).

[8] Hirose, S.: *Biologically Inspired Robots (Snake-like Locomotor and Manipulator)*. Oxford University Press (1993).

[9] Klaassen, B. and Paap, K.: GMD-SNAKE2: A Snake-Like Robot Driven by Wheels and a Method for Motion Control, *Proc. IEEE Int. Conf. on Robotics and Automation*, pp.3014–3019 (1999).

[10] School, K.-U., Kepplin, V., Berns, K. and Dillmann, R.: Controlling a Multijoint Robot for Autonomous Sewer Inspection, *Proc. IEEE Int. Conf. on Robotics and Automation*, pp.1701–1706 (2000).

[11] Kamegawa, T., Matsuno, F. and Chatterjee, R.: Proposition of Twisting Mode of Locomotion and GA based Motion Planning for Transition of Locomotion Modes of a 3-Dimensional Snake-like Robot, *Proc. IEEE Int. Conf. on Robotics and Automation*, pp.1507–1512 (2002).

[12] Yim, M., Duff, D. and Roufas, K.: PolyBot: a Modular Reconfigurable Robot, *Proc. IEEE Int. Conf. on Robotics and Automation*, pp.514–520 (2000).

[13] Yim, M., Zhang, Y. and Duff, D.: Modular Robots, *IEEE Spectrum*, Vol.39, No.2, pp.30–34 (2002).

[14] Mori, M. and Hirose, S.: Development of Active Cord Mechanism ACM-R3 with Agile 3D Mobility, *Proc. IEEE/RSJ Int. Conf. on Intelligent Robots and Systems*, pp.1552–1557 (2001).

[15] Burdick, J., Radford, J. and Chirikijian, G.: A Sidewind-

ing Locomotion Gait for Hyper-Redundant Robots, *Advanced Robotics*, Vol.9, No.3, pp. 195–216 (1995).

[16] Chirikijian, G. and Burdick, J.: The Kinematics of Hyper-Redundant Robotic Locomotion, *IEEE Trans. on Robotics and Automation*, Vol.11, No.6, pp.781–793 (1995).

[17] Ostrowski, J. and Burdick, J.: The Geometric Mechanics of Undulatory Robotic Locomotion, *Int. J. of Robotics Research*, Vol.17, No.6, pp.683–701 (1998).

[18] Ma, S.: Analysis of Creeping Locomotion of a Snake-like Robot, *Advanced Robotics*, Vol.15, No.2, pp.205–224 (2001).

[19] Prautesch, P., Mita, T. and Iwasaki, T.: Analysis and Control of a Gait of Snake Robot, 『電気学会産業応用部門論文誌』, Vol.120–D, pp.372–381 (2000).

[20] 星，三平，古賀：動的可操作性を考慮した多関節へび型ロボットの自律推進制御，『日本ロボット学会誌』，Vol.18，No.8，pp.1133–1140 (2000).

[21] Date, H., Hoshi, Y., Sampei, M. and Nakaura, S.: Locomotion Control of a Snake Robot with Constraint Force Attenuation, *Proc. American Control Conference*, pp.113–118 (2001).

[22] Saito, M., Fukaya, M. and Iwasaki, T.: Serpentine Locomotion with Robotic Snakes, *IEEE Control Systems Magazine*, Vol.22, No.1, pp.64–81 (2002).

[23] 小野，右手，中島：自励駆動ヘビ形推進機構に関する研究，『日本機械学会論文集』，Vol.68，No.668，pp.1096–1103 (2002).

[24] 松野，茂木：冗長蛇型ロボットの運動学モデルに基づいた制御とユニット設計，『計測自動制御学会論文集』，Vo1.36，No.12，pp.1108–1116 (2000).

16.2 運動学モデルと制御

本項では運動学モデルに基づくヘビ型ロボットの制御について述べる。制御対象のヘビ型ロボットを図 16.1 に示す。このロボットは受動車輪をもつリンクを能動関節で連結した構造であり，リンク数は n である。受動車輪とはアクチュエータがついておらず空回りする車輪であり，横滑りしにくいという摩擦特性を有している。車輪型移動ロボットにおいては車輪は一般的に横滑りしないものとして扱われ，モデル化が行われる。そこで，ヘビ型ロボットについても車輪は横滑りしないと仮定し，「車輪が横滑りしない」ことを表す速度拘束式を用いて運動学モデルの導出を行う。

16.2.1 速度拘束式と運動学モデル

対象とするヘビ型ロボットを図 16.1 に示す。リンク数を n, リンク長さを $2l$ とし, 受動車輪は各リンクの中央に取り付けられているとする。第 i リンク中心の位置ベ

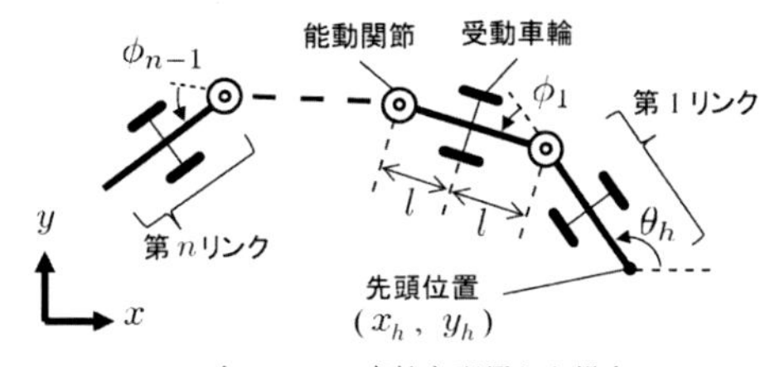

(a) 全リンクに車輪を配置した場合

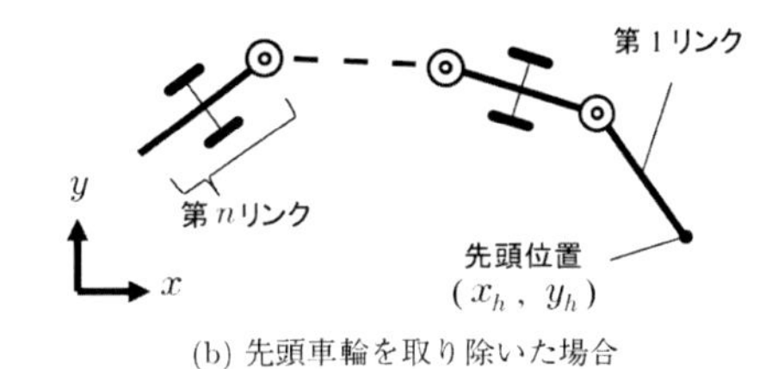

(b) 先頭車輪を取り除いた場合

図 16.1 n リンクヘビ型ロボット

クトルを $[x_i, y_i]^T$, 先頭の位置ベクトルを $\boldsymbol{r} = [x_h, y_h]^T$, 先頭の姿勢を θ_h, 先頭の位置・姿勢をまとめたベクトルを $\boldsymbol{w} = [x_h, y_h, \theta_h]^T$, 第 i 関節の相対角を ϕ_i, 相対角を並べたベクトルを $\boldsymbol{\phi} = [\phi_1, \ldots, \phi_{n-1}]^T$, 先頭の姿勢と相対角をまとめたベクトルを $\boldsymbol{\theta} = [\theta_h, \boldsymbol{\phi}^T]^T$, 一般化座標を $\boldsymbol{q} = [x_h, y_h, \theta_h, \phi_1, \ldots, \phi_{n-1}]^T \in \mathbf{R}^{n+2}$ とおく。このとき，第 i リンクの絶対角 θ_i は $\theta_i = \theta_h + \sum_{k=1}^{i-1} \phi_k$ となる。

まず，図 16.1(a) に示すようにロボットの全リンクに受動車輪が配置されている場合を考える。図 16.2 より，第 i リンクには次式の速度拘束式が成り立つ。

$$\dot{x}_i \sin\theta_i - \dot{y}_i \cos\theta_i = 0 \tag{16.1}$$

先頭リンクすなわち $i = 1$ の場合，幾何学的関係から

$$x_1 = x_h + l\cos\theta_h \tag{16.2}$$

$$y_1 = y_h + l\sin\theta_h \tag{16.3}$$

となる。これを微分して式 (16.1) に代入すると，次式

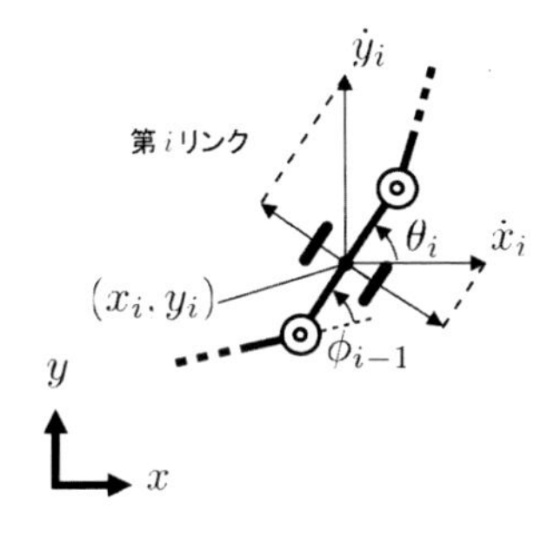

図 16.2 第 i リンクの速度拘束関係

が得られる。

$$\dot{x}_h \sin\theta_h - \dot{y}_h \cos\theta_h - l\dot{\theta}_h = 0 \tag{16.4}$$

上式は非ホロノミック拘束式であり，$\dot{x}_h, \dot{y}_h, \dot{\theta}_h$ のどれか 2 つを決定すると残りの 1 つが決まってしまう。このままでは先頭の位置・姿勢を独立に制御できない。よって，以降では先頭の位置・姿勢 $\boldsymbol{w}$ の独立した制御を行うため，図 16.1(b) に示すように先頭リンクには車輪を取り付けないことにする。

第 2 リンク以降すなわち $i = 2, \ldots, n$ については，幾何学的関係から次式が得られる。

$$x_i = x_h + 2l\sum_{k=1}^{i-1}\cos\theta_k + l\cos\theta_i \tag{16.5}$$

$$y_i = y_h + 2l\sum_{k=1}^{i-1}\sin\theta_k + l\sin\theta_i \tag{16.6}$$

式 (16.5) および式 (16.6) を微分し，式 (16.1) に代入して整理することで次式が得られる。

$$\boldsymbol{A}(\boldsymbol{\theta})\dot{\boldsymbol{w}} = \boldsymbol{B}(\boldsymbol{\theta})\dot{\boldsymbol{\phi}} \tag{16.7}$$

ここで，$\boldsymbol{A} \in \mathbf{R}^{(n-1)\times 3}$，$\boldsymbol{B} \in \mathbf{R}^{(n-1)\times(n-1)}$ であり，

$$\boldsymbol{A} = \begin{bmatrix} \sin\theta_2 & -\cos\theta_2 & -b_{21} \\ \vdots & \vdots & \vdots \\ \sin\theta_n & -\cos\theta_n & -b_{n1} \end{bmatrix}, \tag{16.8}$$

$$\boldsymbol{B} = \begin{bmatrix} l & 0 & \cdots & 0 \\ b_{32} & l & \ddots & \vdots \\ \vdots & \ddots & \ddots & 0 \\ b_{n2} & \cdots & b_{n(n-1)} & l \end{bmatrix}, \tag{16.9}$$

$$b_{ij} = l + 2l\sum_{k=j}^{i-1}\cos(\theta_i - \theta_k), \tag{16.10}$$

である。式 (16.7) は先頭の位置・姿勢の速度 $\dot{\boldsymbol{w}}$ と関節の角速度 $\dot{\boldsymbol{\phi}}$ の関係式となっており，運動学モデルとして用いることができる。なお，$\boldsymbol{A}, \boldsymbol{B}$ の各行は各車輪による速度拘束式を表しており，行数と車輪が取り付けられたリンク数は等しい。

16.2.2　運動学モデルに基づく制御と特異姿勢

運動学モデル (16.7) に基づく制御を行う。システムの被制御量は $\boldsymbol{w}$ であり，制御入力は $\dot{\boldsymbol{\phi}}$ である。制御問題としては，「所望の $\boldsymbol{w}$ の運動を実現する関節角速度 $\dot{\boldsymbol{\phi}}$」を求めることになる。システムの入力を $\boldsymbol{u} = \dot{\boldsymbol{\phi}}$ とし，次式のように与える。

$$\boldsymbol{u} = \boldsymbol{B}^{-1}\boldsymbol{A}\{\dot{\boldsymbol{w}}_d - \boldsymbol{K}(\boldsymbol{w} - \boldsymbol{w}_d)\} \tag{16.11}$$

ここで，$\boldsymbol{K} > \boldsymbol{0}$ はフィードバックゲインを表す正定行列，$\boldsymbol{w}_d$ は $\boldsymbol{w}$ の目標値である。式 (16.9) より $\boldsymbol{B}$ は対角成分が l の下三角行列であり，常に可逆である。式 (16.11) を運動学モデル (16.7) に代入することで次式の閉ループ系が得られる。

$$\boldsymbol{A}\{\dot{\boldsymbol{w}} - \dot{\boldsymbol{w}}_d + \boldsymbol{K}(\boldsymbol{w} - \boldsymbol{w}_d)\} = \boldsymbol{0} \tag{16.12}$$

ここで，$\boldsymbol{A}$ が列フルランクであれば式 (16.12) は一意解

$$\dot{\boldsymbol{w}} - \dot{\boldsymbol{w}}_d + \boldsymbol{K}(\boldsymbol{w} - \boldsymbol{w}_d) = \boldsymbol{0} \tag{16.13}$$

をもち，$t \to \infty$ で $\boldsymbol{w} \to \boldsymbol{w}_d$ となり被制御量が目標値に収束する。$\boldsymbol{A}$ が列フルランクであるためには $\boldsymbol{A}$ のサイズが正方または縦長である必要がある。よって，車輪をもつリンク数が 3 以上，すなわちリンク数 $n \geq 4$ を満たさなければならない。

一方，$\boldsymbol{A}$ のサイズが正方または縦長であっても，列フルランクとならない場合がある。これがヘビ型ロボットの特異姿勢である。$\boldsymbol{A}$ が列フルランクでない場合は式 (16.12) は一意解をもたず，被制御量の目標値への収束は保証されない。式 (16.8) を見ると，$\phi_1 = \phi_2 = \cdots = \phi_{n-1} = 0$ の場合，1 列目および 2 列目の成分がそれぞれの列ですべて等しくなり，$\boldsymbol{A}$ のランクが落ちることがわかる。これはロボットの形状が直線となる場合に特異姿勢であることを意味している（図 16.3(a)）。同様に，図 16.3(b) に示すようにすべての受動車輪が同軸円弧上にあるときにも $\boldsymbol{A}$ のランク落ちが生じる。ヘビ型ロボットを制御する際には特異姿勢とならないよう注意する必要がある。しかしながら，式 (16.11) に示すように先頭の目標軌道が与えられると，制御入力すなわち関節角速度は一意に決まる。これは，特異姿勢を回避するには先頭の目標軌道

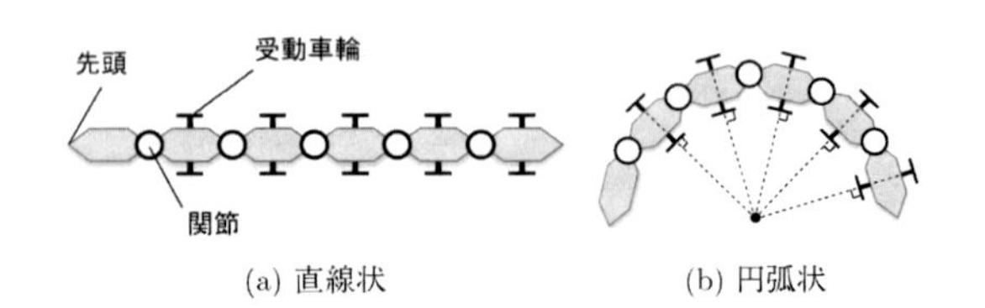

図 16.3　ヘビ型ロボットの特異姿勢

を変更しなければならないことを意味している[1)]。先頭の制御と特異姿勢回避を独立して達成するには，何か他の方法を考えなければいけない。

16.2.3 非接地リンクの導入と運動学的冗長性

先頭の制御と特異姿勢回避を独立して行うため，ヘビ型ロボットに対して車輪をもたない非接地リンクの導入を行う。なお，前提条件として最後尾のリンクには必ず車輪を配置する[1]。これは，すべての関節が先頭の運動に寄与することを保証するものである。

$i_k(k=1,\ldots,m)$ を車輪をもたないリンクの番号とする。$i_1=1$，$i_m \neq n$ とし，先頭を含めて計 m 個のリンクの車輪を取り除くと，運動学モデル (16.7) は次式のように変更される。

$$\tilde{\boldsymbol{A}}\dot{\boldsymbol{w}} = \tilde{\boldsymbol{B}}\dot{\boldsymbol{\phi}} \tag{16.14}$$

ここで，$\tilde{\boldsymbol{A}} \in \mathbf{R}^{(n-m)\times 3}$，$\tilde{\boldsymbol{B}} \in \mathbf{R}^{(n-m)\times(n-1)}$ はそれぞれ $\boldsymbol{A}, \boldsymbol{B}$ から第 $(i_2-1),\ldots,(i_m-1)$ 行を削除した行列である。式 (16.9) からわかるように，$\tilde{\boldsymbol{B}}$ は必ず行フルランクになる。新しい運動学モデル (16.14) に対する制御入力 $\boldsymbol{u}$ を次式のように与える。

$$\boldsymbol{u} = \tilde{\boldsymbol{B}}^{\dagger}\tilde{\boldsymbol{A}}\{\dot{\boldsymbol{w}}_d - \boldsymbol{K}(\boldsymbol{w}-\boldsymbol{w}_d)\} + (\boldsymbol{I} - \tilde{\boldsymbol{B}}^{\dagger}\tilde{\boldsymbol{B}})\alpha\boldsymbol{\eta} \tag{16.15}$$

ここで，$\tilde{\boldsymbol{B}}^{\dagger}$ は $\tilde{\boldsymbol{B}}$ の擬似逆行列 ($\tilde{\boldsymbol{B}}^{\dagger} = \tilde{\boldsymbol{B}}^T(\tilde{\boldsymbol{B}}\tilde{\boldsymbol{B}}^T)^{-1}$) であり，$\boldsymbol{I}$ は単位ベクトル，α は任意の定数，$\boldsymbol{\eta} \in \mathbf{R}^{n-1}$ は任意のベクトルである。式 (16.11) との違いは，逆行列が擬似逆行列になっている点と，右辺第 2 項が追加されている点である。$\tilde{\boldsymbol{B}}$ は必ず行フルランクであるので $(\tilde{\boldsymbol{B}}\tilde{\boldsymbol{B}}^T)^{-1}$ は常に存在し，$\tilde{\boldsymbol{B}}^{\dagger}$ もまた必ず存在する。このとき，閉ループ系は

$$\tilde{\boldsymbol{A}}\{\dot{\boldsymbol{w}} - \dot{\boldsymbol{w}}_d + \boldsymbol{K}(\boldsymbol{w}-\boldsymbol{w}_d)\} = \boldsymbol{0} \tag{16.16}$$

となる。ここで，$\tilde{\boldsymbol{A}}$ が列フルランクであれば式 (16.16) は一意解 (16.13) をもち，$t \to \infty$ で $\boldsymbol{w} \to \boldsymbol{w}_d$ となり被制御量が目標値に収束する。$\tilde{\boldsymbol{A}}$ が列フルランクであるためには $\tilde{\boldsymbol{A}}$ のサイズが正方または縦長である必要があるため，$(n-m) \geq 3$ を満たさなければならない。すなわち，16.2.2 項と同じく「(車輪をもつリンク数) $\geq$ 3」でなければならない。

---
1) 目標軌道の変更による特異姿勢の回避は，例えば参考文献[2–4] で提案されている。

さて，ここで改めて式 (16.15) を見てみよう。ロボット先頭の目標軌道に対し，それを実現する制御入力 (関節角速度) が一意に定まらないことがわかる。著者らは，この性質を「運動学的冗長性」と呼んでいる。「運動学的」という修飾語は次節の動力学モデルにおいて登場する「動力学的冗長性」と区別するために用いている。式 (16.15) において右辺第 2 項が運動学的冗長性に起因する成分であり，任意ベクトル $\boldsymbol{\eta}$ を用いて自由に設計することができる。もちろん，運動学的冗長性によって入力が自由自在に変更できるわけではない。任意ベクトル $\boldsymbol{\eta}$ の前にある $(\boldsymbol{I} - \tilde{\boldsymbol{B}}^{\dagger}\tilde{\boldsymbol{B}})$ が冗長性に起因する成分の基底ベクトルを並べた行列となっており，$(n-m)$ 個のリンクに存在する速度拘束式を違反しない範囲で入力が変更されることになる。注目すべきは，式 (16.15) において右辺第 2 項は $\boldsymbol{w}$ の運動に全く影響しない，という点である。この成分を利用すると，ロボット先頭を所望の軌道に追従させながら副次的な制御目標すなわちサブタスクを実現することができる。

なお，能動関節の代わりに受動関節を導入することもできる[1] が，説明や条件が複雑化するため本稿では省略する。また，車輪をもたないリンクを導入した場合のヘビ型ロボットの特異姿勢については文献[5] を参考にされたい。

16.2.4 運動学的冗長性を用いた制御

ここでは制御入力 (16.15) における運動学的冗長性を利用した制御について述べる。冗長性によって行うサブタスクを評価関数 $V(\boldsymbol{q})$ の増大化であるとする。制御入力 (16.15) における $\alpha > 0$ とし，$\boldsymbol{\eta}$ を次式で与える。

$$\boldsymbol{\eta} = \left[\frac{\partial V}{\partial \phi_1}, \ldots, \frac{\partial V}{\partial \phi_{n-1}}\right]^T \tag{16.17}$$

すると，評価関数 V の時間微分は

$$\begin{aligned}\dot{V}(\boldsymbol{q}) &= \frac{\partial V}{\partial \boldsymbol{w}}\dot{\boldsymbol{w}} + \frac{\partial V}{\partial \boldsymbol{\phi}}\dot{\boldsymbol{\phi}} \\ &= \frac{\partial V}{\partial \boldsymbol{w}}\dot{\boldsymbol{w}} + \boldsymbol{\eta}^T\tilde{\boldsymbol{B}}^{\dagger}\tilde{\boldsymbol{A}}\{\dot{\boldsymbol{w}}_d - \boldsymbol{K}(\boldsymbol{w}-\boldsymbol{w}_d)\} \\ &\quad + \boldsymbol{\eta}^T(\boldsymbol{I} - \tilde{\boldsymbol{B}}^{\dagger}\tilde{\boldsymbol{B}})\alpha\boldsymbol{\eta}\end{aligned} \tag{16.18}$$

となる。ここで，$(\boldsymbol{I} - \tilde{\boldsymbol{B}}^{\dagger}\tilde{\boldsymbol{B}}) \geq 0$[6] より式 (16.18) の右辺第 3 項は常に非負となり，評価関数 V の増大化に貢献できる。なお，$\alpha < 0$ に変更することで評価関数の減少化にも対応可能である。

一例として，評価関数を次式のように設定する。

$$V = a\det(\tilde{\boldsymbol{A}}^T\tilde{\boldsymbol{A}}) + b\det(\tilde{\boldsymbol{B}}\tilde{\boldsymbol{B}}^T) \qquad (16.19)$$

ここで，$a, b > 0$ は重みを表す定数である。式 (16.19) の右辺第 1 項は特異姿勢に関する項であり，ロボットが特異姿勢になると行列 $\tilde{\boldsymbol{A}}$ のランクが落ちて $\det(\tilde{\boldsymbol{A}}^T\tilde{\boldsymbol{A}}) = 0$ となる。右辺第 2 項はロボットの可操作度に対応する項である。よって，式 (16.19) を増大化することで特異姿勢の回避と可操作度の増大化を行うことができる。

16.2.5　実機実験

次に，実機を用いた検証実験について紹介する。本実験結果は文献[7] の一部である。実験では，図 16.4 に示す $l = 0.0335$ m，$n = 7$ のヘビ型ロボットを用いた。ヘビ型ロボットは先頭および第 3 リンクの車輪を取り外してあり，$m = 2$ である。先頭の位置・姿勢 $\boldsymbol{w}$ は画像を用いた位置・姿勢計測装置によって測定した。目標軌道は等速直線運動とし，$\boldsymbol{w}_d = [0.5, 1.0 - 0.01t, \pi/2]^T$，$\boldsymbol{K} = 2\boldsymbol{I}$ とした。そして，比較のために $\alpha = 0$ として冗長性を用いなかった場合 (case 1) と，$\alpha = 0.005$，$a = 5/l^2$，$b = 1/l^{10}$ として冗長性を用いた制御を行った場合 (case 2) の 2 通りの実験を行った。

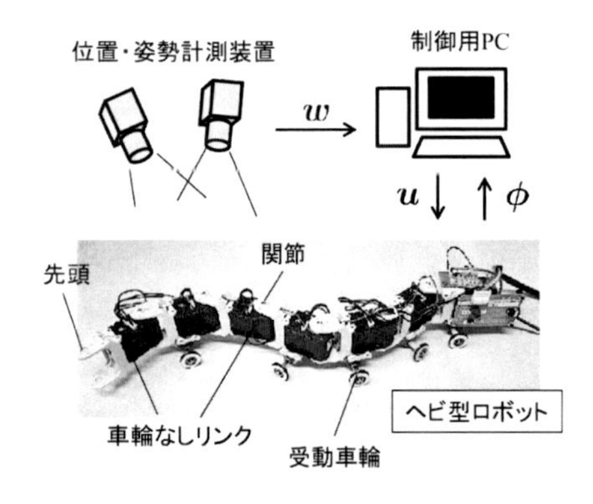

図 16.4　実験環境

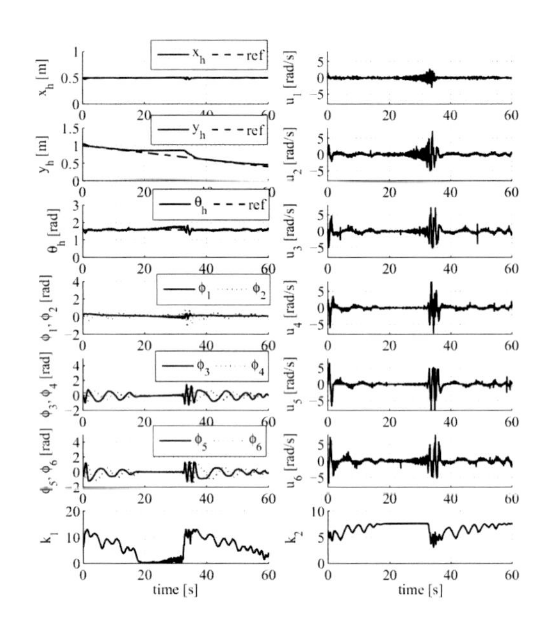

図 16.5　実験結果[7] (case 1)

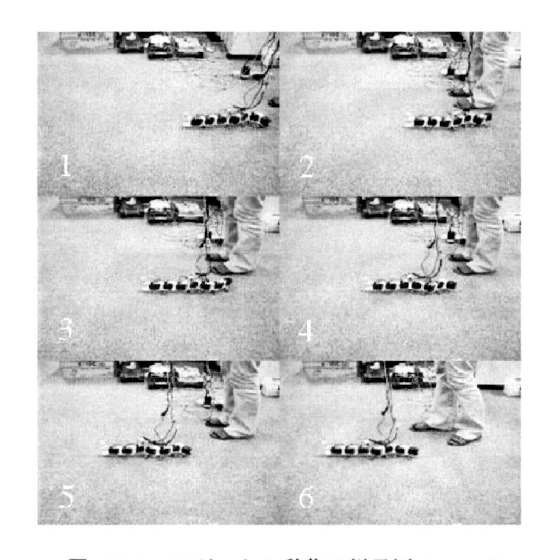

図 16.6　ロボットの動作の様子[7] (case 2)

図 16.5 に case 1 における x_h, y_h, θ_h, $\boldsymbol{\phi}$, $\boldsymbol{u}$, $k_1 = \sqrt{\det(\tilde{\boldsymbol{A}}^T\tilde{\boldsymbol{A}})}/l$, $k_2 = \sqrt{\det(\tilde{\boldsymbol{B}}\tilde{\boldsymbol{B}}^T)}/l^5$ の時間応答を示す。ロボットは $t = 0 - 15$[s] にかけて特異姿勢に関する k_1 の値がゼロに収束していき，$t = 15 - 33$[s] で停止してしまった。そして振動的な挙動を示した後に動作を再開していることがわかる。このように，ロボットが特異姿勢に収束すると動作が停止してしまい，目標軌道に追従することができない。

一方，case 2 におけるロボットの動作の様子を図 16.6 に，状態量の時間応答を図 16.7 に示す。case 2 では，ロボットは特異姿勢に陥ることなくうねり推進を続けることができた。先頭の位置・姿勢 $\boldsymbol{w}$ も目標軌道 $\boldsymbol{w}_d$ に追従していることがわかる。以上のように，実機実験にて運動学モデルに基づく制御の有効性が確認された。

16.2.6　まとめ

本節ではヘビ型ロボットの運動学モデルの導出と運動学的冗長性を利用する制御について述べ，実機実験の結果を紹介した。本制御則を用いると，所望の先頭軌道 $\boldsymbol{w}_d$ を実現し，かつ特異姿勢を回避する制御が可能となる。次節で紹介する動力学に基づく制御と違い，関節の「角速度」を入力として用いるため，市販のラジ

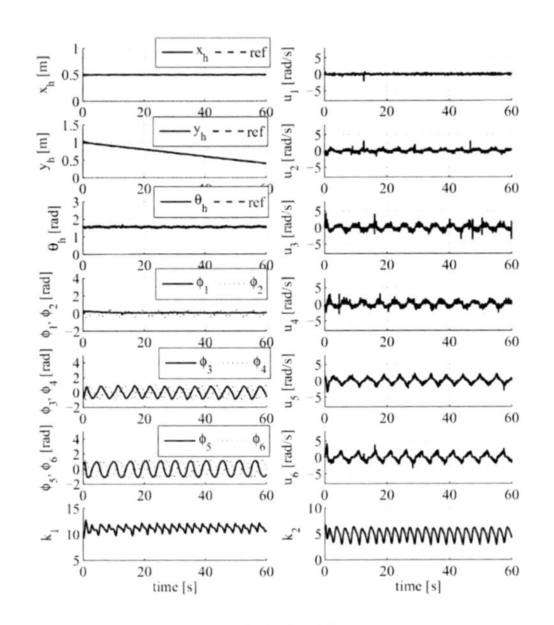

図 16.7 実験結果[7] (case 2)

コンサーボを用いて容易に動作を実現できる。位置・姿勢 $\boldsymbol{w}$ の測定ができない場合，$\boldsymbol{K} = \boldsymbol{0}$ としてやることで入力 (16.15) を速度のフィードフォワード制御器として用いることもできる。

本節では車輪を取り除くことで生じる運動学的冗長性を行列 $(\boldsymbol{I} - \tilde{\boldsymbol{B}}^{\dagger}\tilde{\boldsymbol{B}})$ と任意ベクトル $\boldsymbol{\eta}$ によって表現し，制御を行った。16.3 節にて紹介するが，冗長性を代表する変数「形状可制御点」を被制御量に導入し直接操作することによっても，同様の制御を行うことができる。詳しくは文献[1, 8] を参照されたい。

＜田中基康，松野文俊＞

参考文献（16.2 節）

[1] 松野文俊，茂木一貴：冗長蛇型ロボットの運動学モデルに基づいた制御とユニット設計，『計測自動制御学会論文集』，Vol.36，No.12，pp.1108–1116 (2000).

[2] 星義克，三平満司 他：動的可操作性を考慮した多関節ヘビ型ロボットの自律推進制御，『日本ロボット学会誌』，Vol.18，No.8，pp.1133–1140 (2000).

[3] Date, H., Hoshi, Y., *et al.*: Locomotion of a Snake-like Robot Based on Dynamic Manipulability, *Proc. IEEE/RSJ Int. Conf. on Intelligent Robots and Systems*, pp.2236–2241 (2000).

[4] 山北昌毅，橋本実 他：三次元ヘビロボットの推進制御と先頭位置姿勢制御，『日本ロボット学会誌』，Vol.22，No.1，pp.61–67 (2004).

[5] Tanaka, M., Tanaka, K.: Singularity Analysis of a Snake Robot and an Articulated Mobile Robot with Unconstrained Links, *IEEE Transactions on Control Systems Technology*, Vol.24, No.6, pp.2070–2081 (2016).

[6] Nakamura, Y., Hanafusa, H., *et al.*: Task-Priority Based Redundancy Control of Robot Manipulators, *Int. J. of Robotics Research*, Vol.6, No.2, pp.3–15 (1987).

[7] Tanaka, M., Matsuno, F.: Experimental Study of Redundant Snake Robot Based on Kinematic Model, *Proc. IEEE Int. Conf. on Robotics and Automation*, pp.2990–2995 (2007).

[8] Tanaka, M., Matsuno, F.: Modeling and Control of Head Raising Snake Robots by Using Kinematic Redundancy, *J. of Intelligent and Robotic Systems*, Vol.75, No.1, pp.53–69 (2014).

16.3 動力学モデルと制御

前節では先頭速度と関節角速度の関係である運動学モデルに基づく制御について述べた。しかしながら，運動学モデルでは押し付け，運搬といった力を操作するタスクを行うことはできない。力を操作するためには動力学モデルに基づく力の制御が必要である。

そこで，本節ではヘビ型ロボットの動力学モデルに基づく制御について述べる。

16.3.1 速度拘束式を考慮した動力学モデル

制御対象として前節と同様に図 16.1 に示すヘビ型ロボットを考え，車輪をもたないリンクを複数導入した場合についてヘビ型ロボットの動力学モデルの導出を行う[1, 2]。各関節のアクチュエータの入力トルクを $\boldsymbol{\tau} = [\tau_1, \ldots, \tau_{n-1}]^T$，その他のパラメータは前節と同じであるとする。

ヘビ型ロボットは受動車輪による速度拘束をもつため，導出すべき動力学モデルは拘束条件付きの運動方程式となる。車輪による速度拘束式は前節にて運動学モデル (16.14) として既に導出されている。式 (16.14) を拘束式として用いて動力学モデルを導出することもできるが，冗長性を表す基底ベクトルを発見するのが非常に困難[3] であり，発見できたとしても冗長性を直接状態ベクトルとして表現できないので制御設計が困難である。そこで，ロボットの冗長性を代表した変数として車輪をもたないリンクの相対角，すなわち形状可制御点[4] を考え，これを被制御量に導入する。この場合，形状可制御点 $\tilde{\boldsymbol{\phi}}$ を直接制御することにより，特異姿勢回避といった副次的な制御目標を達成することができる。16.2.3 項より車輪をもたないリンク番号は $i_k (k = 1, \ldots, m)$ であり，かつ $i_1 = 1$，$i_m \neq n$ であるため，形状可制御点は $\tilde{\boldsymbol{\phi}} = [\phi_{i_2-1}, \ldots, \phi_{i_m-1}]^T \in \mathbf{R}^{m-1}$

となる。

形状可制御点を加えた新たな被制御量 $\bar{\boldsymbol{w}}$ を，そして $\boldsymbol{q}$ から $\bar{\boldsymbol{w}}$ を除いた状態量 $\bar{\boldsymbol{\theta}}$ を

$$\bar{\boldsymbol{w}} = [\boldsymbol{w}^T, \tilde{\boldsymbol{\phi}}^T]^T$$
$$\bar{\boldsymbol{\theta}} = [\phi_1, \ldots, \phi_{i_2-2}, \phi_{i_2}, \ldots, \phi_{n-1}]^T \tag{16.20}$$

とする。式 (16.14) の $\tilde{\boldsymbol{B}}$ の第 i 列成分を $\tilde{\boldsymbol{B}}_i$ とおくと，速度拘束式 (16.14) は次式のように書き直される。

$$\bar{\boldsymbol{A}}\dot{\bar{\boldsymbol{w}}} = \bar{\boldsymbol{B}}\dot{\bar{\boldsymbol{\theta}}} \tag{16.21}$$
$$\bar{\boldsymbol{A}} = [\tilde{\boldsymbol{A}} \quad -\tilde{\boldsymbol{B}}_{i_2-1} \quad \cdots \quad -\tilde{\boldsymbol{B}}_{i_m-1}] \in \mathbf{R}^{(n-m)\times(m+2)}$$
$$\bar{\boldsymbol{B}} = [\tilde{\boldsymbol{B}}_1 \quad \cdots \quad \tilde{\boldsymbol{B}}_{i_2-2} \quad \tilde{\boldsymbol{B}}_{i_2} \quad \cdots \quad \tilde{\boldsymbol{B}}_{n-1}] = \begin{bmatrix} l & & \boldsymbol{0} \\ & \ddots & \\ * & & l \end{bmatrix} \in \mathbf{R}^{(n-m)\times(n-m)}$$

$\bar{\boldsymbol{B}}$ は対角成分が l である正則な下三角行列なので，次式が成り立つ。

$$\dot{\bar{\boldsymbol{\theta}}} = \bar{\boldsymbol{F}}\dot{\bar{\boldsymbol{w}}},\quad \bar{\boldsymbol{F}} = \bar{\boldsymbol{B}}^{-1}\bar{\boldsymbol{A}} \in \mathbf{R}^{(n-m)\times(m+2)} \tag{16.22}$$

これより，$\dot{\bar{\boldsymbol{w}}}$ を決めると $\dot{\bar{\boldsymbol{\theta}}}$ が一意に決まることがわかる。

次に，速度拘束式 (16.22) を一般化座標 $\boldsymbol{q}$ を用いた形に変形する。一般化座標 $\boldsymbol{q}$ から $\bar{\boldsymbol{w}}$，$\bar{\boldsymbol{\theta}}$ を選択するための選択行列 $\boldsymbol{S} \in \mathbf{R}^{(m+2)\times(n+2)}$，$\bar{\boldsymbol{S}} \in \mathbf{R}^{(n-m)\times(n+2)}$ を次式のように定義する。

$$\bar{\boldsymbol{w}} = \boldsymbol{S}\boldsymbol{q},\quad \bar{\boldsymbol{\theta}} = \bar{\boldsymbol{S}}\boldsymbol{q} \tag{16.23}$$

ここで，$\boldsymbol{S}, \bar{\boldsymbol{S}}$ の成分はすべて 0 か 1 であり，$\boldsymbol{S}\boldsymbol{S}^T = \boldsymbol{I}_{m+2}$，$\bar{\boldsymbol{S}}\bar{\boldsymbol{S}}^T = \boldsymbol{I}_{n-m}$，$\boldsymbol{S}\bar{\boldsymbol{S}}^T = \boldsymbol{0}$ となることに注意されたい。すると $\boldsymbol{q}, \bar{\boldsymbol{w}}, \bar{\boldsymbol{\theta}}$ の関係は次式のように表すことができる。

$$\boldsymbol{q} = \boldsymbol{T}\begin{bmatrix} \bar{\boldsymbol{w}} \\ \bar{\boldsymbol{\theta}} \end{bmatrix} \tag{16.24}$$
$$\boldsymbol{T} = [\boldsymbol{S}^T \quad \bar{\boldsymbol{S}}^T] \in \mathbf{R}^{(n+2)\times(n+2)}$$

ここで，変換行列 $\boldsymbol{T}$ は正則であり，$\boldsymbol{T}^T = \boldsymbol{T}^{-1}$ であることに注意する。そして式 (16.22) を次式のように書き換える。

$$[-\bar{\boldsymbol{F}} \quad \boldsymbol{I}_{n-m}]\begin{bmatrix} \dot{\bar{\boldsymbol{w}}} \\ \dot{\bar{\boldsymbol{\theta}}} \end{bmatrix} = \boldsymbol{0} \tag{16.25}$$

これに式 (16.24) を代入すると，次式の一般化座標を用いた速度拘束式が得られる。

$$\bar{\boldsymbol{J}}\dot{\boldsymbol{q}} = \boldsymbol{0} \tag{16.26}$$
$$\bar{\boldsymbol{J}} = [-\bar{\boldsymbol{F}} \quad \boldsymbol{I}_{n-m}]\boldsymbol{T}^T \in \mathbf{R}^{(n-m)\times(n+2)}$$

速度拘束 (16.26) を有するヘビ型ロボットの運動方程式は，ラグランジュの未定乗数 $\boldsymbol{\lambda} \in \mathbf{R}^{(n-m)}$ を用いて次式のように書ける。

$$\boldsymbol{M}(\boldsymbol{\theta})\ddot{\boldsymbol{q}} + \boldsymbol{C}(\boldsymbol{\theta}, \dot{\boldsymbol{\theta}})\dot{\boldsymbol{q}} + \boldsymbol{D}(\boldsymbol{\theta})\dot{\boldsymbol{q}} + \boldsymbol{T}\begin{bmatrix} -\bar{\boldsymbol{F}}^T \\ \boldsymbol{I}_{n-m} \end{bmatrix}\boldsymbol{\lambda} = \boldsymbol{E}\boldsymbol{\tau} \tag{16.27}$$

ここで，$\boldsymbol{M}, \boldsymbol{C}, \boldsymbol{D} \in \mathbf{R}^{(n+2)\times(n+2)}$ はそれぞれ慣性行列，コリオリ・遠心力に関する行列，粘性行列である。また，$\boldsymbol{E} = [O_{(n-1)\times 3}, \boldsymbol{I}_{n-1}]^T \in \mathbf{R}^{(n+2)\times(n-1)}$ である。この運動方程式は $(n+2)$ 次元であるが，$(n-m)$ 個の拘束条件が加わるため，次のような $(m+2)$ 次元の運動方程式に変形できる[5]。

$$\bar{\boldsymbol{M}}\ddot{\bar{\boldsymbol{w}}} + \bar{\boldsymbol{C}}\dot{\bar{\boldsymbol{w}}} = \bar{\boldsymbol{E}}\boldsymbol{\tau} \tag{16.28}$$

ここで，$\bar{\boldsymbol{M}}, \bar{\boldsymbol{C}} \in \mathbf{R}^{(m+2)\times(m+2)}$ であり，

$$\bar{\boldsymbol{M}} = [\boldsymbol{I}_{m+2} \quad \bar{\boldsymbol{F}}^T]\boldsymbol{T}^T\boldsymbol{M}\boldsymbol{T}\begin{bmatrix} \boldsymbol{I}_{m+2} \\ \bar{\boldsymbol{F}} \end{bmatrix}$$
$$\bar{\boldsymbol{C}} = [\boldsymbol{I}_{m+2} \quad \bar{\boldsymbol{F}}^T]\boldsymbol{T}^T(\boldsymbol{C}+\boldsymbol{D})\boldsymbol{T}\begin{bmatrix} \boldsymbol{I}_{m+2} \\ \bar{\boldsymbol{F}} \end{bmatrix} + [\boldsymbol{I}_{m+2} \quad \bar{\boldsymbol{F}}^T]\boldsymbol{T}^T\boldsymbol{M}\boldsymbol{T}\begin{bmatrix} O_{m+2} \\ \dot{\bar{\boldsymbol{F}}} \end{bmatrix}$$
$$\bar{\boldsymbol{E}} = [\boldsymbol{I}_{m+2} \quad \bar{\boldsymbol{F}}^T]\boldsymbol{T}^T\boldsymbol{E} \in \mathbf{R}^{(m+2)\times(n-1)}$$

である。運動方程式 (16.28) において，行列 $\bar{\boldsymbol{M}} > \boldsymbol{0}$ は $\boldsymbol{M} > \boldsymbol{0}$ より保証される。本節では運動方程式 (16.28) をヘビ型ロボットの動力学モデルとする。

16.3.2　運動学的および動力学的冗長性を用いた制御

被制御量 $\bar{\boldsymbol{w}}$ の目標値を $\bar{\boldsymbol{w}}_d$，被制御量の偏差を $\boldsymbol{e} = \bar{\boldsymbol{w}} - \bar{\boldsymbol{w}}_d$ とし，入力トルク $\boldsymbol{\tau}$ を次式のように与える。

$$\boldsymbol{\tau} = \bar{\boldsymbol{E}}^{\dagger}\{\bar{\boldsymbol{M}}(\ddot{\bar{\boldsymbol{w}}}_d - \boldsymbol{K}_d\dot{\boldsymbol{e}} - \boldsymbol{K}_p\boldsymbol{e}) + \bar{\boldsymbol{C}}\dot{\bar{\boldsymbol{w}}}\} + \boldsymbol{\tau}_{\mathrm{ker}} \tag{16.29}$$

ここで，$\tilde{\boldsymbol{E}}^\dagger$ は $\tilde{\boldsymbol{E}}$ の疑似逆行列 ($\tilde{\boldsymbol{E}}^\dagger = \tilde{\boldsymbol{E}}^T(\tilde{\boldsymbol{E}}\tilde{\boldsymbol{E}}^T)^{-1}$) であり，$\boldsymbol{K}_d, \boldsymbol{K}_p \in \mathbf{R}^{(m+2)\times(m+2)}$ はフィードバックゲインを表す正定対称行列，$\boldsymbol{\tau}_{\mathrm{ker}}$ は状態量の運動に影響せず $\boldsymbol{\tau}_{\mathrm{ker}} \in \mathrm{Ker}(\bar{\boldsymbol{E}})$ を満たす任意のベクトルである。

$\bar{\boldsymbol{E}}$ が行フルランクならば，制御入力 (16.29) に対する運動方程式 (16.28) の閉ループ系は，

$$\bar{\boldsymbol{M}}(\ddot{\boldsymbol{e}} + \boldsymbol{K}_d\dot{\boldsymbol{e}} + \boldsymbol{K}_p\boldsymbol{e}) = \mathbf{0} \tag{16.30}$$

となる。$\bar{\boldsymbol{M}}$ は正定なので，式 (16.30) は一意解 $\ddot{\boldsymbol{e}} + \boldsymbol{K}_d\dot{\boldsymbol{e}} + \boldsymbol{K}_p\boldsymbol{e} = \mathbf{0}$ をもち，$\bar{\boldsymbol{w}} \to \bar{\boldsymbol{w}}_d$ となる。

一方，$\bar{\boldsymbol{E}}$ が行フルランクでない場合，入力 $\boldsymbol{\tau}$ が発散してしまう。これが動力学モデルにおけるヘビ型ロボットの特異姿勢である。なお，$\bar{\boldsymbol{E}}$ のフルランク性はロボットの形状に依存し，特異姿勢である形状は運動学モデルと同様である（図 16.3）。

さて，改めて制御入力 (16.29) を眺めてみよう。前節で話題となった運動学的冗長性は，形状可制御点として表現され被制御量に導入されている。すなわち，形状可制御点の動作を自由に設計することで運動学的冗長性を用いることができる。一方，制御入力 (16.29) には新たな任意ベクトル $\boldsymbol{\tau}_{\mathrm{ker}}$ が存在している。$\boldsymbol{\tau}_{\mathrm{ker}}$ は式 (16.22), (16.30) からわかるように一般化座標の運動に一切影響できないが，入力トルク $\boldsymbol{\tau}$ の分布を変更することができる。このような性質を「動力学的冗長性」と呼ぶ。$\boldsymbol{\tau}_{\mathrm{ker}}$ は動力学的冗長性に起因する成分である。運動学的冗長性はロボットの運動自体を変更できるのに対し，動力学的冗長性はロボットの運動に影響しないことに注意する。$\boldsymbol{\tau}_{\mathrm{ker}}$ を適切に設計することにより，車輪にかかる横拘束力の最小化[6] や跳躍時の横滑り回避[7] といったトルクに関する副次的な制御目標を達成できる。以降では簡単のために $\boldsymbol{\tau}_{\mathrm{ker}} = \mathbf{0}$ とし，運動学的冗長性のみを設計対象とする。

次に，動力学モデルにおける特異姿勢回避方法について述べる。前述のとおり，動力学的冗長性は運動に全く影響できない。ということは，ロボットの姿勢に依存する特異姿勢を回避するためには，運動学的冗長性を用いる必要がある。$\bar{\boldsymbol{E}}$ がフルランクにならないときに特異姿勢となることから，特異姿勢回避のための評価関数 $V(\boldsymbol{q})$ を次式のように設定する。

$$V(\boldsymbol{q}) = \det(\bar{\boldsymbol{E}}\bar{\boldsymbol{E}}^T) \tag{16.31}$$

評価関数 V を増大化することで，$\bar{\boldsymbol{E}}$ のランク落ちのリスクを低減できる。式 (16.22) より，

$$\dot{\bar{\boldsymbol{\theta}}} = \bar{\boldsymbol{F}}\dot{\bar{\boldsymbol{w}}} = \bar{\boldsymbol{F}}_1\dot{\boldsymbol{w}} + \bar{\boldsymbol{F}}_2\dot{\tilde{\boldsymbol{\phi}}} \tag{16.32}$$

と書けることに注意し，形状可制御点の目標速度 $\dot{\tilde{\boldsymbol{\phi}}}_d$ を次式のように与える[1]。

$$\dot{\tilde{\boldsymbol{\phi}}}_d = a_v\left(\frac{\partial V}{\partial \tilde{\boldsymbol{\phi}}} + \frac{\partial V}{\partial \bar{\boldsymbol{\theta}}}\bar{\boldsymbol{F}}_2\right)^T \tag{16.33}$$

ここで，a_v は任意の正の定数である。このとき，評価関数 V の時間微分に対して，次式が目標値近傍にて近似的に成立する。

$$\begin{aligned}\dot{V} &= \frac{\partial V}{\partial \bar{\boldsymbol{w}}}\dot{\bar{\boldsymbol{w}}} + \frac{\partial V}{\partial \bar{\boldsymbol{\theta}}}\dot{\bar{\boldsymbol{\theta}}}\\ &= \left(\frac{\partial V}{\partial \boldsymbol{w}} + \frac{\partial V}{\partial \bar{\boldsymbol{\theta}}}\bar{\boldsymbol{F}}_1\right)\dot{\boldsymbol{w}} + \left(\frac{\partial V}{\partial \tilde{\boldsymbol{\phi}}} + \frac{\partial V}{\partial \bar{\boldsymbol{\theta}}}\bar{\boldsymbol{F}}_2\right)\dot{\tilde{\boldsymbol{\phi}}}\\ &\simeq \left(\frac{\partial V}{\partial \boldsymbol{w}} + \frac{\partial V}{\partial \bar{\boldsymbol{\theta}}}\bar{\boldsymbol{F}}_1\right)\dot{\boldsymbol{w}}_d\\ &\quad + a_v\left(\frac{\partial V}{\partial \tilde{\boldsymbol{\phi}}} + \frac{\partial V}{\partial \bar{\boldsymbol{\theta}}}\bar{\boldsymbol{F}}_2\right)\left(\frac{\partial V}{\partial \tilde{\boldsymbol{\phi}}} + \frac{\partial V}{\partial \bar{\boldsymbol{\theta}}}\bar{\boldsymbol{F}}_2\right)^T\end{aligned} \tag{16.34}$$

上式右辺第 1 項は $\dot{\tilde{\boldsymbol{\phi}}}$ に関係しておらず，かつ第 2 項が非負であるので評価関数 V を増大化する効果がある。よって，$\dot{\tilde{\boldsymbol{\phi}}}_d$ を式 (16.33) のように定め，$\dot{\tilde{\boldsymbol{\phi}}}$ を $\dot{\tilde{\boldsymbol{\phi}}}_d$ に追従させることで評価関数の増大化すなわち特異姿勢回避に貢献できる。なお，これは特異姿勢の回避を必ず保証するものではなく，「形状可制御点を制御しない場合と比較し，特異姿勢に収束する可能性を下げる」ものであることに注意されたい。

一方，ヒューリスティックな特異姿勢回避方法としては，形状可制御点の目標値を周期関数として与える方法[1, 4] がある。この方法は理論的な保証はないが，計算量も小さく実装が容易であり，かつ滑らかな入力が得られるために有用である。

16.3.3 シミュレーション

数値シミュレーションによる制御則の有効性検証の結果を紹介する。リンク数を 8 とし，先頭および第 2 リンクの車輪を取り除いたヘビ型ロボット（図 16.8）を制御対象とする。このとき，形状可制御点は $\tilde{\boldsymbol{\phi}} = \phi_1$

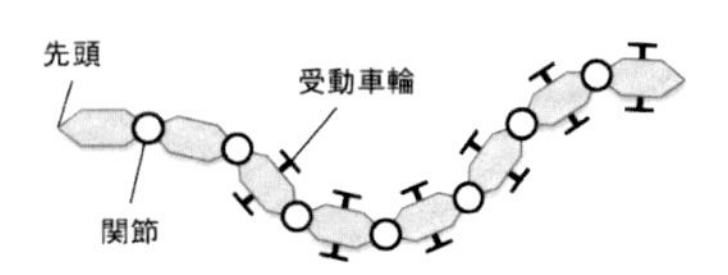

図 16.8 シミュレーションモデル

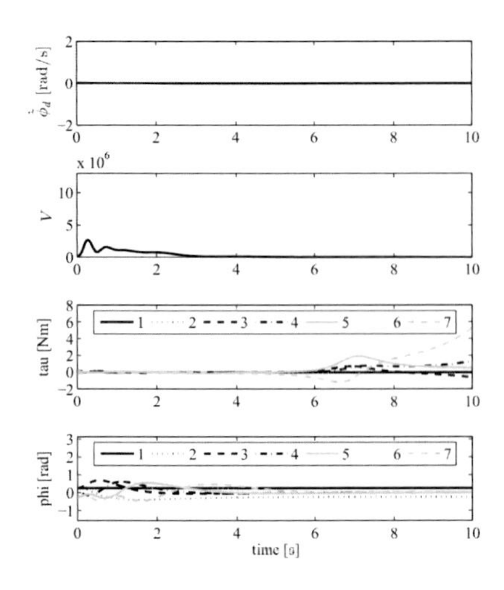

図 **16.9**　シミュレーション結果 (case 1)

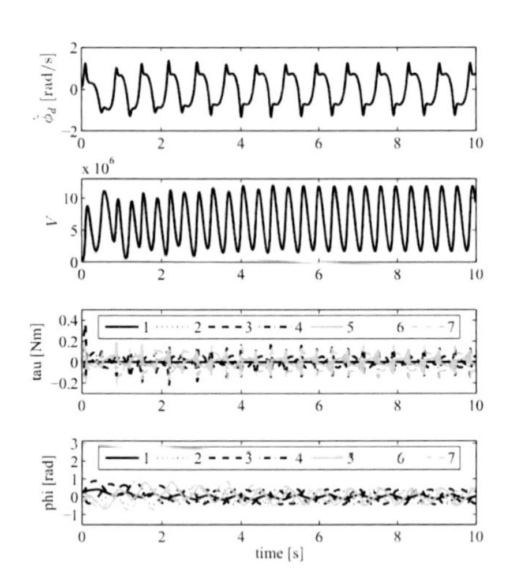

図 **16.10**　シミュレーション結果 (case 2)

であり，$\bar{\boldsymbol{w}} = [x_h, y_h, \theta_h, \phi_1]^T$ である。目標軌道を $\boldsymbol{w}_d = [0.1t, 0, \pi]^T$，フィードバックゲインを $\boldsymbol{K}_d$ = diag(3, 3, 3, 1)，$\boldsymbol{K}_p$ = diag(2, 2, 2, 0) とし，以下の 3 つのケースについてシミュレーションを行った。

[case 1] 形状可制御点を特異姿勢回避のために制御せず，$\dot{\tilde{\boldsymbol{\phi}}}_d = 0$ とした場合

[case 2] $\dot{\tilde{\boldsymbol{\phi}}}_d$ を式 (16.33) で与えた場合

[case 3] ヒューリスティックな手法として，形状可制御点の目標動作を正弦波で与えた場合

case 1〜3 すべての場合で $\boldsymbol{w}$ は目標値 $\boldsymbol{w}_d$ に収束した。しかしながら，case 1 では図 16.9 に示すように V がゼロに収束し，入力トルクが発散している。これはロボットが特異姿勢に収束していることを意味する。

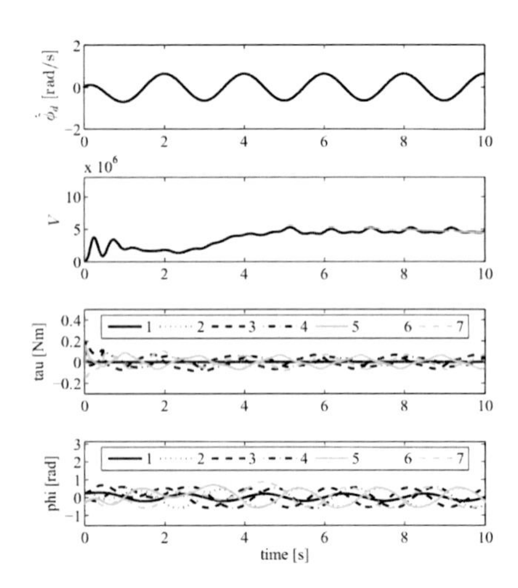

図 **16.11**　シミュレーション結果 (case 3)

case 2 では図 16.10 に示すように V がゼロに収束せず，特異姿勢を回避できている。評価関数に基づく制御入力によって形状可制御点 ϕ_1 の周期的な振動が生成され，ロボット全体に周期的なうねりが生じていることがわかる。

case 3 においては，フィードバックゲインを $\boldsymbol{K}_d$ = diag(3, 3, 3, 3)，$\boldsymbol{K}_p$ = diag(2, 2, 2, 2) とし，形状可制御点の目標軌道を $\tilde{\boldsymbol{\phi}}_d = 0.2 \sin \pi t$ としてシミュレーションを行った。図 16.11 より，case 3 についても特異姿勢を回避しながら先頭の軌道追従が実現され，かつトルクが小さく抑えられていることがわかる。生物のヘビの体形は，曲率が体形曲線に沿って正弦波上に変化するサーペノイド曲線とよく一致することが知られている[8]。形状可制御点の目標速度を余弦波で与えることで生物のヘビに近い形状で推進でき，入力トルクを小さく抑えることができたと考えられる。case 3 は特異姿勢回避を陽に考慮したものではないため注意が必要だが，計算コストの観点で優れており，実用的であると言える。

16.3.4　実機実験

次に，関節の駆動トルクによる制御が可能な実験機を用いた実験結果を紹介する。用いたロボットを図 16.12 に示す。このロボットは各リンクの体幹方向の中心に受動車輪が配置され，車輪を取り除いたリンクには自重を支えるためにボールキャスタを，関節には DC モータが取り付けてある。また，シミュレーションと同様に，先頭および第 2 リンクの車輪を取り外してある。先頭の位置・姿勢は画像情報を用いた位置・姿勢計測装置

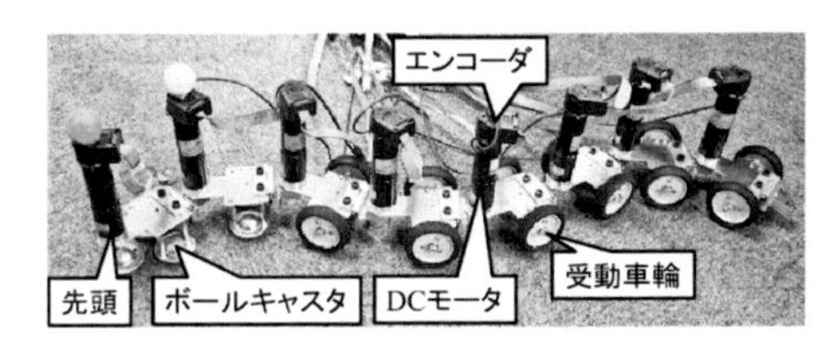

図 16.12 トルク制御ヘビ型ロボット

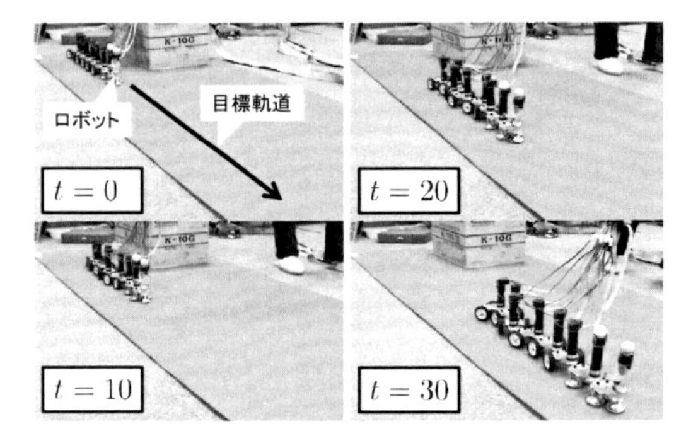

図 16.13 実験の様子

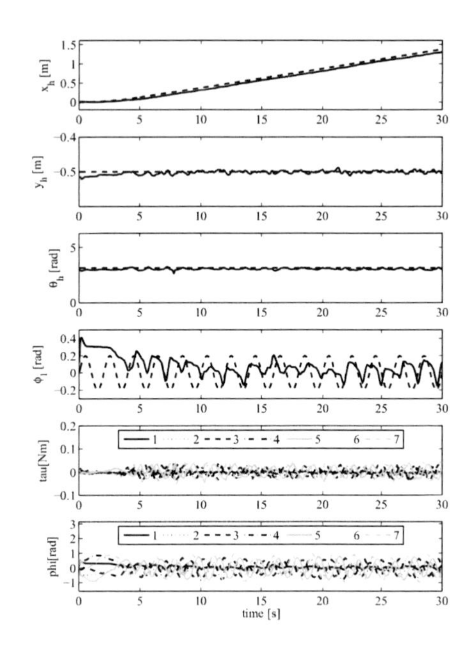

図 16.14 実験結果

によって測定し，関節角は各モータに取り付けられたロータリエンコーダを用いて計測する。ロボット先頭の目標軌道は，$t < 5\,\mathrm{s}$ では $\boldsymbol{w}_d = [0.005t^2, -0.5, \pi]^T$，$t \geq 5\,\mathrm{s}$ では $\boldsymbol{w}_d = [0.05t - 0.125, -0.5, \pi]^T$ とした。また，計算量低減化のために形状可制御点の目標値を $\tilde{\boldsymbol{\phi}}_d = 0.2 \sin \pi t$ のように正弦波として与えることで特異姿勢の回避を行う。運動は低速であるため，式 (16.29) におけるコリオリ・遠心の項 $\bar{\boldsymbol{C}}\dot{\bar{\boldsymbol{w}}} = \boldsymbol{0}$ として制御を行った。フィードバックゲインは $\boldsymbol{K}_d = 2\boldsymbol{I}$，$\boldsymbol{K}_p = 10\boldsymbol{I}$ とし，$\boldsymbol{\tau}_{\mathrm{ker}} = \boldsymbol{0}$ とした。

実験におけるロボットの動作の様子を図 16.13 に，$\bar{\boldsymbol{w}}$，$\boldsymbol{\tau}$，$\boldsymbol{\phi}$ の時間応答を図 16.14 に示す。被制御量の図中の点線は目標値を表している。図より，先頭の位置・姿勢は目標値に追従していることがわかる。しかしながら，形状可制御点 ϕ_1 は振動しているものの目標値に追従していない。これは，入力におけるコリオリ・遠心の項を無視したことによって打ち消すことができなかった非線形特性の影響，受動車輪の横滑りや先頭車両のボールキャスタの摩擦によるモデル化誤差，位置・姿勢計測システムの測定誤差が原因であると考えられる。しかしながら，形状可制御点は特異姿勢の回避を目指して制御されており，ロボットは特異姿勢に収束することなく推進を続けたために目的は達成できたと言える。

16.3.5 まとめ

本節ではヘビ型ロボットの動力学モデルとそれに基づく制御について述べ，シミュレーションおよび実機実験の結果を紹介した。前節の運動学モデルに基づく制御と比較すると，本節で紹介した動力学モデルに基づく制御は被制御量の追従性能が多少劣っていると言える。ヘビ型ロボットは受動車輪による異方性摩擦を利用して推進するために摩擦の影響を受けやすく，動力学モデルにおけるモデル化誤差が生じやすいことが原因であると考えられる。しかしながら，協調作業[2, 9]といった力のやり取りを基本とするタスクにおいては，動力学モデルに基づく制御は必要不可欠である。よって，対象とする動作やタスクに応じて運動学モデルと動力学モデルを使い分けるとよい。

なお，先頭からいくつかのリンクを持ち上げ 3 次元動作を行う場合[7, 9, 10]や動作環境を円柱曲面上とした場合[11]についてもモデル化と制御が行われている。詳しくは各文献を参照されたい。

＜田中基康，松野文俊＞

参考文献（16.3 節）

[1] 佐藤博毅，田中基康 他：動力学モデルに基づく蛇型ロボットの軌道追従制御，『計測自動制御学会論文集』，Vol.42, No.6, pp.651–658 (2006).

[2] 田中基康，吉川雅人 他：2 台のヘビ型ロボットの協調制御，『日本ロボット学会誌』，Vol.24, No.3, pp.400–407 (2005).

[3] Murray, R., Li. Z., *et al.*: *A Mathematical Introduction to Robotic Manipulation*, CRC Press (1994).

[4] 松野文俊，茂木一貴：冗長蛇型ロボットの運動学モデルに基づいた制御とユニット設計，『計測自動制御学会論文集』，Vol.36, No.12, pp.1108–1116 (2000).

[5] Prautsch, P., Mita, T., *et al.*: Analysis and Control of a Gait of Snake Robot, *Trans. of IEEJ*, Vol.120-D, pp.372–381 (2000).

[6] Date, H., Sampei, M., *et al.*: Control of a Snake Robot in Consideration of Constraint Force, *Proc. IEEE Int. Conf. on Control Applications*, pp.966–971 (2001).

[7] 田中基康，星野恵一 他：ヘビ型ロボットの接地部反力を考慮した跳躍制御，『日本ロボット学会誌』，Vol.32, No.4, pp.386–394 (2014).

[8] 広瀬茂男：『生物機械工学』，工学調査会 (1987).

[9] 田中基康，松野文俊：平面を移動する 3 次元ヘビ型ロボットの協調制御，『日本ロボット学会誌』，Vol.26, No.6, pp.493–501 (2008).

[10] Tanaka, M., Matsuno, F.: Modeling and Control of Head Raising Snake Robots by Using Kinematic Redundancy, *J. of Intelligent and Robotic Systems*, Vol.75, No.1, pp.53–69 (2014).

[11] 田中基康，塚野洋章 他：円柱曲面上におけるヘビ型ロボットの滑落回避を考慮した軌道追従制御，『計測自動制御学会論文集』，Vol.48, No.10, pp.664–673 (2012).

16.4　ハイブリッドモデルと多様な滑走形態

16.2 節および 16.3 節ではヘビ型ロボットに車輪を取り外したリンクを導入することで運動学的冗長性が生じ，先頭の軌道追従と特異姿勢の回避の両立が可能となることを述べた。ここで，ヘビ型ロボットにおける「車輪を取り外したリンク」は，「地面から浮かせて非接触状態となっているリンク」と捉えることもできる。実は，生物のヘビも推進時に胴体のすべてを地面に接触させているわけではない。ヘビは胴体における接地部分，非接地部分を時々刻々と動的に変化させることで，高速移動[1] や砂地に適した滑走[2] を見せる。例えば，推進力獲得に寄与しない部分はあえて地面と接触させず持ち上げる，といったことをしている。このような接地部分の動的変化をヘビ型ロボットに対して適用することで，生物のヘビと同等もしくは生物を超える多様な滑走を発現できる可能性がある。

そこで，本節ではヘビ型ロボットに接地点の動的切換えを導入し，ハイブリッドシステムとしてのモデル化と制御方法，実現される多様な滑走形態について述べる。

16.4.1　ハイブリッド運動学モデルと制御

ここでは文献[3] にて発表したハイブリッド運動学モデルと制御について紹介する。動作環境は平面に限定し，3 次元運動によって生じる接地リンクと浮上リンクを，それぞれ受動車輪が存在するリンクと存在しないリンクに置き換える（図 16.15）。これにより，接地点が変化するヘビ型ロボットの 3 次元運動を受動車輪の配置が変化する 2 次元ヘビ型ロボットとして表現できる。なお，浮上リンクと地面との距離は微小とし，浮上リンクと接地リンクの切換えは瞬時に行われると仮定する。式 (16.14) に示すように，ヘビ型ロボットの運動学モデルは車輪配置によって異なる関係式となる。そこで，各々の車輪配置に対して固有の自然数を割り当て，これを「モード」と呼び，その総数を N_m とする。例として $n = 6$ のヘビ型ロボットの車輪配置とモードの関係を図 16.16 に示す。

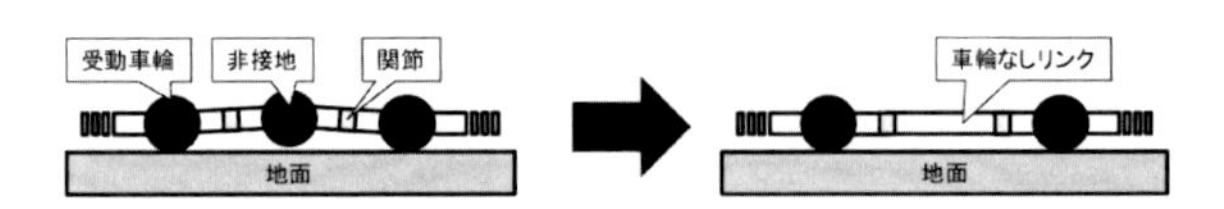

図 16.15　接地/非接地と受動車輪の有無の関係

モード	車輪配置	モード	車輪配置
1	先頭 車輪	9	
2		10	
3		11	
4		12	
5		13	
6		14	
7		15	
8		16	

図 16.16　モードと車輪配置の関係 ($n = 6$)

(1) 接地点切換えを考慮した運動学モデル

式 (16.14) より，モード σ のヘビ型ロボットの運動学モデルを添字 σ を用いて $\tilde{\boldsymbol{A}}_\sigma \dot{\boldsymbol{w}} = \tilde{\boldsymbol{B}}_\sigma \boldsymbol{u}$ とする。ロボットは時間 ΔT ごとに接地点の切換えを能動的に行うとすると，ヘビ型ロボットのモデルは次式のハイブリッドシステムとして記述できる。

$$
\begin{aligned}
\tilde{\boldsymbol{A}}_{\sigma(t)} \dot{\boldsymbol{w}} &= \tilde{\boldsymbol{B}}_{\sigma(t)} \boldsymbol{u} \\
\sigma(t) = \sigma_k, &\quad \forall t \in [t_k, t_{k+1})
\end{aligned}
\tag{16.35}
$$

ここで，$t_k = k\Delta T$ $(k = 0, 1, 2, \ldots)$ は切換え時刻

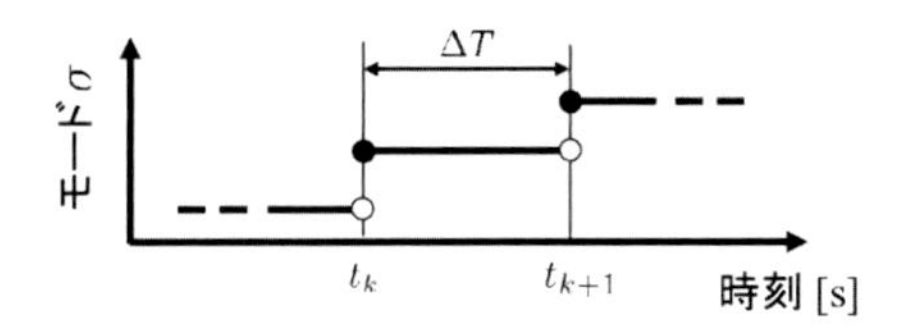

図 16.17 モード σ と時刻 t の関係

である。離散値であるモード $\sigma \in \{1, 2, \ldots, N_m\}$ は図 16.17 に示すように $t = t_k$ で瞬間的に切り換わり，$t_k \leq t < t_{k+1}$ で値が保持される。本節では式 (16.35) を接地点切換えを考慮したヘビ型ロボットの運動学モデルとして用いる。

(2) 接地点切換えを用いた制御

次に，運動学モデル (16.35) を用いた制御について紹介する。図 16.18(a) に示すように，車輪配置が固定されたヘビ型ロボットは車輪の速度拘束によって回避動作が制限されるため，胴体に向かってくる移動障害物を回避することができない。一方で，接地点切換えを用いると図 16.18(b) に示すように回避が可能となる。よって，制御目標は前節までに扱ったロボット先頭の軌道追従と特異姿勢回避だけでなく，新たなサブタスクとして移動障害物の回避を加えることにする。

さて，式 (16.35) の運動学モデルにおける制御入力は関節角速度 $\boldsymbol{u}$ とモード σ である。ここでは図 16.19 に示す制御器を用いて制御を行う。この制御器は各モードに対して関節角速度を用意し，最適なモードを選択

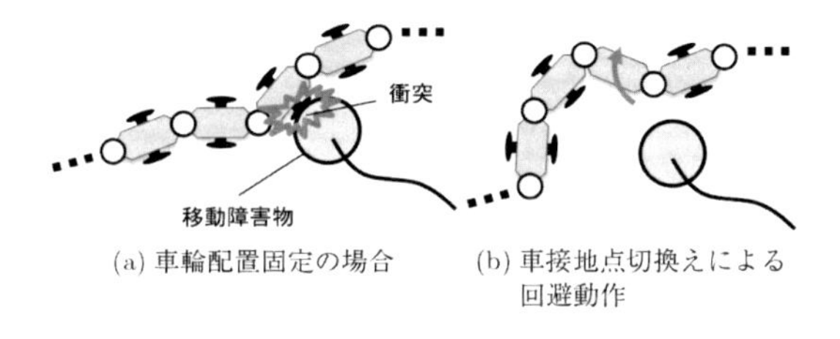

(a) 車輪配置固定の場合　(b) 車接地点切換えによる回避動作

図 16.18 ヘビ型ロボットと移動障害物

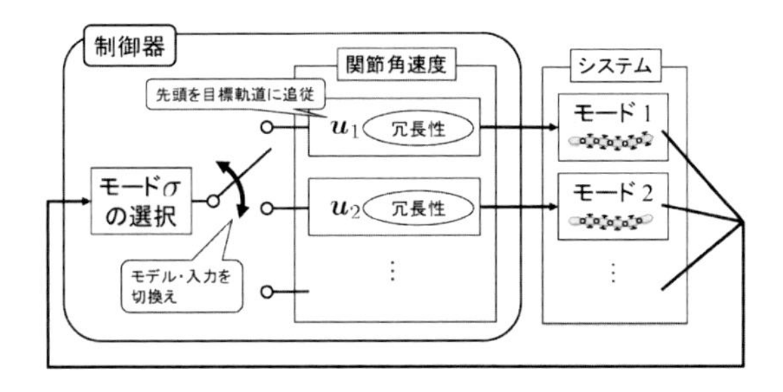

図 16.19 制御器の構成

することでロボットの軌道追従とサブタスク遂行を行う。関節角速度 $\boldsymbol{u}$ については 16.2.3 項，16.2.4 項に記述されたものを用いるため省略し，ここでは評価関数と，新たに登場したモードの選択方法について述べる。

(3) 評価関数

前節と同様に，評価関数 $V(\boldsymbol{q})$ を用いてサブタスクを設定する。サブタスクとして特異姿勢の回避と移動障害物の回避を考え，V を次式のように与える。

$$V(\boldsymbol{q}) = a\left(\sum_{i=1}^{n} \frac{1}{d_i}\right) + b\frac{1}{\det(\tilde{\boldsymbol{A}}_\sigma^T \tilde{\boldsymbol{A}}_\sigma)} \tag{16.36}$$

ここで，d_i は障害物位置とリンク i 中心位置との距離であり，$a > 0, b > 0$ は重みを表す定数である。V を減少化することで特異姿勢への収束と障害物との衝突のリスクを低減できる。

(4) モード選択

図 16.19 の「モード σ の選択」では評価関数の減少化に適したモード σ の選択が行われる。時刻 $t = t_k$ におけるモード σ_k を次式の最適化問題として定式化する。

$$\min_{\sigma_k} \int_{t_k}^{t_{k+1}} V_{\sigma_k}(\hat{\boldsymbol{q}})\, \mathrm{d}t \tag{16.37}$$

ここで，$\hat{\boldsymbol{q}}$ は $\boldsymbol{q}$ の推定値であり，閉ループ系の微分方程式 (16.13) と制御入力 (16.15) を数値積分することで算出される。式 (16.37) を全探索によって数値的に解き，得られた σ_k を $t < t_{k+1}$ における σ として用いる。式 (16.37) の解は「次の切換え時刻まで V を最も小さく抑えることが見込まれるモード」を意味する。なお，式 (16.37) を解く際の制約条件として，文献[3] にて提案した静的安定性を保証する条件および非現実的な切換えを回避するための条件を用いた。

(5) 実機実験

図 16.20 に示すヘビ型ロボットを用いた実機実験[3] について紹介する。ロボットはピッチ関節とヨー関節が交互に接続されており，ピッチ関節と同軸上に受動車輪が取り付けてある。数式モデルにおける関節は実機におけるヨー関節に対応している。ロボットのピッチ関節は図 16.20(b) に示すように車輪を浮上させるために用いる。ピッチ関節角を微小に変化させることでロボットの車輪配置，すなわちモードを変更できる。ロボットのリンク数は $n = 6$，ロボット先頭の目標軌

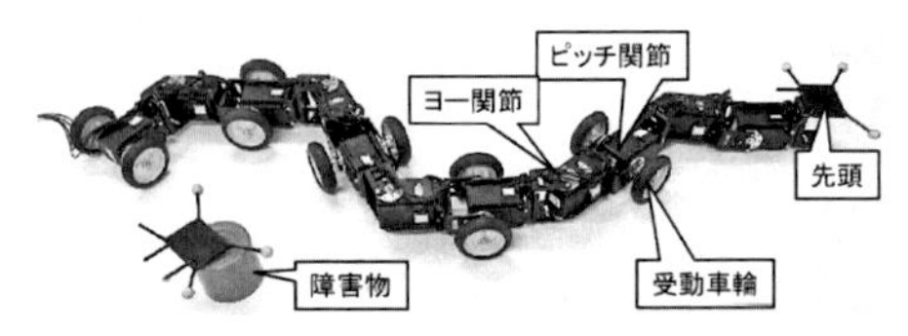

(a) ヘビ型ロボット本体と障害物

(b) ピッチ関節による車輪の浮上

図 16.20　実験用ヘビ型ロボット

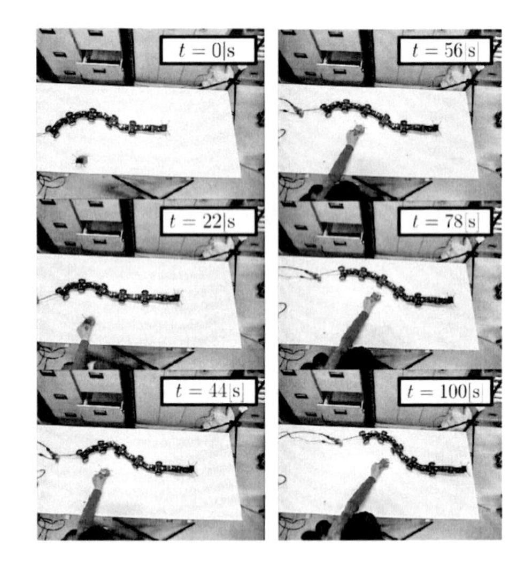

図 16.21　ロボットと障害物の様子[3]

道を等速直線運動とした。障害物は人間が手で動かし，ロボット先頭の位置・姿勢と障害物の位置はモーションキャプチャを用いて測定した。

実験の様子を図 16.21 に示す。障害物がロボットに近づくとモードが変化し，障害物を避ける動作が生成されていることがわかる。また，ロボットは特異姿勢に陥ることなく動作を続け，ロボット先頭の位置・姿勢は目標軌道に追従した。

このように，提案手法によって移動障害物の回避と軌道追従の両立が実現できた。創出された動作は生物のヘビに捉われない，生物を超えた効果的な動作であり，有意義な結果であると言える。

16.4.2　ハイブリッド動力学モデルと sinus-lifting 滑走

生物のヘビが行う特徴的な推進方法の 1 つに，sinus-lifting 滑走がある。これはヘビが高速移動時に用いる推進方法であり，図 16.22 に示すように体形曲線の曲率が最大となる点近傍の体幹を浮かせる形態となっている[1]。ヘビ型ロボットの sinus-lifting 滑走に関する研究[7, 8] は，sinus-lifting 滑走の特徴である「曲率最大となる点近傍を浮上させる」という条件を明示的に与えて接地部分を決定した上で，その力学的性質や推進効率について解析している。

図 16.22　Sinus-lifting 滑走[4]

これに対し，著者らは浮上/接地部を明示的に与えることはせずに，ハイブリッド動力学モデルに基づく接地パターンの最適化によって sinus-lifting 滑走の創出を試みている[5, 6]。ここでは文献[5] にて発表したハイブリッド動力学モデルとエネルギー効率最適化推進，sinus-lifting 滑走との比較について紹介する。

(1) 接地点切換えを考慮した動力学モデル

運動方程式 (16.28) について，モード σ における運動方程式の各種行列およびベクトルを添字 σ で表す。16.4.1 項と同様に考えると，接地位置の切換えを考慮したヘビ型ロボットの運動方程式は次式のハイブリッドシステムで表される。

$$\begin{gathered}\bar{\boldsymbol{M}}_{\sigma(t)}\ddot{\boldsymbol{w}}_{\sigma(t)} + \bar{\boldsymbol{C}}_{\sigma(t)}\dot{\boldsymbol{w}}_{\sigma(t)} = \bar{\boldsymbol{E}}_{\sigma(t)}\boldsymbol{\tau} \\ \sigma(t) = \sigma_k, \quad \forall t \in [t_k, t_{k+1})\end{gathered} \tag{16.38}$$

ここで，各変数は式 (16.35) と同じである。本項では式 (16.38) を接地点切換えを考慮したヘビ型ロボットの動力学モデルとして用いる。

(2) エネルギー効率を考慮した最適モード選択

動力学モデル (16.38) を用いてエネルギー効率が最大となる接地パターンを創出し，生物の推進パターンと比較を行う。生物のヘビの体形はサーペノイド曲線[1] と呼ばれる曲線とよく一致することが知られている。そこで，第 i 関節の相対角 ϕ_i を次式で与える。

$$\phi_i(t) = \frac{2\pi T}{n}\alpha \sin\left(vt - \frac{2\pi T}{n}i\right) \tag{16.39}$$

上式はロボットの体形がサーペノイド曲線となる相対角であり，T は体形曲線の周期，v は速度，α はくねり角を表す。$\dot{\boldsymbol{w}}_\sigma, \ddot{\boldsymbol{w}}_\sigma$ は式 (16.39) と運動学関係から算出できる[6]。よって，式 (16.39) で与えられた体形で動作するモード σ のヘビ型ロボットの必要トルクは

$$\boldsymbol{\tau}_\sigma = \bar{\boldsymbol{E}}_\sigma^\dagger \{\bar{\boldsymbol{M}}_\sigma \ddot{\boldsymbol{w}}_\sigma + \bar{\boldsymbol{C}}_\sigma \dot{\boldsymbol{w}}_\sigma\} + \boldsymbol{\tau}_{\mathrm{ker}\sigma} \tag{16.40}$$

と計算できる。ここで，$\boldsymbol{\tau}_{\mathrm{ker}\sigma} \in \mathrm{Ker}(\bar{\boldsymbol{E}}_\sigma)$ は任意のベクトルである。本項ではエネルギー効率の最大化，すなわち消費エネルギーを小さく抑えることを目的とするため $\boldsymbol{\tau}_{\mathrm{ker}\sigma} = \boldsymbol{0}$ とする。

$t = t_k$ においてモード σ_{k-1} から σ_k に切り換わるとき，ロボットの総消費エネルギーは次式で表される。

$$E_{\mathrm{total},\sigma_\mathrm{k}} = E_{\mathrm{creep},\sigma_\mathrm{k}} + E_{\mathrm{lift},\sigma_\mathrm{k}} + E_{\mathrm{hold},\sigma_\mathrm{k}} \tag{16.41}$$

ここで，$E_{\mathrm{creep},\sigma_\mathrm{k}}$ はうねり推進に用いるエネルギーであり，関節角速度と関節トルク (16.40) から算出される。また，$E_{\mathrm{lift},\sigma_\mathrm{k}}$ はリンクを浮上/接地させて接地点を変更するために用いるエネルギー，$E_{\mathrm{hold},\sigma_\mathrm{k}}$ はリンクの浮上状態を維持するために必要な保持エネルギーである。詳しい算出方法については文献[5] を参照されたい。

そして，$t = t_k$ における最適モード σ_k の選択を次式の最適化問題として定式化する。

$$\min_{\sigma_k} \left\{ \frac{E_{\mathrm{total},\sigma_\mathrm{k}}}{\Delta x_k} \right\} \tag{16.42}$$

ここで Δx_k は $[t_k, t_{k+1})$ にてロボットが進む距離である。式 (16.42) に基づき時刻 ΔT ごとに最適モード σ の選択を行うことにより，エネルギー効率が最大となる接地パターンを決定できる。

(3) シミュレーション

前述の動力学モデル (16.38) および接地点の最適化 (16.42) を用い，エネルギー効率が最適となる接地パターンをシミュレーションで求めた。結果の一例として，$n = 8$，$\alpha = 1$，$T = 1.5$ の場合に得られた動作を図 16.23 に示す。ロボットは図 16.22 と同様に体形曲線の曲率が最大となる点近傍を浮上させていることがわかる。なお，体形曲線のパラメータを変更して検証を行ったところ，高速移動時は sinus-lifting 滑走となり，低速時は全接地が最適モードとなった。このように，ヘビ型ロボットのエネルギー効率を最適とする接地パターンは sinus-lifting 滑走とよく一致し，推進速度の増減に対する最適モードの傾向も生物と同じであることが確認された。

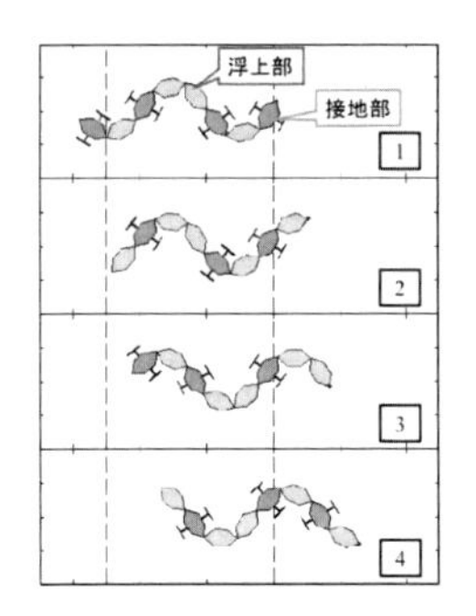

図 16.23 エネルギー効率最適化によるロボットの動作

16.4.3 サイドワインディング滑走

砂漠に生息するヨコバイガラガラヘビ（学名：*Crotalus Cerastes*）など，一部のヘビが用いる推進形態にサイドワインディング滑走がある。この運動においては図 16.24 に示すように接地点は 2, 3 か所のみであり，接地点は地面に対して運動しない。理想的には環境との間に滑りがないため，摩擦損失が少なく，エネルギー効率の高い運動であると考えられる。また，摩擦の異方性を必要としないため，受動車輪を持たないヘビ型ロボットの推進方法としても用いられている。本項では，摩擦力を考慮した動力学に基づき，エネルギー効率の観点から高速度領域におけるほふく推進に対する優位性を見る。なお，本項の内容は文献[11] にて発表した内容の一部である。

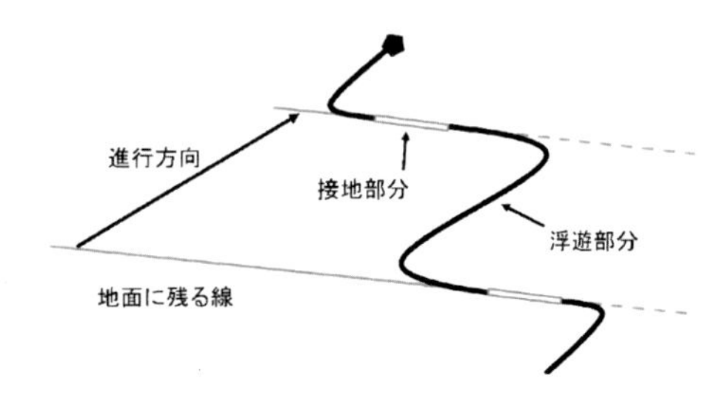

図 16.24 サイドワインディング滑走の概要

(1) 動力学モデルと関節角速度制御

サイドワインディング滑走においては，接地部は体幹方向にもほとんど滑らないため，前項までと異なり車輪拘束のモデルは不適切である。したがって，関節の運動を与えても運動学のみでは運動を確定できず，

摩擦により得られる推進力を計算する必要がある。摩擦モデルとしては粘性摩擦モデルを用いる。なお，生物のヘビの観察から鉛直方向の運動は十分に小さいと考えられるため，鉛直方向に関しては各リンクごとに力の釣合いを考えることとし，ここでは水平方向の運動のみを考える。水平方向の運動方程式は

$$M(\boldsymbol{\theta})\ddot{\boldsymbol{q}} + \boldsymbol{h}(\boldsymbol{\theta}, \dot{\boldsymbol{\theta}}) + C(\boldsymbol{\theta})\dot{\boldsymbol{q}} = E\boldsymbol{\tau} \tag{16.43}$$

のように書ける[10, 11]。ここで $\boldsymbol{h}(\boldsymbol{\theta}, \dot{\boldsymbol{\theta}})$ はコリオリ・遠心力項を表し，$C\dot{\boldsymbol{q}}$ は粘性摩擦項を表す。粘性摩擦項は各リンクが地面から受ける摩擦のほかに各関節の摩擦も含んでいる。地面から受ける摩擦に対する摩擦係数は接地リンクに対しては正の値，非接地リンクに対しては 0 とする。車輪拘束ヘビ型ロボットの運動方程式 (16.27) との違いは，推進力が拘束力ではなく粘性摩擦項に含まれているということのみであるが，この違いのために低次元化できなくなっている。

以下，関節角加速度の目標値を与えたときの入力トルクを求める。運動方程式は次のように分割できる。

$$M_{11}\ddot{\boldsymbol{w}} + M_{12}\ddot{\boldsymbol{\phi}} + \boldsymbol{h}_1 + \boldsymbol{C}_1 = \boldsymbol{0}_{3\times1} \tag{16.44}$$

$$M_{21}\ddot{\boldsymbol{w}} + M_{22}\ddot{\boldsymbol{\phi}} + \boldsymbol{h}_2 + \boldsymbol{C}_2 = \boldsymbol{\tau} \tag{16.45}$$

式 (16.44) は次のように $\ddot{\boldsymbol{w}}$ について解くことができる。

$$\ddot{\boldsymbol{w}} = -M_{11}^{-1}(M_{12}\ddot{\boldsymbol{\phi}} + \boldsymbol{h}_1 + \boldsymbol{C}_1) \tag{16.46}$$

式 (16.45) および式 (16.46) から

$$\begin{aligned} &\mathcal{H}\ddot{\boldsymbol{\phi}} + \boldsymbol{h}_2 + \boldsymbol{C}_2 - M_{21}M_{11}^{-1}(\boldsymbol{h}_1 + \boldsymbol{C}_1) = \boldsymbol{\tau} \\ &\quad \mathcal{H} = M_{22} - M_{21}M_{11}^{-1}M_{12} \end{aligned} \tag{16.47}$$

が得られる。したがって入力トルクを

$$\boldsymbol{\tau} = \mathcal{H}\boldsymbol{u} + \boldsymbol{h}_2 + \boldsymbol{C}_2 - M_{21}M_{11}^{-1}(\boldsymbol{h}_1 + \boldsymbol{C}_1) \tag{16.48}$$

のように定めると，閉ループ系は

$$\ddot{\boldsymbol{w}} = -M_{11}^{-1}(\boldsymbol{h}_1 + \boldsymbol{C}_1) - M_{11}M_{12}\boldsymbol{u} \tag{16.49}$$

$$\ddot{\boldsymbol{\phi}} = \boldsymbol{u} \tag{16.50}$$

となり，目標の関節角加速度が実現できることがわかる[10, 11]。

(2) シミュレーションによるエネルギー効率の比較

シミュレーションに基づき，サイドワインディング滑走とほふく推進の間でエネルギー効率の比較を行う。ほふく推進を実現するために，摩擦の異方性を仮定する。体型としてはサーペノイド曲線 (16.39) を利用した。サイドワインディング滑走の様子を図 16.25 に示す。図中でロボットのうち点線で表している部分が浮遊部分，実線部分が接地部分を示している。ほふく推進は全リンクを接地とすることで再現できる。エネルギー効率は単位エネルギーあたりに移動できる平均距離と定義した。

ロボットのリンク数を 16，サーペノイドの周期 T を $T-2$ とし，屈曲の深さ α，屈曲速度 v の組を様々に変えてシミュレーションを行った。横軸に平均移動速度，縦軸にエネルギー効率をとったグラフを図 16.26 に示す。また，各移動速度に対するエネルギー効率の上限に対応するラインを描いている。この図から，ある一定以上の推進速度を実現するためにはサイドワインディング推進の方がエネルギー効率が高いことが確認できる。

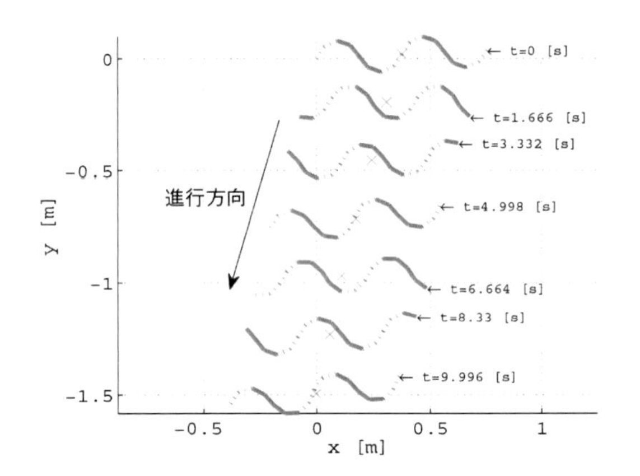

図 16.25　ヘビ型ロボットの動き[11]

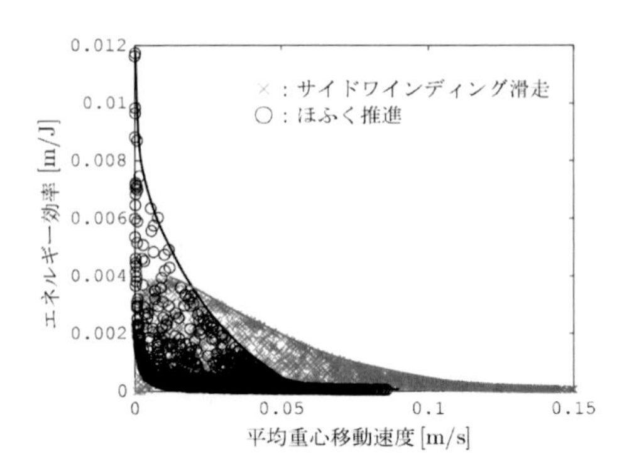

図 16.26　移動速度とエネルギー効率のグラフ

16.4.4 まとめ

本節ではヘビ型ロボットに対して接地点の切換えを導入し，運動学モデリングと制御，動力学モデルを用いた生物の滑走パターンの解析について紹介した。まず，16.4.1 項ではハイブリッド運動学モデルの導出と制御方法について紹介した。実機実験でも示したように，ヘビ型ロボットは接地点切換えを用いることで生物のヘビに捉われない多様な動作が可能となる。なお，本節にて紹介した運動学モデルと制御を応用することで段差昇降[9] も実現できる（図 16.27）。次に，16.4.2 項で動力学モデルへの接地点の切換えの導入とモード選択によるエネルギー効率最適化を行い，得られた推進パターンは生物の sinus-lifting 滑走とよく一致することを述べた。一方，16.4.3 項では横拘束を仮定せずに環境との摩擦を陽に考慮したモデルを考え，生物ヘビの接地点切換えパターンを模すことでサイドワインディング滑走を再現し，高速移動時においてエネルギー効率がほふく推進よりも高くなることを確認した。生物ヘビの観察に基づく研究からサイドワインディング推進は高速移動に適していることが指摘されており，その主張にも合致する結果である。

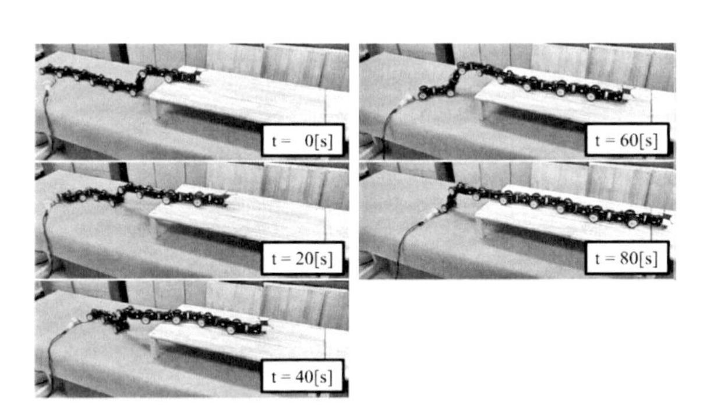

図 16.27 段差昇りの様子

<田中基康，有泉 亮，松野文俊>

参考文献（16.4 節）

[1] 広瀬茂男：『生物機械工学』，工学調査会 (1987).

[2] Gans, C.: *BIOMECHANICS — An Approach to Vertebrate Biology*, Lippincott Co. (1974).

[3] Tanaka, M., Matsuno, F.: Control of Snake Robots with Switching Constraints: trajectory tracking with moving obstacle, *Advanced Robotics*, Vol.28, No.6, pp.415–429 (2014).

[4] How snakes move & ‘run’ - Serpent - BBC Animals http://www.youtube.com/watch?v=zEto1-ZTbd4&list=PL2F7D624D8E886E68&index=11

[5] Toyashima, S., Tanaka, M., *et al.*: A Study on Sinus-lifting Motion of a Snake Robot with Sequential Optimization of a Hybrid System, *IEEE Trans. on Automation Science and Engineering*, Vol.11, No.1, pp.139-143 (2014).

[6] Tanaka, M., Matsuno, F.: A study on Sinus-lifting Motion of a Snake Robot with Switching Constraints, *Proc. IEEE Int. Conf. on Robotics and Automation*, pp.2270–2275 (2009).

[7] Ma, S., Ohmameuda, Y. *et al.*: Dynamic Analysis of 3-dimensional Snake Robots, *Proc. IEEE/RSJ Int. Conf. Intelligent Robots and Systems*, pp.767–772 (2004).

[8] 山田浩也，広瀬茂男：索状能動体の研究—一般化された ACM 移動力学の基礎式と sinus—lifting 滑走の解析，『日本ロボット学会誌』，Vol.26, No.7, pp.801–811 (2008).

[9] Tanaka, M., Tanaka, K.: Control of a Snake Robot for Ascending and Descending Steps, *IEEE Trans. on Robotics*, Vol.31, No.2, pp.511–520 (2015).

[10] Liljebäck, P., Pettersen, K., *et al.*: Controllability and Stability Analysis of Planar Snake Robot Locomotion, *IEEE Trans. on Automatic Control*, Vol.56, No.6, pp.1365–1380 (2011).

[11] Ariizumi, R., Matsuno, F.: Dynamic Analysis of Three Snake Robot Gaits, *IEEE Trans. Robot.*, DOI: 10.1109/TRO.2017.2704581

16.5 連続体モデルと制御

ヘビ型ロボットの動きを決める際に，連続曲線で目標の体形曲線を決定し，それに沿う形になるように関節角目標値を定める方法が広く用いられている。本節ではヘビ型ロボットの体形曲線の表現に適した空間曲線の表現方法と，体形曲線から適切な関節角を定める方法を説明する。なお，本節で 3 次元的な動きを考える場合には，ヘビ型ロボットは図 16.28 に示すようにピッチ関節・ヨー関節が交互に配置される構造であると想定する。一方，平面上での運動を考える場合，車輪拘束ヘビ型ロボットを想定して横滑りしないという拘束を課すと，ロボットの運動学は偏微分方程式で与えられる。本節の最後ではその基礎式を示し，その方程式に基づいてヘビ型ロボット先頭の進行方向を制御する制御則を紹介する。

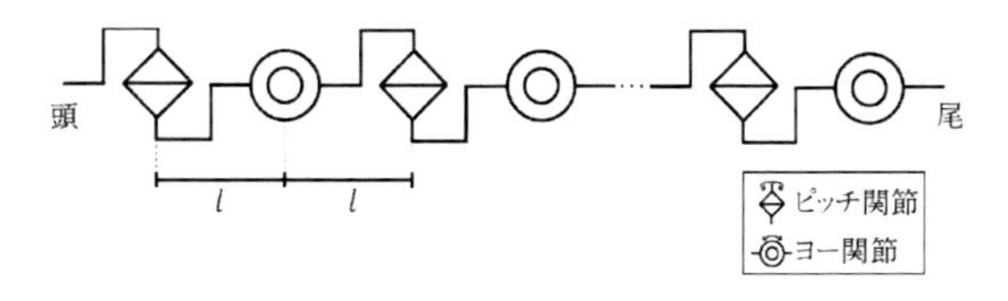

図 16.28 ヘビ型ロボットの関節構成

16.5.1　連続体の幾何モデル

3 次元空間上の滑らかな曲線を表す方法として，フレネ–セレ座標系がよく知られている。曲線座標 s を空間曲線 $\mathbf{c} = [x(s),\ y(s),\ z(s)]^T$ の始点から図った曲線の弧長とし，位置 s における単位接ベクトルを $\boldsymbol{e}_1$，単位法ベクトルを $\boldsymbol{e}_2$，単位陪法ベクトルを $\boldsymbol{e}_3 = \boldsymbol{e}_1 \times \boldsymbol{e}_2$，極率を $\kappa(s)$，捩率を $\tau(s)$ とする。このとき次のフレネ–セレの式が成立する。

$$\begin{cases} \frac{\mathrm{d}\mathbf{c}}{\mathrm{d}s} = \boldsymbol{e}_1 \\ \frac{\mathrm{d}\boldsymbol{e}_1}{\mathrm{d}s} = \kappa(s)\boldsymbol{e}_2 \\ \frac{\mathrm{d}\boldsymbol{e}_2}{\mathrm{d}s} = -\kappa(s)\boldsymbol{e}_1 + \tau(s)\boldsymbol{e}_3 \\ \frac{\mathrm{d}\boldsymbol{e}_3}{\mathrm{d}s} = -\tau(s)\boldsymbol{e}_2 \end{cases} \tag{16.51}$$

2 次元平面内での運動を考える場合には，捩率についてすべての s に対して $\tau(s) = 0$ が成り立つため，

$$\begin{cases} \frac{\mathrm{d}\mathbf{c}}{\mathrm{d}s} = \boldsymbol{e}_1 \\ \frac{\mathrm{d}\boldsymbol{e}_1}{\mathrm{d}s} = \kappa(s)\boldsymbol{e}_2 \\ \frac{\mathrm{d}\boldsymbol{e}_2}{\mathrm{d}s} = -\kappa(s)\boldsymbol{e}_1 \end{cases} \tag{16.52}$$

の 3 式が成立することになる。

ヘビ型ロボットへの応用を考える場合，フレネ–セレ座標は法ベクトル，陪法ベクトルがヘビ型ロボットの関節軸と何ら関係を持たないため，関節角への変換に工夫を要する。Chirikjian と Burdick[1] は曲線を表現する座標系に曲線まわりの回転に関するパラメータを導入し，ヘビ型ロボットで生じる「ねじれ」も表現できる方法を提案した。また，ロボットの関節角に変換するための計算法も提案している。彼らの方法は本稿で考えるような回転関節で結合されるヘビ型ロボットのみならず，可変形状トラス構造を有する物などほぼどのような構造のヘビ型ロボットにも適用できる。しかし，回転関節で結合されるヘビ型ロボットへの適用を考えると，まだ各パラメータと回転関節の関節角とは直接結びついておらず，直感的ではなかった。そこで広瀬らのグループ[2, 3] は，ヘビ型ロボットの関節軸と直接的な関係を持つ基底ベクトルを用いた曲線表現として，背びれ曲線を提案した。背びれ曲線はその直感的な理解のしやすさと扱いやすさから，多くのヘビ型ロボットの研究で採用されている[7, 8]。

背びれ曲線は次のようなフレネ–セレの式を拡張した連立微分方程式で表現される：

$$\begin{cases} \frac{\mathrm{d}\mathbf{c}}{\mathrm{d}s} = \boldsymbol{e}_r \\ \frac{\mathrm{d}\boldsymbol{e}_r}{\mathrm{d}s} = \kappa_y(s)\boldsymbol{e}_p - \kappa_p(s)\boldsymbol{e}_y \\ \frac{\mathrm{d}\boldsymbol{e}_p}{\mathrm{d}s} = -\kappa_y(s)\boldsymbol{e}_r + \tau_r(s)\boldsymbol{e}_y \\ \frac{\mathrm{d}\boldsymbol{e}_y}{\mathrm{d}s} = \kappa_p(s)\boldsymbol{e}_r - \tau_r\boldsymbol{e}_p \end{cases} \tag{16.53}$$

ベクトル $\boldsymbol{e}_r$ は $\boldsymbol{e}_1$ と一致するが，$\boldsymbol{e}_p, \boldsymbol{e}_y$ は $\boldsymbol{e}_2, \boldsymbol{e}_3$ とは異なる。また，τ_r は捩率と呼ばれるが，フレネ–セレの式に現れる τ とは異なるものであり，$\tau_r(s) = 0$ は必ずしも平面上の曲線を意味しないことに注意する。

本稿で想定するヘビ型ロボットはピッチ関節・ヨー関節が交互に結合されており，捩率 $\tau_r(s) = 0$ の場合に相当する。このとき，方程式は以下のようになる。

$$\begin{cases} \frac{\mathrm{d}\mathbf{c}}{\mathrm{d}s} = \boldsymbol{e}_r \\ \frac{\mathrm{d}\boldsymbol{e}_r}{\mathrm{d}s} = \kappa_y(s)\boldsymbol{e}_p - \kappa_p(s)\boldsymbol{e}_y \\ \frac{\mathrm{d}\boldsymbol{e}_p}{\mathrm{d}s} = -\kappa_y(s)\boldsymbol{e}_r \\ \frac{\mathrm{d}\boldsymbol{e}_y}{\mathrm{d}s} = \kappa_p(s)\boldsymbol{e}_r \end{cases} \tag{16.54}$$

体形曲線は κ_p, κ_y を曲線座標 s の関数として与えることで決定できる。2 次元平面内での動きを考える場合には $\kappa_p = 0$ とすればよく，$\boldsymbol{e}_p = \boldsymbol{e}_2$ とすると，フレネ–セレの式で $\tau = 0$ とした場合と同じ式を得る。

16.5.2　離散近似

本項では連続曲線で表現された目標曲線にヘビ型ロボットの離散的な形状を近似する手法について説明する。

(1) 様々な近似手法

Andersson[4] はユニバーサルジョイントで構成されたヘビ型ロボットを目標曲線に近似する手法を提案した。しかし，図 16.28 のように各関節が 1 自由度しか持たない場合には，すべての関節位置を目標曲線に一致させることは原理的に不可能である。そこで，Hatton ら[5] は目標曲線とロボット形状の差の大きさに相当する評価関数を最小化することで先頭から順に近似を行う annealed chain fitting を提案した。この手法は非線形方程式を解く過程が含まれており，計算コストが高い。一方，山田ら[3] は目標曲線の曲率と捩率に基づいてふさわしい関節角を求める，実時間で適用可能な計算量の少ない手法を提案している。本項では山田らの手法[3] について説明する。

(2) 関節角の計算

ヘビ型ロボットのモデルとして図 16.28 に示したピッチ軸関節とヨー軸関節を交互に連結したものを用いる。リンクの長さはすべて等しく l, i 番目の関節の屈曲角度を関節角 θ_i と定義する。

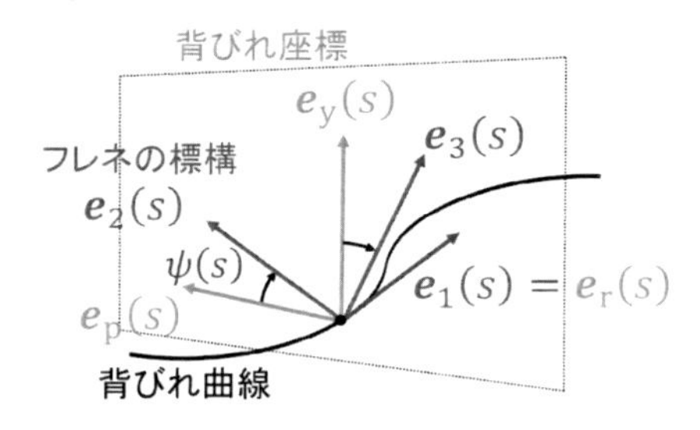

図 16.29 $\psi(s)$ の定義

図 16.29 に示すように，ある曲線上の点 $\boldsymbol{c}(s)$ におけるフレネの標構 $(\boldsymbol{e}_1(s), \boldsymbol{e}_2(s), \boldsymbol{e}_3(s))$ と背びれ座標系 $(\boldsymbol{e}_\mathrm{r}(s), \boldsymbol{e}_\mathrm{p}(s), \boldsymbol{e}_\mathrm{y}(s))$ との $\boldsymbol{e}_1(s)$ 軸まわりの捩れ角を $\psi(s)$ とおく。式 (16.51) と式 (16.54) とを連立させることにより，$\kappa(s)$, $\tau(s)$, κ_y, κ_p の関係が以下のように導かれる。

$$\kappa_p(s) = -\kappa(s)\sin\psi(s) \qquad (16.55)$$

$$\kappa_y(s) = \kappa(s)\cos\psi(s) \qquad (16.56)$$

$$\psi(s) = \int_0^s \tau(\hat{s})\mathrm{d}\hat{s} + \psi(0) \qquad (16.57)$$

この $\kappa_p(s)$, $\kappa_y(s)$ は，$\boldsymbol{e}_2(s)$ 方向への曲線の向きの変化度合い，つまりフレネ–セレの公式における曲率と捩率をロール・ピッチ・ヨー方向に分解したうちのピッチ・ヨー成分に相当する。$\psi(0)$ は捩れの初期値にあたる任意の数であり，体幹曲線の形状には影響しない。$\psi(0)$ を変化させることで背びれ座標系全体が曲線を軸に回転するため，捻転動作を生成することができる。

次式のように $\kappa_p(s)$, $\kappa_y(s)$ を各関節付近で積分することで，各関節の目標屈折角度 θ_i^d を求めることができる。

$$\theta_i^d = \begin{cases} \int_{s_\mathrm{h}+(i-1)l}^{s_\mathrm{h}+(i+1)l} \kappa_p(s)\mathrm{d}s & (i:\mathrm{odd}) \\ \int_{s_\mathrm{h}+(i-1)l}^{s_\mathrm{h}+(i+1)l} \kappa_y(s)\mathrm{d}s & (i:\mathrm{even}) \end{cases} \qquad (16.58)$$

ここで，s_h は目標連続曲線上におけるヘビ型ロボットの先頭位置である。s_h を動かすことで，曲線のうちのロボットに近似する範囲を変更するシフト制御を行うことができる。シフト制御では波を送るようにして滑らかにロボットの形状を変化させることができる。

(3) 実験

竹森ら[6, 7] は単純な形状を連結して設計した目標形状にヘビ型ロボットを近似する手法を提案した。この手法により設計されたヘビ型ロボットの歩容を 2 つ紹介する。

まず，フランジ乗り越え動作の形状構成を図 16.30 に示す。この歩容では螺旋形状で配管外側に巻き付いた状態で，局所的に体を持ち上げることでフランジ状の障害物を乗り越えることができる。フランジ乗り越えの実験の様子を図 16.31 に示す。

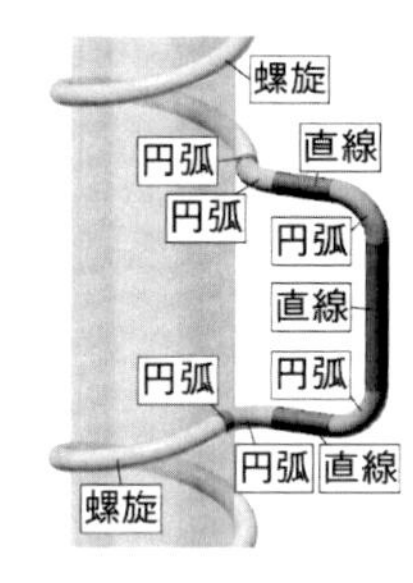

図 16.30 フランジ乗り越え動作の形状構成

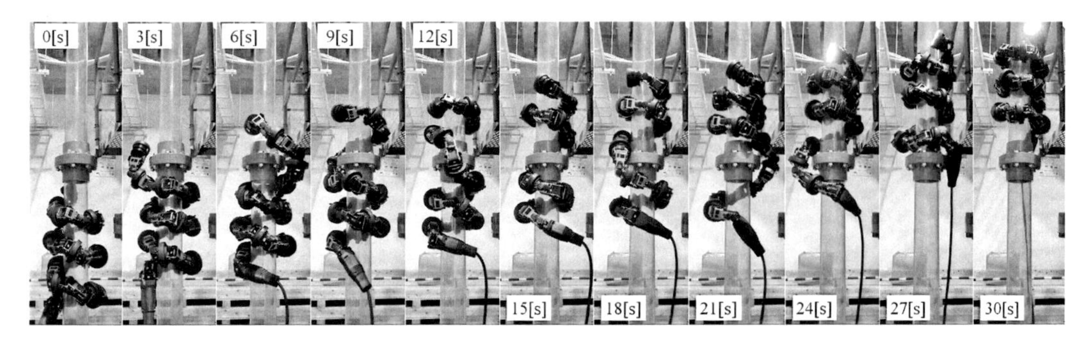

図 16.31 フランジ乗り越え動作の実験

次に，crawler-gait の形状構成を図 16.32 に示す。この歩容ではヘビ型ロボットの全身を大きなクローラベルトのように用いることで不整地を移動することができる。図 16.32 の形状にヘビ型ロボットを近似し，シフト制御を行うことで推進可能である。crawler-gait を用いてステップフィールドを移動する様子を図 16.33 に示す。

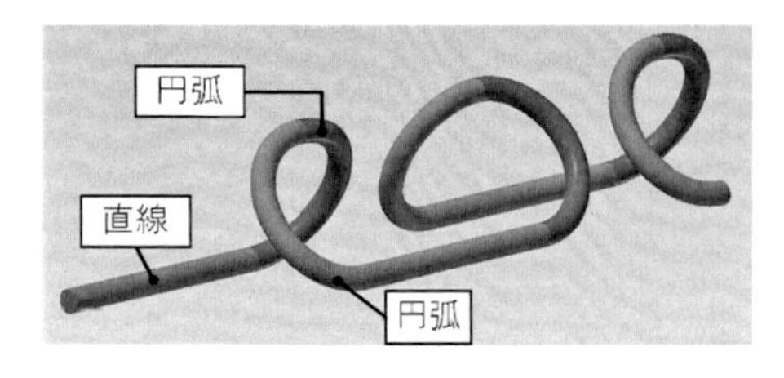

図 16.32　crawler-gait の形状構成

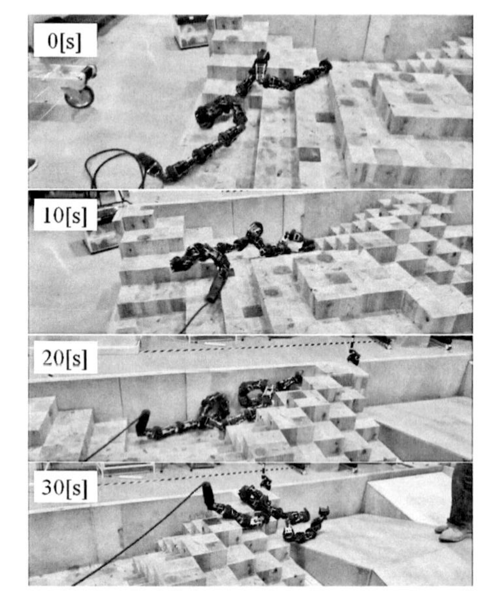

図 16.33　crawler-gait の実験

16.5.3　平面運動の方程式と制御

本節の最後に，平面運動の制御について考察する。曲線座標を s，時刻 t における位置 s での曲線の単位接ベクトル，単位法ベクトルをそれぞれ $\mathbf{e}_1(s,t)$，$\mathbf{e}_2(s,t)$ とする。また，$\mathbf{e}_1(s,t)$ の姿勢角 $\theta(s,t)$ とする。さらに，曲線上の各点の持つ速さを $v(s,t)$ とする。ただし，v は C^1 級であることを仮定する。また，変数 x での偏微分を $(\cdot)_x$ のように表すとする。

(1) 平面運動の支配方程式

車輪拘束ヘビ型ロボットを想定する場合，体形曲線にも横滑りしないことを仮定することが妥当である。これは $e_{2,t}(s,t)=0$ を意味する。このとき，曲線の時間発展の理論[9] を用いると，v は曲線座標 s に依存しない，つまり $v(s,t)=v(t)$ と表されること，さらに，$\theta(s,t)$ は偏微分方程式

$$\theta_t(s,t)+v(t)\theta_s(s,t)=0 \tag{16.59}$$

を満たすことを示すことができる[10]。ヘビ型ロボット先頭の座標を $[x_h,\ y_h]^T$ とすると，その時間微分は上記の偏微分方程式の境界条件であり，

$$\begin{aligned} x_{h,t}(t) &= -v(t)\cos\theta(0,t) \\ y_{h,t}(t) &= -v(t)\sin\theta(0,t) \end{aligned} \tag{16.60}$$

の形で与える。

さらに，θ が C^2 級であるとすると，偏微分方程式 (16.59) の両辺を s で偏微分することにより次式を得る。

$$\begin{aligned} &\kappa_t(s,t)+v(t)\kappa_s(s,t)=0, \\ &\kappa(s,t)=\theta_s(s,t) \end{aligned} \tag{16.61}$$

ここで κ は曲率であり，平面運動ではロボットのヨー関節に直接対応づけられる。なお，偏微分方程式 (16.59) や式 (16.61) は一般解を求めることができる[10]。方程式 (16.59) の一般解は $V(t)=\int_0^t v(\tau)\mathrm{d}\tau$ として

$$\begin{aligned} \theta(s,t) &= \theta(0,V^{-1}(V(t)-s)) \\ &= \theta(s-V(t),0) \end{aligned} \tag{16.62}$$

となる。ここから，後続の状態は過去に先頭部が経験した形状にしかなりえないことがわかる。

(2) 特異姿勢

ヘビ型ロボットの運動は関節に目標の動きを与えることで達成されるが，これは曲率関数 $\kappa(s,t)$ を与えることに対応する。したがって，このような方法でヘビ型ロボットを運動させるためには，$\kappa(s,t)$ を与えた場合に偏微分方程式 (16.61) もしくは (16.59) から並進方向速度 $v(t)$ が一意的に決まらなければならない。そのための条件は次のように与えられる：

① $\{s\in[0,L]\mid\kappa(s,t)\neq 0\}\neq\varnothing$
② $\kappa_t(s,t)/\kappa_s(s,t)$ はすべての $s\in\{s\in[0,L]\mid\kappa_s(s,t)\neq 0\}$ に対して同一の値となる
③ $\kappa_t(s,t)=0$ がすべての $s\in\{s\in[0,L]\mid\kappa_s(s,t)=0\}$

に対して成立する

ここで L はロボット全長である。これらの条件を満たさない場合は特異姿勢となり，$\kappa(s,t)$ を与えるのみでは動きでは速度が一意に決まらないか，そのような $\kappa(s,t)$ を満たす動きが存在しえないかのいずれかとなる。

(3) 先頭の進行方向制御

上記のような定式化の下で考えるとき，先頭の進行方向を任意に指定することはできない。例えば直線追従を行うことを考えよう。先頭の目標速度として $[x_{h,t}(t),\ y_{h,t}(t)]^T = [1,0]^T$ を与えるとすると，

$$\begin{cases} v(t)\cos\theta(0,t) = -1 \\ v(t)\sin\theta(0,t) = 0 \end{cases},\ \forall t \tag{16.63}$$

であり，θ の定義域を $[0, 2\pi]$ に限定するとき

$$\theta(0,t) = \pi,\ v(t) = 1,\ \forall t \tag{16.64}$$

が導かれる。ところが $\theta(s,t) = \theta(0, V^{-1}(V(t) - s))$ が成り立つことから，十分大きな t に対しては

$$\theta(s,t) = \pi,\ \forall s \in [0, L] \tag{16.65}$$

が成立する。これは式 (16.61) から並進速度が一意に決まる条件を満たさず，特異姿勢となっている。

そこで，先頭ではなく先頭からある一定距離 l だけ離れた場所にある点を制御点と設定する。以降では長さ l の剛体リンクをロボット先頭に付したとして議論する。ただし，実際に剛体リンクを付与することは必ずしも必要ではなく，仮想的なものでもよい。

制御点の座標を $[x_r,\ y_r]^T$ とし，付加した剛体リンクの姿勢角を $\psi(t)$，また $\alpha(t) = \theta(0,t) - \psi(t)$ とすると

$$\begin{bmatrix} x_r \\ y_r \end{bmatrix} = \begin{bmatrix} x_h(t) \\ y_h(t) \end{bmatrix} - l \begin{bmatrix} \cos\{\theta(0,t) - \alpha(t)\} \\ \sin\{\theta(0,t) - \alpha(t)\} \end{bmatrix} \tag{16.66}$$

が成り立つ。両辺を時間微分して，$u(t) = \kappa(0,t)$ と定め $\theta_t(0,t) = -v\theta_s(0,t)$ が成り立つことに注意すると，

$$\begin{bmatrix} x_{r,t} \\ y_{r,t} \end{bmatrix} = -v \begin{bmatrix} \cos\theta(0,t) \\ \sin\theta(0,t) \end{bmatrix} + l\{vu(t) + \alpha_t(t)\} \begin{bmatrix} -\sin\{\theta(0,t) - \alpha(t)\} \\ \cos\{\theta(0,t) - \alpha(t)\} \end{bmatrix} \tag{16.67}$$

を得る。ここでユーザが自由に設計できる関数は $u(t)$ と $\alpha(t)$ であり，$v(t)$ と $u(t)$ を独立には決定できないことから，制御点の速度を制御することは困難であることがわかる。そのため，$v(t)$ は定数であるとし，進行方向を制御することを考える。

目標方向を正規化されたベクトル $[x^d_{r,t},\ y^d_{r,t}]^T$ で与えるとすると，$[x^d_{r,t},\ y^d_{r,t}]^T$ と $[x_{r,t},\ y_{r,t}]^T$ とが平行であることから

$$x^d_{r,t} y_{r,t} - y^d_{r,t} x_{r,t} = e_t(t) \tag{16.68}$$

とするとき，$e_t(t) \to 0$ が制御目標となる。なお，進行方向を逐次決定することにより定まる目標経路を C とすると，$e_t(t)$ は制御点と経路 C との符号付き距離 $e(t)$ の時間微分であることが容易に確認できる。そこで，正定数 k_f に対して

$$vu(t) + \alpha_t = \frac{x^d_{r,t} v \sin\theta(0,t) - y^d_{r,t} v \cos\theta(0,t) - k_f e(t)}{x^d_{r,t} l \cos\psi(t) + y^d_{r,t} l \sin\psi(t)} \tag{16.69}$$

とすると，$e_t = -k_f e$ が成り立つ。すなわち $e \to 0$ であるから $e_t \to 0$ も成立する。なお，$\psi(t) = \theta(0,t) - \alpha(t)$ を用いた。

式 (16.69) の右辺を b と置いて u，α_t について解くと

$$\begin{bmatrix} u(t) \\ \alpha_t(t) \end{bmatrix} = \begin{bmatrix} b/v \\ 0 \end{bmatrix} + k \begin{bmatrix} 1 \\ -v \end{bmatrix} \tag{16.70}$$

となる。ここで k は任意のスカラーであり，$k = a\cos(\omega t)$ などとすることで特異姿勢回避が可能である。

(4) 実験

図 16.34 に示す実機を用いて実験を行った。目標方向は常に x 軸負の方向とした。特異姿勢回避はロボッ

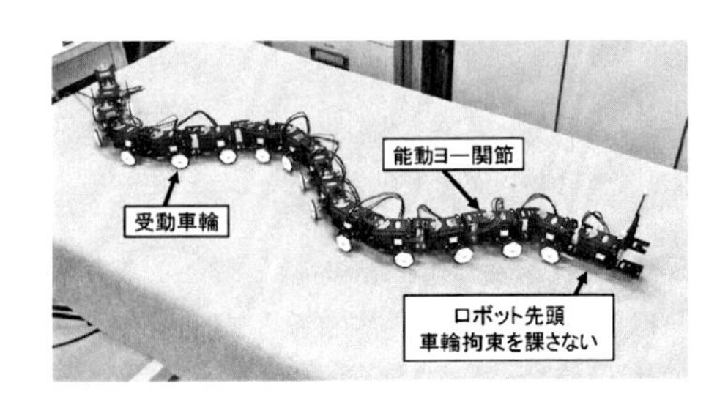

図 16.34　使用した実験機[10]

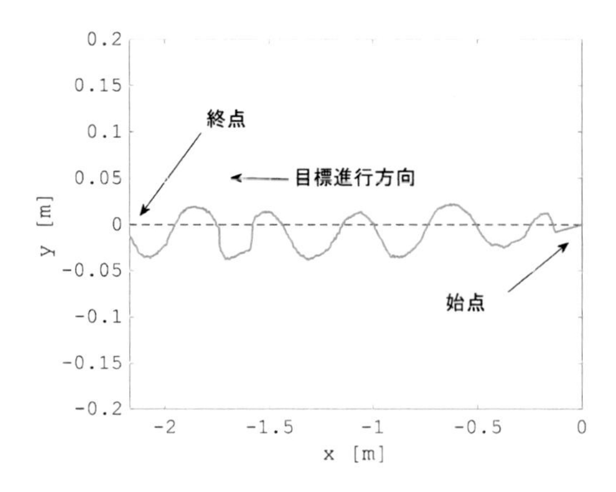

図 16.35　制御点の軌跡[10]

ト全長を $L = 1.413\,\mathrm{m}$，目標並進速度を $v = 0.028\,\mathrm{m/s}$ として，

$$k = \frac{\pi^2}{L}\cos\left(\frac{4\pi vt}{L}\right) \tag{16.71}$$

と設定することにより行った。また，制御点は先頭リンクの端点とし，$k_f = 5$ とした。

先頭の軌跡を図 16.35 に示す。直線 $y = 0$ が目標の軌跡に対応するが，目標軌跡からの誤差は最大で 0.039 m であった。これは全長の 3% 程度であり，適切に制御できていることが確認できる。

<有泉 亮，竹森達也>

参考文献（16.5 節）

[1] Chirikjian, G.S. and Burdick, J.W.: A Modal Approach to Hyper-Redundant Manipulator Kinematics, *IEEE. Trans. Robot. Autom.*, Vol.10, No.3, pp.343–354 (1994).

[2] 森淳，山田浩也，広瀬茂男：三次元索状能動体 ACM-R3 の設計開発とその基本操舵制御，『日本ロボット学会誌』，Vol.23, No.7, pp.886–897 (2005).

[3] 山田浩也，広瀬茂男：索状能動体の研究—多関節体幹における連続曲線近似法—，『日本ロボット学会誌』，Vol.26, No.1, pp.110–120 (2008).

[4] Andersson, S. B.: Discretization of a Continuous Curve, *IEEE Trans. on Robotics*, Vol.24, No.2, pp.456–461 (2008).

[5] Hatton, R.L. and Choset, H.: Generating gaits for snake robots: annealed chain fitting and keyframe wave extraction, *Auton. Robot* , Vol.28, No.3, pp.271–281 (2010).

[6] 竹森達也，田中基康，松野文俊：ヘビ型ロボットの複雑環境における運動設計と制御，第 17 回システムインテグレーション部門講演会 (2016).

[7] Takemori, T., Tanaka, M., Matsuno, F.: Gait Design of a Snake Robot by Connecting Simple Shapes, *IEEE Int. Symp. Safty, Security and Rescue Robotics*, pp.189–194 (2016).

[8] 亀川哲志，斉偉，五福明夫：螺旋尺取り方式を用いて円柱を移動するヘビ型ロボットの提案，『計測自動制御学会論文集』，Vol.51, No.1, pp.8–15 (2015).

[9] Kwon, D.Y., Park, F.C.: Evolution of inelastic plane curves, *Appl. Math. Lett.*, Vol.12, pp.115–119 (1999).

[10] Ariizumi, R., Tanaka, M., Matsuno, F.: Analysis and heading control of continuum planar snake robot based on kinematics and a general solution thereof, *Adv. Robot.*, Vol.30, No.5, pp.301–314 (2016).

16.6　事例紹介

16.6.1　東京工業大学広瀬研のヘビ型移動ロボット

ヘビ型移動ロボットの最大の特徴は，その細くて能動的に屈曲可能な胴体を有する点である。このような形態を成すため，ヘビ型移動ロボットは以下のような特性を有する。

① 狭隘で凹凸の激しい不整地や狭い空間に，柔軟に体幹を変形させることで容易に入っていける。そのため，狭いダクトや配管内への推進法として特に適する。

② 体幹をブリッジ状に固化すれば，体幹をブリッジ状に支えながらギャップを渡る動作ができる。そのため，例えば瓦礫が散乱している災害現場で，人が跨げないような大きなギャップのある瓦礫の間を渡っていくようなことができる。

③ ヘビの移動は，例えて言うと，倒立していたヘビが転倒したとしたら，その転倒姿勢そのままで移動を始めるようなものである。つまり移動時の安定性が著しく高く，足場の悪い環境での移動に適する。

④ ヘビは移動中，体重を体幹に沿って分散させる。そのため，足場の不安定な瓦礫上であっても，移動することによって瓦礫を崩すようなことが少ない。不安定な足場には体重をかけず，他の体幹部で体重を支える動作も容易である。こういった点から，ヘビ型移動ロボットは足場の悪い環境での移動に最適である。

⑤ 体幹の屈曲運動での推進法は，地上のみならず水中でも有効であり，防水がしやすい構造であるため，水陸両用ロボットとして適する。

東京工業大学の広瀬茂男は，1971 年から実際のシマヘビを使用してヘビの移動メカニズムを解明する数々の動物実験を進め，世界で初めてヘビと同じ原理で移動することが可能なヘビ型ロボット（図 16.36 の ① (a)）の開発に，1972 年 12 月末に成功している。そしてその後，総計 30 台以上のヘビ型ロボットを開発している。それらのヘビ型ロボットは，図 16.36 に示すように，関節部が能動関節か受動関節か，そして能動の場合は，屈曲関節か伸縮関節も有するか，などで分類でき，体幹に沿って能動推進機構を有する場合には，車輪か，クローラか，体幹に沿ってスパイラル状の推進

表 16.1 ヘビ型移動ロボットの分類

			能動関節機構の有無		
			能動関節あり		能動関節なし（受動関節）
			屈曲	屈曲・伸縮	
能動推進機構	なし	キャスタ	①③⑥	⑩⑪	（なし）
		胴体接地	⑤⑧	⑨	
	あり	車輪駆動	②④⑬⑲		⑮⑯⑰
		クローラ駆動	⑫⑱		
		スパイラル駆動	⑦		⑭

①(a) 世界で初めてヘビ型移動を行ったロボット　ACM-3

①(b) バッテリと制御系を搭載した自立型ヘビ型ロボット　ACM R1

② 斜めに接続した関節部の旋回で屈曲を生成する斜旋回型ヘビ型ロボット OBLIX

③ 受動車輪を交互に取り付けたヘビ型ロボット　ACM-R3

④ 能動体幹能動車輪で構成されるヘビ型ロボット　ACM-R4

⑤ 能動体幹で体幹に推進器を持たないヘビ型ロボット　ACM-L2
（波形体幹の中央部を浮かすセントラルリフティングと名付けた移動法を行っている）

⑥ 水陸両用ヘビ型ロボット　ACM-R5

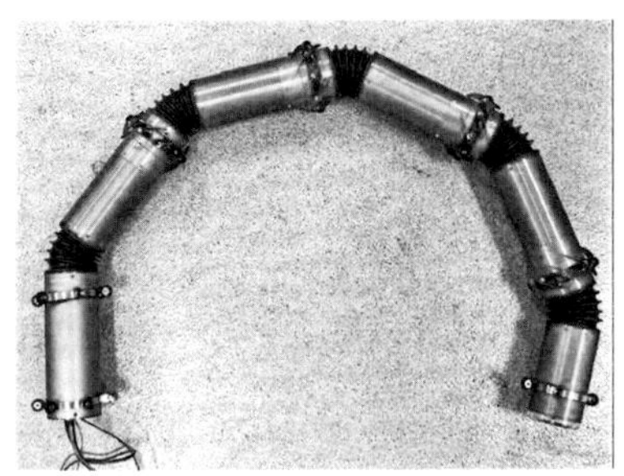

⑦ 体幹に沿って能動的に回転するリングにスパイラル状に車輪が取り付けられた形態をなすヘビ型ロボット　ACM R6

⑧ 顎で尾を掴みループ状になって移動できるヘビ型ロボット　ACM-R7

⑨ 各関節が 3 つの空圧ベローズで駆動され，屈曲と伸展動作ができるヘビ型ロボット Slim Slime-1

図 16.36-1 東京工業大学広瀬研のヘビ型移動ロボット群

⑩ 中央のベローズとその伸展を制御する 3 つの制動ワイヤで構成される関節を連結したヘビ型ロボット　Slim Slime-3

⑪ 3 つの弾性ロッドの伸縮で屈曲と伸展動作を行える関節を連結したヘビ型ロボット　ACM-S1

⑫ 節間で上下のスライド運動と屈曲運動を行うことのできるヘビ型ロボット　蛟龍-1

⑬ 原子力発電所のような狭い通路や階段を通過でき点検作業ができるヘビ型ロボット　蛟龍-2

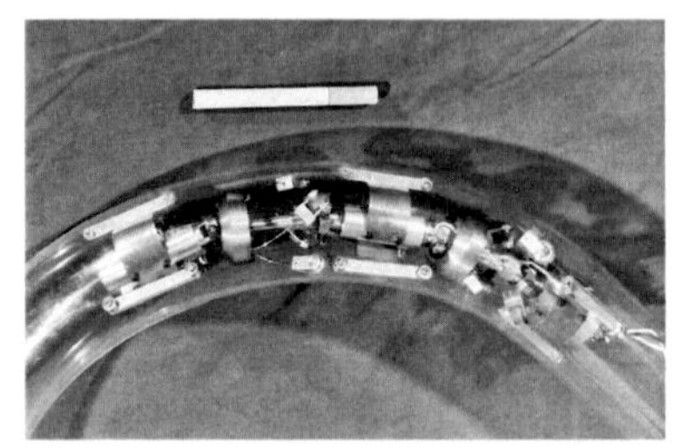

⑭ 軸まわりに回転するスパイラル状に配置した車輪の動きで配管移動をするヘビ型ロボット　Thes-1

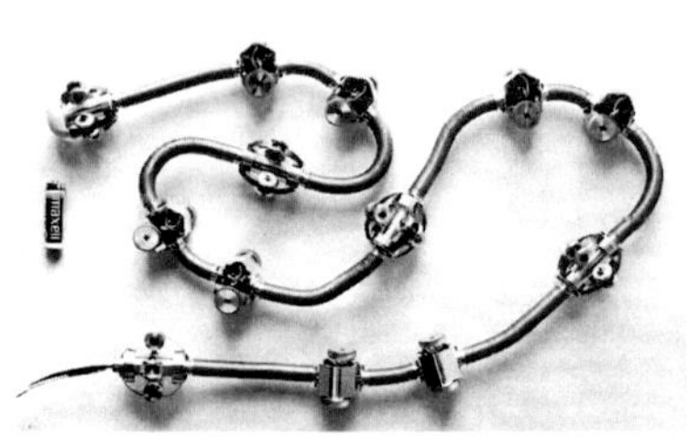

⑮ 2 インチ管の移動ができる能動車輪を用いたヘビ型ロボット　Thes-2

⑯ 能動車輪と受動関節を有するヘビ型ロボット　玄武 - 1

⑰ 能動車輪とウレタンゴムの受動関節を有するヘビ型ロボット　玄武-2

⑱ (a) 3 つのクローラと能動関節で構成されるヘビ型ロボット　蒼龍-1

⑱ (b) 災害現場での瓦礫の噛み込み防止機能を組み込んだヘビ型ロボット　蒼龍-4

⑱ (c) 体幹全面をクローラで覆った災害救助用ヘビ型ロボット　蒼龍-5

⑱ (d) 体幹全面をクローラで覆った幅 60 mm の小型ヘビ型ロボット　蒼龍-6

⑲ 能動車輪と全体的に能動的に反れる体幹を有する弾性体で覆われたヘビ型ロボット　蒼龍-7

図 16.36-2　東京工業大学広瀬研のヘビ型移動ロボット群

器を有するものなのか，あるいは，そのような推進機構をまったく有しないか，で分類できる。

表 16.1 の分類に対応させて，図 16.36 に，これまで広瀬茂男が試作してきたヘビ型移動ロボットを示す。

＜広瀬茂男＞

16.6.2 神経モデルに基づくヘビ型ロボットの運動制御

自然界における生物蛇は細長い紐状の体幹を屈曲させることによって様々な体形をとることが可能であり，単純な形態でありながら優れた運動性能を持つ。しかし，ヘビ型ロボットは高い自由度を持つことからその運動を解析的に扱うことが難しい。本項では，生体内の神経系に存在する中枢パターン発生器 (CPG: Central Pattern Generator) に基づいたヘビ型ロボットの運動制御法を簡単に述べる。

(1) 神経振動子モデルと CPG ネットワーク

中枢パターン生成器 (CPG) という神経回路内で見られるニューロン間の興奮・抑制メカニズムをモデル化したものが神経振動子となる。神経振動子モデルについてファン・デル・ポールモデルや Stein モデル，Fitzhugh–Nagumodemo モデル[1]，Matsuoka モデル[2] などが提案されている中，著者は位相振動子モデル[3] をヘビ型ロボットの制御に用いている[4]。その位相振動子の数学モデルは

$$\dot{\theta}_i = 2\pi v_i + \sum_{j!=i}^{m} w_{ij} \sin(\theta_j - \theta_i - \phi_{ij}) \qquad (16.72)$$

$$x_i = A\cos(\theta_i) \qquad (16.73)$$

と表される。ここで，θ_i は振動子 i（m は振動子数）の位相，v_i は振動子 i の内在周波数，w_{ij} は振動子間の連結係数，ϕ_{ij} は振動子間の位相差，x_i は振動子出力信号，A は出力の振幅係数である。

一方 CPG のネットワーク構造として，Chain 形，Ring 形， Radial 形，Fully-connected 形などがあるものの，ヘビ型ロボットの Chain 構造を考慮すると，図 16.37 に示すように，Chain 形がヘビ型ロボットの制御に最も適応する。なお，位相振動子の数学モデルを解析し，図 16.37 (b) に示す単純なネットワークでも十分な性能を発揮し，それをヘビ型ロボットの蛇行制御に用いることができる。この構造が単純で計算量が少なく，収束速度も速い，などの扱いやすい特徴を有する。

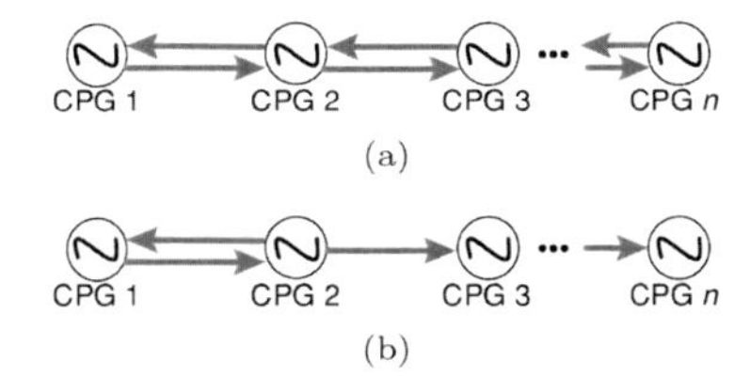

図 16.37　Chain 形の CPG ネットワーク

(2) CPG によるヘビ型ロボットの制御

上記の CPG ネットワークをヘビ型ロボットの蛇行制御に図 16.38 に示すように適用する。各 CPG をロボットの各関節を制御する MCU に実装し，MCU 間が通信のみ行うことにする。位相振動子の制御パラメータ，すなわち，CPG 間の位相差 ϕ_{ij} を変えることによって，図 16.39 に示すヘビ型ロボットの前進・後退のような動作などが簡単に行える。その他，詳しいこ

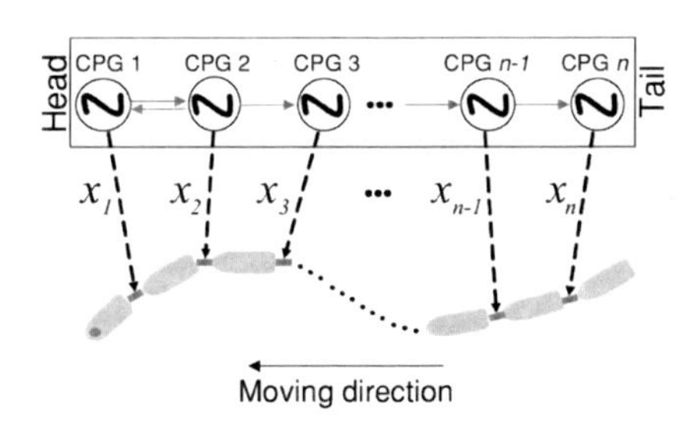

図 16.38　CPG ネットワークによるヘビ型ロボット制御の概念図

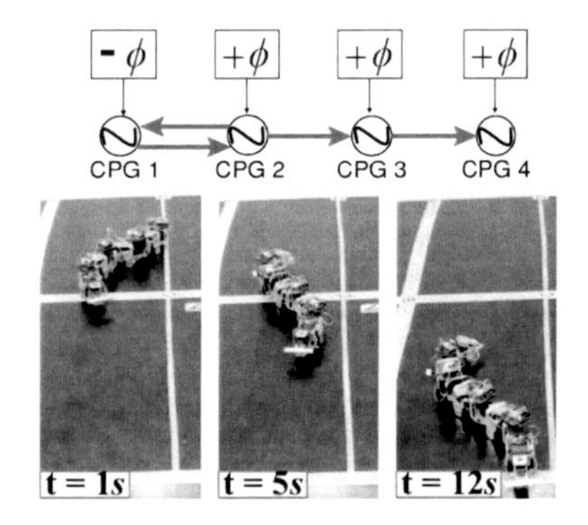

(a) 前進蛇行運動

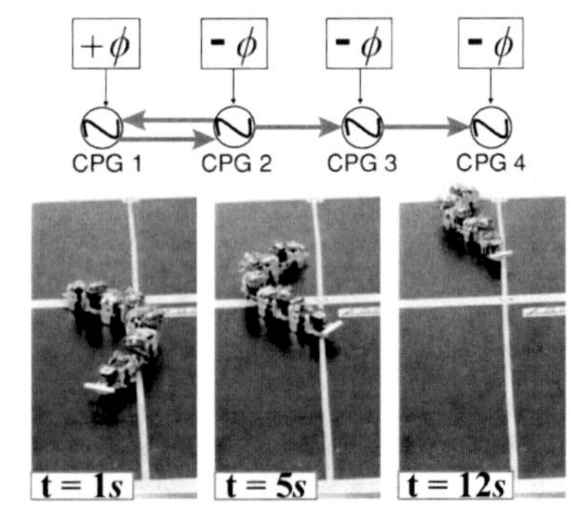

(b) 後退蛇行運動

図 16.39　ヘビ型ロボットの前進運動と後退運動

とについては文献[4] を参照されたい。

<馬 書根>

参考文献（16.6.2 項）

[1] Collins, J. J. and Richmond, S.: Hard-wired central pattern generators for quadrupedal locomotion, *Biological Cybernetics*, Vol.71, No.1, pp.375–385 (1994).

[2] Matsuoka, K.: Sustained oscillations generated by mutually inhibiting neurons with adaptation, *Biological Cybernetics*, Vol.52, No.6, pp.367–376 (1985).

[3] Cohen, A. H., Holmes and Rand, R. H.: The nature of the coupling between segmental oscillators of the Lamprey spinal generator for locomotion: A mathematical model, *J. of Mathematical Biology*, Vol.13, pp.335–369 (1982).

[4] Nor, N. B. M.: CPG-based locomotion control of a snake-like robot, *Ph.D. dissertation*, Ritsumeikan University, (2014).

16.6.3 螺旋捻転運動によりパイプ内を移動するヘビ型ロボット

ヘビ型ロボットは，その細長い形状を生かして狭い空間内に進入して内部の調査を行うロボットとして利用されることが期待されている。特に，石油化学コンビナートや下水道などの配管を検査するロボットとして利用することは，ヘビ型ロボットの形状を変化させることにより配管の径や分岐に適応できるため，メリットがあると考えられる。本項では，配管内を移動するヘビ型ロボットの例として，螺旋捻転運動によりパイプの内部につっぱりながら移動するヘビ型ロボットについて紹介する[1, 2]。

(1) ヘビ型ロボットとシステム構成

図 16.40 に本項で紹介するヘビ型ロボットを示す。このヘビ型ロボットは体幹の長手方向に対してピッチ軸まわりに回転する関節とヨー軸まわりに回転する関節を交互に連結した構成になっている。また，ロボットには直径 74mm の受動車輪が取り付けられている。ロボット関節のアクチュエータには ROBOTIS 社の Dynamixel RX-28 が使用されており，全部で 20 関節を有する。ロボットの全長は 1,450mm，幅と高さは 50mm である。ロボット先端部には検査用カメラとして OPT 社の俯角付魚眼レンズ搭載カメラ NM33-M を装備している。ロボットとカメラの通信ケーブルは PC と接続されているが，その途中でスリップリングを介することにより，ロボットが捻転した際にケーブルが捩れることを防いでいる。アクチュエータへの電力はロボット外部に設置された安定化電源から供給されている。

図 16.40　螺旋形状でパイプ内部に突っ張っているヘビ型ロボット

(2) 螺旋捻転形状の生成

ヘビ型ロボットは，まず連続曲線モデルで形状を計画し，それを離散化することでロボットの各関節の目標角度を得る[3, 4]。これにより，各時刻でなすべきロボットの形状を逐次計算することによって，ロボットの運動が計画される。

連続曲線でロボットの形状を設計するにあたり，まずはデカルト座標で考えるとわかりやすい。デカルト座標では螺旋形状は $(x(\theta), y(\theta), z(\theta))^T = (a\cos\theta, a\sin\theta, b\theta)^T$ で与えられる。ここで，a は螺旋半径，b は z 軸方向の螺旋の増加率，θ は媒介変数である。次にこれをフレネ–セレの公式による連続曲線表現に当てはめる。フレネ–セレの公式に出てくる曲率 κ と捩率 τ は，幾何学的な条件によりデカルト座標で設計したロボット形状の関数から導出できる。さらに，実際のヘビ型ロボットは単なる曲線ではなく上下の向きが存在するので，これを考慮した背びれ座標系と呼ばれる座標系で連続曲線表現を行う。このとき，フレネ–セレの公式で与えられる曲線と背びれ座標による曲線のパラメータの関係は次式のようになる。

$$\begin{cases} \psi(s) &= \int_0^s \tau(s)\,\mathrm{d}s + \psi(0) \\ \kappa_p(s) &= -\kappa(s)\sin(\psi(s)) \\ \kappa_y(s) &= \kappa(s)\cos(\psi(s)) \end{cases} \tag{16.74}$$

ここで，s は曲線に沿った長さを表す変数であり，$\kappa_p(s)$, $\kappa_y(s)$, $\tau_r(s)$ は，それぞれピッチ軸まわりの曲率，ヨー軸まわりの曲率，ロール軸まわりの捩率である。また，

$\psi(0)$ はねじれの初期値を意味する積分定数であり，任意の定数である。螺旋捻転運動では，$\psi(0)$ の値を時間的に変化させることで背びれ座標系が曲線に沿って回転するので，ヘビ型ロボットは捻転動作を生じる。

(3) パイプ内移動実験

垂直状態にしたパイプの内部をヘビ型ロボットが螺旋捻転運動により移動する実験を行った。まず，内径が 145mm のパイプを用いて実験を行った。このとき，ヘビ型ロボットは螺旋捻転運動によりパイプの長手方向に 9.5mm/s の速度で移動することが可能であった。次に，内径が 195mm のパイプを用いて実験を行った。図 16.41 にその様子を示す。この場合にはヘビ型ロボットの形状を先ほどより太いパイプの形状に合わせて計画しなおすことで，先ほど同様に捻転運動によりパイプの内部を移動することができた。また，ヘビ型ロボットの形成する螺旋形状のピッチが小さくなり，捻転運動のうち進行方向に寄与する成分が多くなるため，移動速度は 48.0mm/s に向上した。

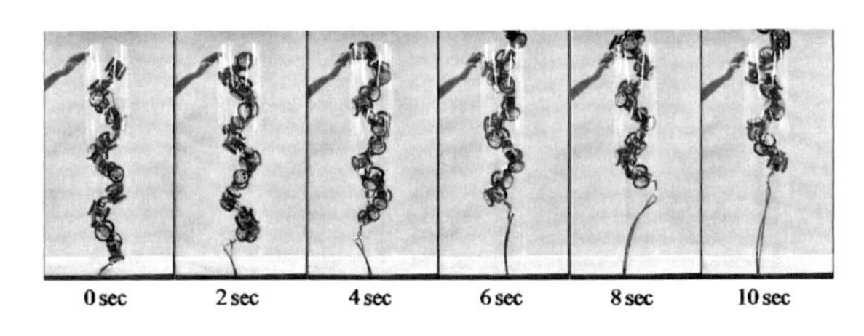

図 16.41　ヘビ型ロボットのパイプ内移動実験の様子

＜亀川哲志＞

参考文献（16.6.3 項）

[1] Kamegawa, T., Harada, T. and Gofuku, A.: Realization of cylinder climbing locomotion with helical form by a snake robot with passive wheels, *Proc. of the IEEE Int. Conf. on Robotics and Automation*, pp.3067–3072 (2009).

[2] Baba, T., Kameyama, Y., Kamegawa, T. and Gofuku, A.: A snake robot propelling inside of a pipe with helical rolling motion, *Proc. of the SICE Annual Conf.*, pp.2319–2325 (2010).

[3] 山田浩也，広瀬茂男：索状能動体の研究—多関節体幹による連続曲線近似法—，『日本ロボット学会誌』，No.26, Vol.1, pp.110–120 (2008).

[4] Date, H. and Takita, Y.: Control of 3D Snake-Like Locomotive Mechanism Based on Continuum Modeling, *Proc. of the IDETC/CIE ASME Int. Design Engineering Technical Conf. & Computers and Information in Engineering Conf.*, pp.1351–1359 (2005).

16.6.4　ねじ推進ヘビ型ロボット

本項では図 16.42 に示すねじ推進ヘビ型ロボットについて説明する。このロボットの推進においても受動車輪が横滑りしないという拘束が中心的な役割を果たすが，体の屈曲ではなくスクリューの回転を利用することで生物のヘビとは全く異なる運動を可能としている。

ねじ推進ヘビ型ロボットは，右ねじ推進ユニットと左ねじ推進ユニットの 2 種類のユニットを交互に 4 つ連結した構成になっている。図 16.43 にねじ推進ユニットの概略図を示す。ねじ推進ユニットの回転軸と受動車輪の回転軸との角度を α とする。ここで，図 16.43 の左図では α が正，右図では負となっており，それぞれ左ねじ推進ユニット，右ねじ推進ユニットと呼んでいる。

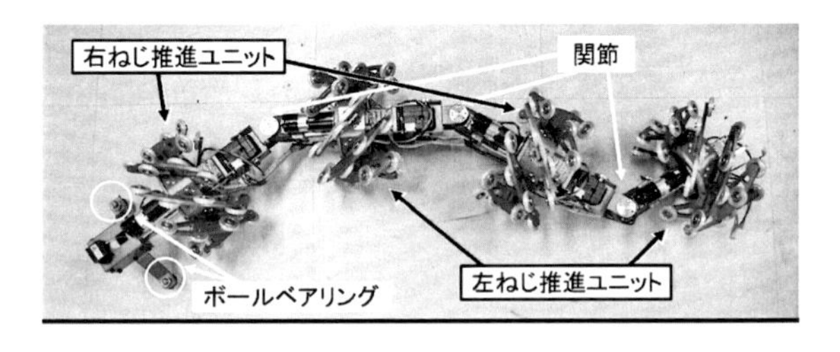

図 16.42　ねじ推進ヘビ型ロボット

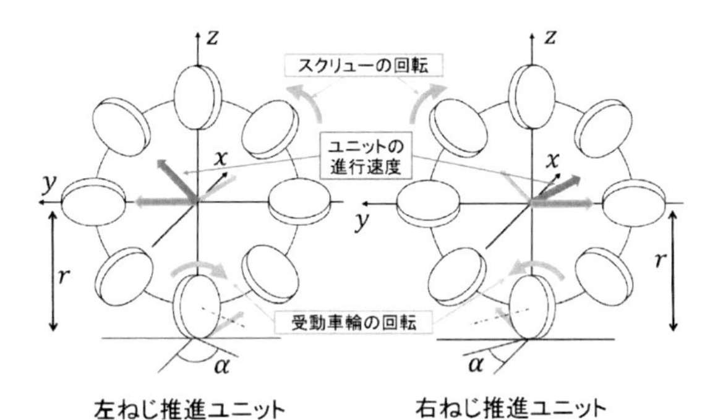

図 16.43　ねじ推進ユニットのモデル

(1) ねじ推進ヘビ型ロボットの運動学モデル

ロボット先頭の座標を $(x_p,\ y_p)$，先頭リンクの姿勢を ψ_p とする。また，リンク i のスクリュー部の中心の座標を $(x_i,\ y_i)$ とする。ねじ推進ユニット i の回転軸から受動車輪の回転軸までの角度を α_i，リンク i とリンク $i+1$ のなす角を関節角 ϕ_i とする。また，ねじ推進ユニット i の回転角速度を $\dot{\theta}_i (i = 1, 2, 3, 4)$ とする。

ねじ推進ユニットの半径を r とすると，受動車輪の速度拘束式は

$$\dot{x}_i \cos(\alpha_i + \psi_i) + \dot{y}_i \sin(\alpha_i + \psi_i) + r\dot{\theta}_i \sin \alpha_i = 0 \tag{16.75}$$

となる。生物模倣ヘビ型ロボットの場合と同様，$\dot{x}_i$, $\dot{y}_i$ を x_p, y_p, ψ_p，および関節角 $\phi_i (i = 1, 2, 3)$ によって表してこの式に代入しまとめると，運動学モデル

$$A\dot{w} = Bu \tag{16.76}$$

を得る。ただし，$w := [x_p \ y_p \ \psi_p \ \phi_1 \ \phi_2 \ \phi_3]^T$ は被制御量，$u := [\dot{\theta}_1 \ \dot{\theta}_2 \ \dot{\theta}_3 \ \dot{\theta}_4 \ \dot{\phi}_1 \ \dot{\phi}_2 \ \dot{\phi}_3]^T$ は入力である。A と B はそれぞれ 7×6，7×7 の行列であり，B は常に正則である。

(2) ねじ推進ヘビ型ロボットの制御

運動学モデル (16.76) から，先頭の並進・回転速度および関節角速度からなるベクトル $\dot{w}$ の目標値 $\dot{w}_d$ を定めれば，入力 u を正定行列 K を用いて

$$u = B^{-1}A(\dot{w}_d - Ke), \ e := w - w_d \tag{16.77}$$

のように定めることで軌道追従制御を達成できる[1]。

軌道の決定に関して，1 人の操縦者がロボットを操縦する場合に有効な先頭追従制御[2, 3] が提案されている。これは操縦者が先頭リンクの運動のみを指令し，後続リンクが自動的に先頭リンクの軌跡を追従するというものであり，その有効性はシミュレーションおよび実機実験によって確認されている。

一方，運動を陽に指定するのではなく，ニューラルネットワークを利用して自発的にスクリュー回転速度を変化させることでエネルギー効率の高く，かつ柔軟性のある運動を得る研究[4] もなされている。

＜有泉 亮，松野文俊＞

参考文献（16.6.4 項）

[1] 里村章悟，原正哉，福島宏明，亀川哲志，五十嵐広希，松野文俊：ねじ推進ヘビ型ロボットのモデリングと制御，『日本ロボット学会誌』，Vol.25，No.5，pp.779–784 (2007).

[2] 福島宏明，田中基康，亀川哲志，松野文俊：ねじ推進ヘビ型ロボットの先頭追従制御，『日本ロボット学会誌』，Vol.28, No.6, pp.707–714 (2010).

[3] 有泉亮，福島宏明，松野文俊：速度履歴に基づくねじ推進ヘビ型ロボットの先頭追従制御，『日本ロボット学会誌』，Vol.30, No.5, pp.552–559 (2012).

[4] Nachstedt, T., Wörgötter, F., Manoonpong, P., Ariizumi, R., Ambe, Y., and Matsuno, F.: Adaptive Neural Oscillators with Synaptic Plasticity for Locomotion Control of a Snake-Like Robot with Screw-Drive Mechanism, *Proc. IEEE Int. Conf. on Robotics and Automation*, pp.3374–3380 (2013).

16.7 おわりに

ヘビ型ロボットは生物の蛇を模倣することにより開発されてきた。生物の機能を工学的に実現することに意義があるが，模倣からは本物を超える何かは生まれてこないように感じられる。生物の持っている機能を工学的に理解して確かめることの先に，そのメカニズムにとらわれることなく，人工物としてのロボットを創造することがあると考えている。例えば，蛇に足を付けると蛇足というが，蛇に足を持たせることを直ちにナンセンスとは言い切れないのではないか。ムカデなどをじっと見ると，蛇足が素晴らしい機能を発揮しても不思議ではない。また，生物の蛇の摩擦特性を実現するために導入した受動車輪を能動として，運動性能を向上させる研究も進められている。このように，生物にとらわれることなく，本来の生物が持っている以上の機能を実現するロボットを開発することが重要である。

蛇を干支では巳と書く。巳は胎児の象形であり，「産まれてくる」あるいは「未来がある」という意味もある。また，毎年の秋に全国すべての神様が出雲の浜に集まり，そこから神主が神様を出雲大社に案内するときに先導するのが龍蛇神という蛇神である。移動とマニピュレーションなど複雑なタスクを単純な形態のユニットの結合で実現できるヘビ型ロボットは魅力的である。しかし，ヘビ型ロボットは超冗長であり，接地箇所が動的に変化し拘束条件が切り替わるハイブリッドであり，車輪拘束を考えると非ホロノミックとなる非常に複雑で厄介なシステムである。ヘビ型ロボットはポテンシャルが非常に高いが，その研究開発には未解決問題が山積している。すべてのロボットを先導していくのがヘビ型ロボットになるように，今後の進展に期待したい。

＜松野文俊＞

第17章

ROBOT CONTROL HANDBOOK

二足歩行ロボット

17.1 はじめに

第17章として,「二足歩行ロボット」を取り上げる。17.2節で「位置制御ベース」, 17.3節で「受動歩行ベース」, 17.4節で「融合・統合」の観点から解説される。

位置制御ベースでは, まず, 杉原知道氏に「ZMPに基づく制御」に関して解説いただいた。冒頭, ZMPに着目した脚ロボットの制御に関して要約されている。重心-ZMPモデルが定式化され, 立位制御と踏み出しによる転倒回避, 定常的足踏み替えと歩行に関して詳しく解説されている。ZMPを用いた制御系の実装では, 実用上の難しさや問題が指摘され, その対策が示されている。次に, 藤本康孝氏に「動歩行制御とモータ制御」に関して解説いただいた。二足歩行ロボット固有のダイナミクスに倣う軌道に対してサーボ制御を行い, 動歩行を実現する手法について述べられている。また, モータ制御に関して, サーボドライバの基本構成からはじまり, 種々の制御系に関して解説されている。最後に, ユニークなギヤレスモータが紹介されている。

受動歩行ベースでは, まず, 杉本靖博氏と大須賀公一氏に「受動的動歩行」に関して俯瞰いただいた。受動的動歩行とは, モータ, センサ, 制御系を持たない二足歩行ロボットが, 重力場を利用することで緩やかな坂道を歩き下るという現象のことを言い, 位置制御ベース同様に様々な研究がなされている。引き込み現象, 分岐現象(カオス現象)など受動的動歩行自身の運動解析, 高効率な平地歩行など受動的動歩行の歩行制御への応用, 受動的走行現象などそれ以外の観点としてまとめられている。次に, 浅野文彦氏と原田祐志氏に「リミットサイクル型受動歩行」に関して解説いただいた。具体的には, 最も簡単な二脚受動歩行モデルであるコンパス型を例として, そのモデリング, 歩容の特徴と安定性, 非線形現象について概説されている。また, 実験的研究例など二足歩行ロボットの実験に通じる方策がいくつか示されている。池俣吉人氏と佐野明人には,「平衡点生成と受動歩行」に焦点を絞って解説いただいた。軌道がリミットサイクルになると, 着地直後の状態が平衡点として固定される。この平衡点からリミットサイクルの生成およびその安定性を解析することができる。なお, 同時に躓いたり膝折れせずに歩くために, 脚の振り運動や支持脚膝の伸展メカニズムを知ることが不可欠となる。最後に, 大脇大氏と石黒章夫氏には,「受動走行」に関して純粋な受動走行の実機実現を中心にまとめていただいた。受動走行に着目することは, 二足走行ロボットの実現に寄与するのみならず, 生物制御の理解の鍵となる運動制御における身体の力学的特性の役割の理解につながることが期待されている。

融合・統合では, まず, 玄相昊氏に「油圧駆動によるトルク制御」に関して解説いただいた。能動歩行, 受動歩行に限らず, 関節トルクを自在に制御できることは重要であり, 両者を融合・統合する機運が高まる。油圧アクチュエータは, 剛柔自在の特性を持たせることができ, 能動歩行から受動歩行までを実現するのに適している。次に, 佐藤訓志氏と藤本健治氏に「最適制御で結ぶ受動歩行とZMP規範歩行」に関して解説いただいた。受動歩行とZMP規範歩行の統一的な取り扱いや利点の融合を目指し, 最適制御を軸とした双方への研究事例が紹介されている。

<佐野明人>

17.2　位置制御ベース

17.2.1　ZMP に基づく制御

(1) 重心-ZMP モデル

8.2.1 項にて，脚ロボットの制御においてZMP に着目する考え方について述べた。得られた結論を整理する。

(C1) ロボットが変形の無視できる単一平面（支持平面）上で運動するならば，接触力に課される制約条件を全接触力の合力・合トルクに関する条件にまとめることができる。具体的には，垂直抗力が非負となる条件，摩擦力・摩擦トルクがある範囲に収まる条件，そして圧力中心が支持領域内に収まる条件である。支持平面が水平に近く，かつ全接触点で十分な静止摩擦力が働くならば，垂直抗力と摩擦に関する条件は自然に満たされることが多い。残る圧力中心に関する条件のみが深刻である。このような仮定が適当である状況は比較的多い。

(C2) 「圧力中心が支持領域内に存在する」という条件は幾何学的なものであり，支持脚および支持領域の遷移と結び付けて直感的に解釈できる。

(C3) ZMP (Zero-Moment Point) とは，圧力中心の別解釈である[1]。圧力中心は，地面から受ける接触応力の分布から決まるが，同じ点が全接触力の合力・合トルクからも決まることを意味している 1)。全接触力の合力・合トルクは，ロボットの全身運動と運動方程式で結び付く。圧力中心を ZMP と読み替えることで，接触力が満たすべき制約からロボット全身の望ましい振舞いを逆算する，という問題設定が可能になる[2]。

(C4) 重心-ZMP モデル[3] を考えることで，ZMP の意義はより明確になる。すなわち重心まわり角運動量変化の影響が無視できるならば，ロボットの重心の（重力加速度を含む）加速度は，ZMP から重心へ向かうベクトルに平行となる。このことにより，ZMP の支持平面上位置（および ZMP から重心までの距離と重心加速度との長さ比）を操作量，重心位置を制御量とする制御スキーム[4–6, 21]，あるいは逆に，重心躍度を操作量，ZMP の位置を制御量とする制御スキーム[8–10] が得られる。

以上のことは，二脚ロボットでも当然言える。

転倒を避けながらある支持状態から別の支持状態へと遷移するために，どのように ZMP と各々の足先を操作すればよいのか，という問いに対しては，未だ明快な解が得られていない。一つの方法は，所望の支持状態遷移に ZMP 軌跡が整合し，かつ周期的境界条件ないし終端境界条件を満たす全身運動の目標軌道を先に計画し，それに追従するよう制御すること[2, 5, 11, 12] である。これについては 17.2.2 項で説明する。

目標軌道を計画するためには，ロボットが置かれた環境，地面形状，その他様々な事象がいつどこで発生するか，すべて事前にわかっている必要がある。しかし，工場のようにすべてが人工的に設計された環境でない限り，このようなことは期待できない。本項では，二脚ロボットを不確かさや変化に富んだ状況でも頑健に振る舞わせることを目指す，主に筆者らによる試みを紹介する。三脚以上のロボットに比べれば，二脚ロボットでは運動中に支持領域を広く確保することが難しいので，安定化制御の重要性が増す。一方で，操る脚が一対のみであることから制御器はよりシンプルに構成できる。

議論に必要な基礎式を改めて記そう。重心-ZMP モデルは次の運動方程式で表される。

$$\ddot{\boldsymbol{p}}_{\mathrm{G}} + \boldsymbol{g} = \zeta^2(\boldsymbol{p}_{\mathrm{G}} - \boldsymbol{p}_{\mathrm{Z}}) \tag{17.1}$$

ただし，$\boldsymbol{p}_{\mathrm{G}}$ は重心位置，$\boldsymbol{g}$ は重力加速度，$\boldsymbol{p}_{\mathrm{Z}}$ は ZMP 位置である。また，

$$\zeta^2 \equiv \frac{\boldsymbol{\nu}^T(\ddot{\boldsymbol{p}}_{\mathrm{G}} + \boldsymbol{g})}{\boldsymbol{\nu}^T(\boldsymbol{p}_{\mathrm{G}} - \boldsymbol{p}_{\mathrm{Z}})} \tag{17.2}$$

とおいた。$\boldsymbol{\nu}$ は支持平面の上向き法線ベクトルであり，水平面を仮定すれば

$$\boldsymbol{\nu} = \frac{\boldsymbol{g}}{\|\boldsymbol{g}\|} \tag{17.3}$$

となる。$\zeta^2(\geq 0)$ は $\ddot{\boldsymbol{p}} + \boldsymbol{g}$ と $\boldsymbol{p}_{\mathrm{G}} - \boldsymbol{p}_{\mathrm{Z}}$ の長さの比である。ZMP には，次の制約条件が課される。

$$\boldsymbol{p}_{\mathrm{Z}} \in \mathcal{S} \tag{17.4}$$

ただし，$\mathcal{S}$ は支持領域を表す点の集合である。

$\boldsymbol{p}_{\mathrm{G}} = [x \quad y \quad z]^T$，$\boldsymbol{p}_{\mathrm{Z}} = [x_{\mathrm{Z}} \quad y_{\mathrm{Z}} \quad z_{\mathrm{Z}}]^T$ とそれぞれおく。$\boldsymbol{\nu} = [0 \quad 0 \quad 1]^T$，$\boldsymbol{g} = [0 \quad 0 \quad g]^{\mathrm{T}}$ としても一般性を失わない。ただし，$g = 9.8\,\mathrm{m/s^2}$ は重力加速度であ

1) この事実自体はそれほど意外なことではない。証明は 2.4.3 項に示されている。

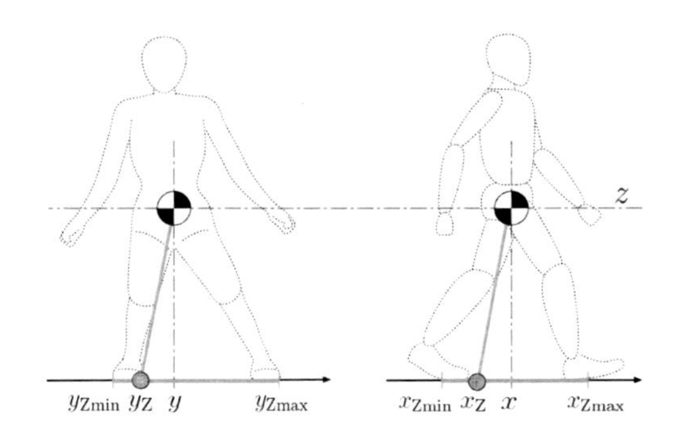

図 17.1 鉛直高さが拘束された重心-ZMP モデル

る。このとき，式 (17.1) は次のように成分ごとに書き下せる。

$$\ddot{x} = \zeta^2(x - x_{\rm Z}) \tag{17.5}$$

$$\ddot{y} = \zeta^2(y - y_{\rm Z}) \tag{17.6}$$

$$\ddot{z} = \zeta^2(z - z_{\rm Z}) - g \tag{17.7}$$

$z_{\rm Z}$ は支持平面の鉛直高さであり，定数である。

簡単のために，図 17.1 のように重心の鉛直方向高さを一定に拘束することを考えよう。これによって

$$\zeta^2 = \frac{g}{z - z_{\rm Z}} = \text{const.} \tag{17.8}$$

となり [2)]，このとき式 (17.5),(17.6) はいずれも線形力学系となる [3)]。また ZMP には制約条件式 (17.4) が変わらず課されるが，近似的に支持領域が x 軸および y 軸に平行な対辺を持つ長方形領域で表せるならば，同式は次のようになる。

$$x_{\rm Zmin} \leq x_{\rm Z} \leq x_{\rm Zmax} \tag{17.9}$$

$$y_{\rm Zmin} \leq y_{\rm Z} \leq y_{\rm Zmax} \tag{17.10}$$

ただし，$x_{\rm Zmin}, x_{\rm Zmax}$ は支持領域の x 軸方向最小値および最大値，$y_{\rm Zmin}, y_{\rm Zmax}$ は同 y 軸方向最小値および最大値である。以降の議論はこれらを元に行う。

2) 実際には z は外乱の影響により変動するので，これを抑制する適当なフィードバック補償が働いているものとする。

3) 重心の軌跡が x-z 投影面および y-z 投影面上で直線を描く（z が変化しても構わない）ようにすると，ζ^2 は一定となる。これを梶田ら[17] は線形倒立振子モード (LIPM : Linear Inverted Pendulum Mode) と呼んだ。なお，同軌跡は x-y-z 空間ではある平面上の双曲線となることが知られている[13]。

(2) 立位制御と踏み出しによる転倒回避

まず，ある支持状態を維持しながら，限られた領域の中で ZMP を操作し重心を安定化する制御（立位制御）[15] を考えよう。式 (17.5),(17.6) および式 (17.9),(17.10) の対称性から，y 軸方向の運動のみ考えることにする。x 軸方向の運動についても同様の議論を行える。ZMP の目標位置 $\tilde{y}_{\rm Z}$ を次式で与える [4)]。

$$\tilde{y}_{\rm Z} = y + k_1(y - {}^d y) + k_2 \dot{y} \tag{17.11}$$

ただし，k_1, k_2 はゲイン，${}^d y$ は参照点位置の y 軸成分である。ZMP を操作し $y_{\rm Z} = \tilde{y}_{\rm Z}$ とできるならば，式 (17.6) より次式を得る。

$$\ddot{y} = -\zeta^2 k_1(y - {}^d y) - \zeta^2 k_2 \dot{y} \tag{17.12}$$

これは図 17.2(a) のように，仮想的にばね定数 $\zeta^2 m k_1$[N/m] のばねとダンパ定数 $\zeta^2 m k_2$[N/(m/s)] のダンパで重心を空間中の参照点に接続したことに相当する。実際には，図 17.2(b) のように地面を蹴ることによって，あたかもこのようなばね・ダンパがあるかのような効果を得る。極を陽に $-\zeta q_1$，$-\zeta q_2$（ただし q_1 および q_2 はどちらも定数）に配置したいならば，

$$k_1 = q_1 q_2, \quad k_2 = \frac{q_1 + q_2}{\zeta} \tag{17.13}$$

とすればよい。

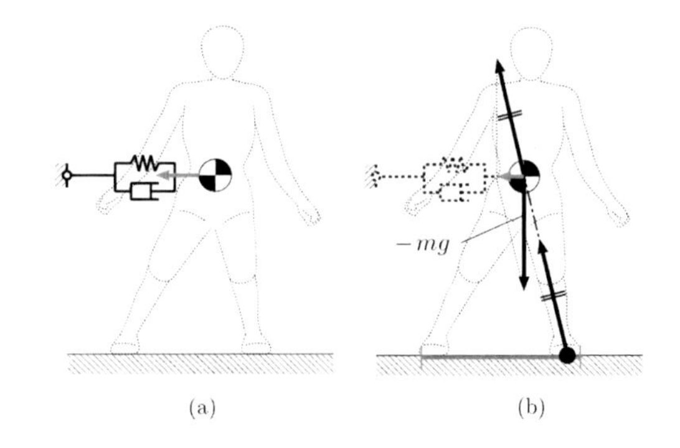

図 17.2 仮想ばね・ダンパによる立位制御

ただし，$y_{\rm Z}$ は必ず制約条件 (17.10) を満たすので，次のように飽和が起こるであろう。

4) このような制御を行うためには，センサによる $y - {}^d y$，$\dot{y}$ の推定が必要である。これ自体技術を必要とする[16] が，いまはこれらは得られるものとする。

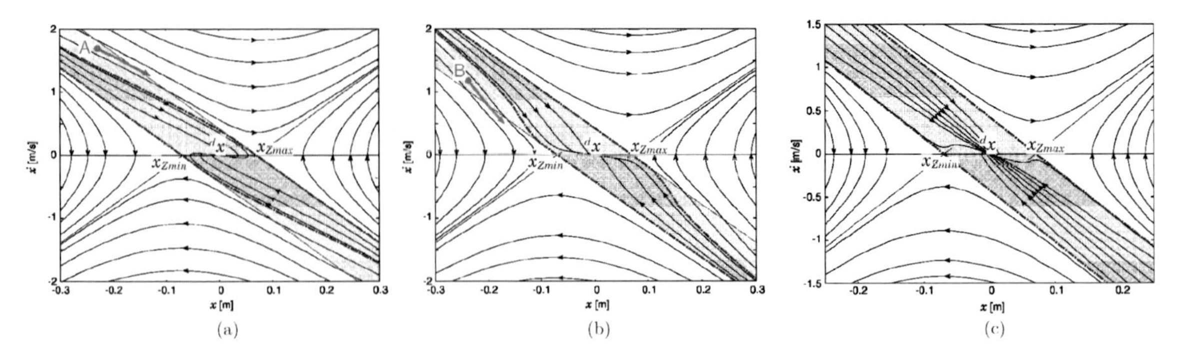

図 **17.3**　式 (17.14) による重心制御の様子

$$y_{\mathrm{Z}} = \begin{cases} y_{\mathrm{Zmax}} & (\mathrm{S1}：\tilde{y}_{\mathrm{Z}} > y_{\mathrm{Zmax}} \text{ のとき}) \\ \tilde{y}_{\mathrm{Z}} & (\mathrm{S2}：y_{\mathrm{Zmin}} \leq \tilde{y}_{\mathrm{Z}} \leq y_{\mathrm{Zmax}} \text{ のとき}) \\ y_{\mathrm{Zmin}} & (\mathrm{S3}：\tilde{y}_{\mathrm{Z}} < y_{\mathrm{Zmin}} \text{ のとき}) \end{cases} \tag{17.14}$$

状態空間の部分領域 S2 のみが可制御領域となる。この影響について，図 17.3 の相図を使って説明する。図中の灰色の領域は，$(y, \dot{y})$ が安定に ^{d}y に収束する初期状態の集合（安定領域）を表している。図 17.3(a) は，q_1, q_2 ともに 1 未満である場合の相図である。図中の点 A から動作開始した場合，十分な復元力が得られず発散する。図 17.3(b) は，q_1, q_2 どちらかが 1 より大きい場合の相図である。図中の点 B から動作開始した場合は，過剰な復元力が働いてこれも発散する。q_1, q_2 どちらかを 1 とする，すなわち極の一つを元の（無入力時の）安定極 $-\zeta$ に一致させると，図 17.3(c) のように安定領域が最大化される。なお，このときの安定領域外部は，どのようにゲインを設定したとしても安定化できない初期状態の集合（不安定領域）である。

重心の状態が不安定領域に陥った場合，足を踏み出さなければならない。図 17.3(c) は，どの位置に足を踏み出せば安定性を回復できるのかを示している。すなわちこの図において，安定領域は次式で陽に表せる。

$$y_{\mathrm{Zmin}} \leq y + \frac{\dot{y}}{\zeta} \leq y_{\mathrm{Zmax}} \tag{17.15}$$

例えば図 17.4(a) の点 $\mathrm{C}(y, \dot{y})$ は不安定領域にあるので，このままでは矢印を辿って転倒する。倒れる側の足を，次式を満たす位置 y_{S} に踏み出せば，図 17.4(b) のように安定領域が拡がり点 C を包含することができる。

$$y_{\mathrm{S}} \gtrless y_{\mathrm{CP}} \equiv y + \frac{\dot{y}}{\zeta} \tag{17.16}$$

ただし不等号は，$\dot{y} > 0$ のとき $\geq$，$\dot{y} < 0$ のとき $\leq$ をそれぞれ選ぶ。y_{CP} は Capture Point と呼ばれる[17]。

一点注意しなければいけない。式 (17.14) により，転倒が必至である状況では ZMP は倒れる側の足の縁 y_{Zmax} に達しているはずである。倒れる側の足を離地するには，反対の足（軸足）側に ZMP を引き戻さなければならない。これにより重心は，安定領域から遠ざかる方向に一層大きく加速される。このように踏み出し制御では一時的に故意に安定化と矛盾する操作を行い，安定領域を拡大した後に安定化へと無撞着に復帰する複雑な制御が求められる。ここでは Sugihara による文献 [18] を紹介するに止める。

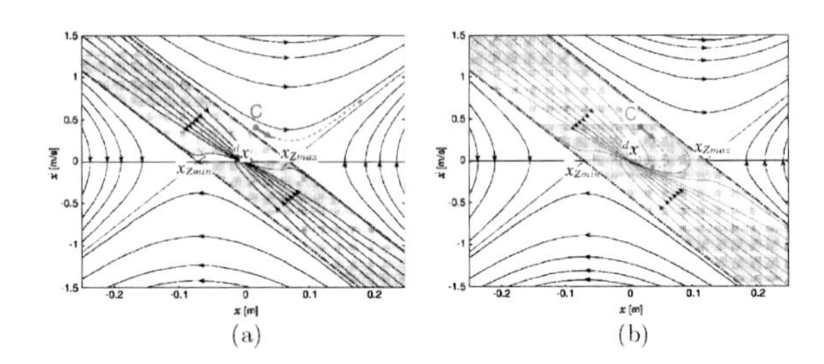

図 17.4　安定領域に基づく踏み出し。(a) 重心の状態が点 C（不安定領域）にあれば，転倒は必至である。(b) 足を踏み出して安定領域を変形し点 C を包含することで安定性を回復できる。

(3) 定常的足踏み替えと歩行

緊急時の転倒防止のための踏み出しではなく，両足を交互に昇降し支持状態を遷移させることで能動的に地面上を移動することを考えよう。今，身体前方向に向かって x 軸を，左方向に向かって y 軸をそれぞれとることにする。立位制御においては，式 (17.5), (17.6) および式 (17.9), (17.10) の対称性からこれらを同一に扱った。足の踏み替えを伴う運動では，前後方向と左右方向を明確に区別する必要がある[5]。例えば，立位制御によって安定平衡点が両足の間に形成された状態から片足を離地することを考えよう。図 17.5 から明らかなように，左右方向の支持領域の変形が原因となって平衡点は消失する。安定性を失することなく，ZMP が左右足を交互に往復する非平衡安定状態を形成する必要がある。

生物においては，脊髄中の神経振動子 (CPG：Central Pattern Generator) と呼ばれる相互抑制性神経結合ユニットが自励振動を発生し，典型的な非平衡安定状態である安定リミットサイクルを形成することが知られている[20][6]。これに着想を得た二脚ロボットの制御も多数[22–31] 提案されている。自励振動を制御に用いることの一つの利点は，外因的な振動現象と相互に同調する現象（引き込み）によって，適応的な振る舞いが期待できることである。二脚運動の場合，地面との反復的な衝突は一種の外因的振動現象ととらえることができる。

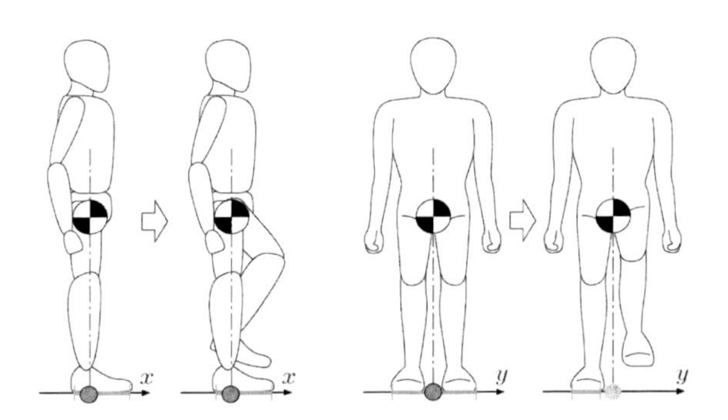

図 17.5　両足支持からの片足離地による平衡点の消失

式 (17.11) を次式で置き換えれば，左右方向運動について立位制御（平衡安定状態）と定常的な足の踏み替え（非平衡安定状態）とを統合する制御器となる[32, 33]。

$$\tilde{y}_Z = y + k_1(y - {}^d y) + k_2 f(r;\rho)\dot{y} \tag{17.17}$$

ただし，r および $f(r;\rho)$ は次式で定義される。

$$r = \sqrt{(y - {}^d y)^2 + \frac{\dot{y}^2}{\zeta^2 q_1 q_2}} \tag{17.18}$$

$$f(r;\rho) = 1 - \rho \exp\left\{1 - \frac{(q_1 q_2 + 1)^2 r^2}{r_Z^2}\right\} \tag{17.19}$$

r_Z は定数である。$\rho \in [0, 1]$ は重心の挙動を変えるパラメータであり，これに対し $f(r;\rho)$ は図 17.6 のように概形を変化させる。$\rho = 0$ のとき，r によらず $f(r;\rho) = 1$ となり線形ダンパに一致する。$\rho > 1/e$ のとき方程式 $f(r;\rho) = 0$ が解 $r = \bar{r}$ を持つ。このとき状態 $(y, \dot{y})$ は，$0 \leq r \leq \bar{r}$ ならば $f(r;\rho) < 0$ なので平衡点から遠ざかり，$r > \bar{r}$ ならば $f(r;\rho) > 0$ なので平衡点に近づく。したがって $\bar{r}$ を半径とする楕円形の安定リミットサイクルが発現する。$\rho = 1$ のとき $\bar{r} = r_Z/(q_1 q_2 + 1)$ となる。相図の上で ρ を変えたときにリミットサイクルが発現する様子を図 17.7 に示す。リミットサイクルから離れたところでは，元の立位制御の安定領域が保持されていることがわかる。

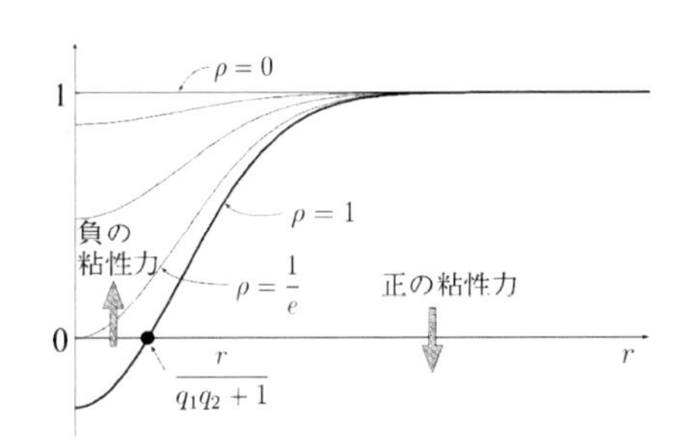

図 17.6　自励振動を起こす非線形ダンパ係数の概形

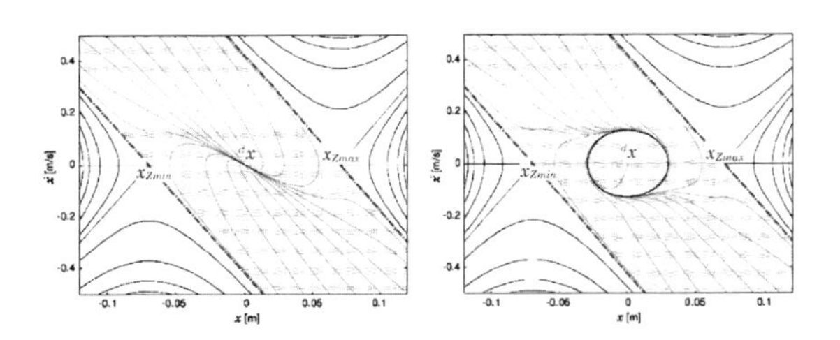

図 17.7　立位制御から自励振動への変化の様子

この振動に同期するよう両足の昇降を制御するために，運動状態から位相情報を抽出したい。ただしそれは，定常振動でなくても定義できるものでなければならない。重心の振動それ自体は接触力の情報を持っていない。足の離地・着地の可否を判断するには接触力

[5] 解剖学では，左右相称動物を仮想的に左右に分断する面を矢状面，前後に分断する面を冠状面または前額面と呼ぶ。これらは本来動物の身体構造を説明するための用語だが，慣習的に空間における動物やロボットの運動方向の呼び方として使用されることも多い。なお，前後軸と鉛直軸によって張られる平面を，Murthy ら[19] は運動平面と呼んだ。

[6] CPG の数学モデルとしては，Matsuoka[21] によるものが知られている。ただしこれは人工神経ユニットの相互抑制性結合によって自励振動が発現することを示したもので，必ずしも生物の神経活動を再現するものではないことに注意する必要がある。

の情報が必要である。具体的には ZMP が軸足接触領域内にあれば反対の足を離地できる。一方で ZMP は不連続に変わりうるため，時間情報を持てない。重心，ZMP と位相をどのように関連づければよいか考えるために，周波数領域での重心と ZMP の関係を調べよう。

式 (17.8) の下では式 (17.6) が線形な微分方程式であることを利用して，y_Z から y への伝達関数 $G_y(s)$ を求めると，次式となる。

$$G_y(s) = -\frac{\zeta^2}{s^2 - \zeta^2} \tag{17.20}$$

制御器 (17.17) によって重心が安定リミットサイクルに収束しているとき，角振動数は $\zeta\sqrt{q_1 q_2}$ となるので，このときの周波数応答は次式となる。

$$G_y(i\zeta\sqrt{q_1 q_2}) = \frac{1}{q_1 q_2 + 1} \tag{17.21}$$

ただし，i は虚数単位である。これより，重心が振動するとき ZMP も位相遅れなしで振動し，その振幅比は $q_1 q_2 + 1$ となることがわかる。よって $\rho = 1$ のとき，ZMP の振幅は r_Z となる [7)]。この情報を利用し，次の複素数 p_Z で位相を定義しよう。

$$p_Z = y_Z - {}^d y - \frac{(q_1 q_2 + 1)\dot{y}}{\zeta\sqrt{q_1 q_2}} i \tag{17.22}$$

これは複素平面上で図 17.8 のような楕円形リミットサイクルを持ち，過渡状態では図 17.9 のように収束する。実数軸は y 軸と同じ意味を持つので，図 17.9 のように ZMP が軸足支持領域に入るタイミングに反対足を離地，出るタイミングに着地すれば，重心に同期し支持領域に整合する足昇降運動を実現できるだろう。ただし，ZMP の軌跡を事前に知ることはできないので，予測に頼ることになる。

立位から左右足の安定な踏み替えに移行できれば，それと同時に前後方向の重心速度を制御することで歩行も実現できる[34]。立位制御では，フィードバックにより極の一つを $-\zeta$ とすることで安定領域が最大化されるのであった。速度制御するためには，速度の参照値を陽に与えた上で残りの極を 0 とすればよい。すなわち，ZMP の x 軸方向目標位置 $\tilde{x}_Z$ を次式で与える。

$$\tilde{x}_Z = x + \frac{\dot{x} - {}^d v_x}{\zeta} \tag{17.23}$$

ただし，${}^d v_x$ は重心の x 軸方向目標速度である。この

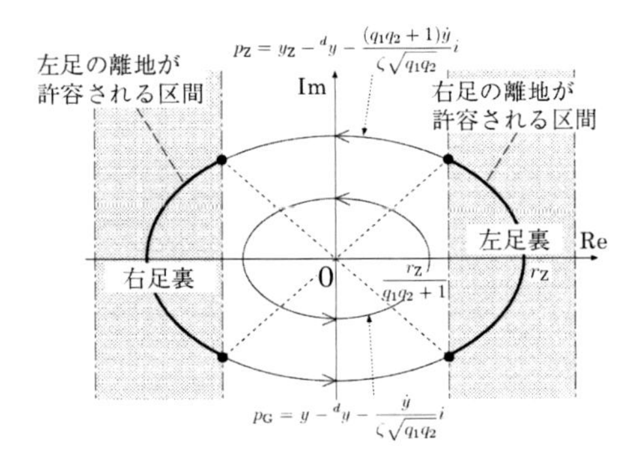

図 17.8　定常状態での位相（複素数）p_Z のリミットサイクル

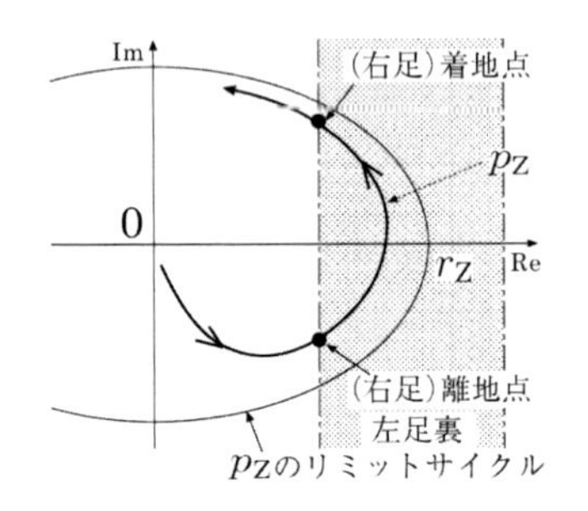

図 17.9　過渡状態での p_Z の軌跡

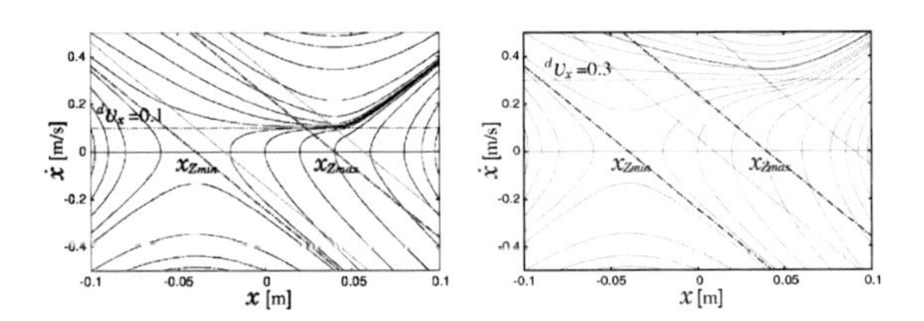

図 17.10　平衡安定系から速度追従系へと変化させた様子

とき，$(x, \dot{x})$ の相図は図 17.10 のようになる。可制御領域では重心速度が ${}^d v_x$ に収束しかけ，不可制御領域に入った以降に発散する様子が見られる。二脚ロボットの片足の接触領域面積は一般的に期待される歩幅よりも小さいため，ZMP が頻繁に縁に達し不可制御となる。不変な支持状態の下では，本質的に二脚ロボットは不安定である。式 (17.16) と同様に考え，次式を満たす位置 x_S に着地すれば，再度重心速度を収束に向かわせることができる。

$$x_S \gtrless x_{CP} \equiv x + \frac{\dot{x}}{\zeta} \tag{17.24}$$

ただし，不等号の選び方は y 軸方向と同様である。足の着地後に目標速度を 0 にすれば，重心を安定に停止させ

7) もちろん実際には，ZMP の振幅が r_Z となるように $f(r; \rho)$ を決めたわけである。

ることもできる。このように，現在の状態に基づいて将来の安定性を保証するように支持領域を不連続に変形する，不安定な連続力学系に反復的な構造変化を施すことで離散的な安定性をもたらすというのが脚ロボット制御独特の考え方である。このことはポアンカレ写像からも[13, 36]，また力学エネルギーの観点からも[11, 17]説明できる。以上は直進歩行のみについて説明したが，左右方向歩行や任意曲線に沿った方向転換への拡張もなされている[38]。

ここまで，重心を制御量，ZMP を操作量として扱ってきた。8.2.1 項で述べたように，ZMP を制御量，重心躍度を操作量として扱う制御スキーム[8] も設定可能である。詳細は 17.2.2 項に委ねるが，重心躍度を入力とするためには全身関節を高速な周期（数 kHz 程度）で高精度に制御する必要がある。また，重心加速度を推定しなければならない。このためこのスキームは，今のところフィードバック制御ではなく軌道計画の方法として用いられている。ただし軌道計画を比較的速い周期（数十 Hz 程度）でリアルタイムに行うことで外乱に対処する方法も提案され[39]，不整地歩行に成功している。

(4) ZMP を操作量として用いる制御系の実装

上記の制御では，操作量として ZMP の目標位置（目標 ZMP）を決定した。実際の ZMP を目標位置に一致させるような下位の制御が必要である。ZMP は全接触力の合力・合トルクから決まり，2.4.3 項で示したように，接触力は駆動力が地面に作用した反作用として発生する。この流れを逆に辿れば，理論上は目標 ZMP を目標接触力・接触トルクへ，さらに発生すべき関節駆動力へと変換できる。

前者は次のように考えればよい。重心-ZMP モデルによれば，重心加速度は式 (17.1) で ZMP と関係付けられるので，目標接触力 ${}^{d}\boldsymbol{f}$ は次式で求まる。

$$ {}^{d}\boldsymbol{f} = m\zeta^2(\boldsymbol{p}_{\mathrm{G}} - {}^{d}\boldsymbol{p}_{\mathrm{Z}}) \tag{17.25} $$

ただし，m はロボットの全質量である。また ZMP の定義より，目標 ZMP まわり目標接触トルク ${}^{d}\boldsymbol{n}_{\mathrm{Z}}$ の水平成分は零になる。鉛直軸まわりのトルクが未定だが，静止摩擦トルクの制約を満たす適当なスカラ値 ${}^{d}n_{\mathrm{Z}}$ を与えればよい。以上より，${}^{d}\boldsymbol{n}_{\mathrm{Z}}$ は次式で求まる。

$$ {}^{d}\boldsymbol{n}_{\mathrm{Z}} = {}^{d}n_{\mathrm{Z}}\boldsymbol{\nu} \tag{17.26} $$

次に後者を考えよう。8.2.1 項に倣って運動方程式を

$$ \boldsymbol{H}_{\mathrm{B}}\ddot{\boldsymbol{q}}_{\mathrm{B}} + \boldsymbol{H}_{\mathrm{BJ}}\ddot{\boldsymbol{q}}_{\mathrm{J}} + \boldsymbol{b}_{\mathrm{B}} = \boldsymbol{J}_{\mathrm{ZB}}^{T}\boldsymbol{\lambda}_{\mathrm{Z}} \tag{17.27} $$

$$ \boldsymbol{H}_{\mathrm{BJ}}^{T}\ddot{\boldsymbol{q}}_{\mathrm{B}} + \boldsymbol{H}_{\mathrm{J}}\ddot{\boldsymbol{q}}_{\mathrm{J}} + \boldsymbol{b}_{\mathrm{J}} = \boldsymbol{u} + \boldsymbol{J}_{\mathrm{ZJ}}^{T}\boldsymbol{\lambda}_{\mathrm{Z}} \tag{17.28} $$

とおく。ただし，$\boldsymbol{q}_{\mathrm{B}}$ は基底関節の変位，$\boldsymbol{q}_{\mathrm{J}}$ は全（駆動）関節の変位，$\boldsymbol{H}_{\mathrm{B}}, \boldsymbol{H}_{\mathrm{BJ}}, \boldsymbol{H}_{\mathrm{J}}$ は慣性行列，$\boldsymbol{b}_{\mathrm{B}}, \boldsymbol{b}_{\mathrm{J}}$ は遠心力，コリオリ力，重力等を含むバイアス力項，$\boldsymbol{u}$ は関節駆動力，$\boldsymbol{\lambda}_{\mathrm{Z}} = [\boldsymbol{f}^{T} \ \ \boldsymbol{n}_{\mathrm{Z}}^{T}]^{T}$ は目標 ZMP に働く全接触力および全接触トルクである。また，$\boldsymbol{J}_{\mathrm{ZB}}, \boldsymbol{J}_{\mathrm{ZJ}}$ は目標 ZMP 位置にある点のヤコビ行列であり，地面の変形が無視できるならば次を満たす。

$$ \boldsymbol{J}_{\mathrm{ZB}}\dot{\boldsymbol{q}}_{\mathrm{B}} + \boldsymbol{J}_{\mathrm{ZJ}}\dot{\boldsymbol{q}}_{\mathrm{J}} = \boldsymbol{0} \tag{17.29} $$

式 (8.1)〜(17.29) より $\ddot{\boldsymbol{q}}_{\mathrm{B}}$，$\ddot{\boldsymbol{q}}_{\mathrm{J}}$ を消去すると，次式を得る。

$$ \tilde{\boldsymbol{B}}\boldsymbol{u} + \boldsymbol{\Phi}_{\mathrm{Z}}\boldsymbol{\lambda}_{\mathrm{Z}} - \tilde{\boldsymbol{a}} = \boldsymbol{0} \tag{17.30} $$

ただし，

$$ \tilde{\boldsymbol{B}} \equiv \tilde{\boldsymbol{J}}_{\mathrm{ZJ}}\tilde{\boldsymbol{H}}_{\mathrm{J}}^{-1} \tag{17.31} $$

$$ \tilde{\boldsymbol{J}}_{\mathrm{ZJ}} \equiv \boldsymbol{J}_{\mathrm{ZJ}} - \boldsymbol{J}_{\mathrm{ZB}}\boldsymbol{H}_{\mathrm{B}}^{-1}\boldsymbol{H}_{\mathrm{BJ}} \tag{17.32} $$

$$ \tilde{\boldsymbol{H}}_{\mathrm{J}} \equiv \boldsymbol{H}_{\mathrm{J}} - \boldsymbol{H}_{\mathrm{BJ}}^{T}\boldsymbol{H}_{\mathrm{B}}^{-1}\boldsymbol{H}_{\mathrm{BJ}} \tag{17.33} $$

$$ \boldsymbol{\Phi}_{\mathrm{Z}} \equiv \tilde{\boldsymbol{J}}_{\mathrm{ZJ}}\tilde{\boldsymbol{H}}_{\mathrm{J}}^{-1}\tilde{\boldsymbol{J}}_{\mathrm{ZJ}}^{T} + \boldsymbol{J}_{\mathrm{ZB}}\boldsymbol{H}_{\mathrm{B}}^{-1}\boldsymbol{J}_{\mathrm{ZB}}^{T} \tag{17.34} $$

$$ \tilde{\boldsymbol{a}} \equiv \tilde{\boldsymbol{H}}_{\mathrm{ZJ}}\tilde{\boldsymbol{H}}_{\mathrm{J}}^{-1}\tilde{\boldsymbol{b}}_{\mathrm{J}} + \boldsymbol{H}_{\mathrm{ZB}}\boldsymbol{H}_{\mathrm{B}}^{-1}\boldsymbol{b}_{\mathrm{B}} - \dot{\boldsymbol{J}}_{\mathrm{ZB}}\dot{\boldsymbol{q}}_{\mathrm{B}} - \dot{\boldsymbol{J}}_{\mathrm{ZJ}}\dot{\boldsymbol{q}}_{\mathrm{J}} \tag{17.35} $$

$$ \tilde{\boldsymbol{b}}_{\mathrm{J}} \equiv \boldsymbol{b}_{\mathrm{J}} - \boldsymbol{H}_{\mathrm{BJ}}^{T}\boldsymbol{H}_{\mathrm{B}}^{-1}\boldsymbol{b}_{\mathrm{B}} \tag{17.36} $$

とそれぞれおいた。よって目標接触力 ${}^{d}\boldsymbol{\lambda}_{\mathrm{Z}} = [{}^{d}\boldsymbol{f}^{T} \ \ {}^{d}\boldsymbol{n}_{\mathrm{Z}}^{T}]^{T}$ と等価な駆動力 $\boldsymbol{u}$ は，次式で求まる。

$$ \boldsymbol{u} = \tilde{\boldsymbol{B}}^{\#}(\tilde{\boldsymbol{a}} - \boldsymbol{\Phi}_{\mathrm{Z}}{}^{d}\boldsymbol{\lambda}_{\mathrm{Z}}) + (\boldsymbol{1} - \tilde{\boldsymbol{B}}^{\#}\tilde{\boldsymbol{B}})\boldsymbol{v} \tag{17.37} $$

ただし，$\tilde{\boldsymbol{B}}^{\#}$ は $\tilde{\boldsymbol{B}}$ の擬似逆行列，$\boldsymbol{v}$ は任意のベクトルである。$\boldsymbol{v}$ を使って遊脚等を制御することになる。

これはいかにも大仰な計算である。また，そのことに目をつぶったとしても，ロボットの精密なモデルと出力精度の高いアクチュエータが必要になる。アクチュエータには固有のダイナミクスや減速機の摩擦等があるため，高精度に出力を決定するのは実用上難しい[8)]。

8) 高精度に駆動力を与えられる油圧アクチュエータを用いた二脚ロボット制御の実例も，Hyon[40] により報告されている。ただし，精密なモデルに基づいて厳密に駆動力を求めることの実用上の難しさを同様に指摘しており，重心ヤコビ行列の転置行列を用いた単純な力-トルク変換式と関節速度ダンピングを用いた制御を実装している。

そこで，図 17.11 のような制御系を考える。重心運動の参照値（目標位置/目標速度）から，重心-ZMP モデルと上述の制御器に基づいて目標 ZMP を決め，それと等価な重心加速度を次式によって求める。

$$^{d}\boldsymbol{a}_{\mathrm{G}} = \zeta^{2}(\boldsymbol{p}_{\mathrm{G}} - {}^{d}\boldsymbol{p}_{\mathrm{Z}}) - \boldsymbol{g} \tag{17.38}$$

これを 2 階積分すれば，今の瞬間重心があるべき目標位置 $\boldsymbol{p}_{\mathrm{G}}^{*}$ が決まる。また同時に，両足先の目標位置 $\boldsymbol{p}_{\mathrm{L}}^{*}$，$\boldsymbol{p}_{\mathrm{R}}^{*}$ も決まる。図では省略したが，両足先の姿勢や体幹の姿勢も同時に決定し逆運動学を解けば，全関節の目標値が求まる。このうち駆動関節のもの $^{d}\boldsymbol{q}_{\mathrm{J}}$ だけを用いてサーボ制御を行えば，全身運動が創出される。より詳細な議論は 19.5 節で行う。

この制御において，ZMP は 2 つの役割を持つ。一つは式 (17.17), (17.23) のように，支持領域内に制約される下で重心を安定化する操作量としての役割である。いま一つは式 (17.22) のように，足昇降の可否を判断するための指標としての役割である。図 17.11 の構成は，ZMP 操作は目標 ZMP から目標重心加速度への変換でなされ，また足昇降のための指標には実測 ZMP を用いる，という素直な解釈に基づくものだが，次の 2 つの問題を抱えている。

① 全身に質量が分布し外乱にさらされる人型ロボットにおいて，重心-ZMP モデルは必ずしも良い近似とはならない。仮に重心に式 (17.38) で決まる加速度を高精度に与えられたとしても，角運動量変化や外力等の外乱の影響で，ZMP は目標 ZMP と一致しない。

② ZMP は接触状態の変化に敏感である。これを指標に足の離地・着地を制御した場合，支持状態が頻繁に切り替わり，ZMP はさらに激しく変化する。結果的にロボットの振舞いは不安定になる。

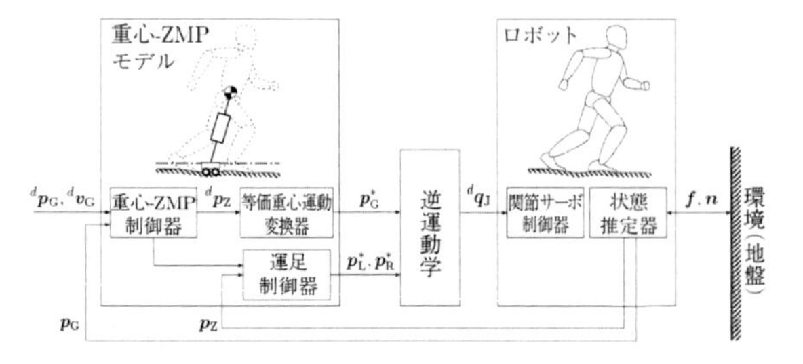

図 17.11　重心-ZMP モデルに基づく理論上の制御系

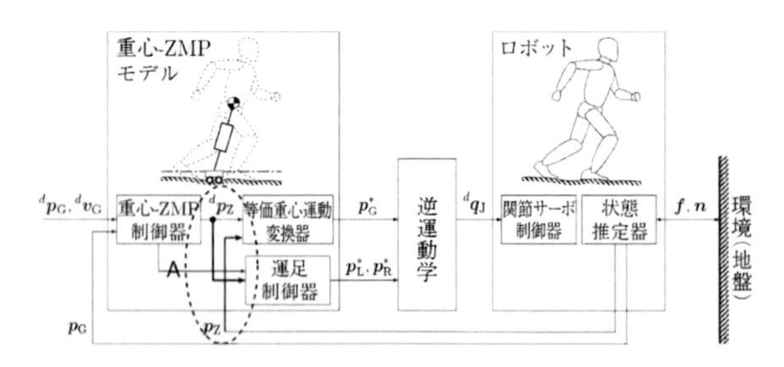

図 17.12　重心-ZMP モデルに基づく実用的な制御系

そこで図 17.12 の A 部のように，目標 ZMP と実測 ZMP の接続を変更する[41]。足昇降制御においては実測 ZMP でなく目標 ZMP を指標とする。目標 ZMP はどのように地面に力を作用させたいかという意志の反映であるので，足を離地することが制御系にとって所望の挙動か否かを制御の拠り所にするということである。一方，運動方程式 (17.1) は外乱を考慮していない。外乱の影響は実測 ZMP と目標 ZMP との誤差として顕れる。仮に外乱が制御周期と比較して緩やかに変化するならば[9)]，外乱オブザーバ[43] を応用してその影響分を ZMP 誤差から推定し，目標重心加速度を補正することが可能である[42]。この 2 つは対になって機能する。すなわち後者によって ZMP の誤差を補正する機能が働いて初めて，実測 ZMP でなく目標 ZMP を足昇降制御の指標に用いることが意味を持つ。ZMP を目標位置に近づけることは，足先の接触状態を安定化する作用がある[6]。結果的に，接触状態のチャタリング等に対しロバストな振舞いを期待できる。

＜杉原知道＞

参考文献（17.2.1 項）

[1] Vukobratović, M. and Stepanenko, J.: On the Stability of Anthropomorphic Systems, *Mathematical Biosciences*, Vol. 15, No. 1, pp. 1–37 (1972).

[2] Vukobratović, M. and Juričić, D.: Contribution to the Synthesis of Biped Gait, *IEEE Transactions on Bio-Medical Engineering*, Vol. BME-16, No. 1, pp. 1–6 (1969).

[3] Mitobe, K., Capi, G. and Nasu, Y.: Control of walking robots based on manipulation of the zero moment point, *Robotica*, Vol. 18, Issue 6, pp. 651–657 (2000).

[4] Hirai, K.: Current and Future Perspective of Honda Humanoid Robot, *Proceeding of the 1997 IEEE/RSJ International Conference on Intelligent Robots and Systems*, pp. 500–508 (1997).

[5] Hirai, K., Hirose, M., Haikawa, Y., and Takenaka, T.: The Development of Honda Humanoid Robot, *Pro-*

9) 二脚ロボットの制御周期は 1kHz 程度に設定されることが多い。この時間オーダで考えれば，機械現象に起因する外乱の変化は大抵緩やかなものと考えて差し支えない。

ceeding of the 1998 IEEE International Conference on Robotics & Automation, pp. 1321–1326 (1998).

[6] 長阪憲一郎, 稲葉雅幸, 井上博允：体幹位置コンプライアンス制御を用いた人間型ロボットの歩行安定化, 『第17回日本ロボット学会学術講演会予稿集』, pp. 1193–1194 (1999).

[7] Sugihara, T., Nakamura, Y. and Inoue, H.: Realtime Humanoid Motion Generation through ZMP Manipulation based on Inverted Pendulum Control, *Proceedings of the 2002 IEEE International Conference on Robotics & Automation*, pp. 1404–1409 (2002).

[8] Kajita, S., Kanehiro, F., Kaneko, K., Fujiwara, F., Harada, K., Yokoi, K. and Hirukawa, H.: Biped Walking Pattern Generation by using Preview Control of Zero-Moment Point, *Proceedings of the 2003 IEEE International Conference on Robotics & Automation*, pp. 1620–1626 (2003).

[9] Wieber, P.-B.: Trajectory Free Linear Model Predictive Control for Stable Walking in the Presence of Strong Perturbations, *Proceedings of the 2006 IEEE-RAS International Conference on Humanoid Robots*, pp. 137–142 (2006).

[10] Herdt, A., Diedam, H., Wieber, P.-B., Dimitrov, D., Mombaur, K. and Diehl, M.: Online Walking Motion Generation with Automatic Footstep Placement, *Advanced Robotics*, Vol. 24, No. 5–6, pp. 719–737 (2010).

[11] 高西淳夫, 寸土勧, 笠井茂, 加藤一郎：上体運動により3軸モーメントを補償する二足歩行ロボットの開発～高速動歩行の実現～, 『第6回知能移動ロボットシンポジウム論文集』, pp. 1–6 (1992).

[12] 長阪憲一郎：動力学フィルタによる人間型ロボットの全身運動生成, 東京大学大学院工学系研究科, 博士論文 (2000).

[13] 佐田尾圭輔, 原敬, 横川隆一：Lateral平面上での外乱を考慮した動的二足歩行ロボットの制御について, 『日本機械学会関西支部第72期定時総会講演会講演論文集』, No. 974-1, pp. 10-37–38 (1997).

[14] 梶田秀司, 谷和男：凹凸路面における動的2足歩行の制御について—線形倒立振子モードの導出とその応用—, 『計測自動制御学会論文集』, Vol. 27, No. 2, pp. 177–184 (1991).

[15] Sugihara, T.: Standing Stabilizability and Stepping Maneuver in Planar Bipedalism based on the Best COM-ZMP Regulator, *Proceedings of the 2009 IEEE International Conference on Robotics & Automation*, pp. 1966–1971 (2009).

[16] Masuya, K. and Sugihara, T.: COM Motion Estimation of a Biped Robot Based on Kinodynamics and Torque Equilibrium, *Advanced Robotics*, Vol. 30, Issue 10, pp. 691–703 (2016).

[17] Pratt, J., Carff, J., Drakunov, S., and Goswami, A.: Capture Point: A Step toward Humanoid Push Recovery, *Proceeding of the 2006 IEEE-RAS International Conference on Humanoid Robots*, pp. 200–207 (2006).

[18] Sugihara, T.: Reflexive Step-out Control Superposed on Standing Stabilization of Biped Robots, *Proceedings of the 2012 IEEE-RAS International Conference on Humanoid Robots*, pp. 741–746 (2012).

[19] Murthy, S. S. and Raibert, M. H.: 3D balance in legged locomotion: modeling and simulation for the one-legged case, *ACM Inter-Disciplinary Workshop on Motion: Representation and Perception* (1983).

[20] Grillner, S.: Locomotion in vertebrates: Central mechanisms and reflex interaction, *Physiological Reviews*, Vol. 55, pp. 367–371 (1975).

[21] Matsuoka, K.: Mechanisms of Frequency and Pattern Control in the Neural Rhythm Generators, *Biological Cybernetics*, Vol. 56, pp. 345–353 (1987).

[22] Kato, R., and Mori, M.: Control Method of Biped Locomotion Giving Asymptotic Stability of Trajectory, *Automatica*, Vol. 20, No. 4, pp. 405–414 (1984).

[23] Jalics, J., Hemami, H., and Zheng, Y. F.: Pattern Generation Using Coupled Oscillators for Robotic and Biorobotic Adaptive Periodic Movement, *Proceedings of the 1997 IEEE International Conference on Robotics & Automation*, pp. 179–184 (1997).

[24] Dutra, M. S., de Pina Filho, A. C., and Romano, V. F.: Modeling of a bipedal locomotor using coupled nonlinear oscillators of Van der Pol, *Biological Cybernetics*, Vol. 88, pp. 286–292 (2003).

[25] Héliot, R., and Espiau, B.: Multisensor Input for CPG-Based Sensory-Motor Coordination, *IEEE Transactions on Robotics*, Vol. 24, No. 1, pp. 191–195 (2008).

[26] Taga, G.: A model of the neuro-musculo-skeletal system for human locomotion, *Biological Cybernetics*, Vol. 73, pp. 97–121 (1995).

[27] Katayama O., Kurematsu, Y., and Kitamura, S.: Theoretical Studies on Neuro Oscillator for Application of Biped Locomotion, *Proceedings of the 1995 IEEE International Conference on Robotics & Automation*, pp. 2871–2876 (1995).

[28] Miyakoshi, S., Taga, G., Kuniyoshi, Y., and Nagakubo, A.: Three Dimensional Bipedal Stepping Motion using Neural Oscillators — Towards Humanoid Motion in the Real World, *Proceedings of the 1998 IEEE/RSJ Internatinal Conference on Intelligent Robots and Systems*, pp. 84–89 (1998).

[29] Cao, M., and Kawamura, A.: A Design Method of Neural Oscillatory Networks for Generation of Humanoid Biped Walking Patterns, *Proceedings of the 1998 IEEE International Conference on Robotics & Automation*, pp. 2357–2362 (1998).

[30] Aoi, S., and Tsuchiya, K.: Stability Analysis of a Simple Walking Model Driven by an Oscillator With a Phase Reset Using Sensory Feedback, *IEEE Transactions on Robotics*, Vol. 22, No. 2, pp. 391–397 (2006).

[31] Morimoto, J., Endo, G., Nakanishi, J., and Cheng, G.: A Biologically Inspired Biped Locomotion Strategy for Humanoid Robots: Modulation of Sinusoidal Patterns by a Coupled Oscillator Model, *IEEE Transactions on Robotics*, Vol. 24, No. 1, pp. 185–191 (2008).

[32] Sugihara, T.: Dynamics Morphing from Regulator to Oscillator on Bipedal Control, *Proceedings of the 2009 IEEE/RSJ International Conference on Intelligent Robots and Systems*, pp. 2940–2945 (2009).

[33] Sugihara, T.: Consistent Biped Step Control with COM-ZMP Oscillation Based on Successive Phase Estimation in Dynamics Morphing, *Proceedings of the 2010 IEEE International Conference on Robotics & Automation*, pp. 4224–4229 (2010).

[34] Sugihara, T.: Biped Control To Follow Arbitrary Referential Longitudinal Velocity based on Dynamics Morphing, *Proceedings of the 2012 IEEE/RSJ International Conference on Intelligent Robots and Systems*, pp. 1892–1897 (2012).

[35] Miura, H., and Shimoyama, I.: Dynamic Walk of a Biped, *The International Journal of Robotics Research*, Vol. 3, No. 2, pp. 60–74 (1984).

[36] Gubina, F., Hemami, H., and McGhee, R. B.: On the Dynamic Stability of Biped Locomotion, *IEEE Transactions on Bio-Medical Engineering*, Vol. BME-21, No. 2, pp. 102–108 (1974).

[37] Miyazaki, F., and Arimoto, S.: A Control Theoretic Study on Dynamical Biped Locomotion, *Transaction of the ASME, Journal of Dynamic Systems, Measurement, and Control*, Vol. 102, pp. 233–239 (1980).

[38] 熱田洋史，野崎晴基，杉原知道：移動座標系に基づいた二脚ロボットの前後・左右・旋回歩行制御，『第 33 回日本ロボット学会学術講演会予稿集』，2I2-05 (2015).

[39] Nishiwaki, K., and Kagami, S.: Online Walking Control System for Humanoids with Short Cycle Pattern Generation, *International Journal of Robotics Research*, Vol. 28, No. 6, pp. 729–742 (2009).

[40] 玄相昊：複数の接地部分と冗長関節を有するヒューマノイドロボットの受動性に基づく最適接触力制御，『日本ロボット学会誌』，Vol.27, No.2, pp. 178–187 (2009).

[41] 土蔵創一，杉原知道：接触状態変化に対し低感度な重心-ZMP モデルに基づく二脚ロボット制御，『第 33 回日本ロボット学会学術講演会予稿集』，2I2-06 (2015).

[42] 杉原知道，中村仁彦：非駆動自由度の陰表現を含んだ重心ヤコビアンによる脚型ロボットの全身協調反力操作，『日本ロボット学会誌』，Vol. 24, No. 2, pp. 222–231 (2006).

[43] 村上俊之，中村亮，郁方銘，大西公平：反作用力推定オブザーバに基づいた多自由度ロボットの力センサレスコンプライアンス制御，『日本ロボット学会誌』，Vol. 11, No. 5, pp. 765–768 (1993).

17.2.2　動歩行制御とモータ制御

(1) はじめに

動歩行とは，ロボットの重心の床平面への投影点が支持多角形の外に出る期間がある歩行のことである。本項では，二足ロボットによる動歩行の実現方法として，二足歩行ロボットの固有のダイナミクスに倣う軌道を生成し，その軌道に対してサーボ制御を行い，歩行を実現する手法について述べる。

(2) モデル

一般に，歩行ロボットは浮遊マニピュレータと見なすことができ，その運動方程式は次式で表される。

$$\boldsymbol{H}\dot{\boldsymbol{v}} + \boldsymbol{b} = \boldsymbol{u} + \boldsymbol{J}_{f0}^T\boldsymbol{f}_{e0} + \boldsymbol{J}_{\tau 0}^T\boldsymbol{\tau}_{e0} + \boldsymbol{J}_f^T\boldsymbol{f}_e + \boldsymbol{J}_\tau^T\boldsymbol{\tau}_e \tag{17.39}$$

ただし，$\boldsymbol{v} = \begin{bmatrix}\dot{\boldsymbol{\theta}}^T & \dot{\boldsymbol{x}}_B^T & \boldsymbol{\omega}_B^T\end{bmatrix}^T$ はリンク角速度ベクトル $\dot{\boldsymbol{\theta}}$，ベースリンク速度 $\dot{\boldsymbol{x}}_B$，ベースリンク角速度 $\boldsymbol{\omega}_B$ からなる速度ベクトル，$\boldsymbol{u} = \begin{bmatrix}\boldsymbol{n}^T & \boldsymbol{0}_3^T & \boldsymbol{0}_3^T\end{bmatrix}^T$ はリンクトルクベクトル $\boldsymbol{n}$ からなる入力ベクトルである。また，$\boldsymbol{H}$ は慣性行列，$\boldsymbol{b}$ はコリオリ力・遠心力・重力を表すベクトル，$\boldsymbol{f}_{e0}$, $\boldsymbol{\tau}_{e0}$ は支持脚足部に環境から働く力とトルク，$\boldsymbol{f}_e$, $\boldsymbol{\tau}_e$ は遊脚足部に環境から働く力とトルク，$\boldsymbol{J}_{f0}^T$, $\boldsymbol{J}_{\tau 0}^T$, J_f^T, J_τ^T はその変換行列（対応するヤコビ行列の転置行列）である。

このモデルにおいて，遊脚足部が接地していない場合の全リンクの重心 $\boldsymbol{x}_{\mathrm{COM}}$ の運動方程式を導くと，

$$M\ddot{\boldsymbol{x}}_{\mathrm{COM}} = M\boldsymbol{g} + \boldsymbol{f}_{e0} \tag{17.40}$$

を得る。ただし，M はロボット総質量，$\boldsymbol{g}$ は重力ベクトルである。右辺第 1 項は重力による力，第 2 項は床反力である。また，原点まわりの角運動量 $\boldsymbol{L}$ は，

$$\boldsymbol{L} = \sum(\boldsymbol{I}_i\boldsymbol{\omega}_i + \boldsymbol{x}_i \times m_i\dot{\boldsymbol{x}}_i) \tag{17.41}$$

と表される。ただし，m_i はリンク i の質量，$\boldsymbol{I}_i$ はリンク i の慣性行列，$\boldsymbol{x}_i$ はリンク i の重心位置ベクトル，$\boldsymbol{\omega}_i$ はリンク i の角速度ベクトルである。角運動量の時間変化は，

$$\dot{\boldsymbol{L}} = \boldsymbol{x}_{\mathrm{COM}} \times M\boldsymbol{g} + \boldsymbol{x}_B \times \boldsymbol{f}_{e0} + \boldsymbol{\tau}_{e0} \tag{17.42}$$

と表される。右辺第 1 項は重力によるモーメント，第 2 項は床反力によるモーメント，第 3 項は床反モーメントである。式 (17.40),(17.42) により歩行ロボットの並進運動量と角運動量のダイナミクスが表現される。また，ZMP の位置 $\boldsymbol{x}_{\mathrm{ZMP}}$ を用いて式 (17.42) を表現すると，

$$\dot{\boldsymbol{L}} = \boldsymbol{x}_{\mathrm{COM}} \times M\boldsymbol{g} + \boldsymbol{x}_{\mathrm{ZMP}} \times \boldsymbol{f}_{e0} + \tau_{e0z} \tag{17.43}$$

と表される。ただし，τ_{e0z} は ZMP を通る垂直軸まわりの床反モーメントを表す。また，ZMP(Zero-Moment Point) まわりの運動量 L_{ZMP} で表すと，

$$\boldsymbol{L}_{\mathrm{ZMP}} = \boldsymbol{L} - \boldsymbol{x}_{\mathrm{ZMP}} \times M\dot{\boldsymbol{x}}_{\mathrm{COM}}$$

$$\dot{\boldsymbol{L}}_{\mathrm{ZMP}} = (\boldsymbol{x}_{\mathrm{COM}} - \boldsymbol{x}_{\mathrm{ZMP}}) \times M\boldsymbol{g} + \tau_{e0z} \tag{17.44}$$

と表される。ZMPまわりには重心に対する重力とZMPを通る垂直軸まわりの床反モーメントがトルクとして働いていることがわかる。また，式(17.40), (17.41), (17.43)をZMPの位置$\boldsymbol{x}_{\mathrm{ZMP}}$について解くと，

$$x_{\mathrm{ZMP}x} = \frac{\sum (m_i(\ddot{x}_{iz}+g)x_{ix} - m_i\ddot{x}_{ix}(x_{iz}-x_{\mathrm{ZMP}z}) - \dot{L}_{iy})}{\sum m_i(\ddot{x}_{iz}+g)} \tag{17.45}$$

$$x_{\mathrm{ZMP}y} = \frac{\sum (m_i(\ddot{x}_{iz}+g)x_{iy} - m_i\ddot{x}_{iy}(x_{iz}-x_{\mathrm{ZMP}z}) + \dot{L}_{ix})}{\sum m_i(\ddot{x}_{iz}+g)} \tag{17.46}$$

が得られる。ただし，添字x, y, zはベクトルの各成分であり，鉛直上向きをz軸とする。また，リンクiの重心まわりの角運動量を$\boldsymbol{L}_i = \boldsymbol{I}_i\boldsymbol{\omega}_i$，重力ベクトルを$\boldsymbol{g} = \begin{bmatrix} 0 & 0 & -g \end{bmatrix}^T$とおいた。上式は，設計した軌道からZMPを求めるためにしばしば用いられる。なお，ここまでの式展開において近似は用いていない。

(i) 単質点による近似モデル

ロボット全体を質量が重心に集中した単質点で近似すると，式(17.41)の原点まわりの角運動量は次式で表される。

$$\boldsymbol{L} = \boldsymbol{x}_{\mathrm{COM}} \times M\dot{\boldsymbol{x}}_{\mathrm{COM}} \tag{17.47}$$

これを式(17.45),(17.46)に代入すると，単質点近似のZMPが求まる。

$$x_{\mathrm{ZMP}x} = x_{\mathrm{COM}x} - \frac{x_{\mathrm{COM}z}}{g}\ddot{x}_{\mathrm{COM}x} \tag{17.48}$$

$$x_{\mathrm{ZMP}y} = x_{\mathrm{COM}y} - \frac{x_{\mathrm{COM}z}}{g}\ddot{x}_{\mathrm{COM}y} \tag{17.49}$$

ただし，原点とZMPを床面に設定し($x_{\mathrm{ZMP}z}=0$)，重心高さをほぼ一定と仮定($\ddot{x}_{\mathrm{COM}z} \simeq 0$)した。なお，遊脚のモーメントが無視できない場合や，体幹にリアクションホイールを搭載している場合は，近似誤差が大きくなる。上式はZMP方程式と呼ばれ，多くの歩行制御系で歩行パターン生成に用いられている。また，これを変形すると重心の水平方向の運動方程式の近似式が得られる。

$$\ddot{x}_{\mathrm{COM}x} = \frac{g}{x_{\mathrm{COM}z}}(x_{\mathrm{COM}x} - x_{\mathrm{ZMP}x}) \tag{17.50}$$

$$\ddot{x}_{\mathrm{COM}y} = \frac{g}{x_{\mathrm{COM}z}}(x_{\mathrm{COM}y} - x_{\mathrm{ZMP}y}) \tag{17.51}$$

このモデルはZMPを支点とした線形倒立振子[2]となっている。ところで，式(17.45),(17.46)において，各質点の水平位置x_{ix}, x_{iy}が等しく$x_{ix}+\Delta x_x$，$x_{iy}+\Delta x_y$と変化したときZMPの変化を$\Delta x_{\mathrm{ZMP}x}, \Delta x_{\mathrm{ZMP}y}$とすると，その偏差に関して次式が得られる[4, 5]。

$$\Delta x_{\mathrm{ZMP}x} = \Delta x_x - \frac{x_{\mathrm{COM}z}}{g}\Delta\ddot{x}_x \tag{17.52}$$

$$\Delta x_{\mathrm{ZMP}y} = \Delta x_y - \frac{x_{\mathrm{COM}z}}{g}\Delta\ddot{x}_y \tag{17.53}$$

ただし，原点とZMPを床面に設定し，重心高さを一定とした。重心に関するZMP方程式(17.48),(17.49)とは異なり，上式では単質点近似は用いられていないことが特徴である。この式は，(4)のZMPを規範とした二足歩行制御において，ZMPの誤差$\Delta x_{\mathrm{ZMP}x}, \Delta x_{\mathrm{ZMP}y}$から軌道修正量$\Delta x_x, \Delta x_y$を求めるために用いられる。

(3) 倒立振子モデルを用いた二足歩行制御

(2)で述べたように，単質点近似と重心高さ一定の仮定のもとで，二足歩行ロボットの重心の運動は線形倒立振子モデルで近似できる。そこで，このモデルを用いて重心の軌道生成を行い，歩行制御を行うことが考えられる。軌道の与え方として，重心高さ一定の拘束を与える方法と，解軌道を目標値として与える方法の2種類に大別できる。

(i) 重心高さ一定の拘束を与える方法

適切な制御入力を与えて重心の高さを一定に制御することができれば，重心の運動は，線形倒立振子のダイナミクスに従う。その上で着地位置を適切に制御すれば，歩行周期や歩行速度を制御することができる[2]。重心の高さを一定に拘束するためには，例えば以下のような方法が考えられる。足首と足部底面との距離l_0が十分短いと仮定すれば，足首トルクを0とすることで，支持脚足部の基準点(x_B, y_B)をZMPとすることができる。そして，重心高さ指令値，体幹角度指令値，遊脚足部の基準点位置指令値および角度指令値からなる連立方程式をリンク角度について解き，これを関節角度指令値に変換して関節サーボ制御に与えることで，線形倒立振子の運動と遊脚制御が実現できる。なお，足首関節角度には実測値を与える。

(ii) 解軌道を目標値として与える方法

$T_0 = \sqrt{x_{\mathrm{COM}z}/g}$とおくと，式(17.50)の線形倒立振

子の解は，次式で与えられる。

$$x_{\mathrm{COM}x}(t) = (x_{\mathrm{COM}x}(0) - x_{\mathrm{ZMP}x})\cosh\frac{t}{T_0} + T_0\dot{x}_{\mathrm{COM}x}(0)\sinh\frac{t}{T_0} + x_{\mathrm{ZMP}x}$$

y 方向も同様である。この解軌道を重心の水平位置の指令値 $x^*_{\mathrm{COM}x}$ として与える。

上述の手法では重心位置を含む逆キネマティクス問題を解く必要がある。一般的には重心ヤコビアン[3] を利用した方法が考えられる。もしくは，重心に関する逆キネマティクス計算を行う代わりに，体幹リンク上の適当な点を近似的に重心位置と見なして逆キネマティクス計算を行ってもよい。なお，(i) の系と (ii) の系では，遊脚着地位置を制御することで歩行周期や歩行速度を調整することが可能である。また 2 つの系の挙動は，理想的な環境下においては一致するが，外乱やモデル化誤差がある環境下においては異なってくる。前者の方法では，誤差を遊脚着地位置で吸収することになり，理想モデルで想定した着地位置からの偏差が生じる。一方，後者の方法は足首トルクも利用して強制的に線形倒立振子の運動に従わせることになり，モデル上の支持点と実際の ZMP に誤差が生じる。

(4) ZMP を規範とした二足歩行制御

(3) の問題点を解消するため，ZMP の軌道を先に与えて，その軌道を満足するような重心軌道を求め，これを重心の指令値として下位制御系に与える制御法が提案され，多くの関連研究が進められている。すなわち，$\boldsymbol{x}_{\mathrm{ZMP}}$ の時間軌道が与えられたとき，式 (17.50),(17.51) の ZMP 方程式を重心 $\boldsymbol{x}_{\mathrm{COM}}$ について解くことができればよい。

(i) フーリエ級数展開を用いる方法

軌道が周期 T の周期関数であると仮定して，重心軌道 $x_{\mathrm{COM}x}$ をフーリエ級数展開により表現する。

$$x_{\mathrm{COM}x}(t) = \frac{A_0}{2} + \sum_{i=1}^{N}\left(A_i\cos\frac{2\pi i}{T}t + B_i\sin\frac{2\pi i}{T}t\right)$$

また，与えられた目標 ZMP 軌道 $x_{\mathrm{ZMP}x}$ をフーリエ級数展開し，上式とともに式 (17.50) の ZMP 方程式に代入し，係数比較を行うことで $A_0,\ldots,A_N,B_1,\ldots,B_N$ を決定することができる[4]。得られた重心軌道と別途設計した遊脚軌道を用いて，式 (17.47) の多質点モデルにより ZMP 軌道を再計算し，目標 ZMP 軌道との誤差が許容値以下になるまで修正項を付加し，計算を繰り返す。得られた重心軌道について (3) と同様に逆キネマティクス問題を解き，角度指令値として関節サーボに与えることで運動が実現できる。なお，重心軌道の代わりに腰部や上体の軌道生成を行う場合も，式 (17.50) と同様の運動モデルで計算を行うことができる。

(ii) 離散化による方法

式 (17.50) の ZMP 方程式において，重心軌道と ZMP 軌道を時間間隔 T_s で離散化し，重心加速度を次式で近似する[5]。

$$\ddot{x}_{\mathrm{COM}x}[i] = \frac{x_{\mathrm{COM}x}[i+1] - 2x_{\mathrm{COM}x}[i] + x_{\mathrm{COM}x}[i-1]}{T_s^2}$$

ただし，$x_{\mathrm{COM}x}[i] = x_{\mathrm{COM}x}(iT_s)$ である。離散化された ZMP 方程式は，

$$x_{\mathrm{ZMP}x}[i] = -\frac{x_{\mathrm{COM}z}}{gT_s^2}x_{\mathrm{COM}x}[i-1] + \left(1 + \frac{2x_{\mathrm{COM}z}}{gT_s^2}\right)x_{\mathrm{COM}x}[i] - \frac{x_{\mathrm{COM}z}}{gT_s^2}x_{\mathrm{COM}x}[i+1]$$

と表される。目標 ZMP 軌道を与え，軌道計画を行う区間分 $(i = 1,\ldots,N)$ を連立させると，3 重対角行列を係数行列とする線形方程式となる。境界条件 $x_{\mathrm{COM}x}[0]$, $x_{\mathrm{COM}x}[N+1]$ を与えると，この方程式はガウスの消去法により高速に解くことができる。次に，得られた重心軌道 $x_{\mathrm{COM}x}$ を用いて，式 (17.47) により ZMP 軌道を再計算し，目標 ZMP 軌道との誤差を $\Delta x_{\mathrm{ZMP}x}$ とする。式 (17.52) を離散化した同様の ZMP 方程式を用いて同様の手順により，軌道修正量 Δx を誤差 $\Delta x_{\mathrm{ZMP}x}$ が許容値以下になるまで繰り返す。

(iii) 予見制御による方法

式 (17.50) の ZMP 方程式において，重心の jerk を入力，ZMP を出力として状態空間表現すると次式を得る。

$$\dot{z}(t) = Az(t) + bu(t)$$
$$x_{\mathrm{ZMP}x}(t) = c^T z(t)$$

ただし，

$$z(t) = \begin{bmatrix} x_{\mathrm{COM}x}(t) & \dot{x}_{\mathrm{COM}x}(t) & \ddot{x}_{\mathrm{COM}x}(t) \end{bmatrix}^T$$

$$A = \begin{bmatrix} 0 & 1 & 0 \\ 0 & 0 & 1 \\ 0 & 0 & 0 \end{bmatrix},\ b = \begin{bmatrix} 0 \\ 0 \\ 1 \end{bmatrix},\ c = \begin{bmatrix} 1 \\ 0 \\ -x_{\mathrm{COM}z}/g \end{bmatrix}$$

これを時間間隔 T_s で離散化すると次式となる。

$$z[i+1] = A_d z[i] + b_d u[i]$$
$$x_{\mathrm{ZMP}x}[i] = c^T z[i]$$

ただし，$A_d = e^{AT_s}$，$b_d = \int_0^{T_s} e^{A\tau} b \mathrm{d}\tau$ である。この系に対して，N ステップ先までの目標 ZMP $x^*_{\mathrm{ZMP}x}$ を用い，次の評価関数 J

$$J = \sum_{i=1}^{\infty} \left(Q_e \left(x^*_{\mathrm{ZMP}x}[i] - x_{\mathrm{ZMP}x} \right)^2 + Ru[i] \right)$$

を最小にする制御入力は次のように与えられる。

$$u[i] = k_1^T z[i] + \sum_{i=1}^{N} k_{2i} x^*_{\mathrm{ZMP}x}[i]$$

ゲイン $k_1, k_{21}, \ldots, k_{2N}$ はリカッチ方程式を解くことにより決定される。このモデルをオンラインで計算することにより重心軌道指令値 $x_{\mathrm{COM}x}$ が得られる。

(iv) 零位相ローパスフィルタによる方法

式 (17.50) の ZMP 方程式をラプラス変換して整理すると次のように表される。

$$x_{\mathrm{COM}x} = G(s) x_{\mathrm{ZMP}x}$$
$$G(s) = \frac{1}{1 - T_0^2 s^2} = \frac{1}{1 + T_0 s} \cdot \frac{1}{1 - T_0 s} = G^+_{\mathrm{LPF}}(s) G^-_{\mathrm{LPF}}(s)$$

ただし，$T_0 = \sqrt{x_{\mathrm{COM}z}/g}$ である。$G(s)$ は零位相ローパスフィルタと呼ばれ，不安定極を持つため N ステップ先の目標 ZMP を入力する離散時間 FIR フィルタとして実現できる[7]。

$$G[z] = \alpha_0 + \sum_{i=1}^{N} \alpha_i (z^i + z^{-i})$$

フィルタ係数 α_i は $G_{\mathrm{LPF}}(s)$ のインパルス応答から求められる。このフィルタを用いて，目標 ZMP から重心軌道指令値をオンラインで生成することができる。図 17.13 に (iii) の予見制御による方法により生成した重心軌道と零位相ローパスフィルタによる方法により生成した重心軌道を示す。いずれの方法でも，目標 ZMP の変化が現れる前に重心軌道が変化していることがわかる。

(5) モータ制御

生成した重心軌道に対して，歩行安定化制御と逆キネマティクス計算を介して，最終的に関節角度指令値が得られる。与えられた関節角度指令値は，関節サーボ制御により実現される。ロボットの関節は一般に減速機とサーボモータから構成され，サーボドライバによって制御される。

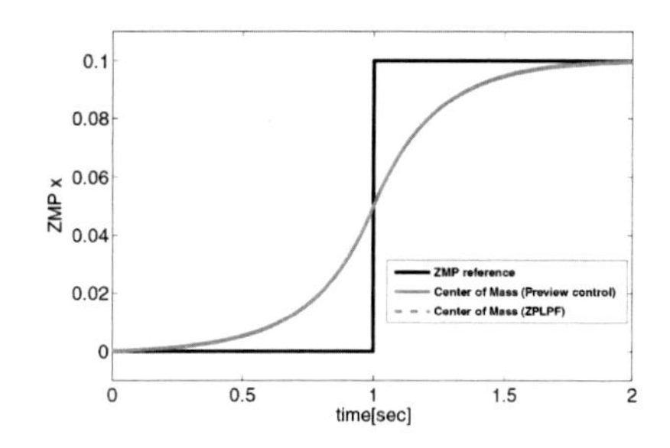

図 **17.13** ZMP 軌道と生成された重心軌道の例

(i) 基本構成

モータの状態量は回転角度，回転角速度，電流であり，サーボドライバの役割はこれらの状態量を任意に制御することである。このとき，モータは負荷トルクに応じて仕事を行う。サーボドライバは，モータが行う仕事に見合うだけのエネルギーをモータに供給する。エネルギーは瞬時にやりとりされるので，パワーをリアルタイムに制御することになる。そのため，サーボドライバは電力変換回路と制御部から構成される。

図 20.30 に一般的なサーボドライバの基本構成を示す。コンバータ回路では，ブリッジダイオードによって交流電圧を整流し，平滑コンデンサを介して直流電圧に変換する。インバータ回路では，パワーデバイスのスイッチング動作により直流から任意の電圧に変換する。モータのトルクや回転角速度，回転角度を制御するために，電流センサとロータリエンコーダにより電流と回転角度それぞれを検出し，制御部において制御演算を行い，パワーデバイスのスイッチングパターンを決定する。通常，制御演算はマイコンにより行われ，エンコーダカウンタや PWM(Pulse Width Modulation) 制御は ASIC により実現されるため，制御部はフルデジタルシステムとなる。

サーボドライバの制御構造は図 17.15 に示すようなマイナーループ制御による多重構造となっている。最下層の PWM 制御は，パワーデバイスの ON-OFF を高速に切り替えることで，ほぼ一定の DC リンク部の電圧をモータ巻線に離散的に印加する制御法で，その ON 時間の割合を 0%から 100%まで任意に与えること

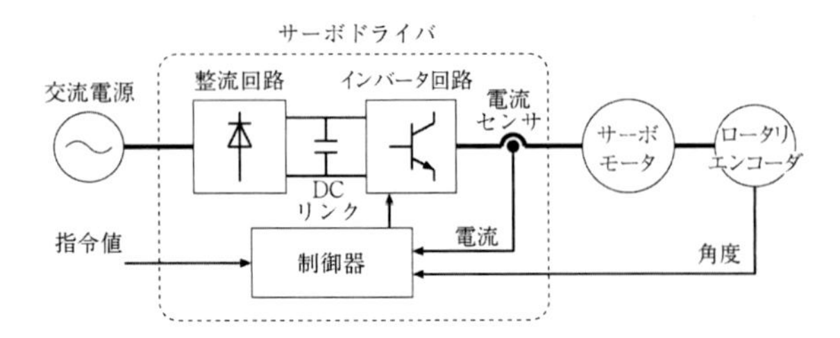

図 17.14　サーボドライバの基本構成

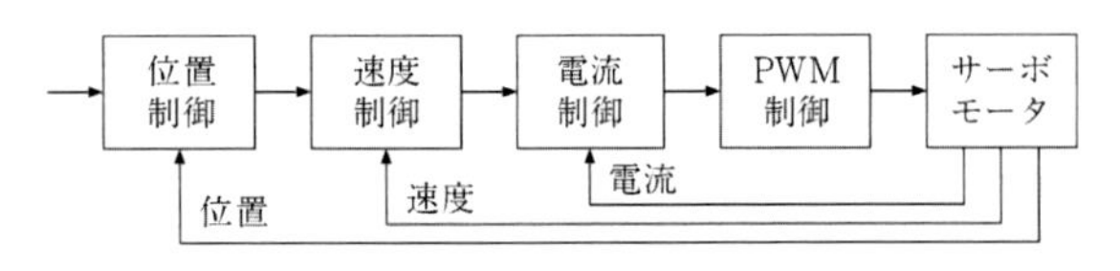

図 17.15　サーボドライバの制御構造

でモータ巻線に加わる平均電圧を制御するものである。これにより，近似的に指令電圧が実現される。ただし，実現される電圧波形には奇数次の高調波が含まれる。その外側に電流制御系，速度制御系，位置制御系が構成される。以下では，それらの制御系について述べる。

(ii) DC モータの電流制御

PWM 制御によって電圧が制御できるので，電圧を制御入力と考え，これを用いてまず電流を制御する。DC モータの回路方程式およびトルク式は次のように与えられる。

$$L\dot{I} = V - RI - \Phi\omega \tag{17.54}$$

$$T = \Phi I \tag{17.55}$$

ただし，V は端子電圧，I は電機子電流，ω は回転角速度，T はトルク，R は電機子抵抗，L は電機子インダクタンス，Φ は永久磁石による鎖交磁束の最大値である。電流はトルクに比例するので，電流を制御することはトルクを制御することと等価となる。電流制御のブロック線図を図 17.16 に示す。一般に，電流制御器 C_I には PI 制御が用いられる。$C_I = K_{CP} + K_{CI}/s$ とおき，その零点が電気系の極と相殺するよう，$K_{CP} = L/\tau_I$，$K_{CI} = R/\tau_I$ として PI ゲインを設計すると電流制御系の応答は

$$I = \frac{1}{\tau_I s + 1} I_r - \frac{\Phi \tau_I s}{(\tau_I s + 1)(Ls + R)}\omega \tag{17.56}$$

と表される。機械的時定数に対して電気的時定数が十分短く，角速度 ω が一定と仮定すれば，右辺第 2 項の

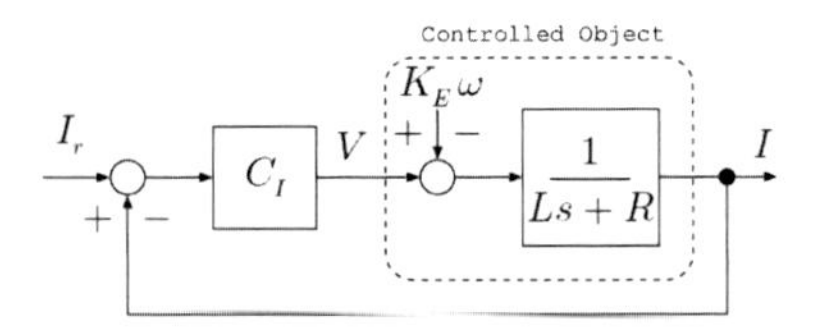

図 17.16　永久磁石直流モータの電流制御系

影響は無視することができる。よって，電機子電流 I が指令値 I_r に追従する制御系が構築できていることがわかる。

(iii) 永久磁石同期モータの電流ベクトル制御

永久磁石同期モータの固定子 3 相巻線の諸量を 3 相-2 相変換したのち，回転座標変換を用いて回転子座標系（dq 軸）上に変換すると，次の回路方程式が得られる。

$$L_d \dot{I}_d = V_d - RI_d + pL_q I_q \omega \tag{17.57}$$

$$L_q \dot{I}_q = V_q - RI_q - p(L_d I_d + \Phi)\omega \tag{17.58}$$

$$T = p\Phi I_q + p(L_d - L_q) I_d I_q \tag{17.59}$$

ただし，V_d, V_q, I_d, I_q はそれぞれ d 軸，q 軸の電圧，電流，T はトルク，ω は回転角速度，L_d, L_q はそれぞれ d 軸，q 軸インダクタンス，R は巻線抵抗，Φ は永久磁石による鎖交磁束の最大値，p は極対数である。図 17.17 のように非干渉制御を適用したのち d 軸電流と q 軸電流にそれぞれ独立に PI 制御を適用する手法が一般的である。dq 軸の電圧指令値は 3 相電圧指令値へ変換され，PWM 制御によりそれらの指令値が実現される。一方，電流センサによって取得した 3 相電流は dq 軸上に変換され，PI 制御器にフィードバックされる。所望のトルクを実現するための電流指令値生成法としては，$I_d = 0$ とする制御や (17.59) 第 2 項のリラクタンストルクを利用した最大トルク制御などがある。また，高速度域においては (17.58) の速度起電力項のために I_q

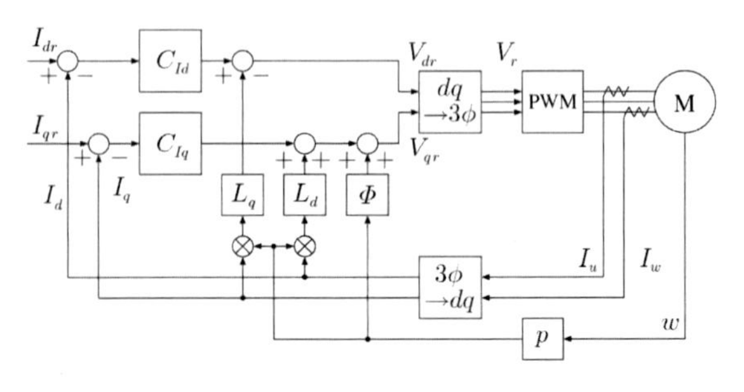

図 17.17　永久磁石同期モータのベクトル制御

が流れにくくなるので，I_d を用いてこの影響を弱める弱め磁束制御が行われる。

以上のように電流が制御できれば，対応するトルクが制御できたことと同義になる。

(iv) 速度制御および位置制御

電流制御系の応答が機械的時定数と比べて十分速いと仮定し，トルク制御されたモータに対する速度制御および位置制御について述べる。まず，モータの運動方程式は次式で与えられる。

$$J\dot{\omega} = T - D\omega - T_\ell \tag{17.60}$$

ただし，J は慣性モーメント，D は粘性摩擦係数，T_ℓ は負荷トルクである。この制御対象に対する速度制御のブロック線図は図 17.18 のようになる。一般に，速度制御器 C_ω には PI 制御が用いられる。$C_\omega = K_{\omega P} + K_{\omega I}/s$ とおき，$K_{\omega P} = J/\tau_\omega$，$K_{\omega I} = D/\tau_\omega$ として PI ゲインを設計すると速度制御系の応答は

$$\omega = \frac{1}{\tau_\omega s + 1}\omega_r - \frac{\tau_\omega s}{(\tau_\omega s + 1)(Js + D)}T_\ell \tag{17.61}$$

と表される。この制御系は，ステップ状の外乱を抑圧できることがわかる。なお，角速度情報はロータリエンコーダの信号から計算される。低速度域ではパルス間隔の計時により，高速度域では差分により求められる。

また，速度制御系をマイナーループとして含む位置制御系のブロック線図を図 17.19 に示す。C_F は目標値応答特性を改善するためのフィードフォワード補償器であり，制御系は 2 自由度構造となる。フィードバック制御器 C_θ に比例制御 $C_\theta = K_{\theta P}$，フィードフォワード制御器 C_F に位相進み要素 $C_F = (\tau_\omega s + 1)s$ を用いる場合，角度 θ の目標値 θ_r に対する応答は次のようになる。

$$\theta = \theta_r - \frac{\tau_\omega s}{(\tau_\omega s^2 + s + K_{\theta P})(Js + D)}T_\ell \tag{17.62}$$

フィードフォワード制御器により，目標値への良好な追従特性を実現できることがわかる。なお，目標軌道 θ_r が予めわかっている場合には，角速度指令値や角加速度指令値を用いることで C_F を容易に実現することができる。

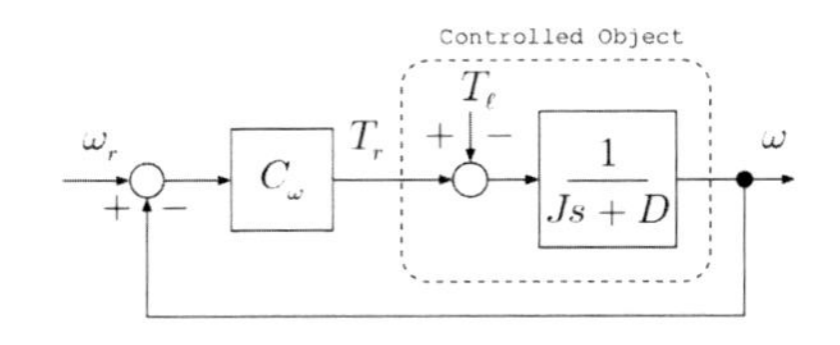

図 17.18 速度制御系

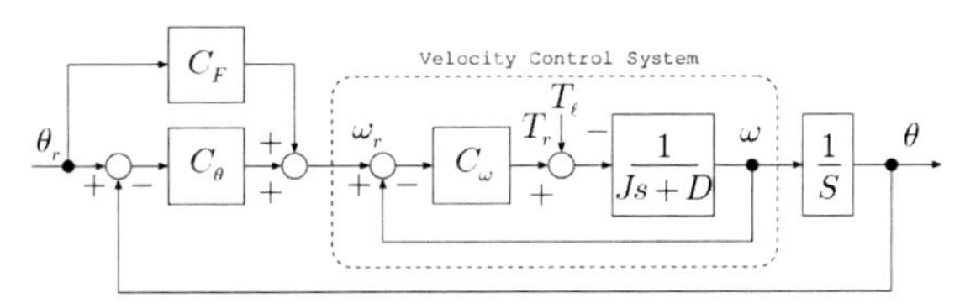

図 17.19 位置制御系

(v) ギヤレスモータ

一般に，ロボット用のアクチュエータはモータと減速機を組み合わせて構成されるが，減速比が大きいアクチュエータではバックドライバビリティの低下が生じ，人との接触を伴うシステムにおいて問題となる。ここでは，モータの構造を特殊な 3 次元構造とすることで，小型で大きな推力が得られるダイレクトドライブモータ（スパイラルモータ）を紹介する[9–11]。

スパイラルモータは，図 17.20 に示すような螺旋構造の固定子と可動子からなる永久磁石同期モータで，螺旋運動から直線運動のみを取り出して利用するリニアモータであり，① 単位体積当りの推力が大きい，② 固定子-可動子間で磁気浮上制御を行うことにより高いバックドライバビリティを実現できる，という特長がある。固定子には 2 組の 3 相巻線を，可動子の螺旋面には螺旋形状のネオジム磁石を備えており，いずれも軸方向に磁束を発生させる。軸方向の負荷力は電磁力により支持し，半径方向の負荷力はリニア-ロータリブッシュにより支持する。巻線電流を適切に制御して固定子-可動子間のエアギャップを一定に制御すると，固定子と可動子はほぼ非接触の状態となるので，摩擦が小さくバックドライバビリティの高いダイレクトドライブが可能となる。ねじの回転力-推力変換における機械的接触力を電磁力に置き換えたものであり，かつ，その回転力の発生自体もモータにより行う。

スパイラルモータの電圧方程式は，通常の永久磁石同期モータのモデルにギャップ変位に対する速度起電力項が付加されたモデルとして記述できる。可動子から見て進行方向側（領域 A）の巻線の dq 軸電圧方程式，トルク方程式，推力方程式は，次で与えられる。

$$L_d\dot{I}_d = V_d - RI_d + pL_qI_q\omega - \frac{L_dI_d + \Phi}{\ell - x_g}v_g \tag{17.63}$$

$$L_q\dot{I}_q = V_q - RI_q - p(L_dI_d + \Phi)\omega - \frac{L_qI_q}{\ell - x_g}v_g \tag{17.64}$$

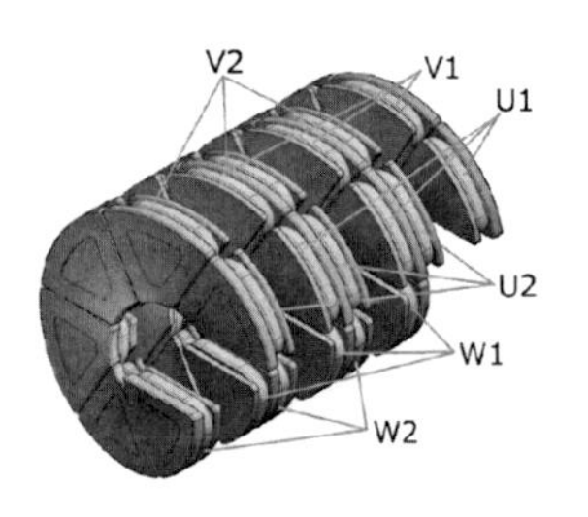

(a) 3相巻線2対を備えた固定子

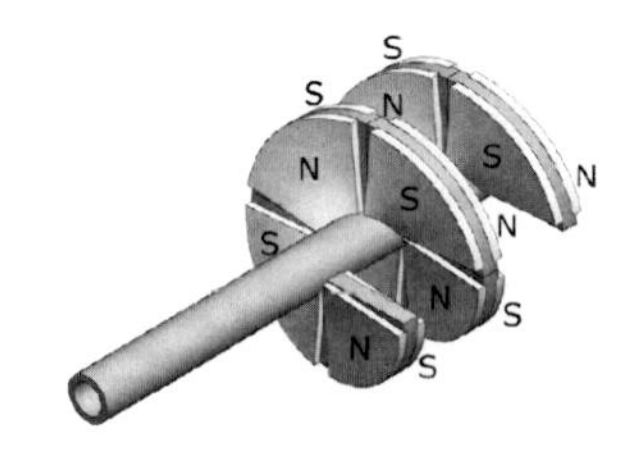

(b) 永久磁石を備えた可動子

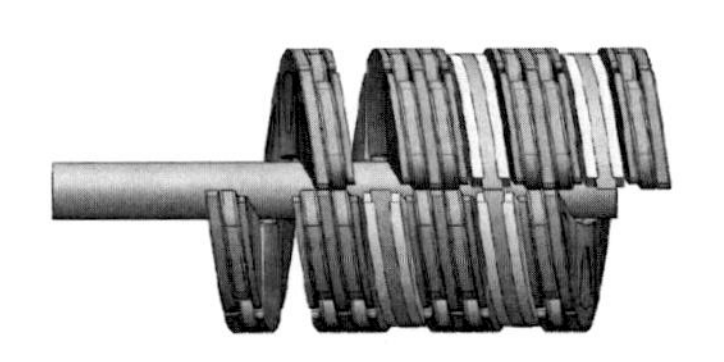

(c) 固定子と可動子の組合せ

図 17.20　スパイラルモータの基本構造

$$T = p\Phi I_q + p(L_d - L_q)I_d I_q - hF \qquad (17.65)$$

$$F = \frac{1}{\ell - x_g}\left(\Phi I_d + \frac{L_d I_d^2 + L_q I_q^2 + L_f I_f^2}{2}\right) \qquad (17.66)$$

ただし，$\Phi \propto 1/(\ell - x_g)$ は領域 A の永久磁石界磁による鎖交磁束，ℓ は可動子ヨーク-固定子鉄心間のノミナルギャップ長，x_g はギャップ変位であり，可動子の並進位置 x と可動子回転角度 θ を用いて $x_g = x - h\theta$ と表される。ただし，$h = \ell_p/2\pi$ は螺旋のリード係数，ℓ_p は螺旋のリード長である。また，$v_g = \dot{x}_g$ はギャップ速度である。通常の永久磁石同期モータと比較して，ギャップ速度に関する項が付加されている。

可動子から見て進行方向とは逆側（領域 B）の巻線の dq 軸電圧方程式，トルク方程式，推力方程式も同様に次で与えられる。

$$L'_d \dot{I}'_d = V'_d - RI'_d + pL'_q I'_q \omega + \frac{L'_d I'_d + \Phi'}{\ell + x_g} v_g \qquad (17.67)$$

$$L'_q \dot{I}'_q = V'_q - RI'_q - p(L'_d I'_d + \Phi')\omega + \frac{L'_q I'_q}{\ell + x_g} v_g \qquad (17.68)$$

$$T' = p\Phi' I'_q + p(L'_d - L'_q)I'_d I'_q - hF' \qquad (17.69)$$

$$F' = -\frac{1}{\ell + x_g}\left(\Phi' I'_d + \frac{L'_d I'^2_d + L'_q I'^2_q + L'_f I'^2_f}{2}\right) \qquad (17.70)$$

ただし，$L'_d, L'_q, \Phi' \propto 1/(\ell + x_g)$ はそれぞれ領域 B の d 軸および q 軸インダクタンスと永久磁石界磁による鎖交磁束である。

可動子に発生するトルクと推力は，領域 A と領域 B の寄与分の和で表される。これらをギャップ変位 $x_g = 0$ のまわりで線形化すると，次が得られる。

$$T_{\mathrm{total}} = T + T' \simeq p\Psi_{f0}(I_q + I'_q) + p(L_{d0} - L_{q0})(I_d I_q + I'_d I'_q) - hF_{\mathrm{total}} \qquad (17.71)$$

$$F_{\mathrm{total}} = F + F' \simeq \frac{2L_{f0}I_f^2}{\ell^2}x_g + \frac{\Psi_{f0}}{\ell}(I_d - I'_d) + \frac{L_{d0}}{2\ell}(I_d^2 - I'^2_d) + \frac{L_{q0}}{2\ell}(I_q^2 - I'^2_q) \qquad (17.72)$$

ただし，添字 0 は $x_g = 0$ のまわりで線形化したパラメータを表す。これより，発生推力は主に d 軸電流で，発生トルクは主に q 軸電流で制御できることがわかる。また，ノミナルギャップ長 ℓ は十分小さいので，(17.72) 第 2 項の推力定数は非常に大きな値となる。さらに，推力において第 1 項はギャップ変位 x_g に比例する不安定項であり，負性ばねとなっている。このモータは，q 軸電流を用いて可動子を浮上させギャップ変位を安定化し，d 軸電流を用いて出力トルクを制御することができる。

<藤本康孝>

参考文献（17.2.2 項）

[1] Vukobratović, M. and Stepanenko, J.: On the Stability of Anthropomorphic Systems, *Mathematical Biosciences*, Vol. 15, pp. 1–37 (1972).

[2] Kajita, S., Yamaura, T., and Kobayashi, A.: Dynamic Walking Control of a Biped Robot Along a Potential Energy Conserving Orbit, *IEEE Trans. on Robotics and Automation*, Vol. 8, No. 4, pp. 431–438 (1992).

[3] 杉原，中村：非駆動自由度の陰表現を含んだ重心ヤコビアンによる脚型ロボットの全身協調反力操作，『日本ロボット学会誌』，Vol. 24, No. 2, pp. 222–231 (2006).

[4] 高西：上体の運動によりモーメントを補償する 2 足歩行ロボット，『日本ロボット学会誌』，Vol. 11, No. 3, pp. 348–353 (1993).

[5] 西脇，北川，杉原，加賀美，稲葉，井上：ZMP 導出の線形・非干渉化，離散化によるヒューマノイドの動力学安定軌道の高速生成 — 感覚行動統合全身型ヒューマノイド H6 での実現 —，『第 18 回ロボット学会学術講演会予稿集』，pp. 721–722 (2000).

[6] Kajita, S., *et al.*: Biped Walking Pattern Generation by using Preview Control of Zero-Moment Point, *proc. IEEE ICRA*, pp. 1620–1626 (2003).

[7] Suzumura, A. and Fujimoto, Y.: Control of Dynamic Locomotion for the Hybrid Wheel-Legged Mobile Robot by using Unstable-Zeros Cancellation, *proc. IEEE ICRA* (2012).

[8] Chevallereau, C., *et al*: RABBIT: A Testbed for Advanced Control Theory, *IEEE Control Systems Mag.*, Vol. 23, No. 5, pp. 57–79 (2003).

[9] Smadi, I. A., Omori, H., and Fujimoto, Y., Development, analysis and experimental realization of a direct-drive helical motor, *IEEE Trans. on Industrial Electronics*, Vol. 59, No. 5, pp. 2208–2216 (2012).

[10] Shukor, A. Z. and Fujimoto, Y., Direct-drive position control of a spiral motor as a monoarticular actuator, *IEEE Trans. on Industrial Electronics*, Vol. 61, No. 2, pp. 1063–1071 (2014).

[11] Fujimoto, Y., Suenaga, T., and Koyama, M., Control of an interior permanent-magnet screw motor with power-saving axial-gap displacement adjustment, *IEEE Trans. on Industrial Electronics*, Vol. 61, No. 7, pp. 3610–3619 (2014).

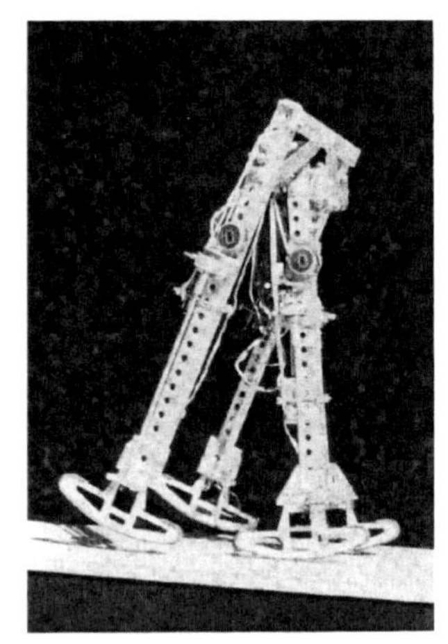

図 17.21 McGeer の受動的歩行機械（文献[9] より引用）

図 17.22 受動的歩行機械のおもちゃ

17.3 受動歩行ベース

17.3.1 受動的動歩行

受動的動歩行とは，モータ等の駆動機構やセンサ，制御系を持たない歩行機械が，緩やかな傾斜面において適切な初期条件を与えられると，重力場を利用することで歩き下るという現象のことをいう。1990 年に T. McGeer が実験的に実現可能性を示したことが，学術的には始まりである[9]。McGeer により実際に製作されたロボットを図 17.21 に示す。このロボットは，膝の逆折れを防ぐための機構が付いているものの，モータ等のアクチュエータは搭載されておらず，外部からの人工的なエネルギー供給はなされていない。したがって，前進運動や脚の前方への振り出し動作を，重力場のみを利用して巧みに実現している。また，歩行時には衝突や摩擦によるエネルギー損失が発生するが，それについても重力場による位置エネルギーにて補填されていることになる。その結果，このロボットで実現される歩行動作は，あらかじめ設計された歩行ではなく，物理法則に従ったものとなる。さらに非常に自然で，かつ，ヒトの歩行に似た歩行を見せる。それまで実現されていた歩行ロボットの歩行と比べ明らかに滑らかでヒトの歩行に似たロボットの歩行が，歩行ロボットのダイナミクスと環境（傾斜面）との相互作用のみによって実現できているといったことから，多くの歩行ロボット研究者の関心を引いた。その結果，McGeer による “Passive Dynamic Walking” 発表以降，様々な研究者により受動的動歩行に関する研究が行なわれるようになった。以下，(1) 受動的動歩行自身の運動解析，(2) 受動的動歩行の歩行制御への応用，(3) その他，に分けて，これまで行われてきた受動的動歩行に関する研究の概略を述べる。

なお，受動的動歩行そのものは McGeer の論文以前にも実現されている。具体的には，緩い坂道を「トコトコ」と歩く古くから親しまれているおもちゃの人形である。図 17.22 にそのようなおもちゃの一例を示す。この種のおもちゃに関しては，すでに 100 年以上も前からたくさんの特許が出されてもいる。このように受動的動歩行機械そのものの歴史は，実はかなり古いものである。

(1) 受動的動歩行自身の運動解析

受動的動歩行は，歩行ロボットのダイナミクスと傾斜面との相互作用によって生み出される単なる力学現象の一つであるともいえるが，逆に非線形力学系として見ると非常に興味深い現象が生じることがわかっている。その一つは，「安定リミットサイクルの存在」である。

受動的歩行ロボットは，ある適切な初期状態（遊脚と支持脚の角度，角速度の初期値）の領域から歩行を始めると，数歩の過渡的な歩行の後，傾斜角に応じた規則的な歩容に収束する。一方で，その領域の外から歩行を始めると数歩で転倒する。これは，「状態がリミットサイクルからいったん離れても，再び同じリミットサイクルに引き込まれる」といった非線形力学系でよく見られる現象にほかならない。McGeer は，数値シミュレーションにて受動的動歩行には 2 つのリミットサイクルが存在し，一つは安定，もう一つが不安定であることを示したが，実際の受動的動歩行ロボットにおいても，この安定なリミットサイクルへの収束は確認されている。

さらに興味深いのは，受動的動歩行には「カオス現象」が見られる点である。Goswami らがコンパスタイプの受動的動歩行について詳細な数値シミュレーションを行うことで，受動的動歩行において「分岐現象」が起こることを見いだした[6]。受動的動歩行における分岐現象は，斜面の傾斜角やロボットのパラメータにより，歩行周期 10) が 1 周期から 2 周期，2 周期から 4 周期へと分岐する現象であり，最終的にはカオス的な挙動を見せる。Goswami らと同時期に Garcia らにより歩行モデルを極限まで簡単化した Simplest walking model においても，安定なリミットサイクルへの収束や分岐現象が起こることが示されているだけでなく[4]，大須賀らによる実機実験によっても分岐現象が確認されている[16]。

また，受動的動歩行が脚の振り運動と脚の接地離地に伴う切り替え現象が融合したある種のハイブリッドシステムであることもあり，その運動解析は数値的に行われることが多かったが，理論解析も行われるようになってきている。杉本らは，リミットサイクルに対応した平衡点に関するポアンカレマップの理論的解析を行い，ポアンカレマップ内にフィードバック構造が埋め込まれていることを見いだした[14]。また池俣らによって，平衡点がどのように生成されるのかという観点から平衡点の安定化メカニズムの解析が行われている[17]。このように，単に受動的動歩行が見せる興味深い現象を解析するだけではなく，受動的動歩行の安定化メカニズムを解明しようとする研究が行われつつある。なお，これらの議論においては，歩行という連続なリミットサイクルの安定性に関する議論を，ある離散状態（例えば遊脚が着地する瞬間のロボットの状態）の安定性の議論に置き換えて行っている。こうすることで，問題をより単純な低次元の離散時間システムの安定論に帰着させているのだが，そのようなことをしても問題ないのは，Grizzle らの結果[7] があるためである。それぞれの詳細については，17.3.2 項（リミットサイクル型受動歩行）および 17.3.3 項（平衡点の安定性やその生成）を参照されたい。

10) ここでの「歩行周期」は，ある脚が遊脚になった瞬間から支持脚になる瞬間までを一歩とし，一歩の歩行に要する時間として定義する。

(2) 受動的動歩行の歩行制御への応用

受動的動歩行が非常に滑らかで自然な歩行を実現していることから，受動的動歩行の現象ををうまく利用することで，より滑らかで高効率な平地歩行を実現させようとする研究が行われるようになることは，自然の流れであろう。Goswami らは受動的動歩行においては力学的エネルギーが遊脚の離地から接地まで保存されることに着目し，受動的動歩行を行っている際のエネルギーに追従させるという方法にて平地や登り坂での歩行を実現した[5]。浅野らは，斜面の重力成分を水平方向に加え，水平面上の歩行において仮想的に傾斜面での受動的動歩行を行うという方法[1] や，受動的動歩行の歩容生成メカニズムを力学的エネルギーの観点から再考し，これを集約する偏微分方程式をもとにした歩容生成問題の定式化を行っている[15]。Collins らは二脚二腕を有し 3 次元歩行可能な受動的動歩行ロボットを開発し[2]，その後，足首を駆動させることで平地歩行するロボットを開発した。そのロボットはヒトの歩行に近い移動効率を実現しており，その成果は大きな評価を得ている[3]。

実は，平地を歩行するアクチュエータ付きの二足歩行ロボットの研究においては，受動的歩行そのものにはならないがそのセンスを取り入れた歩行制御のアイデアが，McGeer 以前から存在している。その先駆的な研究の例としては，下山らの竹馬型ロボット[12] や，梶田らの線形倒立振子を規範とした歩行制御[13] などである。いずれも歩行の実現において，前方に倒れ込むという運動，いわば倒立振子的運動に着目し，その動作を繰り返し行うことで，巧みに重力場を利用し高いエネルギー効率を得ることができると考え，実際のロボットでその考え方の妥当性を示している。その倒立振子的運動による歩行の最も単純で本質的な形が，受動的動歩行であるといえよう。

(3) それ以外

受動的動歩行の研究に関連して，受動的走行現象の存在についても McGeer によって確認されている[8]。受動的走行現象とは，受動的動歩行と同様に，純粋にロボットの機構と環境間の相互作用から安定な走行運動が生成される現象である。歩行運動とは異なり，走行運動においては両脚が空中に存在する両脚空中期が存在するため，脚や身体の弾性要素が活用されていることが知られている．詳細については 17.3.4 項を参照されたい。

また，これまでの受動的動歩行の研究は二脚の歩行ロボットを対象としたものがほとんどであった。それは二足歩行ロボットの研究が盛んに行われるようになってきたという背景や，受動的動歩行が生み出す歩容がヒトの歩容に類似しヒトの歩容との関連が深いと考えられていたためであろう。一方で，近年，四脚以上の脚を持つ多脚の受動的動歩行の研究についてもいくつか報告されてきている[10, 11]。特に，先行研究[10] においては，四脚の受動的動歩行が実機でも実現可能であり，またその機構を変化させることにより異なる歩容が発生することが明らかになっている．受動的動歩行が見せる様々な興味深い現象から，生物，ロボットに限らず歩行という現象を捉える際において，受動的動歩行は非常に重要な鍵となる可能性を秘めていると考えられるが，それは二脚歩行だけではなく，生物にて数多く存在する四脚以上の歩行についても同様であると考えられる。

<杉本靖博，大須賀公一>

参考文献（17.3.1 項）

[1] Asano, F. and Yamakita, M.: Virtual gravity and coupling control for robotic gait synthesis, *IEEE Transactions on Systems, Man, and Cybernetics — Part A: Systems and Humans*, Vol. 31, No. 6, pp. 737–745 (2001).

[2] Collins, H., Wisse, M., and Ruina, A.: A Three-Dimensional Passive-Dynamic Walking Robot with Two Legs and Knees, *The International Journal of Robotics Research*, Vol. 20, No. 7, pp. 607–615 (2001).

[3] Collins, S., Ruina, A., Tedrake, R., and Wisse, M.: Efficient Bipedal Robots Based on Passive Dynamic Walkers, *Science Magazine*, Vol. 307, No. 5712, pp. 1082–1085 (2005).

[4] Garcia, M., Chatterjee, A., Ruina, A., and Coleman, M.: The Simplest Walking Model: Stability, Complexity, and Scaling, *Journal of Biomechanical Engineering*, Vol. 120, No. 2, p. 281 (1998).

[5] Goswami, A., Espiau, B., and Keramane, A.: Limit Cycles in a Passive Compass Gait Biped and Passivity-Mimicking Control Laws, *J. of Autonomous Robots*, Vol. 4, No. 3, pp. 273–286 (1997).

[6] Goswami, A., Thuilot, B., and Espiau, B.: A Study of the Passive Gait of a Compass-Like Biped Robot: Symmetry and Chaos, *The International Journal of Robotics Research*, Vol. 17, No. 12, pp. 1282–1301 (1998).

[7] Grizzle, J. W., Abba, G., and Plestan, F.: Asymptotically Stable Walking for Biped Robots: Analysis via Systems with Impulse Effects, *IEEE Transactions on Automatic Control*, Vol. 46, No. 1, pp. 51–64 (2001).

[8] McGeer, T.: Passive bipedal running, *Proc. of the Royal Society of London. B. Biological Sciences*, Vol. 240, No. 1297, pp. 107–134 (1990).

[9] McGeer, T.: Passive Dynamic Walking, *The International Journal of Robotics Research*, Vol. 9, No. 2, pp. 62–82 (1990).

[10] Nakatani, K., Sugimoto, Y., and Osuka, K.: Demonstration and Analysis of Quadrupedal Passive Dynamic Walking, *Advanced Robotics*, Vol. 23, No. 5, pp. 483–501 (2009).

[11] Remy, C. D., Buffinton, K., and Siegwart, R.: Stability Analysis of Passive Dynamic Walking of Quadrupeds, *The International Journal of Robotics Research*, Vol. 29, No. 9, pp. 1173–1185 (2009).

[12] 下山：竹馬型 2 足歩行ロボットの動的歩行，『日本機械学会論文集 C 編』，Vol. 48, No. 43, pp. 1445–1454 (1982).

[13] 梶田，小林：位置エネルギー保存型軌道を規範とする動的 2 足歩行の制御，『計測自動制御学会誌』，Vol. 23, No. 3, pp. 281–287 (1987).

[14] 杉本，大須賀：受動的動歩行の安定性に関する一考察：ポアンカレマップの構造解釈からのアプローチ，『システム制御情報学会論文誌』，Vol. 18, No. 7, pp. 255–260 (2005).

[15] 浅野，羅，山北：受動歩行を規範とした 2 足ロボットの歩容生成と制御，『日本ロボット学会誌』，Vol. 22, No. 1, pp. 130–139 (2004).

[16] 大須賀，桐原：受動的歩行ロボット Quartet II の歩行解析と歩行実験，『日本ロボット学会誌』，Vol. 18, No. 5, pp. 737–742 (2000).

[17] 池俣，佐野，藤本：受動歩行における平衡点の安定メカニズムの構造，『日本ロボット学会誌』, Vol. 23, No. 7, pp. 839–846 (2005).

17.3.2 リミットサイクル型受動歩行

受動歩行運動[1, 2] は単脚支持期の連続時間運動と瞬間的な支持脚交換の衝突から形成され，数理的には状態のジャンプを含むリミットサイクルとなる。本項では最も簡単な二脚受動歩行モデルとして知られる図 17.23

のコンパス型二脚ロボット[3,4] を例として，そのモデリング，歩容の特徴と安定性，非線形現象について概説する。

(1) コンパス型二脚ロボット

図 17.23 のモデルについて以下を仮定する。

- 長さが l [m] である同一の剛体脚リンク 2 本を摩擦のない自由関節で結合している。
- 脚リンクの質量を m [kg]，腰部（股関節位置に等しい）の質量を m_H [kg] とする。脚リンクの重心位置はその先端から $a(=l-b)$ [m] の点に位置する。
- 単脚支持期に床面に接地している脚を支持脚，もう一方の脚を遊脚と呼ぶ。支持脚の先端は滑らずに床面に点接触しており，足首の自由関節を介して床面に結合されたものと見なすことができる。
- 運動は平面内のみで起こり，ロボットは旋回しない。

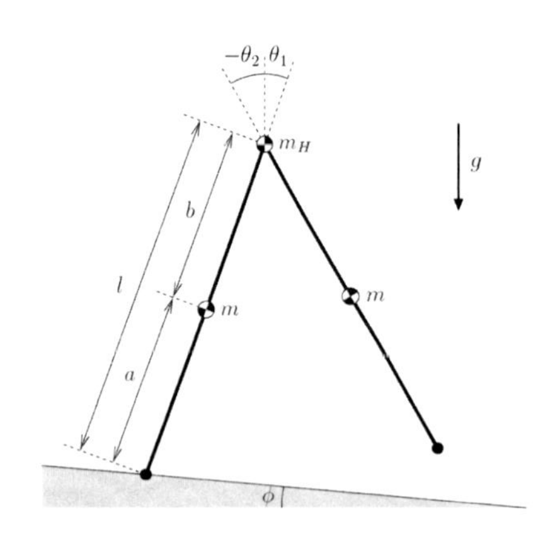

図 17.23　コンパス型二脚ロボットのモデル

(i) 運動方程式

支持脚の鉛直上向きからの絶対角度を θ_1，遊脚のそれを θ_2 とし，一般化座標ベクトルを $\boldsymbol{\theta}=\begin{bmatrix}\theta_1 & \theta_2\end{bmatrix}^T\in\mathbb{R}^2$ とすると，ラグランジュの運動方程式は

$$\frac{\mathrm{d}}{\mathrm{d}t}\left(\frac{\partial K}{\partial\dot{\boldsymbol{\theta}}}\right)^T-\left(\frac{\partial K}{\partial\boldsymbol{\theta}}\right)^T+\left(\frac{\partial P}{\partial\boldsymbol{\theta}}\right)^T=\mathbf{0}_{2\times1} \tag{17.73}$$

となる。ただし $K=K\left(\boldsymbol{\theta},\dot{\boldsymbol{\theta}}\right)$ は運動エネルギー，$P=P(\boldsymbol{\theta})$ は位置エネルギーである。式 (17.73) は次のように整理される。

$$\boldsymbol{M}(\boldsymbol{\theta})\ddot{\boldsymbol{\theta}}+\boldsymbol{C}(\boldsymbol{\theta},\dot{\boldsymbol{\theta}})\dot{\boldsymbol{\theta}}+\boldsymbol{g}(\boldsymbol{\theta})=\mathbf{0}_{2\times1} \tag{17.74}$$

$\boldsymbol{M}(\boldsymbol{\theta})\in\mathbb{R}^{2\times2}$ は慣性行列，$\boldsymbol{C}(\boldsymbol{\theta},\dot{\boldsymbol{\theta}})\in\mathbb{R}^{2\times2}$ はコリオリ力・中心力を表す行列，$\boldsymbol{g}(\boldsymbol{\theta})\in\mathbb{R}^2$ は重力項ベクトルである[11)]。受動歩行において，ロボットは重力作用のみを利用して運動を生成するため，関節粘性などの散逸項を考慮しない理想的な保存系である場合には，システムへの作用力（運動方程式の外部入力項：式 (17.74) の右辺）はゼロベクトルとなる。

先の運動エネルギーと位置エネルギーはそれぞれ次式のように定まる。ただし位置エネルギーは支持脚接地点を基準点とした。

$$K\left(\boldsymbol{\theta},\dot{\boldsymbol{\theta}}\right)=\frac{1}{2}\dot{\boldsymbol{\theta}}^T\boldsymbol{M}(\boldsymbol{\theta})\dot{\boldsymbol{\theta}} \tag{17.75}$$

$$\begin{aligned}P(\boldsymbol{\theta})&=(m_Hl+ma+ml)g\cos\theta_1\\&\quad-mbg\cos\theta_2\end{aligned} \tag{17.76}$$

これらの和として定まる全力学的エネルギー $E=E\left(\boldsymbol{\theta},\dot{\boldsymbol{\theta}}\right)$ は，受動歩行運動の単脚支持期において一定値に保たれる（$\dot{E}=0$ を満たす）。ロボットの運動エネルギーは，遊脚が地面に着地する際の衝突により消散する。受動歩行においては，斜面を下り歩くことにより，位置エネルギーから運動エネルギーへの変換が生じるため，消散するエネルギーと釣り合い，安定な歩行が現れる。特に，位置エネルギーの基準点を衝突ごとに次の支持脚接地点へと更新することにより，1 周期の定常歩容においては，全力学的エネルギーの衝突時の不連続変化もゼロとなる。

安定な受動歩行運動を実現するためには，ロボットの物理パラメータ，角度と角速度の初期値，下り斜面の角度を適切に設定する必要がある。コンパス型二脚ロボットの場合は両脚の長さが等しいため，遊脚を前方へ振り抜くことができない（運動中に遊脚先端が床面を削る）が，一般にはこれを無視して数値シミュレーションを行う。図 17.23 のように下り斜面の角度を ϕ [rad] とすると，前方へ振り出された遊脚は次の条件式

$$\theta_1+\theta_2=2\phi \tag{17.77}$$

が成立した瞬間に床面に着地することとなる。ここで次に述べる衝突方程式に切り替わる。

(ii) 衝突方程式

コンパス型二脚ロボットの場合，衝突時の角度の更新則は，支持脚と遊脚の角度の交換として定まる。す

11) 各項の詳細は第 8 章を参照されたい。

なわち，

$$\boldsymbol{\theta}^{+} = \begin{bmatrix} 0 & 1 \\ 1 & 0 \end{bmatrix} \boldsymbol{\theta}^{-} \tag{17.78}$$

となる。ただし，上付き文字の“−”，“+”はそれぞれ衝突直前・衝突直後を表すものとする。角速度の更新則は，前脚（衝突直前の遊脚）が床面に着地したと同時に後脚（衝突直前の支持脚）が離地するという仮定の下で，完全非弾性衝突の方程式から導出することが一般的である[12)]。最終的な更新則は

$$\dot{\boldsymbol{\theta}}^{+} = \boldsymbol{\Xi}(\alpha)\dot{\boldsymbol{\theta}}^{-} \tag{17.79}$$

とまとめられる。ここで，α [rad] は衝突時の股関節角度の半角

$$\alpha := \frac{\theta_1^- - \theta_2^-}{2} = \frac{-\theta_1^+ + \theta_2^+}{2} > 0 \tag{17.80}$$

であり，$\boldsymbol{\Xi}(\alpha) \in \mathbb{R}^{2\times 2}$ の詳細は次のとおりである。

$$\boldsymbol{\Xi}(\alpha) = \begin{bmatrix} \xi_{11} & \xi_{12} \\ \xi_{21} & \xi_{22} \end{bmatrix} \tag{17.81}$$

$$\xi_{11} = \frac{2(\beta+\gamma)\cos(2\alpha)}{1+2\beta^2+2\gamma-\cos(4\alpha)}$$

$$\xi_{12} = \frac{2(\beta-1)\beta}{1+2\beta^2+2\gamma-\cos(4\alpha)}$$

$$\xi_{21} = \frac{\gamma-2\beta(\beta^2+\gamma)+(2\beta+\gamma)\cos(4\alpha)}{(1-\beta)(1+2\beta^2+2\gamma-\cos(4\alpha))}$$

$$\xi_{22} = \frac{-2\beta\cos(2\alpha)}{1+2\beta^2+2\gamma-\cos(4\alpha)}$$

ただし，$\beta := a/l$ [-]，$\gamma := m_H/m$ [-] と置いた。これらの無次元パラメータについて極限 $\beta \to 0$，$\gamma \to \infty$ をとったものは simplest walking model[5] と呼ばれ，歩行解析を簡単化する目的でしばしば用いられるが，遊脚の運動が支持脚の運動に影響を与えない，衝突直前の遊脚の角速度が衝突でリセットされるなど限定された運動特性を持つものとなるので注意が必要である。

(iii) 典型的歩容

図 17.24 にコンパス型二脚ロボットの $\phi = 0.05$ rad における受動歩行の定常歩容の数値シミュレーション結果を示す。図 17.25 と図 17.26 はそれぞれ図 17.24 に対応した位相平面図とスティック線図である。各図において，支持脚を実線，遊脚を点線でそれぞれプロッ

12) 導出方法の詳細については第 8 章を参照されたい。

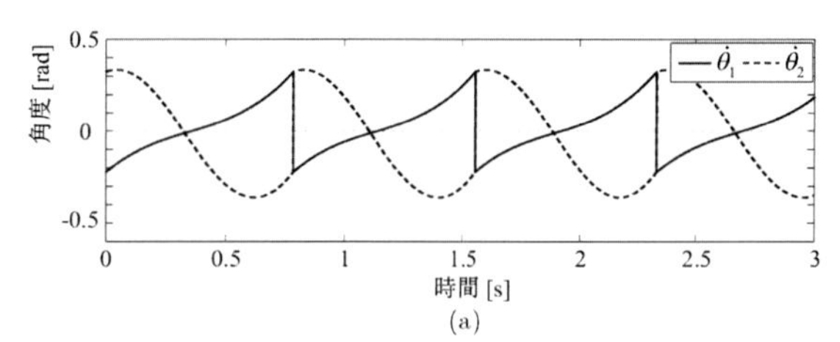

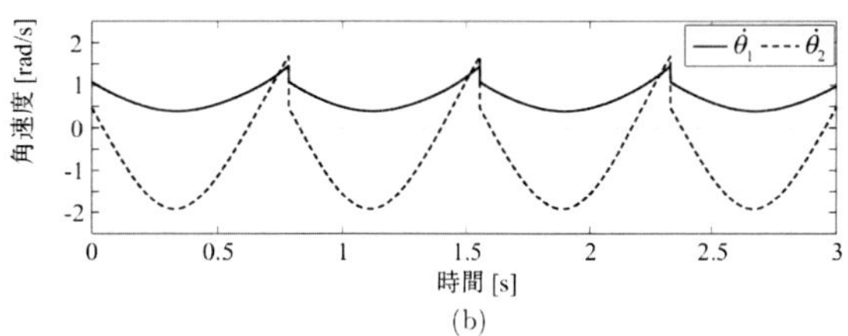

図 17.24 コンパス型二脚受動歩行運動における角度と角速度の時間変化 ($\phi = 0.05$ rad)

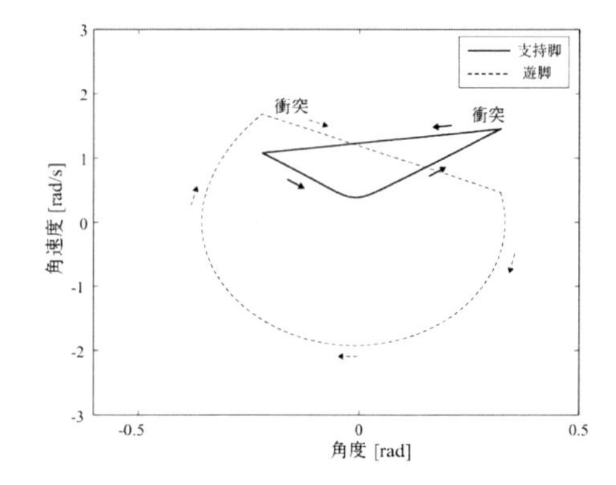

図 17.25 コンパス型二脚受動歩行運動における定常軌道の位相平面図 ($\phi = 0.05$ rad)

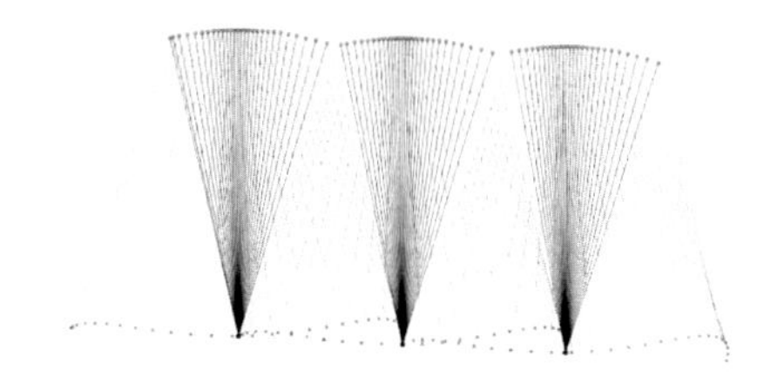

図 17.26 コンパス型二脚受動歩行のスティック線図

トした。ロボットの物理パラメータは $a = b = 0.5$ m，$m = 5.0$ kg，$m_H = 10.0$ kg と設定した。図 17.24 からわかるように，歩行運動は片脚支持期と衝突から構成されるリミットサイクルを形成する。図 17.24(a) に示すように，支持脚角度は衝突直後から次の衝突直前まで単調に増大する。また，図 17.24(b) に示すように，一般に単脚支持期においては常に $\dot{\theta}_1 > 0$ であり，支持脚は単調に前方へ回転運動する。遊脚は前方へ振り出

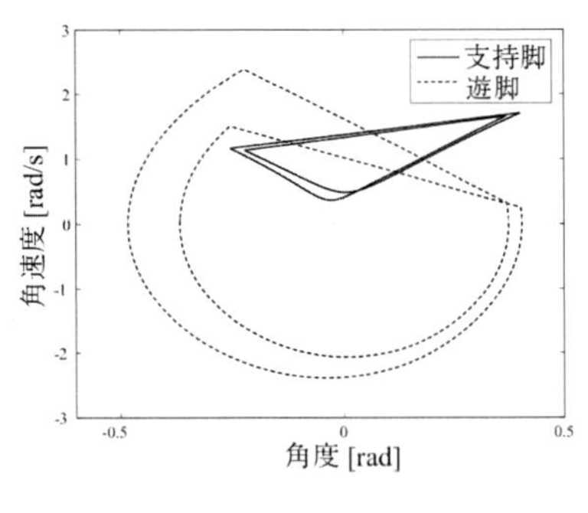

図 **17.27**　位相平面図 ($\phi = 0.075$ rad)

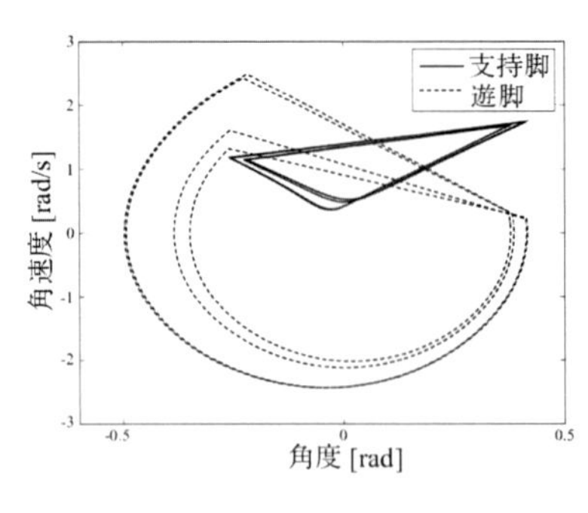

図 **17.28**　位相平面図 ($\phi = 0.078$ rad)

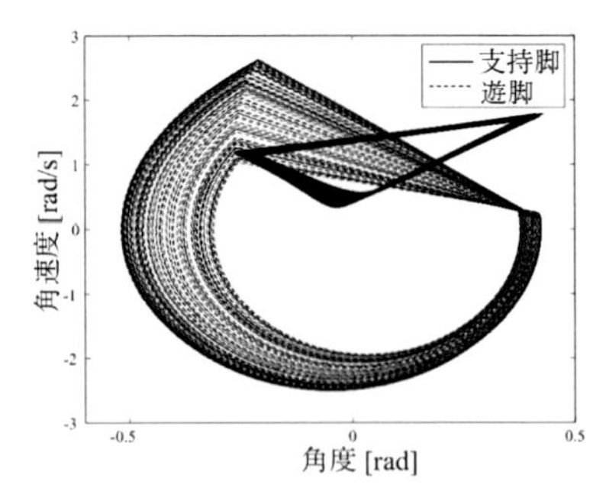

図 **17.29**　位相平面図 ($\phi = 0.081$ rad)

された後，着地するまでの期間に振り下ろされる（股関節を閉じる）ように運動をする場合がしばしばある。数学的に $\dot{\theta}_1 < \dot{\theta}_2$ と表されるこの現象は，swing-leg retraction と呼ばれ，歩行運動の安定性に影響を与えるものであるという観点からの研究も行われている[6]。図 17.24(b) の角速度においてもこの現象が確認できる。

(2) 歩行の安定性

$\boldsymbol{x} = \begin{bmatrix} \boldsymbol{\theta}^T & \dot{\boldsymbol{\theta}}^T \end{bmatrix}^T \in \mathbb{R}^4$ を状態量ベクトルとし，$\boldsymbol{x}_i \in \mathbb{R}^4$ を第 (i) 歩目の衝突直前または衝突直後の状態量ベクトルとする。リミットサイクル型歩行運動の安定性を調べるため，しばしばポアンカレ写像を用いることがある。この方法では，次に述べる写像関数が必要となる。

1 周期の受動歩行運動における第 (i) 歩目の衝突から第 $(i+1)$ 歩目の衝突への非線形写像を $\boldsymbol{F}$ とする。すなわち，

$$\boldsymbol{x}_{i+1} = \boldsymbol{F}(\boldsymbol{x}_i) \tag{17.82}$$

であるとする。これを平衡点 $\boldsymbol{x} = \boldsymbol{x}^* \in \mathbb{R}^4$ のまわりで線形近似すると

$$\boldsymbol{x}_{i+1} \approx \boldsymbol{F}(\boldsymbol{x}^*) + \nabla\boldsymbol{F}(\boldsymbol{x}_i - \boldsymbol{x}^*) \tag{17.83}$$

となる。ただし，

$$\nabla\boldsymbol{F} := \left.\frac{\partial \boldsymbol{F}}{\partial \boldsymbol{x}}\right|_{\boldsymbol{x}=\boldsymbol{x}^*} \in \mathbb{R}^{4\times 4} \tag{17.84}$$

とおいた。ここで状態誤差ベクトル $\Delta\boldsymbol{x}_i := \boldsymbol{x}_i - \boldsymbol{x}^*$ を定義し，関係式 $\boldsymbol{x}^* = \boldsymbol{F}(\boldsymbol{x}^*)$ を考慮すると，式 (17.83) は

$$\Delta\boldsymbol{x}_{i+1} = \nabla\boldsymbol{F}\Delta\boldsymbol{x}_i \tag{17.85}$$

と整理できる。ポアンカレ切断面は 4 次元の状態空間を幾何学的拘束条件式 (17.77) に従い 3 次元へと低次元化したものであるため，$\nabla\boldsymbol{F}$ の 4 つの固有値のうち 1 つはゼロとなり，他の 3 つの固有値が単位円内に存在するとき歩行運動は漸近安定であると判別される。

(3) 研究の展開

McGeer[1,2] の後，1990 年代後半に研究を活性化するいくつかの主要な成果が報告された。Goswami らはコンパス型二脚受動歩行ロボットを用いた詳細な数値シミュレーションを行い，傾斜角度が増大するに従い歩行のリズムが 2^n 周期 $(n = 0, 1, 2, \ldots)$ を経て無限周期（カオス的歩容）へと変化する周期倍分岐現象を発見した[3,4]。この現象は歩行系の様々な物理パラメータの変化に応じて発生し，後続の研究においても多数の観測結果が報告されている[7]。図 17.27 は先と同じモデルで傾斜角度を $\phi = 0.075$ rad として生成される定常歩容の位相平面図である。さらに図 17.28 および図 17.29 は傾斜角度を $\phi = 0.078$，0.081 rad として生成される定常歩容の位相平面図である。このように 2 周期歩容から 4 周期歩容へ，さらには無限周期の歩容へと変化していく。図 17.30 は傾斜角度に対してこれらの歩容の歩行周期（単脚支持期の時間長さ）をプロットしたものである。傾斜角度の増大に伴い周期倍分岐が起こり，最終的に無限周期の歩容へと変化する様子がよくわかる。

本問題に関連する実験的研究例としては，傾斜角度の増大に伴う 2 周期歩容の発現の確認[8]，遅延フィードバック制御を用いた 1 周期歩容への安定化制御[9] などが代表的なものとして知られている。周期倍分岐現象は数理的に興味深い現象であることから歩行の高性能化や工学的応用についても検討がなされたが，これまでに前向きな応用例は報告されていない。パラメータの変化に伴い多周期歩容が出現する先では歩行が不

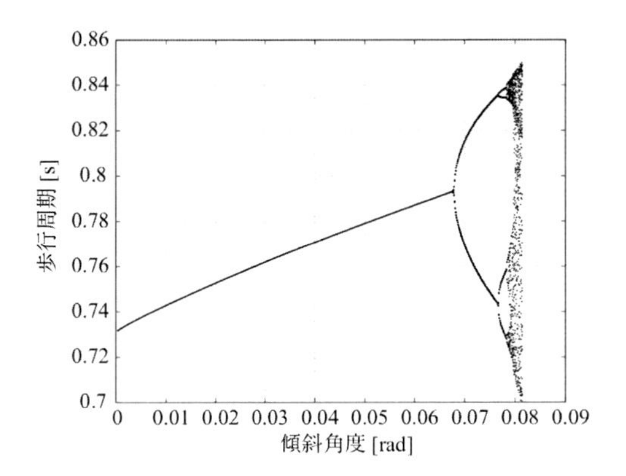

図 17.30 傾斜角度に対する歩行周期の変化

可能となることが多いため，能動歩行等への応用においては，安定余裕の意味で 1 周期歩容を基本とする方策が通例となっている。また，股関節の粘性摩擦を用いることで分岐現象を抑制し，歩行可能領域を拡大できることが経験的に知られている。

周期倍分岐現象の発見とほぼ同時期に，受動歩行ロボットに僅かな駆動力を付加して水平面上なども歩行させようとする研究がいくつか行われた。この研究は 2000 年代に入ると本格化し，力学的エネルギー回復やゼロダイナミクスの安定性に着目したスマートな歩容生成法が多数提案されるようになった。また，これらの原理を採り入れた高効率脚ロボットも次々に開発されるようになった。現在では高効率な歩行運動を生成する主要な方策として，リミットサイクル規範，limit cycle walking などと呼ばれている 13)。

＜浅野文彦，原田祐志＞

参考文献（17.3.2 項）

[1] McGeer, T.: Passive dynamic walking, *The International Journal of Robotics Research*, Vol. 9, No. 2, pp. 62–82 (1990).

[2] McGeer, T.: Passive walking with knees, *Proceedings of the IEEE International Conference on Robotics and Automation*, Vol. 3, pp. 1640–1645 (1990).

[3] Goswami, A., Thuilot, B. and Espiau, B.: Compass-like biped robot Part I: Stability and bifurcation of passive gaits, *INRIA Research Report*, No. 2996 (1996).

[4] Goswami, A., Thuilot, B. and Espiau, B.: A study of the passive gait of a compass-like biped robot: Symmetry and chaos, *The International Journal of Robotics Research*, Vol. 17, No. 12, pp. 1282–1301 (1998).

[5] Garcia, M., Chatterjee, A., Ruina, A. and Coleman, M.: The simplest walking model: stability, complexity, and scaling, *Journal of Biomechanical Engineering*, Vol. 120, Iss. 2, pp. 281–288 (1998).

[6] Hobbelen, D. G. E. and Wisse, M.: Swing-leg retraction for limit cycle walkers improves disturbance rejection, *IEEE Transactions on Robotics*, Vol. 24, Iss. 2, pp. 377–389 (2008).

[7] Garcia, M., Chatterjeeb, A. and Ruina, A.: Efficiency, speed, and scaling of two-dimensional passive-dynamic walking, *Dynamics and Stability of Systems*, Vol. 15, Iss. 2, pp. 75–99 (2000).

[8] 大須賀，桐原：受動的歩行ロボット Quartet II の歩行解析と歩行実験，『日本ロボット学会誌』，Vol. 18, No. 5, pp. 737–742 (2000).

[9] Sugimoto, Y. and Osuka, K.: Walking Control of Quasi Passive Dynamic Walking Robot “Quartet III” based on Continuous Delayed Feedback Control, *Proceedings of the 2004 IEEE International Conference on Robotics and Biomimetics*, pp. 606-611 (2004).

13) 詳細については第 8 章を参照されたい。

17.3.3 平衡点生成と受動歩行

(1) 平衡点

受動歩行には，永久的に周期運動を繰り返すリミットサイクル（閉軌道）が存在する[1]。状態がこのリミットサイクル上を遷移する限り歩行は継続される。さらに，リミットサイクルが安定となる場合，状態がリミットサイクルから離れても再び定常状態に引き込まれる。また，スロープ角度を大きくすると，1 周期から 2 周期へと分岐し，最終的にはカオス的な振舞いとなる[2]。この分岐現象は，リミットサイクルが安定から不安定に変わって，状態が別のリミットサイクルに遷移することによって生じる。

軌道がリミットサイクルになると，着地直後の状態が平衡点として固定される (fixed point)。この平衡点からリミットサイクルの生成およびその安定性を解析することができる。離散的な状態の遷移は次のような差分方程式で表すことができ，ポアンカレマップと呼ばれる。

$$\mathrm{x}_{k+1}^{+} = f(\mathrm{x}_{k}^{+}) \tag{17.86}$$

x_k^+ は離散的な状態量を示し，ここでは着地直後の状態を表すことにする。平衡点となる場合，$\mathrm{x}_{k+1}^{+} = \mathrm{x}_k^+$ となる。一般的にポアンカレマップは複雑な式となり，平衡点はニュートン法などを用いて数値的に探索される。

ロボティクスへの応用を考えた場合，現象に隠された本質・原理を理解することが望ましい。極限までに簡単化された simplest walking model[3] を用いると，平衡点の力学的構造を明快に知ることができる。このモデルは膝がなく，腰の質量は脚の質量に比べて十分大きいという特徴をもつ。支持脚の運動が遊脚の影響を受けないなど，歩行のクラスは限定されるものの，このモデルでも脚の振り運動は行われ，受動歩行の種々の基本現象（安定なリミットサイクル，分岐現象）が起こる。

着地直後の状態は，着地時の股角度，支持脚および遊脚の角速度の 3 つの状態量だけで表される。エネルギー保存則などの力学法則から式展開し，平衡点における支持脚の角速度を解析的に導くことができる。その式を変形すると，供給エネルギーと損失エネルギーがバランスした状態を表現した式になることが確認できる。

着地時の衝突によって，支持脚と遊脚が切り換わる。脚の切換え現象は，角運動量の保存則からモデル化される。脚の切換え式から，着地直後の状態（股角度，支持脚および遊脚の角速度）がある一定の状態に拘束されることがわかる。当然ながら，平衡点でもこの拘束式を満たさなければならない。エネルギーのバランス式と脚切換えによる拘束式から，平衡点における遊脚の角速度が導かれる。一般的に，着地時の衝突はセンサの障害や機器の振動などを引き起こすため，望ましくない現象と考えられている。しかしながら，平衡点生成の観点から見ると，必要不可欠な現象となる。最終的に，平衡点における着地時の股角度が決まれば，状態全てが決まることとなる。ここで，着地時の股角度は脚の振り運動によって一意に決まる。

図 17.31 は平衡点の力学的構造を図示したものである[4]。α，$\dot{\theta}_k^+$ および $\dot{\phi}_k^+$ は，それぞれ k 歩目の着地直後の支持脚および遊脚の角速度と着地時の股角度である。図からわかるように，平衡点はエネルギーバランス，脚の切換え現象および脚の振り運動が絡む力学的構造の中から生成される。受動歩行には，long period gait および short period gait と呼ばれる 2 つの平衡点が存在することが知られているが[3]，図 17.31 の平衡点の力学的構造を見れば，どのようにして 2 つの平衡点が生成されるのかよくわかる。平衡点は脚の振り運動の特性に大きく起因しており，この特性を変えれば様々な平衡点を生成させることができる。

(2) 平衡点の安定性

式 (17.86) を平衡点近傍で線形近似して式を整理すると次式を得る。

$$\Delta \mathrm{x}_{k+1}^+ = \frac{\partial f}{\partial \mathrm{x}^+}\bigg|_{\mathrm{x}^+=\mathrm{x}_f^+} \Delta \mathrm{x}_k^+ \equiv \mathrm{J}_f \Delta \mathrm{x}_k^+ \tag{17.87}$$

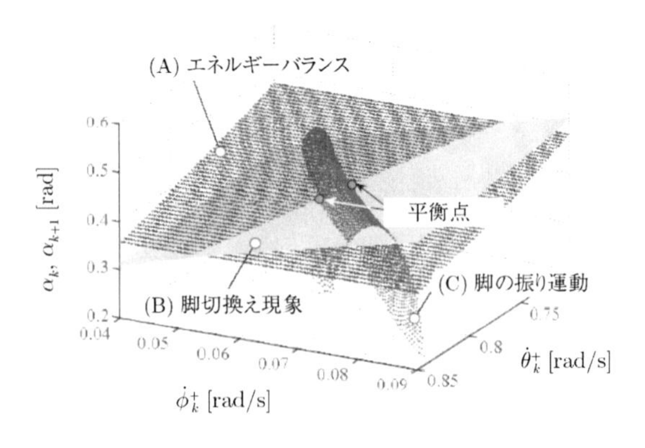

図 17.31　平衡点の力学的構造

ヤコビ行列 J_f のすべての固有値の絶対値が 1 より小さい場合，平衡点は局所漸近安定となる。一般的に，ヤコビ行列は複雑な式となり，数値計算によって求められる。一方，平田ら[5] は，平衡点の安定性を決めるポアンカレマップを解析的に導くことに成功した。杉本・大須賀ら[6] は，当該ポアンカレマップ内にはフィードバック構造が埋め込まれていることを見い出した。また，出力零化制御や最適制御の類似性を指摘したが，最終的には両者は一致しないという結論に至った。しかしその後，平田[7] によって，受動歩行に内在する制御構造は，最適制御理論の一つである cheap optimal control であることが明らかにされた。

また，平衡点の式を用いることで，simplest walking model のヤコビ行列を以下のように導くことができる[4]。

$$\mathrm{J}_f = \begin{bmatrix} \dfrac{\partial \alpha_{k+1}}{\partial \alpha_k}\bigg|_f & \dfrac{\partial \alpha_{k+1}}{\partial \dot{\theta}_k^+}\bigg|_f \\ a_f \dfrac{\partial \alpha_{k+1}}{\partial \alpha_k}\bigg|_f + b_f & a_f \dfrac{\partial \alpha_{k+1}}{\partial \dot{\theta}_k^+}\bigg|_f + c_f \end{bmatrix} \tag{17.88}$$

ここで，偏微分の項は状態が平衡点からずれた場合，次にどのような股角度 α で着地するのかを表している。

前記のヤコビ行列をなす要素の力学的意味から，平衡点の安定性において，着地時の股角度 α が重要であることがわかる。図 17.32 に平衡点と安定領域を示す。ただし，○印が平衡点である。着地時の股角度は脚の振り運動に支配されることから，受動歩行における脚の振り運動のダイナミクスには，平衡点を安定化させる力学的特性が本質的に備わっていることになる。

(3) 平衡点の安定化

これまで，平衡点を安定化する様々な制御手法が提

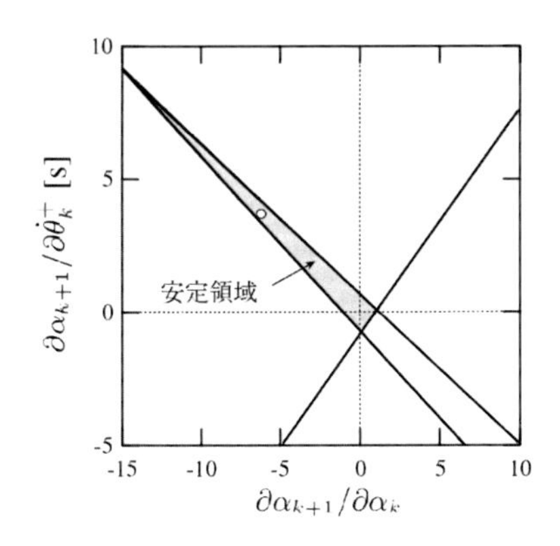

図 **17.32** 平衡点と安定領域

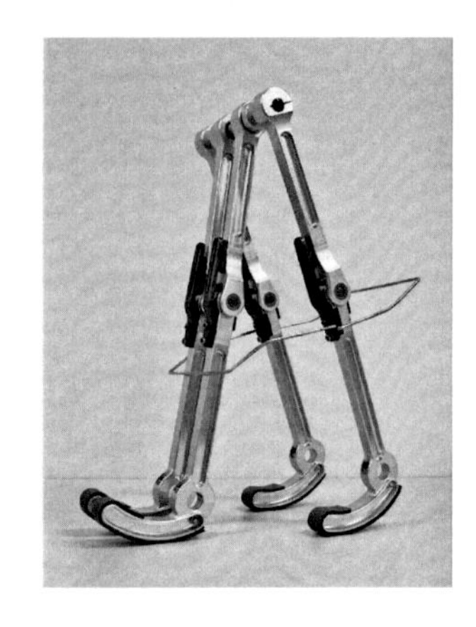

図 **17.33** 股角度一定機構を有する受動歩行機

案されているが，その多くが制御理論的な発想に基づいたものである。受動歩行の安定化メカニズムから制御則を導くことができれば，力学的に明快でかつ高い制御効果が期待できる。

式 (17.88) から，平衡点の安定化問題は，着地時の股角度の制御問題に帰着される。ここで，着地時の股角度を変えるには，例えば腰関節にわずかな一定トルクを入力するだけでよい。次のような平衡点の安定化制御則が導かれる[8]。

$$\tau = K_\alpha(\alpha_k - \alpha_f) + K_{\dot{\theta}}(\dot{\theta}_k - \dot{\theta}_f) \qquad (17.89)$$

図 17.32 中の平衡点に対して，係数 K_α および $K_{\dot{\theta}}$ の設定によって，それぞれ横および縦の配置を独立に調整することができる。この制御則で，Short period gait や分岐後の不安定平衡点を安定化することができる。さらに，ヤコビ行列の固有値が零となるところに配置すれば，収束速度を最大にすることができる。なお，平衡点の局所安定化は，必ずしも安定なリミットサイクルの引き込み領域の拡大には繋がらない[9]。そこで，リミットサイクル型歩行の安定性を評価する方法として，Gait sensitivity norm という指標が提案されている[10]。

図 17.32 に示す平衡点の局所漸近安定の領域は必ず原点を含む。原点では，着地時の股角度が常に一定 $(\alpha_{k+1} = \alpha_k)$ となる。このとき，平衡点の力学的構造から，脚の振り運動は一定の平面となって，一つの平衡点が必ず生成される。さらに，歩行という力学系では，着地時の股角度を一定にするだけで，この平衡点が大域的漸近安定となる[11]。

数歩が限界であった膝ありタイプの受動歩行機において，図 17.33 に示す外脚フレーム（着地時の股角度を一定にする機構）を付けるだけで，数十歩，百数十歩とロバスト性が格段に増し，トレッドミル上で十数時間以上の連続歩行を達成した。平衡点の大域的安定化原理に裏付けされたものであることは言うまでもない。

なお，平衡点の安定性解析では，次の離散的状態が存在することを前提としている。すなわち不適切な脚運動で着地前に転倒することは考えていない。つまずいたり膝折れせずに歩くためには，脚の振り運動や支持脚膝の伸展メカニズムを知ることが不可欠となる。

＜池俣吉人，佐野明人＞

参考文献（17.3.3 項）

[1] McGeer, T.: Passive Dynamic Walking, *The Int. J. of Robotics Research*, Vol. 9, No. 2, pp.62–82 (1990).

[2] Goswami, A., Thuilot, B. and Espiau, B. : A Study of the Passive Gait of a Compass-Like Biped Robot : Symmetry and Chaos, *The Int. J. of Robotics Research*, Vol. 17, No. 12, pp. 1282–1301 (1998).

[3] Garcia. M., Chatterjee, A., Ruina, A. and Coleman, M.: The Simplest Walking Model : Stability, Complexity, and Scaling, *J. of Biomechanical Engineering*, Vol. 120, pp.281–288 (1998).

[4] 池俣吉人，佐野明人，藤本英雄：受動歩行における平衡点の安定メカニズムの構造，『日本ロボット学会誌』, Vol. 23, No. 7, pp. 839–846 (2005).

[5] 平田健太郎，小亀英己：状態にジャンプを有する線形システムの周期運動–Compass Walking のモデリング，安定解析，フィードバック制御，『システム制御情報学会論文誌』, Vol. 17, No. 12, pp. 553–560 (2004).

[6] 杉本靖博，大須賀公一：受動的動歩行の安定性に関する一考察—ポアンカレマップの構造解釈からのアプローチ—，『システム制御情報学会論文誌』, Vol. 18, No. 7, pp. 255–260 (2005).

[7] Hirata, K.: On Internal Stabilizing Mechanism of Passive Dynamical Walking, *SICE JCMSI*, Vol. 4, No. 1, pp. 29–36 (2011).

[8] 池俣吉人，佐野明人，藤本英雄：受動歩行の安定メカニズムを規範とした平衡点生成と局所安定化，『日本ロボット学会誌』，Vol. 24，No. 5，pp. 632–639 (2006).

[9] Schwab, A. L. and Wisse, M.: Basin of Attraction of the Simplest Walking Model, *Proc. of ASME Int. Conf. on Noise and Vibration*, CD-ROM (2001).

[10] Wisse, M., Schwab, A. L., Linde, R. Q. van der and Helm, F. C. T. vd.: Disturbance Rejection Measure for Limit Cycle Walkers: The Gait Sensitivity Norm, *IEEE Trans. on Robotics*, Vol. 23, No 6, pp. 1213–1224 (2007).

[11] 池俣吉人，佐野明人，藤本英雄：平衡点の大域的安定化原理に基づくロバストな受動歩行，『日本ロボット学会誌』，Vol. 26，No. 2，pp. 178–183 (2008).

17.3.4　受動走行

(1) なぜ受動走行を研究するのか？

本項までの解説から，受動的動歩行という物理現象の興味深さ，明示的な制御入力の存在がなくとも歩行を発現する力学的メカニズム，およびその工学的意義について十分感じていただけたと思う。本項では，著者らが行ってきた受動走行に関する研究を事例とし，そのモデリング手法，理論解析，および実機実験について簡潔に紹介する。

まず解説の前に，著者らがなぜ「受動走行[1]」という現象に着目し研究を行ったかについて説明したい。著者らが受動走行という現象に着目した理由は，ヒトの走行運動を説明するバイオメカニクスおよび運動制御のからくりの解明のみならず，生物の適応的な運動制御の理解につながると考えたためである。その主たる理由は以下の 2 点である。

① 走行運動という高速移動領域のロコモーション（移動様式）においては，運動制御における身体ダイナミクスの寄与がより顕在化する。

② 高速運動においては，ニューロンの発火速度の限界から神経系を介した運動制御には限界がある（単シナプス性の脊髄反射で数十 ms）。

① については，近年，Pfeifer らが提唱した生物の自己組織的な振舞い生成の理解において肝要となる morphological computation[2] という概念が広まりつつある。また，② に関しては，バイオメカニクスの分野においてLoeb らにより提唱された preflex[3] という筋骨格系がもつ時間遅れのない応答（反射よりも時間スケールが短く，筋骨格系における粘弾性特性による力学的なフィードバックが大きく関与する応答）が注目されている。すなわち，受動走行に着目することは，高い走破性を有する走行ロボットの実現に寄与するのみならず，生物制御の理解の鍵となる運動制御における身体の力学的特性の役割の理解につながると期待される。

(2) モデリング：受動走行を実現する身体特性

はじめに，受動走行の安定化に本質的に寄与する身体パラメータを探索するために行ったモデリングについて紹介する。

走行運動は，片足支持期（stance phase）と両足空中期（flight phase）の繰返しによる周期運動と据えることができる。この両足空中期の存在が走行運動の特徴[4] となっている。著者らは，図 17.34 に示すように，片足支持期はバネ付き 2 重倒立振子，両足空中期はバネ付きコンパスモデルとしてモデル化を行った。それぞれの phase の運動方程式の導出にはオイラー–ラグランジュ法を用いた。本モデルの特徴は，① 2 つの弾性要素（腰の巻きバネ K_{hip} と脚の直動バネ K_{leg}）を実装した点，および ② 遊脚のダイナミクスを考慮した点，である。ヒトの走行モデルとして著名な SLIP (Spring Loaded Inverted Pendulum) モデル[8] では，遊脚のダイナミクスは考慮されていない。

片足支持期と両足空中期の切り替えによって走行運動をモデル化するため，斜面からの跳躍での遷移条件および状態変数遷移式（エネルギー，運動量，角運動量保存を満たす），および斜面への着地の遷移条件および状態変数遷移式（エネルギー損失を伴い，運動量，角運動量保存のみ満たす）を導出した。導出の詳細は，文献[1, 6] などを参照されたい。

本モデルを用いてシミュレーションを行った結果，たった 2 つの弾性パラメータの変化のみによって，受動歩行や受動走行，受動スキップ，さらにそれらの混合したものなど多様な歩容が発現することが確認された（図 17.35[5] ）。このように少数パラメータから多様な歩容が発現されたのみならず，確認された歩容はヒトの歩行や走行の特徴（フルード数，床反力，ゲイト

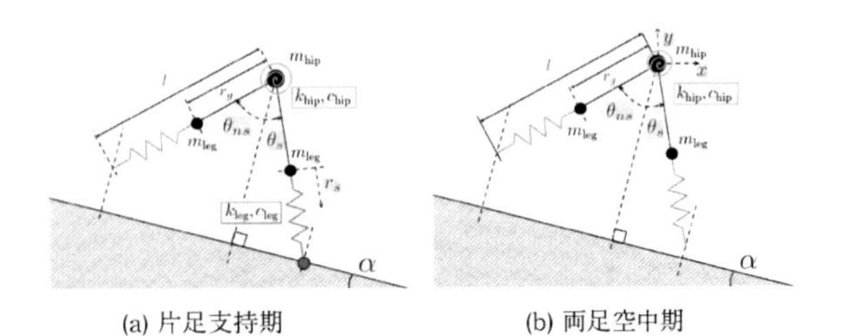

(a) 片足支持期　(b) 両足空中期

図 17.34　受動走行モデル

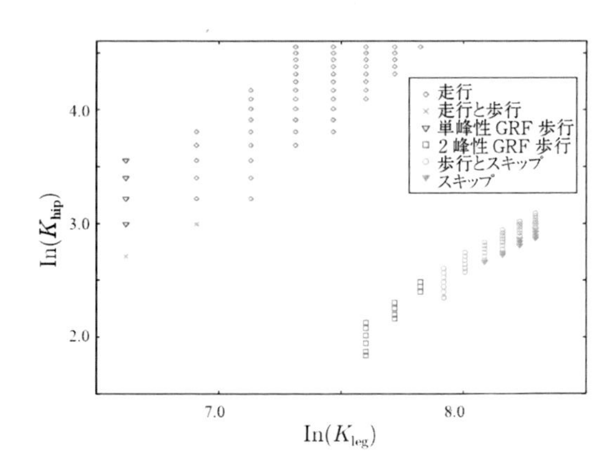

図 **17.35**　弾性パラメータに応じて発現した歩容[5]

ダイアグラム[4] など）と類似しており[5]，本モデルを用いたヒトの走行運動を理解するアプローチの妥当性を示唆している。

(3) 理論：走行を安定化するフィードバック構造

受動走行という現象は，明示的な制御入力がなくとも走行運動を再現する現象である。この“純粋な”物理現象である受動走行を，制御理論的な観点から考察し，その背後に存在する制御構造を見いだすことで，この現象の理解を深めることを試みた。具体的には，杉本らによる受動歩行に内在するフィードバック構造の知見[9] を参考に，受動走行に内在する安定化構造の抽出を試みた。

受動走行においては，斜面からの跳躍と斜面への着地の 2 点においてモデルの不連続点が存在する。本解析では，斜面への着地直前の状態をポアンカレ断面と定義した。この点の状態偏差 $\Delta x_{ef}^- \equiv x_{ef}^- - x_{ef*}^-$ に着目すると，線形化ポアンカレマップは次式で記述できる。

$$\Delta x_{ef(k)}^- = \tilde{P}_{\text{run}} \Delta x_{ef(k-1)}^- \tag{17.90}$$

そして，上式の $\tilde{P}_{\text{run}}$ を解析することによって，受動走行の安定性および安定化メカニズムについて考察することができる。解析の結果，受動走行のポアンカレマップは次式で記述できることが明らかとなった[6]。

$$\begin{aligned}\tilde{P}_{run} = &(I - \frac{v_{ef*}^- C_{ersd}}{C_{ersd} v_{ef*}^-}) e^{A_{ef}\tau_{ef*}} R_{erfd} \\ &\times (I - \frac{v_{es*}^- C_{erfd}}{C_{erfd} v_{es*}^-}) e^{A_{es}\tau_{es*}} R_{ersd}\end{aligned} \tag{17.91}$$

ここで，$v_{ef*}^- = A_{ef} x_{ef*}^- + b_{ef}, v_{es*}^- = A_{es} x_{es*}^- + b_{es}$ は，定常状態における両足空中期，片足支持期直前の状態速度ベクトルを示す。ここで，A_{ef}, A_{es} は，線形化された運動方程式の状態変数遷移行列である。また，τ_{ef*}, τ_{es*} は，定常状態での両足空中期，片足支持期の周期である。C_{erfd}, C_{ersd} は，斜面からの跳躍（片足支持期から両足支持期への遷移），斜面への着地（両足支持期から片足支持期への遷移）における幾何学的拘束条件の線形成分を示す。さらに，R_{erfd}, R_{ersd} は，斜面からの跳躍，斜面への着地における状態遷移方程式の線形成分である。詳細は文献 [6] を参照されたい。

さらに，このポアンカレマップを数理的に解析した結果，美多らにより提案された 2-Delay フィードバック構造[10] に相当する安定化構造（図 17.36）が内在することが明らかとなった。

$$\begin{aligned}\Delta x_{ef(k)}^- =& A_{Perf} A_{Pers} \Delta x_{ef(k-1)}^- \\ &+ A_{Perf} B_{Pers} \Delta\tau_{es(k)} + B_{Perf} \Delta\tau_{ef(k)}, \\ \Delta\tau_{es(k)} =& -K_{Pers} \Delta x_{ef(k-1)}^-, \\ \Delta\tau_{ef(k)} =& -K_{Perf} \Delta x_{es(k)}^-\end{aligned} \tag{17.92}$$

ここで，$\Delta x_{ef(k)}^-, \Delta x_{es(k)}^-$ は，(k) 歩目の斜面への着地，斜面からの跳躍直前の状態偏差であり，$\Delta\tau_{es(k)}^-, \Delta\tau_{ef(k)}^-$ は，定常状態での周期 τ_{ef*}, τ_{es*} からの両足空中期，片足支持期の周期の偏差を示す。また，$A_{P_{erf}} = e^{A_{ef}\tau_{ef*}} R_{erfd}$，$A_{P_{ers}} = e^{A_{es}\tau_{es*}} R_{ersd}$，$B_{P_{erf}} = v_{ef*}^-$，$B_{P_{ers}} = v_{es*}^-$，$K_{P_{erf}} = (C_{erfd} v_{es*}^-)^{-1} C_{erfd} e^{A_{ef}\tau_{ef*}} R_{erfd}$，$K_{P_{ers}} = (C_{ersd} v_{es*}^-)^{-1} C_{ersd} e^{A_{es}\tau_{es*}} R_{ersd}$ となっている（詳細は文献 [6]）。

ここでポイントは，斜面への着地直前の状態偏差 $\Delta x_{ef}^-(k-1)$ のみならず，走行 1 周期中の片足支持期か

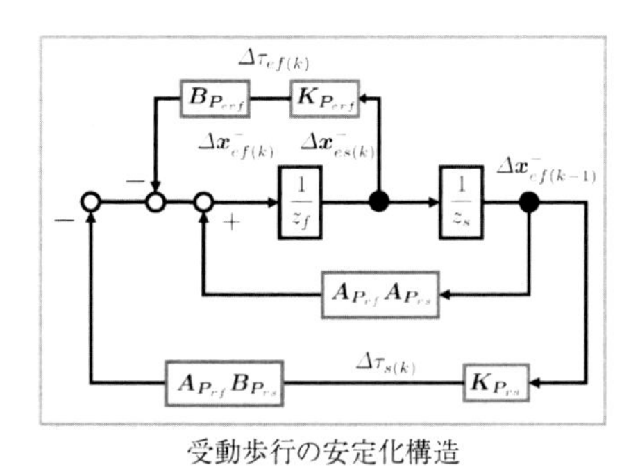

図 **17.36**　受動走行を安定化するフィードバック構造

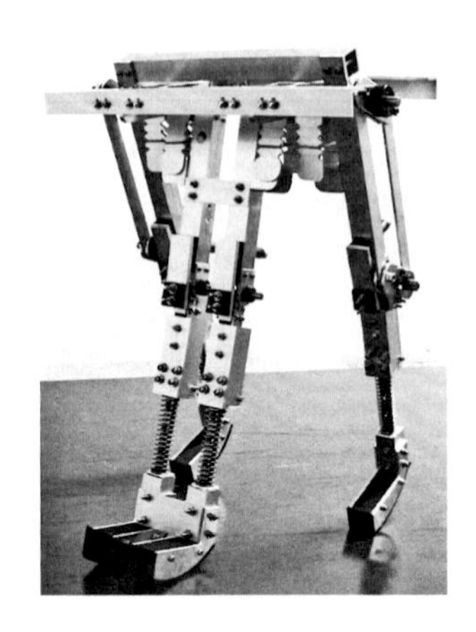

図 **17.37**　受動走行機械 PDR400

ら両足空中期への遷移時の跳躍直前の状態偏差 $\Delta x_{es}^{-}(k)$ をもフィードバックし次の着地直前の状態偏差 $\Delta x_{ef}^{-}(k)$ を安定化する安定化構造（2-Dalay フィードバック構造）となっている点である。この知見は，受動走行の安定化原理の深化のみならず，身体ダイナミクスを効果的に活用し走行運動を安定化する制御則の設計へとつながる有用な知見である。

(4) 実験：実世界における世界初膝付き二脚受動走行

実機による実証がなければ，シミュレーションや理論解析により得られた知見は机上の空論にもなりえる。著者らが研究していた当時（2009 年），受動歩行の実験結果は多く報告されていたが，純粋な受動走行の実機実現についての報告は皆無であった。

そこで著者らは，シミュレーションで得られていた知見を参考にしながら，2 次元膝付き受動走行機械（PDR400，図 17.37）を開発した。受動走行は制御入力が全くないため，初期値を与えると，その後はダイナミクスに任せて安定な走行へと収束するのを待つしかない。したがって，走行が発現するかどうかはすべて初期値にかかっている。当時実験を担当してもらった学生達による数え切れないほどの初期値設定（ロボットをトレッドミル上へと投げ続ける“筋トレ”に近かった）の結果，見事！ 36 歩の世界初膝付き二脚受動走行[7] の実現に成功した（図 17.38）。ここで特に強調しておきたい点は，シミュレーションで確認されていた 2 つの弾性パラメータ，特に既存研究ではあまり着目されていなかった股関節の巻きバネ K_{hip} は，走行運動の固有周期に関与するパラメータであり，股関節の限界角度（厳密な意味ではなく，角度が大きくなるほど

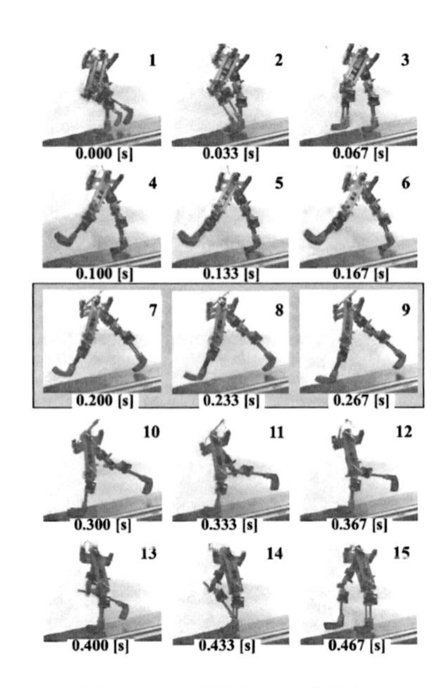

図 **17.38**　世界初！　受動走行

大きな復元力が働くという意味での限界角度）を規定するパラメータであるため，受動走行の発現には鍵となる身体パラメータであったことである（シミュレーションの結果がなければ，受動走行の実現へはたどり着けなかったかもしれない）。

(5) まとめ：受動走行研究から学んだこと

著者らは，ヒトの走行運動の解明，さらには生物の運動制御の理解につなげるため受動走行研究を行った。この研究を通して，走行運動に関する知見のみならず，モデリング，シミュレーション，理論解析，そして実験という様々なアプローチから相補的に研究を進めることの重要性を改めて認識できた。シミュレーションのみ，理論のみ，実験のみで完結する研究もあって当然だが，著者らの受動走行研究に関しては，どれ一つが欠けても世界初の受動走行の実機実現にはつながらなかっただろう。

＜大脇 大，石黒章夫＞

参考文献（17.3.4 項）

[1] McGeer, T.: Passive bipedal running, *Proc. R. Soc. B.*, pp. 107–134, (1990).

[2] Pfeifer, R., Bongard, J.: *How the body shapes the way we think: a new view of intelligence*, The MIT Press (2006).

[3] Loeb, G. E.: Control Implications of Musculoskeletal Mechanics, *21st annual international conference of the*

IEEE Engineering in Medicine and Biology Society, pp. 13–16, (1999).

[4] Alexander, R. M.,: Walking and Running, *American Scientist*, pp. 348–354, (1984).

[5] Owaki, D., Osuka, K., Ishiguro, A.: On the Embodiment That Enables Passive Dynamic Bipedal Running, *The Proc. of ICRA2008*, pp. 13–16, (2008).

[6] Owaki, D., Osuka, K., Ishiguro, A.: Stabilization Mechanism underlying Passive Dynamic Running, *Advanced Robotics*, pp. 1399–1407, (2013).

[7] Owaki, D., Ishiguro, A. *et al.* : A 2-D Passive-Dynamic-Running Biped With Elastic Elements, *IEEE Transaction on Robotics*, pp. 156–162, (2011).

[8] Seyfarth, A. *et al.*: A movement criterion for running, *J. Biomechanics*, pp. 649–655, (2002).

[9] Sugimoto, T., Osuka, K. : Stability analysis of passive dynamic walking focusing on the inner structure of poincerè map, *The Proc. of ICRA2005*, pp. 236–241, (2005).

[10] Mita T., *et al.* : Two-delay robust digital control and its applications -avoiding the problem on unstable limiting zaros, *IEEE Transaction on Automatic Control*, pp. 962–969, (1990).

17.4 融合・統合

17.4.1 油圧駆動によるトルク制御

受動歩行，能動歩行に限らず，関節トルクを自在に制御できることが重要である。本項では油圧駆動によるトルク制御の実装例を紹介する。油圧は，パワーショベルに代表されるようにその大きな力だけが強調されるが，ロボット制御において忘れてはならない重要な利点がある。それは，バルブを用いた場合のアクチュエータの応答性である。十分な容量の油圧源があれば，高圧の流体が管を通ってシリンダーのピストンに直接伝わる。方向切替は電磁力駆動のバルブによって行うため，極めて大きい力の正逆転が瞬時に可能である。このようなOn/Off動作ではなく，管路面積を連続的に操作する弁は比例流量制御弁と呼ばれる。数ある流量制御弁の中で高応答モーションコントロールに特化したものがサーボ弁である。周波数特性は産業用でも100Hz，特殊な試験機や航空宇宙用では200Hzを超える[1]。サーボ弁を用いればアクチュエータ周囲を軽量コンパクトに構成することができ，なおかつ極めて大きな負荷を容易にハンドリングできるため，航空機では不可欠な制御機器であるが，運用コストの問題から，産業用ロボットでは現在ほとんど用いられなくなってしまった。

トルク制御は制御理論との相性からロボット制御において有用であるが，理想的なトルク発生源の入手が困難であったため，実装が難しいとされてきた。特に等身大の二足歩行ロボットにおいては，人間と同じように，ゼロから正逆で数百Nmまでの大きなトルクを自在に制御できることは重要である。産業ロボットはそのほとんどが電動サーボモータで駆動されているが，ギヤなしでは自重を保持するトルクを発生させることすら困難である。ギヤなしで直接トルクを制御できるDD(Direct Drive)モータがあるが，パワー密度が良くないため，関節に取り付けるとロボットの慣性が増えてしまうという問題がある。

一方，一般の油圧サーボアクチュエータは流量制御弁であり，理想的なトルク発生源ではないが，その高い応答性を利用することで，かたいバネを介して力制御が可能である。電動モータとバネを直列に接続して力を制御するタイプのアクチュエータはSEA（MITのPratt, Williamsonの命名によるが，それ以前にも同種のアクチュエータは存在）として知られている[2]。これはバネの変位から推力を検出し，それが目標の推力に一致するようにサーボ系を組んだアクチュエータである。この制御系においては，アクチュエータの応答性とバネの固有振動数が制御系の周波数特性を決定づける。通常の電動モータは推力をかせぐためにギヤを用いるので，応答性が劣化してしまうが，油圧アクチュエータの場合応答性の劣化がない。そのため，比較的高い剛性のバネを用いることができる。その最たるものがひずみ式の力センサである。

図17.39はひずみ式力センサであるロードセルをサーボアクチュエータに直列に結合して歩行ロボットの関節に利用した例である[3]。図17.40に関節の一部を利

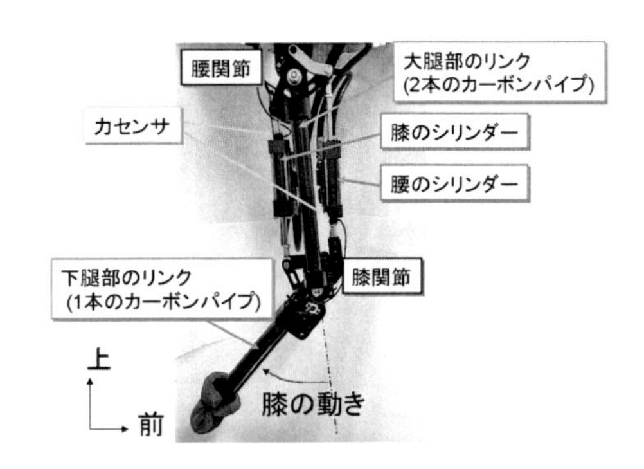

図 17.39 大腿部と下腿部とで構成された簡単な油圧駆動ロボットの例[3]

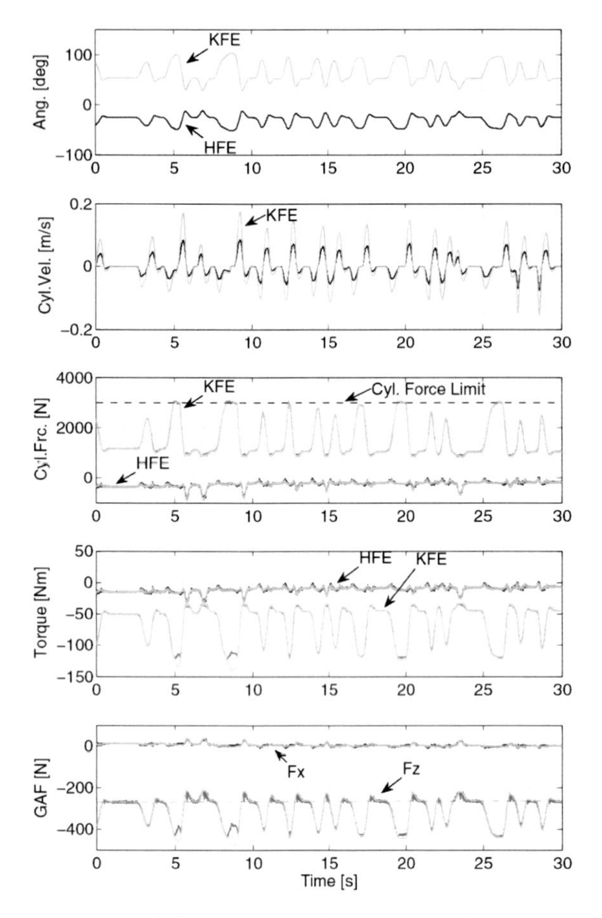

図 17.40　力制御の様子を示したグラフ。人が手でロボットを上から押したときの反応を示している。上からシリンダの力（腰と膝），関節トルク（腰と膝），床反力（前後方向と上下方向）で，それぞれ目標値（薄い線）と実際値（濃い線）で示されている。

用して行ったトルク制御実験結果を示す。これは脚部全体がバネのように振る舞うようなトルク指令を与えて跳躍動作を行った例である。このロボットで用いた小型サーボ弁は航空機にも利用されているクラスで，質量は 300 g 以下，7MPa の圧力降下で毎分 8.5L の流量を制御可能である。20mm のピストン径をもつサーボシリンダーを合わせても質量は 1kg 以下である。供給圧力を 14MPa とするならば，このアクチュエータ 1 つで 7 MPa の負荷（2000N 相当）を発揮しつつ，同時に 0.4 m/s の速度を発揮できる。関節のレバーアーム長を 40 mm とするならばトルクは 80 Nm，関節角速度は 550 deg/s 以上である。質量 1kg の電動アクチュエータをもってしても達成が困難な性能である。しかもバルブの駆動電流は数十 mA であり，そのアンプはマイコンと同じ基板に載せることができる。マイコンには油圧系の静・動力学を考慮した位置・速度・力制御に必要な各種補償器がソフトウェア実装されている。このように，サーボ弁は小さな力で大きなパワーを比較的自在に操作できる油圧の特徴を最もよく利用した制御機器であると言える。

等身大の油圧駆動ヒューマノイドロボットのトルク制御によるバランス制御や歩行制御の理論と実験例については，文献 [4] や [5] に詳しい記述がある。なお，必要とされる制御帯域によっては，力センサの代わりに圧力センサ，サーボ弁の代わりに比例制御弁も有効であり，パワーショベルにおいて関節トルク制御による力制御を実現した例もある[6]。また，脚部先端にバネを設けてそれを上部の油圧機構で押すことによって，応答のよい力制御を実現した油圧式跳躍ロボットの実例もある[7]。

油圧サーボは効率が悪いため，内燃機関を用いて十分なパワーを確保するか，あるいは油圧源を外に置いて，ある一定距離内で油圧ホース等でエネルギーを供給するといった使い方が代表的であったが，最近では油圧系を効率化することにより，バッテリー駆動の油圧ユニットを丸ごとロボットに搭載する事例が出てきた。Boston Dynamics 社の油圧式四脚ロボット BigDog やヒューマノイドロボット Atlas が有名であるが[8]，油圧ユニットのさらなる小型化・効率化が見込まれる。

油圧サーボ弁方式と対置して比較される駆動方式として，EHA (Electro Hydrostatic Actuator) がある[9]。EHA は基本的に 1 つのアクチュエータに 1 組のポンプとモータを使って流体力を発生させるため，1 つの関節にサーボモータとギヤを用いる方法に近い。利点は油圧サーボと比較して効率がよい点であり，航空機においては従来の Fly-By-Wire システムと置き換える試みもなされている。また，最近，EHA を利用してトルク制御を試みた研究例もある[10]。当然ながらモータが発揮する以上のパワーは関節で取り出せないため，数百 Nm のトルク負荷が激しく正逆転するような歩行ロボットにおいて良好なトルク追従性が得られるかどうかが課題である。この問題に対して，ブースト作用を利用した新しい油圧ハイブリッド回路が考案されている[11]。EHA に限らず，最新の油圧システムには電動機に同期モータやサーボモータ，水冷式サーボモータを利用することは常識的になっており，従来の油圧式とは大きく様変わりしている[12]。

油圧によってトルク制御ができるということは，アクチュエータを用いて能動的に関節トルクをゼロに制御できるわけで，剛体リンク系のフリーモーションが実現できるということである。これは受動歩行のような弾道的な動作を実現する上で欠かせない。一般に，自由系が安定な周期軌道を有している場合，小さい制御入力でその軌道近傍を安定化することは（可制御の場合）容易であるが，その目的達成のためだけならば，油圧でなくとも，ギヤ比が低い電気モータに必要に応じてバネなどの受動要素を組み合わせればよいと考えられる。しかし，力強い加速や外乱が加わったときのリカバリーも目的に含めるならば，大きなトルクが必要である。また，逆に，関節を瞬間的にロックしたい場面もあるだろう。電動モータの場合はブレーキが必要だが，油圧サーボアクチュエータは弁を閉じるだけで比較的簡単に位置がロックできる。油圧アクチュエータのこのような「剛柔自在」の特性は，能動歩行から受動歩行までを実現するための手段として有望である。

＜玄 相昊＞

参考文献（17.4.1 項）

[1] MOOG [Online] http://www.servovalve.com

[2] Pratt, G. A. and Williamson, M. M.: Series elastic actuators, *IEEE/RSJ International Conference on Intelligent Robots and Systems*, pp. 399–406 (1995).

[3] Hyon, S., Yoneda, T., and Suewaka, D.: Lightweight hydraulic leg to explore agile legged locomotion, in *IEEE/RSJ International Conference on Intelligent Robots and Systems*, pp. 4655–4660 (2013).

[4] 玄相昊：複数の接地部分と冗長関節を有するヒューマノイドロボットの受動性に基づく最適接触力制御，『日本ロボット学会誌』, Vol. 27, No. 2, pp.178–187 (2009).

[5] Hyon, S., Morimoto, J., and Kawato, M.: From compliant balancing to dynamic walking on humanoid robot: Integration of CNS and CPG, *IEEE International Conference on Robotics and Automation*, pp. 1084–1085 (2010).

[6] Inoue, K., Yoneda, T., and Hyon, S.: Joint torque control by pressure feedback on hydraulic excavator for robotic application, *The 9th JFPS International Symposium on Fluid Power* (2014).

[7] Hyon, S. and Mita, T., Development of a biologically inspired hopping robot -kenken, *IEEE International Conference on Robotics and Automation*, pp. 3984–3991 (2002).

[8] www.bostondynamics.com

[9] MOOG [Online] http://www.moog.com/products/actuators-servoactuators/

[10] 中村仁彦，神永拓：高バックドライバビリティを実現する油圧駆動システム，『日本ロボット学会誌』, Vol. 31, No. 6, pp. 568–571 (2013).

[11] Hyon, S., Noda, F., Nomura, T., Kosodo, H., Mori, Y., and Mizui, H.: Hydraulic hybrid servo booster and application to servo press, in *The 9th JFPS International Symposium on Fluid Power* (2014).

[12] 田中豊：油圧システムの省エネルギー化技術の動向と展望，『日本フルードパワーシステム学会誌』, Vol. 43, No. 4, pp. 13–17 (2012).

17.4.2 最適制御で結ぶ受動歩行と ZMP 規範歩行

受動歩行と ZMP 規範歩行の統一的な取扱いや利点の融合を目指し，本項では最適制御を軸とした双方への研究事例を紹介する。端的に言えば，受動歩行は動特性に内在するリミットサイクルを利用した歩行であり，ZMP 規範歩行は支持脚の足裏と床面との接触維持の条件を常に満たすように設計された歩行である。受動歩行は原理的に制御入力を必要としないため，消費エネルギーが小さい。一方，ZMP 規範歩行では床反力作用点を足裏中心まわりに設定した領域に留めることで，接触維持の条件を満たす。これらの特徴は適当な評価関数の最小化として定式化でき，最適制御に基づく軌道生成により 2 つの歩行の融合が期待できる。一方，最適軌道の計算量は一般に大きくなるため，最適歩行軌道の計算方法として反復学習とオフライン計算に基づく 2 つの方法を紹介する。

(1) 関節トルクと身体パラメータの同時最適化による受動歩行への歩容遷移

ある最適制御問題の最適解として受動歩行（走行）またはそれに近い高効率歩行（走行）の発現を議論した研究として例えば[4, 5, 7, 8, 13] などがあるが，ここでは学習最適制御に基づく関節トルクと身体パラメータの同時最適化による歩容生成[8] の概要を紹介する。この手法は，まずフィードバックによる仮想ポテンシャルエネルギーを付加することで，ロボットの運動に仮想的な拘束を加え，転倒回避を達成する。次に，勾配法に基づき導出される学習則に従い，ロボットが 1 歩の歩行を行う毎に，制御入力である関節トルク，仮想拘束の強さを表す拘束力パラメータ，ロボットの身体パラメータを同時に更新する。これにより，ロボットの歩行を継続させながら 1 歩毎に逐次最適化を行い，最終的に評価関数を最小とする最適な周期軌道が獲得できる。学習則の詳細は文献 [8] に譲るが，要点は歩行ロボットを含む機械系の動特性が持つある対称性を利用することで，評価関数の制御入力に関する勾配と，システムのエネルギ関数に含まれるパラメータに関する勾配が実験データから近似的に計算できることである。この特徴により，学習によって仮想拘束の強さだけでなく，ロボットの剛性，質量，質量分布，関節長などの様々な身体パラメータを同時に最適化できる。

関節角 $\theta \in \mathbb{R}^m$ を出力 y とし，仮想拘束としてホロノミック拘束を考えると，制御入力であるロボットの関節トルク $u \in \mathbb{R}^m$ は $u = -k_c A_c y + \bar{u}$ で与えられる。第 1 項は仮想ポテンシャルを付加するための入力であり，$A_c \in \mathbb{R}^{m\times m}$ は仮想ポテンシャルを構成する行列，$k_c \in \mathbb{R}$ は拘束の強さを表す拘束力パラメータである。$\bar{u}$ は学習により更新する入力を表す。最適化を行うパラメータを $\rho \in \mathbb{R}^s$ とし，評価関数を次式で定義する。

$$\frac{1}{2}\int_{t^0}^{t^1}(y(\tau)-C\mathcal{R}(y)(\tau))^T\nu(\tau)\Lambda_y(y(\tau)-C\mathcal{R}(y)(\tau))\mathrm{d}\tau + \frac{1}{2}\int_{t^0}^{t^1}\left(\bar{u}(\tau)^T\Lambda_{\bar{u}}\bar{u}(\tau)+\rho^T\Lambda_\rho\rho\right)\mathrm{d}\tau \tag{17.93}$$

ただし，$C \in \mathbb{R}^{m\times m}$ は着地後の支持脚と遊脚の交換行列，$\mathcal{R}$ は $\mathcal{R}(y)(t) = y(t^1 - t + t^0), \forall t \in [t^0, t^1]$ で定義される時間反転作用素である。正定行列 $\Lambda_y, \Lambda_{\bar{u}}, \Lambda_\rho \in \mathbb{R}^{m\times m}$ はそれぞれの項の重みを表す。また，$\nu(t) \in \mathbb{R}$ は Δt を適当な正定数として定義されるフィルタ関数である。

$$\nu(t) := \begin{cases} \frac{1}{2}\left(1-\cos\left(\frac{t^0+\Delta t-t}{\Delta t}\pi\right)\right) & (t^0 \le t \le t^0+\Delta t) \\ 0 & (t^0+\Delta t < t \le t^1) \end{cases}$$

評価関数 (17.93) の第 1 項は衝突直後の関節角度が脚を入れ換えた初期関節角度と一致するという周期軌道の必要条件を表す拘束項である。角速度に関する必要条件も扱えるが，簡単のためここでは省略する。第 2 項により制御入力と拘束力パラメータの大きさを抑制し，第 3 項は身体パラメータ最適化のための項である。

具体例として，緩斜面上のコンパスロボット（図 17.41(a)）に対して，脚質量 m の分布位置を表すパラメータ b を $0 \le b \le l$ の範囲で最適化した数値例を示す。$m_H = 10$，$m = 5\,\mathrm{kg}$，$\Lambda_y = \mathrm{diag}(0.5, 1)$，$\Lambda_{\bar{u}} = \mathrm{diag}(1, 1)$，$\Lambda_\rho = \mathrm{diag}(5, 2)$，$\Delta t = 0.01$ とし，脚長を $l = 1\,\mathrm{m}$ で固定した。学習の初期値は $b_{(0)} = 0.65$，$k_{c(0)} = 5$，$\bar{u}_{(0)} \equiv 0$ として，連続歩行を続けながら 500 ステップの学習を行った。

図 17.42(a) は $\rho = (k_c, b)^T$ とした評価関数 (17.93) の各学習ステップにおける値を表し，単調に（局所的）最適軌道に収束している。図 17.42(b) から k_c が零に収束し，最終的に仮想拘束の影響がなくなり，身体パラメータも最適化されている。図 17.42(c) より制御入力

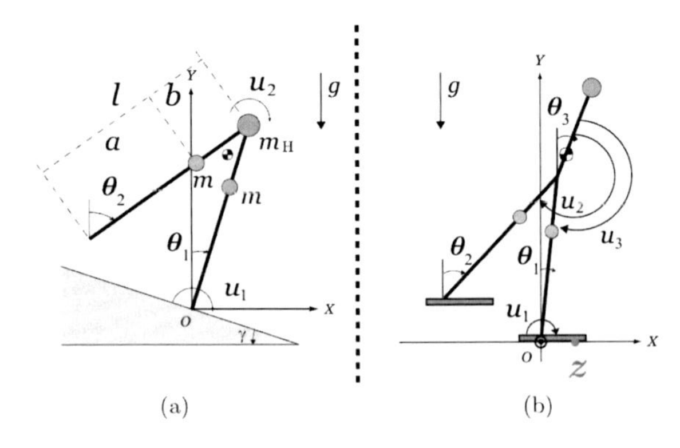

図 17.41　(a) 斜面上のコンパスロボットと (b) 胴体付きコンパスロボット

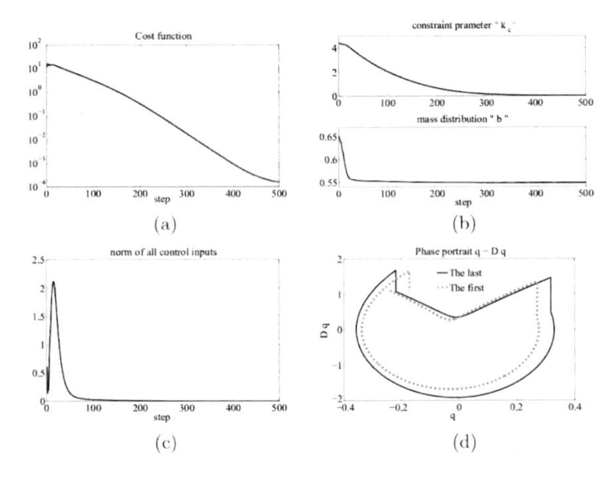

図 17.42　コンパスロボットに対する軌道学習と脚質量分布パラメータ b の同時最適化のシミュレーション結果

のノルム $\|u_{(i)}\|_{L_2}$ が零に収束していることがわかる。図 17.42(d) の位相平面図において，学習前の自由運動（点線）は閉軌道にならず周期軌道ではないが，学習後の最適軌道（実線）は受動歩行特有の閉軌道が得られている。最適化の結果として能動歩行から受動歩行への遷移が確認される。学習則やシミュレーション条件の詳細，その他の適用例は文献 [8] を参照していただきたい。

(2) 母関数法に基づく最適制御による ZMP を陽に考慮したオンライン最適軌道生成

受動歩行の課題として，形成されるリミットサイクルの吸引領域が小さいことが挙げられ，歩行安定化領域拡大のためのエネルギ追従や遅延フィードバックを用いた制御法が提案されている[1, 2, 6, 10, 14]。また，リミットサイクルであることから歩行中の歩幅や進行方

向，速度の変更が困難という課題もある。そこで，ここでは母関数法に基づく最適制御[3] による ZMP 拘束を考慮したオンライン最適軌道生成[12] の概要を紹介する。母関数法に基づく最適制御法は与えられた初期状態 $x(t_0) = x_0$ と終端状態 $x(t_1) = x_1$ の下で LQ 最適制御[11] を解く。この際制御対象の状態 $x(t)$ と状態方程式の制約に関する未定乗数 $\lambda(t)$ を共状態とする組を考えると，$(x(t), \lambda(t))$ が満たすべき時間発展は解析力学におけるハミルトンの正準方程式[9] の形で与えられる[11]。母関数とは，この正準方程式の構造を保存する変換を与える関数である。文献 [3] の手法の要点は，初期条件 (x_0, λ_0) から $(x(t), \lambda(t))$，$\forall t \in [t_0, t_1]$ を与える母関数と，終端条件 (x_1, λ_1) から $(x(t), \lambda(t))$ を与える母関数の 2 つを同時に考えることで，それらの具体的な計算法を与えている。オフラインで 2 つの母関数を計算しておけば，上記最適制御問題の最適入力と最適軌道が数値積分などの計算を必要とせず拘束条件 t_0, x_0, t_1, x_1 の関数として直ちに得られる。そのため，各歩行ステップにおける t_1, x_1 を変更することで，様々な歩行軌道をオンラインで生成できる。文献 [12] では，ZMP 拘束を考慮した評価関数を提案し，文献 [3] の手法を適用することで最適歩行軌道のオンライン生成を行っている。ロボットの状態を $x := (\theta^T, \dot{\theta}^T)^T$ とし，支持脚の足首関節からの ZMP を $(z, 0)$ とすると，z は x, u の関数 $z = z(x, u)$ として表される。具体的な導出は，文献 [15] などを参照していただきたい。文献 [3] で扱える LQ 最適制御とするために，$z(x, u)$ を $x = 0, u = 0$ まわりで 1 次近似し，定数行列 $Q_{\rm zmp}, W_{\rm zmp}, R_{\rm zmp}$ を $z^T z = x^T Q_{\rm zmp} x + x^T W_{\rm zmp} u + u^T R_{\rm zmp} u$ として定める。ZMP を考慮した評価関数として，次式を考える。

$$\int_{t_0}^{t_1} x(\tau)^T Q x(\tau) + u(\tau)^T R u(\tau) + \alpha z(x(\tau), u(\tau))^T z(x(\tau), u(\tau)) \mathrm{d}\tau \qquad (17.94)$$

各項に関する重みを表す Q, R, α はそれぞれ適当な定数行列，正定行列，正定数とする。具体例として，胴体付きコンパスロボット（図 17.41(b)）に対して，評価関数式 (17.94) の ZMP 拘束に関する重み α を変化させて最適化を行った数値例を示す。このロボットの状態方程式は，原点まわりで線形化したものを用いている。評価関数の重みは Q, R を単位行列で固定し，α を 0 から 70000 まで 5000 ずつ変化させた。図 17.43(a) に，α に対する生成された最適軌道における $z(x, u)$ の最大値の変化を示し，図 17.43(b) に，制御入力のノルム $\|u\|_{L_2}$ の変化を示す。評価関数において α を大きくすると，ZMP が存在する範囲をある程度まで小さくできている。その一方で，入力トルクの値も大きくなるため，ロボットの足のサイズに合わせた ZMP の最大値と，使用できる関節トルクの大きさに関する二律背反を考慮して重みを決定する必要がある。歩行中に次のステップの終端状態を変更しながら生成した連続歩行に関する適用例などは，文献 [12] を参照いただきたい。

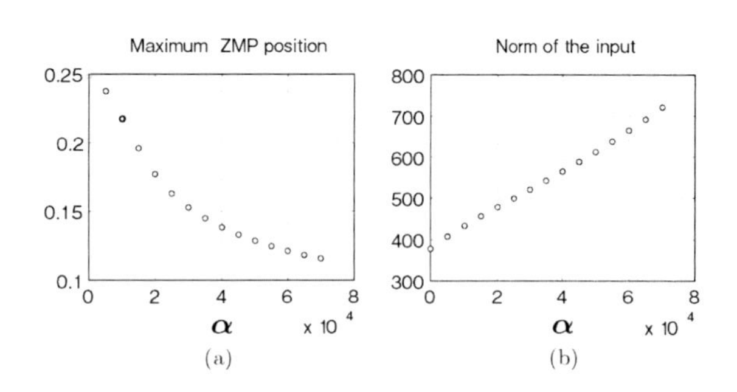

図 17.43 胴体付きコンパスロボットに対する ZMP 拘束を考慮した最適化のシミュレーション結果

＜佐藤訓志，藤本健治＞

参考文献（17.4.2 項）

[1] Asano, F., Yamakita, M., Kamamichi, N., and Luo, Z. W.: A novel gait generation for biped walking robots based on mechanical energy constraint, *IEEE Transactions on Robotics and Automation*, Vol. 20, No. 3, pp. 565–573 (2004).

[2] Goswami, A., Espiau, B., and Keramane, A.: Limit cycles in a passive compass gait biped and passivity-mimicking control laws, *Autonomous Robots*, Vol. 4, No. 3, pp. 273–286 (1997).

[3] Hao, Z., Fujimoto, K., and Hayakawa, Y.: Optimal trajectory generation for linear systems based on double generating functions, *SICE J. Control, Measurement, and System Integration*, Vol. 6, No. 3, pp. 194–201 (2013).

[4] Hyon, S. and Emura, T.: Energy-preserving control of passive one-legged running robot, *Advanced Robotics*, Vol. 18, No. 4, pp. 357–381 (2004).

[5] Owaki, D., Osuka, K., and Ishiguro, A.: Gait transition between passive dynamic walking and running by changing the body elasticity, *Proc. SICE 2008 Annual Conf.*, pp. 2513–2518 (2008).

[6] Spong, M. W. and Bullo, F.: Controlled symmetries and passive walking, *IEEE Transactions on Automatic Control*, Vol. 50, No. 7, pp. 1025–1031 (2005).

[7] Tedrake, R., Zhang, T. W., and Seung, H. S.: Stochas-

tic policy gradient reinforcement learning on a simple 3D biped, *Proc. IEEE/RSJ Int. Conf. Intelligent Robots and Systems*, pp. 2849–2854 (2004).

[8] 佐藤，藤本，佐伯：学習最適制御に基づく軌道学習と身体パラメータ調整による最適歩容生成，『計測自動制御学会論文集』，Vol. 49, No. 9, pp. 846–854 (2013).

[9] 大貫：『解析力学』，岩波書店 (1987).

[10] 大須賀，杉本，杉江：遅延フィードバック制御に基づく準受動歩行の安定化制御，『日本ロボット学会誌』，Vol. 22, No. 2, pp. 193–199 (2004).

[11] 大塚：『非線形最適制御入門』，コロナ社 (2011).

[12] 藤本，長谷川，Hao，浅羽，早川：母関数法を用いた歩行ロボットの歩容生成：受動歩行と ZMP 歩行の融合，『第 14 回計測自動制御学会システムインテグレーション部門講演会予稿集』，pp. 0602–0606 (2013).

[13] 平田：受動歩行に内在する安定化機構について，『第 8 回 計測自動制御学会制御部門大会予稿集』(2008).

[14] 平田，小亀：状態にジャンプを有する線形システムの遅延フィードバック制御，『システム制御情報学会論文誌』，Vol. 18, No. 3, pp. 118–125 (2005).

[15] 梶田秀司（編著）：『ヒューマノイドロボット』，オーム社 (2005).

17.5　おわりに

ロボット制御学において，本章の「二足歩行ロボット」は，第 8 章の「脚ロボットの制御」や第 19 章の「ヒューマノイドロボット」とも関係が深く，実装・実験を行う上で重要となる。本分野に造詣が深い執筆者により，二足歩行ロボットに関して重要なポイントを網羅いただいた。読者にとって有益であることを確信する。特に，位置制御ベースと受動歩行ベース，そして両者の融合・統合の観点から，多様性をもって解説された点は，意義深いと考える。

＜佐野明人＞

第18章

ROBOT CONTROL HANDBOOK

多脚ロボット

18.1 はじめに

多脚ロボットの歩行移動制御は，多脚ロボットの機構設計と同様に極めて重要なミッションである。すなわち，どのような制御アルゴリズムを適用するかで多脚ロボットの性能を決定づけてしまうからである[1]。同じ多脚機構であっても，制御則で全く性能の異なる挙動を引き出すことができる。多脚ロボットの移動制御は，脚関節の規則的な動きによって，脚の一部がロボット本体を支持しながら，同時にロボット本体を前方に移動させている。この脚関節の順序づけられた動きは，ロボットの連続的な移動のために繰り返される。したがって，多脚ロボットの移動制御中において最も重要な変数は，脚関節の角位置および角速度である。多脚ロボットすなわち歩行ロボットの脚機構は，マニピュレータと非常によく似ており，剛体の部材またはリンクから構成されている。したがって，歩行ロボットの脚は，関節変数および固定リンクパラメータを用いたDenavit-Hartenburg(D-H) 表記法によって運動学的に記述することができる[2]。脚の位置は，関節角データと脚機構の他のD-Hパラメータを使用して順運動学によって計算することができる。

多脚ロボットの自律的な歩行制御のためには，まず，周囲の地図とロボットを点集合体（すなわち，ロボット本体の重心に集中している）として仮定した地形からロボットの経路を計画する。マップは，GPS(Global Positioning System)，あるいは，GNSS(Global Navigation Satellite System) や視覚センサ，レーザレンジファインダ，ソナーなどのセンサデータ，またはSLAM(Simultaneous Localization and Mapping) 技術からオンラインで計算して求めることも可能である。

ロボットの経路が計画された後，次のタスクは，荒い地形環境での移動のための許容可能な足場の位置を見つけることである。したがって，事前に計画された経路の修正が必要となることがある。次に，地形条件を念頭に置いて足の軌道を計画する。地形がフラットである場合，波歩行のような通常の歩行が好ましい。この場合は，足の軌跡は事前に計画された軌道でも問題ない。次の課題は逆運動学によって角度空間内の対応する関節角軌道を得ることである。

最後に，多脚ロボットの移動制御システムの制御系設計と実装を行う。所望の着地位置での適切な足接地

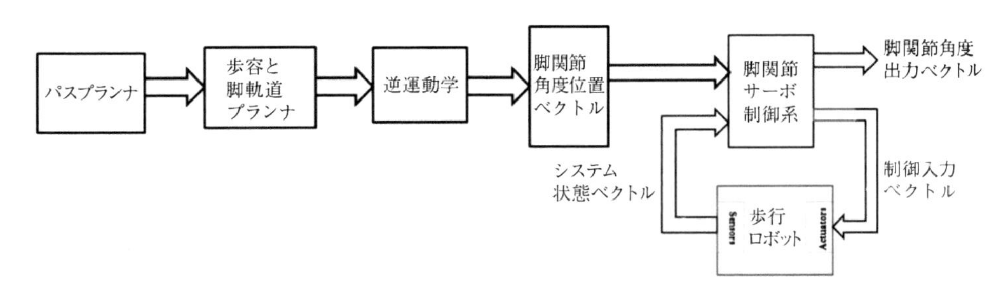

図 18.1　多脚歩行ロボットの位置ベース移動制御の設計手順概念図

のために，脚部のジョイント角位置軌道を非常に正確に追従しなければならない。したがって，多脚ロボットの位置に基づく歩行制御は，実際には，所望の関節角軌道の追従制御問題に帰着する。

多脚ロボットの位置に基づく歩行制御は，歩行ロボットの移動制御において最も古く，広く用いられている技術である。しかし，非常に荒い地形や危険な地形を移動する状況では，足の軌跡の追従は非常に正確でなければならない。さもなければ，ロボットの静的安定性が保証されず，転倒事故または部品破損が生じる。図 18.1 は，位置に基づく歩行制御のプロセス全体を示している。

18.2　多脚ロボットの運動学

18.2.1　静的安定性を保つ歩容

多足歩行には，脚を上げる順序，同時に上げている脚の本数などの違いによって，多彩な歩行パターンがある。静的な安定性を保つためには，常に 3 脚以上が接地している必要がある。一般に足裏の大きさはないか，足裏があっても自在な足首関節を持ち，点接地と等価であると考える。その接地点を結んで作られる支持多角形の中に重心投影点（重心から鉛直に下した線が地面と交わる点）があれば安定である。脚の質量を無視して胴体の中心に重心があると考えることが多い。なお，静的安定性は地面に凹凸がある場合でも，真上から見た地図のような平面図形において，支持多角形内に重心が入っているかどうかで判別できる。

6 足の静的に安定な歩行パターンで最も一般的に用いられるのは，図 18.2 のトライポッド歩容である。6 脚を 2 対の 3 脚に分けて，交互に遊脚化して前に振り出す歩き方である。脚を振り出している間も胴体は前に進むように，胴体に対して遊脚を前に出すと同時に支持脚を後ろに動かす制御を行う。このとき，遊脚の足先は空中にあるので，その軌道は 3 脚が異なってもよいが，支持脚の足先軌道は 3 脚が揃っていなければ，地面に対して滑りを生じてしまう。

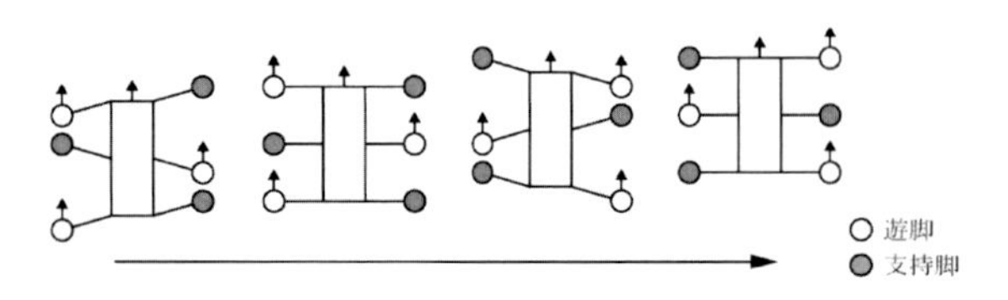

図 18.2　トライポッド歩容

4 足で静歩行を行うときは，3 脚を残して 1 脚のみを遊脚とする。このとき，胴体を一定速度で前進させ常に 1 つが遊脚となるように次々と脚を切り替える歩行では，図 18.3 のクロール歩容の脚順だけが静的な安定性を維持できる。ただし図のように後脚を上げた瞬間の重心投影点の位置は支持多角形の辺にまで達し，限界の安定性である。それらの瞬間の直前，すなわち前脚を着く直前も同様に限界の静的安定状態である。そのため，前脚を着地してから後脚を上げるまでの時間をとり，4 脚支持の期間をつくることが有効である。

また，胴体は一定速度で前進させるのがスムーズであるが，安定性を増すために，脚を上げている間は胴体を前進させず，上記の 4 脚支持の間に胴体を動かす間欠クロール歩容を用いることもある。この際にも後脚から前脚への移行時は限界の安定性ではないので，即座に遊脚を切り替えてよい。より安定性を増すために，図 18.4 のように胴体を左右に変位させて重心投影点が支持多角形に深く入るようにすることも有効である。

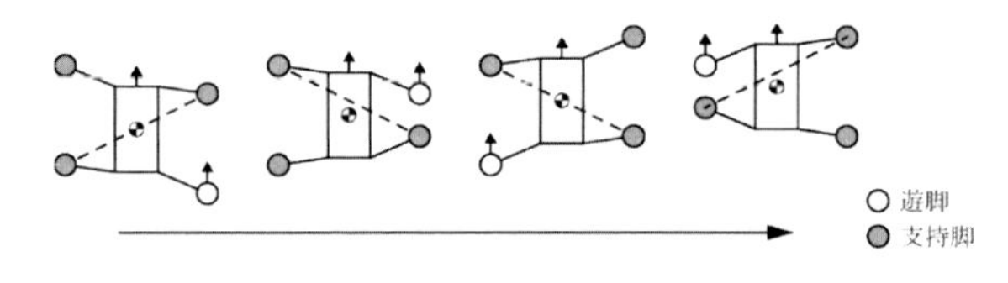

図 18.3　クロール歩容

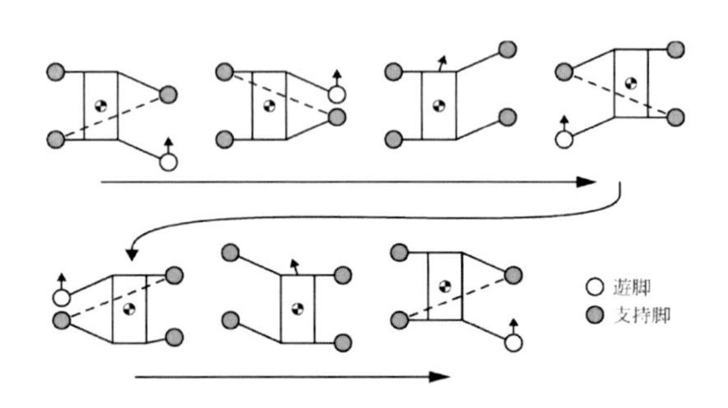

図 18.4　左右揺動付き間欠クロール歩容

トライポッド歩容もクロール歩容も同じルールの歩容として扱うことができる。そのルールは図 18.5 のように遊脚を後ろから前に移行するもので，空中の脚を着地した後に，すぐ前方に着地している脚を上げる。これをウェーブ歩容（特に逆順のものと区別する際には前方ウェーブ歩容）と呼ぶ。このウェーブ歩容は，これから上げる脚のすぐ隣に別の脚を着いてから脚を上げるので，支持脚が入れ替わっても支持多角形の変化

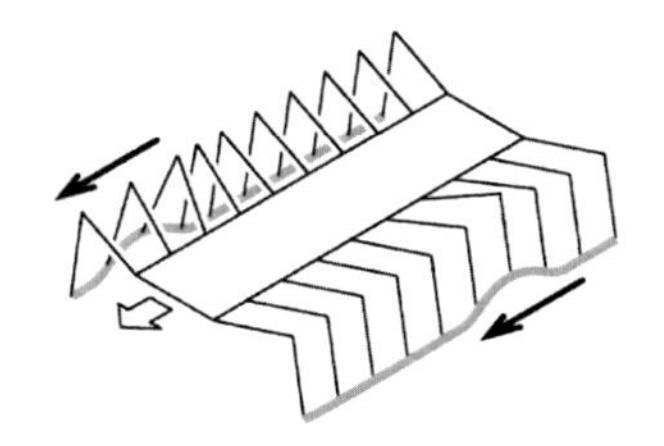

図 18.5　ウェーブ歩容

が小さく，安定性が高い。なお，左右のウェーブは半波長ずらし，左右 1 対の脚だけを見ると左・右・左・右と脚を上げる。

18.2.2 デューティ比

周期的な歩行中の 1 つの脚が支持脚となっている時間の割合を歩行のデューティ比（β の文字を使うことが多い）と呼ぶ。

$$\text{デューティ比}\,\beta = \frac{\text{支持脚時間}\ T_1}{\text{支持脚時間}\ T_1 + \text{遊脚時間}\ T_2}$$

である。図 18.2 のトライポッド歩容は $\beta = 0.5$，図 18.3 のクロール歩容は $\beta = 0.75$ である。6 足のウェーブ歩容で $\beta = 5/6$ の場合には，各脚の状態は 1 周期中に図 18.6 のように変化する。各脚が等しいデューティ比であるときは，歩行中の平均の支持脚の本数は，全脚数×デューティ比となる。トライポッド歩容は平均支持脚数が 3，クロール歩容も同じく 3，デューティ比が 5/6 の 6 足歩行は 5 となる。

18.2.3 脚位相

左前脚が着地した瞬間を基準とし，各脚が着地する時間は図 18.6 の破線円のようになる。これを 1 周期時間を 1 として表したものを脚位相と呼ぶ。6 足ウェーブ歩容の脚位相は図 18.7 のようになる。なお，左の $\beta = 0.5$ の場合がトライポッド歩容である。ウェーブ歩容では左右逆側の脚の位相は 0.5 ずれている。また，6 足および 4 足ウェーブ歩容の任意のデューティ比における脚位相は図 18.9 になる。

一方，4 足では馬の歩容を分類して名称がつけられており，静的安定性のない動歩行も含め，図 18.8 のような種類の歩容がある。これらの歩容のデューティ比は一般に 0.5 以下である。

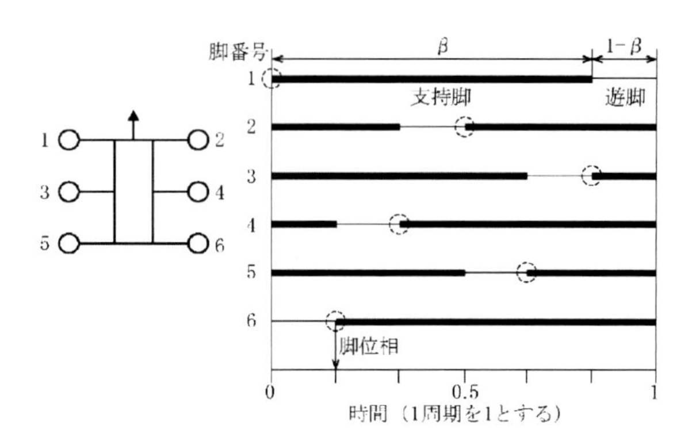

図 18.6　歩容線図上のデューティ比と脚位相

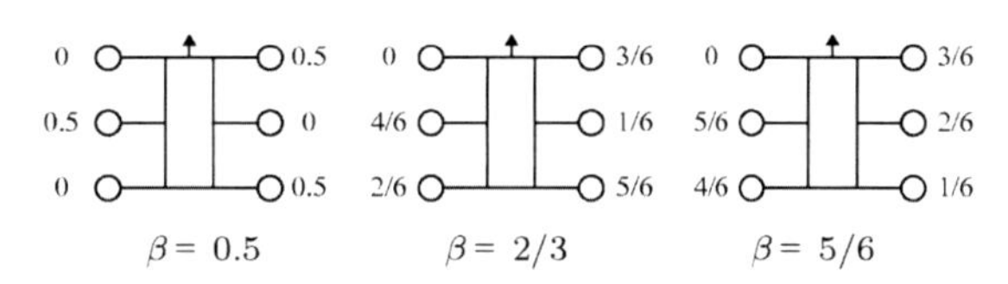

図 18.7　6 足ウェーブ歩容の脚位相

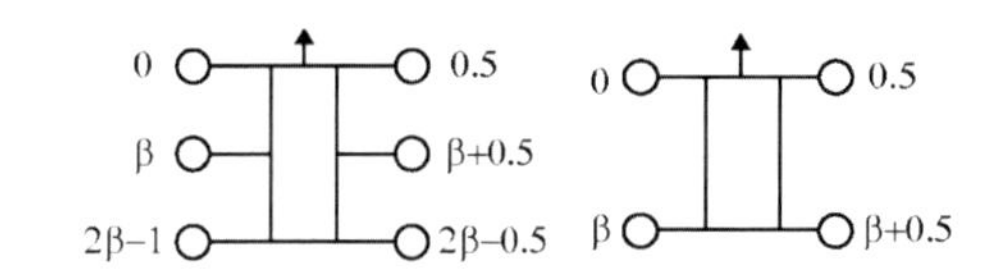

図 18.8　ウェーブ歩容一般の脚位相（デューティ比 β）

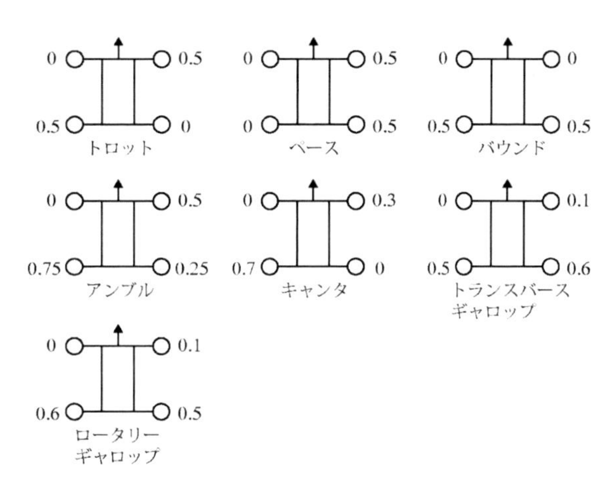

図 18.9　各種 4 足歩容の脚位相

18.2.4 安定余裕

静的な安定性の大小は，支持多角形と重心投影点の関係から，図 18.10 に示す縦安定余裕の値で考えることが多い。重心投影点から前後方向に直線を伸ばし，支

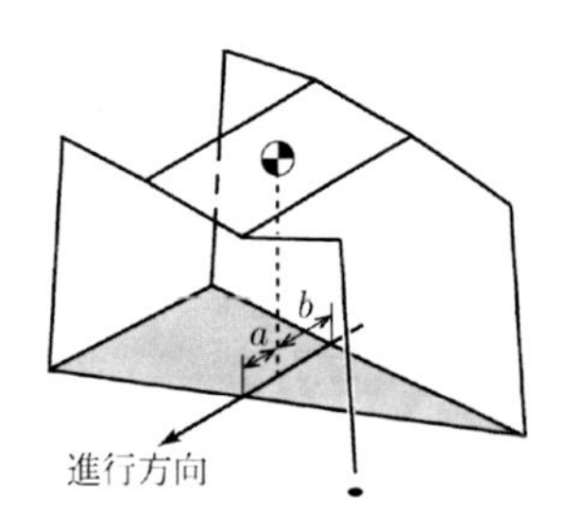

図 18.10　静的な縦安定余裕 a（$a < b$ の場合）

持多角形の辺までの距離である。前後のうち，小さいほうを縦安定余裕と呼ぶ。これは重心投影点から多角形の辺への垂線よりも容易に算出できる。例えば，図 18.11 は 4 足ウェーブ歩容中の足先位置を重心位置基準で示したダイヤグラムである。左下がりになっている期間が支持脚，右に急に上がっている期間が遊脚である。前脚が両方着地しているときは，前方の縦安定余裕は前 2 脚の位置の中央までの距離である。重心投影点が左右脚の中央にあるためである。後方 2 脚が着地している場合も同様に，後方の縦安定余裕は後 2 脚の中央までとなる。前脚が 1 つ上がっているときは，着地している前脚と，その対角位置の後脚との中点までが縦安定余裕となる。例えば，図 18.11 の位相 0.25 付近の期間は右後脚を上げているので，左後脚と右前脚の中点が後方の縦安定余裕である。前方の縦安定余裕は前 2 脚の中点であり，後方より大きい。図 18.11 を見ると，後脚を上げた瞬間および前脚を着く直前に縦安定余裕が最小となることがわかる。このときの縦安定余裕の値は，

$$S_{\min} = \left(1 - \frac{3}{4\beta}\right) R$$

ただし R は胴体基準の脚ストロークである。これを図

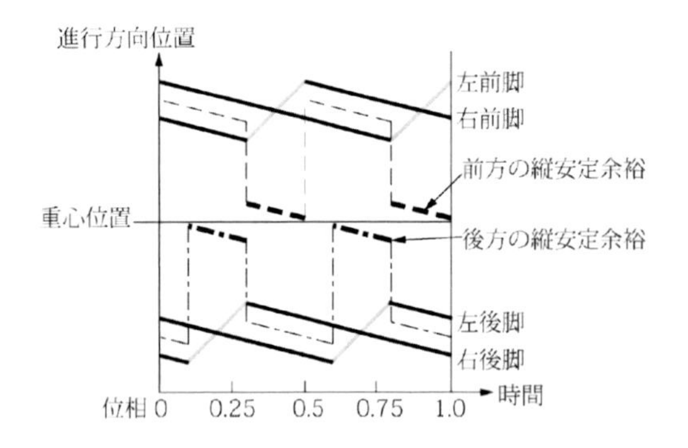

図 18.11　4 足ウェーブ歩容の脚運動と縦安定余裕

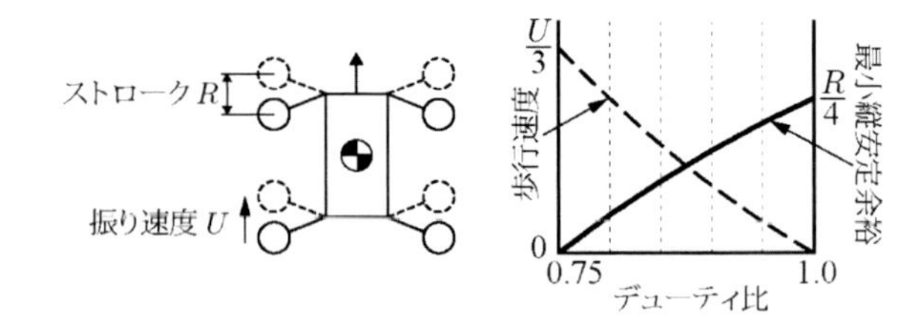

図 18.12　4 足ウェーブ歩容の最少縦安定余裕と歩行速度

示すると図 18.12 の実線のようになり，デューティ比を大きくするほど安定性が増す。

6 足歩行では，前または後の脚を上げている期間の縦安定余裕は，上げた脚とその左右反対側の中脚との中点となる。図 18.13 のダイヤグラムで示すように，4 足の場合よりも大きな縦安定余裕となる。1 周期中の最小値は後脚を上げた瞬間および前脚を着く直前であり，その値は，

$$S_{\min} = \frac{P}{2} + \left(1 - \frac{3}{4\beta}\right) R$$

ただし，P は脚取付ピッチ，R は胴体基準の脚ストロークとなる。これは 4 足の場合より脚取付ピッチの半分だけ大きい。デューティ比の変化による縦安定余裕の

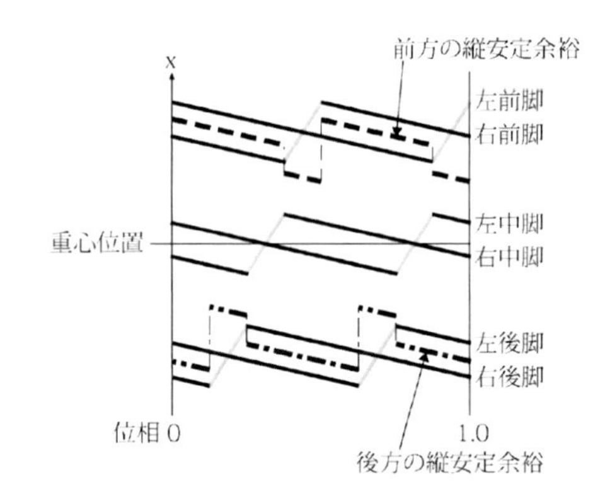

図 18.13　6 足ウェーブ歩容の脚運動と縦安定余裕

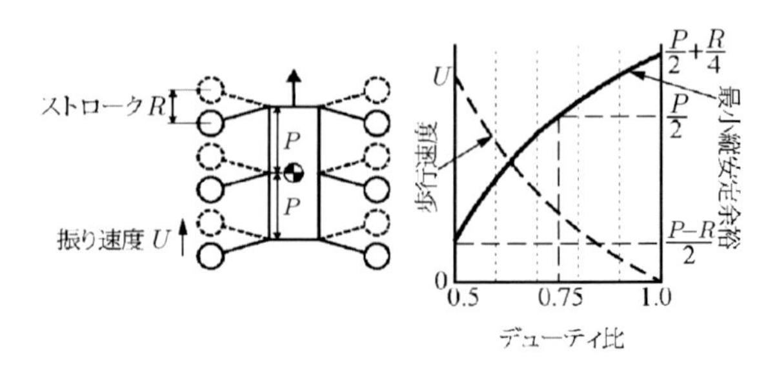

図 18.14　6 足ウェーブ歩容の最少縦安定余裕と歩行速度

変化を図 18.14 に示す。

18.2.5 歩行速度

歩行速度，すなわち胴体が地面に対して進む速度は，図 18.11 および図 18.13 のダイヤグラムの支持脚の速度（の逆向き）である。デューティ比が 0.5 のトライポッド歩容では，胴体を基準にした遊脚の前向き速度と支持脚の後ろ向き速度が等しい。つまり，胴体に対して脚を前後する速度が歩行速度となる。ただし，上記のダイヤグラムは遊脚の加減速に必要な時間を考慮していない近似的な考え方である。

デューティ比が 0.5 より大きい場合は，支持脚の速度，すなわち歩行速度 V は次のようになる。

$$V = \frac{1-\beta}{\beta}U$$

ただし，U は胴体に対する遊脚の速度。これを先の縦安定余裕のグラフに重ねると，図 18.12 および図 18.14 のように，デューティ比を大きくすると歩行速度が下がる。これより，安定性向上と歩行速度増大は両立しないトレードオフの関係にある。

18.2.6 デューティ比可変歩容

不整地における安定性を確保し，平坦地ではできるだけ歩行速度を増すためには，トレードオフの関係である安定性と歩行速度を考慮して，地形によって適切なデューティ比を選択できるとよい。安定性の高いウェーブ歩容のルールに従えば，デューティ比を決めれば脚位相は決まり，図 18.11 および図 18.13 のように歩容が生成できる。しかし，デューティ比によって脚位置が異なるため，ある時点で異なるデューティ比の歩容に遷移するということはできない。

そこで，デューティ比を歩行中に連続的に変化させる方法がある。図 18.15 は異なるデューティ比の 6 足ウェーブ歩容を 1 つの図に並べたものである。ただし，脚位相の変化が最小になるように横にずらしていて，左前脚の着地が位相 0 ではない。この離散的なデューティ比を連続させると，同図の破線のように，遊脚と支持脚の境界ができる。この歩容のデューティ比を縦軸にとって，支持脚の組合せを示したものが図 18.16 である。一定のデューティ比で歩く場合には同図を水平に横切る直線状をたどって支持脚を変化させればよい。また，デューティ比を変えたい場合には，時間とともに同図中を右上や右下方向に移動して進めばよい。同図中の斜めの境界線は，いずれかの脚を上げる瞬間や着く瞬間を表していて，その線を越えると，支持脚の組合せが変わる。なお，同図のデューティ比が 0.5 より小さい部分は，静的安定性を保てない歩容となるので，実際にはこのまま実現することはできない。

4 足歩行についても同様にデューティ比が連続可変のウェーブ歩容を作ることができ，その支持脚の組合せは図 18.17 になる。この図のデューティ比が 3/4 のところを横にたどったものがクロール歩容である。それより若干デューティ比を大きくすると，4 脚支持期間が現れることがわかる。静的安定性があるのはデュー

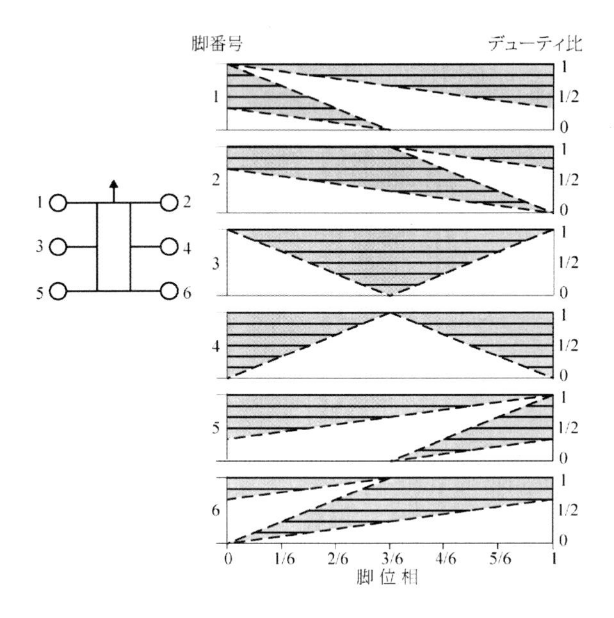

図 18.15 デューティ比の異なるウェーブ歩容を並べた歩容線図

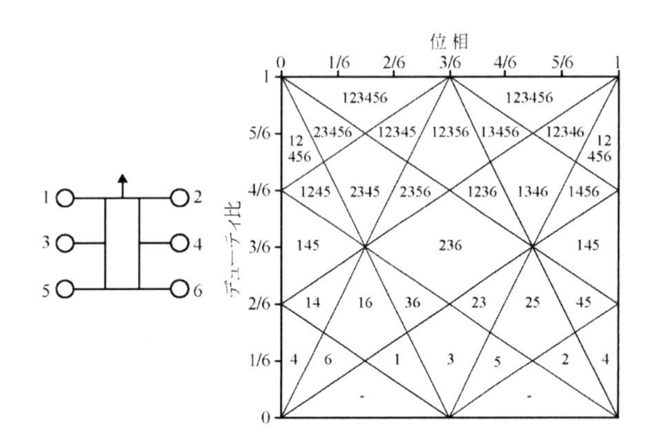

図 18.16 デューティ比可変の 6 足ウェーブ歩容の支持脚の組合せ

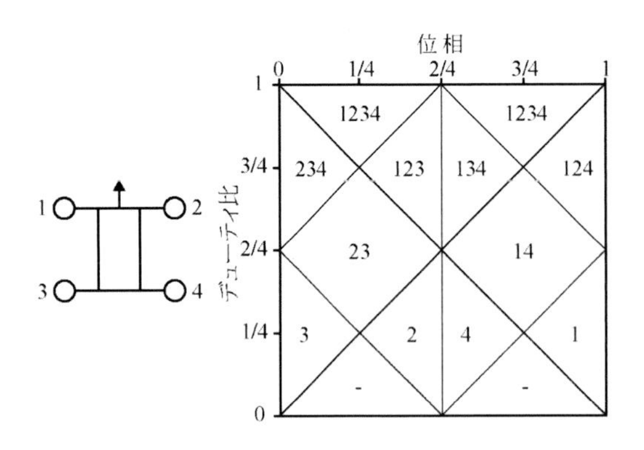

図 18.17 デューティ比可変の 4 足ウェーブ歩容の支持脚の組合せ

ティ比が 0.75 以上の部分である。また，デューティ比が 0.5 の歩容はトロット歩容である。

18.2.7 多脚ロボットの事例

(1) COMET-IV

多脚ロボットの事例として，図 18.18 に示す油圧駆動型 6 脚歩行ロボット COMET-IV を考える[1]。詳細な仕様等は文献 [1] を参照されたい。

図 18.18 油圧駆動型 6 脚歩行ロボット COMET-IV

COMET-IV の制御システムを図 18.19 に示す。動作原理は次の通りである。ガソリンエンジンから得られた動力で可変容量形斜板式油圧ポンプを駆動させる。油圧ポンプはタンクから作動油を吸い上げ，比例電磁弁まで供給する。同時にエンジンは発電機を駆動し，駆動された発電機によって電力を供給し電装系統を作動させる。各関節回転角度はロータリ式ポテンショメータによって取得される。また，もも部・すね部の油圧シリンダのシリンダ内圧力は，圧力センサによって取得される。さらに胴体姿勢角はガソリンタンク上に設置された姿勢センサによって取得される。これらのセンサ信号はアナログであり，A/D 変換器を介してターゲットコンピュータに取り込まれる。ターゲットコンピュータはホストコンピュータから無線 LAN を介してダウンロードされたプログラムにより制御演算を行い，制御電圧を生成する。ターゲットコンピュータは耐久性の高い組込み型であり，制御アルゴリズムの実装には MATLAB/Simulink の xPCTarget および Real-time Workshop が使用されている。生成された制御電圧は D/A 変換器を介して出力され，バルブ制御器で増幅され制御電流となる。A/D，D/A 変換器の電圧幅は ±10 V（変更可能）である。制御電流は比例電磁弁のスプールを変位させ，各アクチュエータを駆動する。比例電磁弁には不感帯があり，電圧幅は約 ±0.15 V である。

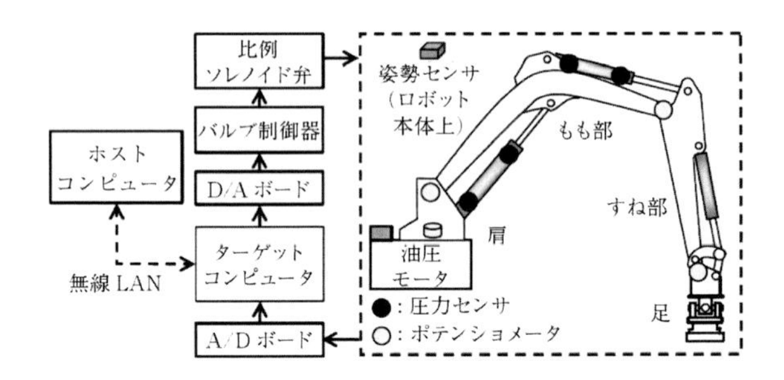

図 18.19 油圧駆動型ロボットの制御系構成

(2) 運動学解析

(i) 順運動学

図 18.20 に示す肩座標系を用いると，各関節角度 $\Theta = [\theta_1\,\theta_2\,\theta_3\,\theta_4]^T$ から脚先端位置 $X = [x\,y\,z]^T$ までの順運動学式は次のように求まる。

$$x = -S_1(L_1 + L_2S_2 + L_3S_{23} + L_4S_{234})$$
$$y = C_1(L_1 + L_2S_2 + L_3S_{23} + L_4S_{234})$$
$$z = L_2C_2 + L_3C_{23} + L_4C_{234}$$

ただし，$\sin(\theta_i + \theta_j + \theta_k)$ を S_{ijk}，$\cos(\theta_i + \theta_j + \theta_k)$ を C_{ijk} と略記した。

(ii) 逆運動学

脚先端位置 X から各関節角度 Θ を算出する逆運動学式は，次式のように表される。

$$\theta_1 = \arctan\left(\frac{x}{y}\right)$$

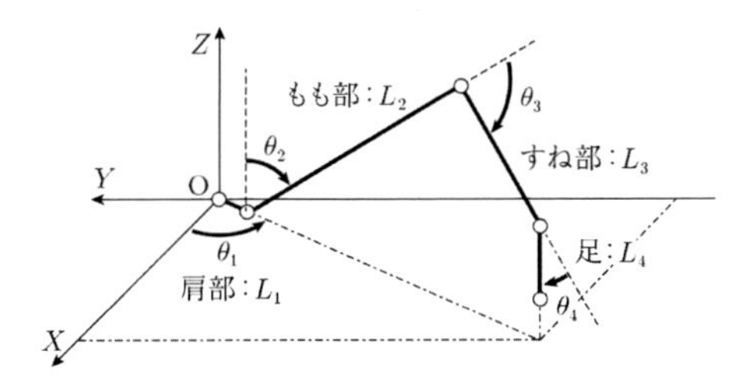

図 18.20 1 脚に関する座標系

$$\theta_2 = \frac{\pi}{2} - \arctan\left(\frac{z - L_4}{\sqrt{x^2 + y^2}}\right) - \arctan\left(\frac{L_3 \sin\theta_3}{L_2 + L_3 \cos\theta_3}\right)$$

$$\theta_3 = \arctan\left\{\frac{x^2 + y^2 + (z - L_4)^2 - L_2^2 - L_3^2}{2L_2 L_3}\right\}$$

$$\theta_4 = \pi - \theta_2 - \theta_3$$

ただし，上記に関しては足先部を環境に対して常に垂直となる拘束条件を与えている。

18.3 軌道計画とナビゲーション

18.3.1 全方向歩容と任意の軌道計画

多脚ロボットが障害物回避を行う際，ロボットが任意の歩行軌道を選択可能であれば様々なナビゲーションアルゴリズムが適用可能となり，複雑な環境へ対応可能となる。そこで，任意の歩行軌道を実現可能な全方向歩容を構築する。この全方向歩容によって，多脚ロボットの歩行性能に関する仕様の一つである全方向移動が実現可能となる。

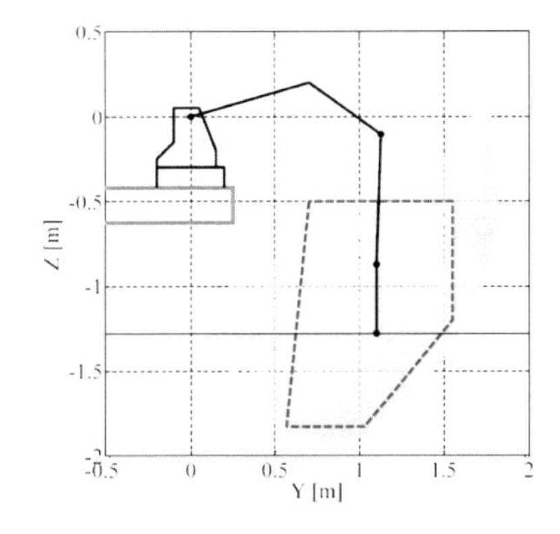

図 18.21 油圧駆動型 6 脚ロボット COMET-IV の鉛直方向の足先可動範囲

表 18.1 図 18.22 で用いる記号の説明

記号	記号の説明（座標系）
O_c	ロボット本体座標系
O_{s_i}	肩部座標系
O_t	回転中心座標系
(R_{ct}, θ_{ct})	回転中心の位置［O_c の極座標表示］
θ_{tb}	1 サイクル時の本体中心の旋回角度［O_t］
$(R_{tf\_i}, \theta_{tf\_i}(t))$	各足の位置［O_t の極座標表示］
$(X_{tf\_i}(t), Y_{tf\_i}(t))$	各足の位置 [O_t]
(x_{cs_i}, y_{cs_i})	各肩部の位置 [O_c]
(x_{ts_i}, y_{ts_i})	各肩部の位置 [O_t]
(x_{sfo_i}, y_{sfo_i})	各足の初期位置 [O_{s_i}]
(x_{sfc_i}, y_{sfc_i})	1 サイクル時の各足軌道中心 [O_{s_i}]
$(X_{sf\_i}(t), Y_{sf\_i}(t))$	各足の軌道 [O_{s_i}]
T	サイクル時間
α	進行方向旋回角

i：脚番号 (1～6)

まず，自律ナビゲーションを考慮した全方向歩容の設計指針を示し，続いて全方向歩容の生成アルゴリズムとその実装方法について説明する。図 18.21 に図 18.18 で示した COMET-IV の脚先の可動範囲を示す。破線で示した領域は実際の歩行において使用可能な領域である。胴体高さについては，低いほうが姿勢の安定性が高いと考えられ，また脚の歩幅も比較的大きくとれる。一方，胴体高さが高いほど脚上げ高さも大きくなるため，不整地踏破能力は高くなるが，逆に歩幅はあまり大きくとれない。そこで，整地や低度の不整地環境では胴体高さを低くし，高速で歩行する。そして障害物や段差，斜面などが存在する環境では，胴体高さを環境に応じて変化させ，回避や踏破を行う。以上より，胴体高さを歩行中に変化できることが望ましく，不整地の程度に応じて適切に歩ごとに切り換えることが望ましい。多脚ロボットの旋回歩容は，旋回中心を任意にとることで側行歩容やその場旋回などすべての歩容を実現できるという広瀬らの研究[4] がある。これを 6 脚ロボットに適用する。

全方向歩容の足先軌道の導出に用いるパラメータを表 18.1 に定義し，図 18.22 に全方向歩容と座標系を，図 18.23 に円軌道旋回歩行時の胴体軌道と足先軌道のイメージ図を示す。歩行パターンは脚ロボットの静歩行の中で最も速度を出せるトライポッドの 3 脚支持歩行とする。3 脚支持歩行とは，3 脚ずつ 2 組に分けられた脚が支持脚相と遊脚相を交互に切り替える歩容で

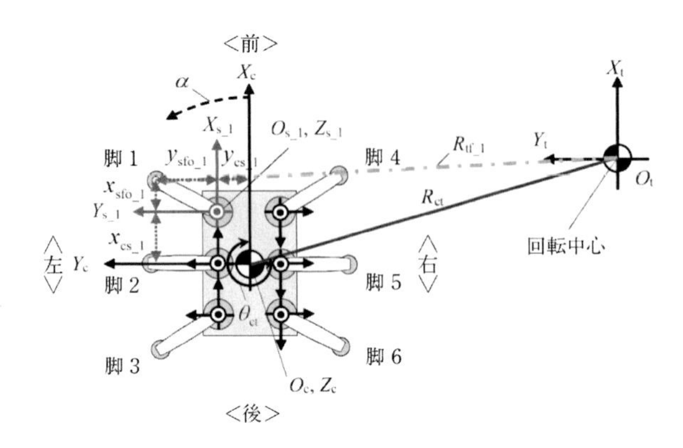

図 **18.22**　6 脚歩行ロボットの全方向歩容と座標系

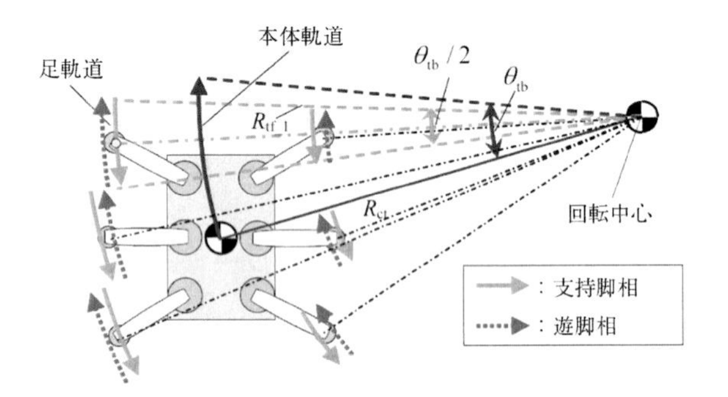

図 **18.23**　6 脚歩行ロボットの円軌道歩容

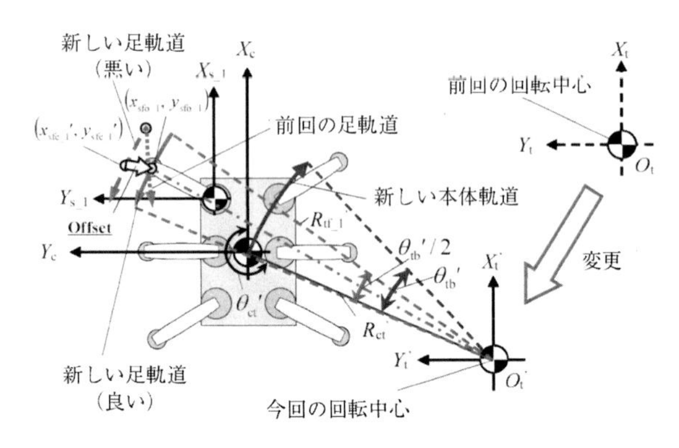

図 **18.24**　瞬時に回転中心を変えた際の 6 脚ロボットの旋回歩容

ある。

また，瞬間的に回転中心を変化させるイメージを図 18.24 に示す。旋回中心の移動や瞬時の切換で任意の全方向移動が計画可能となる。これらを組み合わせれば任意の軌道計画が可能となる。

18.3.2　ナビゲーション

多脚ロボットの自律的歩行のための代表的なナビゲーションシステムとして，COMET-IV の事例を紹介する。図 18.25 は COMET-IV に実装したシステムである。胴体中央上部に俯角を付けて取り付けられた LRF（レーザレンジファインダ）は地形計測や障害物検出に使用し，胴体前部に水平に取り付けられた LRF は主に障害物検出に使用する。また，これらの計測情報と GPS・方位センサ・姿勢センサによって得られる自己位置と姿勢情報を用い，外界環境の 3 次元マッピングを行うこともできる。GPS レシーバとナビゲーションコンピュータ，姿勢センサはロボットの胴体前部のフレームに，アンテナは胴体中央のセンサマウントフレームに，そして，方位センサは胴体中央上部のセンサマウントユニットの頂点にそれぞれ取り付けられている。

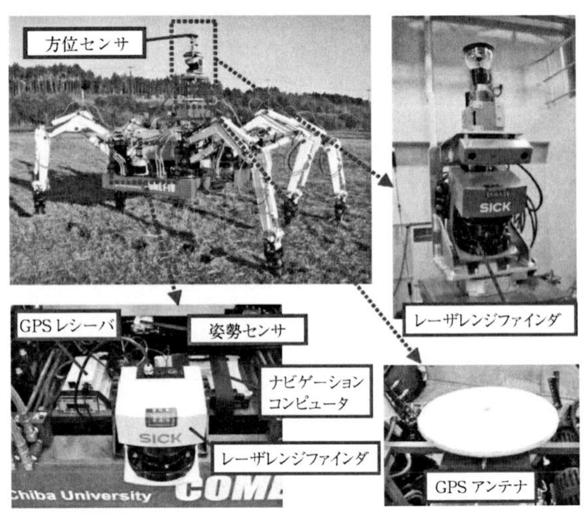

図 **18.25**　多脚ロボットのナビゲーションシステム

18.4　歩行制御における集中制御と分散制御

多脚ロボットは非線形 MIMO(Mulitiple Input and Multiple Output) システムで，大規模システム，複雑システムの典型的な例である。そして特に，多脚歩行ロボットの歩行制御は非常に興味深く困難な制御問題でもある。ロボットの脚はロボットマニピュレータと同様であるため，例えば 6 脚歩行ロボットは，地形条件に応じて，所望の足の軌道に応じて互いに調整する 6 つの平行マニピュレータの複雑なロボットシステムと考えることができる。したがって，自律移動ロボットおよび歩行ロボットでよく見られる，階層制御における最も低い制御レベルを形成するサーボ制御システムの設計は，マニピュレータに適用されている制御方法に類似する。多脚ロボットの歩行制御は，大きく分けて集中制御と分散制御の 2 種類に分類できる。

18.4.1　集中制御

集中制御では，コントローラは，所望の関節角度軌道を追従制御するために，すべての関節を同時に動作させるのに必要な制御入力ベクトルを計算する。この場合，多変数制御理論を最も有効に利用できる。状態空間モデルは非線形性と連成の両方を包含することができるため，集中制御システムの開発には非常に有用である。集中制御は，通常 1 台のハイスペックの高速コンピュータ内で実現される。主な利点は，状態モデルと状態ベクトルを記述する行列に対して線形代数操作を行った後に，制御入力ベクトルがシーケンシャルに計算されることである。したがって，ロボット脚の異なる関節アクチュエータにおける制御入力の適用の間に，時間遅延は存在しない。その結果，様々な脚の関節における，制御入力遅延による関節の非同期作動に起因するロボット本体全体の揺動はなく，ロボットの歩行は滑らかで安定している。多脚ロボットの集中制御の概念を図 18.26 に示す。

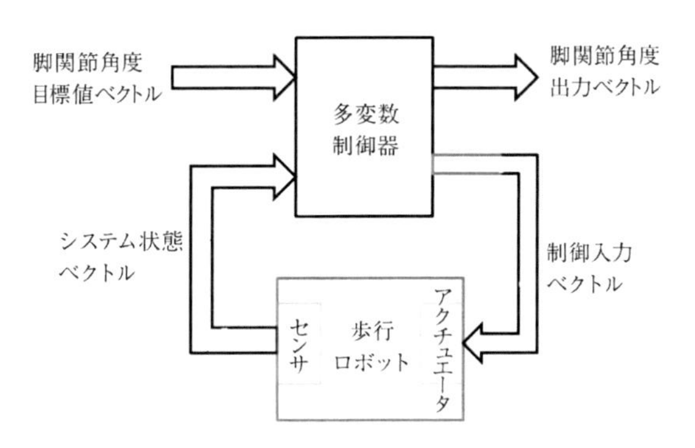

図 18.26　多脚ロボットの集中制御系構成図

多脚ロボットの脚である「マニピュレータ」の集中制御は，一般に計算されたトルク制御[3] によって実行される。しかし，モデルベースの制御技術であるため，計算されたトルク制御は，非線形かつ動的に結合された非常に正確なモデルのマニピュレータを必要とし，モデルのパラメータはリアルタイムで計算される必要がある。しかし，多脚ロボットのマニピュレータのモデルを正確に決定することは非常に困難であり，結果としてモデル誤差に起因して追従性能が低下する。こうしたモデル誤差によるモデルの不確実性および計算負荷の低減に関連する問題に対処するために，様々なロバストな制御理論や制御技術が利用可能である。

18.4.2　分散制御

集中制御では，制御入力ベクトルの生成に必要なすべての計算が 1 台のコンピュータで実行される。したがって，このハイスペックコンピュータに要求される計算能力や計算速度とメモリは，非常に速く大きくなる。分散制御では，集中型コントローラの代わりに各脚または各脚の関節の動きを制御するための個々の分散コントローラが存在する。分散制御は，単一のハイエンドコンピュータ，またはネットワークに接続された異なる小型コンピュータからなる分散コンピューティングプラットフォーム上に実装することができる。個々のコントローラの機能を協調させるための上位のスーパーバイザーコントローラが存在してもよいし，個々のコントローラが何らかの通信ネットワークを介して互いに協働してもよい。現在，通信ネットワークをベースとした組み込みコンピュータや機器のコストを大幅に削減するための分散制御が普及している。

多脚ロボットに対する 1 つの構成例として，各脚は多変数 MIMO プラントとして扱うことができ，制御入力ベクトルはその脚のみを制御する専用の分散型コンピュータによって生成される。1 つのスーパーバイザーコントローラは，特定の地形に対する移動制御のために必要な歩容ごとに，各脚の全体的な運動制御を調整する専用の上位コンピュータに実装される。この方式では，非常にハイエンドでコストのかかるコンピュータを必要とせず，ネットワークに接続した後，低コストのコンピュータで制御を達成できる。脚モデルのモデル不確実性およびモデルパラメータのリアルタイム計算のために，不正確な追従制御問題は生じるが，様々なロバスト制御技術を使用することによって，この問題を大幅に緩和することができる。この制御スキームは，高速歩行または走行中に，多脚ロボットのダイナミックな安定した歩行を達成するために足関節がより速く移動しなければならない場合に，非常に有用である。このタイプの制御構成の概略図を図 18.27 に示す。

この制御構成では，歩行ロボットの様々な脚関節間の動的連成が無視される。脚の各関節は基本的に SISO(Single input and single output) プラントと見なされる。次に，関節モデルは実験的に同定され，数

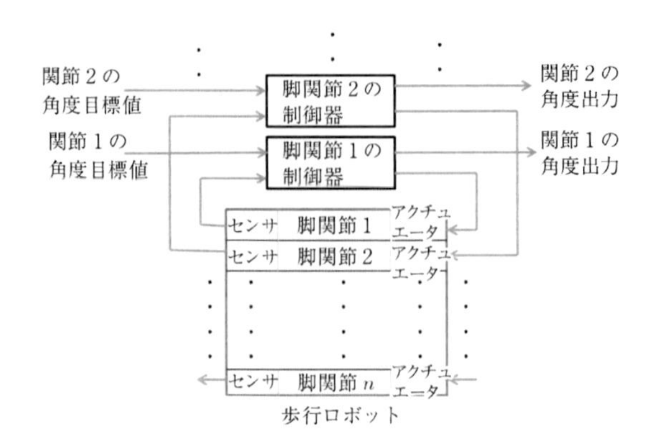

図 18.27　多脚ロボットの分散制御系構成図

学的にモデル化され，各関節の運動を制御するための，ある種のロバスト制御法が実装される。これは非常に単純化された制御方式であり，文献 [3] における独立な関節制御として知られている。この制御方式は，ダイナミックな連成が無視されているので，比較的低速歩行中の多脚ロボットの，静的な安定した歩行制御に適用可能である。ロボットモデルにおける動的項およびパラメータ変化項を無視して計算負荷が実質的に低減されるので，独立した関節制御スキームには，中程度の単一のコンピュータ上で実現することができる。その場合，脚関節を安定に動作させるためには，各関節の制御入力演算の総計算時間がサンプリング時間よりずっと小さくなるように，十分に高速化を図る必要がある。そうでなければ不安定になることがある。制御アルゴリズムがかなり長く，多くの計算時間を要する場合は，各関節に小型コンピュータまたはマイクロコントローラを備えたネットワーク分散コンピューティングシステムを使用し，個々の脚関節コントローラの機能を調整する 1 つのスーパーバイザーコンピュータを使用するのも得策である。

18.5　多脚ロボットの位置ベース歩行制御

18.5.1　動歩行の軌道制御

多足歩行において歩行速度を速くするには，デューティ比を小さく，できれば 0.5 にしたい。このとき，4 足と 6 足では大きな違いがある。6 足ロボットは図 18.2 のトライポッド歩容でデューティ比が 0.5 の静歩行ができる。しかし，四足ロボットはデューティ比 0.5 では平均して 2 脚で支持しなければならない。一般的な小さな足裏のロボットでは，支持する領域が線分のように細くなるので静的安定性は保てず，動的にバランスをとることが必須となる。

ここでは，ゼロモーメントポイント (ZMP: Zero-Moment Point) の概念を用いた 4 足の動歩行計画を述べる。ZMP は図 18.28 のように，重心の地面への投影点に比べて加減速が大きいほど離れた位置になる。また加減速する質量が高い位置にあるほど，離れた位置になる。四足歩行ロボットの制御では，質量は胴体中央に集中していて脚の質量を無視することが多い。つまりロボット全体が 1 つの質点と考える。トロット歩容で ZMP を支持脚領域に入れるため，胴体（重心）を左右に加減速させ，前後方向には加減速を行なわないこととする。支持脚を切り換えていくと左右の加減速の方向が変わり，図 18.29 のように目標軌道の周辺で揺動するものとなる。この加減速をともなう重心の軌道は微分方程式を解くことで求められる。図 18.29 のように進行方向に x 軸，左向きに y 軸をとる。x 軸方向には等速運動で y 軸方向に加減速を行う。y 軸方向の重心の位置 $y_{CG}(t)$ を求める。トロット歩行の 2 つの支持脚着地点を結んだ直線を支持脚線と呼び，表示を簡単にするため，ここでは原点を通る支持脚線を

$$y = Bx \tag{18.1}$$

とし，時間ゼロから 4 分の 1 周期，すなわち図 18.29

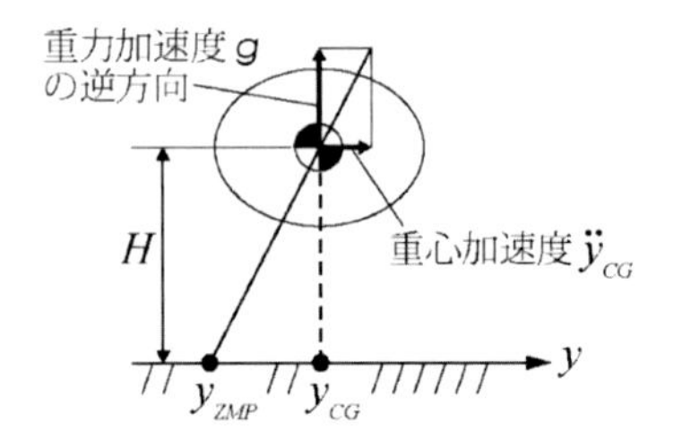

図 18.28　1 質点モデルの重心加速度と ZMP

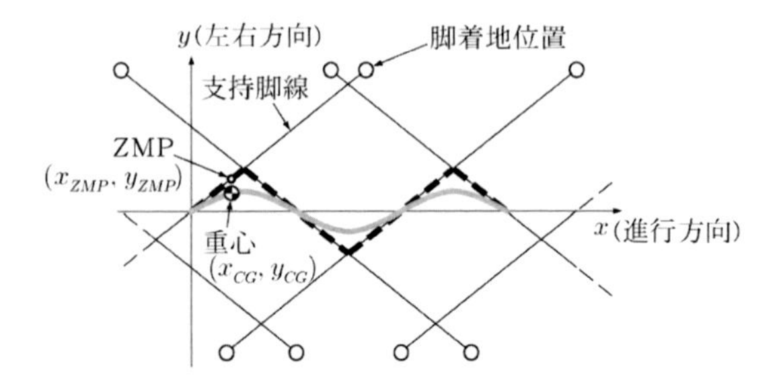

図 18.29　左右揺動により動的安定性を保つトロット歩容の軌道生成

の ZMP 軌道の原点から最初の頂点までの部分を計算する。重心は進行方向には一定速度 v で進行させる。すると ZMP の x 座標と重心の x 座標は等しく vt となり，ZMP が支持脚線に乗る条件は

$$y_{ZMP} = Bvt \tag{18.2}$$

と表せる。ZMP の位置は，

$$y_{ZMP} = y_{CG} - \frac{H}{g}\ddot{y}_{CG}$$

ただし，g は重力加速度，H は重心高さ　(18.3)

となる。これに式 (18.2) を代入して整理すると，重心軌道を求める微分方程式は，

$$\ddot{y}_{CG} - \frac{g}{H}y_{CG} = -\frac{g}{H}Bvt \tag{18.4}$$

となる。この 2 階微分方程式の一般解は，

$$y_{CG}(t) = C_1 \exp\left(\sqrt{\frac{g}{H}}t\right) + C_2 \exp\left(-\sqrt{\frac{g}{H}}t\right) + Bvt \tag{18.5}$$

である。ただし C_1, C_2 は定数である。また，これを微分した速度は

$$\dot{y}_{CG}(t) = C_1\sqrt{\frac{g}{H}}\exp\left(\sqrt{\frac{g}{H}}t\right) - C_2\sqrt{\frac{g}{H}}\exp\left(-\sqrt{\frac{g}{H}}t\right) + Bv \tag{18.6}$$

となる。これに境界条件として，t = 0 で原点に位置すること，すなわち，

$$y_{CG}(0) = 0 \tag{18.7}$$

および，4 分の 1 周期後に次の軌道と滑らかにつながるように横方向の速度をゼロにする。すなわち，

$$\dot{y}_{CG}\left(\frac{T}{4}\right) = 0 \quad \text{ただし，} T \text{ は歩行周期} \tag{18.8}$$

とする。これより定数は，

$$-C_1 = C_2 = \frac{\sqrt{\dfrac{H}{g}}}{\exp\left(\sqrt{\dfrac{g}{H}}\dfrac{T}{4}\right) + \exp\left(-\sqrt{\dfrac{g}{H}}\dfrac{T}{4}\right)}Bv \tag{18.9}$$

と求められ，これを式 (18.6) に入れたものが重心軌道となる。

18.5.2　油圧駆動型 6 脚ロボットの位置ベース歩行制御

多脚ロボットの事例として，油圧駆動式 6 脚ロボットの位置ベース歩行制御について述べる[1]。最も大きな課題の一つは，システム内に高レベルの非線形性が存在することである。ロボットは直線運動の生成のために油圧シリンダによって作動される。回転運動を発生させるためには油圧モータを用いる。ジョイントのベアリングにおける乾燥摩擦に加えて，システムにも高い粘性の摩擦が存在する。この摩擦力は，システムモデルの非線形性を取り込み，パワー低減の原因となる。比例電磁弁の不感帯，電気油圧弁制御装置の飽和，および作動液流量の時間遅れのような非線形性もある。さらに油圧アクチュエータは，バルブの開口および摩擦の方向性の変化のために，非平滑で不連続な非線形性を受ける。比例電磁弁の不感帯の存在は大きな追従誤差を引き起こす。したがって，制御システムは非線形性およびモデルの不確実性によってもたらされる課題に対処できなければならない。このような状況において，PID のような線形コントローラは良好な運動制御性能を実現できない可能性がある。

集中制御では全体的な MIMO モデルが採用され，多変数制御理論を用いて制御則が決定される。制御入力はベクトルの形で得られる。脚の運動方程式は 2 次の非線形微分方程式であり，次の形式である。

$$M(q)\ddot{q} + C(q,\dot{q})\dot{q} + g(q) = \tau \tag{18.10}$$

ここで，n 個の関節の脚機構について，q は $n \times 1$ 関節角変位ベクトル，q は $n \times 1$ 関節角ベクトル，$M(q)$ は $n \times n$ は対称正定慣性行列 $C(q,q)$ はコリオリ力の行列であり，$g(q)$ は $n \times 1$ の重力ベクトルである。式 (18.10) にロボット本体の移動速度と鉛直方向速度，本体姿勢角を含めて状態方程式に変形すると次式となる。

$$\dot{X} = F\left(\dot{X}, X, U, t\right)X + HU \tag{18.11}$$

ここで，状態ベクトル X は，角位置 (q)，角速度 $(\dot{q})$，脚関節の角加速度 $(\ddot{q})$，ロボット本体の前進方向の線速度 (V_x)，線速度 (V_y)，ロボット本体の鉛直方向の線速度 (V_z)，ロボット本体のロール角 (ψ_{roll})，ロボット本体のピッチ角 (ψ_{pitch})，ロボット本体のヨー角 (ψ_{yaw}) であり，行列 F は対称行列であるが，この行列の項は状態変数の非線形関数であり，H は制御入力行列であ

り，U は制御入力ベクトルである。

油圧駆動式ロボットの動作速度は，シリンダ作動油の制約，ピストンおよびシリンダ内の摩擦力のためにあまり高くないことが知られており，ロボットを速い歩行速度で動作すると，油圧機器にとっても良くない。言い換えれば，油圧駆動式 6 脚歩行ロボットは歩行のみを目的としたものであり，走行，ギャロップ，またはトロットには不向きである。したがって，油圧駆動式 6 脚歩行ロボットは，静的に安定した歩行機械と見なされ，低い歩行速度で動作することになる。その結果，各脚の関節速度もまた小さい。したがって，慣性，遠心力，コリオリ力のような動的連成項は無視することができる。逆に脚機構の重量がかなり大きいため，重力項を考慮する必要がある。また，脚関節間の動的連成項が小さいため，各関節は SISO プラントとしてモデル化することができる。次に，制御タスクは各脚関節のサーボ制御問題に変換され，各脚関節の SISO モデルを独立して考慮して，各脚関節についてサーボ制御則を設計することができる。この方法論は独立関節制御[3] と呼ばれている。つまり分散制御で十分であり，実装も容易にできる。

18.5.3　6 脚ロボットのモデル規範型スライディングモード歩行制御

各脚関節に対して導出される SISO モデルもかなりの不確実性を含んでいる。したがって，ここでは非線形や不確かさにロバストモデル規範型スライディングモード制御のケーススタディを紹介する。

地雷探知ロボット COMET-III は，脚部が 3 つの自由度を持ち，荒い地形で安定した歩行を行う 6 つの脚歩行ロボットである[1]。 COMET-III を図 18.30 に示す。各脚の肩関節は油圧モータによって駆動される。各脚の大腿部および軸部の関節は，高出力シリンダによって駆動される。したがって，油圧モータの角度位置は回転ポテンショメータによって測定され，各シリンダの位置はリニアポテンショメータによって測定される。 COMET-III の各脚機構とその制御系構成図を図 18.31 に，ロボット全体の制御系構成図を図 18.32 に示す。 COMET-III は，油圧モーターによるゴムクローラ駆動によって自らを牽引することもできる。脚の歩行モードとクローラの走行モードによる歩行速度はそれぞれ時速 300m と 3km である。 COMET-III は，クローラと脚で 30 度の斜面を登ることができる。

スライディングモード制御は，外乱，モデルの不確実性，パラメータ変動などに対して頑健性のある制御特性を持つことが知られている[5]。ここでは，モデル規範型スライディングモード制御 (MRSMC: Model Reference Sliding Mode Control) を用いた COMET-III のロバスト歩行制御の設計と実験結果について述べる。まず，理想的な望ましい動的および定常状態の性能を

図 18.30　地雷探知ロボット COMET-III

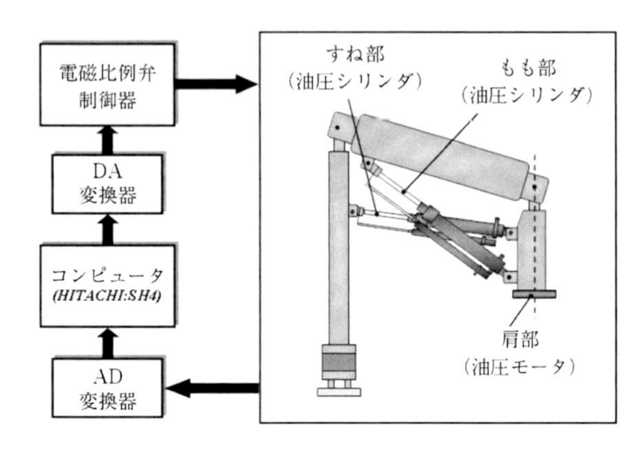

図 18.31　油圧駆動 6 脚ロボット COMET-III の各脚制御系構成図

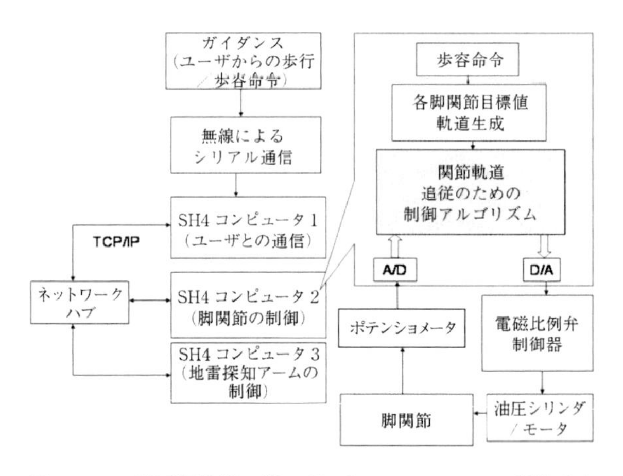

図 18.32　油圧駆動型 6 脚ロボット COMET-III の制御系全体構成図

示す規範モデルが選択される。この規範モデルと実プラントの両方の出力と状態が比較され，誤差の動的モデルが形成される。ここで，スライディングモードコントローラはこれらの誤差がゼロ状態になるように設計される。最終的に，実際のプラントから得られた性能が規範モデルから得られた性能と非常に類似するような制御動作になる。図 18.33 に制御系ブロック線図を示す。

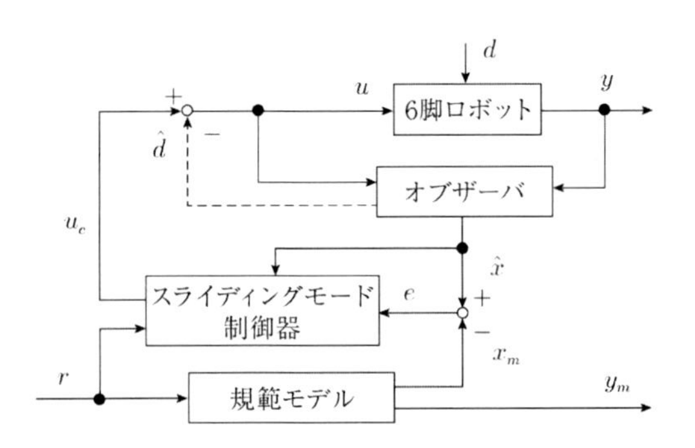

図 18.33 モデル規範型スライディングモード制御系ブロック線図

以下ではモデル規範型スライディングモード制御系の設計手順を述べる。

まず，多脚ロボットの実モデルを解析的方法またはシステム同定法により得られたとすると，そのモデルは次式で表現される。次数は設計者の意図，すなわち設計思想と設計方針に依存して，高次にもなれば低次にもできる。

$$\dot{x} = Ax + Br$$
$$y = Cx \tag{18.12}$$

規範モデルを次式と置く。

$$\dot{x}_m = A_m x_m + B_m r$$
$$y_m = C_m x_m \tag{18.13}$$

ここで，x_m は理想の状態ベクトルを示す。規範モデルの状態空間行列 A_m, B_m, C_m の行列内数値は望ましい固有値配置および定常状態応答となるように選択される。今，実モデル (18.12) と規範モデル (18.13) の誤差モデルは次式で与えられる。

$$e = x - x_m$$

$$\begin{aligned}\dot{e} &= \dot{x} - \dot{x}_m \\ &= (Ax + Bu) - (A_m x_m + B_m r) \\ &= A_m e + (A - A_m)x + Bu - B_m r \end{aligned} \tag{18.14}$$

今，マッチング条件を満たすように次式を仮定する。

$$A_m - A = BK_1,\ B_m = BK_2 \tag{18.15}$$

これより，誤差ダイナミクスは次式となる。

$$\dot{e} = A_m e - B(K_1 x + K_2 r - u) \tag{18.16}$$

ここで，

$$K_1 = B^+(A_m - A),\ K_2 = (-C_m A_m^{-1} B)^{-1} \tag{18.17}$$

誤差ダイナミクスモデル (18.16) はスライディングモード制御器設計のために用いられる。次式のスライディングモード超平面を考える。

$$\sigma = Se = S(x - x_m) \tag{18.18}$$

このとき

$$\dot{\sigma} = S\dot{e} = S[A_m e - B(K_1 x + K_2 r - u)] \tag{18.19}$$

このため，等価制御系は次式と表現される。

$$u_{eq} = -(SB)^{-1} S A_m e + K_1 x + K_2 r \tag{18.20}$$

閉ループ誤差ダイナミクスは 等価制御入力 (18.20) を誤差モデル (18.16) に代入することで，次式となる。

$$\dot{e} = [I - B(SB)^{-1} S] A_m e \tag{18.21}$$

今，フィードバックゲイン F を次式の様に仮定する。

$$F = S = B^T P \tag{18.22}$$

ここで，$SB > 0$，$Q > 0$ と改定し，P は次式の代数リカッチ方程式の解と仮定する。

$$PA_m + A_m^T P - PBB^T P + Q = 0 \tag{18.23}$$

そして，スライディングモード制御入力を線形入力と非線形入力の和と考えると，

$$u = u_l + u_n \tag{18.24}$$

ここで，線形入力と非線形入力を次式と仮定する。

$$u_l = -(SB)^{-1}(SA_m - \Phi S)e + K_1 x + K_2 r \tag{18.25}$$

$$u_n = -\rho_n (SB)^{-1} \frac{P_2 \sigma}{||P_2 \sigma|| + \delta_n}, \sigma \neq 0 \tag{18.26}$$

ここで，項 δ_n はチャタリング抑制項である。また，ゲインは $\rho_n > 0$。行列 P_2 は次式のリアプノフ方程式を満たすとする。

$$P_2 \Phi + \Phi^T P_2 = -I \tag{18.27}$$

図 18.34 は，図 18.30 の油圧駆動型 6 脚ロボットに対してモデル規範型スライディングモード制御を適用した際の，図 18.30 のような屋外歩行時の実験結果を示している。この場合，目標値と実際の応答の誤差を，PD 制御，RMFSMC（規範モデル追従型スライディングモード制御），RMFSMC + DO（外乱オブザーバー付の RMFSMC）の 3 種類の制御法で比較している。位置ベースの制御性能は，実際の不確かな地面の上を歩行する際に，どのような悪路面でもいかに目標値に追従するかということが命題となっており，未知環境下でのロバストな位置制御が要求される歩行である。図から，肩部は回転であり誤差が小さいのは容易に理解できるが，PD 制御と比較して RMFSMC 等が誤差レベルが小さいことがわかる。一方，腿部はロボット重量を支えている駆動リンクで，最も未知環境に敏感になっていることがわかり，肩部や脛部と比べて誤差のオーダーが異なる。ただ，PD 制御と比較して RMFSMC 等が誤差が小さい。このようにモデル規範型スライディングモード制御が優れた未知環境への適応性を有することがわかり，位置ベースロバスト歩行制御と言える。

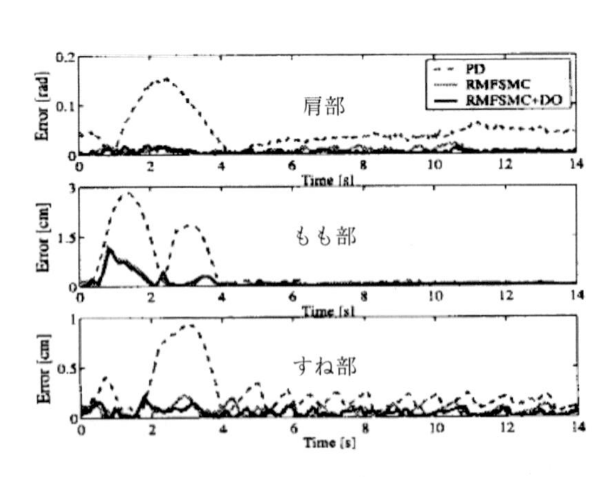

図 18.34　実際の屋外歩行時の目標値と実応答の誤差比較

18.6　多脚ロボットの力ベース歩行制御

18.6.1　鉛直方向の脚力フィードフォワード制御

歩行ロボットの脚の上げ下げは，連続した力配分の時間変化が望ましい。荷重のかかった脚を急に持ち上げようとしたり，着地直後に大きな荷重になるのは避けた方がよい。各脚の鉛直方向の力配分について，接地位置と重心位置から，フィードフォワード的な力目標値を求める。3 脚支持期間は，位置関係から力配分が一意に求められる。各脚の接地位置の座標は $(x_i, y_i) i = 1 \sim 4$，重心の x, y 座標は (x_{CG}, y_{CG}) でいずれも既知の値，各支持脚の鉛直方向の力は未知数で F_a, F_b, F_c（a, b, c は 1〜4 のいずれか）とすると，ロール軸とピッチ軸のモーメントの釣合い式は，

$$\left(x_a - x_{CG}\right) F_a + \left(x_b - x_{CG}\right) F_b + \left(x_c - x_{CG}\right) F_c = 0 \tag{18.28}$$

$$\left(y_a - y_{CG}\right) F_a + \left(y_b - y_{CG}\right) F_b + \left(y_c - y_{CG}\right) F_c = 0 \tag{18.29}$$

となる。また，鉛直方向の並進力の釣合い式は，

$$F_a + F_b + F_c - mg = 0 \tag{18.30}$$

となる。この 3 式から

$$F_a = \frac{y_b x_{CG} - y_c x_b + y_{CG}\left(x_b - x_c\right) + x_{CG}\left(y_c - y_b\right)}{x_a\left(y_c - y_b\right) + x_b\left(y_a - y_c\right) + x_c\left(y_b - y_a\right)} mg \tag{18.31}$$

と求められる。b, c の脚も同様で，a, b, c の記号を循環させた形になる。これを 3 脚支持期間中の力の目標値とする。一方，4 脚支持期間はこのように一意には決まらない。そこで図 18.35 のように，4 脚支持期間の直前の 3 脚支持状態と直後の 3 脚支持状態における力の値を線形補完した値を求め，これを力制御の目標値とする。こうすることによって，図 18.35 のように，これから遊脚になる脚は力を徐々に減らしていき，ゼロになったところで持ち上げるようになる。同様に着地した脚の力はゼロから徐々に増やしていく。これがス

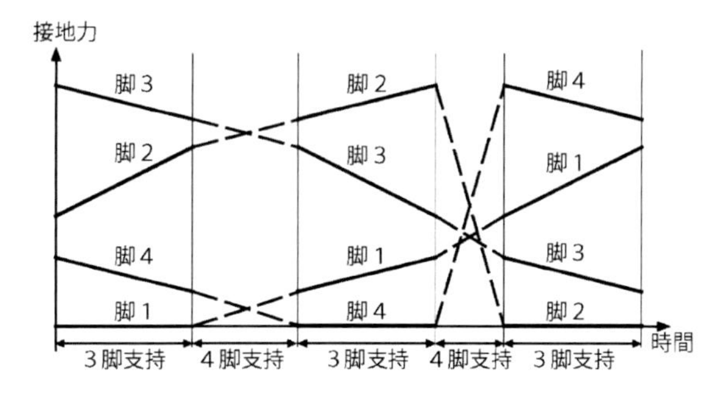

図 18.35 連続的な変化の鉛直力制御目標値

ムーズな支持脚の切り換え動作を実現する。

18.6.2 水平方向の脚力制御

歩行ロボットでは，地面を介して複数の脚の間で押し合い引き合いをする水平方向の内部力を小さくすることも重要である。単純な高ゲインの位置制御では内部力が大きくなって無駄な電流消費と発熱を生じてしまうこともある。また，遊脚着地の際にロボット全体が傾いていたり支持脚がたわんでいると，着地点が予定と少しずれてしまう。そのような場合，着地後に無理に位置を修正しようとするとスリップを起こすか，残留内部力がある状態となる。この内部力は，平地に近い地形ではほぼ水平方向となる。内部力の力制御をきちんと行うのが望ましいが，簡易に，脚関節駆動に適度なバックラッシュを持たせたり，水平方向の脚関節角度制御ゲインを低めにするなどで対応していることもある。

しかし，図 18.36 のように接地点高さに大きな差がある場合，この水平内部力の対はロールやピッチ方向のモーメントを生じ，ロボットの安定性に影響を及ぼす。このため，余計な水平内部力が生じないよう，支持脚の力制御を行うことが有効である。

前項の鉛直方向の力制御と，上記の水平方向の力制御を両立させるためには，マニピュレータのコンプライアンス制御で行われるように，ヤコビ行列によって足先の鉛直と水平の力を関節トルクに変換して，関節を制御すればよい。

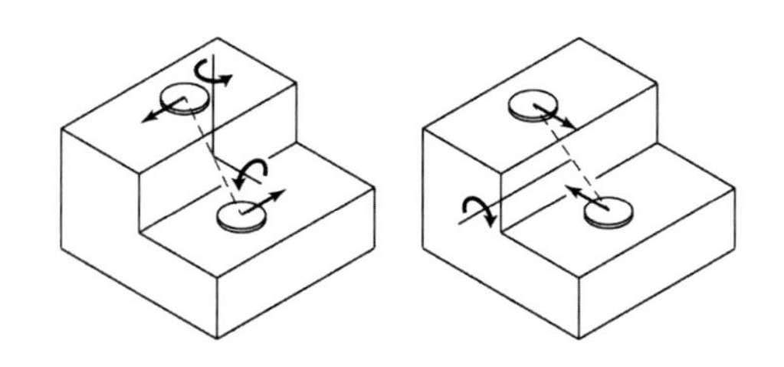

図 18.36 段違いモーメント

18.6.3 6脚ロボットの力ベース歩行制御

図 18.37 は不整地での多脚ロボットの歩行の特徴的な状態を示す。

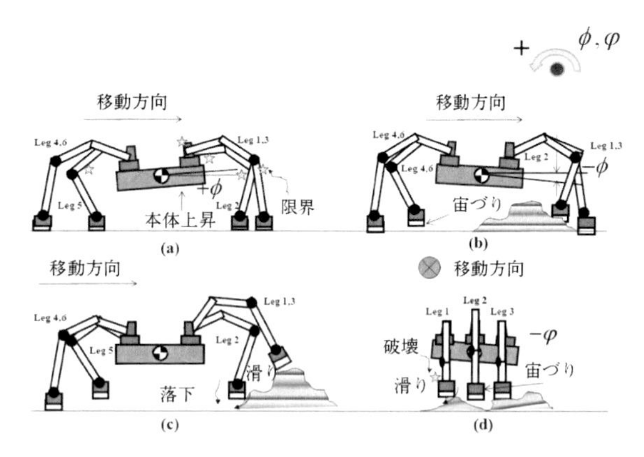

図 18.37 不整地歩行時の多脚ロボットの特徴的な状態

図に示すように，不均一な地形を歩いているロボットでは，位置制御のみの軌道追従運動が適用されると，(b) に示すように歩行中に不整地凸部に乗り上げて姿勢変動を引き起こし，安定性が危うくなる。(c) はスリップした状態で (b) と同じ問題を引き起こす。図の (d) はロボット本体のロール角が傾いているところを示している。

不整地歩行は，図 18.38 に示すように，各ステップごとに不整地環境に適応しながら体を傾斜させることによって，ロボットの全体的な安定性を保障しながら移動を続けることである。

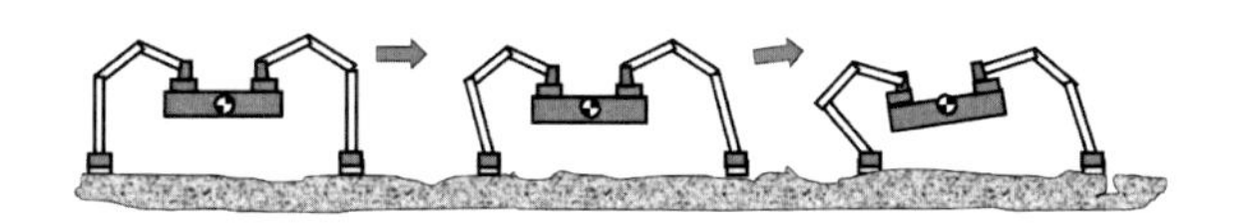

図 18.38 不整地歩行時の環境適応型歩行

この問題の解決策として力制御法があり，険しい地形上をいかに歩行させるかという研究がなされている。力制御は，さらに位置制御ベースとトルク制御ベースの 2 つに大別できる。これは力制御系における操作量を位置で入力するか，あるいは関節トルクとするかという制御系の構造に着目した分類である。前者の位置制御に基づく力制御系は，図 18.39(a) のように，まず通常の位置制御系を構成しその外側に力制御ループを構築する。後者のトルク制御に基づく力制御系は，図 18.39(b) のように，前者のような階層的な制御系構造をとらずに操作量として直接，関節トルクを指令するタイプである。ロボットが粗い地形を歩行する必要がある場合の力制御のポイントは，制御信号の主入力が各関節角度の位置にあるので，位置信号に基づく力制御を目標値信号として制御システムに取り込むことが多い。

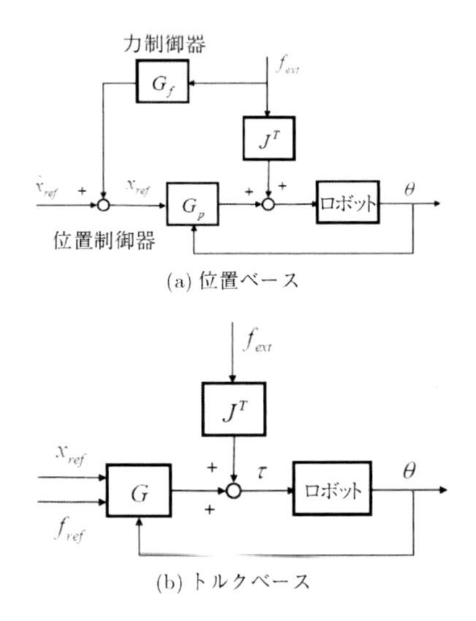

図 18.39　2 つの力制御系構成法

得られた位置，力目標値に対し，追従する制御系を設計する。ここでは力制御系の安定性を考慮し，位置/力ハイブリッド制御系を構築する。ハイブリッド制御系は，遊脚期間に位置制御系が働き，環境と接触後の支持脚期間に拘束方向のみ力制御系が働く制御系である。全体のシステムが複雑となるが，力制御系の安定性は位置制御系の安定性および追従性に左右されないという利点があり，屋外不整地での安定した歩行の実現に適している。

動的力目標値 F_{DY} は姿勢，高さ制御系として捉えることができるため，力制御ループの外側に接続しカスケード制御系を構成する。制御系のブロック線図を図 18.40 に示す。本制御系は位置/力ハイブリッド制御に姿勢制御を付加した制御系 (Position/Force and Attitude Control) である。制御系の切換はコンプライアンス選択行列 S によって行われる。切換に必要な閾値

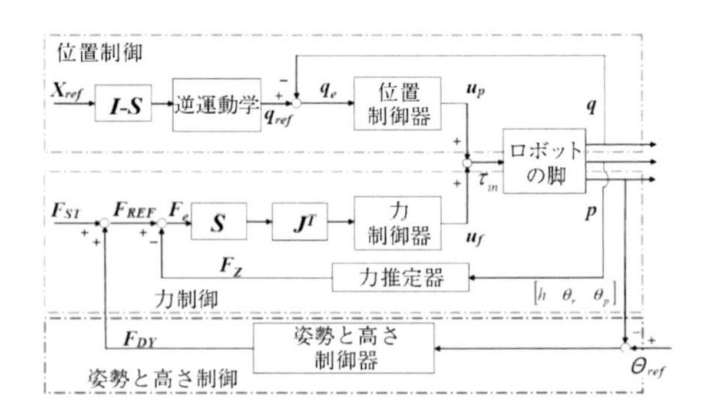

図 18.40　6 脚ロボットの位置/力ハイブリッド制御および姿勢制御系

をなるべく低く設定することで衝撃力緩和が実現されるが，脚先発生力のノイズとダイナミクス，分解能の問題とトレードオフになる。

18.6.4　力制御による柔軟歩行

(1) 撃力

柔軟性は脚に働く撃力と捉えることができる。なぜなら「硬い」脚は大きな撃力を受け，「柔らかい」脚は力を逃がし撃力を小さく抑えるからである。撃力とはある短い時間内で発生した力を積分したものである。すなわち柔らかさを持たせることは，一定時間内における発生力の積分を小さく抑えることと等価であると考えられる。

(i) 連続歩行状態の力目標値

定常応答部分は 3 脚支持状態であり，静的力目標値 F_{ST} は力とモーメントの釣合い式から次式を解くことで容易に決定することができる。

$$\begin{aligned}
Mg &= F_{ST1} + F_{ST2} + F_{ST3} \\
0 &= (x_1 - x_G)F_{ST1} + (x_2 - x_G)F_{ST2} \\
&\quad + (x_3 - x_G)F_{ST3} \\
0 &= (y_1 - y_G)F_{ST1} + (y_2 - y_G)F_{ST2} \\
&\quad + (y_3 - y_G)F_{ST3}
\end{aligned}$$

(ii) 支持脚切換状態の力目標値

支持脚切換状態において力目標値を線形補間することが適している。ここでは接地後から支持脚に遷移するまでの力目標値を連続的に変化させることが重要である。また短時間において急峻な発生力変化を避けるため，力の増加率一定を実現する線形補間が有効であ

る。線形補間であれば補間中の力目標値は以下の式で表される。

$$t_s < t < t_f \text{において}$$
$$F_{REF} = F_s + \frac{F_f - F_s}{t_f - t_s} \cdot t$$

ただし t_s, t_f は補間前後の時刻，F_s, F_f は補間前後の力目標値である。補間開始前遊脚だった脚は接地判断の閾値であり，補間終了後遊脚となる脚は $F_f = 0\mathrm{N}$ となる。補間に要する時間 $(t_f - t_s)$ は力目標値の立ち上がりが急峻とならないよう考慮する。

(2) 制御系設計

本手法は力目標値を陽に考慮している。そのため制御量が力の次元のまま力制御を導入した方が単純かつ正確に歩行が実現できると考えられる。

(i) 動的力目標値 F_{DY} の生成

胴体に関する運動方程式は以下のようになる。

$$M\ddot{h} = F_1 + F_2 + F_3$$
$$I_r\ddot{\theta}_r = x_1F_1 + x_2F_2 + x_3F_3$$
$$I_p\ddot{\theta}_p = y_1F_1 + y_2F_2 + y_3F_3$$

胴体姿勢 θ_r, θ_p，高さ h を状態量，脚先発生力 F_1, F_2, F_3 を入力とする状態方程式を得る。

$$\dot{x} = Ax + Bu$$
$$x = [h\ \theta_r\ \theta_p\ \dot{h}\ \dot{\theta}_r\ \dot{\theta}_p]^T \quad u = [F_1\ F_2\ F_3]^T$$
$$A = \begin{bmatrix} 0 & 0 & 0 & 1 & 0 & 0 \\ 0 & 0 & 0 & 0 & 1 & 0 \\ 0 & 0 & 0 & 0 & 0 & 1 \\ 0 & 0 & 0 & 0 & 0 & 0 \\ 0 & 0 & 0 & 0 & 0 & 0 \\ 0 & 0 & 0 & 0 & 0 & 0 \end{bmatrix},$$
$$B = \begin{bmatrix} 0 & 0 & 0 \\ 0 & 0 & 0 \\ 0 & 0 & 0 \\ 1/M & 1/M & 1/M \\ x_1/I_r & x_2/I_r & x_3/I_r \\ y_1/I_p & y_2/I_p & y_3/I_p \end{bmatrix}$$

得られた状態空間モデルを用いて，図 18.40 に示したアドバンスな位置と力のハイブリッド制御系および姿勢制御系の設計が可能となる。

18.7　多脚ロボットのインピーダンス歩行制御

18.7.1　スカイフックサスペンション制御

位置制御では，4 脚以上の支持脚がある場合には接地状態が不静定である。1 つの脚が浮いたり，4 脚とも接していたとしてもある脚は極端に接地力が小さいこともある。前節の力目標値を設定したフィードフォワード制御では，4 脚以上の不静定な接地力を適正に制御することができる。しかし，位置制御された脚に支えられた胴体の姿勢は外乱があっても傾かないが，一定の力制御の脚で支えられた胴体には外乱による傾きを補正する機能がない。

力を適正に制御しながら胴体姿勢も制御するためには，アクティブサスペンション機能が有効である。胴体の傾きや地面上の高さを補正するための脚の力，つまりフィードバック的なサスペンション力を計算する。ここでは仮想的に図 18.41 のように胴体が絶対座標系からばね（ばね定数 K_x, K_y, K_z）とダンパ（粘性係数 D_x, D_y, D_z）で支持されている（スカイフックサスペンション）と考え，その力を算出する。胴体に働く z 方向の力 F_z と x, y 軸まわりのモーメント M_x, M_y は，

$$\Delta M_x = -D_x\dot{\theta}_x - K_x\theta_x$$
$$\Delta M_y = -D_y\dot{\theta}_y - K_y\theta_y$$
$$\Delta F_z = -D_z\Delta\dot{z} - K_z\Delta z \tag{18.32}$$

となる。この仮想的な力とモーメントを実際の脚の力で実現する。3 脚支持期間については，先の式 (18.28),(18.29) の右辺をゼロでなく M_x, M_y とし，式 (18.30) の右辺を F_z とした方程式を解くと，

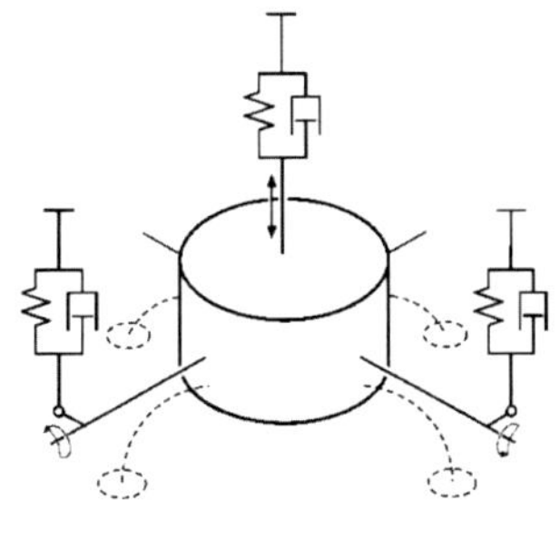

図 18.41　スカイフックサスペンションのインピーダンス設定

$$\Delta F_a = \frac{\Delta M_x (x_b - x_c) + \Delta M_y (y_b - y_c) + A\Delta F_x}{x_a (y_c - y_b) + x_b (y_a - y_c) + x_c (y_b - y_a)}$$

ただし，

$$A = y_b x_c - y_c x_b + y_{CG} (x_b - x_c) + x_{CG} (y_c - y_b)$$

となる。a,b,c を循環させれば 3 脚分を求めることができる。一意に求められない 4 脚支持期間については前節と同様に，直前と直後の値を線形補完して求める。

18.7.2　インピーダンス歩行制御

6 脚ロボットは，一般にトライポッド歩行でも静的に安定である。しかし，実環境下の歩行では望ましい安定した歩行を行うことが難しいことは述べた。ここでは，インピーダンス制御の設計と 6 脚ロボットの実装に，1 脚ごとのインピーダンス制御とロボット本体重心ベースのインピーダンス制御という 2 つの異なる方式を紹介する。1 脚用コントローラの設計では，個々の脚に作用する垂直力が考慮され，垂直運動と反作用の組合せとして表される。ロボットの脚と地面との間の相互作用のインピーダンスモデルは，図 18.42 に示すように等価弾性モデル（インピーダンスモデル）として定義することができる。

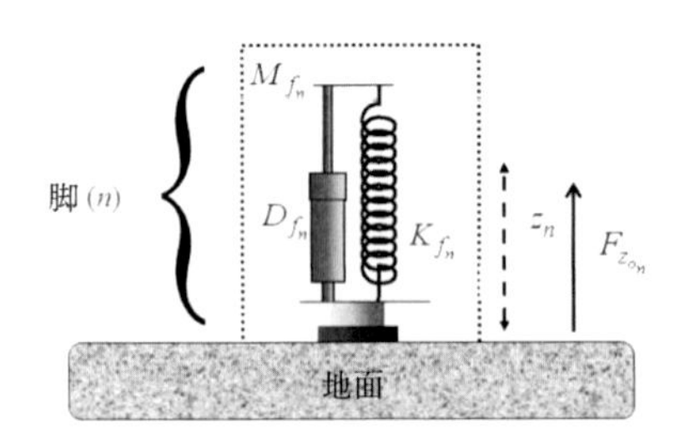

図 18.42　ロボット脚接地面での等価弾性モデル（インピーダンスモデル）

各ロボットの脚のインピーダンスモデルを考えると，以下のように表すことができる。

$$-F_{z_{0_n}}(t) = M_{f_n}\ddot{z}_n(t) + D_{f_n}\dot{z}_n(t) + K_{f_n}z_n(t) \tag{18.33}$$

z_n は，各脚の仮想垂直位置を示す。各脚の M_f 値は，各脚の実際の重量とロボット本体重量の合計を基準に一定値になるように選択される。ニュートンの法則を用いて以下のように再整理することによって決定される。

$$\ddot{z}_n + \left(\frac{D_{f_n}}{M_{f_n}}\right)\dot{z}_n + \left(\frac{K_{f_n}}{M_{f_n}}\right)z_n = 0$$

よって，固有振動数と減衰比は次式となる。振動を抑制するために臨界減衰を採用すると

$$\omega_0 = \sqrt{\frac{K_f}{M_f}}, \zeta = \frac{D_f}{2\sqrt{M_f K_f}}$$

$\zeta = 1$ から D_f は次式となる。

$$D_{f_n} = 2\sqrt{K_{f_n} M_{f_n}} \tag{18.34}$$

このようにして，インピーダンス制御時の各脚の Z 方向運動 (Z_{I_n}) は，支持脚期間中に下記のように表現できる。

$$z_{I_n}(t_q) = z_{r_n}(t_q) + z_n(t) \tag{18.35}$$

ここで，z_{r_n} は n 番目の脚の Z 方向運動の目標値を示している。最終的に図 18.43 のような制御系ブロック線図になる。ここで，$P_{th_n}(t)$ と $P_{sh_n}(t)$ は脚 n 番目のもも部とすね部の油圧シリンダー圧力のフィードバックを意味している。

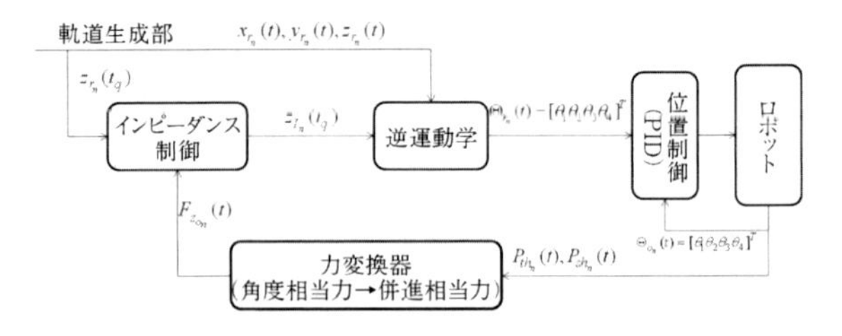

図 18.43　油圧駆動型 6 脚ロボットの各脚のインピーダンス制御系

同様にして，ロボット本体のインピーダンス制御は図 18.44 に示すように，ロボット全体を重心の位置での集中質量と仮定してインピーダンス制御を実現する。このときは以下のように書くことができる。

$$-F_{z_{0_T}}(t) = M_b\ddot{h}(t) + D_b\dot{h}(t) + K_b h(t) \tag{18.36}$$

ここで，M_b はロボットの実際の全質量であり，D_b は総減衰量であり，K_b は肩から地面までの体の総剛性（支持された脚の全剛性）である。$F_{z_{0_T}}$ は脚が地面に触れるときに作用する全垂直力であり，トライポッドであれば 3 脚の歩行パターンに基づいて計算される。

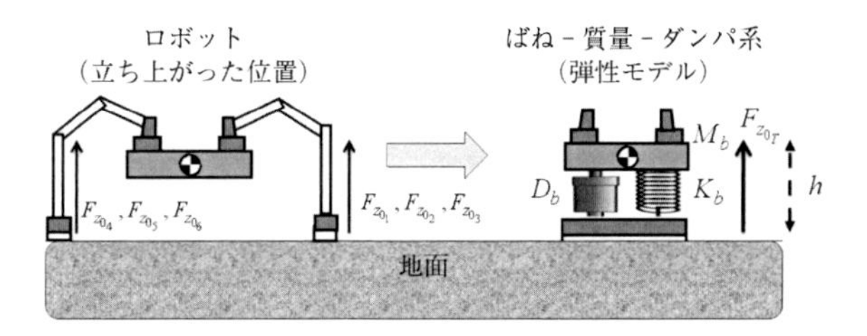

図 18.44　ロボット本体のインピーダンス制御

インピーダンス制御系は図 18.43 に類似している。

18.8　未知環境適応型歩行

18.8.1　遊脚の軌道制御

多足の自律歩行では地面の凹凸にいかに対応するかが鍵となる。支持脚のインピーダンス制御による凹凸吸収や胴体の姿勢維持に加え，遊脚の振り出しや着地の方法も不整地歩行制御の重要なポイントである。デューティ比の大きい多足歩行では，地面に多少の凹凸があっても遊脚が引っかからずに前に出せ，目標地点に接地できれば，着地が若干早めか遅めになっても安定性には影響を生じにくい。そこで，遊脚の運動を図 18.45 のような形状にして，鉛直上昇と鉛直下降の部分を作る。これによって，柔らかい地面や草の生えた地面からでもスムーズに脚を上げられる。また，着地点の地面の高さが予定通りでなくても着地位置がずれることがない。

不整地においては遊脚中に障害物をまたぎ越えることもあるため，遊脚開始後できるだけ速く脚を上昇させ，またできるだけ着地直前まで遊脚高さを保つような軌道が望まれることが多い。特に階段上昇時には遊脚開始から 1 段分の高さに上昇するまでは前に出せない。同様に，階段下降時には着地点の鉛直上方 1 段分の高さまで行ってから鉛直に下降させるようにし，足先が段の角に接触しないような軌道を作らなければならない。このような鉛直上下の必要な高さの上昇分を H_{up}，下降分を H_{down} とする。そして，図 18.46 のような速度線図を設定する。速度線図の傾きが加速度，面積が移動距離を表す。ここでは，z 方向には遊脚開始時に最大限の加速を行ってできるだけ速く上昇させる。この最大加速度は真の機構的，制御的な限界値ではなく，ユーザーが設定する適切な値としてよい。次に最高高さの半分まで来たら最大の減速を行い，スムーズに速度ゼロで最高点に達する。その後はしばらく高さ一定すなわち z 方向速度ゼロとし，着地直前に最大加減速によってできるだけ短い時間で地面までスムーズに下降させる。一方の x 方向速度は，遊脚開始後，高さが H_{up} に達するまでは横には動かさない，すなわち x 方向速度はゼロとし，その後に最大限の加速によって脚を前進させ，一定速度の期間を経て，最大限の減速によって速度ゼロとする。このとき，脚高さが $H + H_{\mathrm{down}}$ になる時刻に横方向速度がゼロになるようにする。ここでは最大限の加減速を行うことにより最高速度を低くおさえることができる。なお，脚をまっすぐ前方（x 方向）ではなく，斜め横方向に振り出す場合，すなわち y 方向にも運動させる場合，y 方向の運動計画については x 方向と全く同様の手順で行う。

図 18.47 は生成した脚軌道の例である。(a) は地面に固定した座標で見たもので，遊脚開始点より下方まで軌道を作っている。(b) はこれを一定速度で進む胴体に乗った座標で表したもので，実際の関節角度制御はこの軌道を生成するように行う。

この脚軌道を用いて未知の不整地を歩行するために

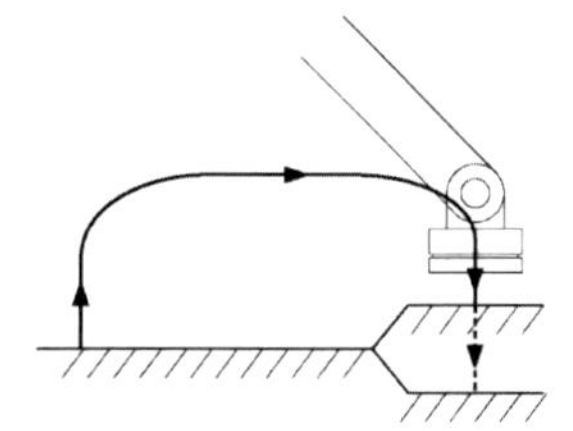

図 18.45　鉛直上昇と下降のある脚軌道

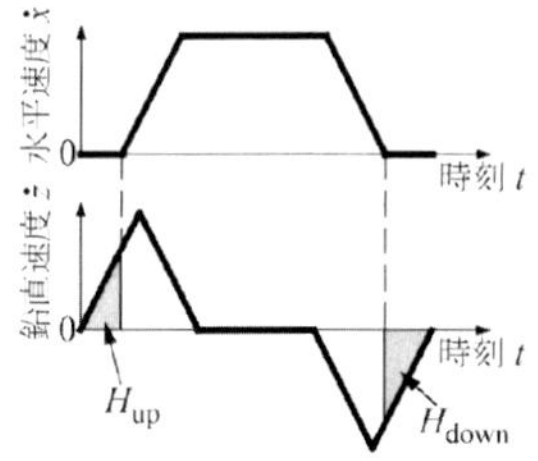

図 18.46　脚軌道の速度線図

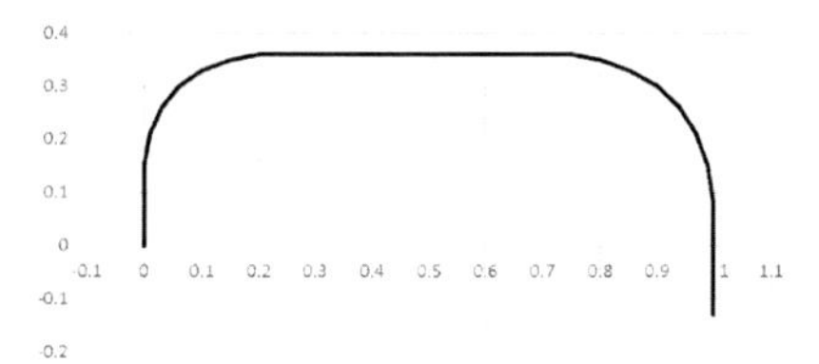

(a) 地面に固定した座標で表した軌道

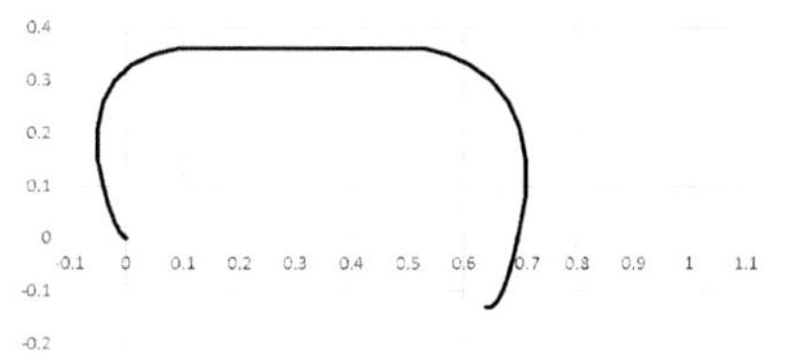

(b) 一定速度の胴体座標で表した軌道

図 18.47　生成した脚軌道の例

は，次のような軌道設定と制御を行う。軌道は着地点の高さ H を低めに設定し，鉛直下降距離 H_{down} を着地点の高さの不確定範囲をカバーするように大きめにとって作っておく。そして，その鉛直下降中に足先の接触センサが地面を感知した時点で下降を終了させる制御を行う。特に多少の凹凸がある程度でほぼ平坦な地形においては，着地点の高さは遊脚開始点の高さ $\pm\Delta H$ 程度と考え，着地点高さ $= -\Delta H$，鉛直下降距離 $H_{\mathrm{down}} = 2\Delta H$ の軌道を用いることで，凹凸を吸収して胴体の上下動のないスムーズな歩行を行う。

18.8.2　未知環境での自律歩行

多脚ロボットが未知環境を自律的に歩行できるためには，18.3.2 項で述べたナビゲーションシステムや可視光カメラ等がまず外環境のモデリング，またはマッピングプロセスとして必要である。その上で，外環境をマップ化できたら障害物回避の軌道計画を自律的に行い，目標地点まで歩行を開始することになる。この際，ステップごとにより正確なマッピングや環境認識を絶えず実行しながら，目標軌道の再生成を実行していく。ロボット本体には本体の姿勢制御はもちろんのこと，自律的な位置制御，力制御，インピーダンス制御を実装して，環境との接触によっても安定性が保証されるようにすることである。すなわち，外環境のモデリング，または，マッピングによる自己位置推定と環境認識を上位制御系とすれば，姿勢制御をはじめとした位置制御，力制御，インピーダンス制御は下位制御系ということになる。この 2 層構造で未知環境への自律歩行の適用はまずは可能であろう。さらに，クラウドコンピューティングなど最新のネットワーク環境を多用すれば，人工知能などを活用して過去の経験則を学習しながらよりスマートな自律歩行も実現できるであろう。

18.9　おわりに

多脚ロボットは，数百 g の小型のものから，数トンの大型のものまで作られている。本章で述べたような制御は，サイズによらず適用できるが，特に数 10 kg 以上のロボットでは必須である。精度の高い位置制御や脚相互の力制御で地面と足先とのスリップを回避し，追従性の高い接地力制御で足先の浮き上がり防止やグリップの確保をしてすべての支持脚で安定にロボットを支え，加減速も考慮した胴体の位置と姿勢の制御で全体を滑らかに動かすことが，地面環境を克服してスムーズな歩行を実現するために必要である。

＜野波健蔵，米田 完＞

参考文献（第 18 章）

[1] Nonami, K.,, Barai, R, Irawan, A, Daud, M. R.: *Design, Implementation and Control of Hydraulically Actuated Hexapod Robot*, Springer (2013).

[2] Song, S. M., Waldron, K. J.: *The machine that walk: The adaptive suspension vehicle*, The MIT Press, Cambridge (1989).

[3] Spong, M. W., Vidyasagar, M.: *Robot dynamics and control*, John Wiley & Sons, Singapore (1989).

[4] 広瀬茂男，菊池秀和，梅宮陽二：4 足歩行機械の基準旋回歩容，『日本ロボット学会誌』，Vol. 2, No. 6, pp. 41–52 (1984).

[5] 野波健蔵，田宏奇：『スライディングモード制御』，コロナ社 (1994).

第19章

ROBOT CONTROL HANDBOOK

ヒューマノイドロボット

19.1 はじめに

ヒューマノイドロボットは，1973年に早稲田大学で開発されたWABOT-1を元祖とするが，1996年にHondaがP2を発表し，1998年から経産省／NEDO「人間協調・共存型ロボットシステム」研究プロジェクトが実施され，その成果であるHRP-2，HOAP-1という研究開発用のヒューマノイドロボットが市販されたことをきっかけとして，今や世界的に研究開発の対象となっている。ヒューマノイドロボットは環境に固定されていないため，自ずとそのダイナミクスと環境からの反力を考慮して制御しなければならない。これが，面白い点でもあり，難しい点でもある。

本章では，ヒューマノイドロボットを制御対象として，まず多くの制御法で必要となるヒューマノイドロボットの力学パラメータの同定法について解説し，その後，ヒューマノイドロボットのダイナミクスの定式化手法とそれに基づく制御手法，全身協調動作の実現手法について解説する。最後に，全身動作のツボや，腱駆動ヒューマノイドについても解説する。

＜横井一仁＞

19.2 力学パラメータの同定

19.2.1 力学パラメータに関する線形表現

力学パラメータの同定とは，対象とするシステムの運動方程式を手がかりとして，運動中の入出力データから質量などの未知パラメータを推定する問題である。例えば質点の力学系であれば，質点に作用する力を質点の加速度で除算することで質量を計算できる。

ロボットの力学パラメータは，リンクiの質量をm_i，重心位置を$s_{i,r}$ $(r \in \{x,y,z\})$，リンク座標系原点まわりの慣性テンソルを$I_{i,rs}$ $(r,s \in \{x,y,z\})$とすると，以下のように定義される。

$$\boldsymbol{\phi}_i \triangleq [\, m_i \;\; m_i s_{i,x} \;\; m_i s_{i,y} \;\; m_i s_{i,z} \;\; I_{i,xx} \;\; I_{i,yy} \;\; I_{i,zz} \;\; I_{i,yz} \;\; I_{i,zx} \;\; I_{i,xy} \,]^T \tag{19.1}$$

$\boldsymbol{\phi}_i$はロボットの運動方程式から線形に分離できることが示されている[1]。ヒューマノイドロボットの運動方程式は次のように表される。

$$\begin{bmatrix} \boldsymbol{H}_{11} & \boldsymbol{H}_{12} \\ \boldsymbol{H}_{21} & \boldsymbol{H}_{22} \end{bmatrix} \begin{bmatrix} \ddot{\boldsymbol{q}}_o \\ \ddot{\boldsymbol{\theta}} \end{bmatrix} + \begin{bmatrix} \boldsymbol{b}_1 \\ \boldsymbol{b}_2 \end{bmatrix} = \begin{bmatrix} \boldsymbol{0} \\ \boldsymbol{\tau} \end{bmatrix} + \sum_k \begin{bmatrix} \boldsymbol{J}_{k1}{}^T \\ \boldsymbol{J}_{k2}{}^T \end{bmatrix} \boldsymbol{F}_k \tag{19.2}$$

ここで，$\ddot{q}_0$は基底（ベース）リンクの並進・回転加速度（6次元），$\boldsymbol{\theta}$は関節角度，$\boldsymbol{H}_{ij}$は慣性行列，$\boldsymbol{b}_i$はコリオリ力・遠心力・重力項，$\boldsymbol{\tau}$は関節トルク，$\boldsymbol{F}_k$は接触点kに働く外力・外モーメント（6次元），$\boldsymbol{J}_{ki}$は接触点kの位置と接触リンクの姿勢へのヤコビ行列である。式(19.2)は次のように変形できる。

$$\begin{bmatrix} \boldsymbol{Y}_1 \\ \boldsymbol{Y}_2 \end{bmatrix} \boldsymbol{\phi} = \begin{bmatrix} \boldsymbol{0} \\ \boldsymbol{\tau} \end{bmatrix} + \sum_k \begin{bmatrix} \boldsymbol{J}_{k1}{}^T \\ \boldsymbol{J}_{k2}{}^T \end{bmatrix} \boldsymbol{F}_k \tag{19.3}$$

$\boldsymbol{\phi}$は各リンクの$\boldsymbol{\phi}_i$を順に並べたベクトル，$\boldsymbol{Y}_i$はリグレッサ行列と呼ばれる。$\boldsymbol{Y}_i$は一般化座標，速度，加速度，リンク長等の幾何パラメータから計算される[2]。

ロボットの同定問題では，力学パラメータ$\boldsymbol{\phi}$のすべての要素を同定できない。ロボットがいかなる運動を行っても，$\boldsymbol{Y}_i \boldsymbol{a} = \boldsymbol{0}$が恒等的に成立する非ゼロの定数$\boldsymbol{a}$が存在し，$\boldsymbol{\phi}$は式(19.3)を記述する上で冗長となる。式(19.3)を表現する必要最小限なパラメータは，ベースパラメータあるいは最小力学パラメータと呼ばれる[3]。

$$\boldsymbol{\phi}_B = \boldsymbol{Z}\boldsymbol{\phi} \tag{19.4}$$

$\boldsymbol{\phi}_B$ は最小力学パラメータベクトル，$\boldsymbol{Z}$ はシステムの幾何構造に依存する定数行列となる。$\boldsymbol{Z} \in \mathbb{R}^{m\times n}$ とすると，$m < n$ であることに注意されたい。$\boldsymbol{\phi}_B$ を用いて，式 (19.3) は以下のように変形できる。

$$\begin{bmatrix} \boldsymbol{Y}_{B1} \\ \boldsymbol{Y}_{B2} \end{bmatrix} \boldsymbol{\phi}_B = \begin{bmatrix} \boldsymbol{0} \\ \boldsymbol{\tau} \end{bmatrix} + \sum_k \begin{bmatrix} \boldsymbol{J}_{k1}{}^T \\ \boldsymbol{J}_{k2}{}^T \end{bmatrix} \boldsymbol{F}_k \tag{19.5}$$

$\boldsymbol{Y}_{Bi}$ は $\boldsymbol{\phi}_B$ に関するリグレッサ行列となる。$\boldsymbol{Y}_{Bi}$ および $\boldsymbol{\phi}_B$ は数値的・解析的に計算可能であり[4]，ヒューマノイドの場合の解析的な計算方法も示されている[5]。

ヒューマノイドのベースリンクの運動方程式（式 (19.2) の上段の方程式）は，$\boldsymbol{\phi}_B$ のすべての要素を過不足なく含むことが示されている[5]。ゆえに式 (19.5) の上段のみからでも $\boldsymbol{\phi}_B$ の全要素は同定できる。

19.2.2 ヒューマノイドロボットのパラメータ同定法

エンコーダや力・トルクセンサなどの離散的な計測データに基づいて，サンプリングされた式 (19.5) を以下のように略記する。

$$\boldsymbol{Y}^{(t)}\boldsymbol{\phi}_B = \boldsymbol{f}^{(t)} + \boldsymbol{e}^{(t)} \tag{19.6}$$

$\boldsymbol{Y}^{(t)}$ はサンプル t においてセンサの計測値から計算された式 (19.5) のリグレッサ行列，$\boldsymbol{f}^{(t)}$ はセンサの値から計算された式 (19.5) の右辺，$\boldsymbol{e}^{(t)}$ は誤差となる。最小二乗法の最も単純な実装では，計測サンプルの総数を N_T とすると，全サンプルにおける誤差の二乗ノルムの総和を最小化する $\boldsymbol{\phi}_B$ を求める。

$$\widehat{\boldsymbol{\phi}}_B = \left(\sum_{t=1}^{N_T}(\boldsymbol{Y}^{(t)T}\boldsymbol{Y}^{(t)})\right)^{-1} \left(\sum_{t=1}^{N_T}(\boldsymbol{Y}^{(t)T}\boldsymbol{f}^{(t)})\right) \tag{19.7}$$

$\widehat{\boldsymbol{\phi}}_B$ は同定された最小力学パラメータである。

式 (19.5) を基盤として，計測状況に応じた各種同定法が提案されている。Ayusawa ら[5] はベースリンクの性質を利用してトルクセンサを利用しない同定法を提案した。また浮遊状態の計測データのみを利用して力センサを利用しない同定法も提案した。Mistry ら[6] はトルク計測を主体として，式 (19.5) において $\boldsymbol{J}_i$ のゼロ空間を用いて接触力 $\boldsymbol{F}_k$ を消去する手法を提案した。Cotton ら[7] は重心・ZMP の関係式を用いて，複数の静止立位から $\boldsymbol{\phi}_B$ の質量・重心成分を同定する手法を提案した。重心と ZMP の関係式は，静止時における式 (19.5) の上段の方程式と等価となっている。

19.2.3 力学パラメータの力学的整合条件

剛体リンク i の力学パラメータには次のような力学的整合条件が存在する。

$$m_i > 0, \quad \frac{1}{2}\mathrm{trace}(\boldsymbol{I}_{Ci})\boldsymbol{E}_3 - \boldsymbol{I}_{Ci} \succ 0 \tag{19.8}$$

ここで重心まわりの慣性テンソルを $\boldsymbol{I}_{Ci}$，3行3列の単位行列を $\boldsymbol{E}_3$ とした。式 (19.8) の2番目の条件は，主慣性モーメントの任意の2つの和は残りの一つよりも大きい条件と等価である。

力学的整合性を考慮する場合，非線形不等式 (19.8) の下で最小二乗問題を解く必要がある。ただし計算難度が高いため，直接的に非線形制約を扱わない方法も提案されている。Nakanishi ら[8] は m_i や I_{Ci} をあるパラメータの2次式で表現して式 (19.8) を陰に表現し，制約なしの問題として扱った。Ayusawa ら[9] は剛体を有限の質点で表現して，式 (19.8) や幾何形状による重心・慣性テンソルの制約条件を質点の力学的整合条件として近似した。一方，Venture ら[10] は式 (19.4) の行列 $\boldsymbol{Z}$ のゼロ空間を利用して，CAD などの別の知識を埋め込んで標準力学パラメータ $\boldsymbol{\phi}$ を推定した。Gautier ら[11] はこの推定手法と $\boldsymbol{Z}$ の数値計算法[4] を組み合わせ，力学的整合性を実験的に満たす手法を開発した。

19.2.4 Persistent Excitation (PE) 性

ロボットの運動軌道によって式 (19.7) の $\boldsymbol{Y}^{(t)}$ が決定されるが，リグレッサ行列が悪条件だった場合，パラメータの推定誤差は著しく増大する。運動軌道がすべてのパラメータを同定できる性質を Persistent Excitation(PE) 性，またその軌道を PE 軌道と呼ぶ[12]。式 (19.7) を用いて同定を行う場合，PE 性の一つの指標として以下の条件数が用いられる。

$$c \triangleq \mathrm{cond}\left(\begin{bmatrix} \boldsymbol{Y}^{(1)T} & \cdots & \boldsymbol{Y}^{(N_T)^T} \end{bmatrix}^T\right) \tag{19.9}$$

条件数 c が小さければ PE 性が高いと解釈される。

PE 軌道を設計する場合，運動軌道をある軌道パラメータの関数で表現し，関節可動域等の制約の下で条件数 c を最小化させる軌道パラメータの最適化問題を解く[12]。ただしヒューマノイドの場合，関節自由度と軌道パラメータ数が多く，転倒回避などの動力学的制約条件を考慮する必要があり，PE 軌道の設計問題は未だに課題が多い。一方，既に運動計測されたサンプルの中から最適な組合せを選ぶ研究も行われている。Venture ら[13] はリグレッサ部分行列の条件数を特徴ベクトルとして，PE 性の高いサンプルの組合せを求める手法を提案した。また人を対象とした研究では，リアルタイムで同定を行い，その結果に基づいて動作を随時修正する手法の有効性も報告されている[10]。

＜鮎澤 光＞

参考文献（19.2 節）

[1] Mayeda, H., Osuka, K., *et al.*: A new identification method for serial manipulator arms, *Proc. of the IFAC 9th World Congress*, pp. 74–79 (1984).

[2] Atkeson, C. G., An, C. H., *et al.*: Estimation of inertial parameters of manipulator loads and links, *Int. J. of Robotic Research*, Vol. 5, No. 3, pp. 101–119, (1986).

[3] Kawasaki, H., Beniya, Y., *et al.*: Minimum dynamics parameters of tree structure robot models, *Proc. of the Int. Conf. of Industrial Electronics, Control and Instrumentation*, pp. 1100–1105 (1991).

[4] Gautier, M.: Numerical calculation of the base inertial parameters of robots, *Proc. of the IEEE Int. Conf. on Robotics and Automation*, pp. 1020–1025 (1990).

[5] Ayusawa, K., Venture, G., *et al.*: Identifiability and identification of inertial parameters using the underactuated base-link dynamics for legged multibody systems, *Int. J. of Robotics Research*, Vol. 33, No. 3. pp. 446–468 (2014).

[6] Mistry, M., Schaal, S., *et al.*: Inertial parameter estimation of floating-base humanoid systems using partial force sensing, *Proc. of the IEEE-RAS Int. Conf. of Humanoid Robots*, pp. 492–497 (2009).

[7] Cotton, S., Murray, A., *et al.*: Estimation of the center of mass: From humanoid robots to human beings, *Trans. on Mechatronics*, Vol. 14, No. 6, pp. 707–712 (2009).

[8] Nakanishi, J., Cory, R., *et al.*: Operational space control: A theoretical and empirical comparison, *Int. J. of Robotics Research*, Vol. 27, No. 6, pp. 737–757 (2008).

[9] Ayusawa, K. *and* Nakamura, Y.: Identification of standard inertial parameters for large-DOF robots considering physical consistency, *Proc. of the IEEE/RSJ Int. Conf. on Intelligent Robots and Systems*, pp. 6194–6201 (2010).

[10] Venture, G., Ayusawa, K., *et al.*: Optimal estimation of human body segments dynamics using realtime visual feedback, *Proc. of the IEEE/RSJ Int. Conf. on Intelligent Robots and Systems*, pp. 1627–1632 (2009).

[11] Gautier, M. *and* Venture, G.: Identification of standard dynamic parameters of robots with positive definite inertia matrix, *Proc. of the IEEE Int. Conf. on Intelligent Robots and Systems*, pp. 5815–5820 (2013).

[12] Gautier, M. *and* Khalil, W.: Exciting trajectories for the identification of base inertial parameters of robots, *Int. J. of Robotics Research*, Vol. 11, No. 4, pp. 362–375 (1992)

[13] Venture, G., Ayusawa, K., *et al.*: A numerical method for choosing motions with optimal excitation properties for identification of biped dynamics — An application to human, *Proc of the IEEE Int. Conf. on Robotics and Automation*, pp. 1226–1231 (2009).

19.3 重心運動量行列と分解運動量制御

19.3.1 重心運動量行列

ヒューマノイドロボットも脚ロボットの一種——4 本の脚のうち 2 本がマニピュレータを兼用する点で特殊な種類——であり，2.4.3 項に記したように，基底リンクが慣性系で位置と姿勢を自由に変える木構造浮遊リンク系として表現できる。基底リンクの並進・回転を表す仮想的な関節（基底関節）に直接駆動力が作用しないことは，次の運動方程式に表れる（再掲）。

$$\boldsymbol{H}_{\mathrm{B}}\ddot{\boldsymbol{q}}_{\mathrm{B}} + \boldsymbol{H}_{\mathrm{BJ}}\ddot{\boldsymbol{q}}_{\mathrm{J}} + \boldsymbol{b}_{\mathrm{B}} = \sum_{k=1}^{N_{\mathrm{C}}} \boldsymbol{J}_{\mathrm{CB}k}^{T}\boldsymbol{f}_{\mathrm{C}k} \tag{8.1}$$

ただし，$\boldsymbol{q}_{\mathrm{B}}$（6 次）は基底関節の変位，$\boldsymbol{q}_{\mathrm{J}}$（$n$ 次）は駆動関節の変位，$\boldsymbol{H}_{\mathrm{B}}(6\times 6)$，$\boldsymbol{H}_{\mathrm{BJ}}(6\times n)$ は慣性行列，$\boldsymbol{b}_{\mathrm{B}}$（6 次）は遠心力，コリオリ力，重力等を含むバイアス力項，N_{C} は接触点の数，$\boldsymbol{f}_{\mathrm{C}k}$（3 次）は k 番目接触点 $\boldsymbol{p}_{\mathrm{C}k}$ に働く接触力，$\boldsymbol{J}_{\mathrm{CB}k}(3\times 6)$ はヤコビ行列である。簡単のため，身体中に閉ループを持たず，基底関節以外の関節（n 自由度とする）はすべて駆動されると仮定した。$\boldsymbol{q}=[\boldsymbol{q}_{\mathrm{B}}^{T}\ \ \boldsymbol{q}_{\mathrm{J}}^{T}]^{T}$ がロボットの一般化座標となる。「外界から加えられた並進力の総和は全身運動量の時間変化率に等しい」「外界から加えられたトルクの総和は全身角運動量の時間変化率に等しい」という事実に照らせば，これは次式と等価である。

$$\begin{bmatrix} \dot{\boldsymbol{h}}_{\mathrm{L}} \\ \dot{\boldsymbol{h}}_{\mathrm{A}} \end{bmatrix} + \begin{bmatrix} m\boldsymbol{g} \\ \boldsymbol{0} \end{bmatrix} = \begin{bmatrix} \boldsymbol{f} \\ \boldsymbol{n} - \boldsymbol{p}_{\mathrm{G}} \times \boldsymbol{f} \end{bmatrix} \tag{19.10}$$

ただし，$\boldsymbol{g}$ は重力加速度ベクトルであり，

$$\boldsymbol{h}_{\mathrm{L}} = \sum_{i=0}^{N} m_i \dot{\boldsymbol{p}}_{\mathrm{G}i} \tag{19.11}$$

$$\boldsymbol{h}_{\mathrm{A}} = \sum_{i=0}^{N} \{m_i(\boldsymbol{p}_{\mathrm{G}i} - \boldsymbol{p}_{\mathrm{G}}) \times \dot{\boldsymbol{p}}_{\mathrm{G}i} + \boldsymbol{I}_i\boldsymbol{\omega}_i\} \tag{19.12}$$

$$m = \sum_{i=0}^{N} m_i \tag{19.13}$$

$$\boldsymbol{p}_{\mathrm{G}} = \left(\sum_{i=0}^{N} m_i \boldsymbol{p}_{\mathrm{G}i} \right) / m \tag{19.14}$$

$$\boldsymbol{f} = \sum_{k=1}^{N_{\mathrm{C}}} \boldsymbol{f}_{\mathrm{C}k} \tag{19.15}$$

$$\boldsymbol{n} = \sum_{k=1}^{N_{\mathrm{C}}} \boldsymbol{p}_{\mathrm{C}k} \times \boldsymbol{f}_{\mathrm{C}k} \tag{19.16}$$

とそれぞれおいた。N は最大リンクインデックス，$m_i, \boldsymbol{p}_{\mathrm{G}i}, \boldsymbol{I}_i, \boldsymbol{\omega}_i$ はそれぞれリンク i の質量，重心位置，重心まわり慣性テンソル，角速度である。m はロボットの質量，$\boldsymbol{p}_{\mathrm{G}}$ はロボットの重心，$\boldsymbol{h}_{\mathrm{L}}$ および $\boldsymbol{h}_{\mathrm{A}}$ はロボットの運動量および重心まわり角運動量をそれぞれ意味する。$\dot{\boldsymbol{p}}_{\mathrm{G}i}$ と $\boldsymbol{\omega}_i$ は，$\boldsymbol{p}_{\mathrm{G}i}$ をエンドポイントと見立てた基礎ヤコビ行列[1] $\boldsymbol{J}_{\mathrm{G}i}$，$\boldsymbol{J}_{\mathrm{A}i}$（ともに $3 \times n$）によって，次のように $\dot{\boldsymbol{q}}$ と関係づけられる。

$$\dot{\boldsymbol{p}}_{\mathrm{G}i} = \boldsymbol{J}_{\mathrm{G}i} \dot{\boldsymbol{q}} \tag{19.17}$$

$$\boldsymbol{\omega}_i = \boldsymbol{J}_{\mathrm{A}i} \dot{\boldsymbol{q}} \tag{19.18}$$

これらを式 (19.11), (19.12) に代入すれば，次式を得る。

$$\boldsymbol{h}_{\mathrm{L}} = \boldsymbol{H}_{\mathrm{L}} \dot{\boldsymbol{q}} \tag{19.19}$$

$$\boldsymbol{h}_{\mathrm{A}} = \boldsymbol{H}_{\mathrm{A}} \dot{\boldsymbol{q}} \tag{19.20}$$

ただし，

$$\boldsymbol{H}_{\mathrm{L}} = \sum_{i=0}^{N} m_i \boldsymbol{J}_{\mathrm{G}i} \tag{19.21}$$

$$\boldsymbol{H}_{\mathrm{A}} = \sum_{i=0}^{N} \{ m_i (\boldsymbol{p}_{\mathrm{G}i} - \boldsymbol{p}_{\mathrm{G}}) \times \boldsymbol{J}_{\mathrm{G}i} + \boldsymbol{I}_i \boldsymbol{J}_{\mathrm{A}i} \} \tag{19.22}$$

とそれぞれおいた。$(\boldsymbol{p}_{\mathrm{G}i} - \boldsymbol{p}_{\mathrm{G}})\times$ がベクトル外積と等価な 3×3 行列であることに注意されたい。

式 (8.1) と式 (19.10), (19.19), (19.20) を見比べれば，次の事実が明らかとなる。

$$[\boldsymbol{H}_{\mathrm{B}} \quad \boldsymbol{H}_{\mathrm{BJ}}] = \begin{bmatrix} \boldsymbol{H}_{\mathrm{L}} \\ \boldsymbol{H}_{\mathrm{A}} \end{bmatrix} \tag{19.23}$$

$$\boldsymbol{b}_{\mathrm{B}} = \begin{bmatrix} \dot{\boldsymbol{H}}_{\mathrm{L}} \dot{\boldsymbol{q}} + m\boldsymbol{g} \\ \dot{\boldsymbol{H}}_{\mathrm{A}} \dot{\boldsymbol{q}} \end{bmatrix} \tag{19.24}$$

$$\boldsymbol{J}_{\mathrm{CB}k} = [\boldsymbol{1} \quad -(\boldsymbol{p}_{\mathrm{C}k} - \boldsymbol{p}_{\mathrm{G}})\times] \tag{19.25}$$

ただし，$\boldsymbol{1}$ は単位行列である。$\boldsymbol{H}_{\mathrm{L}}$, $\boldsymbol{H}_{\mathrm{A}}$ は関節速度 $\dot{\boldsymbol{q}}$ を運動量・（重心まわり）角運動量に写像する行列と言える。上式が示す通り，これらは慣性行列 $[\boldsymbol{H}_{\mathrm{B}} \quad \boldsymbol{H}_{\mathrm{BJ}}]$（の一部）に他ならない。梶田ら[3] が指摘した通り，$\boldsymbol{H}_{\mathrm{L}}$ をロボットの総質量 m で除算したものは重心ヤコビ行列[4] に一致する。一方，$\boldsymbol{H}_{\mathrm{A}}$ を角運動量ヤコビ行列と呼んでいる文献がいくつか[5, 6] あるが，角運動量は何らかの量の微分として定義されるものではないため，厳密にはこれはヤコビ行列とは言えない。Orin ら[2] はこれらを重心運動量行列と呼んだ。

19.3.2　重心運動量行列の性質

Yoshida, Nenchev[7] は，$\boldsymbol{H}_{\mathrm{B}}$, $\boldsymbol{H}_{\mathrm{BJ}}$ に関するいくつかの重要な性質を示した。例えば，仮想的にロボットに重力も外力も作用していない状況を考えよう。このとき次の運動量保存則が成り立つ。

$$\boldsymbol{H}_{\mathrm{B}} \dot{\boldsymbol{q}}_{\mathrm{B}} + \boldsymbol{H}_{\mathrm{BJ}} \dot{\boldsymbol{q}}_{\mathrm{J}} = \boldsymbol{h}_{\mathrm{B0}} : \mathrm{const.} \tag{19.26}$$

ただし，$\boldsymbol{h}_{\mathrm{B0}}$ は初期運動量・角運動量である。$\boldsymbol{H}_{\mathrm{B}}$ は常に正定値対称行列（正則）となるので，次が言える。

$$\dot{\boldsymbol{q}}_{\mathrm{B}} = \boldsymbol{H}_{\mathrm{B}}^{-1} \boldsymbol{h}_{\mathrm{B0}} - \boldsymbol{H}_{\mathrm{B}}^{-1} \boldsymbol{H}_{\mathrm{BJ}} \dot{\boldsymbol{q}}_{\mathrm{J}} \tag{19.27}$$

すなわち $\dot{\boldsymbol{q}}_{\mathrm{B}}$ には，初期運動量・角運動量によって決まる量に $\dot{\boldsymbol{q}}_{\mathrm{J}}$ の反動の寄与分が加えられる。$\boldsymbol{H}_{\mathrm{B}}^{-1} \boldsymbol{H}_{\mathrm{BJ}}$ の特異値が大きいほど，同一の $\dot{\boldsymbol{q}}_{\mathrm{J}}$ に対する反動が大きいと言える。この意味で $-\boldsymbol{H}_{\mathrm{B}}^{-1} \boldsymbol{H}_{\mathrm{BJ}}$ は，運動量・角運動量の次元における $\dot{\boldsymbol{q}}_{\mathrm{J}}$ と $\dot{\boldsymbol{q}}_{\mathrm{B}}$ との相互干渉度を表している。参考までに，エンドポイント $\boldsymbol{p}$ の速度がマニピュレータ・ヤコビ行列 $\boldsymbol{J}_{\mathrm{B}}$, $\boldsymbol{J}_{\mathrm{J}}$ を用いて

$$\boldsymbol{J}_{\mathrm{B}} \dot{\boldsymbol{q}}_{\mathrm{B}} + \boldsymbol{J}_{\mathrm{J}} \dot{\boldsymbol{q}}_{\mathrm{J}} = \dot{\boldsymbol{p}} \tag{19.28}$$

のように表せるならば，式 (19.27) と組み合わせることにより次が導かれる。

$$(\boldsymbol{J}_{\mathrm{J}} - \boldsymbol{J}_{\mathrm{B}} \boldsymbol{H}_{\mathrm{B}}^{-1} \boldsymbol{H}_{\mathrm{BJ}}) \dot{\boldsymbol{q}}_{\mathrm{J}} = \dot{\boldsymbol{p}} - \boldsymbol{J}_{\mathrm{B}} \boldsymbol{H}_{\mathrm{B}}^{-1} \boldsymbol{h}_{\mathrm{B}} \tag{19.29}$$

梅谷，吉田[8] は，上式における $\boldsymbol{J}_{\mathrm{J}} - \boldsymbol{J}_{\mathrm{B}} \boldsymbol{H}_{\mathrm{B}}^{-1} \boldsymbol{H}_{\mathrm{BJ}}$ を一般化ヤコビ行列と呼んだ。これは無重力空間で運動するマニピュレータの位置制御・速度制御に有用である。

一方，式 (19.26) は次のようにも変形できる。

$$\dot{\boldsymbol{q}}_{\mathrm{J}} = \boldsymbol{H}_{\mathrm{BJ}}^{\#} (\boldsymbol{h}_{\mathrm{B0}} - \boldsymbol{H}_{\mathrm{B}} \dot{\boldsymbol{q}}_{\mathrm{B}}) + (\boldsymbol{1} - \boldsymbol{H}_{\mathrm{BJ}}^{\#} \boldsymbol{H}_{\mathrm{BJ}}) \boldsymbol{\eta} \tag{19.30}$$

ただし，行列 $\boldsymbol{A}$ に対し $\boldsymbol{A}^{\#}$ は $\boldsymbol{A}$ の疑似逆行列（ムーア–ペンローズの一般逆行列）を意味する。また，$\boldsymbol{\eta}$ は任意の n 次ベクトルである。$\boldsymbol{1} - \boldsymbol{H}_{\mathrm{BJ}}^{\#} \boldsymbol{H}_{\mathrm{BJ}}$ は $\dot{\boldsymbol{q}}_{\mathrm{B}}$ に影

響を及ぼさない空間（反動零空間）を構成する。これを用いて，例えば基底リンク運動と干渉しないようエンドポイントを制御することが可能となる。

19.3.3 重心運動量行列の計算アルゴリズム

ロボットが比較的低次元なモデルで表されているならば，$\boldsymbol{H}_{\mathrm{L}}, \boldsymbol{H}_{\mathrm{A}}$ は手計算で求めることもできよう[5,9]。一般的にはヒューマノイドロボットのモデルは大次元になるので，計算には工夫が求められる。

実質的に $\boldsymbol{H}_{\mathrm{L}}$ と等価な重心ヤコビ行列については，田宮ら[10] が数値的な疑似微分を用いて近似的にこれを求める方法を提案している。Boulić ら[4] は，式 (19.21) を直接用いてこれを厳密に計算している。杉原[6] も同じ式に基づきながら，i 番目関節に対応する成分が i 番目関節よりも末端側のリンクの影響しか受けないことを利用し，計算効率を改善した方法を示している。また $\boldsymbol{H}_{\mathrm{A}}$ については，田宮ら[10] が単位ベクトル法を用いた方法を，杉原[6] が式 (19.22) を用いた方法をそれぞれ示している。以上の方法はすべて $\mathrm{O}(N^2)$ である。一方で梶田ら[3] は，リンク系の構造を利用した再帰的な慣性行列の計算方法を示した。これは $\mathrm{O}(N)$（理論上の最小計算量）である。

梶田らの方法をさらに改良した Orin ら[2] の方法を紹介しよう。なお，原論文とは異なる表記を用いる。図 19.1(a) のように，体節の 1 つを基底リンクとした運動学的連鎖によりヒューマノイドロボットの身体をモデル化する。各リンクは 1 つの関節を介して親リンクに接続され，身体中に閉ループはないものとする。リンク i に付随して関節 i の中心位置 $\boldsymbol{p}_i$ を原点とする固定座標系 Σ_i を定義し，Σ_i から慣性系への姿勢変換行列を $\boldsymbol{R}_i$，Σ_i におけるリンク i の重心位置を ${}^{i}\boldsymbol{p}_{\mathrm{G}i}$（定数ベクトル），${}^{i}\boldsymbol{p}_{\mathrm{G}i}$ まわり慣性テンソルを ${}^{i}\boldsymbol{I}_i$（定数行列）とそれぞれおく。

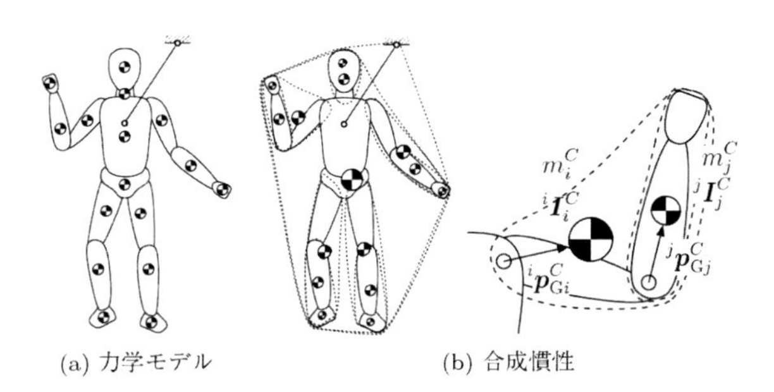

図 19.1 ヒューマノイドロボットの身体モデル

図 19.1(b) に図示するように，関節 i の速度 $\dot{\boldsymbol{q}}_i$ が全身運動量・角運動量に及ぼす影響は，関節 i よりも末端側にあるリンクすべての合成質量 m_i^C，合成重心位置 ${}^{i}\boldsymbol{p}_{\mathrm{G}i}^C$，合成重心まわり合成慣性テンソル ${}^{i}\boldsymbol{I}_i^C$ のみに依存する。これらについて，次式が成り立つ。

$$m_i^C = m_i + \sum_{j\in\mathcal{C}_i} m_j^C \tag{19.31}$$

$$ {}^{i}\boldsymbol{p}_{\mathrm{G}i}^C = \left(m_i {}^{i}\boldsymbol{p}_{\mathrm{G}i} + \sum_{j\in\mathcal{C}_i} m_j^C {}^{i}\boldsymbol{p}_{\mathrm{G}j}^C \right) / m_i^C \tag{19.32}$$

$$\begin{aligned} {}^{i}\boldsymbol{I}_i^C &= {}^{i}\boldsymbol{I}_i - m_i({}^{i}\boldsymbol{p}_{\mathrm{G}i} - {}^{i}\boldsymbol{p}_{\mathrm{G}i}^C)\times^2 \\ &\quad + \sum_{j\in\mathcal{C}_i} \{ {}^{i}\boldsymbol{R}_j {}^{j}\boldsymbol{I}_j^C {}^{i}\boldsymbol{R}_j^{\mathrm{T}} - m_j^C({}^{i}\boldsymbol{p}_{\mathrm{G}j}^C - {}^{i}\boldsymbol{p}_{\mathrm{G}i}^C)\times^2 \} \end{aligned} \tag{19.33}$$

ただし，

$${}^{i}\boldsymbol{p}_{\mathrm{G}j}^C = {}^{i}\boldsymbol{p}_j + {}^{i}\boldsymbol{R}_j {}^{j}\boldsymbol{p}_{\mathrm{G}j}^C \tag{19.34}$$

であり，$\mathcal{C}_i$ はリンク i の子リンクインデックスの集合である。式 (19.31)～(19.33) は，$m_i^C, {}^{i}\boldsymbol{p}_{\mathrm{G}i}^C, {}^{i}\boldsymbol{p}_{\mathrm{G}j}^C$ がすべて再帰的に計算できることを示している。これらを用いれば，$\boldsymbol{H}_{\mathrm{L}}, \boldsymbol{H}_{\mathrm{A}}$ は次のように求まる。

$$\boldsymbol{H}_{\mathrm{L}} = [\boldsymbol{H}_{\mathrm{L}0} \ \cdots \ \boldsymbol{H}_{\mathrm{L}N}] \tag{19.35}$$

$$\boldsymbol{H}_{\mathrm{A}} = [\boldsymbol{H}_{\mathrm{A}0} \ \cdots \ \boldsymbol{H}_{\mathrm{A}N}] \tag{19.36}$$

$$\boldsymbol{H}_{\mathrm{L}i} = m_i^C \boldsymbol{R}_i({}^{i}\boldsymbol{Z}_{\mathrm{L}i} - {}^{i}\boldsymbol{p}_{\mathrm{G}i}^C \times {}^{i}\boldsymbol{Z}_{\mathrm{A}i}) \tag{19.37}$$

$$\boldsymbol{H}_{\mathrm{A}i} = \boldsymbol{R}_i {}^{i}\boldsymbol{I}_i^C {}^{i}\boldsymbol{Z}_{\mathrm{A}i} + (\boldsymbol{p}_{\mathrm{G}i}^C - \boldsymbol{p}_{\mathrm{G}}) \times \boldsymbol{H}_{\mathrm{L}i} \tag{19.38}$$

ただし，

$$\boldsymbol{p}_{\mathrm{G}i}^C = \boldsymbol{p}_i + \boldsymbol{R}_i {}^{i}\boldsymbol{p}_{\mathrm{G}i}^C \tag{19.39}$$

である。${}^{i}\boldsymbol{Z}_{\mathrm{L}i}, {}^{i}\boldsymbol{Z}_{\mathrm{A}i}$ はそれぞれ関節 i の作る速度，角速度の基底行列であり，Σ_i の z 軸を可動軸とする回転関節ならば ${}^{i}\boldsymbol{Z}_{\mathrm{L}i} = [0\ 0\ 0]^T$，${}^{i}\boldsymbol{Z}_{\mathrm{A}i} = [0\ 0\ 1]^T$，直動関節ならば ${}^{i}\boldsymbol{Z}_{\mathrm{L}i} = [0\ 0\ 1]^T$，${}^{i}\boldsymbol{Z}_{\mathrm{A}i} = [0\ 0\ 0]^T$ となる。また，基底関節の速度 $\dot{\boldsymbol{q}}_{\mathrm{B}}$ を基底リンクの速度 $\dot{\boldsymbol{p}}_0$ および角速度 $\boldsymbol{\omega}_0$ の組で表す（$\dot{\boldsymbol{q}}_{\mathrm{B}} = [\dot{\boldsymbol{p}}_0^T \ \boldsymbol{\omega}_0^T]^T$）ならば，${}^{0}\boldsymbol{Z}_{\mathrm{L}0} = \boldsymbol{1}$，${}^{0}\boldsymbol{Z}_{\mathrm{A}0} = \boldsymbol{1}$ となる。

19.3.4 分解運動量制御

Miyazaki, Arimoto[11] は，運動量と重心まわり角運動量に着目することで脚ロボットの力学構造の見通しがよくなることを指摘した。要点を次にまとめる。

① 上体質量が脚質量よりも十分大きいならば，支持点まわり重心角運動量変化は遅いモード，重心まわり角運動量変化は速いモードとそれぞれ位置付けられる。高ゲインで関節サーボ制御を行う前提では，ロボットの巨視的な振舞いは遅いモードのみで良好に近似できる。遅いモードは，重心を先端質量と見なした倒立振子のそれと同質のものである。
② 毎歩の支持脚交換直後の角運動量が一定に保たれれば，定常歩行が達成される。この人工拘束条件を表す離散漸化式は，脚長変化および歩幅変化に対し生来的に安定である。
③ 外乱によって毎歩の角運動量に摂動が生じた場合，脚長や歩幅を修正することで安定化できる。

なお，上記 ① は古荘ら[12]，② は McGeer[15]1)，③ は Miura, Shimoyama[13] および Raibert ら[14] によっても，その後それぞれ導かれた。倒立振子モデルに基づく脚ロボット制御に関する研究は数多くある[16–21]。

上記の議論がなされた当時，加藤[22] や有本ら[23] は，倒立振子との類似性は定性的理解を助ける以上のものではないと述べていた。脚や腕等の可動部位の質量が全身質量においてある程度の比率を占める場合，所望の重心運動や重心まわり角運動量変化を駆動関節の運動に還元する方法——これは広義の逆運動学である——が明らかでなかった2)。重心運動量行列は，この問題の解法に一つの道筋を与える。すなわち式 (19.19), (19.20) は，形式的に式 (19.28) におけるヤコビ行列と同じ構造を持つ。事実，$\boldsymbol{H}_{\mathrm{L}}$ は重心ヤコビ行列と同一視して差し支えない3)。このことを利用した全身制御について考えよう。

速度・運動量の次元で記述される運動の拘束条件には，次のようなものがある。

(A) 運動量保存則・角運動量保存則
(B) 機構の閉ループ拘束
(C) 外界との接触拘束
(D) （保存されない）目標運動量・角運動量
(E) （外界と接触しない）エンドポイント目標速度

いずれも瞬間的には $\dot{\boldsymbol{q}}$ に関する線形拘束条件になるので，これらを連立させた方程式を解くことで，目標となる関節の振舞いが得られる。このような考え方に基づく制御方法は分解運動量制御[3, 24] と呼ばれる。

ここにおいて注意すべき事柄が 2 つある。第 1 に，上記を連立して求めた $\dot{\boldsymbol{q}}$ のうち $\dot{\boldsymbol{q}}_{\mathrm{B}}$ は直接駆動できない基底関節のものであるため，残りの $\dot{\boldsymbol{q}}_{\mathrm{J}}$ のみが目標値に従うよう制御することで，結果的に非駆動関節も目標値に近い振る舞いを示すことを期待する，という消極的な利用しかできない。第 2 に，拘束条件の数と関節自由度の大小関係はいかようにもなり得る。多くの状況では拘束条件の数が関節自由度を上回り，不可解問題となる。適切な優先度を設定しなかった場合，非駆動関節の振舞いは期待からかけ離れたものになる可能性がある。

優先度の設定においては，上記の拘束条件の性質を理解しなければならない。(A) は最も強い自然拘束条件であり，実際の振舞いは必ずこれに厳密に従う。(B) も必ず満たされる自然拘束条件であるが，若干のバックラッシュや構造部材の変形等で吸収できる程度の誤差は許容される。(C) は，接触点の滑りや離地によって誤差が生じる余地がある。ただし 8.2.1 項にて述べたように，接触点の喪失は発生可能な接触力の範囲を縮小させ，転倒につながる可能性も高まるので，優先度は高くすべきである。(D) は接触力が及ぼす系全体の運動量・角運動量変化に関するものであり，17.2.1 項に記した接触力操作（ZMP 操作）の要求に関係する人工拘束条件である。接触状態と整合する全身運動生成のために重要であるが，接触点分布が許す範囲である程度の誤差が許容される。(E) は作業遂行性能に関わる人工拘束条件であるが，物理法則や安定性維持に優先されるものではない。この考え方は，ヒューマノイドロボット独特のものと言ってよいだろう。以上をまとめると，優先度は (A)>(B)≫(C)>(D)≫(E) の順に高くすべきである。なお，杉原，中村[25] は，上記の (A) および (C) を重心ヤコビ行列に埋め込んで計算コストを低減する方法を提案している（(B) については存在を仮定していない）。

＜杉原知道＞

1) 身体の質量配分や足の転がり拘束等を活用して重心のモードと遊脚のモードの比率を調節すると，重力による運動エネルギーの増加量と遊脚足先の着床による運動エネルギーの散逸量がバランスし，安定な離散現象として二脚歩行が顕現する。これは受動歩行として知られている。

2) Kitamura ら[16] は，人工ニューラルネットワークを用いて所望の重心運動から関節運動を逆算する方法を提案した。重心位置に対して全身姿勢がほぼ 1 対 1 に決まる定型的な運動ならば，このような方法も利用できるだろう。

3) 実用上も，運動量を重心速度と読み替えるほうが運動を空間に関連づけやすい。

参考文献（19.3 節）

[1] Khatib, O.: A Unified Approach for Motion and Force Control of Robot Manipulators: The Operational Space Formulation, *The International Journal of Robotics and Automation*, Vol. RA-3, No. 1, pp. 43–53 (1987).

[2] Orin, D. E., Goswami, A., and Lee, S.-H.: Centroidal dynamics of a humanoid robot, *Autonomous Robots*, Vol. 35, pp. 161–176 (2013).

[3] 梶田秀司，金広文男，金子健二，藤原清司，原田研介，横井一仁，比留川博久：分解運動量制御：運動量と角運動量に基づくヒューマノイドロボットの全身運動生成，『日本ロボット学会誌』，Vol. 22, No. 6, pp. 772–779 (2004).

[4] Boulic, R., Mas, R. and Thalmann, D.: Inverse Kinetics for Center of Mass Position Control and Posture Optimization, *Proceedings of European Workshop on Combined Real and Synthetic Image Processing for Broadcast and Video Production* (1994).

[5] Morita, Y. and Ohnishi, K.: Attitude Control of Hopping Robot using Angular Momentum, *Proceedings of 2003 IEEE International Conference on Industrial Technology*, pp. 173–178 (2003).

[6] 杉原知道：全身型ヒューマノイドにおける脚動作の実時間生成に関する研究，東京大学大学院工学系研究科修士論文 (2001).

[7] Yoshida, K. and Nenchev, D. N.: A General Formulation of Under-Actuated Manipulator Systems, *Proceedings of The Eighth International Symposium of Robotics Research*, pp. 33–44 (1997).

[8] 梅谷陽二，吉田和哉：一般化ヤコビ行列を用いた宇宙用ロボットマニピュレータの分解速度制御，『日本ロボット学会誌』，Vol. 7, No. 4, pp. 327–337 (1988).

[9] Hirano, T., Sueyoshi, T. and Kawamura, A.: Development of ROCOS (Robot Control Simulator) — Jump of human-type biped root by the adaptive impedance control, *Proceeding of 6th International Workshop on Advanced Motion Control* (2000).

[10] 田宮幸春，稲葉雅幸，井上博允：人間型ロボットの片足立脚動作における全身を用いた実時間動バランス補償，『日本ロボット学会誌』，Vol. 17, No. 2, pp. 268–274 (1999).

[11] Miyazaki, F. and Arimoto, S.: A Control Theoretic Study on Dynamical Biped Locomotion, Transaction of the ASME, *Journal of Dynamic Systems, Measurement, and Control*, Vol. 102, pp. 233–239 (1980).

[12] 古荘純次，森塚秀人，増淵正美：局所フィードバックの概念を考慮した 2 足歩行の低次元モデル，『計測自動制御学会論文集』，Vol. 17, No. 5, pp. 596–601 (1981).

[13] Miura, H. and Shimoyama, I.: Dynamic Walk of a Biped, *The International Journal of Robotics Research*, Vol. 3, No. 2, pp. 60–74 (1984).

[14] Raibert, M. H., Brown Jr., H. B. and Chepponis, M.: Experiments in Balance with a 3D One-Legged Hopping Machine, *The International Journal of Robotics Research*, Vol. 3, No. 2, pp. 75–92 (1984).

[15] McGeer, T.: Passive Dynamic Walking, *The International Journal of Robotics Research*, Vol. 9, No. 2, pp. 62–82 (1990).

[16] Kitamura, S., Kurematsu, Y. and Nakai, Y.: Application of the neural network for the trajectory planning of a biped locomotive robot, *Neural Networks*, Vol. 1, No. 1, p. 344 (1988).

[17] 梶田秀司，谷和男：凹凸路面における動的 2 足歩行の制御について—線形倒立振子モードの導出とその応用—，『計測自動制御学会論文集』，Vol. 27, No. 2, pp. 177–184 (1991).

[18] 南方英明，堀洋一：3 次元可変速二足歩行に関する実験的研究.『電気学会論文誌 D』，Vol. 118, No. 1, pp. 10–15 (1998).

[19] Park, J. H. and Kim, K. D.: Biped Robot Walking Using Gravity-Compensated Inverted Pendulum Mode and Computed Torque Control, *Proceedings of the 1998 IEEE International Conference on Robotics & Automation*, pp. 3528–3533 (1998).

[20] 竹内裕喜：2 足歩行ロボットのリアルタイム最適制御問題，『第 19 回日本ロボット学会学術講演会予稿集』，pp. 831–832 (2001).

[21] Sugihara, T., Nakamura, Y. and Inoue, H.: Realtime Humanoid Motion Generation through ZMP Manipulation based on Inverted Pendulum Control, *Proceedings of the 2002 IEEE International Conference on Robotics & Automation*, pp. 1404–1409 (2002).

[22] 加藤一郎：二足歩行ロボット—その歴史と課題—，『日本ロボット学会誌』，Vol. 1, No. 3, pp. 164–166 (1983).

[23] 有本卓，宮崎文夫：二足歩行ロボットの階層制御，『日本ロボット学会誌』，Vol. 1, No. 3, pp. 167–175 (1983).

[24] Wensing, P. M. and Orin, D. E.: Generation of dynamic humanoid behaviors through task-space control with conic optimization, *Proceedings of the 2013 IEEE International Conference on Robotics & Automation*, pp. 3103–3109 (2013).

[25] 杉原知道，中村仁彦：非駆動自由度の陰表現を含んだ重心ヤコビアンによる脚型ロボットの全身協調反力操作，『日本ロボット学会誌』，Vol. 24, No. 2, pp. 222–231 (2006).

19.4 分解運動量制御

分解運動量制御はロボット全体の重心位置，運動量，および角運動量に着目することで，複雑なロボットの運動を見通しよく生成・制御する手法である（図 19.2(a)）[1]。

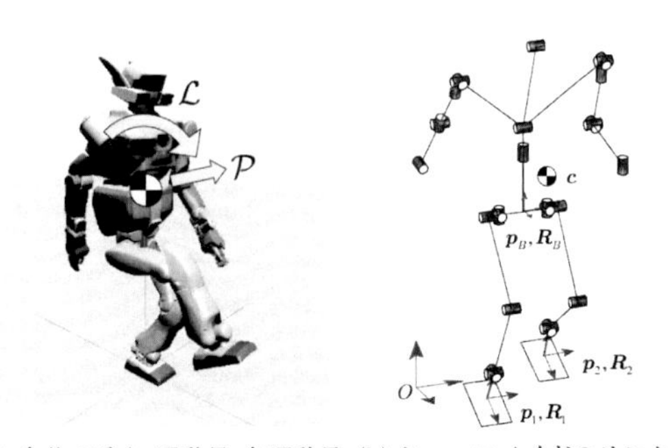

(a) 全体の重心，運動量，角運動量　(b) ヒューマノイドのリンク構造

図 19.2　分解運動量制御の基本コンセプト

19.4.1　モデリング

一般的なヒューマノイドロボットの構造を図 19.2(b) に示す。絶対座標系における腰リンク基準点の座標を $\boldsymbol{p}_B$，姿勢を 3×3 の回転行列 $\boldsymbol{R}_B$ で示す（添字の B は Base の意味）とし，3 次元空間に浮いた腰リンクから手足が生えた形でロボットをモデル化する。脚の関節角ベクトルを $\boldsymbol{q}_{\text{leg}_i}$ （$i = 1$（右脚），2（左脚）），それ以外の腰，腕，首の関節角をまとめたベクトルを $\boldsymbol{q}_{\text{free}}$ としよう。ある瞬間におけるロボットの姿勢は $\{\boldsymbol{p}_B, \boldsymbol{R}_B, \boldsymbol{q}_{\text{leg}_1}, \boldsymbol{q}_{\text{leg}_2}, \boldsymbol{q}_{\text{free}}\}$ で表現される。

(1) 脚関節速度に関する拘束条件

左右フットリンクの位置と姿勢を $\boldsymbol{p}_i, \boldsymbol{R}_i$ $(i = 1, 2)$ で表すことにする（図 19.2(b)）。3 次元空間における腰リンク，左右フットのリンクの速度と角速度は次式で与えられる。

$$\boldsymbol{v}_i = \dot{\boldsymbol{p}}_i \tag{19.40}$$

$$\boldsymbol{\omega}_i = (\dot{\boldsymbol{R}}_i \boldsymbol{R}_i^T)^{\vee} \qquad (i = 1, 2, B). \tag{19.41}$$

ここで $^{\vee}$ (vee) は，3×3 の歪対称行列を 3 次元ベクトルに変換する演算子である[2]。

腰リンクの速度と角速度 $\boldsymbol{v}_B, \boldsymbol{\omega}_B$ と脚の関節角速度ベクトル $\dot{\boldsymbol{q}}_{leg_i}$ が与えられた時，フットの速度は次式によって計算できる。

$$\begin{bmatrix} \boldsymbol{v}_i \\ \boldsymbol{\omega}_i \end{bmatrix} = \begin{bmatrix} \boldsymbol{E} & (\boldsymbol{p}_B - \boldsymbol{p}_i)^{\wedge} \\ \boldsymbol{0} & \boldsymbol{E} \end{bmatrix} \begin{bmatrix} \boldsymbol{v}_B \\ \boldsymbol{\omega}_B \end{bmatrix} + \boldsymbol{J}_{\text{leg}_i} \dot{\boldsymbol{q}}_{\text{leg}_i}, \tag{19.42}$$

ここで $\boldsymbol{E}$ は 3×3 の単位行列，$\boldsymbol{J}_{\text{leg}_i} (6 \times 6)$ はロボットの姿勢と関節角から計算されるヤコビアンである。演算子 $\wedge$ (wedge) は 3 次元ベクトルを対応する 3×3 の歪対称行列に変換する。

逆に，腰リンクとフットリンクの空間速度が与えられたとき，式 (19.42) より関節角速度が得られる。

$$\dot{\boldsymbol{q}}_{\text{leg}_i} = \boldsymbol{J}_{\text{leg}_i}^{-1} \begin{bmatrix} \boldsymbol{v}_i \\ \boldsymbol{\omega}_i \end{bmatrix} - \boldsymbol{J}_{\text{leg}_i}^{-1} \begin{bmatrix} \boldsymbol{E} & (\boldsymbol{p}_B - \boldsymbol{p}_i)^{\wedge} \\ \boldsymbol{0} & \boldsymbol{E} \end{bmatrix} \begin{bmatrix} \boldsymbol{v}_B \\ \boldsymbol{\omega}_B \end{bmatrix}. \tag{19.43}$$

なお，この式で脚関節角速度を得るためには，脚のヤコビアン $\boldsymbol{J}_{leg_i}$ が逆行列を持つような姿勢をとっている必要がある。

(2) 運動量方程式の導出

ロボットの全運動量 $\mathcal{P}$ と重心まわりの全角運動量 $\mathcal{L}$ は次式で求められる。

$$\begin{bmatrix} \mathcal{P} \\ \mathcal{L} \end{bmatrix} = \begin{bmatrix} \tilde{m}\boldsymbol{E} & \tilde{m}(\boldsymbol{p}_B - \boldsymbol{c})^{\wedge} \\ \boldsymbol{0} & \boldsymbol{I} \end{bmatrix} \begin{bmatrix} \boldsymbol{v}_B \\ \boldsymbol{\omega}_B \end{bmatrix} + \sum_{i=1}^{2} \begin{bmatrix} \boldsymbol{M}_i \\ \boldsymbol{H}_i \end{bmatrix} \dot{\boldsymbol{q}}_{\text{leg}_i} + \begin{bmatrix} \boldsymbol{M}_{\text{free}} \\ \boldsymbol{H}_{\text{free}} \end{bmatrix} \dot{\boldsymbol{q}}_{\text{free}} \tag{19.44}$$

$\tilde{m}$ はロボットの全質量，$\boldsymbol{I}$ は全重心まわりの慣性テンソル，$\boldsymbol{M}_i$ と $\boldsymbol{H}_i$ は関節速度の全並進運動量と全角運動量への寄与を表す慣性行列，$\dot{\boldsymbol{q}}_{\text{free}}$ は脚以外の関節速度ベクトル，$\boldsymbol{M}_{\text{free}}, \boldsymbol{H}_{\text{free}}$ は対応する慣性行列である。

運動量方程式 (19.44) に脚の関節角速度 (19.43) を代入することによって，脚の拘束条件を考慮した運動量方程式が次式で得られる。

$$\begin{bmatrix} \mathcal{P} \\ \mathcal{L} \end{bmatrix} = \begin{bmatrix} \boldsymbol{M}_B^* & \boldsymbol{M}_{\text{free}} \\ \boldsymbol{H}_B^* & \boldsymbol{H}_{\text{free}} \end{bmatrix} \begin{bmatrix} \boldsymbol{v}_B \\ \boldsymbol{\omega}_B \\ \dot{\boldsymbol{q}}_{\text{free}} \end{bmatrix} + \sum_{i=1}^{2} \begin{bmatrix} \boldsymbol{M}_i^* \\ \boldsymbol{H}_i^* \end{bmatrix} \begin{bmatrix} \boldsymbol{v}_i \\ \boldsymbol{\omega}_i \end{bmatrix}, \tag{19.45}$$

ここで，$\boldsymbol{M}_B^*, \boldsymbol{H}_B^*, \boldsymbol{M}_i^*$, $\boldsymbol{H}_i^*$ は修正された慣性行列である。

19.4.2　制御系設計

ヒューマノイドロボットに要求される様々なタスクは，絶対空間におけるロボット全体の重心軌道とフットの軌道によって表現できる。目標とするタスクを実現するために必要な重心位置と速度を $\boldsymbol{c}^d, \dot{\boldsymbol{c}}^d$，左右フットの速度と角速度を $\boldsymbol{v}_i^d, \boldsymbol{\omega}_i^d$ としよう。

全運動量の目標値を次式のように与えるものとする。

$$\begin{bmatrix} \mathcal{P}^d \\ \mathcal{L}^d \end{bmatrix} = \begin{bmatrix} \tilde{m}(k_p(\boldsymbol{c}^d - \boldsymbol{c}) + \dot{\boldsymbol{c}}^d) \\ \boldsymbol{0} \end{bmatrix}, \tag{19.46}$$

ここで，k_p はロボットの重心位置を目標位置に維持するためのフィードバックゲインである。

目標を実現するための腰リンクと脚以外の関節速度は，式 (19.45) に基づき次のように計算できる。

$$\begin{bmatrix} \boldsymbol{v}_B^d \\ \boldsymbol{\omega}_B^d \\ \dot{\boldsymbol{q}}_{\text{free}} \end{bmatrix} = \left(\boldsymbol{S} \begin{bmatrix} \boldsymbol{M}_B^* & \boldsymbol{M}_{\text{free}} \\ \boldsymbol{H}_B^* & \boldsymbol{H}_{\text{free}} \end{bmatrix} \right)^{\dagger} \mathcal{X} \tag{19.47}$$

$$\mathcal{X} := \boldsymbol{S}\left(\begin{bmatrix}\mathcal{P}^d\\ \mathcal{L}^d\end{bmatrix} - \sum_{i=1}^{2}\begin{bmatrix}\boldsymbol{M}_i^*\\ \boldsymbol{H}_i^*\end{bmatrix}\begin{bmatrix}\boldsymbol{v}_i^d\\ \boldsymbol{\omega}_i^d\end{bmatrix}\right),$$

ここで，†は擬似逆行列を表す。$\boldsymbol{S}$ は次式で定義される選択行列であり，制御を行いたい運動量成分に対応する単位行ベクトルを並べたものである。すべての運動量成分を制御する場合，$\boldsymbol{S}$ は 6×6 の単位行列となる。一方，例えば角運動量に関してはヨー成分のみを考慮し，ロール，ピッチ成分については制御を行わない場合には次のように与える。

$$\boldsymbol{S} = \begin{bmatrix} 1 & 0 & 0 & 0 & 0 & 0\\ 0 & 1 & 0 & 0 & 0 & 0\\ 0 & 0 & 1 & 0 & 0 & 0\\ 0 & 0 & 0 & 0 & 0 & 1 \end{bmatrix}. \tag{19.48}$$

最後に，得られたリンクの速度 $[\boldsymbol{v}_i^d\ \boldsymbol{\omega}_i^d]$ $(i = 1, 2, B)$ を式 (19.43) に代入することで脚関節の角速度を得ることができ，これを積分して脚関節の角度が得られる。

以上が分解運動量制御の基本的な考え方である。具体的な計算法については文献[1] を参照されたい。

19.4.3 実装と実験

分解運動量制御において全運動量を制御し（選択行列 $\boldsymbol{S}$=単位行列），片足で空中を蹴る動作をオフラインで生成した結果を図 19.3 に示す。重心まわりの角運動量を 0 にするために腕や腰のひねりが現れていることがわかる。特に腰のひねりの発生によって脚の関節に可動限界超過，目標速度過大などが発生するため，このままの動作を実際のロボットで実現することは難しい。

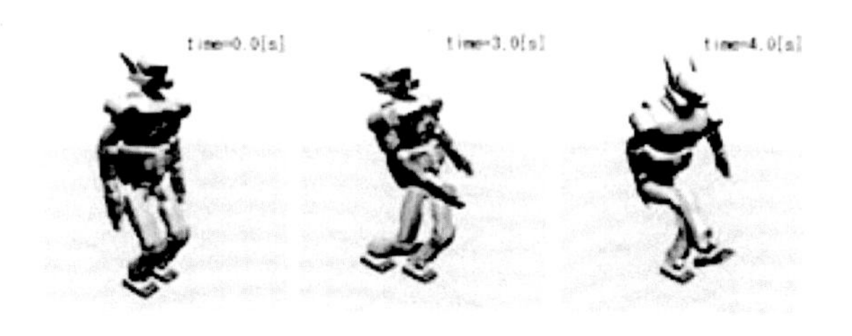

図 19.3 キック動作：S = 単位行列

実現可能な運動を得るために角運動量のロール，ピッチ成分の制御を断念し，式 (19.48) の選択行列を用いることにした。オフラインで生成した運動パターンを実際の HRP-2 に与えた実験の様子を図 19.4 に示す。実験ではパターンを再生する際に安定化制御系（文献[3]の制御系を改良したもの）を併用した。図 19.5 はロボットの支持脚足部に内蔵された力センサで計測した ZMP と 3 軸モーメントである。ZMP の変動は，支持脚足裏の範囲内であり安定した接触が維持されていることがわかる。また最下段のグラフは 3 軸モーメントのうち M_z が他の成分に比べて小さく保たれていることを示している。M_z の変化は ±5Nm 以内であり，分解運動量制御が作り出した腕の振りと腰の回転により実際にヨーモーメントが補償されたことがわかる。

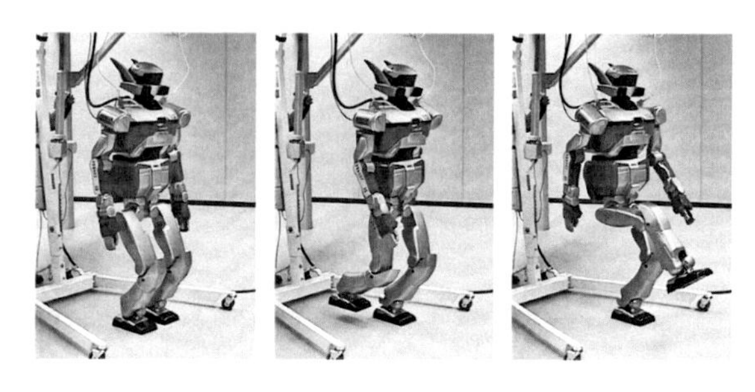

図 19.4 キック動作実験：S = 式 (19.48)

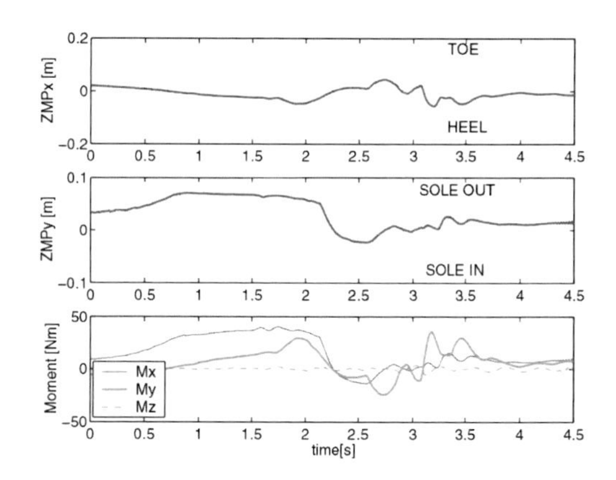

図 19.5 ZMP と角運動量（実験結果）

19.4.4 その後の展開

分解運動量制御を用いたヒューマノイドロボットの運動生成の例として，二足走行[4]，Murooka,Noda らによる本棚など大型物体の搬送[5] などがある。阪元，田窪らは 6 脚ロボット ASTERISK に分解運動量制御を適用し，スイング動作の実験を行った[6]。大川，村松らは，運動量のより正確な制御を行うため加速度のレベルまで考慮した制御則を提案している[7]。

＜梶田秀司＞

参考文献（19.4 節）

[1] 梶田秀司，金広文男 他：分解運動量制御：運動量と角運動量に基づくヒューマノイドロボットの全身運動生成，『日本ロボッ

ト学会誌』, Vol. 22, No. 6, pp. 772–779 (2004).

[2] Murray, R. M., Li, Z., and Sastry S. S., *A Mathematical Introduction to Robotic Manipulation*, CRC Press, (1994).

[3] Yokoi, K., Kanchiro, F., Kaneko, K., Fujiwara, K., Kajita, S., Hirukawa, H.: Experimental Study of Biped Locomotion of Humanoid Robot HRP-1S, *Experimental Robotics* VIII, STAR 5, pp. 75–84, 2003.

[4] Kajita, S., Nagasaki, T., *et al.*: ZMP-Based Biped Running Control, *IEEE Robotics & Automation Magazine*, pp. 63–72, (2007).

[5] Murooka, M., Noda, S., *et al.*: Manipulation Strategy Decision and Execution based on Strategy Proving Operation for Carrying Large and Heavy Objects, *2014 IEEE International Conference on Robotics & Automation (ICRA)*, pp. 3245–3432 (2014).

[6] 阪元宏行, 田窪朋仁 他：ワイヤ把持脚による漕ぎ動作を利用した腕脚統合型ロボットのスイング移動,『ロボティクスメカトロニクス講演会予稿集』, 2P1-B21 (2009).

[7] 大川涼平, 村松雄基 他：反動零空間法に基づく人型ロボットにおける重心と冗長運動を考慮したモーション・フォース制御,『第 32 回日本ロボット学会学術講演会予稿集』, RSJ2014AC1B1-07 (2014).

19.5 一般化逆動力学

19.5.1 概要

ヒューマノイドロボットは, 脚部・腕部など様々な部位を介して外部環境と接触を行い, 接触点から得られる外力と自らの発する関節力を協調的に用いることで, 移動や種々のタスク遂行のための運動目的を達成しなければならない。

運動目的の例としては, 以下のようなものが挙げられる。

① 二足歩行を行う際には, 運動量や足底の位置・姿勢を制御しなければならない。
② 物体を操作する際には, 手先の位置・姿勢や力・モーメントを制御しなければならない。
③ 環境を観測する際には, カメラが搭載された頭部の姿勢を制御しなければならない。

運動目的は, 関節空間・デカルト空間・運動量空間・それらの間の相対空間など, 様々な空間での表現が考えられる。また, 位置だけでなく, 速度・加速度・力・インピーダンスなどの物理量での指定が考えられる。複数の運動目的はできるだけ同時に達成されることが望ましいが, 一般には不定・不能となり得る。運動目的間で競合が存在する場合は, 優先度をつけて競合解決できる必要があり, 逆に, 解が一意でない場合は, エネルギー効率等の観点から最適な解を決定する必要があるだろう。

接触に由来する外力の例としては, 以下のようなものが挙げられる。

① 二足歩行で平坦路面上を移動する際, 路面（単一の平面）との接触から得られる外力（Coplanar な接触力）
② ハンドと壁面とを接触させて二足歩行する際, 路面および壁面（法線ベクトルが異なる複数の平面）との接触から得られる外力（Non-Coplanar な接触力）
③ ハンドで物体を操作する際, ハンドと物体間に発生する外力（動的物体との接触力）

各接触点における接触の様態も多様であり, 面接触, 線接触, 点接触といった種別の他, 単方向の力しか発しない接触, 摩擦錐の拘束を受ける接触, 支持多角形の拘束を受ける接触などが存在する。このような接触の状態に関する拘束は接触拘束と呼ばれる。空隙を飛び越えるなど, 外力が得られない状態も接触拘束の 1 つと考えることができる。

関節力についても, 際限なく得られるわけではなく, アクチュエータの発生力に限界があるため, 発生力に関する不等式拘束を考慮しなければならない。ヒューマノイドロボットの基底は力・モーメントを発することができない非駆動関節を有するリンクとしてモデル化されることが多い。したがって, 非駆動関節に関する拘束も考慮できることが望まれる。

一般化逆動力学は, このように種々の外力・関節力に関する拘束条件を考慮しながら, 多様な運動目的を達成するための最適な関節力と外力の組合せを決定する演算である。機械系のダイナミクスを考慮し, 加速度オーダの操作を可能とすることで, 上位制御系から見たとき, 多様な拘束や身体の非線形性を隠蔽する非線形補償制御器, フィードフォワード制御器としての利用も可能となる。

19.5.2 アルゴリズム

非駆動関節の関節力を τ_U, 駆動関節の関節力を τ_A とすると, 関節空間に関する運動方程式は,

$$H\ddot{q} + b = \begin{bmatrix} \tau_U \\ \tau_A \end{bmatrix} + J_E^T f_E \tag{19.49}$$

と表せる。ここで, q は関節値, b は重力・コリオリ力,

f_E は外力で，J_E は外力 f_E が作用する空間と関節空間を関連づけるヤコビアンである。

運動目的を表現する空間として，関節空間とヤコビアン J により，下式で定義される操作空間[1] x を考える。

$$\dot{x} = J\dot{q}. \tag{19.50}$$

式 (19.49), (19.50) および $\tau_U = 0$ より，下記のような形の操作空間に関する運動方程式を得る。

$$\ddot{x} = \Lambda_H^{-1} y + c_H. \tag{19.51}$$

ただし，

$$\Lambda_H^{-1} = \left[JH_A^{-1} \quad JH^{-1}J_E^T \right], \tag{19.52}$$

$$c_H = -JH^{-1}b + \dot{J}\dot{q}, \tag{19.53}$$

$$y = (\tau_A^T \ f_E^T)^T. \tag{19.54}$$

ここで，H^{-1} は，駆動関節の列 H_A^{-1} と非駆動関節の列 H_U^{-1} によって $H^{-1} = [H_U^{-1} H_A^{-1}]$ と書けるとした。

操作空間 x に対する加速度，速度，位置，インピーダンス，力の目標は，$\ddot{x}$ で表現できることから，式 (19.51) において，$\ddot{x}$ は運動目的と考えることができる。種々の運動目的を与える操作空間の定義方法については，文献 [2] を参照されたい。Λ_H^{-1} や c_H は，後述の演算により，サンプリング時刻毎に算出可能な既知量である。これらの既知量に対して未知量 $y = (\tau_A^T \ f_E^T)^T$ を決定することで，運動目的を実現するためにシステムが得るべき駆動関節力および外力の値を得ることができる。

この問題は以下のような 2 次計画問題として解くことができる。

$$\min_y \frac{1}{2} e^T W e + \frac{1}{2} y^T E y \tag{19.55}$$

$$\text{s.t. } d_{\text{inf}} \leq Ay \leq d_{\text{sup}}. \tag{19.56}$$

ここで，e は式 (19.51) の右辺から左辺を引いた値で，式 (19.51) の等式誤差を与える。

$$e = \Lambda_H^{-1} y + c_H - \ddot{x}. \tag{19.57}$$

また，W は運動目的相互の重み関係を与える対角行列である。これによって，重みの大きい運動目的は，重みの小さい運動目的よりも優先的に達成させることができる。E は解が不定の場合に未知力相互の重み関係を与える対角行列である。重みの大きい未知力は重みの小さい未知力よりも小さい最適解に収斂させることができる。一般に E は W よりも十分小さな値とする。

A および $d_{\text{inf}}, d_{\text{sup}}$ は，それぞれ未知外力 f_E や未知関節力 τ_A に課される不等式拘束を表現するための，係数行列および下限・上限定数ベクトルである。関節力の上下限，摩擦錐拘束，支持多角形拘束などの接触拘束を，これらの不等式拘束を用いて表現することができる。

Λ_H^{-1} および c_H は関節数 N に対して $O(N)$ の演算が可能な，AB(Articulated Body) 法[3] に基づく順動力学演算を応用することで効率的に算出することができる。式 (19.51) の右辺から左辺を得る演算は，関節力 τ_A や外力 f_E が系に作用した際に操作空間 x に発生する加速度を求める一種の順動力学演算であり，AB 法を応用して実装可能で，

$$\ddot{x} = FD_H(q, \dot{q}, g, y) \tag{19.58}$$

と表すことができる。よって，Λ_H^{-1} および c_H は以下のように算出することができる。

$$\Lambda_{H_i}^{-1} = FD_H(q, 0, 0, \bar{e}_i) \tag{19.59}$$

$$c_H = FD_H(q, \ddot{q}, g, 0). \tag{19.60}$$

ここで $\Lambda_{H_i}^{-1}$ は Λ_H^{-1} の第 i 列ベクトル，$\bar{e}_i$ は第 i 成分が 1 の単位ベクトルを表す。なお，上記のような順動力学演算 FD_H の実装の最適化については，文献 [2] を参照されたい。

19.5.3 適用例

一般化逆動力学を倒立振子型二輪双腕ロボットによるバランス維持とグラス保持の両立タスクに適用した例を図 19.6 に示す。スライディングモード制御を用いたバランス維持制御系から算出される移動ベースの加速度目標と，グラスを保持したハンドのグローバル位置と姿勢を維持するという，複数の運動目的が課されている。また，倒立振子型のロボットであるので，制御モデルには劣駆動関節が含まれる。初期状態において人が手で押して外力を与えているが，グラスの位置・姿勢の保持と，バランスの維持が両立されていることから，一般化逆動力学が有効に機能していることがわかる。その他，二足歩行型ヒューマノイドロボットへの適用事例については，文献 [4] 等を参照されたい。

＜長阪憲一郎＞

図 19.6　倒立振子型双腕ロボットによるバランス維持とグラス保持の両立タスク

参考文献（19.5 節）

[1] Khatib, O.: A Unified Approach to Motion and Force Control of Robot Manipulators: The Operational Space Formulation, *IEEE J. on Robotics and Automation*, Vol. 3, No. 1, pp. 43–53 (1987).

[2] Nagasaka, K., *et al.*: Motion Control of a Virtual Humanoid that can Perform Real Physical Interactions with a Human, *The Proc. of IEEE/RSJ Int. Conf. on Intelligent Robots and Systems*, pp. 2303–2310 (2008).

[3] Featherstone, R.,: *Robot Dynamics Algorithms*, Kluwer Academic Publishers (1987).

[4] Nagasaka, K., *et al.*: Whole-body Control of a Humanoid Robot Based on Generalized Inverse Dynamics and Multi-contact Stabilizer that can Take Account of Contact Constraints, *The Proc. of the 17th Robotics Symposia*, pp. 134–141 (2012).

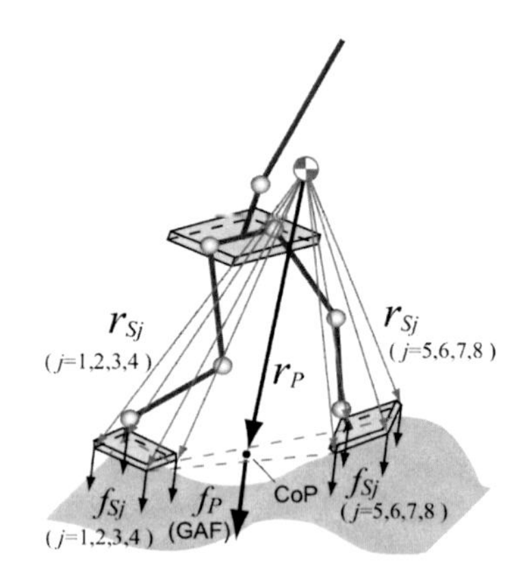

図 19.7　接触点と接触力の定義。各接触点 r_{Sj} $(j=1,2,...)$ はロボットの体に固定されている。接触力 f_{Sj} の総和はロボットが地面に作用する力 f_P に等しい。

19.6　トルク制御と最適接触力制御

ロボットが複数の接触点において環境と接触しようとする状況を考える。どの方法を利用してもよいが，ここでは足の数に関わらず，すべての接触を点で表現し，無数の接触力の合力として並進力もモーメントも記述してしまう簡便な方法を紹介する[1]。

ここでは合計 α 個の接触点に興味があるとしよう。想定する接触点位置を $r_S=[r_{S1}^T,\ r_{S2}^T,\ ...,\ r_{S\alpha}^T]^T \in \mathcal{R}^{3\alpha}$，対応する接触力を $f_S=[f_{S1}^T,\ f_{S2}^T,\ ...,\ f_{S\alpha}^T]^T \in \mathcal{R}^{3\alpha}$ で表す。図 19.7 は $\alpha=8$ の場合を示している。接触点 r_{Sj} はユーザーが（勝手に接触するものと）想定して設定する点に注意されたい。これらは「重心から見たロボットボディへの」位置ベクトルであって地面へのベクトルではない。また，CoP を r_P で示す。また，以下では，求める接触力は平面接触を仮定する。つまり，実際の接触点が平面上にあるときに正しい解を算出する。これは，① 未知の路面形状が一般に平面であると仮定してもよい，② 凹凸がそれほど大きくない場合では実用的にほとんど差異がない，③ 不等式条件を考慮しなければ簡単な最小二乗問題となるので簡便である，という理由から正統化される。一般的な接触状況については他の節を参照されたい。

以上の準備の下で，接触力を決定する問題を考える。ある望ましい床作用力 $\bar{f}_P$ は各接触点に作用する目標接触力 $\bar{f}_S$ の合力であり，作用力から接触力を決定する問題は不良設定である。つまり，接触点が複数ある場合には，単に幾何学的拘束を書き下しただけでは関節トルクを一意に定めることができない[2]。そのため何らかの評価基準に基づいて最適解を決定する必要がある。本稿で提案する手法は，各接触力を CoP と接触点の位置関係に基づいて，各接触力のノルムが最小となるよう最適配分するものである。

床作用力と CoP との関係式は $\bar{f}_{zSj}$ を鉛直接触力として次のようになる。

$$f_P=\sum_{j=1}^{\alpha} f_{Sj}, \tag{19.61}$$

$$x_P=\frac{\sum_{j=1}^{\alpha} x_{Sj} f_{zSj}}{\sum_{j=1}^{\alpha} f_{zSj}},\ y_P=\frac{\sum_{j=1}^{\alpha} y_{Sj} f_{zSj}}{\sum_{j=1}^{\alpha} f_{zSj}} \tag{19.62}$$

さらにまとめると次式が得られる。

$$\begin{bmatrix} x_P \\ y_P \\ 1 \end{bmatrix} f_{zP} = \underbrace{\begin{bmatrix} x_{S1} & x_{S2} & \cdots & x_{S\alpha} \\ y_{S1} & y_{S2} & \cdots & y_{S\alpha} \\ 1 & 1 & \cdots & 1 \end{bmatrix}}_{A_z \in \mathcal{R}^{3\times\alpha}} \begin{bmatrix} f_{zS1} \\ f_{zS2} \\ \cdots \\ f_{zS\alpha} \end{bmatrix}$$

したがって，ある望ましい鉛直床作用力 $\bar{f}_{zP}$ と望ましい CoP $\bar{r}_P$ が与えられれば，最小二乗法によって各鉛直接触力を一意に決定することができる。

$$\begin{bmatrix} \bar{f}_{zS1} \\ \bar{f}_{zS1} \\ \cdots \\ \bar{f}_{zS\alpha} \end{bmatrix} = A_z^{\#} \bar{f}_{zP} \begin{bmatrix} \bar{x}_P \\ \bar{y}_P \\ 1 \end{bmatrix} \tag{19.63}$$

ここで $A_z^{\#} = A_z^T (A_z A_z^T)^{-1}$ である。水平目標接触力 $\bar{f}_{xS}$, $\bar{f}_{yS}$ も同様に決定する。

なお，自明な拡張として，重み行列 W を用いることで接触力の分布を陽に考慮することも可能である（重み付き擬似逆行列 $A^{\#} = W^{-1}A^T(AW^{-1}A^T)^{-1}$ を用いる）。これは特定の脚の関節トルクを軽減したい場合などに有効である。あるいは，ある特定の接触点については接触力を明示的に指定したうえで，残りの未知接触力については上述の方法で決定するという選択肢もあり得る。

重心に対する並進力だけでなく，胴体に対する回転力（モーメント）も考慮することができる。例えば，「胴体」姿勢のピッチやロールを水平に保ったり，高速歩行におけるヨー軸まわりの反モーメントを打ち消したりする際に必要となる。方法は至ってシンプルで，各接触点から作用点までの位置ベクトルと $\bar{f}_{zS}$（水平並進力を加えてもよい）の外積が所望の回転力になるよう，等式を追加するだけである。文献 [3] ではモーメントも考慮し，さらに凹凸面を厳密に考慮するために凸最適化パッケージを用いて接触力を求解している。

さて，このようにして決定された接触力から関節トルクを求める方法はいくつかある。例えば，全ダイナミクスを考慮して求める方法もあれば[1]，その簡略化として，受動性を利用した冗長問題解法を用いる方法もある。後者の場合，重心から複数の接触点までのヤコビアン $J_S(\phi, q) = \frac{\Delta r_S}{\Delta q} \in \mathcal{R}^{3\alpha\times n}$ を用いて

$$\tau = J_S^T \bar{f}_S + \zeta \tag{19.64}$$

により関節トルクに「一意」に変換される。ここで ζ は適当な散逸項である。この簡単な制御式を用いて実際の床反力が目標値に収束することの証明は文献 [1] を参照されたい。そこでは J_S を「多接触ヤコビアン」と呼んでいる。なお，零化空間を利用した解

$$\tau = J_S^T \bar{f}_S + (I - J_S^T J_S^{T\#})\zeta \tag{19.65}$$

を用いれば，タスクの零化空間でのみ内部運動を抑制することができる。

以上で述べた方法を，トルク制御可能な油圧駆動ヒューマノイドロボットに適用した例が文献 [1,4,5] などに示されている。図 19.8 にバランス制御の様子を示す。

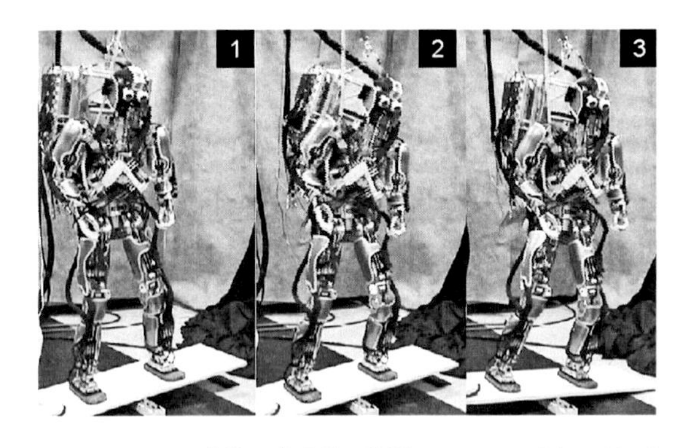

図 19.8　トルク制御可能な油圧駆動ヒューマノイドロボットのバランス制御の様子。関節のダンピングが任意に調整可能であり，未知外乱やシーソーのような未知路面においても柔軟かつ動的にバランスを保つことができる。

これまで紹介した方法は，まず接触力を最適化し，その後に関節トルクを求める方法であった。これに対して，接触力と関節トルクを最適化問題として同時に解く方法も提案されている[6]。最適化エンジンを用いて動力学も含めて実時間で高速に解くことができるとされ，実際に上記と同型のロボットにおけるバランス実験の結果も紹介されている。解が一度に求まるため直接的ではあるが，解が存在しない場合の対策は必要である。実装環境や好みに応じて選べばよいだろう。

＜玄 相昊＞

参考文献（19.6 節）

[1] 玄相昊：複数の接地部分と冗長関節を有するヒューマノイドロボットの受動性に基づく最適接触力制御，『日本ロボット学会誌』, Vol. 27, No. 2, pp. 178–187 (2009).

[2] Murray, R. M., Li, Z. , and Sastry, S. S.: *A Mathematical Introduction to Robotic Manipulation*. CRC Press (1994).

[3] Ott, C., Roa, M. A., and Hirzinger, G.: Posture and balance control for biped robots based on contact force optimization, *IEEE-RAS International Conference on Humanoid Robots*, Oct 2011, pp. 26–33.

[4] Hyon, S., Hale, G., Joshua, and Cheng, G.: Full-body compliant human-humanoid interaction: Balancing in the presence of unknown external forces, *IEEE Transactions on Robotics*, Vol. 23, No. 5, pp. 884–898 (2007).

[5] Hyon, S., Morimoto, J., and Kawato, M.: From compliant balancing to dynamic walking on humanoid robot: Integration of CNS and CPG, *IEEE International Conference on Robotics and Automation*, Anchorage, USA, 2010.5, pp. 1084–1085.

[6] Herzog, A., Righetti, L., Grimminger, F., Pastor, P., and Schaal, S.: Balancing experiments on a torque-controlled humanoid with hierarchical inverse dynamics, *IEEE/RSJ International Conference on Intelligent Robots and Systems*, Sept 2014, pp. 981–988.

19.7　多点接触動作計画・制御

19.7.1　多点接触動作の基礎知識

ヒューマノイドロボットは，移動とマニピュレーションを統合したシステムと考えることができる。動作計画と制御の観点からは，この移動とマニピュレーションは計算論的には同じ問題であることが知られている。その共通点は，本質的に劣駆動 4) である状態を接触により解決している点である。移動システムでは，ロボットのベース部分の位置は，アクチュエータのトルクにより直接制御されるのではなく，アクチュエータからのトルクとロボットを支える環境との接触力との両方により制御されている。マニピュレーションシステム（ここでは，マニピュレータと対象物体の両方からなるシステムを指す）も，全く同じ意味で劣駆動である。対象物体が持つ自由度自体は直接駆動されておらず，その位置は，マニピュレータが駆動されて対象物体との間に接触力を発生させることにより間接的に決まるからである。これに加え，移動もマニピュレーションもラグランジュ動力学に従い，摩擦を含むとともに，様々な次元の接触状態が含まれることも共通点である。図 19.9 はこれらの共通点を持つ多点接触を例示している。

このような共通性にもかかわらず，これら 2 つの計画・制御の問題を分割せず統合的に扱った研究はほとんど行われてこなかった。その例外となる過去の研究として，移動とマニピュレーションを事前に特定しない形で動作を計画し，劣駆動の性質を仮想的なマニピュレータとしてモデル化した研究[1] がある。当初の設計により移動とマニピュレーションが完全に分離されている場合には，分割型のアプローチは有効である。例えば，マニピュレータを持つ車輪型移動ロボットで，車輪移動ベースが環境のナビゲーション，マニピュレータが物体操作に特化された場合である。

4) システム全体の自由度より，駆動される自由度が少ないこと。

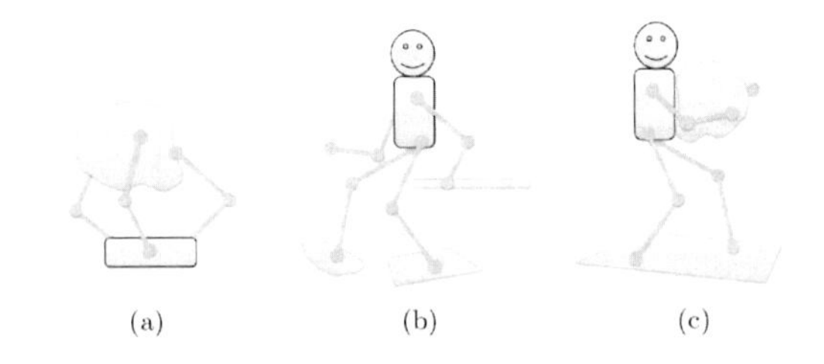

図 19.9　共通な性質を持つ多点接触の例。(a) 物体の器用なマニピュレーション，(b) 環境との接触を伴う脚移動，(c) これら 2 つを組み合わせた移動マニピュレーション。

しかし，ヒューマノイドのようなシステムでは，これら 2 つの境界はあいまいであり，上半身をマニピュレーションだけ，下半身を移動だけに振り分けるのでは必要以上に機能を限定することになる。例えば，ヒューマノイドが梯子を登ったり[2]，机の下をくぐったり[3]，あるいは歩いている途中に足を使って障害物を動かしたりする場合などである。もちろん，このような考え方はヒューマノイドに限ったものだけでなく，アーム・クローラ統合型のロボット[4] を用いて統合的な移動・マニピュレーション能力を示した研究もある。

19.7.2　多点接触動作計画

コンフィグレーション空間とロボットの運動能力の制約のため，接触を含む経路の計画は，連続な空間で経路計画を行う古典的な Piano Mover 問題よりも大幅に複雑となる。図 19.10 は，自由空間での古典的なサンプリング動作計画手法に比較した問題の複雑性を説明している。

図 19.10(a) は，コンフィグレーション空間上で行われる動作計画の例として，サンプリング計画手法を示している。環境は，ロボットが干渉しない自由空間と，障害物空間（これには干渉以外の制約が含まれることもある）に分けられており，ロボットの姿勢は多次元

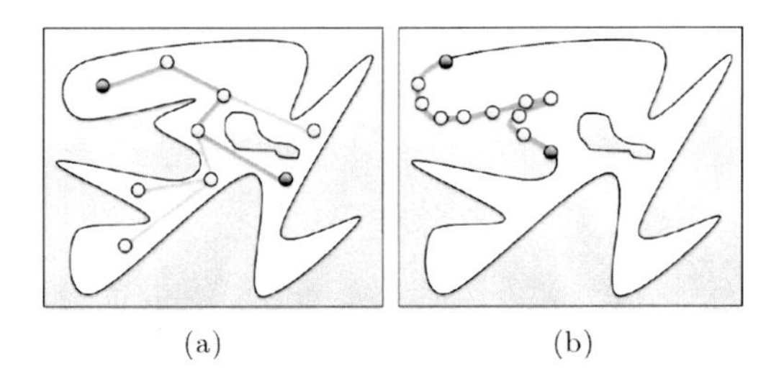

図 19.10　自由なコンフィグレーション空間における古典的なサンプリング動作計画手法 (a)。ここでの「障害物」が接触を支持し，ロボットがリンクを環境との接触に使えると仮定すると，動作計画は自由区間と障害物空間の体積 0 の境界（「接触空間」と呼ぶ）上で行われることになる。

空間上の点として表現される。現在標準的に用いられている確率的ロードマップ計画法では，ランダムにコンフィグレーション空間上に点をサンプルし，それらの間を局所移動法で結ぶことにより，環境内で実現可能な経路の接続関係を近似するネットワークを構築する。図 19.10(b) は，移動を行うためロボットが少なくとも 1 つのリンクを接触により「干渉」させることで，この「障害物空間」にロボットを支持する役割を持たせた場合の複雑性を示している。いったん接触が生じた後は，次の接触支持姿勢に移るまでは，干渉を伴わない自由な動きを行うことになる。要するに，自由空間と障害物空間の境界上で動作を計画していることになり，その境界部分の体積は 0 である。したがって，動作計画でその境界上の点がサンプルされる確率はゼロとなる。

接触を伴う動作計画は，接触状態列の集合からの離散的な選択と，それらの間を遷移する連続的な動作集合とを交互に行うハイブリッドな過程となり，それらの集合はそれぞれ独自の制約を持つ。接触を含む場合，コンフィグレーション空間の幾何構造はいっそう複雑になる。それぞれの接触は異なる次元の「層」を持ち，それぞれの「層」が「葉」の連続体に分かれる葉状構造となっている。「葉」はロボットが完全に駆動されている場合の「層」の部分多様体に相当する。これらの用語については，文献 [3] を参照されたい。

接触動作計画の離散的部分は，いくつかの異なるレベルの選択を含んでいる。まず，接触の組合せが与えられたときに，次にどの組合せを選ぶかである。例えば，ある姿勢に移るために接触を 1 つ増やすか，またそれとは別の姿勢を取るために 2 つ同時に接触を増やすか，といった選択である。接触の除去についても，単に除去するか否か，あるいは除去と追加のどちらかを選択するかの決定がある。この次のレベルとして，接触を追加する位置の選択がある。この選択は連続的なものであり，次の動作により部分多様体上で生じる接触の状態に対応する。最後の段階では，接触状態を遷移する経路の選択が行われる。状況によっては計画は複雑となり，障害物が存在する環境下でロボットが全身で実現可能な接触姿勢を考えると，実行できる動作の空間はさらに減少し，2 つの接触姿勢を接続する経路を導出できない場合もある。接触面も複数ある可能性があり，1 個，2 個，3 個…と接触部分多様体の組合せも増加する。例えば，どの足が接触するかの選択に加え，異なる面と足との接触の組合せについても考慮する必要がある。

以上をまとめると，接触動作計画には 3 つの選択がある。

① 接触の組合せ，つまり葉状構造の順序の離散的な選択
② 接触位置の連続的な選択，つまり接触姿勢の葉状構造内の接触姿勢の選択
③ 2 つの接触組合せの間の，経路の連続的な選択

これらの 3 つの段階の選択は，離散的な選択肢が大変多いこと，またそれぞれの選択がその前段階の選択に強く依存することが理由で，非常に複雑となる。特に，接触姿勢の連続的な選択は離散的な選択の可能性を大きく左右する。ロボットの安定性のような物理的な制約を考慮すると問題はいっそう複雑となり，文献[5] にあるような縮小化特性をそのまま利用することができなくなる。

先行研究で重要な研究として，登攀ロボットの動作計画[6] があり，その後人間型ロボットに拡張された[7]。この研究[6] では，環境中の固定した位置で接触し，動作計画に RRT 法を使用している。そのため，出力された計画は無駄な動きも多く，後処理で平滑化する必要があるが，それでも結果として自然な動作にはならない。そこで文献[7] では，より自然な動作のため動作プリミティブが用いられているが，動作が最初に準備したプリミティブに制限されるため，一般性に欠ける結果となる。別に提案されているアルゴリズム[3, 8] では，接触はあらかじめ決められた曲面のどの場所にも置くことができ，ロボットの姿勢は評価関数を最小する形で得られるため，このような問題は生じない。これにより，アルゴリズムの一般性を保ちつつ自然な動

作を計画することができ，また出力の動作にある程度ユーザが関与することができる。

19.7.3　接触点列からフィードバック制御へ

本項では，多点接触計画の計画と制御を統合することを考える。実際には，下記の 2 つの状況を扱う必要がある。

① 環境のモデルとその中に存在する物体が既知である状況：ここでは，モデルのレジストレーションと実際との照合により不確実性を取り扱えるため，モデルベースの計画と制御が可能である。

② 環境モデルが完全には既知でない場合：ロボットに装着されたセンサを用いて，ロボット中心の環境記述に基づいて計画と制御が実行される必要がある。

図 19.11 は，我々の考え方[2] に基づくアーキテクチャとその主な構成要素を示したものである。多点接触の動作計画については前項で述べたが，接触動作列は，ユーザが直接与えたり，以前に学習したものを利用したりして「接触点列」として与えることも可能である。例えば図 19.11 では，右下の薄い色のロボットの初期姿勢から濃い色の目標姿勢に移る問題を示し，ロボットの各リンクの接触状態の遷移は点線の曲線で表す。ここで，計画器はその遷移の順序を選択する必要がある。例えば，接触（左手，手すり）の削除，接触（右足，地面）の削除，接触（右足，他の地面上の点）の生成，接触（左手，手すり）の生成，接触（左足，地面）の削除，接触（左足，地面）の生成，などである。もちろん，他の順序も可能である。

これらの接触を含む基本動作を，単純化した身体モデル[9–11] や全身モデル[12] を含む予見制御（図 19.11 の MPC(Model Predictive Control) の部分）の入力として用いることで，動的な動作を生成するためにロボットのどのリンクを，どのタイミングでどのように動かすかを計算する。この部分の計算は，重心の軌道生成など，ロボット動作生成のうちまだ上位レベルのタスクに相当する部分であり，ロボットの現在の状態を用いて更新するが，特に実時間で動作する必要はない。このレベルのタスクは，不確実性を考慮するためのガイド軌道生成など，下位の制御器に与える部分タスクに分割する必要がある。有限状態オートマトン（図 19.11 の FSM）は，このようなタスクの部分タスクへの分割を行う機構の一つで，接触動作の再計画が必要な状況のセンサ入力による確認も行う。

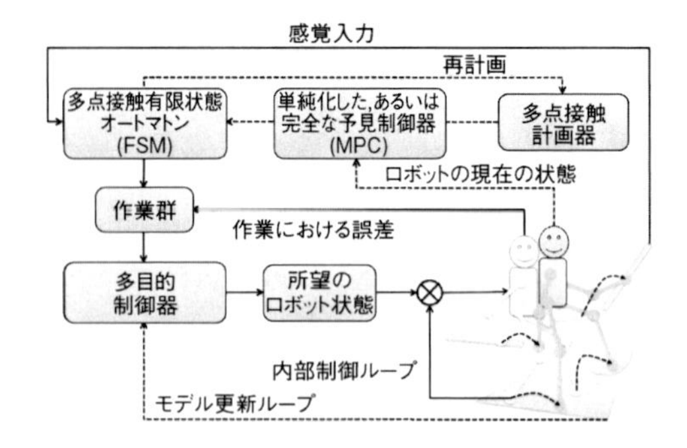

図 19.11　多点接触の計画と制御の統合

モデルベースの多目的 2 次計画 (QP) ローカル制御器（図 19.11 の多目的制御器）はロボットの全身動作を生成する。このような制御器は，優先度付き[13–15] あるいは重み付き[8, 16] の作業空間制御手法により実現することができる。その頑健性は使用する 2 次計画ソルバーの性能や使用するモデルの精度に依存はするが，これらの制御器は効率的に動作することが知られている。作業空間制御器は，位置，トルク，目標接触力など，ロボットのハードウェア制御レベルの設計に適した制御信号を生成する。ヒューマノイドに対し，上記すべてを含むオンラインのフィードバック制御での実装を実現した例は文献 [2] に示されている。

19.7.4　おわりに

多点接触計画・制御は，災害対応，高度な生産システム，パーソナル支援ロボットなど，実際の環境におけるシナリオでのヒューマノイドロボットの効果的な展開において鍵となる技術である。実際，多点接触動作は，従来の歩行や双腕操作の個別機能のみからヒューマノイドの動作能力を増大するだけでなく，二足での安定性を，接触を考慮した安定性に拡張するものである。最新の研究では，ロボット中心の環境記述と距離画像カメラにより，センサ空間での直接の動作計画が集中的に研究されている。

＜Abderrahmane Kheddar，吉田英一＞

参考文献（19.7 節）

[1] Kanoun, O., Laumond, J.-P., and Yoshida, E.: Planning foot placements for a humanoid robot: a problem of inverse kinematics, *The International Journal of Robotics Research*, Vol. 30, No. 4, pp. 476–485 (2011).

[2] Vaillant, J., Kheddar, A., Audren, H., Keith, F., Brossette, S., Kaneko, K., Morisawa, M., Yoshida, E., and Kanehiro, F.: Vertical ladder climbing by the HRP-2

humanoid robot, *IEEE-RAS International Conference on Humanoid Robots* (2014).

[3] Escande, A., Kheddar, A., and Miossec, S.: Planning contact points for humanoid robots, *Robotics and Autonomous Systems*, Vol. 61, No. 5, pp. 428–442 (2013).

[4] Ben-Tzvi, P., Goldenberg, A. A., and Zu, J. W.: Design and analysis of a hybrid mobile robot mechanism with compounded locomotion and manipulation capability, *ASME, Journal of Mechanical Design*, Vol. 130, No. 7, pp. 1–13 (2008).

[5] Siméon, T., Laumond, J.-P., Cortès, J., and Sahbani, A.: Manipulation planning with probabilistic roadmaps, *International Journal of Robotics Research*, Vol. 23, No. 7–8, pp. 729–746 (2004).

[6] Bretl, T.: Motion planning of multi-limbed robots subject to equilibrium constraints: The free-climbing robot problem, *International Journal of Robotics Research*, Vol. 25, No. 4, pp. 317–342 (2006).

[7] Hauser, K., Bretl, T., Latombe, J.-C., Harada, K., and Wilcox, B., Motion planning for legged robots on varied terrain, *International Journal of Robotics Research*, Vol. 27, No. 11–12, pp. 1325–1349 (2008).

[8] Bouyarmane, K. and Kheddar, A.: Humanoid Robot Locomotion and Manipulation Step Planning, *Advanced Robotics*, Vol. 26, No. 10, pp. 1099–1126 (2012).

[9] Mordatch, I., de Lasa, M., and Hertzmann, A., Robust physics-based locomotion using low-dimensional planning, *ACM Transactions on Graphics*, Vol. 29, No. 3 (2010).

[10] Nagasaka, K., Fukushima, T., and Shimomura, H.: Whole-body control of a humanoid robot based on generalized inverse dynamics and multi-contact stabilizer that can take acount of contact constraints, *Robotics Symposium (In Japanese)*, Vol. 17 (2012).

[11] Audren, H., Vaillant, J., Kheddar, A., Escande, A., Kaneko, K., and Yoshida, E.: Model preview control in multi-contact motion—application to a humanoid robot, *IEEE/RSJ International Conference on Intelligent Robots and Systems* (2014).

[12] Lengagne, S., Vaillant, J., Yoshida, E., and Kheddar, A., Generation of whole-body optimal dynamic multi-contact motions, *The International Journal of Robotics Research*, Vol. 32, No. 9–10, pp. 1104–1119 (2013).

[13] Sentis, L., Park, J., and Khatib, O.: Compliant control of multicontact and center-of-mass behaviors in humanoid robots, *IEEE Transactions on Robotics* (2010).

[14] de Lasa, M., Mordatch, I., and Hertzmann, A.: Featurebased locomotion controllers, *ACM Transactions on Graphics (SIGGRAPH)*, Vol. 29, No. 4, p. 1 (2010).

[15] Saab, L., Ramos, O. E., Keith, F., Mansard, N., Souères, P., and Fourquet, J.-Y., Dynamic whole-body motion generation under rigid contacts and other unilateral constraints, *IEEE Transactions on Robotics*, Vol. 29, No. 2, pp. 346–362 (2013).

[16] Salini, J., Barthélemy, S., and Bidaud, P., *LQP-based controller design for humanoid Whole-body motion*. Springer, pp. 177–184 (2010).

19.8 脚腕協調制御

19.8.1 はじめに

ヒューマノイドロボットが有する一つの大きな特徴は，手，腕，脚，頭部のすべてを有していることである。これにより，手と腕，目と手，脚と腕などが協調することで，目的とするタスクを遂行することが可能になっている。また，このヒューマノイドロボットの特徴は，ロボット工学の研究に対して種々の題材を提供している。ここでは，特にヒューマノイドロボットの脚と腕の協調に着目し，現在まで得られている知見についてまとめることを目的とする。

19.8.2 複数タスクの同時実行

ヒューマノイドロボットが脚と腕を協調した動作を生成する場合，従来は冗長マニピュレータに対して構築されてきた理論的枠組みを拡張することで，ヒューマノイドロボットが与えられた複数のタスクを同時に実行するように，全身の関節軌道を生成することができる。まず，ロボットが持つ運動量[1] や重心位置の全関節角度に対するヤコビ行列（重心ヤコビアン）[2] に着目し，ヒューマノイドロボットがバランスを維持しつつ全身を用いた動作を生成する枠組みが構築された。次に，与えられた複数のタスクに対して優先度をつけることで，ヒューマノイドロボットが複数のタスクを同時に実行する枠組みが提案されている[8, 9, 22]。図 19.12 では，ヒューマノイドロボットが床に置かれた対象物を持ち上げるために，両方のハンドを対象物に到達させるように制御すると同時に，脚の関節を用いて腰の水平位置を制御してロボットのバランスを維持し，また胴体を鉛直に保つように制御している。

次に，ヒューマノイドロボットが何らかの作業を行う場合，足が床に接触した状態でハンドが壁などの環境と接触する。このような場合，足やハンドは環境に対して押すことはできるが引くことはできず，接触は単方向である。上記，複数のタスクの優先度を考慮した全身動作生成の枠組みに対して，接触の単方向性を考慮した手法が提案されている[5, 6]。また，このような複数のタスクに対して優先度を考慮して全身動作を生成する場合，非線形計画問題を解くことが一般的である。この非線形計画問題の特徴に着目した高速解法が

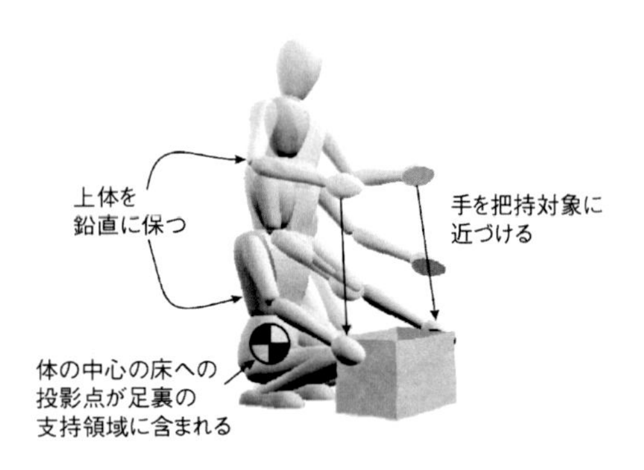

図 19.12　全身動作の生成手法[4]

提案されている[7]。

19.8.3　マルチステップ動作計画

ヒューマノイドロボットが作業を行う場合，ハンドや足が環境と接触する。そして多くの場合，この接触状態は作業に応じて時々刻々変化する。接触状態の変化は，ヒューマノイドロボットの動作を生成する際の拘束条件が変化することを意味するため，ヒューマノイドロボットの動作生成問題は，通常複数の時間区間において違った拘束条件が課される動作計画問題に帰着させることができる。このような複数の拘束条件を考慮し，PRM (Probabilistic Roadmap Method) をベースとした動作計画手法が提案されている[8, 9, 22]。特に，文献[22] ではテーブルの上に置かれた対象物を，把持や押し動作を切り替えながら操る問題が取り扱われている。図 19.13 には，この動作計画問題が扱うコンフィグレーション空間の構造を示す。また，図 19.14 にはヒューマノイドロボットがテーブルにアプローチし，対象物に手を伸ばし，そしてその対象物に押し操作を加える様子が示されている。なお，ヒューマノイドロボットに対する複数ステップの動作計画問題は，後に文献[10, 13] などにおいて拡張が行われている。

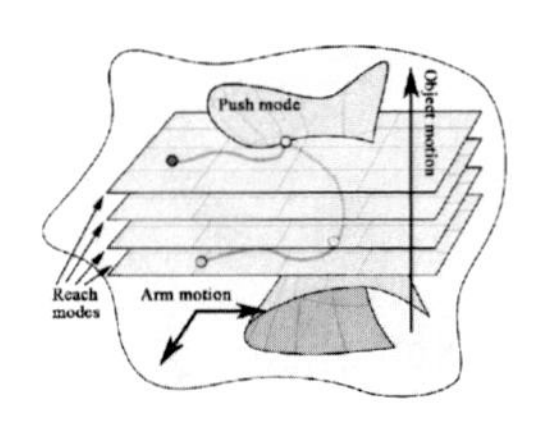

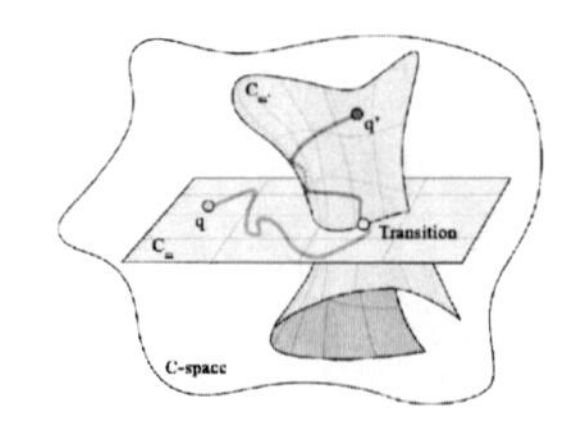

図 19.13　接触状態の変化を含むマニピュレーションの状態空間表現[22]

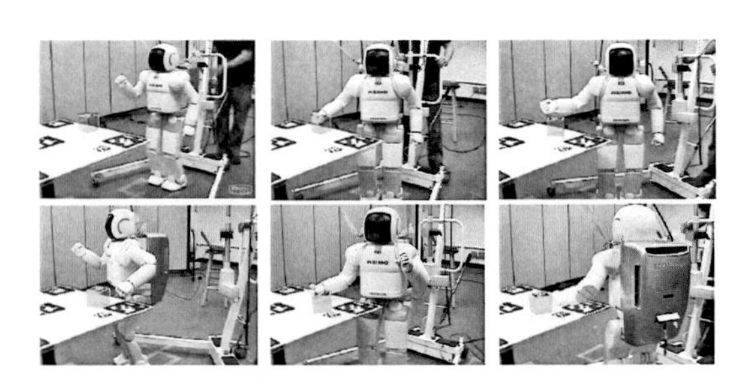

図 19.14　テーブル上の対象物をヒューマノイドロボットが繰る動作計画[22]

19.8.4　全身による力制御

ヒューマノイドロボットが作業を実行する場合，ハンドが対象物や環境から外力を受ける。ここで，ヒューマノイドロボットはハンドが外力を受けている状況下でも転倒しないように安定性を保たなくてはならない。つまり，ヒューマノイドロボットが作業するための動作を生成する場合，ハンドが受ける外力を考慮することが重要になる。このとき最も直観的なアプローチは，まず手先に加わる外力を考慮せずにヒューマノイドロボットの動作を生成し，この動作に対してハンドに加わる外力を考慮して腰の水平方向の位置を修正することである。人が床に置かれた大きな対象物を押す場合，人は対象物にもたれ掛かることで対象物に大きな力を加える。このアプローチの最も典型的な例として，床に置かれた大きな対象物のヒューマノイドによる押し操作を考えることができる[16]。このときヒューマノイドロボットは，手先に外力が加わると，腰の水平方向の位置を修正することで対象物にもたれ掛かるような姿勢をとる。

次に，ヒューマノイドロボットが手先に外力が加わっている状況で二足歩行をすることを考える。例えばヒューマノイドロボットが床に置かれた大きな対象物を押しながら歩く場合，軽い対象物は比較的早く歩きながら押すことができるが，重い対象物はゆっくり歩きながら押さなくてはならないと想像できる。つまり，ヒューマノイドロボットが手先に外力が加わっている状況で歩く場合，手先に加わっている外力の大きさに応じて適応的に二足歩行動作を生成する必要がある。

床に置かれた対象物の押し操作に対して，二足歩行を適用的に生成する手法が提案されている[14, 17, 19, 23]。文献 [14] においては，ヒューマノイドロボットの腕をインピーダンス制御し，インピーダンス制御しながら対象物を押した距離に応じて歩幅を適応的に変更する

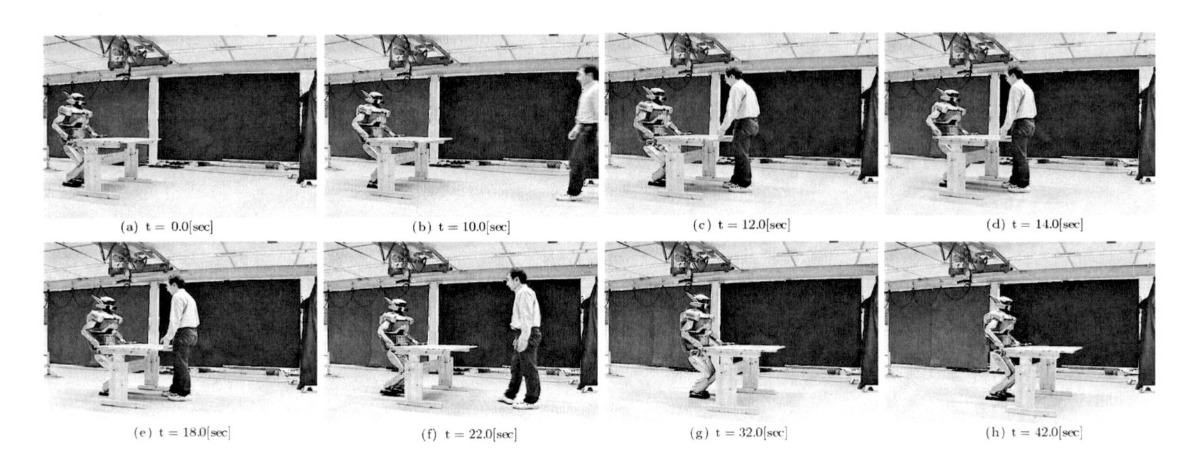

図 19.15 ヒューマノイドロボットが大きくて重い対象物を押して操作する場合の全身を使った力制御[14]

ことで，ヒューマノイドロボットによる押し操作が実現されている。図 19.15 に示すように，ヒューマノイドロボットが対象物を押しながら歩いている途中で，人が力を加えることで対象物の動きを止めると，ヒューマノイドロボットは前に歩くのをやめて，その場で足踏みをするようになる。

19.8.5 種々の対象物マニピュレーション

現在まで，ヒューマノイドロボットによって種々の形態の対象物マニピュレーションが実現されている。例えば，人が大きな本棚の位置を動かす場合を考える。この場合，人は対象物を少し傾けて本棚の角を床に接触させた状態で，本棚を接触点の法線まわりに回転させる操作を連続して行うことにより，本棚の位置を動かすことが可能である。この対象物の操作手法はピボット操作と呼ばれるが，ヒューマノイドロボットが全身の関節を協調させることでピボット操作が実現されている[20]。また，床に置かれた大きな対象物をヒューマノイドロボットが操作する場合，押し操作，ピボット操作，持ち上げ操作などから適切な操作手法を選ぶ必要があり，作業に応じて適切な操作手法を選ぶ手法が提案されている[15]。

ヒューマノイドロボットがドアを開ける操作に関して，種々の研究が行われている。ドアは壁にヒンジを通じて固定されており，クランク回転作業に対して用いられてきたような位置と力のハイブリッド制御を用いることができる[24]。ヒューマノイドロボットによるドア開け作業をアームの力制御に基づいて行う手法が提案されており[21]，この実験の模様を図 19.16 に示す。また，ヒューマノイドロボットが全身を用いてドアに衝撃力を加えることでドアを開ける手法[11]や，ヒューマノイドロボットがドアを開ける動作を実現する全身動作計画手法が提案されている[13, 25]。ドア開け作業は DARPA Robotics Challenge (DRC) の一つのタスクとして想定され，種々の参加機関がドア開け作業に挑戦した[12]。

家庭環境においてヒューマノイドロボットを実際に用いることを想定して，ほうきで床を掃いたり，掃除機をかけたり，ポットの水を注いだり，皿を洗ったりするなど，種々の動作が実現されている[18]。また，例えば床に大きな凹みがあり，そのままでは歩いて通ることができない場合は，ヒューマノイドロボットはいったん大きな板を探し，この板を床の凹みに置くことで，歩いて通るというようなタスクを実現するための動作計画手法が提案されている[26]。

19.8.6 おわりに

本節では，ヒューマノイドロボットにおける脚と腕を協調させることで種々の作業を実現する手法について，その概要を述べた。今後，ここで解説した手法をより発展させることによって，ヒューマノイドロボットを家庭や工場など様々な現場で使うことができるようになると期待される。

<原田研介>

参考文献（19.8 節）

[1] Kajita, S., Kanehiro, F., Kaneko, K., Fujiwara, K., Harada, K., Yokoi, K., and Hirukawa, H.: Resolved Momentum Control: Humanoid Motion Planning based on the Linear and Angular Momentum, *Proc. of IEEE/RSJ Int. Conf. on Intelligent Robots and Systems*, pp. 1644–

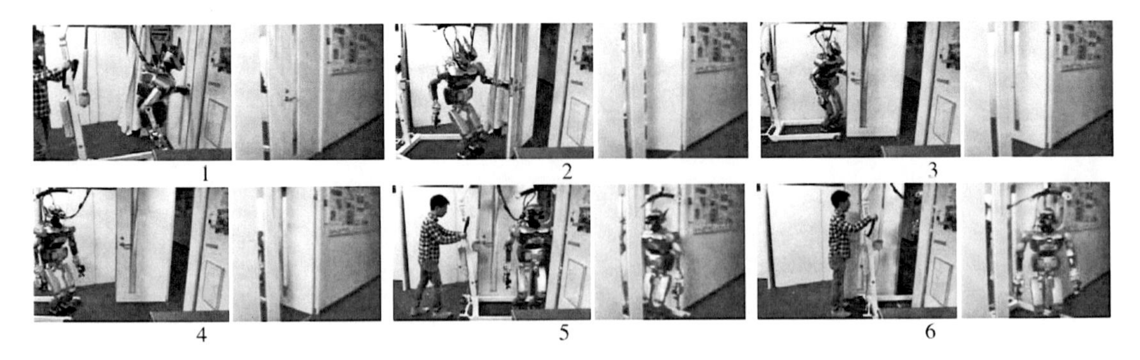

図 19.16　ヒューマノイドロボットによるドア開け作業[21]

1650 (2003).

[2] Sugihara, T. and Nakamura, Y.: Whole-body Cooperative Balancing of Humanoid Robot using COG Jacobian, *Proc. of IEEE/RSJ Int. Conf. on Intelligent Robots and Systems*, pp. 2575–2580 (2002).

[3] Sentis, L. and Khatib, O.: Synthesis of Whole-body Behaviors through Hierarchical Control of Behavioral Primitives, *Int. J. Humanoid Robotics*, Vol. 2, No. 4, pp. 505–518 (2005).

[4] Sentis, L., Park, J., and Khatib, O.: Compliant Control of Multicontact and Center-of-Mass Behaviors in Humanoid Robots, *IEEE Trans. on Robotics*, Vol. 26, No. 3, pp. 483–501 (2010).

[5] Mansard, N., Khatib, O., and Kheddar, A.: A Unified Approach to Integrate Unilateral Constraints in the Stack of Tasks, *IEEE Transaction on Robotics*, Vol. 25, No. 3 (2009).

[6] Kanoun, O., Lamiraux, F., and Wieber, P.-B.: Kinematic Control of Redundant Manipulators: Generalizing the Task Priority Framework to inequality Tasks, *IEEE Trans. on Robotics*, Vol. 27, No. 4, pp. 785–792 (2011).

[7] Escande, A., Mansard, N., and Weiber, P.-B.: Hierachical Quadratic Programming: Fast Online Humanoid-robot Motion Generation, *The Int. J. Robotics Research*, Vol. 33, No. 7, pp. 1006–1028 (2014).

[8] Hauser, K. and Latombe, J.-C.: Non-gaited Humanoid Locomotion Planning, *IEEE-RAS Int. Conf. on Humanoid Robots*, pp. 7–12 (2005).

[9] Hauser, K., Bretl, T., Harada, K., Latombe, J.-C.: Using Motion Primitives in Probabilistic Sample-based Planning for Humanoid Robots, *Algorithmic Foundation of Robotics VII*, Springer Tracts in Advanced Robotics, Vol. 47, pp. 507–522 (2008).

[10] Bouyarmane, K. and Kheddar, A.: Humanoid Robot Locomotion and Manipulation Step Planning, *Advanced Robotics*, Vol. 26, No. 10, pp.1099–1126 (2012).

[11] Arisumi, H., Chardonne, J.R., and Yokoi, K.: Whole body motion of a Humanoid robot for passing through a door —Opening a door by impulsive force —, *Proc. of IEEE/RSJ Int. Conf. on Intelligent Robots and Systems*, pp. 428–434 (2009).

[12] Banerjee, N., Long, X., Du, R., Polido, F., Feng, S., Atkeson, C. G., Gennert, M., and Padir, T.: Human-Supervised Control of the ATLAS Humanoid Robot for Traversing Doors, *Proc. of IEEE-RAS Int. Conf. on Humanoid Robots* (2015) (submitted).

[13] Cognetti, M., Mohammadi, P., Oriolo, G., and Vendittelli, M.: Task-Oriented Whole-Body Planning for Humanoids based on Hybrid Motion Generation, *Proc. of IEEE/RSJ Int. Conf. on Intelligent Robots and Systems*, pp. 4071–4076 (2014).

[14] Harada, K., Kajita, S., Kanehiro, F., Fujiwara, K., Kaneko, K., Yokoi, K., and Hirukawa, H.: Real-Time Planning of Humanoid Robot's Gait for Force Controlled Manipulation, *IEEE/ASME Trans. on Mechatronics*, Vol. 12, No. 1, pp. 53–62 (2007).

[15] Murooka, M., Noda, S., Nozawa, S., Kakiuchi, Y., Inaba, M.: Manipulation Strategy Decision and Execution based on Strategy Proving Operation for Carrying Large and Heavy Objects, *Proc. of IEEE Int. Conf. on Robotics and Automation* (2014).

[16] Harada, K., Kajita, S., Kaneko, K., and Hirukawa, H.: Pushing Manipulation by Humanoid considering Two-Kinds of ZMPs, *Proc. of IEEE Int. Conf. on Robotics and Automation*, pp. 1627–1632 (2003).

[17] Nozawa, S., Kakiuchi, Y., Okada, K., and Inaba., M.: Controlling the planar motion of a heavy object by pushing with a humanoid robot using dual-arm force control, *Proc. of IEEE Int. Conf. on Robotics and Automation*, pp. 1428–1435 (2012).

[18] Okada, K., Kojima, M., Sagawa, Y., Ichino, T., Sato, K., and Inaba, M.: Vision Based Behavior Verification System of Humanoid Robot for Daily Environment Tasks, *Proc. of IEEE-RAS Int. Conf. on Humanoid Robots* (2006).

[19] Takubo, T., Inoue, K., and Arai, T.: Pushing an Object Considering the Hand Reflect Forces by Humanoid Robot in Dynamic Walking, *Proc. of IEEE Int. Conf. on Robotics and Automation*, pp. 1706–1711 (2005).

[20] Yoshida, E., Poirier, M., Laumond, J.-P., Kanoun, O., Lamiraux, F., Alami, R., and Yokoi, K.: Pivoting Based Manipulation by a Humanoid Robot, *Autonomous Robots*, Vol. 28, pp. 77–88 (2010).

[21] Nozawa, S., Kumagai, I., Kakiuchi, Y., Okada, K., and Inaba, M.: Humanoid full-body controller adapting constraints in structured objects through updating task-level reference force, *Proc. of IEEE/RSJ Int. Conf. on Intelligent Robots and Systems*, pp. 3417–3424 (2012).

[22] Hauser, K., Ng-Thowhing, V., and Gonzalez-Banos, H.: Multi-Modal Motion Planning for a Humanoid Robot Manipulation Task, *Proc. of the Int. Symposium on Robotics Research* (ISRR) (2007).

[23] Stilman, M., Nishiwaki, K., Kagami, S., and Kuffner, J.: Planning and Executing Navigation among Movable Obstacles, *Advanced Robotics*, Vol. 21, No. 14, pp. 1617–1634 (2007).

[24] Paul, R.: Problems and research issues associated with the hybrid control of force and displacement, *Proc. of IEEE Int. Conf. on Robotics and Automation*, pp. 1966–1971 (1987).

[25] Gonzalez-Fierro, M., Hernandez-Garcia, D., Nanayakkara, T., and Balaguer, C.: Behavior Sequencing based on Demonstrations: A Case of a Humanoid Opening a Door while Walking, *Advanced Robotics*, Vol. 29, No. 5, pp. 315–329 (2015).

[26] Levhin, M., Nishiwaki, K., Kagami, S., and Stilman, M.: Autonomous Environment Manipulation to Assist Humanoid Locomotion, *Proc. of IEEE Int. Conf. on Robotics and Automation* (2014).

19.9 優先度付き全身運動制御

19.9.1 はじめに

近年，計算機の性能向上やアルゴリズムの発達に伴い，ロボットの物理的な制約や所望のタスクに優先度をつけた全身運動制御を実時間で計算することが可能となってきている。ヒューマノイドロボットの運動生成や制御で用られる逆運動学の計算は，解の安定性と高速性の相反する性能が要求され，今もなお盛んに研究されている分野である。本節ではヒューマノイドの全身運動制御で用いられている優先度付き逆運動学の手法について述べる。

19.9.2 零空間を利用した優先度付き逆運動学の解法

ヒューマノイドロボットの時刻 t における作業空間で表現された所望のタスク，例えば足裏，手先あるいは胴体の位置，姿勢，重心位置などの集合を $\boldsymbol{x}(t) \in \Re^m$ とすると，所望のタスクは，

$$\boldsymbol{x}(t) = \boldsymbol{f}(\boldsymbol{q}(t)) \tag{19.66}$$

のように等式条件で与えられる。逆運動学は上式を満たす関節角度 $\boldsymbol{q}(t) \in \Re^n$ を求める問題である。逆運動学の解析解は特別な機構についてのみ得られ，タスクの自由度と関節自由度数を一致させる必要があり，柔軟性に欠ける。ここではタスクの優先度を考慮可能な数値解法について紹介する。

動作に対して短い周期で計算できる場合には，微小な運動と関節変位には線形関係が成り立つ。$i=1$ を最上位の優先度として，優先順位 $i \in [1,\ldots,p]$ を付加したタスクは，

$$\Delta\boldsymbol{e}_i = \boldsymbol{J}_i \Delta\boldsymbol{q} \tag{19.67}$$

と表せる。ここで，$\boldsymbol{J}_i \equiv \partial \boldsymbol{f}_i / \partial \boldsymbol{q}$，$\Delta\boldsymbol{e}_i$ は作業空間における現在時刻の位置や姿勢と目標運動との誤差，$\Delta\boldsymbol{q} \equiv \boldsymbol{q}(t+\Delta t) - \boldsymbol{q}(t)$ は次の時刻と現在時刻の関節角の差分である。このとき逆運動学は，次のような最小二乗問題として定式化できる。

$$\arg\min_{\Delta\boldsymbol{q}} \|\boldsymbol{J}_i \Delta\boldsymbol{q} - \Delta\boldsymbol{e}_i\|^2 \tag{19.68}$$

所望のタスクの自由度と比べて関節数が冗長の場合には，逆運動学解 $\Delta\boldsymbol{q}$ は任意性があり，任意ベクトル $\boldsymbol{y}_{i+1} \in \Re^n$ を用いて，

$$\Delta\boldsymbol{q} = \boldsymbol{J}_i^+ \Delta\boldsymbol{e}_i + (\boldsymbol{I} - \boldsymbol{J}_i^+ \boldsymbol{J}_i)\boldsymbol{y}_{i+1} \tag{19.69}$$

で与えられる。$\boldsymbol{J}_i^+$ は $\boldsymbol{J}_i$ に関するムーア–ペンローズの一般逆行列である。得られた $\Delta\boldsymbol{q}$ から

$$\boldsymbol{q}(t+\Delta t) = \boldsymbol{q}(t) + \Delta\boldsymbol{q}, \tag{19.70}$$

のように逐次的に次の時刻の目標関節角度を更新する。

式 (19.69) で表される $i-1$ 番目の優先度の解 $\Delta\boldsymbol{q}$ を式 (19.67) で表される i 番目の優先度のタスクへ逐次的に代入していくことにより，i 番目の優先度のタスクは，

$$\min_{\boldsymbol{y}_i} \|\bar{\boldsymbol{J}}_i \boldsymbol{y}_i - (\Delta\boldsymbol{e}_i - \boldsymbol{J}_i \boldsymbol{J}_{i-1}^+ \Delta\boldsymbol{e}_{i-1})\|^2 \tag{19.71}$$

とする任意ベクトル $\boldsymbol{y}_i$ に関する最小二乗解として得られる。ここで，$\bar{\boldsymbol{J}}_i = \boldsymbol{J}_i(\boldsymbol{I} - \boldsymbol{J}_{i-1}^+ \boldsymbol{J}_{i-1})$ である。式 (19.71) を解いて得られた $\boldsymbol{y}_i$ を $i-1$ 番目の優先度における式 (19.69) の解に代入することにより，p 番目までの優先度のタスクを含む解の再帰表現は，

$$\Delta\boldsymbol{q}_p = \sum_{k=1}^{p} \bar{\boldsymbol{J}}_k^+ (\Delta\boldsymbol{e}_k - \boldsymbol{J}_k \Delta\boldsymbol{q}_{k-1})$$

$$+ (\boldsymbol{I} - \boldsymbol{J}_{p-1}^{+}\boldsymbol{J}_{p-1})(\boldsymbol{I} - \bar{\boldsymbol{J}}_p^{+}\bar{\boldsymbol{J}}_p)\boldsymbol{y}_{p+1} \tag{19.72}$$

で表される[2]。ただし，$\boldsymbol{J}_0 = \boldsymbol{0}$，$\Delta\boldsymbol{q}_0 = \boldsymbol{0}$，である。式 (19.69), (19.72) より，1 から p 番目の優先度のタスクに対する微小な関節変化量 $\Delta\boldsymbol{q} = \Delta\boldsymbol{q}_p$ が求まる。

ロボットが特異姿勢付近になると数値解が不安定になりやすい。そのため実用的に，式 (19.68) の代わりに微小なスカラー値 λ_i を用いて，

$$\min_{\Delta\boldsymbol{q}} \|\boldsymbol{J}_i\Delta\boldsymbol{q} - \Delta\boldsymbol{e}_i\|^2 + \lambda_i^2\|\Delta\boldsymbol{q}\|^2 \tag{19.73}$$

を解く。これにより等式制約の誤差が生じる一方，特異点付近の数値解が不安定になるのを低減させることができる。この場合，

$$\boldsymbol{J}_i^{*} = (\boldsymbol{J}_i^T\boldsymbol{J}_i + \lambda_i^2\boldsymbol{I})^{-1}\boldsymbol{J}_i^T \tag{19.74}$$

と $\boldsymbol{J}_i$ を $\boldsymbol{J}_i^{*}$ に置き換えて同様の計算が利用できる。これを特異点低感度逆行列という[1]。

19.9.3　不等式・等式制約条件を含む優先度付き逆運動学の解法

式 (19.72) では等式制約で表すことができるタスクについてのみ解くことができた。しかし関節の可動範囲，速度制約，干渉回避などの物理的な制約は，不等式制約条件として表現しやすい。Kanoun らはスラック変数 $\boldsymbol{w} \in \Re^m$ を用いて，不等式制約条件付き 2 次計画問題として逆運動学を解く手法を考案した[3]。

$$\begin{aligned}&\arg\min_{\Delta\boldsymbol{q},\ \boldsymbol{w}_i} \|\boldsymbol{J}_i\Delta\boldsymbol{q} - \Delta\boldsymbol{e}_i\|^2 + \|\boldsymbol{w}_i\|^2 \\ &\text{subject to}\quad \boldsymbol{C}_i\Delta\boldsymbol{q} - \boldsymbol{w}_i \leq \boldsymbol{d}_i\end{aligned} \tag{19.75}$$

式 (19.75) で得られた解を次の優先順位における等式制約条件として加えることにより，不等式制約条件を含む優先度付き逆運動学解を得ることができる。

本手法において不等式制約条件の近傍に最適解が存在すると，数値解の値が変化しすい。そのため式 (19.73) と同様の手法で急激な値の変化を防ぐ必要がある。また最上位の優先度のタスクでのみ不等式制約条件を考慮した，より計算コストの低いアルゴリズム[4] や 2 次計画法のアルゴリズムを改善して高速化を図った手法[5] なども提案されている。

19.9.4　乗数法による優先度付き逆運動学の解法

式 (19.66) の逆運動学は，ニュートン–ラフソン法などの反復計算によって，より正確な解を求めることができる。前述した作業空間と関節空間の微小変位の線形関係を利用した解法は，解が不可解な場合，誤差最小解は必ず特異点に向かい，計算が破綻することが指摘されている[6]。本項では，杉原が提案している，乗数法を用いた高低 2 種類の優先度タスクに対して安定な逆運動学解法について述べる[7]。高優先度のタスクを $i = 1$，低優先度のタスクを $i = 2$，作業空間における誤差を $\boldsymbol{e}_i$，低優先度の重みを $\boldsymbol{\Gamma}$ として，

$$\begin{aligned}&\min_{\boldsymbol{e}_1,\boldsymbol{e}_2} \|\boldsymbol{e}_1\|^2 + \|\boldsymbol{\Gamma}\boldsymbol{e}_2\|^2 \\ &\text{subject to}\quad \boldsymbol{e}_1 = \boldsymbol{0}\end{aligned} \tag{19.76}$$

で与えられる 2 次計画問題を考える。このとき，レーベンバーグ–マーカート法（LM 法）に基づいた乗数法の更新則は，$\boldsymbol{J}_{1,k} \equiv \partial\boldsymbol{e}_1(\boldsymbol{q})/\partial\boldsymbol{q}|_{\boldsymbol{q}\leftarrow\boldsymbol{q}_k}$，$\boldsymbol{J}_{2,k} \equiv \partial\boldsymbol{e}_2(\boldsymbol{q})/\partial\boldsymbol{q}|_{\boldsymbol{q}\leftarrow\boldsymbol{q}_k}$，ラグランジュ乗数 λ_k を用いて，

$$\boldsymbol{q}_{k+1} = \boldsymbol{q}_k + \boldsymbol{\Phi}^{-1}\Delta\boldsymbol{e}_k \tag{19.77}$$

$$\boldsymbol{\lambda}_{k+1} = \boldsymbol{\lambda}_k + \boldsymbol{e}_{1,k} \tag{19.78}$$

で与えられる。ただし，

$$\Delta\boldsymbol{e}_k = \boldsymbol{J}_{1,k}^T(\boldsymbol{e}_{1,k} + \boldsymbol{\lambda}_k) + \boldsymbol{J}_{2,k}^T\boldsymbol{\Gamma}^2\boldsymbol{e}_{2,k} \tag{19.79}$$

$$\boldsymbol{\Phi} = \boldsymbol{J}_{1,k}^T\boldsymbol{J}_{1,k} + \boldsymbol{J}_{2,k}^T\boldsymbol{\Gamma}^2\boldsymbol{J}_{2,k} + \boldsymbol{W}_k \tag{19.80}$$

である。$\boldsymbol{W}_k$ は式 (19.73) における λ と同様の効果を持つ減衰因子である。本手法は，1 ステップ当たりの計算コストはラグランジュ乗数 λ_k を用いない場合と比較してほとんど変わらない。一方，関節変位について超 1 次収束，ラグランジュ乗数について 1 次収束となり，収束性に課題がある。

19.9.5　おわりに

本節ではヒューマノイドロボットの全身運動制御を実現するのに必要な優先度付き逆運動学の解法について述べた。優先度付き逆運動学は，ヒューマノイドロボットの各関節毎に高速周期でサーボコントローラが実行されているシステムに対して，バランス制御などの上位のコントローラにより修正した運動から逆運動学演算によって関節角度指令値を生成して運動制御を実現するときに適用が可能である。近年では作業空間でコントローラを構成し，加速度次元で制約条件を与えることでロボットの力学的な整合性を満たす全身運

動制御も提案されている[8]。ここでも本節で述べたような 2 次計画法が用いられており，今後のさらなる発展が期待される。

＜森澤光晴＞

参考文献（19.9 節）

[1] 中村仁彦，花房英郎：関節形ロボットアームの特異点低感度分解運動，『計測自動制御学会論文集』，Vol. 20，No. 5，pp. 453–459 (1984).

[2] Sicilian, B., and Slotine, J-J.: A general framework for managing multiple tasks in highly redundant robotic systems, *IEEE International Conference on Advanced Robotics*, pp. 1211–1216 (1991).

[3] Kanoun, O., Lamiraux, F., Wieber, P-B.: Kinematic control of redundant manipulators: generalizing the task priority framework to inequality tasks, *IEEE Transactions on Robotics*, Vol. 27, No. 4, pp. 785–792 (2011).

[4] De Lasa, M., Mordatch, I., Hertzmann, A.: Feature-Based Locomotion Controllers, *ACM SIGGRAPH'10*, Vol. 29, No. 4 (2010).

[5] Escande, A., Mansard, N., Wieber, P-B.: Hierarchical quadratic programming: Fast online humanoid-robot motion generation, *The International Journal of Robotics Research*, Vol. 33 No. 7, pp. 1006–1028 (2014).

[6] 杉原知道：Levenberg–Marquardt 法による可解性を問わない逆運動学，『日本ロボット学会誌』，Vol. 29, No. 3, pp. 269–277 (2011).

[7] 杉原知道：乗数法による優先度付き逆運動学のロバスト解法，『第 19 回ロボティクスシンポジア予稿集』，pp. 215–220 (2014).

[8] Koolen, T., *et.al*: Summary of Team IHMC's Virtual Robotics Challenge Entry, *Proc of IEEE Humanoid Robots*, pp. 307–314 (2013).

19.10　3 次元視覚に基づく動作計画

ヒューマノイドロボットにおける 3 次元視覚に基づく動作計画は，歩行動作計画に関するものとマニピュレーション動作計画に関するものに大別できる。一方，3 次元視覚処理そのものに注目すると，環境から注目したい領域（例えば足着地可能領域や対象物体）を抽出し，これを動作計画の入力とする場合と，3 次元の占有格子地図等，環境の 3 次元形状に近い情報を直接動作計画の入力とする場合がある。

19.10.1　3 次元視覚に基づくヒューマノイドロボットの歩行計画

3 次元視覚に基づくヒューマノイドロボットの歩行動作計画としては，まず階段昇り動作が代表的な研究対象となった。その理由は階段昇降がヒューマノイドロボットならではの移動行動と考えられたからであろう。初期の歩行動作制御の研究者らも，その評価実験として形状が既知の階段の昇降を行う動作を取りあげている[1]。

ステレオ視覚を用いたヒューマノイドの段差昇り動作として，文献 [2] では，床面に置かれた立方体形状の障害物，段差を単眼画像を用いた線画の抽出と理解の方法を用いて抽出し，ステレオ視覚によりその 3 次元距離を抽出して歩行動作生成器への入力とすることによる，ヒューマノイドロボットによる障害物のまたぎ越えや，踏み越え動作の例が示されている。

環境の 3 次元情報を用いたヒューマノイドの段差の認識と昇り動作は，3 次元視覚で得られる距離情報の 3 次元ハフ変換により平面領域を抽出する PSF(Plane Segment Finder) と呼ばれるアルゴリズム[3] を用いて実現された。これは，1990 年代後半から急速に発展した PC の計算能力と，そのマルチメディア命令を用いることでステレオ視野画像に対して稠密な距離画像の生成が可能になったこと[4] が背景として挙げられる。これを用いたヒューマノイドロボットの動作誘導例としては，平面検出で検出した地面領域を用いたロボットの段差上がり動作や開空間へ誘導する動作[5] が示された。

文献[6] では Scan Line Grouping 法を用いて距離画像を縦（あるいは横）に走査し距離の不連続点を見つけ，そこから得られた同一平面に属する線分を拡張していく方法で距離画像を複数の平面領域に分割し，階段の段差の手前と奥のエッジとその高さで表現した。また，ここでは歩行動作計画への本格的な取組みが初めて示された。具体的には段差昇降動作計画法として段差情報を獲得する Search，段差の手前エッジと体の向きが合致するよう回転移動する Align，段差エッジの手前に移動する Approach，段差昇降動作を実行する Climb からなる状態遷移マシンが提案され，自律的に階段を見つけ 1 歩ずつ登る，または，降りるという動作が実現されている。

より一般的な歩行動作計画として，足設置位置列の算出を探索問題として定式する方法 (Foot-step planner)[7] がある。これは，支持脚の足設置位置に対して，遊脚側が設置可能な位置を離散的な候補として予め算出し，この設置可能位置を状態とした探索木を構築し，最良優先探索法や A*探索法を用いて解を見つけるものであり，通常の歩行動作も段差昇降動作も統一的に扱える方法である。当初はシミュレーション環境で研究がなされていたが，文献 [8] では，天井に取り付けたカメラで床面上の色がついた足設置禁止領域を検出し，これを踏まないような歩行動作実験が実ロボットを用いて実現された。また，文献 [9] では，腰部に取り付けた測距センサを歩行周期と同期して上下に振り，得られた点群情報から 2.5 次元の DEM(Digital Elevation Map) を作成し，ランダムサンプリングにより平面を抽出し，Foot-step planner を用いて足設置位置列を算出している。Foot-step planner の枠組みでは遊脚と環境の干渉を考慮しないが，ここでは平面に属さない点群を障害物と見なし，足設置位置間の障害物の存在検証と，遊脚の軌道と障害物の干渉検証処理が後処理として追加されてる。また，ロボットのセンサからは直接自身の足の周辺の情報を観測できないため，ロボットのオドメトリ情報を用いて各時刻で取得された 3 次元情報を蓄積して利用している。

より，直接的に 3 次元点群情報を利用する場合として，Kinect Fusion[10] 等の実時間の 3 次元再構成手法により TSDF(Truncated Signed Distance Function) と呼ばれる 3 次元の占有格子地図（Volumetric Grid 地図）を生成し，これを歩行動作計画に利用する方法[11] がある。ここでは 3 次元視覚で得られた距離情報の不確実性を考慮し，歩行動作制御器における力制御の重要性が指摘されている。

足設置位置列を探索問題として解く方法では，足設置可能位置の離散化の粒度を細かくすれば探索に時間がかかり，また，粒度を大きくとると解が見つからなくなるという問題があり，これと異なるアプローチとして，最適化問題として定式化する方法が研究されはじめている。例えば，文献[12] では混合整数凸最適化を用いて足設置位置列の算出を最適化問題として解く方法を提案している。ただし，この方法は脚設置可能領域が凸多角形であるという制約がある。環境の 3 次元情報を取得する測距センサがあれば，Euclidean Clustering を用いて平面領域を抽出し，それを凸多角形で表現し歩行動作計画への入力へと利用できるが，現在の測距センサは 2 次元センサが一般的であるため，3 次元情報を取得するためにはこれを回転させる必要があり，その周期でしか地図が更新されない。したがって，動的な環境での歩行ではステレオカメラを用いる必要がある。ステレオカメラで得られる距離情報は測距センサに比較しノイズが多いため，まずノイズ除去した後，TSDF を用いた 3 次元の占有格子地図を作成する。また，このときに姿勢加速度センサ (IMU)，関節角度センサ，測距センサを統合した状態推定器を用いてロボットの位置姿勢を推定し，これを地図生成時に利用することで地図の精度を上げている。最後に地図表現からロボットの視野から得られる距離画像に変換し，平面領域を抽出しその凸多角形表現を抽出する。これにより，14 列の段差を持つブロックの踏破に成功している。

19.10.2　3 次元視覚に基づくヒューマノイドロボットの動作計画

一方，3 次元視覚に基づくヒューマノイドロボットのマニピュレーション動作計画としては，予め環境中の物体が既知であれば，物体を認識して位置を同定し，この物体の形状情報を計画器に入力してマニピュレーション計画を行う方法[13] が，また，未知環境では距離画像に基づき 3 次元占有地図表現を生成し，これをマニピュレーション計画器へ入力する方法[14] が基本的な構成であり，このレベルであれば標準的なマニピュレーション計画ソフトウェア[15] でも容易に利用できるようになっている。

3 次元占有地図表現では各グリッドが障害物が存在するか否かを表す確率値を有するが，障害物が存在する，障害物が存在しない，不明の 3 つの確率を持つ表現も利用されている[16]. 動作計画において，この不明領域の扱いは大きな課題であり，例えば，目の前にある物体の裏側をどのようにして知るのか，という問題である。いまのところ，不明領域を減らすように最適な視点を計画する方法[17] や，接触行動を通じてより確実な環境地図を得ようとする方法[18] が研究されている。

マニピュレーション動作計画器を 3 次元視覚と接続すると，環境の動的な変化に対して適応的に動作を計画する必要性に気づく。そこで，計画器の計算コストが着目されるようになる。そこではマニピュレーション動作計画器として，RRT や PRM のようなランダムサンプリングベースの探索アルゴリズムに対して，ヤコビアンを用いて目標姿勢に近くなるように探索木を延長する方法や，逆運動学を用いて探索のゴール姿勢を C-Space にサンプリングし RRT で探索する IBiRRT 法[20]，計画時には解析解を用いてリーチング動作を生成し，実行時に動作安定を保つよう修正を行うことで高速に動作を計画する方法[19]，動作プリミティブと A*探索の常時計算アルゴリズムである Anytime Repairing A*を用いた方法[21] 等が提案されヒューマノイドロボットで利用されている。

また，3 次元視覚とマニピュレーション動作計画の関係については，環境地図生成と動作計画のフィードバックループを密にすることの重要性も指摘されている[22]。ここではステレオ視覚を用いて SLAM 処理によりロボットの位置姿勢を逐次計算し，回転する測距センサの情報を用いて環境地図を生成し，マニピュレーション計画器に提供する。これにより，世界座標系に固定された環境地図を利用することができるようになる。この方法は，歩行動作計画で広く利用されている姿勢加速度センサ (IMU)，関節角度センサ，測距センサを統合した状態推定器を用いてロボットの位置姿勢を推定し，それを使って環境地図を生成する方法と同等の効果をもたらしている。

歩行動作計画に関しては足設置位置列の計画ではなく，歩行動作中の姿勢を計画する研究もある。文献 [23] では距離画像を 3 次元占有地図に蓄積し，下半身を立方体とし，上半身の高さが変更可能な表現を持ったロボットのモデルを用いて経路の計画を行い，得られた腰高さを歩行動作生成器への入力とすることで，高さの制約がある空間の潜りぬけ動作を実現している。これらの研究は，要素機能の構成と統合法に着目すると，3 次元占有地図を生成し，障害物と干渉しない関節角度列を計算するという点で，3 次元視覚に基づくマニピュレーション動作と同じ構成を持っていると言える。

3 次元占有地図が利用できないマニピュレーション動作計画の場合として，例えば多点接触を扱う計画器を利用する場合は，平面検出を用いて計画器が利用しやすい環境表現に変換する方法[24] が提案されている。また，3 次元占有地図表現では障害物領域と開領域の区別しかしない。一方で物体の把持操作を考えると，物体ラベル等が付与されたセマンティックな 3 次元地図表現が望まれる。そのような表現を用いたヒューマノイドロボットの動作生成に取り組む研究[25] も始まっている。

<岡田 慧>

参考文献（19.10 節）

[1] Takanishi, A., Lim, H., Tsuda, M., Kato, I.: Realization of dynamic biped walking stabilized by trunk motion on a sagittally uneven surface, *Proceedings of IEEE/RSJ International Workshop on Intelligent Robots and Systems*, pp. 323–329 (1990).

[2] Cupec, R., Schmidt, G., and Lorch, O.: Experiments in vision-guided robot walking in a structured scenario, *Proeedings of the IEEE International. Symposium on Industrial Electronics* (2005).

[3] Okada, K., Kagami, S., Inaba, M., Inoue, H.: Plane Segment Finder: Algorithm, Implementation and Applications, *Proceedings of IEEE International Conference on Robotics and Automation*, pp. 2120–2125 (2001).

[4] Konolige, K.: Small vision systems: hardware and implementation, *Eighth International Symposium on Robotics Research*, pp. 111–116 (1997).

[5] Nishiwaki, K., Kagami, S., Kuffner, J. J., Okada, K., Kuniyoshi, Y., Inaba, M., Inoue, H.: Online Humanoid Locomotion Control by using 3D Vision Information, *Proceedings of International Symposium on Experimental Robotics (ISER)* (2002).

[6] Gutmann, J.-S., Fukuchi, M., and Fujita, M.: Stair climbing for humanoid robots using stereo vision, *Proceedings of the IEEE/RSJ International Conference on Intelligent Robots and Systems (IROS)*, pp. 1407–1413 (2004).

[7] Kuffner, J., Nishiwaki, K., Kagami, S., Inaba, M., and Inoue, H.: Footstep planning among obstacles for biped robots, *Proceedings on IEEE/RSJ Int. Conference on Intelligent Robots and Systems*, pp. 500–505 (2001).

[8] Michel, P., Chestnutt, J., Kuffner, J, Kanade, T.: Vision-guided humanoid footstep planning for dynamic environments, *Proceedings of the 2005 IEEE international conference on humanoid robots* (2005).

[9] Chestnutt, J., Takaoka, Y., Suga, K., Nishiwaki, K., Kuffner, J., and Kagami, S.: Biped navigation in rough environments using on-board sensing, *Proceedings of the IEEE/RSJ Int. Conference on Intelligent Robots and Systems* (2009).

[10] Newcombe, R. A., Izadi, S., Hilliges, O., Molyneaux, D., Kim, D., Davison, A. J., Kohli, P., Shotton, J., Hodges, S., and Fitzgibbon, A.: KinectFusion: Realtime dense surface mapping and tracking, *IEEE International Symposium on Mixed and Augmented Reality*, pp. 127–136 (2011).

[11] Ramos, O., Garcia, M., Mansard, N., Stasse, O., Hayet, J. B., Soueres, P.: Towards reactive vision-guided walking on rough terrain: an inverse-dynamics based approach, *International Journal of Humanoid Robotics*, 11 (2), 1441004 (2014).

[12] Fallon, M. F., Marion, P., Deits, R., Whelan, T., Antone, M., McDonald, J., Tedrake, R.: Continuous humanoid locomotion over uneven terrain using stereo fusion, *Proceedings of the 2015 IEEE-RAS International Conference on Humanoid Robotics* (2015).

[13] Asfour, T., Azad, P., Vahrenkamp, N., Regenstein, K., Bierbaum, A., Welke, K., Schrder, J., Dillmann, R.: Toward humanoid manipulation in human-centred environments, *Robotics and Autonomous Systems*, No. 56, Vol. 1, pp. 54–65 (2007).

[14] Kagami, S., Nishiwaki, K., Kuffner, J. J., Kuniyoshi, Y., Inaba, M., Inoue, H.: Online 3D Vision, Motion Planning and Bipedal Locomotion Control Coupling System of Humanoid Robot : H7, *Proceedings of the IEEE/RSJ International Conference on Intelligent Robots and Systems (IROS)*, pp. 2557–2562 (2002).

[15] Sucan, I. A., Chitta, S.: MoveIt!

http://moveit.ros.org

[16] Nakhaei, A., Lamiraux, F.: Motion planning for humanoid robots in environments modeled by vision, *IEEE International Conference on Humanoid Robots* (2008).

[17] Foissotte, T., Stasse, O., Escande, A., Wieber, P. B., Kheddar, A.: A Two-Steps Next-Best-View Algorithm for Autonomous 3D Object Modeling by a Humanoid, *International Conference on Robotics and Automation*, pp. 1159–1164 (2009).

[18] Murooka, M., Ueda, R., Nozawa, S., Kakiuchi, Y., Okada, K., Inaba, M.: Planning and Execution of Groping Behavior for Contact Sensor based Manipulation in an Unknown Environment, *Proceedings of The 2016 IEEE International Conference on Robotics and Automation*, pp. 3955–3962 (2016).

[19] Kanehiro, F., Yoshida, E., and Yokoi, K.: Efficient reaching motion planning and execution for exploration by humanoid robots, *Intelligent Robots and Systems (IROS), 2012 IEEE/RSJ International Conference*, pp. 1911–1916 (2012).

[20] Vahrenkamp, N., Berenson, D., Asfour, T., Kuffner, J., Dillman, R.: Humanoid Motion Planning for Dual-Arm Manipulation and Re-Grasping Tasks, *The 2009 IEEE/RSJ International Conference on Intelligent Robots and Systems*, pp. 2464–2470 (2009).

[21] Cohen, B. J., Chitta, S., Likhachev, M.: Search-based Planning for Manipulation with Motion Primitives, *International Conference on Robotics and Automation*, pp. 2902–2908 (2010).

[22] Babu, B. P. W., Bove, C., Gennert, M. A.: Tight Coupling between Manipulation and Perception Using Slam, Workshop on Robot Manipulation, *IEEE/RSJ International Conference on Intelligent Robots and Systems* (2014).

[23] Stasse, O. and Verrelst, B. and Davison, A. and Mansard, N. and Saïdi, F. and Vanderborght, B. and Esteves, C. and Yokoi, K.: Integrating Walking and Vision to increase Humanoid Autonomy, *International Journal of Humanoid Robotics, special issue on Cognitive Humanoid Robots*, No 2, vol, 5, pp. 287–310 (2008).

[24] Brossette, S., Vaillant, J., Keith, F., Escande, A., Kheddar, A.: Point-Cloud Multi-Contact Planning for Humanoids: Preliminary Results, *Cybernetics and Intelligent Systems Robotics, Automation and Mechatronics (CISRAM)* (2013).

[25] Wada, K., Murooka, M., Okada, K., Inaba, M.: 3D Object Segmentation for Shelf Bin Picking by Humanoid with Deep Learning and Occupancy Voxel Grid Map, *Proceedings of the 2016 IEEE-RAS International Conference on Humanoid Robots* (2016).

19.11　マルチロコモーション

19.11.1　マルチロコモーションロボット

霊長類のような生物は，二足歩行・四足歩行・木登り・枝渡りといった多彩な移動形態（ロコモーション）を環境に応じて選択し，非常に広範囲に渡る活動を可能としている。そこで福田らは，全身の多自由度系を生かし，複数の移動形態を使い分け，これまでにない優れた環境適応型移動能力を発揮するマルチロコモーションロボット（Multi-Locomotion Robot，以下 MLR）という独創的な概念を提案している。（図 19.17）[1]。この研究の先行研究として，テナガザルのダイナミックな枝渡り運動を模擬するブラキエーションロボットがある[2]。

この MLR には，① 複数の移動形態の獲得（二足歩行・四足歩行・梯子登り・枝渡り），② 環境に応じた移動形態の自律的選択，③ 各移動形態間の遷移動作（図 19.18）[3] の 3 つの機能が実装される。本節では，(1) でロボットのダイナミクスを活用する制御手法 PDAC（Passive Dynamic Autonomous Control，ピーダック）[4] による複数の移動形態の獲得と，(2) で MLR が有する移動形態群から環境に適した移動形態を選択する手法 SAL（Selection Algorithm for Locomotion，サル）[5] について紹介する。

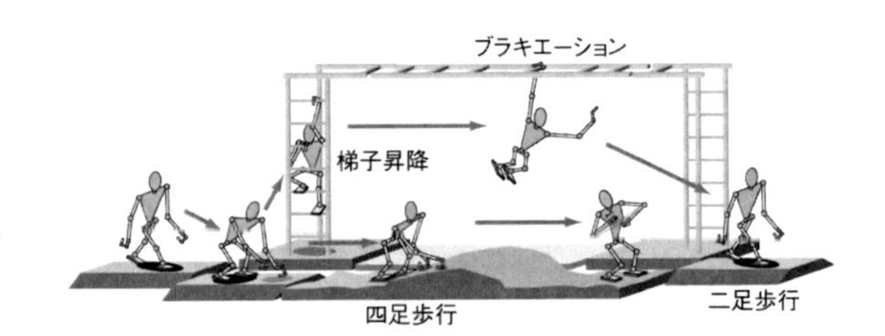

図 19.17　MLR のコンセプト

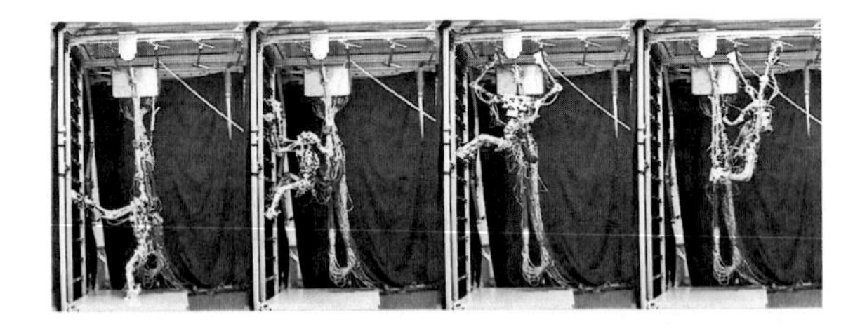

図 19.18　二足歩行から枝渡りへの遷移動作

19.11.2　PDAC による移動形態の獲得

ロボットの持つダイナミクスを有効に利用することで消費エネルギーの少ない運動が可能な PDAC と呼ばれる制御手法が提案されている。この PDAC のコンセプトを図 19.19 に示す。この PDAC は「点接触」と「仮想拘束」の 2 つのコンセプトにより成立する。点接触とは，歩行における地面との接地部分あるいは枝渡りにおける枝部分のグリップ部分を，受動的な点と仮定するものである。仮想拘束とは，ロボットが有するすべての関節角度 $\theta_n(n \neq 1)$ に対し，環境との接触角 θ_1 の関数として拘束を与えるものである（2 次元運動の場合。もし，制御対象が 3 次元運動を行う場合には，接触角を θ_1, θ_2 を用いて表現し，$\theta_n(n > 2)$ となる）。

ヒューマノイドロボットのような多自由度系のロボットのダイナミクスは高次元かつ複雑なものとなるが，この点接触と仮想拘束の仮定により，接触点まわりに 1 自由度または 2 自由度を有する自律系へと次元を縮退できる。この結果，接触点が 1 自由度を有する場合には，次式のような θ_1 のみの自律系としてロボット全体のダイナミクスを表現できる。

$$\dot{\theta}_1 = \frac{1}{M(\theta_1)}\sqrt{2\int M(\theta_1)G(\theta_1)\mathrm{d}\theta_1} \tag{19.81}$$

$$:= \frac{1}{M(\theta_1)}\sqrt{2(D(\theta_1)+C)} \tag{19.82}$$

ここで，$M(\theta)$ は慣性項，$G(\theta)$ は重力項，C は積分定数（PDAC constant と呼ぶ）である。

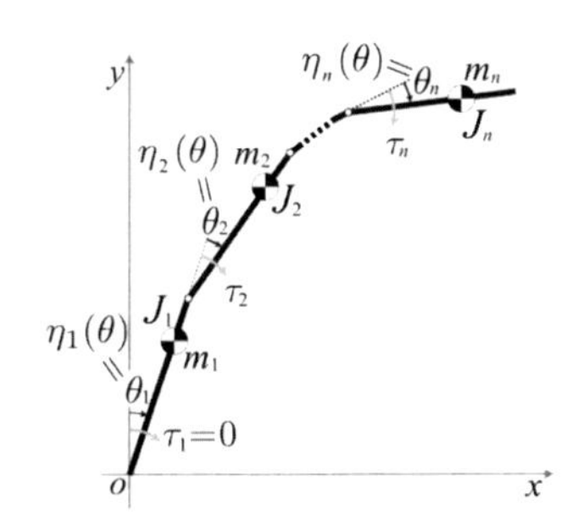

図 19.19　PDAC のコンセプト：点接触と仮想拘束

PDAC によって実現されるロボットのダイナミクスは，仮想拘束の与え方と初期値によって決定される。例えば，仮想拘束を変更することで，土井らによる二足歩行[4]，浅野らによる四足歩行[6]，福田らによる枝渡り運動[7] を実現している（図 19.20）。また，青山らは仮想拘束の一時的な変更により，歩行速度や方向を変更可能であることを示している[8]。このとき，PDAC constant に着目して，運動を解析することも可能である。

19.11.3　SAL による自律的移動形態選択

移動形態を状況に応じて使い分けることで，MLR

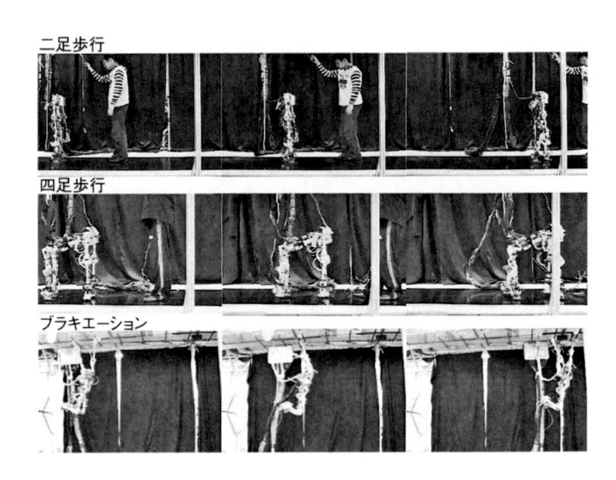

図 19.20　PDAC による複数のロコモーションの実現

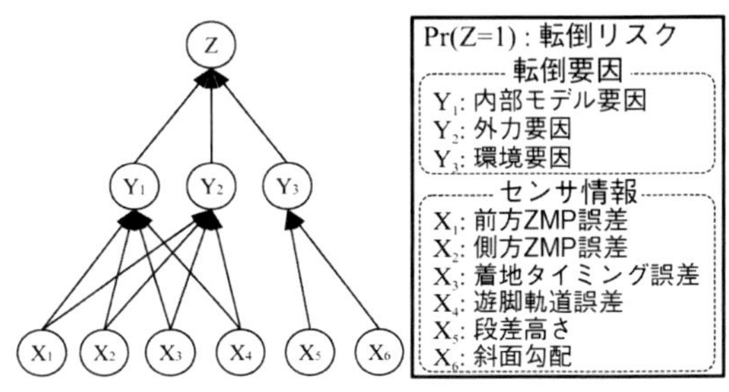

(a) ベイジアンネットワークモデル

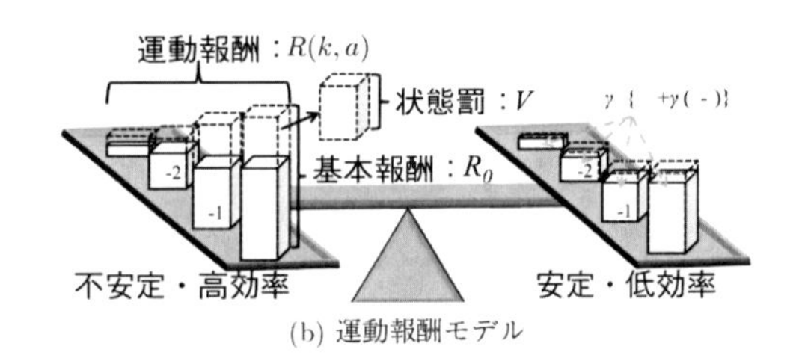

(b) 運動報酬モデル

図 19.21　SAL のモデル

はその移動能力を十分に発揮することができる。よって，自律的にロボットの安定性を把握し，転倒しない程度に移動効率を追求する SAL が小林らによって提案されている[5]。この SAL は 2 つのフェイズから成り立つ。まずセンサで理想状態からの誤差や移動環境の複雑さを測定し，その結果をベイジアンネットワーク（図 19.21(a)）によって転倒リスクへと統合する（認識フェイズ）。次に，転倒リスクと各移動形態の移動効率から運動報酬（図 19.21(b)）を算出し，この報酬が最大となるような移動形態を選択する（選択フェイズ）。

ここで，安定性と移動効率がトレードオフ関係にあるため，移動効率の高い移動形態では通常時の運動報酬は高い反面，容易に転倒リスクが増加し，運動報酬が低くなる。一方，安定性の高い移動形態は通常時の運動報酬は低いが，転倒リスクの変動が小さいため，安定した運動報酬が見込める。このように，移動形態ごとに運動報酬の振る舞いが異なるため，単純な運動報酬の比較によって最適な移動形態を選択できる。

SAL により，MLR は転倒しない範囲で高効率な移動形態を自律的に選択できる。小林らによって，平地では高効率な二足歩行を選択し，斜面では安定性を優先して四足歩行を選択することを実現している（図 19.22）[5]。

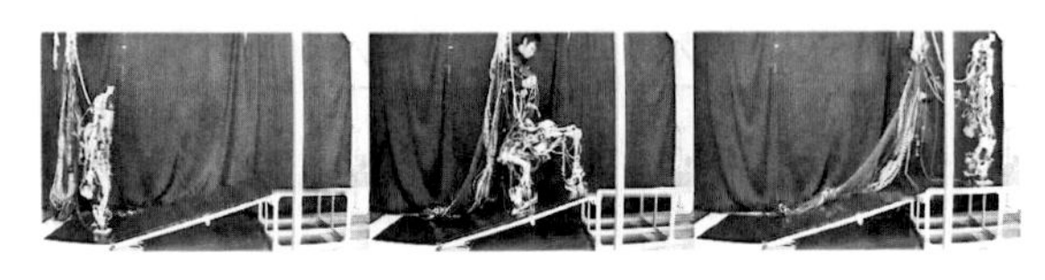

図 19.22　SAL による平地・斜面に適した移動形態の選択

<福田敏男，長谷川泰久，関山浩介，青山忠義，小林泰介>

参考文献（19.11 節）

[1] Fukuda, T., Hasegawa, Y., *et al.*: *Multi-locomotion Robotic Systems: New Concepts of Bio-inspired Robotics*, Springer-Verlag (2012).

[2] Hasegawa, Y., Ito, Y. *et al.*: Behavior Coordination and its Modification on Brachiation-type Mobile Robot, *IEEE International Conference on Robotics and Automation* pp. 3984–3989 (2000).

[3] Lu, Z., Aoyama, T., *et al.*: Motion Transfer Control From Walking to Brachiation Through Vertical Ladder Climbing for a Multi-Locomotion Robot, *IEEE/ASME Transactions on Mechatronics*, Vol. 19, No. 5, pp. 1681–1693 (2014).

[4] Doi, M., Hasegawa, Y., *et al.*: Passive Dynamic Autonomous Control of Bipedal Walking, *Proc. of IEEE/RAS International Conference on Humanoid Robots*, pp. 811–829 (2004).

[5] Kobayashi, T., Aoyama, T., *et al.*: Selection Algorithm for Locomotion Based on the Evaluation of Falling Risk, *IEEE Transactions of Robotics*, Vol. 31, No. 3, pp. 750–765 (2015).

[6] 浅野義彦・土井将弘 他：点接触仮定に基づく関節連動型制御による四足歩行に関する研究，『日本機械学会論文集（C 編）』，73 巻，725 号，pp. 230–236 (2007).

[7] Fukuda, T., Kojima, S., *et al.*: Design Method of Brachiation Controller based on Virtual Holonomic Constraint, *Proc. of IEEE/RSJ International Conference on Intelligent Robots and Systems*, pp. 450–455 (2007).

[8] Aoyama, T., Hasegawa, Y., *et al.*: Stabilizing and Direction Control of Efficient 3-D Biped Walking Based on PDAC, *IEEE/ASME Transactions on Mechatronics*, Vol. 14, No. 6, pp. 712–718 (2009).

19.12　身体–環境相互作用ダイナミクス分節

人間がある目標に向けて行う行動は，一般には複数の異なる動作からなる。各動作への行動の分割を分節と呼び，異なる動作間の継ぎ目を分節点と呼ぶ。

目標達成行動は自己や環境の状態を次々と改変するから，動作の境界条件（制約）も変化し，それに応じて動作制御も切り替える必要がある。分節点はこの変化点である。

19.12.1　身体–環境相互作用に根差した行動分節

人工知能における古典的行動計画生成[1]では，各動作の事前条件と事後条件により分節を規定したが，主に自己位置や物体配置など静的状態で記述し，定め方は多分に恣意的であった。しかし，ヒューマノイドロボットの全身動作などは物理法則に強く支配されるため，分節の定め方と動作制御戦略を一体として，身体–環境相互作用ダイナミクス（以下，ダイナミクスと略す）に整合させる必要がある。この場合の行動分節は恣意的でなく，ダイナミクスに根差したものとなる。

19.12.2　大域的制御戦略のための行動分節

古典的なロボット制御は，もっぱら単一の動作を対象として安定性や最適性を追求し，複数動作からなる手順の生成は古典的行動計画生成に委ねた。しかし，ヒューマノイドロボット等では上述の理由から，両者を統合してダイナミクスに整合する形で扱うことが重要である。この場合，個々の動作の安定性，最適性がタスク全体の安定性や最適性に寄与するとは限らない。目標状態に確実に到達するには，途中の（準）安定状態に停留しないよう，発散的（一定速度以上，なるべく高速に，等）に動作を制御したほうがよい場合もある。

このように，行動分節と動作制御は，タスク全体のダイナミクスの構造（大域動力学構造[2]）に基づき，目標達成の観点（確実性，素早さなど）で定める必要がある。

19.12.3　「跳ね起き」の「ツボ」

図 19.23 に示した「跳ね起き行動」[2] を考えよう。仰向けに寝た状態から両脚を振り上げ，振り下ろしながら上体を持ち上げ，一気にしゃがんだ姿勢まで到達する。

人間による複数回の試行をモーションキャプチャで計測し，膝関節と腰関節の角度の軌跡を重ね描きした図 19.24 から，行動前半の脚の振りは試行ごとに異な

図 19.23 「跳ね起き行動」

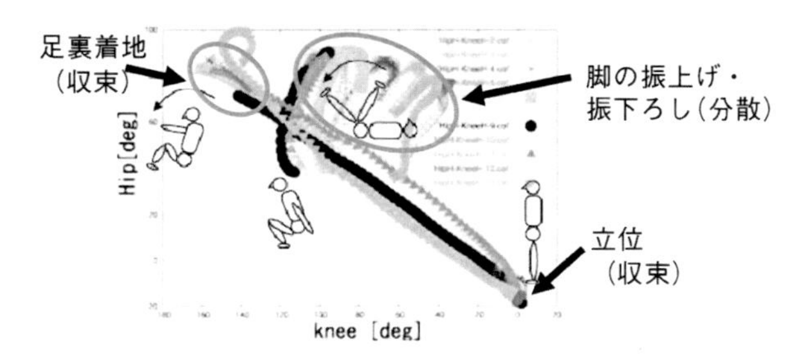

図 19.24 人間行動データに見る「ツボ」

る一方，足裏着地時の姿勢は一貫して同じになることが読み取れる[3]。

それぞれの状態の力学的解析を行うと，タスクに成功する状態の範囲は，前者では広く，後者では極めて狭い（図 19.25 の下の左のグラフの楔型および右のグラフの右上隅の濃色の微小領域）[2]。つまり，足裏接地時の姿勢はタスクの成否を分ける「ツボ」のようなものといえる。

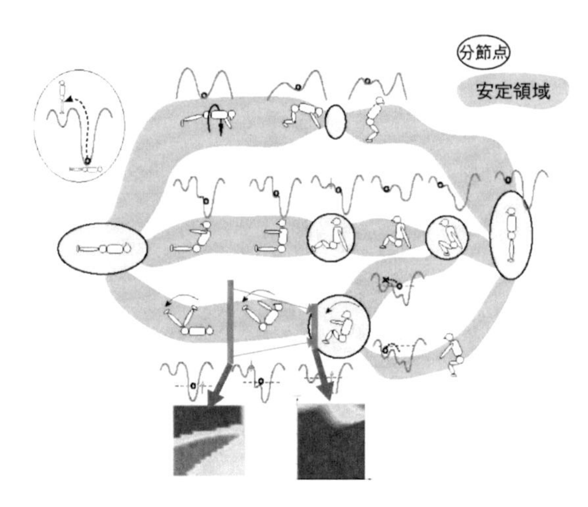

図 19.25 起き上がりタスクの大域動力学構造

19.12.4 「ツボ」と行動分節

足裏接地の瞬間には，境界条件（身体と床の接触状態）が，腰で床の上を転がる状態から足裏を着地してその上に身体が乗り上げていく状態に切り替わる。これに伴い制御も切り替える必要があり，行動分節点として適切である。

図 19.25 は，仰向けに寝た状態から立位に至る様々な状態軌道の全体構造を模式的に描いたものである。「跳ね起き行動」は下部の軌道に相当する。幅広の帯はタスク成功に至る軌道群で，ところどころ非常に狭い領域に収束し，成功するために必ず通らなければならない状態領域（楕円で表示，「ツボ」）を通る。「跳ね起き行動」では，足裏着地後，ここで，一気に立ち上がる軌道群としゃがんだ姿勢に到達しいったん静止した後ゆっくり立ち上がる軌道群とに分岐する。

まとめると，行動分節点は，成功に至る状態軌道群が収束し通過する狭小な領域（「ツボ」）であり，ダイナミクスの境界条件が切り替わる点でもあり，その後の行動が分岐することもある点である。そして，タスク成功のためには，「ツボ」に関して精密な制御（特定の瞬間に特定の姿勢をとるなど）が必要だが，それ以外の領域では広いマージンがある。人間は，正確に「ツボ」をおさえ，それ以外の部分は身体の自然な運動に任せつつ，「ツボ」をおさえるための調整（いわば「コツ」）も行っていると考えられる。この考え方に基づいて実現した，ロボットでの跳ね起き行動例を図 19.26 に示す[2]。

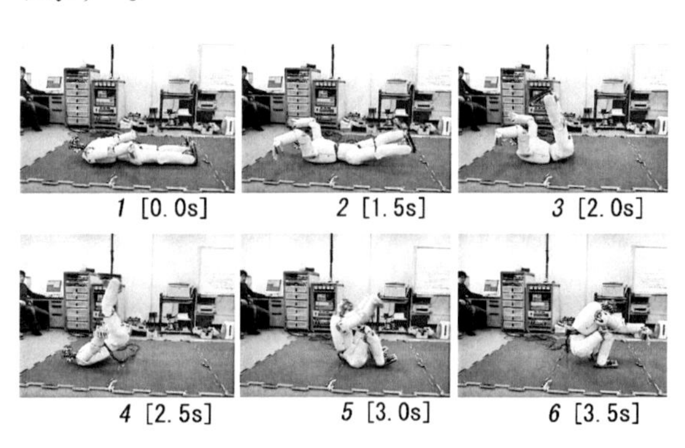

図 19.26 等身大ヒューマノイドロボットによる跳ね起き

19.12.5 行動分節点＝「目の付け所」

人間が他者の行動を理解する際にも，自己行動制御と共通の仕組みを用いている可能性が指摘されている[4]。また，行動認識手法では連続事象を動作単位に分節化することが重要である[5]。では，跳ね起き行動の分節点は，人間による観察と理解にどう関係するだろうか？

図 19.27(a) のような，跳ね起きの成功例や失敗例を取り混ぜた実演動画を，毎回，開始から途中のランダムな時刻まで実験参加者に提示し，動画打ち切り時点でその動作が最終的に成功したか否かを答えてもらう実験を行うと，図 19.27(b) の結果が得られた[6]。グラフから，動画開始後 1,000ms，すなわち足着地時にお

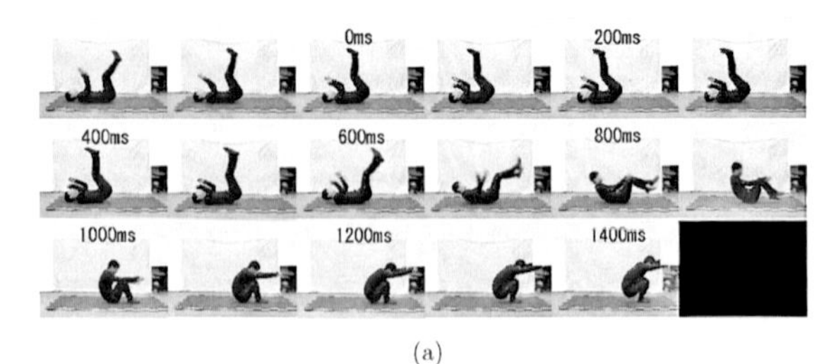

(a)

No.
Rate
No. of Correct Ans.
Rate of Change
Time (x 100[ms])

(b)

図 19.27　跳ね起きの成否予測正答率が動画開始後 1,000ms まで観察した時点で急増 (b)[6]，それは「ツボ」である足着地時に一致 (a)。

いて，正答率が急上昇していることがわかる。動画に時間毎一定の情報が含まれているとすれば，正答率は時間に線形に上昇するはずだが，上の結果は，足着地時，すなわち「ツボ」の時点に，動作の成否に関する情報が局在していることを示している。

行動分節点は，行動制御の「ツボ」であると同時に，行動理解における，いわば「目の付け所」でもある。

19.12.6　分節化と記号接地

ある動作ができない人に「ツボ」を教えるだけで，できるようになることがある。分節点は行為の認識と生成の両方に重要で，しかも異なる人の間で共有可能な情報を担うので，記号の原型といえる。人工知能の基盤に関わる記号接地問題[7] に対して，「ツボ」はダイナミクスに接地した記号の概念を与えている。

＜國吉康夫＞

参考文献（19.12 節）

[1] Fikes, R. and Nilsson, N.: STRIPS: a new approach to the application of theorem proving to problem solving. *Artificial Intelligence*, 2, pp. 189–208 (1971)

[2] 國吉康夫, 大村吉幸 他：等身大ヒューマノイドロボットによるダイナミック起き上がり行動の実現,『日本ロボット学会誌』, 23(6), pp. 706–717 (2005).

[3] Kuniyoshi, Y., Ohmura, Y., *et al.*: Exploiting the Global Dynamics Structure of Whole-Body Humanoid Motion – Getting the "Knack" of Roll-and-Rise Motion, In: Dario P. and Chatila, R. (eds), *Robotics Research: The Eleventh International Symposium*, Springer Tracts in Advanced Robotics, 15, pp. 385–396 (2005)

[4] Gallese, V., Goldman, A.:. Mirror neurons and the simulation theory of mind-reading, *Trends in Cognitive Sciences*, 2(12), pp. 493–501 (1998).

[5] Kuniyoshi, Y., Inaba, M. *et al*: Learning by Watching: Extracting Reusable Task Knowledge from Visual Observation of Human Performance, *IEEE Transactions on Robotics and Automation*, 10(6), pp. 799–822 (1994).

[6] Kuniyoshi, Y., Ohmura, Y. *et al.*: Embodied Basis of Invariant Features in Execution and Perception of Whole Body Dynamic Actions — Knacks and Focuses of Roll-and-Rise Motion, *Robotics and Autonomous Systems*, 48(4), pp. 189–201 (2004).

[7] Harnad, S.: The Symbol Grounding Problem. *Physica D* 42, pp. 335–346 (1990).

19.13　腱駆動ヒューマノイド

腱駆動機構の利点は，アクチュエータ配置の柔軟性，被駆動部の軽量化，複数のアクチュエータ力の協調（干渉駆動[1]），関節剛性を調節可能などがあり，人の筋骨格構造を模した筋骨格ヒューマノイド（図 19.28）[2, 3] 等が研究開発されている。

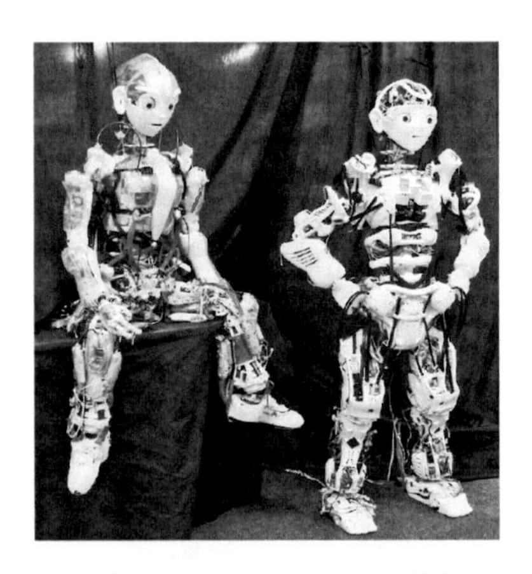

図 19.28　筋骨格型ヒューマノイド小太郎（左）と小次郎（右）

19.13.1　腱駆動ヒューマノイドのモデリング

(1) 運動学

腱駆動ロボットの場合，関節角度と腱長の関係のモデルが必要である。N 自由度の関節（関節角度 $\boldsymbol{\theta} \in \Re^N$）を M 本の腱（腱長 $\boldsymbol{l} \in \Re^M$）により駆動する場合，

$$\boldsymbol{\theta} = f(\boldsymbol{l}) \tag{19.83}$$

$$\boldsymbol{l} = f^{-1}(\boldsymbol{\theta}) \tag{19.84}$$

なる f および f^{-1} は，それぞれ腱長から関節角度への運動学および関節角度から腱長を求める逆運動学を表す。腱駆動の場合，関節角度と手先位置姿勢の間の幾何学関係（運動学・逆運動学）に加えて，腱長 $\boldsymbol{l}$ と関節角度 $\boldsymbol{\theta}$ の間の幾何学関係を考慮する必要があるということである。

一般に，N 自由度の関節構造を腱駆動により駆動する場合，全関節の変位を一意に定めるには，少なくとも $N+1$ 本の腱が必要であることが知られており，多くの腱駆動ロボットは $M>N$ である。逆運動学 f^{-1} は一意であるが，順運動学 f は一般には解が存在しない。肘の表と裏の筋を両方短くすることはできないことは，その一例である。

腱駆動ヒューマノイドに目標とする関節角度（あるいは手足先の位置姿勢）を与えて制御する場合，手足先の目標位置姿勢に対応する目標関節角度を求めるために関節手先間の逆運動学問題を解き，目標関節角度から目標腱長を求めるために f^{-1} を計算する。腱 i の始点の座標 $\boldsymbol{p}_i(\boldsymbol{\theta})$ と終点の座標 $\boldsymbol{q}_i(\boldsymbol{\theta})$ が既知の場合，その2点間の距離を計算することで，関節角度 $\boldsymbol{\theta}$ に対応する腱長 l_i を求めることができる[4]。

$$l_i = |\boldsymbol{p}_i(\boldsymbol{\theta}) - \boldsymbol{q}_i(\boldsymbol{\theta})| \tag{19.85}$$

(2) 静力学

腱の張力と関節トルクの関係は，関節トルクと手先力の関係と同様に，ヤコビ行列を用いて表現することができる。関節角度 $\boldsymbol{\theta}$ と腱長 $\boldsymbol{l}$ の関係は，

$$\Delta\boldsymbol{l} = \boldsymbol{J}_{\mathrm{W}}\Delta\boldsymbol{\theta} \tag{19.86}$$

のように，腱長ヤコビ行列 $\boldsymbol{J}_{\mathrm{W}} \in \Re^{M\times N}$ を用いて表現できる。$\boldsymbol{J}_{\mathrm{W}}$ は一般に $\boldsymbol{\theta}$ に依存する。

腱張力 $\boldsymbol{f} \in \Re^{M}$ と関節力 $\boldsymbol{\tau} \in \Re^{N}$ の関係は，仮想仕事の原理より，

$$(\Delta\boldsymbol{l})^T\boldsymbol{f} = (\Delta\boldsymbol{\theta})^T\boldsymbol{\tau} \tag{19.87}$$

であり，式 (19.86) を用いて，

$$\boldsymbol{\tau} = \boldsymbol{J}_{\mathrm{W}}{}^T\boldsymbol{f} \tag{19.88}$$

と計算できる。目標関節力 $\boldsymbol{\tau}$ を実現する腱張力 $\boldsymbol{f}$ は，

$$\boldsymbol{f} = \boldsymbol{J}_{\mathrm{W}}{}^{+}\boldsymbol{\tau} + (I - \boldsymbol{J}_{\mathrm{W}}{}^{+}\boldsymbol{J}_{\mathrm{W}})\boldsymbol{f}_{\mathrm{bias}} \tag{19.89}$$

により計算できる。ただし，$\boldsymbol{f}_{\mathrm{bias}}$ は任意の張力であり，$\boldsymbol{f}$ のすべての要素が引っ張り力になるように決める。

(3) 剛性調節

腱駆動機構では，非線形弾性を有する腱を用いると，関節剛性を調節することができる[5]。腱の変位と張力の関係は，各腱の弾性を対角要素に持つ剛性行列 $\boldsymbol{K}_{\mathrm{T}} = \mathrm{diag}(k_1,\ldots,k_M)$ を用いて，$\delta\boldsymbol{f} = \boldsymbol{K}_{\mathrm{T}}\delta\boldsymbol{l}$ と表され，$\delta\boldsymbol{\tau} = \boldsymbol{J}_{\mathrm{W}}{}^T\boldsymbol{K}_{\mathrm{T}}\boldsymbol{J}_{\mathrm{W}}\delta\boldsymbol{\theta}$ となる。すなわち関節剛性は，$\boldsymbol{K}_{\mathrm{J}} = \boldsymbol{J}_{\mathrm{W}}{}^T\boldsymbol{K}_{\mathrm{T}}\boldsymbol{J}_{\mathrm{W}}$ である。非線形弾性を有する腱は $\boldsymbol{K}_{\mathrm{T}}$ が $\boldsymbol{l}$ により変わるので，例えば拮抗する両側の腱を同時に引くと，関節姿勢は変わらずに関節剛性を変えることができる。

19.13.2 腱駆動ヒューマノイドの制御系の構成と実装

腱駆動ヒューマノイドの制御は，腱長あるいは腱張力を制御することにより行う。前項に述べた手法により，目標とする腱長あるいは腱張力を求め制御する。計測された腱長あるいは腱張力を用いて，フィードバック制御を行う。必要に応じて比例・微分・積分の動作を用いる。自然長と弾性係数を設定して，弾性を有する腱の挙動を模擬する場合もある[4]。

腱駆動ロボットは多くの場合，モータとプーリを用いてワイヤを引く方法で駆動する。腱長はモータに取り付けた角度センサ（エンコーダ）の値から推定することが多いが，モータトルクの計測値からは精度や信頼性の高い腱張力推定を行うことは難しく，腱張力の計測には別途張力センサを取り付ける例が多い。モータはDCモータやブラシレスモータが用いられ，ブリッジ回路による正転逆転，パルス幅変調 (PWM) による電圧調節，ホールセンサを用いた回転磁場の制御など，通常のモータ制御の方法が用いられる。

多自由度の腱駆動ヒューマノイドの制御回路は分散型で構成する場合が多く，センサ用回路（AD変換，ブリッジ，アンプ等）やモータドライバ (FET) とともに，通信機能を備えたワンチップマイコンを搭載した基板を，体内に分散配置する。各マイコンが各モータの制御を行い，制御目標値や制御パラメータは通信により上位のコンピュータから指令する。各マイコン内の制御周期は1ms程度であり，上位コンピュータとの通信は4〜20ms程度の周期で行われる。

マッキベン型空気圧人工筋を用いて駆動するヒューマノイドの例もあり，電磁弁により圧縮空気の供給を操作する。圧力センサを用いて内圧制御を行う場合もあるが，比例制御弁をヒューマノイドに搭載するにはサイズや重量が大きいためON/OFF弁を用いる場合も多い。

19.13.3　腱駆動ヒューマノイドの動作

(1) 関節角度の制御

目標とする状態量が関節角度時系列の形で表現される場合は，各関節角度のときの各腱長を式 (19.85) により計算し，各腱を長さ制御する。

センサ状態に応じて目標関節角度を変化させるような動作の場合も，目標関節角度から計算した腱長を目標とし（あるいは (2) に示すような直接教示により記憶した腱長に基づき），動作を行う。全身腱駆動ヒューマノイド「腱太」によるブランコ動作等の例がある[6]。

(2) 直接教示

人が直接教示によりロボットの姿勢を教示することもできる。各腱を張力制御とし，目標張力一定の状態にすると，関節角度の受動的な変化に応じて各腱の長さが自動的に変化する。その腱長を記録し，腱長制御の目標値とすることで，その時の姿勢を再現することができる。これは，式 (19.85) に諸々の誤差がある場合に有用な手法である。複数の姿勢 $\boldsymbol{\theta}$ と腱長 $\boldsymbol{l}$ の組合せを教師としてニューラルネットワークで学習することで，式 (19.84) の計算を行うこともできる[7]。

(3) 空気圧人工筋駆動ヒューマノイドの動作

マッキベン型空気圧人工筋を用いて駆動するヒューマノイドでは，二足歩行[8,9] や走行[10] を実現した例もある。吸排気弁の開閉タイミングを調整することで実現している場合が多い。

＜水内郁夫＞

参考文献（19.13 節）

[1] 広瀬，佐藤：多自由度ロボットの干渉駆動，『日本ロボット学会誌』，Vol. 7, No. 2, pp. 20–27 (1989).

[2] Mizuuchi, I. *et al.*: Development of Muscle-Driven Flexible-Spine Humanoids, *Proc. IEEE-RAS Humanoids*, pp. 339–344 (2005).

[3] Nakanishi, Y. *et al.*: Design Approach of Biologically-Inspired Musculoskeletal Humanoids, *International Journal of Advanced Robotic Systems*, Vol. 10, No. 216 (2013).

[4] Mizuuchi, I. *et al.*: The development and control of the flexible-spine of a human-form robot, *Advanced Robotics*, Vol. 17, No. 2, pp. 179–196 (2003).

[5] 兵藤，小林：非線形バネ要素を持つ腱制御手首機構の研究，『日本ロボット学会誌』，Vol. 11, No. 8, pp. 1244–1251 (1993).

[6] Mizuuchi, I. *et al.*: Behavior Developing Environment for the Large-DOF Muscle-Driven Humanoid Equipped with Numerous Sensors, *Proc. IEEE ICRA*, pp. 1940–1945, Taipei, Taiwan, September 2003.

[7] Mizuuchi, I. *et al.*: Body Information Acquisition System of Redundant Musculo-Skeletal Humanoid, *Experimental Robotics IX. Springer Tracts in Advanced Robotics*, Vol. 21, pp. 249–258 (2006).

[8] Verrelst, B. *et al.*: The Pneumatic Biped “Lucy” Actuated with Pleated Pneumatic Artificial Muscles, *Autonomous Robots*, Vol. 18, No. 2, pp. 201–213 (2005).

[9] Narioka, K. and Hosoda, K.: Designing synergistic walking of a whole-body humanoid driven by pneumatic artificial muscles: An empirical study, *Advanced Robotics*, Vol. 22, No. 10, pp. 1107–1123 (2008).

[10] Niiyama, R. *et al.*: Athlete Robot with Applied Human Muscle Activation Patterns for Bipedal Running, In *Proc. IEEE-RAS Humanoids*, pp. 498–503 (2010).

19.14　おわりに

本章では，19.2〜19.13 の 12 節にわたって，ヒューマノイドロボットの様々な制御手法について解説した。19.2 節では，ヒューマノイドロボットの多くの制御法で必要となる，力学パラメータの同定方法について，19.3 節では，重心運動量行列を定義し，それを用いた分解運動量制御について，19.4 節では，別の視点から同じく分解運動量制御について解説した。次に，ヒューマノイドロボット特有の身体の様々な部位と環境が接触することを考慮した制御手法について，19.5 節で一般化逆動力学，19.6 節でトルク制御と最適接触力制御，19.7 節で多点接触動作計画・制御について解説した。さらに，ヒューマノイドロボットの全身を協調させて動作する制御手法として，19.8 節で脚腕協調制御，19.9 節で優先度付き全身運動制御，19.10 節で 3 次元視覚に基づく動作計画，19.11 節でマルチロコモーションについて解説した。最後に，全身動作のツボともいわれる身体-環境相互作用ダイナミクス分節を 19.12 節で，新たな形式のヒューマノイドロボットである腱駆動ヒューマノイドを 19.13 節で，それぞれ解説した。

ヒューマノイドロボットの制御方策には，まだ決定打がなく，いくつかの流派があるため，読者にとっては読みにくく感じたかもしれない。記載されている参考文献も参考に，それぞれの手法の理解を深めるとともに，新たな動作計画・制御手法を生み出していただきたい。

＜横井一仁＞

第20章

ROBOT CONTROL HANDBOOK

高速ロボット

20.1　はじめに

ロボットにおいて，作業時間の短縮は最も重要な課題の一つであり，これまでに多くの研究が行われてきた。作業速度を上げるためには，運動速度とともに認識速度も向上させる必要があり，センサフィードバックの高速化が重要である。そこで本章では，高速ロボットに必要とされる技術要素について解説する。

20.1.1　高速視覚フィードバック

ロボットの高速運動には周囲の環境を認識する非接触センサ，特に視覚センサが重要となる。視覚は情報量が多く高速化が難しかったが，近年，超並列処理に基づく高速ビジョンの開発が進められ，SVGA サイズの画像を 1kHz レベルで処理することが可能となっている[1]。

一方，高速ビジョンをフィードバックセンサとして扱う場合，① 処理レートの高速化，② 時間遅れの最小化，の双方が必要となる。① について，通常のロボットの共振周波数は 1～50Hz であり，制御レートはその 10 倍以上が必要とされる。そのため，視覚フィードバックについても 500～1000Hz が望ましい。② については，処理レートの逆数が最短であるので，1000Hz のフィードバックでは，画像の取得から処理までを 1ms とするのがよい。

特に，時間遅れはむだ時間として作用するので，遅れが大きい場合はフィードバック制御系が不安定になりやすい。そのため，センシング，処理速度，通信の遅れの全体を考慮して高速化する必要がある。一方，時間遅れが小さければ，フィードバックのゲインを高めて俊敏な応答性能が実現できる。これに関して 20.2 節で，システムの応答性を飛躍的に高めた高速ターゲットトラッキングシステムを紹介する。

20.1.2　高速マニピュレーション

高速ロボットの運動系に必要な要素として，① 高速度，② 高加速度，③ バックラッシレス，が挙げられる。① では減速比を低めて低摩擦化するのが望ましいのに対して，② では高出力化のために減速比を高めた方がよい。実際にはこれらの相反する要素のバランスをとった設計が必要となる。また，① と ② のどちらのためにも機構の軽量化は必須である。③ はセンサフィードバックに対する応答性能を高めるために必要である。

軽量性と低減速比の条件は通常のロボットとは異なる設計方針であり，関節剛性が低くなり動特性（慣性モーメント，遠心力・コリオリ力，重力）の影響が大きくなる。そのため，これらを直接的に補償する制御が必要となる[2]。また，共振周波数が高くなるため，振動の抑制のためにもセンサフィードバックの高速化が重要である。これに関して，20.3 節で高速化を目指して設計された高速多指ハンドについて紹介する。

20.1.3　ダイナミックマニピュレーション

一方，動作の高速性を積極的に活用するアプローチも考えられ，対象に与える加速度を制御するダイナミックマニピュレーションが提案されている[3]。加速度を高速に制御することで，投げ上げ，キャッチングのような低速では難しいマニピュレーションが可能となる。これに関して，20.4 節で高速視覚フィードバックを活用したダイナミックマニピュレーションについて紹介する。

20.1.4　高速ロボットシステム

高速ロボットの要素技術の開発，性能評価のために，スポーツ動作を対象とした研究も数多く行われている。これに関して，20.5 節で野球ロボット，ジャグリングロボット，エアホッケーロボット，卓球ロボットについて紹介する。これらのロボットの研究を通して，高速ロボットのための様々な認識・制御手法が開発されている。

＜並木明夫＞

参考文献（20.1 節）

[1] 並木，石川：高速ビジョンの応用展開，『日本ロボット学会誌』，Vol.32, No.9, pp.766–768 (2014).

[2] 並木：高速マニピュレーション，『日本ロボット学会誌』，Vol.31, No.4, pp.40–45 (2013).

[3] Mason, M.T.: Progress in Nonprehensile Manipulation, *Int. Journal of Robotics Research*, Vol.18, No.11, pp.1129–1141 (1999).

20.2　ターゲットトラッキング

トラッキングは，運動する対象を追従しながら対象の位置や映像などを計測する技術である。その応用用途は，生産技術分野における加工対象のハンドリングや検査，監視カメラ・セキュリティ分野における人追跡や医療・バイオ分野における内視鏡下手術補助や細胞計測などと幅広い。

特に画像によるトラッキングは，非接触・非侵襲性を有し手軽に利用できるため，需要が多い。画像によるトラッキングは，図 20.1 に示すように，固定された視野において特定の物体領域を認識・追跡し続けるソフトウェア単体でのトラッキングと，対象の物体位置に合わせて視線等を変更し視野内に対象をとらえ続ける，フィードバック制御によるオンラインのトラッキングとに大別できる。

前者の場合は，トラッキングは純粋にソフトウェアによる信号処理となるため，主に画像処理の分野で精力的に研究され，非常に多様な手法が提案されている。一方，後者のように視覚フィードバックに基づいて機構系を制御することで対象を追従する手法は，ビジュアルサーボの分野を中心に盛んに研究されてきた。特に，高速ビジョンの利用により制御周期が短くできる場合には非常によい追従性能が実現できるため，高速ビジョンにとって重要な応用分野となっている。

このようなオンラインのトラッキングには 2 つの利点がある。一つは，常に視野が対象に追従するので，高い解像度で対象の映像を計測し続けることができる点である。これは，映像の精彩さが重要なスポーツ中継や，顕微鏡像などの科学的な計測で重要になる。もう一つは，カメラの解像度と比べて高い精度で対象位置を計測できる点である。通常，パン・チルト機構には角度の検出精度のよいエンコーダが搭載されていることが多く，画像中の画素ピッチに比べて高い精度で対象位置を計測することが可能である。以上のような利点がある一方で，機械的な視線制御機構が必要になりシステムが複雑・高価になるところが欠点である。

本節では，特に 1,000fps 程度の高速ビジョンに基づくオンラインのトラッキングについて，ターゲットトラッキングと位置付けと，基本的な原理とトラッキングのためのハードウェアとを説明し，さらに，パンチルトカメラと顕微鏡との 2 つの応用を紹介する。

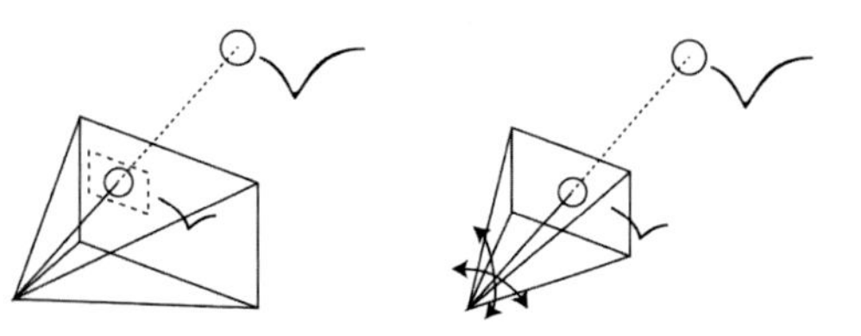

(a) 固定視野の場合　(b) オンラインで視野を制御する場合

図 20.1　2 種類のビジュアルトラッキングの概念図

20.2.1　ターゲットトラッキングの原理

上述したように，ターゲットトラッキングは，動いている対象を視野内に補足し続けることを目的として，画像センサの方向や対象位置を制御するタスクである。単体の対象を画像中心に捕捉したい場合を例として考えると，これは特徴点が 1 つの場合の特徴ベースのビジュアルサーボとして記述でき[1]，図 20.2 に示すように，① 画像から追跡対象の位置を認識し，② 計測された対象位置に基いてカメラの方向を制御する，という手順を継続的に繰り返すことで実現される。機構系

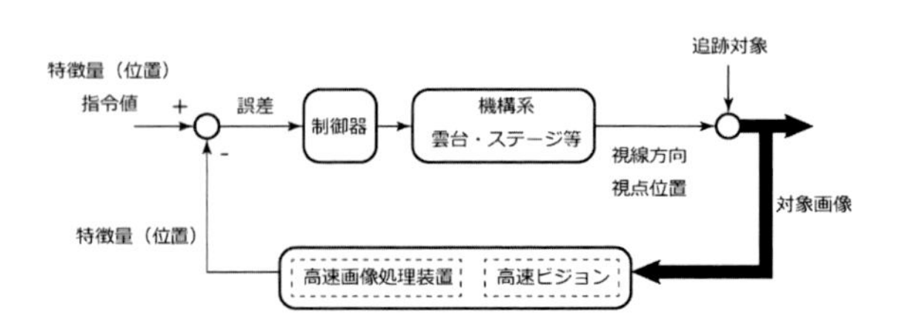

図 20.2　ターゲットトラッキングの動作原理

としては，例えばカメラの視線や視点を動かす雲台やロボットアーム，また，対象を動かすステージなどが挙げられる。

画像内からどのように対象の位置や姿勢を計測するのかについては，万能な手法は存在せず，追跡対象に応じて様々な手法が用いられる。特に高速画像処理を利用する場合は，対象の明るさや色[2]，対象の振動を利用した特徴量[3]など，比較的単純で高速処理が可能な手法が用いられる。

20.2.2 パンチルトカメラによるトラッキング

(1) 概要

パンチルトカメラは，人間の眼球のようにカメラの視線方向を水平方向（パン）と垂直方向（チルト）に動かせる機構を有するカメラシステムである。カメラ自体を電動雲台に載せて，カメラ全体の姿勢を機械的に制御する方法が最も一般的であり，監視カメラやロボットビジョンでよく用いられている。特に高速画像処理を利用すると，高速・不規則な運動をする対象でも安定して視野中央に捕捉することができるようになるため，従来の画像処理では難しかった運動するボールのような対象を安定して計測することができる[2]。

このように高速画像処理を用いる場合には，パンチルトカメラの視線制御機構にも高速性が求められる。通常，高速画像処理は1ms程度のフレーム周期まで利用できるが，通常の視線制御機構は高々30fps程度の画像センサを前提として設計されているので，その応答は非常に低速で，画像処理の高速性が完全には生かせなくなる。そのため，これまでターゲットトラッキングにおいては高速視線制御機構の研究が一つの重要な要素になってきた。これまで大きく分けて機械式と光学式との2種類の手法に基づく高速視線制御機構が提案されている。

(2) 機械式高速雲台

従来，一般的に用いられている機械式の雲台は，パン・チルト2軸の機構系をモータで駆動する構成をとる。モータとして高速・高出力のものを選定し，機構系やカメラをできる限り小さな質量に抑えることで，応答速度の高速化を図ることができ，例えば，オープンループでカットオフ周波数が20 Hz程度の機構が報告されている[2]。機械式の高速雲台の例として，高速性を追求したパンチルト機構であるAVS-III[4]の写真を図20.3に示す。

図 20.3 機械式高速視線制御機構の例：AVS-III の写真

機械式雲台の利点としては，一般的に用いられている構造のため理解しやすく，視線の制御範囲もほぼ全方向とすることが可能であり，カメラの光学中心と回転軸とを一致させることで視点の並進を完全になくすことができる点が挙げられる。一方で，カメラやモータなど軽量化に限界のある要素を動かす必要があるため，100Hzを超える応答周波数を実現することが難しい。また，カメラの質量が大きくなると応答が遅くなるため，自由にカメラを選べないという欠点がある。

(3) 光学式高速視線制御機構

光学式は，特に機械式の欠点を克服する機構として近年提案された方式であり[5,6]，質量の重いカメラを動かす代わりに，固定されたカメラの前に置かれた鏡を回転することで視線方向を制御するものである。

単純にカメラの前に鏡を設置すると，必要な鏡面積が巨大になるためにその慣性がカメラに比べて無視できなくなり，機械式に対する優位性を損なってしまう。この鏡面積の問題について，瞳転送光学系と呼ばれる系を用いた光学的な解決法が提案されている[5]。図20.4に模式図を示す。通常のカメラレンズにおいて，入射する光線群の断面積が最小となるのは入射瞳と呼ばれる場所である。入射瞳は，カメラレンズの開口絞りを物体側から覗いたときの像に対応するものであり，ピンホールカメラモデルのピンホール対応する。この手法では，光学的に入射瞳と全く同じ状況となる場所を瞳転送光学系によってカメラレンズの前方に作り，そこに鏡を配置することで，鏡面積の大幅な削減と応答の高速化を実現している。

光学式の利点は，慣性の小さな鏡を利用することによってミリ秒オーダの高速応答時間が実現でき，さらに，カメラが光学的に分離されているのでカメラの質量

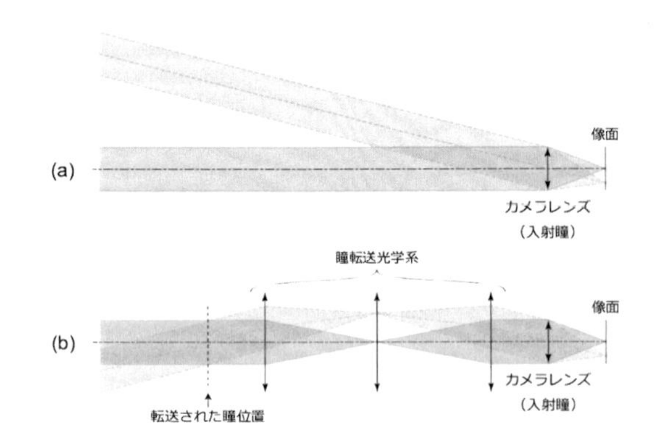

図 20.4　瞳転送光学系の機能の模式図。両矢印は凸レンズを表し，単純のためにカメラレンズを単レンズとして示した。(a) 瞳転送光学系がない場合，光線は入射瞳から離れるに従ってその半径は大きくなり，鏡に要求される面積も大きくなる。(b) 瞳転送光学系を用いると，入射瞳とまったく同じ光線の配置になる場所が前方に生成される，つまり瞳が転送される。この転送された瞳近辺であればより小さな面積の鏡ですべての光線を反射できる。

に制約がない点にある。また，光学系をハーフミラーなどで分岐させることで，複数のカメラで同じ視野を共有したり，照明やプロジェクタをカメラと光軸を共有する形で設置して対象に光を投影することができる。一方で，その欠点としては，瞳転送光学系とカメラレンズとの組合せによっては，光学的な誤差である収差が大きくなり画質が劣化する場合がある点や，利用できるカメラレンズの入射瞳の径に対する制約が複雑で，厳密な判断には計算機が必要となる点が挙げられる。

鏡をパン・チルトの 2 軸について制御する方式には，図 20.5 に示すように，1 枚の鏡を直交する 2 軸のジンバル機構で保持し，その回転をモータで制御するジンバル機構を利用する方法と，単軸回転鏡を直列に並べる方法とがある。ジンバル機構を用いる方法は，瞳を鏡上に転送すれば視点を固定して視線のみを制御できる，構造上パン方向に 360° 無限回転ができる，という利点をもつが，後述する回転ミラー直列方式に比べると応答は遅くなる。この機構を利用した視線制御機構が市販されている[6]。単軸回転鏡を直列に並べる方式は，単純にパン・チルトの回転を担う単軸の回転鏡を直列に並べることで光軸の方向を制御する方式であり，単純な駆動機構による高速な応答が可能となる。しかし，視線の変更に伴って視点が移動してしまう[5]，必要な鏡形状の設計が数値演算による光線追跡を必要とし複雑である，という欠点がある。

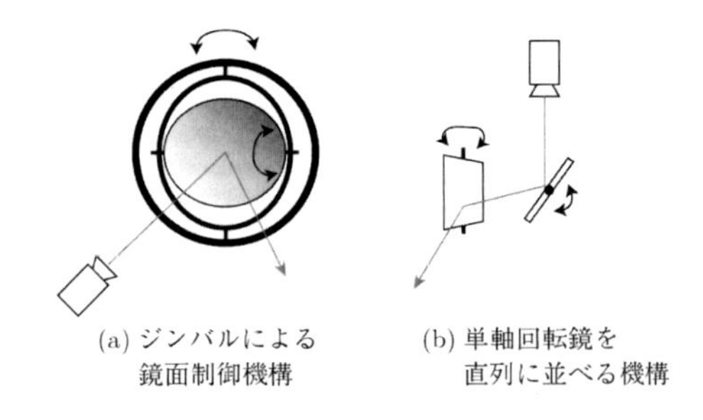

図 20.5　2 種類のパン・チルト制御方式の模式図

(4) パンチルトカメラの応用例

以上で述べたパンチルトカメラを応用することで，動的な映像撮影や対象の高速 3 次元計測，それを利用したロボット制御などが可能になる。ここでは特に光学式パンチルトカメラの実装例と応用例を紹介する。

光学式のパンチルトカメラの例として，サッカードミラーを説明する。これは 1 軸回転鏡を直列に 2 台配置し瞳転送光学系とを組み合わせた構造を持ち，高速画像処理と組み合わせて高速に視線を制御するための機構として提案されている[5]。視線制御の応答速度として，40° のステップ応答の整定時間が 3.5 ms と報告されており，瞳転送光学系は理想的なカメラレンズと組み合わせた際に FullHD の解像力を持つ。図 20.6 に試作品の写真とレイアウトを示す。

また，サッカードミラーと高速画像処理とを組み合わせてターゲットトラッキングを行う技術が，カメラにおいてフォーカスの自動調節がオートフォーカスと呼ばれていることになぞらえて，1ms オートパン・チルトとして提案されている[7]。トラッキング性能は非

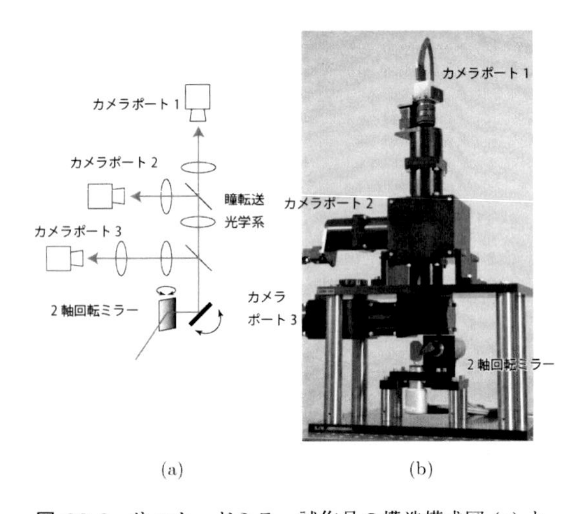

図 20.6　サッカードミラー試作品の構造模式図 (a) と写真 (b)。

常に高く，例えばラリー中の卓球の球でも追従することが可能である。図 20.7 にはバスケットボールのロングパスを追従した結果を示す。

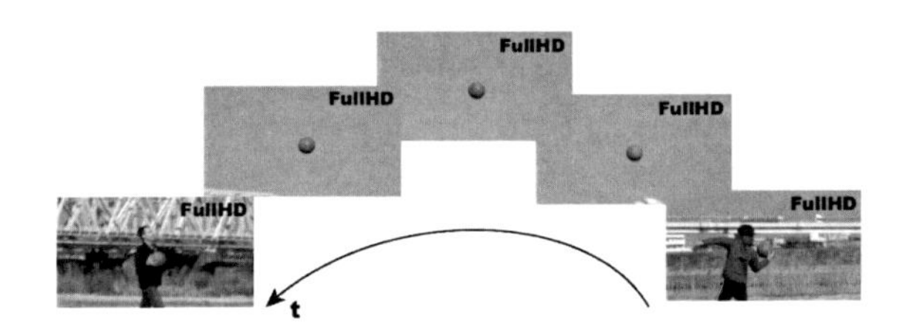

図 20.7　バスケットボールのロングパスを追従しながらフルハイビジョンカメラで映像を撮影した結果

20.2.3　光学顕微鏡におけるトラッキング

光学顕微鏡は対象の生命活動を低侵襲に計測できるために，生命・医学研究において重要な計測手段である。特に微小世界では対象の運動が高速になる傾向があるため，光学顕微鏡に高速ビジョンを組み合わせ，画像に基いて対象を制御することで，マイクロマニピュレーションの補助や自動化を目指す枠組みがマイクロビジュアルフィードバックとして提案されている。

特にその応用の一つとして，光学顕微鏡におけるトラッキングが挙げられる。顕微鏡はその高い光学倍率のために必然的に非常に視野範囲が狭く，特に対象が遊泳細胞のように運動する場合に継続的な計測が難しいという問題を抱えている。この問題は顕微鏡画像のフィードバックによるターゲットトラッキングで解決でき，対象を追跡して継続的に観察可能なトラッキング顕微鏡システムが研究・開発されてきている。

トラッキング顕微鏡は通常の光学顕微鏡に高速ビジョンと対象位置制御用の電動ステージを組み合わせた構成をもち，高速ビジョンによって対象位置を計測し，その対象が常に視野中央に位置するように電動ステージを制御することでトラッキングを実現するものである。図 20.8 に構成の例を示す。

これまでゾウリムシ[8]，ホヤの精子[9]，藻の一種であるクラミドモナス[10, 11]，線虫[12] に適用した結果が報告されている。また，顕微鏡では焦点が合う範囲である被写界深度が非常に薄くなるため，高速なオートフォーカスが重要となり，それを高速画像処理で実現する DFDi (Depth From Diffraction) 法が提案され，遊泳対象を 3 次元的に追跡した結果が報告されている[13]。

<奥 寛雅>

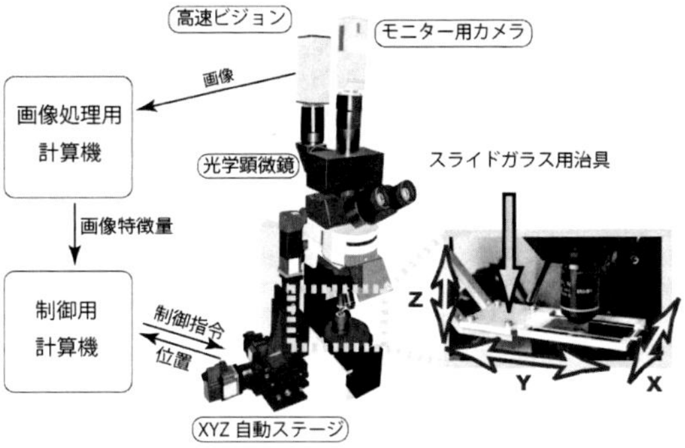

図 20.8　微生物トラッキング顕微鏡の構成

参考文献（20.2 節）

[1] Chaumette, F., Hutchinson, S.: Visual servo control, Part I: Basic approaches, *IEEE Robotics and Automation Magazine*, Vol. 13, No. 7, pp. 82–90 (2006).

[2] 中坊嘉宏，石井抱，石川正俊：超並列・超高速ビジョンを用いた 1ms ターゲットトラッキングシステム，『日本ロボット学会誌』，Vol. 15, No. 3, pp. 417–421 (1997).

[3] 小原生也，高木健，石井抱：振動ベースド画像特徴量を用いた高速ターゲットトラッキング，『日本機械学会論文集（C 編）』，Vol. 78, No. 788, pp. 1143–1153 (2012).

[4] Senoo, T., Yamakawa, Y., Watanabe, Y., Oku, H., and Ishikawa, M.: High-Speed Vision and its Application Systems, *Journal of Robotics and Mechatronics*, Vol. 26, No. 3, pp. 287–301 (2014).

[5] 奥村光平，奥寛雅，石川正俊：アクティブビジョンの高速化を担う光学的視線制御システム，『日本ロボット学会誌』，Vol. 29, No. 2, pp. 201–211 (2011).

[6] Ocular Robotics. RobotEye Technology Primer. http://www.ocularrobotics.com/

[7] Okumura, K., Yokoyama, K., Oku, H. and Ishikawa, M.: 1ms Auto Pan-Tilt—video shooting technology for objects in motion based on Saccade Mirror with background subtraction, *Advanced Robotics*, Vol. 29, No. 7, pp. 457–468 (2015).

[8] Oku, H., Ogawa, N., Hashimoto, K. and Ishikawa, M.: Two-dimensional tracking of a motile microorganism allowing high-resolution observation with various imaging techniques, *Virtual Journal of Biological Physics Research*, Vol. 9, No. 4 (2005).

[9] Oku, H., Ogawa, N., Shiba, K., Yoshida, M. and Ishikawa, M.: How to Track Spermatozoa using High-Speed Visual Feedback, *30th Annual International Conference of the IEEE Engineering in Medicine and Biology Society* (*EMBC 2008*), pp. 125–128 (2008).

[10] 奥寛雅，清川博貴，山野隆志，吉川雅英，石川正俊：位相差顕微鏡法における遊泳細胞の三次元トラッキング，『第 17 回画像センシングシンポジウム（SSII2011）講演論文集』，pp. IS1–11 (2011).

[11] 荒井祐介，若林憲一，吉川雅英，奥寛雅，石川正俊：暗視野顕微鏡法におけるクラミドモナスの三次元トラッキング，『日本

ロボット学会誌』, Vol. 31, No. 10, pp. 1028–1035 (2013).

[12] Tsukada, Y. and Hashimoto, K.: Feedback regulation of microscopes by image processing, *Development, Growth & Differentiation*, Vol. 55, pp. 550–562 (2013).

[13] Oku, H., Ishikawa, M., Theodorus, and Hashimoto, K.: High-speed autofocusing of a cell using diffraction pattern, *Optics Express*, Vol. 14, No. 9, pp. 3952–3960 (2006).

20.3　高速ハンドリング

本節では，ロボットの視覚制御について簡単に述べた後，高速ロボットハンドシステムによるダイナミックキャッチング，ダイナミックリグラスピング，高速ペン回し，微小物体キャッチ，布の高速折りたたみを例に挙げ，高速ハンドリング技術について解説する。

従来より，様々なタイプのロボットハンドの開発が進められてきた[1,2]が，その多くは静的な把握や準静的な運動に焦点を当てて設計されており，高い自由度や優れた力制御性能を有するものはあるが，ダイナミックで高速な運動を実現するものは少ないようである。

そこで著者らは，0.1 秒で 180° の開閉運動が可能な 3 本指高速ロボットハンド[3]，1kHz の画像取得および処理が可能な高速ビジョンシステム[3]と，ビジョンシステムと同様なアーキテクチャにより高速な応答性を有する触覚センサ[5]から構成される，機械システムの速度限界を目指した高速ロボットハンドシステムを構築すると同時に，このシステムを用いて，人間を超える高速かつ動的なハンドリングを実現している[6]。

20.3.1　ロボットの視覚制御

はじめに，ロボットの視覚制御について説明する。ビジョンシステムから得られる画像特徴量を $\boldsymbol{\xi} = [u, v]^T$，その特徴量の世界座標系における 3 次元座標を $\boldsymbol{x} = [x, y, z]^T$，ロボットの関節角度を $\boldsymbol{\theta}$ とすると，これらは次の関係にある。

$$\boldsymbol{\xi} = \boldsymbol{f}(\boldsymbol{x}) \tag{20.1}$$

$$\boldsymbol{x} = \boldsymbol{g}(\boldsymbol{\theta}) \tag{20.2}$$

したがって，関節角度 $\boldsymbol{\theta}$ と画像特徴量 $\boldsymbol{\xi}$ の関係は

$$\dot{\boldsymbol{\xi}} = \frac{\partial \boldsymbol{f}}{\partial \boldsymbol{x}} \frac{\partial \boldsymbol{g}}{\partial \boldsymbol{\theta}} \dot{\boldsymbol{\theta}} = \boldsymbol{J_i}(\boldsymbol{x}) \boldsymbol{J}(\boldsymbol{\theta}) \dot{\boldsymbol{\theta}} \tag{20.3}$$

となる。ここで，$\boldsymbol{J}$ はロボットのヤコビアンであり，$\boldsymbol{J_i}$ は画像ヤコビアンである。画像特徴量の目標値を $\boldsymbol{\xi}_{\mathrm{ref}}$ とすると，ロボットの目標関節角度 $\boldsymbol{\theta}_{\mathrm{ref}}$ は，

$$\dot{\boldsymbol{\theta}}_{\mathrm{ref}} = \boldsymbol{J}(\boldsymbol{\theta})^{\dagger} \boldsymbol{J_i}(\boldsymbol{x})^{\dagger} \left(k_p(\boldsymbol{\xi}_{\mathrm{ref}} - \boldsymbol{\xi}) - k_d(\dot{\boldsymbol{\xi}}_{\mathrm{ref}} - \dot{\boldsymbol{\xi}} \right) \tag{20.4}$$

から算出することができる。ここで，† は擬似逆行列を表している。

例えば，制御したい画像特徴量 $\boldsymbol{\xi}$ をロボットの先端位置座標，目標とする画像特徴量 $\boldsymbol{\xi}_{\mathrm{ref}}$ を操り対象物体の画像中心座標と設定し，この視覚制御を実装することにより，対象物体に追従するような視覚フィードバックによるロボット制御が可能となる。また，与えられたタスクに対して画像特徴量を適切に設定することにより，様々な視覚制御が可能となる。

著者らのシステムは，1kHz のサンプリングレートで動作し，このような視覚制御を基本的な制御則として，以下の高速ハンドリングを実現している。

20.3.2　ダイナミックキャッチング

本項では，落下してくるボールや円柱物体を把持するダイナミックキャッチングについて紹介する[7]。

ダイナミックキャッチングでは，把持しにくい位置へ落下してくる物体に対し，瞬間的に指で対象を叩くことで安定領域へ誘導した把持動作を可能にしている。高速ビジョンを用いて，1ms ごとに対象の落下位置に基づく指姿勢変化と撃力に起因する対象位置変化の計算を統合することにより，ハンドの軌道を導出している。実験では，約 1m の高さから落ちてくる球を能動的に 1 本指で叩いて，両指の中心領域へ引き込むことで，2 本指の安定把持を実現している。0〜50 deg の様々な傾きにおいてキャッチングに成功しており，一例として，その傾きを約 50 deg として対象を落下させたときのキャッチングの瞬間の様子を図 20.9 に連続写真で示す。各指が対象の姿勢に合わせて適切に動作し，2 本の指によって回転をかけて姿勢を操作し，把握している様子がわかる。

20.3.3　ダイナミックリグラスピング

次に，物体の把持姿勢を瞬間的に行うタスクとして，ダイナミックリグラスピングについて紹介する[8]。

リグラスピングとは，対象の把持形態を変化させること，つまりハンドで持っている物を持ち直す動作のことである。例えば人が箸を扱う場合に，机上に置かれた状態から持ち上げるときと，食品をつかんで食べ

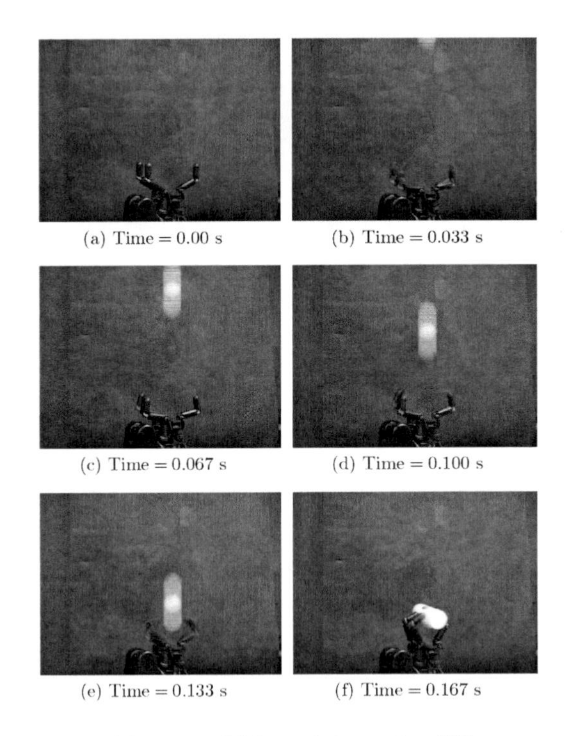

(a) Time = 0.00 s (b) Time = 0.033 s

(c) Time = 0.067 s (d) Time = 0.100 s

(e) Time = 0.133 s (f) Time = 0.167 s

図 20.9 ダイナミックキャッチング[7]

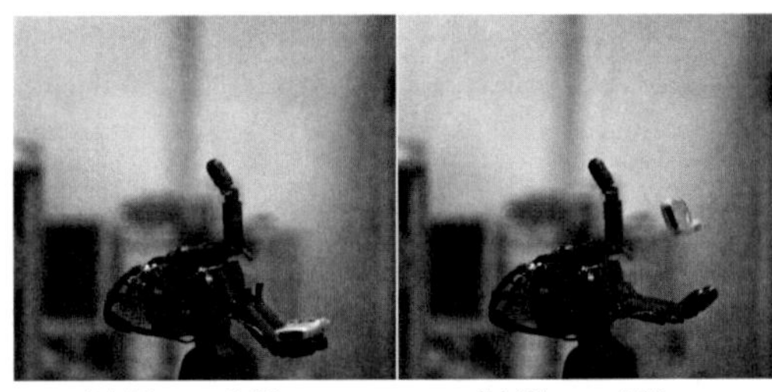

(a) Time = 0.00 s (b) Time = 0.05 s

(c) Time = 0.10 s (d) Time = 0.15 s

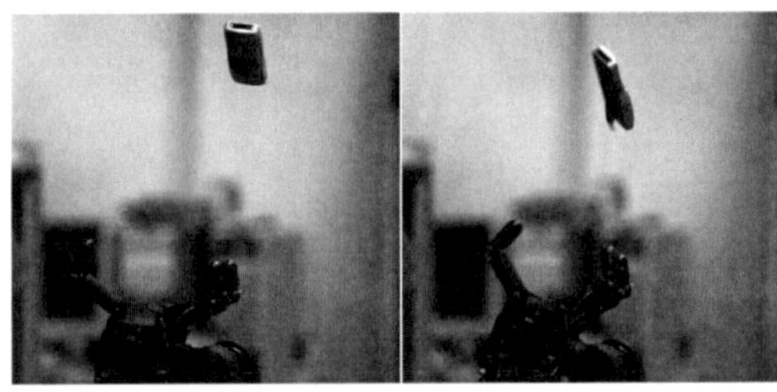

(e) Time = 0.20 s (f) Time = 0.25 s

(g) Time = 0.30 s (h) Time = 0.35 s

図 20.10 ダイナミックリグラスピング[8]

るときでは掴み方が大きく異なるように，一連の動作中に把持状態を遷移させる必要がある。こうした器用で滑らかな操りを遂行するために，リグラスピングはロボットハンドの重要な機能の一つとなっている。

従来のロボットでは運動速度と反応速度が遅いために，対象の表面との接触を維持しながら指を移動させて把握状態を遷移させる必要があり，高速なリグラスピングは困難とされている。これに対して，本手法では高速ロボットの特性を利用したダイナミックリグラスピングと呼ぶ戦略を提案している。これは，対象を上方に投げ上げて空中の自由回転により姿勢を変化させる動作と，落下してくる対象を視覚フィードバック制御を用いて掴む動作の 2 段階で構成されており，非接触状態を経由した瞬間的な把持姿勢の変化を可能にする。投げる動作に関しては，落下時にハンドが把持しやすい位置・姿勢になるように，対象の空中軌道の計算に基づいて指のリリース速度を制御した。掴む動作に関しては，投げ上げ時の制御誤差を補償するために，前項のキャッチング技術を利用して，1ms の視覚フィードバックにより，対象の軌道に合わせて指の把持位置・把持姿勢を補正することで実現している。

図 20.10 に，携帯電話をリグラスピングした場合の実験結果を示す。携帯電話の初期姿勢が水平の状態から空中へ投げ上げることで，掴むときには垂直の把持姿勢へ変化している様子がわかる。また，形状や質量分布が非対称である物体に提案手法を拡張し，様々な対象について検証を行い，ダイナミックリグラスピングの有効性を確認している。

20.3.4 高速ペン回し

続いて，ロボットハンド上をペン状物体が回転しながら左右に往復する高速ペン回しについて紹介する[9]。

ペン回しは，棒状物体を手指で器用に操り，物体を挟み込む指を瞬時に変えていくことにより対象に様々な回転運動を与える，動的マニピュレーションの一例である。また，回転運動を利用して物体を目標状態へと遷移させるタスクと考えることもでき，一種のリグラスピングでもある。

2 本指によるペン振り動作問題を考え，ペンの回転が望ましい軌道を描くように指を制御する。角速度が最大に到達する直前に指を離し，反対指方向へと移行させ，ペンをキャッチする。この動作を繰り返すことによりペン回しが実現される。加えて，触覚センサ[5]から得られる接触力とペンの回転角度の情報を基に，目標軌道および力の目標値を修正することにより，初期把持状態，ペンの大きさの違いや重力の影響等に対してロバストな操りを可能にする。図 20.11 に，高速ペン回しの実験結果を示す。ペン回し動作 1 周期は約 0.4 秒で行われ，高速な回転により安定した操りを可能にしている。ペン回しは触覚フィードバックによって実現されており，視覚フィードバックと類似した制御則が実装されている。

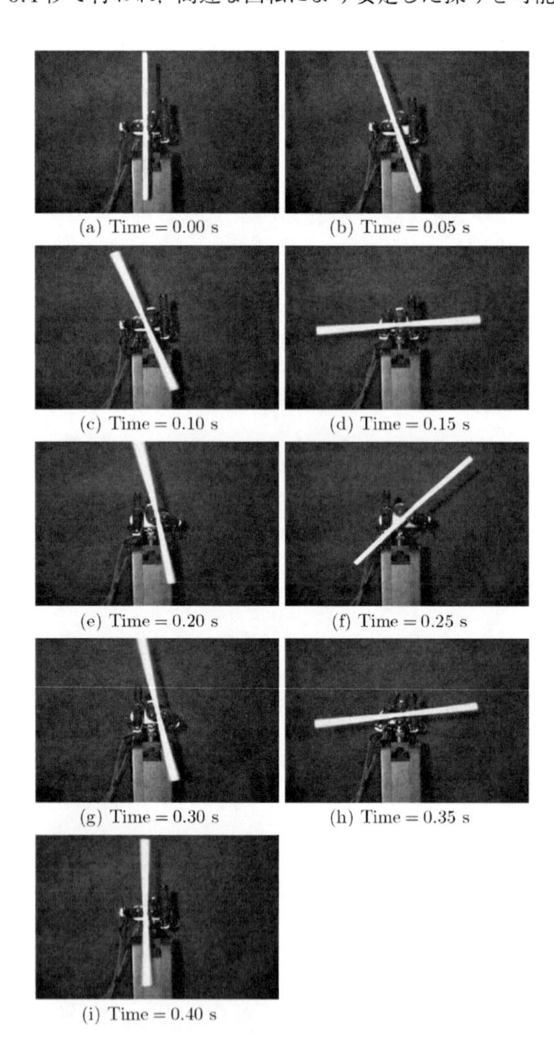
(a) Time = 0.00 s　(b) Time = 0.05 s　(c) Time = 0.10 s　(d) Time = 0.15 s　(e) Time = 0.20 s　(f) Time = 0.25 s　(g) Time = 0.30 s　(h) Time = 0.35 s　(i) Time = 0.40 s

図 20.11　高速ペン回し[9]

20.3.5　微小物体キャッチ

ここでは，ロボットハンドがピンセットを器用に操りながら，飛翔している微小物体を把持する微小物体キャッチについて紹介する[10]。

微小物体キャッチは，微細な作業のときに人が使用するピンセットを，ハンドが操ることで実現している。ピンセットはロボットに固定せずに，ピンセット自体をハンドの制御対象として設定し，それを通して微小物体を操作している。ピンセットの先端を微小物体の動きに合わせて正確に掴むには，指先の力センサによってピンセットの位置姿勢を推定するだけではロバスト性に欠けるため，高速ビジョンでダイレクトにピンセット先端と微小物体の画像内での相対座標制御を行った。実験では，下方から初速 1.1m/s で飛んでくる直径 6mm の高速な微小球を掴むことに成功している。図 20.12

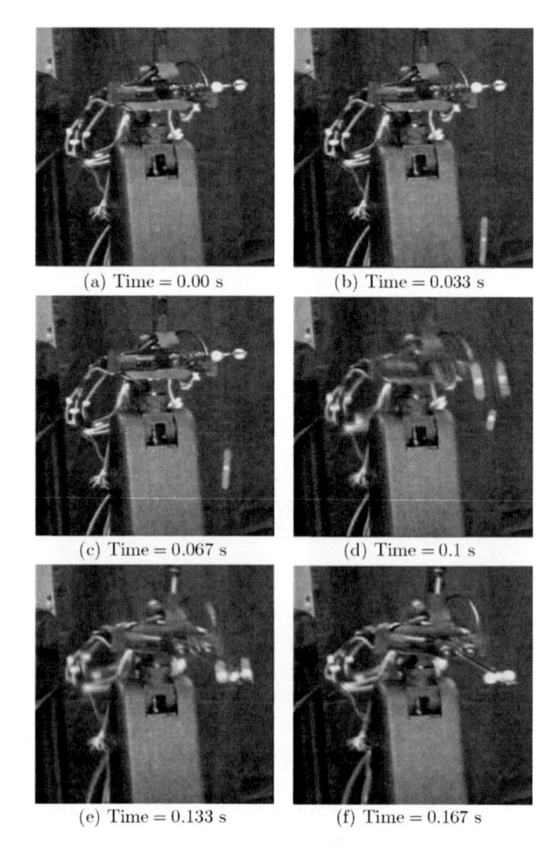
(a) Time = 0.00 s　(b) Time = 0.033 s　(c) Time = 0.067 s　(d) Time = 0.1 s　(e) Time = 0.133 s　(f) Time = 0.167 s

図 20.12　微小物体キャッチ[10]

に 33 ミリ秒間隔の実験の様子を示す。また，ピンセットと指の間の接触状態を利用した受動関節機構を基に，適した把持状態の制御にも成功している。

20.3.6 布の高速折りたたみ

最後に，ロボットの高速性を利用して，面状柔軟物体を高速かつ器用に操る実現例の一つとして，布の高速折りたたみについて紹介する[11]。

布の一端を把持したロボットハンドが瞬間的に後方に動作することにより，布を振り上げて適切に変形させると同時に，慣性力によってハンド付近に布の自由端が接近するように変形させる。その自由端の位置を高速ビジョンで認識し，ハンドでその自由端を把持することにより，空中での動的な布の折りたたみを実現している。

また，ロボットの高速性を利用した柔軟物体の離散変形モデルの簡易化に成功し，布の変形モデルは代数方程式で表現することができる。さらに，布の変形を制限し，本モデルを用いることにより柔軟物体の目標形状を与えれば，適したロボットの軌道生成が可能である。加えて，本タスクにおいて，ロボットの運動による布の変形とともに慣性力による布の変形も重要となるが，3 重振り子モデルを用いた解析を行うことにより，適切に布が折りたたまれることを確認している[11]。

布の高速折りたたみの実験結果を図 20.13 に示す。布を変形させるためにロボットシステムが動作している時間は 0.2 秒で，0.22 秒後から視覚フィードバックを行い，約 0.4 秒後に布の把持が完了し， 布の高速折りたたみを実現している。

UC バークレーの研究チームにおいて実現されているタオルの折りたたみ[12] が分オーダで行われているのに対し，本研究では同等のタスクを約 0.4 秒で実現しているため，極めて高速な折りたたみを実現している。

20.3.7 まとめ

本節では，著者らが実現してきた，高速ロボットハンドシステムによる高速ハンドリング技術について紹介した。1kHz での視覚フィードバックによるロボットハンド制御を行うことにより，従来よりも高速かつ器用に，人間を超える高速ハンドリングを実現している。これらの動画やその他の実験動画は動画投稿サイト[13] から閲覧することができる。

<山川雄司，石川正俊>

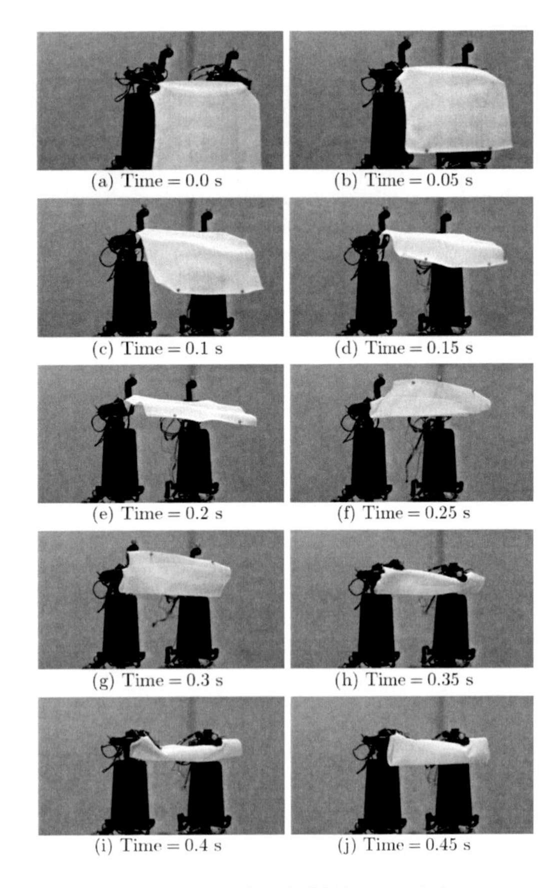

図 20.13 布の高速折りたたみ[11]

参考文献（20.3 節）

[1] Bicchi, A.: Hands for dexterous manipulation and robust grasping: A difficult road toward simplicity, *IEEE Trans. Robotics and Automation*, Vol.16, No.6, pp.652–662 (2000).

[2] 特集「器用な手」,『日本ロボット学会誌』, Vol.18, No.6 (2000).

[3] Namiki, A., Imai, Y., Ishikawa, M. and Kaneko, M.: Development of a High-speed Multifingered Hand System and Its Application to Catching, *Proc. 2003 IEEE/RSJ Int. Conf. Intelligent Robots and Systems*, pp.2666–2671 (2003).

[4] Ishikawa, M., Morita, A. and Takayanagi, N.: High Speed Vision System Using Massively Parallel Processing, *Proc. 1992 IEEE/RSJ Int. Conf. on Intelligent Robots and Systems*, pp.373–377 (1992).

[5] 石川正俊，下条誠：感圧導電性ゴムを用いた 2 次元分布荷重の中心の位置の測定方法，『計測自動制御学会論文集』, Vol. 18, No. 7, pp. 730–735 (1982).

[6] http://www.k2.t.u-tokyo.ac.jp/fusion/index-j.html

[7] Imai, Y., Namiki, A., Hashimoto, K. and Ishikawa, M.: Dynamic Active Catching Using a High-speed Multifingered Hand and a High-speed Vision System, *2004 IEEE Int. Conf. on Robotics and Automation*, pp.1849–1854

(2004).

[8] Furukawa, N., Namiki, A., Senoo, T. and Ishikawa, M.: Dynamic Regrasping Using a High-speed Multifingered Hand and a High-speed Vision System, *2006 IEEE Int. Conf. on Robotics and Automation*, pp.181–187 (2006).

[9] Ishihara, T., Namiki, A., Ishikawa, M. and Shimojo, M.: Dynamic Pen Spinning Using a High-speed Multifingered Hand with High-speed Tactile Sensor, *2006 IEEE RAS Int. Conf. on Humanoid Robots*, pp.258–263 (2006).

[10] Senoo, T., Yoneyama, D., Namiki, A. and Ishikawa, M.: Tweezers Manipulation Using High-speed Visual Servoing Based on Contact Analysis, *2011 IEEE Int. Conf. on Robotics and Biomimetics*, pp.1936–1941 (2011).

[11] 山川雄司，並木明夫，石川正俊：高速多指ハンドシステムを用いた布の動的折りたたみ操作，『日本ロボット学会誌』，Vol.30, No.2, pp.225–232 (2012).

[12] Shepard, J. M., Towner, M. C., Lei, J. and Abbeel, P.: Cloth Grasp Point Detection based on Multiple-View Geometric Cues with Application to Robotic Towel Folding, *Proc. 2010 IEEE Int. Conf. on Robotics and Automation*, pp. 2308–2315 (2010).

[13] http://www.youtube.com/user/IshikawaLab

20.4　ダイナミックマニピュレーション

ロボットの高速・高加速動作によるダイナミックな効果を活用すれば，物体マニピュレーションの幅を押し広げていくことが可能となる。本節では，100 G レベルの加速度で動体を捕獲する高速キャプチャリング[1]と高速振動によって対象物を巧みに操る非把持ダイナミックマニピュレーション[2]を取り上げ，それぞれのロボット設計，制御のポイントについて解説する。

20.4.1　高速キャプチャリング

(1) 高速な捕獲動作を実現するためには？

図 20.14 は，ロボットが動体を認識し，アプローチ後に実際に捕獲するまでの一連の動作を示している。ここでは，ロボット本体とアクチュエータ系を一体で考え，アームの最高加速度 100 G かつ対象物の捕獲に要する動作時間 50 ms を目標とした 100G キャプチャリングロボット[1]について解説する。設計上のポイントは，どのようなアクチュエーション方式を採用するか？いかにして一連の高速捕獲動作を完成させるか？の 2 点である。アクチュエーション方式としては，DC サーボモータや AC サーボモータのような電磁力を用いる方法と，空気圧やバネのように蓄積エネルギーを用いる方法が考えられる。人や動物が瞬間的に力を発生する場合，一度筋肉を収縮させてエネルギーを蓄積し，その後一気にエネルギーを放出する。この点に着目し，ここでは後者の蓄積エネルギーを用いる方法を採用する。次に，一連の捕獲動作について考えてみると，図 20.14(b) のようにアームが対象物へアプローチしていき，対象物の捕獲位置でアームがいったん停止してから，図 20.14(c) のようにハンドを閉じて対象物を捕獲する，というのが一般的に考えられる制御方法であろう。ところが，このような方法では基本的にアーム用，ハンド用の 2 つのエネルギー源が必要になり，制御系も複雑になってしまう。この問題に対処するために，アームの並進運動エネルギーを時間遅れなしでハンドの閉動作の運動エネルギーへ変換する機構を導入する。以降に詳細を説明する。

(2) エネルギー蓄積型アーム

図 20.15(a) は，100G キャプチャリングロボットの基本構造を示している。アーム根元部に内蔵されたバネの蓄積エネルギーによって，アームの並進運動を生成する。ベース側に電磁石，アームの根元側には永久磁石がそれぞれ取り付けられており，両者を吸着させ

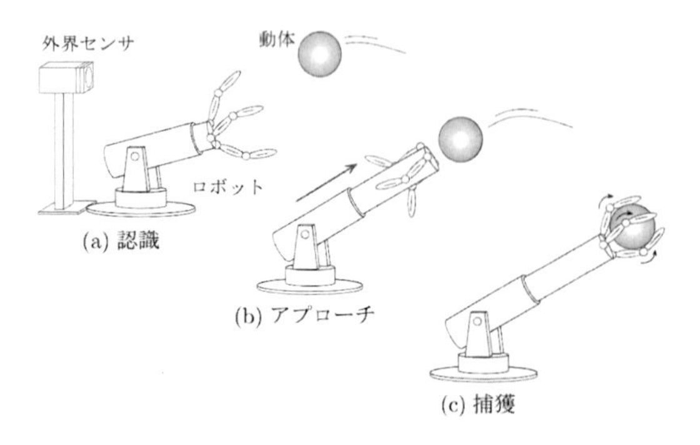

図 20.14　高速キャプチャリング

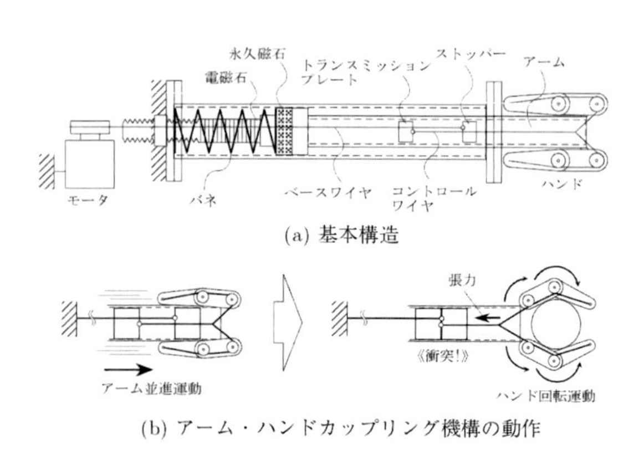

図 20.15　100G キャプチャリングロボット

てバネの圧縮状態を保持する（スタンバイ状態）。その後，外界センサによって対象物が認識され，ロボットに捕獲動作指示が送信されると，電磁石の極性を反転してバネエネルギーを一気に開放し，アームを発射する。このとき，バネの復元力に電磁石による反発力が加算され，アームに大きな瞬間加速度が生成される。

(3) アーム・ハンドカップリング機構

アームの運動エネルギーを，目標位置で静止する際のブレーキによって単純に熱エネルギーとして放出してしまうのはもったいない。ここでは，以下に示すアーム・ハンドカップリング機構によって，エネルギーの節約と高速把握動作を同時に達成する。図 20.15(a) に示すように，ハンドには Hirose らが提案した Soft Gripper[3] をベースとしたものを使用する。このハンドの利点は，ハンドの各関節を経由するコントロールワイヤ 1 本でハンドの開閉が行える点にある。なお，ハンドの各関節には回転バネが取り付けられており，コントロールワイヤの張力がゼロになるとハンドは全開するようになっている。このようなハンド開閉用のコントロールワイヤに加え，アーム内には，モータによって長さ調整可能なベースワイヤが配備されている。ベースワイヤ端にはストッパーが，コントロールワイヤ端にはトランスミッションプレートが，それぞれ取り付けられている。図 20.15(b) に，アーム・ハンドカップリング機構の動作を示す。アームが並進移動していき，ベースワイヤ長によって規定された位置に到達したとき，ストッパーとトランスミッションプレートが衝突する。これにより，コントロールワイヤに張力が発生し，アームが保有する並進運動エネルギーがハンドを閉じる運動エネルギーに変換されていく。このように，バネの蓄積エネルギー → アームの並進運動エネルギー → ハンド閉動作の運動エネルギーと時間遅れなしに自動的に変換されるため，この機構は，エネルギー源の節約（軽量化），制御の簡便性，動作の高速性を実現する上で極めて有効な機構である。

(4) 検証実験

図 20.16 は，プロトタイプロボットにおけるアーム並進運動の変位，速度データを示している。85 mm の並進変位において最高速度は 4 m/s，最高加速度はアーム発射直後に 90.9 G を記録している。バネ定数の増加や軽量化，あるいは摩擦抵抗の低減などによって，目標の 100 G はクリア可能な数字と考えている。一方，

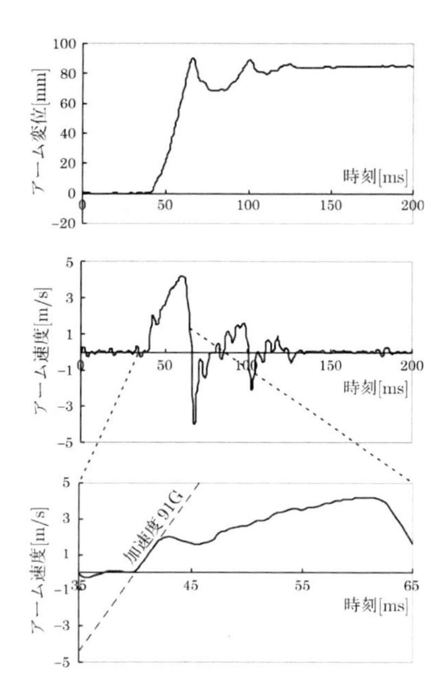

図 20.16 アーム並進運動の変位，速度[1]

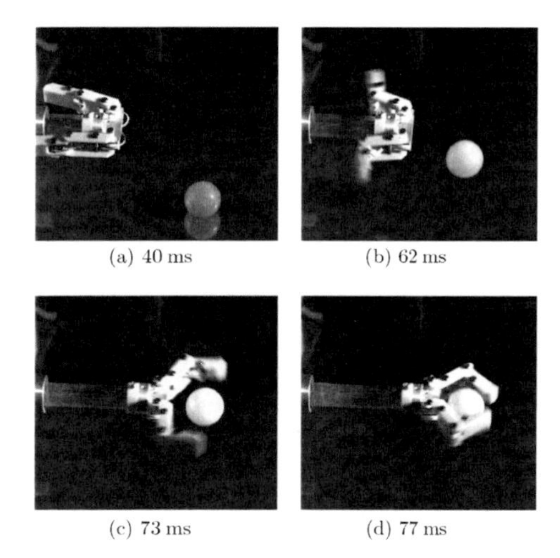

(a) 40 ms (b) 62 ms (c) 73 ms (d) 77 ms

図 20.17 バウンドするボールの捕獲実験[2]

図 20.17 は，1,000 fps の高速カメラで撮影したボールの高速捕獲実験の様子を示している。レーザ変位センサが床上でバウンドしたボールを感知し，ロボットに捕獲動作開始命令を出している（図 20.17(a)）。アームがアプローチ動作を行った後，ハンドが閉動作を行い（図 20.17(b),(d)），最終的にボールの捕獲に成功している（図 20.17(d)）。一連の捕獲動作は 40 ms 以内，ハンドの閉動作に限ってはわずか 15 ms で完了し，通常のビデオカメラ (30〜60 fps) では高々 2 コマに収まってしまうほどの素早い動作が実現されている。

20.4.2　非把持ダイナミックマニピュレーション

(1) イタリアンシェフに学ぶ非把持ダイナミックマニピュレーション

図 20.18 は，イタリアンシェフが，ピザピール（棒の先端にプレートが付いた道具）を使って窯の中のピザを巧みに操作している様子を示している。興味深い 2 つのポイントとして，シェフは，① 釜外部に伸びた棒の把持部を操作し，釜内部のピザの位置・姿勢を遠隔的に制御している。② 棒の軸方向に沿った並進自由度 X と棒の軸まわりの回転自由度 Θ の 2 自由度を主に使用している。この操り技術のロボット応用を考えた場合，① は人間の手や精密機器を備えた多指ハンドが近づけない環境（高温，多湿，電磁場，等）におけるマニピュレーションとして効果的である。一方で，② はロボットの自由度数（アクチュエータ数）を削減するために効果的である。なお，把持部を中心に棒を上下左右に振り回したり，棒と直交する方向へ並進移動させる場合，棒の長さに応じて操作者への負荷モーメントが大きくなる。ところが，X と Θ の 2 自由度を使用する限り，棒が長くなったとしても操作者の負荷は増大しない。したがって，② の自由度構成は，① のマニピュレーションを遂行する上でアクチュエータへの負荷軽減といった面でも効果的であり，高速動作のための重要なポイントとなっている。

図 20.18　イタリアンシェフによる窯焼きピザの操り

(2) ピザマニピュレーションロボット

図 20.19 に，(1) の基本コンセプトに基づいて開発したロボットおよび制御システム[2] の概観を示す。マニピュレータから伸びた棒の先端にプレートが装着されており，その上には円盤状対象物が置かれている。プレートの寸法は 100 × 100 mm であり，対象物の半径は 34 mm である。マニピュレータの関節にはハーモニック・ドライブ・システムズ社製高速 AC サーボアクチュエータ[4] が搭載されており，プレートの 2 自由度運動 X, Θ を生成する。プレート上方に設置された高速ビジョン[5] によって，対象物の位置・姿勢 $({}^m x_B, {}^m y_B, {}^m \theta_B)$ を取得する。システム全体は PC によって制御され，対象物の位置・姿勢に基づいたプレート目標運動を生成し，アクチュエータをフィードバック制御する。では，このロボットを用いて，プレート上の 2 自由運動 (X, Θ) により，対象物の相対 3 自由度（位置 2，姿勢 1）を制御する手法について考える。図 20.20(a) は，プレートに置かれた面状対象物の上面図および側面図である。Σ_m, Σ_B をそれぞれプレート，対象物重心に固定された座標系とし，プレート面に対する対象物の相対位置・姿勢を，Σ_m から見た Σ_B の位置と姿勢 $({}^m x_B, {}^m y_B, {}^m \theta_B)$ で表すものとする。棒の軸方向（x_m 方向）への並進運動を対象物に生成するためには，プレートに対して

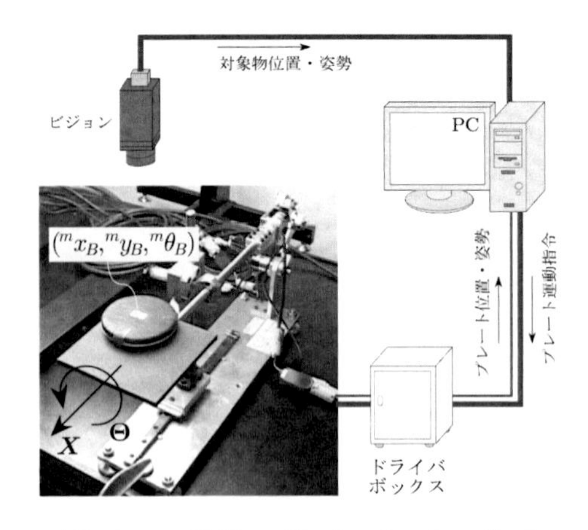

図 20.19　ピザマニピュレーションロボット

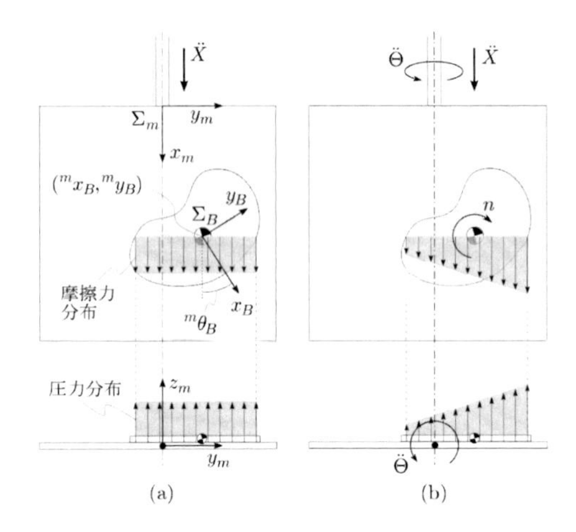

図 20.20　対象物の回転原理

棒に沿った並進加速度 $\ddot{X}$ を与える。対象物には慣性力 $-m\ddot{X}$ が作用し，摩擦力に打ち勝った段階で対象物はプレート上を滑る。このようにして，対象物位置 ${}^{m}x_B$ を制御する。一方，棒の軸と直交した方向（y_m 方向）への並進運動を生成するためには，棒の軸まわりの回転でプレートに傾斜角 Θ を与える。重力が摩擦力に打ち勝った段階で，対象物はプレート上を滑る。このようにして対象物位置 ${}^{m}y_B$ を制御する。最後に，本マニピュレーションのポイントとなる対象物の回転原理について考えてみよう。図 20.20(a) に示すように，プレートが水平な状態で並進加速度 $\ddot{X}$ を与え，対象物が滑っている状態を考える。このためのプレート加速度の大きさは，摩擦係数を μ，重力加速度を g として，条件式 $|\ddot{X}| > \mu g$ で与えられる。このとき，対象物上の圧力分布が均一であれば，慣性力に抗して発生する摩擦力分布も均一となる。さらに，図 20.20(b) に示すように，プレートに角加速度 $\ddot{\Theta}$ を加えると，慣性力によって対象物上の圧力分布に傾斜が発生する。これに応じて摩擦力分布にも傾斜が生じるため，対象物には回転モーメント

$$n = -\frac{{}^{m}\dot{x}_B}{|{}^{m}\dot{x}_B|}\mu I_x \ddot{\Theta} \tag{20.5}$$

が生じる。ただし，I_x は対象物の x_m 軸と平行で重心を通る軸まわりの慣性モーメントである。以上をまとめると，対象物を回転させるモーメントを生成するには，

$$(|\ddot{X}| > \mu g) \quad \cap \quad (|\ddot{\Theta}| > 0) \tag{20.6}$$

を満足するプレート加速度を与えればよく，$\ddot{X}\ddot{\Theta} > 0$ が時計回りのモーメント $(n > 0)$，$\ddot{X}\ddot{\Theta} < 0$ が反時計回りのモーメント $(n < 0)$ の生成に対応する。このようにして対象物に回転運動を生成し，姿勢 ${}^{m}\theta_B$ を制御する。なお，プレートの運動 X および Θ の両方を用いるため，対象物の回転運動には x_m および y_m 方向の並進運動がカップリングして生成されることに留意されたい。

(3) 検証実験

図 20.21 は実験の様子を示しており，破線で示すような対象物の目標位置・姿勢を与える（図 20.21(a)）。はじめに，対象物を目標姿勢まで回転させる（図 20.21(b),(c)）。続いて，x_m 方向の並進運動（図 20.21(d)），y_m 方向の並進運動（図 20.21(e)）を順に行い，最終的に目標位置まで移動させている（図 20.21(f)）。

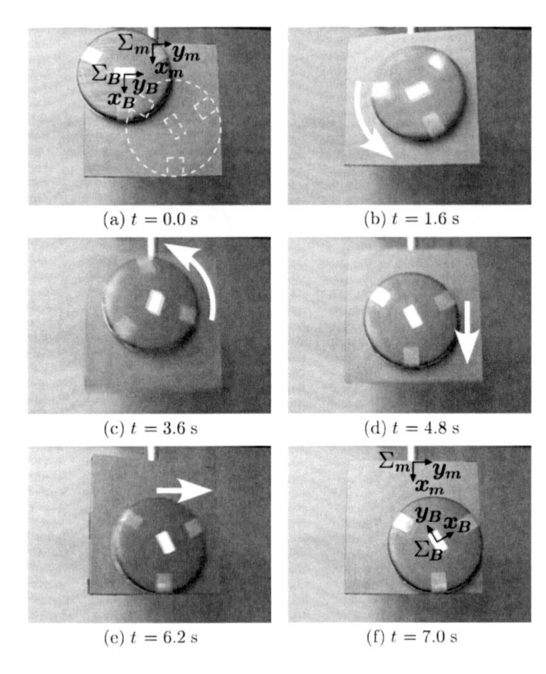

図 20.21　対象物の位置・姿勢制御実験[2]

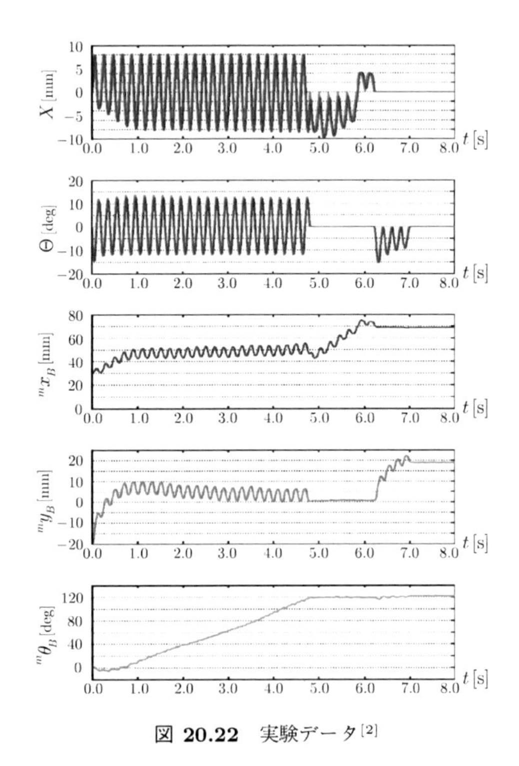

図 20.22　実験データ[2]

図 20.22 に，プレートおよび対象物の位置・姿勢データを示す。回転操作 $(0.0 \leq t < 4.8\,\mathrm{s})$ においては，式 (20.6) を断続的に満足するように X, Θ に正弦波運動を与えている。このとき，対象物姿勢 ${}^{m}\theta_B$ だけでな

く位置 ${}^m x_B, {}^m y_B$ も変化することがわかる。その後の x_m 方向の並進運動 ($4.8 \leq t < 6.1\,\mathrm{s}$) および y_m 方向の並進運動 ($6.1 \leq t \leq 7.0\,\mathrm{s}$) においては，それぞれ X の振動によって位置 ${}^m x_B$ のみ，および Θ の振動によって位置 ${}^m y_B$ のみが変化する。最終的には，位置誤差 2 mm 以内，姿勢誤差 2 deg 以内で目標位置・姿勢を同時に達成している。

＜東森 充，金子 真＞

参考文献（20.4 節）

[1] Kaneko, M., Higashimori, M., Takenaka, R., Namiki, A. and Ishikawa, M.: The 100G Capturing Robot —Too Fast to See—, *IEEE/ASME Trans. on Mechatronics*, Vol.8, No.1, pp.37–44 (2003).

[2] Higashimori, M., Kaneko, M. *et al.*: Dynamic Manipulation Inspired by the Handling of a Pizza Peel, *IEEE Trans. on Robotics*, Vol.25, No.4, pp.829–838 (2009).

[3] Hirose, S. and Umetani, Y.: The Development of Soft Gripper for the Versatile Robot Hand, *Mechanism and Machine Theory*, Vol.13, No.3, pp.351–359 (1978).

[4] https://www.hds.co.jp/

[5] Ishii, I. *et al.*: Development of a Mega-pixel and Millisecond Vision System using Intelligent Pixel Selection, *Proc. of the 1st IEEE Technical Exhibition Based Conf. on Robotics and Automation*, pp.9–10 (2004).

20.5　高速ロボットシステムの例

20.5.1　野球ロボットとジャグリングロボット

高速運動の例として，人間のスポーツ時に見られる躍動的な動作が挙げられる。特に球技では，ボールを握る把持状態だけではなく，リリースしたりキャッチしたりといった接触・非接触状態の遷移運動が頻繁に起こるが，これを低速なロボットで実行するのは困難である。運動速度や反応速度を高速化したロボットでは，図 20.23 のような状態遷移を巧みに実現した研究が報告されている。本項では，(1) ランダムなボールを打ち返すバッティング，(2) 目標位置へ投球するスローイング，(3) 高速に飛んでいるボールを捕るキャッチング，(4) リリースとキャッチの繰り返し動作であるジャグリングについて紹介する。

(1) バッティングロボット

バッティングロボット[1] は，人間がランダムな位置やタイミングで投げたボールでも打ち返すシステムである。アクティブビジョンを用いて 1ms ごとにボールの 3 次元位置を計算し，その情報に合わせてバットの

図 20.23　接触・非接触状態の遷移動作

軌道も 1ms ごとに調整しているので，ストライクゾーンを通過するボールであれば変化球でも打つことが可能である。ストライクゾーンから外れるボールに対しては，スイングせずに見逃す設定になっている。

人間はピッチャーのモーションから球の軌道を予測したり過去の対戦成績から学習をするフィードフォワード主体の打撃戦略であるのに対し，バッティングロボットはボールの軌道に応じてリアルタイムに反応するフィードバック主体の打撃戦略で動作している。アームの軌道は，バットを高速に振り切るスイングモードとボールの運動に追従するヒッティングモードを統合したハイブリッドな軌道生成を行っているため，遅いボールに対しても素早いスイング動作を実現している。初期の構えた姿勢からバットに当てるまでは約 0.2 秒の高速動作であるため，アクティブビジョンが 0.2 秒間ボールを認識できれば打撃が可能である。実際のピッチャーマウンドとホームベースの距離に換算すると，理論上は時速 300km のボールを打つこともできる。図 20.24 に，3m 離れた位置から時速 50km 程度のボールを投げたときのバッティング動作の連続写真を示す。

バッティング動作を拡張し，打球方向をコントロールする打ち分け動作の研究も行っている[2]。前述のハイブリッド軌道の生成過程において，バットとボールの衝突モデルを導入することで，衝突直後のボールの跳ね返り方向を考慮したアーム軌道計算を実装した。同時に，手先のバットを平面形状に変更し，接触面方向を制御するための回転自由度を付加することで，目標位置にボールを狙い打ちする打球方向制御を実現した。実験では，マニピュレータに向かって 3m 離れた位置から人間がボールを投げて，2m 程度離れた位置に設置してある直径 30cm のネットに打球を入れるこ

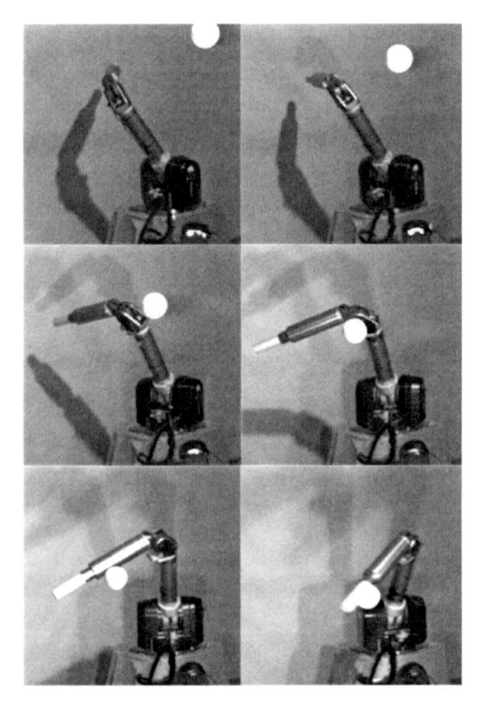

図 **20.24** バッティング

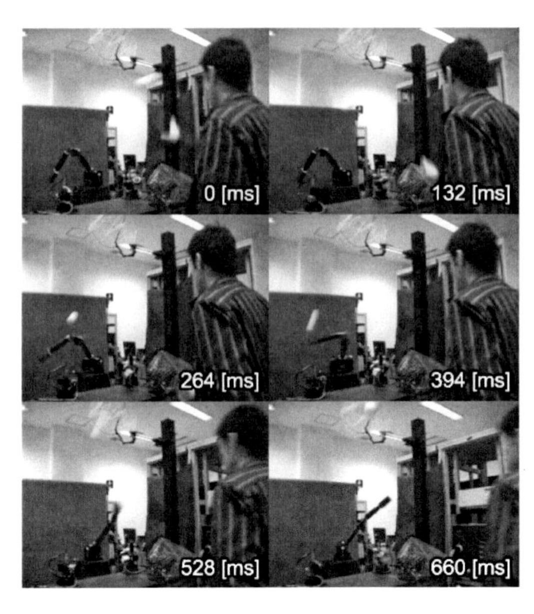

図 **20.25** バッティングにおける打球方向制御

とに成功している。図 20.25 に連続写真を示す。

(2) スローイングロボット

バネアーム式やホイール式のピッチングマシンとは異なり，人間と同様に指・腕を使ってボールを投げるスローイングロボット[3] が開発されている。投球スピードの高速化と投球方向のコントロールに着目し，前者をアームの運動に，後者をハンドの運動に分離して割り当てることで両者を実現した。

人間の投球動作では，キネティックチェーンと呼ばれるエネルギー遷移の現象が観測されている。これは，リリース時の手先速度を高速化するためには，アームの全関節の力を最大限に発揮することが最適な動作とは限らず，体幹で発生した力を遠位部へ効率的に伝播することの重要性を示唆している。そこで，身体構造の拘束条件や干渉作用を利用することにより，速度波形のピークが時間的に遠位部へシフトしていく運動連鎖モデルを実装した。ハンドの動作については，リリースまで 3 本指の把持状態を保ちながら手首をスナップし，リリース時は始めに 1 本指をボールから離し，タイミングを図って残りの 2 本指でボールを押し出して投げる。リリースタイミングにずれが生じた場合にも，指姿勢を制御して指上を転がるボール速度方向を変化させることで，投球方向を一定に保つロバストな投球を行っている。これにより，高速にスウィングしながら目標位置へ向かってリリースする投球動作を実現した。実験では，3m 離れた位置に設置してある直径 20cm のネットへ投球することに成功している。図 20.26 に連続写真を示す。

スローイングロボットを用いて，(1) のバッティングロボットのストライクゾーンへ投球し，2 台のロボットで

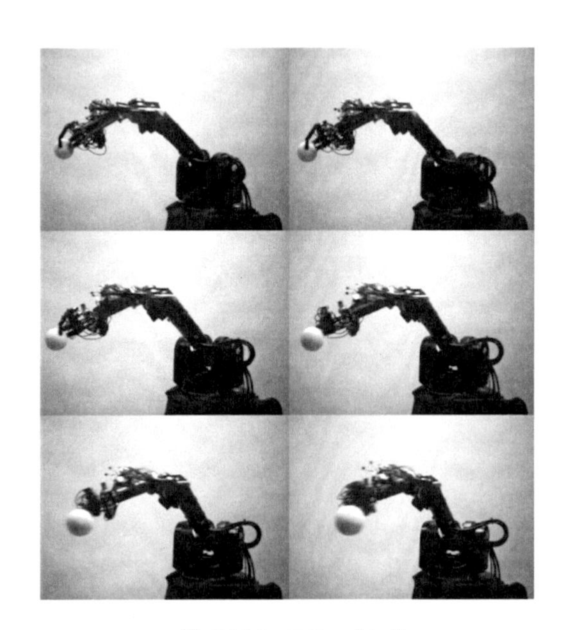

図 **20.26** スローイング

ボールを投げて打ち返す研究も行っている[4]。図 20.27 より，手前側のスローイングロボットで投げたボールが2台のアクティブビジョンの間を通過し，奥側のバッティングロボットがバットで打ち返している様子がわかる。

図 20.27　スローイング & バッティング

図 20.28　キャッチング

(3) キャッチングロボット

投球動作を時間的に逆再生して捕球動作を生成するという戦略のもと，(2) のスローイングアルゴリズムを利用したキャッチングロボット[5] が開発されている。

この戦略に基づいてキャッチング軌道を生成するには，飛んでくるボールの反転軌道を実現するスローイング動作を計算すればよい。しかし，飛んでくるボール軌道のバリエーションは無数に存在するため，対応する投げ方がそもそも存在しない場合や，計算コスト的にリアルタイムの生成が困難な場合がある。また，運動方向によって変化するエネルギー散逸の影響があるため，完全に対称的な反転動作を生成する場合でも，それを実現するための入力トルクは厳密な反転関係にはならない。そのため，スローイング動作が計算可能でも，その対となるキャッチング動作がトルク制限によって実現できない場合がある。

これらの問題に対処するため，設定した捕球範囲を空間的に離散化し，各点に対するスローイング軌道とボール軌道のデータセットを事前に用意した。飛んできたボール軌道に合わせて捕球位置を計算し，データセットから補間したキャッチング動作をリアルタイムに生成している。また，トルク不足が発生する場合には捕球位置を変更し，時間に関するスケール変換を用いることで実現可能なキャッチング軌道を探索した。これにより，経路や速度が異なる様々なボール軌道に対応したキャッチング動作ができる。

実験では，ピッチングマシーンを用いて初速 80km/h の発泡スチロールボールを発射した。高速ビジョンを 3 台用いて，捕球直前のボール位置精度が向上するように設定した。図 20.28 が示すように，アームがボールの動きと同様に奥側へ移動しながら適切なタイミングでハンドを閉じ，キャッチしていることが確認できる。

(4) ジャグリングロボット

従来から平板やカップ状のような単純形状のエンドエフェクタを用いたジャグリングロボットが開発されてきたが，近年では高速多指ハンドアームを用いたジャグリングが実現されている[6]。

ジャグリングは，投げ上げ動作・キャッチ動作と，その動作間を移行するリターン動作の 3 つの動作の繰り返しで構成されている。投げ上げ動作では，ハンドの重量に起因する手先速度低下を軽減するために，正弦波を用いて運動連鎖を実現するアーム軌道を生成している。ハンドの動きは，リリースの瞬間にハンドの中指を開いてボールの把持状態を解除すると同時に，左右の指が同じスナップ動作を行ってボールを手先速度方向へ押し出すことにより，左右の指の上を転がりながらボールをリリースしている。これは，(2) のスローイングと類似のリリース方法である。キャッチ動作では，アーム軌道は多項式で生成しているが，手先加速度の連続性よりも関節動作域の縮小化を優先し，5 次ではなく 3 次の多項式を用いている。ハンドの軌道は，キャッチの瞬間にハンド姿勢を固定し，並進速度方向をボールの速度方向に合わせるように設定している。リターン動作では，キャッチ時の姿勢から投げ上げの準備姿勢に移る間に，キャッチ後の把持状態のばらつきを抑えるため，一定角度まで中指を開いて把持を緩めて握り直すという動作を行う。これにより，把持状態の再現性を高めて，安定した連続的な投げ上げを可能にしている。

実験では，2 個のボールを片手で交互にジャグリングするように設定した。ハンドでボールを 1 個把持した状態からトスマシーンでもう 1 個のボールを打ち上げて開始し，ジャグリングを繰り返し行っている様子が図 20.29 からわかる。

<妹尾 拓，石川正俊>

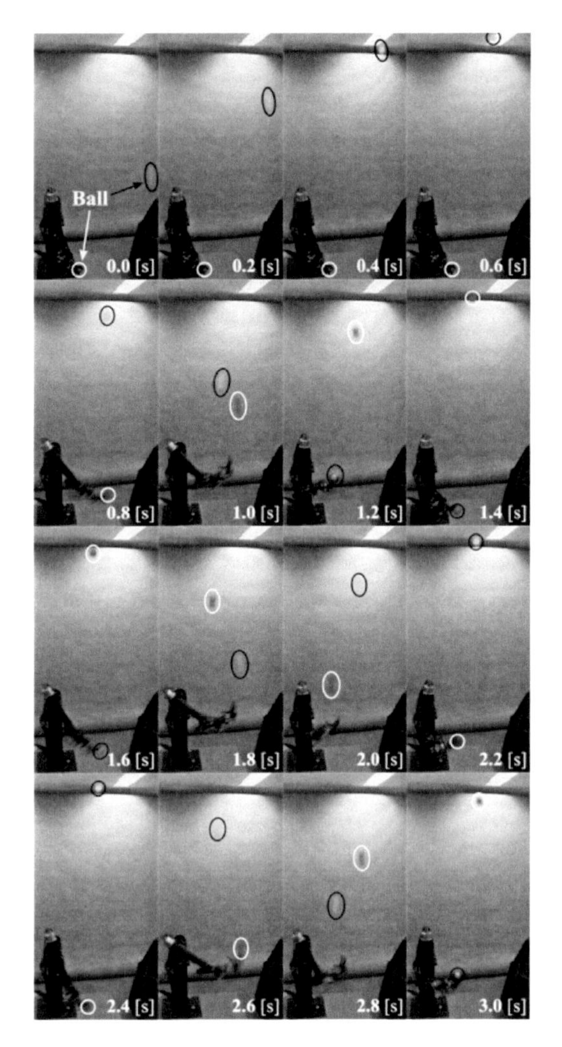

図 20.29 ジャグリング

参考文献（20.5.1 項）

[1] 妹尾拓，並木明夫，石川正俊：高速打撃動作における多関節マニピュレータのハイブリッド軌道生成，『日本ロボット学会誌』，Vol. 24, No. 4, pp. 515–522 (2006).

[2] Senoo, T., Namiki, A. and Ishikawa, M.: Ball Control in High-Speed Batting Motion using Hybrid Trajectory Generator, *IEEE Int. Conf. on Robotics and Automation*, pp. 1762–1767 (2006).

[3] Senoo, T., Namiki, A. and Ishikawa, M.: High-speed Throwing Motion Based on Kinetic Chain Approach, *IEEE/RSJ Int. Conf. on Intelligent Robots and Systems*, pp. 3206–3211 (2008).

[4] Senoo, T., Yamakawa, Y., Watanabe, Y., Oku, H. and Ishikawa, M.: High-Speed Vision and its Application Systems, *Journal of Robotics and Mechatronics*, Vol. 26, No. 3 (2014).

[5] Murakami, K., Senoo, T. and Ishikawa, M.: High-speed Catching Based on Inverse Motion Approach, *IEEE Int. Conf. on Robotics and Biomimetics*, pp.1308–1313 (2011).

[6] 木崎昂裕，並木明夫，脇屋慎一，石川正俊，野波健蔵：高速多指ハンドアームと高速ビジョンを用いたボールジャグリングシステム，『日本ロボット学会誌』，Vol. 30, No. 9, pp. 924–931 (2012).

20.5.2 エアホッケーロボット

(1) はじめに

近年，スポーツのような人間と物理的なインタラクションを行うロボットの開発が進められている。これらのロボットはアミューズメント分野での実用化だけでなく，ロボットの要素技術を検証するためのテストベッドとしても有用である。本稿では一例として，人間と対戦するエアホッケーロボット[1] を解説する。

エアホッケーは，盤面上に開けられた多数の穴から噴出する空気によって浮き上げられた「パック」と呼ばれる円盤を，複数の人間で打ち合ってゴールを競う

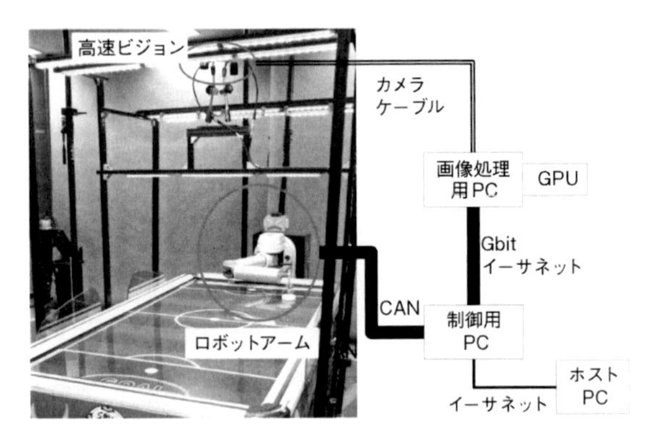

図 20.30　エアホッケーロボットシステム

ゲームである。パックと盤面の摩擦が小さいので，上級者のゲームではパックの速度は最高速度が 45 マイル毎時（約 72 km/h）以上にもなり，認識と運動の双方の高速性が必須となる。また，パックの軌道や対戦相手の状況によって打点や打ち方を変える必要があり，上級者の戦いでは駆け引きもあり，動作戦略の面でも興味深い研究対象である。

一方，従来開発されてきたエアホッケーロボットでは，人間と真剣勝負をするのは難しかった。これはロボットの認識・運動能力が人間に比べて劣っていたためである。これに対して，筆者らの研究グループでは，高速ビジョンを導入することで，人間を超える性能を持つ高速エアホッケーロボットの研究を進めてきた[1, 2]。高速ビジョンとは 1 秒間に 1000 Hz のレートで画像処理が可能な視覚処理システムであり，通常のカメラや人間の視覚に比べると 30 倍以上の速度で視覚認識が可能である。高速ビジョンの高速性を活用することで，パックの軌道予測を正確かつ瞬時に行うことができ，飛躍的に性能が向上する。以下では，高速エアホッケーロボットのシステム構成，制御方法について解説する。

(2) システム構成

開発したシステムの構成を図 20.30 に示す。ロボットアームは制御用計算機にてリアルタイム制御される。画像処理は GPU (Graphical Processing Unit) を備えた専用の計算機で行い，制御用計算機とはイーサネットによって非同期で通信を行う。

(i) 高速ビジョン

高速ビジョンとしては，IDP Express 2000R[3] を使用している。これは，解像度 512 × 512 のカメラヘッドを 2 台接続した PCI-Express ボードであり，最大 2, 000Hz のサンプリングレートで画像を取得できる（今回は感度の問題から 500Hz としている）。

画像処理用計算機は Core-i7 3GHz，メインメモリ 4GHz であり，GPU として Tesla C2050 を搭載している。高速ビジョンによって取得された画像は CPU を介して GPU に転送され，並列演算される。

(ii) 制御演算

制御用計算機では，画像処理結果を Gbit Ethernet によりに受信してから，CAN を介してロボットアームにトルク制御指令を与える。制御用計算機の CPU は，デュアルコアの Intel Core2 Duo，クロック数は 3GHz であり，MATLAB Simulink Real-Time によって 500Hz でリアルタイムに制御される。

(iii) ロボットアーム

ロボットアームとしては，4 関節ロボットアーム (Barrett Technology Inc) を用いる（図 20.31）。ワイヤ駆動のため関節摩擦が小さく，滑らかな動作が可能である。また，アクチュエータがアームの根幹部に集約されているため，先端リンクの質量が小さい。一方，減速比が低い (1:18〜1:42) ので，最大トルクが小さい。

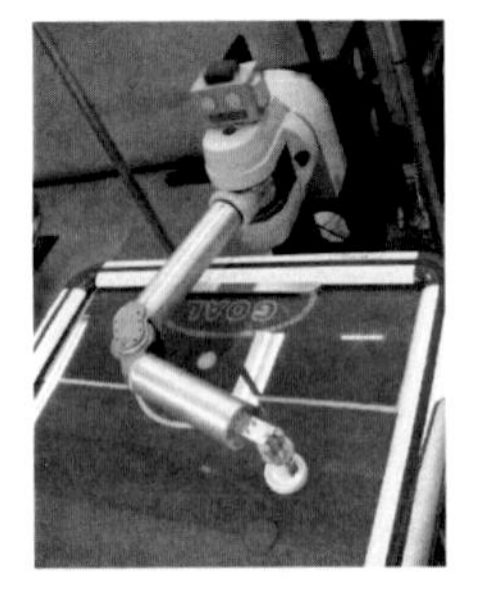

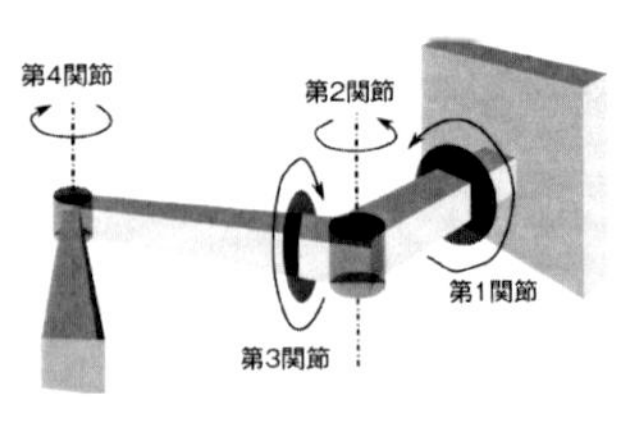

図 20.31　ロボットアーム

アームは 4 自由度であるが，ホッケーで大きく動作するのは第 2・4 関節の 2 自由度であり，第 1・3 の旋回軸はほぼ姿勢を維持するために使用される。

(3) 処理アルゴリズム

処理の流れを図 20.32 に示す。

［ステップ 1］高速ビジョンによるパックの位置取得。パック形状とカラーに基づく抽出と重心計算を行う。

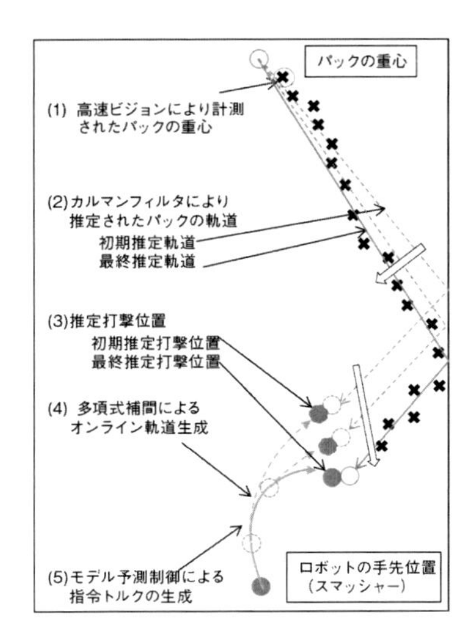

図 **20.32** 処理の流れ

[ステップ 2] カルマンフィルタによるパックの軌道予測。パックの跳ね返りも考慮する。予測精度を上げるため，打撃直前まで推定値の逐次更新を行う。
[ステップ 3] 打撃位置と打撃速度の計算。打撃後のパックの方向を考慮して決定する。
[ステップ 4] 打撃位置までのアームの目標軌道の生成。3 次多項式関数により現在位置から打撃位置までを滑らかに補間する。
[ステップ 5] 非線形モデル予測制御によるトルク制御。(4) で詳細について述べる。

高速ビジョンを用いることで，全ステップが処理レート 500Hz で実行される。そのため，跳ね返りによる予測のずれや不慮の動きにも確実に打ち返すことができる。また，推定値の更新をパックの到達まで多数回繰り返すことで，最終的な推定精度を上げることにもなる。

(4) 非線形モデル予測制御

(3) の方法では，目標軌道も 500Hz のレートで逐次更新される。特に，壁の跳ね返りの前後で予測軌道が大きく変化する可能性があるので，それに応じた適切な制御が必要となる。

また，高速運動では，慣性の変化，コリオリ力，遠心力の影響が大きいので，これらの動的補償を適切に行う必要がある。さらに，ロボットの最大出力トルクが小さく，トルク制限を考慮しなければならない。しかし単純な PD（比例微分）制御ではダイナミクスの補償が十分ではなく，動的補償制御として標準的な計算トルク法では最大トルクの拘束が扱えない。

これに対して，本システムでは非線形モデル予測制御 (NMPC：Nonlinear Model Predictive Control) を導入する。NMPC では，ダイナミクスに基づき未来の挙動を予測し，オンラインで有限区間の最適化問題を解くことで最適制御入力を計算する。最適制御をリアルタイムで実現できることに加えて，状態変数，制御入力の拘束条件を考慮した最適化が行える。

(i) 非線形モデル予測制御の設計

ロボットのダイナミクスは

$$\dot{\boldsymbol{x}}(t) = \boldsymbol{f}(\boldsymbol{x}(t), \boldsymbol{u}(t)) \triangleq \begin{bmatrix} \dot{\boldsymbol{q}} \\ M^{-1}(\boldsymbol{q}(t))(\boldsymbol{h}(\boldsymbol{q}, \dot{\boldsymbol{q}}) + \boldsymbol{u}(t)) \end{bmatrix} \tag{20.7}$$

と表される。ただし，$\boldsymbol{x} \triangleq [\boldsymbol{q}^T, \dot{\boldsymbol{q}}^T]^T$，$\boldsymbol{q}$ は関節角度ベクトル，$M(\boldsymbol{q})$ は慣性行列，$\boldsymbol{h}(\boldsymbol{q}, \dot{\boldsymbol{q}})$ はコリオリ力，遠心力，重力，摩擦力を表す項，$\boldsymbol{u}$ は入力トルクである。

このダイナミクスを離散化して，動作を予測する。

$$\hat{\boldsymbol{x}}_{i+1}(t) = \hat{\boldsymbol{x}}_i(t) + \boldsymbol{f}(\hat{\boldsymbol{x}}_i(t), \hat{\boldsymbol{u}}_i(t))\Delta t, \quad (i = 0, 1, \ldots, N) \tag{20.8}$$

ここで，記号 ^ は予測ステップの変数であることを表し，添字 i は予測ステップ数，Δt はステップ幅，$\hat{\boldsymbol{x}}_i(t)$ は時刻 t をステップ 0 としたときの i ステップ先の状態の予測値を表す。$\hat{\boldsymbol{u}}_i(t)$ も同様である。

一方，最適化のための評価値は，

$$J(t)\frac{1}{2}\Delta\hat{\boldsymbol{x}}_N^T(t)\boldsymbol{S}\Delta\hat{\boldsymbol{x}}_N(t) + \sum_{i=0}^{N-1} L(\hat{\boldsymbol{x}}, \hat{\boldsymbol{u}}) \tag{20.9}$$

とする。ここで，

$$L(\hat{\boldsymbol{x}}, \hat{\boldsymbol{u}}) = \frac{1}{2}\Delta\hat{\boldsymbol{x}}_i^T(t)\boldsymbol{Q}\Delta\hat{\boldsymbol{x}}_i(t) + \frac{1}{2}\Delta\hat{\boldsymbol{a}}_i^T(t)\boldsymbol{R}\Delta\hat{\boldsymbol{a}}_i(t) \tag{20.10}$$

であり，$\Delta\hat{\boldsymbol{x}}_i \triangleq \boldsymbol{x}_{r,i} - \hat{\boldsymbol{x}}_i$ は予測ステップ i における目標値 $\boldsymbol{x}_{r,i}$ からの偏差，$\Delta\hat{\boldsymbol{a}}_i$ は同様に手先加速度の目標値からの偏差，S, Q, R は重み行列である。この評価値は手先加速度の追従性を含むので，滑らかで高速な動作が生成される。

NMPC では，評価値 $J(t)$ を最小化する予測入力系列 $\hat{\boldsymbol{u}}_i(i = 0, 1, \ldots, N)$ を計算し，その最初の値のみを制御入力 $\boldsymbol{u}(t) = \hat{\boldsymbol{u}}_0(t)$ として用いる。評価関数 $J(t)$ の最小化は，ハミルトニアン $H(\hat{\boldsymbol{x}}, \hat{\boldsymbol{\lambda}}, \hat{\boldsymbol{u}}) \triangleq$

$L(\hat{\boldsymbol{x}}, \hat{\boldsymbol{u}}) + \hat{\boldsymbol{\lambda}}^T \boldsymbol{f}(\hat{\boldsymbol{x}}, \hat{\boldsymbol{u}})$ に対して，$\frac{\partial H}{\partial \hat{\boldsymbol{u}}}(\hat{\boldsymbol{x}}_i, \hat{\boldsymbol{\lambda}}_i, \hat{\boldsymbol{u}}_i) = 0$ を満たす入力系列 $\hat{\boldsymbol{u}}_i(t)$ を求めることで得られる。$\hat{\boldsymbol{\lambda}}$ は随伴ベクトルである。この際に，入力トルクの最大値の拘束条件を考慮して解くことで，最適な動作系列を求めることができる[5]。

(ii) 高速エアホッケーロボットへの導入

NMPC を高速エアホッケーロボットに適用するにあたり，最大の問題は計算負荷である。順動力学に基づく予測計算，随伴変数の追跡計算，入力トルク系列の停留点の計算の負荷は大きい。

一方，エアホッケーロボットでは動作が高速であるために，予測時間が比較的短い。例えばホッケーの打撃動作は 10〜20ms 程度で終わるものであり，必要とされる予測時間はせいぜい 5〜10 ステップ程度である。今回は予測を 6 ステップとしている。サイクルタイムが 2ms なので，12ms 先まで予測することになる。予測ステップ数の少なさは計算の負荷を下げる。

もう一つの問題はロボットの軸数の多さである。ロボットの 4 軸すべてに NMPC を適用するのは計算負荷が大きい。一方，実際に高速運動するのは人間の肩と肘にあたる 2 軸と 4 軸である。そこで，1・3 軸は PD 位置制御，NMPC は 2・4 軸のみとした。

(5) 実験

図 20.33 にロボットを人間のプレーヤーと対戦させたときの連続写真を示す。(a)〜(c) においてプレーヤーが打撃したパックは，(d) で左側面で反射してロボット側ゴールに向かっている。(e), (f) においてロボットは打撃を加え，(g), (h) で盤面中心を通って人間側ゴールに向かっている。このように打撃からパックがゴール付近に到達するまで 0.1 秒程度の高速な運動である。制御演算時間は最大で 1.7ms，平均 0.7ms であった。演算時間の変動は制御だけでなく打撃戦略を立てる時間も含んでいるためである。

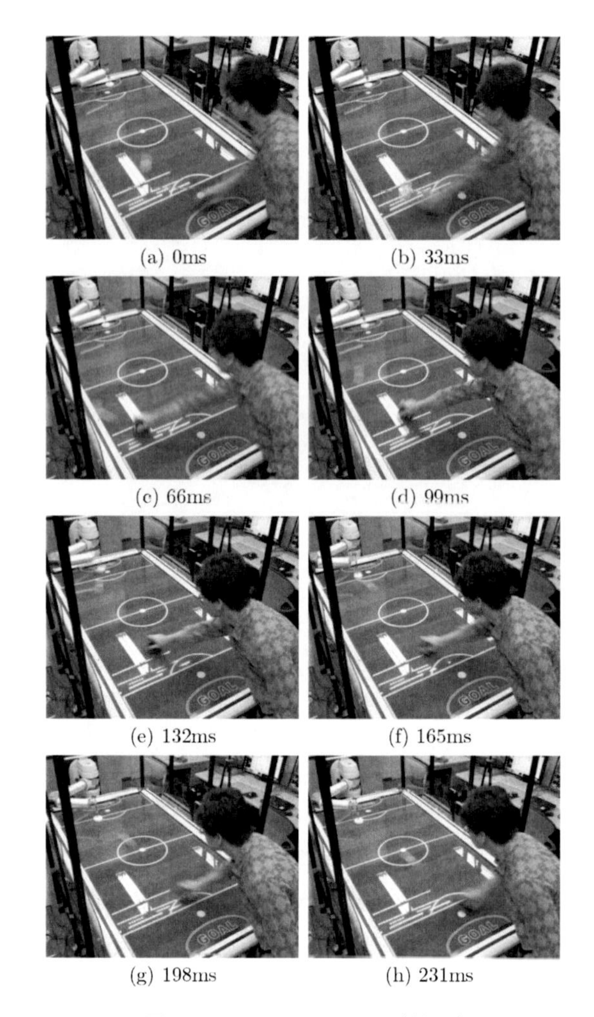

図 20.33　エアホッケーの連続写真

図 20.34 は標準的な打撃軌道への追従性能を示している。(a) は実験の状況であり，ロボット側の左右に交互に順にパックが打ち込まれるようにした。これに対して (b) は NMPC の結果であり，追従誤差は小さくなっている。(c) は比較対象として計算トルク法を用いた場合であり，最大トルク制限を陽に扱えないので，右上，左上の急カーブな動作で追従できなくなっている。

図 20.35 は，(a) に示すような相手の高速なパックの打ち込みに対してステップ状の目標軌道を与えてブロックした場合であり。(b) の NMPC の場合に比べて，(c) の計算トルク法は大きく乱れている，図 20.34 よりも動作が高速なので，より顕著に違いが出ている。

(6) まとめ

本項では，人と対戦するエアホッケーロボットシステムを紹介した。ロボットアーム自体の運動速度は人間よりも劣っているが，高速ビジョンにより認識性能を人間よりもはるかに高くすることで，互角以上に対戦することが可能となっている。ロボットの動作は高速ビジョンの情報を元にリアルタイムで最適制御することで，その能力を最大限に活用している。

本項では基本的な認識・制御のアルゴリズムを解説

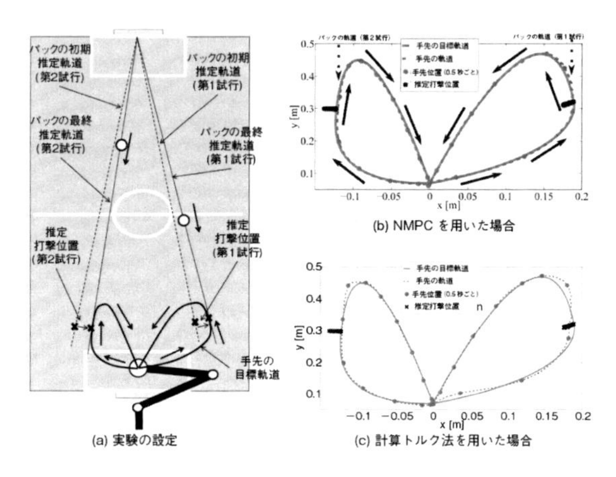

図 20.34 標準的な打撃軌道への追従性能

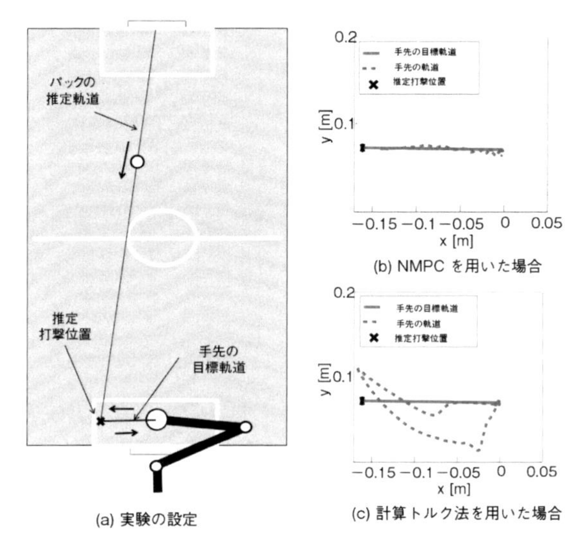

図 20.35 ステップ状の打撃軌道への追従性能

したが，ロボットがどこでどのように打ち返すかについては任意性があり，動作戦略の問題となる。これに対して，人間の行動を先読みし最適な行動戦略を選択する手法が提案されている[6]。

<並木明夫>

参考文献（20.5.2 項）

[1] Namiki, A., Matsushita, S., Ozeki, T., Nonami, K.: Hierarchical processing architecture for an air-hockey robot system, *IEEE Int. Conf. Robotics and Automation*, pp.1187–1192 (2013).

[2] 大関，並木：エアホッケーロボットシステムにおける非線形モデル予測制御を用いた最適運動計画，第 18 回ロボティクスシンポジア，pp.580–585 (2013).

[3] Ishii, I., Tatebe, T., Gu, Q., Moriue, Y., Takaki, T. and Tajima, K.: 2000fps Real-time Vision System with High-frame-rate Video Recording, *IEEE Int. Conf. Robotics and Automation*, pp. 1536–1541 (2010).

[4] Chung, W., Fu, L., Hsu, S.: Motion Control, *Handbook of Robotics* (Siciliano, B. Khatib, O. ed.), Springer (2008).

[5] Ohstuka, T.: A continuation/GMRES method for fast computation of nonlinear receding horizon control, *Automatica*, vol.40, pp.563–574 (2004).

[6] Igeta, K. and Namiki, A.: A Decision-Making Algorithm for an Air-Hockey Robot Depends on its Opponent Player's Motion, IEEE Int. Conf. Robotics and Biomimetics (2015).

20.5.3 卓球ロボット

図 20.36 のロボットによる卓球ボールの打ち返し実験について紹介する[1]。ロボットは，ラケットをスイングするヒトの上肢に相当するアーム機構部分と，アーム機構全体を載せて移動する下肢に相当するベース部分で構成されている。アクチュエータとして 5 つの DC サーボモーターが配置され，それぞれ以下の自由度に対応する。

Ch.1　ベースの前後方向の並進運動
Ch.2　ベースの左右方向の並進運動
Ch.3　アームの水平面内の回転運動
Ch.4　アームの鉛直面内の回転運動
Ch.5　ラケットのアーム軸まわりの回転運動

打ち返しタスクの実現には，飛来するボールを見て相手コートの望みの位置に打ち返すための打撃要素（打撃位置，打撃時刻，ラケットの速度および向き）を決定する認知スキルと，ボールに追いつくための下肢の運動スキル，およびラケットをスイングするための上肢の運動スキルが要求されるが，ここでは上肢の運動スキルについてのみ考える。

ヒトの動作をロボットがその動作可能範囲内

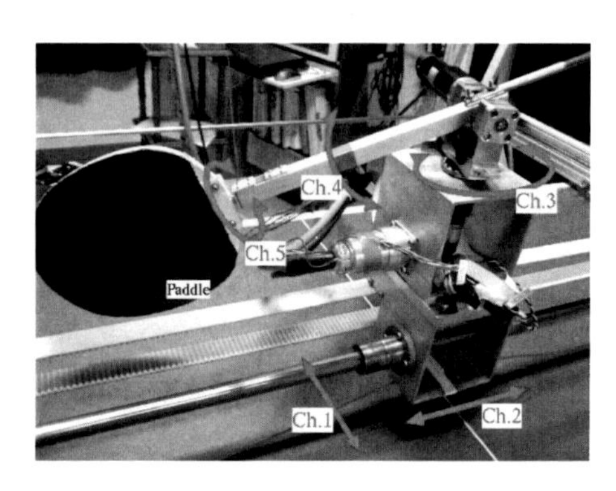

図 20.36 卓球ロボット

でまねる手法がある。Mataric らは主成分解析 (PCA:Principal Component Analysis)，あるいは拡張した ISOMAP(Isometric Feature Mapping) アルゴリズムを用いてヒトの動作を解析し，関節軌道として表現される運動プリミティブを抽出するとともに，それをロボットの運動生成に利用した[2, 3]。中西らは安定なアトラクタを持った自律的な非線形力学系を用いて基本的な運動パターンを表現し，統計的学習手法によりヒトの模範動作の高速な学習を行う手法を提案した[4]。このような手法はヒトの動作をロボットに移植する基盤になりつつある。そこで，ヒトのスイングにおけるラケット面中央の 3 次元位置の軌道に注目し，そのスイングパターンを PCA を用いてロボットに移植してラリーを行う方法について説明する。

(1) 主成分分析を用いたヒトのスイングパターンの抽出

ヒトへのボールの配球は市販の卓球マシン（TSP 社製：ハイパー S）を用いた。射出するボール速度 (3.6 m/s)，球種（ナックル：ほぼ回転が無視できるボール)，および卓球台上の着地点（卓球台中央から x 軸方向に -700 mm，y 軸方向に -500 mm の付近。図 20.37 参照）を固定し，鉛直面内射出角度（以下，仰角）に 25°，30°，35° のバリエーションを持たせて配球した。

まずヒトのスイングデータとして，3 次元位置計測システム（POLHEMUS 社製：FASTRAK）のセンサをラケットを把持する側の肩部とラケット面中央の裏側に貼り付け，スイング中の肩部に対するラケット面中央の相対位置データ (x, y, z) を収集した。被験者は 3 名 (A,B,C) で，1 人に対し 3 つの仰角毎に 40 スイングずつのデータを得た。

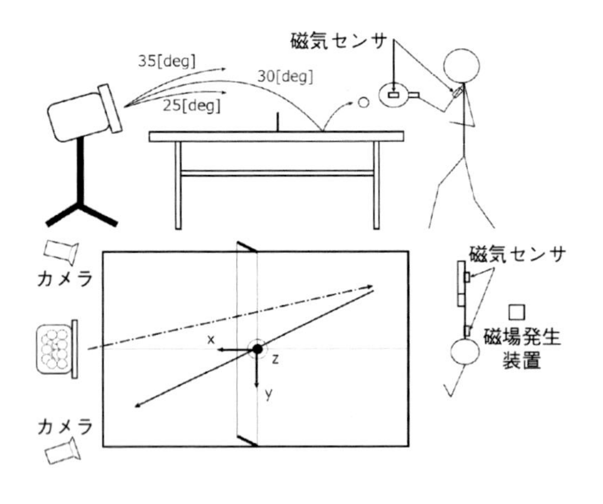

図 20.37　上肢の計測環境

次に，得られたすべてのスイングデータについてラケットがテイクバックを開始してからボールをヒットするまでの時系列データを抜き出した。しかしその所要時間はスイング毎に異なる。そこで時間については正規化を行い，1 から 22 までのサンプル番号で表した。

そして，被験者毎にスイングのデータセット E（360× 22 行列。360 は各実験条件におけるスイングの試行回数 (40)× 実験条件数 (3)× 座標数 (3)，22 はサンプル時刻の数，$x_{a,b}^{\mathrm{angle}}$ は仰角 angle $= (25, 30, 35)$，スイング番号 $1 \leq a \leq 40$，サンプル番号 $1 \leq b \leq 22$）を用意し，E に対して主成分分析を行った。

$$E = \begin{pmatrix} X \\ Y \\ Z \end{pmatrix}, \qquad X = \begin{pmatrix} x_{1,1}^{25} & \cdots & x_{1,22}^{25} \\ \vdots & \ddots & \vdots \\ x_{40,1}^{25} & \cdots & x_{40,22}^{25} \\ x_{1,1}^{30} & \cdots & x_{1,22}^{30} \\ \vdots & \ddots & \vdots \\ x_{40,1}^{30} & \cdots & x_{40,22}^{30} \\ x_{1,1}^{35} & \cdots & x_{1,22}^{35} \\ \vdots & \ddots & \vdots \\ x_{40,1}^{35} & \cdots & x_{40,22}^{35} \end{pmatrix}$$

主成分分析の結果，第 1 主成分の寄与率が被験者 A:87.4%，被験者 B:93.4%，被験者 C:96.0%となった。よって，いずれの被験者も第 1 主成分によってほぼすべてのデータが以下のように近似できる。

$$E \simeq JC_a + WC_f \tag{20.11}$$

ここで，J は各要素がすべて 1 の 360×1 行列，C_a はデータセット E の列平均データを並べた 1×22 行列，W は第 1 主成分スコアを表す 360×1 行列，C_f は第 1 主成分ベクトルを表す 1×22 行列である。

図 20.38 に被験者別の C_a を表す。C_a はラケット軌跡の平均パターンを表しており，被験者によって少しずつ異なることがわかる。

図 20.39 には被験者別の C_f を表す。3 人の被験者でほぼ一致していることがわかる。しかし，この第 1 主成分ベクトルが担う役割は被験者によって顕著に異なることが図 20.40〜20.42 に示す主成分スコア W からわかる。

この図は 3 人の被験者別に，3 軸方向（左から x, y, z）の主成分スコアの仰角ごとの平均を棒グラフで示し

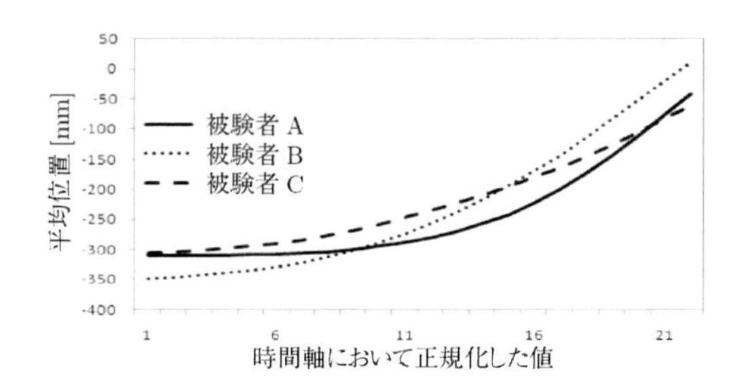

図 **20.38** C_a：スイングの平均成分

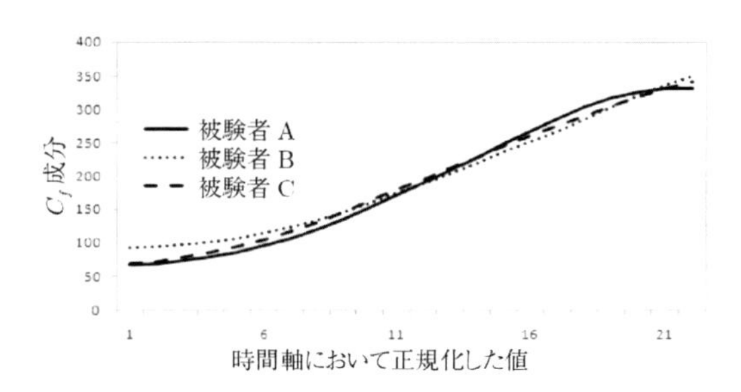

図 **20.39** C_f：第一主成分

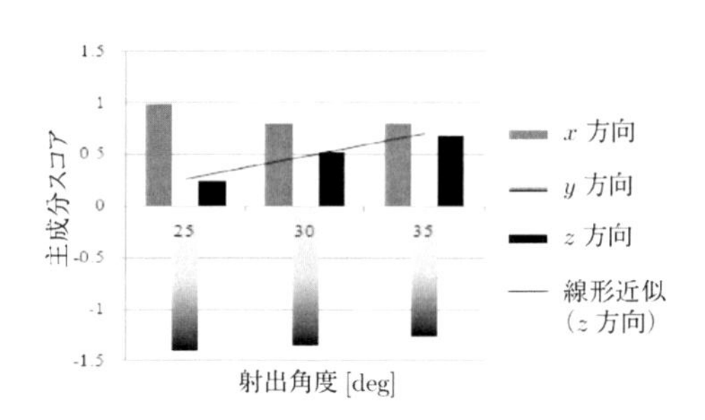

図 **20.40** W：主成分スコア（被験者 A）

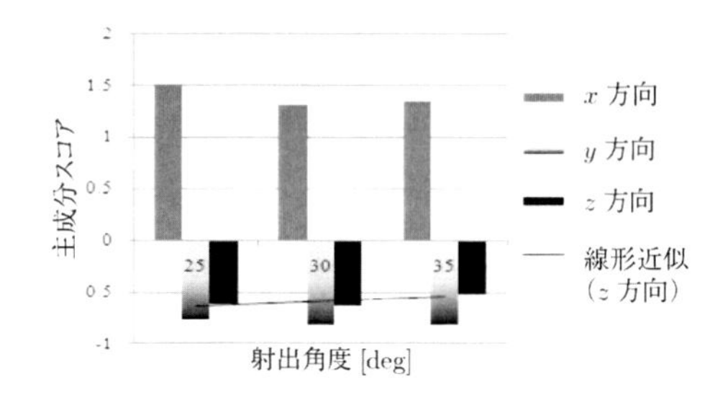

図 **20.41** W：主成分スコア（被験者 B）

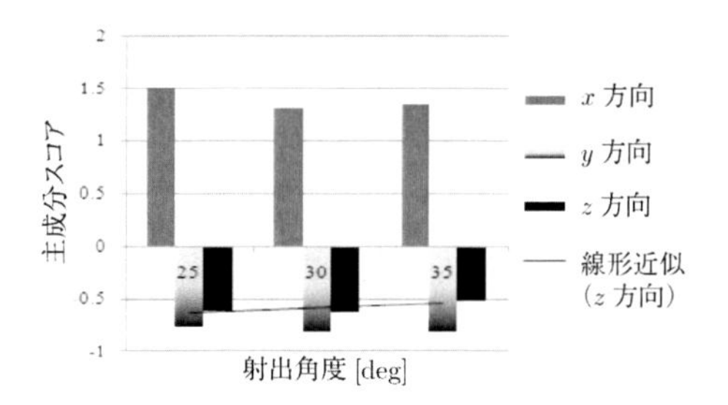

図 **20.42** W：主成分スコア（被験者 C）

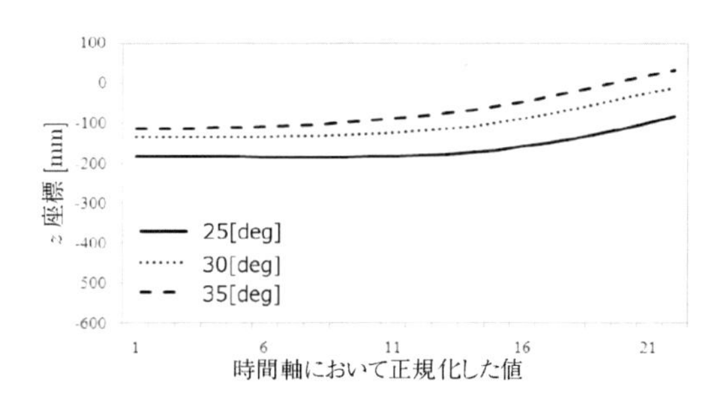

図 **20.43** スイングデータの z 座標（被験者 A）

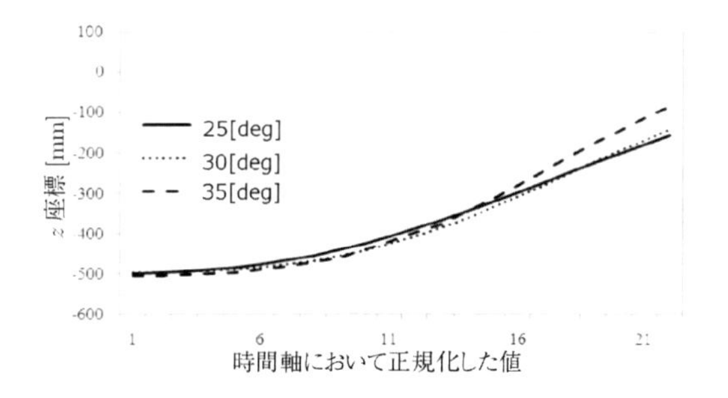

図 **20.44** スイングデータの z 座標（被験者 B）

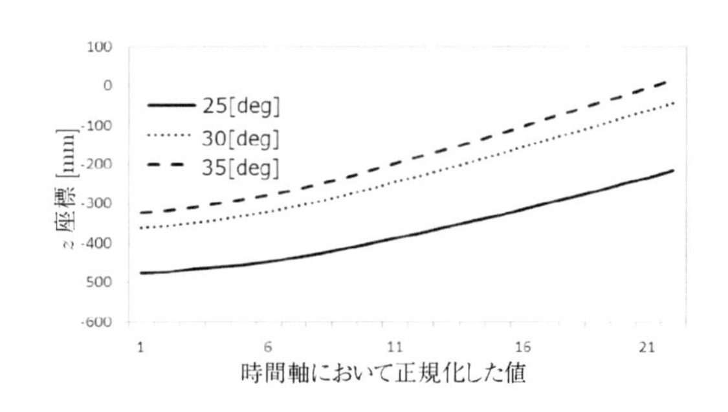

図 **20.45** スイングデータの z 座標（被験者 C）

たものである。図中の線分は z 軸方向のスコア平均を仰角について線形近似したものである。被験者 B は，仰角が変わっても各軸方向の主成分スコアはほとんど変化していない。これは，主成分ベクトル（図 20.39）に一定の重み（図 20.41）をかけた成分が平均スイング（図 20.38）に加算されて得られる各軸方向のスイングパターンが，仰角が変わっても一定であることを意味している。しかし被験者 A, C は，x, y 軸方向の重みが仰角によらずほぼ一定であるのに対し，z 軸方向の重みは仰角に合わせて変化している。すなわち被験者 A, C は，仰角にほぼ比例して z 方向の重み（第 1 主成分スコア）を変化させることでラケット軌道を z 軸方向に平行移動させ，スイング高さの調整を行っていることがわかる。

この z 軸方法の主成分スコアに表れている差異は，図 20.43〜20.45 に示した z 軸方向の平均スイング軌跡（肩からの相対位置）からも確認できる。被験者 A, C が仰角の変化に合わせてスイング軌跡を高くしているのに対し，被験者 B はほぼ一定である。また，スイング軌跡の高さの違いは打撃点の高さの違いである。すなわち被験者 A, C は仰角の増加ともに打撃点の高さを増加させているのに対して，被験者 B はほぼ一定である。被験者は 3 人とも卓球の経験者であるが，スイング動作には個人差や好みといった個性も含まれており，それらが平均スイング (C_a) や主成分スコア (W) の形で抽出されたと考えられる[5]。言い換えると，この主成分解析結果をロボットに移植すれば，ヒトによって異なるスイングパターンをロボットが再現できることになる。ところで Tyldesley ら[6] に従えば，一定のスイングパターンを時空間的に調整している被験者 A, C は中級者，一定のスイングパターンを時間的にのみ調整している被験者 B は上級者と言える。そこでロボットへ移植するスキル（技能）は，被験者 B のスキルを用いることにする。

(2) 抽出したスイングパターンのロボットへの移植

ロボットが動かすべきラケットの軌道として，図 20.41 に示した被験者 B の主成分スコアを式 (20.11) に代入して得られる (x, y, z) 時系列，すなわち被験者 B のスイング平均軌道を用いる。このときロボットのスイングを担当する Ch.3, Ch.4 の関節角度軌道は，逆運動学より以下の式で算出できる。

$$\theta_3 = \arctan 2(x, y)$$
$$\theta_4 = \arctan 2(z, \sqrt{x^2 + y^2})$$

各モータへの入力値は，これらの軌道を逆動力学を通して変換することで得られる。よく知られているようにサーボモーターの動特性は 2 次遅れ系であり，$u(t)$ を入力値，$\theta(t)$ を出力値とすると，以下のような線形モデルで同定できる。

$$\frac{\mathrm{d}^2\theta}{\mathrm{d}t^2}(t) + 2\zeta\omega_0\frac{\mathrm{d}\theta}{\mathrm{d}t}(t) + \omega_0^2\theta(t) = \omega_0^2 u(t) \qquad (20.12)$$

なお各パラメータ（添字はチャンネル番号）の値は，同定実験により以下のように得られている。

$$(\omega_0)_3 = 34.9$$
$$\zeta_3 = 0.743$$
$$(\omega_0)_4 = 65.2$$
$$\zeta_4 = 2.27$$

したがって，Ch.i$(i = 3, 4)$ の望みの出力角度をフーリエ級数によって

$$\theta_i(t) = \frac{a_{i0}}{2} + \sum_{j=1}^{5}\left[a_{ij}\cos\frac{j\pi(t - t_{init})}{T}\right] + \sum_{j=1}^{5}\left[b_{ij}\sin\frac{j\pi(t - t_{init})}{T}\right] \qquad (20.13)$$

のように近似表現し，式 (20.13) を式 (20.12) に代入することで Ch.i への入力値 $u(t)$ が求まる。

図 20.46 に被験者 B の平均スイングパターンの実データと，それをフーリエ近似したものを示す。5 次の級数で十分な近似ができていることがわかる。図 20.47 は，上述の線形モデルによって得られた入力値をロボットに指令し，実際の関節角度とスイングの望みの関節

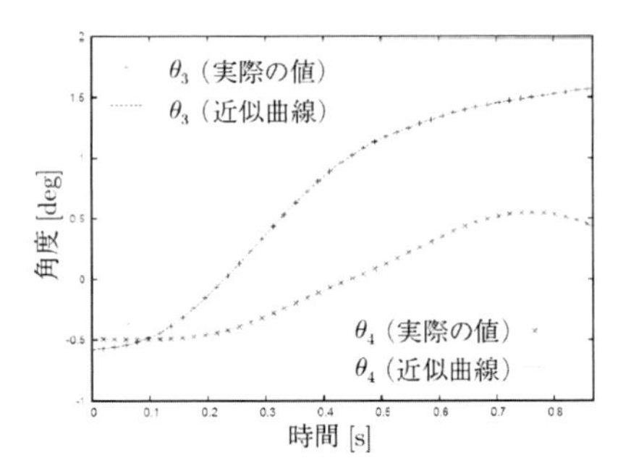

図 **20.46**　スイング軌道（ヒト）

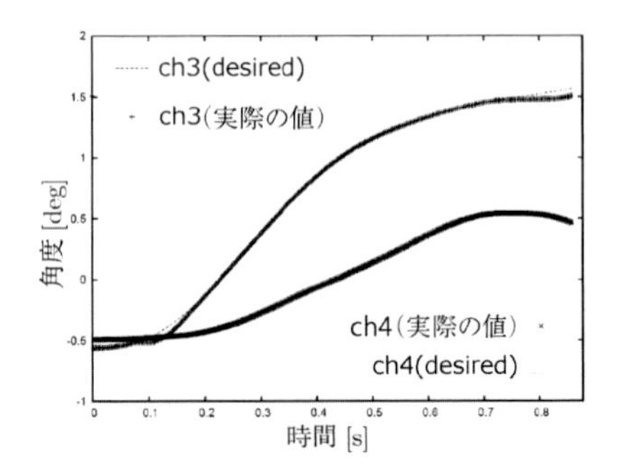

図 **20.47**　スイング軌道（ロボット）

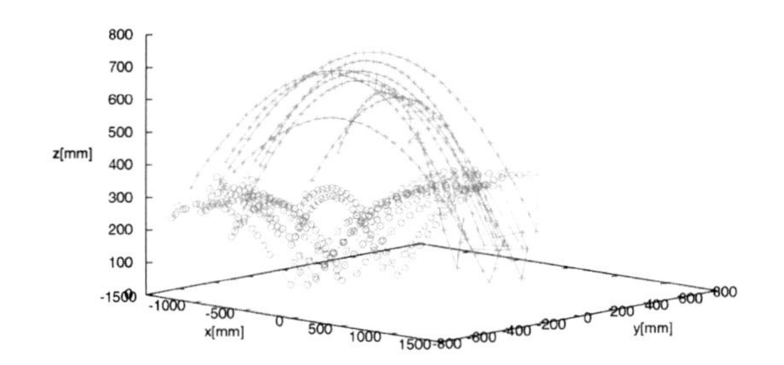

図 20.48 ラリー中のボール軌道の例（ロボットの左後方から見たもの）

角度をともに示したものである。両者はほぼ一致しており，十分なモデル化が行えていることがわかる。なお，時間軸を正規化して抽出したスイングパターンを時間スケールを変えて再現するには，式 (20.13) のパラメータ T を調整するだけでよい。なおラケット角度調整のための Ch.5 についてはヒトが打撃した時のラケット角度をそのまま用いた。

以上の方法でヒト対ロボットの卓球ラリーを行った。ラリーの周期は約 1 秒であった。ボール軌道の一部を図 20.48 に示す。図はロボット側の左後方から見たものであり，x 座標が負となる側にヒトが立ち，正となる側の台上をロボットが動いている。ロボットおよびヒトからの返球ボール（それぞれ，マル印，プラス印）の位置が 60 Hz でプロットされている。ヒトのスキルをロボットに移植することで，ロボットがボールを確実に打ち返していることがわかる。

＜宮崎文夫，武内将洋＞

参考文献（20.5.3 項）

[1] 下平順，天岡侑己 他：ヒトのスイング動作の解析とロボットへの移植，『計測自動制御学会論文集』，Vol.47 No.10 pp.485–492 (2011).

[2] Fod, A., Mataric, M. J., *et al.*: Automated Derivation of Primitives for Movement Classification, *Autonomous Robots*, Vol.12 No.1, pp.39–54 (2002).

[3] Jenkins, O. C. and Mataric, M. J.: Deriving Action and Behavior Primitives from Human Motion, *2002 IEEE/RSJ Int. Conf. on Intelligent Robots and Systems*, pp.2551–2556 (2002).

[4] 中西淳，Ijispeert, A. J., *et al.*: 運動プリミティブを用いたロボットの見まね学習，『日本ロボット学会誌』，Vol.22 No.2, pp.165–170 (2004).

[5] Daffertshofer, A., Lamoth, C. J. C., *et al.*: PCA in Studying Coordination and Variability: a tutorial, *Clinical Biomechanics*, Vol.19, pp.415–428 (2004).

[6] Tyldesley, D.A. and Whiting, H.T.A.: Operational timing, *Jornal of Human Movement Studies1*, pp.172–177 (1975).

20.6 おわりに

ロボット工学において，ロボットの作業性能を高速化することは最も重要な課題の一つである。特に，人間を超える高速ロボットが実現できれば，社会に与えるインパクトは計り知れない。ロボットの認識・運動の特性は人間と異なっており，センシングや計算の高速性，アクチュエータの精度など，ロボット独自の特性を活用し，適切なシステムインテグレーションを行うことで，目的に対応した高速化が可能となる。

本章では，ロボットの高速化のための基礎技術として，高速ビジョンによるターゲットトラッキング，高速ハンドリングのための高速多指ハンド，物体の加速度を制御するダイナミックマニピュレーション，の3つの要素についての近年の研究動向を紹介した。また，システムインテグレーションの例として，ジャグリングロボット，エアホッケーロボット，卓球ロボットについて述べた。これらの研究はまだ途上であり，近未来には，ロボットが人を超えて高速であるのが通常という世界がくることが期待される。

＜並木明夫＞

第21章

ROBOT CONTROL HANDBOOK

群ロボット

21.1 はじめに

本章では，複数のロボットを協調的に動作させ，群れで移動やタスクを実現するロボット群の基本的なモデリングと制御構造，およびその様々な応用展開について解説する。具体的には，まず21.2節で，ロボットをシンプルな1次系で表現されるダイナミクスを有するエージェントとして捉え，その情報結合構造のモデリング方法と，ロボット間の情報結合を代数的なグラフ理論を用いて表現する方法について述べる。また制御系設計に関しては，基本的な制御構造として，合意制御則について説明し，簡単な数値例題を示す。

次に21.3節ではビークル群によるフォーメーション制御について扱う。ビークル群によってターゲット探索や障害物回避を行う際に，フォーメーションを形成することでタスクを効率的に実行することができる。ここではビークルの相対位置および相対距離によるフォーメーション制御問題を取り上げ，フォーメーションの記述方法と制御方法について解説する。

21.4節では，センサネットワークによる被覆問題を扱う。被覆制御問題は群ロボットとセンサネットワークの融合領域に位置する制御問題である。ここでは，その問題設定，解法としてのアルゴリズム，および実験結果を紹介する。

21.5節では，場によるロボット集団の制御を扱う。群ロボット制御手法の一つとして，個々の自律ロボットに陽に制御目標を与えるのではなく，「場」を介した制御法を紹介する。自律ロボットの集団を制御する場合，個々の動作が群全体の動作，あるいは他のロボットの動作と干渉・矛盾しないよう，いかに実装するかが重要である。集団全体で場としての秩序を形成し，それに沿って動作を行うことで，ロボット台数に依存せず，また自律ロボット間の動作の矛盾が生じにくい群ロボット誘導制御手法が構築可能であることを示す。

21.6節では衝突回避を考慮した群ロボットのモデル予測編隊制御について解説する。ロボット群を集団で移動させるための一制御手法として，編隊制御における形状変化に伴う移動ロボット同士の衝突回避問題に着目したモデル予測制御に基づく複数移動ロボットの編隊制御手法を紹介する。

21.7節では動物行動学に基づくロボティックスワームを扱う。動物行動学に基づいたロボティックスワームの群れ行動の解析法を示す。具体的には，ロボティックスワームの群れ行動の特徴を統計的に抽出し，その行動の推移の様子を状態遷移図を用いて表現する。これにより，ロボティックスワームが進化的に獲得した群知能の可視化を行う。

そして最終節である21.8節においてフォーメーション飛行について解説する。リーダ機に他の機体群が追従するリーダ・フォロイング型の編隊飛行を行うために，フォロワ機へ与える目標軌道を示し，それに追従するための制御系をモデル予測制御を適用して設計する方法を詳しく述べ，その実験結果を紹介する。

以上のように本章では群ロボットにおける制御系設計問題全体を広く網羅し，特に工学的応用技術の紹介に重点を置く。

<滑川 徹>

21.2 マルチエージェントシステム

群ロボットに代表されるマルチエージェントシステ

ム (MAS: Multi-Agent System) は，現在，構想研究の段階から実システムに適用されつつある。その技術的背景として，制御理論や通信理論，コンピュータ技術，センサ技術，ネットワーク技術が近年大きく進展していることが挙げられる。特に，MAS を構成するためには自身と他のエージェントの情報を交換し合う必要があり，センサ技術，ネットワーク技術は必要不可欠である。センサ技術については，MEMS センサの発展により，小型かつ高精度のセンサを小型のビークルにも搭載可能となっている。また，ミリ波レーダ，画像認識技術の進展により，相対情報を取得する技術も進展している。他方，ネットワーク技術については，高速大容量通信を用いたクラウド化が近年一般的になりつつある。この技術的背景としては，ネットワークの大容量化，高速化，高信頼性化が挙げられ，これらの技術は日々進展している。

制御理論の観点から議論すると，マルチエージェントシステムの制御問題に関しては，代数的グラフ理論とシステム制御理論の融合により，2000 年以降大きく進展した[1]。この一連の研究は，ロボット制御とアルゴリズムの分野において 1999 年に Suzuki と Yamashita によって記された論文[2] に端を発している。それ以降，アメリカを中心としてマルチエージェントシステムの制御問題に関する研究が盛んに行われ，2004 年頃から制御理論の国際会議や論文誌には様々な結果が発表され始めた[3–8]。これらの結果が古典的なマルチエージェントと異なる点は，制御研究者によってエージェントがダイナミカルシステムとして扱われたことである[4]。制御理論的アプローチによる動的マルチエージェント問題の中で，中心的に議論されているのが，各エージェントの状態を情報交換によって一致させる合意問題[3] である。この問題に対して，重要な結果が Murray らのグループによって提案された[4–6]。理論的に整備されたことが，この分野の応用範囲を拡大させている。

高性能かつ高機能な処理を行うために，これまでは個々のコンピュータの能力を高めることに努めてきた。ところが，個々のコンピュータは必要最小限の能力さえ持っていれば，クラウド化により，高性能・高機能なコンピュータと同等の処理を行うことが可能となっている。MAS においても，個々のエージェントが高い性能・機能を有していなくとも，MAS としてお互いに連携し合うことで，高い性能・機能を発揮できる可能性がある。つまり，一般的に高価である高性能・高機能なビークルを用意しなくともよいことから，MAS はコストメリットを有していると言える。

耐故障性については，単体の場合，それが故障してしまうとミッションの継続が困難となる。他方，MAS の場合は，あるエージェントが故障してしまったとしても，残りの健全なエージェントによりミッションの継続が可能となる。この観点から，MAS は耐故障性に優れていると言える。さらに，効率性については，複数のエージェントが協調し合うことで，MAS は効率よくミッションを行うことも可能である。以上をまとめると，MAS は，優れた効率性，優れた耐故障性，コストメリットを有していると言える。

21.2.1 マルチエージェントシステム制御の基礎

本項では，動的な MAS の制御に必要不可欠な数学ツールとなったグラフ理論の基礎について説明する。

(1) 代数的グラフ理論

対象とするエージェントが N 台あり，それが情報結合しているとする。このときその間の情報結合を有向グラフ，もしくは無向グラフで表現する。
$\mathcal{V} = \{v_1, v_2, \ldots, v_N\}$ をノード集合，$\mathcal{E} \in \mathcal{V} \times \mathcal{V}$ をエッジ集合とするとき，グラフは $\mathcal{G} = (\mathcal{V}, \mathcal{E})$ のように表される。ここで，エッジ $(v_i,\, v_j)$ については，エージェント i からエージェント j へのネットワークリンクが存在することを意味する。

無向グラフの場合，エッジ $(v_i,\, v_j)$ が存在すれば，必ずその逆の経路であるエッジ $(v_j,\, v_i)$ が存在するが，有向グラフの場合はそうではない。なお，自己エッジ $(v_i,\, v_i)$ は許容されず，エッジ $(v_i,\, v_j)$ において，v_i を親ノード，v_j を子ノードという。

有向グラフにおいて，ある任意のノードから他のすべてのノードへの経路が存在するとき，「強連結」という。同様に，無向グラフにおいて，ある任意のノードから他のすべてのノードへの経路が存在するとき，「連結」という。例として，強連結グラフを図 21.1(a) に，連結グラフを図 21.1(b) に示す。また，有向グラフにおいて，根を除くすべてのノードが唯一の親ノードを有する場合，そのグラフを「有向木」という。ここで，根は，親ノードを持たず，他のすべてのノードへの経路を有している。

部分グラフ $\mathcal{G}^s = (\mathcal{V}^s, \mathcal{E}^s)$ は，$\mathcal{V}^s \subseteq \mathcal{V}$，$\mathcal{E}^s \subseteq \mathcal{E}$ となるグラフである。このとき，「有向全域木」とは，$\mathcal{G}^s = (\mathcal{V}^s, \mathcal{E}^s)$ が有向木であり，$\mathcal{V}^s = \mathcal{V}$ となるグラフである。この定義から，あるグラフについて，あるノー

ドから他のすべてのノードへの有向経路が存在するならば，そのグラフは有向全域木を「含む」と言える。また，あるグラフに有向全域木を含むことは，あるグラフが強連結であるための条件よりは弱い条件と言える。ここで例として，ノード 1 または 3 を根とする有向全域木を含むグラフを図 21.1(c) に示す。なお，このグラフは，強連結ではない。

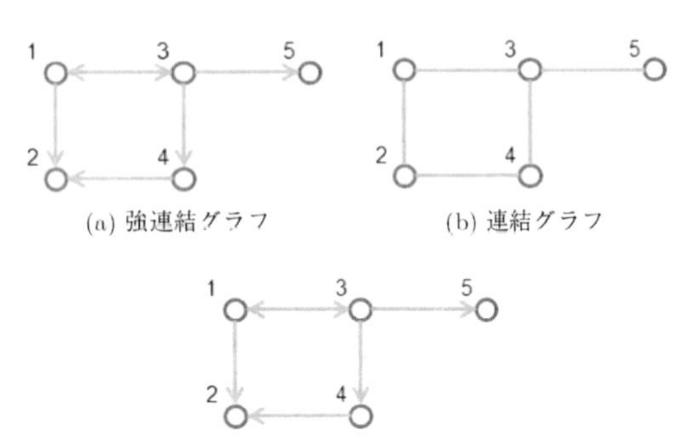

図 21.1　グラフ

次に，グラフを代数的に表現する方法について述べる。グラフ $\mathcal{G}$ について，隣接行列 $\mathcal{A} \in \mathbb{R}^{N\times N}$，次数行列 $\mathcal{D} \in \mathbb{R}^{N\times N}$，グラフラプラシアン $\mathcal{L} =\in \mathbb{R}^{N\times N}$ を定義する。まず，隣接行列 $\mathcal{A} = [a_{ij}]$ の各要素は次のように定義される。

$$a_{ij} = \begin{cases} 1, & \text{for } (v_j, v_i) \in \mathcal{E} \\ 0, & \text{otherwise} \end{cases} \tag{21.1}$$

続いて，次数行列は各ノードへの入力数を対角成分に有する対角行列であり，次のように定義される。

$$\mathcal{D} = \mathrm{diag}(\deg(v_1), \deg(v_2), \ldots, \deg(v_N)) \tag{21.2}$$

ここで，$\deg(v_i)$ はノード v_i に入力されるネットワークリンクの数を表す。

最後に，グラフラプラシアン $\mathcal{L}$ は以下で定義される。

$$\mathcal{L} = \mathcal{D} - \mathcal{A} \tag{21.3}$$

$\mathcal{L}$ の数学的性質として，行方向に和をとるとゼロになることが知られている。つまり，ゼロ固有値を有し，対応する固有ベクトルは $\mathbf{1}_N$ となる。また，$\mathcal{L}$ の対角成分はすべて正である。そのため，ゼロ固有値以外について，無向グラフの場合は，固有値はすべて正の実数となり，有向グラフの場合は，固有値の実部はすべて正となる。さらに，無向グラフの場合は連結であるとき，有向グラフの場合は有向全域木を含むとき，$\mathcal{L}$ は唯一のゼロ固有値を持つ。

(2) 合意アルゴリズム

まず，N 台のエージェントから構成される MAS を考える。この MAS に対して，合意とは，すべてのエージェントの状態が一致することであり，次のように定義する。

定義 21.1　i 番目のエージェントの状態を $x_i \in \mathbb{R}^n$，$i \in \{1, 2, \ldots, N\}$ とする。
この時，合意を次のように定義する。

$$\lim_{t\to\infty} (x_i - x_j) = 0, \quad \forall i, j \in \{i \neq j | \, 1, 2, \ldots, N\} \tag{21.4}$$

次に，合意アルゴリズムの基礎として，N 台の 1 次システムから構成される MAS の合意問題について説明する。まず，i 番目のエージェントを次のように表す。

$$\dot{x}_i = u_i, \quad i \in \{1, 2, \ldots, N\} \tag{21.5}$$

ここで，$x_i \in \mathbb{R}^n$，$u_i \in \mathbb{R}^n$ はそれぞれ i 番目の状態，入力である。

この時，合意アルゴリズムは次のように表される。

$$u_i = -\sum_{j=1}^{N} a_{ij}(x_i - x_j), \quad i \in \{1, 2, \ldots, N\} \tag{21.6}$$

ここで，a_{ij} はグラフ理論における隣接行列 $\mathcal{A} \in \mathbb{R}^{N\times N}$ の ij 成分であり，次のように定義される。

$$a_{ij} = \begin{cases} 1, & \text{for UAV i connected from UAV j} \\ 0, & \text{otherwise} \end{cases} \tag{21.7}$$

合意アルゴリズム (21.6) を各エージェント (21.5) に代入することで，次式を得る。

$$\dot{x} = -\mathcal{L}x \tag{21.8}$$

ここで，$x = [x_1 \, x_2 \, \ldots \, x_N]^T$，$\mathcal{L} \in \mathbb{R}^{N\times N}$ は MAS のグラフラプラシアンであり，次のように定義される。

$$\mathcal{L} = \begin{bmatrix} \sum_{j=1}^{N} a_{1j} & -a_{12} & \ldots & -a_{1N} \\ -a_{21} & \sum_{j=1}^{N} a_{2j} & \ldots & -a_{2N} \\ \vdots & \vdots & \ddots & \vdots \\ -a_{N1} & -a_{N2} & \ldots & \sum_{j=1}^{N} a_{Nj} \end{bmatrix} \quad (21.9)$$

続いて，合意を達成するために，次の仮定を置く。

仮定 21.1 *MAS のグラフ構造は有向全域木を含む。*

この仮定のもと，合意アルゴリズム (21.6) を適用したMAS(21.8) について，次の定理が成立する。

定理 21.1 $N(\geq 2)$ 台のエージェント (21.5) から構成される MAS を考える。また，MAS のネットワーク構造は仮定 21.1 を常に満たすものとする。各エージェントに合意アルゴリズム (21.6) を適用するとき，各エージェントは次の合意値 α に収束する。

① 無向グラフ

$$\alpha = \frac{\sum_{i=1}^{N} x_i(0)}{N} \qquad (\text{平均合意}) \quad (21.10)$$

② 有向グラフ

$$\alpha = \nu_1^{-1} x(0) \quad (21.11)$$

ここで，$x(0) = [x_1(0)\ x_2(0)\ \cdots\ x_N(0)]^T$ はエージェントの初期値である。また，ジョルダン標準形を用いて，グラフラプラシアン $\mathcal{L}$ を $V^{-1}\mathcal{L}V = \mathcal{J}$ と表し，ゼロ固有値に対応する固有ベクトル $\mathbf{1}_N$ を V の第 1 列とするとき，ν_1^{-1} は逆行列 V^{-1} の第 1 行ベクトルである。

Proof 21.1 まず，無向グラフの場合について示す。無向グラフの場合，グラフラプラシアン $\mathcal{L}$ は対称行列となることから，これを対角化する直交行列 S が必ず存在する。

$$\Lambda(\mathcal{L}) = S^{-1}\mathcal{L}S = \mathrm{diag}(\lambda_1(\mathcal{L}),\ \lambda_2(\mathcal{L}),\ \ldots,\ \lambda_N(\mathcal{L})) \quad (21.12)$$

ここで，直交行列 S の 1 列目はグラフラプラシアン $\mathcal{L}$ のゼロ固有値に対応する固有ベクトル $\nu_1 = N^{-1/2}\mathbf{1}_N$ である。また，$\mathbf{1}_N = [1\ 1\ \cdots\ 1]^T \in \mathbb{R}^N$ である。

次に，合意アルゴリズム (21.6) を適用したMAS(21.8) について，$z = S^{-1}x$，$z = [z_1\ z_2\ \cdots\ z_N]$ として座標変換する。

$$\dot{z} = S^{-1}\dot{x} = -S^{-1}\mathcal{L}x = -\Lambda(\mathcal{L})z \quad (21.13)$$

これから，仮定 21.1 を満たすとき，グラフラプラシアンの性質である $\lambda_1(\mathcal{L}) = 0$，$\lambda_k(\mathcal{L}) > 0$, $k \in \{2,\ 3,\ \ldots,\ N\}$ を用いると，z の時間応答は次のようになる。

$$\begin{cases} \lim_{t\to\infty} z_1(t) = z_1(0) \\ \lim_{t\to\infty} z_k(t) = 0, \quad k \in \{2,\ 3,\ \ldots,\ N\} \end{cases} \quad (21.14)$$

ここで，対称行列の場合，左右固有ベクトルは同じであることから，$z_1(0)$ は次のようになる。

$$z_1(0) = l_1^T x(0) = \nu_1^T x(0) = N^{-1/2}\sum_{i=1}^{N} x_i(0) \quad (21.15)$$

これから，x の時間応答は次のようになる。

$$\begin{aligned} \lim_{t\to\infty} x(t) &= \lim_{t\to\infty} Sz \\ &= \begin{bmatrix} \nu_1 & \nu_2 & \cdots & \nu_N \end{bmatrix} \begin{bmatrix} z_1(0) \\ 0 \\ \vdots \\ 0 \end{bmatrix} \\ &= \nu_1 z_1(0) = \frac{\sum_{i=1}^{N} x_i(0)}{N}\mathbf{1}_N \end{aligned} \quad (21.16)$$

ここで，$\alpha = \dfrac{\sum_{i=1}^{N} x_i(0)}{N}$ とすると

$$\lim_{t\to\infty} x(t) = \alpha\mathbf{1}_N \quad (21.17)$$

となり，合意が達成されることがわかる。

ここで，合意値 α は各エージェントの初期値の平均となっていることがわかる。これを「平均合意」という。

続いて，有向グラフの場合について示す。有向グラフの場合，グラフラプラシアン $\mathcal{L}$ は対称行列とはならないことから，$\mathcal{L}$ を対角化する直交行列が必ず存在するとは限らない。そこで，ジョルダン標準形を用いるが，証明の流れは無向グラフの場合と基本的に同様である。

まず，ジョルダン標準形を用いて，グラフラプラシアンを次のように表す。

$$V^{-1}\mathcal{L}V = \mathcal{J} \tag{21.18}$$

この V を用いて z と x の関係を次のように置く。

$$z = V^{-1}x \tag{21.19}$$

さて，仮定 21.1 を満たすとき，グラフラプラシアン $\mathcal{L}$ は唯一のゼロ固有値を持ち，他の固有値の実部はすべて正となる。これから，無向グラフの場合と同様に下記を得ることができる。

$$\begin{cases} \lim_{t\to\infty} z_1(t) = z_1(0) \\ \lim_{t\to\infty} z_k(t) = 0, \quad k \in \{2,\ 3,\ \ldots,\ N\} \end{cases} \tag{21.20}$$

また，$z_1(0)$ と $x_1(0)$ の関係は次のようになる。

$$z_1(0) = \nu_1^{-1}x(0) \tag{21.21}$$

ここで ν_1^{-1} は，グラフラプラシアン $\mathcal{L}$ のゼロ固有値に対応する固有ベクトル $\mathbf{1}_N$ を V の第 1 列とするとき，逆行列 V^{-1} の第 1 行ベクトルである。

これから，x の時間応答は次のようになる。

$$\lim_{t\to\infty} x(t) = \lim_{t\to\infty} Vz = z_1(0)\mathbf{1}_N = \nu_1^{-1}x(0)\mathbf{1}_N \tag{21.22}$$

ここで，$\alpha = \nu_1^{-1}x(0)$ とすると

$$\lim_{t\to\infty} x(t) = \alpha\mathbf{1}_N \tag{21.23}$$

となり，合意が達成されることがわかる。

さて，合意アルゴリズムについて，図 21.2 に示す 3 台からなる MAS を用いた数値シミュレーションにより確認する。ネットワーク構造については，図 21.2 に示す有向グラフを用いる。また，1, 2, 3 番目のエージェントの初期位置をそれぞれ 9 m, 3 m, 0 m とする。

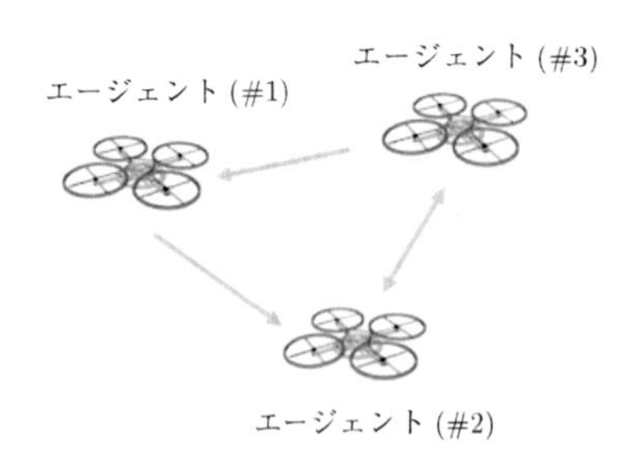

図 21.2 マルチエージェントシステム

シミュレーション結果を図 21.3 に示す。各エージェントは合意値：3 m で合意していることがわかる。また，この合意値は，式 (21.23) の値である 3 m に一致している。

以上から，合意アルゴリズムの妥当性が確認できる。

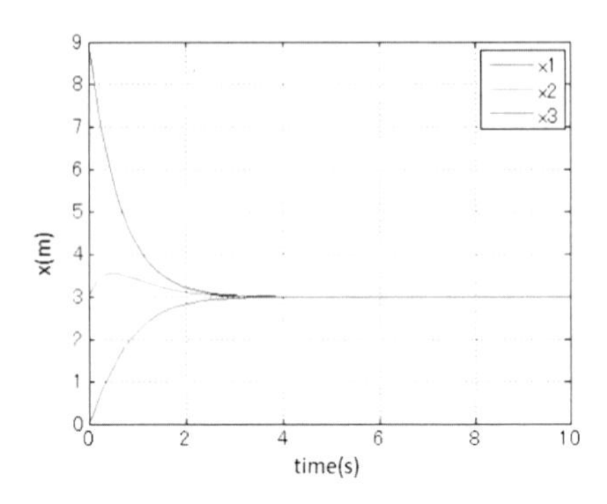

図 21.3 シュミレーション結果

21.2.2 1 次システムのフォーメーション

合意アルゴリズムをそのまま適用するだけでは，すべての状態が合意してしまい，フォーメーションとはならない。そこで本項では，合意アルゴリズムを適用してフォーメーションを達成させるための基本的な考え方について説明する。

まず，同一の動特性を有するビークルが N 台存在するものとする。各エージェントの運動モデルは次の 1 次システムで表される。

$$\dot{r}_i = u_i, \quad i \in \{1, 2, \ldots, N\} \tag{21.24}$$

ここで，$r \in \mathbb{R}^2$，$u \in \mathbb{R}^2$ はそれぞれ i 番目のエージェントの位置，制御入力を表す。

本項における制御目的は，N 台から構成されるエージェント群がリーダに追従しつつフォーメーションを達成すること，また，フォーメーション形状を任意に変更可能であることとする。

ここで，リーダに追従しつつフォーメーションを達成することとは，図 21.4(a) に示すように，エージェント群がなすフォーメーションの形状は一定でありながら，リーダの移動方向（速度ベクトル）の変更に追従して，フォーメーション形状の向きも追従するということである。なお図 21.4(b) は，エージェント群がなすフォーメーションの形状は一定で，エージェント群はリーダに追従してはいるものの，フォーメーショ

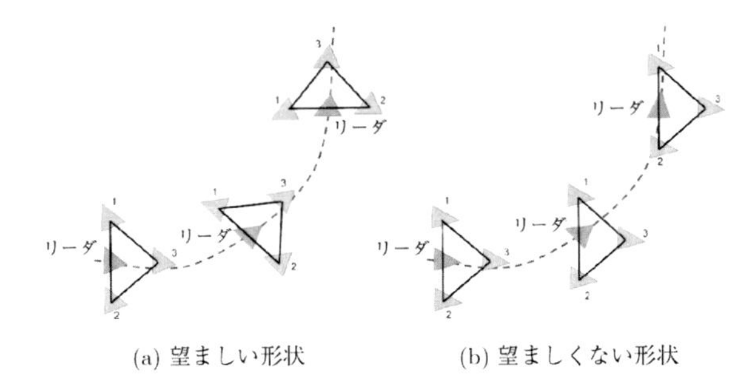

(a) 望ましい形状　(b) 望ましくない形状

図 21.4 フォーメーションの形状

ンの向きがリーダの移動方向には追従していないためフォーメーションとはみなさない。

また，この制御目的は，各エージェントの位置 $r_i(t)$ が時変の目標位置 $r_L(t)+d_i(t)$ に収束することと言い換えることができる。ここで，$r_L \in \mathbb{R}^2$ はリーダの位置，$d_i \in \mathbb{R}^2$ は，i 番目のエージェントのリーダから見た目標相対位置である。さて，この制御目的を達成するために，次の仮定を置く。

仮定 21.2 すべてのエージェントは連結されており，かつすべてのエージェントはリーダの情報を取得できるとする。なお，すべてのエージェントがリーダと直接的に連結している必要はない。またエージェント間のリンクはすべて双方向である。さらにリーダは各エージェントの運動には影響されず独立して運動する。

上記の仮定の下で，リーダに追従するフォーメーションを達成する制御アルゴリズムを考える。文献[9] において，合意アルゴリズムをベースとして，円柱状の物体を円柱状のエージェント群が取り囲む制御アルゴリズムが提案されている。この制御アルゴリズムをフォーメーション制御に適用すると，各エージェント群は図 21.4 右のようになり，目的とするフォーメーションを達成できない。この理由は，文献[9] においては，エージェントを円柱状と見なし，エージェントの指向性を考慮していなかったためである。本節では，文献[9] の手法を発展させ，合意アルゴリズムとリーダ・フォロワ構造を適用し，リーダに追従するフォーメーションを達成する制御アルゴリズムを紹介する[10]。

さて，次のような制御アルゴリズムを考える。

$$u_i = \frac{1}{\sum_{j=1}^{N+1} a_{ij}} \left[\sum_{j=1}^{N+1} a_{ij} \left(-k(\hat{r}_i - \hat{r}_j) + \dot{r}_j + (\dot{d}_i - \dot{d}_j) \right) \right],$$

$i \in \{1, 2, \ldots, N\}$

$$a_{ij} = \begin{cases} 1, & \text{for vehicle i connected from j} \\ 0, & \text{otherwise} \end{cases} \tag{21.25}$$

$$\hat{r}_i = r_i - d_i, \quad i \in \{1, 2, \ldots, N+1\} \tag{21.26}$$

ここで，$k \in \mathbb{R}$ は正の制御ゲインであり，添字 $N+1$ はリーダの状態を示す。また，$d_i \in \mathbb{R}^2$ は i 番目のエージェントのリーダから見た目標相対位置である。

なお，各エージェントが他のエージェントに伝える情報は，自己の状態（位置，速度），およびリーダから取得した情報である。リーダは自身の状態（位置，速度）の変化に応じて，各エージェントの目標位置を常時，送信する。

3 台のエージェントとリーダから構成される MAS に対して，ゲイン $k=5$，とし，シミュレーションを行う。なお，制御周期は 0.1 s とした。

ここで図 21.5 に示すネットワーク構造を適用した。エージェント間のネットワークリンクはすべて双方向で，リーダの情報をすべてのエージェントが直接的に得ることができ，有向全域木を含む。またリーダは楕円軌道を移動し，その長径を 10 m，短径を 8 m，周期を 20 s とし，初期位置を (0, 0) とした。フォーメーション形状としては，各エージェントはリーダから一定の距離を保ちつつ，リーダの進行方向に対してエージェント毎に異なる方位をフォーメーションの目標位置とした。ここでリーダの進行方向をリーダの単位速度ベクトル $\dot{r}_{N+1}/|r_{N+1}|$ で表すと，i 番目のエージェントに対する目標位置 d_i は次のように表される。

$$\begin{cases} d_i = \dfrac{|d_i|}{|\dot{r}_{N+1}|} R(\theta_i)\dot{r}_{N+1} & (|\dot{r}_{N+1}| \geq 0.1) \\ d_i = |d_i| R(\theta_i) r_0 & (|\dot{r}_{N+1}| < 0.1) \end{cases} \tag{21.27}$$

ここで，$|d_i|$ は i 番目のエージェントとリーダとの目標相対距離，θ_i はリーダの進行方向から見た反時計回り方向の方位角を表す。また，$R(\theta_i)$ は次式で表される 2 次元の回転行列である。

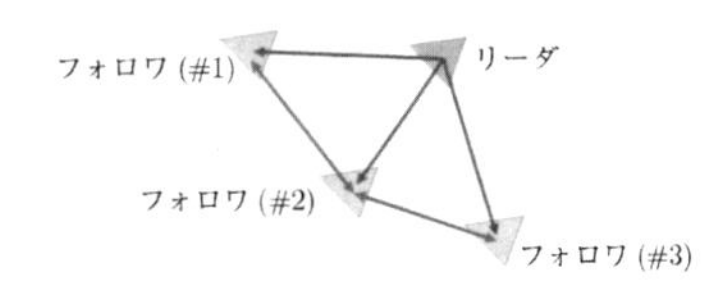

図 21.5 シミュレーション用ネットワーク構造

$$R(\theta_i) = \begin{bmatrix} \cos(\theta_i) & -\sin(\theta_i) \\ \sin(\theta_i) & \cos(\theta_i) \end{bmatrix} \tag{21.28}$$

シミュレーション結果を図 21.6 に示す。図は移動軌跡と 2 s ごとのフォーメーション形状を示す。この結果から，各エージェントがリーダに追従しつつフォーメーションを達成できること，また，フォーメーション形状を任意に設定可能であることがわかる。

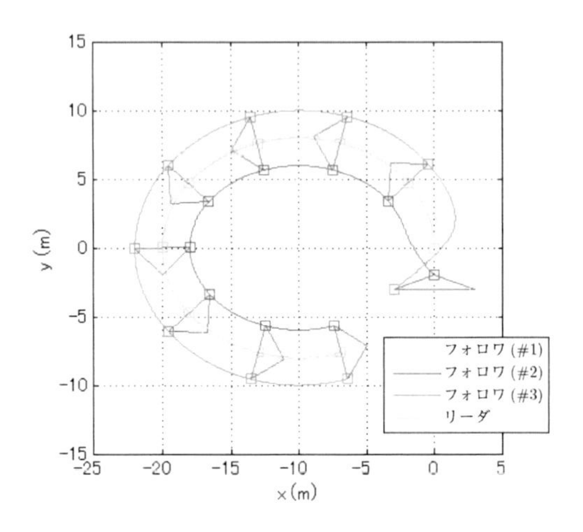

図 21.6　シミュレーション結果

＜滑川 徹＞

参考文献（**21.2** 節）

[1] 滑川（編）：協調とフォーメーションの制御理論，『計測と制御』，ミニ特集号，Vol.46, No.11 (2007).

[2] Suzuki, I. and Yamashita, M.: A Theory of Distributed Anonymous Mobile Robots : Formation and Agreement Problems, *SIAM J. Computing* , Vol.28, No.4, pp.1347–1363 (1999).

[3] Cai, K. and Ishii, H.: Average consensus on general strongly connected digraphs, *Automatica*, Vol.48, pp.2750–2761 (2012).

[4] Olfati-Saber, R. and Murray, R.: Consensus Problems in Networks of Agents With Switching Topology and Time-Delays, *IEEE Trans. Autom. Contr.*, Vol.49, No.9, pp.1520–1533 (2004).

[5] Fax, J. and Murray, R.: Information Flow and Cooperative Control of Vehicle Formations, *IEEE Trans. Autom. Contr.*, Vol.49, No.9, pp.1465–1476 (2004).

[6] Gattami, A. and Murray, R.: A frequency domain condition for stability of interconnected MIMO systems, *Proc. Amer. Contr. Conf.*, pp.3723–3728 (2004).

[7] Tanner, H., Jadbabaie, A. and Pappas, G.: Flocking in teams of nonholonomic agents, *Cooperative Control, Springer LNCIS*, Vol. 309 (2005).

[8] Sepulchre, R., Paley, D. and Leonard, N.: Stabilization of Planar Collective Motion: All-to-All Communication, *IEEE Trans. Autom. Contr.*, Vol. 52, No. 5, pp. 822–824 (2007).

[9] 川上，滑川：ビークル群によるネットワークの変化に依存しない協調取り囲み行動，『計測自動制御学会論文集』，Vol. 45, No. 12, pp. 688–695 (2009).

[10] Kuriki, Y. and Namerikawa, T.: Control of Formation Configuration Using Leader-Follower Structure, *Journal of System Design and Dynamics*, Vol. 7, No.3, pp. 254–264 (2013).

21.3　フォーメーション制御

ビークル群によってターゲット探索や障害物回避を行う際に，フォーメーションを形成することでタスクを効率的に実行することができる（図 21.7）。フォーメーションとはビークル群に与える配置パターンのことである。各ビークルを適切に制御し，全体として与えられたフォーメーションを形成することを，フォーメーション制御と呼ぶ。フォーメーションの与え方には様々な種類があり，それに応じて制御則や必要なセンサが異なる。ここでは，主に相対位置および相対距離によるフォーメーション制御を取り上げ，フォーメーションの記述方法と制御方法について解説する。

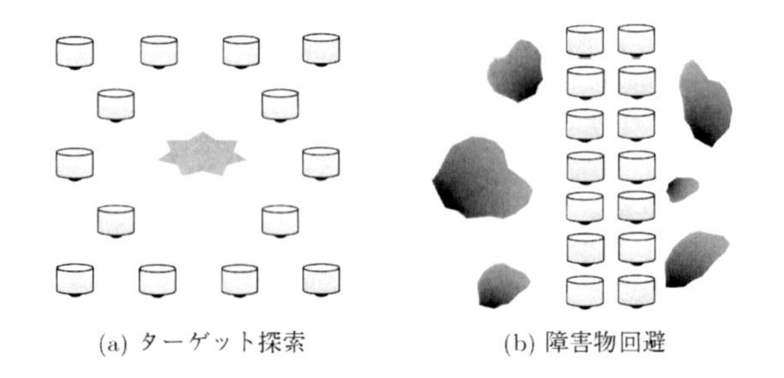

(a) ターゲット探索　　(b) 障害物回避

図 21.7　フォーメーションの例

21.3.1　システムの記述

ある d 次元空間における n 台のビークル群を考える。各ビークルには 1 から n までナンバリングされており，ビークル群を $\mathcal{V} = \{1, 2, \ldots, n\}$ で表す。

まず，座標系およびそこを移動するビークルの位置座標について定義を行う（図 21.8）。座標系としては，全ビークルに共通の固定座標系 Σ と各ビークルがもつ相対座標系 $\bar{\Sigma}^i$ $(i \in \mathcal{V})$ がある。固定座標系 Σ におけるビークル $i \in \mathcal{V}$ の位置座標を $x_i(t) \in \mathbb{R}^d$ で表す。ただし，$t \geq 0$ は時刻を表す。ビークル i の相

対座標系 $\bar{\Sigma}^i$ におけるビークル $j \in \mathcal{V}$ の位置座標を $\bar{x}^i_j(t) \in \mathbb{R}^d$ で表す。$\bar{\Sigma}^i$ から Σ への変換を表す回転行列を $T_i(t) \in SO(d)$ で表すと，ビークル j の2つの位置座標 $x_j(t)$ と $\bar{x}^i_j(t)$ には

$$x_j(t) = T_i(t)\bar{x}^i_j(t) + x_i(t) \tag{21.29}$$

という関係が成り立つ。なお，行列 $T_i(t)$ はビークル i の持つ基準ベクトル（例えば進行方向）と Σ の軸がなす角度から導出される。例えば $d = 2$ の場合，基準ベクトルと Σ の y 軸との角度を $\theta_i(t)$[rad] とすると，

$$T_i(t) = \begin{bmatrix} \cos\theta_i(t) & -\sin\theta_i(t) \\ \sin\theta_i(t) & \cos\theta_i(t) \end{bmatrix}$$

が成り立つ（図 21.8）。

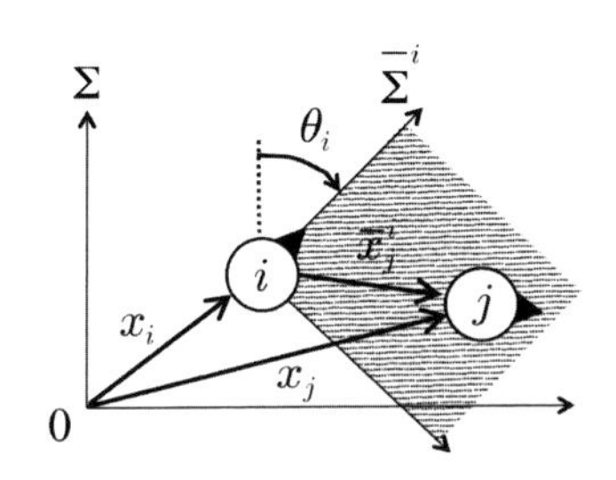

図 21.8 座標系とビークルの位置座標

次に，ビークルのダイナミクスを与える。各ビークルは適切な内部制御によって，速度指令に正確に追従できるようになっているとする。ビークル i への速度指令を $\bar{u}_i(t) \in \mathbb{R}^d$ で表す。ただし，これは，自身の相対座標系 $\bar{\Sigma}^i$ において定義されるものである。これに対し，固定座標系 Σ における速度 $u_i(t) \in \mathbb{R}^d$ は

$$u_i(t) = T_i(t)\bar{u}_i(t) \tag{21.30}$$

で与えられる。このとき，ビークル i は状態方程式

$$\dot{x}_i(t) = u_i(t) \tag{21.31}$$

に従う。

次に，ビークルがセンサから取得できる他のビークルの情報を定義する。各ビークルはカメラ等で周囲のビークルの位置情報を取得できるものとする。ビークル i が検知できるビークルの集合を $\mathcal{N}_i \subset \mathcal{V}$ とおく。このとき，ビークル i は相対座標系 $\bar{\Sigma}^i$ におけるビークル $j \in \mathcal{N}_i$ の位置座標 $\bar{x}^i_j(t)$ の情報を取得できる。これらをまとめて，$\{\bar{x}^i_j(t)\}_{j\in\mathcal{N}_i} = (\bar{x}^i_{j1}(t), \bar{x}^i_{j2}(t), \ldots, \bar{x}^i_{jn_i}(t))$ と表す。ただし，$\mathcal{N}_i = \{j_1, j_2, \ldots, j_{n_i}\}$ および $n_i = |\mathcal{N}_i|$ である。ここで，情報が伝達されるビークルの組の集合を

$$\mathcal{E} = \{(i,j) \subseteq \mathcal{V} \times \mathcal{V} : i \in \mathcal{N}_j\}$$

によって表す。このとき，ビークル群の情報伝達ネットワークは，グラフ $G = (\mathcal{V}, \mathcal{E})$ で表現される。

最後に，ビークルがセンサから取得できる自分自身の情報について考える。ビークル i は固定座標系 Σ における位置座標 $x_i(t)$ および姿勢 $T_i(t)$ の情報の一部を利用できるものとする。利用できる情報に応じて，制御入力を与えるフィードバック則の形や必要なセンサが異なる。代表的な状況として次が考えられる。

(S1) 固定座標系 Σ における自身の位置と姿勢が両方わかる。ビークル i は $x_i(t)$ と $T_i(t)$ の情報を持つため，関数 $f_i : \mathbb{R}^d \times SO(d) \times \mathbb{R}^{n_i d} \to \mathbb{R}^d$ に対して，次のようなフィードバック則を設計できる。

$$\bar{u}_i(t) = f_i(x_i(t), T_i(t), \{\bar{x}^i_j(t)\}_{j\in\mathcal{N}_i}) \tag{21.32}$$

(S2) 固定座標系 Σ における自身の姿勢がわかる。ビークル i は $T_i(t)$ の情報を持つため，関数 $g_i : SO(d) \times \mathbb{R}^{n_i d} \to \mathbb{R}^d$ に対して，次のようなフィードバック則を設計できる。

$$\bar{u}_i(t) = g_i(T_i(t), \{\bar{x}^i_j(t)\}_{j\in\mathcal{N}_i}) \tag{21.33}$$

(S3) 固定座標系 Σ における自身の情報がない。このとき，関数 $h_i : \mathbb{R}^{n_i d} \to \mathbb{R}^d$ に対して，次のようなフィードバック則を設計できる。

$$\bar{u}_i(t) = h_i(\{\bar{x}^i_j(t)\}_{j\in\mathcal{N}_i}) \tag{21.34}$$

(S1) は各ビークルが GPS を，(S2) は方位センサを装備している状況に相当する。必要な情報量が大きい (S1) では制御器設計が最も容易であり，情報量が小さい (S3) が最も難しい。しかしコストの観点からは，必要とするセンサが少ない (S3) が最も好ましい。

21.3.2 フォーメーションの記述方法

フォーメーションの形状は，固定座標系 Σ における位置座標 $x_i(t)$ $(i \in \mathcal{V})$ の関係性によって記述される。

ここでは，3 種類の記述方法を考える。

(1) 絶対位置による記述

フォーメーションの形状をビークル $i \in \mathcal{V}$ の所望の位置座標 $x_i^* \in \mathbb{R}^d$ によって与える。このとき，フォーメーションが形成されることは

$$\lim_{t\to\infty} x_i(t) = x_i^* \tag{21.35}$$

を意味する。これは，$u_i(t) = -k_i(x(t) - x_i^*)$ $(k_i > 0)$ というフィードバック則で達成されるため，(S1) で実現可能となる。これは単一ビークルに対する制御問題であるため，以降，この問題は扱わない。

(2) 相対位置による記述

フォーメーションの形状を，Σ におけるビークル $i \in \mathcal{V}$ と $j \in \mathcal{V}$ 間の所望の相対位置 $r_{ij}^* \in \mathbb{R}^d$ で与える（図 21.9）。このとき，フォーメーションの形成は

$$\lim_{t\to\infty} (x_i(t) - x_j(t)) = r_{ij}^* \tag{21.36}$$

を意味する。ただし，所望の相対位置 r_{ij}^* は実現可能であることを仮定する。すなわち，次のように，任意の $i \in \mathcal{V}$ と $j \in \mathcal{V}$ に対して r_{ij}^* が対応するような Σ 上のビークルの位置座標 $x_i^* \in \mathbb{R}^d$ $(i \in \mathcal{V})$ が存在することを仮定する。

$$r_{ij}^* = x_i^* - x_j^* \tag{21.37}$$

任意の $x_i(t)$ が収束することを仮定すると，式 (21.37) より，式 (21.36) は以下を満たすベクトル $p \in \mathbb{R}^d$ が存在することと等価である。

$$\lim_{t\to\infty} x_i(t) = x_i^* + p \tag{21.38}$$

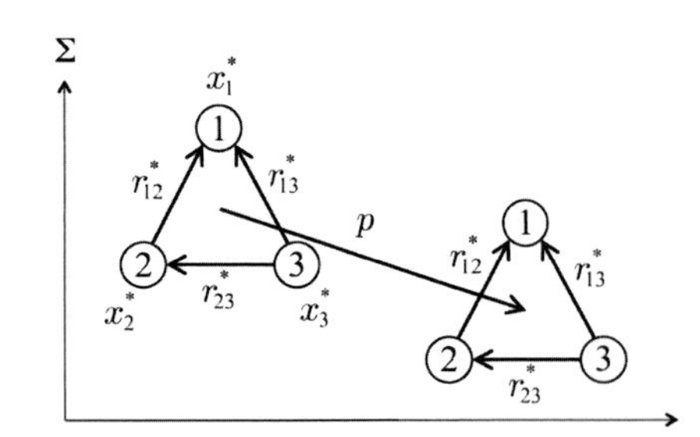

図 21.9　相対位置によるフォーメーションの記述

式 (21.35) と比べると，並進方向の自由度 p が存在する（図 21.9）。つまり相対位置による記述では，r_{ij}^* によってフォーメーションの形状と姿勢が与えられるものの，位置は決められていない。

(3) 相対距離による記述

フォーメーションの形状を，ビークル $i \in \mathcal{V}$ と $j \in \mathcal{V}$ 間の所望の相対距離 $d_{ij}^* > 0$ で与える（図 21.10）。このとき，フォーメーションが形成されることは

$$\lim_{t\to\infty} \|x_i(t) - x_j(t)\| = d_{ij}^* \tag{21.39}$$

を意味する。ただし，所望の相対距離 d_{ij}^* は実現可能であることを仮定する。すなわち，次のように，任意の $i \in \mathcal{V}$ と $j \in \mathcal{V}$ に対して d_{ij}^* が対応するような各ビークルの位置 $x_i^* \in \mathbb{R}^d$（$i \in \mathcal{V}$）が存在することを仮定する。

$$d_{ij}^* = \|x_i^* - x_j^*\| \tag{21.40}$$

任意の $x_i(t)$ が収束することを仮定すると，式 (21.40) より，式 (21.39) は以下を満たすベクトル $q \in \mathbb{R}^d$ と回転行列 $R \in SO(d)$ が存在することと等価である。

$$\lim_{t\to\infty} x_i(t) = Rx_i^* + q \tag{21.41}$$

式 (21.35) と比べると，並進方向と回転方向の自由度 q, R が存在する（図 21.10。R は姿勢角 ϕ で定まる。より正確には反転の自由度もある）。つまり，相対距離による記述では，d_{ij}^* によってフォーメーションの形状が与えられるものの，位置と姿勢は決められていない。

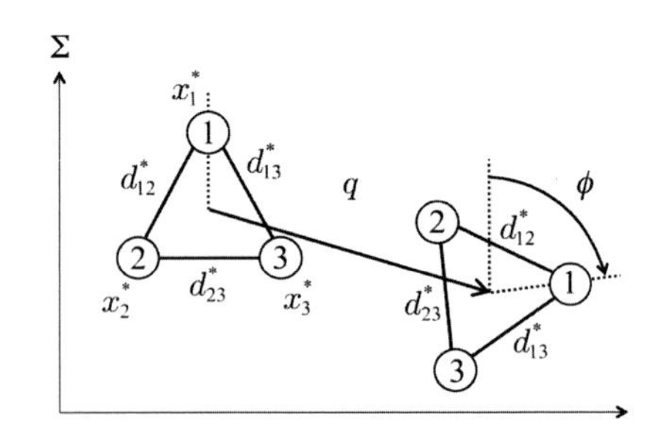

図 21.10　相対距離によるフォーメーションの記述

21.3.3　相対位置によるフォーメーション制御

相対位置によるフォーメーション (21.36) を実現する制御器を設計する。ここでは，固定座標系 Σ におけ

るビークル $i \in \mathcal{V}$ の入力を

$$u_i(t) = -\sum_{j\in\mathcal{N}_i} k_{ij}(x_i(t) - x_j(t) - r_{ij}^*) \qquad (21.42)$$

で与える[1]。ただし，$k_{ij} > 0$ はゲインを表す。これは，情報を取得できるビークル $j \in \mathcal{N}_i$ に対する相対位置 $(x_i(t) - x_j(t))$ と所望の相対位置 r_{ij}^* の偏差をフィードバックすることを表す。

式 (21.42) の妥当性について検討する。ビークルの位置座標を

$$\hat{x}_i(t) = x_i(t) - x_i^* \qquad (21.43)$$

のように平行移動する。このとき，式 (21.31)，(21.37) と式 (21.42) より，システム全体のダイナミクスは，

$$\dot{\hat{x}}(t) = -(\mathcal{L} \otimes I_d)\hat{x}(t) \qquad (21.44)$$

に帰着する。ただし，$\hat{x}(t) = [\hat{x}_1^T(t)\ \hat{x}_2^T(t)\ \cdots \hat{x}_n^T(t)]^T \in \mathbb{R}^{nd}$ であり，$\otimes$ はクロネッカ積を，$I_d \in \mathbb{R}^{d\times d}$ は恒等行列，$\mathcal{L} \in \mathbb{R}^{n\times n}$ は辺に重み k_{ij} を持つグラフ G のグラフラプラシアンを表す。前節の結果から，式 (21.44) のシステムは，グラフ G が有向全域木を含む（または無向かつ連結な）とき合意を達成する。つまり，ある合意値 $p \in \mathbb{R}^d$ が存在し，任意の $i \in \mathcal{V}$ に対して

$$\lim_{t\to\infty} \hat{x}_i(t) = p \qquad (21.45)$$

が成り立つ。このとき，式 (21.43) より式 (21.38) が得られる。これより，合意値 p は並進方向の自由度に対応することがわかる。

式 (21.29) と式 (21.30) より，式 (21.42) の制御器は相対座標系 $\bar{\Sigma}^i$ においては，

$$\bar{u}_i(t) = \sum_{j\in\mathcal{N}_i} k_{ij}(\bar{x}_j^i(t) + T_i^T(t) r_{ij}^*) \qquad (21.46)$$

と記述される。ここで，回転行列 $T_i(t)$ が直交であることを用いた。式 (21.46) は $T_i(t)$ を利用しているため，式 (21.33) の形をしていることがわかる。

以上より，相対位置によるフォーメーションは，有向全域木を含むグラフで表される情報伝達ネットワーク上で，自身の姿勢がわかる状況 (S2) において実現される。

21.3.4 相対距離によるフォーメーション制御

相対距離によるフォーメーション (21.39) を実現する制御器を設計する。ここでは，ビークル間の情報伝達が双方向である場合，すなわち $(i,j) \in \mathcal{E}$ のとき $(j,i) \in \mathcal{E}$ であるようなグラフ G （無向グラフ）を考える。

固定座標系 Σ におけるビークル i の入力 $u_i(t)$ を，勾配法によって与えることを考える。勾配法とは，最小化したい目的関数 $V : \mathbb{R}^{nd} \to \mathbb{R}_+$ を与え，その勾配によって入力を設計する方法である。つまり，

$$u_i(t) = -\frac{\partial V}{\partial x_i}(x(t)) \qquad (21.47)$$

である。ただし，$x(t) = [x_1^T(t)\ x_2^T(t)\ \cdots\ x_n^T(t)]^T \in \mathbb{R}^{nd}$ である。式 (21.31) と式 (21.47) より，

$$\begin{aligned}\dot{V}(x(t)) &= \sum_{i=1}^{n} \frac{\partial V}{\partial x_i}(x(t))\dot{x}_i(t) \\ &= -\sum_{i=1}^{n} \left\| \frac{\partial V}{\partial x_i}(x(t)) \right\|^2 \le 0 \end{aligned} \qquad (21.48)$$

が成り立つため，$V(x(t))$ は単調減少する。このとき，ラ・サールの定理[2] より，状態 $x(t)$ は局所的に $V(x)$ の最小点に収束する。つまり，

$$\lim_{t\to\infty} V(x(t)) = 0 \qquad (21.49)$$

が成り立つ。

式 (21.39) を実現するための目的関数 $V(x)$ として，相対距離 $\|x_i - x_j\|$ とその所望の値 d_{ij}^* の 2 乗の誤差をグラフ G 上で合算したものを与える[3]。つまり，

$$V(x) = \sum_{(i,j)\in\mathcal{E}} \frac{k_{ij}}{8}(\|x_i - x_j\|^2 - (d_{ij}^*)^2)^2 \qquad (21.50)$$

を考える。ただし，ゲインは $k_{ij} = k_{ji} > 0$ である。このとき，式 (21.47) より，

$$\begin{aligned}u_i(t) = -\sum_{j\in\mathcal{N}_i} & k_{ij}(\|x_i(t) - x_j(t)\|^2 - (d_{ij}^*)^2) \\ & \times (x_i(t) - x_j(t))\end{aligned} \qquad (21.51)$$

を得る。これによって式 (21.50) の $V(x)$ に対して式 (21.49) を得る。このとき，$(i,j) \in \mathcal{E}$ なるビークル $i \in \mathcal{V}$ と $j \in \mathcal{V}$ に対して，式 (21.39) が達成される。

次に，このような制御によってフォーメーションの形状が定まるためのグラフ G の条件について考える。図 21.11 (a) は形状が定まるグラフの例である。一方，図 21.11 (b-1) は，同じ相対距離の関係で図 21.11 (b-2) に連続的に変化させることができるため，形状が定ま

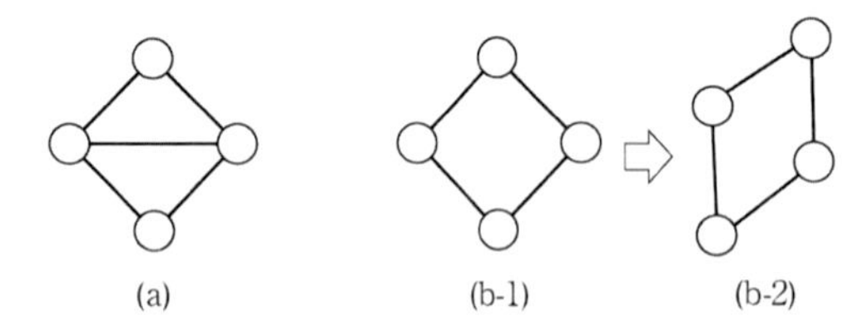

図 21.11　リジッドグラフとそうでないグラフの例

らない。フォーメーションの形状が定まるかどうかは，どのビークル間の相対距離が決められているのか，つまりグラフ G の構造に依存する。形状が一意（または有限個）に定まるようなグラフはリジッドであるという[4]。これは連結性よりも強い条件である。

式 (21.29) と式 (21.30) より，相対座標系 $\bar{\Sigma}^i$ において式 (21.51) の制御器は

$$\bar{u}_i(t) = \sum_{j \in \mathcal{N}_i} k_{ij}(\|\bar{x}_j^i(t)\|^2 - (d_{ij}^*)^2)\bar{x}_j^i(t) \qquad (21.52)$$

と記述される。これは，式 (21.34) の形をしている。

以上より，相対距離によるフォーメーションは，リジッドなグラフで表される情報伝達ネットワーク上で，自身の情報がない状況 (S3) において実現される。

21.3.5　おわりに

本節では，代表的なフォーメーションの記述方法と制御方法について解説した。表 21.1 にその種類と特徴をまとめる。この表では，下に行くほどに自由度が大きいフォーメーションが示されている。これより，自由度が大きいほど制御に必要な自身の情報は減るものの，必要とするグラフ構造が密になることがわかる。したがって，状況に応じてフォーメーションを使い分けることが重要である。ここで取り扱ったもの以外にも様々なフォーメーションが考えられており，他の書籍に詳しい内容がまとめられている[5, 6]。

表 21.1　フォーメーション制御の種類と特徴

配置の記述方法	配置の自由度	制御に必要な自身の情報	制御に必要なグラフ構造
絶対位置	なし	位置と姿勢	なし
相対位置	並進	姿勢	全域木を含む
相対距離	並進と回転	なし	リジッド

＜桜間一徳＞

参考文献（21.3 節）

[1] Olfati-Saber, R., Fax, J.A., Murray, R.M.: Consensus and cooperation in networked multi-agent systems, *Proceedings of the IEEE*, Vol. 95, No. 1, pp. 215–233 (2007).

[2] Khalil, H.K.: *Nonlinear Systems*, The third edition, Prentice Hall (2001).

[3] Anderson, B.D.O., Lin, Z., Deghat, M.: Combining distance-based formation shape control with formation translation, *Developments in Control Theory Towards Glocal Control*, IET, pp. 121–130 (2012).

[4] Anderson, B.D.O., Yu, C., *et al.*: Rigidity graph control architectures for autonomous formations, *IEEE Control System Magazine*, Vol. 28, No. 6, pp. 48–63 (2008).

[5] Mesbahi, M., Egersted, M.: *Graph Theoretic Methods in Multiagent Networks*, Princeton University Press (2010).

[6] Bullo, F., Cortes, J., Martinez, S.: *Distributed Control of Robotic Networks: A Mathematical Approach to Motion Coordination Algorithms*, Princeton University Press (2009).

21.4　センサネットワーク

無線通信技術を計測技術に応用したセンサネットワークが目覚しく発展し，ビルや交通システムなどの社会インフラ分野から，農場の監視，設備管理，防犯・防災，医療・福祉，民生機器まで，幅広く応用が検討されてきた[1]。特に，近年の地球環境の変化，防災・減災，インフラ老朽化対策への関心の高まりを背景に，広域情報を効率よく収集するセンサネットワーク技術への期待は依然として大きい。

センサネットワーク技術は，計測技術，無線通信技術など研究領域が多岐にわたり，制御技術との関わりに絞っても課題は複数に及ぶ[2]。そこで，本節ではロボット制御学，特に群ロボット研究の立場から最も重要と考えられる被覆問題[3, 4] を取り上げる。

21.4.1　モバイルセンサの被覆制御

従来のセンサネットワーク技術は単一センサに比べて計測範囲が広域に広がるとはいえ，計測点は固定であり，環境変化に対する適応性は必ずしも高いとはいえず，またセンサの故障に対する柔軟性にも限界がある[5]。このような問題の解決策として，移動ロボットにセンサを搭載するモバイルセンサネットワークがある。特に，海洋計測や森林火災，火山の噴火など，極地における計測では，人間によるセンサの設置・移動・追加は効率の問題を超えて，ときに危険を伴うため，モバイルセンサネットワーク技術への期待は大きい。具体

的な適用事例は文献[5] の参考文献や文献[6] に詳しい。

モバイルセンサネットワークへの基本的な要求は，データ計測の意味で最適な配置にモバイルセンサを分散配置することであり，これを達成するためのロボット制御技術が必要となる。被覆問題はこの理想的な分散配置を達成する問題である。

いま，n 台のモバイルセンサ $\mathcal{V}=\{1,\ldots,n\}$ を効率的に 2 次元平面上の領域 Q 上に配置することを考える。各モバイルセンサ i の Q 上の位置を x_i と表記する。本節を通じて，第 2〜4 章および第 7 章に基づくローカルな制御系が既に構成されており，各センサは所定の時間内に与えられた目標位置に到達できるものとする。その上で，本節の主題は上記の目的を達成するための目標位置の決定法にある。すなわち，時刻 k において地点 $x_i[k]$ に存在するロボットの次時刻 $k+1$ における位置 $x_i[k+1]$ を決定することを考える。

一般に被覆問題は以下に示す評価関数の最小化問題として定式化される。あるセンサ i の地点 $q\in Q$ の計測情報の正確さはその地点との距離の 2 乗 $\|q-x_i\|^2$ で与えられるとする。このとき，全センサのうち，地点 q の最も正確な情報は q の最近センサによって与えられる。すなわち，点 q の計測情報の正確さは

$$\min_{i\in\mathcal{V}}\|q-x_i\|^2$$

なる式で表現される。以上は，ある 1 点 $q\in Q$ に関する議論であるが，被覆制御の目的は領域 Q 上のすべての点に関する正確な計測情報を得ることにある。よって，これを積分した

$$H(x_1,\ldots,x_n)=\int_{q\in Q}\min_{i\in\mathcal{V}}\|q-x_i\|^2\mathrm{d}q \qquad (21.53)$$

を評価関数とする。その上で，関数 H を最小化する位置 $x_1,\ldots,x_n$ にセンサを誘導することが被覆問題の目的である。

被覆問題の求解アルゴリズムをアルゴリズム 1 に，その適用結果を図 21.12 に示す。Step 2 において計算される集合 V は図 21.12 に白線で区切られた縄張りのような領域であり，これはボロノイ領域と呼ばれる。ボロノイ領域中のすべての点は，全センサとの距離を測ったとき，センサ i が最も近いという性質をもつ。また，$CC(V)$ は領域 V の重心を返す関数であり，具体的には

$$CC(V)=\frac{\int_{q\in V}q\mathrm{d}q}{\int_{q\in V}\mathrm{d}q}$$

アルゴリズム 1 被覆制御アルゴリズム

Parameter: $\varepsilon\in(0,1)$

Step 1: Send message $m_i[k]$ to sensors $j\neq i$ and receive $m_j[k]$ from $j\neq i$.
Step 2: $V\leftarrow\{q\in Q|\ \|q-x_i[k]\|\leq\|q-m_j[k]\|\ \forall j\in\mathcal{V}\}$.
Step 3: $x_i[k+1]=(1-\varepsilon)x_i[k]+\varepsilon CC(V)$.
Step 4: $m_i[k+1]\leftarrow x_i[k+1]$.
Step 5: $k\leftarrow k+1$ and return to Step 1.

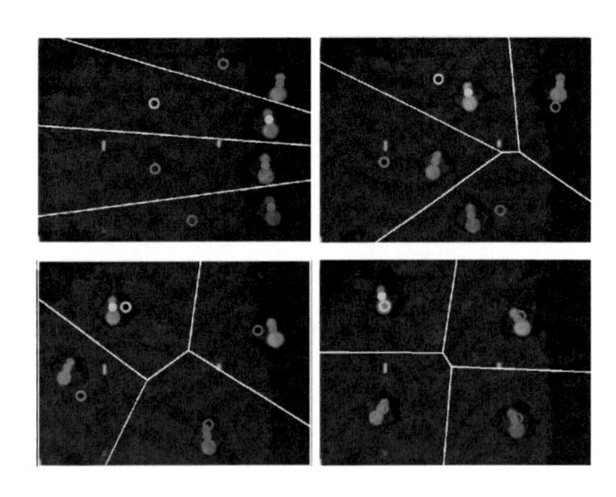

図 21.12 被覆制御

である。関数 $CC(V)$ の出力は図 21.12 中に白丸で示されており，Step 3 はこの重心点の方向にセンサ位置 x_i を更新することを意味する。この単純な行動規則に全センサが従うことで，時間の経過とともに，Q 上にセンサが分散配置される様子が確認できる。

アルゴリズム 1 の被覆制御は優れた耐故障性を有することが知られている。図 21.13 は図 21.12 の最終状態から人為的にロボットを除去したときの結果を示している。図より，残ったロボットは除去前後で制御アルゴリズムを変更していないにもかかわらず，3 台で達成可能な最適な被覆状態を再構成することが確認できる。

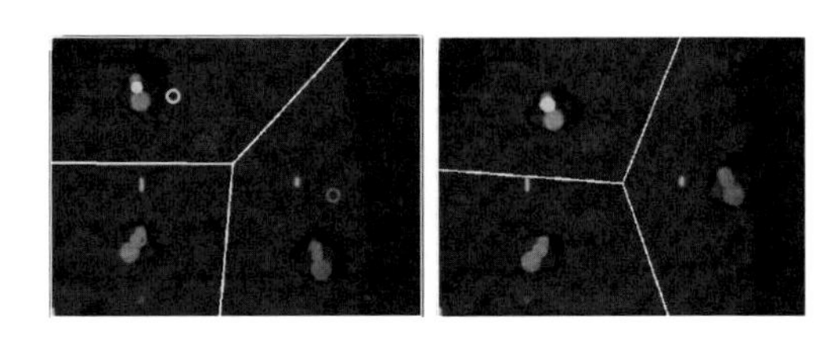

図 21.13 被覆制御の耐故障性

21.4.2　モバイルセンサの被覆制御（重要度，計測半径あり）

被覆制御はセンサの計測可能範囲や領域中の重要度をアルゴリズム中に組み込むことができる[3]。例えば，センサ i の計測範囲が $x_i[k]$ を中心とする半径 r の円内 $D_i[k]$（図 21.14）に限られるとし，各点 q の重要度を表す関数 $\phi(q)$ があらかじめ指定されていると仮定する。なお，地点 q が重要であるほど $\phi(q)$ は大きな値をとる。この場合，評価関数 (21.53) は以下のように修正される。まず，式 (21.53) 中の積分は各点 q の重要度と計測範囲を加味して，

$$H_1(x_1,\ldots,x_n)=\int_{q\in Q}\min_{i\in\mathcal{V}\ \mathrm{s.t.}\ q\in D_i}\|q-x_i\|^2\phi(q)dq$$

となる。また，計測範囲が限られる場合，どのセンサにも計測されない領域 $Q^c=Q\setminus\cup_{i\in\mathcal{V}}D_i$ が生じうるので，その面積を表す関数

$$H_2(x_1,\ldots,x_n)=\int_{q\in Q^c}\phi(q)dq$$

を用意し，その重み付き和

$$H(x_1,\ldots,x_n)=H_1+wH_2 \tag{21.54}$$

を最小化すべき評価関数とする。

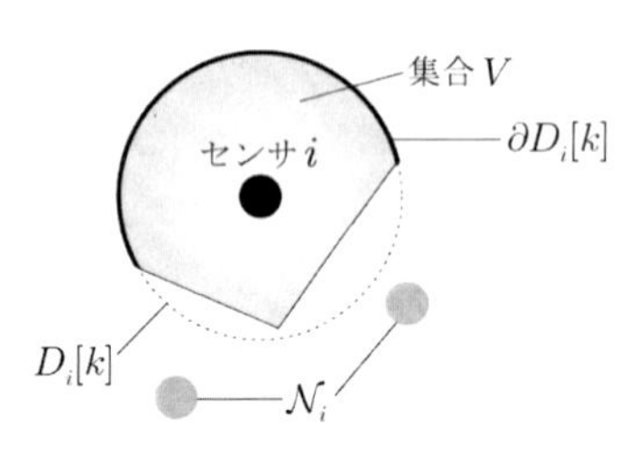

図 21.14　集合 D_i, V および ∂D_i

解法をアルゴリズム 2 に示す。ここで，

$$\mathcal{N}_i[k]=\{j\in\mathcal{V}\mid \|x_i[k]-x_j[k]\|\le 2r\} \tag{21.55}$$

であり，アルゴリズム 2 はアルゴリズム 1 とは異なり，有限の距離 $2r$ 以内のセンサとのみ通信すればよい。Step 2 で計算される領域 V はボロノイ領域と計測範囲の共通部分で与えられる（図 21.14）。定義より，集合 V の境界はボロノイ領域と計測範囲のいずれかによって指定されるが，後者によって指定される境界集合を $\partial D_i[k]$ と表記する（図 21.14）。このとき，関数 $CCL(V)$ は次式で与えられる。

アルゴリズム 2 被覆制御アルゴリズム（重要度，計測半径あり）

Parameter: $\varepsilon\in(0,1)$, $w\ge r^2$

Step 1: Send message $m_i[k]$ to sensors $j\in\mathcal{N}_i[k]$ and receive $m_j[k]$ from $j\in\mathcal{N}_i[k]$.

Step 2: $V\leftarrow\mathcal{D}_i[k]\cap\{q\in Q\mid \|q-x_i[k]\|\le\|q-m_j[k]\|\ \forall j\in\mathcal{N}_i[k]\}$.

Step 3: $x_i[k+1]=(1-\varepsilon)x_i[k]+\varepsilon CCL(V)$.

Step 4: $m_i[k+1]\leftarrow p_i[k+1]$.

Step 5: $k\leftarrow k+1$ and return to Step 1.

$$CCL(V)=\frac{\int_{q\in V}q\phi(q)\mathrm{d}q}{\int_{q\in V}\phi(q)\mathrm{d}q}+\frac{w-r^2}{r}\int_{q\in\partial D_i[k]}(q-x_i)\phi(q)\mathrm{d}q$$

アルゴリズム 2 の適用結果を図 21.15 に示す。ここで，白の色彩が強い領域ほど重要度 ϕ が大きいとする。図より，最終的に全センサが計測領域の重複を避けつつ重要領域近辺に集まる様子が確認できる。

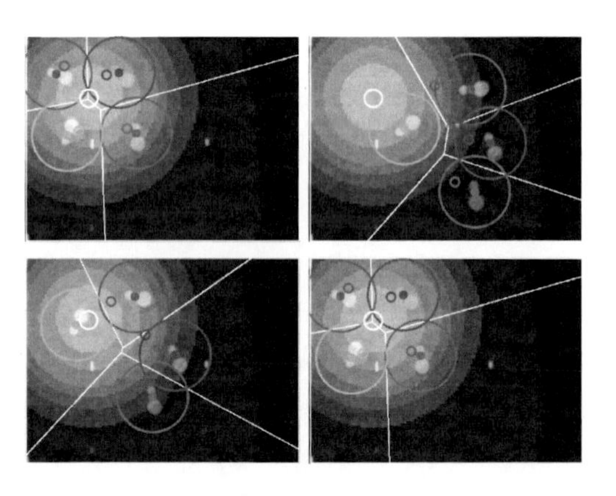

図 21.15　被覆制御（重要度，計測半径あり）

以上が，基本的な被覆問題の結果である。ここからは，先端の研究成果を紹介する。

21.4.3　持続的被覆制御

被覆制御の目的は (21.53) や (21.54) という評価関数を最小化する静的な配置にセンサを誘導することであった。しかし，状況によってはこの機能は必ずしも現実の要求に応えるものではない。例えば，図 21.15 の

右下の図を確認すると，計測半径の制限から右下の領域に関する情報が全く計測されないことがわかる。このとき環境変化によって非計測領域に新たな重要領域が現れた場合，いずれのセンサもそのことに気づくことができない。この問題に対処するため，常に領域全体の持続的な監視を課した被覆制御は持続的被覆制御と呼ばれ，近年活発な研究が行われている[7–9]。

最も簡単な解法は文献[7, 9] のように非計測領域 Q^c に対して減少するパラメータ

$$\dot{\delta}_q = \begin{cases} -\gamma\delta_q, & \text{if } q \in Q^c \\ -\gamma(\delta_q - 1), & \text{if } q \notin Q^c \end{cases}, \ \gamma > 0$$

を用いて，アルゴリズム 2 中の関数 $\phi(q)$ を $\varphi(q) = \phi(q)(1 - \delta_q[k])$ で置き換えることである。関数 $\phi(q)$ を $\phi(q) = 1 \ \forall q \in Q$ とした際の適用例を図 21.16 に示す。白の非被覆領域を全センサが協調して計測する様子が確認できる。

より先端的なアプローチとして，文献[10] では，本制御の目的を直接線形時相論理の形式で記述するアプローチが提案されており，今後の発展が注目される。

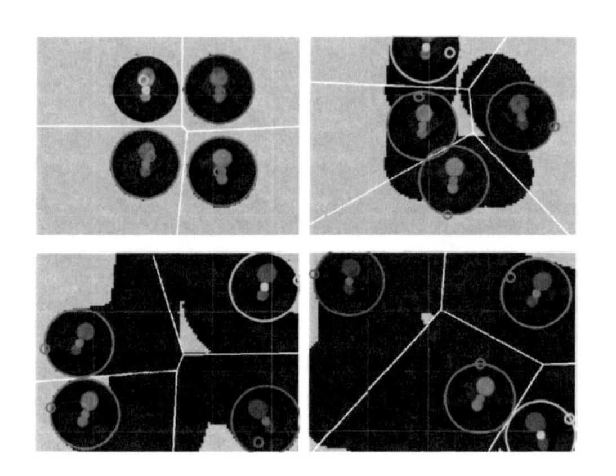

図 21.16　持続的被覆制御

21.4.4　ゲーム理論的被覆制御

被覆問題の新たな解法として，被覆問題をモバイルセンサ間のゲームとして定式化した上で各センサの行動決定アルゴリズムを設計する，ゲーム理論的アプローチ[11–14] が注目を集めている。本アプローチの利点は，障害物等を含む領域の被覆を扱えること，データ駆動型であるため計測に関するモデルや環境に関する事前情報を必要としないこと，アルゴリズムがシンプルであることなどが挙げられる。一方で，領域を離散化す

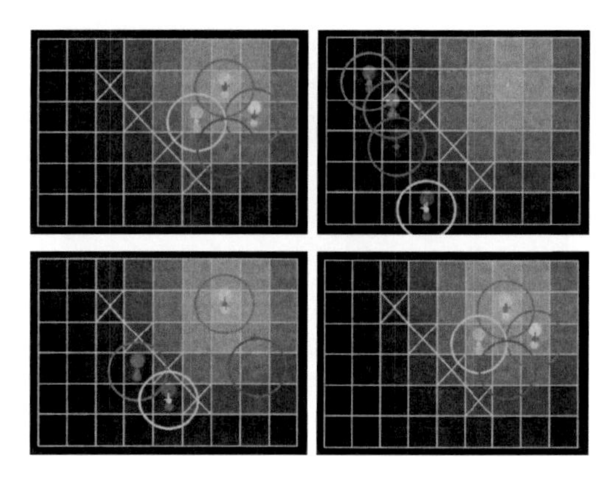

図 21.17　ゲーム理論的被覆制御

アルゴリズム 3 ゲーム理論的被覆制御アルゴリズム

Parameter: $0 < \beta \ll 1$

Step 1: Send message $m_i[k]$ to sensors $j \in \mathcal{N}_i[k]$ and receive $m_j[k]$ from $j \in \mathcal{N}_i[k]$.

Step 2: $V \leftarrow D_i[k] \setminus \{m_j[k]\}_{j \in \mathcal{N}_i[k]}$.

Step 3: $U_i[k] \leftarrow EVL(V, y_i[k])$.

Step 4: $x_i[k+1] \leftarrow RDM(C_i[k])$ with prob. β. $x_i[k+1] \leftarrow x_i[k]$ if $U_i[k] \leq U_i[k-1]$ and $x_i[k+1] \leftarrow x_i[k-1]$ otherwise, with prob. $1 - \beta$.

Step 5: $m_i[k+1] \leftarrow D_i[k]$.

Step 6: $k \leftarrow k + 1$ and Return to Step 1.

る必要があることや収束が遅い傾向があるという欠点もある。なお，領域の離散化とは，図 21.17 のように被覆領域を有限個のセルで区切ることを意味する。図の場合，被覆領域は $6 \times 9 = 54$ 個のセルとなる。

ここでは，最もシンプルな文献[13] の解法をアルゴリズム 3 に付す。集合 $D_i[k]$ はセル $p_i[k]$ に存在するセンサが計測できるセルの集合を表し，集合 $\mathcal{N}_i$ は式 (21.55) と同様である。いま，センサ i は計測可能なすべてのセル $D_i[k]$ に関する計測情報 $y_i[k]$ を取得するものとする。Step 2 の集合 V は，$D_i[k]$ に属するセルのうち他のセンサの計測可能セルと重複しないすべてのセルから構成される。関数 $EVL(V, y_i[k])$ は V に属する計測情報の評価を返す任意の関数であり，その具体例は文献[14] に詳しい。なお，計測情報の価値が高い場合，$EVL(V, y_i[k])$ は小さい値を返すものとする。Step 4 における集合 $C_i[k]$ は $x_i[k]$ に存在するセンサが次の時刻に移動できるセルの集合であり，関数 RDM はその中から無作為に要素を取り出す関数である。すなわち，Step 4 は確率 β でランダムに次時刻の位置 $x_i[k+1]$ を選択し，確率 $1 - \beta$ で現時刻 k と前時刻

$k-1$ のうち小さい U_i を与える位置に移動することを意味する。注意として，本アルゴリズムは事後的な計測値 $y_i[k]$ のみを指針に行動を決定するため，環境の事前知識や計測モデルを一切必要としない。

図 21.17 にゲーム理論的被覆制御の適用例を示す。ただし，これはアルゴリズム 3 を改良した文献[12] のアルゴリズムを適用した結果である。ここで，図中の × 印は障害物を表す。図より，すべてのセンサは障害物を避けて白色の重要領域に集まる様子が確認できる。

21.4.5　おわりに

本節では，群ロボットとセンサネットワークの融合領域として被覆制御を取り上げ，問題設定，解法および実験結果を紹介した。ここで紹介したもの以外にも，アプリケーションに応じて様々な問題設定が考えられている[3, 15]。特に，文献[15] では海洋計測を対象に，ここで紹介したものとは全く異なる枠組の問題設定および制御アルゴリズムが考案されており，さらに文献[6] では実際の海洋計測に対する適用結果が示されている。

＜畑中健志＞

参考文献（21.4 節）

[1] 総務省 HP: u-Japan 政策
http://www.soumu.go.jp/menu_seisaku/ict/u-japan/

[2] 飯野，畑中，藤田：センサネットワークと制御理論，『計測と制御』，Vol. 47, No. 8, pp. 649-656 (2008).

[3] Bullo, F., Cortés, J. and Martínez, S.: *Distributed Control of Robotic Networks*, Princeton Series in Applied Mathematics, Princeton University Press (2009).

[4] 東：マルチエージェントシステムの制御-V 被覆制御，『システム/制御/情報』，Vol. 58, No. 1, pp. 36–44 (2014).

[5] Dunbabin, M. and Marques, L.: Robots for environmental monitoring: Significant advancements and applications, *IEEE Robotics and Automation Magazine*, Vol. 19, No. 1, pp. 24–39 (2012).

[6] Ramp, S.R., Davis, R.E., Leonard, N.E., Shulman, I. Chao, Y., Robinson, A.R., Marsden, J., Lermusiaux, P., Fratantoni, D., Paduan, J.D., Chavez, F., Bahr, F.L., Liang, S., Leslie, W. and Li, Z.: Preparing to predict: The Second Autonomous Ocean Sampling Network (AOSN-II) experiment in the Monterey Bay, *Deep-Sea Research II*, Vol. 56, pp. 68–86 (2009).

[7] Hubel, N., Hirche, S., Gusrialdi, A., Hatanaka, T., Fujita, M. and Sawodny. O.: Coverage control with information decay in dynamic environments, *The Proc. of the 17th IFAC World Congress*, pp. 4180–4185 (2008).

[8] Smith, S. L., Schwager, M. and Rus, D.: Persistent monitoring of changing environments using robots with limited range sensing, *The Proc. of the IEEE International Conference on Robotics and Automation 2011*, pp. 5448–5455 (2011).

[9] Cassandras, C. G. and Lin, X.: Optimal control of multi-agent persistent monitoring systems with performance constraints, In: Lecture Notes in Control and Information Sciences Vol. 449, Control of Cyber-Physical Systems, Tarraf, D. C. (eds), Springer-Verlag, pp 281–299 (2013).

[10] Smith, S. L., Tumova, J., Belta, C. and Rus, D.: Optimal path planning for surveillance with temporal logic constraints, International Journal of Robotics Research, Vol. 30, No. 14, pp. 1695-1708 (2011).

[11] Marden, J. R., Arslan, G. and Shamma, J. S.: Cooperative control and potential games, *IEEE Transactions on Systems, Man and Cybernetics. Part B: Cybernetics*, Vol. 39. pp. 1393–1407 (2009).

[12] 和佐，後藤，畑中，藤田：被覆ゲームに対する最適均衡解の探索：利得に基づく学習アルゴリズム設計，『システム制御情報学会論文誌』，Vol. 25, No. 9, pp. 247–255 (2012).

[13] Zhu, M. and Martínez, S.: Distributed coverage games for energy-aware mobile sensor networks, *SIAM Journal on Control and Optimization* **51**(1), pp. 1–27 (2013).

[14] Hatanaka, T., Wasa, Y., Funada, R., Charalambides, A. and Fujita, M.: A payoff-based learning approach to cooperative environmental monitoring for PTZ visual sensor networks. *IEEE Transactions on Automatic Control*, **61**(3), pp. 709–724, (2016).

[15] Leonard, N.E., Paley, D., Lekien, F., Sepulchre, R., Fratantoni, D.M. and Davis, R.: Collective motion, sensor networks and ocean sampling Proc. of the IEEE, Vol 95, No. 1, pp. 48–74 (2007).

21.5　群ロボット I

21.5.1　場によるロボット集団の制御

本節では，群ロボットを同一の作業空間を共有する自律ロボットの集団と考え，特に移動型ロボットを念頭に置く。ここでいう自律ロボットとは，自身の行動出力を自身に備えられたセンサ・アルゴリズム等に基づいて決定するシステムとする。

自律ロボットの集団においては，その動作目的を明示的に共有する場合と暗黙的に共有する場合が考えられる。フォーメーション制御（21.3 節）は前者の典型例といえよう。後者は社会性生物に類型化されるように，個々のロボットが自身の動きを全体の目的と矛盾しないよう調整する必要がある。すなわち，集団として暗黙的に共有している目的を達成するためのアルゴリズムを，個々の自律ロボットの動作生成アルゴリズムとしてブレイクダウンし，組み込む必要がある。

一般に，自律ロボットに対して大域的な情報収集・認識能力は期待できない。そこで，制御に有用な「場」を形成し，これに沿って動作を生成させることで問題を解決する手法がしばしば用いられる。シミュレーション内や既知の人工空間であれば，流れを表す場を直接的に対応付け，移動体を制御（もしくはその挙動を分析）する手法（例えば文献[1]）や，RF-IDを用いて空間内に情報を書き込む手法（例えば文献[2]）を見出すことができる。

本節では，空間と情報の対応付けが不要な，自律ロボット同士の局所相互作用によって場を形成する手法と，これを利用した群ロボット制御手法を紹介する。具体的には，振動子を複数結合した系[3]における位相進行波を利用した「場」の形成と，これに基づくロボット集団の誘導制御[4]について，基本原理から実装例まで概観する。

21.5.2 位相進行波による場

真性粘菌[5]と呼ばれる単細胞・多核の変形菌は，適切に飼育すれば数10cm四方にもなる，まるでビデオゲームに登場する「スライム」のような生物である。単細胞であるがゆえに神経系を持たないこの生物が，なぜ大きな身体を統一的に制御できるのか，不思議に思われないだろうか？ 実は，真性粘菌の身体各部は周期的に厚みを変動させる「振動子」の集合体と呼べるものであり，その制御において身体に生じる進行波が重要な役割を果たしていることがわかっている[6]。

いま，位相 ϕ という量を定義し，定数 Ω（固有角速度）によって式(21.56)のように変化するとしよう。ただし，ϕ は $-\pi$ から π までの $\mathbb{S}^1$ 上で値をとるものとする。このとき，ϕ は時計の針のように一定の速度で周期的に変化する。これを振動子と呼ぼう。

$$\dot{\phi} = \Omega \tag{21.56}$$

さて，他にも振動子が存在し，お互いの位相を知ることができる，と仮定を追加しよう。このとき，式(21.57)の第2項として「相互作用」を組み込むと，振動子間の位相差は0に収束する。ここで κ は定数，N_i は振動子 i が位相を知ることができる他の振動子の集合とする。

$$\dot{\phi}_i = \Omega + \frac{\kappa}{|N_i|}\sum_{j\in N_i}(\phi_j - \phi_i) \tag{21.57}$$

さらに，個々の振動子の固有角速度がある程度ずれていても，位相差が0にならないままで同期することがわかっている[7, 8]。これを利用すると，ある振動子の固有角速度を他のものより少し大きくすることで，その振動子から放射状に位相の遅れが分布した状態として「位相勾配」を生じさせることができ，その振動子から波が広がるような「位相進行波」が観測される。逆に，ある振動子の固有角速度を少し小さくすると，逆向きの位相進行波が生成される。

この現象を利用し，個々の振動子を自律ロボットに対応付け，その動作を「位相勾配を溯上する」としておけば，ごく少数のロボット（振動子）を操作することによって，場を介した自律ロボット集団の制御が可能となるだろう。

さらに，振動子 j から見た i の方位 θ_{ji} を組み入れて式(21.58)とすれば，放射状だけでなく円周状の位相勾配を生成させることができる[9]。なお，ε は定数とする（$\varepsilon = 0$ とすれば(21.57)と同様である）。

$$\dot{\phi}_i = \Omega + \frac{\kappa}{|N_i|}\sum_{j\in N_i}(\hat{\phi}_j - \phi_i) \tag{21.58}$$

$$\hat{\phi}_j = \phi_j - \varepsilon\theta_{ji}$$

21.5.3 ロボットへの実装

位相勾配に基づくロボット集団の制御を行うにあたり，近隣に存在する振動子同士の相互作用を行い，式(21.58)による場の形成を可能とする必要がある。ここでは，その1つの実現手法として，光を用いた実装例を紹介する。

製作されたロボットを図21.18に示す[4]。このロボットは市販の移動ロボットe-puck[10]を改造したものである。円形の制御基板円周上には9灯のLEDと8方向の受光素子を備えている。また，その上部にはレーザ距離センサ(北陽URG-04LX)[11]を備えている。LEDは式(21.58)における $\hat{\phi} = 0$ となったタイミングで該

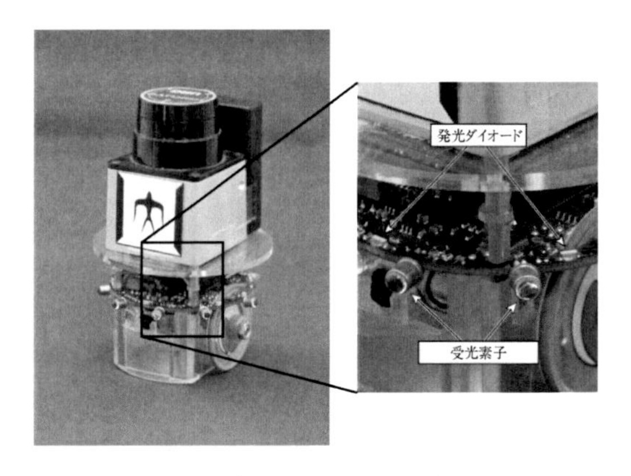

図 21.18 発光・受光装置を装備した自律移動ロボット

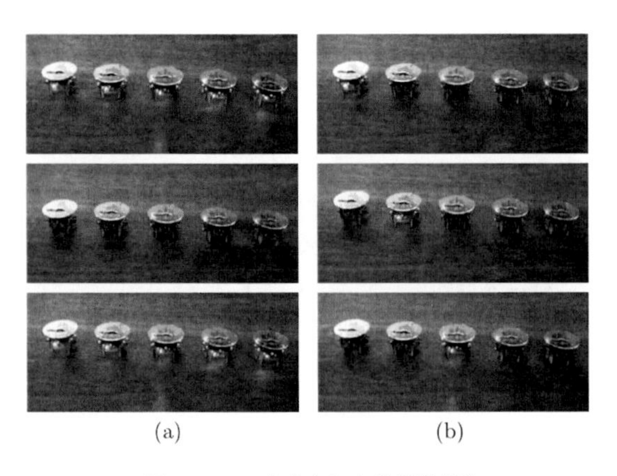

図 21.19　生成される位相進行波

当する方向に設置されたLEDが発光する。また，周囲のロボットによる LED 発光を受光素子で検出し，位相差を逆算する。離散的かつおおまかではあるが，近傍に限定した相互作用が可能である。

このロボットに振動子をプログラムとして記述し，5 台並べた際の挙動を図 21.19 に示す。すべて同一のロボットである。$\varepsilon=0$ とし，すべてのロボットが同一の Ω である場合，(a) のようにすべての位相が揃う。一方，左端のロボットのみ Ω の値を 1.1 倍にすると，(b) のように左から右への位相進行波が観測される。

また，式 (21.58) において $\varepsilon\neq 0$ であるときには，LEDの発光タイミングをロボットの座標系における方位に対応付けてずらす。すなわち，$\varepsilon=0$ のときはすべてのLEDが同じタイミングで発光するが，$\varepsilon\neq 0$ とすると方位に応じたずれが付加され，発光がくるりと 1 周するような挙動となる。

21.5.4　誘導アルゴリズム

位相勾配を用いたロボット群誘導アルゴリズムについて紹介する。

個々の自律ロボットの行動を決定する際，周囲の物体やロボットとの関係を仮想的な力に変換して表現し，その合力に基づいて動作方向を決定するという手順が一般に用いられる。具体的には，障害物や他のロボットから衝突防止のための仮想的な力を受けるとともに，群を構成するロボットとは一定の距離で 0 となる引力を受ける，とする。この実装には様々な方法が考えられるが，ここでは Shimoyama ら[12] によるモデルを示す。ロボット i の並進位置を x_i，姿勢を n_i，仮想質量を m_i とし，α, β, γ, δ, τ を定数として式 (21.59) により動作を決定する。

$$
\begin{aligned}
m_i\ddot{x}_i &= \alpha\sum_j f_{ij} + \beta n_i - \gamma\dot{x}_i + \delta g_i \qquad (21.59)\\
f_{ij} &= (|d_{ij}|^{-3} - |d_{ij}|^{-2})e^{-|d_{ij}|}d_{ij}\\
d_{ij} &= \frac{x_j - x_i}{d_r}\\
g_i &= \begin{cases} (d_o - |x_i - x_o|)\frac{x_i - x_o}{|x_i - x_o|} & (|x_i - x_o| < d_o)\\ 0 & (|x_i - x_o| \geq d_o)\end{cases}\\
\tau\dot{n}_i &= n_i \times \frac{\dot{x}_i}{|\dot{x}_i|} \times n_i
\end{aligned}
$$

ここで f_{ij} はロボット i が j との間で生じる仮想力を表し，d_{ij} が両者の位置の違いを定数 d_r で除したものを表す。他の作用がなければ，f_{ij} は距離 d_r でゼロとなる。g_i はロボット i が周囲の物体から受ける反力を表している。ここで x_o は観測された物体とロボットとの距離を表す。g_i は物体とロボットとの距離が定数 d_o 以下の場合のみ非ゼロの値を持ち，距離がそれ以上の際はゼロ（無視）とする。

また，式 (21.59) 右辺第 2 項により，ロボットは自身の姿勢方向に移動方向を変えていく。ただし，出力速度 $\dot{x}$ と n は必ずしも一致しないので，ノンホロノミック移動体のダイナミクスを表現しているわけではない。

周囲に位相の進んだ他のロボットを検出した場合，その相対位置を x_ϕ とした上で，n_i に関する項を式 (21.59) から式 (21.60) に変更する。これにより，位相勾配を遡上する行動が生成される。

$$
\tau\dot{n}_i = n_i \times \frac{x_\phi - x_i}{|x_\phi - x_i|} \times n_i \qquad (21.60)
$$

これらを各ロボットにプログラムした上で，「リーダ」のみ Ω の値を 1.1 倍することで，障害物領域を通り抜けてロボット集団を誘導した実験例を図 21.20 に示す。図中，中央で最前方にあるロボットをリーダとし，その他が「フォロワ」である。フォロワは直接リーダを視認できなくても，位相進行波の流れを見ることによって動作すべき方向を知ることができる。ただし，式 (21.59) および式 (21.60) により出力される目標速度はロボットのノンホロノミック特性を考慮したものではないので，車輪移動体では適宜対応が必要である。

また，「リーダ」のみ式 (21.58) における $\varepsilon\neq 0$ とすると，集団全体にリーダから見て右または左向きの位相進行波を生成することができる。これに先と同様の動作ルールを適用することで，集団を相対的に左・右に移動させることが可能である。つまり，Ω と ε の操作によって，光による局所通信のみを用いてロボット

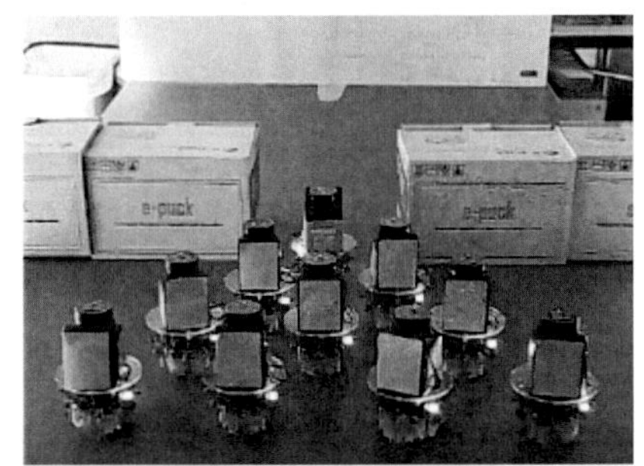

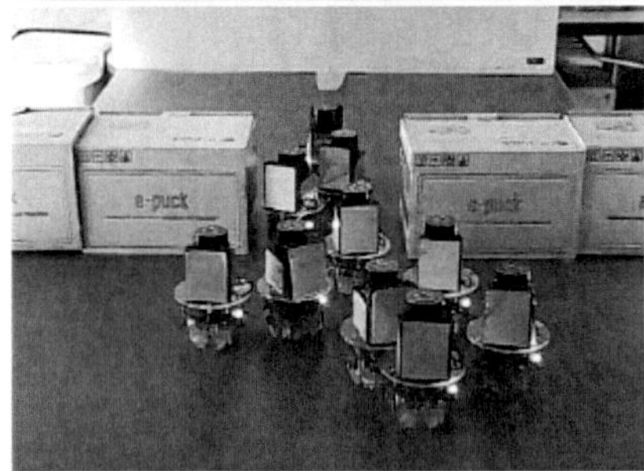

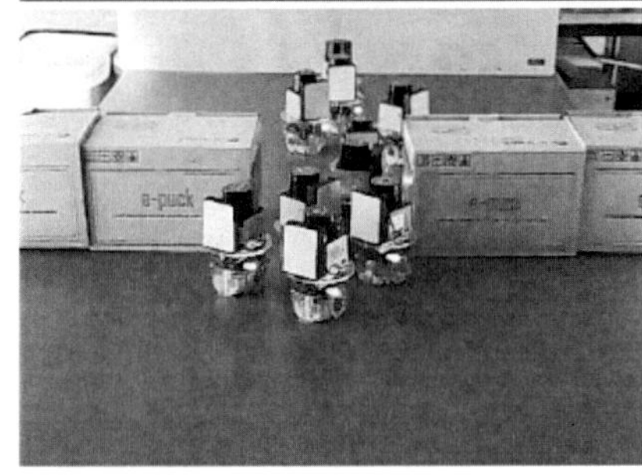

図 **21.20** 10台のロボット群の誘導

集団を2自由度に操作することが可能である[13]。

21.5.5 まとめ

本節では，群ロボット制御手法の1つとして，個々の自律ロボットに陽に制御目標を与えるのではなく，「場」を介した制御法を紹介した。自律ロボットの集団を制御する場合，個々の動作が群全体の動作，あるいは他のロボットの動作と干渉・矛盾しないよういかに実装するかが問題となる。ここで示したように，集団全体で場としての秩序を形成し，それに沿って動作を行うことで，ロボット台数に依存せず，また自律ロボット間の動作の矛盾が生じにくい群ロボット誘導制御手法が構築可能である。

＜倉林大輔＞

参考文献（21.5 節）

[1] 岡田昌史，茂木祐一，山本江：イベント空間における閲覧者モデルとアメニティ空間設計，『日本ロボット学会誌』，**32**(1)，pp. 45–54.

[2] Kim, P., Nakamura, S., and Kurabayashi, D.: Hill-Climbing for a Noisy Potential Field using Information Entropy, *PALADYN Journal of Behavioral Robotics* **2**(2), pp. 94–99 (2011).

[3] Kuramoto, Y.: *Chemical Oscillation, Waves, and Turbulance*, Springer (1984).

[4] Kurabayashi, D., *et al.*: Adaptive Formation Transition of a Swarm of Mobile Robots Based on Phase Gradient, *Journal of Robotics and Mechatronics* **22**(4), pp. 467–474 (2010).

[5] Farr, M. L., *et al.*: *How to Know the True Slime Molds*, William C. Brown Publishers (1981).

[6] Takamatsu, A., *et al.*: Controlling the geometry and the coupling strength of the oscillator system in plasmodium of Physarum polycephalum by microfabricated structure, *Protoplasma* **210**, pp. 164–171 (2000).

[7] Jadbabaie, A., Motee, N., and Barahona, M.: On the Stability of Kuramoto Model of Coupled Nonlinear Oscillators, *Proceedings., American Control Conference*, 4296–2301 (2004).

[8] Kori, H. and Mikhailov, A. S.: Strong effects of network architecture in the entrainment of coupled oscillator systems., *Physical Review E*, **74**(6), 066115 (2006).

[9] 橋本純香 他：匿名自律移動体群制御のための局所相互作用による非対称大域的秩序形成，『日本機械学会論文誌 C 編』，**79**(799)，pp. 593–603 (2013).

[10] Mondada, F., *et al.*: The e-puck, a Robot Designed for Education in Engineering, *Proceeding of the 9th Conference on Autonomous Robot Systems and Competitions* **1**(1), pp. 59–65 (2009).

[11] Kawata, H., *et al.*: Development of Ultra-small Lightweight Optical Range Sensor Systems, *Proceeding of IEEE/RSJ International Conference on Intelligent Robots and Systems*, pp. 3277–3282 (2005).

[12] Shimoyama, N., *et al.*, Collective Motion in a System of Motile Elements, *Physical Review Letter* **76**(20), pp. 3870–3873 (1996).

[13] シャリフアハマド 他：局所相互作用による非放射状秩序形成と自律移動体群制御の実装，『第20回ロボティクスシンポジア』，pp. 376–381 (2015).

21.6 群ロボットII 衝突回避を考慮したモデル予測編隊制御

21.6.1 はじめに

本節では複数台の移動ロボットを集団で移動させるための制御手法である編隊制御の一例を紹介する。編隊制御とは移動ロボット同士の相対位置関係を制御することで，移動ロボット群としては一定の形状を維持しながら集団で移動をさせることを目的としたものである。編隊制御を用いることで，移動ロボット群全体を安全かつ効率的に移動させることが期待できる。また，特定の形状を利用することで物体運搬を行うような編隊制御の応用例についても報告されている[1]。

一方，編隊制御の課題として編隊形状に伴う移動ロボット同士の衝突回避が挙げられる。例えば，ある初期状態から目標の編隊形状を形成する際には，移動ロボット同士の相対位置関係が変化するため，移動ロボット同士の衝突回避を陽に考慮しなくてはならない。また，編隊形状の切替えは，環境中に存在する障害物を回避することと合わせて議論されることが多く，障害物回避と編隊形状維持という相反する制御目的をどのように実現するか，環境に合わせて編隊形状をいかに生成・切り替えるかなどに着目した研究も報告されている[2]。このような編隊制御における移動ロボット同士の衝突回避問題を取り扱う系統的な手法の一つにモデル予測制御が挙げられる。モデル予測制御とは有限時間未来までの状態をオンラインで予測し，制約付きの最適制御問題を解くことで制御入力を決定する手法である[3]。移動ロボット同士の衝突回避条件は 0,1 変数を含む不等式制約として記述することができるためモデル予測制御で衝突回避問題を取り扱うことができる。このとき衝突回避問題は混合整数計画問題 (MIP: Mixed Integer Programming) として定式化され，一般的なソルバーで解くことができる。以下ではモデル予測制御に基づく衝突回避を考慮した複数移動ロボットの編隊制御手法について紹介する[4, 5]。

21.6.2　制御対象と制御目的

まず，制御対象と制御目的について述べる。ここでは以下の n 台の二輪車両型の移動ロボットを考える。

$$\dot{x}_i = v_i \cos\theta_i, \quad \dot{y}_i = v_i \sin\theta_i, \quad \dot{\theta}_i = \omega_i \tag{21.61}$$

ただし，$v_i, \omega_i, (x_i, y_i, \theta_i)$ は，それぞれ移動ロボット $i(=1,\ldots,n)$ の並進速度，角速度，絶対座標系における位置・姿勢である。また，編隊の基準となる以下のような二輪車両型の移動ロボットを考える。

$$\dot{x}_r = v_r \cos\theta_r, \quad \dot{y}_r = v_r \sin\theta_r, \quad \dot{\theta}_r = \omega_r \tag{21.62}$$

ただし，$v_r, \omega_r, (x_r, y_r, \theta_r)$ はそれぞれ基準移動ロボットの並進速度，角速度，絶対座標系における位置・姿勢である。以下では，式 (21.61), (21.62) の二輪車両型ロボットをそれぞれ，「フォロワ i」，「リーダ」と呼ぶものとする。すなわち，リーダ・フォロワ型の編隊制御として定式化を行う。

このとき，フォロワ i の目標位置は図 21.21 のようにリーダに固定した移動座標系 (r, l) で $\zeta_i^d := (r_i^d, l_i^d)^T$ と与えられるものとする。すなわちフォロワ i の目標軌道は絶対座標系において次式のように表される。

$$z_i^d := \begin{bmatrix} x_r + r_i^d \sin\theta_r + l_i^d \cos\theta_r \\ y_r - r_i^d \cos\theta_r + l_i^d \sin\theta_r \end{bmatrix} \tag{21.63}$$

ここでは，フォロワ同士が衝突することなく，各々のフォロワが

$$z_i := \begin{bmatrix} x_{vi} \\ y_{vi} \end{bmatrix} = \begin{bmatrix} x_i + d\cos\theta_i \\ y_i + d\sin\theta_i \end{bmatrix} \tag{21.64}$$

で表される制御点を目標軌道 (21.63) に追従させることを制御目的と設定する。なお，移動座標系でのフォロワ i の制御点を $\zeta_i := (r_i, l_i)$ と表す。

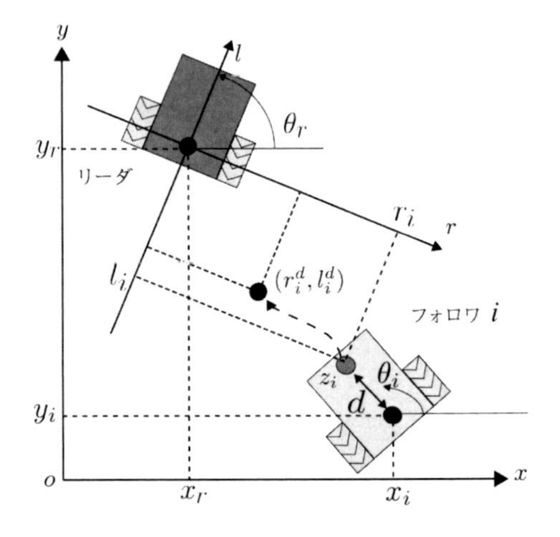

図 21.21　リーダとフォロワ

21.6.3　衝突回避のための制約条件

次に，フォロワ同士の衝突回避を実現するための制約条件について述べる。フォロワ同士の衝突回避を考慮するため，フォロワ i と j が衝突しないための十分条件がロボットの大きさに基づき，次式で与えられているものとする。

$$\|\zeta_i - \zeta_j\|_\infty \geq \psi, \quad \forall j \neq i \tag{21.65}$$

これは，図 21.22 に示すようなフォロワ j の制御点を中心とした正方領域にフォロワ i の制御点が入らなけ

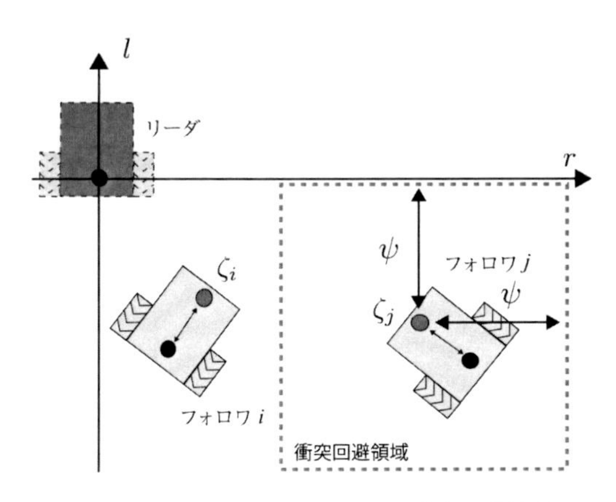

図 **21.22** フォロワ i と j 間の衝突回避領域

れば2台間の衝突が発生しないことを意味する。また，式 (21.65) の衝突回避制約は次の線形制約で表すことができることが知られている[6,7]。

$$
\begin{aligned}
-r_i + r_j \le M\kappa_{ij1} - \psi, -l_i + l_j \le M\kappa_{ij2} - \psi \\
r_i - r_j \le M\kappa_{ij3} - \psi, l_i - l_j \le M\kappa_{ij4} - \psi \quad (21.66) \\
\sum_{p=1}^{4} \kappa_{ijp} \le 3
\end{aligned}
$$

ただし，κ_{ijp} は 0, 1 のみをとる変数（以下，0, 1 変数），M は左辺のとりうる値よりも十分大きな正数である。

この衝突回避制約はモデル予測制御において離散的に課され，フォロワ同士の衝突回避が考慮される。そのため，離散的にしか衝突回避が考慮されず，この制約のみでは衝突が生じる可能性がある。遷移制約は，このような離散時刻間の衝突を防止する目的で導入されたもので，衝突回避制約に含まれる 0, 1 変数の遷移を制約する[8]。

$$
\kappa'_{ijp} = \kappa_{ijp} = 0, \ \exists p \ (= 1, 2, 3, 4) \qquad (21.67)
$$

ただし，κ'_{ijp} は1つ前の時刻での κ_{ijp} の値を表したものである。図 21.23 は移動ロボットが静止した場合での遷移状態を示したものである。遷移制約を課さない図 21.23(a) では衝突が発生する遷移が許容されているのに対し，遷移制約を課した図 21.23(b) では危険な遷移が除去される。この遷移制約は回避対象が静止した状態だけでなく，ある条件を満たす移動ロボット間の衝突回避でも有効であることも示されている[4]。なお，式 (21.67) も 0,1 変数を用いて線形制約への変換が可

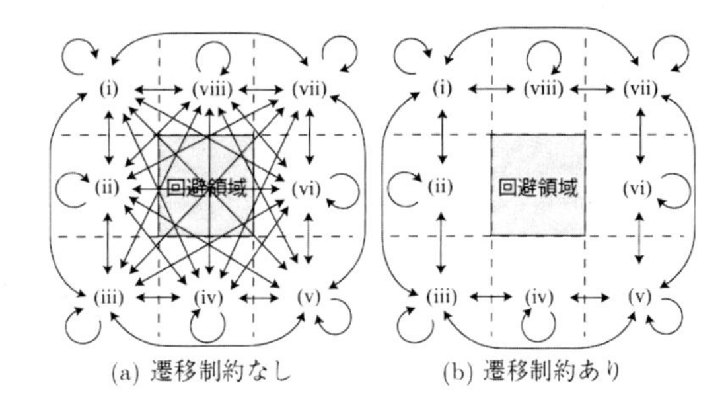

図 **21.23** 回避制約の遷移状態。(a) 遷移を制約しないもの，(b) 遷移制約を導入したもの[8]。

能である。

21.6.4 衝突回避を考慮した編隊制御則

以下で紹介する手法では，まず，フィードバック線形化により閉ループ系を衝突回避を考慮しやすいシステムに変換する。次に，モデル予測制御を適用し前述の衝突回避制約と遷移制約を考慮する。

まず，フィードバック線形化により，移動座標系における追従誤差 $e_i := \zeta_i - \zeta_i^d$ のシステムを線形化する。そのために，フォロワ i の入力を

$$
u_i := [v_i, \omega_i]^T = G_i^{-1}\big(E_i u_r + F_r \alpha_i\big), \qquad (21.68)
$$

$$
E_i := \begin{bmatrix} \cos\theta_r & r_i\cos\theta_r - l_i\sin\theta_r \\ \sin\theta_r & r_i\sin\theta_r + l_i\cos\theta_r \end{bmatrix}, \ u_r := \begin{bmatrix} v_r \\ \omega_r \end{bmatrix}
$$

$$
F_r := \begin{bmatrix} \sin\theta_r & \cos\theta_r \\ -\cos\theta_r & \sin\theta_r \end{bmatrix}, G_i := \begin{bmatrix} \cos\theta_i & -d\sin\theta_i \\ \sin\theta_i & d\cos\theta_i \end{bmatrix}
$$

とする。ただし，α_i は新たに導入した入力であり，後述するモデル予測制御手法により決定される。なお，G_i は $d \neq 0$ で正則となる。実際，追従誤差 e_i の時間微分を求めると，

$$
\dot{e}_i = \alpha_i \qquad (21.69)
$$

となり，移動座標系における追従誤差 e_i の線形システムが得られることがわかる。

次に，この線形システムに対してモデル予測制御を適用し衝突回避を考える。モデル予測制御に基づく衝突回避アルゴリズムは，各フォロワが更新周期 δ ごとに順番に後述の衝突回避制約を含んだ最適制御問題を解くものである。最適制御問題を解いて得られた予測軌道は他のフォロワに送信され，得られた入力は次に最適制御問題を解くまでの $n\delta$ の区間で適用される。図 21.24

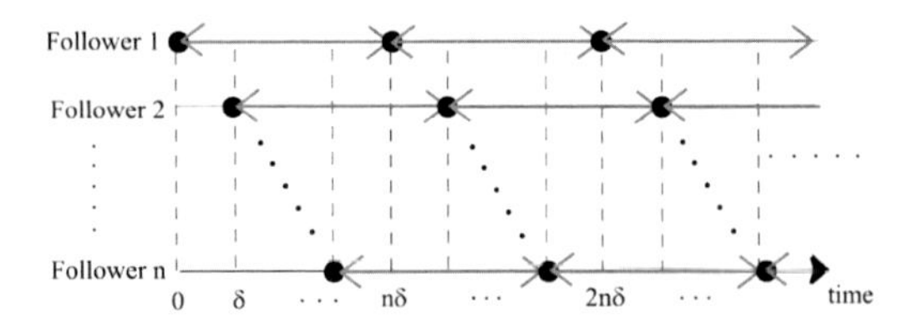

図 21.24　最適化と入力印加のタイミング[5]

は各フォロワの最適化および入力適用のタイミングを示したもので，●印は最適化を行う時刻を，矢印は得られた入力を適用する区間を示している．

時刻 $k\delta$ $(k = sn + i - 1,\ s = 0, 1, \ldots)$ におけるフォロワ i の最適制御問題は次のように表される。

● **衝突回避のための最適制御問題**

$$\min_{\widehat{\alpha}_i} \Bigg\{ \sum_{m=k}^{k+N-1} \Big(\|\widehat{e}_i(m\delta|k)\|_Q + \|\widehat{\alpha}_i(m\delta|k)\|_R \Big) + \|\widehat{e}_i((k+N)\delta|k)\|_{P_f} \Bigg\} \quad (21.70)$$

subject to 式 (21.66), (21.67)

$$\widehat{e}_i(\tau+\delta|k) = \widehat{e}_i(\tau|k) + \delta\widehat{\alpha}_i(\tau|k) \quad (21.71)$$

$$\widehat{e}_i(k\delta|k) = e_i(k\delta) \quad (21.72)$$

$$\|\widehat{\alpha}_i(\tau|k)\|_\infty \le \eta \quad (21.73)$$

$$\|\widehat{e}_i((k+N)\delta|k)\|_\infty \le \gamma \quad (21.74)$$

$$\tau = k\delta,\ (k+1)\delta,\ \ldots,\ (k+N-1)\delta$$

ここで，$\widehat{e}_i(\tau|k)$ は時刻 $k\delta$ における $e_i(\tau)$ の予測値を，N は予測する軌道の長さを表しており，$N \ge n$ とする。また，$\widehat{e}_j(\tau|k)$ $(j \ne i)$ はフォロワ j から送信された予測軌道に基づいて得られる $e_j(\tau)$ の予測値である。また，$R > 0$，$Q \ge 0$，$P_f \ge 0, \eta > 0$，$\gamma \ge 0$ は設計パラメータで，ベクトル x と行列 A に対して $\|x\|_A := x^T Ax$ と定義する。式 (21.71), (21.72) の等式制約は (21.69) 式を零次ホールドにより更新周期 δ で離散化して得られる予測モデルである。式 (21.73), (21.74) はそれぞれ入力制約，終端制約である。なお，制約条件を適切に変更することで自己位置情報の不確かさを考慮しながら衝突回避を保証するような拡張も可能である[9]。

21.6.5　実機実験

衝突回避を考慮した編隊制御手法を実機に適用した結果を示す。実験には左右独立駆動型二輪車両 beego（テクノクラフト社）を 4 台使用し，1 台をリーダ，残りの 3 台をフォロワと設定した。ここでは，図 21.25

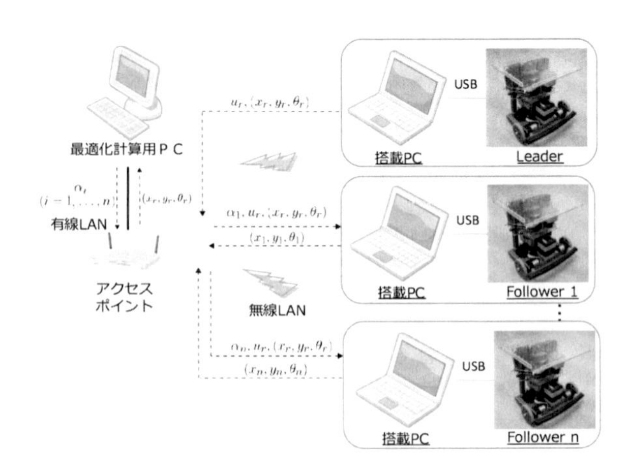

図 21.25　実験システムの概略

のように最適制御問題は外部に設置した 1 台の計算用 PC で解き，無線 LAN により各フォロワにその最適解とリーダの入力および現在位置情報を送信するものとした。また，各フォロワは自己位置情報にはデッドレコニングによる推定値を送信し，受信した最適解とリーダの状態に基づいて制御入力 (21.68) を計算し印可するものとした。なお，最適制御問題を解くためのソルバーには CPLEX（IBM 社）を用いた。

実験では，リーダを絶対座標系において $(0.0, 0.0, 0.0)$ に配置し，x 軸の正方向に 0.1 m/sec で等速直線運動するものとした。3 台のフォロワの初期状態を絶対座標系でそれぞれ，$(-2.4, -1.2, 0.0)$, $(-2.4, 0.0, 0.0)$, $(-2.4, 1.2, 0.0)$ とし，目標位置を移動座標系において $(-1.2, -0.6)$, $(0.0, -0.6)$, $(1.2, -0.6)$ とした。また，更新周期 $\delta = 0.2$ sec，予測ステップ数 $N = 6$，予測周期 $\delta_m = 3.0$ sec とした。図 21.26，図 21.27 が実験結果を示したものある。図 21.26 は絶対座標系でのリーダ

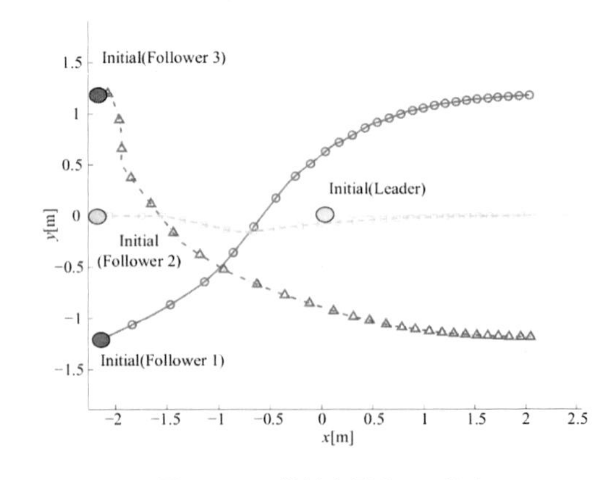

図 21.26　絶対座標系での軌跡

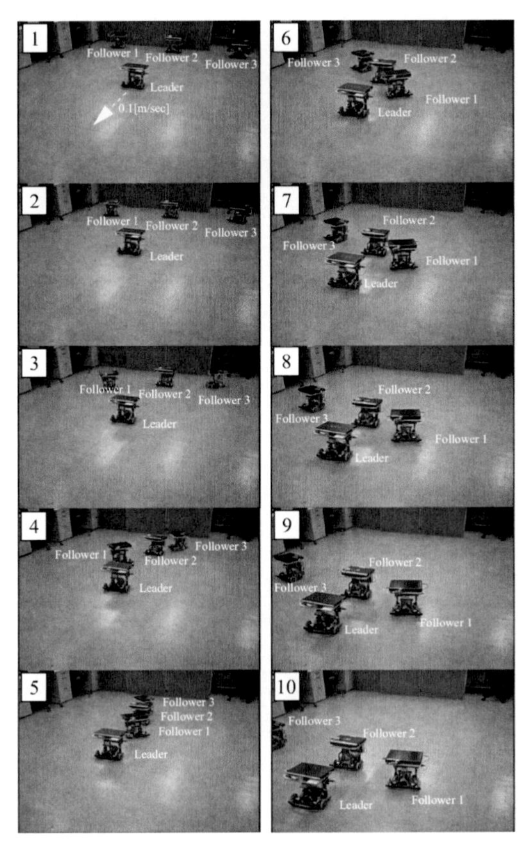

図 21.27 実験の様子

の位置 (x_r, y_r) とフォロワの制御点 z_i の軌跡を示したものであり，軌跡上の印は 1 sec 毎の位置を示している。また，図 21.27 は実験の様子を示している。これらの図より衝突を回避しながら目標の編隊形状を達成できたことがわかり，紹介した制御手法の有効性が確認できる。

21.6.6 おわりに

本節では，ロボット群を集団で移動させるための一制御手法として，編隊制御における形状変化に伴う移動ロボット同士の衝突回避問題に着目した，モデル予測制御に基づく複数移動ロボットの編隊制御手法を紹介した。

＜根 和幸，松野文俊＞

参考文献（21.6 節）

[1] Fink, J., Hsieh, M. and Kumar, V.: Multi-robot manipulation via casing in environments with obstacles, *IEEE International Conference on Robotics and Automation*, pp. 1471–1476 (2008).

[2] Urcola, P., Riazuelo, L., Lázaro, M.T. and Motano, L.: Cooperative navigation using environment compliant robot formations, *IEEE Int. Conf. on Intelligent Robots and Systems*, pp. 2789–2794 (2008).

[3] Rawlings ,J.B. and Mayne, D.Q.: Model predictive control: Theory and design, *NobHill Publishing*, (2009)

[4] 根和幸，福島宏明，松野文俊：予測時刻間の衝突回避を考慮した複数移動体のモデル予測編隊制御，『計測自動制御学会論文集』，46(7), pp. 406-413 (2010).

[5] Fukushima, H., Kon, K. and Matsuno, F.: Model predictive formation control using branch-and-bound compatible with collision avoidance problems, *IEEE Transactions on Robotics*, 29(5), pp. 1308-1317 (2013).

[6] Schouwenaars, T., Moor, B.D., Feron, E. and How, J.P.: Mixed integer programming for multi-vehicle path planning, *Proc. of the European Control Conference*, pp.2603–2608 (2001).

[7] Kuwata, Y., Richards, A., Schouwenaars, T. and How, J.P.: Distributed robust receding horizon control for multi vehicle guidance, *IEEE Transactions on Control Systems Technology*, 15(4), pp. 627–641 (2007).

[8] 根和幸，福島宏明，松野文俊：予測時刻間の障害物回避を考慮したモデル予測制御に基づく軌道計画法，『計測自動制御学会論文集』，45(8), pp. 406–413 (2009).

[9] Kon, K., Fukushima, H. and Matsuno, F.: Model predictive based multi-vehicle formation control with collision avoidance and localization uncertainty, *IEEE/SICE International Symposium on System Integration(SII)*, pp. 517–522 (2012).

21.7 動物行動学に基づくロボティックスワーム

21.7.1 ロボティックスワーム

ハチ，アリ，シロアリなどの社会性生物は，自身の能力を超えたタスクを成し遂げるために各々が協調し合うことが知られている。このように群れることにより発現される能力は大きな関心を集め，群知能 (SI: Swarm Intelligence)[1] と呼ばれている。また，これをマルチロボットシステムへ適用する試みはスワームロボティクス (SR: Swarm Robotics)[2-4]，これに基づくシステムはロボティックスワーム (RS: Robotic Swarm) と呼ばれている。RS における各ロボットは比較的単純な構成をしていることを想定している。また，各ロボットは自律的に行動し，自身を取り巻く環境との相互作用を通し，タスク達成を可能にする群れ行動を生成する。このようなシステムに期待される特徴として，① 何台かのロボットが故障してもタスク実行を継続できる頑健性，② タスクの変化にも対応できる柔軟性，③ ロボット台数を容易に変更できる拡張性，が挙げられる。

RS における群れ行動の設計方法は，アドホックアプローチと原理的アプローチに大別することができる[3]。アドホックアプローチでは，要求される群れ行動生成のために個々のロボットの動作を設計者が直接設計する。そのため，目的に沿った効率的な群れ行動が期待できる[5, 6] ものの，状況が想定外に変化すると再設計が必要になってしまう脆弱性もあるため，SR が目指す方向性と必ずしも一致しない。一方，原理的アプローチは，各ロボットに適切な自律的に行動を獲得できる機能を与え，所望の群れ行動を生成する。このアプローチには，進化計算を利用してロボット制御器を設計する進化ロボティクス・アプローチ[7] が頻繁に用いられている[8, 9]。このように，群れ行動の生成に関する研究・開発事例は比較的数多くある。しかし，一方，生成された群れ行動の解析に関する研究は十分行われておらず，定石的な解析手法は未だにない[4] のが現状である。

21.7.2　群れ行動解析の一手法：協調荷押し問題

社会性生物では自律的に適応的タスク分割や役割分担が行われている[1]。これと同様な群れ行動が RS でも行われているとして，ロボット群をサブグループに分割し各サブグループ毎に役割を持つとする分析法が開発されている[10]。この方法では，ロボットの群れを複雑ネットワークとして捉え，それに基づくコミュニティ抽出を行いサブグループを識別し，それらの役割を分類する。そして，このサブグループの役割に関する統計的評価のために，動物行動学に基づく解析手法を RS へ適用する。以下では，協調荷押し問題を例に説明する。

図 21.28 に示す実験環境を持つ協調荷押し問題において，RS 中に生成された群れ行動の解析を考えていく。環境中には 40 台の自律移動型ロボットと 3 つの荷物 L, M, S および固定障害物 O が設置されている。各荷物は，最低でも L は 5 台，M は 3 台，S は 2 台のロボットが協調することによって得られる十分な大きさの合力がないと動かせないほどの重量がある。5,000 タイムステップ以内にすべての荷物をそれぞれのゴールまで押し運ぶことができたときタスク達成となる。

図 21.29 に示すように，すべてのロボットは同一仕様で差動駆動型の自律移動型ロボットである。各ロボットは直径 100 単位長さの円筒形であり，制御器には進化型人工神経回路網 (EANN: Evolving Artificial Neural Network) を適用でき，その入力情報には，第 1 近傍および第 2 近傍のロボットと餌の距離と方位，自身の絶対方向を用いる。これらの問題設定の後，RS は適切な

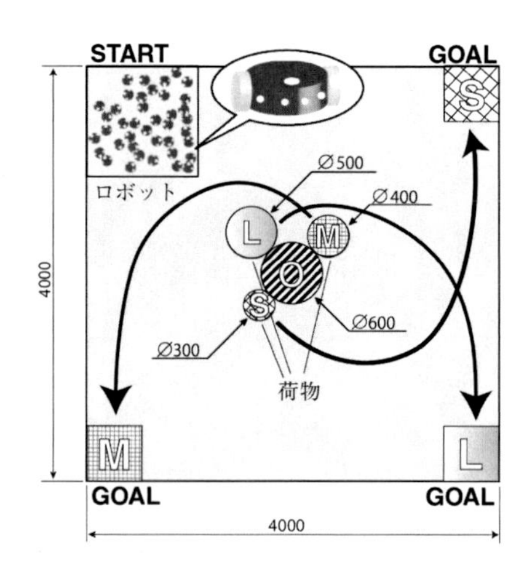

図 21.28　協調荷押し問題

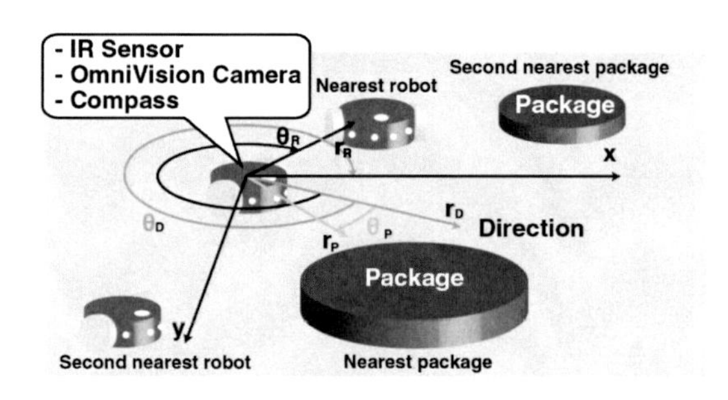

図 21.29　ロボットの仕様

群れ行動を自律的に生成する。

21.7.3　動物行動学に基づく解析

(1) サブグループの抽出

まず，RS からロボットの機能単位となるサブグループを切り出すために，RS を複雑ネットワークと見なしてコミュニティ抽出を行う。まず，各ロボットをノード，また，ロボット間の情報の授受関係を方向性があるリンクと見なして有向ネットワークを形成する。次に，例えばニューマン法を用いてクラスタリングを行い，モジュラリティと呼ぶサブグループ構造の良好性に関する評価指標が極大となるように RS を分割することにより最適なサブグループを得る[11]。

(2) 行動連鎖

行動連鎖とは，生物がとる複雑な行動をいくつかの基本行動の繋がりをいう。動物の行動解析は，観察している間に起こる基本行動の順番，また，個々の基本行動の長さを含む記載を行うことで，動物のとる基本行動の頻度や持続時間に推移を解析できる[12]。このと

き，行動連鎖を構成する一つひとつの基本行動を行動タイプと呼ぶ。動物行動学では，この行動タイプは生物の観察から観察者により任意に決定される。行動連鎖の解析では，行動タイプの観察回数，持続時間等のデータを扱う。ここでは，先の行動タイプから後の行動タイプへの推移の発生回数を行列の形にまとめた推移行列を用いた解析を行う。

(3) 推移行列の検定方法

分割表の検定もしくは独立性の検定と呼ばれる手法を用いる。特に，動物行動学における標準的方法である一項ずつの検定 (cell-by-cell test)[13] を行い，表における行と列の各要素の関係が確率事象として独立であるか否かを評価する。それにより，連続して観察された行動間の関連の有無を統計的に論じる。

まず，推移行列（測定値行列）に分割表の期待値計算を行い，期待値行列を作成する。これに続けて，これらの表から χ^2 行列を得る。1 項ずつの検定における自由度は 1 であり，測定値行列の各項を f_{ij}，期待値行列の各項を e_{ij} としたとき，χ^2 の値は次の計算式を使って求める。

$$\chi^2 = \frac{(e_{ij} - f_{ij})^2}{e_{ij}} \tag{21.75}$$

得られた値が検定を行う有意水準における χ^2 の値よりも大きな値を示すとき，行動タイプ i から j への推移は独立でない，すなわち，関連があるといえる。ただし，その行動推移が十分に起こりうるものでなければ検定することができないため，期待値が 5 以上の値であることが必要である。

(4) 実験

集団サイズ 100 および最終世代を 500 世代として，各ロボットに搭載されている進化型人工神経回路網に実数値遺伝的アルゴリズムを適用した。以下では，これで得られた群れ行動に関して，前述の解析法を適用し RS に観測される戦略の抽出を試みる。

群れ行動の解析では，まずロボット群からネットワークを作成し，クラスタリングを施してコミュニティ抽出を行い，サブグループに分割する。各サブグループは各タイムステップ毎に新たな行動タイプに分類されうるが，データ量が膨大となるため，50 タイムステップ毎に行動タイプの判別を行うものとする。行動タイプは，各サブグループ内のロボットの出力から，人工進化の全過程で観察された以下に示す主要な行動に分類した。また，これらの行動タイプは行動タイプ A から優先的に分類されるものとした。

A. 荷運び
  サブグループ内のロボットが力の向きを一致させて，その合力が示す方向へ荷物を押し運ぶ行動タイプ。

B. 荷に接触
  ロボットが荷物まで辿り着いているが，荷物を動かすために必要なロボット台数が足りていない，または，サブグループ内のロボットの力の方向が一致していないことにより荷物を動かせず，ただ接触しているだけの行動タイプ。

C. 直進
  サブグループ内のロボットが同一の方向を目指してまっすぐ移動を行う行動タイプ。

D. 停止
  移動も荷押しもせず，その場にとどまる行動タイプ。

E. 障害物に接触
  障害物 O に妨害されている行動タイプ。

F. 探索
  上記の行動タイプ以外の行動タイプ。

ここでは，得られる各推移毎の検定値を，自由度 1，5%水準における χ^2 の値 ($\chi^2_\alpha = 3.84$) と比較し，その有意性の有無を明らかにする。さらに，期待値が 5 より大きい推移のうち，観察値が期待値に比べて大きい・小さいものは，ランダムな推移から期待されるよりそれぞれ高い・低い頻度で発生していると見なすことができる。

21.7.4 獲得された群れ行動

得られた RS の群れ行動を図 21.30 に示す。開始直後，ロボット群は中心の荷物に向かって移動する（図 21.30(a)）。荷物に接触したロボット達は協力して荷物 L を押し運ぶ（図 21.30(b)）。その後，それぞれの荷物に分かれて運び始める（図 21.30(c)）。荷物を対応したゴールまで運び終えたロボットは（図 21.30(d)），他の荷物運びに参加，もしくは障害物の周囲を動き回る行動をとる（図 21.30(e)）。最後に，荷物 M をゴールエリアまで押し運び，タスクを達成している（図 21.30(f)）。

この検定結果から状態遷移図は図 21.31 のように作成できる。有意水準 5%において，A →B，B →A，D →F，F →D の推移はランダムよりも高い頻度で有意

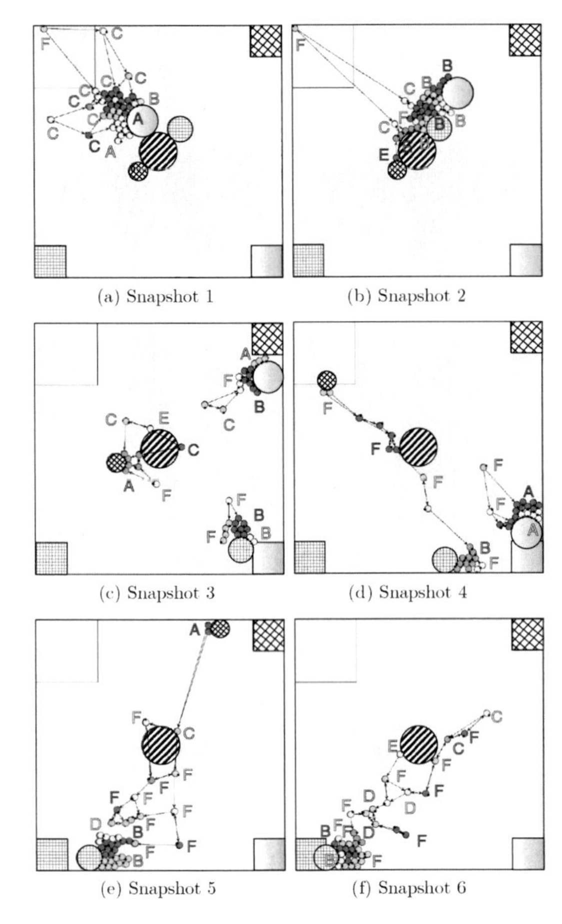

(a) Snapshot 1　(b) Snapshot 2
(c) Snapshot 3　(d) Snapshot 4
(e) Snapshot 5　(f) Snapshot 6

図 21.30　獲得された群れ行動

に起こっている（実線矢印）。一方，B →C，B →E，E →B，F →A の推移では，低い頻度で起こっている（点線矢印）。このことから，A・B 間の荷押しに関する推移と D・F 間の探索に関するものとは独立しており，別グループによって同時に行われていたことがわかる。これらから，サブグループ間で異なる役割を果たしていること，すなわち，機能分化が生じていることを統計的に抽出することができた（表 21.2）。

21.7.5　まとめ

ここでは，動物行動学に基づいた RS の群れ行動の解析法を示した。具体的には，RS の群れ行動の特徴を統計的に抽出し，その行動の推移の様子を状態遷移図を用いて表現した。これにより，RS が進化的に獲得した SI の可視化に成功したといえる。

＜大倉和博＞

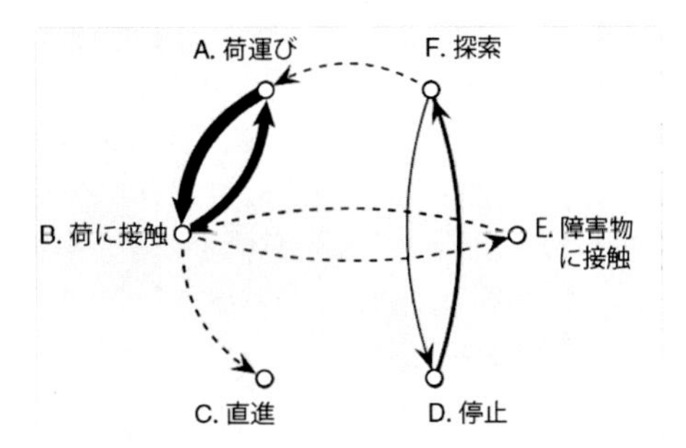

図 21.31　獲得された状態遷移図

表 21.2　獲得された状態遷移表

(a) 観測値

	A	B	C	D	E	F	合計
A. 荷運び	-	28	9	4	7	26	74
B. 荷に接触	27	-	1	3	1	22	54
C. 直進	12	4	-	0	9	12	37
D. 停止	4	3	3	-	2	29	41
E. 障害物に接触	6	0	6	4	-	22	38
F. 探索	20	11	26	19	21	-	97
合計	69	46	45	30	40	111	341

(b) 期待値

	A	B	C	D	E	F	合計
A. 荷運び	-	11.15	10.37	6.96	9.23	36.30	74.00
B. 荷に接触	12.12	-	6.91	4.64	6.15	24.19	54.00
C. 直進	8.23	5.04	-	3.15	4.17	16.42	37.00
D. 停止	8.75	5.36	4.99	-	4.44	17.46	41.00
E. 障害物に接触	8.33	5.11	4.75	3.19	-	16.63	38.00
F. 探索	31.57	19.35	17.99	12.07	16.01	-	97.00
合計	69.00	46.00	45.00	30.00	40.00	111.00	341.0

(c) χ^2 検定

	A	B	C	D	E	F
A. 荷運び	-	25.48	0.18	1.26	0.54	2.92
B. 荷に接触	18.27	-	5.05	0.58	4.31	0.20
C. 直進	1.73	0.21	-	3.15	5.59	1.19
D. 停止	2.58	1.04	0.79	-	1.34	7.62
E. 障害物に接触	0.65	5.11	0.33	0.21	-	1.74
F. 探索	4.24	3.60	3.56	3.97	1.55	-

参考文献（21.7 節）

[1] Bonabeau, E., Dorigo, M., and Theraulaz, G.: *Swarm Intelligence: From Natural to Artificial Systems*, Oxford University Press (1999).

[2] Şahin, E.: Swarm Robotics: From Sources of Inspiration to Domains of Application, *Swarm Robotics WS 2004*, LNCS 3342, pp.10–20 (2005).

[3] Şahin, E., Girgin, S., Bayindir, L. and Turgut, A. E.: Swarm Robotics, *Swarm Intelligence: Introduction and Applications*, pp.87–100, Springer Verlag (2008).

[4] Brambilla, M., Ferrante, E., Birattari, M., M Dorigo, M.: Swarm Robotics: A Review from the Swarm Engineering Perspective, *Swarm Intelligence*, Vol.7, No.1, pp.1–41 (2013).

[5] Soysal,O., and Şahin, E.: Probabilistic Aggregation Strategies in Swarm Robotic Systems, *Proc. of the IEEE*

Swarm Intelligence Symposium, pp.325–332 (2005).

[6] Liu, W., Winfield, A. F. T., Sa, J., Chen, J., and Dou, L.: Towards Energy Optimization: Emergent Task Allocation in a Swarm of Foraging Robots, *Adaptive Behavior*, Vol.15, Issue 3, pp.289–305 (2007).

[7] Nolfi, S., and Floreano, D.: *Evolutionary Robotics*, MIT Press (2000).

[8] Dorigo, M., Trianni, V., Şahin, E., Groß, R., Labella, T. H., Baldassarre, G., Nolfi, S., Deneubourg, J.-L., Mondada, F., Floreano, D., and Gambardella, L. M.: Evolving Self-Organizing Behaviors for a Swarm-Bot, *Autonomous Robots*, Vol.17, No.2–3, pp.223–245 (2004).

[9] Groß, R., and Dorigo, M.: Towards Group Transport by Swarms of Robot, *International Journal of Bio-Inspired Computation*, Vol.1, No.1–2, pp.1–13 (2009).

[10] Ohkura, K., Yasuda, T. and Matsumura, Y.: Extracting Functional Subgroups from an Evolutionary Robotic Swarm by Identifying the Community Structure, *Proceedings of the 2012 Fourth World Congress on Nature and Biologically Inspired Computing (NaBIC)*, pp.112–117 (2012).

[11] Newman, M. E. J.: *Networks, An Introduction*, Oxford University Press (2010).

[12] 粕谷英一，藤田和幸：『動物行動学のための統計学』，東海大学出版会 (1984).

[13] Fagen, R. M., and Mankovich, N. J.: Two-Act Transitions, Partitioned Contingency Tables, and the "Significant Cells" Problem, *Animal Behaviour*, Vol.28, Issue 4, pp.1017–1023 (1980).

21.8 フォーメーション飛行

複数のロボットによるフォーメーション制御は，近年，盛んに研究が行われている分野の一つである。複数のロボットの動作を協調させるための制御手法として，behavior-based 制御，線形最適制御，ビジョンベース制御，Lyapunov-based 制御，グラフ理論に基づいた制御や非線形制御などが提案されている。Johnson ら[1]はビジョンセンサを用いて前方を飛行する機体との相対距離を拡張カルマンフィルタにより推定し，一定の距離を保つように制御することで編隊飛行を行っている。いわゆるビジョンベースの航法に関する研究である。また，Schouwenaars ら[2]はリーダ機と地上局との通信の中継を行うヘリコプタの軌道計画法について，通信可能距離や障害物回避等の制約を含んだ問題を混合整数線形計画法により解いているが，演算には専用の最適化ソフトウェアが必要であり，また，ロバスト性などの制御性能についての詳細な報告がなされていない。これ以外にも，地上を走行する車との連携を目的とした研究例等があるが，複数機のマルチロータヘリコプタの飛行制御を行うという試みは比較的新しいトピックであり，様々な手法が検討されている段階である。

ここでは，小型無人ヘリコプタのフォーメーション飛行制御系の構築を目的として，モデル予測制御 (MPC: Model Predictive Control) をマルチロータヘリコプタの位置制御系に適用し，目標値追従と機体間の衝突回避や移動範囲の制約を同時に考慮した誘導制御系の設計について述べる[3, 4]。MPC とは，一定時間未来までの応答を最適化する制御手法であり，ある有限の評価区間を持った評価関数を最小化する制御入力列をオンラインで逐次計算し，最適制御問題の評価区間を時間とともに後退させながら制御を行っていく方法である。オンラインでの最適化を含むことから LQ 制御などと比較して計算量が多く，従来ではサンプル時間の大きなプラント系や時定数の大きなシステムへ適用されることが多かったが，近年の計算機の発達や近似を導入した高速解法などにより，比較的応答の速い系への応用もなされてきている。また，閉ループ系の解析も盛んに行われており，安定性を保証する評価関数の設定法などに関する研究報告もなされている。

MPC を適用する利点としては，評価関数を最適化することにより制御性能や制御入力を考慮した設計が可能であること，また，システムの有する制約を陽に考慮して制御系設計を考えることが可能である点が挙げられる。著者らの経験では，マルチロータヘリコプタの操縦は，機体がどのような挙動を示すかを把握しつつその時々の風などの状況に合わせて最適な操舵を行う必要があり，この点から言って実時間での最適化を行う MPC をヘリコプタの誘導制御に適用することは，現実的であり妥当であると考える。また，前述したとおり，複数機のフォーメーション飛行では衝突回避などの問題が存在するため，制約を考慮できる MPC が有効であると考えられる。

ここでは，特定のリーダ機に他の機体群が追従するリーダ・フォロイング型の編隊飛行を行うために，フォロワ機へ与える目標軌道を示し，それに追従するための制御系をモデル予測制御を適用して設計する方法を紹介する。その際，通信可能距離や衝突回避を考慮した最適制御問題として定式化を行う。また，状態推定には外乱オブザーバを適用している。本手法を用いて設計した制御器を実装し，編隊飛行制御実験を行い良好な結果を得ている。位置の制約に関する性能を実験により検証し，さらに，風外乱下における飛行実験を行い制御系のロバスト性について実験的に検証している[3, 4]。

21.8.1　制御対象と座標系

地上固定座標系 (X,Y,Z) と機体固定座標系 (X_b,Y_b,Z_b) を図 21.32 に示す。機体の姿勢は地上固定座標系に対する機体固定座標系の向きとしてオイラー角を用いる。ここで定義するオイラー角は航空機の運動に用いられるものである。これは X-Y-Z 系と系の原点を一致させ，X-Y-Z 系を Z 軸まわりに角度 ψ，Y 軸まわりに θ，X 軸まわりに ϕ の順に回転させるという定義になっている。これらの回転角度 ψ, θ, ϕ をそれぞれヨー角，ピッチ角，ロール角と呼ぶ。また，$X'Y'$ 平面が XY 平面に常に水平でヨー角のみ回転する座標系 $(X'\ Y'\ Z')$ を導入する。ピッチ角，ロール角が十分小さいとき $X'Y'$ 平面 X_bY_b 平面は平行であるとする。

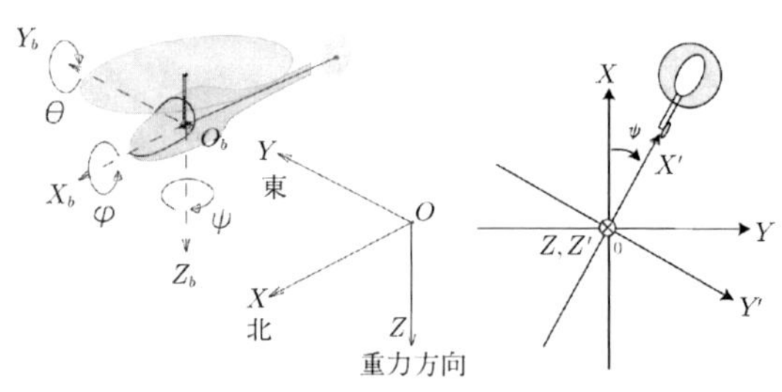

(a) 地上固定座標系と機体固定座標系　(b) $(X'Y'Z')$ 座標系

図 21.32　座標系

21.8.2　制御系設計

フォーメーションの構成法としては，ある指定されたリーダに各フォロワが追従する，リーダ・フォロワと呼ばれる方法を用いる。誘導制御設計に関して，まず，先行研究に基づき並進方向の速度制御系および位置モデルを構築する。次いで，MPC により有限区間の次形式評価関数を最小化する制御器を導出する。その際，衝突回避や移動可能範囲の制約など状態量に関する制約を考慮して評価関数を拡張し，制御系を設計する。

(1) 制御系の構成

図 21.33 に提案するフォーメーション飛行制御システムの構成を示す。システムは各機体に与える目標値を決定するパスプランナー，パスプランナーにより指定された目標値へヘリコプタを追従させるために各機体に実装される制御器および各ヘリコプタからなる。それぞれのヘリコプタは他の機体の位置情報を無線により取得することができるとする。各小型無人ヘリコプタの飛行制御系は，大きく分けて航法，誘導，姿勢制御の 3 つの機能で構成される。

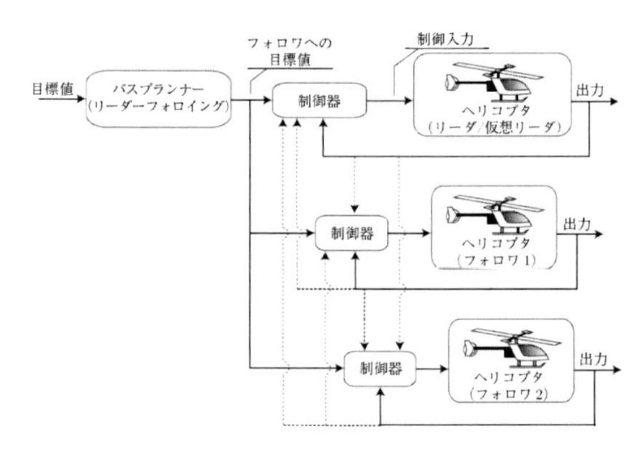

図 21.33　フォーメーション飛行制御系

図 21.34 のように，GPS/INS 航法によりセンサデータから機体の位置，速度を推定する。誘導制御系（位置・速度制御系）は得られたデータを用いて，機体が指定した軌道を飛行するように姿勢角指令値を生成し，姿勢制御によりその指令値に機体の姿勢角を追従させる。また，安全のために各制御器の出力端にリミッタを挿入している。ここでは，ヘリコプタの並進運動に関して着目してフォーメーション飛行制御系の設計を

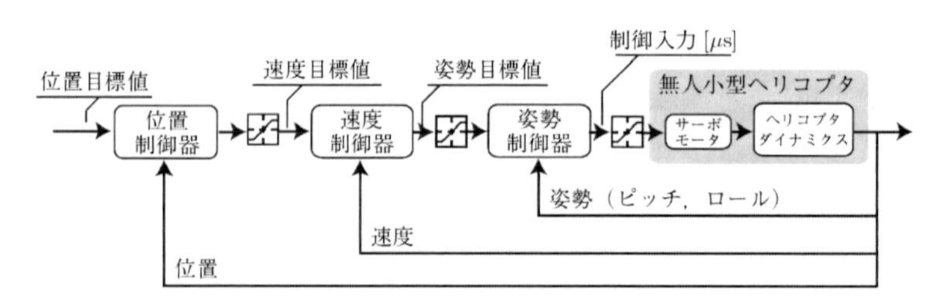

図 21.34　自律制御系

行っていき，図 21.34 の一番外側のループである位置制御系を編隊飛行用の制御器として設計する。以降では，編隊飛行を行うための目標軌道生成，制御系設計のための数式モデルの導出および制御系設計について述べる。

(2) 編隊の構成

地上固定座標系におけるリーダの位置目標値を (x_l, y_l) 方位角を ψ_l とする。そして，p 番目の機体フォロワへの目標軌道 (X_{r_p}, Y_{r_p}) を次のように与える。

$$\begin{bmatrix} X_{r_p} \\ Y_{r_p} \end{bmatrix} = \begin{bmatrix} X_l + R_p \cos\psi_l - L_p \sin\psi_l \\ Y_l + R_p \sin\psi_l + L_p \cos\psi_l \end{bmatrix}$$
$$(p = 1, 2, \ldots, n) \tag{21.76}$$

ここで，R_p, L_p はフォロワの，リーダからのオフセットである。隊列の形状を変更する場合には，R_p, L_p を指定することで行うことができる。式 (21.76) を図示すると図 21.35 になる。

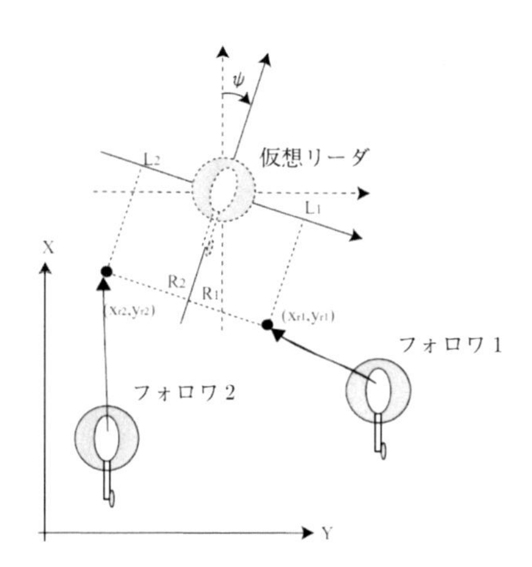

図 21.35 リーダ・フォロワのフォーメーション飛行の座標系

いま，リーダは実際の機体でも仮想的に設定した機体でもかまわない。各フォロワがそれぞれの目標値に追従するように，各機体毎に制御系を構成する。なお，以降では p 番目のフォロワに関する記号は添字 p とする。このようにシンプルに各機体への目標値によってフォーメーションを構成する利点としては，編隊を構成しているヘリコプタにトラブルが生じて制御不能の状態に陥っても，その他の機体の制御に影響を与えないという点が挙げられる。この他のフォーメーション構成法としては，各機体同士の相対位置を一定に制御することでフォーメーションを実現する方法が考えられるが，この場合，ある機体の制御もしくは計測システムに異常が生じて相対位置制御が発散してしまった際に，それが他の機体の制御に影響し，フォーメーション制御系全体を発散に至らしめる可能性がある。本研究で対象とするマルチロータヘリコプタのフォーメーション制御においてそのような状況になった場合，機体の墜落や衝突の危険性が高まるため，実験を安全に行うことや信頼性の高いシステムを構築するという観点から考えて，式 (21.76) のようにフォーメーションを構成することは妥当であると考える。

(3) 姿勢制御系および速度制御系

ここからは式 (21.76) で生成された目標軌道に追従するフォロワ機の制御系について述べる。姿勢制御系は本書の第 13 章 13.4 節「回転翼空中ロボットの制御」を参照されたい。結果的には LQG 制御理論により制御系設計を行っている。速度制御系は，位置制御器の演算結果である速度指令値を達成するために必要な姿勢角を計算し，姿勢角指令値として姿勢制御器に出力する役割を担っている。ヘリコプタの 10 m/s 程度の低速速度域での並進速度モデルは次式で表すことができる。

$$\begin{aligned} \dot{\boldsymbol{x}}'_v(t) &= \boldsymbol{A}_v \boldsymbol{x}'_v(t) + \boldsymbol{B}_v \boldsymbol{u}'(t) \\ \boldsymbol{y}'_v(t) &= \boldsymbol{C}_v \boldsymbol{x}'_v(t) \end{aligned} \tag{21.77}$$

ただし，

$$\boldsymbol{A}_v = \begin{bmatrix} 0 & 1 & 0 & 0 \\ aT & a-Y & 0 & 0 \\ 0 & 0 & 0 & 1 \\ 0 & 0 & aT & a-T \end{bmatrix},$$

$$\boldsymbol{B}_v = \begin{bmatrix} 0 & 0 \\ -gT & 0 \\ 0 & 0 \\ 0 & gT \end{bmatrix}$$

$$\boldsymbol{C}_v = \begin{bmatrix} 1 & 0 & 0 & 0 \\ 0 & 0 & 1 & 0 \end{bmatrix}$$

$$\boldsymbol{x}'_v(t) = \begin{bmatrix} \dot{X}' & \ddot{X}' & \dot{Y}' & \ddot{Y}' \end{bmatrix}^T,$$

$$\boldsymbol{u}'(t) = \begin{bmatrix} \theta(t) & \phi(t) \end{bmatrix}$$

g は重力加速度である。式 (21.77) は $X'Y'$ 座標系における速度モデルであるが，計測される速度は XY 座標系の量として得られるため，方位角 ψ を用いて，次のように座標変換を行う。

$$\begin{bmatrix} \dot{X} \\ \dot{Y} \end{bmatrix} = \begin{bmatrix} \cos\psi & -\sin\psi \\ \sin\psi & \cos\psi \end{bmatrix} \begin{bmatrix} \dot{X}' \\ \dot{Y}' \end{bmatrix}$$
$$\begin{bmatrix} u_X \\ u_Y \end{bmatrix} = \begin{bmatrix} \cos\psi & -\sin\psi \\ \sin\psi & \cos\psi \end{bmatrix} \begin{bmatrix} \theta \\ \phi \end{bmatrix} \tag{21.78}$$

XY 座標系に座標変換された速度モデルは次のようになる。

$$\begin{aligned} \dot{x}_v(t) &= A_v x_v(t) + B_v u_v(t) \\ y_v(t) &= C_v x_v(t) \\ x_v(t) &= \begin{bmatrix} \dot{X}(t) & \ddot{X}(t) & \dot{Y}(t) & \ddot{Y}(t) \end{bmatrix}^T \\ u_v(t) &= \begin{bmatrix} u_X & u_Y \end{bmatrix}^T \end{aligned} \tag{21.79}$$

いま，p 番目のフォロワの速度モデルを次のように添字 p を用いて表すこととする。

$$\begin{aligned} \dot{\boldsymbol{x}}_{v_p}(t) &= \boldsymbol{A}_v \boldsymbol{x}_{v_p}(t) + \boldsymbol{B}_v \boldsymbol{u}_{v_p}(t) \\ \boldsymbol{y}_{v_p}(t) &= \boldsymbol{C}_v \boldsymbol{x}_{v_p}(t) \end{aligned} \tag{21.80}$$

上記の速度モデルに基づき LQI 制御器を設計し，速度閉ループ系を構成する。速度指令値 $\boldsymbol{e}_{v_p} = \boldsymbol{r}_{v_p} - \boldsymbol{y}_{v_p}$ と出力 $\boldsymbol{\epsilon}_{v_p}$ との誤差の積分をとして拡大系を次式のように構成する。

$$\begin{aligned} \dot{\boldsymbol{x}}_{va_p} &= \boldsymbol{A}_{va} \boldsymbol{x}_{va_p}(t) + \boldsymbol{B}_{va} \boldsymbol{u}_{v_p}(t) + \boldsymbol{G}_{va} \boldsymbol{r}_{v_p}(t) \\ \boldsymbol{A}_{va} &= \begin{bmatrix} \boldsymbol{A} & \boldsymbol{0}_{4\times2} \\ -\boldsymbol{C} & \boldsymbol{0}_{2\times2} \end{bmatrix}, \quad \boldsymbol{B}_{va} = \begin{bmatrix} \boldsymbol{B} \\ \boldsymbol{0}_{2\times2} \end{bmatrix}, \\ \boldsymbol{G}_{va} &= \begin{bmatrix} \boldsymbol{0}_{4\times2} \\ \boldsymbol{I}_2 \end{bmatrix} \\ \boldsymbol{x}_{ua_p}(t) &= \begin{bmatrix} x_{v_p}^T(t) & \epsilon_{v_p}^T(t) \end{bmatrix}^T \end{aligned} \tag{21.81}$$

このとき，次の評価関数

$$J_{v_p} = \int_0^\infty \{\boldsymbol{x}_{va_p}^T(\tau)\boldsymbol{Q}_v \boldsymbol{x}_{va_p}(\tau) + \boldsymbol{u}_{v_p}^T(\tau)\boldsymbol{R}_v \boldsymbol{u}_{v_p}(\tau)\}\mathrm{d}\tau,$$
$$\boldsymbol{Q}_v \geq \boldsymbol{0}, \quad \boldsymbol{R}_v > \boldsymbol{0} \tag{21.82}$$

を最小にするフィードバック入力は

$$\begin{aligned} \boldsymbol{u}_{v_p}(t) &= -\boldsymbol{F}_v \boldsymbol{x}_{va_p}(t) \\ &= -\boldsymbol{F}_{v1} \boldsymbol{x}_{v_p}(t) - \boldsymbol{F}_{v2} \int_0^t \boldsymbol{e}_{v_p}(\tau)\mathrm{d}\tau \\ \boldsymbol{F}_u &= \begin{bmatrix} \boldsymbol{F}_{v1} & \boldsymbol{F}_{v2} \end{bmatrix} = \boldsymbol{R}_v^{-1} \boldsymbol{B}_{va}^T \boldsymbol{P}_v, \\ \boldsymbol{P}_v \boldsymbol{A}_{va} &+ \boldsymbol{A}_{va}^T \boldsymbol{P}_v - \boldsymbol{P}_v \boldsymbol{B}_{va} \boldsymbol{R}_v^{-1} \boldsymbol{B}_{va}^T \boldsymbol{P}_v + \boldsymbol{Q}_v = 0 \end{aligned} \tag{21.83}$$

となる。ここで，式 (21.83) はリカッチ型代数方程式であり，$\boldsymbol{P}_v$ はその正定対称行列である。式 (21.83) は目標速度に追従するために必要な姿勢角であり，インナーループの姿勢制御器に対する姿勢角指令値となる。姿勢制御系ではオイラー角に基づき制御を行うため，式 (21.83) を次のように座標変換する。

$$\begin{bmatrix} \theta_{r_p} \\ \phi_{r_p} \end{bmatrix} = \begin{bmatrix} \cos\psi_p & \sin\psi_p \\ -\sin\psi_p & \cos\psi_p \end{bmatrix} \begin{bmatrix} u_{X_p} \\ u_{Y_p} \end{bmatrix} \tag{21.84}$$

ここで，θ_{r_p} はピッチ角指令値，ϕ_{r_p} はロール角指令値である。姿勢制御系は速度制御系にとって仮想的なアクチュエータの働きをしているが，姿勢制御系の応答が十分速いため，速度制御系の設計においてはその伝達関数を 1 として近似している。

(4) 位置モデル

最も外側の位置制御系の設計に関して説明する。位置制御器は式 (21.76) の目標値に追従するために必要な速度を速度指令値として，速度制御系へ出力する。位置制御器の設計に際しては，インナーループである速度制御系を設計モデルとして数式化し用いることとする。その際，速度制御系のオブザーバや姿勢制御系の応答は位置のダイナミクスに比べ十分早いものと仮定し，伝達関数を 1 として扱う。式 (21.80) と式 (21.83) より，速度閉ループ系は次式で表すことができる。

$$\begin{aligned} \dot{\boldsymbol{x}}_{va_p}(t) &= \boldsymbol{A}_{va} \boldsymbol{x}_{va_p}(t) - \boldsymbol{B}_{va} \boldsymbol{F}_v \boldsymbol{x}_{va_p}(t) + \boldsymbol{G}_{va} \boldsymbol{r}_{v_p}(t) \\ &= (\boldsymbol{A}_{va} - \boldsymbol{B}_{va} \boldsymbol{F}_v) \boldsymbol{x}_{va_p}(t) + \boldsymbol{G}_{va} \boldsymbol{r}_{v_p}(t) \end{aligned} \tag{21.85}$$

式 (21.85) に積分器を付加し位置モデルとする。以上より，入力を速度指令値としたヘリコプタの位置モデルは次式となる。

$$\begin{aligned} \dot{\boldsymbol{x}}_p(t) &= \boldsymbol{A} \boldsymbol{x}_p(t) + \boldsymbol{B} \boldsymbol{r}_{v_p}(t) \\ \boldsymbol{y}_p(t) &= \boldsymbol{C} \boldsymbol{x}_p(t) \\ \boldsymbol{A} &= \begin{bmatrix} 0 & 0\ 1\ 0\ 0\ 0\ 0\ 0 \\ 0 & 0\ 0\ 0\ 1\ 0\ 0\ 0 \\ \boldsymbol{0}_{6\times1} & \boldsymbol{A}_{va} - \boldsymbol{B}_{va} \boldsymbol{F}_v \end{bmatrix}, \\ \boldsymbol{B} &= \begin{bmatrix} \boldsymbol{0}_{2\times2} \\ \boldsymbol{G}_{va} \end{bmatrix}, \\ \boldsymbol{C} &= \begin{bmatrix} \boldsymbol{I}_2 & \boldsymbol{0}_{2\times6} \end{bmatrix} \end{aligned}$$

$$\boldsymbol{x}_p(t) = \begin{bmatrix} X_p(t) & Y_p(t) & \boldsymbol{x}_{va_p}^T(t) \end{bmatrix}^T \tag{21.86}$$

実験データとモデルの出力の比較を図 21.36 に示す。図より，モデルがヘリコプタのダイナミクスをよく近似できていることがわかる。

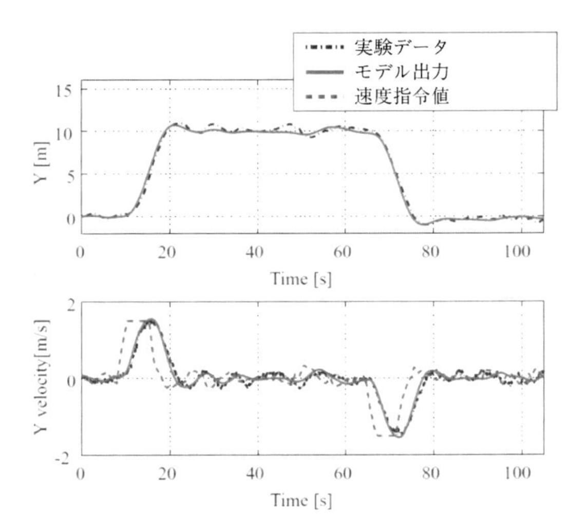

図 21.36　実験データとモデル出力の比較

21.8.3　モデル予測制御による位置制御系設計

ここでは，フォーメーションを構成するフォロワ機の位置制御にモデル予測制御を適用し，制御系設計を行う。モデル予測制御とは，数式モデルを用いて有限時間の応答を予測し，目標値への追従や制約を考慮した最適制御問題を解き，求められた制御入力の最初の値を制御対象に印加するという操作をサンプル時間毎に繰り返す制御手法である。最適制御の評価区間が時間とともに動いていくため Recending Horizon Control とも呼ばれる。ここでは，位置など状態量に制約がある場合の最適性の条件を導出する。なお，本稿ではすべての機体間での通信が可能であると仮定する。

目標値への追従性能を向上させるために，サーボ系を構成する。位置目標値 $r_p(t) = [X_{r_p} \quad Y_{r_p}]^T$ と出力との偏差の積分 $\boldsymbol{\epsilon}_p$ を状態変数に含めた拡大状態方程式を次のように構成する。

$$\dot{\boldsymbol{x}}_{a_p}(t) = \boldsymbol{A}_a \boldsymbol{x}_{a_p}(t) + \boldsymbol{B}_a \boldsymbol{r}_{v_p} + \boldsymbol{G}_a \boldsymbol{r}_p(t)$$

$$\boldsymbol{A}_a = \begin{bmatrix} \boldsymbol{A} & \boldsymbol{0}_{8\times 2} \\ -\boldsymbol{C} & \boldsymbol{0}_{2\times 2} \end{bmatrix}, \quad \boldsymbol{B}_a = \begin{bmatrix} \boldsymbol{B} \\ \boldsymbol{0}_{2\times 2} \end{bmatrix},$$

$$\boldsymbol{G}_a = \begin{bmatrix} \boldsymbol{0}_{8\times 2} \\ \boldsymbol{I}_2 \end{bmatrix},$$

$$\boldsymbol{x}_{a_p} = \begin{bmatrix} \boldsymbol{x}_p^T & \boldsymbol{\epsilon}_p^T \end{bmatrix}^T \tag{21.87}$$

次に，複数機飛行時の制約条件を設定する。式 (21.76) において (R_p, L_p) を変更して隊列を変形する際などに，機体間の通信可能距離を考慮し，フォロワ機 p のリーダ機に対する相対位置 $X_{\min} \leq (X_p - X_l) \leq X_{\max}$, $Y_{\min} \leq (Y_p - Y_l) \leq Y_{\max}$ に制限するため，拘束条件として次の条件を設定する。

$$\begin{aligned} g_1(x_{a_p}) &= X_{\min} - (X_p - X_l) \leq 0 \\ g_2(x_{a_p}) &= (X_p - X_l) - X_{\max} \leq 0 \\ g_3(x_{a_p}) &= Y_{\min} - (Y_p - Y_l) \leq 0 \\ g_4(x_{a_p}) &= (Y_p - Y_l) - Y_{\max} \leq 0 \end{aligned} \tag{21.88}$$

なお，式 (21.76) より式 (21.88) は次式と書くことができる。

$$\begin{aligned} g_1(\boldsymbol{x}_{a_p}) &= X_{\min} - (X_p - X_{r_p} + R_p \cos\psi_l - L_p \sin\psi_l) \leq 0 \\ g_2(\boldsymbol{x}_{a_p}) &= (X_p - X_{r_p} + R_p \cos\psi_l - L_p \sin\psi_l) - X_{\max} \leq 0 \\ g_3(\boldsymbol{x}_{a_p}) &= Y_{\min} - (Y_p - Y_{r_p} + R_p \sin\psi_l + L_p \cos\psi_l) \leq 0 \\ g_4(\boldsymbol{x}_{a_p}) &= (Y_p - Y_{r_p} + R_p \sin\psi_l + L_p \cos\psi_l) - Y_{\max} \leq 0 \end{aligned} \tag{21.89}$$

これらの条件に対して次のようなペナルティ関数を設定する。

$$P_l = \begin{cases} \{g_l(\boldsymbol{x}_{a_p}) - \frac{\mu_k}{2} h_k(t)\}^2 + 3\{\frac{\mu_k h_k(t)}{2}\}^2, g_l(\boldsymbol{x}_{a_p}) > 0 \\ \frac{(\mu_k h_k(t))^3}{g_l(\boldsymbol{x}_{a_p}) + \mu_k h_k(t)}, g_l(\boldsymbol{x}_{a_p}) \leq 0 \end{cases}$$

$$(l = 1, 2, 3, 4)$$

ここで，

$$\mu_k > \mu_{k+1} > 0, \quad \lim_{k\to\infty} \mu_k = 0, \quad h_k(t) \geq 0 \tag{21.90}$$

であり，$g_l < 0$ のとき最適軌道上では $h_k(t) = 0$ となる。本研究では，

$$h_k(t) = \begin{cases} k_h g_1(\boldsymbol{x}_{a_p})\sqrt{|X_{min} - (X_{r_p} - X_l)|}, & g_1(\boldsymbol{x}_{a_p}) > 0 \\ k_h g_2(\boldsymbol{x}_{a_p})\sqrt{|(X_{r_p} - X_l) - X_{max}|}, & g_2(\boldsymbol{x}_{a_p}) > 0 \\ k_h g_3(\boldsymbol{x}_{a_p})\sqrt{|Y_{min} - (Y_{r_p} - X_l)|}, & g_3(\boldsymbol{x}_{a_p}) > 0 \\ k_h g_4(\boldsymbol{x}_{a_p})\sqrt{|(Y_{r_p} - Y_l) - Y_{max}|}, & g_4(\boldsymbol{x}_{a_p}) > 0 \end{cases} \tag{21.91}$$

とした。さらに，機体 p に対する機体 (p,q) 間の衝突を回避するための項を以下のように与える。

$$P_c = Kln\{a_p^2(X_p - X_q)^2 + b_p^2(Y_p - Y_q)^2\}$$
$$K = \begin{cases} K_0, & \sqrt{(X_p - X_q)^2 + (Y_p - Y_q)^2} < d \\ 0, & \sqrt{(X_p - X_q)^2 + (Y_p - Y_q)^2} \geq d \end{cases} \tag{21.92}$$

ここで，K_0, a_p, b_p は設計用のチューニングパラメータである。以上のような制約条件のもとでの最適制御問題を考えていく。まず，次の評価関数を導入する。

$$J = \int_t^{t+T} L(\boldsymbol{x}_{a_p}(\tau), \boldsymbol{r}_{v_p}(\tau))\mathrm{d}\tau + \Phi(\boldsymbol{x}_{a_p}(t+T)) \tag{21.93}$$

ここで，

$$\begin{aligned} L(\boldsymbol{x}_a(\tau), \boldsymbol{r}_{v_p}(\tau)) &= \frac{1}{2}\{(\boldsymbol{x}_{a_p}(\tau) - \boldsymbol{x}_{r_p}(\tau))^T \\ &\quad \boldsymbol{Q}(\boldsymbol{x}_{a_p}(\tau) - \boldsymbol{x}_{r_p}(\tau)) + \boldsymbol{r}_{v_p}(\tau)^T \boldsymbol{R} \boldsymbol{r}_{v_p}(\tau)\} \\ \Phi(\boldsymbol{x}_{a_p}(t+T)) &= \frac{1}{2}(\boldsymbol{x}_{a_p}(t+T) - \boldsymbol{x}_{r_p}(t+T))^T \\ &\quad \boldsymbol{S}(\boldsymbol{x}_{a_p}(t+T) - \boldsymbol{x}_{r_p}(t+T)) \\ \boldsymbol{Q}, \boldsymbol{S} &\geq 0, \quad \boldsymbol{R} > 0 \\ \boldsymbol{x}_{r_p}(t) &= \begin{bmatrix} X_{r_p}(t) & Y_{r_p}(t) & \boldsymbol{0}_{1\times 8} \end{bmatrix}^T \end{aligned} \tag{21.94}$$

である。次に，式 (21.87), (21.91), (21.92) を用いて次のように拡張する。

$$\begin{aligned} J_a &= \int_t^{t+T} L^*(\boldsymbol{x}_{a_p}(\tau), \boldsymbol{r}_{v_p}(\tau))\mathrm{d}\tau + \Phi(\boldsymbol{x}_{a_p}(t+T)) \\ &\quad + \frac{1}{\mu_k}\sum_{l=1}^{4}\int_t^{t+T} P_l \mathrm{d}t' + \sum_{p\neq q}^{n}\int_t^{t+T} P_c \mathrm{d}\tau' \end{aligned} \tag{21.95}$$

ここで，

$$\begin{aligned} L^*(\boldsymbol{x}_{a_p}(\tau), \boldsymbol{r}_{v_p}(\tau)) &= L(\boldsymbol{x}_{a_p}(\tau), \boldsymbol{r}_{v_p}(\tau)) \\ &\quad + \boldsymbol{\lambda}_p^T(\tau)\{\boldsymbol{A}_a \boldsymbol{x}_{a_p}(\tau) + \boldsymbol{B}_a \boldsymbol{r}_{v_p}(\tau) + \boldsymbol{G}_a \boldsymbol{r}_p(\tau) - \dot{\boldsymbol{x}}_{a_p}(\tau)\} \end{aligned} \tag{21.96}$$

であり，$\boldsymbol{\lambda}_p$ は随伴変数ベクトル（ラグランジュ乗数ベクトル）である。式 (21.96) の積分項をまとめると

$$\begin{aligned} J_a &= \int_t^{t+T} \left\{ L^*(\boldsymbol{x}_{a_p}(\tau), \boldsymbol{r}_{v_p}(\tau)) + \frac{1}{\mu_k}\sum_{l=1}^{4} P_l + \sum_{p\neq q}^{n} P_c \right\} \mathrm{d}\tau \\ &\quad + \Phi(x_{a_p}(t+T)) \end{aligned} \tag{21.97}$$

と書ける。ここで，式 (21.97) の J_a は変関数 $\boldsymbol{x}_{a_p}$, $\boldsymbol{r}_{v_p}$ および随伴変数ベクトル $\boldsymbol{\lambda}_p$ の関数と考えている。簡単のため式 (21.97) 右辺被積分項を次のように置くこととする。

$$\begin{aligned} &L^\dagger(\boldsymbol{x}_{a_p}(\tau), \boldsymbol{r}_{v_p}(\tau)) \\ &\quad = L^*(\boldsymbol{x}_{a_p}(\tau), \boldsymbol{r}_{v_p}(\tau)) + \frac{1}{\mu_k}\sum_{l=1}^{4} P_l + \sum_{p\neq q}^{n} P_c \end{aligned} \tag{21.98}$$

式 (21.98) より拡張評価関数は

$$J_a = \int_t^{t+T} L^\dagger(\boldsymbol{x}_{a_p}(\tau), \boldsymbol{r}_{v_p}(\tau))\mathrm{d}\tau + \Phi(\boldsymbol{x}_{a_p}(t+T)) \tag{21.99}$$

となる。続いて，拡張評価関数 J_a の停留条件を求めていく。$\boldsymbol{x}_{a_p}$, $\boldsymbol{r}_{v_p}$ および $\boldsymbol{\lambda}_p$ に関するオイラー–ラグランジュの方程式は次式となる。

$$\frac{\partial L^\dagger}{\partial \boldsymbol{x}_{a_p}} - \frac{\mathrm{d}}{\mathrm{d}t}\left(\frac{\partial L^\dagger}{\partial \dot{\boldsymbol{x}}_{a_p}}\right) = \boldsymbol{0} \tag{21.100}$$

$$\frac{\partial L^\dagger}{\partial \boldsymbol{r}_{v_p}} - \frac{\mathrm{d}}{\mathrm{d}t}\left(\frac{\partial L^\dagger}{\partial \dot{\boldsymbol{r}}_{v_p}}\right) = \boldsymbol{0} \tag{21.101}$$

$$\frac{\partial L^\dagger}{\partial \boldsymbol{\lambda}_p} - \frac{\mathrm{d}}{\mathrm{d}t}\left(\frac{\partial L^\dagger}{\partial \dot{\boldsymbol{\lambda}}_p}\right) = \boldsymbol{0} \tag{21.102}$$

式 (21.100)～(21.102) より最適性の条件を列記すると以下のようになる。

$$\dot{\boldsymbol{x}}_{a_p}(t) = \boldsymbol{A}_a \boldsymbol{x}_{a_p}(t) + \boldsymbol{B}_a \boldsymbol{r}_{v_p}(t) + \boldsymbol{G}_a \boldsymbol{r}_p(t) \tag{21.103}$$

$$\boldsymbol{0} = \boldsymbol{R}\boldsymbol{r}_{v_p}(t) + \boldsymbol{B}_a^T \boldsymbol{\lambda}_p(t) \tag{21.104}$$

$$\begin{aligned} -\dot{\boldsymbol{\lambda}}_p(t) &= \boldsymbol{Q}(\boldsymbol{x}_{a_p}(t) - \boldsymbol{x}_{r_p}(t)) + \boldsymbol{A}_a^T \boldsymbol{\lambda}_p(t) \\ &\quad + \frac{1}{\mu_k}\sum_{l=1}^{4}\frac{\partial P_l}{\partial \boldsymbol{x}_{a_p}}^T + \sum_{p\neq q}^{n}\frac{\partial P_c}{\partial \boldsymbol{x}_{a_p}}^T \end{aligned} \tag{21.105}$$

$$\boldsymbol{x}_{a_p}(t) = \begin{bmatrix} \boldsymbol{x}_p(t)^T & \boldsymbol{\epsilon}_p(t)^T \end{bmatrix}^T \tag{21.106}$$

$$\boldsymbol{\lambda}_p(t+T) = \boldsymbol{S}(\boldsymbol{x}_{a_p}(t+T) - \boldsymbol{x}_{r_p}(t+T)) \tag{21.107}$$

ここで，式 (21.103), (21.104) は状態量の初期条件お

よび随伴変数ベクトルの終端条件である。上記の式を解くことで，最適な制御入力列を計算することができる。式 (21.103)〜(21.107) に示した一連の式は連続時間系における条件を表しているが，実際にはこれらを解くアルゴリズムを計算機に実装しシミュレーションや実験を行うことになるため，離散近似を施した最適性の条件を導出しておく必要がある。ここでは，T [s] の評価区間をサンプル数 N で離散することを考え，オイラー法を用いて離散化された最適性の条件を導出する。まず，式 (21.103) を差分により近似すると次のように書ける。

$$\frac{\boldsymbol{x}_{a_{pi+1}}(t)-\boldsymbol{x}_{a_{pi}}(t)}{\Delta t} = \boldsymbol{A}_a\boldsymbol{x}_{a_{p_i}}(t)+\boldsymbol{B}_a\boldsymbol{r}_{v_{p_i}}(t)+\boldsymbol{G}_a\boldsymbol{r}_{p_i}(t) \tag{21.108}$$

式 (21.108) を変形すると

$$\boldsymbol{x}_{a_{p_{i+1}}}(t)=(\boldsymbol{I}+\Delta t\boldsymbol{A}_a)\boldsymbol{x}_{a_{p_i}}(t)+\Delta t\boldsymbol{B}_a\boldsymbol{r}_{v_{p_i}}(t) + \Delta t\boldsymbol{G}_a\boldsymbol{r}_{p_i}(t) \tag{21.109}$$

となる。ここで，

$$\begin{aligned}\boldsymbol{A}_d&=(\boldsymbol{I}+\Delta t\boldsymbol{A}_a)\\ \boldsymbol{B}_d&=\Delta t\boldsymbol{B}_a\\ \boldsymbol{G}_d&=\Delta t\boldsymbol{G}_a\end{aligned} \tag{21.110}$$

とおくと，式 (21.109) は

$$\boldsymbol{x}_{a_{p_{i+1}}}(t)=\boldsymbol{A}_d\boldsymbol{x}_{a_{p_i}}(t)+\boldsymbol{B}_d\boldsymbol{r}_{v_{p_i}}(t)+\boldsymbol{G}_d\boldsymbol{r}_{p_i}(t) \tag{21.111}$$

と書ける。式 (21.107) についても同様に微分を差分近似すると次式のように書ける。

$$-\frac{\boldsymbol{\lambda}_{p_{i+1}}-\boldsymbol{\lambda}_{p_i}(t)}{\Delta t}=\boldsymbol{Q}(\boldsymbol{x}_{a_{p_i}}(t)-\boldsymbol{x}_{r_{p_i}}(t))+\boldsymbol{A}_a^T\boldsymbol{\lambda}_{p_{i+1}}(t) + \left[\frac{1}{\mu_k}\sum_{l=1}^{4}\frac{\partial P_l}{\partial \boldsymbol{x}_{a_{p_i}}}\right]^T+\left[\sum_{p\neq q}^{n}\frac{\partial P_c}{\partial \boldsymbol{x}_{a_{p_i}}}\right]^T \tag{21.112}$$

これを変形すると

$$\boldsymbol{\lambda}_{p_i}(t)=\Delta t\boldsymbol{Q}(\boldsymbol{x}_{a_{p_i}}(t)-\boldsymbol{x}_{r_{p_i}}(t))+(\boldsymbol{I}+\Delta t\boldsymbol{A}_a)^T\boldsymbol{\lambda}_{p_{i+1}}(t) + \Delta t\left[\frac{1}{\mu_k}\sum_{l=1}^{4}\frac{\partial P_l}{\partial \boldsymbol{x}_{a_{p_i}}}\right]^T+\Delta t\left[\sum_{p\neq q}^{n}\frac{\partial P_c}{\partial \boldsymbol{x}_{a_{p_i}}}\right]^T \tag{21.113}$$

式 (21.113) において，

$$\begin{aligned}\boldsymbol{Q}_d&=\Delta t\boldsymbol{Q}\\ P_{dl}&=\frac{1}{\mu_k}\Delta tP_l\\ P_{dc}&=\Delta tP_c\end{aligned} \tag{21.114}$$

とおくと

$$\boldsymbol{\lambda}_{p_i}(t)=\boldsymbol{Q}_d(\boldsymbol{x}_{a_{p_i}}(t)-\boldsymbol{x}_{r_{p_i}}(t))+\boldsymbol{A}_d^T\boldsymbol{\lambda}_{p_{i+1}}(t) + \left[\sum_{l=1}^{4}\frac{\partial P_{dl}}{\partial \boldsymbol{x}_{a_{p_i}}}\right]^T+\left[\sum_{p\neq q}^{n}\frac{\partial P_{dc}}{\partial \boldsymbol{x}_{a_{p_i}}}\right]^T \tag{21.115}$$

式 (21.104) において両辺を Δt 倍すると

$$\boldsymbol{0}=\Delta t\boldsymbol{R}\boldsymbol{r}_{v_{p_i}}(t)+\Delta t\boldsymbol{B}_a^T\boldsymbol{\lambda}_{p_i}(t) \tag{21.116}$$

と書ける。以上より，離散近似された最適性の条件が以下のように得られる。

$$\boldsymbol{x}_{a_{p_{i+1}}}(t)=\boldsymbol{A}_d\boldsymbol{x}_{a_{p_i}}(t)+\boldsymbol{B}_d\boldsymbol{r}_{v_{p_i}}(t)+\boldsymbol{G}_d\boldsymbol{r}_{p_i}(t) \tag{21.117}$$

$$\boldsymbol{x}_{a_{p_0}}(t)=\boldsymbol{x}_{a_p}(t) \tag{21.118}$$

$$\boldsymbol{0}=\boldsymbol{R}_d\boldsymbol{r}_{v_pi}(t)+\boldsymbol{B}_d^T\boldsymbol{\lambda}_{p_{i+1}}(t) \tag{21.119}$$

$$\boldsymbol{\lambda}_{p_i}(t)=\boldsymbol{Q}_d(\boldsymbol{x}_{a_{p_i}}(t)-\boldsymbol{x}_{r_{p_i}}(t)) + \boldsymbol{A}_d^T\boldsymbol{\lambda}_{p_{i+1}}(t)+\sum_{l=1}^{4}\frac{\partial P_l}{\partial \boldsymbol{x}_{a_p}}^T+\sum_{p\neq q}^{n}\frac{\partial P_c}{\partial \boldsymbol{x}_{a_p}}^T \tag{21.120}$$

$$\boldsymbol{\lambda}_{p_N}(t)=\boldsymbol{S}(\boldsymbol{x}_{a_{p_N}}(t)-\boldsymbol{x}_{p_N}(t)) \tag{21.121}$$

$$(i=0,1,2,\ldots,N-1)$$

ここで，式 (21.117) は式 (21.87) をサンプル時間 T/N [s] で離散化したものであり，$\boldsymbol{x}_{a_{p_i}}$ は $\boldsymbol{x}_{a_p}(t)$ を初期状態とする離散近似最適制御問題の i ステップ目の状態を表している。また，式 (21.120) 右辺第 3 項および第 4 項は制約条件にかからないとき零となる。以上，式 (21.117)〜(21.121) を解いて制御入力を決定する。まず，時刻 t における状態量に対して，式 (21.117), (21.118) を用いて状態量の系列を計算し応答を予測する。これを用いて式 (21.120), (21.118) から $\{\boldsymbol{\lambda}_{a_{p_i}}(t)\}_{i=0}^N$ が求まり，最終的に式 (21.119) より速度指令値の系列 $\{\boldsymbol{r}_{v_{p_i}}(t)\}_{i=0}^{N-1}$ が計算される。以上より，時刻 t における速度指令値が $\boldsymbol{r}_{v_p}(t)=\boldsymbol{r}_{v_{p_0}}(t)$ と決まる。

21.8.4　規範モデル追従型モデル予測制御

目標軌道に希望の過渡応答で追従させるために，規範モデル追従型制御を適用する。いま，目標軌道に対して望ましい応答を示す規範モデルの状態方程式を

$$\begin{aligned}\dot{\boldsymbol{x}}_r(t) &= \boldsymbol{A}_r\boldsymbol{x}_r(t) + \boldsymbol{B}_r\boldsymbol{r}(t), \quad && \boldsymbol{x}_r(t) \in R^6\\ \boldsymbol{y}_r(t) &= \boldsymbol{C}_r\boldsymbol{x}_r(t), && \boldsymbol{y}_r(t) \in R^2\end{aligned} \tag{21.122}$$

誤差を次のように定義する。

$$\boldsymbol{e}(t) := \boldsymbol{x}(t) - \boldsymbol{x}_r(t) \tag{21.123}$$

両辺を時間微分すると

$$\begin{aligned}\dot{\boldsymbol{e}}(t) &= \dot{\boldsymbol{x}}(t) - \dot{\boldsymbol{x}}_r(t)\\ &= \boldsymbol{A}\boldsymbol{x}(t) + \boldsymbol{B}\boldsymbol{u}(t) - \boldsymbol{A}_r\boldsymbol{x}_r(t) - \boldsymbol{B}_r\boldsymbol{r}(t)\\ &= \boldsymbol{A}\boldsymbol{x}(t) + \boldsymbol{B}\boldsymbol{u}(t) - \boldsymbol{A}_r\boldsymbol{x}_r(t) - \boldsymbol{B}_r\boldsymbol{r}(t)\\ &\quad + \boldsymbol{A}_r\boldsymbol{x}(t) - \boldsymbol{A}_r\boldsymbol{x}(t)\\ &= \boldsymbol{A}_r(\boldsymbol{x}(t)-\boldsymbol{x}_r(t))-(\boldsymbol{A}_r-\boldsymbol{A})\boldsymbol{x}(t)-\boldsymbol{B}_r\boldsymbol{r}(t)\\ &\quad + \boldsymbol{B}\boldsymbol{u}(t)\\ &= \boldsymbol{A}_r\boldsymbol{e}(t) - (\boldsymbol{A}_r - \boldsymbol{A})\boldsymbol{x}(t) - \boldsymbol{B}_r\boldsymbol{r}(t) + \boldsymbol{B}\boldsymbol{u}(t)\end{aligned} \tag{21.124}$$

ここで，

$$\boldsymbol{u}(t) = \boldsymbol{B}^+(\boldsymbol{A}_r - \boldsymbol{A})\boldsymbol{x}(t) + \boldsymbol{B}^+\boldsymbol{B}_r\boldsymbol{r}(t) + \boldsymbol{u}_b(t) \tag{21.125}$$

とすると

$$\begin{aligned}\dot{\boldsymbol{e}}(t) &= \boldsymbol{A}_r\boldsymbol{e}(t) - (\boldsymbol{A}_r - \boldsymbol{A})\boldsymbol{x}(t) - \boldsymbol{B}_r\boldsymbol{r}(t)\\ &\quad + \boldsymbol{B}\{\boldsymbol{B}^+(\boldsymbol{A}_r - \boldsymbol{A})\boldsymbol{x}(t) + \boldsymbol{B}^+\boldsymbol{B}_r\boldsymbol{r}(t) + \boldsymbol{u}_b(t)\}\\ &= \boldsymbol{A}_r\boldsymbol{e}(t) + \boldsymbol{B}\boldsymbol{u}_b(t)\end{aligned} \tag{21.126}$$

となる。ここで上付き文字 + は擬似逆行列を表している。規範モデル追従型制御における制御目的は $\boldsymbol{e} \to \boldsymbol{0}$ を達成することである。続いて，規範モデルに定常偏差なく追従させるためにサーボ系を構成する。出力の誤差積分を

$$\begin{aligned}\boldsymbol{y}_e(t) &= \int_0^t (\boldsymbol{y}(\tau) - \boldsymbol{y}_r(\tau))\mathrm{d}\tau\\ \dot{\boldsymbol{y}}_e(t) &= \boldsymbol{y}(t) - \boldsymbol{y}_r(t)\\ &= \boldsymbol{C}\boldsymbol{x}(t) - \boldsymbol{C}_r\boldsymbol{x}_r(t)\end{aligned} \tag{21.127}$$

$\boldsymbol{C} = \boldsymbol{C}_r$ と選ぶと

$$\dot{\boldsymbol{y}}_e(t) = \boldsymbol{C}\boldsymbol{e}(t) \tag{21.128}$$

サーボ系拡大系は

$$\frac{\mathrm{d}}{\mathrm{d}t}\begin{bmatrix}\boldsymbol{e}(t)\\ \boldsymbol{y}_e(t)\end{bmatrix} = \begin{bmatrix}\boldsymbol{A}_r & \boldsymbol{0}\\ \boldsymbol{C} & \boldsymbol{0}\end{bmatrix}\begin{bmatrix}\boldsymbol{e}(t)\\ \boldsymbol{y}_e(t)\end{bmatrix} + \begin{bmatrix}\boldsymbol{B}\\ \boldsymbol{0}\end{bmatrix}\boldsymbol{u}_b(t) \tag{21.129}$$

式 (21.129) を次式と置き

$$\dot{\boldsymbol{e}}_a(t) = \boldsymbol{A}_a\boldsymbol{e}_a(t) + \boldsymbol{B}_a\boldsymbol{u}_b(t), \quad \boldsymbol{e}_a(t) \in R^8 \tag{21.130}$$

と置いて，次の評価関数を最小化する最適制御則を考える。

$$J = \int_t^{t+T_s} L\ \mathrm{d}\tau + \Phi \tag{21.131}$$

ここで，

$$\begin{aligned}L &= \frac{1}{2}(\boldsymbol{e}_a(\tau)^T\boldsymbol{Q}\boldsymbol{e}_a(\tau) + \boldsymbol{u}_b(\tau)^T\boldsymbol{R}\boldsymbol{u}_b(\tau))\\ \Phi &= \frac{1}{2}\boldsymbol{e}_a(t+T_s)^T\boldsymbol{S}\boldsymbol{e}_a(t+T_s)\\ &\boldsymbol{Q}, \boldsymbol{S} \geq 0, \quad \boldsymbol{R} > 0\end{aligned} \tag{21.132}$$

式 (21.131) を次式のように拡張する。

$$J_a = \int_t^{t+T_s} L^*\ \mathrm{d}\tau + \Phi \tag{21.133}$$

ここで，

$$L^* = L + \boldsymbol{\lambda}(\tau)^T(\boldsymbol{A}_a\boldsymbol{e}_a(\tau) + \boldsymbol{B}_a\boldsymbol{u}_b(\tau) - \dot{\boldsymbol{e}}_a(\tau)) \tag{21.134}$$

このとき，評価区間を N ステップに分割し，離散近似した最適制御問題を毎サンプル時間解いていく。このとき，変分法により最適性の必要条件は，

$$\boldsymbol{e}_{a_{i+1}}(t) = \boldsymbol{A}_d\boldsymbol{e}_{a_i}(t) + \boldsymbol{B}_d\boldsymbol{u}_{b_i}(t) \tag{21.135}$$

$$\boldsymbol{e}_{a_0}(t) = \boldsymbol{e}_a(t) \tag{21.136}$$

$$\boldsymbol{0} = \boldsymbol{R}\boldsymbol{u}_{b_i}(t) + \boldsymbol{B}_d^T\boldsymbol{\lambda}_{i+1}(t) \tag{21.137}$$

$$\boldsymbol{\lambda}_i(t) = \boldsymbol{Q}\boldsymbol{e}_{a_i}(t) + \boldsymbol{A}_d^T\boldsymbol{\lambda}_{i+1}(t) \tag{21.138}$$

$$\boldsymbol{\lambda}_N(t) = \boldsymbol{S}\boldsymbol{e}_{a_N}(t) \tag{21.139}$$

$$i = 0 \cdots N-1$$

以上より時刻 t における制御入力は次式のようになる。

$$\boldsymbol{u}(t) = \boldsymbol{B}^{+}(\boldsymbol{A}_r - \boldsymbol{A})\boldsymbol{x}(t) + \boldsymbol{B}^{+}\boldsymbol{B}_r\boldsymbol{r}(t) + \boldsymbol{u}_{b_0}(t) \tag{21.140}$$

21.8.5 規範モデル追従型モデル予測制御によるフォーメーション飛行

ここでは，まず，安定性解析に用いるグラフ理論について簡単に触れる。グラフとは，頂点と辺からなる図形である。グラフ G の頂点の集合を $V(G) = \{v_1, \ldots, v_n\}$，辺の集合を $E(G) \subseteq V \times V$ とすると，グラフ G は $G = (V, E)$ と表される。辺 e が点 v_v と v_u を結ぶ場合，$e = v_v v_u$ と書く。また，グラフの任意の 2 つの頂点に対して，それらを結ぶ経路が存在するときグラフは連結であるという。いま，フォロワ $1, \ldots, n$ を頂点とし，情報交換が可能な機体の間に辺があるグラフ構造を考える。一般にグラフは，行列によりそのネットワーク構造を記述することができる。本研究では，グラフの各辺に重みがついた重み付きグラフにより，機体間のネットワークを考えることとし，重み付きグラフラプラシアンという行列を用いて，グラフを数式表現する。辺 $v_v v_u$ に対する重みを ω_{vu}，重み付きグラフラプラシアンを $\mathcal{L}$ とすると，$\mathcal{L}$ は次のような要素を持つ，$n \times n$ の対称行列となる。

$$\boldsymbol{\mathcal{L}}_{vu} = \begin{cases} -\omega_{vu}, & v \neq u \\ \sum_{v \neq u} \omega_{vu}, & v = u \\ 0, & \text{otherwise} \end{cases} \tag{21.141}$$

ここで，$\mathcal{L}_{vu}$ は行列 $\mathcal{L}$ の (v, u) 成分を表している。グラフラプラシアンは半正定行列で，グラフが無向グラフならば連結のとき，有向グラフなら強連結のとき，零固有値をただ一つ持つ。さらに，この零固有値に対応する固有ベクトルは $\boldsymbol{1}_n := [1, \ldots, 1]^T \in R^n$ のスカラー倍となっていることが知られている。

ここからは，制御系の安定性を補償する十分条件について考えていく。まず，次の離散近似された評価関数を考える。

$$J_p = \sum_{i=0}^{N} L(\boldsymbol{e}_{ap(i)}, u_{p(i)}) + \Phi(\boldsymbol{e}_{ap(N)}) \tag{21.142}$$

21.8.4 項の結果から，終端ステップにおける制御入力は

$$u_{p(N-1)}(t) = -(\boldsymbol{R} + \boldsymbol{B}_d^T \boldsymbol{S} \boldsymbol{B}_d)^{-1} \boldsymbol{B}_d^T \boldsymbol{S} \boldsymbol{A}_d \boldsymbol{e}_{ap(N-1)} \tag{21.143}$$

と求まり，いま式 (29.143) が終端での安定化制御則となっていると仮定する。次に，以下の準最適な制御則を考える。

$$\tilde{u}_{p(i)} = \begin{cases} u^o_{p(i)} & (i = 0, 1, \ldots, N-1) \\ \hat{u}_{p(i)} & (i = N, N+1) \end{cases} \tag{21.144}$$

式 (29.144) は $i = 0, 1, \ldots, N-1$ の区間では各ステップでの最適な制御入力を用い，それ以降の区間では $\hat{u}_{p(i)}$ を用いることを表しており，ここでは，$\hat{u}_{p(i)} = -(\boldsymbol{R} + \boldsymbol{B}_d^T \boldsymbol{S} \boldsymbol{B}_d)^{-1} \boldsymbol{B}_d^T \boldsymbol{S} \boldsymbol{A}_d \boldsymbol{e}_{ap(i)}$ と選ぶ。

次に，グラフラプラシアンを用いた次式のような次形式を考える。

$$\varepsilon_0^{N-1} = \sum_{i=0}^{N-1} M(\boldsymbol{X}_{(i)}) = \sum_{i=0}^{N-1} \boldsymbol{X}_{(i)}^T \hat{\boldsymbol{\mathcal{L}}} \boldsymbol{X}_{(i)} \tag{21.145}$$

$$\hat{\boldsymbol{\mathcal{L}}} = \mathrm{diag}\left[\begin{array}{cc} \boldsymbol{\mathcal{L}} & \boldsymbol{\mathcal{L}} \end{array}\right] \tag{21.146}$$

$$\boldsymbol{X}_{(i)} = \left[\begin{array}{c} \boldsymbol{\xi}_{1(i)}^T \cdots \boldsymbol{\xi}_{n(i)}^T \end{array}\right]^T \tag{21.147}$$

$$\boldsymbol{\xi}_{p(i)} = \left[\begin{array}{cc} X_{p(i)} & Y_{p(i)} \end{array}\right]^T, \quad (p = 1, \ldots, n) \tag{21.148}$$

式 (29.146) の重みつきグラフラプラシアンについて，辺 pq に対する重み ω_{pq} を次のように与えることとする。

$$\omega_{pq} = \frac{\partial P_{pq}}{\partial \beta_{pq}} \tag{21.149}$$

$$\begin{aligned} \beta_{pq} &= (X_{p(i)}(t) - X_{q(i)}(t))^2 \\ &\quad + (Y_{p(i)}(t) - Y_{q(i)}(t))^2 \end{aligned} \tag{21.150}$$

式 (21.142) と (21.145) を用いて，システムに対するエネルギーリアプノフライク関数を

$$V_0^N = \sum_{p=1}^{n} J_p + \varepsilon_0^{N-1} \tag{21.151}$$

とする。V_0^N を 1 ステップ移動させたものを V_1^{N+1} とすると，

$$\begin{aligned} V_0^N = V_1^{N+1} + \sum_{p=1}^{n} \{ & L(\boldsymbol{e}_{ap(0)}, \boldsymbol{u}^0_{p(0)}) + \Phi(\boldsymbol{e}_{ap(N)}) \\ & - L(\boldsymbol{e}_{ap(N)}, \hat{\boldsymbol{u}}_{p(N)}) - \Phi(\boldsymbol{e}_{ap(N+1)}) \} \\ & + M(\boldsymbol{X}_{(0)}) - M(\boldsymbol{X}_{(N)}) \end{aligned} \tag{21.152}$$

$$\begin{aligned} V_1^{N+1} - V_0^N = \sum_{p=1}^{n} \{ & L(\boldsymbol{e}_{ap(N)}, \hat{\boldsymbol{u}}_{p(N)}) + \Delta\Phi(\boldsymbol{e}_{ap(N)}) \\ & - L(\boldsymbol{e}_{ap(0)}, \boldsymbol{u}^o_{p(0)}) \} - M(\boldsymbol{X}_{(0)}) \end{aligned}$$

$$+ M(\boldsymbol{X}_{(N)}) \tag{21.153}$$

ここで，

$$L(\boldsymbol{e}_{ap(N)}, \hat{\boldsymbol{u}}_{p(N)}) + \Delta\Phi(\boldsymbol{e}_{ap(N)}) \leq 0 \tag{21.154}$$

が成り立つと仮定すると

$$V_1^{N+1} - V_0^N \leq \sum_{p=1}^{n} \{-L(\boldsymbol{e}_{ap(0)}, \boldsymbol{u}^o_{p(0)})\} - M(\boldsymbol{X}_{(0)}) + M(\boldsymbol{X}_{(N)}) \tag{21.155}$$

となる。なお，S が離散型リカッチ方程式の解となるとき，式 (21.152) が成立することがわかっている。ここで，$\beta_{pq} > d^2$ の場合は式 (21.155) は次式となる。

$$\begin{aligned} V_1^{N+1} - V_0^N &\leq \sum_{p=1}^{n} \{-L(\boldsymbol{e}_{ap(0)}, \boldsymbol{u}^o_{p(0)})\} \\ &= -\frac{1}{2}\sum_{p=1}^{n} \{\boldsymbol{e}^T_{ap(0)} \boldsymbol{Q} \boldsymbol{e}_{ap(0)} + \boldsymbol{u}^o_{p(0)}{}^T \boldsymbol{R} \boldsymbol{u}^o_{p(0)}\} \\ &\leq -\frac{1}{2}\sum_{p=1}^{n} \{\boldsymbol{e}^T_{ap(0)} \boldsymbol{Q} \boldsymbol{e}_{ap(0)}\} \leq 0 \end{aligned} \tag{21.156}$$

式 (21.156) から，ラ・サールの不変性原理より漸近安定性を示すことができる。一方，$\beta_{pq} \leq d^2$ の場合

$$V_1^{N+1} - V_0^N \leq -\frac{1}{2}\sum_{p=1}^{n} \{\boldsymbol{e}^T_{ap(0)} \boldsymbol{Q} \boldsymbol{e}_{ap(0)}\} - M(\boldsymbol{X}_{(0)}) + M(\boldsymbol{X}_{(N)}) \tag{21.157}$$

ここで，右辺第 1 項について，行列 Q が対角行列であると仮定し，$\boldsymbol{e}_{ap(0)}$ を位置，速度，その他の状態量に分解して考えると，

$$\begin{aligned} V_1^{N+1} - V_0^N \leq -\frac{1}{2}\sum_{p=1}^{n} \{&\boldsymbol{x}^T_{Ep(0)} \boldsymbol{Q}_1 \boldsymbol{x}_{Ep(0)} \\ &+ \boldsymbol{x}^T_{V_{p(0)}} \boldsymbol{Q}_2 \boldsymbol{x}_{V_{p(0)}} + \boldsymbol{x}^T_{O_{p(0)}} \boldsymbol{Q}_3 \boldsymbol{x}_{O_{p(0)}}\} \\ &- M(\boldsymbol{X}_{(0)}) + M(\boldsymbol{X}_{(N)}) \end{aligned} \tag{21.158}$$

ここで，

$$\boldsymbol{x}_{E_{p(0)}} = \begin{bmatrix} X_{p(0)} - X_{rp(0)} & Y_{p(0)} - Y_{rp(0)} \end{bmatrix}^T \tag{21.159}$$

$$\boldsymbol{x}_{V_{p(0)}} = \begin{bmatrix} X_{v_p(0)} & Y_{v_p(0)} \end{bmatrix}^T \tag{21.160}$$

式 (21.158) の右辺第 1 項を計算しまとめると，

$$\begin{aligned} V_1^{N+1} - V_0^N \leq -\frac{1}{2}\{&\boldsymbol{X}^T_{E_{(0)}} \boldsymbol{Q}_{1a} \boldsymbol{X}_{E_{(0)}} \\ &+ \boldsymbol{X}^T_{V_{(0)}} \boldsymbol{Q}_{2a} \boldsymbol{X}_{V_{(0)}} + \boldsymbol{X}^T_{O_{(0)}} \boldsymbol{Q}_{3a} \boldsymbol{X}_{O_{(0)}}\} \\ &- \boldsymbol{X}^T_{(0)} \hat{\boldsymbol{\mathcal{L}}} \boldsymbol{X}_{(0)} + \boldsymbol{X}^T_{(N)} \hat{\boldsymbol{\mathcal{L}}} \boldsymbol{X}_{(N)} \end{aligned} \tag{21.161}$$

となる。ここで，

$$\begin{aligned} \boldsymbol{X}_{E_{(0)}} &= \left[\boldsymbol{x}^T_{E1_{(0)}} \cdots \boldsymbol{x}^T_{En_{(0)}}\right]^T \\ \boldsymbol{X}_{V_{(0)}} &= \left[\boldsymbol{x}^T_{V1_{(0)}} \cdots \boldsymbol{x}^T_{Vn_{(0)}}\right]^T \\ \boldsymbol{X}_{O_{(0)}} &= \left[\boldsymbol{x}^T_{O1_{(0)}} \cdots \boldsymbol{x}^T_{On_{(0)}}\right]^T \\ \boldsymbol{Q}_{1a} &= \mathrm{blockdiag}\,[Q_1 \cdots Q_1] \\ \boldsymbol{Q}_{2a} &= \mathrm{blockdiag}\,[Q_2 \cdots Q_2] \\ \boldsymbol{Q}_{3a} &= \mathrm{blockdiag}\,[Q_3 \cdots Q_3] \end{aligned} \tag{21.162}$$

である。式 (21.161) において，行列 $\boldsymbol{Q}_{1a}, \boldsymbol{Q}_{2a}, \boldsymbol{Q}_{3a}, \hat{\boldsymbol{\mathcal{L}}}$ はそれぞれ半正定行列であるので，最小固有値を $\lambda_{\min}$，最大固有値を $\lambda_{\max}$ とすると，

$$\begin{aligned} V_1^{N+1} - V_0^N \leq -\frac{1}{2}\{&\lambda_{\min}(\boldsymbol{Q}_{1a})||\boldsymbol{X}_{E_{(0)}}||^2 \\ &+ \lambda_{\min}(\boldsymbol{Q}_{2a})||\boldsymbol{X}_{V_{(0)}}||^2 + \lambda_{\min}(\boldsymbol{Q}_{3a})||\boldsymbol{X}_{O_{(0)}}||^2\} \\ &+ \lambda_{\max}(\hat{\boldsymbol{\mathcal{L}}})||\boldsymbol{X}_{(N)}||^2 - \lambda_{\min}(\hat{\boldsymbol{\mathcal{L}}})||\boldsymbol{X}_{(0)}||^2 \end{aligned} \tag{21.163}$$

となる。また，グラフラプラシアンの最小固有値は零より

$$\begin{aligned} V_1^{N+1} - V_0^N \leq &-\frac{1}{2}\lambda_{\min}(\boldsymbol{Q}_{1a})||\boldsymbol{X}_{E_{(0)}}||^2 \\ &- \frac{1}{2}\lambda_{\min}(\boldsymbol{Q}_{2a})||\boldsymbol{X}_{V_{(0)}}||^2 + \lambda_{\max}(\hat{\boldsymbol{\mathcal{L}}})||\boldsymbol{X}_{(N)}||^2 \end{aligned} \tag{21.164}$$

となる。上式において，

$$-\frac{1}{2}\lambda_{\min}(\boldsymbol{Q}_{1a})||\boldsymbol{X}_{E_{(0)}}||^2 + \lambda_{\max}(\hat{\boldsymbol{\mathcal{L}}})||\boldsymbol{X}_{(N)}||^2 \leq 0 \tag{21.165}$$

が成り立つ場合，

$$\begin{aligned} V_1^{N+1} - V_0^N &\leq -\frac{1}{2}\lambda_{\min}(\boldsymbol{Q}_{2a})||\boldsymbol{X}_{V_{(0)}}||^2 \\ &\leq 0 \end{aligned} \tag{21.166}$$

となり，システムは $t \to \infty$ のとき $\boldsymbol{X}_{V_{(0)}} = \boldsymbol{0}$（速度 0）$V_0^N$ に収束することがわかる。また，$\beta_{pq} \to 0$ のとき（機体 p, q 間の距離 $\to 0$ のとき）$V_0^N \to \infty$ で，

式 (21.166) より V_0^N は減少していくので衝突も回避される。

21.8.6 編隊飛行のシミュレーションおよび実験

設計した制御系を数値シミュレーションにより検証する。図 21.37 のように 5 機のヘリコプタの編隊飛行について，連続的に変化する目標軌道へ追従する際の過渡応答と，機体同士が接近した際の挙動について考察する。

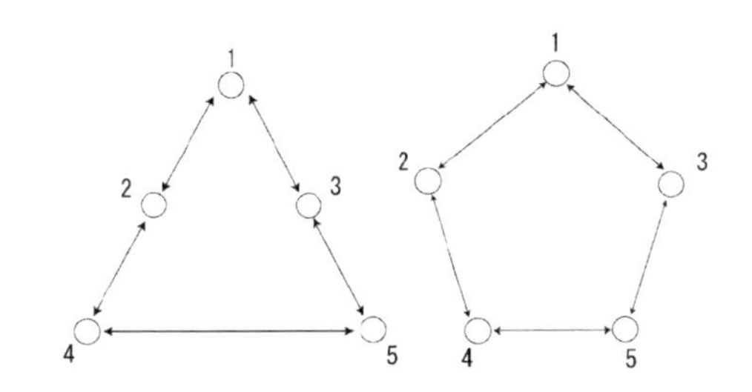

図 21.37 三角形と五角形のフォーメーション飛行

五角形の編隊にS字状の目標軌道を飛行させたシミュレーション結果を図 21.38 に示す。図は飛行軌道のスナップショットである。各機体が，○で示された目標軌道に正確に追従している様子が見て取れる。

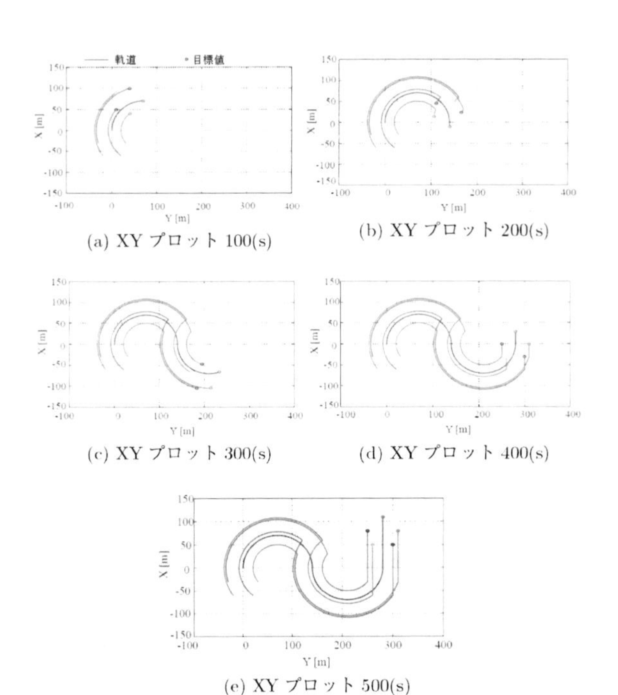

(a) XY プロット 100(s)　(b) XY プロット 200(s)　(c) XY プロット 300(s)　(d) XY プロット 400(s)　(e) XY プロット 500(s)

図 21.38 5 機のフォーメーション飛行

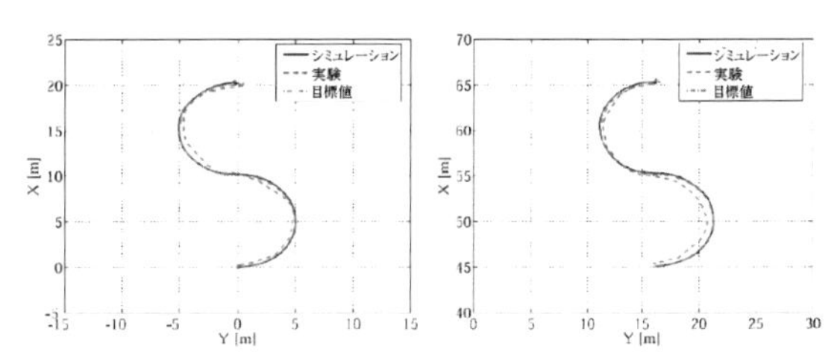

(a) XY プロット（フォロワ 1）(b) XY プロット（フォロワ 2）

図 21.39 3 機のフォーメーション飛行実験

図 21.39 はS字軌道への追従実験の様子を示している。リーダ機は仮想的な機体であり，フォロワ機が実機 2 機を示している。図 21.39 は 2 機の平面上での飛行軌道で，フォロワ 1 の飛行軌道およびフォロワ 2 の飛行軌道である。制御はまずS字の下側の端点より開始し，地上局からのコマンドにより下から上（軸正の方向）へ仮想リーダが移動してS字軌道へ追従させた。その際，両機とも飛行軌道に沿って機首方位角を旋回させている。機首方位を回転させながら飛行させる際，誘導制御と方位角制御との間に目標値への即応性に差があると機首方位角の追従が早すぎて機首がカクカクと応答したり，もしくは飛行軌道に対して遅れて追従してしまう。そこで，方位角制御器の目標値にフィルタを付加しその時定数を調整し，誘導制御と方位角制御の目標値に対する位相遅れが同程度になるように調整している。これらの結果より，規範モデル追従型モデル予測制御の効果によりオーバーシュートも小さく抑えられ，比較的正確に目標値追従が行えていることがわかる。

＜野波健蔵＞

参考文献（21.8 節）

[1] Johnson, E. N., *et al.*: Approaches to vision-based formation control, *43rd IEEE Conference on Decision and Control*, pp.1643–1648 (2004).

[2] Schouwenaars, T., *et al.*: Multi-vehicle path planning for non-line of sight communication, *Proc of the 2006 American Control Conference*, pp.5757–5762 (2006).

[3] 中澤大輔，鈴木智，野波健蔵：規範モデル追従型モデル予測制御による小型無人ヘリコプタの軌道追従制御，『日本機械学会論文集 C 編』，74 巻，746 号，pp.2504-2511(2008).

[4] Nonami, K., Kendoul, F., Suzuki, S. , Wang, W. , Nakazawa, D.: *Autonomous Flying Robots*, Springer (2010).

21.9　おわりに

本章は制御理論的な視点から，群ロボット制御問題の基礎から応用までを幅広く扱い，特に工学的応用技術の紹介に重点を置いている。具体的には，フォーメーション制御，センサネットワークによる被覆問題，場によるロボット集団の制御，衝突回避を考慮したモデル予測編隊制御，ロボティックスワーム，そしてフォーメーション飛行，などを群ロボット制御技術全般を平易に解説している。本章の内容が，群ロボットに関する新しい制御技術を学ぶ際の一助となれば幸いである。

＜滑川 徹＞

第22章

ROBOT CONTROL HANDBOOK

マイクロ・ナノロボット

22.1 はじめに

地球上には天文学的数字に匹敵する無数の生物が命を宿している。これらすべての生物は，外部からエネルギーを自身に取り込みながら，成長や運動，繁殖，センシング，情報処理など多岐にわたる運動と制御を行っている。これらの運動制御を生み出しているものが，大きさ10ミクロンほどの細胞が一定のパターンで集合した，いわゆる組織や臓器といった3次元構造体である。細胞自身，微小でありながら化学エネルギを用いて高効率で仕事を行い，自己再生，自己増殖，自律分散，そして柔軟であるという優れた特徴を数多く持つ。しかしながら，生物が獲得してきたこれらの基本原理は，現在の科学技術では未だ解明しきれておらず，このような自然界のしくみを人工的に自由に構築し，マテリアル，デバイス，そして，マイクロ・ナノロボットとして生体と切り離して制御可能となれば，昆虫や微生物といった自然界に存在する小さな生物のようなマイクロ・ナノロボット実現の夢は広がり，その応用先は無限大になると考えられる。

本章では，分子の世界に迫るほどのマイクロ・ナノの微小世界で人工物・ロボットを構築するにはどうすればいいか，そして現状ではどの程度までそのような試みがなされているのか，マイクロ・ナノロボットのセンサ，アクチュエータの駆動原理とモデリング，移動機構，マイクロ・ナノロボットの設計と制御，知能化について解説する。もちろん，基本的には通常のスケールの人工物やロボットと同様の議論になるが，構成要素のサイズが桁違いに小さくなることで独特の技術体系と世界観が生まれる。以下ではモデリングと制御についての軸を通しながら，マイクロ・ナノロボット独特の議論を展開する。さらに，現状のマイクロ・ナノロボット分野における最先端の事例をいくつか紹介する。

<森島圭祐>

22.2 マイクロロボットの駆動原理とモデリング

22.2.1 電磁駆動型マイクロロボット

現在，マイクロロボットに関して様々な研究が行われている。本項では，ロボットの大きさが $1\mathrm{cm}^3$ 以内に収まるような移動機構とアクチュエータを備えたマイクロロボットについて紹介する。これまでに，電磁石を1つのみ使用して構造と制御方法を工夫することにより，前方向の直進走行，旋回走行を可能とする電磁駆動型マイクロロボットが開発されている。左右の脚の振動特性の違いを利用して旋回走行時の旋回半径を変化させるための機構と制御方法を説明する。

マイクロロボットの構造を図22.1に，試作機の写真を図22.2に示す。マイクロロボットは，大きく分け

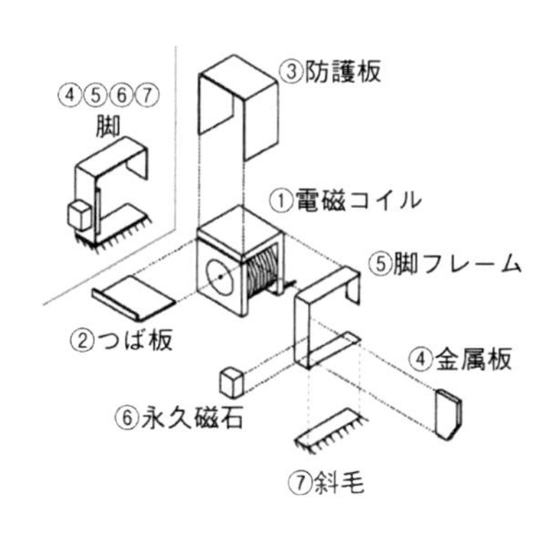

図 22.1 マイクロロボットの構造

図 22.2　マイクロロボットの試作機

て，1 つの電磁コイルと 2 本の脚で構成されている。ロボットの脚には厚さ 0.2mm の金属板が用いられ，永久磁石が電磁コイルと対向するように取り付けられている。脚の底面にナイロン製の斜毛が貼り付けられており，ここで左右の脚の幅を異ならせていて，脚の振動特性に差を持たせることを，1 つの電磁コイルで左右旋回を可能とするための要因としている。また，入力信号とエネルギーは，制御回路基板から電磁コイルにケーブルを通して供給される。マイクロロボットの大きさは，6.25mm×10.6mm×10.1mm である。

脚の底面に張り付けられた斜毛は，進行方向に対して走行面との摩擦係数が小さく，後退方向に対して大きくなっている。そのため，電磁コイルに与える入力電流を周期的に変化させると，脚が振動して駆動力が走行面に伝わり，マイクロロボットの走行が可能となる。図 22.3 に示すように，左右の脚の振動特性の違いに合わせて，高周波と低周波の連続パルスの電流を電磁コイルに交互に与える。振動させる脚を時間的に交互に切り替えて，さらに各周波数で振動させる時間を調節することにより，図 22.4 に示すように擬似的な旋回走行と直進走行が可能になると考える。

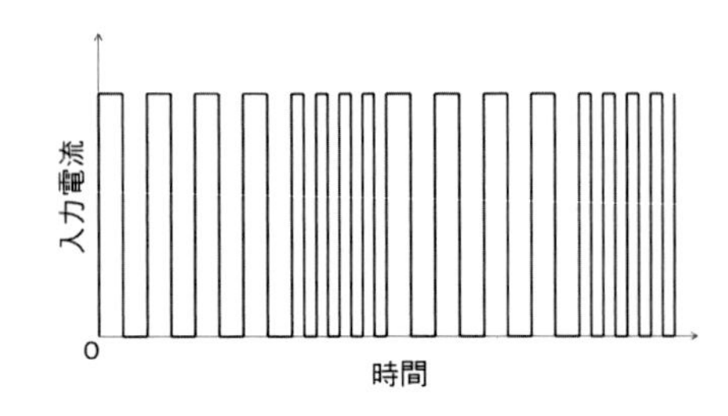

図 22.3　入力信号の概念図

図 22.5 に，旋回走行の特性を調べた実験の結果を示す。電磁コイルに与える電流の周波数は，左右の脚の振動特性に合わせて，260Hz と 380Hz とし，連続パルスの数を変化させて，連続パルスの数と旋回半径との関係を調べている。380Hz の連続パルスの数を 20 に固

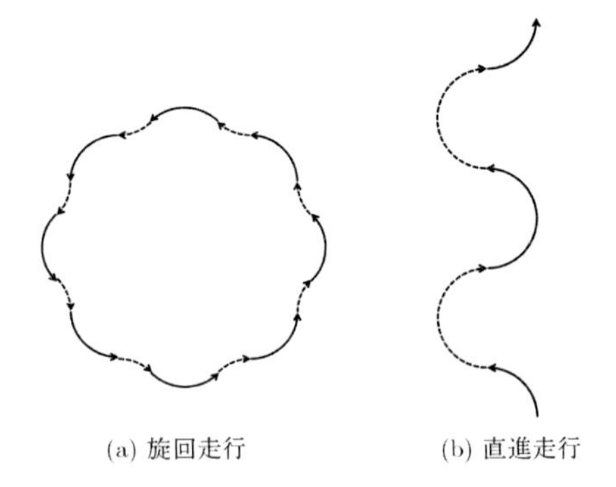

(a) 旋回走行　　(b) 直進走行

図 22.4　擬似的な走行の軌跡の概念図

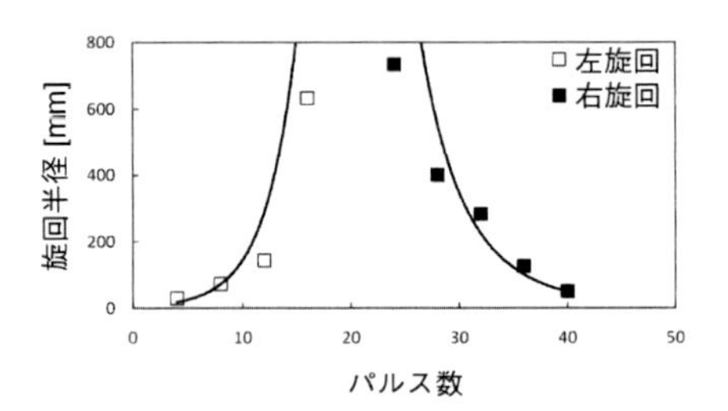

図 22.5　旋回走行時の旋回半径の実験

定し，260Hz の連続パルスの数を変化させていき，そのときの旋回半径を計測している。実験結果から，旋回半径は連続パルスの数に対して指数関数的に変化することがわかる。脚の固有振動数に応じた周波数の，入力電流の連続パルスの数を変えることにより，旋回半径を変えられることがわかる。

＜磯貝正弘＞

22.2.2　静電アクチュエータ駆動型マイクロロボット

(1) 静電アクチュエータの基礎

静電アクチュエータは，2 枚以上の対向した極板に電圧を印加したときに極板に帯電した電荷により発生する力を出力とする。図 22.6 のように平行に対向した幅 a 長さ b の極板において，極板間距離を x，極板のずれ量を y としたときに，x 方向と y 方向に発生する力 F_x, F_y は以下のようになる。

$$F_x = \frac{\partial}{\partial x}E = -\frac{\varepsilon_0 \varepsilon_r a(b-y)}{2}\frac{V^2}{x^2} \tag{22.1}$$

$$F_y = \frac{\partial}{\partial y}E = -\frac{\varepsilon_0 \varepsilon_r a}{2}\frac{V^2}{x} \tag{22.2}$$

このとき，V は極板間の電位差，E は極板間に蓄えられた静電エネルギー，ε_0 は真空の誘電率，ε_r は極板間の物質の比誘電率である。

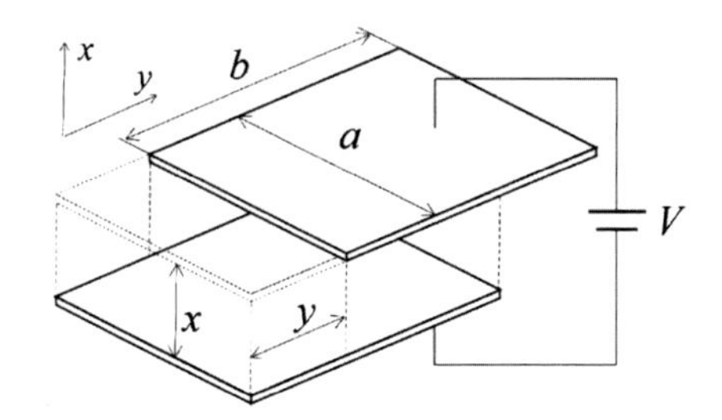

図 22.6 平行平板型静電アクチュエータモデル

式 (22.1) と式 (22.2) で，共に符号が負となっているが，これは極板が互いに引き合う方向，つまり極板の向き合った方向（図 22.6 の x 軸方向）では極板間距離を縮める方向に，極板のずれ方向（図 22.6 の y 軸方向）においては極板のずれを 0 にする方向に力が働く。なお，式 (22.1) と式 (22.2) は極板間に電位差がある場合のモデルであるが，同一極性の電荷を帯電させた場合は，極板間に反発力（斥力）が働く。ただし，誘電分極などの特殊な条件以外では，同一極性に帯電させることは難しいため，アクチュエータとして斥力を利用することは難しい。

また式 (22.1) で，静電気力は電圧 V だけでなく，極板間距離 x によっても変化する。つまり，電圧を印加し極板間距離が縮まった場合，急激に力が強くなる非線形な力である。一方で，式 (22.2) では，極板のずれ y に関係ない線形な力である。

(2) 静電アクチュエータの応用例

静電気力は基本的には微弱で，樋口らの積層型静電アクチュエータ[1] などを除けば，MEMS(Micro Electro Mechanical Systems) での応用である。樋口らの機構は，図 22.7 で示すような極板のずれを利用したもので，MEMS においていくつか報告されている静電モータも同様の原理である。図 22.7 では，可動電極と固定電極の間に電圧を印加して静電気力を発生させるモデルを示しているが，MEMS における静電モータでは，可動極板に相当する部分を誘電分極を利用した電極としている。

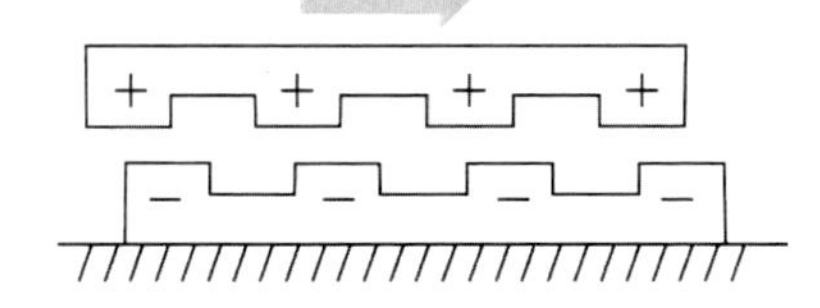

図 22.7 平行移動型静電アクチュエータ

もう一つの代表的な応用例は，図 22.8 に示すような櫛形にした極板による引き込む力を利用したもので，マイクロマニピュレータなどに応用されている。この機構では，式 (22.2) で示した極板のずれを引き込む力を利用している。

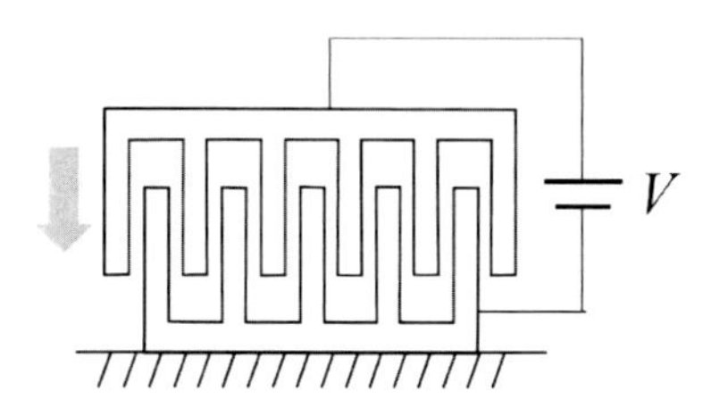

図 22.8 櫛形静電アクチュエータ

これらの静電アクチュエータを設計する上では，充分な出力を得るために，① 印加電圧を高くする，② 極板面積を大きくする，③ 極板間に高誘電体を用いるなどの工夫が必要である。

＜石原秀則＞

参考文献（22.2.2 項）

[1] Egawa, S., Niino, T., *et al.*: Film Actuators: Planar Electrostatic Surface-Drive Actuators, *Proc. IEEE Micro Electro Mechanical Systems Workshop* '91, pp.9–14 (1991).

22.2.3 圧電アクチュエータ駆動型マイクロロボット

ここでは，圧電アクチュエータにより駆動する数 cm サイズの小型ロボットについて解説する。圧電アクチュエータは，電圧による物質の変形を利用して，電気エネルギーを機械エネルギーに変換する装置と定義される。圧電効果とは，物質（特に水晶や特定のセラミック）に圧力を加えると，分極（表面電荷が現れる現象）が生じて電位差が生じる現象のことである。また，逆圧電効果とは，圧電効果とは逆に電位差を印加すると圧電体自体が変形する現象を指す。圧電アクチュエータは，この逆圧電効果を利用する。

電極の配置法は，図 22.9 のように積層型，バイモルフ型がある。積層型は各層の微小な変位を積算し，発生力が大きく剛性が高いため高速な応答が得られ，nm 以下の位置決め分解能をもつため，広く利用されている。バイモルフ型は圧電体を屈曲させて大きな変位を取り出せるが，剛性が小さく高速な応答を得ることができない。図 22.10 に電圧と変位量の関係を表す。圧電アクチュエータはヒステリシスを持つため，厳密には同電圧を印加しても同じ変位量が得られないが，ロ

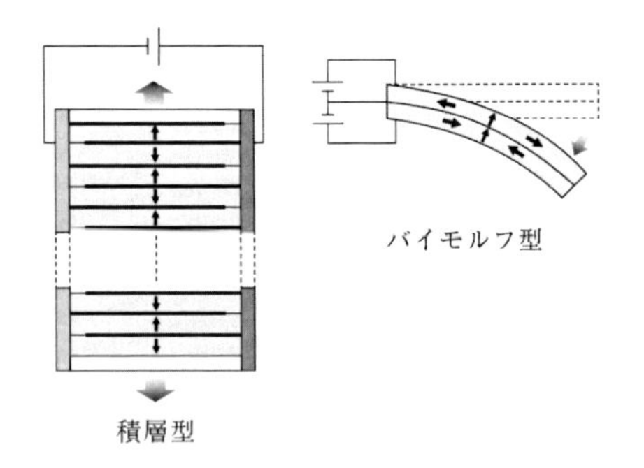

図 22.9　形態による分類

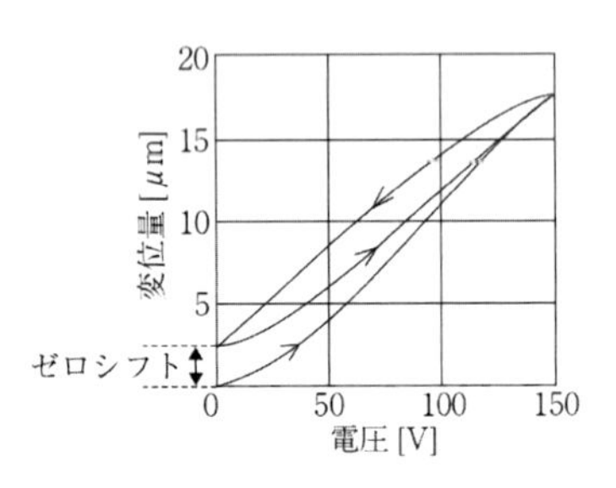

図 22.10　電圧と変位の関係

ボットなどに応用する多くの場合は，電圧と変位量は線形性があるとしてモデル化され，制御上ではヒステリシス現象はモデル誤差として扱う。電気的な機能としては，「有極性コンデンサ」であることに注意されたい。積層型圧電素子は，1cm の長さに 100V の電圧を印加させた場合，6μm 程度しか伸長しないため，さらに変位を拡大して使用されることが多い。図 22.11 は動摩擦と静止摩擦の相違を利用したスティックスリップ型であり，小型軽量かつ cm オーダーのストロークが得られるため，カメラのオートフォーカス等で広く利用される。図 22.12 は積層型圧電素子に機械的変位

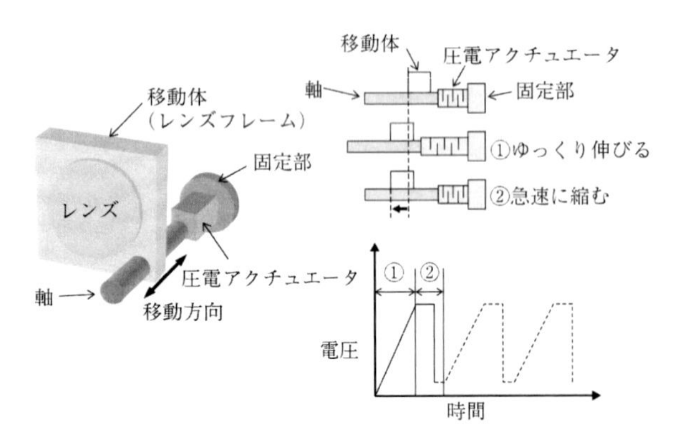

図 22.11　スティックスリップ型圧電アクチュエータ

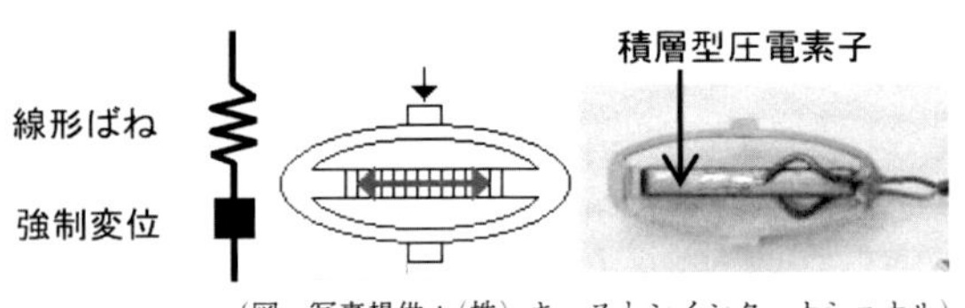

（図・写真提供：（株）キーストンインターナショナル）

図 22.12　ムーニー型圧電アクチュエータ（Cedrat Tech. 社）

拡大機構を取り付けたムーニー型である。力学モデル上では，強制変位と線形バネの直列接続として扱うことができる。

自走ロボットの構成法は，主に次の 2 種類がある。1 つ目は図 22.13 のようにスティックスリップ型の圧電アクチュエータを脚として多脚ロボットを構成する方法であり，2 つ目は図 22.14 のようにムーニー型の圧電アクチュエータを使用してインチワーム型の多脚ロボットとする方法である。圧電アクチュエータの伸縮と電磁石の交互の吸着を同期させることでインチワーム（尺取虫）の原理で動作する。双方とも平面上の XYθ の 3 自由度を独立に運動できるホロノミック型自走ロボットである。スティックスリップ型は構造が単純化できるため，2cm，20g 程度と小型軽量化が容易であるが，床面との摩擦条件の不均一性，給電線の張力などの影響により再現性が低い。インチワーム型は構造が

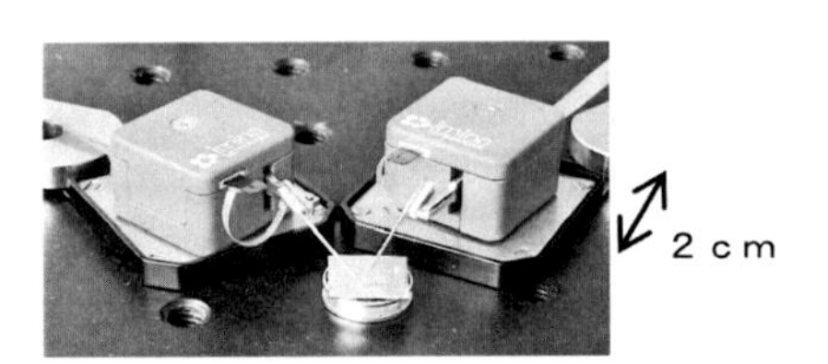

図 22.13　スティックスリップ型自走ロボット miBot
（写真提供：Imina Technologies SA）

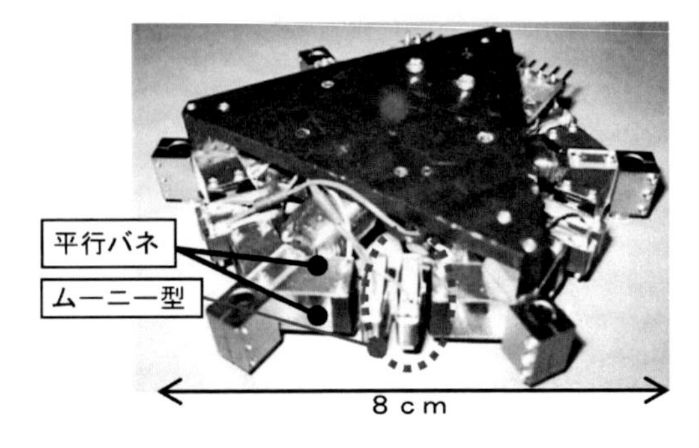

図 22.14　インチワーム型自走ロボット（横浜国立大学）

複雑なため 4〜8cm，50〜100g 程度となるが，電磁石により強磁性面に吸着できるため，外乱に強く高い再現性が得られる。インチワーム型は，内界センサとしてエンコーダを組み込めば，支持脚と可動脚の相対変位を計測する事ができるため，位置決め精度を高める事ができる。双方のロボットとも nm オーダの分解能が得られるため，顕微鏡下での mm〜μm サイズの電気部品，生体細胞などの精密マニピュレーションでの応用に有望である。

＜渕脇大海＞

22.2.4 空圧マイクロロボット

(1) FMA を用いたマイクロロボット

フレキシブルマイクロアクチュエータ (FMA: Flexible Microactuator) を使ったマイクロアームとマイクロ歩行ロボット (図 22.15) を例にとり説明する。FMA は内部の 3 つの圧力室の空圧制御により，任意方向への湾曲と自身の進捗が行えるラバーアクチュエータである。摺動部分がないので小型化に適したアクチュエータである。構造と基本的な特性，モデリングについては，第 3 章 3.2.7 項「ラバーアクチュエータ」で述べたので参照頂きたい。

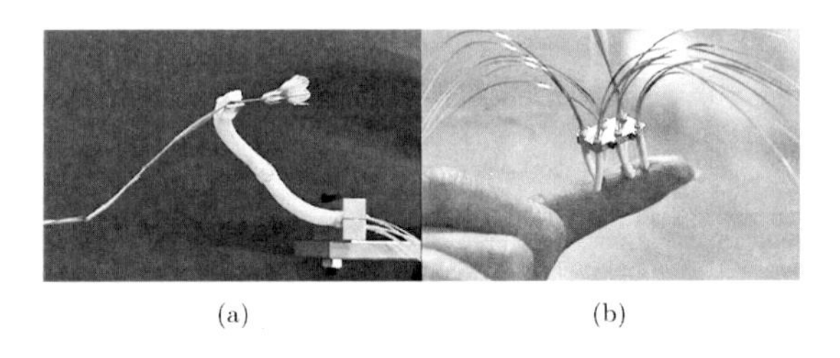

(a)　(b)

図 22.15　(a) マイクロアーム（太さ 4mm，7 自由度），(b) マイクロ歩行ロボット（脚太さ 2mm）

(2) 制御

FMA の動きは，湾曲する方向を示すパラメータ θ，湾曲量を示す先端の角度 λ，曲率半径 R の 3 つのパラメータで表される (図 22.16)。この 3 つパラメータは 3 つの圧力室の圧力 $P_i(i=1,2,3)$ の関数として導かれており (3.2.7 項参照)，ロボット制御における逆問題はこの方程式を解くことになるが，非線形性が強いので，簡易的には下記の式が使われることも多い。

$$\begin{pmatrix} P_{i1} \\ P_{i2} \\ P_{i3} \end{pmatrix} = \begin{bmatrix} 0 & (2/3)K_1 & (1/3)K_2 \\ 1/(\sqrt{3}K_1) & (-1/3)K_1 & (1/3)K_2 \\ -1/(\sqrt{3}K_1) & (-1/3)K_1 & (1/3)K_2 \end{bmatrix} \begin{pmatrix} {}^i x_i \\ {}^i y_i \\ {}^i z_i \end{pmatrix}$$

K_1, K_2 は FMA の形状やゴムの弾性によって決まる値で，通常は定数として扱う。

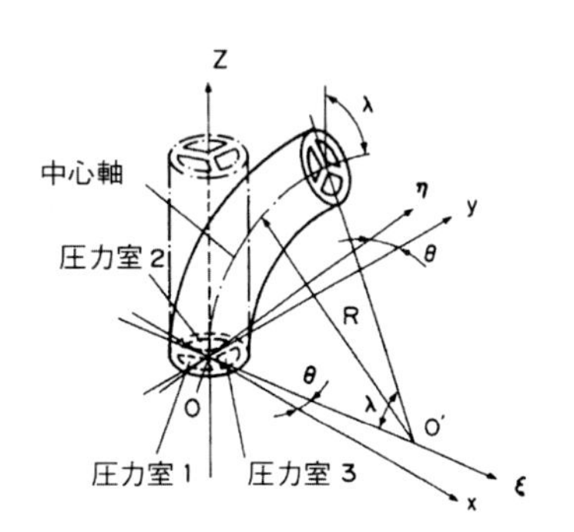

図 22.16　FMA の円弧モデル

FMA 駆動には，① ソレノイド弁によるオンオフ制御，② 電空レギュレータによるアナログ制御，③ 高速ロジック弁を用いた PWM 制御，のいずれかを使う。いずれもコンピュータ信号を空気圧に変換する。

図 22.15(b) に示すマイクロ歩行ロボットは，6 脚であり静歩行が容易に実現できることから，オンオフ制御で十分な安定な歩行が実現できる。図 22.17(a) は脚の動作サイクルで，図中の斜線の圧力室を加圧，白地の圧力室を大気解放，という簡単なシーケンスで安定した遊脚，支持脚が実現できる。

図 22.15(a) に示すロボットアームの場合は，前述の 3 つのパラメータ θ, λ, R を使って，従来のロボットアームで使われている同次変換行列を使った方法がそのまま使える。その際，同次変換行列は次のようになる。

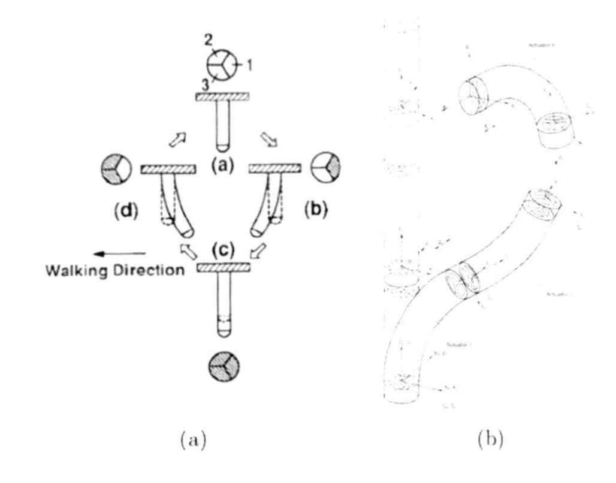

(a)　(b)

図 22.17　マイクロロボットの制御例（(a) 脚駆動，(b) アーム）

$$A_i = \begin{bmatrix} C_{\lambda i}C_{\theta i}^2 + S_{\theta i}^2 & S_{\theta i}C_{\theta i}(C_{\lambda i} - 1) & S_{\lambda i}C_{\theta i} & [R_i(1 - C_{\lambda i}) + d_i S_{\lambda i}]C_{\theta i} \\ S_{\theta i}C_{\theta i}(C_{\lambda i} - 1) & C_{\lambda i}S_{\theta i}^2 + C_{\theta i}^2 & s_{\lambda i}S_{\theta i} & [R_i(1 - C_{\lambda i}) + d_i S_{\lambda i}]S_{\theta i} \\ -S_{\lambda i}C_{\theta i} & -S_{\lambda i}S_{\theta i} & C_{\lambda i} & R_i S_{\lambda i} + d_i C_{\lambda i} \\ 0 & 0 & 0 & 1 \end{bmatrix}$$

(3) まとめ

空圧アクチュエータを用いてマイクロロボットを実現するには，通常の摺動シール部を持ったシリンダ等は摩擦の影響が大きすぎて使えない。ラバーアクチュエータは簡単な構造で小型化しやすく，また摩擦の影響もなく制御も容易である。

一方で，移動ロボットでは空気を供給するチューブの問題があり，現時点では実用化は難しいと考えざるを得ない。

＜鈴森康一＞

参考文献（22.2.4 項）

[1] Suzumori, K., *et al.*: Applying A Flexible Microactuator to Robotic Mechanisms, *IEEE Control Systems*, Vol.12, No.1, pp.21–27 (1992).

22.2.5　磁気駆動マイクロロボット

まず初めに，磁気駆動はマイクロロボットの駆動方式として適するかという点に関して，これまでスケール効果に関する様々な議論がなされており，条件によっては小型化によって優位になるといわれている[1, 2]。駆動源に永久磁石を使うのが出力アップの点で優れているが，サイズによってはマイクロロボットに永久磁石を搭載することは加工上の理由から困難となる。また，推進力を制御するために，磁場をどう制御するかが課題となる。電磁コイルを使って磁場を制御する場合，コイルの小型化は微細加工によってある程度クリアでき，小型化によって放熱特性も優れるため，電流密度を上げることができる。しかし，エネルギー供給の問題があるので簡単ではない。磁気アクチュエータそのものを小型，集積化する研究がなされているが，マイクロロボットに搭載するためにはエネルギー供給の問題をクリアしなければならない。ここで，ワイヤー接続は小型化で不利になることはいうまでもない。一方，マイクロロボットを外部磁場によって駆動する場合は，やっかいなエネルギー供給の問題を回避でき，近年大きな進展が見られた。そこで，以下では外部磁場によって非接触でマイクロロボットを駆動する磁気駆動方式について述べる。

先にも述べたように，駆動する側，駆動される側どちらにおいても，永久磁石を使うのが出力をアップする上で優れており，スケール効果によって磁気駆動方式は優位となる。ただし，ロボットのサイズによっては永久磁石を組み込むことができないため，ロボットに磁性体を組み込み，外部磁場を大きくすることで十分な出力を得てもよい。このように，ロボットを駆動するためには外部磁場をどのように制御するかがポイントとなる。このため，外部磁場の制御方法として代表的なものを以下にまとめる。

① 電磁コイル（ソレノイド，ヘルムホルツコイル，マクスウェルコイルなど）
ロボットの可動範囲を大きくするには，電磁コイルのサイズ，流す電流が大きくなるため，システム全体の小型化は難しい。一方，ロボットの操作自由度を高めるのに向いており，3 次元空間での 5 自由度操作も可能である[3]。

② 永久磁石（永久磁石を移動したり傾けることで磁場を制御する）
コンパクトで比較的大きな出力が得られる。永久磁石の移動範囲を大きくすることで，ロボットの可動範囲を大きくできるが，永久磁石の移動システムも大きくなる。ロボットの 2 次元操作に適するが，3 次元操作は困難である。また，磁場によってロボットが動かないデッドバンドが生じやすいが，永久磁石のサイズと磁界の向きを工夫することで改善できる[4]。

外部磁場によって非接触でマイクロロボットを駆動する研究では，バイオメディカル応用に向けた研究が多くなされており，液体中での駆動方式が多数報告されている。文献[5] では，鞭毛を模擬したスパイラル構造体に永久磁石を取り付けて，外部磁場をそのまわりで回転させることで推進力が得られることを示した。最近では微細加工を駆使してナノオーダーに小型化されたロボットの報告もある。文献[6] では永久磁石を移動することでロボットを非接触で駆動し，細胞を押して搬送している。文献[7] ではソレノイドで外部磁場を切り替えることで磁性体を駆動して，細胞分離やフィルタを実現している。文献[8] では永久磁石を移動し，微細加工でニッケルを組み込んだロボットをマイクロ流体チップ内で駆動し，チップの底面に超音波振動を与えて摩擦を低減したり，ロボットの底面に凹凸を付けることで高速移動時に浮上させて応答特性を向上している。外部磁場制御によるマイクロロボットは，出力，位置決め精度，移動範囲，自由度，ロボットおよびシステムのサイズ，駆動環境などがポイントとなる。

＜新井史人＞

参考文献（22.2.5 項）

[1] Cugat, O., Delamare, J., and Reyne, G.: Magnetic Micro-Actuators and Systems(MAGMAS), *IEEE Trans. Magn.*, 39–5, pp.3607–3612 (2003).

[2] Abbott, J. J., *et al.*: Robotics in the small, part I: microbotics, *IEEE Robot. Autom. Mag.*, 14–2, pp.92–103 (2007).

[3] Kummer, M. P., *et al.*: OctoMag: An electromagnetic system for 5-DOF wireless micromanipulation, *IEEE Trans. Robotics*, 26–6, pp.1006–1017 (2010).

[4] Hagiwara, M., *et al.*: On-chip magnetically actuated robot with ultrasonic vibration for single cell manipulations, *Lab on a chip*, 11–12, pp.2049–2054 (2011).

[5] Honda, T., *et al.*: Micro swimming mechanisms propelled by external magnetic fields, *IEEE Trans. Magn.*, 32–5, pp.5085–5087 (1996).

[6] Gauthier, M. and Piat, E.: An electromagnetic micromanipulation system for single-cell manipulation, *J. Micromechatron.*, 2–2, pp.87–119 (2004).

[7] Maruyama, H., *et al.*: On-Chip Microparticle Manipulation Using Disposable Magnetically Driven Micro Devices, *Journal of Robotics and Mechatronics*, 18–3, 264–270 (2006).

[8] Hagiwara, M., *et al.*: High-Speed Magnetic Microrobot Actuation in a Microfluidic Chip by a Fine V-Groove Surface, *IEEE Trans. Robotics*, 29–2, pp.363–372 (2013).

22.2.6 レーザ駆動型マイクロロボット

レーザ光が物体に照射されると，レーザ光が反射・屈折する際に，光の運動量が変化し，その反作用として光の放射圧と呼ばれる力が物体に与えられる。この光の放射圧を用いて微小物体を遠隔駆動する技術は光ピンセット[1] と呼ばれ，液体中で細胞や微粒子などを遠隔操作する手法として広く活用されている。この光ピンセットを用いると，大きさが数 10μm 程度の微小なマイクロマシンも液体中で自在に駆動・制御することができる。

光ピンセットによるマイクロロボットの駆動方法は，ロボットの材質によって 2 つに大別される。図 22.18 に，透明な誘電体微粒子と金属微粒子を駆動する方法を示す。誘電体微粒子では，図 22.18(a) に示すように集光したレーザ光が微粒子表面で反射，屈折する際に生じる光放射圧を積分すると，合力は焦点の方向に向かうため，微粒子を焦点に捕捉することができる。これにより，集光レーザ光を所望の軌跡に沿って走査することで，マイクロロボットを自在に制御できる。一方，金属微粒子では，図 22.18(b) に示すように，集束レーザ光がすべて反射されるため，光の放射圧が反発力となる。このため，誘電体微粒子よりも大きな駆動力が得られるが，制御性は低下する。したがって，高精度かつ緻密な制御が求められる用途では，誘電体を材質に用いることが望ましく，高出力で比較的大きなマイクロロボットを駆動する場合には，金属を用いることが望ましい。

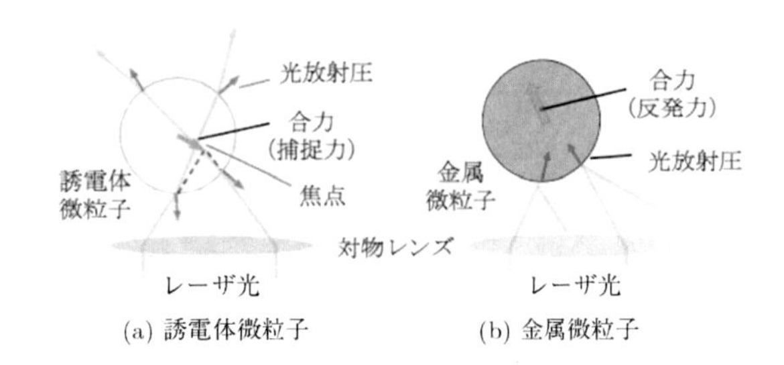

図 22.18 レーザ光による微小物体の駆動方法

レーザ駆動型マイクロマシンの作製には，リソグラフィーやエッチングのような従来のマイクロマシニング技術を用いることも可能であるが，レーザ光を用いて光硬化性樹脂を硬化させ任意の 3 次元樹脂構造体を形成できる「マイクロ光造形法」を用いると，数分で立体的なマイクロマシンを作製できる[2]。図 22.19 は，マイクロ光造形法によって作製されたマイクロピンセットやマイクロポンプ，マイクロタービンの例である[3, 4]。これらのピンセットやポンプは，透明な樹脂製であり，図 22.18(a) の方法で駆動される。一方，タービンは，無電解銅めっきによって金属皮膜が形成されており，1mW 以下の低出力レーザ光の反発力によって高速回転できる。

また，その他の光駆動方式としては，物体の形状異方性を利用する方法がある。例えば，らせん状の羽根にレーザ光を集光するだけでレーザ光の反射を利用し

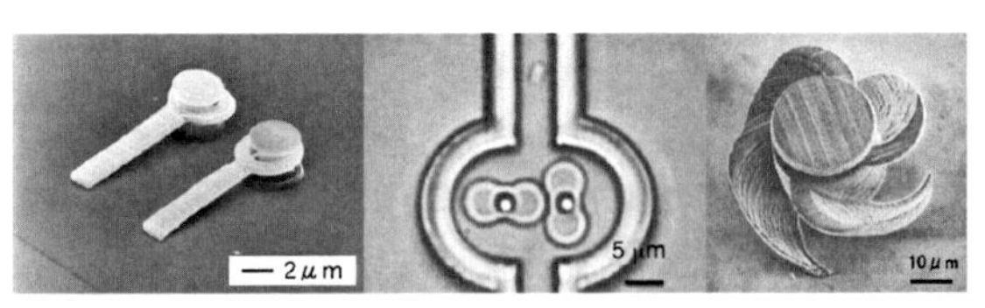

図 22.19 光駆動マイクロマシンの例

て高速回転するローターが開発され，マイクロポンプが試作されている[5]。上記以外にも，円偏光の持つスピン角運動量や，光の渦と呼ばれる特殊なビームが有する軌道角運動量を用いてマイクロ・ナノロボットを回転させることもできる[1]。このようにレーザ光を用いれば，ナノからマイクロまで幅広いサイズのロボットを遠隔駆動できるため，液体中で自由自在に動き回るマイクロ・ナノマシンや，細胞や DNA などを精密に操作するマイクロツールなどを実現できる。

＜丸尾昭二＞

参考文献（22.2.6 項）

[1] Grier, D. G.: A revolution in optical manipulation, *Nature*, 424, pp. 810–816 (2003).

[2] 丸尾昭二：マイクロ・ナノ光造形，『日本機械学会誌』，第 118 巻，pp.26–29 (2015).

[3] Maruo, S., *et al.*: Force-controllable, optically driven micromachines fabricated by single-step two-photon microstereolithography, *Journal of Microelectromechanical Systems*, **12**, pp.533–539 (2003).

[4] Maruo, S., *et al.*: Optically driven micropump produced by three-dimensional two-photon microfabrication, *Appl. Phys. Lett.*, **89**, 144101 (2006).

[5] Maruo, S., *et al.*: Optically driven micropump with a twin spiral microrotor, *Optics Express*, **17**, pp.18525–18532 (2009).

22.2.7　バイオ化学エネルギー駆動型マイクロロボット

マイクロ・ナノロボットを実現するためには，アクチュエータ，センサ，マイクロプロセッサの超小型化と集積化が必要である。これまで超小型生物のもつ運動機構を模倣しアクチュエータを実現するための様々な研究開発が行なわれてきたが，既存の機械的マイクロアクチュエータは，熱，形状記憶合金，圧電材料，静電気力を用いたもので構成されていることが多く，これらは電気エネルギーを駆動源としている。そのため，外部電源供給装置が必要となるため，システム全体の小型化が困難である。これに対し，生体運動機構の高いエネルギー変換効率に着目し，その最小単位であるアクチンやミオシンのような筋肉のモータータンパク質をボトムアップ方式でビルドアップ，集積化し，化学エネルギーのみで駆動するナノ分子モータアクチュエータを活用することが提案されている[1]。このアクチュエータは，アデノシン三リン酸 (ATP) の化学エネルギーを力学エネルギーに変換する高効率な素子であるが，発生力は数ピコニュートンと小さく，マイクロロボットのマイクロ駆動源として利用するには現状出力が小さいことが問題点である。そこで，2 つのアプローチと異なる新たなマイクロアクチュエータとして筋細胞の収縮や微生物の運動[2] をそのままアクチュエータとして活用したもの，分子モータを 1 分子レベルで扱うのではなく，生物の最小単位のシステムである細胞に着目し，分子モータが既に自己組織化された筋細胞を活用する考えに基づくアクチュエータをマイクロロボットの駆動源として用いる研究アプローチが注目されている。筋細胞もしくは細菌などの微生物そのものを用いることで，① グルコースなどの化学エネルギー駆動，② エネルギー変換効率が高い，② 超小型，④ 柔軟，⑤ 自己増殖，自己再生，などの分子モータの長所を残しつつ従来の人工アクチュエータにはない特徴をもったアクチュエータを創成できる可能性がある。

筋肉は，他の人工アクチュエータと比べ，密度が低い，ひずみ量，ひずみ速度，単位質量あたりの出力，エネルギー消費量，寿命，効率において，最も優れている部類に属している[3]。発生応力および剛性についてのみ，ピエゾや形状記憶合金のようなハードなアクチュエータに比べると劣るものの，高分子ゲルアクチュエータなどのソフトアクチュエータと比べると優れている。また，生体組織は，機械部品に比べ壊れやすいイメージがあるが，例えば，分子モータが自己組織化した筋組織は，10^9 回以上の収縮能を持つため，寿命は人工アクチュエータよりも優れている[3]。

また，微生物アクチュエータは，筋細胞バイオアクチュエータが厳密に培養環境を維持する必要があるのに対し，培養環境を管理することなく生存することができるため，耐環境性においては微生物アクチュエータが優れている。しかし，外部から人為的に制御することは難しく，複雑なデバイスを作製するには，複数の微生物を同時に制御しなければならず，さらに困難となる[4]。これに対し，筋細胞バイオアクチュエータは電気的に結合し 1 つの自己集積体を形成しているため，既存の半導体と組み合わせて用いる小型システムとしての可能性が広がり，今後それらがさらに小型化できればバイオ化学エネルギー駆動型マイクロロボットとしての制御性は高い。また，温度，化学刺激，光刺激など電気信号とは異なる入力でマイクロロボットを制御することができることも大きな特徴である[5]。

＜森島圭祐＞

参考文献（22.2.7 項）

[1] 平塚祐一，上田太郎：運動タンパク質を用いたナノバイオマシンの構築，『生物物理』, Vol. 45, No. 3, pp. 134-139(2005).

[2] Hiratsuka, Y., Miyata, M., Tada, T., and Uyeda, T.Q.P.: A microrotary motor powered by bacteria, *Proc. Natl, Acad. Sci. USA*, Vol. 103, No. 37, pp. 13618-13623(2006).

[3] Hunter, I. and Lafontaine, S.: A comparison of muscle with artificial actuators, *Technical Digest of IEEE Solid-State Sensor and Actuator Workshop*, pp. 178-185(1992).

[4] 森島圭祐，秋山佳丈：筋細胞ビルドアップ型バイオアクチュエータの開発，『アクチュエータ研究開発の最前線』（樋口俊郎，大岡昌博編），pp. 231-238, NTS(2011).

[5] Akiyama, Y., Iwabuchi, K., Furukawa, Y. and Morishima, K.: Long-term and room temperature operable bioactuator powered by insect dorsal vessel tissue, *Lab on a Chip*, 9(1), pp. 140-144(2009).

22.3 マイクロロボットの設計と制御

22.3.1 マイクロロボットの移動機構

(1) マイクロロボットの特徴

マイクロロボットは，寸法が小さいことによって機構や駆動機構に様々な特徴や制約が生じる。まず，スケール効果により，重力や慣性力等の体積力に比べて，静電力，表面張力，粘性力，分子間力など，物体表面の相互作用の影響を受けやすいことが挙げられる。したがって，これらの力に起因する摩擦や吸着などを抑制するとともに，これらの力を積極的に利用する工夫が必要となる。また，3 次元の微細加工，組立ての手法が限定されるため，機構の単純化や製作しやすさを考慮した設計が必要になる。

さらに，機構を小型・軽量化する際には，アクチュエータ，エネルギー源の選択が重要になる。特にバッテリーを搭載した自立移動ロボットでは，バッテリーによって全体のサイズ，機構，アクチュエータ，稼働時間などの制約を受ける場合が多い。具体的には，ロボットのサイズは数 cm 以上で，アクチュエータは数 V の電圧で駆動可能な DC モータ，ボイスコイルモータ，熱アクチュエータ等がよく用いられている。小型軽量のバッテリーとしてはリチウムポリマー電池が多用されている。一方，比較的高電圧を必要とする圧電素子や静電アクチュエータを用いる場合には，エネルギーは外部から有線で供給する場合が多い。また，バッテリーを搭載せず，無線でエネルギーを供給する方法としては，光（太陽電池），マイクロ波，電場，磁場，音場，接触する物体や流体の振動を用いる方法等が研究されている。また，人工物に比べてエネルギー変換効率が高い生体分子モータ（アクチン/ミオシン，微小管/キネシンなど）をマイクロロボットに埋め込んで使用する試みも行われている。

(2) 振動を利用した推進機構

駆動機構を簡便にする方法として，振動を利用した推進機構がよく用いられる。ロボット本体に振動を与えることによって動力の伝達・変速機構を省略でき，高周波数の微小振動を加えることにより，精密な位置決めと高速移動の両立が可能になる。図 22.20(a) に示すインパクト駆動[1] は，移動体と慣性体を圧電素子で結合し，圧電素子をゆっくり収縮させ急速に停止，伸長させることにより，移動体を慣性力で推進させるものである。1 回の移動距離を数 nm とすることができるため，精密な位置決めが可能である。本機構は，「マイクロマシン技術の研究開発」プロジェクト（1991～2000 年度）の一環として開発された，配管内の検査や画像送信を行う「管内自走環境認識システム[2]」にも採用されている。図 22.20(b) に示すスクラッチドライブアクチュエータ[3] は，基板と移動体の間で電圧の on/off を繰り返すことにより，静電力により移動体が尺取運動を行い前進するものである。図 22.20(c) に示す機構は，携帯電話のマナーモードに用いられる振動モータと斜毛機構を組み合わせたものであり，偏心したおもりの振れ回り振動と，斜毛の非対称な摩擦力によって推進力が得られる。このほかにも，振動と非対称な機構，運動を組み合わせることにより，種々の推進機構

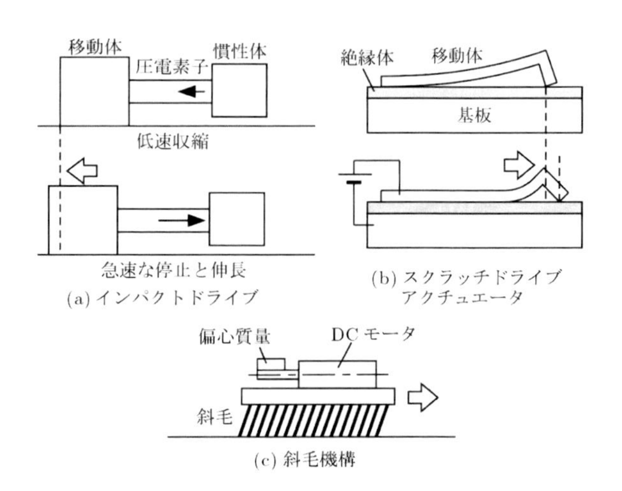

図 22.20　振動を利用した推進機構

を設計することができる。

(3) 折り紙構造

マイクロロボットの加工，組立て手法として，薄い板状の材料にロボットの構造を平面に展開した形状と，折り目となる柔軟なヒンジを加工し，折り紙の要領でヒンジ部を折り曲げて立体を組み立てていく手法が研究されている。平面上では，フォトリソグラフィーやレーザ加工などにより，種々の材料に精密な加工が可能であり，それを折り曲げることによって空間的にも精度の高い構造を容易に組み立てることができる。また，ヒンジ部をフレキシブルな材料とすることにより，摩擦を生じない回転関節として利用することができ，4 節リンクなどの機構を立体的に構成することができる。図 22.21 は，SiO_2 とポリイミドの薄膜を用いて，MEMS 技術により一辺 0.2mm の立方体の展開形状を製作し，ポリイミドの熱収縮を利用して自動的に組み立てたものである[4, 5]。また，Wood らは，図 22.22 のような構造をレーザ加工により形成し，ポリイミドのヒンジ部を折り曲げて立体的な機構を組み立てる SCM (Smart Composite Microstructures)[6] を提案し，さらにこの構造を積層して飛び出す絵本のような 3 次元機構を製作する Pop-up Book MEMS[7] と呼ばれる手法を開発している。これらの機構は種々の小型移動ロボットに応用されており，その有効性が検証されている。

図 22.21　折り紙構造による 1 辺 0.2mm の立方体[5]

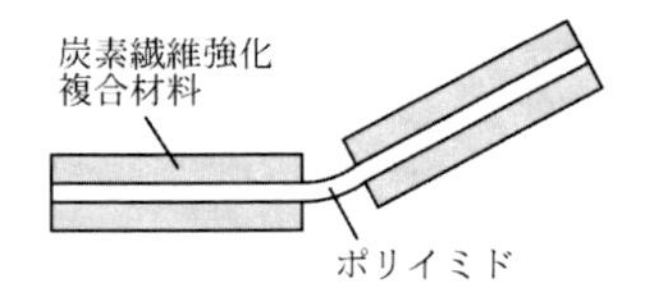

図 22.22　SCM(Smart Composite Microstructures)[6]

(4) バイオミメティクス

マイクロロボットでは，従来の車輪式，クローラ式，脚式などの移動方法に加え，昆虫などの微小生物を模倣することにより，マイクロスケールに適した種々の移動方法が研究されている。昆虫を規範とした 6 脚歩行機構では，3 脚ずつ交互に接地し支持三角形の内部に重心を置くことで，常に安定な歩行が実現できる。また，バッタやコオロギを模擬した跳躍機構では，寸法が小さくなるほど体長に対する跳躍高さが増加し，着地の際の耐衝撃性も高まる傾向がある。これは脚部のばね力や材料の強度は断面積に比例し，サイズが小さいほど重力に対する割合が大きくなるためである。多くの昆虫に見られる羽ばたき飛翔では，翅の羽ばたき（フラッピング），ひねり（フェザリング），前後運動（リード・ラグ）を組み合わせ，固定翼とは異なるメカニズムにより上昇力，推進力を得て，急旋回，ホバリングなどの優れた飛翔を行っている。近年はプロペラによる飛翔体の小型化も進んでいるが，サイズが小さくなると揚抗比が小さくなり，揚力が得られにくくなるため，羽ばたき飛翔の方が有利になると考えられる。Ma ら[8] は，図 22.22 に示す SCM を用いて，質量 80mg で昆虫サイズの羽ばたき飛翔ロボットを開発し，ホバリングと飛翔軌道の制御に成功している。ただし，アクチュエータにはバイモルフ型の圧電素子を用いており，エネルギーは有線で供給している。

アメンボなどの水生昆虫は，おもに水の表面張力を利用して水面上に立ち，移動することができる。アメンボの脚の周囲の水面にはくぼみが発生し，その表面に沿って働く表面張力により体重を支持し，水面のくぼみの壁を蹴ることにより推進力を得ている。図 22.23 は筆者ら[9] が開発した水面移動ロボットであり，MEMS 技術により撥水加工した 12 本の脚を用いて表面張力で水面に浮き，振動モータにより脚を共振させることで水面上を移動する。脚の長さがそれぞれ異なっており，モータの振動数を変えることで共振する脚が変化

図 22.23　共振を利用した水面移動ロボット[10]

し，直進と左右の旋回を切り替えることができる。

マイクロロボットでは，重力に対して表面間の付着力の影響が大きいことから，ヤモリや昆虫などの付着機構を模倣した，負圧の吸盤によらない壁面歩行ロボットも多数研究されている。ヤモリの脚の表面は多数の毛で覆われており，その先端がさらにナノメートルオーダに枝分かれしてヘラ状になっており，ヘラの表面を壁面に密着させせファンデルワールス力により付着していることが知られている[10]。ヤモリの足裏のような微細構造を持つ付着面を製作し，ロボットの脚に装着することにより，Waalbot[11]，MicroTugs[12] などの小型壁面歩行ロボットが開発されている。

以上述べたように，マイクロロボットの移動機構を設計する際には，スケール効果を考慮し，表面の相互作用力などを利用した移動方法を用いることが有効であり，これらの力を発現する機能表面の製作にはMEMS等のマイクロ加工技術が利用できる。また，マイクロロボットの新しい設計指針を得るためには，昆虫などの微小生物から学ぶことが極めて有効である。

＜鈴木健司＞

参考文献（22.3.1 項）

[1] 樋口俊郎，渡辺正浩 他：圧電素子の急速変形を利用した超精密位置決め機構，『精密工学会誌』，54，11，pp.2107–2112 (1988).

[2] 鶴田和弘，川原伸章：管内自走環境認識システム，『日本ロボット学会誌』，19，3，pp.293–296 (2001).

[3] Akiyama, T. and Fujita, H.: A Quantitative Analysis of Scratch Drive Actuator Using Buckling Motion, *IEEE Microelectromechanical Systems (MEMS) 1995*, pp.310–315 (1995).

[4] Suzuki, K., Shimoyama, I., *et al.*: Insect-Model Based Microrobot with Elastic Hinges, *IEEE Journal of Microelectromecanical Systems*, Vol.3, No.1, pp.4–9 (1994).

[5] Suzuki, K., Yamada, H., *et al.*: Self-assembly of three dimensional micro mechanisms using thermal shrinkage of polyimide, *Microsystem Technologies*, Vol.13, No.8–10, pp.1047–1053 (2007).

[6] Wood, R. J., Avadhanula, S., *et al.*: Microrobot Design Using Fiber Reinforced Composite, *Journal of Mechanical Design*, Vol.130, No.5, p.052304 (2008).

[7] Whitney, J. P., Sreetharan, P. S., *et al.*: Pop-up Book MEMS, *Journal of Micromechanics and Microengineering*, Vol.21, No.11, p.115021 (2011).

[8] Ma, K. Y., Chirarattananon, P., *et al.*: Controlled Flight of a Biologically Inspired Insect-Scale Robot, *Science*, Vol.340, pp.603–607 (2013).

[9] 鈴木健司，小池裕之 他：表面張力を利用した水面移動ロボットの研究，『日本機械学会論文集（C 編）』，Vol.75，No.751，pp.656–665 (2009).

[10] Autumn, K., Liang, Y. A., *et al.*: Adhesive force of a single gecko foot-hair, *Nature*, Vol.405, pp.681–685 (2000).

[11] Murphy, M. P., Kute, C., *et al.*: Waalbot II: Adhesion Recovery and Improved Performance of a Climbing Robot using Fibrillar Adhesives, *The International Journal of Robotics Research*, Vol.30, No.1, pp.118–133 (2011).

[12] Hawkes, E. W., Christensen, D. L., *et al.*: Vertical Dry Adhesive Climbing with a 100x Bodyweight Payload, *IEEE International conference on Robotics and Automation (ICRA) 2015*, pp.3762–3769.

22.3.2　マイクロロボットの知能化

マイクロロボットは，① ロボット自身のサイズがマイクロスケールの場合，② ロボットが対象とするサイズがマイクロスケールの場合，に大別できる。ナノロボットに関しても，ロボット自身のサイズと，ロボットが対象とするサイズに関して大別することができる。

マイクロ・ナノロボットの知能化とは，マイクロ・ナノロボットの制御/操作を実現したうえで，計測/評価結果から得られた情報をデータベース化し，モデリングや教示データの生成を行い，マイクロ・ナノロボットの制御/操作を高度化することである（図 22.24）。したがって，マイクロ・ナノロボットの制御/操作の上位に位置する。このシステム構成を一般的なブロック線図で示すと図 22.25 のようになる。点線枠で囲まれたシステムに対して知能化コントローラを介することで，与えられたタスクを実現するための目標入力が得られる。システムから得られた出力を計測・解析することでデータベースが構成でき，データベースや教示データ，他のシステムとの通信情報等が知能化コントロー

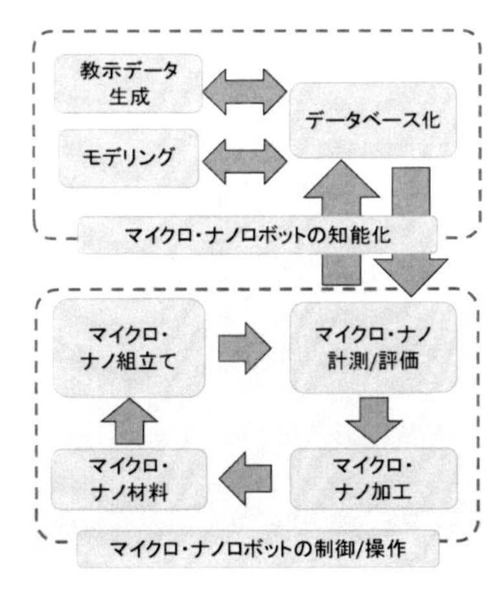

図 22.24　マイクロ・ナノロボットの知能化の位置づけ

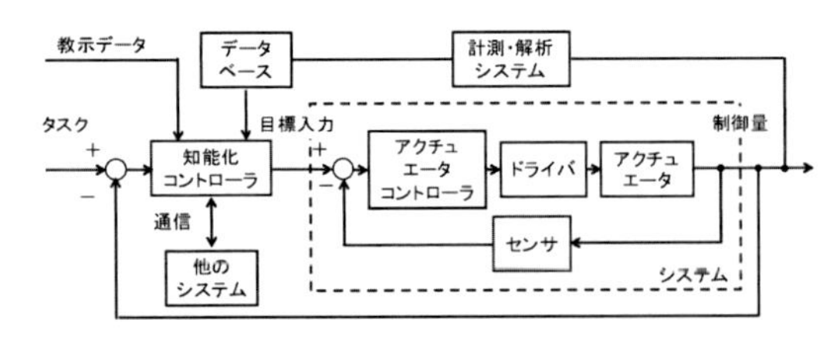

図 22.25　マイクロロボットの一般的なブロック線図

ラに必要である。

表 22.1 にマイクロロボットの代表的な知能化制御方式とそれぞれの利点，欠点を示す。多くの場合，広い適用範囲を有するビジュアルフィードバック方式が用いられる。また，自律制御方式や遠隔制御方式は従来から複数台のロボット制御や微細操作などに適用されており，近年はデータベース方式や学習方式といったより拡張性が高い方式の応用が進んでいる。

表 22.1　マイクロロボットの知能制御方式

知能制御方式	利点	欠点
1. ビジュアルフィードバック方式	・適用範囲が広い ・シンプルなシステム構築が可能である	・環境変動へのロバスト性が低い ・画像情報は 2 次元情報に限定される
2. 自律制御方式（システム–システム）	・システム構築が比較的容易である	・環境変動へのロバスト性が低い
3. 遠隔制御方式（システム–人）	・人の様々な作業へ適用できる	・意図推論は限定的である
4. データベース方式（ディープラーニングなど）	・データの逐次更新が可能である ・ビッグデータの利用が可能である	・適用範囲がデータに左右され限定的である ・計算コストが高い
5. 学習方式（教示あり，強化学習など）	・タスクを拡張することが容易である	・教示データの特徴量の抽出が困難である ・環境変動へのロバスト性が低い

① の場合，実際は mm～cm サイズのことが多く，ロボットに実装可能なデバイスも小型である必要があり，シンプルな構造である必要がある。例えば，全日本マイクロマウス大会[1] やマイクロロボットメイズコンテスト[2] に代表されるように，迷路のような環境をセンシング情報に基づいて自律的に走破する技術が競われている。このような競技では，ライントレースや壁面を沿って移動する方式の場合，図 22.25 に示すブロック線図において点線で示すようなシステムのブロック線図に従って，ラインの色判定を行ったセンサ情報に基づきマイコンを利用して，目標入力とコントローラを動作させる。

② の場合，ロボットおよび駆動システムのサイズは制限がなくなる。一方で，対象とするサイズがマイクロスケールであるため，操作対象を検出するシステムが重要となる。多くの場合，顕微鏡下でのマニピュレーション技術となる（22.4 節参照）。

具体例として，マルチマニピュレーションシステムの協調制御によるマイクロ構造体のアセンブリの例を述べる[3]。著者らは，倒立顕微鏡下で複数の構造体を操作することが可能なマルチマニピュレーションシステムを構築した。本システムは，複数のマニピュレーションシステムを回転型レールで連結することで粗動動作を行い，マニピュレータに装着したピエゾ駆動型モータを用いて微動動作を行うことが可能である。

図 22.26 に，本システムを用いてマイクロ構造体のアセンブリを自動化するための制御フローを示す。対象とするマイクロ構造体 (DSMs: Donut-shaped micro-modules) を画像で検出後，RSA(Repetitive Single-Step Assembly) と呼んでいる繰返しプロセスによるアセンブリを開始する。まず，エンドエフェクタであるピペットの 3 次元的な位置を計測する。マイクロ構造体との距離を顕微鏡画像から 2 次元的に計測し，ピックアップするポイントへエンドエフェクタを移動する。ピックアップ動作を行った後，エンドエフェクタが基板との接触を避けるため，高さ（Z 軸）方向に移動する。こ

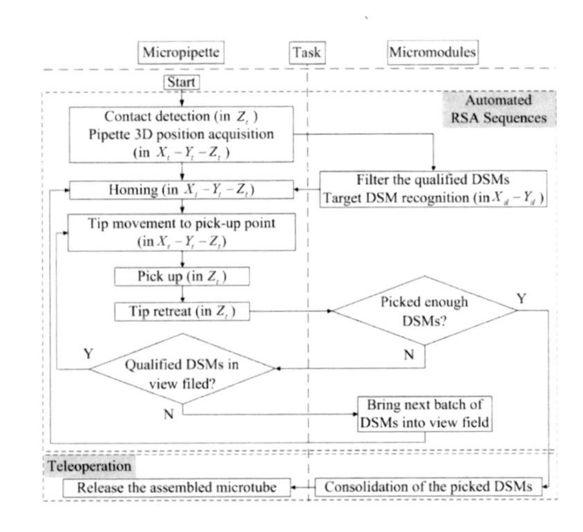

図 22.26　マイクロ構造体アセンブリの制御フロー例[3]

の状態で次のマイクロ構造体を検出し，もし視野内にない場合は，視野を移動する。視野内にマイクロ構造体を検出し，先のプロセスと同様のプロセスを繰り返すことで，連続的にマイクロ構造体をピックアップすることが可能である。

図 22.27 に，本プロセスの実験例を示す。顕微鏡画像を 2 値化処理することで，顕微鏡画像処理により，マニピュレータのエンドエフェクタとマイクロ構造体を検出し，図 22.26 の制御フローに従って，マイクロ構造体の姿勢情報に基づきマイクロ構造体をエンドエフェクタに連続的にピックアップした。これにより，円環状のマイクロ構造体からマイクロチューブ構造体にアセンブリを行い，複数のエンドエフェクタの協調制御により，組立て後に取出しを実現した。近年，外部環境を制御することにより，微小な構造体を動かしてマイクロロボットとして応用する研究が進展している。例えば，磁場による微小な血管内でのカテーテル操作[4]，マイクロ流体チップ中での細胞計測・操作[5]，バクテリアのべん毛を模したらせん状マイクロ構造体の移動制御[6]，磁性バクテリアを用いた微小物体の搬送[7]，核磁気共鳴画像 (MRI) を要したマイクロ構造体の搬送[8] などが行われている。

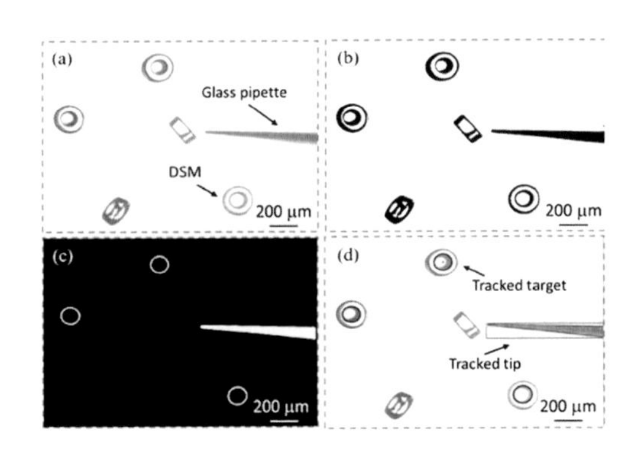

図 22.27　マイクロ構造体アセンブリの画像処理例[3]

このようなマイクロロボットによって得られる細胞特性のデータベースの例を，表 22.2 に示す。生物学的，機械的，電磁気的特性の，それぞれの検出方法によって得られた定量的なデータがデータベース化され，マイクロロボットの知能化に応用される。今後は，マイクロロボット同士の協調作業や自律化，自動化の進展が期待される。

＜福田敏男，中島正博，竹内 大＞

表 22.2　細胞特性のデータベースの例

細胞特性の主分類	具体例	検出方法例
生物学的特性	活性能	蛍光染色
	分化能	培養実験
	タンパク質	色素
化学的特性	分泌物質	抗体染色
	イオン濃度	ガラス電極法
	酸素濃度	蛍光塗料
機械・電気的特性	弾性特性	カンチレバー方式
	付着特性	カンチレバー方式
	変形特性	流体チップ
	導電特性	プローブ電極

参考文献（22.3.2 項）

[1] マイクロマウスから生まれた競技や大会 http://www.ntf.or.jp/mouse/

[2] International Micro Robot Maze Contest https://www2.meijo-u.ac.jp/~ichikawa/MAZEHOME/index.html

[3] Wang, H., Huang, Q., Shi, Q., Yue, T., Chen, S., Nakajima, M., Takeuchi, M., Fukuda, T.: Automated Assembly of Vascular-Like Microtube With Repetitive Single-Step Contact Manipulation, *IEEE Trans. Biomedical Eng.*, Vol.62, pp.2620–2628 (2015).

[4] Tercero, C., Kodama, H., Shi, C., Ooe, K., Ikeda, S., Fukuda, T., Arai, F., Negoro, M.: Technical skills measurement based on a cyber-physical system for endovascular surgery simulation, *The Int. J. of Medical Robotics and Computer Assisted Surgery*, Vol.9, pp.e25–e33 (2013).

[5] Hagiwara, M., Kawahara, T., Iijima, T., Arai, F.: High-Speed Magnetic Microrobot Actuation in a Microfluidic Chip by a Fine V-Groove Surface, *IEEE Trans. on Robotics*, Vol.29, pp.363–372 (2013).

[6] Zhang, L., Peyer, K. E., Nelson, B. J.: Artificial bacterial flagella for micromanipulation, *Lab on a Chip*, Vol.10, pp.2203–2215 (2010).

[7] Martel, S.: Bacterial Microsystems and Microrobots, *Biomedical Microdevices*, Vol.14, pp.1033–1045 (2012).

[8] Pouponneau, P., Bringout, G., Martel, S.: Therapeutic magnetic microcarriers guided by magnetic resonance navigation for enhanced liver chemoembilization: a design review, *Annals of Biomedical Eng.*, 42(5), pp.929–939 (2014).

22.3.3　マイクロロボット制御

(1) 研究の背景

これまで開発されてきた水中ロボットとしては，スクリューを駆動力として用いたロボットとひれを駆動力として用いたロボットの 2 種類が主流となっている (イタリアの P. Dario (2011)，日本海上技術研究所，東京大学，大阪大学の加藤ら (2008)，アメリカ海軍研究

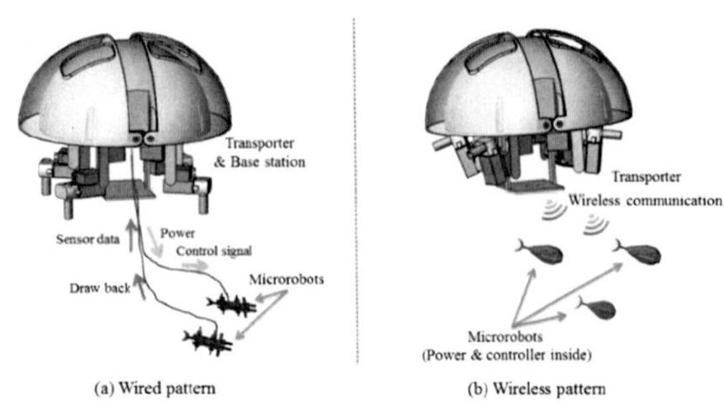

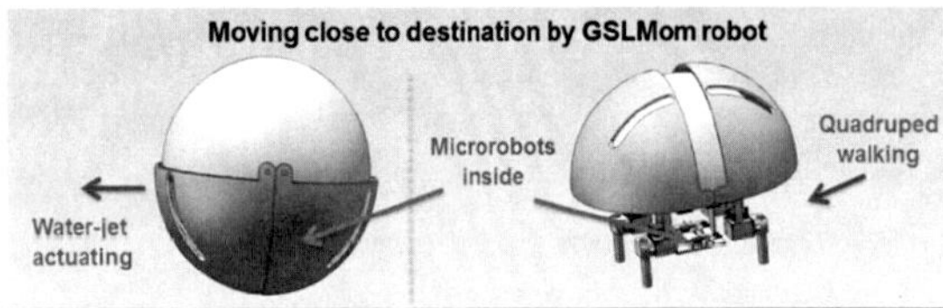

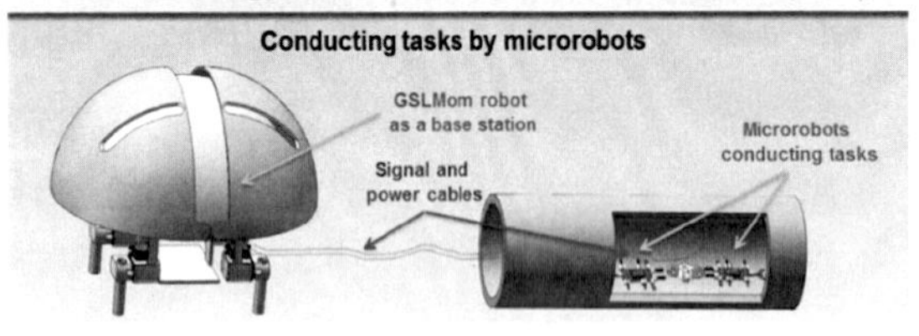

図 **22.28**　提案した水陸両用生物型 Mother-son ロボットシステム

所 (2008)，ハワイ大学 (2007,2008,2010)，UCB(2008)，CMU(2011))。これらの水中ロボットは，駆動電圧が高いこと，コンパクト構造が難しいことなどの問題点が残されている。本研究では，著者らのこれまでの研究成果を踏まえ，図 22.28 に示す上記の課題を解決できる多機能な水陸両用生物型 Mother-son ロボットシステム（以下，本ロボットシステムと呼ぶ）を提案し，Mother ロボットを設計し，陸上と水中での特性評価を行い，その有効性を実証した[1–5]。

(2) 研究目的とアプローチ

本研究の目的は，多様な環境下においても自律的に活動可能とするために，本ロボットシステムでは放出される場所を認識して，自律的に水中と陸上のルートを適宜決めて作業を行えるようにすることである。さらに，水中作業を行う際には，水中環境に及ぼす影響を最小限にするために，Mother ロボットが適時 Son ロボット（マイクロロボット）を放出して作業させるシステムの構築を目指している。

(3) 研究成果

本ロボットシステムは水陸両用の球型 Mother ロボットとこれに搭載される複数の生物型 Son ロボットから構成される。本研究に関しては，生物型 Son ロボットと球型 Mother ロボットを試作し，性能評価を行ってきた。次のステップは球型 Mother ロボットの安定性を高め，Son ロボットの放出と回収機能を改良し，球型 Mother ロボットと Son ロボットとの通信・協調作業メカニズムを検証し，複雑な水中環境でも高度な作業を実現すること，および本ロボットシステムを複数用いた協調作業技術開発を目指す。

(i) ソフトアクチュエータとバイオミメティック運動とを一体的に組み合わせた構成

小型化が可能で，低電圧駆動ができ，応答性に優れ柔軟な高分子アクチュエータである IPMC (Ionic Polymer Metal Composite) アクチュエータを用いてバイオミメティック運動を組み入れることで，図 22.29 に示す小型構造，多自由度を有する多機能な水中マイクロロボットの提案・試作を行った。これらはソフトアクチュエータの応用例である。

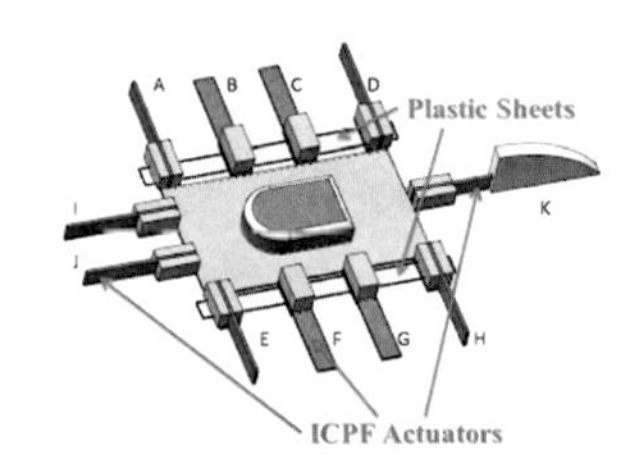

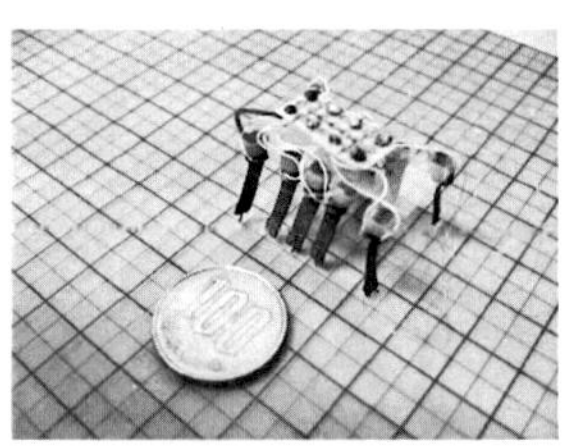

図 **22.29**　ハンドリング操作可能な Son ロボット (10×45mm)

(ii) 生物（ウミガメ）型ハイブリッド駆動機構を基に着想した Mother ロボットシステム

本ロボットシステムは水陸両用の球型 Mother ロボットとこれに搭載される複数の生物型マイクロロボットから構成される。図 22.30 に示す球型 Mother ロボッ

(a) Walking motion on land

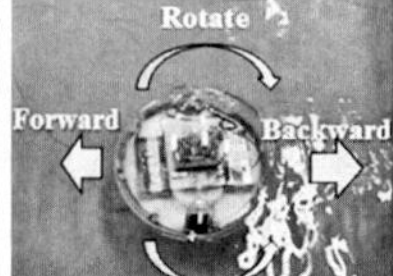

(b) Underwater horizontal motion

(c) Underwater vertical motion

図 **22.30** Mother ロボットの多機能な動作

トは，サーボモータとウォータージェットプロペラ推進器で駆動され，陸上と水底では四足歩行運動が可能で，水中では 4 つの自由度を持って巡航することができる。また，Son ロボットとするスマートアクチュエータ駆動のマイクロロボットはコンパクトな構造を持ち，低電圧駆動が可能で省エネルギーであるため，狭い空間においても高度な作業が可能である。球型 Mother ロボットはサーボモータを用いた複数の水陸両用の駆動ユニットを利用して陸上での多足歩行運動を実現し，水中ではウォータージェットプロペラにより駆動され，ノイズが小さく，環境に優しい。

球型 Mother ロボットは高機動性，長航続時間，柔軟性と高搭載能力などの特徴を持つため，複数の Son ロボットを搭載可能で，それらを目的地に近い場所へ運んで放出し，狭い空間で高度な作業をさせ，作業が終了した後 Son ロボットを回収することができる。つまり，本ロボットシステムは球型 Mother ロボットと Son ロボットの協調動作に基づいて，水中で高い移動能力を持ち，かつ高度な作業ができるシステムである点に特徴を有する。図 22.31 に示すように，Mother ロボットから Son ロボット放出実験を行って，Mothor ロボット動作のメカニズムを実証した。さらに，図 22.32 に示すように，3 台の Mother ロボットを使って水中と陸上で並行，隊列歩行などの実験を行った。Mothor ロボットの協調動作メカニズムを実証した。

(4) 研究の結果と課題

本ロボットシステムは，水中では 4 つの自由度を有し，かつ球型構造であることから高圧力に耐えることができ，しかも大きな内部空間を備える。さらに，Mother ロボットは陸上でも水中でも放出できるだけでなく，自律的に回収することも可能な機能を実現するものであり，ロボット分野における先進的技術開発を先導するものである。このような機能を有する本ロボットシステムは，陸上と水中の両方を含むような複雑な環境下においても活動が可能であるので，水中の生物探索や未知の水中地形の探索等に役立つことが期待できる。また，球型構造であることから水中植物に引っ掛かりにくい利点もある。特に，異なる環境にまたがることが多い海洋資源調査，エンジンや配管のメンテナンスなどの水中作業及び水中通信技術開発などへ貢献することが期待される。

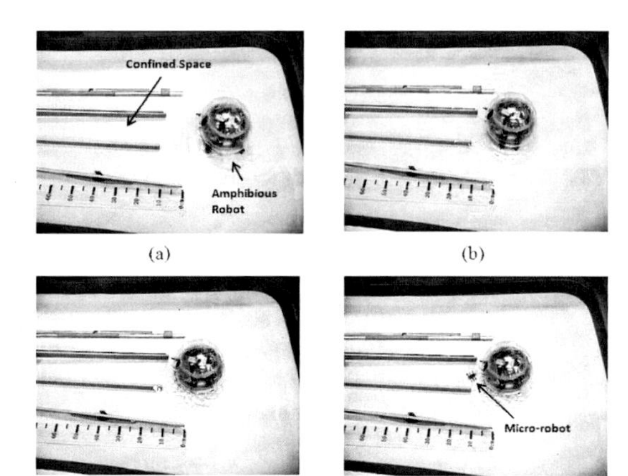

(a) (b) (c) (d)

図 **22.31** Mother ロボットから Son ロボット放出実験

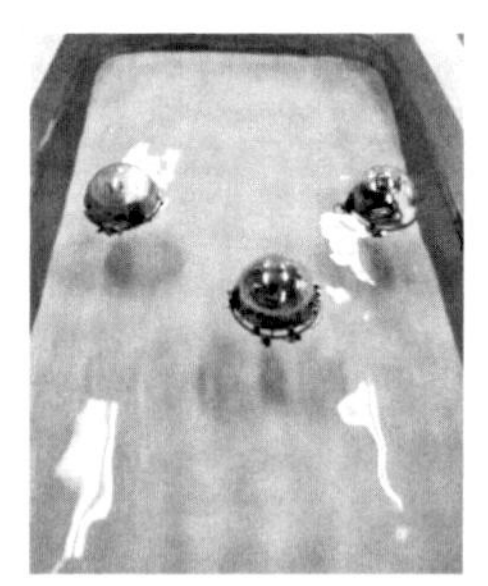

(a) In Water

(b) On land

図 **22.32** 複数台 Mother ロボットの協調動作実験

＜郭 書祥＞

参考文献（22.3.3 項）

[1] Shi, L., Guo, S., Mao, S., Asaka, K.: Development of an Amphibious Turtle-Inspired Spherical Mother Robot, *Journal of Bionic Engineering*, Vol.10, pp.446–455 (2013).

[2] Yue, C., Guo, S.: Hydrodynamic Analysis of the Spherical Underwater Robot SUR-II, *International Journal of Advanced Robotic Systems*, Vol.10, DOI:10.5772/56524, pp.1–12 (2013).

[3] Yue, C., Guo, S., Li, M., Ishihara, H.: Mechantronic System and Experiments of a Spherical Underwater Robot: SUR-II, *Journal of Intelligent and Robotic Systems*,

Vol.80, No.2, pp.325–340 (2015).

[4] Shi, L., Guo, S. and Asaka, K.: Development of a Lobster-inspired Underwater Microrobot, *International Journal of Advanced Robotic Systems*, Vol.10, DOI:10.5772/54868, 44:2013, pp.1–15 (2013).

[5] Shi. L., Guo, S., Li, M., Mao, S., and Asaka, K.: A Novel Soft Biomimetic Microrobot with Two Motion Attitudes, *Sensors*, Vol.12, No.12, pp.16732–16758 (2012).

[6] Li, M., Guo, S., Hirata, H., Ishihara, H.: Design and performance evaluation of amphibious spherical robot, *Robotics and Autonomous Systems*, doi:10.1016/j.robot.2014.11.007 (2014).

22.3.4 MEMS による自律分散マイクロシステムの制御

(1) 緒言

ロボットの分野においても大型化，小型化の両開発ベクトルは常に重要な観点であろう。小型化に関しては，様々な小さなロボットが開発，報告されている。小型化の手法は，精密な加工技術とアセンブリによるミニチュア化が長く一般的であった。一方，1980 年代後半に，米国を中心に半導体技術を用いて静電マイクロモータを回す研究などを典型例として，従来とは異なる機械の小型化の手法が現れた。この手法は，Microelectromechanical Systems(MEMS)，MEMS 技術と呼ばれ，集積回路製造技術を機械構造の製作に援用して，マイクロセンサやマイクロアクチュエータを多数開発，実用化している[1]。その技術の由来上，駆動制御回路との集積一体化が魅力である。MEMS 技術を用いたマイクロロボットを考えるにあたり，製作技術が設計や利用方法と密接な関係があることが重要となる。

(2) 分散型マイクロマシンシステム

MEMS は集積回路チップと同様にバッチプロセスにより製作されるため，基板上に多数のデバイスが一度に生産される。通常はチップに切り離して実装され，一枚の基板から切り出せるチップ数は生産性，コストに影響する。製作上，基板平面上に無数の均一なデバイスが並ぶことに着目し，この形態をうまく活用しようとする試みがある。基板平面上に分散した MEMS による分散型マイクロマシンである。よく知られた分散型マイクロマシンシステムとしては，デジタルマイクロミラーデバイス（例えば文献[2]）があり，投射型のディスプレイ，プロジェクタに実用化されている。基板上に多数分散配置した 15 μ m 角のマイクロミラーをピクセルとして扱っており，MEMS が基板上にバッチ生産されることを積極的に利用することに成功している。外部ないし中央からの制御信号をデバイスの直下の SRAM 回路により個々のマイクロマシンに伝えている。分散型システムの中央集中制御形態である。この他，細胞融合装置用のチャンバアレイなども同様の分散型構成の例として挙げられる。

(3) 分散型マイクロマシンシステムの自律分散制御

ロボットの分野では，多数のロボットによるマルチエージェント系や生物規範型のヘビ型ロボットのような多関節系において，自律分散制御の適用例が見られる[3, 4]。上述した MEMS を分散型マイクロマシンシステムとして構成した場合，多数の対象を個別に制御するのは大変であり，自律分散制御が有望視されている。筆者らの適用例を中心に紹介する。藤田・小西らは 1990 年代前半に，物を運ぶマイクロアクチュエータを分散配置した搬送システムに対して，自律分散制御を適用することを提案している[5–7]。個々のマイクロアクチュエータには，隣接するアクチュエータとの通信により搬送方向を決定するルールを与える。碁盤目状に並んだアクチュエータの一つを搬送目標位置に指定すると，上述の動作決定ルールに基づいて個々のアクチュエータは自らの搬送方向を決定する。筆者らにより，シミュレーション，ハードウェア両方が実現され，動作が実証されている。その後，藤田・安宅・三田らは，搬送物体認識センサ等も導入してシステムの高度化に成功している[8]。図 22.33(a) は MEMS 技術により作製した繊毛型の搬送アクチュエータアレイの写真である。各繊毛は幅 100um，長さ 500um で，熱バイモルフ駆動である。図 22.33(b) は，微小チップの搬送写真（平面写真）とその制御画面である。

(a)　(b)

図 22.33　(a) MEMS 繊毛アレイ，(b) 搬送系の自律分散制御

(4) 結語

本稿では，MEMS 製作技術との整合性から考えて自然な形態である分散型構成，その制御として自律分散制御およびその適用事例を紹介した。スマートグリッ

ドの分散構成などマクロな世界でも自律分散制御が注目される中，ミクロの世界でも重要性が再認識される材料になれば幸いである。

<小西 聡>

参考文献（22.3.4 項）

[1] 藤田博之：『センサ・マイクロマシン工学』，オーム社 (2005).

[2] 同上，pp.157–158.

[3] 長田正（編著）：『自律分散をめざすロボットシステム』，オーム社 (1995).

[4] 中島大樹，佐竹冬彦，伊達央，加納剛史，石黒章夫：多様なロコモーション様式を発現可能な自律分散型ヘビロボットの開発，*ROBOMEC 2014*, 1A1-V03(2014).

[5] 新誠一 他：『自律分散システム』，第 5 章，朝倉書店 (1995).

[6] Konishi, S., and Fujita, H. : A Conveyance System Using Air Flow Based on the Concept of Distributed Micro Motion Systems, *IEEE Journal of MEMS*, Vol. 3, No. 2, pp. 54–58(1994).

[7] Konishi, S., Mita, Y., Kohlbechker, I. and Fujita, H. : Autonomous Distributed System for Cooperative Micromanipulation, *Distributed Manipulation*, pp. 87–102 Kluwer Academic Publishers (2000).

[8] Ataka, M., Mita, M., Fujita, H. : Autonomous Decentralized Operations of a Stack-integrated Sensor/Actuator Array for 2D Planar Micro Manipulator, *Proc. of IEEE MEMS 2012*, pp.1133–1136(2012).

22.3.5 ハードウェア人工ニューラルネットワークによる MEMS マイクロロボットの制御

人工ニューラルネットワークは，生物の脳の神経回路網を模倣，利用することを目的としている。この点でニューラルネットワークによる制御は従来の制御とは立場を異にする。脳の神経回路網を模倣するにあたっては，神経回路網の特徴を抽出することから始まる。神経回路網はニューロンと呼ばれる単位組織が複数網目状のネットワークを構築し，ニューロンにある細胞体から伸びる軸索が他のニューロンの細胞体にある樹状突起とシナプスを経由して結合する。この様子を図 22.34 に記す。

細胞体の細胞膜の内と外では膜電位と呼ばれる電位差があり，ナトリウムイオンとカリウムイオンの出し入れで電位が変動をする。他のニューロンからの刺激によって膜電位は変化し，閾値以上の電位になれば刺激を受けたニューロンはパルスを発振し伝達する。ただし，連続してパルスを発振するためにはある程度の時間を置く必要がある。シナプスには興奮性と抑制性の 2 種類があり，受け側のニューロンの刺激をそれぞ

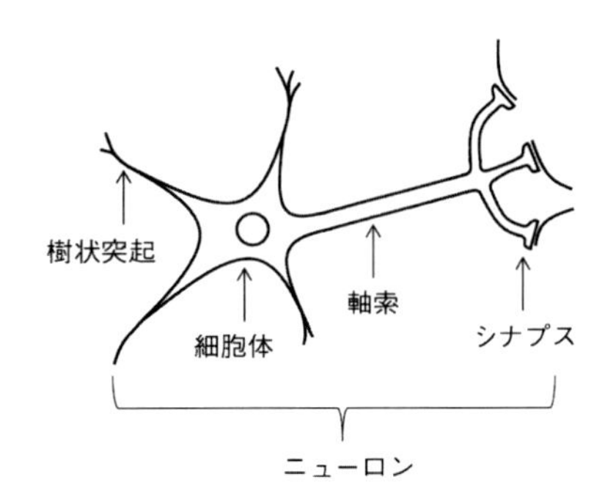

図 22.34 生体の神経回路網の概念図

れ促進，抑制する働きを持つ。さらにシナプスでは信号の伝達度が調整され，その度合いをシナプス加重と呼ぶ。ニューラルネットワークの特徴を抽出すると，閾値をもった非同期発振，結合に正負の極性，空間的時間的可算性，不応期の存在などが挙げられる。

ニューロンが相互に結合した CPG(Central Pattern Generator) は運動の基本となる筋肉屈伸の周期的な信号を発生することが知られており，例えば図 22.35 に示すような 4 個のニューロンを抑制性シナプス結合することによって形成できる。ニューロン中の細胞体と抑制性シナプスを電子回路で再現したものを図 22.36 に示す。それぞれの回路は生体のニューロンの特徴である閾値をもった非同期発振，結合に正負の極性，空間的時間的可算性，不応期などの特徴を示す。シナプ

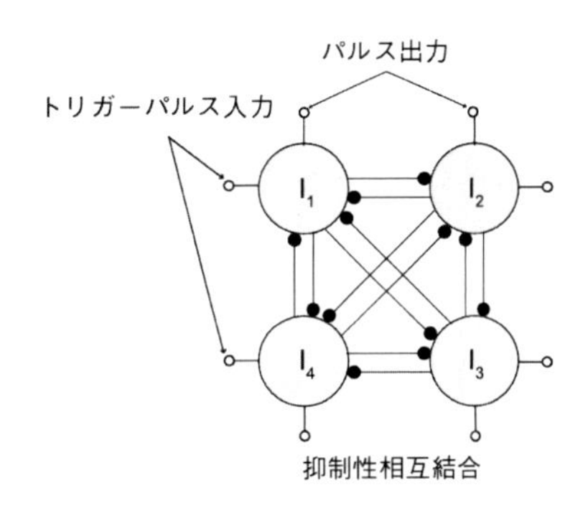

図 22.35 4 個のニューロンの相互結合による CPG

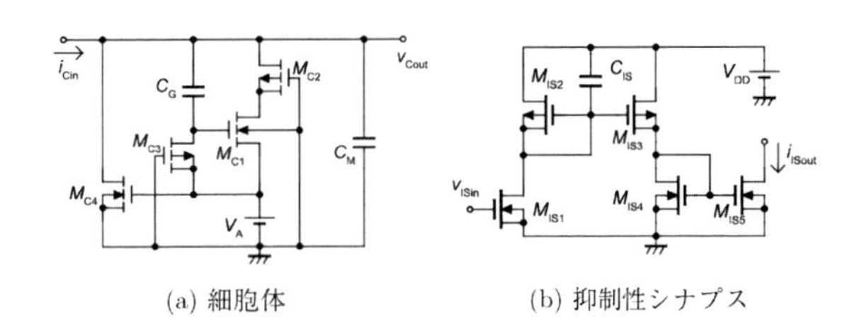

(a) 細胞体　(b) 抑制性シナプス

図 22.36 電子回路によるニューロンの構成

ス加重は V_{DD} の電圧で調整することができる。CPG を回路で形成し，シナプス加重電圧を印加すれば生体のように連続発振をし，電圧を 0 にすると個々の細胞体はばらばらの発振を繰り返す。図 22.37 に連続発振出力の一例を示す。

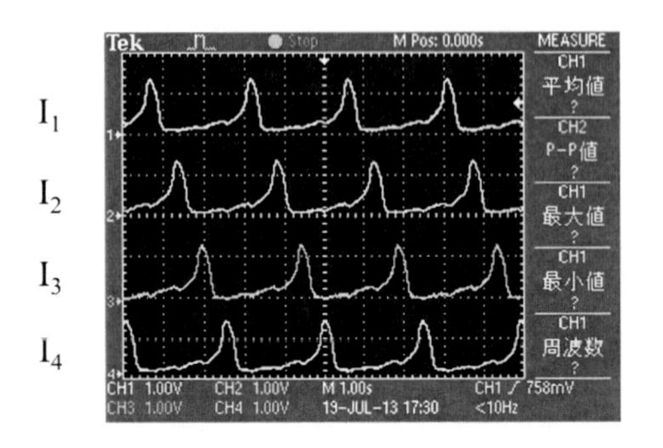

図 22.37　CPG からの出力波形の例

人工ニューラルネットワークで構成した CPG をマイクロロボットに適用した。CPG の連続パルスをマイクロロボットの筋肉を屈伸させることに見立て，マイクロロボットは図 22.38 に示す構成とした。大きさは 4.0 × 2.7 × 2.5mm であり，6 本の脚を使って昆虫のように歩行するものとした。歩行のための制御信号には CPG の出力信号を用いた。マイクロロボットの筐体は MEMS(Micro Electro Mechanical Systems) 技術を用いて製作した。MEMS 技術は一般の機械加工とは異なり，シリコンウェハにフォトリソグラフィーを施して微細加工をする。もともとは IC の製造方法を基本とする加工法なので，微小部品を μm の高精度で作製することができる。

マイクロロボットの内部には回転アクチュエータを

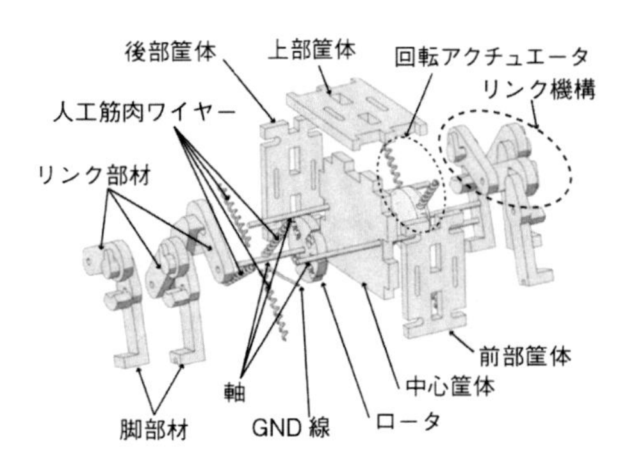

図 22.38　MEMS 昆虫型マイクロロボットの構造

配置し，回転アクチュエータには 4 本の人工筋肉ワイヤーを接続した。人工筋肉ワイヤーは形状記憶合金の一種で通電加熱することによって収縮し，自然冷却によって元の長さに戻る。

アクチュエータの回転運動はリンク機構によって歩行動作に変換される。4 本の人工筋肉ワイヤーに順番に通電を行うことによってアクチュエータは回転し，リンク機構を経て昆虫を模倣した歩行運動を再現する。人工筋肉ワイヤーそれぞれには CPG のニューロンがそれぞれ接続され，ニューロンからの信号の順序に応じて前進と後退を実現することができる。

CPG からのパルス列と歩行の関係を図 22.39 に示す。CPG 中の 4 個のニューロン I_1,I_2,I_3,I_4 の出力の順序は CPG のトリガーパルスの入力順によって決めることができる。出力を人工筋肉ワイヤーに接続し，I_1,I_2,I_3,I_4 の順にパルスを発生させれば前進，I_4, I_3, I_2, I_1 の順番に発生させれば後退をする。

歩行中のマイクロロボットの写真を図 22.40 に示す。歩行速度は毎分 26.4mm であった。写真のロボットではニューラルネットワーク回路は外部にあり，電線で接続されている。ベアチップ IC を搭載して，電源だけを外部から供給した場合，歩行速度は毎分 12.0mm であった。

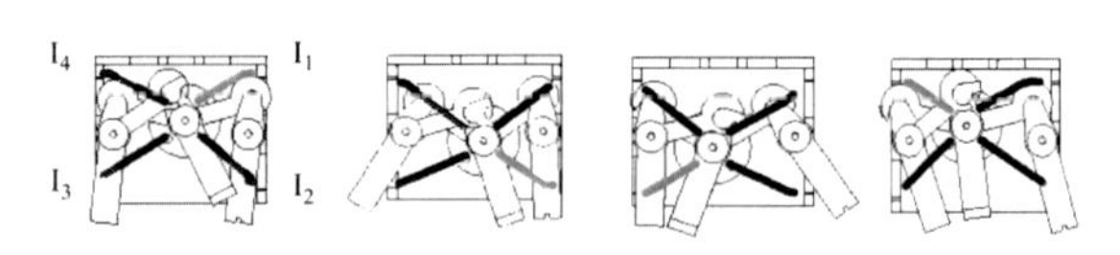

図 22.39　CPG からの出力パルス I_1,I_2,I_3,I_4 と歩行動作

図 22.40　マイクロロボットの歩行動作

<内木場文男，金子美泉，齊藤 健>

22.3.6　化学刺激で駆動するソフトアクチュエータの制御

化学反応によって制御可能なマイクロロボットは，高分子ゲルからなるソフトアクチュエータを動力源と

する。制御因子となる化学反応をソフトアクチュエータ内部で起こすためには，生命体同様に化学反応場となる水等の溶媒の存在がアクチュエータ内部に必要不可欠となる。そのため，化学反応で制御するソフトアクチュエータは，溶媒を内部に含有する高分子ゲルから構成される。ソフトアクチュエータは，軽く柔軟で成形加工性が高く，無音で駆動し，ほとんど発熱しないことが特徴である。またソフトアクチュエータを構成する高分子ゲル等は，筋肉同様に「スケール普遍性」を有しているため，切削等による微細化による性能劣化が小さいことも，特徴として挙げることができる。このような特徴を活かして，ラボオンチップ等の微細空間で活躍するマイクロロボットやマイクロ流体素子（ポンプやバルブなど）の動力源としてソフトアクチュエータを活用することが期待されている。

近年，ラボオンチップは，省資源の化学合成や創薬，環境分析，医療診断等の広範囲で利用されることが期待され，バイオ分析や化学合成・分析の世界で注目を集め，活発に研究が進められている。特に医療分野での応用が活発で，臨床現場における即時検査を意味するPOCT(Point of Care Testing) への活用が期待されている。ラボオンチップ内に検体である血液や唾液などの液体サンプルを導入した場合，チップ内部で検体を分離セクションや分析セクションに送り出すためのポンプや，検体の混合分離を行うためのバルブやミキサー，マニュピュレータ等が必要不可欠になる。これらのマイクロフルーディクスシステムの基盤技術となるポンプ等を駆動させるためには，その動力源となる微細なアクチュエータの開発が必要不可欠であるため，ソフトアクチュエータが注目されている。

微細空間で駆動するソフトアクチュエータとして，ポリピロール等の導電性高分子が採用されている。Jagerらは，ラボオンチップ等の微細空間で活躍する，導電性高分子からなる微細なロボットアームの開発に成功した[1]。導電性高分子からなるアクチュエータは基本的に溶媒中で駆動するため，細胞等を扱うバイオ応用には最適である。導電性高分子は，対向電極との間に印加した電圧を入れ替えると，高分子網目の中に挿入されたドーパントの出入りによって伸縮運動を起こす。ドーパントが化学刺激になっているが，その制御は電圧の向き制御によって行う必要があるため，アクチュエータ制御に関わる配線設計等を微細空間で行わなければならず，組立てが煩雑になる欠点がある。

Jiangらは刺激応答性ゲルを用いてバルブやミキサー，ポンプの開発を行っている。刺激応答性ゲルはpHや温度，電場，イオン，特定の化学物質等の外部刺激に応答して膨潤と収縮を制御可能で，Jiangらは主にpHや温度に応答するゲルを用いて，マイクロ流体素子を作製している[2]。pH応答性のゲルは，高分子鎖がプロトンの濃度によってイオン化・脱イオン化されることで伸縮運動を起こす。しかしながら，これらのマイクロ流体システムはpHや温度などを外部制御しなければ駆動しないため，外部制御装置や外部電源を含めたシステム全体を考えるとスケールが大きくなってしまう欠点があった。

そこで，システム全体の小型化を狙って，化学反応を力学的なエネルギーに直接的に変換して心筋細胞のように自励振動するゲルアクチュエータが開発されている[3,4]。自励振動するゲルアクチュエータを用いれば，化学反応源である溶液に浸すだけで駆動するため，バッテリー等の電源装置は必要ない。自励振動するゲルアクチュエータは，エネルギー源である化学反応速度をコントロールすることによって駆動周波数を制御可能である。このような特性を有するゲルアクチュエータをマイクロ流路のポンプとして活用する研究が進んでいる[5]。ポンプの動力源として3mm角程度のゲルアクチュエータをマイクロ流路内に内包させ，ゴムを介してポンプの動力を伝えるシステムとなっている。このようなマイクロ流路用のゲルポンプは，電源を含めてポンプがチップ内部に内蔵されているため，ポンプとチップを接続する際に，特にバイオ応用の分野では問題となっていた検体のコンタミネーションが起こらない。またポンプの価格が10円未満と安価であるため，ポンプごとディスポーサル化が図れるという，これまでにない特徴を有している。このようなメリットを有するポンプ一体化型マイクロ流路が筆者らによって作製され，DNAやタンパク質などの分析用途へ応用されている。また近年においては，持ち運び可能なポータブル小型燃料電池チップへも応用展開されている。

＜原 雄介＞

参考文献（22.3.6項）

[1] Jager, E. W. H., Inganäs, O., Lundström, I.: Microrobots for micrometer-size objects in aqueous media: potential tools for single-cell manipulation, *Science*, 288, pp.2335–2338 (2000).

[2] Dong, L. and Jiang, H.: Autonomous microfluidics with stimuli-responsive hydrogels, *Soft Mater*, Vol.3, pp.1223–1230 (2007).

[3] Yoshida, R., Takahashi, T., Yamaguchi, T., Ichijo, H.: Self-Oscillating Gel, *J. Am. Chem. Soc.*, 118, pp.5134–5135 (1996).

[4] Hara, Y., Mayama, H., Morishima, K.: Generative Force of Self-Oscillating Gel, *J. Phys. Chem. B*, 118, pp.2576–2581(2014).

[5] 原雄介：化学反応を駆動源とする自励振動アクチュエータの開発とマイクロ流体素子への応用，*Drug Delivery System*, 28, pp.127–134 (2013).

22.3.7 バイオアクチュエータによるマイクロロボットの制御

生物の最小単位である筋細胞を利用したバイオアクチュエータは，従来のアクチュエータと比べ，小型軽量，柔軟，化学エネルギで駆動，自己再生能力，さらに自己組織化によるボトムアップ的な構築が可能といった特徴を持つ。外部から制御することなしに自発性に同期して収縮する心筋細胞に注目し，自律的な駆動を可能とするバイオアクチュエータが開発されている。心筋細胞同士は，ギャップジャンクションにより隣接する細胞同士が電気的に繋がっており，右心房の洞房結節にあるペースメーカー細胞で自発的に発生した電位は，このギャップジャンクションを経てすべての心筋細胞に伝わるため，全体が同期して収縮することができる。心筋細胞をマイクロデバイスとして活用した最初の報告は，心筋細胞によるハイドロゲルマイクロピラーの駆動[1, 2] である。その後，心筋細胞シートを用いたダイヤフラム型マイクロポンプ[3]，数個の心筋細胞の収縮により自律的に移動するマイクロロボット[4]，筋肉細胞シート[5]，マイクロロボット[6] が報告されている。また，直接細胞を用いた研究ではないが，組織や器官を細胞の集まりであると見なすと，Herr らはカエルから摘出した筋肉の収縮により泳ぐ Swimming Robot[7] を報告している。

これまでバイオアクチュエータの制御方法としては，温度刺激，電気刺激，薬剤刺激，力学刺激等が提案されてきたが，時間・空間分解能が低い点，刺激を与える細胞やその周辺の組織に対し侵襲的である点，均一性が低い点などの欠点が挙げられる。アクチュエータを精密に駆動させるためには個々の筋細胞や組織を局所的，選択的に直接刺激することが求められる。そこで，遺伝子組換え技術を用いて筋細胞に光応答性機能を付与し，光で駆動・制御することができるバイオアクチュエータの開発が試みられている。単細胞緑藻類クラミドモナス由来の光受容イオンチャネルであるチャネルロドプシン 2 (ChR2: channelrhodopsin-2) は青色光の吸収により Na^+, K^+, Ca^{2+}, H^+ などの陽イオンを非選択的に透過させ，単一の分子で光センサと脱分極性イオンチャネルの機能を併せ持った膜タンパク質である。この ChR2 を細胞に導入することにより，光応答性を持ったバイオアクチュエータが作製できる。モデル生物として古くから知られており，遺伝子情報が解明されているキイロショウジョウバエの背脈管に ChR2 を発現させ，光応答性のバイオアクチュエータを作製し，青色光 (470nm) を照射することで光照射に同期した収縮が認められた[8]。また，マウス筋芽細胞に ChR2 遺伝子を組み込み，多核の筋管細胞へと分化誘導させることで光応答性を付与した。共焦点レーザ顕微鏡により細胞内構造を観察すると，筋管細胞の形質膜上への ChR2 の発現が組織学的に確認され，青色光 (470nm) を照射することで光照射に同期した光電流および活動電位の発生が認められた。収縮運動を観察すると，1〜5 Hz の光パルスパターンに同期した単収縮または強縮が誘発され，その収縮パターン・収縮量ともに電気刺激による応答との差異は認められないことを確認した[9]。

このように光を制御信号とすることで，極めて高い分解能での筋収縮の制御を実現し，さらに筋細胞に対する機械的なダメージを最小限に留めることができ，高精度かつ高寿命なアクチュエータの駆動源としての応用が期待される。

＜森島圭祐＞

参考文献（22.3.7 項）

[1] Morishima, K., Tanaka, Y., Sato, K., Ebara, M., Shimizu, T., Yamato, M., Kikuchi, A., Okano, T., and Kitamori, T.: Bio Actuated Microsystem Using Cultured Cardiomyocytes, *Proc. of 7th Int. Conf. on Miniaturized Chemical and Biochemical Analysis Systems (MicroTAS)*, pp.1125–1128 (2003).

[2] Morishima, K., Tanaka, Y., Sato, K., Ebara, M., Shimizu, T., Kikuchi, A., Yamato, M., Okano, T., and Kitamori, T.: Demonstration of a bio-microactuator powered by cultured cardiomyocytes coupled to hydrogel micropillars, *Sens, Act. B Chem.*, Vol.119, No.1, pp.345–350 (2006).

[3] Tanaka, Y., Morishima, K., Shimizu, T., Kikuchi, A., Yamato, M., Okano, T., and Kitamori, T.: An actuated pump on-chip powered by cultured cardiomyocytes, *Lab Chip*, Vol.6, No.3, pp.362–368 (2006).

[4] Xi, J., Schmidt, J. J. and Montemagno, C. D.: Self-assembled microdevices driven by muscle, *Nat. Mater.*, Vol.4, No.2, pp.180–184 (2005).

[5] Feinberg, A. W., Feigel, A., Shevkoplyas, S. S., Sheehy, S., Whitesides, G. M. and Parker, K. K.: Muscular thin films for building actuators and powering devices, *Science*, Vol.317. No.5843, pp.1366–1370 (2007).

[6] Kim, J., Park, J., Yang, S., Baek, J., Kim, B., Lee, S. H., Yoon, E. S., Chun, K., and Park, S.: Establishment of a fabrication method for a long-term actuated hybrid cell robot, *Lab Chip*, Vol.7, No.11, pp.1504–1508 (2007).

[7] Herr, H. and Dennis, R. G.: A swimming robot actuated by living muscle tissue, *J. Neuroeng. Rehabil.*, Vol.1, No.6, pp.1–9 (2004).

[8] Suzumura, K., Funakoshi, K., Hoshino, T., Iwabuchi, K., Akiyama, Y., Tsujimura, H., Morishima, K.: A Light Regulated Bio-Micro-Actuator Powered by Transgenic Drosophila Melanogaster Muscle Tissue, *Proc. of the 24th International Conference on Micro Electro Mechanical Systems*, pp.149–152 (2011).

[9] Asano, T., Ishizuka, T., Morishima, K., Yawo, H.: Optogenetic induction of contractile ability in immature C2C12 myotubes, *Scientific Reports*, Vol.5, 8317, doi:10.1038/srep08317, 1 (2015).

22.4　事例紹介

22.4.1　マイクロマニピュレーション

微細加工技術の発展に伴って，MEMS(Micro Electro Mechanical System) の実用化が進み，微細なデバイスの検査や解析を目的としたマイクロスケールの操作技術が求められている。また，バイオテクノロジーの発展に伴って，単一細胞レベルの微細な操作技術としてバイオマニピュレーションの研究が盛んに行われている[1]。

微細操作を実現するための基本的な要素として，表22.3 に示すように，① 顕微鏡を用いた観察システム，② 微細な駆動を実現したマニピュレータ，③ オペレーションするためのインタフェース・自動化技術，④ 試料の環境条件をコントロールするための環境制御技術，が重要である。したがって，これらの要素を操作対象に合わせて選択して用いる必要がある。

表 22.3　微細操作に求められる主な要素

主な要素	例
1. 観察システム	顕微鏡等
2. マニピュレータ	ピエゾアクチュエータ等
3. インタフェース	マスタ・スレーブシステム等
4. 試料環境制御	温度制御，湿度制御等

図 22.41 にマイクロマニピュレーションシステムのブロック線図を示す。操作対象のサイズが小さいため，操作量および操作対象からの出力である制御量を計測

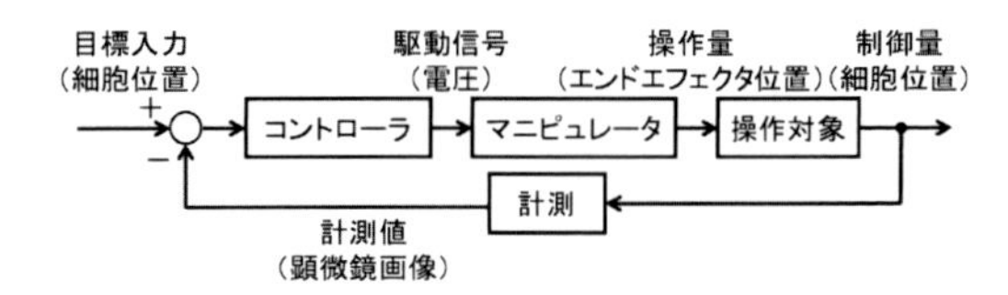

図 22.41　マイクロマニピュレーションシステムのブロック線図の例（(　) 内は例）

するためには，多くの場合，顕微鏡画像情報が用いられることが多い。例えば，細胞を対象としてその位置を操作したい場合，マニピュレータを介してガラスピペットなどのエンドエフェクタを操作する。この際，細胞の位置を顕微鏡画像から計測し，その位置計測量をコントローラに取り込み，目標との差分を駆動信号とすることでマニピュレータを操作する。ただし，顕微鏡画像の場合，一般的に高さ方向の検出が困難となる。例えば，顕微鏡の焦点距離を利用したり，対象物のアンダ・オーバフリンジなどを利用したりする方法で調整することが可能である。

またマイクロマニピュレーションの特徴は，支配的となる力がマクロスケールとは大きく異なることである。表 22.4 のスケール効果の例に示すように，長さ L が小さくなるにつれて，例えば体積 L^3 に比例する重力の影響は小さくなり，面積 L^2 に比例する表面力の影響が大きくなる。したがって，重力や抗力の影響よりも粘性力や面圧力の影響が大きくなる。さらに，弾性力，静電気力，分子間力の一種であるファンデルワールス力などの影響が，対象となるサイズが小さくなるにつれて影響が大きくなる。

表 22.4　スケール効果の例

物理量	定義式	スケール効果
長さ	L	L
面積	L^2	L^2
体積	L^3	L^3
質量	ρL^3	L^3
抗力	$\rho v^2 SC_D/2$	L^3
粘性力	$\eta S\,dv/dx$	L^2
面圧力	SP	L^2
弾性力	kx	L
静電気力	$q_1q_2/4\pi\varepsilon_o r^2$	L^{-2}
ファンデルワールス力	$Hd/12z^2$	L^{-2}

(ただし L：長さ，S：面積，ρ：密度，V：体積，P：圧力，g：重力加速度，v：速度，t：時間，h：粘性率，x：変位，C_D：抗力係数，q_1, q_2：電荷，ε_0：真空の誘電率，r：電荷間の距離，H：ハンマッカー係数，d：粒子の直径，z：粒子と平面間距離)

そのため，マイクロマニピュレーションでは，マクロスケールにおけるマニピュレーションとは異なる原理を用いることができる。例えば，光ピンセット[2] や光電子ピンセット[3] のように，光や電場を用いる方法はマイクロマニピュレーションに特徴的な例である。このように非接触で微小物体を操作する技術は，溶液中などの閉空間中での対象物を操作する場合に有用な手法となる。例えば，磁場によるマイクロロボットの操作[5, 6]，マイクロ流体中での微細な構造の搬送や組立て[7, 8]，誘電泳動を利用した生細胞と死細胞の分別操作[9] などが挙げられる。特にマイクロ流体中では，低レイノルズ数領域において発生する層流となる。この現象を利用して，マイクロ流路中で細胞を一列に整列させ解析するフローサイトメーターは，高度な細胞操作と解析を高スループットで実用化した代表例といえる[10]。

一方，マクロスケールと同じように微小物体を接触して把持する手法も様々に応用されている。例えば，電子顕微鏡観察のための微小構造体の搬送応用[11]，MEMS デバイスの 3 次元的な組立て[12]，体外受精のためのマイクロインジェクション応用[13]，単一細胞計測用パッチクランプ応用[14] などが挙げられる。

また，微小な対象物を直接ハンドリングする際は，把持物体を放す際に表面力によって把持物体がエンドエフェクタに付着するため，取り外す方法が必要となる。例えば，箸のように 2 本のグリッパーで微小物体を把持し，把持物体を放す際には 3 本目のグリッパーが把持物体を押し出す機構を備えたもの[15]，グリッパー先端の表面粗さを変化させることで，グリッパーと把持物体との間に働く表面力による影響を低減するもの[16]，水（氷）など固液相変化する材料を用い，固体状態の材料で微小物体を包み込むように把持し，液体状態に材料を相変化させることで把持物体を放すもの[17] などが挙げられる。図 22.42 に熱ゲルプローブを用いて細胞隗（スフェロイド）を搬送した例を示す。

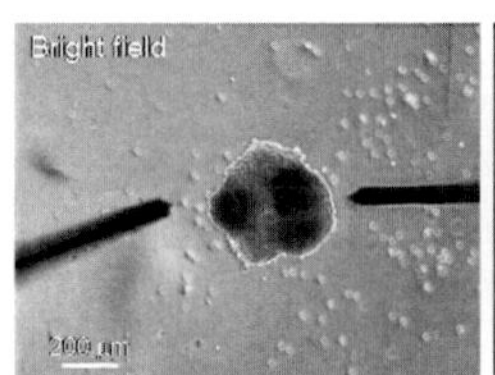

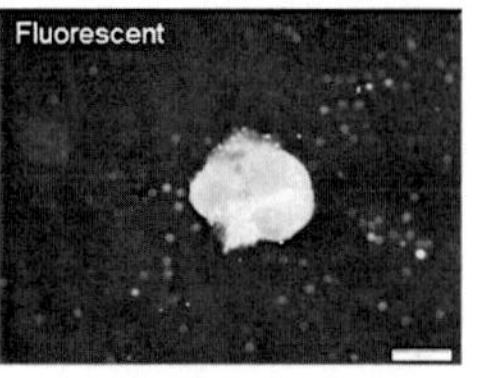

図 22.42　熱ゲルプローブによる細胞隗の操作の例
明視野および蛍光光学顕微鏡像[17]

ロボット制御技術をマイクロマニピュレーションに応用することで，① 接触情報を操作者に提示したバイラテラル制御技術[18]，② 人の操作を必要としない自動化技術[19] が実現されてきた。このような自動化の研究が進展している一方で，多くの場合，人が遠隔で操作している[20]。これは，マイクロ構造体に働く表面力の影響が主要になり，個別操作が困難であることが主な要因といえる。したがって，この表面力を積極的に利用した自己組織的な操作や組立手法がマイクロ構造体では有効であるといえる。

現在，MEMS は NEMS(Nano Electro Mechanical System) へと微細化が進んでおり，より微細で高度な解析・評価・組み立て技術が求められている。特にバイオ分野では，iPS 細胞などの幹細胞工学が急速に発展している。今後ますます再生医療に向けた細胞や組織の解析・評価・組立て技術が重要になるといえる[21]。したがって，操作者への負担のさらなる低減と，自動化を含めた作業性の向上が，ロボット制御技術の適用により達成されることが一層望まれる。

＜中島正博，竹内 大＞

参考文献（22.4.1 項）

[1] Fukuda, T., Arai, F., Nakajima, M.: *Micro-Nanorobotic Manipulation Systems and Their Applications*, Springer (2013).

[2] Ashkin, A. *et al.*: Observation of a single-beam gradient force optical trap for dielectric particles, *Opt. Lett.*, 11, pp.288–290 (1986).

[3] Wu, M. C.: Optoelectronic tweezers, *Nature Photonics*, 5, pp.322–324 (2011).

[4] Floyd, S. *et al.*: Two-dimensional contact and noncontact micromanipulation in liquid using an untethered mobile magnetic microrobot, *IEEE Trans. Robot.*, 25, pp.1332–1342 (2009).

[5] Pawashe, C., Floyd, S., Sitti, M.: Modeling and experimental characterization of an untethered magnetic micro-robot, *The International J. of Robotics Research*, Vol.28, pp.1077–1094 (2009).

[6] Hagiwara, M., Kawahara, T., Yamanishi, Y., Masuda, T., Feng, L., Arai, F.: On-chip magnetically actuated robot with ultrasonic vibration for single cell manipulations, *Lab on a chip*, Vol.11, pp.2049–2054 (2011).

[7] Tan, W.-H., Takeuchi, S.: A trap-and-release integrated microfluidic system for dynamic microarray applications, *PNAS*, Vol.104, pp.1146–1151 (2007).

[8] Yue, T., Nakajima, M., Takeuchi, M., Hu, C., Huang, Q., Fukuda, T.: On-chip self-assembly of cell embedded microstructures to vascular-like microtubes, *Lab on a chip*, Vol.14, pp.1151–1161 (2014).

[9] Chiou, P. Y., Ohta, A. T., Wu, M. C.: Massively parallel manipulation of single cells and microparticles using optical images, *Nature*, Vol.436, pp.370–372 (2005).

[10] Davey, H. M., Kell, D. B.: Flow cytometry and cell sorting of heterogeneous microbial populations: the importance of single-cell analyses, *Microbiological Reviews*, Vol.60, pp.641–696 (1996).

[11] Giannuzzi, L. A., Stevie, F. A.: A review of focused ion beam milling techniques for TEM specimen preparation, *Micron*, Vol.30, pp.197–204 (1999).

[12] Liu, X. Y., Fernandes, R., Gertsenstein, M., Perumalsamy, A., Lai, I., Chi, M., Moley, K. H., Greenblatt, E., Jurisica, I., Casper, R. F., Sun, Y., and Jurisicova, A.: Automated Microinjection of Recombinant BCL-X into Mouse Zygotes Enhances Embryo Development, *PLoS ONE*, Vol.6, e21687 (2011).

[13] Popa, D. O., Stephanou, H. E.: Micro and mesoscale robotic assembly, *Journal of manufacturing processes*, Vol.6, pp.52–71 (2004).

[14] Zhao, Y., Inayat, S., Dikin, D. A., Singer, J. H., Ruoff, R. S., and Troy, J. B.: Patch clamp technique: review of the current state of the art and potential contributions from nanoengineering, *Proc. IMechE*, Vol.222 Part N, Vol.222, pp.1–11 (2008).

[15] Chen, B. K., Zhang, Y., Sun, Y.: Active release of microobjects using a MEMS microgripper to overcome adhesion forces, *J. Microelectromechanical Systems*, Vol.18, pp.652–659 (2009).

[16] Horade, M., Kojima, M., Kamiyama, K., Kurata, T., Mae, Y., Arai, T.: Development of an optimum end-effector with a nano-scale uneven surface for non-adhesion cell manipulation using a micro-manipulator, *J. of Micromech. Microeng.*, Vol.25, p.115002 (2015).

[17] Takeuchi, M., Nakajima, M., Kojima, M., Fukuda, T.: Handling of micro objects using phase transition of thermoresponsive polymer, *J. Micro-Bio Robot.*, Vol.8, pp.53–64 (2013).

[18] 新井史人, 小川昌伸, 福田敏男：バイラテラル制御による非接触マイクロマニピュレーション—レーザマイクロマニピュレータによるマイクロツール制御—,『日本ロボット学会誌』, 20, No.4, pp.417–424 (2002).

[19] Wang, H., Huang, Q., Shi, Q., Yue, T., Chen, S., Nakajima, M., Takeuchi, M., and Fukuda, T.: Automated assembly of vascular-like microtube with repetitive single-step contact manipulation, *IEEE Trans. Biomedical Eng.*, Vol.62, pp.2620–2628 (2015).

[20] 新井史人：第5節 マイクロ・ナノマニピュレータの遠隔操作技術,『MEMS/NEMS 工学全集』, 桑野博喜 監修, pp.546–554 (2009).

[21] Yamanaka, S.: A fresh look at iPS cells, *Cell*, Vol.137, pp.13–17 (2009).

22.4.2 ナノマニピュレーション

近年, フラーレンやカーボンナノチューブ, グラフェンをはじめ様々なナノ材料が注目されている。またバイオテクノロジーの発展に伴い, 細胞や生体試料をナノメートルオーダで解析する技術が求められている。ナノスケールの高精度な操作を実現したナノマニピュレーションは, ロボット技術を応用しナノスケールで超高精度な計測, 評価, 組立（ラピッド・プロトタイピング）を行う有効な手段といえる[1]。

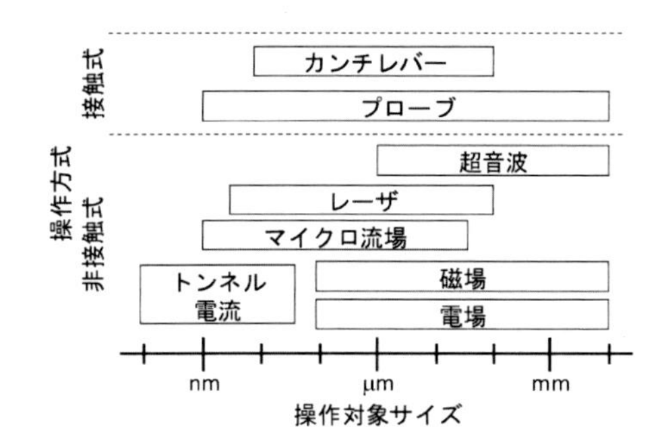

図 22.43 操作方式による操作対象サイズ

操作方式は, 図 22.43 に示すように, 主に接触式と非接触式に大別できる。接触式では, 主にシリコンの微細加工により作製したカンチレバーがエンドエフェクタとして用いられる。カンチレバー形状であるために, 柔軟性に富んでおり扱いやすく, また接触力の計測なども可能である。主に電解研磨で作製された金属プローブなどの鋭端化したプローブが用いられる。一方, 非接触式は, 電磁場により操作対象の電磁特性を利用する操作方法である。例えば電磁波の一種であるレーザを用いたレーザトラップと呼ばれる方法では, 光放射圧を利用しレーザの集光点に操作対象を補足する。また, 超音波やマイクロ流場など, 操作対象が接する周囲の物体に加えられた物理エネルギーによる操作方法や, 原子レベルで鋭端化したプローブからのトンネル電流を用いた操作方式による, 原子レベルの極微細な操作も実現されてきた[2–4]。

操作環境は, 図 22.44 に示すように, 主に真空中, 溶液中, 気体中に大別できる。細胞や生体試料を対象とする場合は, 溶液中での操作が主流になるため, 超高解像度顕微鏡などの光学顕微鏡 (OM: Optical Microscopy) や原子間力顕微鏡 (AFM: Atomic Force Microscope) を用いる必要がある。一方で, ナノ材料などを対象とする場合は, 真空中環境での操作が可能である。

走査型プローブ顕微鏡 (SPM: Scanning Probe Microscope) に分類される走査型トンネル顕微鏡 (STM: Scanning Tunneling Microscope) や AFM は, 基本的に2次元平面内での操作となる[5]。この方法では, 顕微

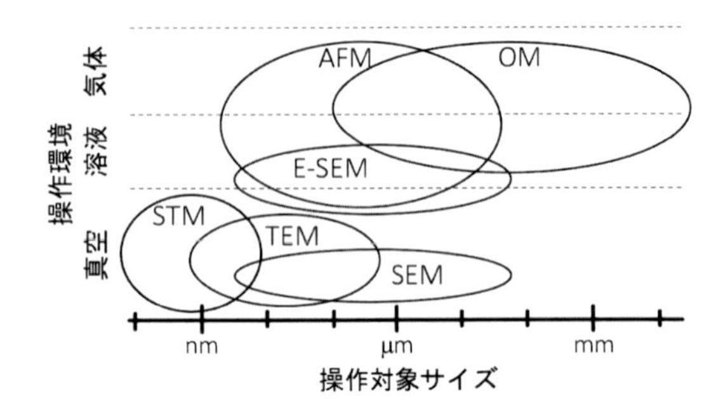

図 22.44　操作環境による操作対象サイズ

鏡像を得るためにプローブを走査するため，観察時間を要するという問題点がある。このため，例えば特殊なカンチレバーを用いた高速 AFM[6] といった高速化技術や観察領域を制限する[7] ことでナノマニピュレーションの効率化を図る方法が提案されている。

一方で，光学顕微鏡 (OM) や電子顕微鏡 (EM: Electron Microscope) は，実時間で操作を行う利点を有する。また，電磁波や粒子線などで非接触に観察像を得ることができるので，3 次元空間内での操作に適している。中でも透過型電子顕微鏡 (TEM: Transmission Electron Microscope) は，原子レベルの観察が可能であり，世界最高観察分解能 43pm が達成された[8]。ただし，基本的に透過型電子顕微鏡は，試料の最大サイズを直径約 3mm 以下，観察試料の厚みを約 1μm 以下にする必要がある。一方で，走査型電子顕微鏡 (SEM: Scanning Electron Microscope) は，cm サイズの試料を設置することが可能である[9]。ただし，通常の電子顕微鏡は，真空中に操作環境が限定される。そこで環境制御型電子顕微鏡 (E-SEM: Environmental Scanning Electron Microscope) 内でのナノマニピュレーションシステム (図 22.45) により試料の圧力と温度を制御することで，含水状態でのナノマニピュレーションが実現された[10, 11]。

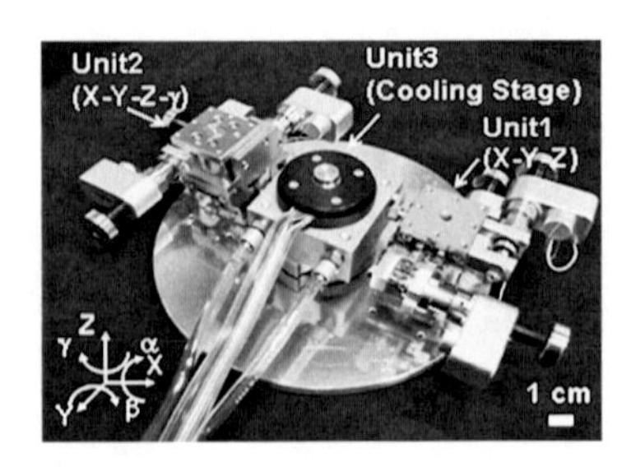

図 22.45　E-SEM ナノマニピュレーションシステム[9]

さらに，より操作環境を拡張するために，複数の顕微鏡内でのナノマニピュレーションシステムの構築が進んでいる。例えば，SEM マニピュレータの広い作業範囲により効率的に試料を作製し，これを TEM マニピュレータにより TEM での高分解能でその場操作を実現したハイブリッドナノマニピュレーションシステムが提案された[12]。この他，SEM と OM[12], SEM と FIB および AFM[13] など，様々な顕微鏡下でナノマニピュレーション技術が提案されている。また SEM などの減圧を要する試料室を解放せずにエンドエフェクタを交換するナノツールエクスチェンジャーシステム (NTExS, 図 22.46)[14] や，エンドエフェクタ先端部のみを交換する Nanobit[15] などの，エンドエフェクタをその場で交換することによる，より効率的なナノマニピュレーション技術も提案されている。

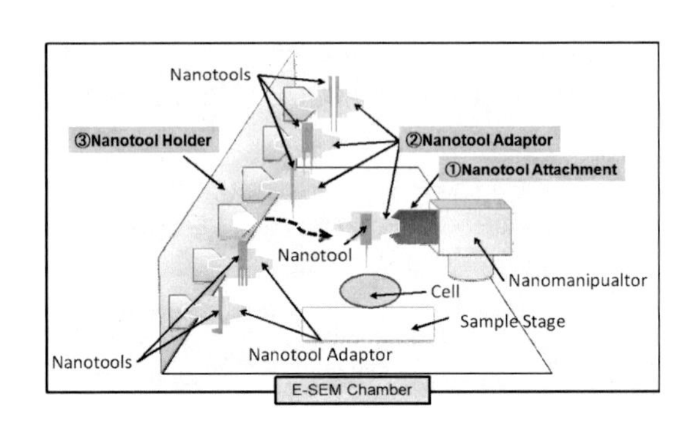

図 22.46　ナノツールエクスチェンジャーシステム (NTExS)[14]

一方で，ナノマニピュレーションの自動化は，AFM や SEM での操作に関して研究が進んでいるが，マイクロマニピュレーションと同様に，多くの場合は遠隔操作である。

ナノマニピュレーションは，ボトムアップ加工とトップダウン加工の双方から形成された構造体を融合化するメゾスコピック領域に位置する。したがって，自己組織的に作製されたナノ構造体をうまく組み立てることができれば，シームレスにデバイスを構築することができる。将来的には原子レベルでの操作から組立てへの可能性も期待されている[16, 17]。

<中島正博>

参考文献（22.4.2 項）

[1] Fukuda, T., Arai, F., Nakajima, M.: *Micro-Nanorobotic Manipulation Systems and Their Applications*, Springer (2013).

[2] Eigler, D. M. and Schweizer, E. K.: Positioning single atoms with a scanning tunnelling microscope, *Nature*, Vol.344, pp.524–526 (1990).

[3] Hla, S.-W., Vac, J.: Scanning tunneling microscopy single atom/molecule manipulation and its application to nanoscience and technology, *J. Vac. Sci. Technol.*, Vol.23, pp.1351–1360 (2005).

[4] Wong, D., Velasco Jr, J., Ju, L., Lee, J., Kahn, S., Tsai, H.-Z., Germany, C., Taniguchi, T., Watanabe, K., Zettl, A., Wang, F. and Crommie, M. F.: Characterization and manipulation of individual defects in insulating hexagonal boron nitride using scanning tunnelling microscopy, *Nature Nanotechnology*, Vol.10, pp.949–953 (2015).

[5] Hertel, T., Martel, R., and Avouris, P.: Manipulation of Individual Carbon Nanotubes and Their Interaction with Surfaces, *J. Phys. Chem. B*, Vol.102, No.6, pp.910–915 (1998).

[6] Ando, T.: High-speed atomic force microscopy coming of age, *Nanotechnology*, Vol.23, p.062001 (2012).

[7] Li, G., Xi, N., Yu, M., and Fung, W-K.: Development of augmented reality system for AFM-based nanomanipulation, *IEEE Trans. on Mechatronics.*, Vol.9, pp.358–365 (2004).

[8] Akashi, T., Takahashi, Y., Tanigaki, T., Shimakura, T., Kawasaki, T., Furutsu, T., Shinada, H., Muller, H., Haider, M., Osakabe, N., and Tonomura, A.: Aberration corrected 1.2-MV cold field-emission transmission electron microscope with a sub-50-pm resolution, *Appl. Phys. Lett.*, Vol.106, 074101 (2015).

[9] Fukuda, T., Arai. F., Dong, L.: Assembly of Nanodevices with Carbon Nanotubes through Nanorobotic Manipulations, *Proc. of the IEEE*, Vol.91, pp.1803–1818 (2003).

[10] Ahmad, M. R., Nakajima, M., Kojima, S., Homma, M. and Fukuda, T.: In situ single cell mechanics characterization of yeast cells using nanoneedles inside environmental SEM, *IEEE Trans. on Nanotech.*, Vol.7, pp. 607–616 (2008).

[11] Nakajima, M., Hirano, T., Kojima, M., Hisamoto, N., Nakanishi, N., Tajima, H., Homma, M., Fukuda, T.: Local nano-injection of fluorescent nano-beads inside C. elegans based on nanomanipulation, *Proc. of the 2012 IEEE/RSJ Int. Conf. on Intelligent Robotics and Systems (IROS 2012)*, pp.3241–3246 (2012).

[12] Nakajima, M., Hirano, T., Kojima, M., Hisamoto, N., Homma, M., Fukuda, T.: Direct nano-injection method by nanoprobe insertion based on E-SEM nanorobotic manipulation under hybrid microscope, *Proc. of the 2011 IEEE International Conference on Robotics and Automation (ICRA 2011)*, pp.4139–4144 (2011).

[13] Fatikow, S., Eichhorn, V., Bartenwerfer, M., Krohs, F.: Nanorobotic AFM/SEM/FIB system for processing, manipulation and characterization of nanomaterials, *Prof. of 2013 IEEE 18th Conference on Emerging Technologies & Factory Automation (ETFA 2013)*, pp.1–4 (2013).

[14] Nakajima, M., Kawamoto, T., Hirano, T., Kojima, M., Fukuda, T.: Nanotool exchanger system based on E-SEM nanorobotic manipulation system, *Proc. of the 2012 IEEE Int. Conf. on Robotics and Automation (ICRA 2012)*, pp. 2773–2778 (2012).

[15] Rajendra Kumar, R. T., Hassan, S. U., Sardan Sukas, O., Eichhorn, V., Krohs, F., Fatikow, S. and Boggild, P.: Nanobits: customizable scanning probe tips, *Nanotechnology*, Vol.20, 39570 (2009).

[16] Feynman, R. P.: There's plenty of room at the bottom [data storage], *Journal of Microelectromechanical Systems*, Vol.1, pp.60–66 (1992).

[17] K. エリック・ドレクスラー，『創造する機械—ナノテクノロジー—』，パーソナルメディア (1992).

22.4.3 オンチップロボティクス

マイクロロボットの応用先として重要なものに，バイオメディカル応用がある。とりわけ，細胞のような微小でソフトな物体を精密かつ高精度に扱う上で，マイクロロボット技術が重要である。細胞は基板に接着したり，液体中に浮遊した状態で扱うことが多いため，環境との相互作用を考慮した設計が重要となる。一方で，扱う細胞の環境を精密に制御し，新しい機能を生み出す技術として，マイクロ流体チップが注目されている。微細加工技術を駆使することで，マイクロ流路を始めとして，バルブやポンプなどの機能要素を小型化してチップに統合・集積化し，微量な溶液反応，細胞計測，細胞分離，細胞培養やモニタリングなどを実現する技術である。マイクロ流体チップは，微小な空間で流体を精密に制御することで環境を制御し，これまでにない新たな機能を実現しているが，細胞や環境との力学的な相互作用の制御には適さない。これに対し，ロボットはこれらの力学的な相互作用の制御に適しており，流体制御だけでは達成が困難な課題の解決に活かせる。そこで，両者の利点を活用するよう，ロボットとマイクロ流体チップを統合した新しい方法論としてオンチップロボティクス[1]が提唱されている。

図 22.47 にロボットとマイクロ流体チップを統合する概念図を示す。以下のとおり，チップの作業環境が閉じているか開いているかで分類したり，ロボットの駆動方式の違いで分類できる。

① ロボットとマイクロ流体チップの相互作用の形態による分類
  a. 閉鎖型（チップの作業環境を閉じて，チップ内にロボットを設置する）
  b. 開放型（チップの作業環境を開いて，外からロボットがアクセスする）

② ロボットの駆動方式による分類
- a. 非接触駆動（磁気駆動[2]，光駆動[3,4]，静電駆動，超音波駆動など）
- b. 直接外部駆動[5]（チップの外部に駆動用アクチュエータを設置する）

ロボットを小型化してマイクロ流体チップ内に組み込む場合，非接触駆動によるのが一般的である。非接触駆動には様々な方式があるが，発生できる力のレンジ，位置決め精度，多点制御における各点の空間分解能などが決め手となり，目的に合わせて適切な方式を採用する。一般的に磁気駆動は出力が大きく，制御点の空間分解能が低い。つまり，干渉が問題となる。一方，光ピンセットに代表される光駆動はその逆となる。非接触駆動で微小物体を液体中で操作する際には，ブラウン運動の影響やストークス抵抗の影響を考慮した制御方式が採用される[3]。また，小型化したロボットがチップ内で運動することによって，流体力学的な相互作用が問題となる。これを積極的に活用する方式として，ロボットの底面に凹凸構造（リブレット）を設け，高速移動時に浮上させて応答特性を向上したり[2]，ロボットを高速に振動させて，そのまわりに振動誘起流れを生成して微小物体を操作する方式がある[6]。

チップの作業環境を開いて，外からロボットがアクセスする場合，駆動用アクチュエータをチップ外に設置して直接外部駆動する。これは，高い位置決め精度や，大きな出力が要求される場合に適している。また，チップ内に微細な構造体を設置し，チップ全体を加振することで構造体のまわりに振動誘起流れを生成することが可能で，局所流体制御や微小物体の操作に活用できる[6]。

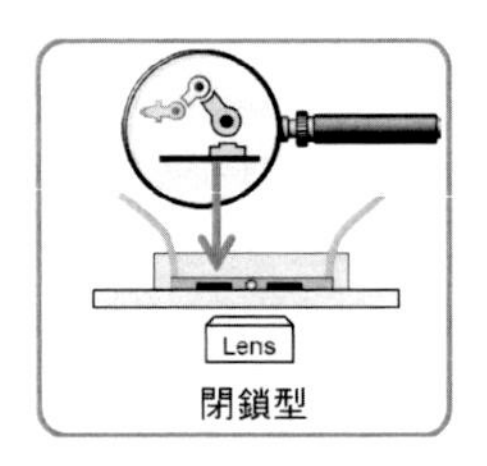

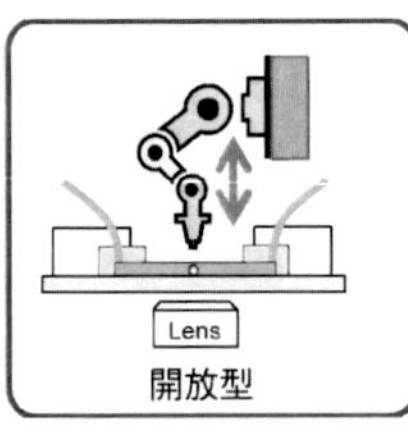

図 22.47　ロボットとマイクロ流体チップを統合する概念

＜新井史人＞

参考文献（22.4.3 項）

[1] Arai, F. and Hagiwara, M.: Microrobots in spotlight for evolution of biomedicine, *Proc. IEEE Int. Conf. Micro Electro Mechanical Systems (MEMS)*, pp.112–115 (2012).

[2] Hagiwara, M., *et al.*: On-chip magnetically actuated robot with ultrasonic vibration for single cell manipulations, *Lab on a chip*, 11–12, pp.2049–2054 (2011).

[3] Arai, F., *et al.*: Synchronized Laser Micromanipulation of Multiple Targets along Each Trajectory by Single Laser, *Applied Physics Letters*, 85–19, 4301–4303 (2004).

[4] Onda, K. and Arai, F.: Multi-beam bilateral teleoperation of holographic optical tweezers, *Optics Express*, Vol.20, Iss.4, pp.3642–3653 (2012).

[5] Sugiura, H., *et al.*: On-Chip Method to Measure Mechanical Characteristics of a Single Cell by Using Moiré Fringe, *Micromachines*, 6, pp.660–673 (2015).

[6] Hayakawa, T., *et al.*: On-chip 3D rotation of oocyte based on a vibration-induced local whirling flow, *Microsystems & Nanoengineering*, 1, 15001, p.1–9 (2015).

22.4.4　モータータンパク質で駆動するマイクロロボット

微生物や昆虫などの生物は，運動・制御・知能を兼ね備えた究極のマイクロロボットといえる。それらの運動素子に相当するモータータンパク質を利用したマイクロロボット（マイクロマシン）開発が近年盛んになってきている。モータータンパク質は，その名の通りタンパク質から構成される分子で，他のタンパク質と同様に 20 種類のアミノ酸が一本鎖状に繋がった有機分子であるが，進化の過程で「運動」という驚くべき機能を獲得した，非常にユニークなタンパク質としてよく知られている。モータータンパク質は運動に関わる様々な生命現象で発見されており，現在では数十種類の亜種が知られている。代表的な例として筋収縮に働くミオシン・アクチンや，細胞内物質輸送に働くキネシン・微小管，鞭毛のむち打ち運動に働くダイニン・微小管などが挙げられる。これらはすべて大きさ数ナノメートルの分子で，アクチンや微小管といった繊維状のタンパク質をレールとして直線状に移動するリニア型のモータである。アデノシン三リン酸 (ATP) の化学エネルギーを高いエネルギー効率で力学的仕事に直接変換し，自己集積によりナノメートルから数メートルまで幅広いスケールで機能することができるという人工のモータとは質的に異なった特性を持つ。このようなモータータンパク質を生体外から取り出して，マイクロマシンやラボオンチップデバイスのアクチュエータとして応用利用しようという試みが，近年盛んに行われている。本項ではその開発の歴史から現状および今後の展望について簡単に解説する。

モータータンパク質の中で最も古くから研究されているものは筋肉を駆動するミオシン・アクチン系モータである。ミオシン・アクチンの存在は 19 世紀代より既に知られており，タンパク質の中でも早期に発見されたものの一つである。筋肉はサルコメアと呼ばれる大きさ数ミクロンのユニットから構成されており，これはミオシンフィラメントとアクチンフィラメントが互いに櫛の歯が入り組むようにナノメートルの精度で規則正しく配置されており，それらが違いに滑りあい筋収縮を引き起こす。このサルコメアは筋肉内で直列に繋がる（1cm で約 10 万個）ことで大きな収縮力を生み出している。これは分子から組み立てられた究極の機械といえ，マイクロマシンやマイクロボットのパーツとして利用できる可能性が非常に高い。しかし残念なことに，このサルコメア構造を精製したミオシン・アクチンから人工的に作り出すことは現時点では不可能で，工学的利用という観点ではあまり注目されていなかった。一方 1990 年代後半に開発された *in vitro* motility assay システムの開発をきっかけにモータータンパク質の工学的な利用を目指した研究が急激に始まっている。

in vitro motility assay システムは，ガラス表面に生体から単離したモータータンパク質であるミオシンやキネシンを結合させ，そのレールであるアクチンや微小管を加えるというシンプルな構成で，燃料である ATP を加えることでガラス面上に微小管やアクチンを運動させるというもので[2]，モータータンパク質の機能解析には欠かせない技術の一つとして開発された。さらに，これと微細加工技術を組み合わせることで，マイクロパターンによりモータータンパク質の運動方向を自由自在に操れる手法が開発され，円形運動や一方向の能動輸送などが可能になった[1]。この技術は生化学分析チップのラボオンチップデバイスの輸送装置として期待が高まり，それを目指した研究が進んでいる[3]。例えば微小管に DNA 分子やナノ粒子などのターゲット物質を結合させ運搬することが可能となっており，さらにその運動活性を電気信号により人工的に制御する手法や，運動方向を電気的に変えることで輸送物資をソートすることなどマイクロ輸送装置のための要素技術が次々と開発されてきており，モータータンパク質で駆動する分析装置が実験室レベルでは現実的なものとなってきている。また，微細加工で作られた大きさ数十ミクロン程度の構造物とモータータンパク質の運動を連結させ，モータータンパク質で移動するデバイスや回転モータなどマイクロマシンのプロトタイプも開発されている。

さらに近年では，生体システムをまねたより複雑な分子システムからなるデバイスなども開発されている。例えば生物の保護色機能は細胞内の色素がモータータンパク質によって輸送されることにより細胞内の色素の分布が変化し色変化が生じることが知られているが，この分子システムを生体外に再構築することにより，モータータンパク質で駆動するディスプレイなども開発されている[4]（図 22.48）。また，分子レベルからロボットを構築する試み「分子ロボティクス」でのアクチュエータと部品としても期待されており，分子ロボットの知能に相当する DNA コンピュータにより制御され自立的に稼働する分子アクチュエータなどが構想されている[5, 6]。

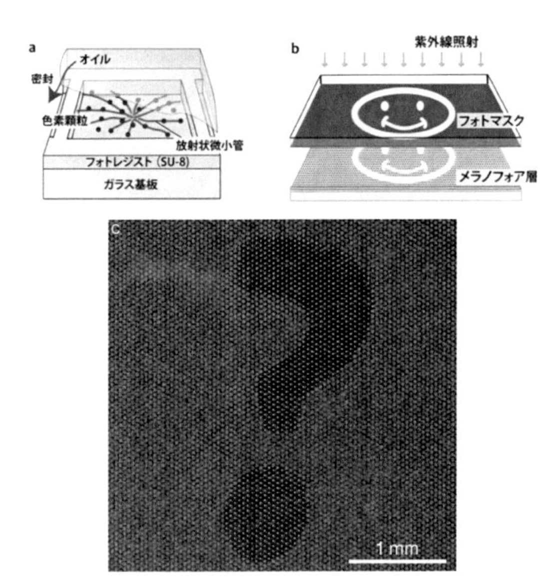

図 22.48 生物の保護色機能を模倣したモータータンパク質で駆動するディスプレイ

＜平塚祐一＞

参考文献（22.4.4 項）

[1] Howard, J., Hudspeth, A. J. & Vale, R. D.: Movement of microtubules by single kinesin molecules, *Nature*, 342: 154–8 (1989).

[2] Hiratsuka, Y., Tada, T., Oiwa, K., Kanayama, T. & Uyeda, T. Q. P.: Controlling the direction of kinesin-driven microtubule movements along microlithographic tracks, *Biophys J*, 81: 1555–61 (2001).

[3] Hess, H.: Engineering applications of biomolecular motors, *Annu Rev Biomed Eng*, 13: 429–450 (2011).

[4] Aoyama S., *et. al.*: Self-organized optical device driven by motor proteins, *PNAS*, 110: 16408–16413 (2013).

[5] Murata, S., Konagaya, A., Kobayashi, S., Saito, H., Hagiya, M.: Molecular Robotics: A New Paradigm for Artifacts, *New Generation Computing*, 31, 27–45 (2013).

[6] Sato, Y., Hiratsuka, Y., Kawamata, I., Murata, S., and Nomura, S. M. : Micrometer-sized molecular robot changes its shape in response to signal molecules, *Science Robotics*, Vol. 2, Issue 4, DOI: 10.1126/scirobotics.aal3735 (2017).

22.4.5　分子ロボティクス

DNA などの核酸のハイブリダイゼーション反応を基本に，複雑な分子システムの構築を可能にする技術は「DNA ナノテクノロジー」と呼ばれている[1]。DNA ナノテクにより，例えば，溶液中の分子が計算する「分子コンピューティング」が可能になっている[1]。また，DNA のもつプログラム性をものづくりに生かす方向の研究も行われており，DNA タイル，DNA オリガミなど DNA ナノ構造の構築技術が開発されている[1]。さらに最近では，DNA 計算デバイスと DNA ナノ構造を組み合わせて分子サイズのロボットを作る「分子ロボティクス」の研究が進んでいる[2–4]。

DNA ナノ構造の研究は 1980 年代から始まっているが，2000 年前後から DNA タイルなどの様々な DNA 構造モチーフが開発されたことを契機に，急速に研究が進展している。DNA ナノ構造の作り方には大きく 2 つの方法がある。一つはモチーフと呼ばれる小さな構造単位を作り，これの自己集合により構造を組み立てる方法，もう一つは DNA オリガミと呼ばれる，1 本の長い一本鎖 DNA を多数の短い一本鎖 DNA により折り畳む方法である。特に後者の方法では，平面形状だけでなく複雑な 3 次元形状を作る方法が開発されている[1]。

一方，DNA による分子計算テクノロジー，すなわち DNA コンピューティングは，1994 年に組合せ最適化問題を DNA と酵素の反応で解くことができることを示した Adleman の研究にはじまっている。塩基配列設計ソフトウェアなどの基本的な設計ツールが整備され，さらに，DNA 論理ゲートを代表とする分子計算素子の改良が続けられた結果，多変数の多段論理回路の実装が可能になってきている[1]。

環境の情報をセンシングする分子デバイスや，環境へ働きかけるアクチュエータとなる分子デバイスも各種提案されている。センシングデバイスにより，pH，イオン濃度，温度，小分子など特定の因子を上述の DNA コンピュータへのセンサ入力として利用できるようになっている。また，分子レベルのアクチュエータとしては，DNA 一本鎖断片を入力として動く DNA ピンセットや DNA ウォーカーのような各種の DNA マシンが提案されている[1]。

ところで，いわゆる，「ロボット」を構成するためには，知能（プロセッサ），感覚（センサ），運動（アクチュエータ）という 3 つの機能が必要である。上述のように，DNA ナノテクノロジーや分子デバイスの技術はこれらのロボットを構成する機能を分子レベルで実現することができる。これらを統合されたシステムとして分子レベルで組み立てたものが，「分子ロボット」である[2, 3]。

DNA を用いた分子ロボットとして，今のところもっとも複雑なものは，Seeman らが開発したナノ組立て工場[5] である。DNA オリガミの上に配置された DNA の移動体が少しずつ移動しながら，部品（金ナノ粒子）を受け取り，組み立てていく，というもので，外部からの DNA 断片の投入を入力として駆動される外部駆動型の分子マシンになっている。一方，外部からの入力を必要としない自律駆動の分子マシンもある。その代表例は，DNA オリガミの上に作られたトラックをなぞるように歩く DNA ウォーカー[6] である。ウォーカーの脚についた酵素配列が順次トラックの DNA 分子を切断することで歩行動作を実現している。

これらの分子ロボットはいずれも巨大ではあるが単分子で動作するものである。その次の段階として，細胞のような一定のコンパートメント中にいろいろな分子デバイスを充填し，それらの相互作用ネットワークによってより高度な機能を目指す研究も行われている[4]。

＜村田 智＞

参考文献（22.4.5 項）

[1] 小宮，瀧ノ上，田中，浜田，村田：『DNA ナノエンジニアリング』，近代科学社 (2011).

[2] Murata, S. *et al.*: Molecular Robotics: A New Paradigm for Artifacts, *New Generation Computing*, 31, 27–45, Ohmsha, Ltd. & Springer (open access) (2013).

[3] Hagiya, M. *et al.*: Molecular robot with sensors and Actuators, *Accounts of Chemical Research*, 47(6), 1681–1690 (2014).

[4] 科学研究費補助金新学術領域研究：「分子ロボティクス」，http://www.molecular-robotics.org

[5] Gu, H. *et al.*: A proximity-based programmable DNA nanoscale assembly line, *Nature*, 465, 202–205 (2010).

[6] Lund, K. *et al.*: Molecular robots guided by prescriptive landscapes, *Nature*, 465, 206–210 (2010).

22.4.6 生命機械融合ウェットロボティクス

Micro Electro Mechanical System (MEMS) 技術はシリコン基板から高分子材料，金属まで様々な材料の微細加工を可能としており，マイクロ・ナノロボットへの搭載を目的としドライからウェットまで多種多様な環境で動作するセンサ・アクチュエータが開発されてきた。特に，ソフトアクチュエータを代表とする新しいアクチュエータは，柔らかい駆動機構という従来存在しなかった概念を取り込み，機械，電気，化学などの分野において大いに発展している。しかしながら，生物のように高度に集積化されたしなやかな超小型の人工物を実現するためには，超小型アクチュエータ，制御方法，エネルギー供給や加工限界等の課題がいまだに多く残っている。

近年，再生医療技術や Internet of Things(IoT) のような Information Technology(IT) 技術の発展に伴い生化学や再生医療分野において，これまでのような機械，電気，化学的な機能だけでなく，従来法では模倣できない生体そのものが持つ機能を組み込んだシステムの開発が可能になってきた。そこで，微細加工技術や細胞操作技術，組織工学的な技術を融合することで，従来のようなトップダウン方式ではなく，ボトムアップ方式を可能としたバイオ化学エネルギー駆動型および細胞ビルドアップ型の技術が提唱されている[1]。これは微細加工技術を用いることで細胞や組織を再構築し，生体の持つ機能を最大限に引き出す技術である。

細胞ビルドアップ方式で構築したシステムは，細胞や組織を利用しているため，原理的には様々な生物機能を人工システムに取り込むことが可能であり，駆動エネルギーは電磁型モータのように電気エネルギー駆動ではなくバイオ化学エネルギー駆動による。例えば，小型軽量，柔軟，化学エネルギーによる駆動，自己再生能力，自己組織化によるボトムアップ的な再構築，さらには生物の持つ高精度センサ機能の付与が期待できる。また，生体と同等の機能を持つことから，サイボーグのような生体と人工物の融合技術への発展も期待できる。

以上のような特徴に注目し，これまで，生命と機械を融合した“生命機械融合ウェットロボティクス”，細胞ビルドアップ型バイオアクチュエータを用いたデバイスの設計を試みてきた。従来のロボティクスからのマイクロ・ナノロボット研究開発のアプローチは，エネルギー源である電池の消耗や経年劣化，故障による部品の交換が必要であり，さらに機械的部品を用いるため生体適合性も低かったが，生命機械融合ウェットロボティクスからのアプローチによりこれらの問題に対して解決案をもたらすことができる。室温での駆動や細胞培養条件が厳しい哺乳類から得られる細胞を用いるのではなく，変温動物である昆虫の筋細胞を用いることにより培養可能環境が緩和されることに着目し，外部環境に対してロバストで室温動作可能で自由自在に形を再構成できる化学エネルギー駆動型マイクロロボットを実現している（図 22.49）[2, 3]。

図 22.49 筋肉の細胞を駆動源とするマイクロロボット

本研究アプローチは，生物の最小単位である細胞というパーツを用いて，微小機械および細胞組織を結びつけるという全く新しい概念に基づき，自己組織化・自己再生可能な生命機械システムの設計製作を行う斬新な試みである。人工物で模倣する迂回路をとるのではなく，生物や細胞の機能を直接的に人工システムに取り込むことで，生体の持つ機能を備えた集積化システム，マイクロナノシステムを実現する方法論である。本アプローチにより生物と人工物の新しいハイブリッド化技術が確立すれば，従来の「バイオミメティック」から「細胞そのものを用いたものづくり」へのパラダイムシフトを起こすことが可能である。また，細胞培養技術や，生物–機械・生物–電子間のインタフェース技術が実現すれば，原理的には様々な生物機能を人工システムに取り込むことが可能となる。

実用化の見通しとして，細胞やタンパク質を高効率で大量培養でき，デバイスの大量生産がすることが可能になれば，細胞自体を用いた新原理のアクチュエータや生物のもつ超感覚を用いたセンサが実現できる可能性がある。これらの要素技術は，現在，再生医療分野において多方面より注目されており，今後様々な細胞培養プラント製造技術が期待できる。したがって，細胞やタンパク質，DNA といった生体分子を用いた室温動作が可能なデバイスも，現在の人工的なデバイスと同等レベルに生産でき，遺伝子操作等のバイオテクノロジーの発展によって，デバイス自体の高機能化も見込める。

例えば，電源が全く使えない場所で動作する小型ポンプや空港や駅で爆発物検知・麻薬などのにおいをセンシングし，常時モニタリングできる高感度センサの開発や，タンパク質や筋細胞からできた ATP 駆動型の柔らかくて軽い人工筋肉の開発，農水産業分野で人の代わりに作業したり，環境モニタリングをしたりする，小生命体と機械が融合したサイボーグやドローンの開発が期待できる（図 22.50）。また，デバイスの駆動原理が電気を用いず化学エネルギーのみによる駆動であるため，省エネルギー効果は絶大である。筋細胞デバイスのエネルギー源は生体で生産される物質（ブドウ糖，血清）であるため，デバイスを駆動するためのエネルギー源はほぼ無限に生産でき，これまでのエネルギー消費型のモノづくりと全く発想の異なる新しいモノづくりのコンセプトを提供できるため，革新的な省エネルギー型の新原理デバイスへの発展性が見込める[4]。

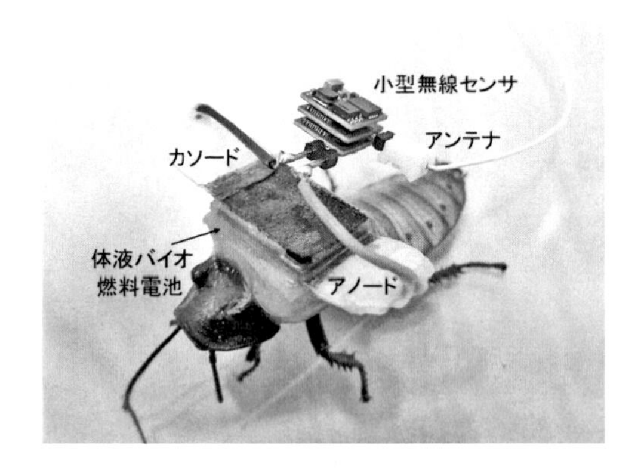

図 22.50　体液バイオ燃料電池を搭載した小生命体と機械を融合したマイクロロボット

＜森島圭祐＞

参考文献（22.4.6 項）

[1] Hoshino, T., Imagawa, K., Akiyama, Y., Morishima, K. : Cardiomyocyte-driven gel network for bio mechano-informatic wet robotics, *Biomedical Microdevices*, **14**(6), pp. 969–977 (2012).

[2] Akiyama, Y., Odaira, K., Sakiyama, K., Hoshino, T., Iwabuchi, K.., Morishima, K.: Rapidly-moving insect muscle-powered microrobot and its chemical acceleration, *Biomedical Microdevices*, DOI: 10.1007/s10544-012-9700-5 (2012).

[3] Uesugi, K., Shimizu, K., Akiyama, Y., Hoshino, T., Iwabuchi, K., and Morishima, K. : Contractile Performance and Controllability of Insect Muscle-Powered Bioactuator with Different Stimulation Strategies for Soft Robotics, *Soft Robotics.*, **3**(1): pp. 13–22 (2016)

[4] Shoji, K., Akiyama, Y., Suzuki, M., Nakamura, N., Ohno, H., and Morishima, K. : Biofuel cell backpacked insect and its application to wireless sensing, *Biosensors and Bioelectronics*, 78, pp. 390–395 (2016)

22.5　おわりに

本章では，体長 10mm 以下のマイクロロボットからナノスケール，分子レベルの大きさのナノロボットまで，ロボットがどんどん小さくなり，限りなく生物に近づいていき，究極的には小さな生物のもつ巧妙なしくみをすべて集積化する微小機械を目指したロボットのモデリングと制御について述べた。近年，様々な微細加工技術とバイオ操作技術，化学の発展とそれらの融合が進んできたことで，数十年前までは不可能であったレベルまでその技術は到達してきている。その結果，本章でその一端を紹介したように，興味深いロボットが開発されてきている。この路線は今後ますます発展していくものと期待される。

ロボット開発の歴史を少し振り返っても，最初は人間あるいはそれに近い動物がモデルとされてきて，ロボットのモデルを人間より小さな昆虫，さらには微生物，細胞，DNA 分子，タンパク質において，小さなロボットが作れないかという考え方が生まれてきた一方で，それでもやはり，微小なスケールで人工物を創成するためには，生物と人工物とで大きく異なる本質的な課題が残されている。例えば，構成部品（素材とアクチュエータ）とエネルギー供給方法はまだまだ生物学的にも解明されていないことが多い。本章で紹介したアプローチは，生物的な機械の構築という意味合いもあるが，逆に，生物学に対して生物内で発現している「生き物の生き物たる振舞い」の原理解明に対してのモデルを与えることができるかもしれない。その意味で，自然の巧妙な仕組みに学ぶ要素技術の開発だけでなくサイエンスへの還元も期待できる分野である。

＜森島圭祐＞

第23章

ROBOT CONTROL HANDBOOK

パワーアシストロボット

23.1 はじめに

本章では，パワーアシストロボットやロボティックな機器[1]（以下，パワーアシスト装置）の実装を指向する制御学・制御技術を論ずる。第2〜4章で解説されたモデリング手法ならびに第5章で解説された制御系設計手法に基づいて，パワーアシスト機能をロボットによって発現する上で必要な技術を体系的に展開する。パワーアシスト装置の最も象徴的なアプリケーションには，障がい者・高齢者の移乗作業があるが，この例のように人間を搬送の対象とする場合の制御技術については，第24章でも取り扱われる。本章では，アシスト作業の対象負荷が人間ではない場合を主に取り扱い，事例紹介の一例として，介護用の腰補助用のパワーアシスト機器を取り上げる。

以下，本章では第1に，実用的なアシスト作業のためのパワーアシスト機構のモデリングとこれに基づく計測・制御について特徴を述べる。すなわち，まずパワーアシスト用途に典型的な要素技術の概要が与えられる。制御手法としては，インピーダンス制御の原理的な解説が行われる。次に，モデリングの対象として，産業指向の応用例として柔軟物搬送や手動制御との連携が論じられる。

第2に，パワーアシスト装置において最も重要な役割を演ずる要素技術として，まず，通常の制御機器に用いられる電動機以外のアクチュエータの中でも実用性の高い，空気圧アクチュエータ技術を紹介する。応用観点で，ゴム人工筋の歩行支援システム，パワーアシストグローブ，歩行支援シューズについて，制御系を含めた技術の詳細を記述する。また，同様の要素技術観点で，アシスト機能を起動する人間の運動意図と相関の高いヒューマンインタフェース技術として，パワーアシストのためのセンシングシステムについて論ずる。この技術について，まず人間の意図に伴う初期の運動を計測するものを紹介する。次に，筋活動量の計測として，筋電図計測と筋音図，すなわち筋活動の機械的な特性の変化を捉えるものとが紹介される。先の制御手法の解説で触れた操作力入力は，人間の運動の結果として現れる力の計測と位置づけられる。

第3に，パワーアシスト装置の構築に不可欠な技術要件である安全性に関して，まず，制御系の安定性としてインピーダンス制御の安定性に関する議論を行う。次に安全性観点で，昨今制御装置の様々な応用分野に影響を及ぼしつつある機能安全の概念に基づいた機器の安全技術について，設計原則を紹介する。制御系の安定性は，パワーアシストの性能を論ずる重要な視点であるのに対し，機能安全に象徴される安全性は，意図したパワーアシスト機能が発現しない場合の機器の安全状態や信頼性を論ずるもので，目的が異なる。

第4に，パワーアシスト応用のために，直接パワー制限を行う制御系の構築方法について述べる。さらに本章23.5節では，産業応用として既に製造現場および介護現場において実用化されているパワーアシスト機器の事例紹介を行う。まず，自動車の製造現場におい

[1] ISO-8373:2012ではロボットを，プログラマブルで能動的な2軸以上の機構をもち，かつ与えられた環境において，ある程度の自律性を有し意図した作業を実行するもの，と定義している。上記の軸数が不足するかあるいは自律性を有さないものは，ロボティック機器と呼ばれる。能動軸数が1軸しかない，あるいは自律性を有さなくても，パワーアシスト機能を必要とするアプリケーションには，屈曲伸展のアシスト装置として腰部に装着され，対象負荷のロード・アンロード作業や人間の移乗作業に用いる場合等，少なからず存在する。

て稼働中のインパネ搭載用，据え置き型のアシスト機器が紹介される。それぞれ，作業を高速に遂行すべく，位置決めのための機械的インピーダンスの可変制御や，定型搭載作業のためのガイド機構と合わせたアドミッタンス制御が巧みに適用されている。事例紹介の最後は，介護作業による腰痛の回避・軽減を目的とした腰補助用のウェアラブル型アシスト装置である。柔軟・軽量・高出力の人工筋肉をアクチュエータとして採用しているほか，介護作業に両手が奪われることから，アシストの起動・停止のために運動情報に加えて呼気・音声も利用する仕組みが搭載されている。

パワーアシスト機器は人間・機械協調系の一部を構成するものであり，本節で述べるように，実作業で用いる場合には，負荷を含む機械システムとして望まれる機械インピーダンスが発現されるように制御するのが基本的な制御戦略である。これに対し，負荷のモデル化が困難な場合や人間を対象にする場合，あるいはさらに環境との相互作用が含まれるような場合には，基本の制御戦略が機能しない場合がある。そのような例は，第 10 章のヒューマン・ロボットインタラクションで取り扱われている。

＜山田陽滋＞

23.2　作業指向のモデリングと計測・制御

23.2.1　パワーアシストの考え方

人間（オペレータ）の意図に基づいて，ロボットなど何らかの機械構造物（機械）の運動を発生，変化，ないしは停止させるためにはいくつかの方法が考えられる。例えば，① 事前にオペレータが用意したプログラミングに従って機械に自律的に制御させる方法，② マスタ・スレーブシステムのように，機械と接触していない離れた場所にあるマスター機器にオペレータが指令を与え，スレーブ機器にあたる機械がリアルタイムで指令に追従するように制御する方法，③ 電動アシスト自転車に見られるように，オペレータが機械に接触して直接操作力を与え，その操作力を入力とした制御を施す方法などがある[1–3]。③ はいわば「直接操作型」といえる方法であり，本節ではこの方法に基づいたパワーアシストロボットに関するモデリングと計測・制御の特徴について説明する。

直接操作型を実現する際，オペレータの操作力のみを機械に与えても，多くの場合には十分な応答を示せない。そこで，オペレータの操作力に対して実際に求められる動力（パワー）を支援（アシスト）する制御が求められる。これを「パワーアシスト」と呼ぶ。その制御手法としては，多くの電動アシスト自転車のように，ある制限範囲内でオペレータが与えた操作力に比例する制御力をアクチュエータにより発生させる手法が最もシンプルである。一方，産業応用や福祉応用によく用いられる手法として，インピーダンス制御が知られている[4]。簡単のため，1 自由度で質量 m の剛体を制御対象とし，これを動かして位置決めすることを考える。摩擦等外乱が一切作用しない環境であれば，オペレータが与えた操作力 $F_h(t)$ に対して，制御対象は変位を $x(t)$ として式 (23.1) に従って運動する。

$$m\ddot{x}(t) = F_h(t) \tag{23.1}$$

ただし，“・” は時間微分を意味し，$\ddot{x}(t)$ は加速度である。今，オペレータが操作力 $F_h(t)$ を与えた際に，あたかも質量が m_i であるような制御を実現できるとする。m_i を m よりも小さくできれば，オペレータにとっては軽く感じられるため操作しやすくなる。すなわち，パワーアシストが実現できる。同様に，適当な粘性減衰係数 c_i に相当する減衰力を発生できればオペレータにとって停止させやすい。これら設定パラメータである慣性や粘性，さらに一般的には剛性も含めて決まる動特性を仮想的な機械的インピーダンスと呼ぶ。m_i や c_i は仮想のばね定数なども含めてインピーダンスパラメータと呼ばれる。そして，実際の機械的インピーダンスを仮想的な機械的インピーダンスに一致させようとする制御を「インピーダンス制御」と呼ぶ。インピーダンス制御の設計は力学的な特徴を明示するインピーダンスパラメータのチューニングに依存するため，単に操作力に比例させる単純な制御則に比べて，よりオペレータの特性に適切に対応したり，ある種の制約を容易に満たす制御を実現できる可能性がある。式 (23.1) 式の制御対象を m_i ならびに c_i に基づいた慣性力や粘性力に一致させるためには，次の制御入力 $F(t)$ を生成し，アクチュエータにより与えればよい[2]。

$$F(t) = -\frac{m}{m_i}c_i\dot{x}(t) + \left(\frac{m}{m_i} - 1\right)F_h(t) \tag{23.2}$$

式 (23.2) 中の $\dot{x}(t)$ は速度である。

パワーアシストロボットの制御手法としては，インピーダンス制御をはじめとして様々な手法がこれまでに提案されている。パワーアシストにより制御対象の運動を発生，変化させやすくなる一方，使用環境中に存在する固定面に接触した際の安定性確保などに配慮する必要も生じる場合があり，そのような観点から取り組んだ研究も見られる[3, 5]。

23.2.2 パワーアシストロボットの産業応用

工業立国であると同時に急速な少子高齢化が進む我が国にとって，パワーアシストロボットの産業応用は盛んに研究開発されている分野である。例えば，山田らは作業者の加齢化問題を意識し，習得している優れた技能（スキル）を適正な身体負荷のもとで発揮できるように支援するスキルアシストを提案しており，自動車製造ラインで実用化されている[2]（図 23.1）。また加藤らも製造ラインで使用するパワーアシストロボットを研究しており，主に 23.2.1 項末で触れた安定性確保の研究などを行っている[3]（図 23.2）。これらパワーアシストロボットの産業応用は今後拡大すると思われるが，同時に多方面に応用するにあたり作業指向に応じた計測・制御の方法も必要となる。この点については次項以降で説明する。

図 23.1 スキルアシスト

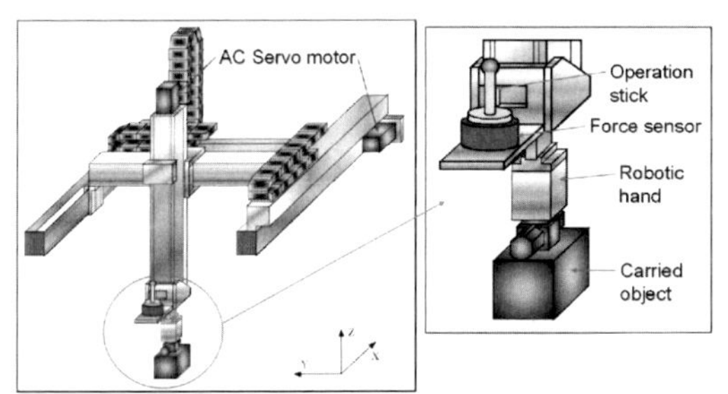

図 23.2 接触安定性検討用パワーアシストシステムの例（三重大学 池浦良淳氏 提供）

23.2.3 モデリングと計測・制御のための要素技術

(1) モデリング，計測，アクチュエータ

パワーアシストロボットの制御においても，他の機械制御問題と同様に制御対象を数学的に適切にモデリングすることが重要である。また，制御系の実装には状態量などを観測するためのセンサ，そして制御の動力を発生するアクチュエータを用いる点も同様である。

パワーアシストロボットの開発当初は，重量物の搬送が主な用途であったため，搬送物等を剛体と見なし，これにロボット側のモデルを組み合わせるモデリング，もしくは適切なモータドライバを適用してロボット側の動特性を簡単にしたモデリング[2]が多かった。最近では，必ずしも搬送物等は剛体ではなく，柔軟物や液体搬送を想定することもあり，搬送物を振動系として扱ったモデリングも増えてきた[6, 7]。

センサとしては，式 (23.2) からもわかるように，パワーアシストロボットではオペレータの操作力（もしくは操作トルク）を検出することが多い。これには力覚センサが採用されることが多いが，センサが比較的高価である点，またノイズの影響を受けやすいなどの観点から，力覚（トルク）センサレスの制御手法も検討されている[8]。また，オペレータの筋電など生体信号を検出して制御を実現する試みも見られる。

アクチュエータには，他の機械制御と同様に電気式のサーボモータや空気圧アクチュエータ，油圧アクチュエータの採用が考えられる。最近では高性能なリニアモータが安価になりつつあり，パワーアシストロボットに採用される例もある[2]。

(2) 制御手法

パワーアシストロボットの制御には，一般的に図 23.3 に示すような力と信号の伝達がある。他の機械制御とは異なり，オペレータである人間が主体となって動かすことから，作業指向に応じた制御を施す必要がある。以下ではこのことについて説明する。なお，図 23.3 の力覚センサは本来パワーアシストロボットに含まれるものであるが，力と信号の流れを明確に分けるために力

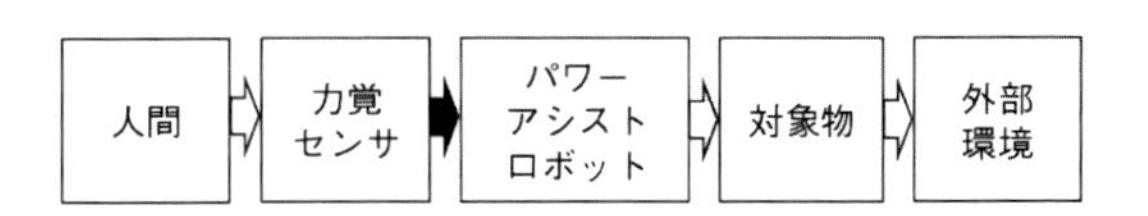

図 23.3 パワーアシストロボット制御における力と信号の伝達 1（白矢印：力，黒矢印：信号）

覚センサを別に示した。

人間が，ロボットを用いることなく直接対象物に対して作業を行う，例えば搬送・位置決め作業を行うためには，対象物の動特性に合わせて人間が自分自身のインピーダンス特性を変化させて作業を行う。しかし対象物が重い場合，思ったような応答が得られない恐れがある。

一方，人間がロボットを介して作業を行う場合，対象物の動特性はロボットのインピーダンス特性と合わせた特性となる。対象物が重い場合でも軽く操作することができるようなインピーダンス特性を有するのがパワーアシストロボットである。しかし，ロボットの動特性を人間が理解するのに時間がかかる恐れや，その動特性に合わせて作業することが人間に疲労感を与える恐れもある。

23.2.1 項で触れたように，パワーアシストロボットの制御にはインピーダンス制御が広く用いられている。そのインピーダンスパラメータを作業状況に応じて変化させることでロボットの動特性を変えることが可能であり，その結果，操作性が良くなり疲労感も減ることが期待される。この手法は「可変インピーダンス制御」と呼ばれ，これまでに多くの研究事例が報告されている。可変インピーダンス制御では，ロボット側が作業過程を理解し，その状況に応じてインピーダンスパラメータを変化させることが重要である。さらには，個人差に対応するために，人間の操作特性に応じてインピーダンスパラメータを変化させることも重要となる。

ここでは，作業として，ロボットあるいは対象物が外部環境と接触を伴わない非接触作業と，接触させて行う接触作業とに分けて説明する。

まず非接触作業には，物体の搬送・位置決め作業がある。その操作感を向上させるために，様々な可変インピーダンス制御が用いられてきた。池浦らは，作業過程に合わせて仮想粘性を変化させる方法を提案している[9]。作業過程を位置決め時の低速な操作と移動時の高速な操作に分け，前者では操作の安定性を図るため仮想粘性を大きくし，後者では操作抵抗を小さくするために仮想粘性を小さくしている。さらに，これらの 2 種類の仮想粘性の値を時間的に変化させることで，人間に違和感のない自然な操作を実現している。山田らは，作業過程に合わせて仮想質量（慣性）と仮想粘性を変化させる方法を提案している[2]。ロボットの速度から 3 種類の作業フェーズに自動的に判断し，各フェーズに最適な仮想質量（慣性）と仮想粘性の値を切り替えることで，良好な操作感，疲労感の低減を実現している。武居らは，作業における操作力に着目し，操作パターンを力学的に捉え直すことで，仮想質量（慣性）と仮想粘性を変化させる方法を提案している[10]。作業過程を判別することのない簡便な方法によって，操作性の向上と作業効率の向上を実現している。

一方，接触作業には，23.2.1 項で触れたようにロボットの不安定性の恐れがあり，制御系設計では安定性に十分配慮する必要がある。池浦らは，図 23.3 に示す力覚センサの配置では外部環境との接触力を計測することができないことから，接触作業が困難と判断し，安定性の良いオープンループ力制御と接触・非接触の切り替え手法を提案している[3]。これにより接触中も安定性を確保し，安全であることを示している。積際らは，図 23.4 の構成において，ロボットと人間の協調による習字動作を扱い，人間の作業特性に合わせて仮想粘性を変化させる方法を提案している[11]。人間の作業特性とは人間の手先剛性のことで，これを推定し，それに伴って仮想粘性を変化させることで，習字作業が円滑に行えることを示している。

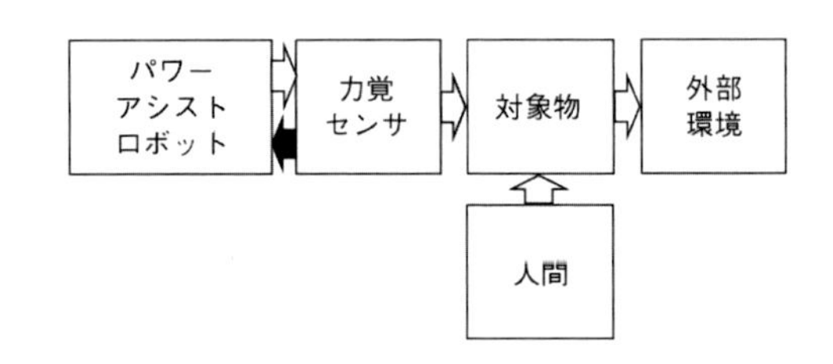

図 23.4　パワーアシストロボット制御における力と信号の伝達 2（白矢印：力，黒矢印：信号）

さらに，ロボット（図 23.4 では力覚センサ）と作業対象物の間にブレーキ機構を設けて，外部環境とロボットの動特性の干渉化と非干渉化を調整することで，接触作業における不安定の解消，操作性の向上を図った研究も見られる[12]。

23.2.4　作業指向に基づいた応用例

(1) 柔軟物搬送用パワーアシストロボット

23.2.3 項 (1) で触れたように，生産現場において，剛体と見なせない柔軟部品を搬送する場合も多くなりつつある。このような柔軟物の搬送作業では，柔軟物に振動励起の恐れがあり，それが柔軟物の破損につながる恐れもある。このため，柔軟物の搬送作業中に，人間がすべき振動抑制を支援してくれる柔軟物搬送用パワーアシストロボットが考えられている[6, 7, 13, 14]。その方法には，従来のパワーアシストロボットの制御手法に振動抑制制御を組み込む方法[6, 13]と，従来のパワーアシストロボットに振動抑制のためのアクチュエータを追加する方法[7, 14]がある。

振動抑制制御を組み込む方法には，例えば柔軟物の振動情報をアシスト制御にフィードバックする方法や，人間の操作力から柔軟物の共振周波数成分を除去するためのノッチフィルタを用いる方法などがある。さらに，サポートベクターマシンを用いて作業状況を判断し，それに応じてノッチフィルタのゲインを変化させる制御法も提案されており，搬送作業の作業効率の向上を図った研究もある[13]。

振動抑制のためのアクチュエータを追加する方法では，パワーアシストロボットの動特性を振動抑制のための外乱の動特性と見なし，この動特性を包含した拡大系に対して最適振動制御系を設計する手法が提案されている[7]。アクチュエータの追加は冗長であり，コスト高，メンテナンスの増大を招く恐れがあるものの，一方でその冗長性がアシスト制御とのトレードオフを回避したり[7]，この後で紹介する精密位置決めの例など，振動抑制以外の機能への応用など，長所となることもある[14]。

(2) パワーアシストを伴う手動制御と自動制御の連携の実現

生産現場においては，作業者が受け入れ可能な範囲で，搬送物が重くない，大きくない，搬送距離が長くない，搬送時間が長時間でないと仮定したら，状況・条件に応じて自己の判断により任意の搬送物を任意の場所から任意の経路を通り任意の目的地近辺まで搬送することは，作業者にとって容易である。これは人間にとって得意な機能であり，同様の判断を自動化するよりも効率的である。一方，搬送後の精密位置決めや，長距離，長時間の搬送は自動制御が得意である。そこで，人間による作業とオートメーションの適切な仕事配分を考え，作業全体の効率化を図る観点から，前者の人間による作業（手動制御）にパワーアシストを導入し，かつ後者の自動制御へのシームレスな移行を実現する手法の研究も見られる[14]。同様に自動制御からパワーアシストを伴う手動制御への移行を実現する手法も提案されている[13, 15]。後者の場合には，オペレータに向かって自動的に搬送物が接近してくるため，安全性の確保が重要であり，文献 [15] ではこの点に注力した提案が行われている。

＜原 進，森田良文＞

参考文献（23.2 節）

[1] Colgate, J. E., Wannasuphoprasit, W., *et al.*: Robots for Collaboration with Human Operators, *Proc. of the ASME Dynamic Systems and Control Division*, DSC-58, pp.433–439, ASME (1996).

[2] 山田陽滋，鴻巣仁司 他：自動車組立工程における搭載作業のためのスキルアシストの提案，『日本機械学会論文集 C 編』，Vol.68, No.666, pp.509–516 (2002).

[3] 加藤寛之，池浦良淳 他：接触操作を考慮した産業用パワーアシスト装置のインピーダンス制御，『日本機械学会論文集 C 編』，Vol.72, No.714, pp.514–521 (2006).

[4] Hogan, N.: Impedance Control: An Approach to Manipulation: Parts I-III, *Trans. of the ASME, J. of Dynamic Systems, Measurement, and Control*, Vol.107, No.1, pp.1–24 (1985).

[5] 積際徹，渕上康徳 他：人間とロボットの協調作業系におけるロボットのインピーダンス制御の安定性解析に関する一考察，『日本機械学会論文集 C 編』，Vol.71, No.707, pp.2267–2272 (2005).

[6] 山本優一，打田正樹 他：パワーアシスト搬送装置のためのインパルス状入力を用いた振動低減制御による操作支援，『電気学会論文誌 C 電子・情報・システム部門誌』，Vol.132, No.7, pp.1160–1167 (2012).

[7] 原進，櫛田陽平 他：パワーアシスト搬送を考慮した柔軟構造物の振動制御，『日本機械学会論文集 C 編』，Vol.76, No.768, pp.2094–2101 (2010).

[8] 開田有紀子，村上俊之：電動車椅子における人の入力トルクのセンサレス検出とパワーアシスト，『電気学会論文誌 D 産業応用部門誌』，Vol.126, No.2, pp.137–142 (2006).

[9] Ikeura, R., Moriguchi, T., *et al.*: Optimal Variable Damping Control for a Robot Carrying an Object with a Human, *Proc. of the first Int. Conference on Control, Automation and Systems*, pp.63–66, ICROS (2001).

[10] 武居直行，菊植亮，佐野明，望山洋，澤田英明，藤本英雄：位置決め作業アシストのための操作力依存可変ダンピング制御，『日本ロボット学会誌』，Vol.25, No.2, pp.306–313 (2007).

[11] 積際徹，横川隆一 他：人間とロボットによる協調作業における人間の手先剛性の推定にもとづく可変インピーダンス制御，『第 19 回日本ロボット学会学術講演会予稿集』，pp.425–426 (2001).

[12] 渡部祐樹，積際徹 他：力伝達調節機構を有するマンマシンインターフェースの評価，『第 28 回日本ロボット学会学術講演会予稿集』，3J1–5 (2010).

[13] Ohzawa, A., Morita, Y., *et al.*: Assist Control Method Based on Operating Property for Task from Automated Transfer to Manual Positioning of Flexible Parts, *Int. J. of Automation Technology*, Vol.3, No.6, pp.700–708, (2009).

[14] 藤本勲，原進 他：柔軟構造物のパワーアシスト搬送のための制振から位置決めへの切り換え制御手法，『計測自動制御学会

論文集』, Vol.48, No.1, pp.27–36 (2012).

[15] Lee, S., Hara, S., *et al.*: A Safety Measure for Control Mode Switching of Skill-Assist for Effective Automotive Manufacturing, *IEEE Trans. on Automation Science and Engineering*, Vol.7, No.4, pp.817–825 (2010).

23.3　センサ・アクチュエータとモデリング

23.3.1　センシングシステム

パワーアシストロボットの利用にあたっては，利用者は目的の動作が容易となるような力の補助を，物理的接触を通してロボットから得る。ロボットから提供される力（アシスト力）の大きさ，方向，タイミングのすべてが適切に制御されてはじめて，利用者はアシスト効果を感じることができる。このアシスト力の制御のためには，ロボット自体の情報に加え，操作意図，体の位置および姿勢，発揮している力，運動速度など，利用者の情報を正確に計測することが求められる。

ここではパワーアシストロボットに用いられる人体の位置姿勢の測定方法と，筋活動の計測手方法，さらには筋の力学的性質とモデル化について述べる。

(1) 体の位置および姿勢の計測

利用者の体の位置や姿勢の計測方法は大きく分けて接触式と非接触式とに分けられる。またパワーアシストロボットの構造によっても異なる計測方法が用いられる。例えばロボットスーツと呼ばれるような装着型パワーアシストロボットの場合，主に接触式センサが用いられる。ロボットスーツは剛性フレーム（骨格）を有する外骨格型ロボットスーツとフレームを持たない内骨格型ロボットスーツとに分けられるが，外骨格型ロボットスーツの場合，利用者とロボットスーツを一体と見なし，外骨格の関節に取り付けたロータリエンコーダーなどの回転角センサによって関節角度を得ることができる。

一方，フレームを持たない内骨格型ロボットスーツでは，装着者の姿勢を直接計測する手段が必要となる。スティック状のフレキシブルゴニオメータ，テープ状のシェイプセンサ，フィルム状の曲げセンサなど，曲率に応じた値を出力するセンサを体表に貼り付け，関節変位と出力値との関係から関節角度を算出することができる[1,2]。これら体表に固定するタイプのセンサの出力値は体格による個人差があり，また取り付け位置によっても誤差が生じるため校正を要する。

また，利用者の各部の動きや関節角度を得る目的で，加速度センサ，ジャイロセンサからなる慣性センサを用いる場合もある。慣性センサを装着者に取り付けることで，取り付け部位のオイラー角を計測できる。加速度センサでは重力方向を計測することで，ジャイロセンサは計測した角速度を積分することで，それぞれ姿勢角を計測できる。しかしながら，加速度センサは運動加速度と重力加速度との判別，ジャイロセンサはドリフトによる積分誤差，の問題がそれぞれあるため注意を要する。カルマンフィルタ[3]や相補フィルタ[4]を用いて，加速度センサとジャイロセンサを相補的に併用し，計測精度を高めることができる。

一方，人体の位置および姿勢を計測するための非接触式の手段としては，光学式モーションキャプチャシステムやレーザレンジファインダ等が挙げられる。光学式モーションキャプチャシステムは近年特に目覚しい技術の進歩を遂げており，応用分野を広げている。従来は体表の代表位置にマーカーを取り付けて複数台のカメラで撮影することで，各マーカーの 3 次元位置を測定し，その値から体の各部の位置や姿勢を推定する方式が一般的であった。しかし，近年は Microsoft 社の Kinect for Windows や Leap Motion 社の Leap Motion Controller のように，体表に特別な装着物を必要とせず，体の位置や姿勢をリアルタイムで精度良く計測することが可能な計測システムが登場している。

(2) 筋活動量の計測

パワーアシストロボットの利用者の運動は，利用者本人とロボットそれぞれが生じる力の合力によって生じると考えることができる。ロボットの運動機能 (motor function) はその名のとおり電気モータや空気圧モータ，油圧モータなどの各種アクチュエータが担う。一方，利用者のそれは骨格筋が担っており，利用者との力の交換を伴うパワーアシストロボットの制御は，ロボット–利用者間の接点に生じる力のフィードバックはもとより，利用者の骨格筋の活動量を計測し，それらの情報と筋骨格系の幾何学的条件から推定される現在の運動または運動意図および作業意図を積極的に活用して行われる。運動意図の推定には脳波などの活用も考えられるが，パワーアシストの目的に限っては遅れや正確性の面で課題を残しており，生体情報の中では現状では筋活動量の利用がほぼ唯一の現実的手段となっている。筋活動量を計測する主な方法として筋電図と筋音図について以下に述べる。

(i) 筋電図

筋活動量の評価方法として最も一般的に用いられているのは筋電図である。筋電図は筋肉の活動時に筋線維が発する微弱な活動電位の集合波（筋電位）を記録したものである。体表に電極を貼って計測する体表筋電図が主に用いられる。

体表から測定される筋電位は数 Hz〜数百 kHz の周波数成分と数 μV〜数 mV 程度の振幅成分を有する。測定には Ag 製や AgCl 製の皿電極，あるいはディスポ電極が用いられる。筋収縮の程度に応じて大きな振幅を示すことから，整流とローパスフィルタの併用による平滑化などアナログ的手法や，あるいは一定時間の測定値の 2 乗平均平方根 (RMS: Root Mean Square) を取るなどのデジタル的手法を用いて，信号の振幅成分を抽出し筋活動量の指標として用いられる。

なお，筋電図は筋肉の収縮に参加した運動単位の量に比例しており，筋の収縮力を表すものではない。また持久的収縮運動時には，同一の筋発揮張力においてなだらかな振幅の増加と周波数の低下が見られることから，疲労の影響を受けることが知られている。

(ii) 筋音図

筋電図が筋肉の収縮に伴う電気的活動を検出しているのに対し，筋音図はその機械的活動を検出している。筋音は，筋線維の収縮時にその径が拡大する際に半径方向に向けて発生する一種の圧波とされており，筋電図と同様に筋収縮に応じた振幅成分を有する。

筋音図は体表に固定されたマイクロフォンや加速度計等を用いて測定する。筋音図の周波数帯は筋電図のそれと比較して一桁低く，100 Hz 以下である。筋電図と同様に疲労の影響を受け，時間と共に変化を生じるが，その傾向は発揮張力の大きさによって異なることが報告されており，注意が必要である。

(3) 筋の力学的性質とモデル化

筋肉を適切な力学モデルで表現できればパワーアシストロボットの解析や制御に有用である。しかし，筋収縮のメカニズムは不明な点も多く，一般的に広く認められるモデルは残念ながらまだない。ここではモデル化を困難にしている筋肉の特徴的な力学的性質について述べた後，代表的な力学モデルの例を示す。

筋は運動ニューロンから神経パルスを受け取るとパルスの頻度に応じて収縮する。神経パルスを受けずに弛緩しているとき，筋肉は自然長からの伸びに応じて，一様増加の張力を示す。これは受動的張力と呼ばれる。一方，ある頻度の神経パルスを受ける筋肉の，等尺性収縮時の筋長と張力の関係を測定すると，張力は受動張力とは異なり，ある筋長においてピークを示し，さらに長く伸ばされた場合には張力は小さくなる。筋の張力は基本的に筋長の関数であるが，筋長に対する一様増加（減少）とは限らない点に注意を要する。

また最大収縮力を発揮する長さより伸ばされた状態で収縮中の筋肉を，さらに強い力で伸長させると，筋長-活動張力関係を超える，より大きな張力を生じる。これは収縮機構が伸展により活性化されるためである。

また筋収縮の動的な性質を表すものとしてヒルの式[5]が有名である。筋の等張性収縮において，負荷 P と収縮速度 v の関係をヒルは実験的に求め，熱の発生に関連付けて次のような双曲線で表している。

$$(p + a)(v + b) = b(P_0 + a) = \text{一定} \tag{23.3}$$

ここで，a は熱定数，b は正の定数，P_0 は最大収縮力である。これは，筋肉の負荷-速度関係を表し，素早く動くためには負荷は小さく，逆に負荷が大きい場合には動作はゆっくりでなくてはならないことを示す。

図 23.5 に代表的な筋の力学モデルの例[6] を示す。収縮要素と弾性要素が直列に接続されたものとして表現されている。負荷–速度関係に従う収縮要素は能動的収縮力 A を生じる収縮力発生要素と粘性要素の並列接続で表され，ここでは伸展時に生じる収縮機構の活性化を表す弾性要素も含められている。収縮要素の伸展量を x，筋全体の伸展量を X とし，筋肉に加わる負荷を P とすると，本モデルは以下の連立方程式で表せる。

$$P(t) = E_S x(t) \tag{23.4}$$

$$P(t) = A(t) + E_P\{X(t) - x(t)\} + D\{\dot{X}(t) - \dot{x}(t)\} \tag{23.5}$$

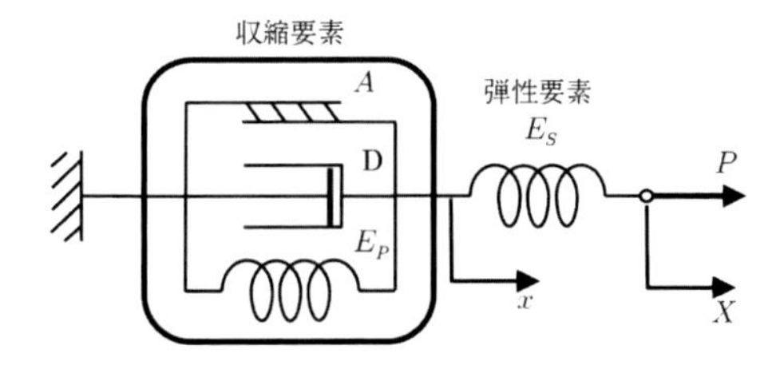

図 23.5 筋の力学モデルの例

<田中孝之，諸麥俊司>

参考文献（23.3.1 項）

[1] Gibbs, P. and Asada, H.: Wearable Conductive Fiber Sensors for Multi-Axis Human Joint Angle Measurement, *J. of Neuro-Engineering and Rehab*, 2-7 (2005).

[2] Kramer, R.K. *et al.*: Soft curvature sensors for joint angle proprioception, *Proc. of IEEE IROS 2011*, pp. 1919–1926 (2011).

[3] Mahony, R. *et al.*: Implementation and experimental results of a quaternion-based kalman filter for human body motion tracking, *Prof. of IEEE ICRA 2005*, pp. 318–323 (2005).

[4] 杉原 他：三次元高精度姿勢推定のための慣性センサの線形・非線形特性分離に基づいた相補フィルタ，『日本ロボット学会誌』, Vol.31, No.3, pp. 251–262 (2013).

[5] Hill, A.V.：The heat of shortening and the dynamic constants of muscle, *Proc. R Soc Lond*, B, 126 (1938).

[6] 赤澤堅造：『生体情報工学』，東京電機大学出版局 (2001).

23.3.2　空気圧アクチュエータ

(1) はじめに

空気圧アクチュエータは一般に出力/重量比が高く，パワーレベルが人のそれに近いことから，パワーアシストシステムのアクチュエータとして多く用いられている[1, 2]。また，空気圧アクチュエータは動作媒体である空気の圧縮性に起因する低剛性特性やバックドライブ特性が本質的な柔軟性や安全性として機能するため，直接人体に装着して使用するウェアラブルシステムとしても有用である。

本稿では，このような空気圧の特徴を活用したパワーアシストシステムについて，所属研究室での開発事例を中心に紹介する。

(2) 空気圧ゴム人工筋を用いた歩行支援システム

空気圧アクチュエータはアクチュエータの筐体自体を，ゴムなどの人間親和性の高い柔軟材料で構成できることも利点の一つである。図 23.6 は拮抗配置されたマッキベンタイプの空気圧ゴム人工筋により，股関節と膝関節の屈曲・伸展動作を支援する歩行支援装置である。

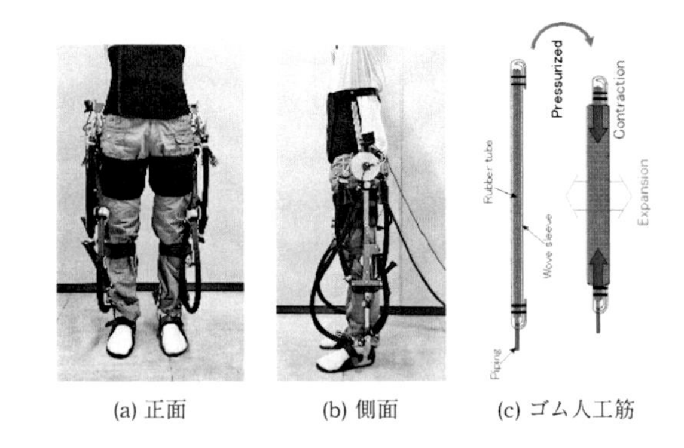

(a) 正面　(b) 側面　(c) ゴム人工筋

図 23.6　歩行支援装置

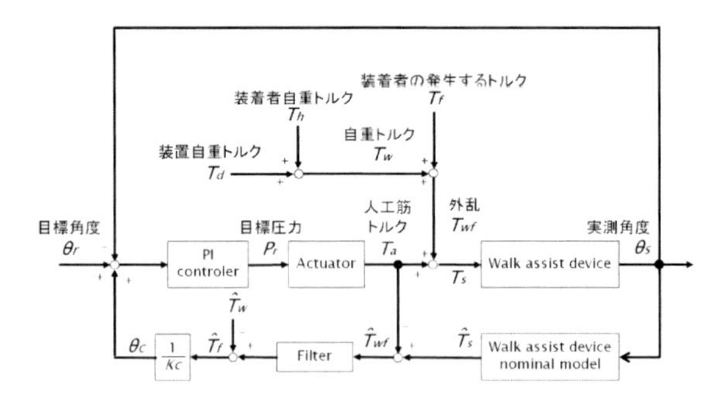

図 23.7　制御系の構成

マッキベン人工筋は，図 23.6(c) に示すように，圧力の印加により生じるゴムチューブの径方向の膨張力を，繊維コードの力変換作用により軸方向の収縮力に変換するもので，内径 12 mm 程度のゴムチューブの場合，500 kPa の圧力印加により約 1,000 N の収縮力が得られる。

図 23.7 に制御系を示す。外乱オブザーバにより装着者の発生トルクを推定し，これに基づく仮想コンプライアンス制御を実装している。人工筋の発生トルクは，関節角度に対して印加圧力を変化させたときの発生トルクをあらかじめ実験により測定しておき，これを平面近似して用いている。

歩行時の関節角度パターンを目標角度として与えた場合，関節拘縮等により角度偏差が生じた場合でも，関節部に仮想コンプライアンス特性を持たせることで過支援になることを防ぐことができる。本支援装置は岡山大学病院リハビリテーション研究室において臨床実験を行っており，片麻痺患者の立ち上がり動作や歩行動作支援に有用であることが示されている。

(3) 空気圧ゴム人工筋を用いたパワーアシストグローブ

図 23.8(a) は，パワーアシストグローブの外観を示す。図 23.6(c) に示すマッキベンタイプと異なり，スリーブを蛇腹状に加工することで，圧力印加時にチューブが軸方向に伸張するようにし，さらに，側面部の伸張を拘束することで湾曲するタイプの人工筋を開発している（図 23.8(b),(c)）。これを各指の背部に沿って配置し，把持動作を支援する。従来の腱駆動等で必要な

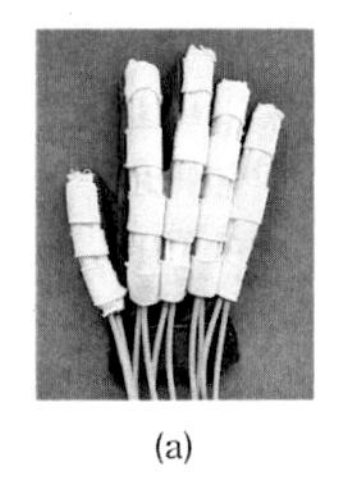
(a)
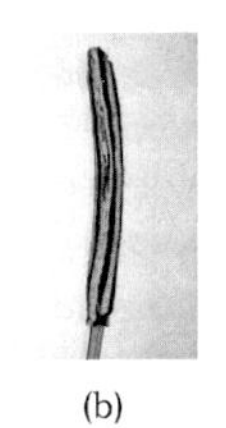
(b)

(c)

図 23.8 パワーアシストグローブ

リンク機構を用いることなく，柔軟かつ軽量 (115 g) な特徴を有する[3]。

対象物の把持支援において，操作者の意思抽出は重要な課題である。本研究では，前腕部の筋電位に基づき，ニューラルネットワークの一つである自己組織化マップによる動作識別法を用いている。対象とする手指の動作は図 23.9(a),(b) に示す屈曲・伸展の 2 種類であるが，前腕部には手指だけでなく手首動作に関する筋も混在しているため，手指動作 2 種類の識別のみでは手首動作時に手指動作と誤認識する可能性がある。そこで手指の屈曲，伸展および図 23.8(c)～(f) に示す手首の掌屈，背屈，橈屈，尺屈の計 6 種類の動作識別を行った。

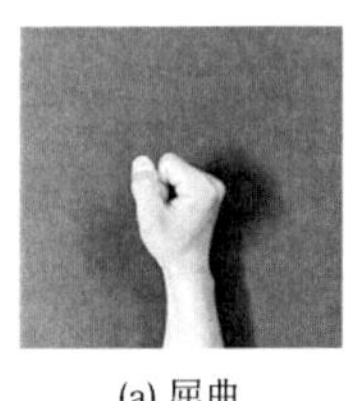
(a) 屈曲
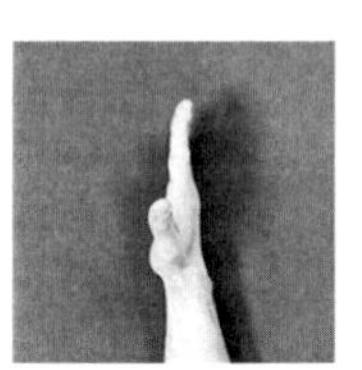
(b) 伸展
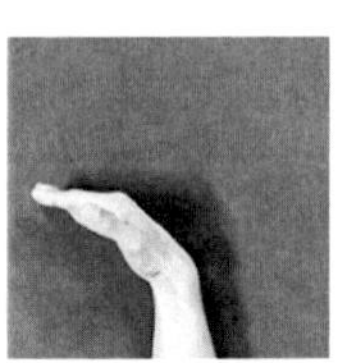
(c) 掌屈
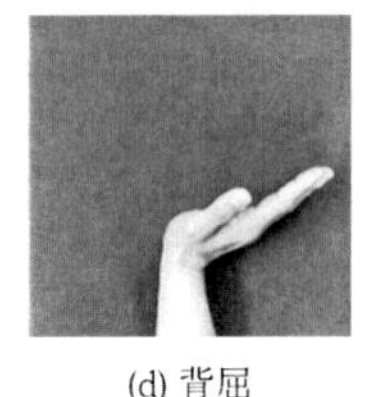
(d) 背屈
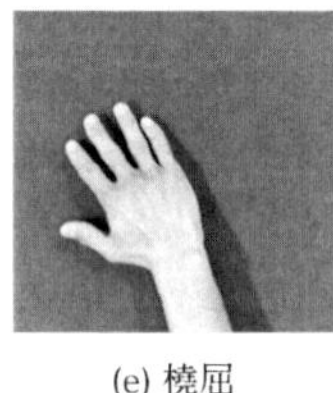
(e) 橈屈
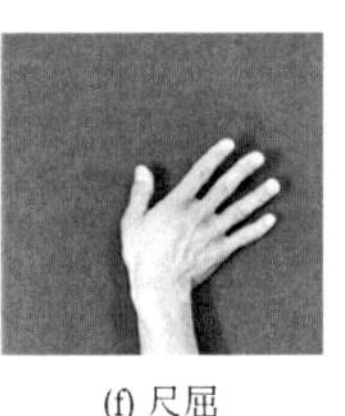
(f) 尺屈

図 23.9 手指および手首の基本動作

学習には上記 6 動作を 1 セットとして 6 セットのデータを学習用データとしてあらかじめ取得し，1 万回の学習終了後，上記 6 動作を識別した。その結果，ほぼ 100%の認識率が得られており，手首動作との切り分けによる正確な把持支援が達成されている。

(4) 装着者の体重を用いた歩行支援シューズ

高齢者は加齢に伴う足関節背屈筋群の筋力低下により，歩行時の遊脚期において背屈動作（爪先を上に持ち上げる動作）を行いにくく，わずかな段差でもつまずきやすい。本研究では，高齢者のつまずきによる転倒防止のため，遊脚期において背屈動作を能動的に支援する機能を備えた歩行支援シューズを開発している。具体的には，装着者の体重（位置エネルギー）を空気の圧縮エネルギーを媒体として機械的な仕事に変換するもので，電気エネルギーを一切使用しない仕組みを提案している[4]。

図 23.10 に試作した歩行支援シューズを示す。図 23.10(a) に示すように，立脚時に踵部に装着したフットポンプを踏み，圧縮空気が足関節部に装着したベローズに逆止弁を介して送られ，ベーンを回転させる。ここで，足関節軸まわりにはコイルバネが装着されており，ベローズはバネの反力と釣り合った状態で維持される。そして，図 23.10(c) に示す立脚終期の最大尖足時に，脚固定具が図 23.10(d)（図 23.10(c) の反対側を示す）に示すメカニカルスイッチを押すとベローズ内の空気が大気に開放され，バネの反力により背屈モーメントが生成される。前脛骨筋の表面筋電図を用いて評価した結果，平地歩行と階段昇段時における支援効果が確認されている。

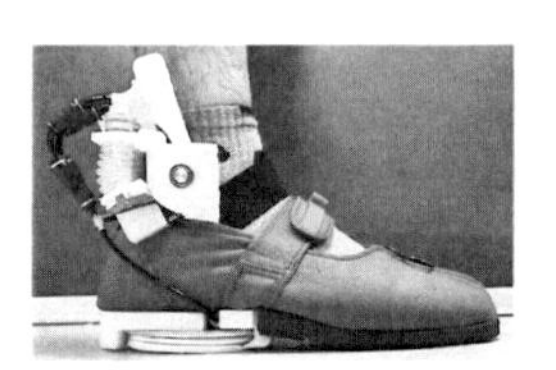
(a) 立脚初期（ポンプ圧縮）
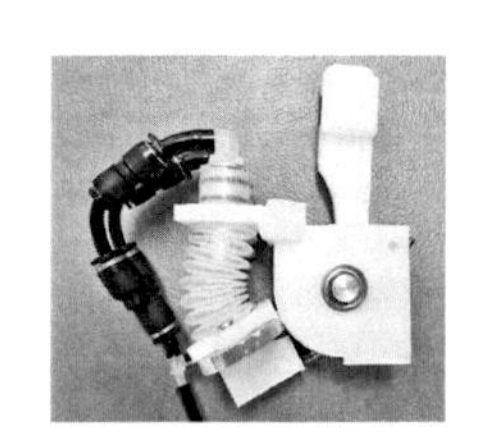
(b) ベローズアクチュエータ

(c) 最大尖足状態
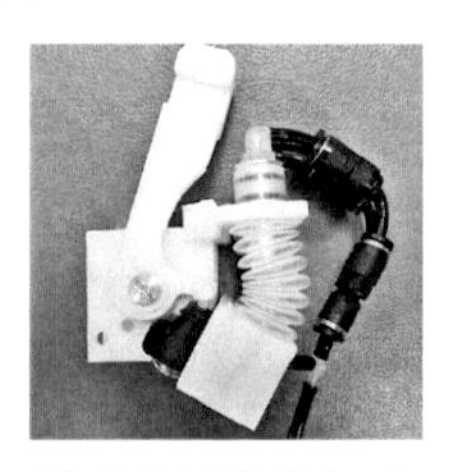
(d) メカニカルスイッチ

図 23.10 歩行支援シューズ

(5) おわりに

空気圧駆動によるウェアラブルパワーアシスト装置では空圧源の確保が課題となるが，空圧メーカによるポンプの小型・モジュール化の促進や，ドライアイスの相変化を用いた小型空圧源[5] の開発等を通して，状況は改善されつつある。少子・高齢化が進む我が国において，パワーアシスト機器の開発は不可欠であり，空気圧の特徴を活かしたさらなる支援機器の開発が期待されている。

<高岩昌弘，則次俊郎>

参考文献（23.3.2 項）

[1] 岡崎，小松：空気圧人工筋を用いたバックドライバブルなパワーアシストアーム，『日本ロボット学会誌』，Vol.31,No.6, pp.577–580 (2013).

[2] 佐藤，何 他：腰補助用マッスルスーツの開発と定量的評価，『日本機械学会論文集 C 編』，Vol.78,No.792,pp.2987–2999 (2012).

[3] 小西秀和，則次俊郎，高岩昌弘，佐々木大輔：筋電により人の意思を反映したパワーアシストグローブの制御，『計測自動制御学会論文集』，Vol.49, No.1, pp.59–65 (2013).

[4] Takaiwa, M., Noritsugu, T.: Development of Pneumatic Walking Support Shoes Using Potential Energy of Human, *JFPS International Journal of Fluid Power System*, Vol.2, No.2, pp.51–56 (2010).

[5] 北川，呉他：三重点における相変化を利用した携帯空圧源の開発，『日本フルードパワーシステム学会論文集』，第 36 巻，第 6 号，pp.158–164 (2005).

23.4　安定性・安全性

23.4.1　環境の不確定性に関する制御系の安全性

人間とロボットの協調作業系となるパワーアシストシステムにおいては，インピーダンス制御[1–3] が広く用いられている。インピーダンス制御では，あらかじめ設定されたインピーダンスパラメータ（慣性，粘性，剛性係数）に基づいて，入力となる力からロボットの運動が生成されることから，人間が加えた力に応じてロボットが動作するために直感的に扱いやすいとされており，人間とロボットの力の相互作用に基づく協調作業系におけるロボットの運動制御法として多くの研究で利用されている。位置制御ロボットと力覚センサを用いれば，インピーダンス特性に基づいたロボットの運動制御則を実装することにより，パワーアシストを含む人間との協調作業系を比較的容易に構築できる。

しかしながら，インピーダンス制御を用いた協調作業系において，図 23.11 に示すように，支援機器（ロボット）と人間，運搬物体との力学的な相互作用（接触）が生じるシステムにおいては，制御系が不安定になる接触安定問題が発生することが知られている[4–7]。

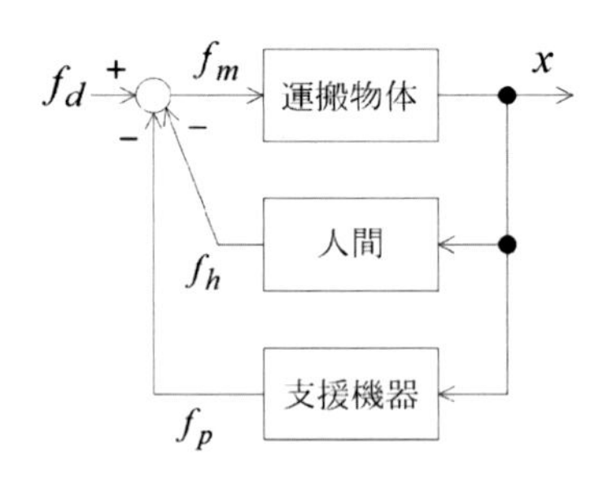

図 23.11　人間とロボットの協調システム（文献 [8] より引用，一部改変）

パワーアシストロボットのように，操作者となる人間との相互作用に基づいて制御されるシステムにおいては，人間に対する安全性の観点からも，制御系の安定性に関しては特に留意する必要がある。また，作業内容によってはロボットと外部環境との接触も生じることから，制御系の安定問題は複雑になってくる。

具体的には，人間の動特性や反応遅れを含む動作特性や，外部環境の動特性の不確定性がシステムの安定性に大きな影響を与える。加えて，ロボットのアクチュエータやサーボシステムの応答遅れ，力センサや信号処理・演算などで用いるフィルタによる遅れなど，ロボットの制御システムに関わる要因についても安定性に与える影響は大きく，それらについても不確定性を含んでいる[8, 9]。図 23.12 に示すように，運搬物体の質量や動特性，人間の動特性や反応遅れなどの動作特性，外部環境の動特性が時々刻々と変化することから，システム全体が時変系となることがわかる。システムの安定性を議論するためには，これらの要素について個別に検討し，モデル化を行う必要がある。

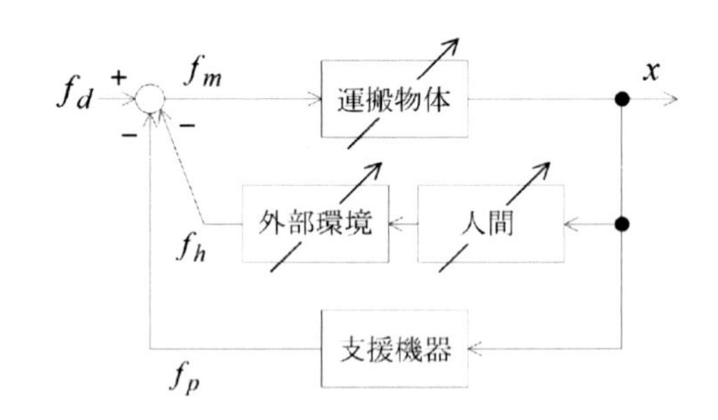

図 23.12　各要素の特性変化を考慮した人間とロボットの協調システム

(1) 人間の動作特性について

人間の上肢運動の動特性を慣性，粘性，剛性からなるインピーダンス特性で近似した場合，駆動を司る筋腱駆動系の特性から，人間の意思に基づく随意的な調整や，その時々の作業姿勢によって，上肢運動の動特性を規定するインピーダンスパラメータの値が大きく変化することが示されており[10–15]，制御系の安定性を議論するためには，これらのパラメータ変動について考慮する必要がある。

辻らは人間の上肢運動について，接触する外部環境の動特性（インピーダンス特性）に対する知覚能力や，適応する調整能力が高いことを明らかにしている[16,17]。そして，ロボットとの協調作業下において人間は，ロボット，外部環境，運搬物体からなるシステムの動特性に適応しつつ，一定範囲ではあるものの，人間の動作特性を含めたシステム全体の制御特性をほぼ一定に保つように調整を図っているとの知見を示している[16]。このことからも，人間は自らのインピーダンス特性の調整をしながら相互作用を実現していると考えられる。

また，人間の反応遅れについてもシステムの安定性に大きな影響を与えることから，人間の動特性，動作特性については注意深くモデリングを行わなければならないが，変動する人間のインピーダンス特性や遅れ時間をリアルタイムに高精度で同定することは難しいのが実情である。

(2) 外部環境・運搬物体の動特性について

外部環境や作業対象となる運搬物体についても，作業中に動特性や質量が変化する可能性があるだけでなく，接触・離脱という切り替えのような現象も生じることから，これらに関わるパラメータも時々刻々と変動する。このような変動を含めたパラメータ同定も困難であり，これまでに述べた種々の要素がシステムの安定性を解析するうえでの不確定性となる。

(3) 安定解析について

池浦は，図 23.11 のシステムにおいて，運搬物体を質量のみ，人間と支援機器（ロボット）の動特性をそれぞれインピーダンス特性で表したモデルを用いて，システムの遅れを考慮した安定性についての議論を行っている[8,9]。この中で，ロボットのインピーダンス制御に関わる安定性については，位置制御ベースの運動制御を行うか，力制御ベースの運動制御を行うかによって解析結果が異なることを明らかにしている。

一般的によく用いられる位置制御ベースのインピーダンス制御においては，人間や外部環境の剛性が大きくなるとシステムが不安定になることが知られており，ロボットの運動を規定するインピーダンスパラメータのうち，粘性，剛性係数を大きくすれば，システムの安定化を図る効果があるとされている[8,9]。しかし，ロボットの動作速度や位置変位に関するそれぞれの抵抗係数が大きくなることによってロボット操作の際に必要な力も増大することから，各係数の設定範囲については，人間の操作力の大きさや限界に依存するだけでなく，ロボットの操作性にも影響を与える。

そして，人間の筋腱駆動系の構造的特性もまた安定性に影響を与えることが示されており，筋骨格特性によって生じる剛性と粘性は筋力に応じて同時に変化する可変粘弾性特性を有していることから，剛性と共に粘性も増加することで，システムの安定化を図る特性があることを示唆している[9]。また，辻らは，人間は作業対象や作業目的に応じて自らのインピーダンス特性を巧みに変化させ，人間を含むシステム全体の制御特性を積極的に調節していると考察しており[16,17]，人間はこれらの調整によって制御系全体の安定化を図っていると推測できる。人間によるシステムの安定化はインピーダンス特性の随意的な調整だけによってもたらされるものではなく，先に述べた筋腱駆動系の可変粘弾性特性にも依存している可能性があることは大変興味深い。

ただし，可変粘弾性特性の粘性の増加だけではシステムの安定性が必ずしも補償されることはなく，システム側のパラメータ調整や可変制御などで安定化を図る必要があるとされており[9]，インピーダンス制御の安定性を確保するために，システム側のインピーダンスパラメータ調整や可変制御を行う具体的な研究が行われている[18,19]。外部環境剛性の推定結果に基づいてインピーダンス特性の粘性係数を可変させる可変インピーダンス制御や[18]，外部環境との接触状況に応じて制御方法を切り替える制御法の提案が行われているものの[19]，それらの適用条件には限界があるのが実情である。

また，池浦は，力制御ベースのインピーダンス制御に関する安定解析も行っており[8,9]，解析結果として，位置制御ベースのインピーダンス制御とは逆に，人間や外部環境の剛性が大きくなるとシステムは安定化することを明らかにしている。しかしながら，力制御ベースのインピーダンス制御を実現するためには，ダイレクトドライブモータのような高トルクのアクチュエータが必要となり，非線形要素の補償など，制御システムが複雑になるだけでなく，アクチュエータも大型化することから，多自由度を必要とするパワーアシストシステムに用いる場合には実用的ではないと示唆している[8, 9]。

これまでに述べた人間や外部環境の動特性，動作特性だけではなく，人間やシステムの遅れもまた安定性に影響を及ぼす。これらの遅れを考慮したシステムの安定解析によれば，位置制御ベースのインピーダンス制御の場合，システムを安定に保つためには遅れ時間を小さくする必要性があると示されている[8, 9, 20]。また，ロボットのインピーダンスパラメータ，外部環境の剛性，人間とシステムの遅れ時間をそれぞれ個別に変化させて安定性を解析した報告によれば，遅れ時間については，人間や外部環境の剛性とともにシステムの不安定要因であり，安定性に対して大きな影響を与えることが示されている[20]。

このように，人間とロボットの協調作業系となるパワーアシストシステムにおいては，人間や制御システムにおける各要素，そして外部環境に含まれる不確定性とそれらがシステムの安定性に与える影響を充分に考慮し，制御系の安全性を確保する必要がある。

<積際 徹>

参考文献（23.4.1 項）

[1] Hogan, N.: Impedance Control: PART I–III., *Journal of Dynamic Systems, Measurement and Control, Transactions ASME*, Vol.107, No.1, pp.1–24 (1985).

[2] 平林久明，杉本浩一，荒井信一，坂上志之：多自由度ロボットの仮想コンプライアンス制御，『計測自動制御学会論文集』, Vol.22, No.3, pp.343–350 (1985).

[3] 小菅一弘，古田勝久，横山竜昭：ロボットの仮想内部モデル追従制御系，『計測自動制御学会論文集』, Vol.24, No.1, pp.55–62 (1988).

[4] Lawrence, D.A.: Impedance Control Stability Properties in Common Implementations, *Proc. of IEEE Int. Conf. on Robotics and Automation*, pp.1185–1190 (1988).

[5] Kazerooni, H., Waibel, B.J., Kim, S.: On the Stability of Robot Compliant Motion Control: Theory and Experiments, *Transactions of the ASME. Journal of Dynamic Systems, Measurement and Control*, Vol.112, Issue 3, pp.417–426 (1990).

[6] Colgate, J.E., Stanley, M.C., Schenkel, G.G.: Dynamic range of achievable impedances in force reflecting interfaces, *Proceedings of the SPIE—The International Society for Optical Engineering*, pp.199–210 (1993).

[7] Surdilovic, D.: Contact Stability Issues in Position Based Impedance Control: Theory and Experiments, *Proceeding of the IEEE International Conference on Robotics and Automation*, Vol.2, pp.1675–1680 (1996).

[8] 池浦良淳：人間とロボットによる協調作業，『システム/制御/情報』, Vol.44. No.12, pp.682–687 (2000).

[9] 池浦良淳：人間の力学特性と支援，『計測と制御』, Vol.45, No.5, pp.413–418 (2006).

[10] Mussa-Ivaldi, F.A., Hogan, N., Bizzi, E.: Neural, mechanical and geometrical factors subserving arm posture in humans, *Journal of Neuroscience*, Vol.5, No.10, pp.2732–2743 (1985).

[11] Jones, L.A., Hunter, I.W.: Influence of the mechanical properties of a manipulandum on human operator dynamics. 1. Elastic stiffness, *Biological Cybernetics*, Vol.62, No.4, pp. 299–307 (1990).

[12] Jones, L.A., Hunter, I.W.: Influence of the mechanical properties of a manipulandum on human operator dynamics. II. Viscosity, *Biological Cybernetics*, Vol.69, No.4, pp.295–303 (1993).

[13] Tsuji, T., Morasso, P.G., Goto, K., Ito, K.: Human hand impedance characteristics duringmain tained posture, *Biological Cybernetics*, Vol.72, pp.457–485 (1995).

[14] 辻敏夫，森谷正三，金子真，伊藤宏司：等尺性筋収縮における人間の手先インピーダンスの解析，『計測自動制御学会論文集』, Vol.32, No.2, pp.271–280 (1996).

[15] 五味裕章，川人光男：水平面における多関節運動中の人腕機械インピーダンスの計測，『計測自動制御学会論文集』, Vol.32, No.3, pp.369–378 (1996).

[16] 辻敏夫，加藤荘志，金子真：人間–ロボット系の追従制御特性，『日本ロボット学会誌』, Vol.18, No.2, pp.285–291 (2000).

[17] 辻敏夫，島崎知之，金子真：ロボットインピーダンスに対する人間の知覚能力の解析，『日本ロボット学会誌』, Vol.20, No.2, pp.180–186 (2002).

[18] Tsumugiwa, T., Yokogawa, R., Hara, K.: Variable Impedance Control Based on Estimation of Human Arm Stiffness for Human-Robot Cooperative Calligraphic Task, *IEEE International Conference on Robotics and Automation*, pp.644–650 (2002).

[19] 武居直行，野畑茂宏，藤本英雄：安定した接触を実現する位置制御ベース・インピーダンス制御，『日本ロボット学会学術講演会』, paper No. 3E12/JSAE20074530 (2007).

[20] Tsumugiwa, T., Fuchikami, Y., Kamiyoshi, A., Yokogawa, R., Yoshida, K.: Stability Analysis for Impedance Control of Robot in Human-Robot Cooperative Task System, *Journal of Advanced Mechanical Design, Systems, and Manufacturing*, Vol.1, No.1, pp.113–121 (2007).

23.4.2　パワーアシストロボットの安全技術構築

(1) 規格準拠の安全の設計原則

欧州では，パワーアシストロボットやロボットに類する機器を個別の製品対象とする C 規格レベルの安全規格（ISO 規格）は ISO13482[2)][1] であり，同ロボットの安全技術に関わる設計・製造にあたってはこの規格に準拠する必要がある。一方，日本国内では，法規上の強制力を伴う強制規格を除き，ISO や JIS の規格は一般に任意規格と呼ばれ，遵守義務はない。パワーアシスト機器の場合もしかりである。しかしながら，一般に機械を使用する人間の安全性を確保するための安全技術構築にあたっては，まずリスクアセスメントを行い，その結果に基づき必要に応じてリスク低減方策を講ずる機械安全のための設計原則に従う必要があり，これを規定した国際安全規格に準拠することになる。なぜならば，「許容できないリスクがないこと」という安全の定義[2] は万国共通のものであり，パワーアシスト機器一つをとってみても，その安全性を保証するためには，そのライフサイクルを対象として想定されるリスクを網羅的に調べ，許容できないリスクが含まれていると評価された場合は，許容されるレベルまで低減しなければならないからである。

(2) リスクアセスメント

はじめに，リスクアセスメントの一般的な説明を行う。リスクアセスメントとは，FMEA 等の手法を用い，ロボットのライフサイクルを通して同定されたハザード（後述）それぞれに対してリスクを見積り，評価する活動のことである．その実施手順は，先の規格において，

① ロボットの使用等に関する制限の決定（合理的に予見可能な誤使用を含む）
② ハザード（危険源）の同定
③ リスク見積り
④ リスクの評価

に従うことと規定されている。

リスクアセスメントでは，はじめに ① でロボットに関する様々な制約事項，つまり使用上の制限，空間的・時間的制限等を列挙する。「合理的に予見可能な誤使用」とは，例えば，過去にこういうことがあったから，という理由とともに述べることができる，人間による誤った使用の仕方という意味である。

次に，② のハザード同定のプロセスに進む。ハザードは，国際安全規格でも定められており「危険源」としばしば邦訳されるもので，危害を引き起こす原因となる因子のことである。事故時に問われる不法行為責任および製造物責任の両方に共通する「予見義務」の必要性の観点から，メーカにとってハザードを網羅的に抽出することが重要になる。

ハザードはリスクアセスメントの手順の入り口に位置づけられていながら，案外理解しにくい。そこで，ハザード状況として，以下に示す 3 要素が条件的に揃った状況で，しかもリスクが顕在化すると，危害を生じると理解するとよい。3 要素は，もともとハザード三角形[3] と呼ばれるもので，1) 脅威の及ぶもの（例えば人間，動物等）と危害の内容（例えば骨折や感電等），2) 誘発要因（機械エネルギー，電気的エネルギー等），3) 危害を人間に及ぼす機械のメカニズム，つまり有害作用（押しつぶし，高電圧等）である。これらのうちいずれが欠けても，危害にはならない。さらに，1) と 2) はそもそも前提とも言える条件であるので，結局 3) の条件がハザードとして本質的に重要な情報となる。

先に掲げた ISO13482 では，生活支援ロボットに特有のハザードが掲げられているが，パワーアシストロボットに固有のハザードとして，人間が装着した場合の生理学的整合性が指摘されている。そのほか，感電や転倒による衝突等，パワーアシストロボットに限らない，一般の機械類の場合に想到されるハザードを数多く掲げることができる[4]。注意したい点は，プログラムの暴走や機器そのものの故障をハザードとして掲げないことである。これらはもちろん人間に危害を及ぼす要因であるが，先のハザードの考え方からすれば，暴走や故障等，機器の不具合そのものが必ずしも 100 % 人間に危害をもたらすものではない。暴走や故障によって，例えば機器が意図しない動作を行い，結果的に人間の身体の一部を過度に圧したり，過大な力を加えたりすることによって，人間が筋や関節を痛める危害に初めて至る，というリスクのシナリオは構築されるのである。この場合のハザードは，機械的に圧すること (crushing) ということになる。ハザードを的確に抽出する作業は，要因を探りアセスメントやこれに対する方策立案を実施する段階で，無駄な作業を省くことができる。

③ では，同定されたそれぞれのハザードから想起されるリスクを一つひとつシナリオ事象形式で取り上げ，予め離散的に目盛って定められた重篤度と頻度の程度について見積もっていく。そして最後に，リスクアセ

[2)] ISO 13482 の適用範囲には，パーソナルケア・ロボット（邦訳は，生活支援ロボット）と定めたパワーアシストロボット (人間装着型ロボット) のほかに，移動作業型ロボット，搭乗型ロボットが含まれる。

スメントの④の段階では，リスクグラフやリスクマトリクスを用いて評価を行う。④の結果，許容できないリスクが設計上に残るとなれば，保護方策と呼ばれるプロセスを行って，許容されないリスクそれぞれについて，その低減を図らなければならない。保護方策はリスク低減方策とも呼ばれる。

(3) 安全要求事項と保護方策

リスク低減方策の段階では，3 ステップ法に従う必要があると先の設計原則の規格には規定されており，各ステップで取り得る方策の内容も規格に詳細に紹介されている。すなわち，

［ステップ 1］本質的安全設計方策
［ステップ 2］安全防護策および/または付加保護方策
［ステップ 3］使用上の情報

である。以上の手順は，少なくとも機械安全の枠組みでは，すべて順序まで決まっており，都合に合わせて勝手にステップの順序を入れ換えたり，飛び越したりしてはいけない。以下に，それぞれのステップの平易な説明を行う。

(i) 本質的安全設計（ステップ 1）

本質的安全設計とは，設計や運用上の改良によりハザードそのものを取り除くことである。パワーアシストロボットが人間を過度に圧するとする先のハザード例に沿って考えると，本質的安全設計方策としては，押しつけによっても人間（ロボットの使用者）が危害を被ることがないようにする必要があるわけである。そこで，ロボットに期待する仕様を満足しつつ，可能な限り出力の小さい駆動アクチュエータをあらかじめ選定し，これを用いてロボットを設計することができるならば，この方策を選択する。この場合，通常運転時に意図する機能が発揮できて，しかも万が一機器の異常な動作が発現した場合でも，人間の発揮する力によって機器の動作に抗することができる，という方策シナリオが展開できる。

本質的安全設計のための技術は極めて広範にわたり，それらの設計指針は，ISO 12100-2：2003[5] に網羅的に掲げられている。

(ii) 安全防護策および/または付加保護方策（ステップ 2）

もし，ロボットの仕様を満たすために，本質的安全設計によってはハザードが取り除けない，あるいはリスクが十分に低減できないとなれば，次のステップにある安全防護策および付加的な保護方策をもって，リスクの低減を図ることになる。安全防護とは，防護のための柵と保護装置のことで，保護装置には，インターロック装置やイネーブル装置，光電式存在検知装置や機械的な運動制限装置が含まれる。付加保護装置は，緊急停止装置や脱出装置のことである。

ところで，このステップ 2 の方策指針に関しては，近年，ロボット安全に限らず機械安全など広い分野をカバーする機能安全[6] と呼ばれる概念が登場し，諸産業分野に多大な影響を与えつつある。機能安全とは，対象機器の中で安全を確保する機能をつかさどるものとして E/E/PE（電気・電子・プログラマブル電子）機器が関わる場合に，安全と関連づけてこれらの機器の信頼性観点における目標を設定し達成しようとする概念である。対象機械のライフサイクルを見渡し，その中で安全上要求される機能が果たされないリスクがある場合に，これを要求レベルまで低減しようとする考え方である。ここで安全関連系とは，対象機械を安全状態に導く，あるいはこの状態を維持するために，必要な安全機能を上記の E/E/PE によって実行する上で，部品一つに至るまで，関わりをもつサブシステムのすべてである。

再びパワーアシストロボットを例にとる。ステップ 2 の方策に移行する場合は，典型的には以下の例の場合に合理的であると捉えられる。すなわち，本質的安全設計方針に基づこうとするステップ 1 では，駆動アクチュエータの出力が小さすぎて機能的に仕様を満たさないような場合である。この場合，安全防護策は以下の機能を果たす安全関連系に対して講じられる。すなわち，ロボットを人間が使用している最中の意図しないロボットの動作について，人間を押しつける力の大きさを監視する機能や，その力が過大になった場合にロボットの推力を制御したり，あるいは動作を停止させたりする方策である。これは，ロボットの走行制御系が普通につかさどっている機能の中で，安全に関わる規定速度を管理する機能に関する信頼性を問うていることに相当する。これ以外に，ステップ 2 にある付加保護方策は，例えば緊急停止装置が典型的に該当する技術で，安全状態への移行に貢献させるべく付加的に取り付ける装置のことである。

ところで，安全関連系の信頼性評価には，安全度水準（SIL: Safety Integrity Level）[6] や性能水準（PL: Performance Level）[7] と呼ばれる指標が用いられる。信頼

性評価は，安全関連系におけるハードウェアとソフトウェアの両方が対象となる。まず，ハードウェアにとってのリスクは，部品の確率的な故障である。安全関連系を構成する部品のライフサイクルにおける寿命曲線（通常は，故障率がバスタブ形状のワイブル分布でモデル化される）の底面部分の一定値に対応し，統計的にランダム故障と位置づけられるものである。SIL の場合，特に，安全関連系の故障が機器を危険に導くと考えられる故障で，さらに自己診断機能でそれを検出できない場合を問題にする。このように，危険側故障にならない，その割合の大きさを安全側故障割合：SFF (Safety Failure Fraction) として評価の対象にする。他方，PL の場合は，故障に起因するリスク抑制の程度を定性的かつ段階的に表したカテゴリと呼ばれる指標と，システムとしての故障率との両方を加味して評価の対象とする。

次に，ソフトウェアの機能安全で対象にするのは，系統的故障と呼ばれる決定論的観点で評価されるリスクが主である。これは，評価の対象が E/E/PE 系（の中で安全機能を実行する部分）であることによる。つまり，ソフトウェアの重要な機能は，安全機能を制御することと，プログラマブル電子系が誤ったデータ処理をしないか，そして次に自己診断アーキテクチャが機能しているか，をそれぞれチェックすることである。

ソフトウェアはコマンドとして書けば，そのとおり決定論的に振る舞うので，コマンド系がもつ仕様そのものの健全性やチェック機能に対する忠実度がソフトウェアの信頼性能として問われる。そして，ソフトウェア開発は，仕様決定に始まり，アーキテクチャ，システム構成，モジュールの決定を経て，コマンド実装までの設計とそれぞれの単位での検証を重層的に展開し，ソフトウェアの信頼性を確保する。このスキームは，大枠の概念構築から最小単位のコマンド実装までをトップダウンで設計し，ボトムズアップで検証していくスキームの形状から，V 字モデル[8] と呼ばれる。

(iii) 使用上の情報（ステップ 3）

ステップ 2 までのリスク低減方策によって，リスクアセスメントで評価の対象になったすべてのリスクが許容しうるレベルにまで達しても，リスクはまだ残っているので，これらのさらなる低減を目的として，ロボットの使用者に残留リスク情報の伝達を行う作業が，ステップ 3 として位置づけられている。あるいは，ステップ 3 まででは費用対効果の観点で適切な方策が講じられない場合に，このステップで呈示された使用上の情報の運用側における順守を，リスクの許容条件とする場合もある。

＜山田陽滋＞

参考文献（23.4.2 項）

[1] ISO 13482: Robots and robotic devices—Safety requirements for personal care robots (2014).

[2] ISO/IEC GUIDE 51: Safety aspects—Guidelines for their inclusion in standards (1999).

[3] Elicson, C.A.: *Hazard Analysis technique for system safety*, pp.13-23, John Wiley & Sons (2005).

[4] ISO 12100: Safety of machinery—General principles for design—Risk assessment and risk reduction (2010).

[5] ISO 12100-2: Safety of machinery—Basic con-cepts, general principles for design—Part 2: Technical principles (2003).

[6] IEC 61508-1, Functional safety of electrical/electronic/ programmable electronic safety- related systems - Part 1: General requirements (2010).

[7] ISO 13849-1, Safety of machinery—Safety-related parts of control systems—Part 1: General principles for design (2006).

[8] IEC 61508-3, Functional safety of electrical/electronic/ programmable electronic safety- related systems - Part 3: Software requirements (2010).

23.4.3 人間の安全性に関するパワー制限

23.4.1 項では，パワーアシストなどマンマシン系の制御における安定性が，人・ロボット・環境の不確定性によって影響を受けることを述べた。それを踏まえ本項では，パワーアシストシステムにおいて不可避に存在する不確定性の下で，人の安全性を確保するための方策について述べる。

(1) 安全性の課題

パワーアシストシステムでは一般に，操作性と安定性はトレードオフとなり，アシストゲインを増加させればシステムの安定性は低下する[1] ことが知られている。このトレードオフは，パワーアシストシステムの制御においては不可避である。

パワーアシストにおける安全性の課題は，システムの不安定性そのものではなく，むしろ人・ロボット・環境の動特性が未知・時変であり，システムが安定か不安定か予測できないことにある。

これに対して，例えば小菅ら[2] はロボットの閉ループダイナミクスに道具としての動特性を持たせる「仮想ツール」の提案において，人と環境の動特性が未知でも安定な制御系が構築できることを示した。ここでは，① 人と環境の動特性が受動的であること ② 所望の閉ループダイナミクス（仮想ツールダイナミクス）が実現できる（強正実である）こと，の 2 点を前提として，安定性が証明されている。

しかし，たとえ人が故意に自らの動特性を変化させてシステムを不安定化させようとしても，人に危害が及ぶシステムであってはならない。同様に，たとえ環境が受動的でなくても，環境から人に危害が及ぶシステムであってはならない。

現状では，この課題に対する万能の解決策は存在しない。23.4.1 項で述べたように，パワーアシストシステムを構成する人・ロボット・環境のノミナルモデルと，それぞれの不確定性が，システムの安定性に与える影響を個別に考慮して安全性を確保する他はない。

ただし，システムの不確定性が不可避に存在するとしても，人の安全性確保のために採りうる有効な方策は存在する。以下，その方策について概説する。

(2) 安全性を確保するためのパワー制限

システムの不確定性にかかわらず安全性確保に有効な方策としてまず考えられるのは，人に対するロボットの何らかの物理量を制限することであろう。一般的には，人に対するロボットの動作速度を制限する速度制限，あるいは人に対してロボットが発揮する力を制限する力制限が挙げられる。これらの制限はパワーアシストに限らず有効であり，多くのロボットにおいて用いられている。

しかしパワーアシストにおいては，安全性を考慮して保守的な速度制限/力制限を適用すると，本来の目的であるアシストが達成されない可能性がある。ここで問題となるのは，安全性を確保しつつも，保守的になりすぎるのをいかに防ぐかである。

この問題に対して，受動性に基づくアプローチが提案されている。これは，単純に速度/力を制限するのではなく，パワー/エネルギーを制限してシステムの安定性を確保することに相当する。

このアプローチに基づき，Hannaford らは Passivity Observer/Passivity Controller[3] を提案した。これは図 23.13 のように，人とロボットとの力学的相互作用を常に観測することでロボットから人への過大なエネルギー流入を阻止し，ロボット・環境系の受動性を維持するように制御に介入して過剰なエネルギーを散逸させる。この Passivity Observer/Passivity Controller については，既に第 10 章 10.4.2 項において詳述されているので参照されたい。

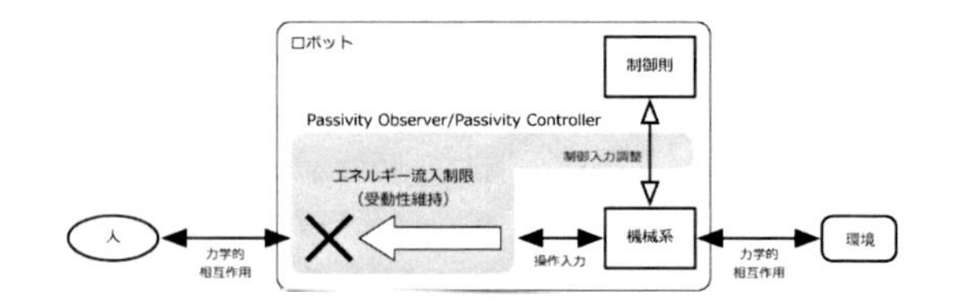

図 23.13　Passivity Observer/Passivity Controller[3] 概念

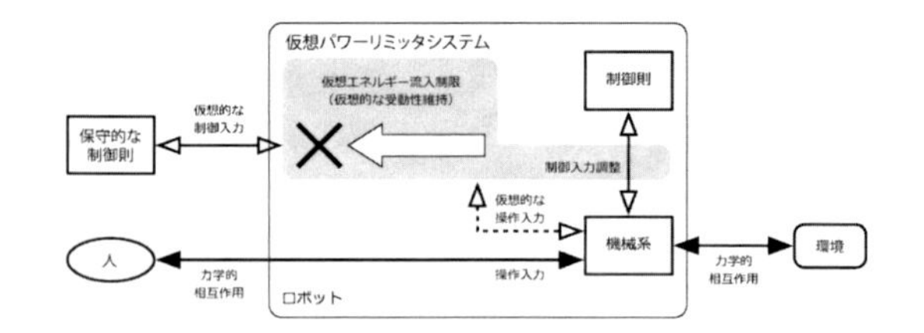

図 23.14　仮想パワーリミッタシステム[4, 5] 概念

金岡らは仮想パワーリミッタシステム[4, 5] を提案した。これも受動性に基づきパワー/エネルギーを制限する手法だが，図 23.14 のように，受動性が保証されている「保守的な制御則」を（実際には制御に寄与しない）ダミーとして設け，これに対する人・ロボット・環境系の「仮想的な受動性」を維持するように制御に介入してエネルギーを散逸させる。こうすることで，仮想パワーリミッタシステムは人・ロボット・環境のいずれの受動性も前提とすることなく実装可能となっている。つまり，人が故意に自らの動特性を変化させてシステムを不安定化させようとした場合でも，システム全体を安定に保つことが可能である。

(3) 安全性を確保するための不確定性の排除

仮想パワーリミッタシステムはシステムの不確定性に関係なく安全性を確保するための一手段であったが，より根源的なアプローチとしてパワーアシストシステムの不確定性を減らすことを考える。

金岡[6] は，パワーアシストシステムにおける制御則としてインピーダンス制御（位置制御ベース/力制御ベース）と力増幅制御を挙げ，その特性を考察した。これによると，これらの制御則が理想的に実装されれば，いずれもシステム全体のダイナミクスは，人の操作力に対して受動的な 2 次遅れ系となる。つまり，システムの不安定化の要因は制御則そのものではなく「制御則の実装が理想的でないこと」にあると考えられ，これが不確定性の主体と言えよう。

制御則の理想的な実装を阻む主な要因には，以下が挙げられる。

- 量子化誤差，および量子化に伴う時間遅れ
- 離散化誤差，および離散化に伴う時間遅れ
- 演算時間遅れ，演算誤差
- 通信時間遅れ，通信雑音
- センサ・アクチュエータダイナミクス
- センサ・アクチュエータノンコロケーション

本来，これらの要因を先立ってシステムから排除することが重要であり，これらを可能な限り排除した後に制御による安定化を考えるべきである。これらを放置して制御のみによる改善を試みるのは，パワーアシストシステムの実用において必ずしも得策とは言えない。

(4) おわりに

本項では，パワーアシストの安定性・安全性を確保するためのパワー/エネルギー制限手法と，排除すべきシステムの不確定性について述べた。

<金岡克弥>

参考文献（23.4.3 項）

[1] Kazerooni, H.: Human-Robot Interaction via the Transfer of Power and Information Signals, *IEEE Trans. on Systems, Man, and Cybernetics*, Vol. 20, No. 2, pp. 450–463 (2005).

[2] 小菅一弘，藤澤佳生，福田敏男：仮想ツールダイナミクスに基づくマン・マシン系の制御，『日本機械学会論文集 C 編』，Vol. 60, No. 572, pp. 1337–1343 (1994).

[3] Hannaford, B. and Ryu, J.H.: Time-Domain Passivity Control of Haptic Interfaces, *IEEE Trans. on Robotics and Automation*, Vol. 18, No. 1, pp. 1–10 (2002).

[4] Kanaoka, K. and Uemura, M.: Virtual Power Limiter System which Guarantees Stability of Control Systems, *Proc. Int. Conf. on Robotics and Automation*, pp. 1392–1398 (2005).

[5] 金岡克弥，吉川恒夫：仮想パワーモニタを備えることにより制御対象の安定性を評価解析する機能を備えた制御システム，特許第 3809614 号 (2006).

[6] 金岡克弥：パワー増幅ロボットシステム設計概論 力学的相互作用にもとづく人と機械の相乗効果を実現するために，『日本ロボット学会誌』，Vol. 26, No. 3, pp. 255–258 (2008).

23.5 事例紹介

23.5.1 産業応用（製造業）

(1) はじめに

「パワーアシスト」という言葉の中に使われる「パワー」は一般的な「力」を意味しており，通常は，力学におけるパワー（出力）のことを指しているわけではない。そのパワー（力）をアシストする身近な機械には，自動車のパワステ（パワーステアリング）がある。また，最近では電動アシスト自転車も，民生用として広く普及しているパワーアシスト装置（広い意味でロボット）であると言えよう。

一方，産業分野では重量物を搬送するために機械を用いることが多くある。ボタンやレバーの操作で，対象物を昇降させたり，水平方向へ移動させるクレーンなどの装置がある。人では運べないような大きさ・重さのものを容易に運べるという意味で，実用上のパワーアシストと考えられるかもしれない。産業分野ではこのような装置が多数あるが，これらをパワーアシストロボットとは一般には呼びにくい。クレーンでも，ボタンやレバー操作ではなく，加えた「力」を「補助」するようなパワーアシスト装置が研究開発されている[1,2]。本項では，そのように人が加えた操作「力」を検知して，その操作力に基づいて対象物を操作できる産業用パワーアシスト装置（ロボット）[3] の事例として，自動車組立工程で用いられているものを紹介する。

(2) インパネ搭載スキルアシスト

パワステや電動アシスト自転車では，トルクセンサにより人からの力（トルク）を検知し，その力（トルク）をある倍率で高めるように電動モータ（従来のパワステは油圧駆動が用いられていたが，近年は電動パワステ (EPS：Electronic Power Steering) の使用が増えている）でアシストする。これは直接的なパワー（力）のアシストを行っている（文献 [4] では「力増幅」と呼んでいる）と考えることができる。

図 23.15 に，自動車製造現場において先駆的に導入されたインパネ（インストルメントパネル）搭載スキルアシスト[6–8] を示す。インピーダンス制御[9] により，力と運動の関係を制御することで間接的にパワーをアシストしている。このとき，モータのトルクは，運動の状況によってはアシストではなく負荷（止めようとする作用）として働く場合もある。

インピーダンス制御は，大きくトルク制御ベースの

図 **23.15**　インパネ搭載スキルアシスト（文献[5] から転載）

インピーダンス制御と位置制御ベースのインピーダンス制御（仮想内部モデル追従制御系[10, 11]，アドミッタンス制御[12] とも呼ばれる）の 2 つの方式に分けられるが，詳細は別章に譲ることにする。

インパネ搭載スキルアシスト[6–8] では，単にパワーのアシストではなく，作業者のスキルをアシストするという考えから，「スキルアシスト」と名づけられている。パワーをアシストして軽い操作ができるだけでなく，動き出し，移動中，位置決め時の作業フェーズに応じて，一定のインピーダンス（慣性，粘性）ではなく，適切な（作業しやすい）インピーダンスに変化させることで操作フィーリングを向上させている。

具体的には，次式のように所望の慣性 M_d と粘性 D_d で表されるダイナミクスを持つようインピーダンス制御（文献中ではトルク制御ベースのインピーダンス制御）を行っている。

$$M_d\ddot{x} + D_d\dot{x} = h \tag{23.6}$$

それらを作業フェーズに応じて，動き出しには粘性は低く慣性的にし，移動中は慣性・粘性とも中程度に，位置決め時には慣性を低くし粘性を高めて位置決めしやすくしている。

このインパネ搭載スキルアシストは，すでに海外のトヨタ自動車の工場にも展開されている。

(3) ウィンドウ搭載アシストロボット

自動車には通常複数のウィンドウガラスが組み付けられている。中でもフロントウィンドウとリアウィンドウは 1 人で扱うには大きく重たいので，その工場では車体の左右から 2 人で把持して車体に組み付けていた。組立ラインでの効率的な人員運用・工程編成のためにも，このウィンドウ搭載作業を 1 人で行えることが望まれていた。

大きく重たい対象物を 1 人で取り扱うことは，まさにパワーアシスト技術の応用先として合致している。ウィンドウは 10〜15 kg ほどの重量なので，その重量を支えて操るだけならそれほど難しくはないだろう。しかし，それを数秒の間に mm オーダの精度で取り付け，作業を完了するには力のアシストだけでは難しい。当初，その組立ラインでは 50 s ほどのサイクルタイムのうち，1 枚のウィンドウの搭載作業に許される時間は 10 s 足らずであった。また，要求精度は車体の前後方向に ±2 mm，左右方向に ±4.5 mm と非常に厳しい。それに加え，ウィンドウの縁にはウレタン接着剤が塗布されており，一度車体に接着するとやり直しができない。

先に紹介したインパネ搭載の要求精度は，車体に対して左右方向に ±5 mm，上下方向に ±15 mm で，高精度位置決めを支援するガイド機能は必要ではなかった。また，車体が搬送される前後方向には，止まるところまで押し込んで行けばよいので精度要求もなかった。

インパネ搭載スキルアシストのような可変インピーダンス制御は，位置決めや操作性の向上に有効ではあるが，数秒のうちに ±2 mm の精度でウィンドウを位置決めするには不十分であり，手ぶれによりまっすぐに進まずずれてしまう可能性がある。

そこで，操作力 h の向きに応じて，ウィンドウをまっすぐ降ろしたいのか，組付け位置を調整しているのかという意図を判別することにした。操作力の向きが真下方向に対して近いときには，まっすぐ下ろしたい操作意図と判断する。その判別に従い，鉛直下向きの力成分以外をゼロに補正する。これにより，狙った前後位置に仮想的なガイドが形成されたように，まっすぐ下に動きやすく，それ以外の向きには動きにくい特性を実現する。操作力の向きが真下から離れた角度のときには，位置調整をしたい操作意図と判断し，操作力に基づいた方向に移動する。

2007 年にトヨタ自動車の高岡工場第 1 ラインで実用化されたウィンドウ搭載アシストロボットの写真を図 23.16 に，その構造を図 23.17 にそれぞれ示す。ウィンドウ搭載アシストロボットの上部 2 つの駆動軸では，1:560 の高減速比のギヤを用いており，トルク制御ベースのインピーダンス制御では駆動系の摩擦やパラメータ同定の精度の影響により，操作性が悪化してしまう。上記のようにウィンドウ搭載では要求位置精度が厳しく，進行方向ガイド制御によりサーボ目標位置の補正を行っているため，このような場合は位置制御ベースのインピーダンス制御（アドミッタンス制御）が有効で

図 23.16　ウィンドウ搭載アシストロボット（文献 [5] から転載）

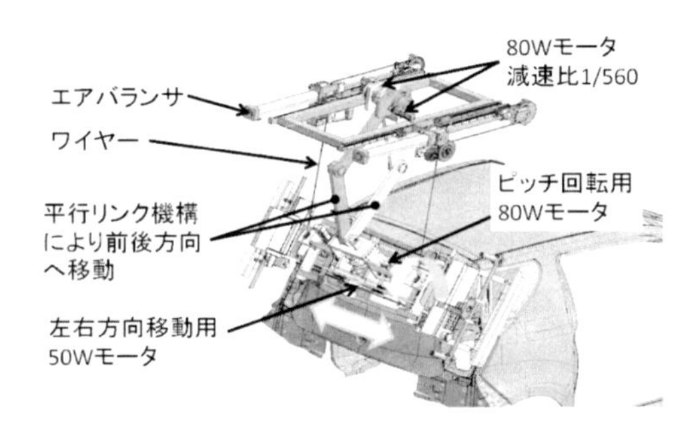

図 23.17　ウィンドウ搭載アシストロボットの構造（文献 [5] から転載）

ある。しかし，力覚センサからの操作性は向上される一方，力覚センサではない箇所からの外力には反応しないため，そのままではウィンドウガラスが車体に接触した場合に危険である[15, 16]。そこで，ウィンドウガラスを吸着するパッドの上部にロードセルを設け，接触を検知し，規定以上に押し込まないようにしている。

現在，フロントウィンドウ用とリアウィンドウ用の2台が稼動している。実際の工場におけるフロントウィンドウ搭載作業の一連を図 23.18 に，リアウィンドウ搭載作業の一連を図 23.19 に，それぞれ示す。同図 (a) の状態から，作業者は両手をハンドルに添えて作業が開始される。(a) から (c) までは，ほぼ自動的に誘導されていく。リアウィンドウでは，後部トランクが開いた状態での作業になるため，車体とトランクに接触しないように，その間を通す必要があるが，生産情報に基づいてガイドが働き，作業者は難なく作業ができる。(d) から (e) にかけて，作業者は位置を目視で確認し，操作力によって進路を修正しつつウィンドウを組み付け，作業者による作業が完了する。その後，アシストロボットが自動的にガラスを押し付け，搭載が完了し，(f) のように作業員が品質を確認する。

(a) 0.0 s　(a) 0.0 s
(b) 1.0 s　(b) 2.0 s
(c) 2.0 s　(c) 4.0 s
(d) 3.0 s　(d) 6.0 s
(e) 7.0 s　(e) 9.0 s
(f) 9.0 s　(f) 11.0 s

図 23.18　フロントウィンドウ搭載の様子（文献[5] から転載）

図 23.19　リアウィンドウ搭載の様子

このように作業中にスイッチを操作することなく，力覚センサに加わった操作力により人の操作意図を判別するので，人がガイド制御を意識せずに，ロボットが位置合わせの技能を支援した。パワーアシスト装置により，幅広い人が作業することが可能となり，人員運用の効率化，作業時間の短縮，品質の向上とともに，熟練期間の大幅短縮に寄与することができた。

＜武居直行＞

参考文献（23.5.1 項）

[1] Miyoshi, T., Niinuma, A., *et al.*: Development of Industry Oriented Power-Assisted System and Comparison with Conventional Machine, *International Journal of Automation Technology*, Vol.3, No.6, pp.692–699 (2009).

[2] Takesue, N., Mine, T., *et al.*: Development of Power Assist Crane Operated by Tensional Informationof Dual Wire, *Journal of Robotics and Mechatronics*, Vol.25, No.6, pp.931–938 (2013).

[3] 中村久，本田朋寛：産業用パワーアシストシステム，『計測と制御』，Vol.45, No.5, pp.445–448 (2006).

[4] 金岡克弥：パワー増幅ロボットシステム設計概論（力学的相互作用にもとづく人と機械の相乗効果を実現するために），『日本ロボット学会誌』，Vol.26, No.3, pp.255–258 (2008).

[5] 『先端事例から学ぶ機械工学（増訂版）』（日本機械学会 編），第 8 編「工場で人と協働する組立ロボット」，pp.127–142, 丸善出版 (2013).

[6] Yamada, Y., Konosu, H., *et al.*: Proposal of Skill-Assist: A System of Assisting Human Workers by Reflecting Their Skills in Positioning Tasks, *Proc. IEEE Int. Conf. on Systems, Man, and Cybernetics*, IV, pp.11–16 (1999).

[7] 山田陽滋，鴻巣仁司 他：自動車組立工程における搭載作業のためのスキルアシストの提案，『日本機械学会論文集（C 編）』，Vol.68, No.666, pp.509–516 (2002).

[8] 鴻巣仁司，荒木勇 他：自動車組立作業支援装置スキルアシストの実用化，『日本ロボット学会誌』，Vol.22, No.4, pp.508–514 (2004).

[9] Hogan, N.: Impedance Control Part 1 – Part 3, Transaction of ASME, *Journal of Dynamic Systems, Measurement and Control*, Vol.107, pp.1–24 (1985).

[10] Kosuge, K., Furuta, K., *et al.*: Mechanical Impedance Control of a Robot Arm by Virtual Internal Model Following Controller, *Proc. of IFAC 10th World Congress on Autonomous Control*, Vol.4, pp.250–255 (1987).

[11] 小菅一弘，古田勝久 他：ロボットの仮想内部モデル追従制御系—メカニカル・インピーダンス制御への応用，『計測自動制御学会論文集』，Vol.24, No.1, pp.55–62 (1988).

[12] Kikuuwe, R., Takesue, N., *et al.*: Admittance and Impedance Representations of Friction Based on Implicit Euler Integration, *IEEE Transactions on Robotics*, Vol.22, No.6, pp.1176–1188 (2006).

[13] Takesue, N., Murayama, H., *et al.*: Kinesthetic Assistance for Improving Task Performance — The Case of Window Installation Assist —, *International Journal of Automation Technology*, Vol.3, No.6, pp.663–670 (2009).

[14] 村山英之，武居直行 他：自動車組立ラインのウィンドウ搭載支援ロボット，『日本ロボット学会誌』，Vol.22, No.4, pp.624–630 (2010).

[15] 加藤寛之，池浦良淳 他：接触操作を考慮した産業用パワーアシスト装置のインピーダンス制御，『日本機械学会論文集（C 編）』，Vol.72, No.714, pp.514–521 (2006).

[16] 武居直行，野畑茂広 他：安定した接触を実現するアドミッタンス制御手法，『日本ロボット学会誌』，Vol.26, No.6, pp.635–642 (2008).

23.5.2　産業応用（マッスルスーツ）

(1) はじめに

危険で過酷な環境下での労働や，大量で単調な作業は自動化・機械化され，人間は極度の肉体的負担から解放されたといっても過言ではない。しかし，製造業，非製造業を問わず，機械化困難な作業はあらゆる領域で存在し，作業者に大きな負担がかかっている現場が多いことも事実である。米国立労働安全衛生研究所の統計[1] では，米国成人人口の 7%が筋骨格系障害に悩み[2]，医療機関を受診する患者の 14%，入院患者の 19%が筋骨格系障害と報告されている。また，米労働省労働統計局の年次報告[3] によると，労働者に発生する筋骨格系疾患の 62%が反復作業により発生していると考えられ，それによる欠勤は年間 705,800 件に上り，130 億から 200 億ドルの費用がその欠勤と補償に費やされていると報告されている。さらに，欧州安全衛生機構によると，筋骨格系障害は疾病による全労働損失日数の 30〜46%を占めると報告されている[4]。加えて欧州生活労働条件改善財団によれば，作業者全体の 37%が短時間の繰返し作業に従事しており，45%の作業者が単調作業に従事しているとされ，それぞれのおよそ 4 割以上が腰痛を抱えていると報告されている[5]。厚生労働省の統計[6, 7] によれば，国内においても，筋骨格系および結合組織の疾患による一般診療医療費は年間 1 兆 9,987 億円に上っており，医療機関において治療または検査した患者数は，外来が年間 945,300 人，入院が年間 68,500 人と報告されている。この外来患者数は，消化器系の疾患に次いで 2 番目に多い値となっている。さらに，4 日以上の休業を要する腰痛は，2011 年に 4,822 件発生しているが，これは職業性疾病のうち 6 割を占める労働災害である。このように腰痛は，労働者の健康確保に加え，疾患としての医療費，それに伴う疾病休業損失や労災補償費用を考慮すると，経済コストの観点からも極めて深刻な社会的問題と言え，有効な予防対策が強く求められている。

このような課題に対し，人間とロボットが協調して対象となる一つの物体を把持し，運搬するような作業形態に対応するロボットが多く開発されてきた[8]。また，対象となる物体を作業台やコンベヤなどと同じ高さまで持ち上げて固定し，人間は物体の水平移動を主に行なうようにした昇降装置なども用いられてきた。しかしながら，これらの装置は，高価なことに加えて一般的には大型で重いものが多く，設置場所を広く高くとるため，設置場所の確保が難しいこと，さらに，一度設置すると移設しにくく，多種多様な現場での運用が難しいという課題があった。

そこで，作業者に直接取り付け，物理的に動作を支援する方法が有効ではないかと考え，2001 年から着用型筋力補助装置：マッスルスーツ[9–12] の開発を開始し，上述のように，重量物持ち上げなどに起因する腰痛は特に深刻な労働災害であることから，2006 年からは腰補助に特化した腰補助用マッスルスーツの開発を開始した。

ところで腰痛は，腰椎が直接傷つけられる場合と，腰椎以外に起因する場合がある。また，姿勢や環境に起因する場合と，がんの転移，細菌感染に起因する場合もある。姿勢や環境に起因する場合は，急な激しい活動，反復，力を入れる，（重機を長時間運転する場合などの）振動，不自然な姿勢など，物理的な要因を長く続けたことが原因であり，それにより促進されたり，悪化したりして発症することが多いと考えられている[13]。腰補助用マッスルスーツは，先述のように腰への負担を軽減するため，振動を除き，急な激しい活動，反復，力を入れる，不自然な姿勢の維持などに効果が期待でき，腰痛防止効果があると考えられる。

本研究で扱っている身体機能拡張に関する類似研究については，同様に文献 [12] で紹介しているが，本研究に直接関連する腰補助を含むパワーアシストシステムについて概要を紹介する。CYBERDYNE（株）は，腰補助について，HAL 介護支援用と HAL 作業支援用を販売している[14]。DC モータを採用し，約 3 kg と軽量であり，上半身を起こすためのベルトが腹部上部にある形状となっている。人が体を動かすときに脳から筋肉へ送られる信号，“生体電位信号”を読みとってその信号の通りに動くので，使用者の脳が考えたとおりに動きをサポートするとうたっている。（株）ATOUN は，AC モータを採用し，装置に内蔵したセンサにより，持ち上げ，姿勢維持，荷下ろしをアシストする ATOUN MODEL A AWN-03B を販売している[15]。また，金属を用いず，ゴムの張力により腰部を補助する製品も販売されている[16–18]。ゴムの張力が動力源であるため，モータなどと比べて大きな補助力は期待できない。

一方，腰補助用マッスルスーツは，アクチュエータに空気圧式のマッキベン人工筋を用いていることが最大の特徴となっており，出荷台数は 3,900 台を超えた。現時点（2019 年 1 月）では，国内外を問わず，最も販売実績が多い装着型補助装置だと思われる。

以下，(2) で腰補助用マッスルスーツの概要を述べ，(3) で使用事例を紹介する。

(2) 腰補助用マッスルスーツの概要

上述のように，腰補助の開発を 2006 年から開始した。現在の形状に至るまでの変遷を図 23.20 に示す。ここでは代表的なものを取り上げたが，基本的には現場での実証試験とそれに基づく改良を約 2 ヶ月毎に行ってきたので，非常に多くの試作を行い，試行錯誤の連続であった。文献 [12] に詳しく説明しているが，現在の腰補助用マッスルスーツの動作原理を図 23.21 に，外観を図 23.22 に示す。重さは約 5.5 kg（製品はカバーなどにより約 6 kg）で，用途に応じ，スイッチ，加速度，呼気，音声などにより着用者がオン・オフで補助の有無を制御する。利用者の様々な動作を確実に検出することは極めて困難であること，また，利用者がマッスルスーツに体を預けないと大きな補助効果が期待できないことから，制御は利用者自身が行うことにした。つまり，利用者がスイッチなどにより補助開始を指示し，マッスルスーツが動き出したら，その動きに合わせて利用者が体を動かす。明らかに装置が先に動いてから利用者が体を動かすこの方法も，マッスルスーツの特徴の一つである。

マッスルスーツでは，日常生活での利用を考え，柔軟，軽量（130 g 程度），高出力（最大収縮力 2,000 N）のマッキベン人工筋[19, 20] をアクチュエータとして採用し，容易に脱着できる構造となっている。まず，動

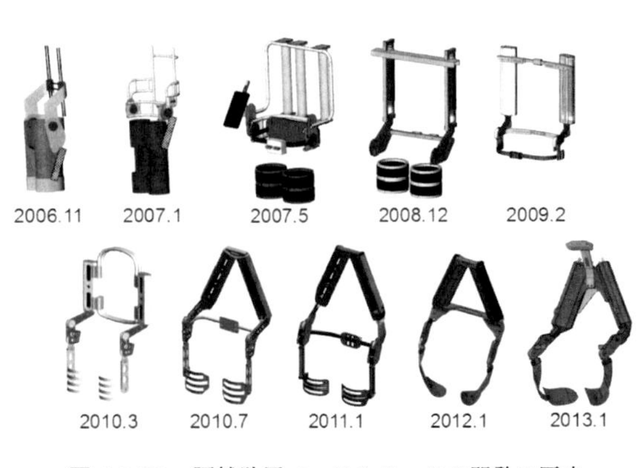

図 23.20 腰補助用マッスルスーツの開発の歴史

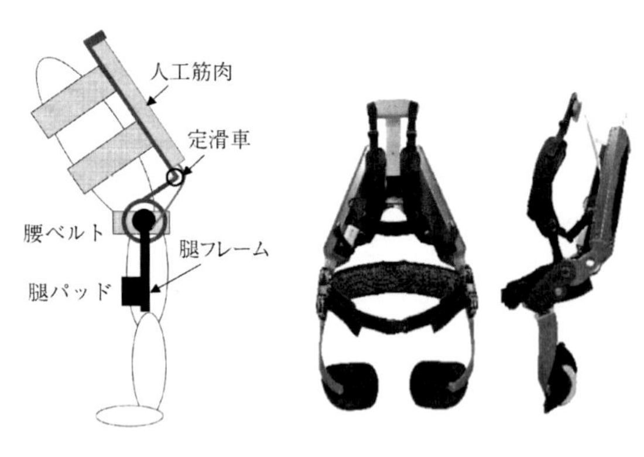

図 23.21
腰補助の動作原理

図 23.22
腰補助用マッスルスーツ

作原理を説明する。図 23.21 において，黒い円で表すプーリ（固定プーリ）のまわりを白抜きの円で表すプーリが回転する。白抜きの円には背中フレームが接続されており，人工筋肉の上部一端を背中フレーム上部に固定し，他端につけたワイヤを滑車を介して固定プーリに接続する。これにより，人工筋肉の収縮力が背中フレームの固定プーリまわりの回転力に変換され，上半身を起こす力となる。この機構では，その反力をどのように受けるかが重要な要素であるが，本研究では，図に示すように，固定プーリから腿フレームを伸ばし，それに取り付けた腿前面を覆う腿パットにより反力を抑える構造を採用した。この反力の体への影響に関する検証は行えていないが，これまで特に問題にはなっていないことを補足しておく。

この構造では，上半身を起こすトルクを腿で直接受け，腿と上半身がまっすぐになるように補助力が働く。そのため，脚をまっすぐにした状態で上半身を起こす動作の場合でも，上半身はまっすぐで腰を落とし，荷物を脚の力で持ち上げる動作の場合でも補助することができ，結果として腰への負担を軽減する。

マッスルスーツは，労働基準法の第 6 章（衛生基準）をもとに，常時取り扱う重量は最大でも 30 kg 程度と考え，補助力 30 kg を実現するために，上部に 30 kg（約 300 N）が集中しても補助できるトルクである 120 Nm をマッスルスーツの補助力の目安とした。そして，このトルクを実現するために，最大収縮力が 2,000 N の人工筋肉を 4 本使用し，結果として最大 140 Nm を実現した。

補助力の強さに加え，着脱の容易さも非常に重要な要素である。マッスルスーツは，背負った後に腰ベルトを締め，腿パッドを腿の前に持ってくるだけで装着が完了するため，慣れると着脱に 10 秒程度しか要しない。この着脱の容易さもマッスルスーツの特徴の一つである。

(3) 腰補助用マッスルスーツの使用例

動作を支援するロボットというと，メディアおよび一般的には「介護ロボット」と思われるようである。マッスルスーツの開発を始めた当初（2000 年初頭），メディアからは 100%介護者支援ロボットとして扱われた。しかし実際は，介護者や介護施設からのコンタクトは全くなく，重筋労働者の労働環境改善に使いたいと多くの企業から問合せをいただいた。現在は，政府が後押しし知名度も上がったため，介護施設，および介護機器の販売店から多くの問合せ，ご購入を頂いている。介護関係の共同開発は，大手訪問入浴介護業者であるアサヒサンクリーン（株）と 2010 年から開始した。アサヒサンクリーンでは，図 23.33(a) に示すように，利用者のベッドの横にバスタブを持ち込み，ベッドから利用者を持ち上げてバスタブに下ろし，体を洗い終わってからまたベッドに戻すという作業を行う。非常に重労働なため，ぜひマッスルスーツを使いたいということで試用，改良を繰り返した。この開発があったからこそ，マッスルスーツが実用レベルにまで至ったといっても過言ではない。現在は約 600 台が利用されている。

また，図 23.23(b) に示すように，物流現場では多くの人々が荷物などの移し換えに従事しており，非常に過酷な労働環境となっている。このような現場でもマッスルスーツは極めて効果があり，日々，利用者が増えている状況である。また，様々な工場内での重筋労働にも使われている。上述したように，企業にとって労働

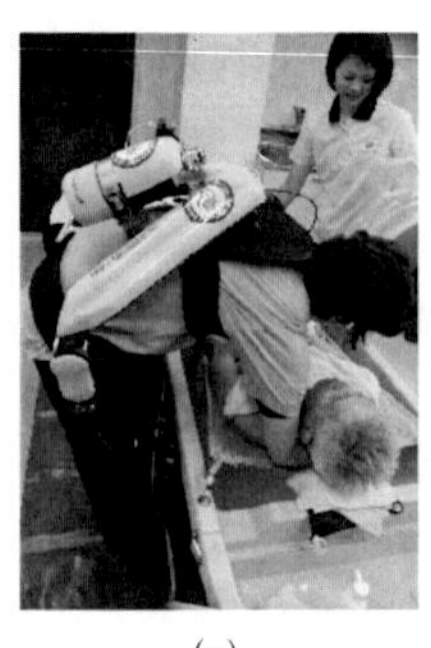

(a)

(b)

図 23.23　腰補助用マッスルスーツの使用例

環境改善は永遠の課題であり，マッスルスーツはその強力なソリューションの一つとなりうると考えている。

ところで，マッスルスーツは作業者の支援用であったが，下肢の機能訓練にも極めて効果的であることがわかってきた。マッスルスーツを装着し，しゃがんでマッスルスーツの補助力で立ち上がるという動作を10回程度繰り返すだけの極めて簡単な訓練で，膝が曲がりにくい方が直後に普通に曲げられるようになったり(図23.24)，片麻痺の方の歩行が改善されたりと，様々な効果があるようだ。現在，30カ所以上の整骨院・デイサービスで使われている。医学的な検証を進め，簡易な機能訓練装置として普及させていきたい。

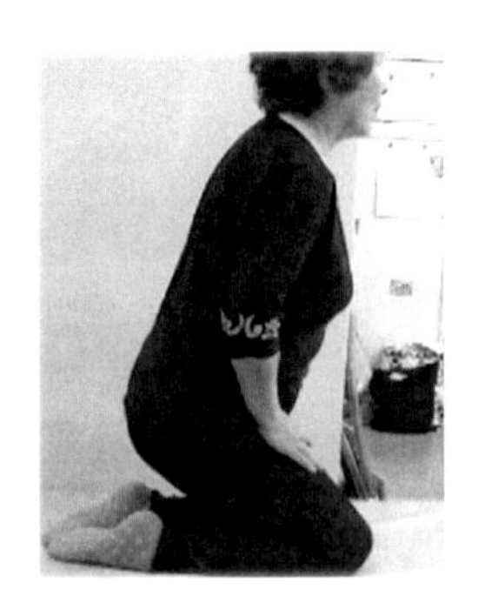
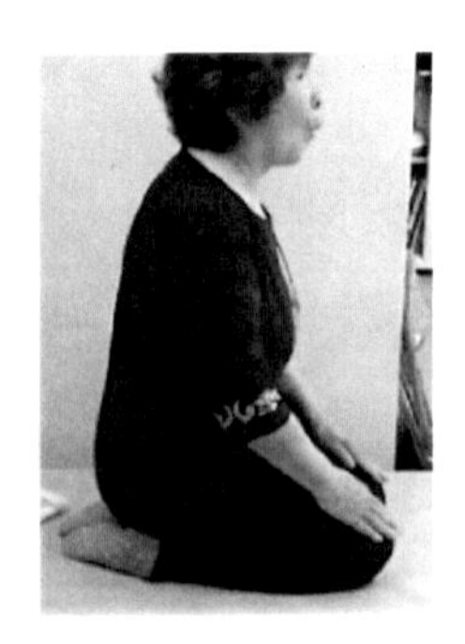

図 23.24　機能訓練前後の様子

(4) おわりに

本稿では腰補助用マッスルスーツの概要を紹介した。通常の機械では，仕様が明確になれば，いかにシンプルに精度よく，低コストで作るかを考えればよいが，人間に装着する場合はそれほど単純ではなく，紙面の都合上紹介できなかったが，文字通り試行錯誤の繰返しであった。機構と構造に加え，腰ベルトなどの人間に接触する部分の設計製作は一筋縄ではゆかず，失敗の連続であった。

本稿で紹介したのは，人工筋肉を4本使った標準モデルであるが，補助力を犠牲にしても軽い方がよいというニーズがあり，人工筋肉を2本にし，約15%軽量化した軽補助モデルを既に製品化した（2014年11月リリース）。また，標準モデルも軽補助モデルも外部から圧縮空気を供給し，スイッチなどでユーザが制御するものであったが，ユーザのニーズを反映し，それらを無くしたスタンドアロンモデルも製品化した（2015年11月リリース）。今後も，ニーズにこたえる製品開発を進めていく。

日本は少子超高齢者社会となり，労働人口が減り，労働者の確保が困難な社会環境となってきている。年金も国の大きな負担となっており，これからは女性や高齢者の雇用を促進せざるを得なくなると思われる。その際，マッスルスーツのような着用型筋力補助装置があれば，女性でも高齢者でも，場所を選ばず働くことが可能となると考えている。

＜小林 宏＞

参考文献（23.5.2 項）

[1] National Institute for Occupational Safety and Health: Musculoskeletal Disorders and Workplace Factors — A Critical Review of Epidemiologic Evidence for Work-Related Musculoskeletal Disorders of the Neck, Upper Extremity, and Low Back, Centers for Disease Control and Prevention, National Institute for Occupational Safety and Health (NIOSH). http://www.cdc.gov/niosh/docs/97-141/pdfs/97-141.pdf

[2] The National Institute for Occupational Safety and Health (NIOSH), Musculoskeletal Health Program. http://www.cdc.gov/niosh/programs/msd/

[3] Bureau of Labor Statistics: Annual Survey of Occupational Injuries and Illnesses (1994).

[4] European Agency for Safety and Health at Work: *Inventory of socio-economic information about work-related musculoskeletal disorders in the Member States of the European Union.* http://osha.europa.eu/en/publications/factsheets/9（参照日 2012 年 10 月 15 日）

[5] European Foundation for the Improvement of Living and Working Conditions: *Second European Survey on Working Conditions 1996.* http://ec.europa.eu/public_opinion/archives/ebs/ebs_096_en.pdf

[6] 厚生労働省大臣官房統計情報部：『平成 21 年度国民医療費の概況』 http://www.mhlw.go.jp/toukei/saikin/hw/k-iryohi/09/

[7] 厚生労働省大臣官房統計情報部：『平成 20 年 (2008) 患者調査の概況』 http://www.mhlw.go.jp/toukei/saikin/hw/kanja/08/index.html

[8] 齋藤剛，池田博康：人間共存型ロボットの安全なトルク制御のための磁気粘性流体を用いたノーマルクローズ型クラッチの開発『労働安全衛生総合研究所特別研究報告』, JNIOSH-SRR-No.36 (2008), UDC 331.454:621.865.8, pp.5–13.

[9] Kobayashi, H., Matsushita, T., Ishida, Y. and Kikuchi, K.: New Robot Technology Concept Applicable to Human Physical Support—The Concept and Possibility of the Muscle Suit(Wearable Muscular Support Apparatus)—, *Journal of Robotics and Mechatronics*, Vol.14 No.1, pp.46–53 (2002).

[10] Kobayashi, H., Aida, T. and Hashimoto, T.: Muscle Suit Development and Factory Application, *International Journal of Automation Technology*, Vol. 3, No.

6, pp. 709–715 (2009).

[11] Muramatsu, Y., Kobayashi, H., Sato, Y., Jiaou, H., Hashimoto, T., and Kobayashi, H.: Quantitative Performance analysis of Exoskeleton Augmenting Devices - Muscle Suit ? for Manual Worker, *International Journal of Automation Technology*, Vol. 5, No. 4, pp. 559–567 (2011).

[12] 佐藤裕，何佳欧，小林寛征，村松慶紀，橋本卓弥，小林宏：腰補助用マッスルスーツの開発と定量的評価，『日本機械学会論文集 C 編』，Vol.78, No. 792, pp. 2987–2999 (2012).

[13] 『今日の健康』，5 月号，pp.4–23，NHK 出版 (2012).

[14] CYBERDYNE（株）ウェブサイト
https://www.cyberdyne.jp/

[15] （株）ATOUN パワーアシストスーツ ATOUN MODEL A
http://atoun.co.jp/products/atoun-model-a

[16] Imamura, Y., Tanaka, T., Suzuki, Y., Takizawa, K., Yamanaka, M.: Motion-Based-Design of Elastic Material for Passive Assistive Device Using Musculoskeletal Model, *Journal of Robotics and Mechatronics*, Vol. 23, No. 6, pp. 978–990 (2011).

[17] （株）モリタホールディングス 腰部サポートウェア ラクニエ
http://www.morita119.com/rakunie/

[18] ユーピーアール（株）アシストスーツ
https://www.upr-net.co.jp/suit/

[19] Schulte, H. F.: The Characteristics of the McKibben Artificial Muscle, The Application of External Power in Prosthetics and Orthotics, *National Academy of Sciences — National Research Council*, Publication 874, pp. 94–115 (1961).

[20] 陳珖行，小山陽平，尾崎伸吾，小林 宏：McKibben 型アクチュエータの収縮に関する力学的検討，『日本機械学会論文集 A 編』，Vol. 74，No. 739，pp.442–449 (2008).

23.6　おわりに

以上，本章では，パワーアシスト機能を有するロボットやロボティック機器（以下，パワーアシスト装置）の実装を指向した制御学・制御技術について論じた。まず，23.2 節では，パワーアシスト装置の機構のモデリングとこれに基づく計測・制御について述べた。つづいて 23.3 節では，パワーアシスト装置の要素技術として用いられるアクチュエータおよびセンシングシステムについて述べた。さらに，23.3 節では，安定性・安全性について述べ，最後に 23.4 節では，パワーアシスト装置の応用技術として，パワーそのものを制御する制御系，および自動車の製造現場・介護の作業現場への導入事例の紹介をそれぞれ行った。

本章冒頭でも触れたが，他章との関連では，インピーダンス制御の理論が第 6 章 6.4 節で紹介されている。また，第 10 章において，より広い人間機械協調系を対象として，パワーアシスト制御理論以外にマスタ・スレーブシステムの制御理論が取り上げられ，事例紹介も行われている。さらに，第 24 章では，介護・リハビリテーション支援の枠組みでパワーアシスト装置の事例紹介が行われている。

<山田陽滋>

展開編

展開編では，「ロボットを使って作業する」という点にフォーカスし，各々のロボットについて解説する。

第24章

ROBOT CONTROL HANDBOOK

健康・介護・リハビリテーション支援

24.1 はじめに

深刻な少子高齢化で，今日，「健康」は社会にとって最も重要な課題となってきている。本章では，健康・介護・リハビリテーション支援などにおけるロボット技術の応用を念頭に，そのためのロボットの制御技術に焦点を当てて体系的に記述することを試みる。

健康・介護・リハビリテーション支援におけるロボットの応用を考える場合，まず意識すべきことは，広い視野で利用者であるわれわれ人間の身体構造，身体機能，生理学的，病理学的な特徴，認知機能や神経系の特性，個人差，年齢差，性別，そして生活環境，社会文化について十分に考察する必要があるということである。また，技術の安全性，有効性と利便性をエビデンスベースで評価して，保障・認証する必要がある。さらに，技術開発のコストパフォーマンスや製造技術，市場性，現場導入，経済性，健康保険や介護保険などの社会保障システムに採用される場合の社会に対する貢献度を総合的に図らなければならない。

一般に，健康・介護・リハビリテーション支援技術を体系的に捉えるために，いくつかの切口が考えられる。例えば，技術の側面から，素材，部品，機器，システムで分類することができる。また，患者の各種身体障害や疾患の分類に対応して分類することもできる。さらに，日時や経年変化，生まれ，発育，成長，老化といった時間軸に沿って分類することもできる。

本章では，健康の度合いに応じた健康・介護・リハビリテーション支援技術の体系化を試みる。すなわち，健康増進，検査・診断，治療・手術，リハビリテーション，介護支援，そして，日常生活を支援するための福祉支援という流れで，それぞれの部分におけるロボットの制御技術の問題提起と解決方策を紹介する。ただし，医療に関する検査・診断と治療・手術などの部分については，「第29章　医療支援」の紹介に譲る。

24.2節では，健康増進に関わるロボットの制御技術を取り上げる。まず，対象者に適応する歩行，走行トレーニング用機器であるトレッドミルの適応制御方式を紹介する。従来のトレッドミルではベルトの駆動速度を利用者がボタンやタッチパネル等を用いて手動で設定し，その速度に合わせる形で歩行・走行動作を実施する。より自然に近い状態で歩行・走行動作を行うために，24.2.1項では，床反力を利用して利用者の運動意図を推定し，適応的にトレッドミルのベルト速度を調節する研究を紹介する。

また，ランニングは手軽に始められる有酸素運動として盛んに行われているが，ランニングにより脛骨の疲労骨折や足底筋膜炎といった障害を抱えてしまい，日常生活にまで支障をきたす事例も見られる。24.2.2項では，走行における床反力情報の視覚バイオフィードバックを用い，床反力のピーク値と脚部のスティフネスを調整する事に取り組んだ。床反力の第1ピーク値と脚部のスティフネスの情報を提示することで，これらの値を小さくするような，より安全なランニング動作が実現できた。一方，より高度なスポーツ運動におけるスキルの獲得を目指して，視覚的に得られる身体情報を基に，身体運動の力学原理を加味して聴覚的にバイオフィードバックすることで，有効にスポーツ運動スキルの獲得支援が可能となる。これについて24.2.3項でハンマー運動を例に解説する。

24.3節では，リハビリテーション支援を取り上げる。まず上肢運動のリハビリ用ロボットについて，片手運動機能のリハビリ用ロボットと両手協調動作機能のリハビリ用ロボットに分けて紹介する。また，歩行機能のリハビリ用ロボットでは歩行器と外骨格型ロボットが挙げられるが，ここでは主に全方向移動型歩行器について紹介する。リハビリテーションの現場では，理学療法と作業療法に分けて治療を進めているが，ロボット技術の導入で両療法の融合や認知運動療法といった新しい展開も期待される。また，リハビリに対する対象者の意欲をいかに促すか？は重要な課題である。

介護作業は，介護施設や在宅で要介護者の日常生活のあらゆる面をきめ細かくケアする必要があり，大変複雑で困難である。基本的な介護作業として，服の着脱，体位変更，移乗，食事，排泄，メンタルケアなどが挙げられるが，それぞれの作業における難易度が異なる。24.4 節では，主に体位変更，移乗といった介護者の体力が要求される作業に着目して，ロボットによる作業支援の可能性を検討する。具体的には，ロボットの自重比の高い全身マニピュレーションのための制御技術を取り上げる。

福祉支援の目的は，利用者の生活の自立化を促し，生活の範囲の拡大によって生活の質を保障し，改善することである。義手，義足といった義肢を含む多種多様な福祉用具から，24.5 節では，主に車椅子の制御を取り上げて，身体機能への適応と走行路面環境に対する適応に着眼した制御技術の研究を解説する。

＜羅 志偉＞

24.2 健康増進支援

24.2.1 人間に適応するトレッドミルの制御

(1) はじめに

歩行動作や走行動作のトレーニングや評価を室内で実施する際の有用な機器として，トレッドミルがある。トレッドミルは広く用いられており，研究用に精度を重視した比較的高価な製品から，家庭向けの安価な製品まで幅広いラインナップが見られる。また近年ではトレッドミルの性能，安全性，ならびに使い勝手を向上させるための研究開発が多くなされている。なかでも，使用者の歩行・走行の動作意図に適応する形でトレッドミルを駆動する制御方式が多くの研究者によって開発されてきている。

問題意識は主としてそのインタフェースにある。従来，一般的なトレッドミルではベルトの駆動速度をユーザがボタンやタッチパネル等を用いて手動で明示的に設定する方式が採られてきた。そしてユーザがその速度に合わせる形で歩行・走行動作を実施する。一方でトレッドミルがユーザの意図を推定し適応的にベルト速度を調節する事が可能であれば，より自然に近い状態で歩行・走行動作が行えると考えられる。この着眼点からこれまでに多くの研究開発がなされてきている。

本稿ではまず，これまでに実施された先行研究のうち代表的なものをピックアップして紹介する。またこれらの先行研究を踏まえ，近年我々が実施した研究の成果についても紹介する。我々はトレッドミルに内蔵された床反力センサから得られる信号をリアルタイムに利用してベルト速度を調節するアルゴリズムを構築した。外乱の影響を受けにくくロバストに動作すること，また手軽で快適な使用が可能であることを必須要件として研究開発を行った。

(2) 超音波センサを用いた先行研究

Minetti ら[5] はトレッドミル上を走行するユーザの前後方向の身体位置を，前方に設置した超音波センサを用いてリアルタイムに計測した。この計測値を用いて，使用者の身体位置が前方へ移動した際にはトレッドミルのベルトを加速し，使用者の身体位置が後方へ移動した際にはトレッドミルのベルトを減速する方式で制御を行った。このシステムを用いて検証実験を行ったところ，ユーザの身体位置はトレッドミル上でおよそ一定に保たれた。使用者の動作様式の変化に応じてベルト速度が適応的に制御できる事が確認された。

(3) 磁気センサを用いた先行研究

Lichtenstein ら[2] は Minetti ら[5] と同様の目的で，磁気センサを用いてユーザの身体の前後方向位置を測定し，この信号に基づいてトレッドミル速度の制御を行った。この研究では使用者の腰部に磁気センサを装着した。得られた位置情報に基づいて，ユーザの身体の前後方向位置を一定に保つようにベルト速度を PID 制御した。検証実験の結果，ユーザが快適に歩行動作を行えたと報告されている。ユーザの身体位置は目標位置からの誤差 1 cm 以内に制御されており，PID 制御が上手く機能したことが主張されている。

(4) 力センサを用いた研究

von Zitzewitz ら[6] はユーザの背に棒状の器具の一端を取り付け，他方の端を後方のフレームに固定した。これによりフレームとユーザの身体の相対的な位置関係はほぼ不変となるため，ユーザの身体位置はトレッドミル上で基本的にほぼ一定となる。この棒状器具に力センサを取り付けて，ユーザとフレームの間に作用する力を計測した。脚部の蹴り出しに対応する力がセンサ出力として得られる。この出力値に応じ，力が増大した際にはベルト速度を増大させ，力が減少した際にはベルト速度を減少させる制御方式を用いた。結果として，通常の歩行と同様のパターンの歩行動作が得られた事が報告されている。

(5) 力センサ内蔵トレッドミルを用いた研究

このように人間に適応するトレッドミルを実現する試みはこれまで複数なされてきているが，その動作のロバスト性と利便性を考えた場合，まだ新たな研究開発の余地が残されていると考えられる。我々は歩行・走行動作中の床反力計測値をベルト速度の制御に用いることに着目した[7]。この場合，使用者はセンサを身体に装着する必用がなく，また身体を外部のフレーム等に固定する必用もない。そのため，より拘束の少ない自然に近い動作を実現できると考えた。この研究開発にはベルテック社製のスプリット・ベルト型トレッドミル TM-07-B をプラットフォームとして用いた。このトレッドミルには力センサが内蔵されており，左右のユニットからそれぞれ 6 成分の信号が出力される。左右のユニットは構造的に分離しており，左右独立な計測と制御が可能である。

研究開発の第一段階として，様々な一定速度で歩行・走行の動作を実施した際の床反力データを記録し，その特徴を把握した。被験者はトレッドミル上で，一定速度での歩行および走行動作を行った。この計測は速度を段階的に変え，歩行について 7 速度，走行について 5 速度で行った。得られた床反力のデータから 1 歩ごとの推進成分の力積，遊脚期間の長さ，ならびに立脚期間の長さを特徴量として抽出した。

第 2 段階として，得られた歩行・走行動作中の床反力データを解析し，各特徴量の値と歩行・走行速度との関係を以下のとおりに明らかにした。

① 推進方向の力積については，歩行・走行いずれにおいても，速度の増加につれて大きくなる傾向が見られた。
② 立脚時間については歩行・走行いずれにおいても，速度の増加につれて小さくなる傾向が見られた。
③ 遊脚時間については，歩行においては速度の増加につれて小さくなる傾向が見られ，走行においては速度の増加につれて大きくなる傾向が見られた。ここで見られた 3 つの傾向は先行研究の中で報告されているものと同様であった[3, 4]。

次に，歩行・走行速度（従属変数）と床反力推進成分の力積・立脚時間・遊脚時間（独立変数）との関係を記述する，歩行用の重回帰式と走行用の重回帰式とを個別に作成した。こうして導いた重回帰式を用いると，床反力のデータとトレッドミルのベルト速度とをリアルタイムに関係付けることができる。歩行・走行動作の切り替えについては両脚支持期および両脚離地期の有無により判定した[1]。歩行動作においては両脚支持期があり，一方で走行動作においては両脚離地期があるという特徴があるので，これに基づいた判別を行った。トレッドミルの制御プログラムの中で，ベルト速度を調節するアルゴリズムをこれらの重回帰式に則ったものとした。具体的には，時々刻々得られる床反力のデータをリアルタイムに解析し，まず歩行動作・走行動作のどちらであるかを判別した。次に床反力の推進成分の力積，立脚期間の長さ，遊脚期間の長さから，前述の重回帰式を用いて対応するベルト速度を計算し，その速度でベルトを駆動した（図 24.1）。

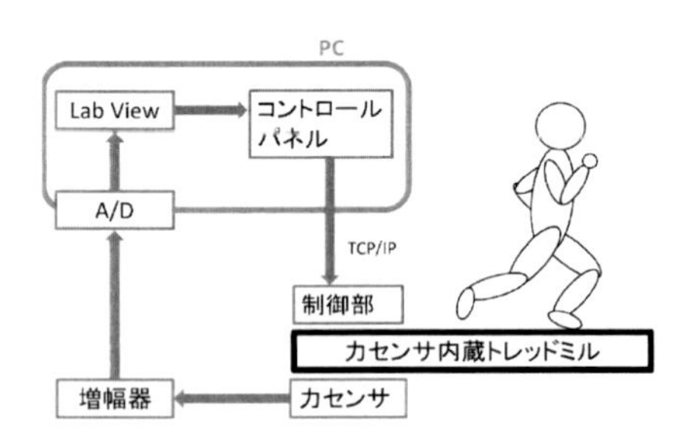

図 24.1　構築したシステムの概略

検証実験では，被験者にトレッドミルの上に乗ってもらい，大型モニタを用いて目標速度と実際の速度を呈示した。被験者には目標速度で歩行動作または走行動作を行うよう指示した。目標速度は一定時間ごとに段階的に大きくなるよう設定した。どの時点で歩行動作から走行動作へ切り替えるかの指示はせず，被験者それぞれの自由な選択に任せた。結果としては，すべての被験者が自在に歩行・走行速度を調節でき，目標速度と実際の速度をほぼ同じに調節することができた（図 24.2：代表的な被験者の例）。なお，実際の速度のばらつきは歩行時において走行時よりも小さくなった。

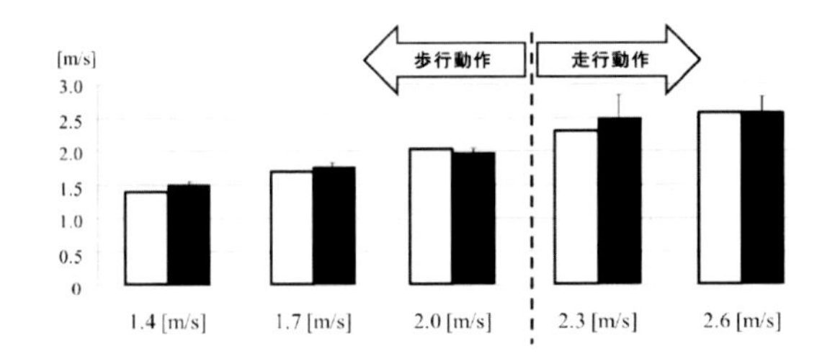

図 24.2 目標速度（白）と実際の速度（黒）。実際の速度は目標速度近傍にばらついた。

(6) おわりに

本稿では人間に適応するトレッドミルの制御に関する研究について紹介した。先行研究の代表的な例として，超音波センサ，磁気センサ，力センサ等を用いた研究を紹介し，そのうえで我々が開発した床反力計測値を用いたインテリジェント・トレッドミルについて解説した。検証実験では，すべての被験者が自在に歩行・走行速度を調節でき，歩行と走行の切替えにも柔軟に対応することができた。今後はこのトレッドミルを活用し，運動処方やスポーツの介入実験に取り組んでいきたいと考えている（さらなる詳細については文献[7] を参照されたい）。

謝辞

本稿で紹介した研究の実施に際してご協力を頂いた神戸大学大学院の羅志偉氏，董海巍氏，加藤翔一氏，厳和隆氏へ感謝の意を表したい。

＜長野明紀＞

参考文献（24.2.1 項）

[1] Enoka, R.M.: *Neuromechanics of human movement*, Third edition, Human Kinetics (2002).

[2] Lichtenstein, L., Barabas, J., *et al.*: A feedback-controlled interface for treadmill locomotion in virtual environments, *ACM Transactions on Applied Perception* 4, 7 (2007).

[3] Martin, P.E., Marsh, A.P.: Step length and frequency effects on ground reaction forces during walking, *Journal of Biomechanics*, pp. 1237–1239 (1992).

[4] Martin, P.E., Morgan, D.W.: Biomechanical considerations for economical walking and running, *Medicine and Science in Sports and Exercise*, pp. 467–474 (1992).

[5] Minetti, A.E., Boldrini, L., et al.: A feedback-controlled treadmill (treadmill-on-demand) and the spontaneous speed of walking and running in humans, *Journal of Applied Physiology*, pp. 838–843 (2003).

[6] von Zitzewitz, J., Bernhardt, M., *et al.*: A novel method for automatic treadmill speed adaptation, *IEEE Transactions on Neural Systems and Rehabilitation Engineering*, pp. 401–409 (2007).

[7] 長野明紀，羅志偉：歩行・走行機能の評価と訓練のためのインテリジェント・トレッドミル，『バイオメカニクス研究』，pp. 62–67 (2013).

24.2.2 走行トレーニングのバイオフィードバック制御

(1) はじめに

近年，運動を継続的に実施することが生活習慣病の予防，健康増進，さらに認知機能の維持と亢進にも有効であることが多くの研究を通して明らかになってきており，運動・身体活動に対する関心がますます高まっている。特にランニングは，比較的簡単に始めることができる有酸素運動として幅広く積極的に行われている。一方，ランニングの実施により脚部に障害が発生し，結果として日常生活を阻害する場合もある[13]。このような障害の発生を予防することは，社会において重要な意味を持つ。そのため近年では，ランニングに伴うスポーツ障害の発生を防止するための様々な試みがなされている。

(2) ランニング障害に関連する力学量

ランニング動作においては，比較的大きな負荷が足部・脚部に作用する。走行中に発生する床反力（足部と地面の間に発生する反力）の垂直成分の大きさは，通常体重の 2〜3 倍程度である。1 歩の歩幅を 1 m 程度として概算すると，例えば 10 km 走行する場合には，この負荷が片脚について約 5,000 回繰り返されることとなる。

これまでの多くの研究において，床反力の大きさとランニングに伴うスポーツ障害との関係が議論されてきた[10]。Davis ら[5] は，脛骨の疲労骨折を経験したことのあるランナーのグループと，疲労骨折の経験のないランナーのグループの走行動作を比較し，脛骨の疲労骨折を経験したことのあるランナーのグループでは，床反力の垂直成分が大きいという結果を報告している。

一般に走行中の床反力には 2 つのピークが存在する（図 24.3）。第 1 のピークは踵が地面に接地した際の衝撃に起因し，第 2 のピークは身体全体の上下動に起因する。文献[8] では，特に第 1 のピーク値（踵接地に起因するピーク値）が大きい場合に傷害が発生する傾向があると述べられており，ランニング障害を防ぐための走行動作様式について考察がなされている。同様に Butler ら[3] は，質量ばねモデルに基づいて計算した脚部のスティフネスが高い際にランニング障害が発生する可能性が高まることを指摘した。ここでいう質量ばねモデルとは，質点（全身の体質量に相当，位置としては重心の位置に相当）とばね（脚部に相当）とからなる系であり，運動中の人体を単純化したモデルとして頻繁に用いられる。質量ばねモデルにおけるばねの弾性率が，脚部のスティフネスに相当する。

(3) バイオフィードバックを用いた動作トレーニング

新たな動作様式を獲得しようとするとき，「バイオフィードバック」を有効な方法として用いる取組みが近年よく用いられている。バイオフィードバックとは，通常明確に意識していない身体状態に関する情報を工学的手段を用いてフィードバックすることにより，意識的に身体状態を調整することを可能にする技術と定義されている[12]。

ランニングにおいては，走行動作やトレーニング方法の誤りのために障害が引き起こされる場合が多々ある[9]。ランナーは，自分自身でトレーニング方法やランニング障害に関する知識を持つ必要がある。ランニングを専門とするアスリートの場合はそれに加え，コーチやトレーナーなどのスタッフがトレーニング現場での動きを観察し，専門知識と自らの経験則に基づいたアドバイスを行うことになる。いずれの場合も，ランナー自身またはコーチやトレーナーの主観に強く影響を受ける可能性がある。選手・コーチ・トレーナーの主観はスポーツ分野において重要な役割を果たすものの，バイオフィードバックを用いて客観的なデータを継続的に提供することによって，より安全かつ効率的なトレーニングの実施に貢献できると考えられる。

バイオフィードバック技術を用いて走行動作を改善するための試みについて，代表的な先行研究を紹介する。Crowell ら[4] は，被験者の脛骨部に取り付けられた小型加速度センサからの信号を用いたバイオフィードバックを行った。モニタ上に加速度センサからの信号を表示し，加速度が一定値以下になるように走行動作をするよう，被験者に指示した。その結果，走行中の脚の負荷を軽減することができた。これまでに多くの研究者によって類似の試みがなされてきている。

(4) バイオフィードバックを用いた床反力の第 1 ピーク値と脚部のスティフネスの調整

ここでは，我々が近年実施した研究の一部を紹介する[11]。この研究においては，バイオフィードバックを用いて床反力の第 1 ピークと脚部のスティフネスを調整することを目的とした。機材としては力センサを内蔵するスプリットベルト型トレッドミルを用い，走行中の床反力情報をリアルタイムに取得し解析した。時々刻々の床反力データから，床反力の第 1 ピーク値および脚部のスティフネスを LabView を用いて計算した。計算した床反力の第 1 ピーク値と脚部のスティフネスを，各パラメータの目標値と共に被験者の前に設置した大型モニタに呈示し，視覚的なバイオフィードバックを行った。被験者は，モニタに呈示されたデータを観察し，脚部にかかる負荷が小さくなるように動作様式を調整した。

床反力波形の微分値に基づいて，その第 1 ピーク値を特定した。第 1 のピークは，接地期間の比較的初期（接地時点から 0.03〜0.04 秒前後）に現れる（図 24.3）ので，この基準を用いて第 1 のピークと第 2 のピークとを区別した。

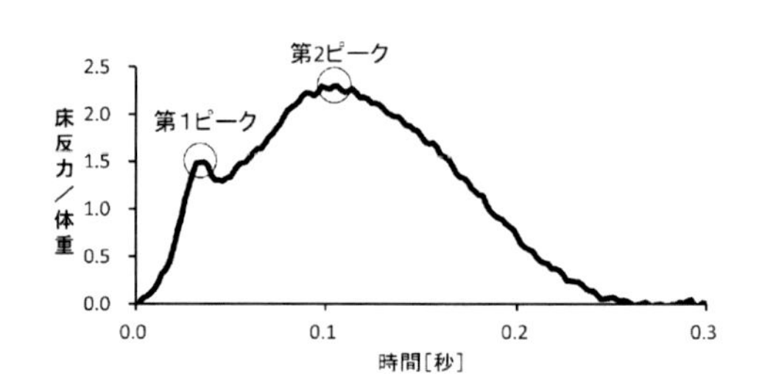

図 24.3　走行中の床反力波形

脚部のスティフネスについては，質量ばねモデルを用いた解析をリアルタイムに行った（図 24.4）。これは先行研究の中で広く用いられているものである[2, 6]。予備実験の結果，走行中の水平方向の速度の変動は十分に小さいことが確認されたため，処理の堅牢性とリアルタイム性を考慮して，水平方向速度は一定と仮定した。

ここで計算した脚部のスティフネスは，走ったりジャンプしたりするような動作における脚の機能を表す重要なパラメータである。これまでの先行研究で，効率的な動作のためにはこの脚部のスティフネスが一定の範囲内にあることが必要であると報告されてきている[1]。また支持脚期に弾性エネルギーを蓄積・利用するという観点からは，脚部に大きなスティフネスを有することが有利であると考えられる[7]。その一方で，脚部のスティフネスが高すぎる場合にはランニング障害が発生する可能性が高まる事も指摘されている[3]。

我々の研究で得られた結果を以下に述べる。床反力の第1ピーク値について，バイオフィードバックありの場合には，バイオフィードバックなしの場合と比較して値が減少した。その変化量は，速度に応じて12.8〜21.9%であった。脚部のスティフネスについては，フィードバックありの場合には，フィードバックなしの場合と比較して値が減少した。その変化量は，速度に応じて40.2〜46.7%であった。以上より，バイオフィードバックを使用することにより，動作を明確に変更することが可能であることが実証された。

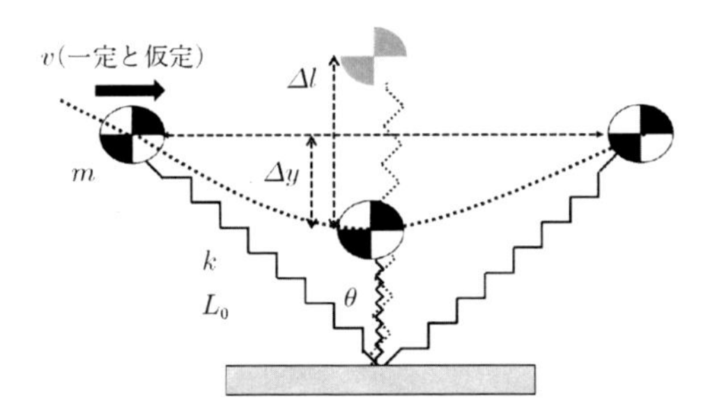

図 24.4　質量ばねモデルの概略

(5) おわりに

本稿では，走行トレーニングにおけるバイオフィードバック制御について解説した。多くの先行研究において，バイオフィードバックを用いて脚部に作用する衝撃を調整し，ランニング障害を予防する試みがなされている。本稿ではその中の代表的なものと，近年我々が実施した研究についてを紹介した。我々の研究では，床反力の第1ピーク値および脚部のスティフネスを調整するために力学情報の視覚的バイオフィードバックを用い，これらの値を低減した走行動作を容易に実現することができた（さらなる詳細については文献[11]を参照）。今後はバイオフィードバックを用いた走行動作のトレーニングについて，中・長期的な効果についても検討していく必要がある。

謝辞

本稿で紹介した研究に際してご協力を頂いた神戸大学大学院の羅志偉氏，巌和隆氏，加藤翔一氏へ感謝の意を表したい。

<長野明紀>

参考文献（**24.2.2** 項）

[1] Arampatzis, A. *et al.*: The effect of speed on leg stiffness and joint kinetics in human running, *Journal of Biomechanics*, pp. 1349–1353 (1999).

[2] Blickhan, R.: The spring-mass model for running and hopping, *Journal of Biomechanics*, pp. 1217–1227 (1989).

[3] Butler, R.J., Crowell, H.P. *et al.*: Lower extremity stiffness : implications for performance and injury, *Clinical Biomechanics (Bristol, Avon)*, pp. 511–517 (2003).

[4] Crowell, H.P., Milner, C.E., *et al.*: Reducing impact loading during running with the use of real-time visual feedback, *Journal of Orthopaedic and Sports Physical Therapy*, pp. 206–213 (2010).

[5] Davis, I.S.: Gait retraining in runners, *Orthopadic Physical Therapy Practice*, pp. 8–13 (2005).

[6] McMahon, T.A. and Cheng, G.C.: The mechanics of running : How does stiffness couple with speed?, *Journal of Biomechanics*, pp. 65–78 (1990).

[7] Latash, M.L. and Zatsiorsky, V.M.: Joint stiffness: Myth or reality?, *Human Movement Science*, pp. 653–692 (1993).

[8] Lieberman, D.E., Venkadesan M., *et al.*: Foot strike patterns and collision forces in habitually barefoot versus shod runners. *Nature*, pp. 531–535 (2010).

[9] Strakowski, J.A., and Jamil, T.: Management of common running injuries, *Physical Medicine and Rehabilitation Clinics of North America*, pp. 537–552 (2006).

[10] Zadpoor, A.A. and Nikooyan, A.A.: The relationship between lower-extremity stress fractures and the ground reaction force: a systematic review, *Clinical Biomechanics (Bristol, Avon)*, pp. 23–28 (2011).

[11] 巌和隆，長野明紀，羅志偉: 視覚フィードバックを用いたランニング障害の予防に関する研究.『バイオメカニズム学会誌』, pp. 249–256 (2013).

[12] 西村千秋，福本一郎，他：バイオフィードバック学会のめざすところ〜医学・心理学・工学のシナジー〜,『横幹』, pp. 49–51 (2008).

[13] 横江清司: バイオメカニクスからみたランニング損傷の予防.『臨床スポーツ医学』, pp. 7–12 (2001).

24.2.3　スポーツにおけるサイバネティック・トレーニング

スキル獲得などを目的としたスポーツの指導では，スキルを理解したコーチによって選手に技術が伝達されるが，一般に高度な技術ほどそのスキルの伝達は容易でない。一方，スポーツ科学の知見もそのままの情報では選手に理解されず，また理解できたとしてもスキル獲得に結びつかないことも多い。ロボットの学習と異なり，まだ学習機構が解明されていないヒトの運動スキルの学習支援は，一般には容易でない。

このような背景を意識し，コンピュータ上に実現された人工的な脳を介し，スポーツのスキル獲得支援のためのサイバネティック・トレーニングについて説明する（図 24.5）。例えば，スイング運動のダイナミクスを考慮し，人工知脳が「ヒトは直接感覚することはできないが，スキル獲得にとって重要な情報」を計算し，その情報に基づいた可視化・可聴化技術による学習支援方法や，機能的電気刺激 (FES: Functional electrical simulation) 法を用いて最適な運動指令を直接筋肉に与えて身体の動かし方を学習する方法などが用いられる。すなわち言語によるコミュニケーションではなく，潜在的・感覚的な方法によってスキルの伝達を行おうとしている。なお，ブレイン・マシン・インタフェース (BMI: Brain-machine Interface) やブレイン・コンピュータ・インタフェース (BCI: Brain-computer Interface) が脳の意図を解釈することが主とした研究課題であり，あくまでも脳が信号を生成するのに対して，サイバネティック・トレーニングでは人工知能が感覚信号や運動指令を生成するところに違いがある。この目標を達成するため，まず運動スキルの数理的なメカニズムを明らかにし，さらにその知見を反映させたスキル獲得の学習支援ツールの開発を行った。ここでは実際に開発したハンマー投のスキル獲得支援システムについて紹介する。

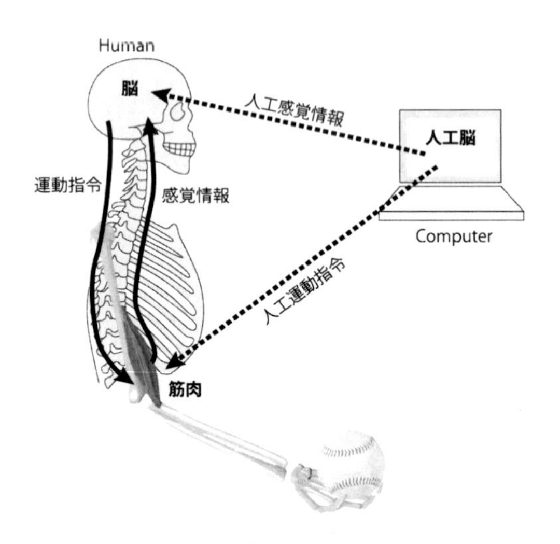

図 24.5　サイバネティック・トレーニング

ここで，簡単にハンマー投の力学的な加速メカニズムについて述べておく。通常 3 回から 4 回のターン動作と呼ばれる回転運動をしている間に，ハンマーは加速される。腕とハンマーの系を考えた場合，ハンマーと腕の間にはトルクを与えることができずシステムは劣駆動系となっている。このためターン動作を繰り返す間に，実はブランコのようにパラメータ励振によってハンマーを加減速させながら平均的にはハンマーを加速している[1]。ただし，ブランコと異なり，加減速はするもののハンマーは回転の向きを変えることなく，常に一定の符号の角速度を持ちながら回転し続けるところに特徴があり，どちらかというとフラフープに近いかもしれない。

この力学的なハンマーの加速原理を考えると，ハンマーの力学的エネルギーの時間微分（以下，エネルギー供給率と呼ぶ）は，ハンドルに作用する力ベクトルと，その力が作用するハンドル部分の速度ベクトルとの内積で決定され，特に回転（接線）方向の回転力と角速度の内積がハンマーのスキルにとって重要な役割を果たすことから[1]，この回転方向のエネルギー供給率をセンサで計測し，聴覚フィードバックによってモニタリングするシステムを構築した。なお，実際にはこのワイヤ軸方向と比較して，回転方向には無視できるほどの力しか作用しないので，「直接感覚することができないが，スキル獲得にとって重要な情報」を可聴化によってバイオフィードバックしている。

システムの概要を図 24.6 に示す。慣性センサなどを組み込んだ小型モーションセンサ（ロジカルプロダクト社製，1 kHz，45 × 30 × 20 mm，約 25 g）をハンマーのワイヤ部分に固定した。このモーションセンサはタブレット端末または PC から無線で制御可能で，運動中も含めて計測データを無線で送信することができる。モーションセンサから無線で送信されるデータはタブレット端末のカメラ，またはワイヤレスカメラで撮影

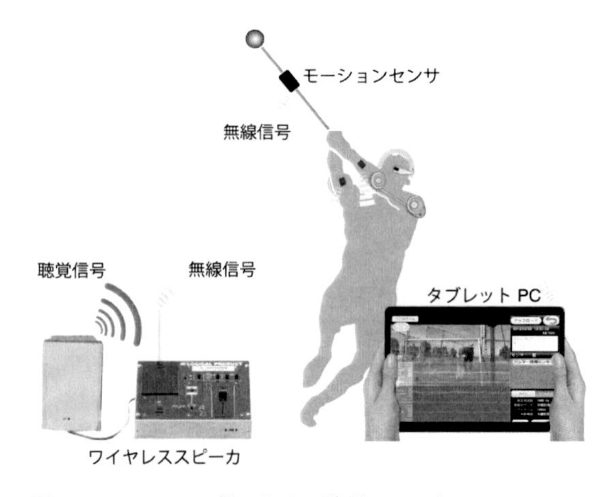

図 24.6　ハンマー投のための聴覚フィードバックシステム

した動画と同期してタブレット端末に保存され，同期再生することができる。一方，ワイヤレスモーションセンサのデータはワイヤレススピーカーに直接送信され，DSP (Digital Signal Processor) による高速な処理によって音の情報に変換される。これらの無線通信や DSP による信号処理等に要する時間は 1 ms 以内に実現し，ワイヤレススピーカーから出力される音にほとんど遅れを感じない程度である。なお，エネルギー供給率は正負を含む信号であるので，異なる位置に配置された 2 つのスピーカーによって正負の信号を区別して表現している。またタブレット端末では，慣性センサの情報を利用した様々な情報が提供され，カメラで撮影した動画と同期して再生することも可能である。なおこのシステムではワイヤレスモーションセンサによって計測した信号からハンマーの回転方向のエネルギー供給率を計算するが，これはハンマーの角加速度ベクトルと角速度ベクトルとの内積に比例するので，その内積で計算された信号を聴覚信号として利用している。システムの詳細は文献 [2] も参照されたい。このように，回転のエネルギー変化率を聴覚情報に変換し，それを選手がモニタリングすることを通して，ハンマー投の運動スキルの学習を支援するサイバネティック・トレーニングを実現した。図 24.7 には，このシステムを使ったロンドン・オリンピック前の合宿でのトレーニング風景を示した。なお，これを利用した選手は，科学と現場が近年近くなり始めたと感じている。以前は現場に持ち込めるような機材がなかったが，このようにウェアブルなものになれば，運動中にも邪魔にならず，サイバネティック・トレーニングは，現場と理論のコラボレーションを実現する新しいトレーニング方法である。

ここでは運動をモニタリングするためのツールとして信号を聴覚フィードバックしているが，この信号は運動スキルに関連した運動感覚をより研ぎ澄ませるための人工的な感覚（第六感）として位置づけている。すなわち，運動のスキルにとって非常に重要であるが感覚・知覚することが困難な情報を，センサなどの計測データから数理モデルを通して音などの感覚情報としてリアルタイムで与え，ヒトの自己組織化による学習能力に任せて運動スキルの獲得や向上に寄与しようとしている。このようなシステムは聴覚ディスプレイとも呼ばれ，ドイツの研究者達を中心に運動ソニフィケーションと称して様々な応用も試みられている[3]。

図 24.7　聴覚フィードバックを用いたトレーニング風景

このような機器の応用としては，小型化されたセンサ搭載型のハンマーや円盤などの道具を投擲する競技会を開催し，その情報を試合会場の観客のスマートフォンやタブレット端末などに Wi-Fi で提供するなどして，トレーニングのみならず競技会のエンターテイメント性を向上させる道具としての利用も期待されている。

＜太田 憲＞

参考文献（24.2.3 項）

[1] 太田憲，梅垣浩二，室伏広治，羅志偉：ハンマー投のダイナミクスに基づくサイバネティック・トレーニング，『バイオメカニクス研究』，Vol.17,No.1, pp.22–36 (2013).

[2] 高橋史忠，大下淳一：第 3 部：アスリートの神秘を電子技術が解き明かす（特集：スポーツ未開の大陸），『日経エレクトロニクス』，Vol.1087, pp.54–65 (2012).

[3] Effenberg., A.: Movement sonification: Effects on perception and action, *MultiMedia, IEEE*, Vol.12, pp.53–59 (2005).

24.3 リハビリテーション支援

24.3.1 上肢運動機能のリハビリテーションと制御（片手運動機能）

リハビリロボットの代表的な国際会議である IEEE Int. Conf. on Rehabilitation Robotics (ICORR) における対象疾患には，パーキンソン病，整形外科疾患，脊髄損傷，脳性麻痺などが見られるものの，大多数は脳卒中である。また，実際の臨床における症例数も他の疾患に比べて多く，ロボット開発および効果検証は脳卒中のリハビリテーションを中心に発展している。

上肢リハビリシステムの分類方法の一つとして，上肢全体にじかに装着する装着型と，ロボットアームの先端を把持する把持型がある。装着型は，上肢全体をしっかりと固定・制御できるというメリットがあるが，装着に時間がかかる，ロボットが暴走したとき逃げられないといったデメリットがある。

上肢リハビリロボットは力発生部にモーターなどアクチュエータを用いたアクティブ型システムと，ブレーキなどの受動要素を用いたパッシブ型システムの 2 種類に分類することもできる。アクティブ型の場合，コンピュータの暴走やソフトウェアのバグ等に備えて，安全システムを厳重に構築する必要がある。

一方，パッシブ型はブレーキのような受動的な要素のみを用いて構成され，操作者の力や運動に対する抵抗力を表現するのみである。この装置では，制御系や電子回路が暴走しても力学的に危険な状態が発生することはなく，機構的な安全確保が本質的に達成でき，医療機器としては，クラス I（一般）になる。

脳卒中による運動麻痺において，運動の再学習は，自らの意志で四肢を動かすことが必要であるため，パッシブ型システムは，コストや安全性を考えると重要な役割を果たす。さらに，固有受容器神経筋促通法 (PNF: Proprioceptive Neuromuscular Facilitation)[1] などでは，抵抗力を状況に応じて制御してリハビリ訓練を行うことがあり，この手技をリハビリ支援システムに応用する際にもパッシブ型システムに関する研究は重要となる。

次に，片手運動機能の上肢リハビリシステムの主要なものを紹介する。MIT の Kreb らによって開発された MIT-MANUS[2] は，DD モーターを用いた水平型 2 次元の把持型支援リハビリロボットであり，米国において多くの脳卒中患者に対する臨床評価を行っている。ReoGo[3] は，3 自由度のリハビリシステムであり，前腕をアームレストの上に載せてリハビリ訓練を行う。大阪大学の古荘らは，5 ヵ年 NEDO プロジェクト「身体機能リハビリ支援システム（1999～2003 年度）において，3 次元上肢リハビリ支援システム EMUL を開発した[4]（図 24.8）。兵庫医科大学病院において，脳卒中患者を対象とする臨床評価を行い，良好な結果を得た。次に，古荘らは，2 ヵ年 NEDO プロジェクト「次世代ロボット実用化プロジェクト」（2004～2005 年度）において，手首を含む 6 自由度の上肢リハビリ支援システム「セラフィ」（図 24.9，グッドデザイン賞受賞）を開発し，愛知万博で実演展示を行った。

EMUL，セラフィは，1,000 万円程度と高価であったため，その後，古荘研究室では，力覚提示にブレーキのみを用いた PLEMO シリーズを研究開発してきた[5–7]。阪大古荘研で開発した安価でかつ安全性の高いリハビリ訓練システムの例として，PLEMO-P-Proto-type[8] を図 24.10 に，PLEMO-P3 を図 24.11 に示す[9, 10]。

図 24.8　EMUL

図 24.9　セラフィ

図 24.10　PLEMO-P-Prototype

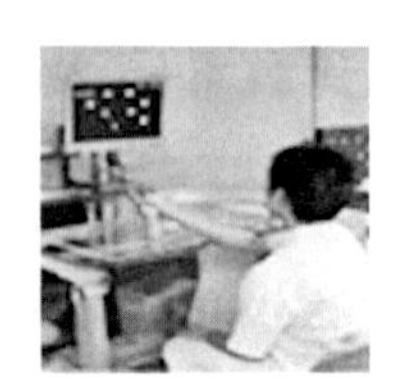

図 24.11　PLEMO-P3

PLEMO-P3 は PLEMO-P-Prototype（2001 年日本バーチャルリアリティ学会論文賞受賞）の技術を基礎として開発され，ブレーキのみを用いているため高い安全性を有し，家庭や老健施設等でも使用可能で，管理も容易で安価であり，脳卒中患者を対象とする臨床評価において大きなリハビリ訓練効果をあげた（表 24.1 参照）[9, 10]。表中の PLEMO は通常のリハビリ訓練プラス PLEMO-P3 を用いたリハビリ訓練を意味し，Rh は，通常のリハ訓練のみを意味する。表中の左の 2 つの数値は，訓練開始時から 2 週間後の Fugl-Meyer 評価 (FMA: Fugl-Meyer Assessment)[11] の改善を示す。

表 24.1　PLEMO-P3 の臨床評価結果（表中の値は FMA）

	PLEMO	Rh	Significant difference
upper limb	1.75 ± 1.98	-0.13 ± 1.46	$P < 0.05$
wrist	1.25 ± 1.16	-0.25 ± 0.35	$p < 0.01$
finger	0.88 ± 1.46	0.13 ± 0.35	N.S
coordination	0.25 ± 0.71	0 ± 0	N.S
sensory	1.5 ± 1.77	0 ± 0	N.S
total	6.63 ± 5.4	0.63 ± 3.16	$P < 0.01$

経産省平成 22 (2010) 年度補正「課題解決型医療機器の開発・改良に向けた病院・企業間の連携支援事業」実証事業（2011 年 3 月～2012 年 2 月）において，（全 32）「脳卒中患者に対する上肢機能訓練用医療機器の開

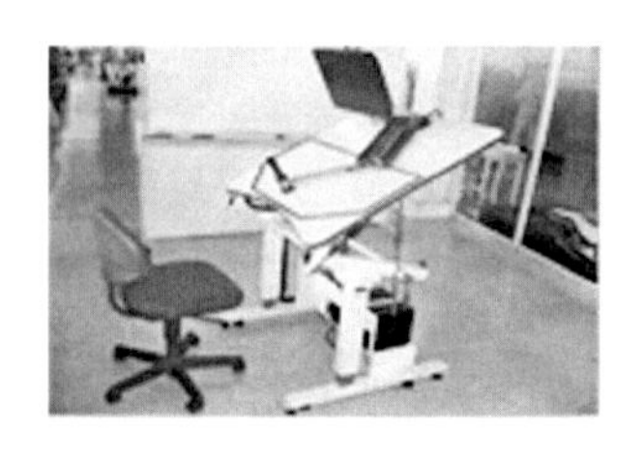

図 **24.12**　PLEMO-Y

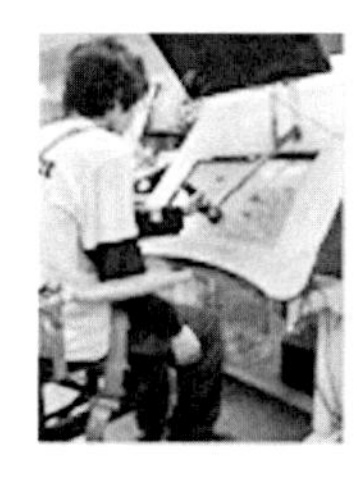

図 **24.13**　PLEMO-HVD

発（事業管理機関：福井工大，PL：古荘純次)」を実施し，PLEMO-Y を開発した（図 24.12)。

PLEMO-P3 では，ER 流体を用いたブレーキを用いていた。ER 流体は，印加電圧でそのレオロジー特性を制御する必要があるため，数百 V から数キロ V の電圧を印加する必要がある[7]。そこで，上肢リハビリシステムの安全性を考えて，PLEMO-Y 以降では，電流で磁場を制御し，印加電圧が 30 V 程度の MR 流体，ナノ粒子 MR 流体などを用いている[7]。

PLEMO-Y のリハビリ支援ソフトは，大阪大学古荘研で開発した PLEMO-P3 のリーチング，軌道追跡（動くターゲットを追跡），力の調節などが基本となっている。さらに，その他のリハビリ支援ソフト，基本制御ソフトも，アームの寸法等の変更に応じて，PLEMO-P3 のものに修正を加えたものである。次に，PLEMO-Y（科研）を福井工業大学において開発した。

脳卒中では身体図式障害や視空間性障害が出現することがある。一方，旧来の上肢リハビリ訓練ロボットの多くは垂直のディスプレイであり，レベルの高い身体認識および空間認識が必要な活動となる。一方，水平のディスプレイでは，視覚的な認識と実際の運動が一致するため，訓練遂行に求められる身体認識や空間認識レベルは低くなる。また，水平ディスプレイでは患者の上肢が視野に入り，運動の視覚フィードバックも得られるため，高い訓練効果が期待できる。図 24.13 に，垂直・水平ディスプレイを用いた上肢リハビリ支援システム PLEMO-HVD を示す。中枢神経系の障害の代表的なものである脳卒中では，左右一方の半身に麻痺を生ずる片麻痺となる。そこで，健側で補助を行う PLEMO-BAT の研究開発を行った[12]。

執筆者の一人古荘は，(一財）ファジィシステム研究所において，新規な PLEMO の研究開発を科研の研究代表者として実施し，臨床評価を目指している[13]。

＜古荘純次，藤川智彦＞

参考文献（24.3.1 項）

[1] Kisner, C., *et al.*：『最新運動療法大全 (Therapeutic Excersise (5th Ed.)』，pp.195–224，産調出版 (2008).

[2] Krebs, H., *et al.*： A Paradigm Shift for Reha- bilitation Robotics, *Engineering in Medicine and Biology Magazine, IEEE*, 27(4), pp.61–70 (2008).

[3] Treger, I., *et al.*：Robot-Assisted Therapy for Neuromuscular Training of Sub-acute Stroke Patients, *J. of Physical and Rehabilitation Medicine*, pp.431–435, (2008).

[4] 古荘純次 他：三次元上肢リハビリ訓練システムの開発（第 1 報)，『日本ロボット学会誌』，pp.123–130（2005）.

[5] 古荘純次：(巻頭言) 上肢リハビリテーション支援ロボットとその本格的実用化，『総合リハビリテーション』，Vol.38，No.12 (2010).

[6] 古荘純次 他：(解説) 上・下肢リハビリテーション，福祉機器へのロボット技術の適用，『総合リハビリテーション』，Vol.35，No.5，pp.439–445 (2007).

[7] Furusho J.，*et al.*: (Review) Research and Development of Functional Fluid Mechatronics, Rehabilitation Systems, and Mechatronics of Flexible Drive Systems, *J. of Robotics and Mechatronics*, Vol.28，N0.1，pp.5–16 (2016).

[8] Furusho, J., *et al.*: Development of ER Brake and its Application to Passive Type Force Display, *J. of Intelligent Material Systems and Structures*, pp.425–429 (2002).

[9] 古荘純次，小澤拓也 他：準 3 次元上肢リハビリ支援システム PLEMO-P3 の研究開発，『日本リハビリテーション医学会学術集会講演論文集』，1-4-21 (2009).

[10] 小澤拓也，古荘純次 他：脳卒中片麻痺患者に対する上肢リハビリテーション支援システム PLEMO-P3 の研究開発，『日本機械学会論文集（C 編)』，76 (762), pp.323–330 (2010).

[11] Fugl-Meyer A., *et al.*: The Post-Stroke Hemiplegic Patient: A Method of Evaluation of Physical Performance, *Scand. J. Rehabil. Med.*, pp.13–31，(1975).

[12] 古荘純次 他：(総説）リハビリ・介護とメカトロニクス，『日本機械学会誌』，Vol.119, No.1166, pp.4–7 (2016).

[13] KAKEN：同側及び鏡面対称の健側補助を導入した新規な非能動型上肢リハビリ支援システム https://kaken.nii.ac.jp/ja/grant/KAKENHI-PROJECT-16K01586/

24.3.2　上肢運動機能のリハビリテーションと制御（両手協調機能）

部品を組み立てたり，重量物や柔軟物体を持ち運んだり，料理を作ったり，洗濯物を干したりするなど，日常生活の様々な場面において左右両手の協調で作業を遂行する身体機能は，自立した生活を営む上で極めて重要である。脳卒中などの後遺症で半身麻痺障害が残ると，こうした生活活動に大きく影響を及ぼし，患者自らの QOL (Quality of Life) が著しく低下するのみならず，家庭や社会も重い介護負担を強いられることとなる。

本研究は，こうした両手協調作業機能のリハビリテーションに着目し，仮想現実技術とロボット制御技術を融合して，対象者の作業意欲を引き出し，身体麻痺の病理学的な特徴や機能退化のレベルに応じて，斬新な「うながし型：促す」リハビリテーションが可能となるロボットシステムを開発している。本ロボットシステムは，単に麻痺患肢を「うごかし型：動かす」という従来の受身的なロボットリハビリ方式とは違って，3 次元動力学シミュレーションをロボットの実時間力制御に取り入れることで，患者に目的作業の実現に注意を向かわせ，ロボットアームによる動作補助やガイドにより仮想空間における様々な協調作業を意欲的に実行させ，作業の達成感を味わわせるよう脳神経活動を活性化し，より有効な身体運動機能の回復を図る。

身体麻痺は，脳神経系で発生する様々な病変で生じる身体筋骨格系の運動障害であり，多くの場合における患者の運動機能の病理学的な特徴として，

① 健肢側が患肢側の機能退化で弱体化した作業役割を補おうとすること
② 患肢側の動作範囲は退化し，動作パターンも硬直化し，単一化する傾向があること
③ 患肢側は，自らの自発動作の範囲とパターンは限られるが，外部から適切な接触力を継続的に与えることで，より大きな範囲で多様な動作を誘発し出すことができること
④ 脳神経系の病変で，多くの患者に顕著な作業意欲の低下が認められるが，脳内における作業イメージが残され，作業の実現で得られる体感と達成感で作業意欲を促進させる可能性があること

が挙げられる。

特徴 ① について，健肢側に対する過度な依存は結果として患肢側の機能回復を遅らせることとなり，また，両手の協調が物理的に必須となる作業では，いくら健肢だけが努力しても作業が実現できないことが考えられる。特徴 ② と ③ については，ロボットを用いたリハビリのとき，どのような方向と大きさでロボットから患肢に外力をかけて患肢に硬直化した動作パターンから脱却させ，広範囲な動作を誘発させるか？ということは，円滑かつ有効なロボットリハビリを進める上で重要となる。さらに特徴 ④ では，ロボットを用いた協調作業機能のリハビリテーションを行う場合，いかに患者が主導的にロボットを活用して意欲的に作業を遂行させ，脳神経系活動と身体運動機能が共に回復できるかが肝要となることがわかる。

したがって，ロボットによるうながし型リハビリを実現するためには，以下のいくつかの基本的な工学仕様が必要である。

まず，患肢の外力誘発運動特徴に応じて，各部分作業空間におけるロボットの力提示機能と位置運動駆動機能を両立させる必要がある。そのためには，ロボットの制御に力フィードバックを取り入れる必要がある。これまでは力センサを用いることが一般的であったが，その結果できたロボットシステムは高価となるだけでなく，機構も重くて複雑となりがちである。また，ロボットによる力提示機能と位置運動駆動機能の各機能レベルを患者の退化した運動機能レベルに応じて調節できることが必要で，そのためには，患者の運動機能をオンラインで同定するか，または作業目標から見た作業の進捗度を把握する必要がある。さらに，運動障害があっても，ロボットによる作業支援で患者に作業実現の体感と達成感を提示させ，作業意欲を増進させる必要がある。

以上の考察に基づいて，本研究では，3 次元空間で両手による様々な協調作業動作のリハビリが可能なロボットシステムを開発した。

図 24.14 に本ロボットアームの機構構成図を示す。また図 24.15 はできたシステムの利用場面の写真である。このシステムでは，人間上肢の可動範囲を考慮してロボットの形状と動作自由度を設計し，3 自由度の駆動関節と手先における 3 自由度のフリー関節で構成されている。ロボットアームの軽量化を図るために，3 自由度の駆動モータを各アームの土台部に設置し，チェーン駆動で 3 関節の回転駆動を行う。また，アームの重力項による影響を減らすために，土台部にカウントウェートを設置している。安価でスマートにロボットアームを実現するために，力センサデバイスを用い

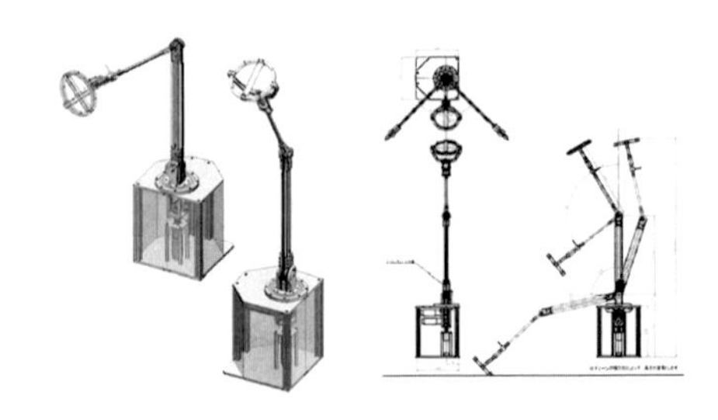

図 24.14　本研究で開発したロボットアームの機構構成図

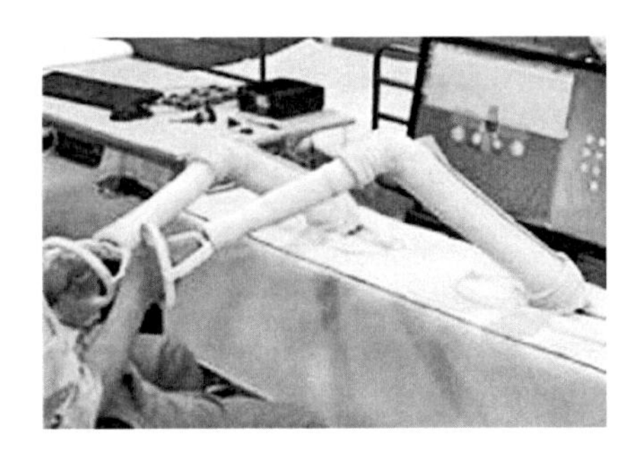

図 **24.15** 本研究で開発したリハビリロボットシステム

ずに，実時間における3次元動力学シミュレーションで算出した力情報を代用し，使用者に正確な力提示と動作ガイドを実現している。

図24.15に示すように，使用者はモニタに示されている作業状況を注視しながら，ロボットアームを介してあたかもある剛体物体や粘弾性物体を両手で把持し，持ち運ぶような感覚を得つつ，仮想現実空間でその物体を移動させるような作業を遂行することができる。また，使用者の患肢の動作機能退化のレベルに応じて，対応するロボットアームで患肢運動を補助したり，ガイドしたり，あるいは健肢側でロボットアームが運動負荷となったりして，作業進度やリハビリによる回復の度合いに応じて総合的に力・位置のハイブリッド制御を行っている。

本研究で開発したリハビリロボットシステムを用いて，視覚・力覚を感じながら両手協調作業課題を行うことのできる作業課題を開発した。その一例として，図24.16に積み木課題の実行画面を示している。この課題では，使用者に各色の立方体を順次モニタ上で提示し，提示された立方体を下から積み上げるよう作業指示を与え，ロボットアームを利用して両手による協調動作で立方体を捉えて積み上げる作業を行わせ，3段積んだら作業完成としている。

以上では，日常生活にとって必要不可欠となる両手協調作業機能のリハビリテーションに焦点を当てて，

図 **24.16** 両手協調作業による積み木課題画面

身体麻痺患者の機能特徴と度合いに応じて，「うごかす」よりも「うながす」型のリハビリテーションを実現し，患者の意欲を引き出して達成感が得られるようなロボットシステムの設計と制御技術を解説した。現在は臨床試験の段階にあり，本リハビリ方式のエビデンスをより一層明らかにすることを期待したい。

＜羅 志偉＞

参考文献（24.3.2 項）

[1] Nishida, K., Luo, Z., Nagano, A.: Development of a Robot System for Rehabilitation of Upper Limbs Cooperative Movement Functions, *Proc. of IEEE/SICE Int. Symposium on System Integration* (2013).

[2] McCombe, W.S. *et al.*: Temporal and spatial control following bilateral versus unilateral training, *Human Movement Science*, 27, pp.749–758 (2008).

[3] Nozaki, D. *et al.*: Limited transfer of learning between unimanual and bimanual skills within the same limb, *Nature Neuroscience*, 9-11, pp.1364–1366 (2006).

[4] Howard, I.S. *et al.*: Composition and Decomposition in Bimanual Dynamic Learning, *The J. of Neuroscience*, 28, pp.10531–10540 (2008).

[5] Krebs, H.I. *et al.*: Robot-aided neurorehabilitation, IEEE Trans, *IEEE trans Rehabilitation Engineering*, 6, pp.75–87 (1998).

24.3.3 歩行運動機能のリハビリテーションと制御

(1) はじめに

本項では，全方向移動型歩行訓練器のメカニズム，運動制御，臨床試験について紹介する。

何らかの病因によって高齢者に歩行傷害が生じ，その復帰がなされない場合，次第に生活範囲が狭まり，加速度的に精神的・肉体的老化が進行し，ついには寝たきりになるのが普通である。健常者，あるいはリハビリテーションをほぼ完成した患者に対する歩行増進についてはトレッドミル，エアロバイクなどがあるが，もっとも重要な初期，中期の立位・歩行リハビリテーションは，図24.17に示すとおり，主に平行棒，杖，あるいは簡易な歩行器のような装置を持ちつつ，理学療法士などの多大な身体的負担により実施されているのが現状である。

したがって，高齢化の進行や保険制度による規制が原因で，病院の訓練室における患者1人当たりに理学療法士がつける時間は十分確保されているとは言えない状況にある。また，介護側の理学療法士や看護婦も肉体的訓練に労働を費やし，本来必要な細かなメンタルサイドからのケアのための時間が十分とれないのが

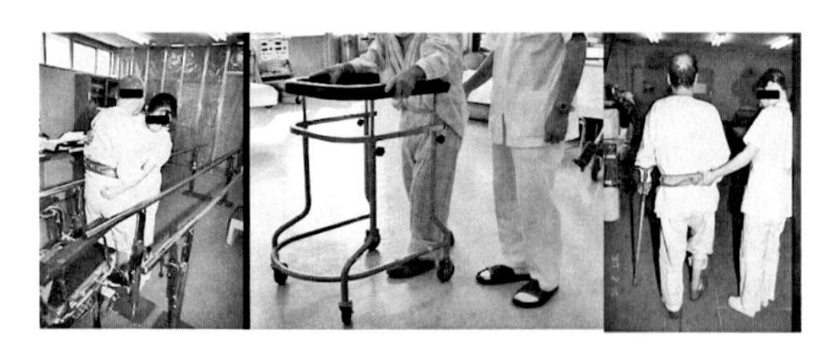

図 24.17　医療現場での歩行訓練の様子

現状であり，高齢化社会を迎えるにあたって障害者や老人を支援するマンパワー不足が深刻な問題になりつつある。文献 [1] では，理学療法士や看護婦の身体的負担を肩代わり可能で，かつ訓練意欲を引き起こす，バーチャルリアリティー技術を活用した歩行訓練器が開発され，さらに自立歩行支援の概念を提唱し，室外でも室内でも移動できる歩行支援装置も開発され，臨床試験により有効性が認められている。

一方，歩行は平坦路における二足直立歩行として単純化，モデル化されることが多いが，実際ほとんどの場合においては歩行障害を身体の機能面での障害として捉える必要がある。すなわち，「歩行」を前方向だけではなく，横歩き，後歩き，方向変換などいくつかの基本動作の組合せからなる複雑な動作群と認識して総合的に歩行訓練を行なえば，より早期回復が期待できる。したがって，前後・左右を含めた全方向移動できる歩行訓練器が望まれる[2]。我々は転倒と崩れ落ちのパターンを整理し，全方向移動可能かつ転倒することなく安全な歩行訓練器を提案し[3]，臨床試験により有用性を示した[4]。

(2) 全方向移動型歩行訓練器

全方向移動型歩行訓練器の 4 号機を図 24.18 に示す。仕様を表 24.2 にまとめる。

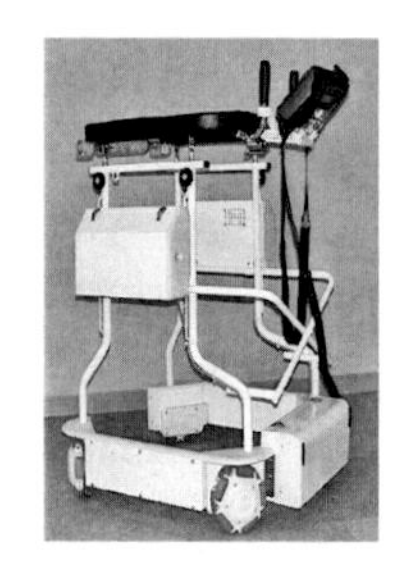

図 24.18　歩行訓練器

図 24.19　オムニホイール

表 24.2　全方向移動型歩行訓練器の仕様

項目	詳細
全高	800〜1000 mm
全長・全幅	140 × 130 mm
全重量	40 kg
最大負荷	80 kg

駆動部は本体下部に 4 つのオムニホイールを正方形の頂点に配置することで，全方向移動を実現している。コンパクトなオムニホイールを図 24.19 に示す。オムニホイールの外輪にはフリーに回転するローラーが取り付けられている。ホイールが回ることで回転方向に駆動する。また，駆動軸方向にはローラーによりフリーに移動できる。施設や住宅の立場からコンパクトな歩行訓練器が望まれるが，患者にとっては歩行訓練時の歩幅を十分確保する必要がある。両者はドレードオフ関係にあるが，試行錯誤により図 24.19 に示す対策に帰着した。具体的には，まず電気モータおよび減速機をオムニホイールに内蔵することにより，足元のスペースを増やすことができた。次にバッテリーを含めたサーボドライブシステムを歩行訓練器の下部に設ける，つまり重心を低くすることにより，機械構造的安定性を確保することができた。

(3) 全方向移動型歩行訓練器の運動制御

実用化を目指すために，計算時間やコストなどの問題を総合的に配慮した結果，実際の制御アルゴリズムとしては，各輪独立 PI 制御法を用いている。操作インタフェースは，図 24.20 に示す通り，正面に取り付けられる操作パネルと，有線コードでつながれたボタン式コントローラである。理学療法士と患者とも操作することが可能であるが，ボタン式コントローラは主に理学療法士が操作する際に使用される。理学療法士は離れた場所からでも歩行訓練器を操作できるため，介助に伴う理学療法士の身体的負担を軽減できる。実際に理学療法士の診断により提示される訓練メニューに

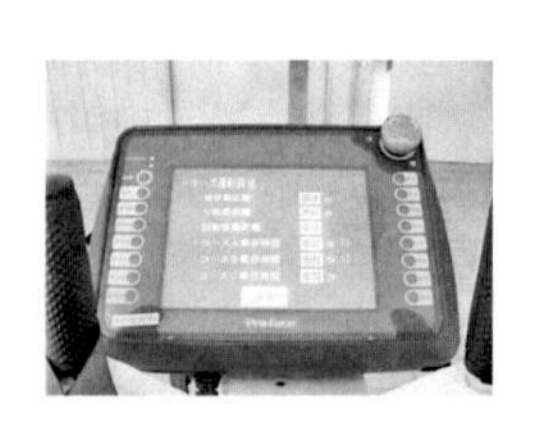

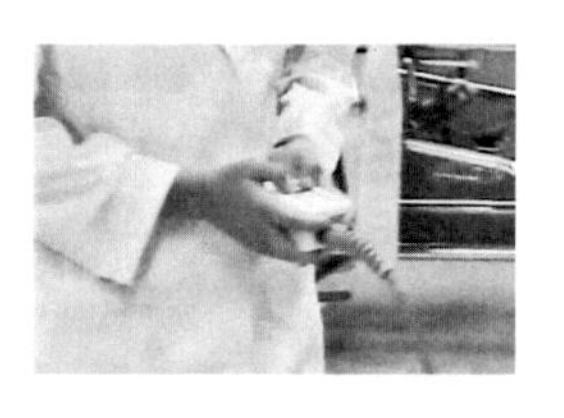

図 24.20　操作パネルと操作コントローラ

従って行われる。

(4) 全方向移動型歩行訓器を用いた臨床試験

訓練対象としては，要介護認定者を受けている高齢者9名（男1，女8）の要介護レベルは，要介護1が5名，要介護2が3名，要介護3が1名で，年齢は78〜92歳（平均年齢：85.9歳）であった。訓練内容は，斜め45度の3m前後歩行・左右3m方向・その場で回転足ふみ運動で，それぞれ5分ずつ週5日合計6ヶ月に渡り訓練を行った[4]。訓練の様子を図24.21に示す。

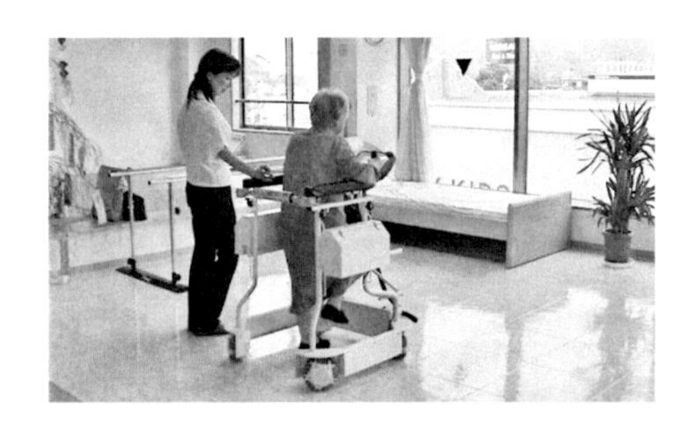

図 24.21　臨床試験の様子

歩行に必要とされる部位の筋力として，大腿四頭筋と中殿筋と腸腰筋を測定した。大腿四頭筋筋力は，訓練前131.1±49.2 (N)，訓練1.5ヶ月後131.8±61.8，訓練3ヶ月後143.8±48.0，訓練4.5ヶ月後140.9±54.7，訓練6ヶ月後147.8±48.9に変換した。その後の筋力パフォーマンスは，6ヶ月後もほぼ同じ ($P = 0.0669$) であった。中殿筋の変化は，訓練前57.5±19.5 (N)，訓練1.5ヶ月後74.3±24.0，訓練3ヶ月後81.6±28.7，訓練4.5ヶ月後90.7±27.0，訓練6ヶ月後96.6±36.5となった。1ヶ月半で有意 ($P = 0.0122$) に筋力パフォーマンスは改善した。腸腰筋は，3ヶ月後で有意に筋力パフォーマンスは改善し，それ以降は同程度の筋力パフォーマンスであった。また，平衡機能の評価では，開眼単脚直立時間も改善傾向を示した。

以上により，平均年齢85.9歳の要介護高齢者でも，歩行に使用される筋力パフォーマンスは向上し，平衡機能は改善し，歩行訓練だけではなく転倒予防の訓練機として有用な可能性が示唆された。加齢により後方や側方への平衡機能の低下が起きるが，全方向移動型歩行訓練器は，斜め後方への歩行や横方向という通常の歩行器ではできない訓練法ができる。

これらの結果に基づいて，2008年に相愛株式会社および有限会社サットシステムズから「歩行王（あるきんぐ)」として商品化された。現在，大学病院や施設に活用されており，海外にも輸出されている。

(5) おわりに

本稿では全方向移動型歩行訓練器と臨床試験について述べた。より高度な制御法の開発としては，要訓練者の重心揺れに適用する適応制御法[5]，異なる床の非線形摩擦力による影響を抑制する非線形制御法[6]，自主的訓練に必要とされる要訓練者の方向意図の同定法[7]，さらに車輪の故障や回路のトラブルに対応する安全性制御法[8]などもある。最後に，共同研究者各位，JSPS科研費・キヤノン財団・カシオ科学財団に感謝する。

＜王 碩玉＞

参考文献（24.3.3 項）

[1] 藤江正克：自立歩行システム，『計測と制御』，Vol.40, No.5, p.384–387 (2001).

[2] 江原義弘，大橋正洋，窪田俊夫：歩行関連障害の『リハビリテーションプログラム入門』，医歯薬出版 (1999).

[3] 王碩玉，河田耕一，井上喜雄，石田健司，木村哲彦：全方向移動型歩行訓練機，第17回ライフサポート学会学術講演会論文集，p.48 (2001).

[4] 石田健司，王碩玉，永野敬典，岸孝司：全方向移動型歩行訓練機を用いた運動訓練の有用性，『運動・物理療法 (J.Physical Medicine)』，pp.246–250, Vol.19,No.4（2008年8月）.

[5] Tan, R., Wang, S., Jiang, Y., Ishida, K. and Fujie, M.G.: Path tracking control of an Omni-directional Walker considering pressures from a user, *Proceedings of the 35rd Annual International Conference of the IEEE Engineering in Medicine and Biology Society*, pp.910–913, Osaka, Japan, Jul. 2013.

[6] Wang, Y., Wang, S., Tan, R., Jiang, Y., Ishida, K., Kobayashi, Y. and Fujie, M.G.: Improving the Motion performance for an Intelligent Walking Support Machine by RLS algorithm, *ICIC Express Letters*, Vol. 7, No. 4, pp. 1177–1182, 2013.

[7] Jiang, Y., Wang, S., Ishida, K., Kobayashi, Y. and Fujie, M.G.: Directional Control of an Omnidirectional Walking Support Walker: Adaptation to Individual Differences with Fuzzy Learning, *Advanced Robotics*, 2014, DOI:10.1080/01691864.2013.876935.

[8] Sun, P., Wang, S., and Karimi, H.R.: Robust Redundant Input Reliable Tracking Control for Omnidirectional Rehabilitative Training Walker, *Mathematical Problems in Engineering*, Vol.28, No.7, pp. 479–485 (2014).

24.4 介護支援：全身触覚による要介護者抱き上げ作業の制御

介護支援用ロボットは，理想的に人間と同じ身体サイズの制約の元で，人並みの体力と環境変化を認識判断する知力が要求されることから，ハードウェアとソフトウェアの両面から技術的に大変困難である。その先駆けの研究開発としてロボット RI-MAN が開発され，全身触覚による要介護者抱き上げ動作を実現している。

RI-MAN の当初の開発理念として，

① 機能の柔らかさ，すなわち，人との柔軟な力のやり取りや，日常生活環境に見られる環境の複雑な変化に対する柔軟な適応を可能にすること
② 機構の人間らしさ，すなわち，人間に近い身体の形状，大きさと重さ

を設計目標としていた。ここでいう「機能の柔らかさ」は以下の 3 つのことを含んでいる。すなわち，

① ロボットの身体表面が柔らかいこと
② ロボットの身体動作が柔らかいこと
③ ロボットによる状況判断が柔らかいこと

である。三者には一見無関係に見えるが，1 台のロボットの上で実現しようとすると結構絡み合っていることがわかる。

例えば，柔軟な全身接触動作をできるようにするためには，面状の触覚センサによる力のフィードバック制御が必要であるが，ロボットの表面も柔らかいことを要求すると，面状触覚センサの感度が低下してしまう恐れが生じてくる。

また，「機能」と「機構」も互いに制約しあっている。一方的に機能の高性能化を追及すると，機構も膨大になってしまい，結果として，人間の生活空間に入れなくなる。これらの設計上の制約のトレードオフを熟慮して，かつ要素技術の開発に工夫を重ねることで RI-MAN は誕生したわけである。

図 24.22 に RI-MAN の概観を示している。高さ 158 cm，重さ約 100 kg，全身が厚さ約 5 mm の柔軟なシリコーン素材で覆われている。また，運動機構として頭部には 3 自由度，両腕部には各 6 自由度，腰部には 2 自由度，足となる台車部には 2 自由度を備えている。さらに，全身 5 箇所に柔軟な面状触覚センサを備えるとともに，視覚，聴覚，嗅覚のセンサも配置されている。各種センサの情報処理や動作部のモータの制御は，図 24.23 に示す超小型汎用計測制御装置 C-CHIP で構成される階層型分散処理ネットワークで統合させている。

図 24.22　介護支援用ロボット「RI-MAN」

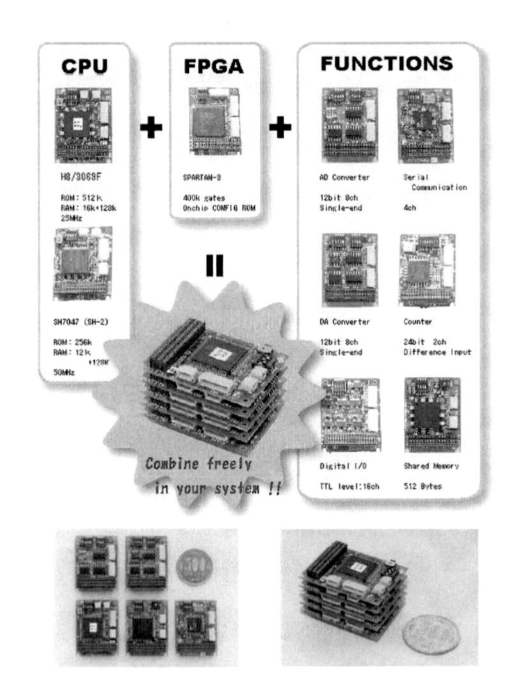

図 24.23　超小型汎用計測制御装置 C-CHIP

RI-MAN は作業動作として，面状触覚を利用して人間と同サイズの人形を抱き上げることができる。触覚は，ピエゾ抵抗型の圧力センサを 18 mm ピッチで 8×8 並べて実現した。人間の皮膚構造からヒントを得て，硬軟 2 種類の弾性体を組み合わせた構造を取ることにより，表面の柔らかさと触覚センサの感度向上を両立させることが可能となり，測定レンジは 0 から 90 kPa 程度である。

触覚以外のセンサ類も，生物の感覚器官の構造や仕組みを参考にしている。例えば，聴覚センサによる音源定位では，人間の外耳の構造を模した反射板を使うことで，2 本のマイクのみで前後の音源位置の判別ま

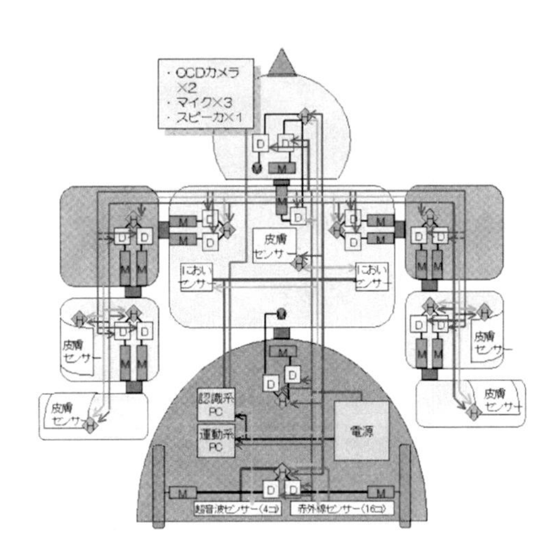

図 24.24　人間の神経系を参考にした階層型分散処理構造

で含めた音源定位が可能となっている。また，嗅覚センサでは生物が用いているアクティブセンシング手法を採用し，たった1つのセンサで多種類のにおいの識別とその濃度を同時に検出することができ，現在では8種類の識別まで実験により確認した。

また，小型で大きな力を出す機能を実現するために，生物の多数の筋肉活動間の協調からヒントを得た干渉駆動機構と，全身触覚によるマニピュレーション方式を考案し，これにより重さ約40 kgの物体を抱えることを可能にしている。逆に，万一処理系に異常が起こった場合には，モータ間の協調関係が崩れ大きな力が出ずにすむので，安全性にも寄与できる。さらに，人間の巧みな運動方式に対する「身まね学習」によって，より安全な動作実現が可能となった。

RI-MANは多数のセンサとモータを統合するための制御処理系でも，人間の神経系を参考にした階層型分散処理構造を採用している。具体的には，図24.24に示す大脳に対応する「認識系PC」(OS：Windows2000)，小脳に対応する「運動系PC」(OS:RT-Linux)，脊髄に対応する超小型汎用計測制御装置C-CHIPのネットワークによって全体の統合を図っている。これによって，負荷の分散，省配線，センサ近傍で処理を行うことによるアナログ信号へのノイズ混入の抑制などの効果が得られ，環境に対して素早くかつ柔軟に対応しながら作業することが可能となった。C-CHIPの共有メモリ機能により，ネットワーク内の情報は2 ms以内で同期することが保証され，また，C-CHIPのネットワークによりセンサとアクチュエータをダイレクトに結ぶため，人間の反射行動のような緊急時の素早い行動も原理的に可能である。

上記のような要素技術を統合することにより，RI-MANは図24.25に示すように触覚を利用して人間と同サイズの人形（重さ18 kg）を抱き上げることに成功した。

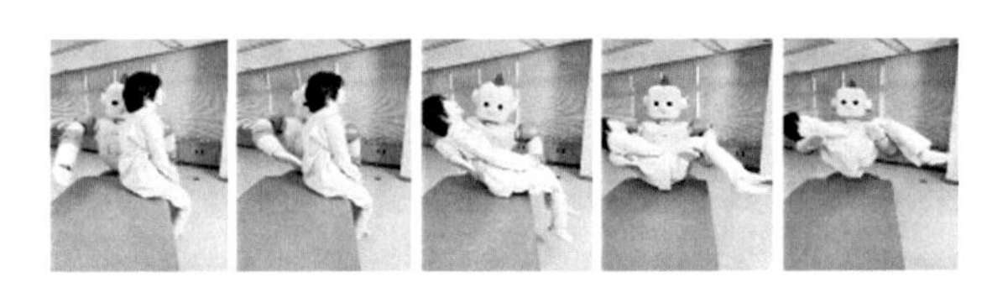

図 24.25　RI-MANによる人形の抱き上げ作業動作

さらに，人間と接するロボットとしての安全性を重視し，ソフトな外装や関節における巻き込み防止機構，電気制御系の安全回路はもちろんのこと，図24.26，24.27に示す，最新の没入型動力学シミュレーション技術を開発して考案した触覚による安全な抱き上げ動作の生成方式も取り入れるなどして，各レベルでの安全性対策を施した。

図 24.26　没入型動力学シミュレーション

＜羅 志偉＞

参考文献（24.4節）

[1] 羅，平野：特集2 分散制御システム開発の事例研究，『Design Wave Magazine』，4月号，pp. 95–114，CQ出版 (2006).

[2] 大西，小田島，羅，細江：人間と接するロボット開発のための没入型三次元動力学シミュレーション環境，『電子情報通信学会論文誌』，Vol.J88-D-II, No.2, pp.368–377 (2005).

[3] Asano, F., Luo, Z.W., Yamakita, M., Hosoe, S.: Modeling and bio-mimetic control for whole-arm dynamic cooperative manipulation, *Advanced Robotics*, Vol.19, No.9, pp.929–950 (2005).

[4] 大西，小田島，羅：環境と接するロボットの感覚運動統合によ

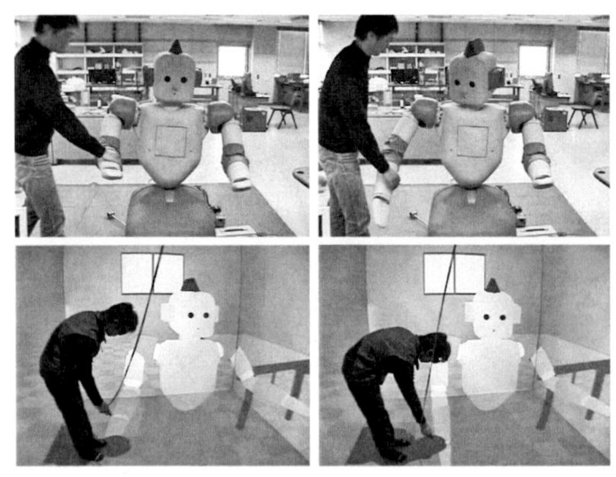

(a) 人間の作用力に対する反応動作

(b) 顔の動きをトラッキングする動作

図 24.27　没入型動力学シミュレーションによる RI-MAN の動作評価

る動作模倣，『電気学会論文誌 C』，Vol.125, No.6, pp.856–862(2005).

[5] 小田島，大西，田原，向井，平野，羅，細江：抱え上げ動作による移乗作業を目的とした介護支援ロボット研究用プラットフォーム"RI-MAN"の開発と評価，『日本ロボット学会誌』，Vol.25, No.4, pp.554–565 (2007).

24.5　福祉支援：車いすの制御

高齢者や障がい者の移動を支援する車いすは，高齢化社会の到来とともに広く利用されており，屋内外を問わず日常生活での移動における大きな助けとなりうる。一般に手動車いすと電動車いすに大別されるが，特に電気モータとバッテリなどで構成される電動車いすには，ジョイスティック型，ハンドル型，アシスト型などのタイプがあり，いずれもロボット制御技術が大いに生かされうる移動支援機器である。

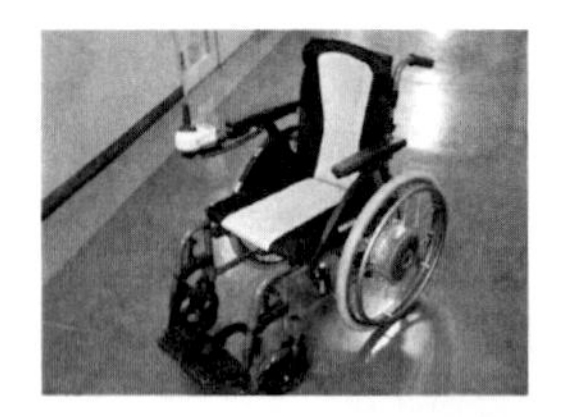

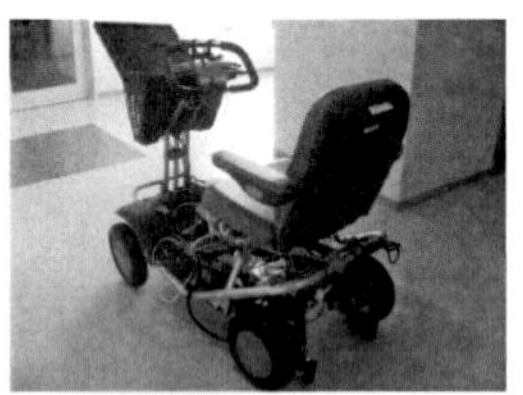

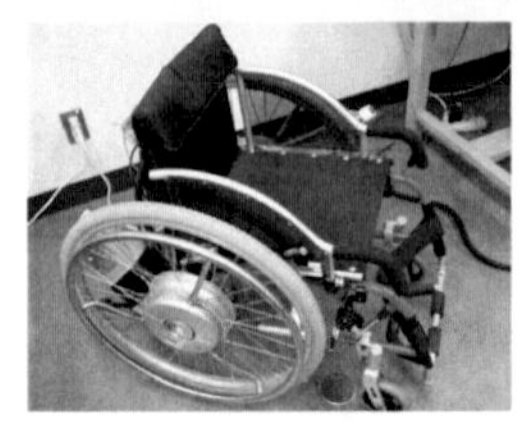

図 24.28　各種電動車いす

各種電動車いすの外観を図 24.28 に示す（順にヤマハ発動機（株）製の JWX-1，スズキ（株）製のタウンカート，ヤマハ発動機（株）製の JW-II)。これらはすでに多くのメーカから販売されて広く利用されているが，一方で接触や転落など多くの事故例が報告されている現状もあり，操作性向上や走行環境への適応など，さらなる高性能化と多機能化を目指す必要がある。

ここで，各種電動車いすの制御方法を整理し，関連する問題点や課題について列挙する。各種電動車いすについては，いずれも操作者が何らかのインタフェース（ジョイスティック，ハンドル，ハンドリム）を介して操作入力を与え，これに基づきモータ制御指令を生成するものである。よって，図 24.29 のように操作入力から乗り心地等を考慮した適切な走行速度指令値を生成し，速度フィードバック制御により走行を行う方法や，図 24.30 のように指令トルクを生成する方法などが考えられる。前者は主にジョイスティック型やハンドル型において操作入力をそのまま操作者の望む指令速度と捉える場合に適用されるものであり，後者

図 24.29　速度制御型走行システム

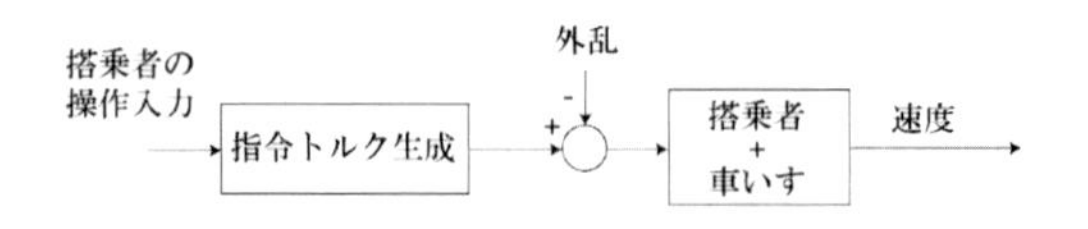

図 24.30　トルク制御型走行システム

は，操作入力を補助するようなアシスト型に適用されうるものである。

次に電動車いすの走行制御に関連するいくつかの課題を以下に挙げる。

① 先に述べたように，各種の車いすはジョイスティックやハンドリムなどのインタフェースを介して搭乗者が操作し，これが走行制御指令となるが，搭乗者が不慣れであることや，何らかの障がいや身体的特性により，前述の走行制御方法そのままでは，搭乗者によって使いにくい，操作性の悪いものとなる可能性がある。

② 特に屋外での走行においては，上り坂，芝生，砂利道など走行の妨げとなる路面（外乱路面と呼ぶこととする）が多く存在し，平坦路面に比べると走行速度や距離が低下し，例えばアシスト型車いすの場合には操作者の負担が増えることとなる。一方，外乱路面において平坦路面と同様の速度で走行するのは危険を伴う場合もある（例えば上り坂では加速時に前輪浮上する可能性も増す）。そのため様々な路面に応じて適切な走行距離・速度を生み出すような制御が必要となる。

③ バッテリが唯一のエネルギー源であるため，同じ距離をなるべく少ない電力消費で走行する省エネ制御，回生制御も検討されるべきである。外出先から帰ることができなくなったり，また踏切進入時に停止してしまうと大事故につながることもありうる。

このような課題に対し，様々なロボット工学技術，計測制御技術を応用し，性能評価をしていくことが重要となる。本稿ではその一例として，筆者の研究室で検証しているアシスト型車いすの多機能・高性能制御システムのいくつかの例について紹介する。

なお電動アシスト型車いすは，左右輪のハンドリムに与えられた操作トルクをセンサにより測定し，左右輪のモータへの指令を生成する制御システムとなっている。筆者の研究室で開発している車いすは車輪角度を検出するためのエンコーダを装着している。

最初に ① で述べた，搭乗者の特性に合わせた操作性向上制御の一例として，ユーザ特性事前学習型走行制御法を紹介する[1]。前述のとおり搭乗者の障がいや身体的特性，また怪我や利き腕，癖など様々な要因により，アシスト型車いすを操作する際の左右輪操作トルクは必ずしも左右対称の規則的なものとはならない。そこでユーザごとの操作特性を事前に学習し，望みの走行方向や距離を達成するような制御法が必要となる。

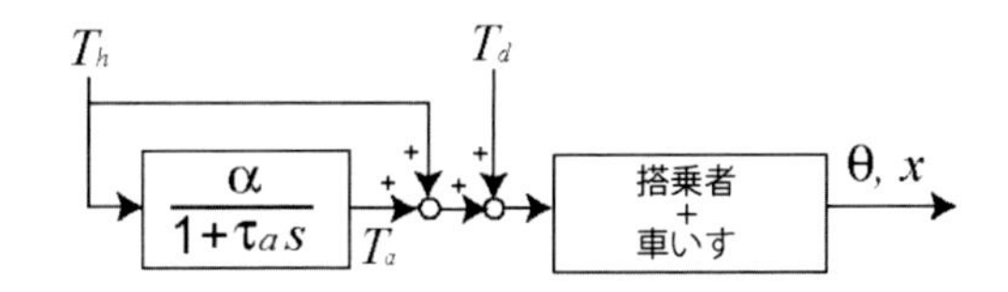

図 24.31　1 次遅れ系によるアシスト制御

まず基本となるアシスト制御系は図 24.31 のような構成とする。これは操作トルクから 1 次遅れ系を介し，またその時定数を漕ぎ始めは小さくし，その後は大きな値とすることで，アシストトルクの速い立ち上がりと十分な惰性走行を実現するものである。

まず事前学習として，前進方向と左右それぞれ 30 度，60 度方向，計 5 方向に進む際の操作トルク情報を取得し，ファジィ推論を設計しておく。図 24.32 に制御システム全体の構成を示す。推論 (A) では左右の操作トルク積分値の比 R から走行方向 O を推定する。また推論 (B) ではその推定方向に適したアシスト比を決定する。これは，例えば左腕の操作力が弱いと右方向への旋回は難しく走行距離が短くなり，左方向旋回時よりもアシスト比を上げる必要があるが，このように方向ごとに適切なアシスト比を決定すべきであるからである。最終的なアシストトルクは，図 24.31 のシステムで生成されたものをいったん足し合わせ，推定した方向へ進むための配分比 J によって再計算することで求める。

図 24.33 に実験結果例を示す。実験は，健常者の左腕に高齢者疑似体験教材を装着し，腕や指を曲げにくくすることにより操作特性の一例として模擬した。事前学習によるファジィ推論型制御を用いた場合には走行角度，距離ともに理想的なものとなっていることがわかる。

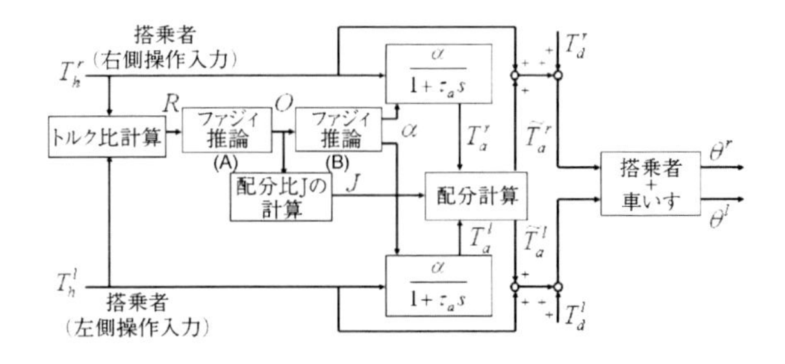

図 24.32　ファジィ推論型走行制御システム

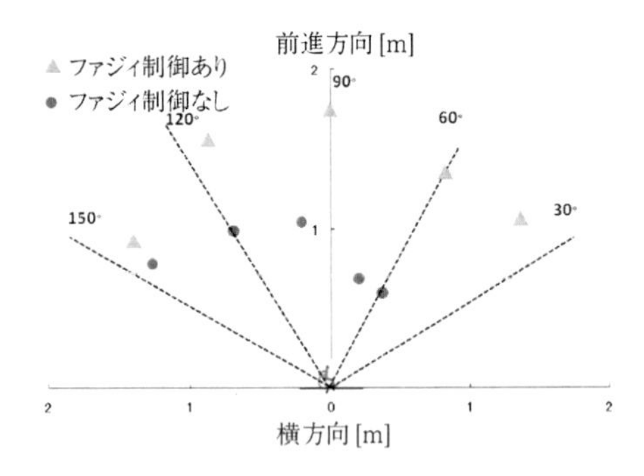

図 **24.33**　走行実験結果（到達地点の比較）

次に ② で述べた外乱路面における走行制御法について述べる[2]。操作者の負担を軽減するため，路面進入後にアシストトルクを何らかの方法で自動的に，また適切に増加させる必要がある。

ここでは先と同様にファジィ推論を応用した制御法を紹介する。アシスト型車いすでは主に惰性トルクの長さが走行距離の延長に影響するため，ここでは一漕ぎごとにその操作トルクの積分値と実際の走行速度を入力としたファジィ推論により，惰性トルクの減少率を決定する。例えば，操作トルクが大きいのに速度が小さい場合は減少率を小さくし惰性を維持する，というふうにファジィルールを設計する。なお，操作トルクの入力中の立ち上がりは図 24.31 の制御システムを用いる。

図 24.34 のようなスロープを用いて約 4 度の傾斜面を作って行った走行実験結果を図 24.35 に示す。操作トルクは両実験で同程度としているが，ファジィ制御を用いた場合は惰性トルクを維持し速度を保っており，結果的に走行距離も伸び，操作者の負担を軽減することとなる。

本稿では各種電動車いすとその走行制御の例について紹介した。特に搭乗者の感じる安全性や操作性，周辺環境に対する走行性能の向上を目指し，様々なロボット工学技術を応用していくことが期待される。

<関 弘和>

参考文献（24.5 節）

[1] 関弘和，田之畑直希：ファジィ推論に基づく電動アシスト車いすのユーザ特性学習型走行制御法，『日本福祉工学会誌』，Vol.15, No.2, pp.15–22 (2013).

[2] Seki, H. and Tanohata, N.: Fuzzy Control for Electric Power-Assisted Wheelchair Driving on Disturbance Roads, *IEEE Trans. Syst., Man, Cybern. C*, Vol.42, No.6, pp.1624–1632 (2012).

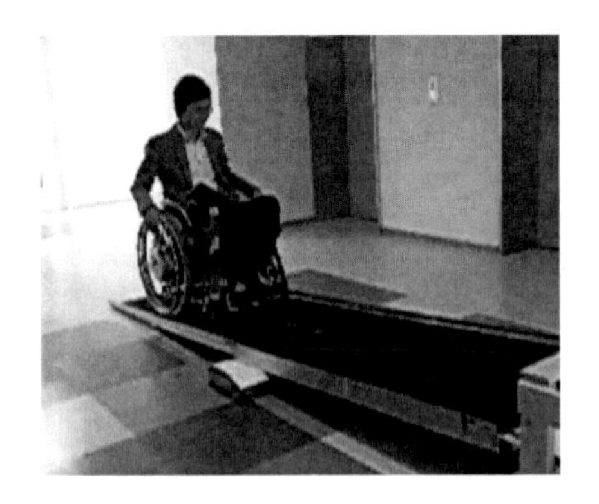

図 **24.34**　上り傾斜面走行実験の様子

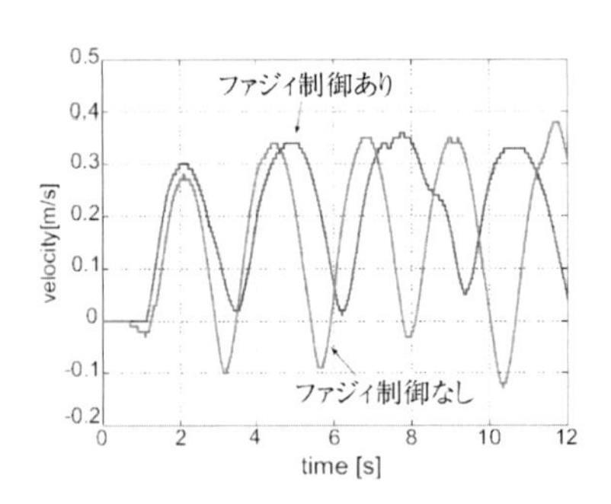

図 **24.35**　走行実験結果（速度比較）

24.6　おわりに

本章では，健康の度合いに応じて，健康・介護・リハビリテーション支援に応用するロボットの制御技術を，歩行・走行による健康増進，高度な運動スキルの獲得，上肢と下肢運動機能のリハビリテーション，介護支援と福祉支援の各部分に分けて，解説をした。

これらのロボット制御技術に共通したこととして，

① 対象者である人間の身体運動情報，動作環境との相互作用力，運動中における身体の各種生理学的情報をいかに正確かつ安易に取得するか？

② ロボットと相互作用における身体運動の動力学特性をどのように利活用するか？

③ 身体運動の計測情報と動力学特性をどのようにバイオフィードバックに有効に取り入れるか？

④ 人間の意欲をどのように活性化させるべきか？

⑤ ロボットによる身体運動支援の度合いはどのように設計すべきか？　支援の副作用はないのか？

といった，技術のみならず，科学的な課題も数多く残されており，学際連携による研究推進が必要不可欠であろう。

産業用ロボットとは違って，生活空間における健康支援を実現できるために，ロボットの環境適応制御機能創生機能が欠かせない。そのために，以下に示すいくつかの数理研究課題が挙げられる。

① 動作基準：産業用ロボットでは速さやエネルギー効率を評価項目として動作を生成していたが，人間共存環境で動作するためには，周囲の人間から見て自然なロボットの動作が必要で，そのための評価基準を明らかにする必要がある。
② 感覚・運動マッピング：視覚や触覚といった感覚情報は時空間的に変化するのに対して，それに対応する身体運動制御信号は多次元の時間信号である。ゆえに，各感覚間および感覚から運動に至るまでの情報統合の基本的な枠組みと基礎数理を確立する必要がある。
③ 最適性と適応性の統一：動的環境における冗長多自由度な身体運動の実時間動作計画，学習と適応の統一的な枠組みを考案する必要がある。
④ 連続と離散：より高度な動作技能を可能にするためには，多指ハンドの制御や全身マニピュレーションおよび歩行動作に見られるようなロボットと対象物体または環境との多点間接触や，多数の摩擦モード間の遷移を伴う離散・連続混合運動を定式化しなければならない。

まず課題 ① に関しては，先行研究として自由運動空間と環境拘束空間における人間上肢の運動規範が研究され，また最近では動的な環境を操作するときの人間上肢の運動規範を実験と数理解析の両面から検証していると報告されている。ただし，全身運動の運動規範については研究がまだほとんど見当たらない。

また，課題 ② に関しては，身まね学習方式が提案されている。ここでは，視覚や触覚などの感覚フィードバックに基づく人間の運動機能をロボットに実現させようと，没入型動力学シミュレーション技術を活用して，接触作業における人間の動作モデルを運動情報とそのときの外界感覚情報と合わせてモデル化し，このモデルを用いてロボットの動作生成を行うようにしている。ロボットは実際動作中に得られた外界感覚を動作モデルに記録している感覚情報と比較して，ロボットの動作調節を行っている。これによって外界環境がモデル化されにくい場合でもロボットが確実かつ巧みに作業を成功させる確率が上がったことが，実験およびシミュレーションで確認されている。作業環境と力学的な接触作業におけるロボットのインピーダンス制御が以前から提案されているが，等価的に位置のフィードバック制御と力のフィードバック制御を合わせたもので，実際の接触力と動作モデルにある力情報を対比するような構造になっていない。

課題 ③ の実時間冗長自由度系の運動計画，学習，適応の統一的な枠組に関する研究については，ロボットの受動性，骨格筋の非線形特性に着目して近年精力的に理論開発を進め，工学的に大変興味深い結果が得られている。しかし，最適化と適応を統一させる理論がまだ得られておらず，発展途上であると言えるであろう。

最後の連続と離散を混合する運動の課題 ④ の研究に関しては，現状ではいくつかの制御理論で開発されていたモデル（例えばMLD）がロボットの歩行・走行や多指ハンドによる物体操作に適用されているが，混合整数最適化問題に帰着され，その問題の複雑さや計算量などの問題でまだ決定的な実用方法は見当たらないのが現状である。

ロボット支援の目的は，人々の生活の自立や活動範囲の維持・拡大であり，これによってより健康で質の高い生活を営めるようになることと期待したい。

＜羅 志偉＞

第25章

ROBOT CONTROL HANDBOOK

農作業支援

25.1　はじめに

農作業支援ロボットには数多くの事例がある。本章では制御との関連の強い車両型とアーム型の一部を紹介する。

25.1.1　農作業支援ロボットの概要

一般に，農業分野の作業システムは

- 作業者
- 作業環境（土壌，作物，路面など）
- 作業道具（農具）
- 作業機械（農機）
- 役畜（牛，馬など）

などの要素から構成される。これらの要素の一部を農作業支援ロボットに置換することによって，作業システムの性能を向上することが目的である。したがって，他分野と同様に，ロボット単体としての性能評価（作業速度，作業幅，可搬重量，安全性などの評価）だけではなく，作業システムとしての性能評価（作物収量，作物品質，作業負荷，コスト，環境負荷などの評価）も必要とされる。

代表的な作業としては，耕うん，施肥，播種，移植，潅水，収穫，調製，運搬，荷役，搾乳などがある。これらの作業負荷については文献[1, 2] などに記載されている。ここでは，耕うんのように重量な土を対象とする場合だけではなく，通常の移植やトマト収穫のように軽量な作物を対象とする場合でも作業負荷は大きくなることを確認しておく。第1に，作業負荷の増加要因の1つは姿勢 q を有する作業者（または作業機械）の手先負荷 f_e ではなく，

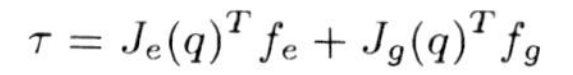

$$\tau = J_e(q)^T f_e + J_g(q)^T f_g$$

と表現される関節負荷（腰の負荷など）の大きさである。ここで f_g は重力，$J_e(q)$ は姿勢速度から手先速度までのヤコビアンであり，$J_g(q)$ は姿勢速度から重心速度までのヤコビアンである。農業分野では $J_g(q)^T$ の効果が大きくなるような姿勢 q を必要とする作業が多い。つまり，腰を曲げたまま，あるいは肘を伸ばしたままのように姿勢が悪いために，手先負荷は小さくても作業負荷は大きくなる。実際，鍬や鋤などの作業道具によってヤコビアンが変化するために作業負荷は大きく低減する。第2に，作業負荷の増加要因の一つとして，圃場面積と作物密度の積（トマトの個数など）が含まれる。小規模な家庭菜園での作業負荷と専業農家による大規模な圃場での作業負荷は全く異なる。

図 25.1 に国内農業総生産額を示す。これまでに稲作では作業者または役畜の一部を農用車両，畜産では搾乳ロボットに置換することで，作業負荷の低減が達成されてきた。これからは国内の野菜作や国外の農業も

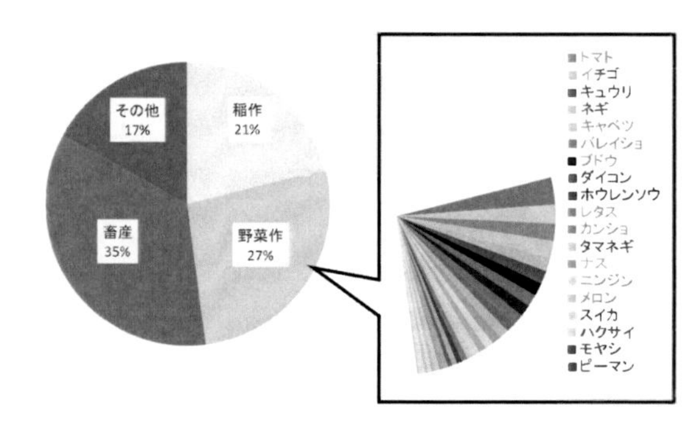

図 25.1　国内農業総産出額の構成
（2014 年度生産農業所得統計を基に著者作成）

視野に入れた車両型，アーム型，その他（アシストスーツや植物工場など[3]）の農作業支援ロボットによる置換が増えていくものと期待される。

一部の野菜作では品種内・品目内ばらつきが小さいため，イネ収穫のように掃引作業が可能であり，車両型[4] の制御系設計が重要となる。残りの野菜作では品種内・品目内ばらつきが大きいため，イチゴ収穫のように掃引作業が不可能であり，アーム型の制御系設計が重要となる。

ただし，建設，災害救助，地雷除去など他分野のフィールドロボット技術を単純に組み合わせるだけではなく，農業分野のための要素技術の開発も必要である。図 25.2 に示すように 2 つの経済学的視点

- C1：私的財である
- C2：低稼働である

から分類すると，建設分野では C1 は該当するが C2 は該当しない。逆に，災害救助分野では C2 は該当するが C1 は該当しない。一方，地雷除去分野では C1 も C2 も該当しない。ところが，農業分野では，作業機械は公共財ではなく季節性から C1 も C2 も該当するため，初期コストの観点が重要となる。さらに，図 25.1 に示すように野菜作では品種間・品目間ばらつきが大きいため，生産台数の観点が重要となる。実際，最大生産額のトマトやイチゴでも野菜作全体の約 15% である。機構系設計と制御系設計[5, 6] を連立する際に，汎用性をさらに重視することが重要と考えられる[7]。

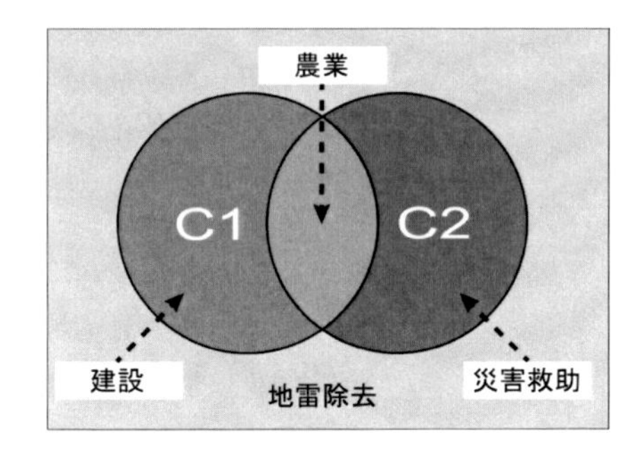

図 25.2　フィールドロボットの一分類

25.1.2　制御のためのモデリング

農作業支援ロボットの制御のためのモデリングについて，以下の 2 点を制御工学的視点から補足する。

① 試行錯誤の反復回数

モデルに基づかない制御（モデルフリー制御）だけではなくモデルに基づく制御（モデルベースト制御）においても制御ゲイン探索のような試行錯誤は必要となる。このことから，モデルは重要ではないとする立場がある。しかし，試行錯誤の有無ではなく，試行錯誤の反復回数の観点からモデルが重要である。例えば，降雨などによって土質パラメータが大きく変化する場合，モデルは重要と考えられる。

② 対人安全性と対物安全性

車両型もアーム型も低速であることが多く，大加速度が生じることが少ない。このことから，静的（運動学的）モデルで十分であり，動的（動力学的）モデルは重要ではないとする立場がある。しかし，作業機械単体が静的であっても，PI 制御の積分器のように制御装置に動特性が一つでも存在すれば，対人安全性と対物安全性の観点から動的モデルが重要である。例えば，制御に関連した事故の事前対策，事後調査を検討する場合，動的モデルは重要と考えられる。

＜酒井 悟＞

参考文献（25.1 節）

[1] 日本農作業学会：『農作業学』，農林統計協会 (1999).

[2] 池田，笈田：『農業機械学（第 3 版）』，文永堂出版 (2009).

[3] 岡本：『生物生産のための制御工学』，朝倉書店 (2003).

[4] Noguchi, N: Agricultural Vehicle Robot, *Agricultural Automation*, Chapter 2, CRC Press (2013).

[5] 近藤，野口，門田：『農業ロボット (I) 基礎と理論』，コロナ社 (2004).

[6] 近藤，野口，門田：『農業ロボット (II) 機構と事例』，コロナ社 (2004).

[7] 酒井：農工融合による農業ロボットの重量物ハンドリング，『日本機械学会誌』，**113**(7)，pp.527–530 (2010).

25.2　農用車両ロボット

25.2.1　農用ロボットの運動モデリング

(1) 車輪ロボットのモデリング

(i) 幾何モデル

農用ロボットは四輪が多い。図 25.3 は車輪横滑りを無視したアッカーマンジオメトリに基づき旋回する車輪ロボットの幾何学モデルである。縦方向の速度 V とロボットの重心から前車軸までの距離 l_f，重心から後車軸までの距離 l_r，操舵角速度 $\dot{\delta}$ によって運動が規定される。横滑り角 β，旋回角速度 r，操舵角 δ を状態

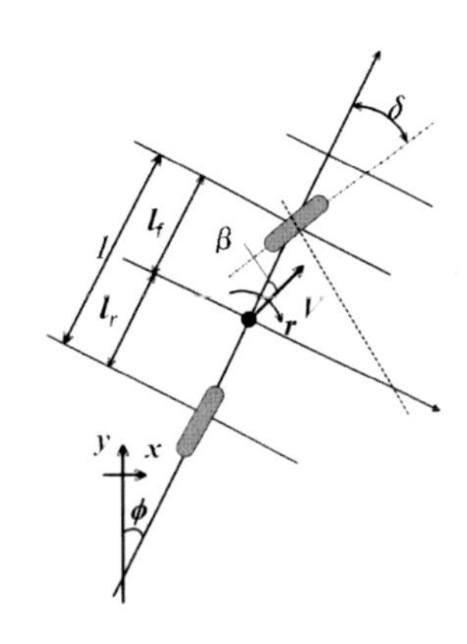

図 25.3　アッカーマンジオメトリに基づく車輪ロボットの幾何学モデル

変数 X とすると，運動は以下の式 (25.1) を用いて記述できる[1]。

$$
\begin{aligned}
\dot{X} &= [\beta\ r\ \delta]^T \\
u &= \dot{\delta} \\
\dot{X} &= AX + Bu \\
A &= \begin{bmatrix} 0 & 0 & \dfrac{l_f}{l_f + l_r} \\ 0 & 0 & \dfrac{V}{l_f + l_r} \\ 0 & 0 & 0 \end{bmatrix} \\
B &= [0\ 0\ 1]^T
\end{aligned}
\tag{25.1}
$$

ここで，状態量 X からロボット位置 (x, y)，方位 ϕ の算出は，初期状態 (x_0, y_0, ϕ_0) を定義すると式 (25.2) で表される。

$$
\begin{aligned}
x &= x_0 + V\int_0^t \cos(\beta + \phi)\mathrm{d}t \\
y &= y_0 + V\int_0^t \sin(\beta + \phi)\mathrm{d}t \\
\phi &= \phi_0 + \int_0^t r\mathrm{d}t
\end{aligned}
\tag{25.2}
$$

このモデルは，速度とロボットのディメンジョンだけで運動が規定されることを意味しており，路面と車輪間の力学的相互作用は考慮されていない。このモデルを使用すると，アスファルトのような堅い路面でもぬかるんだ路面でも同じ運動となり，現実と合致しない。すなわち，モデルは簡便であるが，オフロードを走行するロボットの運動を記述する上で，その適応性に限界がある。

(ii) 力学モデル

上述したように車輪の横滑りを考慮しない幾何学モデルは滑り現象が顕著なオフロードを走行する車輪ロボットの運動を表現するには問題が大きい。そのため，車輪の横力を考慮した四輪車両を二輪に置き換えた力学モデルが一般に使用される。図 25.4 のような車輪ロボットの運動系を定義すると，ロボットの力学モデルは以下の式 (25.3), (25.4) で表現される[1]。

$$mV(\dot{\beta} + r) = 2F_f + 2F_r \tag{25.3}$$

$$I\dot{r} = 2l_fF_f - 2l_rF_r \tag{25.4}$$

m, I はロボット質量と重心まわりのヨー方向慣性モーメントである。ここで，F_f, F_r は前後輪のコーナリングフォース，l_f, l_r は前車軸からロボット重心までの距離と後車軸からロボット重心までの距離である。一般に F_f と F_r はそれぞれの車輪の滑り角 α_f, α_r に依存して発生し，以下の線形化された式 (25.5), (25.6) が用いられる。

$$F_f = k_f\alpha_f \tag{25.5}$$

$$F_r = k_r\alpha_r \tag{25.6}$$

k_f, k_r はコーナリングパワーと呼ばれる定数である。δ を舵角とすると，前後輪滑り角は式 (25.7), (25.8) として記述できる。

$$\alpha_f \approx \beta + \frac{l_fr}{V} - \delta \tag{25.7}$$

$$\alpha_r \approx \beta - \frac{l_rr}{V} \tag{25.8}$$

状態変数 X を横滑り角 β とヨー角速度 r を要素とす

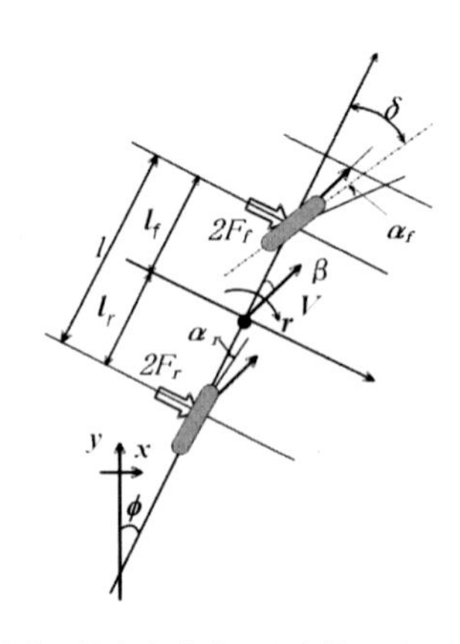

図 25.4　車輪の横力を考慮した車輪ロボットの力学モデル

るベクトルとして定義すると，運動モデルは式 (25.9) で表される。

$$
\begin{aligned}
X &= [\beta\ r]^T \\
\dot{X} &= AX + B\delta \\
A &= \begin{bmatrix} \frac{-2(k_f+k_r)}{mV} & \frac{-2(k_f l_f - k_r l_r) - mV^2}{mV^2} \\ \frac{-2(k_f I_f - k_r l_r)}{I} & \frac{-2(k_f l_f^2 + k_r l_r^2)}{IV} \end{bmatrix} \\
B &= \begin{bmatrix} \frac{2k_f}{mV} & \frac{2k_f l_f}{I} \end{bmatrix}^T
\end{aligned}
\tag{25.9}
$$

式 (25.9) は，路面や車輪特性に応じてコーナリングパワー k_f, k_r を変更することで様々な路面環境下のロボットの運動を表現できる。コーナリングパワー k_f, k_r は実際の走行結果から最小二乗近似などで同定することでモデリングが行われる。一方，図 25.5 は四輪の農用トラクタのコーナリング特性を示したものである。コーナリングフォース係数（コーナリングフォース/車輪接地荷重）の勾配は車輪横滑り角の増加に伴い低下し，さらに滑り角が増加するとコーナリングフォース係数は減少に転じることがわかる。すなわちこの領域にいったん入ると，ロボットは横方向の抗力不足となり操縦不能に陥ることを意味する。さらにオフロードで使用されるロボットでは大舵角が使用されるので，自動車工学分野で使用される滑り角ゼロの接線勾配であるコーナリングパワー k_f, k_r の取扱いに注意を要する。すなわち，農用ロボットの場合，コーナリングパワーによる線形モデルが適用できる運動範囲がオンロード車両と比較して狭いのである。したがって，農用ロボットのモデリングには非線形のまま取り扱うか，もしくはコーナリング特性の厳密な線形化操作が必要になる。

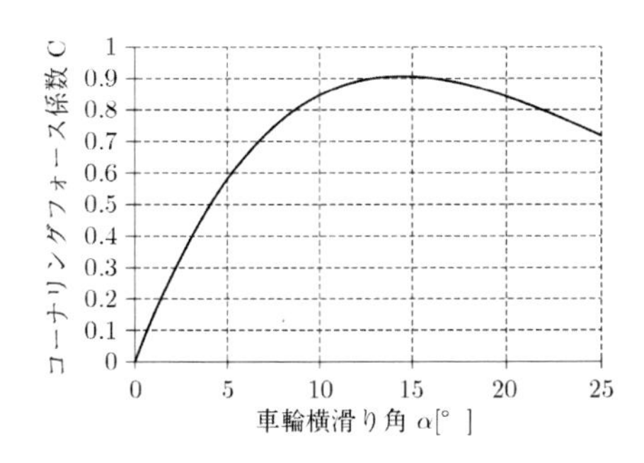

図 25.5　車輪横滑り角とコーナリングフォース係数の関係

(2) 履帯ロボットのモデリング

履帯ロボットは，車輪ロボットと比較して接地圧が低くなるため，オフロードを走行するロボットにしばしば使用される。履帯ロボットはその操向方法が左右の履帯速度を変化させることにより行う。すなわち左右履帯が滑りを利用して旋回を行う。旋回によっては内側履帯が負の滑り（スキッド）のもとで旋回することもあり，現象を力学的にモデリングすることが難しいロボットである。図 25.6 に示す座標系の元で平面を走行する履帯ロボットの運動モデルは式 (25.10), (25.11) で表される[2]。

$$
m\frac{\mathrm{d}^2 s}{\mathrm{d}t^2} = F_0 + F_i - R_{\mathrm{tot}} \tag{25.10}
$$

$$
I_z\frac{\mathrm{d}^2\theta}{\mathrm{d}t^2} = \frac{B}{2}(F_o - F_i) - M_r \tag{25.11}
$$

s は縦方向位置，θ は旋回角である。m は質量，I_z は鉛直軸まわりの慣性モーメント，F_o, F_i は外側・内側履帯接地部の推進力，R_{tot} は走行抵抗である。また，B は左右の履帯間距離，M_r は履帯と路面間に作用する旋回抵抗モーメントになる。ロボットの位置，方位を計算する上で，以上モデルと合わせて定常状態の運動も考慮する必要がある。

いま，内外履帯の角速度を ω_i, ω_o として，それぞれの履帯の滑り率を i_i, i_o とすると，旋回半径 R と旋回角速度 Ω は式 (25.12), (25.13) で表すことができる。

$$
R = \frac{B[K_s(1-i_o) + (1-i_i)]}{2[K_s(1-i_o) - (1-i_i)]} \tag{25.12}
$$

$$
\Omega_G = \frac{r\omega_i[K_s(1-i_o) - (1-i_i)]}{B} \tag{25.13}
$$

ここで，$K_s = \omega_o/\omega_i$ を操向比と呼び，外側と内側履帯

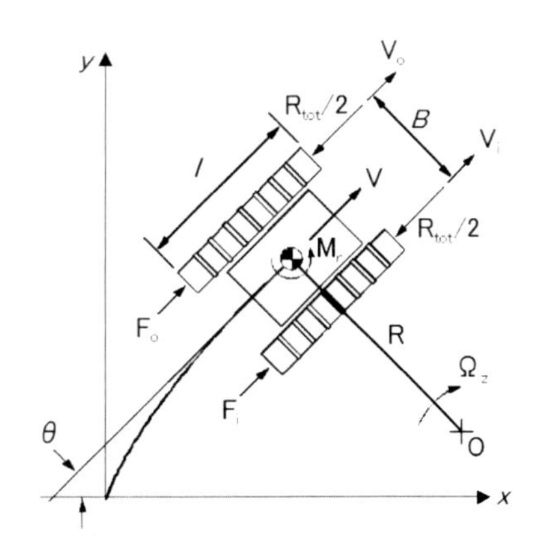

図 25.6　履帯式ロボットの運動モデル

の角速度比である。すなわち，式 (25.12) と 式 (25.13) では滑り率 i を求めることが必須となる。滑りは負の滑りであるスキッドの状態でも適応できる。このとき，内外履帯の滑り率は F_o, F_i に依存するため，履帯と路面の力学的相互作用をモデリングすることが重要である。この履帯と路面間のモデルについては，理論式も提案されているが，土壌変形を伴う挙動であるので，一般には履帯部の速度，推進力，滑り率の関係を土壌層を用いたモデル実験によって把握する方法がとられる。

(3) 農用ロボットの制御

(i) 操舵制御と傾斜補正

ロボットを目標経路に追従させる上で，ロボットの横方向偏差と方位偏差を使用してフィードバック制御を行う。特にロボット制御には位置偏差と方位偏差の 2 入力による比例制御が多用される。操舵を伴う直進制御は GPS によって計測された測位データを 3 軸傾斜計により傾斜補正して得られた位置 (x, y) とジャイロスコープのような方位センサによって計測された方位 ϕ を用いて，図 25.7 のように目標経路との横方向偏差 ε と方位偏差 $\Delta\phi$ を使用したフィードバック制御が採用される[3]。

$$\delta(t) = k_\phi \Delta\phi(t) + k_p \varepsilon(t) \tag{25.14}$$

ここで，k_ϕ, k_p は制御ゲインであり，制御対象によって動特性が異なるため，実験によって決定する。なお，位置は GPS などによって計測されるが，オフロードを走行するロボットの場合，その傾斜に伴う位置偏差を補正する必要があり，3 軸傾斜計により補正する。補正ロボット位置 (x_a, y_a, z_a) は，式 (25.15) によって計算できる[4]。

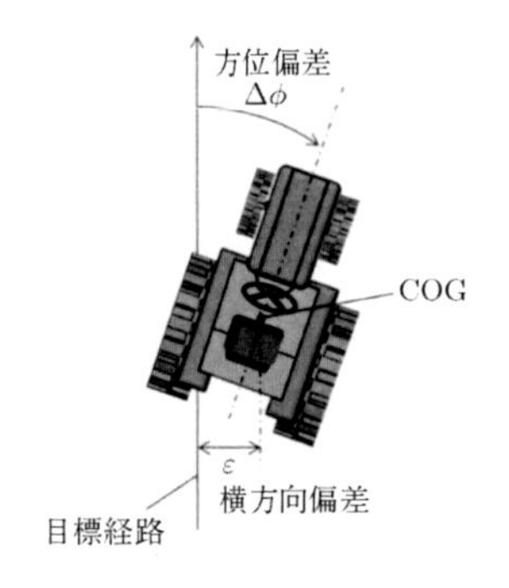

図 25.7　ロボットの横方向偏差と方位偏差

$$\begin{pmatrix} x_a \\ y_a \\ z_a \end{pmatrix} = \begin{pmatrix} x \\ y \\ z \end{pmatrix} - E^{-1}(\phi\ \theta_p\ \theta_r) \begin{pmatrix} a \\ b \\ h \end{pmatrix} \tag{25.15}$$

x, y, z はロボットの測位位置，a, b, h は傾斜谷側車輪接地点からロボット測位点までの相対距離，θ_r は傾斜計ロール角，θ_p は傾斜計ピッチ角，ϕ は地上座標系 $(X\text{-}Y)$ におけるロボット方位である。

ここで，図 25.8 に示すようにロール角，ピッチ角，ロボット方位がオイラー角の定義に従って出力されるとすると，変換行列 E は式 (25.16) で表される。

$$E^{-1}(\phi, \theta_p, \theta_r) = E(-\phi, -\theta_p, -\theta_r)$$
$$= \begin{pmatrix} \cos\theta_r\cos\phi + \sin\theta_r\sin\theta_p\sin\phi & \cos\theta_p\sin\phi & -\cos\theta_r\sin\theta_p\sin\phi + \sin\theta_r\cos\phi \\ -\cos\theta_r\sin\phi + \sin\theta_r\sin\theta_p\cos\phi & \cos\theta_p\cos\phi & -\cos\theta_r\sin\theta_p\cos\phi - \sin\theta_r\sin\phi \\ -\sin\theta_r\cos\theta_p & \sin\theta_p & \cos\theta_r\cos\theta_p \end{pmatrix} \tag{25.16}$$

すなわち，オフロードロボットの走行制御を高い精度で実現するためには，傾斜補正後の位置データを用いて目標経路との横方向偏差 ε を計算し，制御器に入力することが必要である。

(a) ロボット傾斜角（ロール角，ピッチ角）

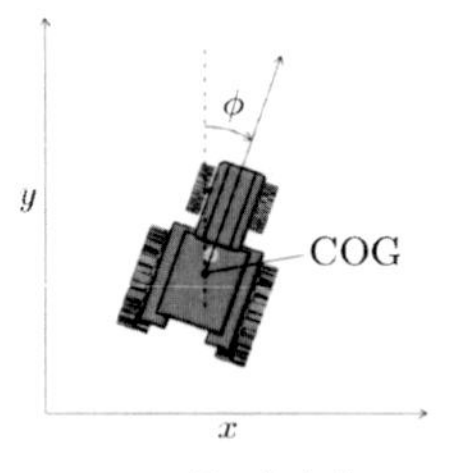

(b) ロボット方位

図 25.8　ロボットの姿勢角

(ii) 目標経路への追従制御法

農作業の場合，ロボットの目標経路は直線とは限らず，曲線の場合もある。このような曲線経路を含め，目標経路の生成自由度を高める上で経路を点群によって記述する。ここでは点群で目標経路を記述した場合の追従制御系の設計法について論じる[5]。地上座標系の元で目標経路の要素データをナビゲーションポイントと呼び，$\omega_i^* = (x_i, y_i)$ として，2 次元ユークリッド空間 E^2 の部分集合である作業経路 Ω^* を式 (25.17) で定義する。

$$\Omega^* = \{\omega_i^* | \omega^* \in E^2, 0 < i \leq N\} \tag{25.17}$$

図 25.9 に点群経路に対する操舵制御系のアルゴリズムを示す。ϕ は Y 軸に対するロボットの絶対方位，ϕ_d は目標方位，そして $\varepsilon, \Delta\phi$ をそれぞれ横方向偏差と方位偏差と定義する。

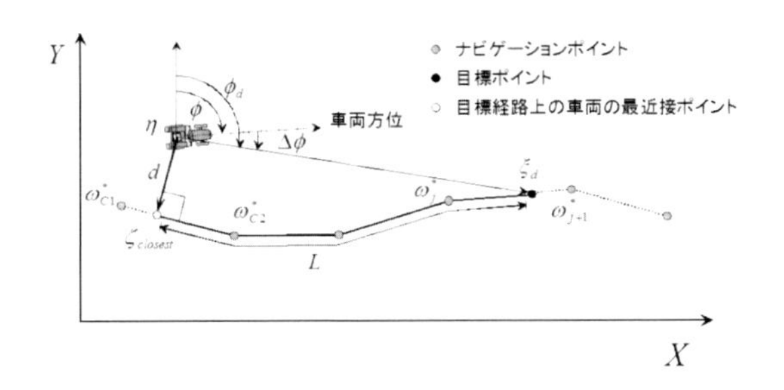

図 **25.9** 点群経路への追従制御法

- **横方向偏差**

現在のロボットの位置ベクトルを $\eta \in E^2$ とすると，η から Ω^* の中の最も近い点 ω_{C1}^* と次に近い点 ω_{C2}^* は以下のように求められる。

$$\omega_{C1}^* = \left\{ \omega_i^* | \min_{i=1}^{N} \|\omega_i^* - \eta\|, \omega_i^* \in \Omega^* \right\} \tag{25.18}$$

$$\omega_{C2}^* = \left\{ \omega_i^* | \min_{i=1}^{N} \|\omega_i^* - \eta\|, \omega_i^* \in \Omega^*, \omega_i^* \neq \omega_{C1}^* \right\} \tag{25.19}$$

ただし $\|\cdot\|$ はベクトルのノルムを表す。閉空間 $[\omega_{C1}^*, \omega_{C2}^*]$ は式 (25.20) で表される。

$$[\omega_{C1}^*, \omega_{C2}^*] = \{\zeta | \zeta = \lambda\omega_{C1}^* + (1-\lambda)\omega_{C2}^*, \quad 0 \leq \lambda \leq 1, \zeta \in E^2\} \tag{25.20}$$

ここで ζ は ω_{C1}^* と ω_{C2}^* 間の内分点を表す。以上から横方向偏差 ε は式 (25.21) で求められる。

$$\varepsilon = \min_{[\omega_{C1}^*, \omega_{C2}^*]} \|\zeta - \eta\| \tag{25.21}$$

- **方位偏差**

方位偏差 $\Delta\phi$ は目標方位とロボットの絶対方位の差である。

$$\Delta\phi = \phi - \phi_d \tag{25.22}$$

したがって，$\Delta\phi$ を得るためにはまずロボットの目標方位 ϕ_d を求めなくてはならない。走行方向が $\omega_{C1}^* \to \omega_{C2}^*$ にあると仮定する。式 (25.25) を満たす ζ を ζ_{closest} とし，さらに制御パラメータとなる前方注視距離 L を導入して，以下の 2 式を満たすナビゲーションポイント ω_j^* を Ω^* から検索する。

$$L_1 = \|\omega_{C2}^* - \zeta_{\mathrm{closest}}\| + \sum_{i=C2+1}^{i} \|\omega_i^* - \omega_{i-1}^*\| \leq L \tag{25.23}$$

$$L_2 = \|\omega_{C2}^* - \zeta_{\mathrm{closest}}\| + \sum_{i=C2+1}^{j+1} \|\omega_i^* - \omega_{i-1}^*\| \geq L \tag{25.24}$$

2 点 ω_j^* と ω_{j+1}^* を結ぶ線分上の位置ベクトル ζ の動く範囲は，以下の式で表される E^2 の部分空間 Ξ となる。

$$\xi = \{\xi | \xi \in E^2, \xi = \lambda\omega_i^* + (1-\lambda)\omega_{i+1}^*, 0 \leq \lambda \leq 1\} \tag{25.25}$$

ここで $\Delta L = L - L_1$ とおくと，以下の式を満たすベクトル $\xi_d \in \Xi$ が，前方注視距離 L を考慮した目標点である。

$$\|\xi_d - \omega_j^*\| = \Delta L \tag{25.26}$$

したがって，目標方位 ϕ_d は，$(\xi_d - \eta)$ と Y 軸方向ベクトルの内積により計算され，

$$\cos\phi_d = \frac{(\xi_d - \eta) \cdot d_y}{\|\xi_d - \eta\|} \tag{25.27}$$

$$\phi_d = \cos^{-1}\left\{ \frac{(\xi_d - \eta) \cdot d_y}{\|\xi_d - \eta\|} \right\} \tag{25.28}$$

ただし，d_y は Y 軸方向の単位ベクトルである。

以上から，方位偏差 $\Delta\phi$ は式 (25.22) によって求めることができる。

＜野口 伸＞

参考文献（25.2.1 項）

[1] 阿部正人：『自動車の運動と制御』，pp.49–66, 山海堂 (1992).

[2] Wong, J.: *Theory of Ground Vehicles*, John Wiley & Sons (1993).

[3] Noguchi,N., *et al.* : Development of an Agricultural Mobile Robot using a Geomagnetic Direction Sensor and Image Sensors, *Journal of Agricultural Engineering Research*, 67, pp. 1–155 (1997).

[4] 水島晃 他：自律走行車両の GPS 位置計測に関わる傾斜補正, 『農機誌』, 62(4), pp. 146–153 (2000).

[5] 木瀬道夫 他：RTK-GPS と FOG を使用したほ場作業ロボット（第 2 報）,『農機誌』, 63(5), pp. 80–85 (2001).

25.2.2　果樹園 UGV

我が国の果物は, 高品質で海外でも高い評価を受けている。一方, 農作業従事者の高齢化や減少が進んでいる。果樹園は丘陵地にあることが多い上, 果実栽培は管理や収穫作業の負担が大きく, 防除や高所作業での作業者の安全確保も問題となっている。そこで, 果樹園で利用できる作業用ロボットの研究開発が必要とされている。

この項では, 果樹園における果樹の維持管理, 農薬散布, 果実収穫などの作業プラットフォームとして開発した果樹園 UGV (Unmanned Ground Vehicle) の概要について述べる。なお, 本開発は神戸大学, ヤマハ発動機株式会社, 農業・食品産業技術総合研究機構北海道農業研究センターが共同で行ったものである。

(1) 果樹園 UGV の想定作業

開発した果樹園 UGV（図 25.10）は, 作業の観点から大きく 2 つに分けられる。

図 25.10　果樹園 UGV

① 低速で旋回走行中心の作業（図 25.11）

果樹のまわりを低速（0.5～1.5m/s 程度）で旋回し, 果樹から果樹に移動しながら, 1 本の果樹に対して管理や収穫などの細かい作業を行う。

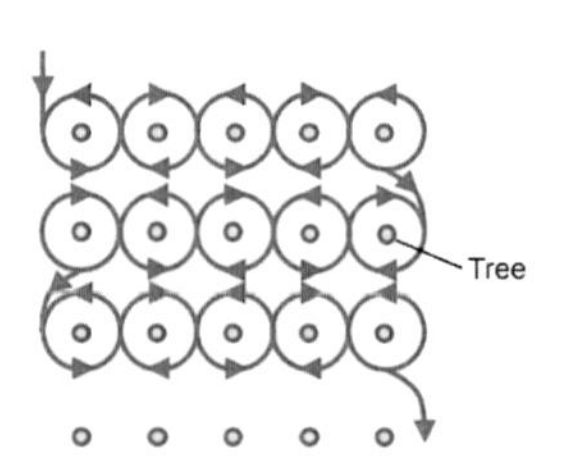

図 25.11
旋回走行中心の作業経路

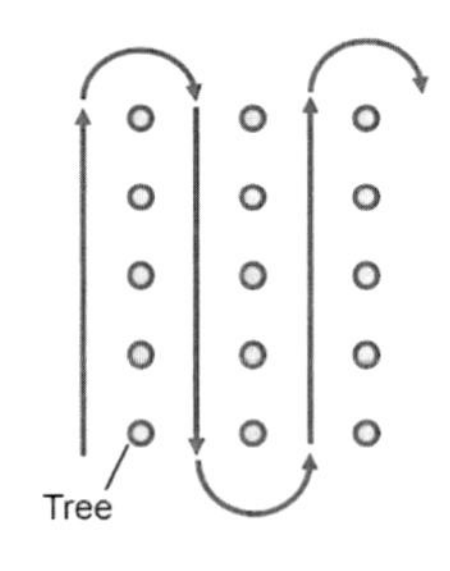

図 25.12
直線走行中心の作業経路

② 比較的高速で直線走行中心の作業（図 25.12）

果樹の列間を比較的高速（1.5～3.5m/s 程度）で直線走行し, 防除のための薬剤噴霧, 草刈などの作業を行う。

果樹園は幹・枝・葉という遮蔽物が存在する環境であり, GPS を利用した位置精度は信頼性が大きく低下してしまうため, GPS の利用は除外して考える必要がある。そこで, LRF (Laser-Range-Finder) を利用する手法[1, 2] と全方位カメラを利用する手法[3] を開発してきたが, ここではロバスト性の高さと距離を直接計測可能な LRF の利用を前提とし, モデル化と制御手法, そして LRF による自己位置・姿勢同定法について述べる。

(2) 操舵モデルと制御法

利用する UGV はバギー車両を基に改造したものであり, 真横方向には直接的な移動機構を持たない劣駆動システムである。UGV が決められた経路を走行するためには, 経路追従制御が適切であり, 非ホロノミックシステムの一つである車輪型移動ロボットに対する非線形制御を応用した手法を導入する。

まず, 移動ロボットのトラッキング制御問題という手法の枠組みで考え, それを経路追従制御問題に応用する。トラッキング制御問題は, 仮想的に設けられた参照車両に実車両を追従させる制御である。この参照車両を実車両に並走する形で参照経路上を走行させると, 経路追従制御問題となる。

図 25.13 のように, 参照車両から実車両を見たときの相対位置およびヨー角として e_1, e_2, e_3 を定義すると次式のようになる。

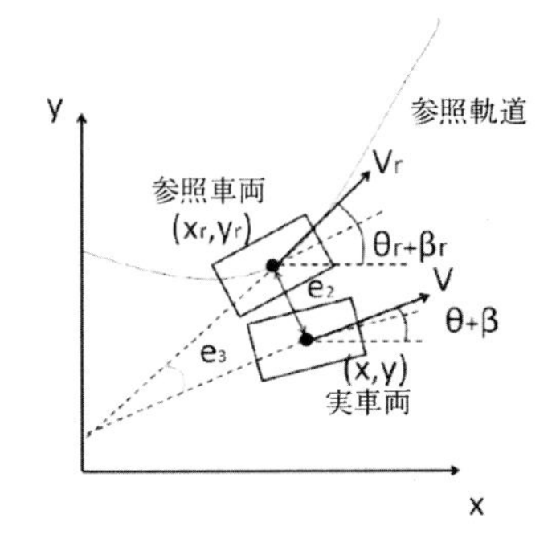

図 25.13　経路追従制御

$$\begin{bmatrix} e_1 \\ e_2 \\ e_3 \end{bmatrix} = \begin{bmatrix} \cos\theta_r & \sin\theta_r & 0 \\ -\sin\theta_r & \cos\theta_r & 0 \\ 0 & 0 & 1 \end{bmatrix} \begin{bmatrix} x - x_r \\ y - y_r \\ \theta - \theta_r \end{bmatrix} \tag{25.29}$$

ここで，添字の r が付いているものが参照車両における各種の変数を表す。

また，e_1, e_2, e_3 の時間微分は次式のようになる。

$$\frac{\mathrm{d}}{\mathrm{d}t}\begin{bmatrix} e_1 \\ e_2 \\ e_3 \end{bmatrix} = \begin{bmatrix} V\cos e_3 - V_r + e_2\omega_r \\ V\sin e_3 - e_1\omega_r \\ \omega - \omega_r \end{bmatrix} \tag{25.30}$$

ここで，$\omega = \dot{\theta}$，$\omega_r = \dot{\theta}_r$ である。

詳細は省略するが，参照車両が実車両の走行速度に合わせて常に並走するように参照車両の速度を設定すると，$e_1 = \dot{e}_1 = 0$ となり，誤差微分方程式 (25.30) は次式のようになる。

$$\frac{\mathrm{d}}{\mathrm{d}t}\begin{bmatrix} e_2 \\ e_3 \end{bmatrix} = \begin{bmatrix} V\sin e_3 \\ \omega - \omega_r \end{bmatrix} \tag{25.31}$$

ここで，車両の角速度 ω を入力と考え，非ホロノミック移動ロボットの制御法を参考に，制御入力を以下のように選択する。

$$\omega = \omega_r - K_2 e_2 V - K_3 \sin e_3 \tag{25.32}$$

ただし，K_2 と K_3 は正の定数ゲインである。また，非ホロノミック移動ロボットの収束性証明と同様に，e_2，e_3 が 0 に収束することが示される。しかし，求めた制御入力 (25.32) は角速度であり，車両を制御するためには，前輪舵角を求めなければならない。前輪舵角を求める手法は，その用いる状況に応じて，以下の 2 通りが考えられる。

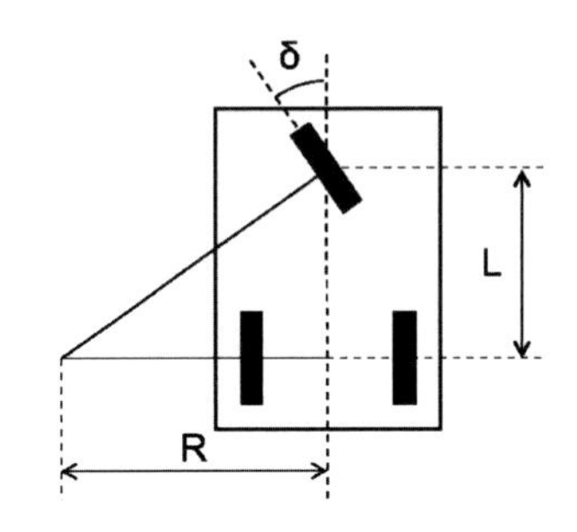

図 25.14　前輪舵角と曲率半径の関係

① 滑りが小さいと仮定できるときは，幾何的に前輪舵角を求める。

② 滑りが小さいと仮定できないときは，前輪舵角と車両角速度の動的要素を考慮し，前輪舵角を求める。

本節では 1 番目のみを扱うが，2 番目を扱う手法については文献[4] などを参照のこと。図 25.14 に示すように，車両が滑らない場合，前輪舵角 δ と曲率半径 R には幾何的に以下の関係が成り立つ。

$$\delta = \tan^{-1}\frac{L}{R} \tag{25.33}$$

また，速度 V と角速度 ω には，$V = R\omega$ の関係があるため，前輪舵角と角速度には以下の関係が成り立つ。

$$\delta = \tan^{-1}\frac{L\omega}{V} \tag{25.34}$$

つまり，式 (25.32) で求められた角速度 ω を式 (25.34) に代入することで，前輪舵角 δ が求まる。

本来，土壌の凹凸や変形などを考慮したテラメカニクスを直接的に制御に導入できると非常に良い制御が可能になると考えられる。しかし，テラメカニクスの制御への導入は非常に困難であり，外乱やモデル化誤差を考慮したロバストな制御手法の適用が必要である。例えばスライディングモード制御の導入[4]，逆最適制御の導入[1]，H_∞ 制御などの線形ロバスト制御の導入[5, 6] などが考えられる。また，図 25.15 のように，外乱のために大きく経路を外れた場合も，目標経路へ滑らかに収束させるための経路生成法[1] などが考えられる。実用性の観点からは，荷物運搬が必要であり，トレーラの牽引も必要になるが，牽引時の後退制御[7] も可能である。さらに，速度制御もロバスト性を考慮した H_∞ 制御[8] などを利用することで，土壌の凹凸が大きい場

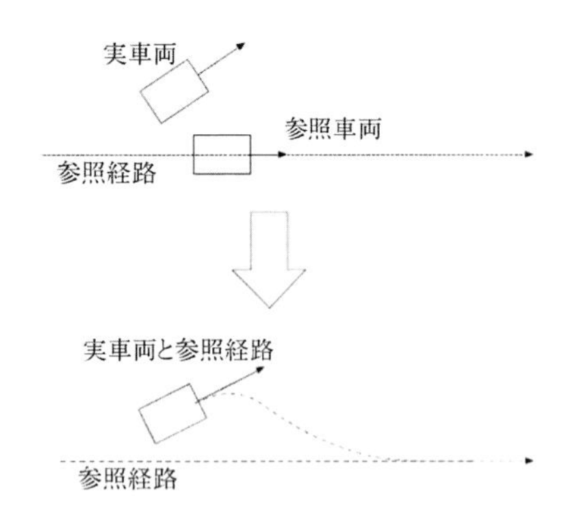

図 25.15　経路再生成

図 25.16　走行実験を行った洋梨園

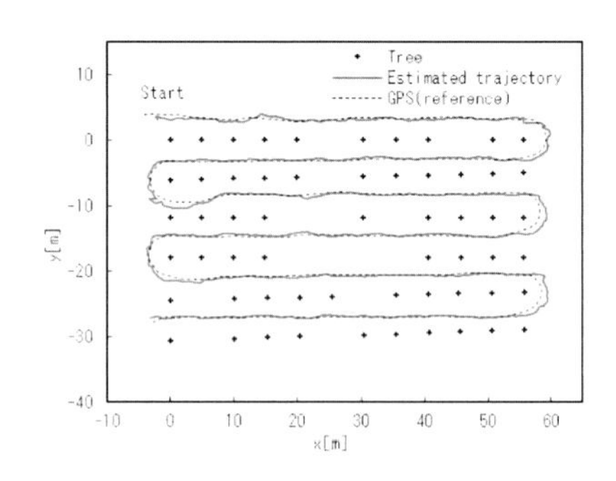

図 25.17　走行制御結果例

合や，速度が高い場合の実用性が向上する。

(3) 自己位置・姿勢同定

UGV の制御のためには，自己位置・姿勢に関する情報が必要である。そこで，2 次元 LRF を用いた推定を行う。ただし，果樹園内の土壌は一般的に凹凸がある不整地であり，走行時にはローリングやピッチングが生じる。このため，垂れ下がった木の枝・葉，下草や路面が LRF によって検出されてしまい，自己位置・姿勢同定に多大な影響を及ぼす。そこで，ローリングやピッチングの影響を低減するために，複数の 2 次元 LRF を用い，また事前マップを活用する拡張カルマンフィルタ，あるいはパーティクルフィルタを用いて，車両の位置・姿勢を推定している[1]。

(4) 果樹園での走行制御結果例

例として 2010 年 6 月に北海道農業研究センター内の洋梨園（図 25.16）で行った自律走行実験の結果を図 25.17 に示す。ここにはパーティクルフィルタによる自己位置推定結果と，参照用に 1 周波 RTK-GPS (Real-Time Kinematic GPS) による計測結果が示されている。制御信号や車両内部状態の伝達など制御用 PC と車両コントローラとの通信は，CAN (Control Area Network) を通じて 20 Hz で行われている。また，このとき使用した LRF は 1 個で，スキャン範囲は水平方向に 270°，スキャン速度は 40 Hz である。操舵制御は逆最適制御[1]，速度制御は 1.5 m/s を目標値とした PI 制御を用いている。この結果，RMS で 12cm の横偏差で走行に成功している。さらにロバスト性の高い制御法や複数の LRF を用いることで，より凹凸が激しい土壌や，より高速（最大 3.5 m/s）での走行も実用レベルで可能となっている[6]。

＜深尾隆則＞

参考文献（25.2.2 項）

[1] 倉鋪，深尾，永田，石山，神谷，村上：レーザレンジファインダによる自己位置同定と逆最適制御を用いた果樹園 UGV の巡回走行，『日本ロボット学会誌』，Vol.30, No.4, pp.428–435 (2012).

[2] 開田，永田，倉鋪，深尾，石山，神谷，村上：果樹園における全方位カメラ画像に基づく適応スライディングモード制御，『日本機械学会論文集 C 編』，Vol.78, No.789, pp.546–558 (2012).

[3] 永田，開田，倉鋪，深尾，石山，神谷，村上：果樹園 UGV の全方位カメラの画像に基づく制御，『日本ロボット学会誌』，Vol.29, No.9, pp.857–866 (2011).

[4] 八田，深尾，村上：スライディングモード制御によるロボットトラクタの Path Following 制御，第 2 回 SICE 制御部門マルチシンポジウム (2015).

[5] 加藤，倉鋪，深尾，青木，石山，村上：UGV の H_∞ 制御によるロバストな経路追従，自動車技術会春季大会 (2012).

[6] 加藤，深尾，青木，石山，村上：UGV のゲインスケジュールド H_∞ 制御による不整地での経路追従，第 13 回計測自動制御学会システムインテグレーション部門講演会 (2012).

[7] 中谷，開田，吉本，深尾，石山，神谷，村上：無人走行車両の牽引後退における経路追従制御，第 32 回日本ロボット学会学術講演会 (2014).

[8] 吉本，深尾，青木，石山，村上：無人走行車のゲインスケジュー

ルド H_∞ 制御に基づく速度制御,『農業食料工学会誌』, Vol.76, No.3, pp.253–260 (2014).

25.2.3 コンバインのモデリングと制御

(1) コンバインの概要

日本で穀物の収穫に使う自脱コンバイン，汎用コンバイン，および大豆コンバインはクローラ型車両である。この理由は農地の多くが水田やその転作地であるため，粘土質が高く，水分が高いと泥濘で車輪型車両では走行が難しいことが大きな理由である。これらのコンバインの中で，稲収穫に使う自脱コンバインを例にモデリングと制御について述べる。

(2) 自脱コンバインロボット

図 25.18 に市販の自脱コンバインをベース機としてロボット化した開発機[1-3] を示す。

開発したコンバインロボットは 4 条刈（最大刈幅：1.4m)，最高作業速度 1.34m/s である。自車の位置・方位を測定するため，マルチ GNSS（Global Navigation Satellite System，トプコン，AGI-3）と GPS コンパス（ヘミスフィア，ssV-102）をキャブ上に搭載している。これらのセンサによりコンバインは 10Hz で位置と方位を測定する。

図 25.18 自脱コンバインロボット（京都大学）

(3) 車両モデリング

前述の通り，コンバインはクローラ型車両で，走行路面も不整地であるために精密なモデリングは難しい。そこで図 25.19 の左右独立二輪モデルとしてモデリングを行う。供試コンバインの走行と操舵は，静油圧トランスミッション (HST: Hydrostatic Transmission) と左右独立クラッチ・ブレーキ方式で行う。左右のクローラ速度を v_L と v_R，コンバインの平均走行速度を v，左右クローラ間のトレッドを b とすると，平均速度とヨー角速度は以下の通りである。

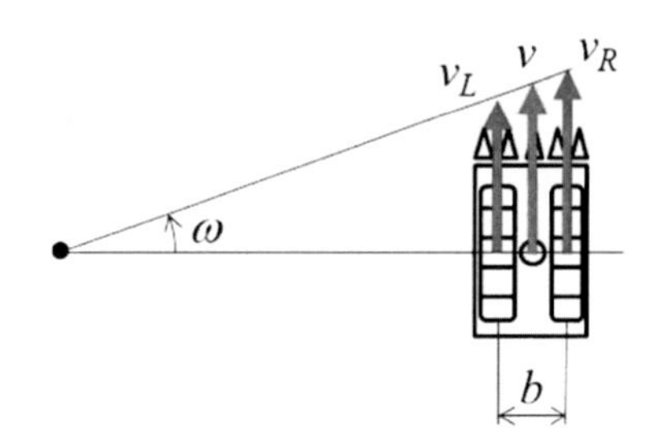

図 25.19 コンバインの左右独立二輪モデル

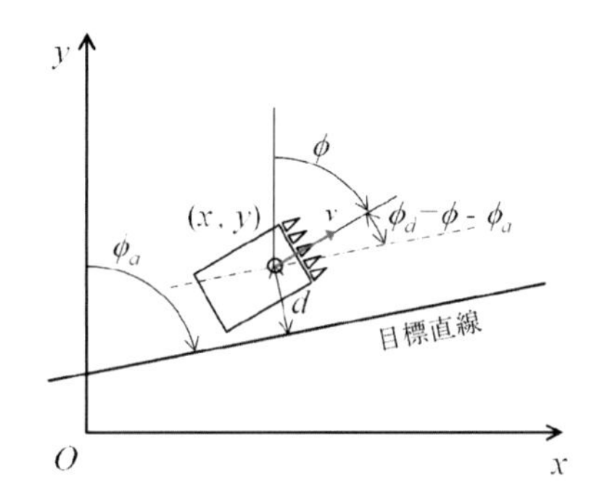

図 25.20 目標直線に対する車両の横偏差と方位偏差

$$v = \frac{v_L + v_R}{2} \tag{25.35}$$

$$\omega = \tan^{-1}\left(\frac{v_R - v_L}{b}\right) = \tan^{-1}\left(\frac{v_d}{b}\right) \tag{25.36}$$

ここで $v_d = v_R - v_L$ である。

この車両が目標直線に追従走行する場合，図 25.20 に示すように目標直線に対して横偏差と方位偏差が生じる。

車両の位置を (x, y)，方位を ϕ，目標直線で表される進行方位を ϕ_a とすると，方位偏差 ϕ_d は次式となる。

$$\phi_d = \phi - \phi_a \tag{25.37}$$

ここで，車両のヨー角速度と方位偏差の間の関係は，

$$\omega = -\dot{\phi}_d \tag{25.38}$$

また，目標直線に対する車両の横偏差を d とすると，その時間微分した横速度 $\dot{d}$ は，次式で求められる。

$$\dot{d} = v \sin \phi_d \tag{25.39}$$

さらに，左右クローラ速度の時間変化量 $\dot{v}_d$ が操舵量入力 u に比例すると仮定すると，

$$\dot{v}_d = ku \tag{25.40}$$

となる。車両が目標直線に従って走行する場合，方位とその変化量は微小であることから式 (25.36) から式 (25.39) を線形化できる。ここで，状態変数と出力変数を

$$x(t) = \begin{bmatrix} d(t) \\ \phi_d(t) \\ v_d(t) \end{bmatrix}, y(t) = \begin{bmatrix} d(t) \\ \phi_d(t) \end{bmatrix} \tag{25.41}$$

とすると，連続時間型の状態方程式と出力方程式は，

$$\dot{x}(t) = \begin{bmatrix} 0 & v & 0 \\ 0 & 0 & 1/b \\ 0 & 0 & 0 \end{bmatrix} x(t) + \begin{bmatrix} 0 \\ 0 \\ k \end{bmatrix} u(t) \tag{25.42}$$

$$y(t) = \begin{bmatrix} 1 & 0 & 0 \\ 0 & 1 & 0 \end{bmatrix} x(t) \tag{25.43}$$

となる。これらを制御周期 ΔT で離散時間型状態方程式に変換すると，

$$x_{k+1} = A_d x_k + B_d u_k \tag{25.44}$$

$$y_k = C x_k \tag{25.45}$$

$$A_d = \begin{bmatrix} 1 & v\Delta T & 0 \\ 0 & 1 & \Delta T/b \\ 0 & 0 & 1 \end{bmatrix}, B_d = \begin{bmatrix} 0 \\ 0 \\ k\Delta T \end{bmatrix} \tag{25.46}$$

$$C = \begin{bmatrix} 1 & 0 & 0 \\ 0 & 1 & 0 \end{bmatrix}, (k = 1, 2, 3, \ldots)$$

$$x_k = \begin{bmatrix} d_k \\ \phi_{dk} \\ v_{dk} \end{bmatrix}, y_k = \begin{bmatrix} d_k \\ \phi_d k \end{bmatrix}$$

となる。

コンバインの位置と方位は，GNSS とコンパスで計測できるが，これらの計測値にはノイズや誤差が含まれている。したがって，逐次カルマンフィルタを用いて，目標直線に対するコンバインの横偏差と方向偏差の推定値 $\hat{y}_k = [\hat{d}_k \ \hat{\phi}_{dk}]^T$ を求める。

(4) 収穫作業方法

コンバインロボットによる収穫作業では，直進走行による刈取りと，枕地旋回による方向転換を組み合わせて，左回りに作物の刈取りを行う。これを回刈り作業と呼ぶ。最初の 3〜4 周はオペレータが有人作業で刈取りを行い，その後残りの作物をロボット作業で無人収穫を行う。刈取り作業中にコンバインのグレーンタンクが満量になれば，オペレータが穀粒を運搬車に排出して，再度刈取りをロボット作業で行う。

(5) 直進制御

目標直線に追従走行する場合には，(3) で推定した横偏差と方位偏差の推定値により，操舵制御を行う（図 25.21）。ここで，コンバインの走行速度は一定と見なす。

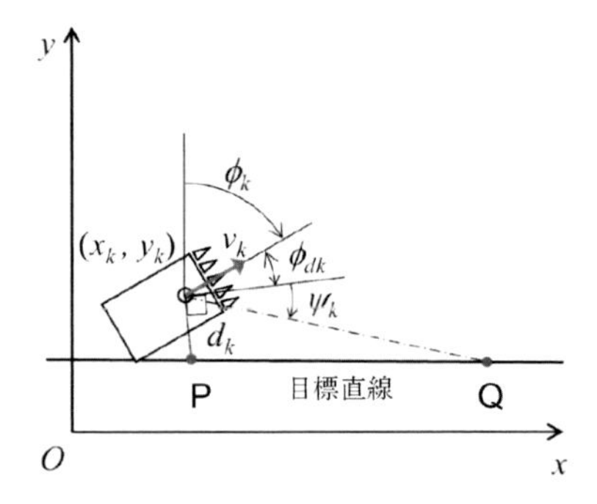

図 25.21　目標直線に対するコンバインの横偏差と方位偏差の推定値

コンバインの操舵量 δ は，目標直線からの横偏差 d_k と方位偏差 ϕ_{dk}，および走行速度 v_k から決定した。コンバインが 1 s 後に到達すべき目標経路上の点 Q に向かうように操舵量を決定する。このとき，コンバインが点 Q に向かう角度 ψ_k は次式で求められる。

$$\psi_k = \sin^{-1}(d_k/v_k) \tag{25.47}$$

ここで ψ_k が十分小さい値と見なすと，

$$\psi_k = d_k/v_k \tag{25.48}$$

に近似できる。これを用いて，操舵量を次式から決定する。

$$\delta = k_1\phi_{dk} + k_2\psi_k = k_1\phi_{dk} + k_2 d_k/v_k \tag{25.49}$$

k_1 と k_2 は比例ゲインである。横偏差と方向偏差は，

カルマンフィルタによる推定値を用いた。

(6) 枕地旋回制御（直角旋回制御）

コンバインは直線経路に追従して稲を刈り取った後，圃場の端では直角に旋回をして方向転換を行い，次の刈り取りを行う。この旋回では，前進左旋回と後進右旋回を組み合わせた直角旋回を行った（図 25.22)。

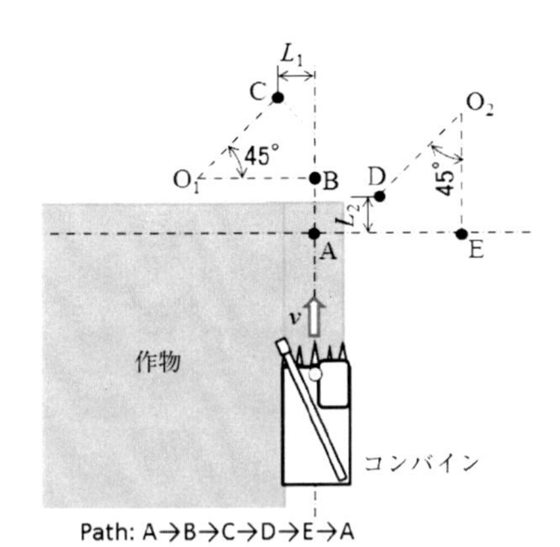

図 25.22 枕地旋回方法（α ターン）

コンバインは稲列を刈り取った後，左側の未刈取りの稲を踏み倒さないように一定量直進（点 B）してから 45° 左旋回を行う。このとき，旋回開始から旋回終了までの目標直線から垂直な方向への移動量（図中の距離 L_1）を測定し，後進右旋回を開始する位置を決定する。すなわち，図の $L_1 = L_2$ となる点 D から右旋回を行う。これは走行路面が未舗装の不整地であるため，同じ操舵量に対して旋回特性が天候や場所によって大きく変化する。このため，前進左旋回によって，その路面における旋回特性の代表値として L_1 を測定し，後進右旋回を開始する位置を決定している。この旋回後，次の直線経路に従って稲を収穫する。

以上のように，コンバインは直線と枕地旋回を組み合わせて，稲を最後まで刈り取る。

(7) 回刈りによる収穫実験とその走行精度

図 25.23 に圃場で行った稲収穫作業におけるコンバインロボットの走行軌跡を示す。

実験圃場は，品種：ヒノヒカリが条間 0.3 m で移植されていた。この収穫作業では，途中でグレーンタンクが満量になったため，オペレータが 1 回穀粒排出作業を行った。したがって，19 回の刈取行程（直線走行

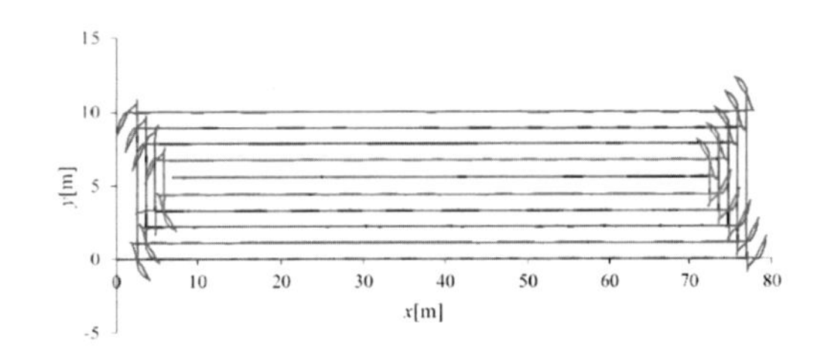

図 25.23 稲収穫作業時のロボットの走行軌跡

制御）と 17 回の直角旋回（枕地旋回制御）を行った。平均作業速度は 0.49 m/s で，直線走行での横偏差と方位偏差の RMS はそれぞれ 0.03 m と 2.47° であった。また，直角旋回後の目標直線に対する横偏差と方位偏差の RMS はそれぞれ 0.12 m と 0.46° であった。以上の結果，稲を残すことなくロボット収穫することが可能であった。

＜飯田訓久＞

参考文献（25.2.3 項）

[1] Iida, M., Uchida, R., Zhu, H., Suguri, M., Kurita, H. and Masuda, R.: Path-Following Control of a Head-Feeding Combine Robot, Engineering in Agriculture, *Environment and Food*, 6(2), pp.61–67, Elsevier (2013).

[2] 内田諒，飯田訓久，祝華平，栗田寛樹，村主勝彦，増田良平：自脱コンバイン・ロボットの経路追従制御，『計測自動制御学会論文集』, 49(1), pp.119–124 (2013).

[3] Iida, M., Kurita, H., Cho, W., Mochizuki, Y., Yamamoto, R., Suguri, M., Masuda, R.: 2013. Turning Performance of Combine Robot by Various Compasses, The 4th IFAC Conference on Modelling and Control in Agriculture, Horticulture and Post Harvest Industry (AGRICONTROL 2013, CD-R), 0001_FI.pdf.

25.2.4 ロボット田植機

この項では，代かきした水田を走行するロボット田植機の概要について述べる。昭和 40 年代に田植機が普及し，初期の歩行型から乗用型に移行し，その後技術開発により多条化とともに作業速度，精度とも向上した。現在，農業人口が減少する中で，1 人当りの作業面積を拡大するためにこれまで以上に高能率な農作業体系の確立が求められている。その一環として田植機のロボット化の研究が行われている。

(1) ロボット田植機のシステム

水稲栽培期間中には，防除等管理作業のため作物列の条間を複数回走行する必要があり，作物を傷めずに条間走行するためには，移植作業を高精度に行うことが必

要である。広い範囲で，十分に天空が開けた場所で雨天時でも作業を実施する必要があることから，天候によらず ±2cm で位置計測可能な RTK-GPS (Real-Time Kinematic GPS) を使用し，水田内の田植機の位置を計測している。

田植機の走行する水田は，表面は平坦であっても田植機が走行する耕盤には凹凸があり，走行中に車体が傾くことがある。このため，車体の傾斜を検出して補正する必要があり，進行方向から方位のずれの計測と合わせ，IMU (Inertia Measurement Unit) を使用している。

自動で操舵するため，歯付ベルトを介してステアリング軸を DC ギアモータで駆動し，ステアリング軸下部に取り付けたロータリエンコーダで操舵角を検出している。田植機の変速機は HST (Hydrostatic Transmission) であり，リンク機構を介して変速レバーを DC ギアモータで駆動し，ロータリエンコーダでレバー位置を検出し，前後進および走行速度を制御している。このほか，植付部の上昇，下降，植付の開始，停止については，田植え機側の操作スイッチの回路に並列にマイコンで入切できる接点を挿入し，コンピュータからの信号で制御している。

中央農研で開発したロボット田植機を図 25.24，図 25.25 に示す。どちらの田植機とも位置計測には RTK-GPS を利用し，ロボット田植機 ① では光ファイバジャイロセンサを搭載した IMU を，ロボット田植機 ② では MEMS ジャイロを搭載した IMU を使用している。GPS アンテナはロボット田植機 ① では前車軸の中心点上高さ 2m の位置にあり，ロボット田植機 ② では前車軸の中心点から 0.4m 前方で高さ 2m の位置にある。制御用のメインコンピュータについては，ロボット田植機 ① では工業用のパーソナルコンピュータを，ロボット田植機 ② では工業用のパネルコンピュータを用いている。各部を制御するためのセンサやアクチュエータの構成についてはほぼ同じである。センサやアクチュエータは，CAN (Controller Area Network) バスを介して接続されており，センサ側は取り外してトラクタ等の他のロボット化した機械に搭載することができる (図 25.26)。計測制御のための信号も他の機械と共通化し，機械間でのセンサの共用を容易にしている。なお，通信プロトコルは ISO11783 に準拠しているが，規格にない信号については，独自のプロトコルとしている。

図 25.24　開発したロボット田植機 ①

図 25.25　開発したロボット田植機 ②

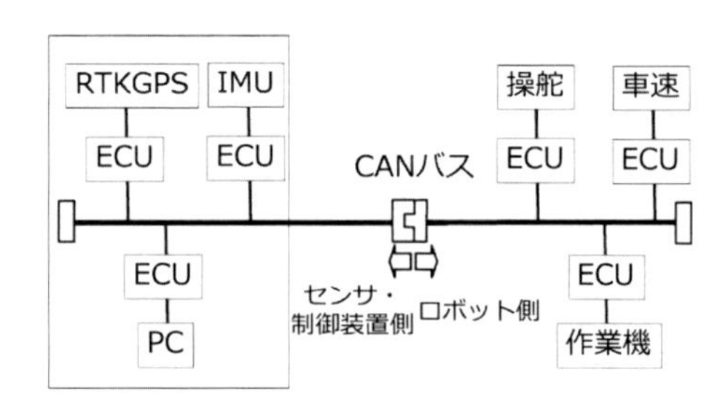

図 25.26　CAN バスによるセンサ・アクチュエータ等の接続

(2) 計測位置の傾斜補正と制御

RTK-GPS で得られる位置はアンテナ先端の位置座標であり，車体の傾斜の影響を受けるため，IMU で計測された姿勢の情報をもとに式 (25.50) によって傾斜補正を行っている。

$$P_o = R(-\phi)R(-\theta)R(-\psi)P \tag{25.50}$$

ここで，P_o は傾斜補正後のアンテナ先端位置，P は計測されたアンテナ先端位置，$R()$ は回転行列，ϕ, θ, ψ はそれぞれロール角，ピッチ角，ヨー角である。

運転時の操舵制御方法については，田植機の進行方向からの方位のずれを $\Delta\psi$，目標とする経路からの偏差を d とすると，操舵角 δ は式 (25.51) のように設定する。

$$\delta = K_1 d + K_2 \Delta\psi \tag{25.51}$$

比例定数 K_1, K_2 は実験的に求める。

田植機の速度は圃場端からの距離に応じて調節し，圃場端からアンテナ位置が 8m 以上離れているときは設定した作業速度 (0.5〜0.9m/s) で，圃場端近くでは 0.3m/s の速度で走行させる（図 25.27）。

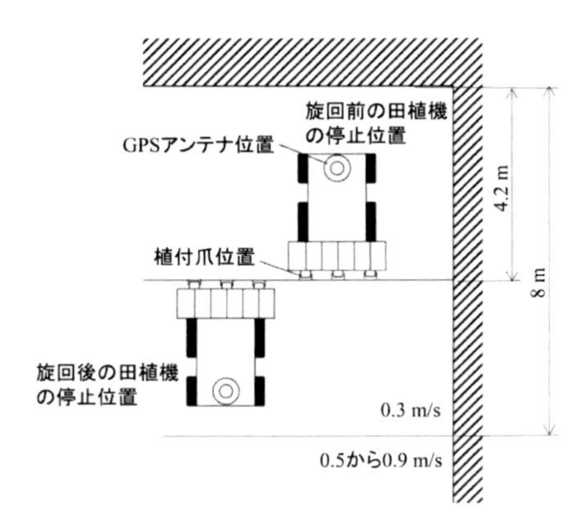

図 25.27 田植機の走行速度，作業時の停止位置

田植機の植付爪が圃場の端から 4.2m の位置に達したところで，田植機は停止して植付部を上昇させ，次の作業工程に進入するために旋回する。近年の田植機は操舵角を最大に保持して走行することで機械的に旋回する側の車輪に片ブレーキをかける，あるいはクラッチを切るなどして旋回半径を小さくし，次の作業行程に切り返しなしで進入することができる。このため，旋回時は IMU のヨー角の変化を監視し，進行方向が 175° 変化したところで旋回を終了して停止し，操舵角を直進する方向に戻し，その後作業開始位置まで前進し，次作業行程の目標経路に収束させ，作業開始位置で植付部を下降させ，植付けを開始する（図 25.28）。

(3) 作業経路の設定と作業方法

移植作業前に RTK-GPS で圃場の形状を計測し，形状に合わせて能率的な作業ができるように作業経路を作成する。ロボット田植機は矩形の圃場で作業を行うこととし，図 25.29 に示すように田植機の作業幅を L_w，圃場の四隅の点を ABCD とする。圃場の出入口に近い長辺 AB と平行になるように長辺 AB から $(L_w/2+\alpha)$

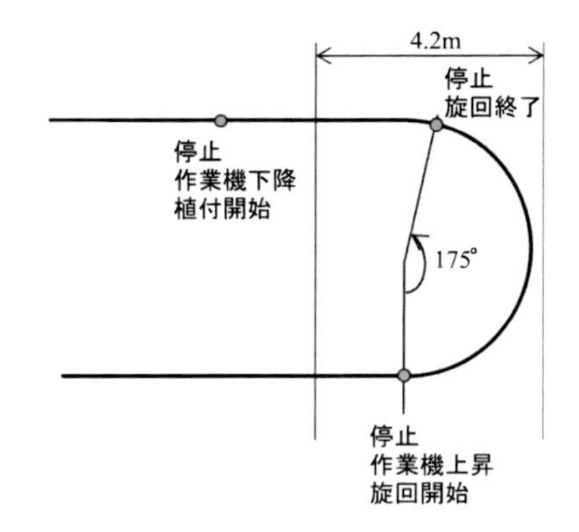

図 25.28 旋回方法

離れた位置に直線を引き，短辺 AD, BC との交点を作業の最終行程の目標経路を与えるための 2 点とする。以下，最初に引いた直線から距離 L_w の整数倍離れた直線を長辺 AB に平行に引き，短辺 AD, BC との交点をそれぞれの目標経路を与えるための 2 点とする。α は圃場の端から最外周の苗までの距離であり，適切な値に設定する。短辺方向については，外周の植付時に横方向に走行するために，圃場短辺に近い 2 行程のみ設定する。

このほか，作成した作業経路を参考に，圃場の出入口から作業開始位置までの移動経路も設定する。給水管や暗きょの立ち上がり管等の障害物が圃場内にない水田では，作業開始位置まで移動した後に往復作業を行い，最後に外周 2 週を植付けて作業を終了する。ほ場内に障害物があるほ場では，往復作業を行った後，外周 1 周は自動で，最外周はオペレータ操作で植え付けを行う。

田植機に搭載する苗は，中央農業研究センターで開発した，一般に使われる苗マットの 10 枚分に相当する長さ 6m のロングマット水耕苗を用いている。これにより 30 アールの水田なら作業途中での苗補給の必要がなく，完全無人作業を可能としている（図 25.30）。

図 25.29 作業経路の設定

図 25.30　ロングマット水耕苗

(4) 作業精度と作業能率

標準的な水田（30m× 100m の矩形）で，ロボット田植機 ① を利用して直進時の速度 0.9m/s で作業を行う場合，完全無人移植作業を約 1 時間で完了できる（図 25.31）。植付け位置精度は ±10cm である。ロボット田植機 ② では GPS アンテナがより前方にあることから，式 (25.50) において K_2 を 0 として走行させると，速度が 0.6m/s 未満であれば植付け位置精度 ±10cm で作業させることが可能である。圃場端での旋回にはヨー角を検出するセンサが必要であるが，直進作業においては，低速であれば傾斜補正した位置情報のみで作業が可能である。

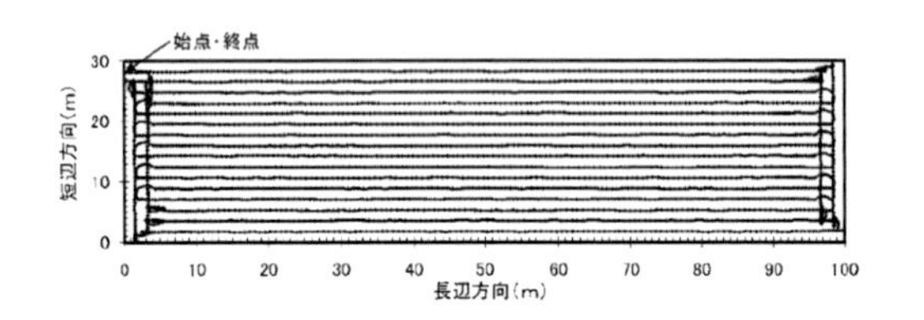

図 25.31　全自動移植作業時の軌跡

このほか，1 つの圃場で 2 台のロボット田植機を同時に使用する実験を行っている（図 25.32）。ロボット田植機 ① ではほ場の往復作業の半分を，ロボット田植機 ② で残りの往復作業分と外周の植付けを行う。1 台で移植作業を行うのと比較して 24%の作業能率改善効果がある。作業量の配分を見直すことでさらなる改善効果が期待できるが，より大きな区画で作業を行った方が作業能率の改善効果は大きくなると考えられる。

今後に向けて，さらなる高能率化，低コスト化や安全性，操作性の向上等について研究を進めていくことを計画している。

図 25.32　2 台のロボット田植機による同時作業

<長坂善禎>

25.3　農用アームロボット

25.3.1　スイカ収穫ロボット

(1) スイカ収穫

最も事例の多い重量物ハンドリングの 1 つであるスイカ収穫作業の手順は以下のとおりである。

[STEP 1]　対象スイカを選定し，蔓を切断する。
[STEP 2]　対象スイカを小運搬車の荷台に配置する。
[STEP 3]　小運搬車を圃場と農道の境界へ移動し，対象スイカを大運搬車の荷台に再配置する。
[STEP 4]　大運搬車を選果場へ移動する。

STEP1 は重作業ではない。STEP3 と STEP4 は重作業であり，移動リフタなどの作業機械が存在する。しかし，STEP2 は重作業ではあるが作業機械が存在しない。スイカは重量であるため作業者に大きな手先負荷 f_e を要し，葉・蔓・未熟なスイカなどの障害物は姿勢 q を制約するため，作業者に大きな関節負荷 τ を要することが国内外で問題となっている。例えば，1 人の作業者は片足を爪先立ちで 4〜12 kg の規格スイカ 300 個を高さ約 1 m の荷台に配置する必要がある。

STEP2 の作業計画は以下のとおりである。

[TASK2A]　遠距離から対象物を認識する。
[TASK2B]　対象物の近傍まで移動する。
[TASK2C]　近距離から対象物を認識する。
[TASK2D]　対象物を把持操作する (pick-and-place)。

本項では主に TASK2C と TASK2D のみを議論する。

(2) スイカ収穫ロボット

スイカ収穫の作業環境パラメータは季節（時間）と産地（空間）によって大きく変化するため，山形圃場用スイカ収穫機（円筒座標型），福井圃場用スイカ収穫機

(極座標型)，熊本圃場用スイカ収穫機（アームなし)，京都・鳥取圃場用スイカ収穫機（多関節型）などの事例がある。詳細は文献[1] に記載されている。

制御系設計の目的には 2 つの場合がある。第 1 に閉ループ系の安定性と制御性能を向上を目的とする場合[2]，第 2 に機構系の設計自由度を向上を目的とする場合，すなわち，安定性と制御性能を損なわずに新たな機構系設計を目的とする場合である。ここではコストを低減するため第 2 の場合に着目する。

具体的には，まず，高コスト要素であるアクチュエータとセンサが低減され，簡単化されたロボットの構造系を新たに提案する。しかし，このままではロボットが十分な性能を達成できないという課題が残る。そこで，ロボットの特徴を捉えた時変パラメータの抽出に基づくゲインスケジュールド制御系などを提案する。最後に，両者を組み合わせ，イニシャルコストの低いロボットを実現する。

図 25.33　スイカ収穫ロボットの外観

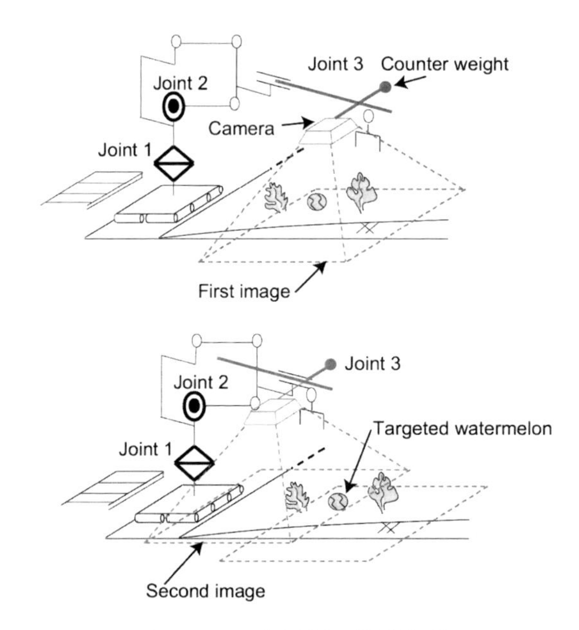

図 25.34　能動視覚（運動計画）

図 25.33 に長野圃場用スイカ収穫機を示す。詳細は文献[3, 4] に譲る。本機は平行型アーム，専用ハンド，履帯，カメラから構成される。多関節型アームとは異なって手首部のアクチュエータは削減され，さらに，図 25.34 に示すように，通常のステレオビジョンよりもカメラが 1 つ削減されている

(3) モデリング[5]

制御対象のアームは 3 入力 4 出力系であり，不確かさとして

- パラメータ変動（4〜12 kg のスイカ質量変動）
- unmodeled dynamics（油圧系全体・電動系伝達部）

が存在する。ここでは，一般的な制御理論の直接的な適用事例ではなく，制御対象の特徴に基づく応用事例の一つとして，電動系である第 3〜4 関節系のみを述べる。

(i) 制御対象の特徴

第 3〜4 関節系の運動方程式は以下のようになる。

$$(m+M)\ddot{d}_3 + Ml\ddot{\theta}_4\cos\theta_4 + c_m\dot{d}_3 - Ml\dot{\theta}_4^2\sin\theta_4 = u$$
$$Ml\ddot{d}_3\cos\theta_4 + (J+Ml^2)\ddot{\theta}_4 + c_M\dot{\theta}_4 + Mgl\sin\theta_4 = 0$$

ここで，d_3: 第 3 関節変位 [m]，θ_4: 第 4 関節変位 [rad]，m: 第 4 リンク質量 [kg]，M: 第 5 リンク質量（ハンドのみの質量）[kg]，J: 質量中心まわりの第 5 リンク慣性モーメント [kgm^2]，l: 質量中心間距離 [m]，c_m: 第 4 リンクの粘性摩擦係数（第 3 関節の摩擦係数）[Ns/m]，c_M: 第 5 リンクの粘性摩擦係数 [Ns/rad]，g: 重力加速度 [m/s^2]，u: 第 4 リンクに作用する力 [N]。同定されたパラメータは，$m=40.31$，$c_m=90.18$，$M=4.25$，$c_M=0.0015$，$J=0.14$，$l=0.20$。指令電圧 v_3 から力 u まではゲイン 42.25 の静的系である。

比較のため，LQ 制御器は安定な平衡点まわりの線形化モデルと次の評価関数に対して設計された。

$$J_{LQ_i} = \int_0^\infty \left(x^TQ_ix + r_iu^2\right)\mathrm{d}t,\ i=1,2,$$
$$Q_1 = \mathrm{diag}(25,\ 80,\ 0,\ 0),\ r_1 = 0.0001,$$
$$Q_2 = \mathrm{diag}(1800,\ 400,\ 0,\ 0),\ r_2 = 0.002,$$

ここで $x = (d_3\ \theta_4\ \dot{d}_3\ \dot{\theta}_4)^T$ は状態であり，速度情報は位置情報の 1 次後進差分で与えた。積分器を付加すると，長腕であるため，大きな初期変位にて入力飽和が問題となる。

図 25.35 に LQ 制御での第 3 関節変位の初期値と定常偏差の関係を示す。定常偏差はスイカ質量を含む M だけでなく，初期値にも依存する。初期値が小さくなるにつれ，定常偏差は大きくなるという非線形性が存在する。

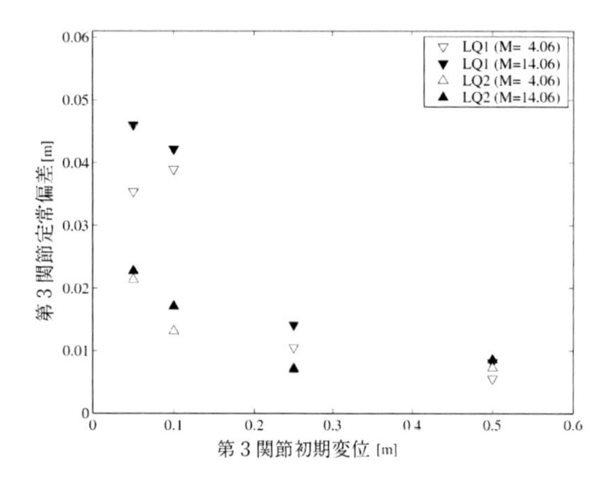

図 **25.35**　定常偏差（LQ 制御）

ここで，次の仮定「第 3 関節の摩擦係数 c_m は第 3 関節の運動に依存する」をおく。この仮定を検証するため，関節速度 $\dot{d}_3$ と摩擦係数 c_m の関係を観察する。

図 25.36 に M が公称値 $(M = 4.25)$ である場合の結果を示す。c_m は次の性質をもつ。

$$c_m(t) \approx (c_{\max} - c_{\min})\exp(-c_a\dot{d}_3{}^2) + c_{\min} \quad (25.52)$$

ここで，$(c_{\max}, c_{\min}, c_a)$=(1000, 50, 10)。これは，$c_m$ をスケジューリング変数と見なしたゲインスケジューリングが検討できることを示す。しかし，M が変動した場合にこの関係が成立することが確認される必要がある。

図 25.36 に M が変動した $(M = 11.65, 14.50)$ 場合の結果も示す。c_m は次の性質をもつ。

$$\frac{\partial c_m}{\partial M} \approx 0. \quad (25.53)$$

c_m が $\dot{d}_3$ だけでなく M にも依存するが，M は $\dot{d}_3$ に依存する媒介変数である。よって，実時間計測されない M が変動しても，ゲインスケジューリング可能と

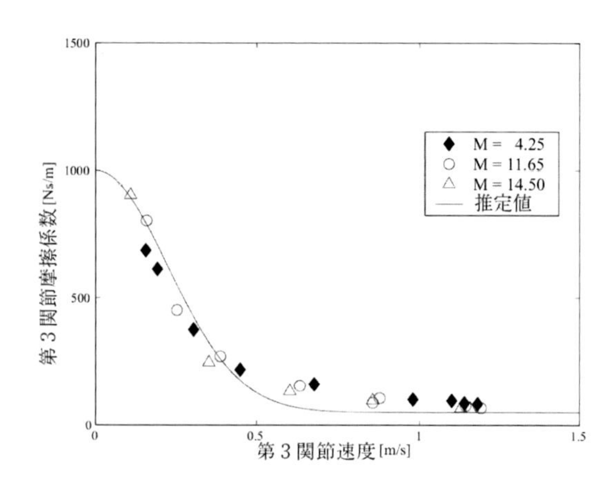

図 **25.36**　粘性摩擦係数と関節速度の関係（制御対象の特徴）

なる。

(ii) LPV モデリング

ゲインスケジュールド制御を設計するため，第 3〜4 関節系を LPV モデリングする。線形化モデルは

$$\begin{cases} \dot{x} = A(p)x + B_2u \\ y = C_2x + D_{22}u,\ p \in P,\ \dot{p} \in Q \end{cases} \quad (25.54)$$

であり，y は観測出力，p はスケジューリング変数 c_m，P と Q は有界閉集合，係数行列は以下のとおり。

$$A(p) = \begin{bmatrix} 0 & 0 & 1 & 0 \\ 0 & 0 & 0 & 1 \\ 0 & \frac{M^2l^2g}{N} & -p\frac{Ml^2+J}{N} & \frac{c_M Ml}{N} \\ 0 & \frac{-(M+m)Mgl}{N} & p\frac{Ml}{N} & \frac{-c_M(M+m)}{N} \end{bmatrix}$$

$$B_2 = \begin{bmatrix} 0 & 0 & \frac{Ml^2+J}{N} & \frac{-Ml}{N} \end{bmatrix}^T,\ D_{22} = 0^{2\times1}$$

$$C_2 = \begin{bmatrix} 1 & 0 & 0 & 0 \\ 0 & 1 & 0 & 0 \end{bmatrix},\ N = (M+m)J + Mml^2.$$

この公称値は，LQ 制御器の制御対象と同一であり，

$$A(p) = q_1(t)A(c_{\min}) + q_2(t)A(c_{\max}), \quad (25.55)$$
$$q_1(t) = \frac{c_{\max} - p(t)}{c_{\max} - c_{\min}},\ q_2(t) = \frac{p(t) - c_{\min}}{c_{\max} - c_{\min}},$$

が成り立つ。

(4) ゲインスケジュールド制御

一般に，設計手法は解析手法よりも強い仮定を要するため，より保守的な結果を与える。そこで，まず低減された不確かさに対してロバストな補償器を設計し，

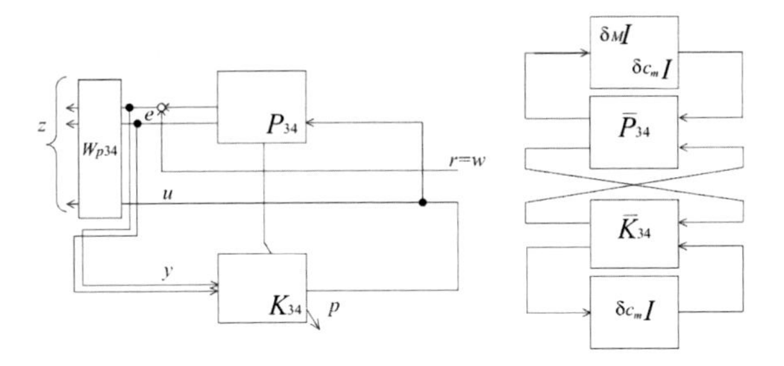

図 **25.37** ブロック線図（左：設計用，右：解析用）

次に，より保守性の低い解析によって，実際の不確かさに対するロバスト性を補償する。ここでは解析については省略する。

図 25.37 の左の一般化制御対象を考える。制御性能の重み関数は

$$W_{p34} = \mathrm{diag}\left(\frac{2}{s+0.001}, 0.5, 0.005\right), \qquad (25.56)$$

であり，制御量は，第 3〜4 関節変位偏差，第 3 関節の入力である。

M を公称値として，次の L_2 ゲイン条件を満たす LPV 補償器 K_{34} を設計する。

$$\sup_{w \neq 0} \frac{\|F_l(G_{34}, K_{34})w\|_2}{\|w\|_2} < 1, \qquad (25.57)$$

ここに G_{34} は一般化制御対象であり，w は一般化入力である。A 行列を除いて係数行列は p に依存しないので，L_2 ゲイン条件は端点補償器の H_∞ 条件から与えられ，次のゲインスケジュールド補償器が得られる。

$$K_{34}(p(t)) = \sum_{i=1}^{2} q_i(t) \begin{bmatrix} A_{Ki} & B_{Ki} \\ C_{Ki} & D_{Ki} \end{bmatrix} \quad (25.58)$$

ここに，図 25.38 の端点補償器は

$$C_{Ki}(sI - A_{Ki})^{-1}B_{Ki} + D_{Ki} = [K_{3i}\ K_{4i}] \quad (i = 1, 2)$$

であり，達成された L_2 ゲインは 0.8604 であった。補償器の出力端にサンプリング定理を前提に 1 次低域通過フィルタを付加している。

K_{34} をパデ近似により離散化する。拡張性とイニシャルコストの点から，実時間化された Linux (2 ms, 500 MHz) を用いる。図 25.39 に，K_{34} を用いた第 3 関節変位の初期値と定常偏差の関係を示す。図 25.35 と比較して，非線形性が明らかに弱まっている。定常偏差は M だけでなく初期値にもほぼ依存していない。初期値が小さい場合，つまり第 3 関節速度が小さく摩擦が大きい場合にて特に改善しており，K_{34} の有効性が確認された。初期値が 0.5 のとき，図 25.35 と図 25.39 の結果はほぼ同じである。これは K_{34} の積分効果ではなく，スケジューリング効果から非線形性が弱まったことを示している。

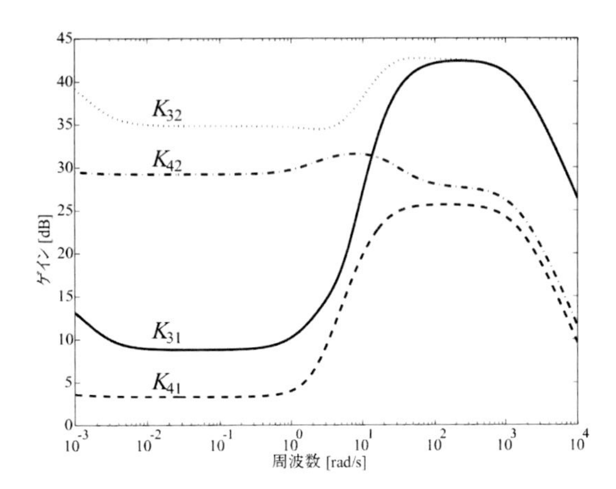

図 **25.38** ゲイン線図（端点補償器）

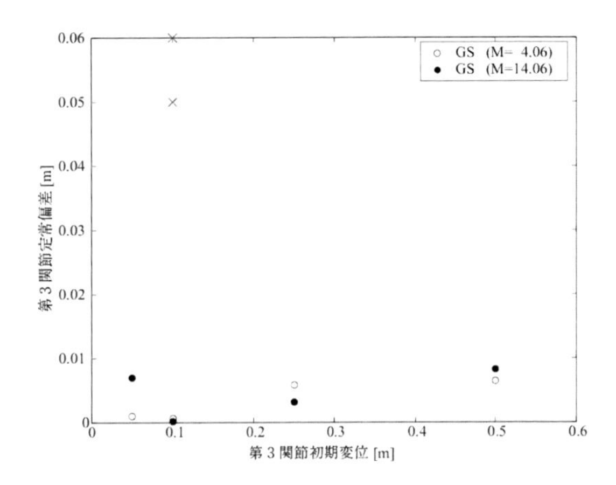

図 **25.39** 定常偏差（LPV 制御）

$K_{34}(c_{\max})$ に固定した場合，解析から閉ループの安定性は達成されず，実際，大きなオーバーシュートが発生し，出力飽和する。$K_{34}(c_{\min})$ に固定した場合，閉ループ系の安定性は達成されるものの，図 25.39 に示すように初期値が 0.1 のときでさえ，定常偏差は 0.05 m (M=4.06)，0.06 m (M=14.06) と大きい。安定性と制御性能のトレードオフに対して，補償器のゲインはスケジューリングされている。

図 25.40 に第 1 画像と第 2 画像の例，光学測量器で計測された対象物の位置（丸印）をベース座標系で示す。最大誤差のケースと最小誤差ケースの対象物の位置はベー

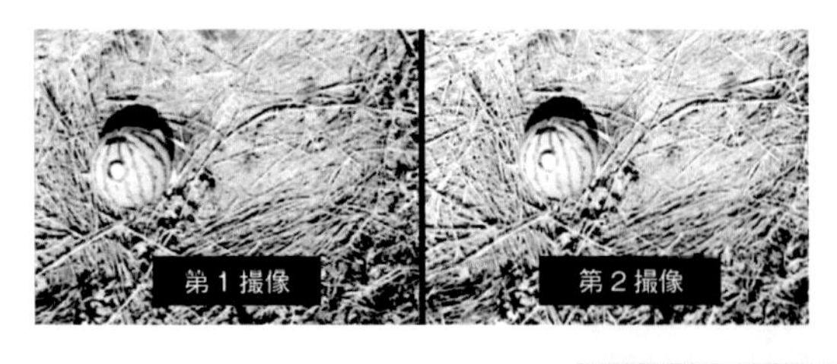

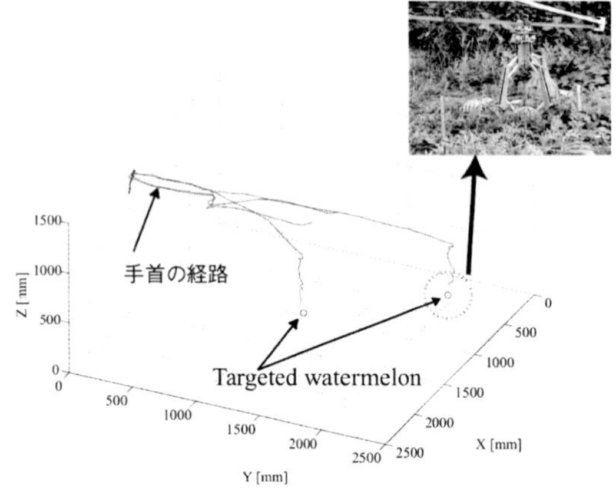

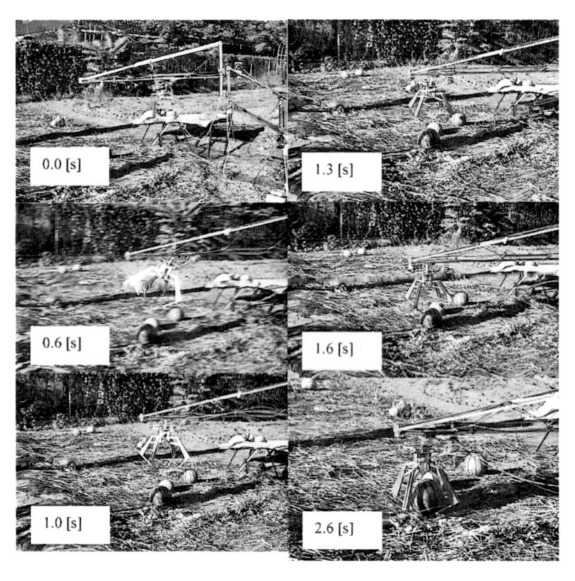

図 25.40　能動視覚（実験結果）

ス座標系にて (1576,1421,450)，(880,2236,450) である。一方，画像処理から得られた座標は (1570,1400,545)，(884,2237,477) であり，TASK2C 直後の誤差は 22mm と 4mm である。ここでの誤差とはベース座標系の XY 平面内の誤差である。図 25.40 には，エンコーダで計測された手先位置（実線）も示す。把持直前の手先位置は (1576,1395,534)，(877,2228,459) であり，誤差は 26mm と 9mm である。これらは，許容誤差 40 mm を下回っており，スイカを把持した事実と対応している。提案した能動視覚系の有効性が確認された。

＜酒井 悟＞

参考文献（25.3.1 項）

[1] 酒井：農工融合による農業ロボットの重量物ハンドリング，『日本機械学会誌』，113(7)，pp.527–530 (2010).

[2] 西池，梅田：農用車両における規範モデル追従制御の検討（第一報）—シミュレーションによるシステム同定の検討—，『農機誌』，65(3)，pp.70–77 (2003).

[3] Umeda. M and Iida, M. and Kubota, S.: Development of watermelon harvesting robot: Stork, *Proc. IFAC/CIGR Workshop on Robotics and Automated Machinery for Bio-Products*, pp.137–142 (1997).

[4] Sakai, S. and Iida, M. and Osuka, K. and Umeda, M.: Design and control of a heavy material handling manipulator of agricultural robots, *Autonomous robots*, 25(3), pp.189–204 (2008).

[5] Sakai, S. and Osuka, K. and Maekawa, T. and Umeda, M.: Robust control systems of a heavy material handling agricultural robots, *IEEE Trans. Control Systems Technology*, 15(6), pp.1038–1048 (2007).

25.3.2　イチゴ収穫ロボット

イチゴの市場規模は年間約 1,600 億円であり，トマト，キュウリ等と並び我が国の主要果菜類の一つである[1]。しかし，生産現場では人件費の削減が喫緊の課題であり，所要労働時間の 4 分の 1 を占める収穫作業の自動化が求められている。

本項では，イチゴ生産の大幅な省力化を実現するため，農林水産省の次世代農業機械等緊急開発事業において研究開発されたイチゴ収穫ロボットについて事例を紹介する。

(1) 開発目標

これまで研究開発された収穫ロボットの技術的課題として，① 収穫適期の果実を 100%収穫することは困難，② 収穫速度が遅い，③ 果実を傷める，④ 不整地での安定走行が困難，などが指摘されている。これらの課題を踏まえ，イチゴ収穫ロボットの開発目標を設定した。果実を 100%収穫できないことに対してロボットは収穫容易な果実のみを確実に収穫するものとし，遅い収穫速度に対してロボットは夜間稼動するものとした。また，果実の傷みに対しては果柄を切断する収穫方式を採用し，不整地走行に対しては慣行の吊下げ式高設栽培ベッドに対応したガントリ方式の移動用プラットフォームを敷設した。つまり，収穫ロボットは

分類 A

分類 B

分類 C

分類 D

分類 E

分類	状態
A	他の果実から分離して全体が露出
B	全体が露出、後方に未熟果
C	全体が露出、後方に赤熟果
D	果実の50%以上が露出
E	果実の50%未満が露出

図 25.41 着果状態の分類[2]

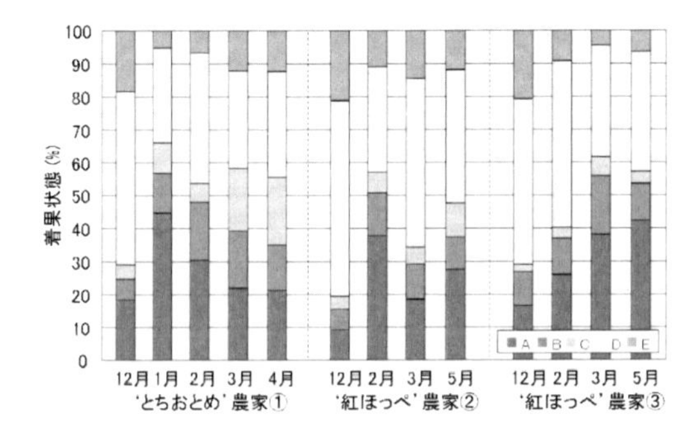

図 25.42 品種，時期の異なる着果状態の比較

作業者が寝ている夜間に収穫容易な果実のみをゆっくり確実に収穫し，朝になってロボットが収穫できなかった果実を，作業者が収穫するという協働作業体系を想定している。

ロボット収穫に適した栽培方法や品種を検討するため，目視により着果状態を図 25.41[2] のように 5 段階に分類し，品種や時期の異なるイチゴの着果状態を調査した。その結果，果実の着果状態は品種や収穫時期でばらつき，収穫が容易と考えられる果実全体が露出する分類 A～C の割合は 19～66%であった（図 25.42）。摘果を十分行う栽培管理では生育が旺盛となる春季にも分類 A～C の割合が高かった。

この結果を踏まえ，摘果を十分行う栽培管理を前提として，作業者と同様に通路側から収穫するタイプに加え，高設栽培ベッドの真下を走行し，未熟果などの障害物が少ない方向から果実を収穫するタイプの収穫ロボットが開発された。また，収穫精度の向上を目指し，隣接する障害物から収穫対象果実を離間させながら収穫するため，高設栽培ベッドに吊り下がった果実の下側から接近する手法が研究された（図 25.43）。

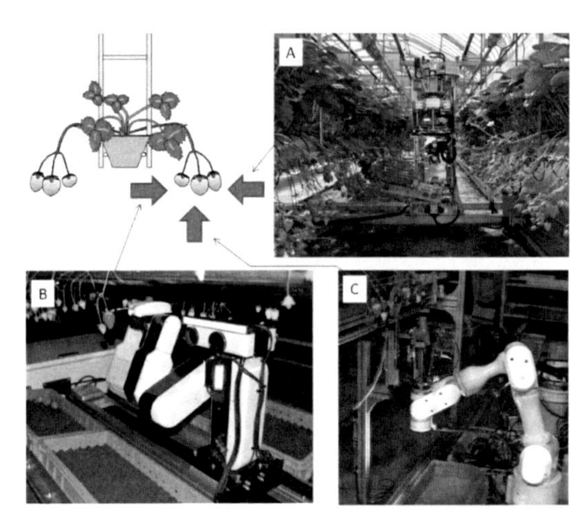

図 25.43 果実への接近方法が異なる 3 種類のイチゴ収穫ロボット。A：通路側から収穫，B：栽培ベッド内側から収穫，C：果実下側から収穫。

(2) 通路側から収穫するロボット[3]

一般に，イチゴ収穫ロボットは視覚部，マニピュレータ部，ハンド部，収容部，走行部から構成される。まず視覚部により果実を検出し，熟度を判断する。収穫適期と判断された果実に対して位置を計算し，マニピュレータ部を駆動してハンド部を接近させ，採果動作を行う。収穫した果実を収容部に収め，次の果実の収穫動作に移行する。マニピュレータ部の動作範囲内に果実が見つからなかった場合，走行部により移動し，再度果実の検出を行う。

通路側から収穫するロボットの視覚部はハンド部と一体になっている（図 25.44）。5 台の LED 照明をストロボ発光させながらデジタルカラーカメラにより画像を取得する。各カメラと LED 照明に偏光フィルタを装着しており，LED 照明とカメラの偏光方向を調整することにより果実表面のハレーションの発生を抑え，鮮明な画像を撮影する。3 台のデジタルカラーカメラのうち左右の 2 台のカメラによりステレオビジョンを構成し，果実の 3 次元位置を計算する。同時に，片方の画像から果実の熟度を推定する。イチゴの場合，慣行では果実表面の 8 割が着色すると収穫適期と見なさ

図 25.44　通路側から収穫するロボットの視覚部とハンド部

れる。ロボットでも同様に，画像処理により個々の果実領域を求め，赤色部分の割合が占める割合を算出し，80%以上であれば収穫適期と判断する。収穫対象果実の周囲に未熟果などの障害物が密集する状態では，収穫精度が低下するとともに，未熟果を誤って収穫する可能性が高くなる。このため，対象果実の着果状態を推定し，自動収穫が難しい場合にはスキップする（図 25.45)。ロボットが収穫可能と判断した場合，マニピュレータ部により中央のカメラを果実に正対させ，画像を取得する。画像中央の果実の上方に位置する果柄を検出し，切断位置と果柄の傾斜角度を推定する。

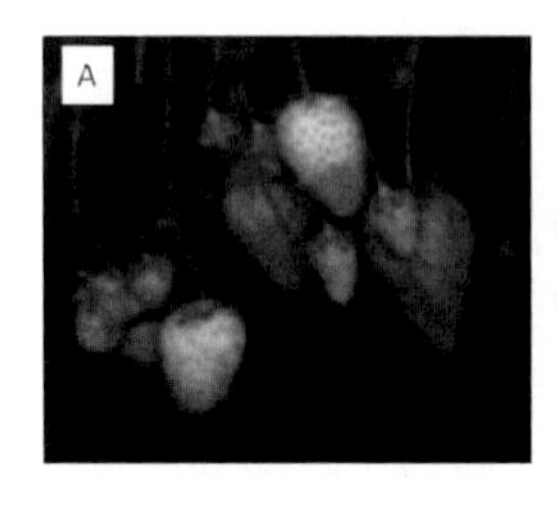

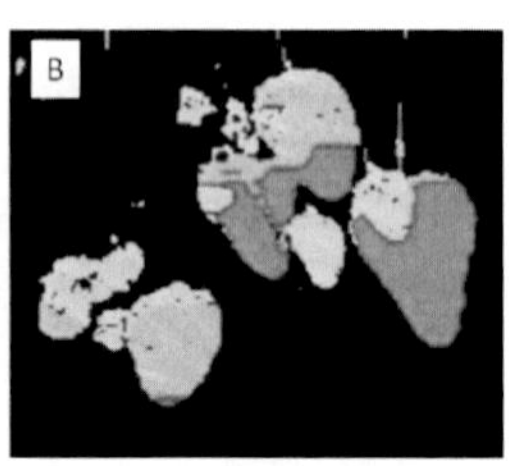

図 25.45　果実の着果状態の推定。A：元画像，B：赤色部分とその他の部分の抽出結果。

ハンド部は，損傷しやすいイチゴ果実の表面に触れずに果柄を把持する方式である。市販の高枝切ハサミと同様に，変形可能な部材により果柄を把持し，さらにフィンガが閉じるとカッタにより果柄を切断する。果実の摘み取りの成否を確認するため光学センサを備え，摘み取り成功を確認した場合，収容動作に移行し，光学センサにより果実を検出しなかった場合には収容動作をスキップして次の収穫動作を行う。視覚部で推定した果柄の傾斜角度に基づき，フィンガを左右 15° 傾斜させる機能を持つ。

マニピュレータ部は円筒座標系であり，旋回軸の下に前後方向と上下方向の直動軸を配置した構造で，機構が簡単で剛性が高いという特徴がある。マニピュレータ部を制御することにより視覚部で測定した果実の 3 次元位置にハンド部を接近させる。ロボットが通路を移動する際，往路で片側の栽培ベッドの果実を収穫し，復路ではマニピュレータ部を 180° 方向転換し，反対側の栽培ベッドの収穫作業を行う。

収容部では慣行作業で使用する収穫箱を 3 箱セットし，果実が満載になると通路端に設置されたストッカの空箱と交換する。

走行部は，間口 6 m のハウスにおいて幅 5.7 m，長さ 1.2 m の移動プラットフォームを備え，地盤が柔軟なハウスでも安定して走行する。自動収穫時に，約 20 cm ピッチで走行・停止を繰り返す間欠移動を行い，ロボットは停止時に果実を認識し，採果する。移動プラットフォームはガントリ方式であり，ハウスの長辺の両端と中央に敷設された 3 本のレール上を走行する。

収穫ロボットの性能は，収穫時期や品種によって果実の認識ミスが発生するものの，収穫適期の果実のうち 60～65%を収穫でき，1 果当りの採果処理時間は 9 s，理論作業能率は 18～20 h/10a である。

(3) 栽培ベッド内側から収穫するロボット[4]

通路側から果実を自動収穫する際に，未熟果の存在が収穫精度に大きな影響を与える。そこで，吊下げ式高設栽培ベッドの真下を走行し，ベッドの内側から収穫するロボットが開発された（図 25.46)。ロボットの高さは地上から約 0.8 m と小型であり，走行部は通路側から収穫するロボットと共通の移動プラットフォームである。マニピュレータ部は 3 自由度の水平多関節型マニピュレータを垂直に立てて電動スライダに設置している。ハンド部のフィンガは果柄を切断把持する方式であり，左右が対になっていることにより，ロボットアームを大きく動かすことなく栽培ベッドの両側から吊り下がる果実にアクセス可能である。視覚部は，両側の果実をモニタするため，左右対のステレオビジョンとハンドアイカメラからなり，計 6 台のデジタルカラーカメラを備える。

実際の吊下げ式高設栽培では，収穫適期の果実の 51～63%を収穫でき，1 果当りの採果処理時間は 14.5 s，理論作業能率は 38～41 h/10a である。

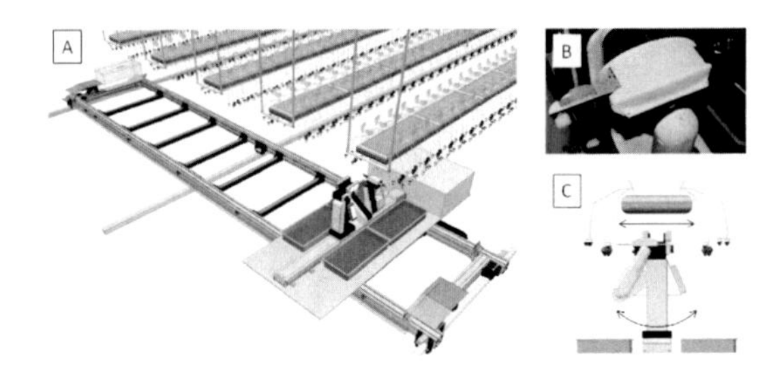

図 25.46　栽培ベッドの内側から収穫するロボット。A：移動プラットフォームに搭載したロボット，B：左右が対になったフィンガ，C：栽培ベッドの左右両側の果実を収穫するマニピュレータ。

(4) 下側から果実に接近する自動収穫技術[5]

実際の圃場では複数の果実や果柄が重なっている場合が多く，個々の果実の認識が困難であり，収穫対象果実と隣接果実を同時に摘み取ることも起こりうる。こうした問題を解消するため，高設栽培ベッドの果実を下側から認識して接近する技術，目的果実と隣接する果実を引き離して摘み取る技術が研究された（図 25.47）。すなわち，イチゴ果実は果頂部から見た場合，ほぼ円形に近い形状なので，一般的な粒子解析手法の応用により，多少重なった果実同士でも容易に識別できる。熟度判別は栽培ベッド内側から着色率測定ユニットにより行う。また，接近して果頂部を吸着し，圧縮空気を吐出することにより隣接果実を引き離した後，目的果実のみを把持して摘み取るエンドエフェクタを備える。さらに作業者と同様のスナップ動作により果実に果柄を残さないよう摘み取る。

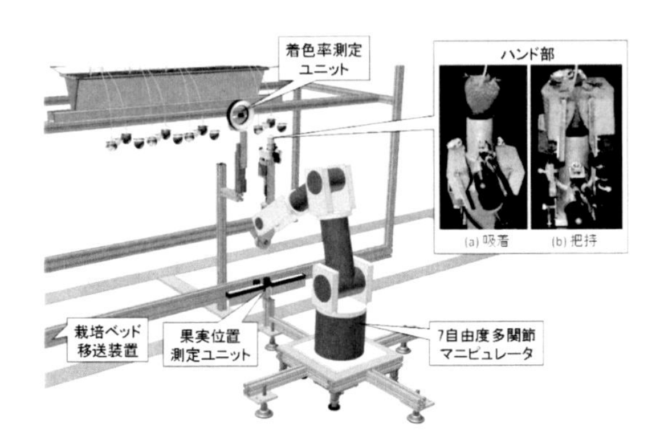

図 25.47　下側接近を特徴とするロボットの基礎試験装置

10 株のイチゴが栽培された長さ 1m の栽培ベッド 50 台では，収穫適期の果実の 67%を収穫でき，その内訳は，収穫適期果実の位置検出率は 89%，着色率測定結果に基づく収穫適期判定率は 83%，採果率は 90%であった。1 回の収穫動作に平均 32s を要する。

(5) 収穫ロボットの実用化と課題

近年の異常気象の影響を軽減するため，高度な環境制御の下で食糧生産を行う植物工場の普及が見込まれている。こうした植物工場においてイチゴ生産をより効率的に実施するため，高設栽培ベッドを循環移動する移動栽培装置の研究が進められている[6]。この移動栽培装置に本項で紹介した通路側から収穫するロボットをベースに開発した定置型の収穫ロボットを組み合わせる研究が実施されている。今後は，エンドエフェクタに糖酸度センサなどを設置することにより，採果時に高品質な果実のみを選別する機能や，視覚部によりイチゴの生育情報をモニタする機能などの充実を図ることにより，人件費の削減だけではなく，高品質なイチゴの効率的な生産に寄与すると考えられる。

＜山本聡史＞

参考文献（25.3.2 項）

[1] 農林水産省大臣官房統計部：『第 86 次農林水産省統計表』p.562 (2012).

[2] 重松健太，林茂彦 他：イチゴ促成栽培における収穫ロボットの周年利用に関する研究，『農業機械学会誌』，71 (6), pp.106–114 (2009).

[3] Hayashi,S., Shigematsu, K., *et al.*: Evaluation of a strawberry-harvesting robot in a field test, *Biosystems Engineering*, 105(2), pp.160–171 (2010).

[4] 林茂彦，山本聡史 他：内側収穫ロボットを用いたイチゴ果実への接近収穫方法の検討，『農業機械学会誌』，74 (4), pp.325–333 (2012).

[5] Yamamoto, S., Hayashi, S., *et al.*: Development of a stationary robotic strawberry harvester with a picking mechanism that approaches the target fruit from below, *JARQ*, 48(3), pp.261–269 (2014).

[6] 齋藤貞文，林茂彦 他：イチゴ高密植移動栽培装置における作業性の調査と適正規模の導出，『農業機械学会誌』，74 (6), pp.457–464 (2012).

25.3.3　ホウレンソウ収穫ロボット

(1) 自動収穫の概要

ホウレンソウ等の軟弱野菜は，人手による収穫においても茎を折ることがあるなどその取扱いに注意を要する。そのため，自動収穫機械の開発は必ずしも容易ではない。現在までに，ホウレンソウの自動収穫機械としていくつか開発されているが[1]，根の切断のみであり地上からの回収搬送機能がない，回収搬送まで可能な機械では品種や土壌条件の制約が大きい，茎や葉を傷つける可能性が高いなどの様々な理由から，広く普及する装置は見あたらない。これに対して，既存の考え方と異なった自動収穫ロボットの開発が試みられている[2, 4]。

ホウレンソウ自動収穫ロボットの機能構成図を 図 25.48 に示す。基本的な収穫方法は以下である。

① 金属平板である根切り刃を地表面下向きとし，クローラを進行させることで根切り刃を土中進行させ，ホウレンソウの根を押し切る（図 25.49）。
② 根切り後のホウレンソウを根切り刃後方に設置したベルトコンベアで地上から回収する。
③ 第 2 段目のベルトコンベアでホウレンソウを上部まで搬送する。

上記の収穫プロセスでは，金属平板である根切り刃を土中の一定深さで進行させて根切りを行う点，根切り後のホウレンソウを把持を伴わずに回収搬送している点が，既存の収穫装置と異なる特徴である。根切り刃の土中侵入については，根切り刃を地表面より下向きの角度とし，クローラの前進に伴って刃先が鉛直下向きの力を受けることで実現している。また，根切り刃の土中進行経路については，並行移動など単純な経路では刃の進行に伴って土を前方に移動させ，前方の収穫物を土で覆う結果となり収穫困難となる。これを解決するためには，根切り刃の角度を正弦波状に動作させた上で同時にクローラを進行させる方法が効果的である[3]。そのため，根切り刃を固定したアームに回転自由度をもたせ，アームの角度を正弦波状の経路に追従制御させることで根切り刃角度を変化させる。一方，根切り刃は指定した深さに位置制御することが求められるが，その位置は圃場の凹凸に応じて変化するため，アーム長を可変とする機構を付加してその長さを制御することで，根切り刃の位置を地表面位置変動に追従制御している。地表面の位置は，レーザ変位計を用いて計測する。

以上のように，自動収穫を実現するためには，根切り刃の角度制御とアーム長制御の 2 つの制御系を活用している。これら 2 つの制御系によって十分な精度での目標値追従制御を実現することで，自動収穫が可能となる。この方法ではホウレンソウの把持を伴わないために，品種を立性などに限定することなく自動収穫が実現できる。この原理を図 25.50 に示す。対象物にわずかな外力による働きかけを行うことで，対象物に期待する動作を誘発させている。これをパッシブハンドリングと呼んでいる。これは，把持や挟み込みによる直接的なハンドリングとは異なっているが，目的は同一である。さらに，根切り刃の土中での移動はクローラの推進力によっているため，土中に小石などが存在し

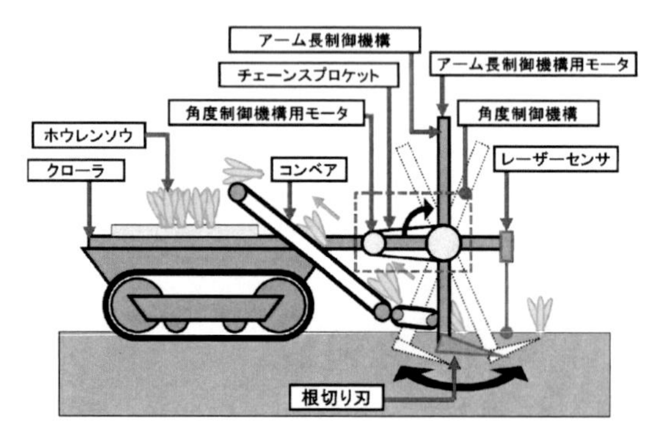

図 25.48　ホウレンソウ自動収穫ロボットの概要

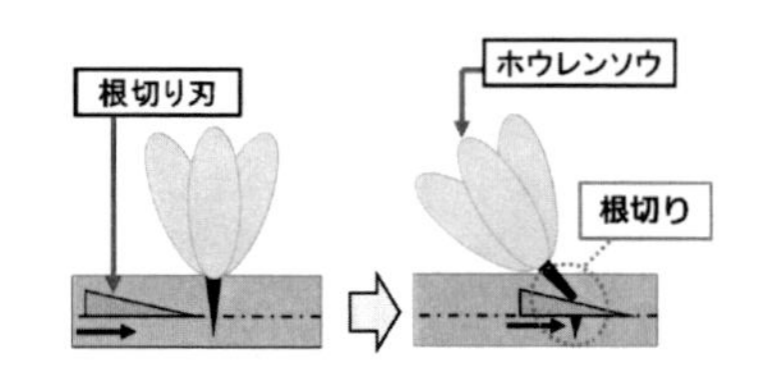

図 25.49　根切り刃による土中での根切

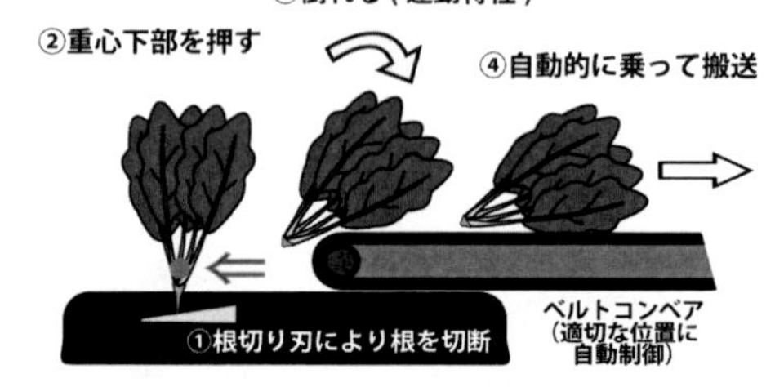

図 25.50　パッシブハンドリングの概念図

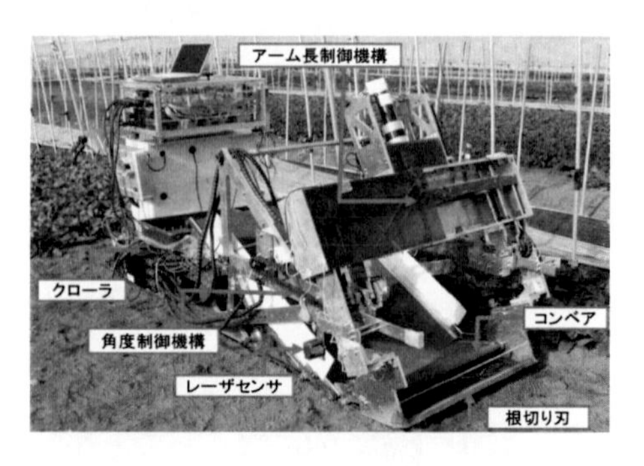

図 25.51　試作した自動収穫ロボット

ても根切り位置が大きくずれることがないなどの特徴をもつ。設計製作された試作機を図 25.51 に示す。以下では，根切り刃の角度制御機構の自動制御について述べる。

(2) 角度制御機構の概要

ホウレンソウ自動収穫機の角度制御機構を図 25.52 に示す。角度制御機構は DC サーボモータ，チェーンスプロケット，ロータリエンコーダより構成される。DC サーボモータが発生するトルクによりスプロケットを回転させ，チェーンを介して角度制御機構の回転軸にトルクを伝える。そして根切り刃を保持するアームの角度を変化させることによって，根切り刃の角度を調整する機能を有している。角度制御機構は図 25.53 に示す動作をする。可動範囲は ±30 deg である。

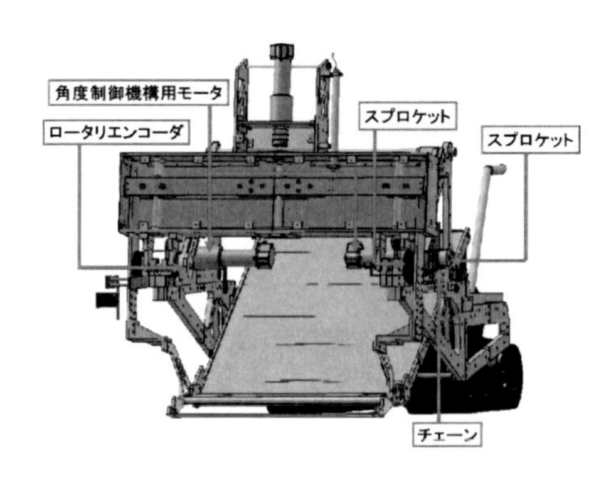

図 25.52 角度制御機構

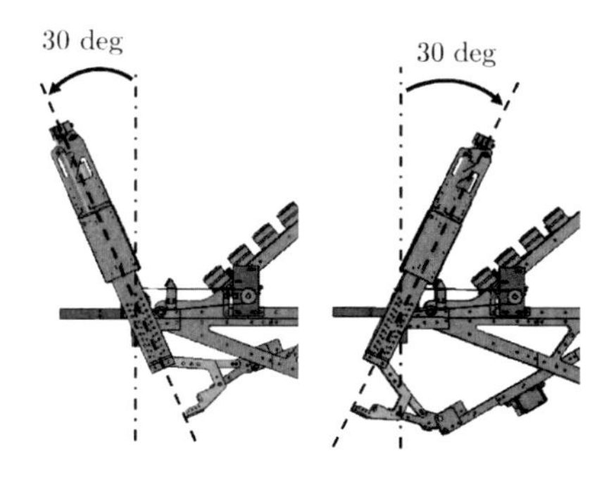

図 25.53 角度制御機構の動作

(3) 自動収穫に有利な根切り刃の経路

試作機を用いた圃場実験の結果および剛体による土の動作解析[3] により，自動収穫に有利な根切り刃の経路が明らかとなっている。その経路の一例を図 25.54 に示す。この経路は，根切り刃を土中に侵入させた後，角度制御機構を使ってアームを一定周波数の正弦波経路で動かしながらクローラを一定速度で前進することによって得られる。この経路運動を考えるため，図 25.55 に示すアームの模式図を用いる。θ_0 はアームに加える正弦波目標値の振幅の初期オフセット，(x_0, y_0) はアームの回転中心の初期位置，v はクローラの並進速度，l はアーム長である。このとき，アームの幾何学的関係より根切り刃根元の位置は式 (25.59) により与えられる。ただし，α は正弦波目標値の振幅，f は正弦波目標値の周波数，t は時間である。

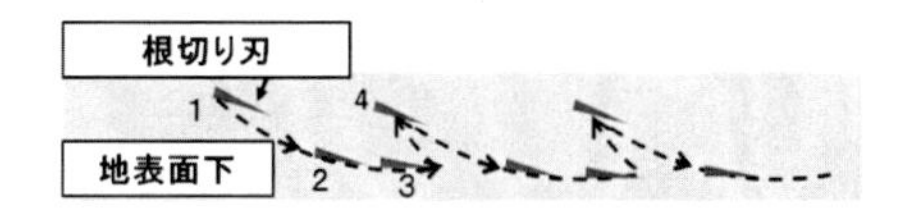

図 25.54 根切り刃経路

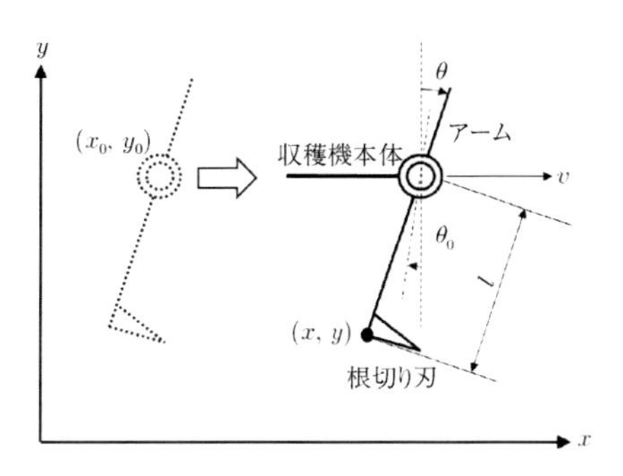

図 25.55 根切り刃の座標

$$
\begin{cases}
x(t) = x_0 + vt + l\sin\theta(t) \\
y(t) = y_0 - l\cos\theta(t) \\
\theta(t) = \alpha\sin 2\pi ft + \theta_0
\end{cases}
\tag{25.59}
$$

各パラメータを表 25.1 に示す。式 (25.59) に代入すると，図 25.56 に示す経路が生成される。

表 25.1 根切り刃軌道のパラメータ

(x_0, y_0)	アーム回転軸の初期座標	(0, 0)
θ_0	アームの初期オフセット角	5 deg
v	収穫機の並進速度	0.06 m/s
l	アーム長	0.508 m
α	角度変位振幅	5 deg
f	角度変位周波数	0.35 Hz

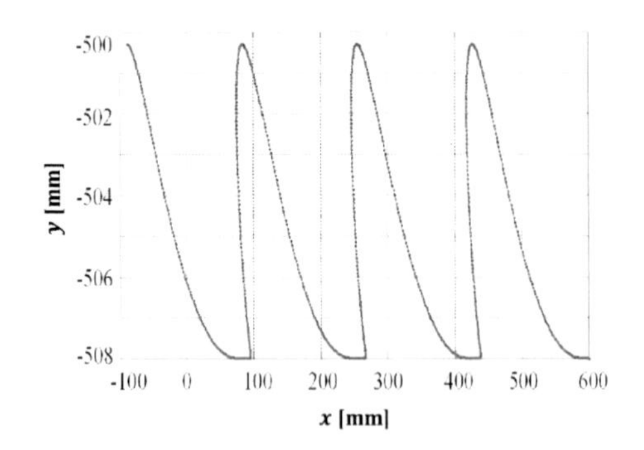

図 **25.56**　収穫に有利な根切り刃経路

(4) 角度制御対象のモデル化

角度制御機構の制御器を設計するため，角度制御機構のプラント伝達関数を同定する。DC サーボモータにより角度制御機構にトルクステップ入力 u を印加し，回転軸に取り付けられたロータリエンコーダ信号を数値微分することにより角速度 $\dot{y}$ を出力として観測する。入力 u と出力 $\dot{y}$ に基づき，ステップ応答が合致する伝達関数をパラメータフィッティングによって推定する。モデルとして得られた応答 $\dot{y}$ と実験によって得られた実測応答を図 25.57 の点線と実線に示す。角度 y までの伝達関数は，u から $\dot{y}$ までの伝達関数に積分器 $1/s$ を直列結合することで得られ，次式となる。

$$P(s) = \frac{10050}{s^5 + 20.36s^4 + 540.8s^3 + 5972s^2 + 31660s} \tag{25.60}$$

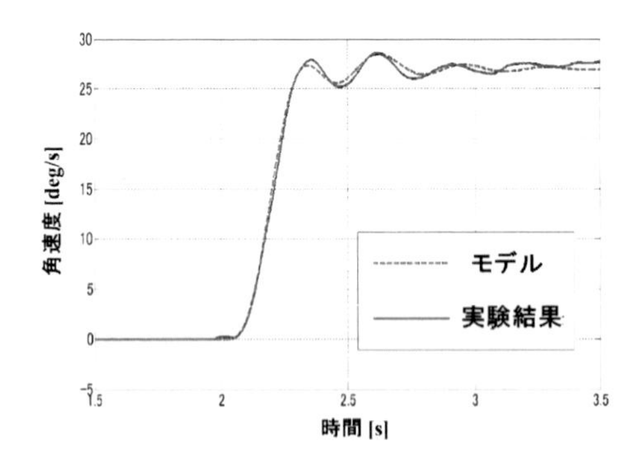

図 **25.57**　角度制御機構のステップ応答

(5) 角度制御機構の制御器の設計

土中における根切り刃の軌道制御を実現するため，角度制御機構には目標値追従性能と共に土の反力に起因する外乱の除去性能が求められる。そこで，目標値追従性と外乱除去性能の両立が実現できる 2 自由度 PID 制御を用いる。ブロック線図を図 25.58 に示す。フィードバック制御器 は式 (25.61) に示す PID 制御器である。

$$C_1(s) = K_p\left(1 + \frac{1}{T_i s} + T_d D(s)\right) \tag{25.61}$$

$$D(s) = \frac{s}{\tau s + 1} \tag{25.62}$$

ただし，PID ゲインは，モデル $P(s)$ に対する応答が適切となるよう試行錯誤によって調整し，$K_p = 30$，$T_i = 0.3$，$T_d = 0.08$，$\tau = 1/30$ とした。一方，フィードフォワード制御器は次式である。

$$C_2(s) = P_l^{-1} L(s) \tag{25.63}$$

ここで，P_l はプラント伝達関数の低次モデル，$L(s)$ はローパスフィルタであり，次式である。

$$P_l(s) = \frac{0.325}{0.00702s^3 + 0.264s^2 + s} \tag{25.64}$$

$$L(s) = \left(\frac{30}{s+30}\right)^3 \tag{25.65}$$

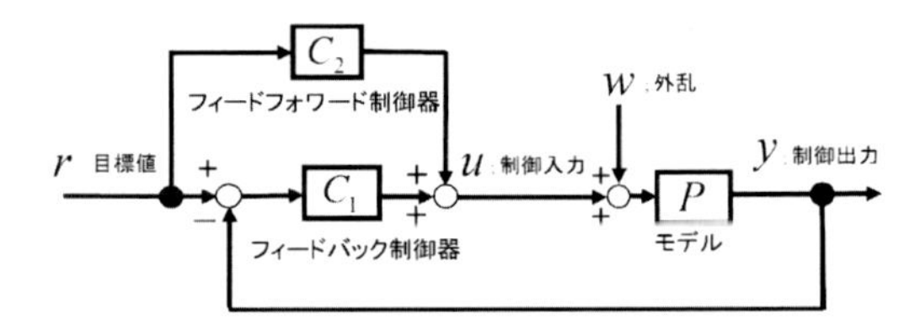

図 **25.58**　角度制御機構の 2 自由度制御系

(6) 実験による性能検証

(i) 実験 1

フィードフォワード制御器 C_2 の効果を確認するため，角度制御機構を式 (25.59) の目標値に追従制御させ，応答を比較する。実験結果を図 25.59 に示す。図 25.59 においてフィードフォワード C_2 を用いた 2 自由度 PID 制御器の応答は C_2 を用いない 1 自由度 PID 制御器の応答に比較してオーバーシュート量が小さいなど応答が改善されていることが確認できる。

(ii) 実験 2

圃場でのホウレンソウ収穫時の性能を検証する。制御器は 2 自由度 PID 制御器を用いる。角度制御機構を式 (25.59) の目標値に追従制御させる。アーム長は地表面下 30 mm を目標値として設定した。圃場実験によ

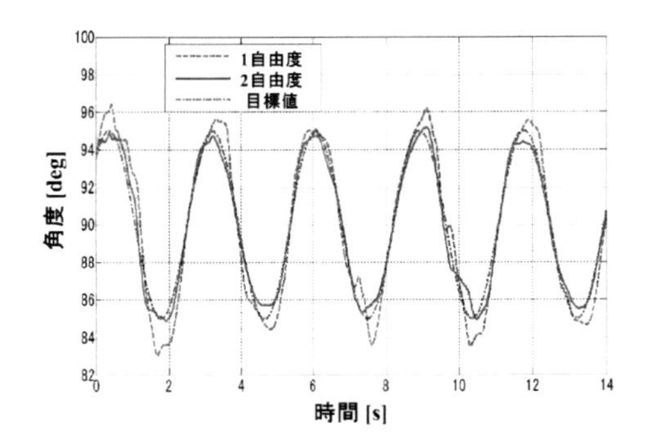

図 25.59　角度制御実験結果

り 167 本のホウレンソウの自動収穫実験を行い，収穫されたホウレンソウの根の長さを評価した。実験の様子を図 25.60 に示す。収穫したホウレンソウの根の長さのヒストグラムを図 25.61 に示す。黒線はアーム長により設定したホウレンソウの根の長さの目標値である。167 本すべてのホウレンソウについて切断後の根の長さは 5 mm 以上残っており，商品価値を保ったまま自動収穫できていることが確認できた。

図 25.60　圃場実験の様子

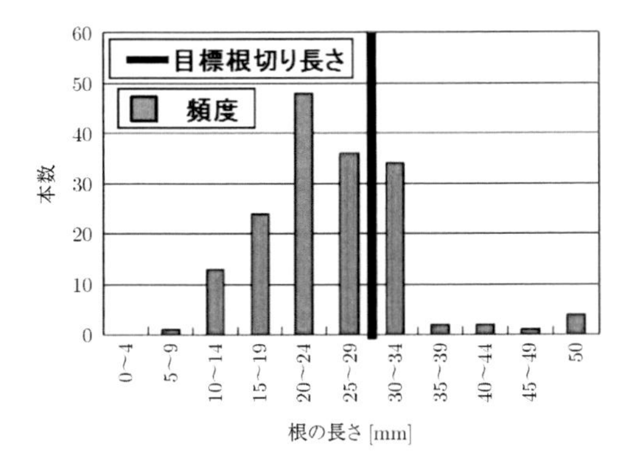

図 25.61　根切り後の根の長さのヒストグラム

＜千田有一＞

参考文献（25.3.3 項）

[1] 吉田智一 他：ホウレンソウ収穫技術の開発（第 1 報），『農機誌』，62(3)，pp.149–156 (2000).

[2] Hatakeyama, T., *et al.*: Tracking control of cutting blade of automatic spinach harvester, *Proceedings of ISFA* 2014, (2014).

[3] 藤澤彰宏 他：ホウレンソウ自動収穫機における土中での根切り刃運動による土の挙動解析，『日本機械学会論文集』，Vol.81, No.832, 15-00298 (2015).

[4] 千田有一：受動的ハンドリングに基づくホウレンソウ自動収穫装置の開発，『精密工学会誌』，Vol.81, No.9, pp.815–818 (2015).

25.3.4　キャベツ収穫ロボット

キャベツ球径を画像から判別し，収穫適期のキャベツのみを選択的に収穫するキャベツ収穫ロボットを開発した[1]。本項ではキャベツ収穫ロボットのロボットアームの機構および動力学的なシミュレーションモデルについて紹介する。

(1) ロボットの概要

ロボットはトレッド 1,100 mm のクローラ形運搬車両上に収穫用エンドエフェクタと装着したマニピュレータを搭載している（図 25.62）。動力は，エンジン車両との親和性が良いこと，キャベツの茎の切断に必要な大動力を軽量なシリンダで得られることから，ホースの取り回しは面倒であるが油圧駆動とした。

図 25.62　キャベツ収穫ロボットの外観

開発機は視覚センサにより取得したキャベツ画像から収穫適期のキャベツを判別して，把持用 2 指，切断用 2 指の計 4 指を持つエンドエフェクタによりキャベツの把持から茎の切断までの一連の収穫動作を行い，画像内の収穫対象の収穫を終えると一定距離走行し，作業を繰り返す。

(2) ロボットアームの特徴

これまでにもトマト等の果菜類の他，スイカのような重量野菜の収穫用マニピュレータについての研究が報告されている[2]。一般的なキャベツの場合，収穫物の質量は 1～2 kg 程度で，このような重量物を栽培圃場の広範囲でハンドリングできる軽量なロボットアームの設計は困難である。そこで，負荷に対してアーム部分のたわみを多少許容することとし，ウエスト（腰）とショルダ（肩）の回転，アーム（腕）の伸縮および先端のハンドを取り付けるアクチュエータを持たない自由関節の計 4 自由度をもつロボットアームを設計した（図 25.63）。

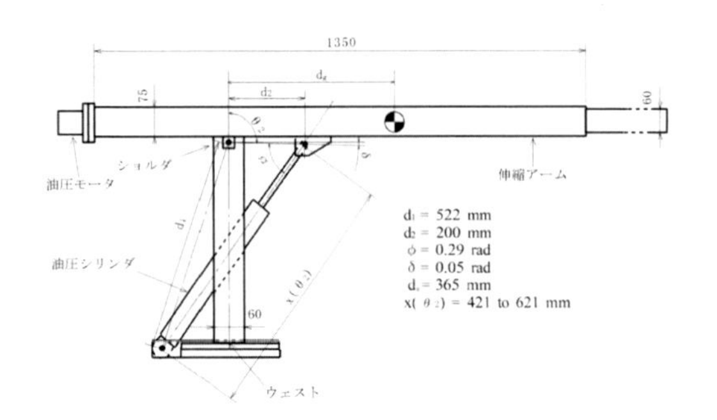

図 **25.63**　ロボットアームとパラメータ

極座標形は可動部の制御誤差がアーム先端まで蓄積しないため，多関節形に比べて各可動部の位置決め精度は低くてすむことから採用した。本機で発生する腕のたわみは，アームをフルに伸長して回転軸より 2,100 mm の先端位置にハンドおよびキャベツの静負荷 196N がかかるものとし，関節部分のガタを考慮しなければ，その推定値は 4.1 mm である。

この結果，マニピュレータは 1,000 mm のストロークを確保しつつもマニピュレータの質量を 16.4 kg まで軽量化，12.4 kg のエンドエフェクタを装着しても，総質量は 28.8 kg である。ウエストとアームの駆動には油圧モータ，ショルダの回転には油圧シリンダを用い，制御のための位置フィードバック情報はポテンショメータやエンコーダから得る。

作業プログラムの流れは以下のとおりである。

① マニピュレータのイニシャライズと圃場画像から収穫適期のキャベツを特定する。
② キャベツの位置がロボットアームの作動領域内であれば，エンドエフェクタをキャベツ頭上まで運ぶ。
③ キャベツ頭上より，軌道制御によりエンドエフェクタを鉛直に降下させキャベツを把持，茎葉を切断する。
④ 収穫物を台車のコンテナ上まで運び，放出する。

(3) ロボットアームの動力学的モデル

ロボットアームの運動方程式は，ウエスト，ショルダの駆動トルクおよびアームの伸縮力と，各関節の角加速度，加速度，回転加速度，速度，ロボットアームの姿勢，慣性力，コリオリ力，遠心力，質量および摺動面摩擦力の関係で表すことができる。また定速時のアクチュエータ動作速度は，エンジン出力，油圧ポンプ吐出量，アクチュエータの特性と負荷によって変動する油圧弁吐出量により算出できるが[3]，これらの計算は複数のアクチュエータを同時に動作させる場合には煩雑になる。そこで以下に各アクチュエータが単独で動作する場合の動力学モデルを示す。

(i) ショルダ

関節回転速度，トルクと油圧シリンダのロッド位置，伸縮速度およびシリンダ伸縮力の関係を式 (25.66) に示す[1]。式 (25.67) は，慣性モーメントと，ショルダの角加速度 $\ddot{\theta_2}$ に係る項である。これらの式により，シリンダ伸縮力および位置からショルダの回転加速度および速度を得る。

$$\frac{\dot{x}(\theta_2)}{\dot{\theta_2}} = \frac{\tau}{F} = \frac{-d_1 d_2 \sin(\pi - \theta_2 - \delta + \phi)}{x(\theta_2)} \tag{25.66}$$

$$\ddot{\theta_2} = \frac{\tau - \cos(\theta_2) l_g mg}{I_y} \tag{25.67}$$

$\dot{x}(\theta_2)$：シリンダ速度 [m/s]
F：シリンダ推力 [N]
τ：回転トルク [N・m]
I_y：マニピュレータとハンドの慣性モーメント [kg・m^2]
l_g：z 軸よりアーム重心までの長さ [m]
mg：アームおよびハンドの重量 [kg·9.8N]

(ii) ウエスト

減速ギアを介して駆動する場合の入力軸側の等価慣性モーメント，入力トルクと関節の回転加速度の関係は以下の通りである。

$$I_e = I_{0z} + \frac{I_z}{\xi_1^2} \tag{25.68}$$

$$\ddot{\theta}_1 = \frac{T_{\text{inp}}}{I_e} \tag{25.69}$$

T_{inp}：入力トルク [N・m]
$\ddot{\theta}_1$：ウエストの角加速 [rad/s^2]
I_e：等価慣性モーメント [kg・m^2]
I_z：マニピュレータとハンドの慣性モーメント [kg・m^2]
ξ_1：減速比
I_{0z}：入力軸側慣性モーメント [kg・m^2]

アクチュエータの発生するトルクと最大回転速度は次の式 (25.70), (25.71) で求める。

$$T_{\text{inp}} = \frac{\Delta P \dot{\theta}_m}{2\pi} \tag{25.70}$$

$$\dot{\theta}_m = \frac{1}{\xi_1} 2\pi_p \mu_m \mu_p \frac{\dot{\theta}_e V_p}{60 V_m} \tag{25.71}$$

V_p：ポンプ押しのけ容積 [m^3/s]
$\dot{\theta}_e$：エンジン回転速度 [rpm]
$\dot{\theta}_m$：モータ回転速度 [rad/s]
V_m：モータ押しのけ容積 [m^3/rev]
μ_p：ポンプ効率
μ_m：モータ効率
ΔP：ポンプ圧とモータ排圧の差圧 [Pa]

(iii) アーム

ボールネジを介して回転運動を直線運動に変換して駆動する場合の運動方程式[4] から，油圧モータトルクとアームの伸縮力の関係を式 (25.72)，伸縮力とアームの加速度の関係はアームおよびエンドエフェクタの質量についての式 (25.73) によって表すことができる。

$$F = \frac{2\pi}{p} T \tag{25.72}$$

$$\ddot{l}_3 = \frac{F - m_{\text{arm}} g \cos(\theta_2)}{m_{\text{arm}}} \tag{25.73}$$

F：伸縮力 [N]
m_{arm}：腕可動部とハンド質量 [kg]
$\ddot{l}_3$：アーム加速度 [m/s^2]
p：ボールネジリード [m/rev]

(4) 制御方法

位置決めは位置フィードバックによる PTP (Point to Point) 制御で行っている（図 25.64）。なお，位置情報のサンプリングは 16 ms 間隔である。

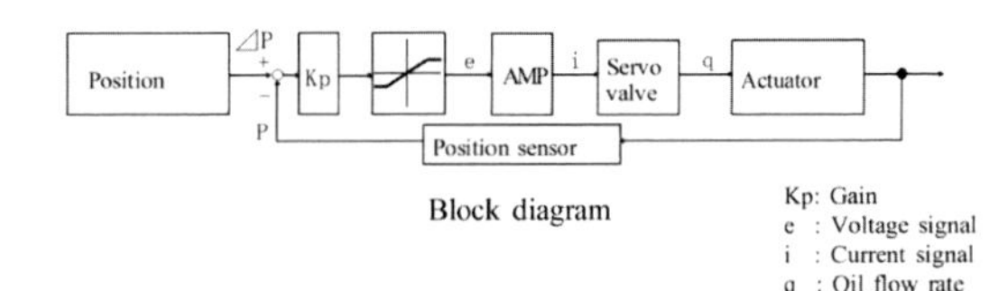

図 25.64 制御のブロックダイアグラム

(5) ロボットの収穫作業速度

ロボットの収穫速度は，キャベツを掴み上げてコンテナ上で放出するまでの所要時間 10.8s から，キャベツの放出から次のキャベツの把持にも同様の時間を要するとして，1 個のキャベツの推定収穫所要時間は 2 倍の約 22s である。実際の作業でも 20s 前後であった。なお所要時間の推定は，ロボット正面，腕の作動領域中心であるアームを 0.5m 伸長した状態でキャベツを収穫する所要時間を，平均的な収穫所要時間とした。

(6) 実験での留意点

上述の方程式により動作の推定が可能であるが，油圧シリンダのシール摩擦や負荷により変動するサーボ弁吐出油量，減速ギアのバックラッシュ，カップリングのガタやアンプ，サーボ弁の応答遅れ等が実機の試験での誤差要因として考えられる。なお，開発機の位置決め誤差は腰の回転が $\pm 4.2 \times 10^{-3}$rad，肩の回転が $\pm 0.3 \times 10^{-2}$rad，そして伸縮が ±3mm であり，キャベツ選択収穫には十分な位置決め精度が得られている。

＜村上則幸＞

参考文献（25.3.4 項）

[1] 村上則幸 他：キャベツ収穫ロボットの開発（第 1 報），『農業機械学会誌』，Vol.61, No.5, pp.85–92 (1999).

[2] 酒井悟 他：農業用ロボットのための重量物ハンドリングマニピュレータ（第 1 報），『農業機械学会誌』，Vol.65, No.4, pp.108–116 (2003).

[3] 鈴森幸一，中村公昭：『油圧の基礎と油圧回路』，pp.190–198，日本工業新聞社 (1993).

[4] 降旗清司 他：『簡易ロボット』，pp.78–80，海文堂 (1993).

25.4 おわりに

主として「官」「学」の農作業支援ロボットの事例の一端を紹介した。紙面制約のため，やむを得ず他の事例について割愛させていただいた。最後に「産」の事例について補足する。

図 25.65 に 2017 年に発表された無人農用車両（無人

コンバイン・無人トラクタ・無人移植機）を示す。初夏に走行する無人移植機の計測経路は，図 25.66 に示す精密農業支援システムを介して，秋に走行する無人コンバインの目標経路を決定する。そして無人コンバインの計測経路と食味センサ値が，春に走行する無人トラクタの目標経路と目標施肥量などを決定する。つまりすべての無人農用車両は，圃場という制御対象の操作部および検出部として実現されている。

今後，高いロボット技術を有する「産」から「学」に与えられる技術課題の克服がますます重要と考えられる。

図 25.65　無人コンバイン・無人トラクタ・無人移植機（(株) クボタ提供）

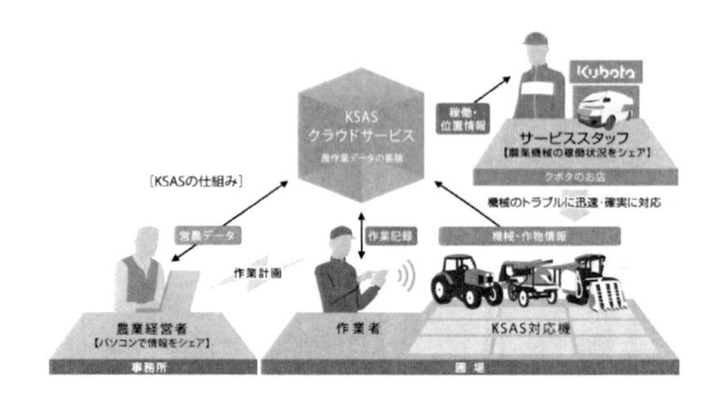

図 25.66　精密農業支援システム KSAS（(株) クボタ提供）

<酒井 悟>

第26章

ROBOT CONTROL HANDBOOK

建築・土木作業支援

26.1 はじめに

建築・土木作業は，多くの場合が屋外での作業であり，工場内の組立て作業や運搬作業のように，ロボットが作業を遂行できるよう照明や温度等の環境条件を事前に整えておくことが難しい。また，地面の掘削作業や土砂の掬い取り作業では，作業対象が環境の一部であり，作業の進行とともに環境，もしくは作業対象が変化してしまう。このような作業は定型化が難しく，各作業は作業機械を操作する熟練者の経験に依存している部分が多い。これが建築・土木作業の自動化を困難にしている要因でもある。これにより，建築・土木作業では，自律型重機による作業の全自動化よりも，初心者でも熟練者のような作業を可能とする作業支援システムの開発に注力されている。特に，近年熟練者の減少から，種々のロボット技術を重機の操縦系に組み込むことで，作業の一部を自動化する，または操縦者の操作を補助する支援システムの開発が進められている。本章では，建築・土木作業の支援技術に焦点を当て，これまでに行われてきた研究・開発の事例，および実用化されている支援システムの実例を紹介する。

土木作業で使用される重機は，地震や土石流等の自然災害において，被災地での復旧支援にも使用される。災害現場のように危険を伴う現場での作業は，二次災害の恐れもあることから，安全性を確保しつつ自動化が難しい作業を行う必要がある。そのため，離れた場所から重機を操作することで作業を行う，無人化施工が導入されてきた。無人化施工で行われている重機の遠隔操作では，重機の状態や作業の臨場感が操作者に伝わりにくく，直接重機に搭乗して作業を行うのに比べ作業効率が低下する。したがって，重機の遠隔操作では，作業の臨場感をいかに操作者に伝えるかが重要な課題となっている。26.2節では，これまでに行われてきた無人化施工の取組みと現状について紹介する。また，重機の振動や傾斜具合を操作者に伝達する体感型遠隔操作システムによる遠隔作業の試みと，ロボット技術により操縦者の操作を支援する操作支援システムの開発を紹介する。

26.3節では，建設・土木作業における環境モデリングの事例として，レンジファインダを用いた作業環境のモデル化手法と，ステレオカメラによる作業対象のモデル化の取組みについて説明する。重機の操作支援や作業の自動化においては，作業とともに変化する環境や作業対象をいかにシステム内に取り込むかが重要である。また，モデル化した環境や構造物をもとに，施工や点検・補修作業の計画を立てることもしばしば行われている。建築・土木作業では，広範囲な環境や大規模な構造物を細部まで表現するモデルを構築する必要があり，対象を計測してモデル化するモデリング技術も作業支援に不可欠な要素技術となっている。

26.4節では，作業の自動化へ向けた要素技術開発の取組みとして，ホイールローダの走行制御とバケット制御，油圧ショベルの自動掘削制御，およびクレーンの振れ止め制御に関する研究事例を紹介する。

最後に26.5節では，土砂のモデル化，掬い取り，ローダの走行制御に関する要素技術を組み合わせることでダンプトラックへの土砂の積み込み作業を自動化した研究事例，実際の作業現場で用いられている，水中バックホウの遠隔操作システムやセンサレス振れ止め制御によるアンローダの半自動運転の開発事例を紹介する。

<栗栖正充>

26.2　建設・土木機械の遠隔操作

26.2.1　無人化施工

無人化施工技術は，通常土木工事等で利用する建設機械を遠隔操作化することで，作業場所から離れた位置でオペレータが制御して作業する技術を示す。特に雲仙普賢岳で発展した，安全な地域に設置した遠隔操作室から無線により複数の建設機械を組み合わせて施工する方法を「無人化施工」と呼び，初期には「人間が立ち入ることができない危険な作業現場において，遠隔操作が可能な建設機械を使用し，作業を行うこと」と定義されていた。本項では無人化施工のこれまでの取り組みと現状を紹介する[1-3]。

土木工事において遠隔操作式建設機械による工事が記録されている例は，1983 年成願寺川での水中ブルドーザによる施工がある。陸上の施工としては 1990 年の油圧ショベルの施工が記録としてある。こうした遠隔操作式建設機械は，製鉄所などの悪環境化での作業に遠隔操作式油圧ショベルやブルドーザを利用した技術が発展したと言われている。

無人化施工として広く認知された最初の例は，1994 年雲仙普賢岳での建設省（当時）試験フィールド制度による試験工事が最初である。この工事は，初めて移動式遠隔操作室を利用して，遠隔操作式建設機械群を組み合わせて施工を行う技術が確立された。表 26.1 は当時の無人化施工公募時の施工条件である。

建設機械を遠隔操作化するためには，建設機械の油圧バルブを電磁バルブ等に変更して PWM 制御等を用いて操作する。そのために建設機械側には無線機と制御装置および電磁バルブ等のユニットが搭載されている。一部には油圧以外に機械式で油圧バルブを動かす方式も存在する。操作室には操作するためのコントローラと無線機があり，作業を確認するための映像用モニターが設置されている。映像用カメラは車載カメラと外部から建設機械の姿勢を確認するためなどのための監視カメラがある。

この試験工事での技術の特徴としては，遠隔操作式建設機械群において，複数の無線局の組合せによる遠隔操作での施工方法が確立したことにある。無線の利用種類を分類すると，建設機械および搭載機器を制御するための制御系無線，作業のための映像を伝送する映像系無線，計測機器等の情報を伝送するためのデータ伝送用無線に分類される。制御系無線局は主に特定小電力無線局 429MHz 帯として産業用リモートコントロール無線局を利用している。単向通信，連続送信が可能で 0.01W の出力である。現在でも遠隔操作式建設機械には標準で採用されている無線局である。

映像系無線局は，1994 年当時は 100 m 以上の伝送可能である無線局として存在していた 50 GHz 帯ミリ波簡易無線局を利用していた。無線局はミリ波でかつ，0.015W と小さい出力で，指向性があるため，移動体に搭載するにはアンテナ追尾システムが必要であった。無人化施工では 2000 年代初めまで盛んに利用されていたが，映像のデジタル化と無線 LAN の発展により，徐々に様々なデジタル無線局へ移行していった。

データ伝送系無線局は，1994 年当時は特定小電力無線局が利用されていたが，伝送量や無線機の種類が限られているため，限定的な使用であった。1996 年以降は小電力データ通信システムである 2.4GHz 帯無線局が一般的となり，無人化施工でも計測装置や中継システムが発達する原動力となった。これは，特定小電力無線局の 1200～9600bps と少ない伝送容量の壁を 9600bps 以上に拡大したことによる。そのため，複数の制御機器等をまとめて伝送できるようになるなど利用する範囲が拡大した。無人化施工では 1996 年以降中継システムが確立して，特定小電力無線局伝送能力である 300m の壁を越えて施工できるようになっている。これは 50GHz 映像用無線局と 2.4GHz 帯小電力データ通信システムの組合せにより可能になったもので，1km を超える施工が実現できた（図 26.1 参照）。

座標計測の側面から見ると，明かり工事での無人化施工では，1994 年以来，GPS の利用が重要な役割を果たす。工事では建設機械の掘削位置管理で利用されており，コンクリート打設が行われるようになってから

表 26.1　無人化施工公募時の施工条件

技術の内容	技術の水準
1. 不均一な土砂の状態で，かつ岩の粉砕を伴う掘削と運搬	直径 2～3m 程度のレキの破砕が可能であること
2. 現地の温度，湿度条件に対応可能	外囲条件として一時的には温度 100°C，湿度 100%でも運行可能
3. 施工機械を遠隔操作することが可能	100m 以上の遠隔操作が可能なこと

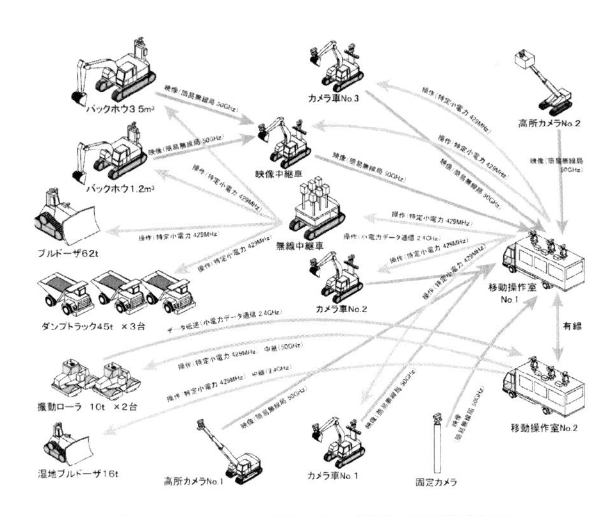

図 26.1　2001 年頃の無人化施工無線系統図

は，2000 年以降，転圧管理やコンクリート敷均(なら)し管理に利用さてれきた。RTK-GPS[1] により XY 座標では誤差 ±2cm 程度で，工事管理では十分な精度であった。2004 年以降は MG（マシンガイダンス）や MC（マシンコントロール）が実用化され，丁張レスで精度の高い施工が可能となった。それまでは施工後に RTK-GPS でその座標を測ることで確認していたが，施工と同時に精度確認ができるように改善された（図 26.2 参照）。

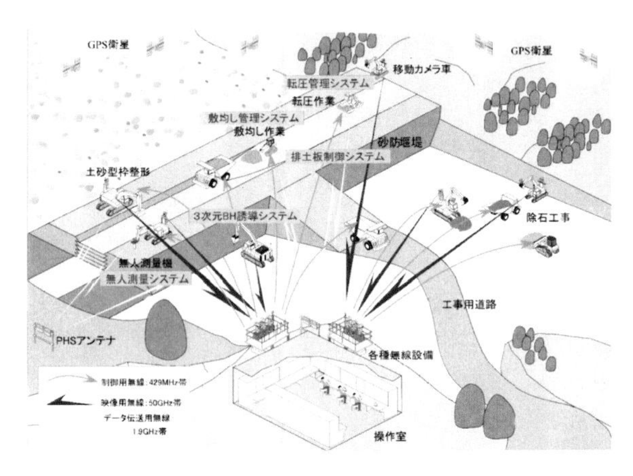

図 26.2　2005 年頃の無人化施工概要図

最近の無人化施工は，2013 年 4 月に超長距離遠隔操作実験が国土交通省九州地方整備局雲仙復興事務所で行われ，光ファイバーによる 70 km 以上の遠隔地からでも無人化施工による工事が可能であることが示された。これは既設の光ファイバー網を利用して本格的に行われた実験であり，この後，紀伊山地での北股川北股地区緊急対策工事に適用され，実用化に至っている。ネットワークに対応することで無人化施工の無線に対する制約が低減され，必要な機材が無線の種類などにかかわらず設置できるようになってきた。IP ネットワークと無線 LAN により，制御系，映像系，データ伝送系と無線を分ける必要がなくなり，状況に適した無線機を選定することができるようになっている。特に中継システムを検討する上で，無線機の制約が少ないことは無人化施工にとっては有用な発展となった。

現在の無人化施工を赤松谷川 11 号床固工工事（国土交通省九州地方整備局雲仙復興事務所）で説明する。この工事では，図 26.3 に示すようにほとんどの建設機械は主に無線 LAN の中の 5GHz 帯無線アクセスシステム (IEEE802.11j) を制御，映像，データの通信に利用している。無線中継車を利用し，到達距離やアンテナ間の視通を確保しながら建設機械を制御している。カメラ車や中継車の通信には 25GHz 帯小電力データ通信システムを利用し，5GHz 帯無線 LAN の帯域を補っている。ネットワーク対応により，無線通信機器の制約が少なくなり，多くの ICT 機器が簡単に利用できるようになってきた。その代表例として現在ではハイビジョン映像伝送も 70msec 以下の低遅延時間で実現可能となっている。

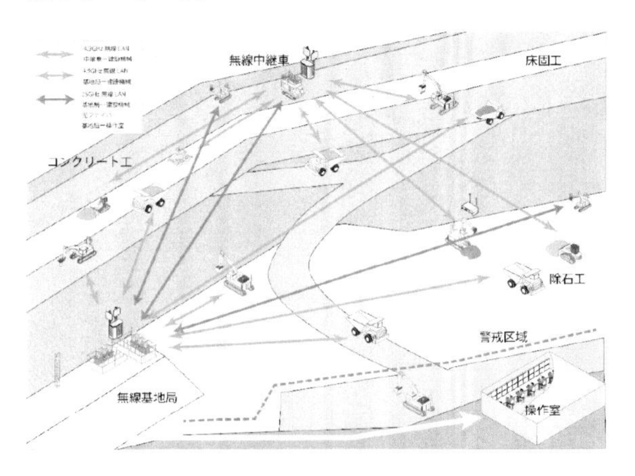

図 26.3　2014 年頃の無人化施工概要図

＜北原成郎＞

26.2.2　体感型遠隔操作

無人化施工は施工重機を遠隔で操縦することを基本とするが，それらを実現する要素技術として，遠隔作業を行うオペレータへの情報（主に画像），画像情報およ

[1] RTK-GPS (Real Time Kinematic GPS) は基準局からの補正データにより高精度で座標解を算出するシステムで，移動局側は GPS アンテナと受信機に補正データ用無線機が組み合わされる。出力はシリアルデータ（データ形式は NMEA-83 等）で，1Hz 以上で利用。

び操作データの伝送，操縦装置を組み合わせたシステム化が求められる。無人化施工システムは，近年の画像伝送技術（プロトコルやエンコード/デコード技術），通信装置の向上により，正確さと効率化が向上しつつある。また，操作性の向上のために高解像度カメラの導入や 3D の導入も試みられている。ここでは，オペレータの操作性向上と無人化施工効率化に向けての取組みの一つとして，3D 映像および体感装置を用いた遠隔操作システム[4] を紹介する。システムは，① 3D モニタ（ハイビジョン映像），② 体感装置付運転席，③ 作業重機キャビン内の音情報の再生装置で構成される。重機に取り付けた装置を図 26.4 に，操縦室を図 26.5 に示す。新しい試みとして，重機に設置した様々なカメラから取得した視覚情報のみならず，現場での作業音，重機の振動・傾斜をセンサで取得した重機の情報を遠隔操作席で再現し，オペレータに現場からの情報を実感的に与えることで，操作環境を通常の運転席に極力近づけることを目的に操縦室を構成した。

上記の 3 つの装置は，三者を同時に使用することにより，より実際の重機に近い状況を遠隔操縦室に再現し，オペレータの操作支援を目的としたものである。体感装置付運転席は，重機に設置したセンサからの情報を運転席の前後左右動で再現するものであるが，実際の重機では，作業状況によりかなり運転席が急傾斜となる状況も発生しうる。このような状況を忠実に再現すると，平面場に置かれたモニタとの乖離が生じて操縦に支障を来す恐れがあるため，座席傾斜の調整機能を設け，体感状況が損なわれない範囲で適切な運転姿勢が保たれるような調整機構も備えている。

この新しいシステムでは，図 26.6 に示すように，3D モニタを中心に 6 つのモニタからの情報を視覚で捉えながら，体感型操縦席に座り，重機の姿勢や周囲の音などを遠隔操縦室で体感しながら重機をコントロールすることとなる。この際の 3D メガネ装着や体感装置の動きなどに対するオペレータの感想をヒアリングし，システムの成熟に役立てることとした。体感装置および 3D のハイビジョン画像はオペレータに非常に好評で，コンクリートブロックの積上げ（サイクルタイム計測のための遠隔操縦による積上げ）試験では，従来型の遠隔操縦に対しての情報量の多さと，臨場感に関してよい印象を述べることが多く，ヒアリングの結果からは操作性に関して，従来のシステムに対して大きく改善されたことがわかった。さらに従来型の無人化施工技術と，今回の 3D および体感装置を用いたシステムとの作業効率の比較を行うために，① 3 個のコンクリートブロックを積込み→運搬→荷下しする作業と，② 3 個のブロックを積み重ねる作業，の 2 つに関してサイクルタイムの比較試験を実施した。この際，それぞれのシステムに対してオペレータの慣れが生じるため，各 3 回の作業を交互に実施（1. 従来型 → 2. 3D

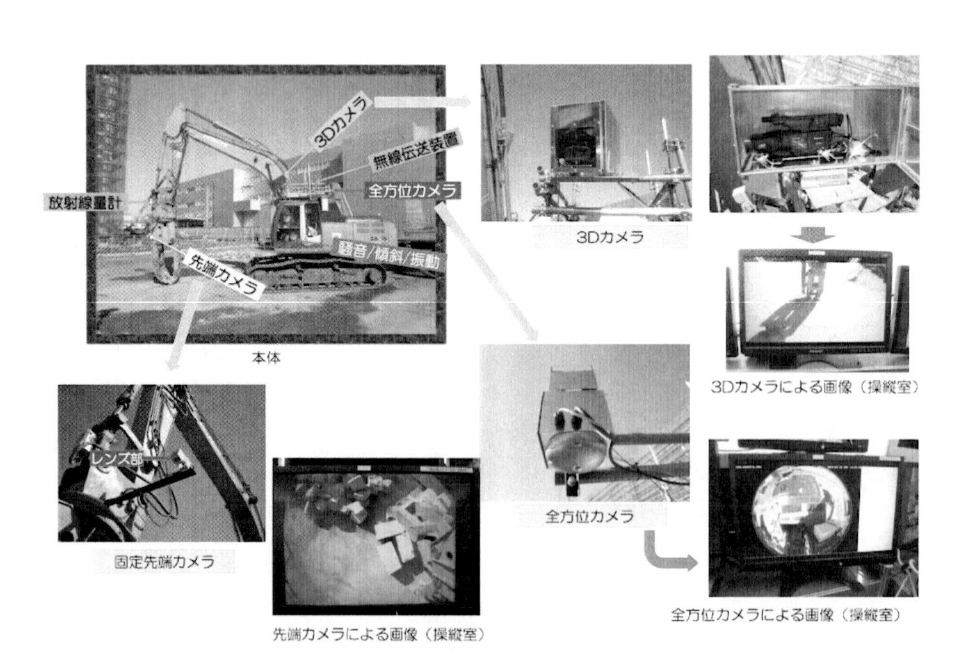

図 26.4　重機に取り付けた装置（ベースマシン：バックホウ 1.4m³ 級）

図 **26.5**　遠隔操縦席

図 **26.6**　操作室での操縦

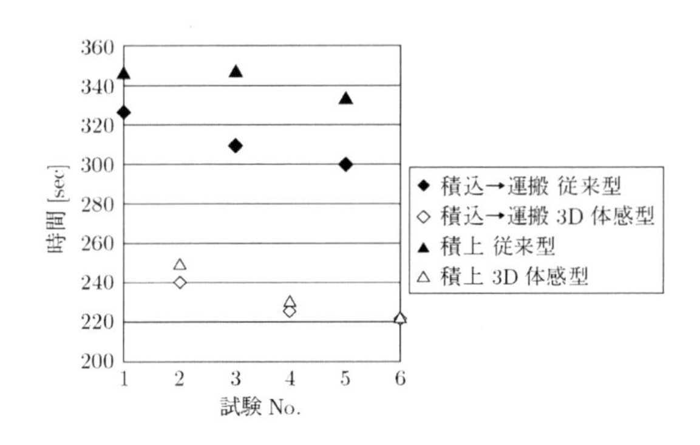

図 **26.7**　作業に要した時間の比較

体感型 → 3. 従来型 → 4 → 5 → 6）することとした。試験の結果を図 26.7 に示す。それぞれのシステムで，①，② の作業とも，オペレータの慣れにより，作業回数が進むにつれ習熟により作業時間は短くなり，作業にかかったサイクルタイムは収斂していく。

この結果に加え，さらにブロック 1 個の運搬，破砕後の細かいブロックの積み込み作業を，遠隔操作によらない機上作業のサイクルタイムも含めてまとめたものを表 26.2 に示す。遠隔操縦による無人化施工の効率が通常の機上操作に比べ低いことは仕方のないことであるが，ここで示したような単純なブロック運搬ではサイクルタイムの低下はほとんどなく，他の作業に関しても従来型よりも優位である結果が得られた。

作業効率を，遠隔操作による作業時間を機上作業に

表 **26.2**　作業に要した時間の比較

作　業	① 機上操作 (sec)	無線操作 (sec)		効率%		
		② 3D 体感型	③ 従来型	A：①/②	B：①/③	A-B
ブロックの運搬	76	80	118	95.00	64.41	30.59
破砕後のブロック積込	87	111	165	78.38	52.73	25.65
3 ブロックの運搬	149	229	361	65.07	41.27	23.79
3 ブロックの運搬・積上	154	236	387	65.25	39.79	25.46

よる作業時間で除して求めると，従来型の遠隔操作では 40〜65%程度の作業効率であるのに対し，今回開発した 3D 体感型では 65〜95%の効率となった。以上の結果から，今回紹介したシステムでは以下の知見を得た。

① 3D 映像および体感装置を用いた遠隔操作システムはオペレータにとって操作性を向上させる
② 機上作業に対しての作業効率の低下は否めないが，従来型の遠隔操作技術に対してその低下量は少ない

③ 従来型の遠隔操作技術に対して，効率は 20%以上向上する。

＜古屋 弘＞

26.2.3　操作支援技術

建設機械の操作支援技術は，将来の自律運転に向けた要素技術の確立のための道程であるとともに，オペレータを支援しながら複雑な作業を遂行するためのヒューマンインタフェースが重要な要素となる。まず，建設機械の自律運転を可能とするためには，建設機械の各可動部に位置センサや圧力センサを具備し，コントローラを介し，エンジンや油圧の出力制御を行うなど建設機械の RT 化が必要である。これによりマニピュレータの軌道生成，さらに自己位置検出を行うことで，不整地での自動走行などを含めた自律運転も可能になると考えられる。一方，オペレータの支援技術には，視覚提示，音声提示，建機の状態（負荷，振動，姿勢等）があるが，オペレータの操作に関与する支援技術の開発はこれまで少なかったと言える。図 26.8 の双腕型建設用マニピュレータ（以下，マニピュレータ）[5] は，オペレータの操作に関わらずマニピュレータのハンドリング動作を支援する「ハンドリング動作計画システム」を実装した。このシステムは，対象物を把持，移送するときの操作者支援，および多自由度の操作をコマンドレベルで動作させる知能化システムと定義した。各センシング要素とハンドリング動作計画システムの構成を図 26.9 に示す。

図 26.8　双腕型建設用マニピュレータ

(1) 把持対象物の材質判定による把持力制御

ハンドリング動作計画システムの 1 つ目の要素として把持力制御がある。これは，通常オペレータが把持対象物を目視し慎重に操作しながら把持力調整を行っているのに対し，システムで対象物の材質判定を行い，自動的に適切な把持力に制御するものである。例えば解体現場の場合，コンクリート塊，鉄くず，アルミくず，木材，廃プラスチックなどが建設副産物として発生する。この中で塩化ビニール管などの廃プラスチックは低強度の材質のため，アタッチメントの把持用油圧シリンダの圧力を，対象物を落下，破壊させない 5 MPa 以下（把持力：小）に設定する必要がある。さらに，木材などの中強度の材質では，14MPa 程度以下（把持力：中）に設定し，木材，コンクリート塊をつぶさずにつかんで持ち上げることができる。まず，把持力を決定するには対象物の材質が何であるかを特定する必要があるが，本システムでは判定のリアルタイム性を重視

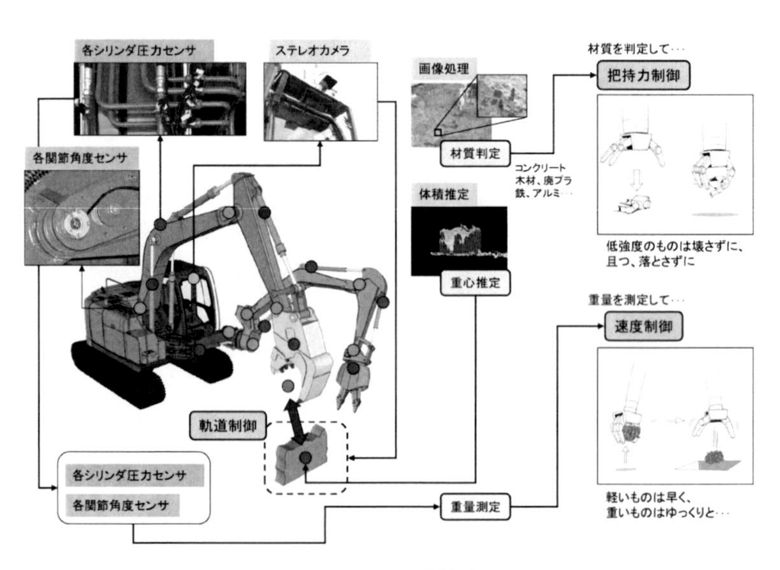

図 26.9　ハンドリング動作計画システム

し，画像処理による材質判定を選択した。

例えば建設副産物などを画像処理により材質判定する場合の前提条件として，① 把持対象物となる建設副産物の大きさや形状が一定ではない，② 解体現場での作業となることから粉塵などの影響で色が酷似することや，降雨や錆などで材質の色が変化する，などを考慮する必要がある。① の条件からパターンマッチングのように登録している形状と照合して対象物を特定することは膨大なデータベースが必要となる上，複雑で判定処理に時間を要する。② の条件からカメラ画像から得られた色情報で対象物を判定すると，精度良く判定することが難しい，などが考えられる。

そこで従来の画像の色彩や形状による判定に加え，本開発では新たに対象物表面のザラザラやツルツルなどの質感を使った判定を行い，よりロバスト性の高い判定システムの構築を行った。

まず，色彩から材質判定を行う手順は，カメラで撮影した画像から把持対象物の RGB 情報を取得し，L* a* b* 値に変換する。変換した L* a* b* 値から把持対象物の色彩を色座標で表す。色座標には予めサンプルを測定して採取した各材質の原点を用意してあり，把持対象物の色座標点と各材質の原点との距離（色差）を演算し，原点との距離が最も近い材質を判定結果として出力する。次に，異なる材質の色彩原点が近似することによる材質判定精度の低下を抑制するため，対象物表面の明度を示す L* のばらつきを用いて対象物サンプルの表面質感を予め数値化し，測定した対象物の明度のばらつきと比較することで材質を判定結果として出力する[6, 7]。最後に形状についても楕円近似し，どの材質の形状の確率が高いのかを出力し，ベイズ推定法により総合の判定を行う。ベイズ推定法の採用理由として，画像処理による判別手法に新たな判定手法を追加しやすいこと，取得データの信頼性が低くても当座の結論を出せることがある。

(2) 把持対象物の質量計測による移送速度制御

画像処理による材質判定機能を補完する，または対象物把持後の移送スピードを自動的に生成し安全に落下させることなく移動させるには，把持対象の質量の把握が不可欠である。そこで本マニピュレータは把持対象物の質量計測機能を実装されている。なお，把持対象物を掴む腕は重量物が主な対象となることから主腕（右腕）に装備することとした。

本機能は圧力センサの計測値から求めた主腕のブームシリンダの推力と，位置姿勢計測機能に基づいて演算される各構成部材のモーメントとの差から把持物質量を演算する。計測した把持物の質量に応じて，動作速度の指令をハンドリング動作計画システムが行う。解体現場での安全性，効率化を考慮し，質量が 0～60 kg で「通常」，60～100 kg で「低速」，100～kg で「微速」の 3 段階での速度設定となっている。

(3) 軌道制御のための把持対象物幾何学推定

複雑なマニピュレータの操作支援として，形状が異なる把持対象物の形状を計測し，対象物の幾何学形状，体積，重心位置などを推定することにより，適切なハンドリング軌道を自動で生成，制御するなどの機能が有効である。例えば，対象物の近傍にマニピュレータを即時に移動させる，既知の集積場所まで最適な軌道，速度で移送するなどである。

このような使途を考えた場合，システムの条件を，① ほとんどの対象物は不定型形状である，② 対象物の位置はマニピュレータ中心を原点にできる，③ 対象物の許容位置精度は数 cm 程度，④ 走査範囲は奥行き 15 m 程度，幅 5 m 程度，⑤ 情報の取得方法はマニピュレータ上からが望ましい，とした。これら条件を考慮して，オペレータが扱いやすく，簡単な機器構成で実現できる情報取得手段が重要である。

まず，対象物の位置，形状データを取得するデバイスにはステレオカメラを採用した。これをマニピュレータ上に搭載するため，基本的には作業空間の 3 次元情報を一方向からのみで捉えることになる。つまり，ステレオビジョン（3 次元レーザスキャナを含む）の多くが多点からの計測データをオフラインで 3 次元形状に結合し，精度を高め体積推定などを行うのに対し，対象物裏面やオクルージョンで欠落する 3 次元データが多く発生することになり，3 次元形状を精度良く生成することは難しい。しかしながらこの機能の目的である把持対象物までのマニピュレータの軌道制御に用いるなど，把持対象物の体積や位置の精度が真値に対し，± 数%程度まで許容できる場合，ステレオカメラの一方向から取得した 3 次元情報からある程度の形状推定が可能になれば，ハンドリング動作計画に有効である。形状推定の方式としては，基準面（例えば地表面）に斜影する形状推定方式による推定を行う。

次に，オペレータへの対象物の情報提示に関しては，タッチパネル上に基準カメラの撮影映像を提示する方式を基本とした。これは，従来のステレオカメラの距離画像と呼ばれる映像がオペレータから判りづらいとのヒアリング結果に基づいている。さらにオペレータは実映像を観察しながら作業空間の状況を把握するとともに，各種のコマンド操作で作業に必要な点や線，面，推定した形状の体積や重心位置といった情報を簡単な操作で求めることができる。

双腕型建設用マニピュレータの開発は，NEDO 技術開発機構の戦略的先端ロボット要素技術開発プロジェクトの成果であるが，今後，搭乗運転では危険と想定される被災建物の解体作業や災害現場での瓦礫撤去作業，極限環境下（放射線，ダイオキシン，アスベスト）での各種重作業に適応の可能性がある。

特に遠隔操作時は搭乗運転に比べ少ない情報をもとにオペレータは操作することになるが，その操作に直接関与し，効率的で安全な操作支援システムを構築することが重要である。

<柳原好孝>

26.3　建設・土木作業における計測と環境のモデリング

26.3.1　レンジファインダによる 3 次元計測とモデリング

建設や土木作業の分野では，建物，橋，トンネル，地下埋設管などの構造物を計測し，施工管理や補修作業に役立てることが行われている。特に，日本では施工後 30 年以上を経過し老朽化しインフラの点検・補修が急務であり，計測のニーズはますます高まっている。本項では，第 3 章 3.5.2 項で説明した走査型のレーザレンジセンサを利用した 3 次元計測とモデリング[8] について説明する。また，移動体に搭載した走査型のレーザレンジセンサで建物や地下埋設管などの構造物を計測する方法[9] についても説明する。

(1) 構造物の 3 次元計測とモデリング

表面に凹凸がある構造物や，全体が緩やかに湾曲している構造物の 3 次元形状の計測は，異なる視点で計測した形状をつなぎ合わせることで実現する。レーザレンジセンサは，レーザ光を利用して対象の形状を計測する。この際，センサから死角になる場所の形状は計測することができず，異なる視点で計測したデータを統合して補う必要がある。

図 26.10 にレーザレンジセンサを利用して空間の 3 次元計測を行い，対象のモデルを構築するまでの行程を示す。構造物の 3 次元計測を行う場合は，第 3 章 3.5.2 項で紹介した走査型のレーザレンジセンサを利用して，① 異なる視点で複数の 3 次元点群を計測，② 計測した複数の 3 次元点群の位置を合わせて 1 つの点群として統合（図 26.10(a)），③ 対象箇所の 3 次元点群の抽出（図 26.10(b)），④ CAD ソフト等を利用したモデルの構築（図 26.10(c)）の順で行う。CAD モデルにすることで，その後の設計作業を計算機上で行うことができるようになる。また，補修作業等に利用する目的であれば，上述の ③ で抽出した 3 次元点群を利用して，補修箇所の位置や大きさの確認，補修を行うための作業スペースの確認を行うことも可能である。

(a) 3次元点群の計測

(b) 対象点群の抽出

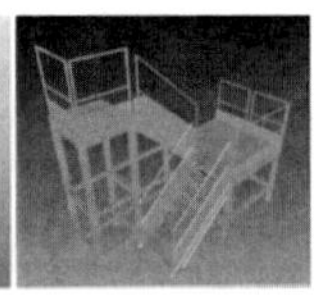

(c) モデル化

図 26.10　レーザレンジセンサを利用した 3 次元計測と対象物体のモデルの構築

(2) 移動体を利用した 3 次元計測

土木作業の対象となる構造物の中には，走査型のセンサを人手で設置することが困難な場所も存在する。人が入るのが危険な被災した建物，建物の高所の狭隘空間，径が小さい地下埋設管などが困難な場所の例である。そのような場所においては，移動体を利用してレンジセンサを運搬し，計測を行う方法が考えられる。また，人が入れる場合でも，移動体でレンジセンサを運搬して計測することで，作業を行う人にかかる負担を軽減することもできる。

図 26.11 にクローラロボットや移動体にレンジセンサを搭載して計測した被災建物と地下埋設管の 3 次元点群を示す。2 つの点群は，異なる走査型のレンジセンサを利用して計測した。(a) は 3 次元の走査型レー

(a) 被災建物内部の 3 次元計測

(b) 地下埋設管と地上建屋の 3 次元計測

図 26.11　移動体で計測した 3 次元点群

ザレンジセンサを利用してクローラの周囲の形状を計測し，クローラの移動量と合わせて3次元点群を復元した。(b) は2次元の走査型レーザレンジセンサで管の断面形状を計測し，移動台車が配管に沿って走行した際の台車の位置と姿勢と合わせて3次元点群を復元した。

移動体を利用して3次元計測を行う場合，複数の異なる視点で計測したレーザレンジセンサの形状データを正確に位置合わせする技術が重要になる。図26.11の地下埋設管の3次元計測を例に，移動体の位置と姿勢 $\boldsymbol{x}_t$ を正確に推定するための要素技術を説明する。

(i) 搭載した内界センサを利用して移動体の位置と姿勢 $\boldsymbol{x}_t = (x, y, z, \theta_{\mathrm{roll}}, \theta_{\mathrm{pitch}}, \theta_{\mathrm{yaw}})^T$ を推定

内界センサとしては，エンコーダやIMUなどを利用して位置と姿勢を推定する。IMUで計測した角速度からクォータニオンを利用して姿勢を計算する。ある時刻 t の姿勢を ${}^0\boldsymbol{q}_t$，IMUのジャイロスコープから得られた各軸まわりの微少回転角度 $\Delta\theta_{x,t}, \Delta\theta_{y,t}, \Delta\theta_{z,t}$ とすると，時刻 $t+1$ の姿勢 ${}^0\boldsymbol{q}_{t+1}$ は次式で計算する。

$$
{}^0\boldsymbol{q}_{t+1} = {}^0\boldsymbol{q}_t \times {}^t\boldsymbol{q}_{t+1} \tag{26.1}
$$

$$
{}^t\boldsymbol{q}_{t+1} = \begin{bmatrix} \cos\frac{\delta\theta_{x,t}}{2}\cdot\cos\frac{\delta\theta_{y,t}}{2}\cdot\cos\frac{\delta\theta_{z,t}}{2} \\ \sin\frac{\delta\theta_{x,t}}{2}\cdot\cos\frac{\delta\theta_{y,t}}{2}\cdot\cos\frac{\delta\theta_{z,t}}{2} \\ \cos\frac{\delta\theta_{x,t}}{2}\cdot\sin\frac{\delta\theta_{y,t}}{2}\cdot\cos\frac{\delta\theta_{z,t}}{2} \\ \cos\frac{\delta\theta_{x,t}}{2}\cdot\cos\frac{\delta\theta_{y,t}}{2}\cdot\sin\frac{\delta\theta_{z,t}}{2} \end{bmatrix}
$$

エンコーダで計測した微少移動量 Δx_t と合わせて移動体の位置 ${}^0\boldsymbol{p}_{t+1}$ を次式で計算する。

$$
{}^0\boldsymbol{p}_{t+1} = {}^0\boldsymbol{p}_t + {}^t\boldsymbol{p}_{t+1} \tag{26.2}
$$

$$
\begin{bmatrix} 0 \\ {}^t\boldsymbol{p}_{t+1} \end{bmatrix} = {}^0\boldsymbol{q}_{t+1} \times \begin{bmatrix} 0 \\ \delta x_t \\ 0 \\ 0 \end{bmatrix} \times {}^{t+1}\boldsymbol{q}_0
$$

${}^0\boldsymbol{p}_t$, ${}^0\boldsymbol{q}_t$ から $\boldsymbol{x}_t$ を，${}^0\boldsymbol{p}_{t+1}$, ${}^0\boldsymbol{q}_{t+1}$ から $\boldsymbol{x}_{t+1}$ を計算する。

(ii) 位置と姿勢 $\boldsymbol{x}_t$ の推定誤差を移動体に搭載した外界センサの情報を元に修正

地下埋設管では，管の長手方向の水平方向と垂直方向の形状を2次元の走査型レーザレンジセンサで計測した。異なる位置で計測した水平方向と垂直方向の形状を合わせることで，移動中の横ずれなどによって生じた移動体の位置と姿勢 $\boldsymbol{x}_t$ の推定誤差を修正した。

形状のマッチングは，ICP (Iterative Closest Point)[10] や NDT (Normal Distributions Transform)[11] などのマッチングアルゴリズムを利用して行う。マッチングは，局所的な誤差を修正するのに効果的である。一方で，大局的な視点で見ると歪みなどの誤差が残る。

(iii) 3次元形状の大局的な誤差の修正

復元した3次元点群の全体的な歪み等の大局的な誤差の修正は第4章4.3節で説明したSLAMの技術を利用して修正する。地下埋設管の計測では，Graph SLAM[12] を利用して，確率的に各位置の整合性を取りつつ，全体の歪みを最小化した。Graph SLAMでは次式で示す評価関数を最小化する移動体の位置と姿勢 $\boldsymbol{x}_t$ を再計算する。

$$
\begin{aligned}
J_{\mathrm{GraphSLAM}} &= \boldsymbol{x}_0^T \boldsymbol{\Omega}_0 \boldsymbol{x}_0 \\
&+ \sum (\boldsymbol{x}_t - \boldsymbol{g}(\boldsymbol{u}_t, \boldsymbol{x}_{t-1}))^T \boldsymbol{R}_t^{-1} (\boldsymbol{x}_t \\
&- \boldsymbol{g}(\boldsymbol{u}_t, \boldsymbol{x}_{t-1})) + \sum (\boldsymbol{z}_t - \boldsymbol{h}(\boldsymbol{x}_t, \boldsymbol{m}_j))^T \\
&\boldsymbol{Q}_t^{-1} (\boldsymbol{z}_t - \boldsymbol{h}(\boldsymbol{x}_t, \boldsymbol{m}_j))
\end{aligned} \tag{26.3}
$$

$\boldsymbol{x}_0$, $\boldsymbol{\Omega}_0$ が初期位置とその誤差，$\boldsymbol{z}_t$ がランドマークの計測値，$\boldsymbol{g}$ が位置と移動量に基づく次の位置の予測値，$\boldsymbol{h}$ が地図と位置に基づく観測の予測値，$\boldsymbol{R}_t$, $\boldsymbol{Q}_t$ がそれぞれの推定誤差に相当する。

地下埋設管では，マンホールの下に移動体が来た際にトータルステーション等で移動体の位置を計測し，それを観測地 $\boldsymbol{z}_t$ としてGraph SLAMを解くことで歪みの少ない高精度な位置を計算し，3次元点群を復元した。

(3) 反射強度を利用したテクスチャーマッピング

さらに，レーザレンジセンサは構造物を計測するだけでなく，素材（テクスチャー）の違いを計測することができる。素材の違いを可視化できることは，対象を認識する際に役に立つ。反射強度 I は次の近似式で表される。

$$
I \propto K_d I_m \frac{\cos(\alpha)}{D^2} \tag{26.4}
$$

K_d は対象物体表面の拡散反射係数，I_m が光源の強さ，α は対象の表面法線に対する入射角，D は距離に相当する。同じ距離の対象物を計測した場合でも，対象物

の表面の素材や色が違う場合は K_d が異なるため，反射強度 I が変化する。計測した反射強度を利用することで，3 次元点群の素材の違いを可視化することができる（図 26.12)。

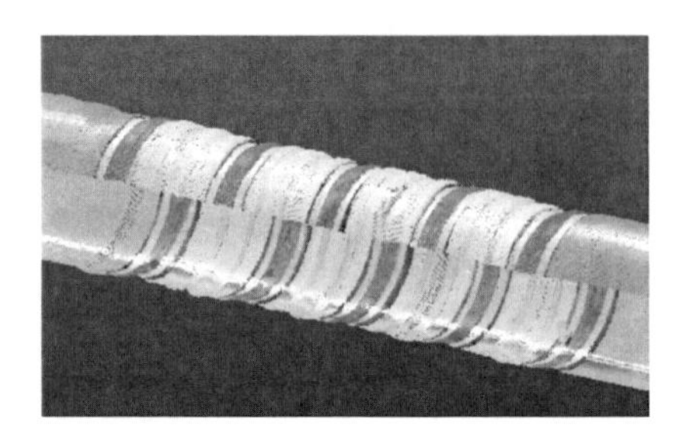

図 26.12　配管の接合部：反射強度を利用したテクスチャーマッピングの一例

<大野和則>

26.3.2　ステレオ視による 3 次元計測とモデリング

カメラで撮影した画像は，3 次元の実空間にある対象物の姿を 2 次元空間（画像空間）に射影して記録したものである。注目対象物を 1 台のビデオカメラにより多数の異なる視点で撮像した画像や，複数のカメラで注目対象物を同時に撮影した画像を用いて，その対象物の 3 次元形状を復元しようとするのがステレオ視である。特に 2 台のカメラを平行に置く平行ステレオはよく用いられる。前項で述べた，平面走査型のレーザレンジセンサによる複数視点計測で形状をつなぎ合わせた 3 次元形状復元では，視点移動の合間に対象物が動いてしまうとその 3 次元形状が正しく復元できない。一方 2 眼以上のカメラを用いるステレオ視では，特にそのカメラがグローバルシャッター方式のものであれば，同期したシャッタータイミングで撮像された画像であればある瞬間の画像が同時に取得でき，3 次元復元が行えるので，対象物が動いていてもその形状をほぼ正しく得ることができる利点がある。

(1) 平行ステレオ[13]

平行ステレオは，図 26.13 のように 2 つのカメラが平行な場合（図 26.14）のステレオ視である。透視投影モデルが成り立ち焦点距離 f が等しい 2 台のカメラの光軸が，平行かつ画像面が同一面内にあり，それぞれの画像の縦軸も平行と仮定できる場合である。ここで左カメラのレンズ中心を原点とし，原点を通る光軸を Z 軸，原点を通る画像の縦軸に平行な軸を X 軸，同横軸に平行な軸を Y 軸となるよう座標系をとる。このとき左右のレンズ中心間の距離 B を基線長という。このカメラ配置では，実空間中の 1 点 $P(X, Y, Z)$ の画像面への射影，すなわち，点 P と左右のレンズ中心を通るそれぞれの直線が画像面と交わる点 $p_l(u_l, v_l)$, $p_r(u_r, v_r)$ は，画像面の共通する水平（u 軸に平行な）線上に存在する，すなわち $v_l = v_r$ となる（エピ極線（エピポーラ線）が画像上で水平になる，といわれる)。平行ステレオがよく用いられるのは，この性質により左右の画像の対応点（実空間中の 1 点 P の左右画像への射影点）の探索を水平なエピ極線上で行うだけで済む利点があるからである。後述するように，この探索は，左画像中でその中心位置が u_l に存在するある矩形領域中の画像と最も相関が高い同一形状矩形領域を右画像中で探し，その中心位置を u_r とすることにより行われる。上記の仮定のもとでは，視差 $d = u_l - u_r$ を定義すると，実空間中の点 P の座標は次式で求めることができる。

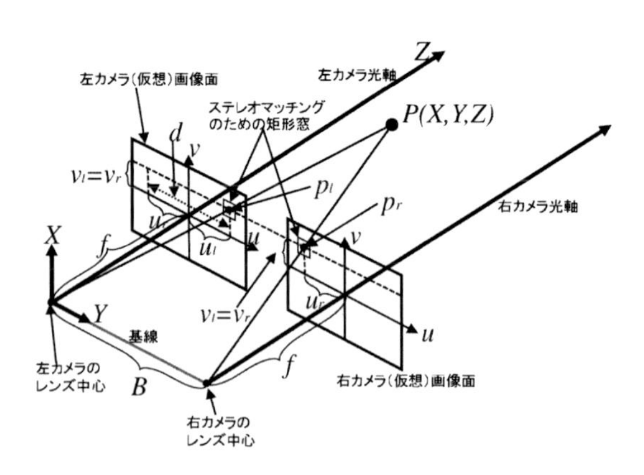

図 26.13　平行ステレオ

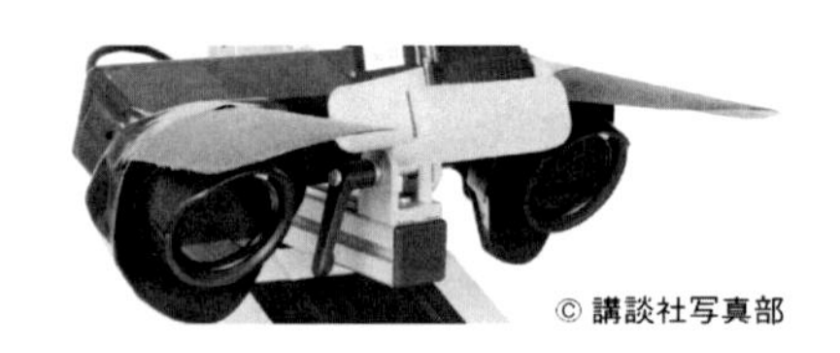

図 26.14　ステレオカメラの例（筑波大学知能ロボット研究室）

$$\begin{bmatrix} X & Y & Z \end{bmatrix}^T = \begin{bmatrix} \frac{v_l B}{d} & \frac{u_l B}{d} & \frac{f B}{d} \end{bmatrix}^T \qquad (26.5)$$

(2) カメラキャリブレーション

実際のカメラは，そのレンズの歪によって上に述べた透視投影が成り立つとは限らない。また機械的に 2 台のカメラを平行に設置しても完全に平行にはならず，結果としてエピ曲線が水平になるとは限らない。そこで実際的には，まずカメラを平行ステレオの仮定が可能な限り成り立つように設置し，そこで得られる左右カメラの原画像に対して，レンズ歪みの補正を施した画像を生成する。さらに歪補正後の左右画像に対し，平行化という補正処理を施す。平行化の目的は，平行ステレオの原理による対応点探索ができるように，エピ極線がその画像中で水平になるように画像そのものを補正することである。歪補正と平行化は平行ステレオでは極めて重要な処理であり，これを行わないと，得られた画像のほぼ全域で良好な視差を求めることは困難となる。

そのカメラの焦点距離や光軸中心（これを内部パラメータと呼ぶ），2つのカメラの基線長を含む相対位置関係に関するパラメータ（これを外部パラメータと呼ぶ），およびレンズの歪みに関するパラメータを求めなくてはならない。内部パラメータと歪みに関するパラメータはレンズ歪みの補正の際に用い，外部パラメータは平行化の際に用いる。これらのパラメータを求めるには，たとえば，チェスボード板の市松模様のように規則的な幾何学図形が繰り返す模様を描いた平面板（図 26.15）を，そのカメラに対し様々な位置姿勢に置いて撮影した画像を多数用いる方法がよく用いられる[14–16]。さらに，これらの手法は数値計算ツール MATLAB やオープンソースソフトウェアである OpenCV[17] などに関連づけられたライブラリとしての実装があり，パラメータを求めることも画像の補正を行うことも比較的簡便にできるようになっている。したがって，パラメータを求めるアルゴリズムについては文献をあたり，そこで使われている手法を理解する必要があるが，それを適用するにあたっては，入手できる実装をまず使用してみればよい。

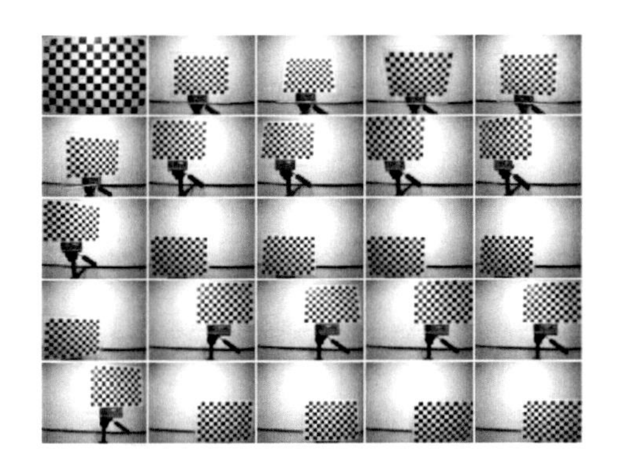

図 26.15 市松模様のキャリブレーションボードとキャリブレーションのために複数位置姿勢で撮像した画像例

(3) ステレオ相関処理（ステレオマッチング）

実空間中のある 1 点の付近の，左右画像における投影点を見つけるのがステレオマッチングである。実画像では，画像中の被写体の同一部分が，左右の画像でどこにあるかを探索することになる。平行ステレオでは，例えば ① 左画像の数画素から数十画素の大きさのある矩形領域に囲まれる部分画像を取り出し，② その矩形領域と同じ垂直位置にある右画像の水平線に沿って同じ大きさの矩形領域を 1 画素ずつ移動して，最も相関が高い（あるいは差違が少ない）領域を探して，③ 視差を求め，式 (26.5) によりその対応点の 3 次元位置を得る。この ① ～③ の操作を左画像のすべての領域をカバーするように繰り返せば，全画像における視差が計算できる。さらに，上記で求まった右画像の矩形領域に含まれる部分画像により，左画像で相関の高い領域を見つけ，その視差が，最初に求めた視差と同じかどうかを確認するクロスチェックを行う工夫もある。この相関をとるには，その矩形領域の間の 2 乗誤差 (SSD: Sum of Squared Difference)，絶対誤差 (SAD: Sum of Absolute Difference)，正規化相互相関 (NCC: Normalized Cross Correlation)，ゼロ平均正規化相互相関 (ZNCC: Zero-mean Normalized Cross Correlation) などの計算が用いられる。ZNCC は左右画像の明るさの微妙な相違にも頑健なのでよく用いられる。これらの相関をとる計算は，平行ステレオ向きに OpenCV などに実装された関数があり，これを用いることで容易にプログラムの実装を行うことができる。

(4) 実施例

上で述べたように，ステレオ視では画像中の画像の一部分を矩形領域として取り出し，左右の画像中でそれらが似ている部分を探すことが本質である。例えば白い壁が広く連続して特徴がないような領域はステレオ視には不向きである。一方，破砕岩石の堆積物や，土砂を対象とした画像は，その模様が不規則なパターンであるため相関をとる処理に向き，良好な結果を得やすい。図 26.16 は筆者がかつて破砕岩石の堆積物を対象に 3 次元計測を行った際に得られた左右画像，図 26.17 は平行ステレオによって得られた 3 次元点群である。原画像は 640×480 画素の解像度，水平視野角 67 度を有するカメラにより基線長 $B = 1.0$m で撮影した。図からわかるように堆積の形状がよく得られていること

図 **26.16**　ステレオカメラにより撮像した砕石堆積の左右画像

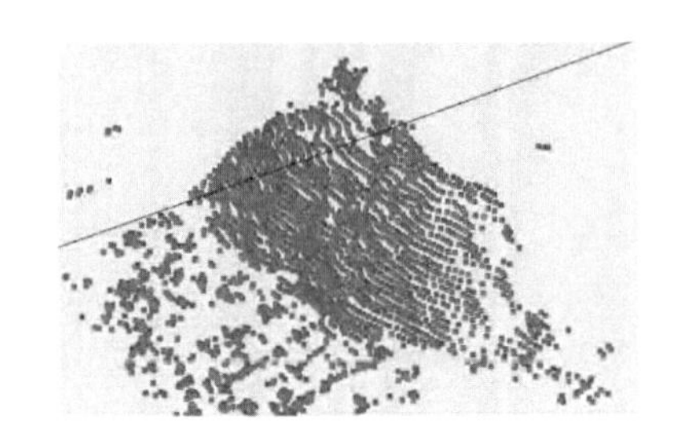

図 **26.17**　砕石堆積を平行ステレオにより 3 次元点群として生成した 3 次元ビュー画像

がわかる。このような形状は，さらにエレベーションマップを生成することで抽象化できる[18, 19]。

屋外における計測では，日光の強い日差しによる明るい場所と暗い場所の明暗差が激しくなるので，良好なステレオ画像を得るためには，この問題に対処する工夫が必要な場合がある。対象が逆光気味に撮像される場合は，その対象の模様は太陽光の散乱成分で得られるのに対し，太陽光からの鏡面反射成分が外乱成分となり邪魔になることがある。この外乱はレンズに偏光フィルターを取り付けると，かなり軽減できる。

＜坪内孝司＞

26.4　建設・土木機械の制御

26.4.1　ホイールローダの走行制御

本項では，車体屈折車両であるホイールローダのモデル化とその走行制御として厳密線形化を用いた非線形制御手法による直線経路追従フィードバック制御について述べる。

(1) システムのモデル化

ホイールローダは 2 つの車体を有し，それらは回転駆動軸を介して連結されている。車輪走行移動体は，車輪進行方向に対して垂直の方向に速度を発生できないという車輪に起因する非ホロノミック速度拘束を有している。対象システムは，制御周期が屈折角変位に比べて十分早く，屈折角がほとんど定常状態（準静的）であるとみなせ，常にそれが有する速度拘束に従った運動を行うと仮定する。

対象とするホイールローダのモデルを図 26.18 に示す。P_1 および P_2 は前部車輪軸および後部車輪軸の中点であり，それらの座標はそれぞれ (x_1, y_1) および (x_2, y_2) である。P_3 は前部車体と後部車体との連結点であり，その座標は (x_3, y_3) である。また，P_3 は屈折点でもある。参照点は P_1 である。θ_1 は屈折角（前部車体と後部車体のなす角）であり，θ_2 は x 軸を基準とした後部車体の姿勢である。P_1 と P_3 の間および P_2 と P_3 の間の距離は共に L である。P_3 における車両の回転中心から見てその法線方向の速度を v_{3n} とする。

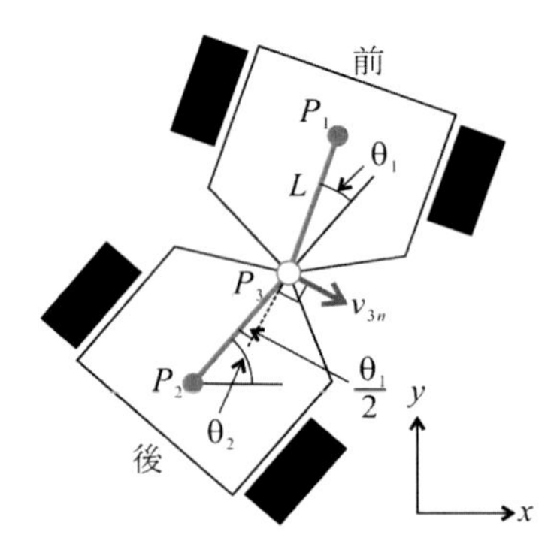

図 **26.18**　ホイールローダのモデル

参照点 P_1 での車両の速度拘束は以下の通りである。

$$\dot{x}_1 \sin(\theta_1 + \theta_2) = \dot{y}_1 \cos(\theta_1 + \theta_2) \tag{26.6}$$

通常，車輪走行移動体の運動は，この速度拘束条件を満たすように行われる。連結車両の場合には，各車両が有する車輪に起因する速度拘束条件をもとにその制御が行われ，三平らは，非線形制御理論の時間軸変換と状態方程式の厳密線形化手法により二重トレーラの直線経路追従制御を実現した[20]。しかし，ホイールローダはトレーラ牽引車両とは運動学的に異なり，車輪に起因する速度拘束のみでは厳密線形化可能とはならない。そこで，車輪に起因するものではない新しいもう一つの仮想的な速度拘束を導入することで，車輪に起因する参照点における速度拘束と合わせて 2 つの拘束条件を用いて対象システムの非線形状態方程式を定式化する。ここで，P_3 における新たな仮想速度拘束を導入する。この仮想速度拘束は，P_3 は車両の回転中心から見てその法線方向に移動しないこと $(v_{3n} = 0)$ を意味したものである。このような物理的な速度拘束はホイールローダに存在しないが，車両が車輪に起因する速度拘束に従って運動しているならば，その機構上この速度拘束は成り立つ。P_1 と P_3 の幾何学的な関係を用いて P_3 におけるこの新たに導入した法線方向に移動しないことを表す仮想速度拘束を (x_1, y_1) により表すと次のようになる。

$$\dot{x}_1 \sin\left(\frac{\theta_1}{2}+\theta_2\right) - \dot{y}_1 \cos\left(\frac{\theta_1}{2}+\theta_2\right) + L(\dot{\theta}_1+\dot{\theta}_2)\cos\frac{\theta_1}{2} = 0 \tag{26.7}$$

対象システムにおいては，操作入力は車体駆動入力（進行速度）u_t と操向制御入力（屈折角速度）u_n の2つが存在する。また参照直線経路は簡単のため x 軸と一致すると仮定するが，座標変換等により任意の参照直線経路にも対応可能である。ここでは，対象システムを操作入力に対応した2つの部分系に分けて制御を行う。車両を参照直線経路に沿うように移動させる状態 x_1 からなる部分系1の制御は，車体駆動入力 u_t により行う。そして，車両を参照直線経路に収束させる状態 y_1, θ_1, θ_2 からなる部分系2の制御は，操向制御入力 u_n により行う。

前部車体の姿勢角は $\theta_1+\theta_2$ であり，幾何学的な関係より，車体駆動入力 u_t と P_1 の x 軸方向速度との関係は次のように表すことができる。

$$\frac{\mathrm{d}}{\mathrm{d}t}x_1 = \cos(\theta_1+\theta_2)u_t \tag{26.8}$$

式 (26.8) は，移動速度制御に関係する部分系1である。

ここで，簡単のため参照点 P_1 は参照直線経路上をある速度 α で移動すると仮定すると，$\dot{x}_1$ は，$\dot{x}_1 = \alpha$ となる。この関係と式 (26.6) および式 (26.7) の2つの速度拘束条件を用いて，部分系2は以下の非線形状態方程式で表すことができる。

$$\frac{\mathrm{d}}{\mathrm{d}t}x = \boldsymbol{f}(\boldsymbol{x}) + \boldsymbol{g}(\boldsymbol{x})u_n \tag{26.9}$$

$$\boldsymbol{x} = \begin{bmatrix} y_1 \\ \theta_1 \\ \theta_2 \end{bmatrix}, \quad \boldsymbol{f}(\boldsymbol{x}) = \begin{bmatrix} \alpha\tan(\theta_1+\theta_2) \\ 0 \\ \frac{\alpha\tan(\frac{\theta_1}{2})}{L\cos(\theta_1+\theta_2)} \end{bmatrix},$$

$$\boldsymbol{g}(\boldsymbol{x}) = \begin{bmatrix} 0 \\ 1 \\ -1 \end{bmatrix}, \quad u_n = \frac{\mathrm{d}\theta_1}{\mathrm{d}t}$$

(2) フィードバック制御

車両の参照直線経路に沿った移動速度制御は，式 (26.8) のように表される部分系1に対し，車体駆動入力 u_t により計画した目標速度になるように駆動速度制御を行う。ここでは，式 (26.9) のように非線形状態方程式で表される部分系2に対し，操向制御入力 u_n により参照直線経路へ収束させるフィードバック制御コントローラの設計に焦点を当てる。非線形システムである部分系2のフィードバック制御は，厳密線形化手法[21] を適用することにより行う。厳密線形化手法は，非線形系を座標変換と非線形状態フィードバックを用いて可制御な線形系に変換する手法であり，部分系2は，厳密線形化を行うための必要十分条件を満たす。

座標変換による新たな状態を $\boldsymbol{\xi} = [\xi_1, \xi_2, \xi_3]^T$ とすると，座標変換は次のように得られる。

$$\boldsymbol{\xi} = \begin{bmatrix} \xi_1 \\ \xi_2 \\ \xi_3 \end{bmatrix} = \begin{bmatrix} y_1 \\ \alpha\tan(\theta_1+\theta_2) \\ \frac{\alpha^2\tan\frac{\theta_1}{2}}{L\cos^3(\theta_1+\theta_2)} \end{bmatrix} \tag{26.10}$$

また厳密線形化のための新たな入力 v を導入し，非線形フィードバックは次のように得られる。

$$u_n = -\frac{6\alpha\sin^2\frac{\theta_1}{2}\sin(\theta_1+\theta_2)}{L\cos^2(\theta_1+\theta_2)} + \frac{2L\cos^3(\theta_1+\theta_2)\cos^2\frac{\theta_1}{2}}{\alpha^2}v \tag{26.11}$$

これらの座標変換およびフィードバックの有効範囲は，$-\pi/2 < \theta_1+\theta_2 < \pi/2$ である。この範囲では $\boldsymbol{\xi} \to 0$ ならば，$y_1, \theta_1, \theta_2 \to 0$ となる。変換された結果の線形状態方程式は，次式のようになる。

$$\frac{\mathrm{d}\boldsymbol{\xi}}{\mathrm{d}t} = \begin{bmatrix} 0 & 1 & 0 \\ 0 & 0 & 1 \\ 0 & 0 & 0 \end{bmatrix}\boldsymbol{\xi} + \begin{bmatrix} 0 \\ 0 \\ 1 \end{bmatrix}v \tag{26.12}$$

式 (26.12) は可制御な線形状態方程式であり，線形システムに対してこれまでに確立されてきた様々なフィードバック制御手法をこの線形状態方程式に対して適用することが可能である。x 軸を参照直線経路とし，部分系2を参照直線経路へ収束させる制御は，この線形状態方程式に対して線形コントローラの設計を行えばよく，それは次式のかたちで容易に設計可能である。

$$v = -\boldsymbol{F}\boldsymbol{\xi} \tag{26.13}$$

ここで $\boldsymbol{F}$ は，座標変換後の状態 $\boldsymbol{\xi}$ を安定化する3次元のフィードバック係数ベクトルである。操向制御入

力 u_n は，線形コントローラによって得られた入力 v から式 (26.11) の入力変換により求めることができ，それにより y_1, θ_1, θ_2 のそれぞれ 0 への収束，つまり車両の参照直線経路への収束を実現できる。

(3) 直線経路追従制御

x 軸を参照直線経路とし，小型実験車両を用いた前進時の直線経路追従フィードバック制御実験の結果を図 26.19 および図 26.20 に示す。図 26.19 は，参照点 P_1 の x-y 平面上での軌跡を，図 26.20 は，時間経過に対する y_1, θ_1, θ_2 の変化をそれぞれ表している。図 26.19 のグラフより，y 軸方向に 0.5 m の初期位置誤差が存在する場合でも，時間の経過とともに車両（参照点 P_1）が初期位置 (0,0.5) m から出発して，参照直線経路である x 軸へ前進しながら追従しているのがわかる。また，図 26.20 のグラフより，y_1, θ_1, θ_2 の値も 0 に収束，つまり参照直線経路である x 軸へ収束しているのがわかる。よって，ホイールローダの厳密線形化を用いた直線経路追従フィードバック制御が実現できたことが確認できる。文献[22] に本項のより詳細な説明を見ることができる。

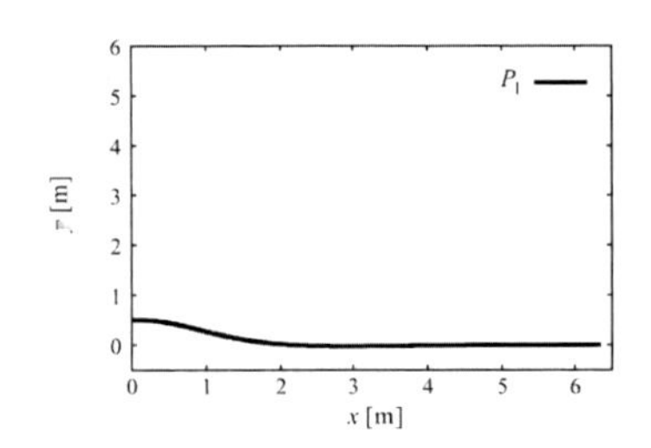

図 26.19　直線経路追従における参照点 P_1 の軌跡

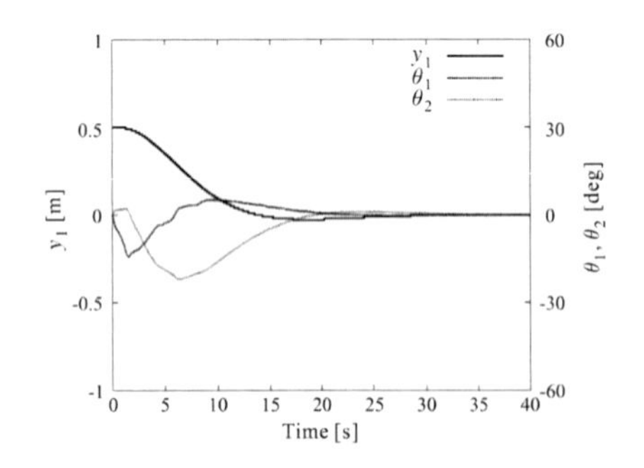

図 26.20　直線経路追従における y_1, θ_1, θ_2 の時間変化

＜城間直司＞

26.4.2　ホイールローダのバケット制御

ホイールローダは，土砂などを掬い取りダンプトラックに積み込むための建設機械である。バケットを土砂に挿入するまでの動作に対して，土砂に挿入後は土砂からの反力が加わるため，駆動アクチュエータの発生すべき出力の大きさが全く異なったものとなる。一般のホイールローダは油圧駆動のため，高いサーボ剛性を保ったまま両方の動作が実現できる。これをアクチュエータに DC モータを利用したホイールローダで実現するためには，土砂からバケットにかかる外力を推定し，それを補償する制御系が必要となる。この制御系をホイールローダのすべてのモータに提供することで，土砂反力の存在下でのバケットの軌道制御が実現可能となる。本稿では，外乱オブザーバにより土砂からバケットにかかる外力を推定し，それを補償する制御系の設計法[23] を紹介する。

(1) ホイールローダと土砂反力

図 26.21，図 26.22 にミニチュアホイールローダ山祇（やまづみ）3 号とその構造を示す。本体はアーティキュレーティッドステアリング構造を持ち，走行系には進行方向とステアリングにそれぞれ DC モータを持つ。バケットは，2 つの DC モータで平行リンク機構により駆動される。それぞれの DC モータはバケットの持ち上げ動作，回転動作に対応している。主な仕様は表 26.3 のとおりで

図 26.21　ミニチュアホイールローダ山祇 3 号

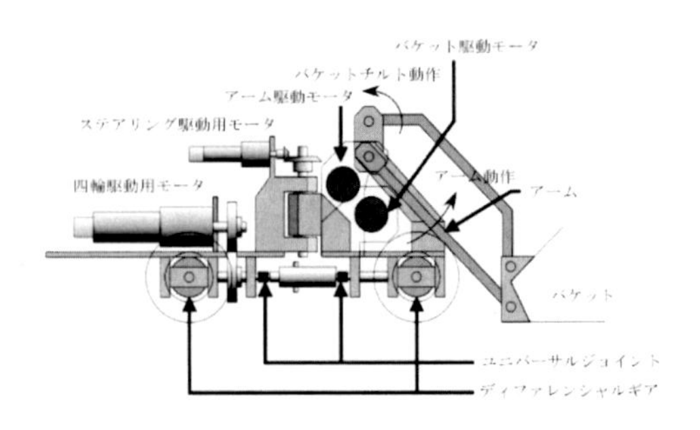

図 26.22　山祇 3 号の構造

表 26.3 山祇 3 号の主な仕様

<table>
<tr><td rowspan="2">寸法</td><td colspan="2">本体: 770mm(L) ×280mm(W) × 250mm(H)</td></tr>
<tr><td>バケット幅: 260mm</td><td>車輪半径: 60mm</td></tr>
<tr><td>重量</td><td colspan="2">21.7kg</td></tr>
</table>

ある。バケットが土砂に挿入される前は，バケットとリンク機構の重量がアクチュエータの主な負荷となるが，挿入がある程度進むと土砂からの反力成分が支配的となる。挿入開始からしばらくは，土砂の反力成分は主にバケット先端で土砂を切り開くための貫入抵抗力，土砂とバケットの間の摩擦力，さらに挿入が進むと受動土圧と呼ばれる土砂が前方に押し出される時に発生する力が，そして挿入が進みバケットを持ち上げる段になると重力成分が支配的となる。粒子性状が均一な乾いた土砂については，これらの成分の定式化が行われているが，一般にはばらつきが大きく精度の高い反力の予測は難しい。このため，制御系には絶対値，変動共に大きな外力が外乱として不可避的に作用することとなり，外力のリアルタイムでの計測と補償が必要となる。

(2) 外乱オブザーバを利用した制御系設

バケット駆動用の DC モータには減速比 108 のギアが利用され，しかもバケットやリンク機構自体の動作もそれほど速くないため，動力学は考慮しない。また，バケットの姿勢変化によるトルク変動も土砂反力と比べて小さい。そこで，モータ回転軸まわりの慣性モーメントは一定値とし，モータの駆動には，比例制御によるハイゲインサーボ系に外乱オブザーバを併用した制御系を利用する。バケットの姿勢変化や動特性の影響，軸間の干渉トルク等は，土砂反力成分と合わせて外乱オブザーバでの測定対象となる。

まず，駆動用の DC モータの慣性モーメントを一定とみなし，モータへの印加電圧を入力，回転速度を出力とするモータの伝達関数を 1 次遅れ系で近似する。これにできるだけ大きな比例ゲイン k_v を用いて速度制御系を構築する。次に，外側に位置制御系ループを比例要素で構築する（図 26.23）。その際，1 次遅れ系で表される内側の速度制御ループの応答を十分に速いと仮定して定数とみなすと，位置制御系の伝達関数は 1 次遅れ系で近似できるので，比例ゲイン k_p で位置制御系の時定数を設定できる。実際には 2 次遅れ系となるが，位置制御系ループの時定数を内側の速度ループ

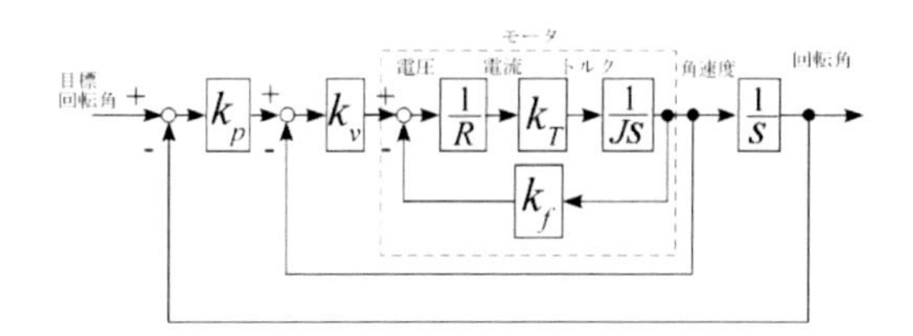

図 26.23 ハイゲインサーボ系のブロック線図

の時定数の 4 倍以上に設定しておくと，理論的には目標位置でオーバーシュートの発生しない制御系が実現できる。

次に，この制御系に外乱オブザーバを導入する。制御系のブロック線図を図 26.24 に示す。指令として与えたモータトルクと実際の加減速に利用されたトルクの差を求め，この差を発生させたトルクを外乱トルクとみなす。この外乱トルクを時定数 T のローパスフィルタに通して高周波ノイズを除去し，次の制御サンプリングタイムで目標指令トルクに足し込むだけである。ただし，その際微分操作が不要となるよう，信号処理の手順を若干修正してある[24]。以上の制御系を，バケットを駆動する 2 つの制御系，および走行系にそれぞれ導入した。(3) では，その効果を実験により検証する。

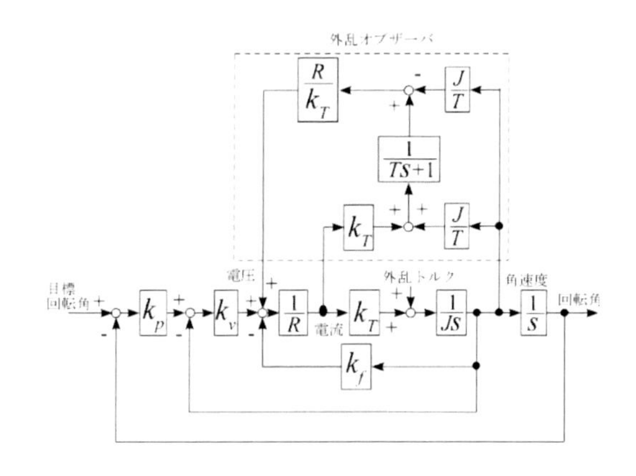

図 26.24 外乱オブザーバ

(3) 実験

山祇 3 号を用いて外乱オブザーバの効果を検証した。制御系のそれぞれのパラメータを表 26.4 に示す。制御

表 26.4 制御系のパラメータ

J	0.147 Nm^2	R	2.05 Ω	k_v	28
k_T	0.0525 Nm/A	T	0.01 s	k_p	12
k_f	0.0525 V/rad/s				

サンプリングは 5ms，また，設定された速度制御ループ，位置制御ループの時定数はそれぞれ 5.3ms, 83ms である。実験ではバケット駆動のアーム回転用モータに対しての検証を行うこととし，空のバケットを水平に保ったまま，アームを $-48°$ から $+48°$ まで回転させる。その途中，アームがほぼ水平になった 2.2 秒付近で 2kg の重りをバケットに乗せ，その時の角度応答を示したのが図 26.25 である。ただし，縦軸の $0°$ は $-48°$ を意味する。また，重りを載せた瞬間，および最終値付近を拡大したグラフが図 26.26(a),(b) である。外乱オブザーバを設けない場合には重力成分が重りを搭載した瞬間から偏差が大きくなり，最終値でも定常偏差を生じているが，外乱オブザーバを利用したものは，重りの影響を受けず定常偏差も発生していないことから，外乱オブザーバの有用性が確認できる。

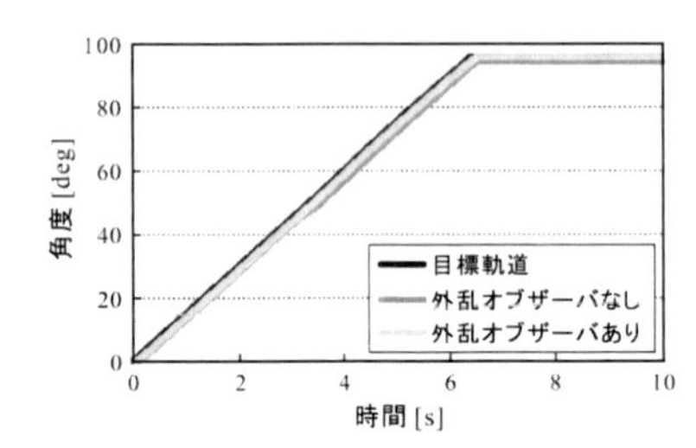

図 26.25　実験結果（アーム回転角）

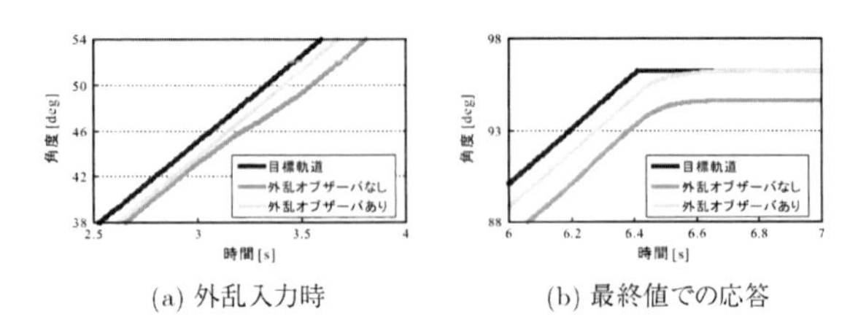

(a) 外乱入力時　(b) 最終値での応答

図 26.26　外乱オブザーバの効果

<大隅 久>

26.4.3　油圧ショベルの自動掘削制御

油圧ショベルは，車両系建設機械の中でも多目的・多用途に利用されている。主に土の掘削・積込み作業や，アタッチメントを換えることによって破砕や解体作業にも利用されている。本項では油圧ショベルによる掘削作業の自動化に関する開発事例[25,26]を紹介する。

(1) 油圧ショベルの用途と基本構造（リンク機構）

油圧ショベルの基本構造は図 26.27 に示す上部旋回体，下部走行体，作業装置によって構成されている。上

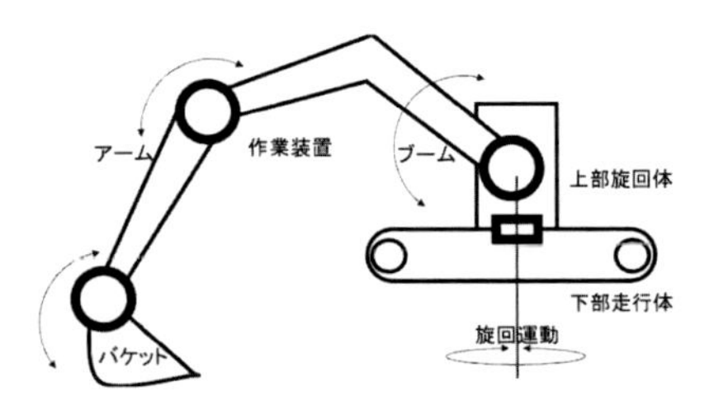

図 26.27　油圧ショベルの機構

部旋回体は下部走行体に対して 360° 旋回でき，上部旋回体に設置されている作業装置は作業状況に応じて左右に首振り旋回することができる。上部にある作業装置は，ブーム・アーム・バケットで構成されている。ブームは上部旋回体に取り付けられており，上下動作が可能で，アームはブームに対して押し引き動作が可能となっている。アームに取り付けられているバケットは，掘削・開放といった上下動作が可能となっている。なお油圧ショベルは，造園等の狭隘な箇所で使用する小型なタイプから鉱山等で利用される大型なものまで多岐に渡る規格が存在している。基本的なリンク機構は同一であるが，目的・用途に応じて作業範囲も多岐に渡るものとなっている。

(2) 自動掘削技術

(i) 自動掘削制御への取組み

油圧ショベルは，土工を中心とする様々な工事に使用される汎用性の高い建設機械である。自動化への取組は，これまでにも研究・開発が進められていたが，難易度と期待性能，費用，現場実態等から市場性が見えず，民間での新技術開発が進んでいない状況にある。

一方，情報・通信・計測・制御技術の高速・高精度・安価化が昨今進んでおり，土木研究所では，国土交通省総合技術開発プロジェクト「ロボット等による IT 施工システムの開発」（2003〜2007 年）において建設機械（油圧ショベル）の基盤技術向上のため，情報技術 (IT)・ロボット技術 (RT) を活用した IT 施工システムを研究開発した[27]。

研究レベルでは，掘削対象とする地形をレーザスキャナによって計測・座標変換し，設計データを作成，作成されたデータに基づき作業の目標と現況の座標データと GNSS（Global Navigation Satellite System，全地球測位航法衛星システム）などで自機の位置情報を把握し，上部旋回体，下部走行体，作業装置を自動制御するシステムを開発した[28]。このシステムによって

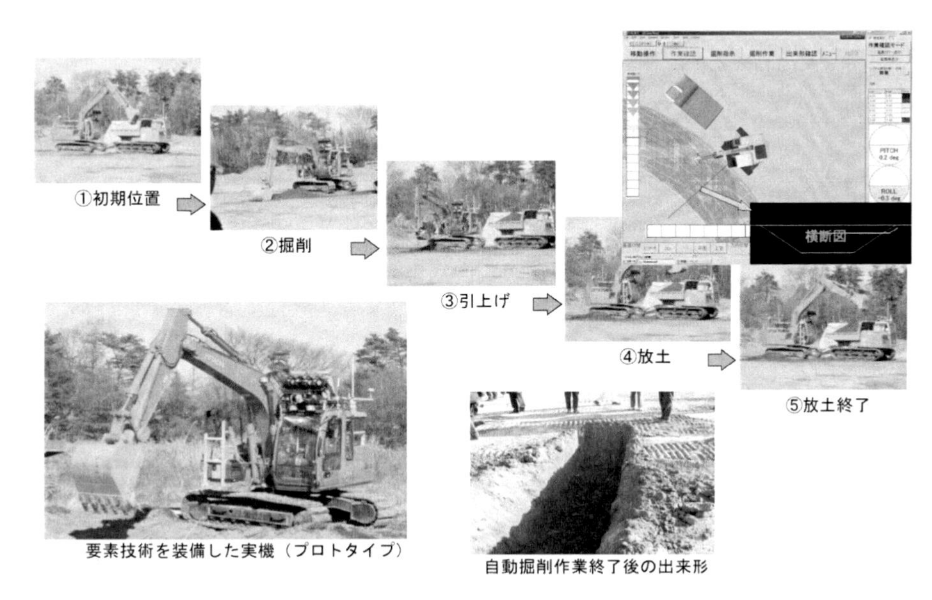

図 26.28 自動掘削の状況

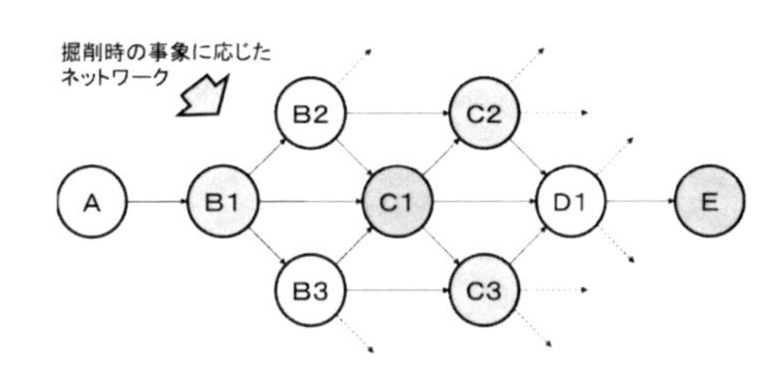

図 26.29 現場での様々な事象（障害物等）に対応した動作計画構築のイメージ

図 26.28 に示すような掘削作業の自動制御運転が可能となった。

しかし，実際の作業現場では，「土が硬い，何か障害物がある」といった状況時に独自の荷重変化等の挙動が発生し，開発された自動制御システムだけでは事象の変化に対応することが難しいといった課題が残されている。例えば，掘削対象とバケットに発生する何らかの挙動から「土が硬い，何か障害物がある」といった状況をイベントとして位置付けし，別の動作に移行する図 26.29 のようなシステム構築の考え方（アルゴリズム）が期待される。

(ii) 自動制御技術の構成

油圧ショベルを自動掘削制御させるためには，油圧ショベル本体，およびバケット先端部の状態を正確に把握しなければならない。そのため，測位計測システムやブーム・アーム・バケットを動かす油圧シリンダのストローク，もしくはブーム・アーム・バケットの角度を正確にセンシングしなければならない。また，自動制御のための油圧コントロールバルブの電子化が必要となる。具体的には，以下のような構成が考えられる。

- 油圧ショベルの位置把握

油圧ショベル自身の位置把握として，GNSS により作業部位の 3 次元位置を計測し，3 次元設計データとの差を表示・誘導・制御するシステム，もしくは自動追尾 TS により作業部位の 3 次元位置を計測し，3 次元設計データとの差を表示・誘導・制御するシステムを利用している。

また，自動制御するうえでブーム・アーム・バケットの正確な状態を把握し，油圧ショベルの姿勢角を読み取る必要がある。そこで、油圧ショベル本体の中心に高精度で車体姿勢角が検出可能な IMU(Inertial Measurement Unit) が必要となる。

- ブーム・アーム・バケットの状態把握

シリンダロッドの伸縮によりローラが回転し，その回転でストロークを検出するストロークセンサや，ブーム・アーム・バケットの各関節部の角度を検出するロータリエンコーダ等によって，作業機姿勢の制御および作業機位置計算が必要となる。

- 油圧制御システムの電子化

自動車における運転制御システムに導入されているド

ライブバイワイヤ (drive-by-wire) と同様に，油圧制御を電気信号で制御するシステムの導入が必要となる。

(3) 油圧ショベルの自動制御の今後

近年，労働者不足や生産性・品質の向上を目的に，ICT 技術を活用した情報化施工技術が現場に導入されている。特に GNSS やレーザ測量・計測技術を駆使し，施工時間の短縮や施工精度を向上させており，油圧ショベルを利用した施工システムについても，作業内容，稼働情報を表示・誘導するマシンガイダンス機能が導入・活用されている。しかし，機械の作業内容，稼働情報を表示・誘導・制御するマシンコントロール機能に関しては，理論上制御可能であるものの，先に述べたように掘削などの作業対象が変化する環境下での event-driven が可能な制御機構の研究開発が今後必要となる。

＜茂木正晴＞

26.4.4　クレーンの振れ止め制御

低次元 H_2 制御に基づく走行クレーンの振れ止め制御[29] とバックステッピング法に基づく旋回クレーンの振れ止め制御[30] について，以下に述べる。

(1) 走行クレーンの振れ止め制御

最小次元オブザーバを使って観測できない状態変数のみを推定する低次元 H_2 制御コントローラを用いた，走行クレーンの振れ止め制御を以下に紹介する。

(i) 低次元 H_2 制御

低次元 H_2 制御コントローラを求めるため次式を考える。

$$\begin{cases} \dot{\bar{x}} = \bar{A}\bar{x} + \bar{B}_1 w + \bar{B}_2 u \\ z = \bar{C}_1 \bar{x} + D_{12} u \\ y = \bar{C}_2 \bar{x} + D_{21} w \end{cases} \tag{26.14}$$

$$\bar{A} = \begin{bmatrix} A_{11} & A_{12} \\ A_{21} & A_{22} \end{bmatrix},\ \bar{B}_1 = \begin{bmatrix} B_{11} \\ B_{12} \end{bmatrix},\ \bar{B}_2 = \begin{bmatrix} B_{21} \\ B_{22} \end{bmatrix}$$

可解条件のもとで可制御系に対するリカッチ方程式

$$\begin{cases} X\bar{A} + \bar{A}^T X - (D_{12}^T \bar{C}_1 + \bar{B}_2^T X)^T \\ \quad R_F^{-1}(D_{12}^T \bar{C}_1 + \bar{B}_2 X) + \bar{C}_1^T \bar{C}_1 = 0 \\ F = R_F^{-1}(D_{12}^T \bar{C}_1 + \bar{B}_2 X) \\ R_F := D_{12}^T D_{12} > 0 \end{cases} \tag{26.15}$$

と可観測系に対する次のリカッチ方程式を得る。

$$\begin{cases} Y\bar{A}_{22}^T + \bar{A}_{22} Y - (YA_{12}^T + B_{12}B_{11}^T) \\ \quad R_K^{-1}(YA_{12}^T + B_{12}B_{11}^T)^T + B_{12}B_{12}^T = 0 \\ L = (YA_{12}^T + B_{12}B_{11}^T)R_K^{-1} \\ R_K := B_{11}B_{11}^T > 0 \end{cases} \tag{26.16}$$

式 (26.15), (26.16) より H_2 ノルムを最小とするようなコントローラは次式で与えられる。

$$\begin{aligned} & u(s) = K(s)y(s) \\ & K(s) := -F\left\{\hat{C}(sI - UA_F\hat{C})^{-1}UA_F + I\right\}\hat{D} \\ & \hat{C} := \begin{bmatrix} 0 \\ I \end{bmatrix},\ \hat{D} := \begin{bmatrix} I \\ L \end{bmatrix},\ U := \begin{bmatrix} -L & I_{n-p} \end{bmatrix} \\ & A_F := A - \bar{B}_2 F \end{aligned} \tag{26.17}$$

(ii) 制御対象

図 26.30 に走行クレーンのモデルを示す。このモデルの運動方程式として次式が導かれる。

$$\begin{cases} (M+m)\ddot{x} = ml\dot{\theta}^2 \sin\theta - ml\ddot{\theta}\cos\theta + \tau \\ l\ddot{\theta} = -\ddot{x}\cos\theta - g\sin\theta \\ \tau = K_v(v - \dot{x}) \end{cases} \tag{26.18}$$

式 (26.18) を $\theta = 0$ まわりで線形近似し，式 (26.17) を用いると，次の低次元 H_2 コントローラを得る。

$$K(s) = \left[\frac{-0.8(s+101)(s+1.6)(s+0.9\pm 0.4j)}{(s+49.8)(s+6.1)(s+0.9\pm 0.01j)},\right. \\ \left.\frac{3.2(s+101)(s-0.5)(s+2.2)(s+0.9)}{(s+49.8)(s+6.1)(s+0.9\pm 0.01j)}\right] \tag{26.19}$$

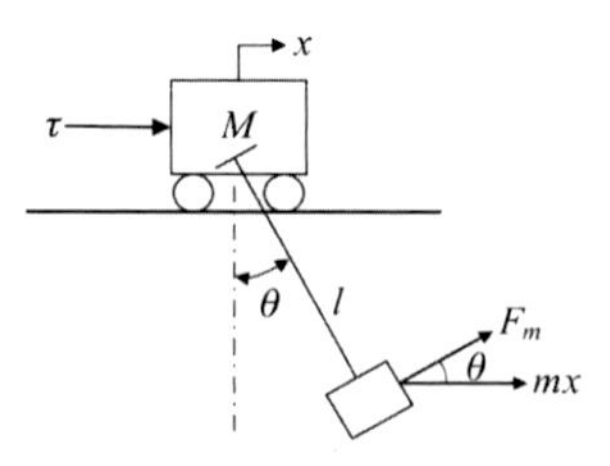

図 26.30　走行クレーンのモデル

(iii) 実験結果

実験ではコントローラを双 1 次変換，T=100ms により離散化した。低次元 H_2 制御と従来の H_2 制御に対する実験結果をそれぞれ図 26.31 および図 26.32 に

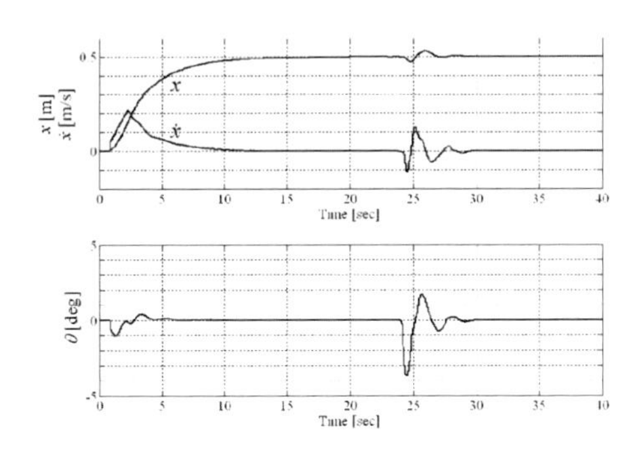

図 26.31 低次元 H_2 制御による結果

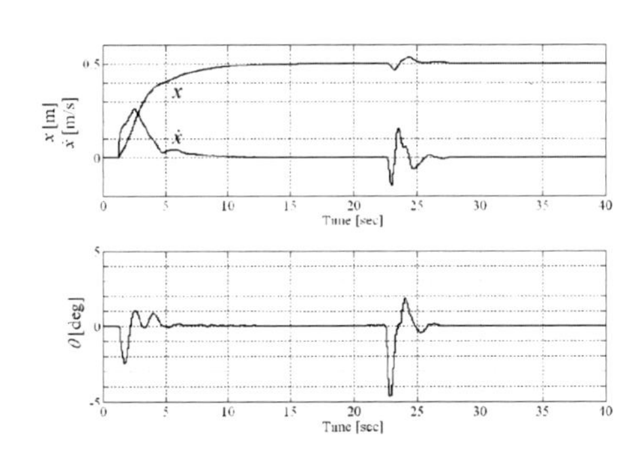

図 26.32 従来の H_2 制御による結果

示す。従来制御と提案する低次元 H_2 制御との比較において，低次元コントローラを使用しているにもかかわらず同等の高い性能を有していることがわかる。

(2) 旋回クレーンの振れ止め制御

旋回クレーンの制御目標は，移行途中の荷振れを小さくしつつ，短時間で荷を目標位置まで移行させ，終端での残存振れを速く減衰させることであり，制御は移行途中のコントローラの切替えなく連続的に行えることが望ましい。そこで，バックステッピング法を用いて設計を行うことにより，θ の範囲に関わらず連続的に制御可能な非線形コントローラを得ることができる。

(i) モデリング

図 26.33 に旋回クレーンのモデルを示す。ここで，$\ddot{z}(t) \approx 0$，$\beta \approx 0$ および l を一定とすると，ブーム旋回・起伏，ブームの旋回，および起伏角速度に関する運動方程式として次式を得る。

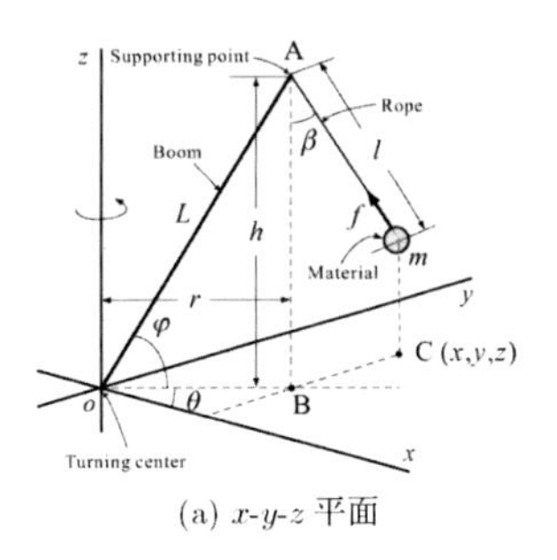

(a) x-y-z 平面

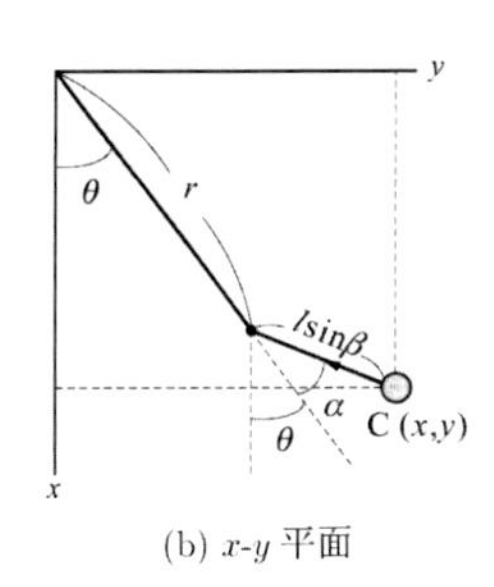

(b) x-y 平面

図 26.33 旋回クレーンのモデル

$$\begin{cases} \ddot{x} + kx = kr\cos\theta \\ \ddot{y} + ky = kr\sin\theta \\ \dot{r} = -L\dot{\varphi}\sin\varphi \\ k := \dfrac{g}{l}\,\dot{\theta} = u_1 \\ \dot{\varphi} = u_2 \end{cases} \tag{26.20}$$

(ii) バックステッピング法による振れ止め制御

旋回面 $\{x, y\}$ と r_0 を目標旋回半径とする $\{r_0\cos\theta_r, r_0\sin\theta_r\}$ の偏差を

$$\begin{cases} x_e := x - r_0\cos\theta_r \\ y_e := y - r_0\sin\theta_r \\ \omega_r := \dot{\theta}_r \ \ (\dot{\omega}_r = 0) \end{cases} \tag{26.21}$$

とすると，式 (26.20) の偏差系として次式を得る。

$$\begin{cases} \ddot{x}_e = -kx_e + k(r\cos\theta + r_0k_0\cos\theta_r) \\ \ddot{y}_e = -ky_e + k(r\sin\theta + r_0k_0\sin\theta_r) \\ k_0 := \dfrac{\omega_r^2 - k}{k} \\ \omega_r := \dot{\theta}_r \end{cases} \tag{26.22}$$

式 (26.22) を状態方程式で表すと次式となる。

$$\begin{cases} \ddot{\xi} = A\xi + B\tau_0 \\ \tau_0 := r\tau + r_0k_0\tau_r \end{cases} \tag{26.23}$$

ただし，

$$\xi := \begin{bmatrix} x_e & \dot{x}_e & y_e & \dot{y}_e \end{bmatrix}^T,$$

$$\tau := \begin{bmatrix} \cos\theta \\ \sin\theta \end{bmatrix},\ \tau_r := \begin{bmatrix} \cos\theta_r \\ \sin\theta_r \end{bmatrix}$$

である。さらに式 (26.22) の制御則として次式を得る。

$$
\begin{cases}
u_1 = \dfrac{1}{r}\{\omega_1 \sin\theta - \omega_2 \cos\theta\} \\
u_2 = -\dfrac{\dot{r}}{L\sin\varphi} \\
\dot{r} = -\{k_2 r + \omega_1 \cos\theta - \omega_2 \sin\theta\}
\end{cases}
\tag{26.24}
$$

$$
\begin{cases}
\omega_1 := r_0 k_0 \{-\omega_r \sin\theta_r + k_2 \cos\theta_r\} \\
\qquad +f_1 x_e + f_2 \dot{x}_e \\
\omega_2 := r_0 k_0 \{\omega_r \cos\theta_r + k_2 \sin\theta_r\} \\
\qquad +f_1 y_e + f_2 \dot{y}_e \\
k_0 := \dfrac{k_1}{k},\ k_1 := \omega_r^2 - k, \\
k_2 := F_2 k + K_s, \\
f_1 := F_1 K_s - F_2 k, f_2 := F_1 + F_2 K_s
\end{cases}
\tag{26.25}
$$

ここで，F_1, F_2 は (26.23) 式から得られる。

(iii) 実験結果

実験ではサンプリング周期 5ms のデジタルコントローラを用い，旋回角度 $\theta = 60°$ 付近において外乱を印加し，無制御と制御の実験を行った。図 26.34, 図 26.35 は旋回クレーン上方向から見た吊り荷の軌道を示しており，制御時には残存振れもなく良好な応答を示していることがわかる。

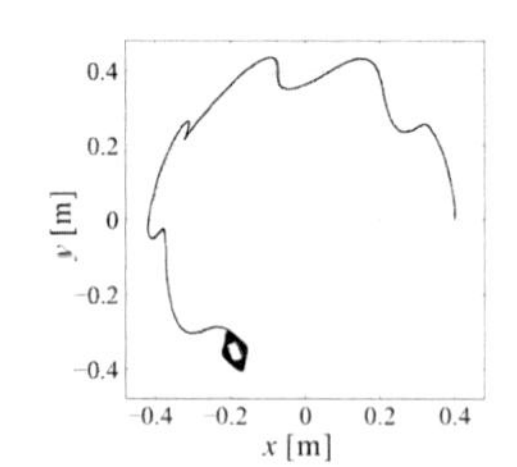

図 26.34　制御なし

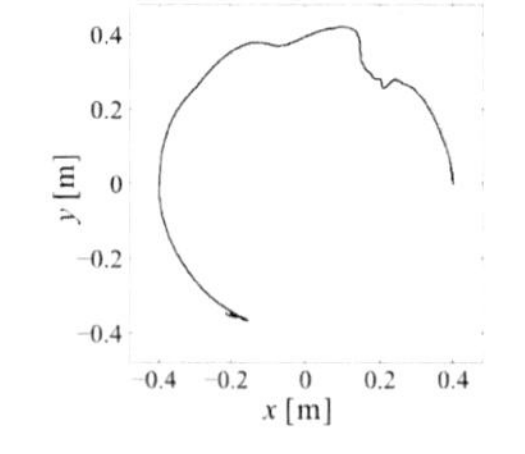

図 26.35　制御あり

<大内茂人>

26.5　事例紹介

26.5.1　自律ホイールローダによる土砂掬い取り作業

(1) 自律作業システムの開発

ホイールローダは機体前方に装備したバケットによる掬い取り作業用の機器であり，大径の車輪と車体屈曲型操向方式による高い機動性が特徴である。そのため露天採掘鉱山（図 26.36）や建設現場での積込み作業のほか，農業分野や除雪など広い用途に用いられている。本項では，セメント原料である石灰石鉱山等の露天採掘鉱山での積込み作業を想定したホイールローダによる自律作業システムの開発事例[31] を紹介する。

図 26.36　ホイールローダの積込み作業

構築されたシステムは中型実機を改造した実験機に搭載され，自律掬い取り作業の実証実験が行われている。

(2) 積込み作業と自律作業システムの構成

対象とする積込み作業は岩石の堆積から堆積物を掬い取り，ダンプトラックに積込みを行う作業であり，図 26.37 に示す「V 字型積込み方式」が最もよく用いられている。掬い取り位置と積込み位置の間は途中に切返し点を含む V 字型の経路で結ばれている。

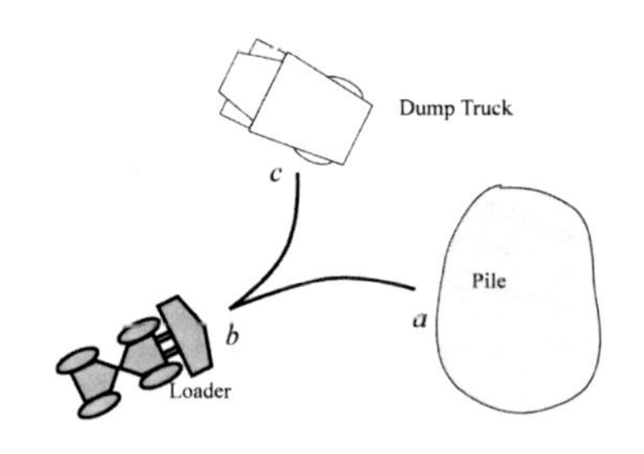

図 26.37　V 字型積込み方式

積込み作業は次のような一連の動作に分解できる。

① 岩石堆積からの掬い取り
② 掬い取り位置とダンプ間の走行
③ ダンプへの積込み
④ 次の掬い取り位置への走行

積込み作業はこの動作の繰返しによって行われるが，自律作業システムにおいては状況の変化に応じてこれらの動作を的確に生成し実行することが求められる。

「作業計画」と「動作制御」機能は自律作業システムを構成する重要な要素である。作業計画は与えられたミッションを完遂するために必要な動作（具体的には一連の動作の列）を，対象物や作業環境，システム自体の状態等の状況に基づいて決定する機能である。また，動作制御は作業計画で生成された作業を実行する機能であり，これも状況に応じた制御が必要とされる。

作業計画は，以下に示す項目を逐次決定する機能が主な内容である。

① 岩石堆積からの掬い取り位置
② 掬い取り位置と積込み位置間の走行経路
③ ダンプトラックへの積込み位置
④ 次の掬い取り位置への走行経路

構築したシステムでの作業計画は，作業機と作業対象物を含む「作業場環境モデル」に基づいて作業計画を行う方法を用いている。作業の進行に伴って堆積形状や位置，またダンプの位置も変化するので，毎回の動作について機体状況や環境に関する情報に基づいてモデルを作成し，そのモデルを操作することにより作業動作を生成・評価して作業計画を作成している。

特に岩石堆積からの掬い取り位置の決定に関しては，堆積の形状が不定形であり，掬い取りによる体積減少や崩落などによる形状変化を伴うため，これらを表現することが可能な「柱状要素モデル」を用いている（図 26.38）。柱状要素モデルは作業場地面上に正方形の小区画を設定し，これを底面とする柱状要素はその位置における堆積の高さを表すことにより堆積形状を表現できる。また，掬い取りによる体積の減少や崩落による形状変化は，図 26.38 右に示すように，柱状要素の高さ単位の除去や移動によって表現が可能である。掬い取り位置の決定はこのモデルを用いて掬い取り量や掬い取り後の堆積形状を推定し，適当な位置を決定している。

堆積モデルの生成は後述のように機体前方に設置したステレオビジョンによって堆積の 3 次元形状を取得し，それに基づいて柱状要素モデルを作成している。

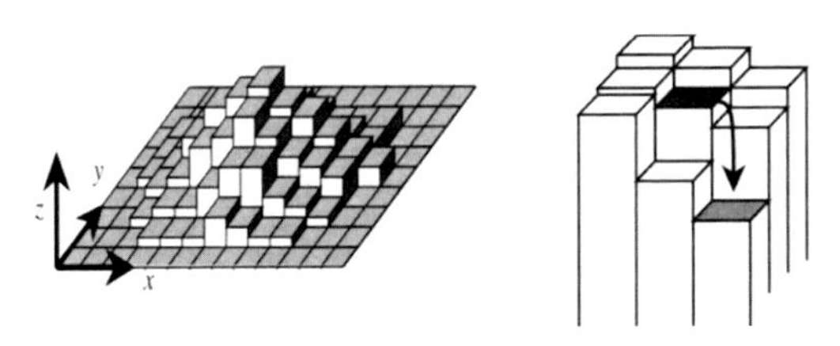

図 26.38 柱状要素モデル

(3) 実機実験機「山祇 4 号」

中型ホイールローダ実機をベースにして種々の機能を付加した実験機「山祇（やまづみ）4 号」を製作し，実規模実験を行っている。図 26.39 は実験中の「山祇 4 号」である。

山祇 4 号のベースとなった機体は全長約 7m，機体重量約 7t，バケット容量約 1.5m^3 である。作業計画および動作制御の機能を付加するため，各種センサを装備し，油圧系と制動系に改造を加えて電算機制御可能としている。

図 26.39 実験機「山祇 4 号」

センサ系は運動制御用と環境計測用に大別される。運動制御用はローダの機構各部すなわち車輪，車体屈曲角，バケット用機構のアームとバケットリンクにセンサが設置され，位置，角度，速度が計測できる。また，各油圧アクチュエータにもセンサが設置されており，油圧系の圧力が計測できる。環境計測用はローダの位置，堆積形状，ダンプ位置などを計測するためのセンサであり，GPS，ステレオビジョンシステム，レーザレンジファインダ (LRF) が装備されている。ステレオビジョンシステムは堆積の位置および形状の計測を目的としており，2 台の CCD カメラは屋外設置用の防護箱に収められ，GPS アンテナと同様，車体後部キャノピー上部に固定されている。LRF は車体の側面に 2 台設置され，ダンプ荷台位置の検出に用られている。これは主として積込み動作において山祇 4 号がダンプへ接近した際に衝突を防止するためである。なお，山祇 4 号は外部からの補助を必要としない独立システムである。実験開始前に自律システムに与える情報は堆積の概略位置のみであり，環境モデル等に必要なすべての情報はこれらのセンサ系によって収集する。

(4) 実験結果

開発された自律システムは実験機「山祇 4 号」に搭載され，その有用性が自律的な掬い取り作業実験によって検証されている。

実験内容は 1 台のダンプを満載にするまでのサイクルを一連の作業として，次のような過程によって構成されている。なお，図 26.39 に示すように実験に用いたのは 10t 積みダンプトラックであり，4 回の積込みで満載となる。

① 初期位置から堆積撮像位置までの走行
② 掬い取り開始点と積込み開始点の決定
③ 掬い取り開始点までの走行
④ 掬い取り
⑤ 積込み開始点までの走行
⑥ 積込み
⑦ 掬い取り開始点までの走行
⑧ ④ ～⑦ を 4 回繰り返す
⑨ 最後の積込み終了後，初期位置へ戻る走行

実験では上記の過程を自律的に実行し，4 回の掬い取り積込みサイクルを完了している。図 26.40 は全行程の走行経路を示したものである。なお，図中の経路は車体屈曲ピンの位置（ホイールローダの代表的な位置）である。開発した自律作業システムは中規模実機実験において一連の作業を自律的に完遂し，実験結果によりその有用性が示されている。

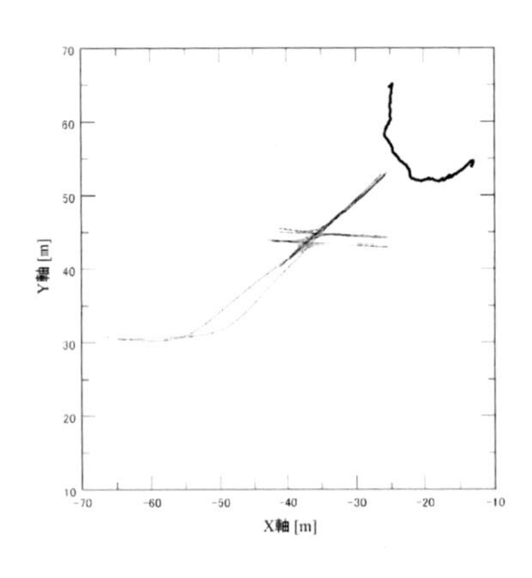

図 26.40　実験結果

<皿田 滋>

26.5.2　水中施工機械の遠隔操作

(1) 触像を用いた遠隔操作支援システム

水中における遠隔操作施工では，作業時に発生する濁りにより地形など対象物の形状認識が困難となる問題が存在する。さらに施工精度が必要となる防波堤マウンド築造においては，作業機械近傍のマウンド高と目標となる基準高をリアルタイムに認識できる技術が必要である。

このような水中独自の問題に対し，濁水中での作業状況認識に触像を利用することで解決を図る事例が存在する。これは水中バックホウを使用したマウンド均（なら）し作業において，マウンド面とバックホウバケットの接触座標を蓄積し CG (Computer Graphics) として描画することで，接触情報を視覚的に呈示する。これによりオペレータは掘削などの作業により変化したマウンド形状をリアルタイムに認識可能となる。CG には現状のマウンド形状のほかに設計形状を重畳して表示することで，形状の比較を常時行いながら作業できるよう配慮したものである。本項では，この触像を用いた遠隔操作支援システムの開発事例[32] を紹介する。

(2) 機体構成

図 26.41 に水中建設機械（バックホウ）遠隔操作のための支援システム構成を示す。この支援システムは，水中作業における作業状況の認識に反力などの触覚情報を用いており，相似型インタフェースにより操作入力のほか，バケットの反力情報および機体の関節角度を認識する。ただし，一般にバックホウの自由度は，バケット軸，アーム軸，ブーム軸，旋回軸の 4 自由度であるが，マウンド均し作業は出力の大きな引き込み掘削で行うため，旋回軸の入力は別途の操作レバーによるものとしている。

建設機械の遠隔操作では安全性が求められるため，単純で安定性の高い位置対称型バイラテラル制御が有効である。しかし位置対称型バイラテラル制御では，変位と力の間に比例と見なせる関係が成立している必要があり，荷重が与えられても変位しにくい機構には適用できない。つまり，油圧作業機械のような外力を加えても直ちにその力に応じた変位が得られない場合では，小さな負荷ではマスタ・スレーブ間で変位が生じないため，接触の認識が困難である。またバックホウに利用される油圧シリンダは高出力が求められるためストローク速度が遅く，力逆送型バイラテラル制御では無負荷時にマスタ・スレーブ間で相似の関係を保つことが難しい。

そこで本システムでは，無負荷時には位置対称型バイラテラル制御を行い，接触センサにより接触を認識した場合には位置拘束ゲインを高めることで負荷の認識を容易としている。また，バケット軸のみ力逆送型バイラテラル制御とすることで掘削反力の大きさを比例的に呈示するものとなっている。

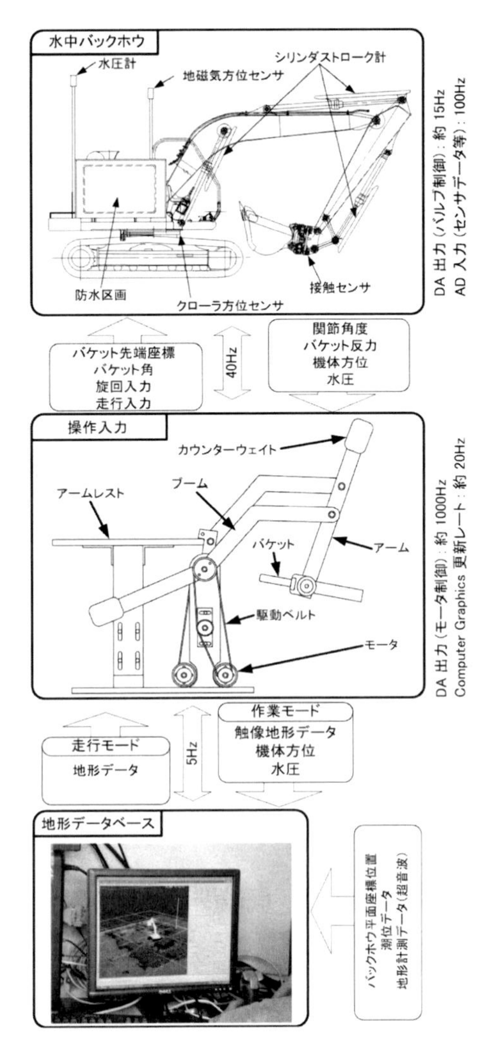

図 **26.41**　遠隔操作支援システムの構成

(3) 搭載センサ

本支援システムでは既存の潜水士搭乗型水中バックホウを改造する必要がある。油圧シリンダの駆動は陸用遠隔操作で実績のある比例電磁弁を用いており，制御信号によりバルブ開度を変化させている。またシリンダストローク量を直動型磁歪センサにより検出し，関節角度から先端座標を算出する。

機体の傾斜および方位はジャイロと地磁気方位計により検出し，機体位置については超音波による測位システムにより船舶との位置関係を検出する。ただし超音波による測位システムでは，位置精度が ±30cm 程度となるため，水深方向のみ高精度水圧計により補正する。これらの情報を合わせることで，接触座標をグローバル座標系に変換している。

また，接触負荷の検出については，バケット部にロードセルアタッチメント（図 26.42）を設置している。マウンド均し作業は基本的に引込み掘削動作であることから，検出する負荷をバケットにかかるピッチングトルクとし，シーソー型に軸を持たせた 2 枚の鋼板の間に引張圧縮型ロードセルを挟む構造としており，高負荷や衝撃力からの保護を目的に入力軸に皿バネを介した機構としている。

図 **26.42**　水中用反力センサ

(4) 触像の呈示

本支援システムでは，視覚情報の劣化に対応するため，人間が暗中で手探りで状況を把握するように，バケットに取り付けた力センサの接触情報とそのときの接触座標からバックホウの周囲の地形を図化し，モニタ上に表示する。ここでバックホウの機構を考えると，出力の大きいブーム・アーム・バケットのシリンダの伸縮によりマウンド均し作業を行うため，オペレータにとってバックホウ正面のマウンド形状が均し作業中に必要な情報となる。本支援システムではモニタ画面にバックホウ正面のマウンド断面形状，および目標となる設計断面高さを表示させている（図 26.43）。また各関節を独立して制御が容易な電動モータと異なり，作動油ポンプからの作動油圧を各シリンダに分配するため，弁を同時に開いた場合は重力加速度方向など動きやすい関節から動作してしまい，エンドポイントの追従性が低くなる。この問題を解決するための手法として，現姿勢であるスレーブと目標姿勢であるマスターを重畳表示している。これにより入力姿勢に対する実機の先端座標の移動方向の対応がビジュアル的に認識でき，今後どのように移動するのかをオペレータが予測し，入力姿勢を修正することが可能となっている。

さらに鳥瞰図モニタ（図 26.44）により作業区域全体の進捗状況やバックホウの位置など認識する。本支援シス

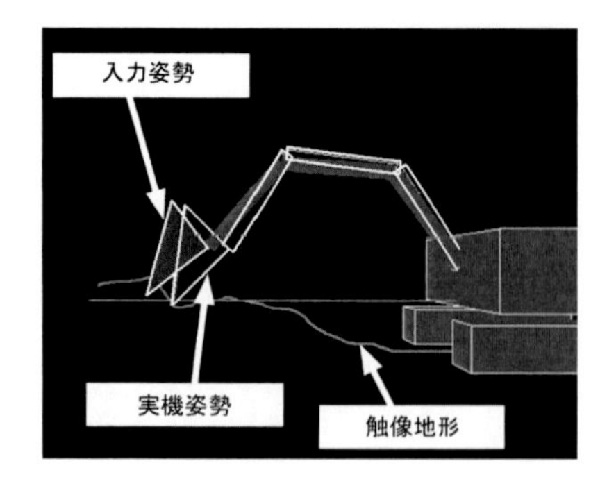

図 26.43　入力情報と実機姿勢の重畳表示

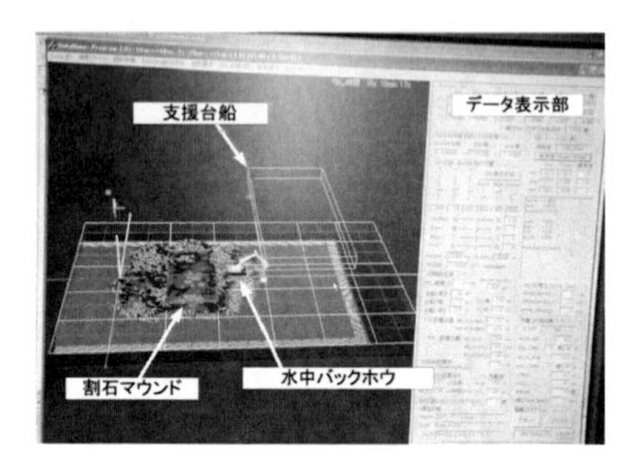

図 26.44　鳥瞰図モニタ

図 26.45　実海域実験

テムの有効性を検証する目的での実海域実験（図 26.45）を実施しており，水中カメラ映像を遮断した状態でのケーソンマウンド荒均し作業を遠隔操作により実現している。

＜平林丈嗣＞

26.5.3　センサレス振れ止め制御によるアンローダの半自動運転

(1) アンローダの振れ止め制御における技術動向と種々の取組み

産業分野において，鉄鋼業を中心に製造工程の効率化により自動化が積極的に進められてきた。クレーン設備においても振れ止め制御の技術確立により，コンテナクレーンや天井クレーンの無人化が進み実用化されるようになった。しかし，アンローダ設備においては，無人化よりも船からの荷卸し時間を短縮させ，接岸費用を抑えるほうが経費削減に効果的であり，重要視されている。

熟練オペレータは，設備能力を最大限に引き出し最速で船からの荷卸しを行うことができるが，経験の浅いオペレータでは，振れ止め技術の差で荷卸し時間にバラつきが発生する。以前より，安定した荷卸し時間となるように，アンローダの自動振れ止め制御は大学や各研究機関において取り組まれており，熟練オペレータの経験と勘による運転パターンを抽出ルール化したバンバン制御や，AI 応用制御，ファジィ制御方式，機械式振れ止めなどの開ループ方式が主流となっていた。開ループ方式による振れ止め制御では，初期振れや風等の影響により残留振れが発生するなど安定した振れ止め制御が行えない場合があり，また振れ止め精度と停止位置が重要視されサイクルタイムが縮まらない等の問題もあり，国内では実操業で運用されるケースは少なくなった。

安川電機では，振れ角センサを用いた閉ループ制御方式「吊り荷の振れ角方向の運動にダンピングをかけるモデル規範形振れ止め制御方式」（図 26.46）（以降「振れ角ダンピング制御方式」と呼ぶ）を 1992 年に開発し，吊荷の安定制御を実用面で大きく前進させ，コンテナクレーンや天井クレーンに採用している。この振れ角ダンピング制御方式をアンローダに適応できれば上記の問題を解決できるが，アンローダはバラ物を搬送するためバケットを吊具とし，支持開閉ロープの繰出し量の差を利用して荷掴み動作をする機構なので，吊具への電源供給機構がなく，また荷掴み時の衝撃，振動，粉塵などの環境面からも吊具部への振れ角センサ取付けは困難であった。本項では，この問題に対して振れ角センサを用いずに閉ループ制御方式によるアンローダ振れ止め制御を実現し，ロープトロリ式アンローダとグラブトロリ式アンローダに適用させた事例[33] を紹介する。

(2) アンローダサイクル運転

アンローダの荷役作業は大きく分けて 4 つの工程に区分でき，熟練オペレータは次のような運転操作を行う（図 26.47）。

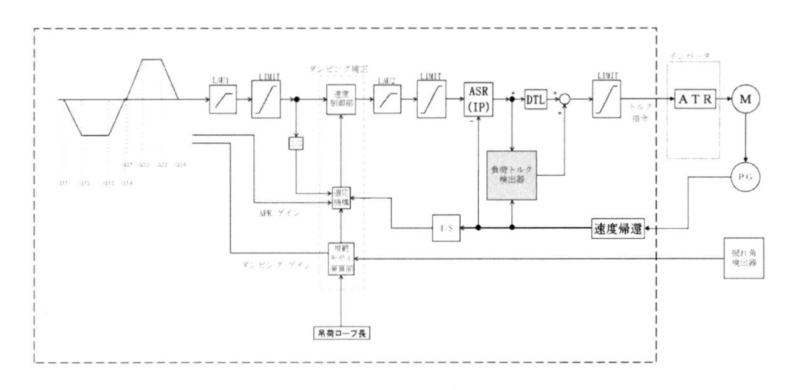

図 26.46 振れ角ダンピング制御方式

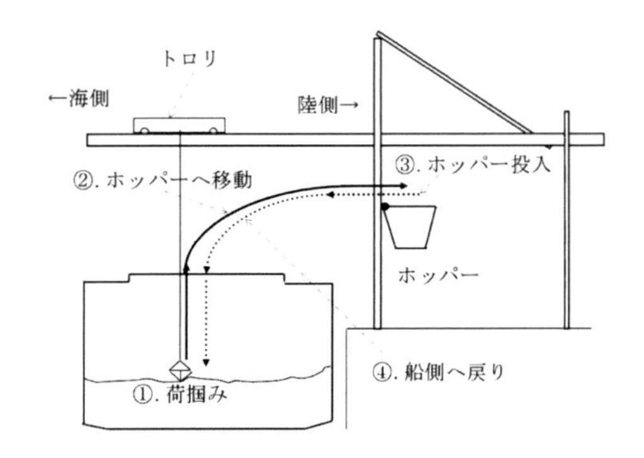

図 26.47 アンローダサイクル運転

① 船の積荷バランスを考慮して荷掴み巻上げ開始
② 吊荷と船ハッチの干渉がない高さまで巻き上げたところからホッパー側へ移動開始
③ 吊荷がホッパー付近に近づくと振れ止め操作を開始，この間にバケットを開き，ホッパーへ吊荷を放り投げるように投入
④ 吊荷を投入中に船側へ戻り開始，振れ止めを行いながら船ハッチ内へ巻下げる

(3) センサレスによる振れ止め制御方法

アンローダへ振れ止め制御を組み込むにあたり，課題であったサイクルタイムの短縮と残留振れを解決し，長年運用される機能となるように検討した。図 26.47① は船の積荷バランスの考慮が困難であり，安全性の確保と荷掴みの確実性，対費用効果の理由によりオペレータが操作して荷掴みまで行う半自動運転を採用した。自動運転範囲は，オペレータが荷掴み後スイッチ押下にて巻上げがスタートし，ホッパーへ荷卸後に元の位置まで戻ってくるまでの動作とした。サイクルタイムを短縮するには図 26.47③ のホッパー上で停止させる事なくバケットをホッパー上で弧を描きながら荷を放り投げる動作を実現させなければならない。搬送距離によってはトロリより先にバケットがホッパー上となる場合やその逆もあり，荷振れを止めるのではなく荷振れを抑制する必要がある（図 26.48）。

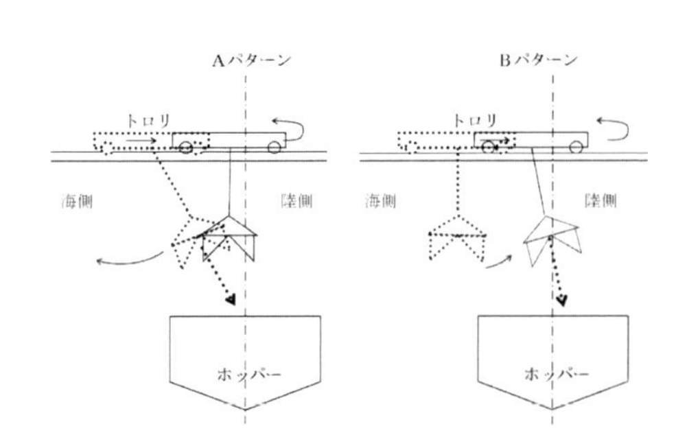

図 26.48 ホッパー上での吊荷挙動

初期振れや風の影響があっても吊振れを抑制するには閉ループ制御方式が不可欠であるが，振れ角センサを取り付けられないので，電動機 PG による検出速度から負荷トルクを検出することとした。ここで用いたセンサレスによる振れ止め制御方式のアルゴリズムは振れ角ダンピング制御方式と同じであるが，振れ角センサで検出する振れ角の代わりに電動機 PG による検出速度により機械負荷トルクを演算推定する点に特徴がある。

電動機の PG による検出速度を，負荷トルク検出器内部の各種フィルタ回路を通すことにより，トロリに加わる負荷トルク分を検出できる。この負荷トルク分からトロリ駆動用に必要な負荷トルク分を取り除いたものが，バケット荷振れによる負荷トルク分に相当する。このバケット荷振れによる負荷トルク分にダンピング係数を乗じたものを振れ止め制御の速度補正信号

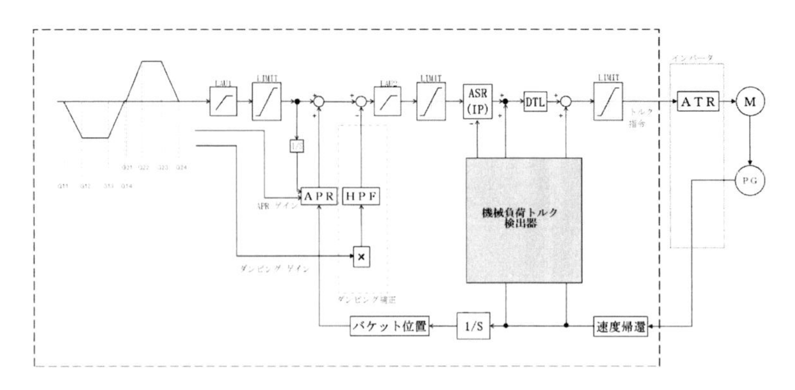

図 26.49　機械負荷トルク演算方式

として，ベースの速度信号に加えることにより振れ止め制御を行う。つまり，振れ角検出用にセンサを追加することなく，従来振れ角センサが検出していた振れ角を速度帰還より推定した振れ角に置き替えた振れ止め制御方式となる（図 26.49）。

(4) PLC によるシミュレーションと動作検証

振れ止め制御を行う PLC 内にアンローダの機械モデルをソフト化して組み込み，PLC のみでシミュレーションを可能としている。これにより，実機に適用する PLC ソフトを使用してシミュレーションを行う事ができ，ソフトの信頼性向上とサイクルタイムや挙動が事前に確認できる。機械負荷モデル部には，ギヤ効率作用モデル，吊荷振れモデル，台車摩擦係数モデル，トロリ台車負荷モデルがある。ロープトロリ式アンローダにはトロリ駆動ロープ張力モデル部を追加し，アンローダ用の機械負荷モデル部としている（図 26.50）。

PLC に振れ止め制御プログラムとシミュレーションモデルを組み，机上での動作検証が可能であるが，機械諸元は不確定なものがあり，実機によるチューニングは不可欠となる。そこで調整する定数を絞り込み，試運転時の短縮を図っている。既存システムへの組み込み事例では，期待どおりの動作とサイクルタイムを満足することができた。搬送物種類や移動距離を変えて

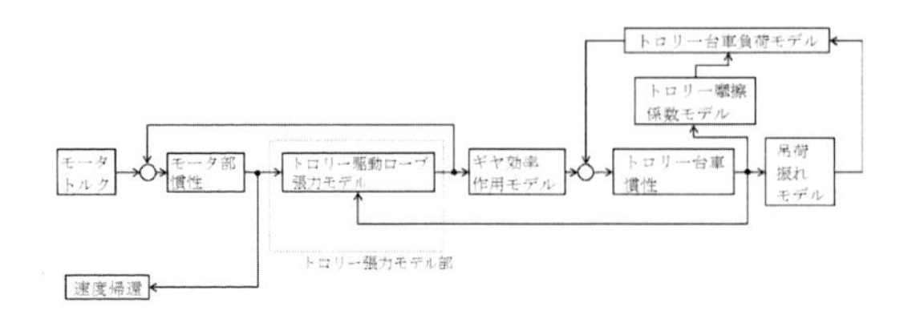

図 26.50　機械負荷モデル部

も定数切り替えが不要で調整時間も短縮でき，2 日間で操業使用可能となった。その後使い勝手を考慮して，途中で半自動運転を止める場合や手動介入した場合でも吊荷が安定するように改善を行っている。

アンローダの振れ止め制御は海外では標準的な機能となっており，国内でも見直されるようになってきた。上記のような移動体の自動運転では，安全率を大きめに取りながら高速化し，安心して長く使われる設備とすることが，設計者に求められている。

＜長谷川 肇＞

26.6　おわりに

本章では，建設・土木作業の支援技術として，遠隔操作や環境モデリング，重機の制御等の要素技術を紹介した。また，作業の自動化へ向けた取組みや，実用化されている支援システムの開発事例を紹介した。先にも述べたが，建設・土木作業では操縦者の高度な判断を要求される場面が多く，自律型の重機による作業の自動化はまだ難しい。また，多くの重機はアクチュエータが油圧シリンダや油圧モータであり，その特性はロボットで通常使用されているモータとは異なる。重機の制御にはこの特性の違いに起因する特有の問題もある。しかしながら，操作支援技術や重機の制御等の要素技術に関しては数多くの研究がなされており，作業を自動化する取組みも精力的に行われている。建設・土木作業は，我々の生活を支える基盤を構築するうえで欠かせない作業である。また，老朽化したトンネルや橋梁等社会インフラの維持・管理，自然災害における被災地の調査，復旧作業等，建設・土木機械を使用する作業の需要は増加傾向にある。これに伴い，ロボッ

ト技術の導入による作業支援技術の開発，建設・土木機械の知能化の必要性も高まっている。

＜栗栖正充＞

参考文献（第 26 章）

[1] 建設無人化施工協会技術委員会：建設機械による無人化施工とその事例，『基礎工』，Vol.36, No.3, pp.21–23 (2008).

[2] 建設無人化施工協会技術委員会：雲仙普賢岳火山砂防事業における無人化施工の最新技術，『建設の施工企画』，No.740, pp.48–52 (2011).

[3] 国土交通省：建設ロボット技術に関する懇談会 第 1 回懇談会配布資料【資料 3】建設ロボット技術の変遷と現状 p.41 （参考）これまでの無人化施工の変遷 (2012).

[4] 古屋弘，栗生暢雄 他：3D 画像と体感型操縦を用いた「次世代無人化施工システム」，『大林組技術研究所報』，Vol.76, pp.1–10 (2012).

[5] 柳原好孝，後久卓哉 他：次世代型建設作業用マニピュレータによる建設系産業廃棄物処理 RT システムの開発，『日本ロボット学会誌』，Vol.27, No.8 pp.842–850 (2009).

[6] 田村秀行：『コンピュータ画像処理入門』，総研出版 (1985).

[7] 木下健治：『画像処理システムの基礎と設計・製作』，CQ 出版社 (1986).

[8] 大野和則，鈴木貴広 他：小型 3 次元レーザスキャナを搭載したクローラロボットによる被災建物内部の 3 次元計測，『第 13 回建設ロボットシンポジウム講演予稿集』，pp.317–322 (2012).

[9] 宮崎幸，上道司 他：三方向のレーザセンサーと IMU を用いた座標取得 による地下構造物等の計測システムの開発，『第 14 回建設ロボットシンポジウム講演予稿集』，pp.357–364 (2013).

[10] Besl, J.P, McKay, D.N.: Method for Registration of 3-D Shapes, *IEEE Trans. on Pattern Analysis and Machine Intelligence*, Vol.14, No.2, pp.239–256 (1992).

[11] Biber, P. and Straber, W.: The Normal Distributions Transform: A New Approach to Laser ScanMatching, *Proc. of IEEE/RSJ Int. Conf. on Intelligent Robots and Systems*, pp.2743–2748 (2003).

[12] Liu, Y. and Thrun, S.: Results for outdoor-SLAM using Sparse Extended Information Filters, *Proc. of IEEE Int. Conf. on Robotics and Automation*, pp.1227–1233 (2003).

[13] 徐剛，辻三郎：『3 次元ビジョン』，第 7 章，共立出版 (1998).

[14] Zhang, Z.: Flexible camera calibration by viewing a plane from unknown orientations, *Proc. of Int. Conf. on Computer Vision*, Vol.1, pp.666–673 (1999).

[15] 植芝俊夫，富田文明：平面パターンを用いた複数カメラシステムのキャリブレーション，『情報処理学会論文誌:コンピュータビジョンとイメージメディア』，Vol.44, No.SIG 17(CVIM 8), pp.89–99 (2003).

[16] 杉本茂樹，奥富正敏：平面を利用した直接法によるカメラキャリブレーション，『情報処理学会研究報告』，Vol.2010-CVIM-173 No.4 (2010).

[17] OPEN SOURCE COMPUTER VISION: http://opencv.org/

[18] Lacroix, S., Jung, I-K., and Mallet, A.: Digital elevation map building from low altitude stereo imagery, *Robotics and Autonomous Systems*, Vol.41, No.2–3, pp.119–127 (2002).

[19] 皿田滋：積み込み作業計画のための鉱石堆積物モデル，『資源と素材』，Vol.110, No.9, pp.713–717 (1994).

[20] 三平満司，小林忠晴：非線形制御理論を用いた多重トレーラーの直線径路追従制御，『日本ロボット学会誌』，Vol.11, No.4, pp.587–592 (1993).

[21] 三平満司：厳密な線形化とそのけん引車両の軌道制御への応用，『計測と制御』，Vol.31, No.8, pp.851–858 (1992).

[22] 城間直司，石川哲史 他：車体屈折式操向車両の非線形直線経路追従制御，『日本機械学会論文集 C 編』，Vol.76, No.763, pp.619–626 (2010).

[23] Osumi, H., Uehara, T., et al: Efficient Scooping of Rocks by Autonomous Controlled Wheel Loader, *Journal of Robotics and Mechatronics*, Vol.24, No.6, pp.924–931 (2012).

[24] 野波健蔵：『MATLAB による制御系設計』，pp.99–102，東京電機大学出版局 (1998).

[25] Shao, H., Yamamoto, H., *et al*: Automatic Excavation Planning of Hydraulic Excavator, *Proc. of Int. Conf. on Intelligent Robotics and Applications*, pp.1201–1211 (2008).

[26] 邵輝，山元弘 他：遠隔操作を支援する油圧ショベルの自律掘削・積込動作計画，『第 26 回日本ロボット学会学術講演会予稿集』，L4867A (2008).

[27] 山元弘，茂木正晴 他：油圧ショベルによる IT 施工システムに関する研究，『建設の施工企画』，Vol.705, pp.64–68 (2008).

[28] 島野佑基，上義樹 他：PC210LCi-10/PC200i-10 の開発 マシンコントロール油圧ショベル，『コマツテクニカルレポート（コマツ技報）』，Vol.60, No.167, pp.2–7 (2014).

[29] 小谷斉之，大内茂人 他：H_2 コントローラの低次元化設計 —走行クレーンの振れ止め制御への適用—，『計測自動制御学会論文集』，Vol.41, No.6, pp.509–517 (2005).

[30] 大内茂人，小谷斉之 他：バックステッピング法に基づく旋回クレーン振れ止め制御，『計測自動制御学会論文集』，Vol.49, No.6, pp.587–594 (2013).

[31] Sarata, S., Koyachi, N., et al: Development of Autonomous System for Loading Operation by Wheel Loader, *Proc. Int. Sympo. on Automation and Robotics in Construction*, pp.466–471 (2006)

[32] 平林丈嗣：触覚情報を用いた水中バックホウ遠隔操作システムの開発，『港湾荷役』，Vol.56, No.2, pp.213–218 (2011).

[33] 長谷川肇，池口将男：アンローダセンサレス振れ止め制御，『技報安川電機』，Vol.70, No.4, pp.179–182 (2006).

第27章

ROBOT CONTROL HANDBOOK

宇宙開発支援

27.1 はじめに

人が容易に訪れることができない宇宙空間では，ロボットによる作業支援が非常に重要である。本章では，宇宙開発および宇宙探査を支援するロボットシステムと，そこに求められる制御学について論じる。

人類初の人工衛星は，1957年にソビエト連邦が打ち上げたスプートニク1号である。その後21世紀初頭までに，数千もの人工衛星が地球周回軌道に打ち上げらており，その数は年とともに増大している。

宇宙空間に打上げられる人工物（宇宙機）のうち，地球周回軌道を離れて，月，惑星，小惑星などの探査を行う目的のものを宇宙探査機という。宇宙機の大半は無人機であるが，地球を周回する国際宇宙ステーション（ISS：International Space Station）や，その建設に大きな役割を果たしたスペースシャトルは有人の宇宙機であり，1960年代から70年代に月面探査を行ったアポロ宇宙船は，有人探査機である。

打上げロケットも無人の人工衛星も，単純なものから高度な誘導制御を含めて，一定の制御シーケンス，制御ロジックをもって動作しているので，制御工学の重要な対象であり，広い意味で宇宙ロボットと呼ぶこともできる。しかしながら，ここでは腕またはハンドがある（マニピュレーション機能がある），あるいは月惑星表面を移動する機能をもった「ロボット」を対象に論じることとする。

27.2 軌道上宇宙ロボットのミッション

「宇宙ロボット」は，地球周回軌道上で活動を行う「軌道上宇宙ロボット」と，天体上を移動探査する「月惑星探査ロボット」に大別することができる。本節では，まず，軌道上宇宙ロボットの役割と課題を，これまでの開発の歴史にそって紹介する。

27.2.1 スペースシャトルおよび宇宙ステーション搭載ロボットアーム

世界初の軌道上宇宙ロボットは，スペースシャトルに搭載されたSRMS（Shuttle Remote Manipulator System）と呼ばれる全長約15m，6関節のアーム型のロボットである[1]（図27.1）。1981年4月にスペースシャトル・コロンビア号が初の大気圏外飛行に成功し（STS-1），同年11月に実施されたフライトSTS-2よりSRMSが搭載され，以来，SRMSはシャトルカーゴベイ周辺での様々な活動の支援に使用された。例えばアームの先端に船外活動をする宇宙飛行士を乗せて，移動する足場として利用する場面が多く見られた（図27.2）。1996年に実施されたフライトSTS-72では，日本人宇宙飛行士・若田光一氏がSRMSを操作して，軌道上を周回

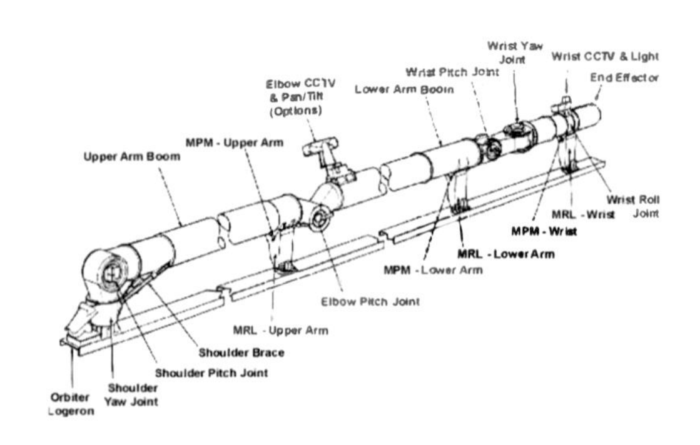

図 27.1 SRMS（カナダアーム）の構成図
（出典：Canadian Space Agency）

図 **27.2** SRMS の先端に宇宙飛行士が乗って船外作業を行っている様子。2001 年 STS-100 ミッションにて。（出典：NASA）

飛行する日本の宇宙実験フリフライヤー (SFU) を捕獲回収するミッションも行われた[2]。1998 年のフライト STS-88 より，ISS の組立作業にも使用された。ISS 上には，2001 年に全長 17.6 m，7 関節の SSRMS (Space Station Remote Manipulator System)[3] が取り付けられ，シャトルによって運び込まれた資材を SRMS を用いてカーゴベイより取り出し，SSRMS により受け取って，ステーション上の所定の場所に取り付けるという作業がたびたび行われた（図 27.3）。

SSRMS は両端対称な構造となっており，両端には LEE(Latching End Effector) と呼ばれるエンドエフェクタが取り付けられている。この LEE が ISS 上に配置されている専用の PDGF(Power Data Grapple Fixture) を把持すると，電力供給および信号伝送がなされ，SSRMS は尺取り虫のように ISS 上を伝い歩きできる設計となっている。加えて，2002 年には ISS のトラス部分を滑るように移動する MBS(Mobile Base System)[4]

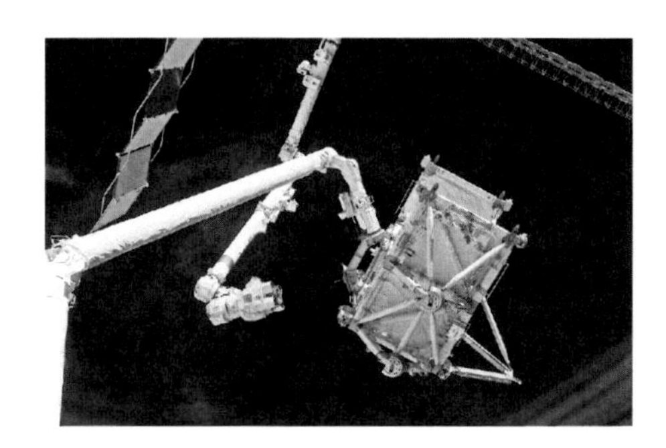

図 **27.3** SRMS（カナダアーム）から ISS に取り付けられた SSRMS（カナダアーム 2）へと ISS 組立て用構造物（P5 トラス）を受け渡す様子。2006 年 STS-116 ミッションにて。（出典：NASA）

が追加され，さらに 2008 年には，より高度な作業ができるエンドエフェクタとして，SPDM(Special Purpose Dexterous Manipulator)[5] も ISS に運ばれた。SPDM は「デクスター」とも呼ばれ，小さな 2 本の腕と交換用の複数の工具，TV カメラ，照明などを持ったユニットで，PDGF を介して LEE 先端に取り付けることができる構造となっている（図 27.4，図 27.5）。従来は宇宙飛行士が船外活動で行っていた交換修理作業の一部を肩代わりすることができ，2011 年より，曝露機器の移動作業と故障した電気部品の交換修理作業など，実用的に使用されるようになった。

SRMS および SSRMS はカナダで開発されたことから，それぞれカナダアーム，カナダアーム 2 と通称されている。なお，スペースシャトルおよび SRMS は，2011 年のフライト STS-135 をもって運用終了となっている。

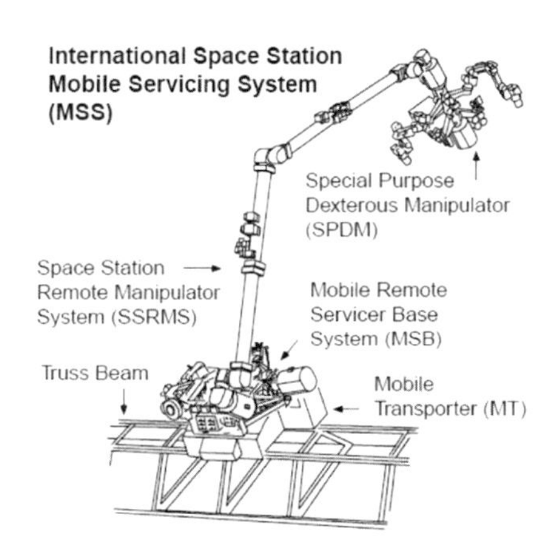

図 **27.4** SSRMS, MBS, SPDM の構成図（出典：Canadian Space Agency）

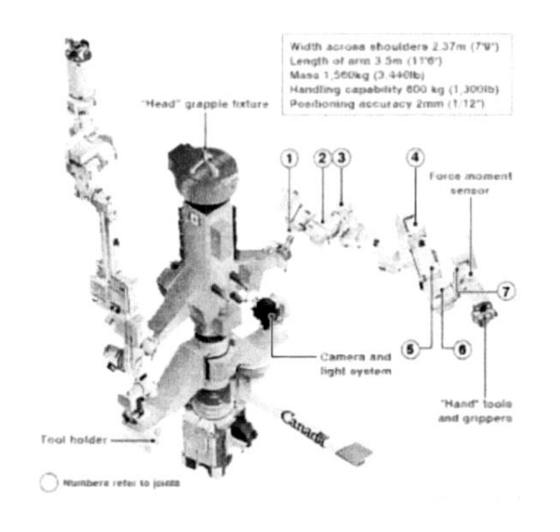

図 **27.5** SPDM の構成図（出典：NASA）

2008 年には，日本のモジュールである「きぼう」(JEM: Japanese Experiment Module) が ISS に結合され，その上に 6 関節，全長約 10m の日本製のマニピュレータアーム (JEMRMS) も取り付けられた (図 27.6)。JEMRMS の一端は JEM に固定されており，SSRMS のような伝い歩きはできない。JEMRMS の先端には SRMS, SSRMS と共通の Grapple Fixture を把持できるエンドエフェクタが取り付けられており，精細作業のために長さ 2.2 m，6 自由度の子アーム (Small Fine Arm) も用意されている[6–8]。

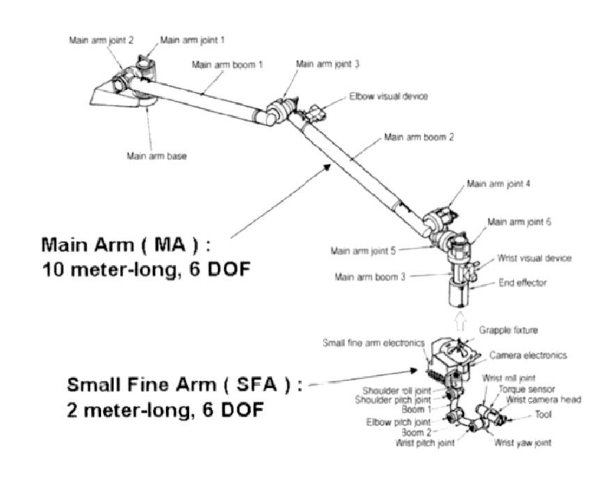

図 **27.6**　JEMRMS の構成図
（出典：JAXA）

SRMS, SSRMS, JEMRMS は作業の安全性から，与圧室内の宇宙飛行士がジョイスティックを用いて遠隔操縦する構成となっている。いくつかの定形動作については自動シーケンスも用意されているが，基本的には，宇宙飛行士が右手にロール・ピッチ・ヨーの 3 軸回転，左手に X-Y-Z の並進用ジョイスティックを握って，目視（窓越し）あるいはモニタカメラ画像を見て安全確認を行いながら，エンドエファクタの並進・回転速度を指示する。SSRMS は 7 自由度の冗長自由度アームとなっているので，ショルダ部・エルボ部・リスト部の 3 点で構成されるピッチ三角平面に注意を払った制御が行われている[9]。

27.2.2　フリーフライング宇宙ロボット

宇宙空間を自由に飛び回って作業をする無人宇宙機はフリーフライング・ロボットと呼ばれ，その概念は 1980 年代前半より議論されてきた。図 27.7 は，1983 年に出版された NASA ARAMIS レポート[10] に掲載された，Telerobotic Servicer と名付けられたフリーフライング宇宙ロボットの概念図である。この時代は，前項で述べたように，1981 年よりスペースシャトルとそこに搭載されたロボットアームが宇宙空間で使われ始めた時期であり，スペースシャトルからの人工衛星の軌道放出や，軌道上の人工衛星捕獲などのミッションも行われた。軌道上ロボット技術を進化させてフリーフライング・ロボットを開発し，無人ロボットによって宇宙ステーションの軌道上組立を行うことが議論された。その実証ステップとして米国では FTS(Flight Telerobotic Servicer) が計画されたが，技術や安全面で問題点が多く NASA の予算状況も厳しくなってしまったため，FTS 計画はキャンセルされ，ISS の実際の組立には，前節で述べたように SRMS および SSRMS を活用しながら，宇宙飛行士の船外作業が多用された。

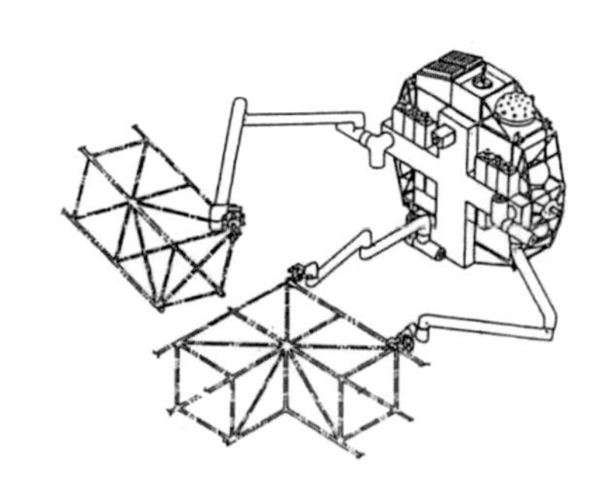

図 **27.7**　Telerobotic Servicer の概念図
（出典：NASA ARAMIS レポート）[10]

これに対して，フリーフライング・ロボットの技術は，1997 年に日本の技術試験衛星きく 7 号 (ETS-VII) によって，世界に先駆けて実証された。同衛星は，図 27.8 のように軌道上で「おりひめ」「ひこぼし」と呼ばれる 2 つの部分に分離し，ひこぼしには長さ約 2 m のロボットアームが搭載されていた。自律制御によるおりひめ・ひこぼしのランデブー（接近飛行）・ドッキング（結合）や，ロボットアームを使って機器の交換をするなどの試験が行われた。このような技術は，他の人工衛星に対して燃料補給や機器交換などのサービスやメンテナンスを可能とし，また寿命後の衛星を捕獲して軌道変更するなど，人工衛星をより効果的に使用し，将来のスペースデブリ（宇宙ごみ）の増加を防ぐ技術として重要なものであり，1999 年のミッション終了までに，技術的および学術的にも価値の高い軌道上実験が実施された[11–14]。

ETS-VII で実証された自律誘導およびランデブー技

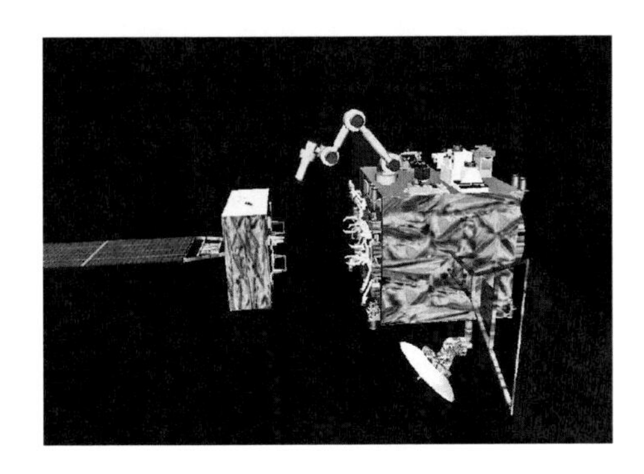

図 27.8 技術試験衛星きく 7 号の CG モデル。世界初のフリーフライング・ロボット軌道上実験を行った。軌道上で「ひこぼし」(右側),「おりひめ」(左側) に分離し，ランデブー・ドッキングの実験も行われた。

術は，後に宇宙ステーション無人補給機 (HTV: H-II Transfer Vehicle)「こうのとり」が ISS にランデブーする際の必須技術として活用されている[15, 16]。HTV は，ISS の下方 10 m の距離まで近づいて相対停止したのち，SSRMS により捕獲され，ISS の所定の場所に結合される。HTV は 2009 年に初飛行が行われ，2016 年の 6 号機まで，連続してミッションに成功している。

ETS-VII から 10 年後の 2007 年には，米国 DARPA が主導するオービタル・エクスプレス・ミッションが行われ，同様の自律ランデブー・ドッキング，ロボットアームの制御実験が行なわれた (図 27.9)[17, 18]。2009 年には軌道上で衛星同士が衝突して，その破片が多数のスペースデブリとなるという事故も起きており，フリーフライング・ロボットは，ミッション終了衛星を除去することによるデブリ増加防止の決め手として期待されている。しかしながら，ETS-VII およびオービタル・エクスプレスで実証された技術は，捕獲される

図 27.9 米国オービタル・エクスプレスの CG モデル (出典：DARPA/MDA)

側の衛星姿勢が安定しており，把持のためにハンドレール状の機構が取り付けられているなど,「協力的」なターゲットであった。衛星がタンブリングと呼ばれる 3 軸回転運動し，把持するためのつかみ点がない，一般的な「非協力的」なターゲットを捕獲するためには，解決しなければならない技術課題が多く残されている[19]。

27.3 月惑星探査ロボットのミッション

27.3.1 月惑星探査の 5 段階

地球周回軌道を離れて地球以外の天体（月惑星）を探査する手順として，図 27.10 に示す 5 つの段階が考えられる。

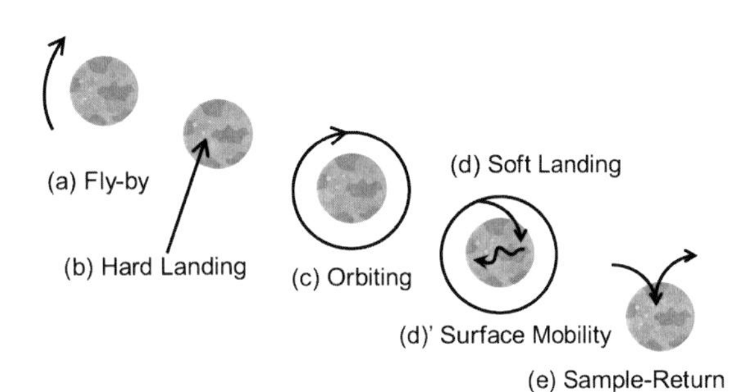

図 27.10 月惑星探査の 5 段階

まず第 1 段階は，(a) 天体の近傍通過である。目標天体とは短時間ですれ違ってしまうが，地球から望遠鏡で観測するよりも，至近距離において高い解像度での撮影が可能となり，また，天体をとりまく磁場環境なども観測できるので，最初の近傍通過探査では数多くの新発見がなされることが多い。

例えば，2006 年に打上げられた NASA のニューホライズンズ探査機は，9 年の歳月をかけて 2015 年 7 月に冥王星の 13,695 km 近傍まで接近し，相対速度 14 km/s にて通過した。その際に多数の画像撮影を含む観測を行った。通過の際に蓄積した観測データの地球への伝送は，2016 年 10 月まで継続された。

次の段階は，(b) 天体への衝突あるいは Hard Landing である。月面探査においては，1959 年 1 月にソビエト連邦のルナ 1 号が初めて地球の重力を離脱し，月から 6,000 km の地点を通過した。同年 9 月にルナ 2 号が月面に衝突，地球外天体に初めて到達した人工物となった。Hard Landing そのものから得られる科学的知見は限られているが，Hard Landing の際に舞い上が

る物質を近傍から光学観測できれば，科学的な可能性は広がる。

その次の段階は，(c) 対象天体のまわりを周回探査することである。周回することにより，対象天体の様子を長期間にわたって探査（リモートセンシング観測）することが可能となる。しかしながら，周回探査を行うためには，地球からの遷移軌道から周回軌道に至る適切な軌道変更マヌーバ（減速制御）の技術が必要となる。

周回探査の次の段階は，(d) 天体表面への軟着陸 (soft landing) である。軟着陸によりカメラや観測機器を天体上に運びこむことができれば，科学観測の可能性は大きく広がるが，着陸誘導には多量の燃料と高度な制御技術が求められる。なお，金星や火星のように大気のある惑星の場合には，パラシュートのように空気抵抗を利用して減速する手段が有効である。月面探査においては，1966 年 2 月にルナ 9 号が世界初の月面軟着陸に成功し（着陸地点は「嵐の大洋」），1966 年 4 月にはルナ 10 号が初の周回軌道への投入に成功した。

火星探査においては，1964 年 11 月に打ち上げられた米国のマリナー 4 号が 1965 年 7 月に火星から 9,600 km の地点を通過し，表面を初めて接近撮影した。1971 年 5 月に打ち上げられたマリナー 9 号が，同年 11 月に世界で初めて火星周回軌道に入り，1972 年 8 月まで火星表面の 70% を撮影した。1975 年に相次いで打上げられたバイキング 1 号，2 号は，それぞれ 1976 年 7 月，9 月に火星表面への軟着陸に成功し，着陸機に搭載されたロボットアームにより土壌サンプルを採集して分析するなどの，本格的な科学観測が行われた。

天体表面へ多くのペイロードを軟着陸させることができるようになると，科学観測機器の一つとして，表面を移動探査するロボットを持ちこむことが可能となる。1997 年に火星に到着した米国のマーズ・パスファインダーは，パラシュートによる減速と，エアバッグによる着陸時の衝撃緩和を組み合わせて軟着陸に成功した。着陸後はエアバッグの中から，ソジャーナと名付けられた探査ロボット（ローバー）が展開され，表面の移動探査が実施された。この成功を受けて，NASA の火星表面ロボット探査は，マーズ・エクスプロレージョン・ローバーミッション（ローバー名：スピリットおよびオポチュニティ，2004 年 1 月に火星着陸），マーズ・サイエンス・ラボラトリーミッション（ローバー名：キュリオシティ，2012 年 8 月に火星着陸）へと発展的に展開され，数々の科学観測成果を上げている。

以上の段階までにおいては，科学的な探査は，目標天体に持ち込まれた観測機器によって，その場での (*in-situ*) 分析が行われる。しかしながら探査機に搭載できる機器の質量は限られているので，分析能力にもおのずと限界がある。そこで，月惑星探査の究極の段階は，岩石等の標本（サンプル）を地球に持ち帰る，(e) サンプルリターンである。サンプルを地球に持ち帰ることができれば，地上の最新鋭の分析装置を用いて，微量な砂粒からでも様々な情報を引き出すことが可能である。

1969 年に世界初の有人月面着陸および地球への帰還を果たした米国のアポロ計画は，サンプルリターン・ミッションとしても科学的価値の高い成果を上げている。1972 年までの間に 11〜17 号（13 号を除く）の計 6 回の有人月面着陸・地球帰還ミッションが行われ，合計 381.7 kg の岩石等の物質が月面から持ち帰られた[19]。

一方，ソビエト連邦では，無人探査機による月からのサンプルリターンが試みられ，1970 年のルナ 16 号では 101 g，1972 年のルナ 20 号では 30 g，1976 年のルナ 24 号では 170 g の月面土壌サンプルが地球に持ち帰られている[20]。

月以外の天体では，2003 年に打ち上げられ 2010 年に地球に帰還した日本の無人探査機「はやぶさ」が，「イトカワ」と名付けられた小惑星からのサンプルリターンに成功している。回収された岩石サンプルは，いずれも大きさ 100 μm 以下の埃のようなものにすぎなかったが，地上の最新鋭の機器を用いて分析した結果として，太陽系の惑星形成に関する非常に多くの知見が明らかにされている[21, 22]。

27.3.2　月・火星探査ロボットの歴史

地球以外の天体の表面を走行した世界初の無人移動探査ロボットは，ソビエト連邦が開発したルノホートである。米国がアポロ計画と名づけた有人月探査を進めていく一方で，ルノホート 1 号は 1970 年 11 月にルナ 17 号により月面に着陸し，その後 1971 年 9 月までの約 11 ヶ月間にわたり月面上を 10.5 km，2 号は 1973 年 1 月にルナ 21 号により月面に着陸し，その後同年 5 月に至るまで 37 km 走行し，多くの画像や観測機器のデータなどを地球に送信した。

ルノホートは図 27.11 に外観を示すように 8 つの車輪を持ち，全長 170 cm，質量約 800 kg という大型のものであった。本体は大きなお釜のような形をしており，円形の開閉可能なフタが取り付けられている。

月の自転速度は遅いので，月面では約 2 週間の昼間（日照）が継続し，約 2 週間の夜（日陰）が継続する。

図 27.11 ルノホート（出典：NASA）

図 27.12 1997 年 7 月に火星に着陸したマーズ・パスファインダーに積み込まれていたソジャーナは，約 3 ヶ月間にわたって地球からの指令で岩石や土壌の化学組成分析や，画像撮影などを行った。（出典：NASA）

夜の期間には地表温度は −150 ℃まで下がるので，いかにして越夜をするかが月面ミッションにおける大きな技術課題である（アポロミッションにおいて人が月面に滞在したのは，月の昼間の時間帯のみである）。

ルノホートの本体内部には放射性同位体熱電気転換器 (RTG: Radioisotope Thermoelectric Generator) が搭載されており，昼間はお釜のフタを開けて，フタの内側に取り付けられている太陽電池セルで発電を行い，夜間はお釜のフタを閉じ，RTG の発熱を利用してシステムの保温を行う設計となっており，この方式は成功した。

ルノホートの次に地球以外の天体表面を走行した無人移動探査ロボットは，1997 年の米国のマーズ・パスファインダー・ローバーである。前項で述べたように，このミッションではエアバッグ着陸という新方式が採用され，着陸船のデザインとして典型的な着地脚を持たない。エアバックが複数回弾んだ後に最終的に停止する場所に不確定性は残るが，システムの軽量化，燃料重量の低減，誘導制御の簡素化などのメリットは大きい（これらはすべてシステム全体のコストダウンにつながる）。着地した機体は正四面体の形状をしており，エアバッグのガスを抜いた後に花びらのように展開し，ローバーが中に包まれているような構造となっている。

展開されたローバーは，大きさ 65 cm×48 cm×30 cm，質量 10.6 kg と超小型のものであり，ソジャーナと名付けられた（図 27.12）。電気モータによる独立駆動の 6 つの車輪を持ち，ロッカー・ボギーと呼ばれる受動的なサスペンション機構を用いて，岩石が散在する凹凸の多い不整地でも適応的に走行することができた（車輪直径が 13 cm であるのに対して，高さ 20 cm の凹凸まで対処可能といわれている）。

ローバーへの通信は，展開した着陸機を中継基地として行われた。そのため，ソジャーナの行動範囲は着陸地点の近傍に限られた。地球・火星間の通信は片道でも 3〜22 分かかるので，ローバー側に障害物や危険を認識し，緊急停止や回避行動を可能とするための相応の自律機能が必要である。マーズ・パスファインダー・ミッションでは，遠隔ロボットによる火星表面に必要な技術実証に主眼が置かれ，1997 年 7 月に火星に着陸した後，約 3 ヶ月間にわたって，地球からの指令により，遠隔自律ナビゲーション，画像撮影，岩石や土壌の化学組成分析などのミッションが実施された。

マーズ・パスファインダー・ミッションの成功を受けて，2003 年にはマーズ・エクスプロレーション・ローバーを搭載した 2 つの探査機が打ち上げられ，2004 年 1 月に相前後して火星表面に到達した。一つはグセフ・クレーターに着陸し，活動を開始したローバーはスピリットと名づけられた。もう一つはメリディアニ平原に着陸し，活動を開始したローバーはオポチュニティと名づけられた。ソジャーナが電子レンジほどの大きさだったのに対し，スピリットとオポチュニティはゴルフカートほどの大きさ（質量 185 kg）であり，全長約 1 m の小型ロボットアームを含む，様々な分析装置を搭載している（図 27.13）。2 台の探査ローバーは当初予定のミッション期間である 3 ヶ月をはるかに超えて探査活動を継続し，かつての火星には水が存在した証拠を明らかにするなど，数々の成果を挙げた。スピリットは活動開始後の 6 年目の 2010 年までに 7.7 km を走行し，2011 年に活動を終了した。一方のオポチュニティは，活動開始から 12 年目となる 2017 年におい

図 27.13　2004 年 1 月に火星に到着した 2 台のマーズ・エクスポラレーション・ローバーは，火星表面にかつて水が存在したことを示す証拠を発見するなど，今日まで探査活動を続けている。（出典：NASA）

ても探査活動を継続しており，走行距離は 44 km を超えている。

マーズ・エクスプロレーション・ローバーの後継機として，NASA はより大型のマーズ・サイエンス・ラボラトリーを開発した。探査ローバーはキュリオシティと名付けられた。その重さはマーズ・エクスプロレーション・ローバーの約 5 倍の 900 kg であり，10 倍の質量の科学探査機器を搭載している。2011 年 11 月に打上げられ，2012 年 8 月に火星のゲール・クレーターに着陸した。質量が大きくなったためエアバッグは使えず，スカイクレーンと呼ばれる着陸方式が採用され，ローバーの軟着陸に成功した（図 27.14）。

図 27.14　2012 年 8 月に火星に到着したマーズ・サイエンス・ラボラトリーは，スカイクレーンと呼ばれる吊り下げ方式により，ローバーを軟着陸させた。（出典：NASA）

ローバーは全長約 2 m のロボットアームを搭載しており，その先端には岩石に穴をあけるドリルが取り付けられている。また，レーザ光によって土壌や岩の表面を蒸発させてスペクトル分析を行う装置も搭載している。キュリオシティから送られてきた画像や観測データを分析した結果，湖底の堆積物と推定される岩石が多数確認され，着陸地点であるゲール・クレーター（直径約 150 km）一帯は，30 億年以上前は巨大な湖だった可能性が高いと考えられている。2017 年 8 月現在，キュリオシティの走行距離は 17 km に達しており，岩石や土壌の分析を行いつつ，探査エリアを拡大している。

27.3.3　小天体探査の歴史

小惑星は，主に火星と木星の間に散在する無数の小天体であり，地球や火星のような大きな天体へと凝集することができずに，太陽系の始原的な物質がそのまま残されているものと考えられている。その一部は地球の近傍にも飛来し，地球の歴史の中で小惑星衝突により地球環境が大きく変化する事象が，複数回起きていることが知られている。小惑星の探査は，1991 年，木星に向かう NASA のガリレオ探査機が小惑星ガスプラの近傍を通過しフライバイ探査を行ったのが最初である。1996 年に打上げられた NASA の NEAR シューメーカー探査機は，1997 年に小惑星マティルドをフライバイ探査し，2000 年に小惑星エロスに到着して本格的な周回探査を行った。

日本が開発した小惑星探査機「はやぶさ」は，世界に先駆けて小惑星から岩石のサンプルを地球に持ち帰ることを目指したサンプルリターン探査機である（図 27.15）。2003 年に打ち上げられ，2005 年に小惑星イトカワに接近し，2005 年 11 月 20 日と同年 11 月 26 日（いずれも日本時間）の 2 回にわたって小惑星表面にタッチダウンしてサンプル採集が行われた。惑星間航行には太陽光をエネルギー源とするイオンエンジン（電気推進系）が用いられ，地球の重力場を利用したスイングバイも活用して，小型の探査機でありながら長距離の

図 27.15　小惑星探査機「はやぶさ」の CG モデル

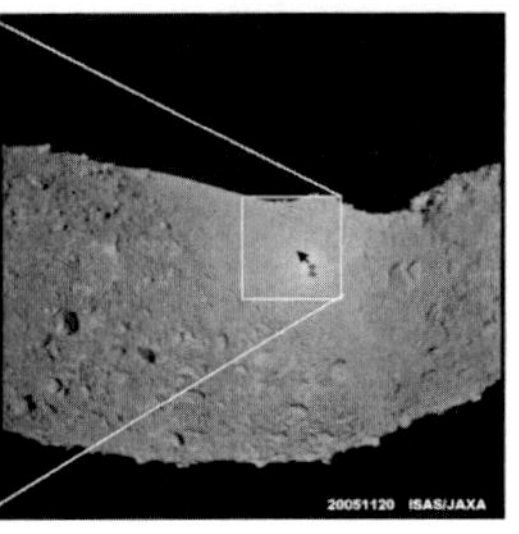

図 27.16 小惑星イトカワへ向けて降下中の映像。「はやぶさ」探査機の影が鮮明に見えている。(出典：JAXA)

探査および地球帰還を達成することができた。また岩石サンプルの採集にあたっては，小惑星イトカワ表面の重力は地球表面の約 10 万分の 1 であり，アンカーなしにその表面に長く留まることの方が難しいため，探査機が全体がタッチ・アンド・ゴーの動作を行う間に，表面から岩石の破片を採集する方式が開発された (図 27.16)。

はやぶさ探査機自身はロボットらしい形をしていないが，地球から 3 億 km 離れた彼方で，長径 550 m 程度のきわめて小さな天体に接近し，およそ直径 50 m の円内の目標エリアに向かって正確なタッチダウンを行うために，画像航法やレーザ距離計を用いた自律制御などのロボットとしての機能を備えていた。複数回の接近リハーサルを行って画像航法のソフトウェアを修正した後に，小惑星表面へのタッチダウンに成功した。結果として，大きさが 100 μm 程度ではあるが 1,500 個以上のサンプルを地球に持ち帰ることに成功した。地球上で利用可能な最先端の分析を行うことにより，S 型 (岩石質) 小惑星の代表例である小惑星イトカワの形成史を，かなり詳細に明らかにすることができた[22, 23]。

また，はやぶさには，ミネルバと名づけられた超小型の表面探査ロボットも搭載されていた。ミネルバの着地には失敗したものの，超小型ロボットによる小惑星表面探査も，今後の重要な研究課題である。

はやぶさによって実証された小惑星サンプルリターン探査の技術を踏襲・改良して「はやぶさ 2」が開発され，2014 年 12 月に打ち上げられた。「リュウグウ」と名付けられた C 型 (炭素質) 小惑星を目指して航行を続けおり，2018 年に到着して探査を行った後，2020 年に地球に帰還する予定である。C 型天体の表面には有機物が存在している可能性もあり，太陽系形成史に新たな 1 ページを刻む成果が期待されている。

彗星は，太陽系外縁のオールト雲と呼ばれる領域から，不定期的に太陽に向かって落下してくる小天体である。H_2O 等の揮発性物質を多量に含み，太陽接近とともに気化して尾を形成することが知られている。ハレー彗星は歴史の初期から存在が知られている彗星であり，76 年周期の長楕円軌道を描いて運行している。1986 年に太陽へ接近したため，その機会を捉えて計 5 機の探査機が打上げられ，フライバイ探査が行われた。ソビエト連邦の Vega1, Vega2, 日本の「さきがけ」「すいせい」，欧州宇宙機構 (ESA：European Space Agency) のジオットである。これらのうちジオット探査機は，ハレー彗星まで約 600 km まで近づき，核と呼ばれる中心部分の撮影に成功した。

ESA は 2004 年にロゼッタ探査機を打ち上げ，10 年の歳月をかけて 2014 年にチュリモフ–ゲラシメンコ彗星に到着し，近傍の周回探査を行った[24]。2014 年 11 月にはフィラエと名付けられた着陸機を切り離し，フィラエは彗星上に降り立った。彗星表面上も微小重力環境であるため，当初の計画では，フィラエはアンカーを使って表面上に固定され，ドリルを用いて土壌を掘削して *in-situ* 分析を行う予定であったが，アンカーが正常に動作しなかったため，土壌分析は実施できなかった。

27.3.4 今後の月惑星探査ロボット

今後の月惑星探査については，① 水星・金星・火星などの地球型惑星のサンプルリターンを含む無人探査，② 小惑星・彗星等の小天体や，木星・土星の衛星等の未踏天体への無人探査，③ 月・火星への有人探査，の 3 つの大きな方向性が考えられる。

地球型惑星は重力が大きいので，着陸や離陸にかなり大きなエネルギーを必要とするため，1 つの探査機でサンプルリターンを行うことは困難である。したがって，役割分担した複数の宇宙機がリレーするようなシナリオが必要になる。特に火星については，これまでの探査でかつては生命が存在し得る環境があったことはほぼ確実であることがわかってきているので，生命の痕跡の発見が主要なテーマとなるであろう。

有人探査については，国際協力で月面上に恒久的な観測基地を作ることが主要な方向性になるであろう。NASA では，ATHLETE (All-Terrain Hex-Limbed Extra-Terrestrial Explorer) と名付けられた有人与圧モジュールを搬送するロボットシステムの先行研究が行われている。(図 27.17) これに加えて，NASA では 1990 年代よりロボノートと称する人の上半身を模した

図 **27.17**　ATHLETE（出典：NASA）

ロボットの開発が進められている。ロボノートは，もともと SSRMS の先端に取り付けられ，SPDM（デクスター）のように，有人宇宙飛行士に代わって ISS における船外活動を実施する人間型ロボットとして開発が開始された。その後，General Motors 社が開発に加わり，第 2 世代のロボノート 2 が，2011 年に国際宇宙ステーションに運び込まれた（図 27.18）。人間型ロボット（ヒューマノイド）としての上半身（特に腕とハンドの力覚制御）の完成度は高いが，現在は ISS の与圧室内で試験的に使用されているのみである。

(a) 宇宙飛行士と握手をするデモ

(b) ISS 与圧室内にて作業を行う様子

図 **27.18**　ロボノート 2（出典：NASA）

ロボノート 2 に車輪型の移動メカニズムを結合し，月惑星探査に活用する方向性も研究されている。これに類似のコンセプトとして，ドイツ航空宇宙局 (DLR：Deutsches Zentrum für Luft und Raumfahrt) では，Justin と名付けられたロボットシステムの研究開発も進められている。(図 27.19) これらのロボットを用いて，月面上（あるいは将来火星において），宇宙飛行士とロボットとの共同作業を行っていくことが，重要なテーマとなってくることが予想される。

(a) 全体の姿

(b) 火星表面での活動を想定した実験風景

図 **27.19**　Justin（出典：DLR）

27.4　宇宙ロボットの耐環境性

ここでは，宇宙環境においてロボットを正常に動作させるために必要な事項について整理しておく。

① まず宇宙空間は超高真空な環境である（JIS では，10^{-5}Pa 以下を超高真空と定義している)。したがって，宇宙ロボットの機構は超高真空環境で動作しなければならない。真空環境が直接影響を与える注意点は，駆動部の潤滑である。金属摺動部において，大気中では空気中の酸素により酸化皮膜が形成され，潤滑効果をもたらすことが知られているが，宇宙環境ではこの効果がないために，金属同士が擦れ合うと凝着が生じやすくなる。グリース等の潤滑剤も気化してしまうので，きわめて蒸発率の低い真空用グリースや，二硫化モリブデンなどの固体潤滑剤を表面にメッキ（焼結）するなどの対策が必要になる。

　また，DC モータのブラシも摺動部となり，さらには電気アークの発生源にもあるので，ブラシレス型のモータを使用することが一般に推奨されている。しかしながら，ブラシ式のモータでも動作実績は報告されている。

② 超高真空に起因するもう一つの影響は伝熱である。

伝熱には，一般に「伝導」「対流」「放射」の3形態があることが知られているが，宇宙空間では自然対流による熱の移動や，空気流による冷却方式は使用できない。太陽光の直射を受ける面については温度が激しく上昇し，一方で日陰部分では，宇宙背景放射温度である絶対温度3K（−270℃）の黒体に向かって熱が放射されることになる。宇宙機はこのような激しい温度環境に耐えなければならない。

宇宙機に搭載される電子機器を使用する際には熱が発生する（内部発熱が起こる）ので，この影響も考慮しなければならない。機器から発生した熱を逃がすためには，基本的に，熱伝導により宇宙機表面へ熱を導き，暗黒宇宙へ熱放射するしか方法はない。宇宙機に対する太陽からの熱入力，暗黒宇宙への熱放射（出力）の度合いは表面の材質や色に依存するため，宇宙機の設計においては，状況に応じて内部発熱，熱入力，熱出力量を評価し，常に搭載機器の温度が適切な範囲に維持されるように，慎重な熱設計を行う必要がある。

③ 宇宙環境では，太陽や銀河からやってくる放射線に対する備えも必要である。宇宙放射線は，高運動エネルギーの物質粒子（電子，陽子，中性子，原子核などの粒子放射線）と高エネルギーの電磁波（ガンマ線，X線と呼ばれる電磁放射線）からなる。電子機器がこれらの放射線に曝されると，単一の高エネルギー粒子の影響により一時的なデータの反転を生じ，機器が誤動作を起こし，場合によっては回路短絡等の破壊に至る場合がある。これらの現象をSEE(Single Event Effect)という。また長期的な被曝では，電子デバイスそのものが徐々に劣化し，やがて破壊に至る。これは総被曝量（TID: Total Ionizing Dose）を用いて評価される。

SEE（高エネルギー粒子の衝突による誤動作）については，軌道高度や機器の種類によって発生頻度が異なる。誤動作検出やソフトウェア的な回復方法を実装しておくなどの対策が必要になる。一方，TIDは時間累積し，機器の寿命を定める要因となる。軌道高度や機器の種類によって劣化速度，被曝耐性が異なるので，地上試験により評価をしておく必要がある。

④ ロケットによって宇宙機を打ち上げる際には，ロケットエンジンの燃焼による振動や大音響によって，機器は激しい機械振動を受ける。また，ロケットの各段の切り離しの際には爆発ボルトが用いられるため，そこから衝撃的な加速度も発生する。無人ロケットの場合，振動加速度のレベルは10 Grms（Gは重力加速度，9.8 m/s^2，rmsは各周波数における加速度の平均値であることを示す）を超え，衝撃加速度は1,000 Grmsのオーダーである。宇宙機はこれらの加速度環境に耐えなければならない。

⑤ 宇宙機が，ひとたび地球周回軌道飛行あるいは惑星間を航行する慣性飛行に投入された後は，ごく微小な外乱以外に加速度のない静かな環境であり，宇宙機の内部やその周囲は微小重力環境となる。このような微小重力環境におけるロボットアームの制御法については，次節で詳しく述べる。

⑥ 地球の重力を振りきって宇宙空間に飛び立つためには，宇宙機は軽量であることが望まれる。軌道上の微小重力環境に到達すれば，自重を支える必要がないので，軽量長大な構造物を構築することは，地上よりはるかに容易である。しかしながら上述したように，打上げフェーズで大きな振動加速度・衝撃加速度を受ける。この条件を満たす構造設計を行うことが，宇宙機設計の重要な課題の一つである。

⑦ 宇宙空間では太陽光がエネルギー源となる。よって太陽電池による発電が必須となる。発電可能な電力量は太陽電池の表面積および太陽に対する指向制御によって制約を受けるため，電力消費を最小にする機器設計と運用計画が重要となる。また，地球を離れて太陽からの距離が遠くなる深宇宙を探査する場合には，太陽光の強度が弱くなってしまうことも考慮に入れなければならない。

なお，米国，ロシア等が開発している月惑星探査機・探査ロボットにおいては，放射性物質の崩壊熱を利用して電気を取り出す，放射性同位体熱電気転換器（RTG）がしばしば用いられている。RTGは太陽から遠い天体を探査する際や月面での越夜の際の，電力源および熱源としても有用である。

⑧ 地球を飛び立った宇宙機を操作するためには，無線通信による遠隔操作を行わなければならない。よって，通信技術も宇宙機の設計・運用において重要な要素である。

ISSを含む地球低軌道衛星は，地表から400〜

800 km の高度を飛行しているため，地上から最短距離で通信できれば通信距離としてはそれほど遠くない。しかしながら，地表の 1 地点から通信できる時間は最大でも 15 分程度に限られてしまう。地球周回軌道上でのどこでも通信を行うためには，静止軌道上の通信衛星を経由する必要があり，1997 年に世界に先駆けて軌道上ロボット実験を行った ETS-VII では，筑波の地上局と軌道上との往復通信には約 6～7 秒の遅れが生じていた。これは単に通信距離だけによるものではなく，中継局における伝送遅延も含んだ時間である。一方，遠方の天体では物理的な距離により，例えば地球と月の間の往復で約 2.5 秒，地球と火星間の往復では約 6～44 分の時間遅れが生じる。小惑星探査機はやぶさがイトカワの探査を行っている際の時間遅れは，往復約 33 分であった。

このように通信時間遅れがあるシステムにおける遠隔操縦（テレオペレーション）もロボット制御において重要な研究課題である。ロボット自身に自律性を持たせた上で遠隔操縦を行う Supervised Autonomy の考え方が重要になる。

⑨ 月面や火星表面などを移動する探査ロボットにおいては，岩石や砂からなる自然不整地環境を考慮しなければならない。特に月表面はレゴリスと呼ばれるパウダーあるいはダスト状の細かな砂（長い年月をかけて，隕石衝突により破砕された岩石が降り積もったもの）で覆われており，これらダストの摺動部への影響，静電気によるセンサやカメラレンズへの付着などの対策も考えておかなければならない。

⑩ ひとたび宇宙空間に飛び立った宇宙機は，途中で故障が起きても修理することができない。ささいなトラブルによって高価な宇宙機全体が機能を失い，ミッションが継続できなくなった例は少なくない。また，有人システムにおいては，さらに高いレベルの信頼性が要求される。システム工学的な観点から，冗長系を構成するなどの信頼性を担保する設計が求められる。

27.5　軌道上宇宙ロボットの力学と制御

本節では，軌道上宇宙ロボットの制御を考える上での基礎となる数理について，基本概念を示す。

27.5.1　運動学と動力学の基礎式

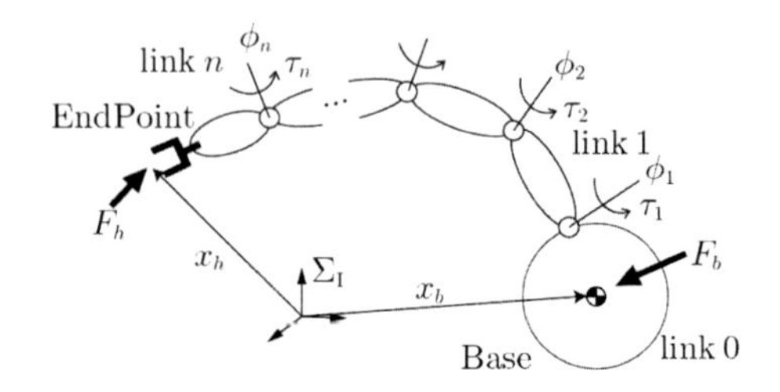

図 27.20　軌道上宇宙ロボットの力学モデル

いま図 27.20 のように，軌道上に浮遊するロボット衛星本体（ベース）をリンク 0 とし，その上に n 節の直列リンク（ロボットアーム）が取り付けられているシステムを考える。このようなシステム運動方程式は以下の式のように示される。

$$\begin{bmatrix} \boldsymbol{H}_b & \boldsymbol{H}_{bm} \\ \boldsymbol{H}_{bm}^T & \boldsymbol{H}_m \end{bmatrix} \begin{bmatrix} \ddot{\boldsymbol{x}}_b \\ \ddot{\boldsymbol{\phi}} \end{bmatrix} + \begin{bmatrix} \boldsymbol{c}_b \\ \boldsymbol{c}_m \end{bmatrix} = \begin{bmatrix} \boldsymbol{F}_b \\ \boldsymbol{\tau} \end{bmatrix} + \begin{bmatrix} \boldsymbol{J}_b^T \\ \boldsymbol{J}_m^T \end{bmatrix} \boldsymbol{F}_h \tag{27.1}$$

ここで，$\boldsymbol{x}_h$ はロボットハンド（多節リンク系の先端点）の位置・姿勢，$\boldsymbol{x}_b$ はロボット本体重心の位置・姿勢，$\boldsymbol{\phi}$ はリンク間の関節角度である。また，$\boldsymbol{F}_h$ はロボットハンドに作用する外力・モーメント，$\boldsymbol{F}_b$ はロボット本体重心に作用する外力・モーメント，$\boldsymbol{\tau}$ はリンク間の関節トルクである。なお，関節は直動型であっても同様の方程式を得ることができる。$\boldsymbol{H}_b$, $\boldsymbol{H}_m$, $\boldsymbol{H}_{bm}$ は，それぞれロボット本体，ロボットアームおよび本体とアームの動的干渉を表す慣性行列であり，$\boldsymbol{c}_p$, $\boldsymbol{c}_q$ は遠心力およびコリオリ力に該当する非線形項である。

ここで，$\boldsymbol{x}_h$, $\boldsymbol{x}_b$ および $\boldsymbol{\phi}$ の間の運動学関係式は対応するヤコビ行列を用いて以下のように書くことができる。

$$\dot{\boldsymbol{x}}_h = \boldsymbol{J}_m \dot{\boldsymbol{\phi}} + \boldsymbol{J}_b \dot{\boldsymbol{x}}_b \tag{27.2}$$

$$\ddot{\boldsymbol{x}}_h = \boldsymbol{J}_m \ddot{\boldsymbol{\phi}} + \dot{\boldsymbol{J}}_m \dot{\boldsymbol{\phi}} + \boldsymbol{J}_b \ddot{\boldsymbol{x}}_b + \dot{\boldsymbol{J}}_b \dot{\boldsymbol{x}}_b \tag{27.3}$$

微小重力環境に浮遊し外力が作用しない系においては，$\boldsymbol{F}_h = \boldsymbol{F}_b = \boldsymbol{0}$ となり，運動中のすべての瞬間において系全体の運動量 $\mathcal{L}$ が一定値（初期値）のまま保存される。

$$\mathcal{L} = \boldsymbol{H}_b \dot{\boldsymbol{x}}_b + \boldsymbol{H}_{bm} \dot{\boldsymbol{\phi}} \tag{27.4}$$

この式 (27.4) が，ロボットアームの動作とベースとの間の運動干渉を規定する関係式となる。

式 (27.2) および式 (27.4) を連立させ，ベースの反動運動を表す $\dot{\boldsymbol{x}}_b$ を消去すると次式を得る。

$$\dot{\boldsymbol{x}}_h = \hat{\boldsymbol{J}} \dot{\boldsymbol{\phi}} + \dot{\boldsymbol{x}}_{h0} \tag{27.5}$$

ただし，

$$\hat{\boldsymbol{J}} = \boldsymbol{J}_m - \boldsymbol{J}_b \boldsymbol{H}_b^{-1} \boldsymbol{H}_{bm} \tag{27.6}$$

$$\dot{\boldsymbol{x}}_{h0} = \boldsymbol{J}_b \boldsymbol{H}_b^{-1} \mathcal{L} \tag{27.7}$$

ここで，行列 $\hat{\boldsymbol{J}}$ は一般化ヤコビ行列と呼ばれ，フリーフライング宇宙ロボット制御の基礎式として知られている[25, 26]。

なお，上記の導出において $\boldsymbol{H}_b$ は衛星本体（剛体）の慣性行列であるから，常に正則かつ正定であり逆行列が存在する。特にシステムの運動量の初期値がゼロである場合，すなわち $\mathcal{L} = \boldsymbol{0}$ のとき，一般化ヤコビ行列を用いた運動学関係式は下記のようにシンプルなものとなる。

$$\dot{\boldsymbol{x}} = \hat{\boldsymbol{J}} \dot{\boldsymbol{\phi}} \tag{27.8}$$

よって，慣性空間におけるロボットアームの手先軌道の目標値 $\dot{\boldsymbol{x}}_d$ を与えて，それを実現する関節運動を求める分解速度制御の式は，以下のように書くことができる。

$$\dot{\boldsymbol{\phi}} = \hat{\boldsymbol{J}}^{-1} \dot{\boldsymbol{x}}_d \tag{27.9}$$

実際には，ロボットアームの動作中にベースに反動が生じるが，式 (27.9) ではその反動を考慮した関節運動を直接得ることができるので便利である。同制御法の有効性は，空気浮上テストベッドを用いた地上試験および技術試験衛星きく 7 号 (ETS-VII) における軌道上実験においても検証されている[27, 28]。

運動量保存則 (27.4) を，運動方程式 (27.1) に用いて $\ddot{\boldsymbol{x}}_b$ を消去することを考えると，次式を得る。

$$\hat{\boldsymbol{H}} \ddot{\boldsymbol{\phi}} + \hat{\boldsymbol{c}} = \boldsymbol{\tau} + \hat{\boldsymbol{J}} \boldsymbol{F}_h \tag{27.10}$$

ここで

$$\hat{\boldsymbol{H}} = \boldsymbol{H}_m - \boldsymbol{H}_{bm}^T \boldsymbol{H}_b^{-1} \boldsymbol{H}_{bm} \tag{27.11}$$

である。ここに定義される慣性行列 $\hat{\boldsymbol{H}}$ は，ベースの反動の影響を考慮した宇宙ロボットの一般化慣性行列であり，さらに一般化ヤコビ行列を用いてこれを手先空間に展開すると

$$\hat{\boldsymbol{G}} = \hat{\boldsymbol{J}} \hat{\boldsymbol{H}}^{-1} \hat{\boldsymbol{J}}^T \tag{27.12}$$

を得る。この $\hat{\boldsymbol{G}}$ は，例えば浮遊する多節リンク系の端点に，衝撃的な外力を加える際の仮想慣性特性を論じる際に有用な表現形式である[29]。

以上，慣性浮遊する剛体（ロボット衛星本体）に 1 本の直列リンク系としてモデル化されるロボットアームが搭載されている例について基礎式を紹介したが，ここでの定式化は複数のアームが搭載されている場合や，アームが途中で枝分かれしている場合へも容易に拡張することが可能である[30]。

また，衛星本体上に姿勢制御のためのリアクションホイールが搭載されている場合は，各ホイールを独立な回転型の搭載リンクとしてモデル化すればよく，ホイールの運動を含めて運動量保存則を議論することにより，さらに様々な制御則が議論されている[31]。

一方，ガスジェットスラスターを用いて衛星本体の姿勢制御を行う場合には，式 (27.1) において，スラスターの推進力を $\boldsymbol{F}_b$ として評価すればよいが，運動量保存則は成立しなくなる。

27.5.2 運動量保存則と非ホロノミック拘束

ここで運動量保存則について，さらに考察する。上に示した運動量保存の式 (27.4) をさらに並進運動量 $\boldsymbol{P}$ と角運動量 $\boldsymbol{L}$ に分解すると，以下の 2 式を得る。

$$\breve{\boldsymbol{H}}_b \boldsymbol{v}_b + \breve{\boldsymbol{H}}_{bm} \dot{\boldsymbol{\phi}} = \boldsymbol{P} \tag{27.13}$$

$$\tilde{\boldsymbol{H}}_b \boldsymbol{\omega}_b + \tilde{\boldsymbol{H}}_{bm} \dot{\boldsymbol{\phi}} = \boldsymbol{L} \tag{27.14}$$

ここで，$\boldsymbol{v}_b$ はベースの並進速度，$\boldsymbol{\omega}_b$ はベースの角速度であり，$\breve{\boldsymbol{H}}_b$, $\breve{\boldsymbol{H}}_{bm}$, $\tilde{\boldsymbol{H}}_b$, $\tilde{\boldsymbol{H}}_{bm}$ はそれぞれ対応する慣性行列である。

ここで，並進運動量の式 (27.13) の積分形は重心位置の保存を表す式となる。一方で，角運動量の式 (27.14)

の積分値は積分経路によって異なる値をとり，簡単な式で表すことはできない。このような不可積分な拘束条件を非ホロノミック拘束という。具体的な現象としては，並進運動量および角運動量の初期値がともにゼロであり，かつ初期状態において静止している場合，その後の一連のアーム動作中に，系全体の重心位置は常に静止している。一方で，アーム動作終了後のベース姿勢は，アームの動作経路に応じて様々な値をとることができる。この現象は，宇宙ステーションの内の宇宙飛行士が，腕をサイクリックに動かすことにより自らの姿勢を回転させる動きとしてよく知られている。

並進運動量の式，すなわち系全体の重心位置不変の条件を用いると，アームの動作の反動として生じるベースの並進移動により慣性空間でのロボットハンドの可動範囲が狭くなってしまう状況を定式化することができる。これに基づいた概念は VM(Virtual Manipulator) と呼ばれ，一般化ヤコビ行列に先立って提唱された[32]。

一方で，角運動量の式 (27.14) を，初期値ゼロの条件で $\boldsymbol{\omega}_b$ について解くと次式を得る。

$$\boldsymbol{\omega}_b = -\tilde{\boldsymbol{H}}_b^{-1}\tilde{\boldsymbol{H}}_{bm}\dot{\boldsymbol{\phi}} \tag{27.15}$$

この式は，アームの関節運動がどれだけベースの姿勢に反動の影響を与えるかを表す式となっており，特に $\left[-\tilde{\boldsymbol{H}}_b^{-1}\tilde{\boldsymbol{H}}_{bm}\right]$ の特異値を図示したものは，Disturbance Map として知られている[33, 34]。

この考えをさらに発展させ，一般化ヤコビ行列を用いて定義される可操作度 $w = \sqrt{\hat{\boldsymbol{J}}\hat{\boldsymbol{J}}^T}$ を慣性空間に図示すると図 27.21(a) のようになる[35]。比較のため，根本が固定されて地上ロボットアームの可操作度分布を図 27.21(b) に図示する。フリーフライング宇宙ロボットにおいてはベースの反動のため，搭載アームの可操作度が低下し，その低下の度合も非対称的であることがわかる。

さらに一般化ヤコビ行列を解析すると，運動学的にはアームが動作可能であるにもかかわらず，ベースの反動のために慣性空間での手先運動が不可能となる特異姿勢が生じる場合があることがわかる。この状況は，$\left[-\tilde{\boldsymbol{H}}_b^{-1}\tilde{\boldsymbol{H}}_{bm}\right]$ の特異値がゼロとなる状況と同じであり，このような特異点は Dynamic Singularity と呼ばれている[36]。

27.5.3　反動ゼロ空間

上に述べた一般化ヤコビ行列に基づくフリーフライ

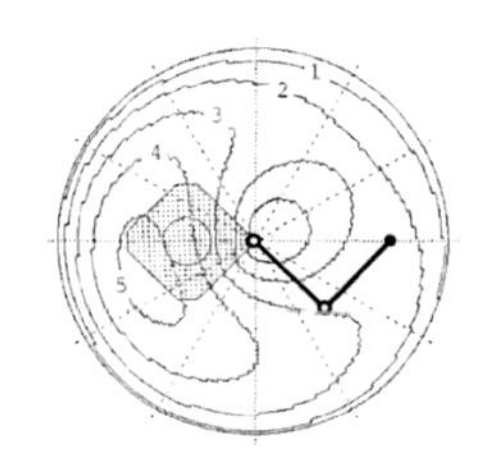

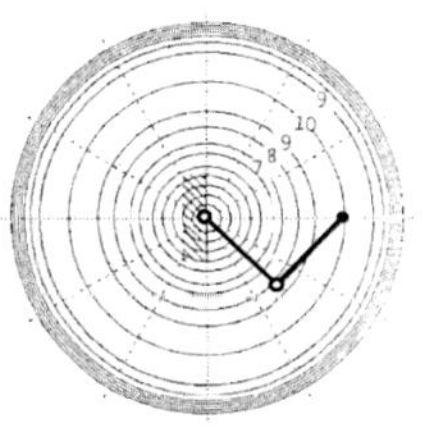

(a) フリーフライングアーム　(b) 地上固定アーム

図 27.21　2 リンクアーム先端点における可操作度の等高線図

ング宇宙ロボットの制御手法は，アームの反動によるロボット本体の位置・姿勢変動を許容しつつも，慣性空間における手先制御を実現する手法であった。しかしながら，実際にはロボット本体の位置・姿勢変動を許容できないケースも多い。動作反動をできるだけ小さく抑えた状態で，目的の手先動作を行うことが現実には求められている。

図 27.21 は動作反動による影響の大小を示しており，等高線の数値が大きい領域では動作反動が小さい。この図や Disturbance Map を参照しながらロボットアームの軌道計画を行うことが一つの戦略となるが，上述のように角運動量保存則は非ホロノミック拘束を与え，非ホロノミック系の経路計画問題を解くことは容易ではない。そこで視点を変えて，反動（特にベースの姿勢変動）が完全にゼロとなるような特殊解の存在について考えてみよう。

角運動量の式 (27.14) において，ベースの角速度 $\boldsymbol{\omega}_b = \boldsymbol{0}$ となる条件を考えると，

$$\tilde{\boldsymbol{H}}_{bm}\dot{\boldsymbol{\phi}} = \boldsymbol{0} \tag{27.16}$$

を得る。この式をアームの関節角速度 $\dot{\boldsymbol{\phi}}$ について解くと

$$\dot{\boldsymbol{\phi}} = (\boldsymbol{I} - \tilde{\boldsymbol{H}}_{bm}^{+}\tilde{\boldsymbol{H}}_{bm})\dot{\boldsymbol{\zeta}} \tag{27.17}$$

を得る。ここで，慣性行列 $\tilde{\boldsymbol{H}}_{bm}$ は，一般に $3 \times n$ 次元（n はロボットアームの関節自由度数）であり，逆行列は存在せず零空間への射影を表している。$\dot{\boldsymbol{\zeta}}$ は，n 次限の任意ベクトルであるが，その自由度数は $n-3$ である。例えばロボットアームの自由度数が 6 である場合，ベースへの反動を零にするロボットアームの軌道は存在しうるが，それは 3 自由度に拘束されたものとなる。このような零空間を「反動零空間」(RNS: Reaction Null-Space)，また反動零空間の条件を満たすロ

ボットアームの動作を「無反動マニピュレーション」と呼ぶ[37]。

反動零空間に基づく無反動マニピュレーションの有効性については，技術試験衛星きく7号（ETS-VII）における軌道上実験において検証された[38]。

27.5.4 振動的なベースに搭載されたロボットアームの力学と制御

宇宙構造物は軽量長大であるため，一般に力学的な剛性が低い。低剛性の構造物の上にロボットアームを取り付けて作業を行う場合，アームの動作反動がその土台である構造物の振動を誘起してしまうことが課題となっている。ここでは，フリーフライング宇宙ロボットに対して発展してきた力学と制御の概念を，振動的な柔軟ベースに取り付けられるロボットアームの問題に適用することを考える。

実は，柔軟ベースに取り付けられたロボットアームの運動方程式は，前出の式 (27.1) と全く同じ形式となる。

$$\begin{bmatrix} \boldsymbol{H}_b & \boldsymbol{H}_{bm} \\ \boldsymbol{H}_{bm}^T & \boldsymbol{H}_m \end{bmatrix} \begin{bmatrix} \ddot{\boldsymbol{x}}_b \\ \ddot{\boldsymbol{\phi}} \end{bmatrix} + \begin{bmatrix} \boldsymbol{c}_b \\ \boldsymbol{c}_m \end{bmatrix} = \begin{bmatrix} \boldsymbol{F}_b \\ \boldsymbol{\tau} \end{bmatrix} + \begin{bmatrix} \boldsymbol{J}_b^T \\ \boldsymbol{J}_m^T \end{bmatrix} \boldsymbol{F}_h \tag{27.18}$$

ただし異なる点はベースの拘束力に関する式であり，フリーフライングロボットの場合には $\boldsymbol{F}_b = \boldsymbol{0}$ であったのに対し，柔軟ベースロボットの場合は，以下のようにモデル化される。

$$\boldsymbol{F}_b = -\boldsymbol{D}_b\dot{\boldsymbol{x}}_b - \boldsymbol{K}_b\Delta\boldsymbol{x}_b \tag{27.19}$$

ここで，$\Delta\boldsymbol{x}_b$ は柔軟ベースの中立状態からの弾性変位，$\boldsymbol{D}_b, \boldsymbol{K}_b$ はそれぞれ柔軟ベースの粘性係数行列，弾性係数行列である。

柔軟ベースロボットにおいては運動量保存則は成立しないが，ロボットアームの動作反動によって生じる運動量 $\mathcal{L}_m$ および反力・モーメント $\boldsymbol{F}_m$ を明らかにすることは重要であり，それぞれ以下の式で記述することができる。

$$\mathcal{L}_m = \boldsymbol{H}_{bm}\dot{\boldsymbol{\phi}} \tag{27.20}$$

$$\boldsymbol{F}_m = \boldsymbol{H}_{bm}\ddot{\boldsymbol{\phi}} + \dot{\boldsymbol{H}}_{bm}\dot{\boldsymbol{\phi}} \tag{27.21}$$

これらの式を用いると，柔軟ベースロボットの運動方程式は以下のように書くことができる。

$$\boldsymbol{H}_b\ddot{\boldsymbol{x}}_b + \boldsymbol{D}_b\dot{\boldsymbol{x}}_b + \boldsymbol{K}_b\Delta\boldsymbol{x}_b = -\boldsymbol{F}_m + \boldsymbol{J}_b^T\boldsymbol{F}_h \tag{27.22}$$

式 (27.18) や式 (27.22) は，柔軟ベースロボットの動力学に関する一般式である[39]。

柔軟ベースロボットにおける重要な制御問題は，① 柔軟ベースに反動を与えないようにロボットアームを操作すること，および ② ベースに生じてしまった振動を効果的に制震制御することである。上述の反動零空間の考え方に基づくと，この2つを同時に実現することができる。

まず ② について考えると，ベースに振動が生じてしまった場合にはその変位速度 $\dot{\boldsymbol{x}}_b$ を用いて以下のフィードバック制御を行うことを考える。

$$\ddot{\boldsymbol{\phi}} = \boldsymbol{H}_{bm}^{+}\boldsymbol{G}_b\dot{\boldsymbol{x}}_b \tag{27.23}$$

ここで $(\cdot)^+$ は擬似逆行列を示し，$\boldsymbol{G}_b$ は正定なゲイン行列である。

同時に ① のロボットアームの無反動性を実現することを考慮して，式 (27.21) において $\boldsymbol{F}_m = \boldsymbol{0}$ と置き，式 (27.23) を代入して次式を得る。

$$\ddot{\boldsymbol{\phi}} = \boldsymbol{H}_{bm}^{+}(\boldsymbol{G}_b\dot{\boldsymbol{x}}_b - \dot{\boldsymbol{H}}_{bm}\dot{\boldsymbol{\phi}}_m) + \boldsymbol{P}_{RNS}\dot{\boldsymbol{\zeta}} \tag{27.24}$$

ここで $\dot{\boldsymbol{\zeta}}$ は n 次元の任意ベクトルであり，$\boldsymbol{P}_{RNS} = (\boldsymbol{I} - \boldsymbol{H}_{bm}^{+}\boldsymbol{H}_{bm})$ は反動零空間への射影を表している。

いま，式 (27.24) に基いてロボットアームの制御を行う場合，これを式 (27.21), (27.22) に代入すると，システムの運動方程式は

$$\boldsymbol{H}_b\ddot{\boldsymbol{x}}_b + (\boldsymbol{D}_b + \boldsymbol{G}_b)\dot{\boldsymbol{x}}_b + \boldsymbol{K}_b\Delta\boldsymbol{x}_b = \boldsymbol{0} \tag{27.25}$$

となり，ゲイン $\boldsymbol{G}_b$ を適切に選択することにより，システムがもともと有している構造減衰 $\boldsymbol{D}_b$ よりも効果的な振動減衰を実現することができる。

ロボットアームに十分な自由度がある場合には，反動零空間の利用によりベースに動作反動としての振動加振を生じることなくロボットアームの運動制御が可能であるが，仮にベースに反動が生じてしまった場合でもフィードバック制御により効果的な振動減衰制御が可能である。式 (27.24) のフィードバック制御項（第1項）と第2項の零空間は直交空間であるため，この両者を干渉することなく重畳できることが大きな利点である。

27.6 月惑星探査ロボットの力学と制御

月惑星探査ロボットの力学モデルも，前節で述べた

軌道上宇宙ロボットの力学ときわめて類似性が高い。

図 27.22 に示すように剛体と見なしうるロボット本体に，サスペンション機構を介して複数の車輪が取り付けられている探査ロボットを考えることにしよう。このようなシステムの運動方程式は以下のように記述することができる。

$$\begin{bmatrix} \boldsymbol{H}_b & \boldsymbol{H}_{bm1} & \cdots & \boldsymbol{H}_{bmk} \\ \boldsymbol{H}_{bm1}^T & \boldsymbol{H}_{m11} & \cdots & \boldsymbol{H}_{m1k} \\ \vdots & \vdots & \ddots & \vdots \\ \boldsymbol{H}_{bmk}^T & \boldsymbol{H}_{m1k}^T & \cdots & \boldsymbol{H}_{mkk} \end{bmatrix} \begin{bmatrix} \ddot{\boldsymbol{x}}_b \\ \ddot{\boldsymbol{\phi}}_1 \\ \vdots \\ \ddot{\boldsymbol{\phi}}_k \end{bmatrix} + \begin{bmatrix} \boldsymbol{c}_b \\ \boldsymbol{c}_{m1} \\ \vdots \\ \boldsymbol{c}_{mk} \end{bmatrix}$$

$$= \begin{bmatrix} \boldsymbol{F}_b \\ \boldsymbol{\tau}_1 \\ \vdots \\ \boldsymbol{\tau}_k \end{bmatrix} + \begin{bmatrix} \boldsymbol{J}_{m1}^T \boldsymbol{F}_{ex1} \\ \vdots \\ \vdots \\ \boldsymbol{J}_{ml}^T \boldsymbol{F}_{exl} \end{bmatrix} \tag{27.26}$$

ここで $\boldsymbol{c}_b, \boldsymbol{c}_{mi}$ の項には重力の影響も含まれるものとする。また，l は車輪の個数であり，$\boldsymbol{J}_{mi}^T$ は接地点に至るリンク系のヤコビ行列である。

サスペンション機構と車輪の場合だけではなく，多脚型の歩行移動ロボット（図 27.23）においても運動方程式の基本形は同じである。ここで重要となるのは，地面との接地点における力・モーメントの作用を適切にモデル化することである。

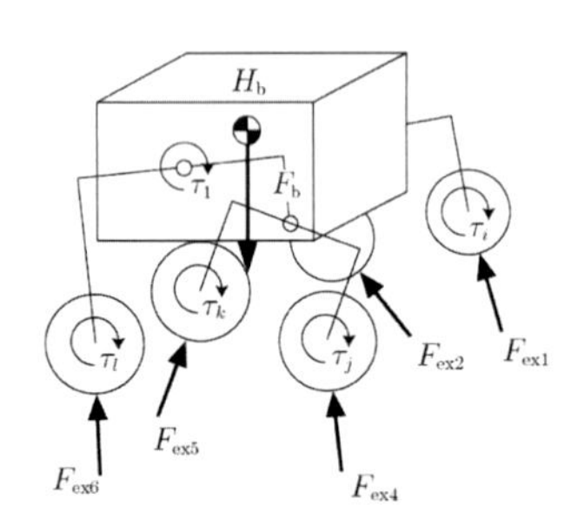

図 27.22　車輪型移動ロボットの力学モデル

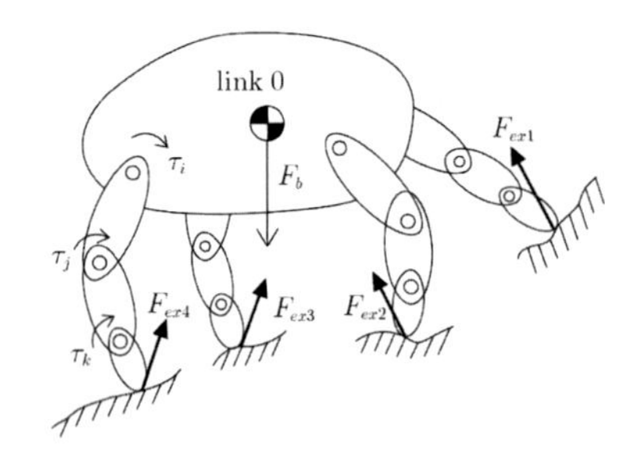

図 27.23　脚型ロボットの力学モデル

脚が地面に接地する場合には，地面法線方向には，脚先あるいは地面が微小な粘弾性変形すると考え，地面接線方向には，静止摩擦および動摩擦を考えるの一般的である。

車輪の場合には以下の 3 つの考え方がある。

① 完全に剛な車輪が，完全に剛な地面を滑ることなく密着して転がる。

これは古典力学で見られる解析解を求めるための理想的な仮定である。しかしながら，現実世界においてはこの仮定は成り立たない。

② 剛で変形しない路面上を，弾性変形するゴムタイヤが転がる。

これは自動車工学においてよく用いられる仮定である。車輪によって生じる接線方向の駆動力（推進力）が小さい場合にはタイヤの滑りは無視できるが，駆動力が大きくなってくると車輪の前方領域のみ路面と密着し，後方領域は滑り状態となる。最終的には車輪全体が滑り状態に陥ることもあり，このような状況はドリフト走行と呼ばれる。

③ 塑性変形する軟弱な地面上を，剛で変形しないタイヤが転がる。

実際の月惑星探査において，特にレゴリスと呼ばれる粉体状の細かな砂の上を走行する場合には，このケースが該当する。土壌の力学（テラメカニクス）に基づいたモデリングが必要となる。

本節では，各モデルの詳細については述べないが，上記第 3 の切り口である土壌変形の力学的理解に基づく剛性車輪の駆動力（牽引力）および滑りに関する研究が近年多くなされており，有益な成果が生まれつつある[40]。

27.7　おわりに

本章では，宇宙開発および宇宙探査のためのロボットシステムの開発の歴史，技術課題，および制御工学的観点に基づく数理モデルについて概要を紹介した。

＜吉田和哉＞

参考文献（第 27 章）

[1] Wagner-Bartak, C. G., Middleton, J. A., Hunter, J. A.: Shuttle Remote Manipulator System Hardware Test Facility, *11th Space Simulation Conference*, NASA CP-2150, pp.79–94 (1980).

[2] 狼，梅谷，松本，吉田，若林，藤原：ミッションスペシャリスト・若田光一宇宙飛行士に聞く，『日本ロボット学会誌』，14 巻 7 号，919–926 (1996).

[3] Crane, C., Duffy, J., Carnahan, T.: A kinematic analysis of the space station remote manipulator system (SSRMS), *Journal of Robotic Systems*, Vol.8, pp.637–658 (1991).

[4] Stieber, M. F., Trudel, C. P., Hunter, D. G.: Robotic systems for the International Space Station, *Proc. of 1997 IEEE Int. Conf. on Robotics and Automation*, pp.3068–3073 (1997).

[5] Bassett, D., Abramovici, A.: Special Purpose Dexterous Manipulator (SPDM) Requirements Verification, *Proc. of Fifth Int. Symp. on Artificial Intelligence, Robotics and Automation in Space*, ESA SP-440, pp.43–48 (1999).

[6] Matsueda, T., Kuraoka, K., Goma, K., Sumi, T., Okamura, R.: JEMRMS system design and development status, *Proc. of IEEE National Telesystems Conference, NTC'91*, pp.391–395 (1991).

[7] Doi, S., Wakabayashi, Y., Matsuda, T. and Satoh, N.: JEM Remote Manipulator System, *Journal of the Aeronautical and Space Sciences Japan*, Vol.50, No.576, pp.7–14 (2002).

[8] Morimoto, H., Satoh, N., Wakabayashi, Y., Hayashi, M. and Aiko, Y.: Performance of Japanese Robotic Arms of the International Space Station, *15th IFAC World Congress* (2002).

[9] 若田，柴田，狼：宇宙ロボット運用の観点から見た多関節アームコンフィギュレーションの評価指標，『日本機械学会論文集（C 編）』，69 巻 685 号，pp.2323–2328 (2003).

[10] Akin, D. L., Minsky, M. L., Thiel, E. D. and Curtzman, C. R.: Space Applications of Automation, Robotics and Machine Intelligence Systems (ARAMIS) phase II, *NASA-CR-3734 – 3736* (1983).

[11] Oda, M. *et al.*: ETS-VII, Space Robot In-Orbit Experiment Satellite, *Proc. 1996 IEEE Int. Conf. on Robotics and Automation*, pp.739–744 (1996).

[12] Kawano, I., Mokuno, M., Kasai, T., and Suzuki, T.: Result of Autonomous Rendezvous Docking Experiment of Engineering Test Satellite-VII, *Journal of Spacecraft and Rockets*, Vol.38, No.1, pp.105–111 (2001).

[13] Yoshida, K.: Engineering Test Satellite VII Flight Experiments For Space Robot Dynamics and Control: Theories on Laboratory Test Beds Ten Years Ago, Now in Orbit, *International Journal of Robotics Research*, Vol.22, No.5, pp.321–335 (2003).

[14] Landzettel, K., Brunner, B., Hirzinger, G., Lampariello, R., Schreiber, G., Steinmetz, B.-M.: A Unified Ground Control and Programming Methodology for Space Robotics Applications - Demonstrations on ETS-VII, *Proc. of International Symposium on Robotics (ISR 2000)*, pp.422–427 (2000).

[15] Yamanaka, K., Yokota, K., Yamada, K., YoshikawaT, S., Koyama, H., Tsukahara, K., Nakamura-f, T.: Guidance and Navigation System Design of R-bar Approach for Rendezvous and Docking, AIAA paper 98-1299 (1998).

[16] Ueda, S., Kasai, T., Uematsu, H.: HTV rendezvous technique and GN&C design evaluation based on 1st flight on-orbit operation result, *Proceedings of the AIAA Guidance Navigation, and Control Conference* (2010).

[17] Shoemaker, J., Wright, M.: Orbital express space operations architecture program, *Space Systems Technology and Operations*, Edited by Tchoryk and Shoemaker, Proceedings of the SPIE, Vol.5088, pp.1–9 (2003).

[18] Ogilvie, A., Allport, J., Hannah, M., Lymer, J.: Autonomous Satellite Servicing Using the Orbital Express Demonstration Manipulator System, *Proc. of the 9th International Symposium on Artificial Intelligence, Robotics and Automation in Space (i-SAIRAS'08)*, pp.25-29(2008).

[19] Yoshida, K.: Achievements in space robotics, *IEEE Robotics & Automation Magazine*, Vol.16, No.4, pp.20-18(2009).

[20] Heiken, G., Vaniman, D. and French B. eds. *Lunar sourcebook: A user's guide to the Moon*, Cambridge University Press(1991).

[21] NASA Space Science Data Coordinated Archive, 1970-072A, 1972-007A, 1076-081A.

[22] *Science*, Vol. 312, Issue 5778(2006).

[23] *Science*, Vol. 333, Issue 6046(2011).

[24] *Science*, Vol. 347, Issue 6220(2015).

[25] Umetani, Y. and Yoshida, K.: Continuous path control of space manipulators mounted on OMV, *Acta Astronautica*, Vol.15, No.12, pp. 981-986(1987).

[26] Umetani, Y. and Yoshida, K.: Resolved motion rate control of space manipulators with generalized Jacobian matrix, *IEEE Transactions on robotics and automation*, Vol.5, No.3, pp.303-314(1989).

[27] Yoshida, K.: Experimental study on the dynamics and control of a space robot with experimental free-floating robot satellite, *Advanced Robotics*, Vol.9, No.6, pp.583-602(1994).

[28] Yoshida, K.: Engineering test satellite VII flight experiments for space robot dynamics and control: theories on laboratory test beds ten years ago, now in orbit, *The International Journal of Robotics Research*, Vol.22, No.5, pp.321-335(2003).

[29] Yoshida, K., Sashida, N., Kurazume, R. and Umetani, Y.: Modeling of collision dynamics for space free-floating links with extended generalized inertia tensor, *Proc. of 1992 IEEE International Conference on Robotics and Automation*, pp. 899-904(1992).

[30] Yoshida, K., Kurazume, R. and Umetani, Y.: Dual arm coordination in space free-flying robot, *Proc. Of 1991 IEEE International Conference on Robotics and Automation*, pp. 2516-2521(1991).

[31] Dimitrov, D. N. and Yoshida, K.: Utilization of the bias momentum approach for capturing a tumbling satellite, *Proc. of 2004 IEEE/RSJ International Conference on Intelligent Robots and Systems*, Vol. 4, pp. 3333-

3338(2004).

[32] Vafa, Z. and Dubowsky, S.: On the dynamics of manipulators in space using the virtual manipulator approach, *Proc. of 1987 IEEE International Conference on Robotics and Automation*, Vol. 4, pp. 579-585(1987).

[33] Dubowsky, S. and Torres, M. A.: Path planning for space manipulators to minimize spacecraft attitude disturbances, *Proc. of 1991 IEEE International Conference on Robotics and Automation*, pp. 2522-2528(1991).

[34] Dubowsky, S. and Papadopoulos, E.: The kinematics, dynamics, and control of free-flying and free-floating space robotic systems, *IEEE Transactions on Robotics and Automation*, Vol.9, No.5, pp.531-543(1993).

[35] 梅谷，吉田：宇宙用マニピュレータの作業領域および可操作性解析，『計測自動制御学会論文集』，Vol. 26, No.2, pp.188-195(1990).
(Umetani, Y. and Yoshida, K.: Workspace and manipulability analysis of space manipulator, *Transactions of the Society of Instrument and Control Engineers*, Vol.E-1, No.1, pp.116-123(2001).)

[36] Papadopoulos, E. and Dubowsky, S.: Dynamic Singularities in The Control of Free-Floating Space Manipulators, *ASME Journal of Dynamic Systems, Measurement and Control*, Vol. 115, No. 1, pp. 44–52 (1993).

[37] Nenchev, D. N., Yoshida, K., Vichitkulsawat, P. and Uchiyama, M.: Reaction null-space control of flexible structure mounted manipulator systems, *IEEE Transactions on Robotics and Automation*, Vol.15, No.6, pp.1011-1023(1999).

[38] Yoshida, K., Hashizume, K. and Abiko, S.: Zero reaction maneuver: Flight validation with ETS-VII space robot and extension to kinematically redundant arm, *Proc. of 2001 IEEE International Conference on Robotics and Automation*, Vol. 1, pp. 441-446(2001).

[39] Yoshida, K., Nenchev, D. N. and Uchiyama, M.: Vibration suppression and zero reaction maneuvers of flexible space structure mounted manipulators, *Smart Materials and Structures*, Vol.8, No.6, pp. 847-856(1999).

[40] Gonzalez, R. and Iagnemma, K.: Estimation and Compensation for Planetary Exploration Rovers: State of the Art and Future Challenges, *Journal of Field Robotics*, (2017).

第28章

ROBOT CONTROL HANDBOOK

柔軟物体のハンドリング

28.1　はじめに

本章では，柔軟物体のハンドリングについて概説する。われわれの生活環境にある衣料や食品，日用品の多くは，柔らかく変形しやすい。製造業においては，ワイヤーやケーブル，ゴムパッキン，チューブなどの柔らかく変形しやすい部品を扱っている。このような柔軟物の操作の多くは，人によって行われており，柔軟物の操作を自動化しようという試みが成されてきた。流通産業においては，形状やサイズが異なる個装品の自動ハンドリングが求められており，柔軟な個装品の操作が課題となっている。また，人の生活環境で働くロボットには，衣料や食品，日用品を操作する能力が求められる。

柔軟物体は，a) 材料が柔らかい柔軟物体，b) 形状的に柔らかい柔軟物体に大別できる。前者は，ゴム部品や食品生地，生体組織などヤング率の低い材料からなる物体である。力を印加したときの挙動によって，a-1) 弾性物体，a-2) 塑性物体，a-3) レオロジー物体（弾塑性物体）に分けられる。後者は，ある方向の寸法のオーダが他方向より小さい物体であり，b-1) ワイヤーや紐などの柔軟線状物体，b-2) 紙やプラスチックシートなどの柔軟帯状物体に分けられる。操作対象物が柔軟物体である場合のみならず，ロボットハンドや効果器に柔軟物体を含む場合も考えられる。

硬い物体の操作は，対象物体の幾何情報を既知とし，正確な位置決めを実現することにより，基本的には幾何学的な問題に帰着できる。幾何モデリングの技術の進展に伴い，硬い物体の操作に関する研究開発が進められてきた。一方，柔軟物ハンドリングに関しては，研究開発は散発的で，十分な成果が得られているとは言い難い。その理由として，① 幾何学的な解析のみならず力学的な解析が必要であること，② 柔軟物のモデリングの技術が不十分であることが挙げられる。一方，柔らかさを積極的に用いることにより，ハンドリングを容易に実現することができる。したがって，柔軟物体のハンドリングを力学的に解析し理解すること，柔軟物体のハンドリングを実現する機械システムを構築することが，ともに重要である。

本章では，柔軟物体のハンドリングに関する研究を紹介する。28.2 節では，間接同時位置決めという柔軟物に特有の位置決めについて，その制御法を述べる。28.3 節では，柔軟指による物体操作における力学と制御を紹介する。28.4 節では，間接同時位置決めや柔軟指を通した物体操作をソフトインタフェースを介する位置決めとして統一的に定式化し，そのダイナミクスと安定性の解析について述べる。28.5 節では，柔軟線状物体と柔軟帯状物体のモデリングとハンドリングについて，28.6 節では，レオロジー物体のモデリングとハンドリングについて述べる。

＜平井慎一＞

28.2　伸縮面状物体の間接同時位置決め

28.2.1　面状物体の変形制御

工業製品，食品，衣服などの製造現場や，医療福祉分野などにおいて，柔らかく変形しやすい物体が多く存在する。ゴム部品，電線，布地，生体組織などがその例である。このような柔軟物体は，ロボット/機械システムによって取り扱うことが困難である場合が多く，ロボットによる柔軟物体のマニピュレーションはチャレンジングな課題である[1, 2]。

柔軟物体は，紙のように曲げ方向に変形しやすい物体，電線のように曲げ，ねじり方向に変形しやすい物体，布地のようにあらゆる方向に変形しやすい物体など，様々である。また，その取り使いの難しさの要因も，変形特性の非線形性，特性のばらつきや変動，モデリングの困難さなど，様々である。そのため，統一的なマニピュレーション技術を確立することは困難とされ，産業界では個別の専用機械が開発されてきた[1–4]。

本節では柔軟物体マニピュレーションのうち，布地のような面状物体の変形制御に焦点をあて，問題の定式化と制御手法について概説する。

28.2.2　問題設定

高級な布地製造の工程に，リンキングという特殊な縫合作業がある。縫合する 2 枚の編み地（ニット生地）の対応する編み目の位置を 1 目ずつ合わせ，それら対応づけた編み目の中に針を通すことによって，布を縫合する作業である。通常のミシン縫いではいわゆる縫い代（しろ）が存在するが，リンキングで縫合された布地には縫い代がなく，高級品とされる。この作業では機械とミシン針の接触を避けるため，位置決めしたい編み目とは異なる部分を操作することで，間接的に編み目を位置決めする必要がある。

以上を一般化した作業を，図 28.1 に示す。物体上に複数の点（位置決め点と呼ぶ）があり，この点を目標どおりに位置決めする。ただし，この点を直接操作することができず，これら以外の物体上に設けられた複数の点（操作点と呼ぶ）を操作することによって，位置決め点を目標どおり位置決めする。これを，伸縮面状柔軟物体上の複数点の間接同時位置決めと呼ぶ[5]。なお，この間接同時位置決め作業は，製造現場に限らず，例えば医療手術においても見受けられる[6]。以下，間接同時位置決めのモデリング，制御手法について述べる。

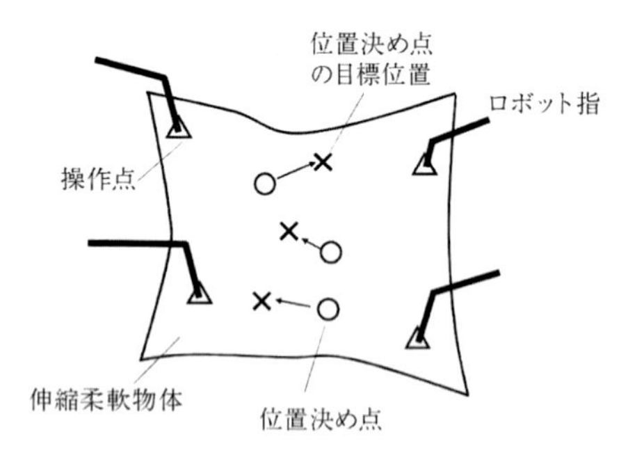

図 28.1　面状伸縮柔軟物体上の複数点の間接同時位置決め作業

28.2.3　間接同時位置決めのモデリング

(1) 面状物体の格子モデリング

問題の定式化のため，対象物体の変形モデルを導入する。物体の変形のモデリングには，有限要素法がよく用いられる。例えばマニピュレーションへの応用を目指し，レオロジー物体のリアルタイム変形シミュレーションを有限要素法によって行う研究がなされている[7]。コードなどの線状物体[8] やその集合体であるニット生地のモデリング[9] には微分幾何学に基づく変形モデリングが導入されている。一方，間接同時位置決めにおいては，物体上の点を制御することが重要であるため，ここでは格子モデルを用いた例を示す。

本節では，矩形の面状物体の間接同時位置決めを対象とし，図 28.2 のように物体上に均等に格子点を設ける。縦横斜め方向に隣り合う格子点同士を線形バネで結合し，物体の弾性特性を表す。ただし，各要素が線形バネであっても，変形に伴って各バネの方向が変化するので，全体としては非線形性が生じることに注意されたい。物体は平面内で変形，移動すると仮定し，その平面内に空間座標系 O-xy を固定する。また，空間に固定された基準座標系から見た格子点 (i,j) の位置ベクトル $\boldsymbol{p}_{i,j} = [x_{i,j}, y_{i,j}]^T$ $(i = 1,\ldots,M;\ j = 1,\ldots,N)$ により，物体の変形と並進・回転の移動を表す。また，格子点にモーメントは発生しないと仮定する。格子点 (i,j) と (k,l) を結ぶバネのバネ定数を $k_{i,j}^{k,l}$，自然長を $l_{i,j}^{k,l}$ とすると，このバネの弾性ポテンシャルエネルギーは

$$U_{i,j}^{k,l} = \frac{1}{2}k_{i,j}^{k,l}(\|\boldsymbol{p}_{k,l} - \boldsymbol{p}_{i,j}\| - l_{i,j}^{k,l})^2$$

と表される。したがって，物体全体の弾性ポテンシャ

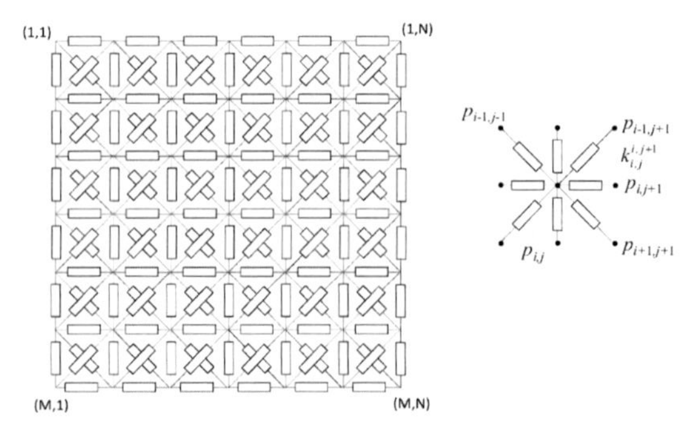

図 28.2　面状伸縮柔軟物体の格子モデル

ルエネルギー U は

$$U=\sum_{i=1}^{M}\sum_{j=1}^{N}\left\{U_{i,j}^{i-1,j+1}+U_{i,j}^{i,j+1}+U_{i,j}^{i+1,j+1}+U_{i,j}^{i+1,j}\right\}$$

と表される。端点において $k\notin[1,M]$ あるいは $l\notin[1,N]$ のときには，$U_{i,j}^{k,l}=0$ とする。格子点 (i,j) に生じるバネ力は $-\partial U/\partial \boldsymbol{p}_{i,j}$ で与えられる。したがって，格子点 (i,j) にかかる外力を $\boldsymbol{F}_{i,j}$ で表すと，力の釣合いより

$$\frac{\partial U}{\partial \boldsymbol{p}_{i,j}}-\boldsymbol{F}_{i,j}=\boldsymbol{0} \tag{28.1}$$

を得る。

物体の一部に位置拘束や力拘束が加えられた場合の物体の変形形状は，物体のポテンシャルエネルギーを最小化することによって求めることができる[5, 10]。また物体の形状が立体である場合でも同様のモデリングが可能であり，本節の議論が成立する。

(2) 格子モデルに基づく間接同時位置決めの定式化

物体上の格子点のみを対象とし，格子点を以下の3種類に分類する。

- 操作点：ロボット指で拘束を与える点（図28.1中の△）。
- 位置決め点：操作点を適切に制御することにより，目標位置へ位置決めすべき点（図28.1中の◯）。
- 非対象点：操作点，位置決め点以外の格子点。

操作点，位置決め点の数をそれぞれ m,p とする。このとき格子点の数より，非対象点の数は $n=MN-m-p$ と定まる。すべての操作点の位置ベクトルを並べた $2m$ 次元ベクトルを操作点位置ベクトルと呼び，これを $\boldsymbol{r}_m$ とおく。同様に位置決め点位置ベクトル $\boldsymbol{r}_p\in R^{2p}$，非対象点位置ベクトル $\boldsymbol{r}_n\in R^{2n}$ を定義する。これらを用いて式(28.1)を書き直し，次式を得る。

$$\frac{\partial U}{\partial \boldsymbol{r}_m}-\boldsymbol{\lambda}=\boldsymbol{0} \tag{28.2}$$

$$\begin{bmatrix}\dfrac{\partial U}{\partial \boldsymbol{r}_p}\\ \dfrac{\partial U}{\partial \boldsymbol{r}_n}\end{bmatrix}=\boldsymbol{0} \tag{28.3}$$

ここで $\boldsymbol{\lambda}$ は，ロボット指が操作点に及ぼす力を並べた $2m$ 次元のベクトルである。伸縮柔軟物体上の複数点の間接同時位置決め作業は，以下のように表される[5]。

問題　位置決め点の目標位置 $\boldsymbol{r}_p^{\mathrm{d}}$ が与えられた場合に，操作点 $\boldsymbol{r}_m$ を適切に変位させることにより，$\boldsymbol{r}_p$ を $\boldsymbol{r}_p^{\mathrm{d}}$ に一致させる。

28.2.4 間接同時位置決めの実行可能性

間接同時位置決め作業の制御則を導出するために，格子点における微小変位が満たす関係式を求める。物体のある安定形状 $\boldsymbol{r}_0=[\boldsymbol{r}_{m0}^T,\boldsymbol{r}_{p0}^T,\boldsymbol{r}_{n0}^T]^T$ の近傍を考え，式(28.3)をその点まわりで線形化し，次式を得る。

$$A\delta\boldsymbol{r}_m+B\delta\boldsymbol{r}_n+C\delta\boldsymbol{r}_p=\boldsymbol{0} \tag{28.4}$$

ここで $\delta\boldsymbol{r}_m,\delta\boldsymbol{r}_p,\delta\boldsymbol{r}_n$ はそれぞれ，平衡点 $\boldsymbol{r}_0$ の近傍における，操作点，位置決め点，非対象点の微小変位を表す。行列 A,B,C は次式で与えられる。

$$A=\begin{bmatrix}\dfrac{\partial^2U(\boldsymbol{r}_0)}{\partial\boldsymbol{r}_m\partial\boldsymbol{r}_p}\\ \dfrac{\partial^2U(\boldsymbol{r}_0)}{\partial\boldsymbol{r}_m\partial\boldsymbol{r}_n}\end{bmatrix}\in R^{(2p+2n)\times 2m}$$

$$B=\begin{bmatrix}\dfrac{\partial^2U(\boldsymbol{r}_0)}{\partial\boldsymbol{r}_n\partial\boldsymbol{r}_p}\\ \dfrac{\partial^2U(\boldsymbol{r}_0)}{\partial\boldsymbol{r}_n\partial\boldsymbol{r}_n}\end{bmatrix}\in R^{(2p+2n)\times 2n}$$

$$C=\begin{bmatrix}\dfrac{\partial^2U(\boldsymbol{r}_0)}{\partial\boldsymbol{r}_p\partial\boldsymbol{r}_p}\\ \dfrac{\partial^2U(\boldsymbol{r}_0)}{\partial\boldsymbol{r}_p\partial\boldsymbol{r}_n}\end{bmatrix}\in R^{(2p+2n)\times 2p}$$

行列 $F=[A\ \ B]$ と $G=[B\ \ C]$ を導入すると，式(28.4)より式(28.5),(28.6)を得る。

$$F\begin{bmatrix}\delta\boldsymbol{r}_m\\ \delta\boldsymbol{r}_n\end{bmatrix}=-C\delta\boldsymbol{r}_p \tag{28.5}$$

$$G\begin{bmatrix}\delta\boldsymbol{r}_n\\ \delta\boldsymbol{r}_p\end{bmatrix}=-A\delta\boldsymbol{r}_m \tag{28.6}$$

間接同時位置決めの実行可能性に関して，以下の定理が成立する。

定理　操作点微小変位 $\delta\boldsymbol{r}_m$ に対して，$\delta\boldsymbol{r}_p$, $\delta\boldsymbol{r}_n$ が一意に定まるような柔軟物体を仮定する。このとき，任意の位置決め点の微小変位 $\delta\boldsymbol{r}_p$ に対し，これを実現する操作点微小変位 $\delta\boldsymbol{r}_m$ が存在するための必要十分条件は，$\mathrm{rank}\,[A\ \ B]=2p+2n$ を満たすことである。

証明　まず十分性を示す。$\mathrm{rank}\,[A\ \ B]=2p+2n$ が成立しているとすると，この行列は列フルランクである。

したがって式 (28.5) において，任意の $\delta \boldsymbol{r}_p$ について，これを実現する $\delta \boldsymbol{r}_m$ が存在することは明らかである。

次に必要性を示す。式 (28.5) において，任意の $\delta \boldsymbol{r}_p$ に対してこれを実現する $\delta \boldsymbol{r}_m$ が存在するためには，

$$\mathscr{R}([A \;\; B]) \supseteq \mathscr{R}(C) \tag{28.7}$$

が必要である。ここに $\mathscr{R}(\cdot)$ は，行列の列空間である。仮定と式 (28.6) より，$\mathscr{N}(G) = \{\boldsymbol{0}\}$ が成立することがわかる。ここに $\mathscr{N}(\cdot)$ は行列の零空間を表す。したがって，

$$\mathrm{rank}\,[\,B \;\; C\,] = 2p + 2n \tag{28.8}$$

$$\mathscr{R}(B) \cap \mathscr{R}(C) = \{\boldsymbol{0}\} \tag{28.9}$$

が成立する。式 (28.7),(28.9) より，次式を得る。

$$\mathscr{R}(A) \supseteq \mathscr{R}(C) \tag{28.10}$$

式 (28.8)〜(28.10) より，$\mathrm{rank}\,[\,A \;\; B\,] = 2p + 2n$ が必要であることがわかる。

この定理から $m \geq p$ を得る。すなわち，

帰結　任意の方向への位置決めが必要な場合，位置決め点以上の数のロボット指が必要である。

上記の定理は，ロボット指の配置のプランニング[11]にも利用される。図 28.3(a),(b) は，同一の物体に対して，操作点配置を変更した例である。図 28.3(a) では $\mathrm{rank}[\,B \;\; C\,] = 2p + 2n$ であるが，図 28.3(b) では $\mathrm{rank}[\,B \;\; C\,] < 2p + 2n$ であることが容易に確かめられる。図 28.3(b) では 3 点間の間隔を制御することが不可能であることは直感的にも理解できる。

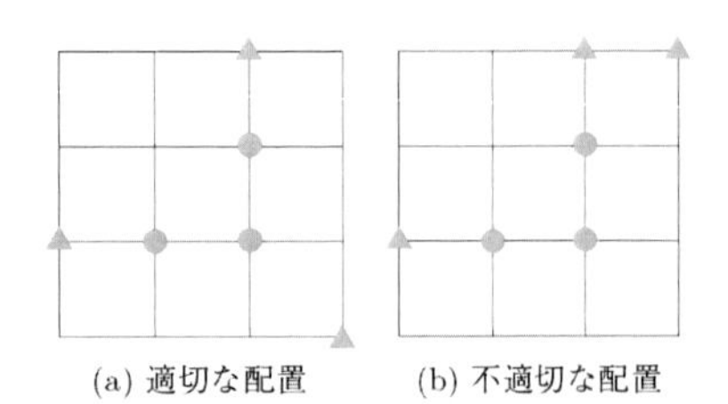

(a) 適切な配置　　(b) 不適切な配置

図 28.3　ロボット指配置

28.2.5　間接同時位置決めの繰返し制御則

(1) 制御則

間接同時位置決めを実現するための制御則を 2 種類紹介する。本項では，ロボット指の位置制御の繰り返しによって，$\boldsymbol{r}_p$ を $\boldsymbol{r}_p^{\mathrm{d}}$ に収束する制御則を導出する。ここではロボット指の数 m と位置決め点の数 n が同一であり，かつ $\det F \neq 0$ の場合のみ扱う。ロボット指の数が多い場合についても同様の制御が可能であるが[5]，ここでは省略する。

カメラなど外界センサによって $\boldsymbol{r}_p$ の位置が計測可能であると仮定する。このとき，計測された $\boldsymbol{r}_p$ を与えられた目標値 $\boldsymbol{r}_p^{\mathrm{d}}$ に近づけるための操作点目標位置を，式 (28.5) に基づいて以下の通り決定する。

$$^{\mathrm{d}}\boldsymbol{r}_m^{k+1} = \boldsymbol{r}_m^k - \gamma S_U F_k^{-1} C_k (\boldsymbol{r}_p^{\mathrm{d}} - \boldsymbol{r}_p^k) \tag{28.11}$$

ここで $S_U = [\,I \;\; 0\,]$ である。また添字 k は k 回目の繰返し試行を表し，$^{\mathrm{d}}\boldsymbol{r}_m^{k+1}$ は第 $k+1$ 試行における操作点の目標位置である。定数 γ はスケールファクタである。ロボットの作業座標 PID 制御などにより，$\boldsymbol{r}_m \to {}^{\mathrm{d}}\boldsymbol{r}_m^{k+1}$ を実現する。収束後，再び式 (28.11) により目標操作点位置が更新される。これを繰り返すことによって，$\boldsymbol{r}_p \to \boldsymbol{r}_p^{\mathrm{d}}$ が期待される。

なお，$\boldsymbol{r}_n$ の位置計測が困難な場合には，式 (28.5) に基づいて，次式により $\boldsymbol{r}_n$ を推定することができる。

$$\hat{\boldsymbol{r}}_n^k = \boldsymbol{r}_m^{k-1} - \gamma S_L F_{k-1}^{-1} C_{k-1} (\boldsymbol{r}_p^{\mathrm{d}} - \boldsymbol{r}_p^{k-1}) \tag{28.12}$$

ここで $S_L = [\,0 \;\; I\,]$ である。

(2) ニット地の間接同時位置決め実験

外力を印加しない状態で 100 mm×100 mm のニット地（平編み地）の間接同時位置決めを前述の繰返し制御にて実現した例を示す。この布地を，図 28.3(a) に示す $M = 4$, $N = 4$ の均等な間隔の格子でモデル化した。この格子モデルにおいて，同図に示すように，位置決め点を $\boldsymbol{r}_p = [\,\boldsymbol{r}_{2,3}^T,\, \boldsymbol{r}_{3,2}^T,\, \boldsymbol{r}_{3,3}^T\,]^T$ と設定し，初期状態において，$\boldsymbol{r}_p(0) = [66.6, 66.6, 33.3, 33.3, 66.6, 33.3]^T$ とした。これを目標値 $\boldsymbol{r}_p^{\mathrm{d}} = [53.6, 90.0, 30.0, 40.0, 65.0, 50.0]^T$ に位置決めする。操作点を $\boldsymbol{r}_m = [\,\boldsymbol{r}_{1,2}^T,\, \boldsymbol{r}_{3,1}^T,\, \boldsymbol{r}_{4,4}^T\,]^T$ とした。なお，初期状態において $\det F \neq 0$ を満足している。

布地を十分滑らかなアルミニウム合金製の平板の上に置き，この平面内における変形形状を制御した。ステッピングモータ駆動の直動関節 2 自由度マニピュレータ 3 台の手先を，各操作点に取り付けた。なお回転方向には自由に回転できるようにした。布地上の位置決め点には円形のマーカーを取り付け，平面内にお

けるその位置をCCDカメラにより計測した。

実験に先立ち行われた布地の簡易引っ張り試験の結果から，横方向のバネ定数 $k_{i,j}^{i,j+1} = 4.17\,\mathrm{gf/mm}$，縦方向のバネ定数 $k_{i,j}^{i+1,j} = 13.2\,\mathrm{gf/mm}$，斜め方向のバネ定数 $k_{i,j}^{i+1,j+1} = 3.32\,\mathrm{gf/mm}$ $(i = 1, \ldots, M-1; j = 1, \ldots, N-1)$ を得た。ここでバネ定数の比 $\alpha = k_{i,j}^{i,j+1}/k_{i,j}^{i+1,j+1} = 1.26$，$\beta = k_{i,j}^{i+1,j}/k_{i,j}^{i+1,j+1} = 3.98$ を導入する。制御則に用いるモデルパラメータ (α, β) を変化させ，制御則のロバスト性を確認する。さらに制御則 (28.11) におけるスケールファクタ γ を 0.1 と 0.5 の2通りに設定した。

図 28.4 に，α を変化させた場合の，位置決め点誤差ノルムの推移を例示する。スケールファクタの値が $\gamma = 0.1$ のときは，α が同定値と10倍程度異なっても誤差ノルムは0に漸近している。ただし，α を100倍した場合には誤差ノルムが発散した。一方 $\gamma = 0.5$ のときは，$\gamma = 0.1$ よりも収束のスピードが速い。その一方で許容されるモデル化誤差は小さい。以上のように，本制御則はモデル同定誤差に対してロバストであることが確認された。図 28.5 に $\gamma = 0.5$，$(\alpha, \beta) = (1, 26, 3.98)$ における位置決め点と操作点の軌跡を示す。

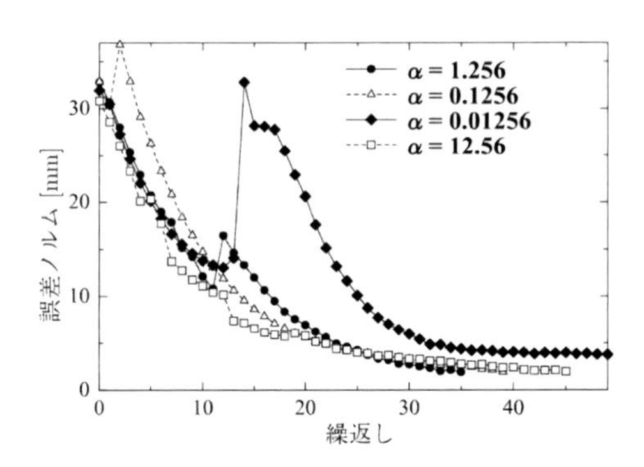

(a) 実験結果（誤差ノルム）($\gamma = 0.1$, $\beta = 3.98$)

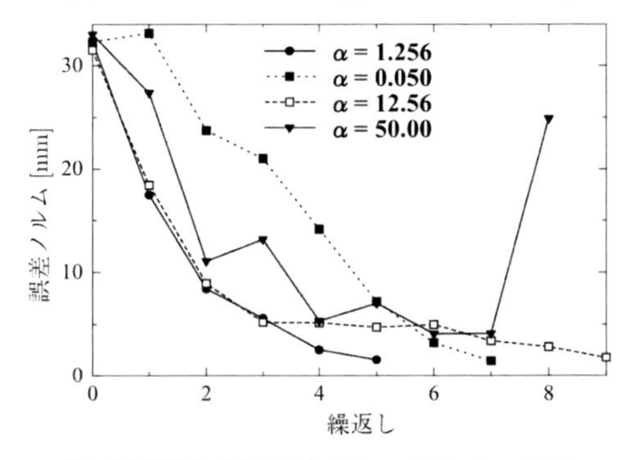

(b) 実験結果（誤差ノルム）($\gamma = 0.5$, $\beta = 3.98$)

図 28.4　実験結果（位置決め点誤差ノルム）

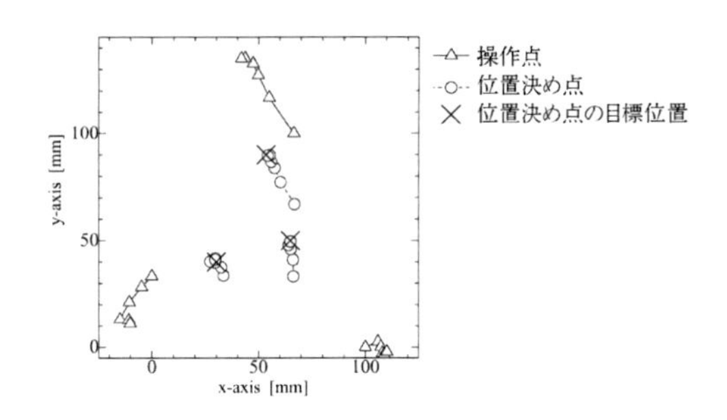

図 28.5　実験結果（位置決め点移動軌跡）

28.2.6　変形形状フィードバック制御

(1) 制御則

前項で紹介した繰返し制御による間接同時位置決め作業手法は，画像処理などのセンシング手法の負担が小さく，かつロボット制御則の安定性が保証しやすいという利点を有する一方，作業遂行時間を短くすることは困難である。本項ではリアルタイムに変形形状が計測可能な状況を想定し，位置決め点誤差を直接フィードバックする制御則を紹介する。式 (28.6) より，操作点と位置決め点の速度関係が次式で表される。

$$\dot{\boldsymbol{r}}_p = J_{\mathrm{obj}}(r)\,\dot{\boldsymbol{r}}_m \tag{28.13}$$

ここに $J_{\mathrm{obj}} = -S_L G^{-1} A$，$S_L = [\,0 \;\; I\,]$ である。上式より以下の制御則が導かれる。

$$\begin{aligned}\boldsymbol{u} &= -J_r^T J_{\mathrm{obj}}^T K_p(\boldsymbol{r}_p(t) - \boldsymbol{r}_p^{\mathrm{d}}) - K_v \dot{\boldsymbol{q}} \\ &\quad - J_r^T J_{\mathrm{obj}}^T K_I \int_0^t (\boldsymbol{r}_p(\tau) - \boldsymbol{r}_p^{\mathrm{d}})\,\mathrm{d}\tau\end{aligned} \tag{28.14}$$

ここに $\boldsymbol{u}$ はロボットフィンガの関節アクチュエータの力/トルク指令，行列 J_r はロボットの関節速度 $\dot{\boldsymbol{q}}$ から手先速度へのヤコビ行列，$\boldsymbol{r}_p^{\mathrm{d}}$ は位置決め点の目標位置である。

(2) シミュレーション結果

式 (28.14) を用いた制御のシミュレーション結果を示す。正方形の対象物上にある位置決め点を4点を回転させつつ，目標位置へ位置決めするタスクである。バネ係数の比が $(\alpha, \beta) = (1, 1)$ の対象物に対して，$(\alpha, \beta) = (1, 1), (1, 10)$ を制御に用いた。図 28.6 には位置決め点の誤差ノルムの時系列変化を示す。モデル化誤差が存在しても，位置決め点が目標値に収束することが確認できる。なお，モデル化誤差が小さいほうが収束速度が早い傾向にあった。図 28.7 に，正確な

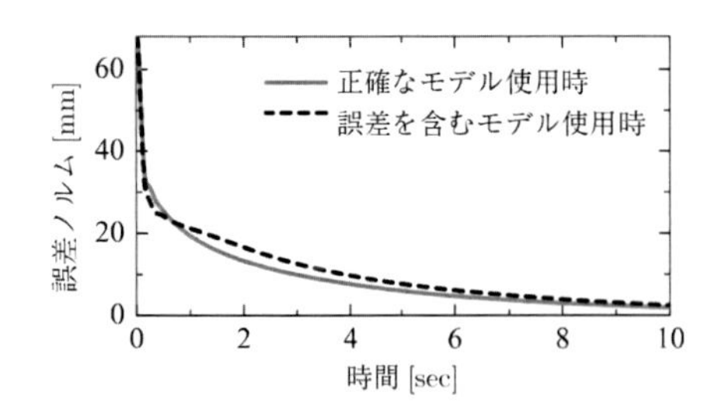

図 28.6　リアルタイム変形形状フィードバックにおける誤差の収束結果

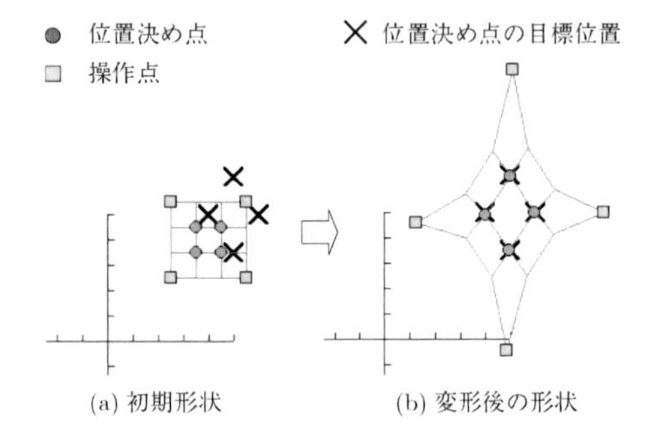

図 28.7　リアルタイム変形形状フィードバックの結果

モデルパラメータ $(\alpha, \beta) = (1, 1)$ を用いた際の操作点位置の制御結果を示す。

上記シミュレーションのように，本手法はモデル化誤差に対してロバストであると期待される。また，現実的には位置決め点の相対位置関係が入れ替わることはほとんど考えられず，したがって上記制御則の行列 J_{obj} も大きく変化しない場合が多いと思われる。そこで，行列 J_{obj} の代わりに定数行列を使う手法が提案され，シミュレーションによりその有効性が示されている[12]。

＜和田隆広＞

参考文献（28.2 節）

[1] 特集：柔軟物操作,『日本ロボット学会誌』, Vol.16, No.2 (1998).

[2] Henrich, D. and Wörn, H. eds.: *Robot Manipulation of Deformable Objects*, Springer–Verlag London Ltd (2000).

[3] Ono, E.: Strategy for Unfolding a Fabric Piece by Cooperative Sensing of Touch and Vision, *Proc. IEEE/RSJ Int. Conf. on Intelligent Robots and Systems*, pp.441–445 (1995).

[4] 和田，石井，川村：靴下縫製装置開発における産官学連携とその学術研究へのインパクト，日本ロボット学会学術講演会，CD-ROM (2000).

[5] 和田，平井，川村：伸縮柔軟物体上の複数点の間接的同時位置決め作業の実現,『日本ロボット学会誌』, Vol.17, No.2, pp.282–290 (1999).

[6] Mallapragada, V.G., Sarkar, N., Podder, T.K.: Robot-Assisted Real-Time Tumor Manipulation for Breast Biopsy, *IEEE Transactions on Robotics*, Vol.25, No.2, pp.316–324 (2009).

[7] 友國，平井：FPGA による仮想レオロジー物体のリアルタイム変形シミュレーション，『日本バーチャルリアリティ学会論文誌』，Vol.10, No.3, pp.443–452 (2005).

[8] Wakamatsu, H., and Hirai, S.: Modeling of Linear Object Deformation Based on Differential Geometry, *International Journal of Robotics Research*, Vol.23, No.3, pp.293–311 (2004).

[9] 和田，平井，平野，川村：変形形状制御のための編み地のモデリング，『日本ロボット学会誌』，Vol.16, No.4, pp.129–136 (1998).

[10] 若松，平井，岩田：薄板状物体のマニピュレーションにおける曲げ変形操作の静力学的解析，『日本機械学会論文集 C 編』，Vol.63, No.608, pp.1102–1109 (1997).

[11] 和田，平井，川村：面状柔軟物体上の複数点の間接的同時位置決め作業の解析とプランニング，『日本ロボット学会誌』，Vol.18, No.5, pp.675–682 (2000).

[12] Wada, T., Hirai, S., Kawamura, S., Kamiji, N.: Robust Manipulation of Deformable Objects By A Simple PID Feedback, *Proc. IEEE Int. Conf. on Robotics and Automation*, pp.85–90 (2001).

28.3　柔軟指による物体操作

ロボットハンドによる把持と操りに関する研究は，古くから多くの研究者によって行われている。本節では，把持物体を自由に操ることのできる STP(Serial Two-Phased) 制御法を解説する。この手法は，柔らかい指先が持つ弾性特性を利用しており，ヒトの運動制御系の時間遅れを模擬した制御周期の大幅な遅れに対してロバストな操り制御が可能である。

28.3.1　ヒトの指先からロボット柔軟指へ

ヒトの指先は多くの感覚器や皮膚，皮下組織および骨などで構成されており，その形状は半球型あるいは円筒型をしている。これらの内部構造や形状は把持や操り能力に影響を及ぼすのであろうか。まず，手指の器用さは拇指と示指による摘み動作にあると考え，両指で把持された物体に加速度センサを取り付けインパルス的に加振させたときの応答を観察する。すると，図 28.8 に示すように，強い減衰を伴って物体の回転運動が抑制される。これは，把持物体と両指が 1 自由度の回転連成系を構成し，マス・バネ・ダンパ系システムとして機能するためであると考えられる。

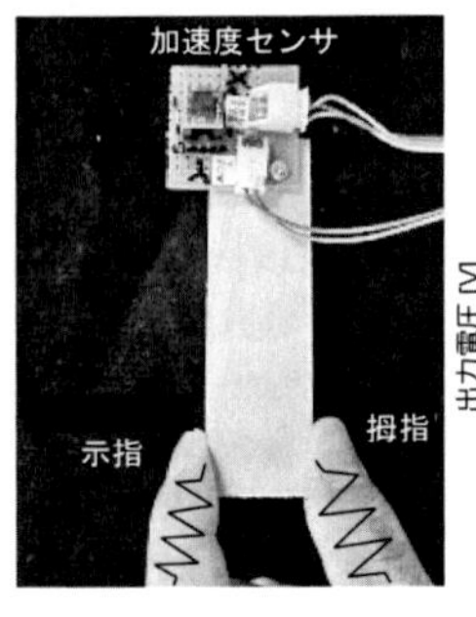

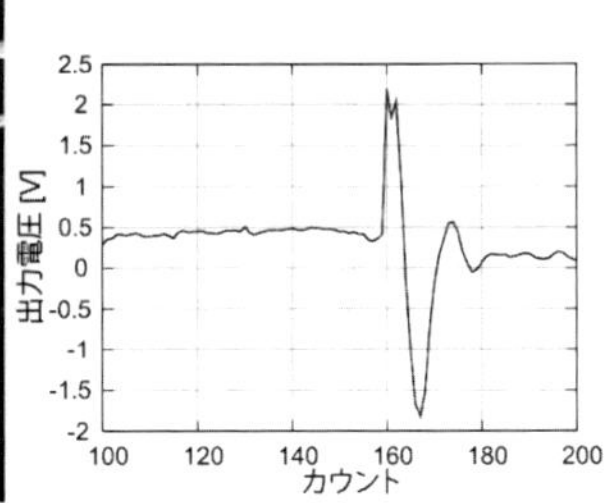

(a) 把持物と加速度センサ　　(b) 強い減衰振動

図 28.8　拇指と示指によって把持された物体の減衰振動

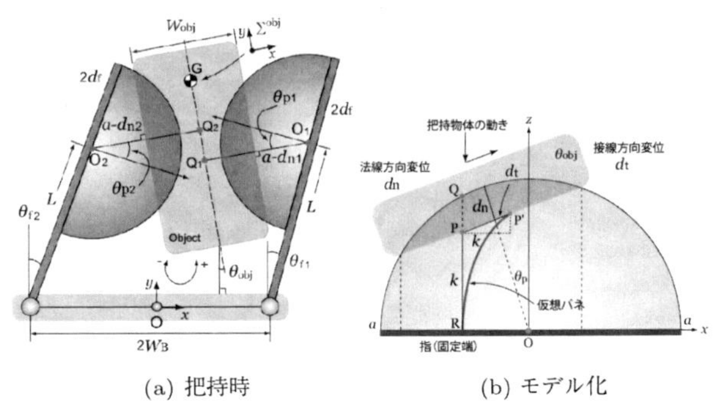

(a) 把持時　　(b) モデル化

図 28.10　柔軟指の変形モデル

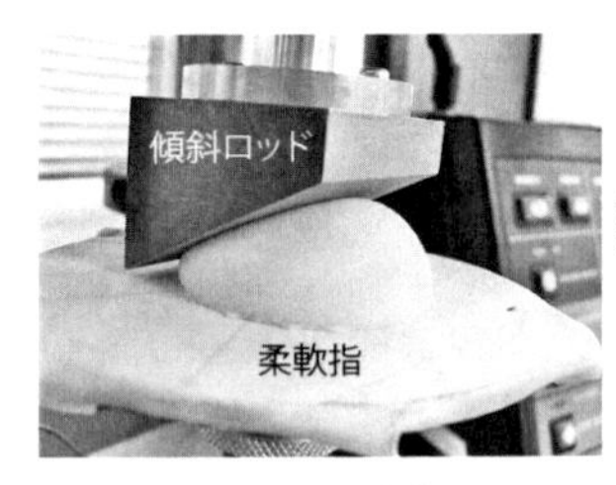

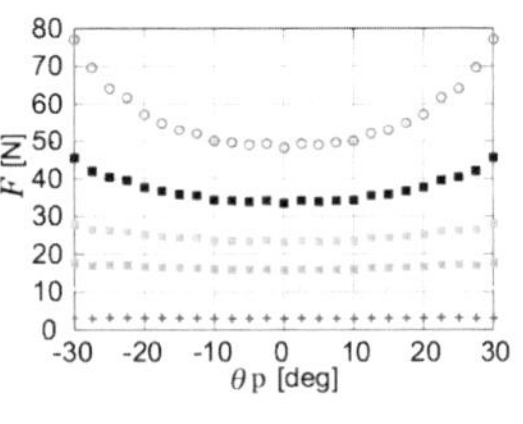

(a) 圧縮試験　　(b) 接触角と弾性力

図 28.9　半球型柔軟指の圧縮試験における弾性力極小の存在

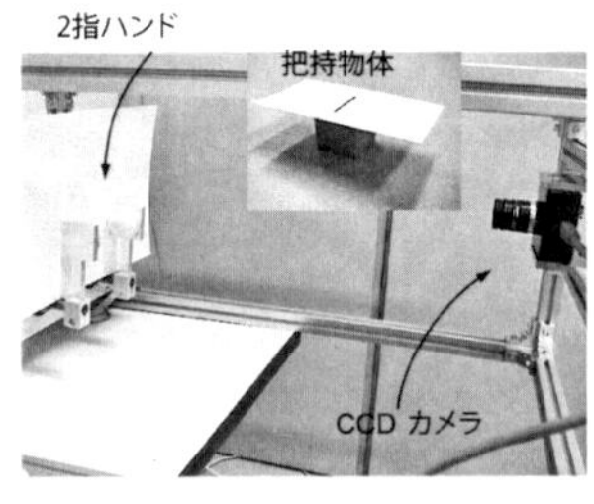

(a) ロボットハンドシステム　　(b) 物体姿勢の 2 値化

図 28.11　画像処理に基づく視覚フィードバックを用いた 2 指ロボットハンドによる操り制御

2 本のバネの間にあるマスの位置を制御するためには，各バネの外側端点を同方向に並進させればよい。並進運動に関する連成振動系のみならず，回転運動に対して同様の効果を示すためには，指先弾性モデルが必要となる。すなわち，大変形可能な半球型柔軟指の指先モデルを定式化し，把持物体が中間位置でのマスとなるような回転運動に関する連成振動系を導くことが必要となる。

半球型柔軟指の指先モデルを得るために，ポリウレタン樹脂で製作した半球形状の柔軟指に圧縮試験を行った[1]。その結果を図 28.9 に示す。本実験では，平板に置かれた直径 40 mm の半球型柔軟指を，5° 刻みの傾きを有するロッドで圧縮したときの垂直方向への弾性力を計測した。図の横軸はロッドの角度を，縦軸は弾性力を示しており，上側のデータが押込み変位量が大きい場合の結果である。結果から明らかなように，指先に対する接触相対角が大きいときに弾性力が大きくなり，逆に平板と平行接触する場合に弾性力が最も小さい。ここでロッドを把持物体と仮定すると，把持物体を平行姿勢に押し戻す力が半球型柔軟指に備わっていることにほかならない。以上の結果を基に，図 28.10 を用いて導出した指先弾性力モデルが次式である。

$$F = \frac{\pi E d^2}{\cos\theta_{\mathrm{p}}} \tag{28.15}$$

ここで，E はポリウレタン樹脂のヤング率であり，d は押込み量である。このモデルを用いると，両側の柔軟指の弾性変形によって把持対象物に安定な姿勢が存在することが示され，結果として図 28.8 に示す挙動が，回転運動にかかわる連成振動系として定式化できる。

半球型柔軟指を 2 指ロボットハンドに利用することで，カメラ画像による視覚フィードバックがあるシステムにおいて，ロバストな把持物体の姿勢制御が可能であることがわかった[2]。図 28.11 に示す 2 指による操りにおいて，次式で与えられる STP 制御則を施す。

$$\theta_{\mathrm{f}i}^{\mathrm{d}} = -(-1)^i K_{\mathrm{i}} \int (\theta_{\mathrm{o}} - \theta_{\mathrm{o}}^{\mathrm{d}})\, \mathrm{d}\tau \tag{28.16}$$

$$u_i = -K_{\mathrm{p}}(\theta_{\mathrm{f}i} - \theta_{\mathrm{f}i}^{\mathrm{d}}) - K_{\mathrm{d}}\dot{\theta}_{\mathrm{f}i} + \tau_{\mathrm{b}} \tag{28.17}$$

ここで，θ_{o} は把持物体の姿勢角，θ_{f} は指の回転角，τ_{b} は安定的なグラスピングを実現するためのバイアストルクである。添字 i は指番号を意味し，図 28.10(a) の右指で $i=1$，左指で $i=2$ である。本制御手法の特徴は，両指で逆符号のゲインを有する積分コントローラから仮想的な関節目標軌道 $\theta_{\mathrm{f}i}^{\mathrm{d}}$ を整形し，それに基づ

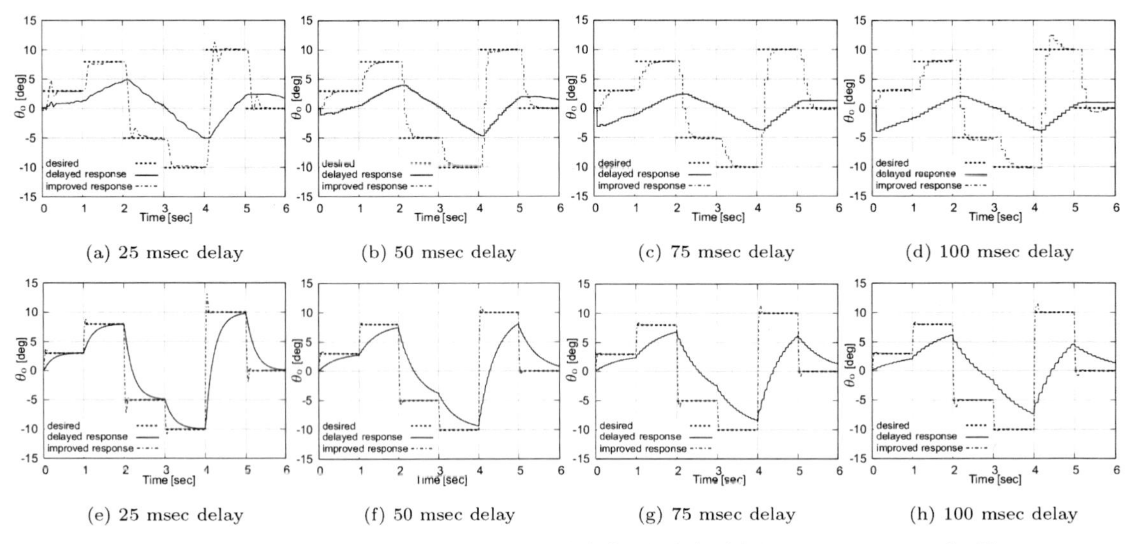

図 28.12　柔軟 2 指ロボットハンドによる操り制御：実験（上段）とシミュレーション（下段）

いて関節角 PD 制御を施すことによってロボットへのトルクを生成する点にある。

視覚フィードバックに生じる遅れについて考察する。ロボットの視覚となる単眼カメラのサンプリングレートは 200 fps であり，1 フレームの 2 値化処理に約 25 msec を要する。したがって，画像処理による把持物体の姿勢情報をフィードバックループに入力する場合，最短でも 25 msec の遅延が生じる。結果的にこの遅延で，サッカード運動に由来するヒトの視覚情報の遅れや，運動神経生理学的観点から見た運動制御系の動作発現の遅れを模擬できる。このような遅延を有する制御系を用いて，2 指 1 自由度対のロボットハンドによる操りを試みた。その結果を図 28.12 に示す。図の上段は実機実験の結果を，下段はシミュレーションの結果を示す。ここでは，STP 制御法の 1 段目となる関節角の仮想目標軌道を整形する積分コントローラ（式 (28.16)）において，把持物体の目標姿勢 θ_o^d を 1 sec ごとにステップ的に切り替えた。

まず，利用した制御用コンピュータでの 2 値化処理の計算時間である 25 msec だけ，視覚情報の更新時間を意図的に遅らせた。そのときの実験結果を図 28.12(a) に示す。この実験では，式 (28.17) の比例ゲインと微分ゲインを試行錯誤により決定した後，式 (28.16) の積分ゲインを徐々に上げる。これにより両指の仮想目標角 θ_{f1}^d, θ_{f2}^d の絶対値が増大し（符号は互いに逆），ロボットの指が物体を把持したまま同じ方向に回転する。その結果，把持物体の姿勢 θ_o が変化して操りタスクが実行される（実線）。ただし，積分ゲインが小さいときは，安定的な把持を維持できるが，目標値の切替え間隔となる 1 sec 以内では把持物体の姿勢が目標姿勢へ到達しない。積分ゲインを十分に増加させると応答が改善し，速やかに目標姿勢 θ_o^d に到達する（1 点鎖線）。ここで注目すべき点は，把持物体の姿勢を求める 2 値化処理に 25 msec かかっていることであり，その間はシングルスレッドによるメモリへのアクセスのみで他の処理を受けていない。つまり，制御則の実行間隔が 25 msec となり，一般的な 1 msec の制御周期と比べて極めて“遅い制御”が行われていることになる。それにもかかわらず操り制御が可能になる理由は，柔軟指の変形による強い弾性力と減衰力によって，両指に挟まれた把持物体が並進と回転の両方向に対して強い安定性を有するためである。把持物体の安定姿勢を容易に維持できるという特徴を表現できる柔軟指モデルが式 (28.15) である。この柔軟指モデルを用いて，遅延 25 msec を有する把持をシミュレーションした結果が図 28.12(e) である。図 28.12(a) の実験結果と同様に，積分ゲインの増大により応答が改善していることがわかる。

さらに，利用した制御用コンピュータでの 2 値化処理の計算時間である 25 msec をベースとして，その 2 倍から 4 倍だけ視覚情報の更新時間を意図的に遅らせた。遅れが 50 msc のときの結果を図 28.12(b),(f) に，遅れが 75 msc のときの結果を図 28.12(c),(g) に，遅れが 100 msc のときの結果を図 28.12(d),(h) に示す。このような条件下であっても把持物体の姿勢が偏差なく目標値に達しており，姿勢制御が成功している。以上の結果から，筆者らの先行研究において導出している柔軟指弾性モデルの妥当性が示された。

28.3.2 制御系に遅れがない理想的な環境での操り能力

それでは，柔軟指を備えた2指による物体ハンドリングにおいて，どのようなタスクが可能であろうか。本研究で導出した柔軟指モデルは立体的な変形を含んでいるが，ハンドリングタスクは一貫して2次元平面内で行っている。したがって，操作可能な制御量は把持物体の位置と姿勢であり，出力変数は $x_{\mathrm{o}}, y_{\mathrm{o}}, \theta_{\mathrm{o}}$ の3個である。一方，入力変数は，両指関節へのトルクの2個である。よって，3個の出力変数のうち，1個あるいは2個の変数を選択的に制御できる可能性を有する。ここでは，x_{o} と θ_{o} を出力にとり，制御系に遅れがない条件での操り制御を試みる。

まず，θ_{o} を制御量とすると，制御則は式 (28.16),(28.17) と同様である。把持物体の目標姿勢を 100 msc ごとに切り替えたときの結果を，図 28.13(a) に示す。ゲインの調整は必要であるが，100 msec 弱で目標値へ収束しており，極めて速い動作の実現が可能である。同じ遅延時間 25 msec を持つ図 28.12(e) の結果と比べると，速応性が顕著に改善していることがわかる。次に，x_{o} を制御量としたときの応答を示す。ここでの制御則は式 (28.16),(28.17) に準じるが，1段目のみ次式のように変形する。

$$\theta_{\mathrm{f}i}^{\mathrm{d}} = -(-1)^{i} K_{\mathrm{i}} \int (x_{\mathrm{o}} - x_{\mathrm{o}}^{\mathrm{d}})\, \mathrm{d}\tau \qquad (28.18)$$

このように把持物体の左右方向の位置制御を行った結果を，図 28.13(b) に示す。200 msec 間隔の目標値変更に対して，オーバーシュートや偏差もなくロバストに追従していることがわかる。ここでは，図 28.11(a) で製作し利用した2指ロボットに合わせて，図 28.10(a) の指長さは $L = 76.2$ mm である。その結果，位置制御の可動範囲が，図 28.13(b) のように最大で 16 mm となっており，ヒトの指によるハンドリング能力に近い結果が得られたと考えられる。このように，制御したい変数を選択的に変えることで，把持物体の位置と姿勢を自由に制御することが可能になる。なお，このタスクにおいて積分ゲイン以外のパラメータの変更は行っていない。そのため，動作途中に制御変数を変え，STP 制御法の1段目となる式 (28.16) と式 (28.18) を相互に入れ替えることで，逐次的な選択的操り制御がオンラインで可能になる。

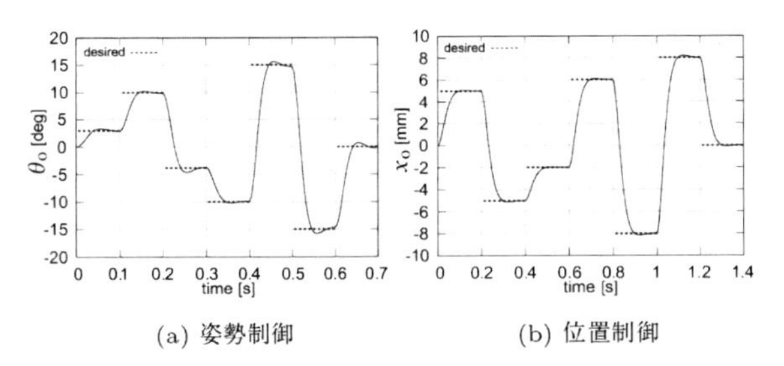

(a) 姿勢制御　　(b) 位置制御

図 28.13 制御系に遅れがない場合の把持物体の位置と姿勢の制御：位置と姿勢を 選択的に制御可能であり極めて速い動作が実現できる。

28.3.3 解剖学的に見た拇指と示指による器用な操り動作と制御

拇指と示指の自由空間での屈曲伸展動作や両指による操り動作を観察すると，図 28.14(a) のように各関節の可動域や方向が異なることに気づく。拇指の鞍関節や平面に近い腹形状に加えて，両指間の関節数の違いにより，把持や操り動作においてその役割が異なる可能性が示唆される。そこで，図 28.14(b) に示すように，拇指を並進関節と仮定した上で操り性能を評価する。ここでは，拇指と示指で異なる制御則を利用する。示指の制御則は，式 (28.16),(28.17) に $i = 1$ を代入した

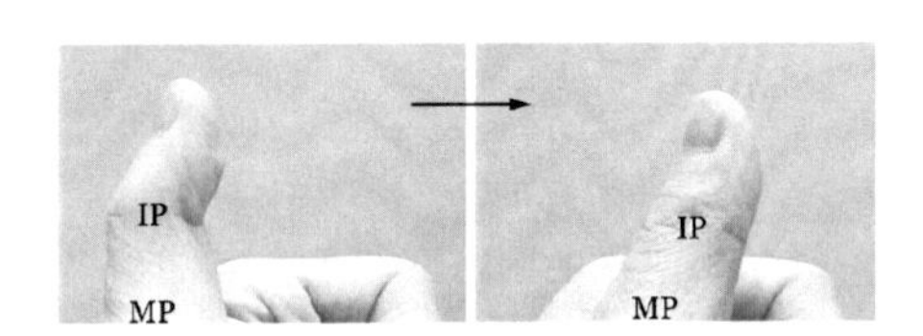

(a) 拇指 MP 関節の並進運動

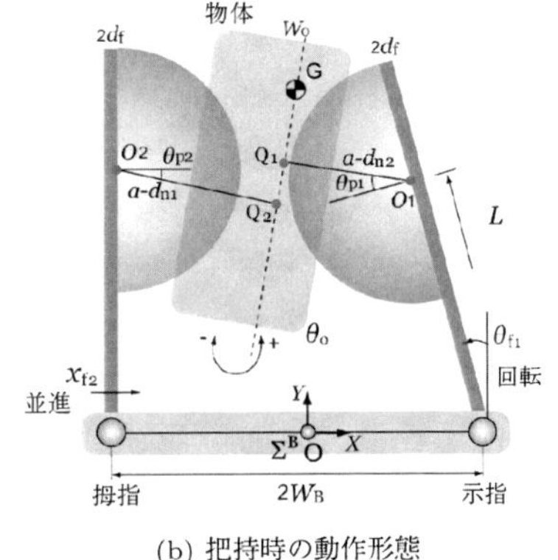

(b) 把持時の動作形態

図 28.14 拇指関節が並進運動をする場合のモデル化

式を用いる。一方，拇指 $(i = 2)$ の制御則を次式のように変更する。

$$x_{\mathrm{f2}}^{\mathrm{d}} = -K_{\mathrm{i}} \int (x_{\mathrm{o}} - x_{\mathrm{o}}^{\mathrm{d}})\,\mathrm{d}\tau \tag{28.19}$$

$$u_2 = -K_{\mathrm{p}}(x_{\mathrm{f2}} - x_{\mathrm{f2}}^{\mathrm{d}}) - K_{\mathrm{d}}\dot{x}_{\mathrm{f2}} + \tau_{\mathrm{b}} \tag{28.20}$$

上式において，x_{f2} は拇指関節の並進変位である。このように，拇指の動作を把持物体の位置制御に，示指の動作を姿勢制御に特化させることで，図 28.15 に示すように，物体の位置と姿勢を同時に制御することが可能になる。

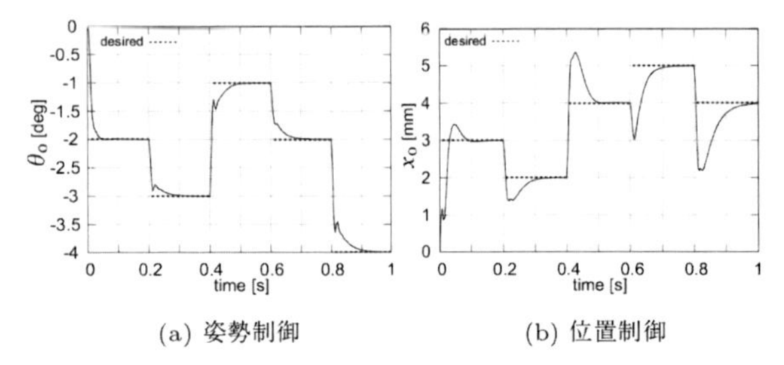

(a) 姿勢制御　　(b) 位置制御

図 28.15　拇指並進関節と示指回転関節のロボットハンドにおける把持物体の位置と姿勢の同時制御

次に，把持力の制御が可能かを検討する。把持物体の位置や姿勢を目標値に維持しながら把持力の変更は可能であろうか。STP 制御法において把持力に相当する制御入力は，式 (28.17) のバイアストルク τ_{b} である。そこで，STP 制御法を用いて把持物体の姿勢を制御するとともに，バイアストルク τ_{b} を変化させる。まず，両指が回転関節の例（図 28.10(a)）において，把持物体の目標姿勢を 100 msc ごとに切り替える（図 28.16(a),(b) の点線）。このとき，バイアストルク τ_{b} を，図 28.16(c) の実線のように一定割合で増加させる，あるいは図 28.16(c) の点線のように増減させる。バイアストルクを一定割合で増加させたときの結果を図 28.16(a) の実線に，バイアストルクを増減させたときの結果を図 28.16(b) の実線に示す。図 28.16(a) に示す結果は，図 28.13(a) に示す結果と変わりはない。一方，図 28.16(b) に示す結果では，わずかに偏差が生じているものの追従性はそれほど悪化していない。以上のように，両指が回転関節の場合，物体姿勢と把持力を独立に制御することができる。さらに，STP 制御法の 1 段目を位置変数 x_{o} の制御則に変更するだけで，物体位置と把持力を独立に制御することができる。各指の関節の組合せに関して可能なタスクをまとめると，

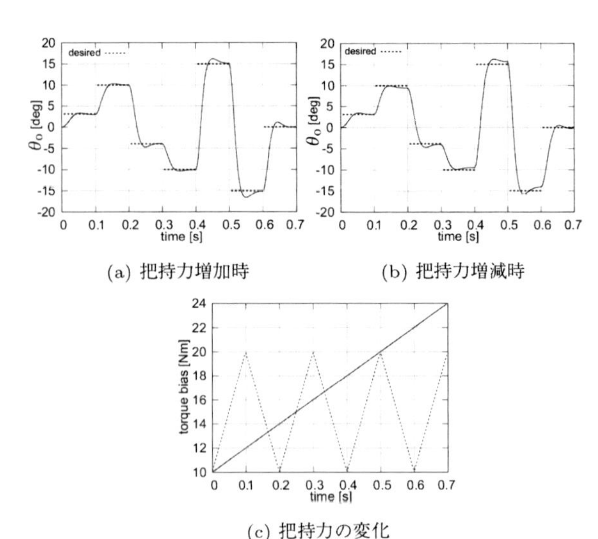

(a) 把持力増加時　　(b) 把持力増減時

(c) 把持力の変化

図 28.16　両指が回転関節のロボットハンドにおける把持力変化時の姿勢制御

表 28.1　ロボットハンドの回転関節と並進関節の組合せによるハンドリング能力の評価：○（可能），△（わずかな偏差が残る），×（不可能），P（並進関節），R（回転関節）

No.	構造	把持力	把持トルク	安定把持	x_{o}	θ_{o}
1	1-DOF P	一定	–	(○)	○	–
2		増加	–	(○)	△	–
3	1-DOF R	–	一定	(○)	–	○
4		–	増加	(○)	–	△
5		–	一定	(○)	○	–
6		–	増加	(○)	△	–
7	2-DOF P+P	一定	–	(○)	○	–
8		増加	–	(○)	○	–
†9	2-DOF R+R	–	一定	(○)	–	○
†10		–	増加	(○)	–	○
†11		–	一定	(○)	○	–
12		–	増加	(○)	○	–
13		–	一定	(○)	×	×
†14	2-DOF R+P	一定	一定	(○)	○	○
15		増加	一定	(○)	△	○
16		一定	増加	(○)	○	△
17		増加	増加	(○)	○*	○*

表 28.1 を得る[3]。表中の記号 † が本稿で解説した内容であり，* はいずれかの変数を制御量として選択することで制御が可能になることを意味する。また，把持力/トルク τ_{b} が一定となる場合を「一定」，増加できる場合を「増加」と表している。以上のように，柔軟指ハンドリングにおいて自由度が最も少ない 2 指 2 自由度構造であっても，把持物体の位置と姿勢の制御は可能であり，さらには両変数を同時に制御したり，把持

力制御を組み合わせることで物体変数を選択的に制御することが可能であることが明らかになった。

28.3.4 多関節ロボットハンドへの拡張

これまでの結果は，1指が1関節を有する2自由度のロボットハンドを対象としていた。次の段階として，ヒトの指のような多関節機構を有する2指ロボットハンドを対象として，STP制御法の有用性を明らかにする。

まず，図28.17(a)に示すように，より現実的な拇指モデルとしてMP関節とIP関節を導入し，示指モデルとしてMP関節，PIP関節およびDIP関節を導入する。また，両指共に指先側に関節をもう1自由度有する。これは，初期の把持状態において柔軟指と物体とが平行に近い状態で接触するために設けた関節であり，$\theta_{14} = 15°$，$\theta_{23} = 10°$ で固定されている。さらに，両指における各関節の連動運動を考慮して，関係式 $\dot{\theta}_{11} = \dot{\theta}_{12} = \dot{\theta}_{13}$ と $\dot{\theta}_{21} = \dot{\theta}_{22}$ を速度にかかわる拘束条件として加える。このように，生体模倣の観点から連動関節を採り入れることで，ロボットへの指令トルクとして θ_{11} に入力する u_{11} と θ_{21} に入力する u_{21} のみを用いる操り制御が可能となる。把持物体の姿勢制御則を次式に示す。

$$\theta_{11}^{\mathrm{d}} = -\theta_{21}^{\mathrm{d}} = K_{\mathrm{i}} \int (\theta_{\mathrm{o}} - \theta_{\mathrm{o}}^{\mathrm{d}})\,\mathrm{d}\tau \tag{28.21}$$

$$u_{11} = -K_{\mathrm{p1}}(\theta_{11} - \theta_{11}^{\mathrm{d}}) \tag{28.22}$$

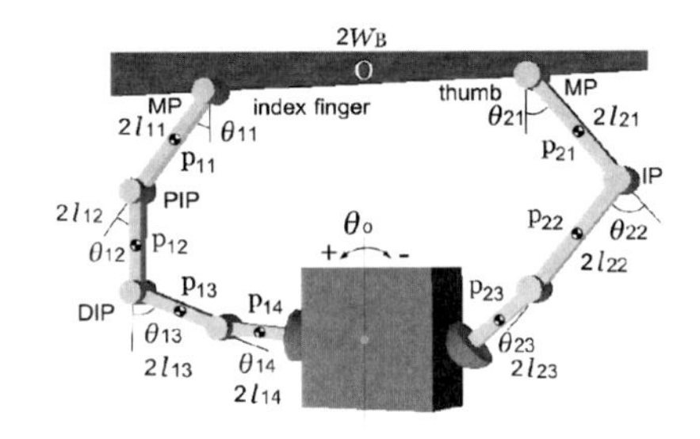

(a) 2指5自由度ロボットハンドのモデル

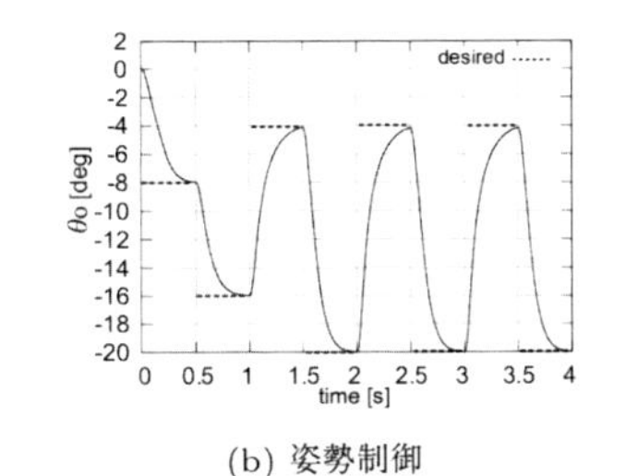

(b) 姿勢制御

図 28.17 2指5自由度ロボットハンドによる把持物体の姿勢制御：シミュレーション

$$u_{21} = K_{\mathrm{p2}}(\theta_{21} - \theta_{21}^{\mathrm{d}}) \tag{28.23}$$

姿勢制御のシミュレーションでは，図28.17(b)の点線に示すように，500 msecごとに目標姿勢角 θ_{o} をステップ状に変化させる。把持物体の姿勢の時間応答を実線で示す。図に示すように，目標値の速い切り替えに対して，姿勢角がロバストに追従している。また，上記の制御則はSTP制御法に準じているが，微分項とバイアストルクを省いた，より簡潔な制御則となっている。これは，前記した指の連動関節による速度拘束を導入した結果であり，微分器を必要とせずに各関節の粘性減衰係数のみで，振動のない安定的な操り姿勢制御が実現可能であることを示している。

次に，駆動メカニズムに腱駆動機構を採用した2指ハンドによる操り制御について述べる。図28.18(a)のように，全体で5関節を有するハンドの機構において，示指のPIP関節とDIP関節のみを連動関節として定義し，他の4関節を駆動するためにワイヤを直流モータで関節の両側から引っ張る構造とする。このような設計指針の下で製作した2指5自由度ハンドを，図28.18(b)に示す。単眼カメラによる画像処理を行うことで把持物体の姿勢を実時間で求め，フィードバックループすることで操りを制御する。この実験により得られた物体姿勢の時間応答を，図28.18(c)に示す。応答は遅いが目標姿勢に向かって追従していることがわかる。

本実験で利用した制御則は，アクチュエータが関節に直接つながれた駆動系で利用した制御則（式(28.21)～(28.23)）よりさらに簡便であり，以下の積分コントローラによってワイヤを巻き取る直流モータへの指令トルクを直接的に生成する。

$$u_{12} = -K_{\mathrm{i}} \int (\theta_{\mathrm{o}} - \theta_{\mathrm{o}}^{\mathrm{d}})\,\mathrm{d}\tau + \tau_{12} \tag{28.24}$$

$$u_{22} = K_{\mathrm{i}} \int (\theta_{\mathrm{o}} - \theta_{\mathrm{o}}^{\mathrm{d}})\,\mathrm{d}\tau + \tau_{22} \tag{28.25}$$

ここで，u_{12} は図28.18(a)に示すモータ3を駆動する指令トルクであり，u_{22} はモータ7を駆動する指令トルクである。他のモータには一定の指令トルクを入力している。以上のように，柔軟指による対象物の把持と操りでは，柔軟指の物理特性に起因してハンドリングシステム全体の安定性が極めて高いため，簡潔なフィードバック制御系を実現することができる。また，画像処理のように制御変数のセンシングに長時間を要するシステムが組み込まれている場合であっても，柔軟指を配したロボットハンドにおいては，把持物体の安定

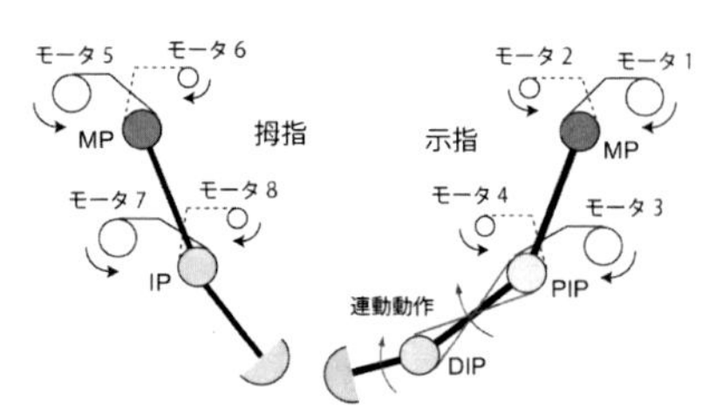

(a) IP 関節連動型腱駆動モデル

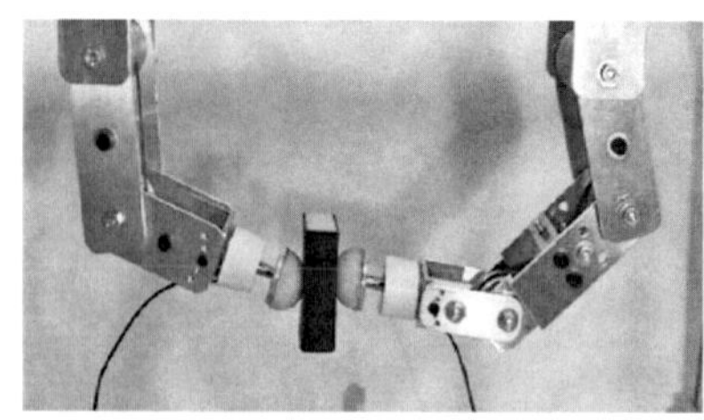

(b) ロボット実機

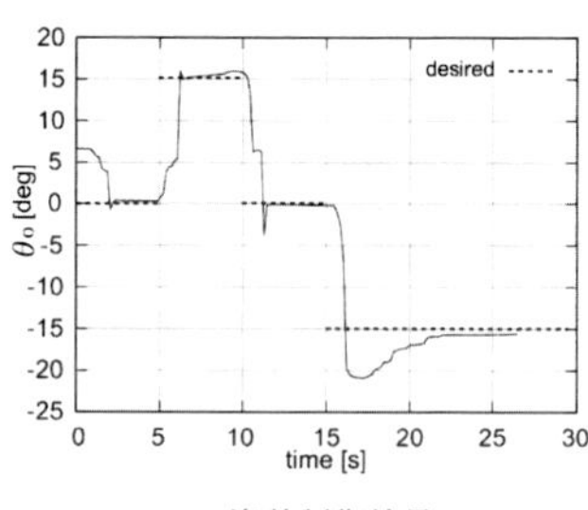

(c) 姿勢制御結果

図 28.18　視覚フィードバックを用いた 2 指 5 自由度腱駆動ロボットハンドによる把持物体の姿勢制御実験

的な姿勢制御タスクが容易に実現可能であることが明らかになった。さらに，ロボット柔軟指による物体ハンドリングにおいて STP 制御法が極めて有用であり，駆動系となるアクチュエータの種別に依存しない制御手法であることが明らかになった。

本制御手法はさらなる発展利用が可能である。ヒトの筋骨格メカニズムを模倣すると，ロボットの関節まわりには非線形バネやワイヤに加えて空気圧人工筋などの新しいアクチュエータを拮抗的に配置することになる。関節まわりにおける拮抗的な駆動は，STP 制御法の駆動原理である。したがって，STP 制御法を採用することにより，ロボットの運動学や逆動力学などの計算が不要な，極めてシンプルな作業空間での位置決め制御が可能となる[4,5]。

＜井上貴浩＞

参考文献（28.3 節）

[1] Inoue, T. and Hirai, S.: Elastic Model of Deformable Fingertip for Soft-fingered Manipulation, *IEEE Trans. Robotics*, Vol.22, No.6, pp.1273–1279 (2006).

[2] 井上，松井，平井：視覚情報遅れを考慮した 2 指 1 自由度対ロボットハンドによる対向操り動作，『計測自動制御学会論文集』，Vol.45, No.12, pp.678–687 (2009).

[3] Inoue, T. and Hirai, S.: *Mechanics and Control of Soft-fingered Manipulation*, Springer-Verlag (2008).

[4] 井上，平井：2 リンクアームにおける逆運動学を利用しない手先位置制御，『日本ロボット学会誌』，Vol.32, No.3, pp.307–315 (2014).

[5] 井上，加藤，平井：バックドライバビリティを有する拮抗腱駆動冗長関節ロボットの重力下での振り上げ到達運動，『日本ロボット学会誌』，Vol.31, No.1, pp.83–88 (2013).

28.4　ソフトインタフェースを介する物体操作

28.4.1　ソフトインタフェース

作業環境の不確定性に対応するために柔らかさをロボットに利用するという考え方は，コンプライアンス[1–3]，インピーダンス[4,5] という概念を基礎として展開されてきた。実用的な例として，RCC デバイス[6,7] が挙げられる。また，手指と対象物の接触を伴う物体の把持と操作を遂行するために，柔軟指[8–14] を用いた把持と操作に関する研究が進められている。柔軟指操作（図 28.19(a)），柔軟物操作（図 28.19(b)），フレキシブル・マニピュレータの先端位置制御（図 28.19(c)）など，ロボットと対象物/制御対象の間に柔軟物がある場合，剛性，粘性，ヒステリシスなど，その物性が制御性能および制御則や作業方策の選定に大きく影響を与える可能性がある。この観点から，ロボットと対象物/制御対象の間に柔軟物が存在する物体操作をソフトインタフェースを介した物体操作[15] と呼び，研究が進められている。ソフトインタフェースを介した物体操作には，剛体系の物体操作と異なり，

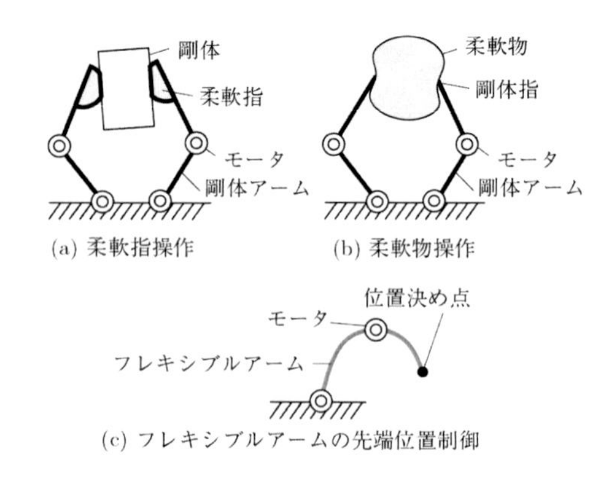

図 28.19　ソフトインタフェースを介した物体操作の例

- 複数の位置決め点を同時に制御することが可能
- 位置決め点を直接操作できない作業が存在する
- 入力として位置を用いても力学的に矛盾しない

という特徴がある。また，系のポテンシャルエネルギーと系に課される幾何制約は系の安定状態を定めることから，柔軟物を介在する物体操作において，介在する柔軟物の形状や特性を選び，適切なポテンシャルエネルギーを導入することができれば，系の安定状態を定めることができる[16]。本節では，ソフトインタフェースを介した物体操作に関する，モデリング，制御則，制御方策を紹介する。

28.4.2 柔軟体の物性の利用とモデリング

対象物質の粘弾性特性を考慮した制御の研究として，環境の動特性を考慮した接触制御[17, 18] や，フレキシブル・マニピュレータの力制御[19] が挙げられる。また，ロボットアームで粘弾性体を繰り返し摘み上げることにより，物体の粘弾性特性を同定する研究が成されている[20]。

一般に，ロボットと操作対象の間に柔軟体を配置することによって，面接触による安定把持，高い摩擦力，接触における衝撃力の低減などの利点が期待される。ロボットフィンガーの指先に使用することを前提に，粘弾性体を，① 衝撃力の軽減，② なじみ，③ ひずみエネルギーの消散性の 3 つの観点から比較検討した研究が成されている[21, 22]。これらの報告では，総合的にゲルが最も良いという結論に達している。

柔軟体の運動方程式を記述する手法として，ばね・マス・ダンパ系によるモデリングがある[23]。物体の塑性を考慮しない場合，質点を並列に配置した弾性要素と粘性要素で結合する場合が多い。柔軟体を代表点の集合で表現し，その物理特性を，代表点間の力学要素で記述する手法を格子モデリング[24] と呼ぶ。動的格子モデル[25] では，格子点に質点を配置し，格子点間を弾性要素や粘性要素から構成される力学要素で接続する。各質点の運動方程式を導き，導いた運動方程式を解くことで，変形形状の時間的変化を得る。質点が多い場合には，運動方程式を数値的に解くことになる。

格子モデリングは一般的な手法である。しかしながら，紐状物体など物体のアスペクト比が高い場合には，数値解が不安定になる。線状物体の変形を記述するために，微分幾何法[26] が提案されている。これは，静力学の変分原理に基づいて，幾何学的制約式を満たしながら，物体のポテンシャルエネルギーが最小になる形状を求める手法である。その他，柔軟体の変形をシミュレーションする手法として，有限要素法[27]，粒子法[28] などがある。用途に応じて適切なモデリングを選択する必要がある。

28.4.3 ノンコロケートシステム

柔軟体を含む系では，布地の位置決め制御[29]，柔軟体の形状制御[30, 31]，フレキシブル・マニピュレータの制御[32, 33] などに代表される，位置決め点と操作点が異なる制御方策が考えられる。このように，位置決め点と操作点の間に柔軟体が存在し，それらの位置が異なる系をノンコロケートシステムと呼ぶ。図 28.20 に，ノンコロケートシステムの例を示す。この例では，4 つの質点からなる系で，ある 2 質点を位置決めするために，他の 2 質点を操作している。一方，位置決め点と操作点の位置が同一である系をコロケートシステムと呼ぶ。一般に，線形のコロケートシステムでは，フィードバックゲインに関する行列が正定行列であることが漸近安定の必要十分条件である[34]。一方，ノンコロケートシステムに対しては，制御入力を含めて種々の制御方策が模索されている。

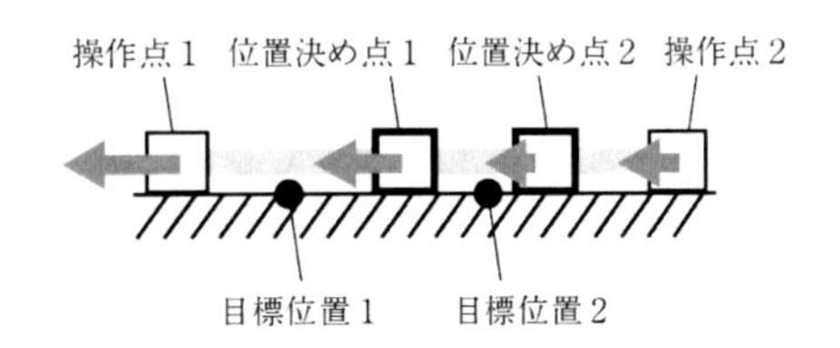

図 28.20 1 次元の運動する粘弾性体の間接同時位置決め

PID 制御を用いて 2 次元平面状の伸縮柔軟体の位置決めを行う研究[29] では，靴下の縫製を題材に，布地の複数の編み目の位置を合わせるという作業を実現している。この例では，位置決め点の位置情報を一番近い操作点のみにフィードバックするという制御則を構築している。すなわち，多入力多出力系の制御を複数の一入力一出力系の集合として考えている。物体の変形特性は一般に非線形で一様でないため，物体のモデルを導くことが困難である。したがって，柔軟体の位置決め問題を考える際には，多入力多出力系として制御則を導くより，一入力一出力系の集合として個々に制御則を構成し，全体として作業を実現させるというアプローチが有望と思われる。1 次元上を運動する粘弾性の間接同時位置決めに関する研究[35] では，この考えに基づき，図 28.20 に示すモデルにおいて，位置決め点の位置誤差を時間積分し，積分値を基に操作点を制御し位置決めを実現している。この結果は，柔軟物操作において制御対象の物性に起因するポテンシャルエネルギーを利用することで，容易に安定性が確保される可能性を示唆する。

28.4.4　布地ハンドリング

柔軟物操作の例として布地ハンドリングを取り上げる。布地ハンドリングは，アパレル，リネンサプライ，福祉，医療などの産業において多く，ロボットの導入が強く求められている。洗浄，乾燥など一部の工程は自動化されているものの，それら機器への移送，着脱は人手に依存している[36]。

ロボットによる布地ハンドリングでは，視覚センサや力覚センサが主に利用されている。布地のロボットハンドで摘み上げる研究[37] では，布地の輪郭情報を画像処理を用いて検出し，布地とハンドの接触は力覚センサを用いて判定している。同様に，画像情報からの把持点の推定[38, 39]，布製品の分類[40] などが成されている。また，布製品の 3 次元形状を推定するために，パターン光をあてた布地をステレオカメラで計測する研究[41] が報告されている。

布地が変形するという特性を利用して，いくつかのロボットハンドが開発されている。指先の回転機構を用いて布地を巻取るハンド[42]，回転機構を有するハンドに爪に相当する機構を付加したハンド[43]，針を用いて重ねられた布地の山から 1 枚を分離するハンド[44]，布地の変形と自重による運動を利用して布地を空中で展開するハンド[45] などが開発されている。

作業に応じて種々のモデルが利用されている。引張り特性，曲げ変形特性など，布地の力学的特性は，KES (Kawabata Evaluation System)[46] で評価される。衣服をばねマスモデルで表現し，形状変化を予測する研究[47]，布地を梁状の剛体と仮定することで，布地を折り畳む板の回転速度を力学的に解析する研究[48]，布地を剛体の梁と仮定し座屈解析を行うことで，しわを作成するために必要な力を導出する研究[49]，布地の折りたたみを 3 重振り子モデルを利用して解析する研究[50] などが成されている。2 次元平面状の伸縮柔軟体の間接同時位置決めに関する研究[29] では，格子状のバネマス系のモデルに基づき，布地の複数の編み目の位置を合わせるという作業を実現している。この際，モデル化誤差がある場合にも位置決めが可能であることを実証している。この結果は，柔軟物操作において柔軟物の力学的特性を利用することで，粗いモデルでも制御が可能であることを示唆している。

＜柴田瑞穂＞

参考文献（28.4 節）

[1] Paul, R., Shimano, B.: Compliance and Control, *Proc. 1976 Joint Automatic Control Conference*, pp.694–699 (1976).

[2] Mason, M. T.: Compliance and Force Control for Computer Controlled Manipulators, *IEEE Trans. Sys., Man, Cybern.*, Vol.SMC-11, No.6, pp.418–432 (1981).

[3] Mason, M. T.: Compliant Motion, ed. by M. Brady, *et al.*, *Robot Motion*, MIT Press, pp.305–322 (1982).

[4] Hogan, N.: Impedance Control: An approach to Manipulation, *ASME J. of Dynamic. Systems, Measurement, and Control*, Vol.107, pp.1–24 (1985).

[5] Cutkosky, M., Kao, I.: Computing and Controlling Compliance of a Robotic Hand, *IEEE Trans. on Robotics and Automation*, Vol.5, pp.151–165 (1989).

[6] Nevins, J. L.: *Exploratory Research in Industrial Assembly Part Mating*, R-1276, Charles Stark Draper Laboratory Inc. (1980).

[7] Whitney, D. E.: Quasi-Static Assembly of Compliantly Supported Rigid Parts, *Journal of Dynamic System, Measurement, and Control*, Vol.140, pp.65–77 (1982).

[8] Akella, P., Cutkosky, M.: Manipulating with Soft Fingers: Modeling Contacts and Dynamics, *Proc. of IEEE Int. Conf. on Robotics and Automation*, Vol.2, pp.764–769 (1989).

[9] Xydas, N., Kao, I.: Modeling of Contact Mechanics and Friction Limit Surfaces for Soft Fingers in Robotics, with Experimental Results, *Int. Journal of Robotics Research*, Vol.18, No.9, pp.941–950 (1999).

[10] Yokokohji, Y., Sakamoto, M., Yoshikawa, T.: Vision-aided Object Manipulation by a Multifingered Hand with Soft Fingertips, *Proc. of IEEE Int. Conf. on Robotics and Automation*, Vol.4, pp.3201–3208 (1999).

[11] Arimoto, S., Nguyen, P.T.A., Han H.Y., Doulgeri, Z.: Dynamics and Control of a Set of Dual Fingers with Soft Tips, *Robotica*, Vol.18, No.1, pp.71–80 (2000).

[12] Arimoto, S., Tahara, K., Yamaguchi, M., Nguyen, P.T.A., Han, H. Y.: Principle of Superposition for Controlling Pinch Motions by Means of Robot Fingers with Soft Tips, *Robotica*, Vol.19, No.1, pp.21–28 (2001).

[13] Kao, I., Yang, F.: Stiffness and Contact Mechanics for Soft Fingers in Grasping and Manipulation, *IEEE Trans. on Robotics and Automation*, Vol.20, Iss.1, pp.132–135 (2004).

[14] Inoue, T., Hirai, S.: *Mechanics and Control of Soft-fingered Manipulation*, Springer (2009).

[15] 柴田，平井：ソフトインターフェースを介した動的な物体操作

における連続離散時間系を基にした安定性解析，『日本ロボット学会誌』，Vol.24, No.3, pp.349–355 (2006).

[16] 平井：物理世界と情報世界をつなぐソフトインターフェース，『日本ロボット学会誌』，Vol.28, No.4, pp.503–511 (2010).

[17] Eppinger, S. D., Seering, W. P.: Three Dynamics Problems in Robot Force Control, *Proc. of IEEE Int. Conf. on Robotics and Automation*, pp.392–397 (1989).

[18] 吉川，梅野：対象物体のダイナミクスを考慮した動的ハイブリッド制御，『日本ロボット学会誌』，Vol.11, No.8, pp.125–131 (1993).

[19] 松野：フレキシブル・マニピュレータの力制御，『日本ロボット学会誌』，Vol.12, No.2, pp.24–31 (1994).

[20] Howard, A. M., Bekey, G. A.,: Intelligent Learning for Deformable Object Manipulation, *Autonomous Robots*, Vol.9, pp.51–58 (2000).

[21] Shimoga, K.B., Goldenberg, A.A.: Soft Robotic Fingers: Part I. A Comparison of Construction Materials, *International Journal of Robotics Research*, pp.320–334 (1996).

[22] Shimoga, K.B., Goldenberg, A.A.: Soft Robotic Fingers: Part II. Modeling and Impedance Regulation, *International Journal of Robotics Research*, pp.335–350 (1996).

[23] 平井，若松：『ハンドリング工学』，コロナ社 (2005).

[24] Terzopoulos, D., Platt, J., Barr, A., Fleischer, K.: Elastically deformable models, *Computer Graphics*, Vol.21, Iss.4, pp.205–214 (1987).

[25] Joukhadar, A., Deguet, A., Laugier, C.: A collision model for rigid and deformable bodies, *Proc. of IEEE International Conference on Robotics and Automation*, Vol.2, pp.982–988 (1998).

[26] 若松，平井，岩田：薄板状物体のマニピュレーションにおける曲げ変形操作の静力学的解析，『日本機械学会論文集 C 編』，Vol.63, No.608, pp.1102–1109 (1997).

[27] 久田：有限要素法によるモデリング，『日本ロボット学会誌』，Vol.16, No.2, pp.140–144 (1998).

[28] Watt A.: *3D Computer Graphics*, Addison-Wesley (2000).

[29] 和田，平井，川村：伸縮柔軟物体上の複数点の間接的同時位置決め作業の実現，『日本ロボット学会誌』，Vol.17, No.2, pp.282–290 (1999).

[30] Das, J., S. Nilanjan: Robust Shape Control of Deformable Objects Using Model-Based Techniques, *Advanced Robotics*, Vol.25, Iss.16, pp.2099–2123 (2011).

[31] Das, J., S. Nilanjan: Passivity-based target manipulation inside a deformable object by a robotic system with noncollocated feedback, *Advanced Robotics*, Vol.27, Iss.11, pp.861–875 (2013).

[32] Liu, LY., Yuan, K.: Noncollocated passivity-based PD control of a single-link flexible manipulator, *Robotica*, Vol.21, Iss.2, pp.117–135 (2003).

[33] Ryu, JH., Kwon, DS., Hannaford, B.: Control of a flexible manipulator with noncollocated feedback:time-domain passivity approach, *IEEE Transactions on Robotics*, Vol.20, Iss.4, pp.776–780 (2004).

[34] 糀谷，池田，木田：Collocated Feedback による宇宙構造物の最適制御，『計測自動制御学会論文集』，Vol.25, No.8, pp.882–888 (1989).

[35] 柴田，平井：粘弾性体の位置と変形の同時制御：一次元粘弾性体の位置決め可能性，『日本ロボット学会誌』，Vol.24, No.7, pp.873–880 (2006).

[36] 小野：布のマニピュレーション，『日本ロボット学会誌』，Vol.16, No.2, pp.149–153 (1998).

[37] 小野，喜多，坂根：視触覚を用いた輪郭情報に基づく折れ重なった布生地の展開，『日本ロボット学会誌』，Vol.15, No.2, pp.275–283 (1997).

[38] Torgerson, E., Paul, F. W.: Vision Guided Robotic Fabric Manipulation for Apparel Manufacturing, *Proc. of 1987 IEEE Int. Conf. on Robotics and Automation*, pp.1196–1202 (1987).

[39] 濱島，柿倉：布地物体展開手順のプランニング（塊状洗濯物の分離），『日本機械学会論文集（C 編）』，63 巻，607 号，pp.967–974 (1997).

[40] 濱島，柿倉：布地物体展開手順のプランニング（布地物体の種類判別），『日本機械学会論文集（C 編）』，65 巻，636 号，pp.3260–3267 (1999).

[41] 秦，北條：乱雑に積層された洗濯物ハンドリングシステムの開発，『日本ロボット学会誌』，Vol.27, No.10, pp.15–18 (2009).

[42] 蒲谷，柿倉：布地物体のハンドリングに関する研究，『日本機械学会論文集（C 編）』，64 巻，620 号，pp.1356–1361 (1998).

[43] 大澤，柿倉：各種布地混合洗濯物の把握用指の試作と把握実験評価，『日本ロボット学会誌』，Vol.19, No.6, pp.735–743 (2001).

[44] Parker, J. K., Dubey, R., Paul, F. W., Becker, R. J.: Robotic Fabric Handling for Automation Garment Manufacturing, Transactions of ASME Journal of Engineering for Industry, Vol.105, pp.21–26 (1983).

[45] 柴田，太田，平井：摘み滑り動作を利用した布地の展開動作，『日本ロボット学会誌』，Vol.27, No.9, pp.67–74 (2009).

[46] 川端：『風合い評価の標準化と解析 第 2 版』，日本繊維機械学会 (1980).

[47] Kita, Y., Saito, F. and Kita, N.: A Deformable Model Driven Visual Method for Handling Clothes, *Proc. of 2004 Int. Conf. on Robotics and Automation*, pp.3889–3895 (2004).

[48] Osawa, F., Seki, H., Kamiya, Y.: Clothes Folding Task by Tool-Using Robot, *Journal of Robotics and Mechatronics*, Vol.18, No.5, pp.618–625 (2006).

[49] Shibata, M., Ota, T. and Hirai, S.: Wiping Motion for Deformable Object Handling, *Proc. IEEE Int. Conf. on Robotics and Automation*, pp.134–139 (2009).

[50] 山川，並木，石川：高速ハンドシステムを用いた布の動的折りたたみ操作，『日本ロボット学会誌』，Vol.30, No.2, pp.109–116 (2012).

28.5　線状物体・帯状物体のハンドリング

28.5.1　線状物体・帯状物体のモデリング手法

ケーブル等の線状物体，フレキシブル基板等の帯状物体は，ロボットによるハンドリングの自動化が困難な柔軟物の一つである。柔軟物のハンドリングの自動化実現のためには，まず，物体の変形を予測する必要がある。柔軟物の変形を表現するモデルとしては，有限要素モデルや格子モデルが一般的であるが，線状物体や帯状物体のようにアスペクト比が大きくなると，計算が不安定になるという問題が生じる。そこで，微分幾何法を用いたモデリング手法[1-3] を紹介する。

まずは線状物体の形状表現について考える。3 次元曲線の表現手法としては，以下のようなフレネ–セレの公式が挙げられる。

$$\frac{\mathrm{d}}{\mathrm{d}s}[\,\boldsymbol{b}\ \boldsymbol{n}\ \boldsymbol{t}\,]=[\,\boldsymbol{b}\ \boldsymbol{n}\ \boldsymbol{t}\,]\begin{bmatrix}0 & \tau & 0\\ -\tau & 0 & \kappa\\ 0 & -\kappa & 0\end{bmatrix}$$

ここで，s は曲線に沿った長さ，$\boldsymbol{t}$ は単位接ベクトル，$\boldsymbol{n}$ は単位主法線ベクトル，$\boldsymbol{b}$ は単位陪法線ベクトル，κ は曲率，τ は捩率と呼ばれる。曲率と捩率が与えられれば，3 次元曲線の形状は一意に定まる。しかし，曲線を線状物体の中心軸と考えると，物体は中心軸の形状を維持したまま，中心軸まわりに回転，すなわちねじれることが可能であるため，上記表現手法では十分とは言えない。よって，以下の表現手法を用いる。

長さ L，半径 r の円形断面を持つ線状物体の中心軸に沿った長さを s とし，中心軸上に物体座標系 $\mathrm{P}(s)-\xi\eta\zeta$ を設定する。この時，中心軸方向に ζ 軸をとる。各軸方向単位ベクトルを $\boldsymbol{\xi}(s), \boldsymbol{\eta}(s), \boldsymbol{\zeta}(s)$ とし，各軸まわりの微小回転量を $\omega_\xi(s), \omega_\eta(s), \omega_\zeta(s)$ とすると，物体の変形による各軸方向の微小変化量は，剛体の角速度とのアナロジーから，以下のように与えられる。

$$\frac{\mathrm{d}}{\mathrm{d}s}[\,\boldsymbol{\xi}\ \boldsymbol{\eta}\ \boldsymbol{\zeta}\,]=[\,\boldsymbol{\xi}\ \boldsymbol{\eta}\ \boldsymbol{\zeta}\,]\begin{bmatrix}0 & -\omega_\zeta & \omega_\eta\\ \omega_\zeta & 0 & -\omega_\xi\\ -\omega_\eta & \omega_\xi & 0\end{bmatrix}$$

ここで，ω_ξ は物体の ξ 軸まわりの曲率，ω_η は物体の η 軸まわりの曲率，ω_ζ は物体のねじれ率（捩率ではないことに注意）に相当する。これら微小回転量 $\omega_\xi, \omega_\eta, \omega_\zeta$ が与えられれば，上式より物体各点での物体座標系の向き，さらには物体の中心軸の形状を求めることができる。

線状物体の変形が微小変形理論に従うとすると，物体の変形によるポテンシャルエネルギーは

$$U=\frac{R_\xi}{2}\int_0^L\omega_\xi^2\,\mathrm{d}s+\frac{R_\eta}{2}\int_0^L\omega_\eta^2\,\mathrm{d}s+\frac{R_\zeta}{2}\int_0^L\omega_\zeta^2\,\mathrm{d}s$$

と表される。ここで，R_ξ は ξ 軸まわりの，すなわち η 軸方向への曲げ剛性，R_η は η 軸まわりの，すなわち ξ 軸方向への曲げ剛性，R_ζ はねじり剛性を表す。静力学の変分原理により，物体はポテンシャルエネルギーが最小となる形状で安定するので，物体に課せられる制約条件の下で，ポテンシャルエネルギーが最小となるような微小回転量 $\omega_\xi, \omega_\eta, \omega_\zeta$ を求めることにより，物体の形状を得ることができる。すなわち，線状物体の変形形状を求める問題は，物体の微小回転量に関する変分問題となる。なお，微小回転量はオイラー角あるいは四元数を用いて表現することもできる。例えば，オイラー角の場合には，

$$\begin{aligned}\omega_\xi&=\frac{\mathrm{d}\theta}{\mathrm{d}s}\sin\phi-\frac{\mathrm{d}\phi}{\mathrm{d}s}\sin\theta\cos\phi\\ \omega_\eta&=\frac{\mathrm{d}\theta}{\mathrm{d}s}\cos\phi+\frac{\mathrm{d}\phi}{\mathrm{d}s}\sin\theta\sin\phi\\ \omega_\zeta&=\frac{\mathrm{d}\psi}{\mathrm{d}s}+\frac{\mathrm{d}\phi}{\mathrm{d}s}\cos\theta\end{aligned}$$

となり，オイラー角 $\phi(s), \theta(s), \psi(s)$ に関する変分問題として解けば，物体の形状が求められる。

帯状物体の場合も，線状物体と同様のモデル化が可能となる。帯状物体の長さを L，幅を b，厚さを h とし，$L \gg b \gg h$ とする。この物体の長手方向に ζ 軸，法線方向に η 軸，幅方向に ξ 軸が一致するように物体座標系 $\mathrm{P}(s)-\xi\eta\zeta$ を設定する。

物体が長手方向に伸縮しないと仮定するならば，物体は η 軸まわりには回転できないので，物体の変形による各軸方向の微小変化量は以下のように与えられる。

$$\frac{\mathrm{d}}{\mathrm{d}s}[\,\boldsymbol{\xi}\ \boldsymbol{\eta}\ \boldsymbol{\zeta}\,]=[\,\boldsymbol{\xi}\ \boldsymbol{\eta}\ \boldsymbol{\zeta}\,]\begin{bmatrix}0 & -\omega_\zeta & 0\\ \omega_\zeta & 0 & -\omega_\xi\\ 0 & \omega_\xi & 0\end{bmatrix}$$

線状物体と同様，上式を用いることで，帯状物体の中心軸の形状を求めることができる。

次に，帯状物体のポテンシャルエネルギーについて考える。物体が伸縮しないという仮定より，変形した物体表面は可展面に相当する。可展面の場合，曲げとねじれが生じているように見えても，実際には最大曲率方向への曲げ変形が生じているだけとなる。点 $\mathrm{P}(s)$ にお

ける幅方向の曲率を $\delta(s)$ とする。ただし，$L \gg b$ のため，$\delta(s)$ は幅方向に沿って一様であるとする。可展面のガウス曲率 $K = \omega_\xi \delta - \omega_\zeta^2$ は 0 となるため $\delta = \omega_\zeta^2/\omega_\xi$，最大曲率 κ_1 は $\kappa_1 = \omega_\xi + \delta = (\omega_\xi^2 + \omega_\zeta^2)/\omega_\xi$ より，帯状物体のポテンシャルエネルギーは以下のように表される。

$$U = \frac{R_\xi}{2} \int_0^L \left(\frac{\omega_\xi^2 + \omega_\zeta^2}{\omega_\xi} \right)^2 \mathrm{d}s$$

よって，帯状物体の場合も，物体に課せられる制約条件の下で，ポテンシャルエネルギーが最小となるような ω_ξ および ω_ζ を求めることにより，物体の形状を得ることができる。このように，線状物体・帯状物体の変形形状は，微分幾何法を用いて表現することができる。

28.5.2 線状物体・帯状物体の変形形状の導出手法

前項で示した変分問題の解法について説明する。求めるべき微小回転量を基底関数 $e_i(s)$ $(i = 1, \ldots, n)$ の線形和で表す。すなわち，

$$\omega_\xi(s) = \sum_{i=1}^{n} a_i e_u(s)$$

とする。このときの未知の係数 a_i をまとめて係数ベクトル $\boldsymbol{a}$ として表すと，変分問題は $\boldsymbol{a}$ に関する最適化問題に変換される。これにより，非線形計画法の適当な手法を用いて数値的に解くことが可能となる。

上記手法を用いた線状物体の変形形状の計算例を図 28.21 に示す。これは，同軸上に線状物体の両端を固定した上で，両端間の距離を縮めていった時の計算結果である。はじめは，ある垂直平面内で変形していたものが，徐々に曲がりくねって垂直平面内には収まらなくなり，最後にはループが形成される現象を再現できている。この時のポテンシャルエネルギーの推移を図 28.22 に示す。はじめ，線状物体には曲げ変形のみが生じていたが，やがて，曲げ変形とねじれ変形の両方が

図 28.21 線状物体の変形形状計算例

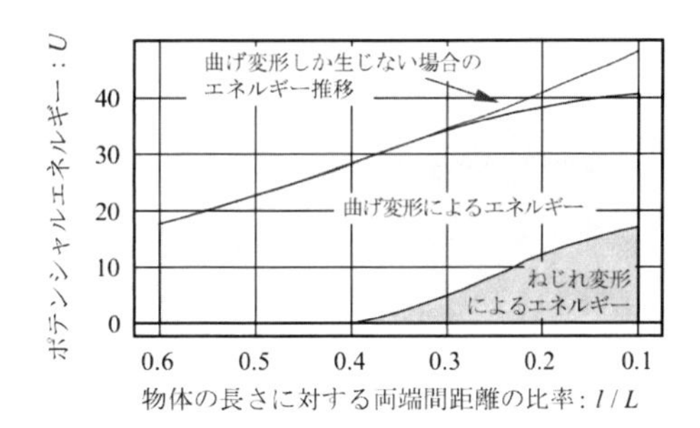

図 28.22 図 28.21 における両端間の距離とポテンシャルエネルギーとの関係

生じたほう，すなわち曲がりくねったほうがポテンシャルエネルギーがより小さくなるため，このような現象が生じると考えられる。線状物体の場合，変形のさせ方によっては，このような曲げ変形とねじれ変形との間の変換が生じるため，失敗のないハンドリングのためには，当該現象を再現できるモデルが必要となる。

次に，帯状物体の変形形状の計算例を図 28.23 に示す。先に述べた通り，物体が伸縮しない場合には物体法線軸まわりの回転は許容されないが，図 28.23(a) のように，物体に曲げとねじれが生じることにより，物体中心軸の向きが垂直軸まわりに変化するような変形を再現できている。

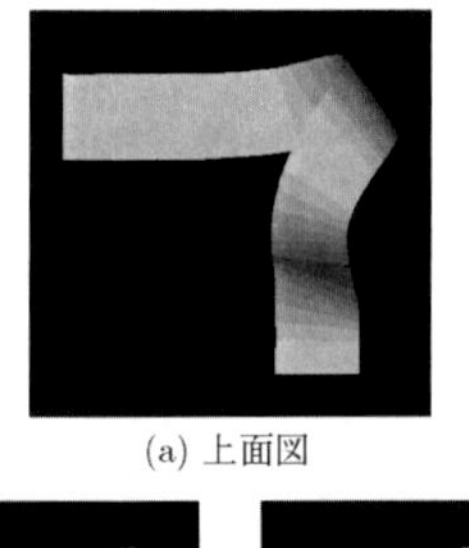

(a) 上面図

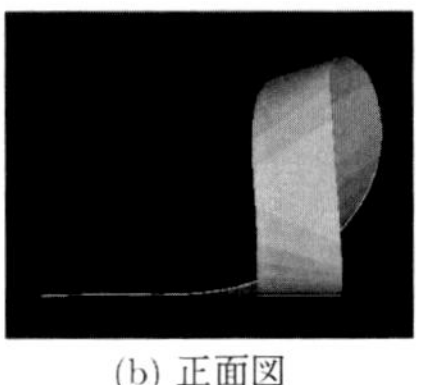

(b) 正面図

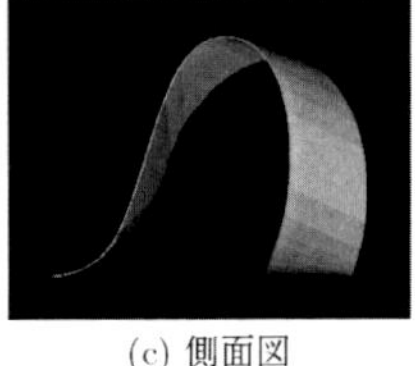

(c) 側面図

図 28.23 帯状物体の変形形状計算例

28.5.3 線状物体の定性的ハンドリング計画

物体の変形は予測できるとして，線状物体・帯状物体のハンドリングの自動化のためには，ハンドリング計画の導出が必要となる。ハンドリング計画の定性的な表現手法としては，接触状態グラフを挙げることが

できる。これは，ハンドリング対象の物体とその他の物体との接触状態と，各状態間の遷移の可否をグラフで表したものである。接触状態は，各物体の頂点や面等，接触している構成要素の対の集合によって表されるため，有限個の状態に分類できる。線状物体の場合も，幾何形状そのものに着目すると状態は無限に存在するが，物体自身との交点の数やその並び方等に着目すると，有限個の状態に分類できると考えられる。本項では，位相的表現に基づく線状物体のハンドリング計画[4–6]について述べる。

線状物体の位相的表現としては，結び目理論が挙げられる。これは，結び目をある平面に射影したときに，交点の個数，交点の並び方，各交点での上下関係と交差の仕方に着目して，定性的に分類するものである。例えば，図 28.24 のような結び目は，以下のような記号的表現と一対一に対応づけることが可能となる。

$$E_l - C_1^{u-} - C_2^{l-} - C_3^{l+} - C_4^{u+} - C_4^{u-}$$
$$-C_l^{l-} - C_2^{u-} - C_5^{l-} - C_4^{l+} - C_3^{u+} - E_r$$

ここで，E_l, E_r は物体の端点，C_i は物体自身との交点を表す。

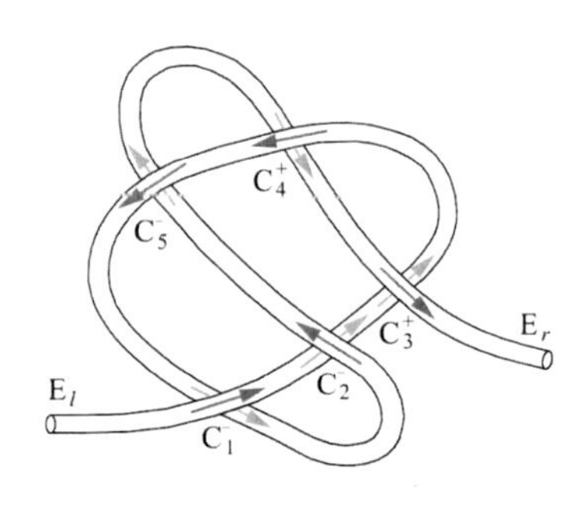

図 28.24　引き解け結び

次に，状態間の遷移について考える。結び目理論においては，結び目の位相を変えずに交点の数や配置を変化させる処理として，3 つのライデマイスター移動が定義されている。ただし，結び目理論では閉じた輪を対象としているため，実際の線状物体に適用するためには，端を対象とした操作も考慮する必要がある。図 28.25 に，線状物体の状態を変化させるための基本操作を示す。図 28.25(a),(b),(c) に示した操作 I, II, III が，それぞれライデマイスター移動 I, II, III に対応する。

線状物体の定性的状態とその間の遷移ルールを定義できれば，線状物体の状態遷移を表現することができる。図 28.24 に示した引き解け結びをほどく場合の可能性のある状態遷移を，図 28.26 に示す。なおこの例では，操作 III は適用しないとしている。こうして得られた状態遷移の中から適当な遷移経路を選択することで，線状物体の定性的なハンドリング計画を導出することができる。

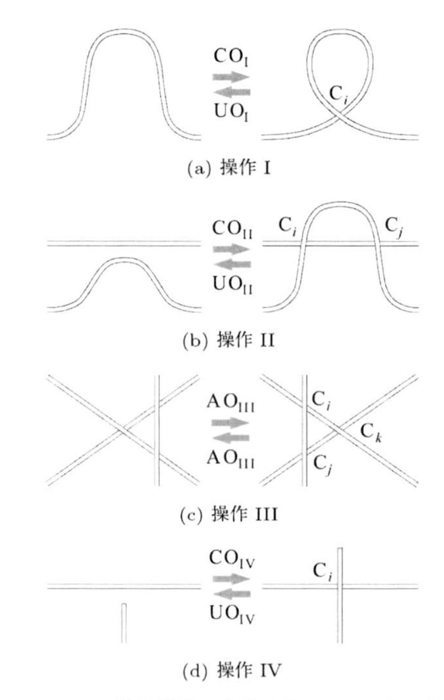

図 28.25　線状物体の状態遷移のための基本操作

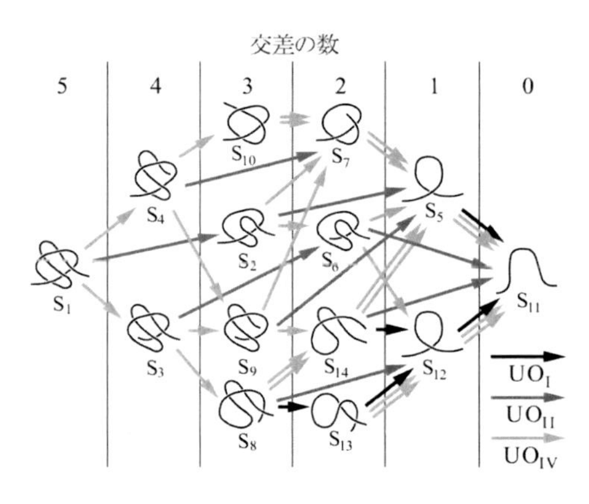

図 28.26　引き解け結びのほどき操作

28.5.4　線状物体・帯状物体の変形経路計画

前項により，線状物体の定性的なハンドリング計画は導出することができる。しかし，物体のハンドリングを実現するためには，物体をどのように変形させるか，すなわちハンドリングによる物体の変形形状の移り変りを定量的に決定する必要がある。物体の変形形状の移り変りを，変形経路と呼ぶことにする。本項では，準静的な変形経路の計画について述べる[7]。

先にも示したように，物体の変形形状は係数ベクトル $\boldsymbol{a}$ で表すことができる。ここで，物体の初期状態を表す係数ベクトルを $\boldsymbol{a}_0$，目標状態を表す係数ベクトルを $\boldsymbol{a}_1$ とする。さらに，状態パラメータ k を導入し，$k=0$ のとき初期状態を，$k=1$ のとき目標状態を表すものとする。物体が初期状態から目標状態まで変化する間の形状を表す係数ベクトルを $\boldsymbol{a}(k)$ とすると，$\boldsymbol{a}(0)=\boldsymbol{a}_0$，$\boldsymbol{a}(1)=\boldsymbol{a}_1$ である必要がある。よって，$\boldsymbol{a}(k)$ を以下のように定義する。

$$\begin{aligned}\boldsymbol{a}(k) &= (1-k)\boldsymbol{a}_0 + k\boldsymbol{a}_1 \\ &\quad + \sum_i k^i(1-k)\boldsymbol{c}_i + \sum_j k(1-k)^j\boldsymbol{c}_j\end{aligned} \tag{28.26}$$

ここで，$\boldsymbol{c}_i$ と $\boldsymbol{c}_j$ をまとめて $\boldsymbol{c}$ で表す。上式より，物体が初期状態から目標状態までどのように変形するかは，ベクトル $\boldsymbol{c}$ によって規定される。この $\boldsymbol{c}$ を変形経路ベクトルと呼ぶことにする。変形経路ベクトルの導入により，変形中の物体のポテンシャルエネルギーは変形経路ベクトルと状態パラメータの関数となる。

ハンドリング中に物体に過度な変形を生じさせないようにするためには，変形中のポテンシャルエネルギーをなるべく小さくする必要がある。変形中のポテンシャルエネルギーの最大値を

$$U_{\max}(\boldsymbol{c}) = \max_{0\le k\le 1} U(\boldsymbol{c},k) \tag{28.27}$$

とおくと，$U_{\max}(\boldsymbol{c})$ が最小となるような変形経路ベクトル $\boldsymbol{c}$ を求めることにより，適切な変形経路を導出することができる。2 次元における線状物体の変形経路導出例として，図 28.27 に要求される操作を示す。図 28.27(a) が初期状態，図 28.27(b) が目標状態を表す。図 28.27 に灰色で示した障害物と干渉しないという制約の下で，式 (28.27) を最小化することにより，図 28.28

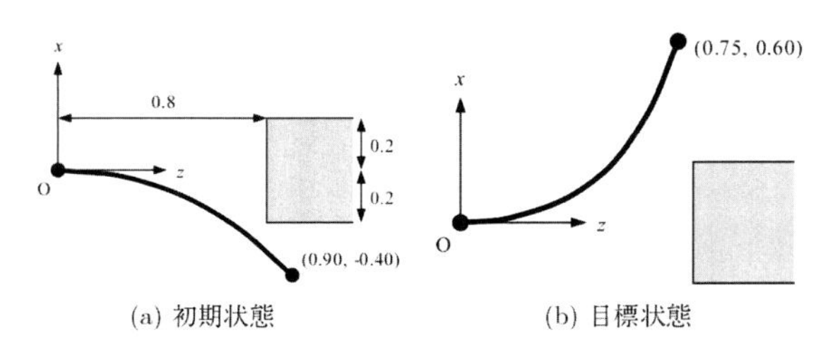

図 28.27 線状物体の要求操作例

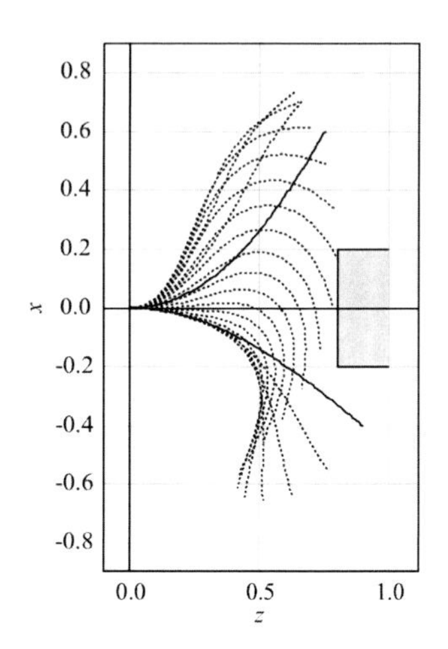

図 28.28 計算により得られた，変形中の物体のポテンシャルエネルギーの最大値が最小となるような変形経路

のような，線状物体に曲げ変形を生じさせてから右端点を上方に案内し，曲げ変形を戻すという変形経路が導出される。

先の例では，変形中の物体のポテンシャルエネルギーの最大値が最小となるような経路を導出したが，評価指標は必ずしも 1 つではなく，何に着目するかによって変わってくる。

帯状物体に関しても，同様に変形経路を計画できる[8]。帯状物体については，η 軸まわりあるいは ζ 軸まわりの回転により過度な応力がかかると，特に物体の長手方向に伸びるエッジが破損する恐れがある。この場合，物体全体のポテンシャルエネルギーは大きくなくても，過度の応力がかかる部分のポテンシャルエネルギーが他の部分と比較して相対的に大きくなる可能性があるため，物体の持つ全ポテンシャルエネルギーではなく，局所的な領域におけるポテンシャルエネルギーの大きさに着目する必要がある。ここで，物体は η 軸まわりにも微小な変形は可能である，すなわち $\omega_\eta(s)\ne 0$ とし，E をヤング率，G を剛性率，ν をポアソン比とする。物体の局所ポテンシャルエネルギーを

$$\begin{aligned}U_{\mathrm{local}}(\boldsymbol{c},k,s) &= \frac{E}{2(1-\nu^2)}\frac{bh^3}{12}\left(\omega_\xi^2+\delta^2-2\nu\omega_\xi\delta\right) \\ &\quad + \frac{G}{2}\frac{bh^3}{3}\omega_\zeta^2 + \frac{E}{2(1-\nu^2)}\frac{b^3h}{12}\omega_\eta^2\end{aligned}$$

と定義し，評価指標として，変形経路中の局所ポテンシャルエネルギーの最大値

$$\max_{0\le k\le 1}\ \max_{0\le s\le L}\ U(\boldsymbol{c},k,s) \tag{28.28}$$

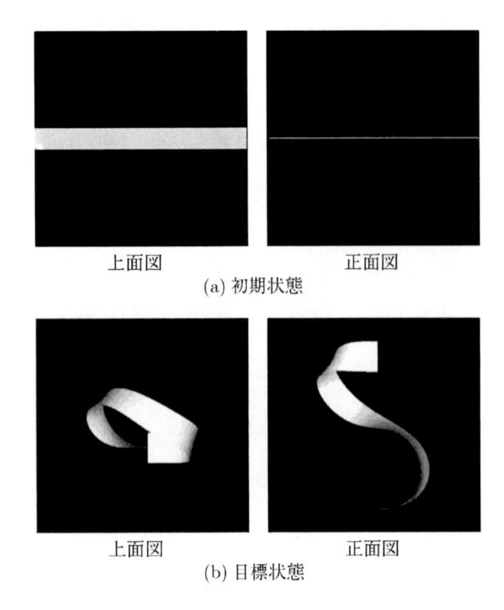

図 28.29　帯状物体の要求操作例

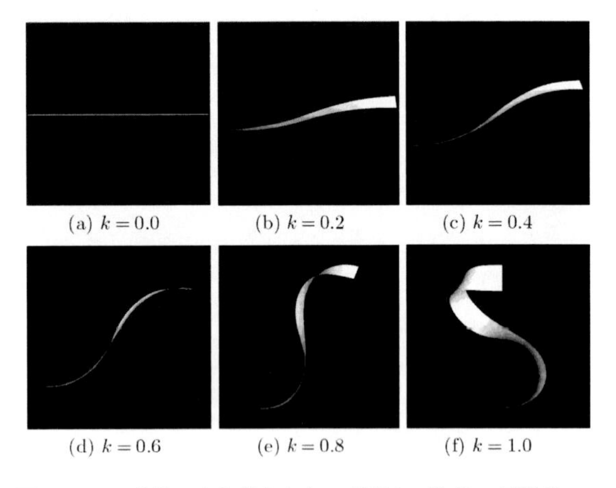

図 28.30　計算により得られた，変形中の物体の局所ポテンシャルエネルギーが最小となる変形経路

を最小化することで，過度な応力のかからない適切な変形経路が導出できると考えられる。例として，図 28.29 に要求される操作を示す。図 28.29(a) に示す平坦な状態から，図 28.29(b) に示すように，右端を持ち上げて zx 平面で S 字状に変形させつつ，z 軸まわりに 90 度ねじるという操作である。計算により，図 28.30 に示すような変形経路が得られる。

以上に示した手法を用いることで，線状物体・帯状物体の定性的ハンドリング計画から，ハンドの軌道導出に繋がる具体的な変形経路計画までを立案することが可能となる。

＜若松栄史＞

参考文献（28.5 節）

[1] Wakamatsu, H. and Hirai, S.: Static Modeling of Linear Object Deformation Based on Differential Geometry, *Int. J. Robotics Research*, Vol. 23, No. 3, pp.293–311 (2004).

[2] Wakamatsu, H., Arai, E. and Hirai, S.: Fishbone Model for Belt Object Deformation, *Robotics: Science and Systems III*, pp.89–96, The MIT Press (2008).

[3] Wakamatsu, H., Morinaga, E., Arai, E. and Hirai, S.: Deformation Modeling of Belt Object with Angles, *Proceedings of the 2009 IEEE International Conference on Robotics and Automation*, pp.606–611 (2009).

[4] 若松栄史，妻屋彰，荒井栄司，平井慎一：結び／解き操作を含めた線状物体のマニピュレーション，『日本ロボット学会誌』，Vol. 23, No. 3, pp.344–351 (2005).

[5] 若松栄史，妻屋彰，荒井栄司，平井慎一：結び目理論に基づく線状物体の結び／締め操作の定性計画，『日本ロボット学会誌』，Vol. 24, No. 4, pp.523–532 (2006).

[6] Wakamatsu, H., Arai, E. and Hirai, S.: Knotting/Unknotting Manipulation of Deformable Linear Objects, *Int. J. Robotics Research*, Vol. 25, No. 4, pp.371–395 (2006).

[7] Wakamatsu, H., Teramoto, R., Shirase, K., Arai, E. and Hirai, S.: Deformation Modeling and Path Generation for Linear Object Manipulation, *Proceedings of World Multiconference on Systemics, Cybernetics, and Informatics*, Vol. XI, pp.112–117 (2001).

[8] Wakamatsu, H., Morinaga, E., Arai, E. and Hirai, S.: Path Planning for Belt Object Manipulation, *Proceedings of the 2012 IEEE International Conference on Robotics and Automation*, pp.4334–4339 (2012).

28.6　レオロジー物体のハンドリング

28.6.1　レオロジー物体

レオロジー物体とは，弾性と塑性の両方の特性を持つ柔軟物である。弾性のため発生した変形が部分的に戻り，塑性のため変形が残る。レオロジー物体の代表的な例として，血管や筋肉などの生体組織や食品生地が挙げられる。複雑な変形特性を有するため，レオロジー物体の自動ハンドリングは困難である。レオロジー物体をハンドリングするためには，レオロジー物体のモデリングと力学特性を推定する手法を確立することが必要である。本節では，有限要素法を用いて，レオロジー物体のモデリングとパラメータを推定する手法について概説する。

28.6.2　レオロジー物体の特性

本項では，和菓子の生地を例に，レオロジー物体の特性を示す。まず，和菓子生地を床に置く。生地の上面に板を当て，リニアステージを使用してその板を下方に押し込むことで，和菓子の生地を変形させる。次に，板の位置を一定時間維持し，発生した変形をそのまま維持する。その後，板を上方に動かし，板を生地から離す。和菓子生地の変形形状をカメラで撮像する。和菓子生地の初期形状を図 28.31 中の Initial に，板の位置を維持しているときの形状を図 28.31 中の Keep に，板を生地から離した後の最終形状を図 28.31 中の Final に示す。最終形状では，発生した変形が部分的に戻っている。すなわち弾性特性を示している。しかしながら，初期形状までは戻らない。すなわち塑性特性を示している。このようにレオロジー物体は，弾性と塑性の両方の特性を有する。板を生地から離した後，変形量は非線形的に減少する。この減少は歪み緩和と呼ばれる。

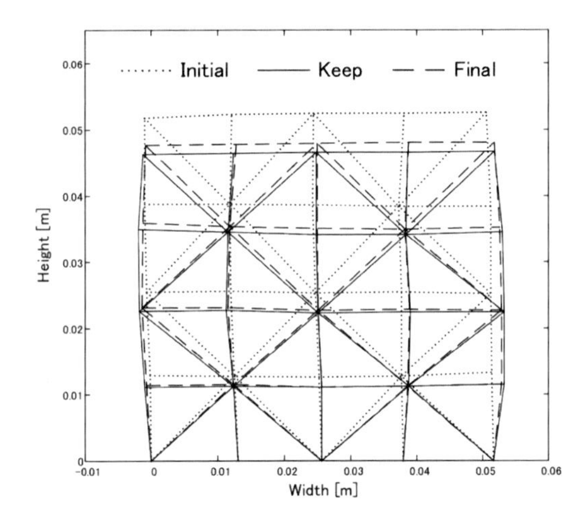

図 28.31　和菓子生地の変形特性

和菓子を置く床の下にロードセルを設置し，変形過程において生じる法線方向の力を計測した。その結果を図 28.32 に示す。図中に示す Push の間，生地の上面に当てた板を下方に押し込んでいる。また，図中に示す Keep の間，板の位置を維持している。期間 Push では，力がほぼ線形的に増加する。一方，期間 Keep では，変形形状が維持されているのに関わらず，力は非線形的に減少している。この減少は応力緩和と呼ばれる。

レオロジー物体のモデリングは，① 応力–歪み関係の定式化，② 2 次元/3 次元変形の定式化からなる。応力–歪み関係の定式化に関して 28.6.3 項で，2 次元/3 次元変形の定式化に関して 28.6.4 項で述べる。

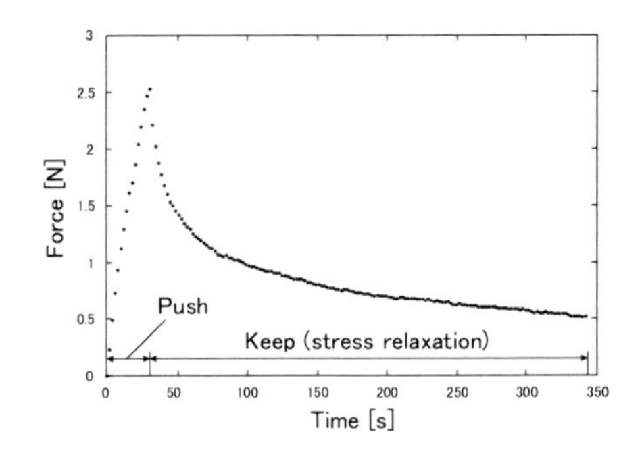

図 28.32　和菓子生地の力特性

28.6.3　応力–歪み関係の定式化

(1) 直列モデルと並列モデル

レオロジー物体の応力–歪み関係を数値的に表現するために，図 28.33 に示す力学モデルが広く使用されている。力学モデルは，弾性要素（図 28.33(a-1) では E），粘性要素（(図 28.33(a-1) では c_1），塑性要素（(図 28.33(a-1) では c_2）から構成される。弾性要素は弾性特性に起因する戻り変形を，塑性変形は塑性特性に起因する残留変形を示す。粘性要素は，弾性変形の減衰を表す。弾性要素と粘性要素の並列結合をフォークト要素，弾性要素と塑性要素の直列結合をマクスウェル要素と呼ぶ。力学モデルは，直列モデルと並列モデルに大別できる。直列モデル (図 28.33(a)) は，フォークト要素と塑性要素あるいはマクスウェル要素を直列に結合している。並列モデル（図 28.33(b)）は，マクスウェル要素と粘性要素を並列に結合している。

レオロジー変形の特徴として，歪み緩和と応力緩和を挙げた。レオロジー変形のモデリングにおいては，歪み緩和や応力緩和に現れる非線形の関係を表現する必要がある。そのために，各力学モデルにおいて，応力と歪みの関係を与える構成則を定式化する。直列モ

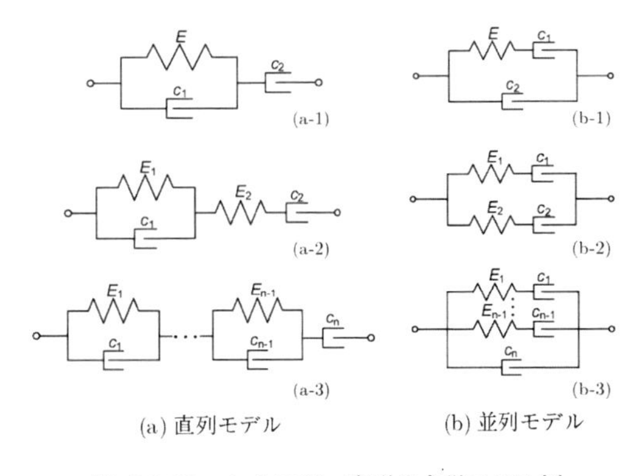

図 28.33　レオロジー変形の力学モデル[7]

デルと並列モデルの構成則は次式で統一的に表現することができる[1].

$$\sum_{i=0}^{m} A_i \frac{\partial^i \sigma}{\partial t^i} = \sum_{j=1}^{n} B_j \frac{\partial^j \epsilon}{\partial t^j} \tag{28.29}$$

ここで，σ は応力，ϵ は歪み，A_i, B_j は材料の力学パラメータに依存する係数，n は力学モデル（図 28.33）に含まれる層の数，m は物理モデルに応じて n または $n-1$ である。たとえば，図 28.33(a-1),(b-1) のモデルでは $n=2$，$m=1$，図 28.33(a-2),(b-2) のモデルでは $n=2$，$m=2$，図 28.33(a-3),(b-3) のモデルでは $m=n-1$ である。上式より，直列モデルと並列モデルは等価であり，互いに変換可能であることがわかる。

式 (28.29) を用いて既知の応力から歪みを計算すること，既知の歪みから応力を算出することができる。しかし，式 (28.29) を解くことは煩雑である。そこで，計算する量に応じて，直列モデルと並列モデルを使い分ける。既知の応力から歪みを計算するときには，直列モデルを用いる。既知の応力が，直列モデルの各層に等しく作用する。各層の構成則は 0 階あるいは 1 階の微分方程式で定式化されており，作用する応力に対する各層の歪みを容易に計算することができる。各層の歪みを合計して，総歪みを得る。一方，既知の歪みから応力を算出するときには，並列モデルを用いる。既知の歪みが，並列モデルの各層に等しく生じる。各層の構成則を用いて各層に作用する応力を計算し，各層の応力を合計して，総応力を得る。結果として，歪み緩和の結果に対しては直列モデルを，応力緩和の結果に対しては並列モデルを用いることにより，変形や力を容易に求めることができる。

(2) 力学モデルパラメータの推定

図 28.32 に示すように，時系列的な力の計測結果は容易に得ることができる。そこで，図 28.32 に示す応力緩和を再現するために，並列モデルを 1 つ選択する。応力緩和の結果からモデルを選択するために，一般的な並列モデル（図 28.33(b-3)）の応力緩和式を導出する。歪みまたは歪み速度が一定であると仮定すると，式 (28.29) から，次式で与えられる応力緩和を得る。

$$\sigma(t) = \sum_{i=1}^{m} a_i e^{-b_i t} + d \tag{28.30}$$

ここで a_i, b_i, d はモデルパラメータ（$E_1, \ldots, E_{n-1}$, $c_1, \ldots, c_n$）に依存する未知の係数である。並列 3 要素モデル（図 28.33(b-1)）と並列 4 要素モデル（図 28.33(b-2)）を対象として，図 28.32 に示す計測結果のカーブフィッティングを行った。短時間（約 30 s）でのフィッティング結果を図 28.34 に，長時間（約 300 s）での結果を図 28.35 に示す。短時間での結果では，3 要素と 4 要素モデル間のフィッティング結果に大きな差はない。一方，長時間での結果ではこの差が大きくなる。一般的に，食品などのレオロジー物体のハンドリングは短時間で成されるので，3 要素モデルで十分と考える。一方，物体の残留変形（長時間放置した後の形）を計算するときは，4 要素モデルのほうがよい。しかし，4 要素モデルの中に独立したバネがあるため，動的シミュレーションの際に振動が発生してしまうという欠点がある。この振動を取り除くためには，図 28.33(b-3) に示す構造のように，もう一つの粘性要素を 4 要素モデルに並列に追加し，5 要素モデルとすればよい。一般的に，多くの要素（パラメータ）を含むモデルを用いると，より良いフィッティング結果が得られる。しかし，パラメータが多くなると，フィッティングに要する時間が長くなる。また，フィッティング（最適化）は初期値に敏感であり，局所解にトラップされやすくなる。

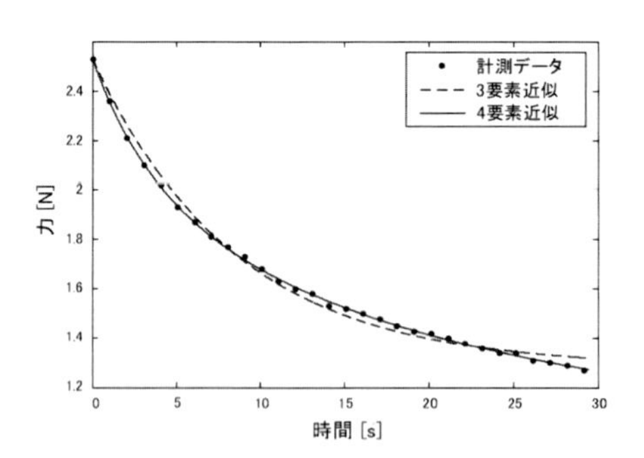

図 28.34　短時間カーブフィッティングの結果

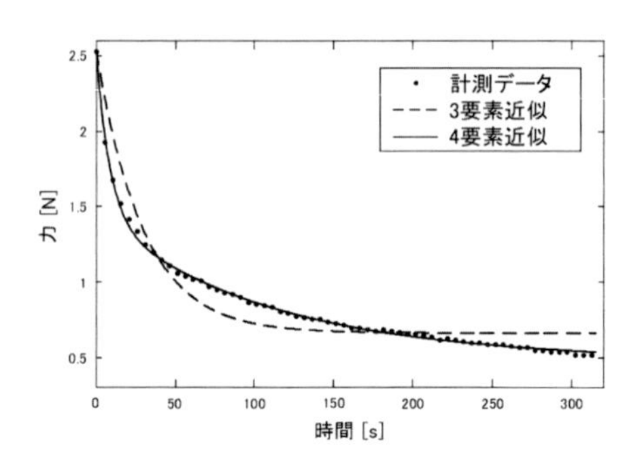

図 28.35　長時間カーブフィッティングの結果

28.6.4 有限要素モデリング

(1) モデリング方法の選択

2次元/3次元変形のモデリングの方法としては，マス・バネ・ダンパ（MSD法），差分法（FD法），境界要素法（BE法），有限要素法（FE法）が挙げられる。前者ほど計算コストが少なく，後者ほどシミュレーション精度が高い。モデリング方法は使用目的に応じて選択すべきである。高い計算精度を要求されないが，計算コストが重要な場合は，MSD法を選択する。逆に，計算コストを考慮する必要がなく，高い精度を要求される場合はFE法を選択すればよい。最近，コンピュータのパフォーマンスの発展に伴い，FE法が注目されている。

レオロジー物体のモデリングに関して，Terzopoulosらは4要素モデル（図28.33(a-2)）とFD法を用いて，レオロジー変形のシミュレーションを行った[2]。登尾らは3要素モデル（図28.33(a-1)）とMSD法を使って，食品生地のモデルを構築した[3-5]。坂本らは海苔巻き寿司をロボットハンドで把持した時の力を計算するために，2層マクスウェルモデル（図28.33(b-2)）を使用した[6]。著者らは異なる物理モデルとFE法を用いて，食品や生体材料のモデリングを行った[7, 8]。

(2) レオロジー物体の有限要素モデリング

28.6.3項で述べた1次元モデルは，伸縮変形のみを扱う。したがって，応力や歪みはスカラーであり，応力と歪みの線形の関係式は，スカラーである比例係数で与えられる。一方，2次元/3次元モデルでは，伸縮変形とともに剪断変形を考慮する必要がある。すなわち，2次元モデルは2自由度の伸縮変形と1自由度の剪断変形を有しており，応力や歪みは3次元のベクトルで表される。応力と歪みの線形の関係式は，3×3 行列で表される。また，3次元モデルは3自由度の伸縮変形と3自由度の剪断変形を有しており，応力や歪みは6次元のベクトルで表される。応力と歪みの線形の関係式は，6×6 行列で表される。このように，2次元/3次元モデルでは，応力と歪みの関係式が複雑になる。ただし，材料が等方であると仮定すると，図28.36に示すように，1次元モデルから2次元/3次元モデルを容易に導くことができる。有限要素モデルにおいて，節点に作用する力からなるベクトルを $\boldsymbol{F}$，節点の変位からなるベクトルを $\boldsymbol{u}_N$ で表す。有限要素モデルを構築するためには，力ベクトル $\boldsymbol{F}$ と変位ベクトル $\boldsymbol{u}_N$ の関係を導く必要がある。

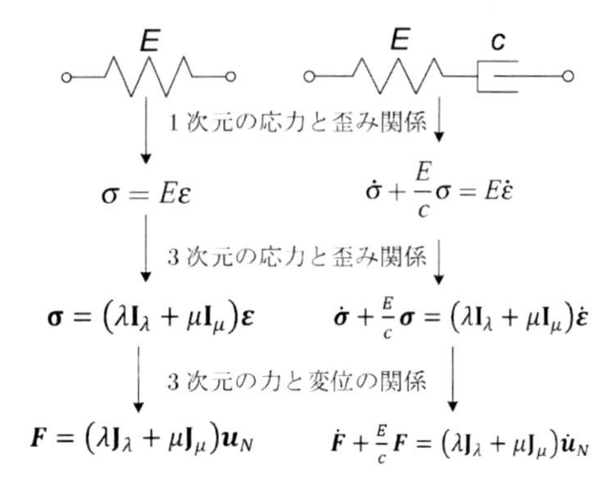

図 28.36 力と変位の関係の導出

弾性モデルにおける導出を，図28.36の左側に示す。1次元弾性モデルでは，応力 σ と歪み ϵ の関係は，ヤング率 E を用いて $\sigma = E\epsilon$ と表される。等方3次元弾性モデルでは，応力ベクトル $\boldsymbol{\sigma}$ と歪みベクトル $\boldsymbol{\epsilon}$ の関係は，弾性を表すラメの定数 λ, μ と等方性に起因する 6×6 行列 $\mathbf{I}_\lambda, \mathbf{I}_\mu$ を用いて，$\boldsymbol{\sigma} = (\lambda \mathbf{I}_\lambda + \mu \mathbf{I}_\mu)\boldsymbol{\epsilon}$ と表される。ここで，応力ベクトル $\boldsymbol{\sigma}$ を力ベクトル $\boldsymbol{F}$ に，歪みベクトル $\boldsymbol{\epsilon}$ を変位ベクトル $\boldsymbol{u}_N$ に，行列 $\mathbf{I}_\lambda, \mathbf{I}_\mu$ を接続行列 $\mathbf{J}_\lambda, \mathbf{J}_\mu$ に置き換えると，力ベクトル $\boldsymbol{F}$ と変位ベクトル $\boldsymbol{u}_N$ の関係式 $\boldsymbol{F} = (\lambda \mathbf{J}_\lambda + \mu \mathbf{J}_\mu)\boldsymbol{u}_N$ を得る。接続行列 $\mathbf{J}_\lambda, \mathbf{J}_\mu$ は，有限要素モデルの節点の座標から計算することができる[9]。マクスウェルモデルにおける導出を，図28.36の右側に示す。1次元マクスウェルモデルから等方3次元マクスウェルモデルを導き，同様の置き換えを実施することにより，力ベクトル $\boldsymbol{F}$ と変位ベクトル $\boldsymbol{u}_N$ の関係を表す微分方程式を得る。

並列モデルにおいても同様の導出が可能である。並列5要素モデル（図28.33(b-3)）における導出を，図28.37に示す。まず，各層の応力–歪み関係式から，力ベクトルと変位ベクトルの関係式を導く。次に，各層で発生する力を足し合わせることで，合計の力を求めることができる。ここで，λ_3^{vis} と μ_3^{vis} は粘性を表すパラメータである[9]。したがって，以下の微分方程式を解くこ

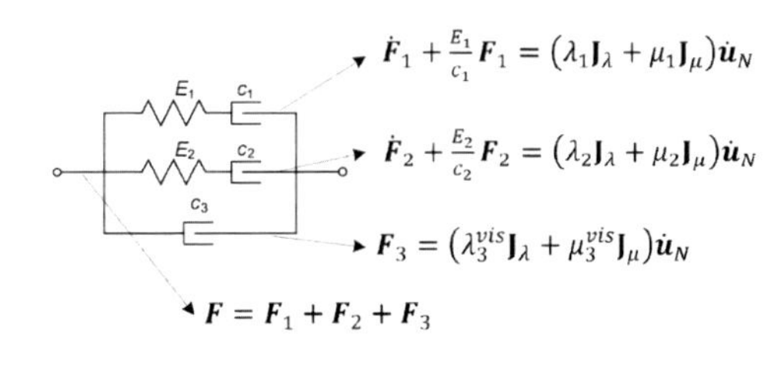

図 28.37 並列5要素モデルの力の計算

とにより，レオロジー物体の動的な変形をシミュレーションすることができる。

$$
\begin{aligned}
\dot{\boldsymbol{u}}_N &= \boldsymbol{v}_N, \\
\mathbf{M}\dot{\boldsymbol{v}}_N &= -\boldsymbol{F}^{\mathrm{rheo}} + \boldsymbol{F}^{\mathrm{ext}} \\
-\mathbf{A}^T\dot{\boldsymbol{v}}_N &= \mathbf{A}^T(2\omega\boldsymbol{v}_N + \omega^2\boldsymbol{u}_N) \\
\dot{\boldsymbol{F}}_1 + \frac{E_1}{c_1}\boldsymbol{F}_1 &= (\lambda_1\mathbf{J}_\lambda + \mu_1\mathbf{J}_\mu)\boldsymbol{v}_N \\
\dot{\boldsymbol{F}}_2 + \frac{E_2}{c_2}\boldsymbol{F}_2 &= (\lambda_2\mathbf{J}_\lambda + \mu_2\mathbf{J}_\mu)\boldsymbol{v}_N \\
\boldsymbol{F}_3 &= (\lambda_3^{\mathrm{vis}}\mathbf{J}_\lambda + \mu_3^{\mathrm{vis}}\mathbf{J}_\mu)\boldsymbol{v}_N \\
\boldsymbol{F}^{\mathrm{rheo}} &= \boldsymbol{F}_1 + \boldsymbol{F}_2 + \boldsymbol{F}_3
\end{aligned}
\tag{28.31}
$$

ここで $\boldsymbol{v}_N$ は節点の速度からなるベクトル，$\mathbf{M}$ は慣性行列，$\boldsymbol{F}^{\mathrm{rheo}}$ はレオロジー変形によって発生した力，$\boldsymbol{F}^{\mathrm{ext}}$ は外力である。第 3 式は，行列 $\mathbf{A}$ で指定した節点を固定するための境界条件である。また ω は，制約安定化のための正の定数である。この微分方程式を数値的に解くことにより，レオロジー物体の変形と発生する力を計算することができる。図 28.38 に，2 次元シミュレーションの結果の一例を示す。

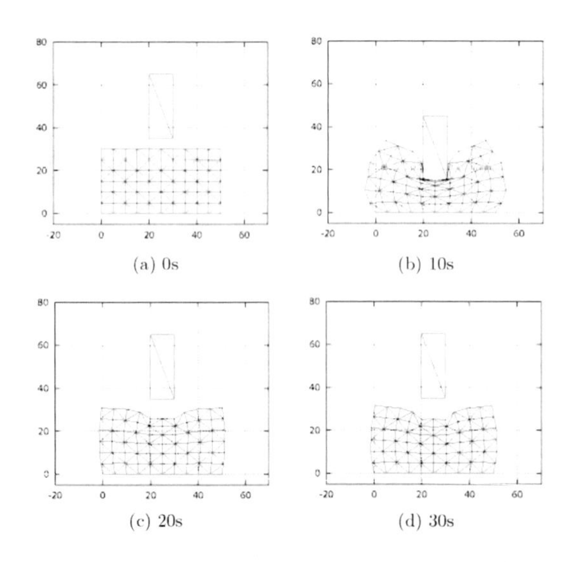

図 28.38　2 次元のレオロジー変形の計算例

28.6.5　力学パラメータの推定

実物体のシミュレーションを行うためには，物体の力学パラメータ（例えば式 (28.31) 中のヤング率 E_1, E_2，粘性係数 c_1, c_2, c_3）を推定する必要がある。パラメータ推定に関して最も一般的な方法は，図 28.39 に示す逆有限要素最適化である。あらかじめ，物体の変形や発生する力を実験で計測する。パラメータの値を設定してシミュレーションを行い，計測した力や変形とシミュレーションで計算した力や変形を比較し，誤差を計算する。この誤差はパラメータの関数とみなすことができるので，誤差を目的関数とみなし，目的関数の値が最小になるように最適化を実行する。目的関数，すなわち誤差が最小となるときのパラメータの値を，力学パラメータの推定値とする。目的関数は次式で表される。

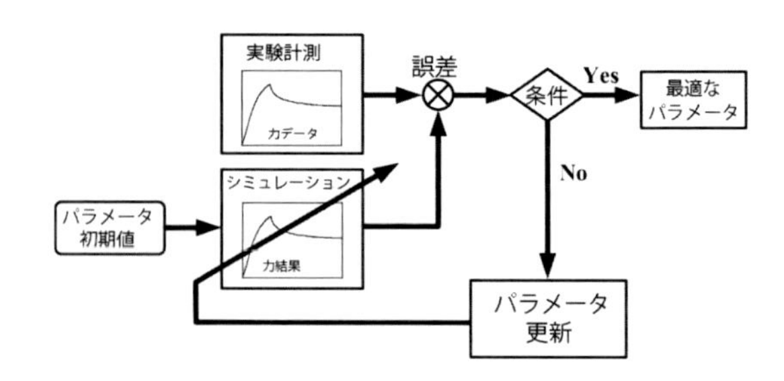

図 28.39　最適化ベースのパラメータ推定方法

$$
E(\boldsymbol{\theta}) = \sum_k \|\boldsymbol{F}_k^{\mathrm{sim}}(\boldsymbol{\theta}) - \boldsymbol{F}_k^{\mathrm{exp}}\|^2 \tag{28.32}
$$

ここで，$\boldsymbol{\theta} = [E_1, E_2, c_1, c_2, c_3]^T$ は推定するパラメータ，$\boldsymbol{F}_k^{\mathrm{sim}}$ はシミュレーションで計算した力や変形の値，$\boldsymbol{F}_k^{\mathrm{exp}}$ は実験で計測した力や変形の値である。適切なアルゴリズムでこの最適化問題を解くことにより，レオロジー物体の力学パラメータを推定することができる。

28.6.6　レオロジー物体での実験結果

3 つのレオロジー物体（粘土，和菓子生地，ベーコン）を用いて，実験検証を行った。実験対象を図 28.40 に示す。実験の手順は ① 一定時間，一定の速度で対象物の上部を押し下げる，② 一定時間，変形量をそのまま維持する，③ 外力を解放する，である。外力を解放すると変形が部分的に戻る。実験で計測したデータは，変形を維持するときの変形量，変形が戻った後の最終的な変形量，合計の力である。変形量は実験中に

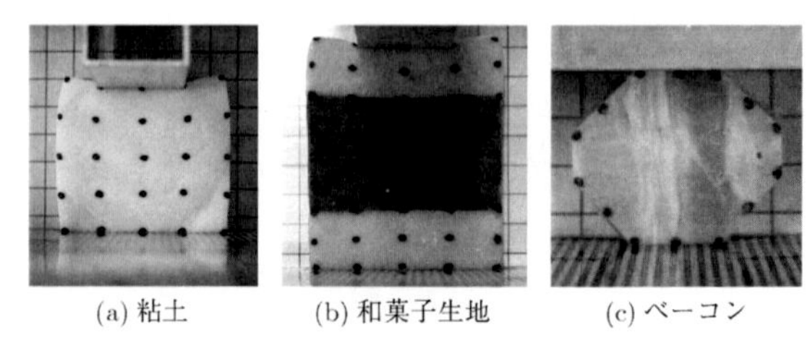

図 28.40　実験用のレオロジー物体

撮った写真から算出した。パラメータ推定の手順は以下のとおりである。

① 維持する時の変形量を基づいて，最適化問題式 (28.32) を解くことにより，材料のポアソン比 γ を推定する。パラメータベクトルは γ のみから成る。目的関数は変形量の合計誤差を使う。最適なポアソン比を推定すると，変形量を維持するときの形状を再現することができる。

② 式 (28.32) を用いて，力の合計誤差を最小化することにより，残ったパラメータを推定する[7, 10]。

パラメータ推定の結果を検証するために，異なる形状と負荷条件を用いて，検証実験を行った。力や変形量をシミュレーションで再現した結果を，図 28.41，図 28.42，図 28.43 に示す。ここで，層状の和菓子材料（図 28.42）は 2 つの材料を積み重ねて作った。各材料のパラメータは個別に推定した。いずれのレオロジー物体に対しても，変形と力を模擬できている。

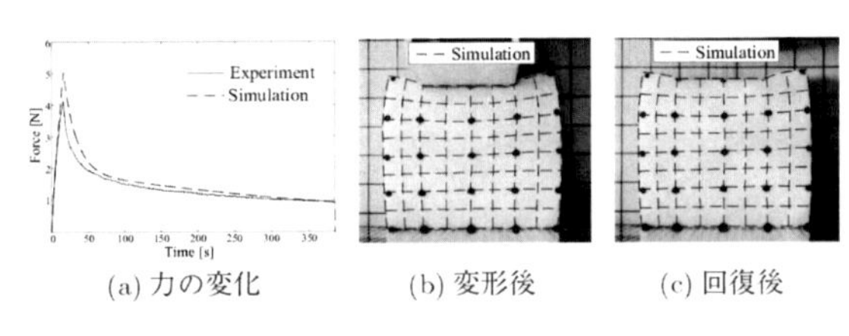

(a) 力の変化　(b) 変形後　(c) 回復後

図 28.41　粘土の検証実験

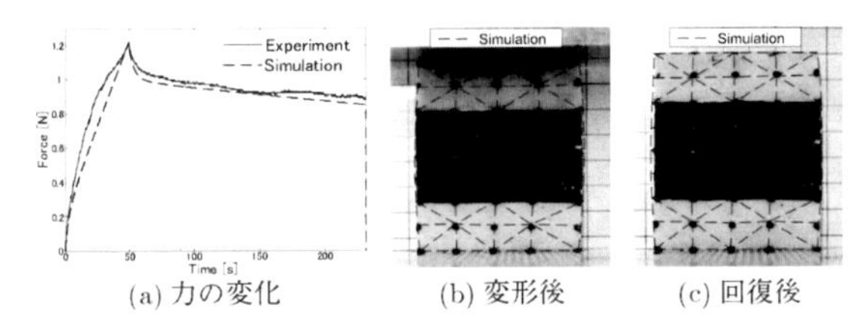

(a) 力の変化　(b) 変形後　(c) 回復後

図 28.42　和菓子生地の検証実験

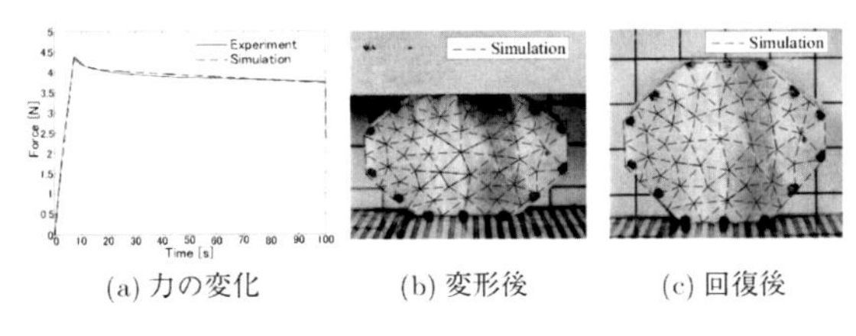

(a) 力の変化　(b) 変形後　(c) 回復後

図 28.43　ベーコンの検証実験[7]

28.6.7 食品のハンドリングの例

推定した和菓子生地のパラメータを用いて，大福餅の形の食品モデルを作った。図 28.44 に示しているように，ロボットグリッパによるピックアンドプレースの動作をシミュレーションした。シミュレーションにより，把持力と最後の残留変形を計算することができる。多くの食品は柔らかく潰れやすいので，ピックアンドプレース動作において，最後の残留変形は重要である。目標の残留変形を得るためには，把持力を制御する必要があり，残留変形はレオロジー物体の特徴であるので，レオロジーモデルを使う必要がある。

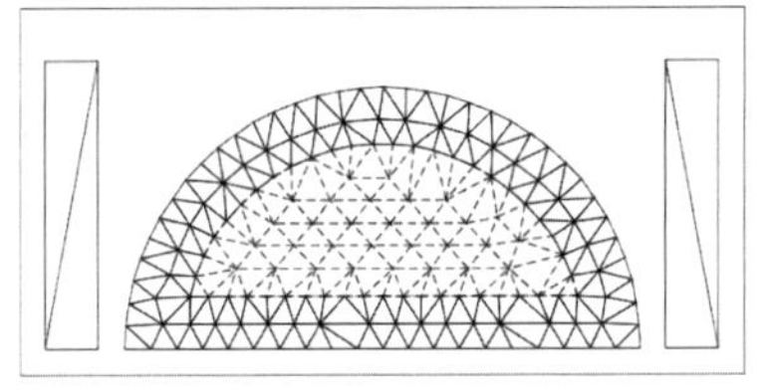
(a) 初期の形状

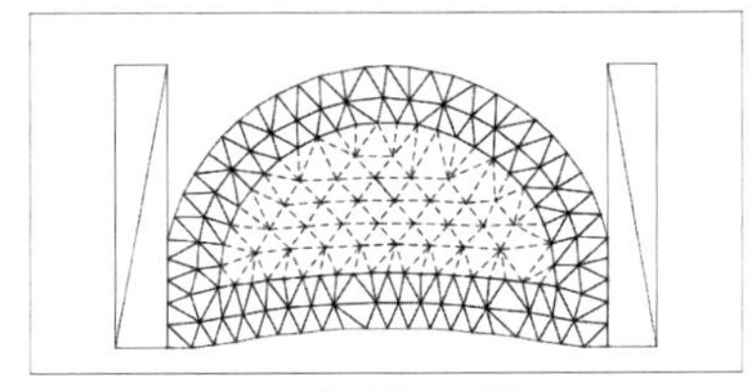
(b) 変形後の形状

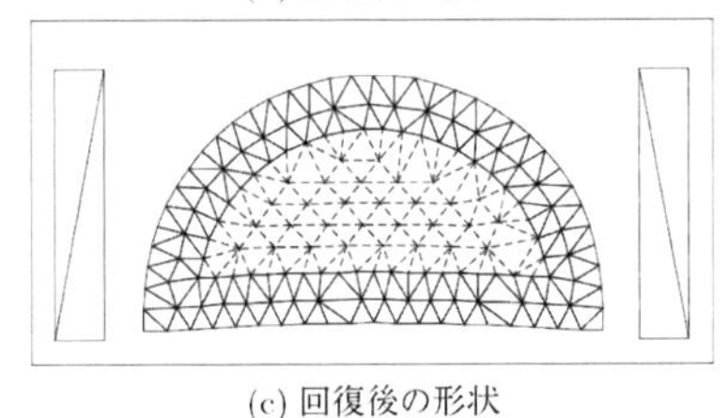
(c) 回復後の形状

図 28.44　食品ハンドリングの例[10]

本節では，食品などのレオロジー物体をハンドリングするために，レオロジー物体のモデリングと力学パラメータの推定について述べた。レオロジー物体は，弾性と塑性の両方の変形特性を持つ。変形特性は複雑なため，レオロジー物体のモデリングやパラメータ推定に関する研究は少ない。今後，食品産業でロボットの使用が広がっていくと考えられ，レオロジー物体のモデリング方法が多くのアプリケーションに適用されると考える。

<王 忠奎>

参考文献（28.6 節）

[1] Wang, Z., Hirai, S.: Modeling and Parameter Estimation of Rheological Objects for Simultaneous Reproduction of Force and Deformation, *Proc. 1st International Confer-*

ence on Applied Bionics and Biomechanics (2010).

[2] Terzopoulos, D., Fleischer, K.: Modeling Inelastic Deformation: Viscoelasticity, Plasticity, Fracture, *Computer Graphics*, Vol. 22, No. 4, pp. 269–278, (1988).

[3] Noborio, H., Enoki, R., Nishimoto, S., Tanemura, T.: On the Calibration of Deformation Model of Rheology Object by A Modified Randomized Algorithm, *Proc. IEEE International Conference on Robotics and Automation*, pp. 3729–3736 (2003).

[4] Yoshida, H., Murata, Y., Noborio, H.: A Smart Rheologic MSD Model Pushed/ Calibrated/ Evaluated by Experimental Impulses, *Proc. IEEE/RSJ International Conference on Intelligent Robots and Systems*, pp. 269–276 (2005).

[5] Ikawa, T., Noborio, H.: On the Precision and Efficiency of Hierarchical Rheology MSD Model, *Proc. IEEE/RSJ International Conference on Intelligent Robots and Systems*, pp. 376–383 (2007).

[6] Sakamoto, N., Higashimori, M., Tsuji, T., Kaneko, M.: An Optimum Design of Robotic Hand for Handling A Visco-Elastic Object Based on Maxwell Model, *Proc. IEEE International Conference on Robotics and Automation*, pp. 1219–1225 (2007).

[7] Wang, Z., Hirai, S.: Finite Element Modeling and Physical Property Estimation of Rheological Food Objects, *Journal of Food Research*, Vol. 1, No. 1, pp. 48–67 (2012).

[8] Wang, Z., Pokki, J., Ergeneman, O., Nelson, B. J., and Hirai, S.: Viscoelastic Interaction between Intraocular Microrobots and Vitreous Humor: A Finite Element Approach, *Proc. 35th Annual Int. Conf. IEEE Engineering in Medicine and Biology Society* (2013).

[9] Wang, Z., Wang, L., Ho, V.A., Morikawa, S., Hirai, S.: A 3-D Nonhomogeneous FE Model of Human Fingertip Based on MRI Measurements, in *IEEE Transactions on Instrumentation and Measurement*, Vol. 61, No. 12, pp. 3147–3157 (2012).

[10] Wang, Z., Hirai, S.: Modeling and Estimation of Rheological Properties of Food Products for Manufacturing Simulations, *Journal of Food Engineering*, Vol. 102, No. 2, pp. 136–144 (2011).

28.7　おわりに

本章では，柔軟物体のハンドリングに関する基本的な研究を紹介した。柔軟物体のハンドリングは，人の生活環境，食品や衣料等の製造や流通，あるいは医療等，幅広い分野で見受けられる操作である。今後，様々な分野で柔軟物体のハンドリングが実現することを期待したい。また，柔軟物体のモデリングに関する研究は，生体工学やソフトロボティクスと関連が深く，その方向への展開が期待できる。

＜平井慎一＞

第29章

ROBOT CONTROL HANDBOOK

医療支援

29.1　はじめに

医療支援へのロボット技術の応用としては，外科手術分野への応用が代表的である。将来的には多くの外科的手技がロボット技術を活用して実施されることが予想される。本章では，この外科手術支援ロボットを中心に，医療支援を解説する。

人間の手による手術に比べてロボットによる手術が優れている点としては，骨盤腔内などの人間の手が容易に入ることができない狭矮空間での手術手技が可能となること，人間の手の振戦（手ぶれ）がない精度な外科的操作が可能であること，治療手段を治療対象部位に精密に位置決めして運搬できること，などが挙げられる。一方，現状の手術支援ロボットの限界として，人間の手のような多自由度の柔軟な動きが困難であること，人間が触覚として総合的に認識している生体組織の性状情報を的確にとらえることが困難であること，熟練した外科医が有する，手術の状況に応じた複雑で高度な治療方針判断といった知的能力は備えていないこと，などが挙げられる。腹腔鏡手術など，体表に小さな孔を設け，手術器具や内視鏡を体内に挿入し，内視鏡で描出される体内の画像を外科医が観察しながら手術を行う，内視鏡手術に代表される低侵襲手術では，外科医の手の動きを拡大・縮小して遠隔操作で体内に挿入されたロボットアームを制御するマスタ・スレーブ外科手術ロボットが普及しつつある。精密な動きをすることができるロボットの微細手術分野への応用も，発展が期待されている。この技術が将来的には遠隔手術へも展開される。また安全で確実な手術操作のためには，多自由度の手術器具 (多自由度鉗子) が必要であり，外科手術に活用される電気メス，超音波メスなどのエネルギーデバイスとの統合も重要な課題であり，このような低侵襲手術を支援するロボット技術を，遠隔操作に関わる内容も含めて解説する。

一方，治療手段を精密に患部へ運搬するという観点からは，医用画像システムの情報を活用して治療対象部位の 3 次元位置を確認し，治療手段の位置決めを行う画像誘導技術と，ロボットによる手術操作が重要な分野となる。解剖構造のみならず，リアルタイムでの生体組織の病理診断技術・機能評価技術との融合により，高度な手術支援システムが開発されるものと考えられる。この画像誘導手術とそのロボットとの統合化技術についても解説を行う。

医療機器は，機器の性能とそれを使う外科医の手技が総合されて，その治療成績が定まる。このため機器を適切に使用することが重要であり，トレーニングが重要となる。この手術トレーニングへロボット技術を応用することが期待されているとともに，ロボット技術の医療応用にはトレーニングシステムが不可欠になっている。

手術ロボットは医療機器の一種であり，仕様に伴う重大なリスクがなく，医療上の有効性がそれを使用する場合に想定されるリスクを上回らない限り，医療技術としては成立しない。この点は一般の医療機器と同様の考え方で規制される。ロボットを医療応用する上で参照すべき安全規格の動向も最後に解説する。

＜佐久間一郎＞

29.2　手術手技の高度化のためのロボット技術

29.2.1　マスタ・スレーブマニピュレータシステム

(1) マスタマニピュレータおよびスレーブマニピュレータのハードウェア構成

手術支援ロボットとして有名な da Vinci サージカルシステムは，医師がマスタマニピュレータを操作し，それに伴って実際に手術をするスレーブマニピュレータが動作する，いわゆるマスタ・スレーブマニピュレータシステムとなっている。ここでは，著者らが開発したマスタ・スレーブマニピュレータシステムである内臓系の低侵襲手術支援ロボットを例として説明する[1]。

マスタマニピュレータは左右の 2 本の腕からなり，術者は両手を使用して操作する。マニピュレータのそれぞれの腕は，並進 3 自由度と回転 3 自由度，および指先の開閉 1 自由度の合計 7 自由度からなる。一般的にスレーブマニピュレータで測定した力をマスタマニピュレータに帰還する際には，マスタマニピュレータ側でも術者の手に作用する多軸力を観測する必要がある。著者らの開発したマスタマニピュレータでは，3 次元の平行リンク機構を用いることによって並進動作をさせたときに先端部の姿勢が変化しないリンク機構を採用しているため，そこに搭載されている多軸力センサの姿勢も変化しないので，計算が容易である（図 29.1）。

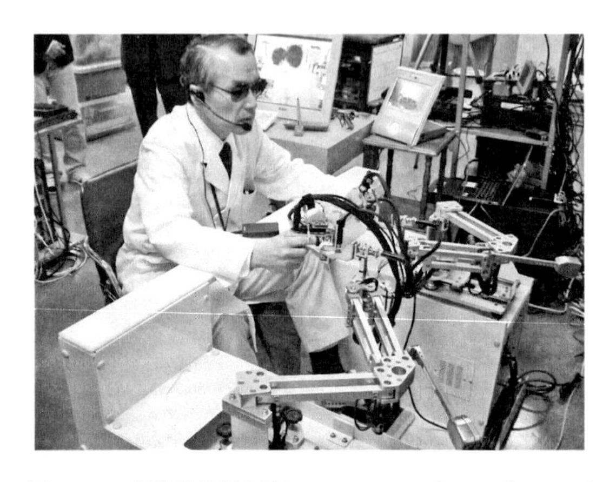

図 29.1　内臓系手術支援システムのマスタマニピュレータ

スレーブマニピュレータは内視鏡を把持するアーム 1 腕と手術用ツールを把持するアーム 2 腕とからなる（図 29.2）。内視鏡による低侵襲手術では，患者の腹部に穴（ポート）を開け，そこから内視鏡および手術用

図 29.2　内臓系手術支援システムのスレーブマニピュレータ

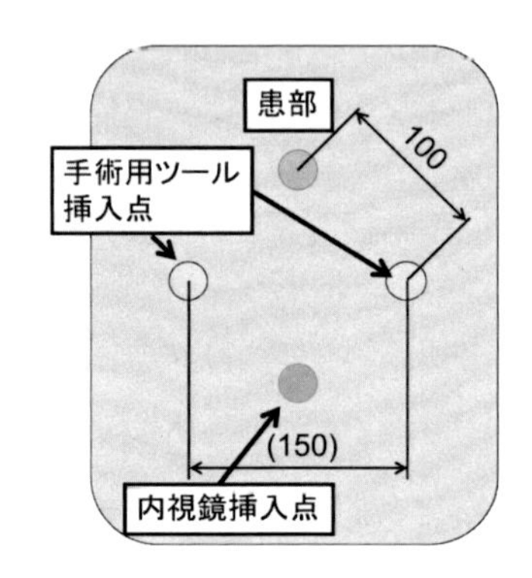

図 29.3　手術用ツールと内視鏡の挿入位置

ツールを挿入する。任意のポートからこれらの機器を挿入するために，各アームは最低でも XYZ の位置決めを行うための 3 自由度が必要である。しかしながら，ポート間距離は大人の患者であっても 100 mm 程度と比較的短く，手術ロボットのアーム同士が腹部上部で干渉する可能性が高い（図 29.3）。このため，アームに冗長自由度を持たせ，干渉を回避することが重要である。著者らの開発したロボットでは，手術用ツールを把持するアームは 6 自由度を，内視鏡を把持するアームは 4 自由度を有する。すなわち，手術用ツールを把持するアームは 3 つの，内視鏡を把持するアームは 1 つの冗長自由度を有し，アーム同士の衝突を防いでいる。手術用ツールを把持するアームは，挿入点を中心に回転 3 自由度を有し，その 1 つは曲率ガイドを用いて実現されており，機構的に挿入点と不動点が一致しているため，安全性が高い（図 29.4）。さらに，術具である鉗子全体をその長軸方向に動作可能である。また，鉗子先端部は 2 方向に屈曲が可能であり，把持の自由度も有する。したがって，術中に合計 7 自由度を能動

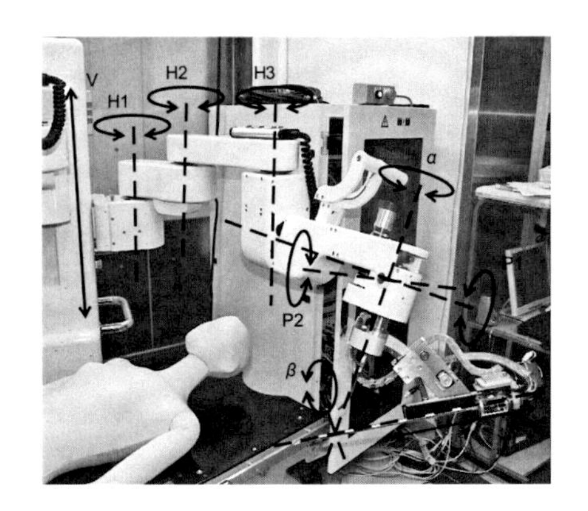

図 **29.4** 手術用ツール用スレーブマニピュレータ

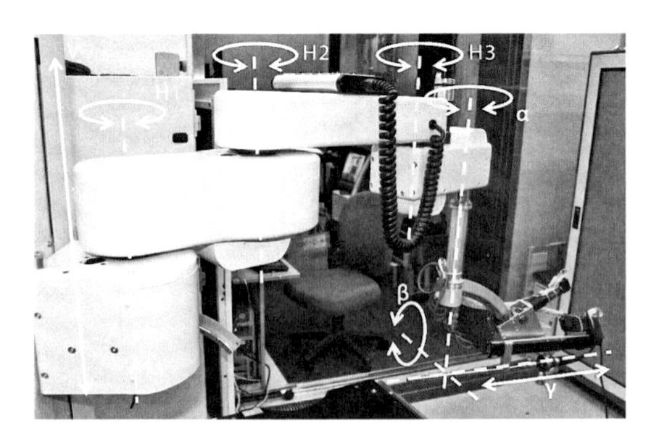

図 **29.5** 内視鏡用スレーブマニピュレータ

表 29.1 制御信号の伝送時間遅れ（往復，単位 ms）

区間	遅れ
東京-静岡：ISDN(2B+D)	99.8
東京-静岡：ISDN(23B+D)	41.1
韓国-日本：APII	13.0
タイ-日本：JGN2	124.7

ISDN: サービス総合デジタル網 (Integrated Services Digital Network)
APII: アジア太平洋情報基盤 (Asia-Pacific Information Infrastructure)
JGN2: 日本ギガビットネットワーク 2 (Japan Gigabit Network 2)

表 29.2 映像音声信号の伝送時間遅れ（往復，単位 ms）

区間	遅れ
東京-静岡：ISDN(2B+D)	676
東京-静岡：ISDN(23B+D)	785
韓国-日本：APII	871
タイ-日本：JGN2（標準）	740
タイ-日本：JGN2(LLT)	540

LLT: 低遅延伝送 (Low Latency Transport)

的に制御可能である。なお，鉗子の径はここで実現したシステムでは 10 mm としている。また，内視鏡を把持するアームは，挿入点を中心とした 2 回転自由度および内視鏡の長軸方向に動作する合計 3 自由度を術中に動作可能であり，術野におけるターゲットを見る方向の変更とズームイン/アウトが可能である (図 29.5)。不動点を実現するために，ここでも曲率ガイドを用いて機構的に安全性を高めている。

(2) オペレーションサイトとサージェリサイトとの間の情報伝送

マスタマニピュレータとスレーブマニピュレータは，著者らが実現したシステムではリアルタイムマルチタスク OS を搭載したコントローラによって実時間制御されており，制御周期を 1kHz とした。マスタマニピュレータが置かれ，操作者が存在する場所をオペレーションサイト，スレーブマニピュレータが置かれ，実際に手術が行われる場所をサージェリサイトと呼ぶこととする。オペレーションサイトからサージェリサイトには，マスタマニピュレータに入力された位置と姿勢の情報を伝送する。また，サージェリサイトからオペレーションサイトには，内視鏡からの術野の映像と，鉗子に搭載された多軸力情報を伝送する。また，両サイト間でカンファレンス用の映像および音声を伝送する。術野の画像情報は情報量が大きいため，伝送の時間遅れが生じる。時間遅れの具体例を表 29.1，表 29.2 に示す。画像情報伝送遅延を低減するためには，画像情報を圧縮伸展する CODEC に低遅延型のものを用いることが重要である。著者らが後述する実験に使用した CODEC では，エンコードに要する時間が MPML の場合で 117.5 ms，SPML の場合で 70.0 ms であった。マスタマニピュレータの操作者が感じる時間遅れは，次式によって計算できる。

（操作者が感じる時間遅れ）
＝（マスタ・スレーブ間の通信周期）
＋（位置情報伝送時間遅れ）
＋（マニピュレータの機械的応答速度）
＋（マスタ・スレーブ間の映像伝送時間遅れ）

電気メスなどの術具をオペレーションサイトから指令して使用する場合には，当該機器のオンオフなどの情報を送る必要がある。

(3) 遠隔手術実験

著者らは上記のマスタ・スレーブ型低侵襲手術支援システムを用いてブタを対象とした胆嚢摘出術実験を行った[2]。オペレーションサイトをタイ，バンコクのチュラロンコン大学とし，サージェリサイトを日本，福岡市の九州大学とした。両サイト間の距離は約 3,750 km である。なお，本実験は九州大学大学院医学研究院附属動物実験施設の承認を受けた上で規約を遵守し，動物実験に関する教育訓練を受けた医師により実施した。実験における情報伝送路として光ファイバによる回線である JGN2 を用い，30 Mbps の帯域を確保した。また，マスタマニピュレータ側のリアルタイムコントローラからスレーブマニピュレータ側のリアルタイムコントローラへは，10 Hz の周期で位置姿勢情報を伝送した。

内視鏡からの映像は，サージェリサイトにおいて立体内視鏡装置 LS-101D（新興光器製作所社製）を用いて，左右両眼映像を NTSC インタレース映像の奇数偶数フレームに入力し，1 系統として伝送した。伝送には UDP/IP を用いた。インターネットでのデータ送受信には TCP/IP と UDP/IP とがある。TCP/IP ではデータが確実に届くが，パケットに誤りが発見された場合には再送されるため，実時間性に欠ける。一方で，UDP/IP ではデータに誤りがあっても再送しないため，実時間性に優れる。遠隔でのインターネットを用いたデータ通信ではある割合でのパケットロスが発生するが，手術支援システムのようなマスタ・スレーブシステムでは実時間性が重要であるため，UDP/IP を採用した。図 29.6 にパケットロスの割合のデータを示す。例えば，次のような場合には受信データを破棄するなどの工夫が必要である。

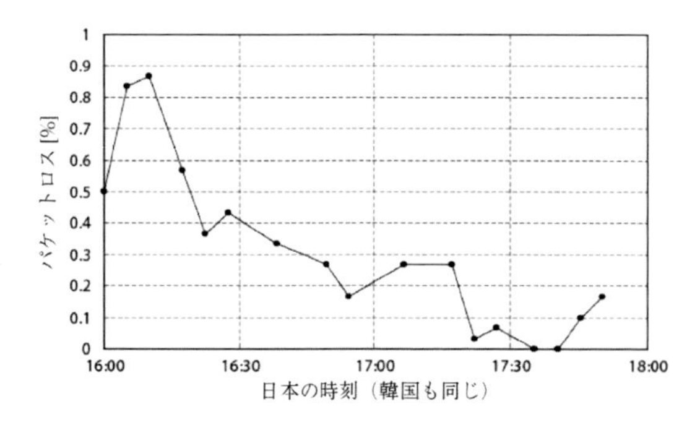

図 29.6　パケットロスの割合（日韓間での実験）

- 動作指令パケット受信における順序逆転がある場合
- 1 kHz の制御ループ中に複数のパケット受信がある場合
- 受信パケットサイズに異常がある場合，パケットデータ異常がある場合

また，その後 H.264 というプロトコルを用いたより低遅延の CODEC も利用可能となり，それを用いた著者らの実験では，胆嚢摘出術だけではなく Nissen 噴門部形成術についても成功している。タイ-日本間での遠隔手術に要した時間は，胆嚢摘出術では 84 分，Nissen 噴門部形成術では 92 分であった。操作者が感じた時間遅れは，次式から計算されるように 287.3 ms と推定される。

（操作者が感じる時間遅れ 287.3 ms）
＝（マスタ・スレーブ間の通信周期 20.0 ms）
＋（位置情報伝送時間遅れ 57.1 ms）
＋（マニピュレータの機械的応答速度 50.0 ms）
＋（マスタ・スレーブ間の映像伝送時間遅れ 151.2 ms）

一般に，術者が感じる時間遅れが 300 ms を超えると操作性が低下すると言われている。ただし著者らの実験から，図 29.7 に示すように，時間遅れが大きくなるにつれて，例えば位置決めに必要とする時間が単純に増加するのではなく，必要とする時間のばらつきが大きくなる傾向があることがわかっている。

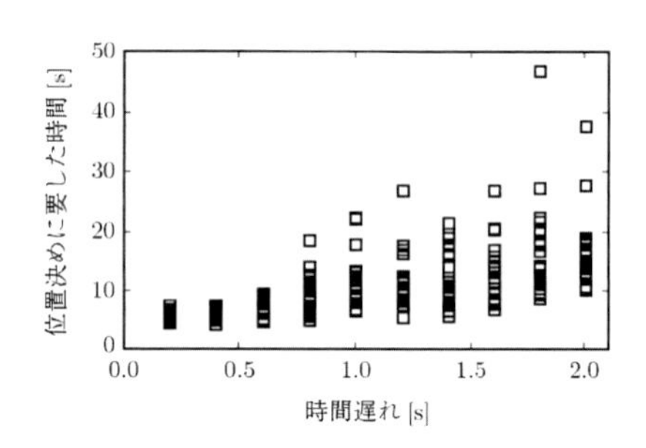

図 29.7　時間遅れと位置決めに要した時間との関係

＜光石 衛＞

参考文献（29.2.1 項）

[1] 光石衛，杉田直彦，保中志元，橋爪誠：人体を内側から扱うロボットの設計，『日本ロボット学会誌』，Vol.26, No.3, pp.242–246 (2008).

[2] 光石衛，荒田純平：医療におけるテレロボティクス，『日本ロボット学会誌』，Vol.30, No.6, pp.568–5706 (2012).

29.2.2　多自由度鉗子とロボット

腹腔鏡下手術を代表とした各種鏡視下手術では，長鉗子と呼ばれる直径3～5 mm程度，長さ300 mm程度の細長い術具を用いて手術作業を行う。狭い体腔内での作業では，先端が手首のように屈曲する鉗子が有用であるため，多自由度屈曲鉗子（多自由度鉗子）が広く研究・開発されてきた。

屈曲方式としては，ワイヤ，ロッド，ギアなどの伝達機構を用いるものと，形状記憶合金 (SMA: Shape Memory Alloy)，超音波アクチュエータなどの屈曲部に直接アクチュエータを搭載するものに分類される。以下，それぞれの方式について紹介する。

ワイヤ駆動による屈曲機構は，細径化と多自由度化が容易であることから最も多く研究されており，現在市販化されているマスタ・スレーブ型手術支援ロボット da Vinciにおいても採用されている。ワイヤ駆動はさらに，軟性内視鏡と同様の外套管を用いる機構[1-4]とプーリを用いた手法に分けられる[5,6]。いずれの場合においても，ワイヤ駆動では伝達系の剛性が低いため，ヒステリシスや使用を続けることによるワイヤの緩み，断線が発生してしまう。そのため張力調整機構が必要である。張力調整機構では，ワイヤ両端にモータを取り付けることにより緩み補償する方法や，プーリにバネを取り付ける事により緩み補償する機構が提案されている[7]。さらに屈曲自由度を2つ以上とすると根本部の屈曲により先端部のワイヤの経路長が変わってしまうため，先端の屈曲自由度を司さどるワイヤを屈曲部の中心軸上に這わせる非干渉駆動機構が提案されている[5,7]。ワイヤにおいては経路上での摩擦の問題や経路長の変更等による特性変動の問題もあり，これに対する制御システムは古くから研究されている[29,30]

伝達機構の剛性を高めるために，ロッドによる屈曲機構も提案されている。ロッド機構は，2自由度以上の屈曲を実現するには機構的な工夫が必要となる。3脚プラットフォームを個別にスライドすることにより2自由度の屈曲を実現する機構や，特殊なスライダリンク機構により高い屈曲角を実現しているもの，ロッドの先にバネを用いた機構など，様々な機構が提案されている[8-11]。

その他の屈曲機構としては，かさ歯を用いたもの[12]，ネジとユニバーサルジョイントを用いたもの[13]，2重のバネとその周囲にワイヤを挿入することにより屈曲を行う機構[14]等，新しいアイデアに基づく機構も提案されている。屈曲機構についてはどの機構にも一長一短があるため，対象とする臨床における制約条件などを考慮し設計する必要がある。

伝達機構によるトルク損失の回避や制御性の向上を目的として，屈曲部に直接アクチュエータを搭載する鉗子も報告されている。形状記憶合金によるもの[15]，超音波アクチュエータによるもの[16]などが研究されている。また，最近ではNOTES (Natural Orifice Transluminal Endoscopic Surgery，経管腔的内視鏡手術）など軟性内視鏡下，体内深部での治療支援のための多自由度鉗子の開発が盛んに行われてきている。軟性内視鏡下においては動力伝達がより困難となるため，先端にアクチュエータを搭載することが有利となる。よってNOTESをターゲットとし，先端に小型DCモータを取り付けた鉗子の開発が行われている[17]。

多自由度鉗子に関する異なった視点での研究として，中澤らは多自由度鉗子の自由度配置についての検討を行っている[18]。多くの多自由度鉗子は，制作上の観点から，多自由度鉗子の根元側から軸まわり回転（ロール），屈曲2自由度（ピッチ，ヨー）という自由度配置がなされている。これに対し，シミュレータを用い，異なる自由度配置の先端屈曲部に対し縫合作業のための組織に針を掛ける作業を行い，作業軌跡の誤差等により操作性を評価している。またその結果ヨー・ピッチ・ロール構造が最も適していると結論付け，鉗子の開発に役立てている[12]。

多自由度鉗子に関する今後の研究課題としては，操作力計測，超低侵襲化への対応，エネルギーデバイスとの統合，自動手術が挙げられる。操作力計測に関しては多くの研究がなされている。一般的な手法としては，鉗子先端部にひずみゲージ式の力センサを取り付けることにより力計測を実現している[19,20]。Fiber Bragg Gratingセンサを組み込んだ鉗子も開発されており[21]，光ファイバセンサを用いることにより電気的な干渉を受けずに計測可能となり，MRI内での計測も可能となる。さらにセンサを用いずに力計測する手法としては，Katsuraらはモータの加速度から外力推定を行うシステムを，Tadanoらは空気圧アクチュエータを用い，アクチュエータの駆動力から鉗子先端の外力を推定するシステムを提案している[22-24]。高木らはモアレ縞として視覚的に術者へ操作力を提示し，電子機器を一切用いない安価なシステムを提案している[25]。

治療用のデバイスでは，遠隔手術等を想定したシステムのために精緻な力計測を目指すものから，安価で手軽なシステムまで，その用途に応じて各種の提案がなされている。いずれも実用化はされていないが，鉗子の操作力情報は，手術操作安全性確保や対象臓器の性状判別等に非常に重要な技術であるため，引き続き多くの研究がなされるだろう。

現在は単孔式腹腔鏡下手術 (SPS: Single Port Surgery) や針状の細径鉗子を用いる Needle Surgery が注目されている。また，さらに腹部開口しない NOTES も提案されている。これらの治療法では，患部へのアプローチのために自由度の高い鉗子が必要となる。単孔式腹腔鏡下手術では患部へのアプローチが限定されてしまうが，体内で屈曲・展開することにより従来の腹腔鏡下手術的アプローチを可能とする機構システム等，新たな発想による鉗子ロボットが提案されている[26, 27]。

各種治療機器は近年目覚ましい発達をしているため，それらとロボット技術との統合も不可欠である。これについては 29.2.4 項にて解説する。

自動手術も近年研究が行われつつある。これらは内視鏡画像処理技術の発達による鉗子や対象臓器のトラキング，術者のスキル評価，知的制御システム等様々な研究課題があり，今後盛んに研究が行われるものと考えられる[28]。

＜小林英津子＞

参考文献（29.2.2 項）

[1] Cohn, M.B., Crawford, L.S., Wendlandt, J.M. and Sastry, S. S.: Surgical Applications of Milli-Robots, *Journal of Robotic Systems Volume*, (12)6, pp.401–416 (1995).

[2] Nakamura, R., Kobayashi, E., Masamune, K., *et. al.*: Multi-DOF Forceps Manipulator System for Laparoscopic Surgery, *Medical Image Computing and Computer-Assisted Intervention – MICCAI 2000 Lecture Notes in Computer Science*, Vol. 1935, pp.653–660 (2000).

[3] Peirs, J., Brussel, H.V., Reynaerts, D., Gersem, G.D.: A Flexible Distal Tip with Two Degrees of Freedom for Enhanced Dexterity in Endoscopic Robot Surgery, *MME' 02, The 13th Micromechanics Europe Workshop*, pp.271–274 (2002).

[4] Simaan, N., Taylor, R., Flint, P.: A Dexterous System for Laryngeal Surgery, *Proceedings of the 2004 IEEE International Conference on Robotics & Automation*, pp.351–357 (2004).

[5] Nishizawa, K., Kishi, K.: Development of Interference-Free Wire-Driven Joint Mechanism for Surgical Manipulator Systems, *Journal of Robotics and Mechatronics*, Vol.16, No.2, pp. 116–121 (2004).

[6] 河合，菅，西澤，藤江，土肥，高倉，赤澤：脳神経外科手術支援システムにおけるワイヤ駆動式微細鉗子の開発，『生体医工学』，Vol.41, No.2, pp.122–128 (2003).

[7] Ikuta, K., Daifu, S., Hasegawa, T., Higashikawa, H.: Hyper-finger for Remote Minmally Invasive Surgery in Deep Area, *MICCAI2002*, LNCS 2488, pp.173–181 (2002).

[8] 千代田，岡田，中村：三脚プラットフォーム型能動鉗子機構の開発，『日本ロボット学会学術講演会予稿集』，2L14 (2002).

[9] Yamashita, H., Kim, D., Hata, N., Dohi, T.: Multi-Slider Link Mechanism for Endoscopic Forceps Manipulator, *Proceedings of the 2003 IEEE/RSJ Int. Conference on Intelligent Robots and Systems*, pp.2577–2582 (2003).

[10] Hong, M.B., Jo, Y-H.: Prototype Design of Robotic Surgical Instrument for Minimally Invasive Robot Surgery, *ACCAS2011*, PICT 3, pp.20–28 (2012).

[11] Arata, J., Saito, Y., Fujimoto, H.: Outer Shell Type 2 DOF Bending Manipulator using Spring-Link Mechanism for Medical Applications, *2010 IEEE International Conference on Robotics and Automation*, pp.1041–1046 (2010).

[12] Matsuhira, N., Jinno, M., Miyagawa, T., Sunaoshi, T., Hato, T., Morikawa, Y., Furukawa, T., Ozawa, S., Kitajima, M. and Nakazawa, K.: Development of a functional model for a master slave combined manipulator for laparoscopic surgery, *Adv. Robot.*, Vol. 17, No. 6, pp. 523–539 (2003).

[13] Ishii, C., Kobayashi, K., Kamei, Y. and Nishitani, Y.: Robotic Forceps Manipulator With a Novel Bending Mechanism, *IEEE/ASME Transactions on Mechatronics*, Vol. 15, No. 5, pp. 671–683 (2010).

[14] Breedveld, P., Sheltes, J.S., Blom, E.M., Verheij, J.E.I: A New, Easily Miniaturized Steerable Endoscope, *IEEE Engineering in Medicine and Biology Magazine*, **24**(6), pp.40–47 (2005).

[15] 中村，清水：低侵襲外科手術用光駆動 SMA 能動鉗子，『日本ロボット学会誌』，Vol.17, No.3, pp.439–448 (1999).

[16] Takemura, K. and Maeno, T.: Design and Control of an Ultrasonic Motor Capable of Generating Multi-DOF Motion, *IEEE/ASME Trans. Mechatronics*, Vol. 6, No. 4, pp. 499–506 (2001).

[17] Lehman, A. C., Wood, N. A., Dumpert, J., Oleynikov, D., Farritor, S. M.: Dexterous Miniature In Vivo Robot for NOTES, *Proceedings of the 2nd Biennial IEEE/RAS-EMBS International Conference on Biomedical Robotics and Biomechatronics*, pp.19–22 (2008).

[18] 中澤，栗原，古川，森川，北島，神野，松日楽：腹腔鏡下手術用一体型マニピュレータの開発—シミュレータによる直感的操作性の評価—，『日本機械学会ロボティクス・メカトロニクス講演会 02' 講演論文集』，1P1–B06.

[19] Hong, M. B. and Jo, Y-H: Design and Evaluation of 2-DOF Compliant Forceps With Force-Sensing Capability for Minimally Invasive Robot Surgery, *IEEE Transactions on Robotics*, Vol. 28, No. 4, pp.932–941 (2012).

[20] Thielmann, S., Seibold, U., Haslinger, R., Passig, G., Bahls, T., Jörg, S., Nickl, M., Nothhelfer, A., Hagn, U. and Hirzinger, G.: MICA — A new generation of versatile instruments in robotic surgery, *IEEE/RSJ 2010 Int. Conf. Intell. Robot. Syst. IROS 2010 - Conf. Proc.*, pp. 871–878 (2010).

[21] Song, H., Kim, K. and Lee, J.: Development of opti-

cal fiber Bragg grating force-reflection sensor system of medical application for safe minimally invasive robotic surgery, *Review of Scientific Instruments*, 82, 074301 (2011).

[22] Katsura, S., Iida, W., Ohnishi, K.: Medical mechatronics—An application to haptic forceps, *Annual Reviews in Control*, 29, pp.237–245 (2005).

[23] Sakaino, S., Sato, T., Ohnishi, K.: Multi-DOF Micro-Macro Bilateral Controller Using Oblique Coordinate Control, *IEEE Transactions on industrial informatics*, Vol.7, No. 3, pp.446–454 (2011).

[24] Tadano, K., Kawashima, K.: Development of a Master Slave System with Force Sensing Using Pneumatic Servo System for Laparoscopic Surgery, *2007 IEEE International Conference on Robotics and Automation* (2007).

[25] 高木健，大政洋平，石井抱，川原知洋，住谷大輔，吉田誠，岡島正純：内視鏡外科用器具のためのモアレ縞を用いた力可視化メカニズム，『日本コンピュータ外科学会誌』，Vol.11, No.4, pp.447–456 (2009).

[26] Dupont, P.E., Lock, J., Itkowitz, B., Butler, E.: Design and Control of Concentric-Tube Robots, *IEEE Transactions on Robotics*, 26(2), pp.209–225 (2009).

[27] Horise, Y., Matsumoto, T., Ikeda, H., Nakamura, Y., Yamasaki, M., Sawada, G., Tsukao, Y., Nakahara, Y., Yamamoto, M., Takiguchi, S., Doki, Y., Mori, M., Miyazaki, F., Sekimoto, M., Kawai, T., Nishikawa, A: A novel locally operated master-slave robot system for single-incision laparoscopic surgery: *Minim Invasive Ther Allied Technol*, 23(6), pp.326–32 (2014).

[28] Moustris, G. P., Hiridis, S. C., Deliparaschos, K. M., Konstantinidis, K. M.: Evolution of autonomous and semi-autonomous robotic surgical systems: a review of the literature, *Int J Med Robotics Comput Assist Surg 2011*, 7: pp.375–392 (2011).

[29] 金子，和田，前川，谷江：ワイヤ駆動ロボットハンドの力サーボ系に関する考察，『日本ロボット学会誌』，9(4), pp.437–444 (1991).

[30] 小林，井村，ワイヤ牽引駆動機構の先端位置決め制御，『日本機械学会論文集（C 編）』，70 巻，695 号，pp.182–189 (2004).

29.2.3 微細手術支援ロボット

ロボットによる手術支援システムの特長は，正確な手術ができること，微細な手術ができること，手が入らないような狭所や組織の裏側での手術ができること，遠隔での手術ができることにある。その特長の一つである超微細手術の対象としては，脳神経外科手術，眼科手術，小児外科手術などがある。

(1) 眼科手術支援システム

眼科手術の例では，眼底に生じた疾患を治療する手術として網膜硝子体手術があり，手術を行わないと失明の恐れがある。例えば，眼底の直径 100 μm 程度の血管に針を刺し薬液を注入するカニュレーションでは，術具の眼球への挿入点を不動点として保持することが必要であり，眼底の血管径が 100 μm であることから，要求される位置決め精度は 10 μm 程度である。ところが手の震えである振戦は 100 μm 程度であるため，熟練した医師であっても手術は困難であり，支援システムの開発が期待されている。著者らのグループでは左右の両腕からなる手術ロボットを開発したので，本稿ではそれを例として機構，制御システムなどについて記す[1]。

スレーブマニピュレータは，並進 3 軸を根本に配置し，その上部に回転 3 軸を配置している。3 つの回転軸は鉗子の先端付近である眼球への挿入点で交わるような機構となっている。これにより，制御精度によらず挿入点における不動点を確保しやすい（図 29.8）。マスタマニピュレータ（図 29.9）とスレーブマニピュレータとの間の動作倍率は鉗子に必要とされる位置決め精度と鉗子の動作範囲とから決められる。一般に操作倍率が高ければ精度が高い操作が可能になるが，広い範囲を動作させるには時間を要し効率が悪い。一方，動

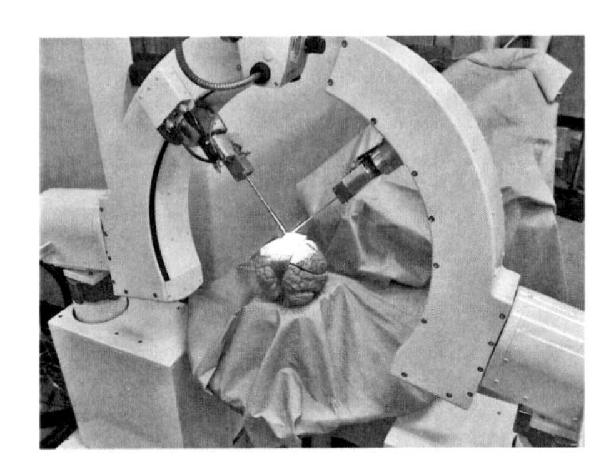

図 29.8 超微細手術支援システムのスレーブマニピュレータ

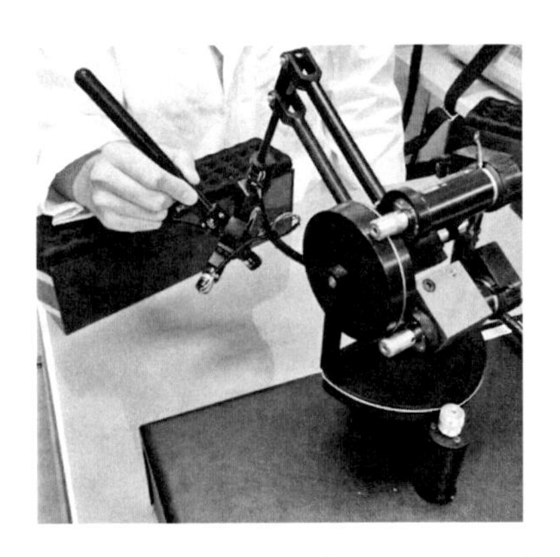

図 29.9 超微細手術支援システムのマスタマニピュレータ

作倍率が低ければ精度を出せない可能性があるが，広範囲を速く動作できる。著者らの開発した眼科手術支援システムでは 40：1 とした。すなわち，操作者がマスタマニピュレータを 40 mm 動かすと，スレーブマニピュレータは 1 mm 動作する。後に記す脳神経外科手術支援システムでは動作倍率は 5：1，あるいは，3：1 としている。

著者らの製作したシステムを用いた精度に関する実験では，術者に網膜上の血管の分岐点に術具を合わせて 2 分間保持するというタスクを行った。振れ幅は手技では 140 μm であったが，構築したシステムでは 15 μm であった。理想的には振れ幅は 40 分の 1 になるはずであるが，スレーブマニピュレータの先端も振動するため，振れ幅は約 10 分の 1 となっている。また，振動の抑制には，マスタマニピュレータから送信される点列に対してスムージングした目標値による軌道を発生させてスレーブマニピュレータを制御することが有効である。

スレーブマニピュレータ全体を小型化するため，パラレルマニピュレータとすることも有効である（図 29.10）。この際，ジョイントに球面ジョイントを必要とするが，ここにバックラッシュがあると全体の精度が保たれないので，設計には注意を要する。

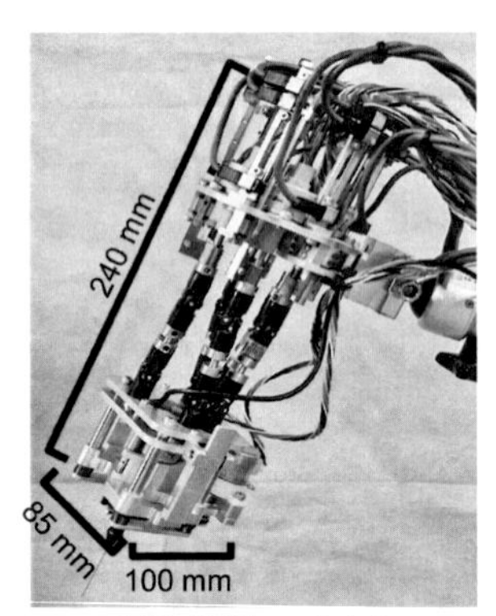

図 29.10　眼科手術支援システム用パラレルマニピュレータ

(2) 小児外科用手術支援システム

小児外科手術の例として胆道閉鎖症根治術がある。小児であることから腹腔は小さく，鶏卵大すなわち直径が 30 mm 程度であるといわれている。そこでの吻合動作を行う際に，先端が屈曲しないストレート鉗子では，長軸まわりの回転を伴う吻合は比較的容易であるものの，長軸方向に動作する吻合は困難を伴う。そこで先端が屈曲し，さらにその先で長軸まわりに回転できると便利である（図 29.11）。著者らはこれをベベルギアを用いて実現している[2]。この機構は，小児外科だけでなく，次に記す深部脳神経外科手術支援システムにも有効である。

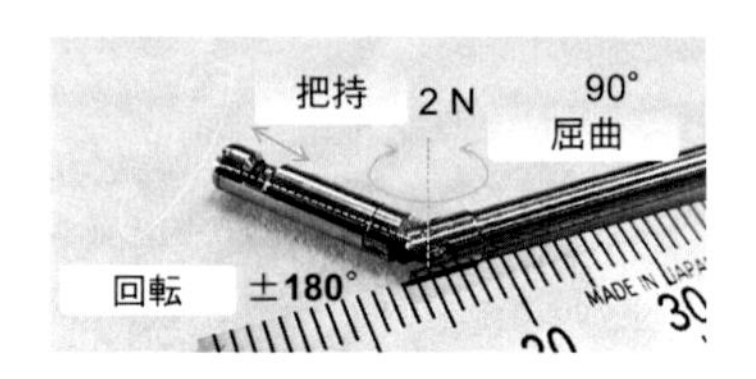

図 29.11　小児外科手術支援システム用持針器

(3) 深部脳神経外科用手術支援システム

脳深部手術の例として下垂体手術があり，それを行うには，経鼻あるいは開頭などの方法がある。いずれにしても，細い入口の穴の奥で手術を行う必要があり，上記の小児外科と同様に狭い空間での操作が必要とされる。著者らの開発したシステムは，多自由度鉗子部，駆動部および保持部とからなる（図 29.12）[3]。多自由度鉗子部の術具径は 3.5 mm であり，先端の屈曲，回転はピンギアを用いた構造となっている（図 29.13，図 29.14）。駆動部は並進 3 自由度，回転 3 自由度の合計 6 自由度を有しており，さらに鉗子先端の屈曲・回転の 2 自由度を合わせて，全部で 8 自由度を有する（図 29.15）。この冗長自由度をうまく制御することによって，鉗子全体の長軸姿勢を大きく変化させることなく鉗子先端の位置・姿勢を自由にとることができる。保持部は駆動部全体を支持し，駆動部の粗い位置決めを

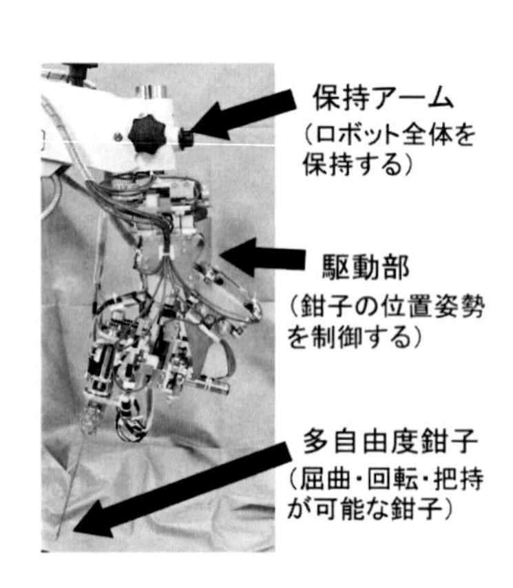

図 29.12　深部脳神経外科手術支援システム用スレーブマニピュレータ

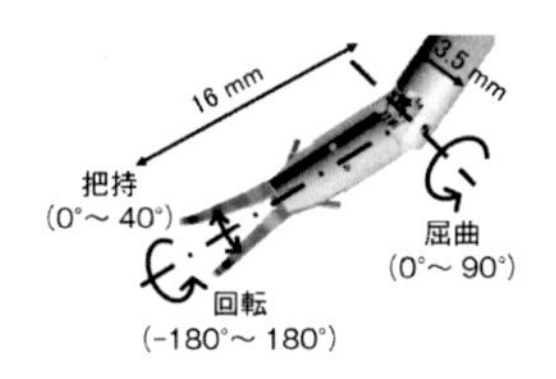

図 29.13
深部脳神経外科手術支援システム用多自由度鉗子の先端部

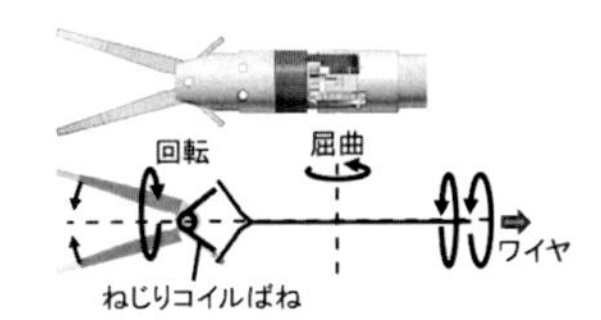

図 29.14
深部脳神経外科手術支援システム用多自由鉗子の先端部の機構

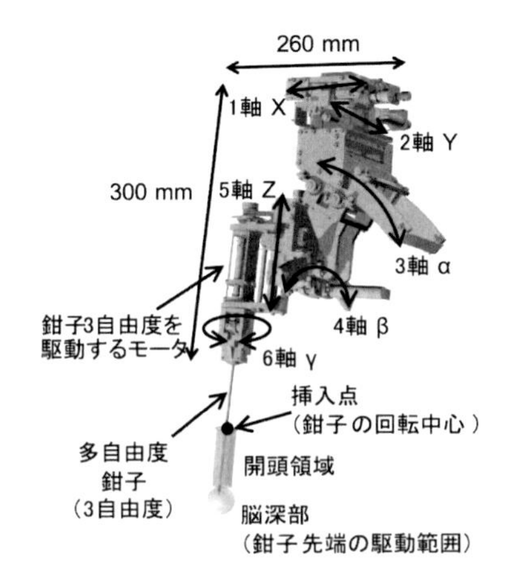

図 29.15 深部脳神経外科手術支援システム用スレーブマニピュレータの自由度

行う。術中は，多自由度鉗子部，および保持部のモータを駆動して動作させる。

制御は，マスタマニピュレータの把持部の位置・姿勢がスレーブマニピュレータの鉗子の位置・姿勢と一致するように行う。また，マスタマニピュレータの位置・姿勢は6つの自由度によって決定されるが，多自由度鉗子の先端の位置・姿勢は上述のように8つの自由度によって決定される。この冗長自由度を，逆運動計算を数値解析によって求めたものを用いて制御する。構築したシステムでは，LM (Levenberg–Marquardt) 法を用いて逆運動学を解いている。LM法は非線形の最小二乗問題を解く手法の一つであり，計算処理が高速で，ロボットの特異点付近でも解くことができるのが特徴である。特異点付近でも発散することなく解を求めることができるので，安全性が重要である手術支援ロボットの制御には適している。

操作性を向上させる今後の課題として，鉗子と人体組織へダメージを与えるような過度な接触および鉗子同士が衝突することを自動で回避する機能，顕微鏡倍率や動作倍率を自動で調整する機能などが挙げられる。また，完全にマニュアルでもなく，全自動でもなく，医師の動作を適切に支援する機能も求められる。このときには，例えば顕微鏡画像から機械学習などによって医師の意図を理解する機能が必要となる。これらによって手術支援システムのハードウェアの能力を最大限に引き出すことができる。

＜光石 衛＞

参考文献（29.2.3 項）

[1] Mitsuishi, M., Morita, A., Sugita, N., Sora, S., Mochizuki, R., Tanimoto, K., Baek, YM., Takahashi, H., Harada, K.: Master-slave robotic platform and its feasibility study for micro-neurosurgery, *International Journal of Medical Robotics and Computer Assisted Surgery*, Vol.9, No.2, pp.180–189(2013).

[2] Fujii, M., Sugita, N., Ishimaru, T., Iwanaka, T., Mitsuishi, M.: A novel approach to the design of a needle driver with multiple DOFs for pediatric laparoscopic surgery, *Minimally Invasive Therapy & Allied Technologies*, Vol.22, No.1, pp.9–16 (2013).

[3] 忽滑谷浩史，中澤敦士，南里耕大，田中真一，黒瀬優介，原田香奈子，杉田直彦，庄野直之，中冨浩文，楚良繁雄，森田明夫，渡辺英寿，斉藤延人，光石衛：多自由度鉗子を搭載した深部脳外科小型手術支援システムの開発，『日本機械学会ロボティクス・メカトロニクス講演会』，1A1-03a1 (2016).

29.2.4 エネルギーデバイス・手術操作の自動化機器とロボット

現在の低侵襲手術では，電気メス，超音波凝固切開装置といったエネルギーデバイスや，ステープラーと呼ばれる自動吻合器・縫合器は必要不可欠となっている。本項ではこれらのエネルギーデバイスの概要とロボットとの融合について解説する。

(1) 電気メス

電気メスは，300〜500 kHz 程度の高周波電流を生体に流して発生するジュール熱により，組織を切開，凝固する。連続正弦波とバースト波の切り替えにより，切開作用と凝固作用を切り替えることができる。また，鉗子先端が1つの電極となっており，対極板に電流を流すモノポーラ型と，鉗子の先端に2つの電極とも取り付けられ電極間に作用を施すバイポーラ型がある。

電気メスは剥離作業や止血等外科治療の様々な場面で用いられ，現在なくてはならない装置である。したがって，実際にロボットシステムとの併用は多く報告されており，da Vinci システムにおいても用いられている[1, 2]。

(2) 超音波凝固切開装置

超音波凝固切開装置は，鉗子のハンドル部に内蔵された超音波振動子による振動を鉗子先端部に伝達する装置である。対象組織との間の摩擦熱によりタンパク質の熱変性を利用し凝固し，その後機械的振動により組織の切断を行う。組織を把持するのみで凝固と切開が行えるため，外科治療において頻繁に用いられる。超音波振動子の駆動周波数は 45～55 kHz，鉗子先端部の振幅は 50～100 μm である。

凝固切開装置では，超音波振動子の振幅を増幅させるため長いロッドが必要であり，超音波振動子と鉗子先端の間は直線形状でなくてはならない。したがって組織への適切なアプローチが取りづらいとの問題点が挙げられる。

以上から，鉗子先端部での屈曲機能を持つ超音波凝固切開装置の開発を目指し，Ogura らは小型超音波凝固切開装置を開発している[3]。またこの小型超音波凝固切開装置とロボット鉗子との統合も試みられている[4, 5]。しかしながら，小型化は未だ不十分であり，今後の研究課題であると考えられる。

(3) 自動吻合器・縫合器

自動吻合器・縫合器（ステープラー）は医師が行う吻合作業や縫合作業をホッチキスのような針とその締結器具を用いて代わりに行う手術器具である。通常は糸と針を用いて縫い合わせる複雑な作業を単純な把持作業に置き換えられるため，多用されている。手術支援ロボットとの融合という点では，da Vinci 用自動縫合器が開発されている[6]。より普及したタイプとしては，モータ付き自動縫合器が市販されている[7]。モータ付き自動縫合器は，ステープラーを打つ際に必要な大きな把持力を自動化することにより，先端部のブレを防止する効果がある。これらのステープラーデバイスは頻繁に用いられているため，ロボット化はさらに進むと考えられる。ただし，現在は圧縮動作をモータ化したのみであり，臓器への損傷を軽減するための適切な力制御等の検討が必要であると考えられる。

(4) レーザを用いた治療機器

エネルギーデバイスとしては，レーザによる治療機器もその一つとして挙げられる。レーザによる治療はその波長やパワーにより効能も様々であり，一概に論じることはできない。しかし，精密治療においてはレーザ治療器とロボットとの統合は非常に有用であるため，古くから手術ロボットシステムに搭載を想定しているデバイスとして，レーザ治療器が挙げられている。ファイバーの屈曲性を向上させるために先端に小型半導体レーザを搭載した屈曲鉗子[8]，光学的診断治療を一体化させたシステム等[9] が提案されている。

(5) その他のエネルギーデバイス

放射線治療器とロボットの統合は古くより開発がなされており，精密位置決めシステムと放射線治療器が統合したガンマナイフ，サイバーナイフが有名である。これらはともに大型であるが，小型の放射線治療器と小型の精密位置決めシステム等も提案されている[10]。また，収束超音波治療器 (HIFU) とロボットの統合も現在多くの提案がなされている。これらエネルギーデバイスでは，ロボットの位置決め精度そのものよりもエネルギーを効率よく（正確かつ周辺組織への損傷が少なく）ターゲット部位へと収束させるための治療計画，評価手法が課題となっている。

＜小林英津子＞

参考文献（29.2.4 項）

[1] 山下紘正，松宮潔，廖洪恩，小林英津子，佐久間一郎，橋爪誠，土肥健純：バイポーラコアギュレータを有する細径 2 自由度屈曲マニピュレータの開発，『日本コンピュータ外科学会誌』，Vol.9，No.2，pp.91–102 (2007).

[2] 東京医科大学病院：手術支援ロボット「ダヴィンチ」徹底解剖 http://hospinfo.tokyo-med.ac.jp/davinci/function/instrument.html

[3] Ogura, G., *et al.*: Development of an articulating ultrasonically activated, device for laparoscopic surgery, *Surgical Endoscopy*, Vol. 23, No. 9, pp. 2138–2142 (2009).

[4] Hasuo, T., Ogura, G., Sakuma, I., Kobayashi, E., Iseki, H., Nakamura, R.: Development of bending and grasping manipulator for multi degrees of freedom ultrasomically activated scalpel, Computer Assisted Radiology and Surgery(proc.CARS2006), Osaka, pp.222–223(Orl) (2006).

[5] Khalaji, I., Naish, M. D. and Patel, R. V.: Articulating Minimally Invasive Ultrasonic Tool for Robotics-Assisted Surgery, 2015 IEEE International Conference on Robotics and Automation (ICRA).

[6] 花井恒一，前田耕太郎，勝野秀稔，升森宏次：下部消化管・大腸，*JJSCAS*, **16**(2) pp.51–55.

[7] ECHELON FLEX Powered Vascular Stapler http://www.ethicon.com/healthcare-professionals/products/staplers/endocutters/echelon-flex-powered-vascular-stapler

[8] Suzuki, T., Nishida, Y., Kobayashi, E., Tsuji, T., Fukuyo, T., Kaneda, M., Konishi, K., Hashizume, M. and Sakuma, I.: Development of a Robotic Laser Surgical Tool with an Integrated Video Endo-

scope,Proceedings of 7th International conference, Medical Image Computing and Computer-Assisted Intervention, Lecture Note in Computer Science 3217, pp.25–32, (2004).

[9] Noguchi, M., Aoki, E., Yoshida, D., Kobayashi, E., Omori, S., Muragaki, Y., Iseki, H., Nakamura, K., Sakuma, I.: A Novel Robotic Laser Ablation System for Precision Neurosurgery with Intraoperative 5-ALA-Induced PpIX Fluorescence Detection, Lecture Note in Computer Science 4190, pp.543–550 (2006).

[10] Takakura, K., Masamune, K., Iseki, H., Taira, T., Muragaki, Y., Suzuki, M., Dohi, T.: CT-guided Neurosurgical Manipulator for Photon Radiosurgery System, *Computer Assisted Radiology*, p.1060 (1996).

29.3 画像誘導手術とロボット

29.3.1 術中画像計測と手術支援ロボット

X 線 CT，MRI 等の医用画像は主に診断目的で用いられているが，近年，画像の持つ位置情報を積極的に用いた手術ナビゲーションが普及しはじめ，また画像情報を基に作業をより精確に行うロボット技術も研究開発されている。また従来は予め術前に撮影された画像が利用されてきたが，撮像装置の手術室内への導入が試みられ，術中に患部周囲の断層画像をほぼリアルタイムで得られるようになってきた。これにより，患部の変位や変形に対する補償制御などが可能となり，さらなる治療の低侵襲化，確実性の向上が得られてきている。

また，手術ナビゲーションは多くの施設で導入されてきたが，その一方で，情報は術者正面もしくは脇に設置されたモニタ上に表示されるため，術者の持つ道具と実際の患者の位置・形態情報の対応付けは必ずしも客観的に行われていない。

そこで，本項では術中計測を基にした手術ナビゲーション技術の概要を述べるとともに，上述の問題を克服するため開発されている，画像計測に基づき駆動する手術支援ロボットを紹介する。

(1) 手術ナビゲーションの概要

手術ナビゲーションは，術前もしくは術中に得られた情報を基に術者を適切な方向に導く技術であり，主として (i) 画像取得，(ii) 画像から必要な情報を抽出し，ターゲットの位置情報を得る，(iii) 術具と患者の位置関係・座標系の統合，(iv) 術者への情報の提示/ナビゲーションの 4 段階のプロセスからなる（図 29.16)。以下にそれぞれについて簡単に述べる。

(i) 画像取得

手術ナビゲーションにおける画像情報の取得方法として，主に X 線 CT や MRI，超音波断層画像などが用いられる。治療目的により PET や OCT 等の画像情報も用いられる。一般的には関心領域 (ROI: Region of Interest) 周囲が含まれる 3 次元情報を必要に応じた解像度で撮影するが，(iii) に述べるレジストレーションに用いるためのマーカを予め患者に貼り付けて撮像することが多い。画像の撮像原理によっては特有の歪が生じるため，誤差の検証をする時は注意すべきである。

(ii) 情報抽出（セグメンテーション）

(i) で撮影された画像から，ナビゲーションで表示すべき部分を予め抽出する工程をセグメンテーションという。例えば腹部画像があったとき，肝臓，血管，骨，マーカ等は，知識のある人は判別できるが，コンピュータには画素値の集合でしかなく，判別はできない。そのため，徒手的もしくは抽出アルゴリズムにより，全/半自動的に画像中から関心部位をラベリングする必要がある。代表的には領域拡張法やエッジ抽出，輪郭線抽出，テクスチャパターンマッチングなど様々なアルゴリズムが研究されているが，ヒトが見ても判断できない臓器の境界やノイズなどにより，全自動化は困難である。近年は解剖学アトラスを基にした臓器の存在確率分布による自動抽出等の研究が行われて成果を上げてきている[1]。

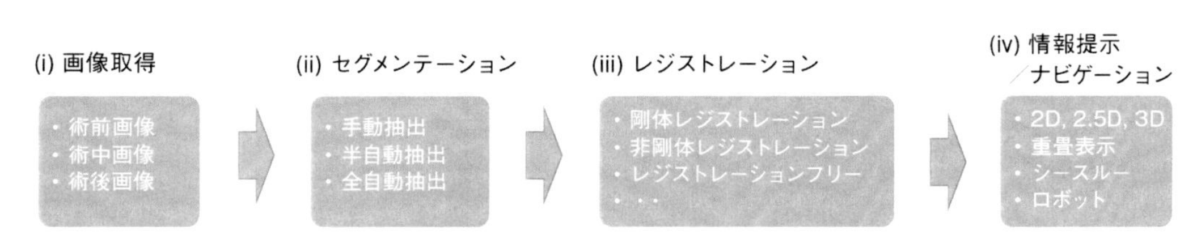

図 29.16 手術ナビゲーションの技術要素とプロセス

(iii) 座標系統合（レジストレーション）

得られた画像，セグメンテーションされた情報のもつ座標系と，患者座標系を一致させる必要があり，その工程をレジストレーションという。一般的にレジストレーションは，任意のモダリティ間の形態・機能情報を統合することを意味するが，ここでは手術ナビゲーションを実施する際に必要な位置決めのためのレジストレーションに限局する。一般的に普及している手術ナビゲーションにおいては，マーカ点を基準とした剛体レジストレーションが以下の手順により行われる。

予め患者に最低 3 点もしくはそれ以上の点数のマーカを設置し，画像撮影・抽出を行う。また，マーカの画像情報内の座標系の値および患者実空間上のマーカの座標位置を 3 次元位置センサ等によって計測し，両者のマーカ座標を用いたアフィン変換行列を算出する。場合によってはマーカとして解剖学的な特徴点を用いることもできるが，画像との対応が明らかな点が必要である。そこで実際には，互いに明らかな位置情報を確保するのは使用者に負担が大きいため，サーフェスマッチングなど表面をスキャンするだけのより簡便なレジストレーション手法も取り入れられてきている。画像と患者との変換行列が得られれば，任意の患者上の座標点の画像座標内での位置を算出できる。例えばピンセットやポインタ棒などの先端位置を画像上に表示することができる。

(iv) 情報提示（ビジュアライゼーション）/ナビゲーション

レジストレーションされた術前・術中の情報は通常術者脇のモニタに表示する。多くは XYZ 軸の 3 断面を表示し，3DCG を表示して 3 次元情報を提示している。また，より効果的に表示するための情報提示技術も多く導入・研究されてきている。例えばハーフミラーによる表示，HMD，網膜投影ディスプレイ，そして，ホログラフィや Integral Photography による実 3 次元画像表示など，3 次元空間を表現する手法が検討されてきている。

(2) 画像誘導ロボット

現在用いられている手術ナビゲーションは，あくまで徒手的な作業を支援するツールであり，最終的に得られる作業精度は人の目と手に依存する。そのため，使用者によって精度が変わることが多い。そこで，より精確な治療を実現するために，手術ナビゲーションにおいて術者が行うツールの位置決め作業をロボットが行う技術開発が行われてきている。代表的なものは，針を患部まで到達させる穿刺術を行うもので，画像情報に基づき位置決めする穿刺ロボット研究は 1980 年代後半から行われている。また，細い針になると臓器内に刺入するに従って曲がっていくため，刺入予測しながら針を正確に刺入制御する技術も研究されている。画像情報を基に穿刺等作業を行うロボットの研究は様々行われているが，ここでは代表的に X 線 CT，MRI，超音波断層画像の術中計測に基づいたロボットについてそれぞれ紹介する。

(i) X 線 CT ガイド下ロボット

代表的なロボットして，Kwoh による X 線 CT ガイド下ロボットがある[5]。X 線 CT の画像からロボット座標によるターゲットの位置座標を算出し，CT に直結させた多関節ロボットにより穿刺を行うものである。これはロボットの医療応用としても著名であるが，産業用ロボットの利用という観点で安全性の議論がなされている。また，文献はほんの一部であるが[6–8] といった多くの研究がなされたが，市販に至り普及したものは数少ない。図 29.17 は X 線 CT 画像を撮影しながらロボットの位置を計測，制御してターゲットに穿刺するロボットの研究例であるが[9]，被曝の多い X 線 CT 内では有用であると考えられる。

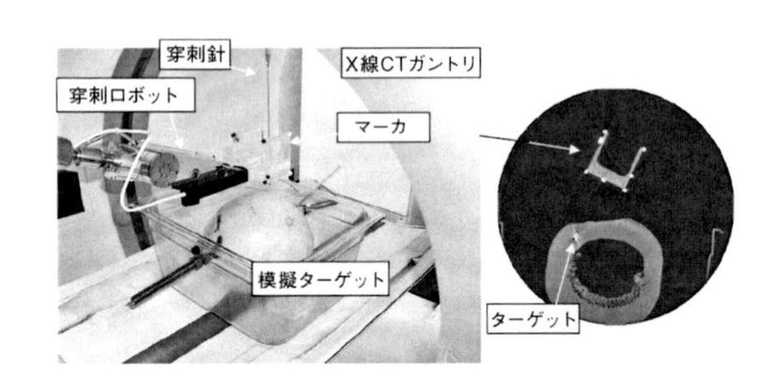

図 29.17　X 線 CT 画像誘導下穿刺ロボット。（左）概観，（右）レジストレーションのためのマーカ画像とターゲット。

(ii) MRI ガイド下ロボット

MRI 画像は X 線 CT 画像と比較して組織コントラストが高く，形態的な情報のみならず機能的な画像も得られ，かつ被曝がない。しかしながら，常時磁場が存在するため，MRI ガイド下ロボットは MR 対応性を有することが求められる。すなわち，ロボットの導入によって磁場の均一性を乱すことがなく，また磁場による影響を受けないことが求められるのである。この条件を満たすため，非磁性金属や樹脂などが主部材として使われ，動力には非磁性超音波モータや空圧・水圧アクチュエータ，静電モータ等が用いられている。また，制御のための位置センサも，磁場対応のため光ファイバによるパルスカウントなどが用いられている。代表的なMRIガイド下ロボットを文献[10–13]に示す。また，文献[10]のロボットを図29.18に示す。

MRIは腫瘍等の描出性が高いため，MRIガイド下ロボットは脳神経外科，腹部外科や泌尿器科等における穿刺治療に向けて開発されている。MRIは撮像時間が長いため，リアルタイム画像によるロボットの制御には不向きであるが，高速撮像の研究や画像解像度とのバランスを考えたシステム開発が行われている。

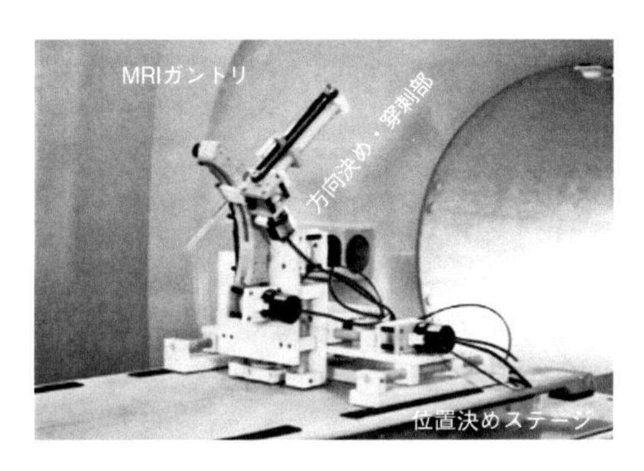

図 29.18 MRI対応穿刺ロボット

(iii) 超音波画像ガイド下ロボット

超音波診断画像はX線CT，MRIと比べて画質は劣るものの，画像のリアルタイム性，撮像の手軽さから，体内のリアルタイムモニタリング手法として治療にも導入されてきた。撮像のためのトランスデューサも小型化・高解像度化・3D化が進んでおり，情報誘導下の穿刺術への応用や，内視鏡下手術において臓器内部を観察する補助デバイスとして使途が広まってきている[14–17]。また，最近ではHIFU（集束超音波）治療のためのロボットも出てきており，体を切らずに体内患部の治療を行う低侵襲手術が進むものと考えられる。

＜正宗 賢＞

参考文献（29.3.1 項）

[1] Maintz, J.B.A., Viergever, M. A.: A survey of medical image registration, *Medical Image Analysis*, **2** (1), pp.1–36 (1998).

[2] Okada, T., *et al.*: Automated Segmentation of the Liver from 3D CT Images Using Probabilistic Atlas and Multilevel Statistical Shape Model, *Academic Radiology*, **15**(11), pp.1390–1403 (2008).

[3] Iseki, H., Masutani, Y., *et al.*: Volumegraph (overlaid three-dimensional image-guided navigation), *Stereotactic and functional neurosurgery*, **68**(1-4), pp.18–24 (1997).

[4] Okamura, A. M., Simone, C., *et al.*: Force modeling for needle insertion into soft tissue, *IEEE Transactions on Biomedical Engineering*, **51**(10), pp.1707–1716 (2004).

[5] Kwoh, Y.S., *et al.*: A robot with improved absolute positioning accuracy for CT guided stereotactic brain surgery, *IEEE Transactions on Biomedical Engineering*, **35**(2), pp.153–160 (1988).

[6] 山内康司 他：CT 誘導定位脳手術のための穿刺マニプレータシステム，『ライフサポートテクノロジー』，Vol.5, No.4, pp.814–821 (1993).

[7] neuromate stereotactic robot http://www.renishaw.com/en/neuromate-stereo tactic-robot--10712 (accessed on Sept. 2017)

[8] Glauser, D. and Fankhauser, H., *et al.*: Neurosurgical Robot Minerva: First Results and Current Developments, *Computer Aided Surgery*, **1**(5), pp.266–272 (1995).

[9] Masamune, K., Fichtinger, G., *et al.*: System for robotically assisted percutaneous procedures with computed tomography guidance, *Computer Aided Surgery*, **6**(6), pp.370–383 (2001).

[10] Masamune, K., Kobayashi, E., *et al.*: Development of an MRI-Compatible Needle Insertion Manipulator for Stereotactic Neurosurgery, *Computer Aided Surgery*, **1**(4), pp.242–248 (1995).

[11] Stoianovici, D., *et al.* : MRI Stealth robot for prostate interventions, *Minimally Invasive Therapy & Allied Technologies*, **16**(4) , pp.241–248 (2007).

[12] Fischer, G.S., Iordachita, I., *et al.*: MRI-Compatible Pneumatic Robot for Transperineal Prostate Needle Placement, *IEEE/ASME Transactions on Mechatronics*, **13**(3), pp.295–305 (2008).

[13] Melzer, A., Gutmann, B., *et al.*: INNOMOTION for Percutaneous Image-Guided Interventions, *Engineering in Medicine and Biology Magazine, IEEE*, **27**(3), pp.66–73 (2008).

[14] Hong, J.S., Dohi, T. *et al.*: A Motion Adaptable Needle Placement Instrument Based on Tumor Specific Ultrasonic Image Segmentation, *Lecture Notes in Computer Science*, 2488 pp.122–129 (2002).

[15] Abolmaesumi, P., Salcudean S.E. *et al.*: Image-guided control of a robot for medical ultrasound, *Robotics and Automation, IEEE Transactions on*, **18**(1), pp.11–23 (2002).

[16] Kobayashi, Y., Okamoto J. : Physical Properties of the Liver and the Development of an Intelligent Manipulator for Needle Insertion, Proceedings of the 2005 IEEE International Conference on ICRA, pp.1632–1639 (2005).

[17] Seo, J., Koizumi, N. *et al.*: Visual servoing for a US-guided therapeutic HIFU system by coagulated lesion tracking: a phantom study, *The International Journal of Medical Robotics and Computer Assisted Surgery*, **7**(2),pp.237–247 (2011).

29.3.2　手術計画と手術シミュレーション

画像誘導手術で欠かせないのが手術計画，手術シミュレーション，そして手術ナビゲーションの技術である。これらの発達が画像誘導手術を実用化した。またこれらと画像誘導手術支援ロボットはセットで考えるべきものである。本項では，手術計画，手術シミュレーション，そして手術ナビゲーション技術の概要と画像誘導手術支援ロボットとの関係について述べる。

(1) 手術計画

手術計画は，手術の段取りについて術前に検討しておき手術チームの間で共有することで，手術を安全，確実，迅速に行うことを補助するものである。広義には次に述べる手術シミュレーションを含むが，狭義には手術の段取りすべてについてではなく，手術における重要な判断事項について定量的な計算結果をシステムが提供する。現在までに実用化している手術計画の例として次がある。

- 人工股関節置換術での，患者骨形状，強度に合わせた人工関節の選択と挿入孔の決定
- 肝切除における肝区域に応じた切除範囲の決定

放射線治療における，放射線照射すべき部位と線量の分布を元に線源の位置を最適化する技術も，手術計画と共通の技術からなっている。その手順は，

① CT や MRI などの断層画像から，対象部位の 3 次元形状データを生成する。
② 形状データをもとに演算を行い，手術計画に必要な結果を得る。

例えば人工関節の選択では，移植後の可動域，骨と関節の接触部分の荷重分布，骨強度などの数値演算，選択可能な人工関節の種類などを元に，最適な関節と挿入孔形状を決定することを支援する。最近ではカスタムメイド人工関節を設計することも可能となりつつある。手術計画ができるのは，形状データを元に演算可能な事項である。例えば，

- 体積のように形状データから直ちに演算可能な属性
- 関節可動域など，形状データに拘束条件を付して演算可能な属性
- 形状データを元に有限要素法やモンテカルロ法などで演算可能な物理特性，例えば荷重分布や熱拡散
- 形状データを元に生理的条件を付して演算可能な属性，例えば放射線強度分布の最適化や骨再生

生理的な条件を含む数理モデルは容易でない。特に組織再生など数日単位以上の長期的な変化の数理モデル化は限定的にしか実現されておらず，今後の大きな研究課題である。

(2) 手術シミュレーション

手術シミュレーションは，手術計画の方法の一つである。手術の段取りについて術前に仮想的に試行錯誤し手術チームの間で共有することで，手術を安全，確実，迅速に行うことを補助するものである。対象部位とその周囲の臓器，血管などの形状データを元に，患部への安全なアプローチや，切除，縫合などを試行する。グラフィックスシステムを用いる方法と，3D プリンタを用いて造形する実物大臓器立体モデルを用いる方法がある。いくつかの手術手技を対象に保険償還の対象となっている。

(3) 手術ナビゲーション

手術ナビゲーションは，術者が持つポインターの位置を CT，MRI 画像の上で表示するのが基本機能である。ポインターの 3 次元位置を，位置計測器を用いて計測する。現在までに脳神経外科，耳鼻咽喉科，整形外科，歯科向けの手術ナビゲーションシステムが実用化されている。形成外科，口腔外科でもこれらの製品システムを活用している。

(4) 手術支援技術の歴史

手術計画，手術シミュレーション，手術ナビゲーションは，医用画像の発達によって登場した画像誘導手術と低侵襲手術と共に発達した。わけても，CT や MRI など，3 次元情報を持つ医用画像の登場が転換点となった。現代的な意味の手術計画は，1970 年代に始まった定位脳手術にその原型を見ることができる。当時の定位脳手術は，次の手順で行っていた。

① 撮像
　CT で患者の頭部を撮像する。その際に，CT 像に映るマーカーを頭部に固定する。

② 手術計画

脳腫瘍などの病変部の画像上の座標値を計測する。マーカーを座標の基準位置として用いる。画像を見ながら，病変部への到達経路を計画する。

③ 手術

マーカー位置を基準に，患者の頭部に定位脳フレームを装着する。フレームには極座標系の目盛りがついている。フレームの座標系を使って病変部と到達経路を「定位」することで病変部に到達する。

CT 画像が 3 次元座標系を持っていること，脳が頭蓋に守られていて変形が小さいことを仮定して，手術前の手術計画に基づいて手術することが可能であった。最初期の定位脳手術は手計算で行われていたが，コンピュータグラフィックス技術の発達と低価格化により定位脳手術を補助する手術計画ソフトウェアと手術ナビゲーションシステムが発達した。

手術計画ソフトウェアの研究は 1980 年代初頭から始まっていた。手術シミュレーションと手術ナビゲーションのニーズを喚起したのは，低侵襲手術の出現であった。低侵襲化が進むと視覚的に観察できる範囲が狭くなり，情況判断が難しくなったことから，術前の状況把握と術中のナビゲーションの重要性が増したのである。

(5) 手術支援技術と画像誘導手術支援ロボットの関係

手術支援技術と画像誘導手術支援ロボットの関係は，自動車の運転補助技術に対比させると，それぞれの役割と，これからどんな技術が必要になるか理解しやすい（表 29.3）。

自動車の自動運転が実現に向けて動きつつあるが，手術の場合には手術ナビゲーションのデータを使って手術を行うことが自動化に相当する。これを実現する技術が画像誘導手術支援ロボットである。

表 29.3 運転補助技術と手術支援技術

運転補助技術	手術支援技術
渋滞予測を含む最適コース選択（出発前）	手術計画
複数コースの地図表示（出発前）	手術シミュレーション
現在位置の地図上での呈示とコース指示	手術ナビゲーション
自動運転	画像誘導手術支援ロボット

(6) 手術支援技術の誤差要因

画像誘導手術支援ロボットが期待通りに病変に達するためには，医用画像を元に設定した動作が実環境と整合する必要がある。計算機内の座標系と実環境の座標系の位置合わせとその誤差要因を明らかにする必要がある。座標系の位置合わせ（レジストレーション）はある対象物に設定した本来同一の座標系 O_0 を異なる複数の座標系 $O_1, O_2, \ldots$ から計測した際に，$O_0 = X_{0i}O_i (i = 1, 2, \ldots)$ を満たす座標変換 $X_{0i} (i = 1, 2, \ldots)$ を求める問題である。対象物が剛体の場合，O_i は 6 自由度の変数となり，$i = 2$ の場合，$O_2 = X_{12}O_1$ を満たす回転，並進，拡大のアフィン変換 X_{12} を求める剛体位置合わせ問題となる。対象物が剛体でない場合は部位によって変形するため変数が多数となる，非剛体位置合わせとなる。ここでは前者につきのみ述べる。アフィン変換 X_{12} を求めるためには，その対象物上の異なる 3 点の座標値を座標系 O_1, O_2 から計測すれば求めることができる。この場合，片方が医用画像における 3 点，もう片方は対応する実環境中の 3 点の位置である。これらの点を便宜的にマーカーと呼ぶ。前者は画素（ピクセル）で計測し，後者は 3 次元位置計測器で計測する。実際には 3 点以上のマーカーの対応をとり，最小二乗法などの最適化法により変換 X_{12} を求める。直接，知りたい座標系への変換が求められない場合は中間的な座標系を導入して，座標変換 $X_{0i} = X_{01}X_{12} \ldots X_{i-1i}$ を求める。ここで誤差の要因となるのは，

① 画素の大きさによる不確実さ，画像のひずみ
② 3 次元位置計測器の計測点の誤差
③ 上記をもとに計算した，それぞれの座標系の基準からの誤差
④ 上記座標系の基準からナビゲーション対象（標的）までの誤差

がある。上記 ④ の誤差は，本当に知りたい点である標的（手術器具の先端など）にマーカーやセンサを設置することができないために生じる誤差であり，現在のナビゲーションシステムでは事実上不可避のものである。ここで，

- FLE (Fiducial Localization Error)：基準位置決め誤差（上記 ① ② ）
- FRE (Fiducial Registration Error)：基準位置合わせ誤差（上記 ③ ）
- TRE (Target Registration Error)：標的位置合わせ誤差（上記 ① ～④ の合算）

と呼ばれる[1]。最終的に知りたいのは TRE である。このうち，FLE と FRE は機器の性能により決まるところが大きく，機器により規定できる。TRE は標的とマーカーの位置関係などによっても左右される。TRE を小さくするには，

- FLE を小さくする
- マーカーを，標的の取り得る場所の範囲に均等に分布させる
- マーカーの位置を，マーカー全体の重心点から離す
- 標的の位置をマーカー全体の重心に近づける
- マーカー数を多くする

といった工夫が必要になる。

＜鎮西清行＞

参考文献（29.3.2 項）

[1] Fitzpatrick, J. M., West, J. B., Maurer, C. R. Jr.: Predicting error in rigid-body, point-based image registration, *IEEE Trans Med Imag*, 17(5), pp.694–702 (1998) DOI: 10.1109/42.736021.

29.4　手術支援システム統合化技術

手術支援システムは，医用画像装置（とそのデータベース），位置計測装置，手術支援ロボットなど異なる装置を協調動作させて機能する。よってシステム統合化技術が不可欠である。

システム統合化技術は，複数のシステムをつなぐ必要があり，製造業者を超えた互換性が必要となる。そのためオープンシステム技術として提供されることが多い。以下にいくつかの事例を紹介する。

29.4.1　OR.NET, MDPnP, SCOT

これらは，プラグアンドプレイにより手術支援システムを構築するためのプロトコル，インタフェース規約である。それぞれ，独，米，日にて開発が進められている。OR.NET は，Industry 4.0 の発想をそのまま医療システムに応用したもの，SCOT (Smart Cyber Operating Theater)[1] は産業用ロボット用のインタフェースとして実績のある ORiN (Open Robot/Resource interface for the Network) をベースとしている。MDPnP (Medical Device Plug-and-Play) も同様のインタフェースである。

29.4.2　OpenIGTLink

OpenIGTLink[2] は研究発祥のオープンソースソフトウェアである。C++ライブラリとして提供され，Windows, Linux, OS X で利用可能である。実時間 OS 等への移植も行われている。OpenIGTLink は以下の特徴を有する。

- TCP または UDP プロトコルによる通信
- ソフトウェア，プロトコルレイヤーのみ。逆に，ハードウェアとして既存の多くのリソースが利用可能。例えば CANBUS 実装が存在する
- サーバクライアント型の通信を行う
- 手術支援システムでよく用いられる 3 次元座標値，座標変換マトリクス，これらのアレイ，画像データが予めデータ型として用意されている
- テキスト，バイナリーのデータ型の通信も可能
- 約束ごとが少なく，簡単に用いることができるため，研究開発に適する
- 反面，サイバーセキュリティについては別の暗号化ライブラリを用いるなどの必要がある。

29.4.3　IGSTK

IGSTK (The Image-Guided Surgery Toolkit)[3] は画像誘導手術システムに共通の機能をクラス化したオープンソースソフトウェアである。C++ライブラリとして提供されている。次の特徴を有する。

- DICOM(Digital Imaging and Communications in Medicine) 互換の医用画像データ取り込み
- 位置計測器のインタフェース
- 可視化（VTK(The Visualization Toolkit) を内包）
- 画像処理・レジストレーションアルゴリズム (ITK(Insight Segmentation and Registration Toolkit) を内包)
- ログ機能などシステム管理機能

VTK と ITK も，オープンソースのライブラリである。それぞれ，コンピュータグラフィックスを含む 3D/2D 可視化，3D/2D 画像処理（セグメンテーションと位置合わせを含む）のアルゴリズムを含んでいる。これらはいずれも国際的な研究コミュニティから生まれたオープンソースプロジェクトであり，VTK は 1993 年からの長い歴史をもつ。ソースコードが公開されているので，アルゴリズムが何をしているのか明らかであること，MarchingCube という有名アルゴリズムの高速実

装を持っていたこと等の理由で研究者から支持され，米NIH等の公的資金，企業を含む研究コミュニティによって維持発展することで現代でも通用するライブラリとなっている。

29.4.4 手術支援システム統合化技術とオープンソース

オープンソースは手術支援システム統合化に一定の役割を果たしてきた。手術支援システムの統合には，複数の機器とそれを繋ぐソフトウェア，それを開発して維持する多数のプログラマー，ドキュメント作成者，技術者，研究者の継続的参画が必要である。ソースコードが公開されていることは次のメリットをもたらした。

- リスクマネジメント上のメリット
  医療機器ソフトウェアに関する日本および諸外国のリスクマネジメント要求に，ソフトウェアのライフサイクル管理がある。その重要な柱となるのがソフトウェアのバリデーションの実施である。ソースコードが提供されるソフトウェアは，その利用者が自らバリデーションとそれに基づくデバッグを行うことが可能である。

- 研究倫理上のメリット
  研究論文は読者が実験を再現できるように不足なくかつ簡潔に記述する必要があるが，研究論文で用いたソースコードを公開することは再現性の確保，不正のないことを示す直接的な方法である。

- 開発速度のメリット
  多数人が分散的なソースコード管理，バグ管理システムを用いて多数の異なるプラットフォーム上で検証（バグ出し）することは効率的で頑健なコード開発につながる。

「無料であること」は必ずしもメリットではない。オープンソースプロジェクトでは開発の体制やリーダーシップを巡って混乱が生じることも散見される。リーダーシップ，開発方針，財政基盤についてもオープンにすることで，ユーザーは安心してそのソフトウェアを使うことができる。

<鎮西清行>

参考文献（29.4 節）

[1] 伊関洋，村垣善浩：総論：センサ技術と医療情報誘導手術室 (Smart Cyber Operating Theater: SCOT),『電気学会誌』, **132**(7), pp.409–12 (2012) DOI: 10.1541/ieejjournal.132.409.

[2] Tokuda, J. *et. al.*: OpenIGTLink: an open network protocol for image-guided therapy environment, *Int J Med Robot*, **5**(4) 423–34 (2009) DOI: 10.1002/rcs.274.

[3] Cleary, K., Cheng, P., Enquobahrie, A., Yaniv, Z.: IGSTK: *The Book*. http://igstk.org/IGSTK/img/IGSTKTheBookV2.pdf

29.5 手術トレーニングとロボット

29.5.1 はじめに

内視鏡手術をはじめとした，より一層高度な技量を要求する手術を安全かつ円滑に行うためには，手術に対するトレーニングの充実が不可欠である。本節の前半では手術手技のトレーニングについて概説すると共に，ロボット技術を用いた手術シミュレータについて述べる。後半ではda Vinciを中心に，手術支援ロボットを使用した手術に関するトレーニングの現状と，トレーニングシステム開発ガイドラインについて紹介する。

29.5.2 手術手技のトレーニング方法

2002年に都内の病院で発生した，腹腔鏡下前立腺摘出術における医療事故は，社会に大きな波紋を呼んだ。この事故は本手術の経験に乏しい医師が出血への対応に手間取り，1ヶ月後に患者が死亡したというものである。医療では患者の安全性が最優先であるのは言うまでもないため，スポーツで言うところの実戦トレーニング，すなわち実際の患者への医療を通じてのトレーニングの機会は限られたものとなってしまう。そのため，人体を模擬した「仮想患者」を通じて十分に習熟する必要が生ずる。

手術手技の習得の第一歩は，講義などの座学と手術見学である。これに対して実際に手術器具を用いたトレーニング全般をハンズオントレーニングと呼ぶ。ハンズオントレーニングの初期段階で用いられるのは手術模型であり，ドライラボトレーニングと呼ばれている。例えば内視鏡手術のトレーニングでは，布やペグボード，ゴムチューブなどを材料として，鉗子移動や微細物の把持，糸による縫合などのタスクによる練習が行われている。また，目視観察ではあるものの，タスクに要した時間や正確さを元に熟練度を定量化することが可能である。このようなトレーニング手法は米国消化器内視鏡学会によりFLS (Fundamentals of Laparoscopic Surgery) プロトコルとして，内容や評価方法が規格化されている。一方，近年急速に普及している3Dプリンタを用い，人体組織形状をよりリアルに再現した手術模型も市販されている。また，人工材料ではなくブタ等の動物組織（摘出臓器）を用いるトレーニングも広く行われ，ティッシュラボトレーニングと呼ばれている。

ドライラボやティッシュラボは，あくまでも手術器具の初歩的な操作技術や力覚・触覚を習得するものである。それに対して，麻酔管理を含む総合的な手術手順のトレーニングには，ブタなど生きた動物が用いられており，ウェットラボトレーニングと呼ばれている。血流や呼吸といった生体反応があるため，出血場面などよりリアルな経験を積むことが可能となる。しかしながら人間と動物では解剖学的構造や寸法等が異なるため，習得した技術をそのまま患者に適用できない場合も多い。

医療トレーニングに献体（ご遺体）を用いることで，ドライラボや動物よりも解剖学的に実際の人体により近いトレーニングが可能となる。本邦では長らく献体の手術研修への利用の可否が法的に明文化されていなかったため，献体による手術トレーニングは海外の施設に依存してきた。2012 年に法的問題がようやく解決したものの，現在でも国内での献体トレーニングは普及に至っていない。結果として，先進的な手術手技を習得するために医師が海外に渡航せざるを得ない現状は変わっていない[1]。

29.5.3　ロボット技術を応用した手術トレーニング

以上紹介した従来の手術トレーニング方法には一長一短があるが，いずれも技量向上に必要な技術の評価手段を有しない。そのため，練習者が自分の技量の熟達度を定量的に確認したり，トレーナーが教育効果を評価したりすることが困難である。そこでロボット技術を用いてこの問題の解決を図った例を紹介する。

まず，ドライラボにセンサを組み合わせて技量の定量化を行うアプローチの事例を挙げる。教育用人体模型大手の（株）京都科学は，「腹腔鏡縫合手技評価シミュレータ」を早稲田大学と開発し販売している。このシミュレータは縫合用の人工皮膚にカメラやセンサを組み合わせることで，縫合の丁寧さや結紮（けっさつ）力を検出し，難度の高い縫合・結紮の熟達度を定量的に評価できるシステムである。また同じく人体模型を開発販売する（株）高研では，内視鏡下鼻内手術を目的として，3D プリンタで再現した精密な鼻内構造を有する人体模型を産業技術総合研究所と開発しており，これに力覚センサを組み込むことで鼻内手術の技量の定量化を図っている[2]。

ウェットラボのような，ドライラボよりリアリティのある手術トレーニングを実現するために，バーチャルリアリティ (VR) 技術を用いた手術シミュレータも開発されている。手術シミュレータはフライトシミュレータと同様，鉗子など医師の操作する器具は実物と同等としつつ，これに力覚フィードバック機構やディスプレイを組み合わせ，CG の仮想人体を「手術」するものである。代表的なものとして腹腔鏡下手術における技術習得を行うシステムである Maestro AR（Mimic Technologies 社）を挙げる[3]。このシステムは練習者の操作する器具の動きを検出することにより，臓器変形や出血などをコンピュータでシミュレーションすることができるなど，より多彩なトレーニングを可能としている。このシステムでは操作時間や手術器具の動作軌跡などを元に技量を定量化する機能を持つ。

別の例として血管内にカテーテルなどを挿入する血管内治療のシミュレータである VIST（Mentice 社）を挙げる[4]。VIST は構造が複雑な血管内にカテーテルを挿入する技術を養うだけでなく，患者の容態変化（心拍異常など）も模擬することで，意志決定能力を養うことができる。以上のような軟組織だけでなく，歯科や整形外科のような骨組織を対象としたシミュレータも提案されている。コペンハーゲン大学の開発した Visible Ear Simulator は，側頭骨（耳を含む頭蓋側面部）をドリルで削り取る手術のシミュレータである。比較的容易に入手可能な力覚フィードバック装置である Geomagic Touch（旧名 PHANToM Omni）を用い，切削時のドリル反力を体験することができる。

手術シミュレータはトレーニング効果を定量化できるだけでなく，複数の手術シナリオを体験でき，異常時の対応も学ぶことができる。またウェットラボなどと異なりトレーニングの反復が容易であるとともに，希少なケースも学べるという点でも，従来のトレーニング手段よりも優れているといえる。一方で手術シミュレータは，位置センサや力覚フィードバック機構が必要であるため，一般に本体価格が非常に高価である（200 万円以上）ことが普及の妨げとなっている。

29.5.4　da Vinci におけるトレーニング

29.2.1 項で紹介された手術支援ロボット「da Vinci サージカルシステム」には，2009 年に厚生労働省の承認を得るにあたり 2 つの条件が課せられた。その一つが「適切な教育プログラムの受講により，本品の有効性及び安全性を十分に理解」することである[5-7]。

da Vinci は，Intuitive Surgical 社の定めた独自のトレーニングプログラムを受講し認定を取得して，はじめて患者への手術が可能となる（2013 年現在で国内では約 1,000 名が取得）。本邦では九州大学病院が 2003 年から行ったロボット手術トレーニングセミナーを皮切りに，現在では藤田保健衛生大学と東京医療センターが Intuitive Surgical 社の認定したトレーニングセンターとなっている。

一般的なトレーニングプログラムは次のとおりである。まず，ロボット等機器のセットアップ方法・基本操作方法を修得した後，ドライラボおよび動物を用いたトレーニングが行われる。また，da Vinci を用いた施設への手術見学が義務づけられている。教育プログラムの対象には，da Vinci を操作する外科医だけでなく，看護師など手術室内でのサポートを行う医療従事者も含まれている。これはトレーニングの目的が単にロボットシステムの「操作方法の習得」だけではなく，「ロボットを用いた手術方法自体の習得」だからである。

なお Intuitive Surgical 社は，da Vinci による手術のシミュレータとして da Vinci Skills Simulator を販売している[8]。このシミュレータは既存の da Vinci のマスター部に装着し，そのディスプレイ部やアーム部をそのままシミュレータの一部として利用するものである。

29.5.5 トレーニングシステム開発ガイドライン

da Vinci の承認条件の例で明らかなように，手術支援ロボットをはじめとした高度な医療機器を上市するには，機器開発と同時にトレーニングシステムを開発する必要がある。しかしながらトレーニングの設計や運営は機器開発自体以上に具体化が困難である。経済産業省では平成 17 (2005) 年度より医療機器の迅速な開発を目的とした「医療機器開発ガイドライン事業」を実施しているが，その中で平成 24 (2012) 年に「トレーニングシステム開発ガイドライン」を策定している[9]。本ガイドラインによれば，トレーニングの開発は ① 必要なトレーニング内容を定義し，② トレーニングを設計し，③ 実査にトレーニングを実施すると共に，④ トレーニング効果を評価し，その結果を基にトレーニング内容を再定義する，というサイクルを経るものとされている。さらに本ガイドラインでは，「仮想の」脳神経外科手術支援ロボットを題材としたトレーニングプログラムのひな型を示すことで，トレーニングのカリキュラムに必要となる一般的な事項を示している。手術支援ロボットの開発にあたっては本ガイドラインを参考としてトレーニングプログラムを策定することを推奨する。

＜山内康司＞

参考文献（29.5 節）

[1] 日本医学会：医学会発第 47 号 献体を用いた医療技術の教育とトレーニングに関するガイドラインの周知について，日本医学会 (2014).

[2] Yamauchi, Y., Yamashita, J., *et al.*: Surgical Skill Evaluation by Force Data for Endoscopic Sinus Surgery Training System, *MICCAI 2002*, LNCS 2488, pp. 44–51 (2002).

[3] Mimic Technologies: dV-Trainer robotic surgery simulation, a brochure of Mimic Technologies (2013)

[4] Mentice: VIST-Lab Solution, a brochure of Mentice (2014).

[5] ジョンソン・エンド・ジョンソン（株）：『da Vinci サージカルシステム　承認番号：22100BZX01049000 添付文書』，医薬品医療機器総合機構 (2010).

[6] 北野正剛：日本内視鏡外科学会 (JSES) の内視鏡手術支援ロボット手術導入に関する提言，日本内視鏡外科学会 (2011).

[7] 北野正剛：日本内視鏡外科学会 (JSES) の内視鏡手術支援ロボット導入条件の遵守喚起，日本内視鏡外科学会 (2013).

[8] Intuitive Surgical: da Vinci Skill Simulator, a brochure of Intuitive Surgical (2012).

[9] 産業省：『ナビゲーション医療分野 トレーニングシステム開発ガイドライン 2012』，経済産業省 (2012).

29.6 手術支援ロボットの安全

29.6.1 手術支援ロボットの副作用・不具合事象

手術支援ロボットの副作用や不具合に関しては，以下の 2 つが公知となっている。

(1) RoboDoc

RoboDoc は，股関節置換術におけるステム挿入孔を開削する医療機器である。欧州では 1996 年に認証を取得した。欧州で使用が始まったところ，用手的開削と比較して高い副作用や再手術率があることが報告され，訴訟が起こされた。

(2) da Vinci 手術支援システム

da Vinci 手術支援システムは普及に伴いまれにしか起こらない事象についてもデータが集積，公開されている。2010 年からの 5 年間で海外での使用実績約 57

万件につき，システムの使用を中止したコンバージョンが 0.02385%（138 件），このうち機器の故障など，機器側の不具合と考えられるものは 0.019%（110 件）となっている。また患者への副作用としては死亡例が 0.00467%となっているが，機器故障や誤動作など機器に起因するとは考えられるものはないとされている。

29.6.2　手術支援システムの法規制と国際標準

手術支援システムは医療機器として各国の承認・認証を必要とする。日本では 2014 年に施行された薬機法のもと，表 29.4 の一般的名称とクラスとなっている。

表 29.4　手術支援システムの一般的名称，クラス

	薬機法上の一般的名称	クラス
手術計画・手術シミュレータ	画像ワークステーション	II
手術ナビゲーションシステム	手術用ナビゲーションユニット	II
	脳神経外科手術用ナビゲーションユニット	III
手術支援ロボット（本体部分）	手術用ロボット手術ユニット	III

日本では手術用ロボット手術ユニットは大臣承認となっている。諸外国では，米国では 510(k)，欧州では認証機関による認証制度となっている。我が国でもクラス II 品目は認証制度への移行が進められており，2014 年に施行された薬機法（医薬品，医療機器等の品質，有効性及び安全性の確保等に関する法律）ではクラス III 品目の認証制度も予定されている。

内外での認証に不可欠な国際標準は，手術支援ロボット，手術用ナビゲーションユニット共に個別規格が存在しない。そこで汎用規格である IEC 60601-1 を適用させている。同規格は広く医用電機機器を対象にした安全性に関する規格であり，手術支援ロボットに特有の事項を一切考慮していない。そこで，2015 年から手術ロボットの国際標準の規格策定が開始されている。

IEC 60601 シリーズの規格の各項目はリスクマネジメントの際に考慮すべき点を示している。漏れ電流などの古典的な電気的安全性の他に，機械的安全性やソフトウェアの安全性，ユーザビリティ（ヒューマンファクター），システム安全性（医用電気機器を非医用電機機器と接続して使う場合）など，ロボットの安全性に関連する事項もカバーしている。なお，規格は IEC 80601-2-77 として 2019 年初めに発行される見通しである。

＜鎮西清行＞

参考文献（29.6 節）

[1] 「da Vinci サージカルシステム」審査報告書（医薬品医療機器総合機構）添付資料を基に独自解析．

[2] 厚生労働省医薬食品局長通知 平成 16 年 7 月 20 日付薬食発第 0720022 号．

29.7　おわりに

本章ではロボット技術の医療支援への応用として，主として手術支援ロボットを解説した。医療機器すなわち患者の機能回復に貢献する機器としてのロボット応用システムとしては，運動機能回復支援のへのロボット技術があるが，ここでは割愛した。また医療現場の関節作業の支援や，医療材料，再生医療材料などの製造に用いられるロボット技術もあるが，これらも割愛した。

工業応用と異なり医療応用は，対象の属性が様々であり，時々刻々と変化する。その変化に適応した動作がロボットシステムには求められ，さらには人間との共同作業場の多くの課題もある。この点も割愛したが，これらの点はロボット工学の他の分野での研究成果が大いに活用できるものと考えており，関連する分野を参照されたい。

＜佐久間一郎＞

第30章

ROBOT CONTROL HANDBOOK

災害対応支援

30.1 はじめに

2011年3月11日に発生した東日本大震災と津波によって，15,000人を超える人が犠牲となり，東日本の沿岸地域において多大な被害が発生した[1]。さらに，10 m を超える津波が，東京電力福島第一原子力発電所（1F）の事故をもたらし，原発周辺の住民には避難生活が強いられている。今も原子力発電所の燃料デブリ（メルトダウンによって溶けた燃料）の取出しなど，廃炉に向けた作業が続けられているが，廃炉までには30～40年以上かかると考えられており[2]，廃炉作業を進めるには，ロボットや遠隔操作機器を継続的に開発し，導入する必要がある。また被災地においても，除染，瓦礫処理や復旧，復興のための作業を長期にわたって実施しなければならない状況が続いている。

そもそも日本は，地震，津波，台風，火山爆発など，自然災害が多い。首都直下型地震や東海・東南海・南海地震は，極めて高い確率で発生すると予測されている。また，2011年7月に発生した新潟県南魚沼市・十日町市の八箇峠道路トンネルのガス爆発事故に代表されるように，建設現場や工事現場での事故などの人工災害も後を絶たない。2012年12月に発生した笹子トンネルの崩落事故は，劣化などの老朽化が原因で生じており，トンネル，橋梁，高速道路，ダムなどの社会インフラの老朽化への対応が課題となっている。また，腐食などの老朽化が原因で発生するコンビナート事故は，ここ10年で10倍に急増しているという報告もあり[3]，設備事故への対応も喫緊の課題である。

このように自然災害や人工災害の脅威の増大にともない，それらに対する備えがますます重要となっている。防災という考え方では，災害対応，事故対応，復旧，復興という災害発生後の措置のみならず，災害発生を予防する対策も重要であり，社会インフラや，設備などの産業インフラの点検，保守，補修といったメンテナンス，維持管理の重要が高まっている。

災害対応，復旧，点検・保守などにおいては，人が行うことが困難，危険，あるいは不可能な作業や環境が多数存在し，ロボットや遠隔操作機器を導入するニーズは高い。また，ロボットを導入することで，人が作業を行う際に必要であった足場の建設や養生，作業員の安全対策などの段取りが不要になるなど，コストの削減，工期の短縮が図れるという点においても，ロボットや遠隔操作機器の導入は極めて有効な方策であり，その活用が期待されている。

30.2 災害・事故対応におけるロボット技術のニーズ

30.2.1 ロボット技術とは

そもそもロボット技術（RT: Robot Technology）とは何か。災害対応や原発事故対応では様々な遠隔操作機器が用いられた。それらの機器がロボットと呼べるかどうかといった議論もあるが，「ロボット」の定義をすることはあまり重要ではない。むしろ，それらの機器開発において，RT が活用されたという事実こそが重要である。

経済産業省は，日本ロボット大賞の中で，「ロボット」を，「センサ，知能・制御系，駆動系の3つの技術要素を有する，知能化した機械システム」と定義し，ロボット技術と同義としている[4]。情報技術（IT: Information Technology）や情報通信技術（ICT: Information and Communication Technology）が仮想世界（サイバー空間）の技術であるのに対し，RT は現実世界（物理空間）における技術，すなわち現実世界で物理的な相互作用を伴う検知・計測・認識・制御・動作・作業などのための，IT, ICT を含めた総合的技術ということができる。近年，Cyber Physical System，IoT (Internet of Things) などと呼ばれる技術が注目されているが，これらもまさに広義の RT に含まれると言ってよい。

RT は，いわゆる「ロボット」と呼ばれる機器のみならず，輸送機械，医療器械，産業機械など，あらゆる機器やシステムに用いられているようになっており，いわば機器を開発する上での共通基盤的な技術インフラになりつつある。今や IT, ICT があらゆる機器・システムに組み込まれているのと同様，RT も多くの機器・システムに組み込まれるようになりつつあり，むしろ，あらゆる機器やシステムがロボット化しつつあるとも言えよう。

一方，RT には，もう一つの大きな特徴がある。それは，RT は単なる要素技術ではなく，それが適用される作業ニーズや環境の制約条件に応じて，それを実現するソリューションを導出し，必要となる機能を実現するための総合的なシステム化技術であるという点である。災害対応のための遠隔操作機器の実現には，それが「ロボット」と呼べるかどうかにかかわらず，RT の活用が必須であることは言うまでもない。RT の専門家とは，まさに高度で総合的なシステムインテグレーション能力を有する人材であり，これから廃炉の遠隔操作機器を開発する人材にも，高度なロボット技術に関する知識や技能が求められる。

30.2.2　災害対応ロボットのニーズ

災害対応はいくつかのフェーズに分かれる。それによって対策も変化し，必要とされる機器も異なる。災害発生直後 24 時間以内（フェーズ 0）は災害状況の把握，必要な機材や物資の確保，体制の確立など，災害発生後 72 時間以内（フェーズ 1）は被災者の探索・救出などの緊急対策，災害発生後 1 ヶ月程度（フェーズ 2）は被災者支援・ライフライン・交通の確保など応急対策，それ以降（フェーズ 3）は瓦礫処理，復旧・復興などとなる。ただし，前述のように，防災という観点も含めると，フェーズ 0 以前の点検や予防保全などの活動も重要であり，現在でも，社会インフラや産業インフラの点検，保守，メンテナンス，維持管理のためのロボットや遠隔操作機器開発が様々なプロジェクトなどで行われている[5–7]。

フェーズ 0 や 1 の初期段階においては，被害状況調査，被災者探索・避難誘導・救助などの活動が主体となるため，それを実施，あるいは支援するための，陸・海・空，あるいは，建物の内部，狭隘部，瓦礫の中などの環境を移動して情報を収集したり，被災者を探索し，誘導・救出するロボット・遠隔操作機器，応急的な瓦礫除去，インフラ修復・再構築などの作業を行うロボット・遠隔操作機器が求められる。また，フェーズ 2 や 3 などの応急対策・復旧・復興においては，本格的な瓦礫処理，インフラ構築，災害対策工事，除染をはじめ，様々な復旧活動を支援するロボット・遠隔操作機器（無人化施工機械を含む）が必要となる。

ただし，災害や事故は多様であるために，RT に求められる機能も多様であり，災害の状況によりその都度変化する。例えば被災者の探索に関しても，1995 年に発生した阪神・淡路大震災では建物の崩壊による圧死が主な死因であったのに対し，東日本大震災では津波による溺死が主な死因であった。前者では瓦礫内の探索が必要となるが，後者では水中探索のニーズが高かった。一方，1923 年に発生した関東大震災では，多くの人が火災により焼死したが，このような状況で必要となるのは消防ロボットである。このように，災害の状況によって求められる技術は異なるので，多様なロボット・遠隔操作機器を開発し，準備しておくことが重要となる。

30.2.3　遠隔操作と自律化のニーズ

これまでの災害や事故現場において活用が求められたロボット/機器は，ほとんどの場合遠隔操作型であったが，災害対応ロボットの研究開発の中には自律化を指向したものもある。DARPA Robotics Challenge (DRC)[8] は，1F の事故をきっかけに企画された災害対応ロボットの競技会であり，ここでは，ロボットとオペレータ間の通信の帯域幅が狭く，自律化を図らないと課題がクリアしにくい状況設定になっている。しかし，実際の災害や事故現場は想定外の無限定環境であることがほとんどで，突発的なミッションを行うことが求められることも多いために，技術的には作業の自律化は極めて困難で，実際の現場では，多くの場合，通信ネットワークなどを含む遠隔操作環境を構築した上で，遠隔操作で調査・作業を行うことになる。そもそも，自律化により人が自在に操ることができなくなれば，失敗や事故が生じた際の責任の所在も不明確になる。このように，自律化を前提としたロボット開発は現場のニーズとの乖離を引き起こす可能性がある一方，遠隔操作をしやすくするための自律化（完全自律ではなく部分的な自律化）は，むしろ重要な技術となる。また，災害対応では，状況が予測できないために，すべての状況を想定して遠隔操作機器をあらかじめ準備しておくことは難しい。何らかの標準的な共通のプラットフォームを予め用意し，あとは現場のニーズに応じて動的にシステムを構成することが求められる。それを実現するには，機器（ハードウェアおよびソフトウェア）の標準化と共通基盤技術の開発，さらには試験方法の標準化を進めることも重要であろう。

30.3 東日本大震災対応および 1F 廃炉に向けての遠隔技術開発

30.3.1 災害の概要

東日本大震災では，宮城県牡鹿半島の東南東沖 130 km，仙台市の東方沖 70 km の太平洋の海底を震源とする，マグニチュード 9.0 の地震が発生した。また，この地震により波高 10 m を超える津波が発生し，東北地方と関東地方の太平洋沿岸地域に甚大な被害をもたらした。この津波によって，15,000 人を超える人が犠牲となっている。

1F は，震央から 178 km に位置し，津波の直撃を受けることになった。1F には 6 機の原子炉があり，震災発生時には 1〜3 号機が稼働中で，4〜6 号機が定期検査中であった。地震発生直後，稼働中の原子炉は SCRAM（原子炉緊急停止）によって原子炉の臨界反応を停止させることができた。その後，外部電源が停止したが，これに対しても想定どおりに非常用発電機が作動した。しかし，その後に津波の襲来を受け，非常用発電機が使用不能となったことで，地震から約 1 時間後には全交流電源喪失 (SBO: Situation Black Out) 事象が発生し，これにより原子炉および使用済み燃料貯蔵プールの冷却系の異常が発生した。その結果，原子炉内の燃料はメルトダウンしたと考えられている。また，1, 3, 4 号機では水素爆発により原子炉建屋の圧力容器，格納容器，原子炉建屋という 3 重のバウンダリーがいずれも大きく損傷し，大量の汚染物質が放出された。2 号機でも，原子炉建屋自体には大きな損傷はないものの大量の汚染物質が放出されていることから，内部は大きな損傷を受けていると考えられる。

30.3.2 対災害ロボティクスタスクフォース

事故発生直後は，事故現場は放出された汚染物質により放射線量が非常に高く，作業員が現場に近づくことも困難であり，様々な場面でロボットなど遠隔操作可能な機器の活用が求められた。特に，福島原発の事故が発生した直後の緊急事態においては，極めて混乱した状況が存在した。遠隔操作機器のユーザである東京電力も，どこにどのようなロボット技術が存在するのかを十分に把握することができず，逆にロボット開発を行う研究者やロボット製造業者も，どこにどのようなニーズが存在するのかがなかなか把握できなかったのである。そこで，中村仁彦氏（東京大学教授）の呼びかけにより，ロボット関係の研究者や技術者が集まり，災害対応の状況に関する情報交換を行うとともに，対災害ロボティクス・タスクフォース (ROBOTAD: Robotics Taskforce for Anti-Disaster) が設立された[9]。そのアンカーマンを中村仁彦氏が，チェアマンを筆者が務め，様々な情報の共有と発信を行った。具体的には，瓦礫走破性などをはじめとするロボットの機能，ロボットで用いられている部品の耐放射線性能，原子炉建屋内でロボットを遠隔操作するための無線通信の可否など，災害現場や事故現場にロボットを導入するための技術的な議論と情報共有を Web 上で，あるいは会合を持ちながら行い，国や東京電力が設置したリモートコントロール化 PT などに対する情報提供などの支援活動を行った。

特に，耐放射線性能に関しては，田所諭氏（東北大学教授），小柳栄次氏（元 千葉工業大学未来ロボット技術研究センター副所長）などが災害対応用移動ロボット Quince に使用されている部品の放射線照射実験を行い，その実験結果と高放射線環境下で動作する遠隔操作機器の線量管理に関するアセスメントなどを公表した。また，遠隔操作において肝となる無線通信の建屋内での利用に関しても，同氏らが中部電力浜岡原子力発電所で実施した無線通信実験に基づき，建屋内では無線通信による遠隔操作が困難であることを公表した。

30.3.3 廃炉に向けた取組み

2011 年末に 1F の冷温停止が宣言され，2012 年からは廃炉に向けた中長期措置に作業が移行した。事故が発生した 1〜4 号機のすべての核燃料を取り出し廃炉とするまでの工程として，中長期ロードマップが作成された。1F の廃炉に向けた中長期ロードマップでは，以下の 3 期のプロセスが計画されている。

第 1 期：使用済燃料プール内の燃料取出しが開始されるまでの期間（2 年以内）
第 2 期：燃料デブリ取り出しが開始されるまでの期間（10 年以内）
第 3 期：廃止措置終了までの期間（30～40 年後）

原子力委員会東京電力福島第一原子力発電所中長期措置検討専門部会では，この極めて困難な課題をいかに解決し，ミッションを達成するかの検討が行われた。特に必要となる研究開発の実施においては，以下の 2 点が明記されている。

- 国が責任を持って，必要な研究開発を進める
- 国内外の叡智を結集して，中長期の事故収束にあたる

現在ではこの方針に基づき，廃炉に向けた中長期措置のロボットや遠隔操作機器の開発が進められている。中長期ロードマップの進捗管理を行うために，政府と東京電力は，中長期対策会議の中に研究開発推進本部を設置するとともに，中長期ロードマップの進捗管理を行うための運営会議を設置し，中長期対策における研究開発の推進を行った。特に遠隔技術開発に関しては，遠隔技術タスクフォース（後述）が研究開発推進本部の横断的な組織として位置づけられた。

2013 年 2 月には，東京電力福島第一原子力発電所の廃炉推進体制を強化するために，政府・東京電力中長期対策会議は廃止され，新たに「東京電力福島第一原子力発電所廃炉対策推進会議」が設置された。廃炉に向けた進捗の詳細な確認は，廃炉対策推進会議（その後，「廃炉・汚染水対策チーム会合」に変更）の事務局会議で行われている。なお，技術研究組合「国際廃炉研究開発機構 (IRID: International Research Institute for Nuclear Decommissioning)」が 2013 年 8 月に発足し，これ以降の廃炉に向けた研究開発は，IRID が中心となって進めている。また，2014 年 8 月の改組によって，原子力損害賠償・廃炉等支援機構 (NDF: Nuclear Damage Compensation and Decommissioning Facilitation Corporation) が組織化され，今後の 1F 廃炉の研究開発の戦略策定，マネジメントを行うこととなった。

今後，燃料デブリ取り出しの工法（冠水，気中，上からのアクセス，横からのアクセス）についても，様々な観点からリスクや技術的可能性などを評価し，戦略策定の中で決定し，廃炉を進めていくことになる。

30.3.4　資源エネルギー庁の補助金・委託費による遠隔操作機器の研究開発

2012 年度には，経済産業省資源エネルギー庁の発電用原子炉等事故対応関連技術開発費補助金（5.0 億円）および基盤整備委託費（15.0 億円）によって，原子炉建屋内の除染作業，原子炉建屋・格納容器からの漏えい箇所の調査，格納容器内部状況調査，原子炉建屋漏えい箇所止水・格納容器下部補修作業，圧力容器/格納容器の腐食に対する長期健全性評価などの研究開発が進められている。実施者はプラントメーカ 3 社（日立 GE ニュークリア・エナジー(株)，(株)東芝，三菱重工業(株)）である。前述の除染装置もこの補助金，委託費によって開発が行われている。

プラントメーカ 3 社は，国内外の叡智を結集してこれらの開発を行うべく，適用可能な技術を公募によって調査し技術カタログとしてまとめるとともに，これに基づき開発項目ごとに公募を行うなどして，国内外の有用な技術を調達しながら開発を進めている。なお，IRID 設立後は，RFI (Request For Information) の公募や RFP (Request For Proposal) の公募が行われ，応募技術の評価に基づき研究開発が進められている。

また，2013 年度においても，資源エネルギー庁は，発電用原子炉等廃炉・安全技術基盤整備委託費および開発費補助金によって，格納容器漏えい箇所特定技術・補修技術の開発，格納容器内部調査技術の開発，遠隔除染技術の開発，圧力容器内部調査の技術，燃料デブリ収納・移送・保管技術の開発などを行っている。また，平成 25 年度資源エネルギー庁発電用原子炉等廃炉・安全技術基盤整備事業委託費「高所への調査用機器が搬送可能な小型遠隔飛翔体制御技術の開発」(2013 年）において，千葉大学および ATOX が原子炉建屋内で調査可能なマルチコプター（ドローン，UAV）の開発を，さらに「高所狭あい空間調査のための遠隔技術及び環境マップ作成の基盤技術開発」において IRS，東北大，CMU などが共同で，いずれもマルチコプターを搭載可能な移動ロボットとマルチコプターの組合せによる環境マップ生成技術の開発を行った。

その後も，資源エネルギー庁の同様の補助金や委託費によって，格納容器下部（ベント管，圧力抑制室，トーラス室等）の調査，格納容器上部（ハッチ，配管貫通部，冷却系統等）の調査，炉内状況（デブリの位置，量等）の把握，建屋内除染（低所，高所，上部階）などのための研究開発が進められており，廃炉を達成するまで，必要な遠隔操作機器の研究開発は，同様な

枠組みで継続的に進められていくと考えられる。

30.3.5　遠隔技術タスクフォースの活動

経済産業省汚染水対策チーム会合（前中長期対策会議）では，ミッションごとに個別の研究開発が進められているが，ロボットや遠隔操作機器は非常に困難なミッションに適用することが求められており，また複数のプロジェクトで共通的に用いられることから，研究開発推進本部の中の横断的な組織として，遠隔技術タスクフォースが設置された。ここでは，様々なニーズに対しRTをどのように活用しミッションを達成するかを検討し，ソリューションを提案したり，一つのアプローチが失敗したことも想定しそのバックアッププランを提案するなど，各プロジェクトに助言を与える役割を負った。廃炉に向けた中長期措置においては，本タスクフォースでの議論に基づき技術開発が計画・実施された。

上記で述べたような機器開発の検討に加え，原子炉建屋屋上階調査や圧力抑制室の漏えい個所の調査，圧力抑制室内の水位計測などのミッションに対し，圧力抑制室漏えい調査WG（ワーキンググループ）（主査：浦環氏（元 東京大学教授）），圧力抑制室内の水位計測WG（主査：松日楽信人氏（芝浦工業大学教授））を設置し，それを遂行するための遠隔操作システムの検討などを行った。具体的には，小型飛行船，小型無人ヘリ，懸垂機構，遊泳調査ロボットなどを活用した調査システムや，様々な計測手法の検討を行い，経済産業省資源エネルギー庁の平成24年度発電用原子炉等事故対応関連技術基盤整備事業「円筒容器内水位測定のための遠隔基盤技術の開発」および「遠隔技術基盤の高度化に向けた遊泳調査ロボットの技術開発」(2012年)で，圧力抑制室内水位測定用壁面移動ロボット（後述），およびボート型水上調査ロボット（後述）が開発された。これらのロボットはいずれも現場に投入され，2号機原子炉建屋の圧力抑制室内水位測定，および1号機の1号機原子炉建屋のトーラス室汚染水漏えい調査のミッションを見事に達成した。

また，四足歩行ロボットを用いた圧力抑制室のベント管下部周辺調査においてトラブルが発生した際にも，遠隔技術タスクフォースにWG（主査：米田完氏（千葉工業大学教授））が設置され，問題点を明らかにするとともに，改造案の検討が行われた。なお，これについては，WGの検討結果に基づきしかるべき対策が施され，2号機原子炉建屋ベント管下部周辺調査のミッションも達成された。

30.4　東日本大震災対応および1F事故対応で導入されたロボット技術

30.4.1　震災および津波対応におけるロボット活用

東日本大震災対応に関しては，震災の発生直後から，NPO国際レスキューシステム研究機構 (IRS: International Rescue System Institute) に所属するレスキューロボットの研究者が，各自これまでに開発してきたロボットシステムなどを自主的に，あるいは要請に基づき被災地の現地に持ち込んで，支援活動を行った。実際にロボットが用いられたケースもあれば，現場に持ち込んだものの，環境条件やタスクが厳しく使用が見送られたケースもあった。

まず，倒壊家屋や被災建造物の調査に対し，様々なタイプのレスキューロボットの適用が試みられた。調査対象は，体育館からコンビナートなどの設備に至るまで多岐にわたった。被災した建造物の調査は非常に危険であり，ロボットによる調査が求められた。松野文俊氏（京都大学教授）らによって開発されたKOHGA3（図30.1）や，田所諭氏らによって開発された能動スコープカメラ（図30.2），小柳栄次氏，田所諭氏，新エネルギー・産業技術総合開発機構 (NEDO) およびIRSによって開発されたQuince（福島原発に導入されたQuinceについては後述）などがそれらの調査に活用された。調査といっても，現場の状況を把握するというレベルのものから，発生したトラブルの原因の究明や健全性の診断のための調査まで多様であり，ときに修復などの作業も要求された。

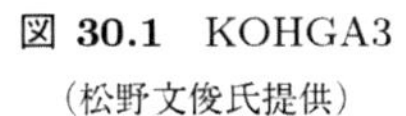

図 30.1　KOHGA3
（松野文俊氏提供）

図 30.2　能動スコープカメラ
（田所諭氏提供）

また，港湾などの海中の調査においてもロボットの活用が求められた。震災直後は，津波の犠牲になったと考えられる行方不明者の探索やご遺体の探索が，調査の主たる目的であった。その後，船舶の安全な航行や港湾の復旧計画立案のための海中の瓦礫調査が行われた。東日本の沿岸地域は津波によって大きな被害が生じ，海中には危険な瓦礫が多く存在した。水中の瓦礫の中の調査は，漁具が絡んだり，倒壊した建物の釘などによって怪我をするなど，ダイバーにとって多くの危険が存在したため，ロボットのニーズは高かった。海中に流された家屋や車両の内部を探索するには，小型の水中ロボットが適している。

松野文俊氏や木村哲也氏（長岡技術科学大学准教授）らは，米国 Texas A&M 大学 Robin R. Murphy 教授が率いる CRASAR (Center for Robot-Assisted Search and Rescue) とともに，津波で破壊された東日本の沿岸地域に様々な海中探査用ロボットを導入し，海中の調査を行った。広瀬茂男氏（元 東京工業大学教授）らによって開発された Anchor Diver III（図 30.3）も，海中調査で利用された。また，浦環氏らは，遠隔操縦機 ROV(Remotely-Operated Vehicle) を用いて岩手県大槌湾や宮城県志津川湾の海中の調査を行い，ご遺体 2 体が発見された。

図 30.3　Anchor Diver Ⅲ

（広瀬茂男氏提供）

一方，災害時には瓦礫や資材，物資の運搬など，肉体的負担が大きな作業が多く発生する。これらの搬送・運搬作業を力学的に支援する手段の一つとして，田中孝之氏（北海道大学准教授）らは，スマートスーツライト（図 30.4）と呼ばれる，人が装着するタイプのアシストスーツを導入し，被災地で作業を行う復旧作業ボランティアに使用し，腰部の負担の軽減，疲れや痛みの軽減化に効果があったことを示した。

また，被災地のマッピングにおいても，RT の導入が図られた。池内克史氏（元東京大学教授）や出口光

図 30.4　スマートスーツライト

（田中孝之氏提供）

一郎氏（元東北大学教授）らのグループは，全方位カメラを搭載した計測車を被災地で走行させ，被災地の被害状況を 3 次元情報として計測・モデル化し，被害マップの作成を行った。これによりどの地区が津波によってどの程度の被害を受け，どの程度の瓦礫が残されているかなどを把握することが可能となった。

さらに，災害時における被災者やその家族などのメンタルケアも極めて重要な課題である。家族を失ったり，家や財産を失ったりすることで，多大な精神的苦難を強いられている被災者の方がいる。また，被災者が避難所等で生活する際にも，プライバシーが犠牲になったり，様々な人間関係や極限的な生活環境から精神的な負荷を受け，体調を壊す人も多い。そのような状況で，柴田崇徳氏（産業技術総合研究所主任研究員）は，避難所などにアザラシ型セラピーロボット PARO（図 30.5）を導入し，被災者のメンタルケアに貢献した。

一方，瓦礫の処理には，様々な建設機械が使用されたが，作業によっては，従来の単腕の機械では対応できないケースもある。日立建機(株)は，NEDO 戦略的先端ロボット要素技術開発プロジェクト[10]（後述）で

図 30.5　メンタルセラピーロボット PARO

（柴田崇徳氏提供）

図 30.6 双腕式油圧ショベル型作業機 ASTACO NEO
(日立建機(株))

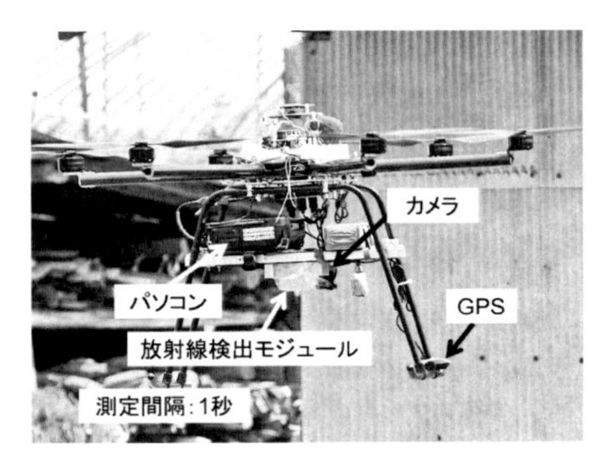

図 30.7 マルチロータ UAV MS-06, MS-12
(野波健蔵氏提供)

開発した双腕式油圧ショベル型作業機 ASTACO NEO (図 30.6) を東北石巻市などでの復旧作業において活用した。津波等で莫大な量の瓦礫が生じたが，その処理では瓦礫の分別が義務づけられている。瓦礫からは悪臭がただよい，アスベストなどの有害物質も含まれており，劣悪な作業環境であるため，RT を活用した瓦礫処理が求められた。

また，野波健蔵氏（元 千葉大学教授）らは，原発事故の被災地の放射線量の分布を，マルチロータ UAV MS-06, MS-12（図 30.7）を用いて計測した。

30.4.2 原発事故対応・廃炉措置におけるロボットの導入

1F の事故対応に関しては，事故直後は冷却系の安定化，封じ込めが最大のミッションであったが，冷温停止後（2012 年 1 月以降）は，廃炉に向けた使用済み燃料プールからの燃料や燃料デブリの取り出しに移行している。ただし，現場で様々な作業を行っている作業員の被曝を低減することが，何よりも重要なミッションである。

具体的には，注水，瓦礫除去，建屋や様々な容器内の調査（映像取得，放射線量・汚染分布・温度・湿度・酸素濃度・等の計測），サンプル（ダスト，汚染水，コンクリートコア，燃料デブリなど）採取，計測機器などの設置，除染，遮蔽，機材の運搬などの作業でロボットや遠隔操作機器の活用が求められ，既に数多くのロボットや機器が導入されている。以下に，現場に導入されたロボットとその活用例を紹介する。なお，詳細に関しては日本ロボット学会の解説も参照されたい[11]。

(1) これまでに導入されているロボット/遠隔操作機器

これまでに，以下のような調査・計測・作業用ロボットや遠隔操作機器が，逐時現場に導入されている。

- T-Hawk
  米国 Honeywell 社製の偵察用小型無人ヘリ。水素爆発によって損傷した原子炉建屋およびその周辺の調査を行った。

- Packbot（2 台）
  米国 iRobot 社製の偵察用ロボット。原子炉建屋内の調査，放射線量計測，炉心スプレイ系の健全性確認作業監視などに使用された。

- Quince（図 30.8），Quince 2，Quince 3，Rosemary，Sakura
  千葉工業大学，東北大学，IRS，NEDO が開発した移動ロボット。原子炉建屋内の調査，放射線量計測，炉心スプレイ系の健全性確認 3D マップ生成，無線通信中継などに使用されている（当初，Quince は水位計設置・汚染水採取用として導入が試みられた）。

- Warrior, Kobra（複数台）
  米国 iRobot 社製の作業用ロボット。原子炉建屋内の除染，調査，軽作業に使用されている。

- Talon, BobCat
  米国 QinetiQ 社製。原子力建屋内瓦礫除去などに使用された。

- Brokk-90, Brokk-330
  スウェーデン Brokk 社製。原子力建屋内瓦礫除去などに使用された。

- JAEA-3
  日本原子力研究開発機構（JAEA）が開発。2,3 号機原子炉建屋内調査に使用された。

- サーベイランナー
  トピー工業(株)製。2 号機原子炉建屋トーラス室調査，3D マップ生成などに使用されている（図 30.9）。
- 四足歩行ロボットと小型走行車
  (株)東芝製。2 号機原子炉建屋ベント管下部周辺調査に使用された（図 30.10）。
- FRIGO-MA
  三菱電機特機システム(株)製。1 号機原子炉建屋パーソナルエアロック室調査に使用された(図 30.11)。
- 高所調査用ロボット
  産業技術総合研究所・(株)本田技術研究所が共同開発。2 号機原子炉建屋 1 階上部調査に使用された（図 30.12）。
- MEISTeR
  三菱重工業(株)製。遠隔軽作業，2 号機オペレーションフロアのコアサンプリング採取などに使用されている（図 30.13）。
- ボート型水上調査ロボット
  日立 GE ニュークリア・エナジー(株)製。1 号機原子炉建屋トーラス室汚染水漏えい調査に使用された（図 30.14）。
- RACCOON（図 30.15），RACCOON II
  (株)アトックス製。2 号機建屋内除染などに使用されている。
- Moose
  米国 Pentek 社製。3 号機オペレーションフロアの除染に使用された。
- 壁面移動ロボット
  (株)アトックス製。2 号機圧力抑制室水位測定に使用された（図 30.16）。
- テレランナー
  日立 GE ニュークリア・エナジー(株)製。1 号機圧力抑制室上部調査に使用された（図 30.17）。
- かにクレーン
  (株)前田製作所製。原子炉建屋 1 階高所部の汚染状況調査，線量測定に使用された（図 30.18）。
- 水中遊泳ロボット：げんご ROV（図 30.19），トライダイバー（図 30.20）
  日立 GE ニュークリア・エナジー(株)製。トーラス室壁面漏洩調査に使用された。
- 壁面移動調査ロボット
  (株)東芝および(株) IHI 製。圧力抑制室壁面漏洩調査に使用された（図 30.21）。
- 形状変化型（ヘビ型）ロボット
  日立 GE ニュークリア・エナジー(株)製。1 号機 PCV 内部調査に使用された（図 30.22）。
- スマホロボット
  東京電力が開発。機器ハッチ水漏れ調査に使用された（図 30.23）。

また，サソリ型ロボット（図 30.24，IRID，(株)東芝，(株) IHI が開発）が，2 号機の PCV 内部調査用として，さらに水中 ROV（水中遊泳式遠隔調査装置（通称ミニマンボウ），図 30.25，IRID，(株)東芝が開発）が，3 号機の PCV 内部調査用として開発，現場へ投入され，PCV 内部を調査し，燃料デブリらしきものの撮影に成功している。なお，サソリ型ロボットの導入に先立ち，X6 ペネトレーションの前に置かれているブロックの撤去作業が行われたが，ここでは遮蔽ブロックおよび鉄板取り外し装置 TEMBO（図 30.26，三菱重工業(株)製）が用いられた。

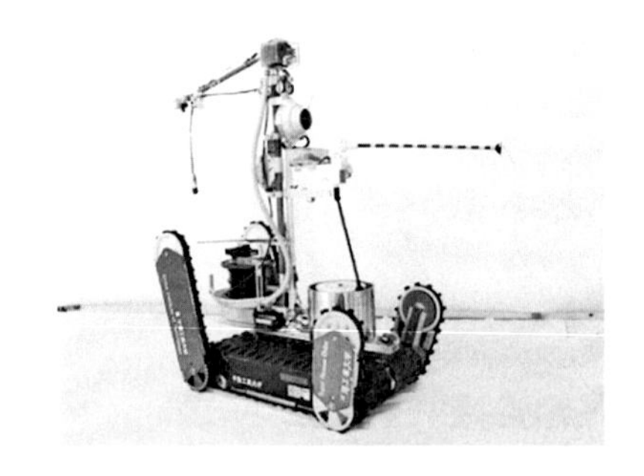

図 30.8　改造された Quince
（小柳栄次氏，田所諭氏提供）

図 30.9　サーベイランナー
（トピー工業(株)）

図 30.10
四足歩行ロボットと小型走行車
（(株)東芝）

図 30.11　FRIGO-MA
（三菱電機特機システム(株)）

図 30.12　高所調査用ロボット
（産業技術総合研究所・
(株)本田技術研究所）

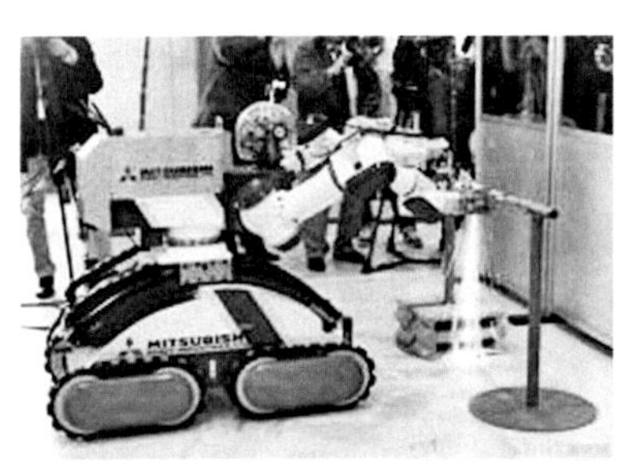

図 30.13　MEISTeR
（三菱重工業(株)）

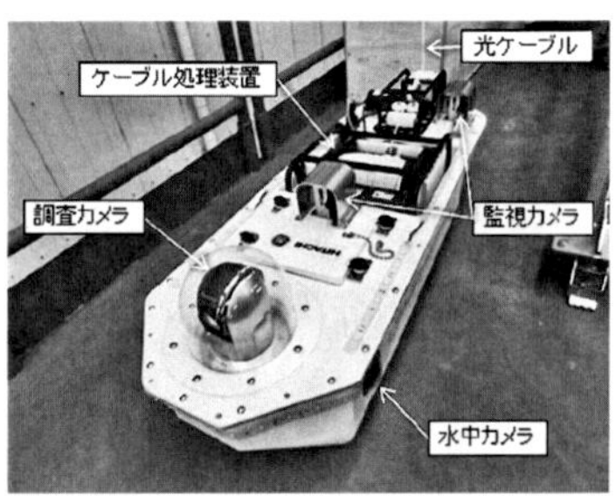

図 30.14
ボート型水上調査ロボット
（日立 GE ニュークリア・エナジー(株)）

図 30.15　RACCOON
（(株)アトックス）

図 30.16　壁面移動ロボット
（(株)アトックス）

図 30.17　テレランナー
（日立 GE ニュークリア・エナジー(株)）

図 30.18　かにクレーン（A 部はガンマカメラ）
（(株)前田製作所製）

図 30.19　げんご ROV
（日立 GE ニュークリア・エナジー(株)）

図 30.20　トライダイバー
（日立 GE ニュークリア・エナジー(株)）

図 30.21　壁面移動調査ロボット
（(株)東芝, (株) IHI）

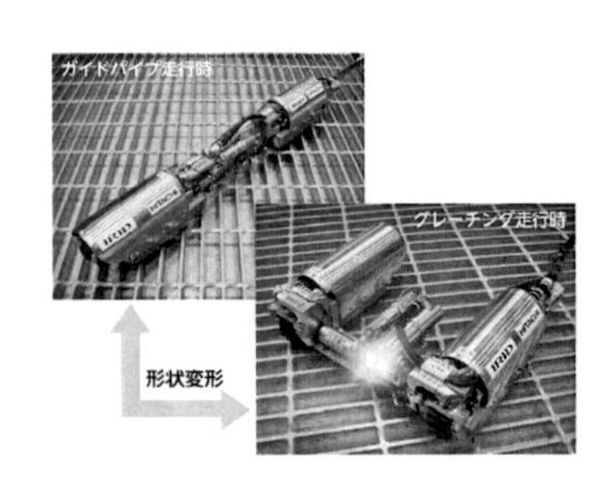

図 30.22　形状変化型（ヘビ型）ロボット
（日立 GE ニュークリア・エナジー(株)）

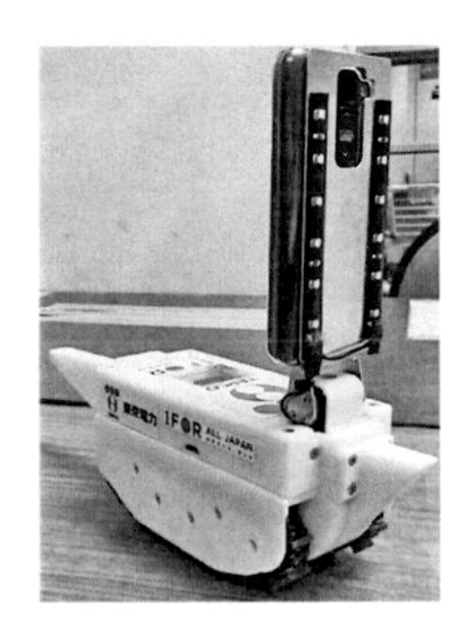

図 30.23　スマホロボット
（東京電力）

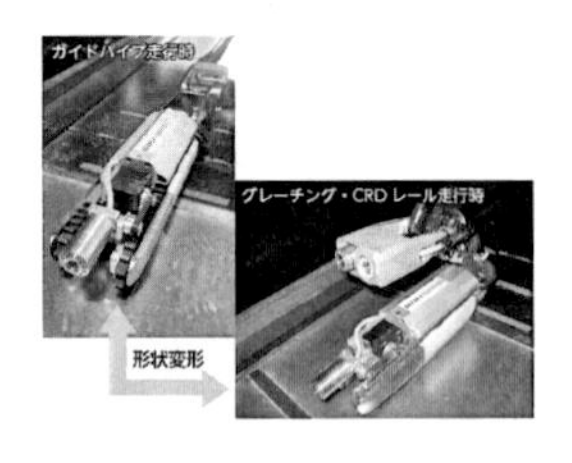

図 30.24　サソリロボット
（IRID, (株)東芝, (株) IHI）

図 30.25　水中 ROV
（IRID, (株)東芝）

図 30.26　遮蔽ブロックおよび鉄板取り外し装置 TEMBO
（三菱重工業(株)）

(2) 現場で活用されたロボット以外の関連技術

いわゆる「ロボット」以外のロボット技術も，廃炉に向けた様々な作業において活用されている。JAEA が開発したロボット操作車 RC-1 が Talon の操作車として，またガンマカメラによる線量測定・汚染分布測定などに用いられたほか，工業用内視鏡を用いた 2 号機原子炉格納容器内部調査，ROV を用いた 4 号機使用済燃料プール内調査・瓦礫分布マップ作成，バルーンを用いた 1 号機オペフロ調査なども行われている。また，これまでに述べた様々な移動ロボットに 3D レーザ計測装置を搭載し，1, 2 号機の 1 階およびトーラス室の 3D 環境モデルの作成，空間線量の計測も行われている。1F は古いプラントであり，また，地震や水素爆発の影響によって設計図面と現場の環境が必ずしも一致しない。ロボットを設計したり，投入計画を立てる上で，また建屋内移動時の被曝線量の予測をする上で，空間線量データも含めた 3D 環境モデルの作成は極めて重要である。

(3) 今後の廃炉に向けて開発中のロボット技術

さらに今後，廃炉に向けて，下記のような除染装置の開発，導入が計画されている。

- 低所用

  低所用高圧水除染装置 (Arounder)（図 30.27，日立 GE ニュークリア・エナジー(株), (株)スギノマシン)，低所用吸引・ブラスト除染装置 (MEISTeR)（三菱重工業，図 30.28)，低所用ドライアイスブラスト除染装置（図 30.29，東芝）

- 高所用

  高所用ドライアイスブラスト除染装置（図 30.30，IRID, (株)東芝，トピー工業(株))，高所用高圧水除染装置（図 30.31，IRID，日立 GE ニュークリア・エナジー(株))，高所用吸引ブラスト除染装置 (Super Giraffe)（図 30.32，IRID，三菱重工業(株))

- 上部階用

  作業台車，搬送/支援台車，中継台車を連結した上部階用除染装置（図 30.33，IRID，日立 GE ニュークリア・エナジー(株), (株)東芝，三菱重工業(株))

また，懸垂型のロボットにアームを搭載した 3 号機燃料取出機 (FHM: Fuel Handling Machine)（図 30.34,

図 30.27　低所用高圧水除染装置 (Arounder)

（日立 GE ニュークリア・エナジー(株)，(株)スギノマシン）

図 30.28　低所用吸引・ブラスト除染装置 (MEISTeR)

（三菱重工業(株)）

図 30.29　低所用ドライアイスブラスト除染装置

（(株)東芝）

図 30.30

高所用ドライアイスブラスト除染装置

（IRID，(株)東芝，トピー工業(株)）

図 30.31

高所用高圧水除染装置

（IRID，日立 GE ニュークリア・エナジー(株)）

図 30.32

高所用吸引ブラスト除染装置

（IRID，三菱重工業(株)）

図 30.34　3 号機燃料取出機 (FHM: Fuel Handling Machine)

（東芝(株)）

図 30.33　上部階用除染装置

（IRID，日立 GE ニュークリア・エナジー (株)，(株)東芝，三菱重工業 (株)）

図 30.35　燃料デブリ横アクセス用マニピュレータ

（三菱重工業(株)，経済産業省，IRID）

(株)東芝）も現在開発中であり，3 号機の使用済み燃料プールからの燃料取り出しの際に使用される予定である。さらに，PCV ペデスタル内へ横から燃料デブリにアクセスすることを想定したマニピュレータ（図 30.35，三菱重工業(株)）の開発も行われている。

30.3.4 項で述べた資源エネルギー庁の委託費で開発されたマルチコプター（ドローン，UAV）やマルチコプターと移動ロボットを組み合わせたシステムについても，原子炉建屋内部の現場での活用が期待されている。中長期ロードマップでは，廃炉・廃止措置には30〜40年かかるとされており，その工程においてロボット技術や遠隔操作技術の活用が不可欠となっている。特に今後の廃止措置における主な課題は燃料デブリの取り出しであるが，それ以外にも，汚染水対策，止水，除染，サンプル採取，点検調査などにおいて，さらなるロボット技術や遠隔操作技術の導入が求められている。これまで 1F の廃炉関係のロボットや遠隔操作機器の研究開発の多くは，資源エネルギー庁のプロジェクトで開発されたものであり，そのほとんどは IRID が中心となって開発が行われたものである。しかし，今後ますます困難なミッションが待ち受けていることから，さらに国内外の英知を結集して，開発にあたることが必要であろう。

(4) 今後の廃炉のためのロボット技術の開発要件

ここまでの，1F の事故対応，廃炉に対するロボット，遠隔操作機器の活用状況を検証すると，調査，計測に関しては環境線量，線源，3 次元データなどにおいて，また，瓦礫除去に関しては敷地内，建屋内，プール内の環境での瓦礫除去において極めて有効であり，その貢献は大きい。しかし，除染に関してはまだ限定的であり，止水や燃料デブリの調査に関してはほとんど未知数である。通信，空間認知，放射線による機能不良などが原因で既に回収不能となっているロボットや機器もあり，その失敗から学び，予測が困難な環境でも安定かつ頑健な動作を可能とするノウハウを蓄積し，今後の開発に生かすことが重要である。

また，これまでに開発された多くの機器は専用機であるため開発のコストがかかり，開発の効率は必ずしも良いとは言えない。今後は，機器の共通基盤化についても考慮する必要がある。

さらに，高速化など，除染作業などをより効率的に行う方策についてもさらに考える必要がある。

今後，廃炉作業が長期にわたるため，廃炉のための遠隔操作機器の基盤技術開発も重要な課題である。特に，特殊環境における移動・アクセス技術，遠隔操作のための安定通信技術，空間認知技術，操作性向上のための自律化・知能化技術などの開発が重要になる。また，止水，サンプリング，サンプリングや燃料デブリ取り出しに向け，能動的に動作可能な内視鏡，加工（切断）・マニピュレーション・ハンドリングデバイス（サンプリング・止水・汚染水処理・燃料デブリ取り出し），水環境での調査・作業デバイスなどが有効，もしくは必要となるであろう。これから作業を行う環境の放射線量は，より高くなることから，耐放射線性の高い遠隔操作の開発も重要となる。

30.4.3　無人建設機械の活用

1F の事故対応およびその廃炉措置においては，無人化施工をはじめとする建設機械も極めて有効に活用されている。事故発生直後は原子炉の冷却が最大の課題であり，安定な注水を行う手段として，Putzmeister 社製などのコンクリートポンプ車による遠隔注水が行われた。

また，事故直後の発電所内には，津波によって発生した瓦礫と，原子炉建屋の水素爆発によって発生した瓦礫が多数存在した。特に水素爆発によって発生した瓦礫は放射線レベルが高く，発電所内での復旧作業の大きな妨げとなっていた。そこで，高線量作業環境における作業員の被曝線量の低減を目的として，バックホウ，クローラダンプ，オペレータ車，カメラ車などの無人化施工機械を用いた瓦礫の除去が大手ゼネコンの JV によって行われた（図 30.36）。また，双腕型小型重機 ASTACO-SoRa（図 30.37，(株)日立エンジニアリング・アンド・サービス）も新たに開発され，前述

図 30.36　無人化施工機械を用いた瓦礫の除去
（大成建設・鹿島建設・清水建設 JV）

図 30.37　ASTACO-SoRa
（(株)日立エンジニアリング・アンド・サービス）

の Talon, Bob Cat, Brokk-90, Brokk-330 などとともに建屋内瓦礫の除去や建屋内の様々な調査，作業に用いられている。水素爆発を起こした 3 号機の原子炉建屋の最上階瓦礫の除去なども，無人化されたクレーンやバックホウなどを遠隔操作することによって行われた。また，鹿島建設は，クローラダンプおよびフォークリフトを用いて 3 号機の放射線レベルの高い瓦礫の搬送作業の完全自動化を達成した。

30.5 災害対応ロボット技術に関する研究開発

本節では，東日本大震災や 1F の事故・廃炉において多くのロボット技術が活用されてきたが，そこに至った過程として，過去に研究開発が行われてきた様々な災害対応ロボット技術開発プロジェクトなどについて解説する。

30.5.1 災害対応ロボット

災害や事故が発生し，災害対応ロボットの重要性が認識されるたびに，災害対応ロボットの研究開発プロジェクトが立ち上がり，様々なロボットが開発されてきた。

1995 年に発生した阪神・淡路大震災では，建物の崩壊などによって大きな被害が出た。それを受け，文部科学省「大都市大震災軽減化特別プロジェクト（通称：大大特）」(2002～2006 年度)[12] が開始され，その中の「レスキューロボット等次世代防災基盤技術の開発」(2002～2006 年度) において，大震災における緊急災害対応（人命救助など）のための被災者探索・情報収集・配信等を支援することを目的とした，レスキューロボット等の次世代防災基盤技術の開発が行われた。具体的には，上空からの情報収集（ヘリ，気球，飛行船など），瓦礫内での情報収集（へび型ロボットなど），地下街・瓦礫上からの情報収集（クローラ型ロボットなど）のためのロボットや，情報収集インフラ機器の開発が行われるとともに，それらの情報収集ロボット，インフラセンサノード，あるいはレスキュー隊員などから集められた情報を GIS（Geographic Information System，地理情報システム）データベースに統合して格納し，被災者探索やロボットのナビゲーションに活用する技術やシステムが開発された[13]。図 30.38 は，このプロジェクトで開発された，レスキュー用知的データキャリア (IDC: Intelligent Data Carrier) である[14]。これ

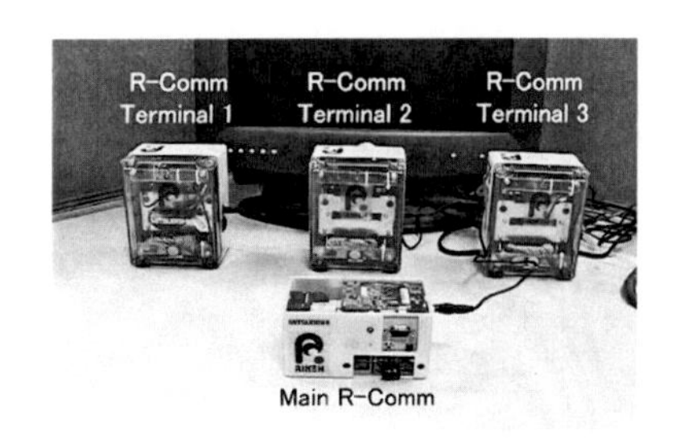

図 30.38 レスキュー用知的データキャリア

図 30.39 被災者情報収集用自律飛行船

は，震災時に瓦礫の中に埋まってしまった被災者をユビキタスに探索するデバイスとして開発されたものであり，スピーカとマイクロフォン，および無線 LAN を内蔵している。災害時に携帯電話やインターネットなどの通信インフラが使えない状況になっても，このデバイスを様々な環境に設置しておけば，災害時に外部から起動することによって，音声による被災者への呼びかけ，被災者の音声の録音，音声データの転送，音声再生による被災者の場所の特定を，広い領域に分布して並列的に行うことが可能になる。被災地上空を飛行する自律飛行船（図 30.39）も開発され[15]（ヘリコプターは騒音がレスキュー活動の妨げとなるので好まれない），自律飛行船からの IDC の起動，IDC に蓄積された音声データの飛行船への転送が可能である。

その後，ロボット技術の実用化・事業化を目指した NEDO の「戦略的先端ロボット要素技術開発プロジェクト」(2006～2010 年度)[10] が開始され，特殊環境用ロボット分野の一つのプロジェクトとして，「被災建造物内移動 RT システム」の開発が行われた。ここでは，様々な分野での出口を前提としたロボット技術開発が行われ，「被災建造物内移動 RT システム」で，災害時の情報収集ロボットの高度化・実用化の研究開発が行われた。前述した，1F の事故現場で 2011 年 6 月に導入された Quince も，大大特で開発された Kenaf

と呼ばれるロボットをベースに，このプロジェクトにおいて継続して開発が進められていた災害対応用移動ロボットである。Quince は，RoboCup Rescue などの競技会で優勝するなど，階段の昇降や瓦礫上の移動といった不整地走行において際立った性能を有しており，本プロジェクトでも，レスキュー隊員が想定訓練で使用するなど，実用性を重視した開発が行われていた。また，前述の双腕式油圧ショベル型作業機 ASTACO NEO も，「建設系産業廃棄物処理 RT システム」の中で開発が行われたものである。プロジェクトの最終段階の 2011 年 3 月にはいずれもほぼ完成の状態であったために，1F の事故直後にこれを改造し現場に導入することができた。

30.5.2　無人化施工技術

1991 年に雲仙普賢岳で火山爆発が発生した際に，火砕流や土石流によって多くの人が犠牲になり，甚大な被害が生じた。被害の拡大を防止するための工事が求められたが，火山活動は引き続き活発で危険が伴うため，無人化施工技術（建設機械にオペレータが搭乗することなく，無線通信を介した遠隔操作によって工事を行う技術）が導入された。その工事は長期にわたり継続して行われている。1F では，2011 年 4 月上旬の早い時期に，プラント内に生じた大量の高放射線量の瓦礫の除去に，無人化施工が有効に活用された。

この技術が災害発生直後に迅速に現場に投入できた最大の要因は，無人化施工技術が雲仙普賢岳で継続的に使用されていたことである。国交省は，無人化施工技術が災害対応において極めて重要であることを認識し，戦略的にこれを用いた工事を長期にわたり行っていたのである。これが技術の実績を作り，技術を実用化・高度化・安定化させ，常に使える状態に維持させていた。また，雲仙普賢岳の工事現場が新たに開発された様々な技術の実証試験の場としても活用され，現場では常に新しい技術が使用され，技術の更新が行われていた。これが，まさに 1F の事故対応にも無人化施工技術が役立てられた理由であった。

30.5.3　原子力関連のロボット技術開発

通商産業省「極限作業ロボット」（1988～1998 年）[16] や，1999 年に発生した東海村 JCO 臨界事故を受けて経産省の「原子力防災支援システム」[17] や科学技術庁（日本原子力研究所）「情報遠隔収集ロボット」（2000～2001 年）[18, 19] で，様々な原子力用ロボットの開発が行われた。これらのプロジェクトは，その当時のロボット技術の粋を集め，シーズとして高度なシステムを実現したという点では成果が評価されたものの，電力会社などで活用されることはなく，プロトタイプ開発で終了していた。その結果，その成果のほとんどは 1F の事故で役立てることができなかった。プロジェクトは単発で，プロジェクト終了後は実用化に向けた国の支援策もなく，また本来ロボットユーザである電力会社が開発・調達に消極的だったため，ロボット開発を行ったメーカは，自社の企業努力だけで実用化に向けた技術開発の継続を断念せざるをえなかった。

技術開発のゴールが現場での活用であるなら，これらは失敗例と言わざるをえない。これまでのプロジェクトでは，研究開発にばかりに投資が行われ，その実用化，社会実装，事業化に関しては企業努力に任せるケースが多かった。災害対応や事故対応のように，官需が中心で，発生頻度が低いもののそれが甚大な被害につながるようなケースでは，市場規模が小さく，企業努力だけでは事業を継続することは困難である。今後このようなことが繰り返されないように，プロジェクトなどによって研究開発された技術を，国がさらに次の実用化や社会実装につなげるまでしっかり継続して支援するような枠組みを構築することが重要である。

30.5.4　NEDO 災害対応無人化システム研究開発プロジェクト

1F の事故を受け，NEDO は，平成 23 年度第三次補正予算で災害対応共通基盤技術として，災害対応無人化システムプロジェクトを行った（10.0 億円）[20]。本プロジェクトでは，我が国において，災害時に無人で対応できるロボット等（災害対応無人化システム）の実用機の開発が必要であるとの観点から，作業員の立ち入りが困難な，狭隘で有害汚染物質環境下にある設備内等において，作業現場に移動し，各種モニタリング，無人作業を行うための作業移動機構等の開発が行われている。図 30.40 に開発されている様々な機器やシステムの概念図を示す。開発項目は以下のとおりである。

1. 作業移動機構の開発

① 小型高踏破性遠隔移動装置の開発
② 通信技術の開発
③ 遠隔操作ヒューマンインタフェースの開発
④ 狭隘部遠隔重量物荷揚/作業台車の開発

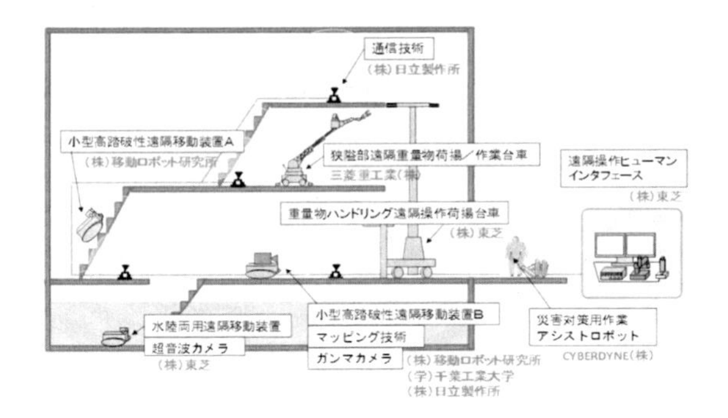

図 30.40　NEDO 災害対応無人化システムプロジェクト概念図

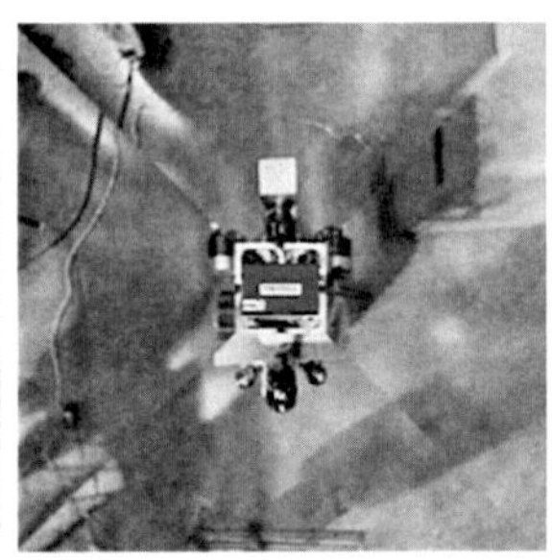

図 30.41　原子力プラント内調査用ロボットとその遠隔操作用俯瞰映像提示

⑤ 重量物ハンドリング遠隔操作荷揚台車の開発

2. 計測・作業要素技術の開発
⑥ 大気中・水中モニタリング/ハンドリングデバイス等の開発・改良
(a) ガンマカメラの開発
(b) 汚染状況マッピング技術の開発
(c) 災害対応ロボット操縦訓練シミュレータの開発
(d) 水陸両用移動装置の開発

3. 災害対策用作業アシストロボットの開発
⑦ 作業アシストロボットの開発

図 30.41 は，ここで開発された原子力プラント内調査用ロボットとその遠隔操作用俯瞰映像提示の例である。全方位俯瞰画像を取得・変換して操作者に距離感と周囲の状況を提供するとともに，周囲の障害物に接触させるリスクを低減し，ガイド表示付きの前方監視カメラを併用することで，移動方向に対する位置決め精度も向上させることが可能になる。また，操作ボタン位置等を共通化したヒューマンインタフェースを用いることにより，習熟訓練を短縮することが可能である。なお本システムは，その後，前述した MEISTeR や Super Giraffe に搭載され，現場に導入されている。本プロジェクトは，原発事故対応を目的としたものではないが，ここで開発されている技術は 1F 事故の中長期措置にも適用できることを前提としたものであり，今後の廃炉対策においても随時活用することが大いに期待されている。

30.6　産業競争力懇談会における災害対応ロボットの社会実装のための提言

30.6.1 「災害対応ロボットと運用システムのあり方」プロジェクト

1F の事故対応や廃炉に対し，現時点ではロボット技術は多大な貢献を果たしているものの，東日本大震災および 1F の事故直後は，ロボットを迅速に現場に投入することができなかった。産業競争力懇談会 (COCN) では，その課題を分析し，それに対する解決策を検討するために「災害対応ロボットと運用システムのあり方」プロジェクト（2011〜2012 年度）を設立し，それに関する議論を行い，今後の災害対応への備えとして，災害発生時にロボット技術を活用できるようにするための方策を検討し，災害対応ロボットの開発や運用システムのあり方について提言をまとめた[21, 22]。2012 年度にまとめられた提言（図 30.42）は，以下の通りである。

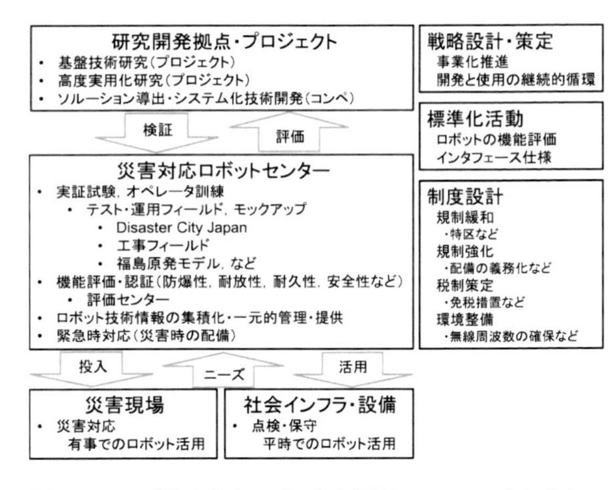

図 30.42　「災害対応ロボットと運用システムのあり方」の提言

(1) ハード面での提言（技術開発）

東日本大震災および福島原発事故への対応において様々なロボット技術が適用されているものの，これから起こり得る災害に対する備えとしては，まだまだ研究開発が必要な課題が多く残されており，実用化を指向した基盤技術研究や，高度実用化研究（基礎技術を現場に適用できるようにするための研究開発），運用実証型研究（開発した機器の技術評価と運用評価を同時に行いながら，用途確認を行う研究）などを実施する必要がある。様々な災害においてロボットが活用できるようにするためには，特殊環境移動・アクセス技術，遠隔操作用安定通信技術，遠隔操作用空間認知技術，操作性向上のための自律化・知能化技術，計測技術とそれに基づく点検・診断・メンテナンス技術など，開発すべき技術課題も多い。それをニーズ駆動型基盤技術研究，高度実用化研究などで行う必要がある。また，ソリューション導出・システム化技術を高度化するためには，DARPA Robotics Challenge[8] のような競技会やチャレンジを実施することも有効である。

(2) インフラ面での提言（インフラ整備）

現場で活用できるような機器やシステムを開発するには，その実証試験や機能評価を行うのみならず，それをユーザが継続的に運用し，機器やシステムを日々維持，保守，改良を行いながら，オペレータの訓練までも行うことが求められる。実証試験・オペレータ訓練に関しては，米国テキサスにある Disaster City[23] のようなテストフィールド，モックアップを構築することが有効である。また，前述の無人化施工の例からもわかるように，開発したシステムを長期的に利用する工事現場を設定し，それをフィールドとして継続的に活用することが肝要である。

また，実際の現場においては，ロボットや機器の防爆性，耐放射線性，耐久性，安全性なども求められる。これらを評価し，それを認証できるような枠組みと組織も必要となる。さらに，有事においては，ロボットや遠隔操作機器を現場に配備するための組織・拠点・体制を整えることも必要となる。

以上から，実証試験・オペレータ訓練，防爆性・耐放性・耐久性・安全性などの機能評価・認証，ロボット技術情報の集積化・一元的管理・提供，緊急時対応（災害時の配備）などの機能を持つ災害対応ロボットセンター（仮称）を，国のリーダーシップのもと設置する必要があるとの提言が出された。

(3) ソフト面での提言（制度設計など）

災害対応ロボットの開発と運用は長期的に継続して行うことが重要であり，そのための戦略の設計，策定が求められる。また，ロボットや機器の標準試験法の構築が重要となる。米国では，NIST (National Institute of Standards and Technology) がその機能評価の標準化を進めているが，日本でも同様な取り組みを行う必要がある。インタフェース仕様に関する標準化活動も，多様な現場に応じて，迅速かつ適応的にシステムを開発する上で重要である。

一方，ロボットや機器を維持し，継続的に運用するためには，その活動を事業として成り立たせる必要があり，そのための新たなビジネスモデルの構築が求められる。災害対応だけでなく，社会インフラや設備の点検，ヘルスモニタリング，メンテナンスなどにも併用可能なロボットや機器を開発し，平時にも継続的に利用されるような仕組みを作ることが有効である。それには，機器やロボットというハードウェアより，サービスを事業とすることを考える必要がある。また，導入を促進するための制度設計（特区をはじめとする規制緩和，ロボット配備を義務付ける規制強化，免税などの税制的制度設計，保険制度など），無線周波数の確保や保険制度などを含む環境整備なども極めて重要である。

30.6.2 「災害対応ロボットセンター設立構想」プロジェクト

COCN「災害対応ロボットセンター設立構想」プロジェクト（2013 年度）では，前年度に提言された「災害対応ロボットセンター」の機能について議論が行われた[24]。その結果，有事（災害が発生した緊急時）において災害対応ロボットを配備し，活用できるようにするためには，平時（緊急でない災害現場や災害が発生していない状況）においてロボット技術の継続的な開発・運用を行うことが重要であるという結論に至った。

具体的には，以下のような平時利用を推進すべきである。

① 危険が伴う作業や工事における現場活用
② 社会インフラや設備の点検・保守との併用
③ 訓練（実証試験・フィールド試験・オペレータ訓練での利用）

また，災害対応ロボットを平時から利用しつつ，有事の際にも迅速に現場に配備できるような状況を実現す

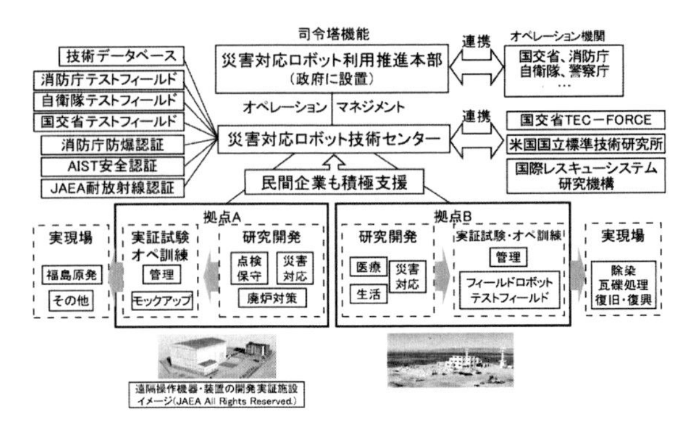

図 30.43　「災害対応ロボットセンター」の組織と体制の構想

るには，図 30.43 に示すような「災害対応ロボットセンター」の組織と体制の設立が必要という結論に至った。

災害対応ロボットセンターは，災害対応ロボット利用推進本部，災害対応ロボット技術センター，様々な機能評価・実証試験・オペレータ訓練を行うテストフィールドやモックアップなどの施設（拠点）からなる。災害対応ロボット利用推進本部は，平時には長期的な技術開発戦略を策定・推進し，有事の際の備えを体系的に整えるとともに，有事には司令塔機能を発揮し，多くの装備と人材を有する防衛省を含む各省庁と連携して，災害対応のためのロボットや機器の配備・オペレーションにあたる。推進本部は政府内に常設の組織として設置し，権限と責任を付与すべきである。

災害対応ロボット技術センターは，平時において災害対応ロボットの技術開発，実証試験・評価・認証，訓練，標準化・運用・配備の実業務を統括する。直轄の研究開発や実証試験のための拠点も有するが，分散して存在する様々なテストフィールド，モックアップ施設，外部機関と有機的に連携して活動する。また，技術データベースの管理も行う。この災害対応ロボット技術センターは，産官学連携のもと，民間が積極的に支援できるような形態での組織化が好ましいと考えられる。当面は，災害対応ロボットセンター設立推進協議会（仮称）を設置し，災害対応ロボットセンター構想の実現を推進する。

30.6.3 「災害対応ロボットの社会実装」プロジェクト

COCN「災害対応ロボットの社会実装」プロジェクト（2014 年度）では，前年度までの提言に基づき，災害対応ロボットの社会実装を具体的に進めるための議論が行われ，下記の提言がまとめられた[25]。

(1) 持続的運用に関する提言

- 災害対応ロボットの現場での活用を可能にするためには，規制緩和が必要である。また，災害の頻度は低く，災害対応ロボットは官需中心であることから，その社会普及のためには，配備の義務化を含む法制度の整備を行い，国が積極的に市場を形成するべきである。
- 災害対応ロボットの市場は限定的であり，機器の開発・維持コストを民間だけで負担することは難しい。したがって，国がそれらの必要な予算措置を継続的に講じるべきである。
- 災害対応ロボットの技術の実用化を推進・維持するためには，それを長期間利用する現場を国が意図的・積極的に設置・活用するべきである。また，持続的運用を可能にする担い手としての中小企業やベンチャー企業などの支援，人材育成を強化すべきである。

(2) 制度・標準化に関する提言

- 無人航空機の安全性を確保するためのルール制定・認証，法制化を行うべきである。
- 無人航空機の機能・性能の評価軸を定め，その標準化を行うとともに，調達基準を明確化すべきである。
- 水上・水中ロボットのルール制定，開発環境の整備を進めるべきである。
- 災害対応ロボットの防爆に関する検討を，技術と制度の両面から進めるべきである。

(3) インフラ・通信に関する提言

- 災害現場においてロボットと操作者間の映像等センサ信号と制御信号を，活動に十分なレベルで通信可能な周波数帯「ロボット革命実現周波数帯」を確保すべきである。この周波数帯は免許または登録制で，平常時には制限付きで一般用途に利用可能とすることで，新たなロボットビジネス市場の創出・活性化，無線機の普及と低価格化を図るべきである。ただし災害時には，災害対応に供しない利用については利用を停止させ，専ら災害対応に用いる。この提案により，電波の有効活用，無線機器の低価格化，災害対応時の輻輳低減を図ることができる。
- 災害対応ロボットは，平時から訓練や実証試験などにおいて利用することが，非常時に活用するための条件となる。したがって，平常時の訓練や開発試験のために，平常時にも災害時と同じ枠組でロボット革命実現周波数帯域を制限なしで利用可能な特区，または他の必要な周波数についても無線通信出力を上げて利用可能な特区を設置すべきである。

- 無線機の初期開発は費用がかかるため，小数生産しか見込めない災害対応ロボットに関しては積極的な開発支援を行うべきであり，平常時利用や，継続的利用シーンの創出，提供を行う枠組みを作成するべきである。

30.6.4　COCN「災害対応ロボット推進連絡会」

2015 年度以降も，前年度までの提言を実現するために，「災害対応ロボット推進連絡会」を組織し，災害対応ロボットの社会実装を進める上で重要となる制度・標準化，情報一元化，無線通信インフラなどの議論を行い取りまとめるとともに，それを推進する具体的な活動が継続して行われている。特に，制度・標準化に関しては急速に利活用が進み，災害対応においても活用が期待されるドローンについて，その運用制度構築に向けた議論を行い，その取りまとめを行っている。また，無線通信インフラに関しては，災害対応ロボットの社会実装に向けた信頼性の高い無線通信帯域を確保するために，総務省「情報通信審議会情報通信技術分科会陸上無線通信委員会ロボット作業班」および電波産業会「ロボット用電波利用システム調査研究会」におけるロボット用無線通信帯域の調整などが行われ，ロボット用無線通信帯域（2.4 GHz, 5.7 GHz, 169 MHz）が確保された。

30.7　災害対応ロボットの社会実装に向けて

30.7.1　社会インフラの維持管理・災害対応ロボットに関するプロジェクト

COCN の災害対応ロボットに関する提言に伴い，社会インフラの維持管理および災害対応のためのロボットに関する多くのプロジェクトが進められている。

まず，経済産業省と国土交通省が連携し，次世代社会インフラ用ロボット開発・導入を推進している。ここでは，次世代社会インフラ用ロボットとして，維持管理（橋梁，トンネル，水中（ダム，河川）），災害対応（災害状況調査，災害応急復旧）の 5 分野を重点分野と定め，経済産業省が機器の開発を，国土交通省が現場での実証試験等を担当することで，ロボットの開発〜検証〜評価までの一貫性のある推進体制を構築し，実用化を前提とした社会インフラの維持管理および災害対応のためのロボットの開発が行われている。既にほぼ開発が終了し，実用性が高い機器やシステムについては，国土交通省が「次世代社会インフラ用ロボット現場検証」（2014〜2015 年度）として公募・採択し，実証試験の現場を提供して実証試験を行い，機器やシステムの評価を実施している。2016 年度以降は，現場での試験的導入へと移行する予定である。また，まだ研究開発が必要な機器やシステムについては，経済産業省がプロジェクト化した「インフラ維持管理・更新等の社会課題対応システム開発プロジェクト」（マネジメントは NEDO）において（2012〜2013 年度は委託，2014〜2015 年度は助成），公募・採択し，開発が進められている。ここで開発された機器・システムも，上記の国土交通省の現場での実証試験が義務づけられている。

一方，打音検査など，社会インフラの維持管理・災害対応ロボットに関するより困難な技術に関しては，内閣府，総合科学技術会議が推進する戦略的イノベーション創造プログラム (SIP: Strategic Innovation Promotion Program)（2014 年度より 5 年間，マネジメントは科学技術振興機構 (JST) および NEDO）の中の「インフラ維持管理・更新・マネジメント技術」（Program Manager: 藤野陽三氏（元東京大学教授，現横浜国立大学教授））において，開発が行われている。ここでも，現場での活用が出口として設定され，実用化を指向した開発が行われている。

さらに，内閣府，総合科学技術会議が推進する革新的研究開発推進プログラム (ImPACT: Impulsing Paradigm Change through Disruptive Technologies Program)（2014 年度より 5 年間，マネジメントは JST）において，「タフ・ロボティクス・チャレンジ」（Program Director: 田所諭氏）において，災害対応ロボットの基盤的な研究開発が進められている。ここでの研究開発のターゲットは，未知で状況が刻一刻と変化する極限災害環境であっても，タフに作業を遂行可能な遠隔自律ロボットの実現であり，フィールドロボットでキーとなる様々な基盤技術の開発が行われている。

30.7.2　ロボット新戦略

一方，安倍首相は，OECD 閣僚理事会（2014 年 5 月 6 日）の基調演説の中で，ロボットによる「新たな産業革命」を起こす，新しい成長戦略にロボットを盛り込み，日本はロボット活用の「ショーケース」としたい，と述べた。これを受け，「日本再興戦略」改訂 2014

では，社会的な課題解決に向けたロボット革命の実現，ロボットによる新たな産業革命の実現などの記載が盛り込まれるとともに，ロボットメーカー・ユーザー双方の有識者等からなるロボット革命実現会議を総理の下に設置し，ロボット革命を実現する方策に関する議論が行われた。

その議論に基づき，2013 年 1 月に「ロボット新戦略」[26] が策定された。この「ロボット新戦略」では，日本が課題先進国であることを指摘した上で，ロボットの徹底活用により，データ駆動型の時代も世界をリードするとした。さらに，

① 世界のロボットイノベーション拠点に
② 世界一のロボット利活用社会（中小企業，農業，介護・医療，インフラ等）
③ IoT 時代のロボットで世界をリード（IT と融合し，ビッグデータ，ネットワーく，人工知能を使いこなせるロボットへ）

を柱として，① ロボットを劇的に変化（「自律化」，「情報端末化」，「ネットワーク化」）させ，自動車，家電，携帯電話や住居までもロボット化させるとともに，② 製造現場から日常生活まで様々な場面でロボットを活用し，③ 社会課題の解決や国際競争力の強化を通じて，ロボットが新たな付加価値を生み出す社会を実現する，としている。

具体的な目標として，今後 5 年間をロボット革命集中実行期間と位置づけ，官民で，総額 1000 億円のロボット関連プロジェクトへ投資，ロボットの市場規模を 2.4 兆円（年間）へ拡大，福島に新たなロボット実証フィールドを設置という目標を掲げた。

横断的事項として，国際標準化への対応，ロボットオリンピックの開催，ロボット実証実験フィールドの整備，人材育成，ロボット大賞の拡充などを推進するとともに，ロボット利活用の阻害要因になっている規制の緩和およびルール整備の両面からバランスのとれた規制改革を推進するとした。具体的には，電波法，医薬品医療機器等法，介護関係諸制度，道路交通法・道路運送車両法，航空法，公共インフラの維持・保守関係法令などが挙げられている。

また，分野別事項として，ものづくり/サービス，介護・医療，インフラ・災害対応・建設/農林水産業・食品産業の 3 分野を取り上げ，具体的なロボット利活用の具体的方策がまとめられている。

その後，ロボット戦略を実現するために，ロボット革命イニシアティブ協議会[27] が設立された。協議会では，これまでに生産システム改革 WG，ロボット利活用推進 WG，ロボットイノベーション WG などが設置され，それぞれの分野でロボット新戦略を具体的に進めるための方策が議論されている。

30.7.3 福島・国際研究産業都市（イノベーションコースト）構想

2014 年 6 月に，「2020 年までに世界中の人々が，被災地である福島浜通りの力強い再生の姿に瞠目する地域再生を目指す」として，「福島・国際研究産業都市（イノベーションコースト）構想」がまとめられた。当時，経済産業省副大臣であった赤羽一嘉氏が座長となり，内閣府原子力災害対策本部，経済産業省，復興庁などが，福島県副知事，被災浜通り地域の自治体の首長，有識者で構成される「福島・国際研究産業都市（イノベーションコースト）構想研究会」が組織され，そこでの議論がまとめられた。その構想の中には，1F の廃炉を加速するための国際的な廃炉研究開発拠点の整備，ロボットについての研究・実証拠点の整備（モックアップ試験施設，フィールドロボットのためのテストフィールド），ロボット国際競技会の開催，新しい産業基盤の構築として，国際産学連携拠点の整備（国内外の研究機関のための国際的な産学官共同研究室，大学教育拠点，廃炉人材や国際原子力人材の育成を目的とした技術者研修拠点，原子力災害の教訓・知見を継承・発信するための情報発信拠点）などが記載されている。

その後，国および福島県で個別検討会を設置し，個別プロジェクトの検討を進めるとともに，2014 年 12 月，高木原子力災害現地対策本部長（経済産業副大臣）を座長とし，福島県知事，地元自治体の首長，有識者で構成される「イノベーション・コースト構想推進会議」を設置し，本構想の具体化に向けての議論が行われている。ここでは，本構想の具体的な推進プランの整理が行われ，ロボット関係に関しても，福島浜通り実証区域，テストフィールド，国際産学連携産学官共同研究室などが挙げられている。これらの拠点については，すでに経産省が中心となって予算を確保し，次項で述べる拠点の設置の具体的な検討が行われている。

福島県は，2014 年から経済産業省が予算化した福島県災害対応ロボット産業集積支援事業（2014 年度予算 6.9 億円）を開始している。これは，被災地である浜通り地区の企業を対象とした災害対応ロボットの研究開

発の補助金である。2016 年度も，経産省が地域復興実用化開発等促進事業（69.7 億円）を実施することが決定しており，これも上記と同様の枠組みで，地元企業との連携等による地域振興に資するロボットの実用化開発等の支援が行われる予定である。また，福島県では上記の福島浜通り実証区域の実証試験事業についても既に開始しており，随時ロボットの実証区域を決定し，実証試験を実施している。

30.7.4　実証試験拠点および研究開発・人材育成拠点の設置

福島・国際研究産業都市（イノベーションコースト）構想実現の一環として，災害対応ロボットの実証試験拠点の設置が進められている。

原子力委員会東京電力福島第一原子力発電所中長期措置検討専門部会による検討結果[2] にも，廃炉のための遠隔装置の開発において，現場を模擬したモックアップ施設において取組の妥当性を検証することが記載されている。これを受けて資源エネルギー庁はモックアップ施設建設のための予算を確保し，JAEA がその建設・運用を行うことになった。ただしこの施設は，廃炉のための遠隔操作機器やロボットのモックアップ試験も行われるが，他の原子力災害や一般の災害に対応するための一般的災害対応ロボットの実証試験を行う施設として位置づけられている。2016 年 2 月にこのモックアップ試験施設（楢葉遠隔技術開発センター）は完成し，2016 年度から本格的な運用に入った。なお，本施設の設計・運用のためのモックアップ試験施設専門部会 (JAEA) では，災害対応ロボットの標準試験法や，ロボットシミュレータの開発・運用，国際化，施設の総合的な利活用に関する検討も行われている。

このモックアップ試験施設は，イノベーションコースト構想の「モックアップ試験施設」に相当する。それに対し，同構想の「福島ロボットテストフィールド」に関しては，イノベーションコースト構想の「ロボットテストフィールド」として，経済産業省が予算化した（2016 年度 51.0 億円，2017 年度 25.5 億円）。福島浜通り地域において，福島県の重点産業であるロボット分野の地元中小企業や県外先進企業による産業集積を構築し，被災地の自立と地方創成のモデルを形成することを目的とするとしている。このテストフィールドに関しては，南相馬市（一部浪江町）に設置することが決定し，ロボットテストフィールドでは，陸海空，様々なフィールドロボットの実証試験や性能評価・機能認証，遠隔操作オペレータの訓練を行うとともに，試験に合格したフィールドロボット・機器やそのオペレータに対して技能認証を行うことも検討されている。フィールドロボットの性能評価に関しては，NEDO プロジェクト「ロボット性能評価手法等の研究開発（インフラ維持管理・更新等の社会課題対応システム開発プロジェクト）」（2016～2017 年度，9 億円）において評価手法の開発が行われている。

なお，経済産業省はロボット技術開発等を行うための共同利用施設についても予算化しており（2016 年度 21.7 億円，2017 年度 36.5 億円），上記南相馬市に設置予定のロボットテストフィールドにおいてロボット分野等の先進的な共同利用施設の設置・整備，設備等の導入，開発した機器の実証実験等を行う計画である。これらの施設の整備を推進することにより，災害対応ロボットの研究開発，実用化，社会実装が可能になるのみならず，地元企業の技術開発支援や施設運用への参画により，その活動が地域産業の復興に貢献し，これがさらに地元の雇用創出に資することも期待されている。

なお現在，ロボット関連の競技会もこれらの施設を利用して行うことが検討されており，研究開発や競技会がロボット技術に関する人材育成にもつながることが期待される。

30.8　おわりに

本章では，災害対応ロボット技術に関するニーズについて述べるとともに，これまでの研究開発プロジェクト，実際に現場で活用されているロボットや遠隔操作機器について述べた。特に，東日本大震災や 1F の事故において，どのようなロボット技術の研究開発や現場導入が行われてきたかについて詳細に紹介した。

COCN において災害対応ロボットの社会実装に関して様々な提言を行ってきたが，既に現時点において，その多くの取組みが始まっている。ここで紹介した，廃炉のためのロボット・遠隔操作機器研究開発プロジェクト（資源エネルギー庁），災害対応ロボット（含むインフラ点検・維持管理ロボット）研究開発プロジェクト（国土交通省，経済産業省 (NEDO)，内閣府 SIP (JST, NEDO)，内閣府 ImPACT (JST)，福島県など）以外にも，防衛省 CBRN プロジェクト，消防庁消防ロボットプロジェクトなども行われている。また，実施試験拠点の設置（JAEA モックアップ施設，経産省フィールドロボットテストフィールド)，標準試験法の検討(JAEA モックアップ試験施設専門部会)，ロボット競技会の検討（ロボット革命イニシアティブ競技会）のみならず，情報一元化（SIP インフラ維持管理・更新・マネジメント技術）に関する検討・データベース開発なども開始されている。この活動を一時的なブームで終わらせず，継続的に行うことで，災害対応ロボットの社会実装を確実に進め，今後の災害の備えとすることが肝要である。

ロボット技術も，社会の期待に応えるべく新たな発展を遂げる必要があり，学術的にもロボット研究に対する期待が高まっている。災害対応ロボットや遠隔操作機器の研究開発，人材育成は，日本の科学技術の発展の鍵となるであろう。それは 1F の廃炉のためだけでなく，被災地の復旧・復興や日本の安全安心の向上，さらには国土強靭化のために極めて重要である。そして，遠隔操作技術やロボット技術は様々な分野への展開・波及効果が期待できることから，その人材育成は，日本の産業競争力の強化，経済発展においても最優先で取り組むべき課題と考えられる。

＜淺間 一＞

参考文献（第 30 章）

[1] 警察庁：平成 23 年（2011 年）東北地方太平洋沖地震の被害状況と警察措置 http://www.npa.go.jp/news/other/earthquake2011/pdf/higaijokyo.pdf

[2] 原子力委員会：東京電力福島第一原子力発電所における中長期措置に関する検討結果，2011.

[3] NHK：クローズアップ現代「コンビナートクライシス」(2013 年 1 月 16 日放送)
http://www.nhk.or.jp/gendai/kiroku/detail02_3294_all.html

[4] 第 5 回ロボット大賞募集要項
http://www.robotaward.jp/award/5th-robotaward.pdf

[5] 国交省次世代社会インフラ用ロボット技術・ロボットシステム：
https://www.mlit.go.jp/sogoseisaku/constplan/sosei_constplan_fr_000023.html

[6] NEDO：インフラ維持管理・更新等の社会課題対応システム開発プロジェクト
http://www.nedo.go.jp/koubo/CD2_100001.html

[7] 戦略的イノベーション創造プログラム (SIP)「インフラ維持管理・更新・マネジメント技術」http://www.jst.go.jp/sip/k07.html

[8] DARPA Robotics Challenge (DRC)
http://www.darpa.mil/program/darpa-robotics-challenge

[9] 対災害ロボティクス・タスクフォースの公式ブログ
http://roboticstaskforce.wordpress.com/

[10] NEDO：戦略的先端ロボット要素技術開発プロジェクト
http://www.nedo.go.jp/activities/EP_00295.html

[11] 日本ロボット学会原子力関係記録作成分科会：原子力ロボット記録と提言，2014

[12] 大都市大震災軽減化特別プロジェクト Ⅲ 被害者救助等の災害対応戦略の最適化 4. レスキューロボット等次世代防災基盤技術の開発.
http://www.rescuesystem.org/ddt/H15-report/ddt15.html

[13] Tadokoro, S. ed.: *Rescue Robotics*, Springer, 2009.

[14] 羽田靖史，福田　靖，倉林大輔，川端邦明，嘉悦早人，淺間一：瓦礫内の音声を収集するレスキュー用知的データキャリアの開発，『日本機械学会ロボティクス・メカトロニクス講演会 '04 講演論文集』，pp. 1A1-H-40(1)-(2) (2004).

[15] 冨田一清，羽田靖史，福田　靖，川端邦明，嘉悦早人，淺間一，黒田洋司：屋内実験用飛行船の自律制御　第一報，『日本機械学会ロボティクス・メカトロニクス講演会 '04 講演論文集』，pp. 1A1-H-40(1)-(2) (2004).

[16] 平井成興：「極限作業ロボットプロジェクト」特集について，『日本ロボット学会誌』，Vol.9, No.5, p.61 (1991).

[17] 間野隆久，濱田彰一：原子力防災支援システムの開発，『日本ロボット学会誌』，Vol.19, No.6, pp.38–45 (2001).

[18] 小林忠義，宮島和俊，柳原 敏：原研における事故対応ロボットの開発（その 1）情報遠隔収集ロボットの開発，『日本ロボット学会誌』，Vol.19, No.6, pp.30–33 (2001).

[19] 柴沼清：原研における事故対応ロボットの開発（その 2）耐環境型ロボットの開発，『日本ロボット学会誌』，Vol.19, No.6, pp.34–37 (2001).

[20] NEDO：災害対応無人化システム研究開発プロジェクト
http://www.nedo.go.jp/activities/ZZJP_100045.html

[21] 産業競争力懇談会 2011 年プロジェクト最終報告：災害対応ロボットと運用システムのあり方
http://www.cocn.jp/thema39-L.pdf

[22] 産業競争力懇談会 2012 年プロジェクト最終報告：災害対応ロボットと運用システムのあり方
http://www.cocn.jp/thema50-L.pdf

[23] Disaster City
https://teex.org/pages/about-us/disaster-city.aspx

[24] 産業競争力懇談会 2013 年度プロジェクト最終報告：災害対応ロボットセンター設立構想
http://www.cocn.jp/thema60-L.pdf

[25] 産業競争力懇談会 2014 年度プロジェクト最終報告：災害対応ロボットの社会実装
http://www.cocn.jp/thema71-L.pdf

[26] ロボット革命実現会議：ロボット新戦略
http://www.meti.go.jp/press/2014/01/20150123004/20150123004b.pdf

[27] ロボット革命イニシアティブ協議会事務局
https://www.jmfrri.gr.jp/index.html

総　括　編

総括編では，ロボット制御をめぐる研究の歴史と現在の状況を解説し，未来を論じる。

第31章

ROBOT CONTROL HANDBOOK

ロボット制御の歴史と未来

31.1 はじめに

ロボット制御が最も幅広く研究されたのは，1980年前後から2000年頃までである。その初期の頃，ロボットといえば，それはマニピュレータと呼ばれる産業ロボットであった。16ビットマイクロコンピュータが普及し，ロボット制御は教示/再生方式（Teaching & Playback）に基づいた。制御プログラムの作成には人手がかかった。そこで，制御プログラムの自動生成をはかるべく，様々なロボット制御法が提案された。しかし，実用的には思わしい成果が上がらぬまま，21世紀に入っても，教示/再生方式は，産業ロボットでは，主役をつとめている。

1990年前後には，家庭の様々な日常生活を手伝う“知能ロボット”を想定して，外界センシング技術とタイアップしたロボット制御が期待された。幾多のロボット制御法が提案されはしたが，未だ家庭に入れるお手伝いロボットは登場していない。2015年，一般家庭への普及も企図して“Pepper”が製品化されたが，それは人と音声対話できる能力をもたせているものの，物理的に何かを作業する機能はもたせていない。

他方，2015年頃，人工知能の世界ではいくつかのイノベーションが起こり，新たな産業革命が期待され始めた。車の自動運転技術，IoTの普及，ビッグデータ処理，深層学習，等の新技術を展望するとき，ロボット制御の未来はどのように見えてくるのか。ロボット制御の今までの研究に何が欠け，何が不足していたのか。その反省を試みつつ，現今から近未来のロボット制御の新たな展開を探りつつ，未来を論じてみたい。

新聞紙上では，“AIを搭載したロボットがヒトに交じって働く日が近づいている＝ロイター”（日本経済新聞2017年8月22日）として，また“2045年にはAIが特異点（シンギュラリティ）に達する”として，未来予測が報じられている。筆者らの見たロボット制御の未来は，AIの特異点とは関係せず，むしろ自動運転の技術開発に似て，遅々として，しかし着実に進まざるを得ないと思っている。

31.2 ロボット運動学の黎明期

多自由度ロボットアームが産業製品として登場し，工場の自動化ラインに投入されたのは1960年代の前半である。既に数値制御工作機が普及していたので，アームの関節位置の制御法は従来の方式の延長線に即して作られていた。後に多関節ロボットアームの主制御法となる教示/再生方式は，その頃，既に特許申請されていた。1970年代に入り，手先作業領域が広くとれる垂直多関節ロボット（例えば，PUMA 560）が登場したが，それはマイクロプロセッサの登場に続く急速な技術発展と機を一つにしていた。すなわち，1970年，インテル社が4ビットのマイクロプロセッサ (Intel 4004) を発表すると，瞬く間に8ビット，そして16ビット (Intel 8086) と拡張が進み，1975年前後には，16ビットのマイクロコンピュータがロボット制御装置に組み込まれることとなった。

よく知られているように，マイクロプロセッサの当初の開発目的は腕時計に向けられていた。そして，その急速な技術発展はデジタルウォッチの発達に結実したが，その成功の要因は“時”を刻むという単一の内界的目標を満たした水晶振動子の技術革新があったことを忘れてはならない。他方，ロボットに課される作業目標には，外界との多様な物理的相互作用が関係するので，作業目標を満たす制御プログラムの設計，制作にはあらゆる工夫が求められた。最も単純な物理的相互作用を担う手先効果器の位置決めでさえ，人手に頼らないプログラム作成の自動化に向けて様々な工夫が必要になった。1980 年前後がロボット運動学の黎明期にあたる。

31.2.1 逆運動学に基づく関節位置制御

多関節ロボットアームの運動方程式は複雑である。ある関節をとると，その軸が受ける慣性モーメントや重力の影響が，それより先の関節の軸まわり回転によって，大きく変わる。このような関節軸間の干渉の影響を，見かけ上，低減するために，産業ロボットアームの各関節には，高減速比をもつ減速機を取り付けた速度追従型のサーボ方式が採用されていた。

垂直多関節アームの手先効果器の取り付け位置を $\boldsymbol{x} = (x, y, z)^\top$ とすれば，関節角変数ベクトル $\boldsymbol{q} = (q_1, q_2, \ldots, q_n)^\top$ によって $\boldsymbol{x} = \boldsymbol{f}(\boldsymbol{q})$ は自然に定まる。この定まり方を示す関数 $\boldsymbol{f}$ を求めることを順運動学というが，逆に $\boldsymbol{x}$ を与えて，$\boldsymbol{x}$ を実現する逆関数 $\boldsymbol{f}^{-1}(\boldsymbol{x})$ を定めることを逆運動学という。普通，$n = 3$ の場合，$\boldsymbol{x}$ と $\boldsymbol{q}$ の次元は一致するので，逆関数 $\boldsymbol{q} = \boldsymbol{f}^{-1}(\boldsymbol{x})$ は定まる。実際は，一つの $\boldsymbol{x}_d$ に対して $\boldsymbol{f}^{-1}(\boldsymbol{x}_d)$ は複数個ありうるが，それらは互いに孤立しているので，どれをとるか裁量で定めることができる。こうして定まる $\boldsymbol{q}_d = \boldsymbol{f}^{-1}(\boldsymbol{x}_d)$ に対して，関数角ベクトルの初期位置を $\boldsymbol{q}_0$ とすれば，そして目標位置に到達するに要する時間を $T > 0$ とすれば，目標の関節角速度のプロフィルは図 31.1 のような台形波形で設定できる。台形波形の面積 S_i が $(q_{di} - q_{0i})$ に相当する。

現時点の手先位置 $\boldsymbol{x}_0 = \boldsymbol{f}(\boldsymbol{q}_0)$ が目標位置 $\boldsymbol{x}_d$ とかなり離れているとき，上述の台形プロフィルに従った速度サーボ方式では，時間経過とともに位置ずれが拡大するようになる。そして，新たな補正プログラムが必要になる。そこで，理想の手先速度の軌道 $\dot{\boldsymbol{x}}(t)$ を与え（その時間積分が $\boldsymbol{x}_d - \boldsymbol{x}_0$ になるように与える），関節角速度軌道を

$$\dot{\boldsymbol{q}}(t) = J^{-1}(\boldsymbol{q})\dot{\boldsymbol{x}}(t) \tag{31.1}$$

と定める方法が提案された。ここに，J^{-1} は $\boldsymbol{x}$ の $\boldsymbol{q}$ によるヤコビアン行列 $J(\boldsymbol{x}(\boldsymbol{q})) = \partial\boldsymbol{x}/\partial\boldsymbol{q}^\top$ の逆行列である。なお，この際，$\boldsymbol{x}$ は $\boldsymbol{q}$ によって順運動学によって一意に定まるので，$J(\boldsymbol{x}(\boldsymbol{q}))$ は単に $J(\boldsymbol{q})$ と書き表すことにする。関節角速度サーボを式 (31.1) に従わす方法を分解速度制御と呼び，Whitney[1] により提唱された。また，同様の考え方の拡張は高瀬[2] に見られる。

手先効果器の姿勢が新たな 3 関数の変数 (φ, θ, ψ) で定まるとき，ロボットの位置と姿勢は合わせて 6 自由度となり，変数ベクトル $\boldsymbol{q} = (q_1, q_2, \ldots, q_6)^\top$ で表されよう。実際に，それは順運動学

$$\boldsymbol{X} = \boldsymbol{f}(\boldsymbol{q}) \tag{31.2}$$

によって自然に定まる。ここに $\boldsymbol{X} = (x, y, z, \varphi, \theta, \psi)^\top$ とした。この場合，$\dim(\boldsymbol{X}) = \dim(\boldsymbol{q}) = 6$ なので，逆運動 $\boldsymbol{q} = \boldsymbol{f}^{-1}(\boldsymbol{X})$ は考えられうるが，この逆解は多数個ありうるので，すべてを明らかにするのは大変であった。6 自由度の PUMA 560 について，逆運動学を詳細にわたって確定したのは Featherstone[3] であった。それには，多自由度ロボットの運動方程式を組織的に導く方法論をテキストブックにまとめた Paul[4] の功績が著しい。

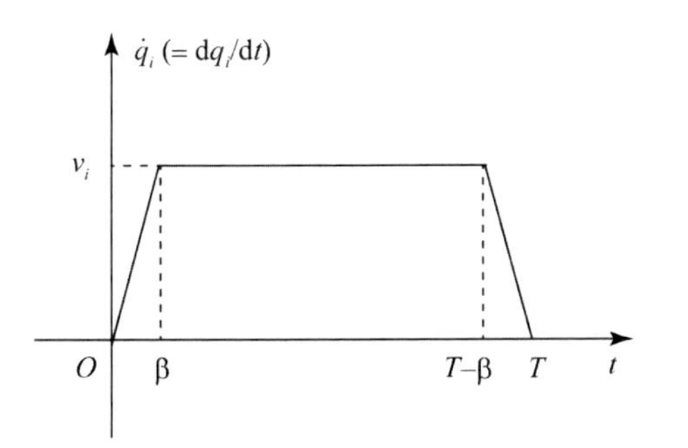

図 31.1　台形型の角速度プロフィル。ここに $(T - \beta)v_i = (q_{id} - q_{i0})$ となる。

31.2.2 順動力学と計算トルク制御法

ロボットマニピュレータの動力学に関する研究は，1981 年，Paul によるテキストブック[4] が MIT Press で発刊されると，急速に進展した。そこでは，多自由度ロボットアームの動力学が，ラグランジュの運動方程式の形式に従って，具体的に

$$M(\boldsymbol{q})\ddot{\boldsymbol{q}} + C(\dot{\boldsymbol{q}}, \boldsymbol{q})\dot{\boldsymbol{q}} + \boldsymbol{g}(\boldsymbol{q}) = \boldsymbol{u} \tag{31.3}$$

と表された。ここに，$M(\boldsymbol{q})$ は関節変数ベクトル $\boldsymbol{q} = (q_1, \ldots, q_n)^\top$ を変数とする $n \times n$ の慣性行列，$C(\dot{\boldsymbol{q}}, \boldsymbol{q})$ は遠心力やコリオリ力，および関節摩擦力に対する $n \times n$

行列，$\boldsymbol{g}(\boldsymbol{q})$ は重力に依存する n 次元ベクトルであり，$\boldsymbol{u}$ は制御入力とする一般化外力である。これら $\boldsymbol{q}$ と $\dot{\boldsymbol{q}}$ に関係する式 (31.3) の左辺の $M(\boldsymbol{q})$ や $C(\dot{\boldsymbol{q}},\boldsymbol{q})$ は，DH (Denavit–Hartenberg[5]) 法によって具体的に計算できることが明確に示された。ここから直ちに，制御目標として望みの関節軌道を加速度ベクトル $\ddot{\boldsymbol{q}}_d(t)$ で与えれば，それを積分することによって，$\dot{\boldsymbol{q}}_d(t)$, $\boldsymbol{q}_d(t)$ も求まるので，これら三つ組に基づいて式 (31.3) の左辺を実時間計算できれば，その結果を制御入力 $\boldsymbol{u}_d$ として与えれば良いことに気がつく。この考え方に基づく方法を一般的に計算トルク法と呼んだ。この考え方は Paul のテキストブック[4] の出版に先立って，Luh, Walker and Paul[6] の論文に見られ，ここからまた，フィードバック線形化の考え方も生まれた。

計算トルク法やほぼ同等なフィードバック線形化法が生まれた 1980 年代の初頭では，マイクロコンピュータの性能は未だ限定的であった。自由度 6 のマニピュレータになると，6×6 の行列 $M(\boldsymbol{q})$ や $C(\dot{\boldsymbol{q}},\boldsymbol{q})$ の計算に時間がかかり，実時間制御として実装するには無理であった。そのため，計算トルク法の高速化が，Hollerbach[7] や Luh, Walker and Paul[8] によって案出された。その後，1980 年代の後半に入ると，高速計算トルク法を搭載すべき専用の VLSI チップの設計案が種々提示されたが，実際に製造を行って性能テストを実施した報告は，筆者らの知る限り見ていない。

31.2.3　直接駆動ロボットの提案

産業ロボットマニピュレータでは，関節アクチュエータの出力トルクは減速機を通してアーム負荷側のシャフトに伝えられる。その際，減速機の粘性摩擦係数は減速比の 2 乗に比例して拡大する。さらに，実用機種にもよるが，粘性摩擦の動特性は精度よくモデル化することは困難であり，計算によって消去するのは実際には不可能でさえある。それゆえ，計算トルク法を実際に適用した結果，手先位置のずれは，いくつかの関節位置誤差が積算されて，大きくなってしまった。

そして 1983 年，静摩擦や粘性摩擦の特性がブラックボックス化した減速機を使わないで，モータシャフトの回転トルクを直接負荷に伝える DD ロボット（Direct-Drive Robot，直接駆動ロボット）が浅田ら[9, 10] によって提案された。そして，1985 年から 1990 年前後にかけて，高出力のモータを使い，アーム機構にも新たな工夫をこらして，DD ロボットが試作され，実験結果が報告された。しかし，後に詳述する理由もあって，直接駆動方式が産業ロボットに採用されることはなかった。

参考文献（31.2 節）

[1] Whitney, D.E.: Resolved motion rate control of manipulators and human prostheses, *IEEE Trans. Man-Machine Systems*, Vol. 10, No. 2, pp. 47–53 (1969).

[2] 高瀬国克: マニピュレータの運動成分の一般的分解とその制御,『計測自動制御学会論文集』, Vol. 12, No. 3, pp. 300–306 (1976).

[3] Featherstone, R.: Position and velocity transformations between robot end-effector coordinates and joint angles, *Int. J. Robotics Research*, Vol. 2, No. 2, pp. 35–45 (1983).

[4] Paul, R.: *Robot Manipulators; Mathematics, Programming, and Control*, MIT Press (1981).

[5] Denavit, J. and Hartenberg, R.S.: A kinematic notation for lower-pair mechanisms based on matrices, *ASME J. Applied Mechanics*, Vol. 22, pp. 215–221 (1955).

[6] Luh, J.Y. S., Walker, M.W., and Paul, R.P.C.: Resolved-Acceleration control of mechanical manipulators, *IEEE Trans. Automatic Control*, Vol. 25, No. 3, pp. 468–474 (1980).

[7] Hollerbach, J.M.: A recursive Lagrangian formulation of manipulator dynamics and a comparative study of dynamics formulation complexity, *IEEE Trans. Systems, Man, and Cybernetics*, Vol. 10, No. 11, pp. 730–736 (1980).

[8] Luh, J.Y. S., Walker, M.W., and Paul, R.P.C.: On-live computational scheme for mechanical manipulators, *ASME J. Dynamic Systems, Measurement, and Control*, Vol. 102, No. 2, pp. 69–76 (1980).

[9] Asada, H., Kanade, T.: Design of direct-drive manipulator arms, *ASME J. Vibration, Acoustics, Stress, and Reliability in Design*, Vol. 105, No. 3, pp. 312–316 (1983).

[10] Asada, H. and Youcef-Toumi, K.: Analysis and design of a direct-drive robot arm with a five-bar-link parallel drive mechanism: *ASME J. Dynamic Systems, Measurement, and Control*, Vol. 106, No. 3, pp. 225–230 (1984).

31.3　PD フィードバック制御法の登場

1980 年代の初頭，ロボットマニピュレータの運動方程式 (31.3) が明解な方法で導かれ，係数行列 $M(\boldsymbol{q})$，$C(\dot{\boldsymbol{q}},\boldsymbol{q})$，および重力項 $\boldsymbol{g}(\boldsymbol{q})$ の計算法が確立された。式 (31.3) は 2 階の連立微分方程式であるが，それは姿勢角 $\boldsymbol{q}$ のみならずその角速度 $\dot{\boldsymbol{q}}$ についても 2 次の項が現れるような強い非線形性をもち，関節変数が互いに干渉する複雑な動力学と見えた。しかも，$C(\dot{\boldsymbol{q}},\boldsymbol{q})$ の中には，減速機の粘性摩擦の特性がブラックボックスと化して入っていて，すべての計算トルクの算出を妨げていることがわかった。そこで減速機を介さないDDロボットの登場を見たが，それは，むしろ $M(\boldsymbol{q})$ や $\boldsymbol{g}(\boldsymbol{q})$，ならびに $M(\boldsymbol{q})$ に由来する $C(\dot{\boldsymbol{q}}, \boldsymbol{q})$ の $\dot{\boldsymbol{q}}$ の変数間の干渉と非線形性を強調することとなって，いつしか顧みられなくなった。

当時，制御理論の世界では，制御対象を線形状態方程式で表す線形システム理論が完成の域に近づいていた。ロボットの運動方程式は，制御理論に立脚して，関節角 $\boldsymbol{q}$ と角速度 $\dot{\boldsymbol{q}}$ を状態変数にとると，一応は状態方程式で表される。しかし，それは関節変数間が複雑に動的干渉する非線形状態方程式になる。それゆえに，当時の制御理論では，取り扱い困難と思われた。

そして，1981 年，当時の制御理論の常識では考えられないような，簡明で明解なロボットアームの制御法が登場した。多関節マニピュレータの関節位置制御が，目標姿勢の重力項のみを補償すれば，関節位置（Position）の偏差とその微分（Derivative，関節速度）の線形フィードバックのみによって可能になることが示された[1, 2]。そこでは，さらに，手先位置のヤコビアン行列の転置を用いた手先位置のフィードバックによって，外界センサに基づくセンソリー・フィードバック制御が可能になることも示された。これらの結果は，当初，ハミルトンの正準方程式に則してリアプノフの安定論を適用し，導出されたが，後に，式 (31.3) の $C(\dot{\boldsymbol{q}}, \boldsymbol{q})\dot{\boldsymbol{q}}$ の項を粘性摩擦の項，対称行列の項，歪対称行列の項の 3 つに分解することにより，受動性ベース制御法，位置と力のハイブリッド制御，学習制御が導かれることとなった。そして，現今（2017 年），この考え方はリーマン幾何学に基づく制御へと発展することが予見されようとしている。

31.3.1 ハミルトンの正準方程式から導出された PD フィードバック制御

マニピュレータの運動方程式は，普通，ラグランジュの方程式で表されるが，解析力学の教えるところにより，それはハミルトンの正準方程式で表すこともできる。実際，角運動量ベクトル $\boldsymbol{p} = M(\boldsymbol{q})\dot{\boldsymbol{q}}$ を用いてハミルトニアンを

$$\mathscr{H}(\boldsymbol{p}, \boldsymbol{q}) = \frac{1}{2}\boldsymbol{p}^{\top}M^{-1}(\boldsymbol{q})\boldsymbol{p} + G(\boldsymbol{q}) = \dot{\boldsymbol{q}}^{\top}\boldsymbol{p} - L(\dot{\boldsymbol{q}}, \boldsymbol{q}) \quad (31.4)$$

として導入すると，式 (31.3) と同等な式

$$\begin{cases} \dfrac{\mathrm{d}}{\mathrm{d}t}\boldsymbol{q} = \dfrac{\partial \mathscr{H}}{\partial \boldsymbol{p}} \\ \dfrac{\mathrm{d}}{\mathrm{d}t}\boldsymbol{p} = -\dfrac{\partial \mathscr{H}}{\partial \boldsymbol{q}} - \{C_0(\boldsymbol{q})M^{-1}(\boldsymbol{q})\boldsymbol{p} - \boldsymbol{u}\} \end{cases} \quad (31.5)$$

を得る。ここに，L はラグランジアン $L(\dot{\boldsymbol{q}}, \boldsymbol{q}) = (1/2)\dot{\boldsymbol{q}}^{\top}M(\boldsymbol{q})\dot{\boldsymbol{q}} - G(\boldsymbol{q})$ を表し，また，

$$\begin{cases} C(\dot{\boldsymbol{q}}, \boldsymbol{q})\dot{\boldsymbol{q}} = D(\dot{\boldsymbol{q}}, \boldsymbol{q})\dot{\boldsymbol{q}} + C_0(\boldsymbol{q})\dot{\boldsymbol{q}} & (31.6) \\ D(\dot{\boldsymbol{q}}, \boldsymbol{q})\dot{\boldsymbol{q}} = \left\{\dfrac{\mathrm{d}}{\mathrm{d}t}M(\boldsymbol{q})\right\}\dot{\boldsymbol{q}} - \dfrac{\partial}{\partial \boldsymbol{q}}\left\{\dfrac{1}{2}\dot{\boldsymbol{q}}^{\top}M(\boldsymbol{q})\dot{\boldsymbol{q}}\right\} & (31.7) \end{cases}$$

とした。なお，$G(\boldsymbol{q})$ は重力ポテンシャルを表し，$\mathrm{d}G(\boldsymbol{q})/\mathrm{d}t = \dot{\boldsymbol{q}}^{\top}\boldsymbol{g}(\boldsymbol{q})$ であり，$C_0(\boldsymbol{q})$ は第 i 関節の減速機の粘性摩擦係数 $c_{0i}(q_i)$ を対角要素とする対角行列とする。式 (31.5) の第 1 式と $\dot{\boldsymbol{p}}$，第 2 式と $\dot{\boldsymbol{q}}$，それぞれ内積を取って加え合わせれば，式

$$\frac{\mathrm{d}}{\mathrm{d}t}\mathscr{H}(\boldsymbol{p}, \boldsymbol{q}) = -\dot{\boldsymbol{q}}^{\top}C_0(\boldsymbol{q})\dot{\boldsymbol{q}} + \dot{\boldsymbol{q}}^{\top}\boldsymbol{u} \quad (31.8)$$

が成立する。そこで制御目標の関節位置を $\boldsymbol{q}_d$ とし，$n \times n$ の正定対角行列 A，C_1 を適当に選び，制御入力を

$$\boldsymbol{u} = -A(\boldsymbol{q} - \boldsymbol{q}_d) - C_1\dot{\boldsymbol{q}} + \boldsymbol{g}(\boldsymbol{q}_d) \quad (31.9)$$

とすれば，式 (31.8) から式

$$\frac{\mathrm{d}}{\mathrm{d}t}E(\dot{\boldsymbol{q}}, \boldsymbol{q}) = -\dot{\boldsymbol{q}}^{\top}C(\boldsymbol{q})\dot{\boldsymbol{q}} \quad (31.10)$$

が成立することがわかる。ここに $C(\boldsymbol{q}) = C_0(\boldsymbol{q}) + C_1$ とした。また，左辺の E は全エネルギーと呼ばれ，

$$E(\dot{\boldsymbol{q}}, \boldsymbol{q}) = \frac{1}{2}\dot{\boldsymbol{q}}^{\top}M(\boldsymbol{q})\dot{\boldsymbol{q}} + G(\boldsymbol{q}) - G(\boldsymbol{q}_d) + \boldsymbol{g}^{\top}(\boldsymbol{q}_d)(\boldsymbol{q} - \boldsymbol{q}_d) + \frac{1}{2}(\boldsymbol{q} - \boldsymbol{q}_d)^{\top}A(\boldsymbol{q} - \boldsymbol{q}_d) \quad (31.11)$$

と表される。全エネルギーは，A を適当に大きく取ると，$\dot{\boldsymbol{q}}$，$\boldsymbol{q}$ について正定になることは容易に判る。また，式 (31.10) の右辺は $\dot{\boldsymbol{q}}$ について負定であるだけであるが，リアプノフの安定論の中で重要なラ・サールの定理[3] の教えるところにより，状態変数 $(\dot{\boldsymbol{q}}, \boldsymbol{q})$ は $t \to \infty$ のとき $(0, \boldsymbol{q}_d)$ に漸近的に収束することがわかる。このことは，リアプノフの安定論では，平衡点 $(0, \boldsymbol{q}_d)$ は漸近安定であるといわれた。

線形 PD フィードバック制御法が生まれた背景には，慣性行列に由来するトルク生成項を人為的に与えた軌道 $\boldsymbol{q}_d(t)$ による計算トルク入力で完全に補償できるか，という予定調和に対する疑いがあった。また，教示/再生に基づく制御プログラムの製作には多大の経費負担が生じていたこともあり，制御プログラムの自動生成に寄与できないか，という目標もあった。残念ながら，式 (31.9) には重力項の補償 $\boldsymbol{g}(\boldsymbol{q}_d)$ が残っている。この項は，手先効果器が物理パラメータが未知の手先負荷

を把持するとき，計算できないことになる。幸いにも，1993 年になって，重力項の補償には未知パラメータを推定する適応制御法が有効に働くことが示された。

なお，1990 年代の産業用ロボットとして代表的なスカラ型ロボット (SCARA) については，垂直回転軸の司る水平面内の運動は上下方向の運動を司る直動軸の運動と直交分離できるので，水平面内の位置決めには重力項は寄与せず，線形 PD フィードバックは有効に機能する。また，ほぼ無重力状況下にある宇宙船内のロボットアームには重力項は現れないので，線形 PD フィードバックは重力補償なしで機能する。

31.3.2　外界センサに基づく作業座標フィードバック

自由度 3 の垂直多関節ロボットアームの手先位置をベクトル $\boldsymbol{x} = (x, y, z)^\top$ で表すと，逆運動学に基づいて関節位置 $\boldsymbol{q} = (q_1, q_2, q_3)^\top$ の一つを $\boldsymbol{q} = \boldsymbol{f}^{-1}(\boldsymbol{x})$ として定めることができる。所望の手先位置 $\boldsymbol{x}_d$ を与えれば，$\boldsymbol{q}_d = \boldsymbol{f}^{-1}(\boldsymbol{x}_d)$ が定まったとすれば，式 (31.9) に基づく線形 PD フィードバックが適用できて，手先の 3 次元ユークリッド空間の位置決めは機能する。

ここで，手先位置 $\boldsymbol{x}$ は，カメラからの画像データの処理か，あるいは何らかのポジションセンサーによって，実時間データとして取り込める状況を考える。そのとき，位置フィードバックには関節角の偏差 $\Delta\boldsymbol{q} = \boldsymbol{q} - \boldsymbol{q}_d$ よりも，ユークリッド空間中の偏差 $\Delta\boldsymbol{x} = \boldsymbol{x} - \boldsymbol{x}_d$ の方がより目的に適うものと思われる。後に述べる冗長関節ロボットの場合，$\boldsymbol{x}_d$ を与えても，普通には，逆運動学の解 $\boldsymbol{q}_d = \boldsymbol{f}^{-1}(\boldsymbol{x}_d)$ は無数にあって，定めようがない。そこで，$\boldsymbol{q}_d$ を計算することなく，空間中の手先位置の測定データに基づくフィードバック法

$$\boldsymbol{u} = -J^\top(\boldsymbol{q})(\xi\dot{\boldsymbol{x}} + K\Delta\boldsymbol{x}) - C_1\dot{\boldsymbol{q}} + \boldsymbol{g}(\boldsymbol{q}) \quad (31.12)$$

を与えてみよう。ここに $\Delta\boldsymbol{x} = \boldsymbol{x} - \boldsymbol{x}_d$ とし，$J^\top(\boldsymbol{q})$ は $\boldsymbol{x}$ の $\boldsymbol{q}$ によるヤコビアン行列 $J(\boldsymbol{x}(\boldsymbol{q})) = \partial\boldsymbol{x}(\boldsymbol{q})/\partial\boldsymbol{q}^\top$ の転置を表す。また，K は 3×3 の適当な正定行列とする。式 (31.12) を作業座標 PD フィードバック法と呼ぶ。これをハミルトン正準形 (31.5) に代入した閉ループ運動方程式について，式

$$\frac{\mathrm{d}}{\mathrm{d}t}F(\dot{\boldsymbol{q}}, \boldsymbol{q}; \dot{\boldsymbol{x}}, \boldsymbol{x}) = -\dot{\boldsymbol{q}}^\top C(\boldsymbol{q})\dot{\boldsymbol{q}} - \xi\|\dot{\boldsymbol{x}}\|^2 \quad (31.13)$$

が成立することが示された[1, 2]。ここに

$$F(\dot{\boldsymbol{q}}, \boldsymbol{q}; \dot{\boldsymbol{x}}, \boldsymbol{x}) = \frac{1}{2}\dot{\boldsymbol{q}}^\top M(\boldsymbol{q})\dot{\boldsymbol{q}} + \frac{1}{2}\Delta\boldsymbol{x}^\top K\Delta\boldsymbol{x} \quad (31.14)$$

である。そして，ロボットが運動する過程で 3×3 の行列 $J(\boldsymbol{q})$ の正則性が保たれるという前提のもとで，$t \to \infty$ のとき $\boldsymbol{x}(t) \to \boldsymbol{x}_d$，$\dot{\boldsymbol{x}}(t) \to 0$ となることが示された。

この結果は，手先効果器の姿勢も含めた 6 自由度のロボットアームについても，正方行列としての $J(\boldsymbol{q})$ のランク落ちが起こらない領域の範囲内で，拡張されうる。

31.3.3　ラグランジュ方程式に基づく受動性ベース制御法

式 (31.9) に基づく制御法を PD 制御と呼ぶが，その右辺の 3 つの項の中で最重要な働きをするのは，関節変数に関する目標位置からの偏差ベクトル $\Delta\boldsymbol{q} = \boldsymbol{q} - \boldsymbol{q}_d$ の負帰還である。この人為的に導入した項は，閉ループ方程式に関する全エネルギー $E(\dot{\boldsymbol{q}}, \boldsymbol{q})$（式 (31.11) を参照）の中の主要部 $(1/2)\Delta\boldsymbol{q}^\top A\Delta\boldsymbol{q}$ に反映するので，これを人工ポテンシャルという[4]。また，このような位置偏差に関する負帰還法は，総称して，人工ポテンシャル法と呼ばれた。

式 (31.9) や式 (31.12) で与えられた PD 制御法の有効性は，リアプノフの安定論に基づいて，ラ・サールの定理[3] による平衡状態への漸近的収束性によって担保された。残念ながら，そのような数学的証明法では，収束の速さに関する詳細は見えてこなかった。PD 制御法が実用化に耐えるには，最低限でも，目標状態への収束性の速さが指数関数のオーダになることを示す必要があった。すなわち，ある定数 $K_0 > 0$，$K_1 > 0$，$\alpha > 0$ が存在して，位置変数 $\Delta\boldsymbol{q}(t)$ と速度変数 $\dot{\boldsymbol{q}}(t)$ のノルムが，それぞれ

$$\|\Delta\boldsymbol{q}(t)\| \le K_0 e^{-\alpha t},\ \|\dot{\boldsymbol{q}}(t)\| \le K_1 e^{-\alpha t} \quad (31.15)$$

となることが保証できる必要があった。このことを理論的に保証するには，リアプノフ関数を修正する必要があるが，そのために全エネルギー $E(\dot{\boldsymbol{q}}, \boldsymbol{q})$ に何らかの修正項を加えてみたらよいと気づく。そのとき，ハミルトンの正準形に基づく方法論では不十分であることにも気づく。そこで，今一度，ラグランジュの運動方程式に帰り，解析力学の教えに従ってみよう。式 (31.9) を外力とするラグランジュの方程式は

$$\frac{\mathrm{d}}{\mathrm{d}t}\left(\frac{\partial L}{\partial\dot{\boldsymbol{q}}}\right) - \frac{\partial L}{\partial\boldsymbol{q}} = -C(\boldsymbol{q})\dot{\boldsymbol{q}} - A\Delta\boldsymbol{q} + \boldsymbol{g}(\boldsymbol{q}_d) \quad (31.16)$$

である。ここに，ラグランジアンは

$$L(\dot{\boldsymbol{q}}, \boldsymbol{q}) = \frac{1}{2}\dot{\boldsymbol{q}}^\top M(\boldsymbol{q})\dot{\boldsymbol{q}} - G(\boldsymbol{q}) \quad (31.17)$$

である。式 (31.16) の左辺を計算すると

$$\frac{\mathrm{d}}{\mathrm{d}t}\left(\frac{\partial L}{\partial \dot{\boldsymbol{q}}}\right)-\frac{\partial L}{\partial \boldsymbol{q}}=M(\boldsymbol{q})\ddot{\boldsymbol{q}}+\left(\frac{\mathrm{d}}{\mathrm{d}t}M(\boldsymbol{q})\right)\dot{\boldsymbol{q}} -\frac{\partial}{\partial \boldsymbol{q}}\left(\frac{1}{2}\dot{\boldsymbol{q}}^\top M(\boldsymbol{q})\dot{\boldsymbol{q}}\right)+\boldsymbol{g}(\boldsymbol{q}) \quad (31.18)$$

となる。右辺の第 2 項と第 3 項を次のようにまとめ直そう。

$$\left(\frac{\mathrm{d}}{\mathrm{d}t}M(\boldsymbol{q})\right)\dot{\boldsymbol{q}}-\frac{\partial}{\partial \boldsymbol{q}}\left(\frac{1}{2}\dot{\boldsymbol{q}}^\top M(\boldsymbol{q})\dot{\boldsymbol{q}}\right) =\frac{1}{2}\dot{M}(\boldsymbol{q})\dot{\boldsymbol{q}}+S(\dot{\boldsymbol{q}},\boldsymbol{q})\dot{\boldsymbol{q}} \quad (31.19)$$

ここに $\dot{M}(\boldsymbol{q})=\mathrm{d}M(\boldsymbol{q})/\mathrm{d}t$ である。$S(\dot{\boldsymbol{q}},\boldsymbol{q})$ は

$$S(\dot{\boldsymbol{q}},\boldsymbol{q})=\frac{1}{2}\left(\dot{M}(\boldsymbol{q})-\frac{\partial \boldsymbol{p}^\top}{\partial \boldsymbol{q}}\right) \quad (31.20)$$

である。ただし，$\boldsymbol{p}=M(\boldsymbol{q})\dot{\boldsymbol{q}}$ としたが，これは角運動量ベクトルである。行列 $S(\dot{\boldsymbol{q}},\boldsymbol{q})$ は明らかに歪対称行列となる。すなわち，$S=-S^\top$ である。式 (31.18) と (31.19) から，閉ループ運動方程式 (31.16) は

$$M(\boldsymbol{q})\ddot{\boldsymbol{q}}+\frac{1}{2}\dot{M}(\boldsymbol{q})\dot{\boldsymbol{q}}+S(\dot{\boldsymbol{q}},\boldsymbol{q})\dot{\boldsymbol{q}}+C(\boldsymbol{q})\dot{\boldsymbol{q}} +\boldsymbol{g}(\boldsymbol{q})-\boldsymbol{g}(\boldsymbol{q}_d)+A\Delta\boldsymbol{q}=0 \quad (31.21)$$

と書ける[5]。この式と $\dot{\boldsymbol{q}}$ との内積を取ると，各関節の仕事を全部集めた全仕事が算定される。実際，式 (31.10) が導出される。

ここで，新たなリアプノフ関数として，$\dot{\boldsymbol{q}}$ と $\Delta\boldsymbol{q}$ の交差項を全エネルギーに加えた式

$$E_\varepsilon(\dot{\boldsymbol{q}},\boldsymbol{q})=E(\dot{\boldsymbol{q}},\boldsymbol{q})+\varepsilon\dot{\boldsymbol{q}}^\top M(\boldsymbol{q})\Delta\boldsymbol{q} \quad (31.22)$$

を考える。そのとき，$\varepsilon\Delta\boldsymbol{q}$ と式 (31.21) との内積をとることにより，不等式

$$\frac{\mathrm{d}}{\mathrm{d}t}E_\varepsilon(\dot{\boldsymbol{q}},\boldsymbol{q})\leq-\frac{1}{2}\left\{\dot{\boldsymbol{q}}^\top C(\boldsymbol{q})\dot{\boldsymbol{q}}+\varepsilon\Delta\boldsymbol{q}^\top A\Delta\boldsymbol{q}\right\} \quad (31.23)$$

が平衡点 $(\dot{\boldsymbol{q}}=0,\boldsymbol{q}_d)$ の近傍で成立することが示せる。ここに，$\varepsilon>0$ は時定数の物理単位 [1/s] をもつ適当に小さな定数であり，不等式

$$\varepsilon M(\boldsymbol{q})\leq\frac{1}{2}C(\boldsymbol{q}) \quad (31.24)$$

が成立するとする。この場合，さらに行列 A を適当に大きくとれば，

$$E_\varepsilon(\dot{\boldsymbol{q}}(t),\boldsymbol{q}(t))\leq e^{-(2/3)\varepsilon t}E_\varepsilon(\dot{\boldsymbol{q}}(0),\boldsymbol{q}(0)) \quad (31.25)$$

となることが示されている[5]。このことは，位置決めの収束速度が指数関数になることを示している。

閉ループの運動方程式に対して，補正制御入力 $\boldsymbol{u}$ を導入して，制御システム方程式

$$M(\boldsymbol{q})\ddot{\boldsymbol{q}}+\frac{1}{2}\dot{M}(\boldsymbol{q})\dot{\boldsymbol{q}}+S(\dot{\boldsymbol{q}},\boldsymbol{q})\dot{\boldsymbol{q}}+C(\boldsymbol{q})\dot{\boldsymbol{q}} +\boldsymbol{g}(\boldsymbol{q})-\boldsymbol{g}(\boldsymbol{q}_d)+A\Delta\boldsymbol{q}=\boldsymbol{u} \quad (31.26)$$

ならびに出力 $\boldsymbol{y}=\dot{\boldsymbol{q}}$ を考え，入力と出力の内積をとって積分すると

$$\begin{aligned}\int_o^t \boldsymbol{y}^\top(\tau)\boldsymbol{u}(\tau)\mathrm{d}\tau &= E(\dot{\boldsymbol{q}}(t),\boldsymbol{q}(t))-E(\dot{\boldsymbol{q}}(0),\boldsymbol{q}(0)) \\ &\quad +\int_0^t \dot{\boldsymbol{q}}^\top(\tau)C(\boldsymbol{q}(\tau))\dot{\boldsymbol{q}}(\tau)\mathrm{d}\tau \\ &\geq -E(\dot{\boldsymbol{q}}(0),\boldsymbol{q}(0)) \end{aligned} \quad (31.27)$$

となる。このように入力と出力の内積をとった積分が，任意の $t>0$ に対して下界をもつとき，システム (31.26) は受動性を満たすという。さらに，$E(\dot{\boldsymbol{q}},\Delta\boldsymbol{q})$ がシステム状態変数 $(\dot{\boldsymbol{q}},\boldsymbol{q})$ について正定であり，かつ右辺の被積分項も正定であれば，システム (31.26) は強受動性を満たすという。出力が $\boldsymbol{y}=\dot{\boldsymbol{q}}$ と与えられた場合，式 (31.27) の右辺の被積分項は $\dot{\boldsymbol{q}}$ についてのみ正定なので，システム (31.26) は受動的であるが，強受動的ではない。そこで，出力を

$$\boldsymbol{y}=\dot{\boldsymbol{q}}+\varepsilon\Delta\boldsymbol{q} \quad (31.28)$$

ととってみる。このとき，入出力間の内積をとって時間区間 $[0,t]$ で積分すると，式 (31.23) を導いたときと全く同様に，不等式

$$\begin{aligned}\int_0^t \boldsymbol{y}^\top(\tau)\boldsymbol{u}(\tau)\mathrm{d}\tau &\geq E_\varepsilon(\dot{\boldsymbol{q}}(t),\Delta\boldsymbol{q}(t))-E_\varepsilon(\dot{\boldsymbol{q}}(0),\Delta\boldsymbol{q}(0)) \\ &\quad +\int_0^t \frac{1}{2}\left\{\dot{\boldsymbol{q}}^\top(\tau)C(\boldsymbol{q}(\tau))\dot{\boldsymbol{q}}(\tau)+\varepsilon\Delta\boldsymbol{q}^\top(\tau)A\Delta\boldsymbol{q}(\tau)\right\}\mathrm{d}\tau \end{aligned} \quad (31.29)$$

が成立することが示せる。そこでは，$E_\varepsilon(\dot{\boldsymbol{q}},\Delta\boldsymbol{q})$ はシステム状態変数 $(\dot{\boldsymbol{q}},\Delta\boldsymbol{q})$ について正定であり，右辺の被積分項も正定になるので，システム (31.26) は出力式 (31.28) のもとで強受動的になる。このような受動性や強受動性は，インピーダンス制御や最適レギュレータ問題において，重要な役割を演じる。

31.3.4　柔軟関節ロボットの制御

一般にマニピュレータと称される多関節ロボットアームの運動は，ラグランジュの運動方程式

$$(J_0 + M_0(\boldsymbol{q}))\,\ddot{\boldsymbol{q}} + \frac{1}{2}\dot{M}_0(\boldsymbol{q})\dot{\boldsymbol{q}} + S(\dot{\boldsymbol{q}},\boldsymbol{q})\dot{\boldsymbol{q}} + \boldsymbol{g}(\boldsymbol{q}) = \boldsymbol{u} \tag{31.30}$$

に従う。本項の議論を展開する前に，ここで慣性行列について説明しておこう。定数行列 J_0 は正定対角線行列であって，その第 i 対角線要素 J_{0i} は，第 i アクチュエータのシャフト軸の慣性モーメント I_{0i} に減速機の減速比 k_i の 2 乗倍を表す。すなわち，$J_{0i} = k_i^2 I_{0i}$。今まで用いた慣性行列 $M(\boldsymbol{q})$ は，実は，$M(\boldsymbol{q}) = J_0 + M_0(\boldsymbol{q})$ を表したものであった。ここで，運動方程式 (31.30) を意識下において成された研究の動機づけをまとめておこう。

C$_1$) ロボットの運動方程式は逆転可能である。すなわち，入力を $\boldsymbol{u}$，出力を $\boldsymbol{y} = \dot{\boldsymbol{q}}$（速度ベクトル）と見たとき，これを実現する入力 $\boldsymbol{u}(t)$ が生成できる（計算上）。

C$_2$) ロボットの主要物理パラメータは，例えば手先がもつペイロードの質量は，運動方程式の中で線形的に現れる。

C$_3$) ロボットの運動方程式は，何らかの重力補償を行えば，速度出力 $\boldsymbol{y} = \dot{\boldsymbol{q}}$ に関して受動的である。

C$_4$) 運動エネルギーと位置のエネルギーを合わせた全エネルギーは，リアプノフ関数としての役割を演ずる。また，目標位置 $\boldsymbol{q}_d$ を与え，その位置における重力補償を行った上で線形位置フィードバック $\boldsymbol{u} = -A(\boldsymbol{q} - \boldsymbol{q}_d)$ を与えたときも，人工的にポテンシャル項を加えることにより，リアプノフ関数を構築することができる。

C$_3$) と C$_4$) では，行列 $S(\dot{\boldsymbol{q}},\boldsymbol{q})$ の歪対称性が鍵となったことは前項で述べた通りである。特に，C$_3$) の受動性は手先が拘束を受けるときも成立し，次項で述べる位置と力のハイブリッド制御法の根幹をなす。C$_2$) は 31.4 節で述べるモデルベース適応制御法を導くこととなった。C$_1$) は 1980 年前後に研究成果が発表された計算トルク法の根幹を成していた。

再び式 (31.30) に帰ろう。慣性行列 $M(\boldsymbol{q})$ について，線形部分 J_0 が $M_0(\boldsymbol{q})$ に比べて優越的になると都合が良いことが推察でき，実際に，産業ロボットでは，減速比 $k_i = 100\sim500$ とされる。このような高い減速比

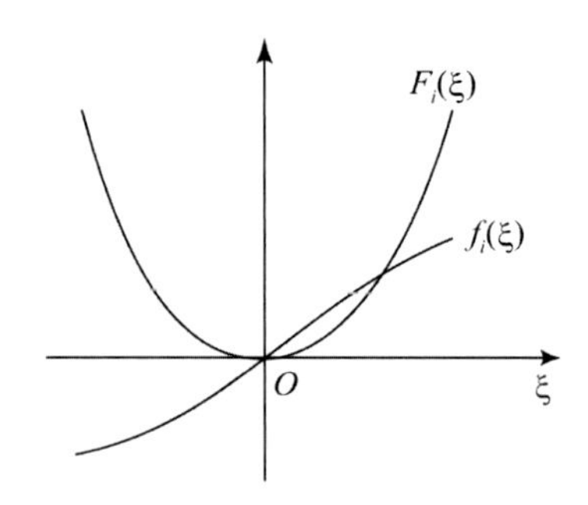

図 31.2　ねじれの復元トルクの特性。f_i は単調増加，F_i は正定である。

を実現するため，ハーモニックドライブが重用されるが，そのとき，回転軸間のトルク伝達が “elastic” になり，ここに柔軟関節問題が意識されるようになった。このとき，ロボット側の運動方程式とモータ側のそれは柔軟関節のねじれの復元力 $f_i(p_i - q_i)$ で結ばれ，全体の力学系は次のように表されよう。

$$\begin{cases} M(\boldsymbol{q})\ddot{\boldsymbol{q}} + \left\{\dfrac{1}{2}\dot{M}(\boldsymbol{q}) + S(\dot{\boldsymbol{q}},\boldsymbol{q})\right\}\dot{\boldsymbol{q}} + \boldsymbol{g}(\boldsymbol{q}) = \boldsymbol{f}(\boldsymbol{p}-\boldsymbol{q}) & (31.31) \\ J_0\ddot{\boldsymbol{p}} + C_0\dot{\boldsymbol{p}} = -\boldsymbol{f}(\boldsymbol{p}-\boldsymbol{q}) + \boldsymbol{u} & (31.32) \end{cases}$$

ここでは，アクチュエータとして直流サーボモータを想定しているので，θ_i を第 i 関節のモータ側の回転角，k_i を減速比とすると，$p_i = k_i^{-1}\theta_i$，$J_{0i} = k_i^2 I_{0i}$，$C_{0i} = k_i^2 B_{0i}$ とし，J_{0i} を対角線成分とする対角行列を J_0，同様に C_0, I_0, B_0 を対角行列とすれば，式 (31.32) は次のように書ける。

$$I_0\ddot{\boldsymbol{\theta}} + B_0\dot{\boldsymbol{\theta}} = -K^{-1}\boldsymbol{f}(K^{-1}\boldsymbol{\theta} - \boldsymbol{q}) + K^{-1}\boldsymbol{u} \tag{31.33}$$

ここに $\boldsymbol{f} = (f_1,\dots,f_n)^\top$，$K = \mathrm{diag}(k_1,\dots,k_n)$ とした。復元力 $f_i(p_i - q_i)$ は，図 31.2 に示すように $f_i(0) = 0$ とする単調増加関数であるはずであり，その積分 $F_i(\eta) = \int_0^\eta f_i(\xi)\mathrm{d}\xi$ はポテンシャルの次元をもつ正定関数となる。全体系 (31.31) と (31.32) は $4n$ 個の状態変数 $(\boldsymbol{q},\boldsymbol{p},\dot{\boldsymbol{q}},\dot{\boldsymbol{p}})$ の力学系と考えられる。そこで，入力 $\boldsymbol{u}$，出力 $\boldsymbol{y} = \dot{\boldsymbol{p}}$ とすると，両者の内積をとって積分した結果は次のように表されることがわかる[5, 6]。

$$\int_0^t \boldsymbol{y}^\top(\tau)\boldsymbol{u}(\tau)\mathrm{d}\tau = E_0(t) - E_0(0) + \int_0^t \dot{\boldsymbol{p}}^\top(\tau)C_0\dot{\boldsymbol{p}}(\tau)\mathrm{d}\tau \geq -E(0) \tag{31.34}$$

ここに E_0 は，次式に示すように，ポテンシャル関数

の定数項を適当にとると，非負定関数となる。

$$E_0 = \frac{1}{2}\{\dot{\boldsymbol{p}}^\top J_0 \dot{\boldsymbol{p}} + \dot{\boldsymbol{q}}^\top M(\boldsymbol{q})\dot{\boldsymbol{q}}\} + U(\boldsymbol{q}) + \sum_{i=1}^{n} F_i(q_i - p_i) \tag{31.35}$$

すなわち，式 (31.31), (31.32) で構成されるシステムは，入出力対 $\{\boldsymbol{u}, \boldsymbol{y} = \dot{\boldsymbol{p}}\}$ について受動的になる。このことは C_3) を満たすことを示しているが，C_1) の逆転可能性は満たしていない。

スカラ型ロボットの水平面内の運動や宇宙ロボットのそれに見られるように，重力項が運動方程式に入らないとき，内界センサからのフィードバックのみで位置決め制御できることを示している。実際，ロボット側の関節位置を $\boldsymbol{q}_d$ とし，$\boldsymbol{p}_d = \boldsymbol{q}_d$ と設定して，内界センサに基づくフィードバック則

$$\boldsymbol{u} = -A_0(\boldsymbol{p} - \boldsymbol{p}_d) - C_1\dot{\boldsymbol{p}} \tag{31.36}$$

を考える。これを式 (31.32) に代入すると，

$$J_0\ddot{\boldsymbol{p}} + C\dot{\boldsymbol{p}} + A_0(\boldsymbol{p} - \boldsymbol{p}_d) = -f(\boldsymbol{p} - \boldsymbol{q}) \tag{31.37}$$

となる。ここに $C = C_0 + C_1$ とした。この式と $\dot{\boldsymbol{p}}$ との内積をとり，式 (31.31) と $\dot{\boldsymbol{q}}$ との内積をとって加え合わせると，次式を得る。

$$\frac{\mathrm{d}}{\mathrm{d}t}E_1 = -\dot{\boldsymbol{p}}^\top C_1 \dot{\boldsymbol{p}} \tag{31.38}$$

ここに，

$$E_1 = \frac{1}{2}\left\{\dot{\boldsymbol{q}}^\top M(\boldsymbol{q})\dot{\boldsymbol{q}} + \dot{\boldsymbol{p}}^\top J_0 \dot{\boldsymbol{p}} + \Delta\boldsymbol{p}^\top A_0 \Delta\boldsymbol{p}\right\} + \sum_{i=1}^{n} F_i(q_i - p_i) \tag{31.39}$$

である。これより，ラ・サールの定理を適用して，$t \to \infty$ のとき $\boldsymbol{p}(t) \to \boldsymbol{p}_d$，$\boldsymbol{q}(t) \to \boldsymbol{q}_d$ かつ $\dot{\boldsymbol{p}}(t) \to 0$，$\dot{\boldsymbol{q}}(t) \to 0$ となることが示せる。ここでも，収束性の速さは示され得ていない。

運動方程式に重力項が存在するならば，ねじれの復元トルク特性 $f_i(\xi)$ が正確に判明しているか，あるいは負荷側の関節角 q_i が外界センサによって実時間測定できていることが必要になる。前者の場合，復元トルク特性 f_i の逆関数を用いて，$\boldsymbol{p}_d$ を

$$\boldsymbol{p}_d = \boldsymbol{q}_d - \boldsymbol{f}^{-1}\{-\boldsymbol{g}(\boldsymbol{q}_d)\} \tag{31.40}$$

とすれば，目標位置への漸近収束性を示すことができる[7]。後者の場合，$\boldsymbol{q}(t)$ を外界センサで実時間測定すれば，$\dot{\boldsymbol{q}}(t)$ は $\Delta\boldsymbol{q}(t)$ を入力とする線形オブザーバで推定できることが Tomei[8] によって示された。そして，線形オブザーバが受動的になるように設計すれば，受動性を満たすロボットの動力学系とフィードバック結合することができ，こうして柔軟関節ロボットの位置決めが可能になることが推察される。解析の詳細はテキストブック[6] の第 2 章にまとめられている。

31.3.5　位置と力のハイブリッド制御

多関節ロボットアームの先端にある手先効果器の先端が，固定された平面にある曲面に拘束されてスライドする場合を想定する（図 31.3 参照）。先端は曲面を押しつけながらスライドしつつ，目標位置と目標の押しつけ力を同時に実現させたい。拘束曲面は，ユークリッド空間上の位置変数ベクトル $\boldsymbol{x} = (x, y, z)^\top$ に関するあるスカラ関数を用いて，$\phi(\boldsymbol{x}) = 0$ と表すことができよう。このとき，ロボットの運動方程式は次のように表される。

$$M(\boldsymbol{q})\ddot{\boldsymbol{q}} + \left\{\frac{1}{2}\dot{M}(\boldsymbol{q}) + S(\dot{\boldsymbol{q}}, \boldsymbol{q})\right\}\dot{\boldsymbol{q}} + \boldsymbol{g}(\boldsymbol{q}) - J_\phi^\top(\boldsymbol{q})f = -C(\boldsymbol{q})\dot{\boldsymbol{q}} - \xi(\|\dot{\boldsymbol{x}}\|)J^\top(\boldsymbol{q})\dot{\boldsymbol{x}} + \boldsymbol{u} \tag{31.41}$$

ここに，左辺の最後の項の係数行列は

$$J_\phi(\boldsymbol{q}) = \left(\frac{\partial\phi}{\partial\boldsymbol{x}}\right)J(\boldsymbol{q})\bigg/\left\|\frac{\partial\phi}{\partial\boldsymbol{x}}\right\| \tag{31.42}$$

と表されるが，ベクトル $(\partial\phi/\partial\boldsymbol{x})/\|\partial\phi/\partial\boldsymbol{x}\|$ は接触点における曲面 $\phi(\boldsymbol{x}) = 0$ の単位法線ベクトルを表し，このベクトルが 3 次元ユークリッド空間に現れる接触力の方向を表す。また，手先先端が拘束曲面を速度ベクトル $\dot{\boldsymbol{x}}$ を伴ってスライドするとき，その反対方向 $-\dot{\boldsymbol{x}}$

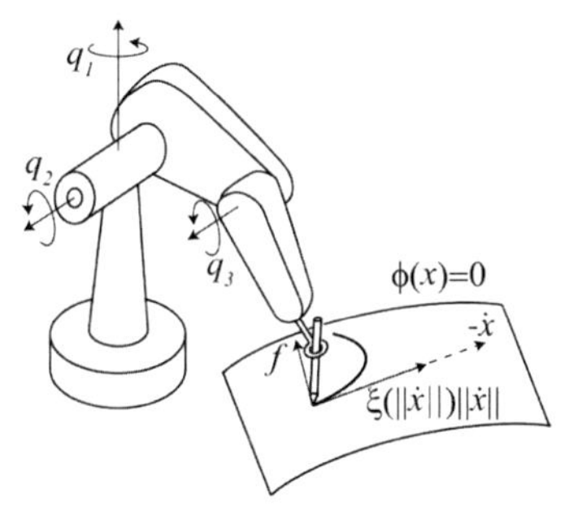

図 31.3　3 関節の書字ロボット

に摩擦力 $\xi(\|\dot{\boldsymbol{x}}\|)\|\dot{\boldsymbol{x}}\|$ が働くものと考えよう。ここに，$\xi(\|\dot{\boldsymbol{x}}\|)$ は速度の大きさ $\|\dot{\boldsymbol{x}}\|$ に依存する粘性摩擦係数に相当する正定スカラ関数とする。運動方程式 (31.41) はラグランジアンを

$$L = K - P + \lambda\phi(\boldsymbol{x}) \tag{31.43}$$

として導かれるが，右辺は，ダランベールの原理のもとに，外力として加えられる二通りの粘性摩擦トルクの項と制御入力トルクの項の総和を表す。なお，式 (31.43) の λ は，数学的にはラグランジュ乗数であるが，明らかに拘束力 f と関係し，実際に，

$$\lambda = f/\|\partial\phi(\boldsymbol{x})/\partial\boldsymbol{x}\| \tag{31.44}$$

となっている。

拘束曲面上の手先位置と力の同時制御を問題として最初に取り上げたのは Raibert and Craig[9] であり，彼等はそのような同時制御をハイブリッド制御と名づけた。そのアイデアを初めて具体化したのは Khatib[10] である。そこでは，力の制御信号と手先位置のフィードバック信号の“直交化条件”が導入されたが，そこには二つの空間（力が直接現れるユークリッド空間と制御入力の入る関節空間）の違いが混同された力学上の“fallacy”が見られることが Duffy[11] によって指摘された。そして 1990 年前後，関節空間におけるラグランジュの運動方程式 (31.41) に基づく次に示すような制御入力信号が，Mills and Goldenberg[12] や McClamroch and Wang[13] によって提案され，定式化された。

$$\boldsymbol{u} = -A\Delta\boldsymbol{q} - C_1\dot{\boldsymbol{q}} + \boldsymbol{g}(\boldsymbol{q}_d) - J_\phi^\top(\boldsymbol{q})f_d \tag{31.45}$$

そして，この制御入力を代入した式 (31.41) の受動性とラ・サールの定理に基づいて，目標位置 $\boldsymbol{q}_d$ と目標の押しつけ力 f_d への同時収束性が示された。

位置と力のハイブリッド制御は，後に，二つのアーム手先が物体に接触し，その接触点を維持したまま協調する問題に拡張された[14]。また，拘束曲面に指定された曲線を追従しながら，指定した押しつけ力を維持する問題にも拡張された[15]。その際，関節空間における力と位置の二つのフィードバック信号間の“直交化条件”が明確に確立された[14, 15]。

参考文献（31.3 節）

[1] Takegaki, M. and Arimoto, S.: A new feedback method for dynamic control of manipulators, *Trans. on ASME, J. Dynamic System, Measurement, and Control*, Vol. 103, No. 2, pp. 119–125 (1981).

[2] 竹垣盛一，有本卓：マニピュレータの作業座標フィードバック制御，『計測自動制御学会論文集』，Vol. 17, No. 5, pp. 582–588 (1981).

[3] LaSalle, J.P.: Some extensions of Liapunov's second method, *IRE Trans. Circuit Theory*, Vol. 7, pp. 520–527 (1960).

[4] Miyazaki, F., Arimoto, S., Takegaki, M., and Maeda, Y.: Sensory feedback based on the artificial potential for robot manipulators, *Proc. 9th IFAC Congress*, Budapest, Hungary, Vol. 08.2/A-1, pp. 27–32 (1984).

[5] 有本卓：『ロボットの力学と制御』，コロナ社 (1990).

[6] Arimoto, S.: *Control Theory of Nonlinear Mechanical Systems; A Passivity-based and Circuit-Theoretic Approach*, Oxford Univ. Press (1996).

[7] Spong, M.W.: Modeling and control of elastic joint robots, *ASME J. Dynamic Systems, Measurement, and Control*, Vol. 109, No. 4, pp. 310–318 (1987).

[8] Nicosia, S. and Tomei, P.: Robot control by using only joint position measurement, *IEEE Trans. on Automatic Control*, Vol. 35, No. 9, pp. 1058–1061 (1990).

[9] Raibert, M.H. and Craig, J.J.: Hybrid position/force control of manipulators, *ASME J. Dynamic Systems, Measurement, and Control*, Vol. 103, No. 2, pp. 126–133 (1981).

[10] Khatib O.: A unified approach for motion and force control of robot manipulators: the operational space formulation, *IEEE Trans. on Robotics and Automation*, Vol. 3, No. 1, pp.43–53 (1987).

[11] Duffy, J.: The fallacy of modern hybrid control theory that is based on ‘orthogonal complements’ of twist and wrench spaces, *J. of Robotics Systems*, Vol. 7, No. 2, pp. 139–144 (1990).

[12] Mills, J.K. and Goldenberg, A.A.: Force and position control of manipulators during constrained motion tasks, *IEEE Trans. on Robotics and Automation*, Vol. 5, No. 1, pp. 30–46 (1989).

[13] McClamroch, N.H. and Wang, D.: Feedback stabilization and tracking of constrained robots, *IEEE Trans. on Automatic Control*, Vol. 33, No. 5, pp. 419–426 (1988).

[14] Arimoto, S.: Joint-space orthogonalization and passivity for physical interpretations of dextrous robot motions under geometric constraints, *Int. J. of Robust and Nonlinear Control*, Vol. 5, No. 4, pp. 269–284 (1995).

[15] Whitcomb, L.L., Arimoto, S., Naniwa, T. and Ozaki, F.: Adaptive model-based hybrid control of geometrically constrained robot arms, *IEEE Trans. on Robotics and Automation*, Vol. 13, No. 1, pp. 105–116 (1997).

31.4　ロボットの適応制御と学習制御

ロボット学会が創立された 1983 年，制御工学の研究

者もロボット制御に大いに関心をもち，学会に馳せ参じた。当初は，完成の域に達しつつあった線形システム理論や適応制御法が，すぐにロボットに応用できるのでは，という思いがあった。しかし，ロボットアームの動力学系は非線形であり，線形システムを対象に理論展開していた制御理論は，単純に非線形系へ拡張する訳にはいかなかった。幸いに，適応制御の方法論は，システム方程式のパラメータ変動を調節するために開発されたので，ロボット制御への拡張は有望そうだと見られていた。そして，数年の試行錯誤を経て，1980年代後半に入り，ロボットアームを特徴づける重要な性質として，その動力学系が基底パラメータとリグレッサ（回帰子）の積和によって表されることが研究者の共通の認識となり，ロボット特有の適応制御方式が完成した。その研究発展の歴史は6.3.5項に詳しいので，ここでは省く。

学習制御の方は，ロボット制御の研究動機から生まれた。国際的には，それはILC（Iterative Learning Control）と呼ばれるようになり，制御理論への一分野へと発展した。当初の学習制御には，各試行毎に，目標軌道と測定値の偏差の微分値に基づく修正法が提案され，収束性の証明には，微分方程式の解の逐次近似構成法（ピカールの方法）が適用されていた。後に，対象系の入出力特性が受動性を満たしていれば，出力偏差の微分は必要ないことが示された。これらの歴史的背景は，6.3.6項に詳述されている。

本章を執筆している2017年，“学習”と言えばAIの“深層学習”としか思えないほど，それは人口に膾炙している。コンピュータは，計算能力が飛躍的に強化され，天文学的数字のビット数のメモリを備えだした。目標が“勝ち”か“負け”の将棋や囲碁の世界では，ソフトウェアを工夫して自らが何百万，何千万回の勝負を短時間で試みることができる。その莫大な勝負のデータを知的データ処理すれば，それは名人をはるかに凌駕し得るはずだ，と思えてくる。

同じ2017年，一般家庭にいわゆる“コミュニケーションロボット”が入る様を見て，近未来（2020年前後）にはロボットヘルパーが登場するだろう，と予想する記事が現れだした。しかし，現実の日々変化する家庭の環境下で多種多様な物品と道具に触れつつ，それぞれ相違する目的をもって動作し，現実的な要求に適う仕事を試行するとして，このような多量の動作データの積み重ねと学習には“膨大”な物理時間（コンピュータ時間ではない）を要する。ロボットが多種多様な仕事にそれぞれの“巧みさ”をもって遂行できるか，それは人工知能の未解決問題なのである。

31.4.1 実時間適応制御方式

マニピュレータの適応制御法を理論的にすっきりとした形式で提示したのは，1987年，Slotine and Li[1]の論文である。その方法では，制御入力の構成に角加速度の実測値を必要としない点が計算トルク法よりも優れていたが，計算量そのものは計算トルク法と同等であった。軌道追従性は数学的に保証されはしたが，与えた運動軌道に追いつく速さについては不透明であった。そして1990年，Sadegh and Horowitz[2]はSlotine and Liのアイデアに則しながらも，リグレッサの中の変数の取り方を変更し，実時間適応法と呼ぶ方式を提案した。そこでは，制御入力は

$$\boldsymbol{u} = -A_1\Delta\boldsymbol{q} - C_1\boldsymbol{z} + Y(\boldsymbol{q}, \dot{\boldsymbol{q}}, \boldsymbol{q}_r, \dot{\boldsymbol{q}}_r)\hat{\boldsymbol{\Theta}} \tag{31.46}$$

としている。ここに，

$$\boldsymbol{q}_r = \dot{\boldsymbol{q}}_d - \gamma\Delta\boldsymbol{q}, \quad \boldsymbol{z} = \dot{\boldsymbol{q}} - \boldsymbol{q}_r = \Delta\dot{\boldsymbol{q}} + \gamma\Delta\boldsymbol{q} \tag{31.47}$$

であり，$\dot{\boldsymbol{q}}_d$ は与えた角速度軌道，$\Delta\boldsymbol{q} = \boldsymbol{q} - \boldsymbol{q}_d$，$\boldsymbol{q}_d$ は与えた関節角軌道，$Y(\boldsymbol{q}, \dot{\boldsymbol{q}}, \boldsymbol{q}_r, \dot{\boldsymbol{q}}_r)$ がリグレッサ，$\hat{\boldsymbol{\Theta}}$ は基底パラメータのベクトルである。ここで，$\bar{Y}$ を

$$\bar{Y}(\boldsymbol{q}, \dot{\boldsymbol{q}}, \boldsymbol{z}, \dot{\boldsymbol{z}})\boldsymbol{\Theta} = M(\boldsymbol{q})\dot{\boldsymbol{z}} + \left\{C_0 + \frac{1}{2}\dot{M}(\boldsymbol{q}) + S(\dot{\boldsymbol{q}}, \boldsymbol{q})\right\}\boldsymbol{z} \tag{31.48}$$

と置くと，式(31.46)をラグランジュの運動方程式

$$M(\boldsymbol{q})\ddot{\boldsymbol{q}} + \left\{\frac{1}{2}\dot{M}(\boldsymbol{q}) + S(\dot{\boldsymbol{q}}, \boldsymbol{q}) + C_0\right\}\dot{\boldsymbol{q}} + \boldsymbol{g}(\boldsymbol{q}) = Y(\boldsymbol{q}, \dot{\boldsymbol{q}}, \dot{\boldsymbol{q}}, \ddot{\boldsymbol{q}})\boldsymbol{\Theta} = \boldsymbol{u} \tag{31.49}$$

に代入した式は

$$\bar{Y}(\boldsymbol{q}, \dot{\boldsymbol{q}}, \boldsymbol{z}, \dot{\boldsymbol{z}})\boldsymbol{\Theta} - Y(\boldsymbol{q}, \dot{\boldsymbol{q}}, \boldsymbol{q}_r, \dot{\boldsymbol{q}}_r)\Delta\boldsymbol{\Theta} + A_1\Delta\boldsymbol{q} = \boldsymbol{0} \tag{31.50}$$

となる。ここに $\Delta\boldsymbol{\Theta} = \hat{\boldsymbol{\Theta}} - \boldsymbol{\Theta}$ であり，基底パラメータの推定値 $\hat{\boldsymbol{\Theta}}$ の更新式は次のように与えることとする。

$$\hat{\boldsymbol{\Theta}}(t) = \hat{\boldsymbol{\Theta}}(0) - \int_0^t \Gamma^{-1} Y^{\top}(\boldsymbol{q}(\tau), \dot{\boldsymbol{q}}(\tau), \boldsymbol{q}_r(\tau), \dot{\boldsymbol{q}}_r(\tau))\boldsymbol{z}(\tau)\mathrm{d}\tau \tag{31.51}$$

式 (31.50) と $\boldsymbol{z}$ との内積を取ると次式を得る。

$$\frac{\mathrm{d}}{\mathrm{d}t}\left\{V_0(\boldsymbol{z},\Delta\boldsymbol{q})+\frac{1}{2}\Delta\boldsymbol{\Theta}^\top\Gamma\Delta\boldsymbol{\Theta}\right\}=-W_0(\boldsymbol{z},\Delta\boldsymbol{q}) \tag{31.52}$$

ここに，Γ は適当な正定行列，V_0, W_0 は次のような $\boldsymbol{z}$ と $\Delta\boldsymbol{q}$ に関する正定関数である。

$$\begin{cases} V_0(\boldsymbol{z},\Delta\boldsymbol{q})=\dfrac{1}{2}\boldsymbol{z}^\top M(\boldsymbol{q})\boldsymbol{z}+\dfrac{1}{2}\Delta\boldsymbol{q}^\top A_1\Delta\boldsymbol{q} & (31.53)\\ W_0(\boldsymbol{z},\Delta\boldsymbol{q})=\boldsymbol{z}^\top C\boldsymbol{z}+\gamma\Delta\boldsymbol{q}^\top A_1\Delta\boldsymbol{q} & (31.54)\end{cases}$$

ここに，$C=C_0+C_1$ と置いたが，考えている運動方程式では，粘性摩擦が角速度に比例すると仮定されていることに注意。

式 (31.52) から，基底パラメータの推定量 $\hat{\boldsymbol{\Theta}}$ が真値 $\boldsymbol{\Theta}$ に十分に収束した時点からは，式 (31.53) と式 (31.54) の 2 次形式の形から，ある $\varepsilon>0$ がありえて，$\boldsymbol{z}(t)$ と $\Delta\boldsymbol{q}(t)$ はともに指数関数 $e^{-\varepsilon t}$ のオーダで 0 に収束することがわかる。Slotine and Li の制御入力のリグレッサは $Y(\boldsymbol{q}_d,\dot{\boldsymbol{q}}_d,\dot{\boldsymbol{q}}_d,\ddot{\boldsymbol{q}}_d)$ であったが，Sadegh and Horowitz のそれは $Y(\boldsymbol{q},\dot{\boldsymbol{q}},\boldsymbol{q}_r,\dot{\boldsymbol{q}}_r)$ となり，ここに実時間測定値を用いたことで，収束性の著しい改善が見られることとなった。

31.4.2　適応制御方式に基づく重力補償法

前節で述べた実時間適応制御法にしても，オリジナルの Slotine and Li の適応制御法にしても，自由度を大きくした多関節ロボットでは，実用的に使われることはほとんどなかった。実際，自由度 $n=6$〜7 となると，基底パラメータの選定は極めて困難になるとともに，制御入力 $Y\hat{\boldsymbol{\Theta}}$ の計算法の複雑性は計算トルク法のそれと同等だったからである。

垂直多関節ロボットの姿勢制御には，重力補償は必要不可欠であった。しかしながら，手先負荷の質量が未知のとき，重力項 $\boldsymbol{g}(\boldsymbol{q})$ や $\boldsymbol{g}(\boldsymbol{q}_d)$ は計算不能であった。そこで考え出されたのが，重力項のみに関係する基底と対応するリグレッサを用いる方法である。両者はともに非常に簡単になるはずである。1993 年，Kelly[3] は，目標姿勢を $\boldsymbol{q}_d$ とした PD フィードバック信号に重力推定項を重ね合わせた方法

$$\begin{cases} \boldsymbol{u}=-C_1\dot{\boldsymbol{q}}-A\Delta\boldsymbol{q}+Y(\boldsymbol{q}_d)\hat{\boldsymbol{\Theta}} & (31.55)\\ \hat{\Theta}(t)=\hat{\Theta}(0)-\displaystyle\int_0^t\Gamma^{-1}Y^\top(\boldsymbol{q}_d)\dot{\boldsymbol{q}}(\tau)\mathrm{d}\tau & (31.56)\end{cases}$$

を提案した。ここに $Y(\boldsymbol{q}_d)$ は目標姿勢 $\boldsymbol{q}_d$ に関係する重力項のみのリグレッサであり，$\hat{\boldsymbol{\Theta}}$ は重力項のみに関係する基底パラメータの推定量である。これをラグランジュの運動方程式 (31.30) に代入すると，式 (31.21) と同様に，式

$$M(\boldsymbol{q})\ddot{\boldsymbol{q}}+\left\{\frac{1}{2}\dot{M}(\boldsymbol{q})+S(\dot{\boldsymbol{q}},\boldsymbol{q})\right\}\dot{\boldsymbol{q}}+C(\boldsymbol{q})\dot{\boldsymbol{q}}$$
$$+A\Delta\boldsymbol{q}+\boldsymbol{g}(\boldsymbol{q})-\boldsymbol{g}(\boldsymbol{q}_d)+Y(\boldsymbol{q}_d)(\boldsymbol{\Theta}-\hat{\boldsymbol{\Theta}})=\boldsymbol{0} \tag{31.57}$$

が成立する。この式と $\dot{\boldsymbol{q}}$ との内積をとると，次式が成立する。

$$\frac{\mathrm{d}}{\mathrm{d}t}\left\{E(\dot{\boldsymbol{q}},\boldsymbol{q})+\frac{1}{2}\Delta\boldsymbol{\Theta}^\top\Gamma\Delta\boldsymbol{\Theta}\right\}=-\dot{\boldsymbol{q}}^\top C(\boldsymbol{q})\dot{\boldsymbol{q}} \tag{31.58}$$

ここに $\Delta\boldsymbol{\Theta}=\hat{\boldsymbol{\Theta}}-\boldsymbol{\Theta}$ であり，E は式 (31.11) に示された全エネルギーを表す。この結果，$t\to\infty$ のとき $\boldsymbol{q}(t)\to\boldsymbol{q}_d$ かつ $\dot{\boldsymbol{q}}(t)\to\boldsymbol{0}$ となることが示せる。しかし，重力項に限定した基底パラメータの推定量 $\hat{\boldsymbol{\Theta}}$ についても，真値 $\boldsymbol{\Theta}$ に収束するかどうか，式 (31.58) だけからでは保証できない。この推定量に関する収束性の問題は等閑視される向きもあったが，唯一 Arimoto[4] のテキストブックの p. 130〜131 にこの問題が論じられている。

31.4.3　繰返し学習制御

繰返し学習制御の研究史は Arimoto, Kawamura, and Miyazaki[5] の 1984 年の論文に始まる。対応する日本語の論文[6] は，1985 年の SICE 論文集に収載された。前者の論文では，6.3.6 項で述べられているような学習制御の “axiomatic” な枠組みが提案され，やがてこの枠組みに沿った研究が国際的に広がり，この分野は制御理論の世界で ILC (Iterative Learning Control) 理論と呼ばれた。当初は，D 型学習制御のみが議論され，ロボット制御の分野よりも，それはむしろ制御理論プロパーの研究者の間に広がった。その理由は，制御則の簡明さにあるばかりでなく，収束性の十分条件が明確な形で与えられること，証明が簡明かつ直接的であること等々，であった。実際，線形システム理論で取り扱う典型モデル

$$\dot{\boldsymbol{x}}=A\boldsymbol{x}+B\boldsymbol{u},\quad \boldsymbol{y}=C\boldsymbol{x} \tag{31.59}$$

に基づくと，学習則は

$$\boldsymbol{u}_{k+1}=\boldsymbol{u}_k-\Gamma\Delta\dot{\boldsymbol{y}}_k \tag{31.60}$$

と構成された。ただし，ここでは入力 $\boldsymbol{u}$ と出力 $\boldsymbol{y}$ は同

じ次元 r をもつとし，$\Delta \boldsymbol{y}_k = \boldsymbol{y}_k - \boldsymbol{y}_d$，$\boldsymbol{y}_d$ は与えられた理想の出力軌道とする。そして，試行回数 k の増加とともに，$\boldsymbol{y}_k(t) \to \boldsymbol{y}_d(t)$ となるための十分条件として不等式

$$\|I_r - CB\Gamma\| < 1 \tag{31.61}$$

が示された。ここに $\mathrm{rank}(CB) = r$ とし，一般に行列 $G = (g_{ij})$ のノルムを

$$\|G\| = \max_i \sum_{j=1}^{r} |g_{ij}| \tag{31.62}$$

とした。つまり，式 (31.60) の学習則を組み，試行回数を上げていけば，$\boldsymbol{y}_k(t)$ は $\boldsymbol{y}_d(t)$ に一様収束することが示された。この学習法は，理想の出力 $\boldsymbol{y}_d(t), t \in [0, T]$ は与えられているとしているので，教師つき学習の一つであるが，何らの報酬やその他の強化策も与えられていないことに留意する必要があろう。興味あることに，このD型学習制御は，1990年代に入ると，ビデオカメラ撮影の手ぶれ防止や，防音装置への組み込み等々，多くの応用が見られた。

多関節マニピュレータの学習制御についても，出力 $\boldsymbol{y}$ を $\boldsymbol{y} = \dot{\boldsymbol{q}}$ ととれば，式 (31.60) のD型学習制御則の収束性の十分条件は

$$\|I_n - \Gamma(J_0 + M(\boldsymbol{q}))^{-1}\| \le \rho < 1 \tag{31.63}$$

と与えられた。ここに，n はマニピュレータの自由度とし，I_n は $n \times n$ の単位行列，ρ はある1より小さい定数である。

D型学習制御に関する詳細な解析は有本のテキストブック[7]の旧版（1990年初版）にあるが，新版（2002年）には収載されていない。P型やPI型の学習制御では，受動性が主役を演じるのであるが，詳細は6.3.6項にあるので，ここでは割愛する。

1984年の論文[5]が出版された同じ頃，周期的運動に関する学習制御として，“Repetitive Control”がCraig[8]によって提案されたが，簡明な収束条件が示されることはなく，やがてP型学習制御則はそっくりそのまま“Periodic or Repetitive Control”に適用できることが判り，ILC理論の中に“Repetitive Control”も組み込まれるようになっている。

参考文献（31.4節）

[1] Slotine, J.J.E. and Li, W.: On the adaptive control of robot manipulators, *Int. J. of Robotics Research*, Vol. 6, No. 3, pp. 49–59 (1987).

[2] Sadegh, N. and Horowitz, R.: Stability and robustness analysis of a class of adaptive controllers for robotic manipulators, *Int. J. of Robotics Research*, Vol. 9, No. 3, pp. 74–92 (1990).

[3] Kelly, R.: Comments on ‘Adaptive PD controller for robot manipulators’, *IEEE Trans. on Robotics and Automation*, Vol. 9, No. 1, pp. 117–119 (1993).

[4] Arimoto, S.: *Control Theory of Non-linear Mechanical Systems; A Passivity-based and Circuit-Theoretic Approach*, Oxford Univ. Press (1996).

[5] Arimoto, S., Kawamura, S., and Miyazaki, F.: Bettering operation of robots by learning, *J. of Robotic Systems*, Vol. 1, No. 2, pp. 123–140 (1984).

[6] 川村貞夫，宮崎文夫，有本卓：学習制御方式のシステム論的考察，『計測自動制御学会論文集』，Vol. 21, No. 5, pp. 445–450 (1985).

[7] 有本卓：『ロボットの力学と制御』，朝倉書店 (1990).

[8] Craig, J.J., Hsu, P., and Sastry, S.S.: Adaptive control of mechanical manipulators, *The Int. J. of Robotics Research*, Vol. 6, No. 2, pp. 16–28 (1987).

31.5 冗長多関節ロボット制御とベルンシュタイン問題

人の腕の関節は，手指の関節の自由度を除いても，7自由度ある。肩の自由度は3，肘は1，手首は3，合計7である。ボールペンを握った手指の姿勢は崩さないまま，ペン先を指定した位置（3次元空間の1点）にもっていく腕の運動を考えると，目標位置が3次元の点でかつ腕の自由度が7なので，自由度は4ほど余る。この余った冗長自由度を使えば，手でしっかり持ったペンの姿勢も指定することができるが，それでも自由度は1ほど余る。

身体を使って種々の作業を行うときの巧みさや器用さが，関与する関節の冗長性からもたらされるのではないか，と最初に気づき，運動生理学に立脚して論じたのはN. Bernstein[1,2]である。身体運動の巧みさの源泉が冗長関節にあることは，ベルンシュタインの他にも，幼児の発達心理学の分野でも数多くの実験と観察が行われ，報告されている[3]。しかし，巧みさが，なぜ，冗長多関節から生まれるか，その力学的かつ数学的根拠は明らかにされてこなかった。

ロボット制御の立場からは，冗長多関節問題（これは，一般には，冗長自由度問題あるいは単にベルンシュタイン問題と言われる）は逆運動学の不良設定性をもたらす困った問題として扱われ，長い間，正面から向

きあってこなかった。ただ，向きを変えて，ロボットに冗長関節をもたせると，冗長自由度を使って障害物を回避できるのではないか，等々，ロボットプランニングの研究に終始していた。

冗長自由度問題がロボット制御の立場から理論的かつ実験的に扱われるようになったのは，21 世紀に入ってからである。2005 年，筆者らのグループは一連の論文[4, 5] を発表したが，筆者らはこれらの成果を著作[6] にまとめている。ここでは，その後，到達運動に関する改良した制御法の性能評価の研究や，手指ロボットによる物体把持（これも冗長自由度問題になる）の研究の歴史をまとめておく。

31.5.1　手先到達運動の制御法

冗長関節をもつロボットアームの手先到達運動を考えてみよう（図 31.4 参照）。手先の位置は 3 次元のユークリッド空間の位置ベクトル $\boldsymbol{x} = (x, y, z)^\top$ で表し，目標位置を $\boldsymbol{x}_d = (x_d, y_d, z_d)^\top$ で表しておこう。ロボットの姿勢を表す関節ベクトルを $\boldsymbol{q} = (q_1, \ldots, q_n)^\top$ で記すことにすれば，手先位置は順運動学に基づく関数 $\boldsymbol{x} = \boldsymbol{f}(\boldsymbol{q})$ によって自然に決まる。しかし，$n > 3$ のとき，手先目標位置 $\boldsymbol{x}_d$ を満たす姿勢 $\boldsymbol{q}_d$ は無数に存在し，逆関数 $\boldsymbol{f}^{-1}(\boldsymbol{x}_d)$ を定めることは不可能になる。このことから，冗長関節ロボットでは，逆運動学は考えようがない，つまり，不良設定であるといわれる。それにもかかわらず，人は幼児でも，2, 3 歳頃になると，冗長自由度をもつ手腕を伸ばして，目標物に触れ，把持できるようになる。

1990 年前後，幼児のリーチング運動能力の獲得に関する学習モデルについて，二つの学説が対立し，論争が続いていた。一つはリーチングの学習プロセスで小脳の神経ネットワークに逆動力学モデルが構築されるのではないか，という仮説である[7, 8]。もう一つは，MIT 学派の唱えた仮想バネ仮説である。前者は，日本の脳生理学の研究者と ATR の川人光男[9] 氏のグループによって提唱されていた。この二つの仮説の対立と論争に結着をつける糸口が，31.3.2 項で述べた作業座標 PD フィードバックを再吟味することから見えてくると思い至っていた。ここで，作業座標フィードバックの式 (31.12) を改めて

$$\boldsymbol{u} = -J^\top(\boldsymbol{q})\{\zeta\sqrt{k}\dot{\boldsymbol{x}} + k\Delta\boldsymbol{x}\} - C_1\dot{\boldsymbol{q}} + \boldsymbol{g}(\boldsymbol{q}) \quad (31.64)$$

と書いておこう。右辺第 1 項のヤコビアン行列 $J(\boldsymbol{q})$ の第 i 番目の縦ベクトルを $\boldsymbol{J}_i(\boldsymbol{q})$ で表せば，式

$$-\boldsymbol{J}_i^\top(\boldsymbol{q})k\Delta\boldsymbol{x} = \|\boldsymbol{r}_i \times (-k\Delta\boldsymbol{x})\| \quad (31.65)$$

が成立していることが判るのである（図 31.5 参照）。つまり，$-k\Delta\boldsymbol{x}$ を $-\Delta\boldsymbol{x}$ の方向にバネ定数 k をもって働くバネの復元力と見なせば，$(\boldsymbol{r}_i \times (-k\Delta\boldsymbol{x}))$ は第 i 関節のまわりで $\boldsymbol{r}_i$ をモーメントアームとして，その先端で数量 $\|k\Delta\boldsymbol{x}\|\sin\varphi_i$ の大きさの力が作用したときの関節トルクに等しいことがわかる。言い換えると，ベクトル $-J^\top(\boldsymbol{q})k\Delta\boldsymbol{x}$ は，図 31.5 に示すように，仮想バネが $-\Delta\boldsymbol{x}$ 方向に働いているようなトルク入力を関節に与えていることになる。ここに，$\boldsymbol{r}_i$ は第 i 関節の位置ベクトル，φ_i は $\Delta\boldsymbol{x}$ と $\boldsymbol{r}_i$ の二つのベクトルが成す角である。ここでは，さらに式 (31.64) に示すように速度フィードバック $-J^\top(\boldsymbol{q})\zeta\sqrt{k}\dot{\boldsymbol{x}}$ の項を加えているので，式 (31.64) の制御入力設計法を“仮想バネ・ダンパ仮説”と呼んだ[10, 11]。

仮想バネ・ダンパ仮説に基づく制御によって，手先到達運動がほぼ予想通り実現できることが，理論的かつ実験的に示されたのは 2006 年であった[10–12]。ただし，そこでは暗黙のうちに，アームの自由度は $n = 4$〜5 であることを想定していた。冗長自由度の利点に関するベルンシュタインの観察によっても，余す自由度は高々 1〜3 であることが望ましい，とされていた。また，理論的な証明では，運動中にはヤコビアン行列 $J(\boldsymbol{q})$ のランク落ちが起こらないことが仮定されていた。このことは，関節冗長でない場合 $(n = 3)$ の作業座標フィードバックについても暗黙のうちに仮定されていた。実は，ヤコビアン行列のランク落ちに関する耐性には，冗長関節ロボットの方が有利であり，このことが巧みさをもたらす要因の一つであると考えられる。実際，ヤコビアン行列 $J(\boldsymbol{q})$ の縦ベクトルのうち 2 つが線形独

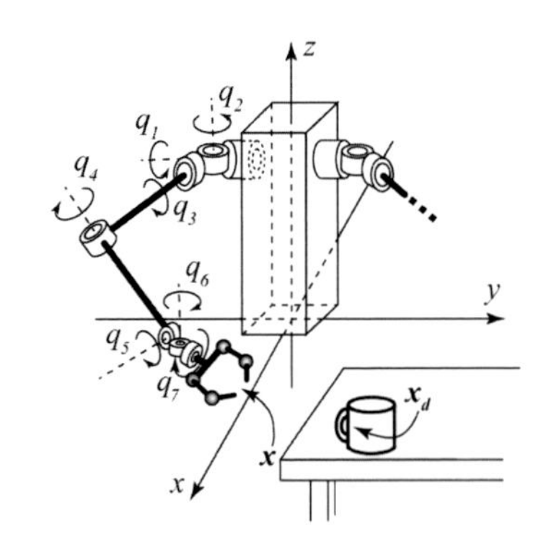

図 31.4　冗長関節アームの手先到達運動

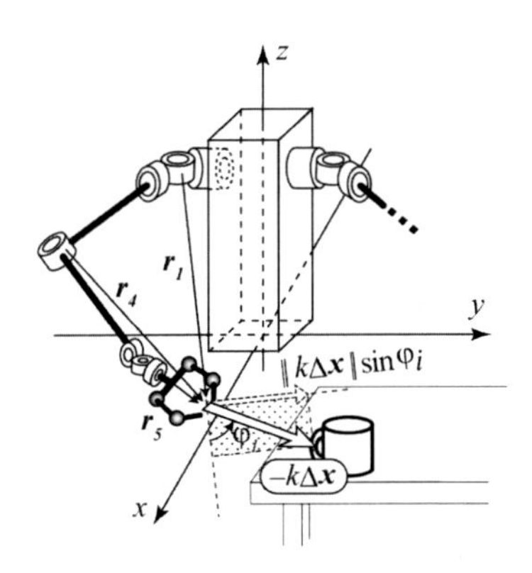

図 31.5 ヤコビアン行列の力学構造

立でない場合でも，冗長関節ロボット ($n > 3$) ではランク落ちは起こらないが，そうでない場合 ($n = 3$) にはランク落ちが起こってしまう。

ベルンシュタイン問題の不良設定性について，その解消に取り組んだ数学者もあったようであるが，筆者の知る限り，目立った成果は得られていないようである。制御理論分野からの取組みもほとんど見られなかった。その原因の一つは，逆運動学の不良設定性は，とりも直さず，動力学系が手先位置と速度の測定出力から見て可観測にならないことであった。可観測でない物理量に基づくフィードバックによっても制御可能になるのではないか，という発想は出てこなかったのであろう。

人の手先到達運動に関する実験的観察と，運動ニューロンの発火がもたらす筋力生成の運動生理学的特性から，仮想バネのバネ係数は，一定であるよりも，時変ではないか，と仮説されてもいた[13]。このことは，制御入力として，式

$$\boldsymbol{u} = -J^{\top}(\boldsymbol{q})\{\zeta\sqrt{k}\dot{\boldsymbol{x}} + k\Gamma(t)\Delta\boldsymbol{x}\} - C_1\dot{\boldsymbol{q}} + \boldsymbol{g}(\boldsymbol{q}) \tag{31.66}$$

が想定される。著書[6] では，確率密度関数の一つであるガンマ密度関数 $\gamma(t)$ を用いて，

$$\frac{\mathrm{d}}{\mathrm{d}t}\Gamma(t) = \gamma(t) = \frac{\alpha^3}{2}t^2 e^{-\alpha t}, \quad t \geq 0 \tag{31.67}$$

とし，時変バネ係数を $k\Gamma(t)$ としたときのいくらかのシミュレーションが試みられている。時変バネ係数の採用が目標値への収束を早めることにつながるか，その理論は現時点の研究テーマでもあるので，次節（31.6 節）で検討する。また，仮想ダンパを導入する必要性についても，合わせて次章で検討する。

31.5.2 手先拘束のある冗長関節ロボットの制御

手先が 3 次元ユークリッド空間にある 2 次元曲面 $\phi(\boldsymbol{x}) = 0$ の上をなぞりつつ，目標位置 $\boldsymbol{x}_d = (x_d, y_d, z_d)^{\top}$ に到達させ，かつ，押しつけ力を目標値 f_d に達成せしめる制御問題を考察してみる（図 31.6 参照)。多関節アームの自由度 n は 4 以上とするが，1 つのホロノミック拘束があるので全体系の自由度は $n-1$ となる。したがって，もともと $n = 4$ であれば，すなわち，図 31.6 の書字ロボットは冗長自由度系である。この場合，制御入力に式 (31.45) を採用することはできない（逆運動学が不良設定なので)。そこで，式 (31.64) を見習って，制御入力を

$$\boldsymbol{u} = -J^{\top}(\boldsymbol{q})\{\zeta\sqrt{k}\dot{\boldsymbol{x}} + k\Delta\boldsymbol{x}\} - C_1\dot{\boldsymbol{q}} + \boldsymbol{g}(\boldsymbol{q}) - J_{\phi}^{\top}(\boldsymbol{q})f_d \tag{31.68}$$

と設計すればよいと思われる。ここに，$\boldsymbol{q}$, $\dot{\boldsymbol{q}}$, $\boldsymbol{x}$, $\dot{\boldsymbol{x}}$ は実時間測定されているとする。

制御方式 (31.68) を運動方程式 (31.41) に代入した閉ループ運動方程式について，解の収束性，すなわち，$t \to \infty$ のとき

$$\boldsymbol{x}(t) \xrightarrow{[\mathrm{m}]} \boldsymbol{x}_d, \quad f(t) \xrightarrow{[\mathrm{N}]} f_d, \quad \dot{\boldsymbol{q}}(t) \xrightarrow{[1/\mathrm{s}]} \boldsymbol{0}$$

となり，かつ，ロボットの姿勢を表す $\boldsymbol{q}(t)$ は $\phi(\boldsymbol{x}(\boldsymbol{q})) = 0$ を満足しつつある姿勢 $\boldsymbol{q}_{\infty}$（予めわかってはいないが）に漸近収束することを示さねばならない。ここには，変数の物理単位の相違に配慮したきめ細かい議論が必要なはずである。

実は，前項の冗長関節ロボットの手先到達の制御問題においても，収束性の概念そのものを定義し直し，拡張させねばならず，“多様体上の安定性”という概念

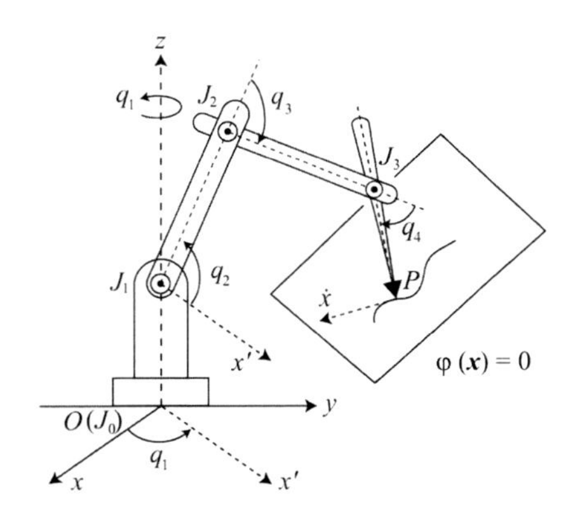

図 31.6 4 関節の書字ロボット

を導入した[14]。そのために変数の背景にある物理単位を無視して，リアプノフ流の安定論にもちこむために，すべての変数を強引に数空間上に置いた議論を展開したことからくる不自然さが残っていた。

新展開はリーマン幾何学から生まれた。関節変数ベクトル $\boldsymbol{q}$ の全体が作る姿勢空間は，実は，n 次元トーラスとみなせる。そこに慣性行列が作るリーマン測度が自然に導入できる。かくして，姿勢空間は距離空間になり，近傍概念や収束性の議論はリーマン距離に基づいて，自然に議論できるようになるはずである。こうして，冗長関節ロボットに関する制御法の収束性については，書き改めねばならないことになったが，詳細は 31.6.5 項で述べることになる。

31.5.3　冗長多関節ロボット指による任意形状物体の安定把持

人の手は冗長関節をもつ 5 本の指からなる。拇指と人差指だけを用いた物体把持（ピンチング動作，図 31.7 参照）についても，ベルンシュタイン問題が本質的にかかわっている。問題の本質を捉えるために，2 次元平面に運動が限定された“2D grasping”を考察してみよう。例えば，図 31.8 に示すように，2 次元水平面内で 2 次元剛体対象物を自由度 3 と 2 の 2 本のロボット指で安定把持する場合，全体の動力学系の自由度は合計 7 となるが，対象物体の両端と指との接触を維持していることで 2 つの幾何拘束が生じており，したがって全システムの自由度は 5 となる。恐らく，運動が 2 次元水平面内に限定されているので，安定把持に必要な全システムの自由度数は 2 であろう。しかし，その 2 本のロボット指がともに単一関節しか持たないならば，巧みさは限定され，安定把持できる物体の形状や大きさ，その置かれ方，等々は相当に制限されるだろう。しからば，図 31.8 に示すように，冗長多関節指を構成し，ある曲率をもたせたフラットでない指先形状をもたせたとして，どんな形状の対象物まで安定把持は可能であろうか。この“2D grasping”に限ってではあるが，一般的な数学的かつ力学的枠組みのもとで，安定把持を可能にする制御入力の設計問題は，現今，ほぼ解明されつつあるが，安定性の証明には，リーマン多様体の考え方を持ち込む必要があったので，詳細は次節にゆずる。

歴史的には，2D grasping の問題は，Arimoto の日常物理学に関する論説[15] によって提起され，研究の実質的発展は K. Tahara, P.T.A. Nguyen, M. Yosida[16–19] 等の立命館大学の博士課程の大学院生によって担われた。その初期の頃（2002 年まで）の研究成果の詳細は著書[20] の第 8 章に詳しいので，省略する。

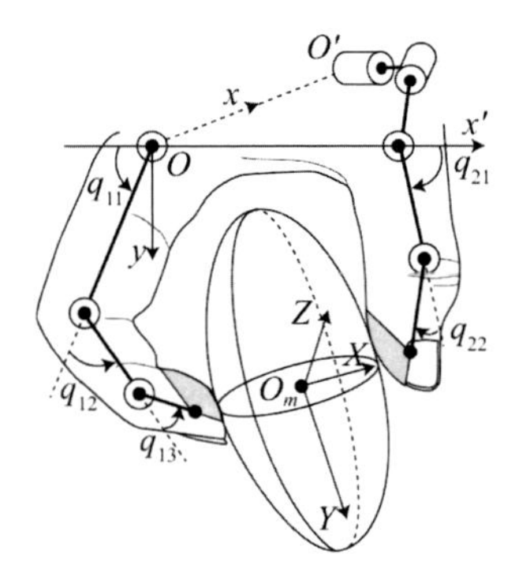

図 31.7　拇指対向に基づく 3 次元物体のピンチング

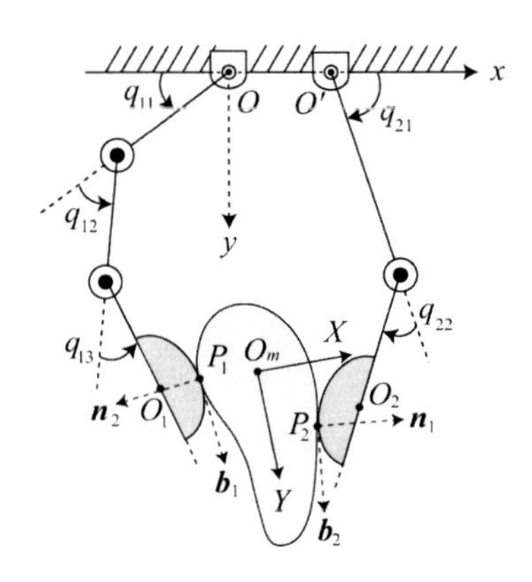

図 31.8　2 次元ロボット指による 2 次元物体の把持

31.5.4　冗長多関節ロボットアームの入出力特性（強正実性の拡張と最適レギュレーション）

再び冗長多関節ロボットアームの手先到達運動について，手先位置と速度からの PD フィードバックの係数を決める設計法を考えてみよう。31.5.1 項では，式 (31.64) によって手先位置偏差のフィードバック“$k\Delta\boldsymbol{x}$”と速度フィードバック“$\zeta\sqrt{k}\dot{\boldsymbol{x}}$”の線形結合を天下り的に与えていた。ここでは，何らかの設計法に基づいて位置偏差“$k\Delta\boldsymbol{x}$”がまず決められたとして，新たに手先制御入力 $\boldsymbol{v}$ [N] を用いて関節トルク制御 $\boldsymbol{u}$ [Nm] を

$$\boldsymbol{u} = -J^{\top}(\boldsymbol{q})\{k\Delta\boldsymbol{x} - \boldsymbol{v}\} - C_1\dot{\boldsymbol{q}} + \boldsymbol{g}(\boldsymbol{q}) \qquad (31.69)$$

と定めることにしよう。そして，外界センサによって手先速度

$$y = \dot{x} \ (= J(q)\dot{q}) \tag{31.70}$$

が測定できるとして，入出力とシステムの状態変数に関する動作規範

$$I[q(0); v(t), t \in (0, t_1)] = E(q(t_1), \dot{q}(t_1); \Delta x(t_1)) + \int_0^{t_1} \{\dot{q}^\top C\dot{q} + \frac{c}{2}\|y\|^2 + \frac{c^{-1}}{2}\|v\|^2\} dt \tag{31.71}$$

を最小にする最適レギュレータ問題を考えよう。制御トルク入力 u をラグランジュの運動方程式に代入した閉ループの運動方程式は

$$M(q)\ddot{q} + \left\{\frac{1}{2}\dot{M}(q) + S(\dot{q}, q) + C\right\}\dot{q} + J^\top(q)k\Delta x = J^\top(q)v \tag{31.72}$$

と表されよう。ここに式 (31.71) の E は

$$E(q(t), \dot{q}(t); \Delta x(t)) = \frac{1}{2}\dot{q}^\top(t)M(q(t))\dot{q}(t) + \frac{k}{2}\|\Delta x(t)\|^2 \tag{31.73}$$

と定義される。この最適レギュレータ問題の解は HJB (Hamilton–Jacobi–Bellman) 方程式を満たさなければならないが，驚くべきことに，その複雑だと思われた方程式が“exact”に解け，解が

$$v(t) = -cJ(q)M^{-1}(q)(M(q)\dot{q}) = -c\dot{x}(t) \tag{31.74}$$

と表されることが，2011 年，筆者ら[21, 22]によって示された。実際，式 (31.72) で表されたシステムは可制御ではなく，また，式 (31.70) の出力から見て可観測ではないので，伝統的な制御理論からは HJB 方程式が解けるとは思えなかったことに注意しておきたい。

なお，HJB 方程式が解ける前提条件として，$v(t) = 0$ の制御入力を与えたときの解 $(\dot{q}(t), \Delta x(t))$ が $t \to \infty$ のとき指数関数的に 0 に収束することが仮定されていた。また，動作規範の中の係数 c の選び方そのものは，最適レギュレータ問題の本質からは，全く議論できないことにも注意しておく。結論すれば，最適レギュレータ問題の解 $v = -c\dot{x}$ を代入した閉ループ系を新たに

$$M\ddot{q} + \left\{\frac{1}{2}\dot{M} + S + C\right\}\dot{q} + J^\top(c\dot{x} + k\Delta x) = J^\top u \tag{31.75}$$

と表すとき，入力 u と出力 $y = \dot{x}$ の関係に強正実性 (strictly positive real，略して s.p.r. property) が成立することが示された。ただし，s.p.r. 性は，本来，線形動的システムの入出力特性に導入されている概念であるが，冗長関節ロボットのような非線形動的システムについても，この概念は拡張され得ることが示唆できる。別の酷な言い方をすれば，手先位置偏差 $k\Delta x$ に応じて，速度のフィードバック係数をどのように選ぶべきかは，別の新たな観点から再研究すべきではないか，と結論されたのである。この課題は，位置偏差のフィードバック係数そのものの設計法とも合わせて，ごく最近になって (2016 年)，検討され始めている。

参考文献（31.5 節）

[1] Bernstein N. A.: *The coordination and regulation of movements*, Pergamon Press (1967).

[2] Bernstein N. A.: *Dexterity and its development*, *Lawrence Erlbaum Associates* (1996). （ニコライ ベルンシュタイン（佐々木正人 監訳）:『デクステリティ：巧みさとその発達』，金子書房 (2003).）

[3] Thelen E. and Smith L. B.: *A dynamic systems approach to the development of cognition and action*, The MIT Press (1994).

[4] Arimoto S., Sekimoto M., Hashiguchi H., and Ozawa R.: Natural resolution of ill-posedness of inverse kinematics for redundant robots: A challenge to Bernstein's degrees-of-freedom problem, *Advanced Robotics*, Vol. 19, No. 4, pp. 401–434 (2005).

[5] Sekimoto M. and Arimoto S.: A natural redundancy-resolution for 3-D multi-joint reaching under the gravity effect, *J. of Robotic Systems*, Vol. 22, No. 11, pp. 607–623 (2005).

[6] 有本卓，関本昌紘:『“巧みさ”とロボットの力学』，毎日コミュニケーションズ (2008).

[7] Flash, T. and Hogan, N.: The coordination of arm movements: an experimentally confirmed mathematical model, *The J. of Neuroscience*, Vol. 5, No. 7, pp. 1688–1703 (1985).

[8] Bizzi, E., Hogan, N., Mussa-Ivaldi, F.A., and Giszter, S.: Does the nervous system use equilibrium-point control to guide single and multiple joint movements?, *The Behavioral and Brain Sciences* , Vol. 15, No. 4, pp. 603–613 (1992).

[9] 川人光男:『脳の計算理論』，産業図書 (1996).

[10] Arimoto S. and Sekimoto M.: Human-like movements of robotic arms with redundant DOFs: Virtual spring-damper hypothesis to tackle the Bernstein problem, *Proc. of the 2006 IEEE Int. Conf. on Robotics and Automation*, pp. 1860–1866 (2006).

[11] Sekimoto M. and Arimoto S.: Experimental study on reaching movements of robot arms with redundant DOFs based upon virtual spring-damper hypothesis, *Proc. of*

the 2006 IEEE/RSJ Int. Conf. on Intelligent Robots and Systems, pp. 562–567 (2006).

[12] Arimoto S., Sekimoto M., and Ozawa R.: A challenge to Bernstein's degrees-of-freedom problem in both cases of human and robotic multi-joint movements, *IEICE Trans. on Fundamentals of Electronics, Communications, and Computer Sciences*, Vol. E88-A, No. 10, pp. 2484–2495 (2005).

[13] 伊藤宏司：『身体知システム論—ヒューマンロボティクスによる運動の学習と制御』，共立出版 (2005).

[14] Arimoto, S., Tahara, K., Bae, J.-H., and Yoshida, M.: A stability theory of a manifold: concurrent realization of grasp and orientation control of an object by a pair of robot fingers, *Robotica*, Vol. 21, No. 2, pp. 163–178 (2003).

[15] Arimoto, S.: Robotics research toward explication of everyday physics, *Int. J. of Robotics Research*, Vol. 18, No. 11, pp. 1056–1063 (1999).

[16] 田原健二，山口光治，有本卓：最小自由度をもつ柔軟 2 本指ロボットによる安定把持および姿勢制御のためのセンソリーフィードバック，『日本ロボット学会誌』，Vol. 21, No. 7, pp. 763–769 (2003).

[17] Arimoto, S., Nguyen, P.T.A., Han, H.-Y., and Doulgeri. Z.: Dynamics and control of a set of dual fingers with soft tips, *Robotica*, Vol. 18, No. 1, pp. 71–80 (2000).

[18] Arimoto, S.: Intelligent control of multi-fingered hands, *Annual Review in Control*, Vol. 28, No. 1, pp. 75–85 (2004).

[19] 有本卓，田原健二，吉田守夫：手指の筋骨格と巧みさの源泉，『日本ロボット学会誌』，Vol. 28, No. 6, pp. 682–688 (2010).

[20] 有本卓：『新版ロボットの力学と制御』，朝倉書店 (2002).

[21] Arimoto, S.: Optimal linear quadratic regulators for control of nonlinear mechanical systems with redundant degrees-of-freedom, *SICE J. of Control, Measurement, and System Integration* , Vol. 4, No.4 , pp. 289–294 (2011).

[22] Arimoto, S. and Sekimoto, M.: An optimal regulator for stabilization of multi-joint reaching movements under DOF-redundancy: a challenge to the Bernstein problem from a control-theoretic viewpoint, *IMechE J. of Systems and Control Engineering: A Special Issue on Human Adaptive Mechatronics*, Vol. 225, No. 6, pp. 779–789 (2011).

31.6　多関節マニピュレータの最適設計に向けて（リーマン幾何学の導入）

剛体振子の振舞いがリーマン多様体上の曲線によって解釈できることは，古くから知られていた。たとえば，解析力学に関する V.I. Arnold の名著[1] では，平面 2 重振子の配位空間として，リーマン計量をもつトーラス T^2 を当てている。したがって，n 個の関節（1 関節 1 自由度）の縦続連鎖からなるマニピュレータの配位空間として n 次元トーラス T^n を考え，そこに慣性行列に基づくリーマン計量を与えるのはごく自然な成り行きである。実際，多関節ロボットアームの振舞いに関するリーマン幾何学的基礎づけは，2005 年に出版された Bullo and Lewis[2] の大著に詳しい。しかしながら，そこでも，ロボット制御に関する限りは，新しい知見や新たな曲面展開は見られない。実際，そこでは，1980 年代に提案され，解析された PD 制御法（31.3 節参照）をリーマン幾何学的に解釈し直したところで止まり，先へと進めていなかった。

本節では，まず，PD 制御を施したときの目標姿勢への収束速度の問題を再考する。目標姿勢への収束が設計指針として与えられた時定数 $\alpha > 0$ をもつ指数関数的速度になるためのフィードバック係数の満たすべき十分条件を与える。端的に言えば，収束速度の目標として時定数 $\alpha > 0$ を与え，これを実現する制御系設計の方法論を与える。

次いで，n 関節ロボットアームの配位空間 T^n 上の 2 点を結ぶ曲線の長さの極値（最小値）をもってリーマン距離（そのような極値を与える曲線は測地線と呼ばれる）を定義し，T^n を距離空間と見なし，これをロボットの姿勢空間と呼ぶことにする。そして，時定数 $\alpha > 0$ の収束速度をもつ PD 制御が施された閉ループ系の姿勢空間 T^n 上にたどる解曲線の長さと，初期姿勢と目標姿勢の間の測地線の長さが，どのように比較できるか，その解析方法を与える。この解析を通じて，PD フィードバック係数の最適設計のあり方が議論できることを述べる。

ここで述べる方法論は，解析力学にリーマン幾何学をドッキングさせることによって得られているが，これが冗長自由度系にも適用できるか，最後の項で議論する。

本節の解析法の多くは 2016 年になって得られたので，その議論の発展は現在進行中である。したがって，学術論文として未発表であるが，一部は 2018 年に発刊予定の著作[3] に収載される予定である。

31.6.1　時定数 $\alpha > 0$ を実現する PD 制御法

多関節マニピュレータに対する直接重力補償つき PD 制御法

$$\boldsymbol{u} = -C_1\dot{\boldsymbol{q}} - A\Delta\boldsymbol{q} + \boldsymbol{g}(\boldsymbol{q}) \tag{31.76}$$

を考察する。課題は時定数 $\alpha > 0$（指数関数的収束速度 $e^{-\alpha t}$ の指数部の係数）を実現するフィードバック係

数 C_1 と A を定めることである。閉ループ運動方程式は，ラグランジュの形式で，

$$M(\boldsymbol{q})\ddot{\boldsymbol{q}} + \left\{\frac{1}{2}\dot{M}(\boldsymbol{q}) + S(\dot{\boldsymbol{q}}, \boldsymbol{q}) + C\right\}\dot{\boldsymbol{q}} + A\Delta\boldsymbol{q} = 0 \tag{31.77}$$

と表される。これは，ハミルトニアン

$$\mathscr{H}(\boldsymbol{p}, \boldsymbol{q}) = \frac{1}{2}\boldsymbol{p}^\top M^{-1}(\boldsymbol{q})\boldsymbol{p} \tag{31.78}$$

を用いて構成されるハミルトンの正準方程式

$$\begin{cases} \dfrac{\mathrm{d}}{\mathrm{d}t}\boldsymbol{q} = \dfrac{\partial\mathscr{H}}{\partial\boldsymbol{p}} & (31.79) \\ \dfrac{\mathrm{d}}{\mathrm{d}t}\boldsymbol{p} = -\dfrac{\partial\mathscr{H}}{\partial\boldsymbol{q}} - C\dot{\boldsymbol{q}} - A\Delta\boldsymbol{q} & (31.80) \end{cases}$$

と同等である。ここに $\boldsymbol{p}$ は運動量ベクトル $M(\boldsymbol{q})\dot{\boldsymbol{q}}(=\boldsymbol{p})$ を表し，$C = C(\boldsymbol{q}) + C_1$ とし，ここでは $C(\boldsymbol{q})$ は定数行列で表されると仮定し，$C = C_0 + C_1$ とする。そして，全エネルギー

$$\mathscr{E}(\dot{\boldsymbol{q}}, \boldsymbol{q}) = \frac{1}{2}\dot{\boldsymbol{q}}^\top M(\boldsymbol{q})\dot{\boldsymbol{q}} + \frac{1}{2}\Delta\boldsymbol{q}^\top A\Delta\boldsymbol{q} \tag{31.81}$$

に，新たに物理量 $\alpha\boldsymbol{p}^\top\Delta\boldsymbol{q}$ を加えた次の物理量を導入する。

$$\mathscr{F}(\boldsymbol{p}, \boldsymbol{q}) = \mathscr{H}(\boldsymbol{p}, \boldsymbol{q}) + \frac{1}{2}\Delta\boldsymbol{q}^\top A\Delta\boldsymbol{q} + \alpha\boldsymbol{p}^\top\Delta\boldsymbol{q} \tag{31.82}$$

物理量 $\mathscr{E}$ の時間微分については，式

$$\frac{\mathrm{d}}{\mathrm{d}t}\mathscr{E}(\dot{\boldsymbol{q}}, \boldsymbol{q}) = -\dot{\boldsymbol{q}}^\top C\dot{\boldsymbol{q}} \tag{31.83}$$

が成立する。物理量 $\mathscr{F}$ については，式 (31.79)，(31.80) から，式

$$\begin{aligned} \frac{\mathrm{d}}{\mathrm{d}t}\mathscr{F} &= \sum_{i=1}^{n}\left(\frac{\partial\mathscr{F}}{\partial q_i}\frac{\mathrm{d}q_i}{\mathrm{d}t} + \frac{\partial\mathscr{F}}{\partial p_i}\frac{\mathrm{d}p_i}{\mathrm{d}t}\right) \\ &= \left\{\frac{\partial\mathscr{F}}{\partial\boldsymbol{q}}^\top\frac{\partial\mathscr{H}}{\partial\boldsymbol{p}} - \frac{\partial\mathscr{F}}{\partial\boldsymbol{p}}^\top\frac{\partial\mathscr{H}}{\partial\boldsymbol{q}}\right\} - \frac{\partial\mathscr{F}}{\partial\boldsymbol{p}}(C\dot{\boldsymbol{q}} + A\Delta\boldsymbol{q}) \end{aligned} \tag{31.84}$$

が成立する。右辺の括弧 { } の中は，物理量 $\mathscr{F}$ と $\mathscr{H}$ のポアソン括弧式になっていることに注目する。そこで $\mathscr{F}$ の $\boldsymbol{q}$ と $\boldsymbol{p}$ に関する偏微分を取ってみると

$$\begin{cases} \dfrac{\partial\mathscr{F}}{\partial\boldsymbol{q}} = \dfrac{\partial\mathscr{H}}{\partial\boldsymbol{q}} + A\Delta\boldsymbol{q} + \alpha\boldsymbol{p} & (31.85) \\ \dfrac{\partial\mathscr{F}}{\partial\boldsymbol{p}} = \dfrac{\partial\mathscr{H}}{\partial\boldsymbol{p}} + \alpha\Delta\boldsymbol{q} & (31.86) \end{cases}$$

これらを式 (31.84) に代入し，$\{\mathscr{H}, \mathscr{H}\} = 0$ であることに注意しつつ整理すると，式

$$\begin{aligned} \frac{\mathrm{d}}{\mathrm{d}t}\mathscr{F} = &-\frac{\mathrm{d}}{\mathrm{d}t}\left(\frac{\alpha}{2}\Delta\boldsymbol{q}^\top C\Delta\boldsymbol{q}\right) - \dot{\boldsymbol{q}}^\top(C - \alpha M(\boldsymbol{q}))\dot{\boldsymbol{q}} \\ &-\alpha\Delta\boldsymbol{q}^\top A\Delta\boldsymbol{q} - \alpha\Delta\boldsymbol{q}^\top\frac{\partial\mathscr{H}}{\partial\boldsymbol{q}} \end{aligned} \tag{31.87}$$

となる。ここで新たに物理量

$$\mathscr{V} = \mathscr{F} + \frac{\alpha}{2}\Delta\boldsymbol{q}^\top C\Delta\boldsymbol{q} \tag{31.88}$$

を定義すると，$\mathscr{V}$ の時間微分は，式 (31.87) より

$$\frac{\mathrm{d}}{\mathrm{d}t}\mathscr{V} = -\dot{\boldsymbol{q}}^\top(C - \alpha M(\boldsymbol{q}))\dot{\boldsymbol{q}} - \alpha\Delta\boldsymbol{q}^\top A\Delta\boldsymbol{q} - \alpha\Delta\boldsymbol{q}^\top\frac{\partial\mathscr{H}}{\partial\boldsymbol{q}} \tag{31.89}$$

となる。右辺の最後の項は，$M(\boldsymbol{q})$ の対角線部の定数の慣性モーメントが優越的なので，$M(\boldsymbol{q}) = J_0 + M_0(\boldsymbol{q})$，$\mathscr{H}_0 = (1/2)\dot{\boldsymbol{q}}^\top M_0(\boldsymbol{q})\dot{\boldsymbol{q}}$，とすれば，いま考えている範囲では，式

$$-\alpha\Delta\boldsymbol{q}^\top\frac{\partial M(\boldsymbol{q})}{\partial\boldsymbol{q}} = -\alpha\Delta\boldsymbol{q}^\top\frac{\partial\mathscr{H}_0}{\partial\boldsymbol{q}} \leq \alpha\dot{\boldsymbol{q}}^\top M(\boldsymbol{q})\dot{\boldsymbol{q}} \tag{31.90}$$

が満足されているとしよう。このような範囲が広く取れることは近著[3] で詳しく論じられているので，ここでは触れない。ここで，フィードバック係数を

$$C \geq 3\alpha M(\boldsymbol{q}), \quad A \geq \frac{4}{3}\alpha C \tag{31.91}$$

と選ぼう。そのとき，式 (31.90) と上の二つの式から

$$\frac{\mathrm{d}}{\mathrm{d}t}\mathscr{V} \leq -\alpha(\dot{\boldsymbol{q}}^\top M\dot{\boldsymbol{q}} + \Delta\boldsymbol{q}^\top A\Delta\boldsymbol{q}) = -2\alpha\mathscr{E} \tag{31.92}$$

となることが判る。他方，$\mathscr{V}$ 自身についても，不等式

$$\begin{aligned} -\frac{1}{8}\dot{\boldsymbol{q}}^\top M\dot{\boldsymbol{q}} - 2\alpha^2\Delta\boldsymbol{q}^\top M\Delta\boldsymbol{q} &\leq \alpha\dot{\boldsymbol{q}}^\top M\Delta\boldsymbol{q} \\ &\leq \frac{1}{2}\dot{\boldsymbol{q}}^\top M\dot{\boldsymbol{q}} + \frac{\alpha^2}{2}\Delta\boldsymbol{q}^\top M\Delta\boldsymbol{q} \end{aligned} \tag{31.93}$$

に着目すれば，次の二つの不等式が得られる。

$$\begin{aligned} \mathscr{V} &\geq \frac{3}{8}\dot{\boldsymbol{q}}^\top M\dot{\boldsymbol{q}} + \frac{1}{2}\Delta\boldsymbol{q}^\top(A + \alpha C - 4\alpha^2 M)\Delta\boldsymbol{q} \\ &\geq \frac{3}{4}\mathscr{E} \end{aligned} \tag{31.94}$$

$$\begin{aligned} \mathscr{V} &\leq \dot{\boldsymbol{q}}^\top M\dot{\boldsymbol{q}} + \frac{1}{2}\Delta\boldsymbol{q}^\top(A + \alpha C + \alpha^2 M)\Delta\boldsymbol{q} \\ &\leq 2\mathscr{E} \end{aligned} \tag{31.95}$$

こうして，式 (31.92) と上の二つの式より，

$$\frac{\mathrm{d}}{\mathrm{d}t}\mathscr{V} \le -2\alpha\mathscr{E} \le -\alpha\mathscr{V} \tag{31.96}$$

となり，

$$\mathscr{V}(\dot{\boldsymbol{q}}(t), \Delta\boldsymbol{q}(t)) \le e^{-\alpha t}\mathscr{V}(\dot{\boldsymbol{q}}(0), \Delta\boldsymbol{q}(0)) \tag{31.97}$$

となることが示された。式 (31.94) から上の式は，$\dot{\boldsymbol{q}}(0) = 0$ の場合，

$$\begin{aligned}\mathscr{E}(\dot{\boldsymbol{q}}(t), \Delta\boldsymbol{q}(t)) &\le \frac{4}{3}e^{-\alpha t}\mathscr{V}(\dot{\boldsymbol{q}}(0), \Delta\boldsymbol{q}(0)) \\ &= \frac{2}{3}e^{-\alpha t}\Delta\boldsymbol{q}^{\top}(0)(A + \alpha C)\Delta\boldsymbol{q}(0)\end{aligned} \tag{31.98}$$

こうして，時定数 $\alpha > 0$ を与えたとき，フィードバック係数行列の選び方の一つの十分条件（式 (31.91)）が示された。

31.6.2　リーマン多様体と測地線方程式

次項で必要になるリーマン多様体の要項を述べておく。剛体 2 重振子の配置空間が 2 次元トーラス T^2 ($= S^1 \times S^1$，S^1 は円輪（circle あるいは ring）と呼ばれる）で表されることは Arnold の著作[1] で論じられている。たとえば，2 つの関節をもつ平面ロボットアームの姿勢 $\boldsymbol{q} = (q_1, q_2)$ は，図 31.9 に示すように，トーラス T^2 上の点に対応させることができる。ロボットの姿勢が連続的に変化して起こる運動は，トーラス T^2 上の点がたどる軌跡としての曲線に 1 対 1 に対応させることができる。この意味でトーラス T^2 は平面ロボットアームの姿勢空間と呼べよう。トーラスは数学では位相多様体の一つとして考えるが，微分幾何学によると[4]，C^∞ クラス（無限回微分可能なクラス）の微分多様体として取り扱いできる，としている。トーラス T^2 に座標 (q_1, q_2) を与えることは，トーラス T^2 から実数空間 $\mathbb{R}^2$ への準同型写像が定められたと考える。一般に，考えている微分多様体を記号 $\mathcal{M}$ で表し，$\mathcal{M}$ の任意の代表点を記号 p，$\mathcal{M}$ から $\mathbb{R}^2$ への準同型写像を記号 ϕ で表す。また，$\mathcal{M}$ の任意の点の開近傍 Ω の $\mathbb{R}^2$ への写像 $\phi(\Omega)$ が $\mathbb{R}^2$ の点 $\boldsymbol{q} = (q_1, q_2)$ の開近傍になるとする。そして，n 個の回転関節から構成されるアームに対応して n 個の円輪の直積 $\mathrm{T}^n = S^1 \times \cdots \times S^1$（$n$ 次元トーラス）を考えると，それも同様に n 次元姿勢空間と考えることができ，座標 $\boldsymbol{q} = (q_1, \ldots, q_n)$ を与えて C^∞ クラスの微分多様体として取り扱うことができる。

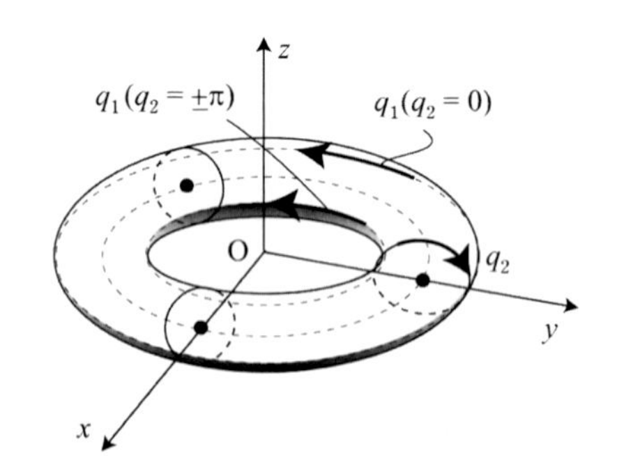

図 31.9　円輪 S^1 と別の円輪の直積 $\mathrm{T}^2 = S^1 \times S^1$ をトーラスと呼ぶ。

微分多様体 $(\mathcal{M}, p)$ について，点 p を通る $\mathcal{M}$ 上の曲線 $c(t)$ は，ロボットの姿勢が次々と連続して変動（運動）することに対応すると考えよう。そこで，曲線が点 p を通過するときの接ベクトルを定義する。記号 I を微小な数区間 $(-\varepsilon, \varepsilon)$ とし，曲線 $c(t)$ を $c(0) = p$ を通る写像 $c : I \to \mathcal{M}$ と考える。そこで，p を通る曲線 $c(t)$ や $\bar{c}(t) : I \to \mathcal{M}$ などを考え，それらの座標系である $\phi(c)$ や $\phi(\bar{c})$ の $t \in I$ による微分 $[\phi(c)]'$ や $[\phi(\bar{c})]'$ を取ると，これら 2 つが $t = 0$ で一致する，すなわち，

$$[\phi(c)]'(0) = [\phi(\bar{c})]'(0) \tag{31.99}$$

であれば，c や $\bar{c}$ は p において同じ接ベクトルを持つと考える。言い換えれば，$\mathcal{M}$ 上の曲線 c や $\bar{c}$ は，$\mathcal{M}$ の点 p で共通接線を持つといい，このことを記法 $c \sim \bar{c}$ と表し，c と $\bar{c}$ は等価クラスにあるという。そして，あり得る等価クラス（接ベクトル）の全部を集めた集合を記号 $T_p\mathcal{M}$ で表し，これを $p \in \mathcal{M}$ における接空間と呼ぶ。この等価クラスの概念に基づくと，接ベクトルは多様体に導入する座標のとり方に依存しない[4]。なお，$T_p\mathcal{M}$ は n 次元数空間 $\mathbb{R}^n$ と同じような構造を持つ。また，$\mathcal{M}$ の異なる点 p と $\bar{p}$ では $T_p\mathcal{M}$ と $T_{\bar{p}}\mathcal{M}$ は異なるとして，$\mathcal{M}$ のすべての点で取った $T_p\mathcal{M}$ の集合を記号 $T\mathcal{M}$ で表し，これを $\mathcal{M}$ の接束と呼ぶ。

多様体 $\mathcal{M}$ の点 p に依存する C^∞ クラスの正定対称行列 $G(p) = (q_{ij}(p))$ があって，$T_p\mathcal{M}$ の 2 つの接ベクトル $\boldsymbol{u} = (u_1, \ldots, u_n)$，$\boldsymbol{v} = (v_1, \ldots, v_n)$ に関する写像 $g_p = T_p\mathcal{M} \times T_p\mathcal{M} \to \mathbb{R}$ を考える。具体的には

$$g_p(\boldsymbol{u}, \boldsymbol{v}) = \sum_{i,j=1}^{n} g_{ij}(p)u_i v_j \tag{31.100}$$

と書き表し，これを微分多様体 $\mathcal{M}$ 上のリーマン測度と

いう。また，リーマン測度が入った微分多様体をリーマン多様体といい，記号 $\{M,g\}$ で表す。

リーマン多様体 $\{M,g\}$ 上の曲線 $c:I[a,b]\to\mathcal{M}$ は C^∞ クラスとし，その長さを

$$L(c)=\int_a^b\|\dot{c}(t)\|_g\mathrm{d}t=\int_a^b\sqrt{g_{c(t)}(\dot{c}(t),\dot{c}(t))}\mathrm{d}t \quad (31.101)$$

と定義する。ここに，すべての $t\in I$ に対して $\dot{c}(t)\neq 0$ とし，このような曲線を正則曲線部分と呼ぶ。また，区間 $I=[a,b]$ にある有限個の点 $a=a_0<a_1\cdots<a_k=b$ があって，$c(t)$ はその各部分区間 $[a_{i-1},a_i]$ で正則になるとき，区分的な正則曲線部分であるという。あるいは，単に許容曲線と呼ぶ。2 つの点 $p,\bar{p}\in\mathcal{M}$ について，p と $\bar{p}$ を結ぶすべての許容曲線 c の長さ $L(c)$ を考え，その極小値を p と $\bar{p}$ の間の距離として記号 $d(p,\bar{p})$ で表し，これをリーマン距離と呼ぶ。もし，リーマン多様体 $\{\mathcal{M},g\}$ の許容曲線 $c:I[a,b]\to\mathcal{M}$ が，同じ端点をもつどんな許容曲線 $\bar{c}$ に対しても $L(c)\leq L(\bar{c})$ となるとき，c の長さは区間 $[a,b]$ で最小であるという。リーマン多様体が完備であるとき，どんな 1 対 p, $\bar{p}$ を取っても，区間 $[a,b]$ において p と $\bar{p}$ を結ぶ曲線の距離を最小にする許容曲線が存在し得ることが知られている。そのような最小値を与える曲線のことを最短曲線と呼ぶ。最短曲線 $c(t)$ は，その座標を準同型写像 ϕ によって $\phi(c(t))=(q_1(t),\cdots,q_n(t))$ と与えると，2 次の微分方程式

$$\frac{\mathrm{d}^2}{\mathrm{d}t^2}q_k(t)+\sum_{i,j=1}^{n}\Gamma_{ij}^k(c(t))\frac{\mathrm{d}q_i(t)}{\mathrm{d}t}\frac{\mathrm{d}q_j(t)}{\mathrm{d}t}=0,\ k=1,\cdots,n \quad (31.102)$$

を満たさねばならない。ここで Γ_{ij}^k はクリストッフェルの記号と呼ばれ，以下のように定義される。

$$\Gamma_{ij}^k=\frac{1}{2}\sum_{h=1}^{n}g^{kh}\left(\frac{\partial g_{ih}}{\partial q_j}+\frac{\partial g_{jh}}{\partial q_i}-\frac{\partial g_{ij}}{\partial q_h}\right) \quad (31.103)$$

ここに，(g^{kh}) は，行列 $G=(g_{hk})$ の逆行列を表す。区間 $[a,b]$ で式 (31.102) を満たす曲線 $q(t)$ や，対応する $\mathcal{M}$ 上の曲線 $\phi^{-1}(q(t))=c(t)$ を測地線といい，式 (31.102) をオイラー–ラグランジュ方程式，あるいは測地線方程式という。

一方では，C^∞ クラスの曲線 $c(t):I[a,b]\to\mathcal{M}$ に関する重要な数量

$$\mathscr{E}(c)=\frac{1}{2}\int_a^b\|\dot{c}(t)\|_g^2\mathrm{d}t=\frac{1}{2}\int_a^b g_{c(t)}(\dot{c}(t),\dot{c}(t))\mathrm{d}t \quad (31.104)$$

を曲線 c のエネルギーと呼ぶ。右辺にコーシー–シュワルツの不等式を適用すると，

$$L^2(c)\leq 2(b-a)\mathscr{E}(c) \quad (31.105)$$

となることがわかる。この式で等号が成立するのは，数量 $\|\dot{c}(t)\|_g$ が一定である場合に限る。したがって，$c(t)$ が $p=c(a)$ と $\bar{p}=c(b)$ を結ぶ測地線であるならば，同じ端点を結ぶ $\mathcal{M}$ のどんな許容曲線 $\bar{c}$ に対しても，式

$$\mathscr{E}(c)=\frac{L^2(c)}{2(b-a)}\leq\frac{L^2(\bar{c})}{2(b-a)}\leq\mathscr{E}(\bar{c}) \quad (31.106)$$

が成立することがわかる。等式が成立するのは，$\bar{c}(t)$ も測地線になるときに限る。逆に，$\mathcal{M}$ 上の p と $\bar{p}$ を結ぶ C^∞ クラスの許容曲線 $c(t)$ が，エネルギー $\mathscr{E}(t)$ を最小にし，かつ $\|\dot{c}(t)\|_g$ を一定にするならば，それは測地線でなければならない。数量 $\mathscr{E}(c)$ は曲線 c のアクションと呼ばれ，剛体力学では許容曲線 $c(t)$ のことは運動の軌跡と言われる。

31.6.3 ロボット制御系の最適設計（リーマン距離に基づく評価規範）

初めに，ロボットアームの運動方程式は，もし減速機の粘性摩擦がなく，重力の影響やその他の外力もなければ，

$$H(\boldsymbol{q})\ddot{\boldsymbol{q}}+\left\{\frac{1}{2}\dot{H}(\boldsymbol{q})+S(\dot{\boldsymbol{q}},\boldsymbol{q})\right\}\dot{\boldsymbol{q}}=\boldsymbol{0} \quad (31.107)$$

と書けることに注目しておく。今までは $n\times n$ の慣性行列を $M(\boldsymbol{q})$ で表したが，以後は，混乱を避けるため，記号 $H(\boldsymbol{q})$ で書き表すことにする。実はラグランジュの運動方程式 (31.107) は前項で述べた測地線方程式 (31.102) と同等なのである。実際，第一種のクリストッフェルの記号

$$\Gamma_{ikj}=\frac{1}{2}\left(\frac{\partial h_{jk}}{\partial q_i}+\frac{\partial h_{ik}}{\partial q_j}-\frac{\partial h_{ij}}{\partial q_k}\right) \quad (31.108)$$

を用いると，式 (31.107) は

$$\sum_{i=1}^{n}h_{ki}\ddot{q}_i+\sum_{i,j=1}^{n}\Gamma_{ikj}(\boldsymbol{q})\dot{q}_i\dot{q}_j=0,\ k=1,\ldots,n \quad (31.109)$$

と書けるのである（g_{ij} と h_{ij} は，記法を変えただけなので，同一視せよ）。実際，歪対称行列 $S(\dot{\boldsymbol{q}},\boldsymbol{q})$ の ij 要素を s_{ij} で表すと，式 (31.107) の $S(\dot{\boldsymbol{q}},\boldsymbol{q})\dot{\boldsymbol{q}}$ は

$$\sum_{j=1}^{n} s_{kj}\dot{q}_j$$
$$=\sum_{j=1}^{n}\frac{1}{2}\left[\left\{\frac{\partial}{\partial q_j}\left(\sum_{i=1}^{n}\dot{q}_i h_{ki}\right)\right\}\dot{q}_i-\left\{\frac{\partial}{\partial q_k}\left(\sum_{i=1}^{n}\dot{q}_i h_{ij}\right)\right\}\dot{q}_j\right]$$
$$=\sum_{j=1}^{n}\sum_{i=1}^{n}\frac{1}{2}\left\{\left(\frac{\partial h_{ik}}{\partial q_j}-\frac{\partial h_{ij}}{\partial q_k}\right)\right\}\dot{q}_i\dot{q}_j \qquad (31.110)$$

と書ける。右辺は式 (31.108) の右辺の第 2 項および第 3 項に対応する。また，$(1/2)\dot{H}\dot{\boldsymbol{q}}$ の第 k 成分が

$$\sum_{i,j=1}^{n}\frac{1}{2}\frac{\partial h_{jk}}{\partial q_i}\dot{q}_i\dot{q}_j \qquad (31.111)$$

と表されるが，これが式 (31.108) の右辺の第 1 項に対応することから，式 (31.107) と式 (31.109) は全く同一であることがわかる。そして，式 (31.109) を縦に並べてベクトル表示し，左辺から $H(\boldsymbol{q})$ の逆行列 $H^{-1}(\boldsymbol{q}) = (h^{ik})$ をかけると，それは測地線方程式 (31.102) に一致する。なお，Γ_{ij}^{k} は第 2 種のクリストッフェルの記号と言われる。

実用的なロボットアームの慣性行列 $H(\boldsymbol{q}) = J_0 + H_0(\boldsymbol{q})$ の大きさは，その主対角線部が優越的に担っている。数学の言葉を用いれば，1 より少々小さい無次元スカラー量 $\eta > 0$ と正定対角行列 H_0 が存在して，

$$(1-\eta)H(\boldsymbol{q}) < H_0 \leq (1+\eta)H(\boldsymbol{q}) \qquad (31.112)$$

が成立すると仮定してよい。この仮定のもとに，ロボットがトーラス T^n 上でたどる運動軌跡の長さ，すなわち，初期姿勢 $p_0 = \phi^{-1}(\boldsymbol{q}(0))$ から目標姿勢 $\bar{p} = \phi^{-1}(\bar{\boldsymbol{q}})$ に至る曲線のリーマン距離を評価してみる。そこで，時間区間 $[0, T]$ を適当にとったとき，T^n 上の p_0 から $\bar{p}$ への最短曲線は測地線方程式を満たさねばならないが，その解を $\boldsymbol{q}^*(t)$ で表すと，その最小リーマン距離は

$$d_{H(\boldsymbol{q})}(p_0,\bar{p})=\int_0^{T}\sqrt{\sum_{i,j}h_{ij}(\boldsymbol{q}^*)\dot{q}_i^*(t)\dot{q}_j^*(t)}\mathrm{d}t \qquad (31.113)$$

で表される。他方，別の正定対称行列 H_0 に基づくリーマン計量を入れ，そのときの測地線のリーマン距離を $d_{H_0}(p_0, \bar{p})$ で表すと，測地線そのものが

$$\begin{cases} \boldsymbol{q}_0(t) = \boldsymbol{q}(0) + \dfrac{t}{T}(\bar{\boldsymbol{q}} - \boldsymbol{q}(0)) \\ \dot{\boldsymbol{q}}_0(t) = \dfrac{1}{T}(\bar{\boldsymbol{q}} - \boldsymbol{q}(0)) \end{cases} \qquad (31.114)$$

となるので，$\Delta\boldsymbol{q}(0) = (\bar{\boldsymbol{q}} - \boldsymbol{q}(0))$ と書くことにして，

$$d_{H_0}(p_0,\bar{p}) = \sqrt{\Delta\boldsymbol{q}^{\top}(0)H_0\Delta\boldsymbol{q}(0)} \qquad (31.115)$$

となることがわかる。その結果，式 (31.112) より，

$$d_{H(\boldsymbol{q})}(p_0,\bar{p}) \geq \sqrt{\frac{1}{1+\eta}\Delta\boldsymbol{q}^{\top}(0)H_0\Delta\boldsymbol{q}(0)} \qquad (31.116)$$

となることが示された。右辺は区間 $[0, T]$ の大きさ T に無関係であり，したがって，ラグランジュの運動方程式 (31.77) の半無限区間 $[0, \infty)$ にわたってたどる解軌道のリーマン距離

$$d_{H(\boldsymbol{q})}(\boldsymbol{q}(0),\bar{\boldsymbol{q}})=\int_0^{\infty}\sqrt{\sum_{i,j}h_{ij}(\boldsymbol{q}(t))\dot{q}_i(t)\dot{q}_j(t)}\mathrm{d}t \qquad (31.117)$$

の下界にもなっている。

上の議論では，リーマン距離を有限時間区間 $[0, T]$ で求めたので，運動開始の速度ベクトル $\dot{\boldsymbol{q}}(0)$ を指定することは不可能であった。ところが，ロボットアームの場合，静止状態から運動を開始し，半無限時間 $[0, \infty)$ までかかって運動軌跡を考える必要がある。そのため，ロボットを静止状態から起動させ，$t \to \infty$ に従って姿勢を目標姿勢 $\bar{p} = \phi^{-1}(\bar{\boldsymbol{q}})$ に漸近収束（指数関数の速さで）させねばならず，よって，ロボットを起動させる位置フィードバックと目標に近づくに従ってブレーキ役を演じる散逸項が必要になったのである。このような PD フィードバックを行うと，運動方程式は測地線方程式と大きく異なってくる。そのような測地線方程式と異なる運動方程式の区間 $[0, \infty)$ に渡る解曲線の長さ（リーマン距離）は，同じ T^n 上の曲線とみなせても，測地線の長さ（最小リーマン距離）と比較可能なのだろうか。

制御工学では，よく知られているように，2 次系

$$m\ddot{x} + c\dot{x} + kx = u \qquad (31.118)$$

について，初期条件 $x(0) = 0$，$\dot{x}(0) = 0$ のもとでステップ入力 $u(t) = k\bar{x}$ $(t \geq 0)$ を加えたときの応答が $t \to \infty$ のとき $x(t) \to \bar{x}$ へと収束する速さが指数関数的であっても，判別式 $(c^2 - 4mk)$ が負になり，絶対値が大きくなると，大きな振動を伴いながらの収束になる。そして移動距離（$|\dot{x}(t)|$ の $t \in [0, \infty)$ にわたる積分値）は大きくなってしまう。

このような問題意識のもとに，31.6.1 項で議論した制御法 (31.76) について，フィードバックのゲイン行

列 $A, C\ (= C_0 + C_1)$ が式 (31.91) を満たすとして，閉ループ運動方程式 (31.77) の解曲線のリーマン測度に基づく長さの上限を求めてみる。そこで T^n 上の初期姿勢を $p_0 = \phi^{-1}(\boldsymbol{q}(0))$，目標姿勢を $\bar{p} = \phi^{-1}(\bar{\boldsymbol{q}})$ として，方程式 (31.77) の解曲線 $p(t) = \phi^{-1}(\boldsymbol{q}(t))$ のリーマン測度 $H(\boldsymbol{q})$（31.6.1 節では記号 $M(\boldsymbol{q})$ を用いている）に基づく長さは

$$d^*_{H(\boldsymbol{q})}(p_0, \bar{p}) = \int_0^\infty \sqrt{\dot{\boldsymbol{q}}^\top(t) H(\boldsymbol{q}(t)) \dot{\boldsymbol{q}}(t)} \mathrm{d}t \quad (31.119)$$

と表される。ここで，右辺は $\dot{\boldsymbol{q}}(t)$ が $e^{-\alpha t}$ のオーダで 0 に収束することから，コーシー–シュワルツの不等式を適用し，式 (31.91) に注意すると

$$\begin{aligned} d^*_{H(\boldsymbol{q})}(p_0, \bar{p}) &= \int_0^\infty \sqrt{e^{-\frac{\alpha t}{2}}} \sqrt{e^{\frac{\alpha t}{2}} \dot{\boldsymbol{q}}^\top H(\boldsymbol{q}) \dot{\boldsymbol{q}}} \mathrm{d}t \\ &\le \left\{ \int_0^\infty e^{-\frac{\alpha t}{2}} \mathrm{d}t \right\}^{1/2} \left\{ \int_0^\infty e^{\frac{\alpha t}{2}} \dot{\boldsymbol{q}}^\top H(\boldsymbol{q}) \dot{\boldsymbol{q}} \mathrm{d}t \right\}^{1/2} \\ &\le \sqrt{\frac{2}{3\alpha^2}} \left\{ \int_0^\infty e^{\frac{\alpha t}{2}} \dot{\boldsymbol{q}}^\top C \dot{\boldsymbol{q}} \mathrm{d}t \right\}^{1/2} \end{aligned} \quad (31.120)$$

となる。ここで式 (31.83) を適用し，部分積分を用いた上で式 (31.94) および (31.98) を適用すると，

$$\begin{aligned} d^*_{H(\boldsymbol{q})}(p_0, \bar{p}) &\le \sqrt{\frac{2}{3\alpha^2}} \left\{ -\int_0^\infty \left(e^{\frac{\alpha t}{2}} \frac{\mathrm{d}}{\mathrm{d}t} \mathscr{E}(t) \right) \mathrm{d}t \right\}^{1/2} \\ &\le \sqrt{\frac{2}{3\alpha^2}} \left\{ -e^{\frac{\alpha t}{2}} \mathscr{E}(t) \Big|_0^\infty + \int_0^\infty \frac{\alpha}{2} e^{\frac{\alpha t}{2}} \mathscr{E}(t) \mathrm{d}t \right\}^{1/2} \\ &\le \sqrt{\frac{2}{3\alpha^2}} \left\{ \mathscr{E}(0) + \int_0^\infty \frac{2\alpha}{3} e^{-\frac{\alpha t}{2}} \mathscr{V}(0) \mathrm{d}t \right\}^{1/2} \end{aligned} \quad (31.121)$$

となる。そして，$\mathscr{E}(0)$ と $\mathscr{V}(0)$ を求め，式 (31.119)〜(31.121) をつなげると，

$$\begin{aligned} &d^*_{H(\boldsymbol{q})}(p_0, \bar{p}) \\ &\le \sqrt{\frac{2}{3\alpha^2}} \left\{ \Delta \boldsymbol{q}^\top(0) \left(\frac{1}{2} A + \frac{2}{3} A + \frac{2\alpha}{3} C \right) \Delta \boldsymbol{q}(0) \right\}^{1/2} \end{aligned} \quad (31.122)$$

となる。

検証のため，ゲイン行列 A, C を式 (31.91) を満たす下限として次のように選んでみる。

$$A = \frac{4\alpha^2}{1-\eta} H_0 \quad C = \frac{3\alpha}{1-\eta} H_0 \quad (31.123)$$

その結果，式 (31.122) と式 (31.116) から，

$$\begin{aligned} d^*_{H(\boldsymbol{q})}(p_0, \bar{p}) &\le \sqrt{\frac{40}{9(1-\eta)}} \sqrt{\Delta \boldsymbol{q}^\top(0) H_0 \Delta \boldsymbol{q}(0)} \\ &\le \sqrt{\frac{40(1+\eta)}{9(1-\eta)}} d_{H(\boldsymbol{q})}(p_0, \bar{p}) \end{aligned} \quad (31.124)$$

となることが示された。右辺の $d_{H(\boldsymbol{q})}(p_0, \bar{p})$ そのものが T^n 上の p_0 と $\bar{p}$ を結ぶ測地線の長さであり，これが p_0 と $\bar{p}$ を結ぶ曲線のリーマン距離の下限である。式 (31.124) の右辺の係数は，例えば $\eta = 0.05 = 1/20$ のとき，$\sqrt{5}$ 以下となり，収束の途中の振動は目に余るほどではないことが読み取れる。なお，この上界の式 (31.124) は，α の値に依存していないことにも注意しておきたい。

31.6.4　冗長関節ロボットアームの時定数 $\boldsymbol{\alpha > 0}$ を目標にした制御系設計法

冗長関節ロボットについて，目標位置偏差と関節速度の PD フィードバック制御

$$\boldsymbol{u} = \boldsymbol{g}(\boldsymbol{q}) - J^\top(\boldsymbol{q})(c\dot{\boldsymbol{X}} + k\Delta \boldsymbol{X}) - C_1 \dot{\boldsymbol{q}} \quad (31.125)$$

を議論する。ここで $\boldsymbol{X} = (x, y, z)^\top$ とし，$\Delta \boldsymbol{X} = \boldsymbol{X} - \bar{\boldsymbol{X}}$，$\bar{\boldsymbol{X}}$ は手先の目標位置ベクトルとする。$J(\boldsymbol{q})$ は $\partial \boldsymbol{X} / \partial \boldsymbol{q}^\top$ を表し，この $3 \times n$ の行列をヤコビアン行列と呼ぶ。この制御入力 $\boldsymbol{u}$ を外トルクとしてラグランジュの運動方程式に代入すれば，閉ループ運動方程式

$$\begin{aligned} &H(\boldsymbol{q})\ddot{\boldsymbol{q}} + \left\{ \frac{1}{2} \dot{H}(\boldsymbol{q}) + S(\dot{\boldsymbol{q}}, \boldsymbol{q}) + C \right\} \dot{\boldsymbol{q}} \\ &\quad + J^\top(\boldsymbol{q})(c\dot{\boldsymbol{X}} + k\Delta \boldsymbol{X}) = \boldsymbol{0} \end{aligned} \quad (31.126)$$

を得る。この式と $\dot{\boldsymbol{q}}$ との内積をとると

$$\frac{\mathrm{d}}{\mathrm{d}t} \left\{ \frac{1}{2} \dot{\boldsymbol{q}}^\top H(\boldsymbol{q}) \dot{\boldsymbol{q}} + \frac{k}{2} \|\Delta \boldsymbol{X}\|^2 \right\} = -\dot{\boldsymbol{q}}^\top C \dot{\boldsymbol{q}} - c\|\dot{\boldsymbol{X}}\|^2 \quad (31.127)$$

となる。

ここで全エネルギーを

$$\mathscr{E}(\dot{\boldsymbol{q}}, \Delta \boldsymbol{X}) = \frac{1}{2} \dot{\boldsymbol{q}}^\top H(\boldsymbol{q}) \dot{\boldsymbol{q}} + \frac{k}{2} \|\Delta \boldsymbol{X}\|^2 \quad (31.128)$$

と書き表しておこう。式 (31.127) は全エネルギーが単調非増加であることを表しているが，冗長自由度系であるがゆえに，$\mathscr{E}(\dot{\boldsymbol{q}}, \Delta \boldsymbol{X})$ そのものはリアプノフ関数とみなせない。それゆえに，この場合，リアプノフの安定解析は適用できない。そもそも，状態変数 $\boldsymbol{q}$ に関して平衡点と呼ぶべき概念がありえないので，安定性や漸近安定性は定義できない。

近年に至り[3]，J の一般化逆行列 $J^+ = J^\top(JJ^\top)^{-1}$ を用いて，全エネルギーに力学量 $\alpha \boldsymbol{p}^\top J^+ \Delta \boldsymbol{X}$ と $c\|\Delta \boldsymbol{X}\|^2$ を付加した量

$$\mathscr{V}(\dot{\boldsymbol{q}}, \Delta \boldsymbol{X}) = \mathscr{E}(\dot{\boldsymbol{q}}, \Delta \boldsymbol{X}) + \alpha \boldsymbol{p}^\top J^+(q)\Delta \boldsymbol{X} + c\|\Delta \boldsymbol{X}\|^2 \tag{31.129}$$

を導入し，ポアソン括弧式を用いて入念な解析を行うことにより，行列 J^+ が正則のままであるとして，$J^{+\top}CJ^+$ のスペクトル半径の運動中の最大値 $\lambda_M(J^{+\top}CJ^+)$ を用いて，C, c, k が式

$$C \geq 4\alpha H, \quad c \geq \lambda_M(J^{+\top}CJ^+), \quad k \geq 3\alpha c \tag{31.130}$$

を満たすように設計されていれば，

$$\frac{\mathrm{d}}{\mathrm{d}t}\mathscr{V} \leq -\frac{3}{2}\alpha\mathscr{E} \leq -\alpha\mathscr{V} \tag{31.131}$$

が成立することが示されている。同時に，不等式

$$\frac{3}{4}\mathscr{E}(\dot{\boldsymbol{q}}, \Delta \boldsymbol{X}) \leq \mathscr{V}(\dot{\boldsymbol{q}}, \Delta \boldsymbol{X}) \leq \frac{3}{2}\mathscr{E}(\dot{\boldsymbol{q}}, \Delta \boldsymbol{X}) \tag{31.132}$$

が成立するので，$\mathscr{V}$ と $\mathscr{E}$ は指数関数の速度で 0 に収束することが示された。このことから，$t \to \infty$ のとき，$\dot{\boldsymbol{q}}(t) \to \boldsymbol{0}$ かつ $\boldsymbol{X}(t) \to \bar{\boldsymbol{X}}$ となり，$\boldsymbol{q}(t)$ も $\boldsymbol{X}(\boldsymbol{q}(t)) \to \bar{\boldsymbol{X}}$ となるような何らかの姿勢 $\bar{\boldsymbol{q}}$ に収束することも示される。しかし，この解析法では $J(q)$ の一般化逆行列 $J^+(q)$ を構成する 3×3 行列 $(J(q)J^\top(q))^{-1}$ のスペクトル半径が予めわかっていることを前提にしている。そのため，安全のために散逸係数 c を大きくとると，式 (31.130) から，k の大きさに制限がある場合には，時定数 $\alpha > 0$ の選び方が制限される。

理論解析は十分に進んでいないので，今のところ時定数 α は小さい値でしか設定できないかもしれないが，その場合のロボットの姿勢移動による運動軌道のリーマン距離は理論的に推察できるのだろうか。手先が $\boldsymbol{X}(\boldsymbol{q}(0))$ から出発して目標位置 $\bar{\boldsymbol{X}}$ に至るときの n 次元のトーラス T^n 上の許容曲線の中で，リーマン距離を最小にする測地線は存在するはずである。実際 T^n 上で出発点 $\phi^{-1}(\boldsymbol{q}(0))$ から出る長さ一定のあらゆる測地線を集めると，各長さ毎に波頭 (wave front) が形成されるはずである。一方では，$\boldsymbol{X}(\boldsymbol{q}) = \bar{\boldsymbol{X}}$ となるような T^n 上の点 $p = \phi^{-1}(\boldsymbol{q})$ のすべては T^n の部分多様体 $S(\bar{\boldsymbol{X}})$ を作るが，波頭がこの部分多様体に初めてぶつかった点 $p(t_1) = \phi^{-1}(\boldsymbol{q}(t_1)) \in S(\bar{\boldsymbol{X}})$ と出発点 p_0 との間を結ぶ測地線が最小のリーマン距離を与えるはずである。方程式 (31.126) の解曲線 $p(t) = \phi^{-1}(\boldsymbol{q}(t))$ の p_0 から $\bar{p}$ へのリーマン距離をこのような測地線の長さと比較できるのだろうか。その解曲線が途中で測地線とそれほど離れていないことをどのようにして保証することができるか，それは早急に取り組むべき課題であろう。

31.6.5　任意形状物体の把持（2 次元理論解析）

物体の安定把持制御については，研究課題が山積しているが，ほとんど見過ごされたままである。あるいは，研究課題そのものが具体的に表現されていないまま，漠然と見過ごされているのかもしれない。特に，最も基本的な 3 次元物体の 2〜4 本指による動的安定把持は，指先と物体が剛体接触であると仮定すると，非ホロノミック拘束が起こりうることが災いして，数式に基づく運動シミュレータさえ正常に機能するかどうか怪しくなる。

ここでは，まずは理論解析できそうな，水平面上に置かれた 2 次元物体を 2 本の多関節指ロボットで安定把持する課題について，研究の歴史と現状を簡単に説明する（図 31.8 参照）。

多関節の平面指ロボットの 2D 物体把持は，最初，物体が長方形，かつ，2 本指ロボットの先端形状が半円である場合から研究された[5]。研究が急速に進んだのは，指先と物体面の接触位置をセンシングする必要がないこと，換言すれば，ブラインド把持が可能になることが示されてからである[6]。そのときから，制御信号は，ほぼ一貫して，

$$\boldsymbol{u}_i = -c_i\dot{\boldsymbol{q}}_i + (-1)^i\beta J_i^\top(\boldsymbol{q}_i)(\boldsymbol{r}_1 - \boldsymbol{r}_2) - \beta\alpha_i\{p_i(t) - p_i(0)\}\boldsymbol{e}_i \tag{31.133}$$

と定められた。ここに，$\boldsymbol{r}_i$ は指先の半円の中心の位置ベクトル（図 31.8 参照），β は制御ゲイン，$p_i = \sum_{j=1}^{n_i} q_{ij}$，$n_i$ は指ロボット i の関節数，$\boldsymbol{e}_i = (1,1)^\top$or $(1,1,1)^\top$，$J_i(\boldsymbol{q}_i)$ は $\boldsymbol{r}_i$ の $\boldsymbol{q}_i$ によるヤコビアン行列である。興味あることに，ブラインド把持が見出された後，数年もかかった後に初めて（2009 年前後），制御入力の式 (31.133) は，人工ポテンシャル

$$P(\boldsymbol{X}; s_1, s_2) = \frac{\beta}{2}\|\boldsymbol{r}_1 - \boldsymbol{r}_2\|^2 + \frac{\beta}{2}\sum_{i=1}^{2}\alpha_i\{p_i(t) - p_i(0)\}^2 \tag{31.134}$$

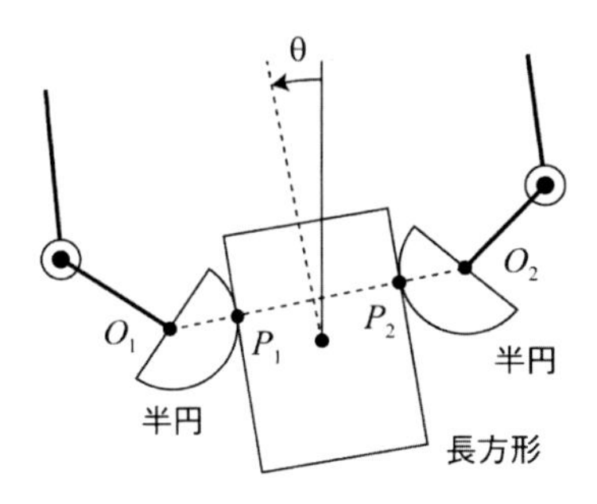

図 31.10 指先が半円で把持対象の 2D 物体が長方形のときの安定把持状態。直線 $\overline{O_1P_1}$ と $\overline{P_2O_2}$ は同じ直線上にある。

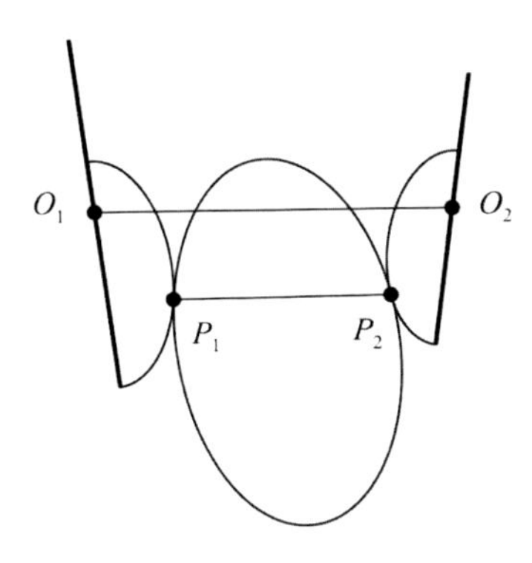

図 31.11 凸形状 2D 物体の安定把持状態。ポテンシャル $P(\boldsymbol{X}; s_1, s_2)$ は，直線 $\overline{O_1O_2}$ と直線 $\overline{P_1P_2}$ が平行するとき，極小になる。

が極小値に向かうように働くことが示された。なお，ポテンシャル P について，$\boldsymbol{X} = (\boldsymbol{q}_1^\top, \boldsymbol{q}_2^\top, \theta)^\top$，$\theta$ は物体の傾き角，s_i は物体の輪郭形状を表す曲線 $\gamma_i(s_i)$ の助変数である。非常に興味あることに，物体が長方形で二つの指先が共に半円のとき，$P(\boldsymbol{X}; s_1, s_2)$ を極小にする安定把持状態は，図 31.10 に示すように，指先半円の中心位置 O_1，O_2 と接触点 P_1，P_2 が一直線上に並ぶときであることが示された[7, 8]。

指先の形状が半円である必然性はないが，凸形状であることは望ましいだろう。他方，様々な形状の物体を想定しても，同一の制御法で安定把持が実現できるのならばもっと望ましい上に，それが自然の摂理であると思えてくる。筆者の 1 人と吉田守夫による未発表の論文[9] ではあるが，任意の凸形状の指先と，任意の 2 次元凸形状物体に式 (31.133) と全く同一の制御入力を作用させるとき，安定把持状態が実現できることが示されている。それは，図 31.11 に示すように，指先の指定位置 O_1, O_2 を結ぶ直線と，接触点 P_1, P_2 を結ぶ直線が平行になる場合となる。このことは，単なる静的で幾何学的な立場からの極小性の証明は大変に困難であるにもかかわらず，拘束のあるラグランジュ方程式に関するラグランジュ安定の立場から考察することで，証明可能になったことに注意する。

参考文献（31.6 節）

[1] Arnold, V.I.（安藤韶一，蟹江幸博，丹羽敏雄 訳）：『古典力学の数学的方法』，岩波書店 (1980).

[2] Bullo, F. and Lewis, A.D.: *Geometric control of mechanical systems: Modeling, analysis, and design for simple mechanical control systems*, Springer (2005).

[3] 有本卓，田原健二：『ロボットと解析力学』，コロナ社 (2018).

[4] 加須栄篤：『リーマン幾何学』，培風館 (2001).

[5] 有本卓：『新版 ロボットの力学と制御』，朝倉書店 (2002).

[6] Ozawa, R., Arimoto, S., Nguyen, P.T.A., Yoshida, M., and Bae, J.-H.: Control of an object with parallel surfaces by a pair of finger robots without object sensing, *IEEE Trans. on Robotics*, Vol. 21, No. 5, pp. 965–976 (2005).

[7] Arimoto, S., Yoshida, M., Sekimoto, M., and Tahara, K.: Modeling and control of 2-D grasping of an object with arbitrary shape under rolling contact, *SICE J. of Control, Measrement, and System Integration*, Vol. 2, No. 6, pp. 379–386 (2009).

[8] Arimoto, S.: Dynamics of grasping a rigid object with arbitrary smooth surfaces under rolling contacts, *SICE J. of Control, Measurement, and System Integration*, Vol. 3, No. 3, pp. 199–205 (2010).

[9] Arimoto, S. and Yoshida, M.: Control for multi-finger hands, *(originally prepared for publication in a book)* (2012).

31.7 ロボット制御の未来（手助けできる知能ロボットの将来）

2010 年代の後半に入って，人工知能（AI）はいくつもの目覚ましい成果を挙げ，その華々しさはピークを仰がんばかりである。その陰の下に，知能ロボットの果実は育つことができるのだろうか。日本ロボット学会が設立された 1983 年，人工知能学会の設立も同じ頃であった。ロボットの学界では，1980 年代の後半から 1990 年代の半ばにかけて，第三世代ロボットとして“知能ロボット”が登場し，“ロボットの高知能化”が急速に進むと予告する人々があった。想定した知能ロボットは人の手を助けるものであったはずである。1990 年代，人工知能の学界と産業界は“知識ベース”の可能性に湧き立ち，“エキスパートシステム”が専門家集団の人知に置き換わると予告していた。それぞれの楽観的未来予測が通り過ぎて 21 世紀を迎えてから約 10 年，両学界とも沈潜のディケードを送った。この間，ロボットの学界では，それでも，介護ロボットやヘルスケアロボットのハードウェア開発に地道な成果を挙げていた。

2010 年代に入り，AI 学界に強力なイノベーションが起こった。機械学習の方法論に，革命というべきか，“aufheben” というべきか，N ネットによる深層学習が生まれたのである。グーグルの開発した囲碁ソフトウェアの “α 碁” が世界のトッププロ棋士の一人，李世乙を 3 勝 1 敗で敗ったことで，深層学習の凄さが明らかになった[1]。その α 碁はグーグルの手から放れた後も改良が進み，2016 年には世界一の強い棋士と言われる中国の柯潔氏を打ち破ってしまった。日本では，深層学習で補強された将棋プログラム “Ponanza” が，電王戦として，佐藤天彦名人を 2 対 0 で敗ってしまった[2]。この間，ロボットの学界でこれほどの名声を挙げた成果はあり得たかどうか，未だ結論できないが，社会的には，店先に “Pepper” が登場し，人々と触れ合った記憶は新しい。されど，Pepper ロボットは人を手助けするロボットではなく，コミュニケーションに特化したロボットであることは強調しておかねばならない。その中味は，AI の自然言語処理の能力の向上のおかげであった。

2010 年代に入ってからの数年，AI 学界とロボット学界の研究成果に光と影のような差がついた要因は，前者（AI）はソフトウェアの発展にあり，後者（ロボット）はハードウェアのそれにある。そして，前者の発展が急になったのは，トランジスタに関するムーアの法則が今日（2017 年）まで，どうやら適用できたおかげである。コンピュータの飛躍的に高まった計算力と記憶容量がフル活用できたのである。

ロボット制御は，ハードウェアとしてのロボットの “知” を作り出すソフトウェアを担当しなければならない。ここでは，ロボットの “知” として，“巧みさ” を中心に据えて，その技術開発に向けた道筋を論じていきたい。

31.7.1　巧みさの評価指標の創製

囲碁と将棋のソフトウェアが人知を超えた理由は，目標設定が明々白々に定まっていたからである。勝負に勝つことが唯一無二の目標だからである。ただし，目標到達への道筋が始めから見えているわけではない。次の手が目標到達に近づけるものなのか，局面をいかに評価するかが課題であった。この局面評価を洗練していく上で，過去のプロ棋士の何万回の勝敗のデータを下敷きにした上で，自己勝負を何千万回にもわたって繰り広げ，自己学習データベースを築きながら深層学習を進めたのであった。

工場のロボット作業もそれぞれの現場に応じて明確であるはずである。明確な動作計画のもとに，それを実現するプログラムを作製し，実装しておけば，再生動作が繰り返し実行できる。

日常作業を手助けするロボットではそうはいかない。目標は多種多様で，いつでも変わりうるから，手作業のやり方は変幻極まりなく，制御も千差万別の方策を用意して，臨機応変に切り換えて対応しなければならない。しかし，ロボットの基本的な動作は数多く用意すべきであるとはいえ，高々，数百から数千種類の基本動作の制御を多様に組み合わせることで，何十万種類の手作業を実現することは可能であろう。そこで，基本動作のそれぞれに，単純で明確な目標設定と有効な評価基準が創られているかが問われるはずである。

ロボットアームを日常作業に使うことを想定するとき，最も基本的な動作は，初期姿勢から目標姿勢への到達動作であろう。目標姿勢は任意であろうから，無数である。ここで，姿勢 $q=\phi(p)$ と角速度 $\dot{q}\in T_p(M)$ はセンシングできているとすると，アーム姿勢が目標到達するだけなら，既に研究しつくされている。しかし，計画した時定数の速さで目標姿勢に収束しつつも，途中の道筋に無駄な動き（振動）があったかどうか，具体的な評価指標がなければ，自己学習を進めようがない。この評価指標は，目標姿勢が任意でも，変わらないでほしい。

古典制御理論では，式 (31.118) で表される 1 自由度系について，初期条件 $x(0)=0$，$\dot{x}(0)=0$ のもとで，制御入力

$$u(t)=k\bar{x} \qquad \text{for} \qquad t\geq 0 \tag{31.135}$$

を与えたときの式 (31.118) の解 $x(t)$ をステップ応答と呼ぶが，その解軌道は特性方程式 $m\lambda^2+c\lambda+k=0$ の根に依存して，様々である（図 31.12）。目標 $\bar{x}$ に早く到達させても，オーバーシュートして $\bar{x}$ のまわりで振動的になるのは良くない。それには判別式 (c^2-4mk) が負にならないぎりぎりの値が良いと思われる。この議論を多自由度に拡張してみる。いま H_0 を $n\times n$ の正定対称行列としたとき，微分方程式

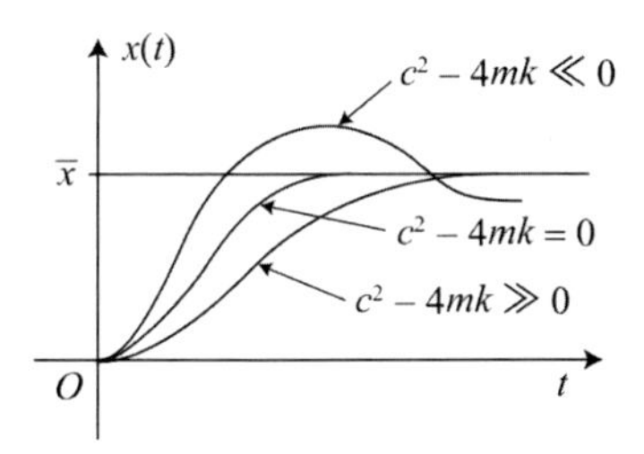

図 31.12 式 (31.118) で表される 1 自由度系（制御工学では 2 次系という）のステップ入力に対する応答（インデシアル応答）

$$H_0\ddot{\boldsymbol{q}}+(\alpha+\beta)H_0\dot{\boldsymbol{q}}+\alpha\beta H_0(\boldsymbol{q}-\bar{\boldsymbol{q}})=\boldsymbol{0} \qquad (31.136)$$

の初期条件 $\boldsymbol{q}(0)=\boldsymbol{q}^0$，$\dot{\boldsymbol{q}}(0)=\boldsymbol{0}$ を満たし，$\boldsymbol{q}(t)\to\bar{\boldsymbol{q}}$，$\dot{\boldsymbol{q}}(t)\to\boldsymbol{0}$ as $t\to\infty$ となる解軌道の長さを

$$d_{H_0}(\boldsymbol{q}^0,\bar{\boldsymbol{q}})=\int_0^\infty\sqrt{\dot{\boldsymbol{q}}^\top(t)H_0\dot{\boldsymbol{q}}(t)}\mathrm{d}t \qquad (31.137)$$

と定めると，簡単な計算から，それは

$$d_{H_0}(\boldsymbol{q}^0,\bar{\boldsymbol{q}})=\sqrt{(\boldsymbol{q}^0-\bar{\boldsymbol{q}})^\top H_0(\boldsymbol{q}^0-\bar{\boldsymbol{q}})} \qquad (31.138)$$

となる。興味あることに，この長さは，最も単純なオイラー–ラグランジュの方程式と見ることもできる $H_0\ddot{\boldsymbol{q}}=\boldsymbol{0}$ の，2 点境界値 $\boldsymbol{q}(t)=\boldsymbol{q}^0$，$\boldsymbol{q}(T)=\bar{\boldsymbol{q}}$ を与えたときの，2 点間を結ぶ解曲線（測地線）の長さに一致するのである。

上述の議論から推量して，式 (31.123) で与えたフィードバックゲイン $A\geq(4/3)\alpha C$ は大き過ぎるきらいがある。そこでは，時定数 $\alpha>0$ の収束速度を満たす数学的条件として導かれたものであった。恐らく

$$C\approx 2\alpha H_0, \qquad A\approx\alpha^2 H_0 \qquad (31.139)$$

とする近辺に，測地線の長さに近い解軌道が得られたと思われる。これ以上の精密さでゲインを決めるには，自己学習に相当する数値シミュレーションを繰り返し，適切な学習を行えばよいであろう。

上の議論は，ロボットアームの運動方程式の非線形性を無視しているが，31.6 節の議論は，非線形性が入った物理条件に忠実なラグランジュ方程式のもとで展開されている。筆者らの知る限り，非線形性が入った微分方程式の取扱いに成功を収めた手法には，わずかに特異摂動法があるが（たとえば，二足歩行ロボットの動的安定歩行に関する論文[3]），リーマン多様体の観点に立つことで，ロボット特有の非線形微分方程式に対応する制御問題が解析できることになった。

ロボットアームの手先が拘束された場合にも，測地線解析は有用であろうが，未だ手はつけられていない。2 本腕による協調作業の最も単純な動作は，アームのそれぞれの手先が物体とホロノミック拘束したまま，物体を運んで机の上（平面）に置く，といった物体操作であろうが，このような基本問題も新しい観点から解析し直す必要があろう。もっとも，冗長関節をもつロボットアームの手先リーチングについてさえも，測地線解析は未だ手がつけられていない。

多関節指ロボットを用いた 2D 物体把持については，制御目標には，物体把持の安定性と共に把持物体の姿勢方向（角度）も考慮に入れることができよう。評価指標は，式 (31.134) で与えられたように，まず，適切な人工ポテンシャルを見つけることにあろう。次の問題は，制御ゲインの決め方になる。そのとき，幾何拘束（ころがり拘束）の問題と冗長自由度問題が複雑にからんでおり，解析の方法は未だ見えていない。

ロボット制御の未来を考えるとき，ロボット作業の基本動作のそれぞれの問題提起が漠然としたままであることに気づく。ドラッカーの金言[4] を以下に引用して本項を締めくくる。

「意思決定において，問題の明確化ほど誰も気にしないが重要なことはない。正しい問題提起への間違った答えは修正がきく。しかし，間違った問題提起への正しい答えほど修正の難しいものはない。問題がどこにあるかもわからない。」

31.7.2 シミュレータ開発からビッグデータ解析へ

日常生活の様々な手作業をお手伝いできるヘルパーロボットの頭脳には，多種多様の作業のそれぞれに応じた制御法とそれらの動作データをビッグデータとして構築しておくことが必要になろう。そのようなビッグデータは，ロボットのハードウェアの設計データから起こした数値モデルに基づく運動シミュレータを用いて，様々に，繰り返し行ったシミュレーションから積み上がったものであろう。

2017 年，電王戦で佐藤天彦名人に 2 連勝した最強の将棋ソフト “Ponanza”[2] は，基本となるビッグデータとしてプロ棋士の対戦記録を網羅的に集めたデータベースから局面評価（次の手の評価）を磨き上げていった。そして，過去 20 年以上にわたる将棋ソフト選手権を通した改良につぐ改良や，その中で特に手の評価

にイノベーションを起こしたソフト“Bonanza”のアイデアを取り込むなど，膨大な勝負データの積み重ねと局面評価の洗練があった。その上に，自ら先手，後手を定めて勝負を行わせ，そのシミュレーション（何百万回～何千万回もの）結果を通じた自己学習によって局面評価を強化，洗練していったのである。将棋や囲碁のような目標がはっきりした勝負事には，対戦シミュレーションを行うことで自己学習が可能になり，α碁のように，そこに深層学習が主要な役を演じたのである。

日常作業の基本動作の洗練のためにどんなシミュレータを開発しなければならないか，試みに，いくつか問題点を列挙してみよう。

① 電力増幅器（パワーアンプ）を含めたサーボ系のシミュレータの構築。この問題は 31.7.4 項で議論する。

② 冗長関節ロボットアームの姿勢制御について，収束速度が指定した $\alpha > 0$ を満たし，リーマン距離をほぼ最小にする PD フィードバックゲインをラグランジュ方程式に基づく運動シミュレーションを通じて見出す。

③ 手先リーチングについて，手先の軌道が直線的になり，かつ姿勢軌道のリーマン距離も理想に近くなる制御ゲインを見出すことができるか。この 2 つの評価指標が両立できるためには，手先位置と目標値との偏差フィードバックに Γ 分布関数のような時変ゲインが役立ち得るか，シミュレーション[5] と理論解析で確かめる。

④ コーヒーの入ったカップを机上から持ち上げる際のように，未知質量の物体操作で適応的重力補償はスムースに働くか。そのための必要条件は。

⑤ ホロノミック拘束があるときのロボット制御シミュレータには Baumgarte の方法が有効であることは 1972 年に初めて示された[6]。その方法を駆使して，双腕で行う物体操作（手先あるいは指先と物体との接触はホロノミック拘束とする）の想定しうる基本動作のシミュレーション結果の収集[7]。

⑥ 手先拘束された物体の 3 次元先端位置と 3 次元姿勢の同時制御を組み込んだ動作シミュレータを開発し，適切なゲイン設定値を自己学習できるか，確かめること。

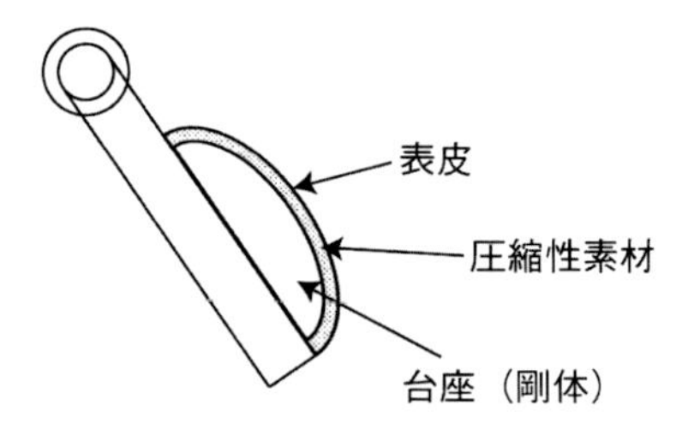

図 31.13　ロボット指の腹の構成

⑦ ロボット指の複数本による 3 次元物体操作の数値シミュレータは，指先と物体の間が剛体接触（ころがり接触）と仮定するとき，未開発のままである。3D コンタクトには非ホロノミック拘束が生じるからである。そのため，指先が柔軟な素材からなると仮定して，その復元力特性をモデルに入れて，3 次元安定把持のシミュレーションが試みられているが，問題提起の妥当性については，論じられていない。

⑧ 複数の多関節ロボット指による 3 次元安定把持のシミュレーションには，むしろ図 31.13 に示すように指の腹部は，剛体の台座の上に圧縮性の素材を薄く敷き，滑りにくい表皮をかぶせた構造にしてみたい。このようなロボット指が物体の表面と接触するとき，薄い圧縮性の素材は接触点まわりでつぶれ，ロボット指の台座と物体表面が接触状態になるとみなせるとともに，接触を貫く法線軸まわりの回転は起こりえないと仮定することができる。換言すれば，接触面の法線まわりの回転運動は，圧縮性素材により，静摩擦領域にトラップされていると仮定でき，3 次元コンタクトではあるが，2D コンタクトとみなすこともできて，非ホロノミック拘束の“呪い”を回避することができる。その上で，平行面をもつ物体には 2 本指で，円筒部のある物体には 3 本指で，ころがり拘束を考慮した 3 次元安定把持問題のシミュレータが開発できるのではなかろうか。物理的には面接触でありながら，数式では点接触かつホロノミック拘束として扱うことができ，3 次元安定把持のシミュレーションが広く展開できる未来が予測できる。

31.7.3　センシング技術の洗練

車の自動運転に関する技術開発は，2017 年を迎えて，日進月歩である。その中心はイメージセンシングの技術開発が担う。その中で生まれた新たな画像半導体 (GPU) はパーソナルロボットに持たすべきセンシング能力を大きく変えるかもしれない。

現今の小型カメラ技術と高速 CPU の組合わせでも，対象物体のイメージ処理によって，十分な精度と速さで物体の位置と姿勢が割り出せるはずである。当然ではあるが，ロボット自体も，手首部や指先関節部の数ヶ所に LED マーカーを装着し，顔部に取り付けた複数の小型カメラから両眼視すれば，内界センサの計測データと合わせて，体の各部位が空間のどこにあるかを知覚する能力（これを proprioceptive な知覚，proprioception という）をもつことになるはずである。

物体操作の巧みさを向上させるには，感圧センサーは欠かすことができない。指ロボットの腹部に図 31.13 に示すような構造を採用するなら，剛体部の表面に圧電素子を敷きつめることができよう。力覚センサは手首に相当する関節部に装着するだけで十分なのかどうか。その見通しは，日常の手作業の範囲をどこまで拡大するか，による。

ロボットが作業している途中で，人との音声対話を通じて作業の中断や修正の指示，等々を受けつけ，作業動作に反映させる技術を開発しておくことは現実的であろう。

31.7.4 ハードウェアにイノベーションは起こる

人の日常的な手作業を手伝うロボットを作るには，ハードウェアにイノベーションを起こすことも必要である。アームとハンドを構成する剛体リンク部材の質量と慣性モーメントは，慣性行列 $M(\boldsymbol{q})$ の各要素に反映する。その $M(\boldsymbol{q})$ は，ハンドが対象物体をもつとき負荷変動を受けるが，どのように変化するか想定した上で，各関節のサーボ系のモータ定数と減速機を選定することになろう。減速比を大きくすると，静摩擦領域が拡大し，センソリーフィードバックが効かない領域が拡がってしまう。関節毎に動摩擦係数のバランスをとることも考慮しておかねばならない。

自動車の重量を軽減するために，エンジン車から EV 車への移行が進む未来を想定して，鉄より軽く，強い材料の開発が急ピッチに進んでいる。炭素繊維を織り込んだ強化樹脂 (CFRP) や，鉄より 1/5 も軽く，強度は 5 倍以上のセルロースナノファイバー (CNF) が製造段階に入りつつある。身の回りの電化製品（例えば，軽量の掃除機）にも商品化されてきた。ロボットの構造材も軽量化できれば，サーボモータも小型製品を採用でき，減速比も低減することも可能になろう。

ロボット制御は，結局，それぞれ大きさの異なる負荷慣性がかかる関節軸まわりの回転運動を，別々だが同時に時定数を同調させて，収束させねばならない。そのため，サーボ系の電力増幅器（パワーアンプ），減速機の物理定数，すなわち，増幅率と動特性，減速比と粘性摩擦係数，静摩擦領域，等に加えてモータのトルク定数等にマッチングがとれていることが要求される。結局，サーボ系の入出力間の動特性が明示できていることが必要不可欠になろう。

減速機の静摩擦領域を狭め，動摩擦係数を低減するためには，減速比を下げることになるが，そうすると，パワーアンプの能力向上を企らねばならなくなる。そのためには新たな電力半導体（例えば，GaN 等）を使った増幅回路のイノベーションが期待されよう。

31.7.5 ロボット制御の未来は IoT とアプリ開発に

掃除機にカメラが搭載される時代は既に来ている。室内をくまなく移動させれば，室内の 3D マップの作成は困難なことではない。現今，IoT の普及が急ピッチで進んでおり，IoT チップを部屋の要所要所に取り付ければ，屋内の LAN(Local Area Network) が容易に構成できよう。これらの技術はアプリ開発会社の企業化が進むことでより普及するだろう。現今（2017 年），沢山の大手のみならず中小の電機関連企業から定年退職者があふれ出しており，その中から新たに起業する人達が増え始めている。

日常作業についても，数百に及ぶ基本動作のそれぞれの評価指標に見合った制御法の洗練と，シミュレーションに基づく自己学習が進んだ近未来を想定してみよう。それらの基本動作の適切な組合せを編み出し，調整して，具体的な一連の作業を使いこなせるアプリ開発が進むようになって，ロボット制御の未来は開花することになるのだろう。

繰返しまとめてみるが，ロボットの基本動作に適切な評価指標を見出し，それに見合った制御法を創出し，基本的な動作シミュレーションの結果をデータベースに取り込むことは，将棋ソフトでいえば，プロ棋士の指し手のすべてを取り込み，基本的な局面評価を創った段階に相当しよう。これから先の莫大な数の自己勝負によって得られるビッグデータからの深層学習を進める段階は，ロボット作業の場合，一連の具体的作業を編成し，シミュレートし，洗練を重ねるアプリ開発が担うことになるだろう。

参考文献（31.7 節）

[1] 大槻知史（著），三宅陽一郎（監修）：『アルファ碁解体新書』，翔泳社 (2017).

[2] 山本一成：『人工知能はどのようにして「名人」を超えたのか？』，ダイヤモンド社 (2017).

[3] Miyazaki, F. and Arimoto, F.: A control theoretic stady on dynamical biped locomotion, *Trans. of ASME, J. of Dynamic Systems, Measurement, and Control*, Vol. 102, No. 4, pp. 233–239 (1980).

[4] P. F. ドラッカー（著），ジョゼフ・A・マチャレロ（編），上田惇生（訳）：『ドラッカー 365 の金言』，ダイヤモンド社 (2005).

[5] 有本卓，関本昌紘：『"巧みさ" とロボットの力学』，毎日コミュニケーションズ (2008).

[6] Baumgarte, J.: Stabilization of constraints and integrals of motion in dynamical systems, *Computer Methods in Applied Mechanics and Engineering*, Vol. 1, No. 1, pp. 1–16 (1972).

[7] Naniwa, T., Arimoto, S., and Wada K.: A learning control method for coordination of multiple manipulators holding a geometrically constrained object, *Advanced Robotics*, Vol. 13, No. 2, pp. 135–152 (1999).

31.8　おわりに

本章では，マニピュレータと称される多関節ロボットアームを主な対象として，その制御法をめぐる研究の歴史と現在進行形の状況をまとめた。ロボットアームの典型である産業ロボットの制御法は，現今でも，教示/再生方式と呼ぶ優れもののプログラム制御が主流である。しかし，産業ロボットは人との "physical interaction" を想定せず，単一作業の繰り返し精度を上げるため，そのサーボ系は過剰設計になりがちとなり，そのため，"バックドライバビリティ" が犠牲になってしまっている。

人と協同作業し，あるいは家庭にあって手仕事をするヘルパーロボットを想定するならば，形は同様なアームやハンドでも，ずっと軽量化し，人と接したときの危険度をはるかに低減しておかねばならない。作業は多種多様かつ臨機応変であろうから，ロボット制御は "センソリーフィードバック" の様式を取らざるを得ない。そのとき，制御性能を評価する基準は何にすべきか，ロボット制御の歴史を振り返ってみると，ほとんど議論されてこなかったことに気づく。筆者らは，評価基準に漠然と "安定性" と "速さ" を考えていたが，それらが作業毎に具体的に明示されてこなかったことに，本章の執筆を通じて気づかされていた。ここでは，ロボット作業の最も単純で基本的な多関節ロボットの姿勢制御について，目標姿勢に到達する速さの基準に，収束速度を定める指数関数 $\exp\{-\alpha t\}$ の定数 $\alpha > 0$ を時定数と呼ぶことにして採用した（なお，$\alpha > 0$ の物理単位は [1/s] であるが，電気工学では $\exp\{-t/\beta\}$ と表して，物理単位 [s] をもつ β を時定数と呼ぶこともある）。同様に，姿勢制御の評価基準に "巧みさ" を導入し，その明示的な基準として姿勢空間の運動軌道に関する "リーマン距離" を採用してみた。物体把持では，未だにこのような基準のもとでロボット制御を考えることは試みていないが，わずかに 2D 対象物体については，把持の "安定性" について議論が進んでいた。しかし，3D 対象物体の多関節指ロボットによる把持と操作については，コンピュータシミュレーションでさえ，満足に実行されていないことに注意しておいた。

日常作業の様々な要求を臨機応変に応えてくれるロボットヘルパーは，"AI がここまで進んだのだからもう数年内に実現するだろう"，と思う人は，ロボット制御の実務や研究に携わった人々の中には誰もいないだろう。AI の学界や産業界が予測する "シンギュラリティ" の 2045 年説は，ロボットの未来予測には当てはまらないだろう。しかし，AI の技術発展とロボット制御の未来には共有されるべき革新的な技法やアイデアがあることは，本文のいくらかの節項で議論してみた。

＜有本 卓，関本昌紘＞

和英索引

S

T

U

V

W

Z

キ

ク

ケ

コ

サ

シ

ス

セ

ヒ

フ

英和索引

C

D

E

G

H

I

J

K

L

M

N

Q

R

S

T

U

V

W

Y

Z

◈ 読者の皆さまへ ◈

平素より，小社の出版物をご愛読くださいまして，まことに有り難うございます。

(株) 近代科学社は 1959 年の創立以来，微力ながら出版の立場から科学・工学の発展に寄与すべく尽力してきております。それも，ひとえに皆さまの温かいご支援があってのものと存じ，ここに衷心より御礼申し上げます。

なお，小社では，全出版物に対して HCD(人間中心設計) のコンセプトに基づき，そのユーザビリティを追求しております。本書を通じまして何かお気づきの事柄がございましたら，ぜひ以下の「お問合せ先」までご一報くださいますよう，お願いいたします。

お問合せ先： reader@kindaikagaku.co.jp

なお，本書の制作には，以下が各プロセスに関与いたしました

・編集：石井沙知
・組版 (TeX)・印刷・製本・資材管理：藤原印刷
・カバー・表紙デザイン：藤原印刷
・広報宣伝・営業：山口幸治，東條風太

ロボット制御学ハンドブック

2017 年 12 月 31 日 初版第 1 刷発行
2019 年 3 月 31 日 初版第 2 刷発行

編 者 松野文俊・大須賀公一
松原 仁・野田五十樹
稲見昌彦

発行者 井 芹 昌 信

発行所 株式会社 近代科学社
〒 162-0843 東京都新宿区市谷田町 2-7-15
電 話 03-3260-6161 振 替 00160-5-7625
https://www.kindaikagaku.co.jp

藤原印刷 ISBN978-4-7649-0473-6
定価はカバーに表示してあります。

【本書のPOD化にあたって】
近代科学社がこれまでに刊行した書籍の中には、すでに入手が難しくなっているものがあります。それらを、お客様が読みたいときにご要望に即してご提供するサービス/手法が、プリント・オンデマンド（POD）です。本書は奥付記載の発行日に刊行した書籍を底本としてPODで印刷・製本したものです。本書の制作にあたっては、底本が作られるに至った経緯を尊重し、内容の改修や編集をせず刊行当時の情報のままとしました（ただし、弊社サポートページ https://www.kindaikagaku.co.jp/support.htm にて正誤表を公開/更新している書籍もございますのでご確認ください）。本書を通じてお気づきの点がございましたら、以下のお問合せ先までご一報くださいますようお願い申し上げます。

お問合せ先：reader@kindaikagaku.co.jp

Printed in Japan

POD開始日　2023年12月31日（初版 Ver.1.0）
　　　　　　2024年10月31日（初版 Ver.1.1）

発　　行　株式会社近代科学社
〒101-0051 東京都千代田区神田神保町1丁目105番地
https://www.kindaikagaku.co.jp

印刷・製本　京葉流通倉庫株式会社